压力换算因子

	Pa	bar	atm	torr
1 Pa=	1	10^{-5}	9.86923×10^{-6}	7.50062×10^{-3}
1 bar=	10^{5}	1	0.986923	750.062
1 atm=	1.01325×10^{5}	1.01325	1	760
1 torr=	133.322	1.33322×10^{-3}	1.31579×10^{-3}	1

一些常用的非 SI 单位

单位	量	符号	SI 数值
埃	长度	Å	10^{-10} m = 100 pm
微米	长度	μm	10^{-6} m
卡路里	能量	cal	4.184 J(定义)
德拜	偶极矩	D	3.3356×10^{-30} C · m
高斯	磁场强度	G	10^{-4} T

希 腊 字 母

Alpha	A	α	Iota	I	ι	Rho	P	ρ
Beta	B	β	Kappa	K	κ	Sigma	Σ	σ
Gamma	Γ	γ	Lambda	Λ	λ	Tau	T	τ
Delta	Δ	δ	Mu	M	μ	Upsilon	Υ	υ
Epsilon	E	ε	Nu	N	ν	Phi	Φ	ϕ
Zeta	Z	ζ	Xi	Ξ	ξ	Chi	X	χ
Eta	H	η	Omicron	O	o	Psi	Ψ	ψ
Theta	Θ	θ	Pi	Π	π	Omega	Ω	ω

SI 词 头

因数	词头	符号	因数	词头	符号
10^{-1}	deci	d	10	deka	da
10^{-2}	centi	c	10^{2}	hecto	h
10^{-3}	milli	m	10^{3}	kilo	k
10^{-6}	micro	μ	10^{6}	mega	M
10^{-9}	nano	n	10^{9}	giga	G
10^{-12}	pico	p	10^{12}	tera	T
10^{-15}	femto	f	10^{15}	peta	P
10^{-18}	atto	a	10^{18}	exa	E

“101 计划”核心教材
化学领域

物理化学 一种分子途径

Donald A. McQuarrie　John D. Simon　著

侯文华　李　伟　吴　强　彭路明　黎书华　译

中国教育出版传媒集团
高等教育出版社 · 北京

图书在版编目（CIP）数据

物理化学 ： 一种分子途径 / （美）唐纳德·A. 麦夸里（Donald A. McQuarrie），（美）约翰·D. 西蒙（John D. Simon）著 ； 侯文华等译. -- 北京 ： 高等教育出版社，2024. 12. -- ISBN 978-7-04-062735-0

Ⅰ. O64

中国国家版本馆 CIP 数据核字第 2024Y2N198 号

内容提要

本书为化学“101计划”核心教材，译自Donald A. McQuarrie（美国加州大学戴维斯分校）和John D.Simon（美国杜克大学）编写的*Physical Chemistry：A Molecular Approach*。全书包括31章和10个数学章节，从微观入手，中间以统计为桥梁，最后过渡到宏观，用分子的观点来理解和解释化学现象和反应的本质，强调通向物理化学的分子途径。各章和数学章节后分别附有习题和练习题。

本书可作为高等学校化学化工类专业及其他相关专业的物理化学课程教材或教学参考书，亦可供有关科研单位和工程技术人员参考使用。

WULI HUAXUE：YIZHONG FENZI TUJING

策划编辑 李 颖　　责任编辑 李 颖
封面设计 王 洋　　版式设计 徐艳妮
责任绘图 黄云燕　　责任校对 刘丽娴
责任印制 赵义民

出版发行 高等教育出版社
社 址 北京市西城区德外大街 4 号
邮政编码 100120
印 刷 北京盛通印刷股份有限公司
开 本 889mm×1194mm 1/16
印 张 38.00
字 数 1230 千字
购书热线 010-58581118
咨询电话 400-810-0598
网 址 http://www.hep.edu.cn
http://www.hep.com.cn
网上订购 http://www.hepmall.com.cn
http://www.hepmall.com
http://www.hepmall.cn
版 次 2024 年 12 月第 1 版
印 次 2024 年 12 月第 1 次印刷
定 价 180.00 元

物 料 号 62735-00

总 序

自2023年4月启动以来，化学“101计划”以高质量化学学科人才培养体系构建和拔尖创新人才培养为目标，从化学学科全局视野系统性重构化学拔尖创新人才培养的核心知识框架，以核心课程建设（含理论课和实验课）推动化学专业课程体系改革，以教案、教材建设推动教学内容迭代，以数字化资源建设推动教学方式转变，以课堂观察、名师引领、研修培训推动课堂教学质量提升，着力建设一流核心课程体系和一流核心教材体系，培育高水平师资团队，探索构建具有中国特色的化学拔尖创新人才高质量自主培养体系。

教材是教师教学和学生学习的主要依据，是培根铸魂、启智增慧的核心载体，是践行拔尖创新人才自主培养的有力支撑，出版一套高水平核心教材是化学“101计划”的重点任务之一。为此，化学“101计划”汇聚国内化学领域具有丰富教学经验与顶尖学术水平的教师和专家团队，以普通化学、无机化学、有机化学、分析化学、物理化学、结构化学、高分子化学与物理、化学生物学、基础化学实验、合成化学实验、化学测量学实验和化学生物学实验12门核心课程的知识体系建设成果为基础，充分借鉴国内外先进课程与优秀教材建设经验，以学生的能力培养为导向，在纸质教材、电子教案、数字资源等方面进行了多角度、多层次的探索，着力构建“世界一流、中国特色、101风格”的化学核心教材体系。

系列教材总体遵循思政元素的引领性、知识体系的系统性、学术案例的前沿性、能力培养的引导性和呈现方式的融合性五大原则。在知识内容的分类上，理论课程注重“守正”，按照二级学科设置，实验课程突出“创新”，促进二级学科的交叉；在知识内容的选择上，兼顾基础和前沿，注重提升内容的创新性、高阶性和挑战度，并选取有代表性的中国优秀科研成果作为案例，有机融入思政元素，挖掘知识的育人内涵；在编排设计上，融入现代教育理念和教学方法，探索内容铺排和呈现方式的创新，注重激发学生学习主动性，培养学生自主学习、分析和解决问题的综合能力。

系列教材采用适应专业知识快速更新的融合式编写模式，以边栏拓展阅读等形式将纸质教材与数字资源相链接，拓展教材内容；同时配套翻译国外优秀教材，与系列新编教材相辅相成；此外，配出版电子教案集。这些探索和实践分别从“教什么”和“怎么教”两条逻辑，融合教学新理念、新内容和新方法，形成以纸质教材为核心、数字资源为辅助的新形态教材体系。

参与编写系列教材的编委和撰稿人主要是来自30所“化学拔尖学生培养计划2.0基地”获批高校从事教学和科研的教师、专家和学者，尽管工作任务繁重，但他们仍然抽出大量的宝贵时间，秉持严谨认真的科学态度和精益求精的工作精神，保质保量地完成了系列教材的编写工作。在此，我表示衷心的感谢。此外，多位院士和资深专家对系列教材的编写和审订提供了诸多宝贵意见和建议，对教材的质量进行了严格把关，感谢他们的悉心指导和支持。同时我也非常感谢各参与出版社的有关领导和编辑们在系列教材出版过程中的辛勤付出。

作为新时代化学领域首次有组织、系统性建设核心教材体系的集体探索，这套教材是所有指导专家、编委、撰稿人和编辑同仁们集体的智慧结晶和劳动成果，也是传递化学“101计划”改革理念和思路的重要载体,期盼能对广大读者有所裨益。“合抱之木,生于毫末;九层之台,起于累土。”系列教材的出版绝非终点,而是起点。真诚希望广大读者在使用过程中提出宝贵意见和建议,以便我们今后修订,使之不断完善,为我国化学拔尖创新人才培养提供启示与支撑。

化学“101 计划”牵头人

中国科学院院士

2024 年 10 月于中山大学

译者序

物理化学是化学这门中心学科的主要分支，是一门研究所有物质系统化学行为的原理、规律和方法的学科，涵盖了从宏观到微观所有性质的关系、规律、化学过程机理及其控制的研究。物理化学是化学及在分子层次上研究物质变化的其他学科领域的理论基础，在科学研究、生产实际和日常生活中有着广泛的应用。因在化学等众多学科中的特殊地位，物理化学这门课成为化学、化工、材料、能源、环境和生命科学等诸多专业的重要基础课程，历来受到广大师生的重视，其教学在创新型人才培养中具有举足轻重的作用。

近年来，我国高等教育取得了较大的发展，但也面临巨大的挑战。为了深入贯彻党的二十大精神，加快构建高质量基础学科人才培养体系，教育部于 2023 年 4 月启动了包括化学学科在内的基础学科系列“101 计划”，旨在加强基础学科核心课程、核心教材、核心实践项目、核心师资团队建设，以基础要素“小切口”带动解决人才培养“大问题”，着力实现高等教育改革“强突破”，提升基础学科人才培养质量。化学“101 计划”课程体系和教材体系的改革对物理化学课程教学提出了更高的要求，而借鉴和吸收国外物理化学教学的优秀成果则不失为一条建设适用于化学拔尖人才培养的物理化学课程和教材的有益途径。

由美国加州大学戴维斯分校 Donald A. McQuarrie 教授和杜克大学 John D. Simon 教授共同编写的 *Physical Chemistry: A Molecular Approach* 是一本很有特点的物理化学英文教材，在国内外均有重要的影响，不少教师将该教材作为物理化学课程的指定教材或参考书。两位教授在编写该书时的指导思想是：(1) 从宏观到微观是物理化学历史发展的真实面貌，但现代物理化学研究更多地聚焦于分子层面，以求对化学反应本质有更深入的理解；(2) 过去几十年物理化学的研究进展已经改变了物理化学的焦点（重点），这应该适当地反映在物理化学课程和教材中；(3) 必要的数学知识是物理化学课程中不可或缺的，对其恰当适时的复习将有助于学生对物理化学课程的学习。

该书的主要特色有：(1) 强调了通向物理化学的分子途径（molecular approach）。与其他大多数物理化学教材不同，该书先从微观入手，中间以统计为桥梁，最后过渡到宏观，用分子的观点来理解和解释化学现象和反应的本质。先讨论量子力学原理，然后辅以统计热力学过渡，这样就可以在接下来的化学热力学和化学动力学中广泛地使用这些思想。例如，在介绍第 19 章热力学第一定律之前，先介绍了 Boltzmann 因子和配分函数（第 17 章）以及配分函数和理想气体（第 18 章）；克劳修斯不等式的引出没有用到卡诺定理，这样便于对热力学三大定律和许多热力学公式给出相应的分子解释。(2) 结合过去几十年物理化学的研究进展，作者在教材中引入或强化了计算量子化学（第 11 章），群论：对称性的应用（第 12 章），核磁共振谱学（第 14 章），激光、激光光谱学和光化学（第 15 章），气相反应动态学（第 30 章）等内容，以便与目前人们主要从事的物理化学研究相呼应。(3) 书中穿插安排了 10 个数学章节（Math Chapter），这些数学章节被安排在需要该部分数学知识的章节之前，便于学生提前复习下章中所需的数学知识。(4) 各章中每一节的标题都用一句话来概括或突出该节内容的核心要义，便于读者抓住重点。(5) 强调了计算机和软件的使用。在各章习题中，均设置了一些鼓励学生使用计算机和一些软件求解高阶代数方程、绘图、进行实验数据拟合等的习题。(6) 全书文字叙述比较详细，各章均设置了较多的例题和习题（部分习题参考答案以二维码形式给出）。另外，各章首页有相关著名科学家的介绍，并配有照片（中文翻译版中以二维码形式给出）。

2023 年 9 月初，受化学“101 计划”物理化学课程负责人浙江大学彭笑刚教授的委托，由南京大学侯文华教授来负责 *Physical Chemistry*:*A Molecualr Approach* 一书的翻译工作，并将此中文翻译版教材作为化学“101 计划”物理化学课程的建设成果之一。同年 11 月底，在浙江大学紫金港校区举行的化学“101 计划”物理化学课程建设工坊上，南京大学侯文华教授汇报了翻译工作的具体安排和进展，得到了彭笑刚教授和与会教师的肯定，期望本书早日出版，并相信一定能够对我国高等学校物理化学的教学起到积极的促进作用。

全书翻译由南京大学的侯文华、李伟、吴强、彭路明和黎书华 5 位教授共同完成。其中，第 1, 17,18,21,22,23,27,28,29,30 章以及原著前言、参考答案等由侯文华教授完成，第 2~13 章由李伟教授、黎书华教授和侯文华教授共同完成，第 14,15,16,31 章由彭路明教授和侯文华教授共同完成，第 19,20,24,25,26 章由吴强教授和侯文华教授共同完成。

浙江大学的彭笑刚教授对全书译稿进行了认真的审阅，并提出了很多宝贵的修改建议；高等教育出版社的陈琪琳编审、李颖副编审对本书的翻译和出版给予了大力支持。在此一并感谢！译者之一李伟教授感谢张祎宁、李道敬、孙文龙、林俊、谭程栩、饶守佟、王雪蓉、胡加祺、叶紫、滕野、孙俊辉等同学给予的帮助！译者之一彭路明教授感谢吴家琪、王艺淳和李振宇三位同学给予的帮助！

由于水平有限，译稿中肯定存在许多不妥乃至错误之处，敬请各位同仁和广大读者批评指正，并将具体意见反馈给我们。不胜感谢！

侯文华

2024 年 5 月于南京大学仙林校区

原著前言

致学生:

你即将开始学习物理化学。也许你已经听说过,物理化学是将要学习的、最难的化学课程;亦或你可能见过那种汽车贴纸,上面写着“如果你通过了物理化学,那就按喇叭吧”。一些学生对物理化学课程产生的焦虑情绪,已经由英国 E. Brian Smith 教授在他的入门教材《基础化学热力学》(*Basic Chemical Thermodynamics*,该书由牛津大学出版社出版)的前言中得到了精辟的表述:

“我第一次听说化学热力学是在我大一的时候,当时一位大二的本科生给我带来了这个消息。他讲述了一段令人毛骨悚然的故事,关于无尽的讲座,几乎有三百个编号的方程式,所有这些方程式似乎都必须记住,并在随后的考试中以完全相同的形式复制出来。这些方程式中不仅包含了所有正常的代数符号,而且还出现了大量的星号、剑号和圆圈,以至于即使是最强大的头脑也会被搞得晕头转向。对这样一个学科来说,很少有人会否认它具有提高思维能力和塑造品格的特质!然而,许多年轻化学家在时间上却有很紧迫的压力。”

我们完全同意 Smith 教授的最后一句话。然而,事实上,每年都有成千上万的学生修读并通过了物理化学课程。其中,许多人确实很享受这门课程。你可能只是因为专业要求而学习它,但你应该知道:物理化学领域的许多最新进展对与分子行为相关的所有科学领域都在产生重大影响。例如,在生物物理化学领域,物理化学实验和理论方面的应用已经极大地推动了人们对蛋白质和核酸结构及反应性的理解。近年来取得了巨大进展的药物设计,直接得益于物理化学研究。

传统上,物理化学有三个主要领域:热力学(涉及化学反应的能量学)、量子化学(涉及分子结构)和化学动力学(涉及化学反应速率)。许多物理化学课程的学习都是从热力学开始,然后讨论量子化学,最后处理化学动力学。这一顺序也反映了这一领域的历史发展进程,而且我们两人也都是按照这个顺序学习了物理化学。然而,今天的物理化学是基于量子力学的,因此我们将从这个主题开始学习。首先讨论量子力学的基本原理,然后展示它们如何应用于一些模型系统。在普通化学和有机化学中学到的许多规则,都是量子理论的自然结果。例如,在有机化学中,你学会了使用红外光谱和核磁共振谱来确定分子结构,而在本书第 13 章和第 14 章中,我们将解释这些光谱是如何由分子的量子力学性质所控制的。

你所接受的化学教育已训练你用分子及它们之间的相互作用来思考,我们认为物理化学课程应该反映这一观点。现代物理化学的焦点在分子上。目前,物理化学的实验研究使用诸如分子束仪器来研究气相化学反应的分子细节,使用高真空仪器研究固体界面上分子的结构和反应性,使用激光测定个别分子的结构和化学反应的动态学,使用核磁共振谱仪了解分子的结构和动态学。现代物理化学的理论研究使用经典力学、量子力学和统计力学的工具以及计算机,从分子的结构和动态学深入理解化学现象。例如,对分子电子结构的计算机计算正在提供化学键的本质信息,而分子与蛋白质之间的动态相互作用的计算机模拟则被用于理解蛋白质是如何作用的。

在普通化学课程中,你学习了热力学的三大定律,并介绍了焓、熵和吉布斯能(以前称为自由能)等物理量。热力学用于描述宏观化学系统。拥有了量子力学的工具,你将了解到热力学可以用构成宏观化学系统的原子和分子的性质来阐述。统计热力学提供了一种在分子水平上描述热力学的方法。你将看到,热力学的三大定律可以用分子术语来获得简单而又优美的解释。我们认为,物理化学的当下介绍,应该一开始就从分子的角度来发展热力学领域。我们对化学动力学的处理(构成了本书最后五章),从分子的观点发展了对化学反应的理解。例如,我们在气相反应动态学一章(第 30 章)中,将一半以上的内容用于描述一个氟原子与一个氢分子反应形成一个氟化氢分子和一个氢原子的反应。通过对这个看似简单反应的研究,许多关于化学反应性的一般分子概念都会得以揭示。同样,量子化学为发展对化学反应速率和动态学的分子理解提供了必需的工具。

也许物理化学最令人望而却步的一个方面就是它广泛使用数学,而你可能已经忘记或从未学过这些数学知识。正如物理学家针对物理学所说的那样,物理化学难在数学,没有数学就没有物理化学。你可能很久没有上过数学课了。此时,你对行列式、矢量、级数展开和概率等数学知识的理解可能有些模糊。在多年的物理化学教学中,我们经常发现:在用数学来发展物理化学内容之前,复习相关数学知识是有帮助的。因此,我们在本书中引入一系列(10 个)简明的数学专题复习章节。我们知道,并非所有这些所谓的复习对你来说都是真正复习。即使其中一些主题对你来说是新的(或者看起来是新的),我们也仅讨论了你理解后续物理化学内容所需的最少量数学知识。我们将这些复习内容放置在它们首次出现的章节之前。通过先阅读这些复习内容(并做练习!),你将能够花更少的时间担心数学,更多时间学习物理化学,毕竟这是你在这门课程中的目标。

致教师:

本教材强调了通向物理化学的分子途径。因此,与大多数其他物理化学教材不同,本书首先讨论了量子力学的原理,然后在随后的热力学和动力学内容中广泛使用这些思想。例如,从目录中可以看到,题为“Boltzmann 因子和配分函数”(第 17 章)以及“配分函数和理想气体”(第 18 章)的章节出现在“热力学第一定律”(第 19 章)之前。这种方法在教学上是合理的,因为在第 17 和 18 章中,我们只讨论了能量、压力和热容(这些都是学生在普通化学和物理学课程中已经学过的)。这种方法使得我们能对热力学三大定律以及许多热力学关系式给出分子解释。熵的分子解释就是一个明显的例子(严格来说,没有分子解释的熵的介绍是为了纯粹主义者而不是心生畏惧者),甚至热力学第一定律中功和热的概念也可以通过能级和它们的布居来获得很好的、物理的分子解释。

过去几十年里的研究进展已改变了物理化学的重点,因此应该影响到现代物理化学课程所涵盖的主题。为了介绍当前正在进行的物理化学研究类型,我们已引入了诸如“计算量子化学”(第 11 章)、“群论:对称性的应用”(第 12 章)、“核磁共振谱学”(第 14 章)、“激光、激光光谱学和光化学”(第 15 章)及“气相反应动态学”(第 30 章)等内容。新主题的引入使得这本书变得相当厚重,但五十年前的标准物理化学教材之一是 Glasstone 的《物理化学教程》,它比我们这本书要厚得多。

牢记我们的目标是教育下一代化学家,因此本书中使用的量、单位和符号是由 1993 年国际纯粹与应用化学联合会(IUPAC)的出版物、Ian Mills 等人所著的《物理化学中的量、单位和符号》(Blackwell Scientific Publications,Oxford)上提供的。我们遵循 IUPAC 的建议,意味着本书中的一些符号、单位和标准状态可能与文献和旧教材中使用的不同，一些教师对此可能不太熟悉。在某些情况下，我们自己花了一些时间来适应新的符号和单位，但事实证明，它们的使用确实存在一种内在逻辑，我们发现努力适应它们是值得的。

本书的一大特点是引入了10个“数学章节”，这些章节简要复习了随后章节中使用的数学知识。其中一些内容对大多数学生来说应该是熟悉的，如复数、矢量、球坐标、行列式、偏导数及泰勒和麦克劳林级数。一些可能是新的，包括概率、矩阵(仅在群论章节中使用)、数值方法和二项式系数。然而，不管怎样，在每种情况下，讨论都是简要的、基础的，而且是独立的。阅读每个“数学章节”并完成练习后，学生应该能够专注于随后的物理化学内容，而不必同时应付物理化学和数学。我们认为这一特点极大地增强了我们教材的教学效果。

现如今，学生们很喜欢使用计算机。在过去的几年里，我们看到学生们提交了使用 MathCad 和 Mathematica 等程序解决问题的家庭作业，而不是使用铅笔和纸。在实验课程中获得的数据，现在可使用 Excel、Lotus 123 和 Kaleidagraph 等程序绘制成图并拟合为函数。几乎所有学生都可以访问个人计算机，现代自然科学课程应鼓励学生充分利用这些巨大的资源。因此，我们在编写习题时考虑了计算机的使用。例如，“数学章节 G”介绍了用于数值求解高阶代数方程和超越方程的 Newton-Raphon 方法。如今，在物理化学课程中限制计算仅限于解二次方程和其他人为示例的理由已经不复存在。学生应该绘制数据，拟合实验数据获得相应的表达式，并绘制描述物理行为的函数。通过探究真实数据的性质，可以极大地增强对物理概念的理解。这样的练习消除了许多理论的抽象性，并使学生能够欣赏物理化学的数学，以便他们能够描述和预测化学系统的物理行为。

原著致谢

许多人为本书的编写和制作做出了贡献。我们感谢我们的同事 Paul Barbara、James T. Hynes、Veronica Vaida、John Crowell、Andy Kummel、Robert Continetti、AmitSinha、John Weare、Kim Baldridge、Jack Kyte、Bill Trogler 和 Jim Ely，他们曾就什么内容应该包含在现代物理化学课程中进行了激发性的讨论；感谢我们的学生 Bary Bolding、Peijun Cong、Robert Dunn、Scott Feller、Susan Forest、Jeff Greathouse、Kerry Hanson、Bulang Li 和 Sunney Xie，他们阅读了部分手稿并提出了许多有益的建议。特别感谢我们出色的审稿人 Merv Hanson、John Frederick、Anne Meyers、George Shields 和 Peter Rock，他们阅读并评论了整个手稿；感谢 Heather Cox，她也阅读了整个手稿，提出了许多富有洞察力的建议，并在准备配套的习题解答手册时解答了所有问题；感谢 Carole McQuarrie，她花了很多时间在图书馆和互联网上查找实验数据和传记资料，以编写所有传记草稿；感谢 Kenneth Pitzer 和 Karma Beal，他们为我们提供了一些关键的传记资料。我们还感谢 Susanna Tadlock 协调整个项目，Bob Ishi 设计了外观漂亮的书，Jane Ellis 处理了许多制作细节，John Choi 创意性地处理了所有的艺术作品，Ann McGuire 对手稿进行了非常有益的编辑，以及我们的出版商 Bruce Armbruster，他鼓励我们写自己的书，是一位杰出的出版商和一位好朋友。最后，感谢我们各自的妻子 Carole 和 Diane，她们都是化学家，不仅是出色的同事，还是伟大的妻子。

目 录

第1章 量子理论的黎明

▶ **科学家介绍**

19 世纪末,许多科学家相信所有的科学基本发现业已获得,只剩下一些小问题需要厘清,以及需要改进实验方法以便将物理结果的测量精确到更多小数位。这种观点在一定程度上是正确的,因为彼时人类确实已在科学上取得了巨大的进展。化学家们终于解决了为元素指定一组自洽的原子质量这一看似不可逾越的问题。Stanislao Cannizzaro 关于分子的概念,虽然最初有争议,但后来被广泛接受。Dmitri Mendeleev 的伟大工作导致了元素周期表的制定,尽管当时人们还不理解为什么自然界中会发生这种周期性行为。Friedrich Kekule 解决了有关苯的结构的争议。Svante Arrhenius 阐明了化学反应的基本原理,剩下的工作似乎主要是对各种类型的化学反应进行分类。

在物理学的相关领域,牛顿力学已被 Comte Joseph Lagrange 和 William Hamilton 扩展。由此产生的理论被应用于行星运动,并且还可以解释其他复杂的自然现象,如弹性和流体动力学。Rumford 伯爵和 James Joule 证明了热和功的等价性,而 Sadi Carnot 的研究则导致了熵的公式化和热力学第二定律。这项工作后来由 Josiah Gibbs 完善发展成热力学领域。之后不久,科学家们发现物理学定律有助于理解化学系统。这两个看似无关的学科之间的接口形成了现代物理化学领域,这也是本书的主题。事实上,Gibbs 对热力学的处理对化学是如此重要,以至于目前教科书上的内容与 Gibbs 的原始公式在本质上几乎没有变化。

光学和电磁理论的相关领域在当时也正经历类似的成熟过程。19 世纪持续着光究竟具有波动性还是具有粒子性的争议。詹姆斯·克拉克·麦克斯韦(James Clerk Maxwell)用一系列以他名字命名的、看似简单的方程统一了许多不同和重要的观察结果。麦克斯韦对光的电磁行为的预测不仅统一了光、电、磁领域,而且由 Heinrich Hertz 在 1887 年的实验演示似乎最终证明光是类波的。这些领域对化学的意义在之后的几十年里没有得到人们的重视,但现在则是物理化学学科的重要部分,尤其在谱学方面。

物理学中这些成就被视为我们现在所谓的**经典物理学**(classical physics)的发展。在当时那个取得巨大成功的、激动人心的时代,科学家们几乎没有意识到物理世界运作方式的基本原则将会很快被推翻。令人惊奇的发现不仅彻底改变了物理学、化学、生物学和工程学,还对技术和政治产生了重大影响。20 世纪初人们见证了相对论和量子力学的诞生。相对论是由阿尔伯特·爱因斯坦(Albert Einstein)单独完成的,它完全改变了科学家的时空观念,将经典理论扩展至可与光速相比拟的高速和大尺度宇宙空间。而量子力学则将经典理论扩展至亚原子、原子和分子,它是许多富有创造力的科学家几十年努力的结果。到目前为止,相对论对化学系统的影响有限。尽管它在理解重原子的电子性质方面很重要,但在分子结构和反应性方面并未起太大作用,因此通常不在物理化学课程中讲授。然而,量子力学构成了化学的基石。我们目前对原子结构和分子键的理解都是以量子力学的基本原理为基础的;如果不了解这个现代物质理论的基础知识,就不可能理解化学系统。因此,我们从本书的前几章开始,重点讨论量子力学的基本原理。然后再讨论化学键和光谱学,这清楚地展示了量子力学对化学领域的影响。

科学的巨大变革是由观察和新的创造性思想推动的。让我们回到 19 世纪末那个自得意满的时代,看看哪些事件如此震撼了科学界。

1-1 黑体辐射无法用经典物理学解释

革新物理学概念的一系列实验涉及物质在加热时发出的辐射。例如,我们知道,当电炉的炉灶加热时,首先会变成淡红色,并随着温度的升高而变得更红。我们还知道,随着物体进一步被加热,因为温度不断升高,辐射会变白,然后变成蓝色。因此,我们看到,当物体被加热到更高的温度时,其颜色会从红色逐渐变为白色,然后变为蓝色,存在着持续的颜色转变。

从频率的角度来看,随着温度升高,辐射的频率从低频向高频方向变化,因为红色位于光谱中的低频区域,而蓝色位于高频区域。物体所发射的确切频率谱取决于该特定物体本身,但能吸收和发射所有频率的理想物体,称为**黑体**(black body),并可作为任意放射材料的一种理想化模型。黑体发射的辐射称为**黑体辐射**(blackbody radiation)。

图 1.1 显示了不同温度下黑体辐射的强度与频率的关系曲线。许多理论物理学家尝试推导与这些实验曲线一致的表达式,但都未成功。事实上,根据 19 世纪物理学的定律所导出的表达式是

$$d\rho(\nu,T)=\rho_\nu(T)\,d\nu=\frac{8\pi k_B T}{c^3}\nu^2 d\nu \qquad (1.1)$$

式中 $\rho_\nu(T)\,d\nu$ 是在频率 ν 和 $\nu+d\nu$ 之间的辐射能量密度,单位是 $J\cdot m^{-3}$;T 是绝对温度;c 是光速;k_B 称为**玻尔兹曼常数**(Boltzmann constant),等于摩尔气体常数 R 除以阿伏伽德罗常数。k_B 的单位是 $J\cdot K^{-1}\cdot$粒子$^{-1}$,但通常不写粒子$^{-1}$(另一个例子是阿伏伽德罗常数,6.022×10^{23} 粒子$\cdot mol^{-1}$,我们将其写成 $6.022\times10^{23}\ mol^{-1}$,单位“粒子”通常不写)。式(1.1)来源于瑞利勋爵(Lord Rayleigh)和金斯(Jeans)的研究工作,被称为 **Rayleigh-Jeans 定律**(Rayleigh-Jeans law)。图 1.1 中的虚线显示了 Rayleigh-Jeans 定律的预测。注意,Rayleigh-Jeans 定律在低频率下可以再现实验数据。然而,在高频率下,Rayleigh-Jeans 定律预测辐射能密度会随着 ν^2(频率的平方)的增加而极限发散。即在紫外光区域趋于发散,这与实验数据相违背,故称为**紫外灾难**(ultraviolet catastrophe),这是经典物理学首次无法给予理论解释的一种重要自然现象,因此具有重大的历史意义。Rayleigh 和 Jeans 当时确实并不是简单地犯了一个错误或者错误地应用了一些物理学的观点,其他许多人也重现了 Rayleigh 和 Jeans 的公式。这表明根据当时的物理学,这个公式是正确的。这个结果有些令人不安,为此许多人努力寻找黑体辐射的理论解释。

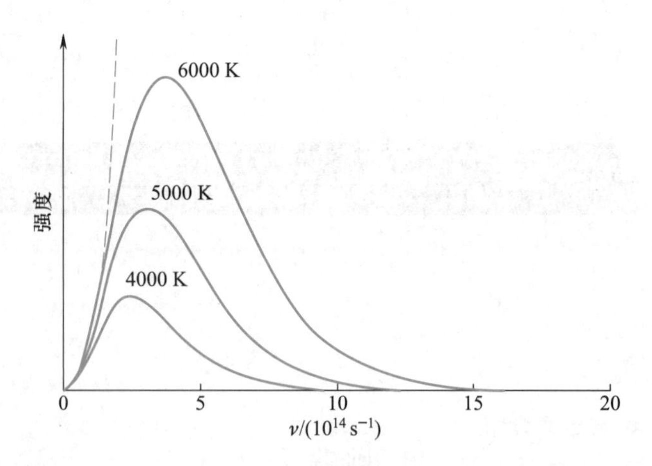

图 1.1 几个温度下黑体辐射的强度作为频率函数的光谱分布。强度以任意单位表示。虚线为经典物理学的预测。随着温度升高,最大值向更高频率处移动,且总辐射能量(每条曲线下的面积)显著增加。请注意,水平轴标记为 $\nu/(10^{14}\ s^{-1})$。这个表示意味着该轴上的无量纲数值是频率除以 $10^{14}\ s^{-1}$。我们将使用这种表示来标记表格中的列和图中的坐标轴,因为它具有明确的性质和代数上的便利性。

1-2 普朗克使用量子假设导出了黑体辐射定律

1900 年,德国物理学家马克斯·普朗克(Max Planck)成为第一个成功解释黑体辐射的人。与 Rayleigh 和 Jeans 一样,普朗克假设黑体辐射是由构成物质的粒子中电子的振荡引起的。这些电子被想象成在原子中振荡,就像电子在天线中振荡以发射无线电波一样。然而,在这些“原子天线”中,振荡发生在一个更高的频率。因此,我们发现频率位于光谱的可见光、红外光和紫外光区域,而不是无线电波区域。在 Rayleigh 和 Jeans 的推导中,隐含着电子振子的能量可以是任何值的假设。这个假设是经典物理学的基本假设之一。在经典物理学中,物理量(如位置、动量和能量)的变化是连续的。普朗克有着过人的洞察力,他意识到必须摆脱这种思维方式,以便能够推导出一个能够复制如图 1.1 所示实验数据的表达式。他给出一个革命性的假设,即振子的能量是离散的,必须与频率的整数倍成正比,或用公式表示为 $E=nh\nu$,式中 E 是振子的能量,n 是一整数,h 是一比例常数,ν 是频率。使用能量的这种量子化以及将在第 17 章中介绍的统计热力学思想,普朗克导出如下公式:

$$d\rho(\nu,T)=\rho_\nu(T)\,d\nu=\frac{8\pi h}{c^3}\cdot\frac{\nu^3 d\nu}{e^{h\nu/k_B T}-1} \qquad (1.2)$$

式(1.2)中除了 h 之外,所有符号的含义与式(1.1)中的相同。式(1.2)中唯一未确定的常数是 h。普朗克证明,如果 h 的值为 6.626×10^{-34} J·s,则式(1.2)与所有频率和温度的实验数据都非常吻合。这个常数现在是物理学中最著名和最基本的常数之一,称为**普朗克常数**(Planck constant)。

式(1.2)称为**黑体辐射的普朗克分布定律**(Planck distribution law for blackbody radiation)。当频率较低时,式(1.2)和式(1.1)变得相同(参见习题 1-4),但普朗克分布在高频率下不会发散,且实际上看起来就像图 1.1 中的曲线一样。

» 例题 1-1　证明式(1.1)和式(1.2)中的 $\rho_\nu(T)\,d\nu$ 均具有 J·m^{-3}的单位。

» 解　T 的单位是 K,k_B 的单位是 J·K^{-1},h 的单位是 J·s,ν 和 $d\nu$ 的单位都是 s^{-1},c 的单位是 m·s^{-1}。所以,对于 Rayleigh-Jeans 定律[式(1.1)],有

$$d\rho(\nu,T)=\rho_\nu(T)\,d\nu=\frac{8\pi k_B T}{c^3}\nu^2 d\nu$$

$$\sim\frac{(\mathrm{J\cdot K^{-1}})(\mathrm{K})}{(\mathrm{m\cdot s^{-1}})^3}(\mathrm{s^{-1}})^2(\mathrm{s^{-1}})=\mathrm{J\cdot m^3}$$

对于普朗克分布定律[式(1.2)],有

$$d\rho(\nu,T)=\rho_\nu(T)\,d\nu=\frac{8\pi h}{c^3}\cdot\frac{\nu^3 d\nu}{e^{h\nu/k_BT}-1}$$

$$\sim\frac{(\mathrm{J\cdot s})(\mathrm{s^{-1}})^3(\mathrm{s^{-1}})}{(\mathrm{m\cdot s^{-1}})^3}=\mathrm{J\cdot m^{-3}}$$

因此,辐射能量密度 $\rho_\nu(T)\,d\nu$ 具有 J·m^{-3}的单位。

式(1.2)用频率表示普朗克分布定律。由于波长(λ)和频率(ν)之间满足 $\lambda\nu=c$ 的关系,所以 $d\nu=-c\,d\lambda/\lambda^2$,则可以用波长而不是用频率来表示普朗克分布定律(参见习题 1-10):

$$d\rho(\lambda,T)=\rho_\lambda(T)\,d\lambda=\frac{8\pi hc}{\lambda^5}\cdot\frac{d\lambda}{e^{hc/\lambda k_BT}-1}\qquad(1.3)$$

式中 $\rho_\lambda(T)\,d\lambda$ 是波长在 λ 和 $\lambda+d\lambda$ 之间的辐射能量密度。图 1.2 中绘制了与式(1.3)对应的、不同温度下的辐射强度与波长之间的关系曲线。

式(1.3)可以用来证明一个被称为**维恩位移定律**(Wien displacement law)的经验关系式。维恩位移定律指出,如果 λ_{max} 是 $\rho_\lambda(T)$ 为最大值时对应的波长,则

$$\lambda_{max}T=2.90\times10^{-3}\ \mathrm{m\cdot K}\qquad(1.4)$$

通过对 $\rho_\lambda(T)$ 求关于 λ 的微分,可以证明(参见习题 1-5):

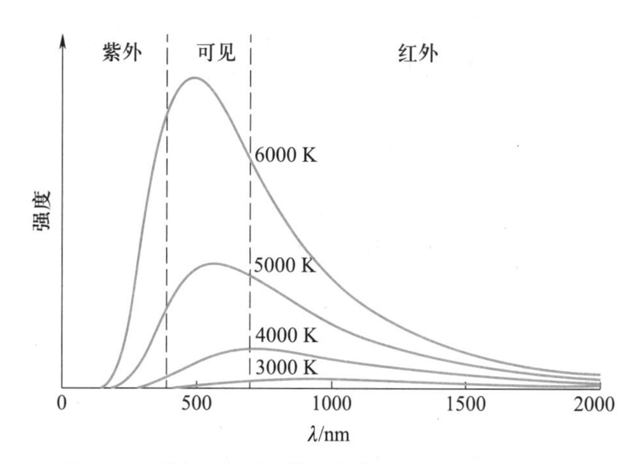

图 1.2　不同温度下黑体辐射的强度随波长的分布。随着温度的升高,发射的总辐射(曲线下的面积)增加。

$$\lambda_{max}T=\frac{hc}{4.965k_B}\qquad(1.5)$$

与维恩位移定律相符。使用书前给出的 h,c 和 k_B 的最新值,可得到式(1.5)右侧的值为 2.899×10^{-3} m·K,其与式(1.4)中给出的实验值十分吻合。

在天文学中黑体辐射理论常被用于估算恒星的表面温度。图 1.3 展示了在地球上层大气中测量得到的太阳电磁光谱。比较图 1.3 与图 1.2 可以发现:太阳的光谱可以用一个约 6000 K 的黑体来描述。如果从图 1.3 估计 λ_{max} 为 500 nm,那么维恩位移定律[式(1.4)]给出的太阳表面温度为

$$T=\frac{2.90\times10^{-3}\ \mathrm{m\cdot K}}{500\times10^{-9}\ \mathrm{m}}=5800\ \mathrm{K}$$

而恒星天狼星看起来呈蓝色,其表面温度约为 11000 K(参见习题 1-7)。

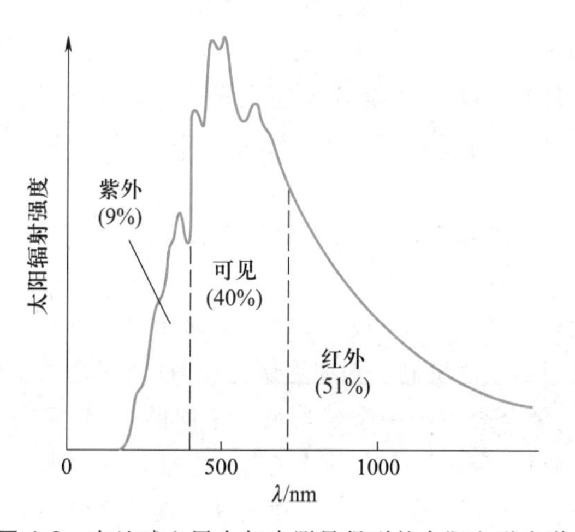

图 1.3　在地球上层大气中测量得到的太阳电磁光谱。将此图与图 1.2 比较,表明太阳的表面辐射类似于一个温度约 6000 K 的黑体辐射。

毫无疑问,普朗克对于黑体辐射分布定律的推导是一项令人印象深刻的成就。然而,普朗克的推导,尤其是他的假设,即振子的能量必须是 $h\nu$ 的整数倍,在当时并没有被大多数科学家接受,被认为只是一个任意的推导。大多数人相信,随着时间的推移,会找到一个令人满意的、符合经典物理学定律的推导方法。从某种意义上说,普朗克的推导不过是一种好奇心的表现。然而,仅在数年后,即1905年,爱因斯坦就使用了完全相同的思想来解释光电效应。

1-3 爱因斯坦用量子假设解释了光电效应

在1886年和1887年,德国物理学家海因里希·赫兹(Heinrich Hertz)在进行支持麦克斯韦关于光的电磁性质理论的实验时,发现紫外光会使金属表面释放电子。因辐射而导致电子从金属表面逸出的现象称为**光电效应**(photoelectric effect)。光电效应的两个实验观察结果与经典的光波理论形成了鲜明的对比。根据经典物理学,电磁辐射是一个在垂直于传播方向振荡的电场,且辐射的强度与电场振幅的平方成正比。随着强度的增加,电场振幅也增加。金属表面的电子应该随着电场振荡,因此,随着强度(振幅)增加,电子应振荡得更为激烈,并最终以一定的动能脱离表面,该动能取决于电场振幅(强度)。这一美丽的经典图像与实验观察完全不符。实验上,逸出电子的动能与入射辐射的强度无关。此外,经典理论预测光电效应可在光的任何频率下发生,只要其强度足够高。然而,实验事实是,存在一个**阈频**(threshold frequency)ν_0,它是金属表面的特性。低于这个频率,无论辐射的强度如何,都不会有电子逸出。在 ν_0 以上,逸出电子的动能随频率 ν 线性变化。这些观察结果与经典理论相悖。

为了解释这些结果,爱因斯坦采用了普朗克的假设,但进行了重要的扩展。回想一下,普朗克应用能量量子化的概念,即 $E=nh\nu$ 或 $\Delta E=h\nu$,来解释原子中电子振子的发射和吸收机制。普朗克认为,一旦光能量被发射出来,它就会表现为一个经典波。不同的是,爱因斯坦指出,辐射本身以一个个的小能量包[即 $E=h\nu$,现在称为**光子**(photons)]形式存在。通过使用能量守恒的简单论证,爱因斯坦证明了逸出电子的动能(KE)等于入射光子的能量($h\nu$)减去从某一特定金属表面移走一个电子所需的最小能量(ϕ)。用公式可表示为

$$KE=\frac{1}{2}mv^2=h\nu-\phi \tag{1.6}$$

式中 ϕ 称为金属的**功函**(work function),类似于孤立原子的电离能。式(1.6)的左侧不能为负,因此式(1.6)预测 $h\nu>\phi$。逸出电子的最小频率正是克服金属功函所需的频率,因此我们发现,存在一个阈频 ν_0,可由下式给出:

$$h\nu_0=\phi \tag{1.7}$$

根据式(1.6)和式(1.7),可以写出:

$$KE=h\nu-h\nu_0 \tag{1.8}$$

式(1.8)表明,如果将 KE 对 ν 作图,则应该得到一条直线,且直线的斜率应该是 h,这与图1.4中的数据完全一致。

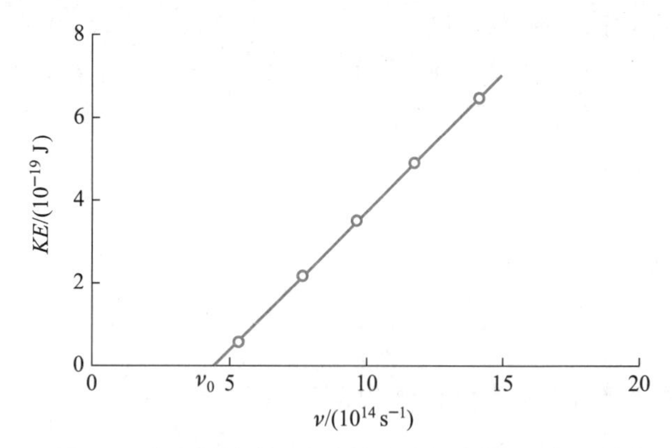

图1.4 从金属钠表面逸出的电子的动能 KE 与入射紫外辐射的频率 ν 之间的关系。这里的阈频为 4.41×10^{14} Hz(1 Hz = 1 s^{-1})。

在能够对式(1.8)进行数值讨论之前,必须考虑涉及的单位。功函 ϕ 的单位通常是电子伏特(eV)。一个电子伏特是当与电子(或质子)具有相同电荷的一个粒子通过1 V电势降时获得的能量。已知(1 C)×(1 V)= 1 J及一个质子的电荷为 1.602×10^{-19} C,可以得到

$$1\ \text{eV}=(1.602\times10^{-19}\ \text{C})(1\ \text{V})=1.602\times10^{-19}\ \text{J}$$

» 例题 1-2 已知金属钠的功函为1.82 eV,试计算钠的阈频 ν_0。

» 解 首先,必须将功函 ϕ 的单位由eV转换为J。

$$\phi=1.82\ \text{eV}=(1.82\ \text{eV})\times(1.602\times10^{-19}\ \text{J}\cdot\text{eV}^{-1})$$
$$=2.92\times10^{-19}\ \text{J}$$

根据式(1.7),可以得到

$$\nu_0=\frac{2.92\times10^{-19}\ \text{J}}{6.626\times10^{-34}\ \text{J}\cdot\text{s}}=4.41\times10^{14}\ \text{Hz}$$

在最后,我们已用单位Hz代替了 s^{-1}。

» 例题 1-3 已知当辐照锂的光的波长 λ 为 300.0 nm 和 400.0 nm 时，逸出电子的动能分别是 2.935×10^{-19} J 和 1.280×10^{-19} J。试计算：(1) 普朗克常数；(2) 阈频 ν_0；(3) 锂的功函。

» 解 (1) 根据式(1.8)，可以得到

$$(KE)_1-(KE)_2=h(\nu_1-\nu_2)=hc\left(\frac{1}{\lambda_1}-\frac{1}{\lambda_2}\right)$$

代入已知数据，即

$$2.935\times10^{-19}\ \text{J}-1.280\times10^{-19}\ \text{J}=$$
$$h\times(2.998\times10^8\ \text{m}\cdot\text{s}^{-1})\times\left(\frac{1}{300.0\times10^{-9}\ \text{m}}-\frac{1}{400.0\times10^{-9}\ \text{m}}\right)$$

解得

$$h=6.625\times10^{-34}\ \text{J}\cdot\text{s}$$

(2) 根据式(1.8)，使用 $\lambda=300.0$ nm 时的数据，可得

$$2.935\times10^{-19}\ \text{J}=\frac{hc}{300.0\times10^{-9}\text{m}}-h\nu_0$$

由此可计算得到

$$\nu_0=5.564\times10^{14}\ \text{Hz}$$

(3) 根据式(1.7)，有

$$\phi=h\nu_0=3.687\times10^{-19}\ \text{J}=2.301\ \text{eV}$$

爱因斯坦得到的 h 值与从普朗克的黑体辐射公式导出的值非常接近。这无疑是一个令人惊奇的结果，因为那时能量量子化的概念相当神秘，没有得到科学界的广泛接受。然而，在两组十分不同的实验中，即黑体辐射和光电效应，都自然地出现了同样的量子化常数 h。科学家们意识到，也许这一切有其内在的道理。

1-4 由系列谱线构成的氢原子光谱

科学家们已经知道，每个原子在高温或放电作用下，都会发射具有特征频率的电磁辐射。换句话说，每个原子都有其特征的发射光谱。由于原子的发射光谱仅包含一些离散的频率，因此它们被称为**线光谱**(line spectra)。氢是最轻、最简单的原子，其光谱也是最简单的。

图 1.5 显示了氢原子在可见光和近紫外光区域的发射光谱。

由于原子光谱与所涉及的原子特征相关，因此可以合理推测光谱取决于原子中电子的分布。对氢原子光谱的详细分析实际上是揭示原子的电子结构的重要一步。多年来，科学家们一直试图找到氢原子光谱中谱线的波长或频率的规律。最终，在 1885 年，一位瑞士的业余科学家约翰·巴耳末(Johann Balmer)证明，将谱线的频率对 $1/n^2(n=3,4,5,\cdots)$ 作图，它们之间的关系是线性的，如图 1.6 所示。特别地，巴耳末证明了光谱可见区发射谱线的频率可以用下式来描述：

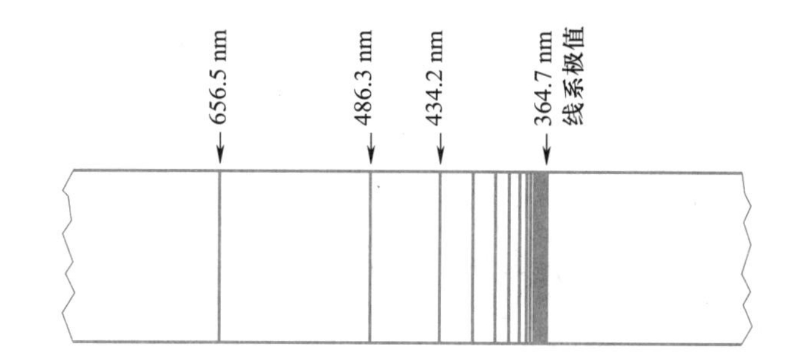

图 1.5 氢原子在可见光和近紫外光区域的发射光谱，显示氢原子的发射光谱是一个线光谱。

$$\nu=8.2202\times10^{14}\left(1-\frac{4}{n^2}\right)\ \text{Hz}$$

式中 $n=3,4,5,\cdots$。通常，这个公式习惯上用 $1/\lambda$ 而不是 ν 来表示。波长的倒数称为**波数**(wavenumber)，其 SI 单位是 m^{-1}。然而，在光谱学中，非 SI 单位 cm^{-1} 的使用非常普遍。因此，在本书的大部分内容中，我们将使用 cm^{-1}。如果将上面的公式除以 c，并将 4 作为括号中两项的公因子提取出来，就可以得到

$$\tilde{\nu}=109680\left(\frac{1}{2^2}-\frac{1}{n^2}\right)\ \text{cm}^{-1}\quad n=3,4,5,\cdots \tag{1.9}$$

式中 $\tilde{\nu}=1/\lambda=\nu/c$。式(1.9)称为**巴耳末公式**(Balmer's formula)。

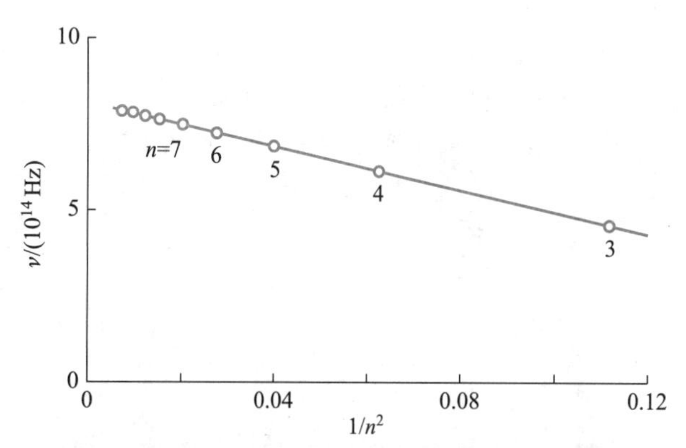

图 1.6 将出现在可见光和近紫外光区域的氢原子光谱的系列谱线频率对 $1/n^2(n=3,4,5,\cdots)$ 作图，所得图的线性特性直接导致了式(1.9)。实际的光谱如图 1.5 所示。

» 例题 1-4 利用巴耳末公式，计算氢原子光谱在可见光区域中前几条谱线的波长，并将它们与图 1.5 中的实验数据比较。

» 解　通过设定 $n=3$ 可以得到第一条线，其波数为

$$\tilde{\nu}=109680\left(\frac{1}{2^2}-\frac{1}{3^2}\right)\mathrm{cm}^{-1}=1.523\times10^4\ \mathrm{cm}^{-1}$$

对应的波长为

$$\lambda=6.565\times10^{-5}\ \mathrm{cm}=656.5\ \mathrm{nm}$$

通过设定 $n=4$ 可以得到下一条线，其波数为

$$\tilde{\nu}=109680\left(\frac{1}{2^2}-\frac{1}{4^2}\right)\mathrm{cm}^{-1}=2.056\times10^4\ \mathrm{cm}^{-1}$$

对应的波长为

$$\lambda=4.863\times10^{-5}\ \mathrm{cm}=486.3\ \mathrm{nm}$$

可见，计算结果与图1.5中的实验数据非常吻合。

请注意，当 n 取3，4，5，…时，式(1.9)预测会出现一系列谱线。出现在氢原子光谱的可见光和近紫外光区域的、并由巴耳末公式预测的这一系列谱线，称为**巴耳末线系**(Balmer series)。巴耳末线系示于图1.5中。还要注意，式(1.9)预测了随着 n 的增大，氢原子光谱中的谱线会聚集在一起。随着 n 的增大，$1/n^2$ 减小；最终，与 $1/2^2$ 项相比，可以忽略这一项。因此，在 $n\to\infty$ 的极限情况下，有

$$\tilde{\nu}\to109680\left(\frac{1}{2^2}\right)\mathrm{cm}^{-1}=2.742\times10^4\ \mathrm{cm}^{-1}$$

或者 $\lambda=364.7$ nm，与图1.5中的数据非常吻合。这个值实际上是巴耳末线系中的最后一条线的波长，称为**线系极值**(series limit)。

巴耳末线系出现在可见光和近紫外光区域。氢原子光谱在其他区域也有谱线；事实上，在紫外光和红外光区域出现了类似巴耳末线系的系列谱线(见图1.7)。

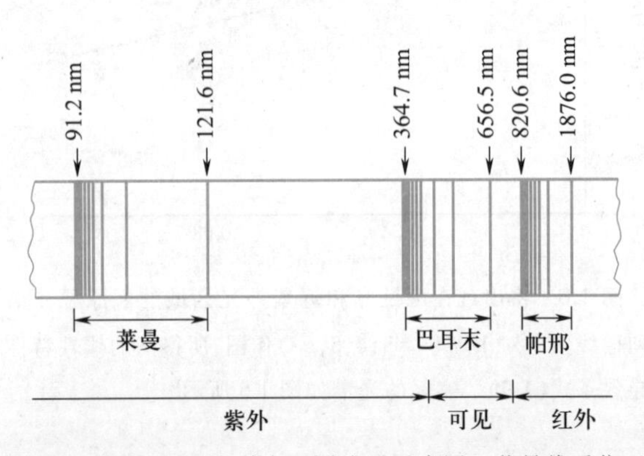

图1.7　氢原子光谱中不同线系示意图。莱曼线系位于紫外光区；巴耳末线系位于可见光区；帕邢线系和布拉开线系位于红外光区(见表1.1)。

1-5 里德伯公式解释了氢原子光谱中的所有谱线

瑞典光谱学家约翰内斯·里德伯(Johannes Rydberg)通过将巴耳末公式推广至下面这个公式，解释了氢原子光谱中的所有谱线：

$$\tilde{\nu}=\frac{1}{\lambda}=109680\left(\frac{1}{n_1^2}-\frac{1}{n_2^2}\right)\mathrm{cm}^{-1}\quad(n_2>n_1)\tag{1.10}$$

式中 n_1 和 n_2 都是整数，但 n_2 始终大于 n_1。式(1.10)称为**里德伯公式**(Rydberg formula)。注意，如果取 $n_1=2$，则可复原巴耳末线系。其他线系可通过使 $n_1=1,3,4,\cdots$ 来获得。这些线系的名称见图1.7和表1.1。式(1.10)中的常数称为**里德伯常数**(Rydberg constant)。式(1.10)通常又写为

$$\tilde{\nu}=R_{\mathrm{H}}\left(\frac{1}{n_1^2}-\frac{1}{n_2^2}\right)\tag{1.11}$$

式中 R_{H} 就是里德伯常数。里德伯常数的最新值为 $109677.581\ \mathrm{cm}^{-1}$，它是已知最准确的物理常数之一。

表1.1　构成氢原子光谱的前四个谱线系列。

线系名称	n_1	n_2	光谱区域
莱曼线系(Lyman series)	1	2，3，4，…	紫外
巴耳末线系(Balmer series)	2	3，4，5，…	可见
帕邢线系(Paschen series)	3	4，5，6，…	近红外
布拉开线系(Brackett series)	4	5，6，7，…	红外

注：术语“近红外”表示光谱红外光区域中靠近可见光区域的那部分。

» 例题 1-5　计算帕邢线系中第二条线的波长，并证明该谱线位于近红外光区域，即接近可见光的红外光区域。

» 解　根据表1.1，在帕邢线系中，$n_1=3$，$n_2=4,5,6,\cdots$。因此，帕邢线系中第二条线的波长可通过将式(1.11)中的 n_1 设定为3，n_2 设定为5来获得：

$$\begin{aligned}\tilde{\nu}&=109677.57\left(\frac{1}{3^2}-\frac{1}{5^2}\right)\mathrm{cm}^{-1}\\&=7.799\times10^3\ \mathrm{cm}^{-1}\end{aligned}$$

即

$$\lambda = 1.282\times10^{-4}\ \mathrm{cm} = 1282\ \mathrm{nm}$$

其位于近红外光区。

描述氢原子光谱的公式受两个整数控制的事实确实令人惊奇。为什么氢原子会关心整数呢？我们将看到整数在量子理论中扮演着特殊的角色。

其他原子的光谱也被观察到由一系列谱线组成。在19世纪90年代，里德伯找到了许多其他原子的近似经验定律。其他原子的经验定律通常比式(1.11)更复杂，但真正有趣的特性是所有观察到的谱线都可以表示为如式(1.11)所示两项之差的形式。该特性称为**里兹组合规则**(Ritz combination rule)，我们将看到它其实可以从人们对原子结构的现代观点中直接得出。然而，在当时，它只是一个等待理论解释的经验规则。

1-6 德布罗意假设物质具有波动性质

尽管我们对原子的电子结构有了一些引人入胜的局部洞悉，但仍然有一些内容是缺失的。为了进一步探讨这个问题，让我们回到对光的性质的讨论。

科学家们在描述光的性质时一直存在困难。在许多实验中，光表现出明确的波动特性，但在许多其他实验中，光的行为又似乎像一束光子。通过棱镜将白光分散成光谱是第一类实验的一个例子，而光电效应则是第二类实验的一个例子。由于光在某些情形下看起来像波，而在其他情形下又像粒子，所以这种不一致性被称为**光的波粒二象性**(wave-particle duality of light)。1924年，一位年轻的法国科学家路易斯·德布罗意(Louis de Broglie)推理道，如果光可以显示这种波粒二象性，那么物质(其当然呈现出粒子般的特性)也有可能在某些条件下显示出与波一样的性质。这种想法一开始可能让人觉得相当奇怪，但它确实表明了自然界的一种美妙对称性。毫无疑问，如果光有时可以呈现出粒子般的特性，为什么物质在某些时候不能呈现出波动特性呢？

德布罗意能够将他的想法量化。通过相对论，爱因斯坦已经证明了光子的波长 λ 和动量 p 之间的关系为

$$\lambda = \frac{h}{p} \qquad (1.12)$$

德布罗意认为光和物质都遵循这个方程。因为一个粒子的动量为 mv，所以根据式(1.12)，一个质量为 m、以速率 v 移动的粒子所具有的**德布罗意波长**(de Broglie wavelength)可由 $\lambda = h/mv$ 给出。

» 例题 1-6 计算一个以 90 mph 的速率移动的棒球(5.0 oz)的德布罗意波长。

» 解 5.0 oz 对应的质量为

$$m = (5.0\ \mathrm{oz})\left(\frac{1\ \mathrm{lb}}{16\ \mathrm{oz}}\right)\left(\frac{0.454\ \mathrm{kg}}{1\ \mathrm{lb}}\right) = 0.14\ \mathrm{kg}$$

90 mph 对应的速率为

$$v = \left(\frac{90\ \mathrm{mi}}{1\ \mathrm{h}}\right)\left(\frac{1610\ \mathrm{m}}{1\ \mathrm{mi}}\right)\left(\frac{1\ \mathrm{h}}{3600\ \mathrm{s}}\right) = 40\ \mathrm{m\cdot s^{-1}}$$

故棒球的动量为

$$p = mv = (0.14\ \mathrm{kg})(40\ \mathrm{m\cdot s^{-1}}) = 5.6\ \mathrm{kg\cdot m\cdot s^{-1}}$$

则德布罗意波长为

$$\lambda = \frac{h}{p} = \frac{6.626\times10^{-34}\ \mathrm{J\cdot s}}{5.6\ \mathrm{kg\cdot m\cdot s^{-1}}} = 1.2\times10^{-34}\ \mathrm{m}$$

这是一个极其微小的波长。

从例题1.6中可以看到，棒球的德布罗意波长非常小，以至于完全无法检测，也没有实际意义。原因是棒球的质量 m 很大。那如果计算一个电子的德布罗意波长，情形又将如何呢？

» 例题 1-7 计算一个以1.00%光速的速率移动的电子的德布罗意波长。

» 解 电子的质量为 9.109×10^{-31} kg。1.00%的光速为

$$v = (0.0100)(2.998\times10^{8}\mathrm{m\cdot s^{-1}}) = 2.998\times10^{6}\ \mathrm{m\cdot s^{-1}}$$

电子的动量为

$$\begin{aligned} p &= mv = (9.109\times10^{-31}\ \mathrm{kg})(2.998\times10^{6}\ \mathrm{m\cdot s^{-1}}) \\ &= 2.73\times10^{-24}\ \mathrm{kg\cdot m\cdot s^{-1}} \end{aligned}$$

该电子的德布罗意波长为

$$\lambda = \frac{h}{p} = \frac{6.626\times10^{-34}\ \mathrm{J\cdot s}}{2.73\times10^{-24}\ \mathrm{kg\cdot m\cdot s^{-1}}} = 2.43\times10^{-10}\ \mathrm{m}$$

这个波长在原子尺度上。

例题1-7中计算得到的电子波长对应于X射线的波长。因此，尽管式(1.12)对于像棒球这样的宏观物体没有影响，但它预测电子可被观察到具有像X射线一样的行为。表1.2中给出了一些运动物体的德布罗意波长。

表 1.2 一些运动物体的德布罗意波长。

粒子	质量/kg	速率/($\mathrm{m\cdot s^{-1}}$)	波长/pm
100 V 加速的电子	9.11×10^{-31}	5.6×10^{6}	120
10000 V 加速的电子	9.29×10^{-31}	5.9×10^{7}	12

续表

粒子	质量/kg	速率/(m·s^{-1})	波长/pm
镭放射出的α粒子	6.68×10^{-27}	1.5×10^{7}	6.6×10^{-3}
22口径的步枪子弹	1.9×10^{-3}	3.2×10^{2}	1.1×10^{-21}
高尔夫球	0.045	30	4.9×10^{-22}

1-7　实验观测到的德布罗意波

当一束X射线照射到晶体物质上时，射线会以一种明确定义的方式散射，这种散射方式具有晶体物质的原子结构特征。这一现象称为**X射线衍射**(X-ray diffraction)，发生的原因是晶体中的原子间距与X射线的波长大致相同。铝箔的X射线衍射图案如图1.8(a)所示。X射线以不同直径的圆环从箔片上散射出来，圆环之间的距离由金属箔中的原子间距决定。图1.8(b)显示了当一束电子类似地照射到铝箔时所产生的电子衍射图案。两个图案的相似性表明，在这些实验中，X射线和电子确实行为类似。

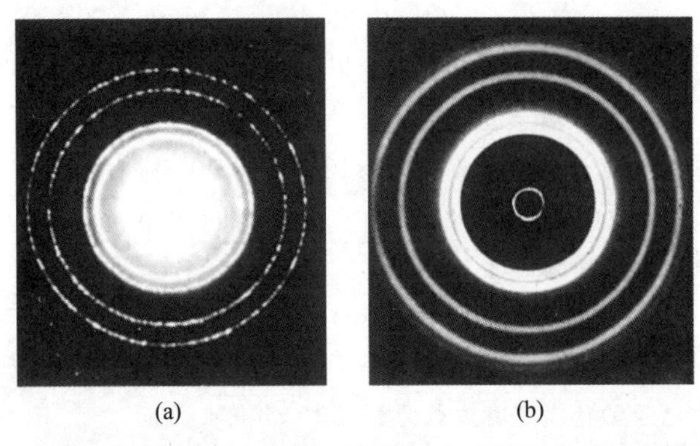

图1.8　铝箔的X射线衍射图案(a)；铝箔的电子衍射图案(b)。这两个图案的相似性表明电子可以像X射线一样表现出波动性质。

电子的波动性质被用于电子显微镜。通过施加电压控制电子的波长，获得的小的德布罗意波长可提供比普通光学显微镜更精确的探针。此外，与具有类似波长的电磁辐射(X射线和紫外光)不同，电子束在电场和磁场作用下较易聚焦，从而生成更清晰的图像。在化学和生物学领域，电子显微镜常用来研究原子和分子的结构。

关于物质的波粒二象性概念，有一个有趣的历史插曲，即第一个证明电子是亚原子粒子的人是英国物理学家约瑟夫·汤姆孙爵士(Sir Joseph J. Thomson)，他在1895年完成这一证明。之后，他的儿子乔治·汤姆孙爵士(Sir George P. Thomson)则在1926年率先在实验中证明电子具有像波一样的行为。父亲因为证明电子是一种粒子而在1906年获得诺贝尔奖，儿子则因为证明电子是一种波而在1937年获得诺贝尔奖。

1-8　氢原子的玻尔理论可以用来导出里德伯公式

1911年，丹麦物理学家尼尔斯·玻尔(Niels Bohr)提出一个关于氢原子的理论，为氢原子光谱提供了一个极其简洁的解释。下面简要讨论一下玻尔理论。

根据原子的核模型，氢原子可以想象成一个位于中央的、相对质量较大的核，其周围围绕着一个电子。由于核的质量远比电子质量大得多，可以认为核是固定不动的，而电子则绕核旋转。将电子保持在一个圆形轨道上的力是由质子和电子之间的库仑引力提供的(库仑定律)：

$$f=\frac{e^2}{4\pi\varepsilon_0 r^2}$$

式中r是轨道的半径；e是电子的电荷；$\varepsilon_0=8.85419\times10^{-12}\ \mathrm{C^2\cdot N^{-1}\cdot m^{-2}}$是真空介电常数。库仑定律中出现的因子$4\pi\varepsilon_0$是使用SI单位的结果。库仑引力由离心力来平衡(参见习题1-41)：

$$f=\frac{m_e v^2}{r} \tag{1.13}$$

式中m_e和v分别是电子的质量和速率。如果库仑引力和离心力相等，则可得到

$$\frac{e^2}{4\pi\varepsilon_0 r^2}=\frac{m_e v^2}{r} \tag{1.14}$$

显然，这里假设电子绕着固定的核、在一半径为r的圆形轨道上运动。然而，从经典物理学的角度来看，由于电子是根据式(1.13)不断被加速的(参见习题1-41)，所以它应该会发射电磁辐射并丧失能量。因此，经典物理学预测，绕核运动的电子将丧失能量并螺旋入核。因此，一个稳定的电子轨道是经典物理学所禁止的。玻尔的伟大贡献在于他提出了两个非经典的假设。第一个假设是存在稳定的电子轨道，不顾及经典物理学。然后，他通过等效地假设轨道运动的电子的德布罗意波必须在电子完成一次完整的旋转时"匹配"或保持同相来指定这些轨道。如果没有这种匹配，则每次旋转都会发生一些振幅的抵消，最终波将消失(见图1.9)。为了使围绕轨道的波纹图案保持稳定，我们得出这样一个条件，即必须有整

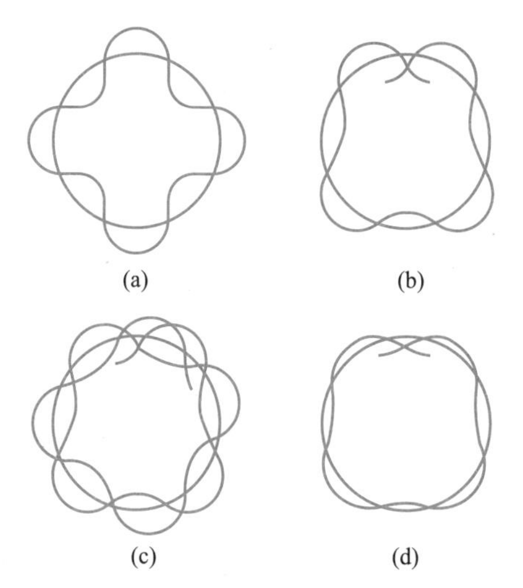

图 1.9 玻尔轨道中德布罗意波的匹配和不匹配示意图。如果德布罗意波长的整数倍正好等于轨道的周长，那么它们在一次完整的旋转后会匹配(a)。如果波在一次完整的旋转后不匹配(b)，则会发生抵消，并且波会逐渐消失(c)(d)。

数个完整波长来匹配(适应)轨道的周长。因为一个圆的周长是 $2\pi r$，所以有量子条件

$$2\pi r=n\lambda \quad n=1,2,3,\cdots \tag{1.15}$$

如果将德布罗意波长公式[式(1.12)]代入式(1.15)，则得到

$$m_e vr=\frac{nh}{2\pi}$$

或者

$$m_e vr=n\hbar \quad n=1,2,3,\cdots \tag{1.16}$$

式中引入了符号 $\hbar$ 来表示 $h/2\pi$。引入这种简写符号是因为 $\hbar$ 出现在量子化学的许多公式中。式(1.16)左侧的量是电子的角动量。因此，式(1.15)的另一种解释是电子绕质子的角动量必须是量子化的，该解释通常更多地归属于玻尔。换句话说，它只能是满足式(1.16)($n=1$, 2,3,…)的某些离散值。

如果由式(1.16)获得 v 的表示式，并将其代入式(1.14)，可发现轨道的半径必须满足下式：

$$r=\frac{\varepsilon_0 h^2 n^2}{\pi m_e e^2}=\frac{4\pi\varepsilon_0\hbar^2 n^2}{m_e e^2} \tag{1.17}$$

因此，可以看到允许的轨道或玻尔轨道的半径是量子化的。根据这个模型，电子只能在半径由式(1.17)给出的圆形轨道上绕核运动。具有最小半径的轨道是 $n=1$ 的轨道，这个轨道的半径为

$$r=\frac{4\pi(8.85419\times10^{-12}\,\mathrm{C^2\cdot N^{-1}\cdot m^{-2}})(1.055\times10^{-34}\,\mathrm{J\cdot s})^2}{(9.109\times10^{-31}\,\mathrm{kg})(1.6022\times10^{-19}\,\mathrm{C})^2}$$
$$=5.292\times10^{-11}\,\mathrm{m}=52.92\ \mathrm{pm} \tag{1.18}$$

第一个玻尔轨道的半径通常用符号 a_0 表示。

一个原子中电子的总能量等于其动能和势能之和。相隔距离 r 的一个电子和一个质子之间的势能可由库仑定律给出：

$$V(r)=-\frac{e^2}{4\pi\varepsilon_0 r} \tag{1.19}$$

式中负号表示质子和电子相互吸引，它们的能量比它们相距无穷远时[$V(\infty)=0$]的能量小。一个氢原子中电子的总能量为

$$E=KE+V(r)=\frac{1}{2}m_e v^2-\frac{e^2}{4\pi\varepsilon_0 r} \tag{1.20}$$

使用式(1.14)消除动能项中的 $m_e v^2$，则式(1.20)变为

$$E=KE+V(r)=\frac{1}{2}\left(\frac{e^2}{4\pi\varepsilon_0 r}\right)-\frac{e^2}{4\pi\varepsilon_0 r}=-\frac{e^2}{8\pi\varepsilon_0 r} \tag{1.21}$$

由于允许的 r 值只能由式(1.17)给出，因此，如果将式(1.17)代入式(1.21)，可发现允许的能量只能是

$$E_n=-\frac{m_e e^4}{8\varepsilon_0^2 h^2}\frac{1}{n^2} \quad n=1,2,3,\cdots \tag{1.22}$$

式中负号表示能级是束缚态。式(1.22)给出的能量比质子和电子相距无穷远时的能量小。请注意，式(1.22)中 $n=1$ 对应于能量最低的状态。这个能量称为**基态能量**(ground-state energy)。在通常温度下，氢原子及大多数其他原子和分子几乎都处于它们的电子基态。更高能量的状态称为**激发态**(excited states)，激发态相对于基态通常是不稳定的。处于激发态的一个原子或分子通常将会弛豫回到基态，以电磁辐射的形式释放能量。

我们可以在如图 1.10 所示的一张能级图中显示由式(1.22)给出的能量。注意，当 $n\rightarrow\infty$ 时，能级会合并。玻尔假设观察到的氢原子光谱是由从一个许可能级到另一个许可能级的跃迁所引起的；此外，使用式(1.22)，他预测了允许的能级差可由下式给出：

$$\Delta E=\frac{m_e e^4}{8\varepsilon_0^2 h^2}\left(\frac{1}{n_1^2}-\frac{1}{n_2^2}\right)=h\nu \tag{1.23}$$

公式 $\Delta E=h\nu$ 称为**玻尔频率条件**(Bohr frequency condition)。玻尔假设，当电子从一个能级跌落到另一个能级时，相关的能量以 $E=h\nu$ 的光子形式释放出来。图 1.10 中根据电子跌落到的最终能级对各种跃迁进行了分组。因此，可以看到，玻尔模型自然地解释了各种观察到的光谱线系。莱曼线系发生在被激发到更高能级的电子弛豫到 $n=1$ 的状态时；巴耳末线系发生在被激发的电子回到 $n=2$ 的状态时，以此类推。

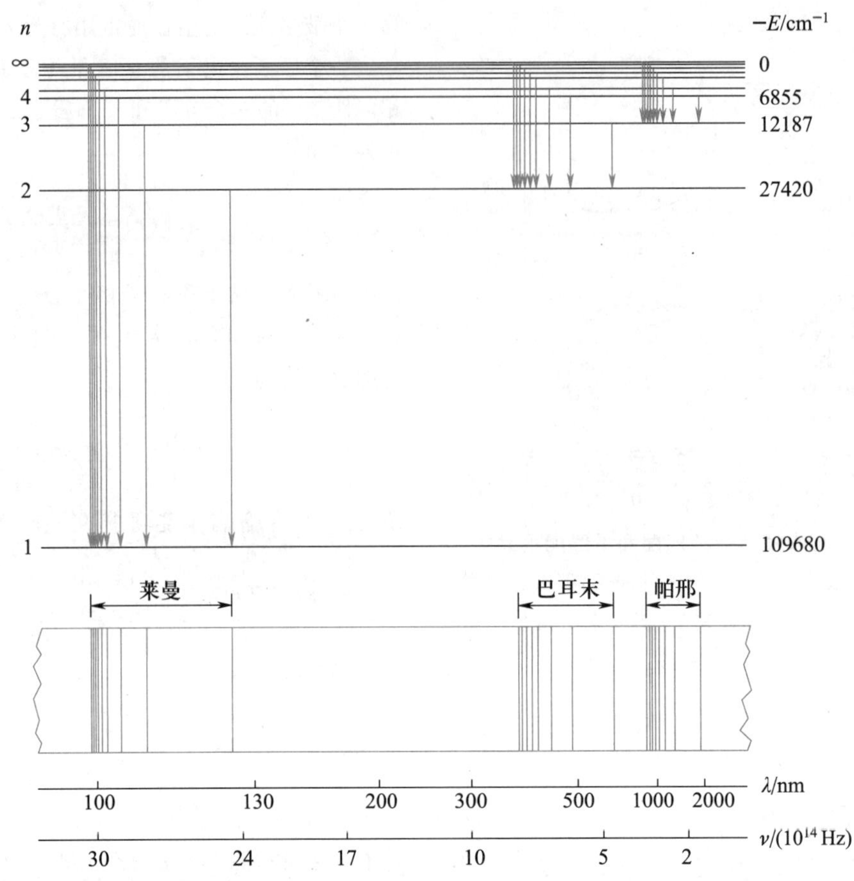

图 1.10　氢原子的能级图，展示了从较高能级向某个特定能级的跃迁导致的氢的光谱系列。

因为 $h\nu=hc\tilde{\nu}$，则可以将理论公式［式(1.23)］写成经验的里德伯公式的形式，即

$$\tilde{\nu}=\frac{m_e e^4}{8\varepsilon_0^2 ch^3}\left(\frac{1}{n_1^2}-\frac{1}{n_2^2}\right) \tag{1.24}$$

如果比较式(1.11)和式(1.24)，可以得出结论：

$$R_\infty=\frac{m_e e^4}{8\varepsilon_0^2 ch^3} \tag{1.25}$$

应该等于式(1.11)中的里德伯常数。

» 例题 1-8　利用本书前给出的物理常数值，计算 R_∞，并与其实验值 109677.6 $\mathrm{cm^{-1}}$ 比较。

» 解

$$R_\infty=\frac{(9.10939\times10^{-31}\ \mathrm{kg})(1.602177\times10^{-19}\ \mathrm{C})^4}{8(8.85419\times10^{-12}\ \mathrm{C^2\cdot N^{-1}\cdot m^{-2}})^2(2.99792\times10^8\ \mathrm{m\cdot s^{-1}})(6.626076\times10^{-34}\ \mathrm{J\cdot s})^3}$$
$$=1.09737\times10^7\ \mathrm{m^{-1}}=109737\ \mathrm{cm^{-1}}$$

与实验值 109677.6 $\mathrm{cm^{-1}}$ 相差 0.05%以内，相当吻合。

» 例题 1-9　计算氢原子的电离能。

» 解　电离能是将电子从基态升入第一个未束缚态所需的能量，可通过设定式(1.24)中的 $n_1=1, n_2=\infty$ 来获得。即

$$IE=R_\infty\left(\frac{1}{1^2}-\frac{1}{\infty^2}\right)$$

或

$$IE=R_\infty=109737\ \mathrm{cm^{-1}}$$
$$=2.1787\times10^{-18}\ \mathrm{J}$$
$$=13.598\ \mathrm{eV}=1312.0\ \mathrm{kJ\cdot mol^{-1}}$$

注意，我们已用波数单位($\mathrm{cm^{-1}}$)来表示能量。该单位不是严格意义上的能量单位，但由于波数和能量之间的简单关系式，即 $E=hc\tilde{\nu}$，能量经常以这种方式表示(参见习题 1-1)。

尽管玻尔理论在一些方面取得了成功，并且具有很好的简单性，但这个理论无法成功推广到其他系统，甚至是氦这样的两电子系统。此外，即便是对于像氢原子这样的简单系统，玻尔理论也无法解释在对系统施加磁场时产生的光谱，也不能预测谱线的强度。

1-9 海森伯不确定性原理指出不能同时以无限精度确定一个粒子的位置和动量

我们知道,光和物质都既具有波动特性又具有粒子特性。接下来让我们考虑电子位置的测量。如果我们希望在距离 Δx 内定位电子,那么我们必须使用一个空间分辨率小于 Δx 的测量设备。实现这种分辨率的一种方法是使用波长 $\lambda \approx \Delta x$ 量级的光。为了使电子能被“看到”,光子必须以某种方式与电子相互作用或碰撞,否则光子将直接穿过,电子将显得透明。光子具有动量 $p=h/\lambda$,在碰撞过程中,其中一部分动量将转移给电子。定位电子的行为本身会导致其动量的变化。如果我们希望更精确地定位电子,我们必须使用波长更小的光。因此,光束中的光子将因 $p=h/\lambda$ 这一关系而具有更大的动量。由于在定位过程中光子的一部分动量必须转移给电子,电子的动量变化变得更大。在 20 世纪 20 年代中期,德国物理学家维尔纳·海森伯(Werner Heisenberg)对这个过程进行了仔细分析,他证明不可能确切地测定有多少动量转移到电子上。这一困难意味着,如果我们希望定位电子在一个 Δx 区域内,那么电子的动量将存在不确定性。海森伯证明得到,如果 Δp 是电子动量的不确定性,那么

$$\Delta x \Delta p \geqslant h \tag{1.26}$$

式(1.26)称为**海森伯不确定性原理**(Heisenberg's uncertainty principle),它是自然界的一个基本原理。不确定性原理指出,如果我们希望在距离 Δx 内定位任何粒子,那么我们将自动引入该粒子动量的不确定性,该不确定性由式(1.26)给出。请注意,这种不确定性不是由于测量不准确或实验技术不佳,而是测量行为本身的基本属性。以下两个例题演示了不确定性原理的数值后果。

» 例题 1-10 计算以时速为 90 mph 抛出的棒球位置的不确定性,如果我们将其动量测量到 1.0% 的百万分之一。

» 解 根据例题 1-6,以 90 mph 速率移动的棒球其动量为 $5.6\ \mathrm{kg\cdot m\cdot s^{-1}}$。该值 1.0% 的百万分之一是 $5.6\times10^{-8}\ \mathrm{kg\cdot m\cdot s^{-1}}$。故

$$\Delta p = 5.6\times10^{-8}\ \mathrm{kg\cdot m\cdot s^{-1}}$$

棒球位置的最小不确定性为

$$\Delta x = \frac{h}{\Delta p} = \frac{6.626\times10^{-34}\ \mathrm{J\cdot s}}{5.6\times10^{-8}\ \mathrm{kg\cdot m\cdot s^{-1}}} = 1.2\times10^{-26}\ \mathrm{m}$$

这是一个微不足道的距离。

» 例题 1-11 如果我们希望在一个原子内定位一个电子,对应 Δx 近似为 50 pm,那么动量的不确定性是多少?

» 解

$$\Delta p = \frac{h}{\Delta x} = \frac{6.626\times10^{-34}\ \mathrm{J\cdot s}}{50\times10^{-12}\ \mathrm{m}} = 1.3\times10^{-23}\ \mathrm{kg\cdot m\cdot s^{-1}}$$

由于 $p=mv$,电子的质量为 9.11×10^{-31} kg,因此,Δp 值对应的

$$\Delta v = \frac{\Delta p}{m_e} = \frac{1.3\times10^{-23}\ \mathrm{kg\cdot m\cdot s^{-1}}}{9.11\times10^{-31}\ \mathrm{kg}} = 1.4\times10^{7}\ \mathrm{m\cdot s^{-1}}$$

即速率具有很大的不确定性。

以上两个例子表明,尽管海森伯的不确定性原理对于日常宏观物体没有影响,但在处理原子和亚原子粒子时具有非常重要的影响。这个结论类似于人们应用波长和动量之间的德布罗意关系式时所得出的结论。不确定性原理导致了一个尴尬的结果。事实证明,玻尔理论与不确定性原理不一致。幸运的是,人们很快就提出了一种新的、更普遍的量子理论,其与不确定性原理相一致。我们将看到,这个理论适用于所有的原子和分子,并为理解原子和分子的结构奠定基础。这个理论是奥地利物理学家埃尔温·薛定谔(Erwin Schrödinger)提出的,并将在第 3 章中讨论。作为介绍该理论的一个准备,在第 2 章中,我们将先讨论经典波动方程,这将为薛定谔方程提供有用和信息丰富的背景知识。

习题

1-1　电磁谱紫外光区域的辐射通常以波长 λ 的形式来描述，并以纳米（10^{-9} m）为单位表示。请计算 $\lambda=200$ nm 的紫外光辐射的频率 ν、波数 $\tilde{\nu}$ 和能量 E，并将所得结果与图 1.11 中的数据进行比较。

1-2　红外光区域的辐射通常用波数 $\tilde{\nu}$ 来表示，$\tilde{\nu}=1/\lambda$。在这个区域内，典型的 $\tilde{\nu}$ 值为 10^3 cm^{-1}。请计算 $\tilde{\nu}=10^3$ cm^{-1} 的辐射的 ν，λ 和 E 的值，并将所得结果与图 1.11 中的数据进行比较。

1-3　在红外光区域之后，朝着更低能量方向的是微波区域。在这个区域，辐射通常通过频率 ν 来表征，其单位是兆赫兹（MHz）。这里，单位赫兹（Hz）表示每秒一个循环。典型的微波频率为 2.0×10^4 MHz。请计算这种辐射的 ν，λ 和 E 的值，并将所得结果与图 1.11 中的数据进行比较。

1-4　普朗克的主要假设是电子振子的能量只能取值 $E=nh\nu$ 及 $\Delta E=h\nu$。当 $\nu\to0$ 时，$\Delta E\to0$，此时 E 可以视为连续的。因此，可以预见，在低频率下（此时 $\Delta E\to0$），非经典的普朗克分布会过渡到经典的 Rayleigh-Jeans 分布。请证明：当 $\nu\to0$ 时，式（1.2）还原为式（1.1）[回想一下，$\mathrm{e}^x\approx1+x+(x^2/2!)+\cdots$，或换句话说，当 x 很小时，$\mathrm{e}^x\approx1+x$]。

1-5　在普朗克对黑体辐射进行理论研究之前，维恩经验证明了下式[即式（1.4）]：

$$\lambda_{\max}T=2.90\times10^{-3}\ \mathrm{m\cdot K}$$

其中 $\lambda_{\max}$ 是温度 T 时黑体光谱具有最大值对应的波长。这个表达式称为维恩位移定律。试通过对式（1.3）求 λ 的微分，从普朗克黑体分布的理论表达式导出上式。提示：设定 $hc/\lambda_{\max}k_BT=x$，然后导出中间结果 $\mathrm{e}^{-x}+\dfrac{x}{5}=1$。这个方程无法通过解析方法求解，必须通过数值迭代来解决；证明 $x=4.965$ 是这个方程的解。

1-6　计算以下几个温度时，辐射能量密度分布函数具有最大值时对应的波长。（a）$T=300$ K；（b）$T=3000$ K；（c）$T=10000$ K。

1-7　天狼星（Sirius）是已知最热的恒星之一，其近似具有 $\lambda_{\max}=260$ nm 的黑体光谱。试估算天狼星的表面温度。

1-8　热核爆炸中的火球可以达到的温度约为 10^7 K，则对应的 $\lambda_{\max}$ 是多少？这个波长位于光谱的哪个区域中（参考图 1.11）？

1-9　计算一个波长为 100 pm（约为一个原子直径）的光子的能量。

1-10　利用关系式 $\lambda\nu=c$，用 λ（以及 $\mathrm{d}\lambda$）来表示普朗克分布定律。

1-11　计算能量为 2.00 mJ 的、以下几个不同波长的光脉冲中的光子数：（a）1.06 μm；（b）537 nm；（c）266 nm。

1-12　地球表面的平均温度为 288 K。计算地球的黑体辐射最大值对应的波长，该波长对应于光谱的哪个部分？

1-13　氦氖激光器（用于超市扫描仪）发射波长为 632.8 nm 的光。计算这束光的频率以及该激光器产生的一个光子的能量。

1-14　激光器的输出功率以瓦特（W）为单位，$1\ \mathrm{W}=1\ \mathrm{J\cdot s^{-1}}$。计算一个功率为 1.00 mW 的氮分子激光器每秒发射的光子数量。已知该激光器发射的波长为 337 nm。

1-15　一个家用灯泡是一个黑体辐射器。许多灯泡使用电流加热钨丝。试问需要多高的温度才能使 $\lambda_{\max}=550$ nm？

1-16　金属钾的阈值波长为 564 nm。请问它的功函是多少？如果使用波长为 410 nm 的辐射，那么逸出电子的动能是多少？

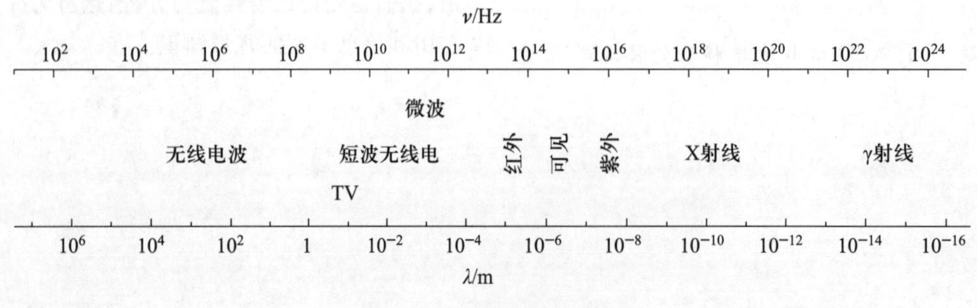

图 1.11　电磁辐射的区域。

1-17 已知铬的功函为 4.40 eV,计算使用波长为 200 nm 的紫外辐射照射铬表面后,从中逸出的电子的动能。

1-18 当干净的银表面被波长为 230 nm 的光照射时,逸出电子的动能为 0.805 eV。计算银的功函和阈频。

1-19 对于金属钠的光电效应,下表列出了逸出电子的动能与对应入射光波长的数据:

λ/nm	100	200	300	400	500
KE/eV	10.1	3.94	1.88	0.842	0.222

请绘制这些数据以获得一条直线,并由直线的斜率计算 h,以及由直线与水平轴的截距计算功函 ϕ。

1-20 利用里德伯公式[式(1.10)],计算莱曼线系的前三条谱线的波长。

1-21 氢的莱曼线系中的一条谱线的波长为 1.03×10^{-7} m。找出电子的原先能级。

1-22 一个基态氢原子吸收一个波长为 97.2 nm 的光子,然后释放一个波长为 486 nm 的光子。请问氢原子的最终状态是什么?

1-23 证明莱曼线系出现在 91.2~121.6 nm,巴耳末线系出现在 364.7~656.5 nm,帕邢线系出现在 820.6~1876 nm。确定这些波长对应的光谱区域。

1-24 计算与莱曼线系的线系极限相关的光子的波长和能量。

1-25 计算:(a) 动能为 100 eV 的电子的德布罗意波长;(b) 动能为 100 eV 的质子的德布罗意波长;(c) 氢原子第一个玻尔轨道中电子的德布罗意波长。

1-26 计算:(a) 经 100 V 电压加速的一束电子中的电子的波长和动能;(b) 德布罗意波长为 200 pm ($1\ \text{pm}=1\times10^{-12}$ m)的电子的动能。

1-27 为了使一个原先静止的质子具有 1.0×10^{-10} m 的德布罗意波长,需要对其施加多少电压加速?

1-28 计算一个通过 4.0 V 电势差的 α 粒子的能量和波长,设 α 粒子的质量为 6.64×10^{-27} kg。

1-29 研究物质结构最强大的现代技术之一是中子衍射。在研究中,准直中子束由高能中子源在特定温度下产生,并被引入不同的加速器。如果中子的速率可由 $v_n=\sqrt{\dfrac{3k_BT}{m}}$ 给出,式中 m 是中子的质量,那么为了使得中子的德布罗意波长为 50 pm,则需要多高的温度?取中子的质量为 1.67×10^{-27} kg。

1-30 证明一个粒子速率的微小变化 Δv 所引起的德布罗意波长的变化 $\Delta\lambda$ 为

$$|\Delta\lambda|=\frac{|\Delta v|\lambda_0}{v_0}$$

式中 v_0 和 λ_0 分别是起始速率和德布罗意波长。

1-31 导出原子序数为 Z 的一个原子核的有关波数 $\tilde{\nu}$ 的玻尔公式。

1-32 He^+ 光谱中与电子从一更高能级跃迁回到 $n=4$ 态的一组跃迁相对应的线系称为皮克林线系(Pickering series),这是太阳天文学中的一个重要线系。导出这个线系中观察到的谱线的波长公式。它出现在光谱的哪个区域?(参见习题 1-31。)

1-33 使用玻尔理论,计算单电离的氦的电离能(分别以 eV 和 $kJ\cdot mol^{-1}$ 为单位)。

1-34 证明在第 n 个玻尔轨道中的一个电子的速率为 $v=\dfrac{e^2}{2\varepsilon_0 nh}$,并计算前几个玻尔轨道的 v 值。

1-35 如果将电子定位在 20 pm 以内,那么它的速率不确定性是多少?

1-36 如果知道一个电子的位置在 10 pm 的区间内,那么其动量的不确定性是多少?这个值与第一个玻尔轨道上的电子动量相比如何?

1-37 关于能量和时间,也有一个不确定性原理,可表示为

$$\Delta E\Delta t\geqslant h$$

证明这个表达式两边具有相同的单位。

1-38 在习题 1-37 中引入的关系式已被解释成其意味着:如果一个质量为 m 的粒子($E=mc^2$)在一时间 $\Delta t\leqslant\dfrac{h}{mc^2}$ 内消失,那么它可以从虚无中产生。持续时间大于等于 Δt 的粒子称为**实粒子**(real particles),持续时间小于 Δt 的粒子称为**虚粒子**(virtual particles)。带电介子,一种亚原子粒子,其质量为 2.5×10^{-28} kg。如果将带电介子视为实粒子,那么其最短寿命是多少?

1-39 习题 1-37 中给出的关系式的另一个应用与原子和分子的激发态能量和寿命有关。如果知道一个激发态的寿命为 10^{-9} s,那么这个激发态的能量不确定性是多少?

1-40 当一个激发的原子核衰变时,会发射 γ 射线。一个原子核的激发态寿命大致在 10^{-12} s 量级。那么由此产生的 γ 射线的能量不确定性是多少?(参见习题 1-37。)

1-41 在本题中,我们将证明:绕固定中心旋转的

质点所需的向内力为$f=\dfrac{mv^2}{r}$。为了证明这一点，让我们来看看旋转质点的速度和加速度。参考图1.12，可以看到：

$$|\Delta \boldsymbol{r}| \approx \Delta s = r\Delta\theta \tag{1.27}$$

如果$\Delta\theta$足够小，以至于弧长Δs和矢量差$|\Delta \boldsymbol{r}| = |\boldsymbol{r}_1 - \boldsymbol{r}_2|$本质上是相同的，在这种情况下，有

$$v = \lim_{\Delta t\to 0}\frac{\Delta s}{\Delta t} = r\lim_{\Delta t\to 0}\frac{\Delta\theta}{\Delta t} = r\omega \tag{1.28}$$

式中$\omega = \mathrm{d}\theta/\mathrm{d}t = v/r$。

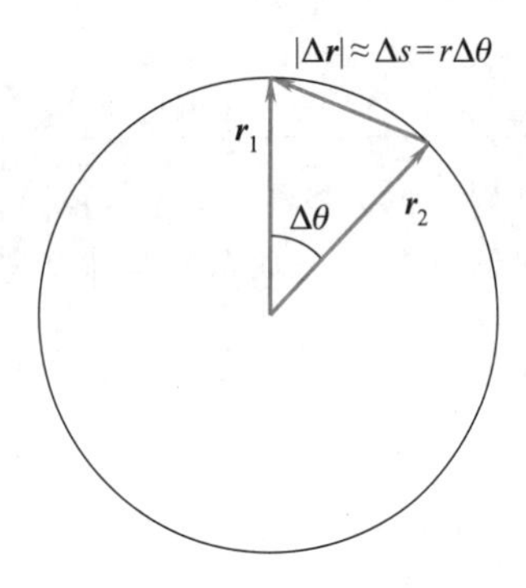

图1.12　定义角速度的图。

如果角速度的值ω和半径r是恒定的，那么速率$v = r\omega$也是恒定的，且因为加速度值为$\lim\limits_{\Delta t\to 0}(\Delta v/\Delta t)$，我们可能会考虑是否存在加速度。答案是肯定的，因为速度是一个矢量，虽然其大小不变，但其方向（与矢量$\Delta \boldsymbol{r}$相同）在不断变化。要计算这个加速度，可以绘制一张类似于图1.12的图，但是用速率v代替了半径r。根据绘制的图，证明下式：

$$\Delta v = |\Delta \boldsymbol{v}| = v\Delta\theta \tag{1.29}$$

与式(1.27)有直接类比关系，并证明粒子经受的加速度值由下式给出：

$$a = \lim_{\Delta t\to 0}\frac{\Delta v}{\Delta t} = v\lim_{\Delta t\to 0}\frac{\Delta\theta}{\Delta t} = v\omega \tag{1.30}$$

因此，可以看到粒子经历了加速，并且需要一个向内的力，其大小等于$ma = mv\omega = \dfrac{mv^2}{r}$，来保持它在圆形轨道上运动。

1-42　普朗克分布定律[式(1.2)]给出了ν到$\nu+\mathrm{d}\nu$之间发射的电磁辐射的辐射能量密度。将普朗克分布对所有频率积分以获得发射的总能量。它的温度依赖性如何？你知道这是谁的定律吗？你需要使用积分：

$$\int_0^{+\infty}\frac{x^3\,\mathrm{d}x}{\mathrm{e}^x - 1} = \frac{\pi^4}{15}$$

1-43　你能够不求出积分而导出习题1-42中结果的温度依赖性吗？

1-44　使一个处于电子基态的氢原子电离，需要2.179×10^{-18} J的能量。太阳表面部分由氢原子组成，其温度约为6000 K。请问氢是以H(g)还是H^+(g)的形式存在？为了使一个黑体辐射的最大波长能够电离氢原子，需要的温度是多少？这个波长位于电磁谱的哪个区域？

习题参考答案

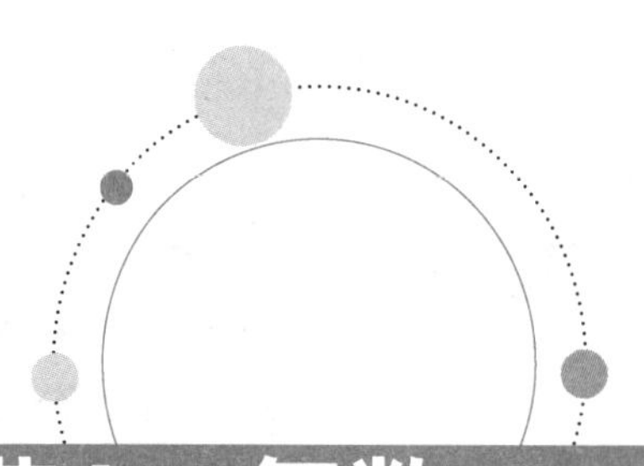

数学章节A 复数

复数是物理化学中经常使用的概念之一。在本章节中，将复习复数的一些性质。复数中包含虚数单位 i，i 被定义为-1 的平方根，即

$$i=\sqrt{-1} \tag{A.1}$$

或

$$i^2=-1 \tag{A.2}$$

复数是在解二次方程时自然出现的。例如，方程

$$z^2-2z+5=0$$

的两个解为

$$z=1\pm\sqrt{-4}$$

或

$$z=1\pm 2i$$

式中 1 和 ±2 分别被称为复数 z 的实部和虚部。一般地，将复数写成

$$z=x+iy \tag{A.3}$$

其中 x 是实部，y 为虚部：

$$x=\mathrm{Re}(z) \qquad y=\mathrm{Im}(z) \tag{A.4}$$

人们通过对复数的实部和虚部分别加减来实现复数的加减运算。例如，如果 $z_1=2+3i$，$z_2=1-4i$，则

$$z_1-z_2=(2-1)+(3+4)i=1+7i$$

进一步地，可以写出：

$$2z_1+3z_2=2(2+3i)+3(1-4i)=4+6i+3-12i=7-6i$$

对于复数的相乘，只需要把复数视为二项式，并利用 $i^2=-1$ 的事实。例如：

$$(2-i)(-3+2i)=-6+3i+4i-2i^2=-4+7i$$

对于复数的除法，引入 z 的复共轭较为方便。复数 z 的复共轭用 z^* 表示，可通过将其中的 i 替换为-i 来形成。例如，如果 $z=x+iy$，则 $z^*=x-iy$。注意，复数与其复共轭的乘积为实数：

$$zz^*=(x+iy)(x-iy)=x^2-i^2y^2=x^2+y^2 \tag{A.5}$$

zz^* 的平方根称为 z 的模长或绝对值，并用 $|z|$ 表示。

现在考虑两复数的商：

$$z=\frac{2+i}{1+2i}$$

如果将该式的分子和分母同时乘以(1-2i)，即分母的复共轭，则该比值可写成 $x+iy$ 的形式：

$$z=\frac{2+i}{1+2i}\left(\frac{1-2i}{1-2i}\right)=\frac{4-3i}{5}=\frac{4}{5}-\frac{3}{5}i$$

» 例题 A-1 证明：

$$z^{-1}=\frac{x}{x^2+y^2}-\frac{iy}{x^2+y^2}$$

» 解

$$z^{-1}=\frac{1}{z}=\frac{1}{x+iy}=\frac{1}{x+iy}\left(\frac{x-iy}{x-iy}\right)=\frac{x-iy}{x^2+y^2}$$

$$=\frac{x}{x^2+y^2}-\frac{iy}{x^2+y^2}$$

由于复数由实部与虚部两部分组成，故可以通过二维坐标系中的一个点来表示一个复数，其中实部和虚部分别沿水平(x)轴和垂直(y)轴绘制，如图 A.1 中所示。这样一个图的平面被称为复平面。如果自该图的原点向点 $z=(x,y)$ 绘制一矢量 $\boldsymbol{r}$，则该矢量的长度是 $r=(x^2+y^2)^{1/2}$，就是 $|z|$，也即为 z 的模长或绝对值。而矢量 $\boldsymbol{r}$ 与 x 轴的夹角 θ 是复数 z 的相位角。

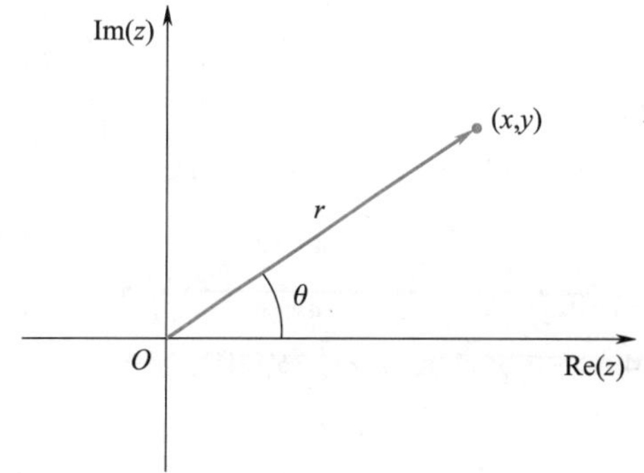

图 A.1 复数 $z=x+iy$ 表示为二维坐标系中的一个点。该图的平面称为复平面。

» 例题 A-2 求复数 $z=1+\mathrm{i}$ 的模长 $|z|$ 和相位角 θ。

» 解 复数 z 的模长可由 zz^* 的平方根求得，即

$$zz^*=(1+\mathrm{i})(1-\mathrm{i})=2$$

即 $|z|=2^{1/2}$。图 A.1 展示了相位角 θ 的正切值，即

$$\tan\theta=\frac{y}{x}=1$$

即 $\theta=45°$，用弧度(rad)表示则为 $\pi/4$。($1\ \mathrm{rad}=180°/\pi$，$1°=\pi/180\ \mathrm{rad}$。)

通过使用下面的 Euler 公式，总是可以将复数 $z=x+\mathrm{i}y$ 用 r 和 θ 表示：

$$\mathrm{e}^{\mathrm{i}\theta}=\cos\theta+\mathrm{i}\sin\theta \tag{A.6}$$

上式在练习题 A-10 中导出。参考图 A.1，可以发现：

$$x=r\cos\theta \quad 和 \quad y=r\sin\theta$$

因此

$$\begin{aligned} z&=x+\mathrm{i}y=r\cos\theta+\mathrm{i}r\sin\theta \\ &=r(\cos\theta+\mathrm{i}\sin\theta)=r\mathrm{e}^{\mathrm{i}\theta} \end{aligned} \tag{A.7}$$

式中

$$r=(x^2+y^2)^{1/2} \tag{A.8}$$

且

$$\tan\theta=\frac{y}{x} \tag{A.9}$$

式(A.7)，即 z 的极坐标表示，通常比式(A.3)，即 z 的笛卡儿坐标表示，使用起来更为方便。

注意到

$$z^*=r\mathrm{e}^{-\mathrm{i}\theta} \tag{A.10}$$

及

$$zz^*=(r\mathrm{e}^{\mathrm{i}\theta})(r\mathrm{e}^{-\mathrm{i}\theta})=r^2 \tag{A.11}$$

或 $r=(zz^*)^{1/2}$。也应注意，因为 $r^2=(\mathrm{e}^{\mathrm{i}\theta})(\mathrm{e}^{-\mathrm{i}\theta})=1$，所以 $z=\mathrm{e}^{\mathrm{i}\theta}$ 是复平面中的一个单位矢量。下面的例题以另外一种方式证明这一结果。

» 例题 A-3 证明 $\mathrm{e}^{-\mathrm{i}\theta}=\cos\theta-\mathrm{i}\sin\theta$，并利用该结果和复数 z 的极坐标表示来证明 $|\mathrm{e}^{\mathrm{i}\theta}|=1$。

» 证明 由于 $\cos\theta$ 为 θ 的偶函数 $[\cos(-\theta)=\cos\theta]$，而 $\sin\theta$ 为 θ 的奇函数 $[\sin(-\theta)=-\sin\theta]$，将 $-\theta$ 代入式(A.6)，可得

$$\mathrm{e}^{-\mathrm{i}\theta}=\cos(-\theta)+\mathrm{i}\sin(-\theta)=\cos\theta-\mathrm{i}\sin\theta$$

故

$$\begin{aligned} |\mathrm{e}^{\mathrm{i}\theta}|&=[(\cos\theta+\mathrm{i}\sin\theta)(\cos\theta-\mathrm{i}\sin\theta)]^{1/2} \\ &=(\cos^2\theta+\sin^2\theta)^{1/2}=1 \end{aligned}$$

A-1 求下列量的实部和虚部：

a. $(2-i)^3$　　b. $\mathrm{e}^{\pi\mathrm{i}/2}$

c. $\mathrm{e}^{-2+\mathrm{i}\pi/2}$　　d. $(\sqrt{2}+2\mathrm{i})\mathrm{e}^{-\mathrm{i}\pi/2}$

A-2 如果 $z=x+2\mathrm{i}y$，试求：

a. $\mathrm{Re}(z^*)$　　b. $\mathrm{Re}(z^2)$

c. $\mathrm{Im}(z^2)$　　d. $\mathrm{Re}(zz^*)$

e. $\mathrm{Im}(zz^*)$

A-3 将下列复数以 $r\mathrm{e}^{\mathrm{i}\theta}$ 的形式表示：

a. $6\mathrm{i}$　　b. $4-\sqrt{2}\mathrm{i}$

c. $-1-2\mathrm{i}$　　d. $\pi+\mathrm{e}\mathrm{i}$

A-4 将下列复数以 $x+\mathrm{i}y$ 的形式表示：

a. $\mathrm{e}^{\mathrm{i}\pi/4}$　　b. $6\mathrm{e}^{2\pi\mathrm{i}/3}$

c. $\mathrm{e}^{-(\pi/4)\mathrm{i}+\ln 2}$　　d. $\mathrm{e}^{-2\pi\mathrm{i}}+\mathrm{e}^{4\pi\mathrm{i}}$

A-5 证明 $\mathrm{e}^{\mathrm{i}\pi}=-1$，并讨论该式中各数的本质。

A-6 证明：

$$\cos\theta=\frac{\mathrm{e}^{\mathrm{i}\theta}+\mathrm{e}^{-\mathrm{i}\theta}}{2}$$

及

$$\sin\theta=\frac{\mathrm{e}^{\mathrm{i}\theta}-\mathrm{e}^{-\mathrm{i}\theta}}{2i}$$

A-7 使用式(A.7)，导出

$$z^n=r^n(\cos\theta+\mathrm{i}\sin\theta)^n=r^n[\cos(n\theta)+\mathrm{i}\sin(n\theta)]$$

并从上式进一步导出 De Moivre 公式：

$$(\cos\theta+\mathrm{i}\sin\theta)^n=\cos(n\theta)+\mathrm{i}\sin(n\theta)$$

A-8 使用练习题 A-7 中给出的 De Moivre 公式，导出下列三角恒等式：

$$\cos(2\theta)=\cos^2\theta-\sin^2\theta$$

$$\sin(2\theta)=2\sin\theta\cos\theta$$

$$\begin{aligned}\cos(3\theta)&=\cos^3\theta-3\cos\theta\sin^2\theta \\ &=4\cos^3\theta-3\cos\theta\end{aligned}$$

$$\begin{aligned}\sin(3\theta)&=3\cos^2\theta\sin\theta-\sin^3\theta \\ &=3\sin\theta-4\sin^3\theta\end{aligned}$$

A-9 考虑这组函数：

$$\Phi_m(\phi)=\frac{1}{\sqrt{2\pi}}e^{im\phi}$$

$$m=0,\pm1,\pm2,\cdots \qquad 0\leqslant\phi\leqslant 2\pi$$

首先证明：

$$\int_0^{2\pi}d\phi(\phi)\Phi_m\begin{cases}=0 & m\neq 0\\ =\sqrt{2\pi} & m=0\end{cases}$$

再证明：

$$\int_0^{2\pi}d\phi\Phi_m^*(\phi)\Phi_n(\phi)\begin{cases}=0 & m\neq n\\ =2\pi & m=n\end{cases}$$

A-10 本题提供了 Euler 公式的一种推导。从下式开始：

$$f(\theta)=\ln(\cos\theta+\mathrm{i}\sin\theta) \tag{1}$$

证明：

$$\frac{df}{d\theta}=\mathrm{i} \tag{2}$$

对式(2)两边同时积分，可得

$$f(\theta)=\ln(\cos\theta+\mathrm{i}\sin\theta)=\mathrm{i}\theta+c \tag{3}$$

式中 c 为积分常数。证明 $c=0$，然后对式(3)取幂，从而得到 Euler 公式。

A-11 已经发现，指数函数和自然对数函数(练习题 A-10)均可以扩展来引入复数论证，这通常适用于大多数函数。利用 Euler 公式，并假设 x 为一实数，证明：$\cos(\mathrm{i}x)$ 和 $-\mathrm{i}\sin(\mathrm{i}x)$ 等价于实数变量 x 的实函数。这两个函数分别定义为双曲余弦函数 $\cosh x$ 和双曲正弦函数 $\sinh x$。画出这些函数的图像。它们同 $\cos x$ 和 $\sin x$ 的图像一样振荡吗？证明：$\sinh(\mathrm{i}x)=\mathrm{i}\sin x$ 和 $\cosh(\mathrm{i}x)=\cos x$。

A-12 求 i^{i} 的值。

A-13 方程 $x^2=1$ 有两个不同的根，即 $x=\pm1$。方程 $x^N=1$ 有 N 个不同的根，称为 N 个单位根。本题展示了如何找出 N 个单位根。我们将发现其中一些根是复数，故将方程写成 $z^N=1$。现在，令 $z=re^{\mathrm{i}\theta}$，可得 $r^Ne^{\mathrm{i}N\theta}=1$。证明：由上式可得 $e^{\mathrm{i}N\theta}=1$，或

$$\cos(N\theta)+\mathrm{i}\sin(N\theta)=1$$

现在论证 $N\theta=2\pi n$，其中 n 有 N 个不同的值$(0,1,2,\cdots,N-1)$或 N 个单位根可由下式给出：

$$z=e^{2\pi \mathrm{i}n/N} \qquad n=0,1,2,\cdots,N-1$$

证明在 $N=1$ 和 $N=2$ 时，分别得到 $z=1$ 和 $z=\pm1$。

现在证明：在 $N=3$ 时，可得

$$z=1,\quad -\frac{1}{2}+\mathrm{i}\frac{\sqrt{3}}{2},\quad -\frac{1}{2}-\mathrm{i}\frac{\sqrt{3}}{2}$$

证明这三个根都是单位长度，并在复平面上画出这三个根。

证明：在 $N=4$ 时，可得

$$z=1,\quad \mathrm{i},\quad -1,\quad -\mathrm{i}$$

及在 $N=6$ 时，可得

$$z=1,\quad -1,\quad \frac{1}{2}\pm\mathrm{i}\frac{\sqrt{3}}{2},\quad -\frac{1}{2}\pm\mathrm{i}\frac{\sqrt{3}}{2}$$

分别在复平面上画出 $N=4$ 和 $N=6$ 时的根。比较 $N=3$，$N=4$ 和 $N=6$ 时复平面上的图，你发现有什么规律吗？

A-14 利用练习题 A-13 的结果，找出方程 $x^3=8$ 的三个不同的根。

练习题参考答案

第2章 经典波动方程

▶ **科学家介绍**

1925 年，薛定谔（E. Schrödinger）和海森伯（W. Heisenberg）各自独立地提出了一套广义量子理论。初看起来，两种方法似乎不同，因为海森伯的方法是用矩阵来表述的，而薛定谔的方法是用偏微分方程来表述的。然而，仅仅一年后，薛定谔就展示了这两种表述在数学上是等价的。由于大多数物理化学的学生不熟悉矩阵代数，量子理论通常按照薛定谔的表述来呈现，其核心特征是一种现在称为**薛定谔方程**（Schrödinger equation）的偏微分方程。偏微分方程可能听起来并不比矩阵代数更让人安心，但幸运的是，只需要初等微积分就能处理本书中的问题。经典物理学的波动方程描述了各种波动现象，如振动的弦、振动的鼓面、海浪和声波。经典波动方程不仅为薛定谔方程提供了物理背景，而且，解决经典波动方程所涉及的数学对于任何量子力学的讨论都是核心内容。因为大多数物理化学专业的学生很少接触经典波动方程，本章将讨论这个话题。特别是，本章中将解决一个标准的振动弦问题，因为解决这个问题的方法不仅与将用来解决薛定谔方程的方法相似，而且它还为我们提供了一个极好的机会——将问题的数学解与问题的物理本质联系起来。本章后许多习题展示了物理问题与本章发展的数学之间的联系。

2-1 一维波动方程描述了振动弦的运动

考虑一根均匀的弦，如图 2.1 所示，它在两个固定的点之间被拉伸。弦离开其平衡水平位置的最大位移称为其**振幅**（amplitude）。如果令 $u(x,t)$ 表示弦的位移，则 $u(x,t)$ 满足方程：

$$\frac{\partial^2 u(x,t)}{\partial x^2}=\frac{1}{v^2}\frac{\partial^2 u(x,t)}{\partial t^2} \tag{2.1}$$

式中 v 是扰动沿弦移动的速度。方程（2.1）即为**经典波动方程**（classical wave equation）。由于该情况下未知量 $u(x,t)$ 出现在偏导数项中，方程（2.1）是一个**偏微分方程**（partial differential equation）。变量 x 和 t 称为**自变量**（independent variables），而依赖于变量 x 和 t 的 $u(x,t)$ 称为**因变量**（dependent variables）。此外，由于 $u(x,t)$ 及其导数只出现一次方，而且无交叉项，故方程（2.1）还是一个**线性偏微分方程**（linear partial differential equation）。

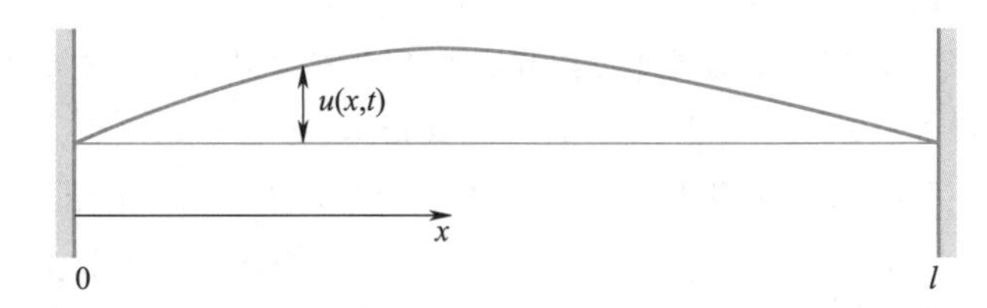

图 2.1 两端固定在 0 和 l 处的振动弦。在位置 x 处和时间 t 时的振幅为 $u(x,t)$。

除了满足方程（2.1）之外，振幅 $u(x,t)$ 还必须满足某些物理条件。由于弦的两端被固定，这两点处的振幅始终为零，故有两个限制条件：

$$u(0,t)=0 \qquad u(l,t)=0 \qquad (\text{对所有时间 } t) \tag{2.2}$$

这两个条件因为指定了 $u(x,t)$ 在边界处的行为，所以称为**边界条件**（boundary conditions）。

通常，偏微分方程必须在确定的边界条件下求解，其本质在物理基础上是显而易见的。

2-2 波动方程可以通过分离变量法来求解

经典波动方程、薛定谔方程及物理化学中出现的许多其他偏微分方程都可以利用**分离变量法**（separation of variables）求解。本节将利用振动弦问题来说明这一方法。分离变量法的关键步骤是假定 $u(x,t)$ 可以分解为 x 的函数 $X(x)$ 与 t 的函数 $T(t)$ 的乘积，即

$$u(x,t)=X(x)T(t) \tag{2.3}$$

如果把式(2.3)代入式(2.1)，可得

$$T(t)\frac{\mathrm{d}^2X(x)}{\mathrm{d}x^2}=\frac{1}{v^2}X(x)\frac{\mathrm{d}^2T(t)}{\mathrm{d}t^2} \tag{2.4}$$

方程两边同时除以 $u(x,t)=X(x)T(t)$，可得

$$\frac{1}{X(x)}\frac{\mathrm{d}^2X(x)}{\mathrm{d}x^2}=\frac{1}{v^2T(t)}\frac{\mathrm{d}^2T(t)}{\mathrm{d}t^2} \tag{2.5}$$

方程(2.5)的左边仅是 x 的函数，而右边仅是 t 的函数。由于 x 和 t 是自变量，方程(2.5)的两边可以各自独立变化。在 x 和 t 的变化下，保持方程两边相等的唯一方法是方程两边都等于一个常数。令该常数为 K，则有

$$\frac{1}{X(x)}\frac{\mathrm{d}^2X(x)}{\mathrm{d}x^2}=K \tag{2.6}$$

和

$$\frac{1}{v^2T(t)}\frac{\mathrm{d}^2T(t)}{\mathrm{d}t^2}=K \tag{2.7}$$

式中 K 称为**分离常数**(separation constant)，将在后面确定。方程(2.6)和方程(2.7)可以进一步写为

$$\frac{\mathrm{d}^2X(x)}{\mathrm{d}x^2}-KX(x)=0 \tag{2.8}$$

和

$$\frac{\mathrm{d}^2T(t)}{\mathrm{d}t^2}-Kv^2T(t)=0 \tag{2.9}$$

与偏微分方程相对，方程(2.8)和方程(2.9)均称为**常微分方程**(ordinary differential equation)，这是因为未知数 $X(x)$ 和 $T(t)$ 以常微商的形式表示。以上两个微分方程都是线性的，这是因为未知量及其导数仅出现一次。此外，方程中涉及未知数的每个项的系数都是常数，即方程(2.8)中的 1 和 $-K$ 及方程(2.9)中的 1 和 $-Kv^2$。这些方程称为**常系数线性微分方程**(linear differential equations with constant coefficients)，它们非常容易求解。

方程(2.8)和方程(2.9)中的 K 值尚未确定，目前还不知道 K 是正数、负数还是零。首先假设 $K=0$。在此情况下，方程(2.8)和方程(2.9)可以立即积分得到

$$X(x)=a_1x+b_1 \tag{2.10}$$

和

$$T(t)=a_2t+b_2 \tag{2.11}$$

式中 a 和 b 均为积分常数，可以通过方程(2.2)中给出的边界条件来确定。根据 $X(x)$ 和 $T(t)$，边界条件为

$$u(0,t)=X(0)T(0)=0 \tag{2.12}$$

和

$$u(l,t)=X(l)T(0)=0 \tag{2.13}$$

由于不是所有 t 的取值都会导致 $T(t)=0$，必须有下列条件：

$$X(0)=0 \quad 和 \quad X(l)=0 \tag{2.14}$$

即边界条件对 $X(x)$ 的影响。回到方程(2.10)，可得出结论：满足方程(2.14)的唯一方法是使 $a_1=b_1=0$，这意味着对于任意 x，$X(x)=0$ 和 $u(x,t)=0$ 都成立。这称为方程(2.1)的**平凡解**(trivial solution)，没有物理意义。[丢弃数学方程的解不应该让你感到不安。从物理学可知，每个物理学上可接受的解 $u(x,t)$ 都必须满足方程(2.1)，而不是方程的每个解都是物理学上可接受的。]

$K>0$ 时，方程(2.8)和方程(2.9)都有如下形式：

$$\frac{\mathrm{d}^2y}{\mathrm{d}x^2}-k^2y(x)=0 \tag{2.15}$$

式中 k 为一实常数。对于右边为 0 的常系数线性微分方程，其解的形式为 $y(x)=\mathrm{e}^{\alpha x}$，其中 α 为一待定常数。因此，令 $y(x)=\mathrm{e}^{\alpha x}$ 并代入方程(2.15)，可得

$$(\alpha^2-k^2)y(x)=0$$

因此，(α^2-k^2) 或 $y(x)$ 中有一项须等于 0。由于 $y(x)=0$ 是平凡解，故 α^2-k^2 必等于 0。因此

$$\alpha=\pm k$$

则有两解 $y(x)=\mathrm{e}^{kx}$ 和 e^{-kx}。可以容易证明：

$$y(x)=c_1\mathrm{e}^{kx}+c_2\mathrm{e}^{-kx}$$

(式中 c_1 和 c_2 均为常数)也是一个解。这是方程(2.15)形式的所有微分方程的通解。两个解(e^{kx} 与 e^{-kx})的加和也是一个解的事实直接源自式(2.15)是一线性微分方程。注意方程(2.15)中的最高阶导数为二阶导数，这表明在求解方程时进行了两次积分。做两次积分时，总会得到两个积分常数。找到的解含有两个常数 c_1 和 c_2 表明该解是最通用的解。

其他常系数常微分方程的解最好通过实例来说明。

» 例题 2-1 求解方程：$\frac{\mathrm{d}^2y}{\mathrm{d}x^2}-3\frac{y}{x}+2y=0$。

» 解　将 $y(x)=\mathrm{e}^{\alpha x}$ 代入该微分方程，可得

$$\alpha^2y-3\alpha y+2y=0$$

$$\alpha^2-3\alpha+2=0$$

$$(\alpha-2)(\alpha-1)=0$$

解得 $\alpha_1=1$，$\alpha_1=2$。则方程的两解为 $y(x)=\mathrm{e}^{x}$ 和 $y(x)=\mathrm{e}^{2x}$，通解为

$$y(x)=c_1\mathrm{e}^{kx}+c_2\mathrm{e}^{-kx}$$

试将该解代入原方程中证明它为通解。

例题 2-2 在边界条件 $y(0)=0$ 和 $dy/dx(x=0)=-1$ 下,求解例题 2-1 中的方程。

解 方程的通解为

$$y(x)=c_1e^x+c_2e^{2x}$$

给定的两个条件使我们能够评估 c_1 和 c_2,从而找到方程的特解。将 $x=0$ 分别代入 $y(x)$ 和 dy/dx,可得

$$y(0)=c_1+c_2=0$$

$$\left.\frac{dy}{dx}\right|_{x=0}=c_1+2c_2=-1$$

解上面两个方程,可求得 $c_1=1$ 和 $c_2=-1$。因此

$$y(x)=e^x-e^{2x}$$

不仅满足微分方程,也满足上述两个边界条件。

2-3 某些微分方程具有振动解

下面考虑在方程(2.8)和方程(2.9)中 $K<0$ 的情况。在该情况下,α 将是虚数。作为一个具体的例子,考虑下面的微分方程:

$$\frac{d^2y}{dx^2}+y(x)=0 \tag{2.16}$$

其本质上是 $K=-1$ 时的方程(2.8)。如果令 $y(x)=e^{\alpha x}$,则有

$$(\alpha^2+1)y(x)=0$$

或

$$\alpha=\pm i$$

(数学章节 A。)方程(2.16)的通解是

$$y(x)=c_1e^{ix}+c_2e^{-ix} \tag{2.17}$$

通过直接将方程(2.17)代入方程(2.16),可以容易验证这是一个解。

通常,使用 Euler 公式[式(A.6)]:

$$e^{\pm i\theta}=\cos\theta\pm i\sin\theta$$

重写方程(2.17)中的表达式(如e^{ix},e^{-ix})会更加方便。如果将 Euler 公式代入方程(2.17),可以发现:

$$y(x)=c_1\cos x+i\sin x+c_2\cos x-i\sin x$$
$$=(c_1+c_2)\cos x+(ic_1-ic_2)\sin x$$

但是,c_1+c_2 和 ic_1-ic_2 也都只是常数,将二者分别称为 c_3 和 c_4,可以写成

$$y(x)=c_3\cos x+c_4\sin x$$

以取代

$$y(x)=c_1e^{ix}+c_2e^{-ix}$$

这两种形式的 $y(x)$ 是等价的。

例题 2-3 证明 $y(x)=A\cos x+B\sin x$(式中 A 和 B 都是常数)是下列微分方程的解:

$$\frac{d^2y}{dx^2}+y(x)=0$$

解 $y(x)$ 的一阶导数为

$$\frac{dy}{dx}=-A\sin x+B\cos x$$

二阶导数为

$$\frac{d^2y}{dx^2}=-A\cos x-B\sin x$$

因此,可知:

$$\frac{d^2y}{dx^2}+y(x)=0$$

换言之,函数 $y(x)=A\cos x+B\sin x$ 是下列微分方程的解:

$$\frac{d^2y}{dx^2}+y(x)=0$$

下一个例子很重要,其通解应该被学习掌握。

例题 2-4 解下列方程:

$$\frac{d^2x}{dt^2}+\omega^2x(t)=0$$

受限于条件 $x(0)=A$ 和在 $t=0$ 时,$dx/dt=0$。

解 该情况下,我们发现 $\alpha=\pm i\omega$,可得

$$x(t)=c_1e^{i\omega t}+c_2e^{-i\omega t}$$

或

$$x(t)=c_3\cos(\omega t)+c_4\sin(\omega t)$$

现有

$$x(0)=c_3=A$$

和

$$\left(\frac{dx}{dt}\right)_{t=0}=\omega c_4=0$$

暗示着 $c_4=0$,那么正在寻找的特解即为

$$x(t)=A\cos(\omega t)$$

方程的解已在图 2.2 中绘制出。注意,它随时间呈余弦式振荡,振幅为 A,波长为 $2\pi/\omega$,频率 ν 由下式(见习题 2-3)给出:

$$\nu=\frac{\omega}{2\pi}$$

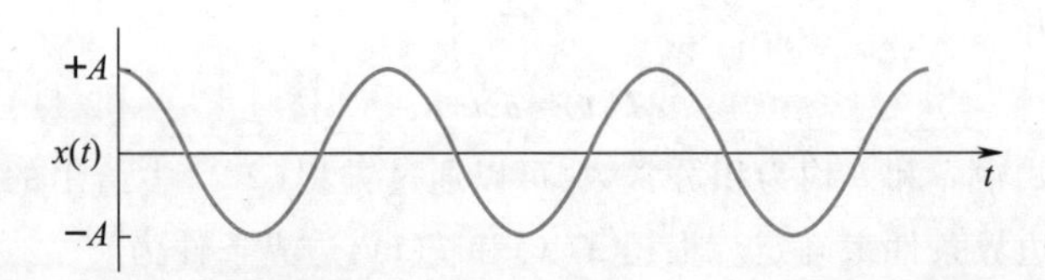

图 2.2 例题 2-4 中问题的解 $x(t)=A\cos(\omega t)$ 的绘图,振幅为 A,波长为 $2\pi/\omega$,频率为 $\omega/2\pi$。

2-4 波动方程的通解是简正模的叠加

评估一下当前进展,我们已经通过应用分离变量法到波动方程,得到了方程(2.8)和方程(2.9)。已经证明,如果分离常数 K 为零,仅会得到一个平凡解。现在,假设 K 是正数,为此,将 K 写作 β^2,其中 β 为实数,这确保了 K 是正数。在 $K=\beta^2$ 的情况下,方程(2.8)的通解为

$$X(x)=c_1e^{\beta x}+c_2e^{-\beta x}$$

容易证明,满足边界条件[方程(2.14)]的唯一方法是 $c_1=c_2=0$,因此我们再次只找到了一个平凡解。

我们期待 K 为负数能带来一些有趣的结果,如果假设 $K=-\beta^2$,那么当 β 为实数时,K 就是负数。在这种情况下,方程(2.8)可写为

$$\frac{d^2X(x)}{dx^2}+\beta^2X(x)=0$$

参照例题 2-4,该方程的通解可写为

$$X(x)=A\cos(\beta x)+B\sin(\beta x)$$

边界条件 $X(0)=0$ 意味着 $A=0$,在边界 $x=l$ 处的条件说明:

$$X(l)=B\sin(\beta l)=0 \tag{2.18}$$

方程(2.18)可以通过两种方式满足。一种方式是 $B=0$,但在 $A=0$ 的事实下它仅是一平凡解。另一种方式是要求 $\sin(\beta l)=0$,由于当 $\theta=0,\pi,2\pi,3\pi,\cdots$时,$\sin\theta=0$,方程(2.18)表明:

$$\beta l=n\pi \quad n=1,2,3,\cdots \tag{2.19}$$

这里省略了 $n=0$ 的情况,因为它会导致 $B=0$,并产生平凡解。式(2.19)确定了参数 β,从而确定了分离常数 $K=-\beta^2$。到目前为止,已得

$$X(x)=B\sin\frac{n\pi x}{l} \tag{2.20}$$

还有方程(2.9)需要求解。方程(2.9)可以写为

$$\frac{d^2T(t)}{dt^2}+\beta^2v^2T(t)=0 \tag{2.21}$$

其中,式(2.19)说明 $\beta=n\pi/l$。再次参考例题 2-4 中得到的结果,方程(2.21)的通解为

$$T(t)=D\cos(\omega_nt)+E\sin(\omega_nt) \tag{2.22}$$

式中 $\omega_n=\beta v=n\pi v/l$。我们没有条件来指定 D 和 E,因此振幅 $u(x,t)$ 为[参见方程(2.3)]

$$\begin{aligned}u(x,t)&=X(x)T(t)\\&=\left(B\sin\frac{n\pi x}{l}\right)[D\cos(\omega_nt)+E\sin(\omega_nt)]\\&=[F\cos(\omega_nt)+G\sin(\omega_nt)]\sin\frac{n\pi x}{l} \quad n=1,2,\cdots\end{aligned}$$

式中 $F=DB$ 且 $G=EB$。由于每一整数 n 都对应一个 $u(x,t)$,并且 F 和 G 的取值可能依赖于 n,应将 $u(x,t)$ 写为

$$u_n(x,t)=[F_n\cos(\omega_nt)+G_n\sin(\omega_nt)]\sin\frac{n\pi x}{l} \quad n=1,2,\cdots \tag{2.23}$$

由于每个 $u_n(x,t)$ 都是线性微分方程(2.1)的解,它们的和也是方程(2.1)的解(实际上是通解)。因此,对于通解,有

$$u(x,t)=\sum_{n=1}^{\infty}[F_n\cos(\omega_nt)+G_n\sin(\omega_nt)]\sin\frac{n\pi x}{l} \quad n=1,2,\cdots \tag{2.24}$$

无论弦最初是如何拨动的,它的形状都将根据式(2.24)演变。通过直接替换可以很容易验证式(2.24)是方程(2.1)的解。习题 2-5 表明,$F\cos(\omega t)+G\sin(\omega t)$ 可以写成等价形式,$A\cos(\omega t+\phi)$,其中 A 和 ϕ 是用 F 和 G 表示的常数。A 表示波的振幅,ϕ 表示**相位角**(phase angle)。利用这个关系,可以将式(2.24)写成下列形式:

$$u(x,t)=\sum_{n=1}^{\infty}A_n\cos(\omega_nt+\phi_n)\sin\frac{n\pi x}{l}=\sum_{n=1}^{\infty}u_n(x,t) \tag{2.25}$$

式(2.25)有一个很好的物理解释。每个 $u(x,t)$ 称为一个**简正模**(normal mode),每个简正模的时间依赖性都表示一个简谐运动,其频率为

$$\nu_n=\frac{\omega_n}{2\pi}=\frac{vn}{2l} \tag{2.26}$$

这里 $\omega_n=\beta v=\frac{n\pi v}{l}$[参见式(2.19)]。式(2.25)中前几项的空间依赖性如图 2.3 所示。第一项 $u_1(x,t)$ 称为**基谐模式**(fundamental mode)或**第一谐波**(first harmonic),表示图 2.3(a)中振动频率为$\frac{v}{2l}$的正弦波(谐波)的时间依赖性。**第二谐波**(second harmonic)或**第一泛音**(first overtone)$u_2(x,t)$ 以频率$\frac{v}{l}$进行谐波振动,与图 2.3(b)所示运动相似。值得注意的是,这个谐波的中点在所有 t 时刻都固定在零点,这样的点称为**节点**(node),该概念也出现在量子力学中。注意,$u(0)$ 和 $u(l)$ 也等于零,但这两个点不是节点,这是由于它们的取值由边界条件确定。注意,第二谐波的振动频率是第一谐波的两倍。图 2.3(c)显示**第三谐波**(third harmonic)或**第二泛音**(second overtone)有两个节点。继续下去很容易证明节点数等于 $n-1$(习题 2-10)。图 2.3 中所示的波被称为**驻波**(standing

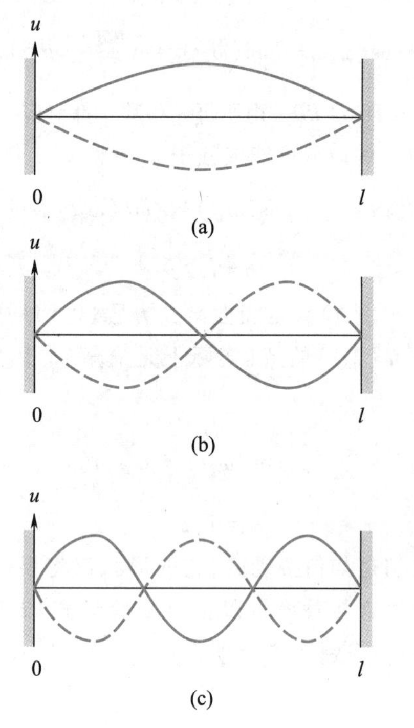

图 2.3 弦振动的前三个简正模,注意每一个简正模都是一个驻波,第 n 谐波有 $n-1$ 个节点。

wave),因为节点的位置在时间上是固定的,在节点之间,弦上下振动。

考虑一种简单的情况,其中 $u(x,t)$ 仅由前两个谐波组成,其形式如下[参见式(2.25)]:

$$u(x,t)=\cos(\omega_1 t)\sin\frac{\pi x}{l}+\frac{1}{2}\cos(\omega_2 t)+\frac{\pi}{2}\sin\frac{2\pi x}{l} \tag{2.27}$$

方程(2.27)由图 2.4 展示。图 2.4 的左侧显示了每个模式的时间依赖性,注意 $u_2(x,t)$ 在所示的时间里完成了一次完整的振动,而 $u_1(x,t)$ 仅完成了半个周期,这很好地说明了 $\omega_2=2\omega_1$。图 2.4 的右侧展示了两谐波之和,即弦的实际运动作为时间的函数。可以看到图左侧驻波的叠加如何产生图右侧的**行波**(traveling wave)。任何复杂的、一般的波动运动分解成正常模式的和或叠加是振动行为的一个基本特性,这源于波动方程是线性方程的事实。

从波动方程到其解的路径相当漫长,因为我们必须学会在过程中求解一类特定的常微分方程。整个过程实际上是直接的,为了说明该过程,我们将在第 2-5 节求解一个二维问题,即振动矩形膜问题。

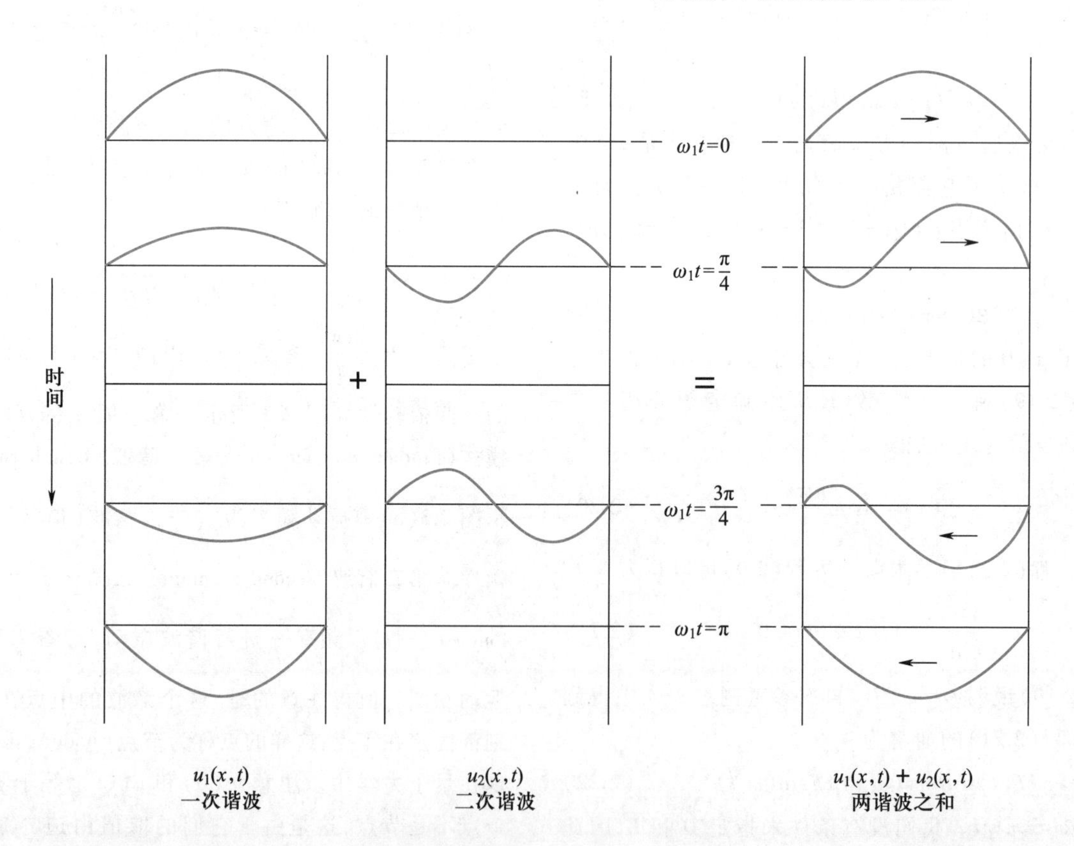

图 2.4 两个驻波结合为行波的示意图。在两个部分中,时间都是向下增加的。左侧部分展示了前两个谐波的独立运动,两个谐波都是驻波;所示时间内,第一谐波经过了半个周期,而第二谐波则经过一个完整周期。右侧部分展示了两个谐波之和,这个和不是一个驻波,而是在固定两端之间来回传播的行波(如图所示),在所示时间内,行波完成了半个周期。

2-5 振动膜由一个二维波动方程描述

将方程(2.1)推广到二维,可得

$$\frac{\partial^2 u}{\partial x^2}+\frac{\partial^2 u}{\partial y^2}=\frac{1}{v^2}\frac{\partial^2 u}{\partial t^2} \tag{2.28}$$

式中 $u=u(x,y,z)$,x,y 和 t 均是自变量。将这个方程应用到一个四周边界都被夹紧的矩形膜上。通过参考图 2.5 中的几何图形,可以看出因为它的四周边界都被夹紧,$u(x,y,z)$必须满足的边界条件:

$$\left.\begin{aligned}u(0,y)=u(a,y)=0\\u(x,0)=u(x,b)=0\end{aligned}\right\}\quad(\text{对于全部 } t) \tag{2.29}$$

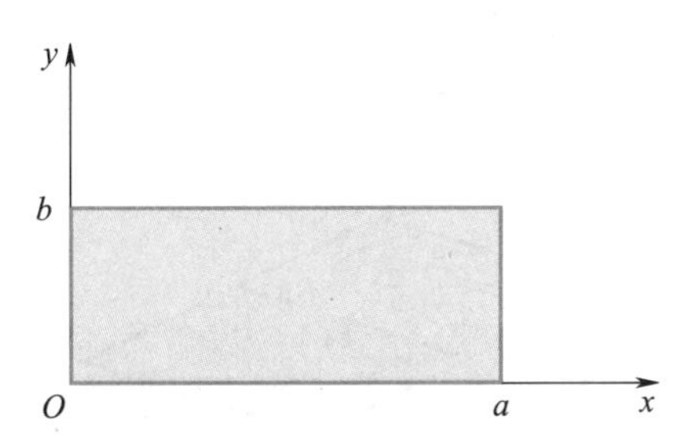

图 2.5 沿其周边夹住的矩形膜。

将分离变量法应用到方程(2.28),假设 $u(x,y,t)$可以写成空间部分和时间部分的乘积,即

$$u(x,y,t)=F(x,y)T(t) \tag{2.30}$$

将方程(2.30)代入方程(2.28),并除以 $F(x,y)T(t)$,可得

$$\frac{1}{v^2T(t)}\frac{\mathrm{d}^2T}{\mathrm{d}t^2}=\frac{1}{F(x,y)}\left(\frac{\partial^2 F}{\partial x^2}+\frac{\partial^2 F}{\partial y^2}\right) \tag{2.31}$$

方程(2.31)的右边仅是 x 和 y 的函数,而左边仅是 t 的函数。对于所有 t,x 和 y,该等式只有在两边都等于一个常数时才成立。预期分离常数将会像前面几节一样是负值,我们将其写为$-\beta^2$ 并获得两个独立的方程:

$$\frac{\mathrm{d}^2T}{\mathrm{d}t^2}+v^2\beta^2T(t)=0 \tag{2.32}$$

和

$$\frac{\partial^2 F}{\partial x^2}+\frac{\partial^2 F}{\partial y^2}+\beta^2F(x,y)=0 \tag{2.33}$$

方程(2.33)仍然是一个偏微分方程。为了求解它,再次应用分离变量法,将 $F(x,y)=X(x)Y(y)$代入方程(2.33),并除以 $X(x)Y(y)$,可得

$$\frac{1}{X(x)}\frac{\mathrm{d}^2X}{\mathrm{d}x^2}+\frac{1}{Y(y)}\frac{\mathrm{d}^2Y}{\mathrm{d}y^2}+\beta^2=0 \tag{2.34}$$

再次论证,因为 x 和 y 为自变量,这个方程成立的唯一方式是

$$\frac{1}{X(x)}\frac{\mathrm{d}^2X}{\mathrm{d}x^2}=-p^2 \tag{2.35}$$

和

$$\frac{1}{Y(y)}\frac{\mathrm{d}^2Y}{\mathrm{d}y^2}=-q^2 \tag{2.36}$$

其中 p^2 和 q^2 均是分离常数,根据方程(2.34)必须满足:

$$p^2+q^2=\beta^2 \tag{2.37}$$

方程(2.35)和方程(2.36)可以改写为

$$\frac{\mathrm{d}^2X}{\mathrm{d}y^2}+p^2X(x)=0 \tag{2.38}$$

和

$$\frac{\mathrm{d}^2Y}{\mathrm{d}y^2}+q^2Y(y)=0 \tag{2.39}$$

方程(2.28)是一个三变量偏微分方程,已被简化为三个常微分方程[方程(2.32)、方程(2.38)和方程(2.39)],每个方程都与例题 2-4 中讨论的形式完全相同。方程(2.38)和方程(2.39)的解为

$$X(x)=A\cos(px)+B\sin(px) \tag{2.40}$$

和

$$Y(y)=C\cos(qy)+D\sin(qy) \tag{2.41}$$

就函数 $X(x)$和 $Y(y)$而言,边界条件[式(2.29)]为

$$X(0)Y(y)=X(a)Y(y)=0$$

和

$$X(x)Y(0)=X(x)Y(b)=0$$

这意味着:

$$\begin{aligned}X(0)=X(a)=0\\Y(0)=Y(b)=0\end{aligned} \tag{2.42}$$

将式(2.42)中第一个等式应用到式(2.40)中,表明 $A=0$ 且 $pa=n\pi$,因此,有

$$X(x)=B\sin\frac{n\pi x}{a}\quad n=1,2,\cdots \tag{2.43}$$

以完全相同的方式,我们发现 $C=0$ 且 $qb=n\pi$,其中 $m=1,2,\cdots$,因此,有

$$Y(y)=D\sin\frac{m\pi y}{b}\quad m=1,2,\cdots \tag{2.44}$$

回顾条件 $p^2+q^2=\beta^2$,则

$$\beta_{nm}=\pi\left(\frac{n^2}{a^2}+\frac{m^2}{b^2}\right)^{1/2}\quad\begin{aligned}n=1,2,\cdots\\m=1,2,\cdots\end{aligned} \tag{2.45}$$

式中 β 的下标强调它依赖于两个整数 n 和 m。

最后,求解方程(2.32)的时间依赖性:

$$T_{nm}(t)=E_{nm}\cos(\omega_{nm}t)+F_{nm}\sin(\omega_{nm}t) \tag{2.46}$$

其中

$$\omega_{nm}=v\beta_{nm}=v\pi\left(\frac{n^2}{a^2}+\frac{m^2}{b^2}\right)^{1/2} \tag{2.47}$$

根据习题 2-15,式(2.46)可写为

$$T_{nm}(t)=G_{nm}\cos(\omega_{nm}t+\phi_{nm}) \tag{2.48}$$

方程(2.28)的完整解为

$$u(x,y,t)=\sum_{n=1}^{\infty}\sum_{m=1}^{\infty}u_{nm}(x,y,t)$$
$$=\sum_{n=1}^{\infty}\sum_{m=1}^{\infty}A_{nm}\cos(\omega_{nm}t+\phi_{nm})\sin\frac{n\pi x}{a}\sin\frac{m\pi x}{b} \tag{2.49}$$

与一维振动弦的情况一样,矩形鼓的一般振动运动可以表示为简正模 $u_{nm}(x,y,t)$ 的叠加,其中一些简正模如图 2.6 所示。注意,在这个二维问题中,我们得到了**节点线**(nodal lines)。与一维问题中的点相比,二维问题中的节点是线。图 2.6 显示了 $a\neq b$ 的情况下的简正模。简正模的频率由式(2.47)给出。一种有趣的情况是,当 $a=b$ 时,方程(2.47)可写为

$$\omega_{nm}=\frac{v\pi}{a}(n^2+m^2)^{1/2} \tag{2.50}$$

从式(2.50)可以看出,该情况下 $\omega_{12}=\omega_{21}=5^{1/2}/a$。然而如图 2.7 所示,简正模 $u_1(x,y,t)$ 与 $u_2(x,y,t)$ 并不相同。这是一个**简并度**(degeneracy)的例子,频率 $\omega_{12}=\omega_{21}$ 称为**双重简并/两重简并**(doubly degenerate/two-fold degenerate)。简并现象的产生源于 $a=b$ 时引入的对称性,通过比较图 2.7 中 u_{12} 和 u_{21} 两种模式很容易看到这种现象。式(2.50)表明,当 $m\neq n$ 时,由于 $m^2+n^2=n^2+m^2$,至少会出现两重简并。可见简并度的概念也出现在量子力学中。

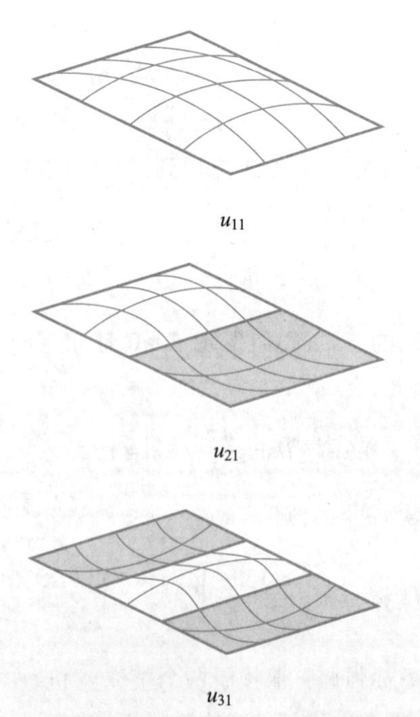

图 2.6 矩形膜的前几个简正模。如图所示,阴影和明亮部分具有相反的正弦位移。

本章讨论了波动方程及其求解。在第 3 章中,我们将使用在这里发展的数学方法,因此建议在继续学习之前先完成本章的习题。其中有几个习题涉及物理系统,可作为经典力学的复习或介绍。

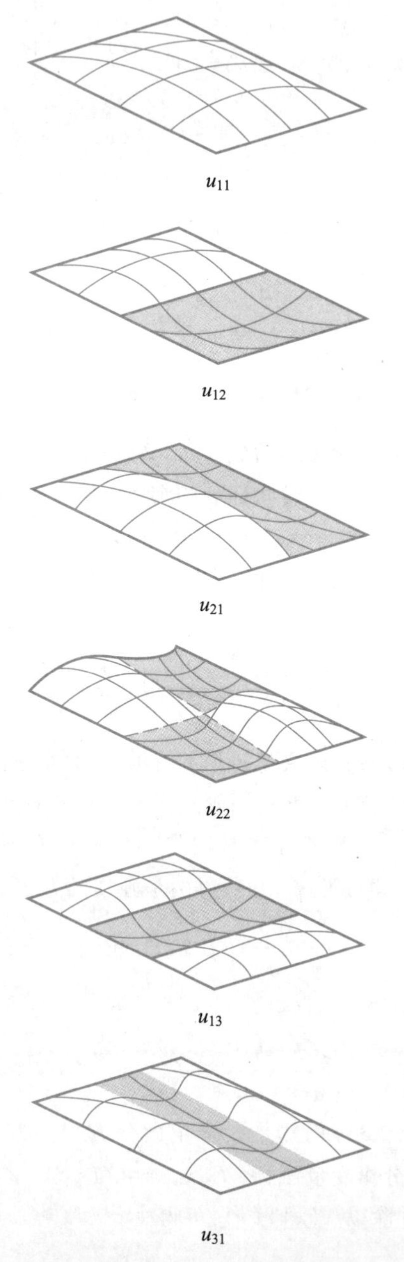

图 2.7 正方形薄膜的简正模,说明该体系中简并的出现。由式(2.50)给出的简正模 u_{12} 和 u_{21} 具有不同的方向,但频率相同。该结论同样适用于简正模 u_{13} 和 u_{31}。

习题

2-1 求下列微分方程的通解。

a. $\frac{d^2y}{dx^2}-4\frac{dy}{dx}+3y=0$　　b. $\frac{d^2y}{dx^2}+6\frac{dy}{dx}=0$

c. $\frac{dy}{dx}+3y=0$　　d. $\frac{d^2y}{dx^2}+2\frac{dy}{dx}-y=0$

e. $\frac{d^2y}{dx^2}-3\frac{dy}{dx}+2y=0$

2-2 求解下列微分方程。

a. $\frac{d^2y}{dx^2}-4y=0\quad y(0)=2;\frac{dy}{dx}(x=0)=4$

b. $\frac{d^2y}{dx^2}-5\frac{dy}{dx}+6y=0\quad y(0)=-1;\frac{dy}{dx}(x=0)=0$

c. $\frac{dy}{dx}-2y=0\quad y(0)=2$

2-3 证明振动 $x(t)=A\cos(\omega t)$ 的频率为 $\omega/2\pi$。证明振动 $x(t)=A\cos(\omega t)+B$ 的频率为 $\omega/2\pi$。

2-4 求解下列微分方程。

a. $\frac{d^2x}{dt^2}+\omega^2x(t)=0\quad x(0)=0;\ \frac{dx}{dt}(t=0)=v_0$

b. $\frac{d^2x}{dt^2}+\omega^2x(t)=0\quad x(0)=A;\ \frac{dx}{dt}(t=0)=v_0$

证明以上两个振动 $x(t)$ 的频率都为 $\omega/2\pi$。

2-5 微分方程 $\frac{d^2x}{dt^2}+\omega^2x(t)=0$

的通解为

$$x(t)=c_1\cos(\omega t)+c_2\sin(\omega t)$$

为了方便，通常将这个解写成如下的等价形式：

$$x(t)=A\sin(\omega t+\phi)$$

或

$$x(t)=B\cos(\omega t+\psi)$$

证明以上三个 $x(t)$ 的表达形式是等价的。推导出 A 和 ϕ 关于 c_1 和 c_2 的方程，以及 B 和 ψ 关于 c_1 和 c_2 的方程。证明所有三种形式的 $x(t)$ 都以频率 $\omega/2\pi$ 振荡。提示：利用三角恒等式，即

$$\sin(\alpha+\beta)=\sin\alpha\cos\beta+\cos\alpha\sin\beta$$

和

$$\cos(\alpha+\beta)=\cos\alpha\cos\beta-\sin\alpha\sin\beta$$

2-6 目前所有讨论过的微分方程中，指数 α 要么是实数，要么是纯虚数。考虑一种 α 是复数的情况。考虑方程：

$$\frac{d^2y}{dx^2}+2\frac{dy}{dx}+10y=0$$

如果将 $y(x)=e^{\alpha x}$ 代入这个方程，可发现 $\alpha^2+2\alpha+10=0$，即 $\alpha=-1\pm3i$。方程的通解为

$$y(x)=c_1e^{(-1+3i)x}+c_2e^{(-1-3i)x}$$
$$=c_1e^{-x}e^{3ix}+c_2e^{-x}e^{-3ix}$$

证明 $y(x)$ 可以写成如下的等价形式：

$$y(x)=e^{-x}[c_3\cos(3x)+c_4\sin(3x)]$$

因此，可以看到 α 的复数值导致被一指数因子调控的三角函数解。求解下列方程：

a. $\frac{d^2y}{dx^2}+2\frac{dy}{dx}+2y=0$

b. $\frac{d^2y}{dx^2}-6\frac{dy}{dx}+25y=0$

c. $\frac{d^2y}{dx^2}+2\beta\frac{dy}{dx}+(\beta^2+\omega^2)y=0$

d. $\frac{d^2y}{dx^2}+4\frac{dy}{dx}+5y=0\quad y(0)=1;\ \frac{dy}{dx}(x=0)=-3$

2-7 本题发展了经典谐振子的概念。如图 2.8 所示，一个质量为 m 的小球被连接到一个弹簧上。假设没有重力作用在 m 上，即小球仅受到来自弹簧的力。设弹簧的放松或未变形长度为 x_0。胡克定律说明施加在质量 m 上的力为 $f=-k(x-x_0)$，其中 k 是弹簧的特性常数，称为弹簧的力常数。注意，负号表示力的方向：若 $x>x_0$（伸展），则向左；若 $x<x_0$（压缩），则向右。质量的动量为

$$p=m\frac{dx}{dt}=m\frac{d(x-x_0)}{dt}$$

牛顿第二定律表明动量的变化率等于一个力：

$$\frac{dp}{dt}=f$$

根据胡克定律，替换 $f(x)$，证明：

$$m\frac{d^2(x-x_0)}{dt^2}=-k(x-x_0)$$

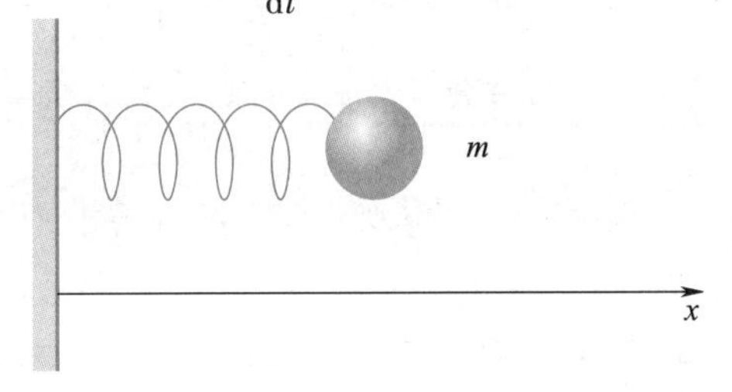

图 2.8 一个质量为 m 的小球通过弹簧与墙连接。

令 $\xi=x-x_0$ 为弹簧从其未变形长度的位移，那么

$$m\frac{d^2\xi}{dt^2}+k\xi=0$$

假定质量以初始速度 v_0 从 $\xi=0$ 时出发，证明其位移可以用下式表示：

$$\xi(t)=v_0\left(\frac{m}{k}\right)^{1/2}\sin\left[\left(\frac{k}{m}\right)^{1/2}t\right]$$

解释并讨论该解。这个运动看起来像什么？频率是多少？振幅是多少？

2-8 考虑以下线性二阶微分方程：

$$\frac{d^2y}{dx^2}+a_1(x)\frac{dy}{dx}+a_0(x)y(x)=0$$

注意该方程是线性的，这是由于 $y(x)$ 和它的导数只出现在一次项上，且无交叉项。然而，它没有常数系数，因此没有像系数为常数时那样的通用简便求解方法。实际上，每一个这样的方程都必须或多或少地单独处理。尽管如此，由于它是线性的，必须有：如果 $y_1(x)$ 和 $y_2(x)$ 是任意两个解，那么其线性组合 $y(x)=c_1y_1(x)+c_2y_2(x)$ 必然也是一个解，式中 c_1 和 c_2 均是常数。证明 $y(x)$ 是方程的一个解。

2-9 在第三章中将会介绍，对于在0到 a 之间沿直线自由运动的质量为 m 的粒子，其薛定谔方程为

$$\frac{d^2\psi}{dx^2}+\left(\frac{8\pi^2mE}{h^2}\right)\psi(x)=0$$

边界条件为

$$\psi(0)=\psi(a)=0$$

该方程中，E 是该粒子的能量，$\psi(x)$ 是它的波函数。应用边界条件求解 $\psi(x)$ 的微分方程，并证明能量的值只能为

$$E_n=\frac{n^2h^2}{8ma^2}\quad n=1,2,3,\cdots$$

即能量是量子化的。

2-10 证明两端固定的振动弦的第 n 谐波的节点数是 $n-1$。

2-11 证明方程

$$y(x,t)=A\sin\left[\frac{2\pi}{\lambda}(x-vt)\right]$$

描述了以速度 v 向右传播的波，其波长为 λ，频率为 $\nu=v/\lambda$。

2-12 画出振动矩形膜的简正模，并验证它们与图2.6中展示的那些相似。

2-13 本题是习题2-9拓展到二维的情况。这种情况下，粒子被限制在一个边长为 a 和 b 的矩形表面上自由移动。该体系的薛定谔方程为

$$\frac{\partial^2\psi}{\partial x^2}+\frac{\partial^2\psi}{\partial y^2}+\left(\frac{8\pi^2mE}{h^2}\right)\psi(x,y)=0$$

边界条件如下：

$$\psi(0,y)=\psi(a,y)=0\quad 对所有的\ y,0\leqslant y\leqslant b$$

$$\psi(x,0)=\psi(x,b)=0\quad 对所有的\ x,0\leqslant x\leqslant a$$

应用边界条件求解 $\psi(x,y)$ 的方程，并证明能量是如下所示量子化的：

$$E_{n_xn_y}=\frac{n_x^2h^2}{8ma^2}+\frac{n_y^2h^2}{8mb^2}\qquad \begin{aligned}n_x&=1,2,3,\cdots\\ n_y&=1,2,3,\cdots\end{aligned}$$

2-14 把习题2-9和习题2-1拓展到三维。其中，粒子被限制在一个边长为 a，b 和 c 的长方体盒子中自由移动，该体系的薛定谔方程为

$$\frac{\partial^2\psi}{\partial x^2}+\frac{\partial^2\psi}{\partial y^2}+\frac{\partial^2\psi}{\partial z^2}+\left(\frac{8\pi^2mE}{h^2}\right)\psi(x,y,z)=0$$

边界条件为 $\psi(x,y,z)$ 会消失于该盒子的所有表面。

2-15 证明方程(2.46)和方程(2.48)是等价的。方程(2.48)中的 G_{nm} 和 ϕ_{nm} 是如何与方程(2.46)中的量相关联的？

问题2-16到问题2-19介绍了微分方程在经典力学中的一些其他应用。

在经典力学中，许多问题可以归结为求解具有常系数微分方程问题(参见习题2-7)。基本的出发点是牛顿第二定律，该定律指出物体动量的变化率等于作用于其上的力。动量 p 等于 mv，因此如果质量是恒定的，那么在一维情况下，有

$$\frac{dp}{dt}=m\frac{dv}{dt}=m\frac{d^2x}{dt^2}=f$$

如果得到力(x 的函数)，则该方程即为 $x(t)$ 的微分方程，称为粒子的轨迹。回到习题2-7中讨论的简谐振子，如果使 x 等于质量相对于其平衡位置的位移，那么胡克定律表明 $f(x)=-kx$，与牛顿第二定律相对应的微分方程(已出现过多次)是

$$\frac{d^2x}{dt^2}+kx(t)=0$$

2-16 考虑一个物体从高度 x_0 自由下落，如图2.9(a)所示。如果忽略空气阻力或黏性阻力，作用在物体上的唯一力是重力 mg。使用图2.9(a)中的坐标，mg 的作用方向与 x 相同，因此对应于牛顿第二定律的微分方程是

$$m\frac{d^2x}{dt^2}=mg$$

证明：

$$x(t)=\frac{1}{2}gt^2+v_0t+x_0$$

式中 x_0 和 v_0 是 x 和 v 的初始值。根据图 2.9(a)，$x_0=0$，所以

$$x(t)=\frac{1}{2}gt^2+v_0t$$

如果粒子刚刚坠落，此时 $v_0=0$，因此

$$x(t)=\frac{1}{2}gt^2$$

讨论该解。

下面，使用图 2.9(b)作为各种量的定义，解决同一个问题，并证明虽然方程看起来与上述方程不同，但它们表达的是完全相同的事情，因为我们绘制的用于定义 x，v 和 mg 方向的图形并不影响下落物体。

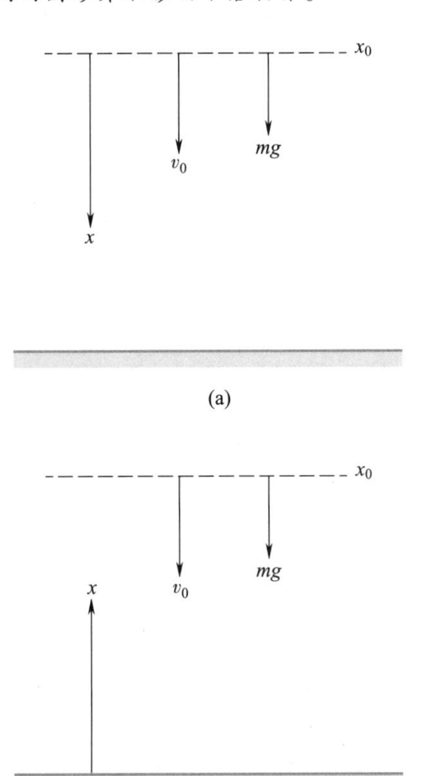

图 2.9 描述物体从高度为 x_0 处落下的坐标系(a)和描述物体从高度为 x_0 处落下的另一个不同的坐标系(b)。

2-17 推导一个物体如果以 v_0 的初速度上升达到最大高度的方程。参照图 2.9(b)，但本例中 v_0 的方向向上。物体要经过多长时间才能回到初始位置(即 $x=0$)？

2-18 考虑如图 2.10 所示的一个简单单摆。假定摆的长度为 l，其质量集中于末端。该例的一个物理例子是由一个弹簧悬挂的质量。假设摆的运动是在平面内振荡，因此该运动适宜用平面极坐标描述。由于摆的运动是一条弧线，因此其动量为 $m\frac{ds}{dt}=ml\frac{d\theta}{dt}$，动量的变化率是 $ml\frac{d^2\theta}{dt^2}$，证明在运动方向上力的分量是 $-mg\sin\theta$，式中出现负号是因为该力的方向与 θ 角的方向相反。证明运动方程是

$$ml\frac{d^2\theta}{dt^2}=-mg\sin\theta$$

现在，假设运动只发生在很小的角度，证明运动变成了简谐振子的运动。这个简谐振子的固有频率是多少？提示：对于较小的 θ 值，有 $\sin\theta\approx\theta$。

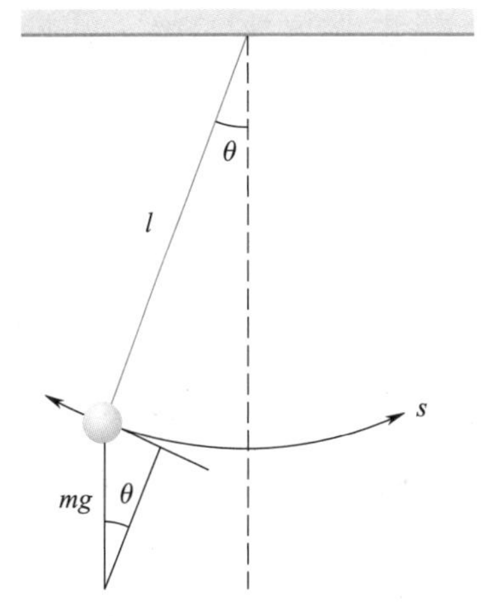

图 2.10 描述振荡单摆的坐标系。

2-19 考虑像习题 2-18 中一样的单摆的运动，假设单摆在黏性介质中振荡。若物体受到的黏性阻力与其速度成正比，但方向相反，即

$$f_{\text{viscous}}=-\lambda\frac{ds}{dt}=-\lambda l\frac{d\theta}{dt}$$

式中 λ 是黏滞阻力系数。证明：对于较小的振荡角度，牛顿方程可写为如下形式：

$$ml\frac{d^2\theta}{dt^2}+\lambda l\frac{d\theta}{dt}+mg\theta=0$$

证明：如果 $\lambda^2>\frac{4m^2g}{l}$，则不会发生简谐运动。介质很黏以至于单摆不发生简谐运动，这有物理意义吗？

2-20 考虑两个等长等质量的摆，通过一弹簧相连接，弹簧遵循胡克定律(习题 2-7)。该系统如图 2.11 所示。假设运动发生在一平面内，且每个摆的角度位移相对于竖直方向均很小。证明该系统的运动方程为

$$m\frac{d^2x}{dt^2}=-m\omega_0^2x-k(x-y)$$

$$m\frac{d^2y}{dt^2}=-m\omega_0^2y-k(y-x)$$

式中 ω_0 是每个摆的固有振动频率[即 $\omega_0=(g/l)^{1/2}$],k 是弹簧的力常数。为了同时求解这两个微分方程,假设两个摆发生简谐运动,因此尝试:

$$x(t)=Ae^{i\omega t}\quad y(t)=Be^{i\omega t}$$

将以上两式代入两个微分方程中,可得

$$\left(\omega^2-\omega_0^2-\frac{k}{m}\right)A=-\frac{k}{m}B$$

$$\left(\omega^2-\omega_0^2-\frac{k}{m}\right)B=-\frac{k}{m}A$$

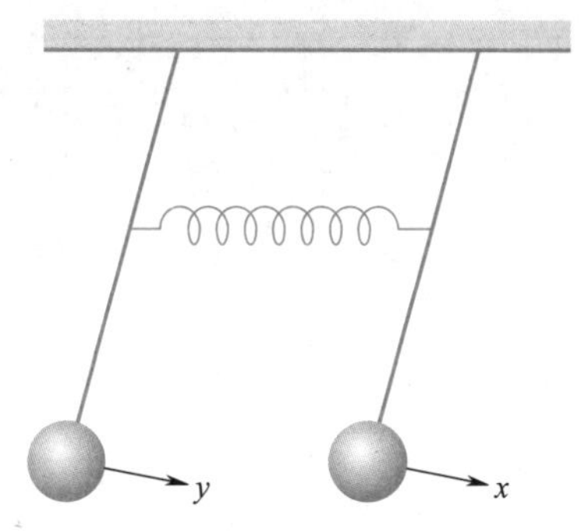

图 2.11 两个通过遵循胡克定律的弹簧相耦合的单摆。

现在,我们有两个线性齐次代数方程,两个振幅分别为 A 和 B。在数学章节 E 中将学习,为了有一个非平凡的解,系数的行列式必须为零。证明该条件给出:

$$\left(\omega^2-\omega_0^2-\frac{k}{m}\right)^2=\left(\frac{k}{m}\right)^2$$

证明该系统有两个固有振动频率,即

$$\omega_1^2=\omega_0^2\quad 和\quad \omega_2^2=\omega_0^2+\frac{2k}{m}$$

通过将 ω_1^2 和 ω_2^2 代入 A 和 B 的两个方程,解释与这些频率相关的运动。与 A 和 B 的这些值相关的运动称为**简正模**(normal mode)。该系统的任一复杂的运动都可以写成这些简正模的线性组合。注意到这一问题中有两个坐标(x 和 y)和两个简正模。在第 13 章中,我们将看到分子的复杂振动运动可以分解为固有模式或简正模的线性组合。

2-21 习题 2-20 可以通过引入质心坐标和相对坐标来解决(参见第 5-2 节)。对 $x(t)$ 和 $y(t)$ 的微分方程进行加减,然后引入新变量:

$$\eta=x+y\quad 和\quad \xi=x-y$$

证明 η 和 ξ 的微分方程是独立的。分别求解两个微分方程,并将你的结果与习题 2-20 的结果进行比较。

习题参考答案

数学章节B 概率与统计

在接下来的许多章节中，我们将处理概率分布、平均值和标准差。因此，这里讨论概率的一些基本思想，并说明如何一般地计算平均值。

考虑一些如掷硬币或掷骰子的实验，其结果包含 n 种可能的结果，每种结果的概率为 $p_j(j=1,2,\cdots,n)$。如果实验重复无限次，则可凭直觉预测：

$$p_j=\lim_{N\to\infty}\frac{N_j}{N}\quad j=1,2,\cdots,n \tag{B.1}$$

式中 N_j 是结果 j 出现的次数；N 是实验的总重复次数。因为 $0\leqslant N_j\leqslant N$，故 p_j 必须满足条件：

$$0\leqslant p_j\leqslant 1 \tag{B.2}$$

当 $p_j=1$ 时，我们认为事件 j 是必然的，而当 $p_j=0$ 时，我们认为这是不可能发生的。此外，由于

$$\sum_{j=1}^{n}N_j=N$$

可得归一化条件：

$$\sum_{j=1}^{n}p_j=1 \tag{B.3}$$

式(B.3)表示某个事件发生的概率是确定的。现在假设某个数字 x_j 与结果 j 是关联的，那么定义 x 的平均值为

$$\langle x\rangle=\sum_{j=1}^{n}x_jp_j=\sum_{j=1}^{n}x_jp(x_j) \tag{B.4}$$

其中最后一项使用了扩展符号 $p(x_j)$，表示得到结果 x_j 的概率。角括号(〈 〉)表示一个物理量的平均值。

» 例题 B-1 假设有以下数据：

x	$p(x)$
1	0.20
3	0.25
4	0.55

计算 x 的平均值。

» 解 利用式(B.4)，可得

$$\langle x\rangle=(1)(0.20)+(3)(0.25)+(4)(0.55)=3.15$$

将像 p_j 这样的概率分布解释为沿着 x 轴的单位质量的离散分布，这样 p_j 是位于点 x_j 的质量分数。这种解释如图 B.1 所示。根据这一解释，x 的平均值是该系统的质心。

另一个重要物理量是

$$\langle x^2\rangle=\sum_{j=1}^{\infty}x_j^2p_j \tag{B.5}$$

$\langle x^2\rangle$ 称为 p_j 分布的**二阶矩**(second moment)，与转动惯量相似。

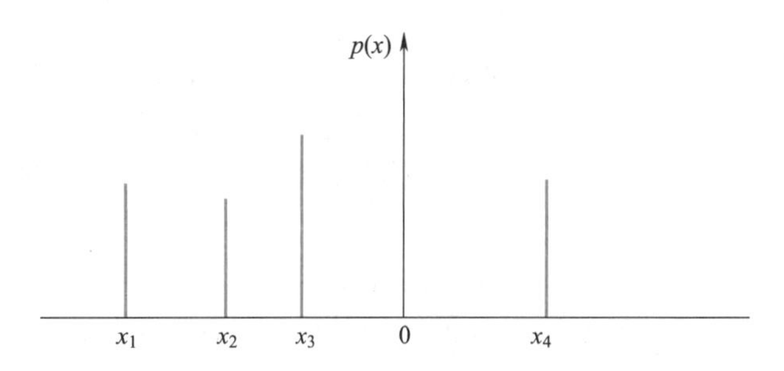

图 B.1 离散概率频率函数或概率密度 $p(x)$。

» 例题 B-2 计算例题 B-1 中所给数据的二阶矩。

» 解 利用式(B.5)，可得

$$\langle x^2\rangle=(1)^2(0.20)+(3)^2(0.25)+(4)^2(0.55)=11.25$$

从例题 B-1 和例题 B-2 可知，$\langle x\rangle^2\neq\langle x^2\rangle$。这个不等式是一个通式，将在下文中证明。

在物理上比 $\langle x^2\rangle$ 更有趣的物理量是**二阶中心矩**(second central moment)或**方差**(variance)，其定义为

$$\sigma_x^2=\langle(x-\langle x\rangle)^2\rangle=\sum_{j=1}^{n}(x_j-\langle x\rangle)^2p_j \tag{B.6}$$

如上所示，式(B.6)中方差的平方根表示为 σ_x，称为**标准差**(standard deviation)。从式(B.6)的求和中可以看出，σ_x^2 在 x_j 与 $\langle x\rangle$ 偏差较大时具有较大的数值，因为在这种情况下，$(x_j-\langle x\rangle)$ 和 $(x_j-\langle x\rangle)^2$ 的值相对于 p_j 将很大。同时，如果

x_j 与 $\langle x\rangle$ 差别不大或 x_j 聚集在 $\langle x\rangle$ 周围，σ_x^2 将非常小，因为 $(x_j-\langle x\rangle)^2$ 的值相对于 p_j 将很小。因此，可以看出，方差或标准差都是相对于均值的散布程度的一种度量。

式(B.6)表明，σ_x^2 是正项之和，因此 $\sigma_x^2>0$。此外

$$\sigma_x^2 = \sum_{j=1}^{n}(x_j-\langle x\rangle)^2 p_j = \sum_{j=1}^{n}(x_j^2-2\langle x\rangle x_j+\langle x\rangle^2)p_j$$
$$= \sum_{j=1}^{n}x_j^2 p_j - 2\sum_{j=1}^{n}\langle x\rangle x_j p_j + \sum_{j=1}^{n}\langle x\rangle^2 p_j \tag{B.7}$$

这里的第一项就是 $\langle x^2\rangle$[参见式(B.5)]。要计算第二项和第三项，需要认识到 x_j 的平均值 $\langle x\rangle$ 只是一个数字，因此可以从求和中提出，剩下的第二项为 $\sum x_j p_j$，第三项为 $\sum p_j$。根据定义，$\sum x_j p_j$ 就是 $\langle x\rangle$，而由于归一化，$\sum p_j$ 为 1[式(B.3)]。综上，可得

$$\sigma_x^2 = \langle x^2\rangle - 2\langle x\rangle^2 + \langle x\rangle^2$$
$$= \langle x^2\rangle - \langle x\rangle^2 \geqslant 0 \tag{B.8}$$

因为 $\sigma_x^2 \geqslant 0$，可得 $\langle x\rangle^2 \geqslant \langle x^2\rangle$。对式(B.6)的分析表明，$\sigma_x^2=0$ 或 $\langle x\rangle^2=\langle x^2\rangle$ 只有当 $x_j=\langle x\rangle$ 的概率为 1 时成立，这种情况实际上并不具有概率性，因为事件 j 在每次试验中都会发生。

到目前为止，只考虑了离散分布，但连续分布在物理化学中也很重要。使用单位质量进行类比是一种方便的方法。考虑单位质量沿 x 轴或 x 轴的某个区间的连续分布。定义线性质量密度 $\rho(x)$ 为

$$\mathrm{d}m = \rho(x)\,\mathrm{d}x$$

式中 $\mathrm{d}m$ 是位于 x 和 $x+\mathrm{d}x$ 之间的质量分数。以此类推，可以说，某个量 x，如盒中一个粒子的位置，在 x 和 $x+\mathrm{d}x$ 之间的概率是

$$\mathrm{Prob}(x, x+\mathrm{d}x) = p(x)\,\mathrm{d}x \tag{B.9}$$

以及

$$\mathrm{Prob}(a \leqslant x \leqslant b) = \int_a^b p(x)\,\mathrm{d}x \tag{B.10}$$

在质量类比中，$\mathrm{Prob}(a\leqslant x\leqslant b)$ 是位于 $a\leqslant x\leqslant b$ 区间的质量分数。归一化条件为

$$\int_{-\infty}^{+\infty} p(x)\,\mathrm{d}x = 1 \tag{B.11}$$

根据式(B.4)~式(B.6)，可以得出以下定义：

$$\langle x\rangle = \int_{-\infty}^{+\infty} x p(x)\,\mathrm{d}x \tag{B.12}$$

$$\langle x^2\rangle = \int_{-\infty}^{+\infty} x^2 p(x)\,\mathrm{d}x \tag{B.13}$$

和

$$\sigma_x^2 = \int_{-\infty}^{+\infty} (x-\langle x\rangle)^2 p(x)\,\mathrm{d}x \tag{B.14}$$

» 例题 B-3 可能最简单的连续分布就是所谓的均匀分布，其中

$$p(x)\begin{cases} = 常数 = A & a \leqslant x \leqslant b \\ = 0 & 其他 \end{cases}$$

证明 A 必须等于 $1/(b-a)$。计算该分布的 $\langle x\rangle$，$\langle x^2\rangle$，σ_x^2 和 σ_x。

» 解 因为 $p(x)$ 必须归一化，故

$$\int_a^b p(x)\,\mathrm{d}x = 1 = A\int_a^b \mathrm{d}x = A(b-a)$$

因此 $A=1/(b-a)$，以及

$$p(x) = \begin{cases} \dfrac{1}{b-a} & a\leqslant x\leqslant b \\ 0 & 其他 \end{cases}$$

x 的平均值为

$$\langle x\rangle = \int_a^b x p(x)\,\mathrm{d}x = \frac{1}{b-a}\int_a^b x\,\mathrm{d}x$$
$$= \frac{b^2-a^2}{2(b-a)} = \frac{b+a}{2}$$

x 的二阶矩为

$$\langle x^2\rangle = \int_a^b x^2 p(x)\,\mathrm{d}x = \frac{1}{b-a}\int_a^b x^2\,\mathrm{d}x$$
$$= \frac{b^3-a^3}{3(b-a)} = \frac{b^2+ab+a^2}{3}$$

最后，方差可由式(B.6)得出，因此

$$\sigma_x^2 = \langle x^2\rangle - \langle x\rangle^2 = \frac{(b-a)^2}{12}$$

标准差为

$$\sigma_x = \frac{(b-a)}{\sqrt{12}}$$

» 例题 B-4 最常见和最重要的连续概率分布是**高斯分布**(Gaussian distribution)，其计算公式为

$$p(x)\,\mathrm{d}x = c\mathrm{e}^{-x^2/2a^2}\,\mathrm{d}x \qquad -\infty < x < +\infty$$

计算 c，$\langle x\rangle$，σ_x^2 和 σ_x。

» 解 常数 c 可通过归一化确定：

$$\int_{-\infty}^{+\infty} p(x)\,\mathrm{d}x = 1 = c\int_{-\infty}^{+\infty} \mathrm{e}^{-x^2/2a^2}\,\mathrm{d}x \tag{B.15}$$

查找积分表[例如，**《CRC 标准数学表》**(*CRC Standard Mathematical Tables*)或**《CRC 化学和物理手册》**(*CRC Handbook of Chemistry and Physics*)]，将找不到上述积分。不过，可以找到以下积分：

$$\int_0^{+\infty} \mathrm{e}^{-\alpha x^2}\,\mathrm{d}x = \left(\frac{\pi}{4\alpha}\right)^{1/2} \tag{B.16}$$

图 B.2(a)说明了找不到在$(-\infty,+\infty)$区间积分的原因，其中画出了 $e^{-\alpha x^2}$ 对 x 的作图。注意，该图对纵轴是对称的，因此纵轴两侧对应的面积是相等的。具有 $f(x)=f(-x)$这一数学性质的函数称为**偶函数**(even function)。对于偶函数，有

$$\int_{-A}^{A} f_{偶}(x)\,dx = 2\int_{0}^{A} f_{偶}(x)\,dx \tag{B.17}$$

如果认识到 $p(x)=ce^{-x^2/2a^2}$ 是偶函数，并使用式(B.16)，则有

$$c\int_{-\infty}^{+\infty} e^{-x^2/2a^2}\,dx = 2c\int_{0}^{+\infty} e^{-x^2/2a^2}\,dx$$

$$= 2c\left(\frac{\pi a^2}{2}\right)^{1/2} = 1$$

或
$$c=1/(2\pi a^2)^{1/2}$$

x 的平均值为

$$\langle x\rangle = \int_{-\infty}^{+\infty} xp(x)\,dx = (2\pi a^2)^{-1/2}\int_{-\infty}^{+\infty} xe^{-x^2/2a^2}\,dx \tag{B.18}$$

式(B.18)中的被积函数绘于图 B.2(b)中。注意，该图针对纵轴是反对称的，纵轴一侧的面积与另一侧的对应面积相抵消。具有$f(x)=-f(-x)$这一数学性质的函数称为**奇函数**(odd function)。对于奇函数，有

$$\int_{-A}^{A} f_{奇}(x)\,dx = 0 \tag{B.19}$$

函数 $xe^{-x^2/2a^2}$ 是奇函数，因此

$$\langle x\rangle = (2\pi a^2)^{-1/2}\int_{-\infty}^{+\infty} xe^{-x^2/2a^2}\,dx = 0$$

x 的二阶矩为

$$\langle x^2\rangle = (2\pi a^2)^{-1/2}\int_{-\infty}^{+\infty} x^2e^{-x^2/2a^2}\,dx$$

这种情况下，被积函数是偶函数，因为 $y(x)=x^2e^{-x^2/2a^2}=y(-x)$。因此

$$\langle x^2\rangle = 2(2\pi a^2)^{-1/2}\int_{0}^{+\infty} x^2e^{-x^2/2a^2}\,dx$$

积分

$$\int_{0}^{+\infty} x^2e^{-\alpha x^2}\,dx = \frac{1}{4\alpha}\left(\frac{\pi}{\alpha}\right)^{1/2} \tag{B.20}$$

可以在积分表中找到，因此

$$\langle x^2\rangle = \frac{2}{(2\pi a^2)^{1/2}}\,\frac{(2\pi a^2)^{1/2}a^2}{2} = a^2$$

因为$\langle x\rangle=0$，$\sigma_x^2=\langle x^2\rangle$，所以

$$\sigma_x = a$$

正态分布的标准差是出现在指数中的参数。归一化的高斯分布函数的标准符号是

$$p(x)\,dx = (2\pi\sigma_x^2)^{-1/2}e^{-x^2/2\sigma_x^2}\,dx \tag{B.21}$$

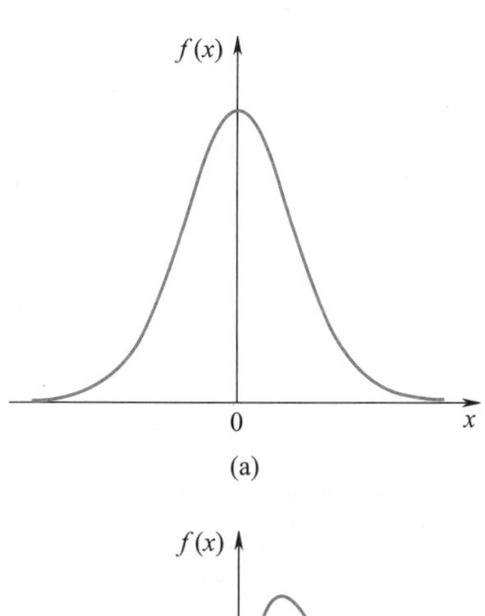

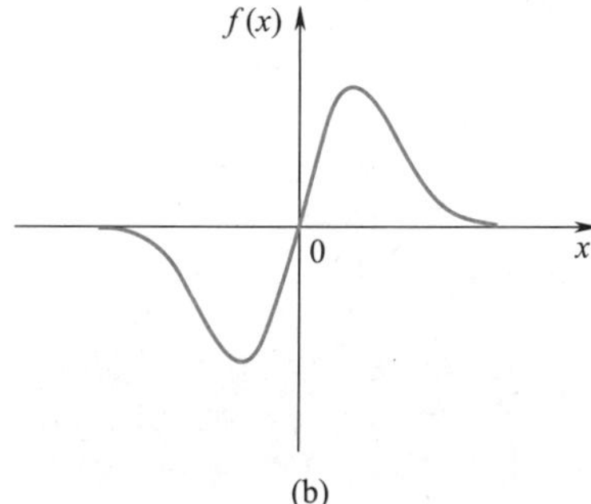

图 B.2 (a)函数 $f(x)=e^{-x^2}$是偶函数，$f(x)=f(-x)$；(b)函数 $f(x)=xe^{-x^2}$是奇函数，$f(x)=-f(-x)$。

图 B.3 显示了不同 σ_x 值时的式(B.21)。请注意，σ_x 值越小，曲线越窄越高。

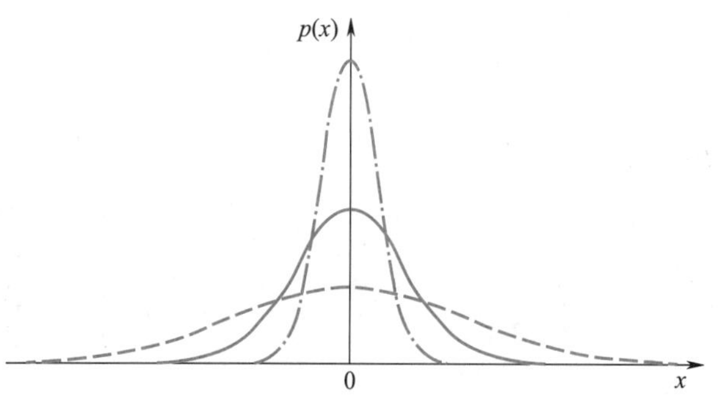

图 B.3 三个不同 σ_x 值时的高斯分布 $p(x)$作图。虚线对应于 $\sigma_x=2$，实线对应于 $\sigma_x=1$，虚点线对应于 $\sigma_x=0.5$。

高斯分布的一个更一般版本是

$$p(x)\,dx = (2\pi\sigma_x^2)^{-1/2}e^{-(x-\langle x\rangle)^2/2\sigma_x^2}\,dx \tag{B.22}$$

这个表达式与图 B.3 中的表达式相似，只是曲线的中心点位于 $x=\langle x\rangle$ 而不位于 $x=0$。高斯分布是所有科学中最重要、最常用的概率分布之一。

练习题

B-1　考虑一个粒子受限于一维线段 0 至 a。在第 3 章中将了解到，粒子位于 x 和 $x+\mathrm{d}x$ 之间的概率可由下式给出：

$$p(x)\mathrm{d}x=\frac{2}{a}\sin^2\frac{n\pi x}{a}\mathrm{d}x$$

其中 $n=1,2,3,\cdots$。首先证明 $p(x)$ 是归一化的，然后计算粒子沿线段的平均位置。计算需要的积分是

$$\int\sin^2(\alpha x)\mathrm{d}x=\frac{x}{2}-\frac{\sin(2\alpha x)}{4\alpha}$$

和

$$\int x\sin^2(\alpha x)\mathrm{d}x=\frac{x^2}{4}-\frac{x\sin(2\alpha x)}{4\alpha}-\frac{\cos(2\alpha x)}{8\alpha^2}$$

B-2　计算与练习题 B-1 中给出的概率分布相关的方差。必要的积分是

$$\int x^2\sin^2(\alpha x)\mathrm{d}x=\frac{x^3}{6}-\left(\frac{x^2}{4\alpha}-\frac{1}{8\alpha^3}\right)\sin(2\alpha x)-\frac{x\cos(2\alpha x)}{4\alpha^2}$$

B-3　利用练习题 B-1 中给出的概率分布，计算粒子在 0 到 $a/2$ 之间被发现的概率。练习题 B-1 中给出了必要的积分。

B-4　证明：

$$\int_{-\infty}^{+\infty}\mathrm{e}^{-\alpha x^2}\mathrm{d}x=2\int_0^{+\infty}\mathrm{e}^{-\alpha x^2}\mathrm{d}x$$

可通过将从 $-\infty$ 到 $+\infty$ 的积分分解成一个从 $-\infty$ 到 0 的积分和另一个从 0 到 $+\infty$ 的积分，然后通过在第一个积分中令 $z=-x$，第二个积分中令 $z=x$ 来证明上述等式。

B-5　利用练习题 B-4 中的方法，证明：

$$\int_{-\infty}^{+\infty}x\mathrm{e}^{-\alpha x^2}\mathrm{d}x=0$$

B-6　在第 27 章中将了解到，气体中的分子以不同的速率运动，分子速率介于 v 和 $v+\mathrm{d}v$ 之间的概率为

$$p(v)\mathrm{d}v=4\pi\left(\frac{m}{2\pi k_{\mathrm{B}}T}\right)^{3/2}v^2\mathrm{e}^{-mv^2/2k_{\mathrm{B}}T}\mathrm{d}v\quad 0\leqslant v<+\infty$$

式中 m 是粒子的质量；k_{B} 是玻尔兹曼常数（摩尔气体常数 R 除以阿伏伽德罗常数）；T 是开尔文温度。分子速率的概率分布称为麦克斯韦-玻尔兹曼分布。首先证明 $p(v)$ 是归一化的，然后确定平均速率与温度的函数关系。必要的积分为

$$\int_0^{+\infty}x^{2n}\mathrm{e}^{-\alpha x^2}\mathrm{d}x=\frac{1\times3\times5\times\cdots\times(2n-1)}{2^{n+1}\alpha^n}\left(\frac{\pi}{\alpha}\right)^{1/2}\quad n\geqslant1$$

和

$$\int_0^{+\infty}x^{2n+1}\mathrm{e}^{-\alpha x^2}\mathrm{d}x=\frac{n!}{2\alpha^{n+1}}$$

其中 $n!$ 是 n 的阶乘，即 $n!=n(n-1)(n-2)\cdots(1)$。

B-7　利用练习题 B-6 中的麦克斯韦-玻尔兹曼分布，确定气相分子的平均动能与温度的函数关系。练习题 B-6 给出了必要的积分。

练习题参考答案

第3章

薛定谔方程与箱中粒子

▶ **科学家介绍**

薛定谔方程是量子力学的基本方程。薛定谔方程的解称为**波函数**(wave functions)。我们将看到,波函数给出了对任何系统的完整描述。本章将介绍和讨论不包含时间变量的薛定谔方程。与时间无关的薛定谔方程的解称为**稳态波函数**(stationary-state wave functions),因为它们与时间无关。化学家感兴趣的许多问题都可以只使用稳态波函数来处理。在第 13 章讨论分子光谱之前,我们不会考虑任何时间相关性。

本章将介绍与时间无关的薛定谔方程,并将其应用于被限制在长度为 a 的一维区间内的质量为 m 的自由粒子。这个系统称为**箱中粒子**(particle in a box),其性质的计算是量子力学中的标准入门问题。箱中粒子问题虽然简单,但却具有启发性。在讨论这个问题的过程中,将介绍波函数的概率解释,并用这种解释来说明不确定性原理在箱中粒子上的应用。

3-1 薛定谔方程是求粒子波函数的方程

我们无法推导出薛定谔方程,就像无法推导出牛顿定律和牛顿第二定律一样,特别是牛顿第二定律 $f=ma$。我们将薛定谔方程视为量子力学的基本假设或公理,正如牛顿定律是经典力学的基本假设一样。尽管无法推导出薛定谔方程,但至少可以证明它是可信的,甚至可以追溯 Schrödinger 最初的思路。在第一章的最后讨论了物质波,认为物质除了明显的粒子特性外,还具有波状特性。在一次讨论物质波这一新观点的会议上,有人提到,如果物质确实具有波状特性,那么一定存在某种波动方程来支配它们。

为了简单起见,从经典的一维波动方程开始:

$$\frac{\partial^2 u}{\partial x^2}=\frac{1}{v^2}\frac{\partial^2 u}{\partial t^2} \tag{3.1}$$

在第 2 章中看到,式(3.1)可以用分离变量法求解,$u(x,t)$ 可以写成一个 x 的函数与一个时间的余弦函数或正弦函数的乘积。时间部分可表示为 $\cos(\omega t)$ [参见式(2.25)],并将 $u(x,t)$ 写为

$$u(x,t)=\psi(x)\cos(\omega t) \tag{3.2}$$

因为 $\psi(x)$ 是振幅 $u(x,t)$ 的空间因子,称为波的**空间振幅**(spatial amplitude)。将式(3.2)代入式(3.1),可以得到关于空间振幅 $\psi(x)$ 的方程,即

$$\frac{\mathrm{d}^2\psi}{\mathrm{d}x^2}+\frac{\omega^2}{v^2}\psi(x)=0 \tag{3.3}$$

利用 $\omega=2\pi\nu$ 和 $\nu\lambda=v$,式(3.3)变为

$$\frac{\mathrm{d}^2\psi}{\mathrm{d}x^2}+\frac{4\pi^2}{\lambda^2}\psi(x)=0 \tag{3.4}$$

下面将 de Broglie 物质波的概念引入式(3.4)。粒子的总能量是其动能和势能之和:

$$E=\frac{p^2}{2m}+V(x) \tag{3.5}$$

式中 $p=mv$ 是粒子的动量;$V(x)$ 是粒子的势能。如果求解式(3.5)中的动量 p,可以得到

$$p=\{2m[E-V(x)]\}^{1/2} \tag{3.6}$$

将 de Broglie 公式

$$\lambda=\frac{h}{p}=\frac{h}{\{2m[E-V(x)]\}^{1/2}}$$

代入式(3.4),可得

$$\frac{\mathrm{d}^2\psi}{\mathrm{d}x^2}+\frac{2m}{\hbar^2}[E-V(x)]\psi(x)=0 \tag{3.7}$$

式中 $\hbar=h/2\pi$。

式(3.7)是著名的**薛定谔方程**,它是一个微分方程,其解 $\psi(x)$ 描述了一个质量为 m 的粒子在由 $V(x)$ 表示的势场中的运动。$\psi(x)$ 的确切性质目前尚不清楚,但与经

典的波方程类似，它是物质波振幅的量度，称为粒子的波函数。式(3.7)不包含时间，称为**定态薛定谔方程**(time-independent Schrödinger equation)。从式(3.7)得出的波函数称为**稳态波函数**(stationary-state wave function)。虽然有一个更普适的、依赖时间的薛定谔方程(第4-4节)，但在本书中将看到，许多化学问题都可以用稳态波函数来描述。

式(3.7)可以改写为

$$-\frac{\hbar^2}{2m}\frac{\mathrm{d}^2\psi}{\mathrm{d}x^2}+V(x)\psi(x)=E\psi(x) \tag{3.8}$$

当我们在第3-2节引入算符的概念时，式(3.8)是一种特别漂亮的薛定谔方程书写方式。

3-2　经典力学量由量子力学中的线性算符表示

算符(operator)是一个符号，它告诉人们要对符号后面的内容做些什么。例如，可以把 $\mathrm{d}y/\mathrm{d}x$ 看成 $\mathrm{d}/\mathrm{d}x$ 算符作用在函数 $y(x)$ 上。其他的例子还有SQR(对后面的内容进行平方运算)、$\int_0^1$(从0到1的积分)、3(乘以3)和 $\partial/\partial y$(对 y 求偏导数)。通常用一个大写字母并在其上加一个帽子来表示算符，如 $\hat{A}$。因此，可以写出

$$\hat{A}f(x)=g(x)$$

用以表示算符 $\hat{A}$ 作用于 $f(x)$ 来给出一个新函数 $g(x)$。

» 例题 3-1　执行以下操作：

a. $\hat{A}(2x)$，$\hat{A}=\dfrac{\mathrm{d}^2}{\mathrm{d}x^2}$

b. $\hat{A}(x^2)$，$\hat{A}=\dfrac{\mathrm{d}^2}{\mathrm{d}x^2}+2\dfrac{\mathrm{d}}{\mathrm{d}x}+3$

c. $\hat{A}(xy^3)$，$\hat{A}=\dfrac{\partial}{\partial y}$

d. $\hat{A}(\mathrm{e}^{ikx})$，$\hat{A}=-\mathrm{i}\hbar\dfrac{\mathrm{d}}{\mathrm{d}x}$

» 解　a. $\hat{A}(2x)=\dfrac{\mathrm{d}^2}{\mathrm{d}x^2}(2x)=0$

b. $\hat{A}(x^2)=\dfrac{\mathrm{d}^2}{\mathrm{d}x^2}x^2+2\dfrac{\mathrm{d}}{\mathrm{d}x}x^2+3x^2=2+4x+3x^2$

c. $\hat{A}(xy^3)=\dfrac{\partial}{\partial y}xy^3=3xy^2$

d. $\hat{A}(\mathrm{e}^{ikx})=-\mathrm{i}\hbar\dfrac{\mathrm{d}}{\mathrm{d}x}\mathrm{e}^{ikx}=k\hbar\mathrm{e}^{ikx}$

在量子力学中，只处理**线性算符**(linear operators)。如果符合以下条件，则称该算符为线性算符：

$$\hat{A}[c_1f_1(x)+c_2f_2(x)]=c_1\hat{A}f_1(x)+c_2\hat{A}f_2(x) \tag{3.9}$$

式中 c_1 和 c_2 均是常数(可能是复数)。显然，"微分"和"积分"算符是线性的，因为

$$\frac{\mathrm{d}}{\mathrm{d}x}[c_1f_1(x)+c_2f_2(x)]=c_1\frac{\mathrm{d}f_1}{\mathrm{d}x}+c_2\frac{\mathrm{d}f_2}{\mathrm{d}x}$$

以及

$$\int[c_1f_1(x)+c_2f_2(x)]\mathrm{d}x=c_1\int f_1(x)\mathrm{d}x+c_2\int f_2(x)\mathrm{d}x$$

而"平方"算符SQR是非线性的，因为

$$\mathrm{SQR}[c_1f_1(x)+c_2f_2(x)]=c_1^2f_1^2(x)+c_2^2f_2^2(x)+2c_1c_2f_1(x)f_2(x)$$
$$\neq c_1f_1^2(x)+c_2f_2^2(x)$$

不符合式(3.9)给出的定义。

» 例题 3-2　判断下列算符是线性的还是非线性的。

a. $\hat{A}f(x)=\mathrm{SQRT}\,f(x)$(取平方根)

b. $\hat{A}f(x)=x^2f(x)$

» 解　a. $\hat{A}[c_1f_1(x)+c_2f_2(x)]$

$=\mathrm{SQRT}[c_1f_1(x)+c_2f_2(x)]$

$=[c_1f_1(x)+c_2f_2(x)]^{1/2}$

$\neq c_1f_1^{1/2}(x)+c_2f_2^{1/2}(x)$

因此，SQRT是一个非线性算符。

b. $\hat{A}[c_1f_1(x)+c_2f_2(x)]=x^2[c_1f_1(x)+c_2f_2(x)]$

$=c_1x^2f_1(x)+c_2x^2f_2(x)$

$=c_1\hat{A}f_1(x)+c_2\hat{A}f_2(x)$

因此，x^2(乘以 x^2)是一个线性算符。

3-3　薛定谔方程可表述为本征值问题

在物理化学中，经常会遇到以下问题：给定 $\hat{A}$，求函数 $\phi(x)$ 和一个常数 a，使得

$$\hat{A}\phi(x)=a\phi(x) \tag{3.10}$$

注意，算符 $\hat{A}$ 对函数 $\phi(x)$ 的作用结果再次得到了 $\phi(x)$，只是还需要乘以一个常数因子。显然 $\hat{A}$ 和 $\phi(x)$ 之间有着非常特殊的关系。函数 $\phi(x)$ 称为算符 $\hat{A}$ 的**本征函数**(eigenfunction)，而 a 称为**本征值**(eigenvalue)。求解

$\phi(x)$和 a 的问题称为**本征值问题**(eigenvalue problem)。

例题 3-3 证明 $e^{\alpha x}$是算符 d^n/dx^n 的本征函数,并求解本征值。

解 对 $e^{\alpha x}$求 n 阶微分,得

$$\frac{d^n}{dx^n}e^{\alpha x}=\alpha^n e^{\alpha x}$$

因此本征值为 α^n。

算符可以是虚数或复数。我们很快就会知道,线性动量的 x 分量在量子力学中可以表示为

$$\hat{P}_x=-i\hbar\frac{\partial}{\partial x} \tag{3.11}$$

例题 3-4 证明 e^{ikx}是动量算符 $\hat{P}_x=-i\hbar\dfrac{\partial}{\partial x}$的本征函数,并求解本征值。

解 将$\hat{P}_x$作用于 e^{ikx},得

$$\hat{P}_x e^{ikx}=-i\hbar\frac{\partial}{\partial x}e^{ikx}=\hbar k e^{ikx}$$

因此,可以得到 e^{ikx}是$\hat{P}_x$算符的一个本征函数,而 $\hbar k$ 是$\hat{P}_x$算符的一个本征值。

回到式(3.8),可以将该方程的左边写成以下形式:

$$\left[-\frac{\hbar^2}{2m}\frac{d^2}{dx^2}+V(x)\right]\psi(x)=E\psi(x) \tag{3.12}$$

如果用$\hat{H}$表示括号中的算符,则式(3.12)可写成

$$\hat{H}\psi(x)=E\psi(x) \tag{3.13}$$

已将薛定谔方程表述为一个本征值问题,式中算符$\hat{H}$为

$$\hat{H}=-\frac{\hbar^2}{2m}\frac{d^2}{dx^2}+V(x) \tag{3.14}$$

算符$\hat{H}$称为**哈密顿算符**(Hamiltonian operator)。波函数是哈密顿算符的本征函数,而能量则是哈密顿算符的本征值。这表明哈密顿算符与能量之间存在对应关系。我们将看到,算符与经典力学变量的该对应关系是量子力学的基础。

如果式(3.14)中的 $V(x)=0$,那么能量就只是动能,因此定义动能算符如下:

$$\hat{K}_x=-\frac{\hbar^2}{2m}\frac{d^2}{dx^2} \tag{3.15}$$

(严格来说,这里的导数应该是偏导数,但暂时只考虑一维系统。)此外,从经典角度看,$K=p^2/(2m)$。因此,可得动量算符的平方为 $2m\hat{K}_x$,或

$$\hat{P}_x^2=-\hbar^2\frac{d^2}{dx^2} \tag{3.16}$$

通过考虑两个算符依次作用的情况可解释算符$\hat{P}_x^2$,如$\hat{A}\hat{B}f(x)$。在这种情况下,从右到左依次应用每个算符。因此:

$$\hat{A}\hat{B}f(x)=\hat{A}[\hat{B}f(x)]=\hat{A}h(x)$$

式中 $h(x)=\hat{B}f(x)$。我们再次要求所有指定的算符操作都是可共存的。如果$\hat{A}=\hat{B}$,则可得$\hat{A}\hat{A}f(x)$,并将其表示为$\hat{A}^2f(x)$。注意:对于任意的$f(x)$,$\hat{A}^2f(x)\neq[\hat{A}f(x)]^2$。

例题 3-5 已知 $\hat{A}=d/dx$ 和 $\hat{B}=x^2$(乘以 x^2),证明对于任意的$f(x)$,有$\hat{A}^2f(x)\neq[\hat{A}f(x)]^2$ 和$\hat{A}\hat{B}f(x)\neq\hat{B}\hat{A}f(x)$。

解 对于任意的$f(x)$,有

$$\hat{A}^2f(x)=\frac{d}{dx}\left(\frac{df}{dx}\right)=\frac{d^2f}{dx^2}$$

$$[\hat{A}f(x)]^2=\left(\frac{df}{dx}\right)^2\neq\frac{d^2f}{dx^2}$$

$$\hat{A}\hat{B}f(x)=\frac{d}{dx}[x^2f(x)]=2xf(x)+x^2\frac{df}{dx}$$

$$\hat{B}\hat{A}f(x)=x^2\frac{df}{dx}\neq\hat{A}\hat{B}f(x)$$

由此可见,算符的应用顺序必须是指定的。如果$\hat{A}$和$\hat{B}$对于任意的$f(x)$满足

$$\hat{A}\hat{B}f(x)=\hat{B}\hat{A}f(x)$$

则这称两个算符是**对易**(commute)的。然而,本例中的两个算符并不对易。

利用$\hat{P}_x^2$表示连续两次应用$\hat{P}_x$,可以将式(3.16)中的算符$\hat{P}_x^2$分解为

$$\hat{P}_x^2=-\hbar^2\frac{d^2}{dx^2}=\left(-i\hbar\frac{d}{dx}\right)\left(-i\hbar\frac{d}{dx}\right)$$

因此,可以说$-i\hbar d/dx$等于动量算符。注意,该定义与式(3.11)是一致的。

3-4 波函数具有概率解释性

在本节中,我们将研究一个质量为 m 的自由粒子的体系,它被限制在 x 轴上,在 $x=0$ 和 $x=a$ 之间运动。这种情况称为**一维势箱中粒子问题**(problem of a particle in a one-dimensional box)(参见图 3.1)。从数学上讲,这是一个相当简单的问题,因此我们可以对其求解进行详细研究并得到和讨论它们的物理结果,从而将其应用到更

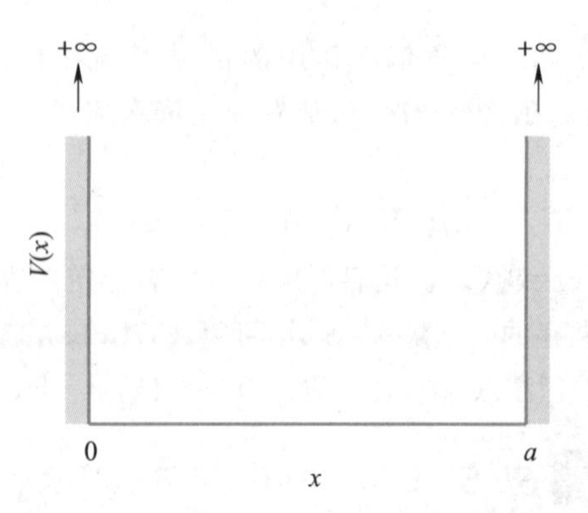

图 3.1 一维势箱中粒子问题的几何形状。

复杂的问题中。此外，后面将看到这个简单模型至少可以粗略地应用于线性共轭烃中的 π 电子。

所谓**自由粒子**（free particle），是指粒子没有势能或 $V(x)=0$。如果使式（3.7）中的 $V(x)=0$，就能得到一维势箱中自由粒子的薛定谔方程：

$$\frac{d^2\psi}{dx^2}+\frac{2mE}{\hbar^2}\psi(x)=0 \quad 0\leqslant x\leqslant a \tag{3.17}$$

粒子被限制在 $0\leqslant x\leqslant a$，因此在该区域外无法找到粒子（参见图 3.1）。为了实现粒子被限制在 $0\leqslant x\leqslant a$ 区域内的条件，必须对波函数 $\psi(x)$ 进行解释。已经说过，$\psi(x)$ 在某种意义上代表粒子的振幅。因为波的强度是振幅的平方（参见习题 3-31），故可以写出“粒子的强度”正比于 $\psi^*(x)\psi(x)$，这里的“*”表示复共轭［请记住 $\psi^*(x)\psi(x)$ 是一实量，参见数学章节 A］。问题在于这里所说的强度是什么意思。Schrödinger 最初是这样解释的：假设粒子是一个电子，那么 $e\psi^*(x)\psi(x)$ 是电荷密度，而 $e\psi^*(x)\psi(x)dx$ 是 x 和 $x+dx$ 之间的电荷量。因此，他推测电子遍布整个区域。然而，数年后，从事散射理论研究的德国物理学家玻恩（M.Born）发现，这种解释会导致逻辑上的困难。于是，他将 Schrödinger 的解释改成 $\psi^*(x)\psi(x)dx$ 是**粒子位于 x 和 $x+dx$ 之间的概率**（probability that the particle is located between x and $x+dx$）。现在，Born 的观点已被普遍接受。

因为粒子被限制在 $0\leqslant x\leqslant a$，在这个区域之外发现粒子的概率为零。因此，要求 $0\leqslant x\leqslant a$ 区域之外 $\psi(x)=0$，这就是将粒子限制在该区域的数学方法。此外，由于 $\psi(x)$ 是对粒子位置的测量，因此要求 $\psi(x)$ 是一个连续函数。如果在区域外 $\psi(x)=0$，且在 $0\leqslant x\leqslant a$ 区域内为一连续函数，则

$$\psi(0)=\psi(a)=0$$

就是对问题施加的边界条件。

3-5 箱中粒子的能量是量子化的

式（3.17）的通解为（参见例题 2-4）

$$\psi(x)=A\cos(kx)+B\sin(kx)$$
$$k=\frac{(2mE)^{1/2}}{\hbar}=\frac{2\pi(2mE)^{1/2}}{h} \tag{3.18}$$

第一个边界条件要求 $\psi(0)=0$，这立即意味着 $A=0$，因为 $\cos(0)=1$ 且 $\sin(0)=0$。根据第二个边界条件，可以得出

$$\psi(a)=B\sin(ka)=0 \tag{3.19}$$

我们排除了 $B=0$，因为它会得到一个物理上无趣的解，即对于所有的 x，总有 $\psi(x)=0$。另一种可能是

$$ka=n\pi \quad n=1,2,\cdots \tag{3.20}$$

［与式（2.18）~式（2.20）比较。］代入式（3.18）中 k 的表达式，可得

$$E_n=\frac{h^2n^2}{8ma^2} \quad n=1,2,\cdots \tag{3.21}$$

因此，能量只有式（3.21）给出的离散值，而没有其他值。粒子的能量被称为**量子化的**（quantized），整数 n 称为**量子数**（quantum number）。请注意，量子化是由边界条件自然产生的。我们已经超越了 Planck 和 Bohr 特意引入量子数的阶段。量子数的自然出现是薛定谔方程的一个令人兴奋的特征，Schrödinger 于 1926 年发表了他现在著名的四篇论文系列中的第一篇论文，在引言中他说：

> “在这篇通讯中，我希望证明，量子化的通常规则可以被另一个假设（薛定谔方程）所取代，在这个假设中没有提到整数。相反，整数的引入以诸如在振动弦中节点数是整数同样自然的方式出现。新概念可以推广，我相信它能深入量子规则的真正本质。”［*Annalen der Physik*（物理学年鉴），**79**，361（1926）］

对应于能量 E_n 的波函数是

$$\psi_n(x)=B\sin(kx)$$
$$=B\sin\frac{n\pi x}{a} \quad n=1,2,\cdots \tag{3.22}$$

我们将很快确定常数 B。这些波函数绘制于图 3.2 中。它们看起来就像振动弦中的驻波（参见图 2.3）。请注意，能量随着节点数的增加而增加。

一维势箱中的粒子模型已被应用于线性共轭烃中的 π 电子。考虑丁二烯分子 $H_2C═CHCH═CH_2$，其中有四个 π 电子。虽然丁二烯和所有烯烃一样，不是线性分子，但为了简单起见，假设丁二烯中的 π 电子沿着一条直线

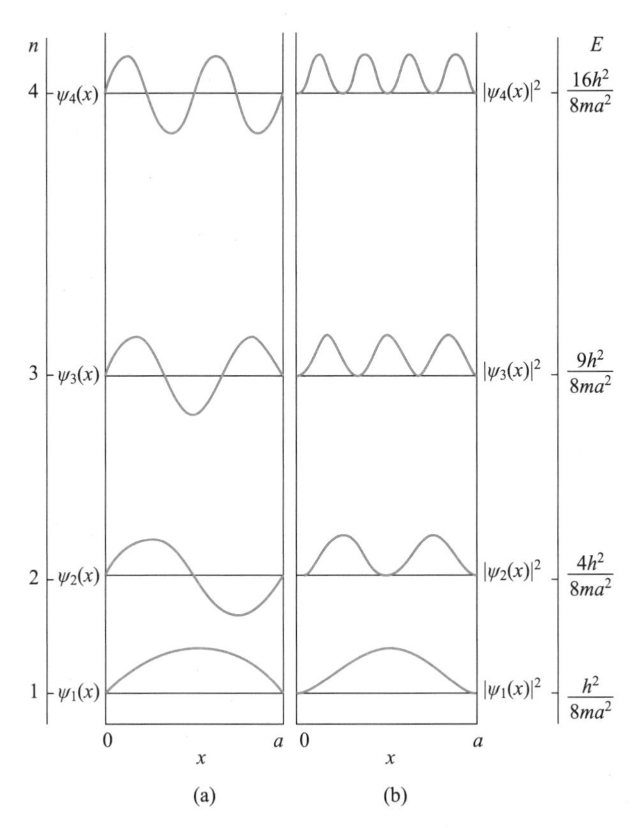

图 3.2　势箱中粒子的能级、波函数(a)和概率密度(b)。

运动，其长度可估算为两个 C═C 键长度(2×135 pm)加上一个 C—C 键长度(154 pm)，再加上两端碳原子半径的距离(2×77 pm = 154 pm)，总距离为 578 pm。根据式(3.21)，允许的能量为

$$E_n = \frac{h^2 n^2}{8m_e a^2} \quad n = 1, 2, \cdots$$

但是，根据泡利不相容原理(稍后会讨论该原理，但这里假定该原理已在普通化学中熟知)，这些状态中的每一个都只能容纳两个电子(自旋相反)。因此，如图 3.3 所示，四个 π 电子充满了前两个能级。这个四电子体系的第一激发态的能量对应于一个电子升高到 $n = 3$ 态(参见图 3.3)，而从 $n = 2$ 态跃迁到 $n = 3$ 态的能量是

$$\Delta E = \frac{h^2}{8m_e a^2}(3^2 - 2^2)$$

式中 m_e 是一个电子的质量(9.109×10^{-31} kg)；势箱长度 a 为 578 pm，即 578×10^{-12} m。因此

$$\Delta E = \frac{(6.626\times10^{-34}\ \text{J}\cdot\text{s})^2(5)}{(8)(9.109\times10^{-31}\ \text{kg})(578\times10^{-12}\ \text{m})^2} = 9.02\times10^{-19}\ \text{J}$$

$$\tilde{\nu} = \frac{\Delta E}{hc} = 4.54\times10^4\ \text{cm}^{-1}$$

丁二烯在 4.61×10^4 cm^{-1} 处有一吸收带。因此可以看到，这个非常简单的模型，即**自由电子模型**(free-electron model)，可以在一定程度上成功解释丁二烯的吸收光谱(参见习题 3-6)。

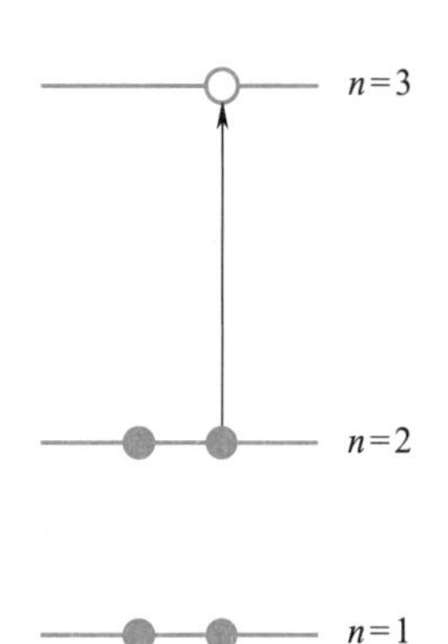

图 3.3　丁二烯的自由电子模型能级示意图。

3-6　波函数必须归一化

根据 Born 的解释：

$$\psi_n^*(x)\psi_n(x)\,\mathrm{d}x = B^* B \sin^2\frac{n\pi x}{a}\mathrm{d}x \tag{3.23}$$

是粒子位于 x 和 $x+\mathrm{d}x$ 之间的概率。由于粒子被限制在 $0 \leqslant x \leqslant a$，显然在这个区间找到粒子的概率为 1[式(B.11)]，或

$$\int_0^a \psi_n^*(x)\psi_n(x)\,\mathrm{d}x = 1 \tag{3.24}$$

将式(3.23)代入式(3.24)，可发现

$$|B|^2 \int_0^a \sin^2\frac{n\pi x}{a}\mathrm{d}x = 1 \tag{3.25}$$

令式(3.25)中的 $n\pi x/a$ 为 z，即可得

$$\int_0^a \sin^2\frac{n\pi x}{a}\mathrm{d}x = \frac{a}{n\pi}\int_0^{n\pi}\sin^2 z\,\mathrm{d}z = \frac{a}{n\pi}\left(\frac{n\pi}{2}\right) = \frac{a}{2} \tag{3.26}$$

因此，$B^2(a/2) = 1$，$B = (2/a)^{1/2}$，以及

$$\psi_n(x) = \left(\frac{2}{a}\right)^{1/2}\sin\frac{n\pi x}{a} \quad 0 \leqslant x \leqslant a \quad n = 1, 2, \cdots \tag{3.27}$$

满足式(3.24)的波函数，即式(3.27)所给出的波函数，是**归一化的**(normalized)。当调整乘以波函数的常数以确保满足式(3.24)时，得到的常数称为**归一化常数**(normalization constant)。由于哈密顿算符是线性算符，如果 ψ 是方程 $\hat{H}\psi = E\psi$ 的一个解，则任何常数，例如 A，乘以 ψ 也是一个解，并且 A 总是可以被选择为薛定谔方程 $\hat{H}\psi = E\psi$ 的归一化解(参见习题 3-7)。

因为 $\psi^*(x)\psi(x)\,\mathrm{d}x$ 是在 x 和 $x+\mathrm{d}x$ 之间找到粒子的

概率，那么在 $x_1 \leqslant x \leqslant x_2$ 区间找到粒子的概率为

$$\text{Prob}(x_1 \leqslant x \leqslant x_2) = \int_{x_1}^{x_2} \psi^*(x)\psi(x)\,dx \quad (3.28)$$

» 例题 3-6 计算在一个长度为 a 的一维势箱中运动的粒子在 0 到 $a/2$ 之间被发现的概率。

» 解 粒子在 0 与 $a/2$ 之间的概率为

$$\text{Prob}(0 \leqslant x \leqslant a/2) = \int_0^{a/2} \psi^*(x)\psi(x)dx = \frac{2}{a}\int_0^{a/2} \sin^2\frac{n\pi x}{a}dx$$

如果令 $n\pi x/a$ 为 z，可以发现

$$\begin{aligned}&\text{Prob}(0 \leqslant x \leqslant a/2)\\&= \frac{2}{n\pi}\int_0^{n\pi/2}\sin^2 z dz = \frac{2}{n\pi}\left|\frac{x}{2} - \frac{\sin(2x)}{4}\right|_0^{n\pi/2}\\&= \frac{2}{n\pi}\left(\frac{n\pi}{4} - \frac{\sin(n\pi)}{4}\right) = \frac{1}{2} \quad (\text{对于所有 } n)\end{aligned}$$

因此，粒子位于总区间 $0 \leqslant x \leqslant a$ 的二分之一区间的概率为 $\frac{1}{2}$。

可以利用图 3.2 和例题 3-6 的微小变化来说明量子力学的一个基本原理。图 3.2 显示，$n=1$ 状态下，粒子更有可能出现在势箱中心附近，但 n 越大，概率密度分布越均匀。图 3.4 显示了当 $n=20$ 时，概率密度 $\psi_n^*(x)\psi_n(x) = (2/a)\sin^2(n\pi x/a)$ 从 0 到 a 基本是均匀的。事实上，从例题 3-6 的变式（习题 3-8）可以得出：

$$\text{Prob}(0 \leqslant x \leqslant a/4) = \text{Prob}(3a/4 \leqslant x \leqslant a) = \begin{cases}\dfrac{1}{4} & n \text{ 为偶数}\\[2ex] \dfrac{1}{4} - \dfrac{(-1)^{\frac{n-1}{2}}}{2\pi n} & n \text{ 为奇数}\end{cases}$$

和

$$\text{Prob}(a/4 \leqslant x \leqslant a/2) = \text{Prob}(a/2 \leqslant x \leqslant 3a/4) = \begin{cases}\dfrac{1}{4} & n \text{ 为偶数}\\[2ex] \dfrac{1}{4} + \dfrac{(-1)^{\frac{n-1}{2}}}{2\pi n} & n \text{ 为奇数}\end{cases}$$

在这两种情况下，对于任意较大的 n 值，其概率值都接近 1/4。对于等尺寸大小的间隔，可得类似的结果。换句话说，随着 n 增大，概率密度会变得均匀，这正是经典粒子的预期行为，因为粒子在 0 和 a 之间没有偏爱的位置。

这些结果说明了**对应原理**（correspondence principle），根据该原理，量子力学结果和经典力学结果在大量子数极限时趋于一致。大量子数极限通常被称为经典极限。

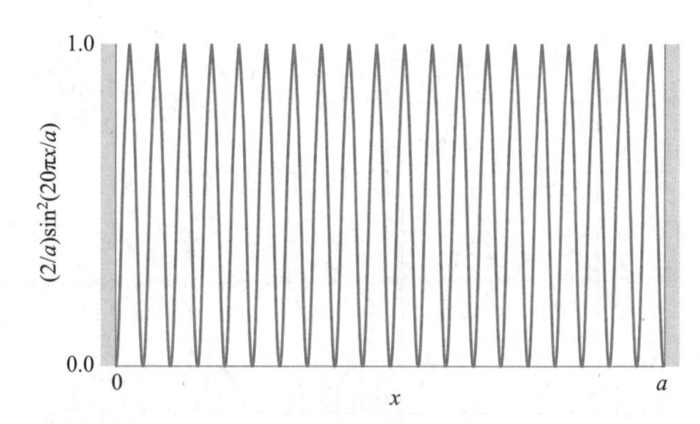

图 3.4 当 $n=20$ 时，概率密度 $\psi_n^*(x)\psi_n(x) = (2/a)\cdot\sin^2(n\pi x/a)$ 说明了对应原理，即粒子在 n 很大时表现出经典力学的性质。

3-7 势箱中粒子的平均动量为零

利用概率分布 $\psi_n^*(x)\psi_n(x)$ 可以计算位置和动量等物理量的平均值和标准偏差（参见数学章节 B）。以箱中粒子为例，可以看到：

$$\psi_n^*(x)\psi_n(x)\,dx = \begin{cases}\dfrac{2}{a}\sin\dfrac{n\pi x}{a}dx & 0 \leqslant x \leqslant a\\ 0 & \text{其他}\end{cases} \quad (3.29)$$

是粒子处在 x 和 $x+dx$ 之间的概率。这些概率绘制在图 3.2(b) 中。x 的平均值，即粒子的平均位置，可由下式给出：

$$\langle x\rangle = \frac{2}{a}\int_0^a x\sin^2\frac{n\pi x}{a}dx \quad (3.30)$$

式(3.30)中的积分等于 $a^2/4$（练习题 B-1），因此

$$\langle x\rangle = \frac{2}{a}\cdot\frac{a^2}{4} = \frac{a}{2} \quad (\text{对于所有 } n) \quad (3.31)$$

这是物理上预期的结果，因为除了在 $x=0$ 和 $x=a$ 处的墙壁，粒子“看不到”任何东西。因此，根据对称性，$\langle x\rangle$ 必须是 $a/2$。

通过计算 x 的方差 σ_x^2 可以计算误差。首先计算 $\langle x^2\rangle$，即（练习题 B-2）

$$\begin{aligned}\langle x^2\rangle &= \frac{2}{a}\int_0^n x^2\sin\frac{n\pi x}{a}dx\\&= \left(\frac{a}{2\pi n}\right)^2\left(\frac{4\pi^2 n^2}{3} - 2\right) = \frac{a^2}{3} - \frac{a^2}{2n^2\pi^2} \quad (3.32)\end{aligned}$$

x 的方差为

$$\sigma_x^2 = \langle x^2\rangle - \langle x\rangle^2 = \frac{a^2}{12} - \frac{a^2}{2n^2\pi^2} = \left(\frac{a}{2\pi n}\right)^2\left(\frac{\pi^2 n^2}{3} - 2\right)$$

因此，标准偏差为

$$\sigma_x=\frac{a}{2\pi n}\left(\frac{\pi^2n^2}{3}-2\right)^{1/2} \tag{3.33}$$

我们将看到 σ_x 直接包含在 Heisenberg 不确定性原理中。

若想计算平均能量或动量，则会出现一个问题，因为它们是由微分算符表示的。回想一下，能量和动量算符分别是

$$\hat{H}=-\frac{\hbar^2}{2m}\frac{\mathrm{d}^2}{\mathrm{d}x^2}+V(x)$$

和

$$\hat{P}_x=-\mathrm{i}\hbar\frac{\mathrm{d}}{\mathrm{d}x}$$

问题在于，必须确定算符是对 $\psi_n^*(x)\psi_n(x)\,\mathrm{d}x$，$\psi(x)$ 还是 $\psi^*(x)$ 起作用。为了确定这一点，让我们回到用算符符号表示的薛定谔方程：

$$\hat{H}\psi_n(x)=E_n\psi_n(x) \tag{3.34}$$

如果从左边将该式（参见习题 3-19）乘以 $\psi^*(x)$ 并对所有的 x 值积分，可得

$$\begin{aligned}\int\psi_n^*(x)\hat{H}\psi_n(x)\,\mathrm{d}x&=\int\psi_n^*(x)E_n\psi_n(x)\,\mathrm{d}x\\&=E_n\int\psi_n^*(x)\psi_n(x)\,\mathrm{d}x=E_n\end{aligned} \tag{3.35}$$

其中第二步是因为 E_n 是一个数字，最后一步是因为 $\psi_n(x)$ 是归一化的。式(3.35)说明我们将算符夹在波函数 $\psi_n(x)$ 及其复共轭 $\psi_n^*(x)$ 之间来计算与该算符相关的物理量的平均值。我们将在第 4 章中把它作为一个正式的公设，但这里先假设：

$$\langle s\rangle=\int\psi_n^*(x)\hat{S}\psi_n(x)\,\mathrm{d}x \tag{3.36}$$

式中 $\hat{S}$ 是与物理量 s 相关的量子力学算符，而 $\langle s\rangle$ 是 s 在波函数描述的状态下的平均值。例如，在波函数 $\psi_n(x)$ 描述的状态下箱中粒子的平均动量为

$$\langle p\rangle=\int_0^a\left[\left(\frac{2}{a}\right)^{1/2}\sin\frac{n\pi x}{a}\right]\left(-\mathrm{i}\hbar\frac{\mathrm{d}}{\mathrm{d}x}\right)\left[\left(\frac{2}{a}\right)^{1/2}\sin\frac{n\pi x}{a}\right]\mathrm{d}x \tag{3.37}$$

在这种特殊情况下，$\psi_n(x)$ 是实数。但一般来说，算符夹在 $\psi_n^*(x)$ 和 $\psi_n(x)$ 之间，因此只作用于 $\psi_n(x)$，因为只有 $\psi_n(x)$ 在算符的右边。在计算 $\langle x\rangle$ 时不必担心这个问题，因为位置算符 $\hat{X}$ 只是"乘以 x"，它在式(3.36)的积分中的位置对结果没有影响。

如果简化式(3.37)，就会得到

$$\langle p\rangle=-\mathrm{i}\hbar\frac{2\pi n}{a^2}\int_0^a\sin\frac{n\pi x}{a}\cos\frac{n\pi x}{a}\mathrm{d}x$$

通过查阅积分表或习题 3-14，可发现这里的积分等于零，从而

$$\langle p\rangle=0 \tag{3.38}$$

因此，箱中粒子有同样的可能向任一方向运动。

3-8 不确定性原理指出 $\sigma_p\sigma_x>\hbar/2$

下面计算箱中一个粒子动量的方差，$\sigma_p^2=\langle p^2\rangle-\langle p\rangle^2$。要计算 $\langle p^2\rangle$，使用

$$\langle p^2\rangle=\int\psi_n^*(x)\hat{P}_x^2\psi_n(x)\,\mathrm{d}x \tag{3.39}$$

并记住 $\hat{P}_x^2$ 意味着 $\hat{P}_x$ 连续作用两次。使用式(3.36)，可得

$$\begin{aligned}\langle p^2\rangle&=\int_0^a\left[\left(\frac{2}{a}\right)^{1/2}\sin\frac{n\pi x}{a}\right]\left(-\hbar^2\frac{\mathrm{d}^2}{\mathrm{d}x^2}\right)\left[\left(\frac{2}{a}\right)^{1/2}\sin\frac{n\pi x}{a}\right]\mathrm{d}x\\&=\frac{2n^2\pi^2\hbar^2}{a^3}\int_0^a\sin\frac{n\pi x}{a}\sin\frac{n\pi x}{a}\mathrm{d}x\\&=\frac{2n^2\pi^2\hbar^2}{a^3}\cdot\frac{a}{2}=\frac{n^2\pi^2\hbar^2}{a^2}\end{aligned} \tag{3.40}$$

$\langle p^2\rangle$ 的平方根称为**均方根动量**（root-mean-square momentum）。注意，式(3.40)与以下公式是一致的：

$$\langle E\rangle=\left\langle\frac{p^2}{2m}\right\rangle=\frac{\langle p^2\rangle}{2m}=\frac{n^2h^2}{8ma^2}=\frac{n^2\pi^2\hbar^2}{2ma^2}$$

利用式(3.40)和式(3.38)，可得

$$\sigma_p^2=\frac{n^2\pi^2\hbar^2}{a^2}$$

和

$$\sigma_p=\frac{n\pi\hbar}{a} \tag{3.41}$$

因为方差 σ^2 及标准差 σ 是一个对其平均值差值分布的度量，因此可以将 σ 解释为任一测量中所涉及的不确定性的一种度量。对于箱中的一个粒子，已经在式(3.33)和式(3.41)中得到了 σ_x 和 σ_p 明确的计算结果，并将这些量分别解释为测量粒子位置或动量时涉及的不确定性。我们期望得到测量值的分布，因为粒子的位置是由式(3.29)中的概率分布给出的。

式(3.41)表明，p 测量的不确定性与 a 成反比。因此，我们越是试图定位粒子，其动量的不确定性就越大。粒子位置的不确定性与 a 成正比[式(3.33)]，简单地说，可以找到粒子的区域越大，其位置的不确定性就越大。可以在整个 x 轴（$-\infty<x<+\infty$）运动的粒子称为**自由粒子**（free particle）。在自由粒子情况下，式(3.41)中的 $a\to\infty$，而动量没有不确定性。自由粒子的动量有一个确定值（参见习题 3-32）。然而，位置的不确定性是无限的。

因此,可以看到,动量和位置的不确定性之间存在倒数关系。如果将 σ_x 乘以 σ_p,则有

$$\sigma_x\sigma_p=\frac{\hbar}{2}\left(\frac{\pi^2n^2}{3}-2\right)^{1/2} \tag{3.42}$$

这里的平方根项的值永远不会小于 1,因此可以写出

$$\sigma_x\sigma_p>\frac{\hbar}{2} \tag{3.43}$$

式(3.43)是不确定性原理的一个版本。我们能够在此明确推导出式(3.43),是因为对箱中粒子的数学运算相当简单。

下面试着总结所学到的有关不确定性原理的知识。一个自由粒子具有确定的动量,但其位置完全不确定。当粒子被限制在一个长度为 a 的区域时,它就不再有确定的动量,其动量的不确定度由式(3.41)给出。如果该区域的长度 a 变为零,这样我们就精确定位了粒子,它的位置就不存在不确定性了,那么式(3.41)表明动量存在无限的不确定性。不确定性原理指出,两种不确定性的最小乘积的量级与 Planck 常量相当。

3-9 三维势箱中的粒子问题是一维情况的简单扩展

最简单的三维量子力学系统是箱中粒子的三维版本。在这种情况下,粒子被限制在一个边长为 a,b 和 c 的长方体中(见图 3.5)。该系统的薛定谔方程是式(3.17)的三维扩展,即

$$-\frac{\hbar^2}{2m}\left(\frac{\partial^2\psi}{\partial x^2}+\frac{\partial^2\psi}{\partial y^2}+\frac{\partial^2\psi}{\partial z^2}\right)=E\psi(x,y,z)\quad \begin{array}{l}0\leqslant x\leqslant a\\0\leqslant y\leqslant b\\0\leqslant z\leqslant c\end{array} \tag{3.44}$$

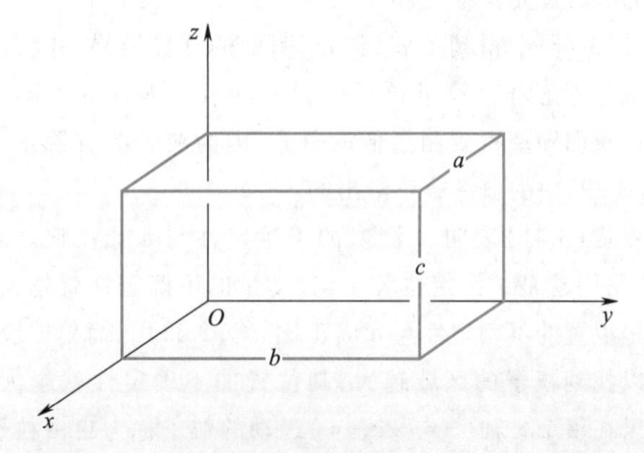

图 3.5　一个边长为 a,b 和 c 的长方体。在三维势箱中的粒子问题中,粒子被限制在此图所示的区域内。

式(3.44)经常写成如下形式:

$$-\frac{\hbar^2}{2m}\nabla^2\psi=E\psi$$

式中的算符

$$\nabla^2=\frac{\partial^2}{\partial x^2}+\frac{\partial^2}{\partial y^2}+\frac{\partial^2}{\partial z^2} \tag{3.45}$$

称为**拉普拉斯算符**(Laplacian operator)。拉普拉斯算符出现在许多物理问题中。

波函数 $\psi(x,y,z)$ 满足在势箱的所有壁上都消失的边界条件,因此

$$\begin{aligned}&\psi(0,y,z)=\psi(a,y,z)=0\quad 对于所有的 y 和 z\\&\psi(x,0,z)=\psi(x,b,z)=0\quad 对于所有的 x 和 z\\&\psi(x,y,0)=\psi(x,y,c)=0\quad 对于所有的 x 和 y\end{aligned} \tag{3.46}$$

使用分离变量法求解式(3.44)。可以写出

$$\psi(x,y,z)=X(x)Y(y)Z(z) \tag{3.47}$$

将式(3.47)代入式(3.44),然后除以 $\psi(x,y,z)=X(x)Y(y)Z(z)$,得到

$$-\frac{\hbar^2}{2m}\frac{1}{X(x)}\frac{\mathrm{d}^2X}{\mathrm{d}x^2}-\frac{\hbar^2}{2m}\frac{1}{Y(y)}\frac{\mathrm{d}^2Y}{\mathrm{d}y^2}-\frac{\hbar^2}{2m}\frac{1}{Z(z)}\frac{\mathrm{d}^2Z}{\mathrm{d}z^2}=E \tag{3.48}$$

式(3.48)左侧三项中每一项分别仅是 x,y 或 z 的函数。因为 x,y 和 z 都是自变量,每一项的值都可以独立变化,因此每一项都必须等于一个常数才能使式(3.48)对所有的 x,y 和 z 值都成立。因此,可以将式(3.48)写成

$$E_x+E_y+E_z=E \tag{3.49}$$

式中 E_x,E_y 和 E_z 均是常数,且

$$\begin{aligned}-\frac{\hbar^2}{2m}\frac{1}{X(x)}\frac{\mathrm{d}^2X}{\mathrm{d}x^2}&=E_x\\-\frac{\hbar^2}{2m}\frac{1}{Y(y)}\frac{\mathrm{d}^2Y}{\mathrm{d}y^2}&=E_y\\-\frac{\hbar^2}{2m}\frac{1}{Z(z)}\frac{\mathrm{d}^2Z}{\mathrm{d}z^2}&=E_z\end{aligned} \tag{3.50}$$

根据式(3.46),与式(3.47)相关的边界条件为

$$\begin{aligned}X(0)&=X(a)=0\\Y(0)&=Y(b)=0\\Z(0)&=Z(c)=0\end{aligned} \tag{3.51}$$

因此,可以看到式(3.50)和式(3.51)与箱中粒子的一维情况相同。与第 3-5 节中的推导结果相同,可以得到

$$\begin{aligned}X(x)&=A_x\sin\frac{n_x\pi x}{a}\quad(n_x=1,2,3,\cdots)\\Y(y)&=A_y\sin\frac{n_y\pi y}{b}\quad(n_y=1,2,3,\cdots)\\Z(z)&=A_z\sin\frac{n_z\pi z}{c}\quad(n_z=1,2,3,\cdots)\end{aligned} \tag{3.52}$$

根据式(3.47),式(3.44)的解是

$$\psi(x,y,z)=A_xA_yA_z\sin\frac{n_x\pi x}{a}\sin\frac{n_y\pi y}{b}\sin\frac{n_z\pi z}{c} \qquad (3.53)$$

式中 n_x,n_y 和 n_z的值可独立地分别为 1,2,3,…。归一化常数 $A_xA_yA_z$可由下式得到:

$$\int_0^a \mathrm{d}x\int_0^b \mathrm{d}y\int_0^c \mathrm{d}z\psi^*(x,y,z)\psi(x,y,z)=1 \qquad (3.54)$$

习题 3-24 表明:

$$A_xA_yA_z=\left(\frac{8}{abc}\right)^{1/2} \qquad (3.55)$$

因此,粒子在三维势箱中的归一化波函数为

$$\psi_{n_xn_yn_z}=\left(\frac{8}{abc}\right)^{1/2}\sin\frac{n_x\pi x}{a}\sin\frac{n_y\pi y}{b}\sin\frac{n_z\pi z}{c} \quad \begin{array}{l} n_x=1,2,3,\cdots \\ n_y=1,2,3,\cdots \\ n_z=1,2,3,\cdots \end{array} \qquad (3.56)$$

如果将式(3.56)代入式(3.44),可得

$$E_{n_xn_yn_z}=\frac{\hbar^2}{8m}\left(\frac{n_x^2}{a^2}+\frac{n_y^2}{b^2}+\frac{n_z^2}{c^2}\right) \quad \begin{array}{l} n_x=1,2,3,\cdots \\ n_y=1,2,3,\cdots \\ n_z=1,2,3,\cdots \end{array} \qquad (3.57)$$

式(3.57)是式(3.21)的三维扩展。

根据对称性,我们应该想到三维势箱中粒子的平均位置是在势箱的中心,但可以通过直接计算来证明这一点。

» 例题 3-7 证明限制在图 3.5 所示区域内的粒子的平均位置是点$(a/2,b/2,c/2)$。

» 解　三维空间中的位置算符为(参见数学章节 C)

$$\hat{\boldsymbol{R}}=\hat{X}\boldsymbol{i}+\hat{Y}\boldsymbol{j}+\hat{Z}\boldsymbol{k}$$

式中 $\boldsymbol{i}$, $\boldsymbol{j}$ 和 $\boldsymbol{k}$ 分别是沿 x,y 和 z 轴的单位矢量。平均位置的计算公式为

$$\begin{aligned}\langle \boldsymbol{r}\rangle &= \int_0^a \mathrm{d}x\int_0^b \mathrm{d}y\int_0^c \mathrm{d}z\psi^*(x,y,z)\hat{\boldsymbol{R}}\psi(x,y,z)\\ &= \boldsymbol{i}\langle x\rangle+\boldsymbol{j}\langle y\rangle+\boldsymbol{k}\langle z\rangle\end{aligned}$$

先计算$\langle x\rangle$的值。利用式(3.55),可以得出

$$\langle x\rangle=\left[\frac{2}{a}\int_0^a x\sin^2\frac{n_x\pi x}{a}\mathrm{d}x\right]\left[\frac{2}{b}\int_0^b \sin^2\frac{n_y\pi y}{b}\mathrm{d}y\right]\cdot\left[\frac{2}{c}\int_0^c \sin^2\frac{n_z\pi z}{c}\mathrm{d}z\right]$$

根据一维势箱中粒子的归一化条件[式(3.27)],括号中的第二项和第三项等于 1。第一个积分就是一维势箱中粒子的$\langle x\rangle$。参照式(3.31),可知$\langle x\rangle=a/2$。计算$\langle y\rangle$和$\langle z\rangle$的方法类似,因此可以得出

$$\langle \boldsymbol{r}\rangle=\frac{a}{2}\boldsymbol{i}+\frac{b}{2}\boldsymbol{j}+\frac{c}{2}\boldsymbol{k}$$

因此,粒子的平均位置位于势箱的中心。

类似地,根据粒子在一维势箱中的情况,应该预期粒子在三维势箱中的平均动量为零。三维空间中的动量算符为

$$\boldsymbol{P}=-\mathrm{i}\hbar\left(\boldsymbol{i}\frac{\partial}{\partial x}+\boldsymbol{j}\frac{\partial}{\partial y}+\boldsymbol{k}\frac{\partial}{\partial z}\right) \qquad (3.58)$$

于是:

$$\langle \boldsymbol{p}\rangle=\int_0^a \mathrm{d}x\int_0^b \mathrm{d}y\int_0^c \mathrm{d}z\psi^*(x,y,z)\hat{\boldsymbol{P}}\psi(x,y,z) \qquad (3.59)$$

很容易证明$\langle \boldsymbol{p}\rangle=0$(参见习题 3-25)。

当三维势箱的边相等时,势箱中的粒子会出现一个有趣的特征。在这种情况下,式(3.57)中 $a=b=c$,因此

$$E_{n_xn_yn_z}=\frac{h^2}{8ma^2}(n_x^2+n_y^2+n_z^2) \qquad (3.60)$$

只有一组 n_x,n_y 和 n_z值对应于最低能级。这个能级 E_{111} 为非简并的。然而,有三组 n_x,n_y 和 n_z值对应于第二个能级,则称这个能级是三重简并能级,或

$$E_{211}=E_{121}=E_{112}=\frac{6h^2}{8ma^2}$$

图 3.6 显示了粒子在立方体中前几个能级的分布。请注意,简并的产生是由于当长方体变成立方体时引入了对称性,而当边长不同时,对称性被破坏,简并就会被“解除”。量子力学的一个普遍原理指出,简并是内在对称性的结果,当对称性被破坏时,简并就会解除。

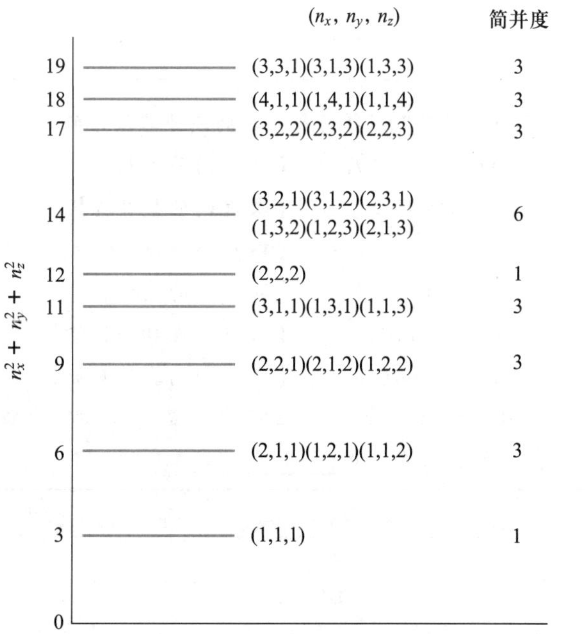

$n_x^2+n_y^2+n_z^2$	(n_x, n_y, n_z)	简并度
19	(3,3,1)(3,1,3)(1,3,3)	3
18	(4,1,1)(1,4,1)(1,1,4)	3
17	(3,2,2)(2,3,2)(2,2,3)	3
14	(3,2,1)(3,1,2)(2,3,1) (1,3,2)(1,2,3)(2,1,3)	6
12	(2,2,2)	1
11	(3,1,1)(1,3,1)(1,1,3)	3
9	(2,2,1)(2,1,2)(1,2,2)	3
6	(2,1,1)(1,2,1)(1,1,2)	3
3	(1,1,1)	1
0		

图 3.6　立方体中粒子的能级。图中标出了每个能级的简并程度。

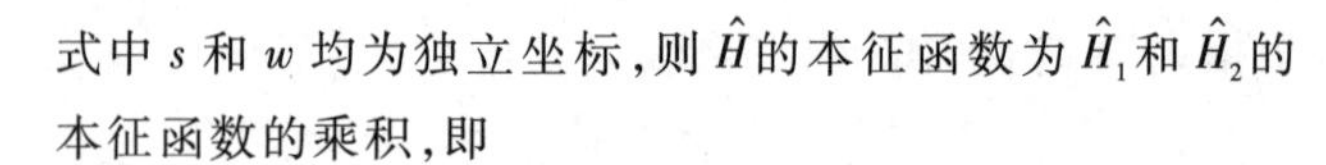

根据式(3.56)，粒子在三维势箱中的波函数为粒子在一维势箱中的波函数的乘积。此外，式(3.57)表明能量本征值是对应于x,y和z方向的项之和。换句话说，三维势箱中的粒子问题可简化为三个一维问题。这绝非偶然。它是以下事实的直接结果：三维势箱中粒子的哈密顿算符是三个独立项的总和，即

$$\hat{H}=\hat{H}_x+\hat{H}_y+\hat{H}_z$$

式中

$$\hat{H}_x=-\frac{\hbar^2}{2m}\frac{\partial^2}{\partial x^2}\quad \hat{H}_y=-\frac{\hbar^2}{2m}\frac{\partial^2}{\partial y^2}\quad \hat{H}_z=-\frac{\hbar^2}{2m}\frac{\partial^2}{\partial z^2}$$

在这种情况下，我们说哈密顿算符是**可分离的**(separable)。

因此，可以看到，如果$\hat{H}$是可分离的，也就是说，$\hat{H}$可以写成涉及独立坐标的项之和，如

$$\hat{H}=\hat{H}_1(s)+\hat{H}_2(w) \tag{3.61}$$

式中s和w均为独立坐标，则$\hat{H}$的本征函数为$\hat{H}_1$和$\hat{H}_2$的本征函数的乘积，即

$$\psi_{nm}(s,w)=\phi_n(s)\varphi_m(w) \tag{3.62}$$

式中

$$\begin{aligned}\hat{H}_1(s)\phi_n(s)&=E_n\phi_n(s)\\ \hat{H}_2(w)\varphi_m(w)&=E_m\varphi_m(w)\end{aligned} \tag{3.63}$$

且$\hat{H}$的本征值E_{nm}是$\hat{H}_1$和$\hat{H}_2$的本征值之和，即

$$E_{nm}=E_n+E_m \tag{3.64}$$

这一重要结果大大简化了问题，因为它将原来的问题简化为几个更简单的问题。

我们已用势箱中的粒子这个简单的例子说明量子力学的一些一般原理和结果。在第4章中，将呈现并讨论一系列假设，这些假设将贯穿本书的其余部分。

习题

3-1 计算$g=\hat{A}f$，其中$\hat{A}$和f如下所示：

	$\hat{A}$	f
(a)	SQRT	x^4
(b)	$\frac{d^3}{dx^3}+x^3$	e^{-ax}
(c)	$\int_0^1 dx$	x^3-2x+3
(d)	$\frac{\partial^2}{\partial x^2}+\frac{\partial^2}{\partial y^2}+\frac{\partial^2}{\partial z^2}$	$x^3y^2z^4$

续表

	$\hat{A}$	f
(c)	$\frac{d^2}{dx^2}+2\frac{d}{dx}+3$	$e^{\alpha x}$
(d)	$\frac{\partial}{\partial y}$	x^2e^{6y}

3-2 判断下列算符是线性的还是非线性的：

a. $\hat{A}f(x)=\text{SQR}\,f(x)$ 【将$f(x)$平方】

b. $\hat{A}f(x)=f^*(x)$ 【取$f(x)$的复共轭】

c. $\hat{A}f(x)=0$ 【将$f(x)$乘以0】

d. $\hat{A}f(x)=[f(x)]^{-1}$ 【取$f(x)$的倒数】

e. $\hat{A}f(x)=f(0)$ 【取$f(x)$在0处的值】

f. $\hat{A}f(x)=\ln f(x)$ 【取$f(x)$的自然对数】

3-3 在以下情况下，证明$f(x)$是所给算符的本征函数，并求本征值。

	$\hat{A}$	f
(a)	$\frac{d^2}{dx^2}$	$\cos(\omega x)$
(b)	$\frac{d}{dt}$	$e^{i\omega t}$

3-4 证明$[\cos(ax)][\cos(by)][\cos(cz)]$是$\nabla^2=\frac{\partial^2}{\partial x^2}+\frac{\partial^2}{\partial y^2}+\frac{\partial^2}{\partial z^2}$算符的本征函数。

3-5 对于以下算符$\hat{A}$，写出算符$\hat{A}^2$。

a. $\frac{d^2}{dx^2}$ b. $\frac{d}{dx}+x$ c. $\frac{d^2}{dx^2}-2x\frac{d}{dx}+1$

提示：在进行运算之前，务必将$f(x)$考虑在内。

3-6 在第3-5节中，将箱中粒子的方程应用于丁二烯中的π电子。这个简单的模型称为自由电子模型。使用同样的方法，证明己三烯分子的长度约为867 pm，以及第一个电子跃迁预计发生在$2.8\times10^4\ \text{cm}^{-1}$处。(请记住，己三烯有六个π电子。)

3-7 证明：如果$\psi(x)$是薛定谔方程的一个解，那么任何常数乘以$\psi(x)$也是这个方程的一个解。

3-8 证明：在长度为a的一维势箱中，与状态ψ_n相关的概率满足以下关系：

$$\text{Prob}(0\leqslant x\leqslant a/4)=\text{Prob}(3a/4\leqslant x\leqslant a)$$

$$=\begin{cases}\dfrac{1}{4} & n\text{ 为偶数}\\[2ex] \dfrac{1}{4}-\dfrac{(-1)^{\frac{n-1}{2}}}{2\pi n} & n\text{ 为奇数}\end{cases}$$

$$\text{Prob}(a/4\leqslant x\leqslant a/2)=\text{Prob}(a/2\leqslant x\leqslant 3a/4)$$

$$=\begin{cases}\dfrac{1}{4} & n\text{ 为偶数}\\[2ex] \dfrac{1}{4}+\dfrac{(-1)^{\frac{n-1}{2}}}{2\pi n} & n\text{ 为奇数}\end{cases}$$

3-9 如果有的话，一维势箱中粒子的波函数的单位是什么？

3-10 利用积分表，证明：

$$\int_0^a \sin^2\frac{n\pi x}{a}\mathrm{d}x=\frac{a}{2}$$

$$\int_0^a x\sin^2\frac{n\pi x}{a}\mathrm{d}x=\frac{a^2}{4}$$

和

$$\int_0^a x^2\sin^2\frac{n\pi x}{a}\mathrm{d}x=\left(\frac{a}{2\pi n}\right)^3\left(\frac{4\pi^3n^3}{3}-2n\pi\right)$$

所有这些积分都可以由以下公式求出：

$$I(\beta)=\int_0^a \mathrm{e}^{\beta x}\sin^2\frac{n\pi x}{a}\mathrm{d}x$$

证明上述积分可分别由 $I(0)$，$I'(0)$ 和 $I''(0)$ 给出，其中上标“′”和“″”表示对 β 的微分。用积分表求出 $I(\beta)$，然后通过微分求出以上三个积分。

3-11 证明：对于箱中粒子的所有状态，有

$$\langle x\rangle=\frac{a}{2}$$

这个结果在物理上合理吗？

3-12 证明：对于长度为 a 的一维势箱中的所有状态，有 $\langle p\rangle=0$。

3-13 证明：对任意 n 值，当箱中粒子小于箱的宽度 a 时，有

$$\sigma_x=(\langle x^2\rangle-\langle x\rangle^2)^{1/2}$$

如果 σ_x 为粒子位置的不确定性，则 σ_x 有可能大于 a 吗？

3-14 利用三角恒等式：

$$\sin(2\theta)=2\sin\theta\cos\theta$$

证明：

$$\int_0^a \sin\frac{n\pi x}{a}\cos\frac{n\pi x}{a}\mathrm{d}x=0$$

3-15 证明：

$$\int_0^a \mathrm{e}^{\pm \mathrm{i}2\pi nx/a}\mathrm{d}x=0\quad n\neq 0$$

3-16 利用三角恒等式：

$$\sin\alpha\sin\beta=\frac{1}{2}\cos(\alpha-\beta)-\frac{1}{2}\cos(\alpha+\beta)$$

证明箱中粒子波函数[式(3.27)]满足以下关系式：

$$\int_0^a \psi_n^*(x)\psi_m\mathrm{d}x=0\quad m\neq n$$

（这里的“ * ”是多余的，因为函数都是实数。）如果一组函数满足上述积分条件，我们就说这组函数是**正交的**(orthogonal)，如 $\psi_m(x)$ 与 $\psi_n(x)$ 正交。此外，如果函数是归一化的，那么我们说这组函数是**正交归一的**(orthonormal)。

3-17 证明：

$$\psi_n(x)=(2a)^{-1/2}\mathrm{e}^{\mathrm{i}\pi nx/a}\quad n=0,\pm1,\pm2,\cdots$$

在区间 $-a\leqslant x\leqslant a$ 上是正交的（参见习题 3-16）。一种简洁地说明波函数 ψ_n 的正交归一性的写法是

$$\int_{-a}^a \psi_m^*(x)\psi_n\mathrm{d}x=\delta_{mn}$$

式中 δ_{mn} 为克罗内克符号，其定义为

$$\delta_{mn}=\begin{cases}1 & m=n\\ 0 & m\neq n\end{cases}$$

3-18 证明：

$$\phi_n(\theta)=(2\pi)^{-1/2}\mathrm{e}^{\mathrm{i}n\theta}\quad 0\leqslant\theta\leqslant 2\pi$$

是正交的（习题 3-16）。

3-19 从式(3.34)到式(3.35)，将式(3.34)从左边乘以 $\psi^*(x)$，然后对所有的 x 值积分得出式(3.35)。从左边乘还是从右边乘有区别吗？

3-20 对于 $n=2$，长度为 a 的一维势箱中的粒子，计算 $\langle x\rangle$ 和 $\langle x^2\rangle$。证明：

$$\sigma_x=\frac{a}{4\pi}\left(\frac{4\pi^2}{3}-2\right)^{1/2}$$

3-21 对于 $n=2$，长度为 a 的一维势箱中的粒子，计算 $\langle p\rangle$ 和 $\langle p^2\rangle$。证明：

$$\sigma_p=\frac{h}{a}$$

3-22 对于一个在长度为 a 的一维势箱中的质量为 m 的粒子。其平均能量为

$$\langle E\rangle=\frac{1}{2m}\langle p^2\rangle$$

因为 $\langle p\rangle=0$，$\langle p^2\rangle=\sigma_p^2$，其中 σ_p 可称为 p 的不确定度。利用不确定性原理，证明能量必须大于等于 $\hbar^2/8ma^2$，因为 x 的不确定度 σ_x 不可能大于 a。

3-23 讨论三维势箱中粒子的前几个能级在三条边长度不等的情况下的简并问题。

3-24 证明：在边长为 a，b 和 c 的三维势箱中粒子的归一化波函数为

$$\psi(x,y,z)=\left(\frac{8}{abc}\right)^{1/2}\sin\frac{n_x\pi x}{a}\sin\frac{n_y\pi y}{b}\sin\frac{n_z\pi z}{c}$$

3-25 证明：在边长为 a，b 和 c 的三维势箱中粒子基态的 $\langle p\rangle=0$。

3-26 当 $a=b=1.5c$ 时，求解三维势箱中的粒子的前四个能级的简并度。

3-27 许多蛋白质都含有金属卟啉分子。卟啉分子的一般结构是

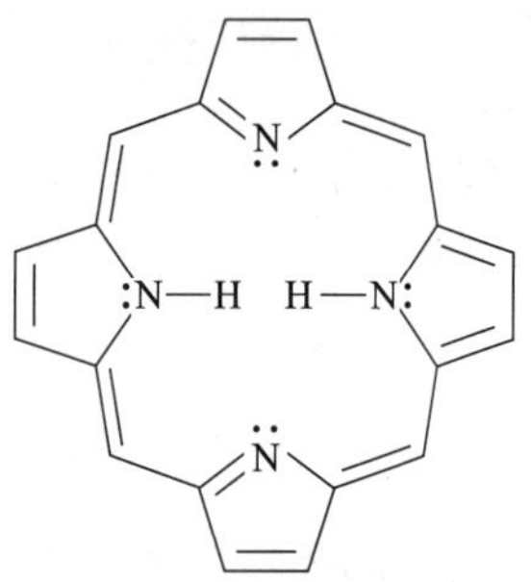

这个分子是平面的，因此可以将 π 电子近似地限制在一个正方形中。若正方形的边长为 a，则该正方形中的一个粒子的能级和简并度是什么？卟啉分子有 18 个 π 电子。如果将分子的长度近似为 1000 pm，那么卟啉分子的最低能量吸收预计是多少？（实验值≈17000 cm^{-1}。）

3-28 一个质量为 m 的粒子被限制在半径为 a 的圆环上运动，对应的薛定谔方程为

$$-\frac{\hbar^2}{2I}\frac{\mathrm{d}^2\psi}{\mathrm{d}\theta^2}=E\psi(\theta)\quad 0\leqslant\theta\leqslant 2\pi$$

式中 $I=ma^2$ 是转动惯量，θ 是描述粒子绕环位置的角度。用直接代入法证明该方程的解是

$$\psi(\theta)=A\mathrm{e}^{in\theta}$$

式中 $n=\pm(2IE)^{1/2}/\hbar$。说明 $\psi(\theta)=\psi(\theta+2\pi)$ 是合理的边界条件，并利用该条件证明：

$$E=\frac{n^2\hbar^2}{2I}\quad n=0,\pm1,\pm2,\cdots$$

证明归一化常数 A 为 $(2\pi)^{-1/2}$。讨论如何将这些结果用于苯的自由电子模型。

3-29 一个粒子在一个势箱里，势箱壁分别位于 $-a$ 和 $+a$。证明其能量等于壁位于 0 和 $2a$ 处的势箱中的一个粒子的能量（这些能量可以从本章中得出的结果中获得，只需将 a 替换为 $2a$）。但是，请证明波函数并不相同，在这种情况下，波函数为

$$\psi_n(x)\begin{cases}=\dfrac{1}{a^{1/2}}\sin\dfrac{n\pi x}{2a} & n\text{ 为偶数}\\[2ex] =\dfrac{1}{a^{1/2}}\cos\dfrac{n\pi x}{2a} & n\text{ 为奇数}\end{cases}$$

你可能会疑惑，波函数似乎取决于墙壁是位于 $\pm a$ 还是 0 和 $2a$ 处？当然，粒子只“知道”它在一个长度为 $2a$ 的区域内运动，而不会受到两组波函数原点位置的影响。这说明了什么？你是否认为任何实验可观测到的性质都取决于你选择的 x 轴的原点？证明 $\sigma_x\sigma_p>\hbar/2$，与第 3-8 节中得到的完全相同。

3-30 对于在一维势箱中运动的粒子，其 x 平均值为 $a/2$，均方差为 $\sigma_x^2=(a^2/12)[1-(6/\pi^2n^2)]$。证明：当 n 变得非常大时，该值与经典值一致。经典概率分布是均匀分布，即

$$p(x)\,\mathrm{d}x\begin{cases}=\dfrac{1}{a}\mathrm{d}x & 0\leqslant x\leqslant a\\[1ex] =0 & \text{其他}\end{cases}$$

3-31 这个习题说明了波的强度与其振幅的平方成正比。图 3.7 展示了振动弦的几何形状。

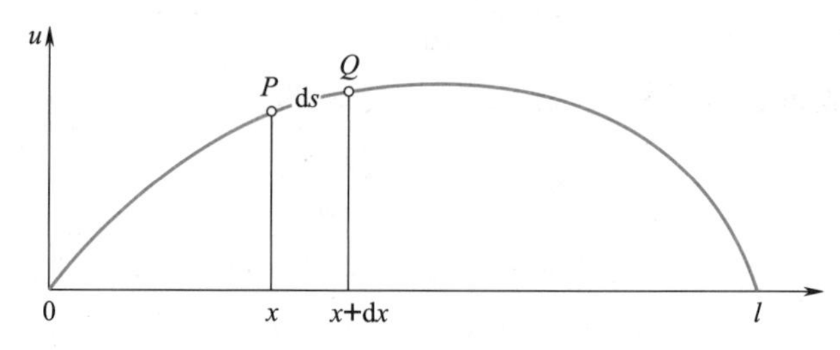

图 3.7 振动弦的几何形状。

因为在弦上任意一点的速度为 $\partial u/\partial t$，整根弦的动能为

$$K=\int_0^l\frac{1}{2}\rho\left(\frac{\partial u}{\partial t}\right)\mathrm{d}x$$

式中 ρ 是弦的线性质量密度。通过考虑图 3.7 中长度为 $\mathrm{d}s$ 的小弧 PQ 长度的增加，就可以求出势能。沿该弧线的弦长从 $\mathrm{d}x$ 增加到 $\mathrm{d}s$。因此，与长度增加相关的势能为

$$V=\int_0^l T(\mathrm{d}s-\mathrm{d}x)$$

式中 T 为弦的张力。利用 $(\mathrm{d}s)^2=(\mathrm{d}x)^2+(\mathrm{d}u)^2$，证明：

$$V=\int_0^l T\left\{\left[1+\left(\frac{\partial u}{\partial x}\right)^2\right]^{1/2}-1\right\}\mathrm{d}x$$

利用对于小的 x 有 $(1+x)^{1/2}\approx 1+(x/2)$，证明：对于小的位置变化，有

$$V=\frac{1}{2}T\int_0^l\left(\frac{\partial u}{\partial x}\right)^2\mathrm{d}x$$

振动弦的总能量是 K 和 V 之和，因此

$$E=\frac{\rho}{2}\int_0^l\left(\frac{\partial u}{\partial t}\right)^2\mathrm{d}x+\frac{T}{2}\int_0^l\left(\frac{\partial u}{\partial x}\right)^2\mathrm{d}x$$

在第 2 章[式(2.23)~式(2.25)]中证明了第 n 个简正模可以写成

$$u_n(x,l)=D_n\cos(\omega_n t+\phi_n)\sin\frac{n\pi x}{l}$$

式中$\omega_n=vn\pi/l$。利用这个等式,证明:

$$K_n=\frac{\pi^2v^2n^2\rho}{4l}D_n^2\sin^2(\omega_n t+\phi_n)$$

和

$$V_n=\frac{\pi^2n^2T}{4l}D_n^2\cos^2(\omega_n t+\phi_n)$$

利用 $v=(T/\rho)^{1/2}$,证明:

$$E_n=\frac{\pi^2v^2n^2\rho}{4l}D_n^2$$

请注意,总能量或强度与振幅的平方成正比。虽然只针对振动弦的情况证明了这一比例关系,但这是一个普遍的结果。如果用复数符号而不是正弦和余弦来表示一切,那么就会发现 E_n 与 $|D_n|^2$ 成比例而不只是 D_n^2。

一般情况下,会有许多简正模同时存在,完整的解为[式(2.25)]

$$u(x,t)=\sum_{n=1}^{\infty}D_n\cos(\omega_n t+\phi_n)\sin\frac{n\pi x}{l}$$

利用以下公式(参见习题 3-16):

$$\int_0^l\sin\frac{n\pi x}{l}\sin\frac{m\pi x}{l}\mathrm{d}x=0\quad m\neq n$$

证明:

$$E_n=\frac{\pi^2v^2\rho}{4l}\sum_{n=1}^{\infty}n^2D_n^2$$

3-32 粒子在势箱中的量子化能量来自边界条件,或者说来自粒子被限制在有限区域的事实。本题研究的是自由粒子的量子力学问题,即粒子不受限于有限区域的量子力学问题。粒子的势能 $V(x)$ 等于零,薛定谔方程为

$$\frac{\mathrm{d}^2\psi}{\mathrm{d}x^2}+\frac{2mE}{\hbar^2}\psi(x)=0\quad -\infty<x<+\infty$$

请注意,在本题中,粒子可以位于 x 轴的任何位置。证明这个薛定谔方程的两个解分别是

$$\psi_1(x)=A_1\mathrm{e}^{\mathrm{i}(2mE)^{1/2}x/\hbar}=A_1\mathrm{e}^{\mathrm{i}kx}$$

和

$$\psi_2(x)=A_2\mathrm{e}^{-\mathrm{i}(2mE)^{1/2}x/\hbar}=A_2\mathrm{e}^{-\mathrm{i}kx}$$

式中

$$k=\frac{(2mE)^{1/2}}{\hbar}$$

证明:如果 E 允许取负值,那么波函数在 x 值很大时成为无界函数。因此,要求能量 E 为正值。在讨论 Bohr 原子时看到,负能量对应于束缚态,正能量对应于非束缚态。因此,对 E 为正值的要求符合自由粒子的描述。

为了对 $\psi_1(x)$ 和 $\psi_2(x)$ 所描述的状态进行物理解释,可以用动量算符 $\hat{P}$[式(3.11)]对 $\psi_1(x)$ 和 $\psi_2(x)$ 进行运算,并证明:

$$\hat{P}\psi_1=-\mathrm{i}\hbar\frac{\mathrm{d}\psi_1}{\mathrm{d}x}=\hbar k\psi_1$$

和

$$\hat{P}\psi_2=-\mathrm{i}\hbar\frac{\mathrm{d}\psi_2}{\mathrm{d}x}=\hbar k\psi_2$$

请注意,这些都是本征方程。对这两个方程的解释是,$\psi_1(x)$ 描述了一个具有固定动量 $\hbar k$ 的自由粒子,而 $\psi_2(x)$ 描述了一个具有固定动量 $-\hbar k$ 的粒子。因此,ψ_1 描述了一个向右运动的粒子,而 ψ_2 描述了一个向左运动的粒子,两者的动量都是固定的。还要注意的是,k 没有限制,因此粒子可以有任何动量值。现在,证明:

$$E=\frac{\hbar^2k^2}{2m}$$

请注意,能量不是量子化的。在这种情况下,粒子的能量可以是任何正值,因为本题不涉及边界。

最后,证明 $\psi_1^*(x)\psi_1(x)=A_1^*A_1=|A_1|^2=$ 常数,且 $\psi_2^*(x)\psi_2(x)=A_2^*A_2=|A_2|^2=$ 常数。从 $\psi^*\psi$ 的概率解释的角度讨论这一结果。同时讨论不确定性原理在这个问题上的应用。σ_p 和 σ_x 是什么?

3-33 假设粒子在一维势箱中由 de Broglie 驻波描述,导出势箱中粒子的允许能量方程。

3-34 可以利用箱中粒子的不确定性原理来论证自由电子不可能存在于原子核中。在发现中子之前,人们可能会认为原子序数为 Z、原子质量为 A 的原子核是由 A 个质子和 $A-Z$ 个电子组成的,也就是说,只要有足够的电子,净核电荷就是 $+Z$。这样的原子核的原子序数为 Z,质量数为 A。在本题中,我们将使用式(3.41)来估算限制在核大小区域内的一个电子的能量。典型原子核的直径约为 10^{-14} m。将 $a=10^{-14}$ m 代入式(3.41),并证明 σ_p 满足:

$$\sigma_p\geqslant 3\times10^{-20}\ \mathrm{kg\cdot m\cdot s^{-1}}$$

证明:

$$E=\frac{\sigma_p^2}{2m}=5\times10^{-10}\ \mathrm{J}$$

$$\approx 3000\ \mathrm{MeV}$$

其中,兆电子伏特(MeV)是常用的核物理能量单位。从

实验中可以观察到，从原子核中发射（如 β 辐射）出来的电子能量只有几兆赫，远远小于上面计算的能量。因此可以说，原子核中不可能有自由电子，因为它们应该以比实验中发现的高得多的能量射出。

3-35　可以利用习题 3-29 中的波函数来说明波函数的一些基本对称性质。证明波函数对于运算 $x \to -x$，即关于 $x=0$ 线的反映操作，是对称的（对应于偶函数）或反对称的（对应于奇函数）。波函数的这一对称性是哈密顿算符对称性的结果，现在就来证明这一点。薛定谔方程可写成

$$\hat{H}(x)\psi_n(x)=E_n\psi_n(x)$$

关于 $x=0$ 线的反映操作得到 $x \to -x$，于是

$$\hat{H}(-x)\psi_n(-x)=E_n\psi_n(-x)$$

现在，证明：对于箱中粒子，有 $\hat{H}(x)=\hat{H}(-x)$（即 $\hat{H}$ 是对称的），并证明：

$$\hat{H}(x)\psi_n(-x)=E_n\psi_n(-x)$$

因此，可以看到 $\psi_n(-x)$ 也是属于同一个本征值 E_n 的、$\hat{H}$ 的一个本征函数。现在，如果每个本征值只与一个本征函数相关（状态是非简并的），那么可以论证 $\psi_n(x)$ 和 $\psi_n(-x)$ 必须只相差一个乘法常数［即 $\psi_n(x)=c\psi_n(-x)$］。通过再次对该方程进行反映操作，证明 $c=\pm1$ 且所有波函数在进行关于 $x=0$ 线的反映时必须是偶函数或奇函数，因为哈密顿算符是对称的。由此可见，哈密顿算符的对称性会影响波函数的对称性。对对称性的一般研究要用到群论，而这个例子实际上是群论在量子力学问题上的一个基本应用。我们将在第 12 章中学习群论。

习题参考答案

数学章节C　矢量

矢量是一种具有大小和方向的量，如位置、力、速度和动量等。例如，在指定某物的位置时，不仅要给出它与某点间的距离，还要给出它相对于该点的方向。通常用箭头来表示矢量，箭头的长度就是矢量的大小，箭头的方向与矢量的方向一致。

两个矢量相加可以得到一个新的矢量。考虑图 C.1 中的两个矢量 $\boldsymbol{A}$ 和 $\boldsymbol{B}$（用粗体符号表示矢量）。如图 C.1 所示，要找到 $\boldsymbol{C}=\boldsymbol{A}+\boldsymbol{B}$，将 $\boldsymbol{B}$ 的末端放在 $\boldsymbol{A}$ 的尖端，然后从 $\boldsymbol{A}$ 的末端至 $\boldsymbol{B}$ 的尖端画出 $\boldsymbol{C}$。也可将 $\boldsymbol{A}$ 的末端放在 $\boldsymbol{B}$ 的尖端并由 $\boldsymbol{B}$ 的末端到 $\boldsymbol{A}$ 画出 $\boldsymbol{C}$。无论采用哪种方法，得到的结果都是相同的，因此

$$\boldsymbol{C}=\boldsymbol{A}+\boldsymbol{B}=\boldsymbol{B}+\boldsymbol{A} \tag{C.1}$$

矢量加法是可交换的。

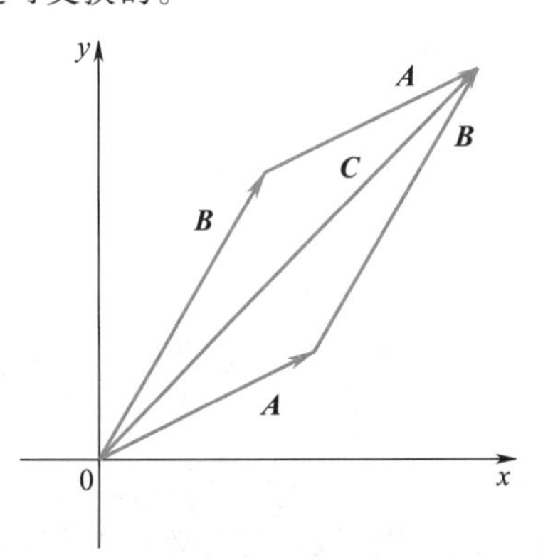

图 C.1　两个矢量相加（$\boldsymbol{A}+\boldsymbol{B}=\boldsymbol{B}+\boldsymbol{A}=\boldsymbol{C}$）的图示。

对于两个矢量相减，将其中一个矢量沿相反方向画出来，然后与另一个矢量相加。写出一个与矢量 $\boldsymbol{B}$ 方向相反的矢量相当于形成矢量 $-\boldsymbol{B}$。因此，在数学上有

$$\boldsymbol{D}=\boldsymbol{A}-\boldsymbol{B}=\boldsymbol{A}+(-\boldsymbol{B}) \tag{C.2}$$

一组有用的矢量是单位长度的矢量，它们沿着正方向指向笛卡儿坐标系的 x,y 和 z 轴。如图 C.2 所示，分别用 $\boldsymbol{i}$,$\boldsymbol{j}$ 和 $\boldsymbol{k}$ 表示这些**单位矢量**（unit vectors）。在绘制笛卡儿坐标系时，应始终将其置于右手方向。**右手坐标系**（right-handed coordinate）是这样的：当将右手的四根手指从 $\boldsymbol{i}$ 弯曲到 $\boldsymbol{j}$ 时，拇指指着 $\boldsymbol{k}$ 的方向（图 C.3）。任何三维矢量 $\boldsymbol{A}$ 都可以用这些单位矢量来描述，即

$$\boldsymbol{A}=A_x\boldsymbol{i}+A_y\boldsymbol{j}+A_z\boldsymbol{k} \tag{C.3}$$

其中，$A_x\boldsymbol{i}$ 是 A_x 个单位长沿着 $\boldsymbol{i}$ 方向的矢量。

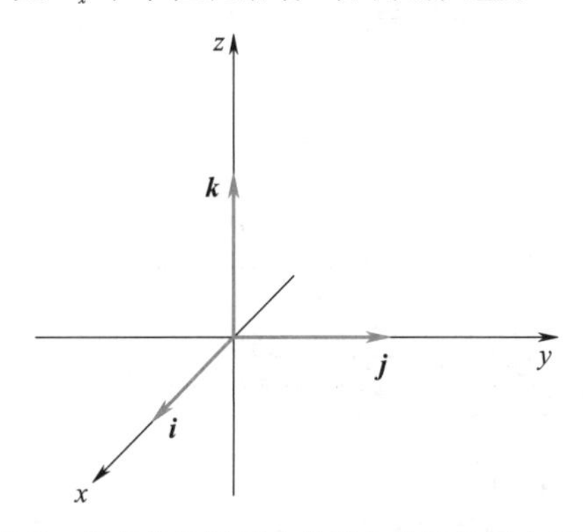

图 C.2　笛卡儿坐标系中的基本单位矢量 $\boldsymbol{i}$,$\boldsymbol{j}$ 和 $\boldsymbol{k}$。

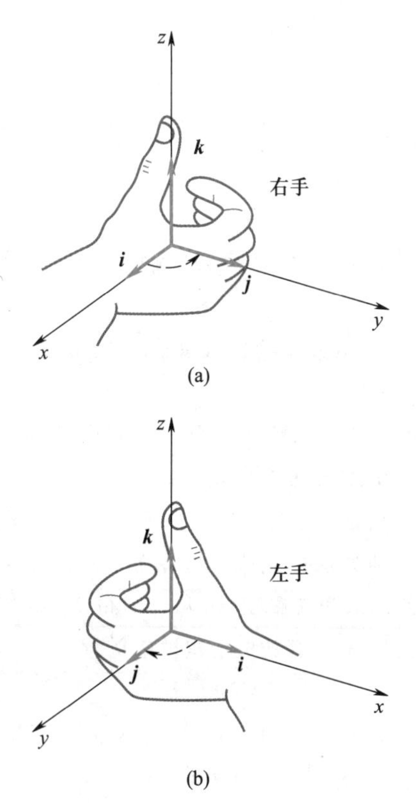

图 C.3　右手笛卡儿坐标系（a）和左手笛卡儿坐标系（b）的图示。在本书中，只使用右手坐标系。

一般来说,一个数字 a 乘以矢量 $\boldsymbol{A}$ 能得到一个与 $\boldsymbol{A}$ 平行但长度是 $\boldsymbol{A}$ 的 a 倍的新矢量。如果 a 为正,则 $a\boldsymbol{A}$ 与 $\boldsymbol{A}$ 方向相同,但如果 a 为负数,则 $a\boldsymbol{A}$ 与 $\boldsymbol{A}$ 方向相反。式(C.3)中的 A_x,A_y 和 A_z 称为 $\boldsymbol{A}$ 的**分量**(components)。它们是 $\boldsymbol{A}$ 沿每个笛卡儿轴的投影(图 C.4)。用分量表示,两个矢量的和或差的计算公式为

$$\boldsymbol{A}\pm\boldsymbol{B}=(A_x\pm B_x)\boldsymbol{i}+(A_y\pm B_y)\boldsymbol{j}+(A_z\pm B_z)\boldsymbol{k} \quad (C.4)$$

图 C.4 表明 $\boldsymbol{A}$ 的长度可由下式得到:

$$A=|\boldsymbol{A}|=(A_x^2+A_y^2+A_z^2)^{1/2} \quad (C.5)$$

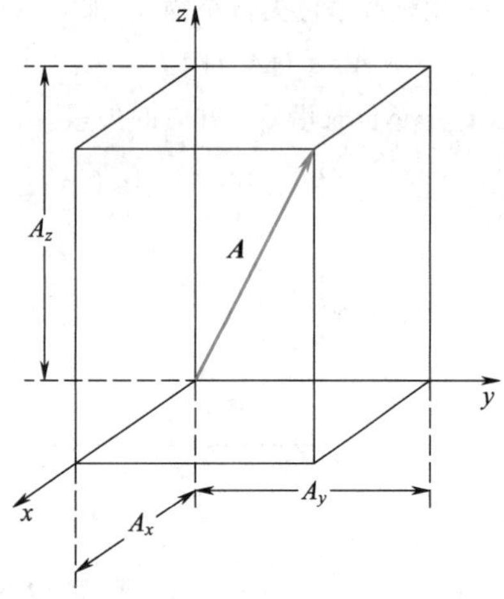

图 C.4 矢量 $\boldsymbol{A}$ 的分量是它沿着 x,y 和 z 轴的投影,表明 $\boldsymbol{A}$ 的长度等于 $(A_x^2+A_y^2+A_z^2)^{1/2}$。

» 例题 C-1 已知 $\boldsymbol{A}=2\boldsymbol{i}-\boldsymbol{j}+3\boldsymbol{k}$,$\boldsymbol{B}=-\boldsymbol{i}+2\boldsymbol{j}-\boldsymbol{k}$,求 $\boldsymbol{A}+\boldsymbol{B}$ 的长度。

» 解 根据式(C.4),可得

$$\boldsymbol{A}+\boldsymbol{B}=(2-1)\boldsymbol{i}+(-1+2)\boldsymbol{j}+(3-1)\boldsymbol{k}=\boldsymbol{i}+\boldsymbol{j}+2\boldsymbol{k}$$

再由式(C.5)得

$$|\boldsymbol{A}+\boldsymbol{B}|=(1^2+1^2+2^2)^{1/2}=\sqrt{6}$$

有两种方法可以形成两个矢量的乘积,这两种方法在物理化学中都有很多应用。一种方法得到的是标量(换句话说,只是一个数字),另一种方法得到的是矢量。我们称第一种方法的结果为**标量积**(scalar product),第二种方法的结果为**矢量积**(vector product)。

两个矢量 $\boldsymbol{A}$ 和 $\boldsymbol{B}$ 的矢量积被定义为

$$\boldsymbol{A}\cdot\boldsymbol{B}=|\boldsymbol{A}||\boldsymbol{B}|\cos\theta \quad (C.6)$$

其中 θ 是 $\boldsymbol{A}$ 和 $\boldsymbol{B}$ 之间的夹角。从定义中可以看出:

$$\boldsymbol{A}\cdot\boldsymbol{B}=\boldsymbol{B}\cdot\boldsymbol{A} \quad (C.7)$$

标量积是一种**可交换运算**(commutative operation)。$\boldsymbol{A}$ 和 $\boldsymbol{B}$ 之间的点是一个标准符号,因此 $\boldsymbol{A}\cdot\boldsymbol{B}$ 通常称为 $\boldsymbol{A}$ 和 $\boldsymbol{B}$ 的**点积**(dot product)。单位矢量 $\boldsymbol{i}$,$\boldsymbol{j}$ 和 $\boldsymbol{k}$ 的点积为

$$\boldsymbol{i}\cdot\boldsymbol{i}=\boldsymbol{j}\cdot\boldsymbol{j}=\boldsymbol{k}\cdot\boldsymbol{k}=|1||1|\cos(0^\circ)=1$$
$$\boldsymbol{i}\cdot\boldsymbol{j}=\boldsymbol{j}\cdot\boldsymbol{i}=\boldsymbol{i}\cdot\boldsymbol{k}=\boldsymbol{k}\cdot\boldsymbol{i}=\boldsymbol{j}\cdot\boldsymbol{k}=\boldsymbol{k}\cdot\boldsymbol{j}=|1||1|\cos(90^\circ)=0 \quad (C.8)$$

利用式(C.8)可计算任意两个矢量的点积:

$$\begin{aligned}\boldsymbol{A}\cdot\boldsymbol{B}&=(A_x\boldsymbol{i}+A_y\boldsymbol{j}+A_z\boldsymbol{k})\cdot(B_x\boldsymbol{i}+B_y\boldsymbol{j}+B_z\boldsymbol{k})\\&=A_xB_x\boldsymbol{i}\cdot\boldsymbol{i}+A_xB_y\boldsymbol{i}\cdot\boldsymbol{j}+A_xB_z\boldsymbol{i}\cdot\boldsymbol{k}+\\&\quad A_yB_x\boldsymbol{j}\cdot\boldsymbol{i}+A_yB_y\boldsymbol{j}\cdot\boldsymbol{j}+A_yB_z\boldsymbol{j}\cdot\boldsymbol{k}+\\&\quad A_zB_x\boldsymbol{k}\cdot\boldsymbol{i}+A_zB_y\boldsymbol{k}\cdot\boldsymbol{j}+A_zB_z\boldsymbol{k}\cdot\boldsymbol{k}\end{aligned}$$

上式可简化为

$$\boldsymbol{A}\cdot\boldsymbol{B}=A_xB_x+A_yB_y+A_zB_z \quad (C.9)$$

» 例题 C-2 求 $\boldsymbol{A}=2\boldsymbol{i}-\boldsymbol{j}+3\boldsymbol{k}$ 的长度。

» 解 当 $\boldsymbol{A}=\boldsymbol{B}$ 时,式(C.9)变为

$$\boldsymbol{A}\cdot\boldsymbol{A}=A_x^2+A_y^2+A_z^2=|\boldsymbol{A}|^2$$

因此

$$|\boldsymbol{A}|=(\boldsymbol{A}\cdot\boldsymbol{A})^{1/2}=(4+1+9)^{1/2}=\sqrt{14}$$

» 例题 C-3 求两个矢量 $\boldsymbol{A}=2\boldsymbol{i}-\boldsymbol{j}+3\boldsymbol{k}$ 和 $\boldsymbol{B}=\boldsymbol{j}-\boldsymbol{k}$ 之间的夹角。

» 解 使用式(C.6),但首先必须求出:

$$|\boldsymbol{A}|=(\boldsymbol{A}\cdot\boldsymbol{A})^{1/2}=(1+9+1)^{1/2}=\sqrt{11}$$

$$|\boldsymbol{B}|=(\boldsymbol{B}\cdot\boldsymbol{B})^{1/2}=(0+1+1)^{1/2}=\sqrt{2}$$

和

$$\boldsymbol{A}\cdot\boldsymbol{B}=0+3+1=4$$

因此

$$\cos\theta=\frac{\boldsymbol{A}\cdot\boldsymbol{B}}{|\boldsymbol{A}||\boldsymbol{B}|}=\frac{4}{\sqrt{22}}=0.8528$$

即 $\theta=31.48^\circ$。

点积的一个应用涉及功的定义。功的定义是力乘以距离,其中"力"指的是与位移方向相同的力的分量。如果设 $\boldsymbol{F}$ 为力,$\boldsymbol{d}$ 为位移,则功的定义为

$$功=\boldsymbol{F}\cdot\boldsymbol{d} \quad (C.10)$$

可以将式(C.10)写成 $(F\cos\theta)d$ 以强调 $F\cos\theta$ 是 $\boldsymbol{F}$ 在 $\boldsymbol{d}$ 方向上的分量(图 C.5)。

点积的另一个重要应用涉及偶极矩与电场的相互作用。你可能在有机化学中学习过,分子中相反电荷的分离会产生偶极矩,通常用一个尾部交叉、从负电荷指向正电荷的箭头来表示。例如,由于氯原子的电负性比氢原子的电负性强,因此 HCl 具有偶极矩,可以写成 $\overleftarrow{\text{HCl}}$。严格来说,偶极矩是一个矢量,其大小等于正电荷与正负电

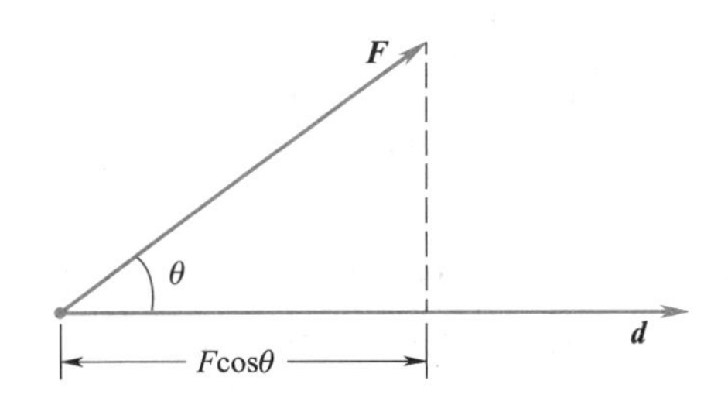

图 C.5　功被定义为 $w=\boldsymbol{F}\cdot\boldsymbol{d}$ 或 $(F\cos\theta)d$，其中 $F\cos\theta$ 是 $\boldsymbol{F}$ 沿着 $\boldsymbol{d}$ 方向的分量。

荷之间距离的乘积，方向是从负电荷指向正电荷。因此，对于图 C.6 所示的两个分离的电荷，偶极矩 $\boldsymbol{\mu}$ 等于

$$\boldsymbol{\mu}=q\boldsymbol{r}$$

后面将了解到，如果对偶极矩施加电场 $\boldsymbol{E}$，那么相互作用的势能为

$$V=-\boldsymbol{\mu}\cdot\boldsymbol{E} \tag{C.11}$$

两个矢量的矢量积定义如下：

$$\boldsymbol{A}\times\boldsymbol{B}=|\boldsymbol{A}||\boldsymbol{B}|\boldsymbol{c}\sin\theta \tag{C.12}$$

其中 θ 是 $\boldsymbol{A}$ 与 $\boldsymbol{B}$ 间的夹角，$\boldsymbol{c}$ 是一个垂直于由 $\boldsymbol{A}$ 和 $\boldsymbol{B}$ 构成的平面的单位矢量，$\boldsymbol{c}$ 的方向由右手定则给出：如果右手的四个手指从 $\boldsymbol{A}$ 到指向 $\boldsymbol{B}$，则 $\boldsymbol{c}$ 沿着拇指的方向（类似的构造见图 C.3）。式(C.12)中给出的符号非常常用，因此矢量积通常称为**叉积**（cross product）。因为 $\boldsymbol{c}$ 的方向由右手定则给出，因此叉积运算不是可交换的，特别地

$$\boldsymbol{A}\times\boldsymbol{B}=-\boldsymbol{B}\times\boldsymbol{A} \tag{C.13}$$

笛卡儿坐标系中单位矢量的叉积为

$$\begin{aligned}
&\boldsymbol{i}\times\boldsymbol{i}=\boldsymbol{j}\times\boldsymbol{j}=\boldsymbol{k}\times\boldsymbol{k}=|1||1|\boldsymbol{c}\sin(0^\circ)=0\\
&\boldsymbol{i}\times\boldsymbol{j}=-\boldsymbol{j}\times\boldsymbol{i}=|1||1|\boldsymbol{k}\sin(90^\circ)=\boldsymbol{k}\\
&\boldsymbol{j}\times\boldsymbol{k}=-\boldsymbol{k}\times\boldsymbol{j}=\boldsymbol{i}\\
&\boldsymbol{k}\times\boldsymbol{i}=-\boldsymbol{i}\times\boldsymbol{k}=\boldsymbol{j}
\end{aligned} \tag{C.14}$$

用 $\boldsymbol{A}$ 和 $\boldsymbol{B}$ 的分量表示，有（习题 C-9）

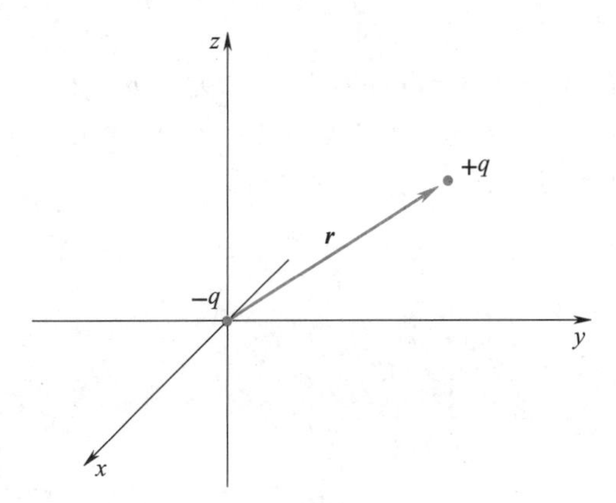

图 C.6　偶极矩是一个由负电荷 $-q$ 指向正电荷 $+q$ 的矢量，其大小为 $q\boldsymbol{r}$。

$$\boldsymbol{A}\times\boldsymbol{B}=(A_yB_z-A_zB_y)\boldsymbol{i}+(A_zB_x-A_xB_z)\boldsymbol{j}+(A_xB_y-A_yB_x)\boldsymbol{k} \tag{C.15}$$

式(C.15)可以方便地表示为一行列式（见数学章节 E），即

$$\boldsymbol{A}\times\boldsymbol{B}=\begin{vmatrix}\boldsymbol{i}&\boldsymbol{j}&\boldsymbol{k}\\A_x&A_y&A_z\\B_x&B_y&B_z\end{vmatrix} \tag{C.16}$$

式(C.15)和(C.16)是等价的。

》例题 C-4　已知 $\boldsymbol{A}=-2\boldsymbol{i}+\boldsymbol{j}+\boldsymbol{k}$ 和 $\boldsymbol{B}=3\boldsymbol{i}-\boldsymbol{j}+\boldsymbol{k}$，求 $\boldsymbol{C}=\boldsymbol{A}\times\boldsymbol{B}$。

》解　利用式(C.15)可以得出

$$\begin{aligned}\boldsymbol{C}=&[(1)(1)-(1)(-1)]\boldsymbol{i}+[(1)(3)-(-2)(1)]\boldsymbol{j}+\\&[(-2)(-1)-(1)(3)]\boldsymbol{k}=2\boldsymbol{i}+5\boldsymbol{j}-\boldsymbol{k}\end{aligned}$$

叉积在物理上的一个重要应用涉及角动量的定义。如果相对于一个定点，一个粒子处于位置 $\boldsymbol{r}$ 且拥有动量 $\boldsymbol{p}=m\boldsymbol{v}$（图 C.7），那么它的**角动量**（angular momentum）定义为

$$\boldsymbol{L}=\boldsymbol{r}\times\boldsymbol{p} \tag{C.17}$$

注意，角动量矢量垂直于由 $\boldsymbol{r}$ 和 $\boldsymbol{p}$ 构成的平面（图 C.8）。用分量的形式表示 $\boldsymbol{L}$，角动量等于[参见式(C.15)]

$$\boldsymbol{L}=(yp_z-zp_y)\boldsymbol{i}+(zp_x-xp_z)\boldsymbol{j}+(xp_y-yp_x)\boldsymbol{k} \tag{C.18}$$

我们将学习角动量在量子力学中的重要作用。

另一个涉及叉积的示例是，给出带有电荷 q、以速度 $\boldsymbol{v}$ 通过磁场 $\boldsymbol{B}$ 的粒子受力 $\boldsymbol{F}$ 的方程：

$$\boldsymbol{F}=q(\boldsymbol{v}\times\boldsymbol{B})$$

注意该力垂直于 $\boldsymbol{v}$，因此 $\boldsymbol{B}$ 的作用是使粒子的运动产生曲线，而不是加速或减速。

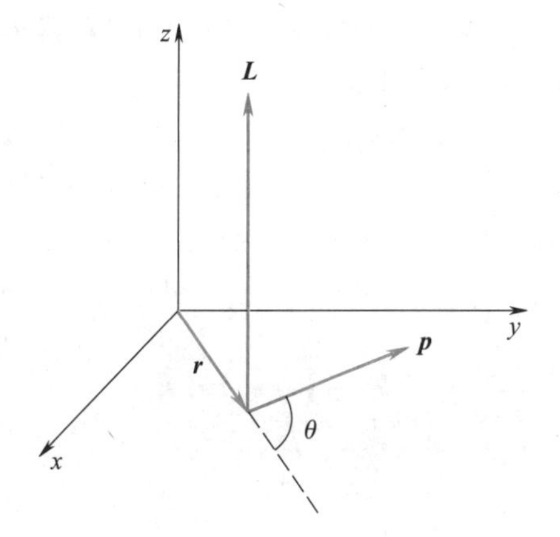

图 C.7　一个相对于一个定点处于位置 $\boldsymbol{r}$ 且拥有动量 $\boldsymbol{p}=m\boldsymbol{v}$ 的粒子的角动量为一个垂直于由 $\boldsymbol{r}$ 和 $\boldsymbol{p}$ 构成的平面的矢量，其方向指向 $\boldsymbol{r}\times\boldsymbol{p}$。

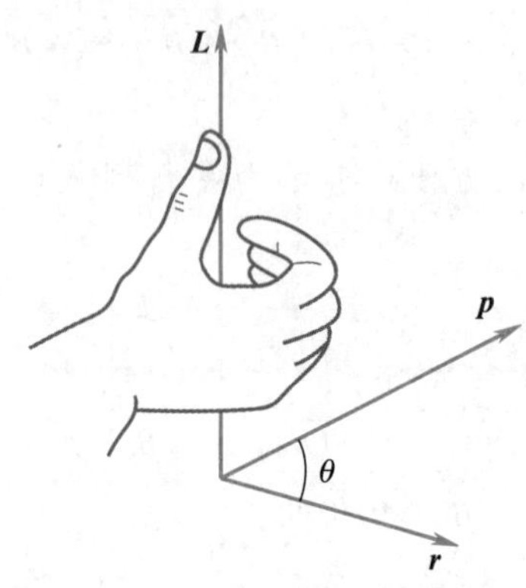

图 C.8 角动量是一个垂直于由 $\boldsymbol{r}$ 和 $\boldsymbol{p}$ 构成的平面的矢量，$\boldsymbol{r}$,$\boldsymbol{p}$ 和 $\boldsymbol{L}$ 三者构成了一个右手坐标系。

还可以求矢量的导数。假设动量 $\boldsymbol{p}$ 的分量取决于时间，那么

$$\frac{\mathrm{d}\boldsymbol{p}(t)}{\mathrm{d}t}=\frac{\mathrm{d}p_x(t)}{\mathrm{d}t}\boldsymbol{i}+\frac{\mathrm{d}p_y(t)}{\mathrm{d}t}\boldsymbol{j}+\frac{\mathrm{d}p_z(t)}{\mathrm{d}t}\boldsymbol{k} \quad (\text{C.19})$$

(没有 $\boldsymbol{i}$, $\boldsymbol{j}$ 和 $\boldsymbol{k}$ 的导数，因为它们在空间中是固定的)。牛顿运动定律为

$$\frac{\mathrm{d}\boldsymbol{p}}{\mathrm{d}t}=\boldsymbol{F} \quad (\text{C.20})$$

这一定律实际上是三个独立的等式，每个等式针对一个分量。因为 $\boldsymbol{p}=m\boldsymbol{v}$，如果 m 为常数，则可以将牛顿方程写成

$$m\frac{\mathrm{d}\boldsymbol{v}}{\mathrm{d}t}=\boldsymbol{F}$$

此外，由于 $\boldsymbol{v}=\mathrm{d}\boldsymbol{r}/\mathrm{d}t$，还可以将牛顿运动定律表示为

$$m\frac{\mathrm{d}^2\boldsymbol{r}}{\mathrm{d}t^2}=\boldsymbol{F} \quad (\text{C.21})$$

同样，式(C.21)表示一个包含三个方程的组，每个分量各对应一个方程。

练习题

C-1 求矢量 $\boldsymbol{v}=2\boldsymbol{i}-\boldsymbol{j}+3\boldsymbol{k}$ 的长度。

C-2 求矢量 $\boldsymbol{r}=x\boldsymbol{i}+y\boldsymbol{j}$ 和 $\boldsymbol{r}=x\boldsymbol{i}+y\boldsymbol{j}+z\boldsymbol{k}$ 的长度。

C-3 证明：若 $\boldsymbol{A}$ 和 $\boldsymbol{B}$ 互相垂直，则 $\boldsymbol{A}\cdot\boldsymbol{B}=0$。互相垂直的两个矢量称为正交矢量。

C-4 证明：矢量 $\boldsymbol{A}=2\boldsymbol{i}-4\boldsymbol{j}-2\boldsymbol{k}$ 和 $\boldsymbol{B}=3\boldsymbol{i}+4\boldsymbol{j}-5\boldsymbol{k}$ 是正交的。

C-5 证明：矢量 $\boldsymbol{r}=2\boldsymbol{i}-3\boldsymbol{k}$ 完全位于垂直于 y 轴的一个平面内。

C-6 求两个矢量 $\boldsymbol{A}=-\boldsymbol{i}+2\boldsymbol{j}+\boldsymbol{k}$ 和 $\boldsymbol{B}=3\boldsymbol{i}-\boldsymbol{j}+2\boldsymbol{k}$ 之间的夹角。

C-7 已知 $\boldsymbol{A}=-\boldsymbol{i}+2\boldsymbol{j}+\boldsymbol{k}$ 且 $\boldsymbol{B}=3\boldsymbol{i}-\boldsymbol{j}+2\boldsymbol{k}$，求 $\boldsymbol{C}=\boldsymbol{A}\times\boldsymbol{B}$ 等于多少？$\boldsymbol{B}\times\boldsymbol{A}$ 等于多少？

C-8 证明：$\boldsymbol{A}\times\boldsymbol{A}=\boldsymbol{0}$。

C-9 利用式(C.14)，证明 $\boldsymbol{A}\times\boldsymbol{B}$ 可由式(C.15)给出。

C-10 证明：对于圆周运动，有 $|\boldsymbol{L}|=mvr$。

C-11 证明：$$\frac{\mathrm{d}}{\mathrm{d}t}(\boldsymbol{A}\cdot\boldsymbol{B})=\frac{\mathrm{d}\boldsymbol{A}}{\mathrm{d}t}\cdot\boldsymbol{B}+\boldsymbol{A}\cdot\frac{\mathrm{d}\boldsymbol{B}}{\mathrm{d}t}$$

以及 $$\frac{\mathrm{d}}{\mathrm{d}t}(\boldsymbol{A}\times\boldsymbol{B})=\frac{\mathrm{d}\boldsymbol{A}}{\mathrm{d}t}\times\boldsymbol{B}+\boldsymbol{A}\times\frac{\mathrm{d}\boldsymbol{B}}{\mathrm{d}t}$$

C-12 利用练习题 C-11 的结果，证明：

$$\boldsymbol{A}\times\frac{\mathrm{d}^2\boldsymbol{A}}{\mathrm{d}t^2}=\frac{\mathrm{d}}{\mathrm{d}t}\left(\boldsymbol{A}\times\frac{\mathrm{d}\boldsymbol{A}}{\mathrm{d}t}\right)$$

C-13 用矢量符号表示，单个粒子的牛顿方程为

$$m\frac{\mathrm{d}^2\boldsymbol{r}}{\mathrm{d}t^2}=\boldsymbol{F}(x,y,z)$$

从左边对方程进行 $\boldsymbol{r}\times$ 运算，并利用练习题 C-12 的结果，证明：

$$\frac{\mathrm{d}\boldsymbol{L}}{\mathrm{d}t}=\boldsymbol{r}\times\boldsymbol{F}$$

其中 $\boldsymbol{L}=m\boldsymbol{r}\times\mathrm{d}\boldsymbol{r}/\mathrm{d}t=\boldsymbol{r}\times m\mathrm{d}\boldsymbol{r}/\mathrm{d}t=\boldsymbol{r}\times m\boldsymbol{v}=\boldsymbol{r}\times\boldsymbol{p}$。这就是旋转系统的牛顿方程形式。注意如果 $\boldsymbol{r}\times\boldsymbol{F}=0$，则 $\mathrm{d}\boldsymbol{L}/\mathrm{d}t=0$ 或角动量守恒。能够确定 $\boldsymbol{r}\times\boldsymbol{F}$ 吗？

练习题参考答案

量子力学的一些假设和基本原理

▶ **科学家介绍**

到目前为止，我们已经就量子力学的表述提出了一些猜想。例如，我们认为经典力学的变量在量子力学中由算符表示。它们作用于波函数，给出测量的平均结果或预期结果。在本章中，将把第 3 章中提出的各种猜想形式化为一组假设，然后讨论从这些假设中得出的一些一般性定理。这种形式化类似于在几何中指定一组公理，然后从逻辑上推导出这些公理的结果。检验公理或假设是否合理的最终标准是将最终结果与实验数据进行比较。在此，我们提出一套相当基本的公理，这套公理足以适用于本书中讨论的所有系统，以及化学中几乎所有人们感兴趣的系统。

4-1 系统的状态由其波函数完全确定

经典力学处理的量称为**动力学变量**(dynamical variables)，如位置、动量、角动量和能量。可测量的动力学变量称为**可观测量**(observable)。粒子在任何特定时间的经典力学状态可由此时间的三个位置坐标(x,y,z)和三个动量(p_x,p_y,p_z)或速度(v_x,v_y,v_z)完全确定。系统随时间的演化受牛顿方程控制：

$$m\frac{\mathrm{d}^2x}{\mathrm{d}t^2}=F_x(x,y,z),\quad m\frac{\mathrm{d}^2y}{\mathrm{d}t^2}=F_y(x,y,z),\quad m\frac{\mathrm{d}^2z}{\mathrm{d}t^2}=F_z(x,y,z) \tag{4.1}$$

式中F_x,F_y和F_z是力$\boldsymbol{F}(x,y,z)$的分量。根据牛顿方程及质点的初始位置和动量，可以得出描述粒子位置与时间关系的函数$x(t)$,$y(t)$和$z(t)$。$x(t)$,$y(t)$和$z(t)$描述的三维路径称为粒子的**轨迹**(trajectory)。粒子的轨迹完整地描述了粒子的状态。经典力学通过牛顿方程[方程(4.1)]提供了一种根据作用在粒子上的力来计算粒子轨迹的方法。

牛顿方程加上相关的力使人们能够推导出粒子运动的整个历史，并预测其未来的所有行为。但应该立即想到，在量子力学中不可能进行这样的预测，因为由不确定性原理可知，无法以任何期望精度同时确定粒子的位置和动量。不确定性原理对于宏观物体并无实际意义(见例题 1-10)，因此经典力学对于宏观物体是完全足够的。然而，对电子、原子和分子等非常小的物体来说，不确定性原理的后果远非可以忽略不计，经典力学描绘的图景也就失效了。这就引出了量子力学的第一个假设：

假设 1

一个量子力学系统的状态由一个依赖于该系统中所有粒子坐标的函数$\psi(x)$完全确定。系统的所有可能信息都可以从$\psi(x)$导出。这一函数称为波函数或状态函数，其重要性质是$\psi^*(x)\psi(x)\mathrm{d}x$描述了在位置$x$处的区间$\mathrm{d}x$内发现该粒子的概率。

在假设 1 中，为了简单起见，假定只需要一个坐标来指定粒子的位置，就像一维势箱中的粒子一样。在三维空间中，用$\psi^*(x,y,z)\psi(x,y,z)\mathrm{d}x\mathrm{d}y\mathrm{d}z$表示$\psi(x,y,z)$描述的粒子在位置$(x,y,z)$的体积元$\mathrm{d}x\mathrm{d}y\mathrm{d}z$内被发现的概率。为了使符号尽可能简单，将在一维空间中表示大部分方程。

如果粒子不止一个，如两个，那么$\psi^*(x_1,x_2)\psi(x_1,x_2)\mathrm{d}x_1\mathrm{d}x_2$是粒子 1 位于$x_1$上的区间$\mathrm{d}x_1$，而粒子 2 位于$x_2$上的区间$\mathrm{d}x_2$内的概率。假设 1 指出，量子力学系统(如两个电子)的状态完全由这个函数指定，不需要其他内容。

由于波函数的平方具有概率解释，它必须满足某些物理要求。在某处找到粒子的总概率必须等于 1，因此

$$\int_{\text{全空间}}\psi^*(x)\psi(x)\mathrm{d}x=1 \tag{4.2}$$

这里的“全空间”是指对所有可能的x值进行积分。在式

(4.2)中描述的是一维系统；对于二维或三维系统，式(4.2)将是二重积分或三重积分。满足式(4.2)的波函数称为**归一化的**(normalized)。

» 例题 4-1 被限制在边长分别为 a 和 b 的矩形区域内的一个粒子(二维盒子中的粒子)的波函数为

$$\psi_{n_x n_y}(x,y)=\left(\frac{4}{ab}\right)^{1/2}\sin\frac{n_x\pi x}{a}\sin\frac{n_y\pi y}{b}$$

$$n_x=1,2,\cdots \quad 0\leqslant x\leqslant a$$

$$n_y=1,2,\cdots \quad 0\leqslant y\leqslant b$$

证明这些波函数是归一化的。

» 解 希望证明：

$$\int_0^a\int_0^b \mathrm{d}x\mathrm{d}y\psi^*(x,y)\psi(x,y)=$$

$$\frac{4}{ab}\int_0^a\int_0^b \mathrm{d}x\mathrm{d}y\sin^2\frac{n_x\pi x}{a}\sin^2\frac{n_y\pi y}{b}=1$$

这个双重积分实际上是两个单重积分的乘积：

$$\frac{4}{ab}\int_0^a \mathrm{d}x\sin^2\frac{n_x\pi x}{a}\int_0^b \mathrm{d}y\sin^2\frac{n_y\pi y}{b}=1$$

式(3.26)表明，第一个积分等于 $a/2$，第二个积分等于 $b/2$，因此有

$$\frac{4}{ab}\cdot\frac{a}{2}\cdot\frac{b}{2}=1$$

因此，上述波函数是归一化的。

即使式(4.2)中的积分等于某个常数 $A\neq1$，可以将 $\psi(x)$ 除以 $A^{1/2}$ 使其归一化。如果积分发散(即达到无穷大)，则无法将 $\psi(x)$ 归一化，也就不能将其作为状态函数[见例题4-2(b)]。可以归一化的函数称为**可归一化的**(normalizable)。只有可归一化的函数才能作为状态函数。此外，要使 $\psi(x)$ 成为一个物理学上可接受的波函数，$\psi(x)$ 及其一级导数必须是单值的、连续的、有限的(参见习题4-4)。这些要求可概括为 $\psi(x)$ 必须**品优**(well behaved)。

» 例题 4-2 判断下列函数在指定区间内是否可接受为状态函数：

(a) e^{-x} $(0,+\infty)$

(b) e^{-x} $(-\infty,+\infty)$

(c) $\sin^{-1}x$ $(-1,1)$

(d) $e^{-|x|}$ $(-\infty,+\infty)$

» 解 (a) 可接受；e^{-x} 是单值的、连续的、有限的，并可在区间 $(0,+\infty)$ 内归一化。

(b) 不可接受；e^{-x} 不能在 $(-\infty,+\infty)$ 区间内归一化，因为当 $x\to-\infty$ 时 e^{-x} 发散。

(c) 不可接受；$\sin^{-1}x$ 是一个多值函数，如 $\sin^{-1}1=\frac{\pi}{2},\frac{\pi}{2}+2\pi,\frac{\pi}{2}+4\pi$ 等。

(d) 不可接受；$e^{-|x|}$ 的一级导数在 $x=0$ 处不连续。

4-2 量子力学算符表示经典力学变量

在第3章中得出结论：经典力学量由量子力学中的线性算符表示。下面通过下一个假设正式确定这一结论。

假设 2

经典力学中的每一个可观测量都对应着量子力学中一个线性算符。

我们已在第3章中看到了一些可观测量与算符之间对应关系的例子，见表4.1。

表 4.1 经典力学可观测量及其相应的量子力学算符。

可观测量		算符	
名称	符号	符号	操作
位置	x	$\hat{X}$	乘以 x
	$\boldsymbol{r}$	$\hat{\boldsymbol{R}}$	乘以 $\boldsymbol{r}$
动量	p_x	$\hat{P}_x$	$-\mathrm{i}\hbar\frac{\partial}{\partial x}$
	$\boldsymbol{p}$	$\hat{\boldsymbol{P}}$	$-\mathrm{i}\hbar\left(\boldsymbol{i}\frac{\partial}{\partial x}+\boldsymbol{j}\frac{\partial}{\partial x}+\boldsymbol{k}\frac{\partial}{\partial x}\right)$
动能	K_x	$\hat{K}_x$	$-\frac{\hbar^2}{2m}\frac{\partial^2}{\partial x^2}$
	K	$\hat{K}$	$-\frac{\hbar^2}{2m}\left(\frac{\partial^2}{\partial x^2}+\frac{\partial^2}{\partial y^2}+\frac{\partial^2}{\partial z^2}\right)$ $=-\frac{\hbar^2}{2m}\nabla^2$
势能	$V(x)$	$\hat{V}(\hat{x})$	乘以 $V(x)$
	$V(x,y,z)$	$\hat{V}(\hat{x},\hat{y},\hat{z})$	乘以 $V(x,y,z)$
总能量	E	$\hat{H}$	$-\frac{\hbar^2}{2m}\left(\frac{\partial^2}{\partial x^2}+\frac{\partial^2}{\partial y^2}+\frac{\partial^2}{\partial z^2}\right)+V(x,y,z)$ $=-\frac{\hbar^2}{2m}\nabla^2+V(x,y,z)$

续表

可观测量		算符	
名称	符号	符号	操作
角动量	$L_x=yp_z-zp_y$	$\hat{L}_x$	$-i\hbar\left(y\frac{\partial}{\partial z}-z\frac{\partial}{\partial y}\right)$
	$L_y=zp_x-xp_z$	$\hat{L}_y$	$-i\hbar\left(z\frac{\partial}{\partial x}-x\frac{\partial}{\partial z}\right)$
	$L_z=xp_y-yp_x$	$\hat{L}_z$	$-i\hbar\left(x\frac{\partial}{\partial y}-y\frac{\partial}{\partial x}\right)$

表 4.1 中唯一的新条目是角动量。虽然在数学章节 C 中简要讨论过角动量,但这里将更全面地对其进行讨论。线性动量由 $m\boldsymbol{v}$ 给出并通常用符号 $\boldsymbol{p}$ 表示。现在,考虑图 4.1 中围绕固定中心在平面上旋转的一个粒子。设 ν_{rot} 为旋转频率(每秒圈数)。那么,粒子的速度为 $v=2\pi r\nu_{rot}=r\omega_{rot}$,其中 $\omega_{rot}=2\pi\nu_{rot}$(单位为弧度每秒,rad · s^{-1}),称为**角速度**(angular speed)。旋转粒子的动能为

$$K=\frac{1}{2}mv^2=\frac{1}{2}mr^2\omega^2=\frac{1}{2}I\omega^2 \tag{4.3}$$

式中 $I=mr^2$ 是**转动惯量**(moment of inertia)。通过比较式(4.3)中动能的第一个和最后一个表达式,可以得出以下对应关系:$\omega\leftrightarrow v$ 和 $I\leftrightarrow m$,其中 ω 和 I 是角量,而 v 和 m 是线性量。根据这一对应关系,应该有一个量 $I\omega$ 对应于线性动量 mv,而事实上 L 被定义为

$$L=I\omega=(mr^2)\left(\frac{v}{r}\right)=mvr \tag{4.4}$$

L 称为**角动量**(angular momentum),是与旋转系统相关的一个基本物理量,正如线性动量是线性系统的一个基本物理量一样。

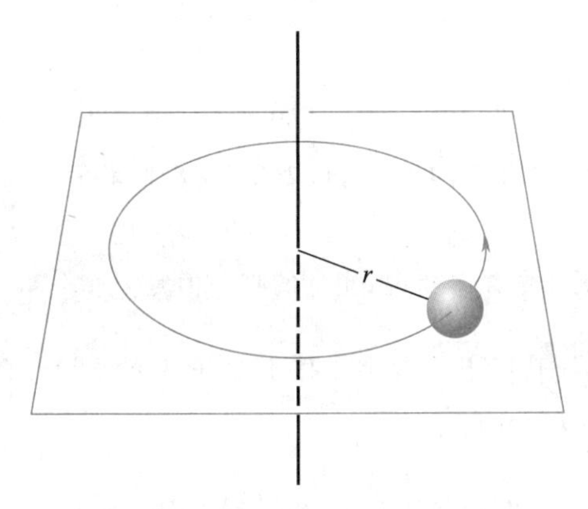

图 4.1　单个粒子围绕一固定点的旋转。

动能可以用动量来表示。对于线性系统,有

$$K=\frac{mv^2}{2}=\frac{(mv)^2}{2m}=\frac{p^2}{2m} \tag{4.5}$$

对于旋转系统,有

$$K=\frac{I\omega^2}{2}=\frac{(I\omega)^2}{2I}=\frac{L^2}{2I} \tag{4.6}$$

表 4.2 列出了线性系统和旋转系统之间的对应关系。

表 4.2　线性系统与旋转系统之间的对应关系。

直线运动	角运动
质量(m)	转动惯量(I)
速度(v)	角速度(ω)
动量($\boldsymbol{p}=m\boldsymbol{v}$)	角动量($\boldsymbol{L}=I\boldsymbol{\omega}$)
动能$\left(K=\frac{mv^2}{2}=\frac{p^2}{2m}\right)$	转动动能$\left(K=\frac{I\omega^2}{2}=\frac{L^2}{2I}\right)$

在数学章节 C 中学习到,粒子的角动量实际上是一个矢量,定义为 $\boldsymbol{L}=\boldsymbol{r}\times\boldsymbol{p}$,其中 $\boldsymbol{r}$ 是粒子距离一固定点的位置,$\boldsymbol{p}=m\boldsymbol{v}$ 是其动量(图 C.8)。图 C.8 显示 $\boldsymbol{L}$ 的方向垂直于由 $\boldsymbol{r}$ 和 $\boldsymbol{p}$ 形成的平面。$\boldsymbol{L}$ 的分量[式(C.18)]为

$$\begin{aligned}L_x&=yp_z-zp_y\\L_y&=zp_x-xp_z\\L_z&=xp_y-yp_x\end{aligned} \tag{4.7}$$

需要注意的是,表 4.1 中给出的角动量算符可以从式(4.7)中得到,只需将线性矩 p_x,p_y 和 p_z 的算符形式代入。

根据假设 2,所有量子力学算符都是线性的。我们还没有讨论过线性算符的一个重要性质。考虑一个有两重简并的本征值问题,即考虑两个方程:

$$\hat{A}\phi_1=a\phi_1 \quad 和 \quad \hat{A}\phi_2=a\phi_2$$

ϕ_1 和 ϕ_2 具有相同的本征值 a。如果是这种情况,那么 ϕ_1 和 ϕ_2 的任何线性组合,如 $c_1\phi_1+c_2\phi_2$,都是 $\hat{A}$ 的一个本征函数。证明依赖于 $\hat{A}$ 的线性性质(第 3-2 节):

$$\begin{aligned}\hat{A}(c_1\phi_1+c_2\phi_2)&=c_1\hat{A}\phi_1+c_2\hat{A}\phi_2\\&=c_1a\phi_1+c_2a\phi_2=a(c_1\phi_1+c_2\phi_2)\end{aligned}$$

» 例题 4-3　考虑本征值问题:

$$\frac{\mathrm{d}^2\Phi(\phi)}{\mathrm{d}\phi^2}=-m^2\Phi(\phi)$$

式中 m 是一实数(不是虚数,也不是复数)。$\hat{A}=\mathrm{d}^2/\mathrm{d}\phi^2$ 的两个本征函数是

$$\Phi_m(\phi)=\mathrm{e}^{im\phi} \quad 和 \quad \Phi_{-m}(\phi)=\mathrm{e}^{-im\phi}$$

很容易证明,这些本征函数都有本征值 $-m^2$。证明

$\Phi_m(\phi)$ 和 $\Phi_{-m}(\phi)$ 的任何线性组合也是 $\hat{A}=\mathrm{d}^2/\mathrm{d}\phi^2$ 的一个本征函数。

» 解

$$\frac{\mathrm{d}^2}{\mathrm{d}\phi^2}(c_1\mathrm{e}^{\mathrm{i}m\phi}+c_2\mathrm{e}^{-\mathrm{i}m\phi})=c_1\frac{\mathrm{d}^2\mathrm{e}^{\mathrm{i}m\phi}}{\mathrm{d}\phi^2}+c_2\frac{\mathrm{d}^2\mathrm{e}^{-\mathrm{i}m\phi}}{\mathrm{d}\phi^2}$$
$$=-c_1m^2\mathrm{e}^{\mathrm{i}m\phi}-c_2m^2\mathrm{e}^{-\mathrm{i}m\phi}$$
$$=-m^2(c_1\mathrm{e}^{\mathrm{i}m\phi}+c_2\mathrm{e}^{-\mathrm{i}m\phi})$$

例题 4-3 表明,这一结果直接归因于量子力学算符的线性特性。虽然只考虑了两重简并,但这一结果很容易推广。我们将在第 6 章讨论氢原子时使用线性算符的这一性质。

4-3 可观测量必须是量子力学算符的本征值

下面提出第三个假设:

假设 3

在对与算符 A 相关的可观测值进行测量时,观测到的值只能是满足本征值方程 $\hat{A}\psi_n=a_n\psi_n$ 的本征值 a_n。

$$\hat{A}\psi_n=a_n\psi_n \tag{4.8}$$

因此,在任何旨在测量与 $\hat{A}$ 相关的可观测量的实验中,只能得到对应于状态 $\psi_1,\psi_2,\cdots$ 的值 $a_1,a_2,\cdots$,再也观察不到其他值了。

举个具体的例子,即能量的测量。与能量相对应的算符是哈密顿算符,其本征值方程为

$$\hat{H}\psi_n=E_n\psi_n \tag{4.9}$$

这就是 Schrödinger 方程。该方程的解给出了 ψ_n 和 E_n。对于粒子在盒子中的情况,$E_n=n^2h^2/(8ma^2)$[式(3.21)]。假设 3 指出,如果测量盒子中粒子的能量,将发现这些能量中的一个,而不会发现其他能量。

根据假设 1,波函数具有概率解释,因此可以用它们来计算物理量的平均值。回顾第 3-7 节,曾论证过粒子在盒子中的平均位置可由下式给出:

$$\langle x\rangle=\int_0^a\psi_n^*(x)x\psi_n(x)\mathrm{d}x$$
$$=\frac{2}{a}\int_0^a x\sin^2\frac{n_x\pi x}{a}\mathrm{d}x=\frac{a}{2}\quad(\text{对所有的 } n) \tag{4.10}$$

这就引出了第四个假设。

假设 4

如果一个系统处于归一化波函数 ψ 所描述的一个状态,那么对应于 $\hat{A}$ 的可观测量的平均值为

$$\langle a\rangle=\int_{\text{全空间}}\psi^*\hat{A}\psi\mathrm{d}x \tag{4.11}$$

» 例题 4-4 在第 5 章中将了解到,双原子分子在其最低量子态的振动特性的一个很好的近似波函数是

$$\psi_0(x)=\left(\frac{\alpha}{\pi}\right)^{1/4}\mathrm{e}^{-\alpha x^2/2}\quad -\infty<x<+\infty$$

式中 x 是原子核偏离平衡位置的位移,而 α 是分子的本征参数。计算与此波函数相关的动量平均值。

» 解 根据假设 4,有

$$\langle p\rangle=\int_{-\infty}^{+\infty}\psi_0^*(x)P_x\psi_0(x)\mathrm{d}x=\int_{-\infty}^{+\infty}\psi_0^*(x)\left(-\mathrm{i}\hbar\frac{\mathrm{d}}{\mathrm{d}x}\right)\psi_0(x)\mathrm{d}x$$
$$=-\mathrm{i}\hbar\left(\frac{\alpha}{\pi}\right)^{1/2}\int_{-\infty}^{+\infty}\mathrm{e}^{-\alpha x^2/2}\frac{\mathrm{d}}{\mathrm{d}x}\mathrm{e}^{-\alpha x^2/2}\mathrm{d}x$$
$$=\mathrm{i}\hbar\left(\frac{\alpha}{\pi}\right)^{1/2}\alpha\int_{-\infty}^{+\infty}x\mathrm{e}^{-\alpha x^2}\mathrm{d}x$$

这里的积分项是一个奇函数,且上、下限是对称的,因此有[式(B.19)]

$$\langle p\rangle=0$$

现在,假设在假设 4 中的 $\psi(x)$ 恰好是 $\hat{A}$ 的一个本征函数,即假设 $\psi(x)=\psi_n(x)$,其中

$$\hat{A}\psi_n(x)=a_n\psi_n(x)$$

那么

$$\langle a\rangle=\int_{-\infty}^{+\infty}\psi_n^*(x)\ \hat{A}\ \psi_n(x)\mathrm{d}x=\int_{-\infty}^{+\infty}\psi_n^*(x)a_n\psi_n(x)\mathrm{d}x$$
$$=a_n\int_{-\infty}^{+\infty}\psi_n^*(x)\psi_n(x)=a_n \tag{4.12}$$

此外,如果 $\hat{A}\psi_n(x)=a_n\psi_n(x)$,则

$$\hat{A}^2\psi_n(x)=\hat{A}[\hat{A}\psi_n(x)]=\hat{A}[a_n\psi_n(x)]$$
$$=a_n[\hat{A}\psi_n(x)]=a_n^2\psi_n(x)$$

于是

$$\langle a^2\rangle=\int_{-\infty}^{+\infty}\psi_n^*(x)\hat{A}^2\psi_n(x)\mathrm{d}x=a_n^2 \tag{4.13}$$

从式(4.12)和式(4.13)可以看出,测量值的方差为

$$\sigma_a^2=\langle a^2\rangle-\langle a\rangle^2=a_n^2-a_n^2=0 \tag{4.14}$$

因此,正如假设 3 所说,测量的唯一值是 a_n。

» 例题 4-5 证明:对于盒子中的粒子,有 $\sigma_E^2=\langle E^2\rangle-\langle E\rangle^2=0$。已知:

$$\psi_n(x)=\left(\frac{2}{a}\right)^{1/2}\sin\frac{n\pi x}{a}\quad 0\leqslant x\leqslant a$$

换句话说,证明只有能量本征值,即 $E_n=n^2h^2/8ma^2$[式

(3.21)],才是可被观测到的能量值。

» 解 与可观测量 E 相对应的算符是哈密顿算符。对于盒子中的粒子,哈密顿算符为[式(3.14),其中有 $V(x)=0$]

$$\hat{H}=-\frac{\hbar^2}{2m}\frac{\mathrm{d}^2}{\mathrm{d}x^2}$$

平均能量为

$$\begin{aligned}\langle E\rangle&=\int_0^a\psi_n^*(x)\hat{H}\psi_n(x)\mathrm{d}x\\&=\frac{2}{a}\int_0^a\sin\frac{n\pi x}{a}\left(-\frac{\hbar^2}{2m}\frac{\mathrm{d}^2}{\mathrm{d}x^2}\right)\sin\frac{n\pi x}{a}\mathrm{d}x\\&=\frac{\hbar^2}{2m}\frac{2}{a}\left(\frac{n\pi}{a}\right)^2\int_0^a\sin^2\frac{n\pi x}{a}\mathrm{d}x=\frac{n^2h^2}{8ma^2}\end{aligned}$$

类似地,有

$$\begin{aligned}\langle E^2\rangle&=\int_0^a\psi_n^*(x)\hat{H}^2\psi_n(x)\mathrm{d}x=\int_0^a\psi_n^*\hat{H}[\hat{H}\psi_n(x)]\\&=\frac{2}{a}\int_0^a\sin\frac{n\pi x}{a}\left(-\frac{\hbar^2}{2m}\frac{\mathrm{d}^2}{\mathrm{d}x^2}\right)\sin\frac{n\pi x}{a}\mathrm{d}x\\&=\frac{\hbar^4}{4m^2}\frac{2}{a}\int_0^a\sin\frac{n\pi x}{a}\left(\frac{\mathrm{d}^4}{\mathrm{d}x^4}\right)\sin\frac{n\pi x}{a}\mathrm{d}x\\&=\frac{\hbar^4}{4m^2}\frac{2}{a}\left(\frac{n\pi}{a}\right)^4\int_0^a\sin^2\frac{n\pi x}{a}\mathrm{d}x\\&=\frac{n^4h^4}{64m^2a^4}=\left(\frac{n^2h^2}{8ma^2}\right)^2=\langle E\rangle^2\end{aligned}$$

因此,$\sigma_E^2=\langle E^2\rangle-\langle E\rangle^2=0$,于是可以发现,箱中粒子的能量只能被观测到具有 $E_1,E_2,\cdots$ 的值。

4-4 波函数的时间依赖性受含时薛定谔方程控制

至此,我们已经默认地使用了第 3 章中所有给定假设。因此,迄今为止的讨论是相当熟悉的。下面必须讨论波函数的时间相关性。波函数的时间依赖性由含时薛定谔方程决定。我们无法推导与时间相关的薛定谔方程,就像无法推导牛顿方程一样。因此,下面将简单地假设它的形式,然后证明它和与时间无关的薛定谔方程 $\hat{H}\psi_n=E_n\psi_n$ 是一致的。

假设 5

系统的波函数或状态函数依据下式中的含时薛定谔方程而随时间变化:

$$\hat{H}\Psi(x,t)=\mathrm{i}\hbar\frac{\partial\Psi(x,t)}{\partial t}\tag{4.15}$$

假设 5 是第 3 章中唯一没有使用过的假设,因此也是一个新假设。对于大多数系统来说,$\hat{H}$ 并不明确包含时间,在这种情况下,可以对方程(4.15)应用分离变量法,并写出

$$\Psi(x,t)=\psi(x)f(t)$$

如果将此表达式代入式(4.15),且两边除以 $\psi(x)f(t)$,则可得

$$\frac{1}{\psi(x)}\hat{H}\psi(x)=\frac{\mathrm{i}\hbar}{f(t)}\frac{\mathrm{d}f(t)}{\mathrm{d}t}\tag{4.16}$$

如果 $\hat{H}$ 不明确包含时间,那么方程(4.16)的左边仅是 x 的函数,而右边则仅是 t 的函数。因此,两边都必须等于一个常数。如果用 E 表示分离常数,则方程(4.16)给出

$$\hat{H}\psi(x)=E\psi(x)\tag{4.17}$$

和

$$\frac{\mathrm{d}f(t)}{\mathrm{d}t}=-\frac{\mathrm{i}}{\hbar}Ef(t)\tag{4.18}$$

这两个方程中的第一个就是我们所说的薛定谔方程。鉴于方程(4.15),方程(4.17)通常被称为**定态薛定谔方程**(time-independent Schrödinger equation)。

对方程(4.18)进行积分,可得

$$f(t)=\mathrm{e}^{-\mathrm{i}Et/\hbar}$$

因此,$\Psi(x,t)$ 为

$$\Psi(x,t)=\psi(x)\mathrm{e}^{-\mathrm{i}Et/\hbar}\tag{4.19}$$

如果使用关系式 $E=h\nu=\hbar\omega$,则可将式(4.19)写成

$$\Psi(x,t)=\psi(x)\mathrm{e}^{-\mathrm{i}\omega t}\tag{4.20}$$

在化学家感兴趣的大部分情况下,方程(4.17)都有一组解。因此,将式(4.19)写为

$$\Psi_n(x,t)=\psi_n(x)\mathrm{e}^{-\mathrm{i}E_nt/\hbar}\tag{4.21}$$

如果系统恰好处于式(4.21)所给出的本征状态之一,则

$$\begin{aligned}\Psi_n^*(x,t)\Psi(x,t)\mathrm{d}x&=\psi_n^*(x)\mathrm{e}^{\mathrm{i}E_nt/\hbar}\psi_n(x)\mathrm{e}^{-\mathrm{i}E_nt/\hbar}\mathrm{d}x\\&=\psi_n^*(x)\psi_n(x)\mathrm{d}x\end{aligned}\tag{4.22}$$

因此,根据式(4.21)计算出的概率密度和平均值与时间无关,$\psi_n(x)$ 称为**稳态**(stationary-state)波函数。稳态在化学中至关重要。例如,在后面的章节中,我们将推导出原子或分子的一组稳定能态,并用从一个稳定态到另一个稳定态的跃迁来表示系统的光谱性质。氢原子的玻尔模型就是这一思想的一个简单说明。下面的例子说明了旋转双原子分子模型的稳态。

» 例题 4-6 在第 5 章中将了解到,旋转的双原子分子可以用刚性转子(本质上是哑铃)来近似表示,而刚性转子的薛定谔方程给出了一组稳态能级,其能量为

$$E_J=\frac{\hbar^2}{2I}J(J+1)\quad J=0,1,2,\cdots$$

式中 I 是分子的转动惯量。假设跃迁只能发生在相邻能级之间,试证明双原子分子的转动吸收光谱由一系列等距线组成。

» 解 从能级 J 到能级 $J+1$(相邻能级)的跃迁对应于发生吸收。能量差为

$$\Delta E = E_{J+1} - E_J = \frac{\hbar^2}{2I}[(J+1)(J+2) - J(J+1)]$$

$$= \frac{\hbar^2}{I}(J+1) \quad J = 0,1,2,\cdots$$

利用关系式 $\Delta E = h\nu$,可以看到吸收发生在以下频率处:

$$\nu = \frac{\hbar}{2\pi I}(J+1) \quad J = 0,1,2,\cdots$$

对应于一系列间距为 $\hbar/2\pi I$ 的线,从中可以得到分子的转动惯量和键长(例题 5-7)。

4-5 量子力学算符的本征函数是正交的

表 4.1 列出了一些常见的量子力学算符。之前介绍过,这些算符必须具有某些特性。我们注意到它们都是线性的;事实上,线性是我们提出的一个要求。如果考虑假设 3,就会发现一个更微妙的要求,即在测量与量子力学算符相关的可观测量时,唯一能观测到的值就是它的本征值。然而,已经看到,波函数和量子力学算符可以是复量(例如,见表 4.1 中 $\hat{P}_x$ 的表达式),但如果要与实验测量的结果相对应,则本征值肯定必须是实量。在一方程中,有

$$\hat{A}\psi_n = a_n\psi_n \tag{4.23}$$

式中 $\hat{A}$ 和 ψ_n 可以是复数,但 a_n 必须是实数。因此,我们将坚持认为量子力学算符只有实本征值。显然,这一要求对量子力学算符的性质有一定的限制。在此不详述这个限制(见习题 4-28 和习题 4-29),但量子力学算符的本征值必须是实数这一事实的一个重要直接结果是,它们的本征函数满足以下条件:

$$\int_{-\infty}^{+\infty} \psi_m^*(x)\psi_n(x)\,dx = 0 \quad m \neq n \tag{4.24}$$

下面分析这个条件如何适用于盒子中粒子的波函数。这个系统的波函数为[式(3.27)]

$$\psi_n(x) = \left(\frac{2}{a}\right)^{1/2} \sin\frac{n\pi x}{a} \quad n = 1,2,\cdots \tag{4.25}$$

如果使用三角恒等式(习题 3-16):

$$\sin\alpha\sin\beta = \frac{1}{2}\cos(\alpha-\beta) - \frac{1}{2}\cos(\alpha+\beta)$$

则容易证明这些函数满足式(4.24)。那么

$$\frac{2}{a}\int_0^a \sin\frac{n\pi x}{a}\sin\frac{m\pi x}{a}dx = \frac{1}{a}\int_0^a \cos\frac{(n-m)\pi x}{a}dx - \frac{1}{a}\int_0^a \cos\frac{(n+m)\pi x}{a}dx \tag{4.26}$$

因为 n 和 m 都是整数,所以式(4.26)右边的两个被积函数都具有 $\cos(N\pi x/a)$ 的形式,其中 N 是非零整数(如果 $m \neq n$)。因此,这两个积分都经过余弦的完整半周期,并且等于零(如果 $m \neq n$)(见图 4.2)。因此,可以看到

$$\frac{2}{a}\int_0^a \sin\frac{n\pi x}{a}\sin\frac{m\pi x}{a}dx = 0 \quad m \neq n \tag{4.27}$$

并且盒中粒子的波函数满足式(4.24)。

满足式(4.24)的一组波函数是**正交的**(orthogonal),或者说这些波函数是相互正交的。盒子中粒子的波函数是相互正交的。

当 $n = m$ 时,式(4.26)右侧第一个积分的被积函数为一,因为 $\cos(0) = 1$。而式(4.26)右侧的第二个积分不存在。因此,可得

$$\frac{2}{a}\int_0^a \sin^2\frac{n\pi x}{a}dx = 1 \tag{4.28}$$

或者说盒中粒子的波函数是归一化的。既归一化又相互正交的函数集称为**正交归一**(orthonormal)集。正交归一化的条件可写成

$$\int_{-\infty}^{+\infty} \psi_i^*\psi_j\,dx = \delta_{ij} \tag{4.29}$$

式中

$$\delta_{ij} = \begin{cases} 1 & i = j \\ 0 & i \neq j \end{cases} \tag{4.30}$$

δ_{ij} 称为**克罗内克 δ 符号**(Kroenecker delta)(参见习题 3-17)。

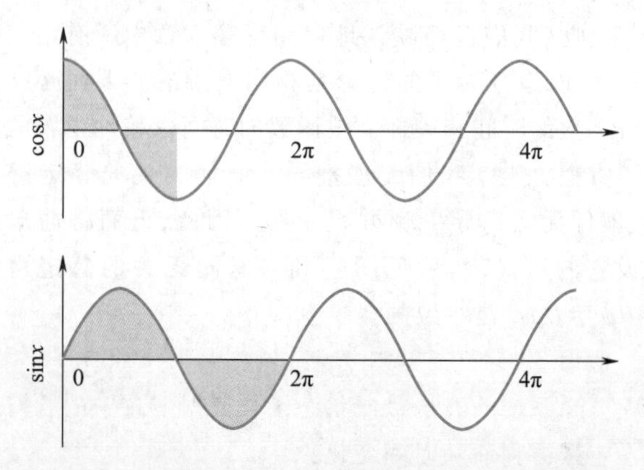

图 4.2 如果积分的范围延伸到 $\cos x$ 的完整半周期和 $\sin x$ 的完整周期,则 $\cos x$ 和 $\sin x$ 的积分将消失。

» 例题 4-7 根据习题 3-28,被约束在半径为 a 的圆环上运动的一个粒子的本征函数为

$$\psi_m(\theta)=(2\pi)^{-1/2}e^{im\theta} \quad m=0,\pm1,\pm2,\cdots$$

式中 θ 描述了粒子围绕环的角位置。显然,$0\leqslant\theta\leqslant2\pi$。证明这些本征函数构成一个正交归一集。

» 解 要证明一组函数构成正交归一集,必须证明它们满足方程(4.29)。要确定它们是否满足,有

$$\begin{aligned}\int_0^{2\pi}\psi_m^*(\theta)\psi_n(\theta)\,d\theta&=\frac{1}{2\pi}\int_0^{2\pi}e^{-im\theta}e^{im\theta}d\theta\\&=\frac{1}{2\pi}\int_0^{2\pi}e^{i}(n-m)\theta d\theta\\&=\frac{1}{2\pi}\int_0^{2\pi}\cos(n-m)\theta d\theta+\\&\quad\frac{i}{2\pi}\int_0^{2\pi}\sin(n-m)\theta d\theta\end{aligned}$$

对于 $n\neq m$,最后两个积分消失,因为它们积分的范围是余弦和正弦的完整周期。对于 $n=m$,最后一个表达式中的第一个积分为 2π,因为 $\cos(0)=1$;而第二个积分消失的原因是 $\sin(0)=0$。因此

$$\int_0^{2\pi}\psi_m^*(\theta)\psi_n(\theta)\,d\theta=\delta_{mn}$$

已经证明 $\psi_m(\theta)$ 构成一个正交归一集。

在结束本节之前,简要讨论量子力学算符的特性,即保证其本征值为实数。在方程中,这样的算符 $\hat{A}$ 必须满足:

$$\int_{\text{全空间}}f^*(x)\,\hat{A}g(x)\,dx=\int_{\text{全空间}}g(x)\,[\hat{A}f]^*(x)\,dx \quad (4.31)$$

式中 $f(x)$ 和 $g(x)$ 是任意两个状态函数。注意在式(4.31)的左边 $\hat{A}$ 作用于 $g(x)$,而在右边 $\hat{A}^*$ 作用于 $f^*(x)$。要了解该方程的作用,设 $\hat{A}$ 为动量算符 $\hat{P}_x=-i\hbar d/dx$,并设

$$f(x)=\frac{1}{\pi^{1/4}}e^{-x^2/2} \quad -\infty\leqslant x\leqslant+\infty$$

和

$$g(x)=\frac{2^{1/2}}{\pi^{1/4}}xe^{-x^2/2} \quad -\infty\leqslant x\leqslant+\infty$$

[$f(x)$ 和 $g(x)$ 中的常数只是归一化常数。函数 $f(x)$ 和 $g(x)$ 是下一章将要详细讨论的一维谐振子问题的解。]因此

$$\begin{aligned}\hat{A}g(x)&=-i\hbar\frac{d}{dx}\frac{2^{1/2}}{\pi^{1/4}}xe^{-x^2/2}\\&=-i\hbar\frac{2^{1/2}}{\pi^{1/4}}(e^{-x^2/2}-x^2e^{-x^2/2})\end{aligned}$$

和

$$\begin{aligned}\int_{\text{全空间}}f^*(x)\hat{A}g(x)\,dx&=-i\hbar\left(\frac{2}{\pi}\right)^{1/2}\int_{-\infty}^{+\infty}(e^{-x^2}-x^2e^{-x^2})\,dx\\&=-i\hbar\left(\frac{2}{\pi}\right)^{1/2}\left(\pi^{1/2}-\frac{\pi^{1/2}}{2}\right)=-\frac{i\hbar}{2^{1/2}}\end{aligned}$$

类似地

$$\hat{A}^*f(x)=+i\hbar\frac{d}{dx}\frac{1}{\pi^{1/4}}e^{-x^2/2}=-\frac{i\hbar}{\pi^{1/4}}xe^{-x^2/2}$$

和

$$\begin{aligned}\int_{\text{全空间}}g(x)\hat{A}^*f^*(x)\,dx&=-i\hbar\left(\frac{2}{\pi}\right)^{1/2}\int_{-\infty}^{+\infty}x^2e^{-x^2}dx\\&=-i\hbar\left(\frac{2}{\pi}\right)^{1/2}\cdot\frac{\pi^{1/2}}{2}=-\frac{i\hbar}{2^{1/2}}\end{aligned}$$

因此,可以看到 $\hat{P}_x$ 满足式(4.31)。满足式(4.31)的算符称为**厄米算符**(Hermitian operator)。因此,假设 2 应修改为

假设 2′

经典力学中的每一个可观测量都对应着量子力学中的一个线性厄米算符。

通过习题 4-28 和习题 4-29 可完成厄米算符的本征值为实数及其本征函数为正交归一化的证明。

4-6 对易算符对应的物理量可以同时被测量到任意精度

当两个算符依次作用于一个函数 $f(x)$ 时,如 $\hat{A}\hat{B}f(x)$,从右向左依次应用每个算符(如例题 3-5 中所示):

$$\hat{A}\hat{B}f(x)=\hat{A}[\hat{B}f(x)]$$

算符与普通代数量的一个重要区别是,算符不一定**对易**(commute)。如果对一任意函数 $f(x)$ 有

$$\hat{A}\hat{B}f(x)=\hat{B}\hat{A}f(x) \quad (\text{对易的}) \quad (4.32)$$

那么可以说 $\hat{A}$ 和 $\hat{B}$ 是对易的。如果对一任意函数 $f(x)$ 有

$$\hat{A}\hat{B}f(x)\neq\hat{B}\hat{A}f(x) \quad (\text{非对易的}) \quad (4.33)$$

则 $\hat{A}$ 和 $\hat{B}$ 不对易。例如,设 $\hat{A}$ 为一维系统的动能算符 $\hat{K}_x$,$\hat{B}$ 为动量算符 $\hat{P}_x$(表 4.1),则有

$$\begin{aligned}\hat{K}_x\hat{P}_x\psi(x)&=\left(-\frac{\hbar^2}{2m}\frac{d^2}{dx^2}\right)\left(-i\hbar\frac{d}{dx}\right)\psi(x)\\&=\frac{i\hbar^3}{2m}\frac{d^2}{dx^2}\left(\frac{d\psi}{dx}\right)=\frac{i\hbar^3}{2m}\frac{d^3\psi}{dx^3}\end{aligned}$$

和

$$\hat{P}_x\hat{K}_x\psi(x)=\left(-i\hbar\frac{d}{dx}\right)\left(-\frac{\hbar^2}{2m}\frac{d^2}{dx^2}\right)\psi(x)$$

$$= \frac{i\hbar^3}{2m}\frac{d}{dx}\left(\frac{d^2\psi}{dx^2}\right) = \frac{i\hbar^3}{2m}\frac{d^3\psi}{dx^3}$$

因此

$$\hat{K}_x\hat{P}_x\psi(x) = \hat{P}_x\hat{K}_x\psi(x) \tag{4.34}$$

可以看到，动能算符和动量算符是对易的。可以把式(4.34)写成如下形式：

$$\hat{K}_x\hat{P}_x\psi(x) - \hat{P}_x\hat{K}_x\psi(x) = 0$$

或

$$(\hat{K}_x\hat{P}_x - \hat{P}_x\hat{K}_x)\psi(x) = \hat{O}\psi(x) \tag{4.35}$$

式中 $\hat{O}$ 是“乘零”运算符。由于得出式(4.35)时没有使用 $\psi(x)$ 的任何特殊性质，故可以把它写成一个算符方程，只需在方程两边约去 $\psi(x)$，得

$$\hat{K}_x\hat{P}_x - \hat{P}_x\hat{K}_x = \hat{O} \tag{4.36}$$

式(4.36)的左侧称为 $\hat{K}_x$ 和 $\hat{P}_x$ 的**对易子**(commutator)，记作

$$[\hat{K}_x, \hat{P}_x] = \hat{K}_x\hat{P}_x - \hat{P}_x\hat{K}_x \tag{4.37}$$

可以把式(4.36)写成

$$[\hat{K}_x, \hat{P}_x] = \hat{O} \tag{4.38}$$

对易算符的对易子是零算符。

现在，设 $\hat{A}$ 为动量算符 $\hat{P}_x$，$\hat{B}$ 为位置算符 $\hat{X} = x$(乘以 x)。在该情况下，有

$$\hat{P}_x\hat{X}\psi(x) = \left(-i\hbar\frac{d}{dx}\right)x\psi(x) = -i\hbar\psi(x) - i\hbar x\frac{d\psi}{dx}$$

和

$$\hat{X}\hat{P}_x\psi(x) = x\left(-i\hbar\frac{d}{dx}\right)\psi(x) = -i\hbar x\frac{d\psi}{dx}$$

请注意

$$\hat{P}_x\hat{X}\psi(x) \neq \hat{X}\hat{P}_x\psi(x) \tag{4.39}$$

因此 $\hat{P}_x$ 和 $\hat{X}$ 不对易。在这种特殊情况下，有

$$(\hat{P}_x\hat{X} - \hat{X}\hat{P}_x)\psi(x) = -i\hbar\psi(x)$$

或

$$(\hat{P}_x\hat{X} - \hat{X}\hat{P}_x)\psi(x) = -i\hbar\hat{I}\psi(x) \tag{4.40}$$

式中已引入恒等运算符 $\hat{I}$，即“乘一”算符。由于没有使用任何特殊性质来得出式(4.40)，故可以将式(4.40)写成一个算符方程。只需在方程两边约去 $\psi(x)$ 就可以把式(4.40)写成一个算符方程：

$$\hat{P}_x\hat{X} - \hat{X}\hat{P}_x = -i\hbar\hat{I} \tag{4.41}$$

左边是 $\hat{P}_x$ 和 $\hat{X}$ 的对易子，因此可以将方程(4.41)写成

$$[\hat{P}_x, \hat{X}] = -i\hbar\hat{I} \tag{4.42}$$

从不确定性原理可知，粒子的动量和位置是无法同时测量到任一所需精确度的。不确定性原理与两个算符的对易子之间有直接的关系，在此不加证明地给出。考虑两个算符 $\hat{A}$ 和 $\hat{B}$，对应于这两个算符的标准偏差 σ_a 和 σ_b 是对这些物理量观测值不确定性的定量统计度量。这些标准偏差可由下式给出(数学章节B)：

$$\sigma_a^2 = \langle A^2\rangle - \langle A\rangle^2 = \int\psi^*(x)\hat{A}^2\psi(x)dx - \left[\int\psi^*(x)\hat{A}\psi(x)dx\right]^2 \tag{4.43}$$

σ_b^2 具有类似的方程。不确定性原理的一个严格表达式指出 σ_a 和 σ_b(a 和 b 测量中的不确定性)之间通过下式关联：

$$\sigma_a\sigma_b \geqslant \frac{1}{2}\left|\int\psi^*(x)[\hat{A}, \hat{B}]\psi(x)dx\right| \tag{4.44}$$

式中 $[\hat{A}, \hat{B}] = \hat{A}\hat{B} - \hat{B}\hat{A}$，是 $\hat{A}$ 和 $\hat{B}$ 的对易子，$|\quad|$ 表示积分的绝对值。

一方面，如果 $\hat{A}$ 和 $\hat{B}$ 对易，则式(4.44)的右边为零，所以 σ_a，σ_b 或两者可以同时等于零。对 a 和 b 的测量不确定性没有限制。另一方面，如果 $\hat{A}$ 和 $\hat{B}$ 不对易，则式(4.44)的右边将不等于零。因此 σ_a 和 σ_b 之间具有倒数关系；只有当其中一个接近无穷大时，另一个才能接近零。因此，a 和 b 不能同时测量到任意精度。

举例来说，同时测量一个粒子的动量和位置，则在式(4.44)中 $\hat{A} = \hat{P}_x$ 和 $\hat{B} = \hat{X}$。由式(4.42)可知，$[\hat{P}_x, \hat{X}] = -i\hbar\hat{I}$。因此，式(4.44)给出：

$$\sigma_p\sigma_x \geqslant \frac{1}{2}\left|\int\psi^*(x)(-i\hbar\hat{I})\psi(x)dx\right| \geqslant \frac{1}{2}|-i\hbar| \geqslant \frac{\hbar}{2} \tag{4.45}$$

式(4.45)是动量和位置不确定性原理的常用表达式。如果 σ_p 较小，则 σ_x 必然很大；而如果 σ_x 较小，则 σ_p 必然很大。因此，动量和位置不可能同时测量到任意精度。

由此可见，对易算符与不确定性原理之间有着密切的联系。如果两个算符 $\hat{A}$ 和 $\hat{B}$ 对易，那么 a 和 b 可以同时测量到任何精度；如果两个算符 $\hat{A}$ 和 $\hat{B}$ 不对易，则 a 和 b 无法同时测量到任意精度。

4-1 下列哪些候选波函数在指定区间内是可归一化的？

a. $e^{-x^2/2}$ $(-\infty,+\infty)$ b. e^{x} $(0,+\infty)$

c. $e^{i\theta}$ $(0,2\pi)$ d. $\sinh x$ $(0,+\infty)$

e. xe^{-x} $(0,+\infty)$

将可以归一化的波函数归一化。剩余的是合适的波函数吗？

4-2 下列哪些波函数是在指定的二维区间内归一化的？

a. $e^{-(x^2+y^2)/2}$ $\begin{matrix}0\leqslant x<+\infty\\0\leqslant y<+\infty\end{matrix}$ b. $e^{-(x+y)/2}$ $\begin{matrix}0\leqslant x<+\infty\\0\leqslant y<+\infty\end{matrix}$

c. $\left(\dfrac{4}{ab}\right)^{1/2}\sin\dfrac{\pi x}{a}\sin\dfrac{\pi y}{b}$ $\begin{matrix}0\leqslant x\leqslant a\\0\leqslant y\leqslant b\end{matrix}$

将未归一化的函数归一化。

4-3 为什么 $\psi^*\psi$ 必须总是实数、非负、有限和定值？

4-4 在本题中，将证明薛定谔方程的形式要求波函数的一阶导数是连续的。薛定谔方程为

$$\frac{d^2\psi}{dx^2}+\frac{2m}{\hbar^2}[E-V(x)]\psi(x)=0$$

如果将两边从 $a-\epsilon$ 至 $a+\epsilon$ 积分，其中 a 是 x 的任一值且 ϵ 为无限小，则有

$$\left.\frac{d\psi}{dx}\right|_{x=a+\epsilon}-\left.\frac{d\psi}{dx}\right|_{x=a-\epsilon}=\frac{2m}{\hbar^2}\int_{a-\epsilon}^{a+\epsilon}[V(x)-E]\psi(x)dx$$

现在，证明：如果 $V(x)$ 是连续的，则 $d\psi/dx$ 是连续的。

现在，假设 $V(x)$ 在 $x=a$ 处不连续，如下图所示：

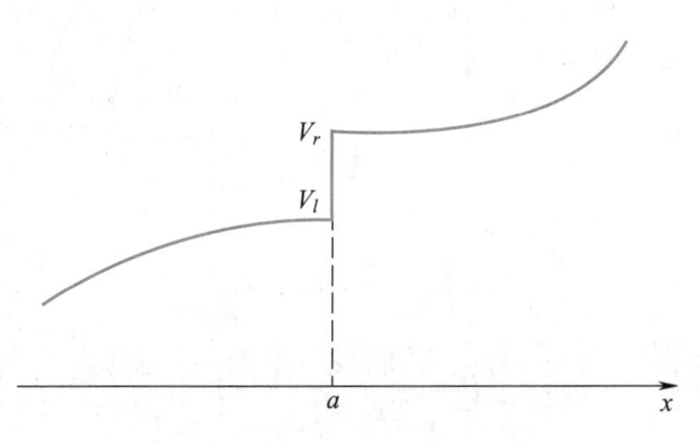

证明：

$$\left.\frac{d\psi}{dx}\right|_{x=a+\epsilon}-\left.\frac{d\psi}{dx}\right|_{x=a-\epsilon}=\frac{2m}{\hbar^2}[V_l+V_r-2E]\psi(a)\epsilon$$

这样，即使 $V(x)$ 有一有限的不连续性，$d\psi/dx$ 也是连续的。如果 $V(x)$ 有一个无限的不连续性，如盒子中的粒子问题，则情况又将如何？波函数的一阶导数在盒子的边界是否连续？

4-5 判断下列函数是否可以作为指定区间内的状态函数：

a. $\dfrac{1}{x}$ $(-\infty,+\infty)$ b. $e^{-2x}\sinh x$ $(0,+\infty)$

c. $e^{-x}\cos x$ $(0,+\infty)$ d. e^{x} $(-\infty,+\infty)$

4-6 对于箱中的一个粒子，其所处的状态由下式描述。计算 $\sigma_E^2=\langle E^2\rangle-\langle E\rangle^2$ 的值。

$$\psi(x)=\left(\frac{630}{a^9}\right)^{1/2}x^2(a-x)^2\quad 0\leqslant x\leqslant a$$

4-7 考虑一个自由粒子受约束在一矩形区域（$0\leqslant x\leqslant a,0\leqslant y\leqslant b$）内移动。该体系的能量本征函数为

$$\psi_{n_x,n_y}(x,y)=\left(\frac{4}{ab}\right)^{1/4}\sin\frac{n_x\pi x}{a}\sin\frac{n_y\pi x}{b}\quad \begin{matrix}n_x=1,2,3,\cdots\\n_y=1,2,3,\cdots\end{matrix}$$

该系统的哈密顿算符为

$$\hat{H}=-\frac{\hbar^2}{2m}\left(\frac{\partial^2}{\partial x^2}+\frac{\partial^2}{\partial y^2}\right)$$

证明：如果系统处于其中一个本征状态，那么

$$\sigma_E^2=\langle E^2\rangle-\langle E\rangle^2=0$$

4-8 二维动量算符为

$$\boldsymbol{P}=-i\hbar\left(\boldsymbol{i}\frac{\partial}{\partial x}+\boldsymbol{j}\frac{\partial}{\partial y}\right)$$

利用习题 4-7 中给出的波函数，计算出 $\langle p\rangle$ 和 $\sigma_p^2=\langle p^2\rangle-\langle p\rangle^2$ 的值。将你的结果与一维情形中的 σ_p^2 进行比较。

4-9 假设二维盒子中的一个粒子（参见习题 4-7）处于以下状态：

$$\psi(x,y)=\frac{30}{(a^5b^5)^{1/2}}x(a-x)y(b-y)$$

证明 $\psi(x,y)$ 是归一化的，然后计算与 $\psi(x,y)$ 所描述的状态相对应的 $\langle E\rangle$ 值。

4-10 证明：
$$\psi_0(x)=\pi^{-1/4}e^{-x^2/2}$$
$$\psi_1(x)=(4/\pi)^{1/4}xe^{-x^2/2}$$
$$\psi_2(x)=(4\pi)^{-1/4}(2x^2-1)e^{-x^2/2}$$

在 $-\infty<x<+\infty$ 区间内是正交归一的。

4-11 证明：多项式

$$P_0(x)=1,\quad P_1(x)=x\quad 和\quad P_2(x)=\frac{1}{2}(3x^2-1)$$

满足正交关系式：

$$\int_{-1}^{1} P_l(x) P_n(x) \mathrm{d}x = \frac{2\delta_{ln}}{2l+1}$$

式中 δ_{ln} 是克罗内克符号[式(4.30)]。

4-12 证明：函数集合 $(2/a)^{1/2}\cos(n\pi x/a)$ $(n=0, 1, 2, \cdots)$ 在 $0 \leqslant x \leqslant a$ 区间内是正交归一的。

4-13 证明：如果 δ_{mn} 是克罗内克符号，即

$$\delta_{ij} = \begin{cases} 1 & n=m \\ 0 & n \neq m \end{cases}$$

则

$$\sum_{n=1}^{\infty} c_n \delta_{nm} = c_m$$

和

$$\sum_n \sum_m a_n b_m \delta_{nm} = \sum_n a_n b_n$$

稍后将使用这些结果。

4-14 判断下列算符对是否对易。

	$\hat{A}$	$\hat{B}$
(a)	$\frac{\mathrm{d}}{\mathrm{d}x}$	$\frac{\mathrm{d}^2}{\mathrm{d}x^2}+2\frac{\mathrm{d}}{\mathrm{d}x}$
(b)	x	$\frac{\mathrm{d}}{\mathrm{d}x}$
(c)	SQR	SQRT
(d)	$x\frac{\mathrm{d}}{\mathrm{d}x}$	$\frac{\mathrm{d}^2}{\mathrm{d}x^2}$

4-15 在普通代数中，$(P+Q)(P-Q)=P^2-Q^2$。试展开 $(\hat{P}+\hat{Q})(\hat{P}-\hat{Q})$。在什么条件下，会得到与普通代数相同的结果？

4-16 求对易子 $[\hat{A}, \hat{B}]$，其中 $\hat{A}$ 和 $\hat{B}$ 如下所示。

	$\hat{A}$	$\hat{B}$
(a)	$\frac{\mathrm{d}^2}{\mathrm{d}x^2}$	x
(b)	$\frac{\mathrm{d}}{\mathrm{d}x}-x$	$\frac{\mathrm{d}}{\mathrm{d}x}+x$
(c)	$\int_0^x \mathrm{d}x$	$\frac{\mathrm{d}}{\mathrm{d}x}$
(d)	$\frac{\mathrm{d}^2}{\mathrm{d}x^2}-x$	$\frac{\mathrm{d}}{\mathrm{d}x}+x$

4-17 参考表4.1中角动量的算符表达式，证明：

$$[\hat{L}_x, \hat{L}_y] = \mathrm{i}\hbar \hat{L}_z$$

$$[\hat{L}_y, \hat{L}_z] = \mathrm{i}\hbar \hat{L}_x$$

$$[\hat{L}_z, \hat{L}_x] = \mathrm{i}\hbar \hat{L}_y$$

(这里你是否发现有一规律可帮助记忆这些对易表达式?)这些表达式对同时测量角动量分量的能力有何启示？

4-18 定义：

$$\hat{L}^2 = \hat{L}_x^2 + \hat{L}_y^2 + \hat{L}_z^2$$

证明 $\hat{L}^2$ 分别与每个分量对易。这一结果对同时测量总角动量平方及其分量的能力有何启示？

4-19 在第6章中，我们将使用算符：

$$\hat{L}_+ = \hat{L}_x + \mathrm{i}\hat{L}_y$$

和

$$\hat{L}_- = \hat{L}_x - \mathrm{i}\hat{L}_y$$

证明：

$$\hat{L}_+\hat{L}_- = \hat{L}^2 - \hat{L}_z^2 + \hbar \hat{L}_z$$

$$[\hat{L}_z, \hat{L}_+] = \hbar \hat{L}_+$$

$$[\hat{L}_z, \hat{L}_-] = -\hbar \hat{L}_-$$

4-20 考虑二维盒子中的一个粒子，确定 $[\hat{X}, \hat{P}_y]$，$[\hat{X}, \hat{P}_x]$，$[\hat{Y}, \hat{P}_y]$ 和 $[\hat{Y}, \hat{P}_x]$。

4-21 任一电子的位置和总角动量能同时测量到任意精度吗？

4-22 一个粒子的角动量和动能能否同时测量到任意精度？

4-23 根据习题4-20的结果，“不确定性关系”是什么？$\Delta x \Delta p_y$ 和 $\Delta y \Delta p_x$ 分别等于多少？

4-24 我们可以通过算符的泰勒级数(数学章节I)来定义算符的函数。例如，可通过下式来定义算符 $\exp(\hat{S})$：

$$\mathrm{e}^{\hat{S}} = \sum_{n=0}^{\infty} \frac{(\hat{S})^n}{n!}$$

在什么条件下，等式 $\mathrm{e}^{\hat{A}+\hat{B}} = \mathrm{e}^{\hat{A}}\mathrm{e}^{\hat{B}}$ 成立？

4-25 在本章中，我们了解到，如果 ψ_n 是一与时间无关的薛定谔方程的本征函数，那么

$$\Psi_n(x,t) = \psi_n(x)\mathrm{e}^{-\mathrm{i}E_n t/\hbar}$$

证明：如果 ψ_m 和 ψ_n 都是 $\hat{H}$ 的稳态，那么状态

$$\Psi(x,t) = c_m\psi_m(x)\mathrm{e}^{-\mathrm{i}E_m t/\hbar} + c_n\psi_n(x)\mathrm{e}^{-\mathrm{i}E_n t/\hbar}$$

满足含时薛定谔方程。

4-26 从 $\langle x \rangle = \int \Psi^*(x,t) x \Psi(x,t)\mathrm{d}x$ 和含时薛定谔方程出发，证明：

$$\frac{\mathrm{d}\langle x \rangle}{\mathrm{d}t} = \int \Psi^* \frac{\mathrm{i}}{\hbar}(\hat{H}x - x\hat{H})\Psi \mathrm{d}x$$

已知：

$$\hat{H} = -\frac{\hbar^2}{2m}\frac{\mathrm{d}^2}{\mathrm{d}x^2} + V(x)$$

证明：

$$\hat{H}x - x\hat{H} = -2\frac{\hbar^2}{2m}\frac{\mathrm{d}}{\mathrm{d}x} = -\frac{\hbar^2}{m}\frac{\mathrm{i}}{\hbar}\hat{P}_x = -\frac{\mathrm{i}\hbar}{m}\hat{P}_x$$

最后，将这一结果代入 $\mathrm{d}\langle x \rangle/\mathrm{d}t$ 的方程中，证明：

$$m\frac{\mathrm{d}\langle x \rangle}{\mathrm{d}t} = \langle \hat{P}_x \rangle$$

解释这一结果。

4-27 推广习题 4-26 的结果,并证明:如果 F 是任一动力学量,那么

$$\frac{\mathrm{d}\langle F\rangle}{\mathrm{d}t}=\int\Psi^*\ \frac{\mathrm{i}}{\hbar}(\hat{H}\hat{F}-\hat{F}\hat{H})\Psi\mathrm{d}x$$

用这个等式证明:

$$\frac{\mathrm{d}\langle\hat{P}_x\rangle}{\mathrm{d}t}=\left\langle-\frac{\mathrm{d}V}{\mathrm{d}x}\right\rangle$$

解释这一结果。最后一个等式称为**埃伦菲斯特定理**(Ehrenfest's theorem)。

4-28 与物理可观测量相对应的本征值必须是实数,这一事实对量子力学算符施加了一定的条件。要了解这个条件是什么,从下式出发:

$$\hat{A}\psi=a\psi \tag{1}$$

式中 $\hat{A}$ 和 ψ 可以是复数,但 a 必须是实数。将式(1)从左边乘以 ψ^*,然后积分得到

$$\int\psi^*\hat{A}\psi\mathrm{d}\tau=a\int\psi^*\psi\mathrm{d}\tau=a \tag{2}$$

现在,取式(1)的复共轭,从左边乘以 ψ,然后积分得到

$$\int\psi\hat{A}^*\psi^*\mathrm{d}\tau=a^*=a \tag{3}$$

将式(2)和式(3)的左边相等,得到

$$\int\psi^*\hat{A}\psi\mathrm{d}\tau=\int\psi\hat{A}^*\psi^*\mathrm{d}\tau \tag{4}$$

如果一个算符的本征值是实数,它就必须满足这个条件。这种算符称为厄米算符。

4-29 在本题中,将证明不仅厄米算符的本征值是实数,而且它们的本征函数是正交的。考虑两个本征值方程:

$$\hat{A}\psi_n=a_n\psi_n\quad 和\quad \hat{A}\psi_m=a_m\psi_m$$

将第一个方程乘以 ψ_m^* 并积分;然后取第二个方程的复共轭,乘以 ψ_n 并积分。将得到的两个方程相减,得到

$$\int_{-\infty}^{+\infty}\psi_m^*\hat{A}\psi_n\mathrm{d}x-\int_{-\infty}^{+\infty}\psi_n\hat{A}^*\psi_m^*\mathrm{d}x=(a_n-a_m^*)\int_{-\infty}^{+\infty}\psi_m^*\psi_n\mathrm{d}x$$

因为 $\hat{A}$ 是厄米性的,左边为零,因此

$$(a_n-a_m^*)\int_{-\infty}^{+\infty}\psi_m^*\psi_n\mathrm{d}x=0$$

讨论 $n=m$ 和 $n\neq m$ 这两种可能性。证明 $a_n=a_n^*$,这就是本征值为实数的另一个证明。当 $n\neq m$ 时,如果系统是非简并的,证明:

$$\int_{-\infty}^{+\infty}\psi_m^*\psi_n\mathrm{d}x=0\quad m\neq n$$

如果它们是简并的,则 ψ_m 和 ψ_n 一定是正交的吗?

4-30 表 4.1 中的所有算符都是厄米算符。在本题中,将演示如何确定一个算符是否为厄米算符。考虑算符 $\hat{A}=\mathrm{d}/\mathrm{d}x$,如果 $\hat{A}$ 是厄米算符,则它将满足习题 4-28 中的式(4)。将 $\hat{A}=\mathrm{d}/\mathrm{d}x$ 代入式(4),并进行分部积分,得到

$$\int_{-\infty}^{+\infty}\psi^*\frac{\mathrm{d}\psi}{\mathrm{d}x}\mathrm{d}x=\left|\,\psi^*\psi\,\right|_{-\infty}^{+\infty}-\int_{-\infty}^{+\infty}\psi\frac{\mathrm{d}\psi^*}{\mathrm{d}x}\mathrm{d}x$$

要使波函数归一化,它必须在无穷远处消失,因此右边的第一项为零。于是,有

$$\int_{-\infty}^{+\infty}\psi^*\frac{\mathrm{d}}{\mathrm{d}x}\mathrm{d}x=-\int_{-\infty}^{+\infty}\psi\frac{\mathrm{d}}{\mathrm{d}x}\psi^*\mathrm{d}x$$

对于任一函数 $\psi(x)$,$\mathrm{d}/\mathrm{d}x$ 不满足习题 4-28 中的式(4),因此它不是厄米算符。

4-31 按照习题 4-30 中的步骤,证明动量算符是厄米的。

4-32 请指出以下哪些算符是厄米算符:$\mathrm{id}/\mathrm{d}x$,$\mathrm{d}^2/\mathrm{d}x^2$ 和 $\mathrm{id}^2/\mathrm{d}x^2$。假设 $-\infty<x<+\infty$ 且这些算符所作用的函数在无穷远处表现良好(品优)。

习题 4-33 至习题 4-38 考察具有分段恒定电势的系统。

4-33 考虑在下图所示势能中运动的一个粒子。

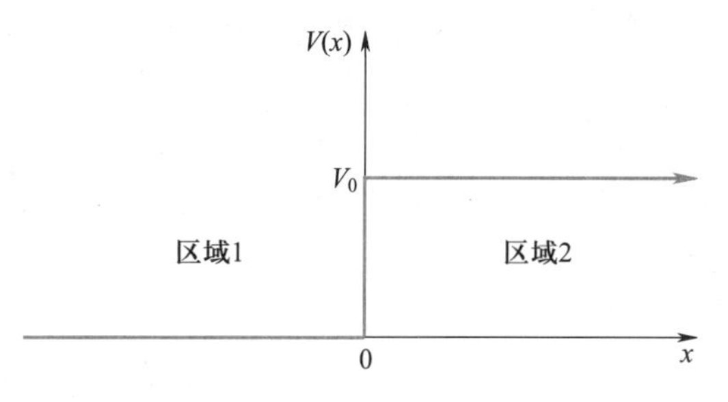

其数学形式为

$$V(x)=\begin{cases}0 & x<0\\ V_0 & x>0\end{cases}$$

式中 V_0 是一个常数。证明:如果 $E>V_0$,则两个区域(1 和 2)中的薛定谔方程的解为(见习题 3-32)

$$\psi_1(x)=A\mathrm{e}^{\mathrm{i}k_1x}+B\mathrm{e}^{-\mathrm{i}k_1x}\quad x<0 \tag{1}$$

和

$$\psi_2(x)=C\mathrm{e}^{\mathrm{i}k_2x}+D\mathrm{e}^{-\mathrm{i}k_2x}\quad x>0 \tag{2}$$

式中

$$k_1=\left(\frac{2mE}{\hbar^2}\right)^{1/2}\quad 和\quad k_2=\left[\frac{2m(E-V_0)}{\hbar^2}\right]^{1/2} \tag{3}$$

正如在习题 3-32 中学到的,$\mathrm{e}^{\mathrm{i}kx}$ 表示一个粒子向右运动,而 $\mathrm{e}^{-\mathrm{i}kx}$ 表示一个粒子向左运动。考虑在区域 1 中向右运动的一个粒子。如果希望排除粒子在区域 2 中向左移动的情况,则在式(2)中设置 $D=0$。设定的物理问题是一个能量为 E 的粒子入射到一个高度为 V_0 的势垒上。式(1)和式(2)中系数的平方代表粒子在给定区域内沿某一方向运动的概率。例如,$|A|^2$ 是粒子以动量 $+\hbar k_1$ 在

$x<0$ 的区间行进的概率(习题 3-32)。如果考虑N_0 个粒子,而不是只有一个粒子,那么可以将 $|A|^2 N_0$ 解释为以动量 $\hbar k_1$ 在 $x<0$ 的区间内行进的粒子数。这些粒子在单位时间内经过给定点的数量为$v|A|^2 N_0$,其中速度 v 为 $\hbar k_1/m$。

现在,应用 $\psi(x)$ 和 $\mathrm{d}\psi/\mathrm{d}x$ 在 $x=0$ 处必须是连续的条件(参见习题 4-4),可得

$$A+B=C$$

和

$$k_1(A-B)=k_2C$$

现在,定义一个量:

$$R=\frac{v_1|B|^2N_0}{v_1|A|^2N_0}=\frac{\hbar k_1|B|^2N_0/m}{\hbar k_1|A|^2N_0/m}=\frac{|B|^2}{|A|^2}$$

并证明:

$$R=\left(\frac{k_1-k_2}{k_1+k_2}\right)^2$$

类似地,定义

$$T=\frac{v_2|C|^2N_0}{v_1|A|^2N_0}=\frac{\hbar k_2|C|^2N_0/m}{\hbar k_1|A|^2N_0/m}=\frac{k_2|C|^2}{k_1|A|^2}$$

并证明:

$$T=\frac{4k_1k_2}{(k_1+k_2)^2}$$

符号 R 和 T 分别代表反射系数和透射系数。请给出这些符号的物理解释。证明 $R+T=1$。你预期粒子会被反射吗,即使其能量 E 大于垒高V_0? 证明:当$V_0\to\infty$ 时,$R\to 0$ 和 $T\to 1$。

4-34　证明:对于习题 4-33 中描述的系统,有 $R=1$ 但 $E<V_0$。讨论这一结果的物理解释。

4-35　在本问题中,介绍**量子力学隧穿**(quantum-mechanical tunneling)的概念,它在原子核 α 衰变、电子转移反应和氢键等不同过程中发挥着核心作用。考虑如下图所示的势能区中的一个粒子:

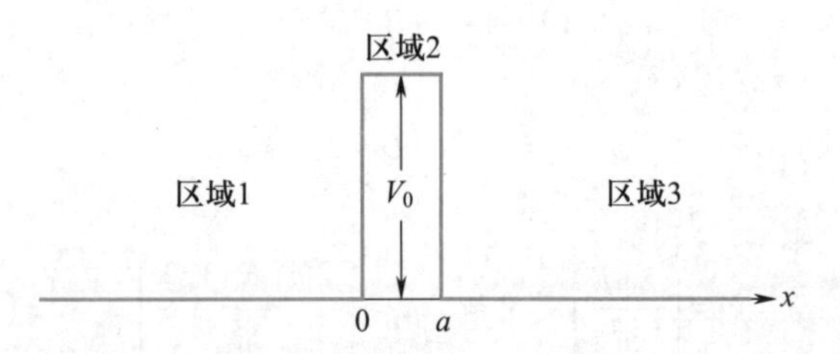

在数学上,有

$$V(x)=\begin{cases}0 & x<0\\ V_0 & 0<x<a\\ 0 & x>a\end{cases}$$

证明:如果 $E<V_0$,则每个区域的薛定谔方程的解可由以下式子给出:

$$\psi_1(x)=A\mathrm{e}^{\mathrm{i}k_1x}+B\mathrm{e}^{-\mathrm{i}k_1x}\quad x<0 \tag{1}$$

$$\psi_2(x)=C\mathrm{e}^{k_2x}+D\mathrm{e}^{-k_2x}\quad 0<x<a \tag{2}$$

$$\psi_3(x)=E\mathrm{e}^{\mathrm{i}k_1x}+F\mathrm{e}^{-\mathrm{i}k_1x}\quad x>a \tag{3}$$

式中

$$k_1=\left(\frac{2mE}{\hbar^2}\right)^{1/2}\quad 和\quad k_2=\left[\frac{2m(V_0-E)}{\hbar^2}\right]^{1/2} \tag{4}$$

如果不考虑粒子来自大正值的 x,则式(3)中的 $F=0$。根据习题 4-33,论证透射系数,即粒子穿过屏障的概率,可由下式给出:

$$T=\frac{|E|^2}{|A|^2} \tag{5}$$

现在,利用 $\psi(x)$ 和 $\mathrm{d}\psi(x)/\mathrm{d}x$ 在 $x=0$ 和 $x=a$ 处必须是连续的事实,得到

$$A+B=C+D\quad \mathrm{i}k_1(A-B)=k_2(C-D) \tag{6}$$

和

$$C\mathrm{e}^{k_2a}+D\mathrm{e}^{-k_2a}=E\mathrm{e}^{\mathrm{i}k_1a}\quad k_2C\mathrm{e}^{k_2a}-k_2D\mathrm{e}^{-k_2a}=\mathrm{i}k_1E\mathrm{e}^{\mathrm{i}k_1a} \tag{7}$$

从式(6)中消去 B,得到以 C 和 D 表示的 A。然后,求解方程(7)得到用 E 表示的 C 和 D。将这些结果代入以 C 和 D 表示的 A 的方程中,得到中间结果:

$$2\mathrm{i}k_1A=[(k_2^2-k_1^2+2\mathrm{i}k_1k_2)\mathrm{e}^{k_2a}+(k_1^2-k_2^2+2\mathrm{i}k_1k_2)\mathrm{e}^{-k_2a}]\frac{E\mathrm{e}^{\mathrm{i}k_1a}}{2k_2}$$

现在,使用关系式 $\sinh x=(\mathrm{e}^x-\mathrm{e}^{-x})/2$ 和 $\cosh x=(\mathrm{e}^x+\mathrm{e}^{-x})/2$(练习题 A-11),可得

$$\frac{E}{A}=\frac{4\mathrm{i}k_1k_2\mathrm{e}^{-\mathrm{i}k_1a}}{2[k_2^2-k_1^2\sinh(k_2a)+4\mathrm{i}k_1k_2\cosh(k_2a)]}$$

现在,将右边乘以它的复共轭,并利用关系式 $\cosh^2x+\sinh^2x=1+\sinh^2x$,可得

$$T=\left|\frac{E}{A}\right|^2=\frac{4}{4+\dfrac{(k_1^2+k_2^2)^2}{k_1^2k_2^2}\sinh^2(k_2a)}$$

最后,使用 k_1 和 k_2 的定义来证明粒子穿过障碍的概率(即使它没有足够的能量!):

$$T=\frac{1}{1+\dfrac{v_0^2}{4\varepsilon(v_0-\varepsilon)}\sinh^2\ (v_0-\varepsilon)^{1/2}} \tag{8}$$

或

$$T=\frac{1}{1+\dfrac{\sinh^2[v_0^{1/2}\ (1-r)^{1/2}]}{4r(1-r)}} \tag{9}$$

式中 $v_0=2ma^2V_0/\hbar^2$，$\varepsilon=2ma^2E/\hbar^2$ 和 $r=E/V_0=\varepsilon/v_0$。图 4.3 显示了 T 与 r 的关系图。为了绘制 $r>1$ 时 T 与 r 的关系图，需要使用关系式 $\sin(ix)=i\sin x$（练习题 A-11）。经典结果是怎样的？

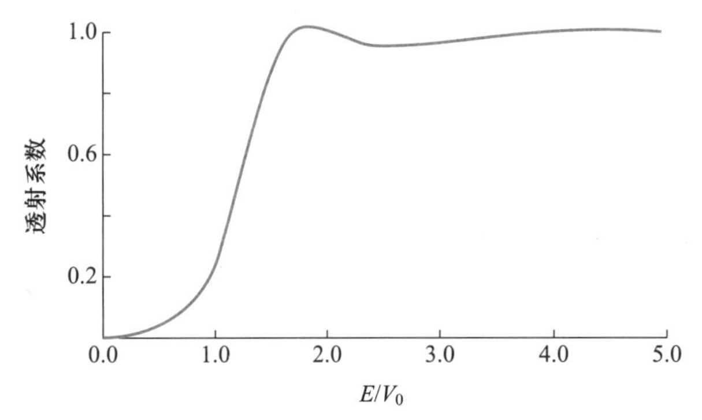

图 4.3 能量为 E 的一个粒子穿透高度为 V_0 的一个势垒的概率对 E/V_0 作图[习题 4-35 的式(9)]。

4-36 利用习题 4-35 的结果，确定一个动能为 8.0×10^{-21} J 的电子将穿过一个厚为 1.0nm、$V_0=12.0\times10^{-21}$ J 的势垒的概率。

4-37 习题 4-35 给出了相对能量为 E/V_0 的一个粒子穿过高度为 V_0、厚度为 a 的一个矩形势垒的概率是

$$T=\frac{1}{1+\dfrac{\sinh^2[v_0^{1/2}(1-r)^{1/2}]}{4r(1-r)}}$$

式中 $v_0=2mV_0a^2/\hbar^2$ 和 $r=E/V_0$。当 $r\to1$ 时，T 的极限值是多少？当 $v_0=1/2$，1 和 2 时，分别绘制 T 与 r 的关系图。解释你的结果。

4-38 在本问题中，将考虑在如下图所示的**有限**（finite）势阱中的一个粒子：

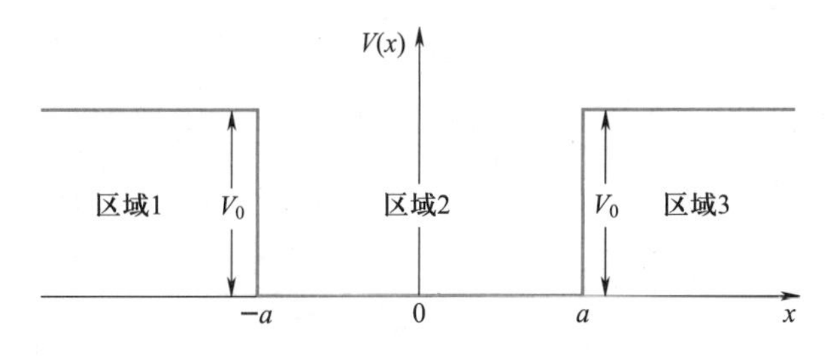

其数学形式为

$$V(x)=\begin{cases}V_0 & x<-a\\ 0 & -a<x<a\\ V_0 & x>a\end{cases}\qquad(1)$$

请注意，如果 $V_0\to\infty$，则这个势能描述了我们所说的一个"盒中粒子"。证明：如果 $0<E<V_0$，则每个区域的薛定谔方程的解为

$$\begin{aligned}&\psi_1(x)=Ae^{k_1x} && x<-a\\ &\psi_2(x)=B\sin(\alpha x)+C\cos(\alpha x) && -a<x<a\\ &\psi_3(x)=De^{-k_1x} && x>a\end{aligned}\qquad(2)$$

式中

$$k_1=\left[\frac{2m(V_0-E)}{\hbar^2}\right]^{1/2}\quad 和\quad \alpha=\left(\frac{2mE}{\hbar^2}\right)^{1/2}\qquad(3)$$

现在，应用 $\psi(x)$ 和 $d\psi/dx$ 在 $x=-a$ 和 $x=a$ 处必须是连续的这些条件，得到

$$Ae^{-k_1a}=-B\sin(\alpha a)+C\cos(\alpha a)\qquad(4)$$

$$De^{-k_1a}=B\sin(\alpha a)+C\cos(\alpha a)\qquad(5)$$

$$k_1Ae^{-k_1a}=\alpha B\cos(\alpha a)+\alpha C\sin(\alpha a)\qquad(6)$$

和

$$-k_1De^{-k_1a}=\alpha B\cos(\alpha a)-\alpha C\sin(\alpha a)\qquad(7)$$

将式(4)和式(5)相加减，再将式(6)和式(7)相加减，得到

$$2C\cos(\alpha a)=(A+D)e^{-k_1a}\qquad(8)$$

$$2B\sin(\alpha a)=(D-A)e^{-k_1a}\qquad(9)$$

$$2\alpha C\sin(\alpha a)=k_1(A+D)e^{-k_1a}\qquad(10)$$

$$2\alpha B\cos(\alpha a)=-k_1(D-A)e^{-k_1a}\qquad(11)$$

现在，将式(10)除以式(8)，得到

$$\frac{\alpha\sin(\alpha a)}{\cos(\alpha a)}=\alpha\tan(\alpha a)=k_1\quad(D\neq-A\ 且\ C\neq0)\qquad(12)$$

然后，将式(11)除以式(9)，得到

$$\frac{\alpha\cos(\alpha a)}{\sin(\alpha a)}=\alpha\cot(\alpha a)=-k_1\quad(D\neq A\ 且\ B\neq0)\qquad(13)$$

回到式(3)，注意式(12)和式(13)给出了用 V_0 表示的 E 的允许值。这两个等式无法同时求解，因此有两组等式：

$$\alpha\tan(\alpha a)=k_1\qquad(14)$$

$$\alpha\cot(\alpha a)=-k_1\qquad(15)$$

先考虑式(14)。两边乘以 a，并使用 α 和 k_1 的定义，得到

$$\left(\frac{2ma^2E}{\hbar^2}\right)^{1/2}\tan\left(\frac{2ma^2E}{\hbar^2}\right)^{1/2}=\left[\frac{2ma^2}{\hbar^2}(V_0-E)\right]^{1/2}\qquad(16)$$

证明该方程可简化为

$$\varepsilon^{1/2}\tan\varepsilon^{1/2}=(v_0-\varepsilon)^{1/2}\qquad(17)$$

式中 $\varepsilon=2ma^2E/\hbar^2$ 和 $v_0=2ma^2V_0/\hbar^2$。因此，如果固定 v_0（实际上为 $2ma^2V_0/\hbar^2$），则可以利用式(17)解出 ε 的允许值实际上为 $2ma^2E/\hbar^2$。方程(17)无法解析求解，但如

果在同一幅图上同时绘制 $\varepsilon^{1/2}\tan\varepsilon^{1/2}$ 和 $(v_0-\varepsilon)^{1/2}$ 与 ε 的关系曲线，那么解可由两条曲线的交点给出。证明：对于 $v_0=12$，交点出现在 $\varepsilon=2ma^2E/\hbar^2=1.47$ 和 11.37 处。ε 的其他值可由式（15）的解给出，这些解可通过找 $-\varepsilon^{1/2}\cot\varepsilon^{1/2}$ 和 $(v_0-\varepsilon)^{1/2}$ 对 ε 作图所得两条曲线的交点来得到。证明：对于 $v_0=12$，$\varepsilon=2ma^2E/\hbar^2=5.68$。因此，可以看到，对于深度为 $V_0=12\hbar^2/2ma^2$ 的一个阱，只有三个束缚态。这里重要的不是 E 的数值，而在于束缚态的数量是有限的。证明：对于 $v_0=2ma^2V_0/\hbar^2=4$，只有两个束缚态。

习题参考答案

数学章节D　球坐标

尽管笛卡儿坐标(x,y,z)适用于许多问题，但仍有许多其他问题在笛卡儿坐标下会很麻烦。当被描述的系统具有某种自然中心时，就会出现一类特别重要的问题，如原子，其中原子核（重）就是一个自然中心。在描述原子系统及许多其他系统时，使用球坐标最方便（图 D.1）。也可以通过指定球坐标 r,θ 和 ϕ 来确定同一点的位置。与通过指定笛卡儿坐标 x,y 和 z 来确定空间中一个点的位置。从图 D.1 可以看出，两组坐标之间的关系为

$$\begin{aligned} x&=r\sin\theta\cos\phi \\ y&=r\sin\theta\sin\phi \\ z&=r\cos\theta \end{aligned} \tag{D.1}$$

这个坐标系称为**球坐标系**（spherical coordinate system），因为方程 $r=c=$常量是一个以原点为中心、半径为 c 的球体。

有时，需要用 x,y 和 z 来表示 r,θ 和 ϕ。它们之间的关系如下（练习题 D-1）：

$$\begin{aligned} r&=(x^2+y^2+z^2)^{1/2} \\ \cos\theta&=\frac{z}{(x^2+y^2+z^2)^{1/2}} \\ \tan\phi&=\frac{y}{x} \end{aligned} \tag{D.2}$$

单位半径的球面上的任何一点都可以用 θ 和 ϕ 的值来指定。角度 θ 代表与 z 轴的偏角，因此 $0\leqslant\theta\leqslant\pi$。角度 ϕ 代表水平方向的角度，因此 $0\leqslant\phi\leqslant 2\pi$。虽然 θ（沿垂直方向）有一个自然零值，但 ϕ 却没有。如图 D.1 所示，ϕ 通常是从 x 轴开始测量的。需要注意的是，r 作为与原点的距离，本质上是一个正值。在数学上，$0\leqslant r<+\infty$。

在第 6 章中，我们将遇到涉及球坐标的积分。笛卡儿坐标中的微分体积元是 $dxdydz$，但它在球坐标系下并不如此简单。图 D.2 显示了球坐标下微分体积元的几何结构，可见

$$dV=(r\sin\theta d\phi)(rd\theta)dr=r^2\sin\theta drd\theta d\phi \tag{D.3}$$

下面利用式（D.3）来计算半径为 a 的一个球的体积。

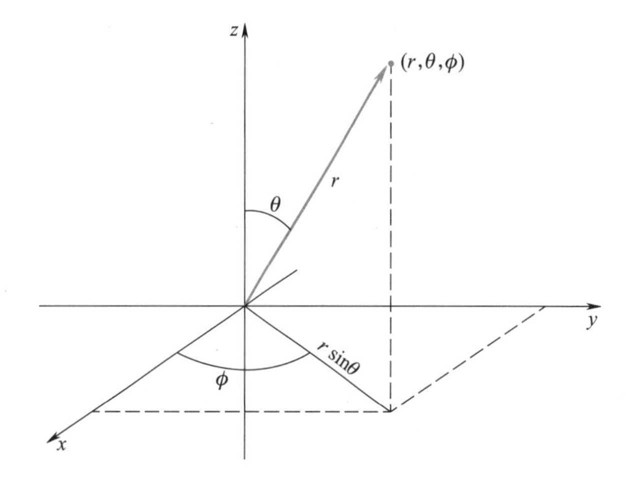

图 D.1　球坐标系的表示方法。一个点由球坐标 r,θ 和 ϕ 来描述。

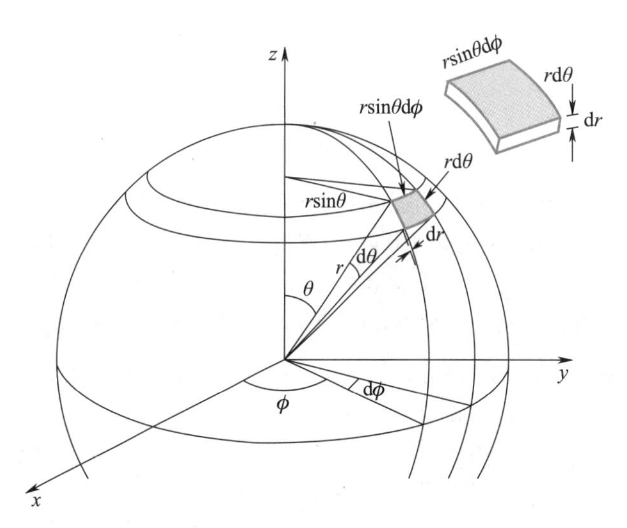

图 D.2　球坐标下微分体积元的几何结构。

在这种情况下，$0\leqslant r\leqslant a, 0\leqslant\theta\leqslant\pi, 0\leqslant\phi\leqslant 2\pi$，因此

$$V=\int_0^a r^2 dr\int_0^\pi \sin\theta d\theta\int_0^{2\pi} d\phi=\left(\frac{a^3}{3}\right)(2)(2\pi)=\frac{4\pi a^3}{3}$$

类似地，如果只对 θ 和 ϕ 积分，可得

$$dV=r^2 dr\int_0^\pi \sin\theta d\theta\int_0^{2\pi} d\phi=4\pi r^2 dr \tag{D.4}$$

这个量就是半径为 r、厚度为 dr 的球壳的体积(图 D.3)。系数 $4\pi r^2$ 代表球壳的表面积,dr 是球壳的厚度。由下式计算的 dA 是半径为 r 的一个球的表面上的微分面积(图 D.2)。

$$dA = r^2\sin\theta d\theta d\phi \tag{D.5}$$

如果针对所有 θ 和 ϕ 的值对式(D.5)进行积分,则可得 $A = 4\pi r^2$,即半径为 r 的一个球的表面积。

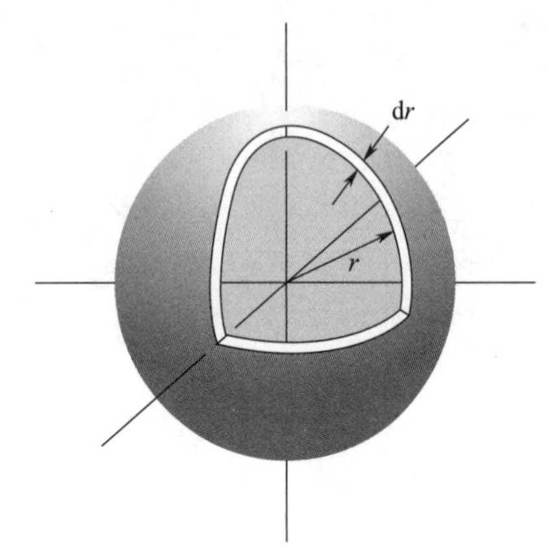

图 D.3 半径为 r、厚度为 dr 的一个球壳。该球壳的体积是 $4\pi r^2$dr,即其面积($4\pi r^2$)乘以厚度(dr)。

通常,需要计算的积分形式为

$$I = \int_0^{+\infty}\int_0^{\pi}\int_0^{2\pi} F(r,\theta,\phi) r^2\sin\theta dr d\theta d\phi \tag{D.6}$$

在书写多重积分时,为方便起见,使用一种将积分视为算符的符号。为此,将式(D.6)中的三重积分写成以下形式:

$$I = \int_0^{+\infty} drr^2 \int_0^{\pi} d\theta\sin\theta \int_0^{2\pi} d\phi F(r,\theta,\phi) \tag{D.7}$$

在式(D.7)中,每个积分都"作用于"其右边的所有公式;换句话说,首先对从 0 到 2π 的 ϕ 积分 $F(r,\theta,\phi)$,然后将结果乘以 $\sin\theta$,并对从 0 到 π 的 θ 积分,最后将结果乘 r^2,并对从 0 到 $+\infty$ 的 r 积分。式(D.7)写法的优点是积分变量及其相关极限总是明确无误的。举例说明这一写法的应用。针对下式的 $F(r,\theta,\phi)$ 来计算式(D.7):

$$F(r,\theta,\phi) = \frac{1}{32\pi} r^2 e^{-r}\sin^2\theta\cos^2\phi$$

(在第 6 章中将了解到这个函数是氢原子 $2p_x$ 轨道波函数的平方。)将 $F(r,\theta,\phi)$ 代入式(D.7),可得

$$I = \frac{1}{32\pi}\int_0^{+\infty} drr^2 \int_0^{\pi} d\theta\sin\theta \int_0^{2\pi} d\phi r^2 e^{-r}\sin^2\theta\cos^2\phi$$

对 ϕ 积分,可得

$$\int_0^{2\pi} d\phi\cos^2\phi = \pi$$

因此

$$I = \frac{1}{32}\int_0^{+\infty} drr^2 \int_0^{\pi} d\theta\sin\theta r^2 e^{-r}\sin^2\theta \tag{D.8}$$

在 θ 上的积分 I_θ 是

$$I_\theta = \int_0^{\pi} d\theta\sin^3\theta$$

此时,进行变量的转换通常比较方便。设 $x=\cos\theta$,则 $\sin\theta d\theta$ 变为 $-dx$,积分限变为 +1 到 -1。因此,在这种情况下,可得

$$I_\theta = \int_0^{\pi} d\theta\sin^3\theta = -\int_1^{-1} dx(1-x^2) = \int_{-1}^{1} dx(1-x^2)$$
$$= 2 - \frac{2}{3} = \frac{4}{3}$$

将这一结果代入式(D.8),即可得

$$I = \frac{1}{24}\int_0^{+\infty} drr^4 e^{-r} = \frac{1}{24}(4!) = 1$$

其中使用了积分 $\int_0^{+\infty} x^n e^{-x} dx = n!$

I 的这一最终结果简单地表明,上面关于 $2p_x$ 氢原子轨道的表达式是归一化的。

式(D.7)中的被积函数常常只是 r 的函数,在这种情况下,可以说被积函数是球对称的。让我们来看看当 $F(r,\theta,\phi)=f(r)$ 时的式(D.7):

$$I = \int_0^{+\infty} drr^2 \int_0^{\pi} d\theta\sin\theta \int_0^{2\pi} d\phi f(r) \tag{D.9}$$

由于 $f(r)$ 与 θ 和 ϕ 无关,可以对 ϕ 进行积分,得到 2π,然后对 θ 进行积分,得到值为 2:

$$\int_0^{\pi}\sin\theta d\theta = \int_{-1}^{1} dx = 2$$

因此,式(D.9)变为

$$I = \int_0^{+\infty} f(r) 4\pi r^2 dr \tag{D.10}$$

这里的要点是:如果 $F(r,\theta,\phi)=f(r)$,那么式(D.7)实际上就变成一个因子 $4\pi r^2$ 乘以被积函数的一元积分。这里 $4\pi r^2$dr 是半径为 r、厚度为 dr 的球壳的体积。

» 例题 D-1 在第 6 章中将了解到,1s 氢原子轨道可由下式给出:

$$f(r) = \frac{1}{(\pi a_0^3)^{1/2}} e^{-r/a_0}$$

证明该函数的平方是归一化的。

» 解 认识到 $f(r)$ 是 x,y 和 z 的一个球形对称函数,其中 $r=(x^2+y^2+z^2)^{1/2}$。因此,利用式(D.10),可以写出

$$I=\int_0^{+\infty}f^2(r)4\pi r^2\mathrm{d}r=\frac{4\pi}{\pi a_0^3}\int_0^{+\infty}r^2\mathrm{e}^{-2r/a_0}\mathrm{d}r$$

$$=\frac{4}{a_0^3}\cdot\frac{2}{(2/a_0)^3}=1$$

下面需要讨论最后一个涉及球坐标的问题。如果限制在单位半径的球面上，则式(D.5)的角度部分给出了微分表面积：

$$\mathrm{d}A=\sin\theta\mathrm{d}\theta\mathrm{d}\phi \tag{D.11}$$

如果我们对整个球面($0\leqslant\theta\leqslant\pi,0\leqslant\phi\leqslant2\pi$)进行积分，那么

$$A=\int_0^{\pi}\sin\theta\mathrm{d}\theta\int_0^{2\pi}\mathrm{d}\phi=4\pi \tag{D.12}$$

即单位半径球体的面积。

连接原点和面积 dA 的曲面所围成的立体称为**立体角**(solid angle)，如图 D.4 所示。根据式(D.12)，可以说一个完整的立体角是 4π，正如一个完整的圆心角是 2π。通常用 dΩ 来表示一个立体角，即

$$\mathrm{d}\Omega=\sin\theta\mathrm{d}\theta\mathrm{d}\phi \tag{D.13}$$

且式(D.12)变为

$$\int_{球}\mathrm{d}\Omega=4\pi \tag{D.14}$$

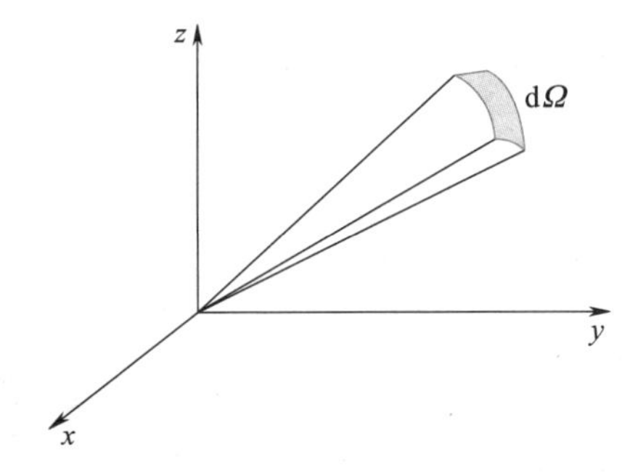

图 D.4 微分面积 $\mathrm{d}A=\sin\theta\mathrm{d}\theta\mathrm{d}\phi$ 对向的立体角 dΩ。

在第 6 章讨论氢原子的量子理论时，经常会遇到以下形式的角积分：

$$I=\int_0^{\pi}\mathrm{d}\theta\sin\theta\int_0^{2\pi}\mathrm{d}\phi F(\theta,\phi) \tag{D.15}$$

请注意，我们是针对球面对 $F(\theta,\phi)$ 进行积分的。例如，我们会遇到积分

$$I=\frac{15}{8\pi}\int_0^{\pi}\mathrm{d}\theta\sin\theta\int_0^{2\pi}\mathrm{d}\phi(\sin^2\theta\cos^2\theta)$$

这个积分的值是

$$I=\frac{15}{8\pi}\int_0^{\pi}\mathrm{d}\theta\sin^2\theta\cos^2\theta\sin\theta\int_0^{2\pi}\mathrm{d}\phi$$

$$=\frac{15}{4}\int_{-1}^{1}(1-x^2)x^2\mathrm{d}x=\frac{15}{4}\left(\frac{2}{3}-\frac{2}{5}\right)=1$$

» 例题 D-2 试证明：

$$I=\int_0^{\pi}\mathrm{d}\theta\sin\theta\int_0^{2\pi}\mathrm{d}\phi Y_2(\theta,\phi)Y_1(\theta,\phi)=0$$

其中

$$Y_1(\theta,\phi)=\left(\frac{3}{4\pi}\right)^{1/2}\cos\theta$$

$$Y_2(\theta,\phi)=\left(\frac{5}{16\pi}\right)^{1/2}(3\cos^2\theta-1)$$

» 解　由于 Y_1 和 Y_2 都与 ϕ 无关，因此针对 ϕ 的积分为 2π。针对 θ 的积分为

$$I_\theta=\int_0^{\pi}\cos\theta(3\cos^2\theta-1)\sin\theta\mathrm{d}\theta$$

$$=\int_{-1}^{1}x(3x^2-1)\mathrm{d}x$$

但这是 x 在 -1 和 $+1$ 之间积分的一个奇函数，所以

$$I_\theta=0$$

因而 $I=0$。即 $Y_1(\theta,\phi)$ 和 $Y_2(\theta,\phi)$ 在单位球面上是正交的。

练习题

D-1 从式(D.1)推导出式(D.2)。

D-2 用球坐标表示下列以笛卡儿坐标给出的点。

(x,y,z)：$(1,0,0)$；$(0,1,0)$；$(0,0,1)$；$(0,0,-1)$

D-3 描述下列方程的图形：

a. $r=5$　　b. $\theta=\pi/4$　　c. $\phi=\pi/2$

D-4 用式(D.3)确定一个半球的体积。

D-5 使用式(D.5)确定一个半球的表面积。

D-6 通过设 $x=\cos\theta$，求积分：

$$I=\int_0^{\pi}\cos^2\theta\sin^3\theta\mathrm{d}\theta$$

D-7 在第 6 章中将学习到，氢原子 $2\mathrm{p}_y$ 轨道的波函数可由下式给出：

$$\psi_{2p_y}=\frac{1}{4\sqrt{2\pi}}re^{-r/2}\sin\theta\sin\phi$$

证明 ψ_{2p_y} 已归一化(不要忘记先将 ψ_{2p_y} 平方)。

D-8 在第6章中将学习到,氢原子2s轨道的波函数可由下式给出:

$$\psi_{2s}=\frac{1}{4\sqrt{2\pi}}(2-r)e^{-r/2}$$

证明 ψ_{2s} 已归一化(不要忘记先将 ψ_{2s} 平方)。

D-9 证明:

$$Y_1^0(\theta,\phi)=\left(\frac{3}{4\pi}\right)^{1/2}\cos\theta$$

$$Y_1^1(\theta,\phi)=\left(\frac{3}{8\pi}\right)^{1/2}e^{i\phi}\sin\theta$$

和

$$Y_1^{-1}(\theta,\phi)=\left(\frac{3}{8\pi}\right)^{1/2}e^{-i\phi}\sin\theta$$

在球面上是正交的。

D-10 试求球面上 $\cos\theta$ 和 $\cos^2\theta$ 的平均值。

D-11 我们将经常使用 $\mathrm{d}\boldsymbol{r}$ 的形式来表示球坐标中的体积元。求积分:

$$I=\int \mathrm{d}\boldsymbol{r}e^{-r}\cos^2\theta$$

这里的积分是对所有空间的积分(换句话说,是对 r,θ 和 ϕ 的所有可能值的积分)。

D-12 证明这两个函数:

$$f_1(r)=e^{-r}\cos\theta \quad 和 \quad f_2(r)=(2-r)e^{-r/2}\cos\theta$$

在所有空间上都是正交的(换句话说,在 r,θ 和 ϕ 的所有可能值上都是正交的)。

练习题参考答案

第5章

谐振子和刚性转子：两种光谱模型

▶ **科学家介绍**

双原子分子的振动运动可以近似为一个谐振子。在本章中，首先研究经典谐振子，然后介绍和讨论量子力学中谐振子的能量和对应的波函数。我们将利用量子力学能量来描述双原子分子的红外光谱，并学习如何从振动光谱中确定分子力常数。然后，用刚性转子来模拟双原子分子的转动运动；讨论刚性转子的量子力学能量，并说明它们与双原子分子转动光谱的关系；利用双原子分子的转动光谱来确定分子的键长。

5-1 谐振子遵守胡克定律

如图 5.1 所示，质量为 m 的小球通过弹簧与墙壁相连。进一步假设没有重力作用在小球上，因此唯一的力来自弹簧。

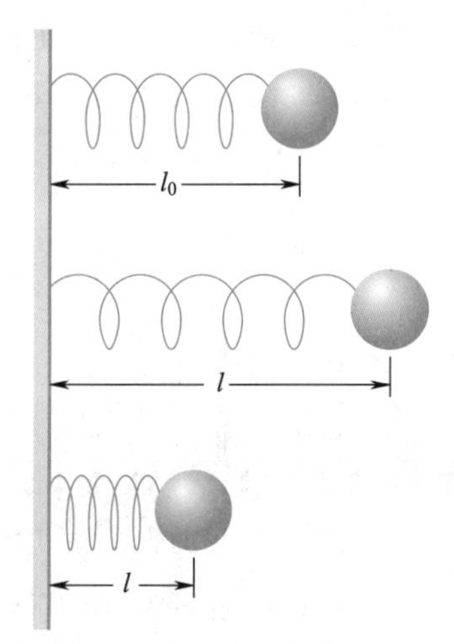

图 5.1 用弹簧将一个小球连接到墙上。如果作用在小球上的力与弹簧从其未变形长度出发的位移成正比，则这个力的定律称为胡克定律。

如果设 l_0 为弹簧的平衡长度或未变形长度，那么回复力必须是弹簧从平衡长度出发的位移的某个函数。这个位移用 $x=l-l_0$ 表示，其中 l 是弹簧的长度。关于小球所受的力与位移的函数关系，可以做的最简单的假设是：力与位移成正比，即

$$f=-k(l-l_0)=-kx \tag{5.1}$$

负号表示在图 5.1 中，如果弹簧被压缩($l<l_0$)，力将指向右侧；如果弹簧被拉伸($l>l_0$)，力将指向左侧。式(5.1)称为**胡克定律**(Hooke's law)，(正)比例常数 k 称为弹簧的**力常数**(force constant)。k 值越小，表示弹簧越弱或越松；k 值越大，表示弹簧越硬。

包含胡克定律力的牛顿方程为

$$m\frac{\mathrm{d}^2l}{\mathrm{d}t^2}=-k(l-l_0) \tag{5.2}$$

如果设 $x=l-l_0$，那么 $\mathrm{d}^2l/\mathrm{d}t^2=\mathrm{d}^2x/\mathrm{d}t^2$($l_0$ 是一个常数)，并且

$$m\frac{\mathrm{d}^2x}{\mathrm{d}t^2}+kx=0 \tag{5.3}$$

根据第 2-3 节，该方程的一般解为(习题 5-1)

$$x(t)=c_1\sin(\omega t)+c_2\cos(\omega t) \tag{5.4}$$

式中

$$\omega=\left(\frac{k}{m}\right)^{1/2} \tag{5.5}$$

» 例题 5-1 证明式(5.4)可以写成以下形式：

$$x(t)=A\sin(\omega t+\phi) \tag{5.6}$$

» 解　最简单的证明方法是写出

$$\sin(\omega t+\phi)=\sin(\omega t)\cos\phi+\cos(\omega t)\sin\phi$$

将其代入式(5.6)，可得

$$\begin{aligned}x(t)&=A\cos\phi\sin(\omega t)+A\sin\phi\cos(\omega t)\\&=c_1\sin(\omega t)+c_2\cos(\omega t)\end{aligned}$$

式中　$c_1=A\cos\phi$　和　$c_2=A\sin\phi$

式(5.6)表明，位移以正弦或谐波方式振动，固有频率为 $\omega=(k/m)^{1/2}$。在式(5.6)中，A 是振动的**振幅**(amplitude)，

ϕ 是**相角**（phase angle）。

假设先拉伸弹簧，使其初始位移为 A，然后放手。在这种情况下，初速度为零，因此根据式(5.4)，可得

$$x(0)=c_2=A$$

并且

$$\left(\frac{\mathrm{d}x}{\mathrm{d}t}\right)_{t=0}=0=c_1\omega$$

这两个等式意味着式(5.4)中的 $c_1=0$ 和 $c_2=A$，因此

$$x(t)=A\cos(\omega t) \tag{5.7}$$

位移与时间的关系如图 5.2 所示，从图中可以看出，谐振子在 A 和 $-A$ 之间来回摆动，频率为每秒 ω 弧度，即每秒 $\nu=\omega/2\pi$ 周期。量 A 称为振幅。

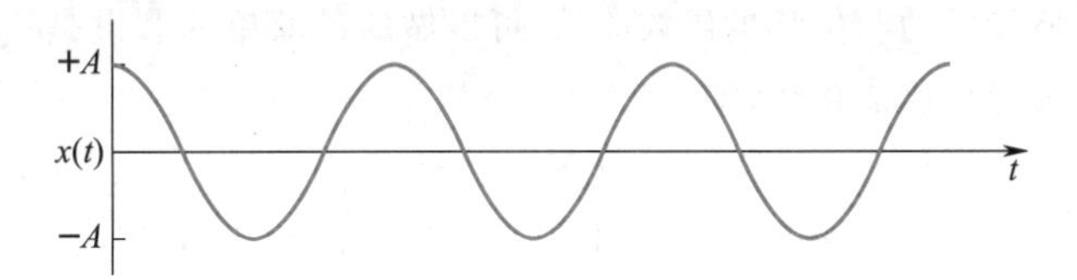

图 5.2 谐振子位移随时间变化的示意图。

让我们来看看谐振子的总能量。力的计算公式为式(5.1)。回顾物理学，力可以表示为势能的负导数或

$$f(x)=-\frac{\mathrm{d}V}{\mathrm{d}x} \tag{5.8}$$

所以势能为

$$V(x)=-\int f(x)\,\mathrm{d}x+\text{常数} \tag{5.9}$$

利用式(5.1)计算 $f(x)$，可得

$$V(x)=\frac{k}{2}x^2+\text{常数} \tag{5.10}$$

这里的常数项是一个任意常数，可用来选定能量的零点。如果选择弹簧未变形时（$x=0$）系统的势能为零，那么下式可表示与简谐振子相关的势能：

$$V(x)=\frac{k}{2}x^2 \tag{5.11}$$

动能为

$$K=\frac{1}{2}m\left(\frac{\mathrm{d}l}{\mathrm{d}t}\right)^2=\frac{1}{2}m\left(\frac{\mathrm{d}x}{\mathrm{d}t}\right)^2 \tag{5.12}$$

利用式(5.7)计算 $x(t)$，可得

$$K=\frac{1}{2}m\omega^2A^2\sin^2(\omega t) \tag{5.13}$$

和

$$V=\frac{1}{2}kA^2\cos^2(\omega t) \tag{5.14}$$

K 和 V 均绘制在图 5.3 中。总能量为

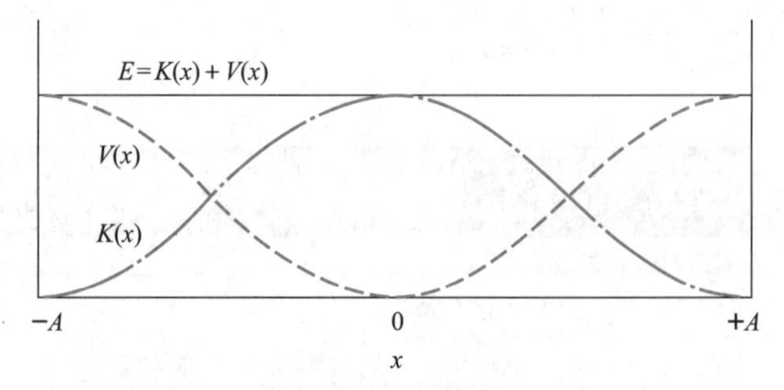

图 5.3 谐振子在一次振荡过程中的动能［标为 $K(x)$ 的曲线］和势能［标为 $V(x)$ 的曲线］。弹簧在 $-A$ 处完全压缩，在 $+A$ 处完全拉伸，平衡长度是 $x=0$。总能量是标有 E 的水平曲线，它是 $K(x)$ 和 $V(x)$ 的总和。

$$E=K+V=\frac{1}{2}m\omega^2A^2\sin^2(\omega t)+\frac{1}{2}kA^2\cos^2(\omega t)$$

如果回忆一下 $\omega=(k/m)^{1/2}$，就会发现第一项的系数为 $kA^2/2$，因此总能量变为

$$E=\frac{kA^2}{2}[\sin^2(\omega t)+\cos^2(\omega t)]=\frac{kA^2}{2} \tag{5.15}$$

因此，可以看到总能量是一个常数，特别是等于最大位移处的势能，此时动能为零。图 5.3 显示了总能量在动能和势能之间的分布。动能和势能各自在零和最大值之间变化，但它们的总和始终是一个常数。因此可以说，总能量是守恒的，该系统是一个**守恒系统**（conservative system）。

5-2 双原子分子的谐振子模型方程包含分子的折合质量

谐振子是双原子分子振动的一个良好模型。然而，双原子分子并不像图 5.1 所示的系统，而更像图 5.4 中用弹簧连接的两个质点系统。在这种情况下，有两个运动方程，分别对应两个质点：

$$m_1\frac{\mathrm{d}^2x_1}{\mathrm{d}t^2}=k(x_2-x_1-l_0) \tag{5.16}$$

和

$$m_2\frac{\mathrm{d}^2x_2}{\mathrm{d}t^2}=-k(x_2-x_1-l_0) \tag{5.17}$$

式中 l_0 是弹簧未变形的长度。注意，如果 $x_2-x_1>l_0$，弹簧被拉伸，质量为 m_1 的质点所受的力向右，质量为 m_2 的质点所受的力向左。这就是式(5.16)中力的项为正而式(5.17)中力的项为负的原因。还请注意，根据牛顿第三定律（作用力和反作用力），m_1 质点所受的力与 m_2 质点所受的力大小相等、方向相反。

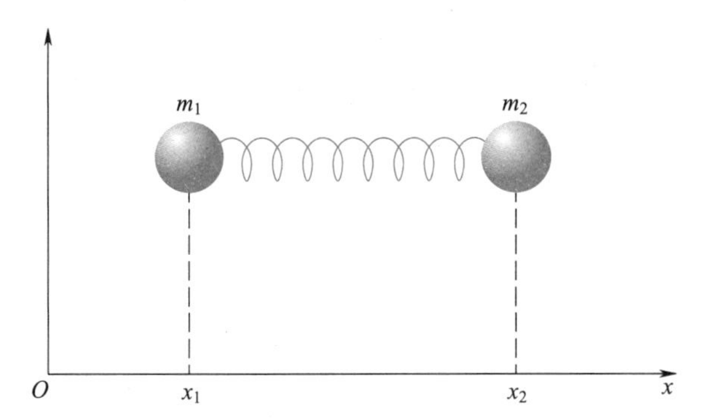

图 5.4 由弹簧连接的两个质点,是用于描述双原子分子振动运动的一个模型。

将式(5.16)和式(5.17)相加,有

$$\frac{d^2}{dt^2}(m_1x_1+m_2x_2)=0 \tag{5.18}$$

对于这种形式,建议引入**质心坐标**(center-of-mass coordinate),即

$$X=\frac{m_1x_1+m_2x_2}{M} \tag{5.19}$$

式中 $M=m_1+m_2$。因此,可以将式(5.18)写成以下形式:

$$M\frac{d^2X}{dt^2}=0 \tag{5.20}$$

这里没有力的项。因此,式(5.20)表明质心以恒定动量随时间匀速运动。

图 5.4 所示的双质点或双体系统的运动必须只取决于两个质点的**相对**(relative)间距,或**相对坐标**(relative coordinate):

$$x=x_2-x_1-l_0 \tag{5.21}$$

如果将式(5.17)除以 m_2,然后减去式(5.16)除以 m_1,可得

$$\frac{d^2x_2}{dt^2}-\frac{d^2x_1}{dt^2}=-\frac{k}{m_2}(x_2-x_1-l_0)-\frac{k}{m_1}(x_2-x_1-l_0)$$

或

$$\frac{d^2}{dt^2}(x_2-x_1)=-k\left(\frac{1}{m_1}+\frac{1}{m_2}\right)(x_2-x_1-l_0)$$

如果设

$$\frac{1}{m_1}+\frac{1}{m_2}=\frac{m_1+m_2}{m_1m_2}=\frac{1}{\mu}$$

并从式(5.21)引入 $x=x_2-x_1-l_0$,则有

$$\mu\frac{d^2x}{dt^2}+kx=0 \tag{5.22}$$

式中 μ 称为**折合质量**(reduced mass)。

方程(5.22)是一个重要的结果,具有很好的物理解释。如果将方程(5.22)与方程(5.3)进行比较,就会发现方程(5.22)除了代入折合质量 μ 外,其他都是一样的。因此,图 5.4 中的双体问题可以通过使用双体系统的折合质量来简化处理成图 5.1 中的单体问题。具体而言,系统的运动由方程(5.6)决定,但其 $\omega=(k/\mu)^{1/2}$。一般来说,如果势能只取决于双体之间的**相对**(relative)距离,那么就可以引入相对坐标,如 x_2-x_1,从而将双体问题简化为单体问题。习题 5-5 和习题 5-6 中讨论了这一重要且有用的经典力学定理。

5-3 谐振子近似源自核间势能在其最小值附近的展开

在讨论谐振子的量子力学处理之前,应先讨论谐振子对于振动的双原子分子是一种多么好的近似方法。图 5.5 中的实线说明了双原子分子的核间势能。请注意,曲线在最小值的左侧突然上升,表明很难将两个原子核推得更近。平衡位置右侧的曲线最初上升,但最终趋于平稳。间隔很大时的势能本质上就是键能。虚线表示与胡克定律相关的势能 $\frac{1}{2}k(l-l_0)^2$。虽然谐振子势能看起来与实验曲线的近似程度很低,但请注意,在最小值区域,谐振子势能确实是一个很好的近似。对于室温下的许多分子,该区域是一个重要的物理区域。虽然谐振子模型不切实际地允许位移从 0 变到 $+\infty$,但这些特别大的位移产生的势能非常大,以至于在实际情况中并不常见。对于振幅较小的振动,谐振子是一个很好的近似。

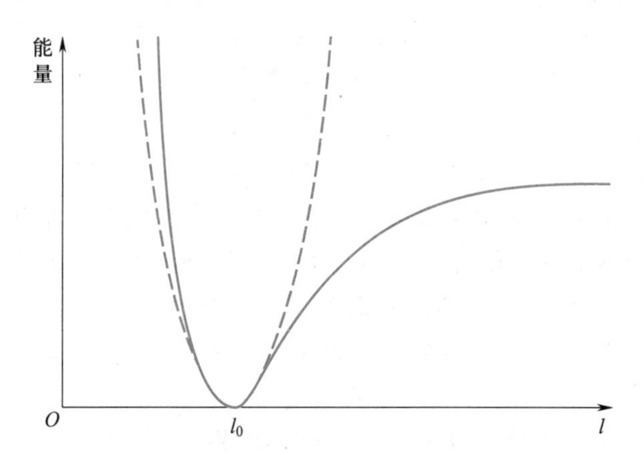

图 5.5 谐振子势能[$k(l-l_0)^2/2$,虚线]与双原子分子完整的核间势能(实线)的比较。谐振子势能在最小值附近是一种理想的近似。

通过将势能 $V(l)$ 围绕平衡键长 $l=l_0$ 进行泰勒展开(见数学章节 I),可将前面的讨论转化为数学术语。该泰勒展开式的前几项为

$$V(l)=V(l_0)+\left(\frac{\mathrm{d}V}{\mathrm{d}l}\right)_{l=l_0}(l-l_0)+\frac{1}{2!}\left(\frac{\mathrm{d}^2V}{\mathrm{d}l^2}\right)_{l=l_0}(l-l_0)^2+$$

$$\frac{1}{3!}\left(\frac{\mathrm{d}^3V}{\mathrm{d}l^3}\right)_{l=l_0}(l-l_0)^3+\cdots \tag{5.23}$$

式(5.23)中第一项是一个常数，这取决于能量零点的位置。方便的做法是选择能量零点，使 $V(l_0)$ 等于零，并将 $V(l)$ 与这一惯例联系起来。式(5.23)右边第二项涉及 $(\mathrm{d}V/\mathrm{d}l)_{l=l_0}$ 这个量。由于 $l=l_0$ 的点是势能曲线的最小值，$\mathrm{d}V/\mathrm{d}l$ 在这里消失，因此式(5.23)中的位移没有线性项。请注意，$\mathrm{d}V/\mathrm{d}l$ 实质上是作用在两个核之间的力，而 $\mathrm{d}V/\mathrm{d}l$ 在 $l=l_0$ 时消失这一事实意味着作用在两个核之间的力在该点为零。这就是 $l=l_0$ 称为**平衡键长**(equilibrium bond length)的原因。

如果用 x 表示 $l-l_0$，用 k 表示 $(\mathrm{d}^2V/\mathrm{d}l^2)_{l=l_0}$，用 γ 表示 $(\mathrm{d}^3V/\mathrm{d}l^3)_{l=l_0}$，则式(5.23)变为

$$V(x)=\frac{1}{2}k(l-l_0)^2+\frac{1}{6}\gamma(l-l_0)^3+\cdots$$

$$=\frac{1}{2}kx^2+\frac{1}{6}\gamma x^3+\cdots \tag{5.24}$$

如果只考虑较小的位移，那么 x 将很小，可以忽略式(5.24)中二次项以外的项，这表明一般势能函数 $V(l)$ 可以用谐振子势能来近似。请注意，力常数等于 $V(l)$ 在最小值时的曲率。可以考虑用式(5.24)中的高阶项来修正或扩展谐振子模型。这些项称为**非谐项**(anharmonic terms)，将在第13章中讨论。

» 例题 5-2　有一个能较好地近似分子间势能曲线的解析表达式，称为**莫尔斯势**(Morse potential)

$$V(l)=D\left[1-\mathrm{e}^{-\beta(l-l_0)}\right]^2$$

首先，设 $x=l-l_0$，这样就可以写出

$$V(x)=D(1-\mathrm{e}^{-\beta x})^2$$

式中 D 和 β 均是取决于分子的参数。参数 D 是指从 $V(l)$ 的最小值开始测量的分子解离能，而 β 则是 $V(l)$ 在其最小值处曲率的一种度量。图5.6显示了 H_2 的 $V(l)$ 与 l 的关系图。试导出力常数与参数 D 和 β 之间的关系式。

» 解　将 $V(x)$ 围绕 $x=0$ 展开[式(5.23)]，使用

$$V(0)=0 \qquad \left(\frac{\mathrm{d}V}{\mathrm{d}x}\right)_{x=0}=\left[2D\beta(\mathrm{e}^{-\beta x}-\mathrm{e}^{-2\beta x})\right]_{x=0}=0$$

并且

$$\left(\frac{\mathrm{d}^2V}{\mathrm{d}x^2}\right)_{x=0}=\left[-2D\beta(\beta\mathrm{e}^{-\beta x}-2\beta\mathrm{e}^{-2\beta x})\right]_{x=0}=2D\beta^2$$

因此，可以写出

$$V(x)=D\beta^2x^2+\cdots$$

将这一结果与式(5.11)比较，可得

$$k=2D\beta^2$$

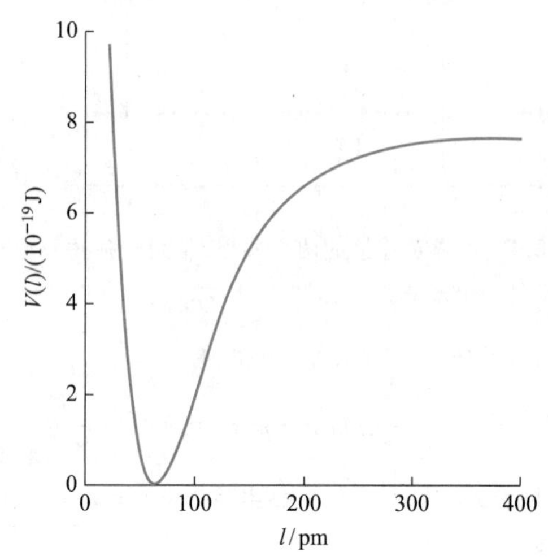

图 5.6　H_2 的莫尔斯势 $V(l)=D[1-\mathrm{e}^{-\beta(l-l_0)}]^2$ 对核间位移 l 的作图。H_2 的参数值为 $D=7.61\times10^{-19}$ J，$\beta=0.0193$ pm^{-1} 和 $l_0=74.1$ pm。

5-4　量子力学谐振子的能级为 $E_v=\hbar\omega\left(v+\frac{1}{2}\right)(v=0,1,2,\cdots)$

一维谐振子的薛定谔方程为

$$-\frac{\hbar^2}{2\mu}\frac{\mathrm{d}^2\psi}{\mathrm{d}x^2}+V(x)\psi(x)=E\psi(x) \tag{5.25}$$

式中 $V(x)=\frac{1}{2}kx^2$。因此，必须求解二阶微分方程：

$$\frac{\mathrm{d}^2\psi}{\mathrm{d}x^2}+\frac{2\mu}{\hbar^2}\left(E-\frac{1}{2}kx^2\right)\psi(x)=0 \tag{5.26}$$

然而，这个微分方程没有常数系数，所以不能使用第2-2节中提到的方法。事实上，当微分方程不具有常数系数时，并没有简单通用的求解技巧，必须对每种情况进行单独考虑。

在求解方程(5.26)时，只有使能量如下量子化，才能得到品优的有限解。

$$E_v=\hbar\left(\frac{k}{\mu}\right)^{1/2}\left(v+\frac{1}{2}\right)$$

$$=\hbar\omega\left(v+\frac{1}{2}\right)=h\nu\left(v+\frac{1}{2}\right)\quad v=0,1,2,\cdots \tag{5.27}$$

其中

$$\omega=\left(\frac{k}{\mu}\right)^{1/2} \tag{5.28}$$

$$\nu=\frac{1}{2\pi}\left(\frac{k}{\mu}\right)^{1/2} \tag{5.29}$$

量子力学谐振子的能级见图 5.7。请注意，能级间距相等，相距 $\hbar\omega$ 或 $h\nu$。能级之间的这种均匀间隔是谐振子的二次势所特有的性质。还要注意的是，基态（即 $v=0$ 的状态）的能量是 $\frac{1}{2}h\nu$，并不像最低经典能量那样为零。该能量称为谐振子的**零点能**（zero-point energy），是不确定性原理的一个直接结果。谐振子的能量可以写成 $(p^2/2\mu)+(kx^2/2)$，因此我们看到，能量的零值要求 p 和 x，或者更准确地说，$\hat{P}^2$ 和 $\hat{X}^2$ 的期望值同时为零，这违反了不确定性原理。

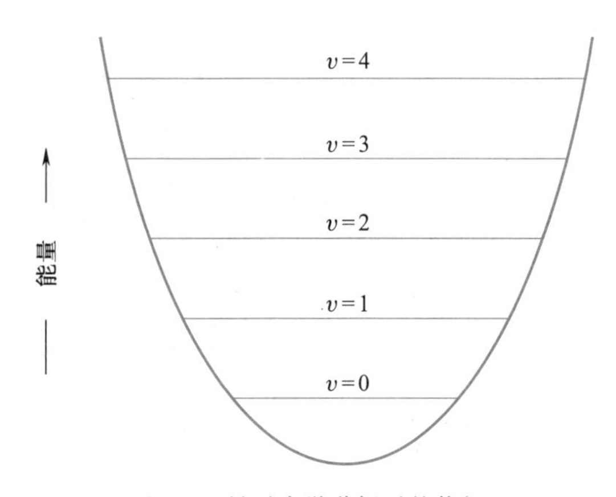

图 5.7　量子力学谐振子的能级。

5-5　谐振子可解释双原子分子的红外光谱

在第 13 章将详细讨论分子光谱，但在这里讨论谐振子的光谱预测。如果以谐振子为模型来表示双原子分子的势能函数，那么根据式（5.27），双原子分子的振动能级为

$$E_v=\hbar\left(\frac{k}{\mu}\right)^{1/2}\left(v+\frac{1}{2}\right)\quad v=0,1,2,\cdots \tag{5.30}$$

双原子分子可以通过吸收或发射电磁辐射从一种振动能态跃迁到另一种振动能态，其观测频率满足 Bohr 频率条件：

$$\Delta E=h\nu_{\text{obs}} \tag{5.31}$$

在第 13 章中将证明，谐振子模型只允许在相邻能态之间的跃迁，因此有一个条件，即 $\Delta v=\pm1$。这样的条件称为**选律**（selection rule）。

为使吸收发生，$\Delta v=+1$，因此

$$\Delta E=E_{v+1}-E_v=\hbar\left(\frac{k}{\mu}\right)^{1/2} \tag{5.32}$$

观测到的辐射吸收频率为

$$\nu_{\text{obs}}=\frac{1}{2\pi}\left(\frac{k}{\mu}\right)^{1/2} \tag{5.33}$$

或

$$\tilde{\nu}_{\text{obs}}=\frac{1}{2\pi c}\left(\frac{k}{\mu}\right)^{1/2} \tag{5.34}$$

式中 $\tilde{\nu}_{\text{obs}}$ 的单位为 cm^{-1}。此外，由于谐振子的连续能态间隔相同的能量，故所有允许跃迁的 ΔE 都是相同的，因此该模型预测光谱只包括一条线，其频率由式（5.34）给出。这一预测与实验一致，这条光谱线称为**基本振动频率**（fundamental vibration frequency）。对于双原子分子，这些线条出现在 $10^3\ \text{cm}^{-1}$ 左右，处于红外区域。如果已知基本振动频率，则式（5.34）可确定力常数。例如，对于 $H^{35}Cl$，其 $\tilde{\nu}_{\text{obs}}$ 是 $2.885\times10^3\ \text{cm}^{-1}$。因此，根据式（5.34），$H^{35}Cl$ 的力常数为

$$\begin{aligned}k&=(2\pi c\tilde{\nu}_{\text{obs}})^2\mu\\&=[2\pi(2.998\times10^8\ \text{m}\cdot\text{s}^{-1})(2.886\times10^3\ \text{cm}^{-1})\times\\&\quad(100\text{cm}\cdot\text{m}^{-1})]^2\times\frac{(35.0\ \text{amu})(1.01\ \text{amu})}{(35.0+1.01)\ \text{amu}}\times\\&\quad(1.661\times10^{-27}\text{kg}\cdot\text{amu}^{-1})\\&=4.78\times10^2\ \text{kg}\cdot\text{s}^{-2}=4.78\times10^2\ \text{N}\cdot\text{m}\end{aligned}$$

» 例题 5-3　$^{75}Br^{19}F$ 的红外光谱由一条在 $380\ \text{cm}^{-1}$ 处的强线组成。计算 $^{75}Br^{19}F$ 的力常数。

» 解　力常数的计算公式为

$$k=(2\pi c\tilde{\nu}_{\text{obs}})^2\mu$$

折合质量为

$$\begin{aligned}\mu&=\frac{(75.0\ \text{amu})(19.0\ \text{amu})}{(75.0+19.0)\ \text{amu}}(1.661\times10^{-27}\ \text{kg}\cdot\text{amu}^{-1})\\&=2.52\times10^{-26}\ \text{kg}\end{aligned}$$

于是

$$\begin{aligned}k&=[2\pi(2.998\times10^8\ \text{m}\cdot\text{s}^{-1})(380\ \text{cm}^{-1})\times\\&\quad(100\ \text{cm}\cdot\text{m}^{-1})]^2(2.52\times10^{-26}\ \text{kg})\\&=129\ \text{kg}\cdot\text{s}^{-2}=129\ \text{N}\cdot\text{m}^{-1}\end{aligned}$$

双原子分子的力常数大约在 $10^2\ \text{N}\cdot\text{m}^{-1}$ 数量级。表 5.1 列出了一些双原子分子的基本振动频率、力常数和键长。在第 13 章中将看到，如果分子要吸收红外辐射，不仅在谐振子模型中必须 $\Delta v=\pm1$，而且分子的偶极矩必须

随着分子的振动而变化。因此，谐振子模型预测 HCl 会吸收红外辐射，但 N_2 不会。这一预测与实验结果非常吻合。谐振子模型确实存在偏差，但这些偏差不仅相当小，而且可以系统地引入修正和扩展来解释这些偏差。

表 5.1　一些双原子分子的基本振动频率、力常数和键长。

分子	$\tilde{\nu}/\mathrm{cm}^{-1}$	$k/(\mathrm{N\cdot m^{-1}})$	键长/pm
H_2	4401	570	74.1
D_2	2990	527	74.1
$H^{35}Cl$	2886	478	127.5
$H^{79}Br$	2630	408	141.4
$H^{127}I$	2230	291	160.9
$^{35}Cl^{35}Cl$	554	319	198.8
$^{79}Br^{79}Br$	323	240	228.4
$^{127}I^{127}I$	213	170	266.7
$^{16}O^{16}O$	1556	1142	120.7
$^{14}N^{14}N$	2330	2243	109.4
$^{12}C^{16}O$	2143	1857	112.8
$^{14}N^{16}O$	1876	1550	115.1
$^{23}Na^{23}Na$	158	17	307.8
$^{23}Na^{35}Cl$	378	117	236.1
$^{39}K^{35}Cl$	278	84	266.7

5-6　谐振子波函数涉及厄米多项式

与 E_v 相对应的谐振子波函数是非简并的，可由下式给出：

$$\psi_v(x)=N_vH_v(\alpha^{1/2}x)\mathrm{e}^{-\alpha x^2/2} \tag{5.35}$$

式中

$$\alpha=\left(\frac{k\mu}{\hbar^2}\right)^{1/2} \tag{5.36}$$

$$N_v=\frac{1}{(2^v v!)^{1/2}}\left(\frac{\alpha}{\pi}\right)^{1/4} \tag{5.37}$$

归一化常数 N_v 和 $H_v(\alpha^{1/2}x)$ 是多项式，称为**厄米多项式**(Hermite polynomials)。表 5.2 列出了厄米多项式前几项。请注意，$H_v(\xi)$ 是 ξ 的 v 阶多项式。表 5.3 列出了前几个谐振子波函数，图 5.8 则给出谐振子波函数。

表 5.2　厄米多项式前几项。

$H_0(\xi)=1$	$H_1(\xi)=2\xi$
$H_2(\xi)=4\xi^2-2$	$H_3(\xi)=8\xi^3-12\xi$
$H_4(\xi)=16\xi^4-48\xi^2+12$	$H_5(\xi)=32\xi^5-160\xi^3+120\xi$

表 5.3　式(5.35)的前几个谐振子波函数，参数 $\alpha=(k\mu)^{1/2}/\hbar$。

$\psi_0(x)=\left(\dfrac{\alpha}{\pi}\right)^{1/4}\mathrm{e}^{-\alpha x^2/2}$	$\psi_2(x)=\left(\dfrac{\alpha}{4\pi}\right)^{1/4}(2\alpha x^2-1)\mathrm{e}^{-\alpha x^2/2}$
$\psi_1(x)=\left(\dfrac{4\alpha^3}{\pi}\right)^{1/4}x\mathrm{e}^{-\alpha x^2/2}$	$\psi_3(x)=\left(\dfrac{\alpha^3}{9\pi}\right)^{1/4}(2\alpha x^3-3x)\mathrm{e}^{-\alpha x^2/2}$

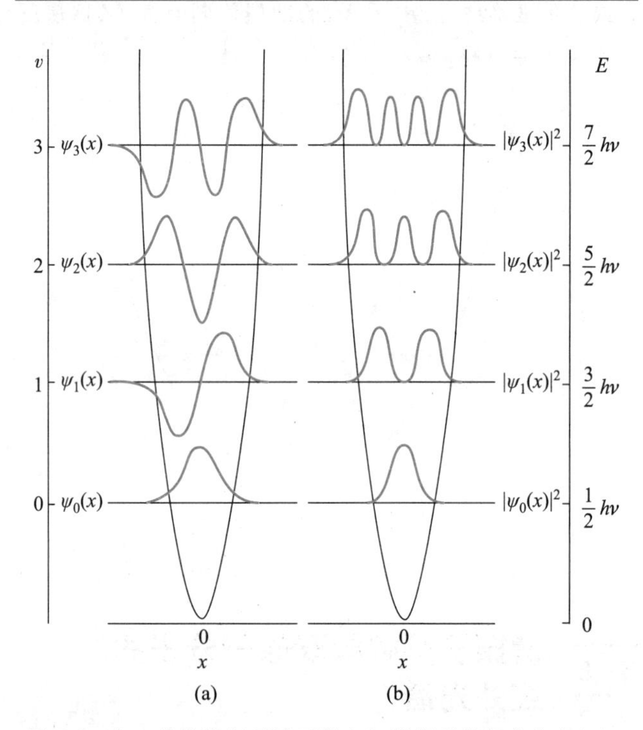

图 5.8　归一化的谐振子波函数(a)；谐振子的概率密度(b)。

虽然我们还没有解出谐振子的薛定谔方程[式(5.26)]，但至少可以证明式(5.35)所给出的函数是方程的解。例如，考虑 $\psi_0(x)$，根据表 5.3：

$$\psi_0(x)=\left(\frac{\alpha}{\pi}\right)^{1/4}\mathrm{e}^{-\alpha x^2/2}$$

将该方程代入式(5.26)，$E_0=\dfrac{1}{2}\hbar\omega$，得

$$\frac{\mathrm{d}^2\psi_0}{\mathrm{d}x^2}+\frac{2\mu}{\hbar^2}\left(E_0-\frac{1}{2}kx^2\right)\psi_0(x)=0$$

$$\left(\frac{\alpha}{\pi}\right)^{1/4}(\alpha^2x^2\mathrm{e}^{-\alpha x^2/2}-\alpha\mathrm{e}^{-\alpha x^2/2})+\frac{2\mu}{\hbar^2}\left(\frac{\hbar\omega}{2}-\frac{kx^2}{2}\right)\left(\frac{\alpha}{\pi}\right)^{1/4}\mathrm{e}^{-\alpha x^2/2}\stackrel{?}{=}0$$

或 $$(\alpha^2x^2-\alpha)+\left(\frac{\mu\omega}{\hbar}-\frac{\mu k}{\hbar^2}x^2\right)\overset{?}{=}0$$

利用关系式 $\alpha=(k\mu/\hbar^2)^{1/2}$ 和 $\omega=(k/\mu)^{1/2}$，可以看到，在上述表达式的左侧，全部都抵消了。因此，$\psi_0(x)$ 是方程(5.26)的一个解。习题 5-15 将明确证明 $\psi_1(x)$ 和 $\psi_2(x)$ 是方程(5.26)的解。

还可以明确证明 $\psi_v(x)$ 已归一化，或者说式(5.37)给出的 N_v 是归一化常数。

» 例题 5-4 证明 $\psi_0(x)$ 和 $\psi_1(x)$ 已归一化。

» 解 根据表 5.3，有

$$\psi_0(x)=\left(\frac{\alpha}{\pi}\right)^{1/4}e^{-\alpha x^2/2} \quad 和 \quad \psi_1(x)=\left(\frac{4\alpha^3}{\pi}\right)^{1/4}xe^{-\alpha x^2/2}$$

则

$$\int_{-\infty}^{+\infty}\psi_0^2(x)\,dx=\left(\frac{\alpha}{\pi}\right)^{1/2}\int_{-\infty}^{+\infty}e^{-\alpha x^2}dx=\left(\frac{\alpha}{\pi}\right)^{1/2}\left(\frac{\pi}{\alpha}\right)^{1/2}=1$$

且

$$\int_{-\infty}^{+\infty}\psi_1^2(x)\,dx=\left(\frac{4\alpha^3}{\pi}\right)^{1/2}\int_{-\infty}^{+\infty}x^2e^{-\alpha x^2}dx$$
$$=\left(\frac{4\alpha^3}{\pi}\right)^{1/2}\left[\frac{1}{2\alpha}\left(\frac{\pi}{\alpha}\right)^{1/2}\right]=1$$

本书封面内页给出了此处的积分，并在习题 5-17 中进行了评估。

利用第 4 章的结果可论证谐振子波函数是正交的。能量本征值是非简并的，则有

$$\int_{-\infty}^{+\infty}\psi_v(x)\psi_{v'}(x)\,dx=0 \quad v\neq v'$$

或更明确地

$$\int_{-\infty}^{+\infty}H_v(\alpha^{1/2}x)H_{v'}(\alpha^{1/2}x)e^{-\alpha x^2}dx=0 \quad v\neq v'$$

» 例题 5-5 明确证明谐振子的 $\psi_0(x)$ 和 $\psi_1(x)$ 是正交的。

» 解 $$\psi_0(x)=\left(\frac{\alpha}{\pi}\right)^{1/4}e^{-\alpha x^2/2} \quad 和$$
$$\psi_1(x)=\left(\frac{4\alpha^3}{\pi}\right)^{1/4}xe^{-\alpha x^2/2}$$

故

$$\int_{-\infty}^{+\infty}\psi_1(x)\psi_0(x)\,dx=\left(\frac{2\alpha^2}{\pi}\right)^{1/2}\int_{-\infty}^{+\infty}xe^{-\alpha x^2}dx=0$$

这是因为被积函数是 x 的奇函数。

习题 5-16 要求验证谐振子波函数在其他几种情况下是正交的。

5-7 厄米多项式是偶函数或奇函数

回顾数学章节 B，偶函数是满足以下条件的函数：

$$f(x)=f(-x) \quad (偶) \tag{5.38}$$

而奇函数则是满足以下条件的函数：

$$f(x)=-f(-x) \quad (奇) \tag{5.39}$$

» 例题 5-6 证明：如果 v 是偶数，则厄米多项式 $H_v(\xi)$ 是偶函数；如果 v 是奇数，则厄米多项式是奇函数。

» 解 利用表 5.2。

$H_0(\xi)=1$ 是偶函数。

$H_1(\xi)=2\xi=-2(-\xi)=-H_1(-\xi)$ 是奇函数。

$H_2(\xi)=4\xi^2-2=4(-\xi)^2-2=H_2(-\xi)$ 是偶函数。

$H_3(\xi)=8\xi^3-12\xi=[-8(-\xi)^3-12(-\xi)]=-H_3(-\xi)$ 是奇函数。

回想一下，如果 $f(x)$ 是一奇函数，那么

$$\int_{-A}^{A}f(x)\,dx=0 \quad f(x)\ 是奇函数 \tag{5.40}$$

因为从 $-A$ 到 0 以及从 0 到 A 的面积相互抵消。根据式(5.35)，谐振振子波函数为

$$\psi_v(x)=N_vH_v(\alpha^{1/2}x)e^{-\alpha x^2/2}$$

因为当 v 为偶整数时，$\psi_v(x)$ 为偶函数，而当 v 为奇整数时，$\psi_v(x)$ 是奇函数；对于 v 的任何值，$\psi_v^2(x)$ 都是偶函数。因此，$x\psi_v^2(x)$ 是一奇函数。根据式(5.40)，有

$$\langle x\rangle=\int_{-\infty}^{+\infty}\psi_v(x)x\psi_v(x)\,dx=0 \tag{5.41}$$

因此，对于谐振子的所有量子态，谐振子的平均位移为零，或者说平均核间距为平衡键长 l_0。

平均动量可由下式给出：

$$\langle p\rangle=\int_{-\infty}^{+\infty}\psi_v(x)\left(-i\hbar\frac{d}{dx}\right)\psi_v(x)\,dx \tag{5.42}$$

奇(偶)函数的导数是偶(奇)函数，因为积分项是奇函数和偶函数的乘积，因此总体上是奇函数，所以这个积分消失。因此，可得谐振子的 $\langle p\rangle=0$。

5-8 刚性转子的能级是 $E=\hbar^2J(J+1)/2I$

本节将讨论一个转动双原子分子的简单模型。该模

型包括两个质量分别为 m_1 和 m_2 的质点,它们与质心的距离分别固定为 r_1 和 r_2(参考图 5.9)。由于两个质点之间的距离是固定的,因此这个模型称为**刚性转子模型**(rigid-rotator model)。尽管双原子分子在旋转时振动,但振动振幅与键长相比很小,因此可认为键长固定(这是一个好的近似,见习题 5-22)。

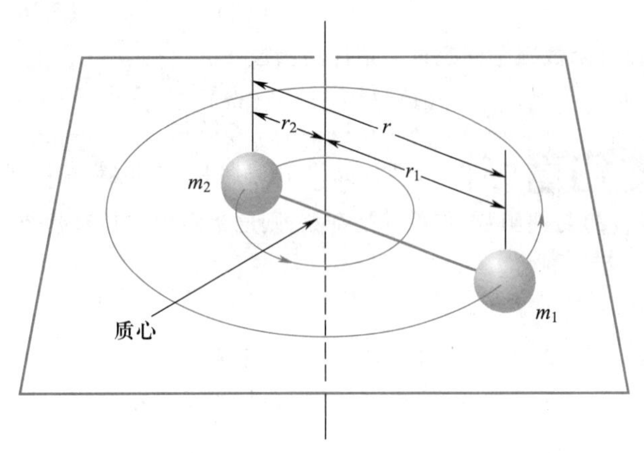

图 5.9　图示两个质量分别为 m_1 和 m_2 的质点围绕它们的质心旋转。

设分子以每秒 ν_{rot} 圈的频率围绕其质心旋转。两个质点的速率分别为 $v_1=2\pi r_1\nu_{rot}$ 和 $v_2=2\pi r_2\nu_{rot}$,将其写为 $v_1=r_1\omega$ 和 $v_2=r_2\omega$,其中 ω(rad · s^{-1})等于 $2\pi\nu_{rot}$,称为**角速率**(angular speed)(第 4-2 节)。刚性转子的动能为

$$K=\frac{1}{2}m_1v_1^2+\frac{1}{2}m_2v_2^2=\frac{1}{2}(m_1r_1^2+m_2r_2^2)\omega^2$$

$$=\frac{1}{2}I\omega^2 \tag{5.43}$$

式中 I 为**转动惯量**(moment of inertia),可由下式给出:

$$I=m_1r_1^2+m_2r_2^2 \tag{5.44}$$

利用质心位置由 $m_1r_1=m_2r_2$ 给出这一事实,转动惯量可改写为(习题 5-29)

$$I=\mu r^2 \tag{5.45}$$

式中 $r=r_1+r_2$(两个质量的固定间隔)和 μ 是**折合质量**(reduced mass)(第 5-2 节)。在第 4-2 节中,曾讨论了质量为 m 的单体在距固定中心 r 的距离上旋转的情况。在那种情况下,转动惯量 I 等于 mr^2。通过将方程(5.45)与这一结果相比较,可以认为式(5.45)是质量为 μ 的单体在距固定中心 r 的距离上旋转时的转动惯量方程。这样,就将双体问题转化为一个等价的单体问题,正如在第 5-2 节中对谐振子所做的那样。

根据式(4.4)和式(4.6),角动量 L 为

$$L=I\omega \tag{5.46}$$

动能为

$$K=\frac{L^2}{2I} \tag{5.47}$$

没有势能项,因为在没有任何外力(如电或磁力)的情况下,分子的能量并不依赖于其在空间的取向。因此,刚性转子的哈密顿算符就是动能算符。利用表 4.1 中给出的算符 $\hat{K}$ 及表 4.2 中给出的线性系统和旋转系统的对应关系,可以将刚性转子的哈密顿算符写成

$$\hat{H}=\hat{K}=-\frac{\hbar^2}{2\mu}\nabla^2 \quad (r\text{ 为常数}) \tag{5.48}$$

式中 ∇^2 是拉普拉斯算符。在 3-7 节中遇到过用笛卡儿坐标表示的 ∇^2,但如果系统有一个自然对称中心,例如一个粒子围绕一个固定在原点的粒子旋转,那么使用球面坐标(数学章节 D)要方便得多。因此,必须将 ∇^2 从笛卡儿坐标转换为球面坐标。这种转换涉及偏微分的链式法则的烦琐过程,最好将其作为习题来解决(见习题 5-30~5-32)。最终结果为

$$\nabla^2=\frac{1}{r^2}\frac{\partial}{\partial r}\left(r^2\frac{\partial}{\partial r}\right)_{\theta,\phi}+\frac{1}{r^2\sin\theta}\frac{\partial}{\partial\theta}\left(\sin\theta\frac{\partial}{\partial\theta}\right)_{r,\phi}+\frac{1}{r^2\sin^2\theta}\left(\frac{\partial^2}{\partial\phi^2}\right)_{r,\theta} \tag{5.49}$$

刚性转子是一个特例,其中 r 是一个常数,因此式(5.49)变为

$$\nabla^2=\frac{1}{r^2}\frac{1}{\sin\theta}\frac{\partial}{\partial\theta}\left(\sin\theta\frac{\partial}{\partial\theta}\right)+\frac{1}{r^2}\frac{1}{\sin^2\theta}\left(\frac{\partial^2}{\partial\phi^2}\right) \quad (r\text{ 为常数}) \tag{5.50}$$

将这一结果应用到式(5.48)中,可得

$$\hat{H}=-\frac{\hbar^2}{2I}\left[\frac{1}{\sin\theta}\frac{\partial}{\partial\theta}\left(\sin\theta\frac{\partial}{\partial\theta}\right)+\frac{1}{\sin^2\theta}\left(\frac{\partial^2}{\partial\phi^2}\right)\right] \tag{5.51}$$

因为 $\hat{H}=\hat{L}^2/2I$,可以得出对应关系:

$$\hat{L}^2=-\hbar^2\left[\frac{1}{\sin\theta}\frac{\partial}{\partial\theta}\left(\sin\theta\frac{\partial}{\partial\theta}\right)+\frac{1}{\sin^2\theta}\left(\frac{\partial^2}{\partial\phi^2}\right)\right] \tag{5.52}$$

注意,角动量的平方是量子力学中自然出现的一个算符,θ 和 ϕ 都是无单位的,因此式(5.52)表明原子和分子系统的角动量的单位是 $\hbar$。稍后将利用这一事实。

线性刚性转子的取向完全由两个角度 θ 和 ϕ 指定,因此刚性转子的波函数只取决于这两个变量。刚性转子的波函数通常用 $Y(\theta,\phi)$ 表示,因此刚性转子的薛定谔方程为

$$\hat{H}Y(\theta,\phi)=EY(\theta,\phi)$$

或

$$-\frac{\hbar^2}{2I}\left[\frac{1}{\sin\theta}\frac{\partial}{\partial\theta}\left(\sin\theta\frac{\partial}{\partial\theta}\right)+\frac{1}{\sin^2\theta}\left(\frac{\partial^2}{\partial\phi^2}\right)\right]Y(\theta,\phi)=EY(\theta,\phi) \tag{5.53}$$

如果将式(5.53)乘以 $\sin^2\theta$,并设

$$\beta=\frac{2IE}{\hbar^2} \quad (5.54)$$

则可得偏微分方程：

$$\sin\theta\frac{\partial}{\partial\theta}\left(\sin\theta\frac{\partial Y}{\partial\theta}\right)+\frac{\partial^2 Y}{\partial\phi^2}+(\beta\sin^2\theta)Y=0 \quad (5.55)$$

方程(5.55)的解是刚性转子的波函数，在本章中用不上。在第 6 章求解氢原子的薛定谔方程时将遇到方程(5.55)。因此，我们将在之后讨论刚性转子的波函数，直到详细讨论氢原子。不过，你可能感兴趣地知道，方程(5.55)的解与氢原子的 s,p,d 和 f 轨道密切相关。

当求解方程(5.55)时，自然会发现由式(5.54)得出的 β 必须遵循以下条件：

$$\beta=J(J+1) \quad J=0,1,2,\cdots \quad (5.56)$$

利用 β 的定义[式(5.54)]，式(5.56)等价于

$$E_J=\frac{\hbar^2}{2I}J(J+1) \quad J=0,1,2,\cdots \quad (5.57)$$

再次得到一组量子化的能级。除了由式(5.57)给出的允许能量外，我们还发现每个能级都有一个简并度 g_J，同时 $g_J=2J+1$。

5-9 刚性转子是旋转双原子分子的一个模型

刚性转子的允许能量由式(5.57)给出。在第 13 章中将证明，电磁辐射可以引起刚性转子从一种状态跃迁到另一种状态，特别地，将证明刚性转子的选律是：只有相邻状态之间的跃迁是允许的，或

$$\Delta J=\pm1 \quad (5.58)$$

除了要求 $\Delta J=\pm1$ 外，分子还必须具有永久偶极矩才能吸收电磁辐射。因此，HCl 具有转动光谱，但 N_2 没有。在吸收电磁辐射的情况下，分子从量子数为 J 的状态转变为量子数为 $J+1$ 的状态。因此，能量差为

$$\Delta E=E_{J+1}-E_J=\frac{\hbar^2}{2I}[(J+1)(J+2)-J(J+1)]$$
$$=\frac{\hbar^2}{I}(J+1)=\frac{h^2}{4\pi^2 I}(J+1) \quad (5.59)$$

刚性转子的能级和吸收跃迁如图 5.10 所示。

利用 Bohr 频率条件 $\Delta E=h\nu$，吸收跃迁发生的频率为

$$\nu=\frac{h}{4\pi^2 I}(J+1) \quad J=0,1,2,\cdots \quad (5.60)$$

双原子分子的折合质量通常为 $10^{-26}\sim10^{-25}$ kg，典型键长约为 10^{-10} m(100 pm)，因此双原子分子的转动惯量通常为

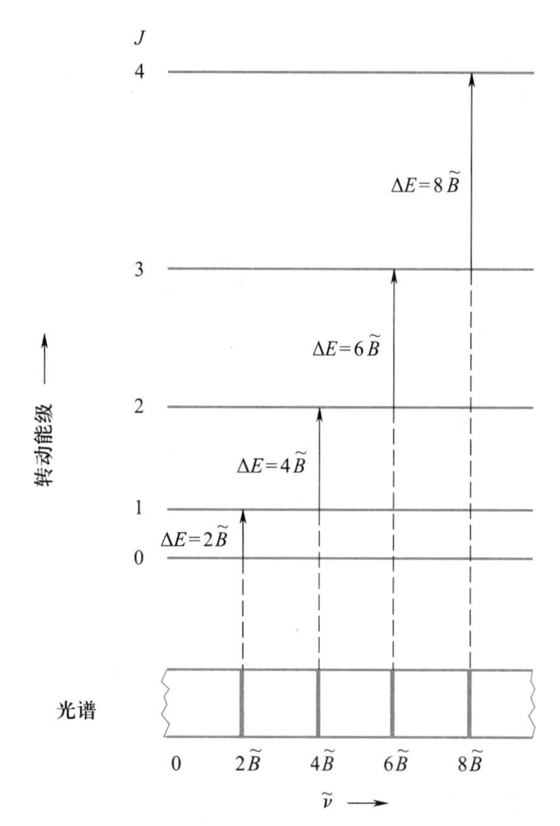

图 5.10 刚性转子的能级和吸收跃迁。吸收跃迁发生在相邻能级之间，因此能级下方显示的吸收光谱由一系列等距线组成。量 $B=h/8\pi^2 cI$[式(5.64)]。

$10^{-46}\sim10^{-45}$ kg·m²。将 $I=5\times10^{-46}$ kg·m² 代入式(5.60)，可以得出吸收频率为 $2\times10^{10}\sim10^{11}$ Hz(参考习题 5-33)。参考习题 1-1 中的图 1.11，可以看到这些频率位于微波区域。因此，双原子分子的转动跃迁发生在微波区域，直接研究分子中的转动跃迁称为**微波光谱学**(microwave spectroscopy)。

在微波光谱学中，通常将式(5.60)写为

$$\nu=2B(J+1) \quad J=0,1,2,\cdots \quad (5.61)$$

式中

$$B=\frac{h}{8\pi^2 I} \quad (5.62)$$

B 称为分子的**转动常数**(rotational constant)。此外，跃迁频率通常用波数(cm^{-1})而不是赫兹(Hz)来表示。如果使用关系式 $\tilde{\nu}=\nu/c$，则式(5.61)变为

$$\tilde{\nu}=2\tilde{B}(J+1) \quad J=0,1,2,\cdots \quad (5.63)$$

式中 $\tilde{B}$ 是以波数为单位表示的转动常数，即

$$\tilde{B}=\frac{h}{8\pi^2 cI} \quad (5.64)$$

根据式(5.61)或式(5.63)，可以看出，刚性转子模型预测双原子分子的微波光谱由一系列等距线组成，其间隔为

$2B(\mathrm{Hz})$或$2\tilde{B}(\mathrm{cm}^{-1})$,如图5.10所示。根据吸收频率之间的间隔,可以确定转动常数,从而确定分子的转动惯量。此外,由于$I=\mu r^2$,其中r是核间距或键长,可以根据跃迁频率确定键长。例题5-7说明了这一过程。

» 例题 5-7 近似地讲,$H^{35}Cl$的微波光谱由一系列等距线组成,其间隔为6.626×10^{11} Hz。计算$H^{35}Cl$的键长。

» 解 根据式(5.61),$H^{35}Cl$微波光谱中的谱线间距为

$$2B=\frac{h}{4\pi^2 cI}$$

于是

$$\frac{h}{4\pi^2 I}=6.626\times10^{11}\ \mathrm{Hz}$$

求解这个方程,得

$$I=\frac{6.626\times10^{-34}\ \mathrm{J\cdot s}}{4\pi^2(6.626\times10^{11}\ \mathrm{s^{-1}})}=2.68\times10^{-47}\ \mathrm{kg\cdot m^2}$$

$H^{35}Cl$的折合质量为

$$\mu=\frac{(1.01\ \mathrm{amu})(35.0\ \mathrm{amu})}{36.0\ \mathrm{amu}}(1.661\times10^{-27}\ \mathrm{kg\cdot amu^{-1}})$$
$$=1.63\times10^{-27}\ \mathrm{kg}$$

利用$I=\mu r^2$这一事实,可得

$$r=\left(\frac{2.68\times10^{-47}\ \mathrm{kg\cdot m^2}}{1.63\times10^{-27}\ \mathrm{kg}}\right)^{1/2}=1.28\times10^{-10}\ \mathrm{m}=128\ \mathrm{pm}$$

习题5-34和习题5-35给出了根据微波数据确定键长的其他例子。

双原子分子并不是真正的刚性转子,因为无论振幅有多小,它都会同时振动。因此,我们可能会发现,虽然双原子分子的微波光谱由一系列线组成,但它们之间的间隔并不完全恒定。在第13章中,我们将学习如何修正双原子之间的键并非完全刚性这一事实。

习题

5-1 验证$x(t)=A\sin(\omega t)+B\cos(\omega t)$[其中$\omega=(k/m)^{1/2}$]是谐振子牛顿方程的一个解。

5-2 验证$x(t)=C\sin(\omega t+\phi)$是谐振子牛顿方程的一个解。

5-3 经典谐振子的一般解是$x(t)=C\sin(\omega t+\phi)$。证明位移在$+C$和$-C$之间振动,且频率为$\omega(\mathrm{rad\cdot s^{-1}})$或$\nu=\omega/2\pi$(周$\cdot\mathrm{s}^{-1}$)。振动的周期是多久,即经历一个周期需要多长时间?

5-4 从习题5-3中,可以看出谐振动的周期为$\tau=1/\nu$。在一个周期内的动能平均值为

$$\langle K\rangle=\frac{1}{\tau}\int_0^\tau\frac{m\omega^2C^2}{2}\cos^2(\omega t+\varphi)\,\mathrm{d}t$$

证明$\langle K\rangle=E/2$,其中E是总能量。证明$\langle V\rangle=E/2$,其中瞬时势能的计算公式为

$$V=\frac{kC^2}{2}\sin^2(\omega t+\varphi)$$

解释结果$\langle K\rangle=\langle V\rangle$。

5-5 考虑一维中的两个质点m_1和m_2,它们通过一个只取决于它们之间相对距离的势能相互作用(x_1-x_2),因此$V(x_1,x_2)=V(x_1-x_2)$。假定作用于第j个粒子上的力是$f_j=-(\partial V/\partial x_j)$,请证明$f_1=-f_2$。这是什么定律?

m_1和m_2的牛顿方程分别为

$$m_1\frac{\mathrm{d}^2x_1}{\mathrm{d}t^2}=-\frac{\partial V}{\partial x_1}\quad 和\quad m_2\frac{\mathrm{d}^2x_2}{\mathrm{d}t^2}=-\frac{\partial V}{\partial x_2}$$

现在,引入质心和相对坐标,即

$$X=\frac{m_1x_1+m_2x_2}{M}\qquad x=x_1-x_2$$

式中$M=m_1+m_2$,求解x_1和x_2,得

$$x_1=X+\frac{m_2}{M}x\quad 和\quad x_2=X-\frac{m_1}{M}x$$

证明这些坐标下的牛顿方程为

$$m_1\frac{\mathrm{d}^2X}{\mathrm{d}t^2}+\frac{m_1m_2}{M}\frac{\mathrm{d}^2x}{\mathrm{d}t^2}=-\frac{\partial V}{\partial x}$$

和

$$m_2\frac{\mathrm{d}^2X}{\mathrm{d}t^2}-\frac{m_1m_2}{M}\frac{\mathrm{d}^2x}{\mathrm{d}t^2}=+\frac{\partial V}{\partial x}$$

将这两个等式相加,可得

$$M\frac{\mathrm{d}^2X}{\mathrm{d}t^2}=0$$

解释这一结果。现在,用m_1除以第一个等式,用m_2除以第二个等式,然后相减,从而得到

$$\frac{\mathrm{d}^2x}{\mathrm{d}t^2}=-\left(\frac{1}{m_1}+\frac{1}{m_2}\right)\frac{\partial V}{\partial x}$$

或 $$\mu\frac{d^2x}{dt^2}=-\frac{\partial V}{\partial x}$$

式中 $\mu=m_1m_2/(m_1+m_2)$ 是折合质量。解释这一结果，并讨论原来的双体问题是如何被简化为两个单体问题的。

5-6 将习题 5-5 的结果扩展到三维空间。认识到在三维空间中相对距离的计算公式为

$$r_{12}=[(x_1-x_2)^2+(y_1-y_2)^2+(z_1-z_2)^2]^{1/2}$$

5-7 计算氢原子的折合质量。取电子的质量和质子的质量分别为 9.109390×10^{-31} kg 和 1.672623×10^{-27} kg。这一结果与电子静止质量之间的百分比差是多少？

5-8 证明两个相等质量 m 的折合质量为 $m/2$。

5-9 例题 5-2 表明，对莫尔斯势进行麦克劳林展开可得出

$$V(x)=D\beta^2x^2+\cdots$$

已知 HCl 的 $D=7.31\times10^{-19}$ J·分子$^{-1}$和 $\beta=1.81\times10^{10}$ m^{-1}，计算 HCl 的力常数。绘制 HCl 的莫尔斯势图，并在同一张图上绘制相应的谐振子势能图(参见图 5.5)。

5-10 利用例题 5-2 的结果和式(5.34)，证明：

$$\beta=2\pi c\tilde{\nu}\left(\frac{\mu}{2D}\right)^{1/2}$$

已知 $H^{35}Cl$ 的 $\tilde{\nu}=2886$ cm^{-1}和 $D=440.2$ kJ·mol^{-1}，计算 β。将你的结果与习题 5-9 中的结果进行比较。

5-11 通过 x^4项对例题 5-2 中的莫尔斯势进行麦克劳林展开。用 D 和 β 表示式(5.24)中的 γ。

5-12 结果表明，莫尔斯势能的薛定谔方程的解可以表示为

$$\tilde{E}_v=\tilde{\nu}\left(v+\frac{1}{2}\right)-\tilde{\nu}\tilde{x}\left(v+\frac{1}{2}\right)^2$$

式中 $$\tilde{x}=\frac{hc\tilde{\nu}}{4D}$$

已知 $H^{35}Cl$ 的 $\tilde{\nu}=2886$ cm^{-1}和 $D=440.2$ kJ·mol^{-1}，计算 $\tilde{x}$ 和 $\tilde{\nu}\tilde{x}$。

5-13 在 $H^{79}Br$ 的红外光谱中，2630 cm^{-1}处有一条强谱线。计算 $H^{79}Br$ 的力常数和 $H^{79}Br$ 的振动周期。

5-14 $^{79}Br^{79}Br$ 的力常数为 240 N·m^{-1}。计算 $^{79}Br^{79}Br$ 的基本振动频率和零点能。

5-15 验证表 5.3 中给出的 $\psi_1(x)$ 和 $\psi_2(x)$ 满足谐振子的薛定谔方程。

5-16 证明：对于一个谐振子，$\psi_0(x)$ 与 $\psi_1(x)$，$\psi_2(x)$和$\psi_3(x)$正交，以及 $\psi_1(x)$ 与 $\psi_2(x)$ 和 $\psi_3(x)$ 正交(见表 5.3)。

5-17 为了对谐振子波函数进行归一化处理，并计算各种期望值，我们必须能够求出以下形式的积分：

$$I_v(a)=\int_{-\infty}^{+\infty}x^{2v}e^{-ax^2}dx \quad v=0,1,2,\cdots$$

我们可以简单地在积分表中查找它们，或者继续这个问题。首先，证明：

$$I_v(a)=2\int_0^{+\infty}x^{2v}e^{-ax^2}dx$$

$v=0$ 的情况可以用下面的技巧来处理。证明 $I_0(a)$ 的平方可以写成

$$I_0^2(a)=4\int_0^{+\infty}\int_0^{+\infty}dxdye^{-a(x^2+y^2)}$$

现在，转换为平面极坐标，设

$$r^2=x^2+y^2 \quad 和 \quad dxdy=rdrd\theta$$

证明适当的积分限是 $0\leqslant r<\infty$ 和 $0\leqslant\theta\leqslant\pi/2$，并证明：

$$I_0^2(a)=4\int_0^{\pi/2}d\theta\int_0^{+\infty}drre^{-ar^2}$$

并给出

$$I_0^2(a)=4\cdot\frac{\pi}{2}\cdot\frac{1}{2a}=\frac{\pi}{a}$$

或 $$I_0(a)=\left(\frac{\pi}{a}\right)^{1/2}$$

现在，证明 $I_v(a)$ 可以通过重复微分 $I_0(a)$ 而得到，具体地

$$\frac{d^vI_0(a)}{da^v}=(-1)^vI_v(a)$$

利用这一结果和 $I_0(a)=(\pi/a)^{1/2}$ 的事实，生成 $I_1(a)$，$I_2(a)$ 等。

5-18 证明：两个偶函数的乘积是偶函数，两个奇函数的乘积是偶函数，偶函数与奇函数的乘积是奇函数。

5-19 证明：偶函数(奇函数)的导数是奇函数(偶函数)。

5-20 证明：对于谐振子，有

$$\langle x^2\rangle=\int_{-\infty}^{+\infty}\psi_2(x)x^2\psi_2(x)dx=\frac{5}{2}\frac{\hbar}{(\mu k)^{1/2}}$$

请注意，$\langle x^2\rangle^{1/2}$是谐振子位移平方的均值的平方根(**均方根位移**，root-mean-square displacement)。

5-21 证明：对于谐振子，有

$$\langle p^2\rangle=\int_{-\infty}^{+\infty}\psi_2(x)\hat{P}^2\psi_2(x)dx=\frac{5}{2}\hbar(\mu k)^{1/2}$$

5-22 利用下面给出的一些双原子分子的基本振动频率，计算 $v=0$ 状态下的均方根位移(见习题 5-20)，并将其与平衡键长(也在下面给出)进行比较。

分子	$\tilde{\nu}/\mathrm{cm}^{-1}$	l_0/pm
H_2	4401	74.1
$^{35}Cl^{35}Cl$	554	198.8
$^{14}N^{14}N$	2330	109.4

5-23　证明:对于一维谐振子,当 $v=0$ 和 $v=1$ 时,有

$$\langle K\rangle=\langle V(x)\rangle=\frac{E_v}{2}$$

5-24　厄米多项式和它们的导数之间有许多一般关系式。(我们将不对其进行推导。)其中一些为

$$\frac{\mathrm{d}H_v(\xi)}{\mathrm{d}\xi}=2\xi H_v(\xi)-H_{v+1}(\xi)$$

$$H_{v+1}(\xi)-2\xi H_v(\xi)+2vH_{v-1}(\xi)=0$$

$$\frac{\mathrm{d}H_v(\xi)}{\mathrm{d}\xi}=2vH_{v-1}(\xi)$$

这种连接关系称为**递推公式**(recursion formulas)。使用表 5.2 中给出的前几个厄米多项式,明确验证这些公式。

5-25　使用习题 5-24 中给出的厄米多项式的递推公式,证明 $\langle p\rangle=0$ 和 $\langle p^2\rangle=\hbar(\mu k)^{1/2}\left(v+\frac{1}{2}\right)$。请记住,动量算符涉及一个针对 x(不是 ξ)的微分。

5-26　对于谐振子,可以一般性地证明:

$$\langle x^2\rangle=\frac{1}{\alpha}\left(v+\frac{1}{2}\right)=\frac{\hbar}{(\mu k)^{1/2}}\left(v+\frac{1}{2}\right)$$

以及

$$\langle x^4\rangle=\frac{3}{4\alpha^2}(2v^2+2v+1)=\frac{3\hbar^2}{4\mu k}(2v^2+2v+1)$$

对谐振子的前两个状态,明确验证这些公式。

5-27　本题与习题 3-35 类似。证明谐振子波函数是 x 的奇偶交替函数,因为哈密顿算符服从关系式 $\hat{H}(x)=\hat{H}(-x)$。定义反射算符 $\hat{R}$:

$$\hat{R}u(x)=u(-x)$$

证明 $\hat{R}$ 是线性的,并且与 $\hat{H}$ 对易。同时证明 $\hat{R}$ 的本征值是±1。它的本征函数是什么?证明谐振子波函数是 R 的本征函数。请注意,它们是 $\hat{H}$ 和 $\hat{R}$ 的本征函数。这一观察结果对 $\hat{H}$ 和 $\hat{R}$ 有何启示?

5-28　使用 Ehrenfest 定理(习题 4-27),证明一维谐振子的 $\langle p_x\rangle$ 与时间无关。

5-29　证明:刚性转子的转动惯量可以写成 $I=\mu r^2$,其中 $r=r_1+r_2$(两个物体的固定间隔),μ 是折合质量。

5-30　如下图所示,考虑从笛卡儿坐标到平面坐标的变换,其中

$$x=r\cos\theta\quad r=(x^2+y^2)^{1/2}$$
$$y=r\sin\theta\quad \theta=\tan^{-1}\left(\frac{y}{x}\right)\tag{1}$$

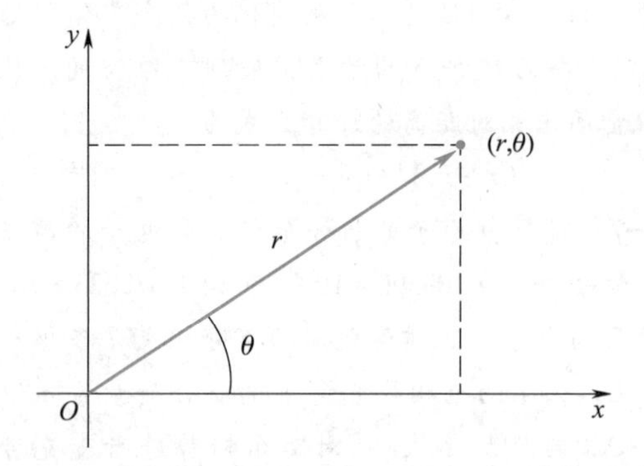

如果函数 $f(r,\theta)$ 取决于极坐标 r 和 θ,那么偏微分的链式法则指出

$$\left(\frac{\partial f}{\partial x}\right)_y=\left(\frac{\partial f}{\partial r}\right)_\theta\left(\frac{\partial r}{\partial x}\right)_y+\left(\frac{\partial f}{\partial \theta}\right)_r\left(\frac{\partial \theta}{\partial x}\right)_y\tag{2}$$

以及

$$\left(\frac{\partial f}{\partial y}\right)_x=\left(\frac{\partial f}{\partial r}\right)_\theta\left(\frac{\partial r}{\partial y}\right)_x+\left(\frac{\partial f}{\partial \theta}\right)_r\left(\frac{\partial \theta}{\partial y}\right)_x\tag{3}$$

为简单起见,假设 r 为常数,这样就可以忽略涉及针对 r 求导的项。换句话说,我们将考虑一个受限于在圆周上运动的粒子。这个系统有时称为**环上粒子**(particle on a ring)。利用等式(1)和(2),证明:

$$\left(\frac{\partial f}{\partial x}\right)_y=-\frac{\sin\theta}{r}\left(\frac{\partial f}{\partial \theta}\right)_r \text{ 和 } \left(\frac{\partial f}{\partial y}\right)_x=\frac{\cos\theta}{r}\left(\frac{\partial f}{\partial \theta}\right)_r\quad (r\text{ 不变})\tag{4}$$

现在,再次应用式(2)来证明:

$$\left(\frac{\partial^2 f}{\partial x^2}\right)_y=\left[\frac{\partial}{\partial x}\left(\frac{\partial f}{\partial x}\right)_y\right]=\left[\frac{\partial}{\partial \theta}\left(\frac{\partial f}{\partial x}\right)_y\right]_r\left(\frac{\partial \theta}{\partial x}\right)_y$$
$$=\left\{\frac{\partial}{\partial\theta}\left[-\frac{\sin\theta}{r}\left(\frac{\partial f}{\partial\theta}\right)_r\right]\right\}_r\left(-\frac{\sin\theta}{r}\right)$$
$$=\frac{\sin\theta\cos\theta}{r^2}\left(\frac{\partial f}{\partial\theta}\right)_r+\frac{\sin^2\theta}{r^2}\left(\frac{\partial^2 f}{\partial\theta^2}\right)_r\quad (r\text{ 不变})$$

类似地,证明:

$$\left(\frac{\partial^2 f}{\partial y^2}\right)_x=-\frac{\sin\theta\cos\theta}{r^2}\left(\frac{\partial f}{\partial\theta}\right)_r+\frac{\cos^2\theta}{r^2}\left(\frac{\partial^2 f}{\partial\theta^2}\right)_r\quad (r\text{ 不变})$$

以及

$$\nabla^2 f=\frac{\partial^2 f}{\partial x^2}+\frac{\partial^2 f}{\partial y^2}\rightarrow\frac{1}{r^2}\left(\frac{\partial^2 f}{\partial\theta^2}\right)_r\quad (r\text{ 不变})$$

现在,证明:对于受限于在半径为 r 的圆上运动的一个质量为 m 的粒子,其薛定谔方程为(见习题 3-28)

$$-\frac{\hbar^2}{2\mu}\frac{\partial^2\psi(\theta)}{\partial\theta^2}=E\psi(\theta)\quad 0\leqslant\theta\leqslant 2\pi$$

式中 $I=mr^2$ 是转动惯量。

5-31 将习题 5-30 推广到在一平面内运动的一个粒子(在一中心力影响下)。换句话说,将

$$\nabla^2=\frac{\partial^2}{\partial x^2}+\frac{\partial^2}{\partial y^2}$$

转化为平面极坐标,这次不假定 r 是一常数。使用分离变量法分离此问题的方程,求解角度方程。

5-32 以习题 5-30 和习题 5-31 为指导,将 ∇^2 从三维笛卡儿坐标转换为球面坐标。

5-33 证明双原子分子的转动跃迁发生在光谱的微波区或远红外区。

5-34 在 $H^{79}Br$ 的远红外光谱中,有一系列间隔为 $16.72\ cm^{-1}$ 的谱线。计算 $H^{79}Br$ 的转动惯量和核间距。

5-35 一氧化碳($^{12}C^{16}O$)从 $J=0$ 到 $J=1$ 的跃迁发生在 1.153×10^5 MHz 处,计算一氧化碳中的键长。

5-36 图 5.11 比较了与谐振子波函数 $\psi_{10}(\xi)$ 相关的概率分布和经典分布。本题说明了经典分布的含义。考虑

$$x(t)=A\sin(\omega t+\phi)$$

可写成

$$\omega t=\sin^{-1}\left(\frac{x}{A}\right)-\phi$$

现在

$$\mathrm{d}t=\frac{\omega^{-1}\mathrm{d}x}{\sqrt{A^2-x^2}} \tag{1}$$

这个等式给出了谐振子在 x 和 $x+\mathrm{d}x$ 之间运动的时间。可以将式(1)除以谐振子从 $-A$ 到 A 所用的时间,从而将式(1)转换为 x 中的概率分布。证明该时间为 π/ω,且 x 中的概率分布为

$$p(x)\mathrm{d}x=\frac{\mathrm{d}x}{\pi\sqrt{A^2-x^2}} \tag{2}$$

证明 $p(x)$ 已归一化。为什么 $p(x)$ 在 $x=\pm A$ 处达到最大值?现在,利用 $\xi=\alpha^{1/2}x$,其中 $\alpha=(k\mu/\hbar^2)^{1/2}$,来证明:

$$p(\xi)\mathrm{d}\xi=\frac{\mathrm{d}\xi}{\pi\sqrt{\alpha A^2-\xi^2}} \tag{3}$$

证明 ξ 的极限是 $\pm(\alpha A^2)^{1/2}=\pm(21)^{1/2}$,并将这一结果与图 5.11 中的垂线进行比较。[**提示:**需要使用 $kA^2/2=E_{10}(v=10)$ 这一事实。]最后,绘制式(3),并将你的结果与图 5.11 中的曲线进行比较。

5-37 计算下列函数的 $\hat{L}^2Y(\theta,\phi)$ 值:

a. $1/(4\pi)^{1/2}$　　b. $(3/4\pi)^{1/2}\cos\theta$

c. $(3/8\pi)^{1/2}\sin\theta e^{i\phi}$　　d. $(3/8\pi)^{1/2}\sin\theta e^{-i\phi}$

你发现结果有什么有趣的地方吗?

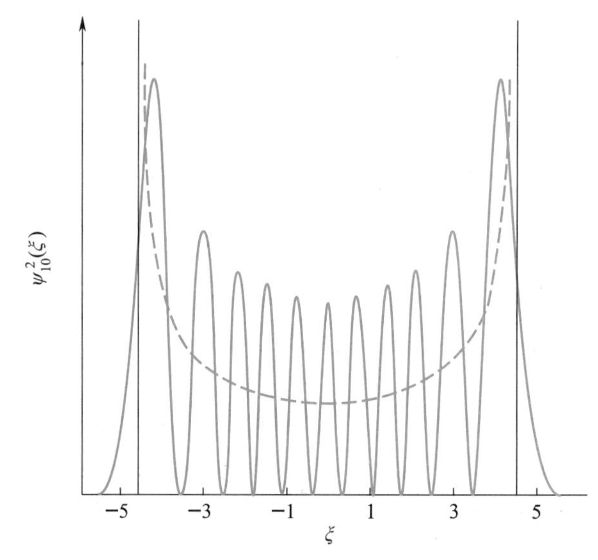

图 5.11 $v=10$ 状态下谐振子的概率分布函数。虚线是具有相同能量的谐振子的概率分布函数,$\xi\approx\pm4.6$ 处的垂直线代表经典谐波运动的极限。

习题 5-38~习题 5-43 提出了确定一维谐振子本征值和本征函数的另一种方法。

5-38 一维谐振子的薛定谔方程为

$$\hat{H}\psi(x)=E\psi(x)$$

式中的哈密顿算符可由下式给出:

$$\hat{H}=-\frac{\hbar^2}{2\mu}\frac{\mathrm{d}^2}{\mathrm{d}x^2}+\frac{1}{2}kx^2$$

式中 $k=\mu\omega^2$ 是力常数。设 $\hat{P}$ 和 $\hat{X}$ 分别是动量和位置的算符。如果定义 $\hat{p}=(\mu\hbar\omega)^{-1/2}\hat{P}$ 和 $\hat{x}=(\mu\omega/\hbar)^{1/2}\hat{X}$,证明:

$$\hat{H}=\frac{\hat{P}^2}{2\mu}+\frac{k}{2}\hat{X}^2=\frac{\hbar\omega}{2}(\hat{p}^2+\hat{x}^2)$$

用 $\hat{p}$ 和 $\hat{x}$ 的定义来证明:

$$\hat{p}=-\mathrm{i}\frac{\mathrm{d}}{\mathrm{d}x}$$

和

$$\hat{p}\hat{x}-\hat{x}\hat{p}=[\hat{p},\hat{x}]=-\mathrm{i}$$

5-39 把算符 $\hat{a}_-$ 和 $\hat{a}_+$ 定义为

$$\hat{a}_-=\frac{1}{\sqrt{2}}(\hat{x}+\mathrm{i}\hat{p})\quad 和\quad \hat{a}_+=\frac{1}{\sqrt{2}}(\hat{x}-\mathrm{i}\hat{p}) \tag{1}$$

其中 $\hat{x}$ 和 $\hat{p}$ 在习题 5-38 中给出。证明:

$$\hat{a}_-\hat{a}_+=\frac{1}{2}(\hat{x}^2+\mathrm{i}[\hat{p},\hat{x}]+\hat{p}^2)=\frac{1}{2}(\hat{p}^2+\hat{x}^2+1) \tag{2}$$

以及

$$\hat{a}_+\hat{a}_-=\frac{1}{2}(\hat{p}^2+\hat{x}^2-1) \tag{3}$$

现在,证明:一维谐振子的哈密顿算符可以写为

$$\hat{H}=\frac{\hbar\omega}{2}(\hat{a}_-\hat{a}_++\hat{a}_+\hat{a}_-)$$

现在,证明$\hat{a}_-\hat{a}_+ + \hat{a}_+\hat{a}_-$等于$2\hat{a}_+\hat{a}_- +1$,因此哈密顿算符可写成

$$\hat{H}=\hbar\omega\left(\hat{a}_+\hat{a}_-+\frac{1}{2}\right)$$

算符$\hat{a}_+\hat{a}_-$称为数算符,用$\hat{v}$表示它。使用该定义,可得

$$\hat{H}=\hbar\omega\left(\hat{v}+\frac{1}{2}\right)$$

对这一结果的函数形式进行评论。你认为数算符的本征值是多少?在不进行任何微积分计算的情况下,解释为什么$\hat{v}$必须是厄米算符。

5-40　在本题中,我们将探究习题5-39中引入的算符的一些性质。设ψ_v和E_v是一维谐振子的波函数和能量。从下式出发

$$\hat{H}\psi_v=\hbar\omega\left(\hat{a}_+\hat{a}_-+\frac{1}{2}\right)\psi_v=E_v\psi_v$$

从左边乘以$\hat{a}_-$,并利用习题5-39中的式(2),证明:

$$\hat{H}(\hat{a}_-\psi_v)=(E_v-\hbar\omega)(\hat{a}_-\psi_v)$$

或

$$\hat{a}_-\psi_v\propto\psi_{v-1}$$

同时证明:

$$\hat{H}(\hat{a}_+\psi_v)=(E_v+\hbar\omega)(\hat{a}_+\psi_v)$$

或

$$\hat{a}_+\psi_v\propto\psi_{v+1}$$

因此,可以看到,$\hat{a}_+$对ψ_v进行运算,可以得到ψ_{v+1}(到一个常数以内),而$\hat{a}_-\psi_v$则可以得到ψ_{v-1}(到一个常数以内)。算符$\hat{a}_+$和$\hat{a}_-$称为**升降算符**(raising or lowering operators)或**阶梯算符**(ladder operators)。如果我们把梯子的每个梯级看作一个量子态,那么算符$\hat{a}_+$和$\hat{a}_-$就能让我们在知道单个梯级的波函数后,在梯子上下移动。

5-41　在习题5-39中定义的数算符中,$\hat{x}$和$\hat{p}$是厄米算符。利用这一事实,证明:

$$\int\psi_v^*\,\hat{v}\,\psi_v\geqslant 0$$

5-42　在习题5-41中,证明了$v\geqslant0$。因为$\hat{a}_-\psi_v\propto\psi_{v-1}$和$v\geqslant0$,所以$v$一定有某个最小值$v_{\min}$。论证$\hat{a}_-\psi_{v_{\min}}=0$。现在,将$\hat{a}_-\psi_{v_{\min}}=0$乘以$\hat{a}_+$,并使用习题5-39中的式(3),证明$v_{\min}=0$及$v=0,1,2,\cdots$。

5-43　利用习题5-39中给出的$\hat{a}_-$的定义及$\hat{a}_-\psi_0=0$这一事实,确定非归一化波函数$\psi_0(x)$。现在,使用算符$\hat{a}_+$,确定非归一化波函数$\psi_1(x)$。

习题5-44~习题5-47将折合质量的概念应用于氢原子。

5-44　鉴于第5-2节中折合质量概念的提出,如果不假定质子固定在原点,你认为氢原子的能量[式(1.22)]会发生怎样的变化?

5-45　在例题1-8中,曾计算出Rydberg常数值为109737 $\mathrm{cm^{-1}}$。如果把式(1.25)中的m_e换成折合质量,计算值是多少?将你的答案与实验结果109677.6 $\mathrm{cm^{-1}}$进行比较。

5-46　计算氘原子的还原质量。设氘核的质量为3.343586×10^{-27} kg。氘原子的Rydberg常数值是多少?

5-47　计算原子氘和原子氢的光谱中线的频率之比。

习题参考答案

第6章

氢原子

▶ **科学家介绍**

我们现在准备研究氢原子，化学家对氢原子特别感兴趣，因为它是复杂原子的原型，因此也是分子的原型。此外，可能每个化学系的学生已在普通化学中学习过量子力学处理氢原子的结果。在本章中，我们将看到熟悉的氢原子轨道及其性质作为薛定谔方程的解自然地出现。

6-1 氢原子的薛定谔方程可以精确地求解

对于氢原子模型，我们将把它描绘成一个固定在原点的质子和一个质量为 m_e 的电子通过库仑势 $V(r)$ 与质子相互作用：

$$V(r)=-\frac{e^2}{4\pi\varepsilon_0 r} \tag{6.1}$$

式中 e 是质子上的电荷；ε_0 是自由空间的介电常数；r 是电子和质子之间的距离。（考虑习题 6-35 中原子核不固定在原点的情况。）因子 $4\pi\varepsilon_0$ 的出现是因为我们使用的是 SI 单位。该模型的球面几何形状指示我们使用质子位于原点的球坐标系。氢原子的哈密顿算符是

$$\hat{H}=-\frac{\hbar^2}{2m_e}\nabla^2-\frac{e^2}{4\pi\varepsilon_0 r} \tag{6.2}$$

式中 ∇^2 是球坐标中的拉普拉斯算符［式(5.49)］：

$$\nabla^2=\frac{1}{r^2}\frac{\partial}{\partial r}\left(r^2\frac{\partial}{\partial r}\right)+\frac{1}{r^2\sin\theta}\frac{\partial}{\partial\theta}\left(\sin\theta\frac{\partial}{\partial\theta}\right)+\frac{1}{r^2\sin^2\theta}\frac{\partial^2}{\partial\phi^2} \tag{6.3}$$

如果把式(6.3)代入方程(6.2)，则氢原子的薛定谔方程变为

$$-\frac{\hbar^2}{2m_e}\left[\frac{1}{r^2}\frac{\partial}{\partial r}\left(r^2\frac{\partial\psi}{\partial r}\right)+\frac{1}{r^2\sin\theta}\frac{\partial}{\partial\theta}\left(\sin\theta\frac{\partial\psi}{\partial\theta}\right)+\frac{1}{r^2\sin^2\theta}\frac{\partial^2\psi}{\partial\phi^2}\right]-\frac{e^2}{4\pi\varepsilon_0 r}\psi(r,\theta,\phi)=E\psi(r,\theta,\phi) \tag{6.4}$$

该偏微分方程看起来非常复杂。为了使方程(6.4)变为更易处理的形式，首先乘以 $2m_e r^2$，从而得到

$$-\hbar^2\left(\frac{\partial}{\partial r}r^2\frac{\partial\psi}{\partial r}\right)-\hbar^2\left[\frac{1}{\sin\theta}\left(\frac{\partial}{\partial\theta}\sin\theta\frac{\partial\psi}{\partial\theta}\right)+\frac{1}{\sin^2\theta}\frac{\partial^2\psi}{\partial\phi^2}\right]-2m_e r^2\left(\frac{e^2}{4\pi\varepsilon_0 r}+E\right)\psi(r,\theta,\phi)=0 \tag{6.5}$$

注意，式(6.5)中所有 θ 和 ϕ 依赖性都出现在第一个大方括号内。式(6.5)的形式提示我们使用分离变量法，并设

$$\psi(r,\theta,\phi)=R(r)Y(\theta,\phi) \tag{6.6}$$

如果将式(6.6)代入式(6.5)，并除以 $R(r)Y(\theta,\phi)$，可得

$$-\frac{\hbar^2}{R(r)}\left[\frac{\mathrm{d}}{\mathrm{d}r}\left(r^2\frac{\mathrm{d}R}{\mathrm{d}r}\right)+\frac{2m_e r^2}{\hbar^2}\left(\frac{e^2}{4\pi\varepsilon_0 r}+E\right)R(r)\right]-\frac{\hbar^2}{Y(\theta,\phi)}\left[\frac{1}{\sin\theta}\frac{\partial}{\partial\theta}\left(\sin\theta\frac{\partial Y}{\partial\theta}\right)+\frac{1}{\sin^2\theta}\frac{\partial^2 Y}{\partial\phi^2}\right]=0 \tag{6.7}$$

第一组括号中的项仅是 r 的函数，而第二组括号中的项仅是 θ 和 ϕ 的函数。因为 r，θ 和 ϕ 是自变量，可以写出

$$-\frac{1}{R(r)}\left[\frac{\mathrm{d}}{\mathrm{d}r}\left(r^2\frac{\mathrm{d}R}{\mathrm{d}r}\right)+\frac{2m_e r^2}{\hbar^2}\left(\frac{e^2}{4\pi\varepsilon_0 r}+E\right)R(r)\right]=-\beta \tag{6.8}$$

和

$$-\frac{1}{Y(\theta,\phi)}\left[\frac{1}{\sin\theta}\frac{\partial}{\partial\theta}\left(\sin\theta\frac{\partial Y}{\partial\theta}\right)+\frac{1}{\sin^2\theta}\frac{\partial^2 Y}{\partial\phi^2}\right]=\beta \tag{6.9}$$

式中 β 是一个常数（已经将 $\hbar^2$ 合并到 β 中）。如果将式(6.9)乘以 $\sin^2\theta$ 和 $Y(\theta,\phi)$ 的乘积，可得

$$\sin\theta\frac{\partial}{\partial\theta}\left(\sin\theta\frac{\partial Y}{\partial\theta}\right)+\frac{\partial^2 Y}{\partial\phi^2}+(\beta\sin^2\theta)Y=0 \tag{6.10}$$

可以看到，式(6.10)与式(5.55)，即刚性转子的波函数方程完全相同。因此，氢原子轨道的角度部分也是刚性转

子的波函数。式(6.8)给出了氢原子轨道的径向依赖性,称为**径向方程**(radial equation)。下面首先讨论角度解,然后再讨论径向解。

6-2 刚性转子的波函数称为球谐函数

为了求解式(6.10),再次使用分离变量法,并设

$$Y(\theta,\phi)=\Theta(\theta)\Phi(\phi) \tag{6.11}$$

如果把式(6.11)代入式(6.10),并除以 $\Theta(\theta)\Phi(\phi)$,可发现

$$\frac{\sin\theta}{\Theta(\theta)}\frac{\mathrm{d}}{\mathrm{d}\theta}\left(\sin\theta\frac{\mathrm{d}\Theta}{\mathrm{d}\theta}\right)+\beta\sin^2\theta+\frac{1}{\Phi(\phi)}\frac{\mathrm{d}^2\Phi}{\mathrm{d}\phi^2}=0 \tag{6.12}$$

因为 θ 和 ϕ 是自变量,必须有

$$\frac{\sin\theta}{\Theta(\theta)}\frac{\mathrm{d}}{\mathrm{d}\theta}\left(\sin\theta\frac{\mathrm{d}\Theta}{\mathrm{d}\theta}\right)+\beta\sin^2\theta=m^2 \tag{6.13}$$

和

$$\frac{1}{\Phi(\phi)}\frac{\mathrm{d}^2\Phi}{\mathrm{d}\phi^2}=-m^2 \tag{6.14}$$

式中 m^2 是一个常数。我们使用 m^2 作为分离常数是为了在以后的方程中使用分离常数的平方根。

方程(6.14)仅包含常系数,所以相对容易求解。它的解是

$$\Phi(\phi)=A_m\mathrm{e}^{\mathrm{i}m\phi} \quad 和 \quad \Phi(\phi)=A_{-m}\mathrm{e}^{-\mathrm{i}m\phi} \tag{6.15}$$

$\Phi(\phi)$ 是 ϕ 的单值函数的条件是

$$\Phi(\phi+2\pi)=\Phi(\phi) \tag{6.16}$$

通过将式(6.15)代入式(6.16),可以看到

$$A_m\mathrm{e}^{\mathrm{i}m(\phi+2\pi)}=A_m\mathrm{e}^{\mathrm{i}m\phi} \tag{6.17}$$

和

$$A_{-m}\mathrm{e}^{-\mathrm{i}m(\phi+2\pi)}=A_{-m}\mathrm{e}^{-\mathrm{i}m\phi} \tag{6.18}$$

式(6.17)和式(6.18)共同意味着:

$$\mathrm{e}^{\pm\mathrm{i}2\pi m}=1 \tag{6.19}$$

用正弦和余弦表示,式(6.19)为[式(A.6)]

$$\cos(2\pi m)\pm\mathrm{i}\sin(2\pi m)=1$$

这意味着 $m=0,\pm1,\pm2,\cdots$,因为对于 $m=0,\pm1,\pm2,\cdots$,$\cos(2\pi m)=1$ 和 $\sin(2\pi m)=0$。因此,式(6.15)可以写成

$$\Phi_m(\phi)=A_m\mathrm{e}^{\mathrm{i}m\phi} \quad m=0,\pm1,\pm2,\cdots \tag{6.20}$$

可以通过要求 $\Phi_m(\phi)$ 归一化来求 A_m 的值。

» 例题 6-1 确定 A_m 的值,使式(6.20)给出的函数归一化。

» 解 归一化的条件为

$$\int_0^{2\pi}\Phi_m^*(\phi)\Phi_m(\phi)\mathrm{d}\phi=1$$

使用式(6.20)表示 $\Phi_m(\phi)$,有

$$|A_m|^2\int_0^{2\pi}\mathrm{d}\phi=1$$

或

$$|A_m|^2 2\pi=1$$

或

$$A_m=(2\pi)^{-1/2}$$

因此,式(6.20)的归一化函数为

$$\Phi_m(\phi)=\frac{1}{(2\pi)^{1/2}}\mathrm{e}^{\mathrm{i}m\phi} \quad m=0,\pm1,\pm2,\cdots \tag{6.21}$$

$\Theta(\theta)$ 的微分方程,即式(6.13),不容易求解,因为它没有常系数。在式(6.13)中,设 $x=\cos\theta$ 和 $\Theta(\theta)=P(x)$ 是方便的(此 x 不应与笛卡儿坐标 x 混淆)。因为 $0\leqslant\theta\leqslant\pi$,所以 x 的范围是 $-1\leqslant x\leqslant+1$。在变量 $x=\cos\theta$ 的变化下,式(6.13)变为(习题6-2)

$$(1-x^2)\frac{\mathrm{d}^2P}{\mathrm{d}x^2}-2x\frac{\mathrm{d}P}{\mathrm{d}x}+\left(\beta-\frac{m^2}{1-x^2}\right)P(x)=0 \tag{6.22}$$

其中 $m=0,\pm1,\pm2,\cdots$。$P(x)$ 的方程(6.22)称为**勒让德方程**(Legendre's equation),是经典物理学中著名的方程,它出现在用球坐标表示的各种问题中。求解方程(6.22)时,人们发现:如果解是有限的,则 β 必须等于 $l(l+1)$,其中 $l=0,1,2,\cdots$,并且 $|m|<l$,其中 $|m|$ 表示 m 的大小。因此,方程(6.22)可以写成

$$(1-x^2)\frac{\mathrm{d}^2P}{\mathrm{d}x^2}-2x\frac{\mathrm{d}P}{\mathrm{d}x}+\left[l(l+1)-\frac{m^2}{1-x^2}\right]P(x)=0 \tag{6.23}$$

式中 $l=0,1,2,\cdots,m=0,\pm1,\pm2,\cdots,\pm l$。

首先考虑 $m=0$ 的情况,此时最容易讨论式(6.23)的解。当 $m=0$ 时,式(6.23)的解称为**勒让德多项式**(Legendre polynomial),用 $P_l(x)$ 表示。勒让德多项式出现在许多物理问题中。表6.1给出了前几个勒让德多项式。

表 6.1 前几个勒让德多项式[它们是 $m=0$ 时式(6.23)的解。式中的下标即式(6.23)中 l 的值]。

$P_0(x)=1$
$P_1(x)=x$
$P_2(x)=\frac{1}{2}(3x^2-1)$
$P_3(x)=\frac{1}{2}(5x^3-3x)$
$P_4(x)=\frac{1}{8}(35x^4-30x^2+3)$

» 例题 6-2 证明:当 $m=0$ 时,前三个勒让德多项式满足式(6.23)。

» 解 当 $m=0$ 时，式(6.23)为

$$(1-x^2)\frac{d^2P}{dx^2}-2x\frac{dP}{dx}+l(l+1)P(x)=0 \quad (1)$$

第一个勒让德多项式 $P_0(x)=1$ 显然是式(1)的一个解，其中 $l=0$。若将 $P_1(x)=x$ 和 $l=1$ 代入式(1)，可得

$$-2x+1(2)x=0$$

所以 $P_1(x)$ 是一个解。对于 $P_2(x)$，式(1)是

$$(1-x^2)(3)-2x(3x)+2(3)\left[\frac{1}{2}(3x^2-1)\right]$$

$$=(3-3x^2)-6x^2+(9x^2-3)=0$$

从表 6.1 注意到，如果 l 为偶数，则 $P_l(x)$ 为偶函数；如果 l 为奇数，则 $P_l(x)$ 为奇函数。选择 $P_l(x)$ 前面的因子使得 $P_l(1)=1$。此外，虽然我们将不作证明，但可以一般性地证明表 6.1 中的 $P_l(x)$ 是正交的，或

$$\int_{-1}^{1}P_l(x)P_n(x)\,dx=0 \quad l\neq n \quad (6.24)$$

记住这里 x 的范围对应于球坐标中 θ(0 至 π)的自然范围，因为 $x=\cos\theta$(习题 6-4)。勒让德多项式可通过下面的一般关系式被归一化：

$$\int_{-1}^{1}[P_l(x)]^2dx=\frac{2}{2l+1} \quad (6.25)$$

由式(6.25)可知，$P_l(x)$ 的归一化常数为 $[(2l+1)/2]^{1/2}$。

尽管勒让德多项式仅在 $m=0$ 的情况下出现，但它们通常首先被研究，因为 $m\neq0$ 情况的解，称为**连带勒让德函数**(associated Legendre function)，是根据勒让德多项式定义的。如果用 $P_l^{|m|}(x)$ 表示连带勒让德函数，则它们的定义关系式为

$$P_l^{|m|}(x)=(1-x^2)^{|m|/2}\frac{d^{|m|}}{dx^{|m|}}P_l(x) \quad (6.26)$$

注意，这里只有 m 的大小是相关的，因为定义微分方程[式(6.23)]仅取决于 m^2。由于 $P_l(x)$ 中的第一项是 x^l，因此式(6.26)表明，如果 $m>l$，则 $P_l^{|m|}(x)=0$。表 6.2 给出了前几个连带勒让德函数(习题 6-6)。

表 6.2 前几个连带勒让德函数 $P_l^{|m|}(x)$。

$P_0^0(x)=1$
$P_1^0(x)=x=\cos\theta$
$P_1^1(x)=(1-x^2)^{1/2}=\sin\theta$
$P_2^0(x)=\frac{1}{2}(3x^2-1)=\frac{1}{2}(3\cos^2\theta-1)$
$P_2^1(x)=3x(1-x^2)^{1/2}=3\cos\theta\sin\theta$
$P_2^2(x)=3(1-x^2)=3\sin^2\theta$
$P_3^0(x)=\frac{1}{2}(5x^3-3x)=\frac{1}{2}(5\cos^3\theta-3\cos\theta)$
$P_3^1(x)=\frac{3}{2}(5x^2-1)(1-x^2)^{1/2}=\frac{3}{2}(5\cos^2\theta-1)\sin\theta$
$P_3^2(x)=15x(1-x^2)=15\cos\theta\sin^2\theta$
$P_3^3(x)=15(1-x^2)^{3/2}=15\sin^3\theta$

在讨论连带勒让德函数的一些性质之前，一定要意识到物理上感兴趣的变量是 θ 而不是 x。表 6.2 还列出了用 $\cos\theta$ 和 $\sin\theta$ 表示的连带勒让德函数。请注意，当连带勒让德函数用变量 θ 表示时，表 6.2 中的因子 $(1-x^2)^{1/2}$ 变为 $\sin\theta$。因为 $x=\cos\theta$，式(6.24)和式(6.25)为

$$\int_{-1}^{1}P_l(x)P_n(x)\,dx=\int_0^{\pi}P_l(\cos\theta)P_n(\cos\theta)\sin\theta d\theta$$

$$=\frac{2\delta_{ln}}{2l+1} \quad (6.27)$$

因为球坐标下的微分体积元是 $d\tau=r^2\sin\theta drd\theta d\phi$，所以我们看到式(6.27)中的因子 $\sin\theta d\theta$ 是球坐标下 $d\tau$ 的"θ 部分"。

连带勒让德函数满足关系式：

$$\int_{-1}^{1}P_l^{|m|}(x)P_n^{|m|}(x)\,dx=\int_0^{\pi}P_l^{|m|}(\cos\theta)P_n^{|m|}(\cos\theta)\sin\theta d\theta$$

$$=\frac{2}{(2l+1)}\frac{(l+|m|)!}{(l-|m|)!}\delta_{ln} \quad (6.28)$$

(记住 $0!=1$。)式(6.28)可用来证明，连带勒让德函数的归一化常数为

$$N_{lm}=\left[\frac{(2l+1)}{2}\frac{(l-|m|)!}{(l+|m|)!}\right]^{1/2} \quad (6.29)$$

» 例题 6-3 利用 x 和 θ 变量表示的式(6.28)及表 6.2，证明 $P_1^1(x)$ 和 $P_2^1(x)$ 是正交的。

» 解 根据式(6.28)，必须证明：

$$\int_{-1}^{1}P_1^1(x)P_2^1(x)\,dx=0$$

从表 6.2 中，有

$$\int_{-1}^{1}[(1-x^2)^{1/2}][3x(1-x^2)^{1/2}]dx=3\int_{-1}^{1}x(1-x^2)dx=0$$

用 θ 表示，从式(6.28)和表 6.2 中得到

$$\int_0^{\pi}\sin\theta(3\cos\theta\sin\theta)\sin\theta d\theta=3\int_0^{\pi}\sin^3\theta\cos\theta d\theta=0$$

现在回到原来的问题，式(6.10)的解是 $P_l^{|m|}(\cos\theta)\Phi_m(\phi)$，它不仅是氢原子轨道的角度部分，而且是刚性转子的波函数。参考式(6.21)和式(6.29)，我

们看到归一化函数：

$$Y_l^m(\theta,\phi)=\left[\frac{(2l+1)}{4\pi}\frac{(l-|m|)!}{(l+|m|)!}\right]^{1/2}P_l^{|m|}(\cos\theta)e^{im\phi} \tag{6.30}$$

其中 $l=0,1,2,\cdots$ 和 $m=0,\pm1,\pm2,\cdots,\pm l$ 满足式(6.10)。$Y_l^m(\theta,\phi)$形成一个正交归一集：

$$\int_0^\pi d\theta\sin\theta\int_0^{2\pi}d\phi Y_l^m(\theta,\phi)^* Y_n^k(\theta,\phi)=\delta_{ln}\delta_{mk} \tag{6.31}$$

注意，$Y_l^m(\theta,\phi)$对于 $\sin\theta d\theta d\phi$(球坐标体积元的角度部分)是正交归一的，而不仅仅是 $d\theta d\phi$(数学章节 D)。根据式(6.31)，$Y_l^m(\theta,\phi)$在球面上是正交的，因此称为**球谐函数**(spherical harmonics)。表 6.3 给出了前几个球谐函数。

表 6.3 前几个球谐函数。

$Y_0^0=\dfrac{1}{(4\pi)^{1/2}}$	$Y_1^0=\left(\dfrac{3}{4\pi}\right)^{1/2}\cos\theta$
$Y_1^1=\left(\dfrac{3}{8\pi}\right)^{1/2}\sin\theta e^{i\phi}$	$Y_1^{-1}=\left(\dfrac{3}{8\pi}\right)^{1/2}\sin\theta e^{-i\phi}$
$Y_2^0=\left(\dfrac{5}{16\pi}\right)^{1/2}(3\cos^2\theta-1)$	$Y_2^1=\left(\dfrac{15}{8\pi}\right)^{1/2}\sin\theta\cos\theta e^{i\phi}$
$Y_2^{-1}=\left(\dfrac{15}{8\pi}\right)^{1/2}\sin\theta\cos\theta e^{-i\phi}$	$Y_2^2=\left(\dfrac{15}{32\pi}\right)^{1/2}\sin^2\theta e^{2i\phi}$
$Y_2^{-2}=\left(\dfrac{15}{32\pi}\right)^{1/2}\sin^2\theta e^{-2i\phi}$	

例题 6-4 证明 $Y_1^{-1}(\theta,\phi)$是归一化的，且与 $Y_2^1(\theta,\phi)$正交。

解 使用表 6.3 中的 $Y_1^{-1}(\theta,\phi)$，归一化条件为

$$\int_0^\pi d\theta\sin\theta\int_0^{2\pi}d\phi Y_1^{-1}(\theta,\phi)^* Y_1^{-1}(\theta,\phi)$$

$$=\frac{3}{8\pi}\int_0^\pi d\theta\sin\theta\sin^2\theta\int_0^{2\pi}d\phi \overset{?}{=} 1$$

令 $x=\cos\theta$，有

$$\frac{3}{8\pi}\cdot 2\pi\int_{-1}^1(1-x^2)dx=\frac{3}{4}\left(2-\frac{2}{3}\right)=1$$

正交条件为

$$\int_0^\pi d\theta\sin\theta\int_0^{2\pi}d\phi Y_2^1(\theta,\phi)^* Y_1^{-1}(\theta,\phi)$$

$$=\left(\frac{15}{8\pi}\right)^{1/2}\left(\frac{3}{8\pi}\right)^{1/2}\int_0^\pi d\theta\sin\theta\int_0^{2\pi}d\phi(e^{-i\phi}\sin\theta\cos\theta)(e^{-i\phi}\sin\theta)$$

$$=\left(\frac{45}{64\pi^2}\right)^{1/2}\int_0^\pi d\theta\sin^3\theta\cos\theta\int_0^{2\pi}d\phi e^{-2i\phi}$$

对 ϕ 的积分为零，因为它是 $\cos(2\phi)$和 $\sin(2\phi)$对完整周期的积分。因此，我们看到 $Y_1^{-1}(\theta,\phi)$和 $Y_2^1(\theta,\phi)$是正交的。

根据式(5.52)，对应于角动量平方的量子力学算符为

$$\hat{L}^2=-\hbar^2\left[\frac{1}{\sin\theta}\frac{\partial}{\partial\theta}\left(\sin\theta\frac{\partial}{\partial\theta}\right)+\frac{1}{\sin^2\theta}\frac{\partial^2}{\partial\phi^2}\right] \tag{6.32}$$

其本质上就是式(6.9)中方括号内给出的算符。如果在式(6.9)[其中 $\beta=l(l+1)$]两边乘以 $\hbar^2Y(\theta,\phi)$，则可以看到球谐函数满足：

$$\hat{L}^2Y_l^m(\theta,\phi)=\hbar^2l(l+1)Y_l^m(\theta,\phi) \tag{6.33}$$

因此，球谐函数也是 $\hat{L}^2$ 的本征函数，且角动量的平方只能有下式给出的值：

$$L^2=\hbar^2l(l+1)\quad l=0,1,2,\cdots \tag{6.34}$$

因为对于刚性转子，$\hat{H}=\hat{L}^2/2I$[式(5.51)]，所以对于刚性转子也有

$$\hat{H}Y_l^m(\theta,\phi)=\frac{\hbar^2l(l+1)}{2I}Y_l^m(\theta,\phi) \tag{6.35}$$

例题 6-5 证明 $Y_1^1(\theta,\phi)$是 $\hat{L}^2$ 的本征函数。

解 从表 6.3 中，有

$$Y_1^1(\theta,\phi)=\left(\frac{3}{8\pi}\right)^{1/2}\sin\theta e^{i\phi}$$

式(6.32)中括号内微分算符的"θ"部分给出 $e^{i\phi}(\cos^2\theta-\sin^2\theta)/\sin^2\theta$，"$\phi$"部分给出 $-e^{i\phi}/\sin\theta$。如果将这两个结果相加，可得

$$\frac{(\cos^2\theta-\sin^2\theta-1)e^{i\phi}}{\sin\theta}=-\frac{2e^{i\phi}\sin^2\theta}{\sin\theta}=-2e^{i\phi}\sin\theta$$

因此 $$\hat{L}^2Y_1^1(\theta,\phi)=2\hbar^2Y_1^1(\theta,\phi)$$

即式(6.33)，其中 $l=1$。

6-3 角动量三个分量的精确值不能同时测量

在本节中，我们将探讨角动量的一些量子力学性质。回想一下，角动量是一个矢量。角动量三个分量对应的量子力学算符如表 4.1 所示。这些算符可由经典表达式[式(4.7)]通过将经典动量替换为它们的量子力学对应来得到：

$$\hat{L}_x=y\hat{P}_x-z\hat{P}_y=-i\hbar\left(y\frac{\partial}{\partial z}-z\frac{\partial}{\partial y}\right)$$

$$\hat{L}_y = z\hat{P}_x - x\hat{P}_z = -\mathrm{i}\hbar\left(z\frac{\partial}{\partial x} - x\frac{\partial}{\partial z}\right)$$
$$\hat{L}_z = x\hat{P}_y - y\hat{P}_x = -\mathrm{i}\hbar\left(x\frac{\partial}{\partial y} - y\frac{\partial}{\partial x}\right) \tag{6.36}$$

通过一个简单但有些烦琐的偏微分练习，可以将式(6.36)转换为球坐标(习题 6-11 和习题 6-12)，从而得到

$$\hat{L}_x = -\mathrm{i}\hbar\left(-\sin\phi\frac{\partial}{\partial\theta} - \cot\theta\cos\phi\frac{\partial}{\partial\phi}\right)$$
$$\hat{L}_y = -\mathrm{i}\hbar\left(\cos\phi\frac{\partial}{\partial\theta} - \cot\theta\sin\phi\frac{\partial}{\partial\phi}\right) \tag{6.37}$$
$$\hat{L}_z = -\mathrm{i}\hbar\frac{\partial}{\partial\phi}$$

$\hat{L}_z$ 的方程相对简单。可以容易地看出，$e^{im\phi}$是 $\hat{L}_z$的一个本征函数，或

$$\hat{L}_z(e^{im\phi}) = -\mathrm{i}\hbar\frac{\partial}{\partial\phi}(e^{im\phi}) = m\hbar(e^{im\phi})$$

球谐函数的所有 ϕ 依赖性都出现在因子$e^{im\phi}$中，所以球谐函数是 $\hat{L}_z$ 的本征函数：

$$\begin{aligned}\hat{L}_z Y_l^m(\theta,\phi) &= N_{lm}\hat{L}_z P_l^{|m|}(\cos\theta)e^{im\phi}\\ &= N_{lm}P_l^{|m|}(\cos\theta)\hat{L}_z e^{im\phi}\\ &= \hbar m Y_l^m(\theta,\phi)\end{aligned} \tag{6.38}$$

由式(6.38)可知，L_z的测量值是 $\hbar$ 的整数倍。注意，$\hbar$ 是量子力学系统角动量的一个基本度量。

球谐函数不是 $\hat{L}_x$或 $\hat{L}_y$ 的本征函数，如下面的例题所示。

» 例题 6-6 使用式(6.37)，证明 $Y_1^{-1}(\theta,\phi)$不是 $\hat{L}_x$ 的本征函数。

» 解 从表 6.3 中，$Y_1^{-1}(\theta,\phi) = (3/8\pi)^{1/2}\sin\theta e^{-i\phi}$。使用式(6.37)中的第一个，我们有

$$\hat{L}_x Y_1^{-1}(\theta,\phi) = -\mathrm{i}\hbar\left(\frac{3}{8\pi}\right)^{1/2}\left[-\sin\phi\cos\theta e^{-i\phi} + \mathrm{i}\cot\theta\cos\phi\sin\theta e^{-i\phi}\right]$$
$$= -\mathrm{i}\hbar\left(\frac{3}{8\pi}\right)^{1/2}\cos\theta(-\sin\phi + \mathrm{i}\cos\phi)e^{-i\phi}$$

但括号内的项是

$$-\sin\phi + \mathrm{i}\cos\phi = -\frac{(e^{i\phi}-e^{-i\phi})}{2\mathrm{i}} + \mathrm{i}\frac{(e^{i\phi}+e^{-i\phi})}{2}$$
$$= +\frac{\mathrm{i}}{2}(e^{i\phi}-e^{-i\phi}) + \frac{\mathrm{i}}{2}(e^{i\phi}+e^{-i\phi}) = \mathrm{i}e^{i\phi}$$

因此

$$\hat{L}_x Y_1^{-1}(\theta,\phi) = \hbar\left(\frac{3}{8\pi}\right)^{1/2}\cos\theta = \frac{\hbar}{2^{1/2}}Y_1^0(\theta,\phi)$$

且 $Y_1^{-1}(\theta,\phi)$不是 $\hat{L}_x$的本征函数。注意：

$$\langle\hat{L}_x\rangle = \int_0^\pi \mathrm{d}\theta\sin\theta\int_0^{2\pi}\mathrm{d}\phi Y_1^{-1}(\theta,\phi)^*\hat{L}_x Y_1^{-1}(\theta,\phi)$$
$$= \frac{\hbar}{2^{1/2}}\int_0^{2\pi}\mathrm{d}\phi\int_0^\pi \mathrm{d}\theta\sin\theta Y_1^{-1}(\theta,\phi)^* Y_1^0(\theta,\phi) = 0$$

因为 $Y_1^{-1}(\theta,\phi)$和 $Y_1^0(\theta,\phi)$的正交性。

式(6.33)表明 $Y_l^m(\theta,\phi)$是 $\hat{L}^2$ 的本征函数。因为球谐函数是 $\hat{L}^2$ 和 $\hat{L}_z$的本征函数，我们可以同时确定 L^2 和 L_z的精确值(第 4-6 节)，这意味着算符 $\hat{L}^2$ 和 $\hat{L}_z$对易。

» 例题 6-7 证明算符 $\hat{L}^2$ 和 $\hat{L}_z$对易。

» 解 使用式(6.32)中的 $\hat{L}^2$ 和式(6.37)中的 $\hat{L}_z$，有

$$\hat{L}^2\hat{L}_z f = -\hbar^2\left[\frac{1}{\sin\theta}\frac{\partial}{\partial\theta}\left(\sin\theta\frac{\partial}{\partial\theta}\right) + \frac{1}{\sin^2\theta}\frac{\partial^2}{\partial\phi^2}\right]\left(-\mathrm{i}\hbar\frac{\partial f}{\partial\phi}\right)$$
$$= \mathrm{i}\hbar^3\left[\frac{1}{\sin\theta}\frac{\partial}{\partial\theta}\left(\sin\theta\frac{\partial^2 f}{\partial\theta\partial\phi}\right) + \frac{1}{\sin^2\theta}\frac{\partial^3 f}{\partial\phi^3}\right]$$

和

$$\hat{L}_z\hat{L}^2 f = \left(-\mathrm{i}\hbar\frac{\partial}{\partial\phi}\right)\left\{-\hbar^2\left[\frac{1}{\sin\theta}\frac{\partial}{\partial\theta}\left(\sin\theta\frac{\partial}{\partial\theta}\right) + \frac{1}{\sin^2\theta}\frac{\partial^2}{\partial\phi^2}\right]\right\}f$$
$$= \mathrm{i}\hbar^3\left[\frac{1}{\sin\theta}\frac{\partial}{\partial\theta}\left(\sin\theta\frac{\partial^2 f}{\partial\phi\partial\theta}\right) + \frac{1}{\sin^2\theta}\frac{\partial^3 f}{\partial\phi^3}\right]$$

这里在写最后一行时，已经认识到$(\partial/\partial\phi)$不影响涉及 θ 的项。因为对于品优到足以成为波函数的任意函数，有

$$\frac{\partial^2 f}{\partial\theta\partial\phi} = \frac{\partial^2 f}{\partial\phi\partial\theta}$$

我们看到 $\hat{L}^2\hat{L}_z f = \hat{L}_z\hat{L}^2 f$

或 $[\hat{L}^2, \hat{L}_z] = 0$

因为 f 是任意的。

可以用式(6.33)和(6.38)来证明 $|m| \leqslant l$，或 $m = 0, \pm1, \pm2, \cdots, \pm l$。由式(6.38)可知：

$$\hat{L}_z^2 Y_l^m(\theta,\phi) = m^2\hbar^2 Y_l^m(\theta,\phi) \tag{6.39}$$

且因为

$$\hat{L}^2 Y_l^m(\theta,\phi) = l(l+1)\hbar^2 Y_l^m(\theta,\phi)$$

可得

$$(\hat{L}^2 - \hat{L}_z^2)Y_l^m(\theta,\phi) = [l(l+1) - m^2]Y_l^m(\theta,\phi)$$

更进一步，因为

$$\hat{L}^2 = \hat{L}_x^2 + \hat{L}_y^2 + \hat{L}_z^2$$

所以

$$\begin{aligned}(\hat{L}^2 - \hat{L}_z^2)Y_l^m(\theta,\phi) &= (\hat{L}_x^2 + \hat{L}_y^2)Y_l^m(\theta,\phi)\\ &= [l(l+1) - m^2]\hbar^2 Y_l^m(\theta,\phi)\end{aligned} \tag{6.40}$$

因此，$L_x^2 + L_y^2$ 的观测值为$[l(l+1) - m^2]\hbar^2$。但是，因为 $L_x^2 + L_y^2$ 是两项的平方和，它不能是负的，所以有

$$[l(l+1)-m^2]\hbar^2 \geq 0$$

或者

$$l(l+1) \geq m^2 \tag{6.41}$$

因为 l 和 m 是整数,式(6.41)表明

$$|m| \leq l$$

或者整数 m 可能的值只能是

$$m=0,\pm1,\pm2,\cdots,\pm l \tag{6.42}$$

这个结果可能和与氢原子相关的磁量子数的条件相似。

式(6.42)表明,对于 l 的每一个值,m 有$(2l+1)$个值。下面看看 $l=1$ 而 $l(l+1)=2$ 的情况。因为 $l=1$,所以 m 只能取值0和±1。利用方程

$$\hat{L}^2 Y_1^m(\theta,\phi)=1(1+1)\hbar^2 Y_1^m(\theta,\phi)=2\hbar^2 Y_1^m(\theta,\phi) \quad m=0,\pm1$$

和

$$\hat{L}_z Y_1^m(\theta,\phi)=m\hbar Y_1^m(\theta,\phi) \quad m=0,\pm1$$

可以看到

$$|L|=(L^2)^{1/2}=\sqrt{2}\hbar$$

和

$$L_z=-\hbar,0,+\hbar$$

其中$|L|$是角动量矢量的大小。注意,L_z的最大值小于$|L|$,这意味着 $\boldsymbol{L}$ 和 L_z 不能指向相同的方向。这一点如图6.1所示,其中显示了值为$+\hbar$的 L_z 和值为$\sqrt{2}\hbar$的$|L|$。现在,让我们尝试指定 L_x 和 L_y。习题6-13要求证明 $\hat{L}_x$, $\hat{L}_y$, $\hat{L}_z$ 与$\hat{L}^2$对易,但它们之间不对易。这一结果表明,虽然可以同时观测到 L^2 和角动量的一个分量的精确值,但不可能同时观测到其他两个分量的精确值。例如,我们可以同时观测到 L^2 和 L_z 的精确值(如图6.1所示);在这种情况下,不可能观测到 $\hat{L}_x$ 或 $\hat{L}_y$ 的精确值。

尽管 $\hat{L}_x$ 和 $\hat{L}_y$ 没有精确的值,但它们当然有平均值,如习题6-14所示,$\langle L_x\rangle=\langle L_y\rangle=0$(另见例题6-6)。这些结果如图6.1所示,其中 L_z 的值为$+\hbar$,$|L|$的值为$\sqrt{2}\hbar$。对这些结果的一个很好的经典解释是,L 围绕 z 轴进动,映射出如图6.1所示的圆锥表面。运动在 xy 平面上的投影是一个以原点为圆心、半径为 $\hbar$ 的圆。

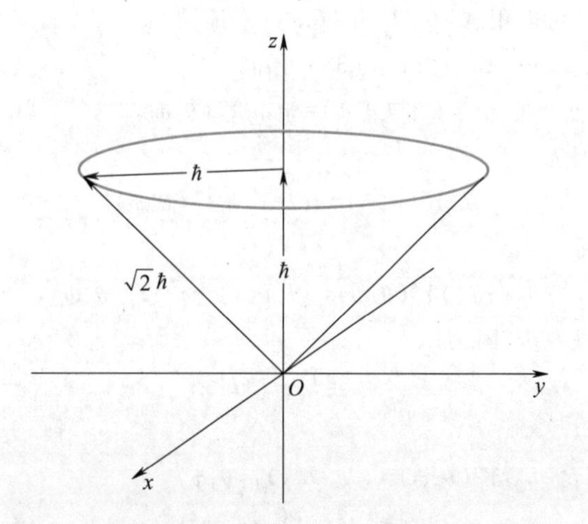

图6.1 角动量态 $l=1$ 的 $m=+1$ 分量。角动量画出一个圆锥,因为 x 和 y 分量不能指定。运动在 xy 平面上的投影是一个以原点为中心、半径为 $\hbar$ 的圆(例题6-8)。

» 例题 6-8 证明 $L^2=2\hbar^2$ 和 $L_z=\hbar$ 的角动量矢量运动在 xy 平面上的投影是 xy 平面上一个半径为 $\hbar$ 的圆。

» 解 从图6.1中的圆锥看到,xy 投影将是一个圆。为了确定圆的半径 r,考虑 x,z 截面。

如下图所示,因为我们有一个直角三角形,$r^2+\hbar^2=2\hbar^2$,所以 $r=\hbar$。因此也看到,虽然知道角动量和其 z 分量的大小,但不知道矢量 $L_x i+L_y j$ 指向的方向。

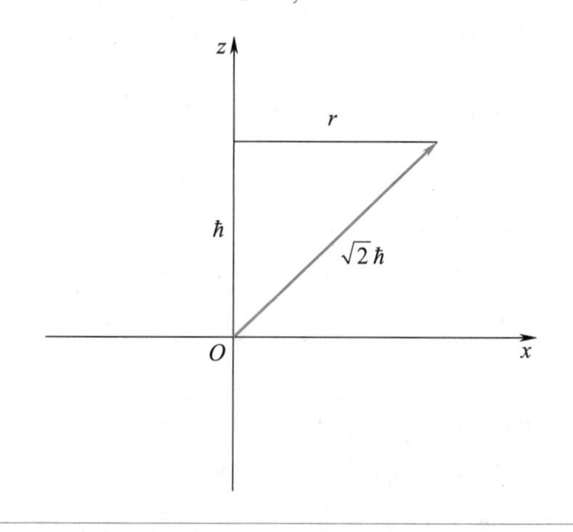

根据例题6-8,$\langle L_x\rangle$和$\langle L_y\rangle$的平均值为零。这幅图很好地符合不确定性原理:通过精确地指定 L_z,我们对与 L_z 相关的角度 ϕ 有一个完全的不确定性,因此角动量矢量可以位于圆锥边沿的任何位置。

在结束本节之前,应该解决一个问题:z 方向有什么特别之处?答案是 z 方向没有什么特别之处。可以选择 x 或 y 方向作为唯一方向,除了将 z 替换为 x 或 y 之外,上述所有结果都是相同的。例如,可以同时精确地知道 L^2 和 L_x,在这种情况下,L_y 和 L_z 没有精确的值。习惯上选择 z 方向是因为球坐标下 $\hat{L}_z$ 的表达式要比 $\hat{L}_x$ 或 $\hat{L}_y$ 的表达式简单得多[参见式(6.37)]。显然,旋转系统不知道 x,y 和 z,事实上,这种无法区分三个方向的现象解释了$(2l+1)$重简并。

6-4 氢原子轨道取决于三个量子数

到目前为止,我们已经解出了式(6.9),给出了氢原子轨道的角度部分。现在,我们来解式(6.8),给出氢原子轨

道的径向部分。令 β 等于 $l(l+1)$，则式(6.8)可以写成

$$-\frac{\hbar^2}{2m_e r^2}\frac{\mathrm{d}}{\mathrm{d}r}\left(r^2\frac{\mathrm{d}R}{\mathrm{d}r}\right)+\left[\frac{\hbar^2 l(l+1)}{2m_e r^2}-\frac{e^2}{4\pi\varepsilon_0 r}-E\right]R(r)=0 \tag{6.43}$$

式(6.43)是 r 的常微分方程，求解起来有些烦琐，但一旦求解，即可发现：为了使解能够被接受为波函数，能量必须按照下式进行量子化：

$$E_n=-\frac{m_e e^4}{8\varepsilon_0^2 h^2 n^2}=-\frac{m_e e^4}{32\pi^2\varepsilon_0^2\hbar^2 n^2}\quad n=1,2,\cdots \tag{6.44}$$

如果引入第 1-8 节中的 Bohr 半径，即 $a_0=\varepsilon_0 h^2/\pi m_e e^2=4\pi\varepsilon_0\hbar^2/m_e e^2$，则式(6.44)变为

$$E_n=-\frac{e^2}{8\pi\varepsilon_0 a_0 n^2}\quad n=1,2,\cdots \tag{6.45}$$

值得注意的是，这些能量与从 Bohr 的氢原子模型得到的能量是相同的。当然，电子现在不再局限于严格定义的 Bohr 轨道，而是通过它的波函数 $\psi(r,\theta,\phi)$ 来描述。

在求解式(6.43)的过程中，我们发现整数 n 不仅是自然产生的，而且 n 必须满足 $n\geqslant l+1$ 的条件，通常写成

$$0\leqslant l\leqslant n-1\quad n=1,2,\cdots \tag{6.46}$$

因为已经知道 l 的最小可能值是 0[式(6.46)可能在普通化学中很熟悉]。式(6.43)的解依赖于两个量子数 n 和 l，可由下式给出：

$$R_{nl}(r)=-\left\{\frac{(n-l-1)!}{2n[(n+l)!]^3}\right\}^{1/2}\left(\frac{2}{na_0}\right)^{l+3/2} r^l \mathrm{e}^{-r/na_0}L_{n+l}^{2l+1}\left(\frac{2r}{na_0}\right) \tag{6.47}$$

式中 $L_{n+l}^{2l+1}(2r/na_0)$ 称为**连带拉盖尔多项式**(associated Laguerre polynomials)。表 6.4 给出了前几个连带拉盖尔多项式。

表 6.4 前几个连带拉盖尔多项式。

$n=1$,	$l=0$	$L_1^1(x)=-1$
$n=2$,	$l=0$	$L_2^1(x)=-2!\,(2-x)$
	$l=1$	$L_3^3(x)=-3!$
$n=3$,	$l=0$	$L_3^1(x)=-3!\left(3-3x+\frac{1}{2}x^2\right)$
	$l=1$	$L_4^3(x)=-4!\,(4-x)$
	$l=2$	$L_5^5(x)=-5!$
$n=4$,	$l=0$	$L_4^1(x)=-4!\left(4-6x+2x^2-\frac{1}{6}x^3\right)$
	$l=1$	$L_5^3(x)=-5!\left(10-5x+\frac{1}{2}x^2\right)$
	$l=2$	$L_6^5(x)=-6!\,(6-x)$
	$l=3$	$L_7^7(x)=-7!$

式(6.47)给出的函数可能看起来很复杂，但注意，每个函数都只是一个多项式乘以一个指数。前面的组合因子保证了 $R_{nl}(r)$ 对 r 的积分是归一化的，或者 $R_{nl}(r)$ 满足：

$$\int_0^{+\infty} R_{nl}^*(r)R_{nl}(r)r^2\mathrm{d}r=1 \tag{6.48}$$

注意这里的体积元是 $r^2\mathrm{d}r$，它是球坐标体积元 $r^2\sin\theta\mathrm{d}r\mathrm{d}\theta\mathrm{d}\phi$ 的“r”部分。

完整的氢原子波函数为

$$\psi_{nlm}(r,\theta,\phi)=R_{nl}(r)Y_l^m(\theta,\phi) \tag{6.49}$$

表 6.5 给出了 $n=1,2$ 和 3 时完整的类氢原子波函数。氢原子波函数的归一化条件为

$$\int_0^{+\infty}\mathrm{d}r r^2\int_0^{\pi}\mathrm{d}\theta\sin\theta\int_0^{2\pi}\mathrm{d}\phi\psi_{nlm}^*(r,\theta,\phi)\psi_{nlm}(r,\theta,\phi)=1 \tag{6.50}$$

因为 $\hat{H}$ 是厄米的(第 4-5 节)，所以函数 ψ_{nlm} 也必须是正交的。这个正交关系可由下式给出：

$$\int_0^{+\infty}\mathrm{d}r r^2\int_0^{\pi}\mathrm{d}\theta\sin\theta\int_0^{2\pi}\mathrm{d}\phi\psi_{n'l'm'}^*(r,\theta,\phi)\psi_{nlm}(r,\theta,\phi)=\delta_{nn'}\delta_{ll'}\delta_{mm'} \tag{6.51}$$

式中 δ 是克罗内克 δ 符号[式(4.30)]。

表 6.5 $n=1,2$ 和 3 时完整的类氢原子波函数。Z 是原子核的原子序数，$\sigma=Zr/a_0$，其中 a_0 是 Bohr 半径。

$n=1,\ l=0,\ m=0$	$\psi_{100}=\frac{1}{\sqrt{\pi}}\left(\frac{Z}{a_0}\right)^{3/2}\mathrm{e}^{-\sigma}$
$n=2,\ l=0,\ m=0$	$\psi_{200}=\frac{1}{\sqrt{32\pi}}\left(\frac{Z}{a_0}\right)^{3/2}(2-\sigma)\mathrm{e}^{-\sigma/2}$
$l=1,\ m=0$	$\psi_{210}=\frac{1}{\sqrt{32\pi}}\left(\frac{Z}{a_0}\right)^{3/2}\sigma\mathrm{e}^{-\sigma/2}\cos\theta$
$l=1,\ m=\pm1$	$\psi_{21\pm1}=\frac{1}{\sqrt{64\pi}}\left(\frac{Z}{a_0}\right)^{3/2}\sigma\mathrm{e}^{-\sigma/2}\sin\theta\mathrm{e}^{\pm\mathrm{i}\phi}$
$n=3,\ l=0,\ m=0$	$\psi_{300}=\frac{1}{81\sqrt{3\pi}}\left(\frac{Z}{a_0}\right)^{3/2}(27-18\sigma+2\sigma^2)\mathrm{e}^{-\sigma/3}$
$l=1,\ m=0$	$\psi_{310}=\frac{1}{81}\left(\frac{2}{\pi}\right)^{1/2}\left(\frac{Z}{a_0}\right)^{3/2}(6\sigma-\sigma^2)\mathrm{e}^{-\sigma/3}\cos\theta$
$l=1,\ m=\pm1$	$\psi_{31\pm1}=\frac{1}{81\sqrt{\pi}}\left(\frac{Z}{a_0}\right)^{3/2}(6\sigma-\sigma^2)\mathrm{e}^{-\sigma/3}\sin\theta\mathrm{e}^{\pm\mathrm{i}\phi}$
$l=2,\ m=0$	$\psi_{320}=\frac{1}{81\sqrt{6\pi}}\left(\frac{Z}{a_0}\right)^{3/2}\sigma^2\mathrm{e}^{-\sigma/3}(3\cos^2\theta-1)$
$l=2,\ m=\pm1$	$\psi_{32\pm1}=\frac{1}{81\sqrt{\pi}}\left(\frac{Z}{a_0}\right)^{3/2}\sigma^2\mathrm{e}^{-\sigma/3}\sin\theta\cos\theta\mathrm{e}^{\pm\mathrm{i}\phi}$
$l=2,\ m=\pm2$	$\psi_{32\pm2}=\frac{1}{162\sqrt{\pi}}\left(\frac{Z}{a_0}\right)^{3/2}\sigma^2\mathrm{e}^{-\sigma/3}\sin^2\theta\mathrm{e}^{\pm2\mathrm{i}\phi}$

》例题 6-9 证明表6.5中的类氢原子波函数ψ_{210}是归一化的，且与ψ_{200}正交。

》解 其正交性条件由式(6.51)给出。使用表6.5中的ψ_{210}，有

$$\int_0^{+\infty} \mathrm{d}r r^2 \int_0^{\pi} \mathrm{d}\theta \sin\theta \int_0^{2\pi} \mathrm{d}\phi \left[\frac{1}{\sqrt{32\pi}}\left(\frac{Z}{a_0}\right)^{3/2} \sigma \mathrm{e}^{-\sigma/2} \cos\theta\right]^2$$

$$=\frac{1}{32\pi}\left(\frac{Z}{a_0}\right)^5 \int_0^{+\infty} \mathrm{d}r r^4 \mathrm{e}^{-Zr/a_0} \int_0^{\pi} \mathrm{d}\theta \sin\theta \cos^2\theta \int_0^{2\pi} \mathrm{d}\phi$$

$$=\frac{1}{32\pi}\left(\frac{Z}{a_0}\right)^5 (2\pi)\left(\frac{2}{3}\right)\left[\left(\frac{a_0}{Z}\right)^5 24\right]=1$$

所以ψ_{210}是归一化的。为了证明它与ψ_{200}正交，可以写出

$$\int_0^{+\infty} \mathrm{d}r r^2 \int_0^{\pi} \mathrm{d}\theta \sin\theta \int_0^{2\pi} \mathrm{d}\phi \left[\frac{1}{\sqrt{32\pi}}\left(\frac{Z}{a_0}\right)^{3/2}\left(\frac{Zr}{a_0}\right) \mathrm{e}^{-Zr/2a_0} \cos\theta\right] \cdot$$

$$\left[\frac{1}{\sqrt{32\pi}}\left(\frac{Z}{a_0}\right)^{3/2}\left(2-\frac{Zr}{a_0}\right) \mathrm{e}^{-Zr/2a_0}\right]$$

$$=\frac{1}{32\pi}\left(\frac{Z}{a_0}\right)^4 \int_0^{+\infty} \mathrm{d}r r^3\left(2-\frac{Zr}{a_0}\right) \mathrm{e}^{-Zr/a_0} \int_0^{\pi} \mathrm{d}\theta \sin\theta \cos\theta \int_0^{2\pi} \mathrm{d}\phi$$

这里对θ的积分消去了，所以可以看到ψ_{210}和ψ_{200}是正交的。

6-5 s轨道是球对称的

式(6.49)告诉我们，氢原子波函数依赖于三个量子数n, l, m。量子数n称为**主量子数**(principal quantum number)，其值为$1,2,\cdots$。通过方程$E_n=-e^2/8\pi\varepsilon_0 a_0 n^2$可知，氢原子的能量仅取决于主量子数。量子数$l$称为**角动量量子数**(angular momentum quantum number)，其值为$0,1,\cdots,n-1$。电子围绕质子的角动量完全由l通过$|L|=\hbar\sqrt{l(l+1)}$决定。注意，径向波函数的形式取决于n和l。l的值通常用一字母表示，$l=0$用s表示，$l=1$用p表示，$l=2$用d表示，$l=3$用f表示，更高的l值用f后面的字母顺序表示。字母s,p,d,f的起源与历史有关，与观测到的钠原子光谱线的名称有关(字母s,p,d和f分别代表**锐**(sharp)、**主**(principal)、**漫**(diffuse)和**基**(fundamental))。$n=1$且$l=0$的波函数称为1s波函数；$n=2$且$l=0$的波函数称为2s波函数，以此类推。

第三个量子数m称为**磁量子数**(magnetic quantum number)，具有$(2l+1)$个值，即$m=0,\pm1,\pm2,\cdots\pm l$。角动量的$z$分量完全由$m$通过$L_z=m\hbar$决定。量子数$m$之所以被称为磁量子数，是因为氢原子在磁场中的能量取决于m。在没有磁场的情况下，每个能级的简并度为$(2l+1)$。在磁场存在的情况下，这些能级分裂，能量取决于m的特定值(习题6-43~6-47)。这种分裂如图6.2所示，称为**塞曼效应**(Zeeman effect)(参见习题6-46)。在这种情况下，E是量子数n和m的函数。

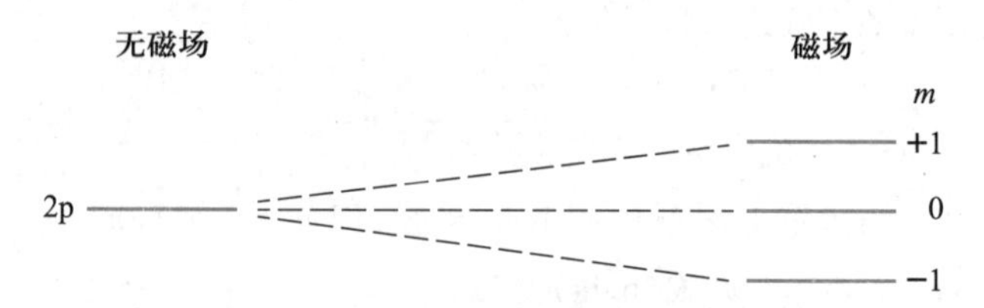

图6.2 在磁场中氢原子2p态的分裂。

完整的氢原子波函数依赖于三个变量(r,θ,ϕ)，因此绘制或显示它们是困难的。径向和角向部分通常分开考虑。氢原子能量最低的状态是1s态。与1s态相关的径向函数为$(Z=1)$

$$R_{1s}(r)=\frac{2}{a_0^{3/2}}\mathrm{e}^{-r/a_0}$$

如上所述，径向波函数是对r的积分归一化的，则有

$$\int_0^{+\infty}[R_{1s}(r)]^2 r^2 \mathrm{d}r=\frac{4}{a_0^3}\int_0^{+\infty} r^2 \mathrm{e}^{-2r/a_0} \mathrm{d}r=1 \tag{6.52}$$

由式(6.52)可知，电子位于r和$r+\mathrm{d}r$之间的概率为$[R_{nl}(r)]^2 r^2 \mathrm{d}r$。$r^2[R_{nl}(r)]^2$的作图如图6.3所示。图6.3中的一个重要观察结果是，径向函数中的节点数等于$(n-l-1)$。(回想一下，点$r=0$不被认为是一个节点；参见第2-4节。)

对于1s态，电子位于r和$r+\mathrm{d}r$之间的概率是

$$\mathrm{Prob}=\frac{4}{a_0^3}r^2\mathrm{e}^{-2r/a_0}\mathrm{d}r \tag{6.53}$$

这个结果与Bohr模型相反，在Bohr模型中，电子被错误地限制在固定的、明确定义的轨道上。

》例题 6-10 计算氢原子1s波函数描述的电子在原子核的一个Bohr半径内出现的概率。

》解 通过对式(6.53)从0到a_0积分，可以得到电子出现在原子核的一个Bohr半径内的概率：

$$\mathrm{Prob}(0\leqslant r\leqslant a_0)=\frac{4}{a_0^3}\int_0^{a_0} r^2\mathrm{e}^{-2r/a_0}\mathrm{d}r$$

$$=4\int_0^1 x^2\mathrm{e}^{-2x}\mathrm{d}x$$

$$=1-5\mathrm{e}^{-2}=0.323$$

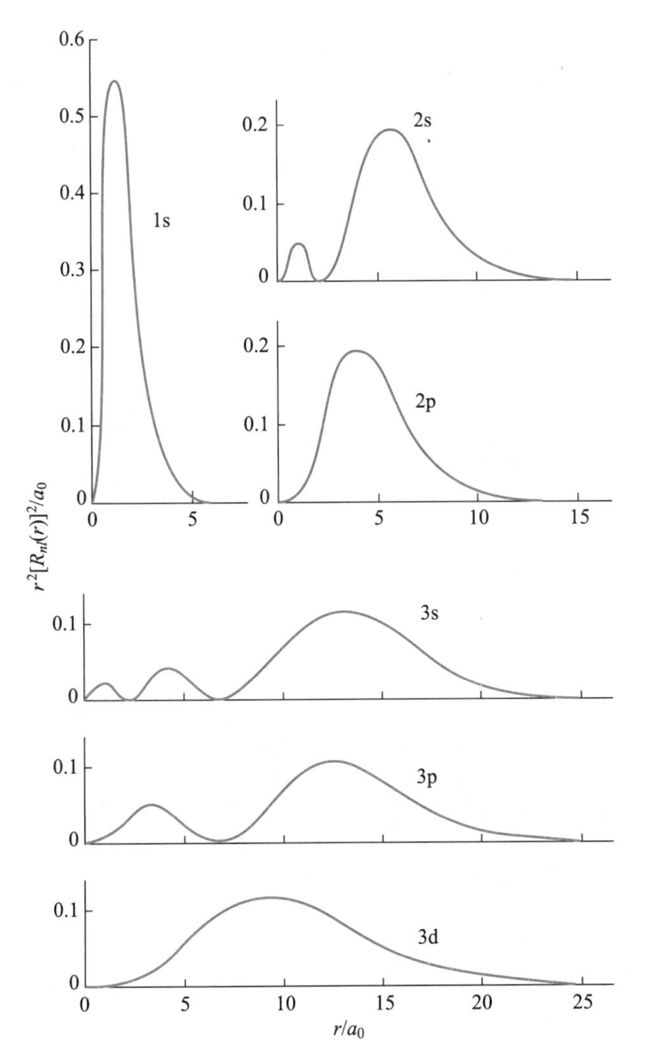

图 6.3 与氢原子波函数的径向部分相关的概率密度 $r^2[R_{nl}(r)]^2$。

必须记住,我们处理的只是整个波函数的径向部分。径向部分很容易显示,因为它们只依赖于一个坐标 r。角度部分依赖于 θ 和 ϕ,因此显示起来有些困难。然而,$l=0$ 的情况很简单,因为当 $l=0$ 时,m 必须等于 0,所以有 $Y_0^0(\theta,\phi)$,根据表 6.3,其为

$$Y_0^0(\theta,\phi)=\frac{1}{\sqrt{4\pi}}$$

$Y_0^0(\theta,\phi)$ 是对球面上的积分归一化的,即

$$\int_0^{\pi}\mathrm{d}\theta\sin\theta\int_0^{2\pi}\mathrm{d}\phi Y_0^0(\theta,\phi)^* Y_0^0(\theta,\phi)=\frac{1}{4\pi}\int_0^{\pi}\mathrm{d}\theta\sin\theta\int_0^{2\pi}\mathrm{d}\phi=1$$

在这种特殊的情况下,角度依赖性消失,波函数是球对称的。完整的 1s 波函数为

$$\psi_{1s}(r,\theta,\phi)=R_{10}Y_0^0(\theta,\phi)=(\pi a_0^3)^{-1/2}\mathrm{e}^{-r/a_0} \quad (6.54)$$

我们已经在式(6.54)的左侧显示了 r,θ 和 ϕ 的依赖性,即使 θ 和 ϕ 的依赖性消失,我们可以强调 $\psi_{1s}(r,\theta,\phi)$ 是完整的波函数。例如,归一化条件为

$$\int_0^{+\infty}\mathrm{d}rr^2\int_0^{\pi}\mathrm{d}\theta\sin\theta\int_0^{2\pi}\mathrm{d}\phi\psi_{1s}^*(r,\theta,\phi)\psi_{1s}(r,\theta,\phi)=1$$

氢原子的波函数称为**轨道**(orbitals),特别地,式(6.54)描述了 1s 轨道;1s 轨道上的电子称为 1s 电子。

一个 1s 电子位于距离原子核 r 和 $r+\mathrm{d}r$ 之间的概率可依据下式,通过对 θ 和 ϕ 的所有值积分 $\psi_{1s}^*(r,\theta,\phi)\cdot\psi_{1s}(r,\theta,\phi)$ 来获得:

$$\begin{aligned}\mathrm{Prob}(1s)&=r^2\mathrm{d}r\int_0^{\pi}\mathrm{d}\theta\sin\theta\int_0^{2\pi}\mathrm{d}\phi\psi_{1s}^*(r,\theta,\phi)\psi_{1s}(r,\theta,\phi)\\&=\frac{4}{a_0^3}r^2\mathrm{e}^{-2r/a_0}\mathrm{d}r\end{aligned} \quad (6.55)$$

与式(6.53)一致。

我们可以用式(6.55)计算 r 的平均值,例如:

$$\langle r\rangle_{1s}=\frac{4}{a_0^3}\int_0^{+\infty}r^3\mathrm{e}^{-2r/a_0}\mathrm{d}r=\frac{3}{2}a_0 \quad (6.56)$$

式(6.55)可用于确定 1s 电子离原子核的最概然距离。

» 例题 6-11 证明 1s 态中 r 的最概然值(r_{mp})是 a_0。

» 解 为了确定 r 的最概然值,我们找到使 r 的概率密度最大化的 r 值,或者使

$$\mathrm{Prob}(1s)=\frac{4}{a_0^3}r^2\mathrm{e}^{-2r/a_0}$$

最大化的 r 值。如果对 Prob(1s) 求导并令结果等于零,可以发现 $r_{mp}=a_0$,即 Bohr 半径。

第二个最简单的轨道是 2s 轨道。2s 轨道由下式给出:

$$\psi_{2s}(r,\theta,\phi)=R_{20}Y_0^0(\theta,\phi) \quad (6.57)$$

它也是球对称的。事实上,因为任何 s 轨道都会有角度因子 $Y_0^0(\theta,\phi)$,我们看到所有的 s 轨道都是球对称的。参考表 6.5,可以看到

$$\psi_{2s}(r,\theta,\phi)=\frac{1}{\sqrt{32\pi}}\left(\frac{1}{a_0}\right)^{3/2}\left(2-\frac{r}{a_0}\right)\mathrm{e}^{-r/2a_0} \quad (6.58)$$

记住,ψ_{2s}是对 r,θ 和 ϕ 的积分归一化的。2s 态中 r 的平均值为(参见习题 6-23)

$$\langle r\rangle_{2s}=\int_0^{+\infty}\mathrm{d}rr^3\int_0^{\pi}\mathrm{d}\theta\sin\theta\int_0^{2\pi}\mathrm{d}\phi\psi_{2s}^*(r,\theta,\phi)\psi_{2s}(r,\theta,\phi)=6a_0 \quad (6.59)$$

表明 2s 电子离原子核的平均距离比 1s 电子离原子核的距离远得多。事实上,利用连带拉盖尔多项式的一般性质,可以证明,对于一个 ns 电子,$\langle r\rangle=\frac{3}{2}a_0n^2$。

6-6 对于每个主量子数($n\geqslant 2$)的值,都有三个 p 轨道

当 $l\neq 0$ 时,氢原子波函数不是球对称的;它们依赖于 θ 和 ϕ。在本节中,我们将集中讨论氢波函数的角度部分。首先考虑 $l=1$ 的态,或 p 轨道。因为当 $l=1$ 时 $m=0$ 或 ± 1,每个 n 值都有三个 p 轨道。p 轨道的角度部分由三个球谐函数 $Y_1^0(\theta,\phi)$ 和 $Y_1^{\pm 1}(\theta,\phi)$ 给出。最简单的球谐函数是

$$Y_1^0(\theta,\phi)=\left(\frac{3}{4\pi}\right)^{1/2}\cos\theta \tag{6.60}$$

它很容易被证明是归一化的,因为

$$\frac{3}{4\pi}\int_0^{\pi}\mathrm{d}\theta\sin\theta\int_0^{2\pi}\mathrm{d}\phi\,\cos^2\theta=\frac{3}{2}\int_0^{\pi}\sin\theta\cos^2\theta\mathrm{d}\theta$$

$$=\frac{3}{2}\int_{-1}^{1}x^2\mathrm{d}x=1$$

在最后一步中,设 $\cos\theta=x$,如例题 6-4 所示。

表示角度函数的常用方法是以三维图形的形式呈现。图 6.4 是普通化学教科书中经常出现的 p 轨道的切线球图。虽然切线球图表示了 p 轨道的角度部分的形状,但它并不是 p 轨道形状的如实表示,因为没有包括径向函数。

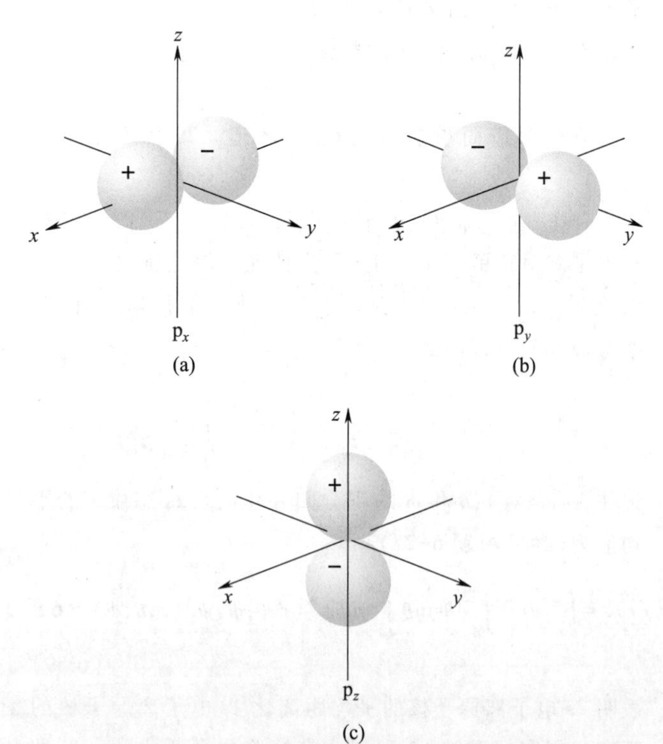

图 6.4 $l=1$ 时氢原子波函数实表示的角度部分的三维极坐标图[有关 p_x 和 p_y 的实表示,参见式(6.62)]。

因为一个完整的波函数通常依赖于三个坐标,所以波函数很难清晰地显示。然而,下面是一种有用的且有启发性的方法。$\psi^*\psi\mathrm{d}\tau$ 是电子位于体积元 $\mathrm{d}\tau$ 内的概率。因此,我们可以将空间划分为小的体积元,并计算每个体积元内 $\psi^*\psi$ 的平均值或某些有代表性的值,然后用图像中点的密度表示 $\psi^*\psi$ 的值。图 6.5 显示了一些氢原子轨道的概率密度图。

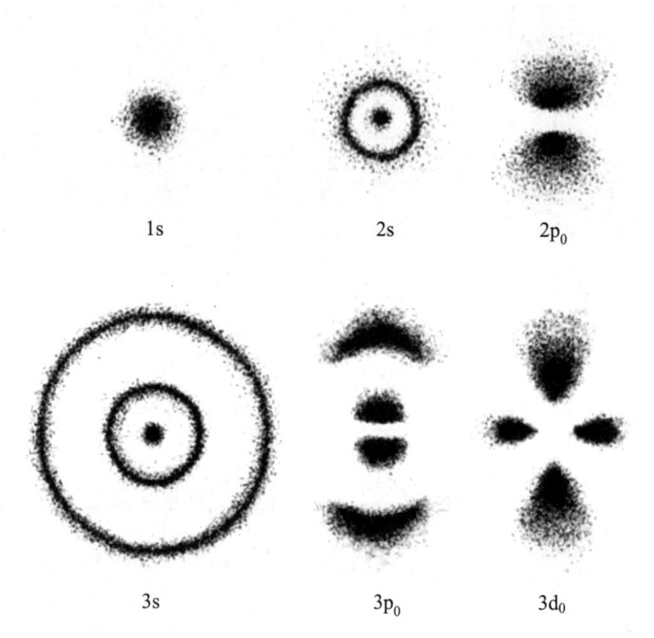

图 6.5 一些氢原子轨道的概率密度图。点的密度与在该区域找到电子的概率成正比。

另一种表示完整波函数的方法是等值线图。图 6.6(a)显示了 1s 轨道的等值线图。图 6.6 中每种情况下显示的九条等值线表示在每条等值线内找到电子的概率分别为 10%,20%,…,90%。注意,等值线图显示为图 6.5 中图的横截面。

比较图 6.5 和图 6.6 中 $2p_0$ 和 $3p_0$ 轨道的描绘是很有趣的。这些轨道的表达式是

$$\psi_{2p_0}(r,\theta,\phi)=R_{21}Y_1^0(\theta,\phi)$$

和

$$\psi_{3p_0}(r,\theta,\phi)=R_{31}Y_1^0(\theta,\phi)$$

两个轨道有相同的角度部分,如图 6.4 所示。然而,径向函数有($n-l-1$)个节点,因此 $R_{21}(r)$ 没有节点,而 $R_{31}(r)$ 有一个节点。图 6.5 和图 6.6 中 $2p_0$ 和 $3p_0$ 轨道形状的不同是由于 $R_{31}(r)$ 中的节点。这个例子说明了用“切线球”表示 p 轨道的不足。

$m\neq 0$ 的角度函数更难用图形表示,因为它们不仅依赖于 ϕ,还依赖于 θ,而且也很复杂。特别地,$m\neq 0$ 的 $l=1$ 态是

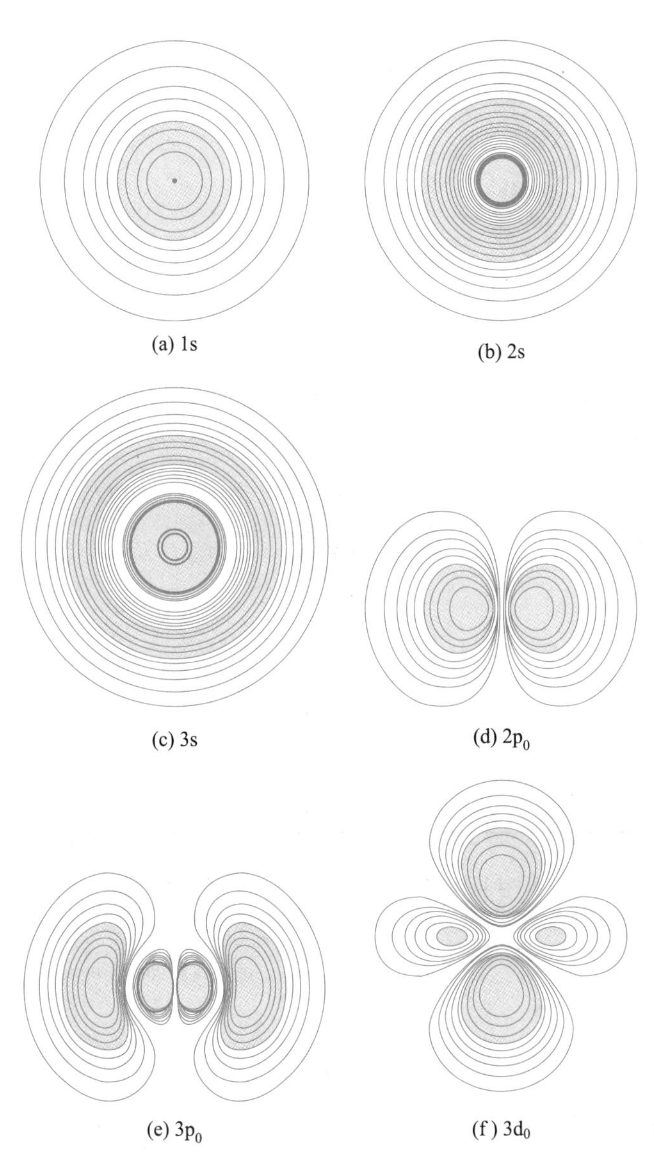

图 6.6 氢原子轨道的概率等值线图。每种情况下显示的九条等值线表示在每条等值线中找到电子的概率分别为 10%,20%,…,90%。图的比例尺用散列标记表示:一个标记对应一个 Bohr 半径 a_0。注意,不同的轨道以不同的尺度表示。每种情况下的阴影区域表示概率密度最高的 40%。

$$Y_1^1(\theta,\phi)=\left(\frac{3}{8\pi}\right)^{1/2}\sin\theta e^{i\phi}$$
$$Y_1^{-1}(\theta,\phi)=\left(\frac{3}{8\pi}\right)^{1/2}\sin\theta e^{-i\phi} \tag{6.61}$$

与 $Y_1^1(\theta,\phi)$ 和 $Y_1^{-1}(\theta,\phi)$ 相关的概率密度相同,因为

$$|Y_1^1(\theta,\phi)|^2=\frac{3}{8\pi}\sin^2\theta$$

和

$$|Y_1^{-1}(\theta,\phi)|^2=\frac{3}{8\pi}\sin^2\theta$$

因为 $Y_1^1(\theta,\phi)$ 和 $Y_1^{-1}(\theta,\phi)$ 对应于相同的能量,从第 4-2 节中知道,Y_1^1 和 Y_1^{-1} 的任何线性组合也是具有相同能量的一个能量本征函数。习惯上使用组合:

$$p_x=\frac{1}{\sqrt{2}}(Y_1^1+Y_1^{-1})=\left(\frac{3}{4\pi}\right)^{1/2}\sin\theta\cos\phi$$
$$p_y=\frac{1}{\sqrt{2}i}(Y_1^1-Y_1^{-1})=\left(\frac{3}{4\pi}\right)^{1/2}\sin\theta\sin\phi \tag{6.62}$$

p_x 和 p_y 的“切线球”图如图 6.4 所示。它们具有与 p_z 函数相同的形状,除了它们是沿 x 轴和 y 轴方向的。p_x,p_y 和 p_z 这三个函数通常被用作氢原子波函数的角度部分,因为它们是实的,并且具有易于可视化的方向性质。

对于 $l=2$ 的情况,$m=0,\pm1$ 和 ±2,因此有五个 d 轨道。对于 $m=\pm1$ 和 ±2,采用线性组合,就像上面对 p 函数所做的那样。惯用的线性组合是(习题 6-42)

$$d_{z^2}=Y_2^0=\left(\frac{5}{16\pi}\right)^{1/2}(3\cos^2\theta-1)$$

$$d_{xz}=\frac{1}{\sqrt{2}}(Y_2^1+Y_2^{-1})=\left(\frac{15}{4\pi}\right)^{1/2}\sin\theta\cos\theta\cos\phi$$

$$d_{yz}=\frac{1}{\sqrt{2}i}(Y_2^1-Y_2^{-1})=\left(\frac{15}{4\pi}\right)^{1/2}\sin\theta\cos\theta\sin\phi \tag{6.63}$$

$$d_{x^2-y^2}=\frac{1}{\sqrt{2}}(Y_2^2+Y_2^{-2})=\left(\frac{15}{16\pi}\right)^{1/2}\sin^2\theta\cos(2\phi)$$

$$d_{xy}=\frac{1}{\sqrt{2}i}(Y_2^2-Y_2^{-2})=\left(\frac{15}{16\pi}\right)^{1/2}\sin^2\theta\sin(2\phi)$$

五个 d 轨道的角度部分如图 6.7 所示。注意,式(6.63)中给出的最后四个轨道仅在方向上有所不同。图 6.7 给出了 d 轨道符号的基本原理;d_{z^2}沿着 z 轴,$d_{x^2-y^2}$沿着 x 轴和 y 轴;d_{xy}位于 xy 平面;d_{xz}位于 xz 平面,d_{yz}位于 yz 平面。选择这些球谐函数的线性组合而不是球谐函数本身没有必要原因,但大多数化学家使用式(6.63)给出的五个 d 轨道,因为式(6.63)中的函数是实函数,并且具有与分子结构一致的方向性质。氢原子波函数的实表示在表 6.6 中给出。表 6.6 中的函数是表 6.5 中复波函数的线性组合。这两组函数是等价的,但化学家通常使用表 6.6 中的实函数。在后面的章节中将看到,分子波函数可以由原子轨道构建,而且如果原子轨道具有确定的方向特征,则可以使用化学直觉来决定哪些是用来描述分子轨道的、更重要的原子轨道。

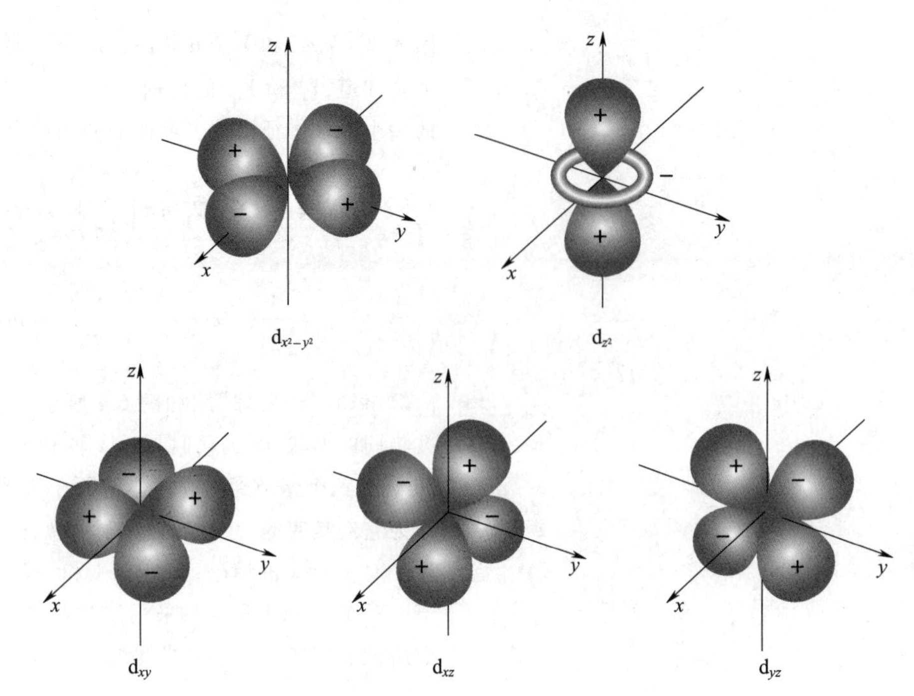

图 6.7 $l=2$ 时氢原子波函数实表示的角度部分的三维图。这类图显示了这些轨道的方向特征，但不能很好地表示这些轨道的形状，因为没有包括径向函数。

表 6.6 $n=1,2$ 和 3 时，以实函数表示的完整的类氢原子波函数。Z 是原子核的原子序数，$\sigma=Zr/a_0$，其中 a_0 是 Bohr 半径。

$n=1,\ l=0,\ m=0$	$\psi_{1s}=\dfrac{1}{\sqrt{\pi}}\left(\dfrac{Z}{a_0}\right)^{3/2}e^{-\sigma}$
$n=2,\ l=0,\ m=0$	$\psi_{2s}=\dfrac{1}{4\sqrt{2\pi}}\left(\dfrac{Z}{a_0}\right)^{3/2}(2-\sigma)e^{-\sigma/2}$
$l=1,\ m=0$	$\psi_{2p_z}=\dfrac{1}{4\sqrt{2\pi}}\left(\dfrac{Z}{a_0}\right)^{3/2}\sigma e^{-\sigma/2}\cos\theta$
$l=1,\ m=\pm1$	$\psi_{2p_x}=\dfrac{1}{4\sqrt{2\pi}}\left(\dfrac{Z}{a_0}\right)^{3/2}\sigma e^{-\sigma/2}\sin\theta\cos\phi$
	$\psi_{2p_y}=\dfrac{1}{4\sqrt{2\pi}}\left(\dfrac{Z}{a_0}\right)^{3/2}\sigma e^{-\sigma/2}\sin\theta\sin\phi$
$n=3,\ l=0,\ m=0$	$\psi_{3s}=\dfrac{1}{81\sqrt{3\pi}}\left(\dfrac{Z}{a_0}\right)^{3/2}(27-18\sigma+2\sigma^2)e^{-\sigma/3}$
$l=1,\ m=0$	$\psi_{3p_z}=\dfrac{\sqrt{2}}{81\sqrt{\pi}}\left(\dfrac{Z}{a_0}\right)^{3/2}\sigma(6-\sigma)e^{-\sigma/3}\cos\theta$
$l=1,\ m=\pm1$	$\psi_{3p_x}=\dfrac{\sqrt{2}}{81\sqrt{\pi}}\left(\dfrac{Z}{a_0}\right)^{3/2}\sigma(6-\sigma)e^{-\sigma/3}\sin\theta\cos\phi$
	$\psi_{3p_y}=\dfrac{\sqrt{2}}{81\sqrt{\pi}}\left(\dfrac{Z}{a_0}\right)^{3/2}\sigma(6-\sigma)e^{-\sigma/3}\sin\theta\sin\phi$
$l=2,\ m=0$	$\psi_{3d_{z^2}}=\dfrac{1}{81\sqrt{6\pi}}\left(\dfrac{Z}{a_0}\right)^{3/2}\sigma^2e^{-\sigma/3}(3\cos^2\theta-1)$

续表

$l=2,\ m=\pm1$	$\psi_{3d_{xz}}=\dfrac{\sqrt{2}}{81\sqrt{\pi}}\left(\dfrac{Z}{a_0}\right)^{3/2}\sigma^2e^{-\sigma/3}\sin\theta\cos\theta\cos\phi$
	$\psi_{3d_{yz}}=\dfrac{\sqrt{2}}{81\sqrt{\pi}}\left(\dfrac{Z}{a_0}\right)^{3/2}\sigma^2e^{-\sigma/3}\sin\theta\cos\theta\sin\phi$
$l=2,\ m=\pm2$	$\psi_{3d_{x^2-y^2}}=\dfrac{1}{81\sqrt{2\pi}}\left(\dfrac{Z}{a_0}\right)^{3/2}\sigma^2e^{-\sigma/3}\sin^2\theta\cos(2\phi)$
	$\psi_{3d_{xy}}=\dfrac{1}{81\sqrt{2\pi}}\left(\dfrac{Z}{a_0}\right)^{3/2}\sigma^2e^{-\sigma/3}\sin^2\theta\sin(2\phi)$

6-7 氦原子的薛定谔方程无法精确求解

下一个要研究的系统显然是氦原子，其薛定谔方程为

$$\left(-\frac{\hbar^2}{2M}\nabla^2-\frac{\hbar^2}{2m_e}\nabla_1^2-\frac{\hbar^2}{2m_e}\nabla_2^2\right)\psi(\boldsymbol{R},\boldsymbol{r}_1,\boldsymbol{r}_2)+$$
$$\left(-\frac{2e^2}{4\pi\varepsilon_0|\boldsymbol{R}-\boldsymbol{r}_1|}-\frac{2e^2}{4\pi\varepsilon_0|\boldsymbol{R}-\boldsymbol{r}_2|}+\frac{e^2}{4\pi\varepsilon_0|\boldsymbol{r}_1-\boldsymbol{r}_2|}\right)\psi(\boldsymbol{R},\boldsymbol{r}_1,\boldsymbol{r}_2)$$
$$=E\psi(\boldsymbol{R},\boldsymbol{r}_1,\boldsymbol{r}_2) \tag{6.64}$$

在这个方程中，$\boldsymbol{R}$ 是氦原子核的位置，$\boldsymbol{r}_1$ 和 $\boldsymbol{r}_2$ 分别是两个电子的位置；M 是原子核的质量，m_e 是电子质量；∇^2 是关于原子核位置的拉普拉斯算符，∇_1^2 和 ∇_2^2 分别是关于两个电子坐标位置的拉普拉斯算符。要知道这是一个三体问

题，而不是两体问题，所以质心和相对坐标的分离比氢复杂得多。然而，因为 $M \gg m_e$，将原子核视为相对于电子运动是固定的仍然是一个很好的近似。在这个近似下，可以把原子核固定在球坐标系的原点，并将薛定谔方程写成

$$-\frac{\hbar^2}{2m_e}(\nabla_1^2+\nabla_2^2)\psi(\boldsymbol{r}_1,\boldsymbol{r}_2)-\frac{2e^2}{4\pi\varepsilon_0}\left(\frac{1}{r_1}+\frac{1}{r_2}\right)\psi(\boldsymbol{r}_1,\boldsymbol{r}_2)$$

$$+\frac{e^2}{4\pi\varepsilon_0|\boldsymbol{r}_1-\boldsymbol{r}_2|}\psi(\boldsymbol{r}_1,\boldsymbol{r}_2)=E\psi(\boldsymbol{r}_1,\boldsymbol{r}_2) \qquad (6.65)$$

即使这个简化的方程也无法精确求解。

$e^2/4\pi\varepsilon_0|\boldsymbol{r}_1-\boldsymbol{r}_2|$ 项称为**电子间排斥**（interelectronic repulsion）项，它直接导致了求解式（6.65）较困难。如果没有这一项，则式（6.65）中的总哈密顿算符将是两个类氢原子的哈密顿算符之和。根据式（3.61）~式（3.64），总能量是两个类氢原子能量的总和，波函数是两个类氢原子轨道的乘积。为了解式（6.65），必须借助某种近似方法。幸运的是，两种截然不同的近似方法可以产生非常好的结果，在量子化学中得到了广泛的应用。这两种方法分别称为**微扰理论**（perturbation theory）和**变分法**（variational method），将在第 7 章中介绍。

习题

6-1 证明 $\hbar^2\nabla^2/2m_e$ 和 $e^2/4\pi\varepsilon_0 r$ 都具有能量单位（焦耳）。

6-2 用变量 θ 表示，勒让德方程是

$$\sin\theta\frac{\mathrm{d}}{\mathrm{d}\theta}\left[\sin\theta\frac{\mathrm{d}\Theta(\theta)}{\mathrm{d}\theta}\right]+(\beta^2\sin^2\theta-m^2)\Theta(\theta)=0$$

设 $x=\cos\theta$ 和 $P(x)=\Theta(\theta)$，证明：

$$(1-x^2)\frac{\mathrm{d}^2P(x)}{\mathrm{d}x^2}-2x\frac{\mathrm{d}P(x)}{\mathrm{d}x}+\left(\beta-\frac{m^2}{1-x^2}\right)P(x)=0$$

6-3 证明表 6.1 给出的勒让德多项式满足式（6.23），其中 $m=0$。

6-4 证明勒让德多项式，即式（6.24）的正交积分，等价于

$$\int_0^\pi P_l(\cos\theta)P_n(\cos\theta)\sin\theta\mathrm{d}\theta=0 \quad l\neq n$$

6-5 证明表 6.1 给出的勒让德多项式满足式（6.24）和式（6.25）给出的正交性和归一化条件。

6-6 使用式（6.26）生成表 6.2 中的连带勒让德函数。

6-7 证明表 6.2 给出的前几个连带勒让德函数是式（6.23）的解，并且它们满足正交归一条件，即式（6.28）。

6-8 连带勒让德函数有很多递归公式。我们将在第 13-12 节中使用的一个是

$$(2l+1)xP_l^{|m|}(x)=(l-|m|+1)P_{l+1}^{|m|}(x)+(l+|m|)P_{l-1}^{|m|}(x)$$

证明表 6.2 中前几个连带勒让德函数满足这个递归公式。

6-9 证明表 6.3 中的前几个球谐函数满足正交归一条件，即式（6.31）。

6-10 使用 $Y_l^m(\theta,\phi)$ 的显式表达式，证明：

$$|Y_1^1(\theta,\phi)|^2+|Y_1^0(\theta,\phi)|^2+|Y_1^{-1}(\theta,\phi)|^2=\text{常数}$$

这是一般定理

$$\sum_{m=-l}^{+l}|Y_l^m(\theta,\phi)|^2=\text{常数}$$

的一个特例，称为 Unsöld 定理。这个结果的物理意义是什么？

6-11 在笛卡儿坐标系中，有

$$\hat{L}_z=-\mathrm{i}\hbar\left(x\frac{\partial}{\partial y}-y\frac{\partial}{\partial x}\right)$$

把这个方程转换成球坐标，证明：

$$\hat{L}_z=-\mathrm{i}\hbar\frac{\partial}{\partial\phi}$$

6-12 将 $\hat{L}_x$ 和 $\hat{L}_y$ 从笛卡儿坐标转换为球坐标。

6-13 证明 $\hat{L}^2$ 与 $\hat{L}_x,\hat{L}_y$ 和 $\hat{L}_z$ 对易，但是

$$[\hat{L}_x,\hat{L}_y]=\mathrm{i}\hbar\hat{L}_z \quad [\hat{L}_y,\hat{L}_z]=\mathrm{i}\hbar\hat{L}_x \quad [\hat{L}_z,\hat{L}_x]=\mathrm{i}\hbar\hat{L}_y$$

（**提示**：使用笛卡儿坐标。）你在这些公式中看到规律了吗？

6-14 一般性地证明 $\langle L_x\rangle=\langle L_y\rangle=0$ 是一个稍微进阶的练习（然而，参见习题 6-58），请使用表 6.3 给出的球谐函数，证明它们至少在前几个 l,m 态下为零。

6-15 对于一个孤立的氢原子，为什么角动量矢量 $\boldsymbol{L}$ 必须位于一个关于 z 轴对称的圆锥上？角动量算符能精确地沿着 z 轴指向吗？

6-16 参照表 6.5，证明前几个氢原子波函数是正交归一的。

6-17 显式地证明：对于氢原子的基态，有

$$\hat{H}\psi=-\frac{m_e e^4}{8\varepsilon_0^2 h^2}\psi$$

6-18 显式地证明：对于氢原子的 $2p_0$ 态，有

$$\hat{H}\psi=-\frac{m_e e^4}{32\varepsilon_0^2 h^2}\psi$$

6-19 给定第一个等式，证明氢原子的基态能量可以写成

$$E_0=-\frac{\hbar^2}{2m_e a_0^2}=-\frac{e^2}{8\pi\varepsilon_0 a_0}=-\frac{m_e e^4}{32\pi^2\varepsilon_0^2\hbar^2}=-\frac{m_e e^4}{8\varepsilon_0^2 h^2}$$

6-20 计算在离原子核 $2a_0$ 的距离内发现氢 1s 电子的概率。

6-21 计算找到氢 1s 电子的概率为 50%的球体半径。若概率为 90%，重复计算球体的半径。

6-22 许多涉及氢原子平均值计算的问题需要计算以下形式的积分：

$$I_n=\int_0^{+\infty} r^n e^{-\beta r}dr$$

这个积分可以很容易地计算，从基本积分

$$I_0(\beta)=\int_0^{+\infty} e^{-\beta r}dr=\frac{1}{\beta}$$

开始。证明 $I_0(\beta)$ 的导数为

$$\frac{dI_0}{d\beta}=-\int_0^{+\infty} re^{-\beta r}dr=-I_1$$

$$\frac{d^2I_0}{d\beta^2}=\int_0^{+\infty} r^2e^{-\beta r}dr=I_2$$

等等。利用 $I_0(\beta)=1/\beta$ 的事实，证明这两个积分的值分别为 $-1/\beta^2$ 和 $2/\beta^3$。证明，一般地

$$\frac{d^nI_0}{d\beta^n}=(-1)^n\int_0^{+\infty} r^ne^{-\beta r}dr=(-1)^nI_n=(-1)^n\frac{n!}{\beta^{n+1}}$$

和

$$I_n=\frac{n!}{\beta^{n+1}}$$

6-23 证明类氢原子在 1s 和 2s 态下 r 的平均值分别为 $3a_0/2Z$ 和 $6a_0/Z$。

6-24 对于 2s 电子，证明 $\langle V\rangle=2\langle E\rangle$，以及因此 $\langle\hat{K}\rangle=-\langle E\rangle$。

6-25 通过计算适当的积分，计算氢原子在 2s，2p 和 3s 态下的 $\langle r\rangle$；将你的结果与一般公式

$$\langle r_{nl}\rangle=\frac{a_0}{2}[3n^2-l(l+1)]$$

进行比较。

6-26 证明表 6.6 中的前几个氢原子轨道是正交归一的。

6-27 证明在 $r^2\psi_{2s}^2(r)$ 对 r 的作图中两个最大值出现在 $(3\pm\sqrt{5})a_0$（参见图 6.3）。

6-28 计算氢原子在 $n=2,l=1$ 态和 $n=2,l=0$ 态下的 $\langle r\rangle$ 值。你对答案感到惊讶吗？给出解释。

6-29 在第 4 章中，我们学过如果 ψ_1 和 ψ_2 是具有相同能量 E_n 的薛定谔方程的解，那么 $c_1\psi_1+c_2\psi_2$ 也是一个解。设 $\psi_1=\psi_{210}$，$\psi_2=\psi_{211}$（参见表 6.5）。当 $c_1^2+c_2^2=1$ 时，$c_1\psi_1+c_2\psi_2$ 对应的能量是多少？这个结果告诉你关于三个 p 轨道，即 p_x，p_y 和 p_z 的独特性是什么？

6-30 通过计算 $\sum_{m=-1}^{1}\psi_{21m}^2$，证明 2p 轨道的总概率密度是球对称的（使用表 6.6 中的波函数）。

6-31 通过计算 $\sum_{m=-2}^{2}\psi_{32m}^2$，证明 3d 轨道的总概率密度是球对称的（使用表 6.6 中的波函数）。

6-32 证明氢原子 $n=3$ 态的概率密度之和是球对称的。你认为这对所有的 n 值都成立吗？给出解释。

6-33 确定每个氢原子能级的简并度。

6-34 为一个电子与一个原子序数为 Z 的固定原子核相互作用的系统建立哈密顿算符。最简单的这类系统是单电离氦，其中 $Z=2$。我们称它为类氢系统。注意到这个哈密顿算符和氢哈密顿算符的唯一区别是氢原子的 e^2 变成了类氢离子的 Ze^2。因此，证明能量变为[参见式(6.44)]

$$E_n=-\frac{m_eZ^2e^4}{8\varepsilon_0^2h^2n^2}\quad n=1,2,\cdots$$

进一步，现在证明径向方程[式(6.47)]的解为

$$R_{nl}(r)=-\left\{\frac{(n-l-1)!}{2n[(n+l)!]^3}\right\}^{1/2}\left(\frac{2Z}{na_0}\right)^{l+3/2}r^le^{-Zr/na_0}L_{n+l}^{2l+1}\left(\frac{2Zr}{na_0}\right)$$

证明这个系统的 1s 轨道是

$$\psi_{1s}=\frac{1}{\sqrt{\pi}}\left(\frac{Z}{a_0}\right)^{3/2}e^{-Zr/a_0}$$

并证明它是归一化的。证明：

$$\langle r\rangle=\frac{3a_0}{2Z}$$

和

$$r_{mp}=\frac{a_0}{Z}$$

最后，计算氢原子和单电离氦原子的电离能。用 $kJ\cdot mol^{-1}$ 为单位来表示你的答案。

6-35 如果不认为原子核固定在原点，氢原子的 E_n 与式(6.44)有什么不同？

6-36 确定原子氢的基态能量与原子氘的基态能

量之比。

6-37 在本题中，我们将证明所谓的**量子力学位力定理**（quantum-mechanical virial theorem）。

从
$$\hat{H}\psi = E$$
开始，式中
$$\hat{H} = -\frac{\hbar^2}{2m}\nabla^2 + V(x,y,z)$$
利用 $\hat{H}$ 是厄米算符的事实（习题 4-28），证明：
$$\int \psi^* [\hat{H}, \hat{A}] \psi \mathrm{d}\tau = 0 \tag{1}$$
式中 $\hat{A}$ 是任意线性算符。选择 $\hat{A}$ 为
$$\hat{A} = -\mathrm{i}\hbar\left(x\frac{\partial}{\partial x} + y\frac{\partial}{\partial y} + z\frac{\partial}{\partial z}\right) \tag{2}$$
并证明：
$$[\hat{H}, \hat{A}] = \mathrm{i}\hbar\left(x\frac{\partial V}{\partial x} + y\frac{\partial V}{\partial y} + z\frac{\partial V}{\partial z}\right) - \frac{\mathrm{i}\hbar}{m}(\hat{P}_x^2 + \hat{P}_y^2 + \hat{P}_z^2)$$
$$= \mathrm{i}\hbar\left(x\frac{\partial V}{\partial x} + y\frac{\partial V}{\partial y} + z\frac{\partial V}{\partial z}\right) - 2\mathrm{i}\hbar\hat{K}$$
式中 $\hat{K}$ 是动能算符。现在，用式（1）来证明：
$$\left\langle x\frac{\partial V}{\partial x} + y\frac{\partial V}{\partial y} + z\frac{\partial V}{\partial z}\right\rangle = 2\langle \hat{K}\rangle \tag{3}$$
式（3）是量子力学位力定理。

现在证明，如果 $V(x,y,z)$ 是库仑势，即
$$V(x,y,z) = -\frac{Ze^2}{4\pi\varepsilon_0 (x^2+y^2+z^2)^{1/2}}$$
那么
$$\langle V\rangle = -2\langle \hat{K}\rangle = 2\langle E\rangle \tag{4}$$
式中
$$\langle E\rangle = \langle \hat{K}\rangle + \langle V\rangle$$
在习题 6-24 中，我们证明了这个结果对 2s 电子是有效的。虽然我们证明了式（4）仅适用于一个原子核场中一个电子的情况，但式（4）对多电子原子和分子也是有效的。相应的证明是对本题中证明的一个直接推广。

6-38 用位力定理（习题 6-37）来证明：对于谐振子，有 $\langle \hat{K}\rangle = \langle V\rangle = E/2$（参见习题 5-23）。

6-39 一般来说，类氢原子的 r 的平均值可以计算，并由下式给出：
$$\langle r\rangle_{nl} = \frac{n^2 a_0}{Z}\left\{1 + \frac{1}{2}\left[1 - \frac{l(l+1)}{n^2}\right]\right\}$$
试对 ψ_{211} 轨道显式地验证这个公式。

6-40 一般来说，类氢原子的 r^2 的平均值可以计算，并由下式给出：
$$\langle r^2\rangle_{nl} = \frac{n^4 a_0^2}{Z^2}\left\{1 + \frac{3}{2}\left[1 - \frac{l(l+1) - \frac{1}{3}}{n^2}\right]\right\}$$
试对 ψ_{210} 轨道显式地验证这个公式。

6-41 一般来说，类氢原子的 $1/r$，$1/r^2$ 和 $1/r^3$ 的平均值可以计算，并由下式给出：
$$\left\langle \frac{1}{r}\right\rangle_{nl} = \frac{Z}{a_0 n^2}$$
$$\left\langle \frac{1}{r^2}\right\rangle_{nl} = \frac{Z^2}{a_0^2 n^3\left(l + \frac{1}{2}\right)}$$
和
$$\left\langle \frac{1}{r^3}\right\rangle_{nl} = \frac{Z^3}{a_0^3 n^3 l\left(l + \frac{1}{2}\right)(l+1)}$$
试对 ψ_{210} 轨道显式地验证这些公式。

6-42 d 轨道的命名可以通过以下方法合理化。由式（6.63）可知，d_{xz} 与 $\sin\theta\cos\theta\cos\phi$ 一样变化。利用笛卡儿坐标和球坐标之间的关系，证明 $\sin\theta\cos\theta\cos\phi$ 与 xz 成正比。类似地，证明 $\sin\theta\cos\theta\sin\phi$（$\mathrm{d}_{yz}$）与 yz 成正比；$\sin^2\theta\cos(2\phi)$（$\mathrm{d}_{x^2-y^2}$）与 x^2-y^2 成正比；$\sin^2\theta\sin(2\phi)$（d_{xy}）与 xy 成正比。

习题 6-43 至习题 6-47 考察氢原子在外部磁场中的能级。

6-43 回想一下你的物理学课程，电荷绕封闭回路运动产生磁偶极子 $\boldsymbol{\mu}$，其方向垂直于回路，其大小由
$$\mu = iA$$
给出，式中 i 是以 $\mathrm{C\cdot s^{1}}$ 为单位的电流，A 是回路的面积（$\mathrm{m^2}$）。注意，磁偶极子的单位是 $\mathrm{C\cdot m^2\cdot s^{1}}$ 或 $\mathrm{A\cdot m^2}$。证明：对于圆形回路，有
$$i = \frac{qv}{2\pi r}$$
式中 v 是电荷 q 的速率；r 是回路的半径。证明：对于圆形回路，有
$$\mu = \frac{qrv}{2}$$
如果回路不是圆形的，那么必须使用矢量运算，磁偶极子由
$$\boldsymbol{\mu} = \frac{q(\boldsymbol{r}\times\boldsymbol{v})}{2}$$
给出。证明该公式对于圆形回路还原为前一个公式。最后，使用关系 $\boldsymbol{L} = \boldsymbol{r}\times\boldsymbol{p}$，证明：
$$\boldsymbol{\mu} = \frac{q}{2m}\boldsymbol{L}$$

因此，原子中电子的轨道运动赋予原子一磁矩。对于电子，$q=-|e|$，所以

$$\mu=-\frac{|e|}{2m_e}\boldsymbol{L}$$

6-44 在习题6-43中，我们推导了由电子的轨道运动产生的氢原子磁矩的表达式。利用$L^2=\hbar^2 l(l+1)$的结果，证明磁矩的大小为

$$\mu=-\beta_B[l(l+1)]^{1/2}$$

式中$\beta_B=\hbar|e|/2m_e$，称为**Bohr磁子**(Bohr magneton)。β_B的单位是什么？它的数值是多少？磁场($\boldsymbol{B}$)中的磁偶极子具有的势能为

$$V=-\mu\cdot\boldsymbol{B}$$

[在第14章学习核磁共振(NMR)时讨论磁场。]证明磁场强度的单位为$J\cdot A^{-1}\cdot m^{-2}$。这组单位称为**特斯拉**(tesla，T)，所以有$1\ T=1\ J\cdot A^{-1}\cdot m^{-2}$。用特斯拉表示，Bohr磁子$\beta_B$的单位是$J\cdot T^{-1}$。

6-45 利用习题6-43和习题6-44的结果证明：在z方向的外磁场中，氢原子的哈密顿算符可由下式给出：

$$\hat{H}=\hat{H}_0+\frac{\beta_B B_z}{\hbar}\hat{L}_z$$

式中$\hat{H}_0$是氢原子在没有磁场时的哈密顿算符。证明磁场中氢原子的薛定谔方程的波函数与没有磁场时氢原子的薛定谔方程的波函数是相同的。最后，证明与波函数ψ_{nlm}相关的能量为

$$E=E_n^{(0)}+\beta_B B_z m \qquad (1)$$

式中$E_n^{(0)}$为没有磁场时的能量；m为磁量子数。

6-46 习题6-45的式(1)表明，给定n和l值的状态在外加磁场作用下被裂分成$(2l+1)$个能级。例如，图6.8显示了氢原子的1s和2p态的结果。1s态不会被裂分$(2l+1=1)$，但2p态会被裂分成三个能级$(2l+1=3)$。图6.8还显示了氢原子中2p到1s的跃迁（参见习题6-47）可以裂分成三个不同的跃迁，而不仅是一个。超导磁体的磁场强度约为15 T量级，计算磁场为15 T时图6.8中裂分的大小。将你的结果与未受扰动的1s和2p能级之间的能量差进行比较。证明图6.8中所示的三个不同的跃迁非常接近。我们说，在没有磁场的情况下发生的2p到1s跃迁，在磁场存在的情况下变成了**三重态**(triplet)。当原子被置于磁场中时，这种多重态的出现称为**塞曼效应**(Zeeman effect)。

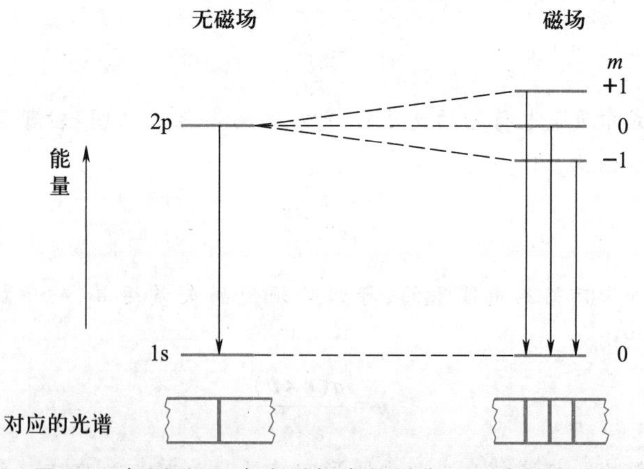

图6.8 氢原子2p态在磁场中的裂分。2p态被裂分成三个紧密间隔的能级。在磁场中，2p到1s的跃迁被裂分成三个不同跃迁频率的跃迁。

6-47 考虑原子氢的$l=2$和$l=3$态之间的跃迁。在外磁场中，这两种态之间可能的跃迁总数是多少？对于电场矢量平行于外磁场方向的光，选律为$\Delta m=0$。对于电场矢量垂直于外磁场方向的光，选律为$\Delta m=\pm1$。在每种情况下，有多少种可能的跃迁是允许的？

习题6-48到习题6-57使用算符记号推导角动量的量子力学性质，不求解薛定谔方程。

6-48 定义两个(不一定是厄米的)算符

$$\hat{L}_+=\hat{L}_x+\mathrm{i}\hat{L}_y \quad 和 \quad \hat{L}_-=\hat{L}_x-\mathrm{i}\hat{L}_y$$

利用习题6-13的结果，证明：

$$[\hat{L}_z,\hat{L}_+]=\hat{L}_z\hat{L}_+-\hat{L}_+\hat{L}_z=\hbar\hat{L}_+$$

$$[\hat{L}_z,\hat{L}_-]=\hat{L}_z\hat{L}_--\hat{L}_-\hat{L}_z=-\hbar\hat{L}_-$$

和

$$[\hat{L}^2,\hat{L}_+]=[\hat{L}^2,\hat{L}_-]=0$$

6-49 证明：

$$\hat{L}_-\hat{L}_+=\hat{L}_x^2+\hat{L}_y^2+\mathrm{i}\hat{L}_x\hat{L}_y-\mathrm{i}\hat{L}_y\hat{L}_x$$

$$=\hat{L}^2-\hat{L}_z^2-\hbar\hat{L}_z$$

和

$$\hat{L}_+\hat{L}_-=\hat{L}^2-\hat{L}_z^2+\hbar\hat{L}_z$$

6-50 因为$\hat{L}^2$和$\hat{L}_z$对易，它们有共同的本征函数。从本章中知道这些共同的本征函数是球谐函数$Y_l^m(\theta,\phi)$，但在这里确实不需要这些信息。为了强调这一点，设$\psi_{\alpha\beta}$为$\hat{L}^2$和$\hat{L}_z$的共同的本征函数，使得

$$\hat{L}^2\psi_{\alpha\beta}=\beta^2\psi_{\alpha\beta}$$

和

$$\hat{L}_z\psi_{\alpha\beta}=\alpha\psi_{\alpha\beta}$$

现在设

$$\psi_{\alpha\beta}^{+1}=\hat{L}_+\psi_{\alpha\beta}$$

证明：

$$\hat{L}_z\psi_{\alpha\beta}^{+1}=(\alpha+\hbar)\psi_{\alpha\beta}^{+1}$$

和

$$\hat{L}^2\psi_{\alpha\beta}^{+1}=\beta^2\psi_{\alpha\beta}^{+1}$$

因此，如果α是$\hat{L}_z$的一个本征值，那么$\alpha+\hbar$也是一个本征值(除非$\psi_{\alpha\beta}^{+1}$恰好为零)。在本章中使用的球谐函数记号中，$\hat{L}_+Y_l^m(\theta,\phi)\propto Y_l^{m+1}(\theta,\phi)$。

6-51 使用习题6-50中的$\hat{L}_-$而不是$\hat{L}_+$，证明如果α

是 $\hat{L}_z$ 的一个本征值，那么 $\alpha-\hbar$ 也是一个本征值（除非 $\psi_{\alpha\beta}^{-1}=\hat{L}_-\psi_{\alpha\beta}$ 恰好为零）。在本章中使用的球谐函数记号中，$\hat{L}_-Y_l^m(\theta,\phi)\propto Y_l^{m-1}(\theta,\phi)$。

6-52 证明每次将 $\hat{L}_+$ 作用于 $\psi_{\alpha\beta}$ 都会使本征值升高 $\hbar$，只要结果不为零。

6-53 证明每次将 $\hat{L}_-$ 作用于 $\psi_{\alpha\beta}$ 都会使本征值降低 $\hbar$，只要结果不为零。

6-54 根据习题 6-48，$\hat{L}^2$ 与 $\hat{L}_+$ 和 $\hat{L}_-$ 对易。现在，证明 $\hat{L}^2$ 与 $\hat{L}_+^2$ 和 $\hat{L}_-^2$ 对易。现在，证明：

$$[\hat{L}^2,\hat{L}_\pm^m]=0\quad m=1,2,3,\cdots$$

6-55 在习题 6-50 到习题 6-53 中，证明了如果 $\psi_{\alpha\beta}^{\pm m}=\hat{L}_\pm^m\psi_{\alpha\beta}$，那么

$$\hat{L}_z\psi_{\alpha\beta}^{\pm m}=(\alpha\pm m\hbar)\psi_{\alpha\beta}^{\pm m}\quad m=1,2,3,\cdots$$

只要结果不为零。算符 $\hat{L}_\pm$ 称为升算符（$\hat{L}_+$）或降算符（$\hat{L}_-$），因为它们升高或降低 $\hat{L}_z$ 的本征值。它们也被称为阶梯算符，因为本征值 $\alpha\pm m\hbar$ 的集合形成一个本征值阶梯。用习题 6-54 的结果来证明：

$$\hat{L}^2\psi_{\alpha\beta}^{\pm m}=\beta^2\psi_{\alpha\beta}^{\pm m}$$

6-56 从 $\quad\hat{L}_z\psi_{\alpha\beta}^{\pm m}=(\alpha\pm m\hbar)\psi_{\alpha\beta}^{\pm m}$

开始。将 $\hat{L}_z$ 作用于两边，从（习题 6-55）

$$\hat{L}^2\psi_{\alpha\beta}^{\pm m}=\beta^2\psi_{\alpha\beta}^{\pm m}$$

中减去结果，可得

$$(\hat{L}^2-\hat{L}_z)\psi_{\alpha\beta}^{\pm m}=(\hat{L}_x^2+\hat{L}_y^2)\psi_{\alpha\beta}^{\pm m}=[\beta^2-(\alpha\pm m\hbar)]\psi_{\alpha\beta}^{\pm m}$$

因为算符 $\hat{L}_x^2+\hat{L}_y^2$ 对应于一个非负的物理量，证明：

$$\beta^2-(\alpha\pm m\hbar)\geqslant 0$$

或者

$$-\beta\leqslant\alpha+m\hbar\leqslant\beta\quad m=1,2,\cdots$$

因为 β 是固定的，m 的可能值在数量上一定是有限的。

6-57 设 $\alpha_{\max}$ 为 $\alpha\pm m\hbar$ 的最大可能值。根据定义，有

$$\hat{L}_z\psi_{\alpha_{\max}\beta}=\alpha_{\max}\psi_{\alpha_{\max}\beta}$$
$$\hat{L}^2\psi_{\alpha_{\max}\beta}=\beta^2\psi_{\alpha_{\max}\beta}$$

和

$$\hat{L}_+\psi_{\alpha_{\max}\beta}=0$$

将 $\hat{L}_-$ 作用于上式，可得

$$\hat{L}_-\hat{L}_+\psi_{\alpha_{\max}\beta}=0$$
$$=(\hat{L}^2-\hat{L}_z-\hbar\hat{L}_z)\psi_{\alpha_{\max}\beta}$$

和

$$\beta^2=\alpha_{\max}^2+\hbar\alpha_{\max}$$

对 $\psi_{\alpha_{\min}\beta}$ 用类似的程序，可得

$$\beta^2=\alpha_{\min}^2-\hbar\alpha_{\min}$$

现在证明 $\alpha_{\max}=-\alpha_{\min}$，然后论证 $\hat{L}_z$ 的本征值 α 的可能值以 $\hbar$ 的步长从 $+\alpha_{\max}$ 延伸到 $-\alpha_{\max}$。仅当 $\alpha_{\max}$ 本身是整数（或者可能是半整数）乘以 $\hbar$ 时，这才是有可能。最后，证明这个最后的结果导致

$$\beta^2=l(l+1)\hbar^2\quad l=1,2,\cdots$$

和

$$\alpha=m\hbar\quad m=\pm1,\pm2,\cdots,\pm l$$

6-58 根据习题 6-50 和习题 6-51，有

$$\hat{L}_+Y_l^m(\theta,\phi)=\hbar c_{lm}^+Y_l^{m+1}(\theta,\phi)$$

和

$$\hat{L}_-Y_l^m(\theta,\phi)=\hbar c_{lm}^-Y_l^{m-1}(\theta,\phi)$$

式中使用记号 $Y_l^m(\theta,\phi)$ 而不是 $\psi_{\alpha,\beta}$。证明：

$$\hat{L}_xY_l^m(\theta,\phi)=\frac{\hbar c_{lm}^+}{2}Y_l^{m+1}(\theta,\phi)+\frac{\hbar c_{lm}^-}{2}Y_l^{m-1}(\theta,\phi)$$

和

$$\hat{L}_yY_l^m(\theta,\phi)=\frac{\hbar c_{lm}^+}{2\mathrm{i}}Y_l^{m+1}(\theta,\phi)-\frac{\hbar c_{lm}^-}{2\mathrm{i}}Y_l^{m-1}(\theta,\phi)$$

用这个结果证明：对于任何转动态（参见习题 6-14），有

$$\langle L_x\rangle=\langle L_y\rangle=0$$

6-59 证明：

$$\hat{L}_+=\hbar\mathrm{e}^{\mathrm{i}\phi}\left(\frac{\partial}{\partial\theta}+\mathrm{i}\cot\theta\frac{\partial}{\partial\phi}\right)$$

和

$$\hat{L}_-=\hbar\mathrm{e}^{-\mathrm{i}\phi}\left(-\frac{\partial}{\partial\theta}+\mathrm{i}\cot\theta\frac{\partial}{\partial\phi}\right)$$

习题参考答案

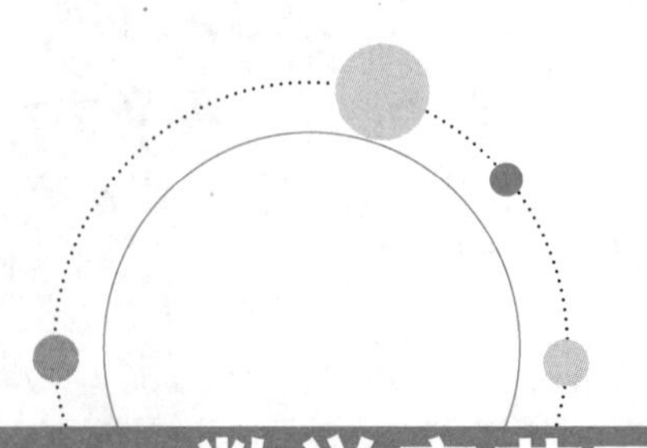

数学章节E　行列式

在第 7 章中，我们将会遇到关于 n 个未知数的 n 个线性代数方程。此类方程的最佳解法是借助行列式，我们将在本数学章节讨论行列式。考虑一组线性代数方程

$$a_{11}x+a_{12}y=d_1$$
$$a_{21}x+a_{22}y=d_2 \tag{E.1}$$

如果将第一个等式乘以 a_{22}，第二个等式乘以 a_{12}，然后相减，就得到

$$(a_{11}a_{22}-a_{12}a_{21})x=d_1a_{22}-d_2a_{12}$$

或

$$x=\frac{a_{22}d_1-a_{12}d_2}{a_{11}a_{22}-a_{12}a_{21}} \tag{E.2}$$

类似地，如果将第一个乘以 a_{21}，第二个乘以 a_{11}，然后相减，就得到

$$y=\frac{a_{11}d_2-a_{21}d_1}{a_{11}a_{22}-a_{12}a_{21}} \tag{E.3}$$

注意方程（E.2）和方程（E.3）的分母相同。我们用 $\begin{vmatrix} a_{11} & a_{12} \\ a_{21} & a_{22} \end{vmatrix}$ 来表示 $a_{11}a_{22}-a_{21}a_{12}$，其等于 $a_{11}a_{22}-a_{21}a_{12}$，称为 2×2 **行列式**（determinant）。引入此符号的原因是它很容易推广到处理 n 个未知数的 n 个线性代数方程。一般来说，一个 $n\times n$ 行列式是由 n^2 个元素组成的方阵，按 n 行 n 列排列。一个 3×3 行列式可由下式给出：

$$\begin{vmatrix} a_{11} & a_{12} & a_{13} \\ a_{21} & a_{22} & a_{23} \\ a_{31} & a_{32} & a_{33} \end{vmatrix} = \begin{matrix} a_{11}a_{22}a_{33}+a_{21}a_{32}a_{13}+a_{12}a_{23}a_{31} \\ -a_{31}a_{22}a_{13}-a_{21}a_{12}a_{33}-a_{11}a_{23}a_{32} \end{matrix} \tag{E.4}$$

（我们将很快证明这一点。）注意到 a_{ij} 出现在第 i 行和第 j 列的交点。

式（E.4）及计算高阶行列式的相应公式可以通过系统的方法来获到。首先，定义一个代数余子式。元素 a_{ij} 的**代数余子式**（cofactor）A_{ij}，是在删除第 i 行和第 j 列得到的一个 $(n-1)\times(n-1)$ 行列式，再乘以 $(-1)^{i+j}$。例如，元素 a_{12} 的代数余子式 A_{12} 为

$$D=\begin{vmatrix} a_{11} & a_{12} & a_{13} \\ a_{21} & a_{22} & a_{23} \\ a_{31} & a_{32} & a_{33} \end{vmatrix}$$

是

$$A_{12}=(-1)^{1+2}\begin{vmatrix} a_{21} & a_{23} \\ a_{31} & a_{33} \end{vmatrix}$$

» 例题 E-1　计算第一行中每个元素的代数余子式：

$$D=\begin{vmatrix} 2 & -1 & 1 \\ 0 & 3 & -1 \\ 2 & -2 & 1 \end{vmatrix}$$

» 解　a_{11} 的代数余子式是

$$A_{11}=(-1)^{1+1}\begin{vmatrix} 3 & -1 \\ -2 & 1 \end{vmatrix}=3-2=1$$

a_{12} 的代数余子式是

$$A_{12}=(-1)^{1+2}\begin{vmatrix} 0 & -1 \\ 2 & 1 \end{vmatrix}=-2$$

a_{13} 的代数余子式是

$$A_{13}=(-1)^{1+3}\begin{vmatrix} 0 & 3 \\ 2 & -2 \end{vmatrix}=-6$$

可以使用代数余子式来计算行列式。式（E.4）中的 3×3 行列式可通过下面的公式来求值：

$$\begin{vmatrix} a_{11} & a_{12} & a_{13} \\ a_{21} & a_{22} & a_{23} \\ a_{31} & a_{32} & a_{33} \end{vmatrix}=a_{11}A_{11}+a_{12}A_{12}+a_{13}A_{13} \tag{E.5}$$

因此，例题 E-1 中 D 的值为

$$D=(2)(1)+(-1)(-2)+(1)(-6)=-2$$

» 例题 E-2　计算例题 E-1 中 D 的值，请按第一列元素展开而不是第一行元素展开。

» 解　我们将使用公式

$$D=a_{11}A_{11}+a_{21}A_{21}+a_{31}A_{31}$$

各个代数余子式是

$$A_{11}=(-1)^2\begin{vmatrix}3&-1\\-2&1\end{vmatrix}=1$$

$$A_{21}=(-1)^3\begin{vmatrix}-1&1\\-2&1\end{vmatrix}=-1$$

$$A_{31}=(-1)^4\begin{vmatrix}-1&1\\3&-1\end{vmatrix}=-2$$

于是

$$D=(2)(1)+(0)(-1)+(2)(-2)=-2$$

注意，我们得到了与例题 E-1 相同的答案。这个结果说明了一个普遍的事实，即行列式可以通过展开任意一行或一列元素的余子式来计算。如果选择第二行，则得

$$D=(0)(-1)^3\begin{vmatrix}-1&1\\-2&1\end{vmatrix}+(3)(-1)^4\begin{vmatrix}2&1\\2&1\end{vmatrix}+$$

$$(-1)(-1)^5\begin{vmatrix}2&-1\\2&-2\end{vmatrix}=-2$$

虽然只讨论了 3×3 的行列式，但这一过程很容易扩展到任意阶的行列式。

» 例题 E-3 在第 10 章中，将遇到**行列式方程**（determinantal equation）：

$$\begin{vmatrix}x&1&0&0\\1&x&1&0\\0&1&x&1\\0&0&1&x\end{vmatrix}=0$$

将这个行列式方程展开为一个关于 x 的四次方程。

» 解 展开第一行元素，可得

$$x\begin{vmatrix}x&1&0\\1&x&1\\0&1&x\end{vmatrix}-\begin{vmatrix}1&1&0\\0&x&1\\0&1&x\end{vmatrix}=0$$

现在展开每个 3×3 行列式的第一列，可得

$$(x)(x)\begin{vmatrix}x&1\\1&x\end{vmatrix}-(x)(x)\begin{vmatrix}1&0\\1&x\end{vmatrix}-(1)\begin{vmatrix}x&1\\1&x\end{vmatrix}=0$$

或 $$x^2(x^2-1)-x(x)-(1)(x^2-1)=0$$

或 $$x^4-3x^2+1=0$$

注意，虽然可以选择任意一行或任意一列来展开行列式，但选择具有最多零的行或列是最简单的。

了解行列式的一些特性非常有用：

（1）如果行按相同顺序变成列，即第一行变成第一列，第二行变成第二列，以此类推，则行列式的值不变。例如：

$$\begin{vmatrix}1&2&5\\-1&0&-1\\3&1&2\end{vmatrix}=\begin{vmatrix}1&-1&3\\2&0&1\\5&-1&2\end{vmatrix}$$

（2）如果任意两行或两列的矩阵元素相同，则行列式的值为零。例如：

$$\begin{vmatrix}4&2&4\\-1&0&-1\\3&1&3\end{vmatrix}=0$$

（3）如果交换任意两行或两列，行列式的符号将改变。例如：

$$\begin{vmatrix}3&1&-1\\-6&4&5\\1&2&2\end{vmatrix}=-\begin{vmatrix}1&3&-1\\4&-6&5\\2&1&2\end{vmatrix}$$

（4）如果一行或一列中的每个元素都乘以系数 k，则行列式的值乘以 k。例如：

$$\begin{vmatrix}6&8\\-1&2\end{vmatrix}=2\begin{vmatrix}3&4\\-1&2\end{vmatrix}$$

（5）如果任意一行或一列被写成两个或多个项的和或差，那么行列式可以根据以下公式写成两个或多个行列式的和或差：

$$\begin{vmatrix}a_{11}\pm a'_{11}&a_{12}&a_{13}\\a_{21}\pm a'_{21}&a_{22}&a_{23}\\a_{31}\pm a'_{31}&a_{32}&a_{33}\end{vmatrix}=\begin{vmatrix}a_{11}&a_{12}&a_{13}\\a_{21}&a_{22}&a_{23}\\a_{31}&a_{32}&a_{33}\end{vmatrix}\pm\begin{vmatrix}a'_{11}&a_{12}&a_{13}\\a'_{21}&a_{22}&a_{23}\\a'_{31}&a_{32}&a_{33}\end{vmatrix}$$

例如：

$$\begin{vmatrix}3&3\\2&6\end{vmatrix}=\begin{vmatrix}2+1&3\\-2+4&6\end{vmatrix}=\begin{vmatrix}2&3\\-2&6\end{vmatrix}+\begin{vmatrix}1&3\\4&6\end{vmatrix}$$

（6）行与行之间、列与列之间相加或相减后行列式的值仍保持不变：

$$\begin{vmatrix}a_{11}&a_{12}&a_{13}\\a_{21}&a_{22}&a_{23}\\a_{31}&a_{32}&a_{33}\end{vmatrix}=\begin{vmatrix}a_{11}+a_{12}&a_{12}&a_{13}\\a_{21}+a_{22}&a_{22}&a_{23}\\a_{31}+a_{32}&a_{32}&a_{33}\end{vmatrix}\tag{E.6}$$

例如：

$$\begin{vmatrix}1&-1&3\\4&0&2\\1&2&1\end{vmatrix}=\begin{vmatrix}0&-1&3\\4&0&2\\3&2&1\end{vmatrix}=\begin{vmatrix}0&-1&2\\4&0&2\\7&2&3\end{vmatrix}$$

在第一种情况下，将第 2 列添加到第 1 列；在第二种情况下，将第 2 列添加到第 3 列。重复此过程 n 次，可得

$$\begin{vmatrix}a_{11}&a_{12}&a_{13}\\a_{21}&a_{22}&a_{23}\\a_{31}&a_{32}&a_{33}\end{vmatrix}=\begin{vmatrix}a_{11}+na_{12}&a_{12}&a_{13}\\a_{21}+na_{22}&a_{22}&a_{23}\\a_{31}+na_{32}&a_{32}&a_{33}\end{vmatrix}$$

这个结果很容易证明：

$$\begin{vmatrix} a_{11}+na_{12} & a_{12} & a_{13} \\ a_{21}+na_{22} & a_{22} & a_{23} \\ a_{31}+na_{32} & a_{32} & a_{33} \end{vmatrix} = \begin{vmatrix} a_{11} & a_{12} & a_{13} \\ a_{21} & a_{22} & a_{23} \\ a_{31} & a_{32} & a_{33} \end{vmatrix} + n\begin{vmatrix} a_{12} & a_{12} & a_{13} \\ a_{22} & a_{22} & a_{23} \\ a_{32} & a_{32} & a_{33} \end{vmatrix}$$

$$= \begin{vmatrix} a_{11} & a_{12} & a_{13} \\ a_{21} & a_{22} & a_{23} \\ a_{31} & a_{32} & a_{33} \end{vmatrix} + 0$$

其中，利用规则(5)写出了第一行。右边的第二个行列式等于零，因为两列元素相同(规则 2)。

我们提供这些规则是因为联立线性代数方程可以用行列式求解。为简单起见，只考虑一对方程，但最终结果很容易推广。考虑这两个方程：

$$\begin{aligned} a_{11}x+a_{12}y=d_1 \\ a_{21}x+a_{22}y=d_2 \end{aligned} \qquad \text{(E.7)}$$

如果 $d_1=d_2=0$，则方程称为**齐次方程**(homogeneous)。否则，它们被称为**非齐次方程**(inhomogeneous)。首先，假设它们是非齐次方程。x 和 y 的系数行列式为

$$D=\begin{vmatrix} a_{11} & a_{12} \\ a_{21} & a_{22} \end{vmatrix}$$

根据规则(4)，有

$$\begin{vmatrix} a_{11}x & a_{12} \\ a_{21}x & a_{22} \end{vmatrix} = xD$$

进一步地，根据规则(6)，有

$$\begin{vmatrix} a_{11}x+a_{12}y & a_{12} \\ a_{21}x+a_{22}y & a_{22} \end{vmatrix} = xD \qquad \text{(E.8)}$$

将式(E.7)代入式(E.8)，可得

$$\begin{vmatrix} d_1 & a_{12} \\ d_2 & a_{22} \end{vmatrix} = xD$$

求出 x 为

$$x=\frac{\begin{vmatrix} d_1 & a_{12} \\ d_2 & a_{22} \end{vmatrix}}{\begin{vmatrix} a_{11} & a_{12} \\ a_{12} & a_{22} \end{vmatrix}} \qquad \text{(E.9)}$$

类似地，可得

$$y=\frac{\begin{vmatrix} a_{11} & d_1 \\ a_{12} & d_2 \end{vmatrix}}{\begin{vmatrix} a_{11} & a_{12} \\ a_{12} & a_{22} \end{vmatrix}} \qquad \text{(E.10)}$$

注意，式(E.9)和式(E.10)与式(E.2)和式(E.3)完全相同。用行列式求 x 和 y 的解法称为**克拉默法则**(Cramer's rule)。请注意，分子中的行列式是通过将 D 中与未知量相关的列替换为与式(E.7)右边相关联的列来得到的。这一结果很容易扩展到两个以上的联立方程。

» 例题 E-4 解方程：

$$\begin{aligned} x+y+z=2 \\ 2x-y-z=1 \\ x+2y-z=-3 \end{aligned}$$

» 解　式(E.9)和式(E.10)的推广为

$$x=\frac{\begin{vmatrix} 2 & 1 & 1 \\ 1 & -1 & -1 \\ -3 & 2 & -1 \end{vmatrix}}{\begin{vmatrix} 1 & 1 & 1 \\ 2 & -1 & -1 \\ 1 & 2 & -1 \end{vmatrix}}=\frac{9}{9}=1$$

类似地，有

$$y=\frac{\begin{vmatrix} 1 & 2 & 1 \\ 2 & 1 & -1 \\ 1 & -3 & -1 \end{vmatrix}}{\begin{vmatrix} 1 & 1 & 1 \\ 2 & -1 & -1 \\ 1 & 2 & -1 \end{vmatrix}}=\frac{-9}{9}=-1$$

和

$$z=\frac{\begin{vmatrix} 1 & 1 & 2 \\ 2 & -1 & 1 \\ 1 & 2 & -3 \end{vmatrix}}{\begin{vmatrix} 1 & 1 & 1 \\ 2 & -1 & -1 \\ 1 & 2 & -1 \end{vmatrix}}=\frac{18}{9}=2$$

如果在式(E.7)中 $d_1=d_2=0$，会出现什么？在这种情况下，会发现 $x=y=0$，这是一个明显的解，称为**平凡解**(trivial solution)。对于齐次方程组，唯一能得到非平凡解的方法是式(E.9)和式(E.10)中的分母为零，或者是

$$D=\begin{vmatrix} a_{11} & a_{12} \\ a_{21} & a_{22} \end{vmatrix}=0 \qquad \text{(E.11)}$$

在第 10 章讨论乙烯时，我们会遇到以下方程：

$$c_1(\alpha-E)+c_2\beta=0$$

和

$$c_1\beta+c_2(\alpha-E)=0$$

其中 c_1 和 c_2 是未知数[对应于方程(E.7)中的 x 和 y]，α 和 β 是已知量，E 是 π 电子的能量。利用式(E.11)可以推导出乙烯中的 π 电子能量的表达式。式(E.11)表明，为了非零解(c_1，c_2)的存在，必须有

$$\begin{vmatrix} \alpha-E & \beta \\ \beta & \alpha-E \end{vmatrix}=0$$

或$(\alpha-E)^2-\beta^2=0$。取两边的平方根并求解E,得出

$$E=\alpha\pm\beta$$

虽然只考虑了两个联立齐次代数方程,但式(E.11)很容易扩展到任何数。在下一章中将使用这一结果。

练习题

E-1　求行列式D的值:

$$D=\begin{vmatrix} 2 & 1 & 1 \\ -1 & 3 & 2 \\ 2 & 0 & 1 \end{vmatrix}$$

将第2列加至第1列上,得出

$$\begin{vmatrix} 3 & 1 & 1 \\ 2 & 3 & 2 \\ 2 & 0 & 1 \end{vmatrix}$$

并对其进行计算。将你的结果与上述D的值进行比较。现在,将D的第2行加至第1行上,得到

$$\begin{vmatrix} 1 & 4 & 3 \\ -1 & 3 & 2 \\ 2 & 0 & 1 \end{vmatrix}$$

并对其进行计算。将你的结果与上述D的值进行比较。

E-2　将习题E-1中第1列和第3列互换,并计算所得行列式。将你的结果与D的值进行比较。交换D的第1行和第2行,然后再次进行计算和比较。

E-3　计算行列式

$$D=\begin{vmatrix} 1 & 6 & 1 \\ -2 & 4 & -2 \\ 1 & -3 & 1 \end{vmatrix}$$

你能否通过观察直接确定它的值?那么下面的行列式呢?

$$D=\begin{vmatrix} 2 & 6 & 1 \\ -4 & 4 & -2 \\ 2 & -3 & 1 \end{vmatrix}$$

E-4　求满足下面行列式方程的x值:

$$\begin{vmatrix} x & 1 & 1 & 1 \\ 1 & x & 0 & 0 \\ 1 & 0 & x & 0 \\ 1 & 0 & 0 & x \end{vmatrix}=0$$

E-5　求满足下列行列式方程的x值:

$$\begin{vmatrix} x & 1 & 0 & 1 \\ 1 & x & 1 & 0 \\ 0 & 1 & x & 1 \\ 1 & 0 & 1 & x \end{vmatrix}=0$$

E-6　证明:

$$\begin{vmatrix} \cos\theta & -\sin\theta & 0 \\ \sin\theta & \cos\theta & 0 \\ 0 & 0 & 1 \end{vmatrix}=1$$

E-7　用克默拉法则解下列方程组:

$$x+y=2$$
$$3x-2y=5$$

E-8　用克默拉法则解下列方程组:

$$x+2y+3z=-5$$
$$-x-3y+z=-14$$
$$2x+y+z=1$$

练习题参考答案

第7章 近似方法

▶ **科学家介绍**

在第 6 章中指出，对于任何比氢原子复杂的原子或分子，薛定谔方程都无法精确求解。初看起来，这句话似乎会让化学家对量子力学失去兴趣，但幸运的是，使用近似方法解薛定谔方程，几乎可以达到任何所需的精确度。在本章中，我们将介绍其中两种应用最广泛的方法，即变分法和微扰理论。我们将介绍变分法和微扰理论的基本方程，然后将它们应用于各种问题。

7-1 变分法为系统的基态能量提供了上限

首先说明**变分法**（variational method）。考虑某个任意系统的基态。基态波函数 ψ_0 和能量 E_0 满足薛定谔方程：

$$\hat{H}\psi_0 = E_0\psi_0 \tag{7.1}$$

将方程(7.1)左乘以 ψ_0^* 并对整个空间进行积分，可得

$$E_0 = \frac{\int \psi_0^* \hat{H}\psi_0 \mathrm{d}\tau}{\int \psi_0^* \psi_0 \mathrm{d}\tau} \tag{7.2}$$

式中 $\mathrm{d}\tau$ 代表相应的体积元。在式(7.2)中，没有将分母设为一，以考虑到可能出现 ψ_0 未事先归一化的情况。一个漂亮的定理表明，如果用任何其他函数 ϕ 来代替式(7.2)中的 ψ_0，并根据以下公式计算相应的能量：

$$E_\phi = \frac{\int \phi^* \hat{H}\phi \mathrm{d}\tau}{\int \phi^* \phi \mathrm{d}\tau} \tag{7.3}$$

则 E_ϕ 将大于基态能量 E_0。即在式中，有**变分原理**（variational principles）：

$$E_\phi \geqslant E_0 \tag{7.4}$$

其中仅当 $\phi=\psi_0$ 时等号才成立。我们不会在这里证明变分原理（尽管这相当容易），习题 7-1 将一步步完成证明。

根据变分原理，可以通过使用任意试探函数计算出 E_0 的上界。ϕ 越接近 ψ_0，E_ϕ 将越接近 E_0。可以选择一个试探函数 ϕ 使其依赖于一些任意参数，$\alpha,\beta,\gamma,\cdots$，这些参数称为**变分参数**（variational parameters）。能量也将依赖于这些变分参数，且式(7.4)将变为

$$E_\phi(\alpha,\beta,\gamma,\cdots) \geqslant E_0 \tag{7.5}$$

现在，可以针对每个变分参数最小化 E_ϕ，从而确定从试探波函数中可以获得的最可能的基态能量。

以氢原子的基态为一个具体例子。尽管从第 6 章中知道可以精确求解这个问题，仍假设无法精确求解而使用变分法，我们将把变分结果与精确结果进行比较。由于在基态中 $l=0$，所以哈密顿算符为[式(6.43)]：

$$\hat{H} = -\frac{\hbar^2}{2m_e r^2}\frac{\mathrm{d}}{\mathrm{d}r}\left(r^2\frac{\mathrm{d}}{\mathrm{d}r}\right) - \frac{e^2}{4\pi\varepsilon_0 r} \tag{7.6}$$

即使不知道精确解，也会期望波函数随着 r 的增加而衰减到零。因此，作为**试探函数**（trial function），我们将尝试一个高斯函数，其形式为 $\phi(r)=\mathrm{e}^{-\alpha r^2}$，其中 α 是一个变分参数。通过直接计算，可以证明（习题 7-2）：

$$4\pi\int_0^{+\infty}\phi^*(r)\hat{H}\phi(r)r^2\mathrm{d}r = \frac{3\hbar^2\pi^{3/2}}{4\sqrt{2}m_e\alpha^{1/2}} - \frac{e^2}{4\varepsilon_0\alpha}$$

以及

$$4\pi\int_0^{+\infty}\phi^*(r)\phi(r)r^2\mathrm{d}r = \left(\frac{\pi}{2\alpha}\right)^{3/2}$$

因此，根据式(7.3)，有

$$E(\alpha) = \frac{3\hbar^2\alpha}{2m_e} - \frac{e^2\alpha^{1/2}}{2^{1/2}\varepsilon_0\pi^{3/2}} \tag{7.7}$$

现在求 $E(\alpha)$ 关于 α 的导数，并将结果设置为零，来最小化 $E(\alpha)$。求解方程

$$\frac{\mathrm{d}E(\alpha)}{\mathrm{d}\alpha} = \frac{3\hbar^2}{2m_e} - \frac{e^2}{(2\pi)^{3/2}\varepsilon_0\alpha^{1/2}} = 0$$

可得

$$\alpha=\frac{m_e^2e^4}{18\pi^3\varepsilon_0^2\hbar^4} \tag{7.8}$$

作为最小化 $E(\alpha)$ 的 α 值。将式(7.8)代入式(7.7),可以发现

$$E_{\min}=-\frac{4}{3\pi}\left(\frac{m_e e^4}{16\pi^2\varepsilon_0^2\hbar^2}\right)=-0.424\left(\frac{m_e e^4}{16\pi^2\varepsilon_0^2\hbar^2}\right) \tag{7.9}$$

与如下精确值[式(6.44)]比较:

$$E_0=-\frac{1}{2}\left(\frac{m_e e^4}{16\pi^2\varepsilon_0^2\hbar^2}\right)=-0.500\left(\frac{m_e e^4}{16\pi^2\varepsilon_0^2\hbar^2}\right) \tag{7.10}$$

注意 $E_{\min}>E_0$,正如变分原理所保证的那样。

归一化试探函数为 $\phi(r)=(2\alpha/\pi)^{3/4}e^{-\alpha r^2}$,其中 α 由式(7.8)得出,精确的基态波函数(氢原子 1s 轨道)为 $(1/\pi a_0^3)^{1/2}e^{-r/a_0}$,其中 $a_0=4\pi\varepsilon_0\hbar^2/m_e e^2$ 是玻尔半径。可以通过首先将 α 表示为 a_0 的形式来比较这两个函数,结果是

$$\alpha=\frac{m_e^2e^4}{18\pi^3\varepsilon_0^2\hbar^4}=\frac{16}{18\pi}\cdot\frac{m_e^2e^4}{16\pi^2\varepsilon_0^2\hbar^4}=\frac{8}{9\pi}\cdot\frac{1}{a_0^2}$$

因此,可以将试探函数写成

$$\phi(r)=\frac{8}{3^{3/2}\pi}\left(\frac{1}{\pi a_0^3}\right)^{1/2}e^{-(8/9\pi)r^2/a_0^2}$$

这一结果与 ψ_{1s} 在图 7.1 中进行了比较。

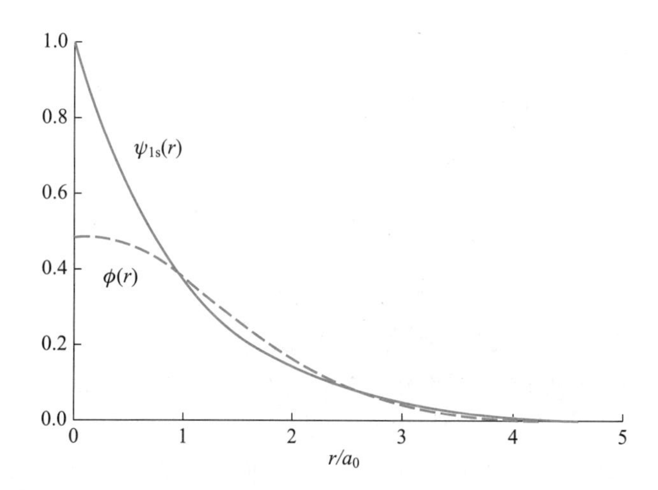

图 7.1 优化后的高斯试探波函数 $\phi(r)=(2\alpha/\pi)^{3/4}e^{-\alpha r^2}$(虚线)与精确的基态氢原子波函数 $\psi(r)=(1/\pi a_0^3)^{1/2}e^{-r/a_0}$(实线)的对比,其中前者中的 α 由式(7.8)给出,后者中的 $a_0=4\pi\varepsilon_0\hbar^2/m_e e^2$ 是玻尔半径。这两个函数都对约化距离 r/a_0 作图,纵轴单位为 $(1/\pi a_0^3)^{1/2}$。

我们对氢原子基态能量的变分计算结果超过了精确结果的 80%。这个结果是使用只有一个变分参数的试探函数得到的。可以通过使用更灵活的试探函数,包含更多的参数,获得越来越好的结果。事实上,在 7-3 节中将看到这样的进展(表 7.1),它接近精确能量。

» 例题 7-1 使用形式为 $e^{-\alpha r}$ 的试探函数,计算氢原子的基态能量。

» 解 氢原子基态的哈密顿算符由式(7.6)给出,因此

$$\hat{H}e^{-\alpha r}=\frac{\alpha\hbar^2}{2m_e r^2}(2r-\alpha r^2)e^{-\alpha r}-\frac{e^2}{4\pi\varepsilon_0 r}e^{-\alpha r}$$

式(7.3)的分子为

$$\begin{aligned}分子&=4\pi\int_0^{+\infty}e^{-\alpha r}\hat{H}e^{-\alpha r}r^2\mathrm{d}r\\&=\frac{2\pi\alpha\hbar^2}{m_e}\int_0^{+\infty}(2r-\alpha r^2)e^{-2\alpha r}\mathrm{d}r-\frac{e^2}{\varepsilon_0}\int_0^{+\infty}e^{-2\alpha r}r\mathrm{d}r\\&=\frac{2\pi\alpha\hbar^2}{m_e}\left[\frac{2}{(2\alpha)^2}-\frac{2\alpha}{(2\alpha)^3}\right]-\frac{e^2}{\varepsilon_0}\frac{1}{(2\alpha)^2}\\&=\frac{\pi\hbar^2}{2m_e\alpha}-\frac{e^2}{4\varepsilon_0\alpha^2}\end{aligned}$$

我们利用了以下事实:

$$\int_0^{+\infty}x^n e^{-ax}\mathrm{d}x=\frac{n!}{a^{n+1}}$$

来计算上述所有积分。同样,式(7.3)的分母为

$$分母=4\pi\int_0^{+\infty}e^{-2\alpha r}r^2\mathrm{d}r=\frac{8\pi}{(2\alpha)^3}=\frac{\pi}{\alpha^3}$$

于是

$$E(\alpha)=\frac{\hbar^2\alpha^2}{2m_e}-\frac{e^2\alpha}{4\varepsilon_0}$$

设 $\mathrm{d}E/\mathrm{d}\alpha=0$,可得

$$\alpha=\frac{m_e e^2}{4\pi\varepsilon_0\hbar^2}$$

将这一结果代回 $E(\alpha)$,可得

$$E_{\min}=-\frac{1}{2}\left(\frac{m_e e^4}{16\pi^2\varepsilon_0^2\hbar^2}\right)$$

这恰好是氢原子的精确基态能量。我们幸运地选择了基态波函数的精确形式,因此最终得到了精确能量。

» 例题 7-2 使用变分原理,利用试探函数 $\phi(x)=\frac{1}{1+\beta x^2}$ 估算谐振子的基态能量。

» 解 谐振子的哈密顿算符为

$$\hat{H}=-\frac{\hbar^2}{2\mu}\frac{\mathrm{d}^2}{\mathrm{d}x^2}+\frac{k}{2}x^2$$

因此,我们必须首先求出 $\mathrm{d}^2\phi/\mathrm{d}x^2$,其结果为

$$\frac{d^2\phi}{dx^2}=-\frac{2\beta}{(1+\beta x^2)^2}+\frac{8\beta^2x^2}{(1+\beta x^2)^3}$$

式(7.3)的分子为

$$分子=-\frac{\hbar^2}{2\mu}\int_{-\infty}^{+\infty}\left[-\frac{2\beta}{(1+\beta x^2)^3}+\frac{8\beta^2x^2}{(1+\beta x^2)^4}\right]dx+\frac{k}{2}\int_{-\infty}^{+\infty}\frac{x^2dx}{(1+\beta x^2)^2}$$

必要的积分可以在手册中找到,其值为

$$\int_{-\infty}^{+\infty}\frac{dx}{(1+\beta x^2)^3}=\frac{3\pi}{8\beta^{1/2}}$$

$$\int_{-\infty}^{+\infty}\frac{x^2dx}{(1+\beta x^2)^4}=\frac{\pi}{16\beta^{1/2}}$$

$$\int_{-\infty}^{+\infty}\frac{x^2dx}{(1+\beta x^2)^2}=\frac{\pi}{2\beta^{3/2}}$$

利用这些积分,可得

$$分子=\frac{\hbar^2\beta}{\mu}\cdot\frac{3\pi}{8\beta^{1/2}}-\frac{4\hbar^2\beta^2}{\mu}\cdot\frac{\pi}{16\beta^{1/2}}+\frac{k}{2}\cdot\frac{\pi}{2\beta^{3/2}}$$
$$=\frac{\hbar^2\pi}{8\mu}\beta^{1/2}+\frac{k\pi}{4\beta^{3/2}}$$

式(7.3)的分母为

$$分母=\int_{-\infty}^{+\infty}\frac{dx}{(1+\beta x^2)^2}=\frac{\pi}{2\beta^{1/2}}$$

因此,$E(\beta)$为

$$E(\beta)=\frac{\hbar^2}{4\mu}\beta+\frac{k}{2\beta}$$

为了找出$E(\beta)$的最小值,使用

$$\frac{dE}{d\beta}=\frac{\hbar^2}{4\mu}-\frac{k}{2\beta^2}=0$$

并发现β的最佳值为

$$\beta=\frac{(2\mu k)^{1/2}}{\hbar}$$

如果将这一数值代入上式中的$E(\beta)$,可得

$$E_{\min}=\frac{2^{1/2}}{4}\hbar\left(\frac{k}{\mu}\right)^{1/2}+\frac{1}{2^{3/2}}\hbar\left(\frac{k}{\mu}\right)^{1/2}=\frac{\hbar}{2^{1/2}}\left(\frac{k}{\mu}\right)^{1/2}$$
$$=0.707\hbar\left(\frac{k}{\mu}\right)^{1/2}$$

谐振子基态能量的精确值为[式(5.30)]

$$E_{\text{exact}}=\frac{\hbar}{2}\left(\frac{k}{\mu}\right)^{1/2}=0.500\hbar\left(\frac{k}{\mu}\right)^{1/2}$$

因此,可以看到,使用简单的试探函数给出的结果约高估了实际值的40%。

在图7.2中,将例题7-2中的归一化优化的试探函数与精确的基态谐振子波函数$\psi_0(x)=(\alpha/\pi)^{1/4}e^{-\alpha x^2/2}$进行了对比,其中$\alpha=(k\mu)^{1/2}/\hbar$(第5-6节)。可以注意到试探函数在大位移处的振幅更大。

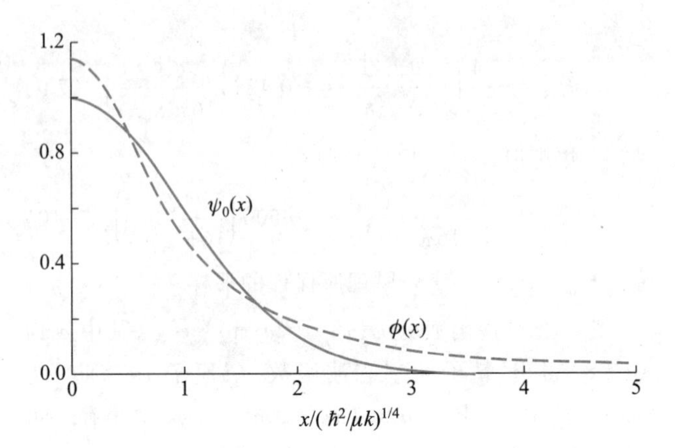

图7.2 例题7-2中的归一化优化的试探函数(虚线)与精确基态谐振子波函数(实线)的对比。两个函数都对$x/(\hbar^2/\mu k)^{1/4}$作图,纵轴单位为$(\alpha/\pi)^{1/4}$,其中$\alpha=(k\mu)^{1/2}/\hbar$(例题7-3)。

» 例题 7-3 确定例题7-2中归一的、优化的试探函数。

» 解 例题7-2中(未归一化的)优化的试探函数为

$$\phi(x)=\frac{1}{1+\beta x^2}$$

其中$\beta=(2\mu k)^{1/2}/\hbar$,为了使$\phi(x)$归一化,需要计算

$$\int_{-\infty}^{+\infty}\phi^2(x)dx=\int_{-\infty}^{+\infty}\frac{dx}{(1+\beta x^2)^2}$$

例7-2给出该积分为$\pi/2\beta^{1/2}$,因此归一化的优化试探函数为

$$\phi(x)=\frac{(4\beta/\pi^2)^{1/4}}{1+\beta x^2}$$

根据出现在精确解中的参数$\alpha=(\mu k)^{1/2}/\hbar$,有$\beta=2^{1/2}\alpha$,故

$$\phi(x)=\left(\frac{\alpha}{\pi}\right)^{1/4}\frac{(2^{5/2}/\pi)^{1/4}}{1+2^{1/2}\alpha x^2}=\left(\frac{\alpha}{\pi}\right)^{1/4}\frac{1.158}{1+2^{1/2}\alpha x^2}$$

该函数绘制在图7.2中。

到目前为止,我们已经将变分法应用于两个实际上已知如何精确求解的问题。下面,将其应用于一个精确解未知的问题。将用变分法估算氦原子的基态能量。在第6章最后给出,氦原子的哈密顿算符为

$$\hat{H}=-\frac{\hbar^2}{2m_e}(\nabla_1^2+\nabla_2^2)-\frac{2e^2}{4\pi\varepsilon_0}\left(\frac{1}{r_1}+\frac{1}{r_2}\right)+\frac{e^2}{4\pi\varepsilon_0}\frac{1}{r_{12}} \tag{7.11}$$

该体系的薛定谔方程无法精确求解,因为其中涉及 r_{12}。式(7.11)可以写成如下形式:

$$\hat{H}=\hat{H}_{\mathrm{H}}(1)+\hat{H}_{\mathrm{H}}(2)+\frac{e^2}{4\pi\varepsilon_0}\frac{1}{r_{12}} \qquad (7.12)$$

式中

$$\hat{H}_{\mathrm{H}}(j)=-\frac{\hbar^2}{2m_{\mathrm{e}}}\nabla_j^2-\frac{2e^2}{4\pi\varepsilon_0}\frac{1}{r_i} \quad j=1\text{ 和 }2 \qquad (7.13)$$

是氦原子核周围单个电子的哈密顿算符。因此,$\hat{H}_{\mathrm{H}}(1)$ 和 $\hat{H}_{H}(2)$ 满足如下方程:

$$\hat{H}_{\mathrm{H}}(j)\psi_{\mathrm{H}}(r_j,\theta_j,\phi_j)=E_j\psi_{\mathrm{H}}(r_j,\theta_j,\phi_j) \quad j=1\text{ 或 }2 \qquad (7.14)$$

这里 $\psi_{\mathrm{H}}(r_j,\theta_j,\phi_j)$ 是一个类氢波函数,其中 $Z=2$(表 6.6),E_j 由下式给出(习题 6-34):

$$E_j=-\frac{Z^2m_{\mathrm{e}}e^4}{32\pi^2\varepsilon_0^2\hbar^2n_j^2} \quad j=1\text{ 或 }2 \qquad (7.15)$$

其中 $Z=2$。如果忽略电子间排斥项($e^2/4\pi\varepsilon_0r_{12}$),则哈密顿算符是可分离的,基态波函数为(第 3-9 节)

$$\phi_0(\boldsymbol{r}_1,\boldsymbol{r}_2)=\psi_{1\mathrm{s}}(\boldsymbol{r}_1)\psi_{1\mathrm{s}}(\boldsymbol{r}_2) \qquad (7.16)$$

式中(表 6.5)

$$\psi_{1\mathrm{s}}(\boldsymbol{r}_j)=\left(\frac{Z^3}{\pi a_0^3}\right)^{1/2}\mathrm{e}^{-Zr_j/a_0} \quad j=1\text{ 或 }2 \qquad (7.17)$$

式中 $a_0=4\pi\varepsilon_0\hbar^2/m_{\mathrm{e}}e^2$。可将式(7.16)和式(7.17)用作试探函数,以 Z 作为变分常数。因此,必须计算

$$E(Z)=\int\phi_0(\boldsymbol{r}_1,\boldsymbol{r}_2)\hat{H}\phi_0(\boldsymbol{r}_1,\boldsymbol{r}_2)\mathrm{d}\boldsymbol{r}_1\mathrm{d}\boldsymbol{r}_2 \qquad (7.18)$$

其中,$\hat{H}$由式(7.11)给出。尽管该积分计算简单,但却有些冗长,故在习题 7-32 中逐步进行计算。结果为

$$E(Z)=\frac{m_{\mathrm{e}}e^4}{16\pi^2\varepsilon_0^2\hbar^2}\left(Z^2-\frac{27}{8}Z\right) \qquad (7.19)$$

式(7.19)表明,用单位 $m_{\mathrm{e}}e^4/16\pi^2\varepsilon_0^2\hbar^2$ 表示 E 是很方便的,因此可以将式(7.19)写成

$$E(Z)=Z^2-\frac{27}{8}Z \qquad (7.20)$$

如果改变参数 Z 来最小化 $E(Z)$,可得到 $Z_{\min}=27/16$。将这一结果代入式(7.20),得

$$E_{\min}=-\left(\frac{27}{16}\right)^2=-2.8477 \qquad (7.21)$$

与最精确的计算结果 -2.9037(单位为 $m_{\mathrm{e}}e^4/16\pi^2\varepsilon_0^2\hbar^2$)具有可比性,后者与实验结果($-2.9033$)非常吻合。因此,考虑到试探函数的简单性,我们得到了一个相当不错的结果。

使 E 最小化的 Z 值可以被解释为**有效核电荷**(effective nuclear charge)。Z 小于 2 的事实反映出每个电子部分地屏蔽了来自原子核的电荷,因此净有效核电荷从 2 减小到 27/16。

7-2 线性依赖于变分参数的试探函数引出久期行列式

作为变分法的另一个例子,考虑一个一维势箱中的粒子。即使事先不知道精确的基态波函数,我们也应该期望关于 $x=a/2$ 对称,并在箱壁处归零。具有这些特性的最简单函数之一是$x^n(a-x)^n$,其中 n 是一个正整数。因此,可用如下试探函数估计 E_0:

$$\phi=c_1x(a-x)+c_2x^2(a-x)^2 \qquad (7.22)$$

式中 c_1 和 c_2 均可通过变分确定,即 c_1 和 c_2 均是变分参数。如果式(7.22)中的 ϕ 被用作试探函数,经过相当冗长但简单的计算,可得如下结果:

$$E_{\min}=0.125002\frac{h^2}{ma^2} \qquad (7.23)$$

可以与如下精确结果比较:

$$E_{\mathrm{exact}}=\frac{h^2}{8ma^2}=0.125000\frac{h^2}{ma^2} \qquad (7.24)$$

因此,可以看到,使用超过一个参数的试探函数可产生令人印象深刻的结果。我们付出的代价是相应更冗长的计算。幸运的是,处理类似式(7.22)这样的试探函数有一种系统的方法。注意到式(7.22)是函数的线性组合,这样的试探函数可以一般性地写为

$$\phi=\sum_{n=1}^{N}c_nf_n \qquad (7.25)$$

式中 c_n 是变分参数;f_n 是任意已知函数。在后面章节中将经常使用这样的试探函数。为简单起见,假设式(7.25)中的 $N=2$,c_n和f_n 都是实数。在习题 7-17 中放宽了这些限制。

考虑 $\phi=c_1f_1+c_2f_2$

那么

$$\begin{aligned}\int\phi\hat{H}\phi\mathrm{d}\tau&=\int(c_1f_1+c_2f_2)\hat{H}(c_1f_1+c_2f_2)\mathrm{d}\tau\\&=c_1^2\int f_1\hat{H}f_1\mathrm{d}\tau+c_1c_2\int f_1\hat{H}f_2\mathrm{d}\tau+\\&\quad c_1c_2\int f_2\hat{H}f_1\mathrm{d}\tau+c_2^2\int f_2\hat{H}f_2\mathrm{d}\tau\\&=c_1^2H_{11}+c_1c_2H_{12}+c_1c_2H_{21}+c_2^2H_{22}\end{aligned} \qquad (7.26)$$

式中

$$H_{ij}=\int f_i\hat{H}f_j\mathrm{d}\tau \qquad (7.27)$$

在第 4-5 节中了解到,量子力学算符必须是厄米算符,才

能保证其本征值是实数。式(4.31)给出了厄米算符必须满足的关系,用式(7.27)中使用的符号表示,则

$$\int f_i \hat{H} f_j \mathrm{d}\tau = \int f_j \hat{H} f_i \mathrm{d}\tau \tag{7.28}$$

根据式(7.27)给出的量 H_{ij},式(7.28)意味着 $H_{ij}=H_{ji}$。使用该结果,式(7.26)变为

$$\int \phi \hat{H} \phi \mathrm{d}\tau = c_1^2 H_{11} + 2c_1c_2H_{12} + c_2^2H_{22} \tag{7.29}$$

同样地,有

$$\int \phi^2 \mathrm{d}\tau = c_1^2 S_{11} + 2c_1c_2S_{12} + c_2^2S_{22} \tag{7.30}$$

式中

$$S_{ij} = S_{ji} = \int f_i f_j \mathrm{d}\tau \tag{7.31}$$

量 H_{ij}和 S_{ij}称为**矩阵元素**(matrix elements)。将式(7.29)与式(7.30)代入式(7.3),可以发现:

$$E(c_1,c_2) = \frac{c_1^2H_{11}+2c_1c_2H_{12}+c_2^2H_{22}}{c_1^2S_{11}+2c_1c_2S_{12}+c_2^2S_{22}} \tag{7.32}$$

这里强调 E 是变分参数 c_1和 c_2 的函数。

在将式(7.32)中的 $E(c_1,c_2)$分别对 c_1和 c_2 求导之前,为方便起见,将式(7.32)写成如下形式:

$$E(c_1,c_2)(c_1^2S_{11}+2c_1c_2S_{12}+c_2^2S_{22}) = c_1^2H_{11}+2c_1c_2H_{12}+c_2^2H_{22} \tag{7.33}$$

如果将式(7.33)对 c_1求导,可以发现:

$$(2c_1S_{11}+2c_2S_{12})E + \frac{\partial E}{\partial c_1}(c_1^2S_{11}+2c_1c_2S_{12}+c_2^2S_{22}) = 2c_1H_{11}+2c_2H_{12} \tag{7.34}$$

因为对 c_1最小化 E,$\partial E/\partial c_1=0$,方程(7.34)变为

$$c_1(H_{11}-ES_{11})+c_2(H_{12}-ES_{12})=0 \tag{7.35}$$

相似地,通过将 $E(c_1,c_2)$对 c_2 而不是 c_1求导,可以发现:

$$c_1(H_{12}-ES_{12})+c_2(H_{22}-ES_{22})=0 \tag{7.36}$$

方程(7.35)和方程(7.36)构成了关于 c_1 和 c_2 的一对线性代数方程。如果当且仅当系数的行列式为零时(数学章节 E),或如果当且仅当

$$\begin{vmatrix} H_{11}-ES_{11} & H_{12}-ES_{12} \\ H_{12}-ES_{12} & H_{22}-ES_{22} \end{vmatrix} = 0 \tag{7.37}$$

时,方程存在一个非平凡解,也就是说,解不是 $c_1=c_2=0$。该行列式称为**久期行列式**(secular determinant)。将这个2×2行列式展开后,可以得到一个关于 E 的二次方程,称为**久期方程**(secular equation)。这个二次久期方程给出两个 E 值,取两个中的较小者作为基态能量的变分近似。

为了说明方程(7.37)的使用,让我们回到使用式(7.22)作为试探函数变分求解一维势箱中粒子问题上。为方便起见,设 $a=1$。在该情况下,有

$$f_1 = x(1-x) \quad 和 \quad f_2 = x^2(1-x)^2 \tag{7.38}$$

矩阵元素[见式(7.27)和式(7.31)]为(习题7-26)

$$H_{11} = \frac{\hbar^2}{6m} \qquad S_{11} = \frac{1}{30}$$

$$H_{12} = H_{21} = \frac{\hbar^2}{30m} \qquad S_{12} = S_{21} = \frac{1}{140}$$

$$H_{22} = \frac{\hbar^2}{105m} \qquad S_{22} = \frac{1}{630}$$

» 例题 7-4 利用式(7.38),明确证明 $H_{12}=H_{21}$。

» 解 利用箱中粒子的哈密顿算符,可得

$$\begin{aligned} H_{12} &= \int_0^1 f_1 \hat{H} f_2 \mathrm{d}x \\ &= \int_0^1 x(1-x)\left[-\frac{\hbar^2}{2m}\frac{\mathrm{d}^2}{\mathrm{d}x^2}x^2(1-x)^2\right]\mathrm{d}x \\ &= -\frac{\hbar^2}{2m}\int_0^1 x(1-x)(2-12x+12x^2)\mathrm{d}x \\ &= -\frac{\hbar^2}{2m}\left(-\frac{1}{15}\right) = \frac{\hbar^2}{30m} \end{aligned}$$

相似地,有

$$\begin{aligned} H_{21} &= \int_0^1 f_2 \hat{H} f_1 \mathrm{d}x \\ &= \int_0^1 x^2(1-x)^2\left[-\frac{\hbar^2}{2m}\frac{\mathrm{d}^2}{\mathrm{d}x^2}x(1-x)\right]\mathrm{d}x \\ &= -\frac{\hbar^2}{2m}\int_0^1 x^2(1-x)^2(-2)\mathrm{d}x \\ &= -\frac{\hbar^2}{2m}\left(-\frac{1}{15}\right) = \frac{\hbar^2}{30m} \end{aligned}$$

将矩阵元 H_{ij}和 S_{ij}代入久期行列式[方程(7.37)],可得

$$\begin{vmatrix} \frac{1}{6}-\frac{E'}{30} & \frac{1}{30}-\frac{E'}{140} \\ \frac{1}{30}-\frac{E'}{140} & \frac{1}{105}-\frac{E'}{630} \end{vmatrix} = 0$$

其中 $E'=Em/\hbar^2$。相应的久期方程为

$$E'^2 - 56E' + 252 = 0$$

其根为

$$E' = \frac{56 \pm \sqrt{2128}}{2} = 51.065 \text{ 和 } 4.93487$$

选择较小的根,得到

$$E_{\min} = 4.93487\frac{\hbar^2}{m} = 0.125002\frac{\hbar^2}{m}$$

与以下一维势箱中粒子的精确结果相比（记箱子长度 $a=1$）：

$$E_{\text{exact}}=\frac{\hbar^2}{8m}=0.125000\,\frac{h^2}{m}$$

对于这样一个简单的试探函数，结果的精度相当不错，好于预期。可以注意到，$E_{\min}>E_{\text{exact}}$，因为它必须是这样。

» 例题 7-5　对于使用变分法处理的势箱中粒子，确定其得到的归一化试探函数。

» 解　要确定归一化试探函数，必须确定式（7.22）中的 c_1 和 c_2。式（7.35）和式（7.36）给出了这些量，即两个代数方程产生的久期行列式，式（7.37）。这两个方程并不是相互独立的，因此将使用第一个来计算比值 c_2/c_1：

$$\frac{c_2}{c_1}=-\frac{H_{11}-ES_{11}}{H_{12}-ES_{12}}=-\frac{\dfrac{\hbar^2}{6m}-\left(4.93487\,\dfrac{\hbar^2}{m}\right)\dfrac{1}{30}}{\dfrac{\hbar^2}{30m}-\left(4.93487\,\dfrac{\hbar^2}{m}\right)\dfrac{1}{140}}=1.133$$

或 $c_2=1.133c_1$。至此，有

$$\phi(x)=c_1[x(1-x)+1.133x^2(1-x)^2]$$

下面通过要求 $\phi(x)$ 归一化来确定 c_1。

$$\int_0^1\phi^2(x)\,\mathrm{d}x=c_1^2\int_0^1\left[x^2(1-x)^2+2.266x^3(1-x)^3+1.284x^4(1-x)^4\right]\mathrm{d}x=1$$

使用（CRC 手册）比展开每个积分更方便。

$$\int_0^1 x^m(1-x)^n\,\mathrm{d}x=\frac{m!\,n!}{(m+n+1)!}$$

在这种情况下，有

$$\int_0^1\phi^2(x)\,\mathrm{d}x=c_1^2\left(\frac{2!\,2!}{5!}+2.266\,\frac{3!\,3!}{7!}+1.284\,\frac{4!\,4!}{9!}\right)=0.05156c_1^2=1$$

可得 $c_1=4.404$。因此，归一化试探函数为

$$\phi(x)=4.404x(1-x)+4.990x^2(1-x)^2$$

在图 7.3 中，$\phi(x)$ 与势箱中粒子的精确基态波函数 $\psi_1(x)=2^{1/2}\sin(\pi x)$ 进行了比较（其中 $a=1$）。

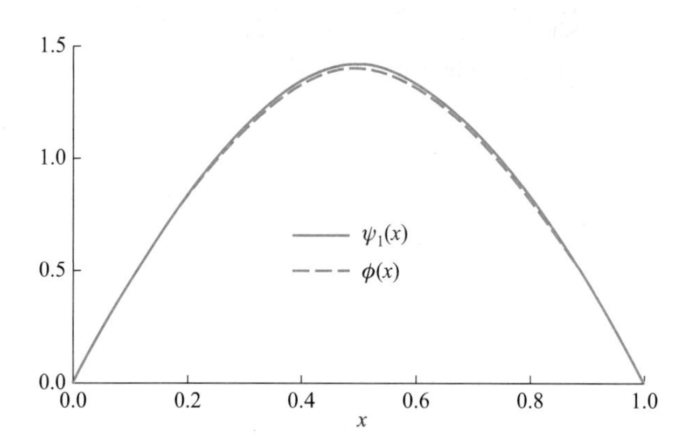

图 7.3　例题 7-5 中确定的优化和归一化试探函数（虚线）与精确基态势箱中粒子波函数 $\psi_1(x)=2^{1/2}\sin(\pi x)$（实线）的对比，势箱的宽度取为 1。

你可能想知道式（7.37）的另一个解的物理意义。事实证明，它是势箱内粒子第一激发态的能量上限。上面计算的值是 1.2935 h^2/m，而精确值为 4 $h^2/8ma^2$ 或 0.5000 h^2/m。因此，尽管第二个解是 E_2 的上限，但它是相当粗糙的。虽然有方法可以给出更好的激发态能量上限，但我们将仅限于确定基态能量。

如果像式（7.25）中那样使用 N 个函数的线性组合，而不是像我们迄今为止所做的那样使用两个函数的线性组合，那么将同时得到 c_j 的 N 个线性代数方程：

$$\begin{aligned}
c_1(H_{11}-ES_{11})+c_2(H_{12}-ES_{21})+\cdots+c_N(H_{1N}-ES_{1N})&=0\\
c_1(H_{12}-ES_{12})+c_2(H_{22}-ES_{22})+\cdots+c_N(H_{2N}-ES_{2N})&=0\\
\cdots\cdots\cdots\cdots&\\
c_1(H_{1N}-ES_{1N})+c_2(H_{2N}-ES_{2N})+\cdots+c_N(H_{NN}-ES_{NN})&=0
\end{aligned}\tag{7.39}$$

为了使这组齐次方程有非平凡解，必须有

$$\begin{vmatrix}
H_{11}-ES_{11} & H_{12}-ES_{12} & \cdots & H_{1N}-ES_{1N}\\
H_{12}-ES_{12} & H_{22}-ES_{22} & \cdots & H_{2N}-ES_{2N}\\
\vdots & \vdots & \vdots & \vdots\\
H_{1N}-ES_{1N} & H_{2N}-ES_{2N} & \cdots & H_{NN}-ES_{NN}
\end{vmatrix}=0\tag{7.40}$$

在写方程（7.40）时，我们已经利用了 $\hat{H}$ 是厄米算符的事实，因此 $H_{ij}=H_{ji}$。与该行列式相关的久期方程是关于 E 的 N 次多项式。我们选择该 N 阶久期方程的最小根作为基态能量的近似。当 N 值大于 2 时，通常必须通过数值方法来确定最小根。这实际上是一个标准的数值问题，许多计算机程序都能完成这一工作。

一旦算出方程（7.40）的最小根，就可以把它代回方程（7.39）算出 c_j。与例题 7-5 一样，只有其中（$N-1$）个方程是独立的，因此可用它们仅确定比值，如 c_2/c_1，c_3/c_1，…，c_N/c_1。然后就可以通过要求试探函数 ϕ 归一化求出 c_1，就像我们在例题 7-5 中做的那样。

7-3 试探函数可以是包含变分参数的函数的线性组合

使用如下形式的试探函数是一种相当常见的做法：

$$\phi=\sum_{j=1}^{N}c_jf_j$$

式中 f_j 本身包含变分参数。氢原子的一个试探函数的例子为

$$\phi=\sum_{j=1}^{N}c_j\mathrm{e}^{-\alpha_jr^2}$$

式中 c_j 和 α_j 均为变分参数。在第7-1节中已经看到，与精确值 $-0.500(m_ee^4/16\pi^2\varepsilon_0^2\hbar^2)$ 相比，使用一项得到的能量为 $-0.424(m_ee^4/16\pi^2\varepsilon_0^2\hbar^2)$。表7.1显示了取更多项的结果。可以看到，随着 N 增大，其结果越来越接近精确值。然而，在这种情况下，因为 ϕ 只线性依赖于 c_j，而不是 α_j，我们并没有得到一个简单的久期行列式。对于 c_j 和 α_j 最小化 E 相当复杂，涉及 $2N$ 个参数，必须用数值方式计算。幸运的是，许多现有的算法可以用来完成这项工作。

表7.1 使用形式为 $\phi=\sum_{j=1}^{N}c_j\mathrm{e}^{-\alpha_jr^2}$ 的试探函数得到的氢原子基态能量，其中 c_j 和 α_j 均为变分参数。能量精确值为 -0.500000。

N	$\dfrac{E_{\min}}{m_ee^4/16\pi^2\varepsilon_0^2\hbar^2}$
1	-0.424413
2	-0.485813
3	-0.496967
4	-0.499276
5	-0.49976
6	-0.49988
8	-0.49992
16	-0.49998

7-4 微扰理论是用之前解决的另一个问题来表示一个问题的解决方案

微扰理论背后的思想如下。假设对于一些感兴趣的体系无法求解薛定谔方程：

$$\hat{H}\psi=E\psi \tag{7.41}$$

但我们能够对某种意义上相似的体系求解。可以将方程(7.41)中的哈密顿算符写成如下形式：

$$\hat{H}=\hat{H}^{(0)}+\hat{H}^{(1)} \tag{7.42}$$

式中

$$\hat{H}^{(0)}\psi^{(0)}=E^{(0)}\psi^{(0)} \tag{7.43}$$

是可以精确求解的薛定谔方程。式(7.42)中的第一项称为**未微扰哈密顿算符**（unperturbed Hamiltonian operator），附加项称为**微扰**（perturbation）。直觉上你可能会期望，如果微扰项在某种意义上很小，那么方程(7.41)的解应该接近于方程(7.43)的解。例如，在一个非谐振子的情况下，有

$$\hat{H}=-\frac{\hbar^2}{2\mu}\frac{\mathrm{d}^2}{\mathrm{d}x^2}+\frac{1}{2}kx^2+\frac{1}{6}\gamma x^3+\frac{b}{24}x^4$$

将非谐项 $\gamma x^3/6+bx^4/24$ 视为谐振子的微扰，并写出（第5章）

$$\hat{H}^{(0)}=-\frac{\hbar^2}{2\mu}\frac{\mathrm{d}^2}{\mathrm{d}x^2}+\frac{1}{2}kx^2$$

$$\psi_v^{(0)}(x)=\left[\left(\frac{\alpha}{\pi}\right)^{1/2}\frac{1}{2^vv!}\right]^{1/2}H_v(\alpha^{1/2}x)\mathrm{e}^{-\alpha x^2/2}$$

$$E_v^{(0)}=\left(v+\frac{1}{2}\right)h\nu\quad v=0,1,2,\cdots$$

$$H^{(1)}=\frac{1}{6}\gamma x^3+\frac{b}{24}x^4 \tag{7.44}$$

式中 $\alpha=(k\mu/\hbar^2)^{1/2}$。

为了将微扰理论应用于方程(7.41)的求解，其中 $\hat{H}$ 由式(7.42)给出，将 ψ 和 E 写成以下形式：

$$\psi=\psi^{(0)}+\psi^{(1)}+\psi^{(2)}+\cdots \tag{7.45}$$

$$E=E^{(0)}+E^{(1)}+E^{(2)}+\cdots \tag{7.46}$$

其中 $\psi^{(0)}$ 和 $E^{(0)}$ 通过未微扰问题的求解得到[式(7.43)]，而 $\psi^{(1)},\psi^{(2)},\cdots$ 是对 $\psi^{(0)}$ 的连续校正，$E^{(1)},E^{(2)},\cdots$ 是对 $E^{(0)}$ 的连续校正。一个基本假设是，这些连续校正的重要性将越来越小。虽然在这里不会这样做，但可以推导出这些校正的明确表达式。唯一使用的是 $E^{(1)}$ 的表达式，即

$$E^{(1)}=\int\psi^{(0)*}\hat{H}^{(1)}\psi^{(0)}\mathrm{d}\tau \tag{7.47}$$

（习题7-19中逐步推导出这一结果。）$E^{(1)}$ 是对 $E^{(0)}$ 的一阶校正，并把 E 写成

$$E=E^{(0)}+E^{(1)} \tag{7.48}$$

式(7.48)表示经过一阶微扰理论校正后的能量。如果计算了 $\psi^{(1)}$（我们不必这样做），则

$$\psi=\psi^{(0)}+\psi^{(1)}$$

将表示经过一阶校正的 ψ。相似地，如果计算了 $E^{(2)}$（我们将不会这样做），则

$$E=E^{(0)}+E^{(1)}+E^{(2)}$$

将表示经过二阶微扰理论校正后的 E。在本书中，仅使用式(7.47)计算能量到一阶。

下面使用式(7.47)来计算由式(7.44)描述的非谐振子的基态能量。在该情况下，有

$$\psi^{(0)}(x)=\left(\frac{\alpha}{\pi}\right)^{1/4}\mathrm{e}^{-\alpha x^2/2}$$

因此，式(7.47)变为

$$E^{(1)}=\int_{-\infty}^{+\infty}\psi^{(0)}(x)^*\hat{H}^{(1)}\psi^{(0)}(x)\,\mathrm{d}x$$

$$=\left(\frac{\alpha}{\pi}\right)^{1/2}\left[\frac{\gamma}{6}\int_{-\infty}^{+\infty}x^3\mathrm{e}^{-\alpha x^2}\mathrm{d}x+\frac{b}{24}\int_{-\infty}^{+\infty}x^4\mathrm{e}^{-\alpha x^2}\mathrm{d}x\right]$$

第一个积分等于零，因为其积分项是奇函数，所以

$$E^{(1)}=\frac{b}{12}\left(\frac{\alpha}{\pi}\right)^{1/2}\int_0^{+\infty}x^4\mathrm{e}^{-\alpha x^2}\mathrm{d}x$$

这里的积分可以在表格中找到，等于 $3\pi^{1/2}/8\alpha^{5/2}$，因此

$$E^{(1)}=\frac{b}{32\alpha^2}=\frac{\hbar^2 b}{32k\mu}$$

经一阶校正后的总基态能量为

$$E=E^{(0)}+E^{(1)}=\frac{h\nu}{2}+\frac{\hbar^2 b}{32k\mu}$$

» 例题 7-6 使用一阶微扰理论计算一维势箱中粒子的能量，势箱从 $x=0$ 到 $x=a$ 底部倾斜，如下：

$$V(x)=\frac{V_0 x}{a}\quad 0\leqslant x\leqslant a$$

» 解 在这种情况下，未受微扰的问题是一维势箱中的粒子，因此

$$\hat{H}^{(1)}=\frac{V_0}{a}x\quad 0\leqslant x\leqslant a$$

式中 V_0 是一个常数。在势箱中粒子的波函数和能量分别为

$$\psi^{(0)}=\left(\frac{2}{a}\right)^{1/2}\sin\frac{n\pi x}{a}\quad 0\leqslant x\leqslant a$$

$$E^{(0)}=\frac{n^2h^2}{8ma^2}$$

根据式(7.47)，由于微扰引起的 $E^{(0)}$ 的一阶校正为

$$E^{(1)}=\int_0^a\psi^{(0)*}\left(\frac{V_0}{a}x\right)\psi^{(0)}\mathrm{d}x$$

$$=\frac{2V_0}{a^2}\int_0^a x\sin^2\frac{n\pi x}{a}\mathrm{d}x$$

这个积分出现在式(3.30)中，等于 $a^2/4$。因此，对于所有的 n 值，都得到

$$E^{(1)}=\frac{V_0}{2}$$

经过一阶校正的能级为

$$E=\frac{n^2h^2}{8ma^2}+\frac{V_0}{2}+O(V_0^2)\quad n=1,2,3,\cdots$$

式中 $O(V_0^2)$ 强调 V_0^2 阶及更高阶的项已被省略。因此，可以看到，在这种情况下，每个未受微扰的能级的偏移量为 $V_0/2$。

我们可以将微扰理论应用于氦原子，其哈密顿算符由式(7.11)给出。为简单起见，只考虑基态能量。如果将电子间排斥项 $e^2/4\pi\varepsilon_0 r_{12}$ 视为微扰，那么未受微扰的波函数和能量就是类氢体系的数值，其值分别为

$$\hat{H}^{(0)}=\hat{H}_{\mathrm{H}}(1)+\hat{H}_{\mathrm{H}}(2)$$

$$\psi^{(0)}=\psi_{1s}(r_1,\theta_1,\phi_1)\psi_{1s}(r_2,\theta_2,\phi_2)$$

$$E^{(0)}=-\frac{Z^2m_e e^4}{32\pi^2\varepsilon_0^2\hbar^2 n_1^2}-\frac{Z^2m_e e^4}{32\pi^2\varepsilon_0^2\hbar^2 n_2^2}\tag{7.49}$$

$$\hat{H}^{(1)}=\frac{e^2}{4\pi\varepsilon_0 r_{12}}$$

式中 $Z=2$。利用式(7.47)，可得

$$E^{(1)}=\iint\mathrm{d}\boldsymbol{r}_1\mathrm{d}\boldsymbol{r}_2\psi_{1s}(\boldsymbol{r}_1)\psi_{1s}(\boldsymbol{r}_2)\frac{e^2}{4\pi\varepsilon_0 r_{12}}\psi_{1s}(\boldsymbol{r}_1)\psi_{1s}(\boldsymbol{r}_2)\tag{7.50}$$

式中 $\psi_{1s}(\boldsymbol{r}_j)$ 由式(7.17)得到。式(7.50)中的积分计算略显冗长，但习题 7-30 可以逐步完成计算。最终结果是

$$E^{(1)}=\frac{5Z}{8}\left(\frac{m_e e^4}{16\pi^2\varepsilon_0^2\hbar^2}\right)\tag{7.51}$$

或 $E^{(1)}=5Z/8$，单位为 $m_e e^4/16\pi^2\varepsilon_0^2\hbar^2$。如果将其与 $E^{(0)}$ 相加，取 $n_1=n_2=1$，则(单位为 $m_e e^4/16\pi^2\varepsilon_0^2\hbar^2$)

$$E=E^{(0)}+E^{(1)}=-\frac{1}{2}Z^2-\frac{1}{2}Z^2+\frac{5}{8}Z$$

$$=-Z^2+\frac{5}{8}Z\tag{7.52}$$

令 $Z=2$，可得 -2.750，可以与式(7.26)给出的简单变分结果(-2.8477)和实验结果(-2.9033)进行比较。由此可见，经一阶微扰理论得到的结果误差约为 5%。事实证明，二阶微扰理论得到的结果是 -2.910，而更高阶计算得到的结果是 -2.9037。由此可见，变分法和微扰理论都能得到非常好的结果。

7-1 这个问题涉及变分原理[式(7.4)]的证明。设 $\hat{H}\psi_n=E_n\psi_n$ 是我们感兴趣的问题,令 ϕ 为 ψ_0 的近似。尽管不知道 ψ_n,可以将 ϕ 正式地表示为

$$\phi=\sum_n c_n\psi_n \tag{1}$$

其中 c_n 是常数。利用 ψ_n 是正交的这一事实,证明:

$$c_n=\int\psi_n^*\phi\mathrm{d}\tau$$

我们不知道 ψ_n,然而式(1)是我们所说的形式展开式。现在将式(1)代入下式:

$$E_\phi=\frac{\int\phi^*\hat{H}\phi\mathrm{d}\tau}{\int\phi^*\phi\mathrm{d}\tau}$$

可得

$$E_\phi=\frac{\sum_n c_n^*c_nE_n}{\sum_n c_n^*c_n}$$

从上式左边减去 E_0,从右边减去 $E_0\sum_n c_n^*c_n\Big/\sum_n c_n^*c_n$,可得

$$E_\phi-E_0=\frac{\sum_n c_n^*c_n(E_n-E_0)}{\sum_n c_n^*c_n}$$

请解释为何右边每一项都是正的,并证明 $E_\phi\geqslant E_0$。

7-2 使用高斯试探函数 $\mathrm{e}^{-\alpha r^2}$ 来处理氢原子的基态[见式(7.6)中的 $\hat{H}$],证明基态能量为

$$E(\alpha)=\frac{3\hbar^2\alpha}{2m_\mathrm{e}}-\frac{e^2\alpha^{1/2}}{2^{1/2}\varepsilon_0\pi^{3/2}}$$

以及

$$E_\mathrm{min}=-\frac{4}{3\pi}\frac{m_\mathrm{e}e^4}{16\pi^2\varepsilon_0^2\hbar^2}$$

7-3 使用试探函数 $\phi(x)=1/(1+\beta x^2)^2$ 计算谐振子的基态能量。必要的积分为

$$\int_{-\infty}^{+\infty}\frac{\mathrm{d}x}{(1+\beta x^2)^n}=\frac{(2n-3)(2n-5)(2n-7)\cdots(1)}{(2n-2)(2n-4)(2n-6)\cdots(2)}\frac{\pi}{\beta^{1/2}}$$

$$\int_{-\infty}^{+\infty}\frac{x^2\mathrm{d}x}{(1+\beta x^2)^n}=\frac{(2n-5)(2n-7)\cdots(1)}{(2n-2)(2n-4)\cdots(2)}\frac{\pi}{\beta^{3/2}}$$

7-4 如果使用形式为 $(1+c\alpha x^2)\mathrm{e}^{-\alpha x^2/2}$ 的试探函数计算谐振子的基态能量,其中 $\alpha=(k\mu/\hbar^2)^{1/2}$,$c$ 是变分参数,你认为 c 的值会是什么?为什么?

7-5 使用形式为 $\phi(r)=r\mathrm{e}^{-\alpha r}$ 的试探函数计算氢原子的基态能量,其中 α 是变分参数。

7-6 假设使用形式为 $\phi=c_1\mathrm{e}^{-\alpha r}+c_2\mathrm{e}^{-\beta r^2}$ 的试探函数对氢原子的基态能量进行变分计算,你能在不做任何计算的情况下猜出 c_1,c_2,α 及 E_min 的值吗?如果试探函数的形式是 $\phi(r)=\sum_{k=1}^{5}c_k\mathrm{e}^{-\alpha_kr-\beta_kr^2}$ 呢?

7-7 使用形式为 $\mathrm{e}^{-\beta x^2}$ 的试探函数来计算谐振子的基态能量,其中 β 为变分参数。将结果与精确能量 $h\nu/2$ 作对比,为什么会如此吻合?

7-8 考虑一个三维的、球面对称的、各向同性的谐振子,其势能为 $V(r)=kr^2/2$,使用试探函数 $\mathrm{e}^{-\alpha r^2}$ 估算其基态能量,其中 α 为变分参数。用 $\mathrm{e}^{-\alpha r}$ 作为试探函数做同样的事。哈密顿算符为

$$\hat{H}=-\frac{\hbar^2}{2\mu r^2}\frac{\mathrm{d}}{\mathrm{d}r}\left(r^2\frac{\mathrm{d}}{\mathrm{d}r}\right)+\frac{k}{2}r^2$$

将这些结果与精确的基态能量 $E=\frac{3}{2}h\nu$ 进行比较,为什么其中一个结果比另一个好得多?

7-9 使用形式为 $\mathrm{e}^{-\alpha r^2/2}$ 的试探函数计算四次谐振子的基态能量,其势能为 $V(x)=cx^4$。

7-10 使用形式为 $\phi=\cos(\lambda x)$ 的试探函数计算谐振子的基态能量,其中 $-\pi/2\lambda<x<\pi/2\lambda$,$\lambda$ 是变分参数。

7-11 使用变分法计算被限制在 $0\leqslant x\leqslant a$ 区域内移动的粒子的基态能量,其势能为

$$V(x)=\begin{cases}V_0x & 0\leqslant x\leqslant\frac{a}{2}\\ V_0(a-x) & \frac{a}{2}\leqslant x\leqslant a\end{cases}$$

使用势箱中粒子的前两个波函数的线性组合作为试探函数:

$$\phi(x)=c_1\left(\frac{2}{a}\right)^{1/2}\sin\frac{\pi x}{a}+c_2\left(\frac{2}{a}\right)^{1/2}\sin\frac{2\pi x}{a}$$

7-12 考虑一个在由下图描述的势能场中质量为 m 的粒子。

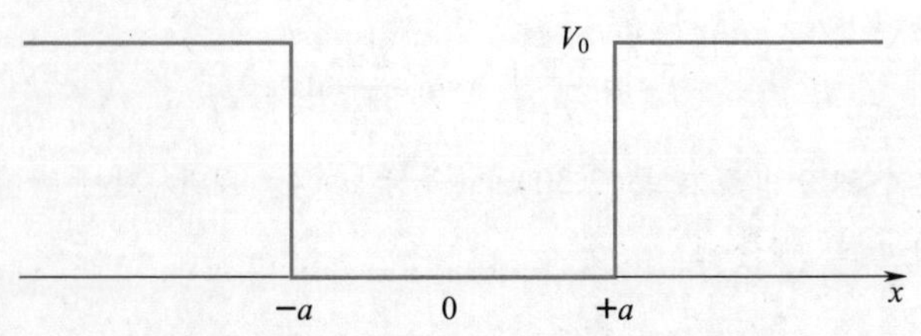

该问题描述的是有限势阱中的一个粒子。如果 $V_0\to\infty$，那么就得到一个势箱中粒子。用 $\phi(x)=l^2-x^2$（$-l<x<l$ 时）和 $\phi(x)=0$（其他情况）作为试探函数，l 作为变分参数，分别计算 $2mV_0a^2/\hbar^2=4$ 和 12 情况下该体系的基态能量。精确的基态能量分别为 $0.530\hbar^2/ma^2$ 和 $0.736\hbar^2/ma^2$（见习题 7-29）。

7-13　用 $\phi(x)=\cos(\lambda x)$（$-\pi/2\lambda<x<\pi/2\lambda$ 时）和 $\phi(x)=0$（其他情况）作为试探函数，λ 作为变分参数，重复习题 7-12 中的计算。

7-14　考虑半径为 a 的球形箱中的一个粒子。该体系的哈密顿算符为［见式(6.43)］

$$\hat{H}=-\frac{\hbar^2}{2mr^2}\frac{\mathrm{d}}{\mathrm{d}r}\left(r^2\frac{\mathrm{d}}{\mathrm{d}r}\right)+\frac{\hbar^2 l(l+1)}{2mr^2}\qquad 0<r\leqslant a$$

在基态下 $l=0$，因此

$$\hat{H}=-\frac{\hbar^2}{2mr^2}\frac{\mathrm{d}}{\mathrm{d}r}\left(r^2\frac{\mathrm{d}}{\mathrm{d}r}\right)\qquad 0<r\leqslant a$$

就像一个粒子在一个长方形箱中情况一样，$\phi(a)=0$。用 $\phi(r)=a-r$ 计算该体系的基态能量上限。该情况下没有变分参数，但计算出的能量仍然是基态能量的上限。精确的基态能量为 $\pi^2\hbar^2/ma^2$（见习题 7-28）。

7-15　用 $\phi(r)=(a-r)^2$ 作为试探函数重复习题 7-14 中的计算。

7-16　考虑一个受如下势能影响的体系：

$$V(x)=\frac{k}{2}x^2+\frac{\gamma}{6}x^3+\frac{\delta}{24}x^4$$

利用形式如下的试探函数计算该体系的基态能量：

$$\phi=c_1\psi_0(x)+c_2\psi_2(x)$$

其中 $\psi_0(x)$ 和 $\psi_2(x)$ 分别是谐振子的前两个偶波函数。为什么没有包括 $\psi_1(x)$？

7-17　通常假设试探函数具有如下形式：

$$\phi=c_1\phi_1+c_2\phi_2+\cdots+c_n\phi_n$$

其中变分参数和 ϕ_n 均可以是复数，使用简单的特例：

$$\phi=c_1\phi_1+c_2\phi_2$$

证明变分法可得出

$$E_\phi=\frac{c_1^*c_1H_{11}+c_1^*c_2H_{12}+c_1c_2^*H_{21}+c_2^*c_2H_{22}}{c_1^*c_1S_{11}+c_1^*c_2S_{12}+c_1c_2^*S_{21}+c_2^*c_2S_{22}}$$

其中

$$H_{ij}=\int\phi_i^*\hat{H}\phi_j\mathrm{d}\tau=H_{ji}^*$$

$$S_{ij}=\int\phi_i^*\phi_j\mathrm{d}\tau=S_{ji}^*$$

因为 $\hat{H}$ 是一个厄米算符，则将以上 E_ϕ 的式子写为

$$c_1^*c_1H_{11}+c_1^*c_2H_{12}+c_1c_2^*H_{21}+c_2^*c_2H_{22}=$$

$$E_\phi(c_1^*c_{11}+c_1^*c_2S_{12}+c_1c_2^*S_{21}+c_2^*c_2S_{22})$$

并证明，如果令

$$\frac{\partial E_\phi}{\partial c_1^*}=0\quad 及\quad \frac{\partial E_\phi}{\partial c_2^*}=0$$

则可得

$$(H_{11}-E_\phi S_{11})c_1+(H_{12}-E_\phi S_{12})c_2=0$$

及

$$(H_{21}-E_\phi S_{21})c_1+(H_{22}-E_\phi S_{22})c_2=0$$

如果当且仅当如下行列式为零，这对方程才有非平凡解。

$$\begin{vmatrix}H_{11}-E_\phi S_{11} & H_{12}-E_\phi S_{12}\\ H_{21}-E_\phi S_{21} & H_{22}-E_\phi S_{22}\end{vmatrix}=0$$

从而得到关于 E_ϕ 的二次方程，我们选择较小的解作为基态能量的近似值。

7-18　本题表明，试探函数中与越来越高的能量相对应的项对基态能量的贡献越来越小。为了代数简化，假设哈密顿算符可以写成以下形式：

$$\hat{H}=\hat{H}^{(0)}+\hat{H}^{(1)}$$

并选择一个试探函数：

$$\phi=c_1\psi_1+c_2\psi_2$$

其中

$$\hat{H}^{(0)}\psi_j=E_j^{(0)}\psi_j\qquad j=1,2$$

证明与试探函数相关的久期方程为

$$\begin{vmatrix}H_{11}-E & H_{12}\\ H_{12} & H_{22}-E\end{vmatrix}=\begin{vmatrix}E_1^{(0)}+E_1^{(1)}-E & H_{12}\\ H_{12} & E_2^{(0)}+E_2^{(1)}-E\end{vmatrix}=0\tag{1}$$

其中

$$E_j^{(1)}=\int\psi_j^*\hat{H}^{(1)}\psi_j\mathrm{d}\tau\quad 和\quad H_{12}=\int\psi_1^*\hat{H}^{(1)}\psi_2\mathrm{d}\tau$$

求解方程(1)中的 E 得到

$$E=\frac{E_1^{(0)}+E_1^{(1)}+E_2^{(0)}+E_2^{(1)}}{2}\pm\frac{1}{2}\left\{\left[E_1^{(0)}+E_1^{(1)}-E_2^{(0)}-E_2^{(1)}\right]^2+4H_{12}^2\right\}^{1/2}\tag{2}$$

如果任意假设 $E_1^{(0)}+E_1^{(1)}<E_2^{(0)}+E_2^{(1)}$，那么在式(2)中取正号，写为

$$E=\frac{E_1^{(0)}+E_1^{(1)}+E_2^{(0)}+E_2^{(1)}}{2}+\frac{E_1^{(0)}+E_1^{(1)}-E_2^{(0)}-E_2^{(1)}}{2}\times\left\{1+\frac{4H_{12}^2}{\left[E_1^{(0)}+E_1^{(1)}-E_2^{(0)}-E_2^{(1)}\right]^2}\right\}^{1/2}$$

使用展开式 $(1+x)^{1/2}=1+x/2+\cdots,x<1$，可得

$$E=E_1^{(0)}+E_1^{(1)}+\frac{H_{12}^2}{E_1^{(0)}+E_1^{(1)}-E_2^{(0)}-E_2^{(1)}}+\cdots\tag{3}$$

注意，如果 $E_1^{(0)}+E_1^{(1)}$ 和 $E_2^{(0)}+E_2^{(1)}$ 相差很大，式(3)中的 H_{12}^2 项就很小。因此，能量只是用 ψ_1 单独计算出的能量；试探函数中 ψ_2 部分对整体能量的贡献很小。一般结果是，试探函数中与越来越高的能量相对应的项对总基态能量的贡献越来越小。

7-19 我们将推导出这个问题的一阶微扰理论方程。要解决的问题是

$$\hat{H}\psi=E\psi \tag{1}$$

其中

$$\hat{H}=\hat{H}^{(0)}+\hat{H}^{(1)}$$

其中的问题

$$\hat{H}^{(0)}\psi^{(0)}=E^{(0)}\psi^{(0)} \tag{2}$$

之前已经被精确求解，因此 $\psi^{(0)}$ 和 $E^{(0)}$ 是已知的。假设 $\hat{H}^{(1)}$ 的影响很小，写出

$$\psi=\psi^{(0)}+\Delta\psi$$
$$E=E^{(0)}+\Delta E \tag{3}$$

这里假设 $\Delta\psi$ 和 ΔE 很小。将式(3)代入方程(1)，可得

$$\hat{H}^{(0)}\psi^{(0)}+\hat{H}^{(1)}\psi^{(0)}+\hat{H}^{(0)}\Delta\psi+\hat{H}^{(1)}\Delta\psi=$$
$$E^{(0)}\psi^{(0)}+\Delta E\psi^{(0)}+E^{(0)}\Delta\psi+\Delta E\Delta\psi \tag{4}$$

由于方程(2)的存在，方程(4)两边的首项相消。此外，可忽略两边的最后一项，因为它们表示两个小项的乘积。因此，方程(4)变成

$$\hat{H}^{(0)}\Delta\psi+\hat{H}^{(1)}\psi^{(0)}=E^{(0)}\Delta\psi+\Delta E\psi^{(0)} \tag{5}$$

意识到 $\Delta\psi$ 和 ΔE 是方程中的未知量。

注意到方程(5)中所有的项都是同阶的，即每个项都是一个未微扰项和一个小项的乘积。我们说这个方程是微扰项的一阶方程，即正在使用一阶微扰理论。在方程(4)中忽略的两个项是二阶项，会导致二阶(以及更高)的校正。

方程(5)可以大大简化。将两边左乘 $\psi^{(0)*}$，并对整个空间进行积分，可得

$$\int\psi^{(0)*}[\hat{H}^{(0)}-E^{(0)}]\Delta\psi\mathrm{d}\tau+\int\psi^{(0)*}\hat{H}^{(1)}\psi^{(0)}\mathrm{d}\tau=\Delta E\int\psi^{(0)*}\psi^{(0)}\mathrm{d}\tau \tag{6}$$

式(6)最后一项的积分是归一的，因为 $\psi^{(0)}$ 已被归一化。然而更重要的是，式(6)左侧的第一项为零。利用 $\psi^{(0)}$-$E^{(0)}$ 是厄米的这一事实证明：

$$\int\psi^{(0)*}[\hat{H}^{(0)}-E^{(0)}]\Delta\psi\mathrm{d}\tau=\int\left\{[\hat{H}^{(0)}-E^{(0)}]\psi^{(0)}\right\}^*\Delta\psi\mathrm{d}\tau$$

但根据方程(2)，这里的积分消失了。因此，式(6)变为

$$\Delta E=\int\psi^{(0)*}\hat{H}^{(1)}\psi^{(0)}\mathrm{d}\tau \tag{7}$$

式(7)称为对 $E^{(0)}$ 的**一级校正**(first-order correction)。经一级校正后，能量为

$$E=E^{(0)}+\int\psi^{(0)*}\hat{H}^{(1)}\psi^{(0)}\mathrm{d}\tau+\text{高阶项}$$

7-20 识别 $\hat{H}^{(0)}$，$\hat{H}^{(1)}$，$\psi^{(0)}$ 和 $E^{(0)}$ 的下列问题：

(a) 具有如下势能的振子：

$$V(x)=\frac{k}{2}x^2+\frac{\gamma}{6}x^3+\frac{b}{24}x^4$$

(b) 粒子受势能约束在区域 $0\leqslant x\leqslant a$ 内移动，其势能为

$$V(x)=\begin{cases}0 & 0<x<\dfrac{a}{2}\\ b & \dfrac{a}{2}<x<a\end{cases}$$

(c) 氦原子

(d) 氢原子在场强为 ε 的电场中，这个体系下的哈密顿算符为

$$\hat{H}=-\frac{\hbar^2}{2m_e}\nabla^2-\frac{e^2}{4\pi\varepsilon_0 r}+e\varepsilon r\cos\theta$$

(e) 在场强为 ε 的电场中具有偶极矩 μ 的刚性转子，该体系的哈密顿算符为

$$\hat{H}=-\frac{\hbar^2}{2I}\nabla^2+\mu\varepsilon\cos\theta$$

其中 ∇^2 由式(6.3)给出。

7-21 使用谐振子作为未微扰问题，计算在习题7-20(a)中所描述体系的 $v=0$ 能级的一阶能量校正。

7-22 以势箱中粒子作为未微扰问题，计算在习题7-20(b)中所描述体系的基态能量的一阶校正。

7-23 使用习题7-20(d)的结果，计算在场强为 ε 的外部电场中氢原子的基态能量的一阶校正。

7-24 计算约束在区域 $0\leqslant x\leqslant a$ 内移动的粒子的能量的一阶校正，其势能为

$$V(x)=\begin{cases}V_0x & 0\leqslant x\leqslant\dfrac{a}{2}\\ V_0(a-x) & \dfrac{a}{2}\leqslant x\leqslant a\end{cases}$$

其中 V_0 是常数。

7-25 使用一阶微扰理论计算四次谐振子基态能量的一阶校正，其势能为

$$V(x)=cx^4$$

在该情况下，使用谐振子作为未微扰体系，什么是微扰势？

7-26 对于一维势箱中粒子，使用试探函数：

$$\phi=c_1x(a-x)+c_2x^2(a-x)^2$$

为简单起见，设 $a=1$，这意味着以 a 为单位测量所有距

离，证明：

$$H_{11}=\frac{\hbar^2}{6m} \qquad S_{11}=\frac{1}{30}$$

$$H_{12}=H_{21}=\frac{\hbar^2}{30m} \qquad S_{12}=S_{21}=\frac{1}{140}$$

$$H_{22}=\frac{\hbar^2}{105m} \qquad S_{22}=\frac{1}{630}$$

7-27 在例题 5-2 中，我们引入了莫尔斯势：

$$V(x)=D(1-e^{-\beta x})^2$$

来描述双原子分子的分子内势能。常数 D 和 β 对于每个分子都是不同的；对于 H_2，$D=7.61\times10^{-19}$ J 和 $\beta=0.0193$ pm^{-1}。首先将莫尔斯势展开为关于 x 的幂级数。$\left(\text{提示：使用展开式}e^x=1+x+\frac{x^2}{2}+\frac{x^3}{6}+\cdots\text{。}\right)$莫尔斯势的哈密顿算符是什么？证明哈密顿算符可以写成以下形式：

$$\hat{H}=-\frac{\hbar^2}{2\mu}\frac{d^2}{dx^2}+ax^2+bx^3+cx^4+\cdots \qquad (1)$$

常数 a,b,c 与常数 D,β 的关系如何？你会将哈密顿算符中的哪部分与 $\hat{H}^{(0)}$ 关联，以及函数 $\psi_n^{(0)}$ 和能量 $E_n^{(0)}$ 是什么？使用微扰理论来计算由于三次项和四次项引起的前三个能级的一阶校正。根据这些结果，如果 H_2 的分子内势能由谐振子势能或莫尔斯势的四次展开[见式(1)]描述，那么前两个能级会有多大差异？

7-28 求解半径为 a 的球形盒中粒子的薛定谔方程得到基态波函数和能量，该薛定谔方程由方程(6.43)给出，其中 $l=0$(基态)，不含$e^2/4\pi\varepsilon_0 r$ 项：

$$-\frac{\hbar^2}{2mr^2}\frac{d}{dr}\left(r^2\frac{d\psi}{dr}\right)=E\psi$$

将 $u=r\psi$ 代入该方程，可得

$$\frac{d^2u}{dr^2}+\frac{2mE}{\hbar^2}u=0$$

这个方程的一般解是

$$u(r)=A\cos(\alpha r)+B\sin(\alpha r)$$

或

$$\psi(r)=\frac{A\cos(\alpha r)}{r}+\frac{B\sin(\alpha r)}{r}$$

其中$\alpha=(2mE/\hbar^2)^{1/2}$。这些项中的哪一项在 $r=0$ 时是有限的？现在利用 $\psi(a)=0$ 这一事实证明，对应基态有

$$\alpha a=\pi$$

或基态能量为

$$E=\frac{\pi^2\hbar^2}{2ma^2}$$

证明归一化基态波函数为

$$\psi(r)=(2\pi a)^{-1/2}\frac{\sin(\pi r/a)}{r}$$

7-29 在本题中，计算习题 7-12 中所示势能的基态能量(也见习题 4-38)。该体系的薛定谔方程为

$$-\frac{\hbar^2}{2m}\frac{d^2\psi}{dx^2}+V_0\psi=E\psi \qquad -\infty<x<-a$$

$$-\frac{\hbar^2}{2m}\frac{d^2\psi}{dx^2}=E\psi \qquad -a<x<a$$

$$-\frac{\hbar^2}{2m}\frac{d^2\psi}{dx^2}+V_0\psi=E\psi \qquad a<x<+\infty$$

给这三个区域分别贴上 1,2 和 3 的标签。对于$E<V_0$ 的情况，证明：

$$\psi_1(x)=Ae^{\beta x}+Be^{-\beta x}$$

$$\psi_2(x)=C\sin(\alpha x)+D\cos(\alpha x)$$

$$\psi_3(x)=Ee^{\beta x}+Fe^{-\beta x}$$

其中 $\beta=[2m(V_0-E)/\hbar^2]^{1/2}$ 为实数，且$\alpha=(2mE/\hbar^2)^{1/2}$。如果 $x\to-\infty$，$\psi_1(x)$ 有限，且当$x\to+\infty$ 时，$\psi_3(x)$ 有限，必须有 $B=0$ 和 $E=0$。现在有四个常数(A,C,D,F)，需要根据四个边界条件来确定：

$$\psi_1(-a)=\psi_2(-a) \qquad \left.\frac{d\psi_1}{dx}\right|_{x=-a}=\left.\frac{d\psi_2}{dx}\right|_{x=-a}$$

$$\psi_2(a)=\psi_3(a) \qquad \left.\frac{d\psi_2}{dx}\right|_{x=a}=\left.\frac{d\psi_3}{dx}\right|_{x=a}$$

在研究这些代数之前，记住我们只对基态能量感兴趣。在这种情况下，希望 $\psi_2(x)$ 是一个余弦项，因为 $\cos(\alpha x)$ 在区域 2 没有节点，而 $\sin(\alpha x)$ 却有。因此，设 $C=0$。证明从四个边界条件可以得出

$$Ae^{-\beta a}=D\cos(\alpha a) \qquad A\beta e^{-\beta a}=D\alpha\sin(\alpha a)$$

$$D\cos(\alpha a)=Fe^{-\beta a} \qquad -D\alpha\sin(\alpha a)=-F\beta e^{-\beta a}$$

由这些方程可得 $A=F$。现在将 $A\beta e^{-\beta a}=D\alpha\sin(\alpha a)$ 除以 $Ae^{-\beta a}=D\sin(\alpha a)$，可得

$$\beta=\alpha\tan(\alpha a)$$

现在证明：

$$\alpha^2+\beta^2=\frac{2mV_0}{\hbar^2}$$

于是

$$\alpha^2+\alpha^2\tan^2(\alpha a)=\frac{2mV_0}{\hbar^2}$$

乘以 a^2，可得

$$\eta^2(1+\tan^2\eta)=\frac{2mV_0a^2}{\hbar^2}=\alpha$$

其中 $\eta=\alpha a$。当 $\alpha=2mV_0a^2/\hbar^2=4$ 与 12 时，用数值方法求

解关于 η 的方程，以验证习题7-12中给出的精确能量。

7-30　将一阶微扰理论应用于氦原子时，必须计算如下积分[式(7.50)]：

$$E^{(1)}=\frac{e^2}{4\pi\varepsilon_0}\iint \mathrm{d}\boldsymbol{r}_1\mathrm{d}\boldsymbol{r}_2\psi_{1s}^*(\boldsymbol{r}_1)\psi_{1s}^*(\boldsymbol{r}_2)\frac{1}{r_{12}}\psi_{1s}(\boldsymbol{r}_1)\psi_{1s}(\boldsymbol{r}_2)$$

其中

$$\psi_{1s}(\boldsymbol{r}_j)=\left(\frac{Z^3}{a_0^3\pi}\right)^{1/2}\mathrm{e}^{-Zr_j/a_0}$$

并且对于氦原子，$Z=2$。在氦的变分处理中，这个积分是相同的，但在那种情况下，Z 的值是任意的。本习题证明：

$$E^{(1)}=\frac{5Z}{8}\left(\frac{m_ee^4}{16\pi^2\varepsilon_0^2\hbar^2}\right)$$

设 $\boldsymbol{r}_1$ 和 $\boldsymbol{r}_2$ 分别是电子1和电子2的半径矢量，θ 为这两个矢量之间的夹角。此时的夹角通常不是球坐标中的 θ，但如果选择其中一个半径矢量，例如 $\boldsymbol{r}_1$ 作为 z 轴，那么这两个 θ 是相同的。利用余弦定律：

$$r_{12}=(r_1^2+r_2^2-2r_1r_2\cos\theta)^{1/2}$$

证明 $E^{(1)}$ 变成

$$E^{(1)}=\frac{e^2}{4\pi\varepsilon_0}\frac{Z^6}{a_0^6\pi^2}\int_0^{+\infty}\mathrm{d}r_1\mathrm{e}^{-2Zr_1/a_0}4\pi r_1^2\int_0^{+\infty}\mathrm{d}r_2\mathrm{e}^{-2Zr_2/a_0}r_2^2\times$$

$$\int_0^{2\pi}\mathrm{d}\phi\int_0^{\pi}\frac{\mathrm{d}\theta\sin\theta}{(r_1^2+r_2^2-2r_1r_2\cos\theta)^{1/2}}$$

设 $x=\cos\theta$，证明关于 θ 的积分为

$$\int_0^{\pi}\frac{\mathrm{d}\theta\sin\theta}{(r_1^2+r_2^2-2r_1r_2\cos\theta)^{1/2}}=\int_{-1}^{1}\frac{\mathrm{d}x}{(r_1^2+r_2^2-2r_1r_2x)^{1/2}}$$

$$=\begin{cases}\dfrac{2}{r_1} & r_1>r_2\\[2ex] \dfrac{2}{r_2} & r_1<r_2\end{cases}$$

将这一结果代入 $E^{(1)}$，证明：

$$E^{(1)}=\frac{e^2}{4\pi\varepsilon_0}\frac{16Z^6}{a_0^6}\int_0^{+\infty}\mathrm{d}r_1\mathrm{e}^{-2Zr_1/a_0}r_1^2\left(\frac{1}{r_1}\int_0^{r_1}\mathrm{d}r_2\mathrm{e}^{-2Zr_2/a_0}r_2^2+\int_{r_1}^{+\infty}\mathrm{d}r_2\mathrm{e}^{-2Zr_2/a_0}r_2\right)$$

$$=\frac{e^2}{4\pi\varepsilon_0}\frac{4Z^3}{a_0^3}\int_0^{+\infty}\mathrm{d}r_1\mathrm{e}^{-2Zr_1/a_0}r_1^2\left[\frac{1}{r_1}-\mathrm{e}^{-2Zr_1/a_0}\left(\frac{Z}{a_0}+\frac{1}{r_1}\right)\right]$$

$$=\frac{5}{8}Z\left(\frac{e^2}{4\pi\varepsilon_0a_0}\right)=\frac{5}{8}Z\left(\frac{m_ee^4}{16\pi^2\varepsilon_0^2\hbar^2}\right)$$

证明一阶校正后的能量为

$$E^{(0)}+E^{(1)}=\left(-Z^2+\frac{5}{8}Z\right)\left(\frac{m_ee^4}{16\pi^2\varepsilon_0^2\hbar^2}\right)=-\frac{11}{4}\left(\frac{m_ee^4}{16\pi^2\varepsilon_0^2\hbar^2}\right)$$

$$=-2.75\left(\frac{m_ee^4}{16\pi^2\varepsilon_0^2\hbar^2}\right)$$

与精确结果 $E_{\mathrm{exact}}=-2.9037(m_ee^4/16\pi^2\varepsilon_0^2\hbar^2)$ 进行比较。

7-31　在习题7-30中，我们计算了在氦的一阶微扰理论处理中出现的积分[见式(7.50)]。在这个问题中，我们将使用另一种方法来计算积分，该方法使用了许多应用程序有用的 $1/r_{12}$ 的展开。可以将 $1/r_{12}$ 展开为球谐函数的展开式：

$$\frac{1}{r_{12}}=\frac{1}{|\boldsymbol{r}_1-\boldsymbol{r}_2|}=\sum_{l=0}^{+\infty}\sum_{m=-l}^{+l}\frac{4\pi}{2l+1}\frac{r_<^l}{r_>^{l+1}}Y_l^m(\theta_1,\phi_1)Y_l^{m*}(\theta_2,\phi_2)$$

其中 θ_i 和 ϕ_i 均是球坐标系中描述 $\boldsymbol{r}_i$ 的角度，$r_<$ 和 $r_>$ 分别是 r_1 和 r_2 的较小值和较大值。换句话说，如果 $r_1<r_2$，则 $r_<=r_1$ 和 $r_>=r_2$。将 $\psi_{1s}(r_i)=(Z^3/a_0^3\pi)^{1/2}\mathrm{e}^{-Zr_i/a_0}$ 和上述 $1/r_{12}$ 的展开式代入式(7.50)，对各角度进行积分，并证明除了 $l=0,m=0$ 项以外的所有项都消失了。证明：

$$E^{(1)}=\frac{e^2}{4\pi\varepsilon_0}\frac{16Z^6}{a_0^6}\int_0^{+\infty}\mathrm{d}r_1r_1^2\mathrm{e}^{-2Zr_1/a_0}\int_0^{+\infty}\mathrm{d}r_2r_2^2\frac{\mathrm{e}^{-2Zr_2/a_0}}{r_>}$$

现在证明：

$$E^{(1)}=\frac{e^2}{4\pi\varepsilon_0}\frac{16Z^6}{a_0^6}\int_0^{+\infty}\mathrm{d}r_1r_1\mathrm{e}^{-2Zr_1/a_0}\int_0^{r_1}\mathrm{d}r_2r_2^2\mathrm{e}^{-2Zr_2/a_0}+$$

$$\frac{e^2}{4\pi\varepsilon_0}\frac{16Z^6}{a_0^6}\int_0^{+\infty}\mathrm{d}r_1r_1^2\mathrm{e}^{-2Zr_1/a_0}\int_{r_1}^{+\infty}\mathrm{d}r_2r_2\mathrm{e}^{-2Zr_2/a_0}$$

$$=-\frac{e^2}{4\pi\varepsilon_0}\frac{4Z^3}{a_0^3}\int_0^{+\infty}\mathrm{d}r_1r_1\mathrm{e}^{-2Zr_1/a_0}\left[\mathrm{e}^{-2Zr_1/a_0}\left(\frac{2Z^2r_1^2}{a_0^2}+\frac{2Zr_1}{a_0}+1\right)-1\right]+$$

$$\frac{e^2}{4\pi\varepsilon_0}\frac{4Z^4}{a_0^4}\int_0^{+\infty}\mathrm{d}r_ir_i^2\mathrm{e}^{-2Zr_1/a_0}\left[\mathrm{e}^{-2Zr_1/a_0}\left(\frac{2Zr_1}{a_0}+1\right)\right]$$

$$=-\frac{e^2}{4\pi\varepsilon_0}\frac{4Z^6}{a_0^6}\int_0^{+\infty}\mathrm{d}r_1\mathrm{e}^{-4Zr_1/a_0}\left(\frac{r_1^2a_0^2}{Z^2}+\frac{r_1a_0^3}{Z^3}\right)+$$

$$\frac{e^2}{4\pi\varepsilon_0}\frac{4Z^3}{a_0^3}\int_0^{+\infty}\mathrm{d}r_1r_1\mathrm{e}^{-2Zr_1/a_0}$$

$$=\frac{5}{8}Z\left(\frac{e^2}{4\pi\varepsilon_0a_0}\right)$$

如习题7-30所示。

7-32　本题补充了氦的变分处理步骤。使用如下形式的试探函数：

$$\phi(\boldsymbol{r}_1,\boldsymbol{r}_2)=\frac{Z^3}{a_0^3\pi}\mathrm{e}^{-Z(r_1+r_2)/a_0}$$

其中 Z 是可调参数。氦原子的哈密顿算符为

$$\hat{H}=-\frac{\hbar^2}{2m_e}\nabla_1^2-\frac{\hbar^2}{2m_e}\nabla_2^2-\frac{2e^2}{4\pi\varepsilon_0r_1}-\frac{2e^2}{4\pi\varepsilon_0r_2}+\frac{e^2}{4\pi\varepsilon_0r_{12}}$$

现在计算：

$$E(Z)=\int\mathrm{d}\boldsymbol{r}_1\mathrm{d}\boldsymbol{r}_2\phi^*\hat{H}\phi$$

如果你记得 $\psi(r_j)=(Z^3/a_0^3\pi)^{1/2}\mathrm{e}^{-Zr_j/a_0}$ 是一个类氢哈密

顿算符的本征函数，其中原子核带有电荷 Z，以上积分的计算就被大大简化。证明氦原子的哈密顿算符可以写成

$$\hat{H}=-\frac{\hbar^2}{2m_e}\nabla_1^2-\frac{Ze^2}{4\pi\varepsilon_0 r_1}-\frac{\hbar^2}{2m_e}\nabla_2^2-\frac{Ze^2}{4\pi\varepsilon_0 r_2}+\frac{(Z-2)e^2}{4\pi\varepsilon_0 r_1}+\frac{(Z-2)e^2}{4\pi\varepsilon_0 r_2}+\frac{e^2}{4\pi\varepsilon_0 r_{12}}$$

其中

$$\left(-\frac{\hbar^2}{2m_e}\nabla^2-\frac{Ze^2}{4\pi\varepsilon_0 r}\right)\left(\frac{Z^3}{a_0^3\pi}\right)^{1/2}\mathrm{e}^{-Zr/a_0}=-\frac{\hbar^2 Z^2}{2m_e a_0^2}\left(\frac{Z^3}{a_0^3\pi}\right)^{1/2}\mathrm{e}^{-Zr/a_0}$$

证明：

$$E(Z)=\frac{Z^6}{a_0^6\pi^2}\iint \mathrm{d}\boldsymbol{r}_1\mathrm{d}\boldsymbol{r}_2\,\mathrm{e}^{-Z(r_1+r_2)/a_0}\left[-\frac{Z^2e^2}{8\pi\varepsilon_0 a_0}-\frac{Z^2e^2}{8\pi\varepsilon_0 a_0}+\frac{(Z-2)e^2}{4\pi\varepsilon_0 r_1}+\frac{(Z-2)e^2}{4\pi\varepsilon_0 r_2}+\frac{e^2}{4\pi\varepsilon_0 r_{12}}\right]\mathrm{e}^{-Z(r_1+r_2)/a_0}$$

最后一个积分是在习题 7-30 或习题 7-31 中求得的，其他积分是基本积分。因此以 $(m_e e^4/16\pi^2\varepsilon_0^2\hbar^2)$ 为单位，可得

$$E(Z)=-Z^2+2(Z-2)\frac{Z^3}{\pi}\int \mathrm{d}\boldsymbol{r}\frac{\mathrm{e}^{-2Zr}}{r}+\frac{5}{8}Z$$

$$=-Z^2+2(Z-2)Z+\frac{5}{8}Z$$

$$=Z^2-\frac{27}{8}Z$$

现在对于 Z 最小化 E，并证明：

$$E=-\left(\frac{27}{16}\right)^2=-2.8477$$

单位为 $m_e e^4/16\pi^2\varepsilon_0^2\hbar^2$。解释最小化 E 的 Z 值含义。

习题参考答案

第8章 多电子原子

▶ **科学家介绍**

在第 6 章的最后介绍了氦原子。在第 6 章中证明了,如果认为原子核固定在原点,那么薛定谔方程的形式为

$$\left[\hat{H}_{\mathrm{H}}(1)+\hat{H}_{\mathrm{H}}(2)+\frac{e^2}{4\pi\varepsilon_0 r_{12}}\right]\psi(\boldsymbol{r}_1,\boldsymbol{r}_2)=E\psi(\boldsymbol{r}_1,\boldsymbol{r}_2) \tag{8.1}$$

式中 $\hat{H}_{\mathrm{H}}(j)$ 是电子 j 的类氢哈密顿算符[式(6.2)]。如果没有电子间排斥项的存在,可以得到方程(8.1)的解。它的本征函数是类氢波函数的乘积,本征值是两个电子的类氢能量的和(见第 3-9 节)。氦是我们接触的第一个多电子体系,尽管化学家对氦原子似乎不太感兴趣,但在本章中仍将详细讨论它,因为对氦原子的求解揭示了可适用于更复杂的原子的方法。在介绍了电子自旋和泡利不相容原理之后,我们将讨论复杂原子的 Hartree-Fock 理论。最后讨论原子和离子的谱项及如何使用它们来标记电子态。本章内容展示了量子力学在分析原子的电子性质方面的强大作用。

8-1 原子和分子计算使用原子单位表示

下面将会使用微扰理论和变分方法求解氦原子。但在此之前,先介绍一种称为原子单位的单位制,它在原子和分子计算中被广泛地使用以简化方程。在原子或分子尺度上,质量和电荷的自然单位是电子的质量和电子(质子)所带电荷的大小。回顾第 5 章内容[式(5.52)],在原子或分子尺度上角动量的自然单位是 $\hbar$。原子尺度上的自然长度单位是玻尔半径(第 1-8 节和第 6-4 节),即

$$a_0=\frac{4\pi\varepsilon_0\hbar^2}{m_e e^2} \tag{8.2}$$

在第 7 章中反复提到,能量的自然单位是

$$E=\frac{m_e e^4}{16\pi^2\varepsilon_0^2\hbar^2} \tag{8.3}$$

在原子和分子计算中,使用该尺度上的自然单位更方便。表 8.1 列出了原子和分子计算中使用的单位。这组单位称为**原子单位**(atomic units)。能量的原子单位称为**哈里特**(hartree),用 E_{h} 表示。注意,在原子单位中,氢原子的基态能量(在固定核近似下)是 $-E_{\mathrm{h}}/2$[式(6.44)]。

表 8.1 原子单位及其与国际单位制(SI)转换关系。

性质	原子单位	国际单位制表示值
质量	电子的质量,m_e	9.1094×10^{-31} kg
电荷	质子所带电荷,e	1.6022×10^{-19} C
角动量	普朗克常数除以 2π,$\hbar$	1.0546×10^{-34} J·s
距离	玻尔半径,$a_0=\dfrac{4\pi\varepsilon_0\hbar^2}{m_e e^2}$	5.2918×10^{-11} m
能量	$\dfrac{m_e e^4}{16\pi^2\varepsilon_0^2\hbar^2}=\dfrac{e^2}{4\pi\varepsilon_0 a_0}=E_{\mathrm{h}}$	4.3597×10^{-18} J
介电常数	$4\pi\varepsilon_0$	1.1127×10^{-10} $\mathrm{C^{-2}\cdot J^{-1}\cdot m^{-1}}$

» 例题 8-1 能量单位用原子单位表示为

$$1E_{\mathrm{h}}=\frac{m_e e^4}{16\pi^2\varepsilon_0^2\hbar^2}$$

写出 $1E_{\mathrm{h}}$ 以 J,$\mathrm{kJ\cdot mol^{-1}}$,$\mathrm{cm^{-1}}$,eV 为单位的表示形式。

» **解** 要将 $1E_{\mathrm{h}}$ 写成以 J 为单位的表式形式,可将上式中 m_e,e,$4\pi\varepsilon_0$ 和 $\hbar$ 的值用国际单位制表示。利用表 8.1 中的这些值,可得

$$1E_{\mathrm{h}}=\frac{(9.1094\times10^{-31}\mathrm{kg})(1.6022\times10^{-19}\mathrm{C})^4}{(1.1127\times10^{-10}\mathrm{C^2\cdot J^{-1}\cdot m^{-1}})^2(1.0546\times10^{-34}\mathrm{J\cdot s})^2}$$
$$=4.3597\times10^{-18}\mathrm{J}$$

结果乘以阿伏伽德罗常数，得

$$1E_h = 2625.5\ \text{kJ}\cdot\text{mol}^{-1}$$

使用下式得到以 cm^{-1} 为单位的表示形式：

$$\tilde{\nu} = \frac{1}{\lambda} = \frac{h\nu}{hc} = \frac{E}{ch}$$

$$= \frac{4.3597\times10^{-18}\text{J}}{(2.9979\times10^{8}\text{m}\cdot\text{s}^{-1})(6.6261\times10^{-34}\text{J}\cdot\text{s})}$$

$$= 2.1947\times10^{7}\text{m}^{-1} = 2.1947\times10^{5}\ \text{cm}^{-1}$$

可以写成

$$1E_h = 2.1947\times10^{5}\ \text{cm}^{-1}$$

最后，要将 $1E_h$ 转换成以 eV 为单位的表示形式，可使用转换因子：

$$1\ \text{eV} = 1.6022\times10^{-19}\text{J}$$

利用之前得到的以 J 为单位的 $1E_h$，得

$$1E_h = (4.3597\times10^{-18}\text{J})\left(\frac{1\ \text{eV}}{1.6022\times10^{-19}\text{J}}\right)$$

$$= 27.211\ \text{eV}$$

原子单位的使用极大地简化了在原子和分子计算中要用到的大多数方程。例如，氦原子的哈密顿算符：

$$\hat{H} = -\frac{\hbar^2}{2m_e}\nabla_1^2 - \frac{\hbar^2}{2m_e}\nabla_2^2 - \frac{2e^2}{4\pi\varepsilon_0 r_1} - \frac{2e^2}{4\pi\varepsilon_0 r_2} + \frac{e^2}{4\pi\varepsilon_0 r_{12}} \tag{8.4}$$

在原子单位制中简化为（习题 8-7）

$$\hat{H} = -\frac{1}{2}\nabla_1^2 - \frac{1}{2}\nabla_2^2 - \frac{2}{r_1} - \frac{2}{r_2} + \frac{1}{r_{12}} \tag{8.5}$$

在原子和分子计算中使用原子单位的一个重要方面是，计算出的能量与电子质量、普朗克常数等物理常数的值无关。物理常数的值会随着实验方法的进步而进一步细化，使用原子单位计算出的能量将不会受到影响。例如，在下一节将看到，氦原子基态能量最精确的计算结果为 $-2.903724375E_h$（表 8.2），这样的计算耗费了数月的计算机机时。因为使用了原子单位，这个值不需要再重新确定。

8-2 微扰理论和变分法用于氦原子计算都能得到很好的结果

我们要解决的问题是 $\hat{H}\psi = E\psi$，其中 $\hat{H}$ 由式（8.5）给出。在第 7-4 节的最后，我们应用微扰理论来解决这个问题，将电子间排斥项视为微扰，结果发现一阶能量为

$$E = -Z^2 + \frac{5}{8}Z = -\frac{11}{4}E_h = -2.750E_h \tag{8.6}$$

或 $-7220\ \text{kJ}\cdot\text{mol}^{-1}$。能量的实验值为 $-2.9037E_h$ 或 $-7623\ \text{kJ}\cdot\text{mol}^{-1}$，因此一阶微扰理论得到的结果误差约为 5%。Scheer 和 Knight（表 8.2）通过多阶微扰理论计算了能量，发现

$$E = -Z^2 + \frac{5}{8}Z - 0.15766 + \frac{0.00870}{Z} + \frac{0.000889}{Z^2} + \cdots \tag{8.7}$$

式（8.7）给出的值为 $-2.9037E_h$，与实验值 $-2.9033E_h$ 相符。

表 8.2 氦原子的基态能量*。

方法	能量 / E_h	电离能 / E_h	电离能 / $\text{kJ}\cdot\text{mol}^{-1}$
微扰计算			
完全忽略电子间排斥项	-4.0000	2.000	5250
一阶微扰理论	-2.7500	0.7500	1969
二阶微扰理论	-2.9077	0.9077	2383
十三阶微扰**	-2.90372433	0.90372433	2373
变分计算			
$(1s)^2, \zeta = 1.6875$	-2.8477	0.8477	2226
$(ns)^2, \zeta = 1.61162$ 和 $n = 0.995$	-2.8542	0.8542	2242
Hartree-Fock***	-2.8617	0.8617	2262
Hylleras****，10 个参数	-2.90363	0.90363	2372
Pekeris*****，1078 个参数	-2.903724375	0.903724375	2373
实验值	-2.9033	0.9033	2373

* 这些是非相对论的固定核近似的能量。核运动和相对论修正约为 $10^{-4}E_h$。

** C W Scheer, R E Knight. *Rev. Mod. Phys.*, **35**, 426 (1963)。

*** E Clementi, C Roetti. *At. Data Nucl. Data Tables*, **14**, 177 (1974)。

**** E A Hylleras. *Z. Physik*, **54**, 347 (1929)。

***** C L Pekeris. *Phys. Rev.*, **115**, 1216 (1959)。

还可以使用变分法计算氦原子的基态能量。在第 7-1 节，使用了

$$\phi_0(\boldsymbol{r}_1, \boldsymbol{r}_2) = \psi_{1s}(\boldsymbol{r}_1)\psi_{1s}(\boldsymbol{r}_2) \tag{8.8}$$

式中

$$\psi_{1s}(\boldsymbol{r}_j) = \left(\frac{Z^3}{\pi}\right)^{1/2} e^{-Zr_j} \tag{8.9}$$

是原子单位下的试探函数，Z 为变分参数，并发现

$$E=-\left(\frac{27}{16}\right)^2E_h=-2.8477E_h \tag{8.10}$$

与微扰理论相比，一阶微扰理论结果为 $-2.7500E_h$，高阶结果为 $-2.9037E_h$。

一阶微扰理论或变分近似的能量和实验值之间的一致性看起来很好，但下面更仔细地研究一下这种一致性。氦原子的**电离能**(ionization energy, IE)为

$$IE=E_{He^+}-E_{He} \tag{8.11}$$

He^+ 的能量是 $-2E_h$(习题 8-2)，因此

$$IE=\left(-2+\frac{11}{4}\right)E_h=0.7500E_h$$
$$=1969\ kJ\cdot mol^{-1}\quad(一阶微扰理论)$$

或

$$IE=-2E_h+\left(\frac{27}{16}\right)^2E_h=0.8477E_h$$
$$=2226\ kJ\cdot mol^{-1}\quad(变分结果)$$

而电离能的实验值为 $0.9033E_h$ 或 2372 kJ · mol^{-1}。变分法的结果与实验总能量之间存在6%的偏差，这并不太令人满意，因为 $0.056E_h$ 的偏差相当于 150 kJ · mol^{-1}，与化学键的强度在同一个数量级。显然，我们要进行改进。

一种改进的方法是使用比式(8.8)更通用的试探函数。因为合适的试探函数几乎可以是任何函数，所以并不局限于选择一个1s类氢波函数。例如，1930年美国物理学家 John Slater 引入了一组轨道，现称为**斯莱特轨道**(Slater orbitals)，其形式为

$$S_{nlm}(r,\theta,\phi)=N_{nl}r^{n-1}e^{-\zeta r}Y_l^m(\theta,\phi) \tag{8.12}$$

式中 $N_{nl}=(2\zeta)^{n+1/2}/[(2n)!]^{1/2}$ 是归一化常数；$Y_l^m(\theta,\phi)$ 是球谐函数(第6-2节和表6.3)。参数 ζ(zeta)是任意的，并不一定等于类氢轨道中的 Z/n。注意，Slater 轨道的径向部分不像氢原子轨道那样具有节点。

» 例题 8-2 证明 $S_{nlm}(r,\theta,\phi)$ 与 $S_{n'lm}(r,\theta,\phi)$ 不是正交的。

» 解 要证明 $I\neq0$，其中

$$I=\int_0^{+\infty}\mathrm{d}r r^2\int_0^{\pi}\mathrm{d}\theta\sin\theta\int_0^{2\pi}\mathrm{d}\phi S_{nlm}^*(r,\theta,\phi)S_{n'lm}(r,\theta,\phi)$$
$$=\int_0^{+\infty}\mathrm{d}r r^{n+n'}e^{-2\zeta r}\int_0^{\pi}\mathrm{d}\theta\sin\theta\int_0^{2\pi}\mathrm{d}\phi Y_l^m(\theta,\phi)^*Y_l^m(\theta,\phi)$$

根据式(6.31)，对 θ 和 ϕ 的积分等于1，因此

$$I=\int_0^{+\infty}r^{n+n'}e^{-2\zeta r}\mathrm{d}r\neq0$$

积分不可能为0，因为被积函数总是正数。

如果用

$$\psi=S_{100}(r_1,\theta_1,\phi_1)S_{100}(r_2,\theta_2,\phi_2)=\frac{\zeta^3}{\pi}e^{-2\zeta(r_1+r_2)} \tag{8.13}$$

作为试探函数，ζ 为唯一的变分参数，那么如上所示 $\zeta=1.6875=\frac{27}{16}$ 且 $E=-2.8477E_h$(同样见表8.2)。这一 E 的取值对应的电离能为 2226 kJ · mol^{-1}，作为比较实验值为 2373 kJ · mol^{-1}。令 n 作为另一个变分参数，试探函数为

$$\psi=S_{n00}(r_1,\theta_1,\phi_1)S_{n00}(r_2,\theta_2,\phi_2)$$
$$=\frac{(2\zeta)^{2n+1}}{4\pi(2n)!}r_1^{n-1}r_2^{n-1}e^{-\zeta(r_1+r_2)} \tag{8.14}$$

得到 $n=0.995$，$\zeta=1.6116$ 和 $E=-2.8542E_h$，算出电离能为 2242 kJ · mol^{-1}。

如果使用更灵活的试探函数形式，即 $\psi(\boldsymbol{r}_1,\boldsymbol{r}_2)$ 是单电子函数或**轨道**(orbitals)的乘积：

$$\psi(\boldsymbol{r}_1,\boldsymbol{r}_2)=\phi(\boldsymbol{r}_1)\phi(\boldsymbol{r}_2) \tag{8.15}$$

并允许 $\phi(r)$ 是完全一般的，那么就达到了实际和理论的极限。在此极限下，$E=-2.8617E_h$，电离能为 $0.8617E_h$，而最佳变分值分别为 $-2.9037E_h$ 和 $0.9033E_h$。这个极限值是用单电子波函数乘积的形式作为试探函数所能得到的能量的最佳值。这个极限称为 **Hartree-Fock 极限**(Hartree-Fock limit)，在下一节中会进行更全面的讨论。注意，在 **Hartree-Fock 近似**(Hartree-Fock approximation)中保留了电子轨道的概念。

如果不限制试探函数是单电子轨道的乘积，那么就可以继续得到基本精确的能量。我们发现，在试探函数中显式包含电子间距离 r_{12} 的项是有利的。这一工作由 Hylleras 在1930年首次完成的，他引入了一种具有如下形式的(未归一化的)试探函数：

$$\psi(r_1,r_2,r_{12})=e^{-Zr_1}e^{-Zr_2}[1+cr_{12}] \tag{8.16}$$

使用 Z 和 c 作为变分参数，Hylleras 得到 $E=-2.8913E_h$，与精确值相差不到0.5%。利用计算机，可以对更多的项进行计算以得到基本精确的能量。最广泛的计算由 Pekeris在1959年开展，他使用1078个参数得到了 $E=-2.903724375E_h$。

尽管这些计算确实表明我们可以通过在变分法中使用显含 r_{12} 项的试探函数得到基本精确的能量，但这些计算相当困难，而且不适用于大型原子和分子。此外，我们已经完全放弃了轨道的概念。轨道的概念对化学家来说有很大的帮助，因此现在采用的方案是找到上述 Hartree-Fock 轨道并用微扰理论等方法对其进行修正。概述用于氦原子的 Hartree-Fock 过程很具有启发性，因

为对于这种双电子的情况，方程相当简单，并且提供了很好的物理解释。

8-3 用自洽场方法求解 Hartree-Fock 方程

氦原子 Hartree-Fock 过程的起始是将双电子波函数写成如式(8.15)那样的轨道乘积的形式，即

$$\psi(\boldsymbol{r}_1,\boldsymbol{r}_2)=\phi(\boldsymbol{r}_1)\phi(\boldsymbol{r}_2) \qquad (8.17)$$

式(8.17)右侧的两个函数是相同的，因为假设两个电子都处在同一个轨道上，符合泡利不相容原理。根据式(8.17)，电子 2 的概率分布为 $\phi^*(\boldsymbol{r}_2)\phi(\boldsymbol{r}_2)\mathrm{d}\boldsymbol{r}_2$。也可以把这个概率分布解释为经典的电荷密度，因此可以说电子 1 在 $\boldsymbol{r}_1$ 处受到的由于电子 2 产生的势能为(在原子单位下)

$$V_1^{\text{eff}}(\boldsymbol{r}_1)=\int\phi^*(\boldsymbol{r}_2)\frac{1}{r_{12}}\phi(\boldsymbol{r}_2)\mathrm{d}\boldsymbol{r}_2 \qquad (8.18)$$

式中上标"eff"强调 $V_1^{\text{eff}}(\boldsymbol{r}_1)$ 是有效势或平均势。现在定义一个有效的单电子哈密顿算符：

$$\hat{H}_1^{\text{eff}}(\boldsymbol{r}_1)=-\frac{1}{2}\nabla_1^2-\frac{2}{r_1}+V_1^{\text{eff}}(\boldsymbol{r}_1) \qquad (8.19)$$

与这一有效的哈密顿算符相对应的薛定谔方程为

$$\hat{H}_1^{\text{eff}}(\boldsymbol{r}_1)\phi(\boldsymbol{r}_1)=\epsilon_1\phi(\boldsymbol{r}_1) \qquad (8.20)$$

对 $\phi(\boldsymbol{r}_2)$ 有类似的方程，但由于 $\phi(\boldsymbol{r}_1)$ 和 $\phi(\boldsymbol{r}_2)$ 具有相同的函数形式，只需要考虑一个方程，如方程(8.20)所示。方程(8.20)是氦原子的 **Hartree-Fock 方程**(Hartree-Fock equation)，它的解给出了氦的最佳轨道波函数。注意，$\hat{H}_1^{\text{eff}}(\boldsymbol{r}_1)$ 依赖于式(8.18)中的 $\phi(\boldsymbol{r}_2)$。因此，在知道算符之前就必须要知道方程(8.20)的解。求解这样一个方程的方法框架称为是**自洽场方法**(self-consistent field method)，它可以很容易地在计算机上实现。首先，猜测一个 $\phi(\boldsymbol{r}_2)$ 并通过式(8.18)计算 $V_1^{\text{eff}}(\boldsymbol{r}_1)$。然后求解方程(8.20)得到 $\phi(\boldsymbol{r}_1)$。通常，经过一次循环后用作输入的 $\phi(\boldsymbol{r})$ 和输出的 $\phi(\boldsymbol{r})$ 是不同的。【记住，$\phi(\boldsymbol{r}_1)$ 和 $\phi(\boldsymbol{r}_2)$ 具有相同的函数形式。】现在用新产生的 $\phi(\boldsymbol{r}_2)$ 计算出 $V_1^{\text{eff}}(\boldsymbol{r}_1)$ 然后求解方程(8.20)得到新的 $\phi(\boldsymbol{r}_1)$。这个循环过程一直持续到作为输入的 $\phi(\boldsymbol{r}_2)$ 和方程(8.20)解得的 $\phi(\boldsymbol{r}_1)$ 足够接近或**自洽**(self-consistent)。通过这种方法得到的轨道就是 **Hartree-Fock 轨道**(Hartree-Fock orbitals)。

在实际中，使用 Slater 轨道的线性组合来表示 $\phi(r)$，通过改变每个 Slater 轨道的系数和使用的 Slater 轨道的数量直到收敛。对氦原子来说，得到的结果为

$$\phi_{1s}(r_1)=0.75738\mathrm{e}^{-1.4300r_1}+0.43658\mathrm{e}^{-2.4415r_1}+0.17295\mathrm{e}^{-4.0996r_1}$$
$$-0.02730\mathrm{e}^{-6.4843r_1}+0.06675\mathrm{e}^{-7.978r_1}$$

对 $\phi_{1s}(r_2)$ 也有一个相同的方程。Hartree-Fock 极限给出 $E_{\text{HF}}=-2.8617E_{\text{h}}$，与之相比，$E_{\text{exact}}=-2.9037E_{\text{h}}$。这个过程给出了轨道近似下能量的最佳值，结果似乎表明在多电子原子(和分子)中使用轨道的概念是合理的。

研究自洽场能量与精确能量之间的差异是很有趣的。因为 $\psi(\boldsymbol{r}_1,\boldsymbol{r}_2)=\phi(\boldsymbol{r}_1)\phi(\boldsymbol{r}_2)$，两个电子被认为是相互独立的，或至少只能通过一些平均势或有效势相互作用。因此，这里电子被近似看作不相关，然后，我们定义**相关能**(correlation energy，CE)为

$$CE=E_{\text{exact}}-E_{\text{HF}} \qquad (8.21)$$

对氦原子来说，相关能为(表 8.2)

$$CE=(-2.9037+2.8617)E_{\text{h}}$$
$$=-0.0420E_{\text{h}}=-110\ \text{kJ}\cdot\text{mol}^{-1}$$

虽然在这种情况下，Hartree-Fock 能量几乎是精确能量的 99%，但差值仍然达到 110 kJ · mol^{-1}，几乎与化学键的强度在同一个数量级，这是不可接受的。在第 8-7 节和第 11 章将详细说明这种差异。

氦原子的基态就介绍到这里，下面来看看锂原子。根据式(8.17)，可以很"自然"地从下式开始变分计算，即

$$\psi(\boldsymbol{r}_1,\boldsymbol{r}_2,\boldsymbol{r}_3)=\phi_{1s}(\boldsymbol{r}_1)\phi_{1s}(\boldsymbol{r}_2)\phi_{1s}(\boldsymbol{r}_3)$$

式中 ϕ_{1s} 是一个类氢或 Slater 1s 轨道，但从普通化学中知道，一个 1s 轨道中不能有三个电子。依据这一事实，下文中将阐释泡利不相容原理和电子自旋，从而合理地定义变分函数。

8-4 电子具有固有的自旋角动量

尽管薛定谔方程在预测或解释大多数实验结果方面取得了惊人的成功，但它却无法解释少数现象。其中之一就是钠原子光谱中的双重态黄线。根据薛定谔方程的预测，在 590 nm 附近应该有一条线，而实际上在 589.59 nm 和 588.99 nm 处观察到了两条距离很近的线(双重态)。

1925 年，两位年轻的荷兰物理学家 George Uhlenbeck 和 Samuel Goudsmit 解释了这一观测和其他一些观测的结果，他们认为电子的行为就像一个自旋陀螺，在 z 分量上具有 $\pm\hbar/2$ 的自旋角动量。这一解释相当于为电子引入了第四个量子数。第四个量子数表示了 z 分量上的电子自旋角动量，现在称为**自旋量子数**(spin quantum number)，m_s，用原子单位表示的值为 $\pm1/2$。

我们简单地将自旋的概念“嫁接”到量子理论和之前提出的假设上。这种做法似乎并不合理，但事实证明对我们的目的来说是相当令人满意的。20世纪30年代初，英国物理学家Paul Dirac提出了量子力学的相对论扩展，其最大的成功之一就是以一种完全自然的方式产生了自旋。不过，我们将在此处特别引入自旋的概念。

到目前为止，在刚性转子(第5-8节)或氢原子轨道角动量(第6-2节)中，角动量J或l只能是整数值。根据Uhlenbeck和Goudsmit的建议，为电子自旋引入半整数角动量。正如对$\hat{L}^2$和$\hat{L}_z$有本征方程[式(6.33)和式(6.38)]：

$$\begin{aligned}\hat{L}^2 Y_l^m(\theta,\phi)&=\hbar^2 l(l+1)Y_l^m(\theta,\phi)\\ \hat{L}_z Y_l^m(\theta,\phi)&=m\hbar Y_j^m(\theta,\phi)\end{aligned}\tag{8.22}$$

由下式定义自旋算符$\hat{S}^2$和$\hat{S}_z$，以及它们的本征函数α和β：

$$\hat{S}^2\alpha=\frac{1}{2}\left(\frac{1}{2}+1\right)\hbar^2\alpha\quad \hat{S}^2\beta=\frac{1}{2}\left(\frac{1}{2}+1\right)\hbar^2\beta\tag{8.23}$$

和

$$\hat{S}_z\alpha=m_s\alpha=\frac{1}{2}\hbar\alpha\quad \hat{S}_z\beta=m_s\beta=-\frac{1}{2}\hbar\beta\tag{8.24}$$

类比式(8.22)，$\alpha=Y_{1/2}^{1/2}$且$\beta=Y_{1/2}^{-1/2}$，但这是一个形式上严格的关联，α,β，甚至$\hat{S}^2$和$\hat{S}_z$都不需要再进一步明确形式。

正如氢原子中电子轨道角动量的平方值为

$$L^2=\hbar^2 l(l+1)\tag{8.25}$$

电子的轨道角动量的平方可以写成

$$S^2=\hbar^2 s(s+1)\tag{8.26}$$

与l的取值范围为$0\sim+\infty$，不同的是，s只能取$s=1/2$。注意，由于s的数值不能取很大，所以自旋角动量永远不可能呈现经典行为(第3-6节)。严格来说，自旋是一个非经典概念。方程(8.23)和方程(8.24)中的函数称为**自旋本征函数**(spin eigenfunctions)。即使不知道(或不需要知道)算符$\hat{S}$和$\hat{S}_z$的形式，它们一定是厄米的，因此α和β一定是正交归一的，形式上可以写成

$$\begin{aligned}&\int\alpha^*(\sigma)\alpha(\sigma)\mathrm{d}\sigma=\int\beta^*(\sigma)\beta(\sigma)\mathrm{d}\sigma=1\\ &\int\alpha^*(\sigma)\beta(\sigma)\mathrm{d}\sigma=\int\alpha(\sigma)\beta^*(\sigma)\mathrm{d}\sigma=0\end{aligned}\tag{8.27}$$

式中σ称为**自旋变量**(spin variable)。自旋变量没有对应的经典量。我们会在严格的形式意义上使用式(8.27)。

8-5 任意两个电子交换时波函数必须是反对称的

下面需要将自旋函数与空间波函数结合起来。假设波函数的空间部分和自旋部分是独立的，可以写成

$$\Psi(x,y,z,\sigma)=\psi(x,y,z)\alpha(\sigma)\text{或}\psi(x,y,z)\beta(\sigma)\tag{8.28}$$

完整的单电子波函数Ψ称为**自旋轨道**(spin orbital)。以类氢波函数为例，类氢原子的前两个自旋轨道为

$$\begin{aligned}\Psi_{100\frac{1}{2}}&=\left(\frac{Z^3}{\pi}\right)^{1/2}\mathrm{e}^{-Zr}\alpha\\ \Psi_{100-\frac{1}{2}}&=\left(\frac{Z^3}{\pi}\right)^{1/2}\mathrm{e}^{-Zr}\beta\end{aligned}\tag{8.29}$$

由此可见，每个自旋轨道都是归一化的，因为可以写出

$$\begin{aligned}&\int\Psi^*_{100\frac{1}{2}}(\boldsymbol{r},\sigma)\Psi_{100\frac{1}{2}}(\boldsymbol{r},\sigma)4\pi r^2\mathrm{d}r\mathrm{d}\sigma=\\ &\int_0^{+\infty}\frac{Z^3}{\pi}\mathrm{e}^{-2Zr}4\pi r^2\mathrm{d}r\int\alpha^*\alpha\mathrm{d}\sigma=1\end{aligned}\tag{8.30}$$

其中使用了式(8.27)。上述两个自旋轨道相互正交，因为

$$\begin{aligned}&\int\Psi^*_{100\frac{1}{2}}(\boldsymbol{r},\sigma)\Psi_{100-\frac{1}{2}}(\boldsymbol{r},\sigma)4\pi r^2\mathrm{d}r\mathrm{d}\sigma=\\ &\int_0^{+\infty}\frac{Z^3}{\pi}\mathrm{e}^{-2Zr}4\pi r^2\mathrm{d}r\int\alpha^*\beta\mathrm{d}\sigma=0\end{aligned}\tag{8.31}$$

注意，即使式(8.31)中的“100”部分是归一化的，但由于自旋部分的存在，两个自旋轨道是正交的。

你可能还记得在普通化学中，原子中不存在两个电子具有相同的四个量子数n,l,m_l和m_s。这个限制条件称为**泡利不相容原理**(Pauli exclusion principle)。泡利不相容原理还有另一种更基本的表述，它限制了多电子波函数的形式。我们将把泡利不相容原理作为量子力学的另一个假设，但在此之前必须先引入**反对称波函数**(antisymmetric wave function)的概念。回到氦原子，写出

$$\psi(1,2)=1s\alpha(1)1s\beta(2)\tag{8.32}$$

式中$1s\alpha$和$1s\beta$分别是$\Psi_{100\frac{1}{2}}$和$\Psi_{100-\frac{1}{2}}$的简写，其中参数1和2分别表示电子1和电子2的所有四个坐标(x,y,z和σ)。注意，式(8.32)相当于式(8.29)给出的两个波函数的乘积。由于没有任何已知的实验可以区分电子，所以我们说电子是不可区分的，因此也就不可标记。从而，波函数

$$\psi(2,1)=1s\alpha(2)1s\beta(1)\tag{8.33}$$

等价于式(8.32)。从数学上讲，不可区分性要求我们对

所有可能的电子标记进行线性组合。对于双电子原子，取式(8.32)和式(8.33)的线性组合：

$$\Psi_1=\psi(1,2)+\psi(2,1)=1s\alpha(1)1s\beta(2)+1s\alpha(2)1s\beta(1) \tag{8.34}$$

和

$$\Psi_2=\psi(1,2)-\psi(2,1)=1s\alpha(1)1s\beta(2)-1s\alpha(2)1s\beta(1) \tag{8.35}$$

Ψ_1和 Ψ_2 都描述了含有两个不可区分的电子的状态；一个电子在自旋轨道 $1s\alpha$ 上，另一个在自旋轨道 $1s\beta$ 上。这两个波函数都没有指明哪个电子在哪个自旋轨道上，也不应该指明，因为电子是不可区分的。

对于氦原子的基态，波函数 Ψ_1 和 Ψ_2 似乎都是允许的，但实验证明我们必须使用波函数 Ψ_2 来描述氦原子的基态。注意，Ψ_2 具有在两个电子交换时符号会改变的性质，因为

$$\Psi_2(2,1)=\psi(2,1)-\psi(1,2)=-\Psi_2(1,2) \tag{8.36}$$

我们说 $\Psi_2(1,2)$ 在两个电子互换时是**反对称**(antisymmetric)的。氦原子的基态只能由 Ψ_2 描述，这只是泡利不相容原理的一个例子：

> 假设 6
>
> 所有电子波函数在任意两个电子互换时都必须是反对称的。

在第 8-6 节中将证明假设 6 蕴含着我们更熟悉的泡利不相容原理的另一种表述，即原子中不存在两个具有相同的四个量子数 n, l, m_l, m_s 的电子。

» 例题 8-3 式(8.35)给出的波函数 $\Psi_2(1,2)$ 是没有归一化的。假设 1s 部分已归一化，试确定 $\Psi_2(1,2)$ 的归一化常数。

» 解 要找出常数 c 使得

$$I=c^2\int\Psi_2^*(1,2)\Psi_2(1,2)\mathrm{d}\boldsymbol{r}_1\mathrm{d}\boldsymbol{r}_2\mathrm{d}\sigma_1\mathrm{d}\sigma_2=1$$

首先注意 $\Psi_2(1,2)$ 可以因式分解为空间部分和自旋部分：

$$\begin{aligned}\Psi_2(1,2)&=1s(1)1s(2)[\alpha(1)\beta(2)-\alpha(2)\beta(1)]\\&=1s(\boldsymbol{r}_1)1s(\boldsymbol{r}_2)[\alpha(\sigma_1)\beta(\sigma_2)-\alpha(\sigma_2)\beta(\sigma_1)]\end{aligned} \tag{8.37}$$

归一化积分变成了三个积分的乘积，即

$$\begin{aligned}I=c^2\int 1s^*(\boldsymbol{r}_1)1s(\boldsymbol{r}_1)\mathrm{d}\boldsymbol{r}_1\int 1s^*(\boldsymbol{r}_2)1s(\boldsymbol{r}_2)\mathrm{d}\boldsymbol{r}_2\times\\\iint[\alpha^*(\sigma_1)\beta^*(\sigma_2)-\alpha^*(\sigma_2)\beta^*(\sigma_1)]\times\\[\alpha(\sigma_1)\beta(\sigma_2)-\alpha(\sigma_2)\beta(\sigma_1)]\mathrm{d}\sigma_1\mathrm{d}\sigma_2\end{aligned}$$

因为 1s 轨道是归一化的，所以空间部分的积分等于 1。下面考虑自旋积分。自旋积分的积分项中的两项相乘得到四个积分，其中之一为

$$\begin{aligned}&\iint\alpha^*(\sigma_1)\beta^*(\sigma_2)\alpha(\sigma_1)\beta(\sigma_2)\mathrm{d}\sigma_1\mathrm{d}\sigma_2\\&=\int\alpha^*(\sigma_1)\alpha(\sigma_1)\mathrm{d}\sigma_1\int\beta^*(\sigma_2)\beta(\sigma_2)\mathrm{d}\sigma_2=1\end{aligned}$$

此处使用了式(8.27)。另一项为

$$\begin{aligned}&\iint\alpha^*(\sigma_1)\beta^*(\sigma_2)\alpha(\sigma_2)\beta(\sigma_1)\mathrm{d}\sigma_1\mathrm{d}\sigma_2\\&=\int\alpha^*(\sigma_1)\beta(\sigma_1)\mathrm{d}\sigma_1\int\beta^*(\sigma_2)\alpha(\sigma_2)\mathrm{d}\sigma_2=0\end{aligned}$$

剩余两项分别等于 1 和 0，因此

$$I=c^2\int\Psi_2^*(1,2)\Psi_2(1,2)\mathrm{d}\boldsymbol{r}_1\mathrm{d}\boldsymbol{r}_2\mathrm{d}\sigma_1\mathrm{d}\sigma_2=2c^2$$

要使 $I=1$，可以得到 $c=1/\sqrt{2}$。

8-6 反对称波函数可以用 Slater 行列式表示

既然已经引入了自旋，并且可以看到我们必须使用反对称波函数，那么为什么在第 7-1 节和第 8-2 节部分处理氦原子时可以忽略波函数的自旋部分呢？原因在于，Ψ_2 可以分解为空间部分和自旋部分，正如在例 8.3 中的式(8.37)中那样。在第 7-1 节和第 8-2 节中，我们只使用了 Ψ_2 的空间部分，而空间部分只是两个 1s Slater 轨道的乘积。如果使用 Ψ_2 来计算氦原子的基态能量，可得

$$E=\frac{\int\Psi_2^*(1,2)\hat{H}\Psi_2(1,2)\mathrm{d}\boldsymbol{r}_1\mathrm{d}\boldsymbol{r}_2\mathrm{d}\sigma_1\mathrm{d}\sigma_2}{\int\Psi_2^*(1,2)\Psi_2(1,2)\mathrm{d}\boldsymbol{r}_1\mathrm{d}\boldsymbol{r}_2\mathrm{d}\sigma_1\mathrm{d}\sigma_2} \tag{8.38}$$

式(8.38)中的分子为

$$\begin{aligned}&\int 1s^*(\boldsymbol{r}_1)1s^*(\boldsymbol{r}_2)[\alpha^*(\sigma_1)\beta^*(\sigma_2)-\alpha^*(\sigma_2)\beta^*(\sigma_1)]\times\\&\hat{H}1s(\boldsymbol{r}_1)1s(\boldsymbol{r}_2)[\alpha(\sigma_1)\beta(\sigma_2)-\alpha(\sigma_2)\beta(\sigma_1)]\mathrm{d}\boldsymbol{r}_1\mathrm{d}\boldsymbol{r}_2\mathrm{d}\sigma_1\mathrm{d}\sigma_2\end{aligned} \tag{8.39}$$

因为哈密顿算符不包含任何自旋算符，所以它不影响自旋函数，可以将式(8.39)中的积分分解为

$$\begin{aligned}&\int 1s^*(\boldsymbol{r}_1)1s^*(\boldsymbol{r}_2)\hat{H}1s(\boldsymbol{r}_1)1s(\boldsymbol{r}_2)\mathrm{d}\boldsymbol{r}_1\mathrm{d}\boldsymbol{r}_2\times\int[\alpha^*(\sigma_1)\beta^*(\sigma_2)-\\&\alpha^*(\sigma_2)\beta^*(\sigma_1)][\alpha(\sigma_1)\beta(\sigma_2)-\alpha(\sigma_2)\beta(\sigma_1)]\mathrm{d}\sigma_1\mathrm{d}\sigma_2\end{aligned} \tag{8.40}$$

在例 8-3 中证明了总自旋积分等于 2。很容易证明自旋积分对式(8.38)中分母的贡献也等于 2(习题 8-15)，因此式(8.38)变为

$$E=\frac{\int\psi^*(\boldsymbol{r}_1,\boldsymbol{r}_2)\hat{H}\psi(\boldsymbol{r}_1,\boldsymbol{r}_2)\mathrm{d}\boldsymbol{r}_1\mathrm{d}\boldsymbol{r}_2}{\int\psi^*(\boldsymbol{r}_1,\boldsymbol{r}_2)\psi(\boldsymbol{r}_1,\boldsymbol{r}_2)\mathrm{d}\boldsymbol{r}_1\mathrm{d}\boldsymbol{r}_2} \tag{8.41}$$

式中$\psi(\boldsymbol{r}_1,\boldsymbol{r}_2)$就只是$\Psi_2(1,2)$的空间部分。式(8.41)等价于第7-1节中的式(7.18)。我们必须认识到,因式分解为空间部分和自旋部分一般不能发生,但在双电子系统中确实会发生。

通过观察写出反对称双电子波函数是相当容易的,但如果有一个N个自旋轨道的组合并需要构建一个反对称的N电子波函数呢?20世纪30年代初,Slater引入行列式(数学章节E)来构造反对称波函数。以式(8.35)为例,可以写出以下形式的Ψ(略去下标2):

$$\Psi(1,2)=\begin{vmatrix}1s\alpha(1) & 1s\beta(1)\\ 1s\alpha(2) & 1s\beta(2)\end{vmatrix} \tag{8.42}$$

展开该行列式,可以得到式(8.35)。式(8.42)所给出的波函数$\Psi(1,2)$称为**行列式波函数**(determinantal wave function)。

行列式有两个非常重要的性质。第一,当交换行列式的任意两行或两列时,行列式值的会改变符号。第二,如果行列式的任意两行或两列相同,行列式等于零(数学章节E)。

注意,当交换行列式波函数$\Psi(1,2)$[式(8.42)]中的两个电子时,交换了行列式的两行,因此改变了$\Psi(1,2)$的符号。此外,如果把两个电子放在同一个自旋轨道上,如$1s\alpha$,那么$\Psi(1,2)$变为

$$\Psi(1,2)=\begin{vmatrix}1s\alpha(1) & 1s\alpha(1)\\ 1s\alpha(2) & 1s\alpha(2)\end{vmatrix}=0$$

因为两列是相同的,所以行列式等于0。因此,可以看到波函数的行列式表示自然地满足泡利不相容原理。行列式波函数总是反对称的,当任何两个电子具有相同的四个量子数,也就是两个电子占据相同的自旋轨道时,行列式波函数为0。

在完成行列式波函数的讨论之前,还需要考虑一个因素。回顾例8-3中的内容,式(8.42)给出的$\Psi(1,2)$的归一化常数为$1/\sqrt{2}$。因此

$$\Psi(1,2)=\frac{1}{\sqrt{2}}\begin{vmatrix}1s\alpha(1) & 1s\beta(1)\\ 1s\alpha(2) & 1s\beta(2)\end{vmatrix} \tag{8.43}$$

是**归一化**(normalized)的双电子行列式波函数。系数$1/\sqrt{2}$保证了$\Psi(1,2)$是归一化的。

以双电子体系为例,推出了波函数的行列式表示方式。使用$N\times N$行列式将其推广到N电子体系。此外,可以证明归一化常数为$1/\sqrt{N!}$,因此有N电子行列式波函数:

$$\Psi(1,2,\cdots,N)=\frac{1}{\sqrt{N!}}\begin{vmatrix}u_1(1) & u_2(1) & \cdots & u_N(1)\\ u_1(2) & u_2(2) & \cdots & u_N(2)\\ \vdots & \vdots & \vdots & \vdots\\ u_1(N) & u_2(N) & \cdots & u_N(N)\end{vmatrix} \tag{8.44}$$

式中u是正交的自旋轨道。注意,只要两个电子(两行)互换,$\Psi(1,2,\cdots,N)$符号就会改变;如果任意两个电子占据相同的自旋轨道(有两个相同的列),$\Psi(1,2,\cdots,N)$就为0。

下面回到引出自旋话题的锂原子。注意,不能把三个电子都放入1s轨道,因为这样行列式波函数的两列会相同。因此,合适的波函数为

$$\Psi=\frac{1}{\sqrt{3!}}\begin{vmatrix}1s\alpha(1) & 1s\beta(1) & 2s\alpha(1)\\ 1s\alpha(2) & 1s\beta(2) & 2s\alpha(2)\\ 1s\alpha(3) & 1s\beta(3) & 2s\alpha(3)\end{vmatrix} \tag{8.45}$$

确定像式(8.43)或式(8.45)这样的行列式波函数中自旋轨道空间部分最佳形式的标准方法是Hartree-Fock自洽场方法,在下一节将讨论此内容。

8-7 Hartree-Fock计算与实验数据吻合良好

在第8-3节中讨论了氦原子的Hartree-Fock方法。该体系的Hartree-Fock方程为式(8.20),其中$\hat{H}_1^{\mathrm{eff}}$由式(8.19)给出。氦原子是一个特例,因为Slater行列式因式分解成了空间部分和自旋部分,所以可以使用式(8.17)作为氦原子的波函数。这种分解成空间部分和自旋部分的情况不会发生在有两个以上电子的原子中,因此必须从一个完整的Slater行列式[如式(8.45)]开始。这就得到了如下形式的方程:

$$\hat{F}_i\phi_i=\epsilon_i\phi_i \tag{8.46}$$

式中有效的哈密顿算符称为**Fock算符**(Fock operator),$\hat{F}_i$。使用完整的Slater行列式,而非式(8.17)那样简单的空间轨道乘积,使得$\hat{F}_i$比式(8.19)给出的氦原子的$\hat{H}_1^{\mathrm{eff}}$更复杂。我们不需要$\hat{F}_i$的明确表达式,只要认识到方程(8.46)必须自洽求解,并且有现成的计算机程序可以做到这一点。由方程(8.46)得到的轨道称为**Hartree-Fock轨道**。方程(8.46)的特征值ϵ_i称为**轨道能量**(orbital energies)。

根据Koopmans首次提出的近似,式(8.46)中的ϵ_i是

第 i 轨道的电子的电离能。表 8.3 比较了使用 Koopmans 近似和从离子中减去中性原子的 Hartree-Fock 能量得到的氖和氩的电离能。可以看出，Koopmans 近似得到的结果几乎和直接计算的结果一样好。图 8.1展示了从氢到氙元素的电离能与原子序数的关系。通过 Koopmans 近似计算得到的电离能和实验数据都显示在图中。这幅图清晰地展示了学生在普通化学课上学过的壳层结构和亚壳层结构。由于图 8.1 中的计算值不涉及可调参数，因此它与实验数据的一致性是非常出色的。

表 8.3 氖和氩的电离能，由中性原子轨道能（Koopmans 近似）和中性原子的 Hartree-Fock 能减去适当状态的正离子的 Hartree-Fock 能得到。

移除电子	剩余轨道占用情况	电离能/($MJ \cdot mol^{-1}$)		
		Koopmans 近似	直接 Hartree-Fock 计算	实验值
Ne				
1s	$1s2s^22p^6$	86.0	83.80	83.96
2s	$1s^22s2p^6$	5.06	4.76	4.68
2p	$1s^22s^22p^5$	1.94	1.91	2.08
Ar				
1s	$1s2s^22p^63s^23p^6$	311.35	308.25	309.32
2s	$1s^22s2p^63s^23p^6$	32.35	31.33	
2p	$1s^22s^22p^53s^23p^6$	25.12	24.01	23.97
3s	$1s^22s^22p^63s3p^6$	3.36	3.20	2.82
3p	$1s^22s^22p^63s^23p^5$	1.65	1.43	1.52

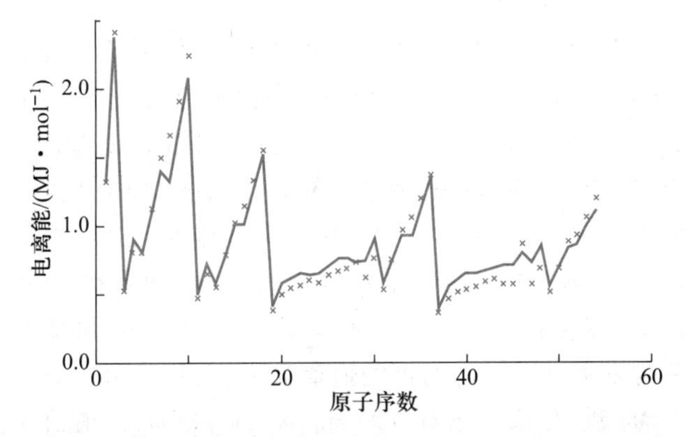

图 8.1 从氢到氙中性原子的电离能与原子序数的关系图。直线连接实验数据，“×”为根据 Koopmans 近似计算得到的数据。

注意，各亚壳层的能量顺序与中性原子的观测结果基本一致。特别是，2s 和 2p 轨道的能量不再相同，与在氢原子中的情形不同。2s 和 2p 轨道的简并性，或者更广义地说，能量只取决于主量子数这一事实，是氢原子中纯库仑势所特有的。在 Hartree-Fock 计算中，有效势 $V_j^{\text{eff}}(\boldsymbol{r}_j)$ 比 $1/r$复杂得多，且 $V_j^{\text{eff}}(\boldsymbol{r}_j)$ 打破了氢原子中的简并性，从而产生了最初在普通化学中学到的熟悉的轨道能量排序。

由于 Hartree-Fock 方法使用了行列式波函数，故自旋相同的电子之间存在一定的相关性，因为自旋相同的两个电子不可能占据相同的轨道。尽管如此，Hartree-Fock 方法并不精确，所以我们定义相关能为[式(8.21)]

$$CE = E_{\text{exact}} - E_{\text{HF}}$$

回顾第 8-3 节，氦原子的相关能为 $0.042E_h = 110\ \text{kJ} \cdot \text{mol}^{-1}$。虽然相关能看起来很小，但当我们意识到许多感兴趣的化学量如化学键强度和多数与化学反应有关的能量都在 $100\ \text{kJ} \cdot \text{mol}^{-1}$ 的数量级左右，相关能的存在就变得非常重要了。因此，许多量子化学研究都以计算相关能为目标。例如，已经发展了使用 Hartree-Fock 轨道作为零阶波函数的微扰方法，因此可以通过微扰理论计算相关能。

8-8 谱项详细描述了电子组态

原子的电子组态是不明确的，因为许多组 m_l 和 m_s 满足给定的电子组态。例如，考虑一个碳原子的基态电子组态 $1s^22s^22p^2$。两个 2p 电子可以在三个 2p 轨道（$2p_x$，$2p_y$，$2p_z$）中的任意一个轨道上，并且具有符合泡利不相容原理的自旋。这些不同状态的能量可能不同，所以需要更详细地指定原子的电子态。这里提出的方法是确定总轨道角动量 $\boldsymbol{L}$ 和总自旋角动量 $\boldsymbol{S}$，然后将它们矢量相加得到总角动量 $\boldsymbol{J}$。这样计算的结果称为 **Russell-Saunders 耦合**（Russell-Saunders coupling），用**原子谱项**（atomic term symbol）表示，其形式为

$$^{2S+1}L_J$$

在谱项中，L 是总轨道角动量，S 是总自旋量子数，J 是总角动量量子数。L 的值必然是 0，1，2，…，类似于用字母 s，p，d，f 表示氢原子轨道角动量 $l=0,1,2,3$，有如下对应关系：

$$\begin{array}{cccccccc} L & = & 0 & 1 & 2 & 3 & 4 & 5 & \cdots \\ & & \text{S} & \text{P} & \text{D} & \text{F} & \text{G} & \text{H} & \cdots \end{array}$$

总自旋量子数 S 的值必然为 $0, \frac{1}{2}, 1, \frac{3}{2}, \cdots$，因此谱项左上标 $(2S+1)$ 的值可以取 1，2，3，…。$(2S+1)$ 称为**自旋多重度**（spin multiplicity）。因此，暂时忽略下标 J，谱项的类型为

$$^3\text{S} \quad ^2\text{D} \quad ^1\text{P}$$

总轨道角动量和总自旋角动量由矢量和给出：

$$\boldsymbol{L}=\sum_i \boldsymbol{l}_i \tag{8.47}$$

和

$$\boldsymbol{S}=\sum_i \boldsymbol{s}_i \tag{8.48}$$

其中的求和是对原子中电子的求和。$\boldsymbol{L}$ 和 $\boldsymbol{S}$ 的 z 分量由标量和给出：

$$L_z=\sum_i l_{zi}=\sum_i m_{li}=M_L \tag{8.49}$$

和

$$S_z=\sum_i s_{zi}=\sum_i m_{si}=M_S \tag{8.50}$$

因此，尽管角动量如式(8.47)和式(8.48)那样是矢量相加的，但 z 分量以标量形式相加(图 8.2)。正如 $\boldsymbol{l}$ 的 z 分量可以取 $m_l=l,l-1,\cdots,0,\cdots,-l$，共 $(2l+1)$ 个值，$\boldsymbol{L}$ 的 z 分量可以取 $M_L=L,L-1,\cdots,0,\cdots,-L$，共 $(2L+1)$ 个值。类似地，M_S 可以取 $S,S-1,\cdots,-S+1,-S$，共 $(2S+1)$ 个值。因此，自旋多重度只是 $\boldsymbol{S}$ 的 z 分量可以取的 $(2S+1)$ 个投影。

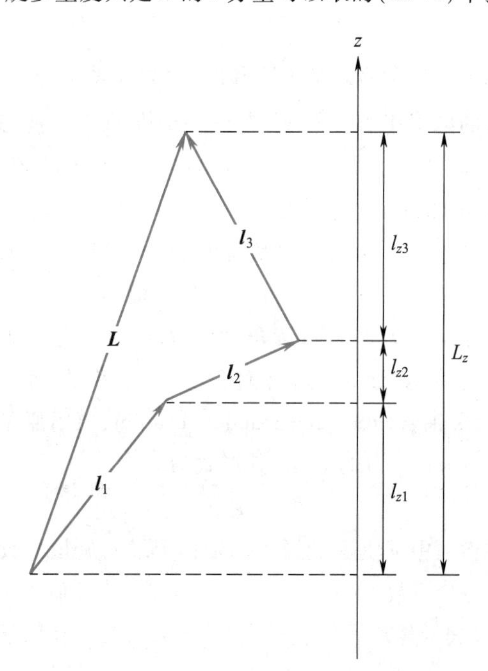

图 8.2　角动量矢量相加示意图。

让我们来看看 ns^2 电子组态(一个 ns 轨道中有两个电子)，m_{l1},m_{s1},m_{l2} 和 m_{s2} 只有一组可能的取值：

m_{l1}	m_{s1}	m_{l2}	m_{s2}	M_L	M_S
0	$+\frac{1}{2}$	0	$-\frac{1}{2}$	0	0

事实上 M_L 的唯一可能值为 $M_L=0$，这意味着 $L=0$。类似地，M_S 的唯一值为 $M_S=0$，意味着 $S=0$。总角动量 $\boldsymbol{J}$ 为

$$\boldsymbol{J}=\boldsymbol{L}+\boldsymbol{S} \tag{8.51}$$

其 z 分量为

$$J_z=L_z+S_z=(M_L+M_S)=M_J=0 \tag{8.52}$$

这意味着 $J=0$。因此，对于 ns^2 电子组态，$L=0,S=0$ 且 $J=0$。$L=0$ 可以写成 S 谱项，因此对应于 ns^2 电子组态谱项是 $^1S_0$(单重 S 零)。因为两个电子具有相反的自旋，所以总自旋角动量为 0。两个电子还占据了一个没有角动量的轨道，因而总角动量一定为 0，这就是 $^1S_0$ 的含义。

一个 np^6 电子组态也会有一个 $^1S_0$ 谱项。要理解这一点，就要认识到在三个 np 轨道中的六个电子的量子数分别为 $(n,1,1,\pm1/2)$，$(n,1,0,\pm1/2)$ 和 $(n,1,-1,\pm1/2)$。因此，将所有 m_{li} 和 m_{si} 相加，得到 $M_L=0$ 和 $M_S=0$，得 $^1S_0$。

» 例题 8-4　证明 nd^{10} 电子组态对应的谱项为 $^1S_0$。

» 解　十个 d 轨道中的电子分别具有量子数 $(n,2,2,\pm1/2)$，$(n,2,1,\pm1/2)$，$(n,2,0,\pm1/2)$，$(n,2,-1,\pm1/2)$ 和 $(n,2,-2,\pm1/2)$。因此，正如对于 ns^2 和 np^6 电子组态那样，$M_L=0$ 和 $M_S=0$，谱项为 $^1S_0$。

注意，对于全充满的亚壳层，M_L 和 M_S 一定都为 0，因为对于每个有负值 m_{li} 的电子，都会有另一个电子具有相应的正值来抵消它；对于 m_{si} 的取值也同样如此。因此，在考虑其他电子组态时可以忽略全充满的亚壳层电子。例如，当我们稍后讨论碳原子时，对于碳原子的 $1s^22s^22p^2$ 电子组态，可以忽略 $1s^22s^2$ 轨道的贡献。

不止含有谱项 $^1S_0$ 的一种电子组态为 $ns^1n's^1$，其中 $n\neq n'$。例如，氦原子的激发态电子组态为 $1s^12s^1$。为了确定 m_{l1},m_{s1},m_{l2} 和 m_{s2} 的可能值，按照以下方式建立一个表格：因为 m_{l1} 和 m_{l2} 的最大值都为 0，所以 M_L 的最大值为 0[式(8.49)]，且 0 是它唯一可能的取值。类似地，因为 m_{s1} 和 m_{s2} 的值都为 $\pm1/2$，所以 M_S 可以取 $-1,0$ 或 1。现在我们列一个表格，表格的列以 M_S 的可能取值为表头，行以 M_L 的可能取值为表头，然后填写与每个 M_L 和 M_S 取值相对应的 m_{l1},m_{s1},m_{l2} 和 m_{s2} 的值的集合，如下所示：

	M_S		
M_L	1	0	-1
0	$0^+,0^+$	$0^+,0^-;0^-,0^+$	$0^-,0^-$

符号 0^+ 表示 $m_l=0$ 且 $m_s=+1/2$，0^- 表示 $m_l=0$ 且 $m_s=-1/2$。与 M_L 和 M_S 每个取值一致的 m_{l1},m_{s1},m_{l2} 和 m_{s2} 可能取值的集合称为**微态**(microstates)。

该表中有四种微态，因为 ns 和 $n's$ 轨道上电子都有两种可能的自旋($\pm 1/2$)。注意，同时包含了 $0^+,0^-$ 和 $0^-,0^+$，因为电子处在**非等价轨道**(nonequivalent orbitals)上(如 1s 和 2s)。注意，表中所有 M_L 的取值都为 0，所以它们一定对应 $L=0$。此外，M_S 的最大值为 1。因此，S 一定等于 1，且 M_S 取 1，0 和 -1，对应 $L=0,S=1$，即 ^{3}S 态。这个 ^{3}S 态包含上表每列中的一个微态。中间一列包含两个微态，但选择哪一个没有区别。从每列($0^+,0^+;0^-,0^-$ 和 $0^+,0^-$ 或 $0^-,0^+$)中剔除一个微态后，只剩下 $M_L=0$，$M_S=0$ 的项($0^+,0^-$ 或 $0^-,0^+$)，这意味着 $L=0$ 和 $S=0$，对应 ^{1}S 态。这两对 $L=0,S=1$ 和 $L=0,S=0$，以及它们可能的 M_J 值可以概括为

$$L=0,S=1 \qquad L=0,S=0$$

$$M_L=0,M_S=1,0,-1 \qquad M_L=0,M_S=0$$

$$M_J=M_L+M_S=1,0,-1 \qquad M_J=M_L+M_S=0$$

这里的 M_J 值意味着对 $L=0,S=1$，取 $J=1$，对 $L=0,S=0$，取 $J=0$。与 $ns^1n's^1$ 电子组态对应的两个谱项为

$$^3S_1 \text{ 和 } ^1S_0$$

$^3S_1$ 称为**三重 S 态**(triplet S state)。这两个谱项对应具有不同能量的两个电子态。下面会看到，三重态($^3S_1$)的能量低于单重态($^1S_0$)的能量。

8-9 J 的允许值为 $L+S,L+S-1,\cdots,|L-S|$

作为推导原子谱项的最后一个例子，我们将考虑一个碳原子，它的基态电子组态为 $1s^22s^22p^2$。之前已经证明，不需要考虑完全充满的亚壳层，因为 M_L 和 M_S 对于全充满的亚壳层来说一定为 0。因此，可以只关注 np^2 电子组态。与上述 ns^1np^1 的情况一样，我们会给出一个 m_{l1},m_{s1},m_{l2} 和 m_{s2} 可能取值的列表。不过，在此之前，先看看 np^2 的表格中会有多少项。把两个电子分配到六个可能的自旋轨道($2p_x\alpha,2p_x\beta,2p_y\alpha,2p_y\beta,2p_z\alpha,2p_z\beta$)中的两个轨道上。第一条自旋轨道有 6 个选项，第二条有 5 个选项，一共给出 $6\times5=30$ 个选项。然而，由于电子是不可区分的，两个自旋轨道选择的顺序并不重要。因此，应该将 30 种选择除以 2，得出将两个电子分配到六个自旋轨道有 15 种不同的方法。一般来说，将 N 个电子分配到同一壳层的 G 个自旋轨道(**等价轨道**，equivalent orbitals)的不同方法的个数为

$$\frac{G!}{N!(G-N)!} \quad (\text{等价轨道}) \tag{8.53}$$

注意，如果 $G=6$ 且 $N=2$，式(8.53)的计算结果为 15。

» 例题 8-5 将两个电子分配到 nd 轨道上有多少种不同的方法？换句话说，对 $n\text{d}^2$ 电子组态来说，有多少组 m_{li} 和 m_{si}？

» 解 有五个 nd 轨道，即十个 nd 自旋轨道。因此，在 nd 轨道上分配两个电子的不同方法的个数为

$$\frac{10!}{2!\,8!}=45$$

要确定 np^2 电子组态的 15 组可能的 m_{l1},m_{s1},m_{l2} 和 m_{s2}，首先要确定的 M_L 和 M_S 的可能取值。因为 m_{l1} 和 m_{l2} 的最大值都可能是 1，所以 M_L 的最大值是 2[式(8.49)]，其可能值为 2，1，0，-1 和 -2。同样，因为 m_{s1} 和 m_{s2} 的最大值都为 1/2，所以 M_S 的最大值是 1[式(8.50)]，其可能值为 1、0 和 -1。利用这些信息，可列出一个表格，表格的列以 M_S 的可能取值为表头，行以 M_L 的可能取值为表头，并填入与每一个 M_L 和 M_S 的值一致的微态，如下所示：

M_L \ M_S	1	0	-1
2	~~$1^+,1^+$~~	$1^+,1^-$	~~$1^-,1^-$~~
1	$0^+,1^+$	$1^+,0^-;1^-,0^+$	$0^-,1^-$
0	~~$0^+,0^+$~~; $1^+,-1^+$	$1^+,-1^-;-1^+,1^-;0^+,0^-$	$1^-,-1^-$; ~~$0^-,0^-$~~
-1	$0^+,-1^+$	$0^+,-1^-;0^-,-1^+$	$0^-,-1^-$
-2	~~$-1^+,-1^+$~~	$-1^+,-1^-$	~~$-1^-,-1^-$~~

例如，$1^+,1^-$ 表示 $m_{l1}=1,m_{s1}=+1/2$，且 $m_{l2}=-1,m_{s2}=-1/2$。与之前处理非等价轨道的例子不同，我们没有把 $1^+,0^-$ 和 $0^-,1^+$ 都包含在 $M_S=0,M_L=1$ 的位置，因为在这种情况下，轨道是等价的(两个 2p 轨道)。因此，两种微态 $1^+,0^-$ 和 $0^-,-1^+$ 是不可区分的。上表中被划掉的 6 个微态违反了泡利不相容原理。其余 15 个微态构成了 np^2 电子组态的所有可能微态。

现在我们必须根据表中的 M_L 和 M_S 的值推导出 L 和 S 的可能取值。M_L 的最大值为2，当且仅当 $M_S=0$。因此，一定有一个态满足 $L=2$ 且 $S=0$（^{1}D）。因为 $L=2$，$M_L=2,1,0,-1,-2$，所以^{1}D 态代表上述表格中间一列每行的一个微态。对于包含一个以上微态的行（第二、第三和第四行），选择哪一个微态并无区别。将任意选择微态 $1^+,0^-;1^+,-1^-$ 和 $0^+,-1^-$。如果将这些微态从表格中剔除，就会得到下表。

M_L	M_S = 1	0	−1
2			
1	$0^+,1^+$	$1^-,0^+$	$0^-,1^-$
0	$1^+,-1^+$	$-1^+,1^-;0^+,0^-$	$1^-,-1^-$
−1	$0^+,-1^+$	$0^-,-1^+$	$0^-,-1^-$
−2			

剩下的 M_L 的最大值为 $M_L=1$，意味着 $L=1$。与 $M_L=1,0,-1$ 相关的微态有 $M_S=1(0^+,1^+;1^+,-1^+;0^+,-1^+)$，$M_S=0(1^-,0^+;-1^+,1^-$ 或 $0^+,0^-;0^-,-1^+)$，$M_S=-1(0^-,1^-;1^-,-1^-;0^-,-1^-)$。因此，这九个微态对应 $L=1$ 且 $S=1$，即^{3}P（三重 P）态。如果从表中去掉这九个微态，那么只剩下一个微态，即表中心的 $M_L=0$ 且 $M_S=0$，意味着 $L=0$ 且 $S=0$（^{1}S）。

到目前为止，已经找到了部分特定的谱项，^{1}D，^{3}P 和^{1}S。要指明这些谱项，必须确定每种情况下 J 的可能取值。回顾 $M_J=M_L+M_S$。对于与^{1}D 态对应的五项，$M_S=0$，所以 M_J 的值为 $2,1,0,-1,-2$，这意味着 $J=2$。因此，^{1}D态的完整谱项符号为$^1\mathrm{D}_2$。注意，这个态的简并度为5，即 $2J+1$。对于^{3}P 态的九项可取的 M_J 的值为 $2,1,1,0,0,-1,0,-1$ 和 -2。显然有一个集合 $2,1,0,-1,-2$ 对应 $J=2$。如果去掉这五个值，那么就剩下 $1,0,0,-1$，对应 $J=1$ 和 $J=0$。因此，^{3}P 态有三个可能的 J 值，所以谱项为$^3\mathrm{P}_2$，$^3\mathrm{P}_1$和$^3\mathrm{P}_0$。^{1}S 态一定为$^1\mathrm{S}_0$。总而言之，与 $n\mathrm{p}^2$ 电子组态相关的电子态为

$$^1\mathrm{D}_2,\quad {}^3\mathrm{P}_0,\quad {}^3\mathrm{P}_1,\quad {}^3\mathrm{P}_2\quad 和\quad {}^1\mathrm{S}_0$$

这些态的简并度分别为 $2J+1=5,1,3,5$ 和 1。表 8.4 列出了不同电子组态可能的谱项。

表 8.4 中谱项的 J 值可以根据 L 和 S 的值来确定：

$$\boldsymbol{J}=\boldsymbol{L}+\boldsymbol{S}$$

表 8.4 不同电子组态可能的谱项。

电子组态	谱项（不包括下标 J）
s^1	^{2}S
p^1	^{2}P
p^2,p^4	^{1}S，^{1}D，^{3}P
p^3	^{2}P，^{2}D，^{4}S
p^1,p^5	^{2}P
d^1,d^9	^{2}D
d^2,d^8	^{1}S，^{1}D，^{1}G，^{3}P，^{1}F
d^3,d^7	^{2}P，^{2}D（2个），^{2}F，^{2}G，^{2}H，^{4}P，^{4}F
d^4,d^6	^{1}S（2个），^{1}D（2个），^{1}F，^{1}G（2个），^{1}I，^{3}P（2个），^{3}D，^{3}F（2个），^{3}G，^{3}H，^{5}D
d^5	^{2}S，^{2}P，^{2}D（3个），^{2}F（2个），^{2}G（2个），^{2}H，^{2}I，^{4}P，^{4}D，^{4}F，^{4}G，^{6}S

当 $\boldsymbol{L}$ 和 $\boldsymbol{S}$ 指向同一方向时，J 的值最大，此时 $J=L+S$。当 $\boldsymbol{L}$ 和 $\boldsymbol{S}$ 指向相反方向时，J 的值最小，此时 $J=|L-S|$。J 的值介于 $L+S$ 和 $|L-S|$ 之间，即

$$J=L+S,L+S-1,L+S-2,\cdots,|L-S| \tag{8.54}$$

式(8.54)如下图所示。矢量 $\boldsymbol{L}$ 和 $\boldsymbol{S}$ 以各种方式相加，如果 S 取整数，则它们的和是长度为 $0,1,2,\cdots$ 的矢量；如果 S 取 $1/2,3/2,5/2$ 等半整数，则它们的和是长度为 $1/2,3/2,5/2,\cdots$ 的矢量。例如，$L=2$ 且 $S=1$，则 $\boldsymbol{L}$ 和 $\boldsymbol{S}$ 的矢量和如下所示：

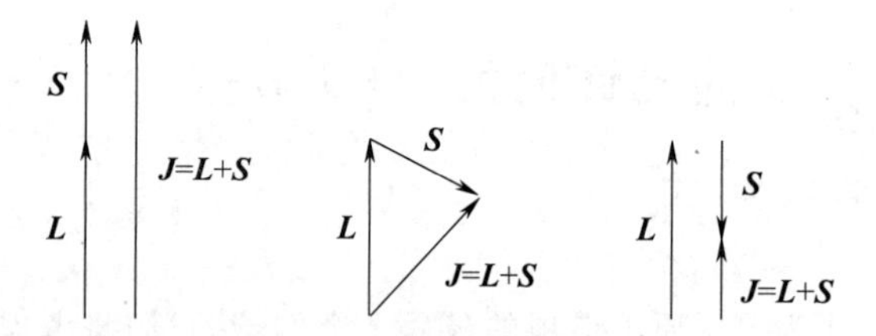

注意，J 的最大值对应于 $\boldsymbol{L}$ 和 $\boldsymbol{S}$ 指向同一方向，而 J 的最小值对应于 $\boldsymbol{L}$ 和 $\boldsymbol{S}$ 指向相反方向。

如果将式(8.54)应用到上述^{3}P 谱项，那么 J 的值为

$$J=(1+1),(1+1)-1,1-1$$

因此，$J=2,1,0$。

» 例题 8-6 使用式(8.54)推导与谱项^{2}S，^{3}D 和^{4}F 相关的 J 值。

» 解 对^{2}S 态，$L=0$ 且 $S=1/2$。根据式(8.54)，J 的唯一可能值为 1/2，所以谱项为$^2\mathrm{S}_{1/2}$。对^{3}D 态，$L=2$ 且 $S=1$。因此，J 的值为 3,2,1，所以谱项为

$$^3\mathrm{D}_1,\quad {}^3\mathrm{D}_2\quad 和\quad {}^3\mathrm{D}_3$$

对^{4}F 态,$L=3$ 且 $S=3/2$。因此,J 的值为 9/2,7/2,5/2 和 3/2,所以谱项为

$$^4F_{9/2}, \quad ^4F_{7/2}, \quad ^4F_{5/2} \quad 和 \quad ^4F_{3/2}$$

例 8-6 表明,如果已知谱项的 L 和 S 部分,则足以推导出完整的谱项。

式(8.53)与给定的电子组态相关的谱项之间存在一个有用的一致性检验。谱项 ^{2S+1}L 在 m_{li}和 m_{si}的所有可能值组成的表中对每个 M_L 值会有($2S+1$)项(参考 np^2 的表项)。因为对于给定的 L,M_L 有($2L+1$)个值,因此每个谱项(不包括 J 下标)的总项数为($2S+1$)($2L+1$)。将这个结果应用于 np^2 的情况,有

$$\begin{array}{ccc} ^1S & ^3P & ^1D \\ (1\times1)+(3\times3)+(1\times5)=15 \end{array}$$

» 例题 8-7 证明式(8.53)和表 8.4 给出的 nd^2 对应的谱项是一致的。

» 解 对 nd^2 电子组态来说,由可能的 m_{li}和 m_{si}取值构成的表中总的项数为

$$\frac{G!}{N!(G-N)!}=\frac{10!}{2!8!}=45$$

表 8.4 给出的谱项为

$$\begin{array}{ccccc} ^1S & ^1D & ^1G & ^3P & ^3F \\ \end{array}$$
$$(1\times1)+(1\times5)+(1\times9)+(3\times3)+(3\times7)=45$$

8-10 使用洪德规则确定电子基态的谱项

每个用谱项指定的状态都对应一个行列式波函数,该波函数是$\hat{L}^2$ 和$\hat{S}^2$ 的本征函数,每个态对应一定的能量。虽然可以计算出每个态相应的能量,但实际上,各种状态是根据德国光谱学家 Friederich Hund 制定的三条经验规则进行排序的。洪德规则如下:

(1) S 值最大的态最稳定(能量最低),且稳定性随 S 的减小而降低。

(2) 对于 S 值相同的态,L 值最大的态最稳定。

(3) 如果态的 L 值和 S 值相同,那么对小于半充满的亚壳层来说,J 值最小的态是最稳定的;对大于半满填充的亚壳层来说,J 值最大的态是最稳定的。

» 例题 8-8 用洪德规则推导电子组态为$(1s)^2 2s^1 3s^1$ 的铍原子激发态和碳原子基态的最低能态。

» 解 $2s^1 3s^1$ 电子组态的谱项为(第 8-8 节)

$$^3S_1 \quad 和 \quad ^1S_0$$

根据洪德规则的第一条,更稳定的态是$^3S_1$ 态。

碳原子的基态电子组态为p^2,对应的谱项为(表 8.4)

$$^1S_0, \quad ^3P_0, \quad ^3P_1, \quad ^3P_2 \quad 和 \quad ^1D_2$$

根据洪德规则的第一条,基态是^3P 态之一。根据第三条,最稳定的态是$^3P_0$ 态。

8-11 原子谱项用于描述原子光谱

原子谱项有时也称为光谱项,因为原子谱线可以分配给原子谱项所描述的状态之间的跃迁。例如,表 8.5 给出了氢原子的前几个电子态。电子组态 1s 产生了谱项$^2S_{1/2}$,它是双重简并的,对应 $M_J=+1/2$ 和 $-1/2$。电子组态 2s 同样产生一个双重简并的$^2S_{1/2}$态。在 2p 轨道的电子产生两个态,$^2P_{1/2}$和$^2P_{3/2}$。前者是双重简并的,而后者是四重简并的($M_J=3/2,1/2,-1/2,-3/2$)。$n=2$ 能级总的简并度为 8。在第 6 章中求解氢原子的薛定谔方程时,发现电子能量只取决于主量子数 n[式(6.44)]。然而,表 8.5 中的数据显示,不同的 n 能级会分裂成几组紧密相邻的能级。造成这种细微分裂的原因是**自旋-轨道耦合**(spin-orbit coupling),下面将对此进行简要讨论。

表 8.5 氢原子的前几个电子组态*。

电子组态	谱项	能量/cm^{-1}
1s	1s $^2S_{1/2}$	0.00
2p	2p $^2P_{1/2}$	82258.917
2s	2s $^2S_{1/2}$	82258.942
2p	2p $^2P_{3/2}$	82259.272
3p	3p $^2P_{1/2}$	97492.198
3s	3s $^2S_{1/2}$	97492.208
3p,3d	3p $^2P_{3/2}$, 3d $^2D_{3/2}$	97492.306
3d	3d $^2D_{5/2}$	97492.342
4p	4p $^2P_{1/2}$	102823.835
4s	4s $^2S_{1/2}$	102823.839
4p,4d	4p $^2P_{3/2}$, 4d $^2D_{3/2}$	102823.881
4d,4f	4d $^2D_{5/2}$, 4f $^2F_{5/2}$	102823.896
4f	4f $^2F_{5/2}$	102823.904

* 来自 C E Moore. Atomic Energy Levels. Natl Bur Std Circ. No.467(U.S. Government Printing Office, Washington, D.C., 1949)。

在多电子原子的哈密顿算符中，除了一般的动能和静电项之外，还有一些磁性和自旋项。其中最重要的是**自旋-轨道相互作用**(spin-orbit interaction)项，它表示与电子自旋相关的磁矩与电子自身轨道运动产生的电流所引起的磁场之间的相互作用。其他项包括自旋-自旋相互作用和轨道-轨道相互作用，但这些在数值上不太重要。多电子原子的哈密顿算符可以写成

$$\hat{H}=-\frac{1}{2}\sum_{j}\nabla_j^2-\sum_{j}\frac{Z}{r_j}+\sum_{i<j}\frac{1}{r_{ij}}+\sum_{j}\xi(r_j)\,\boldsymbol{l}_j\cdot\boldsymbol{s}_j \tag{8.55}$$

式中$\boldsymbol{l}_j$和$\boldsymbol{s}_j$分别是各个电子的轨道角动量和自旋角动量，而$\xi(r_j)$是r的标量函数，它的形式在此无须说明(习题8-46)。式(8.55)可以简写为

$$\hat{H}=\hat{H}_0+\hat{H}_{so}^{(1)}$$

式中$\hat{H}_0$表示前三项，在本章中已经讨论过；$\hat{H}_{so}^{(1)}$表示式(8.55)中的第四项(自旋-轨道耦合)。当$\hat{H}_{so}^{(1)}$小到足以被视为微扰时(尤其是对原子序数小于30的原子)，微扰理论会得出表8.5中观察到的分裂(习题8-46)。

利用表8.5仔细观察一下氢原子光谱。尤其是Lyman谱系，它是由$n\geqslant2$到$n=1$态跃迁产生的一系列谱线(见图1.10)。正如在第1章所做的那样，可以使用Rydberg公式来计算Lyman系列中各条谱线的频率。Lyman谱系中各谱线频率为

$$\tilde{\nu}=109677.58\left(1-\frac{1}{n^2}\right)\text{cm}^{-1}\quad n=2,3,\cdots \tag{8.56}$$

如果用波数来表示结果，可得

跃迁	频率/cm^{-1}
2 → 1	82258.19
3 → 1	97491.18
4 → 1	102822.73
5 → 1	105290.48

从表8.5中可以看到$n=2$时有三个态。由于选择定则的限制，并非所有态都能跃迁到基态。回顾第5章，选择定则是可能或**允许**(allowed)从一个态跃迁到另一个态的限制条件。就原子光谱而言，选择定则为

$$\Delta L=0,\pm1$$
$$\Delta S=0 \tag{8.57}$$
$$\Delta J=0,\pm1$$

除此之外，从$J=0$的态到另一个$J=0$的态的跃迁是不允许的(**禁阻**的，forbidden)。式(8.57)所给出的选择定则是通过实验推导出来的，并在理论上得到了证实。我们将在第13章中推导出一些光谱选择定则，但这里只需接受这些规则。(规则$\Delta L=\pm1$来自角动量守恒原理，因为光子的自旋角动量为$\hbar$。)

式(8.57)给出的选择定则告诉我们，跃迁$^2\text{P}\to{}^2\text{S}$是允许的，但跃迁$^2\text{S}\to{}^2\text{S}$是禁阻的，因为$\Delta L=0$，且$^2\text{S}\to{}^2\text{D}$和$^2\text{F}\to{}^2\text{P}$跃迁也是禁阻的，因为在这些跃迁中分别有$\Delta L=\pm2$。因此，如果仔细观察氢原子的Lyman谱系，会发现允许到基态的跃迁为

$$n\text{p}\ {}^2\text{P}_{1/2}\to1\text{s}\ {}^2\text{S}_{1/2}\quad\begin{pmatrix}\Delta L=1\\ \Delta S=0\\ \Delta J=0\end{pmatrix}$$

或

$$n\text{p}\ {}^2\text{P}_{3/2}\to1\text{s}\ {}^2\text{S}_{1/2}\quad\begin{pmatrix}\Delta L=1\\ \Delta S=0\\ \Delta J=-1\end{pmatrix}$$

其他到基态$1\text{s}\ {}^2\text{S}_{1/2}$的跃迁都是禁阻的。

跃迁2→1的频率可以从表8.5算出；其值分别为

$$\tilde{\nu}=(82258.917-0.00)\text{cm}^{-1}=82258.917\ \text{cm}^{-1}$$
$$\tilde{\nu}=(82259.272-0.00)\text{cm}^{-1}=82259.272\ \text{cm}^{-1} \tag{8.58}$$

可以看到，如果忽略自旋-轨道耦合，$n=2$到$n=1$的跃迁发生在频率$\tilde{\nu}=82258.19\ \text{cm}^{-1}$，但考虑自旋-轨道耦合时它会存在两个紧密相邻的谱项，它们的频率由式(8.58)给出。这对紧密相邻的谱线称为**双线**(doublet)，因此可以看到，在高分辨率下，Lyman谱系的第一条线是双线。表8.5显示，所有Lyman系的谱线都是双线，且双线的分离程度随着n的增大而减小。自旋-轨道耦合导致的光谱复杂度的增加称为**精细结构**(fine structure)。

» 例题 8-9 计算氢原子$3\text{d}\ {}^2\text{D}$到$2\text{p}\ {}^2\text{P}$跃迁中各谱线的频率。

» 解　氢原子中有两个$2\text{p}\ {}^2\text{P}$态，$2\text{p}\ {}^2\text{P}_{1/2}$和$2\text{p}\ {}^2\text{P}_{3/2}$。从$3\text{d}\ {}^2\text{D}$态到$2\text{p}\ {}^2\text{P}_{1/2}$态的允许跃迁为

$$3\text{d}\ {}^2\text{D}_{3/2}\to2\text{p}\ {}^2\text{P}_{3/2}$$
$$\tilde{\nu}=(97492.306-82258.917)\text{cm}^{-1}=15233.389\ \text{cm}^{-1}$$

$3\text{d}\ {}^2\text{D}\to2\text{p}\ {}^2\text{P}_{3/2}$的跃迁为

$$3\text{d}\ {}^2\text{D}_{3/2}\to2\text{p}\ {}^2\text{P}_{3/2}$$
$$\tilde{\nu}=(97492.306-82259.272)\text{cm}^{-1}=15233.034\ \text{cm}^{-1}$$

和

$$3\text{d}\ {}^2\text{D}_{5/2}\to2\text{p}\ {}^2\text{P}_{3/2}$$
$$\tilde{\nu}=(97492.342-82259.272)\text{cm}^{-1}=15233.070\ \text{cm}^{-1}$$

图 8.3 展示了这三种跃迁。注意，$3d\ ^2D_{5/2}\to 2p\ ^2P_{1/2}$ 是禁阻的，因为 $\Delta J=2$ 是禁阻的。

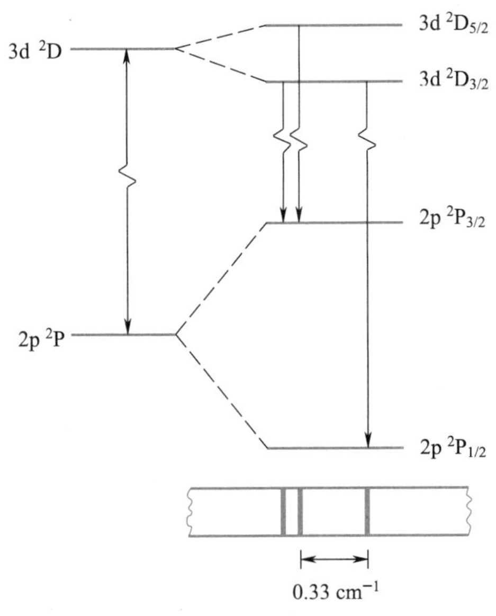

图 8.3 氢原子中 $3d\ ^2D\to 2p\ ^2P$ 跃迁谱线的精细结构。

表 8.5 中氢原子的数据类型已在 C. E.Moore 出版的《**原子能级**》(*Atomic Energy Levels*)一书中列出(见表 8.5 脚注)。化学家通常将这些表称为 Moore 表。表 8.6 列出了钠原子前几个能级的数据，其基态电子组态为 $1s^22s^22p^63s^1$。图 8.4 是钠原子的能级图，显示了允许的电子跃迁。表 8.6 中谱项前的 3s，3p 等表示这些态的电子组态为 [Ne]3s，[Ne]3p 等。

表 8.6 转印自"Moore 表"的一页，给出了钠原子前几个状态的能量(单位为 cm^{-1})。

Na I				
构型	谱项	J	能级	间距
3s	$3s\ ^2S$	1/2	0.000	
3p	$3p\ ^2P^\circ$	1/2	16956.183	17.1963
		3/2	16973.379	
4s	$4s\ ^2S$	1/2	25739.86	
3d	$3d\ ^2D$	5/2	29172.855	-0.0494
		3/2	29172.904	
4p	$4p\ ^2P^\circ$	1/2	30266.88	5.63
		3/2	30272.51	
5s	$5s\ ^2S$	1/2	33200.696	
4d	$4d\ ^2D$	5/2	34548.754	-0.0346
		3/2	34548.789	
4f	$4f\ ^2F^\circ$	{5/2, 7/2}	34588.6	

续表

Na I				
构型	谱项	J	能级	间距
5p	$5p\ ^2P^\circ$	1/2	35040.27	2.52
		3/2	35042.79	
6s	$6s\ ^2S$	1/2	36372.647	
5d	$5d\ ^2D$	5/2	37036.781	-0.0230
		3/2	37036.805	
5f	$5f\ ^2F^\circ$	{5/2, 7/2}	37057.6	
5g	$5g\ ^2G$	{7/2, 9/2}	37060.2	
6p	$6p\ ^2P^\circ$	1/2	37296.51	1.25
		3/2	37297.76	
7s	$7s\ ^2S$	1/2	38012.074	
6d	$6d\ ^2D$	5/2	38387.287	-0.0124
		3/2	38387.300	

*最后十四个数据没有包括在内，因为收到数据时已准备好校样。

» 例题 8-10 利用表 8.6 计算钠中 $3p\ ^2P\to 3s\ ^2S$ 跃迁的双重态中两条谱线的波长，并将结果与图 8.4 中的结果进行比较。

» 解 这两个跃迁为

$$3p\ ^2P_{1/2}\to 3s\ ^2S_{1/2}\quad \tilde{\nu}=16956.183\ cm^{-1}$$

和

$$3p\ ^2P_{3/2}\to 3s\ ^2S_{1/2}\quad \tilde{\nu}=16973.379\ cm^{-1}$$

波长为 $\lambda=1/\tilde{\nu}$，即

$$\lambda=5897.6\ Å\quad 和\quad 5891.6\ Å$$

其中 Å 为非 SI 单位，但是常用的单位($1\ Å=10^{-10}\ m$)。

如果将这些波长与图 8.4 中的数据进行对比，会发现两者之间存在微小的差异。造成这种差异的原因是，实验测定的波长是在空气中测量得到的，而用表 8.6 计算得到的波长是真空中的。利用空气中的折射率(1.00029)将一种波长转换成另一种波长：

$$\lambda_{vac}=1.00029\lambda_{air}$$

将之前得到的各波长除以 1.00029，得

$$\lambda_{expt}=5895.9\ Å\quad 和\quad 5889.9\ Å$$

与图 8.4 非常吻合。这些波长出现在光谱的黄色区域，是钠原子发射光谱中强烈的黄色双线(称为**钠 D 线**，sodium D line)的特征。

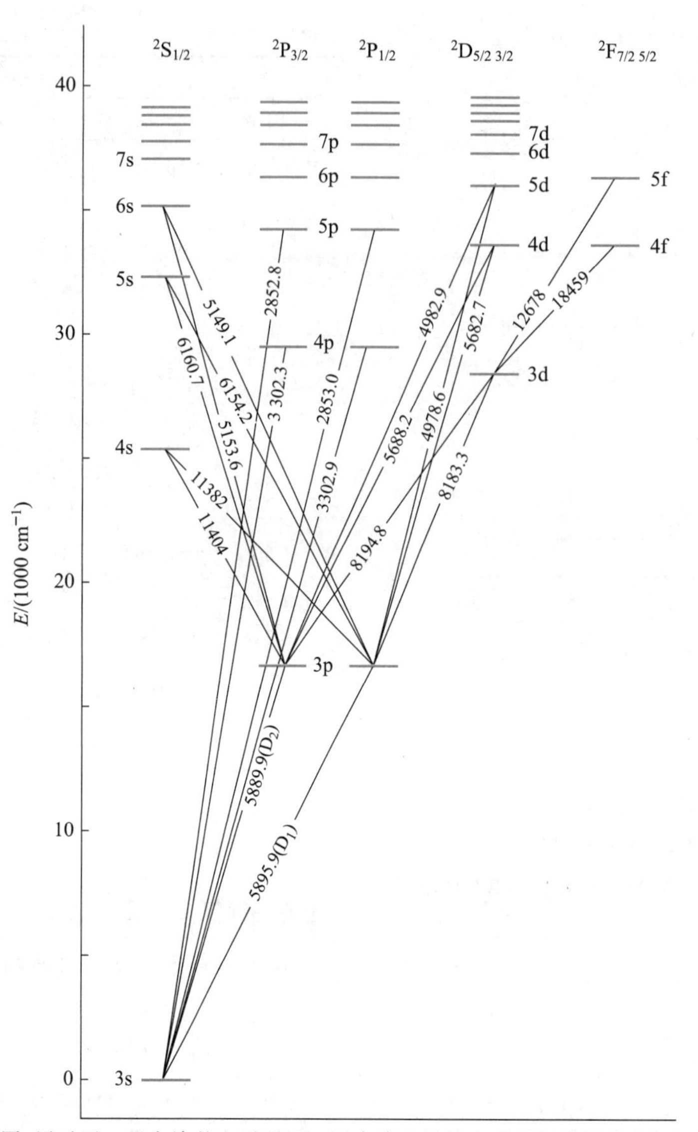

图 8.4　钠原子的能级图,展示了一些允许的电子跃迁。图中线上的数字是跃迁的波长(在空气中测量得到),单位为 Å。

图 8.5 展示了氦原子的能级图,在该分辨率下自旋-轨道分裂不明显。氦能级图的主要特征是它显示出了两组独立的跃迁。从图中可以看出,一组是单重态($S=0$)之间的跃迁,另一组是三重态($S=1$)之间的跃迁。由于 $\Delta S=0$ 选择定则的存在,两组状态之间不会发生跃迁。因此,唯一允许的跃迁是在具有相同自旋多重度的态之间进行的。观测到的氦光谱由两组重叠的谱线组成。应该指出,这里介绍的选择定则只对小的自旋-轨道耦合有效,因此只适用于原子序数较小的原子。随着原子序数的增加,选择定则会被打破。例如,汞和氦一样具有单重态和三重态,但在汞的原子光谱中可以观察到许多单重态-三重态的跃迁。

下面将讨论分子。量子力学的伟大成就之一就是详细解释了化学键的稳定性,例如 H_2。由于 H_2 是最简单的分子,我们将像本章讨论氦那样,对它进行一些定量的详细讨论,然后再定性地讨论更复杂分子的类似计算结果。

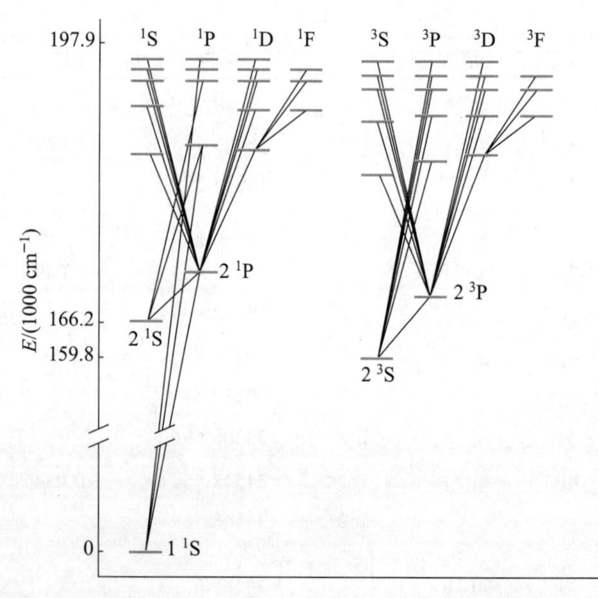

图 8.5　氦原子的能级图,显示出了两组独立的单重态和三重态。

习题

8-1 证明原子单位的能量可以写成

$$E_{h}=\frac{\hbar^{2}}{m_{e}a_{0}^{2}}=\frac{e^{2}}{4\pi\varepsilon_{0}a_{0}}=\frac{m_{e}e^{4}}{16\pi^{2}\varepsilon_{0}^{2}\hbar^{2}}$$

8-2 证明以原子单位表示的氦离子能量为 $-2E_{h}$。

8-3 与电荷 q 相距 r 处的电势能为

$$V=\frac{q}{4\pi\varepsilon_{0}r}$$

证明势能的原子单位为距质子一个玻尔半径处的势能(见表 8.1)。

8-4 证明电子在第一玻尔轨道上的速度为$e^{2}/4\pi\varepsilon_{0}\hbar=2.188\times10^{6}\ \mathrm{m\cdot s^{-1}}$。该速度是原子单位下的速度单位。

8-5 证明光速在原子单位下等于 137。

8-6 另一种引入原子单位的方法是将质量表示为电子质量 m_{e}的倍数(而非 kg);电荷表示为质子电荷 e 的倍数(而非 C);角动量表示为 $\hbar$ 的倍数(而非 $\mathrm{J\cdot s=kg\cdot m^{2}\cdot s^{-1}}$)以及介电常数表示为 $4\pi\varepsilon_{0}$ 的倍数(而非 $\mathrm{C^{2}\cdot s^{2}\cdot kg^{-1}\cdot m^{-3}}$)。这种转换可以通过令 $m_{e}=e=\hbar=4\pi\varepsilon_{0}=1$,从而在所有的方程中应用。证明这个过程和本章中所用的原子单位的定义是一致的。

8-7 从式(8.4)推出式(8.5)。记住∇^{2} 的单位为(距离)$^{-2}$。

8-8 证明 Slater 轨道径向部分的归一化常数为$(2\zeta)^{n+\frac{1}{2}}/[(2n)!]^{1/2}$。

8-9 用式(8.12)写出归一化的 1s,2s 和 2p Slater 轨道。它们与类氢轨道有何不同?

8-10 将式(8.5)中的$\hat{H}$代入

$$E=\iint\mathrm{d}\boldsymbol{r}_{1}\mathrm{d}\boldsymbol{r}_{2}\phi^{*}(\boldsymbol{r}_{1})\phi^{*}(\boldsymbol{r}_{2})\ \hat{H}\phi(\boldsymbol{r}_{1})\phi(\boldsymbol{r}_{2})$$

并证明:

$$E=I_{1}+I_{2}+J_{12}$$

其中

$$I_{j}=\int\mathrm{d}\boldsymbol{r}_{j}\phi^{*}(\boldsymbol{r}_{j})\left(-\frac{1}{2}\nabla_{j}^{2}-\frac{Z}{r_{j}}\right)\phi(\boldsymbol{r}_{j})$$

且

$$J_{12}=\iint\mathrm{d}\boldsymbol{r}_{1}\mathrm{d}\boldsymbol{r}_{2}\phi^{*}(\boldsymbol{r}_{1})\phi(\boldsymbol{r}_{1})\ \frac{1}{r_{12}}\phi^{*}(\boldsymbol{r}_{2})\phi(\boldsymbol{r}_{2})$$

为什么J_{12}被称为库仑积分?

在下一题中,我们利用上述结果推导出 Hartree-Fock 方程[式(8.20)]中本征值 ϵ 的物理意义。

8-11 在这个问题中,我们将研究式(8.20)中特征值 ϵ 的物理意义。ϵ 称为轨道能量。用式(8.19)作为 $\hat{H}_{1}^{\mathrm{eff}}(\boldsymbol{r}_{1})$,对方程(8.20)左乘 $\phi^{*}(\boldsymbol{r}_{1})$ 并积分得

$$\epsilon_{1}=I_{1}+J_{12}$$

其中I_{1}和J_{12}在习题 8-10 中定义。证明氦原子的总能量 $E=I_{1}+I_{2}+J_{12}$并**不是**其轨道能量之和。实际上,证明:

$$\epsilon_{1}=E-I_{2} \tag{1}$$

但根据习题 8-10 中I_{2} 的定义,I_{2} 是氦离子的能量,由氦的 Hartree-Fock 轨道 $\phi(r)$ 计算得到。因此,式(1)表明轨道能量ϵ_{1}是氦原子电离能的近似值,即

$$IE\approx-\epsilon_{1}\qquad(\text{Koopmans 近似})$$

即使处于 Hartree-Fock 近似中,Koopmans 近似还基于这样的近似,即相同的轨道可以用来计算中性原子和离子的能量。Clementi 得到的 $-\epsilon_{1}$值(见表 8.2)为 $0.91796E_{h}$,而实验值为 $0.904E_{h}$。

8-12 证明包含两项的氦原子 Hartree-Fock 轨道

$$\phi(r)=0.81839\mathrm{e}^{-1.44608r}+0.52072\mathrm{e}^{-2.86222r}$$

是归一化的。

8-13 在第 7 章中确定的氦的归一化变分轨道为

$$\phi(r)=1.2368\mathrm{e}^{-27r/16}$$

习题 8-12 给出的两项 Hartree-Fock 轨道为

$$\phi(r)=0.81839\mathrm{e}^{-1.44608r}+0.52072\mathrm{e}^{-2.86222r}$$

而本章第 8.3 节中给出的五项轨道为

$$\phi(r)=0.75738\mathrm{e}^{-1.4300r}+0.43658\mathrm{e}^{-2.4415r}+0.17295\mathrm{e}^{-4.0996r}-0.02730\mathrm{e}^{-6.4843r}+0.06675\mathrm{e}^{-7.978r}$$

将这些轨道绘制在同一张图上并进行比较。

8-14 鉴于 $\Psi(1,2)=1s\alpha(1)1s\beta(2)-1s\alpha(2)1s\beta(1)$,证明:

$$\int\mathrm{d}\tau_{1}\mathrm{d}\tau_{2}\Psi^{*}(1,2)\Psi(1,2)=2$$

如果空间部分是归一化的。

8-15 证明式(8.40)中的自旋积分等于 2。

8-16 为什么氦原子中的两个电子无法区分,而分离的氢原子中的两个电子却可以区分?你认为双原子分子 H_{2} 中的电子是可区分的吗?给出理由。

8-17 为什么 Hartree-Fock 近似中多电子原子波函数的角度依赖性与氢原子波函数相同?

8-18 为什么 Hartree-Fock 近似中多电子原子波函数的径向依赖性与氢原子波函数不同?

8-19　如果1s轨道是归一化的，证明原子行列式波函数

$$\psi=\frac{1}{\sqrt{2}}\begin{vmatrix}1s\alpha(1) & 1s\beta(1)\\ 1s\alpha(2) & 1s\beta(2)\end{vmatrix}$$

是归一化的。

8-20　证明习题8-19中的双电子行列式波函数可以因式分解为空间部分和自旋部分。

8-21　证明正交归一的自旋轨道的 $N\times N$ Slater 行列式归一化常数为 $1/\sqrt{N!}$。

8-22　一个 N 电子体系的总 z 分量自旋角动量的算符为

$$\hat{S}_{z,\text{total}}=\sum_{j=1}^{N}\hat{S}_{zj}$$

证明：

$$\psi=\frac{1}{\sqrt{2}}\begin{vmatrix}1s\alpha(1) & 1s\beta(1)\\ 1s\alpha(2) & 1s\beta(2)\end{vmatrix}$$

和

$$\psi=\frac{1}{\sqrt{3!}}\begin{vmatrix}1s\alpha(1) & 1s\beta(1) & 2s\alpha(1)\\ 1s\alpha(2) & 1s\beta(2) & 2s\alpha(2)\\ 1s\alpha(3) & 1s\beta(3) & 2s\alpha(3)\end{vmatrix}$$

是 $\hat{S}_{z,\text{total}}$ 的本征函数。每种情况下的本征值是多少？

8-23　考虑下面的行列式原子波函数

$$\Psi(1,2)=\frac{1}{\sqrt{2}}\begin{vmatrix}\psi_{211}\alpha(1) & \psi_{21-1}\beta(1)\\ \psi_{211}\alpha(2) & \psi_{21-1}\beta(2)\end{vmatrix}$$

其中 $\psi_{21\pm1}$ 是类氢波函数。证明 $\Psi(1,2)$ 是算符

$$\hat{L}_{z,\text{total}}=\hat{L}_{z1}+\hat{L}_{z2}$$

和

$$\hat{S}_{z,\text{total}}=\hat{S}_{z1}+\hat{S}_{z2}$$

的本征函数。本征值是多少？

8-24　对于双电子体系，有四种可能的自旋函数：

(1) $\alpha(1)\alpha(2)$　　(2) $\beta(1)\alpha(2)$

(3) $\alpha(1)\beta(2)$　　(4) $\beta(1)\beta(2)$

不可区分性的概念迫使我们只能考虑(2)和(3)的线性组合：

$$\psi_{\pm}=\frac{1}{\sqrt{2}}[\alpha(1)\beta(2)\pm\beta(1)\alpha(2)]$$

而不是分别使用(2)和(3)。证明四个可接受的自旋函数(1)，(4)和 $\psi_{\pm}$ 中，有三个是对称的，有一个是反对称的。

对于两电子体系，我们把空间波函数和自旋波函数结合起来。证明这种组合只能得到四种允许的结果：

$$[\psi(1)\phi(2)+\psi(2)\phi(1)]\frac{1}{\sqrt{2}}[\alpha(1)\beta(2)-\alpha(2)\beta(1)]$$

$$[\psi(1)\phi(2)-\psi(2)\phi(1)][\alpha(1)\alpha(2)]$$

$$[\psi(1)\phi(2)-\psi(2)\phi(1)][\beta(1)\beta(2)]$$

$$[\psi(1)\phi(2)-\psi(2)\phi(1)]\frac{1}{\sqrt{2}}[\alpha(1)\beta(2)+\alpha(2)\beta(1)]$$

其中 ψ 和 ϕ 是两个空间波函数。证明第一个式子满足 $M_S=m_{s1}+m_{s2}=0$，而后三个分别满足 $M_S=1,-1$ 和0(在原子单位下)。

考虑氦原子的第一激发态，此时 $\psi=1s$ 且 $\phi=2s$。上述四个波函数中的第一个具有对称的空间部分，比剩下的三个能量更高，后三个形成了三重简并的组合。第一个态是单重态，而三重简并的组合代表了三重态。因为单重态 M_S 等于0且仅等于0，所以单重态对应 $S=0$。另外三个，即 $M_S=\pm1,0$ 的情况，对应 $S=1$。注意每种情况下的简并度为 $2S+1$。

将所有信息转化成更加数学的形式，考虑 $\hat{S}_{\text{total}}=\hat{S}_1+\hat{S}_2$，可以证明(习题8-53)：

$$\hat{S}^2_{\text{total}}[\alpha(1)\beta(2)-\alpha(2)\beta(1)]=0$$

对应 $S=0$，及

$$\hat{S}^2_{\text{total}}\begin{bmatrix}\alpha(1)\alpha(2)\\ \frac{1}{\sqrt{2}}[\alpha(1)\beta(2)+\alpha(2)\beta(1)]\\ \beta(1)\beta(2)\end{bmatrix}=2\hbar^2\begin{bmatrix}\alpha(1)\alpha(2)\\ \frac{1}{\sqrt{2}}[\alpha(1)\beta(2)+\alpha(2)\beta(1)]\\ \beta(1)\beta(2)\end{bmatrix}$$

对应 $S=1$。

8-25　考虑一个处于激发态的氦原子，其中一个1s电子跃迁到2s能级，所以它的电子组态为1s2s。论证因为两个轨道是不同的，该体系有四个可能的行列式波函数：

$$\phi_1=\frac{1}{\sqrt{2}}\begin{vmatrix}1s\alpha(1) & 2s\alpha(1)\\ 1s\alpha(2) & 2s\alpha(2)\end{vmatrix}$$

$$\phi_2=\frac{1}{\sqrt{2}}\begin{vmatrix}1s\beta(1) & 2s\beta(1)\\ 1s\beta(2) & 2s\beta(2)\end{vmatrix}$$

$$\phi_3=\frac{1}{\sqrt{2}}\begin{vmatrix}1s\alpha(1) & 2s\beta(1)\\ 1s\alpha(2) & 2s\beta(2)\end{vmatrix}$$

$$\phi_4=\frac{1}{\sqrt{2}}\begin{vmatrix}1s\beta(1) & 2s\alpha(1)\\ 1s\beta(2) & 2s\alpha(2)\end{vmatrix}$$

为了计算1s2s组态的能量，假设变分函数为

$$\psi=c_1\phi_1+c_2\phi_2+c_3\phi_3+c_4\phi_4$$

证明与该线性组合试探函数相关的久期方程为（这是本题中唯一冗长的部分，并且至少你已经得到了答案；记住这里的1s和2s轨道是类氢波函数算符的本征方程）

$$\begin{vmatrix} E_0+J-K-E & 0 & 0 & 0 \\ 0 & E_0+J-K-E & 0 & 0 \\ 0 & 0 & E_0+J-E & -K \\ 0 & 0 & -K & E_0+J-E \end{vmatrix}=0$$

其中

$$J=\iint \mathrm{d}\tau_1\mathrm{d}\tau_2 1s(1)1s(1)\left(\frac{1}{r_{12}}\right)2s(2)2s(2)$$

$$K=\iint \mathrm{d}\tau_1\mathrm{d}\tau_2 1s(1)2s(1)\left(\frac{1}{r_{12}}\right)1s(2)2s(2)$$

且 E_0 是在氦原子哈密顿算符中没有 $1/r_{12}$ 项时对应的能量。证明：

$$E_0=-\frac{5}{2}E_{\mathrm{h}}$$

解释为什么 J 被称为原子库仑积分，而 K 被称为原子交换积分。

尽管上述久期行列式是 4×4 的，似乎给出了 E 的四次多项式，注意它实际上由两个 1×1 的块和一个 2×2 的块组成。证明行列式的这一对称性可以将行列式方程简化为

$$(E_0+J-K-E)^2\begin{vmatrix} E_0+J-E & -K \\ -K & E_0+J-E \end{vmatrix}=0$$

并且该方程的四个根为

$$\begin{aligned} E &= E_0+J-K \quad（两个）\\ &= E_0+J\pm K \end{aligned}$$

证明与 E 中 $E_0+J\pm K$ 项的正号相对应的波函数为

$$\psi_3=\frac{1}{\sqrt{2}}(\phi_3-\phi_4)$$

且与 $E_0+J\pm K$ 项的负号项对应的是

$$\psi_4=\frac{1}{\sqrt{2}}(\phi_3+\phi_4)$$

证明 ψ_3 和 ψ_4 均可以因式分解为空间部分和自旋部分，即使 ϕ_3 和 ϕ_4 各自都不能分解。此外，令

$$\psi_1=\phi_1 \quad 和 \quad \psi_2=\phi_2$$

证明 ψ_1 和 ψ_2 也都可以被因式分解。利用习题 8-24 中的论证，将这四个波函数（ψ_1,ψ_2,ψ_3 和 ψ_4）组合成一个单重态和一个三重态。

现在计算单重态和三重态的能量，用含 E_0，J 和 K 的项表示。论证 $J>0$。由于 $K>0$ 也成立，那么单重态和三重态的能量哪个更低？当类氢波函数中 $Z=2$ 时，J 和 K 的值分别为 $J=34/81E_h$，$K=32/(27)^2E_h$。利用基态波函数

$$\phi=\frac{1}{\sqrt{2}}\begin{vmatrix} 1s\alpha(1) & 1s\beta(1) \\ 1s\alpha(2) & 1s\beta(2) \end{vmatrix}$$

证明当使用 $Z=2$ 的类氢函数时，一阶微扰理论结果为 $E=-11/4E_h$。使用该 E 的值计算氦的基态与第一激发单重态及第一激发三重态之间的能量差。这些能量差的实验值分别为 159700 $\mathrm{cm^{-1}}$ 和 166200 $\mathrm{cm^{-1}}$（参考图 8.5）。

8-26 确定 $n\mathrm{p}^1$ 电子组态的谱项。证明这些谱项与 $n\mathrm{p}^5$ 电子组态的谱项相同。哪一个谱项代表基态？

8-27 证明 $n\mathrm{p}^4$ 电子组态的谱项与 $n\mathrm{p}^2$ 电子组态的相同。

8-28 证明与任何谱项相关的磁量子数（m_l）和自旋量子数（m_s）组合的个数等于 $(2L+1)(2S+1)$。将这一结果应用到第 8-9 节中讨论的 $n\mathrm{p}^2$ 情况，并证明谱项 $^1\mathrm{S}$，$^3\mathrm{P}$ 和 $^1\mathrm{D}$ 代表了所有可能的磁量子数和自旋量子数的集合。

8-29 计算 $n\mathrm{p}^8$ 电子组态的磁量子数（m_l）和自旋量子数（m_s）组合的个数。证明谱项 $^1\mathrm{S}$，$^1\mathrm{D}$，$^3\mathrm{P}$，$^3\mathrm{F}$ 和 $^1\mathrm{G}$ 代表了所有可能的谱项。

8-30 确定电子组态 $n\mathrm{s}n\mathrm{p}$ 的谱项。哪一个谱项对应最低的能量？

8-31 $n\mathrm{s}n\mathrm{d}$ 电子组态的磁量子数（m_l）和自旋量子数（m_s）组合的个数为多少？谱项有哪些？哪一个谱项对应最低的能量？

8-32 $n\mathrm{d}^2$ 电子组态的谱项为 $^1\mathrm{S}$，$^1\mathrm{D}$，$^1\mathrm{G}$，$^3\mathrm{P}$ 和 $^3\mathrm{F}$。计算每个谱项对应的 J 值。哪一个谱项代表基态？

8-33 $n\mathrm{p}^3$ 电子组态的谱项为 $^2\mathrm{P}$，$^2\mathrm{D}$ 和 $^4\mathrm{S}$。计算每个谱项对应的 J 值。哪一个谱项代表基态？

8-34 确定镁原子的基态电子组态和它的基态谱项。

8-35 锆原子的电子组态为 $[\mathrm{Kr}](4\mathrm{d})^2(5\mathrm{s})^2$，确定 Zr 的基态谱项。

8-36 钯原子的电子组态为 $[\mathrm{Kr}](4\mathrm{d})^{10}$，确定 Pd 的基态谱项。

8-37 考虑氦原子的 1s2p 电子组态。确定该电子组态对应的状态（谱项）。确定每个态的简并度。如果考虑自旋轨道耦合的影响，结果会怎样？

8-38 利用表 8.5 计算氢原子的 Lyman 谱系中出现的双重态的分离。

8-39 利用表 8.6 计算钠原子 $4\mathrm{f}\ ^2\mathrm{F}\rightarrow3\mathrm{d}\ ^2\mathrm{D}$ 跃迁的

波长，并将结果与图 8.4 中的数值进行对比。利用关系式 $\lambda_{vac}=1.00029\lambda_{air}$（见例题 8-10）。

8-40 轨道名称 s，p，d 和 f 来自对钠原子光谱的分析。由 $ns\ ^2S\to3p\ ^2P$ 跃迁产生的谱线系列称为**锐**(sharp,s)线系；由 $np\ ^2P\to3s\ ^2S$ 跃迁产生的系列称为**主**(principal,p)线系；由 $nd\ ^2D\to3p\ ^2P$ 跃迁产生的系列称为**漫**(diffuse,d)线系；由 $nf\ ^2F\to3p\ ^2P$ 跃迁产生的系列称为**基**(fundamental,f)线系。找出图 8.4 中的各线系，并将各个线系中前几条线的波长写成一个表。

8-41 习题 8-40 定义了钠原子光谱中的锐线、主线、漫线和基线系。利用表 8.6 计算各线系中前几条线的波长，并将结果与图 8.4 中的结果进行比较。利用关系式 $\lambda_{vac}=1.00029\lambda_{air}$（见例题 8-10）。

8-42 在这个问题中，我们将使用形如 $(Z^3/\pi)^{1/2}e^{-Zr}$ 的 $\phi(\boldsymbol{r})$ 推导出式(8.18)给出的 $V^{eff}(\boldsymbol{r}_1)$ 的明确表达式。（在习题 7-30 中已经基本解决了这个问题。）

$$V^{eff}(\boldsymbol{r}_1)=\frac{Z^3}{\pi}\int d\boldsymbol{r}_2\frac{e^{-2Zr_2}}{r_{12}}$$

与习题 7-30 相同，利用余弦定理写出

$$r_{12}=(r_1^2+r_2^2-2r_1r_2\cos\theta)^{1/2}$$

V^{eff} 变为

$$V^{eff}(r_1)=\frac{Z^3}{\pi}\int_0^{+\infty}dr_2e^{-2Zr_2}r_2^2\int_0^{2\pi}d\phi\int_0^{\pi}\frac{d\theta\sin\theta}{(r_1^2+r_2^2-2r_1r_2\cos\theta)^{1/2}}$$

习题 7-30 要求证明对 θ 的积分等于 $2/r_1$ 如果 $r_1>r_2$，或等于 $2/r_2$ 如果 $r_1<r_2$。因此，有

$$V^{eff}(r_1)=4Z^3\left[\frac{1}{r_1}\int_0^{r_1}e^{-Zr_2}r_2^2dr_2+\int_{r_1}^{+\infty}e^{-2Zr_2}r_2dr_2\right]$$

现在证明：

$$V^{eff}(r_1)=\frac{1}{r_1}-e^{-2Zr_1}\left(Z+\frac{1}{r_1}\right)$$

8-43 使用习题 7-31 中给出的 $1/r_{12}$ 的展开式，重复习题 8-42。

习题 8-44 至习题 8-48 涉及包含自旋-轨道耦合效应的单电子原子能级。

8-44 证明 $\hat{\boldsymbol{L}}\cdot\hat{\boldsymbol{S}}=\frac{1}{2}(\hat{J}^2-\hat{L}^2-\hat{S}^2)$。

8-45 证明 $[\hat{H},\hat{L}^2]=[\hat{H},\hat{S}^2]=[\hat{H},\hat{J}^2]=0$，其中 $\hat{H}$ 是氢原子的哈密顿算符。提示：利用习题 8-44 的结果，并作用到空间部分和自旋部分相乘得到的波函数上。

8-46 由于电子的自旋和轨道角动量耦合，类氢原子的哈密顿算符变为

$$\hat{H}=\hat{H}^{(0)}+\hat{H}_{so}^{(1)}$$

其中（原子单位下）

$$\hat{H}^{(0)}=-\frac{1}{2}\nabla^2-\frac{Z}{r}$$

且

$$\hat{H}_{so}^{(1)}=\frac{Z}{2(137)^2}\frac{1}{r^3}\hat{\boldsymbol{l}}\cdot\hat{\boldsymbol{s}}$$

现在使用一阶微扰理论来评估能量的一阶修正。回顾第 7 章，有

$$E_n^{(1)}=\int\psi_n^{(0)*}\hat{H}_{so}^{(1)}\psi_n^{(0)}d\tau$$

利用习题 8-44 的结果，证明：

$$\begin{aligned}E_n^{(1)}&=\frac{Z}{2(137)^2}\int\psi_n^{(0)*}\frac{1}{r^3}(\hat{\boldsymbol{l}}\cdot\hat{\boldsymbol{s}})\psi_n^{(0)}d\tau\\&=\frac{1}{2}[j(j+1)-l(l+1)-s(s+1)]\frac{Z}{2(137)^2}\left\langle\frac{1}{r^3}\right\rangle\end{aligned}\tag{1}$$

其中

$$\left\langle\frac{1}{r^3}\right\rangle=\int\psi_n^{(0)*}\left(\frac{1}{r^3}\right)\psi_n^{(0)}d\tau\tag{2}$$

习题 6-41 证明了下式：

$$\left\langle\frac{1}{r^3}\right\rangle=\frac{Z^3}{n^3l(l+1)\left(l+\frac{1}{2}\right)}\tag{3}$$

现在将公式(1)到(3)结合起来，得

$$E_n^{(1)}/E_h=\frac{Z^4}{2(137)^2n^3}\frac{[j(j+1)-l(l+1)-s(s+1)]}{2l(l+1)\left(l+\frac{1}{2}\right)}$$

对 $Z=1$ 且 $l=1$，试将两个态之间的自旋-轨道裂分的数量级表示为 n 的函数（以 cm^{-1} 为单位）。（提示：对氢原子，$s=1/2$ 且 j 只能取 $\pm1/2$。）回顾 $1E_h=2.195\times10^5\ cm^{-1}$。该能量与不同 n 值能量之间的能量差距相比如何？

8-47 与卤素的 ns^2np^5 价电子组态相对应的两个谱项为 $^2P_{1/2}$ 和 $^2P_{3/2}$。哪一个谱项对应基态？不同卤素的这两个态之间的能量差如下所示：

卤素	$[E(^2P_{1/2})-E(^2P_{3/2})]/cm^{-1}$
F	404
Cl	880
Br	3685
I	7600

试解释这一趋势。

8-48 惰性气体氩和氪的光电离光谱均显示两条相距很近的谱线，它们对应了 2p 轨道电子的电离。试解释为什么会出现两条相距很近的谱线。（假设生成的离

子处于基态电子态。)

自旋算符同样满足我们在习题6-48至习题6-57中为角动量算符建立的一般方程。习题8-49至习题8-53回顾了这些结果。

8-49 自旋算符$\hat{S}_x$,$\hat{S}_y$和$\hat{S}_z$像所有的角动量算符一样,有如下对易关系(习题6-13):

$$[\hat{S}_x,\hat{S}_y]=i\hbar\hat{S}_z\quad[\hat{S}_y,\hat{S}_z]=i\hbar\hat{S}_x\quad[\hat{S}_z,\hat{S}_x]=i\hbar\hat{S}_x$$

定义(非厄米的)算符

$$\hat{S}_+=\hat{S}_x+i\hat{S}_y\qquad\hat{S}_-=\hat{S}_x-i\hat{S}_y\tag{1}$$

证明:

$$[\hat{S}_z,\hat{S}_+]=\hbar\hat{S}_+\tag{2}$$

和

$$[\hat{S}_z,\hat{S}_-]=-\hbar\hat{S}_-\tag{3}$$

现在证明:

$$\hat{S}_+\hat{S}_-=\hat{S}^2-\hat{S}_z^2+\hbar\hat{S}_z$$

和

$$\hat{S}_-\hat{S}_+=\hat{S}^2-\hat{S}_z^2-\hbar\hat{S}_z$$

其中

$$\hat{S}^2=\hat{S}_x^2+\hat{S}_y^2+\hat{S}_z^2$$

8-50 利用习题8-49中的式(2)及$\hat{S}_z\beta=-\frac{\hbar}{2}\beta$,证明

$$\hat{S}_z\hat{S}_+\beta=\hat{S}_+\left(-\frac{\hbar}{2}\beta+\hbar\beta\right)=\frac{\hbar}{2}\hat{S}_+\beta$$

由于$\hat{S}_z\alpha=\frac{\hbar}{2}\alpha$,该结果表明:

$$\hat{S}_+\beta\propto\alpha=c\alpha$$

式中c是比例常数。后续的题目证明了$c=\hbar$,因此有

$$\hat{S}_+\beta=\hbar\alpha$$

现在利用习题8-49中的式(3)及$\hat{S}_z\alpha=\frac{\hbar}{2}\alpha$,证明:

$$\hat{S}_-\alpha=c\beta\tag{1}$$

式中c是比例常数。后续的题目证明了$c=\hbar$,因此有

$$\hat{S}_+\beta=\hbar\alpha\quad和\quad\hat{S}_-\alpha=\hbar\beta\tag{2}$$

注意$\hat{S}_+$将自旋函数从β提升到α,而$\hat{S}_-$将自旋函数从α下降到β。两个算符$\hat{S}_+$和$\hat{S}_-$分别称为升算符和降算符。

现在利用式(2)证明:

$$\hat{S}_x\alpha=\frac{\hbar}{2}\beta\qquad\hat{S}_y\alpha=\frac{i\hbar}{2}\beta$$

$$\hat{S}_x\beta=\frac{\hbar}{2}\alpha\qquad\hat{S}_y\beta=-\frac{i\hbar}{2}\alpha$$

8-51 证明下式中的比例常数c等于$\hbar$:

$$\hat{S}_+\beta=c\alpha\quad或\quad\hat{S}_-\alpha=c\beta$$

从下式开始:

$$\int\alpha^*\alpha d\tau=1=\frac{1}{|c|^2}\int(\hat{S}_+\beta)^*(\hat{S}_+\beta)d\tau$$

令上述积分的第二项因式中$\hat{S}_+=\hat{S}_x+i\hat{S}_y$,利用$\hat{S}_+$和$\hat{S}_-$的厄米性,得

$$\int(\hat{S}_x\hat{S}_+\beta)^*\beta d\tau+i\int(\hat{S}_y\hat{S}_+\beta)^*\beta d\tau=|c|^2$$

两边取复共轭,得

$$\int\beta^*\hat{S}_x\hat{S}_+\beta d\tau-i\int\beta^*\hat{S}_y\hat{S}_+\beta d\tau=|c|^2=\int\beta^*\hat{S}_-\hat{S}_+\beta d\tau$$

利用习题8-49中的结论证明

$$|c|^2=\int\beta^*\hat{S}_-\hat{S}_+\beta d\tau=\int\beta^*(\hat{S}^2-\hat{S}_z^2-\hbar\hat{S}_z)\beta a$$

$$=\int\beta^*\left(\frac{3}{4}\hbar^2-\frac{1}{4}\hbar^2+\frac{\hbar^2}{2}\right)\beta d\tau=\hbar^2$$

即$c=\hbar$。

8-52 利用习题8-50中的结论和$\hat{S}_z\alpha=\frac{\hbar}{2}\alpha$,$\hat{S}_z\beta=-\frac{\hbar}{2}\beta$,证明:

$$\hat{S}^2\alpha=\frac{3}{4}\hbar^2\alpha=\frac{1}{2}\left(\frac{1}{2}+1\right)\hbar^2\alpha$$

且

$$\hat{S}^2\beta=\frac{3}{4}\hbar^2\beta=\frac{1}{2}\left(\frac{1}{2}+1\right)\hbar^2\beta$$

8-53 在这个问题中,将利用习题8-50和习题8-52的结论来验证习题8-24结尾的论述。因为$\hat{S}_{total}=\hat{S}_1+\hat{S}_2$,有

$$\hat{\boldsymbol{S}}_{total}^2=(\hat{\boldsymbol{S}}_1+\hat{\boldsymbol{S}}_2)\cdot(\hat{\boldsymbol{S}}_1+\hat{\boldsymbol{S}}_2)=\hat{S}_1^2+\hat{S}_2^2+2\hat{\boldsymbol{S}}_1\cdot\hat{\boldsymbol{S}}_2$$
$$=\hat{S}_1^2+\hat{S}_2^2+2(\hat{S}_{x1}\hat{S}_{x2}+\hat{S}_{y1}\hat{S}_{y2}+\hat{S}_{z1}\hat{S}_{z2})$$

证明:

$$\hat{S}_{total}^2\alpha(1)\alpha(2)=\alpha(2)\hat{S}_1^2\alpha(1)+\alpha(1)\hat{S}_2^2\alpha(2)+2\hat{S}_{x1}\alpha(1)\hat{S}_{x2}\alpha(2)+2\hat{S}_{y1}\alpha(1)\hat{S}_{y2}\alpha(2)+2\hat{S}_{z1}\alpha(1)\hat{S}_{z2}\alpha(2)=2\hbar^2\alpha(1)\alpha(2)$$

同样地,证明:

$$\hat{S}_{total}^2\beta(1)\beta(2)=2\hbar^2\beta(1)\beta(2)$$

$$\hat{S}_{total}^2[\alpha(1)\beta(2)+\beta(1)\alpha(2)]=2\hbar^2[\alpha(1)\beta(2)+\beta(1)\alpha(2)]$$

和

$$\hat{S}_{total}^2[\alpha(1)\beta(2)-\beta(1)\alpha(2)]=0$$

8-54 我们在第8-3节讨论了氦原子的Hartree-Fock方法,但由于波函数的行列式性质,将Hartree-Fock方法应用于含有两个以上电子的原子时会引入新的项。为简单起见,只考虑闭壳层体系,其中波函数由N个双占据空间轨道表示。具有$2N$个电子的原子的哈密顿算符为

$$\hat{H}=-\frac{1}{2}\sum_{j=1}^{2N}\nabla_j^2-\sum_{j=1}^{2N}\frac{Z}{r_j}+\sum_{i=1}^{2N}\sum_{j>i}\frac{1}{r_{ij}} \tag{1}$$

能量为

$$E=\int \mathrm{d}\boldsymbol{r}_1\mathrm{d}\sigma_1\cdots\mathrm{d}\boldsymbol{r}_{2N}\mathrm{d}\sigma_{2N}\Psi^*(1,2,\cdots,2N)\hat{H}\Psi(1,2,\cdots,2N) \tag{2}$$

证明如果把式(1)和式(8.44)(此处用 $2N$ 代替 N)代入式(2),可得

$$E=2\sum_{j=1}^{N}I_j+\sum_{i=1}^{N}\sum_{j=1}^{N}(2J_{ij}-K_{ij}) \tag{3}$$

其中

$$I_j=\int \mathrm{d}\boldsymbol{r}_j\phi_j^*(\boldsymbol{r}_j)\left(-\frac{1}{2}\nabla_j^2-\frac{Z}{r_j}\right)\phi_j(\boldsymbol{r}_j) \tag{4}$$

$$J_{ij}=\iint \mathrm{d}\boldsymbol{r}_1\mathrm{d}\boldsymbol{r}_2\phi_i^*(\boldsymbol{r}_1)\phi_i(\boldsymbol{r}_1)\frac{1}{r_{12}}\phi_j^*(\boldsymbol{r}_2)\phi_j(\boldsymbol{r}_2) \tag{5}$$

$$K_{ij}=\iint \mathrm{d}\boldsymbol{r}_1\mathrm{d}\boldsymbol{r}_2\phi_i^*(\boldsymbol{r}_1)\phi_i(\boldsymbol{r}_2)\frac{1}{r_{12}}\phi_j^*(\boldsymbol{r}_2)\phi_j(\boldsymbol{r}_1) \tag{6}$$

你能解释为什么积分 J_{ij} 称为**库仑积分**(Coulomb integrals),而积分 K_{ij} 称为**交换积分**(exchange integrals)(如果 $i\neq j$)吗?证明氦原子的式(3)与习题 8-10 中给出的结果相同。

习题参考答案

第9章

化学键：双原子分子

▶ **科学家介绍**

量子力学的伟大成就之一就是它能够描述化学键。在量子力学发展之前，化学家们不理解为什么两个氢原子会结合形成稳定的化学键。本章中，我们将看到稳定的化学键的存在是由量子力学描述的。由于分子离子H_2^+涉及最简单的化学键，本章中会详细讨论它。为H_2^+发展的许多思想都适用于更复杂的分子。在讨论完H_2^+后，将学习如何为双原子分子构建分子轨道。我们将按照泡利不相容原理将电子放到这些轨道中，就像把电子放到多原子电子的原子轨道上一样。本章重点讨论双原子分子，下一章将探讨多原子分子。

9-1 玻恩-奥本海默近似简化分子的薛定谔方程

为简单起见，考虑最简单的中性分子H_2。氢分子的哈密顿算符为

$$\hat{H}=-\frac{\hbar^2}{2M}(\nabla_A^2+\nabla_B^2)-\frac{\hbar^2}{2m_e}(\nabla_1^2+\nabla_2^2)-\frac{e^2}{4\pi\varepsilon_0 r_{1A}}-\frac{e^2}{4\pi\varepsilon_0 r_{1B}}-\frac{e^2}{4\pi\varepsilon_0 r_{2A}}-\frac{e^2}{4\pi\varepsilon_0 r_{2B}}+\frac{e^2}{4\pi\varepsilon_0 r_{12}}+\frac{e^2}{4\pi\varepsilon_0 R} \tag{9.1}$$

式中M是氢核的质量；m_e是电子的质量；下标A和B指的是各个原子的核；下标1和2指的是各个电子；距离r_{1A}，r_{1B}等在图9.1中有所说明。式(9.1)中的哈密顿算符的前两项对应于两个核的动能；接下来的两项表示两个电子的动能；随后的四个负项描述了核和电子之间的吸引力对势能的贡献；最后的两个正项分别考虑了电子-电子和核-核排斥力。

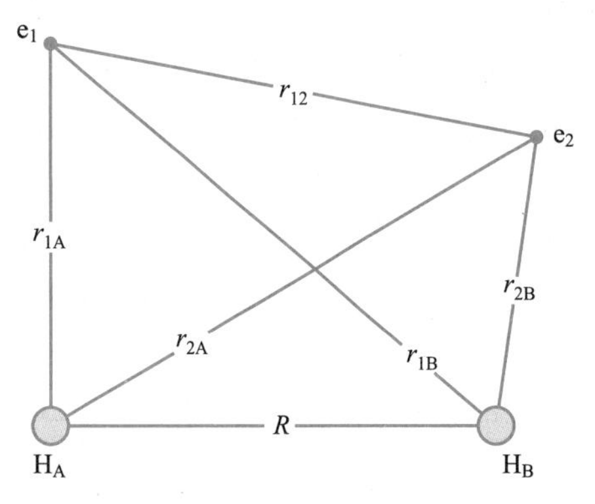

图9.1 氢分子哈密顿算符中原子核和电子之间距离的定义[式(9.1)到式(9.3)]。

由于核质量和电子质量之间存在很大的差异，我们可以合理地认为原子核的位置相对于电子的运动是固定的。在该近似下，核的动能项[式(9.1)哈密顿算符中的前两项]可以单独处理。这种忽略核运动的近似称为**玻恩-奥本海默近似**(Born - Oppenheimer approximation)。尽管玻恩-奥本海默近似会得到能量和波函数的近似值，但可以使用微扰理论系统地进行校正。然而，对于大多数实际情况，这些校正在质量比率的数量级上($\approx 10^{-3}$)，因此玻恩-奥本海默近似是一个非常好的近似。忽略式(9.1)中的核能项，则在固定核间距的两个核周围的电子运动哈密顿算符为

$$\hat{H}=-\frac{\hbar^2}{2m_e}(\nabla_1^2+\nabla_2^2)-\frac{e^2}{4\pi\varepsilon_0 r_{1A}}-\frac{e^2}{4\pi\varepsilon_0 r_{1B}}-\frac{e^2}{4\pi\varepsilon_0 r_{2A}}-\frac{e^2}{4\pi\varepsilon_0 r_{2B}}+\frac{e^2}{4\pi\varepsilon_0 r_{12}}+\frac{e^2}{4\pi\varepsilon_0 R} \tag{9.2}$$

由于核被认为是固定的，式(9.2)中的量R被视为一个参数；使用上述哈密顿算符计算的能量将取决于R。像往常一样，用原子单位(第8-1节)表示所有的公式，因此式(9.2)变为(习题9-1)：

$$\hat{H}=-\frac{1}{2}(\nabla_1^2+\nabla_2^2)-\frac{1}{r_{1A}}-\frac{1}{r_{1B}}-\frac{1}{r_{2A}}-\frac{1}{r_{2B}}+\frac{1}{r_{12}}+\frac{1}{R} \tag{9.3}$$

9-2 H_2^+ 是分子轨道理论的典型例子

描述分子成键性质的方法叫**分子轨道理论**(molecular-orbital theory)。分子轨道理论发展于20世纪30年代早期,目前是计算分子性质最常用的方法。在分子轨道理论中,我们以类似于第8章中构建原子波函数的方式构建分子波函数,在那里,我们用包含类氢原子(或单电子)波函数(称为原子轨道)的行列式表示原子波函数。在这里,我们将用包含被称为分子轨道的单电子波函数的行列式来表示分子波函数。于是,我们面临的问题是如何构建分子轨道。这个问题的解决方法类似于处理多电子原子的方法。在那里,我们求解了单电子原子(氢原子)的薛定谔方程,用所得的轨道构建了多电子原子的波函数。在这里,对于分子,我们解出单电子分子离子H_2^+的薛定谔方程,然后使用得到的轨道构建更复杂分子的波函数。此时应强调一点,H_2^+是一种光谱学上经过充分研究的稳定物种。它具有106 pm($2.00a_0$)的键长和268 kJ · mol^{-1}($0.103E_h$)的结合能。

由于H_2^+是一个单电子物种,其薛定谔方程可以在玻恩-奥本海默近似下被精确求解。然而,精确解并不容易被应用,它们的数学形式并不能为如何成键和为何成键提供很多物理解释。相反,更有用的方法是近似求解H_2^+,并使用所得的近似分子轨道来构建分子波函数。尽管这种方法看起来有些粗糙(毕竟,这个问题可以被精确求解),但它可以从物理上很好地解释分子中化学键的性质,计算结果与实验观察结果非常一致。此外,这种方法可以系统地改进,以达到任何所需的精度。

在玻恩-奥本海默近似中,H_2^+的哈密顿算符为

$$\hat{H}=-\frac{1}{2}\nabla^2-\frac{1}{r_A}-\frac{1}{r_B}+\frac{1}{R} \tag{9.4}$$

式中r_A和r_B分别表示电子到核A和核B的距离;R是核间距,可将其视为一个可变参数(见图9.2)。H_2^+的薛定谔方程为

$$\hat{H}\psi_j(r_A,r_B;R)=E_j\psi_j(r_A,r_B;R) \tag{9.5}$$

式中$\psi_j(r_A,r_B;R)$是分子轨道,延伸至两个核之上。回顾变分原理(第7章),该原理指出如果使用适当的试探函数,可以得到一个很好的能量近似值。作为$\psi_j(r_A,r_B;R)$的试探函数,采用线性组合:

$$\psi_\pm=c_1 1s_A \pm c_2 1s_B \tag{9.6}$$

式中$1s_A$和$1s_B$分别是以核A和B为中心的氢原子轨道。由式(9.6)给出的分子轨道是**原子轨道的线性组合**(linear combination of atomic orbitals, LCAO),称为**LCAO分子轨道**(LCAO molecular orbital)。

在$c_1=c_2$情况下,式(9.6)中的ψ_+绘制于图9.3中。注意,ψ_+确实具有我们期望的分子轨道的特性,其在两个原子核上扩展开。由于H_2^+中的两个核是相同的,$1s_A$和$1s_B$的权重或相对重要性必须相同,因此c_1必须等于c_2。为简单起见,设定$c_1=c_2=1$,但应注意,在讨论与这些分子轨道相关的概率密度之前,$\psi_\pm$必须被归一化。

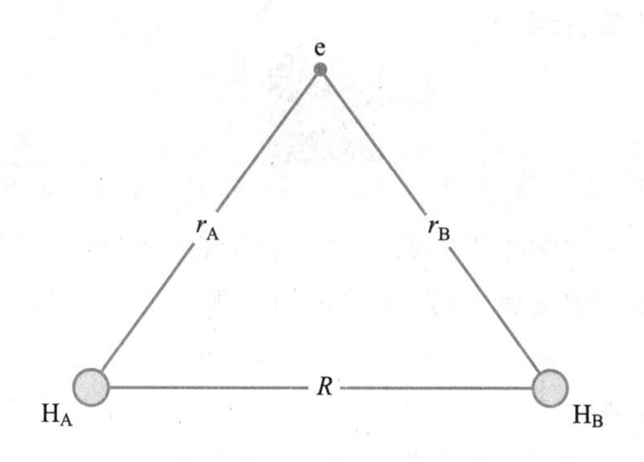

图9.2 H_2^+的哈密顿算符[式(9.4)]中涉及的距离的定义。

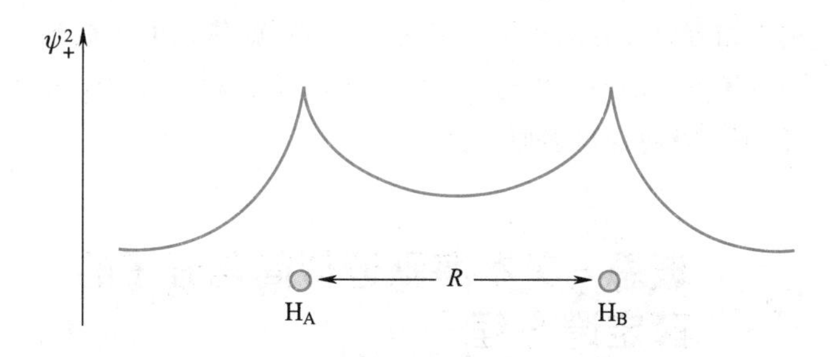

图9.3 H_2^+分子轨道的示意图,其由位于每个核上的氢原子1s轨道的和构成。应注意,分子轨道延伸到两个核上,或者说覆盖整个分子。

9-3 重叠积分是位于不同原子上的原子轨道重叠的一种定量度量

用式(9.6)中给出的ψ_+来计算H_2^+的能量,该能量是核间距R的函数(习题9-5要求计算与ψ_-相关的能量)。为了确定与ψ_+相关的能量E_+,从方程(9.5)开始:

$$\hat{H}\psi_+(\boldsymbol{r};R)=E_+\psi_+(\boldsymbol{r};R)$$

左乘$\psi_+^*(\boldsymbol{r};R)$,然后在允许的$\boldsymbol{r}$值范围内积分,得到$E_+$的完整表达式:

$$E_+ = \frac{\int d\boldsymbol{r}\psi_+^* \hat{H}\psi_+}{\int d\boldsymbol{r}\psi_+^*\psi_+} \tag{9.7}$$

首先,让我们看一下式(9.7)的分母部分:

$$\begin{aligned}\int d\boldsymbol{r}\psi_+^*\psi_+ &= \int d\boldsymbol{r}(1s_A^* + 1s_B^*)(1s_A + 1s_B) \\ &= \int d\boldsymbol{r}1s_A^*1s_A + \int d\boldsymbol{r}1s_A^*1s_B + \int d\boldsymbol{r}1s_B^*1s_A + \int d\boldsymbol{r}1s_B^*1s_B\end{aligned} \tag{9.8}$$

式(9.8)中有两种类型的积分。第一个和第四个积分仅仅是氢原子轨道的归一化表达式,因此有

$$\int d\boldsymbol{r}1s_A^*1s_A = \int d\boldsymbol{r}1s_B^*1s_B = 1 \tag{9.9}$$

然而,第二个和第三个积分则是另一回事。由于氢原子的 1s 轨道由一实函数表示,$1s^* = 1s$,因此这两个积分是相等的(用 S 表示它们):

$$S = \int d\boldsymbol{r}1s_A^*1s_B = \int d\boldsymbol{r}1s_B^*1s_A = \int d\boldsymbol{r}1s_A1s_B \tag{9.10}$$

注意,这些积分涉及位于核 A 上的氢原子轨道与位于核 B 上的氢原子轨道的乘积。这个乘积只在两个原子轨道有很大重叠的区域才显著(图 9.4)。因此,式(9.10)中的 S 称为**重叠积分**(overlap integral)。重叠的程度以及由此算出的重叠积分的大小取决于核间距 R。对于较大的核间距,S 非常接近于零。随着核间距的减小,S 的值增加,当 $R=0$ 时趋近于 1(图 9.5)。

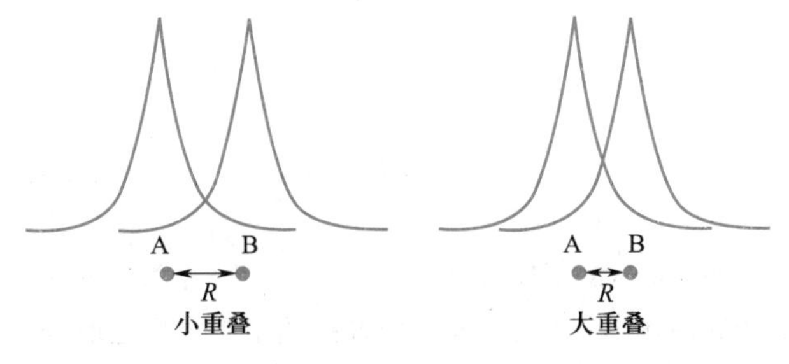

图 9.4 以 A 和 B 两个氢原子核(距离为 R)为中心的 1s 轨道的重叠。

式(9.10)中的积分有些复杂,但它们有解析解(习题 9-3 和习题 9-42)。得到的表示两个氢 1s 原子轨道重叠的函数 $S(R)$ 为

$$S(R) = e^{-R}\left(1 + R + \frac{R^2}{3}\right) \tag{9.11}$$

该函数绘制在了图 9.5 中。因此,可以将式(9.7)中的分母写为

$$\int d\boldsymbol{r}(1s_A^* + 1s_B^*)(1s_A + 1s_B) = 2 + 2S(R) \tag{9.12}$$

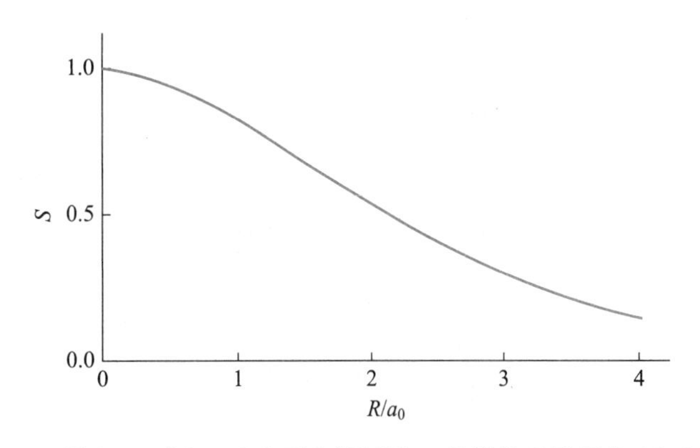

图 9.5 式(9.11)中两个氢原子 1s 轨道的重叠积分 $S(R)$ 与原子单位下核间距的关系图。

在这里写 $S(R)$ 是为了强调函数 S 依赖于参数 R。

» 例题 9-1 确定 ψ_+ 的归一化波函数。

» 解 ψ_+ 的波函数由 $\psi_+ = c(1s_A + 1s_B)$ 给出。为了归一化这个函数,要求 $\int d\boldsymbol{r}\psi_+^*\psi_+ = 1$。因此

$$\begin{aligned}1 &= c^2\int d\boldsymbol{r}(1s_A^* + 1s_B^*)(1s_A + 1s_B) \\ &= c^2\left(\int d\boldsymbol{r}1s_A^*1s_A + \int d\boldsymbol{r}1s_A^*1s_B + \int d\boldsymbol{r}1s_B^*1s_A + \int d\boldsymbol{r}1s_B^*1s_B\right) \\ &= c^2(1 + S + S + 1) \\ &= c^2 2(1 + S)\end{aligned}$$

其中

$$c = \frac{1}{\sqrt{2(1+S)}}$$

归一化波函数为

$$\psi_+ = \frac{1}{\sqrt{2(1+S)}}(1s_A + 1s_B)$$

使用相同的方法,可以证明 ψ_- 的归一化波函数为

$$\psi_- = \frac{1}{\sqrt{2(1-S)}}(1s_A - 1s_B)$$

9-4 化学键的稳定性是一个量子力学效应

到目前为止,我们已经计算了式(9.7)的分母。计算其分子是更加复杂的。使用式(9.4)中表示的哈密顿算符,可得

$$\int d\boldsymbol{r}\psi_+^*\hat{H}\psi_+ = \int d\boldsymbol{r}(1s_A^*+1s_B^*)\hat{H}(1s_A+1s_B)$$
$$= \int d\boldsymbol{r}(1s_A^*+1s_B^*)\left(-\frac{1}{2}\nabla^2-\frac{1}{r_A}-\frac{1}{r_B}+\frac{1}{R}\right)(1s_A+1s_B) \quad (9.13)$$

为了看到如何简化这个表达式,展开右侧,得

$$\int d\boldsymbol{r}\psi_+^*\hat{H}\psi_+ = \int d\boldsymbol{r}(1s_A^*+1s_B^*)\left(-\frac{1}{2}\nabla^2-\frac{1}{r_A}-\frac{1}{r_B}+\frac{1}{R}\right)1s_A+$$
$$\int d\boldsymbol{r}(1s_A^*+1s_B^*)\left(-\frac{1}{2}\nabla^2-\frac{1}{r_A}-\frac{1}{r_B}+\frac{1}{R}\right)1s_B \quad (9.14)$$

我们知道 $1s_A$ 和 $1s_B$ 波函数分别是原子 A 和 B 的单电子薛定谔方程的解,因此有

$$\left(-\frac{1}{2}\nabla^2-\frac{1}{r_A}\right)1s_A = E_{1s}1s_A \quad (9.15)$$

和

$$\left(-\frac{1}{2}\nabla^2-\frac{1}{r_B}\right)1s_B = E_{1s}1s_B \quad (9.16)$$

式中 $E_{1s}=-\frac{1}{2}E_h$。将式(9.15)代入式(9.14)中的第一个积分,将式(9.16)代入式(9.14)中的第二个积分,得

$$\int d\boldsymbol{r}\psi_+^*\hat{H}\psi_+ = \int d\boldsymbol{r}(1s_A^*+1s_B^*)\left(E_{1s}-\frac{1}{r_B}+\frac{1}{R}\right)1s_A+$$
$$\int d\boldsymbol{r}(1s_A^*+1s_B^*)\left(E_{1s}-\frac{1}{r_A}+\frac{1}{R}\right)1s_B \quad (9.17)$$

现在使用式(9.9)和式(9.10),可得

$$\int d\boldsymbol{r}\psi_+^*\hat{H}\psi_+ = 2E_{1s}(1+S)+\int d\boldsymbol{r}1s_A^*\left(-\frac{1}{r_B}+\frac{1}{R}\right)1s_A+$$
$$\int d\boldsymbol{r}1s_B^*\left(-\frac{1}{r_B}+\frac{1}{R}\right)1s_A+\int d\boldsymbol{r}1s_A^*\left(-\frac{1}{r_A}+\frac{1}{R}\right)1s_B+$$
$$\int d\boldsymbol{r}1s_B^*\left(-\frac{1}{r_A}+\frac{1}{R}\right)1s_B \quad (9.18)$$

从物理上讲,式(9.18)右侧的第一个积分反映了围绕通过库仑势与核 B 相互作用的核 A 的电子的电荷密度和核间斥力。这个积分用 J 表示,称为**库仑积分**(Coulomb integral):

$$J=\int d\boldsymbol{r}1s_A^*\left(-\frac{1}{r_B}+\frac{1}{R}\right)1s_A=-\int\frac{d\boldsymbol{r}1s_A^*1s_A}{r_B}+\frac{1}{R} \quad (9.19)$$

这里使用了 R 在对 $\boldsymbol{r}$ 的积分中是固定的这一事实。该名称的由来是因为注意到体积元 $d\boldsymbol{r}$ 中的电荷是 $d\boldsymbol{r}1s_A^*1s_A$,与相距 r_B 的质子的库仑相互作用能是 $d\boldsymbol{r}1s_A^*1s_A/r_B$。如果将所有体积元相加(积分),并且加上两个质子之间的库仑排斥能($1/R$),那么得到 J。式(9.18)中的第二个积分用 K 表示,称为**交换积分**(exchange integral):

$$K=\int d\boldsymbol{r}1s_B^*\left(-\frac{1}{r_B}+\frac{1}{R}\right)1s_A=-\int\frac{d\boldsymbol{r}1s_B^*1s_A}{r_B}+\frac{S}{R} \quad (9.20)$$

这里使用了 S 的定义以及 R 在积分过程中是常数的事实。我们自然地寻求式(9.20)的经典解释。然而,这是一个纯粹的量子力学效应,在经典力学中没有类似的情况。式(9.20)是分子轨道是以不同原子为中心的原子轨道的线性组合[式(9.6)]的近似直接结果。

式(9.18)中最后两个积分与前两个相同,只是每项的两个原子 A 和 B 的指标互换。由于这种情况下原子是相同的(都是氢原子),数学表达式是相同的,因此有

$$\int d\boldsymbol{r}\psi_+^*\hat{H}\psi_+ = 2E_{1s}(1+S)+2J+2K \quad (9.21)$$

结合式(9.21)和式(9.12),与分子轨道波函数 ψ_+ 相关联的能量[式(9.7)]是 $E_+=E_{1s}+(J+K)/(1+S)$ 或

$$\Delta E_+=E_+-E_{1s}=\frac{J+K}{1+S} \quad (9.22)$$

$\Delta E_+=E_+-E_{1s}$ 代表 H_2^+ 相对于完全解离的物种(即 H^+ 和 H)的能量。积分 J 和 K 有解析解(习题 9-6),结果为

$$J=e^{-2R}\left(1+\frac{1}{R}\right) \quad (9.23)$$

以及

$$K=\frac{S}{R}-e^{-R}(1+R) \quad (9.24)$$

图 9.6 显示了 H_2^+ 的能量 $\Delta E_+=E_+-E_{1s}$ 作为核间距 R 的函数的作图。ΔE_+ 对 R 的图像描述了一个稳定的分子物种,其结合能(在 R_e 处 ΔE_+ 的值)为 $E_{结合}=0.0648E_h=170\ \text{kJ}\cdot\text{mol}^{-1}$,其键长为 $R_e=2.50a_0=132$ pm。这些量的实验值为 $E_{结合}=0.102E_h=268\text{kJ}\cdot\text{mol}^{-1}$ 和 $R_e=2.00a_0=106$ pm。

根据式(9.22),ΔE_+ 由两项组成:

$$\Delta E_+=\frac{J}{1+S}+\frac{K}{1+S}$$

图 9.7 分别显示了这两项的曲线图。注意,库仑积分项始终为正[式(9.23)],因此交换积分完全解释了 H_2^+ 中化学键的存在。由于交换项没有经典对应,这个结果突显了化学键的量子力学本质。

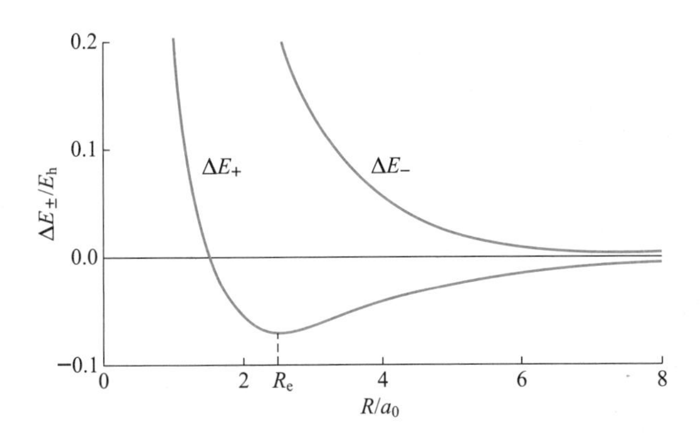

图 9.6　对于式(9.6)中给出的 ψ_+ 和 ψ_- 分子轨道波函数(其中 $c_1=c_2$),相应的能量差 $\Delta E_+=E_+-E_1$ 和 $\Delta E_-=E_--E_{1s}$ 随着 H_2^+ 的核间距 R 变化的曲线图。该图表明,ψ_+ 对应了一个成键分子轨道,而 ψ_- 对应了一个反键分子轨道。

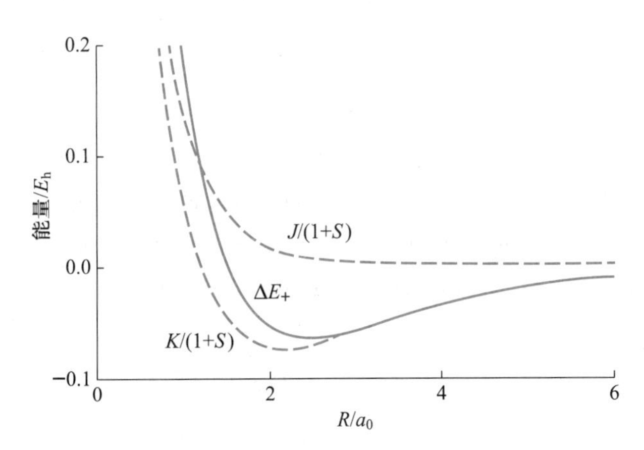

图 9.7　库仑积分 J 和交换积分 K 分别对 H_2^+ 稳定性的贡献。

9-5 对 H_2^+ 进行最简单的分子轨道处理产生了一个成键轨道和一个反键轨道

这两个分子轨道 ψ_+ 和 ψ_- 描述了非常不同的状态。轨道 ψ_+ 描述了一个表现出稳定化学键的状态,称为**成键轨道**(bonding orbital)。两个 1s 原子轨道的另一种可能的线性组合是

$$\psi_-=c_1 1s_A-c_2 1s_B \tag{9.25}$$

习题 9-10 要求证明这个分子轨道对应的能量是

$$\Delta E_-=E_--E_{1s}=\frac{J-K}{1-S} \tag{9.26}$$

图 9.6 还显示了相对于分离的核,ΔE_- 随着核间距 R 变化的曲线图。波函数 ψ_- 对应了两个核之间的排斥相互作用,因此称为**反键轨道**(antibonding orbital)。

图 9.8 显示了分子轨道 ψ_+ 和 ψ_- 及其平方的图。对于成键分子轨道 ψ_+,电子密度在两个核之间的区域积聚。然而,对于反键分子轨道 ψ_-,在两个核的中点存在一个节点,因此在它们之间缺乏电子密度。我们使用下标"b"或"a"分别表示轨道是成键轨道还是反键轨道。因此有

$$\psi_b=\psi_+=\frac{1}{\sqrt{2(1+S)}}(1s_A+1s_B) \tag{9.27}$$

和

$$\psi_a=\psi_-=\frac{1}{\sqrt{2(1-S)}}(1s_A-1s_B) \tag{9.28}$$

成键轨道描述了 H_2^+ 的基态,而反键轨道描述了一个激发态。正如下面的例题所示,分子轨道相关的能量也可以通过求解久期行列式得到。

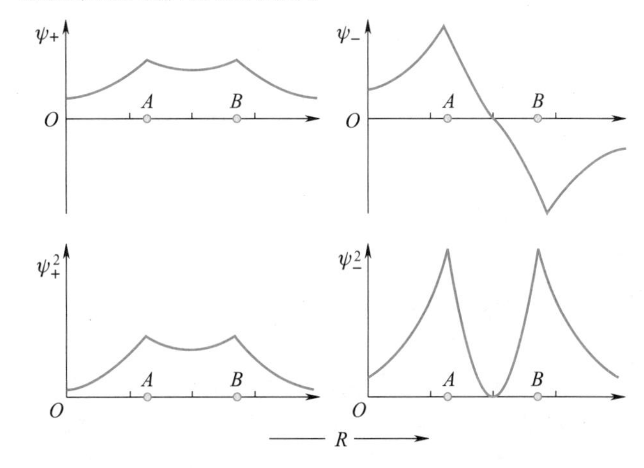

图 9.8　沿核间轴绘制的分子轨道 ψ_+(成键)和 ψ_-(反键)及它们的平方。

» 例题 9-2　使用变分法计算与下面这个试探函数相关的(两个)能量:

$$\psi=c_1 1s_A+c_2 1s_B$$

» 解　式(7.37)给出了一个试探函数的久期行列式,该函数是两个任意已知函数的线性组合。对于本例中的试探函数,式(7.37)告诉我们,久期行列式由下式给出:

$$\begin{vmatrix} H_{AA}-ES_{AA} & H_{AB}-ES_{AB} \\ H_{AB}-ES_{AB} & H_{BB}-ES_{BB} \end{vmatrix}=0$$

其中

$$H_{AA}=H_{BB}=\int d\boldsymbol{r}1s_A\hat{H}1s_A=\int d\boldsymbol{r}1s_B\hat{H}1s_B$$

$$H_{AB}=\int d\boldsymbol{r}1s_A\hat{H}1s_B=\int d\boldsymbol{r}1s_B\hat{H}1s_A$$

$$S_{AA}=S_{BB}=\int d\boldsymbol{r}1s_A1s_A=\int d\boldsymbol{r}1s_B1s_B=1$$

$$S_{AB}=\int d\boldsymbol{r}1s_A1s_B=S$$

使用式(9.15)、式(9.16)、式(9.19)和式(9.20),可发现(习题 9-8)

$$H_{AA}=H_{BB}=E_{1s}+J$$

$$H_{AB}=E_{1s}S+K$$

因此,久期行列式变为

$$\begin{vmatrix} E_{1s}+J-E & E_{1s}S+K-ES \\ E_{1s}S+K-ES & E_{1s}+J-E \end{vmatrix}=0$$

或

$$(E_{1s}+J-E)^2-(E_{1s}S+K-ES)^2=0$$

求解这个方程可得到 E 的两个值,即

$$\Delta E_{\pm}=E_{\pm}-E_{1s}=\frac{J\pm K}{1\pm S}$$

该值与之前的结果一致。如果确定与每个能量相关的 c_1 和 c_2 的值,会发现它们的大小相等,即 $|c_1|=|c_2|=c$。此外,还发现

$$\psi_+=c(1s_A+1s_B)$$

并且

$$\psi_-=c(1s_A-1s_B)$$

两个原子波函数的贡献是相等的($c_1^2=c_2^2$),这反映了在这个同核双原子分子的波函数中,没有理由期望两个氢原子中的一个占主导地位。

注意,这里使用的简单方法只得到两个分子轨道,一个是成键的 ψ_+,另一个是反键的 ψ_-。我们曾使用类氢原子轨道的乘积,构建多电子原子的原子波函数(原子轨道)。这里类似地,我们试图找到一组分子轨道,用于构建H_2^+波函数。你可能想问,为什么多电子原子(如类氢原子)有无限多的原子轨道,而在分子情况下,对H_2^+的处理只产生了两个分子轨道。那是因为在式(9.6)中,我们只使用了两个原子轨道的线性组合。这纯粹是为了简便起见,我们本可以使用如下形式的线性组合:

$$\psi=c_1 1s_A+c_2 1s_B+c_3 2s_A+c_4 2s_B+c_5 2p_{zA}+c_6 2p_{zB}$$

因为这样的试探波函数涉及六个原子轨道的线性组合,它将得到一组六个分子轨道,对应六个能量。这些能量将依赖于选择 R 的值。显然,该过程没有限制,因此可以生成大量的分子轨道,相应地改进我们的能量和波函数。然而,出于教学目的,我们仅使用例题9-2得到的两个归一化波函数 ψ_+和 ψ_-来发展H_2的分子轨道。

9-6 H_2 的简单分子轨道处理将两个电子都放在一个成键轨道中

因为 ψ_b是对应于H_2^+基态能量的分子轨道,可以通过将两个自旋相反的电子放在 ψ_b中来描述H_2的基态,就像将两个电子放在 1s 原子轨道中来描述氦原子一样。这种分配对应的 Slater 行列式是

$$\psi=\frac{1}{\sqrt{2!}}\begin{vmatrix} \psi_b\alpha(1) & \psi_b\beta(1) \\ \psi_b\alpha(2) & \psi_b\beta(2) \end{vmatrix}$$

$$=\psi_b(1)\psi_b(2)\left\{\frac{1}{\sqrt{2}}[\alpha(1)\beta(2)-\alpha(2)\beta(1)]\right\} \quad (9.29)$$

我们再次看到,对于一个双电子系统(见例题 8-3),波函数的空间部分和自旋部分是分开的。注意,正如所预期的,两个电子具有相反的自旋。由于哈密顿算符被认为与自旋无关,我们可以仅使用式(9.29)的空间部分来计算能量。使用式(9.27)作为 ψ_b,得到一个分子波函数 ψ_{MO}:

$$\psi_{MO}=\frac{1}{2(1+S)}[1s_A(1)+1s_B(1)][1s_A(2)+1s_B(2)] \quad (9.30)$$

注意到 ψ_{MO}是分子轨道的乘积,而分子轨道则是原子轨道的线性组合。这种构建分子波函数的方法称为**原子轨道线性组合-分子轨道**(linear combination of atomic orbitals-molecular orbitals,LCAO-MO)方法,在本章和下一章中将看到,该方法已成功被拓展并应用于多种分子。

为了计算H_2的基态能量,使用:

$$E_{MO}=\int d\boldsymbol{r}_1 d\boldsymbol{r}_2 \psi_{MO}^*(1,2)\hat{H}\psi_{MO}(1,2) \quad (9.31)$$

其中 $\hat{H}$ 由式(9.3)给出,ψ_{MO} 由式(9.30)给出。式(9.31)中的积分有解析解,但结果是关于 R 的复杂函数,不在这里写出。图 9.9 显示了 $\Delta E_+=E_{MO}-2E_{1s}$相对于 R 的绘图。我们发现,$E_{结合}=\Delta E_+$(在 $R=R_e$ 处)$=0.0990E_h=260\ \text{kJ}\cdot\text{mol}^{-1}$,$R_e=1.61a_0=85$ pm,相比较而言,实验值是 $E_{结合}=0.174E_h=457\ \text{kJ}\cdot\text{mol}^{-1}$,$R_e=1.40a_0=74.1$ pm。

9-7 分子轨道可以按照它们的能量进行排序

在本节中,将构建一组分子轨道,并根据泡利不相容原理将电子分配给它们。这个过程将产生类似于第 8 章中讨论的原子的电子组态的分子电子组态。我们将在同核双原子分子中详细说明这个过程,然后介绍异核双原子分子的一些结果。

我们将使用 LCAO-MO 近似,并通过原子轨道的线性组合来形成分子轨道。在最简单的情况下,分子轨道包含一个以每个原子为中心的原子轨道。从每个原子上的 1s 轨道开始(就像在H_2的处理中所做的那样),我们将

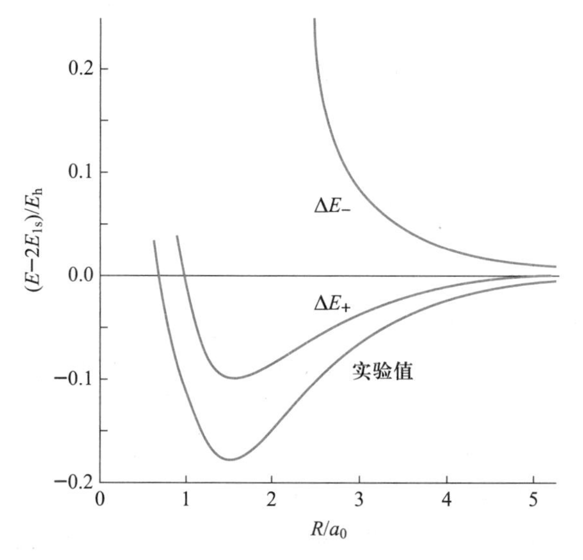

图 9.9　根据分子轨道理论，即式(9.31)，计算的 H_2 的基态能量(相对于两个分离的基态氢原子)。ΔE_+ 是与式(9.30)中的 ψ_{MO} 相对应的能量差($E_{MO}-2E_{1s}$)。ΔE_- 是与 $\psi_{MO}=\psi_a(1)\psi_a(2)$ 相对应的能量差。

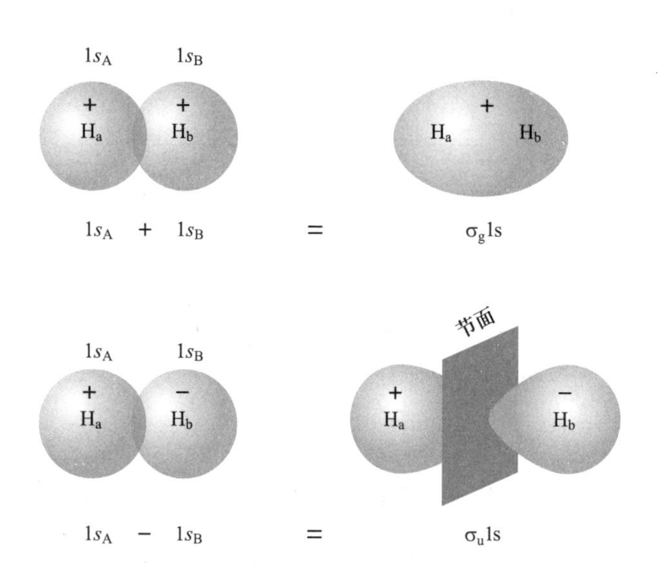

图 9.10　两个 1s 轨道的线性组合形成成键分子轨道(σ1s 或 σ_g1s)和反键分子轨道(σ^*1s 或 σ_u1s)。

讨论的前两个分子轨道是

$$\psi_{\pm}=1s_A\pm 1s_B \tag{9.32}$$

这两个分子轨道如图 9.10 所示，从中可以看出得到的分子轨道围绕核间轴具有圆柱对称性。

围绕核间轴对称的轨道被称为 σ **轨道**(σ orbital)。ψ_+和 ψ_-都是 σ 轨道。因为许多原子轨道的组合导致了围绕核间轴的对称分布，我们必须确定哪些原子轨道构成了一特定的 σ 轨道。由原子 1s 轨道构建的分子轨道用 σ1s 表示。

记住 ψ_+将电子密度集中在两个核之间的区域，而 ψ_-则将电子密度排除在该区域之外，甚至在两个核之间的中点有一个节面(图 9.10)。因此，正如在第 9-5 节中讨论的那样，ψ_+是一个成键轨道，而 ψ_-是一个反键轨道。因为 σ1s 轨道可能是成键轨道或反键轨道，需要区分这两种可能性。有两种常用的区分方式。一种是使用上标星号表示反键轨道，因此图 9.10 中的两个轨道分别表示为 σ1s(成键)和 σ^*1s(反键)。另一种基于两个分子轨道对于核间中点的反演操作后的对称性不同。如果轨道在这种反演下不改变符号，将波函数标记为**偶**(gerade，德语中的**偶数**)，并在轨道下标上加上 g。从图 9.10 可知，$\psi_+=1s_A+1s_B$ 在反演下不改变符号，因此用 σ_g1s 表示 ψ_+。从图 9.10 可以看出，$\psi_-=1s_A-1s_B$ 在反演下改变符号，因此我们用 σ_u1s 表示 ψ_-，其中 u 代表**奇**(ungerade，德语中的**奇数**)。因此，σ1s 轨道有两种表示：σ1s 和 σ^*1s，或 σ_g1s 和 σ_u1s。这两种表示都常用，但我们主要使用分子轨道的 g，u 表示法。注意，在 1s 轨道的情况下，偶对称性导致成键轨道，而奇对称性导致反键轨道。

使用其他类型的原子轨道构建的分子轨道是通过类似的方式生成的。在一阶近似中，只有能量相似的原子轨道才会组合形成分子轨道(见习题 9-40)。按照上述方法，下一个要考虑的组合是 $2s_A\pm 2s_B$。这两个分子轨道看起来类似于图 9.10 中绘制的那些，但范围更大，因为 2s 轨道比 1s 轨道大。此外，每个核周围都有球形节面，反映了各自的 2s 波函数的径向节点(图 6.3)。按照上面介绍的符号，这两个分子轨道 $2s_A\pm 2s_B$ 被标记为 σ_g2s 和 σ_u2s。因为原子 2s 轨道与原子 1s 轨道相比，能量更高，所以 σ_g2s 分子轨道的能量将高于 σ_g1s 分子轨道的能量。这种差异可以通过计算与这些分子轨道相关的能量来严格证明，就像在第 9-4 和 9-5 节中对 σ_g1s 和 σ_u1s 分子轨道所做的那样。此外，成键轨道的能量低于相应的反键轨道的能量。这就给出了到目前为止讨论的四个分子轨道的能量排序 $\sigma_g 1s<\sigma_u 1s<\sigma_g 2s<\sigma_u 2s$。

现在考虑 2p 轨道的线性组合。虽然在原子氢的情况下，2p 轨道与 2s 轨道具有相同的能量，但对于其他原子来说，这并不成立，在这种情况下，$E_{2p}>E_{2s}$。因此，由 2p 轨道构建的分子轨道将具有比 σ_g2s 和 σ_u2s 轨道更高的能量。将核间轴定义为 z 轴，图 9.11 和图 9.12 显示，原子 $2p_z$ 轨道的组合后，产生的分子轨道的形状与组合原子的 $2p_x$ 或 $2p_y$ 轨道所得到的分子轨道不同。两个分子轨道 $2p_{zA}\pm 2p_{zB}$ 围绕核间轴是圆柱对称的，因此它们是 σ 轨道。同样，产生了一个成键轨道和一个反键分子轨道，这两个轨道分别表示为 $\sigma_g 2p_z$ 和 $\sigma_u 2p_z$。

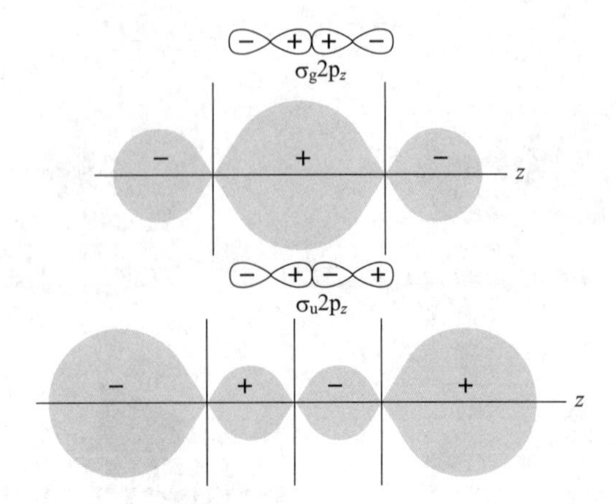

图 9.11　由 $2p_z$ 原子轨道线性组合形成的 $\sigma_g 2p_z$ 和 $\sigma_u 2p_z$ 分子轨道。注意,与 s 轨道的相应组合不同,成键轨道($\sigma_g 2p_z$)对应于组合 $2p_{zA}-2p_{zB}$,而反键轨道($\sigma_u 2p_z$)则对应于组合 $2p_{zA}+2p_{zB}$。

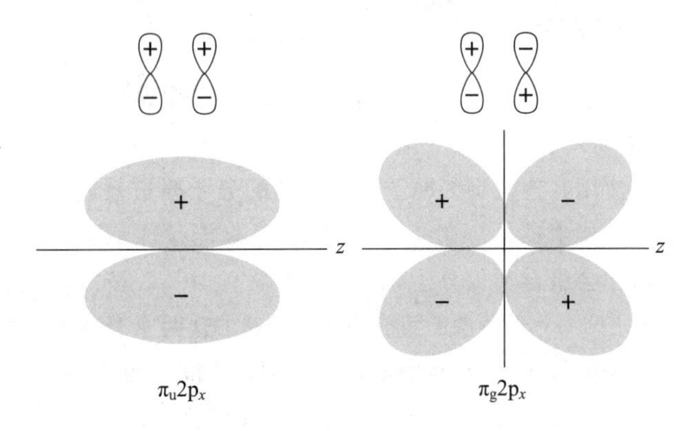

图 9.12　由 $2p_x$ 原子轨道线性组合形成的成键 $\pi_u 2p_x$ 和反键 $\pi_g 2p_x$ 分子轨道。

与 $2p_z$ 轨道不同,$2p_x$ 和 $2p_y$ 轨道的组合形成的分子轨道不围绕核间轴对称。图 9.12 显示 $y-z$ 平面在 $2p_x$ 轨道的成键和反键组合中都是一个节面。有一个包含核间轴的节面的分子轨道称为 π 轨道。由 $2p_x$ 轨道组合形成的成键和反键分子轨道分别表示为 $\pi_u 2p_x$ 和 $\pi_g 2p_x$。注意,反键轨道 $\pi_g 2p_x$ 还有一个垂直于核间轴的第二个节面,其在 $\pi_u 2p_x$ 成键轨道中不存在。$2p_y$ 轨道以类似的方式组合,生成的分子轨道与像图 9.12 中的轨道类似,但沿 y 轴而不是 x 轴方向。$x-z$ 平面是 $\pi_u 2p_y$ 和 $\pi_g 2p_y$ 轨道的节面。由于 $2p_x$ 和 $2p_y$ 轨道具有相同的能量,由这些轨道产生的分子轨道只在它们的空间取向上有所不同,所以轨道对 $\pi_u 2p_x$,$\pi_u 2p_y$ 和 $\pi_g 2p_x$,$\pi_g 2p_y$ 是简并的。注意,与成键的 σ 轨道不同,成键的 π 轨道具有奇(u)对称性,而反键的 π 轨道具有偶(g)对称性。

现在已经通过组合原子 1s,2s 和 2p 轨道建立了一组分子轨道,我们需要了解这些分子轨道的能量顺序。然后,可以根据泡利不相容原理和洪德规则将电子放入这些轨道中,就像在第 8 章对多电子原子所做的那样。各种分子轨道的顺序取决于核上的原子序数(核电荷)。如图 9.13 所示,随着原子序数从锂的三增加到氟的九,$\sigma_g 2p_z$ 和 $\pi_u 2p_x$,$\pi_u 2p_y$ 轨道的能量趋近,并实际在从 N_2 到 O_2 的过程中交换顺序。图 9.13 中显示的有些复杂的顺序与计算和实验光谱观测一致,让人想起原子轨道能量随原子序数增加而排序的方式。在第 9-9 节,我们将使用图 9.13 来推断第二周期同核双原子分子的电子构型,但在下一节中首先讨论 H_2 到 He_2。

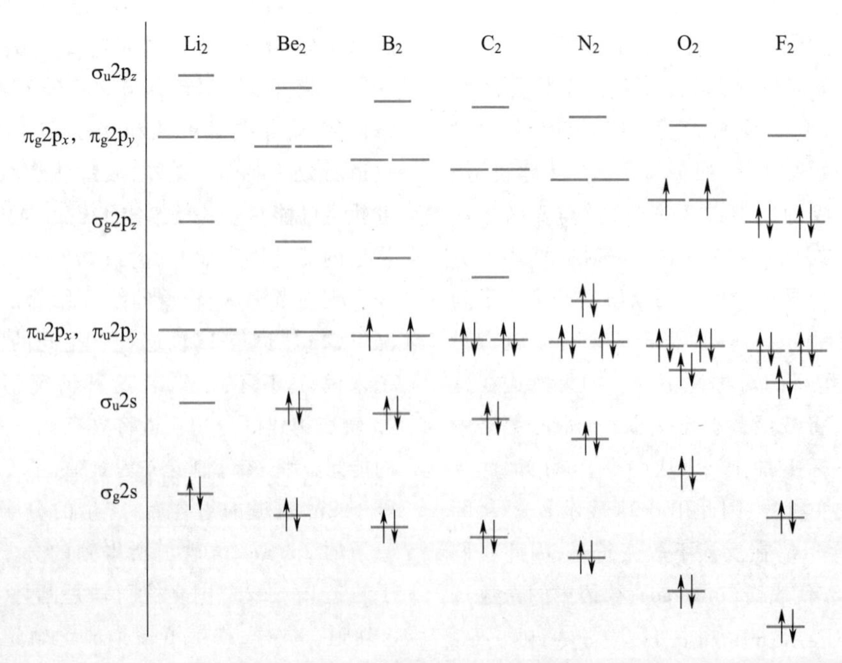

图 9.13　同核双原子分子 Li_2 至 F_2 的分子轨道相对能量(非比例尺)。$\pi_u 2p_x$ 和 $\pi_u 2p_y$ 轨道是简并的,正如 $\pi_g 2p_x$ 和 $\pi_g 2p_y$ 轨道一样。

9-8 分子轨道理论预测稳定的双原子氦分子不存在

从 H_2 到 He_2，只需考虑 $\sigma_g 1s$ 和 $\sigma_u 1s$ 轨道，即两个能量最低的分子轨道。考虑 H_2 的基态电子构型。根据泡利不相容原理，两个自旋相反的电子被放在 $\sigma_g 1s$ 轨道中。H_2的电子构型可写为$(\sigma_g 1s)^2$。在成键轨道中的两个电子构成了一个成键电子对，这解释了 H_2 的单键。

现在考虑 He_2，该分子有四个电子，其基态电子构型为$(\sigma_g 1s)^2(\sigma_u 1s)^2$，该分配给 He_2 一对成键电子和一对反键电子。在成键轨道中的电子倾向于将核吸引在一起，而在反键轨道中的电子倾向于将它们推开。这两种相反的力的结果导致反键轨道中的电子大致上抵消了成键轨道中电子的效应。因此，在 He_2 的情况下，不存在净成键。简单的分子轨道理论预测双原子氦不存在。

上述结果通过定义一个称为**键级**(bond order)的量来形式化：

$$键级=\frac{1}{2}\left[\begin{pmatrix}成键轨道\\中的电子数\end{pmatrix}-\begin{pmatrix}反键轨道\\中的电子数\end{pmatrix}\right] \tag{9.33}$$

单键的键级为一；双键的键级为二；以此类推。He_2 的键级为零。正如下面的例子所示，键级并不一定是整数；它可以是半整数。

» 例题 9-3 确定 He_2^+的键级。

» 解 He_2^+的基态电子构型为$(\sigma_g 1s)^2(\sigma_u 1s)^1$，因此键级是

$$键级=\frac{1}{2}[(2)-(1)]=\frac{1}{2}$$

表 9.1 给出了 H_2^+，H_2，He_2^+ 和 He_2 的分子轨道理论结果。

表 9.1 H_2^+，H_2，He_2^+和 He_2的分子性质。

系统	电子数	基态电子构型	键级	键长/pm	键能/$kJ\cdot mol^{-1}$
H_2^+	1	$(\sigma_g 1s)^1$	1/2	106	268
H_2	2	$(\sigma_g 1s)^2$	1	74	457
He_2^+	3	$(\sigma_g 1s)^2(\sigma_u 1s)^1$	1/2	108	241
He_2	4	$(\sigma_g 1s)^2(\sigma_u 1s)^2$	0	≈6000	≪1

在这里使用的分子轨道非常简单，在每种情况下只有两个原子轨道的线性组合。这种简单的分子轨道描述预测了 He_2 的键级为零，因此不应该存在。但是在 1993 年，Gentry 及其同事报道了在温度接近 0.001 K 的氦气相样品中光谱观测到了 He_2。然而，He_2 的键实际上是已知的最弱化学键，其 $E_{结合}\approx 0.01\ kJ\cdot mol^{-1}$。分子轨道理论的一个更精细的版本预测了 He_2 中的弱键。

9-9 电子根据泡利不相容原理被置于分子轨道中

考虑同核双原子分子 Li_2 至 Ne_2。每个锂原子有三个电子，因此 Li_2 的基态电子构型为$(\sigma_g 1s)^2(\sigma_u 1s)^2(\sigma_g 2s)^2$，键级为一。我们预测双原子锂分子相对于两个分离的锂原子是稳定的。已知锂蒸气中含有双原子锂分子，其键长为 267 pm，键能为 105 $kJ\cdot mol^{-1}$。

图 9.14 显示了 Li_2 中个别分子轨道中电子密度和总电子密度的等值线图。这些等值线图是通过在计算机上高精度求解 Li_2 的薛定谔方程得到的。等值线图中的每条线对应于一个固定的电子密度值。通常通值线是针对电子密度的固定增量而绘制的。因此，等值线之间的距离提供了有关电子密度变化快慢的信息。图 9.14 清楚地显示了 Li_2 的 $\sigma_g 1s$ 和 $\sigma_u 1s$ 分子轨道的电子密度与单个锂原子的两个 1s 原子轨道的电子密度之间几乎没有差异。这一观察为一般性假设提供了基础，即化学键讨论中只需考虑价壳层中的电子。在 Li_2 的情况下，1s 电子紧密地围绕每个核心，并且在成键中没有显著参与。因此，Li_2 的基态电子构型可以写为 $KK(\sigma_g 2s)^2$，其中 K 表示锂原子上的、已填充的 $n=1$ 壳层。

随着周期表第二行核电荷的增加，1s 电子比锂中的 1s 电子更紧密地保持在核的周围。因此，针对一阶近似，写出 He_2 之后双原子分子的电子构型只需考虑价电子。$\sigma_g 1s$ 和 $\sigma_u 1s$ 分子轨道相当于每个原子上填充的 K 壳层。

双原子硼是一个特别有趣的案例。该分子共有六个价电子(每个硼原子有三个价电子)。根据图 9.13，B_2 的基态电子构型为 $KK(\sigma_g 2s)^2(\sigma_u 2s)^2(\pi_u 2p_x)^1(\pi_u 2p_y)^1$。与在原子中的情况一样，应用洪德规则，在每个简并的 $\pi_u 2p$ 轨道中放置一个电子，使它们的自旋平行，以获得最大可能的自旋多重度。实验测量表明，B_2 确实有两个未成对的电子(即为顺磁性的)。

» 例题 9-4 使用分子轨道理论来预测双原子碳是否存在。

» 解 C_2 的基态电子构型为 $KK(\sigma_g 2s)^2(\sigma_u 2s)^2(\pi_u 2p_x)^2$

$(\pi_u 2p_y)^2$,其键级为二。因此,预测双原子碳是存在的。实验测量确定 C_2 没有未成对电子(即是反磁性的)。对 B_2 和 C_2 磁性质的正确预测证实了图 9.13 中给出的 $Z=5$ 和 $Z=6$ 的分子轨道能级的顺序。

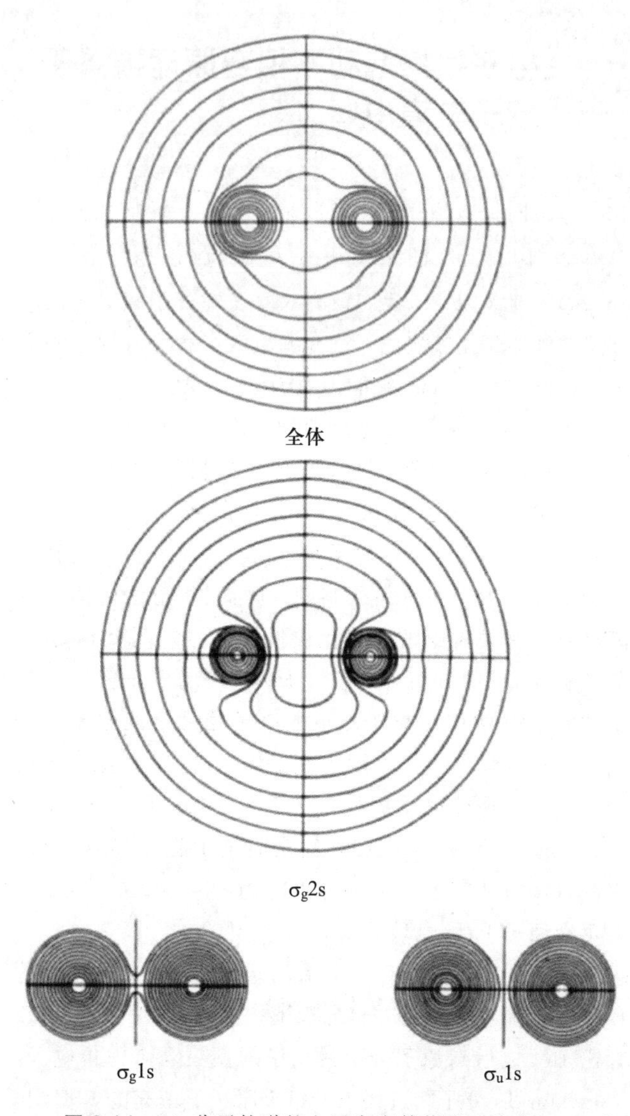

图 9.14 Li_2 分子轨道的电子密度等值线。注意,$\sigma_g 1s$ 和 $\sigma_u 1s$ 中的电子紧密地围绕核心,并且在成键中没有显著地参与。$\sigma_g 2s$ 轨道中的电子是 Li_2 中成键的负责者。

9-10 分子轨道理论准确预测了氧分子是顺磁性的

对氧分子的正确电子构型的预测是分子轨道理论中最令人印象深刻的成功案例之一。氧分子是顺磁性的;实验测量表明氧分子的净自旋对应两个自旋相同的未成对电子。让我们看看分子轨道理论对此的解释。O_2 的预测基态电子构型为 KK $(\sigma_g 2s)^2(\sigma_u 2s)^2(\sigma_g 2p_z)^2(\pi_u 2p_x)^2(\pi_u 2p_y)^2(\pi_g 2p_x)^1(\pi_g 2p_y)^1$。由于 $\pi_g 2p_x$ 和 $\pi_g 2p_y$ 轨道是简并的,根据洪德规则,在每个轨道中放置一个电子,使得电子的自旋是平行的。其他分子轨道的占据,即 KK $(\sigma_g 2s)^2(\sigma_u 2s)^2(\sigma_g 2p_z)^2(\pi_u 2p_x)^2(\pi_u 2p_y)^2$,不产生净自旋,因为所有占据的分子轨道都包含两个自旋成对的电子,所以我们预测 O_2 在其基态中有两个未成对电子。因此,分子轨道构型正确解释了 O_2 分子的顺磁性行为。

我们可以使用分子轨道理论来预测相对键长和键能,如下例题所示。

» 例题 9-5 讨论 O_2^+,O_2,O_2^-及O_2^{2-}的相对键长和键能。

» 解 氧分子(O_2)具有 12 个价电子。根据图 9.13,这些物质的基态电子构型和键级如下:

	基态电子构型	键级
O_2^+	$KK(\sigma_g 2s)^2(\sigma_u 2s)^2(\sigma_g 2p_z)^2(\pi_u 2p_x)^2(\pi_u 2p_y)^2(\pi_g 2p_x)^1$	5/2
O_2	$KK(\sigma_g 2s)^2(\sigma_u 2s)^2(\sigma_g 2p_z)^2(\pi_u 2p_x)^2(\pi_u 2p_y)^2(\pi_g 2p_x)^1(\pi_g 2p_y)^1$	2
O_2^-	$KK(\sigma_g 2s)^2(\sigma_u 2s)^2(\sigma_g 2p_y)^2(\pi_u 2p_x)^2(\pi_u 2p_y)^2(\pi_g 2p_x)^2(\pi_g 2p_y)^1$	3/2
O_2^{2-}	$KK(\sigma_g 2s)^2(\sigma_u 2s)^2(\sigma_g 2p_y)^2(\pi_u 2p_x)^2(\pi_u 2p_y)^2(\pi_g 2p_x)^2(\pi_g 2p_y)^2$	1

我们预测随着键级的增加,键长会减小,键能会增加。这一预测与实验值非常吻合,实验值为

	键长/pm	键能/($kJ \cdot mol^{-1}$)
O_2^+	112	643
O_2	121	494
O_2^-	135	395
O_2^{2-}	149	

值得注意的是,从 O_2 中移去一个电子会产生更强的键,与分子轨道理论的预测一致。

图 9.15 展示了对同核双原子分子B_2到 F_2 的预测键级以及实验测得的键长和键能。对于元素周期表第二行元素的双原子分子的结果总结在表 9.2 中。

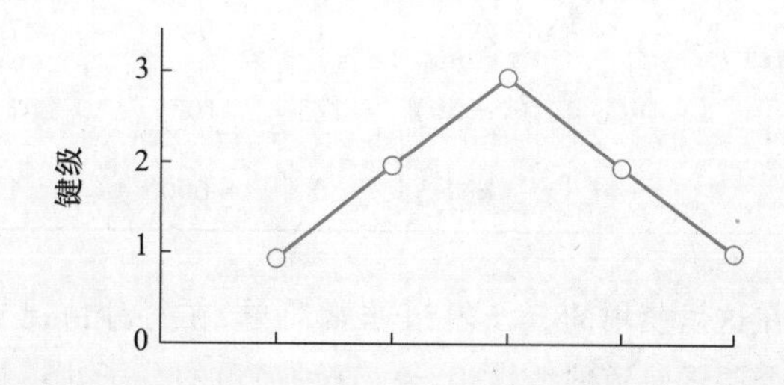

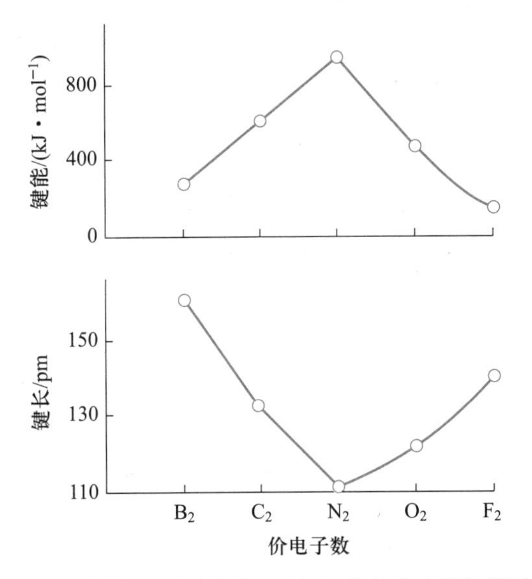

图 9.15 同核双原子分子 B_2 至 F_2 的各种成键性质图。

表 9.2 元素周期表第二行元素同核双原子分子的基态电子构型和各种物理性质。

物种	基态电子构型	键级	键长 pm	键能 kJ·mol^{-1}
Li_2	$KK(\sigma_g 2s)^2$	1	267	105
Be_2	$KK(\sigma_g 2s)^2(\sigma_u 2s)^2$	0	245	≈9
B_2	$KK(\sigma_g 2s)^2(\sigma_u 2s)^2(\pi_u 2p_x)^1(\pi_u 2p_y)^1$	1	159	289
C_2	$KK(\sigma_g 2s)^2(\sigma_u 2s)^2(\pi_u 2p_x)^2(\pi_u 2p_y)^2$	2	124	599
N_2	$KK(\sigma_g 2s)^2(\sigma_u 2s)^2(\sigma_g 2p_x)^2(\pi_u 2p_y)^2(\sigma_g 2p_z)^2$	3	110	942
O_2	$KK(\sigma_g 2s)^2(\sigma_u 2s)^2(\sigma_g 2p_z)^2(\pi_u 2p_x)^2(\pi_u 2p_y)^2(\pi_g 2p_x)^1(\pi_g 2p_y)^1$	2	121	494
F_2	$KK(\sigma_g 2s)^2(\sigma_u 2s)^2(\sigma_g 2p_z)^2(\pi_u 2p_x)^2(\pi_u 2p_y)^2(\pi_g 2p_x)^2(\pi_g 2p_y)^2$	1	141	154
Ne_2	$KK(\sigma_g 2s)^2(\sigma_u 2s)^2(\sigma_g 2p_z)^2(\pi_u 2p_x)^2(\pi_u 2p_y)^2(\pi_g 2p_x)^2(\pi_g 2p_y)^2(\sigma_u 2p_z)^2$	0	310	<1

9-11 光电子能谱支持分子轨道的存在

原子轨道和分子轨道的概念相当抽象,有时似乎与现实相去甚远。然而,分子的电子构型可以通过实验证明。所采用的方法与第 1 章中讨论的光电效应非常相似。如果将高能电磁辐射照射到气体中,分子中的电子将被逐出。从分子中逐出一个电子所需的能量,称为**电离能**(ionization energy),是衡量电子在分子内结合强度的一个直接量度。分子内电子的电离能取决于电子所占据的分子轨道;分子轨道的能量越低,从该分子轨道中移去或电离一个电子所需的能量就越多。

测量被入射到气态分子上的辐射所逐出的电子能量称为**光电子能谱**(photoelectron spectroscopy)。图 9.16 展示了 N_2 的光电子能谱。根据图 9.13,N_2 的基态构型为 $KK(\sigma_g 2s)^2(\sigma_u 2s)^2(\pi_u 2p_x)^2(\pi_u 2p_y)^2(\sigma_g 2p_z)^2$。光电子能谱中的峰对应于占据的分子轨道的能量。光电子能谱为这里正在发展的分子轨道模型提供了引人注目的实验证据。

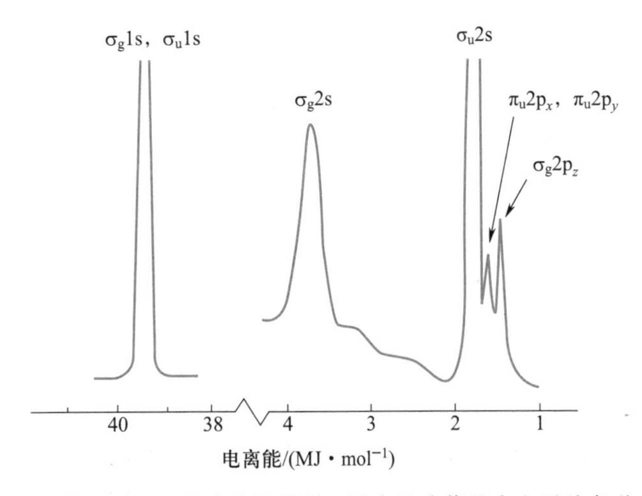

图 9.16 N_2 的光电子能谱。图中的峰值是由电子从各种分子轨道被发射出来引起的。

9-12 分子轨道理论同样适用于异核双原子分子

我们已经发展的分子轨道理论可以扩展到**异核双原子分子**(heteronuclear diatomic molecules),即两个原子核不同的双原子分子。重要的是要认识到,构建分子轨道的两个原子上的原子轨道的能量现在会有所不同。在此情境下,必须考虑到先前的近似,即只有能量相近的轨道才会组合形成分子轨道。对于原子序数的微小变化,两个键合原子上相同原子轨道的能量差异很小(如 CO,NO)。然而,对于许多异核双原子分子(如 HF,HCl),各自原子轨道的能量可能显著不同,因此需要重新考虑哪些原子轨道参与构建这类分子的分子轨道。

考虑氰离子 CN^-。碳(6)和氮(7)的原子序数仅相差一个单位,因此相同的能级排序可能仍然有效。总的价电子数为 10(碳在 $n=2$ 壳层有 4 个电子,氮有 5 个电子),离子的总电荷为 -1。因此,CN^- 的基态电子构型预测为

$$KK(\sigma 2s)^2(\sigma^* 2s)^2(\pi 2p_x)^2(\pi 2p_y)^2(\sigma 2p_z)^2$$

键级为三。注意,这里我们不使用下标 g 和 u,因为异核分子不具有反演对称性。

图 9.17 展示了 CO 的光电子能谱。这些数据很好地展示了分子轨道的能量。此外,光电子能谱显示了碳和氧上的 1s 原子轨道的特征峰。请注意 1s 原子轨道的高结合能。这一能量是它们靠近原子核的结果,这些数据进一步验证了 1s 电子在这些分子的成键中不起重要作用。

例题 9-6 讨论一氧化碳分子 CO 中的成键情况。

解 CO 分子共有 10 个价电子。注意,CO 与 N_2 是等电子的,因此 CO 的基态电子构型为 $KK(\sigma 2s)^2(\sigma^* 2s)^2(\pi 2p_x)^2(\pi 2p_y)^2(\sigma 2p_z)^2$,键级为三。由于 N_2 和 CO 均具有三重键,并且三个原子(N,O,C)的大小大致相同,我们预期 CO 的键长和键能与 N_2 相当。实验值为

	键长/pm	键能/(kJ · mol^{-1})
N_2	110	942
CO	113	1071

CO 的键能是已知双原子分子中最大的键能之一。

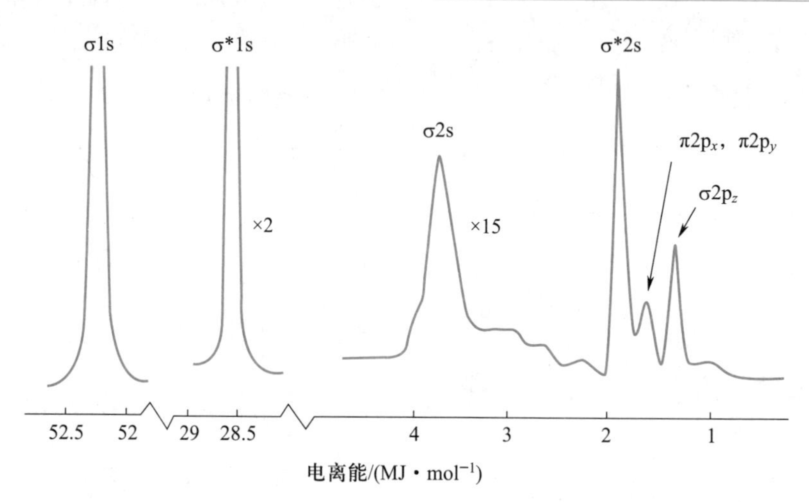

图 9.17 CO 的光电子能谱。标识了各种分子轨道的相关能量。σ1s 和 σ^* 1s 轨道本质上分别是氧原子和碳原子的 1s 电子。这些电子的相对较大的电离能表明它们受核牢牢束缚,不参与成键。

现在考虑双原子分子 HF。这个分子说明了原子上的价电子占据不同电子壳层的情况。氟的 2s 和 2p 原子轨道上价电子的能量分别为 $-1.477E_h$ 和 $-0.684E_h$。氢的 1s 原子轨道上价电子的能量为 $-0.500E_h$。由于氟的 2p 原子轨道在能量上最接近氢的 1s 轨道,对分子轨道的一阶近似将是考虑这两种不同类型的原子轨道的线性组合。但应该使用哪个 2p 原子轨道呢?将 z 轴定义为核间轴,图 9.18 展示了氟的 $2p_z$ 和 $2p_x$ 轨道与氢的 1s 轨道的重叠。氟的 $2p_y$ 原子轨道与氢的 1s 原子轨道的重叠方式与 $2p_x$ 轨道相似,只是它沿 y 轴而不是 x 轴。氢的 1s 和氟的 $2p_z$ 轨道具有相长的重叠,因此可以使用这两个轨道的线性组合。然而,由于 $2p_x(2p_y)$ 原子轨道的波函数相对于 $y-z$ 平面($x-z$ 平面)符号变化,以及氢的 1s 原子轨道的波函数符号保持不变,对于所有核间距离,氟的 $2p_x(2p_y)$ 和氢的 1s 之间的净重叠为零。因此,分子轨道的一阶近似是氟的 $2p_z$ 和氢的 1s 原子轨道的线性组合:

$$\psi = c_1 1s_H \pm c_2 2p_{zF} \tag{9.34}$$

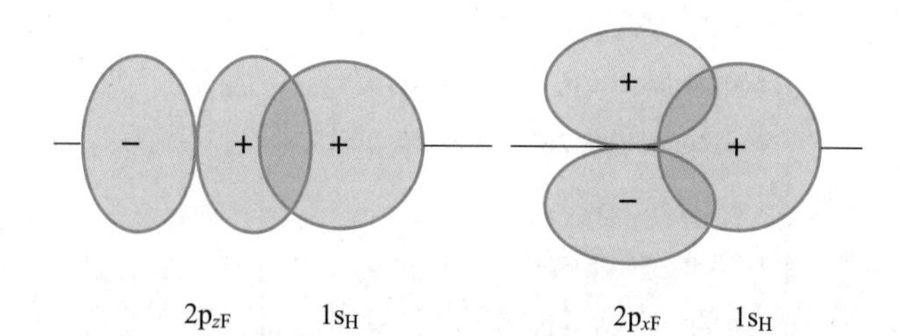

图 9.18 氟的 $2p_z$ 和 $2p_x$ 原子轨道与氢的 1s 原子轨道的重叠。由于 $2p_x$ 波函数的符号变化,对于所有核间距离,$2p_x$ 和氢的 1s 之间的净重叠为零。由氟的 2p 原子轨道和氢的 1s 原子轨道的重叠产生了一组两个 σ 分子轨道。图中展示的是成键 σ 轨道,σ_b。

由式(9.34)中的波函数给出的分子轨道描述了关于核间轴对称的电子密度,因此两者都是 σ 分子轨道(一个是成键 σ_b,一个是反键 σ_a)。图 9.19 显示了 HF 的分子轨道能级图(未显示 $1s_F$ 和 $2s_F$ 轨道)。八个价电子依据泡利不相容原理占据图 9.19 中的四个能级最低的轨道,因此 HF 的基态价电子构型为 $(2s_F)^2(\sigma_b)^2(2p_{xF})^2(2p_{yF})^2$。$2s_F$,$2p_{xF}$ 和 $2p_{yF}$ 轨道均是非键轨道,因此 HF 的键级为一。

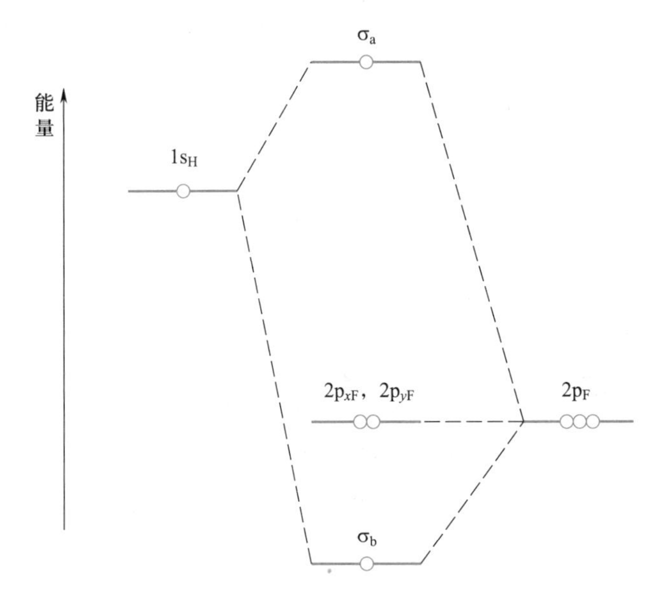

图 9.19 HF 的分子轨道能级图。氟的 1s 和 2s 轨道未显示。请注意,$2p_{xF}$ 和 $2p_{yF}$ 轨道是非键轨道。

分子轨道的指定,如 σ2s 和 π2p,失去了其意义,分子轨道更适当地被指定为第一个 σ_g 轨道($1\sigma_g$),第一个 σ_u 轨道($1\sigma_u$),第一个 π_u 轨道($1\pi_u$)等。双原子分子轨道的各种符号之间的对应关系见表 9.3。由于分子轨道是通过计算从大量原子轨道的线性组合中得出的,因此在研究文献中使用 SCF-LCAO 符号。

表 9.3 双原子分子轨道的各种符号之间的对应关系。

简单 LCAO-MO		SCF-LCAO-MO
$\sigma 1s$	$\sigma_g 1s$	$1\sigma_g$
$\sigma^* 1s$	$\sigma_u 1s$	$1\sigma_u$
$\sigma 2s$	$\sigma_g 2s$	$2\sigma_g$
$\sigma^* 2s$	$\sigma_u 2s$	$2\sigma_u$
$\pi 2p_x$	$\pi_u 2p_x$	$1\pi_u$
$\pi 2p_y$	$\pi_u 2p_y$	$1\pi_u$
$\sigma 2p_z$	$\sigma_g 2p_z$	$3\sigma_g$
$\pi^* 2p_x$	$\pi_g 2p_x$	$1\pi_g$
$\pi^* 2p_y$	$\pi_g 2p_y$	$1\pi_g$
$\sigma^* 2p_z$	$\sigma_u 2p_z$	$3\sigma_u$

9-13 SCF-LCAO-MO 波函数是由原子轨道线性组合形成的分子轨道，组合系数通过自洽计算确定

到目前为止,我们介绍的分子轨道模型是最简单的分子轨道处理方法。图 9.10 到图 9.12 中每个分子轨道仅由每个核上的一个原子轨道形成。类比原子的情况,我们可以通过形成许多原子轨道的线性组合来获得更好的分子轨道。例如,不同于使用简单的 $\psi=c_1(1s_A+1s_B)$,可以使用如下形式的分子轨道波函数:

$$\psi=c_1(1s_A+1s_B)+c_2(2s_A+2s_B)+c_3(2p_{zA}+2p_{zA})+\cdots \tag{9.35}$$

请注意,这里包括了更高能级的轨道,并实现了一个更灵活的试探函数。我们让变分原理通过产生变分参数 c_1,c_2,c_3,…的相对大小来确定各项的相对重要性。就像对原子计算一样,当在式(9.35)中包含越来越多的项时,达到了计算基态能量的极限,这一极限即为 Hartree-Fock 极限。第 8 章讨论的计算原子性质的 Hartree-Fock 自洽场方法可以被修改来计算分子性质。如果从分子轨道开始,这些轨道是原子轨道的线性组合,如式(9.35)所示,并通过自洽场方法确定系数,就得到了所谓的 **SCF-LCAO-MO 波函数**(SCF-LCAO-MO wave function)。这种方法是在 20 世纪 50 年代由芝加哥大学的 Clemens Roothaan 发展的,通常被称为 Hartree-Fock-Roothaan 方法。由于这些计算是使用许多原子轨道的线性组合进行的,

必须意识到,如果只使用 LCAO-MO 中的少量项并自洽地确定所有系数,可能无法达到或接近 Hartree-Fock 极限。因此,一个 SCF-LCAO-MO 分子轨道不一定与一个 Hartree-Fock 轨道相同。只有当 SCF-LCAO-MO 分子轨道包含足够多的项以至于达到 Hartree-Fock 极限时,它们才相同。

可以使用式(9.35)来说明 SCF-LCAO-MO 计算和 Hartree-Fock 计算之间的区别。如果在式(9.35)中 $c_2=c_3=0$,只有 c_1 变化,就得到了在第 9-4 节中得到的结果。能量和键长见表 9.4 的第一行。如果允许 1s 轨道指数中的核电荷 Z 变化,那么就得到了表 9.4 的第二行。现在考虑由式(9.35)给出的 LCAO-MO,其中原子轨道是 Slater 轨道[式(8.12)]:

$$\psi_{nlm}(r,\theta,\phi)=\frac{(2\zeta)^{n+1/2}}{(2n!)^{1/2}}r^{n-1}e^{-\zeta r}Y_l^m(\theta,\phi)$$

如果将 c_1,c_2 和 c_3 均视为变分参数,ζ 视为 Z/n,就像在氢原子轨道中一样,则结合能为 $0.1321E_h$,键长为 $1.40a_0$(表 9.4 中的第三行)。此外,如果独立地变化 1s,2s 和 2p 轨道中的 Z 值,则结合能为 $0.1335E_h$,键长为 $1.40a_0$(表 9.4 中的第四行)。这仍然不是 Hartree-Fock 极限。如果在式(9.35)中包含更多项(约九项),则最终将达到 Hartree-Fock 的极限,解离能为 $0.1336E_h$,键长为 $1.40a_0$。人们已经为许多双原子分子计算了 Hartree-Fock 波函数。图 9.20 显示了同核双原子分子 H_2 到 F_2 的总电子密度和各个分子轨道的等高线图。H_2 到 F_2 的基态构型也在图 9.20 中给出。

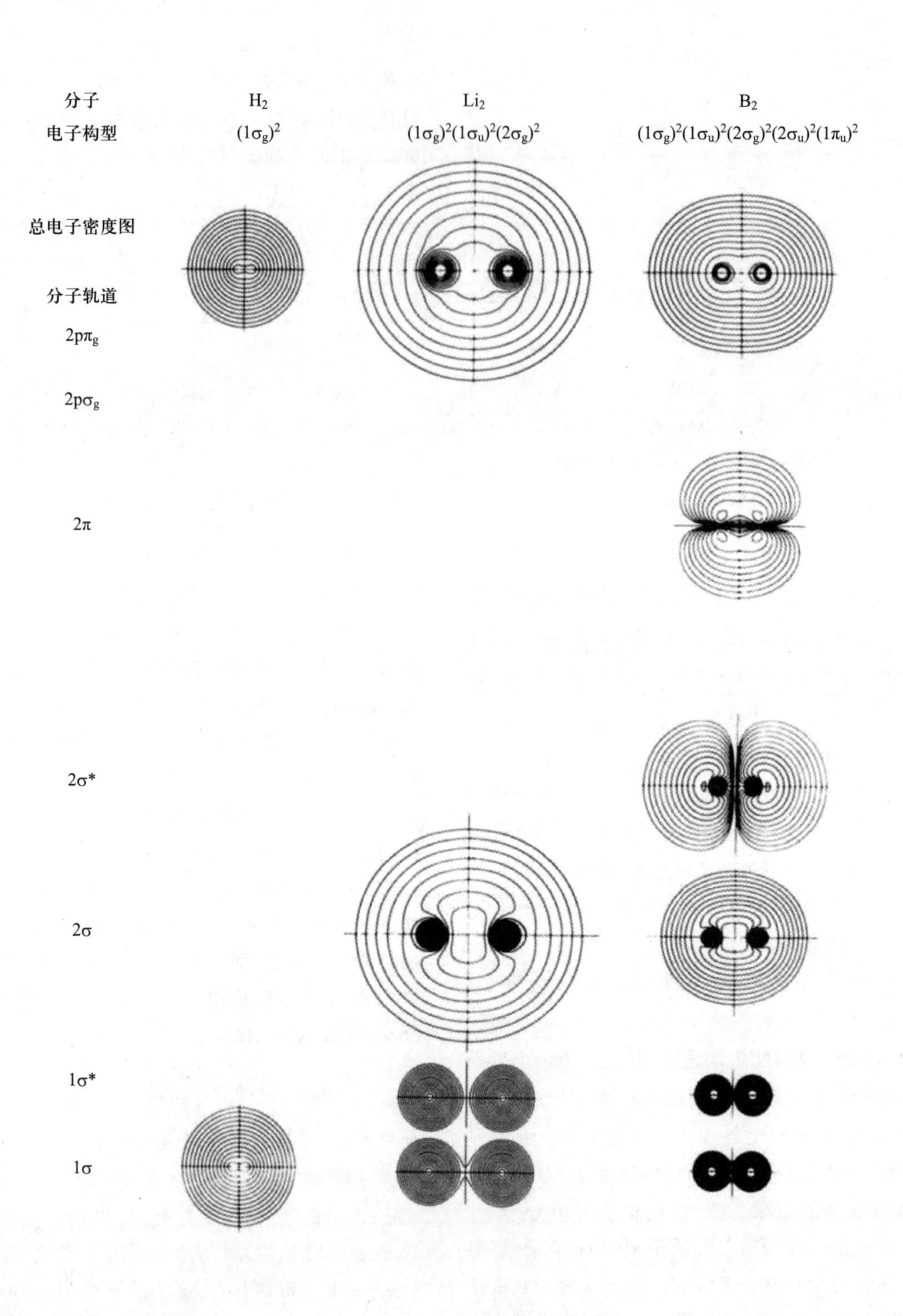
分子
H_2
Li_2
B_2
电子构型
$(1\sigma_g)^2$
$(1\sigma_g)^2(1\sigma_u)^2(2\sigma_g)^2$
$(1\sigma_g)^2(1\sigma_u)^2(2\sigma_g)^2(2\sigma_u)^2(1\pi_u)^2$
总电子密度图
分子轨道
$2p\pi_g$
$2p\sigma_g$
2π
$2\sigma^*$
2σ
$1\sigma^*$
1σ

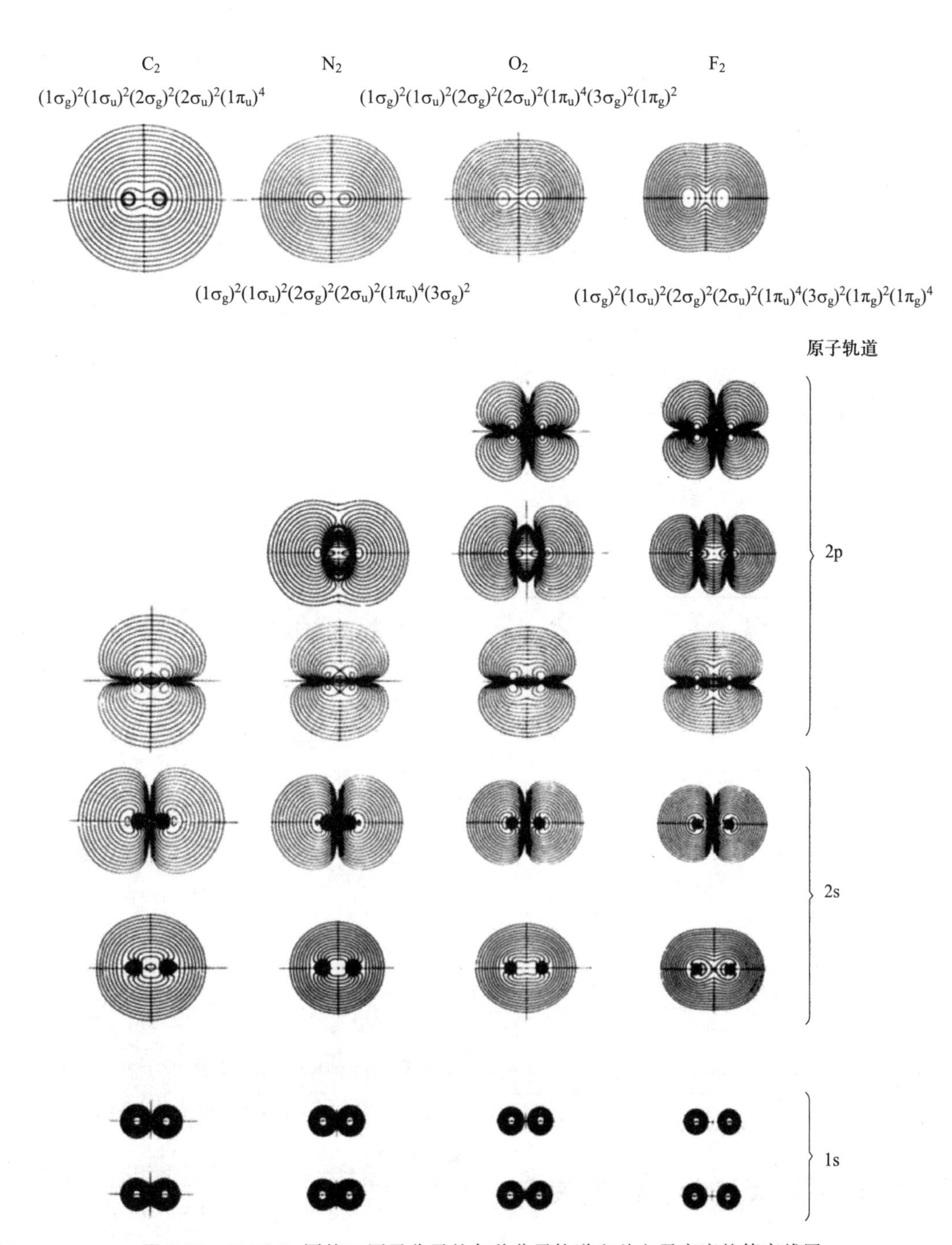

图 9.20　H_2 至 F_2 同核双原子分子的各种分子轨道和总电子密度的等高线图。

表 9.4 H_2 收敛到 Hartree-Fock 极限的结果展示。

LCAO-MO	有效核电荷	总能量/E_h	结合能/E_h	键长/a_0
$1s_A+1s_B$	1.00	−1.0990	0.0990	1.61
$1s_A+1s_B$	1.197	−1.1282	0.1282	1.38
式(9.35)	1.231	−1.1321	0.1321	1.40
式(9.35)	$Z(1s)=1.378$	−1.1335	0.1335	1.40
	$Z(2s)=1.176$			
	$Z(2p)=1.820$			
Hartree-Fock		−1.1336	0.1336	1.40
实验值			0.1642	1.41

表 9.5 显示了一些双原子分子计算的键长结果。与实验值的一致性令人印象深刻。我们将在第 10 章详细讨论多原子分子的 Hartree-Fock 计算,在那里将看到对于多原子分子也可以获得类似令人印象深刻的结果。

表 9.5 各种双原子分子的计算和实验键长。Hartree-Fock 计算使用 6-31G* 基组(将在第 11 章中讨论)来表示原子轨道。

分子	计算键长/pm	实验键长/pm
H_2	73.0	74.2
LiH	163.6	159.6
HF	91.1	91.7
NaH	191.4	188.7
HCl	126.6	127.5
LiCl	207.2	202.1
CO	111.4	112.8
N_2	107.8	107.9
ClF	161.3	162.8
Li	281.2	267.3
Na_2	313.0	307.8
$NaCl_2$	239.7	236.1
Cl_2	199.0	198.8
F_2	134.5	141.2

9-14 分子的电子态通过分子谱项表示

在第 8-8 节中,原子的电子态是通过原子谱项来表示的。分子的电子态也是通过谱项来表示的。分子谱项比原子谱项更容易推导。为了确定分子谱项,首先计算总轨道角动量 M_L 的可能值,它是占据分子轨道的电子的轨道角动量之和:

$$M_L=m_{l1}+m_{l2}+\cdots \tag{9.36}$$

其中对于 σ 轨道,$m_l=0$,对于 π 轨道,$m_l=\pm1$,以此类推(回顾一下,m_l 是轨道角动量在 z 轴上的投影,以 $\hbar$ 为单位)。不同的电子构型导致 M_L 的不同可取值。$|M_L|$ 的各种值与大写希腊字母相关,依据如下表示:

$\lvert M_L\rvert$	希腊字母
0	Σ
1	Π
2	Δ
3	Φ

一旦确定了 M_L,就可以确定总自旋角动量 M_S 的可能值:

$$M_S=m_{s1}+m_{s2}+\cdots \tag{9.37}$$

M_S 的值对应于分子总自旋 S 沿着键轴的投影。对于 $S=0$,$M_S=0$;对于 $S=1/2$,$M_S=\pm1/2$;对于 $S=1$,$M_S=\pm1,0$,等等。因此,与原子一样,可以通过获得的 M_S 值确定总自旋 S。对于一组特定的 M_L 和 S,分子谱项可以表示为

$$^{2S+1}|M_L|$$

上标$(2S+1)$是自旋多重度,表示对于一特定 S 值的 M_S 的数量。回顾一下,如果 $2S+1=1$,则状态称为单重态,如果 $2S+1=2$,则为双重态,如果 $2S+1=3$,则为三重态,以此类推。最好通过例子来说明如何通过分子轨道电子构型确定分子谱项。

首先考虑 H_2 分子。H_2 的基态电子构型是 $(1\sigma_g)^2$,所以占据的 σ 轨道中每个电子的 $m_l=0$。因此

$$M_L=0+0=0$$

两个电子的自旋必须成对,以满足泡利不相容原理,因此

$$M_S=+\frac{1}{2}-\frac{1}{2}=0$$

因为 M_S 等于 0,所以 S 必须等于零。因此,H_2 的基态电子构型的谱项为 $^1\Sigma$(一个单重 Σ 态)。

» 例题 9-7 确定 He_2^+ 和 He_2 的谱项。

» 解 He_2^+:基态电子构型为 $(1\sigma_g)^2(1\sigma_u)^1$。需要考虑三个电子的 m_l 和 m_s 的值。可能的值如下所示:

$m_{l1}=0$	$m_{s1}=+1/2$
$m_{l2}=0$	$m_{s2}=-1/2$
$m_{l3}=0$	$m_{s3}=\pm1/2$
$M_L=0$	$M_S=\pm1/2$

$M_L=0$ 的事实表明具有一个 Σ 态。$M_S=\pm1/2$ 对应于

$S=1/2$ 的两个投影，因此 He_2^+ 基态的谱项是 $^2\Sigma$(双重 Σ 态)。

He_2：基态电子构型为 $(1\sigma_g)^2(1\sigma_u)^2$。在这种情况下，$M_L=0$ 且 $M_S=0$。因此，He_2 基态的谱项是 $^1\Sigma$。

现在考虑 B_2。这个分子更为复杂，展示了需要考虑的一般情况。B_2 的基态电子构型是 $(1\sigma_g)^2(1\sigma_u)^2(2\sigma_g)^2(2\sigma_u)^2(1\pi_u)^1(1\pi_u)^1$。由于 B_2 的前四个分子轨道具有 $M_L=0$ 和 $M_S=0$，只需考虑占据 $1\pi_u$ 轨道的两个电子。$1\pi_u$ 轨道是双重简并的，根据洪德规则，这两个电子各自占据自己的 $1\pi_u$ 轨道，因此可以具有 $m_l=\pm1$ 和 $m_s=\pm1/2$。为了确定分子电子态的谱项，我们使用确定原子谱项的相同方法。对于电子构型 $(1\pi_u)^1(1\pi_u)^1$，M_L 允许的值为 2，0 和 -2，M_S 的值可以为 1，0 和 -1。现在构建一个表格，列出所有可能的 (m_{l1}, m_{s1}) 和 (m_{l2}, m_{s2}) 的组合，这些组合对应于 M_L 和 M_S 的可能值。

	M_S		
M_L	1	0	-1
2	$1^+,1^+$	$1^+,1^-$	$1^-,1^-$
0	$1^+,-1^+$	$1^+,-1^-;1^-,-1^+$	$1^-,-1^-$
-2	$-1^+,-1^+$	$-1^+,-1^-$	$-1^-,-1^-$

在上述表格的条目中，上标+和-分别用于表示自旋量子数 $m_s=+1/2$ 和 $m_s=-1/2$。每个条目中的数字是相应的 m_l 量子数。例如，条目 $1^+,-1^+$ 对应于 $m_{l1}=1, m_{s1}=1/2$ 和 $m_{l2}=-1, m_{s2}=12$，或 $M_L=m_{l1}+m_{l2}=0$ 和 $M_S=m_{s1}+m_{s2}=1$。上述表格中并非所有的条目都是允许的。泡利不相容原理要求同一轨道中的两个电子不能具有相同的量子数集；因此，构型 $1^+,1^+$；$1^-,1^-$；$-1^+,-1^+$ 和 $-1^-,-1^-$ 不对应于允许的量子态，已被叉掉。这就留下如下的 (m_{l1}, m_{s1}) 和 (m_{l2}, m_{s2}) 的组合，从中可以推导出允许的谱项。

		M_S		
		1	0	-1
	2		$1^+,1^-$	
M_L	0	$1^+,-1^+$	$1^+,-1^-;1^-,-1^+$	$1^-,-1^-$
	-2		$-1^+,-1^+$	

在观察中间一行时，有三种构型 $1^+,-1^+$；$1^+,-1^-$(或 $1^-,-1^+$)；以及 $1^-,-1^-$，对应于 $M_L=0$ 和 $M_S=1,0,-1$，或者一个 $^3\Sigma$ 态。这留下了：

		M_S		
		1	0	-1
	2		$1^+,1^-$	
M_L	0		$1^-,-1^+$	
	-2		$-1^+,-1^-$	

列中剩余的两个谱项($1^+,1^-$ 和 $-1^+,-1^-$)对应于 $M_L=2$ 和 -2($|M_L|=2$)以及 $M_S=0$，或者说一个 $^1\Delta$ 态。剩下的谱项($1^-,-1^+$)对应于 $M_L=0$ 和 $M_S=0$，或者说一个 $^1\Sigma$ 态。我们发现 B_2 有三种可能的分子态，即 $^1\Delta$，$^3\Sigma$ 和 $^1\Sigma$。由于洪德规则同样适用于分子电子态和原子电子态，具有最大自旋多重度的态将是 B_2 的基态。因此，我们预测 B_2 的基态是一个 $^3\Sigma$ 态。

» 例题 9-8 确定 O_2 和 O_2^+ 的基态谱项。

» 解 分子 O_2 的基态电子构型为(见例题 9-5)

$$(1\sigma_g)^2(1\sigma_u)^2(2\sigma_g)^2(2\sigma_u)^2(3\sigma_g)^2(1\pi_u)^2(1\pi_u)^2(1\pi_g)^1(1\pi_g)^1$$

在确定分子谱项时，只需要考虑占据 $1\pi_g$ 轨道的两个电子。这与刚刚讨论的 B_2 分子相同。因此，根据洪德规则，知道 O_2 的基态谱项为 $^3\Sigma$。

O_2^+ 的基态电子构型是

$$(1\sigma_g)^2(1\sigma_u)^2(2\sigma_g)^2(2\sigma_u)^2(3\sigma_g)^2(1\pi_u)^2(1\pi_u)^2(1\pi_g)^1$$

在确定谱项时，只需考虑 $1\pi_g$ 轨道中的一个电子。位于 $1\pi_g$ 轨道的电子的 m_l 和 m_s 的允许值分别为 $m_l=\pm1$ 和 $m_s=\pm1/2$。这些值对应于 $|M_L|=1$ 和 $M_S=1/2$，即谱项为 $^2\Pi$。

9-15 分子谱项表示了分子波函数的对称性质

谱项还用于表示分子波函数的对称性质(在第 12 章将详细研究分子的对称性质)。对于同核双原子分子，通过两个核之间的中点进行的反演操作不改变分子的核构型。然而，分子波函数未必如此。表 9.3 总结了本章讨论的所有同核双原子分子轨道的对称性行为。

因为分子的电子波函数是分子轨道的乘积，故同核双原子分子的电子波函数的对称性必须是偶(g)或奇(u)中的一种。考虑两个分子轨道乘积最简单情况。如果两个轨道都是偶,那么乘积是偶。如果两个轨道都是奇,那么乘积也是偶,因为两个奇函数的乘积是偶函数。如果两个轨道具有相反的对称性,那么乘积是奇。分子谱项的右下标要么是g,要么是u,表示结果的对称性。例如,O_2 的基态电子构型是$(1\sigma_g)^2(1\sigma_u)^2(2\sigma_g)^2(2\sigma_u)^2(3\sigma_g)^2(1\pi_u)^2(1\pi_u)^2(1\pi_g)^1(1\pi_g)^1$。通常,可以忽略全充满的轨道,关注$(1\pi_g)^1(1\pi_g)^1$。根据表 9.3(或图 9.11 和图 9.12),$(1\pi_g)^1(1\pi_g)^1$ 的对称性是 g · g=g,因此 O_2 的基态电子态的分子谱项是$^3\Sigma_g$。类似地,O_2^+ 的分子谱项是$^2\Pi_g$。

» 例题 9-9 确定 B_2基态电子构型的谱项的对称性(g 或 u)。

» 解 基态电子构型是

$$(1\sigma_g)^2(1\sigma_u)^2(2\sigma_g)^2(2\sigma_u)^2(1\pi_u)^1(1\pi_u)^1$$

对应于$^3\Sigma$谱项。可以忽略完全占据的轨道,因此两个未成对电子占据的分子轨道的对称性乘积是 u · u=g,所以谱项是$^3\Sigma_g$。

最后,用右上标 + 或 - 对 Σ 电子态($M_L=0$)进行标记,以指示当分子波函数通过一包含原子核的平面反映时的行为。因为 σ 轨道关于核间轴对称,所以它们在通过一包含两个原子核的平面反映时不改变符号。图 9.21 显示双重简并的 π_u 轨道中的一个轨道改变了符号,而另一个轨道则没有改变。类似地,双重简并的 π_g 轨道中的一个轨道改变符号,而另一个轨道则不改变(见图9.12)。通过这些观察,可以确定一个 Σ 电子态是否用右上标 + 或 - 进行标记。

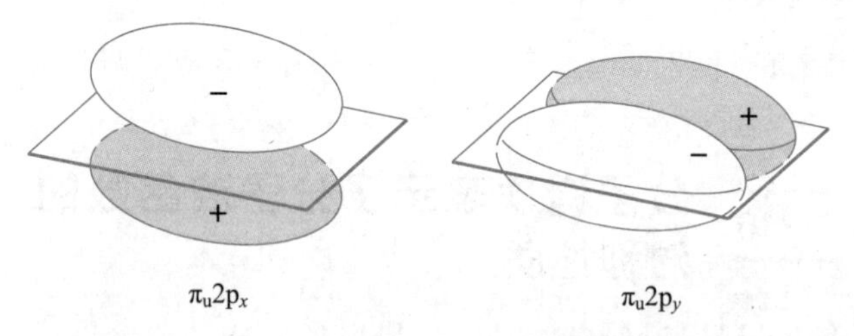

图 9.21 两个 $1\pi_u$ 轨道针对包含两个原子核的一个平面的行为,任意选择这个平面为 $y-z$ 平面(见图 9.12)。

» 例题 9-10 确定 O_2 基态的完整分子谱项。

» 解 根据例题 9-8,没有±标记的 O_2 的分子谱项是$^3\Sigma_g$。电子构型是(填充的轨道)$(1\pi_g 2p_x)^1(1\pi_g 2p_y)^1$,因此关于通过 $x-z$ 平面的反映的对称性是(+)(-)=(-)。因此,O_2 的完整分子谱项是$^3\Sigma_g^-$。

» 例题 9-11 确定 He_2^+ 基态电子构型的符号标识(+或-)。

» 解 He_2^+ 的基态电子构型是$(1\sigma_g)^2(1\sigma_u)^1$,对应于谱项$^2\Sigma_u$。由于 $1\sigma_g$ 和 $1\sigma_u$ 波函数在通过包含两个原子核的一个平面反映时保持不变,故总的分子轨道波函数也不变。因此,He_2^+ 的基态完整谱项是$^2\Sigma_u^+$。

表 9.6 列出了一些同核双原子分子的基态电子构型和谱项,习题 9-30 涉及这些谱项的确定。

表 9.6 第一和第二周期同核双原子分子的基态电子构型和谱项。

分子	电子构型	谱项符号
H_2^+	$(1\sigma_g)^1$	$^2\Sigma_g^+$
H_2	$(1\sigma_g)^2$	$^1\Sigma_g^+$
He_2^+	$(1\sigma_g)^2(1\sigma_u)^1$	$^2\Sigma_u^+$
Li_2	$(1\sigma_g)^2(1\sigma_u)^2(2\sigma_g)^2$	$^1\Sigma_g^+$
B_2	$(1\sigma_g)^2(1\sigma_u)^2(2\sigma_g)^2(2\sigma_u)^2(1\pi_u)^1(1\pi_u)^1$	$^3\Sigma_g^-$
C_2	$(1\sigma_g)^2(1\sigma_u)^2(2\sigma_g)^2(2\sigma_u)^2(1\pi_u)^2(1\pi_u)^2$	$^1\Sigma_g^+$
N_2^+	$(1\sigma_g)^2(1\sigma_u)^2(2\sigma_g)^2(2\sigma_u)^2(1\pi_u)^2(1\pi_u)^2(3\sigma_g)^1$	$^2\Sigma_g^+$
N_2	$(1\sigma_g)^2(1\sigma_u)^2(2\sigma_g)^2(2\sigma_u)^2(1\pi_u)^2(1\pi_u)^2(3\sigma_g)^2$	$^1\Sigma_g^+$
O_2^+	$(1\sigma_g)^2(1\sigma_u)^2(2\sigma_g)^2(2\sigma_u)^2(3\sigma_g)^2(1\pi_u)^2(1\pi_u)^2(1\pi_g)^1$	$^2\Pi_g$
O_2	$(1\sigma_g)^2(1\sigma_u)^2(2\sigma_g)^2(2\sigma_u)^2(3\sigma_g)^2(1\pi_u)^2(1\pi_u)^2(1\pi_g)^1(1\pi_g)^1$	$^3\Sigma_g^-$
F_2	$(1\sigma_g)^2(1\sigma_u)^2(2\sigma_g)^2(2\sigma_u)^2(3\sigma_g)^2(1\pi_u)^2(1\pi_u)^2(1\pi_g)^2(1\pi_g)^2$	$^1\Sigma_g^+$

9-16 大多数分子都有电子激发态

到目前为止,只考虑了双原子分子的电子基态。在本节中,将考虑一些氢分子的电子激发态。正如在第 9-8 节中看到的,H_2 的基态电子构型是$(1\sigma_g)^2$,其分子谱项是$^1\Sigma_g^+$。第一个激发态的电子构型是$(1\sigma_g)^1(1\sigma_u)^1$,正如下面的例题所示,产生了谱项$^1\Sigma_u^+$ 和$^3\Sigma_u^+$。

例题 9-12 证明电子构型$(1\sigma_g)^1(1\sigma_u)^1$产生了谱项$^1\Sigma_u^+$和$^3\Sigma_u^+$。

» 解 两个电子的m_l值都是0,因此$M_L=0$。m_{s1}和m_{s2}的可能值分别是$m_{s1}=\pm1/2$和$m_{s2}=\pm1/2$,因此$M_S=1,0,-1$。现在构建一个表格,列出(m_{l1},m_{s1})和(m_{l2},m_{s2})的所有可能组合,对应于可能的M_L和M_S值。

		Ms		
		1	0	-1
M_L	0	$0^+,0^+$	$0^+,0^-;0^-,0^+$	$0^-,0^-$

查看中间一行,可看到条目$0^+,0^+;0^+,0^-$(或$0^-,0^+$)和$0^-,0^-$对应于$M_L=0$和$M_S=1,0,-1$,或一个$^3\Sigma$态。剩下的条目$0^-,0^+$(或$0^+,0^-$)对应于$M_L=0$和$M_S=0$,或一个$^1\Sigma$态。

乘积$1\sigma_g\times1\sigma_u$得到了一个u态,因此有$^3\Sigma_u$和$^1\Sigma_u$态。此外,$1\sigma_g$和$1\sigma_u$轨道都关于包含两个原子核的平面反射对称,因此完整的分子谱项是$^3\Sigma_u^+$和$^1\Sigma_u^+$。

根据洪德规则,$^3\Sigma_u^+$激发态的能量低于$^1\Sigma_u^+$激发态。图9.22显示了H_2的基态和两个激发电子态的核间势能曲线。

应注意,对应于电子构型$(1\sigma_g)^1(1\sigma_u)^1$($^3\Sigma_u^+$态)的三重态始终是排斥的。在图9.22中显示的第二个激发态对应于电子构型$(1\sigma_g)^1(2\sigma_g)^1$,或谱项$^1\Sigma_g^+$。像基态$H_2$分子一样,这个激发态的键级为一。然而,由于$2\sigma_g$轨道比$1\sigma_g$轨道大,我们预测在这个激发态中$H_2$的键长比基态中的长。实验证实了这一预测;在这个$^1\Sigma_g^+$激发态中,键长比在基态中的长约35%。

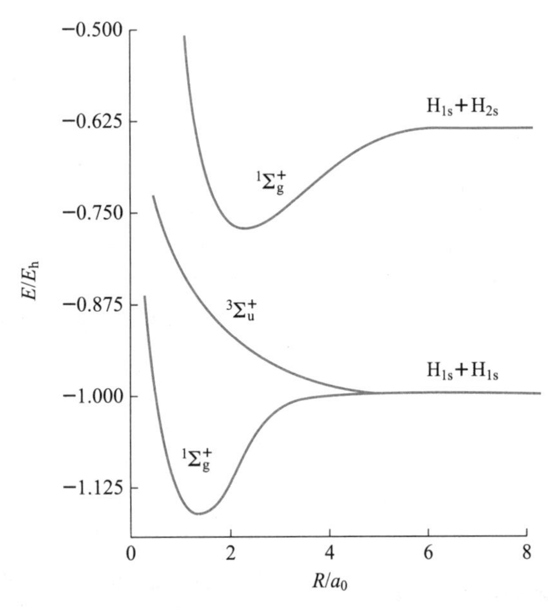

图 9.22 H_2的基态和两个激发电子态的核间势能曲线。请注意,两个最低的曲线在远距离处趋于$-1.0E_h$,表示两个孤立的基态氢原子(氢原子的基态能量为$-\frac{1}{2}E_h$)。所示的另一个激发态分解为一个基态氢原子和一个电子位于原子2s轨道中的激发氢原子。

习题

9-1 在原子单位下表示氢分子的哈密顿算符。

9-2 绘制沿着核间轴的若干R值下的$1s_A1s_B$的乘积。

9-3 重叠积分,即式(9.10),以及在如H_2这样的双中心系统中出现的其他积分,被称为**双中心积分**(two-center intergral)。使用一种称为**椭圆坐标**(elliptic coordinates)的坐标系统计算双中心积分较容易。在这个坐标系统中(见图9.23),有两个固定点,它们之间的距离为R。一个点P由以下坐标

$$\lambda=\frac{r_A+r_B}{R}$$

$$\mu=\frac{r_A-r_B}{R}$$

以及角度ϕ给定,即(r_A,r_B,R)三角形相对于焦轴所成的

角度。椭圆坐标中的微分体积元为

$$\mathrm{d}\boldsymbol{r}=\frac{R^3}{8}(\lambda^2-\mu^2)\,\mathrm{d}\lambda\,\mathrm{d}\mu\,\mathrm{d}\phi$$

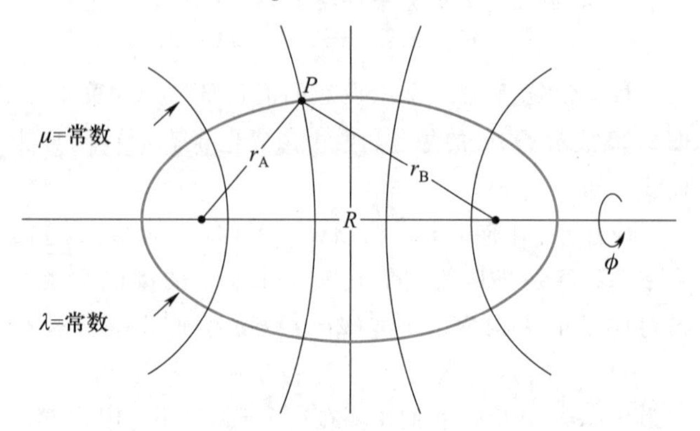

图 9.23 椭圆坐标是计算如重叠积分[式(9.10)]等双中心积分的自然坐标。

考虑上述对 λ,μ 和 ϕ 的定义,证明:

$$1\leqslant\lambda<\infty$$

$$-1\leqslant\mu\leqslant1$$

以及

$$0\leqslant\phi\leqslant2\pi$$

使用椭圆坐标来计算重叠积分,即式(9.10):

$$S=\int\mathrm{d}\boldsymbol{r}1s_A1s_Bn=\frac{Z^3}{\pi}\int\mathrm{d}\boldsymbol{r}\mathrm{e}^{-Zr_A}\mathrm{e}^{-Zr_B}$$

9-4 确定波函数 $\psi_-=c_1(1s_A-1s_B)$ 的归一化形式。

9-5 重复第 9-3 节中对 $\psi_-=(1s_A-1s_B)$ 的计算。

9-6 利用习题 9-3 中的椭圆坐标系统,推导 H_2^+ 的简单分子轨道处理中 S,J 和 K 的解析表达式。

9-7 绘制沿着核间轴若干 R 值下由式(9.27)和式(9.28)给出的 ψ_b 和 ψ_a。

9-8 证明:在 H_2^+ 的简单分子轨道处理中,有

$$H_{AA}=H_{BB}=-\frac{1}{2}+J$$

以及

$$H_{AB}=-\frac{S}{2}+K$$

J 和 K 分别由式(9.23)和式(9.24)给出。

9-9 直接证明一个氢原子的 s 轨道与另一个氢原子的 p_x 轨道的重叠积分为零。使用表 6.6 中给出的 2s 和 $2p_x$ 波函数设置重叠积分。取 z 轴沿着核间轴。提示:无需计算任何积分,只需证明重叠积分可以分解为两个部分,这两个部分完全相互抵消。

9-10 证明 H_2^+ 的反键轨道 ψ_- 有 $\Delta E_-=(J-K)/(1-S)$。

9-11 证明由式(9.29)给出的 ψ 是 $\hat{S}_z=\hat{S}_{z1}+\hat{S}_{z2}$ 的一个本征函数,其本征值为 $S_z=0$。

9-12 使用分子轨道理论,解释为什么 N_2 的解离能高于 N_2^+,而 O_2^+ 的解离能却高于 O_2。

9-13 使用分子轨道理论,讨论 F_2 和 F_2^+ 的成键性质。

9-14 预测物种 N_2,N_2^+ 和 N_2^- 的相对稳定性。

9-15 预测双原子碳 C_2 及其负离子 C_2^- 的相对键强度和键长。

9-16 写出 Na_2 到 Ar_2 的基态分子轨道电子构型。根据你的预测,Mg_2 分子是否是稳定的?

9-17 确定 NO^+ 和 NO 的基态电子构型。比较这两个物种的键级。

9-18 确定氰离子的键级。

9-19 双原子分子 B_2 到 F_2 的力常数如下所示。这个顺序是否符合你的预期?试给出解释。

双原子分子	$k/(\mathrm{N\cdot m^{-1}})$
B_2	350
C_2	930
N_2	2260
O_2	1140
F_2	450

9-20 在第 9-7 节中,利用每个成键原子上的 $n=2$ 原子轨道构建了同核双原子分子的分子轨道。在本题中,将考虑可以从 $n=3$ 原子轨道构建的分子轨道。这些轨道在描述第一行过渡金属元素的双原子分子中是重要的。同样,选择 z 轴沿着分子键方向。$3s_A\pm3s_B$ 和 $3p_A\pm3p_B$ 分子轨道的命名是什么?$n=3$ 壳层还包含一组五个 3d 轨道(3d 原子轨道的形状如图 6.7 所示)。已知具有包含分子轴的两个节面的分子轨道称为 δ 轨道,证明十个 $3d_A\pm3d_B$ 分子轨道包括一个成键的 σ 轨道,一对成键的 π 轨道,一对成键的 δ 轨道以及它们相应的反键轨道。

9-21 确定第一行过渡金属同核双原子分子的最大键级(见习题 9-20)。

9-22 图 9.19 绘制了 HF 分子轨道能级的示意图。·OH 双原子自由基的能级图将与 HF 的有何不同?·OH 的最高占据分子轨道是什么?

9-23 在光电子能谱中常用的光源是氦放电,它产生 58.4 nm 的光。光电子谱仪测量了分子吸收此光时被电离的电子的动能。使用这个辐射源,可以测量到的最大电子结合能是多少?解释如何利用电离电子的动能测量来确定一个分子的占据分子轨道的能量。提示:回顾第 1 章中讨论的光电效应。

9-24 使用图 9.19,你发现 HF 的最高占据分子轨道是氟的 2p 原子轨道。测得来自这个非成键分子轨道的一个电子的电离能是 1550 kJ · mol^{-1}。然而,测得来自氟原子的一个 2p 电子的电离能是 1795 kJ · mol^{-1}。为什么氟原子的 2p 原子轨道中一个电子的电离能对氟原子而言比 HF 分子更大?

9-25 在本题中,我们考虑异核双原子分子 CO。碳原子和氧原子价轨道中电子的电离能如下:

原子	价轨道	电离能/(MJ · mol^{-1})
O	2s	3.116
	2p	1.524
C	2s	1.872
	2p	1.023

利用这些数据绘制 CO 的分子轨道能级图。CO 分子轨道的对称性命名是什么? CO 的基态电子构型是什么? CO 的键级是多少? CO 是顺磁性的还是反磁性的?

9-26 分子 BF 与 CO 是等电子体。然而 BF 的分子轨道与 CO 的分子轨道不同。与 CO 不同,硼和氟的 2s 轨道之间的能量差异很大,以至于硼的 2s 轨道与氟的 2p 轨道结合形成一个分子轨道。氟的剩余 2p 轨道与硼的两个 2p 轨道形成 π 轨道。硼的第三个 2p 轨道是非成键的。分子轨道的能级排序是 $\psi(2s_B+2p_F)<\psi(2p_B-2p_F)<\psi(2s_B-2p_F)<\psi(2p_B+2p_F)<\psi(2p_B)$。BF 的分子轨道的对称性命名是什么? BF 的基态电子构型是什么? BF 的键级是多少? BF 是反磁性的还是顺磁性的? 最后这两个问题的答案与 CO 的答案(习题 9-25)相比如何?

9-27 O_2 的光电子谱显示出两个对应于氧的 1s 电子电离的带,分别为 52.398 MJ · mol^{-1} 和 52.311 MJ · mol^{-1}。解释这一观察结果。

9-28 HF 和 F_2 的氟 1s 电子的实验电离能分别为 66.981 MJ · mol^{-1} 和 67.217 MJ · mol^{-1}。解释为什么尽管氟的 1s 电子未参与化学键,但这些电离能仍然是不同的。

9-29 证明在确定分子谱项时可以忽略填充轨道。

9-30 推导出表 9.6 中给出的所有双原子分子的基态谱项。

9-31 确定 O_2,N_2,N_2^+ 和 O_2^+ 的基态分子谱项。

9-32 氧分子的一个激发电子构型的最高占据分子轨道为

$$(1\pi_g)^1(3\sigma_u)^1$$

确定具有该电子构型的氧分子的分子谱项。

9-33 确定图 9.22 中所示的两个分离的氢原子的能量值。确定解离极限的能量差。

9-34 对于沿一条线排列的一组点电荷 Z_ie,通过下式定义电荷分布的偶极矩(μ):

$$\mu = e\sum Z_i x_i$$

式中 e 是质子电荷;x_i 是电荷 Z_ie 到原点的距离。考虑分子 LiH。对 LiH 的分子轨道计算显示,这个双原子分子的键长为 159 pm,锂原子上有 $+0.76e$ 的净电荷,氢原子上有 $-0.76e$ 的净电荷。首先,确定 LiH 分子的质心位置。将质心作为 x 轴上的原点,并确定 LiH 分子的偶极矩。你得到的值与实验值 19.62×10^{-30} C · m 相比如何?

9-35 证明:习题 9-34 中定义的偶极矩 μ 的值与我们沿 x 轴放置原点的位置无关,只要分子的净电荷为零。通过将原点放在氢原子上,重新计算 LiH 的偶极矩,并将其与习题 9-34 的结果进行比较。

9-36 如果 LiH 的键是纯离子键,那么其偶极矩的值将是多少? 估算 LiH 中的离子性程度(参见习题-34)。

9-37 实际上,偶极矩是一个由矢量定义的量,其定义为

$$\boldsymbol{\mu} = e\sum_i Z_i \boldsymbol{r}_i$$

式中 $\boldsymbol{r}_i$ 是从某个原点到电荷 Z_ie 的矢量。证明:如果分子的净电荷为零,那么 $\boldsymbol{\mu}$ 与选择原点的位置无关。

9-38 HCl 的偶极矩为 3.697×10^{-30} C · m。HCl 的键长为 127.5 pm。如果将 HCl 建模为两个由键长分隔的点电荷,那么 H 和 Cl 原子上的净电荷分别是多少?

9-39 利用下表中的数据,计算氢卤化物中氢原子和卤原子上的分数电荷。你的发现是否与卤素原子的电负性顺序 F>Cl>Br>I一致?

	R_e/pm	$\mu/(10^{-30}$ C · m)
HF	91.7	6.37
HCl	127.5	3.44
HBr	141.4	2.64
HI	160.9	1.40

9-40 在构建双原子分子的分子轨道时,仅组合具有相同能量的轨道,因为只有那些能量相似的轨道混合效果好。本题旨在说明这个观念。考虑两个原子轨道 χ_A 和 χ_B。证明这些轨道的线性组合会给出久期行列式:

$$\begin{vmatrix} \alpha_A - E & \beta - ES \\ \beta - ES & S\alpha_B - E \end{vmatrix} = 0$$

式中

$$\alpha_A = \int \chi_A h^{\text{eff}} \chi_A \mathrm{d}\tau$$

$$\alpha_B = \int \chi_B h^{\text{eff}} \chi_B \mathrm{d}\tau$$

$$\beta = \int \chi_B h^{eff} \chi_A d\tau = \int \chi_A h^{eff} \chi_B d\tau$$

$$S = \int \chi_A \chi_B d\tau$$

式中h^{eff}是占据分子轨道ϕ的电子的某有效单电子哈密顿算符。证明这个久期行列式展开后可得

$$(1-S^2)E^2+[2\beta S-\alpha_A-\alpha_B]E+\alpha_A\alpha_B-\beta^2=0$$

通常，忽略S是一种令人满意的一阶近似。在这种情况下，证明

$$E_{\pm}=\frac{\alpha_A+\alpha_B\pm[(\alpha_A-\alpha_B)^2+4\beta^2]^{1/2}}{2}$$

如果χ_A和χ_B具有相同的能量，证明$\alpha_A=\alpha_B=\alpha$且

$$E_{\pm}=\alpha\pm\beta$$

得到在α下方相差一个β单位的能级和在α上方相差一个β单位的能级，即比孤立轨道能量更稳定一个β单位能级和比孤立轨道能量更不稳定一个β单位的能级。

研究$\alpha_A \neq \alpha_B$的情况，假设$\alpha_A>\alpha_B$。证明

$$E_{\pm}=\frac{\alpha_A+\alpha_B}{2}\pm\frac{\alpha_A-\alpha_B}{2}\left[1+\frac{4\beta^2}{(\alpha_A-\alpha_B)^2}\right]^{1/2}$$

$$=\frac{\alpha_A+\alpha_B}{2}\pm\frac{\alpha_A-\alpha_B}{2}\left[1+\frac{2\beta^2}{(\alpha_A-\alpha_B)^2}-\frac{2\beta^4}{(\alpha_A-\alpha_B)^4}+\cdots\right]$$

$$=\frac{\alpha_A+\alpha_B}{2}\pm\frac{\alpha_A-\alpha_B}{2}\pm\frac{\beta^2}{\alpha_A-\alpha_B}+\cdots$$

式中已假设$\beta^2<(\alpha_A-\alpha_B)^2$，并使用了展开式

$$(1+x)^{1/2}=1+\frac{x}{2}-\frac{x^2}{8}+\cdots$$

证明：

$$E_+=\alpha_A+\frac{\beta^2}{\alpha_A-\alpha_B}+\cdots$$

$$E_-=\alpha_B-\frac{\beta^2}{\alpha_A-\alpha_B}+\cdots$$

利用这个结果，相对于上一种情况（其中$\alpha_A=\alpha_B$），讨论α_A和α_B相对于上述情况的稳定化和去稳定化。为简单起见，假设$\alpha_A-\alpha_B$很大。

9-41 在玻恩-奥本海默近似中，假设由于原子核质量比电子质量大得多，电子基本可以瞬时地适应任何核运动，因此在每个核间距R处有一个独特且明确定义的能量$E(R)$。在同样的近似下，$E(R)$是核间势能，也是核振动的势场。试论证，在玻恩-奥本海默近似下，力常数与同位素替代无关。利用上述思想，并已知H_2的解离能为$D_0=432.1\ \text{kJ}\cdot\text{mol}^{-1}$和基本振动频率$\nu$为$1.319\times10^{14}\ \text{s}^{-1}$，计算重氢$D_2$的$D_0$和$\nu$。注意，观察到的解离能由下式给出：

$$D_0=D_e-\frac{1}{2}h\nu$$

式中D_e是$E(R)$在R_e处的值。

9-42 在本题中，使用以原子A为中心的球坐标来计算重叠积分[式(9.10)]。要计算的积分是（习题9-3）

$$S(R)=\frac{1}{\pi}\int d\boldsymbol{r}_A e^{-r_A}e^{-r_B}$$

$$=\frac{1}{\pi}\int_0^{+\infty} dr_A e^{-r_A} r_A^2 \int_0^{2\pi} d\phi \int_0^{\pi} d\theta \sin\theta e^{-r_B}$$

式中r_A，r_B和θ如下图所示。

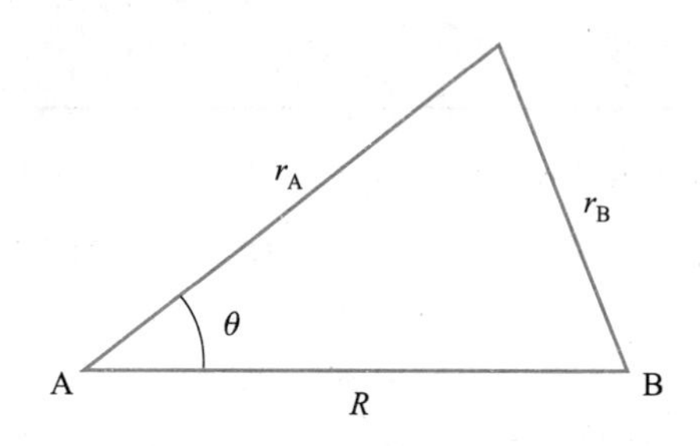

为了计算上述积分，必须用r_A，θ和ϕ来表示r_B。可以使用余弦定理进行这样的转换：

$$r_B=(r_A^2+R^2-2r_A R\cos\theta)^{1/2}$$

因此，必须考虑的第一个积分是

$$I_\theta=\int_0^{\pi} e^{-(r_A^2+R^2-2r_A R\cos\theta)^{1/2}}\sin\theta d\theta$$

令$\cos\theta=x$，得

$$\int_{-1}^{1} e^{-(r_A^2+R^2-2r_A Rx)^{1/2}}dx$$

令$u=(r_A^2+R^2-2r_A Rx)^{1/2}$，并证明

$$dx=-\frac{u du}{r_A R}$$

证明对u的积分上下限是，当$x=-1$时为$u=r_A+R$，当$x=1$时为$u=|R-r_A|$。然后证明

$$I_\theta=\frac{1}{r_A R}[e^{-(R-r_A)}(R+1-r_A)-e^{-(R+r_A)}(R+1+r_A)] \quad r_A<R$$

$$=\frac{1}{r_A R}[e^{-(r_A-R)}(r_A-R+1)-e^{-(R+r_A)}(R+1+r_A)] \quad r_A>R$$

现在将这个结果代入上面的$S(R)$，得

$$S(R)=e^{-R}\left(1+R+\frac{R^2}{3}\right)$$

与习题9-3比较该问题求解过程的长度。

9-43 使用在习题9-42中发展的方法来计算由式(9.19)给出的库仑积分J。令

$$I=-\int\frac{\mathrm{d}\boldsymbol{r}1s_{\mathrm{A}}^{*}1s_{\mathrm{A}}}{r_{\mathrm{B}}}=-\frac{1}{\pi}\int\mathrm{d}\boldsymbol{r}\frac{\mathrm{e}^{-2r_{\mathrm{A}}}}{(r_{\mathrm{A}}^{2}+R^{2}-2r_{\mathrm{A}}R\cos\theta)^{1/2}}$$

$$=-\frac{1}{\pi}\int_{0}^{+\infty}\mathrm{d}r_{\mathrm{A}}r_{\mathrm{A}}^{2}\mathrm{e}^{-2r_{\mathrm{A}}}\int_{0}^{2\pi}\mathrm{d}\phi\int_{0}^{\pi}\frac{\mathrm{d}\theta\sin\theta}{(r_{\mathrm{A}}^{2}+R^{2}-2r_{\mathrm{A}}R\cos\theta)^{1/2}}$$

利用习题 9-42 的方法，令 $\cos\theta=x$ 和 $u=(r_{\mathrm{A}}^{2}+R^{2}-2r_{\mathrm{A}}Rx)^{1/2}$，证明：

$$I=\frac{2}{R}\int_{0}^{+\infty}\mathrm{d}r_{\mathrm{A}}r_{\mathrm{A}}\mathrm{e}^{-2r_{\mathrm{A}}}\int_{R+r_{\mathrm{A}}}^{|R-r_{\mathrm{A}}|}\mathrm{d}u$$

$$=\frac{2}{R}\int_{0}^{+\infty}\mathrm{d}r_{\mathrm{A}}r_{\mathrm{A}}\mathrm{e}^{-2r_{\mathrm{A}}}\left[\,|R-r_{\mathrm{A}}|-(R+r_{\mathrm{A}})\,\right]$$

$$=\mathrm{e}^{-2R}\left(1+\frac{1}{R}\right)-\frac{1}{R}$$

并且库仑积分 J 可由以下表达式给出：

$$J=\mathrm{e}^{-2R}\left(1+\frac{1}{R}\right)$$

提示：需要使用积分

$$\int x\mathrm{e}^{ax}\mathrm{d}x=\mathrm{e}^{ax}\left(\frac{x}{a}-\frac{1}{a^{2}}\right)$$

以及

$$\int x^{2}a^{ax}\mathrm{d}x=\mathrm{e}^{ax}\left(\frac{x^{2}}{a}-\frac{2x}{a^{2}}+\frac{2}{a^{3}}\right)$$

习题参考答案

多原子分子中的成键

▶ **科学家介绍**

在第 9 章中，提出分子轨道理论来描述双原子分子中的成键，证明了分子中的电子根据泡利不相容原理占据分子轨道。这些分子轨道是由各个成键原子上的原子轨道线性组合而成的。在本章中，这些思想将被扩展到多原子分子。我们将看到，分子轨道理论可以成功地用于描述大分子中的成键。首先以杂化轨道的形式引入局域键轨道，讨论水和甲烷等小分子的成键。然后，将讨论休克尔分子轨道理论，这是一种相当简单但有用的理论，可用于描述共轭烃和芳香烃（如苯）的 π 分子轨道。

10－1 杂化轨道解释分子形状

碳原子的基态电子构型 $1s^22s^22p_x^12p_y^1$ 似乎并不能说明甲烷和其他饱和碳氢化合物中的四面体键。事实上，这一电子构型似乎意味着碳应该是二价的而不是四价的。不过，你可能已经在普通化学和有机化学中学过，我们是通过将一个 2s 电子激发到 $2p_z$ 轨道来解释碳是四价的，这样碳的电子构型就是 $1s^22s^12p_x^12p_y^12p_z^1$，然后四个单占据轨道组合成四个等价的 **$sp^3$ 杂化轨道**（sp^3hybrid orbitals），每个轨道都指向四面体的一个角。本节将从量子力学的角度讨论杂化问题。

首先考虑线性分子氢化铍（BeH_2）。BeH_2 中的两个 Be－H 键是等价的，它们之间的键角为 180°。铍原子的基态电子构型为 $1s^22s^2$。问题是如何利用铍原子上的原子轨道来描述这两个键的方向。分子轨道是由能量相近的原子轨道线性组合而成的。任何给定原子上的 2s 和 2p 轨道在能量上都是相近的，因此应该考虑到一个给定原子上可能有不止一个原子轨道对分子轨道的形成做出了贡献。在 BeH_2 中，铍原子上产生的轨道必须指向相反的方向才能解释分子的线性结构。虽然被占据的 2s 轨道是球对称的，但所需的几何形状与沿着核间轴指向的 2p 原子轨道的空间取向类似。因此，可以使用以下线性组合来描述铍原子和氢原子之间形成的分子轨道：

$$\psi_{\mathrm{Be-H}}=c_1\psi_{\mathrm{Be(2s)}}+c_2\psi_{\mathrm{Be(2p)}}+c_3\psi_{\mathrm{H(1s)}} \qquad (10.1)$$

这些分子轨道是成键轨道还是反键轨道取决于系数的符号。式(10.1)中的前两项可以看作铍的一个新“轨道”，由 $c_1\psi_{\mathrm{Be(2s)}}+c_2\psi_{\mathrm{Be(2p)}}$ 给出。同一原子上原子轨道的线性组合称为**杂化轨道**（hybrid orbitals）。两个原子轨道的线性组合产生两个杂化轨道。由于这些杂化轨道由一个 2s 轨道和一个 2p 轨道组成，因此它们被称为 **sp 杂化轨道**（sp hybrid orbitals）。

两个 sp 杂化轨道是等价的，方向成 180°。归一化的 sp 杂化轨道由下式给出：

$$\psi_{\mathrm{sp}}=\frac{1}{\sqrt{2}}(2s\pm 2p_z) \qquad (10.2)$$

其中 z 轴的选择是任意的，这里定义其沿着 H—Be—H 键方向。图 10.1 展示了 sp 杂化轨道。其余两个 2p 轨道与 sp 杂化轨道垂直。每个 2p 轨道由两个指向相反方向的瓣组成，而每个 sp 杂化轨道则将电子密度集中在一个方向上（图 10.2）。这是因为 2p 波函数的符号在两个方向上是不同的（$\pm z$），但 2s 波函数的符号在任何地方都是正的。考察式(10.2)，注意到线性组合 $c_1\psi_{\mathrm{Be(2s)}}+c_2\psi_{\mathrm{Be(2p)}}$ 沿着 $+z$ 方向构建电子密度；线性组合 $c_1\psi_{\mathrm{Be(2s)}}-c_2\psi_{\mathrm{Be(2p)}}$ 沿着 $-z$ 方向构建电子密度。铍氢键轨道是由每个 sp 杂化轨道和一个氢原子的 1s 轨道的线性组合产生的，如式(10.1)所示。BeH_2 的成键情况如图 10.3 所示。

这种方法可以扩展到更复杂的分子。考虑 BH_3 分子，三个 B—H 键是等价的，位于一个平面内，互成 120° 角。原子硼的基态电子构型是 $1s^22s^22p^1$。同样，需要在中心硼原子上的一组等价轨道来描述观察到的成键。由于需要三个等价的杂化轨道，因此考虑由硼原子上的三

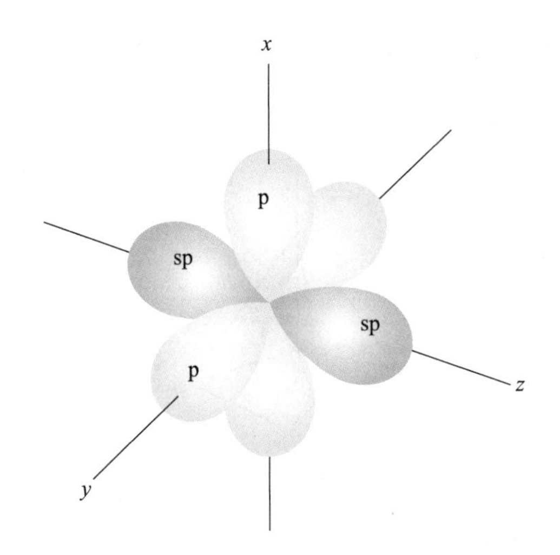

图 10.1 sp 杂化轨道示意图。两个 sp 杂化轨道是等价的，互成 180°。剩余的两个 2p 轨道彼此垂直，并与两个 sp 轨道形成的线垂直。

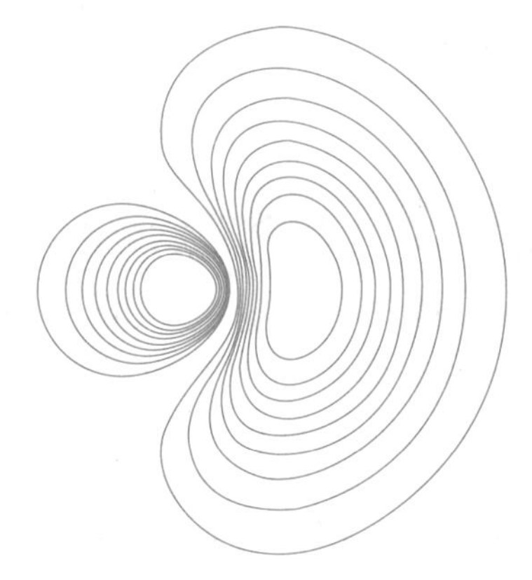

图 10.2 一个 sp 杂化轨道的等值线图。两个 sp 杂化轨道是等价的并且互成 180°。

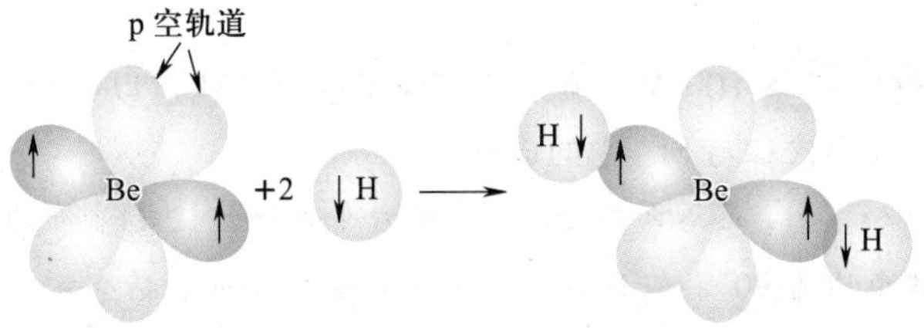

图 10.3 BeH_2 中两个等价的局域键轨道的形成。每个成键轨道由一个铍的 sp 轨道和一个氢的 1s 轨道重叠形成。BeH_2 中有四个价电子，两个来自铍原子，另两个分别来自两个氢原子。四个价电子占据两个局域键轨道，形成 BeH_2 中的两个局域铍氢键。

个原子轨道线性组合而成的杂化轨道。硼的电子构型表明合适的杂化轨道将由一个 2s 轨道和两个 2p 轨道构成，这种轨道称为 **sp^2 杂化轨道**（sp^2 hybrid orbitals）。图 10.4 展示了 sp^2 杂化轨道的几何图形。sp^2 杂化轨道的等值线图与图 10.2 中的 sp 轨道相似。归一化的 sp^2 杂化轨道由下面的线性组合给出：

$$\psi_1=\frac{1}{\sqrt{3}}2s+\sqrt{\frac{2}{3}}2p_z \qquad (10.3)$$

$$\psi_2=\frac{1}{\sqrt{3}}2s-\frac{1}{\sqrt{6}}2p_z+\frac{1}{\sqrt{2}}2p_x \qquad (10.4)$$

和

$$\psi_3=\frac{1}{\sqrt{3}}2s-\frac{1}{\sqrt{6}}2p_z-\frac{1}{\sqrt{2}}2p_x \qquad (10.5)$$

请注意，一组杂化轨道中某个特定原子轨道的系数平方和等于 1。例如，对于 2s 原子轨道，有

$$\left(\frac{1}{\sqrt{3}}\right)^2+\left(\frac{1}{\sqrt{3}}\right)^2+\left(\frac{1}{\sqrt{3}}\right)^2=1$$

还请注意，杂化轨道的数量等于最初的原子轨道数量。

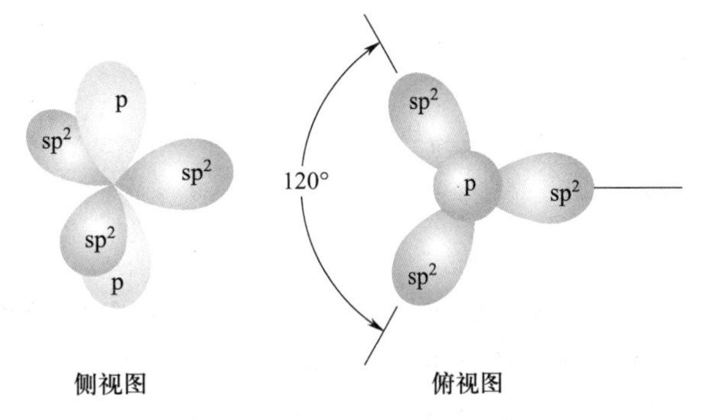

图 10.4 sp^2 轨道的几何图形。3 个 sp^2 轨道位于同一平面，指向等边三角形的三个顶点。剩余的 2p 轨道垂直于这 3 个 sp^2 轨道形成的平面。

» 例题 10-1 证明三个 sp^2 杂化轨道彼此正交。

» 解　如果两个轨道 ψ_1 和 ψ_2 是正交的，那么

$$\int d\tau\psi_1^*\psi_2=0$$

将前两个 sp^2 杂化轨道［式（10.3）和式（10.4）］代入正交积分，得

$$\int d\tau\psi_1^*\psi_2=\int d\tau\left(\frac{1}{\sqrt{3}}2s^*+\sqrt{\frac{2}{3}}2p_z^*\right)\left(\frac{1}{\sqrt{3}}2s-\frac{1}{\sqrt{6}}2p_z+\frac{1}{\sqrt{2}}2p_x\right)$$

将上述积分中的乘积展开，可得

$$\int d\tau\psi_1^*\psi_2=\frac{1}{3}\int d\tau 2s^*2s+\frac{\sqrt{2}}{3}\int d\tau 2p_z^*2s-\frac{1}{\sqrt{18}}\int d\tau 2s^*2p_z-\frac{1}{3}\int d\tau 2p_z^*2p_z+\frac{1}{\sqrt{6}}\int d\tau 2s^*2p_x+\frac{1}{\sqrt{3}}\int d\tau 2p_z^*2p_x$$

由于原子轨道是正交的，这个表达式可以简化为

$$\int d\tau\psi_1^*\psi_2=\frac{1}{3}\int d\tau 2s^*2s-\frac{1}{3}\int d\tau 2p_z^*2p_z$$

因为原子轨道是归一化的，上式右边的每个积分都等于 1。因此。可得

$$\int d\tau \psi_1^* \psi_2 = \frac{1}{3} - \frac{1}{3} = 0$$

这证明 ψ_1 和 ψ_2 是正交的。同样，$\int d\tau \psi_1^* \psi_3 = 0$，$\int d\tau \psi_2^* \psi_3 = 0$，从而证明三个 sp^2 轨道互相正交。

如图 10.5 所示，三个 sp^2 杂化轨道能够解释在 BH_3 中观察到的平面成键和成键角。在构建式(10.3)至式(10.5)中的杂化轨道时，我们任意选择分子位于 $x-z$ 平面内。原则上，任意一组两个 p 轨道都可以用来构建 sp^2 杂化轨道。

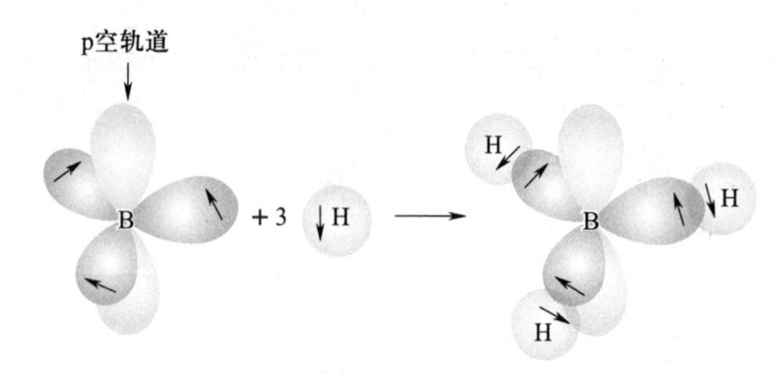

图 10.5　BH_3 的成键示意图。每个硼氢键都是由一个硼的 sp^2 轨道和一个氢的 1s 轨道重叠形成。BH_3 中的 6 个价电子占据 3 个成键轨道形成 3 个硼氢键。

我们考察的最后一个例子是四面体分子甲烷(CH_4)。正如本节开头所述，观察到的分子成键难以用中心碳原子的基态电子构型来描述。不过，按照上述方法，可以构建四个指向四面体四个角的等价杂化轨道。这四个杂化轨道涉及四个原子轨道的线性组合。对碳来说，这涉及一个 2s 和三个 2p 轨道，从而产生 sp^3 杂化轨道。归一化的 sp^3 杂化轨道由下式给出：

$$\psi_1 = \frac{1}{2}(2s + 2p_x + 2p_y + 2p_z) \tag{10.6}$$

$$\psi_2 = \frac{1}{2}(2s - 2p_x - 2p_y + 2p_z) \tag{10.7}$$

$$\psi_3 = \frac{1}{2}(2s + 2p_x - 2p_y - 2p_z) \tag{10.8}$$

$$\psi_4 = \frac{1}{2}(2s - 2p_x + 2p_y - 2p_z) \tag{10.9}$$

图 10.6 展示了 sp^3 杂化轨道的几何图形。

碳原子上的 sp^3 杂化轨道可用于描述饱和碳氢化合物中的成键。图 10.7 展示了乙烷(C_2H_6)中的成键情况。

在本节中，通过杂化原子轨道解释了分子形状。还没有展示从原子轨道的线性组合中产生等价杂化轨道的数学细节。习题 10-6 要求为 sp^2 杂化轨道提供这些细节，而习题 10-10 则涉及 sp^3 杂化轨道。考虑到分子的对称性，线性组合的选择将大大简化，我们将在第 12 章中探讨这一主题。

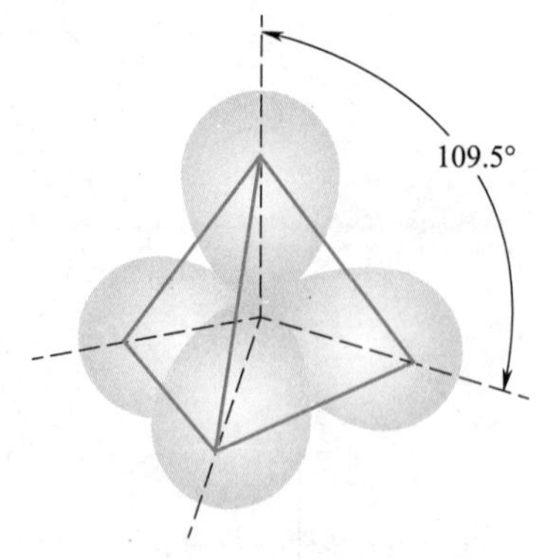

图 10.6　sp^3 杂化轨道的几何图形。4 个 sp^3 杂化轨道指向正四面体的 4 个顶点。此结构中任意一对 sp^3 轨道中心线之间的夹角为 109.5°(习题 10-7 与习题 10-9)。

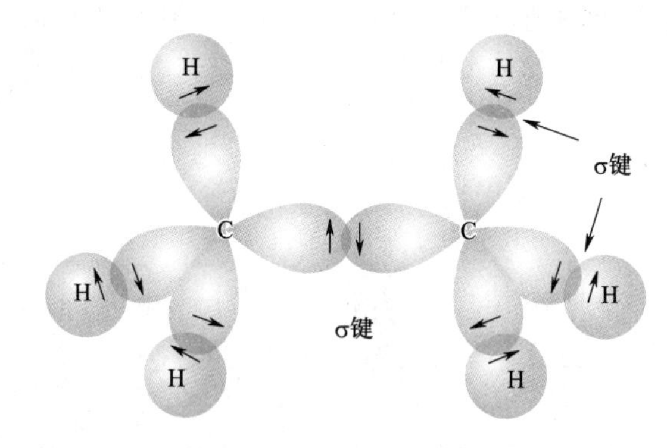

图 10.7　乙烷(CH_3CH_3)中成键示意图。7 根键中的 6 根来自碳原子的 sp^3 轨道和氢原子的 1s 轨道重叠。第 7 根键涉及两个碳上 sp^3 轨道的重叠。乙烷中有 14 个价电子。7 个成键轨道中的每一个都被两个自旋相反的电子占据。图中用箭头来表示电子。

» 例题 10-2　硫原子上的哪些原子轨道以杂化轨道的形式参与 SF_6 中的成键？

» 解　SF_6 是八面体分子，其中六个 S—F 键是等价的。键角均为 90°。假设 S—F 键沿 x 轴、y 轴和 z 轴分布，硫原子位于坐标系的原点。为了解释这种成键，需要六个指向与已知分子结构一致的等价杂化轨道。硫原子的基态电子构型为[Ne]$3s^2 3p^4$。使用一个 3s 和三个 3p 轨道会将杂化轨道的数量限制为四个，从而只有四个 S—F 键。不过，3d 轨道的能量也与 3s 和 3p 轨道能量接近。在构建硫原子的六个杂化轨道时，我们要考虑两个 3d 轨道、一个 3s 轨道和三个 3p 轨道的线性组合。这六个原子轨道形成了六个杂化轨道，称为 **d^2sp^3 杂化轨道**(d^2sp^3 hybrid orbitals)。如果考虑六个氟原子沿 x 轴、y 轴和 z 轴分布，那么用于构建杂化轨道的两个 d 轨道就是 d_{z^2} 和 $d_{x^2-y^2}$ 轨道(图 10.8)。

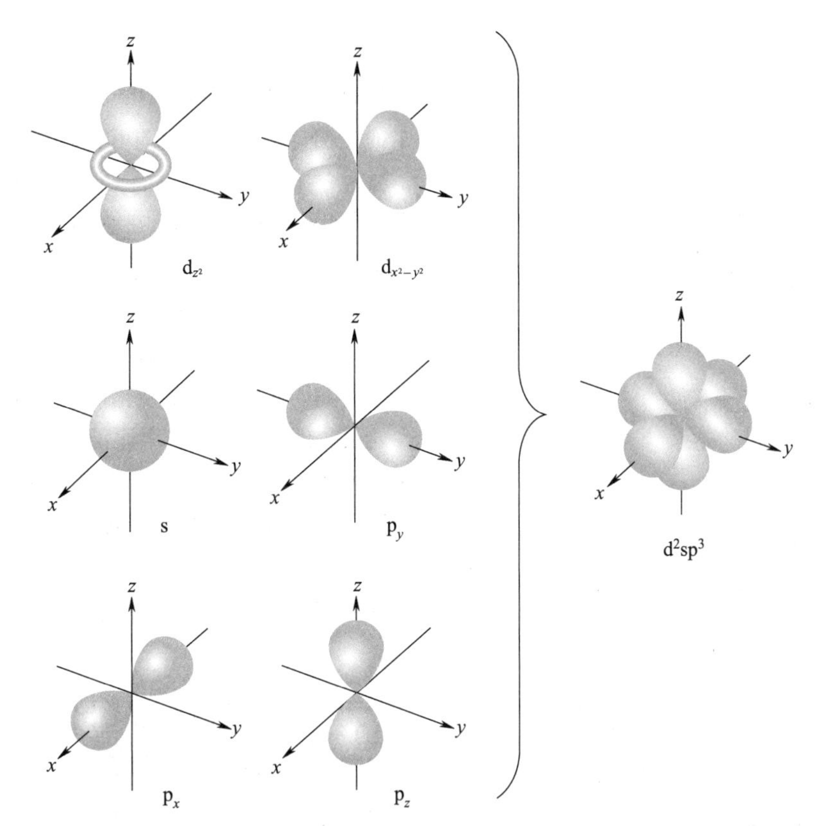

图 10.8　六个 d^2sp^3 杂化轨道指向 x 轴、y 轴和 z 轴，由一个 ns 轨道、三个 np 轨道、nd_{z^2} 和 $nd_{x^2-y^2}$ 轨道线性组合而成。

10-2 水中成键电子和孤对电子使用不同的杂化轨道

上一节讨论的分子的中心原子（BeH_2 的铍，BH_3 的硼和 CH_4 的碳）上的价电子各自占据与氢原子成键的杂化轨道。在本节中，我们将通过考察特例水（H_2O）来描述中心原子具有孤对电子的分子。

氧原子的基态电子构型是 $1s^22s^22p_x^22p_y^12p_z^1$。因为 $2p_y$ 和 $2p_z$ 轨道只包含一个电子，所以它们可以与氢的 1s 电子形成化学键。可以通过线性组合形成两个成键轨道：

$$\begin{aligned}\phi_1 &= c_1 1s_{H_A} + c_2 2p_{yO}\\ \phi_2 &= c_3 1s_{H_B} + c_4 2p_{zO}\end{aligned} \tag{10.10}$$

然而，该模型预测水的键角为 90°，而观察到的键角为 104.5°。尽管氧原子在半充满的原子轨道中含有所需的电子，可以用来解释水中化学键的数量，但分子的几何形状要求必须考虑以氧为中心的分子的杂化轨道。水的键角（104.5°）介于使用 sp^2 杂化轨道预测的键角（120°）和 2p 轨道（90°）之间，这一结果并不出人意料。在 BH_3 的例子中，硼原子上的所有价电子都参与了三个等价 B—H 键的形成，因此键之间的角度是相等的。在水中，氧原子上的两个价电子参与了与氢原子的成键，而氧原子上的四个价电子则作为两组孤对电子被保留下来。我们认为成键轨道是等价的，孤对电子轨道是等价的，但没有理由认为成键轨道和孤对电子轨道是等价的。按照上一节的方法，氧原子上的杂化轨道的一般形式为

$$\psi = c_1 2s + c_2 2p_y + c_3 2p_z \tag{10.11}$$

需要确定系数 c_1，c_2 和 c_3 以使两个正交轨道成 104.5°角。计算细节留作练习（习题 10-12）。两个成键杂化轨道 ψ_1 和 ψ_2 的计算结果为

$$\psi_1 = (0.45)2s - (0.71)2p_y + (0.55)2p_z \tag{10.12}$$

和

$$\psi_2 = (0.45)2s - (0.71)2p_y + (0.55)2p_z \tag{10.13}$$

» 例题 10-3　证明式（10.12）和式（10.13）所给出的分子轨道 ψ_1 和 ψ_2 是正交的。

» 解　如果 ψ_1 和 ψ_2 这两个轨道是正交的，则

$$\int d\tau \psi_1^* \psi_2 = 0$$

代入式（10.12）和式（10.13），得

$$\int d\tau\psi_1^*\psi_2=\int d\tau[(0.45)2s^*+(0.71)2p_y^*+(0.55)2p_z^*]\times[(0.45)2s-(0.71)2p_y+(0.55)2p_z]$$

将上述乘积展开，得

$$\int d\tau\psi_1^*\psi_2=\int d\tau\,(0.45)^2 2s^*2s+\int d\tau(0.45)(0.55)2s^*2p_z-\int d\tau(0.45)(0.71)2s^*2p_y+\int d\tau(0.55)(0.45)2p_z^*2s+\int d\tau\,(0.55)^2 2p_z^*2p_z-\int d\tau(0.55)(0.71)2p_z^*2p_y+\int d\tau(0.71)(0.45)2p_y^*2s+\int d\tau(0.71)(0.55)2p_y^*2p_z-\int d\tau\,(0.71)^2 2p_y^*2p_y$$

由于 2s，$2p_x$ 和 $2p_y$ 原子轨道互相正交，因此上式简化为

$$\int d\tau\psi_1^*\psi_2=\int d\tau\,(0.55)^2 2p_z^*2p_z-\int d\tau\,(0.71)^2 2p_y^*2p_y+\int d\tau\,(0.45)^2 2s^*2s$$

由于原子轨道是归一化的，可得

$$\int d\tau\psi_1^*\psi_2=(0.55)^2-(0.71)^2+(0.45)^2=0$$

因此，这两个杂化轨道是正交的。

» 例题 10－4　证明式（10.12）和式（10.13）所给出的杂化轨道 ψ_1 和 ψ_2 相互成 104.5°角。

» 解　由于 2s 轨道是球对称的，ψ_1 和 ψ_2 的方向由 $2p_y$ 和 $2p_z$ 的相对贡献决定。下图描绘了这种方向。

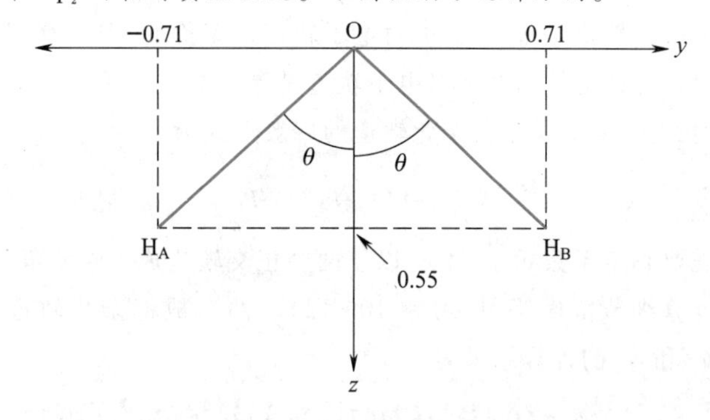

注意到，ψ_1 和 ψ_2 可以描述为分量为 $2p_y$ 和 $2p_z$ 系数的矢量，且 $2p_y$ 和 $2p_z$ 原子轨道是（正交归一化）单位矢量。对于上图中的 θ，有

$$\tan\theta=\frac{0.71}{0.55}=1.29$$

或 $\theta=52.24°$。因此，键角为 2θ，即 104.5°。

式（10.12）和式（10.13）所给出的杂化轨道是归一化的。由于 2s，$2p_x$ 和 $2p_y$ 轨道是正交归一化的，归一化条件要求 $c_1^2+c_2^2+c_3^2=1$。可以赋予这一结果物理意义，即杂化轨道中 2s 轨道系数的平方 c_1^2，就是杂化轨道中 s 成分的比例，而 c_2^2 和 c_3^2 也有相应的解释。因此，可以说，水中氧原子上的杂化轨道的 s 成分的比例为 $0.20(0.45^2)$。而 p 成分的比例为 $0.81(0.55^2+0.71^2)$。请注意，BH_3 sp^2 杂化轨道的 s 成分的比例为 0.333，p 成分的比例为 0.667，与水的不同。s 和 p 轨道对特定类型杂化原子轨道的定量贡献是键角和中心原子上价电子数的函数。

我们构建的两个杂化键轨道包含了氧的 2s，$2p_y$ 和 $2p_z$ 轨道。由于使用了三个原子轨道，因此必须有第三个杂化轨道 ψ_3。所以，有一个未使用的杂化轨道和一个未使用的 $2p_x$ 轨道可以用来容纳氧原子上的两对孤对电子。由于要求这两个孤对电子轨道是等价的，因此通过线性组合 ψ_3 和氧的 $2p_x$ 轨道来形成这样的两个轨道（习题 10－13）。

10－3　为什么 BeH_2 是线形的而 H_2O 是弯曲的？

已经看到，BeH_2 是线形的，而 H_2O 是弯曲的。虽然引入杂化轨道可以解释所观察到的几何形状，但却无法解释分子结构差异的物理起因。BeH_2 和 H_2O 的主要区别在于中心原子上的价电子数（铍有两个价电子，而氧有六个）。价电子数对分子结构的影响可以通过分子轨道的形状和占据情况来定量理解。

BeH_2 和 H_2O 的分子轨道涉及中心原子的价轨道（2s，$2p_x$，$2p_y$ 和 $2p_z$）和两个氢原子的 1s 轨道的线性组合。利用这六个原子轨道，可以写出 LCAO－MO 波函数的一般形式，即

$$\psi=c_1 1s_{H_a}+c_2 1s_{H_b}+c_3 2s_A+c_4 2p_{xA}+c_5 2p_{yA}+c_6 2p_{zA} \tag{10.14}$$

式中下标 A 表示二氢分子的中心原子。这种特殊的 LCAO－MO 涉及六个原子轨道，因此必须产生六个分子轨道。这六个分子轨道的能量和系数也是通过求解一个久期行列式方程得到的。计算出的能量和相应的波函数显然取决于分子几何结构，因为哈密顿算符明确依赖于分子几何结构。在此，首先研究式（10.14）给出的线形分子 AH_2 的原子轨道线性组合产生的六个分子轨道。然后，考察分子弯曲时这些分子轨道将如何变化。

图 10.9 展示了线形分子 AH_2 的六个分子轨道，它们是由式（10.14）产生的。原子 A 上被占据的 1s 轨道（即 $1\sigma_g$）是一个非键轨道，未在图中显示（我们将使用第

9-13 节中介绍的分子轨道记号）。式（10.14）给出的 LCAO-MO 产生两个成键轨道（$2\sigma_g$，$1\sigma_u$），两个反键轨道（$3\sigma_g$，$2\sigma_u$）和一组二重简并的非键轨道（$1\pi_u$）。如图 10.9 所示，两个成键轨道 $2\sigma_g$ 和 $1\sigma_u$ 的电子密度集中在中心原子 A 和氢原子之间。而 $3\sigma_g$ 和 $2\sigma_u$ 这两个轨道在中心原子 A 和氢原子之间有节点，因此是反键轨道。三重简并的 $1\pi_u$ 轨道是中心原子上的 p_x 和 p_y 轨道，因此属于非键轨道。$2\sigma_g$ 和 $3\sigma_g$ 轨道由中心原子上的 2s 轨道与两个氢原子上的 1s 轨道线性组合而成，而 $1\sigma_u$ 和 $2\sigma_u$ 轨道则由中心原子上的 $2p_z$ 轨道（定义 z 轴为核间轴）与两个氢原子上的 1s 轨道线性组合而成。BeH_2 的分子轨道能级图如图 10.10 所示。这六个分子轨道的能级排序为 $2\sigma_g<1\sigma_u<1\pi_u=1\pi_u<3\sigma_g<2\sigma_u$。这种排序与线形 AH_2 分子的中心原子 A 上的价电子数无关。

现在，让我们来看看这些分子轨道在分子弯曲时会发生什么变化。能量和分子轨道无疑取决于分子的形状。例如，对于线形 AH_2 分子，氢原子上的 1s 轨道与中心原子上的 $2p_x$ 和 $2p_y$ 轨道之间没有净的重叠（图 10.11）。但对于弯曲分子来说，情况就不是这样了。如图 10.11 所示，如果分子在 $y-z$ 平面内弯曲，那么氢原子上的 1s 轨道会与中心原子上的 $2p_y$ 轨道产生（成键特征的）净重叠。不过氢原子上的 1s 轨道与中心原子上的 $2p_x$ 轨道之间的净重叠仍然为零。由于 1s 轨道仅与一个 2p 轨道存在净重叠，因此 π 轨道的简并性在弯曲时解除。线形分子中的非键轨道在弯曲分子中变成了成键轨道。

弯曲三原子分子的分子轨道将由与线形结构分子不同的原子轨道线性组合表示。通过求解能量作为线形结构和 90°结构之间所有键角的函数，可以了解线形分子的分子轨道是如何演变成 90°几何结构的分子轨道。分子轨道能量随分子几何结构系统性变化的函数关系图称为 **Walsh 相关图**（Walsh correlation diagram）。图 10.12 为三原子分子 AH_2 的 Walsh 相关图，图 10.9 中所有六个分子轨道的能量都是键角的函数。请注意，90°几何结构的轨道记号与线形分子所用的记号不同。根据其定义，σ 和 π 记号只能用于描述线形分子。弯曲分子的记号 a_1，b_1 和 b_2 反映了分子的特定对称性，将在第 12 章中讨论。在此，我们仅将它们用作弯曲分子的分子轨道的速记符号。

分子的几何形状是线形还是（以特定角度）弯曲取决于哪种结构的能量最低，这可通过 Walsh 相关图来确定。图 10.12 中的数据表明，分子弯曲对六个分子轨道能量的影响是不同的。因此，分子几何结构将取决于哪

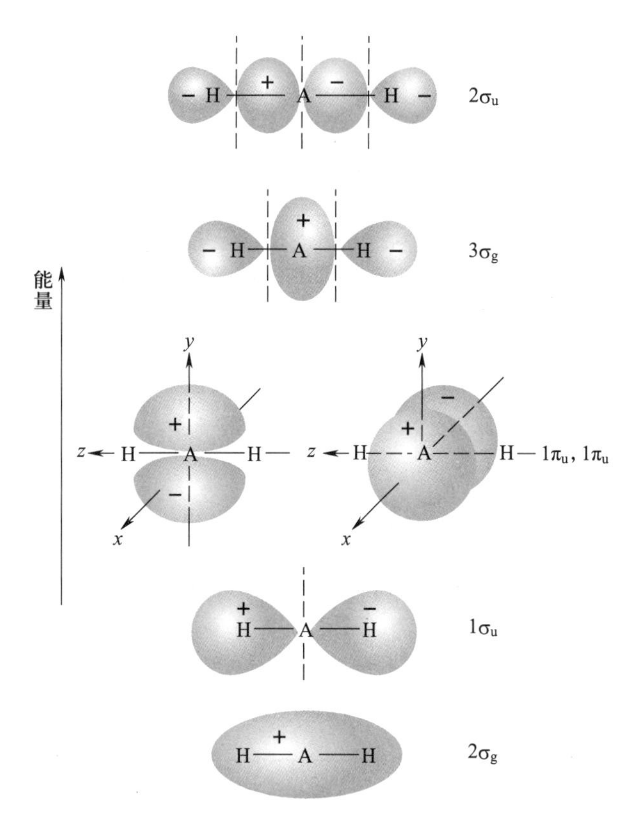

图 10.9 线形 AH_2 分子的 6 个分子轨道由式（10.14）给出的原子轨道线性组合而成。

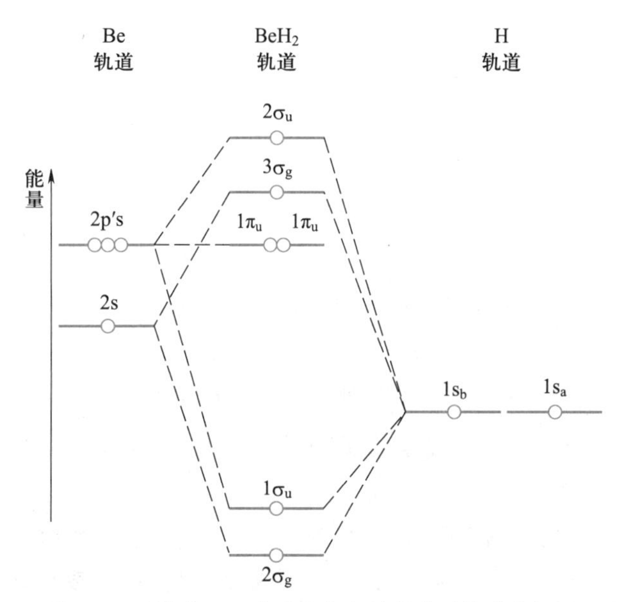

图 10.10 线形 BH_2 分子中价电子的分子轨道能级图。注意二重简并的 $1\pi_u$ 轨道是非键轨道。

些轨道被占用。Walsh 相关图显示，成键的 $2\sigma_g$ 和 $1\sigma_u$ 轨道随着弯曲而不稳定。弯曲解除了线形结构中 $1\pi_u$ 轨道的简并性，稳定了 $3a_1$（图 10.12），而不影响 $1b_1$ 轨道的能量。对于较大的弯曲角度，$3a_1$ 轨道的能量会下降到低于 $1b_2$ 轨道的能量。

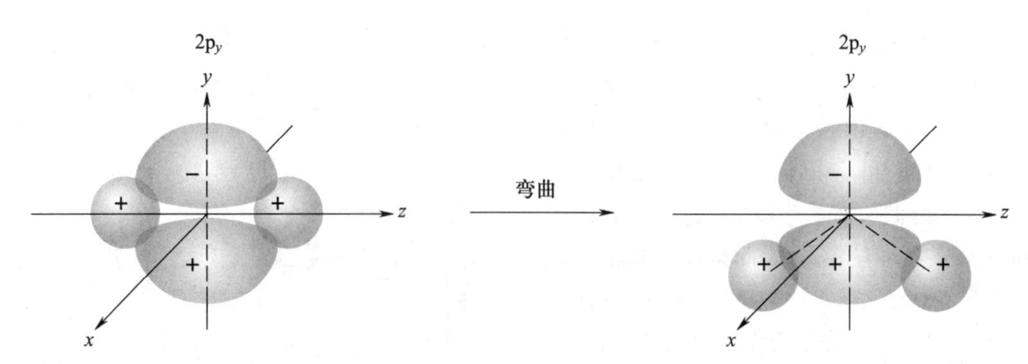

图 10.11 对线形分子来说，氢的 1s 轨道和中心原子的 $2p_y$ 轨道的净重叠为零。如果分子弯曲，则会导致中心原子 A 上的 $2p_y$ 轨道和 2 个氢原子上的 1s 轨道存在非零净重叠。

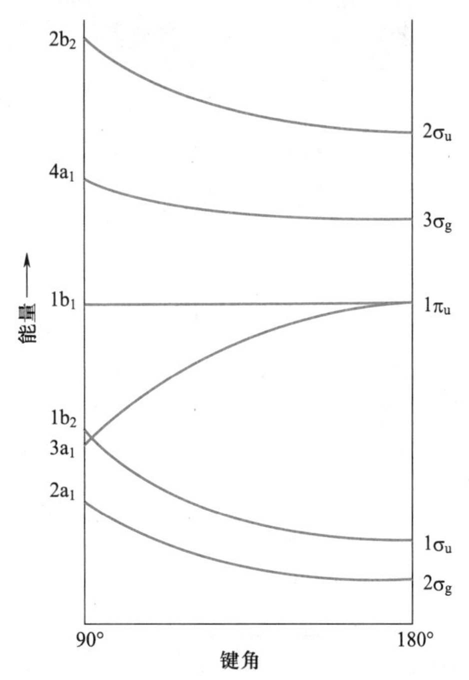

图 10.12 AH_2 分子的价电子 Walsh 相关图。图右侧为 H—A—H 键角 180°时分子轨道的能序。左侧为 H—A—H 键角 90°时分子轨道的能序。实线展示了分子轨道能量是如何随着 H—A—H 键角（在 90°和 180°之间）变化的。

这一能量相关图可用来预测分子几何结构的一般特征。例如，BeH_2 分子共有四个价电子。如果是线形结构，则对应的电子构型为 $(2\sigma_g)^2(1\sigma_u)^2$；如果是弯曲结构，则电子构型为 $(2a_1)^2(1b_2)^2$ 或 $(2a_1)^2(3a_1)^2$，取决于具体的键角。由于弯曲会破坏最低的两个分子轨道的能量稳定性，因此电子构型 $(2\sigma_g)^2(1\sigma_u)^2$ 的能量低于 $(2a_1)^2(1b_2)^2$ 或 $(2a_1)^2(3a_1)^2$。Walsh 相关图正确地预测了 BeH_2 的线形结构。

» 例题 10-5 预测 BH_2 基态的几何结构。

» 解 BH_2 有五个价电子。线形结构的电子构型为 $(2\sigma_g)^2(1\sigma_u)^2(1\pi_u)^1$，弯曲结构的电子构型可能是 $(2a_1)^2(3a_1)^2(1b_2)^1$ 或 $(2a_1)^2(1b_2)^2(3a_1)^1$，具体取决于 H—B—H 键角。图 10.12 显示，当分子从 180° 开始弯曲时，$3a_1$ 轨道能量的减少值超过了 $2a_1$ 和 $1b_2$ 轨道能量增加值的总和。因此，我们预测分子会发生弯曲。然而，随着结构进一步的弯曲，$2a_1$ 和 $1b_2$ 轨道中四个电子总共升高的能量很快就超过 $3a_1$ 轨道中一个电子降低的能量。因此，键角应位于图中 180°和 90°之间的中间位置附近，并且可以预测基态电子构型为 $(2a_1)^2(1b_2)^2(3a_1)^1$。这种构型与实验测定的 BH_2 键角（131°）一致。

现在考察水分子，它有八个价电子。Walsh 相关图中给出的四个能量最低的分子轨道中，每个轨道都有两个电子。线形结构的电子构型为 $(2\sigma_g)^2(1\sigma_u)^2(1\pi_u)^4$。弯曲结构的电子构型为 $(2a_1)^2(3a_1)^2(1b_2)^2(1b_1)^2$ 或 $(2a_1)^2(1b_2)^2(3a_1)^2(1b_1)^2$，取决于具体的 H—O—H 键角。弯曲结构中 $1b_1$ 轨道的能量与线形结构中 $1\pi_u$ 的能量相同，因此这些电子对总能量的贡献与分子结构无关。重要的是，弯曲时其中一个 $1\pi_u$ 轨道（对应于弯曲分子中的 $3a_1$ 轨道）降低的能量与从线形分子的 $(2\sigma_g)^2(1\sigma_u)^2$ 电子构型变成 $(2a_1)^2(1b_2)^2$ 电子构型时升高的能量相比如何。正如在例题 10-5 中对 BH_2 的分析所发现的那样，对于较小的弯曲角度，$3a_1$ 轨道降低的能量大于由 $(2a_1)^2(1b_2)^2$ 电子构型的形成升高的能量。因此，Walsh 相关图预测水是一种弯曲分子，这与实验测量结果一致。H—O—H 键角的精确值（104.5°）可以通过下一章讨论的计算技术计算出来。H_2O 的分子轨道能级图如图 10.13 所示。水有八个价电子，因此图 10.13 显示 H_2O 的基态电子构型为 $(2a_1)^2(1b_2)^2(3a_1)^2(1b_1)^2$。

10-4 光电子能谱可用于研究分子轨道

在第 9 章中讨论了光电子能谱，并展示了 N_2 和 CO 的

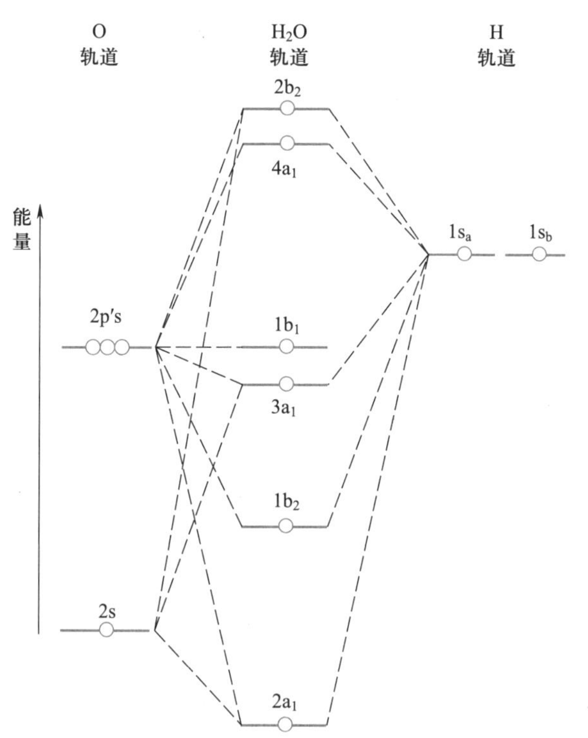

图 10.13 H_2O 中价电子的分子轨道能级图(键角的平衡值为 104.5°)。注意 $1b_1$ 轨道是一非键轨道。

光电子能谱。光电子能谱也可用于多原子分子。图 10.14 为水蒸气的光电子能谱。电子构型$(2a_1)^2(1b_2)^2(3a_1)^2(1b_1)^2$表明可以观察到来自每个被占轨道的电离,图 10.14 中显示的三个波段对应于来自$1b_1$,$3a_1$ 和$1b_2$ 分子轨道的电子的电离(来自$2a_1$ 能级的电离超出了图的范围)。$3a_1$ 和$1b_2$ 波段中显示的结构反映了来自与该状态相关的不同振动能级的电离。因此,通过分析光电子能谱可以确定与不同电子状态相关的振动能级之间的能量间隔。

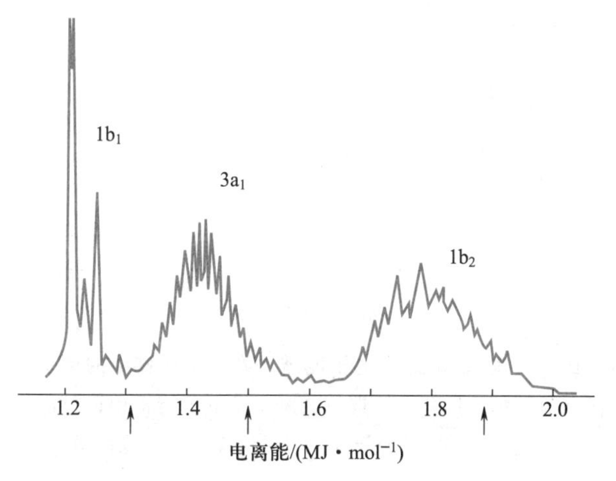

图 10.14 水蒸气的光电子能谱。图示的 3 个谱带与 3 个能量最高的占据轨道的电离相关。每个谱带的精细结构反映了电离至不同的振动能级。箭头指向计算得到的源自 $v=0$ 振动态的电离能(见第 11 章)。

图 10.15 为 CH_4 的分子轨道能级图。甲烷有 8 个价电子,因此其基态价电子构型为$(2a_1)^2(1t_2)^6$(分子轨道的命名将在第 12 章中说明)。因此,对于价电子,我们预测在 CH_4 的光电子能谱中只能观察到两条带,这一点在图 10.16 中得到了证实。在图中,与碳上核芯 1s 轨道对应的$1a_1$ 轨道超出了图的范围。请再次注意谱带上叠加的振动结构。

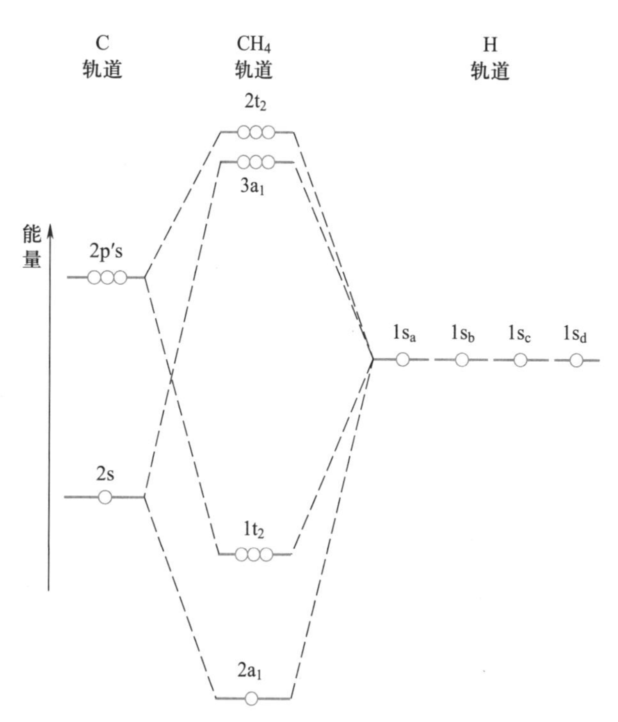

图 10.15 CH_4 中价电子的分子轨道能级图。

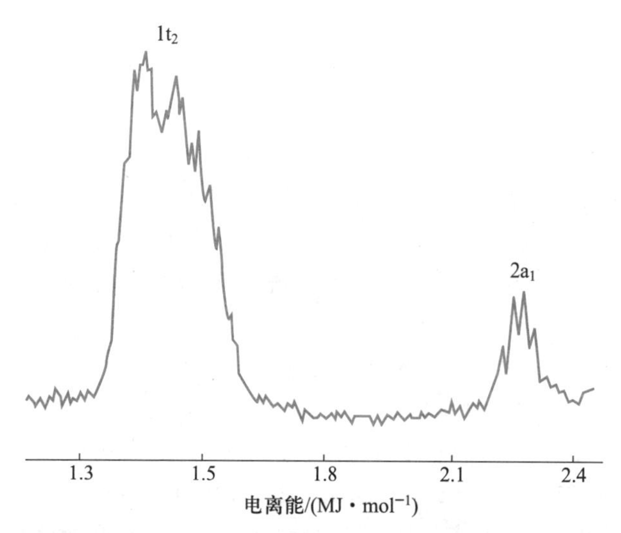

图 10.16 甲烷的光电子能谱。图中观察到的 2 个谱带反映了电子从 $1t_2$ 和 $2a_1$ 分子轨道的电离。两个谱带之间的能量差对应 $1t_2$ 和 $2a_1$ 分子轨道间的能量差(见图 10.15)。谱带宽是因为电离发生在分子的多个不同的振动能级上。

最后一个例子是乙烯(C_2H_4)中价电子的分子轨道能级图,如图 10.17 所示。乙烯的光电子能谱如图 10.18

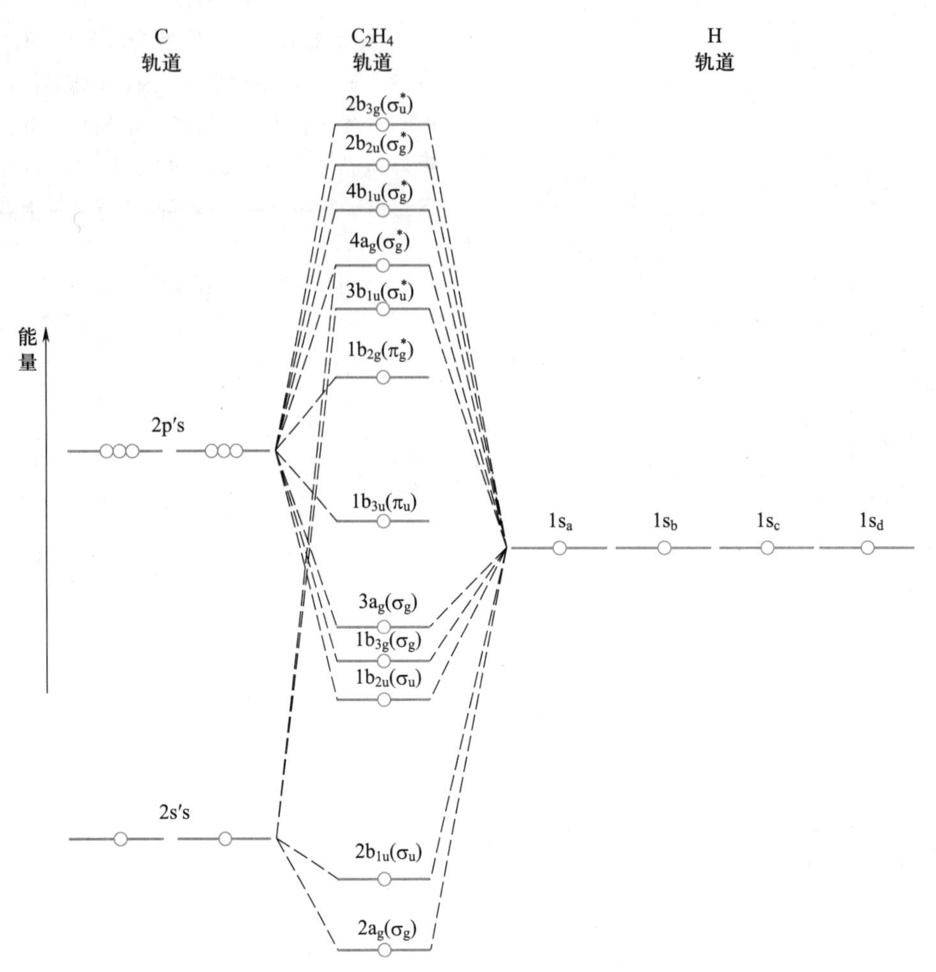

图 10.17　C_2H_4 的分子轨道能级图。前 5 个轨道为 σ 轨道，第 6 个为 π 轨道，下一个为 π^* 轨道，剩下 5 个为 σ^* 轨道。

所示。乙烯有 12 个价电子，因此它的基态价电子构型为 $(2a_g)^2(2b_{1u})^2(1b_{2u})^2(1b_{3g})^2(3a_g)^2(1b_{3u})^2$（再次简单地将 $2a_g$，$2b_{1u}$等作为分子轨道的速记符号）。尽管从符号中不能明显看出，但图 10.17 中最低的五个状态与 σ 轨道相关，而第六个状态，即最高占据的分子轨道，则与 π 轨道相关。图 10.17 显示，π 成键轨道和 π 反键轨道之间的能量差小于 σ 成键轨道和 σ 反键轨道之间的能量差，这表明乙烯等不饱和碳氢化合物吸收光的波长应长于（或能量应小于）饱和碳氢化合物。例如，乙烯的紫外线吸收峰在 58500 cm^{-1}，而乙烷（没有 π 轨道）的强吸收直到 62500 cm^{-1}才开始。因此，我们可以对不饱和烃进行简化的分子轨道处理，其中只包括 π 轨道。在这种近似方法中，图 10.17 中相对复杂的能级图仅由两个分子轨道组成，一个 π 成键轨道和一个 π 反键轨道（图 10.20）。我们将在下面的章节中讨论这种简单的分子轨道理论。

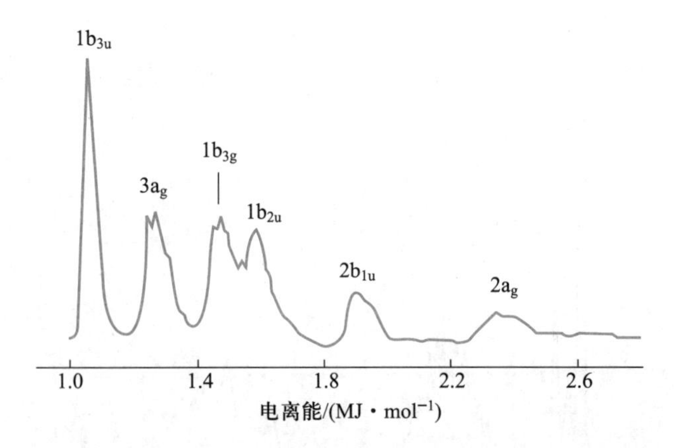

图 10.18　乙烯的光电子能谱。光电子能谱中的谱带对应电子从分子的不同分子轨道的电离。光电子能谱中谱带的能量可用于确定图 10.17 中最低 6 个分子轨道之间的能量间隔。

10-5 共轭烃和芳香烃可通过 π 电子近似法处理

在本节中，我们将讨论不饱和碳氢化合物的一种著名的成键理论。最简单的不饱和碳氢化合物是乙烯(C_2H_4)。乙烯是一种平面不饱和碳氢化合物，其键角都约为 120°。可以这样来描述乙烯的结构：碳原子形成 sp^2 杂化轨道，而每个 C—H 键都是由氢的 1s 轨道与每个碳原子上的一个 sp^2 杂化轨道重叠而成。乙烯中的部分 C—C 键来自每个碳原子上的 sp^2 杂化轨道的重叠。所有五个键都是 σ 键，统称为乙烯分子的 **σ 键框架**(σ-bond framework)(图 10.19)。

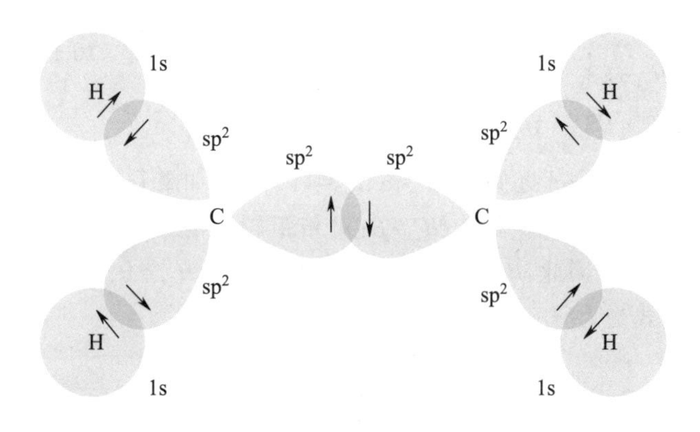

图 10.19 乙烯分子的 σ 键框架。

如果这个 σ 键框架位于 $x-y$ 平面内，这意味着 $2p_x$ 和 $2p_y$ 轨道被用于构建杂化轨道，那么每个碳原子上的 $2p_z$ 轨道仍可用于成键。$2p_z$ 轨道重叠产生的电荷分布会在两个碳原子之间形成 π 键。因此，我们在此假设不饱和碳氢化合物同时具有 σ 键和 π 键。有机化学中学过，在共轭多烯和苯等大体系中，π 轨道可以在整个分子中离域。在这种情况下，可以认为 π 电子在一些固定的、有效的静电势中移动，这些静电势是由 σ 键框架中的电子引起的。这种近似称为 **π 电子近似**(π-electron approximation)。π 电子近似可以由薛定谔方程正式导出，但在这里，把它简单看作一种用于不饱和碳氢化合物中成键的物理直觉方法。

现在，将注意力转向描述这些 π 电子占据的离域分子轨道。需要意识到，我们所考虑的哈密顿算符包含了由 σ 键框架中的电子产生的有效势，而在迄今为止的处理中，还没有明确给出这种有效哈密顿算符的明确形式。考虑到这一点，让我们回到乙烯。在这里，每个碳原子都为离域的 π 轨道贡献了一个 $2p_z$ 轨道，使用与描述 H_2 的波函数的 σ 键相同的方法，可以将乙烯的 π 轨道的波函数 ψ_π 写为

$$\psi_\pi = c_1 2p_{zA} + c_2 2p_{zB} \tag{10.15}$$

与该波函数相关的久期行列式为

$$\begin{vmatrix} H_{11}-ES_{11} & H_{12}-ES_{12} \\ H_{12}-ES_{12} & H_{22}-ES_{22} \end{vmatrix} = 0 \tag{10.16}$$

式中 H_{ij} 是涉及有效哈密顿算符的积分；S_{ij} 是涉及 $2p_z$ 原子轨道的重叠积分。由于乙烯中的两个碳原子是等价的，故 $H_{11}=H_{22}$。哈密顿算符在久期行列式中的对角元素称为**库仑积分**(Coulomb integrals)。哈密顿算符的对角线外元素称为**共振积分**(resonance integrals)或**交换积分**(exchange integrals)。请注意，共振积分涉及两个原子中心，因为它有来自两个不同碳原子的原子轨道的贡献。要确定能量和相关的分子轨道，或者需要确定有效哈密顿算符，或者需要提出近似方法来计算久期行列式中的各个项。在此，我们将考察休克尔(E. Hückel)于 1930 年提出的近似方法，该近似方法经过各种扩展和修改，已在有机化学中得到广泛应用。**Hückel 分子轨道理论**(Hückel molecular orbital theory)有三个简单的假设。第一，重叠积分 S_{ij} 设为零，除非 $i=j$，此时 $S_{ii}=1$。第二，假设所有库仑积分(久期行列式中哈密顿算符的对角元素)对所有碳原子都相同，通常用 α 表示。第三，涉及最近邻碳原子的共振积分假定相同，用 β 表示；其余共振积分设为零。因此，乙烯的 Hückel 久期行列式[式(10.16)]为

$$\begin{vmatrix} \alpha-E & \beta \\ \beta & \alpha-E \end{vmatrix} = 0 \tag{10.17}$$

这个久期行列式的两个根是 $E=\alpha\pm\beta$。

要定量计算能量，需要知道有效哈密顿算符。幸运的是，在 Hückel 理论中，不需要担心这个问题，因为 α 和 β 的值是通过实验测量确定的。由于 α 近似于孤立的 $2p_z$ 轨道中单个电子的能量，因此可被用作能量零点的参考点。β 这个量是根据各种实验数据确定的，其值约为 $-75\ \text{kJ}\cdot\text{mol}^{-1}$。通过 Hückel 近似，可以确定 π 分子轨道的能量(以 α 和 β 表示)和波函数，而无须明确知道哈密顿算符。

乙烯中有两个 π 电子。在基态，两个电子都占据能量最低的轨道。由于 β 是负数，所以最低能量是 $E=\alpha+\beta$。乙烯的 π 电子能量为 $E_\pi=2\alpha+2\beta$。图 10.20 为乙烯的 π 电子能级图(参见图 10.17)。由于 α 用于指定能量的零点，因此从久期行列式中找到的两个能量 $E=\alpha\pm\beta$ 必须对应于成键轨道和反键轨道。

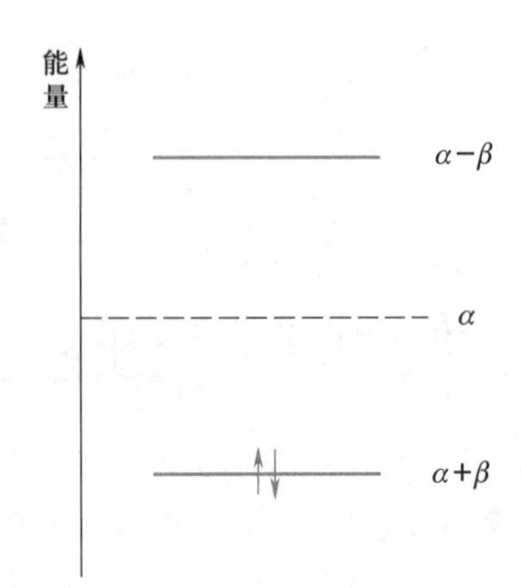

图 10.20 乙烯中 π 电子的基态电子构型。

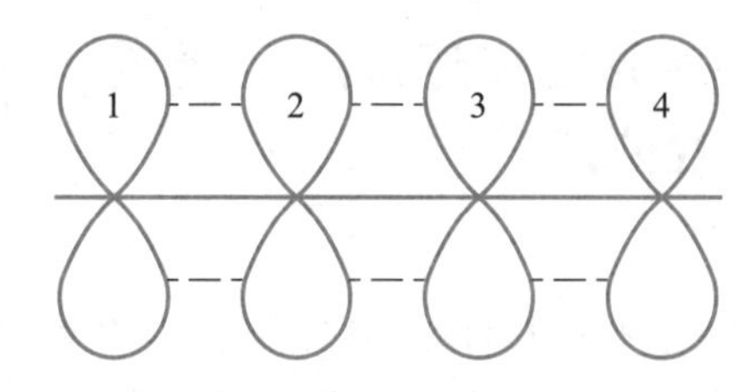

图 10.21 丁二烯分子中每个碳上 $2p_z$ 轨道的示意图。

» 例题 10-6 找出乙烯的成键 Hückel 分子轨道。

» 解 回顾第 7-2 节，久期行列式方程源于式(10.16)中 c_1 和 c_2 的一对线性代数方程：

$$c_1(H_{11}-ES_{11})+c_2(H_{12}-ES_{12})=0$$

和

$$c_1(H_{12}-ES_{12})+c_2(H_{22}-ES_{22})=0$$

利用 Hückel 近似法，可以将上式改写为

$$c_1(\alpha-E)+c_2\beta=0$$

和

$$c_1\beta+c_2(\alpha-E)=0$$

为了找出与 E 的每个值相关的 c_1 和 c_2 的值，代入 E 的一个允许值，然后求解系数。对于 $E=\alpha+\beta$，任一式都可以得出 $c_1=c_2$。因此，有

$$\psi_\pi=c_1(2p_{z\text{A}}+2p_{z\text{B}})$$

c_1 的值可以通过要求波函数归一化得到。利用 ψ_π 的归一化条件可得

$$c_1^2(1+2S+1)=1$$

根据 Hückel 假设，$S=0$，可发现 $c_1=1/\sqrt{2}$。习题 10-24 要求你找出 $E=\alpha-\beta$ 对应的波函数。

10-6 丁二烯因离域能而稳定

丁二烯的情况比乙烯更有趣。虽然丁二烯存在**顺式**(*cis*)和**反式**(*trans*)两种构型，我们将忽略这点，将丁二烯分子简单视为四个碳原子形成的线性序列，每个碳原子为 π 电子轨道贡献一个 $2p_z$ 轨道(图 10.21)。由于我们考虑的是四个原子轨道的线性组合，因此久期行列式的维数将是 4×4，并将产生四个不同的能量和四个不同的 π 分子轨道。

可以用一个表达式来表示所有的分子轨道 ψ_i，即

$$\psi_i=\sum_{j=1}^{4}c_{ij}2p_{zj} \tag{10.18}$$

式中 c_{ij} 是第 i 个分子轨道中第 j 个原子上的 $2p_z$ 原子轨道($2p_{zj}$)的系数。丁二烯分子的久期行列式方程为(习题 10-26)

$$\begin{vmatrix} H_{11}-ES_{11} & H_{12}-ES_{12} & H_{13}-ES_{13} & H_{14}-ES_{14} \\ H_{12}-ES_{12} & H_{22}-ES_{22} & H_{23}-ES_{23} & H_{24}-ES_{24} \\ H_{13}-ES_{13} & H_{23}-ES_{23} & H_{33}-ES_{33} & H_{34}-ES_{34} \\ H_{14}-ES_{14} & H_{24}-ES_{24} & H_{34}-ES_{34} & H_{44}-ES_{44} \end{vmatrix}=0 \tag{10.19}$$

利用 Hückel 近似法，$H_{jj}=\alpha$，$S_{jj}=1$，$S_{ij}=0$(如果 $i\neq j$)，以及对相邻碳原子来说，$H_{ij}=\beta$；对相距较远的碳原子来说，$H_{ij}=0$。因此，$H_{12}=H_{23}=H_{34}=\beta$，$H_{13}=H_{14}=H_{24}=0$，久期行列式变为

$$\begin{vmatrix} \alpha-E & \beta & 0 & 0 \\ \beta & \alpha-E & \beta & 0 \\ 0 & \beta & \alpha-E & \beta \\ 0 & 0 & \beta & \alpha-E \end{vmatrix}=0 \tag{10.20}$$

如果从每列中提出因子 β，并令 $x=(\alpha-E)/\beta$，那么可以将这个行列式改写为

$$\beta^4\begin{vmatrix} x & 1 & 0 & 0 \\ 1 & x & 1 & 0 \\ 0 & 1 & x & 1 \\ 0 & 0 & 1 & x \end{vmatrix}=0 \tag{10.21}$$

如果展开这个行列式(数学章节 E)，则久期方程为

$$x^4-3x^2+1=0 \tag{10.22}$$

可以求解关于 x^2 的方程，从而得到

$$x^2=\frac{3\pm\sqrt{5}}{2} \tag{10.23}$$

进而可以得到四个根 $x=\pm1.618,\pm0.618$。

因为 $x=(\alpha-E)/\beta$，以及 β 是负的，我们可以构建丁二烯的 Hückel 能级图，如图 10.22 所示。丁二烯中有四个 π 电子，在基态，这些电子占据能量最低的两个轨道(图 10.22)。丁二烯的总 π 电子能量为

$$\begin{aligned} E_\pi &= 2(\alpha+1.618\beta)+2(\alpha+0.618\beta) \\ &= 4\alpha+4.472\beta \end{aligned} \tag{10.24}$$

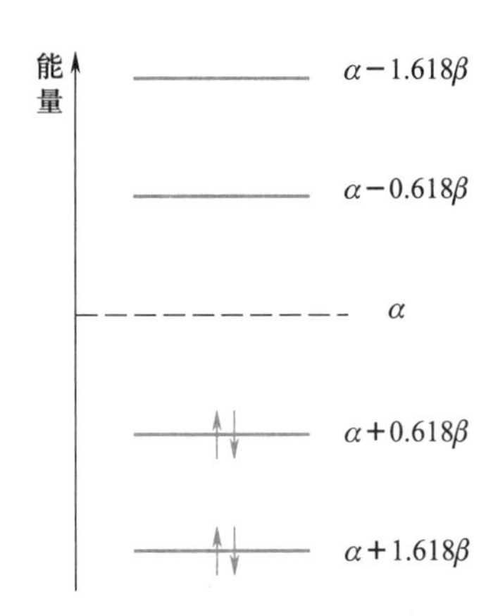

图 10.22 丁二烯中 π 电子的基态电子构型。

可以将式(10.24)所给出的能量与局域结构的能量进行有趣的比较,在局域结构中,两个 π 电子分别位于碳原子 1 和 2 之间,以及碳原子 3 和 4 之间。这种局域结构相当于两个孤立的乙烯分子。我们发现,乙烯中 π 轨道的能量为$(2\alpha+2\beta)$。如果将两个乙烯分子的能量与丁二烯离域轨道的能量进行比较,就会发现离域会产生能量稳定化作用:

$$E_{\text{deloc}}=E_{\pi}(\text{丁二烯})-2E_{\pi}(\text{乙烯})=0.472\beta<0 \qquad (10.25)$$

如果将 $\beta=-75\ \text{kJ}\cdot\text{mol}^{-1}$代入,那么丁二烯的离域能大约为 $-35\ \text{kJ}\cdot\text{mol}^{-1}$。这就是丁二烯相对于两个孤立双键的稳定能,或者说丁二烯的稳定性是因为其 π 电子在分子的整个长度上离域,而不是局域在两个端键上。

我们发现丁二烯的四种分子轨道能量都与某一个分子轨道有关。为了确定这些分子轨道,需要确定式(10.18)中的系数 c_{ij}。其方法与例题 10-6 中的方法相同,但代数过程要冗长一些(见习题 10-28)。得到的波函数为

$$\begin{aligned}
\psi_1&=(0.3717)2p_{z1}+(0.6015)2p_{z2}+(0.6015)2p_{z3}+(0.3717)2p_{z4}\\
&E_1=\alpha+1.618\beta\\
\psi_2&=(0.6015)2p_{z1}-(0.3717)2p_{z2}-(0.3717)2p_{z3}+(0.6015)2p_{z4}\\
&E_2=\alpha+0.618\beta\\
\psi_3&=(0.6015)2p_{z1}-(0.3717)2p_{z2}-(0.3717)2p_{z3}+(0.6015)2p_{z4}\\
&E_3=\alpha-0.618\beta\\
\psi_4&=(0.3717)2p_{z1}-(0.6015)2p_{z2}+(0.6015)2p_{z3}-(0.3717)2p_{z4}\\
&E_4=\alpha-1.618\beta
\end{aligned} \qquad (10.26)$$

这些分子轨道如图 10.23 所示。注意到,随着分子轨道能量的增加,节点的数量也在增加。这是 π 分子轨道的一般性结论。

» 例题 10-7 证明式(10.26)中的 ψ_1 已归一化,并且与 ψ_2 正交。

» 解 首先要证明

$$\int \mathrm{d}\boldsymbol{r}\psi_1^*\psi_1=1$$

由于 Hückel 理论假设所有重叠积分为 0,可得

$$\int \mathrm{d}\boldsymbol{r}\psi_1^*\psi_1=(0.3717)^2+(0.6015)^2+(0.6015)^2+(0.3717)^2=1.000$$

为了证明 ψ_1 与 ψ_2 正交,必须证明:

$$\int \mathrm{d}\boldsymbol{r}\psi_1^*\psi_2=0$$

同样,由于所有的重叠积分都等于 0,可得

$$\int \mathrm{d}\boldsymbol{r}\psi_1^*\psi_2=(0.3717)(0.6015)+(0.6015)(0.3717)-(0.6015)(0.3717)-(0.3717)(0.6015)=0$$

直截了当地证明了式(10.26)中的所有四个分子轨道都是归一化的,而且它们相互正交。

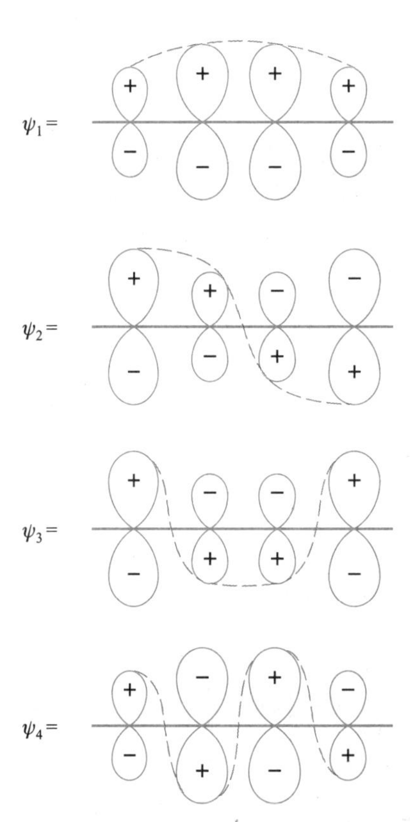

图 10.23 丁二烯中 π 分子轨道的示意图。注意随着节点数量增加,相应能量升高。

最后一个例子是苯。在这里,我们使用上文概述的 Hückel 理论的基本原理来解决这个问题。在第 12 章中,我们将了解到,通过考虑分子的对称性质,无须进行大量烦琐的代数运算就可以得到相同的结果。苯有 6 个碳原子,每个碳原子贡献一个 $2p_z$ 轨道构建 π 分子轨道,由于我们正在考虑的是 6 个原子轨道的线性组合,因此久期

行列式的维数将是 6×6,并将产生 6 个不同的能量和 6 个不同的 π 分子轨道。苯的 Hückel 久期行列式方程如下(习题 10-29):

$$\begin{vmatrix} \alpha-E & \beta & 0 & 0 & 0 & \beta \\ \beta & \alpha-E & \beta & 0 & 0 & 0 \\ 0 & \beta & \alpha-E & \beta & 0 & 0 \\ 0 & 0 & \beta & \alpha-E & \beta & 0 \\ 0 & 0 & 0 & \beta & \alpha-E & \beta \\ \beta & 0 & 0 & 0 & \beta & \alpha-E \end{vmatrix}=0 \quad (10.27)$$

这个 6×6 的久期行列式导出 E 的六次多项式。使用与丁二烯相同的方法,令 $x=(\alpha-E)/\beta$,由此得到的行列式可以展开为

$$x^6-6x^4+9x^2-4=0 \quad (10.28)$$

该式的六个根分别是 $x=\pm1,\pm1$ 和 ±2,得出 6 个分子轨道的能量如下:

$$\begin{aligned} E_1&=\alpha+2\beta \\ E_2&=E_3=\alpha+\beta \\ E_4&=E_5=\alpha-\beta \\ E_6&=\alpha-2\beta \end{aligned} \quad (10.29)$$

苯的 Hückel 能级图如图 10.24 所示。6 个电子被置于 3 个能量最低的分子轨道中。苯中 π 电子的总能量为

$$E_\pi=2(\alpha+2\beta)+4(\alpha+\beta)=6\alpha+8\beta \quad (10.30)$$

与三个乙烯分子的 π 电子能量相比,苯的离域(或共振)能为 2β。因此,根据 Hückel 分子轨道理论预测,苯的稳定能约为 150 kJ · mol^{-1}。由此得出的苯的 6 个 π 分子轨道的波函数为

$$\begin{aligned} \psi_1&=\frac{1}{\sqrt{6}}(2p_{z1}+2p_{z2}+2p_{z3}+2p_{z4}+2p_{z5}+2p_{z6}) \\ E_1&=\alpha+2\beta \\ \psi_2&=\frac{1}{\sqrt{4}}(2p_{z2}+2p_{z3}-2p_{z5}-2p_{z6}) \\ E_2&=\alpha+\beta \\ \psi_3&=\frac{1}{\sqrt{3}}\left(2p_{z1}+\frac{1}{2}2p_{z2}-\frac{1}{2}2p_{z3}-2p_{z4}-\frac{1}{2}2p_{z5}+\frac{1}{2}2p_{z6}\right) \\ E_3&=\alpha+\beta \\ \psi_4&=\frac{1}{\sqrt{4}}(2p_{z2}-2p_{z3}+2p_{z5}-2p_{z6}) \\ E_4&=\alpha-\beta \\ \psi_5&=\frac{1}{\sqrt{3}}\left(2p_{z1}-\frac{1}{2}2p_{z2}-\frac{1}{2}2p_{z3}+2p_{z4}-\frac{1}{2}2p_{z5}-\frac{1}{2}2p_{z6}\right) \\ E_5&=\alpha-\beta \\ \psi_6&=\frac{1}{\sqrt{6}}(2p_{z1}-2p_{z2}+2p_{z3}-2p_{z4}+2p_{z5}-2p_{z6}) \\ E_6&=\alpha-2\beta \end{aligned} \quad (10.31)$$

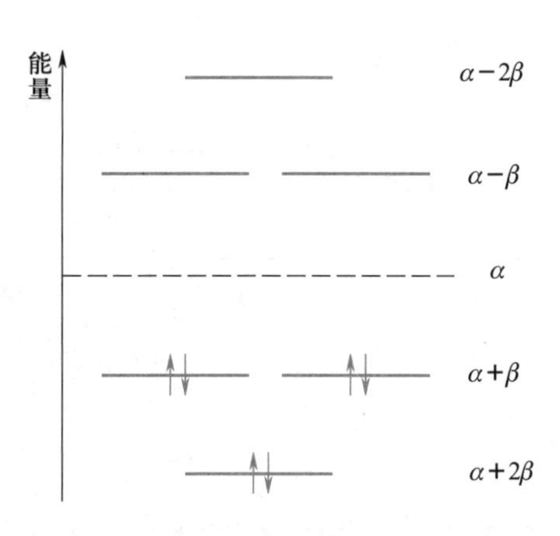

图 10.24 苯中 π 电子的基态电子构型。

例题 10-8 画出苯的 π 分子轨道并指出节面。

解

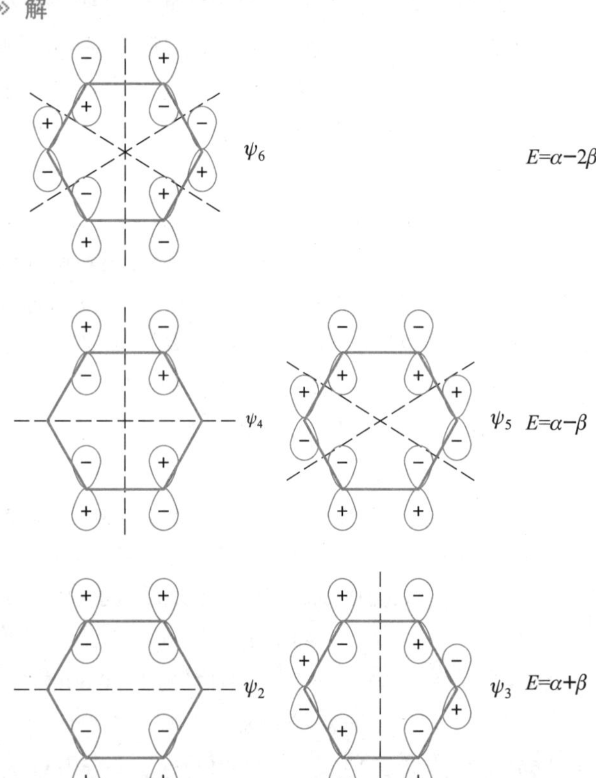

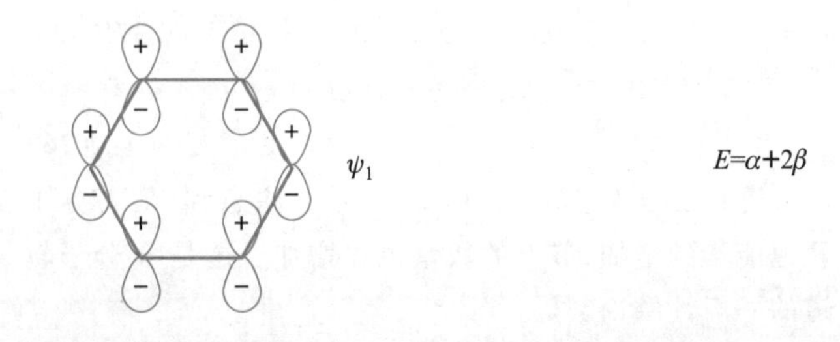

注意苯和乙烯以及丁二烯一样,随着节面数增加能量升高。

习题

10-1 证明 $\psi_{sp}=\frac{1}{\sqrt{2}}(2s\pm2p_z)$ 是归一化的。

10-2 证明式(10.3)至式(10.5)所给出的三个 sp^2 杂化轨道是归一化的。

10-3 证明式(10.3)至式(10.5)所给出的三个 sp^2 杂化轨道互成 120°(参见例题 10-4)。

10-4 将式(10.3)至式(10.5)所给出的三个 sp^2 杂化轨道视为矢量,其中 $2p_x$ 的系数为 x 分量,$2p_z$ 的系数为 z 分量。现在使用两个矢量的点积公式,确定杂化轨道之间的夹角(不包括 2s 轨道,因为它是球对称的,没有方向性)。

10-5 以下三个轨道等价于式(10.3)至式(10.5)给出的三个 sp^2 杂化轨道。

$$\phi_1=\left(\frac{1}{3}\right)^{1/2}2s-\left(\frac{1}{3}\right)^{1/2}2p_x+\left(\frac{1}{3}\right)^{1/2}2p_z$$

$$\phi_2=\left(\frac{1}{3}\right)^{1/2}2s+\frac{1}{2}(1+3^{-1/2})2p_x+\frac{1}{2}(1-3^{-1/2})2p_z$$

$$\phi_3=\left(\frac{1}{3}\right)^{1/2}2s+\frac{1}{2}(-1+3^{-1/2})2p_x-\frac{1}{2}(1+3^{-1/2})2p_z$$

首先证明这些轨道是归一化的。现在,使用习题 10-4 中介绍的方法来证明这些轨道之间的夹角为 120° [这些轨道是由式(10.3)至式(10.5)所给出的轨道旋转 45°得到的]。

10-6 给定一个 sp 杂化轨道:

$$\xi_1=\frac{1}{\sqrt{2}}(2s+2p_z)$$

构建第二个 sp 杂化轨道,并要求它满足归一化并与 ξ_1 正交。

10-7 四面体和立方体的关系如下图所示:

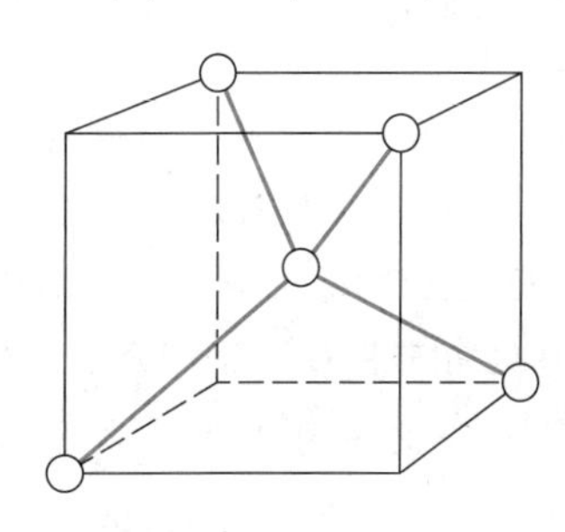

利用该图证明正四面体中的键角为 109.47°。(提示:如果立方体的边长为 a,那么根据勾股定理,立方体一个面上的对角线的长度为 $\sqrt{2}a$。从立方体中心到一个面的距离等于 $a/2$。利用这些信息,确定四面体角。)

10-8 证明式(10.6)至式(10.9)给出的 sp^3 杂化轨道是正交归一化的。

10-9 利用习题 10-4 中描述的矢量方法,证明式(10.6)至式(10.9)给出的 sp^3 杂化轨道之间夹角的余弦值为 $-1/3$。这个角度等于多少?

10-10 由式(10.6)至式(10.9)所给出的 sp^3 杂化轨道是对称的,但不是唯一的。在本题中构建一个等价集。可以把碳原子上的四个 sp^3 杂化轨道写成

$$\begin{aligned}\xi_1&=a_12s+b_12p_x+c_12p_y+d_12p_z\\ \xi_2&=a_22s+b_22p_x+c_22p_y+d_22p_z\\ \xi_3&=a_32s+b_32p_x+c_32p_y+d_32p_z\\ \xi_4&=a_42s+b_42p_x+c_42p_y+d_42p_z\end{aligned}\qquad(1)$$

从这四个杂化轨道是等价的可以得出 $a_1=a_2=a_3=a_4$。因为有一个 2s 轨道分布在四个等价的杂化轨道中,所以 $a_1^2+a_2^2+a_3^2+a_4^2=1$。因此,可以得出 $a_1=a_2=a_3=a_4=1/\sqrt{4}$。不失一般性地,可以取其中一个杂化轨道沿着正的 z 轴方向。因为 $2p_x$ 和 $2p_y$ 轨道分别只沿着 x 轴和 y 轴朝向,所以 b 和 c 在这个轨道中为零。如果把这个轨道记为 ξ_1,那么

$$\xi_1=\frac{1}{\sqrt{4}}2s+d_12p_z$$

对 ξ_1 进行归一化处理,证明:

$$\xi_1=\frac{1}{\sqrt{4}}2s+\sqrt{\frac{3}{4}}2p_z\qquad(2)$$

式(2)是四个 sp^3 杂化轨道中的第一个。

在不失一般性的前提下,假设第二个杂化轨道位于 $x-z$ 平面内,那么

$$\xi_2=\frac{1}{\sqrt{4}}2s+b_22p_x+d_22p_z\qquad(3)$$

证明:如果要求 ξ_2 归一化并与 ξ_1 正交,那么

$$\xi_2=\frac{1}{\sqrt{4}}2s+\sqrt{\frac{2}{3}}2p_x-\frac{1}{\sqrt{12}}2p_z$$

证明 ξ_1 和 ξ_2 之间的夹角为 109.47°。现在确定 ξ_3 使其归一化并与 ξ_1 和 ξ_2 正交。最后,确定 ξ_4。

10-11 使用习题 10-4 中描述的矢量方法,计算例题 10-4 中 ψ_1 和 ψ_2 之间的键角(记得不要使用 ψ_1 和 ψ_2

的 2s 部分)。

10-12　对水分子使用下面的坐标系：

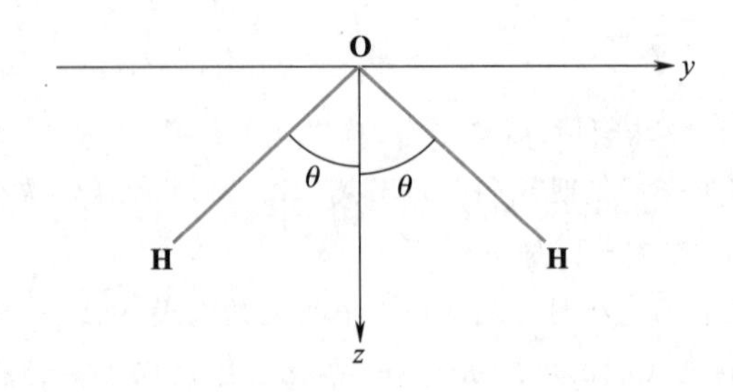

证明氧原子上的两个成键杂化原子轨道可以被写为

$$\psi_1=N[\gamma 2s+(\sin\theta)2p_y+(\cos\theta)2p_z]$$

和

$$\psi_2=N[\gamma 2s-(\sin\theta)2p_y+(\cos\theta)2p_z]$$

其中 γ 是常数；N 是归一化常数。现在，利用这些轨道必须是正交的事实证明：

$$\cos^2\theta-\sin^2\theta=\cos(2\theta)=-\gamma^2$$

最后，考虑到水的 H—O—H 键角为 104.5°，确定正交归一化的杂化轨道 ψ_1 和 ψ_2[见式(10.12)和式(10.13)]。

10-13　在习题 10-12 中，你找到了水分子中氧原子的两个成键杂化轨道。在本题中，将找到两个等价的孤对轨道。从习题 10-12 的结果开始，证明第三个 sp^2 杂化轨道为

$$\psi_3=(0.77)2s-(0.64)2p_z$$

此时，孤对轨道由 ψ_3 和氧的 $2p_x$ 轨道给出。通过对 ψ_3 和 $2p_x$ 轨道进行适当的线性组合，构建两个等价孤对轨道。ψ_3 和 $2p_x$ 轨道，或者你构造的等价轨道集中，哪一对轨道才是对水分子孤对轨道的正确描述？给出你的理由。

10-14　图 10.9 为线形 AH_2 分子的分子轨道示意图。我们可以为线形 XY_2 分子的分子轨道绘制类似的图。例如，$3\sigma_g$ 和 $4\sigma_g$ 分子轨道可以表示为

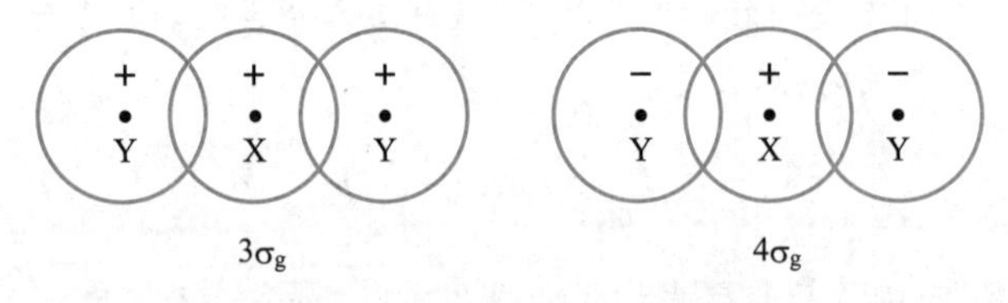

绘制 $2\sigma_u$，$1\pi_u$，$2\pi_u$ 和 $1\pi_g$ 轨道的示意图。

10-15　解释为什么 XY_2 分子的 $3\sigma_g$ 和 $2\sigma_u$ 轨道的能量对键角的微小变化不敏感。

10-16　解释为什么线形 XY_2 分子的二重简并 $1\pi_u$ 轨道在分子弯曲时不会保持简并。

10-17　解释为什么线形 XY_2 分子的 $3\sigma_u$ 分子轨道的能量会随着分子的弯曲而增加。（提示：$3\sigma_u$ 分子轨道是每个原子的 $2p_z$ 轨道的线性组合。）

10-18　利用图 10.25 预测下列分子是线形的还是弯曲的：

a. CO_2　　b. CO_2^+　　c. $CFCF_2$

10-19　利用图 10.25 预测下列分子是线形的还是弯曲的：

a. OF_2　　b. NO_2^+　　c. CN_2

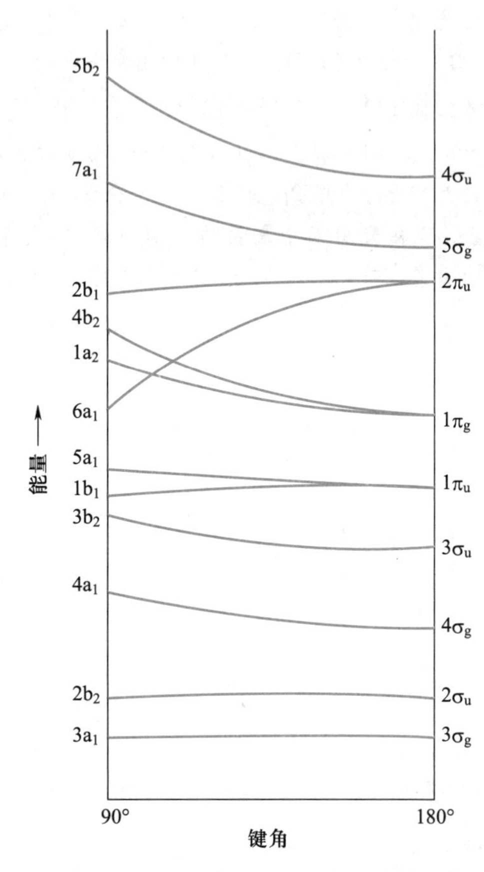

图 10.25　XY_2 分子价电子的 Walsh 相关图。图右侧为 Y—X—Y 键角 180°时分子轨道的能序。左侧为 Y—X—Y 键角 90°时分子轨道的能序。实线展示了分子轨道能量是如何随着Y—X—Y 键角(在 90°和 180°之间)变化的。$1\sigma_g$，$2\sigma_g$ 和 $1\sigma_u$ 轨道对应于成键原子上的核芯 1s 电子，未在图中展示。

10-20　Walsh 相关图可用来预测含有三个以上原子的多原子分子的形状。在本题和接下来的三个习题中，我们将考虑通式为 XH_3 的分子。我们的讨论仅限于所有 H—X—H 键角都相同的 XH_3 分子。如果分子是平面的，则 H—X—H 键角为 120°。非平面 XH 分子的 H—X—H 键角则小于 120°。图 10.26 为 Walsh 相关图，描述了 XH_3 分子的分子轨道能量如何随 H—X—H 键角的变化而变化。注意到，由于 XH_3 不是线形的，因此相关图两侧没有用 σ 和 π 等记号描述分子轨道。可以看

到，能量最低的分子轨道对 H—X—H 键角并不敏感。能量最低的分子轨道是由哪些原子轨道产生的？试解释为什么该分子轨道的能量对 H—X—H 键角的变化不敏感。

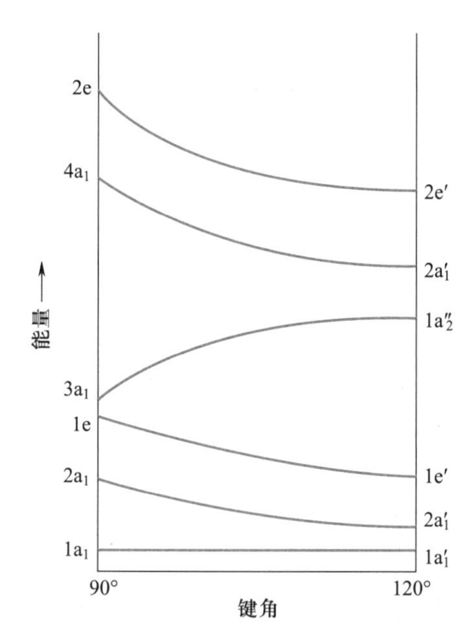

图 10.26 XH_3 分子的 Walsh 相关图。图右侧为 H—X—H 键角 120°时分子轨道的能序。左侧为 H—X—H 键角 90°时分子轨道的能序。实线展示了分子轨道能量是如何随着 H—X—H 键角(在 90°和 180°之间)变化的。

10-21 考虑图 10.26 所示的 Walsh 相关图。平面 XH_3 分子的 $2a'_1$ 轨道是位于分子平面内的 X 上的 2p 轨道和每个氢原子上的 1s 轨道的线性组合。为什么随着 H—X—H 键角从 120°减小到 90°，该分子轨道的能量会增加？

10-22 Walsh 相关图中以"e"表示的轨道是二重简并轨道。哪些原子轨道可以为平面 XH_3 分子的 $1e'$ 分子轨道做出贡献？

10-23 利用图 10.26 中的 Walsh 相关图，确定下列分子中哪些是平面分子：(a) BH_3，(b) CH_3，(c) CH_3^-，(d) NH_3。(以"e"表示的轨道是二重简并轨道。)

10-24 证明能量 $E=\alpha-\beta$ 对应的乙烯 π 分子轨道是 $\psi_\pi=\frac{1}{\sqrt{2}}(2p_{zA}-2p_{zB})$。

10-25 将我们对乙烯的 Hückel 分子轨道处理推广到包括 $2p_{zA}$ 和 $2p_{zB}$ 的重叠。求出能量和波函数。

10-26 证明由丁二烯的四个分子轨道[式(10.18)]

$$\psi_i=\sum_{j=1}^{4}c_{ij}2p_{zj}$$

可给出式(10.19)所示的久期行列式。

10-27 证明：

$$\begin{vmatrix} x & 1 & 0 & 0 \\ 1 & x & 1 & 0 \\ 0 & 1 & x & 1 \\ 0 & 0 & 1 & x \end{vmatrix}=0$$

给出的代数方程为

$$x^4-3x^2+1=0$$

10-28 证明丁二烯的四个 π 分子轨道由式(10.26)给出。

10-29 推导苯的 Hückel 理论久期行列式[见式(10.27)]。

10-30 计算环丁二烯的 Hückel π 电子能。如何用 Hund 规则解释环丁二烯的基态？比较环丁二烯和两个独立乙烯分子的稳定性。

10-31 计算三亚甲基甲烷的 Hückel π 电子能：

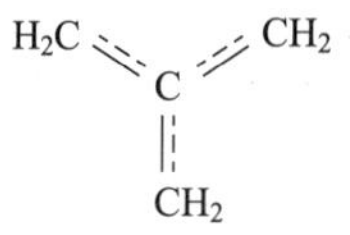

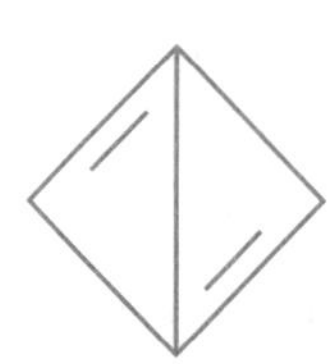

比较三亚甲基甲烷与两个独立乙烯分子的 π 电子能。

10-32 计算双环丁二烯的 π 电子能级和总的 π 电子能量：

10-33 证明式(10.31)中给出的苯的 Hückel 分子轨道是正交归一化的。

10-34 构建萘($C_{10}H_8$)的 Hückel 分子轨道理论行列式方程，不需要求解。

10-35 萘($C_{10}H_8$)的 Hückel 计算结果给出了分子轨道能级 $E_i=\alpha+m_i\beta$，其中 m_i 的 10 个值分别为 2.3028，1.6180，1.3029，1.0000，0.6180，−0.6180，−1.0000，−1.3029，−1.6180 和 −2.3028。计算萘的基态 π 电子能量。

10-36 萘的 π 电子总能量(习题 10-35)为

$$E_\pi=10\alpha+13.68\beta$$

计算萘的离域能。

10-37 利用 Hückel 分子轨道理论，确定 H_3^+ 是线

形(H—H—H^+)稳定,还是三角形

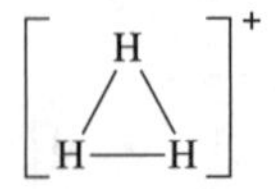

更稳定。对 H_3 和 H_3^- 重复此计算。

10-38　建立吡啶的 Hückel 理论久期行列式。

10-39　Hückel 分子轨道中的系数可用于计算电荷分布和键级。我们将以丁二烯为例进行具体说明。丁二烯的分子轨道可以表示为

$$\psi_i = \sum_{j=1}^{4} c_{ij} 2p_{zj}$$

其中 c_{ij} 是由一组线性代数方程决定的,这组方程引出了久期行列式方程。丁二烯的分子轨道由式(10.26)给出:

$$\psi_1 = (0.3717)2p_{z1} + (0.6015)2p_{z2} + (0.6015)2p_{z3} + (0.3717)2p_{z4}$$

$$\psi_2 = (0.6015)2p_{z1} + (0.3717)2p_{z2} - (0.3717)2p_{z3} - (0.6015)2p_{z4}$$

$$\psi_3 = (0.6015)2p_{z1} - (0.3717)2p_{z2} - (0.3717)2p_{z3} + (0.6015)2p_{z4}$$

$$\psi_4 = (0.3717)2p_{z1} - (0.6015)2p_{z2} + (0.6015)2p_{z3} - (0.3717)2p_{z4}$$

图 10.23 给出了这些分子轨道的示意图。因为我们已经在式(10.19)中令 $S_{ij} = \delta_{ij}$,故实际上已假定各 $2p_z$ 轨道都是正交归一化的。利用这一事实,证明 c_{ij} 满足

$$\sum_{j=1}^{4} c_{ij}^2 = 1 \qquad i = 1,2,3,4 \tag{1}$$

根据式(1),可以将 c_{ij}^2 解释为由于第 i 个分子轨道上的一个电子而产生的第 j 个碳原子上的分数 π 电子电荷。因此,第 j 个碳原子上的总 π 电子电荷为

$$q_j = \sum_i n_i c_{ij}^2 \tag{2}$$

其中 n_i 是第 i 个分子轨道中的电子数。证明:对丁二烯,有

$$\begin{aligned} q_1 &= 2c_{11}^2 + 2c_{21}^2 + 0c_{31}^2 + 0c_{41}^2 \\ &= 2\,(0.3717)^2 + 2\,(0.6015)^2 \\ &= 1.000 \end{aligned}$$

证明其他 q 值也等于 1,表明丁二烯中的 π 电子均匀地分布在分子中。

10-40　可以用习题 10-39 中的 c_{ij} 来定义的另一个有趣的量是 π 键级。可以把乘积 $c_{ir}c_{is}$ 解读为相邻碳原子 r 和 s 之间的第 i 个分子轨道上的 π 电子电荷。可以通过下式定义相邻碳原子 r 和 s 之间的 π 键级:

$$P_{rs}^{\pi} = \sum_i n_i c_{ir} c_{is} \tag{1}$$

式中 n_i 是第 i 个分子轨道上的 π 电子数。证明:对于丁二烯,有

$$P_{12}^{\pi} = 0.8942$$

和

$$P_{23}^{\pi} = 0.4473$$

显然,因对称性 $P_{12}^{\pi} = P_{34}^{\pi}$。如果记得每个碳原子之间都有一个 σ 键,那么就可以定义一个总键级:

$$P_{rs}^{\text{total}} = 1 + P_{rs}^{\pi} \tag{2}$$

其中右侧第一项是由于 r 和 s 原子间的 σ 键。对于丁二烯,请证明:

$$\begin{aligned} P_{12}^{\text{total}} &= P_{34}^{\text{total}} = 1.894 \\ P_{23}^{\text{total}} &= 1.447 \end{aligned} \tag{3}$$

式(3)与涉及丁二烯中这些键的反应性的实验观察结果非常吻合。

10-41　计算烯丙基自由基、阳离子和阴离子的离域能,以及每个碳原子上的电荷和键级。画出烯丙基体系的分子轨道。

10-42　计算苯中每个碳原子上的 π 电子电荷和总键级。对结果进行评述。

10-43　由于线形和环状共轭多烯的 Hückel 理论久期行列式中固有的对称性,我们可以写出系统中任意数量碳原子的能级的数学表达式(目前,只考虑偶数个碳原子的环状多烯)。线形链的表达式为

$$E_n = \alpha + 2\beta\cos\frac{\pi n}{N+1} \qquad n = 1,2,\cdots,N$$

N 为偶数的循环链的表达式为

$$E_n = \alpha + 2\beta\cos\frac{2\pi n}{N} \qquad n = 0,\pm1,\cdots,\pm\left(\frac{N}{2}-1\right),\frac{N}{2}$$

其中 α 和 β 的定义如文中所述,N 是共轭 π 体系中的碳原子数。

(a) 使用这些式子,验证本章给出的丁二烯和苯的结果。

(b) 现在使用这些式子,预测线形己三烯(C_6H_8)和辛四烯(C_8H_{10})的能级。随着碳链长度的增加,这些分子中每个碳原子的离域能如何变化?

(c) 比较己三烯和苯的结果。哪种分子的离域能更大?为什么?

10-44　N 个碳原子的线形共轭多烯的问题可以一般性地解决。第 j 个分子轨道中的能量 E_j 和原子轨道系数分别为

$$E_j = \alpha + 2\beta\cos\frac{j\pi}{N+1} \qquad j = 1,2,3,\cdots,N$$

和

$$c_{jk} = \left(\frac{2}{N+1}\right)^{1/2}\sin\frac{jk\pi}{N+1} \qquad k = 1,2,3,\cdots,N$$

利用这些式子，推导丁二烯的能级和波函数。

10-45 通过将固体模型化为一条一维原子阵列（阵列中每个原子都有一个轨道）并用 Hückel 理论来计算许可能量，可以计算一个假想的一维固体的电子态。使用习题 10-44 中 E_i 的公式，证明能量实质上会形成一个宽度为 4β 的连续带。提示：计算 E_1-E_N，并令 N 非常大，然后使用 $\cos x\approx 1-x^2/2+\cdots$。

10-46 在习题 10-45 中计算出的电子能带可以容纳 N 对自旋相反的电子，或总共 $2N$ 个电子。如果每个原子提供一个电子（如在多烯化合物中），则该能带总共容纳了 N 个电子。利用普通化学中学到的一些知识，你认为这样的系统是导体还是绝缘体？

10-47 多原子分子的偶极矩定义为

$$\boldsymbol{\mu}=e\sum_j z_j\boldsymbol{r}_j$$

其中 z_je 是位于 $\boldsymbol{r}_j$ 所给点上的电荷量。证明：如果净电荷为零，则 $\boldsymbol{\mu}$ 的值与 $\boldsymbol{r}_j$ 选择的原点无关。证明：对于 SO_3（平面三角形）、CCl_4（四面体）、SF_6（八面体）、XeF_4（平面四方）和 PF_5（三角双锥型），$\boldsymbol{\mu}=0$。

习题参考答案

计算量子化学

▶ **科学家介绍**

曾几何时，量子化学计算是专业量子化学家使用大型、功能强大的计算机进行计算的领域。然而，随着时间的推移，计算机程序已经变成现成可用的，非专业人员也可以计算几何构型和能量等分子性质。如今，随着计算机技术的不断进步，不需要成为量子化学家或计算机专家，也可以对相对较大的分子进行计算。

许多计算程序将构成分子轨道的原子轨道表示为高斯函数的线性组合。在本章中，我们将看到高斯函数在计算上特别方便。通过对高斯函数的讨论，我们将了解 STO-6G、6-31G ** 等记号，这些代码正在成为计算物理化学家、实验物理化学家、无机化学家、有机化学家和生物化学家共通的语言。

在本章最后一节，我们将讨论 GAUSSIAN 94，这是当今最流行的量子化学计算机程序之一。GAUSSIAN 94 是由 John Pople 教授和他在卡内基梅隆大学的同事们历经多年开发出来的。顾名思义，GAUSSIAN 94 的最新版本发布于 1994 年，更新的版本正在开发中（译者注：目前最新的版本是 GAUSSIAN 16）。

11-1 现代计算化学中常用的高斯基组

当代预测多原子分子性质的分子轨道理论计算是通过计算机完成的。我们将研究如何进行此类计算，以及评估预测分子性质所用方法的准确性。与第 8 章中关于多电子原子的讨论类似，具有 N 个电子（N 必须是偶数）的闭壳层分子波函数由 Slater 行列式波函数给出：

$$\psi(1,2,\cdots,N) = \frac{1}{\sqrt{N!}}\begin{vmatrix} \psi_1(1)\alpha(1) & \psi_1(1)\beta(1) & \cdots & \psi_{N/2}(1)\alpha(1) & \psi_{N/2}(1)\beta(1) \\ \psi_1(2)\alpha(2) & \psi_1(2)\beta(2) & \cdots & \psi_{N/2}(2)\alpha(2) & \psi_{N/2}(2)\beta(2) \\ \vdots & \vdots & \vdots & \vdots & \vdots \\ \psi_1(N)\alpha(N) & \psi_1(N)\beta(N) & \cdots & \psi_{N/2}(N)\alpha(N) & \psi_{N/2}(N)\beta(N) \end{vmatrix} \tag{11.1}$$

其中各项是（单电子）分子轨道和自旋函数的乘积。要进行分子轨道理论计算，需要确定每个分子轨道 ψ_i，并计算与此总波函数相对应的能量。确定分子轨道及其相关能量的标准方法是将分子轨道表示为原子轨道的线性组合（LCAO-MO），然后通过自洽场计算（LCAO-MO-SCF）确定线性组合中的系数。在第 8-7 节中介绍的 Hartree-Fock 方法是计算多电子原子轨道的一个系统流程。在第 9-13 节中，简要讨论了 Roothaan 将 Hartree-Fock 方法扩展到 LCAO-MO 近似中的分子轨道计算。由此产生的 LCAO-MO 系数方程组称为 Roothaan-Hartree-Fock 方程。

用于构建 LCAO-MO 的原子函数集称为**基组**（basis set）。在第 9-7 节讨论的双原子分子中，类氢原子轨道构成了基组。例如，$1s_{H_A}$ 和 $1s_{H_B}$ 构成了分子轨道 $\sigma 1s$ 的基组。已经在第八章中介绍过，多原子分子大规模计算研究中使用的第一个基组是 **Slater 原子轨道**（Slater atomic orbitals，简称 STO）。

$$S_{nlm}(r,\theta,\phi) = \frac{(2\zeta)^{n+1/2}}{[(2n)!]^{1/2}} r^{n-1} e^{-\zeta r} Y_l^m(\theta,\phi) \tag{11.2}$$

STO 与类氢原子轨道的区别在于 STO 没有节点，且**轨道指数**（orbital exponent）ζ（zeta）不一定等于 Z/n。原则上，轨道指数的选择应使能量最小化，但即便采用现代计算机，这一选择仍然是一项艰巨的任务。在实践中，我们选择了一组最佳轨道指数，这组指数在大量分子计算中被证明是最可靠的。表 11.1 列出了元素周期表前两行原子 Slater 原子轨道的轨道指数。请注意，Slater 原子轨道的轨道指数对于 2s 和 2p 轨道是相同的。同时，ζ 随着原子序数的增加而增大，这反映了轨道随着核电荷的增加而收缩。

表 11.1　元素周期表前两行原子 Slater 原子轨道的轨道指数。

原子	ζ_{1s}	$\zeta_{2s}=\zeta_{2p}$
H	1.24	
He	1.69	
Li	2.69	0.80
Be	3.68	1.15
B	4.68	1.50
C	5.67	1.72
N	6.67	1.95
O	7.66	2.25
F	8.56	2.55
Ne	9.64	2.88

虽然 Slater 原子轨道已被使用了很多年，但现在已经不再直接使用了，因为所得到的久期行列式中的积分难以计算。特别是涉及多个原子核中心的积分，称为**多中心积分**(multicenter integrals)，使用 Slater 原子轨道很难计算。然而，如果使用高斯函数代替 Slater 原子轨道，那么所有的多中心积分都很容易计算(习题 11-9)。因此，使用以下形式的高斯型的轨道

$$G_{nlm}(r,\theta,\phi)=N_n r^{n-1}e^{-\alpha r^2}Y_l^m(\theta,\phi) \tag{11.3}$$

作为分子轨道计算中的基组似乎更可取。这种想法的问题在于，当 r 较小时，Slater 原子轨道和高斯轨道的行为截然不同。图 11.1 比较了氢原子的归一化 Slater 原子轨道 $S_{100}=\phi_{1s}^{STO}$[式(11.2)]和归一化高斯轨道 $G_{100}=\phi_{1s}^{GF}$[式(11.3)]，ϕ_{1s}^{STO} 和 ϕ_{1s}^{GF} 中的轨道指数分别为 $\zeta=1.24$ 和 $\alpha=0.4166$【选择这个 α 值是为了最大限度地增加 ϕ_{1s}^{STO} 轨道和 ϕ_{1s}^{GF} 轨道之间的重叠(见习题 11-10)】。在进行计算时，使用

$$\phi_{1s}(r)=\phi_{1s}^{STO}(r,1.24) \tag{11.4}$$

或

$$\phi_{1s}(r)=\phi_{1s}^{GF}(r,0.4166) \tag{11.5}$$

取决于我们是使用 Slater 原子轨道(STO)还是高斯函数(GF)作为基组。这两种基组中的 1s 轨道分别表示为

$$\phi_{1s}^{STO}(r,\xi)=S_{100}(r,\xi)=\left(\frac{\zeta^3}{\pi}\right)^{1/2}e^{-\xi r} \tag{11.6}$$

$$\phi_{1s}^{GF}(r,\alpha)=G_{100}(r,\alpha)=\left(\frac{2\alpha}{\pi}\right)^{3/4}e^{-\alpha r^2} \tag{11.7}$$

请注意，图 11.1 所示的 Slater 原子轨道在 $r=0$ 处有一个尖点，而高斯轨道在 $r=0$ 处的斜率为零。

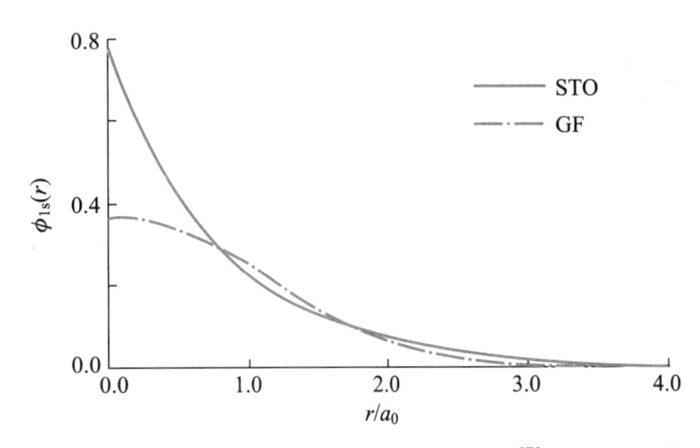

图 11.1　归一化的 Slater 原子轨道 $S_{100}=\phi_{1s}^{STO}$[式(11.6)]和归一化的高斯轨道 $G_{100}=\phi_{1s}^{GF}$[式(11.7)]对比，轨道指数分别为 $\zeta=1.24$ 和 $\alpha=0.4166$。

» 例题 11-1　证明 $\phi_{1s}=\phi_{1s}^{STO}(0,1.24)=0.779$，$\phi_{1s}=\phi_{1s}^{GF}(0,0.4166)=0.370$，如图 11.1 所示。

» 解　由式(11.6)

$$\phi_{1s}^{STO}(r,\zeta)=\left(\frac{\zeta^3}{\pi}\right)^{1/2}e^{-\xi r}$$

设 $r=0$ 和 $\zeta=1.24$，可以得到

$$\phi_{1s}^{STO}(0,1.24)=0.779$$

根据式(11.7)，$\alpha=0.4166$，则

$$\phi_{1s}^{GF}(r,0.4166)=\left[\frac{(2)(0.4166)}{\pi}\right]^{3/4}e^{-0.4166r^2}$$

在 $r=0$ 处，有

$$\phi_{1s}^{GF}(0,0.4166)=0.370$$

当 r 的值大于 a_0 时，高斯轨道能很好地描述 Slater 原子轨道，但当 r 的值小于 a_0 时，高斯轨道则低估了 Slater 原子轨道的大小。这些差异在分子计算中非常明显。为了克服这一困难，量子化学领域的一些研究人员将 Slater 原子轨道拟合为高斯函数之和，拟合效果随着所用高斯函数数量 N 的增加而提高。图 11.2 显示了这种拟合与 N 的函数关系。例如，当 $N=3$ 时，Slater 原子轨道 $\phi_{1s}^{STO}(r,1.24)=0.779\,e^{-1.24r}$ 表示为

$$\begin{aligned}\phi_{1s}^{STO}(r)&=\sum_{i=1}^{3}d_{1si}\phi_{1s}^{GF}(r,\alpha_{1si})\\&=0.4446\phi_{1s}^{GF}(r,0.1688)+0.5353\phi_{1s}^{GF}(r,0.6239)+\\&\quad 0.1543\phi_{1s}^{GF}(r,3.425)\end{aligned} \tag{11.8}$$

由于使用三个高斯函数之和来表示一个 Slater 原子轨道，这样的一个基组被称为 **STO-3G 基组**(STO-3G basis set)。在 STO-3G 基组中，所有原子轨道都由三个高斯函数之和描述。虽然这一步骤会导致需要计算的积分增多，

但每个积分都相对容易，因此整个程序相当高效。

» 例题 11-2　证明式(11.8)在 $r=0$ 时给出的值为 0.628，如图 11.2 所示。

» 解　利用式(11.7)，可得

$$\phi_{1s}^{GF}(r,0.1688)=\left[\frac{(2)(0.1688)}{\pi}\right]^{3/4}e^{-0.1688r^2}=0.1877e^{-0.1688r^2}$$

$$\phi_{1s}^{GF}(r,0.6239)=0.5003e^{-0.6239r^2}$$

$$\phi_{1s}^{GF}(r,3.425)=1.7943e^{-3.425r^2}$$

因此

$$\phi_{1s}(r=0)=(0.4446)(0.1877)+(0.5353)(0.5003)+(0.1543)(1.7943)=0.6281$$

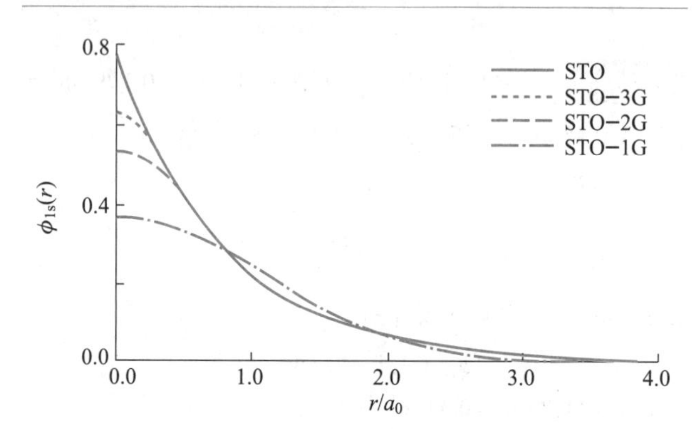

图 11.2　Slater 原子轨道 ϕ_{1s}^{STO} 与不同数量的高斯函数拟合的 $\phi_{1s}(r)$ 对比。

» 例题 11-3　在 STO-6G 基组中，原子轨道的一般形式是什么？使用表 11.2 中的数据，写出 STO-6G 基组中 Slater 1s 轨道的表达式。

» 解　STO-6G 基组中每个 Slater 原子轨道由 6 个高斯函数之和描述。因此，对于 1s 轨道，有

$$\phi_{1s}^{STO}(r)=\sum_{i=1}^{6}d_{1si}\phi_{1s}^{GF}(r,\alpha_{1si})$$

其中 d_{1si} 是每个高斯函数的系数，$\phi_{1s}^{GF}(r,\alpha_{1si})$ 由式(11.7)定义。利用表 11.2 中的数据，可以看到，STO-6G 基组中的 1s 轨道由以下表达式给出：

$$\phi_{1s}^{STO}(r)=0.1303\phi_{1s}^{GF}(r,0.1000)+0.4165\phi_{1s}^{GF}(r,0.2431)+0.3706\phi_{1s}^{GF}(r,0.6260)+0.1685\phi_{1s}^{GF}(r,1.8222)+0.0494\phi_{1s}^{GF}(r,6.5131)+0.0092\phi_{1s}^{GF}(r,35.5231)$$

在 $r=0$ 时，1s 轨道的 STO-6G 表示为 $\phi_{1s}(0)=0.733$。在 $r=0$ 时，STO 1s 轨道的值为 0.779。比较例题 11-2 和例题 11-3 可知，对于较小的 r 值，STO-6G 基组比 STO-3G 基组能更好地表示 1s 轨道。

表 11.2　STO-6G 基组中 $\zeta=1.24$ 的 Slater 1s 轨道的展开系数 d_{1si} 和指数 α_{1si}。这些值是由 6 个高斯函数的线性组合对 $\zeta=1.24$ 的 Slater 1s 轨道的“最优”拟合得到的。

d_{1si}	α_{1si}
0.1303	0.1000
0.4165	0.2431
0.3706	0.6260
0.1685	1.8222
0.0494	6.5131
0.0092	35.5231

现在，基组中的每个原子轨道都表示为高斯函数之和。如果用 ϕ_k 表示原子轨道，那么第 i 个分子轨道就是

$$\psi_i=\sum_{k=1}^{M}c_{ki}\phi_k \tag{11.9}$$

式中 M 是用于构建分子轨道的原子轨道数，或者换句话说，M 是基组中原子轨道的数目。如式(11.8)所示，式(11.9)中的每个原子轨道 ϕ_k 都是高斯函数之和。现在的任务是确定式(11.9)中的 c_{ki}，使分子能量最小化。根据这一条件，可以得出一组系数代数方程，即 Roothaan 方程，可写成

$$\sum_{j=1}^{M}(F_{ij}-E_iS_{ij})c_{ji}=0 \tag{11.10}$$

Roothaan 方程是 Hartree-Fock 方程对多原子分子的扩展。F_{ij} 是 Fock 算符的第 ij 个矩阵元素，S_{ij} 是基函数 ϕ_i 和 ϕ_j 之间的重叠积分。方程(11.10)只有在下列情况下才有一个非平凡解

$$|F_{ij}-E_iS_{ij}|=0 \tag{11.11}$$

在这里，对于双原子分子(第 9-13 节)，Fock 算符取决于分子轨道展开式[式(11.9)]中的系数，因此必须自洽地求解方程(11.11)。正如本章引言中所说的，可以使用许多用户友好型的计算机程序来求解方程(11.11)，从而高精度地计算分子性质。这些程序大多用高斯函数来表示式(11.9)中的原子轨道。

11-2 扩展基组准确解释了分子电荷分布的大小和形状

虽然 STO-NG($N=1,2,3,\cdots$)基组在 20 世纪 80 年代很流行，但如今已不再广泛使用。使用高斯函数的有限和来描述原子轨道会导致一些影响计算精度的不足之

处。在此,我们将探讨其中一个主要的局限性,然后了解如何通过修改用于表示原子轨道的高斯函数线性组合来克服这一问题。

由于STO-NG基组中的原子轨道使用固定的指数α_{ki},因此给定类型的所有轨道大小均相同。例如,p_x,p_y和p_z原子轨道都具有相同的径向函数$r\exp(-\alpha r^2)$[式(11.3)],因此大小是相同的。但是,这通常无法准确反映分子中特定原子的电子密度。以线形三原子分子HCN为例,将键定义为沿z轴方向。在HCN中,碳原子和氮原子上的p_z轨道形成σ轨道,p_x和p_y轨道形成π轨道。由第9章和第10章可知,π轨道比σ轨道更弥散;因此,预计p_z轨道的径向函数的峰值对应的r值要比p_x或p_y轨道的小。这种描述要求$2p_z$轨道有一个轨道指数值,而$2p_x$和$2p_y$轨道则有另一个指数值。此外,这种效应还与分子有关,这意味着不同的分子会有不同的轨道指数。

还有一个类似的问题,STO-NG基组无法再现许多碳氢化合物分子的各向异性电荷分布。我们可以通过比较甲烷和乙炔来直观地了解这一问题。在甲烷中,四个sp^3杂化轨道中的电子密度是相等的。因此,用具有相同轨道指数的函数来表示三个2p轨道是合理的。然而,对于乙炔来说,沿键方向的电子密度的弥散程度远低于沿垂直于键的轴方向的弥散程度。这导致了电子密度的各向异性分布,STO-NG基组无法描述这种效应,因为所有三个2p轨道都具有相同的r依赖性。

用单独的数学函数来描述每个分子的原子轨道显然是不切实际的。需要一种通用方法,在Hartree-Fock计算中优化原子轨道的大小。如果基组由可以调整原子轨道形状的函数组成,就可以实现这一点。计算化学家已经解决了该问题,他们将每个原子轨道表示为两个Slater轨道之和,这两个轨道的不同之处仅在于轨道指数ζ的值。例如,2s轨道可以写成

$$\phi_{2s}(r)=\phi_{2s}^{STO}(r,\zeta_1)+d\phi_{2s}^{STO}(r,\zeta_2) \qquad (11.12)$$

这种方法的优点如下。Slater轨道$\phi_{2s}^{STO}(r,\zeta_1)$和$\phi_{2s}^{STO}(r,\zeta_2)$代表不同大小的2s轨道。如图11.3所示,可以利用这两个函数的线性组合构建一个原子轨道,通过改变常数d,其大小可以在$\phi_{2s}^{STO}(r,\zeta_1)$和$\phi_{2s}^{STO}(r,\zeta_2)$之间调整。由于这两个函数的类型相同(本例中为$\phi_{2s}^{STO}$),线性组合保留了原子轨道所需的对称性。由具有不同轨道指数的两个Slater轨道之和生成的基组称为**双zeta基组**(double-zeta basis set),因为基组中的每个轨道都是两个Slater轨道之和,而这两个Slater轨道的不同之处仅在于轨道指数ζ的值。

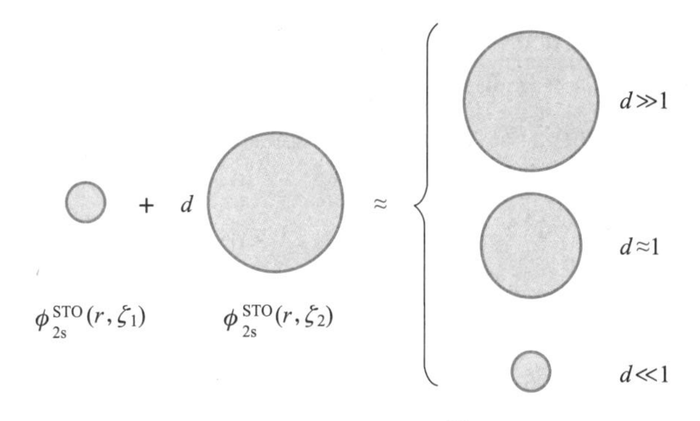

图11.3 类型相同(在本例中为ϕ_{2s}^{STO})、轨道指数ζ_1和ζ_2不同的两个Slater轨道的线性组合,通过改变常数d可以生成一个大小合适的原子轨道。

一般来说,只有价轨道用双zeta表示,而内层电子仍然由单个Slater轨道描述。例如,碳原子上1s原子轨道中的电子由单个ϕ_{1s}^{STO} Slater轨道描述,其ζ如表11.1所示,而2s原子轨道中的电子则由两个轨道指数值ζ不同的ϕ_{2s}^{STO}Slater轨道的线性组合描述。用单个Slater轨道描述内层电子、用Slater轨道之和描述价层电子的基组通常称为**劈裂价键基组**(split-valence basis set)。

例题 11-4 说明如何使用双zeta基组克服STO-3G基组描述HCN中碳原子上2p轨道时遇到的问题。

解 $2p_x$,$2p_y$和$2p_z$的(归一化)Slater轨道为

$$\phi_{2p_x}^{STO}(r,\zeta)=\left(\frac{\zeta^5}{\pi}\right)^{1/2}xe^{-\zeta r}$$

$$\phi_{2p_y}^{STO}(r,\zeta)=\left(\frac{\zeta^5}{\pi}\right)^{1/2}ye^{-\zeta r}$$

$$\phi_{2p_z}^{STO}(r,\zeta)=\left(\frac{\zeta^5}{\pi}\right)^{1/2}ze^{-\zeta r}$$

三个Slater 2p轨道都具有相同的r依赖性和相同的ζ值。STO-3G基组中的相应高斯函数也具有相同的r依赖性,因此无法描述HCN的σ和π轨道所涉及的2个p轨道之间的差异。例如,考虑两个具有不同轨道指数ζ_1和ζ_2(为便于讨论,$\zeta_1>\zeta_2$)的$\phi_{2p_x}^{STO}$Slater轨道的线性组合:

$$\phi_{2p_x}^{STO}(r,\zeta_1)+d\phi_{2p_x}^{STO}(r,\zeta_2)$$

因为$\zeta_1>\zeta_2$,$\phi_{2p_x}^{STO}(r,\zeta_2)$会比$\phi_{2p_x}^{STO}(r,\zeta_1)$大(或更弥散)。基于对$d$的选择,可以在两个独立函数$\phi_{2p_x}^{STO}(r,\zeta_1)$和$\phi_{2p_x}^{STO}(r,\zeta_2)$所代表的轨道之间改变$2p_x$轨道的大小。同样,也可以改变$2p_y$和$2p_z$轨道的大小。

由于π轨道比σ轨道更弥散,因此碳原子和氮原子上的$2p_x$和$2p_y$轨道必须大于$2p_z$轨道。可以通过适当选择每个轨道的系数d来解释这种大小差异。较大的Slater轨

道$[\phi_{2p_i}^{STO}(r,\zeta_2),i=x,y$ 或 $z]$对 $2p_x$ 和 $2p_y$ 轨道的贡献大于对 $2p_z$ 轨道的贡献。较小的 Slater 轨道 $\phi_{2p_z}^{STO}(r,\zeta_1)$对 $2p_z$ 轨道的贡献大于对$2p_x$ 和 $2p_y$ 轨道的贡献。

ζ_1 和 ζ_2 在双 zeta 基组中有多大不同？HCN 中碳原子的 $2p_x$、$2p_y$ 和 $2p_z$ 轨道的最佳轨道指数分别为 1.51、1.51 和 2.08（z 轴沿键方向）。在 STO-NG 数据集中，碳原子上 2p 轨道的标准轨道指数为 1.72（表 11.1）。因此，HCN 分子中碳原子上 $2p_z$ 轨道的收缩和 $2p_x$，$2p_y$ 轨道的扩展大约相当于 ζ 值 20%的变化。较小的 $2p_z$ 轨道($\zeta_i\approx 2.08$)和较大的 $2p_x$，$2p_y$ 轨道($\zeta_i\approx 1.51$)的线性组合可用来描述 HCN 分子中碳原子上的 2p 轨道。

同样，为了方便计算久期行列式，劈裂价键基组中的每个 Slater 轨道都用高斯函数来表示。因此，式（11.12）中的两个 Slater 轨道 $\phi_{2s}^{STO}(r,\zeta_1)$和 $\phi_{2s}^{STO}(r,\zeta_2)$都是高斯函数的线性组合。原则上，任何数量的高斯函数都可以用来描述 $\phi_{2s}^{STO}(r,\zeta_1)$和 $\phi_{2s}^{STO}(r,\zeta_2)$，从而产生无限多的可能基组。因此，需要一个速记符号，表明用来描述劈裂价键基组中各种 Slater 原子轨道的高斯函数的数目。这个符号为 N-MPG，其中 N 用于描述内层轨道的高斯函数的个数，连字符表示有一个劈裂价键基组，数字 M 和 P 分别表示用于拟合 $\phi_{2s}^{STO}(r,\zeta_1)$和 $\phi_{2s}^{STO}(r,\zeta_2)$的高斯函数的个数。由于 $\zeta_1>\zeta_2$（按照惯例），M 对应表示较小的 Slater 轨道的高斯函数个数，P 对应表示较大的 Slater 轨道的高斯函数个数。G 仅表示使用的是高斯函数。

例如，6-31G 是计算化学中广泛使用的一种流行的劈裂价键基组。考虑 6-31G 基中的一个碳原子，其中 6 表示碳原子上的 1s 轨道（内层轨道）由 6 个高斯函数之和给出，连字符表示劈裂价键基组，指价层 2s 和 2p 轨道分别由一对 Slater 轨道表示，其中一个较小的 Slater 轨道由三个高斯函数之和来表示（对应 3），而较大的一个轨道则由一个高斯函数来表示（对应 1）。计算久期行列式元素所需的时间取决于所用函数的数量。计算化学家需要高效地利用计算机时间，因此在进行任何计算前，最重要的决定之一就是选择基组，我们将在本章最后两节详细探讨这个问题。不过，首先需要构建一些从原子轨道的劈裂价键表示中衍生出来的、比较流行的高斯基组。

» 例题 11-5　描述用 5-31G 基组构建碳原子的 1s 和 2s 轨道的函数形式的流程（表 11.3）。

» 解　记号 5-31G 告诉我们使用的是高斯基组，其中内层(1s)轨道由 5 个高斯函数之和描述，价轨道由双 zeta 表示法描述，其中一个 Slater 轨道（较小的轨道）由 3 个高斯函数的线性组合表示，另一个 Slater 轨道（较大的轨道）由 1 个高斯函数表示。因此，5-31G 基组中的 1s 轨道是由 5 个高斯函数之和对单个 ϕ_{1s}^{STO} Slater 轨道（使用表 11.1 中的 $\zeta=5.67$）的最佳拟合给出的：

$$\phi_{1s}^{STO}(r,5.67)=\sum_{i=1}^{5}d_{1si}\phi_{1si}^{GF}(r,\alpha_{1si})$$

其中碳原子在 5-31G 基组中的 d_{1si}和 α_{1si}值见表 11.3。

表 11.3　5-31G 基组中基态碳原子的 5 个高斯函数的系数和轨道指数。这些值来自 5 个高斯函数的线性组合对一个 $\zeta=5.67$ 的 Slater 1s 轨道的最佳拟合。

α_{1si}	d_{1si}	$\alpha_{1si}=\alpha_{1si}$	d_{2si}	α'_{2s}
1264.25	0.005473	7.942731	-0.1207731	0.158512
190.1443	0.040791	1.907238	-0.1697932	
43.12859	0.181220	0.5535774	1.149812	
11.94438	0.463485			
3.651485	0.452471			

2s 轨道由一个双 zeta 基组或两个 ϕ_{2s}^{STO} Slater 轨道，即 $\phi_{2s}^{STO}(r,\zeta_1)$和 $\phi_{2s}^{STO}(r,\zeta_2)$的线性组合来描述，这两个轨道的轨道指数不同($\zeta_1>\zeta_2$)。较小的 Slater 轨道$[\phi_{2s}^{STO}(r,\zeta_1)]$由 3 个高斯函数的线性组合来描述，而较大的 Slater 轨道$[\phi_{2s}^{STO}(r,\zeta_2)]$则由一个高斯函数来描述。因此，可以得出

$$\phi_{2s}^{STO}(r,\zeta_1)=\sum_{i=1}^{3}d_{2si}\phi_{2s}^{GF}(r,\alpha_{2si})$$

$$\phi_{2s}^{STO}(r,\zeta_2)=\phi_{2s}^{GF}(r,\alpha'_{2s})$$

因此，5-31G 基组中的 2s 轨道可由下式给出：

$$\phi_{2s}(r)=\sum_{i=1}^{3}d_{2si}\phi_{2s}^{GF}(r,\alpha_{2si})+d'_{2s}\phi_{2s}^{GF}(r,\alpha'_{2s})$$

其中 d_{2si}，α_{2si}和 α'_{2s}的值见表 11.3。系数 d'_{2s}的值是作为 Roothaan-Hartree-Fock 程序的一部分进行优化的。三个 2p 轨道也是通过类似程序给出的。

11-3　基组名称中的星号表示轨道极化项

以 H_2 中一个简单的 σ_{1s}分子轨道的形成为例。该轨道由每个氢原子上的一个 1s 轨道形成。然而，当两个氢原子相互靠近时，每个氢原子上的电子分布不会保持球形对称。可以通过以下方法来考虑这种影响。如果将核间轴设为 z 轴，就可以通过每个氢原子上的一个 1s 轨道

和一个 $2p_z$ 轨道的线性组合来构建分子轨道，而不是仅仅通过一个 1s 轨道来构建分子轨道。通过这种方式，通常可以解释原子轨道在原子聚集在一起时发生扭曲的事实。这种效应称为**极化效应**（polarization effect）。可以通过在给定原子轨道的数学表达式中添加轨道角动量量子数 l 更高的轨道来描述极化效应，就像在上述的一个 1s 氢轨道中添加一个 $2p_z$ 轨道一样。例如，在描述 2p 轨道中的价电子时，可以通过添加 d 成分描述沿 2p 轨道形成的化学键的电子密度的非对称形状。元素周期表中第二行元素原子的 2p 轨道上增加了 3d 轨道，用星号“*”表示，例如 6-31G*。双星号“**”表示对于氢原子上的轨道描述也考虑了极化，即在氢 1s 轨道上增加了 2p 轨道。特别地，6-31G** 基组用于有氢键的系统中。现代计算化学中使用的基组如表 11.4 所示。

表 11.4 元素周期表第一和第二行原子的各种劈裂价键高斯基组。

			贡献高斯函数数目		
				价层	
基组[a]	原子	原子轨道	内层	较小的	较大的
3-21G	H	1s	—	2	1
	Li-Ne	1s	3	—	—
		2s,2p	—	2	1
5-31G	H	1s	—	3	1
	Li-Ne	1s	5	—	—
		2s,2p	—	3	1
6-31G	H	1s	—	3	1
	Li-Ne	1s	6	—	—
		2s,2p	—	3	1

a 上标“*”（例如 6-31G*）表明每个非氢原子的劈裂价键基组的描述中加入了单组高斯 3d 函数。上标“**”（例如 6-31G**）表明每个氢原子的劈裂价键基组的描述中加入了单组高斯 2p 函数。

» 例题 11-6 表 11.8 给出了水分子的 6-31G** 计算结果，描述这个符号的含义。

» 解　参考表 11.4。6-31G** 中的“6”表明氧原子上的 1s 轨道（内层轨道）由六个高斯函数的线性组合表示。这六个高斯函数代表一个 Slater 1s 轨道，$\zeta=7.66$（见表 11.1）。6-31G** 中的“31”表明氢 1s 轨道以及氧原子上的 2s 和 2p 轨道由双 zeta 基组表示，其中较小的轨道由三个高斯函数的线性组合表示，较大的轨道由一个高斯函数表示。6-31G** 的“**”部分说明了两件事。首先，在氧 2p 轨道上添加了 d 轨道特征，由一组高斯 3d 函数表示；此外，在氢 1s 轨道上添加了 p 轨道特征，由一组高斯 2p 函数表示，以考虑每种情况下的极化效应。

表 11.5 列出了碳原子、氮原子和氧原子的劈裂价键 6-31G 基函数的 d_{ki} 和 α_{ki}。许多原子都可以找到对应的值表。例题 11-7 表明，可根据这些表格写出各种原子轨道的基组函数。

表 11.5 6-31G 基组中，碳原子、氮原子和氧原子的 $n=1$（1s）和 $n=2$（2s,2p）轨道的高斯指数和展开系数。

原子	α_{1si}	d_{1si}	$\alpha_{1si}=\alpha_{1si}$	d_{2si}	d_{2pi}	$\alpha'_{2s}=\alpha'_{2p}$
C	3047.5	0.0018347	7.8683	-0.11933	0.068999	0.15599
	457.47	0.014037	1.8813	-0.16085	0.31642	
	103.95	0.068843	0.54425	1.1435	0.74431	
	29.210	0.23218				
	9.2867	0.46794				
	3.1639	0.36312				
N	4173.5	0.0018348	11.862	-0.11496	0.067579	0.22077
	627.46	0.013995	2.7714	-0.16912	0.32391	
	142.90	0.068587	0.7891	1.1458	0.74089	
	40.234	0.23224				
	12.820	0.46907				
	4.3904	0.36046				
O	5484.7	0.0018311	15.855	-0.11078	0.070874	0.28114
	825.23	0.039502	3.6731	-0.14803	0.33975	
	188.05	0.068445	1.0343	1.1308	0.72716	
	52.965	0.23271				
	16.898	0.47019				
	5.7996	0.35852				

即使是我们在此考虑的最复杂的基组，即 6-31G* 和 6-31G**，也存在着限制其最终使用的缺陷。量子化学家目前正在探索三重-zeta 和四重-zeta 基组（Slater 轨道的更大加和）。随着计算速度和计算机算法的提高，使用更大、更精确的基组进行计算将成为现实。

» 例题 11-7 利用表 11.5 中的数据，确定 6-31G 基组中一个碳原子的 1s，2s 和 2p 轨道的数学表达式。

» 解　利用表 11.5 中的数据，可以写出 6-31G 基组中一个碳原子的 1s，2s 和 2p 轨道的函数形式：

$$\phi_{1s}(r) = \sum_{i=1}^{6} d_{1si}\phi_{1s}^{GF}(r,\alpha_{1si})$$
$$= 0.0018347\phi_{1s}^{GF}(r,3047.5) + 0.014037\phi_{1s}^{GF}(r,457.47) + 0.068843\phi_{1s}^{GF}(r,103.95) + 0.023218\phi_{1s}^{GF}(r,29.210) + 0.46794\phi_{1s}^{GF}(r,9.2867) + 0.36231\phi_{1s}^{GF}(r,3.1639)$$

$$\phi_{2s}(r) = \sum_{i=1}^{3} d_{2si}\phi_{2s}^{GF}(r,\alpha_{2si}) + d'_{2s}\phi_{2s}^{GF}(r,\alpha'_{2s})$$
$$= -0.11933\phi_{2s}^{GF}(r,7.8683) - 0.16085\phi_{2s}^{GF}(r,1.8813) + 1.1435\phi_{2s}^{GF}(r,0.54425) + d'_{2s}\phi_{2s}^{GF}(r,0.15599)$$

$$\phi_{2p}(r) = \sum_{i=1}^{3} d_{2pi}\phi_{2p}^{GF}(r,\alpha_{2pi}) + d'_{2p}\phi_{2p}^{GF}(r,\alpha)$$
$$= 0.068999\phi_{2p}^{GF}(r,7.8683) + 0.31642\phi_{2p}^{GF}(r,1.8813) + 0.74431\phi_{2p}^{GF}(r,0.54425) + d'_{2p}\phi_{2p}^{GF}(r,0.15599)$$

d'_{2s}和d'_{2p}的值是作为 Hartree - Fock 程序的一部分进行优化的。

11-4 H_2 的基态能量基本可以被精确计算

第一个计算仍以最简单的双原子分子 H_2 为例。在第9章中，使用 LCAO - MO 方法生成了 H_2 的分子轨道。当只使用两个成键原子上的 1s 轨道生成 $1\sigma_g$ 分子轨道时，得到的能量为 $-1.099E_h$。然而，根据本章中的知识，将该分子轨道的基组限制为两个原子轨道的总和显然是一种过于简单的近似。值得研究的是，当使用不同的基组时，H_2 的最低分子轨道的能量是多少。表 11.6 的前六行给出了使用上一节中给出的不同基组计算 H_2 的总能量和平衡键长的 GAUSSIAN 94 计算结果。

表 11.6 使用不同基组计算的 H_2 能量和键长。

波函数描述	总能量/E_h	R_e/pm
分子轨道($1s_A + 1s_B$)	−1.099	85.0
STO-3G	−1.117	71.2
STO-6G	−1.124	71.1
3-21G	−1.123	73.5
6-31G	−1.127	73.0
6-31G**	−1.131	73.2
最佳组态相互作用	−1.174	74.2
实验值	−1.174	74.2

结果表明，对于所有使用的基组，计算得出的能量都大于实验值，这与变分原理一致。6 - 31G ** 基组在确定 H_2 的分子轨道方面具有最大的灵活性，但计算得出的总能量与实验值仍相差 3.6%，并且计算得出的键长比实验值小了 1.0 pm。要使多原子分子的计算能量和几何形状的结果可信，首先应该做到基本准确地确定 H_2 的能量和键长。

从第 8 章可知，Hartree - Fock 理论计算得出的能量与精确能量之间的差值称为相关能。在使用 6 - 31G ** 基组进行计算时，H_2 的相关能为 $-0.043E_h$。这种相关能来自自旋相反的电子之间的相关性，而 Hartree - Fock 方法中使用的单电子轨道忽略了这种相关能。

可以利用式(9.30)所给出的简单 H_2 分子轨道波函数来讨论 Hartree - Fock 程序的局限性。忽略归一化常数，式(9.30)可写为

$$\psi_{MO} = 1s_A(1)1s_B(2) + 1s_A(2)1s_B(1) + 1s_A(1)1s_A(2) + 1s_B(1)1s_B(2) \tag{11.13}$$

这个波函数中的前两项分别代表每个原子核上的一个电子，由于两个电子无法区分，所以有两个项。这两项描述的是一个纯共价键氢分子，其路易斯表达式为 H—H。式(11.13)中的后两项表示两个电子都在原子核 A 上或两个电子都在原子核 B 上。这两项描述了 H_2 的纯离子结构，路易斯表达式为

$$H_A: \quad H_B \qquad H_A \quad :H_B$$

因此，根据式(11.13)，离子项[$1s_A(1)1s_A(2)$和$1s_B(1)1s_B(2)$]与共价项[$1s_A(1)1s_B(2)$和$1s_B(1)1s_A(2)$]的权重相同，即 H_2 的解离产生离子 H^+和 H^-的可能性与产生中性氢原子的可能性相同，这一预测显然是不正确的。图 11.4 反映了这一错误预测，该图是使用 6 - 31G ** 基组进行 Hartree - Fock 计算时，H_2 的势能曲线与距离的关系图。

可以看到，Hartree - Fock 计算(6 - 31G ** 基组)给出的能量在距离大于 $3\alpha_0$ 时超过了两个中性氢原子的能量。此外，计算出的势能低估了所有距离上的键强度。这一结果源于单行列式波函数[式(11.1)]过于强调离子构型(H^+H^-)。这些结果表明，使用单 Slater 行列式波函数无法准确描述分子键合。有几种方法可用于改进 Hartree - Fock 计算。其中一种方法是使用涉及分子电子激发态的 Slater 行列式的线性组合，而不是仅使用涉及分子波函数最低轨道的单 Slater 行列式。这种方法称为**组态相互作用**(configuration interaction，CI)，是对一给定基组可能的电子结构最完整的处理方法。组态相互作用的细节不在本书的讨论范围之内，但读者应该知道它的

存在,因为现今报道的很多计算都使用了该方法。表11.6列出了利用 Hartree-Fock 理论和组态相互作用计算得到的 H_2 的能量,图 11.4 也显示了利用 6-31G ** 基组和组态相互作用计算得到的势能曲线。计算得到的曲线与 Kolos 和 Wolniewicz 于 1968 年发表的极其精确的结果几乎完全一致,他们使用的是一个仅限于 H_2 的包含 100 多个变分参数的变分试探函数。这个例子说明了现代量子力学计算的威力。幸运的是,大多数商业的量子化学程序都有包括组态相互作用的例行程序,因此可以很容易地进行超过 Hartree-Fock 水平的计算。

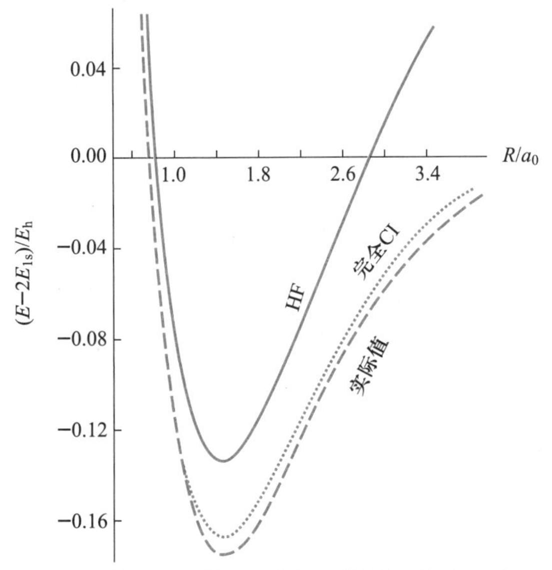

图 11.4 使用和未使用组态相互作用(CI)的 HF(Hartree-Fock)/6-31G ** 计算得到的 H_2 的能量被绘制为核间距的函数。这些计算结果与 Kolos 和 Wolniewicz 于 1968 年发表的实际结果进行了比较。包含组态相互作用的计算结果几乎与实际结果相同。

11-5 GAUSSIAN 94 计算提供了分子的准确信息

前文提到,非专业人员可以使用商业的计算机程序来计算分子性质。GAUSSIAN 94、GAMESS 和 SPARTAN 是其中使用最广泛的三种。本节将讨论 GAUSSIAN 94,并以水和氨为例研究 GAUSSIAN 94 的一些实际输入和输出。要进行 GAUSSIAN 94 计算,必须具备三项信息:要使用的计算方法和计算级别、要考虑的分子总电荷和自旋重度以及分子中每个原子的起始几何结构(x,y 和 z 坐标)。

表 11.7 给出了一个水分子输入文件示例。第 1 行指定用于存储计算结果的文件(water)名称,第 2 行包含一串控制词,前面是#字符。这些控制词将有关所需计算的各种细节提供给 GAUSSIAN 94。在本例中,理论水平为 6-31G * 基组下的 RHF(Restricted Hartree-Fock,限制性 HF)计算。所谓"限制",是指波函数的写法如式(11.1)所示,即所有轨道都是双占据的,也就是说所有自旋都是成对的。第二个控制序列"geom=coord"告诉计算机程序分子的初始几何形状在输入文件中是如何指定的;在本例中,"coord"是笛卡儿坐标的简称。最后的控制词"opt"告诉计算机程序在计算过程中优化分子几何形状。如果删除这个控制词,原子将被限制在输入文件中指定的位置,而分子的能量将通过 Hartree-Fock 步骤在该固定几何形状下最小化。输入文件的第三行留空,表示控制词序列的结束。第 4 行预留为计算标题。这里使用了一个描述性标题,这样就可以知道计算的分子、计算水平和使用的基组。第 5 行留空,表示标题终止。第 6 行包含水的总电荷和自旋重度。水是中性分子,因此总电荷为零。回想一下,水的价电子构型是 $(2a_1)^2(1b_2)^2(3a_1)^2(1b_1)^2$(图 10.13),因此水的净自旋为 $s=0$,这相当于总自旋重度 $S=2s+1$,或 $S=1$,单重态。第 7 至 9 行指定分子中每个原子的原子类型和笛卡儿坐标(x,y,z)。坐标单位为 Å(10^{-10} m 或 10^2 pm)。第 10 行留空,表示输入文件的结束。

表 11.7 GAUSSIAN 94 程序计算中水分子的输入文件。

Line #	
1	%chk=water
2	#rhf/6-31G* geom=coord opt
3	
4	Restricted Hartree Fock Calculation of Water with the 6-31G* basis set
5	
6	0 1
7	H 0.754565 0.000000 0.4587771
8	O 0.000000 0.000000 -0.1146943
9	H -0.754565 0.000000 0.4587771
10	

» 例题 11-8 写一个使用 RHF/6-31G ** 对氨分子进行几何结构优化计算的输入文件。

» 解

Line #	
1	%chk=ammonia
2	#rhf/6-31G* geom=coord opt
3	
4	Restricted Hartree Fock Calculation of Ammonia with the 6-31G* basis set

续表

5	
6	0 1
7	N 0.000000 0.000000 0.000000
8	H 0.962752 0.000000 -0.373049
9	H -0.450719 -0.803397 -0.466363
10	H -0.440104 0.826195 -0.435709
11	

四个原子的坐标(单位为 Å)是初步猜测,只是一个粗略的估计,因为分子的几何结构将在计算过程中进行优化(在第 2 行中指定了“opt”控制词)。

表 11.8 给出了使用表 11.7 中的输入文件计算得到的水分子的能量、几何形状、净原子电荷和偶极矩。根据 Koopmans 近似法(第 8-7 节),单电子轨道能量的负值对应于电离能。因此,可以通过将计算得到的分子轨道能量值与光电子能谱中的峰值(图 10.14)进行比较来检验分子轨道能量计算的准确性。计算值沿着图 10.14 的能量轴标出。其中 $1b_2$,$3a_1$ 和 $1b_1$ 分子轨道的能量计算值和实验值非常一致。计算的和实验的分子几何形状也非常吻合。水的计算偶极矩与实验值相差约 20%(习题 11-30)。利用组态相互作用可以大大缩小这一差异,但需要更多的计算时间。表 11.9 给出了氨的 RHF/6-31G* 计算结果。图 11.5 显示了氨的光电子能谱。与第 10 章中讨论的水的情况类似,光电子能谱中的条带很宽,这是分子的不同振动能级电离造成的。使用 Koopmans 近似法计算出的轨道能量值同样与实验值非常吻合。与水一样,氨的计算分子几何结构和实验分子几何结构非常吻合。偶极矩相差约 30%(习题 11-31),与水一样,计算出的偶极矩过大。利用组态相互作用可以得到一个更精确的值。

表 11.8 用表 11.7 的输入文件计算水得到的结果。

用 6-31G** 基组进行的水的 RHF 计算

分子轨道能量

轨道	能量/(MJ · mol^{-1})	实验值/(MJ · mol^{-1})
$1a_1$	-53.9	
$2a_1$	-3.53	
$1b_2$	-1.87	
$3a_1$	-1.49	
$1b_1$	-1.31	
总和	-199.70	-200.78

续表

键长

键	计算值/pm	实验值/pm
O—H	94.7	95.8
H—H	150.8	

键角

角	计算值	实验值
H—O—H	105.5°	104.5°

净原子电荷

原子	净电荷
H	+0.41
O	-0.82
H	+0.41

偶极矩/D

计算值	2.3
实验值	1.85

表 11.9 用例题 11.8 中的输入文件计算氨分子得到的结果。

用 6-31G* 基组进行的氨的 RHF 计算

分子轨道能量

轨道	能量/(MJ · mol^{-1})
$1a_1$	-40.79
$2a_1$	-2.99
e	-1.65
e	-1.65
$3a_1$	-1.10
总和	-147.53

键长

键	计算值/pm	实验值/pm
N-H	100.0	101.2
H-H	160.9	

键角

角	计算值	实验值
H—N—H	107.1°	106.7°

净原子电荷

原子	净电荷
N	-1.11
H	+0.37

偶极矩/D

计算值	2.0
实验值	1.5

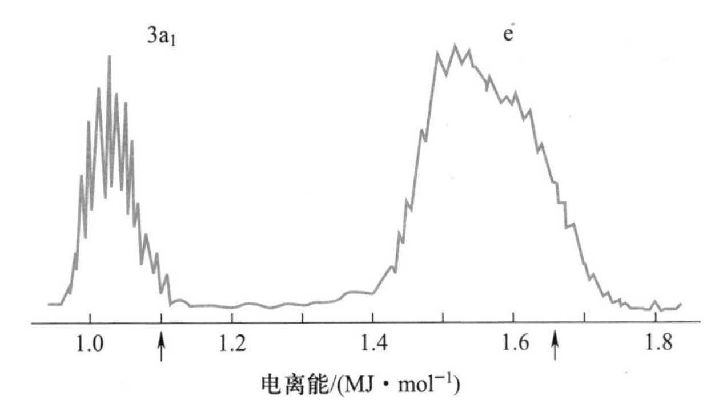

图 11.5 氨的光电子能谱。其范围对应从两个最高占据轨道(e 和 $3a_1$)上的电离,每个谱带的精细结构对应不同振动能级的电离,箭头指向使用 Koopmans 近似得到的 HF/6-31G* 水平上的 $v=0$ 振动态电离能的计算值(见表 11.9)。

对大量的分子进行了 Hartree-Fock 计算,在大多数情况下,理论值与实验值之间的一致性非常好。表 11.10 列出了使用不同基组对各种分子进行优化后的的结构信息。同时还给出了实验值以供比较。

表 11.11 和表 11.12 列出了大分子的优化结构的键长和键角的计算值和实验值。虽然计算值和实验值之间存在微小差异,但这些结果清晰地表明,本节讨论的计算技术并不局限于小分子。在大多数情况下,使用像组态相互作用这样的电子相关方法可以改善计算结果的一致性。表 11.10 至表 11.12 中给出的数据揭示了现代计算技术的强大功能和准确性。

表 11.10 不同基组对小分子键长和键角的计算值及实验值。

分子	几何参数	STO-3G	3-21G	3-21G*	6-31G*	6-31G**	实验值
H_2	r(HH)/pm	71.2	73.5	73.5	73.0	73.2	74.2
LiH	r(LiH)/pm	151.0	164	164	163.6	162.3	159.6
CH_4	r(CH)/pm	108.3	108.3	108.3	108.4	108.4	109.2
NH_3	r(NH)/pm	103.3	100.3	100.3	100.2	100.1	101.2
	∠(HNH)/(°)	104.2	112.4	112.4	107.2	107.6	106.7
H_2O	r(OH)/pm	99.0	96.7	96.7	94.7	94.3	95.8
	∠(HOH)/(°)	100.0	107.6	107.6	105.5	105.9	104.5
HF	r(FH)/pm	95.6	93.7	93.7	91.1	90.1	91.7
NaH	r(NaH)/pm	165.4	192.6	193.0	191.4	191.2	188.7
SiH_4	r(SiH)/pm	142.2	148.7	147.5	147.5	147.6	148.1
PH_3	r(PH)/pm	137.8	142.3	140.2	140.3	140.5	142.0
	∠(HPH)/(°)	95.0	96.1	95.2	95.4	95.6	93.3
H_2S	r(SH)/pm	132.9	135.0	132.7	132.6	132.7	133.6
	∠(HSH)/(°)	92.5	95.8	94.4	94.4	94.4	92.1
HCl	r(HCl)/pm	131.3	129.3	126.7	126.7	126.6	127.5

表 11.11 分子键长的计算值及实验值。

键型	分子	键长/pm				
		STO-3G	3-21G	3-21G*	6-31G*	实验值
C≡C	乙炔	116.8	118.8	118.8	118.5	120.3
	丙炔	117.0	118.8	118.8	118.7	120.6
C═C	环丙烯	127.7	128.2	228.2	127.6	130.0
	丙二烯	128.8	129.2	129.2	129.6	130.8

续表

键型	分子	键长/pm				
		STO-3G	3-21G	3-21G*	6-31G*	实验值
	环丁烯	131.4	132.6	132.6	132.2	133.2
	乙烯	130.6	131.5	131.5	131.7	133.9
	环戊二烯	131.9	132.9	132.9	132.9	134.5
C—C	乙腈	148.8	145.7	145.7		145.8
	乙醛	153.7	150.7	150.7	150.4	150.1
	环戊二烯	152.2	151.9	151.9	150.7	150.6
	环丁烷	155.4	157.1	157.1	154.8	154.8
C≡N	氰化氢	115.3	113.7	113.7	113.3	115.3
	乙腈	115.4	113.9	113.9	113.3	115.7
	异氰化氢	117.0	116.0	116.0	115.4	116.9
C═O	二氧化碳	118.8	115.6	115.6	114.3	116.2
	甲醛	121.7	120.7	120.7	118.4	120.8
	丙酮	121.9	121.1	121.1		122.2
C—S	甲硫醇	179.8	189.5	182.3	181.7	181.9
C—Cl	氯甲烷	180.2	189.2	180.6	178.5	178.1
N═N	二氮烯	126.7	123.9	123.9	121.6	125.2
O—O	臭氧	128.5	130.8	130.8	120.4	127.8
	过氧化氢	139.6	147.3	147.3	139.3	145.2

表 11.12 分子键角的计算值及实验值。

角	分子	键角/(°)			
		STO-3G	3-21G	3-21G*	实验值
C═C—C	丙烯醛	122.4	120.5	120.5	119.8
	异丁烯	122.4	122.6	122.6	122.4
	丙烯	125.1	124.7	124.7	124.3
C—C—C	异丁烷	110.9	110.4	110.4	110.8
	丙烷	112.4	111.6	111.6	112.4
C—C═O	丙酮	122.4	122.5	122.5	121.4
	乙酸	126.88	127.4	127.4	126.6
C—O—C	二甲醚	108.7	114.0	114.0	111.7
N—C═O	甲酰胺	124.3	125.3	125.3	124.7
O—O—O	臭氧	116.2	117.0	117.0	116.8
Cl—O—Cl	二氯化氧	109.3	112.0	113.2	110.9

习题

11-1 证明以 $\boldsymbol{r}_0=x_0\boldsymbol{i}+y_0\boldsymbol{j}+z_0\boldsymbol{k}$ 为中心的一个三维高斯函数是以 x_0,y_0 和 z_0 为中心的三个一维高斯函数的乘积。

11-2 证明：

$$\int_{-\infty}^{+\infty}\mathrm{e}^{-(x-x_0)^2}\mathrm{d}x=\int_{-\infty}^{+\infty}\mathrm{e}^{-x^2}\mathrm{d}x=2\int_0^{+\infty}\mathrm{e}^{-x^2}\mathrm{d}x=\pi^{1/2}$$

11-3 高斯积分

$$I_0=\int_0^{+\infty}\mathrm{e}^{-ax^2}\mathrm{d}x$$

可以通过一个小技巧来计算。首先写出

$$I_0^2=\int_0^{+\infty}\mathrm{d}x\mathrm{e}^{-ax^2}\int_0^{+\infty}\mathrm{d}y\mathrm{e}^{-ay^2}=\int_0^{+\infty}\int_0^{+\infty}\mathrm{d}x\mathrm{d}y\mathrm{e}^{-a(x^2+y^2)}$$

现在将积分变量从直角坐标转换为极坐标，并证明

$$I_0=\frac{1}{2}\left(\frac{\pi}{a}\right)^{1/2}$$

11-4 证明积分

$$I_{2n}=\int_0^{+\infty}x^{2n}\mathrm{e}^{-ax^2}\mathrm{d}x$$

可以通过对习题 11-3 中的 I_0 针对 a 求 n 次微分得到。利用习题 11-3 的结果，证明：

$$I_{2n}=\frac{1\times3\times5\times\cdots\times(2n-1)}{2\,(2a)^n}\left(\frac{\pi}{a}\right)^{1/2}$$

11-5 证明高斯函数

$$\phi(r)=\left(\frac{2\alpha}{\pi}\right)^{3/4}\mathrm{e}^{-\alpha r^2}$$

已归一化。

11-6 证明一个以 $\boldsymbol{R}_\mathrm{A}$ 为中心的高斯函数（未归一化）与一个以 $\boldsymbol{R}_\mathrm{B}$ 为中心的高斯函数，即

$$\phi_1=\mathrm{e}^{-\alpha|\boldsymbol{r}-\boldsymbol{R}_\mathrm{A}|^2}\text{和}\ \phi_2=\mathrm{e}^{-\beta|\boldsymbol{r}-\boldsymbol{R}_\mathrm{B}|^2}$$

的乘积是一个以

$$\boldsymbol{R}_p=\frac{\alpha\boldsymbol{R}_\mathrm{A}+\beta\boldsymbol{R}_\mathrm{B}}{\alpha+\beta}$$

为中心的高斯函数。为简单起见，先在一维范围内进行计算，然后利用习题 11-1 来论证其在三维范围内的正确性。

11-7 证明：如果

$$\phi_{1\mathrm{s}}(\alpha,\boldsymbol{r}-\boldsymbol{R}_\mathrm{A})=\left(\frac{2\alpha}{\pi}\right)^{3/4}\mathrm{e}^{-\alpha|\boldsymbol{r}-\boldsymbol{R}_\mathrm{A}|^2}$$

和

$$\phi_{1\mathrm{s}}(\beta,\boldsymbol{r}-\boldsymbol{R}_\mathrm{B})=\left(\frac{2\beta}{\pi}\right)^{3/4}\mathrm{e}^{-\beta|\boldsymbol{r}-\boldsymbol{R}_\mathrm{B}|^2}$$

是归一化的高斯 1s 函数，那么

$$\phi_{1\mathrm{s}}(\alpha,\boldsymbol{r}-\boldsymbol{R}_\mathrm{A})\phi_{1\mathrm{s}}(\beta,\boldsymbol{r}-\boldsymbol{R}_\mathrm{B})=K_\mathrm{AB}\phi_{1\mathrm{s}}(p,\boldsymbol{r}-\boldsymbol{R}_p)$$

其中 $p=\alpha+\beta,\boldsymbol{R}_p=(\alpha\boldsymbol{R}_\mathrm{A}+\beta\boldsymbol{R}_\mathrm{B})/(\alpha+\beta)$（见习题 11-6），以及

$$K_\mathrm{AB}=\left[\frac{2\alpha\beta}{(\alpha+\beta)\pi}\right]^{3/4}\mathrm{e}^{-\frac{\alpha\beta}{\alpha+\beta}|\boldsymbol{R}_\mathrm{A}-\boldsymbol{R}_\mathrm{B}|^2}$$

11-8 画出下面两个（未归一化）高斯函数

$$\phi_1=\mathrm{e}^{-2(x-1)^2}\text{和}\ \phi_2=\mathrm{e}^{-3(x-2)^2}$$

的乘积，并解释结果。

11-9 利用习题 11-7 的结果，证明下面两个归一化高斯函数

$$\phi_{1\mathrm{s}}=\left(\frac{2\alpha}{\pi}\right)^{3/4}\mathrm{e}^{-\alpha|\boldsymbol{r}-\boldsymbol{R}_\mathrm{A}|^2}\text{和}\ \phi_{1\mathrm{s}}=\left(\frac{2\beta}{\pi}\right)^{3/4}\mathrm{e}^{-\beta|\boldsymbol{r}-\boldsymbol{R}_\mathrm{B}|^2}$$

的重叠积分是

$$S(|\boldsymbol{R}_\mathrm{A}-\boldsymbol{R}_\mathrm{B}|)=\left[\frac{4\alpha\beta}{(\alpha+\beta)^2}\right]^{3/4}\mathrm{e}^{-\frac{\alpha\beta|\boldsymbol{R}_\mathrm{A}-\boldsymbol{R}_\mathrm{B}|^2}{\alpha+\beta}}$$

将结果绘制成 $|\boldsymbol{R}_\mathrm{A}-\boldsymbol{R}_\mathrm{B}|$ 的函数图。

11-10 高斯函数与 Slater 轨道的最佳“拟合”标准之一，是两者差值平方的积分最小。例如，可以通过最小化 $I=\int\mathrm{d}\boldsymbol{r}\,[\phi_{1\mathrm{s}}^{\mathrm{STO}}(r,1.00)-\phi_{1\mathrm{s}}^{\mathrm{GF}}(r,\alpha)]^2$（针对 α）找到 $\phi_{1\mathrm{s}}^{\mathrm{GF}}(r,\alpha)$ 中 α 的最佳值。如果 $\phi_{1\mathrm{s}}^{\mathrm{STO}}(r,1.00)$ 和 $\phi_{1\mathrm{s}}^{\mathrm{GF}}(r,\alpha)$ 这两个函数是归一化的，证明 I 的最小化等价于 $\phi_{1\mathrm{s}}^{\mathrm{STO}}(r,1.00)$ 和 $\phi_{1\mathrm{s}}^{\mathrm{GF}}(r,\alpha)$ 重叠积分 $S=\int\mathrm{d}\boldsymbol{r}\phi_{1\mathrm{s}}^{\mathrm{STO}}(r,1.00)\phi_{1\mathrm{s}}^{\mathrm{GF}}(r,\alpha)$ 的最大化。

11-11 证明习题 11-10 中的 S 由以下公式给出：

$$S=4\pi^{1/2}\left(\frac{2\alpha}{\pi}\right)^{3/4}\int_0^{+\infty}r^2\mathrm{e}^{-r}\mathrm{e}^{-\alpha r^2}\mathrm{d}r$$

使用 Mathematica 或 MathCad 等数值积分计算机程序，证明下列结果是正确的：

α	S
0.10	0.8642
0.15	0.9367
0.20	0.9673
0.25	0.9776
0.30	0.9772
0.35	0.9706
0.40	0.9606

这些数字表明，最大值出现在$\alpha=0.25$附近。更详细的计算表明，最大值实际上出现在$\alpha=0.27095$。因此，归一化高斯1s函数$\phi_{1s}^{GF}(r,\alpha)$是1s Slate轨道$\phi_{1s}^{STO}(r,1.00)$的一个最佳拟合。

11-12 将$\phi_{1s}^{STO}(r,1.00)$和$\phi_{1s}^{GF}(r,\alpha)$绘制在同一张图上，进行图形比较。

11-13 在习题11-11和习题11-12中，讨论了对一个1s Slater轨道$\phi_{1s}^{STO}(r,1.00)$的单项高斯拟合。是否可以利用习题11-11的结果来找到对一个具有不同轨道指数的1s Slater轨道$\phi_{1s}^{GF}(r,\zeta)$的最佳高斯拟合？答案是"可以"。要知道如何做到这一点，请从$\phi_{1s}^{STO}(r,\zeta)$和$\phi_{1s}^{GF}(r,\beta)$的重叠积分即

$$S=4\pi^{1/2}\left(\frac{2\beta}{\pi}\right)^{3/4}\xi^{3/2}\int_0^{+\infty}r^2\mathrm{e}^{-\xi r}\mathrm{e}^{-\beta r^2}\mathrm{d}r$$

开始。令$u=\zeta r$，得到

$$S=4\pi^{1/2}\left(\frac{2\beta/\zeta^2}{\pi}\right)^{3/4}\int_0^{+\infty}u^2\mathrm{e}^{-u}\mathrm{e}^{-(\beta/\xi^2)u^2}\mathrm{d}u$$

将S的这个结果与习题11-11中的结果相比较，证明$\beta=\alpha\zeta^2$，或者用更详细的符号表示为

$$\alpha(\zeta=\zeta)=\alpha(\zeta=1.00)\times\zeta^2$$

11-14 利用习题11-13的结果，验证式(11.5)和图11.1中使用的α值。

11-15 由于习题11-13中的缩放定律，高斯拟合通常是针对$\zeta=1.00$的Slater轨道进行的，然后根据$\alpha(\zeta=\zeta)=\alpha(\zeta=1.00)\times\zeta^2$对各种高斯指数进行缩放。已知拟合

$$\begin{aligned}\phi_{1s}^{STO-3G}(r,1.0000)=&0.4446\phi_{1s}^{GF}(r,0.10982)+\\&0.5353\phi_{1s}^{GF}(r,0.40578)+\\&0.1543\phi_{1s}^{GF}(r,2.2277)\end{aligned}$$

验证式(11.8)。

11-16 氯的价层轨道的高斯函数指数和展开系数如下：

$\alpha_{3si}=\alpha_{3pi}$	d_{3si}	$\alpha'_{3s}=\alpha'_{3p}$	d_{3p}
3.18649	−0.25183	1.42657	−0.014299
1.19427	0.061589		0.323572
0.420377	1.06018		0.743507

写出与氯的3s和3p原子轨道相对应的高斯函数表达式。根据α'_{3s}项的展开系数的几个值，绘制3s轨道的函数图。

11-17 计算量子化学程序的输入文件必须指定组成分子的原子坐标。请确定CH_4分子中原子的一组直角坐标。HCH键角为109.5°，C—H键的键长为109.1 pm。（提示：使用习题10-7中的图形。）

11-18 计算量子化学程序的输入文件必须指定组成分子的原子坐标。确定CH_2Cl分子中原子的一组直角坐标。HCH键角为110.0°，C—H和C—Cl键的键长分别为109.6 pm和178.1 pm。（提示：将原点定位在碳原子上。）

11-19 三种双原子分子的振动频率和键长计算结果如下：

分子	计算值(6-31G*)	
	频率/cm^{-1}	R_e/pm
H_2	4647	73.2
CO	2438	111.4
N_2	2763	107.9

确定与这些振动频率相对应的力常数。这些值与表5.1中的数据相比如何？计算得出的键长与实验值（也见表5.1）相比如何？为什么键长计算比振动频率计算显示出更高的精确度？

11-20 归一化下列高斯函数：

a. $\phi(r)=x\mathrm{e}^{-\alpha r^2}$　　b. $\phi(r)=x^2\mathrm{e}^{-\alpha r^2}$

11-21 哪个氢原子轨道与下列归一化高斯轨道相对应？

$$G(x,y,z;\alpha)=\left(\frac{128\alpha^5}{\pi^3}\right)^{1/4}y\mathrm{e}^{-\alpha r^2}$$

上述函数有多少个径向节点和角节点？这一结果是否与你对相应氢函数的预期相同？

11-22 利用式(6.62)计算ϕ_{2p_x}和ϕ_{2p_y}的球谐分量，证明$2p_x$，$2p_y$和$2p_z$轨道的Slater轨道可由例题11-4中的式子给出。回顾$2p_x$和$2p_y$轨道由式(6.62)给出。

11-23 考虑归一化函数：

$$G_1(x,y,z;\alpha)=\left(\frac{2048\alpha^7}{9\pi^3}\right)^{1/4}x^2\mathrm{e}^{-\alpha r^2}$$

$$G_2(x,y,z;\alpha)=\left(\frac{2048\alpha^7}{9\pi^3}\right)^{1/4}y^2\mathrm{e}^{-\alpha r^2}$$

$$G_3(x,y,z;\alpha)=\left(\frac{2048\alpha^7}{9\pi^3}\right)^{1/4}z^2\mathrm{e}^{-\alpha r^2}$$

哪个氢原子轨道对应于线性组合$G_1(x,y,z;\alpha)-G_2(x,y,z;\alpha)$？

11-24 "三重zeta基组"是什么？

11-25 大多数计算程序的部分输出是一个组成所谓的Mulliken布居分析的数字列表。该列表为分子中的每个原子分配一个净电荷。该净电荷值是孤立原子的电荷Z与计算得出的成键原子电荷q之间的差值。因此，

如果 $Z-q>0$,原子会被赋予净的正电荷;如果 $Z-q<0$,原子会被赋予净的负电荷。H_2CO,CO_3^{2-} 和 NH_4^+ 的 Mulliken 布居之和是多少?

11-26 在本题中,我们将展示 Mulliken 布居分析(习题 11-25)可用于计算分子偶极矩。考虑甲醛分子 H_2CO。计算得出的 C—O 和 C—H 键的键长分别为 121.7 pm 和110.0 pm,优化的 H—C—H 键角为 114.5°。使用此信息和下图所示的 Mulliken 布居分析,计算甲醛的偶极矩。

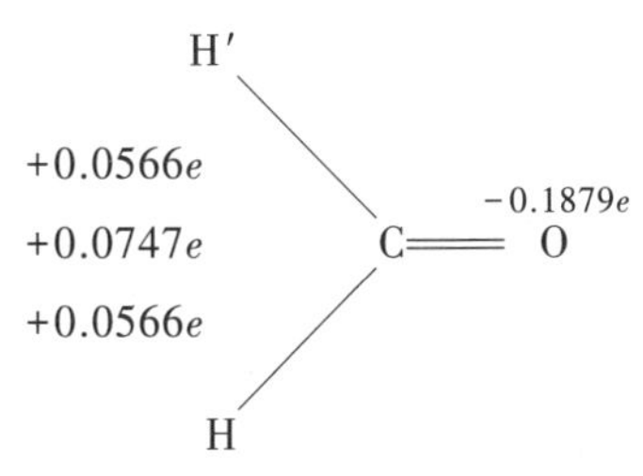

实验测定的键长和键角值分别为 $R_{C-O}=120.8$ pm,$R_{C-H}=111.6$ pm 和∠(H—C—H)= 116.5°。如果将实验几何结构和计算的 Mulliken 布居分析结合起来,偶极矩的值是多少?计算得出的偶极矩与实验值 7.8×10^{-30} C · m 相比如何?

11-27 实验测定的一氧化碳偶极矩为 3.66×10^{-31} C · m,氧原子带正电荷。使用 STO-3G 或 6-31G * 基组进行 Hartree-Fock 计算得出的 Mulliken 布居分析预测偶极矩分别为 5.67×10^{-31} C · m 和 1.30×10^{-30} C · m,其指向与实验结果相反。实验测得键长和两个计算得到的键长分别为 112.8 pm,114.6 pm 和111.4 pm。为什么键长计算结果的准确性与偶极矩计算结果相比要高得多?

11-28 使用 STO-3G 和 3-21G 基组计算的甲醛轨道能量如下:

轨道	STO-3G 能量/E_h	3-21G 能量/E_h
$1a_1$	−20.3127	−20.4856
$2a_1$	−11.125	−11.2866
$3a_1$	−1.3373	−1.4117
$4a_1$	−0.8079	−0.8661
$1b_2$	−0.6329	−0.6924
$5a_1$	−0.5455	−0.6345
$1b_1$	−0.4431	−0.5234
$2b_2$	−0.3545	−0.433
$2b_1$	−0.2819	0.1486
$6a_1$	−0.6291	0.2718
$3b_2$	0.7346	0.3653
$7a_1$	0.9126	0.4512

确定甲醛的基态电子构型。甲醛的光电子能谱如下图所示:

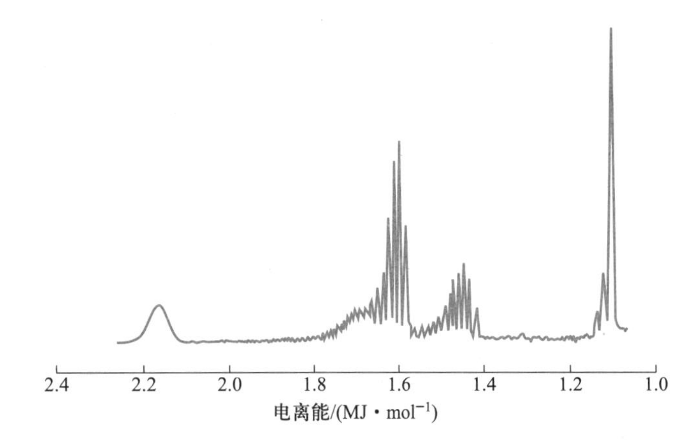

归属谱带。哪一组能量计算结果与光电子能谱最吻合?为什么 $1a_1$ 和 $2a_1$ 轨道之间存在如此大的能量差?预测每组计算能级的甲醛电离能和电子亲和势。这些值与实验值相比如何?

11-29 Gaussian 94 所给出的偶极矩单位称为德拜(D),这是以荷兰裔美国化学家 P. Debye 的名字命名的,他因研究偶极矩而获得 1936 年诺贝尔化学奖。1 D 等于 10^{-18} esu · cm,其中 esu(静电场单位)不是电荷的 SI 单位。已知质子电荷为 4.803×10^{-10} esu,请证明 D 与 C · m(库仑 · 米)之间的换算因子为1 D = 3.33×10^{-30} C · m。

11-30 利用表 11.8 中给出的几何结构和电荷,验证水的偶极矩值。

11-31 利用表 11.9 中给出的几何结构和电荷,验证氨的偶极矩值。

习题参考答案

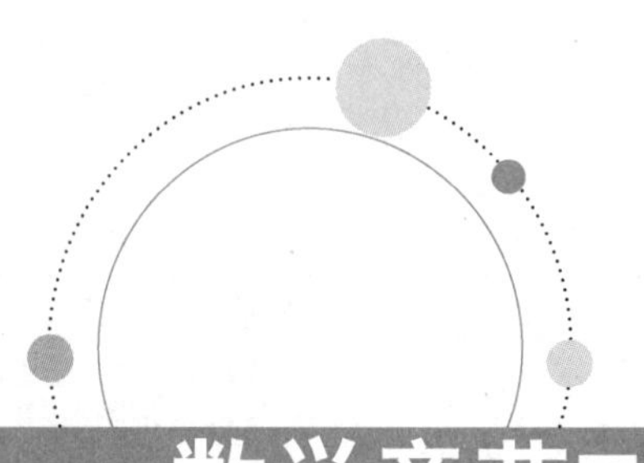

数学章节F　矩阵

许多物理操作,如放大、旋转和通过平面的反映,都可以用称为矩阵的量在数学上表示。矩阵,简而言之,就是一个二维数组,它遵循一套被称为矩阵代数的规则。即使矩阵对你来说是全新的概念,但它们用起来非常方便,学习它们的一些简单性质是很重要的。

考虑图 F.1 中两个矢量中的 $\boldsymbol{r}_1$,其 x 和 y 分量可通过 $x_1=r\cos\alpha$ 和 $y_1=r\sin\alpha$ 计算得到,其中 r 是 $\boldsymbol{r}_1$ 的长度。现在,逆时针旋转该矢量 θ 角度,使用三角函数公式,可以写出:$x_2=r\cos(\alpha+\theta)$ 和 $y_2=r\sin(\alpha+\theta)$(见图 F.1)。

$$x_2=r\cos(\alpha+\theta)=r\cos\alpha\cos\theta-r\sin\alpha\sin\theta$$

$$y_2=r\sin(\alpha+\theta)=r\cos\alpha\sin\theta+r\sin\alpha\cos\theta$$

或

$$\begin{aligned}x_2&=x_1\cos\theta-y_1\sin\theta\\ y_2&=x_1\sin\theta+y_1\cos\theta\end{aligned}\tag{F.1}$$

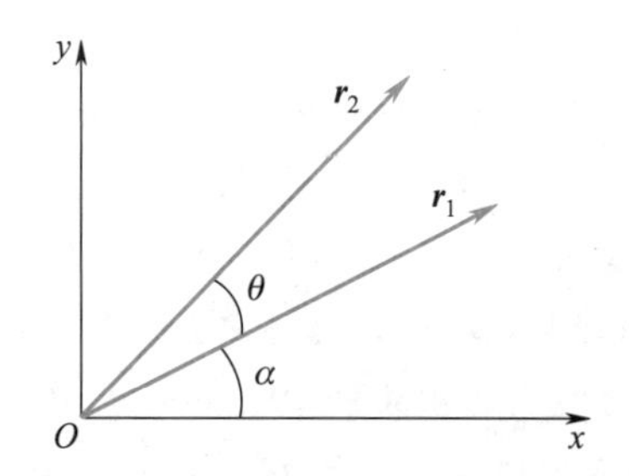

图 F.1　矢量 $\boldsymbol{r}_1$ 通过角度 θ 旋转的图示。

可以用如下形式来表示 x_1 和 y_1 的系数集:

$$R=\begin{pmatrix}\cos\theta & -\sin\theta\\ \sin\theta & \cos\theta\end{pmatrix}\tag{F.2}$$

已将 R 表示成了**矩阵**(matrix)形式,这是一个数字(在该情况下是函数)数组,遵循一组称为矩阵代数的规则。我们将用无衬线字体符号表示矩阵,如 A,B 等。与行列式(数学章节 E)不同,矩阵不必是方阵。此外,与行列式不同,矩阵不能被简化为单个数字。式(F.2)中的矩阵 R 对应于经过一个角度 θ 的旋转。

矩阵 A 中的条目称为其**矩阵元素**(matrix elements),并用 a_{ij} 表示,像行列式一样,其中 i 表示行,j 表示列。两个矩阵 A 和 B 相等的条件是当且仅当它们具有相同的维数,并且对于所有 i 和 j,$a_{ij}=b_{ij}$ 都相等。换句话说,相等的矩阵是完全相同的。矩阵只有在行数和列数相同的情况下,才能进行加法或减法运算,在这种情况下,所得矩阵的元素由 $a_{ij}+b_{ij}$ 给出。因此,如果

$$A=\begin{pmatrix}-3 & 6 & 4\\ 1 & 0 & 2\end{pmatrix}\quad 和\quad B=\begin{pmatrix}2 & 1 & 1\\ -6 & 4 & 3\end{pmatrix}$$

那么

$$C=A+B=\begin{pmatrix}-1 & 7 & 5\\ -5 & 4 & 5\end{pmatrix}$$

如果写

$$A+A=2A=\begin{pmatrix}-6 & 12 & 8\\ 2 & 0 & 4\end{pmatrix}$$

则可以发现矩阵的标量乘法意味着每个元素都乘以该标量,因此

$$cM=\begin{pmatrix}cM_{i1} & cM_{i2}\\ cM_{21} & cM_{22}\end{pmatrix}\tag{F.3}$$

» 例题 F-1　使用上面的矩阵 A 和 B,形成矩阵 $D=3A-2B$。

» 解

$$D=3\begin{pmatrix}-3 & 6 & 4\\ 1 & 0 & 2\end{pmatrix}-2\begin{pmatrix}2 & 1 & 1\\ -6 & 4 & 3\end{pmatrix}=\begin{pmatrix}-9 & 18 & 12\\ 3 & 0 & 6\end{pmatrix}-\begin{pmatrix}4 & 2 & 2\\ -12 & 8 & 6\end{pmatrix}=\begin{pmatrix}-13 & 16 & 10\\ 15 & -8 & 0\end{pmatrix}$$

矩阵最重要的一个方面是矩阵乘法。为简单起见,先讨论方阵的乘法。考虑 (x_1,y_1) 到 (x_2,y_2) 的一些线性变换:

$$\begin{aligned}x_2&=a_{11}x_1+a_{12}y_1\\ y_2&=a_{21}x_1+a_{22}y_1\end{aligned}\tag{F.4}$$

可以用如下矩阵表示：

$$A=\begin{pmatrix} a_{11} & a_{12} \\ a_{21} & a_{22} \end{pmatrix} \tag{F.5}$$

现在，把(x_2,y_2)变换成(x_3,y_3)：

$$\begin{aligned} x_3 &= b_{11}x_2+b_{12}y_2 \\ y_3 &= b_{21}x_2+b_{22}y_2 \end{aligned} \tag{F.6}$$

用如下矩阵表示：

$$B=\begin{pmatrix} b_{11} & b_{12} \\ b_{21} & b_{22} \end{pmatrix} \tag{F.7}$$

设(x_1,y_1)直接变换成下式给出的(x_3,y_3)：

$$\begin{aligned} x_3 &= c_{11}x_1+c_{12}y_1 \\ y_3 &= c_{21}x_1+c_{22}y_1 \end{aligned} \tag{F.8}$$

可以用矩阵表示：

$$C=\begin{pmatrix} c_{11} & c_{12} \\ c_{21} & c_{22} \end{pmatrix} \tag{F.9}$$

象征性地，可以这样写

$$C=BA$$

这是因为 C 是通过 A 将(x_1,y_1)变换成(x_2,y_2)，然后再通过 B 将(x_2,y_2)变换成(x_3,y_3)得到的。让我们找出 C 的元素与 A 和 B 的元素之间的关系，将方程(F.4)代入方程(F.6)，得到

$$\begin{aligned} x_3 &= b_{11}(a_{11}x_1+a_{12}y_1)+b_{12}(a_{21}x_1+a_{22}y_1) \\ y_3 &= b_{21}(a_{11}x_1+a_{12}y_1)+b_{22}(a_{21}x_1+a_{22}y_1) \end{aligned} \tag{F.10}$$

或

$$\begin{aligned} x_3 &= (b_{11}a_{11}+b_{12}a_{21})x_1+(b_{11}a_{12}+b_{12}a_{22})y_1 \\ y_3 &= (b_{21}a_{11}+b_{22}a_{21})x_1+(b_{21}a_{12}+b_{22}a_{22})y_1 \end{aligned}$$

因此，可以发现

$$\begin{aligned} C=BA &= \begin{pmatrix} b_{11} & b_{12} \\ b_{21} & b_{22} \end{pmatrix}\begin{pmatrix} a_{11} & a_{12} \\ a_{21} & a_{22} \end{pmatrix} \\ &= \begin{pmatrix} b_{11}a_{11}+b_{12}a_{21} & b_{11}a_{12}+b_{12}a_{22} \\ b_{21}a_{11}+b_{22}a_{21} & b_{21}a_{12}+b_{22}a_{22} \end{pmatrix} \end{aligned} \tag{F.11}$$

这个结果看起来复杂，但它可以被很好地呈现，对此我们将通过两种方式来说明。数学上，矩阵 C 的第(i,j)个元素可由下式给出：

$$c_{ij}=\sum_k b_{ik}a_{kj} \tag{F.12}$$

例如，式(F.11)中的

$$c_{11}=\sum_k b_{1k}a_{k1}=b_{11}a_{11}+b_{12}a_{21}$$

还有一种更直观的方法，注意到 C 中的任何元素都可以通过将 B 中任意行中的元素与 A 中任意列中的对应元素相乘，然后将它们相加，并将结果放在 C 中行和列的交叉位置得到。例如，c_{11}是通过将 B 的第 1 行的元素与 A 的第 1 列的元素相乘，或者通过以下方案来得到的：

$$\begin{matrix} & & \downarrow & \\ \rightarrow\begin{pmatrix} b_{11} & b_{12} \\ b_{21} & b_{22} \end{pmatrix} & \begin{pmatrix} a_{11} & a_{12} \\ a_{21} & a_{22} \end{pmatrix} & = & \begin{pmatrix} b_{11}a_{11}+b_{12}a_{21} & \cdot \\ \cdot & \cdot \end{pmatrix} \end{matrix}$$

同样，c_{12} 通过如下方案获得：

$$\begin{matrix} & & \downarrow & \\ \rightarrow\begin{pmatrix} b_{11} & b_{12} \\ b_{21} & b_{22} \end{pmatrix} & \begin{pmatrix} a_{11} & a_{12} \\ a_{21} & a_{22} \end{pmatrix} & = & \begin{pmatrix} \cdot & b_{11}a_{12}+b_{12}a_{22} \\ \cdot & \cdot \end{pmatrix} \end{matrix}$$

» 例题 F-2 求 $C=BA$，其中

$$B=\begin{pmatrix} 1 & 2 & 1 \\ 3 & 0 & -1 \\ -1 & -1 & 2 \end{pmatrix} \quad 和 \quad A=\begin{pmatrix} -3 & 0 & -1 \\ 1 & 4 & 0 \\ 1 & 1 & 1 \end{pmatrix}$$

» 解

$$\begin{aligned} C &= \begin{pmatrix} 1 & 2 & 1 \\ 3 & 0 & -1 \\ -1 & -1 & 2 \end{pmatrix}\begin{pmatrix} -3 & 0 & -1 \\ 1 & 4 & 0 \\ 1 & 1 & 1 \end{pmatrix} \\ &= \begin{pmatrix} -3+2+1 & 0+8+1 & -1+0+1 \\ -9+0-1 & 0+0-1 & -3+0-1 \\ 3-1+2 & 0-4+2 & 1+0+2 \end{pmatrix} \\ &= \begin{pmatrix} 0 & 9 & 0 \\ -10 & -1 & -4 \\ 4 & -2 & 3 \end{pmatrix} \end{aligned}$$

» 例题 F-3 式(F.2)给出的矩阵 R 表示旋转 θ 角度，证明 R^2 表示旋转 2θ 角度。

» 解

$$\begin{aligned} R^2 &= \begin{pmatrix} \cos\theta & -\sin\theta \\ \sin\theta & \cos\theta \end{pmatrix}\begin{pmatrix} \cos\theta & -\sin\theta \\ \sin\theta & \cos\theta \end{pmatrix} \\ &= \begin{pmatrix} \cos^2\theta-\sin^2\theta & -2\sin\theta\cos\theta \\ 2\sin\theta\cos\theta & \cos^2\theta-\sin^2\theta \end{pmatrix} \end{aligned}$$

使用标准三角恒等式，可得到

$$R^2=\begin{pmatrix} \cos(2\theta) & -\sin(2\theta) \\ \sin(2\theta) & \cos(2\theta) \end{pmatrix}$$

其表示旋转 2θ 角度。

矩阵相乘不一定是方阵，但无论是式(F.11)还是上面图示的方法都表明，B 的列数必须等于 A 的行数。如果是这样，就说 A 和 B 是**相容的**(compatible)。例如，式(F.4)可以写成如下矩阵形式：

$$\begin{pmatrix} x_2 \\ y_2 \end{pmatrix} = \begin{pmatrix} a_{11} & a_{12} \\ a_{21} & a_{22} \end{pmatrix} \begin{pmatrix} x_1 \\ y_1 \end{pmatrix} \tag{F.13}$$

矩阵乘法的一个重要方面是 BA 不一定等于 AB。例如,如果

$$A = \begin{pmatrix} 0 & 1 \\ 1 & 0 \end{pmatrix} \quad 和 \quad B = \begin{pmatrix} 1 & 0 \\ 0 & -1 \end{pmatrix}$$

那么

$$AB = \begin{pmatrix} 0 & 1 \\ 1 & 0 \end{pmatrix} \begin{pmatrix} 1 & 0 \\ 0 & -1 \end{pmatrix} = \begin{pmatrix} 0 & -1 \\ 1 & 0 \end{pmatrix}$$

以及

$$BA = \begin{pmatrix} 1 & 0 \\ 0 & -1 \end{pmatrix} \begin{pmatrix} 0 & 1 \\ 1 & 0 \end{pmatrix} = \begin{pmatrix} 0 & 1 \\ -1 & 0 \end{pmatrix}$$

所以这里 $AB = -BA$。如果 $AB = BA$,那么 A 和 B 被说成是**对易的**(commute)。

» 例题 F-4 如下矩阵 A 和 B 是否对易?

$$A = \begin{pmatrix} 2 & 1 \\ 0 & 1 \end{pmatrix} \quad 和 \quad B = \begin{pmatrix} 1 & 1 \\ 0 & 1 \end{pmatrix}$$

» 解

$$AB = \begin{pmatrix} 2 & 3 \\ 0 & 1 \end{pmatrix}$$

并且

$$BA = \begin{pmatrix} 2 & 2 \\ 0 & 1 \end{pmatrix}$$

所以它们不对易。

矩阵乘法的另一个不同于普通标量乘法的性质是:方程

$$AB = O$$

并不意味着 A 或 B 一定是零矩阵,其中 O 是零矩阵(所有元素都等于零)。例如:

$$\begin{pmatrix} 1 & 1 \\ 2 & 2 \end{pmatrix} \begin{pmatrix} -1 & 1 \\ 1 & -1 \end{pmatrix} = \begin{pmatrix} 0 & 0 \\ 0 & 0 \end{pmatrix}$$

保持(x_1, y_1)不变的线性变换称为单位变换,对应的矩阵称为**单位矩阵**(identity matrix 或 unit matrix)。单位矩阵沿对角线的元素都等于1,其余所有元素都等于零:

$$I = \begin{pmatrix} 1 & 0 & 0 & \cdots & 0 \\ 0 & 1 & 0 & \cdots & 0 \\ 0 & 0 & 1 & \cdots & 0 \\ \vdots & \vdots & \vdots & \vdots & \vdots \\ 0 & 0 & 0 & \cdots & 1 \end{pmatrix}$$

I 的元素是克罗内克函数 δ_{ij},当 $i=j$ 时等于1,当 $i \neq j$ 时等于0。单位矩阵有如下性质:

$$IA = AI \tag{F.14}$$

单位矩阵也是**对角矩阵**(diagonal matrix)的一个例子,对角矩阵中的非零元素都位于其对角线上,对角矩阵必然是方阵。

如果 $BA = AB = I$,则称 B 是 A 的**逆**(inverse),用 A^{-1}表示,因此,A^{-1}具有的性质为

$$AA^{-1} = A^{-1}A = I \tag{F.15}$$

如果 A 表示某种变换,则 A^{-1} 撤销该变换并恢复原始状态。虽然有一些求矩阵逆的方法,但我们不需要它们(请参考习题 F-9)。不过,从物理意义上应该清楚,式(F.2)中 R 的逆是

$$R^{-1} = R(-\theta) = \begin{pmatrix} \cos\theta & \sin\theta \\ -\sin\theta & \cos\theta \end{pmatrix} \tag{F.16}$$

它是从 R 中通过将 θ 替换为 $-\theta$ 获得的。换句话说,如果 $R(\theta)$ 表示经过一个角度 θ 的旋转,那么 $R^{-1} = R(-\theta)$则表示反向旋转。很容易证明 R 和 R^{-1}满足式(F.15)。利用式(F.2)和式(F.16),可以得到

$$R^{-1}R = \begin{pmatrix} \cos\theta & \sin\theta \\ -\sin\theta & \cos\theta \end{pmatrix} \begin{pmatrix} \cos\theta & -\sin\theta \\ \sin\theta & \cos\theta \end{pmatrix}$$
$$= \begin{pmatrix} \cos^2\theta+\sin^2\theta & 0 \\ 0 & \cos^2\theta+\sin^2\theta \end{pmatrix} = \begin{pmatrix} 1 & 0 \\ 0 & 1 \end{pmatrix}$$

以及

$$RR^{-1} = \begin{pmatrix} \cos\theta & -\sin\theta \\ \sin\theta & \cos\theta \end{pmatrix} \begin{pmatrix} \cos\theta & \sin\theta \\ -\sin\theta & \cos\theta \end{pmatrix}$$
$$= \begin{pmatrix} \cos^2\theta+\sin^2\theta & 0 \\ 0 & \cos^2\theta+\sin^2\theta \end{pmatrix} = \begin{pmatrix} 1 & 0 \\ 0 & 1 \end{pmatrix}$$

通过写出下式可以把一行列式和一方阵联系起来:

$$\det A = |A| = \begin{vmatrix} a_{11} & a_{12} & \cdots & a_{1n} \\ a_{21} & a_{22} & \cdots & a_{2n} \\ \vdots & \vdots & \vdots & \vdots \\ a_{n1} & a_{n2} & \cdots & a_{nn} \end{vmatrix}$$

因此,R 的行列式是

$$\begin{vmatrix} \cos\theta & -\sin\theta \\ \sin\theta & \cos\theta \end{vmatrix} = \cos^2\theta+\sin^2\theta = 1$$

并且也有 $\det R^{-1} = 1$. 如果 $\det A = 0$,,则称 A 为**奇异矩阵**(singular matrix)。奇异矩阵没有逆。

在群论(将在下一章中学习)中出现的一个量是矩阵对角元素的和,称为矩阵的**迹**(trace)。因此,如下矩阵的迹是3,写作 $\mathrm{Tr}\, B = 3$。

$$B = \begin{pmatrix} 1/2 & 0 & 1 \\ 0 & 2 & 1 \\ 1 & 1 & 1/2 \end{pmatrix}$$

练习题

F-1 对于如下两个矩阵，形成矩阵 $C=2A-3B$ 和 $D=6B-A$。

$$A=\begin{pmatrix}1&0&-1\\-1&2&0\\0&1&1\end{pmatrix}\quad 和 \quad B=\begin{pmatrix}-1&1&0\\3&0&2\\1&1&1\end{pmatrix}$$

F-2 对于如下三个矩阵：

$$A=\frac{1}{2}\begin{pmatrix}0&1\\1&0\end{pmatrix}\quad B=\frac{1}{2}\begin{pmatrix}0&-\mathrm{i}\\\mathrm{i}&0\end{pmatrix}\quad C=\frac{1}{2}\begin{pmatrix}1&0\\0&-1\end{pmatrix}$$

证明 $A^2+B^2+C^2=\frac{3}{4}I$，其中 I 是一个单位矩阵，同时证明

$$AB-BA=\mathrm{i}C$$
$$BC-CB=\mathrm{i}A$$
$$CA-AC=\mathrm{i}B$$

F-3 对于如下矩阵：

$$A=\frac{1}{\sqrt{2}}\begin{pmatrix}0&1&0\\1&0&1\\0&1&0\end{pmatrix}\quad B=\frac{1}{\sqrt{2}}\begin{pmatrix}0&-\mathrm{i}&0\\\mathrm{i}&0&-\mathrm{i}\\0&\mathrm{i}&0\end{pmatrix}\quad C=\begin{pmatrix}1&0&0\\0&0&0\\0&0&-1\end{pmatrix}$$

证明：

$$AB-BA=\mathrm{i}C$$
$$BC-CB=\mathrm{i}A$$
$$CA-AC=\mathrm{i}B$$

并且

$$A^2+B^2+C^2=2I$$

其中 I 是一个单位矩阵。

F-4 你有没有发现习题 F-2 和习题 F-3 的结果与涉及角动量分量的对易关系之间有任何相似之处？

F-5 绕 z 轴的三维旋转可以用如下矩阵表示：

$$R=\begin{pmatrix}\cos\theta&-\sin\theta&0\\\sin\theta&\cos\theta&0\\0&0&1\end{pmatrix}$$

证明：

$$\det R=|R|=1$$

以及

$$R^{-1}=R(-\theta)=\begin{pmatrix}\cos\theta&\sin\theta&0\\-\sin\theta&\cos\theta&0\\0&0&1\end{pmatrix}$$

F-6 矩阵 A 的**转置**(transpose)用 $\tilde{A}$ 表示，是通过将 A 的第一行替换为其第一列，第二行替换为其第二列……来形成的。证明这个过程等价于关系式 $\tilde{a}_{ij}=a_{ji}$，并证明习题F-5中给出的矩阵 R 的转置是

$$\tilde{R}=\begin{pmatrix}\cos\theta&\sin\theta&0\\-\sin\theta&\cos\theta&0\\0&0&1\end{pmatrix}$$

注意 $\tilde{R}=R^{-1}$。当 $\tilde{R}=R^{-1}$ 时，称矩阵 R 是**正交的**(orthogonal)。

F-7 对于如下矩阵：

$$C_3=\begin{pmatrix}-\frac{1}{2}&-\frac{\sqrt{3}}{2}\\\frac{\sqrt{3}}{2}&-\frac{1}{2}\end{pmatrix}\quad \sigma_v=\begin{pmatrix}1&0\\0&-1\end{pmatrix}$$

$$\sigma_v'=\begin{pmatrix}-\frac{1}{2}&\frac{\sqrt{3}}{2}\\\frac{\sqrt{3}}{2}&\frac{1}{2}\end{pmatrix}\quad \sigma_v''=\begin{pmatrix}-\frac{1}{2}&-\frac{\sqrt{3}}{2}\\-\frac{\sqrt{3}}{2}&\frac{1}{2}\end{pmatrix}$$

证明：

$$\sigma_v C_3=\sigma_v''\quad C_3\sigma_v=\sigma_v'$$
$$\sigma_v''\sigma_v'=C_3\quad C_3\sigma_v''=\sigma_v$$

计算与每个矩阵相关的行列式以及每个矩阵的迹。

F-8 习题 F-7 中哪些矩阵是正交的(见习题 F-6)？

F-9 矩阵 A 的逆可以用下面的步骤求出：

a. 用对应行列式的代数余子式替换 A 中的每个元素(见数学章节 E 对代数余子式的定义)。

b. 对步骤 1 中得到的矩阵取转置。

c. 将步骤 2 中得到的矩阵的每个元素除以 A 的行列式。

例如，如果

$$A=\begin{pmatrix}1&2\\3&4\end{pmatrix}$$

则有 $\det A=-2$，且

$$A^{-1}=-\frac{1}{2}\begin{pmatrix}4&-2\\-3&1\end{pmatrix}$$

证明$AA^{-1}=A^{-1}A=I$。用上面列出的步骤求下列两个矩阵的逆：

$$A=\begin{pmatrix}\frac{1}{2}&\frac{1}{\sqrt{2}}\\\frac{1}{\sqrt{2}}&0\end{pmatrix}\quad 和 \quad A=\begin{pmatrix}0&2&3\\1&1&1\\2&0&1\end{pmatrix}$$

F-10　回顾一下,奇异矩阵是行列式等于零的矩阵。参考习题 F-9 中的步骤,解释为什么奇异矩阵没有逆?

F-11　对于如下联立代数方程:

$$x+y=3$$

$$4x-3y=5$$

证明这对方程可以写成如下矩阵形式:

$$A\boldsymbol{x}=\boldsymbol{c} \tag{1}$$

其中

$$\boldsymbol{x}=\begin{pmatrix} x \\ y \end{pmatrix} \quad \boldsymbol{c}=\begin{pmatrix} 3 \\ 5 \end{pmatrix} \quad A=\begin{pmatrix} 1 & 1 \\ 4 & -3 \end{pmatrix}$$

现在,在方程(1)的左边乘以 A^{-1},得到

$$\boldsymbol{x}=A^{-1}\boldsymbol{c} \tag{2}$$

证明

$$A^{-1}=-\frac{1}{7}\begin{pmatrix} -3 & -1 \\ -4 & 1 \end{pmatrix}$$

并且

$$\boldsymbol{x}=-\frac{1}{7}\begin{pmatrix} -3 & -1 \\ -4 & 1 \end{pmatrix}\begin{pmatrix} 3 \\ 5 \end{pmatrix}=\begin{pmatrix} 2 \\ 1 \end{pmatrix}$$

或者 $x=2$ 且 $y=1$,这个过程是如何推广到任何数量的联立方程的?

F-12　用习题 F-11 中的矩阵求逆方法求解如下联立代数方程:

$$x+y-z=1$$

$$2x-2y+z=6$$

$$x+3z=0$$

先证明:

$$A^{-1}=\frac{1}{13}\begin{pmatrix} 6 & 3 & 1 \\ 5 & -4 & 3 \\ -2 & -1 & 4 \end{pmatrix}$$

然后计算 $\boldsymbol{x}=A^{-1}\boldsymbol{c}$。

练习题参考答案

第12章 群论：对称性的利用

▶ **科学家介绍**

群论或许是一个在纯数学领域发展起来，后来发现在物理学中有广泛应用的最佳例子。许多分子都有一定程度的对称性：甲烷是一个四面体分子，苯是六边形的，六氟化硫和许多无机离子具有八面体结构，等等。借助群的性质，可以系统地利用分子对称性来预测分子的性质，简化分子的计算。群论可以用来预测分子是否具有偶极矩，推导光谱跃迁的选律，确定用哪些原子轨道来构造杂化轨道，预测哪些分子振动会导致红外光谱，预测哪些元素在久期行列式中必然等于零，标记和指定分子轨道，以及其他许多有用的事情。在本章中，我们将发展群论的一些思想，并展示如何使用群论来简化和组织分子计算。在下一章中，我们将把群论应用于分子振动和红外光谱。

12-1 利用分子的对称性可以极大简化数值计算

在第 10 章中，我们将 Hückel 分子轨道理论应用于苯分子。我们使用每个碳原子上的 $2p_z$ 轨道作为原子轨道，并得到了 6×6 的久期行列式，即

$$\begin{vmatrix} x & 1 & 0 & 0 & 0 & 1 \\ 1 & x & 1 & 0 & 0 & 0 \\ 0 & 1 & x & 1 & 0 & 0 \\ 0 & 0 & 1 & x & 1 & 0 \\ 0 & 0 & 0 & 1 & x & 1 \\ 1 & 0 & 0 & 0 & 1 & x \end{vmatrix} = 0 \tag{12.1}$$

展开后得

$$x^6 - 6x^4 + 9x^2 - 4 = 0 \tag{12.2}$$

得到的久期方程是一个六阶方程，它的六个根分别是 $x = \pm 1, \pm 1$ 和 ± 2。现在，如果不使用每个碳原子上的 $2p_z$ 轨道来求解久期行列式，而是使用以下 6 个分子轨道，它们是 $2p_z$ 轨道的线性组合，其中用 ψ_j 表示以第 j 个碳原子为中心的 $2p_z$ 轨道。

$$\phi_1 = \frac{1}{\sqrt{6}}(\psi_1 + \psi_2 + \psi_3 + \psi_4 + \psi_5 + \psi_6)$$

$$\phi_2 = \frac{1}{\sqrt{6}}(\psi_1 - \psi_2 + \psi_3 - \psi_4 + \psi_5 - \psi_6)$$

$$\phi_3 = \frac{1}{\sqrt{12}}(2\psi_1 + \psi_2 - \psi_3 - 2\psi_4 - \psi_5 + \psi_6)$$

$$\phi_4 = \frac{1}{\sqrt{12}}(\psi_1 + 2\psi_2 + \psi_3 - \psi_4 - 2\psi_5 - \psi_6)$$

$$\phi_5 = \frac{1}{\sqrt{12}}(2\psi_1 - \psi_2 - \psi_3 + 2\psi_4 - \psi_5 - \psi_6)$$

$$\phi_6 = \frac{1}{\sqrt{12}}(-\psi_1 + 2\psi_2 - \psi_3 - \psi_4 + 2\psi_5 - \psi_6) \tag{12.3}$$

则得到的久期行列式为（习题 12-2）

$$\begin{vmatrix} x+2 & 0 & 0 & 0 & 0 & 0 \\ 0 & x-2 & 0 & 0 & 0 & 0 \\ 0 & 0 & x+1 & \frac{x+1}{2} & 0 & 0 \\ 0 & 0 & \frac{x+1}{2} & x+1 & 0 & 0 \\ 0 & 0 & 0 & 0 & x-1 & \frac{1-x}{2} \\ 0 & 0 & 0 & 0 & \frac{1-x}{2} & x-1 \end{vmatrix} = 0 \tag{12.4}$$

当计算这个行列式时，有

$$(x+2)(x-2)\begin{vmatrix} x+1 & \frac{x+1}{2} \\ \frac{x+1}{2} & x+1 \end{vmatrix}\begin{vmatrix} x-1 & \frac{1-x}{2} \\ \frac{1-x}{2} & x-1 \end{vmatrix}=0 \qquad (12.5)$$

注意,式(12.4)中行列式的**块对角线形式**(block diagonal form)可以被展开为较小行列式的乘积。由式(12.5)得

$$\frac{9}{16}(x+2)(x-2)(x+1)^2(x-1)^2=0 \qquad (12.6)$$

它的六个根分别是±1,±1和±2,与式(12.2)的结果相同。

在苯这一特殊的例子中,我们看到,通过选择由式(12.3)给出的一组轨道,得到了一个以块对角线形式存在的久期行列式,最终得到了式(12.6),而不是必须找到六次多项式[式(12.2)]的六个根。利用式(12.3)给出的线性组合作为一种"明智的"选择,极大地降低了得到的久期方程的复杂性。显而易见的问题是"这些线性组合从何而来?",或者说"我们能够以一般性的方式生成它们吗?"。苯分子的平面六边形对称性恰好就可以自然地导出式(12.3)。利用这种对称性,我们就能以一种直接的方式构造这些所谓的**对称轨道**(symmetry orbitals)。此外,当学会如何做到这一点时,我们也将能够推断出式(12.4)中所有的零矩阵元素,甚至不需要计算如下所示的积分:

$$\int \phi_1 \hat{H} \phi_2 \mathrm{d}\tau \quad 或 \quad \int \phi_1 \hat{H} \phi_4 \mathrm{d}\tau$$

由于分子的对称性,我们将能够确定哪些矩阵元素必然等于零。选择苯作为一个具体的例子,但结论是一般性的。通过使用分子对称性决定的对称轨道,将得到块对角形式的久期行列式,从而大大减少了数值计算量。

我们将采用的步骤基于群论,它的适用性在于它与分子对称性质的关系,要发展这种关系,必须首先讨论分子的对称性质是什么,然后,将把这些性质与数学中的群联系起来。

12-2 分子的对称性可以用一组对称元素来描述

一个分子的对称性可以用它的**对称元素**(symmetry element)来描述。例如,一个水分子具有如图12.1所示的对称元素。元素 C_2 是**对称轴**(axis of symmetry),σ_v 和 σ'_v 是**对称面**(planes of symmetry),或者说是**镜面**(mirror planes)。因为氢原子之间是无法区分的,所以绕 C_2 轴旋转180°或通过 σ_v 平面反映得到的分子与其原始构型无法区分,或者说本质上不变。此外,由于分子是平面的,经过 σ'_v 平面的反映后分子本质上也保持不变。C_2 轴称为二重轴,下标2表示旋转360°/2;或者说经过两次这样的旋转后将回到最初的构型。C_n 轴称为 ***n* 重旋转对称轴**(*n*-fold rotation axis of symmetry);即360°/*n* 的旋转使该分子本质上保持不变。

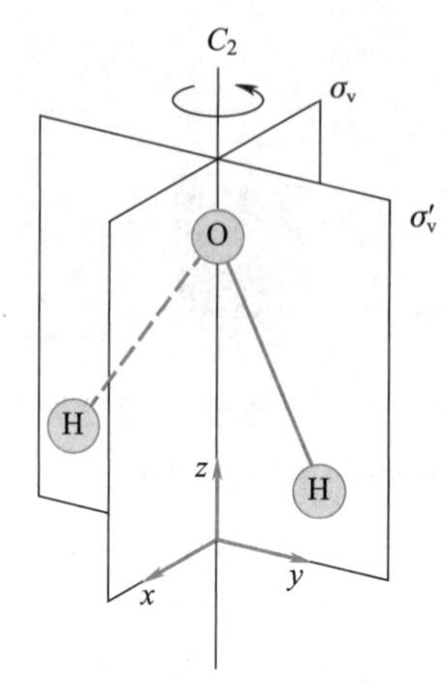

图 12.1 水分子的 C_2,σ_v 和 σ'_v 对称元素。分子位于镜面 σ'_v 内,σ_v 垂直于 σ'_v 平面,C_2 轴位于 σ_v 和 σ'_v 平面的交线上。

必须考虑的对称元素只有五种,列于表12.1中。其中的恒等元素可能看起来相当普通,但我们将其包含进来是为了稍后与群论建立联系。显然,所有的分子都有一个恒等元素。图12.1展示了 H_2O 分子的一个二重轴和两个对称面。六氟化硫和四氟化氙(图12.2)具有对称中心 *i*,而丙二烯和甲烷分子具有四重旋转反映轴 S_4(图12.3)。

表 12.1 五种对称元素及其相关操作。

对称元素		对称操作	
符号	描述	符号	描述
E	恒等	$\hat{E}$	没有变化
C_n	*n* 重对称轴	$\hat{C}_n$	绕轴旋转360°/*n*
σ	对称面	$\hat{\sigma}$	通过平面的反映
i	对称中心	$\hat{i}$	通过中心的反映
S_n	*n* 重旋转反映轴,也称为映轴或非真轴	$\hat{S}_n$	绕轴旋转360°/*n*,然后通过垂直于轴的平面进行反映

对称元素有与之对应的**对称操作**(symmetry operations)。与 *n* 重旋转轴 C_n 对应的对称操作是旋转360°/*n*,与对称面对应的对称操作是经过该平面的反映。注

意，在表 12.1 中区分了对称元素和对称操作，方法是在操作的符号上方加上一个插入标记“^”来表示相应的对称操作，就像我们对算符所做的那样。一个对称元素可以有多个与之相关的对称元素。例如，三重轴意味着逆时针旋转 120°，以及逆时针旋转 240°，我们分别将其写成 $\hat{C}_3$ 和 $\hat{C}_3\hat{C}_3=\hat{C}_3^2$，同样，四重轴意味着旋转 90°，180° 和 270°，分别写作 $\hat{C}_4$，$\hat{C}_4^2$ 和 $\hat{C}_4^3$。

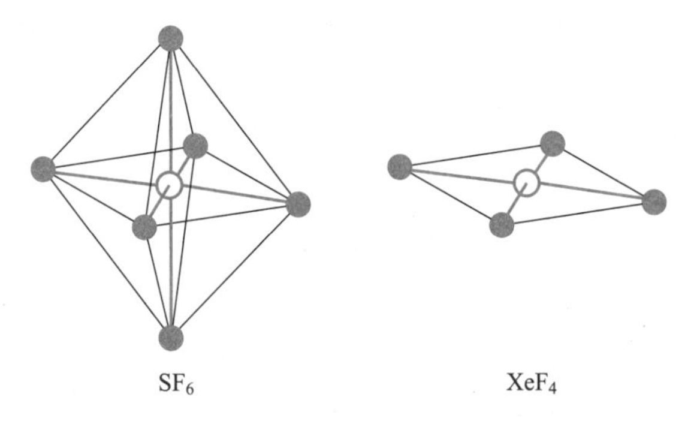

图 12.2　六氟化硫是一个八面体分子，四氟化氙是一个平面正方形分子，二者都具有对称中心。

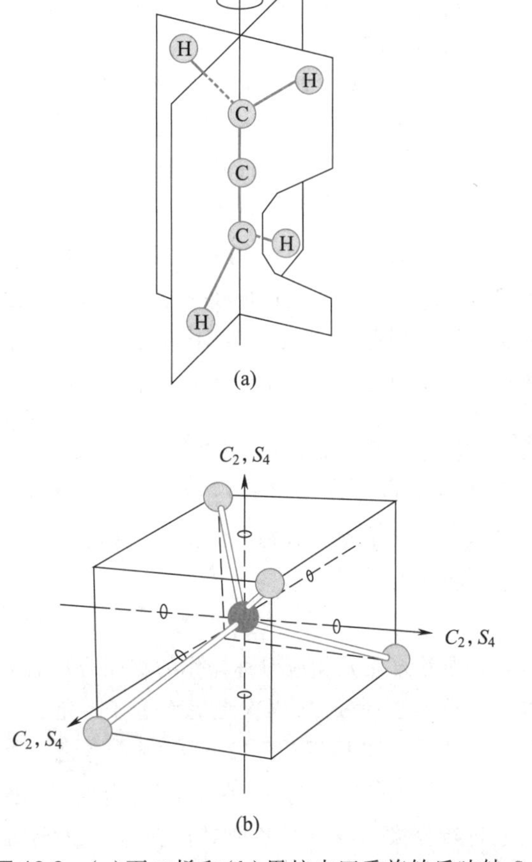

图 12.3　(a) 丙二烯和 (b) 甲烷中四重旋转反映轴 S_4 的图示。可以看到两个分子的 S_4 轴也同时是 C_2 轴。

» 例题 12－1　说明氨分子和乙烯的各种对称元素。

» 解　对称元素如图 12.4 所示。

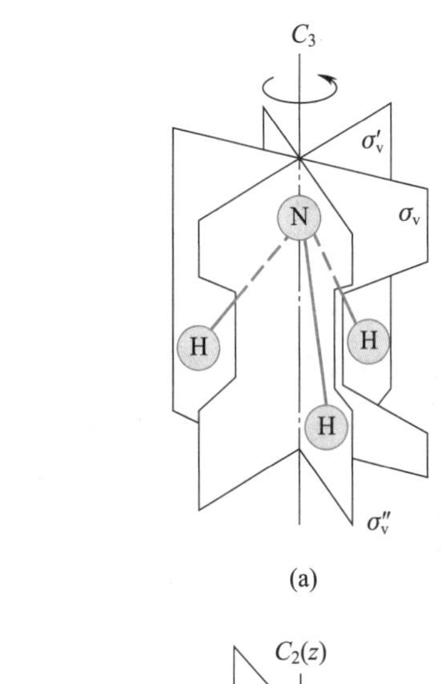

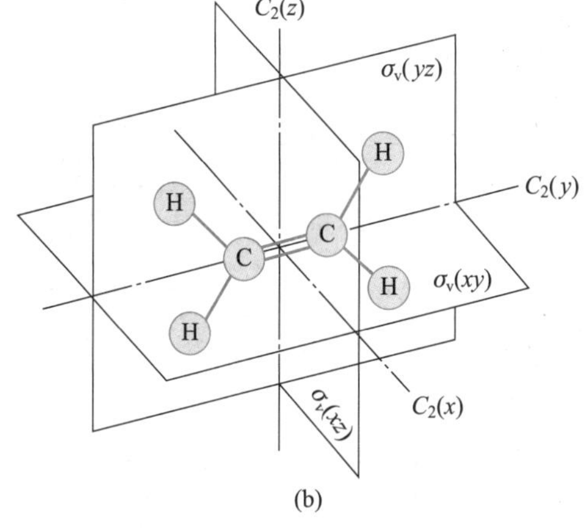

图 12.4　(a) 氨的对称元素。每个镜面包含一个 N—H 键，并将对侧的 H—N—H 键角平分。这三个面彼此之间的角度为 120°。C_3 轴位于三个镜面的交线上。当然，该分子还有一个恒等元素。(b) 乙烯的对称元素。有三个相互垂直的两重轴 [$C_2(x)$，$C_2(y)$ 和 $C_2(z)$]、一个对称中心 (i) 和三个相互垂直的镜面 [$\sigma(xy)$，$\sigma(yz)$ 和 $\sigma(xz)$]，当然，也包含一个恒等元素。

给定分子的对称操作集构成一个**点群** (point group)。例如，一个水分子具有对称元素 E，C_2，σ_v 和 σ'_v (图 12.1)。由这些对称元素组成的点群被称为 $\boldsymbol{C}_{2v}$。我们说氨属于 $\boldsymbol{C}_{3v}$ 点群，它由 E，C_3 和三个对称面组成 [图 12.4 (a)]。化学家们感兴趣的点群大约有 30 个，在本章中，我们只讨论其中的几个 (列于表 12.2 中)。使用每个点群描述的分子示例有助于直观地理解其对称元素和相应的对称操作。

表 12.2 中引入了一些需要解释的符号。首先，如果

一个分子包含几个对称轴,那么 n 值最大的那一个(如果有这样一条轴的话)称为**主轴**(principal axis)。因此,苯中的 C_6 轴就是主轴。如果一个对称面平行于唯一的轴或主轴,则用 σ_v(表示垂直)来表示。如果垂直,则用 σ_h(表示水平)来表示。如果一个对称面平分了垂直于主轴的二重轴之间的夹角,则用 σ_d(表示二面角)来表示。图 12.5 展示了苯分子中的二面角平面。σ_d 只是一种特殊类型的 σ_v。一个 $\boldsymbol{C}_{nv}$点群有一个 n 重轴和 n 个 σ_v 镜面。$\boldsymbol{C}_{nh}$点群有一个 n 重轴和一个垂直于 n 重轴的镜面。$\boldsymbol{D}_n$ 点群有一个 n 重轴和 n 个与之垂直的二重轴。如果还有一个垂直于 n 重轴的镜面,那么这个点群用 $\boldsymbol{D}_{nh}$来表示,这是平面分子常见的点群。具有 $\boldsymbol{D}_n$ 点群的所有元素加上 n 个二面角镜面的点群称为 $\boldsymbol{D}_{nd}$。丙二烯(图 12.3)就是典型的 $\boldsymbol{D}_{2d}$分子。表 12.2 中列出的最后一个点群是 $\boldsymbol{T}_d$,它代表四面体。甲烷是典型的四面体分子。

表 12.2 化学家感兴趣的常见点群。对称元素前面的数字是这个对称元素出现的次数。

点群	对称元素	分子示例
$\boldsymbol{C}_{2v}$	$E, C_2, 2\sigma_v$	H_2O, CH_2Cl_2, C_6H_5Cl
$\boldsymbol{C}_{3v}$	$E, C_3, 3\sigma_v$	NH_3, CH_3Cl
$\boldsymbol{C}_{2h}$	E, C_2, i, σ_h	反式 HClC═CClH
$\boldsymbol{D}_{2h}$	$E, 3C_2$(相互垂直) $i, 3\sigma_v$(相互垂直)	C_2H_4(乙烯)
$\boldsymbol{D}_{3h}$	$E, C_3, 3C_2$(垂直于 C_3 轴) $\sigma_h, S_3, 3\sigma_v$	SO_3, BF_3
$\boldsymbol{D}_{4h}$	$E, C_4, 4C_2$(垂直于 C_4 轴) $i, S_4, \sigma_h, 2\sigma_v, 2\sigma_d$	XeF_4
$\boldsymbol{D}_{6h}$	$E, C_4, 3C_2, 3C_2'$ $i, S_4, \sigma_h, 2\sigma_v, 2\sigma_d$	C_6H_6(苯)
$\boldsymbol{D}_{2d}$	$E, S_4, 3C_2, 2\sigma_d$	$H_2C{=}C{=}CH_2$(丙二烯)
$\boldsymbol{T}_d$	$E, 4C_3, 3C_2, 3S_4, 6\sigma_d$	CH_4

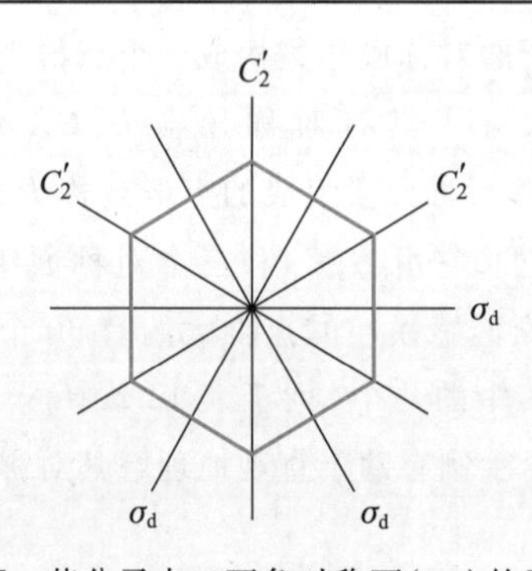

图 12.5 苯分子中二面角对称面(σ_d)的示意图。

12-3 一个分子的对称操作构成一个群

群是满足一定条件的实体的集合。具体来说,如果集合 $A, B, C, \cdots$ 满足下列条件,则被称为群:

(1) 有一个规则可以将群中的任意两个成员组合起来,并且组合的结果也是群的一个成员。这种组合规则通常被称为乘法,用 AB 表示。乘积 AB 必须是群的成员之一,所以我们说一个群对于乘法运算必须是封闭的。

(2) "乘法"规则必须满足结合律;也就是说,

$$A(BC)=(AB)C$$

换句话说,无论是先将 B 和 C 组合然后乘以 A,还是先将 A 和 B 组合然后将结果乘以 C 都没有区别。

(3) 实体集合包含一个恒等元素,E,无论组合规则是什么,都必须有这样一个元素,使

$$EA=AE, \quad EB=BE, \quad 以此类推$$

(4) 对于群中的每个实体,都有一个逆,它也是该群的成员。用 A^{-1}表示 A 的逆,用 B^{-1}表示 B 的逆,以此类推。逆具有这样的性质:

$$AA^{-1}=A^{-1}A=E, \quad BB^{-1}=B^{-1}B=E, \quad 以此类推$$

此时你可能会感觉到这里有很多抽象的数学内容(确实如此),但我们现在将展示分子的对称操作的集合将构成一个群。

以水分子为例。H_2O 的对称元素有 E, C_2, σ_v 和 σ_v'(图 12.1),这些对称元素中的每一个都有一个与之相关的对称操作。因此 $\boldsymbol{C}_{2v}$点群有 4 个对称操作。一个群中对称操作的个数称为群的**阶**(order),用 h 表示。

» **例题 12-2** 确定 $\boldsymbol{D}_{3h}$点群的阶。

» 解 根据表 12.2,$\boldsymbol{D}_{3h}$ 中有 10 个对称元素。然而,C_3 和 S_3 各有两个相关的对称操作($\hat{C}_3$和 $\hat{C}_3^2$,以及 $\hat{S}_3$和 $\hat{S}_3^2$),因此,$\boldsymbol{D}_{3h}$的阶为 12。

群的乘法规则是相应对称操作的顺序应用。为了看到各种对称操作的效果,再次考虑水分子。定义一个原点位于氧原子的坐标系(图 12.6)。现在考虑一个指向远离这个原点的任意矢量 $\boldsymbol{u}_1$,观察 $\boldsymbol{C}_{2v}$点群的对称操作如何对它进行变换。当应用各种对称操作时,对称元素和坐标轴在空间中保持固定,只有矢量被变换。因为 z 轴位于 C_2 轴和两个镜面的交线上,向下看这个轴,观察矢

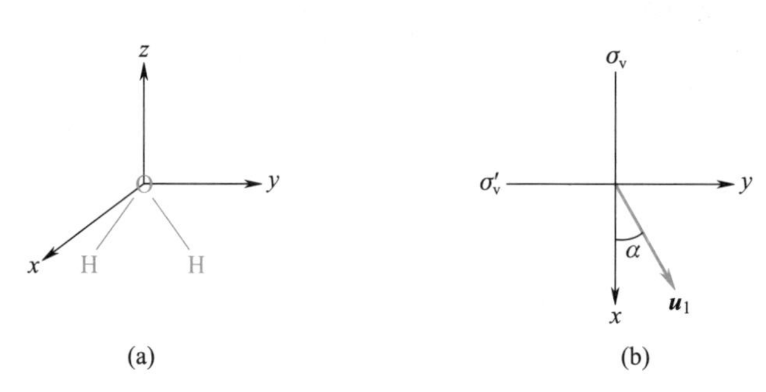

图 12.6　(a)水分子中附着在氧原子上的坐标轴示意图。y 轴位于分子平面(σ_v'平面)内,x 轴垂直于该平面,z 轴平分 H—O—H 键角。(b)从 z 轴向下看的视图,显示出任意单位矢量 $\boldsymbol{u}_1$。

量是如何变换的。例如,如果对 $\boldsymbol{u}_1$ 应用 $\hat{C}_2$,则得到 $\boldsymbol{u}_2$,对 $\boldsymbol{u}_2$ 应用 σ_v 则得到 $\boldsymbol{u}_3$。

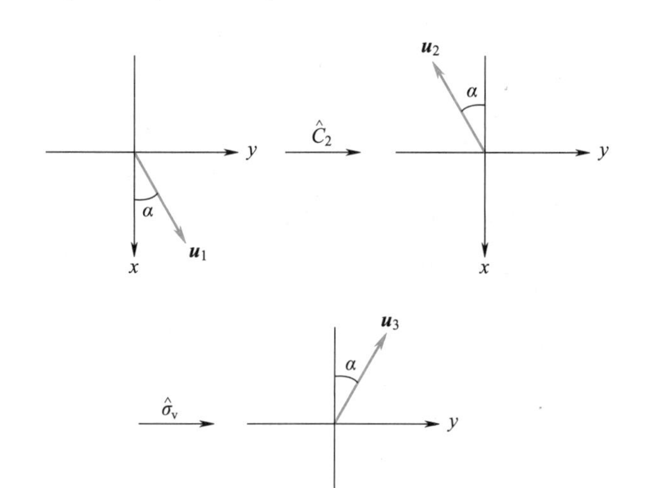

这些变换的最终结果,与我们把 $\hat{\sigma}_v'$直接应用到原始矢量 $\boldsymbol{u}_1$ 上一样。

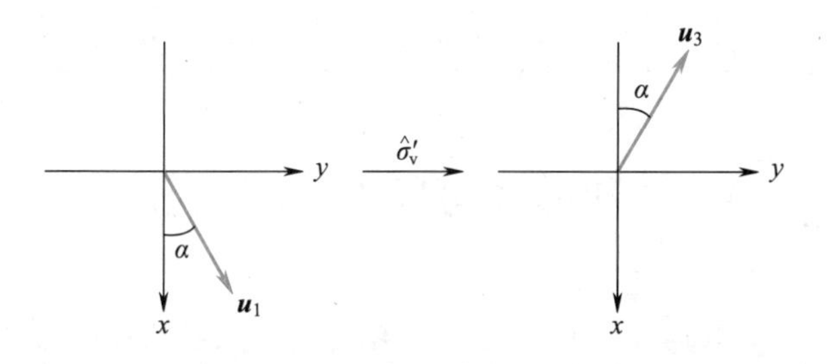

因此,可以看到 $\hat{\sigma}_v\hat{C}_2=\hat{\sigma}_v'$。

» 例题 12-3　计算水分子的 $\hat{\sigma}_v'\hat{\sigma}_v$ 和 $\hat{\sigma}_v'\hat{C}_2$。

» **解**　再一次,如图 12.6 所示从 z 轴向下看,并写出

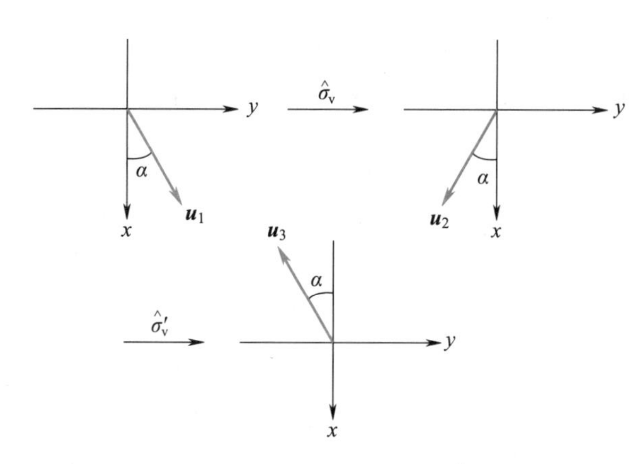

这相当于对原始矢量 $\boldsymbol{u}_1$ 直接应用 $\hat{C}_2$。因此,可以发现 $\hat{\sigma}_v'\hat{\sigma}_v=\hat{C}_2$。类似地,有

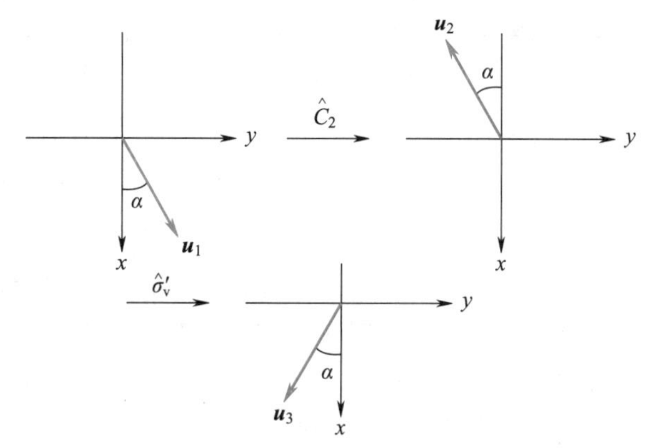

这相当于对原始矢量 $\boldsymbol{u}_1$ 直接应用 $\hat{\sigma}_v$。因此,$\hat{\sigma}_v'\hat{C}_2=\hat{\sigma}_v$。

我们可以在一个**群乘法表**(group multiplication table)(表 12.3)中总结这些结果,其中每一项都是先应用第一行的一个操作,然后再应用第一列的一个操作得到的。因此,$\hat{\sigma}_v'\hat{C}_2$的结果等同于发生在由 $\hat{C}_2$标识的列和由 $\hat{\sigma}_v'$标识的行交叉处的操作,也即 $\hat{\sigma}_v$。在表 12.3 中有几件事需要注意。乘法是封闭的,因为顺序应用两个操作的结果总是等价于某一个操作。每个操作在每一行和每一列中只出现一次。每个操作都有一个逆,因为表格告诉我们:

$$\hat{E}\hat{E}=\hat{E}\,,\quad \hat{C}_2\hat{C}_2=\hat{E}$$
$$\hat{\sigma}_v\hat{\sigma}_v=\hat{E}\,,\quad \hat{\sigma}_v'\hat{\sigma}_v'=\hat{E}$$

因此,在这种情况下,每个操作都恰好是它自己的逆。逆具有撤销操作的效果。

表 12.3　$\boldsymbol{C}_{2v}$点群的群乘法表。

第二个操作	第一个操作			
	$\hat{E}$	$\hat{C}_2$	$\hat{\sigma}_v$	$\hat{\sigma}_v'$
$\hat{E}$	$\hat{E}$	$\hat{C}_2$	$\hat{\sigma}_v$	$\hat{\sigma}_v'$
$\hat{C}_2$	$\hat{C}_2$	$\hat{E}$	$\hat{\sigma}_v'$	$\hat{\sigma}_v$
$\hat{\sigma}_v$	$\hat{\sigma}_v$	$\hat{\sigma}_v'$	$\hat{E}$	$\hat{C}_2$
$\hat{\sigma}_v'$	$\hat{\sigma}_v'$	$\hat{\sigma}_v$	$\hat{C}_2$	$\hat{E}$

乘法(每个操作的连续应用)也满足结合律,可以参考群乘法表来说明这一点。观察下式是否成立:

$$\hat{C}_2(\hat{\sigma}_v\hat{\sigma}'_v) \stackrel{?}{=} (\hat{C}_2\hat{\sigma}_v)\hat{\sigma}'_v$$

左边括号里的乘积是 $\hat{C}_2$,右边括号中的乘积是 $\hat{\sigma}'_v$。因此,有

$$\hat{C}_2\hat{C}_2 \stackrel{?}{=} \hat{\sigma}'_v\hat{\sigma}'_v$$

最终发现左右两侧都等于 $\hat{E}$。如果继续这样的搜索,会发现乘法规则对所有情况都满足结合律。因此,$\boldsymbol{C}_{2v}$ 的四种对称操作满足构成群的条件,统称为 $\boldsymbol{C}_{2v}$ 点群。

要考虑的另一个点群是 $\boldsymbol{C}_{3v}$,将以 NH_3 为例,其对称性质由 $\boldsymbol{C}_{3v}$ 点群描述。在这一例子中,必须仔细区分对称元素和对称操作。原则上,围绕 C_3 对称轴顺时针或逆时针旋转 120°都将使分子保持不变。然而,按照惯例,只考虑逆时针旋转的情况。因此,C_3 对称轴有两个与之相关的对称操作,一个逆时针旋转 120°,另一个逆时针旋转 240°,分别将其写为 $\hat{C}_3$ 和 $\hat{C}_3^2$。这种情况下的几何结构比 H_2O 要复杂一些,因为 120°角的存在。为了看到各种群操作的效果,将建立一个原点在氮原子上的坐标系,然后跟踪各种对称操作对指向远离原点的一个任意矢量的影响。和前面一样,对称元素和坐标轴在空间中保持固定,仅对矢量进行变换。因为 z 轴位于 C_3 和三个镜面的交线处,所以从 C_3 轴向下看更容易,就像从 C_2 轴向下看水分子一样。现在来确定 $\hat{C}_3\hat{\sigma}'_v$ 的结果。

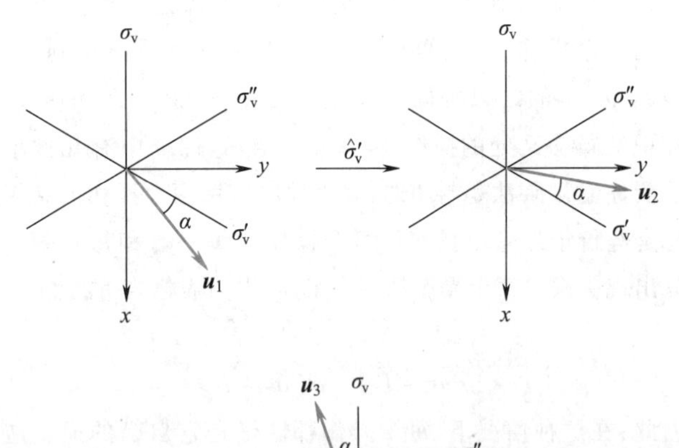

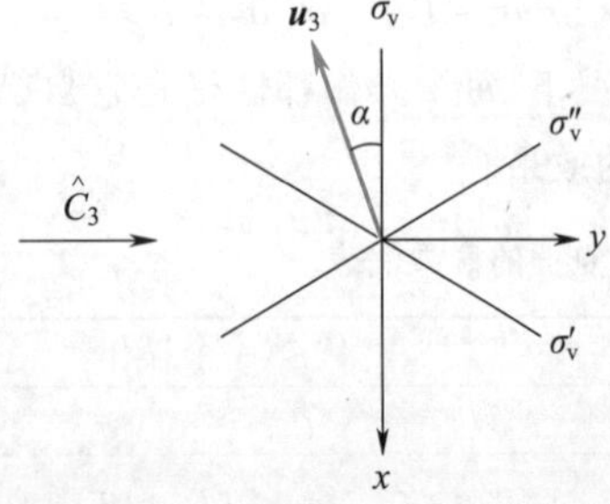

这里的最终结果等价于 $\boldsymbol{u}_1$ 经过 $\hat{\sigma}''_v$ 的反映,所以得出 $\hat{C}_3\hat{\sigma}'_v = \hat{\sigma}''_v$。

» 例题 12-4　对于 $\boldsymbol{C}_{3v}$ 点群,计算 $\hat{\sigma}''_v\hat{\sigma}'_v$。

» 解　如下所示。

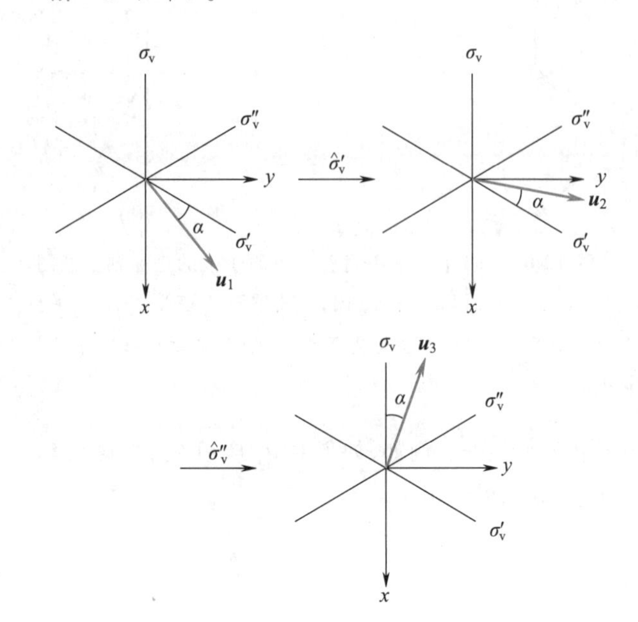

这相当于直接将 $\hat{C}_3$ 应用于原始矢量 $\boldsymbol{u}_1$。

$\boldsymbol{C}_{3v}$ 点群的完整乘法表如表 12.4 所示。

表 12.4　$\boldsymbol{C}_{3v}$ 点群的完整乘法表。

第二个操作	第一个操作					
	$\hat{E}$	$\hat{C}_3$	$\hat{C}_3^2$	$\hat{\sigma}_v$	$\hat{\sigma}'_v$	$\hat{\sigma}''_v$
$\hat{E}$	$\hat{E}$	$\hat{C}_3$	$\hat{C}_3^2$	$\hat{\sigma}_v$	$\hat{\sigma}'_v$	$\hat{\sigma}''_v$
$\hat{C}_3$	$\hat{C}_3$	$\hat{C}_3^2$	$\hat{E}$	$\hat{\sigma}'_v$	$\hat{\sigma}''_v$	$\hat{\sigma}_v$
$\hat{C}_3^2$	$\hat{C}_3^2$	$\hat{E}$	$\hat{C}_3$	$\hat{\sigma}''_v$	$\hat{\sigma}_v$	$\hat{\sigma}'_v$
$\hat{\sigma}_v$	$\hat{\sigma}_v$	$\hat{\sigma}''_v$	$\hat{\sigma}'_v$	$\hat{E}$	$\hat{C}_3^2$	$\hat{C}_3$
$\hat{\sigma}'_v$	$\hat{\sigma}'_v$	$\hat{\sigma}_v$	$\hat{\sigma}''_v$	$\hat{C}_3$	$\hat{E}$	$\hat{C}_3^2$
$\hat{\sigma}''_v$	$\hat{\sigma}''_v$	$\hat{\sigma}'_v$	$\hat{\sigma}_v$	$\hat{C}_3^2$	$\hat{C}_3$	$\hat{E}$

12-4　对称操作可以用矩阵表示

让我们考虑 H_2O,它属于 $\boldsymbol{C}_{2v}$ 点群。再次构建一组以氧原子为中心的笛卡儿坐标(图 12.6),并跟踪每个对称操作对一个任意矢量 $\boldsymbol{u}$ 的影响,其中,$\boldsymbol{u} = u_x\boldsymbol{i} + u_y\boldsymbol{j} + u_z\boldsymbol{k}$。如果矢量绕 z 轴旋转 180°,则有

$$\hat{C}_2u_x = -u_x, \quad \hat{C}_2u_y = -u_y \quad 和 \quad \hat{C}_2u_z = u_z$$

可以用一矩阵方程来表示这个结果,即

$$\hat{C}_2\begin{pmatrix}u_x\\u_y\\u_z\end{pmatrix}=C_2\begin{pmatrix}u_x\\u_y\\u_z\end{pmatrix}=\begin{pmatrix}-1&0&0\\0&-1&0\\0&0&1\end{pmatrix}\begin{pmatrix}u_x\\u_y\\u_z\end{pmatrix}$$

上面的矩阵

$$C_2=\begin{pmatrix}-1&0&0\\0&-1&0\\0&0&1\end{pmatrix}$$

表示操作 $\hat{C}_2$,我们将用相应的无衬线体符号(不带插入符号)表示操作的矩阵。类似地,$\hat{\sigma}_v$将 u_y 变为$-u_y$,$\hat{\sigma}'_v$将 u_x 变为$-u_x$,因此反射操作可以用下面的矩阵表示:

$$\sigma_v=\begin{pmatrix}1&0&0\\0&-1&0\\0&0&1\end{pmatrix}\quad 和 \quad \sigma'_v=\begin{pmatrix}-1&0&0\\0&1&0\\0&0&1\end{pmatrix}$$

恒等操作用单位矩阵表示:

$$E=\begin{pmatrix}1&0&0\\0&1&0\\0&0&1\end{pmatrix}$$

现在要说明的是,这四个矩阵相乘的方式与表 12.3 中的 $\boldsymbol{C}_{2v}$群乘法表相同。例如:

$$C_2\sigma_v=\begin{pmatrix}-1&0&0\\0&-1&0\\0&0&1\end{pmatrix}\begin{pmatrix}1&0&0\\0&-1&0\\0&0&1\end{pmatrix}=\begin{pmatrix}-1&0&0\\0&1&0\\0&0&1\end{pmatrix}=\sigma'_v$$

» 例题 12-5 证明 $\sigma_v\sigma'_v=C_2$。

» 解 使用 σ_v 和 σ'_v的矩阵表示,则有

$$\sigma_v\sigma'_v=\begin{pmatrix}1&0&0\\0&-1&0\\0&0&1\end{pmatrix}\begin{pmatrix}-1&0&0\\0&1&0\\0&0&1\end{pmatrix}=\begin{pmatrix}-1&0&0\\0&-1&0\\0&0&1\end{pmatrix}=C_2$$

当一组矩阵按照与群乘法表相同的方式相乘时,就称其为该群的一个**表示**(representation)。这样,以上四个矩阵就构成了 $\boldsymbol{C}_{2v}$点群的一个表示。特别地,我们说它是一个三维表示,因为它是由 3×3 矩阵组成的。然而,这并不是唯一的表示。考虑以下 1×1 矩阵的集合:

$$E=(1),\quad C_2=(1),\quad \sigma_v=(1),\quad \sigma'_v=(1)$$

显然,这四个矩阵满足表 12.3 给出的群乘法表,如 $C_2\sigma_v=\sigma'_v$,$\sigma_v\sigma'_v=C_2$ 等。因此,上述矩阵集合也形成了 $\boldsymbol{C}_{2v}$点群的一个表示。这个一维表示在此时看来是平凡的,但事实证明,它是任一点群最重要的表示之一。表示不一定是对角矩阵。例如,2×2 矩阵:

$$E=\begin{pmatrix}1&0\\0&1\end{pmatrix},\quad C_2=\begin{pmatrix}-1&0\\0&-1\end{pmatrix},\quad \sigma_v=\begin{pmatrix}0&1\\1&0\end{pmatrix},\quad \sigma'_v=\begin{pmatrix}0&-1\\-1&0\end{pmatrix}$$

形成一个由非对角矩阵组成的(二维)表示。证明这四个矩阵满足表 12.3 的乘法表十分容易。例如:

$$C_2\sigma_v=\begin{pmatrix}-1&0\\0&-1\end{pmatrix}\begin{pmatrix}0&1\\1&0\end{pmatrix}=\begin{pmatrix}0&-1\\-1&0\end{pmatrix}=\sigma'_v$$

你可能会问:存在多少种表示?答案是有无限多个。然而,其中有几个是特殊的,因为所有其他的表示都可以用它们来表示。这些特殊的表示称为**不可约表示**(irreducible representations),而所有其他的表示都称为**可约**(reducible)表示。对于任一点群,都有方法确定其不可约表示。幸运的是,对于所有点群,这一过程已经完成了。

$\boldsymbol{C}_{2v}$点群有四种不可约表示,都是一维的。一维不可约表示用 A 或 B 来表示。如果它们绕主轴旋转是对称的,则用 A 来表示;如果是反对称的,则用 B 来表示。注意,在表 12.5 中,不可约表示 A 在 $\hat{C}_2$下对应有一个+1,而不可约表示 B 在 $\hat{C}_2$下则对应有一个 -1。数字下标用于区分相似类型的不可约表示。完全对称的表示总是用 A_1 来表示。$\boldsymbol{C}_{2v}$的四种不可约表示都在表 12.5 中给出。请注意,表中的每一项都满足群的乘法表。所有点群都有一个完全对称的一维不可约表示,如表 12.5 中的 A_1。

表 12.5 $\boldsymbol{C}_{2v}$点群的不可约表示。

	$\hat{E}$	$\hat{C}_2$	$\hat{\sigma}_v$	$\hat{\sigma}'_v$
A_1	(1)	(1)	(1)	(1)
A_2	(1)	(1)	(-1)	(-1)
B_1	(1)	(-1)	(1)	(-1)
B_2	(1)	(-1)	(-1)	(1)

不可约表示的维数与点群的阶之间有一重要的关系式。回想一下,阶是指群中对称操作的个数。如果设第 j 个不可约表示的维数为 d_j,群的阶为 h,则

$$\sum_{j=1}^{N}d_j^2=h \tag{12.7}$$

式中 N 为不可约表示的总数。因为所有的点群都有一个完全对称的不可约表示 A_1,所以在式(12.7)中 d_1 总是等于 1。因此 $d_1=1$ 且 $h=4$ 的方程(12.7)的唯一解是 $d_1=d_2=d_3=d_4=1$,因此 $\boldsymbol{C}_{2v}$点群必须有四个一维不可约表示。

» 例题 12-6　使用式(12.7)确定 C_{3v} 点群的不可约表示的可能个数和维数。

» 解　C_{3v} 有六个对称操作,因此方程(12.7)可以写为(其中 $d_1=1$)

$$1+\sum_{j=2}^{N} d_j^2=6$$

满足这个关系式的方法只有两种,或者是六个一维不可约表示($1^2+1^2+1^2+1^2+1^2+1^2=6$),或者是两个一维和一个二维不可约表示($1^2+1^2+2^2=6$)。我们将会看到 C_{3v} 点群实际上满足后者。

12-5　C_{3v} 点群具有一个二维不可约表示

C_{3v} 点群的不可约表示如表12.6所示。注意观察这些不可约表示的个数和维数是如何满足式(12.7)的。还要注意,C_{3v} 有一个完全对称的不可约表示 A_1,可以通过将 C_{3v} 的6个操作应用于图12.7中矢量的 z 分量来推断出来。

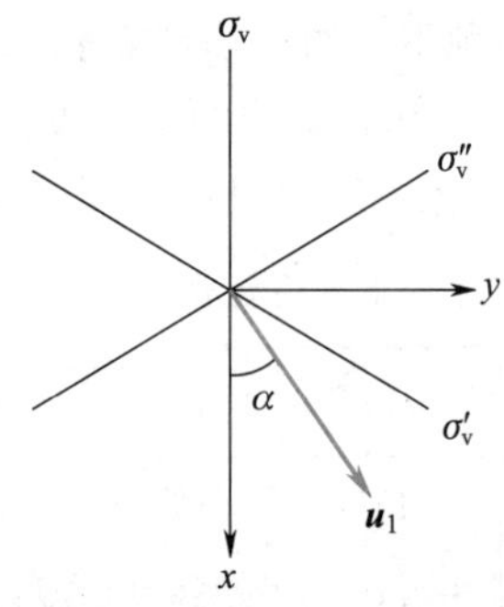

图 12.7　从以 C_{3v} 分子 NH_3 中的氮原子为中心的一组坐标轴的 z 轴向下看的视图。$x-z$ 平面位于镜面 σ_v 内(见图12.4)。

» 例题 12-7　用表12.6中标记为 E 的不可约表示证明 $\hat{\sigma}_v'\hat{\sigma}_v''=\hat{C}_3^2$,与 C_{3v} 点群的群乘法表相符。

» 解　我们有

$$\sigma_v'\sigma_v''=\begin{pmatrix}-\frac{1}{2} & \frac{\sqrt{3}}{2}\\ \frac{\sqrt{3}}{2} & \frac{1}{2}\end{pmatrix}\begin{pmatrix}-\frac{1}{2} & -\frac{\sqrt{3}}{2}\\ -\frac{\sqrt{3}}{2} & \frac{1}{2}\end{pmatrix}=\begin{pmatrix}-\frac{1}{2} & \frac{\sqrt{3}}{2}\\ -\frac{\sqrt{3}}{2} & -\frac{1}{2}\end{pmatrix}=\hat{C}_3^2$$

二维不可约表示用字母 E 表示(不要与恒等元素 E 混淆)。如图12.7所示,对任一单位矢量 $\boldsymbol{u}_1$ 进行对称操作,可以得到表12.6中的二维不可约表示。根据图12.7,$\boldsymbol{u}_1=u_{1x}\boldsymbol{i}+u_{1y}\boldsymbol{j}=(\cos\alpha)\boldsymbol{i}+(\sin\alpha)\boldsymbol{j}$。因此,如果将 $\hat{C}_3$ 应用到 $\boldsymbol{u}_1$ 上,可以得到一个新的矢量 $\boldsymbol{u}_2$:

$$\begin{aligned}\boldsymbol{u}_2&=\hat{C}_3\boldsymbol{u}_1=\cos(120^\circ+\alpha)\boldsymbol{i}+\sin(120^\circ+\alpha)\boldsymbol{j}\\&=\left(-\frac{1}{2}\cos\alpha-\frac{\sqrt{3}}{2}\sin\alpha\right)\boldsymbol{i}+\left(\frac{\sqrt{3}}{2}\cos\alpha-\frac{1}{2}\sin\alpha\right)\boldsymbol{j}\\&=\left(-\frac{1}{2}u_{1x}-\frac{\sqrt{3}}{2}u_{1y}\right)\boldsymbol{i}+\left(\frac{\sqrt{3}}{2}u_{1x}-\frac{1}{2}u_{1y}\right)\boldsymbol{j}\end{aligned}$$

或写成

$$u_{2x}=-\frac{1}{2}u_{1x}-\frac{\sqrt{3}}{2}u_{1y}$$

$$u_{2y}=\frac{\sqrt{3}}{2}u_{1x}-\frac{1}{2}u_{1y}$$

也可以表示为矩阵形式:

$$\begin{pmatrix}u_{2x}\\u_{2y}\end{pmatrix}=\begin{pmatrix}-\frac{1}{2} & -\frac{\sqrt{3}}{2}\\ \frac{\sqrt{3}}{2} & -\frac{1}{2}\end{pmatrix}\begin{pmatrix}u_{1x}\\u_{1y}\end{pmatrix}$$

表 12.6　C_{3v} 点群的不可约表示。

	$\hat{E}$	$\hat{C}_3$	$\hat{C}_3^2$	$\hat{\sigma}_v$	$\hat{\sigma}_v'$	$\hat{\sigma}_v''$
A_1	(1)	(1)	(1)	(1)	(1)	(1)
A_2	(1)	(1)	(1)	(−1)	(−1)	(−1)
E	$\begin{pmatrix}1&0\\0&1\end{pmatrix}$	$\begin{pmatrix}-\frac{1}{2}&-\frac{\sqrt{3}}{2}\\\frac{\sqrt{3}}{2}&-\frac{1}{2}\end{pmatrix}$	$\begin{pmatrix}-\frac{1}{2}&\frac{\sqrt{3}}{2}\\-\frac{\sqrt{3}}{2}&-\frac{1}{2}\end{pmatrix}$	$\begin{pmatrix}1&0\\0&-1\end{pmatrix}$	$\begin{pmatrix}-\frac{1}{2}&\frac{\sqrt{3}}{2}\\\frac{\sqrt{3}}{2}&\frac{1}{2}\end{pmatrix}$	$\begin{pmatrix}-\frac{1}{2}&-\frac{\sqrt{3}}{2}\\-\frac{\sqrt{3}}{2}&\frac{1}{2}\end{pmatrix}$

因此，$\hat{C}_3$的矩阵表示是

$$C_3=\begin{pmatrix}-\frac{1}{2} & -\frac{\sqrt{3}}{2}\\ \frac{\sqrt{3}}{2} & -\frac{1}{2}\end{pmatrix}$$

与表 12.6 一致。此外，注意在表 12.6 中 $C_3C_3=C_3^2$。同时还应注意，如果令 $\theta=120°$，则 C_3 可由式(F.2)给出。

» 例题 12-8 推导出表 12.6 中 σ''_v对应的 2×2 矩阵。

» 解 几何结构如图 12.8 所示。我们把 $\boldsymbol{u}_1$ 写成

$$\boldsymbol{u}_1=u_{1x}\boldsymbol{i}+u_{1y}\boldsymbol{j}=(\cos\alpha)\boldsymbol{i}+(\sin\alpha)\boldsymbol{j}$$

图 12.8 显示，通过 σ''_v的反映，α 将变为 $240°-\alpha$，因此 $\boldsymbol{u}_1$ 成为 $\boldsymbol{u}_2$，其中

$$\begin{aligned}\boldsymbol{u}_2&=u_{2x}\boldsymbol{i}+u_{2y}\boldsymbol{j}=[\cos(240°-\alpha)]\boldsymbol{i}+[\sin(240°-\alpha)]\boldsymbol{j}\\&=\left(-\frac{1}{2}\cos\alpha-\frac{\sqrt{3}}{2}\sin\alpha\right)\boldsymbol{i}+\left(-\frac{\sqrt{3}}{2}\cos\alpha+\frac{1}{2}\sin\alpha\right)\boldsymbol{j}\end{aligned}$$

或写成

$$u_{2x}=-\frac{1}{2}u_{1x}-\frac{\sqrt{3}}{2}u_{1y}$$

$$u_{2y}=-\frac{\sqrt{3}}{2}u_{1x}+\frac{1}{2}u_{1y}$$

也可以表示成矩阵形式：

$$\begin{pmatrix}u_{2x}\\u_{2y}\end{pmatrix}=\sigma''_v\begin{pmatrix}u_{1x}\\u_{1y}\end{pmatrix}=\begin{pmatrix}-\frac{1}{2} & -\frac{\sqrt{3}}{2}\\ -\frac{\sqrt{3}}{2} & \frac{1}{2}\end{pmatrix}\begin{pmatrix}u_{1x}\\u_{1y}\end{pmatrix}$$

与表 12.6 一致。

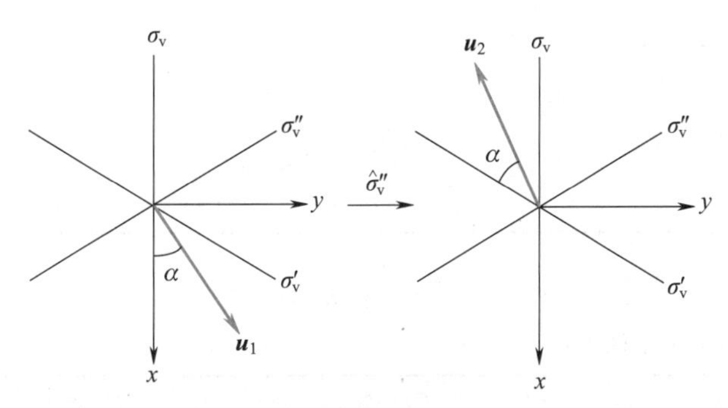

图 12.8 图 12.7 中的单位矢量 $\boldsymbol{u}_1$ 通过镜面 σ''_v反映的结果。

注意，不可约表示 E 之所以是二维的，是因为 u_x 和 u_y 一起发生了变换，所以给定操作的结果必须写成 u_x 和 u_y 的线性组合，分量 u_x 和 u_y 被称为形成 E 的一组**基**(basis)，或者说它们属于 E，A_1 的基就是 u_z，因为 u_z 不受群中任何一个操作的影响。请注意，基的数量等于不可约表示的维数。(虽然不明显，但 A_2 的基是表示分子绕 z 轴旋转的矢量的集合。)

» 例题 12-9 证明表 12.5 中 $\boldsymbol{C}_{2v}$点群中 B_1 的基为 u_x。

» 解 仅参考例题 12-3 中的图所示的 u_x 部分，发现

$$\hat{E}u_x=(+1)u_x,\quad \hat{C}_2u_x=(-1)u_x$$

$$\hat{\sigma}_vu_x=(+1)u_x,\quad \hat{\sigma}'_vu_x=(-1)u_x$$

与表 12.5 中的 B_1 一致。

12-6 特征标表是点群性质最重要的总结

表 12.5 和表 12.6 分别给出了点群 $\boldsymbol{C}_{2v}$和 $\boldsymbol{C}_{3v}$的不可约表示。事实证明，在群论的几乎所有应用中，都不需要完整的矩阵，只需要对角元素之和。一个矩阵的对角元素之和称为矩阵的**迹**(trace)，在群论中通常称为**特征标**(character)。当然，矩阵必须是方阵，在群论中遇到的所有矩阵都是方阵。一个点群的不可约表示的特征标列在一**特征标表**(character table)中，如表 12.7 和表 12.8 所示的 $\boldsymbol{C}_{2v}$和 $\boldsymbol{C}_{3v}$点群。这些表中的数字条目直接继承了表 12.5 和表 12.6，但是引入了一些新的表示法。我们将在本章的其余部分使用特征标表，因此先仔细考察表 12.7 和表 12.8 的各个部分。

如预期的那样，表 12.7 和表 12.8 中的不可约表示 A 在 $\hat{C}_2$和 $\hat{C}_3$下为 +1，而 B 则为 −1。数字下标用于区分相似类型的不可约表示。按照惯例，完全对称的不可约表示用表 12.7 和表 12.8 中的 A_1 来表示。现在来看看表 12.7 和表 12.8 中右边两列中的第一列。这一列给出了各种不可约表示的基。之前已证明，u_x 构成表 12.7 中 B_1 的一个基，u_x 和 u_y 共同构成表 12.8 中二维不可约表示 E 的一个基。R_j 表示描述围绕所示轴的旋转的矢量。如前所述，表 12.8 中 A_2 的基是表示绕主轴(z 轴)旋转的矢量集。如果从一个 $\boldsymbol{C}_{3v}$分子(如氨)的 z 轴向下看，围绕这个轴的旋转可以用下图描绘：

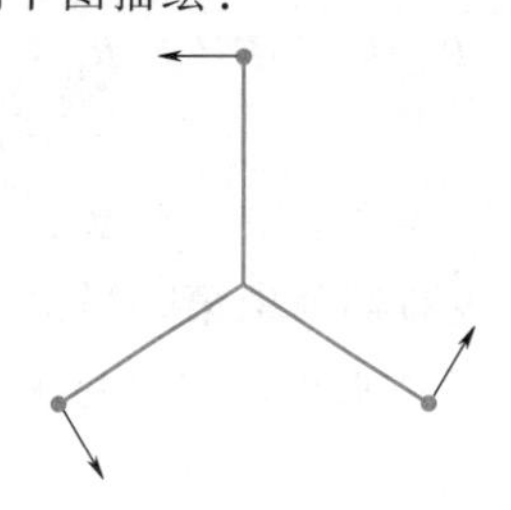

为了弄清这些矢量是否构成了 A_2 的一个基,依次应用每个对称操作。$\hat{E}$,$\hat{C}_3$和 $\hat{C}_3^2$操作不会改变矢量的方向,但是 $\hat{\sigma}_v$,$\hat{\sigma}_v'$和 $\hat{\sigma}_v''$会。用符号表示,有

$$\hat{E}(R_z)=R_z \quad \hat{\sigma}_v(\hat{R}_z)=-R_z$$

$$\hat{C}_3(R_z)=R_z \quad \hat{\sigma}_v'(\hat{R}_z)=-R_z$$

$$\hat{C}_3^2(R_z)=R_z \quad \hat{\sigma}_v''(\hat{R}_z)=-R_z$$

表 12.7 C_{2v}点群的特征标表。

C_{2v}	$\hat{E}$	$\hat{C}_2$	$\hat{\sigma}_v$	$\hat{\sigma}_v'$		
A_1	1	1	1	1	z	x^2,y^2,z^2
A_2	1	1	−1	−1	R_z	xy
B_1	1	−1	1	−1	x,R_y	xz
B_2	1	−1	−1	1	y,R_x	yz

表 12.8 C_{3v}点群的特征标表的展开形式。

C_{3v}	$\hat{E}$	$\hat{C}_3$	$\hat{C}_3^2$	$\hat{\sigma}_v$	$\hat{\sigma}_v'$	$\hat{\sigma}_v''$		
A₁	1	1	1	1	1	1	z	x^2+y^2,z^2
A₂	1	1	1	−1	−1	−1	R_z	
E	2	−1	−1	0	0	0	$(x,y)(R_x,R_y)$	$(x^2-y^2,xy)(xz,yz)$

因此,我们从表 12.8 中看到 R_z 是 A_2 的一个基,因为 $\hat{E}$,$\hat{C}_3$和 $\hat{C}_3^2$的特征标是 +1,并且 $\hat{\sigma}_v$,$\hat{\sigma}_v'$和 $\hat{\sigma}_v''$的特征标是 −1。

» 例题 12-10 证明 R_z 构成表 12.7(C_{2v}点群)中 A_2 的一个基。

» 解 可以这样表示围绕 C_2 轴的旋转(向下看轴):

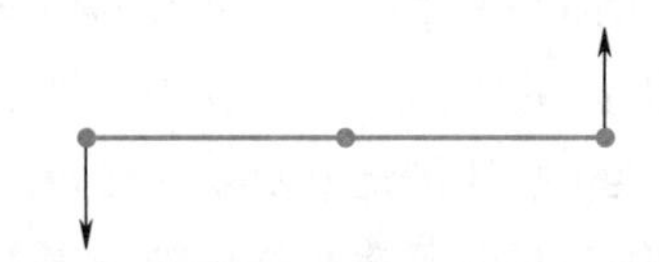

$\hat{E}$操作和 $\hat{C}_2$操作不会改变箭头的方向,但 $\hat{\sigma}_v$操作和 $\hat{\sigma}_v'$操作会改变方向。因此,$\hat{E}R_z=\hat{C}_2R_z=(+1)R_z$ 和 $\hat{\sigma}_vR_z=\hat{\sigma}_v'R_z=(-1)R_z$,表 12.7 显示 R_z 是 A_2 的一个基。

在第 13 章中将群论应用于多原子分子的振动光谱时,将使用特征标表右侧列中第一列中的信息。最后一列列出 x,y 和 z 的某些乘积是如何变换的。这一列用于讨论 d 轨道和拉曼光谱。

表 12.8 标题为 C_{3v}点群特征标表的展开形式。如果你在任何关于群论的书中查找 C_{3v}点群的特征标表,会找到表 12.9 给出的表格。为了解释表 12.8 和表 12.9 的区别,需要引入**类**(class)的概念。注意,表 12.8 中以 $\hat{C}_3$和 $\hat{C}_3^2$为首的列是一样的。这是因为 $\hat{C}_3$(逆时针旋转 120°)和 $\hat{C}_3^2$(逆时针旋转 240°=顺时针旋转 120°)在物理上是相同的操作。我们可以任意顺时针旋转或逆时针旋转 120°。因此,在表 12.8 中,以 $\hat{C}_3$和 $\hat{C}_3^2$为表头列是相同的。同样,三个镜面在本质上是等效的。它们的记号是任意的,因此它们对应的对称操作在物理上是等价的。本质上等价的对称操作被称为属于同一类。关于类,还有一个更复杂的数学定义,但这里的物理论证就足够了。

表 12.9 表明 C_{3v}中有三类对称操作。从表 12.7 及表 12.9~表 12.14 中可以发现,类的数量等于不可约表示的数量。这是一个普遍的结果;特征标表是方形的。注意,表 12.14 有三重简并表示,用字母 T 表示。C_{2h}点群可描述反式二氯乙烯分子,有一个反演中心 i,特征标表如表 12.10 所示。在反演操作下对称的不可约表示有一个下标 g(对应德语单词 gerade,意思是偶数),而那些反对称的表示有一个下标 u(对应德语单词 ungerade,意思是奇数)。回想一下,这些记号也被用来描述同核双原子分子通过两个键合原子中间点的反演操作下的分子轨道的性质。因此,表 12.10 中的第一个不可约表示用 A_g 来表示,这是由于 $\hat{C}_2$操作下的特征标是 +1(因此是 A),$\hat{i}$ 操作下的特征标是 +1(因此是下标 g)。

表 12.9 C_{3v}点群的特征标表。

C_{3v}	$\hat{E}$	$2\hat{C}_3$	$3\hat{\sigma}_v$		
A_1	1	1	1	z	x^2+y^2,z^2
A_2	1	1	−1	R_z	
E	2	−1	0	$(x,y)(R_x,R_y)$	$(x^2-y^2,xy)(xz,yz)$

表 12.10 C_{2h}点群的特征标表(反式二氯乙烯就是 C_{2h}点群的一个例子)。

C_{2h}	$\hat{E}$	$\hat{C}_2$	$\hat{i}$	$\hat{\sigma}_h$		
A_g	1	1	1	1	R_z	x^2,y^2,z^2,xy
B_g	1	−1	1	−1	R_x,R_y	xz,yz
A_u	1	1	−1	−1	z	
B_u	1	−1	−1	1	x,y	

表 12.11 $\boldsymbol{D}_{3h}$点群的特征标表(三氧化硫就是$\boldsymbol{D}_{3h}$点群的一个例子)。

$\boldsymbol{D}_{3h}$	$\hat{E}$	$2\hat{C}_3$	$3\hat{C}_2$	$\hat{\sigma}_h$	$2\hat{S}_3$	$3\hat{\sigma}_v$		
A_1'	1	1	1	1	1	1		x^2+y^2, z^2
A_2'	1	1	−1	1	1	−1	R_z	
E'	2	−1	0	2	−1	0	(x,y)	(x^2-y^2, xy)
A_1''	1	1	1	−1	−1	−1		
A_2''	1	1	−1	−1	−1	1	z	
E''	2	−1	0	−2	1	0	(R_x, R_y)	(xz, yz)

表 12.12 $\boldsymbol{D}_{4h}$点群的特征标表(四氟化氙就是$\boldsymbol{D}_{4h}$点群的一个例子)。

$\boldsymbol{D}_{4h}$	$\hat{E}$	$2\hat{C}_4$	$\hat{C}_2$	$2\hat{C}_2'$	$2\hat{C}_2''$	$\hat{i}$	$2\hat{S}_4$	$\hat{\sigma}_h$	$2\hat{\sigma}_v$	$2\hat{\sigma}_d$		
A_{1g}	1	1	1	1	1	1	1	1	1	1		x^2+y^2, z^2
A_{2g}	1	1	1	−1	−1	1	1	1	−1	−1	R_z	
B_{1g}	1	−1	1	1	−1	1	−1	1	1	−1		x^2-y^2
B_{2g}	1	−1	1	−1	1	1	−1	1	−1	1		xy
E_g	2	0	−2	0	0	2	0	−2	0	0	(R_x, R_y)	(xz, yz)
A_{1u}	1	1	1	1	1	−1	−1	−1	−1	−1		
A_{2u}	1	1	1	−1	−1	−1	−1	−1	1	1	z	
B_{1u}	1	−1	1	1	−1	−1	1	−1	−1	1		
B_{2u}	1	−1	1	−1	1	−1	1	−1	1	−1		
E_u	2	0	−2	0	0	−2	0	2	0	0	(x,y,z)	

表 12.13 $\boldsymbol{D}_{6h}$点群的特征标表(苯就是$\boldsymbol{D}_{6h}$点群的一个例子)。

$\boldsymbol{D}_{6h}$	$\hat{E}$	$2\hat{C}_6$	$2\hat{C}_3$	$\hat{C}_2$	$3\hat{C}_2'$	$3\hat{C}_2''$	$\hat{i}$	$2\hat{S}_3$	$2\hat{S}_6$	$\hat{\sigma}_h$	$3\hat{\sigma}_d$	$3\hat{\sigma}_v$		
A_{1g}	1	1	1	1	1	1	1	1	1	1	1	1		x^2+y^2, z^2
A_{2g}	1	1	1	1	−1	−1	1	1	1	1	−1	−1	R_z	
B_{1g}	1	−1	1	−1	1	−1	1	−1	1	−1	1	−1		
B_{2g}	1	−1	1	−1	−1	1	1	−1	1	−1	−1	1		
E_{1g}	2	1	−1	−2	0	0	2	1	−1	−2	0	0	(R_x, R_y)	(xz, yz)
E_{2g}	2	−1	−1	2	0	0	2	−1	−1	2	0	0		(x^2-y^2, xy)
A_{1u}	1	1	1	1	1	1	−1	−1	−1	−1	−1	−1		
A_{2u}	1	1	1	1	−1	−1	−1	−1	−1	−1	1	1	z	
B_{1u}	1	−1	1	−1	1	−1	−1	1	−1	1	−1	1		
B_{2u}	1	−1	1	−1	−1	1	−1	1	−1	1	1	−1		
E_{1u}	2	1	−1	−2	0	0	−2	−1	1	2	0	0	(x,y)	
E_{2u}	2	−1	−1	2	0	0	−2	1	1	−2	0	0		

表 12.14 $\boldsymbol{T}_d$ 点群的特征标表(甲烷就是 $\boldsymbol{T}_d$ 点群的一个例子)。

$\boldsymbol{T}_d$	$\hat{E}$	$8\hat{C}_3$	$3\hat{C}_2$	$6\hat{S}_4$	$6\hat{\sigma}_d$		
A_1	1	1	1	1	1		$x^2+y^2+z^2$
A_2	1	1	1	−1	−1		
E	2	−1	2	0	0		$(2z^2-x^2-y^2, x^2-y^2)$
T_1	3	0	−1	1	−1	(R_x, R_y, R_z)	
T_2	3	0	−1	−1	1	(x,y)	(xy, xz, yz)

12-7 几个涉及不可约表示特征标的数学关系

在本节中,我们将不加证明地给出一些与特征标表相关的数学性质。正如在前一节所说,特征标表是方形的;也就是说,不可约表征的数量等于类的数量。进一步说,因为一个恒等操作是由一个单位矩阵表示的,而特征标是这个矩阵的对角元素的和,所以这个恒等运算符的特征标等于不可约表示的维数。表 12.7~12.14 表明,对于 A 和 B 不可约表示,恒等操作的特征标均为 1,对于 E 和 T 不可约表示,特征标分别为 2 和 3。如前所述,如果 d_j 是第 j 个不可约表示的维数,h 是群的阶(第 12-4 节),则

$$\sum_{j=1}^{N} d_j^2 = h \tag{12.8}$$

式中 N 为不可约表示的个数。我们可以用不同的、但更常见的记号来写这个方程。首先,设 $\hat{R}$ 为任意对称操作,并设 $\chi(\hat{R})$ 为 $\hat{R}$ 的矩阵表示的特征标。进一步,设 $\chi_j(\hat{R})$ 为 $\hat{R}$ 的第 j 个不可约表示的特征标。现在,因为 $\chi_j(\hat{E})=d_j$,可以把式(12.8)写成更常见的形式,即

$$\sum_{j=1}^{N} [\chi_j(\hat{E})]^2 = h \tag{12.9}$$

这个方程不仅对表 12.7~12.14 有效,而且对所有点群的特征标表都有效。

对群论更彻底的处理是把特征标表的每一行看作一个抽象矢量。回顾数学章节 C,两个矢量 $\boldsymbol{u}$ 和 $\boldsymbol{v}$ 的标量积或点积由式(C.6)

$$\boldsymbol{u}\cdot\boldsymbol{v} = |u||v|\cos\theta \tag{12.10}$$

或式(C.9)

$$\boldsymbol{u}\cdot\boldsymbol{v} = u_1v_1+u_2v_2+u_3v_3 \tag{12.11}$$

给出。式中 $|u|$ 和 $|v|$ 是 $\boldsymbol{u}$ 和 $\boldsymbol{v}$ 的长度;θ 是它们之间的夹角。因此,如果 $\boldsymbol{u}$ 和 $\boldsymbol{v}$ 是垂直的(正交的),则 $\cos\theta=0$,并且

$$\boldsymbol{u}\cdot\boldsymbol{v} = u_1v_1+u_2v_2+u_3v_3 = 0 \tag{12.12}$$

虽然在式(12.11)和式(12.12)中将 $\boldsymbol{u}$ 和 $\boldsymbol{v}$ 写成三维矢量,但它们可以是 n 维矢量,在这种情况下,式(12.11)变成

$$\boldsymbol{u}\cdot\boldsymbol{v} = \sum_{k=1}^{n} u_k v_k \tag{12.13}$$

如果式(12.13)中的加和等于零,就说 $\boldsymbol{u}$ 和 $\boldsymbol{v}$ 是**正交的**(orthogonal)。当然,如果 $n>3$,很难具体想象 $\boldsymbol{u}$ 和 $\boldsymbol{v}$ 垂直时的情况,但它们在广义上是垂直的。现在回到 $\boldsymbol{C}_{2v}$ 特征标表(表 12.7)中的行。每行包含 4 个特征标,可以把每行看作一个四维矢量,它的分量是 $\chi_j(\hat{R})$。现在取特征标表中任意两行的点积[式(12.13)]。如果这样做,那么会发现,这些行实际上是正交的,或者写为

$$\sum_{\hat{R}} \chi_i(\hat{R})\chi_j(\hat{R}) = 0 \quad i\neq j \tag{12.14}$$

例如,表 12.7 中 A_1 与 B_2 的点积是

$$\chi_{A_1}(\hat{E})\chi_{B_2}(\hat{E}) + \chi_{A_1}(\hat{C}_2)\chi_{B_2}(\hat{C}_2) + \chi_{A_1}(\hat{\sigma}_v)\chi_{B_2}(\hat{\sigma}_v) + \chi_{A_1}(\hat{\sigma}'_v)\chi_{B_2}(\hat{\sigma}'_v)$$

或

$$(1)\times(1)+(1)\times(-1)+(1)\times(-1)+(1)\times(1)=0$$

» 例题 12-11 证明 $\boldsymbol{C}_{3v}$ 点群(表 12.9)中的 A_1 行与 E 行正交。(请记住,列以类为表头。)

» 解 表 12.8 中 A_1 行与 E 行的点积为

$$(1)\times(2)+\underbrace{(1)\times(-1)+(1)\times(-1)}_{2\hat{C}_3}+\underbrace{(1)\times(0)+(1)\times(0)+(1)\times(0)}_{3\hat{\sigma}_v}=0$$

注意,由于已经对对称操作进行了合并,故在积 $\chi_i(\hat{R})\chi_j(\hat{R})$ 中必须各自包括两次 $\hat{C}_3$ 旋转和三次 $\hat{\sigma}_v$ 反映。

可以针对类而不是在式(12.14)中针对对称操作进行加和。如果设 $n(\hat{R})$ 为包含 $\hat{R}$ 的类中对称操作的个数,则式(12.14)可以写成

$$\sum_{\text{类}} n(\hat{R})\chi_i(\hat{R})\chi_j(\hat{R}) = 0 \quad i\neq j \tag{12.15}$$

将式(12.15)应用于例题 12-11,得

$$n(\hat{E})\chi_{A_1}(\hat{E})\chi_E(\hat{E}) + n(\hat{C}_3)\chi_{A_1}(\hat{C}_3)\chi_E(\hat{C}_3) + n(\hat{\sigma}_v)\chi_{A_1}(\hat{\sigma}_v)\chi_E(\hat{\sigma}_v)$$

或

$$\underbrace{(1)\times(1)\times(2)}_{1\hat{E}}+\underbrace{(2)\times(1)\times(-1)}_{2\hat{C}_3}+\underbrace{(3)\times(1)\times(0)}_{3\hat{\sigma}_v}=0$$

如果让式(12.14)或式(12.15)中的 i 表示完全对称不可约表示,那么在求和的每一项中,$\chi_i(\hat{R})=1$,所以式(12.14)表明

$$\sum_{\hat{R}} \chi_j(\hat{R}) = \sum_{\text{类}} n(\hat{R})\chi_j(\hat{R}) = 0 \quad j\neq A_1 \tag{12.16}$$

换句话说,任何一行(除了第一行)的特征标之和等于零。请读者确认此结论对于表 12.7~12.14 都是正确的。

矢量 $\boldsymbol{v}$ 长度的平方由下式(例题 C-2)给出:

$$\boldsymbol{v}\cdot\boldsymbol{v} = v_1^2+v_2^2+v_3^2$$

可以很容易地推广到 n 维,即

$$\boldsymbol{v}\cdot\boldsymbol{v} = (\text{长度})^2 = \sum_{k=1}^{n} v_k^2$$

因为特征标表的每一行都可以看作一个 n 维矢量,故可

以将这个方程表示为

$$(\text{长度})^2=\sum_{\hat{R}}[\chi_j(\hat{R})]^2 \tag{12.17}$$

如果将式(12.17)应用于表12.7~12.14中的任何一行，那么会发现：

$$\sum_{\hat{R}}[\chi_j(\hat{R})]^2=h \tag{12.18}$$

这是一个一般性的结果。对于针对类的加和，有

$$\sum_{\text{类}}n(\hat{R})[\chi_j(\hat{R})]^2=h \tag{12.19}$$

式(12.18)或式(12.19)表明，特征标表中任意一行对应的矢量的长度等于该点群的阶的平方根。将式(12.19)应用于C_{3v}(表12.9)的A_2，得

$$\sum_{\text{类}}n(\hat{R})[\chi_j(\hat{R})]^2=1\times(1)^2+2\times(1)^2+3\times(-1)^2=6$$

结合式(12.14)到式(12.19)，可得

$$\sum_{\hat{R}}\chi_i(\hat{R})\chi_j(\hat{R})=\sum_{\text{类}}n(\hat{R})\chi_i(\hat{R})\chi_j(\hat{R})=h\delta_{ij} \tag{12.20}$$

式中δ_{ij}是克罗内克符号。本节到目前为止的所有内容都可以用式(12.20)来总结，它表明一个特征标表的行是正交的，长度为$h^{1/2}$。

将群论应用于诸如分子轨道计算之类的物理问题(如第12-1节所述)时，把分子点群的对称操作应用于每个原子上的原子轨道，以构建特定的(通常是可约化的)表示。然后，把这种可约表示约化为其不可约表示，并利用这一结果来构造对称轨道或原子轨道的线性组合，从而最佳地利用分子的对称性[见式(12.3)]。那么，剩下的一个问题是，如何将一个给定的可约表示约化为它的不可约组成表示。像往常一样，使用各种表示的特征标。需要回答的数学问题是如何确定表达式

$$\chi(\hat{R})=\sum_j a_j\chi_j(\hat{R}) \tag{12.21}$$

中的a_j。式中$\chi(\hat{R})$是可约表示Γ中对称操作$\hat{R}$的特征标。这些系数可以告诉我们每个不可约表示在Γ中被包含了多少次。使用式(12.20)给出的正交关系来确定a_j实际上是相当容易的。将式(12.21)两边乘以$\chi_i(\hat{R})$，并将等式两边对$\hat{R}$求和：

$$\sum_{\hat{R}}\chi(\hat{R})\chi_i(\hat{R})=\sum_j a_j\sum_{\hat{R}}\chi_i(\hat{R})\chi_j(\hat{R})$$

但是式(12.20)表明右边对$\hat{R}$的求和是$h\delta_{ij}$，所以有

$$\sum_{\hat{R}}\chi(\hat{R})\chi_i(\hat{R})=\sum_j ha_j\delta_{ij}$$

右边只有$i=j$的项不为0(否则$\delta_{ij}=0$)，所以有

$$a_i=\frac{1}{h}\sum_{\hat{R}}\chi(\hat{R})\chi_i(\hat{R}) \tag{12.22}$$

也可以把式(12.22)写成针对类的加和，即

$$a_i=\frac{1}{h}\sum_{\hat{R}}\chi(\hat{R})\chi_i(\hat{R})=\frac{1}{h}\sum_{\text{类}}n(\hat{R})\chi(\hat{R})\chi_i(\hat{R}) \tag{12.23}$$

现在对群论已有了足够的了解，可以把它应用到一些分子计算中。

» 例题 12-12 假设C_{2v}点群的一个可约表示的特征标为$\chi(\hat{E})=4$，$\chi(\hat{C}_2)=2$，$\chi(\hat{\sigma}_v)=0$和$\chi(\hat{\sigma}'_v)=2$，通常可表示为$\Gamma=4\ 2\ 0\ 2$。确定C_{2v}的每个不可约表示包含在$\Gamma=4\ 2\ 0\ 2$里的次数。

» 解 使用式(12.23)($h=4$)，有

$$a_{A_1}=\frac{1}{4}[(4)\times(1)+(2)\times(1)+(0)\times(1)+(2)\times(1)]=2$$

$$a_{A_2}=\frac{1}{4}[(4)\times(1)+(2)\times(1)+(0)\times(-1)+(2)\times(-1)]=1$$

$$a_{B_1}=\frac{1}{4}[(4)\times(1)+(2)\times(-1)+(0)\times(1)+(2)\times(-1)]=0$$

$$a_{B_2}=\frac{1}{4}[(4)\times(1)+(2)\times(-1)+(0)\times(-1)+(2)\times(1)]=1$$

因此

$$\Gamma=2A_1+A_2+B_2$$

» 例题 12-13 假设对于C_{3v}，$\Gamma=3\quad 0\quad -1$，确定式(12.23)中的a_i。

» 解 使用式(12.23)作为针对类的加和，在这种情况下，有

$$a_{A_1}=\frac{1}{6}[(1)\times(3)\times(1)+(2)\times(0)\times(1)+(3)\times(-1)\times(1)]=0$$

$$a_{A_2}=\frac{1}{6}[(1)\times(3)\times(1)+(2)\times(0)\times(1)+(3)\times(-1)\times(-1)]=1$$

$$a_E=\frac{1}{6}[(1)\times(3)\times(2)+(2)\times(0)\times(-1)+(3)\times(-1)\times(0)]=1$$

或者$\Gamma=A_2+E$。

12-8 利用对称性论证来预测久期行列式中哪些元素等于零

回顾第9章和第10章，我们遇到过这种类型的分子积分：

$$H_{ij}=\int\phi_i^*\hat{H}\phi_j\mathrm{d}\tau \quad 和 \quad S_{ij}=\int\phi_i^*\phi_j\mathrm{d}\tau \tag{12.24}$$

现在将证明，如果选择 ϕ_i^* 和 ϕ_j，使它们属于不同的不可约表示，这样的积分将等于零。简单起见，将只对一维不可约表示进行证明，但结果是通用的。先从重叠积分

$$S_{ij}=\int\phi_i^*\phi_j\mathrm{d}\tau \tag{12.25}$$

开始，这个积分只是一个数字，它的值肯定不依赖于分子的取向。分子的对称操作 $\hat{R}$ 分别将 ϕ_i 和 ϕ_j 变换为 $\hat{R}\phi_i$ 和 $\hat{R}\phi_j$。得到的（变换后的）重叠积分为

$$\hat{R}S_{ij}=\int\hat{R}\phi_i^*\hat{R}\phi_j\mathrm{d}\tau$$

因为当我们应用分子点群的一对称操作时，S_{ij}的值是不会改变的，故

$$\hat{R}S_{ij}=\int\hat{R}\phi_i^*\hat{R}\phi_j\mathrm{d}\tau=S_{ij}=\int\phi_i^*\phi_j\mathrm{d}\tau \tag{12.26}$$

现在假设 ϕ_i^* 和 ϕ_j 是（一维）不可约表示 Γ_a 和 Γ_b 的基，如果是这样，那么

$$\hat{R}\phi_i^*=\chi_a(\hat{R})\phi_i^* \quad 和 \quad \hat{R}\phi_j=\chi_b(\hat{R})\phi_j \tag{12.27}$$

事实上，式（12.27）就确切地表示了 ϕ_i^* 和 ϕ_j 是一维不可约表示 Γ_a 和 Γ_b 的基（见例题 12-9）。将式（12.27）代入式（12.26），得

$$S_{ij}=\chi_a(\hat{R})\chi_b(\hat{R})\int\phi_i^*\phi_j\mathrm{d}\tau=\chi_a(\hat{R})\chi_b(\hat{R})S_{ij} \tag{12.28}$$

式（12.28）要求

$$\chi_a(\hat{R})\chi_b(\hat{R})=1 \quad 对于所有的 \hat{R} \tag{12.29}$$

因为$\chi_i(\hat{R})$对于任何一个一维不可约表示不是 1 就是 -1，所以式（12.29）只有当$\chi_a(\hat{R})=\chi_b(\hat{R})$或者 Γ_a 和 Γ_b 是相同的不可约表示时才为真。如果$\chi_a(\hat{R})\neq\chi_b(\hat{R})$，那么对于某一对称操作 $\hat{R}$，$x_a(\hat{R})x_b(\hat{R})$将等于-1，且式（12.28）中 S_{ij}能等于$-S_{ij}$的唯一方式是 S_{ij}等于零。这样，我们证明了（至少对于一维不可约表示）群论中最有用的结果之一，即如果 ϕ_i^* 和 ϕ_j 是不同的不可约表示的基，则 S_{ij}必须等于零。

将这个结果应用于 H_2O 分子［位于 $y-z$ 平面，图 12.6(a)］，并计算氧原子上一个 $2p_x$ 轨道（$2p_{xO}$）和氢原子上 1s 轨道之和（$1s_{H_A}+1s_{H_B}$）的 S_{ij}。氢 1s 轨道的这种线性组合在 $\boldsymbol{C}_{2v}$点群的所有四种操作下都是对称的，因此变换如 A_1。正是出于这个原因，我们选择 $1s_{H_A}+1s_{H_B}$而不是单独地选择 $1s_{H_A}$或 $1s_{H_B}$。氧原子上的 $2p_x$ 轨道变换如 x，根据表 12.7，其变换如 B_1。因此，我们可以说 $2p_{xO}$ 和 $1s_{H_A}+1s_{H_B}$的重叠积分根据对称性为零。表 12.7 表明，这个结论对 $2p_{yO}$也是对的，但对 $2p_{zO}$不成立。

» 例题 12－14　证明 NH_3 分子（$\boldsymbol{C}_{3v}$）中 $2p_{xN}$ 和 $1s_{H_A}+1s_{H_B}+1s_{H_C}$的重叠积分等于零。

» 解　$1s_{H_A}+1s_{H_B}+1s_{H_C}$的线性组合属于完全对称的不可约表示 A_1，根据表 12.9，$2p_{xN}$ 属于 E，因此重叠积分等于零。

久期行列式中的其他积分是式（12.24）中的 H_{ij}。分子的哈密顿算符在分子的所有群操作下都是对称的，因为分子在所有这些操作下都是不可区分的。因此，$\hat{H}$ 必须属于 A_1，使用与处理 S_{ij}相同的过程，有

$$\begin{aligned}H_{ij}&=\int\phi_i^*\hat{H}\phi_j\mathrm{d}\tau=\hat{R}H_{ij}=\int(\hat{R}\phi_i^*)(\hat{R}\hat{H})(\hat{R}\phi_j)\mathrm{d}\tau\\&=\chi_a(\hat{R})\chi_{A_1}(\hat{R})\chi_b(\hat{R})H_{ij}\end{aligned} \tag{12.30}$$

因此，因为 H_{ij}与分子的取向无关，所以必须有

$$\chi_a(\hat{R})\chi_{A_1}(\hat{R})\chi_b(\hat{R})=1 \quad 对所有的 \hat{R} \tag{12.31}$$

但对所有 $\hat{R}$ 来说，$\chi_{A_1}(\hat{R})=1$，所以式（12.31）和式（12.29）是一样的，这再次暗示了 ϕ_i^* 和 ϕ_j 必须属于同一个不可约表示。因此，除非 ϕ_i^* 和 ϕ_j 属于相同的不可约表示，否则 H_{ij}和 S_{ij}都必然等于零。这为在分子计算中计算典型的大的久期行列式提供了极大的简化。

表 12.13 给出了描述苯的 $\boldsymbol{D}_{6h}$点群的特征标表。参照式（12.3），我们来证明对称轨道 ϕ_1 属于 A_{2u}。要做到这一点，必须证明 ϕ_1 按照 A_{2u}的每个对称操作的特征标进行变换。当然，$\hat{E}\phi_1=\phi_1$。图 12.9 给出了苯分子的对称元素，图 12.10 说明了一些对称操作。绕主轴逆时针旋转 60°得到（记住 ψ_j 表示第 j 个碳原子上的一个 $2p_z$ 轨道）。

$$\begin{aligned}\hat{C}_6\phi_1&=\hat{C}_6\psi_1+\hat{C}_6\psi_2+\hat{C}_6\psi_3+\hat{C}_6\psi_4+\hat{C}_6\psi_5+\hat{C}_6\psi_6\\&=\psi_6+\psi_1+\psi_2+\psi_3+\psi_4+\psi_5=\phi_1\end{aligned}$$

类似地（见图 12.10），可以得到如下等式：

$$\hat{C}_2'\phi_1=-\psi_1-\psi_6-\psi_5-\psi_4-\psi_3-\psi_2=-\phi_1$$

$$\hat{\sigma}_d\phi_1=\psi_2+\psi_1+\psi_6+\psi_5+\psi_4+\psi_3=\phi_1$$

$$\hat{S}_3\phi_1=\hat{\sigma}_h\hat{C}_3\phi_1=-\psi_5-\psi_6-\psi_1-\psi_2-\psi_3-\psi_4=-\phi_1$$

以及其他等式在每种情况下，ϕ_1 根据 A_{2u} 中的特征标进行变换。类似地，易于证明 ϕ_2 属于 B_{2g}。例如：

$$\begin{aligned}\hat{C}_2'\phi_2&=\hat{C}_2'\psi_1-\hat{C}_2'\psi_2+\hat{C}_2'\psi_3-\hat{C}_2'\psi_4+\hat{C}_2'\psi_5-\hat{C}_2'\psi_6\\&=-\psi_1+\psi_6-\psi_5+\psi_4-\psi_3+\psi_2=-\phi_2\end{aligned}$$

在式（12.3）中的其他四个对称轨道中，ϕ_3 和 ϕ_4 属于 E_{1g}，ϕ_5 和 ϕ_6 属于 E_{2u}。因为式（12.24）中的积分等于零（如果 ϕ_i^* 和 ϕ_j 属于不同的不可约表示），现在可以理解为什么在使用式（12.3）中的线性组合时，苯的 6×6 的久期行列式［式（12.1）］被分解成两个 1×1 矩阵和两个 2×2 矩

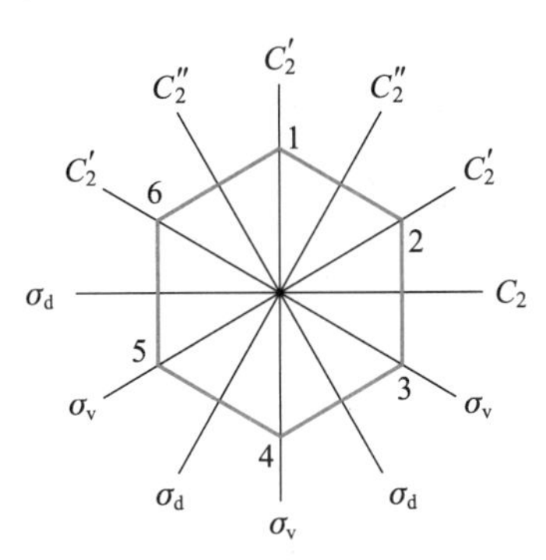

图 12.9 属于 $\boldsymbol{D}_{6h}$ 点群的苯分子的对称元素。C_6 和 S_6 轴与平面垂直，σ_h 在平面内，i 在中心。

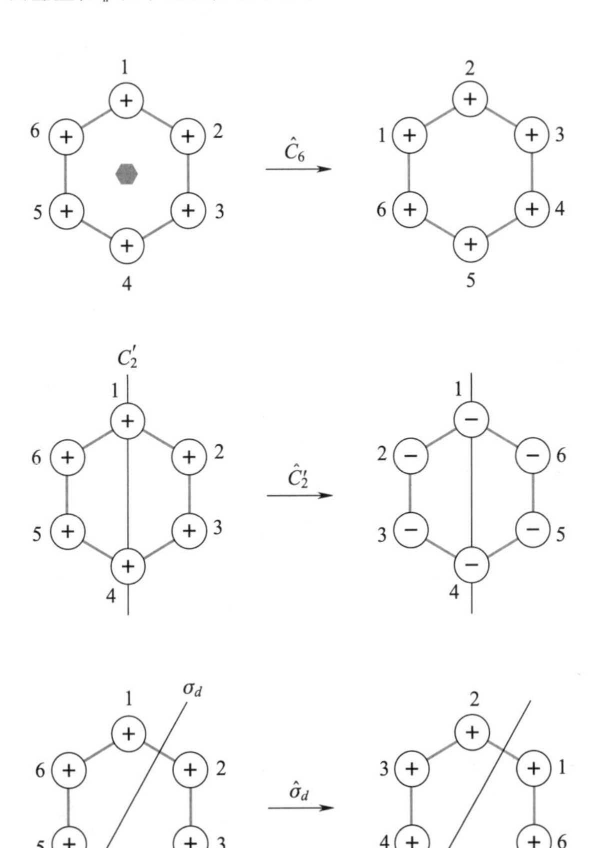

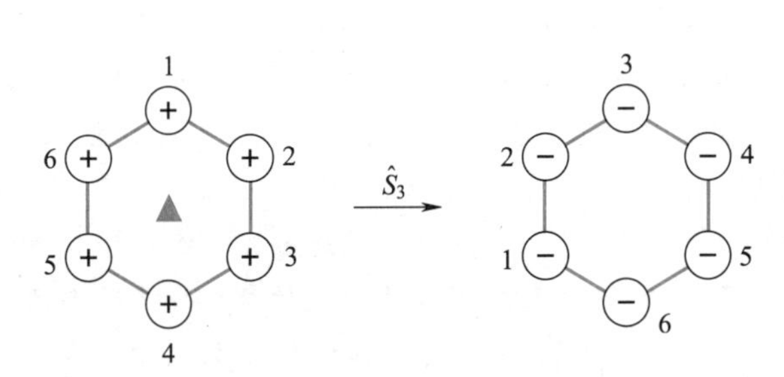

图 12.10 $\boldsymbol{D}_{6h}$ 点群的一些对称操作对碳 $2p_z$ 轨道的作用，这些轨道被用来构造苯的分子轨道。

阵。我们必须面对的最后一个问题是如何找到这些对称轨道；换句话说，如何找到原子轨道的线性组合作为各种不可约表示的基。这个问题是下一节的主题。

12-9 生成算符用于寻找可作为不可约表示的基的原子轨道的线性组合

有一种简单的方法来找到原子轨道的线性组合，这些原子轨道是不可约表示的基。它涉及一个称为**生成算符**（generating operator）的量，我们给出了它的公式，但没有证明。第 j 个不可约表示的生成算符是

$$\hat{P}_j=\frac{d_j}{h}\sum_{\hat{R}}\chi_j(\hat{R})\hat{R} \tag{12.32}$$

回想一下，d_j 是第 j 个不可约表示的维数。式（12.32）可能看起来很复杂，但它其实很容易使用。在用它生成苯的对称轨道之前，我们先用它来生成丁二烯的对称轨道，因为苯的 $\boldsymbol{D}_{6h}$ 特征标表比较大。回想一下，在第 10-6 节中将 Hückel 分子轨道理论应用于丁二烯。丁二烯的 π-电子骨架为

$$\overset{1}{C}=\overset{2}{C}\diagup\overset{3}{C}=\overset{4}{C}$$

建议使用 $\boldsymbol{C}_{2h}$ 点群元素（表 12.10）。如果将第 i 个碳原子的 $2p_z$ 轨道写作 ψ_i，应用式（12.32）可得

$$\begin{aligned}\hat{P}_{A_g}\psi_1&=\frac{1}{4}\sum_{\hat{R}}\chi_{A_g}(\hat{R})\hat{R}\psi_1\\&=\frac{1}{4}[(1)\hat{E}\psi_1+(1)\hat{C}_2\psi_1+(1)\hat{i}\psi_1+(1)\hat{\sigma}_h\psi_1]\\&=\frac{1}{4}(\psi_1+\psi_4-\psi_4-\psi_1)=0\end{aligned}$$

$$\hat{P}_{A_g}\psi_2=\frac{1}{4}(\psi_2+\psi_3-\psi_3-\psi_2)=0$$

对于 ψ_3 和 ψ_4，可得到类似的结果。类似地，用 ψ_1 和 ψ_2，可得

$$\begin{aligned}\hat{P}_{B_g}\psi_1&=\frac{1}{4}(\psi_1-\psi_4-\psi_4+\psi_1)\propto\psi_1-\psi_4\\\hat{P}_{B_g}\psi_2&=\frac{1}{4}(\psi_2-\psi_3-\psi_3+\psi_2)\propto\psi_2-\psi_3\\\hat{P}_{A_u}\psi_1&=\frac{1}{4}(\psi_1+\psi_4+\psi_4+\psi_1)\propto\psi_1+\psi_4\\\hat{P}_{A_u}\psi_2&=\frac{1}{4}(\psi_2+\psi_3+\psi_3+\psi_2)\propto\psi_2+\psi_3\\\hat{P}_{B_u}\psi_1&=\hat{P}_{B_u}\psi_2=0\end{aligned} \tag{12.33}$$

这里忽略了各种对称轨道前面的系数,因为我们只对它们的函数形式感兴趣。它们后续的归一化是很简单的事情。

式(12.33)给出了四个对称轨道,两个属于 B_g 对称性,两个属于 A_u 对称性。利用这些对称轨道,丁二烯的Hückel分子轨道理论久期行列式可以分解为两个 2×2 块。实际形式是(习题12-28)

$$\begin{vmatrix} x & 1 & 0 & 0 \\ 1 & x+1 & 0 & 0 \\ 0 & 0 & x & 1 \\ 0 & 0 & 1 & x-1 \end{vmatrix}=0$$

或

$$(x^2+x-1)(x^2-x-1)=0 \qquad (12.34)$$

或

$$x=\frac{-1\pm\sqrt{5}}{2}, \quad x=\frac{1\pm\sqrt{5}}{2}$$

或 $x=0.6180, -1.6180, 1.6180, -0.6180$。这些与我们在第10-6节中得到的值完全相同,但在那里我们必须处理 x 的四次方程,因为久期行列式不是分块对角形式的。

注意上面没有对称轨道属于 A_g 或 B_u,事实证明,为了了解这一点,我们真的不需要对 A_g 和 B_u 应用生成算符。把这四种群操作应用到图12.11中的四个 $2p_z$ 轨道上。对于恒等操作,对于每一个 j,有 $\hat{E}\psi_j=\psi_j$,可以把这个结果写成矩阵形式:

$$\hat{E}\begin{pmatrix}\psi_1\\ \psi_2\\ \psi_3\\ \psi_4\end{pmatrix}=\begin{pmatrix}1&0&0&0\\0&1&0&0\\0&0&1&0\\0&0&0&1\end{pmatrix}\begin{pmatrix}\psi_1\\ \psi_2\\ \psi_3\\ \psi_4\end{pmatrix}$$

这个矩阵的特征标是 $\chi(\hat{E})=4$。类似地,$\hat{C}_2\psi_1=\psi_4$,$\hat{C}_2\psi_2=\psi_3$,$\hat{C}_2\psi_3=\psi_2$ 和 $\hat{C}_2\psi_4=\psi_1$,或

$$\hat{C}_2\begin{pmatrix}\psi_1\\ \psi_2\\ \psi_3\\ \psi_4\end{pmatrix}=\begin{pmatrix}0&0&0&1\\0&0&1&0\\0&1&0&0\\1&0&0&0\end{pmatrix}\begin{pmatrix}\psi_1\\ \psi_2\\ \psi_3\\ \psi_4\end{pmatrix}$$

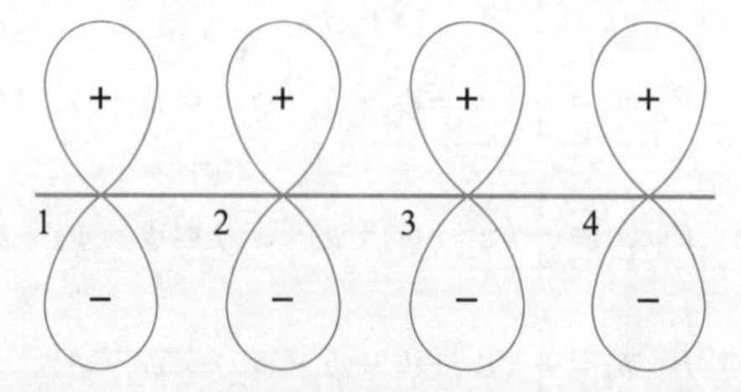

图12.11 用于形成丁二烯Hückel分子轨道的4个 $2p_z$ 轨道的示意图。

对于 $\chi(\hat{C}_2)=0$。类似地,

$$\hat{i}\begin{pmatrix}\psi_1\\ \psi_2\\ \psi_3\\ \psi_4\end{pmatrix}=\begin{pmatrix}0&0&0&-1\\0&0&-1&0\\0&-1&0&0\\-1&0&0&0\end{pmatrix}\begin{pmatrix}\psi_1\\ \psi_2\\ \psi_3\\ \psi_4\end{pmatrix}$$

且

$$\hat{\sigma}_v\begin{pmatrix}\psi_1\\ \psi_2\\ \psi_3\\ \psi_4\end{pmatrix}=\begin{pmatrix}-1&0&0&0\\0&-1&0&0\\0&0&-1&0\\0&0&0&-1\end{pmatrix}\begin{pmatrix}\psi_1\\ \psi_2\\ \psi_3\\ \psi_4\end{pmatrix}$$

对应于 $\chi(\hat{i})=0$ 和 $\chi(\hat{\sigma}_v)=-4$。这些结果告诉我们,4个 $2p_z$ 轨道属于下面这个可约表示:

	$\hat{E}$	$\hat{C}_2$	$\hat{i}$	$\hat{\sigma}_v$
Γ	4	0	0	−4

我们甚至可以不用写出所有的矩阵就写出 Γ。注意,如果 $2p_z$ 轨道不变,表示中对角线上有一个1;如果它仍然在原先原子上但改变了方向,则为−1;如果它移动到另一个原子上,则为0。操作 $\hat{E}$ 使所有四个不变;操作 $\hat{C}_2$ 和 $\hat{i}$ 将它们全部移动到不同的原子上;而 $\hat{\sigma}_v$ 会改变这四个轨道的方向,但不会移动它们。

可以使用式(12.23)将 Γ 约化为不可约表示:

$$a_{A_g}=\frac{1}{4}[(4)\times(1)+(0)\times(1)+(0)\times(1)+(-4)\times(1)]=0$$

$$a_{B_g}=\frac{1}{4}[(4)\times(1)+(0)\times(-1)+(0)\times(1)+(-4)\times(-1)]=2$$

$$a_{A_u}=\frac{1}{4}[(4)\times(1)+(0)\times(1)+(0)\times(-1)+(-4)\times(-1)]=2$$

$$a_{B_u}=\frac{1}{4}[(4)\times(1)+(0)\times(-1)+(0)\times(-1)+(-4)\times(1)]=0$$

据此可以写出 $\Gamma=2B_g+2A_u$,与之前的结果一致,即没有属于 A_g 或 B_u 的对称轨道。

» 例题 12-15 如果在不使用群论的情况下,使用最小基组原子轨道 $1s_{H_A}$, $1s_{H_B}$, $1s_O$, $2s_O$, $2p_{xO}$, $2p_{yO}$, $2p_{zO}$ 对 H_2O 进行分子轨道计算,将得到一个 7×7 的久期行列式。如果用群论生成对称轨道,这个行列式会是什么样子呢?

» 解 水分子属于 C_{3v} 点群。首先确定7个原子轨道的可约表示,就像上面对丁二烯所做的那样。将每个原子上的s轨道描绘成球体,氧原子上的2p轨道描绘成像图12.6(a)中的坐标轴。当然,$\chi(\hat{E})=7$。操作 $\hat{C}_2$ 将 $1s_H$ 轨道移动到不同的原子上,不会改变 $1s_O$, $2s_O$ 和 $2p_{zO}$,而改变了 $2p_{xO}$ 和 $2p_{yO}$ 轨道的方向;因此,$\chi(\hat{C}_2)=3-2=1$。类

似地，$\hat{\sigma}_v$ 将 $1s_H$ 移动到不同的原子上，不改变 $1s_O$，$2s_O$，$2p_{xO}$ 和 $2p_{zO}$，并改变 $2p_{yO}$ 的方向。因此，$\chi(\hat{\sigma}_v)=4-1=3$。最后，$\chi(\hat{\sigma}_v')=6-1=5$，得到

	$\hat{E}$	$\hat{C}_2$	$\hat{\sigma}_v$	$\hat{\sigma}_v'$
Γ	7	1	3	5

使用式(12.23)，可以发现

$$a_{A_1}=\frac{1}{4}[(7)\times(1)+(1)\times(1)+(3)\times(1)+(5)\times(1)]=4$$

$$a_{A_2}=\frac{1}{4}[(7)\times(1)+(1)\times(1)+(3)\times(-1)+(5)\times(-1)]=0$$

$$a_{B_1}=\frac{1}{4}[(7)\times(1)+(1)\times(-1)+(3)\times(1)+(5)\times(-1)]=1$$

$$a_{B_2}=\frac{1}{4}[(7)\times(1)+(1)\times(-1)+(3)\times(-1)+(5)\times(1)]=2$$

据此可以写出 $\Gamma=4A_1+B_1+2B_2$。所以我们看到四个组合属于 A_1，没有组合属于 A_2，一个属于 B_1，两个属于 B_2，原来的 7×7 久期行列式被分块成一个 1×1 的行列式、一个 2×2 的行列式和一个 4×4 的行列式，从其中得到的能量分别对应于 B_1，B_2 和 A_1 对称性的分子轨道。使用式(12.32)，我们可以很容易地证明，$1s_{H_A}+1s_{H_B}$，$1s_O$，$2s_O$ 和 $2p_{zO}$ 属于 A_1；$2p_{xO}$ 属于 B_1；$2p_{yO}$ 和 $1s_{H_A}-1s_{H_B}$ 属于 B_2。

作为本章的最后一个主题，我们将使用式(12.32)推导出式(12.3)给出的苯的对称轨道。首先推导出在苯的 Hückel 分子轨道处理中使用的 6 个 $2p_z$ 轨道的可约表示。对 6 个 $2p_z$ 轨道应用每种对称操作的结果是(见图 12.9)

	$\hat{E}$	$2\hat{C}_6$	$2\hat{C}_3$	$\hat{C}_2$	$3\hat{C}_2'$	$3\hat{C}_2''$	$\hat{i}$	$2\hat{S}_3$	$2\hat{S}_6$	$\hat{\sigma}_h$	$3\hat{\sigma}_d$	$3\hat{\sigma}_v$
Γ	6	0	0	0	-2	0	0	0	0	-6	0	2

注意，对称操作 $\hat{C}_6$，$\hat{C}_6^5$，$\hat{C}_3$，$\hat{C}_3^2$，$\hat{C}_2$，$\hat{C}_2''$，$\hat{i}$，$\hat{S}_3$，$\hat{S}_3^2$，$\hat{S}_6$，$\hat{S}_6^5$ 和 $\hat{\sigma}_d$ 将 $2p_z$ 轨道移动到其他原子；每个 $\hat{C}_2'$ 操作都会留下两个 $2p_z$ 轨道在它们原来的原子上，但会改变它们的方向；$\hat{\sigma}_h$ 会使所有 6 个 $2p_z$ 轨道的方向发生反转；$\hat{\sigma}_v$ 留下了两个 $2p_z$ 轨道在它们原来的原子上，并保持了它们的方向。式(12.23)给出(问题 12-29)：

$$\Gamma=B_{2g}+E_{1g}+A_{2u}+E_{2u}$$

这个结果告诉我们，苯的久期行列式将包含两个 1×1 块(对于 B_{2g} 和 A_{2u} 对称轨道)和两个 2×2 块(对于 E_{1g} 和 E_{2u} 对称轨道)[见式(12.4)]。我们可以用式(12.32)来生成对称轨道。对 A_{2u} 使用式(12.32)可得到(使用图 12.8 和图 12.9)

$$\hat{P}_{A_{2u}}\psi_1=\frac{1}{24}(\underbrace{\psi_1}_{\hat{E}}+\underbrace{\psi_2+\psi_6}_{2\hat{C}_6}+\underbrace{\psi_3+\psi_5}_{2\hat{C}_3}+\underbrace{\psi_4}_{\hat{C}_2}+\underbrace{\psi_1+\psi_3+\psi_5}_{3\hat{C}_2'}+\underbrace{\psi_2+\psi_4+\psi_6}_{3\hat{C}_2''}$$
$$+\underbrace{\psi_4}_{\hat{i}}+\underbrace{\psi_3+\psi_5}_{2\hat{S}_3}+\underbrace{\psi_2+\psi_6}_{2\hat{S}_6}+\underbrace{\psi_1}_{\hat{\sigma}_h}+\underbrace{\psi_2+\psi_4+\psi_6}_{3\hat{\sigma}_d}+\underbrace{\psi_1+\psi_3+\psi_5}_{3\hat{\sigma}_v})$$
$$\approx\psi_1+\psi_2+\psi_3+\psi_4+\psi_5+\psi_6$$

对于 $\hat{P}_{A_{2u}}\psi_j(j=2\sim6)$，得到了同样的结果，所以这个分子轨道是属于 A_{2u} 的一个对称轨道。类似地，属于 B_{2g} 的一个对称轨道是

$$\hat{P}_{B_{2g}}\psi_1\approx(\underbrace{\psi_1}_{\hat{E}}-\underbrace{\psi_2-\psi_6}_{2\hat{C}_6}+\underbrace{\psi_3+\psi_5}_{2\hat{C}_3}-\underbrace{\psi_4}_{\hat{C}_2}+\underbrace{\psi_1+\psi_3+\psi_5}_{3\hat{C}_2'}-\underbrace{\psi_2+\psi_4+\psi_6}_{3\hat{C}_2''}$$
$$-\underbrace{\psi_4}_{\hat{i}}+\underbrace{\psi_3+\psi_5}_{2\hat{S}_3}-\underbrace{\psi_2-\psi_6}_{2\hat{S}_6}+\underbrace{\psi_1}_{\hat{\sigma}_h}-\underbrace{\psi_2-\psi_4-\psi_6}_{3\hat{\sigma}_d}+\underbrace{\psi_1+\psi_3+\psi_8}_{3\hat{\sigma}_v})$$
$$\approx\psi_1-\psi_2+\psi_3-\psi_4+\psi_5-\psi_6$$

(同样，如果我们对于 $j=2\sim6$ 求 $\hat{P}_{B_{2g}}\psi_j$ 的值，可得到相同的对称轨道。)因为 E_{1g} 是二维的，所以两个对称轨道属于这种不可约表示。例如：

$$\hat{P}_{E_{1g}}\psi_1\approx(2\psi_1+\psi_2-\psi_3-2\psi_4-\psi_5+\psi_6)$$

和

$$\hat{P}_{E_{1g}}\psi_2\approx(\psi_1+2\psi_2+\psi_3-\psi_4-2\psi_5-\psi_6)$$

应用 $\hat{P}_{E_{1g}}$ 到其他 $2p_z$ 轨道上会得到不同的线性组合，但其中只有两个可以是线性无关的。我们可以随意选择任意两个，甚至任意选择它们的线性组合，只要方便就行(见习题 12-26)。为简单起见，我们用上面给出的两个来计算式(12.3)中的久期行列式。最后，两个属于 E_{2u} 的线性无关的对称轨道是

$$\hat{P}_{E_{2u}}\psi_1\approx(2\psi_1-\psi_2-\psi_3+2\psi_4-\psi_5-\psi_6)$$

和

$$\hat{P}_{E_{2u}}\psi_2\approx(-\psi_1+2\psi_2-\psi_3-\psi_4+2\psi_5-\psi_6)$$

与式(12.3)一致。

正如所看到的，群论可以用来简化分子计算。通过选择属于分子点群不可约表示的原子轨道的线性组合，所涉及的许多积分必然为零。这在大型计算中提供了巨大的优势。群论还可以用于对多原子分子的振动进行分类。同样，利用分子对称性，我们将能够判断哪些振动会导致红外光谱(是有红外活性的)，哪些不会(是没有红外活性的)。我们将在下一章看到如何做到这些。

习题

12-1 忽略重叠，证明式(12.3)给出的 ϕ_1 和 ϕ_2 与其他四个分子轨道正交。

12-2 用式(12.3)给出的六个分子轨道，验证 $H_{11}=\alpha+2\beta, H_{22}=\alpha-2\beta, H_{12}=H_{13}=H_{14}=H_{15}=H_{16}=0$［见式(12.4)］。

12-3 列出平面三角形分子 SO_3 的各种对称元素。

12-4 验证甲烷分子具有表12.2中给出的对称元素。

12-5 验证苯分子具有表12.2中给出的对称元素。

12-6 验证四氟化氙(平面正方形)分子具有表12.2中给出的对称元素。

12-7 解释为什么 $\hat{C}_4^3=\hat{C}_4^{-1}$。

12-8 推导出 $\boldsymbol{C}_{2v}$ 点群的群乘法表(见表12.3)。

12-9 确定 $\boldsymbol{D}_{4h}$ 点群的阶(见表12.2)。

12-10 确定 $\boldsymbol{D}_{6h}$ 点群的阶(见表12.2)。

12-11 对于 $\boldsymbol{C}_{2v}$ 点群，计算积 $\hat{\sigma}_v\hat{\sigma}_v'$，$\hat{C}_2\hat{\sigma}_v$ 和 $\hat{C}_2\hat{\sigma}_v'$(见表12.3)。

12-12 对于 $\boldsymbol{C}_{3v}$ 点群，计算积 $\hat{C}_3\hat{\sigma}_v$ 和 $\hat{C}_3\hat{\sigma}_v''$(见表12.4)。

12-13 证明式(12.7)对表12.9到表12.14给出的点群有效。

12-14 证明表12.6中给出的2×2矩阵是 $\boldsymbol{C}_{3v}$ 点群的一个表示。

12-15 在第12-4节中，我们推导了各种对称操作的矩阵表示。从任一矢量 $\boldsymbol{u}$ 开始，其中，$\boldsymbol{u}=u_x\boldsymbol{i}+u_y\boldsymbol{j}+u_z\boldsymbol{k}$。证明绕 z 轴逆时针旋转一个 α 角度，即 $\hat{C}_{360/\alpha}$ 的矩阵表示是

$$\begin{pmatrix}\cos\alpha & -\sin\alpha & 0\\ \sin\alpha & \cos\alpha & 0\\ 0 & 0 & 1\end{pmatrix}$$

证明绕 z 轴旋转反映一个角度 α，即 $\hat{S}_{360/\alpha}$ 的对应矩阵为

$$\begin{pmatrix}\cos\alpha & -\sin\alpha & 0\\ \sin\alpha & \cos\alpha & 0\\ 0 & 0 & -1\end{pmatrix}$$

12-16 证明 u_x 构成了 $\boldsymbol{C}_{2v}$ 点群的不可约表示 B_1 的一个基。

12-17 证明 R_x 构成了 $\boldsymbol{C}_{2v}$ 点群的不可约表示 B_2 的一个基。

12-18 证明 (u_x,u_y) 构成了 $\boldsymbol{C}_{3v}$ 点群的不可约表示 E 的一个联合基。

12-19 证明 $\boldsymbol{C}_{2h}$ 的特征标表的行满足式(12.20)。

12-20 证明 $\boldsymbol{D}_{2h}$ 的特征标表的行满足式(12.20)。

12-21 假设 $\boldsymbol{T}_d$ 点群的一个可约表示的特征标为 $\chi(\hat{E})=17, \chi(\hat{C}_3)=2, \chi(\hat{C}_2)=5, \chi(\hat{S}_4)=-3$ 和 $\chi(\hat{\sigma}_d)=-5$ 或 $\Gamma=17\quad 2\quad 5\quad -3\quad -5$。确定 $\boldsymbol{T}_d$ 的每个不可约表示在 Γ 中包含多少次。

12-22 假设 $\boldsymbol{C}_{2v}$ 点群的一个可约表示的特征标为 $\Gamma=27\quad -1\quad 1\quad 5$。确定 $\boldsymbol{C}_{2v}$ 的每个不可约表示在 Γ 中包含多少次。

12-23 假设 $\boldsymbol{D}_{3h}$ 点群的一个可约表示的特征标为 $\Gamma=12\quad 0\quad -2\quad 4\quad -2\quad 2$。确定 $\boldsymbol{D}_{3h}$ 的每个不可约表示在 Γ 中包含多少次。

12-24 在例题12-14中，我们证明了 NH_3 分子中涉及 $2p_{xN}$ 和 $1s_{H_A}+1s_{H_B}+1s_{H_C}$ 的重叠积分等于零。对于 $2p_{zN}$ 轨道而不是 $2p_{xN}$ 轨道来说，重叠积分还等于零吗？

12-25 证明式(12.3)给出的分子轨道 ϕ_2 属于不可约表示 B_{2g}。

12-26 由于式(12.3)中的苯分子轨道 ϕ_3 和 ϕ_4 属于一个二维不可约表示(E_{1g})，因此它们不是唯一的。ϕ_3 和 ϕ_4 的任意两个线性组合也可以构成 E_{1g} 的一个基，考虑

$$\phi_3'=\phi_3=\frac{1}{\sqrt{12}}(2\psi_1+\psi_2-\psi_3-2\psi_4-\psi_5+\psi_6)$$

和
$$\phi_4'=\frac{1}{2}(\psi_2+\psi_3-\psi_5-\psi_6)$$

先证明：

$$\phi_4'=\frac{\sqrt{12}}{6}(2\phi_4-\phi_3)$$

现在证明 ϕ_4' 是归一化的。［需要注意 ϕ_3 和 ϕ_4 不一定是正交的，因为它们是简并的(见习题4-29)。］求对应于 E_{1g} 的久期行列式的2×2块，并证明能量的最终值与式(12.4)中给出的值相同。

12-27 将式(12.3)给出的苯的分子轨道按与分子平面垂直的节面数排序。根据不可约表示，对分子轨道进行标注(见例题10-8)。

12-28 利用式(12.33)给出的丁二烯的对称轨道，

证明 Hückel 理论久期行列式由式(12.34)给出。

12-29 证明:如果我们用每个碳原子上的一个 $2p_z$ 轨道作为苯($\boldsymbol{D}_{6h}$)的一种(可约)表示的基,则 $\Gamma = 6\quad 0\quad 0\quad 0\quad -2\quad 0\quad 0\quad 0\quad 0\quad -6\quad 0\quad 2$。将 Γ 约化为不可约表示。这一答案告诉了我们关于预期的 Hückel 久期行列式的哪些信息?

12-30 证明:如果我们用每个碳原子上的一个 $2p_z$ 轨道作为环丁二烯($\boldsymbol{D}_{4h}$)的一种(可约)表示的基,则 $\Gamma = 4\quad 0\quad 0\quad 0\quad -2\quad 0\quad 0\quad 0\quad 0\quad -4\quad 0\quad 2$。将 Γ 约化为不可约表示。这一答案告诉了我们关于预期的 Hückel 久期行列式的哪些信息?

12-31 考虑一个烯丙基阴离子 CH_2CHCH^-,它属于 $\boldsymbol{C}_{2v}$点群。证明:如果使用 ψ_1,ψ_2 和 ψ_3(每个碳原子上的 $2p_z$)来计算 Hückel 久期行列式,那么将得到

$$\begin{vmatrix} \alpha-E & \beta & 0 \\ \beta & \alpha-E & \beta \\ 0 & \beta & \alpha-E \end{vmatrix} = \begin{vmatrix} x & 1 & 0 \\ 1 & x & 1 \\ 0 & 1 & x \end{vmatrix} = 0$$

或 $x^3-2x=0$,或 $x=9,\pm\sqrt{2}$。现在证明,如果用 ψ_j 作为烯丙基阴离子的一种(可约)表示的基,那么 $\Gamma = 3\quad -1\quad 1\quad -3$。证明 $\Gamma = A_2+2B_1$,这表明预期的 Hückel 久期行列式是怎么样的?现在使用生成算符,即式(12.32),推导出烯丙基阴离子的三个对称轨道。将它们归一化,并用它们计算 Hückel 久期行列式方程,求解 π 电子能量。

12-32 用例题 12-15 中使用的方法分析最小基下的 NH_3。

12-33 正如我们对不可约表示的特征标有正交性条件一样,对于它们的矩阵元素也有正交性条件。例如,如果 $\Gamma_i(\hat{R})_{mn}$表示第 i 个不可约表示矩阵的第 mn 个元素,则

$$\sum_{\hat{R}} \Gamma_i(\hat{R})_{mn}\Gamma_j(\hat{R})_{m'n'} = \frac{h}{d_i}\delta_{ij}\delta_{mm'}\delta_{nn'}$$

这个看起来相当复杂的方程被称为**大正交性定理**(the great orthogonality theorem)。说明这个方程如何应用于表 12.6 中的矩阵元。

12-34 (a) 令大正交性定理(习题 12-33)中的 $i=j$,$m=n$,以及 $m'=n'$,对 n 和 n'求和从而推导式(12.18)。(b) 令 $m=n$,$m'=n'$,对 n 和 n'求和从而推导式(12.14)。(c) 将这些结果结合起来,推导出式(12.20)。

12-35 考虑 $\boldsymbol{C}_s$点群,它只包含对称元素 E 和 σ。确定 $\boldsymbol{C}_s$的特征标表(分子 NOCl 属于这个点群)。

12-36 考虑简单点群 $\boldsymbol{C}_s$,其特征标表为

$\boldsymbol{C}_s$	$\hat{E}$	$\hat{\sigma}$
A'	1	1
A''	1	−1

其中 $\hat{\sigma}$ 表示在二维直角坐标系中关于 y 轴的反映。证明这个点群的基是对称区间($-a<x<a$)上 x 的偶函数和奇函数。现在用群论来证明

$$\int_{-a}^{a} f_{偶}(x)f_{奇}(x)\,dx = 0$$

12-37 在习题 10-31 中计算了三亚甲基甲烷分子的 π 电子能量。将生成算符[式(12.32)]应用于每个碳原子上的 $2p_z$ 原子轨道,推导出 π 轨道的对称轨道。确定生成的每个对称轨道所属的不可约表示。推导出与这些对称轨道相对应的 Hückel 久期行列式,并将其与习题 10-31 中得到的行列式进行比较。比较 π 电子的能量。

12-38 在习题 10-32 中计算了双环丁二烯分子的 π 电子能量。使用 $\boldsymbol{C}_{2h}$点群,通过对每个碳原子的 $2p_z$ 原子轨道应用生成算符[式(12.32)],推导出 π 轨道的对称轨道。确定生成的每个对称轨道所属的不可约表示。推导出这些对称轨道对应的 Hückel 久期行列式,并将其与习题 10-32 中得到的行列式进行比较。比较 π 电子的能量。

12-39 使用生成算符[式(12.32)],从由每个碳原子上的一个 $2p_z$ 轨道组成一个基组,推导出(弯曲的)烯丙基自由基($C_3H_5\cdot$)的 π 轨道的对称轨道(假设三个碳原子都在 x-y 平面上)。现在,从这些对称轨道中创建一组正交归一化的分子轨道。画出每个轨道的草图。你的结果与 Hückel 理论预测的 π 轨道(见习题 10-47)相比如何?

下面四个习题展示了群论在杂化轨道的形成中的应用。

12-40 考虑一个平面三角形分子 XY_3,其点群为 $\boldsymbol{D}_{3h}$,所有三个键经过 $\hat{E}$ 操作后均不变;所有三个键经过 $\hat{C}_3$操作都移动了;一个键经过 $\hat{C}_2$操作后不变;所有三个键经过 $\hat{\sigma}_h$操作后均不变;所有三个键经过 $\hat{S}_3$都移动了;一根键经过 $\hat{\sigma}_v$操作后不变。这个结果导致了可约表示 $\Gamma = 3\quad 0\quad 1\quad 3\quad 0\quad 1$。现在证明,$\Gamma = A_1'+E'$。这个结果表明,具有 $\boldsymbol{D}_{3h}$对称性的 sp^2(或 sd^2)杂化轨道可以由一个 s 轨道以及 p_x 和 p_y 轨道(或 $d_{x^2-y^2}$和 d_{z^2}轨道)组合形成。

12-41 考虑一个正四面体分子 XY_4,其点群为 $\boldsymbol{T}_d$,用习题 12-40 中介绍的步骤,证明可约表示 $\Gamma = 4\quad 0\quad 0\quad 2\quad 0\quad 0\quad 0\quad 4\quad 2\quad 0$,且可以被约化为 $\Gamma = A_1+T_2$。论证具有 $\boldsymbol{T}_d$ 对称性的 sp^3(或 sd^3)杂化轨道可以由一个 s

轨道以及 p_x,p_y 和 p_z 轨道(或 d_{xy},d_{xz} 和 d_{yz} 轨道)组合形成。

12-42　考虑一个平面正方形分子 XY_4,其点群为 $\boldsymbol{D}_{4h}$,用习题 12-40 中介绍的步骤,证明可约表示 Γ = 4　1　0　0　2,且可以被约化为 $\Gamma = A_{1g} + B_{1g} + E_u$。论证具有 $\boldsymbol{D}_{4h}$ 对称性的 sdp^2 杂化轨道可以由一个 s 轨道、一个 $d_{x^2-y^2}$ 轨道以及 p_x 和 p_y 轨道组合形成。

12-43　考虑一个三角双锥分子 XY_5,其点群为 $\boldsymbol{D}_{3h}$,用习题 12-40 中介绍的步骤,证明可约表示 Γ = 5　2　1　3　0　3,且可以被约化为 $\Gamma = 2A_1' + A_2'' + E'$。论证具有 $\boldsymbol{D}_{3h}$ 对称性的 sdp^3 杂化轨道可以由一个 s 轨道、一个 d_{z^2} 轨道、一个 p_z 轨道以及 p_x 和 p_y 轨道组合形成。

习题参考答案

第13章 分子光谱

▶ **科学家介绍**

到目前为止，我们主要关注了原子轨道、分子轨道及分子结构的理论描述。电磁辐射与原子和分子的相互作用，即光谱学，是研究原子和分子结构的最重要的实验探针之一。在本章中，我们将看到分子在电磁波谱不同区域的吸收特性产生关于分子结构的重要信息。例如，微波吸收光谱用于研究分子的转动，并得出转动惯量和键长。红外吸收光谱用于研究分子的振动，并得到关于化学键的刚性或硬度信息。反过来这些信息又反映出分子的势能是如何随着键合原子的振动运动而变化的。我们已经讨论了谐振子（第5-4节）和刚性转子（第5-8节）的量子力学性质，它们分别是分子振动和转动的简单模型。下面将进一步拓展这些模型，并将这些拓展预测与实验数据进行比较。在本章中，将引入简正坐标来描述多原子分子的振动光谱，这会得到多原子分子的简正振动模式。之后将展示如何使用群论来预测哪些简正模可以通过红外吸收光谱进行研究。接下来将讨论双原子分子的电子谱。最后，使用含时微扰理论推导出本章中使用的各种光谱选律。

13-1 电磁波谱的不同区域用于研究不同的分子过程

分子光谱研究电磁辐射与分子的相互作用。电磁辐射通常被分为不同的能量区域，反映导致这种辐射的不同类型的分子过程。表13.1总结了本章重点讨论的类别。微波辐射的吸收通常会引起转动能级之间的跃迁；红外辐射的吸收通常引起振动能级之间的跃迁，并伴随着转动能级之间的跃迁；可见光和紫外光辐射的吸收引起电子能级之间的跃迁，同时伴随着振动能级和转动能级之间的跃迁。所吸收的辐射频率为

$$\Delta E = E_u - E_l = h\nu \qquad (13.1)$$

式中 E_u 和 E_l 分别为较高和较低能级的能量。

» 例题 13-1 计算波数为 $\tilde{\nu}$ = 1.00 cm^{-1} 的辐射能量 ΔE。这种辐射的吸收对应于哪种类型的分子过程？

» 解　回忆一下，波数是波长的倒数，即

$$\tilde{\nu} = \frac{1}{\lambda}$$

因此，ΔE 与 $\tilde{\nu}$ 的关系为

$$\Delta E = h\nu = \frac{hc}{\lambda} = hc\tilde{\nu}$$

因此

$$\begin{aligned}\Delta E &= hc\tilde{\nu} \\ &= (6.626\times10^{-34}\ \mathrm{J\cdot s})(2.998\times10^{8}\ \mathrm{m\cdot s^{-1}})\times \\ &\quad (1.00\ \mathrm{cm^{-1}})(100\ \mathrm{cm\cdot m^{-1}}) \\ &= 1.99\times10^{-23}\ \mathrm{J}\end{aligned}$$

根据表13.1可知，该能量的吸收对应于转动跃迁。

13-2 振动跃迁伴随有转动跃迁

双原子谐振子的量子力学性质在第5-4节中已有描述。回想一下，谐振子的允许能量为

$$E_v = \left(v+\frac{1}{2}\right)h\nu \quad v = 0,1,2,\cdots \qquad (13.2)$$

其中

$$\nu = \frac{1}{2\pi}\left(\frac{k}{\mu}\right)^{1/2} \qquad (13.3)$$

表 13.1 电磁波谱的范围和相应的分子过程。

区域	微波	远红外	红外	可见与紫外
频率/Hz	$10^9 \sim 10^{11}$	$10^{11} \sim 10^{13}$	$10^{13} \sim 10^{14}$	$10^{14} \sim 10^{16}$
波长/m	$3\times10^{-1} \sim 3\times10^{-3}$	$3\times10^{-3} \sim 3\times10^{-5}$	$3\times10^{-5} \sim 6.9\times10^{-7}$	$6.9\times10^{-7} \sim 2\times10^{-7}$
波数/cm^{-1}	0.033～3.3	3.3～330	330～14500	14500～50000
能量/($J\cdot mol^{-1}$)	$6.6\times10^{-25} \sim 6.6\times10^{-23}$	$6.6\times10^{-23} \sim 6.6\times10^{-21}$	$6.6\times10^{-21} \sim 2.9\times10^{-19}$	$2.9\times10^{-19} \sim 1.0\times10^{-18}$
分子过程	多原子分子转动	小分子转动	柔性键振动	电子跃迁

是振子的基频。在式(13.3)中,k 是力常数,μ 是分子的折合质量。由辐射吸收引起的振动能级之间的跃迁遵守如下选律,即 $\Delta v=\pm1$,并且分子的偶极矩在振动时必须变化。我们将在第13-11节到第13-13节中推导这个选律和其他选律。现在,将使用在吸收情况下的结果,即对谐振子有 $\Delta v=+1$,光谱由红外区域的一条线组成,其频率为 $v_{obs}=(k/u)^{1/2}/2\pi$。

以波数表示的分子振动能 $G(v)$ 被称为**振动项**(vibrational term)。目前,振动能和电子能通常以 cm^{-1} 为单位制成表格,因此 $G(v)$ 也常用这些单位表示。将 $G(v)$ 代入式(13.2),有

$$G(v)=\left(v+\frac{1}{2}\right)\tilde{\nu} \tag{13.4}$$

其中 $G(v)=E_v/hc$,且

$$\tilde{\nu}=\frac{1}{2\pi c}\left(\frac{k}{\mu}\right)^{1/2} \tag{13.5}$$

符号上的波浪线(～)强调了该量是用波数表示的。

在第5-8节中讨论了双原子刚性转子的量子力学性质。刚性转子的允许能量为

$$E_J=\frac{\hbar^2}{2I}J(J+1)\quad J=0,1,2,\cdots \tag{13.6}$$

式中 $I=\mu R_e^2$ 是转动惯量,R_e 是键长。与式(13.6)相对应的简并度为

$$g_J=2J+1 \tag{13.7}$$

以波数表示的分子转动能 $F(J)$ 被称为**转动项**(rotational term)。同样,$F(J)$ 通常以 cm^{-1} 为单位列表。

由吸收辐射而导致的刚性转子的不同转动能级之间的跃迁遵从一选律,该选律规定 $\Delta J=\pm1$ 且分子必须具有永久偶极矩。如第5-9节所示,刚性转子的转动光谱由微波区域中的一系列等间距的谱线组成。

» 例题 13-2 式(13.6)通常写成

$$F(J)=\tilde{B}J(J+1) \tag{13.8}$$

式中 $\tilde{B}$ 称为分子的**转动常数**(rotational constant)。推导出以波数为单位的 $\tilde{B}$ 的表达式。

» 解 由式(13.6)

$$E_J=\frac{\hbar^2}{2I}J(J+1)$$

式中 E_J 的单位是J。因为能量与转动项之间的关系为 $F(J)=E_J/hc$,所以

$$F(J)=\frac{E_J}{hc}=\frac{\hbar^2}{2hcI}J(J+1)$$

$$=\frac{h}{8\pi^2 cI}J(J+1)$$

将此结果与式(13.8)进行比较,可以看到

$$\tilde{B}=\frac{h}{8\pi^2 cI} \tag{13.9}$$

双原子分子的典型 $\tilde{B}$ 值的数量级约为 1 cm^{-1}(见表13.2)。

在刚性转子-谐振子近似下,双原子分子的转动和振动能量可由式(13.4)和式(13.8)之和给出:

$$\tilde{E}_{v,J}=G(v)+F(J)$$

$$=\left(v+\frac{1}{2}\right)\tilde{\nu}+\tilde{B}J(J+1)\qquad \begin{matrix}v=0,1,2,\cdots\\ J=0,1,2,\cdots\end{matrix} \tag{13.10}$$

式中 $\tilde{\nu}$ 和 $\tilde{B}$ 分别由式(13.5)和式(13.9)给出。$\tilde{\nu}$ 和 $\tilde{B}$ 的典型值分别在 10^3 cm^{-1} 和 1 cm^{-1} 数量级,因此振动能级之间间距是转动能级之间间距的100～1000倍。该结果示意于图13.1中。

当分子吸收红外辐射时,振动跃迁伴随着转动跃迁。在刚性转子-谐振子近似中,红外辐射吸收的选律是

$$\begin{matrix}\Delta v=+1\\ \Delta J=\pm1\end{matrix}\quad(吸收) \tag{13.11}$$

当 $\Delta J=+1$ 时,式(13.10)给出

表 13.2 一些双原子分子在电子基态的光谱参数。

分子	$\tilde{B}_e/\mathrm{cm}^{-1}$	$\tilde{\alpha}_e/\mathrm{cm}^{-1}$	$\tilde{D}/\mathrm{cm}^{-1}$	$\tilde{\nu}_e/\mathrm{cm}^{-1}$	$\tilde{\chi}_e\tilde{\nu}_e/\mathrm{cm}^{-1}$	$R_e(v=0)/\mathrm{pm}$	$D_0/(\mathrm{kJ\cdot mol^{-1}})$
H_2	60.8530	3.0622	4.71×10^{-2}	4401.213	121.336	74.14	432.1
$H^{19}F$	20.9557	0.798	2.15×10^{-3}	4138.32	89.88	91.68	566.2
$H^{35}Cl$	10.5934	0.3072	5.319×10^{-4}	2990.946	52.819	127.46	427.8
$H^{79}Br$	8.4649	0.2333	3.458×10^{-4}	2648.975	45.218	141.44	362.6
$H^{127}I$	6.5122	0.1689	2.069×10^{-4}	2309.014	39.644	160.92	294.7
$^{12}C^{16}O$	1.9313	0.0175	6.122×10^{-6}	2169.814	13.288	112.83	1070.2
$^{14}N^{16}O$	1.67195	0.0171	5.4×10^{-6}	1904.20	14.075	115.08	626.8
$^{14}N^{14}N$	1.9982	0.01732	5.76×10^{-6}	2358.57	14.324	109.77	941.6
$^{16}O^{16}O$	1.4456	0.0159	4.84×10^{-6}	1580.19	11.98	120.75	493.6
$^{19}F^{19}F$	0.89019	0.13847	3.3×10^{-6}	916.64	11.236	141.19	154.6
$^{35}Cl^{35}Cl$	0.2440	0.00149	1.86×10^{-7}	559.72	2.675	198.79	239.2
$^{79}Br^{79}Br$	0.0821	0.0003187	2.09×10^{-8}	325.321	1.0774	228.11	190.1
$^{127}I^{127}I$	0.03737	0.0001138	4.25×10^{-9}	214.502	0.6147	266.63	148.8
$^{35}Cl^{19}F$	0.5165	0.004358	8.77×10^{-7}	786.15	6.161	162.83	252.5
$^{23}Na^{23}Na$	0.1547	0.0008736	5.81×10^{-7}	159.125	0.7255	307.89	71.1
$^{39}K^{39}K$	0.05674	0.000165	8.63×10^{-8}	92.021	0.2829	390.51	53.5

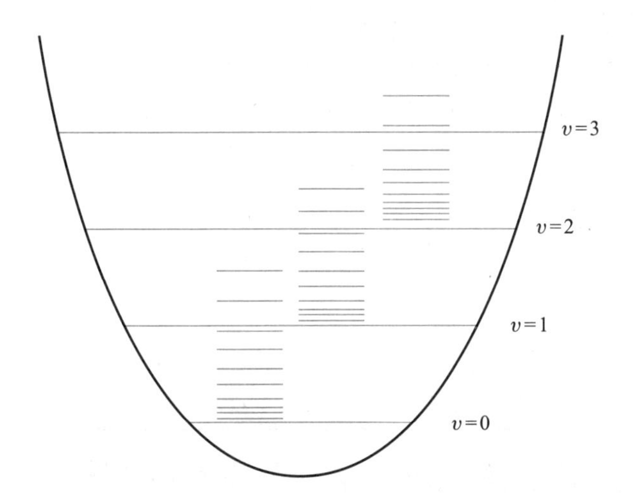

图 13.1 显示与双原子分子每个振动态相关的转动能级的能量图。

$$\tilde{\nu}_{\mathrm{obs}}(\Delta J=+1)=\tilde{E}_{v+1,J+1}-\tilde{E}_{v,J}$$
$$=\left(v+\frac{3}{2}\right)\tilde{\nu}+\tilde{B}(J+1)(J+2)-\left(v+\frac{1}{2}\right)\tilde{\nu}-\tilde{B}J(J+1)$$
$$=\tilde{\nu}+2\tilde{B}(J+1)\quad J=0,1,2,\cdots \tag{13.12}$$

类似地，对于 $\Delta J=-1$，有

$$\tilde{\nu}_{\mathrm{obs}}(\Delta J=-1)=\tilde{E}_{v+1,J-1}-\tilde{E}_{v,J}$$
$$=\tilde{\nu}-2\tilde{B}J\quad J=1,2,\cdots \tag{13.13}$$

在式(13.12)和式(13.13)中，J 为初始转动量子数。通常情况下，$\tilde{\nu}\approx10^3\ \mathrm{cm}^{-1}$，$\tilde{B}\approx1\ \mathrm{cm}^{-1}$，因此由式(13.12)和式(13.13)预测的光谱包含在 $10^3\ \mathrm{cm}^{-1}$ 附近加减整数倍约为 $1\ \mathrm{cm}^{-1}$ 的谱线。注意在 $\tilde{\nu}$ 处没有谱线，因为跃迁 $\Delta J=0$ 是禁阻的。HBr(g)的振转光谱如图 13.2 所示。以 ~2560 cm^{-1} 为中心的空隙对应于 $\tilde{\nu}$ 处的缺失线。在空隙的两边是一系列间距约为 10 cm^{-1} 的谱线。朝向高频侧的系列谱线称为 **R 支**(R branch)，是由 $\Delta J=+1$ 的转动跃迁引起的。朝向低频侧的系列谱线称为 **P 支**(P branch)，是由 $\Delta J=-1$ 的转动跃迁引起的。

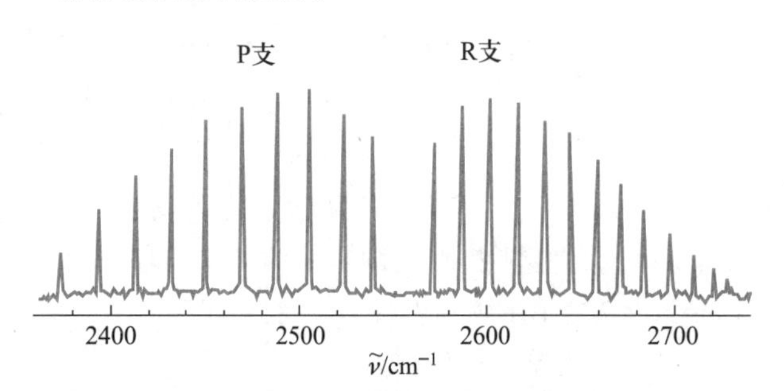

图 13.2 HBr(g)的 0→1 振动跃迁的振转光谱。图中示出了 R 支和 P 支。

» 例题 13-3 $^{12}C^{14}N$ 的键长为 117 pm，其力常数为 1630 $\mathrm{N\cdot m^{-1}}$。预测 $^{12}C^{14}N$ 的振转光谱。

» 解 先计算基频 $\tilde{\nu}$[式(13.5)]和转动常数 $\tilde{B}$[式(13.9)]。这两个量都需要折合质量，即

$$\mu=\frac{(12.0\ \text{amu})(14.0\ \text{amu})}{(12.0+14.0)\ \text{amu}}(1.661\times10^{-27}\ \text{kg}\cdot\text{amu}^{-1})$$
$$=1.07\times10^{-26}\ \text{kg}$$

用式(13.5)来计算$\tilde{\nu}$,有

$$\tilde{\nu}=\frac{1}{2\pi c}\left(\frac{k}{\mu}\right)^{1/2}$$
$$=\frac{1}{2\pi(2.998\times10^{8}\ \text{m})}\left(\frac{1630\ \text{N}\cdot\text{m}^{-1}}{1.07\times10^{-26}\ \text{kg}}\right)^{1/2}$$
$$=2.07\times10^{5}\ \text{m}^{-1}=2.07\times10^{3}\ \text{cm}^{-1}$$

用式(13.9)来计算$\tilde{B}$,有

$$\tilde{B}=\frac{h}{8\pi^2 cI}=\frac{h}{8\pi^2 c\mu R_e^2}$$
$$=\frac{6.626\times10^{-34}\ \text{J}\cdot\text{s}}{8\pi^2(2.998\times10^{8}\ \text{m}\cdot\text{s}^{-1})(1.07\times10^{-26}\ \text{kg})(117\times10^{-12}\ \text{m})^2}$$
$$=191\ \text{m}^{-1}=1.91\ \text{cm}^{-1}$$

振转光谱将由位于$\tilde{\nu}\pm2\tilde{B}J$处的谱线组成,其中$J=1,2,3,\cdots$。在$\tilde{\nu}$处没有谱线,P支和R支的谱线间距为$2\tilde{B}=3.82\ \text{cm}^{-1}$(见图13.2)。

将例题13-3的结果与实验数据进行比较,或者仔细观察图13.2,会发现一些无法解释的特征。仔细观察发现,随着频率变大,R支中的谱线间距变小;随着频率变小,P支中的谱线间距变大。在下一节中将讨论R支和P支中的谱线间距。

13-3 振转相互作用解释了振转光谱中P支与R支谱线的不等间距

刚性转子-谐振子的能量由式(13.10)给出:

$$\tilde{E}_{v,J}=G(v)+F(J)=\tilde{\nu}\left(v+\frac{1}{2}\right)+\tilde{B}J(J+1)$$

式中$\tilde{B}=h/8\pi^2 c\mu R_e^2$。因为振幅随振动态的增加而变大(见图13.1),我们预测R_e也随着v的增加而略有增大,从而导致$\tilde{B}$随着v的增加而减小。我们将用$\tilde{B}_v$代替$\tilde{B}$来表示$\tilde{B}$对v的依赖:

$$\tilde{E}_{v,J}=\tilde{\nu}\left(v+\frac{1}{2}\right)+\tilde{B}_vJ(J+1)\tag{13.14}$$

$\tilde{B}$对v的依赖称为**振转相互作用**(vibration-rotation interaction)。如果考虑一个$v=0\to1$的跃迁,那么R支与P支的频率将由以下两式给出(见习题13-10):

$$\begin{aligned}\tilde{\nu}_{\text{R}}(\Delta J=+1)&=\tilde{E}_{1,J+1}-\tilde{E}_{0,J}\\&=\frac{3}{2}\tilde{\nu}+\tilde{B}_1(J+1)(J+2)-\\&\quad\frac{1}{2}\tilde{\nu}-\tilde{B}_0J(J+1)\\&=\tilde{\nu}+2\tilde{B}_1+(3\tilde{B}_1-\tilde{B}_0)J+(\tilde{B}_1-\tilde{B}_0)J^2\\&\quad J=0,1,2,\cdots\end{aligned}\tag{13.15}$$

和

$$\begin{aligned}\tilde{\nu}_{\text{P}}(\Delta J=-1)&=\tilde{E}_{1,J-1}-\tilde{E}_{0,J}\\&=\tilde{\nu}-(\tilde{B}_1+\tilde{B}_0)J+(\tilde{B}_1-\tilde{B}_0)J^2\\&\quad J=1,2,3,\cdots\end{aligned}\tag{13.16}$$

在这两种情况下,J都对应于初始转动量子数。注意,如果$\tilde{B}_1=\tilde{B}_0$,则式(13.15)和式(13.16)可简化为式(13.12)和式(13.13)。由于键长随着v的增大而增大,故$\tilde{B}_1<\tilde{B}_0$,因此R支中的谱线间距随着J的增大而减小,而P支中的谱线间距则随着J的增大而增大。该行为在图13.2中得到了体现。

» 例题 13-4 R支与P支中的谱线通常用产生这些谱线的转动量子数的初始值标记。因此,式(13.15)给出的谱线为R(0),R(1),R(2),…,那些式(13.16)给出的则为P(1),P(2),…。已知$^1H^{127}I$的以下数据:

谱线	频率/cm^{-1}
R(0)	2242.087
R(1)	2254.257
P(1)	2216.723
P(2)	2203.541

计算$\tilde{B}_0$,$\tilde{B}_1$,$R_e(v=0)$和$R_e(v=1)$,其中分子的折合质量为1.660×10^{-27} kg。

» 解 用$J=0$和$J=1$的式(13.15)以及$J=1$和$J=2$的式(13.16),则有

$$\left.\begin{aligned}2242.087\ \text{cm}^{-1}&=\tilde{\nu}_0+2\tilde{B}_1\\2254.257\ \text{cm}^{-1}&=\tilde{\nu}_0+6\tilde{B}_1-2\tilde{B}_0\end{aligned}\right\}\text{R 支}$$

与

$$\left.\begin{aligned}2216.723\ \text{cm}^{-1}&=\tilde{\nu}_0-2\tilde{B}_1\\2203.541\ \text{cm}^{-1}&=\tilde{\nu}_0+2\tilde{B}_1-6\tilde{B}_0\end{aligned}\right\}\text{P 支}$$

如果用R支的第二行减去P支的第一行,计算得

$$37.534\ \text{cm}^{-1}=6\tilde{B}_1$$

即$\tilde{B}_1=6.256\ \text{cm}^{-1}$。如果用R支的第一行减去P支的第二行,计算得

$$38.546\ \text{cm}^{-1}=6\tilde{B}_0$$

即 $\tilde{B}_0=6.424\ \text{cm}^{-1}$。利用 $\tilde{B}_v=h/8\pi^2c\mu R_e^2(v)$，可得

$$R_e(v=0)=162.0\ \text{pm} \text{ 和 } R_e(v=1)=164.1\ \text{pm}$$

$\tilde{B}_v$ 对 v 的依赖关系通常表示为

$$\tilde{B}_v=\tilde{B}_e-\tilde{\alpha}_e\left(v+\frac{1}{2}\right) \tag{13.17}$$

利用上例中的 $\tilde{B}_0$ 和 $\tilde{B}_1$ 的值，计算得 $\tilde{B}_e=6.508\ \text{cm}^{-1}$，$\tilde{\alpha}_e=0.168\ \text{cm}^{-1}$。表 13.2 中给出了$\tilde{B}_e$ 和 $\tilde{\alpha}_e$ 以及其他光谱参数的值。

13-4 纯转动光谱中的谱线间距不等

表 13.3 列出了 $H^{35}Cl$ 纯转动光谱（无振动跃迁）中的一些观测谱线。第三列中的差异清楚地表明，谱线并不像刚性转子近似所预测的那样完全等间距。这种差异可以让我们认识到化学键实际上并不是刚性的。当分子转动得更剧烈（J 增大）时，离心力会使键略微伸缩。这个小的影响可以用微扰理论来处理，最终结果是能量可以写为

$$F(J)=\tilde{B}J(J+1)-\tilde{D}J^2(J+1)^2 \tag{13.18}$$

式中 $\tilde{D}$ 称为**离心畸变常数**（centrifugal distortion constant）。刚性转子和非刚性转子的转动能级示意图如图 13.3 所示。

表 13.3 $H^{35}Cl$ 的转动吸收光谱。

跃迁	$\tilde{\nu}_{obs}$/cm^{-1}	$\Delta\tilde{\nu}_{obs}$/cm^{-1}	$\tilde{\nu}_{calc}=2\tilde{B}(J+1)$, $\tilde{B}=10.243\ \text{cm}^{-1}$	$\tilde{\nu}_{calc}=2\tilde{B}(J+1)-4\tilde{D}(J+1)^3$, $\tilde{B}=10.403\ \text{cm}^{-1}$, $\tilde{D}=0.00044\ \text{cm}^{-1}$
3→4	83.03		82.72	83.11
		21.07		
4→5	104.10		103.40	103.81
		20.20		
5→6	124.30		124.08	124.46
		20.73		
6→7	145.03		144.76	145.04
		20.48		
7→8	165.51		165.44	165.55
		20.35		
8→9	185.86		186.12	185.97
		20.52		
9→10	206.38		206.80	206.30
		20.12		
10→11	226.50		227.48	226.52

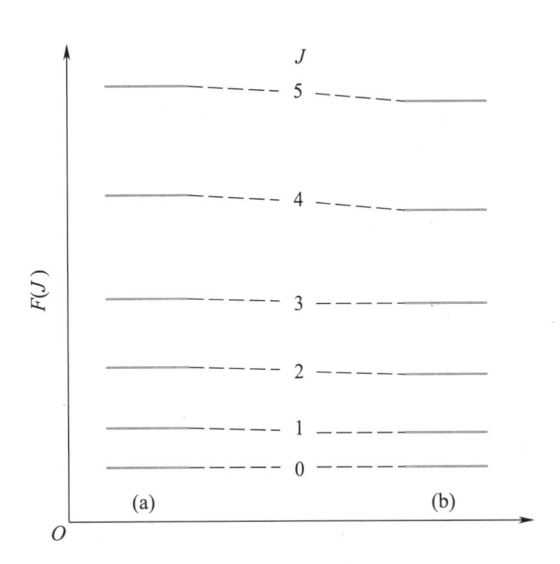

图 13.3 （a）刚性转子和（b）非刚性转子的转动能级。

由 $J\to J+1$ 跃迁引起的吸收频率为

$$\begin{aligned}\tilde{\nu}&=F(J+1)-F(J)\\&=2\tilde{B}(J+1)-4\tilde{D}(J+1)^3 \quad J=0,1,2,\cdots\end{aligned} \tag{13.19}$$

表 13.3 给出了该式的预测，其中通过将式（13.19）拟合至实验数据得到了 $H^{35}Cl$ 的 $\tilde{B}=10.403\ \text{cm}^{-1}$ 和 $\tilde{D}=0.00044\ \text{cm}^{-1}$。由于高阶效应的影响，这些值与表 13.2 中的值略有不同。离心畸变的引入改变了 $\tilde{B}$ 的值（见习题 13-18）。

13-5 在振动光谱中观察到了倍频

到目前为止，我们用谐振子模型处理了双原子分子的振动运动。然而，在第 5-3 节中，可以看到核间势能不是一条简单的抛物线，而更像图 5.5 所示图形（也可以参见图 13.4）。这两张图中的虚线都表示谐振子的势能。回想式（5.23），势能 $V(R)$ 可以展开成关于 R_e［即 $V(R)$ 最小值时的 R 值］的泰勒级数，得

$$\begin{aligned}V(R)-V(R_e)&=\frac{1}{2!}\left(\frac{d^2V}{dR^2}\right)_{R=R_e}(R-R_e)^2+\\&\quad\frac{1}{3!}\left(\frac{d^3V}{dR^3}\right)_{R=R_e}(R-R_e)^3+\cdots\\&=\frac{k}{2}x^2+\frac{\gamma_3}{6}x^3+\frac{\gamma_4}{24}x^4+\cdots\end{aligned} \tag{13.20}$$

式中 x 为原子核偏离平衡位置的位移；k 为（胡克定律）力常数；$\gamma_j=(d^jV/dR^j)_{R=R_e}$。

谐振子近似只保留到式（13.20）中的二次项，谐振子近似预测双原子分子的振动光谱中只包含一条谱线。

实验数据表明，确实有一条显著的线[称为**基频**(fundamental)]，但也有强度较弱的谱线，频率几乎是基频的整数倍。这些谱线称为**倍频**(overtones)(表13.4)。如果将式(13.20)中的非谐项包含在双原子分子振动运动的哈密顿算符中，可通过微扰理论求解薛定谔方程，得

$$G(v)=\tilde{\nu}_e\left(v+\frac{1}{2}\right)-\tilde{x}_e\tilde{\nu}_e\left(v+\frac{1}{2}\right)^2+\cdots \quad v=0,1,2,\cdots \tag{13.21}$$

式中 $\tilde{x}_e$ 称为**非谐常数**(anharmonicity constant)。式(13.21)中的非谐校正比简谐项要小得多，因为 $\tilde{x}_e \ll 1$(参见表13.2)。

图13.4和图13.5展示了式(13.21)给出的能级。注意，能级并不像谐振子近似中那样是等间距的，事实上，能级间隔随着 v 的增大而减小。这反映在表13.4最后一列的数字中。从图13.5中可以看出，对于较小的 v 值，谐振子近似是恰当的，而这正是室温下最重要的值。

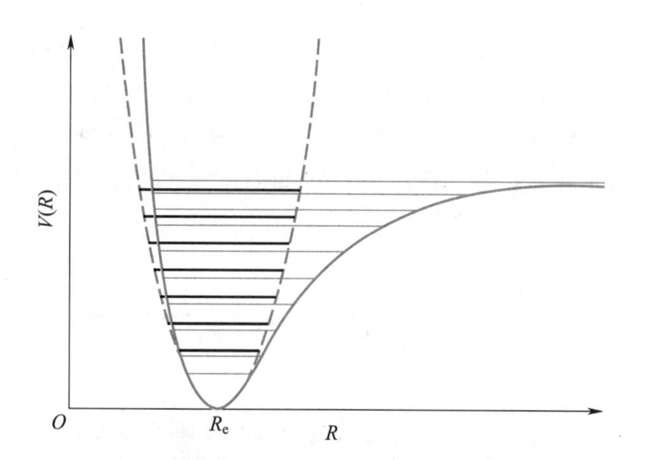

图13.4 叠加在一谐振子势和一更符合实际情况的核间势上的谐振子(虚线)和非谐振子的能态。

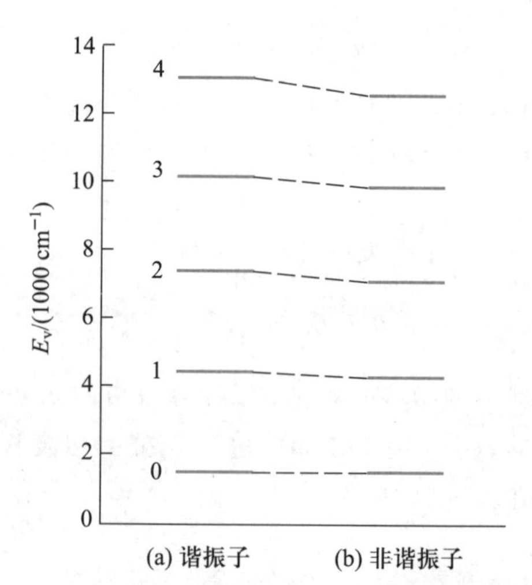

图13.5 在(a)谐振子近似和(b)非谐性校正下计算的 $H^{35}Cl(g)$ 的振动能态。

非谐振子的选律是 Δv 可以有任意整数值，尽管 $\Delta v=\pm2,\pm3,\cdots$ 的跃迁强度比 $\Delta v=\pm1$ 的跃迁强度小得多。如果意识到绝大多数双原子分子在室温下处于基态振动，则观察到的 $0\to v$ 跃迁的频率为

$$\tilde{\nu}_{obs}=G(v)-G(0)=\tilde{\nu}_e v-\tilde{x}_e\tilde{\nu}_e v(v+1) \quad v=1,2,\cdots \tag{13.22}$$

表13.4给出了式(13.22)对 $H^{35}Cl$ 振动光谱的应用。可以看到，计算结果与实验数据符合得很好，相较谐振子近似有了实质性的改善。

» 例题 13-5 已知 $^{23}Na^{19}F(g)$ 的 $\tilde{\nu}_e=536.10\ cm^{-1}$ 和 $\tilde{x}_e\tilde{\nu}_e=3.4\ cm^{-1}$，计算第一和第二振动倍频跃迁的频率。

» 解 利用式(13.22)，有

$$\tilde{\nu}_{obs}=\tilde{\nu}_e v-\tilde{x}_e\tilde{\nu}_e v(v+1) \quad v=1,2,\cdots$$

当 $v=1$ 时，可以计算出振动基频；当 $v=2$ 或 3 时，可以计算出第一振动倍频与第二振动倍频。

振动基频： $\tilde{\nu}_{obs}=\tilde{\nu}_e-2\tilde{x}_e\tilde{\nu}_e=529.3\ cm^{-1}$

表13.4 $H^{35}Cl$ 的振动光谱。

跃迁	$\tilde{\nu}_{obs}/cm^{-1}$	$\tilde{\nu}_{obs}/cm^{-1}$ 谐振子 $\tilde{\nu}=2885.90v$	非谐振子 $\tilde{\nu}=2990.90v-52.82v(v+1)$	$\tilde{\nu}_{obs}(0\to v)/\tilde{\nu}_{obs}(0\to 1)$
0→1(基频)	2885.9	2885.9	2885.3	1.000
0→2(第一倍频)	5668.0	5771.8	5665.0	1.964
0→3(第二倍频)	8347.0	8657.7	8339.0	2.892
0→4(第三倍频)	10923.1	11543.6	10907.4	3.785
0→5(第四倍频)	13396.5	14429.5	13370.2	4.642

第一振动倍频： $\tilde{\nu}_{obs}=2\tilde{\nu}_e-6\tilde{\chi}_e\tilde{\nu}_e=1051.8\ \text{cm}^{-1}$

第二振动倍频： $\tilde{\nu}_{obs}=3\tilde{\nu}_e-12\tilde{\chi}_e\tilde{\nu}_e=1567.5\ \text{cm}^{-1}$

注意，振动倍频并非恰好是振动基频的整数倍，且振动基频小于纯简谐运动的振动频率。

13-6 电子光谱包含电子、振动和转动信息

除了因吸收微波和红外辐射而进行转动和振动跃迁外，分子还可以经历电子跃迁。电子能级之间的能量差通常使得吸收的辐射落在可见光或紫外光区域。正如振动跃迁伴随有转动跃迁一样，电子跃迁都伴随有转动和振动跃迁。图 13.6 给出了 O_2 的几条电子势能曲线，每条曲线上都表示了振动能级。每个振动能级都有一组与之相关的转动能级，但它们的间隔太小，无法在图中显示。

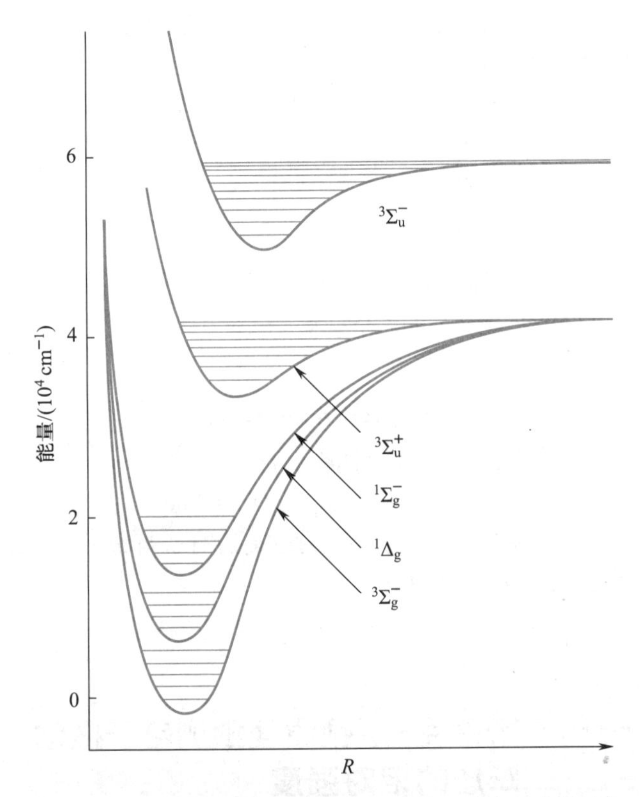

图 13.6 O_2 的势能曲线图，展示了与不同电子态相关的振动态。

根据玻恩-奥本海默近似（第 9-1 节），电子能量独立于振动和转动能量。如果用非谐振子-非刚性转子近似，双原子分子的总能量（不包括平动能量）为

$$\begin{aligned}\tilde{E}_{total}&=\tilde{\nu}_{el}+G(v)+F(J)\\&=\tilde{\nu}_{el}+\tilde{\nu}_e\left(v+\frac{1}{2}\right)-\tilde{\chi}_e\tilde{\nu}_e\left(v+\frac{1}{2}\right)^2+\\&\quad\tilde{B}J(J+1)-\tilde{D}J^2(J+1)^2\end{aligned}\tag{13.23}$$

式中 $\tilde{\nu}_{el}$ 为电子势能曲线最低点的能量。**电子振动跃迁**（vibronic transitions）（电子光谱中的振动跃迁）的选律允许 Δv 取任意整数值。由于转动能通常比振动能小得多，可忽略式（13.23）中的转动项，只研究电子光谱的振动亚结构。

在电子吸收光谱中，电子振动跃迁通常源自 $v=0$ 振动态，因为这是在正常温度下唯一显著布居的态（见第 18-4 节）。因此，电子振动跃迁的预测频率为

$$\begin{aligned}\tilde{\nu}_{obs}&=\tilde{T}_e+\left(\frac{1}{2}\tilde{\nu}'_e-\frac{1}{4}\tilde{\chi}'_e\tilde{\nu}'_e\right)-\left(\frac{1}{2}\tilde{\nu}''_e-\frac{1}{4}\tilde{\chi}''_e\tilde{\nu}''_e\right)+\\&\quad\tilde{\nu}'_e v'-\tilde{\chi}'_e\tilde{\nu}'_e v'(v'+1)\end{aligned}\tag{13.24}$$

式中 $\tilde{T}_e$ 项为两条电子势能曲线最小值的能量差（以波数为单位），"$'$"和"$''$"分别表示较高电子态与较低电子态。势能曲线的最小值与解离原子之间的能量差用 D_e 表示。符号 D_0 表示从振动基态能级起所对应的解离能（图 13.7）。因此，在谐振子近似中有 $D_e=D_0+\dfrac{1}{2}h\nu$，或在非谐振子近似中有 $D_e=D_0+\dfrac{1}{2}h(\nu_e-\chi_e\nu_e)$。各种双原子分子的 D_0 值列于表 13.2。要知道 $\tilde{\nu}_e$ 和 $\tilde{\chi}_e\tilde{\nu}_e$ 取决于电子势能曲线在其最小值时的形状，因此 $\tilde{\nu}_e$ 和 $\tilde{\chi}_e\tilde{\nu}_e$ 对于每个电子状态都应该是不同的。

式（13.24）中带有括号的前两项为较高电子态与较低电子态的零点能量。因此，定义 $\tilde{\nu}_{0,0}$ 为

$$\tilde{\nu}_{0,0}=\tilde{T}_e+\left(\frac{1}{2}\tilde{\nu}'_e-\frac{1}{4}\tilde{\chi}'_e\tilde{\nu}'_e\right)-\left(\frac{1}{2}\tilde{\nu}''_e-\frac{1}{4}\tilde{\chi}''_e\tilde{\nu}''_e\right)$$

这对应于 $0\rightarrow0$ 电子振动跃迁的能量。将 $\tilde{\nu}_{0,0}$ 引入式（13.24），得

$$\tilde{\nu}_{obs}=\tilde{\nu}_{0,0}+\tilde{\nu}'_e v'-\tilde{\chi}'_e\tilde{\nu}'_e v'(v'+1)\qquad v'=0,1,2,\cdots\tag{13.25}$$

由于较高电子态的振动量子数 v' 在式（13.25）中取连续值，电子振动间距逐渐变小，直至光谱基本连续，如图 13.8 和图 13.9 所示。例题 13-6 说明了如何分析图 13.9 所示的实验数据来确定电子激发态的振动参数。可以更详细地分析电子光谱和了解各种电子态的转动性质，此处不做赘述。

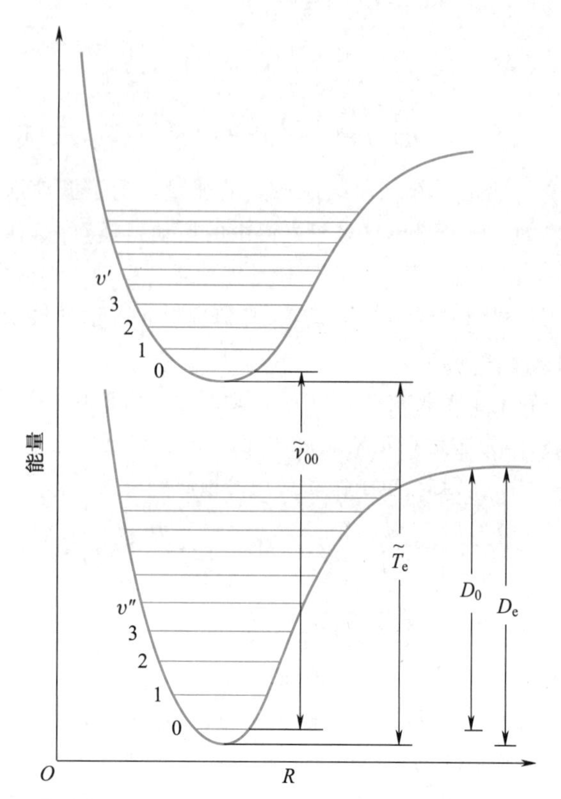

图 13.7 双原子分子的两个电子态,示意说明了 $\tilde{T}_e$ 和 $\tilde{\nu}_{0,0}$ 两个量。

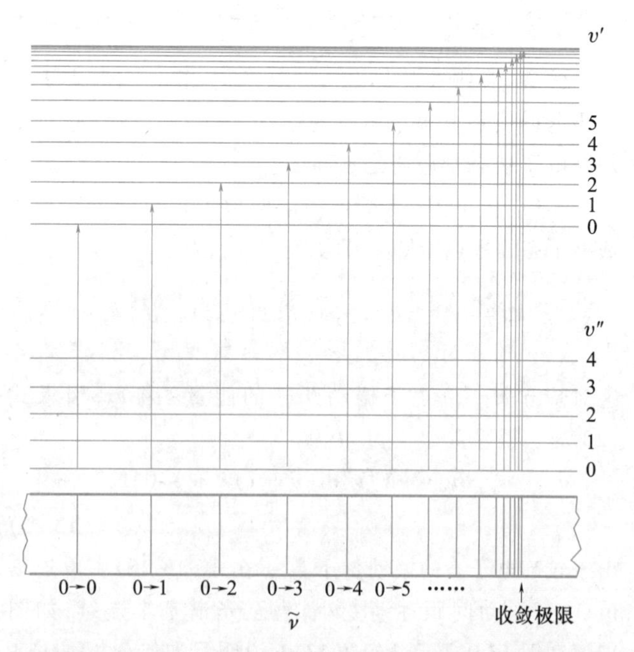

图 13.8 由 $v''=0$ 到 $v'=0,1,2,\cdots$ 的跃迁引起的电子光谱。这样的一组跃迁称为 **v' 前进带组**(progression)。

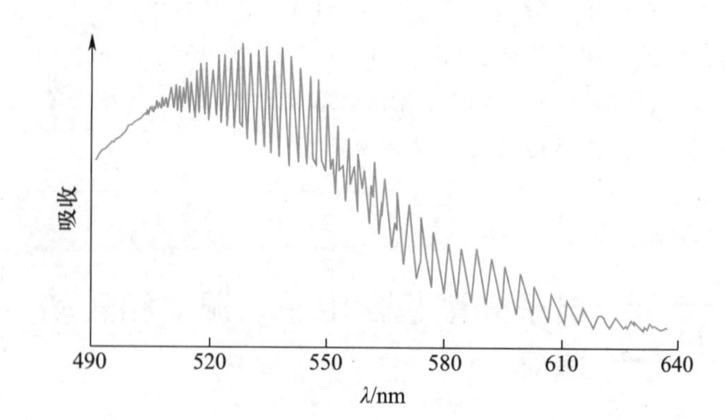

图 13.9 $I_2(g)$在可见光区的吸收光谱。这个谱是一个 v' 前进带组。

例题 13-6 跃迁到 PN 的一个电子激发态的前几个电子振动跃迁的频率为

电子振动跃迁	$\tilde{\nu}_{obs}/cm^{-1}$
0→0	39699.10
0→1	40786.80
0→2	41858.90

利用这些数据计算 PN 电子激发态的 $\tilde{\nu}_e'$ 和 $\tilde{\chi}_e'\tilde{\nu}_e'$。

解 用式(13.25),其中 $v'=0,1$ 和 2,则有

$$39699.10\ cm^{-1}=\tilde{\nu}_{0,0}$$

$$40786.80\ cm^{-1}=\tilde{\nu}_{0,0}+\tilde{\nu}_e'-2\tilde{\chi}_e'\tilde{\nu}_e'$$

$$41858.90\ cm^{-1}=\tilde{\nu}_{0,0}+2\tilde{\nu}_e'-6\tilde{\chi}_e'\tilde{\nu}_e'$$

用第二个和第三个等式分别减去第一个等式,得

$$1087.70\ cm^{-1}=\tilde{\nu}_e'-2\tilde{\chi}_e'\tilde{\nu}_e'$$

$$2159.80\ cm^{-1}=2\tilde{\nu}_e'-6\tilde{\chi}_e'\tilde{\nu}_e'$$

求解这两个方程得到 $\tilde{\chi}_e$ 和 $\tilde{\chi}_e\tilde{\nu}_e$,有

$$\tilde{\nu}_e'=1103.3\ cm^{-1}\quad 且\quad \tilde{\chi}_e'\tilde{\nu}_e'=7.80\ cm^{-1}$$

对电子能谱进行分析可以得到激发态的结构信息,这用其他方式是难以获得的。

13-7 富兰克-康顿原理预测电子振动跃迁的相对强度

图 13.10 展示了两条电子势能曲线,并标出了每个电子能态对应的振动态。在每个振动态下,绘制出了谐

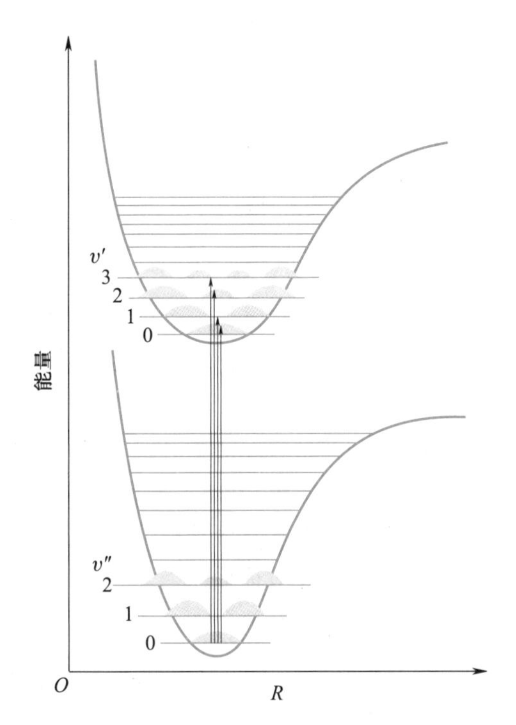

图 13.10 两条电子势能曲线,展示了与每个电子态相关的振动态。上方曲线的最小值几乎直接位于下方曲线的最小值之上。阴影区域表示每个振动态的谐振子概率密度。垂线表示一系列 $0\to v'$ 的电子振动跃迁。

振子概率密度(见图 5.8)。可见,除了振动基态,最可能的核间分离发生在振动的极值附近,这被称为**经典转折点**(classical turning point),因为振动运动在该点改变了方向。因为电子的质量比原子核的质量小得多,所以相对于原子核的运动,电子的运动几乎是瞬时的。

因此,当电子从一种电子态跃迁到另一种电子态时,原子核在跃迁过程中不会明显移动。所以在图 13.10 中,电子跃迁可以用垂线来表示。这个结果可以被严格论证,即**富兰克-康顿原理**(Franck-Condon principle)。富兰克-康顿原理使我们能够估计电子振动跃迁的相对强度。在图 13.10 中,两个电子态的最小值几乎完全位于彼此之上。结果表明,$0\to v'$ 跃迁的相对强度与两种振动态中谐振子波函数的乘积成正比。从图 13.10 可以看出,上下两个电子振动态中波函数的重叠随 v' 的变化而变化。因此,我们得到如图 13.11(a)所示的一个强度分布。

图 13.12 展示了另一种常见的情况,在这种情况下,上方势能曲线的最小值位于比下方势能曲线一个更大的核间值处(如图 13.6 和表 13.5 中的 O_2)。在这种情况下,$0\to 0$ 的跃迁并不是强度最大的跃迁。如图 13.12 所示,最强的跃迁是 $0\to 1$ 跃迁,这种情况下的强度分布如

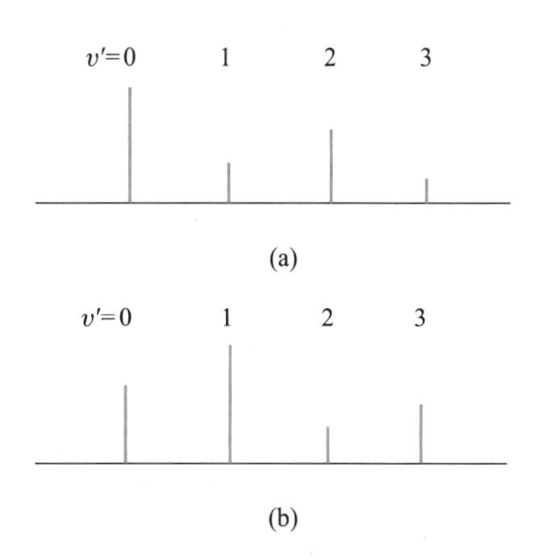

图 13.11 电子振动跃迁的强度分布,(a)和(b)分别对应于图 13.10 和图 13.12 中所示的情形。

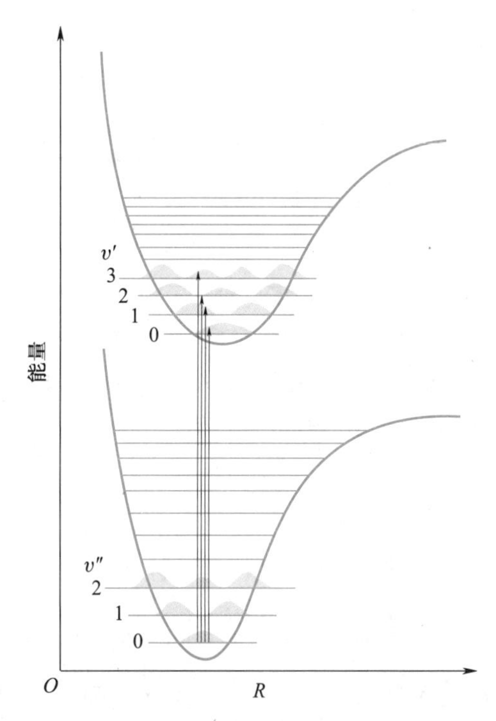

图 13.12 与图 13.10 中一样,两条电子势能曲线展示了振动态和谐振子概率密度。但是,在本例中,上方曲线的最小值出现在比下方曲线更大的一个核间距值处。垂线表示 $0\to v'$ 的电子振动跃迁。

图 13.11(b)所示。如果激发态的势能曲线相对于基态的势能曲线移至一个足够大的核间距离,则吸收光谱可能不包含一条与 $\tilde{\nu}_{0,0}$ 相对应的线。图 13.9 所示的 $I_2(g)$ 的 $^1\Sigma_g^+\to{}^3\Pi$ 吸收光谱,就是这种情况。由于这种跃迁的产生,键长从 266.6 pm 增加到 302.5 pm。$0\to 0$ 以及其他几个低能电子振动跃迁没有被观察到。对这种电子振动跃迁的强度进行详细分析,可以得到许多有关电子势能曲线形状的信息。

表 13.5 O_2 不同电子态的平衡键长。

电子态	$\tilde{T}_e/cm^{-1}$	R_e/pm
$^3\Sigma_g^-$	0	120.74
$^1\Delta_g$	7918.1	121.55
$^1\Sigma_g^+$	13195.2	122.67
$^3\Sigma_u^+$	36096	142
$^3\Sigma_u^-$	49802	160

通过对电子光谱的分析,我们对分子结构有了非常丰富的认识,如电子激发态和电子基态的结构信息。此外,选律不要求分子具有永久的偶极矩,也不要求在振动时偶极矩发生变化。因此,电子光谱可以得到微波转动或红外振动吸收光谱无法得到的同核双原子分子[如图13.9中的 $I_2(g)$]的信息。表13.2给出的所有参数均可由电子光谱得到。

13-8 多原子分子的转动光谱取决于分子的主转动惯量

在本节中,我们将把多原子分子模型化为 N 个原子的刚性网络。刚体的转动性质是由它的主转动惯量来表征的,其定义如下。选择任意一组原点位于物体质心的笛卡儿轴,这三个轴的转动惯量为

$$I_{xx}=\sum_{j=1}^{N}m_j[(y_j-y_{cm})^2+(z_j-z_{cm})^2]$$
$$I_{yy}=\sum_{j=1}^{N}m_j[(x_j-x_{cm})^2+(z_j-z_{cm})^2] \quad (13.26)$$
$$I_{zz}=\sum_{j=1}^{N}m_j[(x_j-x_{cm})^2+(y_j-y_{cm})^2]$$

式中 m_j 是位于点 (x_j,y_j,z_j) 的第 j 个原子的质量;(x_{cm},y_{cm},z_{cm}) 是物体的质心坐标。注意,式(13.26)中方括号中的项是到各自轴的距离的平方。除了这三个转动惯量外,还有转动惯量的积,如

$$I_{xy}=-\sum_{j=1}^{N}m_j(x_j-x_{cm})(y_j-y_{cm})$$

I_{xz} 和 I_{yz} 也有类似的公式。现在介绍一个有关于刚体运动的定理,该定理指出:总是存在一组特定的笛卡儿坐标 X,Y,Z,称为**主轴**(principal axes)穿过物体的质心,使得所有的惯量积(如 I_{xy})消失。这些轴的转动惯量 I_{XX},I_{YY} 和 I_{ZZ} 称为**主转动惯量**(principal moments of inertia)。主转动惯量通常用 I_A,I_B 和 I_C 表示。通常约定 $I_A\leqslant I_B\leqslant I_C$。

如果分子具有某种程度的对称性,则主轴很容易找到。例如,如果分子是平面的,其中一个主轴将垂直于平面。通常分子的一个对称轴会是一个主轴。$CHCl_3$ 的 C—H 键既是一个三重对称轴,也是一个主轴。然而,几乎没有必要去计算主转动惯量,因为在文献中可以找到关于这些量的数据。它们通常以 cm^{-1} 为单位,定义为

$$\tilde{A}=\frac{h}{8\pi^2cI_A},\quad \tilde{B}=\frac{h}{8\pi^2cI_B}\quad 和\quad \tilde{C}=\frac{h}{8\pi^2cI_C} \quad (13.27)$$

由于 $I_A\leqslant I_B\leqslant I_C$,转动常数总是满足 $\tilde{A}\geqslant\tilde{B}\geqslant\tilde{C}$ 的关系。

用三个主转动惯量的相对大小来描述一个刚体的特征。如果三者都相等,则物体称为**球陀螺**(spherical top);如果只有两个相等,则物体称为**对称陀螺**(symmetric top);如果这三者互不相等,则物体称为**不对称陀螺**(asymmetric top)。例如,CH_4 和 SF_6 分子是球陀螺;NH_3 和 C_6H_6 分子是对称陀螺;H_2O 分子是不对称陀螺的典型例子。任何具有一个 n 重对称轴($n\geqslant3$)的分子,其至少是一个对称陀螺。

球陀螺($\tilde{A}=\tilde{B}=\tilde{C}$)的量子力学问题可以被精确求解,得到的球陀螺能级为

$$F(J)=\tilde{B}J(J+1)\quad J=0,1,2,\cdots \quad (13.28a)$$

(这个结果与线形分子是一样的。)然而,每一个能级的简并度则为

$$g_J=(2J+1)^2 \quad (13.28b)$$

球陀螺分子的高对称性使它们不具有永久偶极矩,因此它们不具有纯转动光谱。

对称陀螺的量子力学问题也可以在封闭形式下求解。由于对称陀螺具有一个独特的主转动惯量,所以有两种类型的对称陀螺。当独特的转动惯量大于两个相等的转动惯量时,该分子称为**扁对称陀螺**(oblate symmetric top)。当独特的转动惯量小于两个相等的转动惯量时,该分子称为**长对称陀螺**(prolate symmetric top)。苯分子是扁对称陀螺的一个例子,氯甲烷分子是长对称陀螺的一个例子(图13.13)。

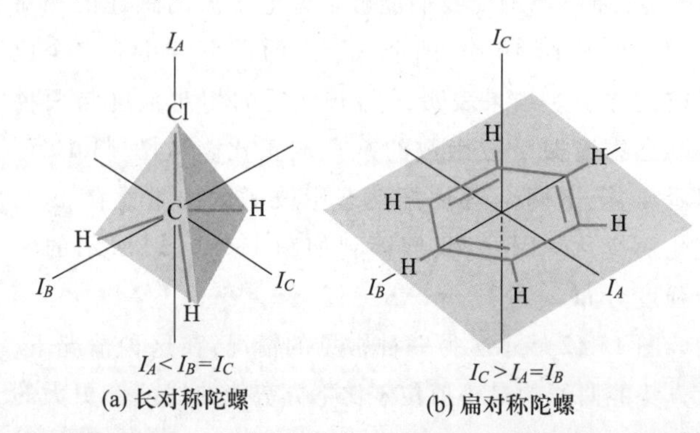

图 13.13 (a)氯甲烷分子是长对称陀螺的一个例子,(b)苯分子是扁对称陀螺的一个例子。轴的指定符合 $I_A\leqslant I_B\leqslant I_C$ 的约定。

一个不那么“化学”的扁对称陀螺的例子是O形环，而一个不那么“化学”的长对称陀螺的例子是雪茄。

» 例题 13-7 判断 BCl_3 与 CH_3I 分子是扁对称陀螺还是长对称陀螺。

» 解 (a) BCl_3 分子是一个平面分子。其质心位于硼原子的中心。因此，其中一个主轴垂直于分子平面；另外两个主轴在分子平面内。独特的轴是垂直于分子平面的轴（称为 z 轴）。所有的三个氯原子都尽可能远离这个轴，因此绕这个轴的转动惯量（I_{ZZ}）将比其他两个轴的大。绕分子平面内的两个轴（x 轴和 y 轴）的转动惯量可以通过恰当地调整轴的方向而相等，在任何情况下，相比于 z 轴，氯原子会更靠近这两个轴中的任意一个。因此，$I_{XX}=I_{YY}<I_{ZZ}$，从而 BCl_3 分子是一个扁对称陀螺。

(b) CH_3I 分子是一个四面体分子。其质心位于碳原子和碘原子之间的C—I键上，独特的轴（称为 z 轴）包含C—I键。只有三个相对较轻的氢原子不在这个轴上，所以绕这个（独特的）轴的转动惯量一定小于绕其他两个轴的转动惯量。此外，可以定向这两个轴（x 和 y），使得 $I_{XX}=I_{YY}$。所有五个原子都偏离这两个轴，因此 $I_{XX}=I_{YY}>I_{ZZ}$，CH_3I 分子是一个长对称陀螺。

扁对称陀螺的能级公式为

$$F(J,K)=\tilde{B}J(J+1)+(\tilde{C}-\tilde{B})K^2 \qquad (13.29)$$

式中 $J=0,1,2,\cdots$；$K=0,\pm1,\pm2,\cdots,\pm J$；简并度 $g_{JK}=2J+1$。注意，能级取决于两个量子数，即 J 和 K。量子数 J 是分子总转动角动量的度量，K 是转动角动量沿对称陀螺独特轴（也就是说，具有独特转动惯量的轴）的分量的度量。

长对称陀螺的能级公式为

$$F(J,K)=\tilde{B}J(J+1)+(\tilde{A}-\tilde{B})K^2 \qquad (13.30)$$

式中 $J=0,1,2,\cdots$；$K=0,\pm1,\pm2,\cdots,\pm J$；简并度 $g_{JK}=2J+1$。

并不是所有的对称陀螺分子都有偶极矩（如 C_6H_6 和 XeF_4），但在那些有偶极矩的分子中，大多数都有沿对称轴方向的偶极矩（如 NH_3 和 CH_3CN）。这些分子的选律是

$$\begin{array}{lll}\Delta J=0,\pm1 & \Delta K=0 & \text{当 } K\neq0 \text{ 时}\\ \Delta J=\pm1 & \Delta K=0 & \text{当 } K=0 \text{ 时}\end{array} \qquad (13.31)$$

对于选律 $\Delta J=+1$（吸收），$\Delta K=0$，有

$$\tilde{\nu}=2\tilde{B}(J+1) \qquad (13.32)$$

这与线形分子的结果相同。

然而，多原子分子的刚性可能比双原子分子的小，因此离心畸变效应对多原子分子更为明显。如果把这些效应考虑进去，则式(13.32)就变成

$$\tilde{\nu}=2\tilde{B}(J+1)-2\tilde{D}_{JK}K^2(J+1)-4\tilde{D}_J(J+1)^3 \qquad (13.33)$$

式中 $\tilde{D}_{JK}$ 和 $\tilde{D}_J$ 均为离心畸变常数。式(13.33)预测，在高分辨率下，当 K 取 $0,1,2,\cdots$ 时，任何转动跃迁都包含一系列谱线。图13.14显示了 CF_3CCH 的 $J=8\rightarrow9$ 跃迁的这个 K 依赖性。因此，尽管一对称陀螺分子的刚性转子模型预测的光谱与一线形分子的相同，但当考虑离心畸变时，会出现明显的区别。

不对称陀螺分子的能级没有简单的表达式。一般来说，它们的转动光谱是相当复杂的，不呈现出任何简单的图案。

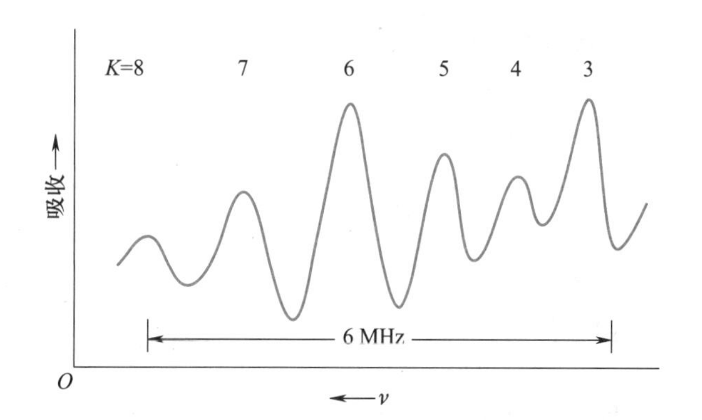

图 13.14 CF_3CCH 的 $J=8\rightarrow9$ 跃迁的部分谱图，显示出离心畸变的影响。注意，图中显示的跃迁范围只有6 MHz。

13-9 用简正坐标表示多原子分子的振动

根据谐振子近似，多原子分子的振动光谱是容易理解的。关键是要引入简正坐标，这将在本节中讨论。

考虑一个含有 N 个原子核的分子。这个分子在空间上的完整描述需要 $3N$ 个坐标，每个原子核需要三个笛卡儿坐标。我们说 N 个原子的分子总共有 $3N$ 个**自由度**（degrees of freedom）。在这 $3N$ 个坐标中，有三个可以用来指定分子的质心。沿着这三个坐标的运动对应于分子质心的平动，我们称这三个坐标为**平动自由度**（translational degrees of freedom）。线形分子需要两个坐标来确定其围绕质心的取向，非线形分子需要三个坐标来确定其围绕质心的取向。因为沿着这些坐标的运动对应于转动运动，所以我们称线形分子有两个**转动自由度**（rotational degrees of freedom），而非线形分子有三个转动

自由度。其余的坐标[线形分子为(3N-5)个,非线形分子则为(3N-6)个]指定了N个原子核的相对位置。因为沿着这些坐标的运动对应于振动运动,所以我们称一个线形分子有(3N-5)个**振动自由度**(vibrational degrees of freedom),而一个非线形分子则有(3N-6)个振动自由度。表13.6总结了这些结果。

表13.6 含有N个原子的一个多原子分子的不同自由度数目。

	线形	非线形
平动自由度	3	3
转动自由度	2	3
振动自由度	3N-5	3N-6

» 例题 13-8 确定 HCl, CO_2, H_2O, NH_3 和 CH_4 中各种自由度的数目。

» 解 见下表。

	总数	平动自由度	转动自由度	振动自由度
HCl	6	3	2	1
CO_2(线形)	9	3	2	4
H_2O	9	3	3	3
NH_3	12	3	3	6
CH_4	15	3	3	9

在没有外场的情况下,分子的能量不取决于质心的位置或其方位。因此,多原子分子的势能只是(3N-5)或(3N-6)个振动坐标的函数。如果用$q_1, q_2, \cdots q_{N_{vib}}$来标记这些坐标偏离平衡值的位移,其中$N_{vib}$为振动自由度的数目,则势能可通过对式(5.23)给出的一维情况进行多维推广来得到:

$$\begin{aligned}\Delta V &= V(q_1, q_2, \cdots, q_{N_{vib}}) - V(0,0,\cdots,0)\\ &= \frac{1}{2}\sum_{i=1}^{N_{vib}}\sum_{j=1}^{N_{vib}}\left(\frac{\partial^2 V}{\partial q_i \partial q_j}\right) q_i q_j + \cdots\\ &= \frac{1}{2}\sum_{i=1}^{N_{vib}}\sum_{j=1}^{N_{vib}} f_{ij} q_i q_j + \cdots \end{aligned} \tag{13.34}$$

一般来说,还有关于q_i的更高次项,但这些非谐项在这里被忽略了。式(13.34)中交叉项的存在使得相应的薛定谔方程很难求解。然而,经典力学的一个定理允许我们消去式(13.34)中的所有交叉项。相应细节过于专业而不在此讨论,但可以使用有关矩阵代数的一个简单方法来找到一组新的坐标$\{Q_j\}$,从而满足

$$\Delta V = \frac{1}{2}\sum_{j=1}^{N_{vib}} F_j Q_j^2 \tag{13.35}$$

注意这个表达式中没有交叉项。这些新坐标称为**简正坐标**(normal coordinates)或**简正模**(normal modes)。使用简正坐标,振动哈密顿算符可写为

$$\hat{H}_{vib} = -\sum_{j=1}^{N_{vib}} \frac{\hbar^2}{2\mu_j}\frac{d^2}{dQ_j^2} + \frac{1}{2}\sum_{j=1}^{N_{vib}} F_j Q_j^2 \tag{13.36}$$

回想第3-9节,如果一个哈密顿算符可以写成几个独立项的和,那么总波函数是单个波函数的乘积,且能量是单独能量的加和。把这个定理应用到式(13.36),有

$$\hat{H}_{vib} = \sum_{j=1}^{N_{vib}} \hat{H}_{vib,j} = \sum_{j=1}^{N_{vib}}\left(-\frac{\hbar^2}{2\mu_j}\frac{d^2}{dQ_j^2} + \frac{1}{2}F_j Q_j^2\right)$$

$$\psi_{vib}(Q_1, Q_2, \cdots, Q_{N_{vib}}) = \psi_{vib,1}(Q_1)\psi_{vib,2}(Q_2)\cdots\psi_{vib,N_{vib}}(Q_{N_{vib}}) \tag{13.37}$$

且

$$E_{vib} = \sum_{j=1}^{N_{vib}} h\nu_j\left(v_j + \frac{1}{2}\right) \quad v_j = 0,1,2,\cdots \tag{13.38}$$

式(13.36)至式(13.38)的实际后果是,在谐振子近似下,一个多原子分子的振动运动表现为N_{vib}个独立的谐振子。在没有简并的情况下,每个谐振子都有其特征基频ν_j。甲醛(H_2CO)和氯甲烷(CH_3Cl)的简正模如图13.15所

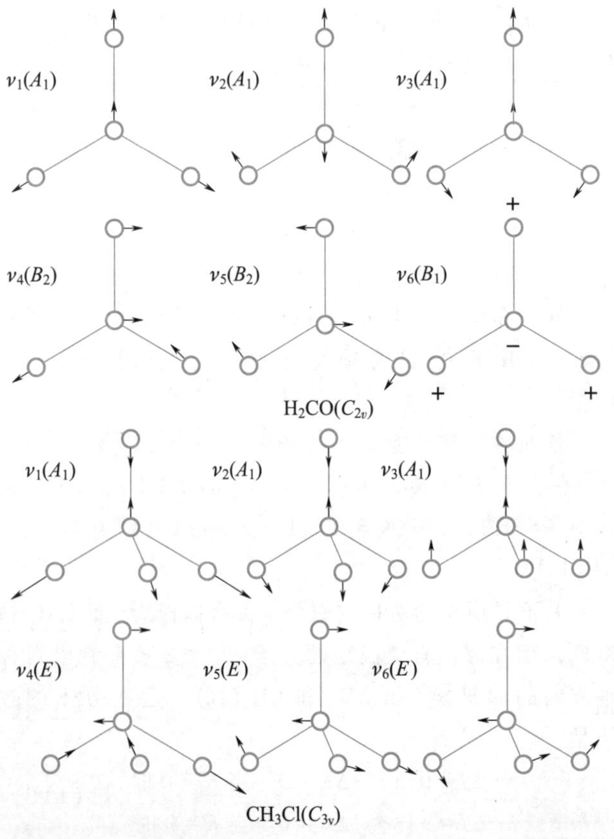

图13.15 甲醛和氯甲烷的简正模。对于一给定的简正模,箭头表示原子如何移动。每个原子以相同的频率和相位围绕其平衡位置振荡,但不同的原子具有不同的振幅。虽然指出了特定的分子,但简正模是分子对称性的特征,因此更普遍。括号中的名称将在下一节中解释。

示。振动吸收光谱的选律，是分子的偶极矩在简正模运动过程中必须变化。当这种情况发生时，称简正模是**红外活性的**（infrared active）。否则，它是**非红外活性的**（infrared inactive）。

H_2O 的三种简正模如下所示：

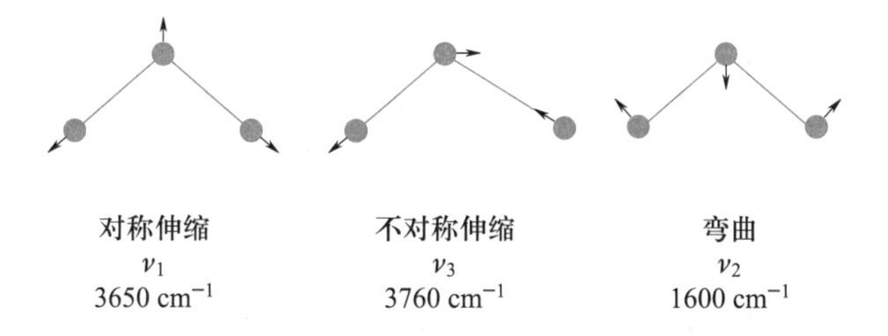

注意，偶极矩在三种简正模的运动过程中都是变化的，故 H_2O 的三种简正模都是红外活性的。因此，H_2O 的红外光谱中有三条谱带。对于 CO_2，则有四种简正模（$3N-5$）：

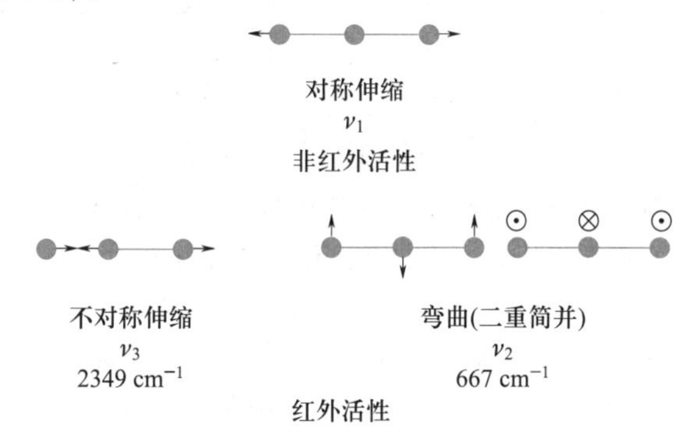

在 CO_2 的对称伸缩过程中，偶极矩没有变化。因此，该简正模是非红外活性的。其他简正模都是红外活性的，但弯曲简正模是二重简并的，故其只产生一条谱带。

CO_2 的两种红外活性简正模在一个重要方面有所不同。在不对称伸缩中，偶极矩平行于分子轴振荡；而在弯曲模式中，偶极矩垂直于分子轴振荡。这两种模式导致了明显不同的振转光谱。平行的情况类似于双原子分子，选律为

$$\Delta v = +1 \quad (\text{吸收})$$
$$\Delta J = \pm 1 \quad (\text{平行带})$$

这与双原子分子相同，生成包含 P 支和 R 支的振转光谱，与图 13.2 中所示的相似。这样的一个吸收带称为**平行带**（parallel band）。如果偶极矩垂直于分子轴振荡，则选律为

$$\Delta v = +1 \quad (\text{吸收})$$
$$\Delta J = 0, \pm 1 \quad (\text{垂直带})$$

在该情况下，由于 $\Delta J = 0$，在 P 支和 R 支之间存在一个谱带，称为 **Q 支**（Q branch），如图 13.16（b）所示的 HCN 的弯曲振动。

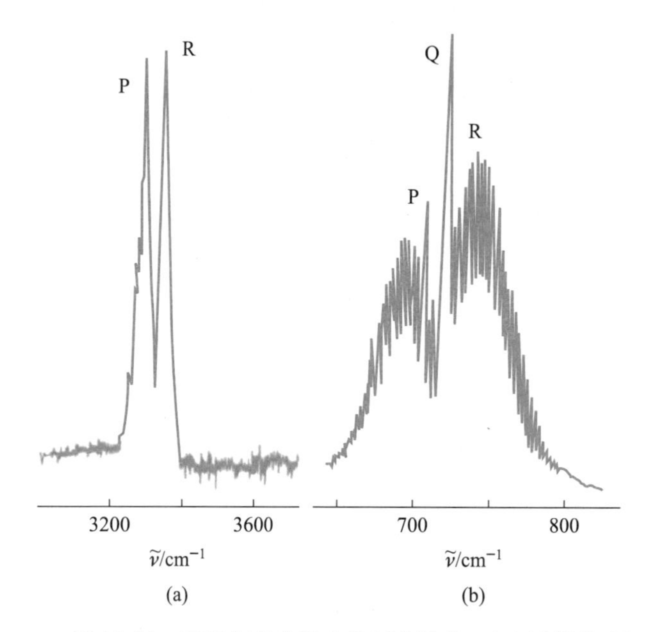

图 13.16　HCN 红外光谱中的两个谱带。（a）平行带，展示 P 支和 R 支，没有 Q 支。（b）垂直带，显示所有三个支。

13-10　简正坐标属于分子点群的不可约表示

群论可以用来表征属于任一分子的各种简正坐标。本节使用第 12 章中提出的群论思想。（如果你没有学习过第 12 章，那么你可以跳过这一节，继续下一节。）

分子的振动性质在分子的任何对称操作下都不会改变，这一事实使简正坐标可以按照该分子所属点群的不可约表示进行变换。例如，考虑上一节中显示的水分子的简正坐标。回忆第 12 章，H_2O 属于 C_{2v} 点群，其特征标表如表 12.7 所示。如果设对称伸缩简正坐标为 Q_{ss}，则可以写出（C_{2v} 点群的对称元素见图 12.1）：

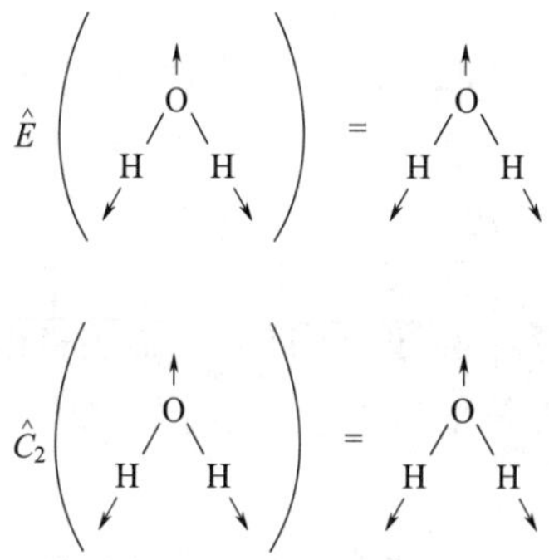

$\hat{E}$ (O H H) = O H H

$\hat{C}_2$ (O H H) = O H H

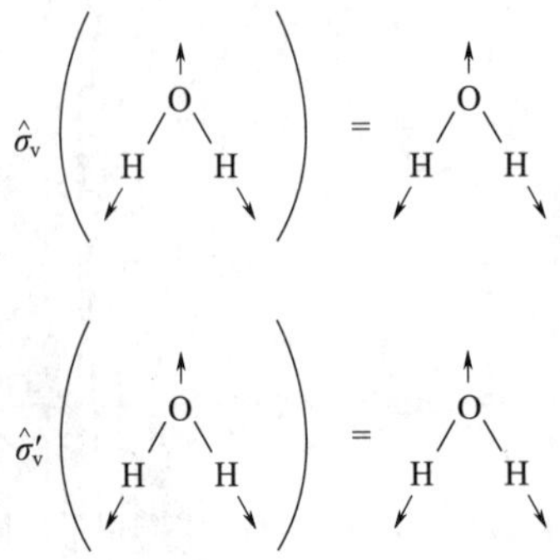

或

$$\hat{E}Q_{ss}=Q_{ss},\quad \hat{C}_2Q_{ss}=Q_{ss}$$

$$\hat{\sigma}_{\mathrm{v}}Q_{ss}=Q_{ss},\quad \hat{\sigma}_{\mathrm{v}}'Q_{ss}=Q_{ss}$$

这表明 Q_{ss} 属于完全对称的不可约表示 A_1。同样,可以证明弯曲简正模也属于 A_1。然而,对于不对称伸缩(Q_{as}),有

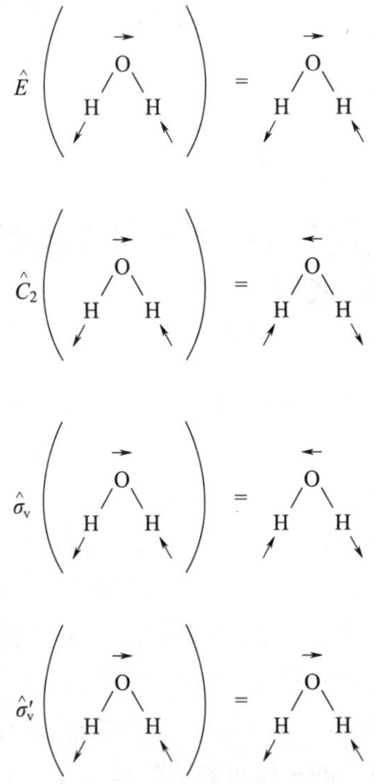

或

$$\hat{E}Q_{as}=Q_{as},\quad \hat{C}_2Q_{as}=-Q_{as}$$

$$\hat{\sigma}_{\mathrm{v}}Q_{as}=-Q_{as},\quad \hat{\sigma}_{\mathrm{v}}'Q_{as}=Q_{as}$$

这表明 Q_{as} 属于 B_2。

» 例题 13-9　图 13.15 中的简正模已经用它们所属的不可约表示来标记了。验证 H_2CO 六个简正模的归属。

» 解　H_2CO 的分子点群为 $\boldsymbol{C}_{2v}$,其特征标表如表 12.7 所示。可以用下表来表示结果,表中的条目是用 $\boldsymbol{C}_{2v}$ 的对称元素(见图 12.1)作用于简正模的结果。

	$\hat{E}$	$\hat{C}_2$	$\hat{\sigma}_{\mathrm{v}}$	$\hat{\sigma}_{\mathrm{v}}'$
ν_1	1	1	1	1
ν_2	1	1	1	1
ν_3	1	1	1	1
ν_4	1	−1	−1	1
ν_5	1	−1	−1	1
ν_6	1	−1	1	−1

参考表 12.7 可知,ν_1,ν_2,ν_3 属于 A_1;ν_4,ν_5 属于 B_2;ν_6 属于 B_1。

我们可以用群论来确定每个不可约表示有多少个简正坐标。该过程是将一个任意(三维)矢量放置到分子(其中有 N 个原子)中的每个原子上,以构建一个 $3N\times3N$ 可约表示,然后使用特征标表进行约化。实际上,我们所需要的只是 $3N\times3N$ 可约表示的特征标,这是很容易得到的。在第 12-9 节推导各种分子的对称轨道时,也进行了类似的过程。我们在那里学到一些简单的规则,使我们能够为每个群操作写出特征标。例如,如果一个原子在对称操作下移动,那么该原子对特征标的贡献就为 0。只有位置不变的原子才对群操作的特征标有贡献。由于恒等操作使每个原子上的(三维)矢量保持不变,因此其特征标 $\chi(\hat{E})$ 等于 $3N$。当操作 $\hat{C}_2$ 使一个原子未移动时,它对 $\chi(\hat{C}_2)$ 的贡献为 −1,因为两个轴改变了符号,一个轴没有改变符号。当操作 $\hat{\sigma}$ 使一个原子保持不动时,它对 $\chi(\hat{\sigma})$ 的贡献为 +1,因为其中两个轴保持不变,一个轴改变了符号。表 13.7 总结了每个未移动原子对 $3N$ 维可约表示的特征标的贡献。表 13.7 中不同转动轴的条目可以通过记住绕 z 轴转动一个角度 θ 的矩阵

$$\begin{pmatrix}x'\\y'\\z'\end{pmatrix}=\begin{pmatrix}\cos\theta & -\sin\theta & 0\\ \sin\theta & \cos\theta & 0\\ 0 & 0 & 1\end{pmatrix}\begin{pmatrix}x\\y\\z\end{pmatrix}$$

推导出来(见数学章节 F)。式中 $\theta=360^\circ/n$。对于一个旋转-反映轴,上述矩阵中的 1 变为 −1。

表 13.7　每个未移动原子对 $3N$ 维可约表示的特征标的贡献[通过对分子中 N 个原子的每一个附着的任意(三维)矢量进行操作而获得的]。

操作 $\hat{R}$	每个未移动原子对 $\chi(\hat{R})$ 的贡献
$\hat{E}$	3
$\hat{\sigma}$	1
$\hat{i}$	−3
$\hat{C}_2$	−1

续表

操作 $\hat{R}$	每个未移动原子对 $\chi(\hat{R})$ 的贡献
$\hat{C}_3,\hat{C}_3^2$	0
$\hat{C}_4,\hat{C}_4^3$	1
$\hat{C}_6,\hat{C}_6^5$	2
$\hat{S}_2$	-3
$\hat{S}_3,\hat{S}_3^2$	-2
$\hat{S}_4,\hat{S}_4^3$	-1
$\hat{S}_6,\hat{S}_6^5$	0

我们把这个过程应用到 H_2O 上，H_2O 的点群为 C_{2v}，其特征标表如表 12.7 所示。$\hat{C}_2$ 和 $\hat{\sigma}_v$ 操作只使氧原子不动，$\hat{\sigma}_v'$ 使三个原子都不动。因此，九维可约表示为

	$\hat{E}$	$\hat{C}_2$	$\hat{\sigma}_v$	$\hat{\sigma}_v'$
Γ_{3N}	9	-1	1	3

可以使用式(12.23)将 Γ_{3N} 约化为其不可约的表示形式：

$$a_{A_1}=\frac{1}{4}[(9)\times(1)+(-1)\times(1)+(1)\times(1)+(3)\times(1)]=3$$

$$a_{A_2}=\frac{1}{4}[(9)\times(1)+(-1)\times(1)+(1)\times(-1)+(3)\times(-1)]=1$$

$$a_{B_1}=\frac{1}{4}[(9)\times(1)+(-1)\times(-1)+(1)\times(1)+(3)\times(-1)]=2$$

$$a_{B_2}=\frac{1}{4}[(9)\times(1)+(-1)\times(-1)+(1)\times(-1)+(3)\times(1)]=3$$

或

$$\Gamma_{3N}=3A_1+A_2+2B_1+3B_2$$

不可约表示的总和表示分子的所有自由度。x, y 和 z (B_1, B_2 和 A_1)的不可约表示对应三个平动自由度，分别用 T_x, T_y 和 T_z 表示，R_x, R_y 和 R_z(B_2, B_1 和 A_2)的不可约表示对应三个转动自由度(见表 12.7)。如果从 Γ_{3N} 中减去这些，就得到

$$\Gamma_{\text{vib}}=2A_1+B_2$$

这与之前利用它们的绘图所确定的 H_2O 简正坐标的对称性相一致。

» 例题 13-10 确定平面分子 XY_3 的简正坐标的对称性。

» 解 点群为 $\boldsymbol{D}_{3h}$，其特征标表如表 12.11 所示。利用表 13.7 确定 12 维可约表示的特征标，可得

	$\hat{E}$	$2\hat{C}_3$	$3\hat{C}_2$	$\hat{\sigma}_h$	$2\hat{S}_3$	$3\hat{\sigma}_v$
Γ_{3N}	12	0	-2	4	-2	2

使用式(12.23)，可得

$$\Gamma_{3N}=A_1'+A_2'+3E'+2A_2''+E''$$

由 $\boldsymbol{D}_{3h}$ 特征标表可知，T_x 和 T_y 同属于 E'；R_x 和 R_y 同属于 E''；T_z 属于 A_2''；R_z 属于 A_2'。从 Γ_{3N} 中减去这些，可得

$$\Gamma_{\text{vib}}=A_1'+2E'+A_2''$$

因为 E' 是二维的，所以 Γ_{vib} 代表了一个 $\boldsymbol{D}_{3h}$ XY_3 分子(如 SO_3 或 BF_3)的六种简正模。

在接下来的三节内容中，我们将学习选律，然后再回到群论，并展示如何使用群论来确定哪些简正坐标是红外活性的，哪些是非红外活性的。

13-11 选律可由含时微扰理论导出

光谱选择定则用来判断从一种状态到另一种状态的跃迁是否可能发生。跃迁的本质是一种含时的现象，因此必须使用含时薛定谔方程[式(4.15)]：

$$\hat{H}\psi=\mathrm{i}\hbar\frac{\partial\psi}{\partial t}\tag{13.39}$$

在第 4-4 节中已经证明，如果 $\hat{H}$ 不依赖于时间，那么

$$\Psi_n(\boldsymbol{r},t)=\psi_n(\boldsymbol{r})\mathrm{e}^{-\mathrm{i}E_nt/\hbar}$$

其中 $\psi_n(\boldsymbol{r})$ 满足定态薛定谔方程：

$$\hat{H}\psi_n(\boldsymbol{r})=E_n\psi_n(\boldsymbol{r})$$

回忆一下，$\psi_n^*\psi_n$ 与时间无关，且由 ψ_n 描述的状态则被称为**定态**(stationary states)(参见第 4-4 节)。

定态的思想适用于孤立系统。现在考虑与电磁辐射相互作用的一个分子。电磁场可以近似地写成

$$\boldsymbol{E}=\boldsymbol{E}_0\cos(2\pi\nu t)\tag{13.40}$$

式中 ν 是辐射频率；$\boldsymbol{E}_0$ 是电场矢量。如果 $\boldsymbol{\mu}$ 是分子的偶极矩(可通过习题 10-47 来复习分子偶极矩)，则电场与分子相互作用的哈密顿算符为(习题 13-49)

$$\hat{H}^{(1)}=-\boldsymbol{\mu}\cdot\boldsymbol{E}=-\boldsymbol{\mu}\cdot\boldsymbol{E}_0\cos(2\pi\nu t)\tag{13.41}$$

因此，必须求解

$$\hat{H}\Psi = \mathrm{i}\hbar\frac{\partial\Psi}{\partial t} \tag{13.42}$$

式中

$$\hat{H} = \hat{H}^{(0)} + \hat{H}^{(1)} = \hat{H}^{(0)} - \boldsymbol{\mu}\cdot\boldsymbol{E}_0\cos(2\pi\nu t) \tag{13.43}$$

式中 $\hat{H}^{(0)}$ 是孤立分子的哈密顿算符。在下面将看到，时间相关项 $\hat{H}^{(1)}$ 可引起从一个定态到另一个定态的跃迁。

为了求解式(13.42)，将时间相关项 $\hat{H}^{(1)}$ 视为一个小的微扰。我们将使用的步骤称为**含时微扰理论**(time-dependent perturbation theory)，这是第7章中的微扰理论针对含时现象的一个拓展。虽然一个孤立的分子通常有无限个定态，但为了简便起见，只考虑一个两态系统。对于这样一个系统，在没有时间微扰的情况下：

$$\hat{H}^{(0)}\psi = \mathrm{i}\hbar\frac{\partial\psi}{\partial t} \tag{13.44}$$

其中只有两个定态 ψ_1 和 ψ_2，满足

$$\Psi_1(t) = \psi_1\mathrm{e}^{-\mathrm{i}E_1t/\hbar} \quad 与 \quad \Psi_2(t) = \psi_2\mathrm{e}^{-\mathrm{i}E_2t/\hbar} \tag{13.45}$$

» 例题 13-11 证明式(13.45)给出的 ψ_1 和 ψ_2 满足式(13.44)。

» 解 将 $\Psi_1(t) = \psi_1\mathrm{e}^{-\mathrm{i}E_1t/\hbar}$ 代入式(13.44)，得

$$\hat{H}^{(0)}\Psi_1 = \hat{H}^{(0)}\psi_1\mathrm{e}^{-\mathrm{i}E_1t/\hbar} = \mathrm{e}^{-\mathrm{i}E_1t/\hbar}\hat{H}^{(0)}\psi_1 = E_1\psi_1\mathrm{e}^{-\mathrm{i}E_1t/\hbar}$$

与

$$\mathrm{i}\hbar\frac{\partial\Psi_1}{\partial t} = \mathrm{i}\hbar\psi_1\frac{\mathrm{d}}{\mathrm{d}t}\mathrm{e}^{-\mathrm{i}E_1t/\hbar} = E_1\psi_1\mathrm{e}^{-\mathrm{i}E_1t/\hbar}$$

在第一行中，使用了 $\hat{H}^{(0)}$ 与时间无关的事实；在第二行中，使用了 ψ_1 与时间无关的事实以及 $\hat{H}^{(0)}\psi_1 = E_1\psi_1$。证明 Ψ_2 是式(13.44)另一个解的方法是类似的。

现在假设系统最初处于状态1。使微扰从 $t=0$ 开始，并假设 $\Psi(t)$ 是 $\Psi_1(t)$ 和 $\Psi_2(t)$ 的线性组合，其系数取决于时间。因此，可以写出

$$\Psi(t) = a_1(t)\Psi_1(t) + a_2(t)\Psi_2(t) \tag{13.46}$$

式中 $a_1(t)$ 和 $a_2(t)$ 需要确定。回想第4章，对于这样一个线性组合，$a_i^*a_i$ 是分子处于状态 i 的概率。将式(13.46)代入式(13.42)，得

$$a_1(t)\hat{H}^{(0)}\Psi_1 + a_2(t)\hat{H}^{(0)}\Psi_2 + a_1(t)\hat{H}^{(1)}\Psi_1 + a_2(t)\hat{H}^{(1)}\Psi_2$$
$$= a_1(t)\mathrm{i}\hbar\frac{\partial\Psi_1}{\mathrm{d}t} + a_2(t)\mathrm{i}\hbar\frac{\partial\Psi_2}{\mathrm{d}t} + \mathrm{i}\hbar\Psi_1\frac{\mathrm{d}a_1}{\mathrm{d}t} + \mathrm{i}\hbar\Psi_2\frac{\mathrm{d}a_2}{\mathrm{d}t} \tag{13.47}$$

利用例题13-11给出的结果，可以消去式(13.47)两边的前两项，得

$$a_1(t)\hat{H}^{(1)}\Psi_1 + a_2(t)\hat{H}^{(1)}\Psi_2 = \mathrm{i}\hbar\Psi_1\frac{\mathrm{d}a_1}{\mathrm{d}t} + \mathrm{i}\hbar\Psi_2\frac{\mathrm{d}a_2}{\mathrm{d}t} \tag{13.48}$$

在式(13.48)两边同乘以 ψ_2^*，然后针对空间坐标积分，得

$$a_1(t)\int\psi_2^*\hat{H}^{(1)}\Psi_1\mathrm{d}\tau + a_2(t)\int\psi_2^*\hat{H}^{(1)}\Psi_2\mathrm{d}\tau$$
$$= \mathrm{i}\hbar\frac{\mathrm{d}a_1}{\mathrm{d}t}\int\psi_2^*\Psi_1\mathrm{d}\tau + \mathrm{i}\hbar\frac{\mathrm{d}a_2}{\mathrm{d}t}\int\psi_2^*\Psi_2\mathrm{d}\tau \tag{13.49}$$

右边的第一项积分消失了，因为 $\Psi_1 = \psi_1\mathrm{e}^{-\mathrm{i}E_1t/\hbar}$[式(13.45)]且 ψ_2 和 ψ_1 是正交的。类似地，右边的第二项积分等于 $\mathrm{i}\hbar\mathrm{e}^{-\mathrm{i}E_2t/\hbar}\mathrm{d}a_2/\mathrm{d}t$，因为 $\Psi_2 = \psi_2\mathrm{e}^{-\mathrm{i}E_2t/\hbar}$ 且 ψ_2 是归一化的。求解式(13.49)，得到 $\mathrm{i}\hbar\mathrm{d}a_2/\mathrm{d}t$ 为

$$\mathrm{i}\hbar\frac{\mathrm{d}a_2}{\mathrm{d}t} = a_1(t)\mathrm{e}^{\mathrm{i}E_2t/\hbar}\int\psi_2^*\hat{H}^{(1)}\Psi_1\mathrm{d}\tau +$$
$$a_2(t)\mathrm{e}^{\mathrm{i}E_2t/\hbar}\int\psi_2^*\hat{H}^{(1)}\Psi_2\mathrm{d}\tau$$

用式(13.45)表示 Ψ_1 和 Ψ_2，最后得到

$$\mathrm{i}\hbar\frac{\mathrm{d}a_2}{\mathrm{d}t} = a_1(t)\exp\left[\frac{-\mathrm{i}(E_1-E_2)t}{\hbar}\right]\int\psi_2^*H^{(1)}\psi_1\mathrm{d}\tau +$$
$$a_2(t)\int\psi_2^*\hat{H}^{(1)}\psi_2\mathrm{d}\tau \tag{13.50}$$

因为系统最初处于状态1，则

$$a_1(0) = 1 \quad a_2(0) = 0 \tag{13.51}$$

因为 $\hat{H}^{(1)}$ 被认为是一个小的扰动，没有足够的状态1的跃迁使得 a_1 和 a_2 与它们的初始值明显不同。因此，作为一种近似，可以将式(13.51)右侧的 $a_1(t)$ 和 $a_2(t)$ 用它们的初值[$a_1(0)=1, a_2(0)=0$]来代替，从而得到

$$\mathrm{i}\hbar\frac{\mathrm{d}a_2}{\mathrm{d}t} = \exp\left[\frac{-\mathrm{i}(E_1-E_2)t}{\hbar}\right]\int\psi_2^*\hat{H}^{(1)}\psi_1\mathrm{d}\tau \tag{13.52}$$

为了方便起见，把电场设为 z 方向，在这种情况下可以写出

$$\hat{H}^{(1)} = -\mu_zE_{0z}\cos(2\pi\nu t)$$
$$= -\frac{\mu_zE_{0z}}{2}(\mathrm{e}^{\mathrm{i}2\pi\nu t} + \mathrm{e}^{-\mathrm{i}2\pi\nu t})$$

式中 μ_z 为分子偶极矩的 z 分量；E_{0z} 为电场沿 z 轴的大小。将 $\hat{H}^{(1)}$ 的这个表达式代入式(13.52)，得

$$\frac{\mathrm{d}a_2}{\mathrm{d}t} \propto (\mu_z)_{12}E_{0z}\left\{\exp\left[\frac{\mathrm{i}(E_2-E_1+h\nu)t}{\hbar}\right] + \exp\left[\frac{\mathrm{i}(E_2-E_1-h\nu)t}{\hbar}\right]\right\} \tag{13.53}$$

其中已定义

$$(\mu_z)_{12}=\int\psi_2^*\mu_z\psi_1\mathrm{d}\tau \tag{13.54}$$

$(\mu_z)_{12}$是状态 1 和状态 2 之间**跃迁偶极矩**(transition dipole moment)的 z 分量。注意,如果 $(\mu_z)_{12}=0$,则 $\mathrm{d}a_2/\mathrm{d}t=0$,就不会有从状态 1 到状态 2 的跃迁。跃迁偶极矩是到目前为止假设的选律的基础。跃迁只发生在跃迁偶极矩不为零的状态之间。

在接下来的两节中,将推导出具体的选律,但在此之前,先对式(13.53)从 0 到 t 进行积分,得

$$a_2(t)\propto(\mu_z)_{12}E_{0z}\times\left\{\frac{1-\exp[\mathrm{i}(E_2-E_1+h\nu)t/\hbar]}{E_2-E_1+h\nu}+\frac{1-\exp[\mathrm{i}(E_2-E_1-h\nu)t/\hbar]}{E_2-E_1-h\nu}\right\} \tag{13.55}$$

因为已取 $E_2>E_1$,式(13.55)中所谓的**共振分母**(resonance denominators)导致该式中的第二项比第一项大得多,并且在满足下式时,其对确定 $a_2(t)$ 非常重要:

$$E_2-E_1\approx h\nu \tag{13.56}$$

这样,就很自然地得到了已反复使用的玻尔频率条件。当一个系统从一种状态跃迁到另一种状态时,它吸收(或发射)一个光子,其能量等于两种状态的能量差。

吸收的概率或吸收的强度与观察到分子处于状态 2 的概率成正比,其由 $a_2^*(t)a_2(t)$ 给出。仅使用式(13.55)中的第二项,可以得到(习题 13-40)

$$a_2^*(t)a_2(t)\propto\frac{\sin^2[(E_2-E_1-\hbar\omega)t/2\hbar]}{(E_2-E_1-\hbar\omega)^2} \tag{13.57}$$

式(13.57)绘制于图 13.17 中。从图中可以看出,当 $\hbar\omega=h\nu\approx E_2-E_1$ 时,吸收较强。

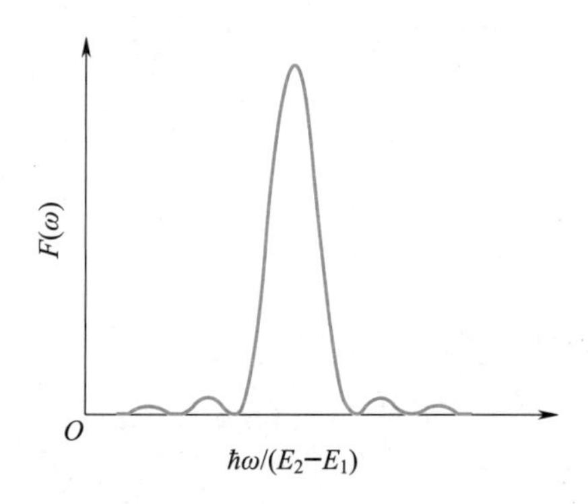

图 13.17 函数 $F(\omega)=\sin^2[(E_2-E_1-\hbar\omega)t/2\hbar]/(E_2-E_1-\hbar\omega)^2$,[其表示在时间区间 0 到 t 内发生 1→2 跃迁的概率]对频率 ω 的作图。注意这个函数在 $E_2-E_1=\hbar\omega=h\nu$ 时达到峰值。

13-12 刚性转子近似中的选律为 $\Delta J=\pm1$

我们可以利用式(13.54)和球谐函数的性质来导出刚性转子的选律。回想一下,刚性转子波函数是球谐函数,这是在第 6-2 节中推导得到的。同样,如果假设电场沿 z 轴,那么在刚性转子近似中任意两状态之间的跃迁偶极矩为

$$(\mu_z)_{J,M;J',M'}=\int_0^{2\pi}\int_0^{\pi}Y_{J'}^{M'}(\theta,\phi)^*\mu_zY_J^M(\theta,\phi)\sin\theta\mathrm{d}\theta\mathrm{d}\phi$$

利用 $\mu_z=\mu\cos\theta$ 给出:

$$(\mu_z)_{J,M;J',M'}=\mu\int_0^{2\pi}\int_0^{\pi}Y_{J'}^{M'}(\theta,\phi)^*\mu_zY_J^M(\theta,\phi)\sin\theta\mathrm{d}\theta\mathrm{d}\phi \tag{13.58}$$

注意,μ 必须不为零才能使跃迁偶极矩为非零。因此,现在已经证明了先前的断言,即一个分子必须要有永久偶极矩才能使其有纯转动光谱,至少在刚性转子近似中是这样的。

还可以确定 J,M,J' 和 M' 应怎样取值才可以让式(13.58)中的积分不为零。回忆一下[式(6.30)]:

$$Y_J^M(\theta,\phi)=N_{JM}P_J^{|M|}(\cos\theta)\mathrm{e}^{\mathrm{i}M\phi} \tag{13.59}$$

式中 N_{JM} 是归一化常数。将式(13.59)代入式(13.58),并令 $x=\cos\theta$ 得

$$(\mu_z)_{J,M;J',M'}=\mu N_{J,M}N_{J',M'}\int_0^{2\pi}\mathrm{d}\phi\mathrm{e}^{\mathrm{i}(M-M')\phi}\int_{-1}^{1}\mathrm{d}xxP_{J'}^{|M'|}(x)P_J^{|M|}(x) \tag{13.60}$$

除非 $M=M'$,否则针对 ϕ 的积分为零。因此,我们发现 $\Delta M=0$ 是刚性转子选律的一部分。当 $M=M'$时,对 ϕ 的积分得到一个因子 2π,所以有

$$(\mu_z)_{J,M;J',M'}=2\pi\mu N_{JM}N_{J'M}\int_{-1}^{1}\mathrm{d}xxP_{J'}^{|M'|}(x)P_J^{|M|}(x) \tag{13.61}$$

可以用下面这个恒等式来计算这个积分(习题 6-8):

$$(2J+1)xP_J^{|M|}(x)=(J-|M|+1)P_{J+1}^{|M|}(x)+(J+|M|)P_{J-1}^{|M|}(x) \tag{13.62}$$

通过在式(13.61)中使用这个关系式,可以得到

$$(\mu_z)_{J,M;J',M'}=2\pi\mu N_{JM}N_{J'M}\int_{-1}^{1}\mathrm{d}xP_{J'}^{|M|}(x)\cdot\left[\frac{(J-|M|+1)}{2J+1}P_{J+1}^{|M|}(x)+\frac{(J+|M|)}{2J+1}P_{J-1}^{|M|}(x)\right]$$

利用 $P_J^M(x)$的正交关系[式(6.28)],发现除非 $J'=J+1$

或 $J'=J-1$，否则上述积分将为0。这一发现导致了选律 $J'=J\pm1$ 或 $\Delta J=\pm1$。因此，已经证明，在刚性转子近似中，纯转动光谱的选律是分子必须具有永久偶极矩，以及 $\Delta J=\pm1$ 和 $\Delta M=0$。

» 例题 13-12 运用表6.3给出的球谐函数的确切公式，证明在微波光谱中（在刚性转子近似下），$J=0\to J=1$ 的转动跃迁是允许的，而 $J=0\to J=2$ 的转动跃迁则是禁阻的。

» 解 参考式(13.58)，必须证明积分

$$I_{0\to1}=\int_0^{2\pi}\int_0^{\pi}Y_1^M(\theta,\phi)^*Y_0^0(\theta,\phi)\cos\theta\sin\theta\mathrm{d}\theta\mathrm{d}\phi$$

是非零的，以及积分

$$I_{0\to2}=\int_0^{2\pi}\int_0^{\pi}Y_2^M(\theta,\phi)^*Y_0^0(\theta,\phi)\cos\theta\sin\theta\mathrm{d}\theta\mathrm{d}\phi$$

等于0。在任何一种情况下，我们都可以很容易地看到，除非 $M=0$，否则针对 ϕ 的积分将为零，所以将只关注对 θ 的积分。对于 $I_{0\to1}$，有

$$I_{0\to1}=2\pi\int_0^{\pi}\left(\frac{3}{4\pi}\right)^{1/2}\cos\theta\left(\frac{1}{4\pi}\right)^{1/2}\cos\theta\sin\theta\mathrm{d}\theta$$

$$=\frac{\sqrt{3}}{2}\int_{-1}^{1}\mathrm{d}xx^2=\frac{1}{\sqrt{3}}\neq0$$

对于 $I_{0\to2}$，有

$$I_{0\to2}=2\pi\int_0^{\pi}\left(\frac{5}{16\pi}\right)^{1/2}(3\cos^2\theta-1)\left(\frac{1}{4\pi}\right)^{1/2}\cos\theta\sin\theta\mathrm{d}\theta$$

$$=\frac{\sqrt{5}}{4}\int_{-1}^{1}\mathrm{d}x(3x^3-x)=0$$

因为被积函数是一个关于 x 的奇函数。

13-13 谐振子的选律为 $\Delta\upsilon=\pm1$

运用式(13.54)和谐振子波函数[式(5.35)]

$$\psi_\upsilon(q)=N_\upsilon H_\upsilon(\alpha^{1/2}q)\mathrm{e}^{-\alpha q^2/2} \tag{13.63}$$

式中 $H_\upsilon(\alpha^{1/2}q)$ 是一厄米多项式，$\alpha=(k\mu/\hbar^2)^{1/2}$，当电场沿 z 轴时，跃迁偶极矩为

$$(\mu_z)_{\upsilon,\upsilon'}=\int_{-\infty}^{+\infty}N_\upsilon N_{\upsilon'}H_{\upsilon'}(\alpha^{1/2}q)\cdot \mathrm{e}^{-\alpha q^2/2}\mu_z(q)H_\upsilon(\alpha^{1/2}q)\mathrm{e}^{-\alpha q^2/2}\mathrm{d}q \tag{13.64}$$

现在，围绕平衡核间距展开 $\mu_z(q)$，有

$$\mu_z(q)=\mu_0+\left(\frac{\mathrm{d}\mu}{\mathrm{d}q}\right)_0q+\cdots \tag{13.65}$$

式中 μ_0 为平衡键长时的偶极矩；q 为偏离该平衡值的位移。因此，当 $q=0$ 时，$\mu_z=\mu_0$。将式(13.65)的前两项代入式(13.64)，有

$$(\mu_z)_{\upsilon,\upsilon'}=N_\upsilon N_{\upsilon'}\mu_0\int_{-\infty}^{+\infty}H_{\upsilon'}(\alpha^{1/2}q)H_\upsilon(\alpha^{1/2}q)\mathrm{e}^{-\alpha q^2}\mathrm{d}q+ N_\upsilon N_{\upsilon'}\left(\frac{\mathrm{d}\mu}{\mathrm{d}q}\right)_0\int_{-\infty}^{+\infty}H_{\upsilon'}(\alpha^{1/2}q)qH_\upsilon(\alpha^{1/2}q)\mathrm{e}^{-\alpha q^2}\mathrm{d}q \tag{13.66}$$

由于厄米多项式的正交性，若 $\upsilon\neq\upsilon'$，则第一项积分等于0。

第二项积分一般可以使用厄米多项式恒等式

$$\xi H_\upsilon(\xi)=\upsilon H_{\upsilon-1}(\xi)+\frac{1}{2}H_{\upsilon+1}(\xi) \tag{13.67}$$

来计算（习题5-24）。如果把式(13.67)代入式(13.66)，并令 $\alpha^{1/2}q=\xi$，可以得到

$$(\mu_z)_{\upsilon,\upsilon'}=\frac{N_\upsilon N_{\upsilon'}}{\alpha}\left(\frac{\mathrm{d}\mu}{\mathrm{d}q}\right)_0\cdot \int_{-\infty}^{+\infty}H_{\upsilon'}(\xi)\left[\upsilon H_{\upsilon-1}(\xi)+\frac{1}{2}H_{\upsilon+1}(\xi)\right]\mathrm{e}^{-\xi^2}\mathrm{d}\xi \tag{13.68}$$

利用厄米多项式的正交性，可以看到除非 $\upsilon'=\upsilon\pm1$，否则 $(\mu_z)_{\upsilon,\upsilon'}$ 为0。因此，谐振子近似下振动跃迁的选律为 $\Delta\upsilon=\pm1$。此外，跃迁偶极矩积分前的因子 $(\mathrm{d}\mu/\mathrm{d}q)_0$ 提醒我们，在振动过程中分子的偶极矩必须变化[式(13.65)]，否则跃迁不会发生。

» 例题 13-13 利用表5.2中给出的厄米多项式的确切公式，证明：对于谐振子 $0\to1$ 的振动跃迁是允许的，而 $0\to2$ 的振动跃迁则是禁阻的。

» 解 设表5.3中的 $\xi=\alpha^{1/2}x$，有

$$\psi_0(\xi)=\left(\frac{\alpha}{\pi}\right)^{1/4}\mathrm{e}^{-\xi^2/2}$$

$$\psi_1(\xi)=\sqrt{2}\left(\frac{\alpha}{\pi}\right)^{1/4}\xi\mathrm{e}^{-\xi^2/2}$$

$$\psi_2(\xi)=\frac{1}{\sqrt{2}}\left(\frac{\alpha}{\pi}\right)^{1/4}(2\xi^2-1)\mathrm{e}^{-\xi^2/2}$$

跃迁偶极矩由下面积分给出：

$$I_{0\to\upsilon}\propto\int_{-\infty}^{+\infty}\psi_\upsilon(\xi)\xi\psi_0(\xi)\mathrm{d}\xi$$

如果 $I_{0\to\upsilon}\neq0$，则跃迁是允许的；如果 $I_{0\to\upsilon}=0$，则跃迁是禁阻的。对于 $\upsilon=1$，有

$$I_{0\to1}\propto\left(\frac{2\alpha}{\pi}\right)^{1/2}\int_{-\infty}^{+\infty}\xi^2\mathrm{e}^{-\xi}\mathrm{d}\xi\neq0$$

因为被积函数处处为正。当 $\upsilon=2$ 时，有

$$I_{0\to 2} \propto \left(\frac{\alpha}{2\pi}\right)^{1/2}\int_{-\infty}^{+\infty}(2\xi^3-\xi)\,e^{-\xi^2}d\xi = 0$$

因为被积函数是一奇函数，且积分限为$-\infty$到$+\infty$。

13-14 群论用于确定简正模振动的红外活性

在上一节中，我们看到，如果分子的偶极矩随着分子振动而变化，则简正模将具有红外活性。因此，举例来说，CO_2 的对称伸缩是非红外活性的，而其他三种模式则是红外活性的。我们可以用振动选律和群论来证明这一点。如果把式(13.54)写成简正坐标形式，则针对 $v=0$ 到 $v=1$ 振动态的选律指出积分

$$I_{0\to 1} = \int \psi_0(Q_1,Q_2,\cdots,Q_{N_{\text{vib}}})\begin{Bmatrix}\mu_x\\ \mu_y\\ \mu_z\end{Bmatrix}\psi_1(Q_1,Q_2,\cdots,Q_{N_{\text{vib}}})\cdot dQ_1 dQ_2\cdots dQ_{N_{\text{vib}}} \tag{13.69}$$

必须是非零的。我们已经把式(13.69)写成包含偶极矩三个分量 μ_x,μ_y 和 μ_z 的形式。这个方程对于沿任意特定电场方向的分子偶极矩都是通用的。在谐振子近似中，$\psi_0(Q_1,Q_2,\cdots,Q_{N_{\text{vib}}})$ 等于乘积[式(13.37)]，即

$$\psi_0(Q_1,Q_2,\cdots,Q_{N_{\text{vib}}}) = c e^{-\alpha_1 Q_1^2-\alpha_2 Q_2^2-\cdots-\alpha_{N_{\text{vib}}}Q_{N_{\text{vib}}}^2} \tag{13.70}$$

式中 c 是一个归一化常数，$\alpha_j=(\mu_j k_j)^{1/2}/2\hbar$。简正模属于分子点群的不可约表示。因此，对于非简并模，任一对称操作对 Q_j 的作用结果是 $\pm Q_j$，所以，作为 Q_j 的一个二次函数，$\psi_0(Q_1,Q_2,\cdots,Q_{N_{\text{vib}}})$ 在群的所有对称操作下是不变的。换句话说，它属于完全对称的不可约表示 A_1（在这里不去证明它，但这个结论也适用于简并振动），对于所有的群操作 $\hat{R}$，可以用下式来表示这个结果：

$$\hat{R}\psi_0(Q_1,Q_2,\cdots,Q_{N_{\text{vib}}}) = \psi_0(Q_1,Q_2,\cdots,Q_{N_{\text{vib}}}) \tag{13.71}$$

根据表 5.3 和式(13.37)，对于其中简正坐标 Q_j 被激发到 $v=1$ 能级的一个状态，其 $\psi_1(Q_1,Q_2,\cdots,Q_{N_{\text{vib}}})$ 为

$$\begin{aligned}\psi_1(Q_1,Q_2,\cdots,Q_{N_{\text{vib}}}) &= \psi_0(Q_1)\psi_0(Q_2)\cdots\\ &\quad \psi_0(Q_{j-1})\psi_1(Q_j)\psi_0(Q_{j+1})\cdots\\ &\quad \psi_0(Q_{N_{\text{vib}}})\\ &= c' Q_j e^{-\alpha_1 Q_1^2-\alpha_2 Q_2^2-\cdots-\alpha_{N_{\text{vib}}}Q_{N_{\text{vib}}}^2}\end{aligned} \tag{13.72}$$

因此，$\psi_1(Q_1,Q_2,\cdots,Q_{N_{\text{vib}}})$ 像简正坐标 Q_j 一样变换。如果令 Q_j 的不可约表示的操作 $\hat{R}$ 的特征标为 $\chi_{Q_j}(\hat{R})$，则可以写出

$$\hat{R}\psi_1(Q_1,Q_2,\cdots,Q_{N_{\text{vib}}}) = \chi_{Q_j}(\hat{R})\psi_1(Q_1,Q_2,\cdots,Q_{N_{\text{vib}}}) \tag{13.73}$$

现在回到选律积分，即式(13.69)。显然，在群的所有操作下 $I_{0\to 1}$ 必须都是不变的，所以

$$\begin{aligned}\hat{R}I_{0\to 1} = I_{0\to 1} &= \int(\hat{R}\psi_0)(\hat{R}\mu_x)(\hat{R}\psi_1)\,dQ_1 dQ_2\cdots dQ_{N_{\text{vib}}}\\ &= \chi_{A_1}(\hat{R})\chi_{\mu_x}(\hat{R})\chi_{Q_j}(\hat{R})\int \psi_0\mu_x\psi_1\,dQ_1 dQ_2\cdots dQ_{N_{\text{vib}}}\\ &= \chi_{A_1}(\hat{R})\chi_{\mu_x}(\hat{R})\chi_{Q_j}(\hat{R})I_{0\to 1}\end{aligned} \tag{13.74}$$

因此，对于所有 $\hat{R}$，这里特征标的乘积必须等于 1。因为对于所有 $\hat{R}$，$\chi_{A_1}(\hat{R})=1$，所以乘积 $\chi_{\mu_x}(\hat{R})\chi_{Q_j}(\hat{R})$ 对所有 $\hat{R}$ 必须等于 1。对于一维不可约表示，只有当 μ_x（或 x 本身）和 Q_j 属于相同的不可约表示时才能如此；对于 μ_y（或 y 本身）和 μ_z（或 z 本身）也有类似的结果。综上所述，只有当 Q_j 与 x,y 或 z 属于相同的不可约表示时，$I_{0\to 1}$ 才是非零的。注意，这个证明与第 12-8 节中对矩阵元素 H_{ij} 和 S_{ij} 给出的证明非常类似。

把这个结果应用到 H_2O 的简正模。从 $\boldsymbol{C}_{2v}$ 特征标表（表 12.7）可以看出，x 属于 B_1，y 属于 B_2，z 属于 A_1。但在 13-9 节中看到，对称伸缩和弯曲简正模属于 A_1，不对称伸缩简正模属于 B_2。因此，H_2O 的所有三种简正模都具有红外活性。

» 例题 13-14 判断如下所示的 SO_3 简正模的红外活性（活性或非活性）。

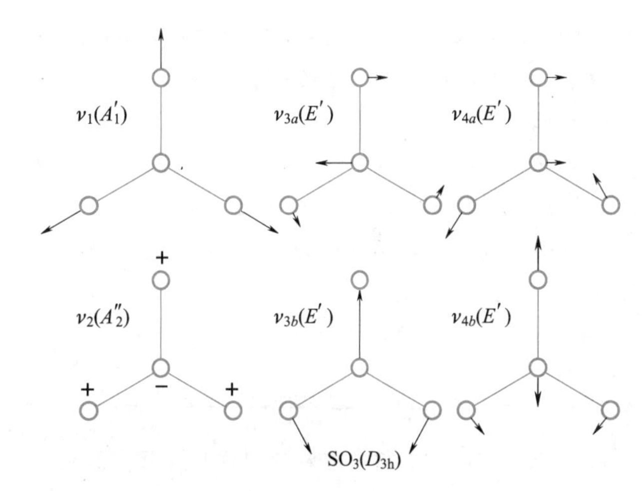

» **解** $\boldsymbol{D}_{3h}$ 特征标表（表 12.11）显示 x 和 y 属于 E'，z 属于 A_2''。参考上面显示的简正模，我们发现 ν_1 模（属于 A_1'）是非红外活性的，而其他模（属于 A_2'' 和 E'）则是红外活性的。

习题

13-1 $H^{35}Cl$ 微波谱中的谱线间距为 6.350×10^{11} Hz。计算 $H^{35}Cl$ 的键长。

13-2 $^{39}K^{127}I$ 微波谱由一系列谱线组成，它们的间距为几乎恒定的 3634 MHz。计算 $^{39}K^{127}I$ 的键长。

13-3 $H^{127}I$ 的平衡核间距为 160.4 pm。以 cm^{-1} 和 MHz 为单位计算 B 的值。

13-4 假设双原子分子在 $J=10$ 状态下的转动可以用经典力学近似，计算 $^{23}Na^{35}Cl$ 在 $J=10$ 状态下每秒转多少圈。$^{23}Na^{35}Cl$ 的转动常数为 6500 MHz。

13-5 刚性转子近似的结果适用于线性多原子分子和双原子分子。设 $H^{12}C^{14}N$ 的转动惯量 I 为 1.89×10^{-46} kg·m^2(参见习题 13-6)，预测 $H^{12}C^{14}N$ 的微波光谱。

13-6 本题涉及计算一个线形三原子分子(如 $H^{12}C^{14}N$，见习题 13-5)的转动惯量。线形分子的转动惯量是

$$I=\sum_j m_j d_j^2$$

式中 d_j 是第 j 个质量到质心的距离。因此，$H^{12}C^{14}N$ 的转动惯量为

$$I=m_H d_H^2+m_C d_C^2+m_N d_N^2 \quad (1)$$

证明式(1)可以写为

$$I=\frac{m_H m_C R_{HC}^2+m_H m_N R_{HN}^2+m_C m_N R_{CN}^2}{m_H+m_C+m_N}$$

式中 R 代表各种核间距。已知 $R_{HC}=106.8$ pm，$R_{CN}=115.6$ pm，计算 I 的值，并将结果与习题 13-5 中给出的结果进行比较。

13-7 $^{39}K^{35}Cl$ 的远红外光谱在 278.0 cm^{-1} 处有一条强谱线。计算 $^{39}K^{35}Cl$ 的力常数和振动周期。

13-8 $^{79}Br^{79}Br$ 的力常数为 240 N·m^{-1}。计算 $^{79}Br_2$ 的振动基频与零点能。

13-9 证明：对于谐振子的基态，有

$$\langle x^2\rangle=\frac{\hbar}{2(\mu k)^{1/2}}$$

用这个方程计算 $^{14}N_2$ 在基态时的均方根振幅。将结果与键长进行比较。$^{14}N_2$ 的 $k=2260$ N·m^{-1}。

13-10 推导式(13.15)和式(13.16)。

13-11 已知 CO 的 $B=58000$ MHz，$\tilde{\nu}=2160.0$ cm^{-1}，计算 CO 的振转光谱中 R 支和 P 支的前几条谱线频率。

13-12 已知 $^6Li^{19}F$ 的 $R_e=156.0$ pm，$k=250$ N·m^{-1}，使用刚性转子-谐振子近似来构建 $\upsilon=0$ 和 $\upsilon=1$ 振动态中前五个转动能级的能级图。标出吸收实验中允许的跃迁，并计算 $^6Li^{19}F$ 振转光谱中 R 支和 P 支的前几条谱线的频率。

13-13 利用表 13.2 中给出的 $\tilde{\nu}_e$，$\tilde{x}_e\tilde{\nu}_e$，$\tilde{B}_e$ 和 $\tilde{\alpha}_e$ 的值，构建 $H^{35}Cl$ 的 $\upsilon=0$ 和 $\upsilon=1$ 振动态中前五个转动能级的能级图。标出吸收实验中允许的跃迁，并计算振转光谱中 R 支和 P 支的前几条谱线的频率。

13-14 $H^{79}Br$ 的振转光谱提供了如下数据。从这些数据中求出 $\tilde{B}_0$，$\tilde{B}_1$，$\tilde{B}_e$ 和 $\tilde{\alpha}_e$。

谱线	频率/cm^{-1}
R(0)	2642.60
R(1)	2658.36
P(1)	2609.57
P(2)	2592.51

13-15 在 60~90 cm^{-1} 之间的 $H^{127}I$ 和 $D^{127}I$ 微波吸收光谱中观察到以下谱线：

	$\tilde{\nu}$/cm^{-1}			
$H^{127}I$	64.275	77.130	89.985	
$D^{127}I$	65.070	71.577	78.084	84.591

使用刚性转子近似来确定每个分子的 $\tilde{B}$，I 和 R_e 的值。得到的键长结果与基于玻恩-奥本海默近似所期望的一致吗？设 ^{127}I 的质量为 126.904 amu，D 的质量为 2.014 amu。

13-16 以下是 $^{74}Ge^{32}S$ 和 $^{72}Ge^{32}S$ 纯样品的光谱常数：

分子	B_e/MHz	α_e/MHz	D/kHz	$R_e(\upsilon=0)$/pm
$^{74}Ge^{32}S$	5593.08	22.44	2.349	0.20120
$^{72}Ge^{32}S$	5640.06	22.74	2.388	0.20120

求出 $^{74}Ge^{32}S$ 和 $^{72}Ge^{32}S$ 在振动基态下从 $J=0$ 到 $J=1$ 的跃迁频率。微波吸收谱线的宽度约为 1 kHz 量级。你能用微波光谱来区分一个纯 $^{74}Ge^{32}S$ 样品和一个 50/50 的 $^{74}Ge^{32}S$ 和 $^{72}Ge^{32}S$ 混合物样品吗？

13-17 非刚性转子近似下转动跃迁的频率由式

(13.19)给出。说明如何通过曲线拟合 $\tilde{\nu}$ 至式(13.19)来获得 $\tilde{B}$ 和 $\tilde{D}$。用此方法和表 13.3 中的数据，确定 $H^{35}Cl$ 的 $\tilde{B}$ 和 $\tilde{D}$。

13-18 在 $^{12}C^{16}O$ 的微波光谱中得到如下数据，用习题 13-17 的方法，由这些数据确定 $\tilde{B}$ 与 $\tilde{D}$ 的值。

跃迁	频率/cm^{-1}
0→1	3.84540
1→2	7.69060
2→3	11.53550
3→4	15.37990
4→5	19.22380
5→6	23.06685

13-19 利用表 13.2 给出的参数，计算非刚性转子近似下 $H^{35}Cl$ 的振动基态中 0→1，1→2，2→3 和 3→4 转动跃迁的频率(单位 cm^{-1})。

13-20 双原子分子的振动项为

$$G(v)=\left(v+\frac{1}{2}\right)\tilde{\nu}_e-\left(v+\frac{1}{2}\right)^2\tilde{x}_e\tilde{\nu}_e$$

式中 v 是振动量子数。证明相邻能级间的间距 ΔG 为

$$\Delta G=G(v+1)-G(v)=\tilde{\nu}_e\{1-2\tilde{x}_e(v+1)\} \quad (1)$$

在 $\Delta G\to 0$ 的极限下，双原子分子解离。证明最大振动量子数 v_{max} 为

$$v_{max}=\frac{1}{2\tilde{x}_e}-1$$

利用这一结果，证明双原子分子的解离能 $\tilde{D}_e$ 可表示为

$$\tilde{D}_e=\frac{\tilde{\nu}_e(1-\tilde{x}_e^2)}{4\tilde{x}_e}\approx\frac{\tilde{\nu}_e}{4\tilde{x}_e} \quad (2)$$

参考式(1)，解释如何从 ΔG 对 $v+1$ 的作图中计算常数 $\tilde{\nu}_e$ 和 $\tilde{x}_e$。这种类型的图被称为**伯奇-斯波纳图**(Birge-Sponer plot)。一旦知道了 $\tilde{\nu}_e$ 和 $\tilde{x}_e$ 的值，就可以用式(2)来确定分子的解离能。利用下面 H_2 的实验数据，计算解离能 $\tilde{D}_e$。

v	$G(v)/cm^{-1}$	v	$G(v)/cm^{-1}$
0	4161.12	7	26830.97
1	8087.11	8	29123.93
2	11782.35	9	31150.19
3	15250.36	10	32886.85
4	18497.92	11	34301.83
5	21505.65	12	35351.01
6	24287.83	13	35972.97

解释为什么伯奇-斯波纳图在 v 值较高时不是线性的。从伯奇-斯波纳分析中得到的 $\tilde{D}_e$ 值与 38269.48 cm^{-1} 的实验值相比如何?

13-21 对基态同核双原子分子 C_2 的振动光谱分析得到 $\tilde{\nu}_e=1854.71\ cm^{-1}$ 和 $\tilde{\nu}_e\tilde{x}_e=13.34\ cm^{-1}$。提出一种可用于测定这些光谱参数的实验方法。用习题 13-20 中导出表达式，求出 C_2 基态的约束振动能级数。

13-22 一个能很好地表示核间势的简单函数是莫尔斯势：

$$U(q)=D_e(1-e^{-\beta q})^2$$

式中 q 为 $R-R_e$，证明莫尔斯势的力常数为

$$k=2D_e\beta^2$$

设 HCl 的 $D_e=7.31\times10^{-19}$ J·分子$^{-1}$，$\beta=1.83\times10^{10}\ m^{-1}$，计算 k 的值。

13-23 莫尔斯势在习题 13-22 中给出。已知 $^{16}O_2$ 的 $D_e=8.19\times10^{-19}$ J·分子$^{-1}$，$\tilde{\nu}_e=1580.0\ cm^{-1}$，$R_e=121$ pm，画出 $^{16}O_2$ 的莫尔斯势，在同一张图上画出相应的谐振子势。

13-24 $^{12}C^{16}O$ 红外光谱中的主线位于 2143.0 cm^{-1}，第一倍频出现在 4260.0 cm^{-1}。计算 $^{12}C^{16}O$ 的 $\tilde{\nu}_e$ 和 $\tilde{x}_e\tilde{\nu}_e$ 的值。

13-25 使用表 13.2 给出的参数，计算 $H^{79}Br$ 的基频和前三个倍频。

13-26 非谐振子近似下振动跃迁的频率由式(13.22)给出。说明如何通过将 $\tilde{\nu}_{obs}/v$ 对 $(v+1)$ 的作图来获得 $\tilde{\nu}_e$ 和 $\tilde{x}_e\tilde{\nu}_e$ 的值。使用此方法和表 13.4 中的数据，确定 $H^{35}Cl$ 的 $\tilde{\nu}_e$ 和 $\tilde{x}_e\tilde{\nu}_e$ 的值。

13-27 以下数据来自 $^{127}I^{35}Cl$ 的红外光谱。用习题 13-26 的方法，从这些数据中求出 $\tilde{\nu}_e$ 和 $\tilde{x}_e\tilde{\nu}_e$ 的值。

跃迁	频率/cm^{-1}
0→1	381.20
0→2	759.60
0→3	1135.00
0→4	1507.40
0→5	1877.00

13-28 $^{12}C^{16}O$ 在电子基态的 $\tilde{\nu}_e$ 和 $\tilde{x}_e\tilde{\nu}_e$ 值分别为 2169.81 cm^{-1} 和 13.29 cm^{-1}，在第一电子激发态的 $\tilde{\nu}_e$ 和 $\tilde{x}_e\tilde{\nu}_e$ 值分别为 1514.10 cm^{-1} 和 17.40 cm^{-1}。假设 0→0 的电子振动跃迁发生在 $6.47515\times10^4\ cm^{-1}$ 处，计算两个电子态势能曲线的最小值之间的能差 $\tilde{T}_e=\tilde{\nu}'_{el}-\tilde{\nu}''_{el}$ 的值。

13-29 给定$^{12}C^{16}O$的以下参数：$\tilde{T}_e = 6.508043 \times 10^4\ cm^{-1}$，$\tilde{\nu}_e' = 1514.10\ cm^{-1}$，$\tilde{x}_e'\tilde{\nu}_e' = 17.40\ cm^{-1}$，$\tilde{\nu}_e'' = 2169.81\ cm^{-1}$，$\tilde{x}_e''\tilde{\nu}_e'' = 13.29\ cm^{-1}$，构建一个前两个电子态的能级图，展示每个电子态的前四个振动态。指出从$v'' = 0$开始的允许跃迁，并计算这些跃迁的频率。同时，计算每个电子态的零点振动能。

13-30 对$^{12}C^{32}S$的转动光谱进行分析得到如下结果：

v	0	1	2	3
$\tilde{B}_v/cm^{-1}$	0.81708	0.81116	0.80524	0.79932

从这些数据中求出$\tilde{B}_e$与$\tilde{\alpha}_e$的值。

13-31 跃迁至BeO某个激发态的前几个电子振动跃迁频率如下：

电子振动跃迁	0→2	0→3	0→4	0→5
$\tilde{\nu}_{obs}/cm^{-1}$	12569.95	13648.43	14710.85	15757.50

利用这些数据，计算BeO激发态的$\tilde{\nu}_e$和$\tilde{x}_e\tilde{\nu}_e$的值。

13-32 跃迁至$^7Li_2$某个激发态的前几个电子振动跃迁频率如下：

电子振动跃迁	0→0	0→1	0→2	0→3	0→4	0→5
$\tilde{\nu}_{obs}/cm^{-1}$	14020	14279	14541	14805	15074	15345

利用这些数据，计算$^7Li_2$激发态的$\tilde{\nu}_e$和$\tilde{x}_e\tilde{\nu}_e$值.

13-33 确定下列分子中平动、转动和振动自由度的数目。

a. CH_3Cl　　b. OCS

c. C_6H_6　　d. H_2CO

13-34 判断下列哪些分子会出现微波转动吸收光谱：H_2，HCl，CH_4，CH_3I，H_2O和SF_6。

13-35 将下列分子分类为球陀螺、对称陀螺或非对称陀螺：CH_3Cl，CCl_4，SO_2和SiH_4。

13-36 将下列分子分类为长对称陀螺或扁对称陀螺：FCH_3，$HCCl_3$，PF_3和CH_3CCH。

13-37 证明：如果所有的质量都是m单位，所有的键长都是单位长度，所有的键角都是120°，则如下所示的平面三角形分子的转动惯量分量为$I_{xx} = I_{yy} = 3m/2$及$I_{zz} = 3m$。

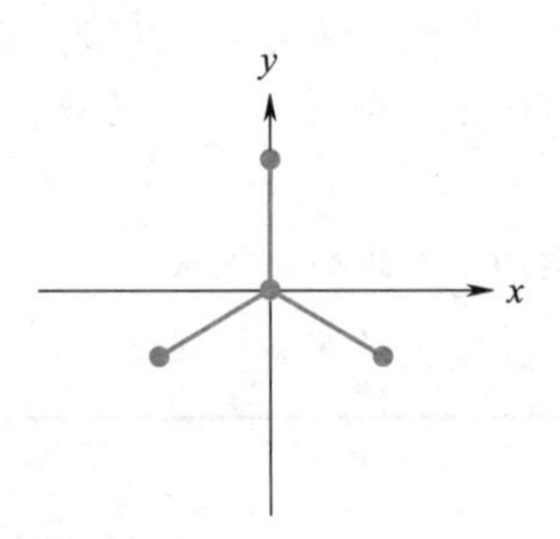

13-38 本题阐述了主转动惯量是如何作为一个本征值问题而得到的。为简单起见，考虑二维情况。考虑下图所示的“分子”：

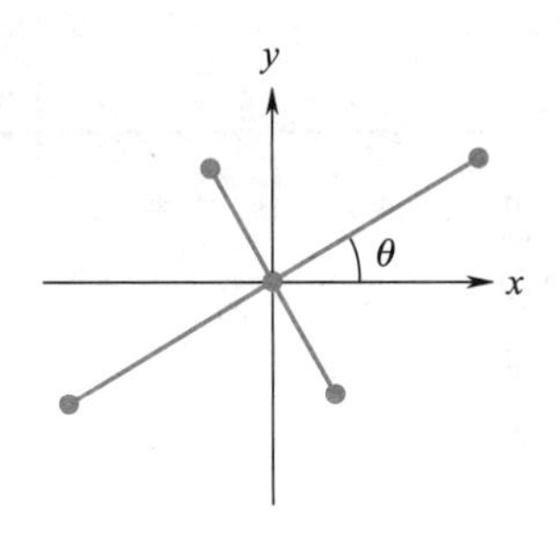

所有的质量都是单位质量，长键和短键的长度分别是2和1，证明：

$$I_{xx} = 2\cos^2\theta + 8\sin^2\theta$$

$$I_{yy} = 8\cos^2\theta + 2\sin^2\theta$$

$$I_{xy} = -6\cos\theta\sin\theta$$

$I_{xy} \neq 0$的事实表明这些I_{ij}不是主转动惯量。现在，求解关于λ的久期行列式：

$$\begin{vmatrix} I_{xx}-\lambda & I_{xy} \\ I_{xy} & I_{yy}-\lambda \end{vmatrix} = 0$$

并将结果与若将“分子”和坐标系排列从而使得$\theta = 90°$时所得的I_{xx}和I_{yy}的值进行比较。这个比较告诉你什么？如果$\theta = 0°$，I_{xx}和I_{yy}的值又是多少？

13-39 简要画出长对称陀螺和扁对称陀螺的能级图。它们有什么区别？指出每种情况下允许的跃迁。

13-40 由式(13.55)导出式(13.57)。

13-41 证明前几个连带勒让德函数满足式(13.62)给出的递归公式。

13-42 计算刚性转子近似下0→1与1→2转动跃迁的跃迁偶极矩的比值。

13-43 计算谐振子近似下0→1和1→2振动跃迁的跃迁偶极矩的比值。

13-44 运用表13.7，求出NH_3振动运动的12维可约表示。用这个结果求出NH_3简正坐标的对称性和红外活性。

13-45 运用表13.7，求出CH_2Cl_2振动运动的15维

可约表示。用这个结果求出 CH_2Cl_2 简正坐标的对称性和红外活性。

13-46 运用表 13.7，求出反式二氯乙烯振动运动的 18 维可约表示。用这个结果求出反式二氯乙烯简正坐标的对称性和红外活性。

13-47 运用表 13.7，求出 XeF_4（平面正方形）振动运动的 15 维可约表示。用这个结果求出 XeF_4 简正坐标的对称性和红外活性。

13-48 运用表 13.7，求出 CH_4 振动运动的 15 维可约表示。用这个结果求出 CH_4 简正坐标的对称性和红外活性。

13-49 考虑在电场 $\boldsymbol{E}$ 中有一个分子，其偶极矩为 $\boldsymbol{\mu}$。我们把偶极矩描绘成带电荷量为 q 的一个正电荷与一个负电荷，且正电荷与负电荷之间间隔一矢量 $\boldsymbol{l}$。

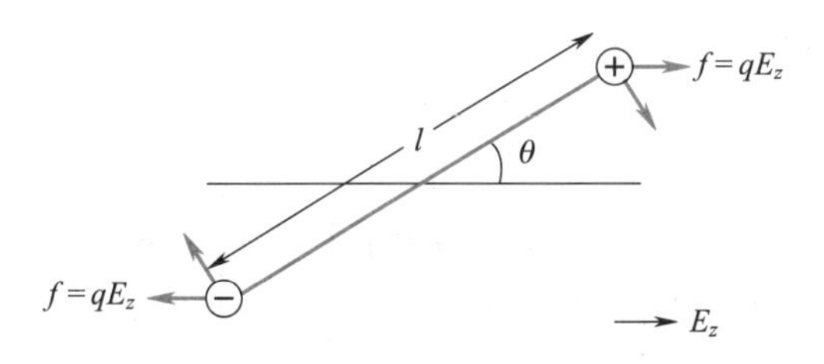

电场 $\boldsymbol{E}$ 导致偶极子转动至一平行于 $\boldsymbol{E}$ 的方向。因此，将偶极子旋转偏离电场 $\boldsymbol{E}\theta$ 角度需要做功。使分子转动的力实际上是一扭矩（扭矩是力的角度类比），大小为 $l/2$ 乘以矢量 $\boldsymbol{l}$ 的每一端上的垂直于矢量 $\boldsymbol{l}$ 的力。证明该扭矩等于 $\mu E\sin\theta$ 以及将偶极子从初始角 θ_0 转到任意角度 θ 所需要的能量为

$$V=\int_{\theta_0}^{\theta}\mu\sin\theta'\mathrm{d}\theta'$$

θ_0 通常等于 $\pi/2$，证明：

$$V=-\mu E\cos\theta=-\boldsymbol{\mu}\cdot\boldsymbol{E}$$

磁场的类似结果由式（14.10）给出。

13-50 下面列出了 $^{12}C^{16}O(g)$ 从 $v=0$ 跃迁到 $v=1$ 时观测到的振转谱线。求出 $\tilde{B}_0,\tilde{B}_1,\tilde{B}_e,\tilde{\alpha}_e,\tilde{I}_e$ 和 r_e。

2238.89	2215.66	2189.84	2161.83	2127.61	2094.69	2059.79
2236.06	2212.46	2186.47	2158.13	2123.62	2090.56	2055.31
2233.34	2209.31	2183.14	2154.44	2119.64	2086.27	2050.72
2230.49	2206.19	2179.57	2150.83	2115.56	2081.95	2046.14
2227.55	2202.96	2176.12	2147.05	2111.48	2077.57	
2224.63	2199.77	2172.63	2139.32	2107.33	2073.19	
2221.56	2196.53	2169.05	2135.48	2103.12	2068.69	
2218.67	2193.19	2165.44	2131.49	2099.01	2064.34	

[提示：回忆一下，跃迁 $(v''=0,J''=0)\rightarrow(v''=1,J''=0)$ 是禁阻的。]

13-51 本题是习题 13-41 的一个三维版本。一旦已知 $\tilde{A},\tilde{B},\tilde{C}$ 的值，就可以预测多原子分子的转动光谱。反过来，这些量可以从主转动惯量 I_A,I_B 和 I_C 计算出来。在这个问题中，展示如何由分子几何构型来确定 I_A,I_B 和 I_C。建立了一个任意取向的坐标系，其原点位于分子的质心，并求出转动惯量 $I_{xx},I_{xy},I_{xz},I_{yy},I_{yz}$ 和 I_{zz}。主转动惯量是久期行列式方程

$$\begin{vmatrix} I_{xx}-\lambda & I_{xy} & I_{xz} \\ I_{xy} & I_{yy}-\lambda & I_{yz} \\ I_{xz} & I_{yz} & I_{zz}-\lambda \end{vmatrix}=0$$

的解。按照 $I_A\leqslant I_B\leqslant I_C$ 的惯例，对这个行列式的三个根指定下标 A,B,C。用这种方法求出平面甲酸根 HCO_2 的主转动惯量，其几何构型如下：

111.0° O
H — C 124.8°
O

其中，H—C 键的键长为 109.7 pm，C═O 键的键长为 120.2 pm，C—O 键的键长为 134.3 pm。

习题参考答案

第14章 核磁共振谱学

▶ **科学家介绍**

毫无疑问，核磁共振(NMR)谱学是最重要的谱学技术之一，特别是对于有机化学家和生物化学家而言。你可能在有机化学课程中已学过 NMR 在确定有机分子结构方面的应用。在本章中，我们将使用在前面章节中发展的量子力学原理，以相当定量的方式学习 NMR 谱学。NMR 谱学涉及核自旋在磁场中的取向转变。因此，在本章中，我们将研究与磁场相互作用的核自旋的量子力学状态，并学习在用电磁辐射辐照核时，如何在这些状态之间诱发转变。我们将专注于涉及氢原子中质子的磁共振。首先，讨论磁场中孤立核的性质；然后，展示分子中的化学或电子环境如何影响外磁场中氢核(质子)的能量。该讨论将引导我们认识简单的 NMR 谱，其中具有不同化学或电子环境的氢核在 NMR 实验中产生特征吸收频率。最后，我们将看到这些谱图在高分辨率下是如何变化的，其提供的信息不仅涉及给定核的电子环境，还涉及相邻氢原子的排列。

14-1 原子核具有固有的自旋角动量

在第 8-4 节中学到，电子具有固有的自旋角动量，其 z 分量等于 $\pm\hbar/2$，或者说它具有自旋 1/2，其 z 分量为 $\pm 1/2$。我们定义了两个自旋函数，$\alpha(\sigma)$ 和 $\beta(\sigma)$，其中 σ 是自旋变量，满足如下本征值方程：

$$\hat{S}^2\alpha=\frac{1}{2}\left(\frac{1}{2}+1\right)\hbar^2\alpha \qquad \hat{S}^2\beta=\frac{1}{2}\left(\frac{1}{2}+1\right)\hbar^2\beta$$

$$\hat{S}_z\alpha=\frac{1}{2}\hbar\alpha \qquad \hat{S}_z\beta=-\frac{1}{2}\hbar\beta \tag{14.1}$$

将 α 与 $s_z=\hbar/2$ 相关联，将 β 与 $s_z=-\hbar/2$ 相关联。通过以下方程在形式上表示了 α 和 β 的正交性：

$$\begin{aligned}&\int\alpha^*(\sigma)\alpha(\sigma)\,\mathrm{d}\sigma=\int\beta^*(\sigma)\beta(\sigma)\,\mathrm{d}\sigma=1\\&\int\alpha^*(\sigma)\beta(\sigma)\,\mathrm{d}\sigma=\int\alpha(\sigma)\beta^*(\sigma)\,\mathrm{d}\sigma=0\end{aligned} \tag{14.2}$$

由于电子带电荷，固有自旋赋予电子磁偶极性质。换句话说，由于其自旋，若将电子置于磁场中，它表现得像一个磁铁。原子核也具有固有的自旋角动量(用 I 表示)和相关的磁偶极矩。与电子不同，原子核的自旋不受限于1/2。常见的核(如 ^{12}C 和 ^{16}O)的自旋为0，质子(^1H)和 ^{19}F 的自旋为1/2，而氘(^2H)和 ^{14}N 的自旋为1。表14.1列出了一些在 NMR 实验中常用的核的性质。由于基本上所有的有机化合物都含有氢，简单起见，在本章中，我们只关注自旋为1/2的质子。对于质子，其核自旋本征值方程类似于电子的式(14.1)，即

$$\hat{I}^2\alpha=\frac{1}{2}\left(\frac{1}{2}+1\right)\hbar^2\alpha \qquad \hat{I}^2\beta=\frac{1}{2}\left(\frac{1}{2}+1\right)\hbar^2\beta \tag{14.3a}$$

$$\hat{I}_z\alpha=\frac{1}{2}\hbar\alpha \qquad \hat{I}_z\beta=-\frac{1}{2}\hbar\beta \tag{14.3b}$$

且核自旋函数满足与式(14.2)等价的正交条件。

正如前面所述，具有非零自旋的带电粒子表现为一个磁偶极子，因此其将与磁场相互作用。让我们更仔细地

表 14.1 一些在 NMR 实验中常用的核的性质。

核	自旋	核 g 因子	磁矩(以核磁子为单位)	旋磁比 $\gamma/(10^7\ \mathrm{rad\cdot T^{-1}\cdot s^{-1}})$
^1H	1/2	5.5854	2.7928	26.7522
^2H	1	0.8574	0.8574	4.1066
^{13}C	1/2	1.4042	0.7021	6.7283
^{14}N	1	0.4036	0.4036	1.9338
^{31}P	1/2	2.2610	1.1305	10.841

研究这个概念。回想物理学课上学到的，围绕闭合回路的电荷运动会产生一个磁偶极矩 $\boldsymbol{\mu}$（图 14.1），其大小为

$$\mu = iA \tag{14.4}$$

式中 i 是电流（单位为 A，即 $C \cdot s^{-1}$）；A 是闭合回路的面积（单位为 m^2）。注意，磁偶极矩的国际单位是 $A \cdot m^2$。为了简单起见，如果考虑一个圆形回路，那么

$$i = \frac{qv}{2\pi r} \tag{14.5}$$

式中 v 是电荷 q 的速率；r 是圆的半径。将式（14.5）和 $A = \pi r^2$ 代入式（14.4），得到

$$\mu = \frac{qrv}{2} \tag{14.6}$$

更一般地，如果轨道不是圆形的，那么式（14.6）变为（见数学章节 C）

$$\boldsymbol{\mu} = \frac{q(\boldsymbol{r} \times \boldsymbol{v})}{2} \tag{14.7}$$

式（14.7）表明 $\boldsymbol{\mu}$ 垂直于由 $\boldsymbol{r}$ 和 $\boldsymbol{v}$ 形成的平面（运动的平面）。习题 14-1 要求你证明，在圆形轨道的情况下，式（14.7）可简化为式（14.6）。

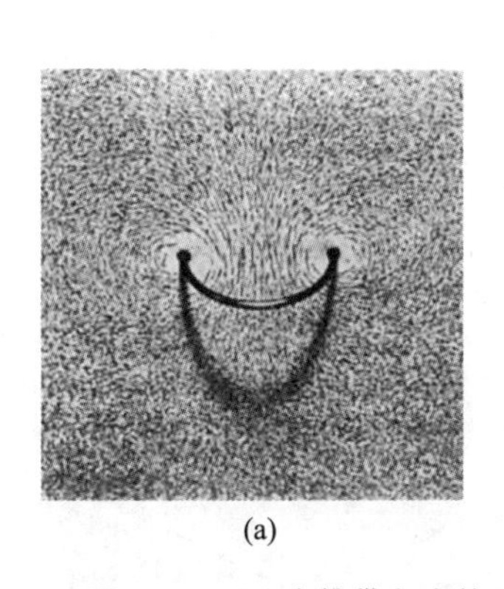
(a)

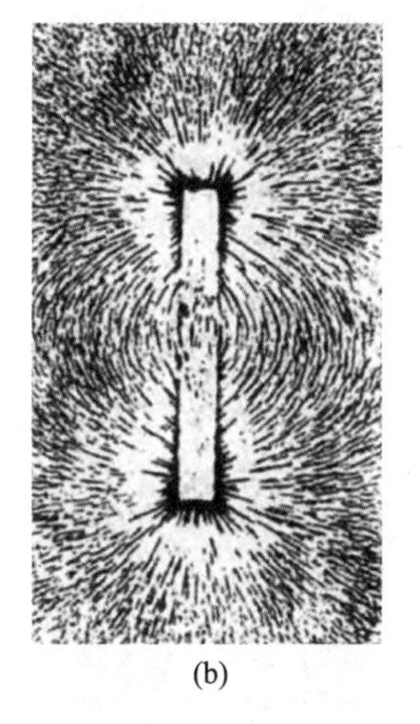
(b)

图 14.1 （a）在携带电流的环路周围撒上铁屑，可以展示电流环产生的磁场的空间分布；（b）这个磁场非常类似于一个磁铁棒产生的磁场。

可以通过使用角动量 $\boldsymbol{L} = \boldsymbol{r} \times \boldsymbol{p}$ 以及 $\boldsymbol{p} = m\boldsymbol{v}$ 的事实来用角动量表示 $\boldsymbol{\mu}$，从而式（14.7）变为

$$\boldsymbol{\mu} = \frac{q}{2m}\boldsymbol{L} \tag{14.8}$$

式（14.8）表明磁矩 $\boldsymbol{\mu}$ 与角动量 $\boldsymbol{L}$ 成正比。

当然，原子核并不是一个圆形的带电回路，但式（14.8）仍然可以应用于原子核，方法是将经典角动量 $\boldsymbol{L}$ 替换为自旋角动量 $\boldsymbol{I}$，并写成

$$\mu = g_N \frac{q}{2m_N}\boldsymbol{I} = g_N\beta_N\boldsymbol{I} = \gamma\boldsymbol{I} \tag{14.9}$$

式中 g_N 是**核 g 因子**（nuclear g factor）；β_N 是**核磁子**（nuclear magneton）（$q/2m_N$）；m_N 是核的质量；$\gamma = g_N\beta_N$ 是**磁旋比**（magnetogyric ratio）。核 g 因子是一个量纲一的常数，其大小在数量级上是 10^0，并且这是每个核的特征。磁旋比对于每个核也是一个特征量。在 NMR 实验中，特定类型的核的检测灵敏度取决于 γ 的值。γ 值越大，观察该核就越容易。表 14.1 中给出了一些核的核 g 因子和磁旋比。

14-2 磁矩与磁场相互作用

一个磁偶极子在磁场中会趋向于自我排列，其势能由下式给出（见习题 13-49）：

$$V = -\boldsymbol{\mu} \cdot \boldsymbol{B} \tag{14.10}$$

式中 $\boldsymbol{B}$ 是磁场的强度。$\boldsymbol{B}$ 通过下式定义：

$$\boldsymbol{F} = q(\boldsymbol{v} \times \boldsymbol{B}) \tag{14.11}$$

式中 $\boldsymbol{F}$ 是作用在一电荷 q 上的力，该电荷以速度 $\boldsymbol{v}$ 在磁场强度为 $\boldsymbol{B}$ 的磁场中运动。磁场强度的国际单位是 T（特斯拉）。由式（14.11）可知，$1\ T = 1\ N \cdot A^{-1} \cdot m^{-1}$。

» 例题 14-1 证明 $A \cdot m^2$ 等于 $J \cdot T^{-1}$。

» 解 式（14.4）表明，磁偶极矩的单位是 $A \cdot m^2$，即

$$\mu = A \cdot m^2$$

式（14.10）给出

$$J = (A \cdot m^2) \cdot T$$

其中 T 代表特斯拉，是磁场强度的单位。因此，可以看到

$$A \cdot m^2 = J \cdot T^{-1}$$

或者说，μ 的单位是 $A \cdot m^2$ 或 $J \cdot T^{-1}$。

尽管特斯拉是磁场强度的国际单位，但在 NMR 中磁场强度的另一个常用单位叫**高斯**（gauss）。高斯（G）和特斯拉（T）之间的关系是 $1\ G = 10^{-4}\ T$。表 14.2 列举了一些磁场强度的数值，以便了解自然界和实验室中一些典型的值。

表 14.2 一些以特斯拉和高斯为单位的磁场强度的近似值。

来源	B/T	B/G
脉冲星表面	10^8	10^{12}
实验室中的最大值		
瞬态	10^3	10^7

续表

来源	B/T	B/G
稳态	30	300000
超导磁体	15	150000
电磁体	2	20000
小磁棒	0.01	100
家庭电线附近	10^{-4}	1
地球表面	5×10^{-5}	0.5

像通常一样，如果将磁场取在 z 方向上，那么式(14.10)变为

$$V = -\mu_z B_z \tag{14.12}$$

使用式(14.9)表示 μ_z，有

$$V = -\gamma B_z I_z \tag{14.13}$$

如果用等价算符 $\hat{I}_z$ 替换 I_z，那么式(14.13)就可给出考虑了核与外部磁场相互作用的哈密顿算符。因此，将单个孤立核的自旋哈密顿算符写为

$$\hat{H} = -\gamma B_z \hat{I}_z \tag{14.14}$$

对于核自旋，相应的薛定谔方程是

$$\hat{H}\psi = -\gamma B_z \hat{I}_z \psi = E\psi \tag{14.15}$$

在这种情况下，波函数是自旋本征函数，所以 $\hat{I}_z\Psi_I = \hbar m_I \Psi_I$；与通常情况一样，其中的 $m_I = I, I-1, \cdots, -I$。所以，式(14.15)给出

$$E = -\hbar\gamma m_I B_z \tag{14.16}$$

使用式(14.16)可以计算在磁场中排列与磁场一致和相反的两个质子的能量差。质子在磁场中与磁场一致或相反排列的能量可由式(14.16)给出，其中 $m_I = +1/2$ 或 $m_I = -1/2$。因此，能量差可由下式给出：

$$\Delta E = E(m_I = -1/2) - E(m_I = 1/2) = \hbar\gamma B_z \tag{14.17}$$

请注意，ΔE 与磁场强度呈线性关系。图14.2显示了一个自旋1/2核的 ΔE 与 B_z 的函数关系。如果一个与施加磁场一致排列的质子受到频率对应于 $\Delta E = \hbar\gamma B_z = h\nu = \hbar\omega$ 的电磁辐射照射，辐射将导致质子从较低能态($m_I = +1/2$)跃迁到较高能态($m_I = -1/2$)。对于2.11 T(21100 G)的磁场，质子的能量差是

$$\Delta E = (1.054\times10^{-34}\ \text{J}\cdot\text{s}\cdot\text{rad}^{-1})\times(26.7522\times10^{7}\ \text{rad}\cdot\text{T}^{-1}\cdot\text{s}^{-1})(2.11\ \text{T}) = 5.95\times10^{-26}\ \text{J}$$

使用关系式 $\Delta E = h\nu$，这个结果对应于90 MHz的频率，位于无线电频率区域。一般地，对于一个自旋+1/2核，当从一种核自旋排列状态跃迁至另一种状态时，相应的频

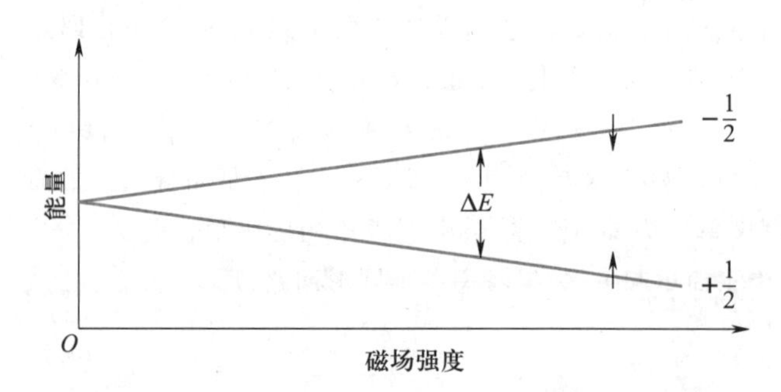

图14.2 自旋1/2核在磁场中的相对能量。在较低能量状态下，核与磁场一致排列($m_I = +1/2$)，在较高能量状态下，核与磁场相反排列($m_I = -1/2$)。能量差的大小取决于磁场的强度。

率可由下式给出：

$$\nu = \frac{\gamma B_z}{2\pi}\quad(\text{Hz}) \tag{14.18}$$

或

$$\omega = \gamma B_z\quad(\text{rad}\cdot\text{s}^{-1}) \tag{14.19}$$

» 例题 14-2 为了在60.0 MHz发生自旋跃迁，必须对一个自由质子施加多大的磁场强度？

» 解 根据表14.1，^{1}H 的 $\gamma = 26.7522\times10^{7}\ \text{rad}\cdot\text{T}^{-1}\cdot\text{s}^{-1}$，所以

$$B_z = \frac{2\pi\nu}{\gamma} = \frac{\omega}{\gamma} = \frac{(2\pi\ \text{rad})(60.0\times10^{6}\ \text{s}^{-1})}{26.7522\times10^{7}\ \text{rad}\cdot\text{T}^{-1}\cdot\text{s}^{-1}} = 1.41\ \text{T} = 14100\ \text{G}$$

图14.3显示了(自由)质子自旋跃迁的频率 ν 与磁场强度 B_z 的函数关系。

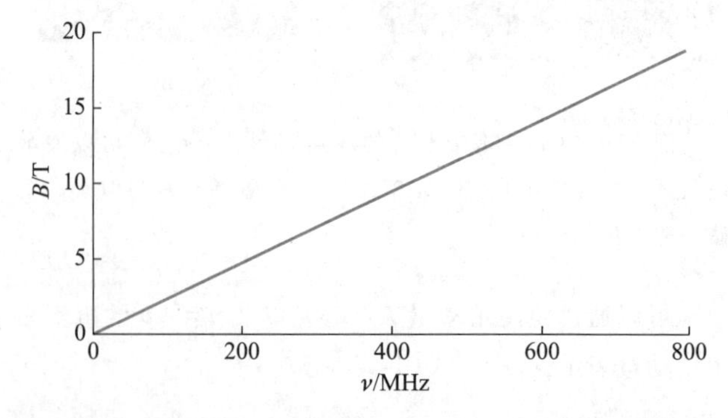

图14.3 根据式(14.18)，引起(自由)质子自旋跃迁的频率与磁场强度的关系。商用NMR谱仪的工作频率为60 MHz，90 MHz，250 MHz，270 MHz，300 MHz，500 MHz，600 MHz和750 MHz。

14-3 质子 NMR 谱仪的工作频率目前一般在 60 MHz 到 1.2 GHz

根据式(14.18),在一磁场中,质子的**共振频率**(resonance frequency,自旋状态跃迁会发生的频率)直接与磁场强度成正比。因此,对于固定的磁场强度,可以改变电磁辐射的频率,直到发生吸收。反过来,可以固定辐射的频率并改变磁场的强度。早期的谱仪使用产生 14100 G (1.41 T)磁场的磁铁,将质子跃迁的频率设定在 60 MHz 左右(见例题 14-2)。然而,使用超导磁体的新型谱仪可在高达 1.2 GHz 的频率下运行。在后面将看到,与较低的工作频率相比,较高的工作频率(或较高的磁场强度)将给出更高的分辨率,从而大大简化 NMR 谱图的解析。

质子 NMR 谱仪的基本元素如图 14.4 所示。含氢化合物被放置在一个电磁体的极点之间,该电磁体的磁场强度可以通过改变缠绕电磁体的导线中的电流来改变。样品被射频辐射辐照,其吸收的量被检测并记录。当磁场强度使得两个核自旋状态之间的能量差等于射频辐射的能量时,质子就会从一种自旋状态跃迁至另一种自旋状态,并且辐射被样品吸收,如图 14.5 所示。

尽管可以通过在固定频率下改变磁场强度或在固定磁场强度下改变频率来记录 NMR 谱图,但所得到的谱图是无法区分的。标准的做法是用赫兹(Hz)来标定 NMR 谱图,就好像频率是在恒定磁场强度下变化的,而且通常将谱图呈现为磁场强度从左到右增加。碘甲烷(CH_3I)的 NMR 谱图如图 14.6 所示。在该谱图中,强烈的峰或信号反映了碘甲烷中三个等价氢原子核的吸收。在接下来的部分中,我们将讨论此图及其他 NMR 谱中的顶部和底部刻度,但请注意,顶部刻度是以 Hz 为单位的,而底部刻度是无单位的。

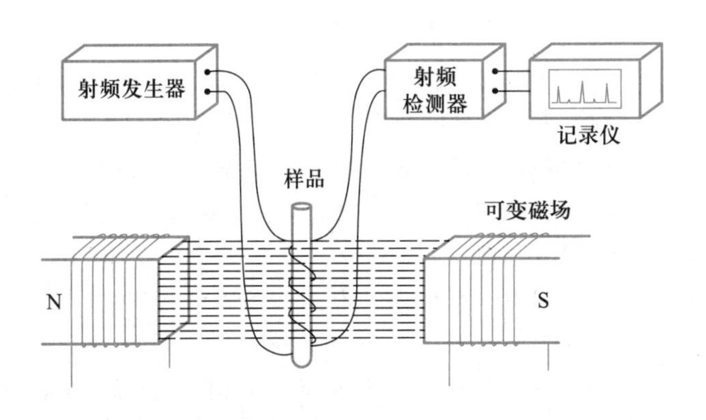

图 14.4 质子 NMR 谱仪的示意图。样品被放置在电磁体的极点之间,该电磁体的强度可以通过改变缠绕在磁体周围的线圈中的电流来改变。样品受到固定频率的射频辐射的照射。样品吸收的辐射量由射频检测器测量,其输出被送入记录仪。改变磁场强度,测量样品吸收的射频辐射,并通过记录仪绘制其与磁场强度的关系。其结果是一张 NMR 谱图。

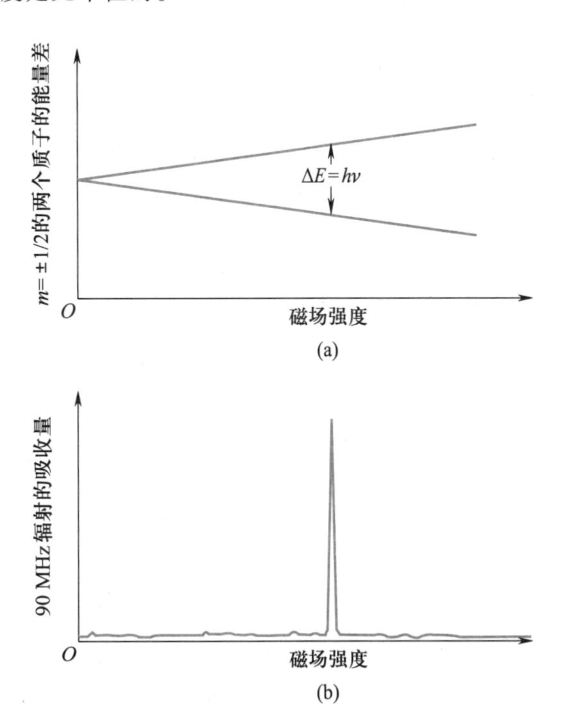

图 14.5 与外加磁场一致或相反排列的质子能量差随着磁场强度的增加而增加,如图(a)所示。当磁场强度使得能级间距与照射样品的射频辐射的能量(如 90 MHz)匹配时,样品将吸收辐射并产生如图(b)所示的 NMR 谱图。吸收或共振的条件是 $\Delta E = \hbar\gamma B_z = h\nu$。

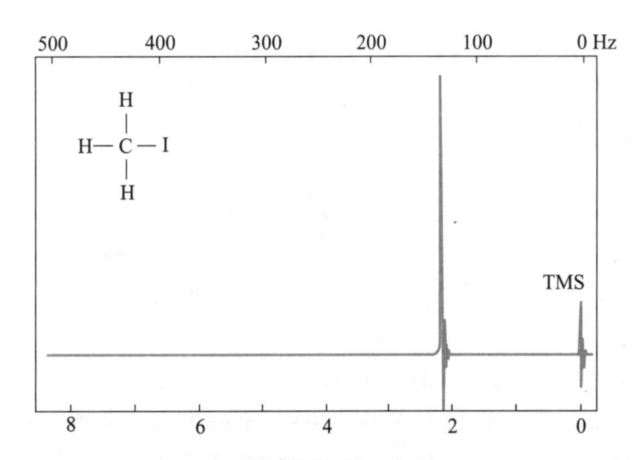

图 14.6 在 60 MHz NMR 谱仪上得到的碘甲烷的 NMR 谱图。有一个强烈的信号位于顶部水平轴 130 Hz 位置,其在底部水平轴上位于 2.16。该信号反映了碘甲烷中三个等价氢原子核的吸收。在水平轴上位于 0 的小信号是一个参考峰,目前可以忽略。

14-4 作用于分子中核上的磁场会受到屏蔽

在第 14-3 节中,我们展示了像质子这样的自旋 1/2 核的两个自旋状态在磁场中具有不同的能量,且与从一个状态到另一个状态的跃迁相关的频率可由式(14.18)给出,即 $\nu=\gamma B_z/2\pi$。根据这个公式,分子中所有氢核都在相同的频率处吸收。如果是这种情况,那么 NMR 谱学就只是一种用于检测氢的存在的昂贵技术。

式(14.18)中的 B_z 是核所感受的磁场。对于孤立核或裸核,这个磁场就是外磁场。但是,分子中的核被电子包围,外磁场引起这些电子的环绕运动,进而在核处产生一个额外的小磁场。对于大多数物质,这个由电子产生的磁场 B_{elec} 与外磁场相反。事实证明,B_{elec} 的大小与外磁场成正比,因此可以写出

$$B_{elec}=-\sigma B_0 \tag{14.20}$$

式中 B_0 是外磁场(假设在 z 方向上);σ 是一个(单位为 1 的)比例常数。式(14.20)中的负号说明 B_{elec} 与 B_0 方向相反。电子有效地屏蔽了 B_0 对核的作用,因此 σ 称为**屏蔽常数**(shielding constant)。有机化合物中氢核的典型屏蔽常数值约为 10^{-5}。

屏蔽常数的一个重要特性是其值取决于核周围的电子或化学环境。因此,在诸如甲酸甲酯($HCOOCH_3$)等分子中,两组化学上等价的氢核会感受不同的局部场。

任一核所感受的总磁场是外磁场 B_0 和屏蔽场 $B_{elec}=\sigma B_0$ 的总和,因此总磁场由 $B_z=(1-\sigma)B_0$ 给出。如果将这个表达式代入式(14.18)或式(14.19),可看到,一个核发生自旋跃迁所对应的频率(在固定磁场强度下)或磁场强度(在固定频率下)可由下式给出:

$$B_0=\frac{2\pi\nu}{\gamma(1-\sigma)}=\frac{\omega}{\gamma(1-\sigma)} \tag{14.21}$$

式(14.21)表明,发生核自旋跃迁对应的场强取决于 σ,而 σ 又取决于核的化学环境。因此,在碘甲烷中,有三个化学上等价的氢核,其 NMR 谱图(图 14.6)中只有一条吸收线,而在甲酸甲酯中,其氢核处于两种不同的电子或化学环境中,故对应的 NMR 谱图中有两条线(图 14.7)。

图 14.6 和图 14.7 中的谱在右侧都显示了一个相对较小的峰,位于顶部和底部刻度上的零位置。零位置上的这个峰源于添加的少量四甲基硅烷,即 $Si(CH_3)_4$(TMS),它被用作内部参考或标准。之所以使用四甲基硅烷,是因为它有 12 个等价的氢原子,并且相对不活泼。此外,大多数有机化合物中的氢原子在比 TMS 更低的磁场下吸收,或者说在 TMS 的低场下吸收,因此 TMS 的信号将出现在谱图的右边缘(回想一下,NMR 谱图通常以磁场强度从左到右增加的方式呈现)。图 14.6 和图 14.7 中的顶部和底部刻度表示相对于 TMS 标准的吸收线。

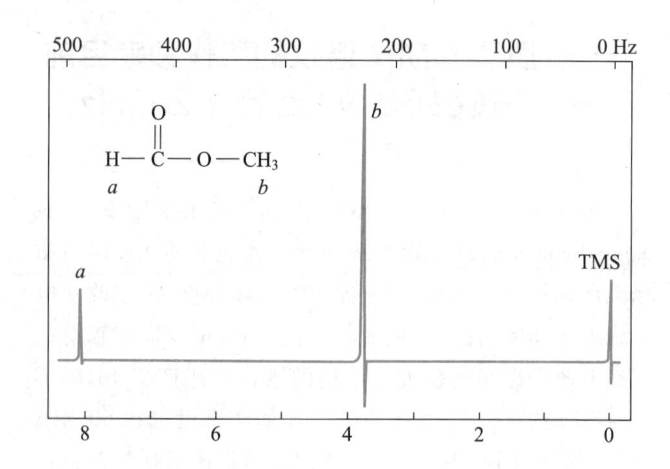

图 14.7 在 60 MHz NMR 谱仪上得到的甲酸甲酯的 NMR 谱图。水平刻度上位于 0 处的小信号只是一个参考信号,目前可以忽略不计。在底部刻度上 3.6 和 8.1 处的两个信号反映了甲酸甲酯中的两组等价氢核。请注意,标记为 b 的三个氢核导致的信号强度约为标记为 a 的单个氢核导致的信号强度的三倍。

图 14.6 和图 14.7 中的顶部刻度单位是赫兹(Hz),从右侧的 0 Hz 运行到左侧的 500 Hz。两图中的底部刻度是与顶部刻度相关的派生刻度,它的定义方式如下:根据式(14.21),氢核的共振频率 ν_H 为

$$\nu_H=\frac{\gamma B_0}{2\pi}(1-\sigma_H) \tag{14.22}$$

式(14.22)表明,共振频率与谱仪产生的磁场强度成正比。因此,对于相似化合物中的相似氢核,不同 NMR 谱仪记录的相对于 TMS 的共振频率是不同的。例如,在 60 MHz NMR 谱仪中,CH_3I 中氢核在 130 Hz 处吸收;在 90 MHz NMR 谱仪中,其在 195 Hz(130×90/60 Hz)处吸收,在 270 MHz NMR 谱仪中则在 585 Hz(130×270/60 Hz)处吸收。

为了避免这种复杂情况,并能比较不同谱仪获得的谱图,我们将测量得到的相对于 TMS 的共振频率标准化,方法是将其除以谱仪的频率。这个过程产生一个与谱仪无关的数值,即**化学位移**(chemical shift)(δ_H),定义为

$$\delta_H=\frac{\text{H 核相对于 TMS 的共振频率}}{\text{谱仪频率}}\times10^6$$

$$=\frac{\nu_H-\nu_{TMS}}{\nu_{谱仪}}\times10^6 \tag{14.23}$$

在图 14.6 中，我们发现 $\nu_H - \nu_{TMS} = 130$ Hz，所以式(14.23)给出 $\delta = 2.16$ ppm，显示在图 14.6 的底部刻度。因为式(14.23)的分子是以 Hz 计，分母则是以 MHz 计，所以式中 10^6 的因子导致 δ 以 ppm 计。对于有机化合物中的氢核，其数值通常在 0～10。

考虑吸收频率分别是 ν_1 和 ν_2 的两个不同的氢核。利用式(14.22)，可以写出

$$\nu_1 = \frac{\gamma B_0}{2\pi}(1-\sigma_1)$$

以及

$$\nu_2 = \frac{\gamma B_0}{2\pi}(1-\sigma_2)$$

因此

$$\delta_1 - \delta_2 = \frac{\nu_1 - \nu_2}{\nu_{谱仪}} \times 10^6 = \frac{\gamma B_0}{2\pi \nu_{谱仪}}(\sigma_2 - \sigma_1) \times 10^6 \tag{14.24}$$

考虑到 σ 的典型值量级是 10^{-5}，在式(14.21)中，相对于 1，可以忽略 σ，并在式(14.24)中用 $\gamma B_0/2\pi$ 替代 $\nu_{谱仪}$，得到

$$\delta_1 - \delta_2 = (\sigma_2 - \sigma_1) \times 10^6 \tag{14.25}$$

注意，两条吸收线在化学位移刻度上的间距与所施加的磁场无关。

» 例题 14－3 证明图 14.7 中标记为 a 和 b 的两个信号的顶部刻度和底部刻度是一致的。估计标记为 a 和 b 的氢核的化学位移差。在 270 MHz NMR 谱仪上两个信号之间的间距是多少？

» 解　a 信号出现在约 480 Hz 处，所以使用式(14.23)，可发现

$$\delta_a = \frac{480\ \text{Hz}}{60\ \text{MHz}} \times 10^6 = 8.0\ \text{ppm}$$

类似地，b 信号出现在 230 Hz 处，则 $\delta_b = 3.8$ ppm。

两个信号之间的间距是 $\delta_a - \delta_b = 8.0\ \text{ppm} - 3.8\ \text{ppm} = 4.2\ \text{ppm}$，所以由式(14.25)可得

$$\sigma_b - \sigma_a = 4.2 \times 10^{-6}$$

在 270 MHz NMR 谱仪上，两个信号之间的频率间距为[式(14.24)]

$$\begin{aligned}\nu_a - \nu_b &= \nu_{谱仪}(\delta_a - \delta_b) \times 10^{-6} \\ &= (270\ \text{MHz})(4.2\ \text{ppm}) \times 10^{-6} \\ &= 1130\ \text{Hz}\end{aligned}$$

两个信号之间的间距在频率刻度上是不同的，但在化学位移刻度上保持相同。

» 例题 14－4 证明：

$$\delta_H = (\sigma_{TMS} - \sigma_H) \times 10^6$$

并解释这个结果。

» 解　简单地设 $\delta_1 = \delta_H$，$\delta_2 = 0$，并将 $\sigma_2 - \sigma_1 = \sigma_{TMS} - \sigma_H$ 代入式(14.25)，即得所需证明的结果。这个结果说明，随着屏蔽常数的增大，给定质子的化学位移会减小（只要 δ_H 保持正值）。

14－5　化学位移取决于核的化学环境

由于核的屏蔽是由外加磁场在分子中建立起的增强电子电流引起的，我们可以预期随着核周围电子密度的增大，屏蔽程度会增大。正如式(14.21)所示，屏蔽常数越大，产生共振所需的外部磁场就越大。因此，根据例题 14－4，我们预期电子密度越大，化学位移越小，共振将出现在更高场（在谱图中向右）。表 14.3 列出了有机分子中典型氢核的化学位移（请注意，所有化学位移都是正值；这是使用 TMS 作为标准的另一个原因）。表 14.3 显示，烷烃中的氢核在相对较高的磁场中吸收，或具有相对较小的化学位移（$\delta = 0.8 \sim 1.7$）。烷烃中的氢核受到周围电子相对较好的屏蔽。如果在烷烃碳原子上引入一个吸电子基团，例如在 CH_3Cl 中，氢核将受到更小的屏蔽，或者说 σ 值将更小，并且氢核将在较低的磁场强度或较高的化学位移处吸收。这种向低场的偏移随着连接的吸电子基团数量的增大而增大，如下面的数据所示：

CH_4	CH_3Cl	CH_2Cl_2	$CHCl_3$
$\delta = 0.23$	$\delta = 3.05$	$\delta = 5.33$	$\delta = 7.26$

表 14.3　不同化学或电子环境中氢核的化学位移。

化合物类型	质子的类型	例子	δ
	四甲基硅烷	$(CH_3)_4Si$	0
烷烃	$RC\underline{H_3}$	$CH_3CH_2C\underline{H_3}$	0.8～1.0
烷烃	$R_2C\underline{H_2}$	$(CH_3)_2C\underline{H_2}$	1.2～1.4
烷烃	$R_3C\underline{H}$	$(CH_3)_3C\underline{H}$	1.4～1.6
芳香烃	$Ar\underline{H}$	苯	6.0～8.5
芳香烃	$ArC\underline{H_3}$	对二甲苯	2.2～2.5
氯代烷	$RC\underline{H_2}Cl$	$CH_3C\underline{H_2}Cl$	3.4～3.8
溴代烷	$RC\underline{H_2}Br$	$CH_3C\underline{H_2}Br$	3.3～3.6

续表

化合物类型	质子的类型	例子	δ
碘代烷	$RC\underline{H_2}I$	$CH_3C\underline{H_2}I$	3.1~3.3
醚	$ROC\underline{H_2}R$	$CH_3OC\underline{H_2}CH_3$	3.3~3.9
酯	$RCOOC\underline{H_2}R$	$CH_3COOC\underline{H_2}CH_3$	3.7~4.1
酯	$RC\underline{H_2}COOR$	$CH_3C\underline{H_2}COOCH_3$	2.0~2.2
酮	$RCOC\underline{H_3}$	$CH_3COC\underline{H_3}$	2.1~2.6

此外，如你所料，电负性与化学位移之间存在相关性；在 CH_3X 中，X 的电负性越大，化学位移就越大：

$$\begin{array}{cccc} CH_3I & CH_3Br & CH_3Cl & CH_3F \\ \delta=2.16 & \delta=2.68 & \delta=3.05 & \delta=4.26 \end{array}$$

电负性效应还可以通过相邻的碳原子传递：

$$\begin{array}{ccc} CH_3Cl & CH_3{-}CH_2Cl & CH_3{-}CH_2{-}CH_2Cl \\ \delta=3.05 & \delta=1.42 & \delta=1.04 \end{array}$$

在甲酸甲酯的 NMR 谱图中（图 14.7），两个信号（不包括 TMS 的参考信号）是由图中所示的氢核引起的。从表 14.3 中，可以看到较小的信号来自图 14.7 中标记为 *a* 的氢，而较大的信号来自甲基氢。

图 14.7 中两个峰的相对面积反映了每组中等价氢原子的数量。一组中的每个氢原子都会对观察到的信号产生贡献，因此信号峰的面积与产生该信号的氢原子数量成正比。图 14.7 中的相对信号面积比为 3∶1，与甲酸甲酯中两组氢原子中等价氢原子的数量一致。相对面积通常难以通过视觉确定，而是利用 NMR 谱仪进行电子测量的。在许多 NMR 谱仪中，每个峰的化学位移和相对面积都以数字形式打印在谱图上。

» 例题 14-5　假设有一种化合物，要么是乙酸甲酯（CH_3COOCH_3），要么是甲酸乙酯（$HCOOCH_2CH_3$）。这两种物质具有相同的分子式 $C_3H_6O_2$。已知该化合物的 NMR 谱图如下所示，请确定该化合物是哪一种物质。

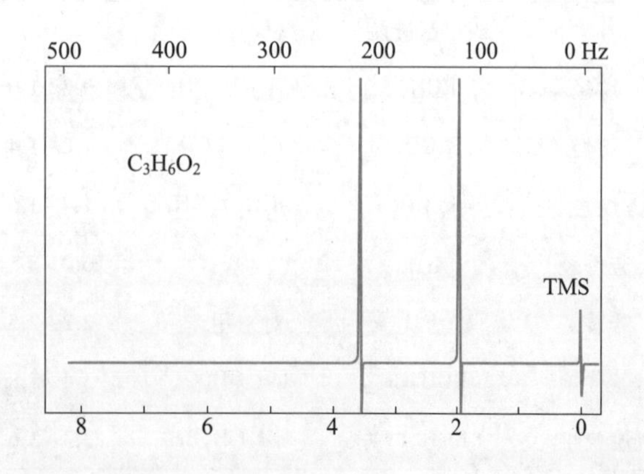

» 解　从乙酸甲酯的 Lewis 结构式中，可以看到乙酸甲酯有两个甲基基团。一个甲基基团连接到一个氧原子上，另一个连接到一个碳原子上。因此，这两个甲基基团是不等价的，因此乙酸甲酯有两组等价的氢核，每组包含三个氢原子。而甲酸乙酯的 Lewis 结构式表明，这个分子中有三组不同的氢原子。由于 NMR 谱图中只观察到两个信号，可得出结论，未知化合物是乙酸甲酯。为了进一步确认，注意到两个信号的位置与表 14.3 中给出的值一致，并且相对面积比为 1∶1。

14-6　自旋-自旋耦合可以导致 NMR 谱图中的多重峰

关于 NMR 谱图的一个重要特征我们尚未讨论。为了观察这个特征，可以考虑 1,1,2-三氯乙烷。该分子中有两种类型的氢原子。一组包含一个氢原子，另一组包含两个结构等价的氢原子。因此，我们预测 NMR 谱图将包含两个面积比为 1∶2 的信号。1,1,2-三氯乙烷的 NMR 谱图如图 14.8 所示，它比预测的要更为复杂。可以看到，不是有两个单峰，而是有两组密集的峰。其中一组由三个密集的峰组成（标记为 *a*），另一组由两个密集的峰组成（标记为 *b*）。由 1,1,2-三氯乙烷中两组氢原子所

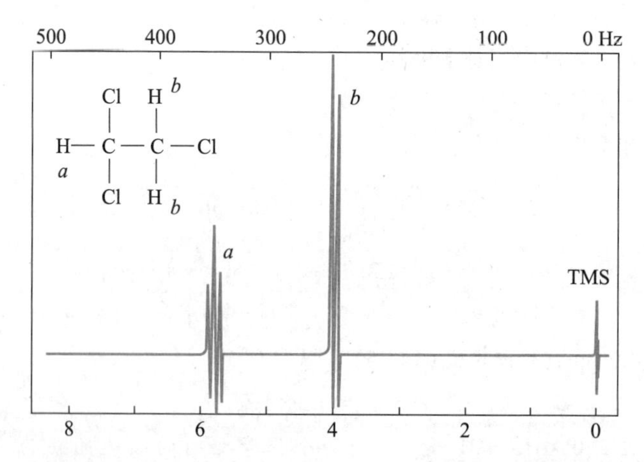

图 14.8　在 60 MHz NMR 谱仪上得到的 1,1,2-三氯乙烷的 NMR 谱图。在其 Lewis 结构中，有两组氢原子，标记为 *a* 和 *b*。谱图中并非有两个单峰，而是有一个由三个紧密排列的峰组成的信号（三重峰）和另一个由两个紧密排列的峰组成的信号（二重峰）。这两组氢原子的信号被称为是裂分的。我们观察到的裂分提供了关于每组等价氢原子相邻质子数量的信息。两个多重峰下的相对面积比为 1∶2，与这两组等价氢原子的数量一致。

引起的信号被称为是**裂分**(split)的。图 14.8 中标记为 a 的三个峰统称为**三重峰**(triplet),标记为 b 的两个峰称为**二重峰**(doublet)。

正如预测的那样,在图 14.8 中,二重峰和三重峰的面积比为 2∶1。但为什么会发生裂分呢?回想一下,质子的行为类似于微小磁铁的行为,因此它们会产生自己的磁场。所以,任何给定的氢核不仅会受到外磁场和其附近电子运动产生的磁场的影响,还会受到相邻碳原子上的氢核磁偶极产生的磁场的影响。相邻氢核的影响是将给定氢核的信号裂分成多重峰。核自旋之间的相互作用称为**自旋-自旋相互作用**(spin-spin interaction)。

下面将以定量的方式考虑由自旋-自旋相互作用引起的这种裂分成多重峰的现象。为简单起见,我们考虑一个只有两个处于不同电子环境中的氢原子的分子。在没有自旋-自旋相互作用的情况下,这种分子的自旋哈密顿算符由两个类似于式(14.14)的项所组成,但其中 B_z 被 $B_0(1-\sigma_j)$ 取代了,σ_j 是第 j 个氢核的化学位移。因此,可以将 $\hat{H}$ 写为

$$\hat{H}=-\gamma B_0(1-\sigma_1)\hat{I}_{z1}-\gamma B_0(1-\sigma_2)\hat{I}_{z2} \tag{14.26}$$

这个哈密顿算符没有考虑在相邻氢核的自旋之间的相互作用。两个磁偶极矩之间的相互作用的经典表达式包括因子 $\boldsymbol{\mu}_1\cdot\boldsymbol{\mu}_2$,其中 $\boldsymbol{\mu}_1$ 和 $\boldsymbol{\mu}_2$ 均是磁偶极矩。在量子力学中,$\boldsymbol{\mu}_1$ 与自旋 $\boldsymbol{I}$ 成正比[式(14.9)]。因此,可以通过在哈密顿算符中引入一个与 $\hat{\boldsymbol{I}}_1\cdot\hat{\boldsymbol{I}}_2$ 成正比的项来考虑自旋-自旋耦合的效应[参见式(8.55)中的一类似相互作用项]。将比例常数设为 J_{12},因此可将一个相互作用的双自旋系统的自旋哈密顿算符写为

$$\hat{H}=-\gamma B_0(1-\sigma_1)\hat{I}_{z1}-\gamma B_0(1-\sigma_2)\hat{I}_{z2}+\frac{hJ_{12}}{\hbar^2}\hat{\boldsymbol{I}}_1\cdot\hat{\boldsymbol{I}}_2 \tag{14.27}$$

为了 J_{12} 具有赫兹单位,在自旋-自旋相互作用项中引入因子 $h/\hbar^2$。J_{12} 称为**自旋-自旋耦合常数**(spin-spin coupling constant)。

在本节中,将假设自旋-自旋相互作用项可以用一阶微扰理论处理。未受扰动的自旋哈密顿算符和微扰项分别为

$$\hat{H}^{(0)}=-\gamma B_0(1-\sigma_1)\hat{I}_{z1}-\gamma B_0(1-\sigma_2)\hat{I}_{z2} \tag{14.28}$$

和

$$\hat{H}^{(1)}=\frac{hJ_{12}}{\hbar^2}\hat{\boldsymbol{I}}_1\cdot\hat{\boldsymbol{I}}_2 \tag{14.29}$$

对于一个双自旋系统,未受扰动的波函数是四个自旋函数乘积:

$$\begin{aligned}&\psi_1=\alpha(1)\alpha(2)\quad \psi_2=\beta(1)\alpha(2)\\&\psi_3=\alpha(1)\beta(2)\quad \psi_4=\beta(1)\beta(2)\end{aligned} \tag{14.30}$$

回想一下第 7-4 节,一阶能量可由下式给出[式(7.47)和(7.48)]:

$$E_j=E_j^{(0)}+\int d\tau_1 d\tau_2 \psi_j^* \hat{H}^{(1)}\psi_j \tag{14.31}$$

式中 τ_1 和 τ_2 均是自旋变量。[这里,与在第 8-4 节和式(14.2)中不同,不使用 σ 作为自旋变量,以避免与表示屏蔽常数的符号混淆。]$E_j^{(0)}$ 由下式给出:

$$\hat{H}^{(0)}\psi_j=E_j^{(0)}\psi_j \tag{14.32}$$

式中 ψ_j 由式(14.30)给出。例如,对于 $j=1$ 和 2,通过使用 $\hat{I}_{zj}\alpha(j)=\frac{\hbar}{2}\alpha(j)$,可以容易确定 $E_1^{(0)}$:

$$\begin{aligned}\hat{H}^{(0)}\psi_1&=\hat{H}^{(0)}\alpha(1)\alpha(2)\\&=-\gamma B_0(1-\sigma_1)\hat{I}_{z1}\alpha(1)\alpha(2)-\gamma B_0(1-\sigma_2)\hat{I}_{z2}\alpha(1)\alpha(2)\\&=-\frac{\hbar\gamma B_0(1-\sigma_1)}{2}\alpha(1)\alpha(2)-\frac{\hbar\gamma B_0(1-\sigma_2)}{2}\alpha(1)\alpha(2)\\&=E_1^{(0)}\alpha(1)\alpha(2)=E_1^{(0)}\psi_1\end{aligned} \tag{14.33}$$

因此

$$E_1^{(0)}=-\hbar\gamma B_0\left(1-\frac{\sigma_1+\sigma_2}{2}\right) \tag{14.34}$$

» 例题 14-6 证明

$$E_3^{(0)}=\hbar\gamma B_0(\sigma_1-\sigma_2)/2$$

» **解** 为了得到 $E_3^{(0)}$,使用

$$\hat{H}^{(0)}\psi_3=E_3^{(0)}\psi_3$$

所以,有

$$\begin{aligned}\hat{H}^{(0)}\psi_3&=\hat{H}^{(0)}\alpha(1)\beta(2)\\&=-\gamma B_0(1-\sigma_1)\hat{I}_{z1}\alpha(1)\beta(2)-\gamma B_0(1-\sigma_2)\hat{I}_{z2}\alpha(1)\beta(2)\\&=-\frac{\hbar\gamma B_0(1-\sigma_1)}{2}\alpha(1)\beta(2)+\frac{\hbar\gamma B_0(1-\sigma_2)}{2}\alpha(1)\beta(2)\\&=\frac{\hbar\gamma B_0}{2}(\sigma_1-\sigma_2)\alpha(1)\beta(2)\end{aligned}$$

所以

$$E_3^{(0)}=\frac{\hbar\gamma B_0}{2}(\sigma_1-\sigma_2) \tag{14.35}$$

类似地(习题 14-16),有

$$E_2^{(0)} = -\frac{\hbar\gamma B_0}{2}(\sigma_1-\sigma_2) \tag{14.36}$$

以及

$$E_4^{(0)} = \hbar\gamma B_0\left(1-\frac{\sigma_1+\sigma_2}{2}\right) \tag{14.37}$$

为了计算一阶校正，必须计算以下类型的积分：

$$H_{ii} = \frac{hJ_{12}}{\hbar^2}\int d\tau_1 d\tau_2 \psi_i^* \hat{\boldsymbol{I}}_1 \cdot \hat{\boldsymbol{I}}_2 \psi_i \tag{14.38}$$

$\hat{\boldsymbol{I}}_1 \cdot \hat{\boldsymbol{I}}_2$ 的点积是（数学章节 C）

$$\hat{\boldsymbol{I}}_1 \cdot \hat{\boldsymbol{I}}_2 = \hat{I}_{x1}\hat{I}_{x2}+\hat{I}_{y1}\hat{I}_{y2}+\hat{I}_{z1}\hat{I}_{z2} \tag{14.39}$$

由于式（14.3b），涉及 $\hat{I}_{z1}\hat{I}_{z2}$的积分相当容易计算。如果以 $\psi_1=\alpha(1)\alpha(2)$为例，可得

$$\begin{aligned}\hat{I}_{z1}\hat{I}_{z2}\alpha(1)\alpha(2) &= [\hat{I}_{z1}\alpha(1)][\hat{I}_{z2}\alpha(2)]\\ &= \frac{\hbar}{2}\alpha(1)\frac{\hbar}{2}\alpha(2) = \frac{\hbar^2}{4}\alpha(1)\alpha(2)\end{aligned}$$

所以

$$\begin{aligned}H_{z,11} &= \frac{hJ_{12}}{\hbar^2}\int d\tau_1 d\tau_2 \alpha^*(1)\alpha^*(2)\ \hat{I}_{z1}\hat{I}_{z2}\alpha(1)\alpha(2)\\ &= \frac{hJ_{12}}{\hbar^2}\ \frac{\hbar^2}{4}\int d\tau_1\alpha^*(1)\alpha(1)\int d\tau_2\alpha^*(2)\alpha(2)\\ &= \frac{hJ_{12}}{4}\end{aligned} \tag{14.40}$$

类似地（习题 14-17），可以发现

$$H_{z,22} = H_{z,33} = -\frac{hJ_{12}}{4} \tag{14.41}$$

和

$$H_{z,44} = \frac{hJ_{12}}{4} \tag{14.42}$$

涉及 $\hat{I}_{x1}\hat{I}_{x2}$和 $\hat{I}_{y1}\hat{I}_{y2}$的积分不太容易计算。习题 14-18 到习题 14-21 会引导你证明：

$$\begin{aligned}\hat{I}_x\alpha = \frac{\hbar}{2}\beta \qquad \hat{I}_y\alpha = \frac{i\hbar}{2}\beta\\ \hat{I}_x\beta = \frac{\hbar}{2}\alpha \qquad \hat{I}_y\beta = -\frac{i\hbar}{2}\alpha\end{aligned} \tag{14.43}$$

为方便起见，将这些公式和式（14.3b）列在表 14.4 中。使用这些关系式，可以看到，例如：

$$\begin{aligned}\hat{I}_{x1}\hat{I}_{x2}\alpha(1)\alpha(2) &= [\hat{I}_{x1}\alpha(1)][\hat{I}_{x2}\alpha(2)]\\ &= \frac{\hbar}{2}\beta(1)\frac{\hbar}{2}\beta(2) = \frac{\hbar^2}{4}\beta(1)\beta(2)\end{aligned}$$

所以

表 14.4　$\hat{I}_x$，$\hat{I}_y$ 和 $\hat{I}_z$ 作用于 α 和 β 的结果总结。

$\hat{I}_x\alpha = \frac{\hbar}{2}\beta$	$\hat{I}_y\alpha = \frac{i\hbar}{2}\beta$	$\hat{I}_z\alpha = \frac{\hbar}{2}\alpha$
$\hat{I}_x\beta = \frac{\hbar}{2}\alpha$	$\hat{I}_y\beta = -\frac{i\hbar}{2}\alpha$	$\hat{I}_z\beta = -\frac{\hbar}{2}\beta$

$$\begin{aligned}H_{x,11} &= \frac{hJ_{12}}{\hbar^2}\iint d\tau_1 d\tau_2 \alpha^*(1)\alpha^*(2)\ \hat{I}_{x1}\hat{I}_{x2}\alpha(1)\alpha(2)\\ &= \frac{hJ_{12}}{\hbar^2}\iint d\tau_1 d\tau_2 \alpha^*(1)\alpha^*(2)\ \frac{\hbar^2}{4}\beta(1)\beta(2)\\ &= \frac{hJ_{12}}{4}\int d\tau_1\alpha^*(1)\beta(1)\int d\tau_2\alpha^*(2)\beta(2) = 0\end{aligned}$$

式中已使用了 α 和 β 函数的正交性。同样，我们可以证明在这种情况下，$\hat{\boldsymbol{I}}_1 \cdot \hat{\boldsymbol{I}}_2$ 中的 x 项和 y 项对任何一阶能量都没有贡献（习题 14-22）。因此，每个能级的一阶能量是

$$\begin{aligned}E_1 &= -h\nu_0\left(1-\frac{\sigma_1+\sigma_2}{2}\right)+\frac{hJ_{12}}{4}\\ E_2 &= -\frac{h\nu_0}{2}(\sigma_1-\sigma_2)-\frac{hJ_{12}}{4}\\ E_3 &= \frac{h\nu_0}{2}(\sigma_1-\sigma_2)-\frac{hJ_{12}}{4}\\ E_4 &= h\nu_0\left(1-\frac{\sigma_1+\sigma_2}{2}\right)+\frac{hJ_{12}}{4}\end{aligned} \tag{14.44}$$

式中

$$\nu_0 = \frac{\gamma B_0}{2\pi} \tag{14.45}$$

由式（14.44）给出的能级（以及允许的跃迁）在图 14.9 中被绘制出来。核自旋态之间的跃迁选律指出，一次只能有一种类型的核发生跃迁。因此，吸收的允许跃迁（如图 14.9 所示）是

$$\begin{aligned}\alpha(1)\alpha(2) &\to \beta(1)\alpha(2) \quad (1\to2)\\ \alpha(1)\alpha(2) &\to \alpha(1)\beta(2) \quad (1\to3)\\ \beta(1)\alpha(2) &\to \beta(1)\beta(2) \quad (2\to4)\\ \alpha(1)\beta(2) &\to \beta(1)\beta(2) \quad (3\to4)\end{aligned}$$

与允许跃迁相关的频率是

$$\begin{aligned}\nu_{1\to2} &= \nu_0(1-\sigma_1)-\frac{J_{12}}{2}\\ \nu_{1\to3} &= \nu_0(1-\sigma_2)-\frac{J_{12}}{2}\\ \nu_{2\to4} &= \nu_0(1-\sigma_2)+\frac{J_{12}}{2}\\ \nu_{3\to4} &= \nu_0(1-\sigma_1)+\frac{J_{12}}{2}\end{aligned} \tag{14.46}$$

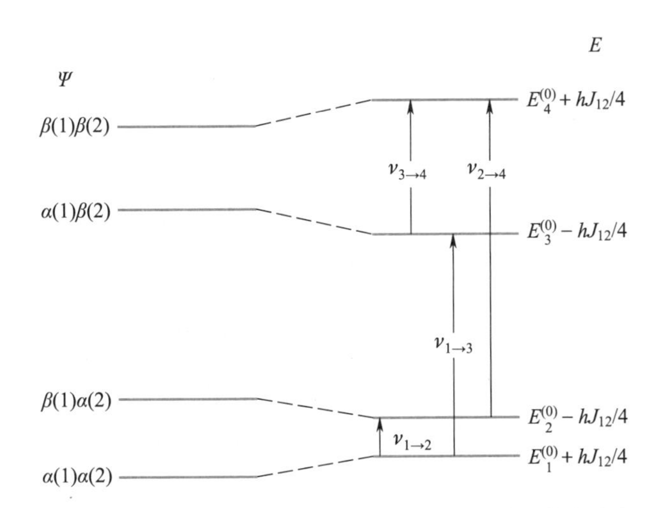

图 14.9 由一阶微扰理论计算的一个双自旋系统的能级。允许的跃迁由垂直箭头表示。

可以通过以下方式表示上述四个共振频率：

$$\begin{aligned}\nu_1^{\pm}&=\nu_0(1-\sigma_1)\pm\frac{J_{12}}{2}\\ \nu_2^{\pm}&=\nu_0(1-\sigma_2)\pm\frac{J_{12}}{2}\end{aligned}\tag{14.47}$$

认识到 J_{12}很小，足以使用一阶微扰理论，我们就知道四个共振频率成对出现，形成一对两个紧密相邻的线，或两个二重峰，如图 14.10 所示。两个二重峰的中心相隔 $\nu_0|\sigma_1-\sigma_2|$，而两个二重峰内的峰间距是 J_{12}。一个分子中两个氢核的化学环境差异很大，以至于 $\nu_0|\sigma_1-\sigma_2|\gg J_{12}$，这样的分子称为 AX 自旋系统。图 14.11 是在 90 MHz 和 200 MHz 下获得的一个 AX 自旋系统的核磁共振谱的示意图。在 90 MHz 的谱图中，一个二重峰的中心在 130 Hz 处，另一个在 210 Hz 处。二重峰内的间距为 6.5 Hz。在 200 MHz 的谱图中，ν_0 现在是 200 MHz，所以两个二重峰的中心分别位于

$$\text{二重峰 1 的中心}\quad (130\ \text{Hz})\left(\frac{200\ \text{MHz}}{90\ \text{MHz}}\right)=289\ \text{Hz}$$

$$\text{二重峰 2 的中心}\quad (210\ \text{Hz})\left(\frac{200\ \text{MHz}}{90\ \text{MHz}}\right)=467\ \text{Hz}$$

因此，在 90 MHz 时它们的间距为 80 Hz，在 200 MHz 时则增加到 178 Hz。然而，二重峰内的间距仍然是 6.5 Hz，因为 J_{12}与谱仪的频率无关。

使用一阶微扰理论的条件是 $J_{12}\ll\nu_0|\sigma_1-\sigma_2|$，这是导致两个分开的二重峰的条件。这样的谱图称为**一阶谱**(first-order spectrum)。耦合常数的典型值约为 5 Hz，因此，如果多重峰之间的间距约为 100 Hz，就会产生一阶谱。例如，在图 14.8 中，$J=6$ Hz 且 $\nu_0|\sigma_1-\sigma_2|=110$ Hz。我们将在第 14-9 节中看到，除非 $J_{12}\ll\nu_0|\sigma_1-\sigma_2|$，否

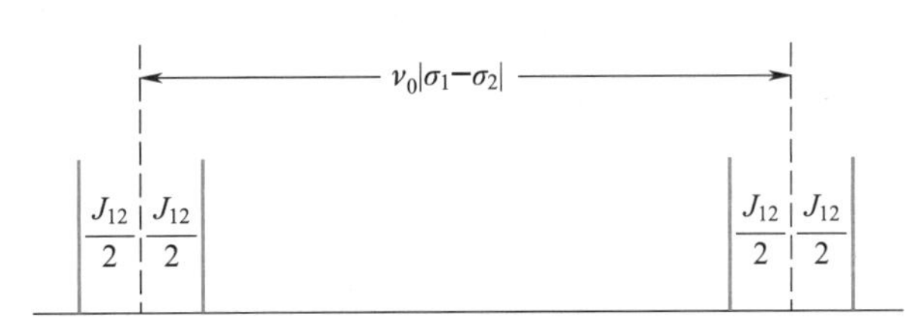

图 14.10 AX 自旋系统的一阶谱中的裂分模式。两个二重峰的中心之间的间距为 $\nu_0|\sigma_1-\sigma_2|$，每个二重峰内的间距为 J_{12}。

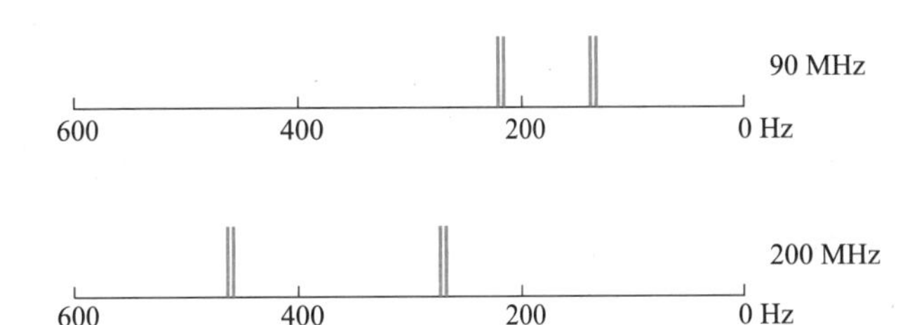

图 14.11 在 90 MHz(上)和 200 MHz(下)下获得的 AX 自旋系统的理想谱图，说明二重峰的中心间距随着谱仪频率的增大而增大，但二重峰内的间距与谱仪频率无关。

则得到的谱图将不包含两个强度相等的、分开的二重峰。

上面讨论的双自旋系统的标记“AX”来自 NMR 研究中常用的一种表示法。对于任一分子，每个非等价的氢原子都被赋予一个字母，如 A，B，C 等。如果有多个相同类型的氢原子，则使用下标来表示数量，如 A_3 或 B_2。化学位移相对类似的氢原子被指派用相邻的字母表示，如 AB。而化学位移差异相对较大的氢原子则被分配字母表中较远的字母，如 AX。因此，当 $J_{12}\ll\nu_0|\sigma_1-\sigma_2|$时，一个双自旋系统是 AX 系统；当 $J_{12}\approx\nu_0|\sigma_1-\sigma_2|$ 时，它是 AB 系统。图 14.8 表明，当用 60 MHz 的谱仪测量时，1,1,2-三氯乙烷是 A_2X 系统的一个例子。

14-7 化学等价质子之间的自旋-自旋耦合是观察不到的

在前一节中，我们展示了 AX 系统的一阶谱会导致由两个二重峰峰组成的 NMR 谱图。图 14.12 显示了二氯甲烷的 NMR 谱图，其中两个氢原子是化学等价的(A_2 系统)。请注意，在这种情况下，谱图仅包含一个单峰。在你意料之中，两个质子在相同频率处吸收；但可能出乎你的意料，没有观察到自旋-自旋耦合导致的信号裂分。

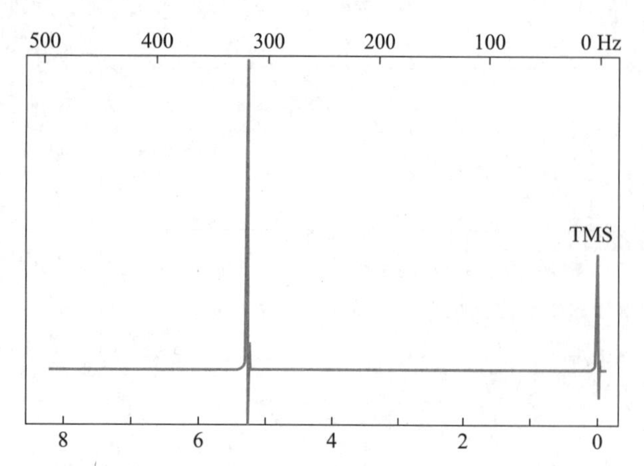

图 14.12 在 60 MHz NMR 谱仪上得到的二氯甲烷的 NMR 谱图。

A_2 系统的自旋哈密顿算符是[式(14.27)]

$$\hat{H}=-\gamma B_0(1-\sigma_A)\hat{I}_{z1}-\gamma B_0(1-\sigma_A)\hat{I}_{z2}+\frac{hJ_{AA}}{\hbar^2}\hat{\boldsymbol{I}}_1\cdot\hat{\boldsymbol{I}}_2 \tag{14.48}$$

A_2 系统的自旋哈密顿算符与 AX 系统的相似,只是在这种情况下两个屏蔽常数是相等的。与前一节一样,使用微扰理论来确定一阶谱。以

$$\hat{H}^{(0)}=-\gamma B_0(1-\sigma_A)(\hat{I}_{z1}+\hat{I}_{z2}) \tag{14.49}$$

作为未受扰动的自旋哈密顿算符,并以

$$\hat{H}^{(1)}=\frac{hJ_{AA}}{\hbar^2}\hat{\boldsymbol{I}}_1\cdot\hat{\boldsymbol{I}}_2 \tag{14.50}$$

作为微扰项。AX 系统和 A_2 系统的一阶微扰理论处理的主要区别在于未受扰动的自旋波函数的形式。由于在 A_2 情况中两个核是等价的,因此不可区分,必须使用自旋函数 α 和 β 的对称或反对称组合,就像我们在第 8-5 节中发展氦原子中两个电子的自旋波函数时所做的那样。四个可接受的组合是

$$\begin{aligned}\phi_1&=\alpha(1)\alpha(2)\\ \phi_2&=\frac{1}{\sqrt{2}}[\alpha(1)\beta(2)-\beta(1)\alpha(2)]\\ \phi_3&=\frac{1}{\sqrt{2}}[\alpha(1)\beta(2)+\beta(1)\alpha(2)]\\ \phi_4&=\beta(1)\beta(2)\end{aligned} \tag{14.51}$$

现在,可以使用式(14.31)来计算四个一阶能量。例如:

$$\begin{aligned}E_1&=E_1^{(0)}+E_1^{(1)}\\ &=\iint d\tau_1 d\tau_2\alpha^*(1)\alpha^*(2)\cdot\\ &\quad[-\gamma B_0(1-\sigma_A)(\hat{I}_{z1}+\hat{I}_{z2})]\alpha(1)\alpha(2)+\\ &\quad\iint d\tau_1 d\tau_2\alpha^*(1)\alpha^*(2)\frac{hJ_{AA}}{\hbar^2}\cdot\\ &\quad(\hat{I}_{x1}\hat{I}_{x2}+\hat{I}_{y1}\hat{I}_{y2}+\hat{I}_{z1}\hat{I}_{z2})\alpha(1)\alpha(2)\end{aligned} \tag{14.52}$$

式(14.52)中的第一个积分可以轻松地通过使用以下关系进行计算[式(14.3b)]:

$$\begin{aligned}(\hat{I}_{z1}+\hat{I}_{z2})\alpha(1)\alpha(2)&=\left(\frac{\hbar}{2}+\frac{\hbar}{2}\right)\alpha(1)\alpha(2)\\ &=\hbar\alpha(1)\alpha(2)\end{aligned}$$

第二个积分可使用表 14.4 中的关系式进行计算:

$$\begin{aligned}&(\hat{I}_{x1}\hat{I}_{x2}+\hat{I}_{y1}\hat{I}_{y2}+\hat{I}_{z1}\hat{I}_{z2})\alpha(1)\alpha(2)\\ &=\frac{\hbar^2}{4}\beta(1)\beta(2)-\frac{\hbar^2}{4}\beta(1)\beta(2)+\frac{\hbar^2}{4}\alpha(1)\alpha(2)\end{aligned}$$

为了计算 E_1,将这个关系式乘以 $a^*(1)a^*(2)$,然后对自旋坐标进行积分。这里的第一项和第二项将会由于自旋函数 a 和 β 的正交性而消失,因此可以得到

$$\begin{aligned}E_1&=-\hbar\gamma B_0(1-\sigma_A)\int d\tau_1\alpha^*(1)\alpha(1)\int d\tau_2\alpha^*(2)\alpha(2)+\\ &\quad\frac{hJ_{AA}}{\hbar^2}\frac{\hbar^2}{4}\int d\tau_1\alpha^*(1)\alpha(1)\int d\tau_2\alpha^*(2)\alpha(2)\\ &=-\hbar\gamma B_0(1-\sigma_A)+\frac{hJ_{AA}}{4}\end{aligned} \tag{14.53}$$

» 例题 14-7 计算一阶能量 E_2。

» 解 一阶能量 E_2 的值可由下式给出:

$$\begin{aligned}E_2&=E_2^{(0)}+E_2^{(1)}\\ &=\iint d\tau_1 d\tau_2\phi_2^*\hat{H}^{(0)}\phi_2+\iint d\tau_1 d\tau_2\phi_2^*\hat{H}^{(1)}\phi_2\end{aligned} \tag{1}$$

式(1)中的第一个积分要求计算:

$$\begin{aligned}(\hat{I}_{z1}+\hat{I}_{z2})\phi_2&=\frac{1}{\sqrt{2}}(\hat{I}_{z1}+\hat{I}_{z2})[\alpha(1)\beta(2)-\beta(1)\alpha(2)]\\ &=\frac{1}{\sqrt{2}}\left[\left(\frac{\hbar}{2}-\frac{\hbar}{2}\right)-\left(\frac{\hbar}{2}-\frac{\hbar}{2}\right)\right][\alpha(1)\beta(2)-\beta(1)\alpha(2)]\\ &=0\end{aligned}$$

将这个结果代入式(1)中,得到 $E_2^{(0)}=0$。第二个积分涉及如下计算:

$$\frac{1}{\sqrt{2}}(\hat{I}_{x1}\hat{I}_{x2}+\hat{I}_{y1}\hat{I}_{y2}+\hat{I}_{z1}\hat{I}_{z2})[\alpha(1)\beta(2)-\beta(1)\alpha(2)]$$

通过使用表格 14.4 中的关系式,可得

$$\hat{I}_{x1}\hat{I}_{x2}\alpha(1)\beta(2)=\frac{\hbar^2}{4}\beta(1)\alpha(2)$$

$$\hat{I}_{x1}\hat{I}_{x2}\beta(1)\alpha(2)=\frac{\hbar^2}{4}\alpha(1)\beta(2)$$

$$\hat{I}_{y1}\hat{I}_{y2}\alpha(1)\beta(2)=\frac{\hbar^2}{4}\beta(1)\alpha(2)$$

$$\hat{I}_{y1}\hat{I}_{y2}\beta(1)\alpha(2)=\frac{\hbar^2}{4}\alpha(1)\beta(2)$$

$$\hat{I}_{z1}\hat{I}_{z2}\alpha(1)\beta(2)=-\frac{\hbar^2}{4}\alpha(1)\beta(2)$$

$$\hat{I}_{z1}\hat{I}_{z2}\beta(1)\alpha(2)=-\frac{\hbar^2}{4}\beta(1)\alpha(2)$$

综上，可得

$$(\hat{I}_{x1}\hat{I}_{x2}+\hat{I}_{y1}\hat{I}_{y2}+\hat{I}_{z1}\hat{I}_{z2})[\alpha(1)\beta(2)-\beta(1)\alpha(2)]$$
$$=-\frac{3\hbar^2}{4}[\alpha(1)\beta(2)-\beta(1)\alpha(2)]$$

将这个结果代入式(1)，可得

$$E_2=E_2^{(1)}=-\frac{3hJ_{AA}}{4} \tag{14.54}$$

类似地，我们发现(习题 14-27)

$$E_3=\frac{hJ_{AA}}{4} \tag{14.55}$$

以及

$$E_4=\hbar\gamma B_0(1-\sigma_A)+\frac{hJ_{AA}}{4} \tag{14.56}$$

这四个能级如图 14.13 所示。跃迁选律指出，不仅一次只有一个自旋发生跃迁，而且只允许在相同自旋对称性的状态之间发生跃迁(习题 14-39)。因此，允许的跃迁是$1\rightarrow3$ 和 $3\rightarrow4$。与这些跃迁相对应的频率是

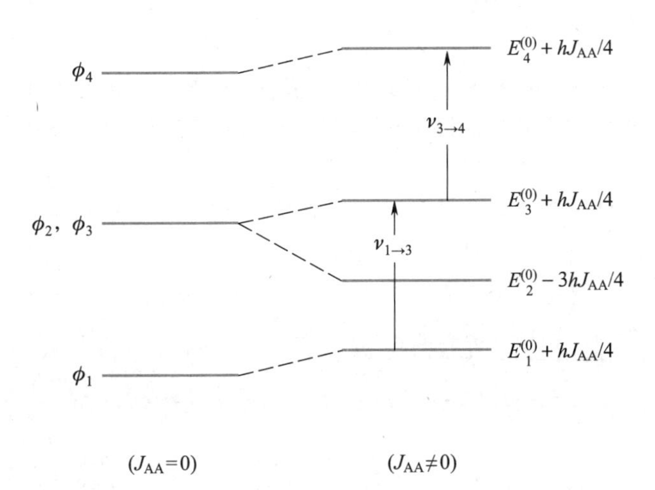

图 14.13 通过一阶微扰理论计算的 A_2 系统的能级。两个允许的跃迁(用垂直箭头表示)具有相同的频率[式(14.57)]。波函数由式(14.51)定义。

$$\nu_{1\rightarrow3}=\nu_{3\rightarrow4}=\frac{E_3-E_1}{h}=\frac{\gamma B_0(1-\sigma_A)}{2\pi}=\nu_0(1-\sigma_A) \tag{14.57}$$

因此，尽管等价质子之间的自旋-自旋耦合改变了能级，但选律导致自旋-自旋耦合常数的影响在跃迁频率中抵消。因此，在诸如二氯甲烷等分子中，只观察到单个质子共振信号(图 14.12)。

14-8 $n+1$ 规则仅适用于一阶谱

在图 14.8 中观察到的 1,1,2-三氯乙烷的裂分显示为一个二重峰和一个三重峰，而在图 14.14 中观察到的氯乙烷的裂分显示为一个三重峰和一个四重峰。这种裂分可以通过一个简单的规则来预测，该规则称为 **$n+1$ 规则**($n+1$ rule)。$n+1$ 规则指出，如果一个质子有 n 个等价的相邻质子，那么其 NMR 信号将裂分成 $n+1$ 个密集的峰。每个质子感受与其键合的碳原子邻近碳上的等价质子的数量。

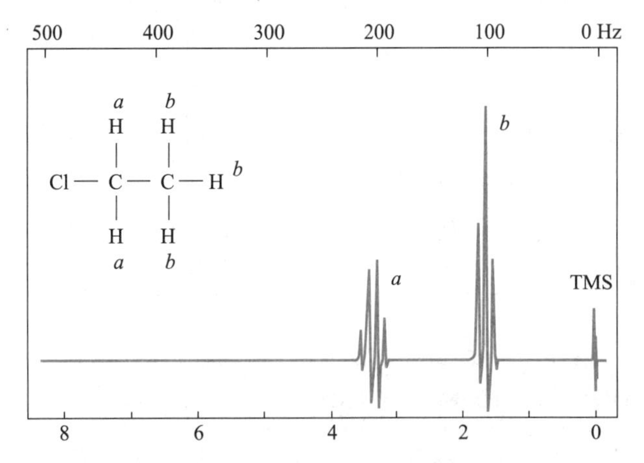

图 14.14 60 MHz NMR 谱仪上得到的氯乙烷的 NMR 谱图。等价的氢原子集被标记为 a 和 b。

为了说明 $n+1$ 规则，考虑 1,1,2-三氯乙烷，其 NMR 谱图如图 14.8 所示。标记为 b 的两个等价氢原子是氢原子 a 的近邻。

$$\begin{array}{c} \quad\ \ \mathrm{Cl}\ \ \mathrm{H}^b \\ \quad\ \ |\quad\ | \\ {}^a\mathrm{H—C—C—Cl} \\ \quad\ \ |\quad\ | \\ \quad\ \ \mathrm{Cl}\ \ \mathrm{H}_b \end{array}$$

这两组氢原子分别与两个相邻的碳原子键连。因此，标记为 b 的两个氢原子的核将由氢原子 a 的核引起信号裂分为三重峰($n+1=2+1=3$)。而标记为 a 的氢原子的核反过来将由标记为 b 的氢原子的核引起信号裂分

为二重峰($n+1=1+1=2$)。然而,二重峰与三重峰信号下的面积之比仍然等于2∶1,与每组中等价氢原子的数量一致。请注意,标记为b的氢原子的核之间没有裂分。信号裂分和$n+1$规则仅适用于分子中的非等价氢原子组之间。

氯乙烷有两组等价的氢原子,因此在NMR谱图(图14.14)中有两个信号。标记为a的两个氢原子有三个等价的邻近氢原子(标记为b)。因此,由a氢核引起的信号被三个邻近的b氢核裂分成四重峰($n+1=3+1=4$)。由三个b氢核引起的信号被两个邻近的a氢核裂分成三重峰($n+1=2+1=3$)。四重峰和三重峰的相对面积比为2∶3,符合每个等价组中的氢原子数。

在1,1-二氯乙烷的情况下(图14.15),有两组等价的氢原子,分别包含一个和三个氢原子。因此,NMR谱图显示两个主要信号,一个是二重峰,另一个是四重峰,二重峰与四重峰下的面积比为3∶1。

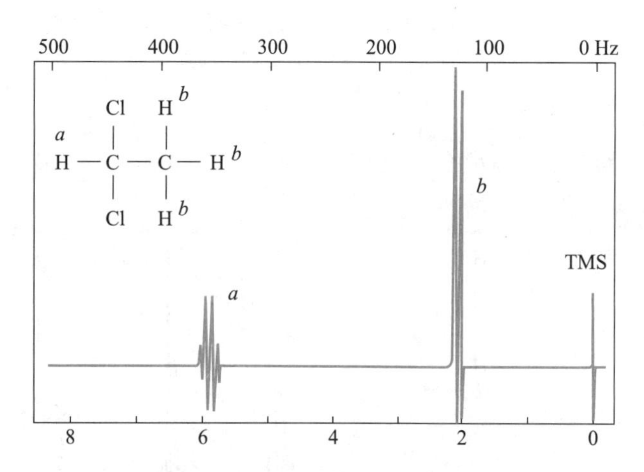

图14.15　60 MHz NMR谱仪上得到的1,1-二氯乙烷的NMR谱图。等价的氢原子集被标记为a和b。

为了定性地解释$n+1$规则的基本原理,考虑1,1,2-三氯乙烷的谱图(图14.8)中标记为b的氢原子引起的共振。这些氢原子中的每一个都受到由a氢核产生的磁场的影响。这个核只能以两个方向之一($\pm1/2$)相对于外磁场排列。这两种可能的取向产生略有不同的磁场,因此b氢核受到两种略有不同的磁场强度的影响。因此,在NMR谱图中,标记为b的核在两个略微不同的位置吸收,导致一个二重峰。所以,我们看到,仅含有一个等价邻近氢原子的一组等价氢原子会产生一个二重峰。

现在,考虑图14.8中标记为a的氢原子。在这种情况下,该核有两个等价的邻近氢原子。这些核中的每一个必须以两个方向之一排列。这种要求导致了四种可能性:

　　　　↑↓
↓↓　　↓↑　　↑↑

由于一个等价的质子无法与另一个区分开,中间的两种组合(↑↓和↓↑)产生相同的场,尽管发生的可能性是其他两种组合(↑↑或↓↓)的两倍。因此,1,1,2-三氯乙烷中氢原子a的信号被裂分成一个三重峰,三重峰的中间峰的大小是另外两个峰的两倍。这导致了图14.8中显示的1∶2∶1三重峰模式。

可以使用氯乙烷来说明由一组三个等价相邻氢原子造成的裂分。使用与前面相同的论据,可以写出以下可能性:

　　　　↑↓↓　　↑↑↓
　　　　↓↑↓　　↑↓↑
↓↓↓　　↓↓↑　　↓↑↑　　↑↑↑

质子自旋组合的这种模式带来一个强度比为1∶3∶3∶1的四重峰,如图14.14氯乙烷谱中标记为a的氢原子所示。表14.5总结了一阶谱图中观察到的多重峰裂分。

表14.5　在一阶谱图中观察到的多重峰裂分。

密置的谱线数目	1	2	3	4
名称	单峰	二重峰	三重峰	四重峰
相对峰面积之比	1	1∶1	1∶2∶1	1∶3∶3∶1
理想峰强度模式	|	||	ı|ı	ı||ı

14-9　二阶谱可以使用变分法进行精确计算

一阶谱相对简单是因为自旋-自旋耦合常数相对于多重峰之间的间隔来说很小。在这种情况下,可以使用一阶微扰理论来计算谱图,就像我们在前面几节采用的做法一样。当这种条件不成立时,仍然可以正确地预测谱图,但必须使用变分计算。

考虑一个含有两个非等价氢原子的分子。这个系统的自旋哈密顿算符是[式(14.27)]

$$\hat{H}=-\gamma B_0(1-\sigma_1)\hat{I}_{z1}-\gamma B_0(1-\sigma_2)\hat{I}_{z2}+\frac{hJ_{12}}{\hbar^2}\hat{\boldsymbol{I}}_1\cdot\hat{\boldsymbol{I}}_2 \tag{14.58}$$

该系统总共有四个可能的自旋波函数:

$$\begin{aligned}\phi_1&=\alpha(1)\alpha(2) & \phi_2&=\alpha(1)\beta(2)\\ \phi_3&=\beta(1)\alpha(2) & \phi_4&=\beta(1)\beta(2)\end{aligned} \tag{14.59}$$

将式(14.59)的线性组合，即

$$\psi=c_1\phi_1+c_2\phi_2+c_3\phi_3+c_4\phi_4 \tag{14.60}$$

作为变分计算的一个试探波函数，可以精确计算这个自旋系统的能级。换句话说，将 c_1,c_2,c_3,c_4 作为变分参数，并最小化能量 E：

$$E=\frac{\iint d\tau_1 d\tau_2 \psi^* \hat{H}\psi}{\iint d\tau_1 d\tau_2 \psi^* \psi} \tag{14.61}$$

通常来说，变分计算并不是精确的，但在本例中，式(14.60)代表了所有可能的双质子自旋函数，因此所得 ψ 是尽可能通用的，而变分计算将得到一个精确的结果。当式(14.61)相对于 c_j 最小化时，可得到一个 4×4 的久期行列式方程：

$$\begin{vmatrix} H_{11}-E & H_{12} & H_{13} & H_{14} \\ H_{12} & H_{22}-E & H_{23} & H_{24} \\ H_{13} & H_{23} & H_{33}-E & H_{34} \\ H_{14} & H_{24} & H_{34} & H_{44}-E \end{vmatrix}=0 \tag{14.62}$$

式中

$$H_{ij}=\iint d\tau_1 d\tau_2 \phi_i^* \hat{H}\phi_j \tag{14.63}$$

当式(14.62)中的行列式展开时，可得到 E 的一个四次多项式，给出两自旋系统的四个允许的能级。在前几节中，当计算能量的一阶修正时，已经计算了类似于 H_{ij} 的积分。利用表14.4中给出的关系式，这些积分都相对容易计算。

» 例题 14-8　利用表14.4中给出的关系式，计算 H_{12}。

» 解　需要计算如下积分：

$$H_{12}=\iint d\tau_1 d\tau_2 \phi_1^* \hat{H}\phi_2$$

$$=\iint d\tau_1 d\tau_2 \alpha^*(1)\alpha^*(2)\hat{H}\alpha(1)\beta(2)$$

式中 $\hat{H}$ 可由式(14.58)给出。因此，首先必须计算如下的几项：

$$\hat{I}_{z1}\alpha(1)\beta(2)=\frac{\hbar}{2}\alpha(1)\beta(2)$$

$$\hat{I}_{z2}\alpha(1)\beta(2)=-\frac{\hbar}{2}\alpha(1)\beta(2)$$

$$\hat{I}_{x1}\hat{I}_{x2}\alpha(1)\beta(2)=\frac{\hbar^2}{4}\beta(1)\alpha(2)$$

$$\hat{I}_{y1}\hat{I}_{y2}\alpha(1)\beta(2)=\frac{\hbar^2}{4}\beta(1)\alpha(2)$$

$$\hat{I}_{z1}\hat{I}_{z2}\alpha(1)\beta(2)=-\frac{\hbar^2}{4}\alpha(1)\beta(2)$$

所以

$$\hat{H}\phi_2=\hat{H}\alpha(1)\beta(2)$$

$$=-\left[h\nu_0(1-\sigma_1)+h\nu_0(1-\sigma_2)-\frac{hJ_{12}}{4}\right]\alpha(1)\beta(2)+\frac{hJ_{12}}{2}\beta(1)\alpha(2)$$

以及

$$H_{12}=-\left[h\nu_0(1-\sigma_1)+h\nu_0(1-\sigma_2)-\frac{hJ_{12}}{4}\right]\cdot\iint d\tau_1 d\tau_2 \alpha^*(1)\alpha^*(2)\alpha(1)\beta(2)+\frac{hJ_{12}}{2}\iint d\tau_1 d\tau_2 \alpha^*(1)\alpha^*(2)\beta(1)\alpha(2)$$

但是，这两个积分都等于零；第一个是由于对 $d\tau_2$ 积分，而第二个是由于对 $d\tau_1$ 积分。

不仅 $H_{12}=0$，而且对于这个双自旋系统，大多数非对角的 H_{ij} 都等于零。唯一的非零 $H_{ij}(i\neq j)$ 是 $H_{23}=H_{32}$。利用例题14-8给出的结果即 $\hat{H}\phi_2=\hat{H}\alpha(1)\beta(2)$，可以发现

$$H_{23}=\frac{hJ_{12}}{2}$$

当计算出所有的 H_{ij} 时(习题14-28至习题14-30)，式(14.62)变为

$$\begin{vmatrix} -d_1-d_2+\frac{hJ}{4}-E & 0 & 0 & 0 \\ 0 & -d_1+d_2-\frac{hJ}{4}-E & \frac{hJ}{2} & 0 \\ 0 & \frac{hJ}{2} & d_1-d_2-\frac{hJ}{4}-E & 0 \\ 0 & 0 & 0 & d_1+d_2+\frac{hJ}{4}-E \end{vmatrix}=0 \tag{14.64}$$

式中 $d_1=\frac{1}{2}h\nu_0(1-\sigma_1)$，$d_2=\frac{1}{2}h\nu_0(1-\sigma_2)$，且为方便起见将 J 的下标12去掉了。

当久期行列式被展开时，得到 E 的两个一次方程和一个二次方程。其解分别为

$$\begin{aligned} E_1&=-h\nu_0\left(1-\frac{\sigma_1+\sigma_2}{2}\right)+\frac{hJ}{4} \\ E_2&=-\frac{hJ}{4}-\frac{h}{2}[\nu_0^2(\sigma_1-\sigma_2)^2+J^2]^{1/2} \\ E_3&=-\frac{hJ}{4}+\frac{h}{2}[\nu_0^2(\sigma_1-\sigma_2)^2+J^2]^{1/2} \\ E_4&=h\nu_0\left(1-\frac{\sigma_1+\sigma_2}{2}\right)+\frac{hJ}{4} \end{aligned} \tag{14.65}$$

请注意,当 $\sigma_1=\sigma_2$ 时,式(14.65)就会简化为第 14-7 节中给出的两个等价质子的结果。

图 14.16 中绘制了由式(14.65)给出的双自旋系统的能级图。第 14-6 和 14-7 节的跃迁选律给出了允许的跃迁为 1→2,1→3,2→4 和 3→4(对于非等价的质子,第 14-6 节),以及 1→3 和 3→4(对于等价的质子,第 14-7 节),如图 14.16 所示。

» 例题 14-9　确定双自旋系统中 1→3 跃迁的共振频率。

» 解　利用式(14.65),有

$$E_3-E_1=h\nu_{1\to3}=-\frac{hJ}{4}+\frac{h}{2}[\nu_0^2(\sigma_1-\sigma_2)^2+J^2]^{1/2}+\frac{h\nu_0}{2}(2-\sigma_1-\sigma_2)-\frac{hJ}{4}$$

或者

$$\nu_{1\to3}=\frac{\nu_0}{2}(2-\sigma_1-\sigma_2)-\frac{J}{2}+\frac{1}{2}[\nu_0^2(\sigma_1-\sigma_2)^2+J^2]^{1/2}$$

表 14.6 给出了双自旋系统中四个共振频率及其相对强度。

如图 14.16 所示,表 14.6 中给出共振频率和相对强度取决于 $\nu_0|\sigma_1-\sigma_2|$ 和 J 的相对值。请注意,当 $J=0$ 时,只有两个分开的单峰,这符合两个不同的氢原子且没有耦合的预期。在另一种极端情况下,当 $\sigma_1=\sigma_2$ 时,有两个化学上等价的氢原子,只有一个信号,与二氯甲烷的情况一样(图 14.12)。请注意,即使在这种情况下 $J\neq0$,也不能观察到化学上等价的氢原子之间的耦合。

» 例题 14-10　证明在 A_2 自旋系统的谱图中只有一个单峰。

» 解　如果 $\sigma_1=\sigma_2$,则 $\Delta=0$ 且 $r=1$。所以,表 14.6 中的 1→2 和 2→4 跃迁没有信号(强度为零)。此外,当 $\sigma_1=\sigma_2=\sigma$ 时,有

$$\nu_{1\to3}=\nu_{3\to4}=\nu_0(1-\sigma)$$

因此,在这样的系统中只有一个单峰。

对于介于两种极端(即 $J=0$ 和 $\sigma_1=\sigma_2$)之间的情况,谱图可能会有很大的变化(图 14.17)。这样的谱图称为**二阶谱**(second-order spectra),且 $n+1$ 规则不适用于这样的系统。只有在 $J\ll\nu_0|\sigma_1-\sigma_2|$ 的情况下,$n+1$ 规则才适用,且谱图由两个相等强度且分离的二重峰组成,如图 14.17 所示。当 $J\ll\nu_0|\sigma_1-\sigma_2|$ 时,可以将表 14.6 中的平方根项写成以下形式:

$$[\nu_0^2(\sigma_1-\sigma_2)^2+J^2]^{1/2}=\nu_0(\sigma_1-\sigma_2)\left[1+\frac{J^2}{\nu_0^2(\sigma_1-\sigma_2)^2}\right]^{1/2}$$

然后利用 $J^2/\nu_0^2(\sigma_1-\sigma_2)^2\ll1$。在这种情况下,可以使用以下展开式:

$$(1+x)^{1/2}=1+\frac{x}{2}-\frac{x^2}{8}+\cdots$$

进而写出

$$[\nu_0^2(\sigma_1-\sigma_2)^2+J^2]^{1/2}=\nu_0(\sigma_1-\sigma_2)\left[1+\frac{J^2}{2\nu_0^2(\sigma_1-\sigma_2)^2}+\cdots\right]=\nu_0(\sigma_1-\sigma_2)+\cdots$$

因此,仅保留 J 的一次项,根据表 14.6,有

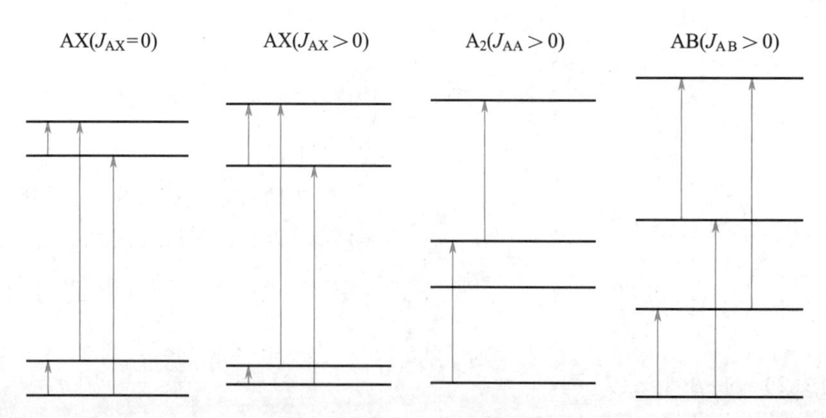

图 14.16　对于 $\nu_0|\sigma_1-\sigma_2|$ 和 J 的不同相对值,一个双自旋系统的四个能级。对于 AX 的情况,$\nu_0|\sigma_1-\sigma_2|\gg J$;对于 A_2 的情况,$\nu_0|\sigma_1-\sigma_2|=0$;对于 AB 的情况,$\nu_0|\sigma_1-\sigma_2|\approx J$。选律对于非等价质子和等价质子是不同的。

表 14.6 双自旋系统中四个共振频率及其相对强度。

频率	相对强度*
$\nu_{1\to2}=\dfrac{\nu_0}{2}(2-\sigma_1-\sigma_2)-\dfrac{J}{2}-\dfrac{1}{2}[\nu_0^2\ (\sigma_1-\sigma_2)^2+J^2]^{1/2}$	$(r-1)^2/(r+1)^2$
$\nu_{1\to3}=\dfrac{\nu_0}{2}(2-\sigma_1-\sigma_2)-\dfrac{J}{2}+\dfrac{1}{2}[\nu_0^2\ (\sigma_1-\sigma_2)^2+J^2]^{1/2}$	1
$\nu_{2\to4}=\dfrac{\nu_0}{2}(2-\sigma_1-\sigma_2)+\dfrac{J}{2}+\dfrac{1}{2}[\nu_0^2\ (\sigma_1-\sigma_2)^2+J^2]^{1/2}$	$(r-1)^2/(r+1)^2$
$\nu_{3\to4}=\dfrac{\nu_0}{2}(2-\sigma_1-\sigma_2)+\dfrac{J}{2}-\dfrac{1}{2}[\nu_0^2\ (\sigma_1-\sigma_2)^2+J^2]^{1/2}$	1

* 相对强度中的 $r=\left[\dfrac{(\Delta^2+J^2)^{1/2}+\Delta}{(\Delta^2+J^2)^{1/2}-\Delta}\right]^{1/2}$，$\Delta=\nu_0(\sigma_1-\sigma_2)$。

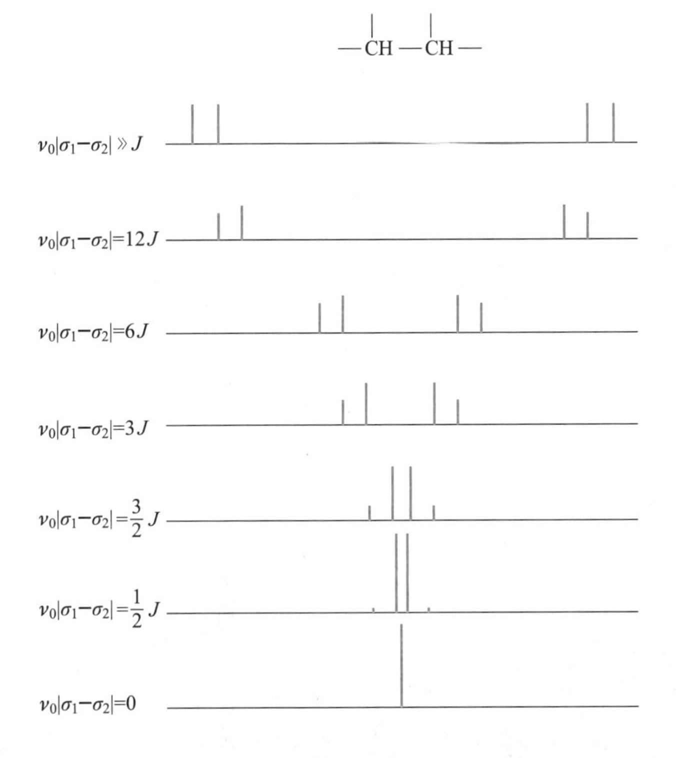

图 14.17 不同 J 和 $\nu_0|\sigma_1-\sigma_2|$ 的相对值时，双自旋系统 —CH—CH— 的裂分图案。

$$
\begin{aligned}
\nu_{1\to2}&=\nu_0(1-\sigma_1)-\frac{J}{2}\\
\nu_{3\to4}&=\nu_0(1-\sigma_1)+\frac{J}{2}\\
\nu_{1\to3}&=\nu_0(1-\sigma_2)-\frac{J}{2}\\
\nu_{2\to4}&=\nu_0(1-\sigma_2)+\frac{J}{2}
\end{aligned}
\tag{14.66}
$$

这与我们对 AX 系统的一阶微扰理论处理[式(14.46)]一致。一般情况下，J 与 $\nu_0|\sigma_1-\sigma_2|$ 大小相当的，必须通过计算机进行处理。幸运的是，已有可用于分析二阶谱的计算机软件。

» 例题 14-11 利用表 14.6 中的结果，计算在 $\nu_0=60$ MHz 和 270 MHz 两种情况下，一个双自旋系统的谱图，已知 $\sigma_1-\sigma_2=0.24\times10^{-6}$，且 $J=8.0$ Hz。画出每种情况下谱图的草图。

» 解 在 60 MHz 下，有

$$
\begin{aligned}
\nu_{1\to2}&=60\ \text{MHz}-\frac{8.0\ \text{Hz}}{2}-\frac{1}{2}[(14.4\ \text{Hz})^2+(8.0\ \text{Hz})^2]^{1/2}\\
&=60\ \text{MHz}-4.0\ \text{Hz}-8.2\ \text{Hz}\\
&=60\ \text{MHz}-12.2\ \text{Hz}\\
\nu_{1\to3}&=60\ \text{MHz}-\frac{8.0\ \text{Hz}}{2}+8.2\ \text{Hz}\\
&=60\ \text{MHz}+4.2\ \text{Hz}\\
\nu_{2\to4}&=60\ \text{MHz}+\frac{8.0\ \text{Hz}}{2}+8.2\ \text{Hz}\\
&=60\ \text{MHz}+12.2\ \text{Hz}\\
\nu_{3\to4}&=60\ \text{MHz}-4.2\ \text{Hz}
\end{aligned}
$$

为了计算相对强度，首先需要计算 r：

$$
r=\left\{\frac{[(14.4\ \text{Hz})^2+(8.0\ \text{Hz})^2]^{1/2}+14.4\ \text{Hz}}{[(14.4\ \text{Hz})^2+(8.0\ \text{Hz})^2]^{1/2}-14.4\ \text{Hz}}\right\}^{1/2}=3.86
$$

因此，相对强度为 $(r-1)^2/(r+1)^2=0.35/1$。在 60 MHz 时，理想谱图如下：

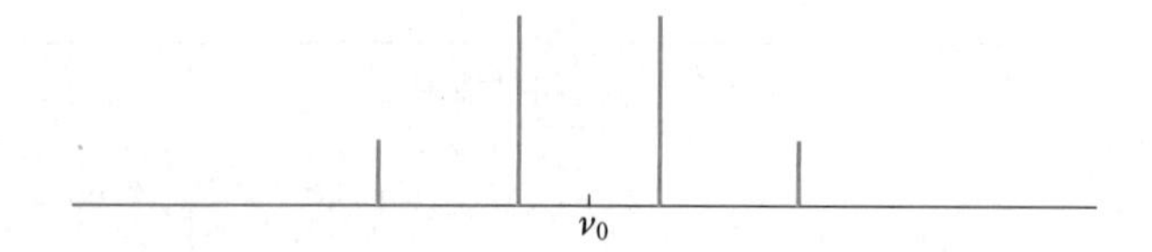

在 270 MHz 下，有

$$\nu_{1\to 2} = 270\ \text{MHz} - 4.0\ \text{Hz} - \frac{1}{2}[(64.8\ \text{Hz})^2 + (8.0\ \text{Hz})^2]^{1/2}$$

$$= 270\ \text{MHz} - 4.0\ \text{Hz} - 32.6\ \text{Hz}$$

$$= 270\ \text{MHz} - 36.6\ \text{Hz}$$

$$\nu_{1\to 3} = 270\ \text{MHz} + 28.6\ \text{Hz}$$

$$\nu_{2\to 4} = 270\ \text{MHz} + 36.6\ \text{Hz}$$

$$\nu_{3\to 4} = 270\ \text{MHz} - 28.6\ \text{Hz}$$

对于 270 MHz 下的峰强度，有

$$r = \left\{\frac{[(64.8\ \text{Hz})^2 + (8.0\ \text{Hz})^2]^{1/2} + 64.8\ \text{Hz}}{[(64.8\ \text{Hz})^2 + (8.0\ \text{Hz})^2]^{1/2} - 64.8\ \text{Hz}}\right\}^{1/2} = 16.3$$

所以，相对强度是 $(r-1)^2/(r+1)^2 = 0.78/1$。理想的 270 MHz 谱图（与 60 MHz 谱图画在同一刻度上）如下：

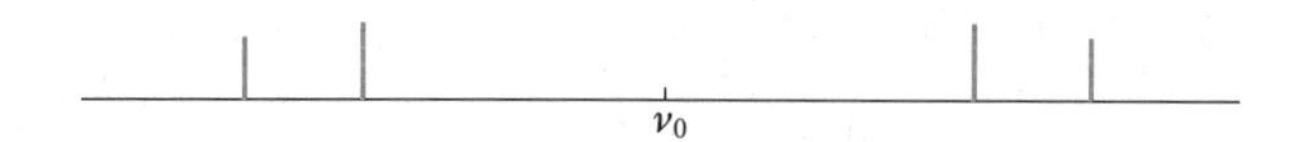

请注意，270 MHz 谱图看起来像由两个内部间距为 $J = 8.0$ Hz 的二重峰所组成的一阶谱，但 60 MHz 谱图则看起来像一个二阶谱。$n+1$ 规则适用于 270 MHz 谱图，但不适用于 60 MHz 谱图。

图 14.18 显示了类型为 —CH₂—CH— 的三自旋系统的裂分图案。在这种情况下，因为总共存在 8 个（$2\times 2\times 2 = 8$）自旋波函数，所以久期行列式是 8×8。谱图的计算与双自旋系统的计算非常相似，只是涉及的代数更为复杂。从图 14.18 可以看出，如果 $J \ll \nu_0|\sigma_1 - \sigma_2|$，则 $n+1$ 规则适用，且谱图由一个分开的双重峰和一个三重峰组成，与 1,1,2-三氯乙烷的情况一样（图 14.8）。

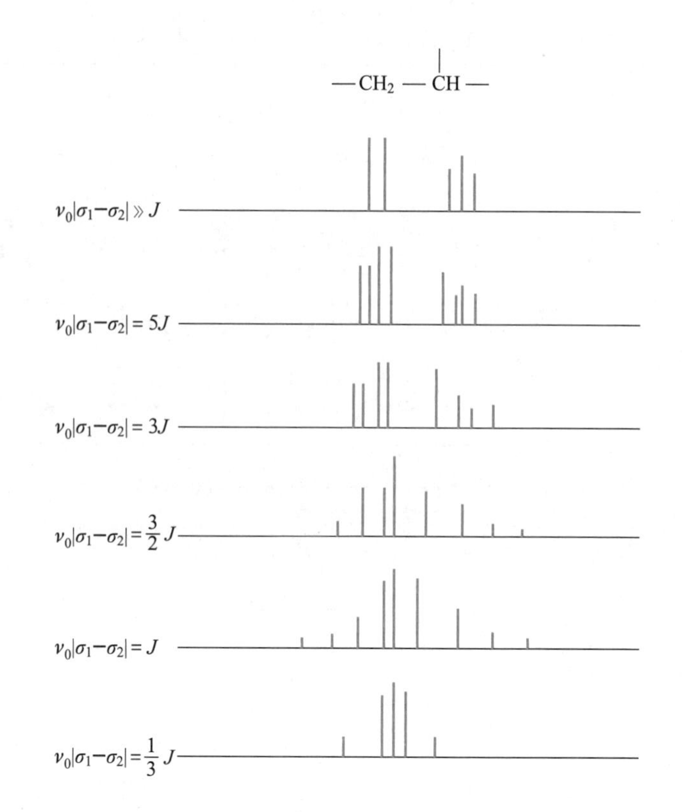

图 14.18　不同 J 和 $\nu_0|\sigma_1-\sigma_2|$ 的相对值时，类型为 —CH_2—CH— 的三自旋系统的裂分图案。

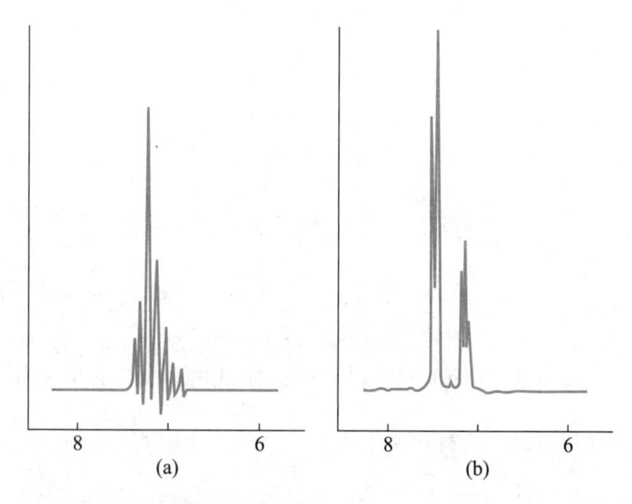

图 14.19　1,2,3-三氯苯的（a）60 MHz 谱图和（b）270 MHz 谱图。60 MHz 谱图是二阶谱，而 270 MHz 谱图是一阶谱。

图 14.19（a）显示了 1,2,3-三氯苯的 60 MHz 谱图。两组化学等价的氢原子的化学位移十分相似，因此 1,2,3-三氯苯必须被处理为 AB_2 分子。图 14.18 和图 14.19（a）的比较表明，$\nu_0|\sigma_1-\sigma_2|/J$ 约为 1.5。图 14.19（b）显示了同一化合物的 270 MHz 谱图。在这种情况下，$\nu_0|\sigma_1-\sigma_2|/J$ 足够大，以至于谱图呈现为含有一个分开的二重峰和三重峰的一阶谱，与图 14.18 中的顶部谱图一样。在这种情况下，使用频率或场强更高的仪器是有利的，避免了二阶谱的复杂性。现代核磁共振谱仪的工作频率可高达 1.2 GHz，具有更高的分辨率。

14-1 证明:对于一个圆形轨道,式(14.7)可简化为式(14.6)。

14-2 为了使C-13的自旋跃迁发生在90.0 MHz,必须施加多大的磁场强度?

14-3 为了使质子的自旋跃迁发生在270.0 MHz,必须施加多大的磁场强度?

14-4 为了能使用300 MHz的核磁共振谱仪观察到表14.1中所给核的共振,计算所需要的磁场强度。

14-5 结果显示,一个质子的化学位移2.2 ppm对应于某个核磁共振仪器上的1100 Hz的频率。确定该仪器的磁场强度。

14-6 证明8.0 ppm的化学位移对应于60 MHz仪器上480 Hz的频率。在270 MHz仪器上的频率是多少?

14-7 证明图14.6中的顶部刻度和底部刻度是一致的。

14-8 使用式(14.21)证明$B_{TMS}-B_H$与δ_H成正比,类似于式(14.23)。解释这个结果。

14-9 粗略绘制出你认为的乙酸甲酯的核磁共振谱图。

14-10 粗略绘制出你认为的两种异构体二甲醚和乙醇的核磁共振谱图,并进行比较。

14-11 粗略绘制出你认为的乙醚的核磁共振谱图。

14-12 粗略绘制出你认为的3-戊酮的核磁共振谱图。

14-13 粗略绘制出你认为的丙酸甲酯的核磁共振谱图。

14-14 粗略绘制出你认为的乙酸乙酯的核磁共振谱图。

14-15 证明式(14.27)的单位是J。

14-16 验证式(14.36)和式(14.37)。

14-17 验证式(14.41)和式(14.42)。

14-18 像所有角动量算符一样,核自旋算符$\hat{I}_x$,$\hat{I}_y$和$\hat{I}_z$遵循如下对易关系式(习题6-13):

$$[\hat{I}_x,\hat{I}_y]=\mathrm{i}\hbar\hat{I}_z,\quad [\hat{I}_y,\hat{I}_z]=\mathrm{i}\hbar\hat{I}_x,\quad [\hat{I}_z,\hat{I}_x]=\mathrm{i}\hbar\hat{I}_y$$

定义(非厄米)算符:

$$\hat{I}_+=\hat{I}_x+\mathrm{i}\hat{I}_y,\quad \hat{I}_-=\hat{I}_x-\mathrm{i}\hat{I}_y \tag{1}$$

并证明:

$$\hat{I}_z\hat{I}_+=\hat{I}_+\hat{I}_z+\hbar\hat{I}_+ \tag{2}$$

以及

$$\hat{I}_z\hat{I}_-=\hat{I}_-\hat{I}_z-\hbar\hat{I}_- \tag{3}$$

14-19 利用上一题中$\hat{I}_+$和$\hat{I}_-$的定义,证明:

$$\hat{I}_+\hat{I}_-=\hat{I}^2-\hat{I}_z^2+\hbar\hat{I}_z$$

以及

$$\hat{I}_-\hat{I}_+=\hat{I}^2-\hat{I}_z^2-\hbar\hat{I}_z$$

式中

$$\hat{I}^2=\hat{I}_x^2+\hat{I}_y^2+\hat{I}_z^2$$

14-20 利用习题14-18中的式(2)以及$\hat{I}_z\beta=-\frac{\hbar}{2}\beta$的事实,证明:

$$\hat{I}_z\hat{I}_+\beta=\hat{I}_+\left(-\frac{\hbar}{2}\beta+\hbar\beta\right)=\frac{\hbar}{2}\hat{I}_+\beta$$

因为$\hat{I}_z\alpha=\frac{\hbar}{2}\alpha$,这个结果证明

$$\hat{I}_+\beta\propto\alpha=c\alpha$$

式中c是一个比例常数。习题14-21证明了$c=\hbar$,因此有

$$\hat{I}_+\beta=\hbar\alpha \tag{1}$$

现在,使用习题14-18中的式(3)以及$\hat{I}_z\alpha=\frac{\hbar}{2}\alpha$的事实,证明

$$\hat{I}_-\alpha=c\beta$$

式中c是一个比例常数。习题14-21证明了$c=\hbar$,因此有

$$\hat{I}_-\alpha=\hbar\beta \tag{2}$$

请注意,$\hat{I}_+$将自旋函数从β“提升”到α,而$\hat{I}_-$将自旋函数从α“降低”到β。这两个算符$\hat{I}_+$和$\hat{I}_-$分别称为提升算符和降低算符。

现在,论证$\hat{I}_+$和$\hat{I}_-$的提升和降低性质的一个结果是

$$\hat{I}_+\alpha=0\quad 和\quad \hat{I}_-\beta=0 \tag{3}$$

现在,利用式(1)、(2)和(3),证明

$$\hat{I}_x\alpha=\frac{\hbar}{2}\beta\quad \hat{I}_y\alpha=\frac{\mathrm{i}\hbar}{2}\beta$$

$$\hat{I}_x\beta=\frac{\hbar}{2}\alpha\quad \hat{I}_y\beta=-\frac{\mathrm{i}\hbar}{2}\alpha$$

14-21 这个习题证明了在以下等式中的比例常数c等于$\hbar$。

$$\hat{I}_+\beta = c\alpha \quad 或 \quad \hat{I}_-\alpha = c\beta$$

从下式开始

$$\int \alpha^* \alpha \mathrm{d}\tau = 1 = \frac{1}{c^2}\int (\hat{I}_+\beta)^*(\hat{I}_+\beta)\mathrm{d}\tau$$

令上式积分中第二个因子中的$\hat{I}_+ = \hat{I}_x + \mathrm{i}\hat{I}_y$，并利用$\hat{I}_x$和$\hat{I}_y$为厄米算符，可得

$$\int (\hat{I}_x\hat{I}_+\beta)^*\beta\mathrm{d}\tau + \mathrm{i}\int (\hat{I}_y\hat{I}_+\beta)^*\beta\mathrm{d}\tau = c^2$$

现在，对两边取复共轭，可得

$$\int\beta^*\hat{I}_x\hat{I}_+\beta\mathrm{d}\tau - \mathrm{i}\int\beta^*\hat{I}_y\hat{I}_+\beta\mathrm{d}\tau = c^2 = \int\beta^*\hat{I}_-\hat{I}_+\beta\mathrm{d}\tau$$

现在，利用习题14-19的结果，证明

$$c^2 = \int\beta^*\hat{I}_-\hat{I}_+\beta\mathrm{d}\tau = \int\beta^*(\hat{I}^2 - \hat{I}_z^2 - \hbar\hat{I}_z)\beta\mathrm{d}\tau$$

$$= \int\beta^*\left(\frac{3}{4}\hbar^2 - \frac{1}{4}\hbar^2 + \frac{\hbar^2}{2}\right)\beta\mathrm{d}\tau = \hbar^2$$

或者说$c = \hbar$。

14-22 证明：

$$H_{y,11} = \frac{hJ_{12}}{\hbar^2}\iint \mathrm{d}\tau_1\mathrm{d}\tau_2\alpha^*(1)\alpha^*(2)\hat{I}_{y1}\hat{I}_{y2}\alpha(1)\alpha(2)$$
$$= 0$$

以及更一般地，有

$$H_{x,jj} = H_{y,jj} = 0 \quad j = 1,2,3,4$$

式中$j = 1,2,3,4$指的是式(14.30)给出的四个自旋函数。

14-23 验证式(14.44)。

14-24 验证式(14.46)。

14-25 绘制一个类似于图14.11的示意图，表示在500 MHz得到的谱图。

14-26 对于具有[式(14.47)]

$$\nu_1^{\pm} = \nu_0(1-\sigma_1) \pm \frac{J_{12}}{2}$$

和

$$\nu_2^{\pm} = \nu_0(1-\sigma_2) \pm \frac{J_{12}}{2}$$

的一个一阶谱图，证明两个二重峰的中心间隔为$\nu_0|\sigma_1-\sigma_2|$，而两个二重峰内的峰间隔为J_{12}。

14-27 验证式(14.55)和式(14.56)。

14-28 证明：

$$H_{13} = \iint \mathrm{d}\tau_1\mathrm{d}\tau_2\alpha^*(1)\alpha^*(2)\hat{H}\beta(1)\alpha(2) = 0$$

式中$\hat{H}$由式(14.58)给出。

14-29 证明：

$$H_{11} = \iint \mathrm{d}\tau_1\mathrm{d}\tau_2\alpha^*(1)\alpha^*(2)\hat{H}\alpha(1)\alpha(2)$$
$$= -\frac{1}{2}h\nu_0(1-\sigma_1) - \frac{1}{2}h\nu_0(1-\sigma_2) + \frac{hJ_{12}}{4}$$

式中$\hat{H}$由式(14.58)给出。

14-30 证明：

$$H_{44} = \iint \mathrm{d}\tau_1\mathrm{d}\tau_2\beta^*(1)\beta^*(2)\hat{H}\beta(1)\beta(2)$$
$$= \frac{1}{2}h\nu_0(1-\sigma_1) + \frac{1}{2}h\nu_0(1-\sigma_2) + \frac{hJ_{12}}{4}$$

式中$\hat{H}$由式(14.58)给出。

14-31 证明由式(14.64)可导出式(14.65)。

14-32 对于$\nu_0|\sigma_1-\sigma_2|/J = 20,10,5,2,1,0.10$和0.01，分别绘制双自旋系统 —CH—CH— 的裂分图案。

14-33 证明一个具有$J=0$的双自旋系统仅包含两个峰，频率分别为$\nu_0(1-\sigma_1)$和$\nu_0(1-\sigma_2)$。

14-34 证明：对于一个一般的双自旋系统，有(参见表14.6)

$$\nu_{1\to 2} = \frac{\nu_0}{2}(2-\sigma_1-\sigma_2) - \frac{J}{2} - \frac{1}{2}[\nu_0^2(\sigma_1-\sigma_2)^2 + J^2]^{1/2}$$

14-35 证明：当$J \ll \nu_0|\sigma_1-\sigma_2|$时，表14.6中给出的频率可简化为式(14.66)[也是式(14.46)]。

14-36 使用表14.6中的结果，分别计算一个双自旋系统在$\nu_0 = 60$ MHz和500 MHz时的谱图，已知$\sigma_1 - \sigma_2 = 0.12\times10^{-6}$，且$J = 8.0$ Hz。

14-37 在第13章中，我们学习了状态i到状态j的跃迁选律是由以下形式的积分[式(13.52)]控制的：

$$\int\psi_j^*\hat{H}^{(1)}\psi_i\mathrm{d}\tau$$

式中$\hat{H}^{(1)}$是导致跃迁的哈密顿算符。在NMR谱学中，有两个要考虑的磁场。其中一个为由磁铁产生的静磁场$\boldsymbol{B}$，使样品的核自旋产生取向排列。我们通常将这个场取为沿z方向，而核(质子)自旋态α和β是相对于这个场定义的。当自旋系统被射频场$\boldsymbol{B}_1 = \boldsymbol{B}_1^0\cos(2\pi\nu t)$辐射时，发生核自旋跃迁。在这种情况下，

$$\hat{H}^{(1)} = -\hat{\boldsymbol{\mu}}\cdot\boldsymbol{B}_1 = -\gamma\hat{\boldsymbol{I}}\cdot\boldsymbol{B}_1$$

证明NMR选律由以下形式的积分控制：

$$P_x = \int\psi_j^*\hat{I}_x\psi_i\mathrm{d}\tau$$

此外，对于$\hat{I}_y$和$\hat{I}_z$还有类似的积分。现在，证明$P_x \neq 0$，$P_y \neq 0$，$P_z = 0$，表明射频场必须垂直于静磁场。

14-38 考虑14-6节中讨论的双自旋系统。在这种情况下，选律由下式支配：

$$P_x = \int d\tau_1 d\tau_2 \psi_j^* (\hat{I}_{x1} + \hat{I}_{x2}) \psi_i$$

对于 P_y 有类似的公式。使用式(14.30)中给出的表示，证明仅有 $1\rightarrow2,1\rightarrow3,2\rightarrow4$ 和 $3\rightarrow4$ 跃迁是允许的。

14-39 使用式(14.51)中给出的自旋函数,证明仅有 $1\rightarrow3$ 和 $3\rightarrow4$ 跃迁是允许的。

习题参考答案

第15章 激光、激光光谱学和光化学

▶ **科学家介绍**

激光(laser)一词是**受激辐射光放大**(light amplification by stimulated emission of radiation)的缩写。激光广泛用于各种设备和应用,如超市扫描仪、光盘存储驱动器、光盘播放器、眼科和血管整形手术及军事目标瞄准等。激光也彻底变革了物理化学的研究。它们对光谱学和光引发反应,或者叫**光化学**(photochemistry)领域的影响是巨大的。借助激光,化学家能以高的光谱或时间分辨率来测量分子的光谱和光化学动力学。此外,这种技术非常灵敏,可以研究单个分子。如今每个化学家都应该知道激光是如何工作的,并理解它们产生的光的独特性质。

要理解激光的工作原理,我们首先必须了解电子激发的原子或分子衰变回基态的各种途径。激光的产生取决于这些被激发的原子或分子衰变回基态的速率。因此,我们将讨论 Einstein 的速率方程模型,该模型描述了原子能级之间光谱跃迁的动力学。我们将看到,在考虑构建激光之前,必须了解两个以上原子能级之间的跃迁。然后,讨论激光设计的一般原则,并描述用于化学研究实验室的一些激光器。特别是,通过详细研究氦氖激光器来阐明激光的工作原理。以氯化碘(ICl,g)的激光光谱为例,可以看到激光可以分辨出使用传统的基于灯的光谱仪观察不到的光谱特征。然后,研究一个光化学反应,即 ICN(g)的光诱导解离或**光解离**(photodissociation)。我们将了解到,对于 I—CN 键,从吸收到断裂成一个解离电子态所需的时间可以使用具有飞秒(10^{-15} s)光脉冲输出的激光来测量。

15-1 电子激发态分子可以通过许多过程发生弛豫

分子不会永远停留在激发态。在被激发到激发态后,分子总是会弛豫回到电子基态。虽然我们将用双原子分子来说明电子激发的分子可以弛豫回到基态的机制,但该讨论同样适用于多原子分子。假定双原子分子的电子基态是单重态,用 S_0 表示。图 15.1 为电子基态、第一激发单重态 S_1 和第一激发三重态 T_1 的势能曲线图(回顾第 9-16 节,三重态的能量小于单重态的能量)。为了便于观察各种过程,假设这三种电子态中的平衡键长按 $R_e(S_0)<R_e(S_1^*)<R_e(T_1)$ 的顺序增大。基态和电子

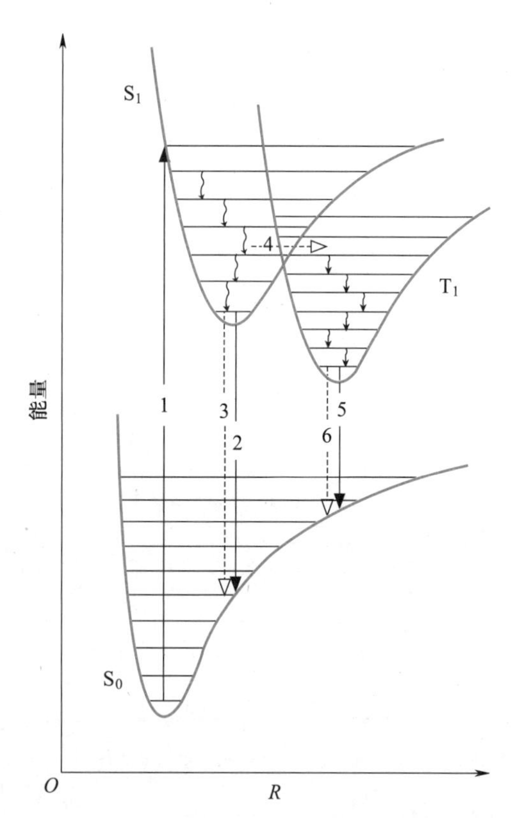

图 15.1 电子激发的双原子分子吸收及随后的辐射和非辐射衰变途径示意图。1. 从 S_0 到 S_1 的吸收;2. 荧光(从 S_1 到 S_0 的辐射跃迁);3. 内转变(从 S_1 到 S_0 的非辐射跃迁);4. 系间窜跃(从 S_1 到 T_1 的非辐射跃迁);5. 磷光(从 T_1 到 S_0 的辐射跃迁);6. 系间窜跃(从 T_1 到 S_0 的非辐射跃迁)。相邻振动状态之间的波浪箭头说明了振动弛豫的非辐射过程。

激发态的振动能级用水平实线表示。与振动能级间的间距相比,转动能级间的间距较小,因此在指示的振动能级之间存在离散的转动能级(图中未指示)。

吸收到 S_1 会产生一个处于振动(可能还有转动)激发态的分子,根据第 13-7 节中对 Frank-Condon 原理的研究,我们知道电子跃迁在图 15.1 中用垂直线表示。激发态分子可以通过许多不同的机制弛豫。涉及辐射吸收或发射的能级间跃迁称为**辐射跃迁**(radiative transition)。在没有辐射吸收或发射的情况下发生的能级间跃迁称为**非辐射跃迁**(nonradiative transition)。

图 15.1 中各种类型的箭头指示不同能级之间可能发生的弛豫过程的类型。实线箭头表示辐射跃迁,波浪箭头指示单个电子态内的非辐射跃迁,虚线箭头指示两个电子态之间的非辐射跃迁。在没有碰撞的情况下,一个激发态分子只能经历能量守恒的过程,因此返回基态必须涉及光子的发射。然而,样品中激发态分子与其他分子之间的碰撞会导致能量交换,从而消除一些多余的振动能量。这个过程叫做**振动弛豫**(vibrational relaxation)。由于振动弛豫,一个激发态分子迅速弛豫到最低振动态 S_1。一旦分子达到最低振动态 S_1,它就可以弛豫到基态 S_0,其方式可以是通过发射光子(辐射过程)或通过在碰撞中交换能量,使其从电子激发态非辐射跃迁到分子电子基态的转动-振动能级之一。辐射衰变过程涉及具有相同自旋多重性的态之间的跃迁,称为**荧光**(fluorescence)。非辐射衰变过程也涉及具有相同自旋多重性的态之间的跃迁,称为**内部转换**(internal conversion)。

注意,图 15.1 中 S_1 电子态的一些振动态和转动态与 T_1 电子态的振动态和转动态存在重叠。当这种重叠发生时,分子可能在不同自旋多重性的状态之间经历非辐射跃迁,这一过程称为**系间窜跃**(intersystem crossing)。因为系间窜跃需要改变一个电子的自旋,所以它通常比内部转换慢。如果系间窜跃产生了一个具有过量振动能的 T_1 电子态的分子,那么在 T_1 电子态会发生振动弛豫,直到分子达到该态的 $v=0$ 能级。一旦分子达到 T_1 电子态的最低振动能级,它就可以通过发射光子(辐射过程)弛豫到电子基态,或在碰撞中交换能量,从电子激发态非辐射跃迁到电子基态的一个转动-振动能级。涉及具有不同自旋多重性的态($T_1 \rightarrow S_0$)之间跃迁的辐射衰变过程,称为**磷光**(phosphorescence)。非辐射衰变过程也涉及具有不同自旋多重性的态之间的跃迁,是系间窜跃的另一种例子。因为磷光需要改变电子的自旋,所以它的过程通常比荧光的慢。由于图 15.1 中 T_1 电子态的能量低于 S_1 电子态的能量,因此磷光较荧光发生在更低的能量处。图 15.1 和表 15.1 总结了各种弛豫过程。

表 15.1 激发态分子不同弛豫过程的典型时间尺度。

过程	跃迁	自旋多重度的变化	时间尺度
荧光	辐射 $S_1 \rightarrow S_0$	0	10^{-9} s
内部转换	碰撞 $S_1 \rightarrow S_0$	0	$10^{-12} \sim 10^{-7}$ s
振动弛豫	碰撞		10^{-14} s
系间窜越	$S_1 \rightarrow T_1$	1	$10^{-12} \sim 10^{-6}$ s
磷光	$T_1 \rightarrow S_0$	1	$10^{-7} \sim 10^{-5}$ s
系间窜越	$T_1 \rightarrow S_0$	1	$10^{-8} \sim 10^{-3}$ s

考虑当 $R_e(S_0)=R_e(S_1)$ 时,双原子分子的吸收光谱和荧光光谱。在这种情况下,如图 15.1 所示,S_1 态势能曲线的最小值将位于 S_0 基态势能曲线最小值的正上方。图 15.2 显示了该情况下的吸收光谱和荧光光谱。引起可观测跃迁的能级被标在光谱上方。电子基态和电子激发态的振动量子数分别用 v'' 和 v' 表示。吸收光谱由一系列反映从电子基态的 $v''=0$ 能级到电子激发态的 $v'=0,1,2,3,\cdots$ 能级跃迁的谱线组成。表 15.1 中的数据表明,

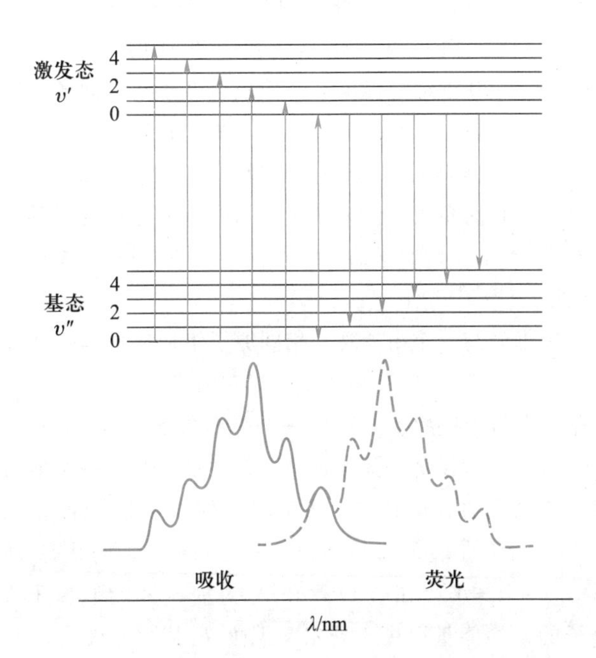

图 15.2 双原子分子的荧光跃迁图。吸收光谱和荧光光谱都有对应于 $v''=0$ 和 $v'=0$ 之间跃迁的峰。吸收光谱中谱线的间距由电子激发态中振动态之间的能隙决定,而荧光光谱中谱线的间距则由电子基态中振动态之间的能隙决定。

振动弛豫比电子弛豫发生得更快。因此，我们可以合理地假设，在任何荧光发生之前，激发的分子会弛豫到 S_1 电子态的最低振动态。荧光光谱由一系列反映从电子激发态的 $v'=0$ 能级到电子基态的 $v''=0,1,2,\cdots$ 能级跃迁的谱线组成。请注意，吸收光谱和荧光光谱都将包含 $v''=0$ 和 $v'=0$ 能级之间的跃迁，称为 0,0 跃迁。其余吸收带发生的能量比 0,0 跃迁的高，其余荧光带发生的能量比 0,0 跃迁的低。吸收光谱中谱线的间距取决于电子激发态的振动能级之间的能量差，荧光光谱中谱线的间距则取决于电子基态的振动能级之间的能量差。如果电子基态和电子激发态的振动频率相同，则吸收光谱和荧光光谱互为镜像，如图 15.2 所示。吸收线和荧光线的相对强度可以用 Frank-Condon 原理来确定（见第 13-7 节）。

15-2　原子电子态之间的光谱跃迁动力学可以用速率方程来模拟

要了解激光的工作原理，就需要了解原子和分子发生辐射跃迁的速率。为了说明辐射衰变的概念，将讨论重点放在原子上，这样只需考虑电子态。分子可以用类似的方法处理，但是数学公式会变得更加复杂，因为需要考虑电子能级之外的各种振动和转动能级之间的跃迁。实际上，许多激光器正是基于原子跃迁的辐射特性。Einstein 在 20 世纪初提出了一种描述电子态之间各种跃迁速率的唯象学方法。Einstein 方法基于几个简单的假设，这些假设解释了原子是如何吸收和发射光子的（该假设可以用含时量子力学来证明）。Einstein 方法的优雅之处在于，除了假设原子的能级是量子化的之外，不需要量子力学。

考虑光与一个由 N_{total} 个相同原子组成的样本的相互作用。简单起见，假设每个原子只有两个电子能级，一个是基态能级（能量为 E_1），另一个是激发态能级（能量为 E_2）。此外，假设每一能级都是非简并的，因此，每个能级都代表系统的一个状态。每个状态的原子数分别用 N_1 和 N_2 表示（图 15.3）。因为原子只有两种可能的状态，所以 $N_{\text{total}}=N_1+N_2$。在第 17 章和第 18 章将学习到，原子或分子的平均能量取决于开尔文温度 T，其数量级为 k_BT，其中 k_B 是玻尔兹曼常数。因此，对于 E_2-E_1 远远大于热能 k_BT 的原子，它没有足够的（热）能量从状态 1 跃迁到状态 2。因此，基本上样品中的所有原子都处于基态，即 $N_1=N_{\text{total}}$。如果将样品暴露在频率为 ν_{12} 的电磁辐射中，其中 $h\nu_{12}=E_2-E_1$，则一些原子会吸收光并从状态 1 跃迁到状态 2（图 15.4）。

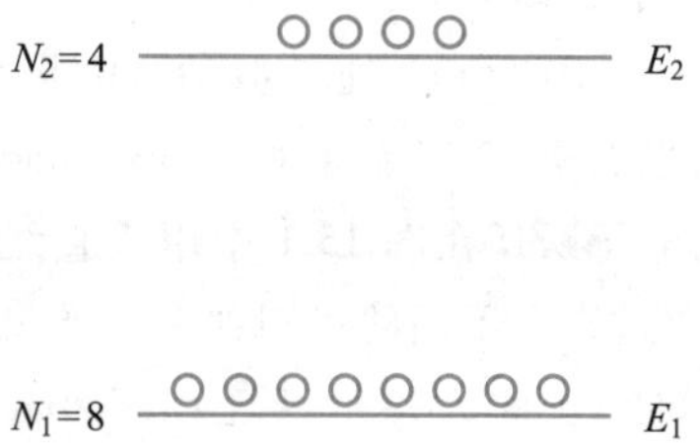

图 15.3　两能级能量图的示意图。两个能级都是非简并的，因此每一个都表示系统的一个单一状态。圆圈表示处于每种状态的原子数，处于基态的有 8 个，处于激发态的有 4 个。

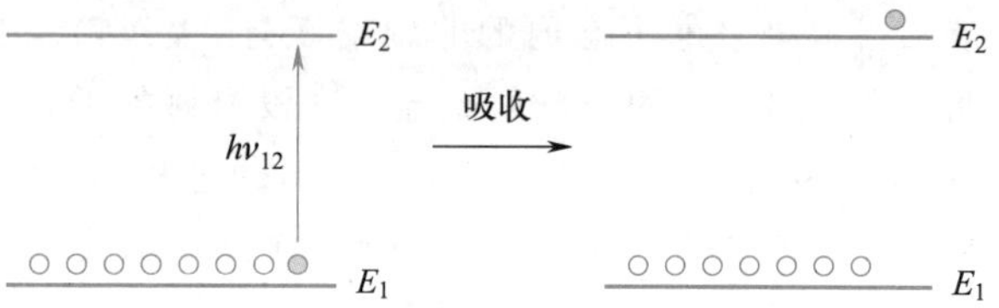

图 15.4　吸收过程示意图。能量为 $h\nu_{12}=E_2-E_1$ 的光可以被原子吸收，使原子从基态跃迁到电子激发态。

光的能量密度由两个相关的量来描述。**辐射能量密度**（radiant energy density）ρ，定义为单位体积的辐射能，单位是 $\text{J}\cdot\text{m}^{-3}$。**光谱辐射能量密度**（spectral radiant energy density）ρ_ν，是单位频率辐射能量密度的一种度量，$\rho_\nu=\text{d}\rho/\text{d}\nu$，单位为 $\text{J}\cdot\text{m}^{-3}\cdot\text{s}$。因为状态 1 和状态 2 之间的跃迁只有在 $\nu=\nu_{12}$ 的光下才会发生，所以我们对入射光源在 ν_{12} 处的光谱辐射能量密度 $\rho_\nu(\nu_{12})$ 感兴趣。

Einstein 提出，从电子基态到电子激发态的激发速率与 $\rho_\nu(\nu_{12})$ 和 N_1 成正比，N_1 是时刻 t 时出现在基态中的分子数。从电子基态到电子激发态的激发速率由 $-\text{d}N_1(t)/\text{d}t$ 给出，其中负号表示 $N_1(t)$ 随时间的增加而减小。因为 $-\text{d}N_1(t)/\text{d}t$ 与 $\rho_\nu(\nu_{12})$ 和 $N_1(t)$ 都成正比，所以我们可以写出

$$\text{速率}=-\frac{\text{d}N_1(t)}{\text{d}t}\propto\rho_\nu(\nu_{12})N_1(t)$$

或

$$\text{速率}=-\frac{\text{d}N_1(t)}{\text{d}t}=B_{12}\rho_\nu(\nu_{12})N_1(t)\qquad(15.1)$$

式中 B_{12} 为比例系数，称为 **Einstein 系数**（Einstein coefficient），其下标“12”指的是所讨论的特定跃迁（$1\to2$）所涉及的态的顺序。在没有任何衰变机制的情况下，激发态粒子数的增长率必须是基态粒子数消耗率的负值，即 $-\text{d}N_1(t)/\text{d}t=\text{d}N_2(t)/\text{d}t$，因为 $N_1(t)+N_2(t)=N_{\text{total}}=$ 常数。因此，有

$$-\frac{dN_1(t)}{dt}=\frac{dN_2(t)}{dt}=B_{12}\rho_\nu(\nu_{12})N_1(t)\quad(\text{仅吸收})\tag{15.2}$$

注意，随着时间的增加，$N_1(t)$ 减小，$N_2(t)$ 增大。

» 例题 15-1 光源的输出通常用强度来表示。强度 I 定义为单位时间通过垂直于光传播方向的横截面的辐射能。证明

$$I=\rho c$$

式中 ρ 是辐射能量密度；c 是光速。

» 解　考虑一束辐射能量为 dQ 的光在一段时间 dt 内穿过横截面积 dA，则其强度定义为

$$I=\frac{dQ}{dt dA}\tag{1}$$

单位为 $J\cdot s^{-1}\cdot m^{-2}$。在时间 dt 内，光束移动的距离为 cdt。因此，在时间 dt 内通过横截面积 dA 的辐射能量 dQ，现在包含在体积 $cdAdt$ 中。所以辐射能量密度为

$$\rho=\frac{dQ}{cdAdt}\tag{2}$$

用方程(1)求出 dQ，代入方程(2)可得到 $I=\rho c$。注意，还可以定义光谱强度 $I_\nu(\nu)=dI/d\nu$，单位为 $J\cdot m^{-2}$。由于 $I=\rho c$，可知光谱强度与光谱辐射能量密度之间的关系为 $I_\nu(\nu)=\rho_\nu(\nu)c$，式中 $\rho_\nu(\nu)=d\rho/d\nu$。

以上讨论只说明了吸收过程。然而，原子不会永远停留在激发态。经过一段很短的时间，原子释放能量并返回电子基态。Einstein 理论提出了原子弛豫回到基态的两种途径：**自发辐射**(spontaneous emission)和**受激辐射**(stimulated emission)。自发辐射是指原子在激发后的某一时刻自发辐射能量为 $h\nu_{12}=E_2-E_1$ 的光子的过程(图15.5)。自发辐射发生的速率可以用 $-dN_2(t)/dt$ 来描述，其中负号表示 $N_2(t)$ 随时间的增加而减小。假设自发辐射的速率仅与 t 时刻处于激发态的原子数 $N_2(t)$ 成正比。关联激发态衰变速率 $-dN_2(t)/dt$ 与该能级粒子数 $N_2(t)$ 的比例常数由另一个 Einstein 系数 A_{21} 给出：

$$-\frac{dN_2(t)}{dt}=A_{21}N_2(t)\,(\text{仅自发辐射})\tag{15.3}$$

除了自发辐射外，Einstein 还提出，将处于激发态的原子暴露在能量为 $h\nu_{12}=E_2-E_1$ 的电磁辐射下，可以激发光子的发射，从而使基态原子再生(图 15.6)。与自发辐射相同，受激辐射的速率也取决于激发态分子的数目。但与自发辐射不同的是，受激辐射的速率除了与 t 时刻处于状态 2 的原子数 $N_2(t)$ 成正比，也与光谱辐射能量密度 $\rho_\nu(\nu_{12})$ 成正比。受激辐射速率 $-dN_2(t)/dt$ 与 $\rho_\nu(\nu_{12})$ 和 $N_2(t)$ 的比例常数由第三个 Einstein 系数 B_{21} 给出。B_{21} 的下标为 21，表明发生了从激发态(能级 2)到基态(能级 1)的跃迁(2→1)。受激辐射引起的 $N_2(t)$ 衰减速率为

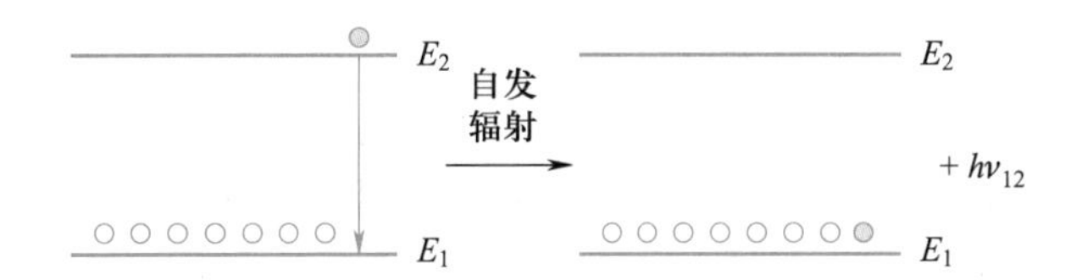

图 15.5　自发辐射过程。当原子从电子激发态跃迁到基态时，发出能量为 $h\nu_{12}=E_2-E_1$ 的光。

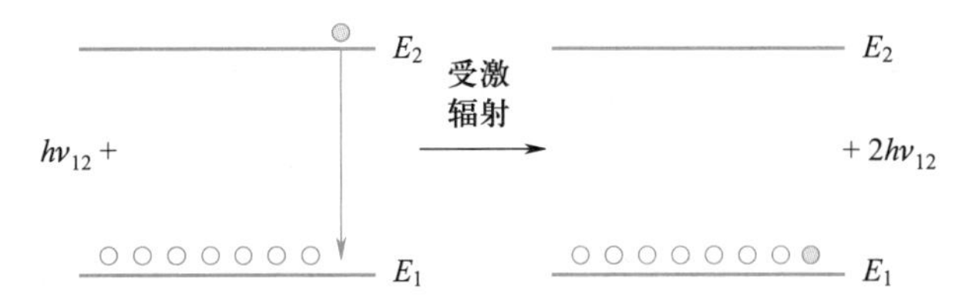

图 15.6　受激辐射过程。能量为 $h\nu_{12}=E_2-E_1$ 的入射光，激发激发态原子发射能量为 $h\nu_{12}$ 的光子，从而使原子从激发态跃迁到基态。

$$-\frac{dN_2(t)}{dt}=B_{21}\rho_\nu(\nu_{12})N_2(t)\quad(\text{仅受激辐射})\tag{15.4}$$

注意，受激辐射过程放大了光强；频率为 ν_{12} 的一个光子激发原子发射另一个光子，从而产生频率为 ν_{12} 的第二个光子。在大量原子样本中，该过程可多次发生，导致频率为 ν_{12} 的入射光束被显著放大。激光器是通过受激辐射(回想一下，“激光”代表受激辐射光放大)来放大光的设备。

在受到光照的情况下，一组原子同时经历以下三个过程：吸收、自发辐射和受激辐射。因此，电子基态或激发态粒子数的变化率必须是式(15.2)、式(15.3)和式(15.4)这三个单独过程的速率之和：

$$-\frac{dN_1(t)}{dt}=\frac{dN_2(t)}{dt}=B_{12}\rho_\nu(\nu_{12})N_1(t)-A_{21}N_2(t)-B_{21}\rho_\nu(\nu_{12})N_2(t)\tag{15.5}$$

» 例题 15-2 Einstein 系数 A 和 B 的单位分别是什么？

» 解　可以用式(15.3)和式(15.4)来确定 Einstein 系数 A 和 B 的单位。首先，考虑式(15.3)：

$$-\frac{dN_2(t)}{dt}=A_{21}N_2(t)$$

得到

$$A_{21} = -\left[\frac{1}{N_2(t)}\right]\left[\frac{\mathrm{d}N_2(t)}{\mathrm{d}t}\right]$$

$1/N_2(t)$ 和 $\mathrm{d}N_2(t)/\mathrm{d}t$ 的单位分别为个$^{-1}$和个·s^{-1}，因此，A_{21}的单位为 s^{-1}。

现在，考虑式(15.4)：

$$-\frac{\mathrm{d}N_2(t)}{\mathrm{d}t} = B_{21}\rho_\nu(\nu_{12})N_2(t)$$

得到

$$B_{21} = -\left[\frac{1}{\rho_\nu(\nu_{12})N_2(t)}\right]\left[\frac{\mathrm{d}N_2(t)}{\mathrm{d}t}\right]$$

电磁辐射的光谱辐射能量密度 $\rho_\nu(\nu_{12})$ 的单位为 J·m^{-3}·s。因此，B_{21}的单位为

$$(\mathrm{J}^{-1}\cdot \mathrm{m}^3\cdot \mathrm{s}^{-1}\cdot 个^{-1})(个\cdot \mathrm{s}^{-1}) = \mathrm{J}^{-1}\cdot \mathrm{m}^3\cdot \mathrm{s}^{-2} = \mathrm{kg}^{-1}\cdot \mathrm{m}$$

对比式(15.2)和式(15.4)可知，B_{12}和 B_{21}具有相同的单位。

三个 Einstein 系数(B_{12},B_{21}和 A_{21})彼此之间存在关联。我们可以通过考虑两种能态处于热平衡的极限来看到这种关系，在这种情况下，N_1 和 N_2 不再随时间变化，即

$$-\frac{\mathrm{d}N_1(t)}{\mathrm{d}t} = \frac{\mathrm{d}N_2(t)}{\mathrm{d}t} = 0 \tag{15.6}$$

且 $\rho_\nu(\nu_{12})$为热平衡下的光谱辐射能密度，假设它来自热黑体辐射源。回想一下，这个量由 Planck 黑体分布定律给出[式(1.2)]，即

$$\rho_\nu(\nu_{12}) = \frac{8\pi h}{c^3}\frac{\nu_{12}^3}{\mathrm{e}^{h\nu_{12}/k_\mathrm{B}T}-1} \tag{15.7}$$

现在，如果使式(15.5)中 $\mathrm{d}N_1(t)/\mathrm{d}t = 0$ 并求解 $\rho_\nu(\nu_{12})$，可得

$$\rho_\nu(\nu_{12}) = \frac{A_{21}}{(N_1/N_2)B_{12}-B_{21}} \tag{15.8}$$

在第 17 章将学习，对于温度为 T 的平衡系统，处于能量为 E_j 的状态 j 的原子或分子的数目为

$$N_j = c\mathrm{e}^{-E_j/k_\mathrm{B}T} \tag{15.9}$$

式中 c 为比例常数。对状态 1 和状态 2 使用式(15.9)，可得在平衡时

$$\frac{N_2}{N_1} = \mathrm{e}^{-(E_2-E_1)/k_\mathrm{B}T} = \mathrm{e}^{-h\nu_{12}/k_\mathrm{B}T} \tag{15.10}$$

如果将式(15.10)代入式(15.8)，可得

$$\rho_\nu(\nu_{12}) = \frac{A_{21}}{B_{12}\mathrm{e}^{h\nu_{12}/k_\mathrm{B}T}-B_{21}} \tag{15.11}$$

式(15.7)和式(15.11)只有在(习题 15-4)

$$B_{12} = B_{21} \tag{15.12}$$

且

$$A_{21} = \frac{8h\pi\nu_{12}^3}{c^3}B_{21} \tag{15.13}$$

时才等价。请注意，为了使 Einstein 理论和 Planck 黑体分布定律保持一致，必须考虑受激辐射过程。

15-3 一个二能级系统不能实现粒子数反转

激光器的设计目的是通过受激辐射来放大光。为了实现此目的，通过原子样品的光子必须更有可能激发电子激发态的原子辐射，而不是被处于基态的原子吸收。此条件要求受激辐射速率大于吸收速率，或者说[式(15.2)和式(15.4)]

$$B_{21}\rho_\nu(\nu_{12})N_2 > B_{12}\rho_\nu(\nu_{12})N_1 \tag{15.14}$$

由于 $B_{21} = B_{12}$[式(15.12)]，只有当 $N_2>N_1$ 或激发态的粒子数大于低能态的粒子数时，受激辐射才比吸收更有可能发生。这种情况被称为**粒子数反转**(population inversion)。根据式(15.10)，N_2 必须小于 N_1，因为 $h\nu_{12}/k_\mathrm{B}T$ 是正数。因此，当 $N_2>N_1$ 时，粒子数反转是一种非平衡态。所以，在我们期待光放大之前，必须产生高、低能级之间的粒子数反转。让我们看看第 15-2 节中讨论的二能级系统是否实现粒子数反转。

非简并二能级系统的速率方程为

$$-\frac{\mathrm{d}N_1(t)}{\mathrm{d}t} = \frac{\mathrm{d}N_2(t)}{\mathrm{d}t} = B\rho_\nu(\nu_{12})[N_1(t)-N_2(t)] - AN_2(t) \tag{15.15}$$

式中去掉了 Einstein 系数的下标，因为 $B_{21} = B_{12}$，且在两能级系统中自发辐射过程 A 只会从状态 2 跃迁到状态 1。如果假设所有原子在 $t = 0$ 时都处于基态，即 $N_1 = N_{\mathrm{total}}$且 $N_2 = 0$，则式(15.15)给出(习题 15-5)：

$$N_2(t) = \frac{B\rho_\nu(\nu_{12})N_{\mathrm{total}}}{A+2B\rho_\nu(\nu_{12})}\left[1-\mathrm{e}^{-[A+2B\rho_\nu(\nu_{12})]t}\right] \tag{15.16}$$

图 15.7 显示了 N_2/N_{total}随时间的变化曲线。激发态粒子数的值在 $t\to\infty$ 趋于稳态。如果令式(15.16)中的 $t\to\infty$，可得

$$\frac{N_2(t\to\infty)}{N_{\mathrm{total}}} = \frac{B\rho_\nu(\nu_{12})}{A+2B\rho_\nu(\nu_{12})} \tag{15.17}$$

因为 $A>0$，式(15.17)表明：对于任意时间 t，有

$$\frac{N_2}{N_{\text{total}}}=\frac{N_2}{N_1+N_2}<\frac{1}{2} \tag{15.18}$$

式(15.18)显示激发态上的原子数目永远不可能超过基态上的原子数目(习题 15-8)。因此,在二能级系统不可能实现粒子数反转。

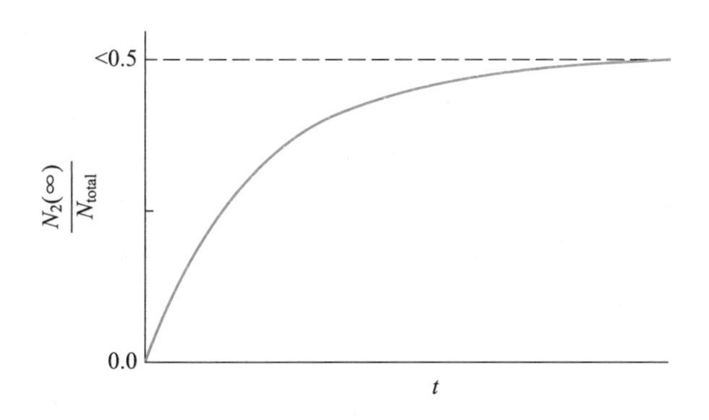

图 15.7 二能级系统中处于电子激发态的原子数与总原子数之比 N_2/N_{total} 随时间的变化曲线。在二能级系统中,处于激发态的原子数总是少于处于基态的原子数。因此,二能级系统不可能实现粒子数反转。

» 例题 15-3 考虑一个二能级系统。能量为 $h\nu_{12}=E_2-E_1$ 的入射光束被打开一段时间,然后被关闭。描述一旦入射光源关闭,系统如何弛豫到平衡状态。

» 解 一旦光源关闭,激发态原子返回基态的唯一途径就是自发辐射。因为 $\rho_\nu(\nu_{12})=0$,所以速率方程[式(15.5)]简化为

$$\frac{dN_2(t)}{dt}=-AN_2(t)$$

积分得到

$$N_2(t)=N_2(0)e^{-At}$$

A 的倒数用 τ_R 表示,称为**荧光寿命**(fluorescence lifetime)或**辐射寿命**(radiative lifetime)。

15-4 在三能级系统中可以实现粒子数反转

第 15-3 节中提出的思想可以推广到多能级系统,我们将在此展示三能级系统中可以实现粒子数反转。三能级系统的示意图见图 15.8。再次假定每个能级都是非简并的,因此每个能级代表系统的一个状态。在该图中,基态被标记为 1,能量为 E_1。我们画了两个激发态,分别标记为 2 和 3,能量分别为 E_2 和 E_3。我们将证明在一定条件下,两个激发态之间可以实现粒子数反转(即 $N_3>N_2$)。一旦准备好,该系统就提供了一种介质,能放大能量为 $h\nu_{32}=E_3-E_2$ 的光,并被称为能够激光。

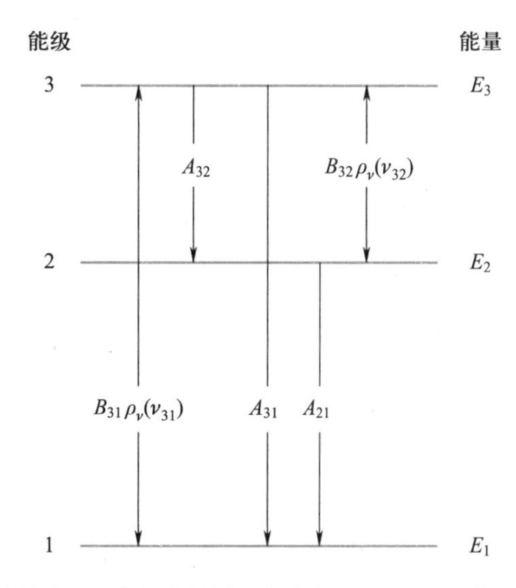

图 15.8 三能级能量图。频率由 $h\nu_{13}=E_3-E_1$ 给出的泵浦光激发原子从基态(状态 1)到状态 3。一旦占据,这个激发态可以通过自发辐射弛豫到状态 2 或状态 1,或通过受激辐射弛豫回到基态。那些通过自发辐射而弛豫到状态 2 的激发态原子也会自发辐射到状态 1。如果能量为 $h\nu_{32}=E_3-E_2$ 的光入射到系统上,则在激发态 3 和 2 之间会发生吸收和受激辐射。

在图 15.8 中标记了许多速率过程。双头箭头表示吸收和受激辐射在两能级之间都可发生。因为知道 $B_{ij}=B_{ji}$,所以将单个 B 系数用于两能级之间的吸收和受激辐射。最初,所有的原子都处于基态,因此 $N_1(0)=N_{\text{total}}$。考虑这个三能级系统暴露在光谱辐射能量密度为 $\rho_\nu(\nu_{31})$(其中 $h\nu_{31}=E_3-E_1$)的入射光束下的情况,该光束将原子从能级 1 激发到能级 3。像这样用于产生激发态粒子的光束被称为**泵浦源**(pump source)。假定泵浦源在 $h\nu_{12}=E_2-E_1$ 处没有光谱辐射能量密度,因此没有原子被激发到状态 2。一旦原子占据状态 3,它可以通过受激辐射(由泵浦源诱导)衰变回状态 1,或者通过自发辐射衰变回状态 2 或状态 1。自发辐射到状态 2 和状态 1 的速率可能不同;因此,我们必须在 A 系数上包含下标,以明确表示跃迁中涉及的两个状态。一个原子从状态 3 弛豫到状态 2,又可以通过自发辐射弛豫回基态。如果有频率为 $\nu_{32}(h\nu_{32}=E_3-E_2)$ 的光,则吸收和受激辐射都可以发生在状态 3 和状态 2 之间。而具有该能量的光是必然的,因为它是由这两个能级之间的自发辐射过程产生的。

对于三能级系统,各个能级的粒子数之和等于原子总数:

$$N_{\text{total}} = N_1(t) + N_2(t) + N_3(t) \tag{15.19}$$

图 15.8 中所示的过程给出了三个能级的速率方程(习题 15-11)。因为每个能级都是非简并的,所以这些速率方程适用于状态 1、2 和 3 的粒子数。当系统达到平衡时,各能级的粒子数保持不变,因此 $dN_1(t)/dt = 0, dN_2(t)/dt = 0, dN_3(t)/dt = 0$。虽然可以精确地写出并求解这三个速率公式,得到 N_1, N_2, N_3 随时间变化的平衡值表达式,但只考虑状态 2 的速率公式就可以得到一个重要结果。状态 2 的粒子数 N_2 是状态 3 到状态 2 的自发辐射($A_{32}N_3$)、状态 2 到状态 1 的自发辐射($A_{21}N_2$)、状态 3 到状态 2 的受激辐射[$\rho_\nu(\nu_{32})B_{32}N_3$]和状态 2 到状态 3 的吸收[$\rho_\nu(\nu_{32})B_{32}N_2$]之间的平衡结果(图 15.8)。当达到平衡时,$dN_2(t)/dt = 0$,且

$$\frac{dN_2(t)}{dt} = 0 = A_{32}N_3 - A_{21}N_2 + \rho_\nu(\nu_{32})B_{32}N_3 - \rho_\nu(\nu_{32})B_{32}N_2 \tag{15.20}$$

式(15.20)可以重排成

$$N_3[A_{32} + B_{32}\rho_\nu(\nu_{32})] = N_2[A_{21} + B_{32}\rho_\nu(\nu_{32})] \tag{15.21}$$

或

$$\frac{N_3}{N_2} = \frac{A_{21} + B_{32}\rho_\nu(\nu_{32})}{A_{32} + B_{32}\rho_\nu(\nu_{32})} \tag{15.22}$$

注意,如果 $A_{21} > A_{32}$,那么 N_3 可以大于 N_2。因此,当被激发到状态 3 的原子相对缓慢地衰变回状态 2,而处于状态 2 的原子迅速地衰变回基态时,状态 3 和状态 2 之间可能发生粒子数反转。如果是这样,状态 3 的粒子数就可以增加,满足这个条件的原子系统可能会产生激光。这样的系统称为**增益介质**(gain medium)。

15-5 激光器里面有什么?

激光器由三个基本元素组成(图 15.9):(1)放大所需波长的光的增益介质;(2)激发增益介质的泵浦源;(3)引导光束来回通过增益介质的反射镜。下面依次讨论每个组件。

增益介质:激光器的增益介质可以是固态材料、溶液或气体混合物。从 1960 年第一个激光器被报道以来,已经使用了许多不同的介质。下面仅讨论几种目前用作激光增益介质的材料。

第一台激光器使用固体红宝石棒作为激光介质。红宝石是刚玉 Al_2O_3 晶体,其中一些 Al^{3+} 被杂质 Cr^{3+} 取代。

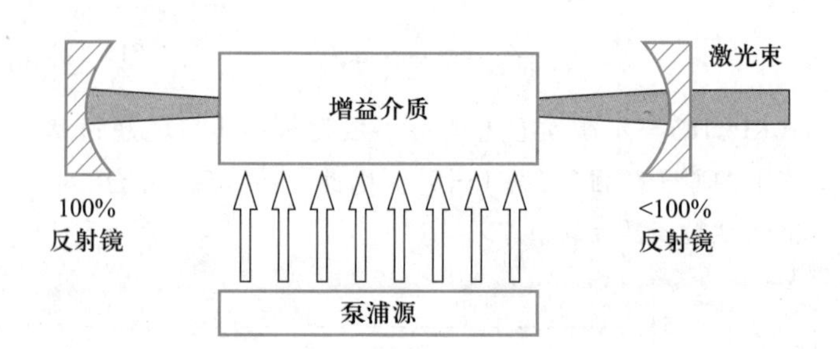

图 15.9 激光器内部的示意图。增益介质放置在两个反射镜之间;这些组件的排列称为激光腔。泵浦源激发构成增益介质的原子、分子或离子。激发态原子发出的辐射通过反射镜的引导,来回反复通过增益介质。其中一面镜子的反射率低于 100%,这使得光线可以从激光腔中逸出。输出的光就是激光束。

杂质 Cr^{3+} 是激光的光源,因为在 Al_2O_3 主晶体中的 Cr^{3+} 电子能级的光物理性质适合实现粒子数反转。天然红宝石由于其应变和晶体缺陷而不适合用作激光增益介质,因此红宝石激光器使用的是由 Cr_2O_3 和 Al_2O_3 的熔融混合物生长的合成棒。通常铬掺杂水平约为质量分数 0.05%。在许多固态增益介质中,活性离子嵌入主材料中,如在红宝石中 Cr^{3+} 嵌入 Al_2O_3。表 15.2 中给出了不同的固态增益介质的示例,以及其产生的激光的波长。许多商用激光器使用 Nd^{3+} 作为增益介质。从表 15.2 中给出的各种 Nd^{3+} 激光器的信息中可以看出,主材料会影响产生的激光的波长。激光输出可以是连续的光束或短脉冲光。从表 15.2 可以看出,固态激光器可以产生连续和脉冲激光输出。

表 15.2 各种固态激光器的增益介质(活性离子和主材料)及激光波长。

活性离子	主材料	波长/nm	输出*	持续时间
Cr^{3+}	Al_2O_3	694.3	脉冲	10 ps
Nd^{3+}	$Y_3Al_3O_{15}$(YAG)	1064.1	均有	10 ~ 150 ps
Nd^{3+}	$Y_3L_yF_y$(YIF)	1054.3	均有	10 ~ 100 ps
Nd^{3+}	玻璃	1059	脉冲	1 ps
Ti^{3+}	Al_2O_3(蓝宝石)	780	均有	10 fs ~ 5 ps

* 术语"均有"是指连续输出和脉冲输出。

» 例题 15-4 一个 Nd^{3+}:YAG(YAG 代表钇铝石榴石)激光器以 1 kHz 的重复频率产生脉冲。如果每个脉冲持续时间为 150 ps,辐射能量为 1.25×10^{-3} J,计算每个激光脉冲的辐射功率 P 和激光的平均辐射功率 $\langle P \rangle$。同时,计算单个脉冲中的光子数。

» 解 辐射功率是单位时间内辐射能的量度，单位为 W ($1\ W = 1\ J\cdot s^{-1}$)。因此，所述激光器发出的单个激光脉冲的辐射功率 P 为

$$P=\frac{1.25\times10^{-3}\ J}{150\times10^{-12}\ s}=8.3\times10^{6}\ W=8.3\ MW$$

激光的平均辐射功率是激光每秒发射的总功率的量度：

$$\langle P\rangle=(1000\ 脉冲\cdot s^{-1})(1.25\times10^{-3}\ J\cdot 脉冲^{-1})$$
$$=1.25\ W$$

Nd^{3+}:YAG 激光器产生的光波长 $\lambda = 1064.1$ nm(表 15.2)。一个 1064.1 nm 光子的辐射能量 Q_p 为

$$Q_p=h\nu=\frac{hc}{\lambda}$$
$$=\frac{(6.626\times10^{-34}\ J\cdot s)(2.998\times10^{8}\ m\cdot s^{-1})}{1064.1\times10^{-9}\ m}$$
$$=1.867\times10^{-19}\ J$$

脉冲辐射能量 Q 由 $Q=nQ_p$ 给出，式中 n 是激光脉冲中的光子数。因此，在 1.25×10^{-3} J 的激光脉冲中，波长为 1064.1 nm 的光子数为

$$n=\frac{Q}{Q_p}=\frac{1.25\times10^{-3}\ J}{1.867\times10^{-19}\ J}=6.70\times10^{15}$$

不同气相增益介质的示例以及使用它们产生的激光的波长列在表 15.3 中。气相激光器中的活性元素可以是惰性气体原子(如 He-Ne 激光器，参见第 15-6 节)、正离子(如 Ar^+激光器、K^+激光器)、金属原子(如 He-Cd 激光器、Cu 蒸气激光器)、中性分子(如 N_2 激光器、CO_2 激光器)或泵浦过程产生的不稳定复合物(如 $XeCl^*$)。表 15.3 给出的波长数据表明，气相激光器在光谱的紫外、可见和红外区域产生光。其中一些激光器能够产生几种不同频率的光。例如，CO_2 激光器涉及电子基态的不同转动-振动能级之间的粒子数反转(因而产生激光)，可以产生由 CO_2 的转动能级能隙决定的、小的离散频率差的激光。图 15.10 显示了 CO_2(g)的第一激发态不对称拉伸、第一激发态对称拉伸和弯曲模式第二激发态之间的粒子数反转可以产生的激光频率。

激光的能量必须对应于增益介质的两个量子化稳态之间的能量差，因此激光必须是单色的(单一颜色)。单色光源的电场可以表示为 $E = A\cos(\omega t+\phi)$，式中 A 为振幅，ω 为光的角频率($\omega = 2\pi\nu$)，ϕ 为相位角，相位角作为对某个固定的时间点的场的参比。来自灯泡的光波相位随机变化($0\leqslant\phi\leqslant2\pi$)。相反，受激辐射过程要求入射光波与受激光波相位相同。因此，激光发出的光波都是同相位的。激光的这种特性叫做**相干性**(coherence)。许多现代光谱学技术利用了激光的相干性。在本书中不讨论这些技术，但你应该了解激光的这种独特性质。

表 15.3 各种气相激光器的增益介质及激光波长。

增益介质	波长/nm	输出	脉冲持续时间
He(g),Ne(g)	3391,1152,632,544	连续	连续
N_2(g)	337	脉冲	1 ns
Ar^+(g)	488,515	连续	连续
K^+(g)	647	连续	连续
CO_2(g),He(g),N_2(g)	线可调约 10000	脉冲	≥100 ns
Cu(g)	510	脉冲	30 ns
He(g),Cd(g)	441,325	连续	连续

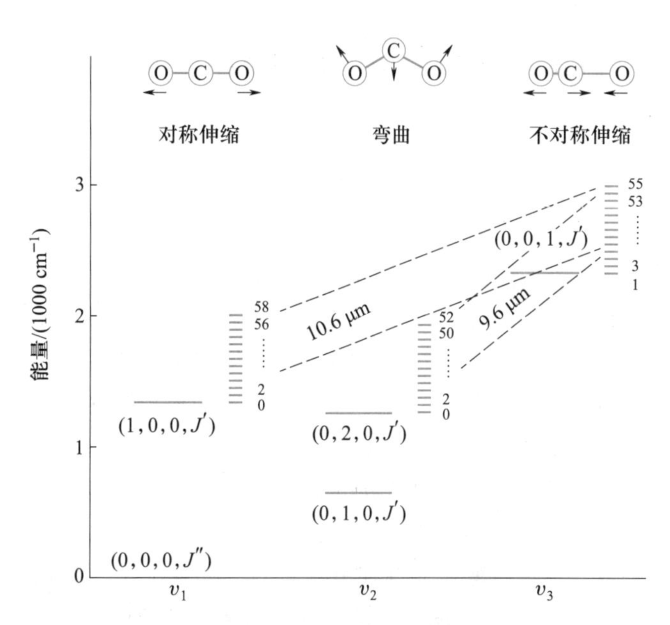

图 15.10 CO_2 的几个低振动-转动态(v_1,v_2,v_3,J)的能量。激光是通过激发一对量子态之间的发射而产生的。给出了(0,0,1,J')上能态与(1,0,0,J')和(0,2,0,J')下能态之间跃迁的近似波长。确切的波长取决于上、下能态的转动量子数。因为转动态的能量是离散的，所以 CO_2 激光器不是连续可调的。

泵浦源：两种常见的泵浦增益介质方法为光激发和电激发。在光激发中，使用高强度光源来激发增益介质。使用连续灯、闪光灯和激光作为泵浦源的设备在市场上可以买到。图 15.11 显示了用于第一台红宝石激光器的光泵浦装置(掺杂 Cr^{3+}的 Al_2O_3 固态增益介质)。红宝石棒周围是高强度的螺旋闪光灯。

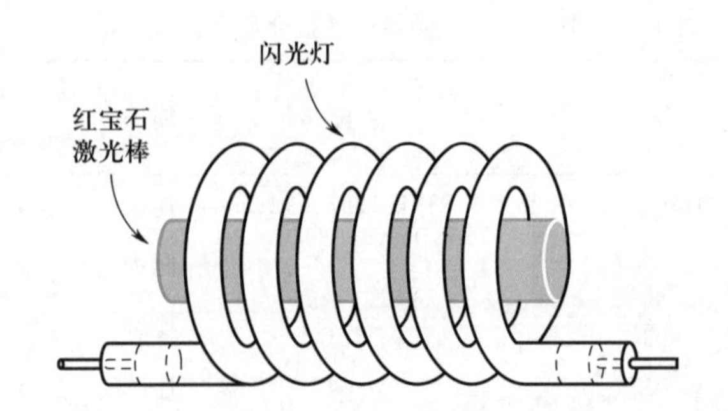

图 15.11 红宝石激光器的增益介质——红宝石棒的光泵浦装置。红宝石棒被放置在一个螺旋闪光灯内。闪光灯发射短脉冲的高强度光。这种光激发了红宝石棒中的 Cr^{3+}，这一过程在 Cr^{3+} 原子的两个电子态之间产生了粒子数反转。

考虑激光器如何有效地将泵浦源的能量转化为激光是很有趣的。泵浦源的能量为激光器的能量输出设定了上限。增益介质的能级是离散的，很大一部分泵浦光一般不会被增益介质吸收，因此，激光设备往往效率低下。例如，气体激光器只将输入能量的 0.001%～0.1%转换成激光。固态激光器效率要高些，接近几个百分点。一些激光器，如 CO_2 激光器和一些半导体激光器的转换效率高达 50%～70%。如果泵浦源只提高高激光能级的粒子数，则可以提高效率。这一事实促使人们使用激光器本身作为其他激光器的泵浦源。

电激发涉及使用强放电来激发增益材料。这种方法通常用于气体激光器。通过增益介质的大电流放电可以连续进行或以短脉冲形式进行。放电中产生的高能电子与气体容器中的原子或分子发生碰撞，产生处于激发态的原子、分子或离子。在下一节将讨论氦-氖（He-Ne）激光器时详细分析电泵浦产生粒子数反转的方式之一。

激光腔设计（laser cavity design）：将增益介质与泵浦源结合并不能制造一台激光器。正如第 15-4 节中所展示的那样，一旦发生粒子数反转，特定频率的光可以被放大。不幸的是，光在增益介质中的单次传递通常不能产生很大的光强放大。为了产生高强度输出，光必须在增益介质中来回传播。激光器通过将增益介质放置在称为**谐振器**（resonator）的光学腔内来实现这一壮举，谐振器通常包括一对反射镜，用于引导光在增益介质中来回通过。只有沿着增益介质和腔镜确定的路径来回传播的光才能被放大。如果两个镜子都是 100%反射，设备将不会产生任何输出。在激光器中，一个反射镜是 100%反射的，而另一个反射镜则是低于 100%反射的，因此允许一些光从谐振器中逸出。

15-6 氦-氖激光器是一种电泵浦连续波气相激光器

1961 年，第一台连续波激光器被报道。该装置以氦气和氖气的混合物为增益介质，以直流电源为泵浦源，产生波长为 1152.3 nm 的红外光。1962 年，通过选择合适的谐振镜，证明 He-Ne 激光器也可以产生 632.8 nm 的光（红光）。如今，商用 He-Ne 激光器可以产生波长为 3391.3 nm、1152.3 nm、632.8 nm 或 543.5 nm 的光。He-Ne 激光器是一种低功率激光器，其输出辐射功率为几毫瓦。He-Ne 激光器是一种广泛生产的激光器；它被用于超市扫描仪、测距仪和 Fourier（傅里叶）变换光谱仪等设备中。

He-Ne 激光器的设计如图 15.12 所示。含有气体混合物的玻璃腔体用作增益介质（腔体内典型的气体压力约为 1.0 torr 的氦气和 0.1 torr 的氖气，或者氦气比氖气多大约一个数量级）。靠近腔体两端各有一面镜子。其中一个反射镜在所需的激光频率上是 100%反射的；另一个则是部分反射的。在腔体内有连接到直流电源正极、负极的电极。完整的电路使高能电子从阴极穿过气腔体到达阳极。当穿过腔体时，这些高能电子与气相原子发生碰撞。在这些碰撞中能量的转移产生了处于激发态的原子。由于电源提供稳定的电子流，激发过程连续发生。电子和原子之间的碰撞为该激光器提供了泵浦源。为了理解这个激发过程是如何最终产生激光的，需要考察氦和氖的能级，如图 15.13 所示。

由于玻璃腔体中氦气的浓度比氖气的浓度大一个数量级，因此电流提供的高能电子与氦原子碰撞的概率远大于与氖原子碰撞的概率。这些碰撞产生了处于各种电

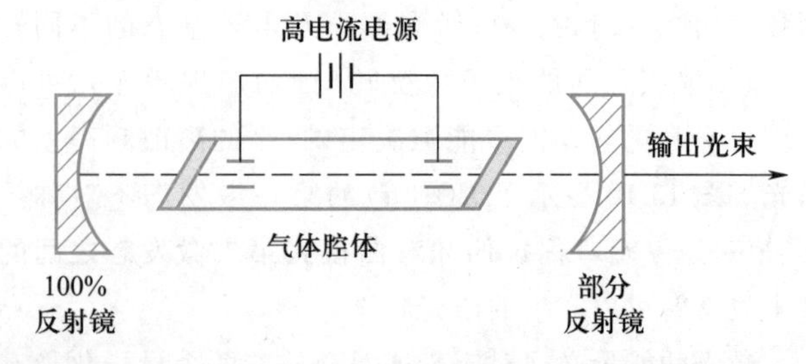

图 15.12 氦-氖激光器的示意图。气体腔体中有氦气和氖气的混合物。位于气体腔体内部的一对电极连接到外部的高电流电源。该电路使电子在腔体的两个电极之间流动。电子和气体原子之间的碰撞激发了原子，从而产生了激光所需的粒子数反转。

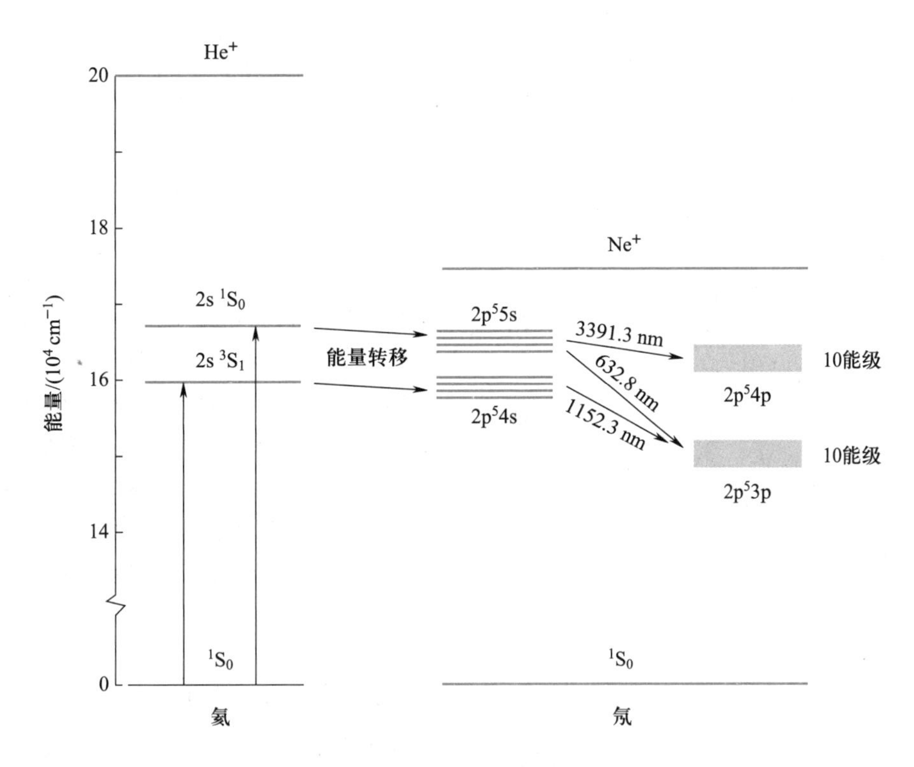

图 15.13 氦气和氖气几个电子激发态的电子组态和能量。放电产生 $2s\ ^3S_1$ 和 $2s\ ^1S_0$ 激发态的氦原子。这些态的能量类似于对应于氖的 $2p^54s$ 和 $2p^55s$ 电子组态的四态组($^3P_2$,$^3P_1$,$^3P_0$,$^1P_1$),因此碰撞时容易发生从氦到氖的非辐射能量转移。由这些碰撞产生的氖激发态的寿命是可以实现粒子数反转的。图中显示了可产生激光的几个跃迁。

子激发态的氦原子。我们将关注两个寿命相对较长的激发态,$2s^3S_1$ 和 $2s^1S_0$ 态($^3S_1$ 和$^1S_0$ 前面的 2s 表示氦原子中的一个电子被激发到 2s 态),它们位于基态上方 159809 cm^{-1}和 166527 cm^{-1}(图 15.13)。$2s^3S_1$ 态和 $2s^1S_0$ 态的寿命分别为 10^{-4} s 和 5×10^{-6} s。在氦气和氖气分别为 1.0 torr 和 0.1 torr 的典型气体压力下,一个氦原子与一个氖原子碰撞的时间间隔约为 10^{-7} s,小于氦的 $2s^3S_1$ 态和 $2s^1S_0$ 态的寿命。

图 15.13 揭示了一个巧合,即氖的 $2p^54s$ 和 $2p^55s$ 电子组态所对应的激发态的能量与氦的 $2s^3S_1$ 和 $2s^1S_0$ 激发态的能量接近。因此,激发态氦原子 He^* 和基态氖原子碰撞时发生非辐射能量转移的概率很高:

$$He^*(2s\ ^3S_1)+Ne(g)\longrightarrow He(g)+Ne^*(2p^54s)$$

$$He^*(2s\ ^1S_0)+Ne(g)\longrightarrow He(g)+Ne^*(2p^55s)$$

如图 15.13 所示,有一组与 $2p^53p$ 电子组态相关的氖激发态,其能量低于与 $2p^54s$ 和 $2p^55s$ 电子组态相关的激发态。这些态各自的寿命可使粒子数反转得以实现和维持。有 4 个态($^3P_2$,$^3P_1$,$^3P_0$ 和$^1P_1$)与 $2p^5ns$ 的电子组态有关,10 个态($^3D_3$,$^3D_2$,$^3D_1$,$^1D_2$,$^3P_2$,$^3P_1$,$^3P_0$,$^1P_1$,$^3S_1$ 和$^1S_0$)与 $2p^5np$ 的电子组态有关。图 15.13 右侧的实线箭头表示几个激光跃迁。第一台 He-Ne 激光器的输出波长为 1152.3 nm,对应于氖的 $4s\ ^1P_1\rightarrow3p\ ^3P_2$ 跃迁(图 15.13)。最广泛使用的 He-Ne 激光器通过放大 $5s\ ^1P_1\rightarrow3p\ ^3P_2$ 跃迁的发射产生 632.8 nm 的光(红光)。He-Ne 气体混合物也可在 3391.3 nm 处发射激光。表 15.4 列出了与已观测到激光有关的氖跃迁的一些数据。

表 15.4 几种氖原子跃迁的波长和 Einstein 系数 A。

跃迁	λ/nm	$A/(10^6\ s^{-1})$	相对强度
$5s\ ^1P_1\rightarrow3p\ ^1S_0$	730.5	0.48	30
$5s\ ^1P_1\rightarrow3p\ ^3P_1$	640.1	0.60	100
$5s\ ^1P_1\rightarrow3p\ ^3P_0$	635.2	0.70	100
$5s\ ^1P_1\rightarrow3p\ ^3P_2$	632.8	6.56	300
$5s\ ^1P_1\rightarrow3p\ ^1P_1$	629.4	1.35	100
$5s\ ^1P_1\rightarrow3p\ ^1D_2$	611.8	1.28	100
$5s\ ^1P_1\rightarrow3p\ ^3D_1$	604.6	0.68	50
$5s\ ^1P_1\rightarrow3p\ ^3D_2$	593.9	0.56	50

你可能已经注意到,表15.4中显示的$4s\ ^1P_1 \rightarrow 3p\ ^3P_2$跃迁和其他几个跃迁不遵守第8-11节给出的选律。这些选律是基于自旋轨道耦合很小的假设,而氖的这些激发态并非如此。

» 例题 15-5 $2p^53s$电子组态对应的4个态的原子项符号按照能量从低到高依次为$^3P_2$,$^3P_1$,$^3P_0$和$^1P_1$。为了说明这些状态是由电子被提升到3s轨道而产生的,把这些状态命名为$3s^3P_2$等。证明这四个态包括了与$2p^53s$电子组态相关的所有态。

» 解 有两个自旋轨道与3s轨道有关,六个与(空的)2p轨道有关。因此,在对应于$2p^53s$的微态表中有$2\times6=12$个微态。利用每个项符号(没有下标J)代表$(2S+1)(2L+1)$个微观状态的事实,可以得到

$$\underset{^3P}{3\times3}+\underset{^1P}{1\times3}=12$$

15-7 高分辨率激光光谱可以分辨传统光谱仪无法分辨的吸收谱线

图15.14显示了常规吸收光谱仪测得的ICl(g)的部分吸收光谱。显示的光谱由17299 cm^{-1}附近的两条吸收线组成,间距约为0.2 cm^{-1}。这两条吸收线对应于从电子基态的$v''=0,J''=2$态到第一电子激发态的$v'=32$能级的两个不同转动能级的跃迁(习题15-27)。

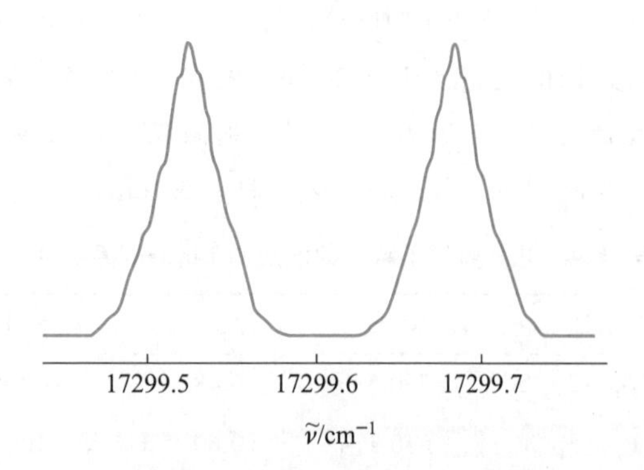

图15.14 用光谱分辨率约为0.03 cm^{-1}的吸收光谱仪记录了ICl(g)在17299.6 cm^{-1}附近的吸收光谱。这两个吸收带对应于从电子基态的$(v''=0,J''=2)$能级到第一电子激发态的$v'=32$能级的不同转动态的吸收。

光谱仪在区分不同波数的光的能力上存在固有限制。光谱仪不能分辨的波数差异的范围称为光谱仪的**光谱分辨率**(spectral resolution)。在电磁波谱的可见区域,以灯泡为光源的光谱仪的光谱分辨率约为0.03 cm^{-1}。因此,基于灯泡的光谱仪将无法区分波数相差0.03 cm^{-1}的两个吸收带。在第15-5节中了解到激光产生单色辐射。实际上,从激光器中发出的"单色"光有固有的线宽。对于发射可见光的激光器,输出光束的光谱宽度可以小到3.0×10^{-5} cm^{-1}。

现在要问的是,图15.14所示吸收谱线的宽度是ICl(g)分子的固有属性,还是受限于基于灯泡的仪器的光谱分辨率。使用线宽约为3.0×10^{-5} cm^{-1}的可调谐激光器记录的ICl(g)光谱如图15.15所示。在更高的分辨率下,图15.14显示的每个吸收带被发现都是由一组紧密间邻的吸收线组成的。这部分光谱的扩展区域表明,单个谱线之间的能量差可以小至0.002 cm^{-1}。传统的光谱仪无法分辨这些特征,因为基于灯泡的设备的光谱分辨率不足以区分不同吸收带的频率。显然,使用激光光源代替灯可以观察到新的信息。图15.15中所示的高分辨率吸收光谱中的谱线对应的是由电子自旋与核自旋相互作用引起的ICl(g)转动态能量的微小变化,这种效应称为**超精细相互作用**(hyperfine interaction)。可以在分子的哈密顿算符中包含超精细相互作用,从而预测在其高分辨率光谱中可观察到的谱线间距。

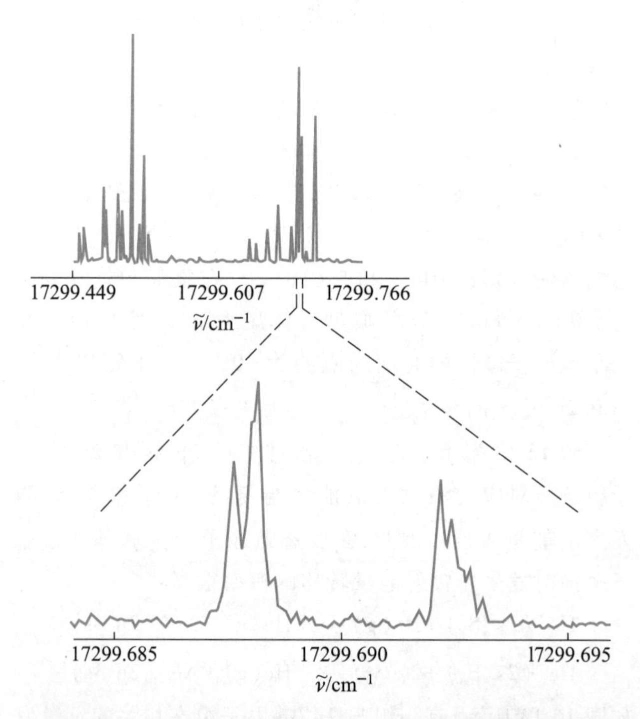

图15.15 用高分辨率激光光谱仪记录的ICl(g)在17299.600 cm^{-1}附近的吸收光谱。使用这种类型的光谱仪,可以发现图15.14所示的单一吸收谱线由多个吸收带组成。此高分辨率光谱的一部分被扩展,以显示可分辨的吸收光谱的详细特征。

15-8 脉冲激光可用于测量光化学过程的动力学

时间分辨激光光谱学的应用之一是研究由光的吸收引发的化学反应的动力学。由光的吸收引发的化学反应称为**光化学反应**(photochemical reaction)。下面的方程式列举了一些可以发生的多种类型的光化学反应。

$$O_3(g)+(\lambda=300\ nm)\longrightarrow O_2(g)+O(g)\quad(光解离)$$

$$反\text{-}丁二烯+(\lambda=250\ nm)\longrightarrow 顺\text{-}丁二烯\quad(光异构化)$$

$$2\ (联苯烯)+(\lambda=280\ nm)\longrightarrow$$

(光二聚)

将光化学反应的**量子产率**(quantum yield)Φ 定义为

$$\Phi=\frac{反应分子数}{吸收光子数}\qquad(15.23)$$

量子产率的值变化范围很大。例如,对于某些染料漂白,$\Phi\approx10^{-3}$;对于臭氧光解作用,$\Phi\approx1$;对于 $H_2(g)$ 与 $Cl_2(g)$ 的反应,$\Phi=10^6$。

» 例题 15-6 吸收 313 nm 的光后,丙酮发生光解,其化学方程式为

$$(CH_3)_2CO(g)+(\lambda=313\ nm)\longrightarrow C_2H_6(g)+CO(g)$$

将气态丙酮样品在 313 nm 辐射功率为 1.71×10^{-2} W 的光下照射 1.15×10^4 s,8.68×10^{-5} mol 丙酮发生光解。确定光解反应的量子产率(假设样品吸收了所有的光)。

» 解 光解的丙酮分子数是

$$(8.68\times10^{-5}mol)(6.022\times10^{23}个\cdot mol^{-1})=5.23\times10^{19}个$$

气体样品暴露在总辐射能 Q 下:

$$Q=(1.71\times10^{-2}\ W)(1.15\times10^4\ s)=1.97\times10^2\ J$$

光子的数量为

$$\frac{Q}{Q_p}=\frac{Q\lambda}{hc}=\frac{(1.97\times10^2\ J)(313\times10^{-9}\ m)}{(6.626\times10^{-34}\ J\cdot s)(2.998\times10^8\ m\cdot s^{-1})}=3.10\times10^{20}$$

丙酮光解的量子产率由以下公式给出[式(15.23)]:

$$\Phi=\frac{反应分子数}{吸收光子数}=\frac{5.23\times10^{19}}{3.10\times10^{20}}=0.17$$

图 15.16 显示了一个设计用于进行光化学反应的时间分辨激光研究的装置示意图。光源是一个脉冲激光器,能产生持续时间短的光脉冲。在激光实验室中,通常可以生成短至 1×10^{-14} s 或 10 fs(飞秒)的光脉冲。激光输出被部分反射镜或分束器分成两部分。这两个脉冲同时离开分束器,但随后向不同的方向传播。每个脉冲的路径是用反射镜确定的。这些路径被设计成最终在目标样品内交叉。考虑每个光束从分束器到样品的路径。如果两条路径的长度相同,则两个脉冲同时到达样品中的交叉点。在这种情况下,可以说两个光脉冲之间没有时间延迟。如果路径长度不同,则两个脉冲将在不同的时间到达样品。在时间分辨激光实验中,将测量样品的某些特性作为两个激光脉冲之间延迟时间的函数。引发光化学反应的激光脉冲称为**泵浦脉冲**(pump pulse)。用来记录自泵浦脉冲到达后样品变化的激光脉冲称为**探测脉冲**(probe pulse)。依据所进行的实验类型,泵浦脉冲和探测脉冲可具有相同或不同的波长。

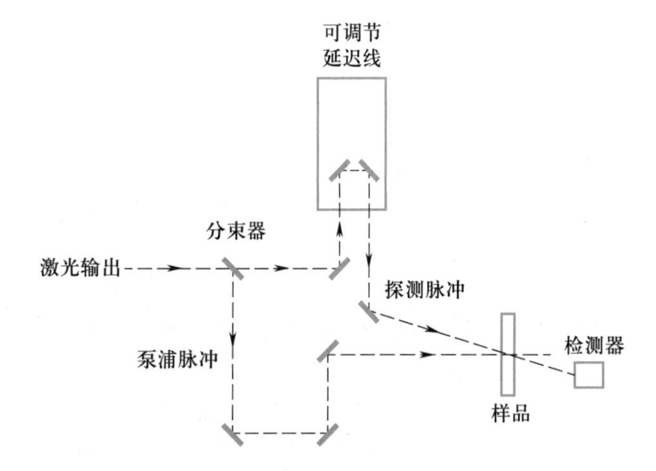

图 15.16 设计用于进行时间分辨激光实验的装置示意图。激光脉冲被分束器分成两个脉冲,即泵浦脉冲和探测脉冲。脉冲路径在样品中发生交叉。泵浦脉冲用于在样品中引发光化学过程,探测脉冲用于记录样品在响应泵浦脉冲下发生的变化。两个脉冲路径长度的变化会影响泵浦脉冲和探测脉冲在样品处的相对到达时间。通过这种方式,可以探测样品在泵浦脉冲激发后随时间的变化。

» 例题 15-7　探测激光脉冲的路径比泵浦激光脉冲的路径长 10.00 cm。计算两个光脉冲到达样品的时间差。

» 解　两种激光脉冲到达样品的时间之差是探测激光脉冲比泵浦激光脉冲多走 10.00 cm 所需的时间。光传播 10.00 cm 所需的时间为

$$t=\frac{(10.00\ \text{cm})(1\ \text{m}/100\ \text{cm})}{2.998\times10^{8}\ \text{m}\cdot\text{s}^{-1}}=3.335\times10^{-10}\ \text{s}$$

即 333.5 ps。

下面通过考察 ICN(g) 光解反应的实验数据来说明时间分辨激光光谱的应用。

$$\text{ICN(g)}+h\nu\longrightarrow\text{I(g)}+\text{CN(g)}\qquad(15.24)$$

由于一些我们即将了解的原因，泵浦和探测两种激光脉冲具有不同的波长；泵浦波长设置为 306 nm，探测波长设置为 388 nm。图 15.17 显示了 ICN(g) 的基态和其中一个激发态的能量如何取决于碘和碳原子之间的距离，即 I—CN 键的键长。基态是一个束缚电子态，激发态是可解离的。一旦 I—CN 键的键长达到 400 pm，键就会断裂，产生基态 CN(g) 自由基。

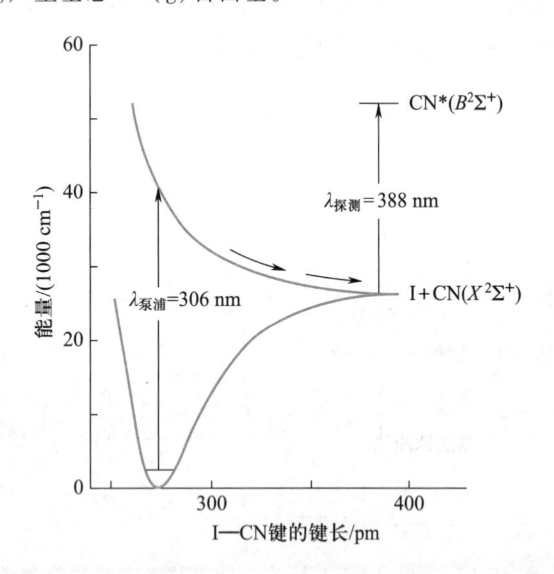

图 15.17　绘制了 ICN(g) 基态和第一激发态的势能曲线随 I—CN 键长变化图。两个态的 I—CN 键解离产生 $X^2\Sigma^+$ 基态的 CN(g) 自由基。该图还显示了 CN(g) 的 $B^2\Sigma^+$ 激发态的能量。在 ICN(g) 光解的时间分辨研究中，306 nm 的泵浦脉冲激发使分子从基态进入激发解离态。388 nm 的延时探测脉冲与 CN(g) 的 $X^2\Sigma^+\rightarrow B^2\Sigma^+$ 跃迁共振，用于激发样品中的 CN(g)。随后记录 CN^*(g) 的荧光。探测脉冲引起的荧光强度反映了样品中 CN(g) 浓度。

» 例题 15-8　306 nm 的泵浦脉冲将 ICN(g) 光解成 I(g) 和 CN(g) 的量子产率为 1.00。如果泵浦脉冲的辐射能量为 1.55×10^{-4} J，确定每个脉冲产生的 CN(g) 自由基的数量，假定仅 0.100% 的入射光被 ICN(g) 样品吸收。

» 解　306 nm 光子的辐射能量为

$$Q_{\text{p}}=\frac{hc}{\lambda}=\frac{(6.626\times10^{-34}\ \text{J}\cdot\text{s})(2.998\times10^{8}\ \text{m}\cdot\text{s}^{-1})}{306\times10^{-9}\ \text{m}}=6.49\times10^{-19}\ \text{J}$$

因此，在 1.55×10^{-4} J 的脉冲中的光子数为

$$\text{光子数}=\frac{Q}{Q_{\text{p}}}=\frac{1.55\times10^{-4}\ \text{J}}{6.49\times10^{-19}\ \text{J}}=2.39\times10^{14}$$

每次激光脉冲产生的 CN(g) 自由基的数目为[式(15.23)]

$$\begin{aligned}\text{产生的 CN(g) 自由基的数目}&=(0.100\%)(\text{光子数})\Phi\\&=(0.00100)(2.39\times10^{14})(1.00)\\&=2.39\times10^{11}\end{aligned}$$

时间分辨实验背后的思想如下。使用激光脉冲将 ICN(g) 样品从基态激发到激发态（图 15.17），该脉冲与分子解离所需的时间相比较短。在这种情况下，当光脉冲结束时，分子正处于解离曲线上，键长等于电子基态的平衡键长，这是 Frank-Condon 原理所要求的（见第 13-7 节）。这些激发态分子对激发态势能的排斥力作出反应，因此解离。现在，假设在 ICN(g) 光激发后的某一时刻，一个短时间的探测脉冲与样品相互作用。探测脉冲的波长不是为了激发 ICN(g) 分子，而是调谐到 CN(g) 自由基在 388 nm 处的 $X^2\Sigma^+\rightarrow B^2\Sigma^+$ 跃迁（见图 15.17）。因此，如果样品中存在 CN(g) 自由基，光将被吸收。受激的 CN(g) 分子通过发射荧光弛豫回到基态。荧光信号的强度反映了在探测脉冲到达样品时样品中存在的 CN(g) 自由基的数量。这些 CN(g) 自由基的唯一来源是激发的 ICN(g) 分子的解离。如果监测 CN(g) 荧光强度随泵浦和探测激光脉冲之间延迟时间的变化，就可以记录随着 ICN(g) 初始激发到其解离状态，形成 CN(g) 分子数量随时间变化的情况。这种检测形式称为**激光诱导荧光**（laser-induced fluorescence），因为我们利用激光使产物分子发出荧光。

图 15.18 显示了荧光强度与泵浦脉冲和探测脉冲之间延迟时间的关系。在负时间延迟时，探测脉冲在泵浦脉冲之前到达样品。基态 ICN(g) 分子不吸收探测脉冲，因此信号强度为零。当两个脉冲同时到达样品时 ($t=0$)，观察到少量的 CN(g) 荧光。这个结果告诉我们，一些被激发的分子在吸收泵浦脉冲后迅速解离。随

着泵浦脉冲和探测脉冲之间的延迟增加，信号继续增长。对于延迟 600 fs 或更长时间的探测脉冲，可以观察到一个恒定的信号。这一观察结果告诉我们，$t>600$ fs 时没有产生额外的 CN(g) 自由基。换句话说，所有被激发的 ICN(g) 分子在激发后的前 600 fs 内都发生了光解作用。图 15.18 中的实线表示将实验数据拟合到形式为 $1-\exp(-t/\tau)$ 的函数，式中 τ 是称为**反应半衰期**(reaction half-life)的常数。对于这个反应，我们发现 $\tau = 205\pm30$ fs。

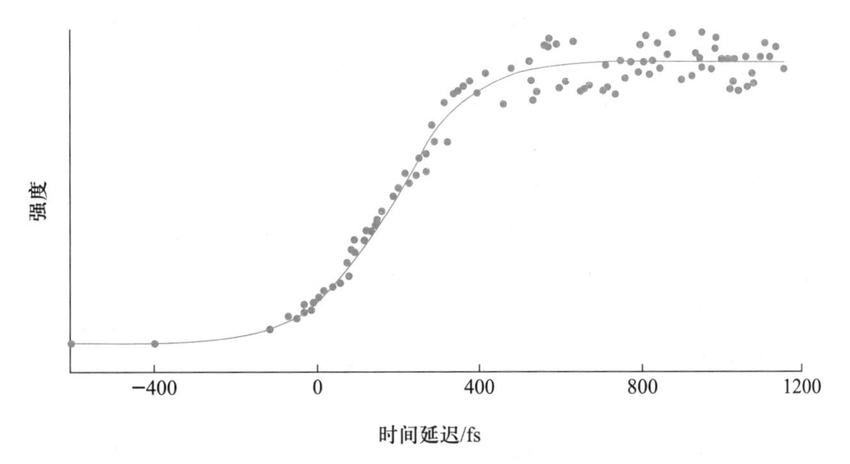

图 15.18 反应 $ICN(g) \longrightarrow I(g) + CN(g)$ 的时间分辨实验数据。由 388 nm 探测脉冲引起的 CN(g) 荧光强度被绘制为探测脉冲与 306 nm 泵浦脉冲到达样品之间延迟时间的函数。数据分析表明，在 306 nm 的脉冲激发后，I—CN 键断裂，反应半衰期为 $\tau = 205\pm30$fs。实线是用函数 $I = 1-\exp(-t/\tau)$ 对数据的曲线拟合。

习题

15-1 O_2^+ 的基态项符号是 $^2\Pi_g$。第一电子激发态的能量比基态高 38795 cm^{-1}，项符号是 $^2\Pi_u$。O_2^+ 分子的辐射衰变 $^2\Pi_u \rightarrow {}^2\Pi_g$ 属于荧光或磷光吗？

15-2 考虑 $R_e(S_1) > R_e(S_0)$ 的特定情况下双原子分子的吸收光谱和荧光光谱，利用图 15.1 所示的势能曲线，绘制出该分子的预期吸收光谱和荧光光谱。你可以假设分子在发出荧光之前弛豫到 $v' = 0$。你的光谱看起来像图 15.27 中的光谱吗？请解释。

15-3 在第 15-2 节中，光谱辐射能量密度用电磁辐射的频率表示。可以选择用电磁辐射的波数或波长来表示光谱辐射能量密度。回想一下，$\rho_\nu(\nu)$ 的单位是 $J \cdot m^{-3} \cdot s$。证明以波数表示的光谱辐射能量密度 $\rho_{\tilde{\nu}}(\tilde{\nu})$ 的单位是 $J \cdot m^{-2}$，而以波长表示的光谱辐射能量密度 $\rho_\lambda(\lambda)$ 的单位则是 $J \cdot m^{-4}$。如果我们用 $\rho_{\tilde{\nu}}(\tilde{\nu})$ 来描述光谱辐射能量密度，Einstein 系数 B 的单位是什么？如果用 $\rho_\lambda(\lambda)$ 来描述光谱辐射能量密度，则 Einstein 系数 B 的单位又是什么？

15-4 证明式(15.7)和式(15.11)只有在 $B_{12} = B_{21}$ 和 $A_{12} = (8h\pi\nu_{12}^3/c^3)B_{21}$ 时才相等。

15-5 将式(15.16)代入式(15.15)，证明其为式(15.15)的解。

15-6 利用 $N_1(t) + N_2(t) = N_{total}$，将式(15.15)写成

$$\frac{dN_2}{B\rho_\nu(\nu_{12})N_{total} - [A + 2B\rho_\nu(\nu_{12})]N_2} = dt$$

现在证明这个方程的积分为式(15.16)。

15-7 证明式(15.17)意味着 N_2/N_{total} 小于 1/2，因为 $A > 0$。

15-8 证明不等式

$$\frac{N_2}{N_{total}} < \frac{1}{2}$$

意味着 N_2/N_1 小于 1(提示：如果 $a<b$，那么 $1/a > 1/b$)。

15-9 Einstein 系数也可以用量子力学推导出来。如果基态和激发态的简并度分别为 g_1 和 g_2，则 Einstein 系数 A 为

$$A = \frac{16\pi^3\nu^3 g_1}{3\varepsilon_0 hc^3 g_2}|\mu|^2$$

式中 $|\mu|$ 为跃迁偶极矩(见第 13-11 节)。现在，考虑在 121.8 nm 处观察到的 H(g) 的 1s→2p 吸收。H(g) 的三重简并激发态 2p 的辐射寿命(参见例题 15-3)为 1.6×10^{-9} s。确定该跃迁的跃迁偶极矩的值。

15-10 利用习题15-9和式(15.13),导出Einstein系数B的量子力学表达式。考虑氖在632.8 nm处的$5s\ ^1P_1 \rightarrow 3p\ ^3P_2$跃迁,这是大多数商用氦-氖激光器的激光跃迁。表15.4给出了这个跃迁的Einstein系数A为$6.56\times10^6\ s^{-1}$。确定这个跃迁的Einstein系数B和跃迁偶极矩的值($g_1=g_2=1$)。

15-11 推导出(但不要试图求解)图15.8所描述的三能级系统的$N_1(t)$,$N_2(t)$和$N_3(t)$的速率方程。

15-12 考虑图15.8中所示的非简并三能级系统。假设一束能量为$h\nu=E_3-E_1$的入射光束打开一段时间,然后关闭。证明随后的E_3能级衰减可由下式给出:

$$N_3(t)=N_3^0 e^{-(A_{32}+A_{31})t}$$

式中N_3^0为光源关闭的那一瞬间处于状态3的原子数。这个激发态的辐射寿命是多少?

15-13 本题将推广习题15-12的结果。考虑一个具有N个非简并能级的系统,各能级的能量为$E_1,E_2,\cdots,E_N$,满足$E_1<E_2<\cdots<E_N$。假设所有原子最初都在能级E_1,然后将系统暴露在能量为$h\nu=E_N-E_1$的光下。定义$t=0$为光源关闭的瞬间,证明状态N中的粒子数p_N的衰变可由下式给出:

$$p_N(t)=p_N^0 e^{-\sum_{i=1}^{N-1}A_{N_i}t}$$

式中p_N^0在$t=0$时能级N中的粒子数。证明能级N的辐射寿命为$1/\sum_{i=1}^{N-1}A_{Ni}$。利用该结果和表15.4中的数据,计算氖的$5s\ ^1P_1$能级的辐射寿命,假设唯一的辐射衰变通道是表15.4所示的8个能级。

15-14 图15.13中所示的氦的激发态的电子组态为1s2s。证明这个电子组态导致了$^3S_1$态和$^1S_0$态。哪个状态的能量更低?

15-15 由表8.2可知,氦原子的基态能量为-2.904 hartrees。利用这个值和氦离子的能量公式$E=-Z^2/2n^2$(单位为hartrees)来验证图15.13中He^+的能量。

15-16 He-Ne激光器中的3391.3 nm线是由$5s\ ^1P_1 \rightarrow 3p\ ^3P_2$跃迁引起的。根据Charlotte Moore的**原子能级表**(table of atomic energy levels),这两个能级的能量分别为166658.484 cm^{-1}和163710.581 cm^{-1}。计算这个跃迁的波长。为什么答案不是3391.3 nm(参见例题8-10)?

15-17 使用第8-9节中解释的方法,证明与$2p^5ns$电子组态相关的态是$^3P_2$,$^3P_1$,$^3P_0$和$^1P_1$。

15-18 考虑激发态电子组态$2p^5np(n\geqslant3)$。有多少微观态与这个电子组态有关?与$2p^5np$对应的项符号是$^3D_3$,$^3D_2$,$^3D_1$,$^1D_2$,$^3P_2$,$^3P_1$,$^3P_0$,$^1P_1$,$^3S_1$和$^1S_0$。证明这些项符号解释了电子组态$2p^5np(n\geqslant3)$的所有微观状态。

15-19 工作波长为780 nm的钛蓝宝石激光器产生的脉冲重复频率为100 MHz。如果每个脉冲的持续时间为25 fs,激光的平均辐射功率为1.4 W,计算每个激光脉冲的辐射功率。这台激光一秒钟能产生多少光子?

15-20 红宝石棒的典型铬掺杂水平为0.050%(质量分数)。直径1.15 cm,长度15.2 cm的红宝石棒中有多少铬原子?刚玉(Al_2O_3)的密度为4.05 g·cm^{-3},可以认为铬的掺杂对固体密度没有影响。现在假设所有的铬原子都在上激光能级。如果所有铬原子同时受激发射,产生一个100 ps的激光脉冲,请确定激光脉冲的辐射功率(见表15.2)。

15-21 哪个激光脉冲包含更多的光子,是波长为760 nm的10-ns,1.60-mJ脉冲,还是波长为532 nm的500-ms,1.60-mJ脉冲?

15-22 考虑以10 Hz的重复频率工作的闪光灯泵浦Nd^{3+}:YAG激光器。假设闪光灯的平均辐射功率为100 W,确定使用该泵浦源的每个激光脉冲可以包含的最大光子数。每个激光脉冲的实际光子数为6.96×10^{17},确定将闪光灯输出转换为激光输出的效率(见表15.2)。

15-23 化学激光器是一种通过化学反应产生粒子数反转的装置。例如HF气体激光器,其中HF(g)是由以下反应产生的:

$$F(g)+H_2(g)\longrightarrow HF(g)+H(g)$$

该反应的主要产物是振动激发态$v=3$的HF(g)。该反应产生了粒子数反转,其中每个振动态的分子数$N(v)$满足当$v=0,1$和2时,$N(3)>N(v)$。HF(g)激光器的输出对应于$v=3\rightarrow v=2$($\lambda=2.7$-$3.2\ \mu m$)的转动线之间的跃迁。为什么在$v=3\rightarrow v=1$和$v=3\rightarrow v=0$之间没有激光作用,尽管这些能级之间存在粒子数反转?

15-24 在9.6 μm工作的CO_2激光器使用5.00 kW的电功率。如果这个激光器以10 Hz的重复频率产生100 ns脉冲且效率为27%,那么每个激光脉冲中有多少光子?

15-25 CO_2激光器的能级如图15.10所示。已知$CO_2(g)$的以下光谱数据,计算001→100振动跃迁的$J'=1\rightarrow0$和$J'=2\rightarrow1$激光线之间的间距。

基频($J'=0\rightarrow0$) 100→001 = 960.80 cm^{-1}

$\tilde{B}(001)=0.3871\ cm^{-1}$ $\tilde{B}(100)=0.3902\ cm^{-1}$

为什么在960.80 cm^{-1}的基频处没有观察到激光?

15-26 $H_2(g)$激光的上能级是分子的最低激发态,

即 $B^1\Sigma_u^+$ 状态，下能级为 $X^1\Sigma_g^+$ 基态。激光发生在激发态的 $v'=5$ 能级和基态的 $v''=12$ 能级之间。使用以下光谱数据，确定 $H_2(g)$ 激光器发出的激光的波长。

态	$\tilde{T}_e/cm^{-1}$	$\tilde{\nu}_e/cm^{-1}$	$\tilde{\nu}_e\tilde{x}_e/cm^{-1}$
$B^1\Sigma_u^+$	91689.9	1356.9	19.93
$X^1\Sigma_g^+$	0	4401.2	121.34

当脉冲辐射功率为 100 kW 时，可以产生一个 1.0 ns 的脉冲。计算这样一个激光脉冲的辐射能量。这个脉冲中有多少光子？

15-27 在本题中，我们将确定图 15.14 中所示的 ICl(g)的 $X\to A$ 吸收带的转动激发态的量子数。跃迁是从 X 态的 $v''=0$ 态到 A 态的高振动激发能级($v'=32$)。为了精确地计算激发态 A 的振动项 $G(v)$，我们需要引入一个二阶非谐修正以考虑势曲线的形状。对于电子基态，一阶修正是足够的。扩展第 13 章中讨论的方法，我们有

$$G(v)=\tilde{\nu}_e\left(v+\frac{1}{2}\right)-\tilde{\nu}_e\tilde{x}_e\left(v+\frac{1}{2}\right)^2+\tilde{\nu}_e\tilde{y}_e\left(v+\frac{1}{2}\right)^3$$

ICl(g)的 X 基态和 A 激发态的一些光谱常数列于下表。

态	$\tilde{T}_e/cm^{-1}$	$\tilde{\nu}_e/cm^{-1}$	$\tilde{\nu}_e\tilde{x}_e/cm^{-1}$	$\tilde{\nu}_e\tilde{y}_e/cm^{-1}$	$\tilde{B}_e/cm^{-1}$	$\tilde{\alpha}_e/cm^{-1}$
A	13745.6	212.30	1.927	−0.03257	0.08389	0.00038
X	0	384.18	1.46			

确定跃迁 $X(v''=0,J''=0)\to A(v'=32,J'=0)$ 对应的 $\tilde{\nu}$ 的值。鉴于图 15.14 所示谱线的基态是 X 态的 $v''=0,J''=2$ 能级，且该能级的转动项为 $F(2)=0.65\ cm^{-1}$，确定 J'，即给出两条观测光谱线的激发态 A 的 $v'=32$ 能级的转动量子数的最接近值。根据结果，你认为图 15.15 中 17299.45 cm^{-1} 和 17299.55 cm^{-1} 之间的每条吸收线可以归属为从基态 $X(v''=0,J''=2)$ 到不同的转动激发态的跃迁吗？

15-28 当用频率为 1.45×10^{15} Hz 的辐射照射时，碘化氢分解为氢和碘。当 HI(g)吸收的能量为 2.31 J 时，分解的 HI(g)为 0.153 mg。计算这个反应的量子产率。

15-29 在波长为 300 nm 的辐射照射下，臭氧分解为 $O_2(g)$和 O(g)，量子产率为 1.0。如果以 100 W 的功率照射臭氧，则分解 0.020 mol 的 $O_3(g)$需要多长时间？

15-30 室温下在辛烷溶液中，当光解波长为 308 nm 时，光取代反应

$$Cr(CO)_6+NH_3+h\nu\longrightarrow Cr(CO)_5NH_3+CO$$

的量子产率为 0.71。当溶液被输出辐射功率为 1.00 mW 的 308 nm 连续激光辐射时，每秒有多少个 $Cr(CO)_6$ 分子被破坏？如果你想在每分钟的辐照下产生 1 mol 的 $Cr(CO)_5NH_3$，那么激光的输出辐射功率需要是多少？(对于这两个问题，假设样品足够集中，以至于所有入射光都被吸收。)

15-31 1 mol 光子被称为**一爱因斯坦**(einstein)。如果光子的波长为 608.7 nm，计算一爱因斯坦的辐射能量。

15-32 电磁脉冲持续时间 Δt 与脉冲频率分布宽度 $\Delta\nu$ 的关系为 $\Delta t\Delta\nu=1/2\pi$。计算 10 fs 激光脉冲和 1 ms 激光脉冲的频率分布宽度。你能用可调谐飞秒激光器记录如图 15.15 所示的 ICl(g)的高分辨率光谱吗？

15-33 在第 15-8 节中，我们发现在 ICN(g)的光解反应中，I(g)和 CN(g)光碎片段分离 400 pm 需要 205 fs (图 15.18)。计算两个光碎片的相对速率(提示：基态的平衡键长为 275 pm)。

15-34 在 ICN(g)的光解过程中，CN(g)碎片可以以几种不同的振动和转动态生成。你会在什么波长处设置你的探测激光来激发 $X^2\Sigma^+$ 基态的 $v''=0,J''=3$ 到 $B^2\Sigma^+$ 激发态的 $v'=0,J'=3$？使用下面的光谱数据：

态	$\tilde{T}_e/cm^{-1}$	$\tilde{\nu}_e/cm^{-1}$	$\tilde{\nu}_e\tilde{x}_e/cm^{-1}$	$\tilde{B}_e/cm^{-1}$	$\tilde{\alpha}_e/cm^{-1}$
$B^2\Sigma^+$	25751.8	2164.13	20.25	1.970	0.0222
$X^2\Sigma^+$	0	2068.71	13.14	1.899	0.0174

计算 $v''=0,J''=3$ 和 $v''=0,J''=4$ 能级之间的能级差。CN(g)的单个振动-转动态的形成动力学能否通过飞秒泵浦探测实验来监测(提示：参见习题 15-32)？

15-35 在 260 nm 处 $CH_3I(g)$的 $X^1A_1\to\tilde{A}$ 电子激发导致以下两个相互竞争的光解反应：

$$CH_3I(g)+h\nu\longrightarrow CH_3(g)+I(g)(^2P_{3/2})$$
$$\longrightarrow CH_3(g)+I^*(g)(^2P_{1/2})$$

I(g)的激发态 $^2P_{1/2}$ 和基态 $^2P_{3/2}$ 之间的能量差为 7603 cm^{-1}，解离的总量子产率为 1.00，其中 31%的激发态分子产生 $I^*(g)$。假设 $I^*(g)$仅通过辐射衰变弛豫，计算 $CH_3I(g)$样品吸收 10%的 1.00 mW 260 nm 激光每秒可产生的光子数。

15-36 激光的频率可以用非线性光学材料进行转换。频率转换最常见的形式是二次谐波产生，即频率为 ν 的激光转换为频率为 2ν 的光。计算 Nd^{3+}:YAG 激光器的二次谐波光波长。如果 1064.1 nm 的 Nd^{3+}:YAG 激光

器的输出脉冲的辐射能量为150.0 mJ,那么这个脉冲中包含多少光子?计算能在二次谐波中产生的最大光子数(提示:能量必须是守恒的)。

15-37 有种非线性光学材料可以将频率为ν_1和ν_2的两束激光加和,从而产生频率为$\nu_3=\nu_1+\nu_2$的光。假设在647.1 nm工作的氪离子激光器的部分输出用于泵浦罗丹明700染料激光器,后者可产生803.3 nm的激光。然后将染料激光束与氪离子激光器的剩余输出在一种可将两束激光加和的非线性光学材料中结合。计算由非线性光学材料产生的光的波长。

以下四个习题考察了如何计算吸收谱线的强度。

15-38 样品的**十进制吸光度**(decadic absorbance)A定义为$A=\lg(I_0/I)$,式中I_0为入射到样品上的光强,I为光通过样品后的光强。十进制吸光度与样品的物质的量浓度c和样品的路径长度l(单位是m)成正比,或者用以下公式表示:

$$A=\varepsilon cl$$

式中比例系数ε称为**摩尔吸收系数**(molar absorption coefficient)。这个表达式称为**Beer-Lambert定律**(Beer-Lambert law)。A和ε的单位是什么?如果透射光的强度是入射光的25.0%,则样品的十进制吸光度是多少?在200 nm处,1.42×10^{-3} mol·L^{-1}的苯溶液的十进制吸光度为1.08。如果样品池的路径长度为1.21×10^{-3} m,则ε的值是多少?入射光通过这个苯样品的透射率是多少(通常用非SI单位L·mol^{-1}·cm^{-1}表示ε,因为l和c通常分别用cm和mol·L^{-1}表示。这种单位上的差异导致你需要注意因子10)?

15-39 Beer-Lambert定律(习题15-38)也可以写成

$$I=I_0\mathrm{e}^{-\sigma Nl}$$

式中N是每立方米的分子数;l是样品池的路径长度,单位是m。σ的单位是什么?该式中的常数σ称为**吸收截面**(absorption cross section)。导出σ与习题15-38中介绍的摩尔吸收系数ε的关系式。计算习题15-38中苯溶液的σ。

15-40 Beer-Lambert定律(习题15-38)也可以用自然对数来表示,而非以10为底的对数:

$$A_\mathrm{e}=\ln\frac{I_0}{I}=\kappa cl$$

在这种形式中,常数κ称为**摩尔纳皮尔吸收系数**(molar napierian absorption coefficient),A_e称为**纳皮尔吸光度**(napierian absorbance)。κ的单位是什么?导出κ和ε(见习题15-38)之间的关系式。确定习题15-38中苯溶液的κ值。

15-41 对第13章中光谱的重新考察表明,观测到的跃迁具有线宽。定义积分吸收强度A为

$$A=\int_{-\infty}^{+\infty}\kappa(\tilde{\nu})\,\mathrm{d}\tilde{\nu}$$

式中$\kappa(\tilde{\nu})$是以波数$\tilde{\nu}$表示的摩尔纳皮尔吸收系数(见习题15-40)。A的单位是什么?现在,假设吸收线的形状是高斯线,即

$$\kappa(\tilde{\nu})=\kappa(\tilde{\nu}_{\max})\mathrm{e}^{-\alpha(\tilde{\nu}-\tilde{\nu}_{\max})^2}$$

式中α是常数;$\tilde{\nu}_{\max}$是最大吸收频率。绘出$\kappa(\tilde{\nu})$。α与$\Delta\tilde{\nu}_{1/2}$在最大强度的一半处吸收线的宽度之间有什么关系?现在,证明:

$$A=1.07\kappa(\tilde{\nu}_{\max})\Delta\tilde{\nu}_{1/2}$$

$$\left[\text{提示:}\int_0^{+\infty}\mathrm{e}^{-\beta x^2}\mathrm{d}x=(\pi/4\beta)^{1/2}\text{。}\right]$$

习题参考答案

数学章节G 数值方法

二次方程 $ax^2+bx+c=0$ 有两个根,可由如下公式给出:

$$x=\frac{-b\pm\sqrt{b^2-4ac}}{2a}$$

因此,满足方程 $x^2+3x-2=0$ 的两个 x 值(称为根)是

$$x=\frac{-3\pm\sqrt{17}}{2}$$

虽然有三次和四次方程的根的一般公式,但它们使用起来很不方便,而且,没有五次或更多次方程的根的公式。不幸的是,在实践中我们经常遇到这样的方程,必须学会处理它们。幸运的是,随着手持计算器和个人计算机的出现,多项式方程和其他类型方程,如 $x-\cos x=0$ 的数值解法已很常见。尽管这些方程和其他方程可以通过“蛮力”试错法来解决,但更有组织的方法可以得到几乎任何所需精度的答案。也许最广为人知的方法是 Newton-Raphson 法,最好用图示来说明。图 G.1 绘出了函数 $f(x)$ 与 x 的关系。方程 $f(x)=0$ 的解用 x_* 表示。Newton-Raphson 法背后的思想是猜测 x 的初始值(称为 x_0),使其“足够接近”x_*,并在 x_0 处绘制 $f(x)$ 的切线,如图 G.1 所示。通常,通过水平轴的切线的延伸将比 x_0 更接近 x_*。我们用 x_1 来代表这个 x 值,并重复该过程,用 x_1 得到一个新的值 x_2,该值将更接近 x_*。通过重复这个过程(称为迭代),则可以以几乎任何期望的精度逼近 x_*。

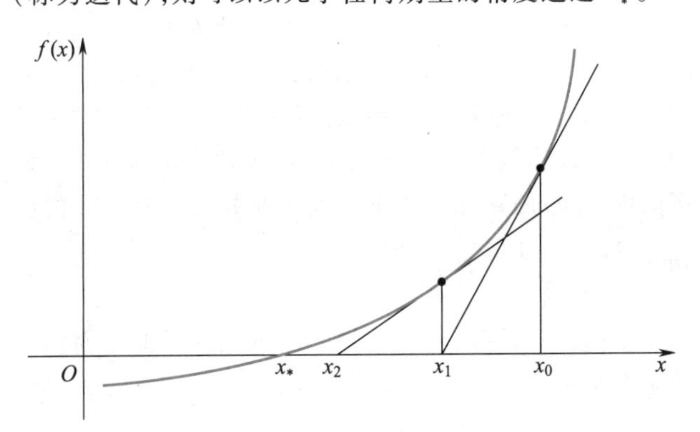

图 G.1 Newton-Raphson 法的图示说明。

使用图 G.1 可以推导出用于计算 x 迭代值的简单公式。$f(x)$ 在 x_n 处的斜率 $f'(x_n)$ 为

$$f'(x_n)=\frac{f(x_n)-0}{x_n-x_{n+1}}$$

解这个方程,得

$$x_{n+1}=x_n-\frac{f(x_n)}{f'(x_n)} \tag{G.1}$$

这是 Newton-Raphson 法的迭代公式。作为这个公式的一个应用,考虑如下化学反应方程式:

$$2NOCl(g) \rightleftharpoons 2NO(g)+Cl_2(g)$$

其相关平衡常数在某一温度下为 2.18(化学平衡将在第 26 章讨论,此处只是使用下面的代数方程作为例子)。如果在反应容器中加入 1.00 atm 的 NOCl(g),则在平衡状态下,$P_{NOCl}=1.00-2x$,$P_{NO}=2x$,$P_{Cl_2}=x$;这些压强满足平衡常数表达式:

$$\frac{P_{NO}^2P_{Cl_2}}{P_{NOCl}^2}=\frac{(2x)^2x}{(1.00-2x)^2}=2.18$$

我们把它写成

$$f(x)=4x^3-8.72x^2+8.72x-2.18=0$$

由于化学反应方程式的化学计量,寻找的 x 的值必须在 0 和 0.5 之间,所以选择 0.250 作为初始猜测值(x_0)。表 G.1 显示了使用式(G.1)的结果。注意,我们仅用三步就收敛到三位有效数字。

表 G.1 应用 Newton-Raphson 法求解方程 $f(x)=4x^3-8.72x^2+8.72x-2.18=0$ 的结果。

n	x_n	$f(x_n)$	$f'(x_n)$
0	0.2500	-4.825×10^{-1}	5.110
1	0.3442	-4.855×10^{-2}	4.139
2	0.3559	-6.281×10^{-4}	4.033
3	0.3561	-1.704×10^{-5}	4.031
4	0.3561		

例题 G-1 在第 16 章中,我们将解如下三次方程:

$$x^3+3x^2+3x-1=0$$

用 Newton-Raphson 法求出这个方程的有五个有效数字的实根。

解 可将方程写成

$$f(x)=x^3+3x^2+3x-1=0$$

通过观察,解在 0 和 1 之间。令 $x_0=0.5$,可得

n	x_n	$f(x_n)$	$f'(x_n)$
0	0.500000	1.37500	6.7500
1	0.296300	0.178294	5.04118
2	0.260930	0.004809	4.76983
3	0.259920	−0.000005	4.76220
4	0.259920		

五位有效数字的解是 $x=0.25992$。请注意,$f(x_n)$ 在每一步都明显减小,因为当接近满足 $f(x)=0$ 的 x 值时,它也应如此,但是 $f'(x_n)$ 没有明显变化。同样的行为也可以在表 G.1 中看到。

尽管 Newton-Raphson 法很强大,但它并不总是有效的;当它起作用时,很明显这个方法是有效的;当它不起作用时,无效也可能更明显。方程 $f(x)=x^{1/3}=0$ 给出了一个引人注目的失败例子,其中 $x_*=0$。如果从 $x_0=1$ 开始,将得到 $x_1=-2$,$x_2=+4$,$x_3=8$ 等。图 G.2 显示了该方法无法收敛的原因。这里要传达的信息是,你应该先绘出$f(x)$,以了解相关的根的位置,并查看函数是否有特殊的性质。你应该完成练习题 G-1~G-9 来熟练使用 Newton-Raphson 法。

也有计算积分的数值方法。在微积分中学过,积分是在积分上、下限之间曲线和横轴之间的面积(曲线下的面积),所以

$$I=\int_a^b f(u)\,\mathrm{d}u \tag{G.2}$$

的值由图 G.3 中的阴影区域给出。回想一下微积分的一个基本定理,如果

$$F(x)=\int_a^x f(u)\,\mathrm{d}u$$

那么

$$\frac{\mathrm{d}F}{\mathrm{d}x}=f(x)$$

函数 $F(x)$有时被称为$f(x)$的不定积分。如果不存在导数为$f(x)$的初等函数 $F(x)$,则 $F(x)$的积分不能解析求值。我们所说的初等函数是指可以用多项式、三角函数、指数函数和对数函数的有限组合来表示的函数。

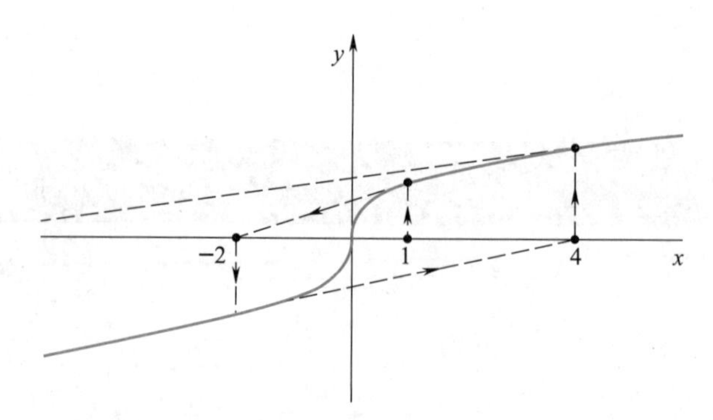

图 G.2 $y=x^{1/3}$ 的曲线,说明 Newton-Raphson 法在该情况下是失败的。

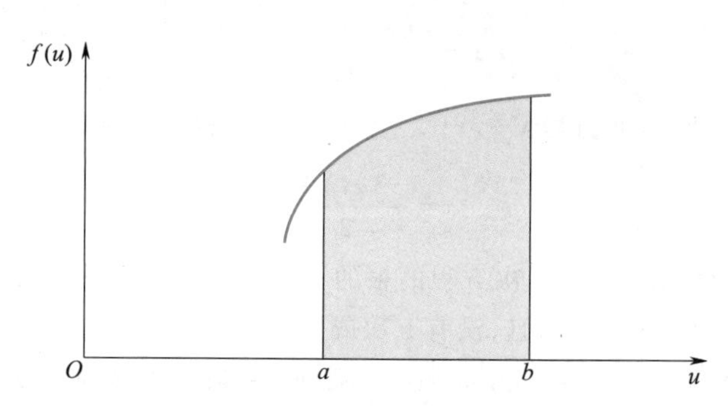

图 G.3 $f(u)$从 a 到 b 的积分由阴影面积给出。

事实证明,许多积分不能用解析法计算。一个特别重要的不能用初等函数表示的积分的例子是

$$\phi(x)=\int_0^x \mathrm{e}^{-u^2}\mathrm{d}u \tag{G.3}$$

式(G.3)用于定义(非初等)函数 $\phi(x)$。对于任意 x 的值,$\phi(x)$的值由曲线$f(u)=\mathrm{e}^{-u^2}$从 $u=0$ 到 $u=x$ 下的面积给出。

让我们考虑式(G.2)给出的更一般的情况或图 G.3 中的阴影面积。我们可以用很多方法来近似这个面积。首先,将区间(a,b)分成 n 个等间隔的子区间 u_1-u_0,u_2-u_1,…,u_n-u_{n-1},其中 $u_0=a$,$u_n=b$。设 $h=u_{j+1}-u_j$,其中 $j=0,1,\cdots,n-1$。图 G.4 显示了其中一个子区间的放大图,例如 u_j,u_{j+1}子区间。近似曲线下面积的一种方法是用一条直线连接点$f(u_j)$和$f(u_{j+1})$,如图 G.4 所示。在该区间内,$f(u)$的直线近似下的面积是矩形$[hf(u_j)]$的面积与三角形$\left\{\frac{1}{2}h[f(u_{j+1})-f(u_j)]\right\}$的面积之和。对所有区间使用这个近似,从 $u=a$ 到 $u=b$ 曲线下的总面积可由求和给出:

$$I\approx I_n=hf(u_0)+\frac{h}{2}[f(u_1)-f(u_0)]+$$

$$hf(u_1)+\frac{h}{2}[f(u_2)-f(u_1)]+$$

$$\vdots$$

$$hf(u_{n-2})+\frac{h}{2}[f(u_{n-1})-f(u_{n-2})]+$$

$$hf(u_{n-1})+\frac{h}{2}[f(u_n)-f(u_{n-1})]$$

$$=\frac{h}{2}[f(u_0)+2f(u_1)+2f(u_2)+\cdots+$$

$$2f(u_{n-1})+f(u_n)] \tag{G.4}$$

注意,式(G.4)中的系数为 1,2,2,…,2,1。对于 $n=10$ 左右的情况,式(G.4)很容易在手持计算器上实现;对于 n 较大的情况,则可以在个人计算机上使用电子表格实现。式(G.4)给出的积分近似称为**梯形近似法**(trapezoidal approximation)[误差是 Ah^2,式中 A 是一个常数,取决于函数 $f(u)$ 的性质,事实上,如果 M 是 $|f''(u)|$ 在区间 (a,b) 内的最大值,则误差不超过 $M(b-a)h^2/12$]。表 G.2 给出了 $n=10(h=0.1)$,$n=100(h=0.01)$ 和 $n=1000$ $(h=0.001)$ 时下式的值:

$$\phi(1)=\int_0^1 e^{-u^2}du \tag{G.5}$$

"公认的"值(使用更复杂的数值积分方法)是 0.74682413,到小数点后 8 位。

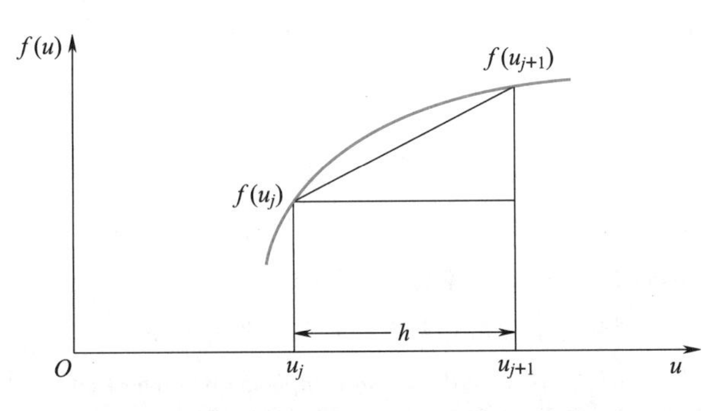

图 G.4　梯形近似的第 $j+1$ 子区间面积的图示。

表 G.2　将梯形近似[式(G.4)]和 Simpson 法则[式(G.6)]应用于式(G.5)给出的 $\phi(1)$ 的求值。精确到小数点后 8 位的值为 0.74682413。

n	h	I_n(梯形近似)	I_{2n}(Simpson 法则)
10	0.1	0.74621800	0.74682494
100	0.01	0.74681800	0.74682414
1000	0.001	0.74682407	0.74682413

通过不是用直线来近似图 G.4 中的 $f(u)$,可以开发一个更精确的数值积分路径。如果用二次函数近似 $f(u)$,有 **Simpson 法则**(Simpson's rule),其公式是

$$I_{2n}=\frac{h}{3}[f(u_0)+4f(u_1)+2f(u_2)+4f(u_3)+2f(u_4)+\cdots+$$

$$2f(u_{2n-2})+4f(u_{2n-1})+f(u_{2n})] \tag{G.6}$$

注意系数为 1,4,2,4,2,4,…,4,2,4,1。我们把 I_{2n} 写在式(G.6)中,因为 Simpson 法则要求有偶数个区间。表 G.2 给出了当 $n=10,100$ 和 1000 时,式(G.5)中 $\phi(1)$ 的值。注意,当 $n=100$ 时,Simpson 法则的结果与"公认的"值在小数点后第八位仅差一个单位。与梯形近似法相比,Simpson 法则的误差按 h^4 变化,而不是 h^2。实际上,如果 M 是区间 (a,b) 内 $|f^{(4)}(u)|$ 的最大值,则误差不超过 $M(b-a)h^4/180$。练习题 G-10~G-13 说明了梯形近似和 Simpson 法则的使用。

» 例题 G-2　有种理论(Debye 提出)给出了单原子晶体的摩尔热容,即

$$\overline{C}_V=9R\left(\frac{T}{\Theta_D}\right)^3\int_0^{\Theta_D/T}\frac{x^4e^x}{(e^x-1)^2}dx$$

式中 R 为摩尔气体常数($8.314\ J\cdot mol^{-1}\cdot K^{-1}$),$\Theta_D$,即 Debye 温度,是结晶物质的特征参数。已知铜的 $\Theta_D=309$ K,计算铜在 $T=103$ K 时的摩尔热容。

» 解　在 $T=103$ K 时,数值计算的基本积分为

$$I=\int_0^3\frac{x^4e^x}{(e^x-1)^2}dx$$

利用梯形近似[式(G.5)]和 Simpson 法则[式(G.6)],可得到如下 I 的值:

n	h	I_n(梯形近似)	I_{2n}(Simpson 法则)
10	0.3	5.9725	5.9648
100	0.03	5.9649	5.9648
1000	0.003	5.9648	5.9648

103 K 时的摩尔热容为

$$\overline{C}_V=9R\left(\frac{1}{3}\right)^3 I$$

或 $\overline{C}_V=16.5\ J\cdot mol^{-1}\cdot K^{-1}$,与实验值一致。

虽然 Newton-Raphson 法和 Simpson 法则可以很容易地在电子表格上实现,但是有许多易于使用的数值软件包,如 *MathCad*,*Kaleidagraph*,*Mathematica* 和 *Maple* 等,可以通过更复杂的数值方法来计算代数方程的根和积分。

练习题

G-1 解方程 $x^5+2x^4+4x=5$,求位于 0 到 1 之间的根,保留四位有效数字。

G-2 用 Newton-Raphson 法推导迭代公式:

$$x_{n+1}=\frac{1}{2}\left(x_n+\frac{A}{x_n}\right)$$

以获得$\sqrt{A}$的值。这个公式是由一位巴比伦数学家在2000 多年前发现的。用这个公式计算$\sqrt{2}$,保留五位有效数字。

G-3 用 Newton-Raphson 法求解方程 $e^{-x}+(x/5)=1$,保留四位有效数字。这个方程出现在习题 1-5 中。

G-4 考虑 300 K 时化学反应方程式:

$$CH_4(g)+H_2O(g) \rightleftharpoons CO(g)+3H_2(g)$$

所描述的化学反应,如果在反应容器中加入 1.00 atm 的 $CH_4(g)$和 $H_2O(g)$,则平衡压力符合以下公式:

$$\frac{P_{CO}P_{H_2}^3}{P_{CH_4}P_{H_2O}}=\frac{(x)(3x)^3}{(1-x)(1-x)}=26$$

解方程求 x。

G-5 在第 16 章,我们将解如下三次方程:

$$64x^3+6x^2+12x-1=0$$

用 Newton-Raphson 法找出这个方程唯一的实根,保留五位有效数字。

G-6 解方程 $x^3-3x+1=0$,得到所有三个根,保留四位小数。

G-7 在例题 16-3 中,我们将解如下三次方程:

$$\overline{V}^3-0.1231\overline{V}^2+0.02056\overline{V}-0.001271=0$$

使用 Newton-Raphson 法找到这个方程在 $\overline{V}=0.1$ 附近的根。

G-8 在第 16-3 节中,我们将解如下三次方程:

$$\overline{V}^3-0.3664\overline{V}^2+0.03802\overline{V}-0.001210=0$$

使用 Newton-Raphson 法,证明这个方程的三个根分别是 0.07073,0.07897 和 0.2167。

G-9 Newton-Raphson 方法并不局限于多项式方程。例如,在习题 4-38 中,我们通过在同一张图上绘制曲线 $\varepsilon^{1/2}\tan\varepsilon^{1/2}$ 和$(12-\varepsilon)^{1/2}$,并根据两条曲线的交点来求解方程

$$\varepsilon^{1/2}\tan\varepsilon^{1/2}=(12-\varepsilon)^{1/2}$$

发现 $\varepsilon=1.47$ 和 11.37。用 Newton-Raphson 法求解上述方程,得到相同的值 ε。

G-10 用梯形近似和 Simpson 法则来求值:

$$I=\int_0^1\frac{dx}{1+x^2}$$

这个积分可以通过解析方法求解,结果是 $\tan^{-1}(1)$,等于 $\pi/4$,所以到小数点后八位的值为 $I=0.78539816$。

G-11 通过下式计算 ln2,保留六位小数:

$$\ln 2=\int_1^2\frac{dx}{x}$$

n 为多少才能保证六位小数的准确性?

G-12 用 Simpson 法则求值:

$$I=\int_0^{+\infty}e^{-x^2}dx$$

并将你的结果与精确值$\sqrt{\pi}/2$进行比较。

G-13 积分

$$I=\int_0^{+\infty}\frac{x^3dx}{e^x-1}$$

出现在习题 1-42 中,当时使用它的精确值 $\pi^4/15$。用 Simpson 法则计算 I,保留六位小数。

G-14 对于在 0.200 到 0.300 之间的 α 值,使用数学软件包(如 *MathCad*,*Kaleidagraph* 或 *Mathematica*)计算积分:

$$S=4\pi^{1/2}\left(\frac{2\alpha}{\pi}\right)^{3/4}\int_0^{+\infty}r^2e^{-r}e^{-\alpha r^2}dr$$

并证明 S 在 $\alpha=0.271$ 处有最大值(见习题 11-11)。

练习题参考答案

气体的性质

▶ **科学家介绍**

到目前为止，我们已经学习了有关单个原子和分子的性质。在本书的其余部分，将研究由大量原子和分子组成的系统。特别地，将探究系统宏观性质之间的关系，以及这些性质与组成系统的原子和分子性质之间的依赖关系。从气体的性质开始研究。首先，将讨论理想气体方程，然后是对该方程的一些扩展，其中 van der Waals 方程是最著名的。尽管 van der Waals 方程在一定程度上解释了偏离理想气体行为的现象，但更系统和准确的方法是使用所谓的位力展开式，这是一个将气体压力表示为密度多项式的表达式。我们将把这个多项式中的系数与气体分子之间的相互作用能关联起来。这一关系将引导我们讨论分子如何相互作用。我们将发现，偏离理想气体行为的现象对于了解分子相互作用提供了许多有用的信息。

16－1 当足够稀薄时所有气体的行为都是理想的

如果气体足够稀薄，其组成分子之间的平均距离将会足够远，便可以忽略它们的相互作用，其遵循的状态方程是

$$PV = nRT \tag{16.1a}$$

如果方程两边同时除以 n，就得到

$$P\overline{V} = RT \tag{16.1b}$$

式中 $V = \overline{V}/n$ 为摩尔体积。我们总是在符号上方画一条线来表示摩尔量。式(16.1a)和式(16.1b)均称为**理想气体状态方程**(ideal-gas equation of state)，即使是高中生也很熟悉。式(16.1)称为状态方程，是因为它为给定数量的气体提供了气体压力、体积和温度之间的关系。遵循式(16.1)的气体称为理想气体，或者说该气体的行为是理想的。

V 和 $\overline{V}$ 之间的区别说明了用于描述宏观系统的量或变量的一个重要特性。这些量有两种类型，称为广度量和强度量。**广度量**(extensive quantities)或**广度变量**(extensive variables)与系统的大小成正比。体积、质量和能量都是广度量的例子。**强度量**(intensive quantities)，或**强度变量**(intensive variables)不取决于系统的大小。压力、温度和密度是强度量的例子。如果将广度量除以系统中的粒子数或摩尔数，就得到了强度量。例如，$V(\mathrm{dm^3})$是一广度量，但 $\overline{V}(\mathrm{dm^3 \cdot mol^{-1}})$则是一强度量。在描述化学系统的性质时，区分广度量和强度量是很重要的。

式(16.1)在化学课程中如此频繁地出现的原因是，只要气体足够稀薄，所有气体都遵循式(16.1)。气体的任何个体特性，如分子的形状或大小，或者分子之间的相互作用，在式(16.1)中都被忽略了。从某种意义上说，这些方程是所有气体的一个共同基准。从实验上看，大多数气体在 1 atm 和 0 ℃时，与式(16.1)偏差约为 1%。

式(16.1)要求我们使用由国际纯粹与应用化学联合会(IUPAC)采用的国际单位制(SI)。例如，虽然体积的 SI 单位是 $\mathrm{m^3}$，但单位 L 被定义为 1 $\mathrm{dm^3}$，在 IUPAC 系统中也是可接受的体积单位。压力的 SI 单位是 Pa($\mathrm{Pa = N \cdot m^{-2} = kg \cdot m^{-1} \cdot s^{-2}}$)。回想一下，牛顿是力的 SI 单位，因此我们可以看到压力是单位面积的力。压力可以通过观察气体支撑的液体(通常是汞)柱有多高来进行实验测量。如果 m 是液体的质量，g 是重力加速度，那么压力可由下式给出：

$$P = \frac{F}{A} = \frac{mg}{A} = \frac{\rho hAg}{A} = \rho hg \tag{16.2}$$

式中 A 是柱的底面积；ρ 是流体的密度；h 是柱的高度。重力加速度等于 9.8067 $\mathrm{m \cdot s^{-2}}$，或 980.67 $\mathrm{cm \cdot s^{-2}}$。请注

意，在式(16.2)中，面积会相互抵消。

» 例题 16－1　计算 76.000 cm 的汞柱所施加的压力。取汞的密度为 13.596 g·cm^{-3}。

» 解　$P=(13.596\ \text{g}\cdot\text{cm}^{-3})(76.000\ \text{cm})\times(980.67\ \text{cm}\cdot\text{s}^{-1})$

$=1.0133\times10^{6}\ \text{g}\cdot\text{cm}^{-1}\cdot\text{s}^{-2}$

$\text{Pa}=\text{N}\cdot\text{m}^{-2}=\text{kg}\cdot\text{m}^{-1}\cdot\text{s}^{-2}$，所以

$P=(1.0133\times10^{6}\ \text{g}\cdot\text{cm}^{-1}\cdot\text{s}^{-2})\times(10^{-3}\ \text{kg}\cdot\text{g}^{-1})(100\ \text{cm}\cdot\text{m}^{-1})$

$=1.0133\times10^{5}\text{Pa}=101.33\ \text{kPa}$

从严格意义上说，新教科书中应该使用 IUPAC 建议的 SI 单位，但压力的单位特别棘手。虽然 Pa 是压力的 SI 单位，而且可能会使用得越来越多，但 atm 无疑将继续被广泛使用。一个**大气压**（atmosphere）（atm）定义为 1.01325×10^{5} Pa = 101.325 kPa。[1 atm 曾经被定义为支撑 76.0 cm 水银柱的压力（见例题 16.1）]。请注意，1 kPa 大约是 1 atm 的 1%。1 atm 曾经是压力的标准，从某种意义上说，即之前表格里所列的物质的性质通常以 1 atm 为基准呈现的。随着转向 SI 单位，现在的标准压力是 1 bar，等于 10^{5} Pa 或 0.1 MPa。bar 与 atm 的关系为 1 atm = 1.01325 bar。另一个常用的压力单位是**托**（torr），它是支撑一个 1.00 mm 水银柱的压力，因此 1 torr = (1/760) atm。由于我们正处于从目前广泛使用的 atm 和 torr 到将来使用 bar 和 kPa 的过渡时期，物理化学专业的学生必须熟练掌握这两套压力单位。各压力单位之间的关系见表 16.1。

表 16.1　表示压力的各种单位。

1 Pa（帕斯卡）	$=1\text{N}\cdot\text{m}^{-2}=1\text{kg}\cdot\text{m}^{-1}\cdot\text{s}^{-2}$
1 atm（大气压）	$=1.01325\times10^{5}$ Pa
	= 1.01325 bar
	= 101.325 kPa
	= 1013.25 mbar
	= 760 torr
1 bar（巴）	$=10^{5}$ Pa = 0.1 MPa

在体积、压力和温度这三个量中，温度最难以概念化。我们将在后面提供温度的分子解释，但在这里给出一个操作定义。基本温度标度基于理想气体定律，即式(16.1)。具体而言，我们定义 T 为

$$T=\lim_{P\to0}\frac{P\overline{V}}{R}\tag{16.3}$$

因为在 $P\to0$ 的极限下，所有气体都表现得像理想气体。温度的单位是开尔文，用符号 K 表示。请注意，当温度以 K 表示时，我们不使用℃符号。由于 P 和 V 不能取负值，温度的最低可能值是 0 K。实验室中已经实现了低至 1×10^{-7} K 的温度。绝对零度（0 K）的温度对应于一种没有热能的物质。T 的最大值没有基本限制。当然，存在实际限制，在实验室中达到的 T 的最大值约为 10^{8} K，这是在核聚变研究设施的磁约束内产生的。

为了建立开尔文的单位，水的三相点被赋予了 273.16 K 的温度（我们将在第 23 章学习“三相点”的性质。对于我们目前的目的，知道一个物质的三相点对应于一个包含气体、液体和固体的平衡系统就足够了）。现在有了 0 K 和 273.16 K 的定义。然后，1 K 被定义为水的三相点温度的 1/273.16。这些对 0 K 和 273.16 K 的定义产生了一个线性的温度标尺。

图 16.1 给出了在不同压力下 Ar(g) 的实验 $\overline{V}$ 与 T 的关系。根据温度标度的定义，这些数据的外推表明，随着 $\overline{V}$ 趋近于 0，T 也趋近于 0。

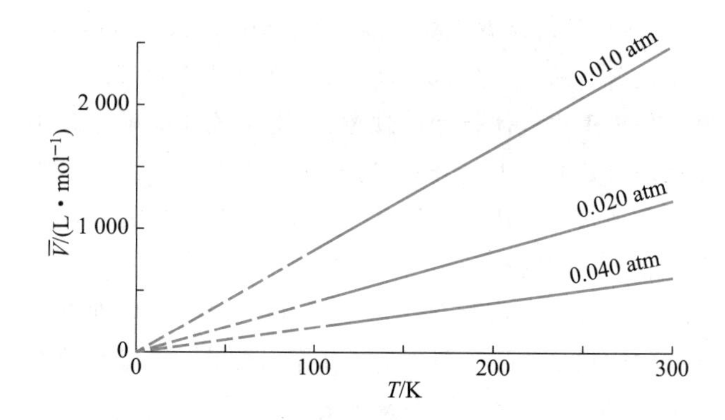

图 16.1　在 0.040 atm，0.020 atm 和 0.010 atm 时，Ar(g) 的实验摩尔体积（实线）对温度 T 的作图，所有三个压力均外推至原点（虚线）。

开尔文温标与常用的摄氏温标的关系是

$$t/℃=T/\text{K}-273.15\tag{16.4}$$

我们将使用小写字母 t 代表以℃为单位的温度，而大写字母 T 代表以 K 为单位的温度。同时请注意，度符号（°）与摄氏温标中的温度值相关联。式(16.4)告诉我们，0 K 等于−273.15 ℃，或者 0 ℃等于 273.15 K。由于实验室中广泛使用℃，物质在 0 ℃（273.15 K）和 25 ℃（298.15 K）的大量热力学数据被制表列出；后者通常被称为“室温”。

在足够低的压力下，任一气体表现得像理想气体，如果在 273.15 K 下测量该气体的 $P\overline{V}$，那么

$$P\overline{V} = R(273.15\ \mathrm{K})$$

图 16.2 显示了 273.15 K 时几种气体的 $P\overline{V}$对 P 的作图。所有绘制的数据在 P 趋近于 0 时都可外推到 $P\overline{V} = 22.414\ \mathrm{L \cdot atm \cdot mol^{-1}}$，此时气体表现出理想行为。因此，我们可以写出

$$R = \frac{P\overline{V}}{T} = \frac{22.414\ \mathrm{L \cdot atm \cdot mol^{-1}}}{273.15\mathrm{K}}$$
$$= 0.082058\ \mathrm{L \cdot atm \cdot mol^{-1} \cdot K^{-1}}$$

利用 $1\ \mathrm{atm} = 1.01325 \times 10^5\ \mathrm{Pa}$ 和 $1\ \mathrm{L} = 10^{-3}\ \mathrm{m^3}$ 的事实，有

$$R = (0.082058\ \mathrm{L \cdot atm \cdot mol^{-1} \cdot K^{-1}}) \times (1.01325 \times 10^5\ \mathrm{Pa \cdot atm^{-1}})(10^{-3}\ \mathrm{m^3 \cdot L^{-1}})$$
$$= 8.3145\ \mathrm{Pa \cdot m^3 \cdot mol^{-1} \cdot K^{-1}}$$
$$= 8.3145\ \mathrm{J \cdot mol^{-1} \cdot K^{-1}}$$

此处已经使用了 $1\ \mathrm{Pa \cdot m^3} = 1\ \mathrm{N \cdot m} = 1\ \mathrm{J}$ 的事实。由于将标准压力从 1 atm 改为 1 bar，了解以 $\mathrm{L \cdot bar \cdot mol^{-1} \cdot K^{-1}}$ 为单位的 R 值也是很有用的。利用 1 atm = 1.01325 bar 的事实，可得

$$R = (0.082058\ \mathrm{L \cdot atm \cdot mol^{-1} \cdot K^{-1}}) \times (1.01325\ \mathrm{bar \cdot atm^{-1}})$$
$$= 0.083145\ \mathrm{L \cdot bar \cdot mol^{-1} \cdot K^{-1}}$$
$$= 0.083145\ \mathrm{dm^3 \cdot bar \cdot mol^{-1} \cdot K^{-1}}$$

表 16.2 给出了不同单位的 R 值。

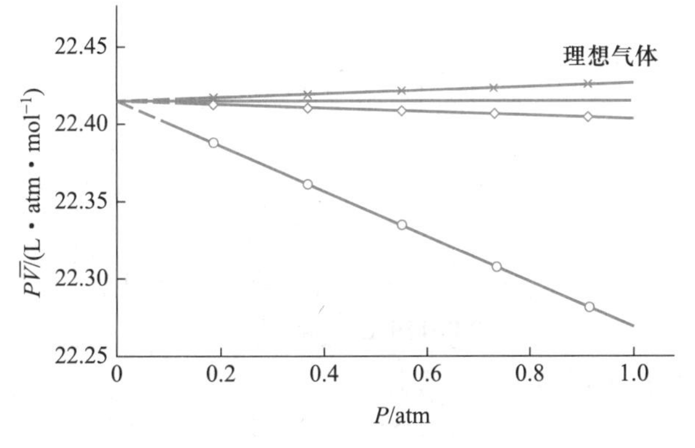

图 16.2　273.15 K 时 $H_2(g)$（×）、$N_2(g)$（◇）和 $CO_2(g)$（○）的 $P\overline{V}$对 P 的实验数值图。所有三种气体的数据在 P 趋近于 0 时（理想行为）都外推到 $P\overline{V} = 22.414\ \mathrm{L \cdot atm \cdot mol^{-1}}$ 的数值。

表 16.2　不同单位的摩尔气体常数 R 的值。

$R = 8.3145\ \mathrm{J \cdot mol^{-1} \cdot K^{-1}}$
$= 0.083145\ \mathrm{dm^3 \cdot bar \cdot mol^{-1} \cdot K^{-1}}$
$= 83.145\ \mathrm{cm^3 \cdot bar \cdot mol^{-1} \cdot K^{-1}}$
$= 0.082058\ \mathrm{L \cdot atm \cdot mol^{-1} \cdot K^{-1}}$
$= 82.058\ \mathrm{cm^3 \cdot atm \cdot mol^{-1} \cdot K^{-1}}$

16－2　van der Waals 方程和 Redlich－Kwong 方程是双参数状态方程的示例

在足够低的压力下，理想气体方程对所有气体都成立。然而，随着对一定量的气体施加的压力增大，与理想气体方程的偏差就会出现。这些偏差可以通过将 $P\overline{V}/RT$ 作为压力的函数绘制图形来显示，如图 16.3 所示。$P\overline{V}/RT$ 称为**压缩因子**（compressibility factor），用 Z 表示。请注意，在所有情况下，理想气体的 $Z = 1$。对于实际气体，在低压下 $Z = 1$，但在压力增大时，与理想行为的偏差（$Z \neq 1$）就会显现出来。在给定压力下，与理想行为偏差的程度取决于温度和气体的性质。越接近气体开始液化的点，其偏离理想行为的程度就越大。图 16.4 显示了在不同温度下甲烷的 Z 随 P 变化图。请注意，在较低温度下，Z 低于 1，但在较高温度下 Z 则高于 1。在较低温度下，分子运动较慢，因此更容易受到它们之间引力的影响。由于这些引力作用，分子被拉拢在一起，因此 $\overline{V}_{实际}$ 小于 $\overline{V}_{理想}$，从而导致压缩因子 Z 小于 1。在图 16.3 中可以看到类似的效应：曲线的顺序表明了分子间吸引力影响的顺序为 $CH_4 > N_2 > He$（在 300 K 时）。在较高温度下，分子运动得足够快，以至于它们之间的吸引作用远远小于 k_BT（在第 18 章中将看到 k_BT 是它们热能的一种量度）。在较高温度下，分子主要受到它们之间斥力的影响，这使得 $\overline{V} > \overline{V}_{理想}$，因此 $Z > 1$。

对于理想气体，分子被视为是相互独立运动的，没有任何分子间相互作用。图 16.3 和图 16.4 显示，在高压下，这种图像是不准确的，必须考虑分子间的吸引和排斥

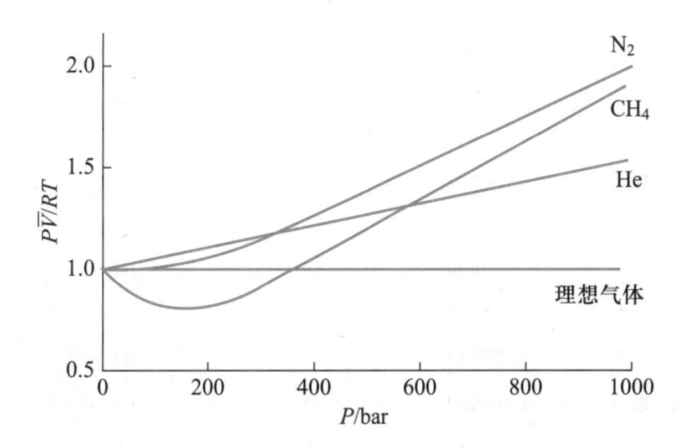

图 16.3　300 K 时，1 mol 氦气、氮气和甲烷的 $P\overline{V}/RT$ 与 P 的关系图。该图表明理想气体方程，即 $P\overline{V}/RT = 1$，在高压下不成立。

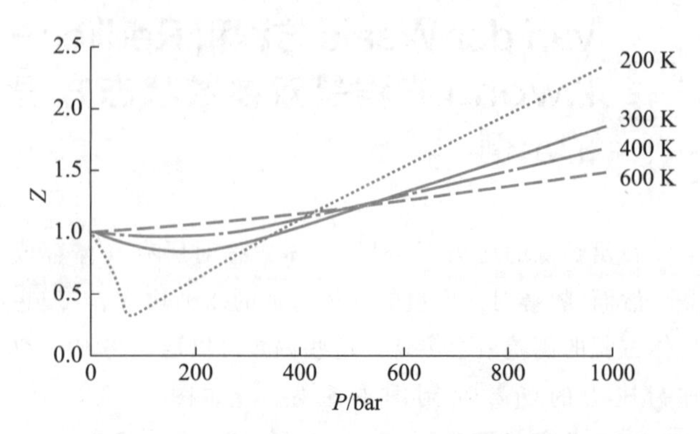

图 16.4 在不同温度下甲烷的压缩因子随压力变化图。该图表明在较高温度下,分子间引力的影响变得不那么重要。

相互作用。许多方程扩展了理想气体方程以考虑分子间的相互作用。其中最著名的可能是 **van der Waals 方程**(van der Waals equation),即

$$\left(P+\frac{a}{\overline{V}^2}\right)(\overline{V}-b)=RT \tag{16.5}$$

式中 $\overline{V}$ 代表摩尔体积。请注意,当 $\overline{V}$ 很大时,式(16.5)会简化为理想气体方程,这是必然的。式(16.5)中的常数 a 和 b 称为 **van der Waals 常数**(van der Waals constants),其数值取决于特定的气体(见表 16.3)。在第 1[illegible]中,我们将看到 a 的值反映了气体分子相互[illegible]强度,而 b 的值反映了分子的大小。

表 16.3 各种物质的 van d[illegible]常数。

物质	$a/(dm^6\cdot bar\cdot m$[illegible]	[illegible]$dm^6\cdot atm\cdot mol^{-2})$	$b/(dm^3\cdot mol^{-1})$
氦气	0.03[illegible]	0.034145	0.023733
氖气	[illegible]6	0.21382	0.017383
氩气	[illegible].3483	1.3307	0.031830
氪[illegible]	2.2836	2.2537	0.038650
[illegible]	0.24646	0.24324	0.026665
[illegible]氮气	1.3661	1.3483	0.038577
氧气	1.3820	1.3639	0.031860
一氧化碳	1.4734	1.4541	0.039523
二氧化碳	3.6551	3.6073	0.042816
氨气	4.3044	4.2481	0.037847
甲烷	2.3026	2.2725	0.043067
乙烷	5.5818	5.5088	0.065144
乙烯	4.6112	4.5509	0.058199
丙烷	9.3919	9.2691	0.090494
丁烷	13.888	13.706	0.11641
2-甲基丙烷	13.328	13.153	0.11645
戊烷	19.124	18.874	0.14510
苯	18.876	18.629	0.11974

下面使用式(16.5)计算 0 ℃时,占据 250 mL 容器的 1.00 mol $CH_4(g)$ 所施加的压力(以 bar 为单位)。从表 16.3 可知,甲烷的 $a=2.3026\ dm^6\cdot bar\cdot mol^{-2}$,$b=0.043067\ dm^3\cdot mol^{-1}$。如果将式(16.5)除以 $\overline{V}-b$,解出 P,则可得

$$P=\frac{RT}{\overline{V}-b}-\frac{a}{\overline{V}^2}$$

$$=\frac{(0.083145\ dm^3\cdot bar\cdot mol^{-1}\cdot K^{-1})(273.15\ K)}{0.250\ dm^3\cdot mol^{-1}-0.043067\ dm^3\cdot mol^{-1}}-\frac{2.3026\ dm^6\cdot bar\cdot mol^{-2}}{(0.250\ dm^3\cdot mol^{-1})^2}$$

$$=72.9\ bar$$

相比之下,理想气体方程预测得到 $P=90.8$ bar。与理想气体方程相比,van der Waals 方程的预测值与实验值 78.6 bar 更为一致。

van der Waals 方程定性地给出了图 16.3 和图 16.4 中所示的行为。将式(16.5)改写为如下形式:

$$Z=\frac{P\overline{V}}{RT}=\frac{\overline{V}}{\overline{V}-b}-\frac{a}{RT\overline{V}} \tag{16.6}$$

[illegible]高压下,式(16.6)中的第一项占主导地位,因为 $\overline{V}-b$ 变得很小;而在低压下,第二项占主导地位。

» 例题 16-2 使用 van der Waals 方程来计算在 300 K 和 200 atm 下乙烷的摩尔体积。

» 解 尝试用 van der Waals 方程求解时,会得到一个三次方程:

$$\overline{V}^3-\left(b+\frac{RT}{P}\right)\overline{V}^2+\frac{a}{P}\overline{V}-\frac{ab}{P}=0$$

必须使用 Newton-Raphson 法(数学章节 G)对其进行数值求解。使用表 16.3 中 a 和 b 的数值,可以得到

$$\overline{V}^3-(0.188\ L\cdot mol^{-1})\overline{V}^2+(0.0275\ L^2\cdot mol^{-1})\overline{V}-0.00179\ L^3\cdot mol^{-3}=0$$

由 Newton-Raphson 法可得

$$\overline{V}_{n+1}=\overline{V}_n-\frac{\overline{V}_n^3-0.188\ \overline{V}_n^2+0.0275\ \overline{V}_n-0.00179}{3\overline{V}_n^2-0.376\ \overline{V}_n+0.0275}$$

上式中,为了方便起见,省略了单位。理想气体的 $\overline{V}$ 值为 $\overline{V}_{ideal}=RT/P=0.123\ L\cdot mol^{-1}$。所以用 $0.1\ L\cdot mol^{-1}$ 作为初始猜测值。在这种情况下,可以得到

n	$\overline{V}_n/(L\cdot mol^{-1})$	$f(\overline{V}_n)/(L^3\cdot mol^{-3})$	$f'(\overline{V}_n)/(L^2\cdot mol^{-2})$
0	0.100	8.00×10^{-5}	2.00×10^{-2}
1	0.096	2.53×10^{-6}	1.90×10^{-2}
2	0.096		

实验值为 0.071 L · mol^{-1}。在这个例题之前对压力的计算以及在这个例题中对体积的计算表明，虽然 van der Waals 方程比理想气体方程更准确，但并不特别准确。下面将了解到，还有更准确的状态方程。

另外两个相对简单而更准确，因此更有用的状态方程是 **Redlich-Kwong 方程**(Redlich-Kwong equation)

$$P=\frac{RT}{\overline{V}-B}-\frac{A}{T^{1/2}\overline{V}(\overline{V}+B)} \tag{16.7}$$

和 **Peng-Robinson 方程**(Peng-Robinson equation)

$$P=\frac{RT}{\overline{V}-\beta}-\frac{\alpha}{\overline{V}(\overline{V}+\beta)+\beta(\overline{V}-\beta)} \tag{16.8}$$

式中 A,B,α 和 β 均是取决于气体的参数。表 16.4 列出了 Redlich-Kwong 方程中各种物质 A 和 B 的数值。Peng-Robinson 方程中的参数 α 是一个关于温度的相对复杂的函数，因此我们不会列出 α 和 β 的数值。类似于 van der Waals 方程(例题 16-2)，式(16.7)和式(16.8)可以写成 $\overline{V}$ 的三次方程。例如，Redlich-Kwong 方程可以表示为(习题 16-26)

$$\overline{V}^3-\frac{RT}{P}\overline{V}^2-\left(B^2+\frac{BRT}{P}-\frac{A}{T^{1/2}P}\right)\overline{V}-\frac{AB}{T^{1/2}P}=0 \tag{16.9}$$

习题 16-28 要求你证明，Peng-Robinson 状态方程也是 $\overline{V}$ 的三次方程。

表 16.4 各种物质的 Redlich-Kwong 方程参数。

物质	$A/(\mathrm{dm^6\cdot bar\cdot mol^{-2}\cdot K^{1/2}})$	$A/(\mathrm{dm^6\cdot atm\cdot mol^{-2}\cdot K^{1/2}})$	$B/(\mathrm{dm^3\cdot mol^{-1}})$
氦气	0.079905	0.078860	0.016450
氖气	1.4631	1.4439	0.012049
氩气	16.786	16.566	0.022062
氪气	33.576	33.137	0.026789
氢气	1.4333	1.4145	0.018482
氮气	15.551	15.348	0.026738
氧气	17.411	17.183	0.022082
一氧化碳	17.208	16.983	0.027394
二氧化碳	64.597	63.752	0.029677
氨气	87.808	86.660	0.026232
甲烷	32.205	31.784	0.029850
乙烷	98.831	97.539	0.045153
乙烯	78.512	77.486	0.040339
丙烷	183.02	180.63	0.062723
丁烷	290.16	286.37	0.08068
2-甲基丙烷	272.73	269.17	0.080715
戊烷	419.97	414.48	0.10057
苯	453.32	447.39	0.082996

» 例题 16-3 使用 Redlich-Kwong 方程计算出在 300 K 和 200 atm 下乙烷的摩尔体积。

» 解 将 $T=300$ K，$P=200$ atm，$A=97.539$ dm^6 · atm · mol^{-2} · K$^{1/2}$ 和 $B=0.045153$ dm^3 · mol^{-1} 代入式(16.9)，得到

$$\overline{V}^3-0.1231\,\overline{V}^2+0.02056\overline{V}-0.001271=0$$

为方便起见，式中省略了单位。通过 Newton-Raphson 方法求解此方程得到 $\overline{V}=0.0750$ dm^3 · mol^{-1}，与 van der Waals 方程的结果 $\overline{V}=0.096$ dm^3 · mol^{-1} 及实验结果 0.071 dm^3 · mol^{-1} 相比(参见例题 16-2)，Redlich-Kwong 方程的预测结果几乎是定量的，不像 van der Waals 方程，后者预测的 $\overline{V}$ 值偏大约 30 %。

图 16.5 比较了 400 K 时乙烷的压力与密度实验数据以及本章介绍的各种状态方程的预测结果。请注意，Redlich-Kwong 和 Peng-Robinson 方程几乎是定量的，而 van der Waals 方程在大于 200 bar 的压力下完全失效。Redlich-Kwong 方程和 Peng-Robinson 方程的一个引人注目的特点是它们在气体液化的区域几乎是定量的。例如，图 16.6 显示了 305.33 K 时乙烷的压力与密度数据，其中在约 40 bar 附近液化。图中的水平区域表示液体和蒸气达到平衡。请注意，Peng-Robinson 方程在液体-蒸气区域更好，而 Redlich-Kwong 方程则在高压下更好。van der Waals 方程没有显示，因为在这些条件下它给出了负值的压力。

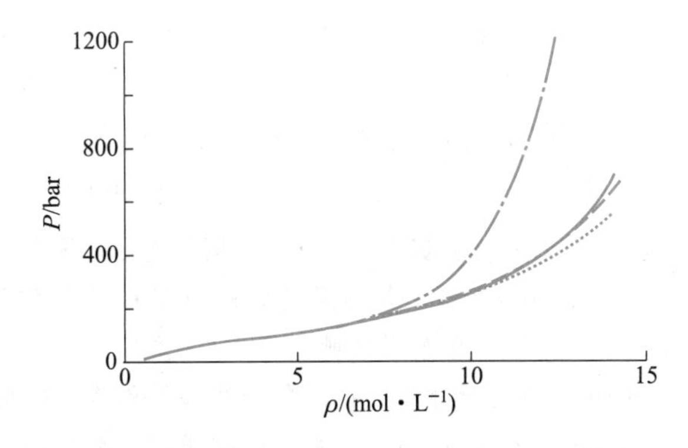

图 16.5 400 K 时，乙烷的压力与密度实验数据(——)与 van der Waals 方程的预测(-·-·-)、Redlich-Kwong 方程的预测(----)以及 Peng-Robinson 方程的预测(·······)进行比较。

尽管图 16.5 和图 16.6 仅显示了对乙烷的比较，但关于各方程相对准确性的结论是普遍的。一般而言，Redlich-Kwong 方程在高压下更为优越，而 Peng-Robinson 方程则在液体-蒸气区域更为优越。事实上，这两个状态方程被“构造”成如此。但还有更复杂的状态方程(其中一

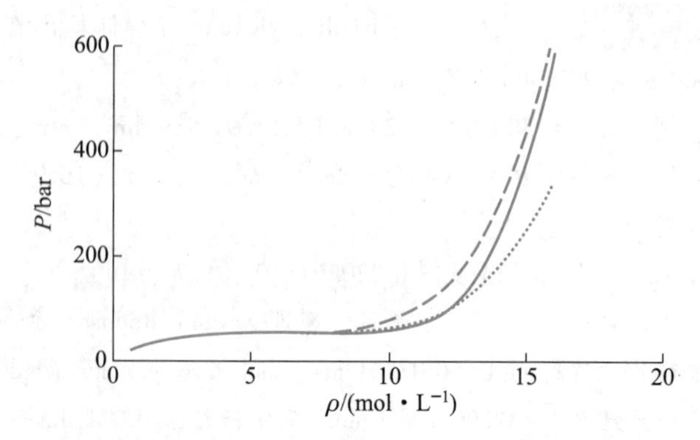

图 16.6　305.33 K 时，乙烷的压力与密度实验数据(——)与 Redlich-Kwong 方程的预测(----)以及 Peng-Robinson 方程的预测(……)进行比较。水平区域表示液体和蒸气处于平衡状态。

些包含 10 个以上参数！)，它们可以在更大范围内的压力、密度和温度下以高度准确的方式复现实验数据。

16-3　三次状态方程可以描述气体和液体的状态

一个能够写成体积 $\overline{V}$ 的三次方的状态方程的显著特征是，它们描述了物质的气态和液态区域。为了理解这一特征，首先讨论一些在恒定温度 T 下，实验测得的 P 与 $\overline{V}$ 的关系曲线，通常被称为**等温线**(isotherms)。图 16.7 展示了二氧化碳 P 和 $\overline{V}$ 的实验等温线，这些等温线在临界温度 T_c 附近。其中临界温度是指在此温度以上，无论压力如何，气体都不能被液化的温度。临界压力 P_c 和临界摩尔体积 $\overline{V}_c$ 分别是**临界点**(critical point)处的压力和摩尔体积。例如，对于二氧化碳，$T_c = 304.14$ T(30.99 ℃)，$P_c = 72.9$ atm，$\overline{V}_c = 0.094$ L · mol^{-1}。请注意，在图 16.7 中，当 T 从上方接近 T_c 时，等温线变平，并且在 T 小于 T_c 时存在水平区域。在水平区域，气体和液体相互平衡共存。图 16.7 中，连接水平线两端的虚线曲线称为**共存曲线**(coexistence curve)，因为该曲线内的任何点都对应于液体和气体彼此平衡共存。在该曲线上或曲线外的任何点，只有一个相存在。例如，在图中的 G 点处，只有气相。如果现在从 G 点开始，沿着 13.2 ℃ 等温线压缩气体，当达到水平线 A 点时，液体将首次出现。随着在 A 点处将摩尔体积为 0.3 L · mol^{-1} 的气体凝结至 D 点处摩尔体积约为 0.07 L · mol^{-1} 的液体，压力将保持恒定。达到 D 点后，随着体积进一步减小，压力将急剧增加。因为现在全部是液体，并且液体的体积随压力的变化很小。

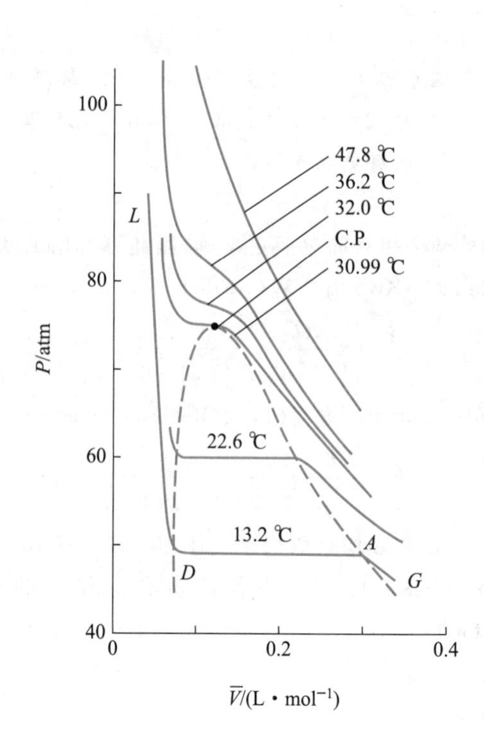

图 16.7　二氧化碳在其临界温度 30.99 ℃ 附近的实验压力-体积等温线。本文讨论了 G，A，D 和 L 点。

请注意，随着温度向临界温度增加，水平线缩短并在临界温度时消失。在这一点上，液体与其蒸气之间的弯月面消失了，液体和气体此时没有区别；表面张力消失，气相和液相都具有相同的(临界)密度。我们将在第 23 章更详细地讨论临界点。

图 16.8 显示了 van der Waals 方程和 Redlich-Kwong 方程有着相似的等温线。请注意，这两个状态方程给出了比较相似的图表。由于这些状态方程的近似性质，在 $T<T_c$ 的情况下得到了虚假的环线。图 16.9 显示了 $T<T_c$ 的单个 van der Waals 或 Redlich-Kwong 等温线。曲线 $GADL$ 是通过压缩气体实验观察到的曲线。绘制水平线 DA 使 DA 上下两侧的环面积相等[这种所谓的 **Maxwell 等面积构造**(Maxwell equal-area construction)将在第 23 章中得到证明]。GA 线代表气体的压缩。沿着 AD 线，液体和蒸气彼此处于平衡状态。A 点代表共存的蒸气，D 点代表液体。DL 线表示液体体积随压力增加的变化。这条线非常陡峭，是液体的相对不可压缩性造成的。AB 线是与过热蒸气对应的亚稳态区域，CD 线对应过冷液体。BC 线是 $(\partial P/\partial \overline{V})_T>0$ 的区域。这个条件表示不稳定的区域，在平衡系统中是观察不到的。

图 16.9 显示，如果温度低于临界温度，在给定压力下沿着 DA 线，可以得到三个体积值。这个结果与 van der Waals 方程可以写成(摩尔)体积的三次多项式的事

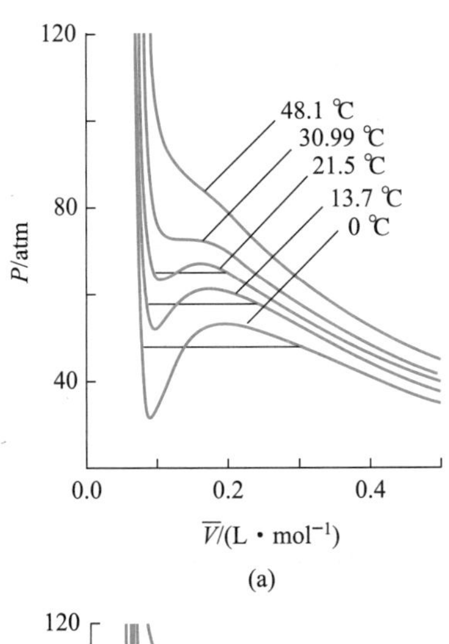

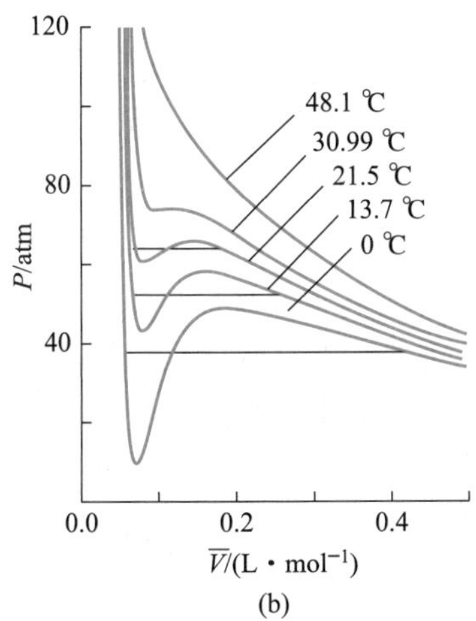

图 16.8 二氧化碳在其临界温度周围的压力-体积等温线，分别由（a）van der Waals 方程［式（16.5）］和（b）Redlich-Kwong 方程［式（16.7）］计算得出。

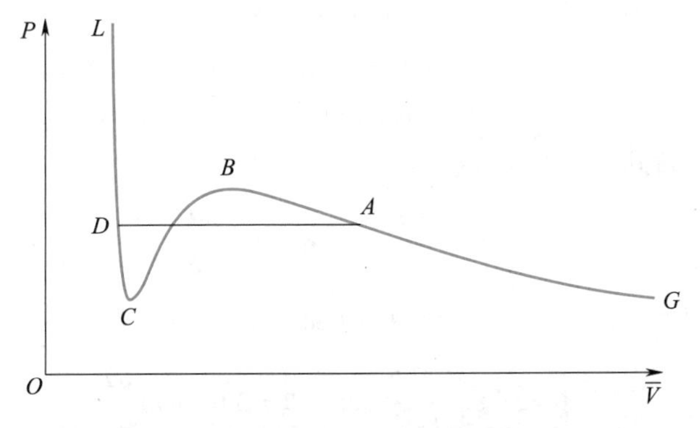

图 16.9 在临界温度以下的典型 van der Waals 压力-体积等温线。绘制出水平线以确保上下两侧的环面积相等。

实一致（参见例题 16-2）。D 点对应的体积是液体的摩尔体积，A 点对应的体积是与液体平衡的蒸气的摩尔体积，而位于 A 和 D 之间的第三个根是假的。

在 142.69 K 和 35.00 atm 下，氩气以两相平衡存在，液相和气相密度分别为 22.491 mol · L^{-1} 和 5.291 mol · L^{-1}。让我们看看在这种情况下 van der Waals 方程的预测。如例题 16-2 所示，可以将 van der Waals 方程写成

$$\overline{V}^3-\left(b+\frac{RT}{P}\right)\overline{V}^2+\frac{a}{P}\overline{V}-\frac{ab}{P}=0 \qquad (16.10)$$

使用表 16.3 中 a 和 b 的值，T = 142.69 K，P = 35.00 atm，式（16.10）可以变为

$$\overline{V}^3-0.3664\,\overline{V}^2+0.03802\overline{V}-0.001210=0$$

为了方便起见，式中省略了系数的单位。这个方程的三个根是 0.07073 L · mol^{-1}，0.07897 L · mol^{-1} 和 0.2167 L · mol^{-1}（习题 16-22）。最小的根代表液氩的摩尔体积，最大的根代表气体的摩尔体积。相应的密度分别为 14.14 mol · L^{-1} 和 4.615 mol · L^{-1}，与实验值（22.491 mol · L^{-1} 和 5.291 mol · L^{-1}）相差较大。Redlich-Kwong 方程给出 20.13 mol · L^{-1} 和 5.147 mol · L^{-1}，而 Peng-Robinson 方程给出 23.61 mol · L^{-1} 和 5.564 mol · L^{-1}（习题 16-23）。Redlich-Kong 方程和 Peng-Robinson 方程都比较准确，而 Peng-Robinson 方程在液相区的准确度高约 10 %。

图 16.7 中的 C.P.点是临界点，此时 $T=T_c$，$P=P_c$，且 $V=\overline{V}_c$。C.P. 点是一个拐点，因此

$$\left(\frac{\partial P}{\partial \overline{V}}\right)_T=0 \quad 和 \quad \left(\frac{\partial^2 P}{\partial \overline{V}^2}\right)_T=0 \quad（在临界点）$$

用这两个条件可以确定用 a 和 b 表示的临界常数（习题 16-25）。然而，一种更简单的方法是将 van der Waals 方程写成 $\overline{V}$ 的三次方程，即式（16.10）：

$$\overline{V}^3-\left(b+\frac{RT}{P}\right)\overline{V}^2+\frac{a}{P}\overline{V}-\frac{ab}{P}=0$$

这是一个三次方程，它有三个根。对于 $T>T_c$，只有一个根是实数（其他两个是复数），而对于 $T<T_c$ 和 $P\approx P_c$，所有三个根都是实数。在 $T=T_c$ 时，这三个根合并为一个，因此可以将式（16.10）写成 $(\overline{V}-\overline{V}_c)^3=0$，或者

$$\overline{V}^3-3\overline{V}_c\overline{V}^2+3\overline{V}_c^2\overline{V}-\overline{V}_c^3=0 \qquad (16.11)$$

如果将该式与临界点时的式（16.10）进行比较，则有

$$3\overline{V}_c=b+\frac{RT_c}{P_c}, \quad 3\overline{V}_c^2=\frac{a}{P_c} \quad 和 \quad \overline{V}_c^3=\frac{ab}{P_c} \qquad (16.12)$$

消去后两个公式中的 P_c，可得

$$\overline{V}_c=3b \qquad (16.13a)$$

代入式（16.12）的第三个公式，可得

$$P_c=\frac{a}{27b^2} \qquad (16.13b)$$

最后，将式（16.13a）和式（16.13b）代入式（16.12）的第一个公式，可得

$$T_c = \frac{8a}{27bR} \tag{16.13c}$$

表16.5给出了一些物质的临界常数。

表16.5 各种物质的实验临界常数。

物质	T_c/K	P_c/bar	P_c/atm	$\overline{V}_c$/(L·mol^{-1})	$P_c\overline{V}_c/RT_c$
氦气	5.1950	2.2750	2.2452	0.05780	0.30443
氖气	44.415	26.555	26.208	0.04170	0.29986
氩气	150.95	49.288	48.643	0.07530	0.29571
氪气	210.55	56.618	55.878	0.09220	0.29819
氢气	32.938	12.838	12.670	0.06500	0.30470
氮气	126.20	34.000	33.555	0.09010	0.29195
氧气	154.58	50.427	50.768	0.07640	0.29975
一氧化碳	132.85	34.935	34.478	0.09310	0.29445
氯气	416.9	79.91	78.87	0.1237	0.28517
二氧化碳	304.14	73.843	72.877	0.09400	0.27443
水	647.126	220.55	217.66	0.05595	0.2295
氨气	405.30	111.30	109.84	0.07250	0.23945
甲烷	190.53	45.980	45.379	0.09900	0.28735
乙烷	305.34	48.714	48.077	0.1480	0.28399
乙烯	282.35	50.422	49.763	0.1290	0.27707
丙烷	369.85	42.477	41.922	0.2030	0.28041
丁烷	425.16	37.960	37.464	0.2550	0.27383
2-甲基丙烷	407.85	36.400	35.924	0.2630	0.28231
戊烷	469.69	33.643	33.203	0.3040	0.26189
苯	561.75	48.758	48.120	0.2560	0.26724

用Redlich-Kwong方程的参数A和B表示的临界常数的值可以用类似的方式确定。数学计算稍微复杂一些，其结果是(习题16-27)

$$\overline{V}_c = 3.8473B, \quad P_c = 0.029894\frac{A^{2/3}R^{1/3}}{B^{5/3}} \quad 和$$

$$T_c = 0.34504\left(\frac{A}{BR}\right)^{2/3} \tag{16.14}$$

下面的例题表明，van der Waals方程和Redlich-Kwong方程对于$P_c\overline{V}_c/RT_c$值做出了有趣的预测。

» 例题 16-4 计算van der Waals方程和Redlich-Kwong方程的$P_c\overline{V}_c/RT_c$值。

» 解 将式(16.13b)乘以式(16.13a)并除以R，再除以式(16.13c)，得到

$$\frac{P_c\overline{V}_c}{RT_c} = \frac{1}{R}\left(\frac{a}{27b^2}\right)(3b)\left(\frac{27bR}{8a}\right) = \frac{3}{8} = 0.375 \tag{16.15}$$

类似地，Redlich-Kwong方程可以给出

$$\frac{P_c\overline{V}_c}{RT_c} = \frac{1}{R}\left(\frac{0.029894A^{2/3}R^{1/3}}{B^{5/3}}\right)(3.8473B)\left(\frac{(BR)^{2/3}}{0.34504A^{2/3}}\right)$$
$$= 0.33333 \tag{16.16}$$

式(16.15)和式(16.16)预测对于所有物质$P_c\overline{V}_c/RT_c$应该是相同的值，但对于这两个近似状态方程，数值上略有不同。表16.5中给出的$P_c\overline{V}_c/RT_c$的实验值表明，两个状态方程都不是定量的。Peng-Robinson方程对应的$P_c\overline{V}_c/RT_c$值为0.30740(习题16-28)，比van der Waals方程或Redlich-Kwong方程给出的值更接近实验值。然而，请注意，这三个状态方程都预测了$P_c\overline{V}_c/RT_c$的恒定值，且表16.5中的实验数据显示这个值确实相当恒定。这一观察是对比状态定律的一个例子，该定律指出，如果在相对于其临界点的相同条件下比较所有气体，那么它们的性质是相同的。在下一节将更深入地讨论对比状态定律。

虽然在式(16.13)中用a和b表示了$\overline{V}_c$，P_c和T_c，或者在式(16.14)中用A和B表示了$\overline{V}_c$，P_c和T_c，但实际上这些常数通常是用实验临界常数来计算的。因为每个状态方程有三个临界常数，但仅仅只有两个常数，这样做会有些模棱两可。例如，可以用式(16.13a)和式(16.13b)来根据$\overline{V}_c$和P_c求算a和b的值，或者使用另一对公式。由于P_c和T_c准确性更高，用式(16.13b)和式(16.13c)可以得到

$$a = \frac{27(RT_c)^2}{64P_c} \quad 和 \quad b = \frac{RT_c}{8P_c} \tag{16.17}$$

同样地，由式(16.14)可得到Redlich-Kwong常数：

$$A = 0.42748\frac{R^2T_c^{5/2}}{P_c} \quad 和 \quad B = 0.086640\frac{RT_c}{P_c} \tag{16.18}$$

表16.3和表16.4中的van der Waals常数和Redlich-Kwong常数都是用这种方法得到的。

» 例题 16-5 使用表16.5中的临界常数数据，计算乙烷的van der Waals常数。

» 解

$$a=\frac{27\ (0.083145\ \text{dm}^3\cdot\text{bar}\cdot\text{mol}^{-1}\cdot\text{K}^{-1})^2\ (305.34\ \text{K})^2}{64(48.714\ \text{bar})}$$

$$=5.5817\ \text{dm}^6\cdot\text{bar}\cdot\text{mol}^{-2}$$

$$=5.5088\ \text{dm}^6\cdot\text{atm}\cdot\text{mol}^{-2}$$

$$b=\frac{(0.083145\ \text{dm}^3\cdot\text{bar}\cdot\text{mol}^{-1}\cdot\text{K}^{-1})(305.34\ \text{K})}{8(48.714\ \text{bar})}$$

$$=0.065144\ \text{dm}^3\cdot\text{mol}^{-1}$$

» 例题 16-6 使用表 16.5 中的临界常数数据，计算乙烷的 Redlich-Kwong 常数 A 和 B。

» 解

$$A=0.42748\frac{(0.083145\ \text{dm}^3\cdot\text{bar}\cdot\text{mol}^{-1}\cdot\text{K}^{-1})^2\ (305.34\ \text{K})^{5/2}}{48.714\ \text{bar}}$$

$$=98.831\ \text{dm}^6\cdot\text{bar}\cdot\text{mol}^{-2}\cdot\text{K}^{1/2}$$

$$=97.539\ \text{dm}^6\cdot\text{atm}\cdot\text{mol}^{-2}\cdot\text{K}^{1/2}$$

$$B=0.086640\frac{(0.083145\ \text{dm}^3\cdot\text{bar}\cdot\text{mol}^{-1}\cdot\text{K}^{-1})(305.34\ \text{K})}{48.714\ \text{bar}}$$

$$=0.045153\ \text{dm}^3\cdot\text{mol}^{-1}$$

16-4 van der Waals 方程和 Redlich-Kwong 方程遵循对比状态定律

通过用式(16.12)的第二个等式表示为 a，用式(16.13a)表示为 b，将其代入式(16.5)，可以将 van der Waals 方程写成有趣且实用的形式，即

$$\left(P+\frac{3P_c\overline{V}_c^2}{\overline{V}^2}\right)\left(\overline{V}-\frac{1}{3}\overline{V}_c\right)=RT$$

除以 P_c 和 $\overline{V}_c$，得到

$$\left(\frac{P}{P_c}+\frac{3\overline{V}_c^2}{\overline{V}^2}\right)\left(\frac{\overline{V}}{\overline{V}_c}-\frac{1}{3}\right)=\frac{RT}{P_c\overline{V}_c}=\frac{RT}{\frac{3}{8}RT_c}=\frac{8}{3}\frac{T}{T_c}$$

式中已用式(16.15)表示了 $P_c\overline{V}_c$。现在，引入**对比量**(reduced quantities)：$P_R=P/P_c$，$\overline{V}_R=\overline{V}/\overline{V}_c$ 及 $T_R=T/T_c$，并用对比量来表示 van der Waals 方程：

$$\left(P_R+\frac{3}{\overline{V}_R^2}\right)\left(\overline{V}_R-\frac{1}{3}\right)=\frac{8}{3}T_R \qquad (16.19)$$

式(16.19)的特别之处是在该方程中没有任何与特定气体特征相关的量；它是所有气体的通用方程。例如，它表明在相同的 $\overline{V}_R$ 和 T_R 值下，所有气体的 P_R 值将相同。考虑 $CO_2(g)$ 和 $N_2(g)$ 的情况，其中 $\overline{V}_R=20$ 和 $T_R=1.5$。根据式(16.19)，当 $\overline{V}_R=20.0$ 且 $T_R=1.5$ 时，$P_R=0.196$。使用表 16.5 中给出的临界常数的值，可发现对比量 $P_R=0.196$，$\overline{V}_R=20.0$ 和 $T_R=1.5$ 对应于 $P_{CO_2}=14.3$ atm $=14.5$ bar，$\overline{V}_{CO_2}=1.9\ \text{L}\cdot\text{mol}^{-1}$ 和 $T_{CO_2}=456$ K，以及 $P_{N_2}=6.58$ atm $=6.66$ bar，$\overline{V}_{N_2}=1.8\ \text{L}\cdot\text{mol}^{-1}$ 和 $T_{N_2}=189$ K。在这些条件下，这两种气体被称为处于对比状态(相同的 P_R，$\overline{V}_R$ 和 T_R 值)。根据 van der Waals 方程，这些量之间存在式(16.19)的关系，因此式(16.19)是**对比状态定律**(law of corresponding states)的一个例子，即如果在相应条件下比较(相同的 P_R，$\overline{V}_R$ 和 T_R 值)，则所有气体具有相同的性质。

» 例题 16-7 用对比量表示 Redlich-Kwong 方程。

» 解 由式(16.9)得

$$A=0.42748\frac{R^2T_c^{5/2}}{P_c},\quad B=0.086640\frac{RT_c}{P_c}$$

将这些等式代入式(16.7)，可得

$$P=\frac{RT}{\overline{V}-0.086640\frac{RT_c}{P_c}}-\frac{0.42748R^2T_c^{5/2}/P_c}{T^{1/2}\overline{V}\left(\overline{V}+0.086640\frac{RT_c}{P_c}\right)}$$

右边第一项的分子和分母同时除以 $\overline{V}_c$，且第二项的分子和分母同时除以 $\overline{V}_c^2$，可得

$$P=\frac{RT/\overline{V}_c}{\overline{V}_R-0.086640\frac{RT_c}{P_c\overline{V}_c}}-\frac{0.42748R^2T_c^2/P_c\overline{V}_c^2}{T_R^{1/2}\overline{V}_R\left(\overline{V}_R+0.086640\frac{RT_c}{P_c\overline{V}_c}\right)}$$

等式两边同时除以 P_c，且利用第二项中 $P_c\overline{V}_c/RT_c=1/3$ 的事实，可得

$$P_R=\frac{RT/P_c\overline{V}_c}{\overline{V}_R-0.25992}-\frac{3.8473}{T_R^{1/2}\overline{V}_R(\overline{V}_R+0.25992)}$$

最后，将右边第一项的分子乘以 T_c 并除以 T_c，可得

$$P_R=\frac{3T_R}{\overline{V}_R-0.25992}-\frac{3.8473}{T_R^{1/2}\overline{V}_R(\overline{V}_R+0.25992)}$$

因此，我们看到，Redlich-Kwong 方程也遵循对比状态定律。

与 van der Waals 方程相关的压缩因子 Z 也符合对比状态定律。为了证明这一点，我们从式(16.6)开始，用式(16.12)的第二个方程代入 a，并将式(16.13b)代入 b，得到

$$Z=\frac{P\overline{V}}{RT}=\frac{\overline{V}}{\overline{V}-\frac{1}{3}\overline{V}_c}-\frac{3P_c\overline{V}_c^2}{RT\overline{V}}$$

现在用式(16.15)表示 $P_c\overline{V}_c$ 的第二项并引入对比量：

$$Z=\frac{\overline{V}_R}{\overline{V}_R-\frac{1}{3}}-\frac{9}{8\overline{V}_R T_R} \tag{16.20}$$

类似地,Redlich-Kwong 方程的压缩因子为(习题 16-30)

$$Z=\frac{\overline{V}_R}{\overline{V}_R-0.25992}-\frac{1.2824}{T_R^{3/2}(\overline{V}_R+0.25992)} \tag{16.21}$$

式(16.20)和式(16.21)将 Z 表示为 $\overline{V}_R$ 和 T_R,或任何其他两个对比量(如 P_R 和 T_R)的一个通用函数。虽然这些公式可用于说明对比状态定律,但它们是基于近似状态方程的。不管怎么说,对比状态定律对于很多种气体都是有效的。图 16.10 展示了 10 种气体在不同 T_R 值下,Z 随 P_R 变化的实验数据。请注意所有 10 种气体的数据都落在同一曲线上,因此比式(16.20)或式(16.21)更一般地说明了对比状态定律。在工程文献中有更广泛的图表,在实际应用中非常有用。

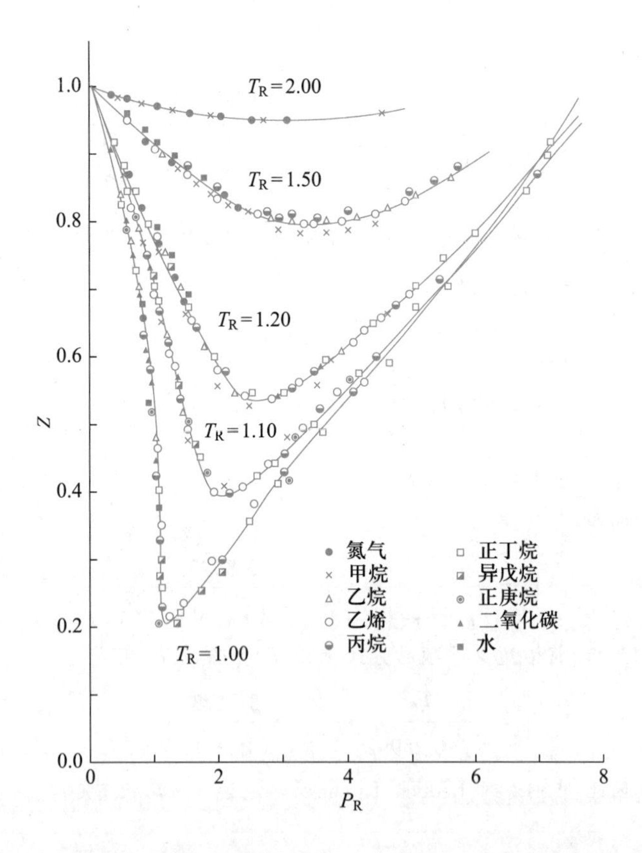

图 16.10 对比状态定律的示意图。压缩因子 Z 对显示的 10 种气体中每一种的对比压力 P_R 进行作图。每条曲线代表一个给定的对比温度。请注意,对于一个特定的对比温度,所有 10 种气体都落在同一曲线上,因为使用的是对比量。

» 例题 16-8 使用图 16.10 来估算 215 ℃和 400 bar 时氨的摩尔体积。

» 解 用表 16.5 中的临界常数数据,有 $T_R=1.20, P_R=3.59$。图 16.10 显示了在这些条件下 $Z\approx 0.60$。摩尔体积为

$$\begin{aligned}\overline{V}&\approx\frac{RTZ}{P}\\&=\frac{(0.08314\ \mathrm{L\cdot bar\cdot mol^{-1}\cdot K^{-1}})(488\ \mathrm{K})(0.60)}{400\ \mathrm{bar}}\\&\approx 0.061\ \mathrm{L\cdot mol^{-1}}=61\ \mathrm{cm^3\cdot mol^{-1}}\end{aligned}$$

对比状态定律有一个很好的物理解释。我们用来描述气体的任何温度标度本质上都是任意的。即使以基础零温度为标准的开尔文刻度,在某种意义上也是任意的,因为开尔文刻度上一度的大小是任意的。因此,我们赋予温度的数值对气体而言是无意义的。但是气体确实"知道"其临界温度,并因此"意识到"其相对于临界温度的温度或对比温度 $T_R=T/T_c$。类似地,压力和体积的标度是我们设定的,但对比压力和对比体积对特定气体而言是有意义的量。因此,在相同条件下,任何具有一定对比温度、压力和体积的气体的行为都会相同。

16-5 第二位力系数可以用来确定分子间势能

在理论基础方面最为坚实的最基本的状态方程是**位力状态方程**(virial equation of state)。位力状态方程将压缩因子表示为关于 $1/\overline{V}$ 的多项式,即

$$Z=\frac{P\overline{V}}{RT}=1+\frac{B_{2V}(T)}{\overline{V}}+\frac{B_{3V}(T)}{\overline{V}^2}+\cdots \tag{16.22}$$

该表达式中的系数仅是温度的函数,称为**位力系数**(virial coefficients)。特别地,$B_{2V}(T)$ 称为**第二位力系数**(second virial coefficient),$B_{3V}(T)$ 称为第三位力系数,以此类推。在后面将看到,其他性质(如能量和熵)可以表示为关于 $1/\overline{V}$ 的多项式,一般这些关系称为**位力展开式**(virial expanslons)。

压缩因子也可被表示为关于 P 的多项式,即

$$Z=\frac{P\overline{V}}{RT}=1+B_{2P}(T)P+B_{3P}(T)P^2+\cdots \tag{16.23}$$

式(16.23)也称为位力展开式或位力状态方程。位力系数 $B_{2V}(T)$ 和 $B_{2P}(T)$ 之间有如下关系(习题 16-36):

$$B_{2V}(T)=RTB_{2P}(T) \tag{16.24}$$

请注意在式(16.22)或式(16.23)中,当 $\overline{V}$ 变大或 P 变小时,Z 趋近于 1,正如它应该的那样。对于 25 ℃时不同压

力下的氩气，表 16.6 给出了式(16.22)中各项的数量级。请注意，即使在 100 bar 的压力下，前三项就足以计算 Z。

表 16.6 对于 25 ℃的氩气，Z 的位力展开式[式(16.22)]中前几项的贡献。

P/bar	$Z=P\overline{V}/RT$
	$1+\dfrac{B_{2V}(T)}{\overline{V}}+\dfrac{B_{3V}(T)}{\overline{V}^2}+$其他剩余的项
1	$1-0.00064+0.00000+(+0.00000)$
10	$1-0.00648+0.00020+(-0.00007)$
100	$1-0.06754+0.02127+(-0.00036)$
1000	$1-0.38404+0.08788+(+0.37232)$

第二位力系数是最重要的位力系数，因为它反映了随气体压力增大(或体积减小)时与理想行为的首个偏离。因此，它是最容易测量的位力系数，并且对许多气体都有详细的数据。根据式(16.23)，可以通过 Z 对 P 作图并测量其斜率来实验测定第二位力系数，如图 16.11 所示。图 16.12 显示了对于氦气、氮气、甲烷和二氧化碳，$B_{2V}(T)$ 随温度变化的关系。请注意，$B_{2V}(T)$ 在低温下为负，并随温度升高而增大，最终经过一个相对较浅的最大值(在图 16.12 中仅在氦气中可观察到)。$B_{2V}(T)$ 等于 0 的温度称为 **Boyle 温度**(Boyle temperature)。在 Boyle 温度下，分子间相互作用的排斥和吸引部分互相抵消，气体呈现出理想行为(忽略第二位力系数以后的影响)。

式(16.22)和式(16.23)不仅用于总结实验 $P-V-T$ 数据，还让我们能够推导位力系数与分子间相互作用之间的精确关系。考虑两个相互作用的分子，如图 16.13

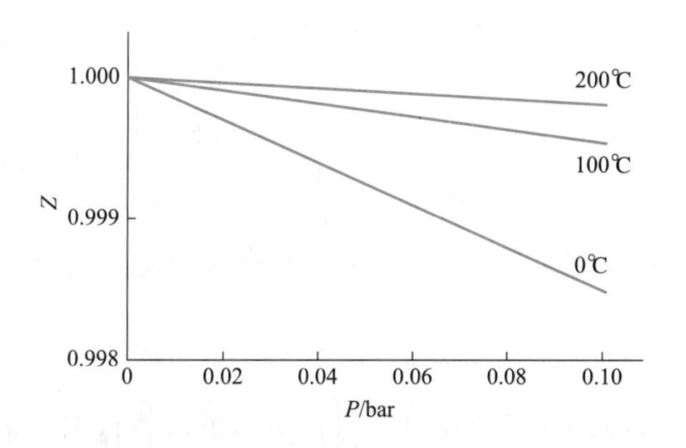

图 16.11 在 0 ℃，100 ℃和 200 ℃且低压下，$NH_3(g)$ 的 Z 对 P 作图。根据式(16.23)和式(16.24)，曲线的斜率等于 $B_{2V}(T)/RT$。相应的斜率分别给出了 $B_{2V}(0\ ℃)=-0.345\ \mathrm{dm^3\cdot mol^{-1}}$，$B_{2V}(100\ ℃)=0.142\ \mathrm{dm^3\cdot mol^{-1}}$，以及 $B_{2V}(200\ ℃)=-0.075\ \mathrm{dm^3\cdot mol^{-1}}$。

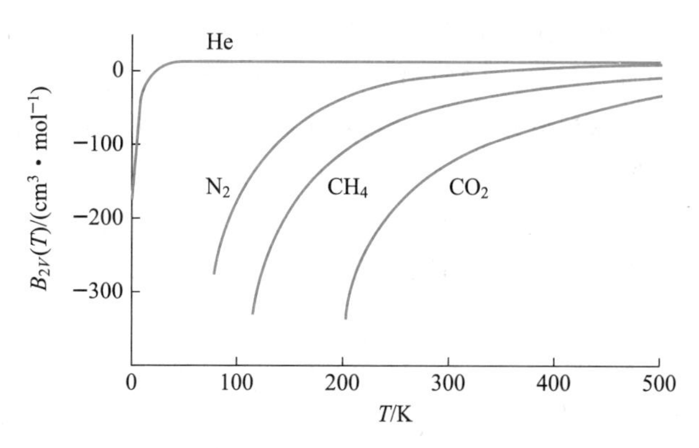

图 16.12 几种气体的第二位力系数 $B_{2V}(T)$ 随温度变化关系图。请注意 $B_{2V}(T)$ 在低温下是负的，并且随着温度的升高而增大，直到它通过一个浅的最大值(这里只在氦气中能观察到)。

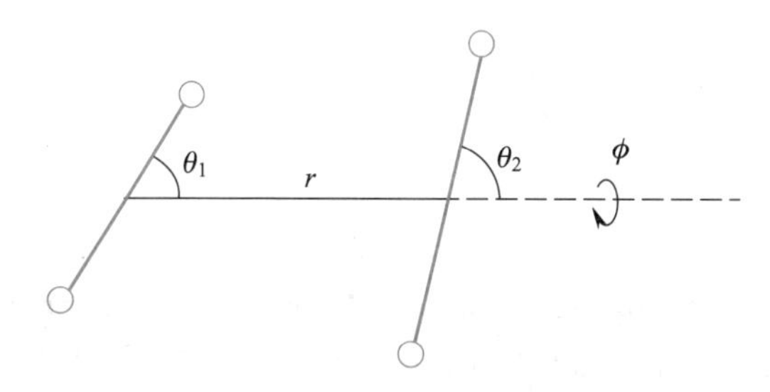

图 16.13 两个相互作用的线形分子。一般来说，两个分子之间的相互作用取决于它们中心之间的距离(r)和它们的取向(θ_1,θ_2 及 ϕ)。

所示。这两个分子之间的相互作用取决于它们中心之间的距离 r 及它们的取向。由于分子在转动，它们的取向部分平均化。因此，为了简单起见，假设相互作用仅取决于 r。这种近似对许多分子来说是令人满意的，特别是对于那些极性不是很强的分子。如果用 $u(r)$ 表示两个分子之间距离为 r 时的势能，那么第二位力系数 $B_{2V}(T)$ 与 $u(r)$ 之间的关系为

$$B_{2V}(T)=-2\pi N_A\int_0^{+\infty}\left[e^{-u(r)/k_BT}-1\right]r^2\mathrm{d}r \quad (16.25)$$

式中 N_A 是阿伏伽德罗常数；k_B 是玻尔兹曼常数，即摩尔气体常数 R 除以阿伏伽德罗常数。请注意，如果 $u(r)=0$，则 $B_{2V}(T)=0$；换句话说，如果没有分子间相互作用，气体就不会偏离理想行为。

式(16.25)表明，一旦知道 $u(r)$，就很容易计算作为温度函数的 $B_{2V}(T)$，反之亦然，如果已知 $B_{2V}(T)$，也可以确定 $u(r)$。原则上，$u(r)$ 可以通过量子力学计算，但这是一个困难的计算问题。然而，从微扰理论中可以得到，对于大的 r 值，有

$$u(r)\longrightarrow-\frac{c_6}{r^6} \quad (16.26)$$

在这个表达式中,c_6 是一个常数,其值取决于特定的相互作用分子。式(16.26)中的负号表示两个分子之间相互吸引。这种引力是导致物质在足够低的温度下凝结的原因。对于小的距离,目前没有已知的类似式(16.26)的确切表达式,但它必须具有反映两个分子在靠近时发生的排斥的形式。通常,假设对于小的 r 值,有

$$u(r) \to \frac{c_n}{r^n} \tag{16.27}$$

在式(16.27)中,n 是一个整数,通常取为12;c_n 是一个常数,其值取决于这两个分子。

一个包含式(16.26)的长程(吸引)行为和式(16.27)的短程(排斥)行为的分子间势能就是两者之和。如果取 n 为12,那么

$$u(r) = \frac{c_{12}}{r^{12}} - \frac{c_6}{r^6} \tag{16.28}$$

式(16.28)通常写为

$$u(r) = 4\varepsilon\left[\left(\frac{\sigma}{r}\right)^{12} - \left(\frac{\sigma}{r}\right)^{6}\right] \tag{16.29}$$

式中 $c_{12} = 4\varepsilon\sigma^{12}$;$c_6 = 4\varepsilon\sigma^6$。式(16.29)称为 **Lennard-Jones 势**(Lennard-Jones potential),如图16.14所示。Lennard-Jones 势中的两个参数具有以下物理解释:ε 是势阱的深度,σ 是 $u(r)$ 等于0的距离(图16.14)。因此,ε 是分子相互吸引强度的一种度量,σ 则是分子大小的一种度量。许多分子的 **Lennard-Jones 参数**(Lennard-lanes parameters)列于表16.7中。

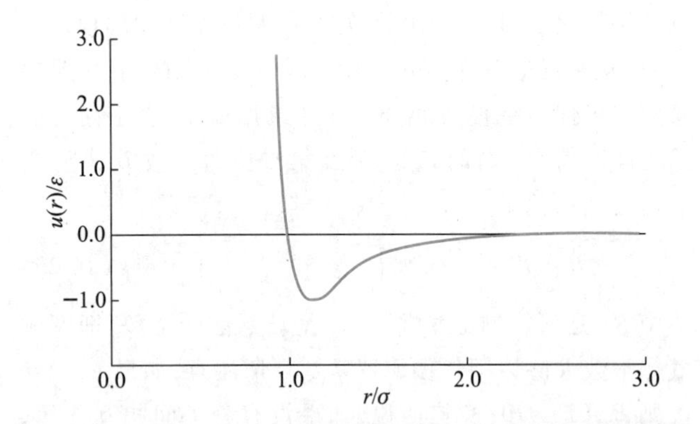

图 16.14 Lennard-Jones 势的 $u(r)/\varepsilon = 4\left[\left(\frac{\sigma}{r}\right)^{12} - \left(\frac{\sigma}{r}\right)^{6}\right]$ 对 r/σ 作图,请注意势阱的深度为 ε,且在 $r/\sigma = 1$ 处 $u(r) = 0$。

表 16.7 不同物质的 Lennard-Jones 参数 ε 和 σ 值。

物质	(ε/k_B)/K	σ/pm	$(2\pi\sigma^3 N_A/3)/(\mathrm{cm^3 \cdot mol^{-1}})$
He	10.22	256	21.2
Ne	35.6	275	26.2
Ar	120	341	50.0
Kr	164	383	70.9
Xe	229	406	86.9
H_2	37.0	293	31.7
N_2	95.1	370	63.9
O_2	118	358	57.9
CO	100	376	67.0
CO_2	189	449	114.2
CF_4	152	470	131.0
CH_4	149	378	68.1
C_2H_4	199	452	116.5
C_2H_6	243	395	77.7
C_3H_8	242	564	226.3
$C(CH_3)_4$	232	744	519.4

» 例题 16-9 证明 Lennard-Jones 势的最小值出现在 $r_{min} = 2^{1/6}\sigma = 1.12\sigma$ 处。计算在 r_{min} 处的 $u(r)$ 值。

» 解 为了求得 r_{min},对式(16.29)求导,得

$$\frac{du}{dr} = 4\varepsilon\left(-\frac{12\sigma^{12}}{r^{13}} + \frac{6\sigma^6}{r^7}\right) = 0$$

可以得到 $r_{min}^6 = 2\sigma^6$,即 $r_{min} = 2^{1/6}\sigma$。则

$$u(r_{min}) = 4\varepsilon\left[\left(\frac{\sigma}{2^{1/6}\sigma}\right)^{12} - \left(\frac{\sigma}{2^{1/6}\sigma}\right)^{6}\right]$$

$$= 4\varepsilon\left(\frac{1}{4} - \frac{1}{2}\right) = -\varepsilon$$

因此,ε 是相对于分子无限远离时的势阱深度。

将 Lennard-Jones 势代入式(16.25),可得

$$B_{2V}(T) = -2\pi N_A \int_0^{+\infty} \left[\exp\left\{-\frac{4\varepsilon}{k_B T}\left[\left(\frac{\sigma}{r}\right)^{12} - \left(\frac{\sigma}{r}\right)^{6}\right]\right\} - 1\right] r^2 dr \tag{16.30}$$

式(16.30)可能看起来很复杂,但它可以简化。首先,我们定义一个折合温度 T^*,$T^* = k_B T/\varepsilon$,并令 $r/\sigma = x$,可得

$$B_{2V}(T^*) = -2\pi\sigma^3 N_A \int_0^{+\infty} \left[\exp\left\{-\frac{4}{T^*}(x^{-12} - x^{-6})\right\} - 1\right] x^2 dx$$

两边同时除以 $2\pi\sigma^3 N_A/3$，可得

$$B_{2V}^*(T^*) = -3\int_0^{+\infty}\left[\exp\left\{-\frac{4}{T^*}(x^{-12}-x^{-6})\right\}-1\right]x^2\mathrm{d}x \tag{16.31}$$

式中 $B_{2V}^*(T^*) = B_{2V}(T^*)/(2\pi\sigma^3N_A/3)$。式(16.31)表示折合后的第二位力系数 $B_{2V}^*(T^*)$ 只与折合温度 T^* 有关。式(16.31)中的积分必须对 T^* 的每个值进行数值计算(参见数学章节 G)。已有丰富的 $B_{2V}^*(T^*)$ 对 T^* 的数据表格可供参考。

式(16.31)是对比状态定律的另一个例子。如果取 $B_{2V}(T)$ 的实验值，将其除以 $2\pi\sigma^3N_A/3$，并将数据对 $T^* = k_BT/\varepsilon$ 作图，那么所有气体的结果将落在同一曲线上(图 16.15)。反过来，像图 16.15 中那样的曲线(或者更好的是数值表)可以用来计算任何气体的 $B_{2V}(T)$。

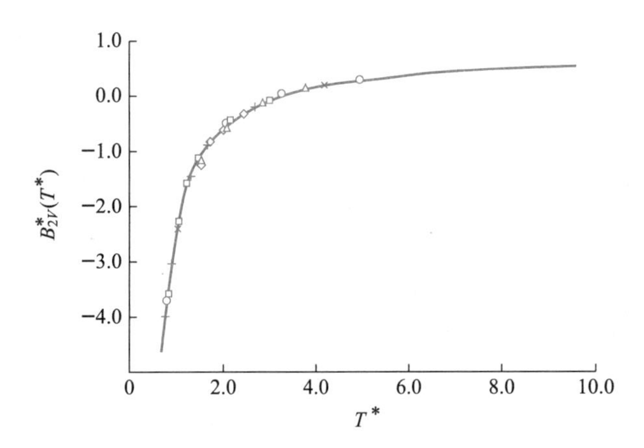

图 16.15 折合后的第二位力系数 $B_{2V}^*(T^*) = B_{2V}(T^*)/(2\pi\sigma^3N_A/3)$(实线)与折合温度 $T^* = k_BT/\varepsilon$ 的关系图。还绘制了六种气体(氩气、氮气、氧气、二氧化碳、甲烷和六氟化硫)的实验数据。这幅图是对比状态定律的另一个例证。

» 例题 16-10 估算 0 ℃时氮气的 $B_{2V}(T)$ 值。

» 解 由表 16.7 可得氮气的 $\varepsilon/k_B = 95.1$ K 且 $2\pi\sigma^3N_A/3 = 63.9$ cm³ · mol⁻¹。因此，$T^* = 2.87$，且由图 16.15 可知 $B_{2V}^*(T^*) \approx -0.2$。则

$$B_{2V}(T) \approx (63.9\ \mathrm{cm^3\cdot mol^{-1}})(-0.2)$$
$$\approx -10\ \mathrm{cm^3\cdot mol^{-1}}$$

如果使用 $B_{2V}^*(T^*)$ 的数值表而非图 16.15，将得到 $B_{2V}^*(T^*) = -0.16$ 或 $B_{2V}(T) = -10\ \mathrm{cm^3\cdot mol^{-1}}$。

对 $B_{2V}(T)$ 的值有一个简单的解释。在忽略 P^2 以及更高阶项的情况下考虑式(16.23)：

$$\frac{P\overline{V}}{RT} = 1 + B_{2P}(T)P = 1 + \frac{B_{2V}(T)}{RT}P$$

通过乘以 RT/P 并使用 $\overline{V}_{\text{ideal}} = RT/P$，可以将这个方程重改写为以下形式：

$$\overline{V} = \overline{V}_{\text{ideal}} + B_{2V}(T)$$

或

$$B_{2V}(T) = \overline{V} - \overline{V}_{\text{ideal}} \tag{16.32}$$

因此，可以看出，$B_{2V}(T)$ 表示了在第三位力系数的贡献可忽略不计的压力下，$\overline{V}$ 的实际值与理想气体值 $\overline{V}_{\text{ideal}}$ 之间的差异。

» 例题 16-11 在 300.0 K 和 1 bar 下异丁烷的摩尔体积为 24.31 dm³ · mol⁻¹。估算在 300.0 K 时异丁烷的 B_{2V} 值。

» 解 在 300.0 K 和 1 bar 下理想气体的摩尔体积为

$$\overline{V}_{\text{ideal}} = \frac{RT}{P} = \frac{(0.083145\ \mathrm{dm^3\cdot bar\cdot K^{-1}\cdot mol^{-1}})(300.0\ \mathrm{K})}{1\ \mathrm{bar}}$$
$$= 24.94\ \mathrm{dm^3\cdot mol^{-1}}$$

因此，利用式(16.32)可得

$$B_{2V} = \overline{V} - \overline{V}_{\text{ideal}} = 24.31\ \mathrm{dm^3\cdot mol^{-1}} - 24.94\ \mathrm{dm^3\cdot mol^{-1}}$$
$$= -0.63\ \mathrm{dm^3\cdot mol^{-1}} = -630\ \mathrm{cm^3\cdot mol^{-1}}$$

尽管我们一直在讨论用 Lennard-Jones 势计算 $B_{2V}(T)$ 的问题，但实际上情况恰恰相反：Lennard-Jones 参数通常是通过 $B_{2V}(T)$ 的实验值来确定的。这通常是通过使用 $B_{2V}^*(T^*)$ 表的反复试错来完成的。表 16.7 中 Lennard-Jones 参数的数值是根据第二位力系数的实验数据确定的。由于第二位力数系数反映了由分子间相互作用引起的与理想行为的初始偏差，因此实验的 $P-V-T$ 数据成为有关分子间相互作用的丰富信息来源。一旦确定了 Lennard-Jones 参数，就可以用它们来计算许多其他流体性质，如黏度、热导率、汽化热及各种晶体性质。

16-6 London 色散力通常是 Lennard-Jones 势中 r^{-6} 项的最大贡献者

在上一节中，我们使用 Lennard-Jones 势[式(16.29)]来表示分子间的势能。r^{-12} 项代表短距离时的排斥作用，而 r^{-6} 项则代表较远距离时的吸引作用。排斥项的实际形式尚未明确，但吸引项的 r^{-6} 依赖性是确定的。在本节中，我们将讨论对 r^{-6} 吸引力的三种贡献，并比较它们的相对重要性。

考虑两个具有偶极矩的分子，其偶极矩分别为 μ_1 和

μ_2。这些偶极子的相互作用取决于它们彼此的相对取向。当它们头对头排列时，如图16.16(a)所示，呈现排斥性；而当它们头对尾排列时，如图16.16(b)所示，则呈现吸引性。这两个分子在气相中都会旋转，如果随机地对两个偶极子的取向取平均，那么偶极-偶极的平均相互作用将为零。因为不同的取向具有不同的能量，它们不会以相同的程度出现。显然，能量较低的头对尾取向比排斥的头对头取向更有利。如果考虑取向的能量，那么两个分子之间的整体平均相互作用就会产生一个吸引性的r^{-6}项，其形式为

$$u_{d.d}(r)=-\frac{2\mu_1^2\mu_2^2}{(4\pi\varepsilon_0)^2(3k_BT)}\frac{1}{r^6} \tag{16.33}$$

− +   + −   − +   − +

(a)   (b)

图16.16 两个永久偶极子的取向：(a)头对头和(b)头对尾。头对尾的排列方式在能量上是有利的。(c)具有永久偶极矩的分子将在邻近分子中诱导出一个偶极矩。(d)此处显示的瞬时偶极-偶极关联是导致所有原子和分子之间产生London吸引力的原因。

» 例题 16-12 证明式(16.33)右侧的单位是能量单位。

» 解 μ的单位是C·m，因此可以得到

$$u_{d.d}(r)\sim\frac{(\mathrm{C\cdot m})^4}{(\mathrm{C^2\cdot s^2\cdot kg^{-1}\cdot m^{-3}})^2\mathrm{Jm^6}}$$

$$\sim\frac{\mathrm{kg^2\cdot m^4\cdot s^{-4}}}{\mathrm{J}}=\mathrm{J}$$

» 例题 16-13 计算式(16.33)中两个HCl(g)分子在300 K时r^{-6}系数的值。表16.8列出了各种分子的偶极矩。

» 解 根据表16.8，$\mu_1=\mu_2=3.44\times10^{-30}$ C·m。因此

$$-r^6u_{d.d}(r)$$
$$=\frac{(2)(3.44\times10^{-30}\ \mathrm{C\cdot m})^4}{(3)\left(\dfrac{8.314\ \mathrm{J\cdot mol^{-1}\cdot K^{-1}}}{6.022\times10^{23}\ \mathrm{mol^{-1}}}\right)(300\ \mathrm{K})(1.113\times10^{-10}\ \mathrm{C^2\cdot s^2\cdot kg^{-1}\cdot m^{-3}})^2}$$
$$=1.82\times10^{-78}\ \mathrm{J\cdot m^6}$$

这个数值结果可能看起来非常小，但请记住我们正在计算的是$-r^6u_{d.d}(r)$。在300 pm的距离下，$u_{d.d}(r)$等于-2.5×10^{-21} J，相比之下，在300 K时的热能(k_BT)为4.1×10^{-21} J。

表16.8 一些原子和分子的偶极矩(μ)、极化率体积($\alpha/4\pi\varepsilon_0$)和电离能(I)。

物质	$\mu/(10^{-30}$ C·m)	$(\alpha/4\pi\varepsilon_0)/(10^{-30}$ m^3)	$I/(10^{-18}$ J)
He	0	0.21	3.939
Ne	0	0.39	3.454
Ar	0	1.63	2.525
Kr	0	2.48	2.243
Xe	0	4.01	1.943
N_2	0	1.77	2.496
CH_4	0	2.60	2.004
C_2H_6	0	4.43	1.846
C_3H_8	0.03	6.31	1.754
CO	0.40	1.97	2.244
CO_2	0	2.63	2.206
HCl	3.44	2.63	2.043
HI	1.47	5.42	1.664
NH_3	5.00	2.23	1.628
H_2O	6.14	1.47	2.020

式(16.33)要求两个分子都具有永久偶极矩。即使其中一个分子没有永久偶极矩，没有永久偶极矩的那个分子也会由另一个分子诱导出一个偶极矩。因为所有原子和分子都是**可极化的**(polarizable)，所以可以在没有永久偶极矩的分子中诱导出一个偶极矩。当原子或分子与电场相互作用时，(负的)电子会向一个方向位移，而(正的)原子核则会向相反方向位移，如图16.16(c)所示。这种电荷分离及其相关的偶极矩与电场强度成正比，如果用μ_{induced}表示诱导偶极矩，用E表示电场，则有$\mu_{\text{induced}}\propto E$。比例常数用$\alpha$表示，称为**极化率**(polarizability)，因此有如下定义表达式：

$$\mu_{\text{induced}}=\alpha E \tag{16.34}$$

E的单位是V·m^{-1}，所以式中α的单位是C·m/(V·m^{-1})=C·m^2·V^{-1}。通过使用能量=(电荷)^2/4$\pi\varepsilon_0$(距离)这一事实，可以在国际单位制中将α转换成具有更清楚单位的形式：

$$焦耳 \sim \frac{C^2}{(4\pi\varepsilon_0)m} = C^2 \cdot m^{-1}/4\pi\varepsilon_0$$

同样地，根据静电学，可以得到

$$焦耳 = 库仑 \times 伏特 = C \cdot V$$

将焦耳的两个表达式等价得到 $C \cdot V = C^2 \cdot m^{-1}/4\pi\varepsilon_0$ 或 $C \cdot V^{-1} = (4\pi\varepsilon_0)m$。现在，将这个结果代入上面 α 的单位（$C \cdot m^2 \cdot V^{-1}$）中，可以得到

$$\alpha \sim (4\pi\varepsilon_0)m^3$$

因此，我们看到 $\alpha/4\pi\varepsilon_0$ 单位是 m^3。$\alpha/4\pi\varepsilon_0$ 这个量，有时被称为**极化率体积**（polarizability volume），具有体积的单位。电场越容易使原子或分子的电荷分布发生变形，极化率就越大。原子或分子的极化率与其大小成正比（请注意 $\alpha/4\pi\varepsilon_0$ 的单位），或与其电子数成正比。这一趋势可以在表 16.8 中看到，该表列出了一些原子和分子的极化率体积。

现在，我们回到图 16.16(c) 所示的偶极-诱导偶极相互作用。因为诱导偶极矩总是与永久偶极矩呈头对尾的取向，所以这种相互作用总是吸引性的，其表达式为

$$u_{\text{induced}}(r) = -\frac{\mu_1^2\alpha_2}{(4\pi\varepsilon_0)^2 r^6} - \frac{\mu_2^2\alpha_1}{(4\pi\varepsilon_0)^2 r^6} \qquad (16.35)$$

第一项代表分子 1 中的永久偶极矩和分子 2 中的诱导偶极矩，第二项则代表相反的情况

» 例题 16-14 计算两个 HCl(g) 分子的 $u_{\text{induced}}(r)$ 的 r^{-6} 系数的值。

» 解 式 (16.35) 中的两项对于相同的分子是相等的。使用表 16.8 中的数据，可得

$$-r^6 u_{\text{induced}}(r) = \frac{2\mu^2(\alpha/4\pi\varepsilon_0)}{4\pi\varepsilon_0}$$

$$= \frac{(2)(3.44\times10^{-30}\ C\cdot m)^2(2.63\times10^{-30}\ m^3)}{1.113\times10^{-10}\ C^2\cdot s^2\cdot kg^{-1}\cdot m^{-3}}$$

$$= 5.59\times10^{-79}\ J\cdot m^6$$

请注意这个结果约是例题 16-13 中获得的 $-r^6u_{d.d}(r)$ 值的 30%。

当两个分子都没有永久偶极矩时，式 (16.33) 和式 (16.35) 都等于零。式 (16.29) 中 r^{-6} 项的第三个贡献即使在两个分子都是非极性的情况下也不为零。这种贡献最初是由德国科学家 Fritz London 在 1930 年使用量子力学计算得出的，现在被称为 **London 色散吸引力**（London dispersion attraction）。尽管这种吸引力是一种严格的量子力学效应，但它适用于以下常用的经典场景。考虑相隔距离为 r 两个原子，如图 16.16(d) 所示。一个原子上的电子并不能完全屏蔽掉核上的高正电荷对另一个原子上电子的影响。由于分子是可极化的，电子波函数可以稍微扭曲以进一步降低相互作用能。如果用量子力学平均这种电子吸引，我们会得到一个随 r^{-6} 变化的吸引项。精确的量子力学计算有些复杂，但最终结果的近似形式为

$$u_{\text{disp}}(r) = -\frac{3}{2}\frac{I_1I_2}{I_1+I_2}\frac{\alpha_1\alpha_2}{(4\pi\varepsilon_0)^2}\frac{1}{r^6} \qquad (16.36)$$

式中 I_j 是原子或分子 j 的电离能。请注意，式 (16.36) 不涉及永久偶极矩，且相互作用能与极化率体积的乘积成正比。因此，$u_{\text{disp}}(r)$ 的重要性随着原子或分子的增大而增加，实际上，它通常对式 (16.29) 中 r^{-6} 项有主导贡献。

» 例题 16-15 计算两个 HCl(g) 分子的 $u_{\text{disp}}(r)$ 的 r^{-6} 系数的值。

» 解 使用表 16.8 中的值，可以得到

$$-r^6 u_{\text{disp}}(r) = \frac{3}{2}\left(\frac{2.043\times10^{-18}\ J}{2}\right)(2.63\times10^{-30}\ m^3)^2$$

$$= 1.06\times10^{-77}\ J\cdot m^6$$

这个量约是 $-r^6u_{d.d}(r)$ 的 6 倍、$-r^6u_{\text{induced}}(r)$ 的 20 倍。类似的计算表明，除了 NH_3，H_2O 和 HCN 等极性很大的分子外，色散项显著大于偶极-偶极项或偶极-诱导偶极项。

Lennard-Jones 势中 r^{-6} 项的总贡献由式 (16.33)、式 (16.35) 和式 (16.36) 之和给出，即

$$u(r) = \frac{c_{12}}{r^{12}} - \frac{c_6}{r^6}$$

式中（习题 16-53）

$$c_6 = \frac{2\mu^4}{3(4\pi\varepsilon_0)^2 k_B T} + \frac{2\alpha\mu^2}{(4\pi\varepsilon_0)^2} + \frac{3}{4}\frac{I\alpha^2}{(4\pi\varepsilon_0)^2} \qquad (16.37)$$

上式适用于相同的原子和分子。

16-7 van der Waals 常数可以用分子参数来表示

尽管 Lennard-Jones 势相对来说比较现实，但它也难以实际应用。例如，必须数值计算第二位力系数（例题 16-10），而且必须依赖数值表来计算气体的性质。因此，通常使用可以通过解析方法计算的分子间势来估算气体的性质。其中最简单的是所谓的**硬球势**（hard-sphere potential）[图 16.17(a)]，其数学形式是

$$u(r)=\begin{cases}\infty & r<\sigma \\ 0 & r>\sigma\end{cases} \tag{16.38}$$

这个势能表示直径为 σ 的硬球。式(16.38)将排斥区域描述为无限陡峭的变化,而不是像 r^{-12} 那样。尽管这个势能看起来很简单,但它确实考虑到了分子的有限尺寸,这实际上是决定液体和固体结构的主要特征。它明显的不足之处是缺乏任何吸引项。然而,在高温下,也就是相对于 Lennard-Jones 势中的 ε/k_B 而言较高,分子以足够的能量运动,使得吸引势能显著地被"抹去",因此在这些条件下硬球势是有用的。

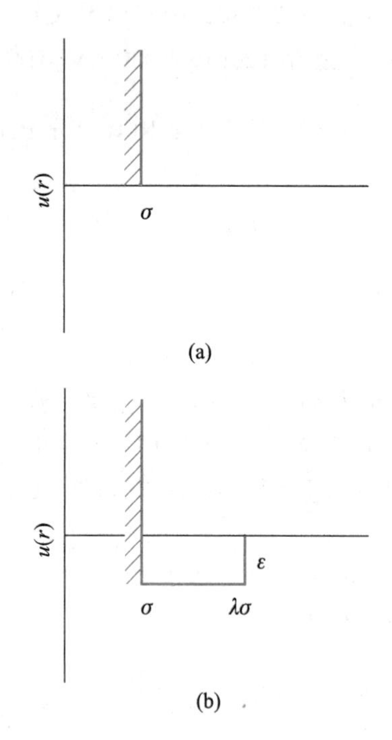

图 16.17 (a)硬球势和(b)方势阱的示意图。参数 σ 是分子的直径,ε 是吸引势阱的深度,而$(\lambda-1)\sigma$ 是势阱的宽度。

对于硬球势,第二位力系数很容易计算。将式(16.38)代入式(16.25),得到

$$\begin{aligned}B_{2V}(T)&=-2\pi N_A\int_0^{+\infty}\left[e^{-u(r)/k_BT}-1\right]r^2\mathrm{d}r\\&=-2\pi N_A\int_0^{\sigma}[0-1]r^2\mathrm{d}r-2\pi N_A\int_{\sigma}^{+\infty}[e^0-1]r^2\mathrm{d}r\\&=\frac{2\pi\sigma^3N_A}{3}\end{aligned} \tag{16.39}$$

这等于 N_A 个球体体积的四倍(σ 是球体的直径)。因此,硬球第二位力系数与温度无关。请注意,在图 16.12 和图 16.15 中显示的第二位力系数的高温极限是相当恒定的。实际上曲线会经历一个轻微的最大值,因为分子并非真的"硬"。

另一个经常使用的简单势能是**方阱势**(square-well potential)[图 16.17(b)]:

$$u(r)=\begin{cases}\infty & r<\sigma \\ -\varepsilon & \sigma<r<\lambda\sigma \\ 0 & r>\lambda\sigma\end{cases} \tag{16.40}$$

参数 ε 是势阱的深度,而$(\lambda-1)\sigma$ 是其宽度。尽管很简陋,这个势能提供了一个吸引区域。对于方阱势,第二位力系数可以通过解析方法进行计算:

$$\begin{aligned}B_{2V}(T)=&-2\pi N_A\int_0^{\sigma}(0-1)r^2\mathrm{d}r-2\pi N_A\int_{\sigma}^{\lambda\sigma}(e^{\varepsilon/k_BT}-1)r^2\mathrm{d}r-\\&2\pi N_A\int_{\lambda\sigma}^{+\infty}(e^0-1)r^2\mathrm{d}r\\=&\frac{2\pi\sigma^3N_A}{3}-\frac{2\pi\sigma^3N_A}{3}(\lambda^3-1)(e^{\varepsilon/k_BT}-1)\\=&\frac{2\pi\sigma^3N_A}{3}\left[1-(\lambda^3-1)(e^{\varepsilon/k_BT}-1)\right]\end{aligned} \tag{16.41}$$

请注意,当 $\lambda=1$ 或 $\varepsilon=0$ 时,式(16.41)就简化为式(16.39),在这两种情况下都不存在吸引势阱。图 16.18 显示了式(16.41)与氮气的实验数据的比较。结果出奇地好,但方阱势能确实有三个可调参数。

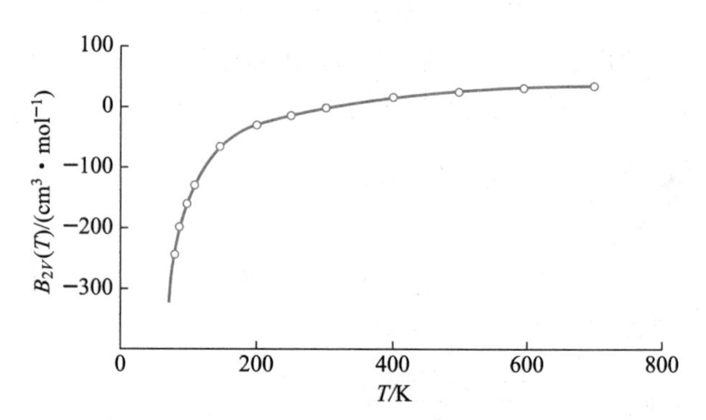

图 16.18 对于氮气的方阱势第二位力系数的比较。氮气的方阱势参数为 $\sigma=327.7$ pm,$\varepsilon/k_B=95.2$ K,$\lambda=1.58$。实线圆代表实验数据。

我们将以对第 16-2 节介绍的三个三次方的状态方程的第二位力系数进行讨论来结束本章。首先,以下面的形式写出 van der Waals 方程:

$$\begin{aligned}P&=\frac{RT}{\overline{V}-b}-\frac{a}{\overline{V}^2}\\&=\frac{RT}{\overline{V}}\frac{1}{(1-b/\overline{V})}-\frac{a}{\overline{V}^2}\end{aligned} \tag{16.42}$$

用 $1/(1-x)$ 的二项式展开(数学章节 I):

$$\frac{1}{1-x}=1+x+x^2+\cdots$$

将式(16.42)写成(令 $x=b/\overline{V}$)

$$P=\frac{RT}{\overline{V}}\left[1+\frac{b}{\overline{V}}+\frac{b^2}{\overline{V}^2}+\cdots\right]-\frac{a}{\overline{V}^2}$$
$$=\frac{RT}{\overline{V}}+(RTb-a)\frac{1}{\overline{V}^2}+\frac{RTb^2}{\overline{V}^3}+\cdots$$

或者

$$Z=\frac{P\overline{V}}{RT}=1+\left(b-\frac{a}{RT}\right)\frac{1}{\overline{V}}+\frac{b^2}{\overline{V}^2}+\cdots$$

将该结果与式(16.22)对比,对于 van der Waals 方程,可以看到

$$B_{2V}(T)=b-\frac{a}{RT} \tag{16.43}$$

现在将从式(16.25)导出类似的结果,并用分子参数来解释 a 和 b。我们将使用的分子间势能是硬球势和 Lennard-Jones 势的一种杂化,即

$$u(r)=\begin{cases}+\infty & r<\sigma \\ -\dfrac{c_6}{r^6} & r>\sigma\end{cases} \tag{16.44}$$

将该势能代入式(16.25),得到

$$B_{2V}(T)=-2\pi N_A\int_0^{\sigma}(-1)r^2\mathrm{d}r-2\pi N_A\int_{\sigma}^{+\infty}\left[\mathrm{e}^{c_6/k_BTr^6}-1\right]r^2\mathrm{d}r$$

在第二个积分中,假设 $c_6/k_BTr^6\ll 1$,并使用 e^x 的展开式(数学章节 I)

$$\mathrm{e}^x=1+x+\frac{x^2}{2!}+\cdots$$

只保留前两项,得到

$$B_{2V}(T)=\frac{2\pi\sigma^3N_A}{3}-\frac{2\pi N_Ac_6}{k_BT}\int_{\sigma}^{+\infty}\frac{r^2\mathrm{d}r}{r^6}$$
$$=\frac{2\pi\sigma^3N_A}{3}-\frac{2\pi N_Ac_6}{3k_BT\sigma^3} \tag{16.45}$$

将该结果与式(16.43)对比,可得

$$a=\frac{2\pi N_A^2c_6}{3\sigma^3} \quad 和 \quad b=\frac{2\pi\sigma^3N_A}{3}$$

因此,我们看到 a 与分子间势能中 r^{-6} 的系数 c_6 成正比,而 b 等于分子体积的四倍。从分子的角度来看,van der Waals 方程基于一个在短距离时为硬球势,而在较长距离时则为弱吸引势(因而 $c_6/k_BTr^6\ll 1$)的一种分子间势。

以类似的方式(习题 16-55),Redlich-Kwong 方程的第二位力系数是

$$B_{2V}(T)=B-\frac{A}{RT^{3/2}} \tag{16.46}$$

而 Peng-Robinson 方程的第二位力系数是(习题 16-56)

$$B_{2V}(T)=\beta-\frac{\alpha}{RT} \tag{16.47}$$

从 van der Waals 方程和 Peng-Robinson 方程得到的第二位力系数具有相同的函数形式,但由于常数的值不同,它们具有不同的数值。此外,在 Peng-Robinson 方程中,参数 α 是温度的函数。

习题

16-1 在若干年前的一期 *Science* 杂志上,一个研究小组讨论了他们在 302 GPa 压力下确定碘化铯晶体结构的实验。这个压力用 atm 和 bar 表示分别为多少?

16-2 在气象学中,压力以 mbar(毫巴)为单位表示。将 985 mbar 转换为 torr 和大气压。

16-3 计算 33.9 英尺高的水柱所施加的压力(以 atm 为单位)。取水的密度为 1.00 g · mL^{-1}。

16-4 在什么温度下摄氏温度和华氏温度是相等的?

16-5 一本旅行指南提到把摄氏温度转换成华氏温度的方法是:将摄氏温度翻倍后再加 30。请对这个方法进行评价。

16-6 表面科学研究使用超高真空室进行,可以维持低至 10^{-12} torr 的压力。在这种装置内部的 1.00 cm^3 体积中,298 K 时有多少分子?在这个压力和温度下对应的摩尔体积 $\overline{V}$ 是多少?

16-7 使用以下未知气体在 300 K 时的数据来确定该气体的分子质量。

P/bar	0.1000	0.5000	1.000	1.01325	2.000
ρ/(g · L^{-1})	0.1771	0.8909	1.796	1.820	3.652

16-8 回想一下,在普通化学中的道尔顿分压定律认为理想气体混合物中的每一种气体都表现得好像其他气体不存在一样。用这个事实来证明每种气体所施加的分压是

$$P_j=\left(\frac{n_j}{\sum n_j}\right)P_{\text{total}}=y_jP_{\text{total}}$$

式中 P_j 是第 j 种气体的分压;y_j 是其摩尔分数。

16-9 $H_2(g)$和 $N_2(g)$的混合物在 300 K 和 500 torr 时的密度为 $0.216\ g\cdot L^{-1}$。混合物的摩尔分数组成是怎样的?

16-10 2.1 bar 的 1 L N_2 和 3.4 bar 的 2 L Ar 混合在一个 4.0 L 烧瓶中,形成理想气体混合物。如果气体的初始温度和最终温度相同,计算混合物的最终压力值。如果 N_2 和 Ar 的初始温度分为 304 和 402 K,混合物的最终温度为 377 K,重复这个计算(假设气体行为是理想的)。

16-11 在 298.2 K 和 0.0100 bar 的条件下,装满一个玻璃容器需要 0.3625 g 氮气。在相同的条件下,需要 0.9175 g 未知的同核双原子气体来填充相同的容器。这是什么气体?

16-12 以 $dm^3\cdot torr\cdot K^{-1}\cdot mol^{-1}$ 为单位,计算摩尔气体常数的值。

16-13 使用 van der Waals 方程,绘制温度为 180 K,189 K,190 K,200 K 和 250 K 时甲烷的压缩因子 Z 与 P 的关系。提示:计算 Z 作为 $\overline{V}$ 的函数以及 P 作为 $\overline{V}$ 的函数,然后画出 Z 和 P 的关系图。

16-14 使用 Redlich-Kwong 方程,绘制温度为 180 K,189 K,190 K,200 K 和 250 K 时甲烷的压缩因子 Z 与 P 的关系。提示:计算 Z 作为 $\overline{V}$ 的函数以及 P 作为 $\overline{V}$ 的函数,然后画出 Z 和 P 的关系图。

16-15 使用 van der Waals 方程和 Redlich-Kwong 方程,计算在 200 K 和 1000 bar 下 CO 的摩尔体积。将你得到的结果与用理想气体方程得到的结果进行比较。实验值为 $0.04009\ L\cdot mol^{-1}$。

16-16 比较(a)理想气体方程、(b) van der Waals 方程、(c) Redlich-Kwong 方程和(d) Peng-Robinson 方程给出的丙烷在 400 K 和 $\rho = 10.62\ mol\cdot dm^{-3}$ 时的压力。实验值为 400 bar。设 Peng-Robinson 方程中 $\alpha = 9.6938\ L^2\cdot bar\cdot mol^{-2}$, $\beta = 0.05632\ L\cdot mol^{-1}$。

16-17 用 van der Waals 方程和 Redlich-Kwong 方程,计算体积为 $83.26\ cm^3$ 的 1 mol 乙烷在 400.0 K 时的压力值。实验值为 400 bar。

16-18 用 van der Waals 方程和 Redlich-Kwong 方程,计算 1 mol 乙烷在 500.0 K 和 500 bar 下的摩尔密度。实验值为 $10.06\ mol\cdot L^{-1}$。

16-19 用 Redlich-Kwong 方程,计算 200 K 和 $27.41\ mol\cdot L^{-1}$ 密度下甲烷的压力。实验值为 1600 bar。若使用 van der Waals 方程,则又会得到怎样的结果?

16-20 400 K 时,丙烷的压力与密度的关系可由下式拟合:

$$
\begin{aligned}
P/\mathrm{bar} = {} & 33.258[\rho/(\mathrm{mol}\cdot\mathrm{L}^{-1})] - \\
& 7.5884\,[\rho/(\mathrm{mol}\cdot\mathrm{L}^{-1})]^2 + \\
& 1.0306\,[\rho/(\mathrm{mol}\cdot\mathrm{L}^{-1})]^3 - \\
& 0.058757\,[\rho/(\mathrm{mol}\cdot\mathrm{L}^{-1})]^4 - \\
& 0.0033566\,[\rho/(\mathrm{mol}\cdot\mathrm{L}^{-1})]^5 + \\
& 0.00060696\,(\rho/(\mathrm{mol}\cdot\mathrm{L}^{-1})]^6
\end{aligned}
$$

式中 $0 \leqslant \rho/(mol\cdot L^{-1}) \leqslant 12.3$。使用 van der Waals 方程和 Redlich-Kwong 方程,计算 $\rho = 0\ mol\cdot L^{-1}$ 到 $12.3\ mol\cdot L^{-1}$ 的压力。然后绘制这些结果。该结果与上述表达式相比如何?

16-21 Peng-Robinson 方程在接近临界温度时通常优于 Redlich-Kwong 方程。使用这两个方程,计算 $CO_2(g)$ 在 280 K(二氧化碳的临界温度为 304.2 K),密度为 $22.0\ mol\cdot L^{-1}$ 时的压力。对于 Peng-Robinson 方程,使用 $\alpha = 4.192\ bar\cdot L^2\cdot mol^{-2}$ 和 $\beta = 0.02665\ L\cdot mol^{-1}$。

16-22 证明:在 $T = 142.69$ K, $P = 35.00$ atm 时,氩气的 van der Waals 方程可以写为

$$\overline{V}^3 - 0.3664\,\overline{V}^2 + 0.03802\overline{V} - 0.001210 = 0$$

为了方便起见,我们把式中系数的单位省略了。利用 Newton-Raphson 法(数学章节 G),求出该方程的三个根,并计算出在这些条件下气液平衡时液态和气态的密度值。

16-23 使用 Redlich-Kwong 方程和 Peng-Robinson 方程,计算在 142.69 K 和 35.00 atm 条件下,共存的氩液相和气相的密度。使用表 16.4 中给出的 Redlich-Kwong 常数,对于 Peng-Robinson 方程,取 $\alpha = 1.4915\ atm\cdot L^2\cdot mol^{-2}$ 和 $\beta = 0.01981\ L\cdot mol^{-1}$。

16-24 在 370.0 K 和 14.35 bar 的条件下,丁烷液态和气态共存,液相和气相的密度分别为 $8.128\ mol\cdot L^{-1}$ 和 $0.6313\ mol\cdot L^{-1}$。使用 van der Waals 方程、Redlich-Kwong 方程和 Peng-Robinson 方程,计算这些密度。对于 Peng-Robinson 方程,取 $\alpha = 16.44\ bar\cdot L^2\cdot mol^{-2}$ 和 $\beta = 0.07245\ L\cdot mol^{-1}$。

16-25 另一种获得以临界参数表示 van der Waals 常数的方法是在临界点设 $(\partial P/\partial\overline{V})_T$ 和 $(\partial^2 P/\partial\overline{V}^2)_T$ 等于零。为什么这些量在临界点等于零?证明这个方法是可导出式(16.12)和式(16.13)。

16-26 证明 Redlich-Kwong 方程可以写成如下形式:

$$\overline{V}^3 - \frac{RT}{P}\overline{V}^2 - \left(B^2 + \frac{BRT}{P} - \frac{A}{PT^{1/2}}\right)\overline{V} - \frac{AB}{PT^{1/2}} = 0$$

现在，将这个公式与$(\overline{V}-\overline{V}_c)^3=0$比较，可以得到

$$3\overline{V}_c=\frac{RT_c}{P_c} \tag{1}$$

$$3\overline{V}_c^2=\frac{A}{P_cT_c^{1/2}}-\frac{BRT_c}{P_c}-B^2 \tag{2}$$

以及

$$\overline{V}_c^3=\frac{AB}{P_cT_c^{1/2}} \tag{3}$$

请注意式(1)给出了

$$\frac{P_c\overline{V}_c}{RT_c}=\frac{1}{3} \tag{4}$$

现在用式(3)求解A，将结果和式(4)代入式(2)，得到

$$B^3+3\overline{V}_cB^2+3\overline{V}_c^2B-\overline{V}_c^3=0 \tag{5}$$

将上式除以$\overline{V}_c^3$，并令$B/\overline{V}=x$，得到

$$x^3+3x^2+3x-1=0$$

用 Newton-Raphson 法(数学章节 G)求解这个三次方程，得到$x=0.25992$，或者

$$B=0.25992\overline{V}_c \tag{6}$$

现在，将这个结果和式(4)代入式(3)，得到

$$A=0.42748\frac{R^2T_c^{5/2}}{P_c}$$

16-27 利用上一题的结果，推导出式(16.14)。

16-28 将 Peng-Robinson 方程写成以$\overline{V}$为变量的三次多项式方程(其中$\overline{V}^3$的系数为1)，并将其与临界点的$(\overline{V}-\overline{V}_c)^3=0$相比较，可得

$$\frac{RT_c}{P_c}-\beta=3\overline{V}_c \tag{1}$$

$$\frac{\alpha_c}{P_c}-3\beta^2-2\beta\frac{RT_c}{P_c}=3\overline{V}_c^2 \tag{2}$$

以及

$$\frac{\alpha_c\beta}{P_c}-\beta^2\frac{RT_c}{P_c}-\beta^3=\overline{V}_c^3 \tag{3}$$

(将α写成α_c是因为其与温度有关)现在，用式(2)和式(3)消去α_c/P_c，然后用式(1)来表示$\overline{V}_c$，得到

$$64\beta^3+6\beta^2\frac{RT_c}{P_c}+12\beta\left(\frac{RT_c}{P_c}\right)^2-\left(\frac{RT_c}{P_c}\right)^3=0$$

令$\beta/(RT_c/P_c)=x$，可得

$$64x^3+6x^2+12x-1=0$$

用 Newton-Raphson 法解此方程，可得

$$\beta=0.077796\frac{RT_c}{P_c}$$

将此结果和式(1)代入式(2)，得

$$\alpha_c=0.45724\frac{(RT_c)^2}{P_c}$$

最后，利用式(1)证明：

$$\frac{P_c\overline{V}_c}{RT_c}=0.30740$$

16-29 查阅表16.5中所列的气体的沸点，并将这些值对临界温度T_c作图，它们之间是否存在相关性？提出一个理由来证明你从图中得出的结论。

16-30 证明 Redlich-Kwong 方程的压缩因子Z可写成式(16.21)的形式。

16-31 下面是乙烷和氩气在$T_R=1.64$时的数据，通过绘制Z和$\overline{V}_R$的关系图来说明对比状态定律。

乙烷($T=500$ K)		氩气($T=247$ K)	
P/bar	$\overline{V}/(\text{L}\cdot\text{mol}^{-1})$	P/atm	$\overline{V}/(\text{L}\cdot\text{mol}^{-1})$
0.500	83.076	0.500	40.506
2.00	20.723	2.00	10.106
10.00	4.105	10.00	1.999
20.00	2.028	20.00	0.9857
40.00	0.9907	40.00	0.4795
60.00	0.6461	60.00	0.3114
80.00	0.4750	80.00	0.2279
100.0	0.3734	100.0	0.1785
120.0	0.3068	120.0	0.1462
160.0	0.2265	160.0	0.1076
200.0	0.1819	200.0	0.08630
240.0	0.1548	240.0	0.07348
300.0	0.1303	300.0	0.06208
350.0	0.1175	350.0	0.05626
400.0	0.1085	400.0	0.05219
450.0	0.1019	450.0	0.04919
500.0	0.09676	500.0	0.04687
600.0	0.08937	600.0	0.04348
700.0	0.08421	700.0	0.04108

16-32 使用习题16-31中的数据，通过绘制Z与P_R的关系图来说明对比状态定律。

16-33 使用习题16.31中的数据，并根据式(16.20)，分别绘制Z与$\overline{V}_R$的关系图；通过比较所得的两张图，检查 van der Waals 方程的定量可靠性。

16-34 使用习题16.31中的数据，并根据式(16.21)，分别绘制Z与$\overline{V}_R$的关系图；通过比较所得的两张图，来检查 Redlich-Kwong 方程的定量可靠性。

16-35 使用图16.10，估算在200 K和180 bar下

CO的摩尔体积。精确的实验值为 78.3 $cm^3 \cdot mol^{-1}$。

16-36 证明：$B_{2V}(T) = RTB_{2P}(T)$ [见式(16.24)]。

16-37 用以下 $NH_3(g)$ 在 273 K 时的数据，计算 273 K 时的 $B_{2P}(T)$。

P/bar	0.10	0.20	0.30	0.40	0.50	0.60	0.70
$(Z-1)/10^{-4}$	1.519	3.038	4.557	6.071	7.583	9.002	10.551

16-38 在 273.15 K 时，氧气的密度随压力的变化数据如下所示：

P/atm	0.2500	0.5000	0.7500	1.0000
$\rho/(g \cdot dm^{-3})$	0.356985	0.714154	1.071485	1.428962

利用这些数据，计算氧的 $B_{2V}(T)$。设氧的相对原子质量为 15.9994，摩尔气体常数为 8.31451 $J \cdot K^{-1} \cdot mol^{-1}$ = 0.0820578 $dm^3 \cdot atm \cdot K^{-1} \cdot mol^{-1}$。

16-39 证明：Lennard-Jones 势可以写为

$$u(r) = \varepsilon\left(\frac{r^*}{r}\right)^{12} - 2\varepsilon\left(\frac{r^*}{r}\right)^{6}$$

式中 r^* 是使 $u(r)$ 达到最小值时的 r 值。

16-40 利用表 16.7 中给出的 Lennard-Jones 参数，将典型的 Lennard-Jones 势的深度与一共价键的强度进行比较。

16-41 通过在同一张图上绘制图像，比较 $H_2(g)$ 和 $O_2(g)$ 的 Lennard-Jones 势。

16-42 使用表 16.5 和表 16.7 中的数据，证明大致上 $\varepsilon/k_B = 0.75T_c$ 及 $b_0 = 0.7\overline{V}_c$。因此，临界常数可以用来作为 ε 和 $b_0(=2\pi N_A\sigma^3/3)$ 的初步粗略估计。

16-43 证明从如下形式的一般分子间势计算得到的第二位力系数严格遵守对比状态定律。

$$u(r) = (\text{能量参数}) \times f\left(\frac{r}{\text{距离参数}}\right)$$

Lennard-Jones 势满足这个条件吗？

16-44 使用以下 300.0 K 时的氩气数据，确定 B_{2V} 的值。公认的值是 -15.05 $cm^3 \cdot mol^{-1}$。

P/atm	$\rho/(mol \cdot L^{-1})$	P/atm	$\rho/(mol \cdot L^{-1})$
0.01000	0.000406200	0.4000	0.0162535
0.02000	0.000812500	0.6000	0.0243833
0.04000	0.00162500	0.8000	0.0325150
0.06000	0.00243750	1.000	0.0406487
0.08000	0.00325000	1.500	0.0609916
0.1000	0.00406260	2.000	0.0813469
0.2000	0.00812580	3.000	0.122094

16-45 利用图 16.15 和表 16.7 中给出的 Lennard-Jones 参数，估计 0 ℃时 $CH_4(g)$ 的 $B_{2V}(T)$ 值。

16-46 证明：对于 λ 为一固定值（即所有分子具有相同的 λ 值）的方阱势，$B_{2V}(T)$ 服从对比状态定律。

16-47 使用表 16.7 中的 Lennard-Jones 参数，证明以下第二位力系数数据符合对比状态定律。

氩气		氮气		乙烷	
T/K	$\frac{B_{2V}(T)}{10^{-3}\ dm^3 \cdot mol^{-1}}$	T/K	$\frac{B_{2V}(T)}{10^{-3}\ dm^3 \cdot mol^{-1}}$	T/K	$\frac{B_{2V}(T)}{10^{-3}\ dm^3 \cdot mol^{-1}}$
173	-64.3	143	-79.8	311	-164.9
223	-37.8	173	-51.9	344	-132.5
273	-22.1	223	-26.4	378	-110.0
323	-11.0	273	-10.3	411	-90.4
423	+1.2	323	-0.3	444	-74.2
473	4.7	373	+6.1	478	-59.9
573	11.2	423	11.5	511	-47.4
673	15.3	473	15.3		
		573	20.6		
		673	23.5		

16-48 在第 16-4 节中，我们通过将 P，$\overline{V}$ 和 T 除以它们的临界值得到了以对比量表示的 van der Waals 方程。这说明我们也可以通过将 $B_{2V}(T)$ 除以 $\overline{V}_c$ 以及 T 除以 T_c，以对比形式来表示第二位力系数（而不是像第 16-5 节中使用 $2\pi N_A\sigma^3/3$ 以及 ε/k）。用表 16.5 中的 $\overline{V}_c$ 和 T_c 的值，对上一题给出的第二位力系数数据进行折合处理，证明折合后的数据满足对比状态定律。

16-49 以下列出了氩气、氪气和氙气的实验第二位力系数数据：

T/K	$B_{2V}(T)/(10^{-3}dm^3 \cdot mol^{-1})$		
	氩	氪	氙
173.16	-63.82		
223.16	-36.79		
273.16	-22.10	-62.70	-154.75
298.16	-16.06		-130.12
323.16	-11.17	-42.78	-110.62
348.16	-7.37		-95.04
373.16	-4.14	-29.28	-82.13
398.16	-0.96		
423.16	1.46	-18.13	-62.10
473.16	4.99	-10.75	-46.74
573.16	10.77	+0.42	-25.06
673.16	15.72	7.42	-9.56
773.16	17.76	12.70	-0.13
873.16	19.48	17.19	7.95
973.16			14.22

利用表 16.7 中的 Lennard-Jones 参数，将折合后的第二位力系数 $B_{2V}^*(T^*)$ 对折合温度 T^* 作图，以说明对比状态定律。

16-50 用氩气、氪气和氙气的临界温度和临界摩尔体积以及习题 16-49 给出的数据来说明对比状态定律。

16-51 使用 *MathCad*、*Mathematica* 等数值积分软件，从 $T^* = 1.00$ 到 10.0 对式(16.31)中的 $B_{2V}^*(T^*)$ 进行数值计算。将所得的 $B_{2V}^*(T^*)$ 数据和习题 16-49 中的折合第二位力系数画在同一张图上进行比较。

16-52 证明式(16.35)右侧的单位是能量。

16-53 证明式(16.33)、式(16.35)及式(16.36)的加和得到式(16.37)。

16-54 用式(16.37)和表 16.7 中给出的 Lennard-Jones 参数，比较 $N_2(g)$ 的 r^{-6} 系数的值。

16-55 证明：对于 Redlich-Kwong 方程，有

$$B_{2V}(T) = B - \frac{A}{RT^{3/2}}$$

和
$$B_{3V}(T) = B^2 + \frac{AB}{RT^{3/2}}$$

16-56 证明 Peng-Robinson 方程的第二和第三位力系数分别为

$$B_{2V}(T) = \beta - \frac{\alpha}{RT}$$

和
$$B_{3V}(T) = \beta^2 + \frac{2\alpha\beta}{RT}$$

16-57 对于氮气，方阱参数为 $\varepsilon/k_B = 136.5$ K，$\sigma = 327.8$ pm，$\lambda = 1.68$。将 $B_{2V}(T)$ 对 T 作图，并将你的结果与习题 16-49 中给出的数据进行比较。

16-58 热膨胀系数 α 定义为

$$\alpha = \frac{1}{\overline{V}}\left(\frac{\partial \overline{V}}{\partial T}\right)_P$$

证明：对于理想气体，有

$$\alpha = \frac{1}{T}$$

16-59 等温压缩因子 κ 定义为

$$\kappa = -\frac{1}{\overline{V}}\left(\frac{\partial \overline{V}}{\partial P}\right)_T$$

证明：对于理想气体，有

$$\kappa = \frac{1}{P}$$

习题参考答案

数学章节H 偏微分

回想一下你在微积分课上学到的，函数 $y(x)$ 在 x 点处的导数定义为

$$\frac{\mathrm{d}y}{\mathrm{d}x}=\lim_{\Delta x\to 0}\frac{y(x+\Delta x)-y(x)}{\Delta x} \tag{H.1}$$

物理上，$\mathrm{d}y/\mathrm{d}x$ 表示当变量 x 发生变化时 y 的变化量。你的微积分课程中大部分时间都花在了从方程(H.1)出发，推导出常见函数的导数公式。方程(H.1)中的函数 y 只依赖于一个变量 x。对于函数 $y(x)$，x 称为自变量，而 y，其值取决于 x 的值，故称为因变量。

函数可以依赖于不止一个变量。例如，我们知道，理想气体的压力取决于温度、体积和物质的量，通过如下方程可以表达出来：

$$P=\frac{nRT}{V} \tag{H.2}$$

在这种情况下，有三个自变量；温度、体积和气体的物质的量可以独立变化。压力是因变量。则可以通过以下书写方式来强调这种依赖关系：

$$P=P(n,T,V)$$

在实验中，我们可能希望一次只改变一个自变量（如温度），以在两个自变量固定的情况下（固定体积和固定物质的量）产生压力的变化。为了形成在 n 和 V 保持不变的条件下，压力 P 对温度 T 的导数，只需参考方程(H.1)并写成

$$\left(\frac{\partial P}{\partial T}\right)_{n,V}=\lim_{\Delta T\to 0}\frac{P(n,T+\Delta T,V)-P(n,T,V)}{\Delta T} \tag{H.3}$$

$(\partial P/\partial T)_{n,V}$ 称为在物质的量 n 和体积 V 保持不变的条件下，压力 P 对温度 T 的偏导数。为了实际计算这个偏导数，只需在方程(H.2)中把 n 和 V 当成常数，将 P 对 T 进行微分。因此，对于理想气体，有

$$\left(\frac{\partial P}{\partial T}\right)_{n,V}=\frac{nR}{V}$$

还可以得到

$$\left(\frac{\partial P}{\partial n}\right)_{T,V}=\frac{RT}{V}$$

和

$$\left(\frac{\partial P}{\partial V}\right)_{n,T}=-\frac{nRT}{V^2}$$

» 例题 H-1 计算 van der Waals 方程中压力 P 的两个一阶偏导数。

$$P=\frac{RT}{\overline{V}-b}-\frac{a}{\overline{V}^2} \tag{H.4}$$

» 解 在这种情况下，P 依赖于 T 和 $\overline{V}$，所以有 $P=P(T,\overline{V})$。P 的两个一阶偏导数是

$$\left(\frac{\partial P}{\partial T}\right)_{\overline{V}}=\frac{R}{\overline{V}-b} \tag{H.5}$$

和

$$\left(\frac{\partial P}{\partial \overline{V}}\right)_{T}=-\frac{RT}{(\overline{V}-b)^2}+\frac{2a}{\overline{V}^3} \tag{H.6}$$

式(H.5)和式(H.6)给出的偏导数本身就是 T 和 $\overline{V}$ 的函数，因此对式(H.5)和式(H.6)微分即可得到二阶偏导数：

$$\left(\frac{\partial^2 P}{\partial T^2}\right)_{\overline{V}}=0$$

和

$$\left(\frac{\partial^2 P}{\partial \overline{V}^2}\right)_{T}=\frac{2RT}{(\overline{V}-b)^3}-\frac{6a}{\overline{V}^4}$$

然而，我们也可以构造另一种二阶导数。例如，可以这样构造：

$$\left[\frac{\partial}{\partial \overline{V}}\left(\frac{\partial P}{\partial T}\right)_{\overline{V}}\right]_T=\left[\frac{\partial}{\partial \overline{V}}\left(\frac{R}{\overline{V}-b}\right)\right]_T$$

$$=-\frac{R}{(\overline{V}-b)^2} \tag{H.7}$$

还可以这样构造：

$$\left[\frac{\partial}{\partial T}\left(\frac{\partial P}{\partial \overline{V}}\right)_T\right]_{\overline{V}}=\left[\frac{\partial}{\partial T}\left(-\frac{RT}{(\overline{V}-b)^2}+\frac{2a}{\overline{V}^3}\right)\right]_{\overline{V}}$$

$$= -\frac{R}{(\overline{V}-b)^2} \tag{H.8}$$

上述两个二阶导数称为交叉导数、混合导数或二阶交叉偏导数。这些导数通常写成

$$\left(\frac{\partial^2 P}{\partial \overline{V}\partial T}\right) \quad 或 \quad \left(\frac{\partial^2 P}{\partial T\partial \overline{V}}\right)$$

我们没有标示出哪个变量保持不变，因为它们随着每次微分而不同。注意，这两个交叉导数相等[见式(H.7)和式(H.8)]，因此

$$\left(\frac{\partial^2 P}{\partial \overline{V}\partial T}\right) = \left(\frac{\partial^2 P}{\partial T\partial \overline{V}}\right) \tag{H.9}$$

因此，在这种情况下，对 P 取两个偏导数的顺序是没有影响的。事实上，交叉导数总是相等的。

» 例题 H-2 假设

$$S = -\left(\frac{\partial A}{\partial T}\right)_V \quad 和 \quad P = -\left(\frac{\partial A}{\partial V}\right)_T$$

式中 A, S 和 P 都是 T 和 V 的函数。证明

$$\left(\frac{\partial S}{\partial V}\right)_T = \left(\frac{\partial P}{\partial T}\right)_V$$

» 解　在 T 不变时求 S 对 V 的偏导数：

$$\left(\frac{\partial S}{\partial V}\right)_T = -\left(\frac{\partial^2 A}{\partial V\partial T}\right)$$

在 V 不变时求 P 对 T 的偏导数：

$$\left(\frac{\partial P}{\partial T}\right)_V = -\left(\frac{\partial^2 A}{\partial T\partial V}\right)$$

将 A 的两个交叉导数等同起来，得到

$$\left(\frac{\partial S}{\partial V}\right)_T = \left(\frac{\partial P}{\partial T}\right)_V$$

式(H.5)和式(H.6)中给出的偏导数表明了在其他自变量保持不变的情况下，压力 P 如何随一个自变量的变化而变化。我们经常想知道，当一个因变量的两个(或多个)自变量的值发生变化时，这个因变量如何变化。以 $P = P(T, \overline{V})$(对于 1 mol)为例，可以写出

$$\Delta P = P(T+\Delta T, \overline{V}+\Delta\overline{V}) - P(T, \overline{V})$$

如果对于这个算式加上并减去 $P(T, \overline{V}+\Delta\overline{V})$，可以得到

$$\Delta P = [P(T+\Delta T, \overline{V}+\Delta\overline{V}) - P(T, \overline{V}+\Delta\overline{V})] + [P(T, \overline{V}+\Delta\overline{V}) - P(T, \overline{V})]$$

将前两项乘以 $\Delta T/\Delta T$ 以及后两项乘以 $\Delta\overline{V}/\Delta\overline{V}$，得到

$$\Delta P = \left[\frac{P(T+\Delta T, \overline{V}+\Delta\overline{V}) - P(T, \overline{V}+\Delta\overline{V})}{\Delta T}\right]\Delta T + \left[\frac{P(T, \overline{V}+\Delta\overline{V}) - P(T, \overline{V})}{\Delta\overline{V}}\right]\Delta\overline{V}$$

现在，让 ΔT 和 $\Delta\overline{V}$ 趋于 0，在这种情况下，有

$$\mathrm{d}P = \lim_{\Delta T\to 0}\left[\frac{P(T+\Delta T, \overline{V}) - P(T, \overline{V})}{\Delta T}\right]\Delta T + \lim_{\Delta\overline{V}\to 0}\left[\frac{P(T, \overline{V}+\Delta\overline{V}) - P(T, \overline{V})}{\Delta\overline{V}}\right]\Delta\overline{V} \tag{H.10}$$

第一个极限给出 $(\partial P/\partial T)_{\overline{V}}$(根据定义)，第二个极限给出 $(\partial P/\partial\overline{V})_T$，因此式(H.10)给出了我们想要的结果，即

$$\mathrm{d}P = \left(\frac{\partial P}{\partial T}\right)_{\overline{V}}\mathrm{d}T + \left(\frac{\partial P}{\partial \overline{V}}\right)_T\mathrm{d}\overline{V} \tag{H.11}$$

式(H.11)称为 P 的全导数。它简单地表明 P 的变化是由 P 随 T 的变化(保持 $\overline{V}$ 不变)乘以 T 的无穷小变化，再加上 P 随 $\overline{V}$ 的变化(在 T 不变的情况下)乘以 $\overline{V}$ 的无穷小变化所决定的。

» 例题 H-3 我们可以用式(H.11)来估计当温度和摩尔体积都有轻微变化时压力的变化。为此，对于有限的 ΔT 和 $\Delta\overline{V}$，将式(H.11)写成

$$\Delta P \approx \left(\frac{\partial P}{\partial T}\right)_{\overline{V}}\Delta T + \left(\frac{\partial P}{\partial \overline{V}}\right)_T\Delta\overline{V}$$

如果温度从 273.15 K 变为 274.00 K，体积从 10.00 L 变为 9.90 L，用这个公式来估计 1 mol 理想气体的压力变化。

» 解　首先需要

$$\left(\frac{\partial P}{\partial T}\right)_{\overline{V}} = \left[\frac{\partial}{\partial T}\left(\frac{RT}{\overline{V}}\right)\right]_{\overline{V}} = \frac{R}{\overline{V}}$$

以及

$$\left(\frac{\partial P}{\partial \overline{V}}\right)_T = \left[\frac{\partial}{\partial \overline{V}}\left(\frac{RT}{\overline{V}}\right)\right]_{\overline{V}} = -\frac{RT}{\overline{V}^2}$$

因此

$$\begin{aligned}
\Delta P &\approx \frac{R}{\overline{V}}\Delta T - \frac{RT}{\overline{V}^2}\Delta\overline{V} \\
&\approx \frac{(8.314\ \mathrm{J\cdot mol^{-1}\cdot K^{-1}})}{(10.00\ \mathrm{L\cdot mol^{-1}})}(0.85\ \mathrm{K}) - \frac{(8.314\ \mathrm{J\cdot mol^{-1}\cdot K^{-1}})(273.15\ \mathrm{K})}{(10.00\ \mathrm{L\cdot mol^{-1}})^2}(-0.10\ \mathrm{L\cdot mol^{-1}}) \\
&\approx 3.0\ \mathrm{J\cdot L^{-1}} \\
&\approx 3.0\times 10^3\ \mathrm{J\cdot m^{-3}} = 3.0\times 10^3\ \mathrm{Pa} = 0.030\ \mathrm{bar}
\end{aligned}$$

另外，在这个特别简单的例子中，也可以从以下公式计算出 P 的确切变化：

$$\Delta P = \frac{RT_2}{\overline{V}_2} - \frac{RT_1}{\overline{V}_1}$$

$$= (8.314\ \mathrm{J \cdot mol^{-1} \cdot K^{-1}})\left(\frac{274.00\ \mathrm{K}}{9.90\ \mathrm{L \cdot mol^{-1}}} - \frac{273.15\ \mathrm{K}}{10.00\ \mathrm{L \cdot mol^{-1}}}\right)$$

$$= 3.0\ \mathrm{J \cdot L^{-1}} = 3.0\ \mathrm{J \cdot dm^{-3}} = 0.030\ \mathrm{bar}$$

式(H.4)说明 P 是 T 和 $\overline{V}$ 的函数,或者说 $P=P(T,\overline{V})$。我们可以通过将式(H.4)的右侧分别对 T 和 $\overline{V}$ 进行微分,来形成 P 的全导数,从而可以得到

$$\mathrm{d}P = \frac{R}{\overline{V}-b}\mathrm{d}T - \frac{RT}{(\overline{V}-b)^2}\mathrm{d}\overline{V} + \frac{2a}{\overline{V}^3}\mathrm{d}\overline{V}$$

$$= \frac{R}{\overline{V}-b}\mathrm{d}T + \left[-\frac{RT}{(\overline{V}-b)^2} + \frac{2a}{\overline{V}^3}\right]\mathrm{d}\overline{V} \qquad \text{(H.12)}$$

从例题 H-1 中可以看出,式(H.12)只是式(H.11)应用于 van der Waals 方程的形式。然而,假设我们得到了一个关于 $\mathrm{d}P$ 的任意表达式,如

$$\mathrm{d}P = \frac{RT}{\overline{V}-b}\mathrm{d}T + \left[\frac{RT}{(\overline{V}-b)^2} - \frac{a}{T\overline{V}^2}\right]\mathrm{d}\overline{V} \qquad \text{(H.13)}$$

并被要求确定状态方程 $P=P(T,\overline{V})$ 使之能导出式(H.13)。事实上,一个更简单的问题是,是否存在一个函数 $P(T,\overline{V})$,其全导数可由式(H.13)给出?如何能判断呢?如果存在这样一个函数 $P=P(T,\overline{V})$,那么它的全导数是[式(H.11)]

$$\mathrm{d}P = \left(\frac{\partial P}{\partial T}\right)_{\overline{V}}\mathrm{d}T + \left(\frac{\partial P}{\partial \overline{V}}\right)_T\mathrm{d}\overline{V}$$

更进一步,根据式(H.9),函数 $P(T,\overline{V})$ 的交叉导数,即

$$\left(\frac{\partial^2 P}{\partial \overline{V}\partial T}\right) = \left[\frac{\partial}{\partial \overline{V}}\left(\frac{\partial P}{\partial T}\right)_{\overline{V}}\right]_T$$

以及

$$\left(\frac{\partial^2 P}{\partial T\partial \overline{V}}\right) = \left[\frac{\partial}{\partial T}\left(\frac{\partial P}{\partial \overline{V}}\right)_T\right]_{\overline{V}}$$

必须相等。如果将这个结果应用到式(H.13),则发现

$$\frac{\partial}{\partial T}\left[\frac{RT}{(\overline{V}-b)^2} - \frac{a}{T\overline{V}^2}\right] = \frac{R}{(\overline{V}-b)^2} + \frac{a}{T^2\overline{V}^2}$$

以及

$$\frac{\partial}{\partial \overline{V}}\left(\frac{RT}{\overline{V}-b}\right) = -\frac{RT}{(\overline{V}-b)^2}$$

因此,交叉导数是不相等的,所以由式(H.13)给出的表达式不是任何函数 $P(T,\overline{V})$ 的导数。由式(H.13)给出的微分称为**不恰当微分**(inexact differential)。

我们可以通过简单地对任何函数 $P(T,\overline{V})$ 进行显式微分来得到**恰当微分**(exact differential)的例子,就像对 van der Waals 方程所做的那样,以获得式(H.12)。式(H.7)和式(H.8)表明,交叉导数是相等的,正如恰当微分所必需的那样。

» 例题 H-4 公式

$$\mathrm{d}P = \left[\frac{R}{\overline{V}-B} + \frac{A}{2T^{3/2}\overline{V}(\overline{V}+B)}\right]\mathrm{d}T +$$

$$\left[-\frac{RT}{(\overline{V}-B)^2} + \frac{A(2\overline{V}+B)}{T^{1/2}\overline{V}^2(\overline{V}+B)^2}\right]\mathrm{d}\overline{V} \qquad \text{(H.14)}$$

是一个恰当微分吗?

» 解 我们来求这两个导数:

$$\left[\frac{\partial}{\partial \overline{V}}\left\{\frac{R}{\overline{V}-B} + \frac{A}{2T^{3/2}\overline{V}(\overline{V}+B)}\right\}\right]_T$$

$$= -\frac{R}{(\overline{V}-B)^2} - \frac{A(2\overline{V}+B)}{2T^{3/2}\overline{V}^2(\overline{V}+B)^2}$$

以及

$$\left[\frac{\partial}{\partial T}\left\{-\frac{RT}{(\overline{V}-B)^2} + \frac{A(2\overline{V}+B)}{T^{1/2}\overline{V}^2(\overline{V}+B)^2}\right\}\right]_{\overline{V}}$$

$$= -\frac{R}{(\overline{V}-B)^2} - \frac{A(2\overline{V}+B)}{2T^{3/2}\overline{V}^2(\overline{V}+B)^2}$$

这些导数是相等的,所以式(H.14)表示了一个恰当微分。式(H.14)是 Redlich-Kwong 状态方程中 P 的全导数。

恰当微分和不恰当微分在物理化学中起着重要作用。如果 $\mathrm{d}y$ 是恰当微分,那么

$$\int_1^2 \mathrm{d}y = y_2 - y_1 \quad \text{(恰当微分)}$$

所以积分只取决于端点(1 和 2)而不取决于从 1 到 2 的路径。然而,对于不恰当微分,这个说法是不成立的,所以

$$\int_1^2 \mathrm{d}y \neq y_2 - y_1 \quad \text{(不恰当微分)}$$

这种情况下的积分不仅取决于端点,还取决于从 1 到 2 的路径。

练习题

H-1 物质的等温压缩系数 κ_T 定义为

$$\kappa_T = -\frac{1}{V}\left(\frac{\partial V}{\partial P}\right)_T$$

求理想气体等温压缩系数的表达式。

H-2 物质的热膨胀系数 α 定义为

$$\alpha = \frac{1}{V}\left(\frac{\partial V}{\partial T}\right)_P$$

求理想气体的热膨胀系数的表达式。

H-3 证明：对于理想气体和状态方程为 $P = nRT/(V-nb)$（式中 b 是一常数）的气体，有

$$\left(\frac{\partial P}{\partial V}\right)_{n,T} = \frac{1}{\left(\frac{\partial V}{\partial P}\right)_{n,T}}$$

这种关系一般是成立的，称为互逆关系。请注意，该等式的两边相同的变量须保持不变。

H-4 已知

$$U = k_B T^2\left(\frac{\partial \ln Q}{\partial T}\right)_{N,V}$$

式中

$$Q(N,V,T) = \frac{1}{N!}\left(\frac{2\pi m k_B T}{h^2}\right)^{3N/2} V^N$$

k_B，m 和 h 都是常数，求 U 为 T 的函数的表达式。

H-5 证明 Redlich-Kwong 方程

$$P = \frac{RT}{\overline{V}-B} - \frac{A}{T^{1/2}\overline{V}(\overline{V}+B)}$$

中 P 的全导数可由式(H.14)给出。

H-6 对于 Redlich-Kwong 方程（习题 H-5），明确证明

$$\left(\frac{\partial^2 P}{\partial \overline{V}\partial T}\right) = \left(\frac{\partial^2 P}{\partial T\partial \overline{V}}\right)$$

H-7 我们将在第 19 章导出如下等式：

$$\left(\frac{\partial U}{\partial V}\right)_T = T\left(\frac{\partial P}{\partial T}\right)_V - P$$

分别求出理想气体、服从 van der Waals 方程[式(H.4)]及服从 Redlich-Kwong 方程（习题 H.5）的气体的 $(\partial U/\partial V)_T$ 的表达式。

H-8 已知定容热容的定义为

$$C_V = \left(\frac{\partial U}{\partial T}\right)_V$$

并根据习题 H-7 中给出的表达式，导出公式

$$\left(\frac{\partial C_V}{\partial V}\right)_T = T\left(\frac{\partial^2 P}{\partial T^2}\right)_V$$

H-9 使用习题 H-8 中的表达式，分别求出理想气体、服从 van der Waals 方程[式(H.4)]以及 Redlich-Kwong 方程（见习题 H-5）的气体的 $(\partial C_V/\partial V)_T$ 的表达式。

H-10 $dV = \pi r^2 dh + 2\pi r h dr$ 是恰当微分还是不恰当微分？

H-11 $dx = C_V(T)dT + \frac{nRT}{V}dV$ 是恰当微分还是不恰当微分？$C_V(T)$ 是 T 的一个任意函数。dx/T 又如何呢？

H-12 证明：

$$\frac{1}{Y}\left(\frac{\partial Y}{\partial P}\right)_{T,n} = \frac{1}{\overline{Y}}\left(\frac{\partial \overline{Y}}{\partial P}\right)_T$$

以及

$$\left(\frac{\partial P}{\partial \overline{Y}}\right)_T = n\left(\frac{\partial P}{\partial Y}\right)_{T,n}$$

式中 $Y = Y(P,T,n)$ 是一个广度变量。

H-13 式(16.5)将 van der Waals 方程中的 P 表示为 $\overline{V}$ 和 T 的函数。证明：P 作为 V，T 和 n 的函数，可以表示为

$$P = \frac{nRT}{V-nb} - \frac{n^2 a}{V^2} \qquad (1)$$

现在，请根据式(16.5)计算 $(\partial P/\partial \overline{V})_T$ 以及上面的公式(1)计算 $(\partial P/\partial V)_{T,n}$，并证明（见习题 H-12）：

$$\left(\frac{\partial P}{\partial \overline{V}}\right)_T = n\left(\frac{\partial P}{\partial V}\right)_{T,n}$$

H-14 参考习题 H-13，证明：

$$\left(\frac{\partial P}{\partial T}\right)_{\overline{V}} = \left(\frac{\partial P}{\partial T}\right)_{V,n}$$

并且一般来说，有

$$\left[\frac{\partial y(x,\overline{V})}{\partial x}\right]_{\overline{V}} = \left[\frac{\partial y(x,n,V)}{\partial x}\right]_{V,n}$$

式中 y 和 x 均是强度量，且 $y(x,n,V)$ 可以写为 $y(x,V/n)$。

练习题参考答案

第17章 Boltzmann因子和配分函数

▶ **科学家介绍**

通过前面几章的学习,我们知道:对于所有的系统,实际上原子和分子的能态都是量子化的;这些允许的能态可以通过求解薛定谔方程来获得。一个实际问题是,在某一给定温度下,分子是如何分布在这些能态上的?例如,我们可能会问分布在振动基态、第一激发态……上的分子的分数分别是多少?你可能会有一个直觉,即激发态上的分子数目将随着温度的升高而增多。在本章中,将发现确实如此。本章的两个中心主题是 Boltzmann 因子和配分函数。Boltzmann 因子是物理化学中最基本和最有用的量之一,它告诉我们如果一个系统拥有能量分别为 $E_1, E_2, E_3, \cdots$ 的状态,则系统在能量为 E_j 的状态上的概率 p_j 与该状态的能量呈指数关系,即

$$p_j \propto e^{-E_j/k_BT}$$

式中 k_B 是 Boltzmann 常数;T 是绝对温度。我们将在 17-2 节中导出这个结果,并在本章剩余篇幅里讨论其含义和应用。

由于概率的总和必须等于 1,所以上述概率的归一化常数应为 $1/Q$,这里

$$Q = \sum_j e^{-E_j/k_BT}$$

Q 称为配分函数,我们将发现配分函数在计算任一系统的性质时扮演中心角色。例如,我们将证明可以利用 Q 来计算一个系统的能量、热容及压力。在第 18 章中,我们将用配分函数计算单原子和多原子理想气体的热容。

17-1 Boltzmann 因子是物理科学中最重要的物理量之一

考虑某一宏观系统,如 1 L 气体、1 L 水或 1 kg 某固体。从力学的观点来说,这样一个系统可以通过指定粒子数 N、体积 V 以及粒子间的作用力来描述。尽管系统含有 Avogadro 常数量级的粒子,我们仍能考虑其哈密尔顿算符和相应的波函数,它们将依赖于所有粒子的坐标。对于这样一个 N 体系统,其薛定谔 Schrödinger 方程为

$$\hat{H}_N \Psi_j = E_j \Psi_j \qquad j = 1, 2, 3, \cdots \tag{17.1}$$

式中能量依赖于 N 和 V。为了强调这一点,把 E_j 写成 $E_j(N, V)$ 的形式。

对于一种理想气体的特殊情形,总能量 $E_j(N, V)$ 将简单地是单个分子能量的总和,即

$$E_j(N, V) = \varepsilon_1 + \varepsilon_2 \cdots + \varepsilon_N \tag{17.2}$$

这是因为理想气体分子是彼此独立的。例如,对于在一边长为 a 的立方体容器中的单原子理想气体,如果忽略电子状态而只关注平动状态,则 ε_j 就是由下式[式(3.60)]给出的平动能:

$$\varepsilon_{n_x n_y n_z} = \frac{h^2}{8ma^2}(n_x^2 + n_y^2 + n_z^2) \tag{17.3}$$

注意到 $E_j(N, V)$ 与 N 的关系可通过式(17.2)中的项数来体现,而 $E_j(N, V)$ 与 V 的关系则由式(17.3)中的 $a = V^{1/3}$ 来体现。

对于一个更一般的系统,其中粒子间有相互作用,则 $E_j(N, V)$ 就不能简单地写成单个粒子能量的总和,但仍能考虑,至少在原则上,一组允许的宏观能量 $\{E_j(N, V)\}$。

现在,我们要做的是确定一个系统在能量为 $E_j(N, V)$ 的状态 j 上的概率。为此,考虑一类系统的巨大集合,这些系统与温度为 T 的一个无限大的热浴(称为热源)进行热接触。每个系统都有相同的 N, V 和 T 值,但可能处在不同的量子状态上,与 N 和 V 的值一致。这样一个系统的集合称为一个**系综**(ensemble)(图 17.1)。处在能量为 $E_j(N, V)$ 的状态 j 上的系统数目用 a_j 表示,而系综中系统的总数目则用 $\mathcal{A}$ 表示。

现在,要求系综中的系统处在各个状态的相对数目。作为一个例子,关注两个特定的状态 1 和 2,相应的能量分别为 $E_1(N, V)$ 和 $E_2(N, V)$。处在能量分别为 E_1 和 E_2

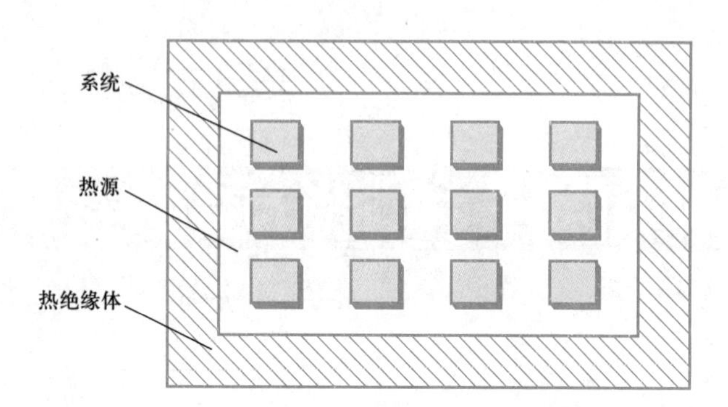

图 17.1　一个系综是与一热源处于热平衡的众多(宏观)系统的集合。系综中所有的系统和一个热源相接触达到热平衡。处在能量为 $E_j(N,V)$ 的状态 j 上的系统数目为 a_j,系综中系统的总数目为 $\mathcal{A}$。由于系综是一概念性的构建,可以考虑 $\mathcal{A}$ 如我们想要的那么大。

的两个状态的系统相对数目必然与 E_1 和 E_2 有关,因此可以写出

$$\frac{a_2}{a_1}=f(E_1,E_2) \tag{17.4}$$

式中 a_1 和 a_2 分别为系综中处在状态 1 和状态 2 的系统数目,而 f 的函数形式有待确定。现在,由于能量是一个总是必须参考某一能量零点的量,故式(17.4)中与 E_1 和 E_2 的依赖关系一定具有这样的形式,即

$$f(E_1,E_2)=f(E_1-E_2) \tag{17.5}$$

这样,与 E_1 和 E_2 相关的任意能量零点将会消去。故至此可得到

$$\frac{a_2}{a_1}=f(E_1-E_2) \tag{17.6}$$

式(17.6)对于任意两个能态都是成立的,所以还可写出

$$\frac{a_3}{a_2}=f(E_2-E_3) \quad 和 \quad \frac{a_3}{a_1}=f(E_1-E_3) \tag{17.7}$$

由于

$$\frac{a_3}{a_1}=\frac{a_2}{a_1}\cdot\frac{a_3}{a_2}$$

故利用式(17.6)和式(17.7),我们发现函数 f 必须满足

$$f(E_1-E_3)=f(E_1-E_2)f(E_2-E_3) \tag{17.8}$$

乍看起来满足上述等式的函数 f 的形式也许并不明了,但如果你还记得

$$e^{x+y}=e^xe^y$$

那么便能看出

$$f(E)=e^{\beta E}$$

式中 β 是一个任意常数(参看习题 17-2)。为了验证该形式的函数 f 确实能满足式(17.8),将此 $f(E)$ 的函数形式代入式(17.8):

$$e^{\beta(E_1-E_3)}=e^{\beta(E_1-E_2)}e^{\beta(E_2-E_3)}=e^{\beta(E_1-E_3)}$$

由此,由式(17.6)发现

$$\frac{a_2}{a_1}=e^{\beta(E_1-E_2)} \tag{17.9}$$

状态 1 和 2 并没有任何特殊之处,故可将式(17.9)写为更一般的形式:

$$\frac{a_n}{a_m}=e^{\beta(E_m-E_n)} \tag{17.10}$$

该式的形式意味着 a_n 和 a_m 均可由下式给出:

$$a_j=Ce^{-\beta E_j} \tag{17.11}$$

式中 j 代表状态 m 和 n 中的任意一个;C 为一常数。

17-2　系综中一个系统处在能量为 $E_j(N,V)$ 的状态 j 上的概率正比于 $e^{-E_j(N,V)/k_BT}$

式(17.11)中有两个量,即 C 和 β,需要确定。确定 C 比较容易。将式(17.11)两边对 j 求和,得到

$$\sum_j a_j = C\sum_j e^{-\beta E_j}$$

由于 a_j 的加和必须等于 $\mathcal{A}$,即系综中系统的总数目,因此有

$$C=\frac{\sum_j a_j}{\sum_j e^{-\beta E_j}}=\frac{\mathcal{A}}{\sum_j e^{-\beta E_j}}$$

如果将上式代回式(17.11)中,得到

$$\frac{a_j}{\mathcal{A}}=\frac{e^{-\beta E_j}}{\sum_j e^{-\beta E_j}} \tag{17.12}$$

$a_j/\mathcal{A}$ 即为系综中处于能量为 E_j 的状态 j 上的系统分数。在大的 $\mathcal{A}$ 极限情况下(因为可以使系综如我们想要的那么大,因此肯定能让 $\mathcal{A}$ 是一个很大的值),$a_j/\mathcal{A}$ 就变为一个概率(数学章节 B),故式(17.12)可以写成

$$p_j=\frac{e^{-\beta E_j}}{\sum_j e^{-\beta E_j}} \tag{17.13}$$

式中 p_j 是系综中随机选择的一个系统处在能量为 $E_j(N,V)$ 的状态 j 上的概率。

式(17.13)是物理化学中的一个中心结果。习惯上,我们将此表达式中的分母用 Q 表示,且如果特别地引入 E_j 对 N 和 V 的依赖性,则可以写出

$$Q(N,V,\beta)=\sum_j e^{-\beta E_j(N,V)} \tag{17.14}$$

如此,式(17.13)变为

$$p_j(N,V,\beta)=\frac{e^{-\beta E_j(N,V)}}{Q(N,V,\beta)} \tag{17.15}$$

目前还没有完全准备好来确定 β，不过后面将呈现几种不同的论证来证明：

$$\beta=\frac{1}{k_{\mathrm{B}}T} \tag{17.16}$$

式中 k_{B} 是 Boltzmann 常数；T 是绝对温度。因此，可以将式(17.15)写为

$$p_j(N,V,T)=\frac{\mathrm{e}^{-E_j(N,V)/k_{\mathrm{B}}T}}{Q(N,V,T)} \tag{17.17}$$

我们将交互使用式(17.15)和式(17.17)。式(17.15)与式(17.17)一样是可以接受的。从一理论观点来看，与 T 本身相比，β 或 $1/k_{\mathrm{B}}T$，经常恰巧是一个更为方便使用的量。

$Q(N,V,\beta)$ 或 $Q(N,V,T)$ 称为系统的**配分函数**(partition function)，在接下来的几章中将看到：可以用 $Q(N,V,\beta)$ 来表示一个系统的所有宏观性质。到目前为止，要确定所有的能态 $\{E_j(N,V)\}$ 似乎是不太可能的，更不用说 $Q(N,V,\beta)$ 了，但你将发现我们可以确定许多有趣和重要系统的 $Q(N,V,\beta)$。

17-3 假定平均系综能量等于一个系统的实测能量

利用式(17.15)，可以计算系综中一个系统的平均能量。如果将平均能量表示为 $\langle E\rangle$，则(见数学章节 B)

$$\langle E\rangle=\sum_j p_j(N,V,\beta)E_j(N,V)=\sum_j\frac{E_j(N,V)\mathrm{e}^{-\beta E_j(N,V)}}{Q(N,V,\beta)} \tag{17.18}$$

注意，$\langle E\rangle$ 是 N，V 和 β 的一个函数。可以用 $Q(N,V,\beta)$ 来完整表示式(17.18)。首先，将 $\ln Q(N,V,\beta)$ 在 N 和 V 保持不变的情况下对 β 进行微分：

$$\begin{aligned}\left[\frac{\partial \ln Q(N,V,\beta)}{\partial\beta}\right]_{N,V}&=\frac{1}{Q(N,V,\beta)}\left[\frac{\partial\sum \mathrm{e}^{-\beta E_j(N,V)}}{\partial\beta}\right]_{N,V}\\&=\frac{1}{Q(N,V,\beta)}\sum_j[-E_j(N,V)]\mathrm{e}^{-\beta E_j(N,V)}\\&=-\sum_j\frac{E_j(N,V)\mathrm{e}^{-\beta E_j(N,V)}}{Q(N,V,\beta)}\end{aligned} \tag{17.19}$$

将式(17.19)与式(17.18)进行比较，可以发现

$$\langle E\rangle=-\left(\frac{\partial\ln Q}{\partial\beta}\right)_{N,V} \tag{17.20}$$

也可以将式(17.20)表达为对温度求偏导数而不是对 β 求偏导。利用求微分的链式法则，对于任一函数 f，可以写出

$$\frac{\partial f}{\partial T}=\frac{\partial f}{\partial\beta}\cdot\frac{\partial\beta}{\partial T}=\frac{\partial f}{\partial\beta}\cdot\frac{\mathrm{d}(1/k_{\mathrm{B}}T)}{\mathrm{d}T}=-\frac{1}{k_{\mathrm{B}}T^2}\frac{\partial f}{\partial\beta}$$

或

$$\frac{\partial f}{\partial\beta}=-k_{\mathrm{B}}T^2\frac{\partial f}{\partial T}$$

将此结果和 $f=\ln Q$ 代入式(17.20)，可以得到表示 $\langle E\rangle$ 的另一种形式，即

$$\langle E\rangle=k_{\mathrm{B}}T^2\left(\frac{\partial\ln Q}{\partial T}\right)_{N,V} \tag{17.21}$$

不过，式(17.20)经常更易于使用。

» 例题 17-1 对于在磁场 B_z 中的一个(裸露)质子简单系统，推导其 $\langle E\rangle$ 的表达式。

» 解　根据式(14.16)，能量可以取下式中两个值中的任一个：

$$E_{\pm\frac{1}{2}}=\mp\frac{1}{2}\hbar\gamma B_z$$

式中 γ 是磁旋比。配分函数只由两项组成，即

$$Q(T,B_z)=\mathrm{e}^{\beta\hbar\gamma B_z/2}+\mathrm{e}^{-\beta\hbar\gamma B_z/2}=\mathrm{e}^{\hbar\gamma B_z/2k_{\mathrm{B}}T}+\mathrm{e}^{-\hbar\gamma B_z/2k_{\mathrm{B}}T}$$

能量可以由式(17.20)或式(17.21)得到：

$$\begin{aligned}\langle E\rangle&=-\left(\frac{\partial\ln Q}{\partial\beta}\right)_{B_z}=-\frac{1}{Q(\beta,B_z)}\left(\frac{\partial Q}{\partial\beta}\right)_{B_z}=-\frac{\hbar\gamma B_z}{2}\left(\frac{\mathrm{e}^{\beta\hbar\gamma B_z/2}-\mathrm{e}^{-\beta\hbar\gamma B_z/2}}{\mathrm{e}^{\beta\hbar\gamma B_z/2}+\mathrm{e}^{\beta\hbar\gamma B_z/2}}\right)\\&=-\frac{\hbar\gamma B_z}{2}\left(\frac{\mathrm{e}^{\hbar\gamma B_z/2k_{\mathrm{B}}T}-\mathrm{e}^{-\hbar\gamma B_z/2k_{\mathrm{B}}T}}{\mathrm{e}^{\hbar\gamma B_z/2k_{\mathrm{B}}T}+\mathrm{e}^{-\hbar\gamma B_z/2k_{\mathrm{B}}T}}\right)\end{aligned}$$

图 17.2 显示了该表达式中的 $\langle E\rangle$(以 $\hbar\gamma B_z/2$ 为单位)对 T(以 $\hbar\gamma B_z/2k_{\mathrm{B}}$ 为单位)的作图。注意到当 $T\to0$ 时，$\langle E\rangle\to-\hbar\gamma B_z/2$ 以及当 $T\to\infty$ 时，$\langle E\rangle\to0$。当 $T\to0$ 时，没有热能，所以质子确定无疑地将其定向为与磁场方向平行。但是，当 $T\to\infty$ 时，质子的热能增加到了这样一个程度，以至于质子指向两个方向的概率是一样的。

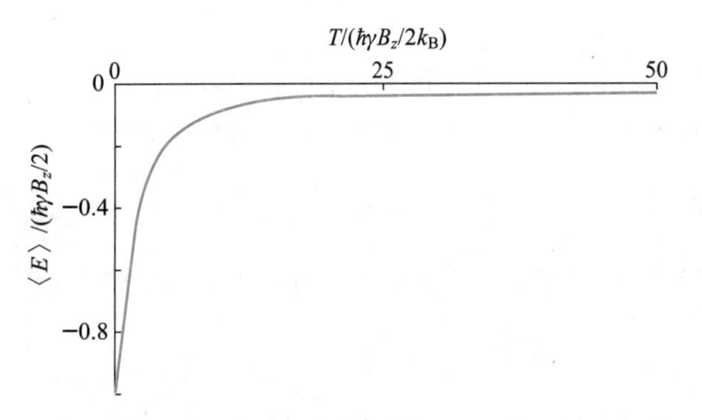

图 17.2　磁场中的一个(裸露)质子的平均能量对温度的作图(参见例题 17-1)。

对于一单原子理想气体,在第18章将学到:

$$Q(N,V,\beta)=\frac{[q(V,\beta)]^N}{N!} \tag{17.22}$$

式中

$$q(V,\beta)=\left(\frac{2\pi m}{h^2\beta}\right)^{3/2}V \tag{17.23}$$

对于处在其电子基态的一单原子理想气体,系统的能量仅在平动自由度中。在将式(17.22)代入式(17.20)之前,为了方便起见,先将 $\ln Q$ 写成与 β 有关的项和与 β 无关的项的加和:

$$\ln Q=N\ln q-\ln N!=-\frac{3N}{2}\ln\beta+\frac{3N}{2}\ln\left(\frac{2\pi m}{h^2}\right)+N\ln V-\ln N!$$

$$=-\frac{3N}{2}\ln\beta+\text{仅与 }N\text{ 和 }V\text{ 有关的项}$$

现在,可以更容易地看出:

$$\left(\frac{\partial\ln Q}{\partial\beta}\right)_{N,V}=-\frac{3N}{2}\frac{\mathrm{d}\ln\beta}{\mathrm{d}\beta}=-\frac{3N}{2\beta}=-\frac{3}{2}Nk_BT$$

以及[式(17.20)]

$$\langle E\rangle=\frac{3}{2}Nk_BT$$

对于物质的量为 n(mol)的气体,有 $N=nN_A$ 且 $k_BN_A=R$,故

$$\langle E\rangle=\frac{3}{2}nRT$$

以后在第27章学习气体动理论时,将会得到与上式相同的结论。这个结果引出了物理化学中一个基本假定,即利用式(17.17)的概率分布计算得到的任何量的系综平均值与该量的实验观测值是相同的。如果将一个系统的实验观测能量用符号 U 表示,则对于1 mol单原子理想气体,有(用上划线表示摩尔量)

$$\overline{U}=\langle\overline{E}\rangle=\frac{3}{2}RT$$

» 例题 17-2　在下一章中将学习到,对于双原子理想气体的刚性转子-谐振子模型,其配分函数为

$$Q(N,V,\beta)=\frac{[q(V,\beta)]^N}{N!}$$

式中

$$q(V,\beta)=\left(\frac{2\pi m}{h^2\beta}\right)^{3/2}V\cdot\frac{8\pi^2I}{h^2\beta}\cdot\frac{\mathrm{e}^{-\beta h\nu/2}}{1-\mathrm{e}^{-\beta h\nu}}$$

在这个表达式里,I 和 ν 分别是双原子分子的转动惯量和基本振动频率。注意到,对于双原子分子,其 $q(V,\beta)$ 与单原子气体的 $q(V,\beta)$ 表达式[式(17.23),一个平动项]是相同的,除了在平动项之后又乘了一个转动项 $8\pi^2I/h^2\beta$ 和一个振动项 $\mathrm{e}^{-\beta h\nu/2}/(1-\mathrm{e}^{-\beta h\nu})$ 之外。我们将在17-8节中对这种差异加以叙述。利用该配分函数,计算1 mol双原子理想气体的平均能量。

» 解　为了方便起见,再次将 $\ln Q$ 写成与 β 有关的项和与 β 无关的项的加和形式:

$$\ln Q=N\ln q-\ln N!$$

$$=-\frac{3N}{2}\ln\beta-N\ln\beta-\frac{N\beta h\nu}{2}-N\ln(1-\mathrm{e}^{-\beta h\nu})+\text{不含 }\beta\text{ 的项}$$

现在

$$\left(\frac{\partial\ln Q}{\partial\beta}\right)_{N,V}=-\frac{3N}{2}\frac{\mathrm{d}\ln\beta}{\mathrm{d}\beta}-N\frac{\mathrm{d}\ln\beta}{\mathrm{d}\beta}-\frac{Nh\nu}{2}-N\frac{\mathrm{d}\ln(1-\mathrm{e}^{-\beta h\nu})}{\mathrm{d}\beta}$$

$$=-\frac{3N}{2\beta}-\frac{N}{\beta}-\frac{Nh\nu}{2}-\frac{Nh\nu\mathrm{e}^{-\beta h\nu}}{1-\mathrm{e}^{-\beta h\nu}}$$

或

$$\overline{U}=\langle E\rangle=\frac{3}{2}Nk_BT+Nk_BT+\frac{Nh\nu}{2}+\frac{Nh\nu\mathrm{e}^{-\beta h\nu}}{1-\mathrm{e}^{-\beta h\nu}}$$

对于1 mol的气体,有 $N=N_A$ 且 $N_Ak_B=R$,故

$$\overline{U}=\frac{3}{2}RT+RT+\frac{N_Ah\nu}{2}+\frac{N_Ah\nu\mathrm{e}^{-\beta h\nu}}{1-\mathrm{e}^{-\beta h\nu}} \tag{17.24}$$

式(17.24)有一个很好的物理解释,即第一项代表平均平动能量,第二项代表平均转动能量,第三项代表零点振动能,第四项代表平均振动能量。对大多数气体来说,低温时第四项可以忽略,但当温度升高时,第四项会随着振动激发态上粒子数的增加而增大。

17-4 等容热容是平均能量对温度的偏微分

系统的等容热容被定义为

$$C_V=\left(\frac{\partial\langle E\rangle}{\partial T}\right)_{N,V}=\left(\frac{\partial U}{\partial T}\right)_{N,V} \tag{17.25}$$

因此热容 C_V 是在量和体积不变的情况下一个系统的能量如何随着温度变化的一种量度。所以,C_V 可以通过式(17.21)用 $Q(N,V,T)$ 来表示。我们已经知道,对于1 mol的单原子理想气体,有 $\overline{U}=3RT/2$,故

$$\overline{C}_V=\frac{3}{2}R\text{(单原子理想气体)} \tag{17.26}$$

对于双原子理想气体,由式(17.24)可以得到

$$\overline{C}_V=\frac{5}{2}R+N_A h\nu\frac{\partial}{\partial T}\left(\frac{e^{-\beta h\nu}}{1-e^{-\beta h\nu}}\right)=\frac{5}{2}R-\frac{N_A h\nu}{k_B T^2}\frac{\partial}{\partial\beta}\left(\frac{e^{-\beta h\nu}}{1-e^{-\beta h\nu}}\right)$$

$$=\frac{5}{2}R+R\left(\frac{h\nu}{k_B T}\right)^2\frac{e^{-h\nu/k_B T}}{(1-e^{-h\nu/k_B T})^2}\quad（双原子理想气体）\tag{17.27}$$

图 17.3 显示了 $O_2(g)$ 摩尔热容的理论计算值[式(12.27)]和实验测量值随温度的变化曲线，可见两者吻合得很好。

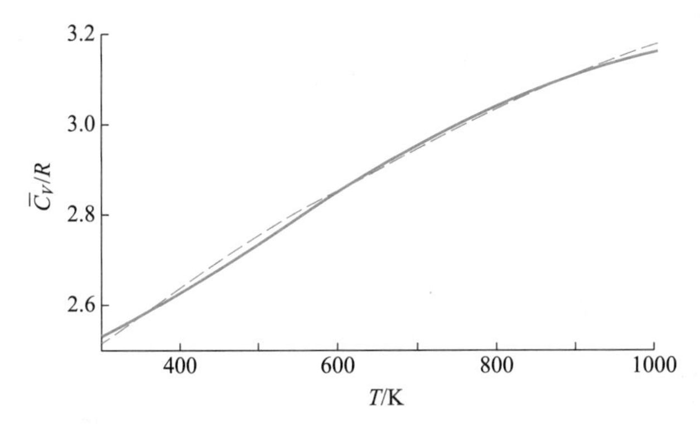

图 17.3 300~1000 K 时 $O_2(g)$ 摩尔热容的实验值和理论值[(式 12.27)]随温度的变化曲线。理论曲线（实线）是利用 $h\nu/k_B=2240$ K 计算得到的。

» 例题 17-3 1905 年，Einstein 提出了原子晶体的一个简单模型，可以用来计算摩尔热容。他将一原子晶体想象为 N 个原子位于晶格位置，且每个原子如一个三维谐振子那样振动。由于所有的晶格位置都是完全相同的，他进一步假设所有的原子都以相同的频率振动。这个简单模型对应的配分函数可表示为（习题 17-20）

$$Q=e^{-\beta U_0}\left(\frac{e^{-\beta h\nu/2}}{1-e^{-\beta h\nu}}\right)^{3N}\tag{17.28}$$

式中 ν 是一种晶体特有的、原子在它们的晶格位置附近振动的频率；U_0则是该晶体在 0 K 时的升华能，或在 0 K 时将所有原子彼此分离所需要的能量。由该配分函数，计算一原子晶体的摩尔热容。

» **解** 由式(17.20)可得，平均能量为

$$U=-\left(\frac{\partial\ln Q}{\partial\beta}\right)_{N,V}=-\left\{\frac{\partial}{\partial\beta}\left[-\beta U_0-\frac{3N}{2}\beta h\nu-3N\ln(1-e^{-\beta h\nu})\right]\right\}_{NV}$$

$$=U_0+\frac{3Nh\nu}{2}+\frac{3Nh\nu e^{-\beta h\nu}}{1-e^{-\beta h\nu}}$$

可以看出 U 由三项构成：U_0，即 0 K 时的升华能；$3Nh\nu/2$，即 N 个三维谐振子的零点能；以及最后一项代表当温度升高时振动能的增大。

定容热容可由下式给出：

$$C_V=\left(\frac{\partial U}{\partial T}\right)_{N,V}=-\frac{1}{k_B T^2}\left(\frac{\partial U}{\partial\beta}\right)_{N,V}$$

$$=-\frac{3Nh\nu}{k_B T^2}\left[-\frac{h\nu e^{-\beta h\nu}}{1-e^{-\beta h\nu}}-\frac{h\nu e^{-2\beta h\nu}}{(1-e^{-\beta h\nu})^2}\right]$$

或

$$\overline{C}_V=3R\left(\frac{h\nu}{k_B T}\right)^2\frac{e^{-h\nu/k_B T}}{(1-e^{-h\nu/k_B T})^2}\tag{17.29}$$

这里已使用了对于 1 mol 的物质，$N=N_A$ 及 $N_A k_B=R$。

式(17.29)中含有一个可变参数，即振动频率 ν。图 17.4 显示了用 $\nu=2.75\times10^{13}\ s^{-1}$ 计算的金刚石的摩尔热容随温度变化的关系曲线。考虑到模型比较简单，理论计算值与实验值还是相当吻合的。

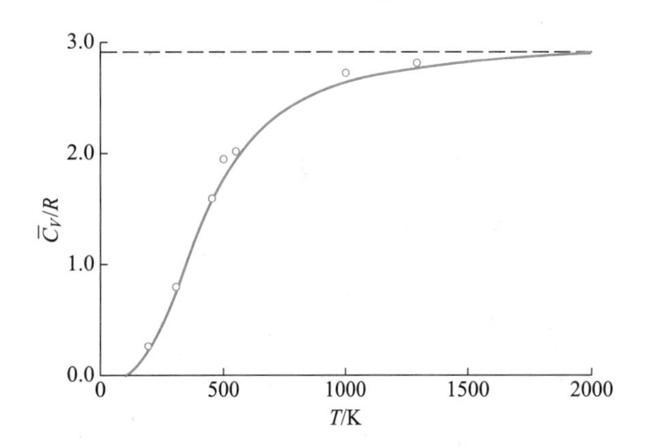

图 17.4 金刚石摩尔热容的实验值和理论计算值（Einstein 模型）随温度变化的关系曲线。实线是用式(17.29)计算得到的，圆圈代表实验数据。

让我们来看看在高温极限时的 $\overline{C}_V$ 值。当温度很高时，$h\nu/k_B T$ 很小，所以可以利用数学关系式 $e^x\approx1+x$（当 x 很小时）（见数学章节 I）。于是，式(17.29)变为

$$\overline{C}_V\approx3R\left(\frac{h\nu}{k_B T}\right)^2\frac{1-\frac{h\nu}{k_B T}+\cdots}{\left(1-1+\frac{h\nu}{k_B T}+\cdots\right)^2}\approx3R\left(\frac{h\nu}{k_B T}\right)^2\frac{1}{\left(\frac{h\nu}{k_B T}\right)^2}$$

$$=3R$$

这个结果预测原子晶体的摩尔热容在高温时应趋于 $3R=24.9\ J\cdot K^{-1}\cdot mol^{-1}$。这个预测称为 Dulong-Petit 定律，其在 19 世纪原子质量的确定中起到了重要的作用。该预测与图 17.4 中显示的数据符合较好。

17-5 可以用配分函数来表示压力

在 19-6 节中将证明,一个宏观系统的压力可以由下式给出:

$$P_j(N,V)=-\left(\frac{\partial E_j}{\partial V}\right)_N \tag{17.30}$$

利用平均压力可以由

$$\langle P\rangle=\sum_j p_j(N,V,\beta)P_j(N,V)$$

给出的事实,可以写出

$$\langle P\rangle=\sum_j p_j(N,V,\beta)\left(-\frac{\partial E_j}{\partial V}\right)_N$$

$$=\sum_j\left(-\frac{\partial E_j}{\partial V}\right)_N\frac{e^{-\beta E_j(N,V)}}{Q(N,V,\beta)} \tag{17.31}$$

式(17.31)还可以写成另一种更简洁的形式。根据

$$Q(N,V,\beta)=\sum_j e^{-\beta E_j(N,V)}$$

保持 N 和 β 不变,将 Q 对 V 进行微分:

$$\left(\frac{\partial Q}{\partial V}\right)_{N,\beta}=-\beta\sum_j\left(\frac{\partial E_j}{\partial V}\right)_N e^{-\beta E_j(N,V)}$$

将上式和式(17.31)中第二个等式进行比较,可以证明

$$\langle P\rangle=\frac{k_B T}{Q(N,V,\beta)}\left(\frac{\partial Q}{\partial V}\right)_{N,\beta}$$

或等价地

$$\langle P\rangle=k_B T\left(\frac{\partial \ln Q}{\partial V}\right)_{N,\beta} \tag{17.32}$$

就像我们之前将系综的平均能量与观测到的能量相等一样,将系综平均压力与观测到的压力相等,即 $P=\langle P\rangle$。因此,如果知道配分函数 $Q(N,V,\beta)$,就能计算实测压力。

利用该结果可以导出理想气体状态方程。首先,考虑单原子理想气体。根据式(17.22),知道单原子理想气体的配分函数可由下式给出:

$$Q(N,V,\beta)=\frac{[q(V,\beta)]^N}{N!}$$

式中

$$q(V,\beta)=\left(\frac{2\pi m}{h^2\beta}\right)^{3/2}V$$

利用这个结果可计算单原子理想气体的压力。为了利用式(17.32)求出 $\langle P\rangle$ 以及方便起见,可先将 $\ln Q$ 写出来,即

$$\ln Q=N\ln q-\ln N!=\frac{3N}{2}\ln\left(\frac{2\pi m}{h^2\beta}\right)+N\ln V-\ln N!$$

由于在式(17.32)中 N 和 β 是固定不变的,可将 $\ln Q$ 写为

$$\ln Q=N\ln V+\text{仅与 }\beta\text{ 和 }N\text{ 有关的项}$$

因此

$$\left(\frac{\partial \ln Q}{\partial V}\right)_{N,\beta}=\frac{N}{V}$$

将此结果代入式(17.32),可以得到

$$P=\frac{Nk_B T}{V}$$

这与预期的一样。

注意,理想气体状态方程源自 $\ln Q=N\ln V+$仅与 N 和 β 有关的项,而这又源自式(17.22)中 $q(V,T)$ 与 V 成正比。例题 17-2 表明,对于双原子理想气体,$q(V,T)$ 也正比于 V,故对于双原子理想气体也有 $PV=Nk_B T$。对于多原子理想气体也是如此。所以,理想气体状态方程对于单原子、双原子和多原子理想气体均适用。

» 例题 17-4 计算下面这个配分函数对应的状态方程:

$$Q(N,V,\beta)=\frac{1}{N!}\left(\frac{2\pi m}{h^2\beta}\right)^{3N/2}(V-Nb)^N e^{\beta aN^2/V}$$

式中 a 和 b 均为常数。你能识别所得的状态方程吗?

» 解 利用式(17.32)来计算状态方程。首先,写出 $\ln Q$:

$$\ln Q=N\ln(V-Nb)+\frac{\beta aN^2}{V}+\text{仅与 }\beta\text{ 和 }N\text{ 有关的项}$$

现在,保持 N 和 β 不变,将上式对 V 微分,得到

$$\left(\frac{\partial \ln Q}{\partial V}\right)_{N,\beta}=\frac{N}{V-Nb}-\frac{\beta aN^2}{V^2}$$

故

$$P=\frac{Nk_B T}{V-Nb}-\frac{aN^2}{V^2}$$

将上式的最后一项移到等号的左边,再乘以 $(V-Nb)$,则有

$$\left(P+\frac{aN^2}{V^2}\right)(V-Nb)=Nk_B T$$

即 van der Waals 方程。

17-6 独立、可区分分子系统的配分函数是分子配分函数的乘积

到目前为止,我们推导的一般结果适用于任意系统。为了应用这些等式,需要 N-体 Schrödinger 方程的一组本征值 $\{E_j(N,V)\}$。一般来说,这是一项不可能的任务。不过,对于许多重要的物理系统,将系统的总能量写为单个能量的总和不失为一个较好的近似(见 3-9 节)。该程序导致了配分函数的极大简化,且使得我们能相对容易地应用之前导出的那些结果。

首先,考虑一个由独立、可区分粒子组成的系统。尽管一般说来原子和分子肯定是不可区分的,但在很多情况下可以将它们处理为可区分的,完美晶体就是一个很好的例子。在一完美晶体中,每个原子都被限定在一个且仅有一个晶格位置,因此至少原则上可以通过一组三维坐标来辨认它们。由于每个粒子被限定在一晶格位置,而晶格位置是可区分的,因而粒子是可区分的。可以将每个粒子在其晶格位置附近的振动较好地近似处理为是独立的,就像之前处理多原子分子的简正模式一样。

将单个粒子的能量表示为 $\{\varepsilon_j^a\}$,上标表示粒子(它们是可区分的),下标表示粒子的能态。在这种情形下,系统的总能量 $E_l(N,V)$ 就可以写为

$$E_l(N,V)=\underbrace{\varepsilon_i^a(V)+\varepsilon_j^b(V)+\varepsilon_k^c(V)+\cdots}_{N\text{项}}$$

且系统的配分函数变为

$$Q(N,V,T)=\sum_l \mathrm{e}^{-\beta E_l}=\sum_{i,j,k,\cdots}\mathrm{e}^{-\beta(\varepsilon_i^a+\varepsilon_j^b+\varepsilon_k^c+\cdots)}$$

由于粒子是独立且可区分的,可以分别对 $i,j,k,\cdots$ 单独求和,这样配分函数 $Q(N,V,T)$ 就可以写为各个单独求和的乘积(习题 17-21):

$$\begin{aligned}Q(N,V,T)&=\sum_i \mathrm{e}^{-\beta\varepsilon_i^a}\sum_j \mathrm{e}^{-\beta\varepsilon_j^b}\sum_k \mathrm{e}^{-\beta\varepsilon_k^c}\cdots\\&=q_a(V,T)q_b(V,T)q_c(V,T)\cdots\end{aligned}\tag{17.33}$$

式中每一个 $q(V,T)$ 可由下式给出:

$$q(V,T)=\sum_i \mathrm{e}^{-\beta\varepsilon_i}=\sum_i \mathrm{e}^{-\varepsilon_i/k_\mathrm{B}T}\tag{17.34}$$

在很多情况下,$\{\varepsilon_i\}$ 是一组分子能量,因此 $q(V,T)$ 称为**分子配分函数**(molecular partition function)。

式(17.33)是一个重要的结论,它表明如果可以将总能量写成单个独立分子能量的加和,并且如果原子或分子是可区分的,那么系统配分函数 $Q(N,V,T)$ 就可以还原为分子配分函数 $q(V,T)$ 的乘积。由于 $q(V,T)$ 仅需要知道单个原子或分子的许可能量,所以其值通常是可以获得的,我们将在第 18 章中看到一系列这样的例子。

如果所有原子或分子的能态是相同的(如对一个原子晶体来说),则式(17.33)变为

$$Q(N,V,T)=[q(V,T)]^N\quad\text{(独立可区分的原子或分子)}\tag{17.35}$$

式中

$$q(V,T)=\sum_j \mathrm{e}^{-\varepsilon_j/k_\mathrm{B}T}$$

原子晶体的 Einstein 模型(例题 17-3)将原子考虑为固定在晶格位置上,故式(17.35)应该适用于该模型。注意,如果令 $u_0=U_0/N$ 为每个原子在 0 K 时的升华能,则该模型的配分函数[式(17.28)]可以被写成式(17.35)的形式,即

$$Q(N,V,T)=\left[\mathrm{e}^{-\beta u_0}\left(\frac{\mathrm{e}^{-\beta h\nu/2}}{1-\mathrm{e}^{-\beta h\nu}}\right)^3\right]^N\tag{17.36}$$

17-7 一个由独立、不可区分原子或分子组成的系统的配分函数通常可写为$[q(V,T)]^N/N!$

虽然式(17.35)是一个诱人的结果,但一般说来原子和分子都是不可区分的,所以式(17.35)的应用就受到了严格限制。当原子和分子内在的不可区分性不能忽略时,将一个系统的配分函数 $Q(N,V,T)$ 还原为分子配分函数就变得较为复杂。对于不可区分的粒子,总能量为

$$E_{ijk\cdots}=\underbrace{\varepsilon_i+\varepsilon_j+\varepsilon_k+\cdots}_{N\text{项}}$$

[注意,与式(17.33)中不同,上式中少了可区分的上标。]系统的配分函数则为

$$Q(N,V,T)=\sum_{i,j,k,\cdots}\mathrm{e}^{-\beta(\varepsilon_i+\varepsilon_j+\varepsilon_k+\cdots)}\tag{17.37}$$

由于粒子是不可区分的,故不能再像式(17.33)中那样对 $i,j,k,\cdots$ 分别求和。为了弄明白这个问题,必须考虑所有粒子的一个基本性质。

在第 8 章中曾了解到,Pauli 不相容原理的一个后果是,电子波函数在两个电子互换的条件下必须是反对称的,且一个原子或分子中的两个电子不能占据相同的能态。事实上,被我们应用于电子的 Pauli 不相容原理只是应用于所有粒子的、一个更普适的自然法则的一部分。所有已知粒子可以被分为两类:一类是其波函数在两个相同粒子互换的条件下必须是对称的,另一类则是其波函数在这样一个互换下必须是反对称性的。第一种类型的粒子称为**玻色子**(boson),第二种类型的粒子则称为**费米子**(fermion)。实验上,整数自旋的粒子为玻色子,而半

整数自旋的粒子则为费米子。因此,自旋量子数为1/2的电子表现出费米子的行为,且它们的波函数必须满足反对称性的要求。费米子的其他例子有质子(自旋为1/2)和中子(自旋为1/2)。玻色子的例子有光子(自旋为1)和氘核(自旋为0)。尽管两个相同的费米子不能占据同一个单粒子能态,但玻色子则不受此限制。当我们尝试进行式(17.37)中的加和时,认识到这些限制是重要的。

现在,针对费米子的情形,回到式(17.37)中的加和上来。由于两个相同的费米子不能占据同一个单粒子能态,那么在加和中就不能包含其中两个或更多个指数相同的项。因此,指数 $i,j,k,\cdots$ 并不是彼此独立的。所以,对于费米子,如果再利用式(17.37)来直接确定 $Q(N,V,T)$ 就会出现问题。

» 例题 17-5 考虑一个由两个没有相互作用的相同费米子组成的系统,每个费米子都有能量为 $\varepsilon_1,\varepsilon_2,\varepsilon_3$ 和 ε_4 的四个状态。列举式(17.37)加和中的许可总能量。

» 解 对于此系统

$$Q(2,V,T)=\sum_{i,j=1}^{4}\mathrm{e}^{-\beta(\varepsilon_i+\varepsilon_j)}$$

在 Q 的不受限制求算中将会出现16项,但其中只有6项对于两个相同的费米子是被允许的,这些项的能量为

$$\begin{array}{ll}\varepsilon_1+\varepsilon_2 & \varepsilon_2+\varepsilon_3\\ \varepsilon_1+\varepsilon_3 & \varepsilon_2+\varepsilon_4\\ \varepsilon_1+\varepsilon_4 & \varepsilon_3+\varepsilon_4\end{array}$$

另外6项中两个粒子的 ε_j 以相反次序书写,它们与上面6项是相同的(因为粒子是不可区分的),还有4项中两个粒子的 ε_j 是相同的,是不被允许的(因为粒子是费米子)。

对于玻色子,没有两个相同类型的粒子不可占据同一个单粒子状态的限制,但式(17.37)中的加和仍然复杂。为了弄明白这个问题,考虑式(17.37)中的一项,该项中除了一个指数外其他所有的指数都是相同的,例如,类似下式的一项

$$E=\underbrace{\varepsilon_2+\varepsilon_{10}+\varepsilon_{10}+\varepsilon_{10}+\cdots+\varepsilon_{10}}_{N\text{个粒子},N\text{项}}$$

(实际上,这些指数可能都是巨大的数字。)由于粒子是不可区分的,ε_2项的位置并不重要,可以有 $\varepsilon_{10}+\varepsilon_2+\varepsilon_{10}+\varepsilon_{10}+\cdots+\varepsilon_{10}$ 或 $\varepsilon_{10}+\varepsilon_{10}+\varepsilon_2+\varepsilon_{10}+\cdots+\varepsilon_{10}$ 等多种 E 的表示方式。由于所有这些项都表示同一个状态,所以这样一个状态在式(17.37)中应该只能表达一次,但式(17.37)中对所有指数项的一个非限制加和(对 $i,j,k,\cdots$ 分别独立求和)则将产生这种类型的 N 项(ε_2可以位于 N 个位置中的任意一个)。

现在,考虑另一种极端的情况,即所有 N 个粒子都处在不同的分子状态上,例如一个能量为 $\varepsilon_1+\varepsilon_2+\varepsilon_3+\varepsilon_4+\cdots+\varepsilon_N$ 的系统。由于粒子是不可区分的,故通过排列这些 N 项得到的所有 $N!$ 种排列都是相同的,且在式(17.37)中应该只出现一次。然而,在一个没有限制的加和中,这些项将会出现 $N!$ 次。因此,通过式(17.37)来对 $Q(N,V,T)$ 进行直接求值,不论是对费米子还是玻色子,都会出现问题。

» 例题 17-6 将例题17-5中的粒子由费米子改为玻色子,列举式(17.37)加和中的许可总能量。

» 解 这种情况下有10个被允许的项,其中6个与例题17-5中的相同,对于另外4个,其中两个粒子的 ε_j 是相同的情况(对于玻色子,不存在两个粒子不能占据同一状态的限制)。

我们发现,在每一种情况中,式(17.37)中引起计算困难的项都是其中两个或更多个指数相同的项。如果不是为了这些项,则可以以一种没有限制的方式进行式(17.37)中的加和(如在17-6节中得到 $[q(V,T)]^N$),然后再将所得结果除以 $N!$(得到 $[q(V,T)]^N/N!$)来消除重复计算。例如,如果我们在求算 $Q(2,V,T)$ 时可以忽略像 $\varepsilon_1+\varepsilon_1,\varepsilon_2+\varepsilon_2$ 等项,那么总共将是12项:其中6项列举在例题17-5中,另外6项其中两个能量以相反次序书写。通过除以2!,就得到了许可项的正确数目。

当然,如果一个粒子可及的量子状态数目远大于粒子的数目,那么任意两个粒子处在同一状态的情况几乎是不可能的。尽管我们已研究的大多数量子力学系统都拥有无限数目的能量状态,但在任一给定的温度下,许多能态将不是易达到的,因为这些状态的能量远大于 $k_\mathrm{B}T$(约是一个分子的平均能量)。但是,如果能量小于 $k_\mathrm{B}T$ 的量子状态数目远大于粒子的数目,那么实质上式(17.37)中的所有项将包含具有不同指数的 ε,这样就可在式(17.37)中通过对 $i,j,k,\cdots$ 单独加和,然后再除以 $N!$,从而较好地近似求出 $Q(N,V,T)$ 的值,即

$$Q(N,V,T)=\frac{[q(V,T)]^N}{N!}\quad(\text{独立、可区分原子或分子})\tag{17.38}$$

式中

$$q(V,T)=\sum_j \mathrm{e}^{-\varepsilon_j/k_\mathrm{B}T}\tag{17.39}$$

通常，仅平动态的数目就足以保证原子或分子可及能态的数目大于系统中粒子的数目。因此，上述推理的结果在很多情况下都能获得一个极好的近似。可及状态的数目大于粒子的数目，因而可以使用式(17.38)的判据为

$$\frac{N}{V}\left(\frac{h^2}{8mk_BT}\right)^{3/2} \ll 1 \tag{17.40}$$

注意，该判据在粒子质量大、温度高、密度小的情况下更易满足。

至此，尽管我们的讨论局限于对理想气体（独立、不可区分粒子），在表 17.1 中甚至列出一些液体在其沸点时的$(N/V)(h^2/8mk_BT)^{3/2}$值，就是想说明不等式(17.40)在很多情况下都是容易满足的。注意，有一些例外的系统，如液氦、液氢（由于它们的质量小、温度低）以及金属中的电子（因为它们的质量很小），而这些系统都是量子系统的范例，必须用特殊的方法来处理（这里将不予讨论）。

表 17.1 一些简单系统在 1 bar 时的$(N/V)(h^2/8mk_BT)^{3/2}$值。

系统	温度 T/K	$\frac{N}{V}\left(\frac{h^2}{8mk_BT}\right)^{3/2}$
液氦	4	1.5
氦气	4	0.11
氦气	20	1.8×10^{-3}
氦气	100	3.3×10^{-5}
液氢	20	0.29
氢气	20	5.1×10^{-3}
氢气	100	9.4×10^{-5}
液态氖	27	1.0×10^{-2}
氖气	27	7.8×10^{-5}
液态氪	127	5.1×10^{-5}
金属(Na)中的电子	300	1400

当式(17.38)成立时，也就是说，当可及分子状态的数目远大于粒子的数目时，我们说粒子服从 Boltzmann 统计(Boltzmann statistics)。如不等式(17.40)所表明的那样，随着温度的升高，Boltzmann 统计将变得愈加成立。让我们来检验一下 20℃ 和 1 bar 时 N_2(g)是否满足不等式(17.40)。在这些条件下，有

$$\frac{N}{V}=\frac{P}{k_BT}=\frac{10^5\,\text{Pa}}{(1.381\times10^{-23}\,\text{J}\cdot\text{K}^{-1})(293.2\ \text{K})}$$
$$=2.470\times10^{25}\,\text{m}^{-3}$$

且

$$\frac{h^2}{8mk_BT}=\frac{(6.626\times10^{-34}\,\text{J}\cdot\text{s})^2}{(8)(4.653\times10^{-26}\,\text{kg})(1.381\times10^{-23}\,\text{J}\cdot\text{K}^{-1})(293.2\ \text{K})}$$
$$=2.913\times10^{-22}\,\text{m}^2$$

故

$$\frac{N}{V}\left(\frac{h^2}{8mk_BT}\right)^{3/2}=(2.470\times10^{25}\,\text{m}^{-3})(2.913\times10^{-22}\,\text{m}^2)^{3/2}=1.23\times10^{-7}$$

这个数值远小于 1。

让我们再来检验一下在其沸点(−195.8 ℃)时液氮是否满足不等式(17.40)。实验测得 N_2(l)在其沸点时的密度为 0.808 g·mL^{-1}，因此

$$\frac{N}{V}=(0.808\ \text{g}\cdot\text{mL}^{-1})\left(\frac{1\ \text{mol N}_2}{28.02\ \text{g N}_2}\right)\left(\frac{6.022\times10^{23}}{1\ \text{mol}}\right)\left(\frac{10^6\,\text{mL}}{1\ \text{m}^3}\right)$$
$$=1.737\times10^{28}\,\text{m}^{-3}$$

且

$$\frac{N}{V}\left(\frac{h^2}{8mk_BT}\right)^{3/2}=(1.737\times10^{28}\,\text{m}^{-3})(1.104\times10^{-21}\,\text{m}^2)^{3/2}$$
$$=6.37\times10^{-4}$$

由此可见，即使是对于处在沸点温度的液氮，式(17.38)也是成立的。

17-8 分子配分函数可以分解为各个自由度的配分函数

在本节中，我们将探究一个系统配分函数[式(17.14)]和一个分子配分函数之间的相似性[式(17.39)]。将式(17.38)代入式(17.21)，有

$$\langle E\rangle=k_BT^2\left(\frac{\partial\ln Q}{\partial T}\right)_{N,V}=Nk_BT^2\left(\frac{\partial\ln q}{\partial T}\right)_V$$
$$=N\sum_j\varepsilon_j\frac{e^{-\varepsilon_j/k_BT}}{q(V,T)} \tag{17.41}$$

但式(17.38)仅对独立粒子才成立，故

$$\langle E\rangle=N\langle\varepsilon\rangle \tag{17.42}$$

式中$\langle\varepsilon\rangle$是任意一个分子的平均能量。如果将式(17.41)与式(17.42)进行比较，可以发现

$$\langle\varepsilon\rangle=\sum_j\varepsilon_j\frac{e^{-\varepsilon_j/k_BT}}{q(V,T)} \tag{17.43}$$

从上式可以得出结论，即一个分子处在其第 j 个分子能态的概率 π_j 为

$$\pi_j = \frac{e^{-\varepsilon_j/k_BT}}{q(V,T)} = \frac{e^{-\varepsilon_j/k_BT}}{\sum_j e^{-\varepsilon_j/k_BT}} \tag{17.44}$$

注意,上式与式(17.13)是多么的相似。

如果假设一个分子的能量可以写成如下形式,那么式(17.44)还能进一步被分解:

$$\varepsilon = \varepsilon_i^{trans} + \varepsilon_j^{rot} + \varepsilon_k^{vib} + \varepsilon_l^{elec} \tag{17.45}$$

由于这里的各个能量项都是可以区分的,可以应用式(17.33)背后的推理,并写出

$$q(V,T) = q_{trans} q_{rot} q_{vib} q_{elec} \tag{17.46}$$

上式中的每一项都有各自的表达式,例如:

$$q_{trans} = \sum_j e^{-\varepsilon_j^{trans}/k_BT} \tag{17.47}$$

注意,在例题17－2中用到的一个双原子分子的配分函数可以表示为

$$q(V,\beta) = q_{trans}(V,T)q_{rot}(T)q_{vib}(T)$$

式中

$$q_{trans}(V,T) = \left(\frac{2\pi m}{h^2\beta}\right)^{3/2} V$$

$$q_{rot}(T) = \frac{8\pi^2 I}{h^2\beta}$$

$$q_{vib}(T) = \frac{e^{-\beta h\nu/2}}{1-e^{-\beta h\nu}}$$

如果将式(17.45)和式(17.46)代入式(17.44),可以得到

$$\pi_{ijkl} = \frac{e^{-\varepsilon_i^{trans}/k_BT} e^{-\varepsilon_j^{rot}/k_BT} e^{-\varepsilon_k^{vib}/k_BT} e^{-\varepsilon_l^{elec}/k_BT}}{q_{trans} q_{rot} q_{vib} q_{elec}} \tag{17.48}$$

式中π_{ijkl}是一个分子处在第i个平动态、第j个转动态、第k个振动态和第l个电子态上的概率。现在,如果将式(17.48)对i(所有的平动态)、j(所有的转动态)、l(所有的电子态)进行加和,则有

$$\pi_k^{vib} = \sum_{i,j,l} \pi_{ijkl}$$

$$= \frac{\left(\sum_i e^{-\varepsilon_i^{trans}/k_BT}\right)\left(\sum_j e^{-\varepsilon_j^{rot}/k_BT}\right)\left(\sum_l e^{-\varepsilon_l^{elec}/k_BT}\right) e^{-\varepsilon_k^{vib}/k_BT}}{q_{trans} q_{rot} q_{vib} q_{elec}}$$

$$= \frac{e^{-\varepsilon_k^{vib}/k_BT}}{q_{vib}} = \frac{e^{-\varepsilon_k^{vib}/k_BT}}{\sum_k e^{-\varepsilon_k^{vib}/k_BT}} \tag{17.49}$$

这里,就像其上、下标所表明的那样,π_k^{vib}是一个分子处在其第k个振动态上的概率。进一步地,一个分子的平均振动能可由下式给出

$$\langle \varepsilon_k^{vib} \rangle = \sum_k \varepsilon_k^{vib} \frac{e^{-\varepsilon_k^{vib}/k_BT}}{q_{vib}} = k_B T^2 \frac{\partial \ln q_{vib}}{\partial T} = -\frac{\partial \ln q_{vib}}{\partial \beta} \tag{17.50}$$

再一次地,可以看出上式与式(17.21)的相似性。当然,还有以下关系式,即

$$\langle \varepsilon^{trans} \rangle = k_B T^2 \left(\frac{\partial \ln q_{trans}}{\partial T}\right)_V = -\left(\frac{\partial \ln q_{trans}}{\partial \beta}\right)_V \tag{17.51}$$

和

$$\langle \varepsilon^{rot} \rangle = k_B T^2 \frac{\partial \ln q_{rot}}{\partial T} = -\frac{\partial \ln q_{rot}}{\partial \beta} \tag{17.52}$$

» 例题 17－7　利用例题17-2中给出的双原子分子的配分函数计算$\langle \varepsilon^{vib} \rangle$。

» 解　根据例题17-2,可以写出

$$q_{vib}(T) = \frac{e^{-\beta h\nu/2}}{1-e^{-\beta h\nu}}$$

因此有

$$\langle \varepsilon^{vib} \rangle = -\left(\frac{\partial \ln q_{vib}}{\partial \beta}\right) = \frac{h\nu}{2} + \frac{h\nu e^{-\beta h\nu}}{1-e^{-\beta h\nu}}$$

与式(17.24)相符。

至此,我们已经将配分函数写成对所有能态的求和。每个状态用具有相应能量的一个波函数来表示。因此,可以写出

$$q(V,T) = \sum_{j(\text{能级})} e^{-\varepsilon_j/k_BT} \tag{17.53}$$

将一组具有相同能量的状态称为**能级**(level)。通过引入能级的简并度g_i,可以将$q(V,T)$写成对所有能级的加和:

$$q(V,T) = \sum_{j(\text{能级})} g_j e^{-\varepsilon_j/k_BT} \tag{17.54}$$

在式(17.53)的表示中,代表一个简并能级的项被重复g_j次,而在式(17.54)中这些项只被写了一次,且乘以g_j。例如,在5-8节[式(5.57)]中曾学过:对于一个刚性转子,其能量和简并度分别为

$$\varepsilon_J = \frac{\hbar^2}{2I}J(J+1)$$

$$g_J = 2J+1$$

因此,通过对所有能级求和,可以将转动配分函数写成

$$q_{rot}(T) = \sum_{J=0}^{\infty} (2J+1)\, e^{-\hbar^2 J(J+1)/2Ik_BT} \tag{17.55}$$

通常,像在式(17.54)中那样明晰地引入简并度更加方便,因此在以后的章节中我们将使用式(17.54),而不是式(17.53)。

习题

17-1 你将如何来描述一个系综？其中的系统是25 ℃时盛有水的体积为1 L的容器。

17-2 证明式(17.8)等价于$f(x+y)=f(x)f(y)$。在本题中，将证明$f(x)\propto e^{ax}$。首先，取上式的对数，得到$\ln f(x+y)=\ln f(x)+\ln f(y)$。保持$y$不变，两边对$x$求微分，得到$\left[\frac{\partial \ln f(x+y)}{\partial x}\right]_y=\frac{d\ln f(x+y)}{d(x+y)}\left[\frac{\partial(x+y)}{\partial x}\right]_y=\frac{d\ln f(x+y)}{d(x+y)}=\frac{d\ln f(x)}{dx}$。现在，保持$x$不变，两边对$y$求微分，证明：$\frac{d\ln f(x)}{dx}=\frac{d\ln f(y)}{dy}$。为了使这个关系式对所有的$x$和$y$都成立，则等式每一边必须等于一常数，如$a$。证明：$f(x)\propto e^{ax}$和$f(y)\propto e^{ay}$。

17-3 证明：$a_l/a_i=e^{\beta(E_i-E_l)}$意味着$a_j=Ce^{-\beta E_j}$。

17-4 证明：$\sum_i e^{-\beta E_i}=\sum_j e^{-\beta E_j}$。

17-5 证明：例题17-1中的配分函数可以写为$Q(\beta,B_z)=2\cosh\left(\frac{\beta\hbar\gamma B_z}{2}\right)=2\cosh\left(\frac{\hbar\gamma B_z}{2k_BT}\right)$。利用$d\cosh x/dx=\sinh x$，证明：$\langle E\rangle=-\frac{\hbar\gamma B_z}{2}\tanh\frac{\beta\hbar\gamma B_z}{2}=-\frac{\hbar\gamma B_z}{2}\tanh\frac{\hbar\gamma B_z}{2k_BT}$。

17-6 利用例题17-1或习题17-5中$\langle E\rangle$的表达式，证明：当$T\to 0$时，$\langle E\rangle\to -\frac{\hbar\gamma B_z}{2}$以及当$T\to\infty$时，$\langle E\rangle\to 0$。

17-7 将例题17-1的结果推广至一个自旋为1的原子核的情况，并确定$\langle E\rangle$的低温和高温极限值。

17-8 如果N_w表示与磁场方向平行的质子数，而N_0表示与磁场方向相反的质子数，证明：$\frac{N_0}{N_w}=e^{-\hbar\gamma B_z/k_BT}$。已知对于一个质子，$\gamma=26.7522\times10^7\ \mathrm{rad\cdot T^{-1}\cdot s^{-1}}$。当磁场强度为5.0 T时，计算作为温度函数的$N_0/N_w$。在什么温度时$N_w=N_0$？解释这个结果的物理意义。

17-9 在17-3节中，通过将式(17.20)应用于由式(17.22)给出的$Q(N,V,T)$，我们导出了一个单原子理想气体$\langle E\rangle$的表达式。请将式(17.21)应用于$Q(V,N,T)=\frac{1}{N!}\left(\frac{2\pi mk_BT}{h^2}\right)^{3N/2}V^N$，并推导出相同的结果。注意到$Q(N,V,T)$的这个表达式仅是将式(17.22)中的$\beta$换成了$1/k_BT$。

17-10 吸附在一表面上的气体有时可模型化为一个二维理想气体。我们将在第18章中学到，一个二维理想气体的配分函数为$Q(V,A,T)=\frac{1}{N!}\left(\frac{2\pi mk_BT}{h^2}\right)^N A^N$，式中$A$为表面的面积。请导出$\langle E\rangle$的表达式，并将你的结果与三维结果进行比较。

17-11 尽管我们不在此书中讨论，但仍然可导出单原子van der Waals气体的配分函数为$Q(N,V,T)=\frac{1}{N!}\left(\frac{2\pi mk_BT}{h^2}\right)^{3N/2}(V-Nb)^N e^{aN^2/Vk_BT}$，式中$a$和$b$均是van der Waals气体常数。请导出单原子van der Waals气体的能量表达式。

17-12 硬球气体的一个近似配分函数可以通过将式(17.22)(以及随后的式子)中的V替换为$(V-b)$(式中b与N个硬球的体积有关)而从单原子气体的配分函数来获得。请导出该系统的能量和压力表达式。

17-13 利用习题17-10中的配分函数，计算二维理想气体的热容。

17-14 利用习题17-11中给出的单原子van der Waals气体的配分函数，计算单原子van der Waals气体的热容，并将你的结果与单原子理想气体的热容进行比较。

17-15 根据例题17-2中给出的配分函数，证明双原子理想气体的压力与单原子理想气体一样，服从$PV=Nk_BT$。

17-16 证明：如果一个配分函数具有$Q(N,V,T)=\frac{[q(V,T)]^N}{N!}$的形式，并且如果$q(V,T)=f(T)V$[就像对于单原子理想气体[式(17.22)]和双原子理想气体(例题17-2)那样]，那么我们就可以得到理想气体状态方程。

17-17 利用式(17.27)和表5.1中给出的O_2的$\tilde{\nu}$值，计算300~1000 K时O_2摩尔热容值(参见图17.3)。

17-18 证明例题17-3中式(17.29)给出的热容遵守一对比状态定律。

17-19 考虑一个由独立、可区分粒子组成的系统，粒子拥有两个量子状态，其能量分别为ε_0(令$\varepsilon_0=0$)和ε_1。证明这样一个系统的摩尔热容为$\overline{C}_V=R(\beta\varepsilon)^2\frac{e^{-\beta\varepsilon}}{(1+e^{-\beta\varepsilon})^2}$以及在$\overline{C}_V$对$\beta\varepsilon$的作图中，当横坐标$\beta\varepsilon$为方

程 $\beta\varepsilon/2=\coth\beta\varepsilon/2$ 的解时，$\overline{C}_V$ 有一最大值。利用 $\coth x$ 的数值表（如CRC标准数学表），证明：$\beta\varepsilon=2.40$。

17-20　导出一个Einstein晶体的配分函数并非是件难事（参见例题17-3）。晶体中 N 个原子中的每一个都被假设为在其晶格位置附近独立地振动，故该晶体被构想为 N 个独立的谐振子，每一个在三个方向振动。一个谐振子的配分函数为 $q_{ho}(T)=\sum_{v=0}^{\infty}\mathrm{e}^{-\beta(v+\frac{1}{2})h\nu}=\mathrm{e}^{-\beta h\nu/2}\sum_{v=0}^{\infty}\mathrm{e}^{-\beta vh\nu}$。这个加和项容易求值，只要你能认出上式是所谓的几何级数（数学章节I），即 $\sum_{v=0}^{\infty}x^v=\dfrac{1}{1-x}$。证明：$q_{ho}(T)=\dfrac{\mathrm{e}^{-\beta h\nu/2}}{1-\mathrm{e}^{-\beta h\nu}}$以及 $Q=\mathrm{e}^{-\beta U_0}\left(\dfrac{\mathrm{e}^{-\beta h\nu/2}}{1-\mathrm{e}^{-\beta h\nu}}\right)^{3N}$，式中 U_0表示能量零点，此时 N 个原子间距无限远。

17-21　通过先对 j 加和，然后再对 i 加和，证明：$S=\sum_{i=0}^{2}\sum_{j=0}^{1}x^iy^j=x(1+y)+x^2(1+y)=(x+x^2)(1+y)$。现在，通过将 S 写成是两个单独加和的乘积，得到相同的结果。

17-22　通过先对 j 加和，然后再对 i 加和，求 $S=\sum_{i=0}^{2}\sum_{j=0}^{1}x^{i+j}$ 的值。现在，通过将 S 写成是两个单独加和的乘积，得到相同的结果。

17-23　以下求和中分别有多少项？

(a) $S=\sum_{i=1}^{3}\sum_{j=1}^{2}x^iy^j$；

(b) $S=\sum_{i=1}^{3}\sum_{j=0}^{2}x^iy^j$；

(c) $S=\sum_{i=1}^{3}\sum_{j=1}^{2}\sum_{k=1}^{2}x^iy^jz^k$

17-24　考虑一个由2个相同的、无相互作用的费米子构成的系统，每个粒子拥有能量为 ε_1，ε_2和 ε_3的三个状态。请问在配分函数 $Q(2,V,T)$ 的无限制求算中有多少项？列举式（17.37）的加和中的许可总能量（参见例题17-5）。如果考虑Pauli不相容原理对费米子的限制，则配分函数 $Q(2,V,T)$ 中会有多少项？

17-25　将习题17-24中的费米子改为玻色子，情况又将如何？

17-26　考虑一个由3个相同的、无相互作用的费米子构成的系统，每个粒子拥有能量为 ε_1，ε_2和 ε_3的三个状态。请问在配分函数 $Q(3,V,T)$ 的无限制求算中有多少项？列举式（17.37）的加和中的许可总能量（参见例题17-5）。如果考虑Pauli不相容原理对费米子的限制，则配分函数 $Q(3,V,T)$ 中会有多少项？

17-27　将习题17-26中的费米子改为玻色子，情况又如何？

17-28　求 O_2(g) 在其正常沸点90.20 K时的 $(N/V)(h^2/8mk_BT)^{3/2}$（参见表17.1）。利用理想气体状态方程，计算 O_2(g) 在90.20 K时的密度。

17-29　求 He_2(g) 在其正常沸点4.22 K时的 $(N/V)(h^2/8mk_BT)^{3/2}$（参见表17.1）。利用理想气体状态方程，计算 He_2(g) 在4.22 K时的密度。

17-30　求298 K时金属Na中电子的 $(N/V)(h^2/8mk_BT)^{3/2}$，取Na的密度为0.97 g · mL^{-1}。将你的结果与表17.1中给出的值进行比较。

17-31　求液态氢气在其正常沸点20.3 K时的 $(N/V)(h^2/8mk_BT)^{3/2}$的值。H_2(l) 在其沸点时的密度为0.067 g · mL^{-1}。

17-32　由于理想气体中的分子是独立的，故由两种单原子理想气体组成的混合物的配分函数为 $Q(N_1,N_2,V,T)=\dfrac{[q_1(V,T)]^{N_1}}{N_1!}\dfrac{[q_2(V,T)]^{N_2}}{N_2!}$，式中 $q_j(V,T)=\left(\dfrac{2\pi m_jk_BT}{h^2}\right)^{3/2}V(j=1,2)$。证明：对于该单原子理想气体混合物，有 $\langle E\rangle=\dfrac{3}{2}(N_1+N_2)k_BT$ 和 $PV=(N_1+N_2)k_BT$。

17-33　在第18章中将学到，一个不对称陀螺形分子的转动配分函数为 $q_{\mathrm{rot}}(T)=\dfrac{\pi^{1/2}}{\sigma}\left(\dfrac{8\pi^2I_Ak_BT}{h^2}\right)^{1/2}\cdot\left(\dfrac{8\pi^2I_Bk_BT}{h^2}\right)^{1/2}\left(\dfrac{8\pi^2I_Ck_BT}{h^2}\right)^{1/2}$，式中 σ 为一常数，I_A，I_B，I_C为三个（不同的）转动惯量。证明转动对于摩尔热容的贡献为 $\overline{C}_{V,\mathrm{rot}}=\dfrac{3}{2}R$。

17-34　一个谐振子的许可能量可由式 $\varepsilon_v=\left(v+\dfrac{1}{2}\right)h\nu$ 给出。相应的配分函数为 $q_{\mathrm{vib}}(T)=\sum_{v=0}^{\infty}\mathrm{e}^{-(v+\frac{1}{2})h\nu/k_BT}$。令 $x=\mathrm{e}^{-h\nu/k_BT}$，并利用几何级数的加和公式（参见习题17-20），证明：$q_{\mathrm{vib}}(T)=\dfrac{\mathrm{e}^{-h\nu/2k_BT}}{1-\mathrm{e}^{-h\nu/k_BT}}$。

17-35　导出一个谐振子处在第 v 个状态的概率表达式。计算300 K时前几个振动态被HCl(g)占据的概率（参见表5.1和习题17-34）。

17-36　证明谐振子处在其振动基态的分数为 $f_0=1-\mathrm{e}^{-h\nu/k_BT}$。计算 N_2(g) 在300 K，600 K和1000 K时的 f_0值（参见表5.1）。

17-37 利用式(17.55)，证明刚性转子处在第 J 个转动能级的分数为 $f_J=\dfrac{(2J+1)\mathrm{e}^{-\hbar^2J(J+1)/2Ik_BT}}{q_{\mathrm{rot}}(T)}$。对于 300 K 时的 HCl(g)，将处在第 J 个转动能级与处在 $J=0$ 的能级上的分数之比 (f_J/f_0) 对 J 作图。取 $\tilde{B}=10.44\ \mathrm{cm}^{-1}$。

17-38 式(17.20)和式(17.21)给出了 E 的系综平均，我们也曾断言该平均值与实验观测到的值是相同的。在本题中，我们将探究 $\langle E\rangle$ 的标准偏差(数学章节 B)。可从式(17.20)或式(17.21)开始，即 $\langle E\rangle=U=-\left(\dfrac{\partial Q}{\partial\beta}\right)_{N,V}=k_BT^2\left(\dfrac{\partial Q}{\partial T}\right)_{N,V}$。将上式对 β 或 T 求微分，证明：$\sigma_E^2=\langle E^2\rangle-\langle E\rangle^2=k_BT^2C_V$，式中 C_V 为热容。为了探究偏离 $\langle E\rangle$ 的相对大小，考虑 $\dfrac{\sigma_E}{\langle E\rangle}=\dfrac{(k_BT^2C_V)^{1/2}}{\langle E\rangle}$。为了了解该比值的大小，分别利用(单原子)理想气体的 $\langle E\rangle$ 和 C_V 值，即 $3/2Nk_BT$ 和 $3/2Nk_B$，证明 $\sigma_E/\langle E\rangle$ 的变化趋势与 $N^{-1/2}$ 相同。对可能观测到的、与平均宏观能量的偏离，这个趋势说明了什么？

17-39 接上题，证明一个分子能量平均值的方差为 $\sigma_\varepsilon^2=\langle\varepsilon^2\rangle-\langle\varepsilon\rangle^2=\dfrac{k_BT^2C_V}{N}$ 以及比值 $\sigma_E/\langle\varepsilon\rangle$ 接近于 1。对于平均分子能量的偏离，这个结果说明了什么？

17-40 利用习题 17-38 的结果，证明 C_V 的值恒为正。

17-41 Na(g)的一些最低电子态列于下表：

光谱项符号	$^2S_{1/2}$	$^2P_{1/2}$	$^2P_{3/2}$	$^2S_{1/2}$
能量/cm^{-1}	0.0000	16956.183	16973.379	25739.86
简并度	2	2	4	2

计算 1000 K 和 2500 K 时，Na(g)样品中原子处在这些电子状态上的分数。

17-42 NaCl(g)的振动频率为 159.23 cm^{-1}。计算其在 1000 K 时的摩尔热容[参见式(17.27)]。

17-43 碘原子的两个最低电子态的能量和简并度分别为 0 cm^{-1} 和 4 以及 7603.2 cm^{-1} 和 2，请问什么温度时将会有 2%的碘原子处在激发态上？

习题参考答案

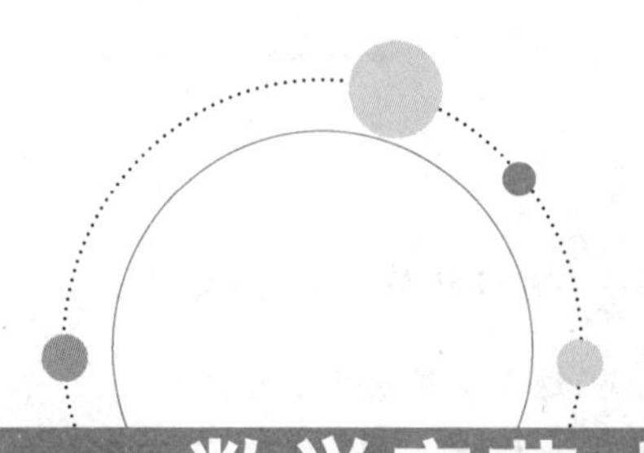

数学章节 I　级数和极值

经常地,我们需要研究当方程中某个变量的值较小(或较大)时对应方程的行为。例如,我们可能想要知道黑体辐射的普朗克分布定律[式(1.2)],即

$$\rho_\nu(T)\,\mathrm{d}\nu=\frac{8\pi h}{c^3}\cdot\frac{\nu^3\mathrm{d}\nu}{\mathrm{e}^{\beta h\nu}-1} \tag{I.1}$$

在低频时的行为。

为此,首先必须使用这样一个事实,即 e^x可以写成无穷级数(即包含无限项数的一个级数)

$$\mathrm{e}^x=\sum_{n=0}^{\infty}\frac{x^n}{n!}=1+x+\frac{x^2}{2!}+\frac{x^3}{3!}+\cdots \tag{I.2}$$

然后认识到如果 x 很小,那么 x^2,x^3等会更小。我们可以通过写出

$$\mathrm{e}^x=1+x+O(x^2)$$

来表示这个结果。式中 $O(x^2)$是一个簿记符号,提醒我们忽略了包含 x^2和 x 的更高次幂的项。如果将此结果应用于式(I.1),得到

$$\begin{aligned}\rho_\nu(T)\,\mathrm{d}\nu&=\frac{8\pi h}{c^3}\cdot\frac{\nu^3\mathrm{d}\nu}{1+\beta h\nu+O[(\beta h\nu)^2]-1}\\&\approx\frac{8\pi h}{c^3}\cdot\frac{\nu^3\mathrm{d}\nu}{\beta h\nu}\\&=\frac{8\pi k_\mathrm{B}T}{c^3}\nu^2\mathrm{d}\nu\end{aligned}$$

因此,可以看到,对于较小的 ν 值,$\rho_\nu(T)$正比于 ν^2。在本数学章节中,将复习一些有用的级数,并将它们应用于一些物理问题。

我们将会使用的、最有用的级数之一是几何级数:

$$\frac{1}{1-x}=\sum_{n=0}^{\infty}x^n=1+x+x^2+x^3+\cdots\quad |x|<1 \tag{I.3}$$

这个结果可以通过代数方法将 1 除以$(1-x)$或通过以下技巧来导出。考虑有限级数(即一个具有有限项数的级数)

$$S_N=1+x+x^2+\cdots+x^N$$

现在将 S_N乘以 x,则有

$$xS_N=x+x^2+\cdots+x^{N+1}$$

现在,可见

$$S_N-xS_N=1-x^{N+1}$$

或者

$$S_N=\frac{1-x^{N+1}}{1-x} \tag{I.4}$$

如果$|x|<1$,则当 $N\to\infty$ 时,$x^{N+1}\to 0$,因此就复原了式(I.3)。

由式(I.4)复原式(I.3)带给我们有关无穷级数的一个重要点:式(I.3)仅当$|x|<1$ 时才成立。如果$|x|\geqslant 1$,则没有任何意义。我们说式(I.3)中的无穷级数在$|x|<1$时收敛,而在$|x|\geqslant 1$ 时则发散。我们如何判断一给定的无穷级数是收敛还是发散呢?有许多所谓的收敛性测试,但一个简单而有用的是**比值测试**(ratio test)。为了运用比率测试,先形成第$(n+1)$个项 u_{n+1}与第 n 个项 u_n的比率,然后让 n 变得非常大:

$$r=\lim_{n\to\infty}\left|\frac{u_{n+1}}{u_n}\right| \tag{I.5}$$

如果 $r<1$,级数收敛;如果 $r>1$,级数发散;如果 $r=1$,测试不确定。将这个检验应用于几何级数[式(I.3)]。在这种情况下,$u_{n+1}=x^{n+1}$,$u_n=x^n$,所以

$$r=\lim_{n\to\infty}\left|\frac{x^{n+1}}{x^n}\right|=|x|$$

因此,可以看到:当$|x|<1$ 时,级数收敛;而当$|x|>1$ 时,级数发散。它实际上在 $x=1$ 时发散,但比率测试并没有告诉我们这一点。我们必须使用更复杂的收敛测试来确定 $x=1$ 时的行为。

对于指数级数(式(I.2)),有

$$r=\lim_{n\to\infty}\left|\frac{x^{n+1}/(n+1)!}{x^n/n!}\right|=\lim_{n\to\infty}\left|\frac{x}{n+1}\right|$$

因此,得出结论:指数级数对于所有的 x 值都是收敛的。

在第 18 章中,将遇到加和

$$S=\sum_{v=0}^{\infty}\mathrm{e}^{-vh\nu/k_\mathrm{B}T} \tag{I.6}$$

式中 ν 表示双原子分子的振动频率,其他符号具有其通常的含义。通过令

$$x=\mathrm{e}^{-h\nu/k_\mathrm{B}T}$$

来加和这个级数。在这种情况下,有

$$S = \sum_{v=0}^{\infty} x^{v}$$

量 x 小于1,并且根据式(I.3),$S=1/(1-x)$,或

$$S=\frac{1}{1-e^{-h\nu/k_{B}T}} \tag{I.7}$$

我们说 S 已被以闭合形式求值,因为它的数值求值只需要有限数量的步数,这与式(I.6)不同,式(I.6)将需要无限数量的步数。

出现的一个实际问题是如何找到对应于一给定函数的无穷级数。例如,如何导出式(I.2)?首先,假设函数 $f(x)$ 可以表示为一个 x 的幂级数:

$$f(x)=c_0+c_1x+c_2x^2+c_3x^3+\cdots$$

式中 c_j 有待确定。然后,令 $x=0$,并发现 $c_0=f(0)$。现在,将 f 对 x 微分一次,有

$$\frac{df}{dx}=c_1+2c_2x+3c_3x^2+\cdots$$

并令 $x=0$,从而发现 $c_1=(df/dx)_{x=0}$。再次微分,则有

$$\frac{d^2f}{dx^2}=2c_2+3\cdot 2c_3x+\cdots$$

并令 $x=0$,从而得到 $c_2=(d^2f/dx^2)_{x=0}/2$。再一次微分,有

$$\frac{d^3f}{dx^3}=3\cdot 2c_3+4\cdot 3\cdot 2x\cdots$$

并令 $x=0$,从而得到 $c_3=(d^3f/dx^3)_{x=0}/3!$。总的结果是

$$c_n=\frac{1}{n!}\left(\frac{d^nf}{dx^n}\right)_{x=0} \tag{I.8}$$

所以可以写出

$$f(x)=f(0)+\left(\frac{df}{dx}\right)_{x=0}x+\frac{1}{2!}\left(\frac{d^2f}{dx^2}\right)_{x=0}x^2+\frac{1}{3!}\left(\frac{d^3f}{dx^3}\right)_{x=0}x^3+\cdots \tag{I.9}$$

式(I.9)称为 $f(x)$ 的 Maclaurin 级数。如果将式(I.9)应用于 $f(x)=e^x$,可以发现

$$\left(\frac{d^ne^x}{dx^n}\right)_{x=0}=1$$

因此

$$e^x=1+x+\frac{x^2}{2!}+\frac{x^3}{3!}+\cdots$$

直接应用式(I.9)就可以获得的其他一些重要的 Maclaurin 级数有(习题 I-7)

$$\sin x=x-\frac{x^3}{3!}+\frac{x^5}{5!}-\frac{x^7}{7!}\cdots \tag{I.10}$$

$$\cos x=1-\frac{x^2}{2!}+\frac{x^4}{4!}-\frac{x^6}{6!}\cdots \tag{I.11}$$

$$\ln(1+x)=x-\frac{x^2}{2}+\frac{x^3}{3}-\frac{x^4}{4}+\cdots \qquad (-1<x\leqslant 1) \tag{I.12}$$

$$(1+x)^n=1+nx+\frac{n(n-1)}{2!}x^2+\frac{n(n-1)(n-2)}{3!}x^3+\cdots \qquad (x^2<1) \tag{I.13}$$

级数(I.10)和(I.11)对于所有的 x 值都收敛,但如所标明的,级数(I.12)仅在 $-1<x\leqslant 1$ 时收敛,级数(I.13)仅在 $x^2<1$ 时收敛。注意,如果级数(I.13)中的 n 是一正整数,则级数缩短。例如,如果 $n=2$ 或 3,有

$$(1+x)^2=1+2x+x^2$$
$$(1+x)^3=1+3x+3x^2+x^3$$

对于一正整数,式(I.13)称为二项展开式。如果 n 不是一个正整数,则级数无限延续,式(I.13)称为二项式级数。任一数学表手册都有许多函数的 Maclaurin 级数。问题 I-13 讨论了泰勒级数,它是 Maclaurin 级数的一个扩展。

我们可以使用这里介绍的级数来导出本书中使用的许多结果。例如,极值

$$\lim_{x\to 0}\frac{\sin x}{x}$$

出现了数次。因为这个极值给出了 0/0,可以使用l'Hôpital 规则,它告诉我们

$$\lim_{x\to 0}\frac{\sin x}{x}=\lim_{x\to 0}\frac{\frac{d\sin x}{dx}}{\frac{dx}{dx}}=\lim_{x\to 0}\cos x=1$$

通过将式(I.10)除以 x,然后令 $x\to 0$ 可导出相同的结果(这两种方法实际上是等价的,参见习题 I-14)。

我们将给出涉及级数和极值的最后一个例子。根据德拜的理论,晶体的摩尔热容与温度的关系可以由下式给出:

$$\overline{C}_V(T)=9R\left(\frac{T}{\Theta_D}\right)^3\int_0^{\Theta_D/T}\frac{x^4e^xdx}{(e^x-1)^2} \tag{I.14}$$

式中 T 是开尔文温度;R 是摩尔气体常数;Θ_D 是特定晶体的特性参数。参数 Θ_D 具有温度的单位,称为晶体的德拜温度。我们想要确定 $\overline{C}_V(T)$ 的低温和高温极值。在低温极限下,积分的上限变得非常大。对于 x 的大值,被积函数分母中的 1 与 e^x 相比可以忽略,表明对于大的 x 被积函数变为 x^4e^{-x}。但是,当 $x\to+\infty$ 时,$x^4e^{-x}\to 0$。所以积分的上限可以安全地设定为 $+\infty$,从而给出

$$\lim_{T\to 0}\overline{C}_V(T)=9R\left(\frac{T}{\Theta_D}\right)^3\int_0^{+\infty}\frac{x^4e^xdx}{(e^x-1)^2}$$

无论这里的积分值是多少,它只是一个常数,所以我们看到

$$\overline{C}_V(T)\to 常数\times T^3 \qquad (当\ T\to 0\ 时)$$

这个关于晶体低温热容的著名结果称为 T^3 定律。低温热

容随着 T^3 趋向零。我们将在第 21 章使用 T^3 定律。

现在，让我们来看看高温极值。对于高温，式(I.14)中积分的上限变得非常小。因此，在从 0 到 Θ_D/T 的积分过程中，x 始终很小。所以，可以用式(I.2)来表示 e^x，得到

$$\lim_{T\to 0}\overline{C}_V(T)=9R\left(\frac{T}{\Theta_D}\right)^3\int_0^{\Theta_D/T}\frac{x^4[1+x+O(x^2)]\mathrm{d}x}{[1+x+O(x^2)-1]^2}$$

$$=9R\left(\frac{T}{\Theta_D}\right)^3\int_0^{\Theta_D/T}x^2\mathrm{d}x$$

$$=9R\left(\frac{T}{\Theta_D}\right)^3\cdot\frac{1}{3}\left(\frac{\Theta_D}{T}\right)^3=3R$$

这个结果称为 Dulong 和 Petit 定律：在高温时，单原子晶体的摩尔热容为 $3R=24.9\ \mathrm{J\cdot K^{-1}\cdot mol^{-1}}$。我们所说的高温实际上是指 $T\gg\Theta_D$，对于许多物质来说，其小于 1000 K。

I-1 当 $x=0.0050,0.0100,0.0150,\cdots,0.1000$ 时，计算 e^x 和 $1+x$ 之间的百分差。

I-2 当 $x=0.0050,0.0100,0.0150,\cdots,0.1000$ 时，计算 $\ln(1+x)$ 和 x 之间的百分差。

I-3 通过二次项写出 $(1+x)^{1/2}$ 的展开式。

I-4 求级数 $S=\sum_{v=0}^{\infty}e^{-(v+\frac{1}{2})\beta h\nu}$ 的值。

I-5 证明：$\frac{1}{(1-x)^2}=1+2x+3x^2+4x^3+\cdots$

I-6 求级数 $S=\frac{1}{2}+\frac{1}{4}+\frac{1}{8}+\frac{1}{16}+\cdots$ 的值。

I-7 使用式(I.9)，导出式(I.10)和式(I.11)。

I-8 证明式(I.2)，式(I.10)和式(I.11)与关系式 $e^{ix}=\cos x+i\sin x$ 相一致。

I-9 在例题 17-3 中，基于 Einstein 模型，我们导出了固体摩尔热容的一个简单公式：$\overline{C}_V(T)=3R\left(\frac{\Theta_E}{T}\right)^2\cdot\frac{e^{-\Theta_E/T}}{(1-e^{-\Theta_E/T})^2}$，式中 R 是摩尔气体常数，$\Theta_E=h\nu/k_B$ 是一常数，称为 Einstein 常数，是固体的特征。证明该式在高温下可给出 Dulong 和 Petit 极值($\overline{C}_V\to 3R$)。

I-10 求 $f(x)=\frac{e^{-x}\sin^2 x}{x^2}$ 在 $x\to 0$ 时的极值。

I-11 对于较小的 a 值，通过二次项以 a 的幂展开 I，求积分 $I=\int_0^a x^2e^{-x}\cos^2 x\mathrm{d}x$ 的值。

I-12 证明 $\sin x$ 的级数对 x 的所有值都收敛。

I-13 Maclaurin 级数是围绕点 $x=0$ 的一个展开式。形式为 $f(x)=c_0+c_1(x-x_0)+c_2(x-x_0)^2+\cdots$ 的一个级数是围绕点 x_0 的一个展开式，称为泰勒级数。首先，证明 $c_0=f(x_0)$。现在，将上述展开式的两边对 x 微分，然后让 $x=x_0$，从而证明 $c_1=(\mathrm{d}f/\mathrm{d}x)_{x=x_0}$。现在，证明 $c_n=\frac{1}{n!}\left(\frac{\mathrm{d}^nf}{\mathrm{d}x^n}\right)_{x=x_0}$ 以及 $f(x)=f(x_0)+\left(\frac{\mathrm{d}f}{\mathrm{d}x}\right)_{x_0}(x-x_0)+\frac{1}{2}\left(\frac{\mathrm{d}^2f}{\mathrm{d}x^2}\right)_{x_0}(x-x_0)^2+\cdots$。

I-14 证明 l'Hôpital 规则意味着形成分子和分母的泰勒展开式。采用两种方式，求 $\lim_{x\to 0}\frac{\ln(1+x)-x}{x^2}$ 的极值。

I-15 在习题 18-40 中，我们将需要求级数 $s_1=\sum_{v=0}^{\infty}vx^v$ 和 $s_2=\sum_{v=0}^{\infty}v^2x^v$ 的值。为了求第一个的值，我们可从 $s_0=\sum_{v=0}^{\infty}x^v=\frac{1}{1-x}$ [式(I.3)]开始。将其对 x 进行微分，然后乘以 x，从而得到 $s_1=\sum_{v=0}^{\infty}vx^v=x\frac{\mathrm{d}s_0}{\mathrm{d}x}=x\frac{\mathrm{d}}{\mathrm{d}x}\left(\frac{1}{1-x}\right)=\frac{x}{(1-x)^2}$。使用相同的方法，证明 $s_2=\sum_{v=0}^{\infty}v^2x^v=\frac{x+x^2}{(1-x)^3}$。

练习题参考答案

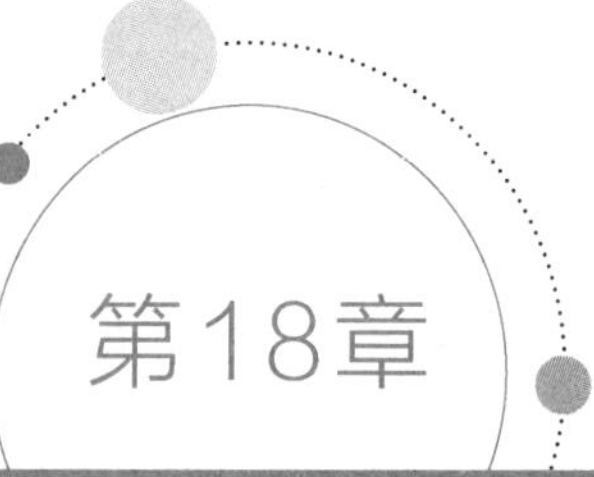

第18章 配分函数和理想气体

▶ **科学家介绍**

在本章中,我们将应用前一章的一般结果来计算理想气体的配分函数和热容。在17-7节中已证明,如果可及量子状态数远大于粒子数时,则可以用单个原子或分子的配分函数来写出整个系统的配分函数:

$$Q(N,V,T)=\frac{[q(V,T)]^N}{N!}$$

这个等式特别适用于理想气体,因为理想气体分子是独立的,并且理想气体的密度足够小,满足式(17.40)中给出的不等式。我们将先讨论单原子理想气体,然后再讨论双原子和多原子理想气体。

18-1 单原子理想气体中一个原子的平动配分函数为 $(2\pi mk_BT/h^2)^{3/2}V$

在一单原子理想气体中,一个原子的能量可以写成其平动能量和电子能量之和,即

$$\varepsilon_{\text{atomic}}=\varepsilon_{\text{trans}}+\varepsilon_{\text{elec}}$$

所以原子的配分函数可以写成

$$q(V,T)=q_{\text{trans}}(V,T)q_{\text{elec}}(T) \tag{18.1}$$

我们将首先计算平动配分函数。

在一立方容器中的平动能量状态可由下式给出(参考3-9节):

$$\varepsilon_{n_xn_yn_z}=\frac{h^2}{8ma^2}(n_x^2+n_y^2+n_z^2)\quad n_x,n_y,n_z=1,2,\cdots \tag{18.2}$$

将式(18.2)代入 q_{trans}[式(17.47)],可得到

$$q_{\text{trans}}=\sum_{n_x,n_y,n_z=1}^{\infty}e^{-\beta\varepsilon_{n_xn_yn_z}}=\sum_{n_x=1}^{\infty}\sum_{n_y=1}^{\infty}\sum_{n_z=1}^{\infty}\exp\left[-\frac{\beta h^2}{8ma^2}(n_x^2+n_y^2+n_z^2)\right] \tag{18.3}$$

因为 $e^{a+b+c}=e^ae^be^c$,所以可以把三重求和写成三个单重求和的乘积:

$$q_{trans}=\sum_{n_x=1}^{\infty}\exp\left(-\frac{\beta h^2n_x^2}{8ma^2}\right)\sum_{n_y=1}^{\infty}\exp\left(-\frac{\beta h^2n_y^2}{8ma^2}\right)\sum_{n_z=1}^{\infty}\exp\left(-\frac{\beta h^2n_z^2}{8ma^2}\right)$$

现在,上式中三个求和项是完全相似的,因为任一项都可以写成

$$\sum_{n=1}^{\infty}exp\left(-\frac{\beta h^2n^2}{8ma^2}\right)=e^{-\beta h^2/8ma^2}+e^{-4\beta h^2/8ma^2}+e^{-9\beta h^2/8ma^2}+\cdots$$

因此,可将式(18.3)写成

$$q_{\text{trans}}(V,T)=\left[\sum_{n=1}^{\infty}\exp\left(-\frac{\beta h^2n^2}{8ma^2}\right)\right]^3 \tag{18.4}$$

这个求和无法用简单的解析函数表示。但由于下面的原因,这种情况并不会带来任何困难。如图18.1所示,诸如 $\sum_{n=1}^{\infty}f_n$ 的求和等于单位宽度(中心位于1,2,3,…)、高度为 $f_1,f_2,f_3,\cdots$ 的矩形下的面积之和。如果相邻矩形间的高度相差很小,那么通过令加和指数 n 为一连续变量,这些矩形的面积实际上就等于连续曲线下的面积(图18.1)。习题18-2帮你证明,在大多数情况下,式(18.4)中的连续加和项的确彼此相差非常小。

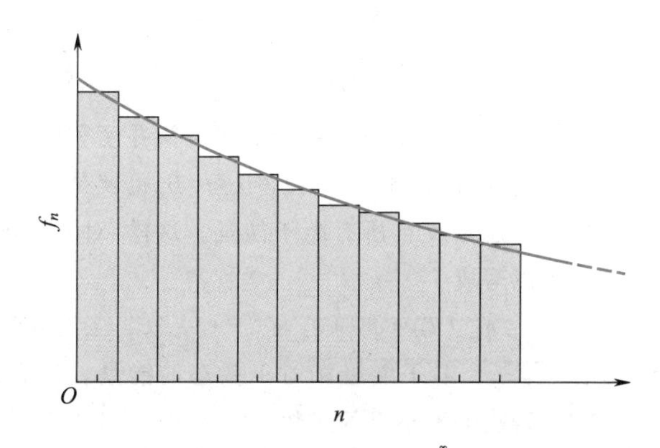

图 18.1 用积分近似代替加和 $\sum_{n=1}^{\infty}f_n$ 的示意图。加和等于矩形的面积,积分等于通过令 n 为一连续变量所得曲线下的面积。

因此,可以较好地近似用积分代替式(18.4)的加和,即

$$q_{\text{trans}}(V,T)=\left(\int_0^{+\infty}\mathrm{e}^{-\beta h^2n^2/8ma^2}\mathrm{d}n\right)^3 \quad (18.5)$$

注意积分从 $n=0$ 开始,而式(18.4)中的加和是从 $n=1$ 开始的。对于这里考虑的 $\beta h^2/8ma^2$,其值很小,所带来的差异可以忽略不计。如果将 $\beta h^2/8ma^2$ 表示为 α,则上面的积分变为(见数学章节 B)

$$\int_0^{+\infty}\mathrm{e}^{-\alpha n^2}\mathrm{d}n=\left(\frac{\pi}{4\alpha}\right)^{1/2}$$

所以有

$$q_{\text{trans}}(V,T)=\left(\frac{2\pi mk_{\text{B}}T}{h^2}\right)^{3/2}V \quad (18.6)$$

式中已将 a^3 写成 V。可见,q_{trans} 是 V 和 T 的函数。

利用式(17.51),可以由这个配分函数来计算出一个理想气体原子的平均平动能:

$$\begin{aligned}\langle\varepsilon_{\text{trans}}\rangle&=k_{\text{B}}T^2\left(\frac{\partial\ln q_{\text{trans}}}{\partial T}\right)_V\\&=k_{\text{B}}T^2\left(\frac{\partial}{\partial T}\left[\frac{3}{2}\ln T+\text{与 }T\text{ 无关的项}\right]\right)_V\\&=\frac{3}{2}k_{\text{B}}T \quad (18.7)\end{aligned}$$

与 17-3 节中所得结果一致。

18-2 室温时大多数原子处在电子基态

在本节中,我们将研究电子对配分函数 $q(V,T)$ 的贡献。将电子配分函数写成对能级的求和要比写成对状态的求和更为方便(见 17-8 节),所以写出

$$q_{\text{elec}}=\sum_i g_{\text{e},i}\mathrm{e}^{-\beta\varepsilon_{\text{e},i}} \quad (18.8)$$

式中 $g_{\text{e},i}$ 和 $\varepsilon_{\text{e},i}$ 分别是第 i 个电子能级的简并度和能量。首先,固定能量的任意零点,以使得 $\varepsilon_{\text{e},1}=0$,也就是说,将相对于电子基态来度量所有电子能量。这样,对 q 的电子贡献就可以写成

$$q_{\text{elec}}(T)=g_{\text{e},1}+g_{\text{e},2}\mathrm{e}^{-\beta\varepsilon_{\text{e},2}}+\cdots \quad (18.9)$$

式中 $\varepsilon_{\text{e},j}$ 是第 j 个电子能级相对于基态的能量。注意,q_{elec} 是 T 的函数,但不是 V 的函数。

由第 8 章可知,电子能级对应的波数通常在 $10^4\,\text{cm}^{-1}$ 数量级。利用能量换算关系式 $1.986\times10^{-23}\,\text{J}=1\,\text{cm}^{-1}$,可得用波数表示的 Boltzmann 常数 $k_{\text{B}}=0.6950\,\text{cm}^{-1}\cdot\text{K}^{-1}$。因此,在通常情况下,我们发现

$$\beta\varepsilon_{\text{elec}}\approx\frac{40000\,\text{cm}^{-1}}{0.6950\,\text{cm}^{-1}\cdot\text{K}^{-1}}\cdot\frac{1}{T}\approx\frac{10^4\,\text{K}}{T}$$

即使 $T=1000$ K,$\beta\varepsilon_{\text{elec}}$ 也等于 10。因此,在常规温度下,式(18.9)中的 $\mathrm{e}^{-\beta\varepsilon_{\text{e},2}}$ 对于大多数原子来说通常在 10^{-5} 左右,所以在 q_{elec} 的求和项中,只有第一项是明显不同于零的。不过,也有一些例外,如卤素原子,其第一激发态位于基态上方仅几百波数($10^2\,\text{cm}^{-1}$),所以必须考虑 q_{elec} 中的前几项。即使在这些情形中,式(18.9)中的加和也快速收敛。

如我们在第 8 章中所学,原子和离子的电子能量可由原子光谱测定,且有表可查。在标准参考,即"莫尔表(Moore's tables)"中,列出了许多原子和离子的能级与能量。表 18.1 列出了 H,He,Li 和 F 的前几个能级。

表 18.1 一些原子能级*。

原子	电子组态	原子谱项	简并度 $g_{\text{e}}=2J+1$	能量/cm^{-1}
H	1s	$^2\text{S}_{1/2}$	2	0.
	2p	$^2\text{P}_{1/2}$	2	82258.907
	2s	$^2\text{S}_{1/2}$	2	82258.942
	2p	$^2\text{P}_{3/2}$	4	82259.272
He	1s^2	$^1\text{S}_0$	1	0.
	1s2s	$^3\text{S}_1$	3	159850.318
		$^1\text{S}_0$	1	166271.70
Li	$1\text{s}^22\text{s}$	$^2\text{S}_{1/2}$	2	0.
	$1\text{s}^22\text{p}$	$^2\text{P}_{1/2}$	2	14903.66
		$^2\text{P}_{3/2}$	4	14904.00
	$1\text{s}^23\text{s}$	$^2\text{S}_{1/2}$	2	27206.12
F	$1\text{s}^22\text{s}^22\text{p}^5$	$^2\text{P}_{3/2}$	4	0.
		$^2\text{P}_{1/2}$	2	404.0
	$1\text{s}^22\text{s}^22\text{p}^43\text{s}$	$^4\text{P}_{5/2}$	6	102406.50
		$^4\text{P}_{3/2}$	4	102681.24
		$^4\text{P}_{1/2}$	2	102841.20
		$^2\text{P}_{3/2}$	4	104731.86
		$^2\text{P}_{1/2}$	2	105057.10

* 本表数据来自 C.E. Moore. Atomic Energy Levels. *Natl. Bur. Std. Circ.* 1467, U.S. Government Printing Office, Washington D.C., 1949.

从类似于表 18.1 的一些表中,我们可以做出一些一般性观察。惰性气体原子拥有一个 $^1\text{S}_0$ 基态,第一激发态的波数为 $10^5\,\text{cm}^{-1}$ 数量级或更高;碱金属原子拥有一个 $^2\text{S}_{1/2}$ 基态,第一激发态的波数为 $10^4\,\text{cm}^{-1}$ 数量级或更高;卤素原子拥有一个 $^2\text{P}_{3/2}$ 基态,第一激发态 $^2\text{P}_{1/2}$ 的波数

仅为10^2cm^{-1}数量级或更高。因此,在常温下,惰性气体原子的电子配分函数实际上为1,碱金属原子的电子配分函数则是2,而卤素原子的电子配分函数通常包含前两项。

现在,利用表18.1中的数据,可以计算出He原子在第一个三重态$^3S_1$上的分数。该分数由下式给出:

$$f_2=\frac{g_{e,2}e^{-\beta\varepsilon_{e,2}}}{q_{\text{elec}}(T)}=\frac{g_{e,2}e^{-\beta\varepsilon_{e,2}}}{g_{e,1}+g_{e,2}e^{-\beta\varepsilon_{e,2}}+g_{e,3}e^{-\beta\varepsilon_{e,3}}+\cdots}$$

$$=\frac{3e^{-\beta\varepsilon_{e,2}}}{1+3e^{-\beta\varepsilon_{e,2}}+e^{-\beta\varepsilon_{e,3}}+\cdots} \tag{18.10}$$

在300 K时,$\beta\varepsilon_{e,2}=770$,所以$f_2\approx10^{-334}$。即使在3000 K时,也仅有$f_2\approx10^{-33}$。这是惰性气体的典型特点。基态与激发态能级之间的能量间隔必须要小于几百波数时,激发态的布居(粒子数)才会明显。

» 例题 18-1 利用表18.1中的数据,计算300 K,1000 K和2000 K时在第一激发态上的F原子分数。

» 解 将$g_{e,1}=4$,$g_{e,2}=2$和$g_{e,3}=6$代入式(18.10)的第二行,得

$$f_2=\frac{2e^{-\beta\varepsilon_{e,2}}}{4+2e^{-\beta\varepsilon_{e,2}}+6e^{-\beta\varepsilon_{e,3}}+\cdots}$$

式中$\varepsilon_{e,2}=404.0\ \text{cm}^{-1}$,$\varepsilon_{e,3}=102406.50\ \text{cm}^{-1}$。另外

$$\beta\varepsilon_{e,2}=\frac{404.0\ \text{cm}^{-1}}{(0.6950\ \text{cm}^{-1}\cdot\text{K}^{-1})T}=\frac{581.3\ \text{K}}{T}$$

$$\beta\varepsilon_{e,3}=\frac{147300\ \text{K}}{T}$$

很明显,可以忽略f_2分母中的第三项。

因此,在不同温度下,f_2的值分别为

$$f_2(T=300\text{K})=\frac{2e^{-581/300}}{4+2e^{-581/300}}=0.0672$$

$$f_2(T=1000\text{K})=\frac{2e^{-581/1000}}{4+2e^{-581/1000}}=0.219$$

$$f_2(T=2000\text{K})=\frac{2e^{-581/2000}}{4+2e^{-581/2000}}=0.272$$

因此,在这些温度下,第一激发态的布居比较显著,所以在确定q_{elec}时,必须考虑式(18.9)中的前两个加和项。

对于大多数原子和分子,计算其电子配分函数时考虑前两项已经足够,即

$$q_{\text{elec}}(T)\approx g_{e,1}+g_{e,2}e^{-\beta\varepsilon_{e,2}} \tag{18.11}$$

在一些温度下,第二项相对于第一项是不能忽略的,还必须检查其他更高项对配分函数的可能贡献。

至此,单原子理想气体的配分函数就讨论完毕了。小结一下,我们有

$$Q(N,V,T)=\frac{(q_{\text{trans}}q_{\text{elec}})^N}{N!} \tag{18.12}$$

式中

$$q_{\text{trans}}(V,T)=\left(\frac{2\pi mk_BT}{h^2}\right)^{3/2}V$$

$$q_{\text{elec}}(T)=g_{e,1}+g_{e,2}e^{-\beta\varepsilon_{e,2}}+\cdots \tag{18.13}$$

现在,可以计算单原子理想气体的一些性质。平均能量为

$$U=k_BT^2\left(\frac{\partial\ln Q}{\partial T}\right)_{N,V}=Nk_BT^2\left(\frac{\partial\ln q}{\partial T}\right)_V$$

$$=\frac{3}{2}Nk_BT+\frac{Ng_{e,2}\varepsilon_{e,2}e^{-\beta\varepsilon_{e,2}}}{q_{\text{elec}}}+\cdots \tag{18.14}$$

式中第一项代表平均动能,第二项为平均电子能量(相对于基态能量)。在常温下,电子自由度对平均能量的贡献较小,如果忽略来自电子自由度的很小贡献,那么摩尔等容热容可由下式给出:

$$\overline{C}_V=\left(\frac{d\overline{U}}{dT}\right)_{N,V}=\frac{3}{2}R$$

压力为

$$P=k_BT\left(\frac{\partial\ln Q}{\partial V}\right)_{N,T}=Nk_BT\left(\frac{\partial\ln q}{\partial V}\right)_T$$

$$=Nk_BT\left[\frac{\partial}{\partial V}(\ln V+\text{不含}\ V\ \text{的项})\right]_T$$

$$=\frac{Nk_BT}{V} \tag{18.15}$$

上式即为理想气体状态方程。注意到式(18.15)的结果源自$q(V,T)$具有$f(T)V$的形式,并且只有原子的平动能对压力有贡献。这是可直观预期的,因为压力是气体原子或分子对容器壁的撞击所产生的。

在接下来的几节中,我们将处理双原子理想气体。除了平动和电子自由度外,双原子分子还拥有振动和转动自由度。一般步骤就是建立双核和n个电子的薛定谔方程,然后解这个方程,获得一组双原子分子的本征值。幸运的是,我们可以用一系列非常好的近似将这个复杂的双核n电子问题简化为一组更简单的问题。最简单的近似方法是第5章和第13章中讨论的刚性转子-谐振子近似。在下一节,我们将建立这种近似,然后在18-4和18-5节,将在该近似内讨论振动和转动配分函数。

18-3 一个双原子分子的能量可近似为独立项的加和

当处理双原子和多原子分子时，我们使用刚性转子-谐振子近似（见13-2节）。在这种情况下，可以将分子的总能量写成平动能、转动能、振动能和电子能量之和：

$$\varepsilon=\varepsilon_{\text{trans}}+\varepsilon_{\text{rot}}+\varepsilon_{\text{vib}}+\varepsilon_{\text{elec}} \tag{18.16}$$

对于单原子理想气体，在常温下，式(17.40)给出的不等式容易满足，所以可以写出

$$Q(N,V,T)=\frac{[q(V,T)]^N}{N!} \tag{18.17}$$

此外，根据式(18.16)，可得

$$q(V,T)=q_{\text{trans}}q_{\text{rot}}q_{\text{vib}}q_{\text{elec}} \tag{18.18}$$

所以，一个双原子分子理想气体的配分函数可由下式给出：

$$Q(N,V,T)=\frac{(q_{\text{trans}}q_{\text{rot}}q_{\text{vib}}q_{\text{elec}})^N}{N!} \tag{18.19}$$

一个双原子分子的平动配分函数类似于18-1节中得到的一个原子的平动配分函数：

$$q_{\text{trans}}(V,T)=\left[\frac{2\pi(m_1+m_2)k_BT}{h^2}\right]^{3/2}V \tag{18.20}$$

注意式(18.20)本质上与式(18.6)是相同的。电子配分函数将类似于式(18.9)。在接下来的两节中将讨论振动和转动对配分函数的贡献。虽然式(18.9)并不完全正确，但经常是一较好的近似，尤其是对于小分子。

在考虑q_{rot}和q_{vib}之前，必须为转动、振动和电子状态选择一个能量零点。转动能量零点的自然选择是$J=0$的状态，此时转动能为零。不过，对于振动，有两种合理的选择。一种选择是将基态的振动能量设为零，另一种则是将核间势阱的底部作为能量零点。在第一种情况中，振动基态的能量为零，而在第二种情况中，振动基态的能量为$h\nu/2$。我们将选择最低电子态核间势阱的底部作为振动能量的零点，所以振动基态的能量为$h\nu/2$。

最后，将电子能量的零点选为处于电子基态的静止分离原子（见图18.2）。电子基态势阱的深度用D_e来表示（D_e是一个正值，参见13-6节），所以电子基态的能量为$\varepsilon_{e,1}=-D_e$，电子配分函数为

$$q_{\text{elec}}=g_{e,1}e^{D_e/k_BT}+g_{e,2}e^{-\varepsilon_{e,2}/k_BT} \tag{18.21}$$

式中D_e和$\varepsilon_{e,2}$如图18.2所示。在13-6节中，还介绍了一个量D_0，$D_0=D_e-\dfrac{1}{2}h\nu$。如图18.2所示。D_0是最低振动态和解离的分子之间的能量差。量D_0可以光谱测量，表18.2中列出了一些双原子分子的D_0和D_e值。

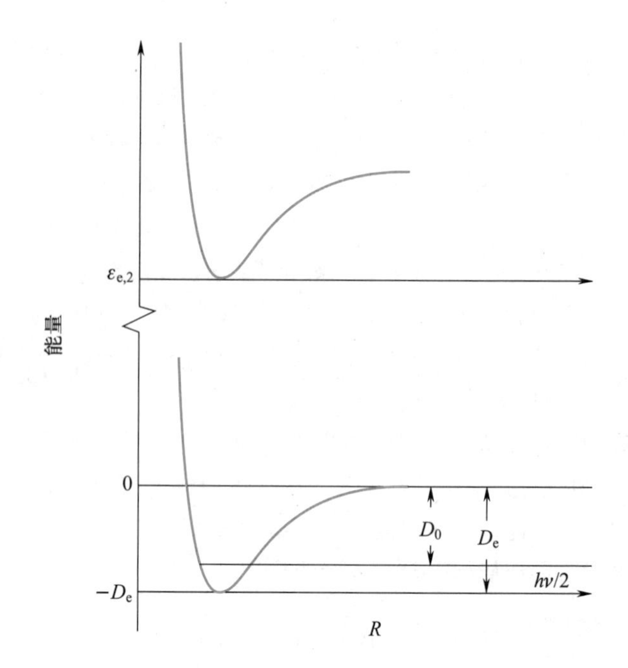

图18.2 电子基态和第一激发态与核间距的关系，说明了基态的两个量D_e和D_0，以及$\varepsilon_{e,2}$。如图中所示，D_e和D_0之间的关系为$D_e=D_0+\dfrac{1}{2}h\nu$。

表18.2 一些双原子分子的分子常数（这些参数来源较广，并不代表最准确值，因为它们是在刚性转子-谐振子近似下获得的）。

分子	电子态	Θ_{vib}/K	Θ_{rot}/K	D_0/(kJ·mol^{-1})	D_e/(kJ·mol^{-1})
H_2	$^1\Sigma_g^+$	6332	85.3	432.1	457.6
D_2	$^1\Sigma_g^+$	4394	42.7	435.6	453.9
Cl_2	$^1\Sigma_g^+$	805	0.351	239.2	242.3
Br_2	$^1\Sigma_g^+$	463	0.116	190.1	191.9
I_2	$^1\Sigma_g^+$	308	0.0537	148.8	150.3
O_2	$^3\Sigma_g^-$	2256	2.07	493.6	503.3
N_2	$^1\Sigma_g^+$	3374	2.88	941.6	953.0
CO	$^1\Sigma^+$	3103	2.77	1070	1085
NO	$^2\Pi_{1/2}$	2719	2.39	626.8	638.1
HCl	$^1\Sigma^+$	4227	15.02	427.8	445.2
HBr	$^1\Sigma^+$	3787	12.02	362.6	377.7
HI	$^1\Sigma^+$	3266	9.25	294.7	308.6
Na_2	$^1\Sigma_g^+$	229	0.221	71.1	72.1
K_2	$^1\Sigma_g^+$	133	0.081	53.5	54.1

18-4 大多数分子在室温时处于振动基态

在本节,我们将在谐振子近似下计算一个双原子分子配分函数的振动部分。如果我们相对于核间势阱的底部来量度振动能级,则各振动能级的能量为(参见5-4节)

$$\varepsilon_v=\left(v+\frac{1}{2}\right)h\nu \quad v=0,1,2,\cdots \tag{18.22}$$

式中 $\nu=(k/\mu)^{1/2}/2\pi$,其中 k 为分子的力常数,μ 是折合质量。所以振动配分函数 q_{vib} 为

$$q_{\text{vib}}=\sum_v \mathrm{e}^{-\beta\varepsilon_v}=\sum_{v=0}^{\infty}\mathrm{e}^{-\beta(v+\frac{1}{2})h\nu}$$
$$=\mathrm{e}^{-\beta h\nu/2}\sum_{v=0}^{\infty}\mathrm{e}^{-\beta h\nu v}$$

认识到这是一个几何级数,故这个加和可以容易求出(参见数学章节 I),即

$$\sum_{n=0}^{\infty}x^n=\frac{1}{1-x}$$

其中 $x=\mathrm{e}^{-\beta h\nu}<1$。因此,可以写出

$$\sum_{v=0}^{\infty}\mathrm{e}^{-\beta h\nu v}=\sum_{v=0}^{\infty}(\mathrm{e}^{-\beta h\nu})^v=\frac{1}{1-\mathrm{e}^{-\beta h\nu}}$$

所以

$$q_{\text{vib}}(T)=\frac{\mathrm{e}^{-\beta h\nu/2}}{1-\mathrm{e}^{-\beta h\nu}} \tag{18.23}$$

注意到这就是在例题17-2中遇见的振动项,该例题中给出了一个理想双原子气体刚性转子-谐振子模型的配分函数。如果引入一个量,即 $\Theta_{\text{vib}}=h\nu/k_{\text{B}}$,$\Theta_{\text{vib}}$ 称为**振动特征温度**(vibrational characteristic temperature),则 $q_{\text{vib}}(T)$ 可以写为

$$q_{\text{vib}}(T)=\frac{\mathrm{e}^{-\Theta_{\text{vib}}/2T}}{1-\mathrm{e}^{-\Theta_{\text{vib}}/T}} \tag{18.24}$$

这是很少的例子之一,其中 q 可以直接加和,无需用积分来近似,而在之前18-1节求解平动配分函数和下一节求解转动配分函数时则都用到了通过近似积分来进行求和。

我们可以由 $q_{\text{vib}}(T)$ 来计算平均振动能,即

$$\langle E_{\text{vib}}\rangle=Nk_{\text{B}}T^2\frac{\mathrm{d}\ln q_{\text{vib}}}{\mathrm{d}T}=Nk_{\text{B}}\left(\frac{\Theta_{\text{vib}}}{2}+\frac{\Theta_{\text{vib}}}{\mathrm{e}^{\Theta_{\text{vib}}/T}-1}\right) \tag{18.25}$$

表18.2给出了一些双原子分子的 Θ_{vib} 值。振动对摩尔热容的贡献为

$$\overline{C}_{V,\text{vib}}=\frac{\mathrm{d}\langle\overline{E}_{\text{vib}}\rangle}{\mathrm{d}T}=R\left(\frac{\Theta_{\text{vib}}}{T}\right)^2\frac{\mathrm{e}^{-\Theta_{\text{vib}}/T}}{(1-\mathrm{e}^{-\Theta_{\text{vib}}/T})^2} \tag{18.26}$$

图18.3显示了一个理想双原子气体的振动对摩尔热容的贡献与温度的关系。当温度很高时,$\overline{C}_{V,\text{vib}}$ 的高温极限值是 R,而在 $T/\Theta_{\text{vib}}=0.34$ 时,$\overline{C}_{V,\text{vib}}$ 的值为 $R/2$。

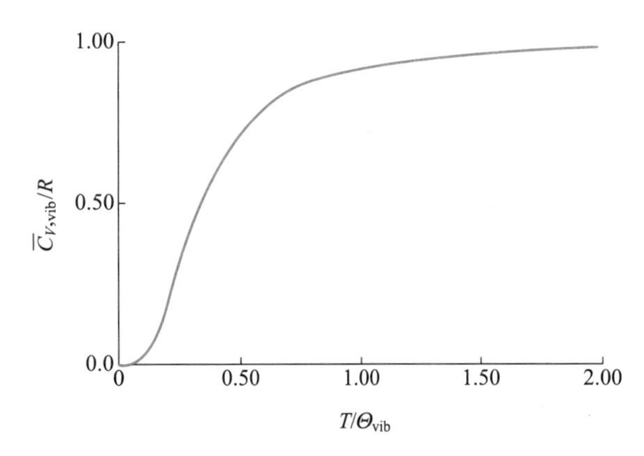

图 18.3　振动对一个理想双原子气体摩尔热容的贡献随折合温度 T/Θ_{vib} 的变化关系曲线。

» 例题 18-2　计算1000 K时,振动对 $N_2(g)$ 摩尔热容的贡献。实验值为3.43 J·K^{-1}·mol^{-1}。

» 解　由表18.2可知,$\Theta_{\text{vib}}=3374$ K,故 $\Theta_{\text{vib}}/T=3.374$。根据式(18.26),可得

$$\frac{\overline{C}_{V,\text{vib}}}{R}=(3.374)^2\frac{\mathrm{e}^{-3.374}}{(1-\mathrm{e}^{-3.374})^2}=0.418$$

或 $\overline{C}_{V,\text{vib}}=(0.418)(8.314\ \mathrm{J\cdot K^{-1}\cdot mol^{-1}})$
$=3.48\ \mathrm{J\cdot K^{-1}\cdot mol^{-1}}$

与实验值吻合相当好。

一个可以计算的有趣量是各个振动态上的分子分数。在第 v 个振动态上的分子分数为

$$f_v=\frac{\mathrm{e}^{-\beta h\nu(v+\frac{1}{2})}}{q_{\text{vib}}} \tag{18.27}$$

如果将式(18.23)代入上式,可以得到

$$f_v=(1-\mathrm{e}^{-\beta h\nu})\mathrm{e}^{-\beta h\nu v}=(1-\mathrm{e}^{-\Theta_{\text{vib}}/T})\mathrm{e}^{-v\Theta_{\text{vib}}/T} \tag{18.28}$$

下面这个例题说明了该式的使用。

» 例题 18-3　利用式(18.28),计算300 K时,在 $v=0$ 和 $v=1$ 两个振动态上的 $N_2(g)$ 分子分数。

» 解　首先计算300 K时 $\exp(-\Theta_{\text{vib}}/T)$ 的值:

$$\mathrm{e}^{-\Theta_{\text{vib}}/T}=\mathrm{e}^{-3374\ \mathrm{K}/300\ \mathrm{K}}=\mathrm{e}^{-11.25}=1.31\times10^{-5}$$

因此　$f_0=1-\mathrm{e}^{-\Theta_{\text{vib}}/T}\approx1$

$$f_1=(1-\mathrm{e}^{-\Theta_{\text{vib}}/T})\mathrm{e}^{-\Theta_{\text{vib}}/T}\approx1.31\times10^{-5}$$

可见,在300 K时,几乎所有的氮气分子都处在振动基态。

图18.4显示了300 K时，$Br_2(g)$的振动能级布居。可见，大多数分子处在振动基态，且更高振动态的布居随v的增加指数衰减。与大多数双原子分子相比，$Br_2(g)$的力常数较小但质量较大(因此Θ_{vib}值更小，参见表18.2)，所以在一给定温度下，$Br_2(g)$振动激发态的布居要比大多数分子都大。

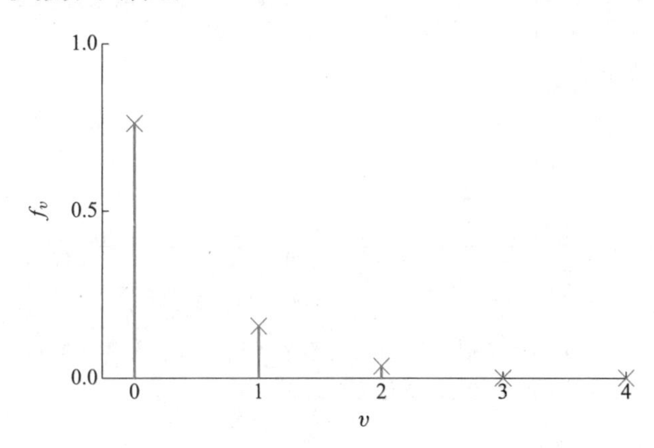

图18.4 300 K时$Br_2(g)$在不同振动能级上的分子分数

利用式(18.28)可以计算所有振动激发态上的分子分数。这个量可由$\sum_{v=1}^{\infty} f_v$给出，因为$\sum_{v=0}^{\infty} f_v = 1$，所以

$$f_{v>0} = \sum_{v=1}^{\infty} f_v = 1 - f_0 = 1 - (1 - e^{-\Theta_{vib}/T})$$

简化为

$$f_{v>0} = e^{-\Theta_{vib}/T} = e^{-\beta h\nu} \qquad (18.29)$$

表18.3给出了一些双原子分子在振动激发态上的分子分数。

表18.3 300 K和1000 K时一些双原子分子在振动激发态上的分子分数。

气体	Θ_{vib}/K	$f_{v>0}(T=300\ K)$	$f_{v>0}(T=1000\ K)$
H_2	6215	1.01×10^{-9}	2.00×10^{-3}
HCl	4227	7.59×10^{-7}	1.46×10^{-2}
N_2	3374	1.30×10^{-5}	3.43×10^{-2}
CO	3103	3.22×10^{-5}	4.49×10^{-2}
Cl_2	805	6.82×10^{-2}	4.47×10^{-1}
I_2	308	3.58×10^{-1}	7.35×10^{-1}

18-5 常温时大多数分子处于转动激发态

一个刚性转子的能级由下式给出(参见5-8节)：

$$\varepsilon_J = \frac{h^2 J(J+1)}{8\pi^2 I} \quad J=0,1,2,\cdots \qquad (18.30a)$$

式中I为转子的转动惯量。每个能级的简并度为

$$g_J = 2J+1 \qquad (18.30b)$$

利用式(18.30a)和式(18.30b)，可以写出一个刚性转子的转动配分函数，即

$$q_{rot}(T) = \sum_{J=0}^{\infty} (2J+1) e^{-\beta h^2 J(J+1)/8\pi^2 I} \qquad (18.31)$$

这里我们明晰地引入了简并度，通过对能级而不是状态求和来计算转动配分函数$q_{rot}(T)$。为了方便，引入一个具有温度量纲的量Θ_{rot}，称为**转动特征温度**(rotational characteristic temperature)：

$$\Theta_{rot} = \frac{h^2}{8\pi^2 I k_B} = \frac{hB}{k_B} \qquad (18.32)$$

式中$B=h/8\pi^2 I$[式(5.62)]。将式(18.32)代入式(18.31)，可得

$$q_{rot}(T) = \sum_{J=0}^{\infty} (2J+1) e^{-\Theta_{rot} J(J+1)/T} \qquad (18.33)$$

与谐振子配分函数不同，式(18.33)中的加和无法以闭合形式书写。不过，由表18.2中的数据可知，对于不含氢原子的双原子分子，Θ_{rot}/T值在常温下非常小。例如，CO(g)的Θ_{rot}为2.77 K，所以室温时Θ_{rot}/T值约为10^{-2}。正如我们能够用一积分很好地近似式(18.4)的求和一样(因为$\alpha=\beta h^2/8ma^2$在常温时很小)，由于在常温时大多数分子的Θ_{rot}/T值较小，也可以用积分来近似代替式(18.33)中的求和。因此，一个较好的近似是将$q_{rot}(T)$写为

$$q_{rot}(T) = \int_0^{+\infty} (2J+1) e^{-\Theta_{rot} J(J+1)/T} dJ$$

这个积分容易求算。如果令$x=J(J+1)$，则$dx=(2J+1)dJ$，$q_{rot}(T)$变为

$$q_{rot}(T) = \int_0^{+\infty} e^{-\Theta_{rot} x/T} dx = \frac{T}{\Theta_{rot}} = \frac{8\pi^2 I k_B T}{h^2} \quad (\Theta_{rot} \ll T) \qquad (18.34)$$

注意，这就是在例题17-2中遇见的转动项，该例题中给出了一个理想双原子气体刚性转子-谐振子模型的配分函数。随着温度升高，这个近似更加准确，称为高温极限。对于低温或具有较大Θ_{rot}值的分子[如$H_2(g)$，其$\Theta_{rot}=85.3$ K]，可以用式(18.33)直接计算。例如，当$T<3\Theta_{rot}$时，式(18.33)中的前四项就足以在0.1%的误差内计算$q_{rot}(T)$。为了简便，仅使用高温极限，因为室温时大多数分子满足$\Theta_{rot} \ll T$的条件(见表18.2)。

平均转动能为

$$\langle E_{rot} \rangle = N k_B T^2 \left(\frac{d\ln q_{rot}}{dT}\right) = N k_B T$$

转动对摩尔热容的贡献为

$$\overline{C}_{V,\text{rot}}=R$$

一个双原子分子有两个转动自由度，每个对$\overline{C}_{V,\text{rot}}$的贡献为 $R/2$。

我们也可以计算在第 J 个转动能级上的分子分数，即

$$\begin{aligned}f_J&=\frac{(2J+1)\,\mathrm{e}^{-\Theta_{\text{rot}}J(J+1)/T}}{q_{\text{rot}}}\\&=(2J+1)(\Theta_{\text{rot}}/T)\,\mathrm{e}^{-\Theta_{\text{rot}}J(J+1)/T}\end{aligned}\qquad(18.35)$$

» 例题 18-4 利用式(18.35)，计算 300 K 时，CO 在各个转动能级上的分子分数。

» 解 由表 18.2 可知，$\Theta_{\text{rot}}=2.77$ K。在 300 K 时，$\Theta_{\text{rot}}/T=0.00923$。因此

$$f_J=(2J+1)(0.00923)\,\mathrm{e}^{-0.00923J(J+1)}$$

将结果列表如下：

J	f_J	J	f_J
0	0.00923	10	0.0702
2	0.0437	12	0.0547
4	0.0691	16	0.0247
6	0.0814	18	0.0145
8	0.0807		

这些结果绘制于图 18.5 中。

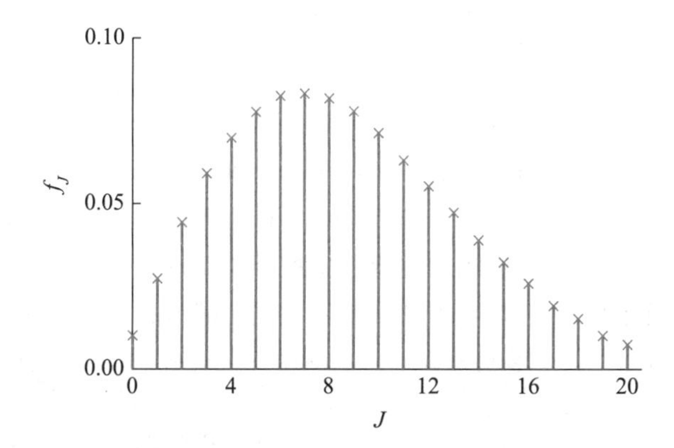

图 18.5 300 K 时 CO 在第 J 个转动能级上的分子分数

与振动能级的情况相反，在常温下，大多数分子都处于转动激发态能级。通过将式(18.35)中的 J 视为连续，并令 f_J 对 J 的求导等于零，我们可以估算 J 的最概然值(习题 18-18)：

$$J_{\text{mp}}\approx\left(\frac{T}{2\Theta_{\text{rot}}}\right)^{1/2}-\frac{1}{2}\qquad(18.36)$$

对于 300 K 时的 CO，该式给出的 J_{mp} 值为 7(与图 18.5 相符)。

我们还可以用式(18.35)来解释观测到的双原子分子的振动-转动光谱中 P 和 R 分支谱线的强度(见图 13.2)。注意，图 18.5 中谱线的外围形状与图 13.2 中 P 和 R 分支谱线相似。两幅图相似的原因是转动谱线的强度正比于发生跃迁的转动能级上的分子数目，因此我们发现 P 和 R 分支的形状反映了转动能级上的热(平衡)分子分数。

18-6 转动配分函数含有对称数

式(18.33)和式(18.34)只能适用于异核双原子分子，尽管从我们对 $q_{\text{rot}}(T)$ 的推导中并非显而易见。内在原因是一个同核双原子分子的波函数必须拥有一定的对称性，对应于分子中两个相同核的互换。特别地，如果两个核具有整数自旋(玻色子)，分子波函数必须是对称的，对应于两个核的一次互换；如果核具有半奇整数自旋(费米子)，分子波函数必须是反对称的。这一对称性要求对同核双原子分子转动能量上的分子分数有巨大影响，这一影响仅能通过仔细分析一个双原子分子波函数的一般对称性时才能被理解。该分析有些复杂，不在这里讨论，只给出最后的结论。对于一个同核双原子分子，在温度能使得 $\Theta_{\text{rot}}\ll T$ 的情况下(我们已经发现大多数分子在常温下就满足 $\Theta_{\text{rot}}\ll T$ 的条件)，其 q_{rot} 为

$$q_{\text{rot}}(T)=\frac{T}{2\Theta_{\text{rot}}}\qquad(18.37)$$

注意，上式与式(18.34)，即异核双原子分子转动配分函数的表达式几乎一样，只是分母上多了一个因子 2。这个因子来自同核双原子分子的额外对称性；具体地，同核双原子分子具有两个不可分辨的取向。垂直于核间轴，有一个二重对称轴。

式(18.34)和式(18.37)可以合并为一个公式，即

$$q_{\text{rot}}(T)=\frac{T}{\sigma\Theta_{\text{rot}}}\qquad(18.38)$$

式中对于异核双原子分子，$\sigma=1$；对于同核双原子分子，$\sigma=2$。因子 σ 称为分子的**对称数**(symmetry number)，代表不可分辨的分子取向数目。

讨论完了对双原子分子配分函数的每一个贡献，现在可以在双原子分子的配分函数中引入刚性转子-谐振子近似，从而得到

$$\begin{aligned}q(V,T)&=q_{\text{trans}}q_{\text{rot}}q_{\text{vib}}q_{\text{elec}}\\&=\left(\frac{2\pi mk_{\text{B}}T}{h^2}\right)^{3/2}V\cdot\frac{T}{\sigma\Theta_{\text{rot}}}\cdot\frac{\mathrm{e}^{-\Theta_{\text{vib}}/2T}}{1-\mathrm{e}^{-\Theta_{\text{vib}}/T}}\cdot g_{\text{e},1}\mathrm{e}^{D_{\text{e}}/k_{\text{B}}T}\end{aligned}$$

(18.39)

记得该式要求：$\Theta_{\text{rot}}\ll T$，仅电子基态有布居，电子能量的

零点选为处在电子基态的、静止的分离原子，振动能量的零点选为最低电子态的核间势阱的底部。注意到只有 q_{trans}是 V 的函数，且这个函数具有 $f(T)V$ 的形式。正如我们之前业已看到的，平动配分函数的这种形式导致了理想气体状态方程。

» 例题 18-5 根据式(18.39)，导出双原子理想气体摩尔能量 $\overline{U}$ 的表达式，并识别其中的每一项。

» 解 从下面两式开始，即

$$Q(N,V,T)=\frac{[q(V,T)]^N}{N!}$$

和

$$U=k_\text{B}T^2\left(\frac{\partial\ln Q}{\partial T}\right)_{N,V}=Nk_\text{B}T^2\left(\frac{\partial\ln q}{\partial T}\right)_V$$

由式(18.39)可得

$$\ln q=\frac{3}{2}\ln T+\ln T-\frac{\Theta_{\text{vib}}}{2T}-\ln(1-\mathrm{e}^{-\Theta_{\text{vib}}/T})+\frac{D_\text{e}}{k_\text{B}T}+\text{不含 }T\text{ 的项}$$

因此

$$\left(\frac{\partial\ln q}{\partial T}\right)_V=\frac{3}{2T}+\frac{1}{T}+\frac{\Theta_{\text{vib}}}{2T^2}+\frac{(\Theta_{\text{vib}}/T^2)\mathrm{e}^{-\Theta_{\text{vib}}/T}}{1-\mathrm{e}^{-\Theta_{\text{vib}}/T}}-\frac{D_\text{e}}{k_\text{B}T^2}$$

对于 1 mol 分子，有 $N=N_\text{A}$ 和 $N_\text{A}k_\text{B}=R$，所以

$$\overline{U}=\frac{3}{2}RT+RT+R\frac{\Theta_{\text{vib}}}{2}+R\frac{\Theta_{\text{vib}}\mathrm{e}^{-\Theta_{\text{vib}}/T}}{1-\mathrm{e}^{-\Theta_{\text{vib}}/T}}-N_\text{A}D_\text{e} \qquad (18.40)$$

第一项代表平均平动能（三个平动自由度中的每一个为 $RT/2$），第二项代表平均转动能（两个转动自由度中的每一个为 $RT/2$），第三项代表零点振动能，第四项代表超出零点振动能的平均振动能，最后一项反映了相对于已经选择的电子能量零点的电子能量，该电子能量零点即为处在电子基态的、两个分离的、静止的原子。

将式(18.40)对 T 进行求导，可得热容的表达式为

$$\frac{\overline{C}_V}{R}=\frac{5}{2}+\left(\frac{\Theta_{\text{vib}}}{T}\right)^2\frac{\mathrm{e}^{-\Theta_{\text{vib}}/2T}}{(1-\mathrm{e}^{-\Theta_{\text{vib}}/T})^2} \qquad (18.41)$$

图 17.3 显示了氧气摩尔热容的式(18.41)计算结果与实验数据的对比，可见吻合较好。其他性质也是如此。通过引入刚性转子-谐振子的一级校正，吻合程度可以得到明显提高。这些校正包括引入诸如离心畸变和非谐性等效应。这些效应的考虑引入了一组新的分子参数，所有这些参数可由光谱法测量，并有表可查。使用来自光谱数据的此类附加参数，可使得热容的计算值实际上比由量热实验得到的结果更为准确。

18-7 多原子分子的振动配分函数为各个简正坐标谐振子配分函数的乘积

18-3 节中对双原子分子的讨论同样适用于多原子分子，故

$$Q(N,V,T)=\frac{[q(V,T)]^N}{N!}$$

如前所述，仅平动能态的数目就已足够保证许可能态的数目远大于系统中分子的数目。

对于双原子分子，使用刚性转子-简谐子近似。这可以将振动与转动分开，于是可以单独处理转动和振动。相比于双原子分子，多原子分子的转动和振动配分函数均更为复杂。不过，对于多原子分子，可以写出式(18.19)的类似式，即

$$Q(N,V,T)=\frac{(q_{\text{trans}}q_{\text{rot}}q_{\text{vib}}q_{\text{elec}})^N}{N!} \qquad (18.42)$$

在式(18.42)中，q_{trans} 由下式给出：

$$q_{\text{trans}}(V,T)=\left(\frac{2\pi Mk_\text{B}T}{h^2}\right)^{3/2}V \qquad (18.43)$$

式中 M 为分子的总质量。选择 n 个原子完全分离、处在各自电子基态作为能量零点，因此电子基态的能量为 $-D_\text{e}$，电子配分函数为

$$q_{\text{elec}}=g_{\text{e},1}\mathrm{e}^{D_\text{e}/k_\text{B}T}+\cdots \qquad (18.44)$$

为了计算 $Q(N,V,T)$，必须研究 q_{rot} 和 q_{vib}。

在 13-9 节中已经学习到，一个多原子分子的振动运动可以用简正坐标来表示。通过引入简正坐标，一个多原子分子的振动运动可以用一组独立的谐振子来表示。相应地，一个多原子分子的振动能可以写为

$$\varepsilon_{\text{vib}}=\sum_{j=1}^{\alpha}\left(v_j+\frac{1}{2}\right)h\nu_j \qquad v_j=0,1,2,\cdots \qquad (18.45)$$

式中 ν_j 是与第 j 个简正模式相关的振动频率；α 是振动自由度的数目（一个线形分子的振动自由度为 $3n-5$，非线形分子的振动自由度为 $3n-6$，其中 n 是分子中的原子数目）。由于简正模式是独立的，所以

$$q_{\text{vib}}=\prod_{j=1}^{\alpha}\frac{\mathrm{e}^{-\Theta_{\text{vib},j}/2T}}{(1-\mathrm{e}^{-\Theta_{\text{vib},j}/T})} \qquad (18.46)$$

$$E_{\text{vib}}=Nk_\text{B}\sum_{j=1}^{\alpha}\left(\frac{\Theta_{\text{vib},j}}{2}+\frac{\Theta_{\text{vib},j}\mathrm{e}^{-\Theta_{\text{vib},j}/T}}{1-\mathrm{e}^{-\Theta_{\text{vib},j}/T}}\right) \qquad (18.47)$$

$$C_{V,\mathrm{vib}}=Nk_\mathrm{B}\sum_{j=1}^{\alpha}\left[\left(\frac{\Theta_{\mathrm{vib},j}}{T}\right)^2\frac{\mathrm{e}^{-\Theta_{\mathrm{vib},j}/2T}}{(1-\mathrm{e}^{-\Theta_{\mathrm{vib},j}/T})}\right] \tag{18.48}$$

式中 $\Theta_{\mathrm{vib},j}$为振动特征温度，其定义为

$$\Theta_{\mathrm{vib},j}=\frac{h\nu_j}{k_\mathrm{B}} \tag{18.49}$$

表 18.4 中列出了一些多原子分子的 $\Theta_{\mathrm{vib},j}$值。

表 18.4 一些多原子分子的转动特征温度、振动特征温度、基态的 D_0和对称数 σ 值(括号中的数字表示该模式的简并度)。

分子	Θ_{rot}/K	Θ_{vib}/K	$\frac{D_0}{\mathrm{kJ\cdot mol^{-1}}}$	σ
CO_2	0.561	3360,954(2),1890	1596	2
H_2O	40.1,20.9,13.4	5360,5160,2290	917.6	2
NH_3	13.6,13.6,8.92	4800,1360,4880(2),2330(2)	1158	3
ClO_2	2.50,0.478,0.400	1360,640,1600	378	2
SO_2	2.92,0.495,0.422	1660,750,1960	1063	2
N_2O	0.603	3200,850(2),1840	1104	1
NO_2	11.5,0.624,0.590	1900,1080,2330	928.0	2
CH_4	7.54,7.54,7.54	4170,2180(2),4320(3),1870(3)	1642	12
CH_3Cl	7.32,0.637,0.637	4270,1950,1050,4380(2),2140(2),1460(2)	1551	3
CCl_4	0.0823,0.0823,0.0823	660,310(2),1120(3),450(3)	1292	12

» 例题 18-6 计算 400 K 时，CO_2每个简正模式对振动热容的贡献。

» 解 $\Theta_{\mathrm{vib},j}$的值列于表 18.4 中。注意到 $\Theta_{\mathrm{vib},j}$=954 K 的模式(弯曲振动)是双重简并的。对于 $\Theta_{\mathrm{vib},j}$=954 K 的振动(双重简并弯曲模式)，有

$$\frac{\overline{C}_{V,j}}{R}=\left(\frac{954}{400}\right)^2\frac{\mathrm{e}^{-954/400}}{(1-\mathrm{e}^{-954/400})^2}=0.635$$

对于 $\Theta_{\mathrm{vib},j}$=1890 K 的振动(不对称伸缩)，有

$$\frac{\overline{C}_{V,j}}{R}=\left(\frac{1890}{400}\right)^2\frac{\mathrm{e}^{-1890/400}}{(1-\mathrm{e}^{-1890/400})^2}=0.202$$

对于 $\Theta_{\mathrm{vib},j}$=3360 K 的振动(对称伸缩)，有

$$\frac{\overline{C}_{V,j}}{R}=\left(\frac{3360}{400}\right)^2\frac{\mathrm{e}^{-3360/400}}{(1-\mathrm{e}^{-3360/400})^2}=0.016$$

因此，在 400 K 时总的振动热容为

$$\frac{\overline{C}_{V,\mathrm{vib}}}{R}=2(0.635)+0.202+0.016=1.488$$

注意，每个模式对热容的贡献随着 $\Theta_{\mathrm{vib},j}$增大而减小。由于 $\Theta_{\mathrm{vib},j}$正比于模式的频率，故激发具有更大 $\Theta_{\mathrm{vib},j}$值的模式需要更高的温度。图 18.6 显示了从 200 K 到 1800 K，每个模式对摩尔振动热容的贡献。

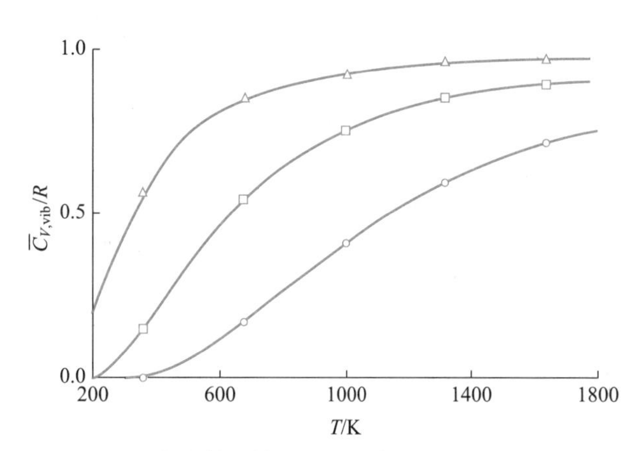

图 18.6 每个简正模式对 CO_2摩尔振动热容的贡献。三角形表示的曲线对应于 $\Theta_{\mathrm{vib},j}$ = 954 K；方块表示的曲线对应于 $\Theta_{\mathrm{vib},j}$ = 1890 K；圆圈表示的曲线对应于 $\Theta_{\mathrm{vib},j}$ = 3360 K。可见，在一定温度下，具有较小 $\Theta_{\mathrm{vib},j}$或 ν_j值的模式贡献更大。

18-8 多原子分子转动配分函数的形式取决于分子的形状

在本节中，我们将讨论多原子分子的转动配分函数。首先，考虑线形多原子分子。在刚性转子近似下，线形多原子分子的能量和简并度与双原子分子的相同，即 $\varepsilon_J=J(J+1)h^2/8\pi^2I$，$g_J=2J+1$，其中 $J=0,1,2,\cdots$。在这种情况下，转动惯量 I 为

$$I=\sum_{j=1}^{n}m_jd_j^2$$

式中 d_j是第 j 个原子核与分子质心的距离。因此，线形多原子分子的转动配分函数与双原子分子相同，即

$$q_{\mathrm{rot}}=\frac{8\pi I^2k_\mathrm{B}T}{\sigma h^2}=\frac{T}{\sigma\Theta_{\mathrm{rot}}} \tag{18.50}$$

与之前一样，我们已经引入了对称数。对于非对称分子，如 N_2O 和 COS，它们的对称数为 1；对于对称分子，如 CO_2 和 C_2H_2，它们的对称数为 2。回忆之前学过的内容，对称数就是分子可被旋转成与原先不可分辨的构型的不同方式数。

» 例题 18-7 NH_3的对称数是多少？

» 解 NH_3分子呈三角锥形，沿三重对称轴往下看，其有三个不可区分的取向，如下所示：

$$\begin{array}{ccc} H_a & H_c & H_b \\ | & | & | \\ H_c \diagup N \diagdown H_b & H_b \diagup N \diagdown H_a & H_a \diagup N \diagdown H_c \end{array}$$

因此，NH_3的对称数为 3。

在第 13 章中曾学过，非线形多原子分子的转动性质取决于其主转动惯量的大小。如果所有三个主转动惯量均相等，则该分子称为**球形陀螺分子**（spherical top）。如果三个主转动惯量中的两个相等，则该分子称为**对称陀螺**（symmetric top）。如果三个转动惯量均不相同，则该分子称为**不对称陀螺**（asymmetric top）。正如之前用式(18.32)，即 $\Theta_{rot}=h^2/8\pi^2 Ik_B$，定义了一个双原子分子的转动特征温度一样，我们可用三个主转动惯量来定义三个转动特征温度：

$$\Theta_{rot,j}=\frac{h^2}{8\pi^2 I_j k_B} \qquad j=A,B,C \tag{18.51}$$

因此，对于不同情形，可以分别有

$$\Theta_{rot,A}=\Theta_{rot,B}=\Theta_{rot,C} \qquad 球形陀螺$$

$$\Theta_{rot,A}=\Theta_{rot,B}\neq\Theta_{rot,C} \qquad 对称陀螺$$

$$\Theta_{rot,A}\neq\Theta_{rot,B}\neq\Theta_{rot,C} \qquad 不对称陀螺$$

一个球形陀螺的量子力学问题可被精确求解，从而得到

$$\begin{aligned} \varepsilon_J &= J(J+1)h^2/8\pi^2 I \\ g_J &= (2J+1)^2 \quad J=0,1,2,\cdots \end{aligned} \tag{18.52}$$

转动配分函数则为

$$q_{rot}(T)=\sum_{j=0}^{\infty}(2J+1)^2 e^{-h^2J(J+1)/8\pi^2 Ik_BT} \tag{18.53}$$

对于大多数球形陀螺分子，在常温下，$\Theta_{rot}\ll T$。因此，式(18.53)中的求和可以转化为积分：

$$q_{rot}(T)=\frac{1}{\sigma}\int_0^{+\infty}(2J+1)^2 e^{-\Theta_{rot}J(J+1)/T}dJ$$

注意，已经在上式中引入了对称数 σ。由于 $\Theta_{rot}\ll T$，最重要的 J 值都很大（见习题 18-26）。所以，与上式被积函数中的 J 相比，可以忽略其中的 1，从而得到

$$q_{rot}(T)=\frac{1}{\sigma}\int_0^{+\infty}4J^2 e^{-\Theta_{rot}J^2/T}dJ$$

如果令 $\Theta_{rot}/T=a$，可得

$$q_{rot}(T)=\frac{4}{\sigma}\int_0^{+\infty}x^2 e^{-ax^2}dx=\frac{4}{\sigma}\cdot\frac{1}{4a}\left(\frac{\pi}{a}\right)^{1/2}$$

用 Θ_{rot}/T 代替 a，则得到

$$q_{rot}(T)=\frac{\pi^{1/2}}{\sigma}\left(\frac{T}{\Theta_{rot}}\right)^{3/2} \qquad 球形陀螺 \tag{18.54}$$

对称陀螺和不对称陀螺的相应表达式分别为

$$q_{rot}(T)=\frac{\pi^{1/2}}{\sigma}\left(\frac{T}{\Theta_{rot,A}}\right)\left(\frac{T}{\Theta_{rot,C}}\right)^{1/2} \qquad 对称陀螺 \tag{18.55}$$

$$q_{rot}(T)=\frac{\pi^{1/2}}{\sigma}\left(\frac{T^3}{\Theta_{rot,A}\Theta_{rot,B}\Theta_{rot,C}}\right)^{1/2} \qquad 不对称陀螺 \tag{18.56}$$

注意，当 $\Theta_{rot,A}=\Theta_{rot,B}$时，式(18.56)简化为式(18.55)；而当 $\Theta_{rot,A}=\Theta_{rot,B}=\Theta_{rot,C}$时，式(18.55)和式(18.56)均简化为式(18.54)。表 18.4 中列出了一些多原子分子的 $\Theta_{rot,A}$，$\Theta_{rot,B}$和 $\Theta_{rot,C}$值。

非线形多原子分子的平均摩尔转动能为

$$\overline{U}_{rot}=N_A k_B T^2\left[\frac{d\ln q_{rot}(T)}{dT}\right]=RT^2\left(\frac{d\ln T^{3/2}}{dT}\right)=\frac{3RT}{2}$$

其中每个转动自由度贡献 $RT/2$。另外，$\overline{C}_{V,rot}=3R/2$。

18-9 摩尔热容的计算值与实验值十分吻合

现在，可以用 18-7 节和 18-8 节中的结论来构建多原子分子的 $q(V,T)$。对于线形多原子分子的理想气体，其 $q(V,T)$ 是式(18.43)，式(18.44)，式(18.46)和式(18.50)的乘积：

$$q(V,T)=\left(\frac{2\pi Mk_BT}{h^2}\right)^{3/2}V\cdot\frac{T}{\sigma\Theta_{rot}}\cdot\left(\prod_{j=1}^{3n-5}\frac{e^{-\Theta_{vib,j}/2T}}{1-e^{-\Theta_{vib,j}/T}}\right)\cdot g_{e,1}e^{D_e/k_BT} \tag{18.57}$$

能量为

$$\frac{U}{Nk_BT}=\frac{3}{2}+\frac{2}{2}+\sum_{j=1}^{3n-5}\left(\frac{\Theta_{vib,j}}{2T}+\frac{\Theta_{vib,j}/T}{e^{\Theta_{vib,j}/T}-1}\right)-\frac{D_e}{k_BT} \tag{18.58}$$

热容为

$$\frac{C_V}{Nk_B}=\frac{3}{2}+\frac{2}{2}+\sum_{j=1}^{3n-5}\left(\frac{\Theta_{vib,j}}{T}\right)^2\frac{e^{-\Theta_{vib,j}/T}}{(1-e^{-\Theta_{vib,j}/T})^2} \tag{18.59}$$

对于非线形多原子分子的理想气体，则有

$$q(V,T)=\left(\frac{2\pi Mk_{\mathrm{B}}T}{h^{2}}\right)^{3/2}V\cdot\frac{\pi^{1/2}}{\sigma}\left(\frac{T^{3}}{\Theta_{\mathrm{rot,A}}\Theta_{\mathrm{rot,B}}\Theta_{\mathrm{rot,C}}}\right)^{1/2}\cdot\left(\prod_{j=1}^{3n-6}\frac{\mathrm{e}^{-\Theta_{\mathrm{vib},j}/2T}}{1-\mathrm{e}^{-\Theta_{\mathrm{vib},j}/T}}\right)\cdot g_{\mathrm{e},1}\mathrm{e}^{D_{\mathrm{e}}/k_{\mathrm{B}}T} \tag{18.60}$$

$$\frac{U}{Nk_{\mathrm{B}}T}=\frac{3}{2}+\frac{3}{2}+\sum_{j=1}^{3n-6}\left(\frac{\Theta_{\mathrm{vib},j}}{2T}+\frac{\Theta_{\mathrm{vib},j}/T}{\mathrm{e}^{\Theta_{\mathrm{vib},j}/T}-1}\right)-\frac{D_{\mathrm{e}}}{k_{\mathrm{B}}T} \tag{18.61}$$

$$\frac{C_{V}}{Nk_{\mathrm{B}}}=\frac{3}{2}+\frac{3}{2}+\sum_{j=1}^{3n-6}\left(\frac{\Theta_{\mathrm{vib},j}}{T}\right)^{2}\frac{\mathrm{e}^{-\Theta_{\mathrm{vib},j}/T}}{(1-\mathrm{e}^{-\Theta_{\mathrm{vib},j}/T})^{2}} \tag{18.62}$$

» 例题 18-8 计算 300 K 时，$H_2O(g)$的摩尔热容。

» 解 根据式(18.62)，以及 $\Theta_{\mathrm{vib},j}=2290$ K，5160 K 和 5360 K（见表 18.4）进行计算。

当 $\Theta_{\mathrm{vib},j}=2290$ K 时，有

$$\frac{\overline{C}_{V,j}}{R}=\left(\frac{2290}{300}\right)^{2}\frac{\mathrm{e}^{-2290/300}}{(1-\mathrm{e}^{-2290/300})^{2}}=0.0282$$

类似地，当 $\Theta_{\mathrm{vib},j}=5160$ K 时，$\overline{C}_{V,j}/R=1.00\times10^{-5}$；当 $\Theta_{\mathrm{vib},j}=5360$ K 时，$\overline{C}_{V,j}/R=5.56\times10^{-6}$。

因此，$H_2O(g)$在 300 K 时总的摩尔热容为

$$\frac{\overline{C}_{V}}{R}=3.000+0.0282+1.00\times10^{-5}+5.56\times10^{-6}=3.028$$

实验值为 3.011。注意，振动自由度对 $H_2O(g)$在 300 K 时的热容贡献非常小。在 1000 K 时，计算值和实验值分别为 3.948 和 3.952。图 18.7 中绘出了从 300 K 到 1200 K 时水蒸气的摩尔热容变化曲线。

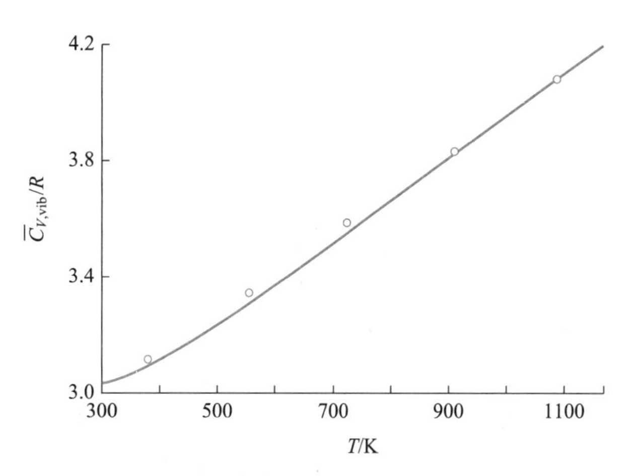

图 18.7 由式(18.62)计算的水蒸气的摩尔热容与实验值的对比。实验数据用圆圈表示。

表 18.5 列出了 300 K 时，几种不同形状的分子中，振动对摩尔热容的贡献。从表中可以看出，振动贡献距离它们的高温极值很远。$\overline{C}_V/R$ 的计算值和实验值吻合较好。更为复杂分子的计算表明，计算值和实验数据之间也有类似的一致性。

表 18.5 300 K 时一些多原子分子的振动对摩尔热容的贡献。

分子	Θ_{vib}/K	简并度	振动对$\overline{C}_V$的贡献	$\overline{C}_{V,\mathrm{vib}}/R$	总$\overline{C}_V/R$（计算值）	总$\overline{C}_V/R$（实验值）
CO_2	1890	1	0.073			
	3360	1	0.000			
	954	2	0.458	0.99	3.49	3.46
N_2O	1840	1	0.082			
	3200	1	0.003			
	850	2	0.533	1.15	2.65	
NH_3	4800	1	0.000			
	1360	1	0.226			
	4880	2	0.000			
	2330	2	0.026	0.28	3.28	
CH_4	4170	1	0.000			
	2180	2	0.037			
	4320	3	0.000			
	1870	3	0.077	0.30	3.30	3.29
H_2O	2290	1	0.028			
	5160	1	0.000			
	5360	1	0.000	0.03	3.03	3.01

18-1 式(18.7)表明，在三维空间，$\langle\varepsilon_{\mathrm{trans}}\rangle=\frac{3}{2}k_{\mathrm{B}}T$。习题 18-3 证明，在一维空间有$\langle\varepsilon_{\mathrm{trans}}\rangle=\frac{1}{2}k_{\mathrm{B}}T$ 以及二维空间有$\langle\varepsilon_{\mathrm{trans}}\rangle=\frac{2}{2}k_{\mathrm{B}}T$。证明：对于 $m=10^{-26}$ kg，$a=1$ dm，$T=300$ K，室温时的平动量子数的典型值为 10^9 数量级。

18-2 证明：对于 $m=10^{-26}$ kg，$a=1$ dm，$T=300$ K，式(18.4)中相邻加和项之间的差值非常小的。回忆习题 18-1，平动量子数 n 的典型值为 10^9 数量级。

18-3 证明:在一维空间,有 $q_{\text{trans}}=\left(\frac{2\pi m k_{\text{B}}T}{h^2}\right)^{1/2}a$;在二维空间,则有 $q_{\text{trans}}=\left(\frac{2\pi m k_{\text{B}}T}{h^2}\right)^{1/2}a^2$。利用这些结果,证明:每一维的 $\langle \varepsilon_{\text{trans}}\rangle$ 对其总值的贡献为 $k_{\text{B}}T/2$。

18-4 利用表 8.6 中的数据,计算在 300 K,1000 K 和 2000 K 时,钠原子在第一激发态上的分数。

18-5 利用表 18.1 中的数据,计算在 300 K,1000 K 和 2000 K 时,锂原子在第一激发态上的分数。

18-6 证明:每一维对摩尔平动热容的贡献是 $R/2$。

18-7 利用表 18.2 中的 Θ_{vib} 和 D_0 的值,计算 CO, NO 和 K_2 的 D_{e} 值。

18-8 计算 $H_2(g)$ 和 $D_2(g)$ 的振动特征温度 Θ_{vib}。已知 $\tilde{\nu}_{H_2}=4401\ \text{cm}^{-1}$, $\tilde{\nu}_{D_2}=3112\ \text{cm}^{-1}$。

18-9 绘出从 250 K 到 1000 K 时,振动对 $Cl_2(g)$ 摩尔热容的贡献。

18-10 绘出 300 K 和 1000 K 时,处在前几个振动态上的 HCl(g) 分子分数。

18-11 对于表 18.2 中的每个分子,计算 300 K 时位于振动基态和所有激发态的分子分数。

18-12 计算 $H_2(g)$ 和 $D_2(g)$ 的转动特征温度 Θ_{rot}。已知 H_2 和 D_2 的键长均为 74.16 pm,D 的相对原子质量为 2.014。

18-13 双原子分子的平均摩尔转动能量为 RT。证明 J 的典型值可由 $J(J+1)=T/\Theta_{\text{rot}}$ 给出。对于 300 K 时的 $N_2(g)$,J 的典型值是多少?

18-14 有一数学程序可计算用积分代替求和(如求平动和转动配分函数时)所引起的误差。这个公式称为 Euler-Maclaurin 求和公式:

$$\sum_{n=a}^{b} f(n)=\int_a^b f(n)\,\mathrm{d}n+\frac{1}{2}\left[f(b)+f(a)\right]-\frac{1}{12}\left(\left.\frac{\mathrm{d}f}{\mathrm{d}n}\right|_{n=a}-\left.\frac{\mathrm{d}f}{\mathrm{d}n}\right|_{n=b}\right)+\frac{1}{720}\left(\left.\frac{\mathrm{d}^3f}{\mathrm{d}n^3}\right|_{n=a}-\left.\frac{\mathrm{d}^3f}{\mathrm{d}n^3}\right|_{n=b}\right)+\cdots$$

将这个公式应用于式(18.33),得到

$$q_{\text{rot}}(T)=\frac{T}{\Theta_{\text{rot}}}\left\{1+\frac{1}{3}\left(\frac{\Theta_{\text{rot}}}{T}\right)+\frac{1}{15}\left(\frac{\Theta_{\text{rot}}}{T}\right)^2+O\left[\left(\frac{\Theta_{\text{rot}}}{T}\right)^3\right]\right\}$$

对于 300 K 时的 $N_2(g)$ 和 $H_2(g)$(由于很轻,H_2 是一极端例子),分别计算用积分代替式(18.33)计算转动配分函数所引起的误差。

18-15 将 Euler-Maclaurin 公式(见习题 18-14)应用于式(18.4)的一维形式,得

$$q_{\text{trans}}(a,T)=\left(\frac{2\pi m k_{\text{B}}T}{h^2}\right)^{1/2}a+\left(\frac{1}{2}+\frac{h^2}{48ma^2k_{\text{B}}T}\right)\mathrm{e}^{-h^2/8ma^2k_{\text{B}}T}$$

证明:对于 $m=10^{-26}\ \text{kg}$, $a=1\ \text{dm}$ 和 $T=300\ \text{K}$,校正值约为 $10^{-8}\%$。

18-16 对于谐振子的振动配分函数,认识到其中的求和是一几何级数,可以精确求解。在该例中应用 Euler-Maclaurin 公式(见习题 18-14)并证明:$\sum_{v=0}^{\infty}\mathrm{e}^{-\beta(v+\frac{1}{2})h\nu}=\mathrm{e}^{-\Theta_{\text{vib}}/2T}\sum_{v=0}^{\infty}\mathrm{e}^{-v\Theta_{\text{vib}}/T}=\mathrm{e}^{-\Theta_{\text{vib}}/2T}\left(\frac{T}{\Theta_{\text{vib}}}+\frac{1}{2}+\frac{\Theta_{\text{vib}}}{12T}+\cdots\right)$。证明对于 300 K 时的 $O_2(g)$,用积分代替求和计算振动配分函数所引起的误差是很大的。幸运的是,在这种情况下,我们不需要用积分代替求和。

18-17 分别绘出在 300 K 和 1000 K 时,在各转动能级上的 NO(g) 分子分数。

18-18 证明:f_J 对 J 的作图[参见式(18.35)]中最大值对应的 J 值为 $J_{\max}\approx\left(\frac{T}{2\Theta_{\text{rot}}}\right)^{1/2}-\frac{1}{2}$(提示:将 J 视为连续变量)。利用这个结果,验证习题 18-17 中最大值对应的 J 值。

18-19 在 $300\ \text{K}<T<1500\ \text{K}$ 的温度范围内,实验测得 $N_2(g)$ 的热容可以拟合为一经验式:$\overline{C}_V(T)/R=2.283+(6.291\times10^{-4}\ \text{K}^{-1})T-(5.0\times10^{-10}\ \text{K}^{-2})T^2$。利用式(18-41),在该温度区间内,将 $\overline{C}_V(T)/R$ 对 T 作图,并将你的结果与实验曲线进行比较。

18-20 在 $300\ \text{K}<T<1500\ \text{K}$ 的温度范围内,实验测得 CO(g) 的热容可以拟合为一经验式:$\overline{C}_V(T)/R=2.192+(9.240\times10^{-4}\ \text{K}^{-1})T-(1.41\times10^{-7}\ \text{K}^{-2})T^2$。利用式(18-41),在该温度区间内,将 $\overline{C}_V(T)/R$ 对 T 作图,并将你的结果与实验曲线进行比较。

18-21 计算 600 K 时,每个简正模式对 $H_2O(g)$ 摩尔振动热容的贡献。

18-22 类似于振动特征温度,我们可以定义一个电子特征温度,即 $\Theta_{\text{elec},j}=\frac{\varepsilon_{\text{e},j}}{k_{\text{B}}}$,式中 $\varepsilon_{\text{e},j}$ 为相对于基态的第 j 个电子激发态的能量。证明:如果定义基态为能量零点,则有 $q_{\text{elec}}=g_0+g_1\mathrm{e}^{-\Theta_{\text{elec},1}/T}+g_2\mathrm{e}^{-\Theta_{\text{elec},2}/T}+\cdots$。O(g) 的第一和第二激发态分别位于电子基态上方 $158.2\ \text{cm}^{-1}$ 和 $226.5\ \text{cm}^{-1}$ 处。已知 $g_0=5$, $g_1=3$, $g_2=1$,计算在 5000 K 时,O(g) 的 $\Theta_{\text{elec},1}$, $\Theta_{\text{elec},2}$ 和 q_{elec}(忽略更高能态)值。

18-23 确定 H_2O, HOD, CH_4, SF_6, C_2H_2 和 C_2H_4 的对称数。

18-24 HCN(g) 分子是一线形分子,光谱测量得到以下常数:$I=18.816\times10^{-47}\ \text{kg}\cdot\text{m}^2$, $\tilde{\nu}_1=2096.7\ \text{cm}^{-1}$(HC—N 伸缩), $\tilde{\nu}_2=713.46\ \text{cm}^{-1}$(H—C—N 弯曲,双重简并), $\tilde{\nu}_3=3311.47\ \text{cm}^{-1}$

(H—C 伸缩)。计算 3000 K 时,Θ_{rot},Θ_{vib}和$\overline{C}_V$的值。

18-25 乙炔分子是一线形分子,C≡C 键的键长是 120.3 pm,C—H 键的键长是 106.0 pm。乙炔的对称数是多少?确定乙炔的转动惯量(见 13-8 节),并计算 Θ_{rot}的值。简正模式的基本频率为 $\tilde{\nu}_1=1975\ \mathrm{cm^{-1}}$,$\tilde{\nu}_2=3370\ \mathrm{cm^{-1}}$,$\tilde{\nu}_3=3277\ \mathrm{cm^{-1}}$,$\tilde{\nu}_4=729\ \mathrm{cm^{-1}}$和 $\tilde{\nu}_5=600\ \mathrm{cm^{-1}}$。简正模式 $\tilde{\nu}_4$和 $\tilde{\nu}_5$是二重简并的,其余所有模式都是非简并的。计算 300 K 时的 Θ_{vib}和 $\overline{C}_V$。

18-26 将式(18-53)中的被加数对 J 作图,并证明当 $T\gg\Theta_{rot}$时,J 的最重要值很大。利用这一事实,我们由式(18.53)得到式(18.54)。

18-27 利用 Euler-Maclaurin 求和公式(见习题 18-14),证明对于一球形陀螺分子,有 $q_{rot}(T)=\dfrac{\pi^{1/2}}{\sigma}\left(\dfrac{T}{\Theta_{rot}}\right)^{3/2}+\dfrac{1}{6}+O\left(\dfrac{\Theta_{rot}}{T}\right)$。证明在 300 K 时,用积分代替式(18-53)计算 CH_4的转动配分函数的误差约为 1%,计算 CCl_4的转动配分函数的误差约为 0.001%。

18-28 线形分子 N_2O 中 N—N 键和 N—O 键的键长分别为 109.8 pm 和 121.8 pm。计算$^{14}N^{14}N^{16}O$ 的质心和转动惯量。将你的答案与由表 18.4 中的 Θ_{rot}值计算的值进行对比。

18-29 $NO_2(g)$是一弯曲的三原子分子。通过光谱测量获得下列数据:$\tilde{\nu}_1=1319.7\ \mathrm{cm^{-1}}$,$\tilde{\nu}_2=749.8\ \mathrm{cm^{-1}}$,$\tilde{\nu}_3=1617.75\ \mathrm{cm^{-1}}$,$\tilde{A}_0=8.0012\ \mathrm{cm^{-1}}$,$\tilde{B}_e=0.43304\ \mathrm{cm^{-1}}$,$\tilde{C}_0=0.41040\ \mathrm{cm^{-1}}$。确定 1000 K 时,$NO_2(g)$的三个振动特征温度和每个主轴的转动特征温度,并计算 1000 K 时的 $\overline{C}_V$ 值。

18-30 在 300 K<T<1500 K 的温度范围内,实验测得 $NH_3(g)$的热容可以拟合为一经验式:$\overline{C}_V(T)/R=2.115+(3.919\times10^{-3}\ \mathrm{K^{-1}})T-(3.66\times10^{-7}\ \mathrm{K^{-2}})T^2$。利用式(18-62)和表 18.4 中的分子参数,在该温度区间内,将 $\overline{C}_V(T)/R$对 T 作图,并将你的结果与实验曲线进行比较。

18-31 在 300 K<T<1500 K 的温度范围内,实验测得 $SO_2(g)$的热容可以拟合为一经验式:$\overline{C}_V(T)/R=6.8711-\dfrac{1454.62\ \mathrm{K}}{T}+\dfrac{160351\ \mathrm{K^2}}{T^2}$。利用式(18-62)和表 18.4 中的分子参数,在该温度区间内,将 $\overline{C}_V(T)/R$ 对 T 作图,并将你的结果与实验曲线进行比较。

18-32 在 300 K<T<1500 K 的温度范围内,实验测得 $CH_4(g)$的热容可以拟合为一经验式:$\overline{C}_V(T)/R=1.099+(7.27\times10^{-3}\mathrm{K^{-1}})T+(1.34\times10^{-7}\mathrm{K^{-2}})T^2-(8.67\times10^{-10}\mathrm{K^{-3}})T^3$。利用式(18-62)和表 18.4 中的分子参数,在该温度区间内,将$\overline{C}_V(T)/R$ 对 T 作图,并将你的结果与实验曲线进行比较。

18-33 证明双原子分子的转动惯量为 μR_e^2,其中 μ 为折合质量,R_e为平衡键长。

18-34 已知 H_2的 Θ_{rot}和 Θ_{vib}分别为 85.3 K 和 6332 K,请计算 HD 和 D_2的 Θ_{rot}和 Θ_{vib}值。提示:应用波恩-奥本海默近似。

18-35 利用习题 18-14 中得到的 $q_{rot}(T)$,导出 18-5 节中式$\langle E_{rot}\rangle=RT$ 和 $\overline{C}_{V,rot}=R$ 的校正值。将你的结果表示为 Θ_{rot}/T 的指数形式。

18-36 证明热力学量 P 和 C_V与能量零点的选取无关。

18-37 氮气分子在电弧中被加热。下表列出了光谱测量的振动激发态上的相对布居:

v	0	1	2	3	4
$\dfrac{f_v}{f_0}$	1.000	0.200	0.040	0.008	0.002

关于振动能量,氮气是否处于热力学平衡态?气体的振动温度是多少?这个值是否需与平动温度相等?为什么?

18-38 考虑一个独立双原子分子系统,分子被束缚在一个平面内运动,即二维理想双原子气体。请问一个二维分子拥有的自由度是多少?已知二维刚性转子的能量本征值为 $\varepsilon_J=\dfrac{h^2J^2}{8\pi^2I}(J=0,1,2,\cdots)$(其中 I 为分子的转动惯量),除了 $J=0$ 的转动能态以外,其余 J 的转动能态的简并度 $g_J=2$,请导出转动配分函数的表达式。振动配分函数与三维双原子分子气体相同。写出 $q(T)=q_{trans}(T)q_{rot}(T)q_{vib}(T)$,并导出这个二维理想双原子气体的平均能量表达式。

18-39 推测在经典条件下列气体的摩尔定容热容:(a)Ne,(b)O_2,(c)H_2O,(d)CO_2和(e)$CHCl_3$。

18-40 在第 13 章中,我们学习了谐振子模型可以被修正引入非谐性。一个非谐性振子的能量可表示为[式(13.21)]

$$\tilde{\varepsilon}_v=\left(v+\frac{1}{2}\right)\tilde{\nu}_e-\tilde{x}_e\tilde{\nu}_e\left(v+\frac{1}{2}\right)^2+\cdots$$

式中 $\tilde{\nu}_e$的单位为 $\mathrm{cm^{-1}}$。将 $\tilde{\varepsilon}_v$的这个表达式代入振动配分函数的加和项中,得到

$$q_{vib}(T)=\sum_{v=0}^{\infty}\mathrm{e}^{-\beta\tilde{\nu}_e(v+\frac{1}{2})}\mathrm{e}^{\beta\tilde{x}_e\tilde{\nu}_e(v+\frac{1}{2})^2}$$

现将被加数中的第二个因子展开,只保留 $\tilde{x}_e\tilde{\nu}_e$中的线性

项,得到

$$q_{vib}(T)=\frac{e^{-\Theta_{vib}/2T}}{1-e^{-\Theta_{vib}/T}}+\beta\tilde{x}_e\tilde{\nu}_e e^{-\Theta_{vib}/2T}\sum_{\upsilon=0}^{\infty}\left(\upsilon+\frac{1}{2}\right)^2 e^{-\Theta_{vib}^{\upsilon}/T}+\cdots$$

式中 $\Theta_{vib}/T=\beta\tilde{\nu}_e$。若已知(练习题 I-15)

$$\sum_{\upsilon=0}^{\infty}\upsilon x^{\upsilon}=\frac{x}{(1-x)^2}$$

以及

$$\sum_{\upsilon=0}^{\infty}\upsilon^2 x^{\upsilon}=\frac{x^2+x}{(1-x)^3}$$

证明:

$$q_{vib}(T)=q_{vib,ho}(T)\left\{1+\beta\tilde{x}_e\tilde{\nu}_e\left[\frac{1}{4}+2q_{vib,ho}^2(T)\right]+\cdots\right\}$$

式中 $q_{vib,ho}(T)$ 为谐振子配分函数。对于 300 K 时的 $Cl_2(g)$,已知 $\Theta_{vib}=805$ K 且 $\tilde{x}_e\tilde{\nu}_e=2.675\ cm^{-1}$,估计修正值的数量级。

18-41　证明:如果 α 很小,则有 $\int_0^{+\infty}e^{-\alpha n^2}dn\approx\int_1^{+\infty}e^{-\alpha n^2}dn$。提示:通过展开第一个积分中的指数证明 $\int_0^1 e^{-\alpha n^2}dn\ll\int_0^{+\infty}e^{-\alpha n^2}dn$。

18-42　在本题中,我们将导出一个(平动)能量处于 ε 和 $\varepsilon+d\varepsilon$ 之间的平动能量状态数的表达式。这个表达式实际上是能量为

$$\varepsilon_{n_xn_yn_z}=\frac{h^2}{8ma^2}(n_x^2+n_y^2+n_z^2)\quad n_x,n_y,n_z=1,2,3,\cdots\quad(1)$$

的状态的简并度。简并度可由整数 $M=8ma^2\varepsilon/h^2$ 可被写成三个正整数平方之和的方式数给出。一般来说,这是一个 M 的不规则和不连续函数(对于许多 M 的值,方式数将是零),但对于大的 M,它变得平滑,且我们可以导出它的一个简单表达式。考虑一个由 n_x,n_y 和 n_z 张的三维空间,在由式(1)给出的能态和这个坐标由正整数给出的 n_x,n_y,n_z 空间中的点之间有一一对应关系。图 18.8 显示了这个空间的一个二维版本。式(1)是这个空间中半径为 $R=(8ma^2\varepsilon/h^2)^{\frac{1}{2}}$ 的一个球的方程,即 $n_x^2+n_y^2+n_z^2=\frac{8ma^2\varepsilon}{h^2}=R^2$。

我们要计算这个空间中距离原点一固定距离的点阵

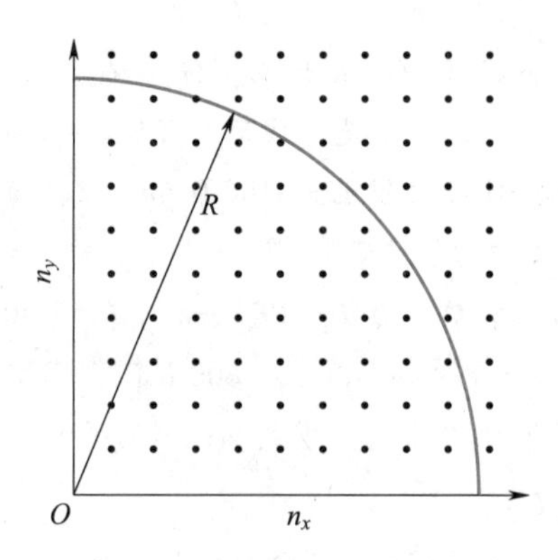

图 18.8　(n_x,n_y,n_z) 空间(该空间以量子数 n_x,n_y,n_z 为轴)的一个二维版本,每个点对应一个(二维)箱中一个粒子的能量。

点的数目。一般来说,这是非常难的。但对于大的 R,可以按如下方法计算。将 R 或 ε 视作一连续变量,并求算在 ε 和 $\varepsilon+d\varepsilon$ 之间的点阵点的数目。为了计算这个量,先计算出能量不高于 ε 的点阵点的数目将比较方便。对于大的 ε,一个很好的近似把将能量不高于 ε 的点阵点的数目与半径为 R 的一个球的八分之一的体积等同看待。只取八分之一的原因是 n_x,n_y 和 n_z 均限定为正整数。如果用 $\Phi(\varepsilon)$ 表示这种态的数目,可以写出 $\Phi(\varepsilon)=\frac{1}{8}\left(\frac{4\pi R^3}{3}\right)=\frac{\pi}{6}\left(\frac{8ma^2\varepsilon}{h^2}\right)^{3/2}$。能量在 ε 和 $\varepsilon+\Delta\varepsilon(\Delta\varepsilon/\varepsilon\ll1)$ 之间的状态数为 $\omega(\varepsilon,\Delta\varepsilon)=\Phi(\varepsilon+\Delta\varepsilon)-\Phi(\varepsilon)$。证明:$\omega(\varepsilon,\Delta\varepsilon)=\frac{\pi}{4}\left(\frac{8ma^2}{h^2}\right)^{3/2}\varepsilon^{1/2}\Delta\varepsilon+O[(\Delta\varepsilon)^2]$。证明:如果取 $\varepsilon=3k_BT/2$,$T=300$ K,$m=10^{-25}$ kg,$a=1$ dm 且 $\Delta\varepsilon=0.01\varepsilon$(换句话说,$\varepsilon$ 的1%),则 $\omega(\varepsilon,\Delta\varepsilon)$ 是10^{28}数量级。因此,即使对于一个简单如盒中的一个粒子的系统,室温时简并度也可以很大。

18-43　如果引入简并度,则平动配分函数可以写成对能量 ε 的一个单重积分:

$$q_{trans}(V,T)=\int_0^{+\infty}\omega(\varepsilon)e^{-\varepsilon/k_BT}d\varepsilon$$

式中 $\omega(\varepsilon)d\varepsilon$ 是能量介于 ε 和 $\varepsilon+d\varepsilon$ 之间的状态数。利用上一题中的结果,证明 $q_{trans}(V,T)$ 与式(18.6)给出的相同。

习题参考答案

第19章

热力学第一定律

▶ **科学家介绍**

热力学研究处于平衡态的系统的各种性质，尤其是各种性质之间的关系。它主要是一门在19世纪发展起来的实验科学，目前在化学、生物学、地质学、物理学和工程学等许多领域仍然具有很大的实用价值。例如，我们将用热力学来说明液体的蒸气压与其汽化热之间的定量关系，或者证明如果某气体服从状态方程 $P\overline{V}=RT$，那么它的能量只取决于其温度。热力学最重要和最富有成效的应用之一是化学平衡分析，其中热力学可以用来确定温度和压力，以优化给定化学反应的产物。如果不对所涉及的化学反应进行全面的热力学分析，就不应进行任何的工业生产。

热力学的所有结果都基于三个基本定律。这些定律总结了大量的实验数据，而且绝对没有任何已知的例外。事实上，爱因斯坦在谈到热力学时说：

> 一个理论，如果它的前提越简单，它所涉及的事物越多，它的适用范围就越广，给人的印象就越深刻。因此，经典热力学给我留下了深刻的印象。它是唯一具有普遍内容的物理理论，我相信，在其基本概念适用的框架内，它永远不会被推翻[①]。

爱因斯坦的评价值得进一步解释。要知道热力学是在物质的原子理论被普遍接受之前的19世纪发展起来的。热力学的定律和结论不基于任何原子或分子理论；它不依赖原子和分子模型。沿着这种方式发展出来的热力学称为**经典热力学**(classical thermodynamics)。经典热力学的这一特点既是优点也是缺点。我们可以确信，随着对原子和分子结构认识的不断深入，经典热力学的结果将永远不需要修改。但是，经典热力学在分子水平上给我们提供的见解十分有限。

随着19世纪末和20世纪初原子和分子理论的发展，热力学被赋予了分子诠释或分子基础。该领域称为**统计热力学**(statistical thermodynamics)，因为它将分子的平均性质与宏观热力学性质(如温度或压力)联系了起来。第17章和第18章的内容实际上就是统计热力学的基本处理方法。统计热力学的许多结果依赖于所使用的分子模型，因此这些结果不像经典热力学的结果那样有坚实的基础。然而，拥有某些量或过程的分子图像的直观优势就是非常方便。因此，在本章和后面的几章中，我们将通过经典热力学和统计热力学的结合来介绍热力学，尽管这样可能会使结果失去一定的严谨性。

热力学第一定律是能量守恒定律在宏观系统的具体应用。为了描述第一定律，我们必须介绍热力学中使用的功和热的概念。我们将在下节中看到，功和热是系统与其环境之间能量传递的方式。

19-1 一种常见类型的功是压力——体积功

功和热的概念在热力学中起着重要的作用。功和热都是在所研究的系统与其环境之间传递能量的方式。所谓**系统**(system)，指的是我们正在研究的世界的一部分，而所谓**环境**(surroundings)，指的是除系统之外的其他一切。我们将**热**(heat) q 定义为系统与其环境之间由温差导致的能量传递方式。输入系统的热被认为是正值；系统放出的热被认为是负值。我们将**功**(work) w 定义为系统与其环境之间由于存在不平衡的力而导致的能量传

① 摘自P.A. Schlipp编辑的《阿尔伯特·爱因斯坦(Albert Einstein)：哲学家-科学家》，公开法庭出版公司(Open Court Publishing Company)，拉萨尔，伊利诺伊州(1973)。

递。一方面如果系统的能量因做功而增加,我们说环境对系统做功,取为正值。另一方面,如果系统的能量因做功而减少,我们说系统对环境做功,或者说系统做了功,取为负值。在物理化学中,功的一个常见例子发生在气体膨胀或压缩过程中,这是气体施加的压力与被施加于气体的压力不同而造成的。

功的一个重要方面是,它总是可以与环境中一个物体的升高或降低相关联。要了解这种说法的效果,参考图 19.1 中的情况,某气体被限制在一个圆柱形气缸中,对气体施加的力为 Mg。在图 19.1(a)中,气体的初始压力 P_i足以推动活塞向上运动,因此有销钉将活塞固定在合适的位置。现在,取下销钉,让气体把物体向上提升到新的位置,此时气体的压力为 P_f。在此过程中,物体 M 上升了一段距离 h,所以系统做的功为

$$w = -Mgh$$

这里的负号符合我们的规定,即系统所做的功是负值。如果我们将 Mg 除以 A(A 为活塞的面积),同时将 h 乘以 A,可得到

$$w = -\frac{Mg}{A} \cdot Ah$$

由于 Mg/A 是施加于气体的外压,Ah 是气体经历的体积变化值,因此有

$$w = -P_{ext} \cdot \Delta V \qquad (19.1)$$

注意:在膨胀中 $\Delta V>0$,因此 $w<0$。显然,外压必须小于气体始态的压力,才会发生膨胀。膨胀之后,$P_{ext}=P_f$。

下面考虑图 19.1(b)中的情况,气体的始态压力小于外压 $P_{ext}=Mg/A$,因此当销钉被移走之后气体被压缩。在此情况下,物体 M 将下移一段距离 h,所做的功可表示为

$$w = -Mgh = -\frac{Mg}{A} \cdot Ah = -P_{ext}\Delta V$$

但在此情形下,$\Delta V<0$,因此 $w>0$。压缩结束之后,$P_{ext}=P_f$。所做的功为正值,因为当气体被压缩时,环境对气体做了功。

如果 P_{ext}在膨胀过程中不是恒定的,所做的功可表示为

$$w = -\int_{V_i}^{V_f} P_{ext}\mathrm{d}V \qquad (19.2)$$

式中积分的下限和上限分别表示始态和终态的体积;我们必须知道在连接这两个状态的途径上 P_{ext}如何随 V 变化,这样才能按照式(19.2)进行积分。式(19.2)适用于膨胀和压缩。如果 P_{ext}是定值,则由式(19.2)可得到式(19.1),即

$$w = -P_{ext}(V_f - V_i) = -P_{ext}\Delta V$$

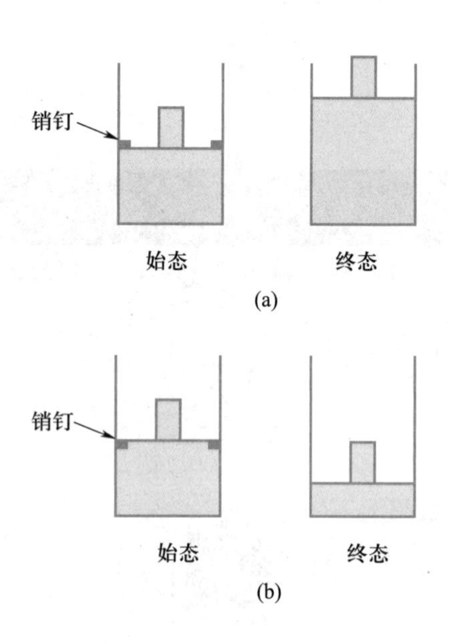

图 19.1　功的效果相当于环境中一个物体被升高或降低。在(a)中,系统做了功,因为物体被举高了;在(b)中,物体对系统做了功,因为物体的位置降低了(系统被定义为活塞内部的气体)。

» 例题 19-1　一种理想气体在 2.00 bar 压力下的体积为 1.00 dm^3。如果该气体在恒外压 P_{ext}下发生等温压缩,终态体积变为 0.500 dm^3,则 P_{ext}的最小值是多少?使用该 P_{ext}值计算该过程所涉及的功。

» 解　要发生压缩,P_{ext}的值必须至少与气体的终态压力相等。已知始态压力和体积,以及终态体积,就能确定终态压力。气体的终态压力是

$$P_f = \frac{P_i V_i}{V_f} = \frac{(2.00\ \text{bar})(1.00\ \text{dm}^3)}{0.500\ \text{dm}^3} = 4.00\ \text{bar}$$

这是可以将气体从 1.00 dm^3等温压缩至 0.500 dm^3的最小外压。在此 P_{ext}值时所做的功为

$$\begin{aligned} w &= -P_{ext}\Delta V = -(4.00\ \text{bar})(-0.500\ \text{dm}^3) = 2.00\ \text{dm}^3 \cdot \text{bar} \\ &= (2.00\ \text{dm}^3 \cdot \text{bar})(10^{-3}\text{m}^3 \cdot \text{dm}^{-3})(10^5\text{Pa} \cdot \text{bar}^{-1}) \\ &= 200\ \text{Pa} \cdot \text{m}^3 = 200\ \text{J} \end{aligned}$$

当然,P_{ext}可以是大于 4.00 bar 的任何值,所以 200 J 是气体从 1.00 dm^3等温恒外压压缩到 0.500 dm^3时 w 的最小值。

图 19.2 显示了例题 19-1 中所涉及的功。如式(19.2)所示,功是 $P_{ext}-V$ 曲线下的面积。平滑曲线是理想气体的等温线(恒温下的 $P-V$ 关系图);图 19.2(a)显示了外压 P_{ext}等于气体的终态压力 P_f 时的等外压压缩过程;图 19.2(b)则显示了外压 P_{ext}大于 P_f 的情况。我们可以看到,在不同 P_{ext}下所做的功是不同的。

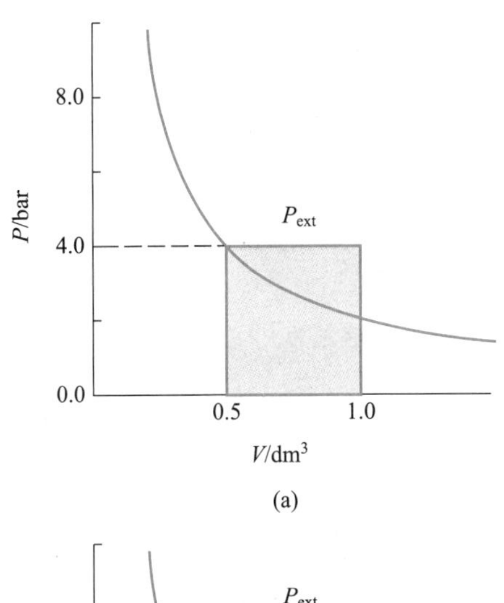

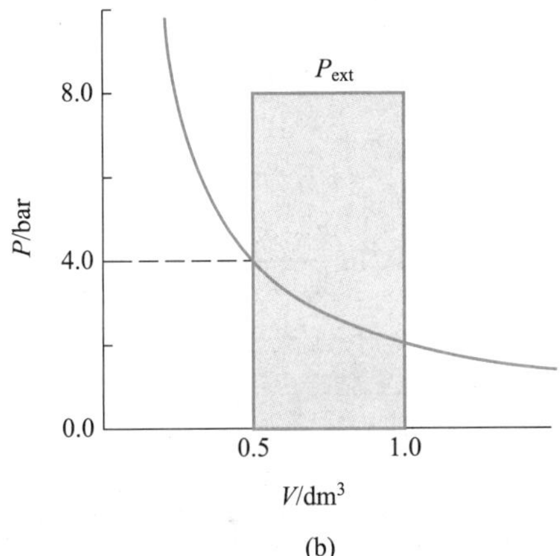

图 19.2 在不同 P_{ext} 下从 $V_{\mathrm{i}}=1.00\ \mathrm{dm}^3$ 等温恒外压压缩至 $V_{\mathrm{f}}=0.500\ \mathrm{dm}^3$ 过程中所涉及的功的示意图。光滑曲线是理想气体的等温线(恒温下的 P-V 关系图)。在(a)中,P_{ext} 等于气体的终态压力 P_{f};在(b)中,P_{ext} 大于 $P_{\mathrm{f}}=4.00$ bar,在 $V_{\mathrm{f}}=0.500\ \mathrm{dm}^3$ 时必须用销钉阻止压缩。否则,气体会继续被压缩,直至达到等温线上 P_{ext} 对应的体积。功等于 P_{ext}-V 矩形对应的面积。

19-2 功和热不是状态函数,但能量是状态函数

功和热具有一种性质,使它们明显不同于能量。要理解这种不同,我们必须先讨论系统状态的含义。当描述系统所需的所有变量都有定值时,我们说该系统处于确定的状态。例如,1 mol 理想气体的状态可以通过指定 P、$\overline{V}$ 和 T 来充分描述。事实上,因为 P、$\overline{V}$ 和 T 可通过 $P\overline{V}=RT$ 联系起来,这三个变量中的任何两个都足以确定气体的状态。其他系统可能需要更多的变量,但通常只需几个就足够了。**状态函数**(state function)是一种只取决于系统状态的性质,与系统如何达到那个状态,或系统的历史无关。能量是状态函数的一个例子。状态函数的一个重要数学性质就是其微分可以通过常规方法进行积分:

$$\int_1^2 \mathrm{d}U = U_2 - U_1 = \Delta U \tag{19.3}$$

从上面的表示法可看出,ΔU 值只依赖于始态和终态,而与始态 1 和终态 2 之间的路径无关。

功和热不是状态函数。例如,用于压缩气体的外压可以是任何值,只要它大到足以压缩气体。因此,对气体所做的功为

$$w = -\int_1^2 P_{\mathrm{ext}}\mathrm{d}V$$

它取决于用来压缩气体的压力。P_{ext} 值必须大于气体的压力才能压缩它。在压缩气体的每一个阶段,P_{ext} 都刚好只比气体的压力大一个无穷小的数值,这种情况所需做的功最小,这意味着在整个压缩过程中气体基本上都处于平衡态。在这种特殊但重要的情况下,我们可以用气体压力(P)代替式(19.2)中的 P_{ext}。当 P_{ext} 和 P 相差无穷小时,这种过程称为**可逆过程**(reversible process),因为该过程可以通过无穷小地减小外压而实现从被压缩到膨胀的逆转。当然,严格的可逆过程将需要无限长的时间来完成,因为这种过程在每个阶段都必须调整到一个无穷小的变化量。尽管如此,可逆过程仍可作为一个有用的理想极限。

图 19.3 表明,气体的可逆等温压缩需要最小的功。我们用 w_{rev} 表示可逆过程做的功。为了计算理想气体从 V_1 等温可逆压缩到 V_2 的 w_{rev},可使用式(19.2),其中 P_{ext} 用气体的平衡压力代替,对于理想气体,平衡压力等于

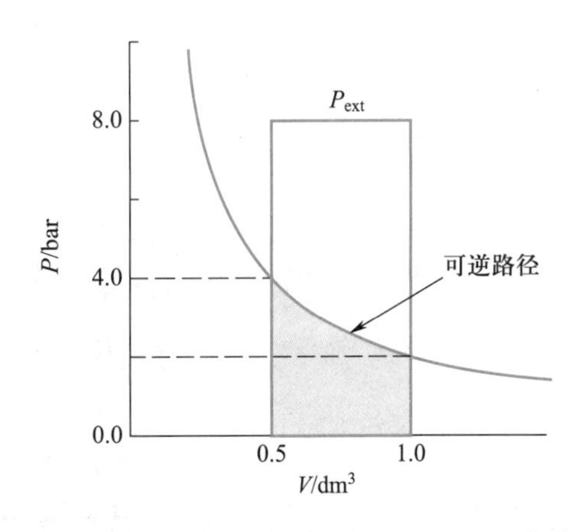

图 19.3 等温压缩功等于图中所示的 P_{ext}-V 曲线下面的面积。为了压缩气体,外压必须大于气体的压力。当发生可逆压缩时,即在每一压缩阶段 P_{ext} 刚好只比气体的压力大一个无穷小的值,所做的功最小。灰色区域表示将气体从 $V_1=1.00\ \mathrm{dm}^3$ 压缩到 $V_2=0.500\ \mathrm{dm}^3$ 所需的最小功。恒外压压缩曲线与图 19.2 中的相同。

nRT/V,则有

$$w_{rev} = -\int_1^2 P_{gas} dV = -\int_1^2 \frac{nRT}{V} dV = -nRT\int_1^2 \frac{dV}{V} = -nRT\ln\frac{V_2}{V_1} \quad (19.4)$$

由于压缩过程的 $V_2<V_1$,显然 $w>0$;也就是说,在压缩过程中,环境对气体做了功。

» 例题 19-2 某理想气体在 2.00 bar 时的体积为 1.00 dm^3。先在 3.00 bar 的恒外压下等温压缩气体至 0.667 dm^3,然后在 4.00 bar 的恒外压下继续等温压缩气体至 0.500 dm^3(图 19.4),计算所需要做的功。将所得结果与从 1.00 dm^3 等温可逆压缩气体至 0.500 dm^3 所做的功进行比较。将这两个结果与例题 19-1 中得到的结果进行比较。

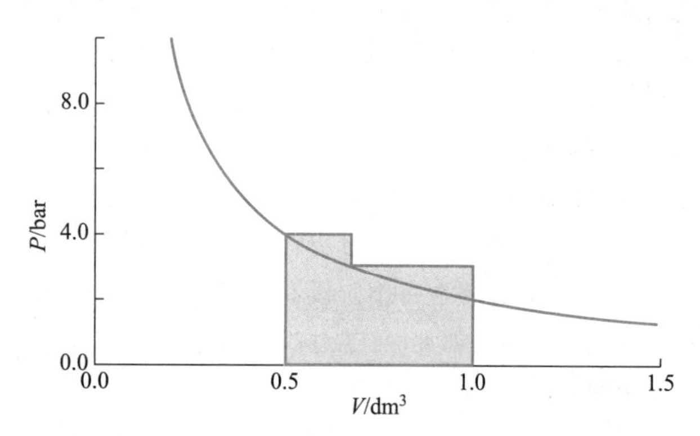

图 19.4 例题 19-2 中所述的气体恒外压压缩过程的示意图。所需的功可用两个矩形的面积表示。

» 解 在两步压缩过程中,第一步的 $\Delta V=-(1.00-0.667)\,dm^3$,第二步的 $\Delta V=-(0.667-0.500)\,dm^3$,则

$$w=-(3.00\text{ bar})(-0.333\text{ dm}^3)-(4.00\text{ bar})(-0.167\text{ dm}^3)$$
$$=1.67\text{ dm}^3\cdot\text{bar}=167\text{ J}$$

对于可逆过程,可以用式(19.4):

$$w_{rev}=-nRT\ln\frac{V_2}{V_1}=-nRT\ln\frac{0.500\text{ dm}^3}{1.000\text{ dm}^3}$$

由于是理想气体且是等温过程,$nRT=P_1V_1=P_2V_2=2.00\text{ dm}^3\cdot\text{bar}$,则有

$$w_{rev}=-(2.00\text{ dm}^3\cdot\text{bar})\ln 0.500=1.39\text{ dm}^3\cdot\text{bar}=139\text{ J}$$

可见,w_{rev} 比两步压缩过程中所做的功要小,它们均小于例题 19-1 中所需的压缩功(200 J)。(比较图 19.2、图 19.3 和图 19.4。)

就像气体的等温可逆压缩需要对气体做的功最小一样,在等温可逆膨胀过程中需要气体做的功最大。在可逆膨胀的每一阶段,外压都比气体的压力小一个无限小的值。如果 P_{ext} 再大一点,膨胀就不会发生。理想气体的等温可逆膨胀所做的功也可由式(19.4)计算得到。因为膨胀过程中 $V_2>V_1$,则有 $w_{rev}<0$,即气体对环境做功;事实上,此时气体对环境做最大功。

» 例题 19-3 导出 van der Waals 气体等温可逆膨胀功的表达式。

» 解 可逆功的表示式为

$$w_{rev}=-\int_1^2 P dV$$

式中

$$P=\frac{nRT}{V-nb}-\frac{an^2}{V^2}$$

将上式代入 w_{rev} 的表示式,得到

$$w_{rev}=-nRT\int_1^2\frac{dV}{V-nb}-an^2\int_1^2\frac{dV}{V^2}$$
$$=-nRT\ln\frac{V_2-nb}{V_1-nb}+an^2\left(\frac{1}{V_2}-\frac{1}{V_1}\right)$$

注意:当 $a=b=0$ 时,上式可还原至式(19.4)。

19-3 热力学第一定律表明能量是状态函数

因为一个过程中所涉及的功取决于过程是如何进行的,所以功不是状态函数。因此,我们可以写出

$$\int_1^2 \delta w = w \quad (\text{不是 } \Delta w \text{ 或 } w_2-w_1) \quad (19.5)$$

写成 w_2, w_1, w_2-w_1 或 Δw 完全没有意义。式(19.5)中得到的 w 值取决于从状态 1 到状态 2 的**路径**(path),因此功被称为**路径函数**(path function)。数学上,式(19.5)中的 δw 被称为**非恰当微分**(inexact differential),而不是像 dU 一样的**恰当微分**(exact differential),后者可以用常规方法积分得到 U_2-U_1(参见数学章节 H)。

功和热的定义只适用于能量在系统和环境之间传递的过程。功和热都是路径函数。虽然系统在给定状态下有一定的能量,但它既不拥有功也不拥有热。能量与功和热之间的差异可以总结为

$$\int_1^2 dU = U_2-U_1=\Delta U \quad (U\text{ 是状态函数}) \quad (19.6)$$

$$\int_1^2 \delta w = w\ (\text{不是 } w_2-w_1) \quad (\text{路径函数}) \quad (19.7)$$

$$\int_1^2 \delta q = q\ (\text{不是 } q_2-q_1) \quad (\text{路径函数}) \quad (19.8)$$

对于以功和热的形式传递能量的过程,能量守恒定律指出系统的能量服从如下微分式:

$$dU=\delta q+\delta w \tag{19.9}$$

或积分式:

$$\Delta U=q+w \tag{19.10}$$

式(19.9)和式(19.10)是**热力学第一定律**(first law of thermodynamics)的表述。热力学第一定律本质上是能量守恒定律的一种表述,也说明尽管 δq 和 δw 单独地是路径函数或非恰当微分,但它们的和是状态函数或恰当微分。所有的状态函数都是恰当微分。

19-4 绝热过程是没有以热的形式传递能量的过程

不仅功和热不是状态函数,我们通过直接计算还可以证明,可逆功和可逆热也不是状态函数。考虑图 19.5 中所示的三条路径,它们具有相同的始态和终态,即 P_1,V_1,T_1和 P_2,V_2,T_1。路径 A 是理想气体从 P_1,V_1,T_1经等温可逆膨胀到 P_2,V_2,T_1。由于理想气体的能量只取决于温度[如式(18.40)所示],故

$$\Delta U_A=0 \tag{19.11}$$

因此,在理想气体的等温过程中有

$$\delta w_{rev,A}=-\delta q_{rev,A}$$

此外,因为这个过程是可逆的,则

$$\delta w_{rev,A}=-\delta q_{rev,A}=-\frac{RT_1}{V}dV \tag{19.12}$$

因此

$$w_{rev,A}=-q_{rev,A}=-RT_1\int_{V_1}^{V_2}\frac{dV}{V}=-RT_1\ln\frac{V_2}{V_1} \tag{19.13}$$

注意:由于气体做了功,故 w_{rev}是负值($V_2>V_1$)。此外,q_{rev}是正的,因为当系统用自身的能量做功时,系统需吸收热量以保持温度恒定。

图 19.5 中的另一条路径(B+C)由两步组成。第一步(B)是从 P_1,V_1,T_1到 P_3,V_2,T_2的可逆膨胀,且膨胀时系统和环境之间没有热量传递。没有以热的形式传递能量的过程称为**绝热过程**(adiabatic process)。对于绝热过程,有 $q=0$,则

$$dU=\delta w \tag{19.14}$$

此路径的第二步(C)是将气体可逆地从 P_3,V_2,T_2恒容加热到 P_2,V_2,T_1的过程。如上所述,对于理想气体,U 仅取决于温度,它与 P 和 V 无关。为了计算从温度 T_1的状态 1 变到温度 T_2的状态 2 的过程的 ΔU,回想定容热容的定义[式(17.25)]为

$$C_V(T)=\left(\frac{\partial U}{\partial T}\right)_V$$

因此,对于理想气体,有

$$\frac{dU}{dT}=\left(\frac{\partial U}{\partial T}\right)_V=C_V(T)$$

或 $dU=C_V(T)dT$。将之积分,得

$$\Delta U=\int_{T_1}^{T_2}C_V(T)dT$$

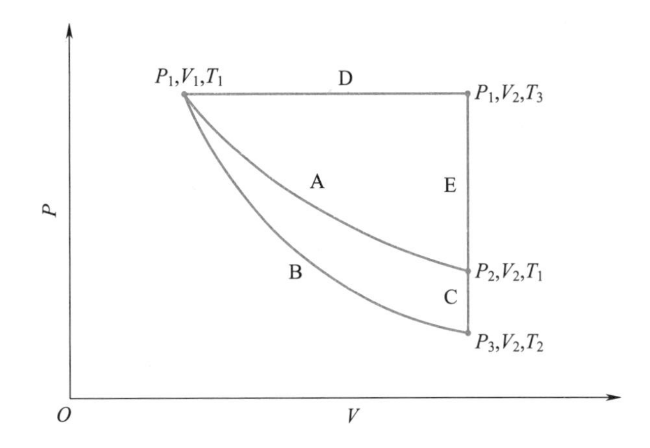

图 19.5　理想气体从 P_1,V_1,T_1变成 P_2,V_2,T_1的三条不同途径(A,B+C 和 D+E)的示意图。在每种情况下,ΔU 值是相同的(U 是状态函数,译者注:原文为 ΔU 是状态函数),但 q 和 w 的值不同(q 和 w 是路径函数)。

现在,我们可以计算路径(B+C)中涉及的总功。由于过程 B 是绝热的,故

$$q_{rev,B}=0 \tag{19.15}$$

因此

$$w_{rev,B}=\Delta U_B=\int_{T_1}^{T_2}\left(\frac{\partial U}{\partial T}\right)_V dT=\int_{T_1}^{T_2}C_V(T)dT \tag{19.16}$$

对于过程 C,不涉及体积功(它是一个恒容过程),则

$$q_{rev,C}=\Delta U_C=\int_{T_2}^{T_1}C_V(T)dT \tag{19.17}$$

对于总路径(B+C),则有

$$q_{rev,B+C}=q_{rev,B}+q_{rev,C}=0+\int_{T_2}^{T_1}C_V(T)dT=\int_{T_2}^{T_1}C_V(T)dT \tag{19.18}$$

和

$$w_{rev,B+C}=w_{rev,B}+w_{rev,C}=\int_{T_1}^{T_2}C_V(T)dT+0=\int_{T_1}^{T_2}C_V(T)dT \tag{19.19}$$

注意到

$$\Delta U_{B+C}=\Delta U_B+\Delta U_C=\int_{T_1}^{T_2}C_V(T)\,dT+\int_{T_2}^{T_1}C_V(T)\,dT=0$$

该结果与路径 A 的结果相同，因为 U 是状态函数。然而，$w_{rev,A}\neq w_{rev,B+C}$，且 $q_{rev,A}\neq q_{rev,B+C}$，因为功和热都是路径函数。

» 例题 19-4 计算图 19.5 中路径（D+E）的 ΔU，w 和 q，其中 D 表示理想气体从 V_1, T_1 到 V_2, T_3 的可逆恒压（P_1）膨胀，E 表示该气体在定容 V_2 下从 T_3 可逆冷却到 T_1 的变化。

» 解 对于路径 D，有

$$\Delta U_D=\int_{T_1}^{T_3}C_V(T)\,dT$$

$$w_{rev,D}=-P_1(V_2-V_1)$$

$$q_{rev,D}=\Delta U_D-w_{rev,D}=\int_{T_1}^{T_3}C_V(T)\,dT+P_1(V_2-V_1)$$

对于路径 E，有

$$\Delta U_E=\int_{T_3}^{T_1}C_V(T)\,dT$$

$$w_{rev,E}=0$$

$$q_{rev,E}=\Delta U_E=\int_{T_3}^{T_1}C_V(T)\,dT$$

因此，对整个过程，有

$$\Delta U_{D+E}=\Delta U_D+\Delta U_E=\int_{T_1}^{T_3}C_V(T)\,dT+\int_{T_3}^{T_1}C_V(T)\,dT=0$$

$$w_{rev,D+E}=w_{rev,D}+w_{rev,E}=-P_1(V_2-V_1)$$

$$q_{rev,D+E}=q_{rev,D}+q_{rev,E}=P_1(V_2-V_1)$$

可见，在图 19.5 中所示的三条路径中，均有 $\Delta U=0$，但是每一条路径的 w_{rev} 和 q_{rev} 各不相同。

19-5 在绝热可逆膨胀中气体的温度下降

图 19.5 中的路径 B 是理想气体从 T_1, V_1 到 T_2, V_2 的绝热可逆膨胀。如图所示，$T_2<T_1$，这意味着在绝热（可逆）膨胀过程中气体冷却。我们可以确定该过程的最终温度。对于绝热过程，$q=0$，则有

$$dU=\delta w=dw$$

注意：上式告诉我们，当 $\delta q=0$ 时，$\delta w=dw$ 是恰当微分。同样地，当 $\delta w=0$ 时，$\delta q=dq$ 也是一个恰当微分。在膨胀过程中，气体（系统）所做的功通过降低气体的能量来"补偿"，这相当于降低了气体的温度。因为可逆膨胀中所做的功是最大的，所以在绝热可逆膨胀中气体必须承受最大幅度的温度下降。

回想一下，对于理想气体，U 只取决于温度，且 $dU=C_V(T)\,dT=n\overline{C}_V(T)\,dT$，式中 $\overline{C}_V(T)$ 是摩尔定容热容。对于可逆膨胀，有 $dw=-PdV=-nRTdV/V$。因此，基于关系式 $dU=dw$，可得

$$C_V(T)\,dT=-\frac{nRT}{V}dV \tag{19.20}$$

等式两边都除以 T 和 n，然后再积分，可得

$$\int_{T_1}^{T_2}\frac{\overline{C}_V(T)}{T}dT=-R\int_{V_1}^{V_2}\frac{dV}{V}=-R\ln\frac{V_2}{V_1} \tag{19.21}$$

我们在第 18-2 节已经学到，对于单原子气体，$\overline{C}_V(T)=3R/2$，则式（19.21）可写为

$$\frac{3R}{2}\int_{T_1}^{T_2}\frac{dT}{T}=\frac{3R}{2}\ln\frac{T_2}{T_1}=-R\ln\frac{V_2}{V_1}$$

或

$$\frac{3}{2}\ln\frac{T_2}{T_1}=-\ln\frac{V_2}{V_1}=\ln\frac{V_1}{V_2}$$

或

$$\left(\frac{T_2}{T_1}\right)^{3/2}=\frac{V_1}{V_2}\quad（单原子理想气体）\tag{19.22}$$

因此，在绝热可逆膨胀（$V_2>V_1$）过程中气体会冷却。

» 例题 19-5 初始温度为 300 K 的氩气（假设为理想气体）从体积 50.0 L 绝热可逆膨胀到 200 L，计算其最终温度。

» 解 先解式（19.22）以得到 T_2/T_1：

$$\frac{T_2}{T_1}=\left(\frac{V_1}{V_2}\right)^{2/3}$$

已知 $T_1=300$ K，$V_1=50.0$ L，$V_2=200$ L，得到

$$T_2=(300\text{ K})\left(\frac{50.0\text{ L}}{200\text{ L}}\right)^{2/3}=119\text{ K}$$

利用 $PV=nRT$ 将压力和体积代入式（19.22）中消去 T_1 和 T_2，得

$$\left(\frac{P_2V_2}{P_1V_1}\right)^{3/2}=\frac{V_1}{V_2}$$

两边取 2/3 次方，重新排列，得到

$$P_1V_1^{5/3}=P_2V_2^{5/3}\quad（单原子理想气体）\tag{19.23}$$

该方程显示了单原子理想气体在绝热可逆过程中压力和体积的关系。将该式与玻意耳（Boyle）定律相比较，Boyle 定律表明，对于等温过程有

$$P_1V_1=P_2V_2$$

» 例题 19-6 对于双原子理想气体，推导出式(19.22)和式(19.23)的类似式。假设所处温度时振动对热容的贡献可以忽略。

» 解 假设$\overline{C}_{V,\text{vib}} \approx 0$，从式(18.41)可知$\overline{C}_V = 5R/2$。对于双原子理想气体，式(19.20)可写为

$$\frac{5R}{2}\int_{T_1}^{T_2}\frac{\mathrm{d}T}{T} = \frac{5R}{2}\ln\frac{T_2}{T_1} = -R\ln\frac{V_2}{V_1}$$

因此

$$\left(\frac{T_2}{T_1}\right)^{5/2} = \frac{V_1}{V_2} \quad （双原子理想气体）$$

将$T=PV/nR$代入上式，得

$$\left(\frac{P_2V_2}{P_1V_1}\right)^{5/2} = \frac{V_1}{V_2}$$

或

$$P_1V_1^{7/5} = P_2V_2^{7/5} \quad （双原子理想气体）$$

19-6 功和热有简单的分子诠释

回顾式(17.18)，对于宏观系统的平均能量，有

$$U = \sum_j p_j(N,V,\beta)E_j(N,V) \tag{19.24}$$

其中

$$p_j(N,V,\beta) = \frac{\mathrm{e}^{-\beta E_j(N,V)}}{Q(N,V,\beta)} \tag{19.25}$$

式(19.24)表示变量N，V和T一定的一个平衡系统的平均能量。如果对式(19.24)微分，可得到

$$\mathrm{d}U = \sum_j p_j\mathrm{d}E_j + \sum_j E_j\mathrm{d}p_j \tag{19.26}$$

由于$E_j=E_j(N,V)$，则$\mathrm{d}E_j$可看成当N一定时体积的微小变化$\mathrm{d}V$导致的E_j的变化。因此，将$\mathrm{d}E_j=(\partial E_j/\partial V)_N\mathrm{d}V$代入式(19.26)中，得到

$$\mathrm{d}U = \sum_j p_j\left(\frac{\partial E_j}{\partial V}\right)_N\mathrm{d}V + \sum_j E_j\mathrm{d}p_j$$

该结果表明，可以将式(19.26)中的第一项解释为体积的微小变化所引起的系统能量的平均变化，即平均功。

此外，如果这种变化是可逆的，则系统在每个瞬间基本上保持平衡，这样在整个过程中，式(19.26)中的p_j可由式(19.25)给出。我们通过下式来强调这一点：

$$\mathrm{d}U = \sum_j p_j(N,V,\beta)\left(\frac{\partial E_j}{\partial V}\right)_N\mathrm{d}V + \sum_j E_j(N,V)\mathrm{d}p_j(N,V,\beta) \tag{19.27}$$

比较该结果与宏观方程式[式(19.9)]

$$\mathrm{d}U = \delta w_{\text{rev}} + \delta q_{\text{rev}} \tag{19.28}$$

可以发现

$$\delta w_{\text{rev}} = \sum_j p_j(N,V,\beta)\left(\frac{\partial E_j}{\partial V}\right)_N\mathrm{d}V \tag{19.29}$$

和

$$\delta q_{\text{rev}} = \sum_j E_j(N,V)\mathrm{d}p_j(N,V,\beta) \tag{19.30}$$

因此，我们发现可逆功δw_{rev}源自系统允许能量的无限微小变化，不会改变其状态的概率分布。另外，可逆热则是由系统状态的概率分布变化所引起的，但不改变允许的能量。

对比式(19.29)与下式：

$$\delta w_{\text{rev}} = -P\mathrm{d}V$$

可以确定气体的压力，即

$$P = -\sum_j p_j(N,V,\beta)\left(\frac{\partial E_j}{\partial V}\right)_N = -\left\langle\left(\frac{\partial E}{\partial V}\right)_N\right\rangle \tag{19.31}$$

回想一下，在第17-5节中，我们曾在没有证据的前提下用这个方程来证明1 mol理想气体满足$PV=RT$。

19-7 在只涉及体积功的定压过程中焓变等于以热的形式传递的能量

对于只涉及体积功的可逆过程，热力学第一定律告诉我们：

$$\Delta U = q + w = q - \int_{V_1}^{V_2}P\mathrm{d}V \tag{19.32}$$

如果该过程在等容条件下发生，则有$V_1=V_2$和

$$\Delta U = q_V \tag{19.33}$$

式中q的下标V强调式(19.33)只适用于等容过程。因此，我们看到ΔU可以通过测量等容过程(在刚性封闭容器内)中的热量(通过量热计)来实验测定。

许多过程，特别是化学反应，是在等压条件下(对大气开放)进行的。等压过程中的热q_P不等于ΔU。如果有一个类似于U的状态函数会很方便，我们就可以写出像式(19.33)那样的表达式。为此，令式(19.32)中的P为常数，则有

$$q_P = \Delta U + P_{\text{ext}}\int_{V_1}^{V_2}\mathrm{d}V = \Delta U + P\Delta V \tag{19.34}$$

式中用q_P的下标P来强调这是等压过程。该式表明，我们可定义一个新的状态函数：

$$H = U + PV \tag{19.35}$$

在等压下

$$\Delta H=\Delta U+P\Delta V \quad (\text{等压}) \tag{19.36}$$

式(19.34)表明

$$q_P=\Delta H \tag{19.37}$$

这个新的状态函数 H 称为**焓**(enthalpy),它在等压过程中起的作用跟 U 在等容过程中起的作用是一样的。ΔH 值可以通过实验测量等压过程中的热量来确定,或者反过来,可以由 ΔH 来确定 q_P。因为大多数的化学反应都是在等压条件下进行的,焓是一个重要而实用的热力学函数。

让我们将这些结果应用于 0 ℃、1 atm 下冰的熔化。在此过程中,$q_P=6.01\ \text{kJ}\cdot\text{mol}^{-1}$。使用式(19.37),可得

$$\Delta\overline{H}=q_P=6.01\ \text{kJ}\cdot\text{mol}^{-1}$$

式中 H 上的横线表示 $\Delta\overline{H}$ 是一个摩尔量。利用式(19.36),根据冰的摩尔体积 $\overline{V}_s$ 为 $0.0196\ \text{L}\cdot\text{mol}^{-1}$ 以及水的摩尔体积 $\overline{V}_l$ 为 $0.0180\ \text{L}\cdot\text{mol}^{-1}$,可以计算 $\Delta\overline{U}$ 的值:

$$\begin{aligned}\Delta\overline{U}&=\Delta\overline{H}-P\Delta\overline{V}\\&=6.01\ \text{kJ}\cdot\text{mol}^{-1}-(1\ \text{atm})(0.0180\ \text{L}\cdot\text{mol}^{-1}-0.0196\ \text{L}\cdot\text{mol}^{-1})\\&=6.01\ \text{kJ}\cdot\text{mol}^{-1}+(1.60\times10^{-3}\ \text{L}\cdot\text{atm}\cdot\text{mol}^{-1})\times\\&\quad\left(\frac{8.314\ \text{J}}{0.08206\ \text{L}\cdot\text{atm}}\right)\left(\frac{1\ \text{kJ}}{10^3\ \text{J}}\right)\approx6.01\ \text{kJ}\cdot\text{mol}^{-1}\end{aligned}$$

因此,在这种情况下,$\Delta\overline{H}$ 和 $\Delta\overline{U}$ 基本上没有差异。

让我们来看水在 100 ℃、1 atm 下的汽化。在此过程中,$q_P=40.7\ \text{kJ}\cdot\text{mol}^{-1}$,$\overline{V}_l=0.0180\ \text{L}\cdot\text{mol}^{-1}$,$\overline{V}_g=30.6\ \text{L}\cdot\text{mol}^{-1}$。故

$$\Delta\overline{H}=q_P=40.7\ \text{kJ}\cdot\text{mol}^{-1}$$

但是

$$\Delta\overline{V}=30.6\ \text{L}\cdot\text{mol}^{-1}-0.0180\ \text{L}\cdot\text{mol}^{-1}\approx30.6\ \text{L}\cdot\text{mol}^{-1}$$

因此

$$\begin{aligned}\Delta\overline{U}&=\Delta\overline{H}-P\Delta\overline{V}=40.7\ \text{kJ}\cdot\text{mol}^{-1}-\\&\quad(1\ \text{atm})(30.6\ \text{L}\cdot\text{mol}^{-1})\left(\frac{8.314\ \text{J}}{0.08206\ \text{L}\cdot\text{atm}}\right)\\&=37.6\ \text{kJ}\cdot\text{mol}^{-1}\end{aligned}$$

可见,在这种情况下,$\Delta\overline{H}$ 和 $\Delta\overline{U}$ 的数值明显不同($\approx8\%$),因为该过程的 $\Delta\overline{V}$ 相当大。我们可以对这些结果作出物理解释。在等压下所吸的 40.7 kJ 的热中,有 37.6 kJ($q_V=\Delta\overline{U}$)被用于克服使水分子保持液态的分子间力(氢键),剩下的 3.1 kJ(40.7 kJ-37.6 kJ)被用于对抗大气压增加系统的体积。

» 例题 19-7 在 298 K 和 1 bar 下,下列反应

$$2H_2(g)+O_2(g)\longrightarrow2H_2O(l)$$

的 ΔH 值为 -572 kJ。计算此反应的 ΔU。

» 解 由于此反应在 1.00 bar 的等压下进行,则 $\Delta H=q_P=-572$ kJ。为了计算 ΔU,必须先计算 ΔV。开始时,在 298 K 和 1 bar 下系统中有 3 mol 的气体,则有

$$V=\frac{nRT}{P}=\frac{(3\ \text{mol})(0.08314\ \text{L}\cdot\text{bar}\cdot\text{K}^{-1}\cdot\text{mol}^{-1})(298\ \text{K})}{1.00\ \text{bar}}$$
$$=74.3\ \text{L}$$

然后,我们得到 2 mol 的液态水,其体积约为 36 mL,与 74.3 L 相比可以忽略不计。因此,$\Delta V=-74.3$ L,则

$$\begin{aligned}\Delta U&=\Delta H-P\Delta V=-572\ \text{kJ}+(1.00\ \text{bar})(74.3\ \text{L})\left(\frac{1\ \text{kJ}}{10\ \text{L}\cdot\text{bar}}\right)\\&=-572\ \text{kJ}+7.43\ \text{kJ}=-565\ \text{kJ}\end{aligned}$$

本例中,ΔH 和 ΔU 之间的数值相差约 1%。

例题 19-7 是涉及理想气体反应或过程的一般结果的一种特例,它说明

$$\Delta H=\Delta U+RT\Delta n_{gas} \tag{19.38}$$

式中

Δn_{gas}=气态产物的摩尔数-气态反应物的摩尔数

例题 19-7 表明,$\Delta\overline{H}$ 和 $\Delta\overline{U}$ 之间的数值差异通常很小。

19-8 热容是一种路径函数

回想一下热容的定义,是指将物质的温度升高 1 K 所需的热量。热容也与温度 T 有关。由于使物质的温度升高 1 K 所需的能量与物质的量有关,因此热容是一种**广度量**(extensive quantity)。热容也是一种路径函数;例如,它的数值取决于是在定容下还是在定压下加热物质。如果该物质在定容下受热,则增加的热能为 q_V,热容用 C_V 表示。因为 $\Delta U=q_V$,则 C_V 可写为

$$C_V=\left(\frac{\partial U}{\partial T}\right)_V\approx\frac{\Delta U}{\Delta T}=\frac{q_V}{\Delta T} \tag{19.39}$$

如果物质在定压下受热,则增加的热能为 q_P,热容用 C_P 表示。因为 $\Delta H=q_P$,则 C_P 可写为

$$C_P=\left(\frac{\partial H}{\partial T}\right)_P\approx\frac{\Delta H}{\Delta T}=\frac{q_P}{\Delta T} \tag{19.40}$$

我们预期 C_P 大于 C_V,因为在定压过程中增加的热能不仅用于升高温度,还用于对抗大气压做功,因为物质在

受热时会发生膨胀。要计算理想气体的 C_P 和 C_V 之差很容易。我们可从 $H=U+PV$ 开始,并用 nRT 代替 PV,得到

$$H=U+nRT \quad (\text{理想气体}) \tag{19.41}$$

可见,因为理想气体的 U 只取决于其温度(在恒定的 n 下),故 H 也只取决于温度。因此,我们可以将式(19.41)对温度求导,得到

$$\frac{\mathrm{d}H}{\mathrm{d}T}=\frac{\mathrm{d}U}{\mathrm{d}T}+nR \tag{19.42}$$

由于

$$\frac{\mathrm{d}H}{\mathrm{d}T}=\left(\frac{\partial H}{\partial T}\right)_P=C_P \quad (\text{理想气体})$$

以及

$$\frac{\mathrm{d}U}{\mathrm{d}T}=\left(\frac{\partial U}{\partial T}\right)_V=C_V \quad (\text{理想气体})$$

因此,式(19.42)变为

$$C_P-C_V=nR \quad (\text{理想气体}) \tag{19.43}$$

回想第 17 章,在室温时 1 mol 单原子理想气体的 C_V 为 $3R/2$,而 1 mol 非线形多原子理想气体的 C_V 约为 $3R$。因此,对于气体来说,$\overline{C}_P$ 和 $\overline{C}_V$ 之间的差别是显著的。然而,对于固体和液体,$\overline{C}_P$ 和 $\overline{C}_V$ 之间的差别很小。

» 例题 19-8 我们将会一般性地证明(见第 22-3 节)

$$\overline{C}_P-\overline{C}_V=T\left(\frac{\partial P}{\partial T}\right)_{\overline{V}}\left(\frac{\partial \overline{V}}{\partial T}\right)_P$$

首先,用该结果证明理想气体的 $\overline{C}_P-\overline{C}_V=R$,然后导出服从下列状态方程的气体的 $\overline{C}_P-\overline{C}_V$ 的表达式。

$$P\overline{V}=RT+B(T)P$$

» 解 对于理想气体,$P\overline{V}=RT$,因此

$$\left(\frac{\partial P}{\partial T}\right)_{\overline{V}}=\frac{R}{\overline{V}} \quad \text{和} \quad \left(\frac{\partial \overline{V}}{\partial T}\right)_P=\frac{R}{P}$$

因此

$$\overline{C}_P-\overline{C}_V=T\left(\frac{R}{\overline{V}}\right)\left(\frac{R}{P}\right)=R\left(\frac{RT}{P\overline{V}}\right)=R$$

要确定服从状态方程 $P\overline{V}=RT+B(T)P$ 的气体的 $(\partial P/\partial T)_{\overline{V}}$,我们先要解出 P。

$$P=\frac{RT}{\overline{V}-B(T)}$$

上式对温度 T 求导,得到

$$\begin{aligned}\left(\frac{\partial P}{\partial T}\right)_{\overline{V}}&=\frac{R}{\overline{V}-B(T)}+\frac{RT}{[\overline{V}-B(T)]^2}\frac{\mathrm{d}B}{\mathrm{d}T}\\&=\frac{P}{T}+\frac{P}{\overline{V}-B(T)}\frac{\mathrm{d}B}{\mathrm{d}T}\end{aligned}$$

类似地,有

$$\overline{V}=\frac{RT}{P}+B(T)$$

和

$$\left(\frac{\partial \overline{V}}{\partial T}\right)_P=\frac{R}{P}+\frac{\mathrm{d}B}{\mathrm{d}T}$$

因此,利用本题中给出的 $\overline{C}_P-\overline{C}_V$ 的表达式,可得

$$\begin{aligned}\overline{C}_P-\overline{C}_V&=T\left(\frac{\partial P}{\partial T}\right)_{\overline{V}}\left(\frac{\partial \overline{V}}{\partial T}\right)_P\\&=T\left[\frac{P}{T}+\frac{P}{\overline{V}-B(T)}\frac{\mathrm{d}B}{\mathrm{d}T}\right]\left(\frac{R}{P}+\frac{\mathrm{d}B}{\mathrm{d}T}\right)\\&=R+\left[\frac{RT}{\overline{V}-B(T)}+P\right]\frac{\mathrm{d}B}{\mathrm{d}T}+\frac{PT}{\overline{V}-B(T)}\left(\frac{\mathrm{d}B}{\mathrm{d}T}\right)^2\\&=R+2\left(\frac{\mathrm{d}B}{\mathrm{d}T}\right)P+\frac{1}{R}\left(\frac{\mathrm{d}B}{\mathrm{d}T}\right)^2P^2\end{aligned}$$

式中从第三行到最后一行使用了 $P=RT/[\overline{V}-B(T)]$。注意:如果 $B(T)$ 是一个常数,则这个表达式与理想气体的表达式是一样的。

19-9 相对焓可以由热容数据和相变热来确定

通过对式(19.40)积分,可以计算出物质在不发生相变的两个温度之间的焓的差值:

$$H(T_2)-H(T_1)=\int_{T_1}^{T_2}C_P(T)\,\mathrm{d}T \tag{19.44}$$

如果令 $T_1=0$ K,则有

$$H(T)-H(0)=\int_0^T C_P(T')\,\mathrm{d}T' \tag{19.45}$$

[注意:在式(19.45)中的积分变量右上方加了"′",这是用来区分积分极限(此处是 T)和积分变量 T' 的标准数学标记。]式(19.44)显示,如果有从 0 K 到任何其他温度 T 的热容数据,我们就可以计算出相对于 $H(0)$ 的 $H(T)$ 值。然而,该公式并不是完全正确的。式(19.45)适用于不发生相变的温度区间。如果有相变发生,我们必须加上该相变的焓变,因为在相变过程中温度虽然没有变化,但吸收了热量。例如,如果式(19.45)中的 T 处于物质的液态温区,且在 0 K 和 T 之间唯一的相变是固-液相变,则

$$H(T)-H(0)=\int_0^{T_{\text{fus}}}C_P^{\text{s}}(T)\,\mathrm{d}T+\Delta_{\text{fus}}H+\int_{T_{\text{fus}}}^{T}C_P^{\text{l}}(T')\,\mathrm{d}T' \tag{19.46}$$

式中 $C_P^s(T)$ 和 $C_P^l(T)$ 分别代表固态和液态的热容，T_{fus} 代表熔点，ΔH_{fus} 是熔化时的焓变（熔化热）：

$$\Delta_{fus}H = H^l(T_{fus}) - H^s(T_{fus})$$

图 19.6 显示了苯的定压摩尔热容随温度的变化曲线。注意 C_P-T 关系曲线不是连续的，在相变的相应温度处有不连续的突变。苯在 1 atm 下的熔点为 278.7 K，沸点为 353.2 K。从式（19.45）可知，图 19.6 中从 0 K 到 $T \leqslant 278.7$ K 温区的曲线下方的面积是固体苯的摩尔焓［相对于 $\overline{H}(0)$］。为了计算液体苯在 300 K 和 1 atm 下的摩尔焓，取图 19.6 中从 0 K 到 300 K 的曲线下面积，并加上摩尔熔化焓，即 $9.95\ \mathrm{kJ \cdot mol^{-1}}$。图 19.7 显示了苯的摩尔焓随温度变化的曲线。可见 $\overline{H}(T) - \overline{H}(0)$ 在一个相态内平稳地增加，且在相变处有一个突跃。

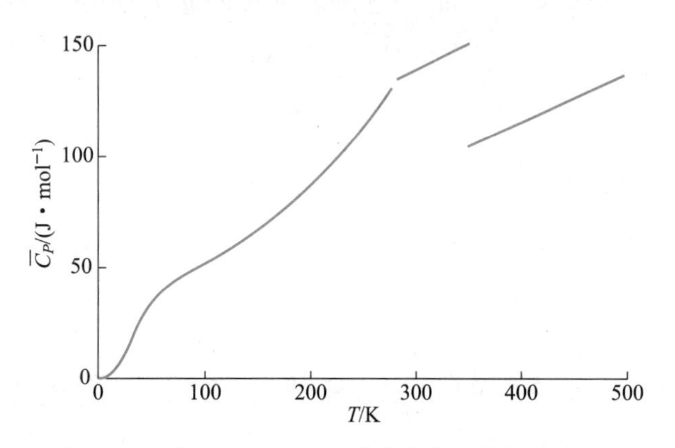

图 19.6　在 0～500 K 温区内苯的定压摩尔热容。1 atm 下苯的熔点和沸点分别为 278.7 K 和 353.2 K。

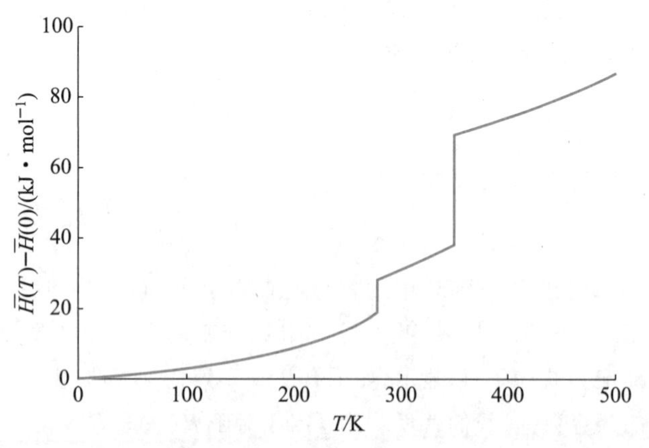

图 19.7　在 0～500 K 温区内苯的摩尔焓［相对于 $\Delta\overline{H}(0)$］。

19－10　化学反应方程的焓变具有可加和性

因为大多数化学反应都是在等压下（敞开于大气中）进行的，所以与化学反应相关的焓变 $\Delta_r H$（下标 r 表示这是化学反应的焓变）在**热化学**（thermochemistry）中起着核心作用，热化学是热力学的一个分支，涉及化学反应中释放或吸收的热量的测定。例如，甲烷的燃烧反应

$$CH_4(g) + 2O_2(g) \longrightarrow CO_2(g) + 2H_2O(l)$$

会以热的形式释放能量，称作放热反应。大多数燃烧反应都是剧烈放热的。在燃烧反应中产生的热称为**燃烧热**（heat of combustion）。以热的形式吸收能量的化学反应称为吸热反应。放热和吸热反应示意于图 19.8 中。

化学反应的焓变可以看作产物的总焓减去反应物的总焓：

$$\Delta_r H = H_{prod} - H_{react} \tag{19.47}$$

对于放热反应，H_{prod} 小于 H_{react}，所以 $\Delta_r H<0$。图 19.8（a）表示一个放热反应，反应物的焓大于产物的焓，所以 $q_P = \Delta_r H<0$，随着反应的进行，能量以热的形式释放出去。对于吸热反应，H_{prod} 大于 H_{react}，所以 $\Delta_r H>0$。图 19.8（b）表示一个吸热反应，反应物的焓小于产物的焓，所以 $q_P = \Delta_r H>0$，必须以热的形式提供能量来驱动反应升上焓“山”。

让我们考虑在 1 bar 下进行的几个化学反应。对于 1 mol 甲烷燃烧生成 1 mol $CO_2(g)$ 和 2 mol $H_2O(l)$ 的反应，在 298 K 时 $\Delta_r H$ 值为 −890.36 kJ。$\Delta_r H$ 的负值告诉我们，反应以热的形式释放能量，因此是放热的。

一个吸热反应的例子是水煤气反应：

$$C(s) + H_2O(g) \longrightarrow CO(g) + H_2(g)$$

对于这个反应，298 K 时 $\Delta_r H = +131$ kJ，所以必须以热的形式提供能量来驱动反应从左向右进行。

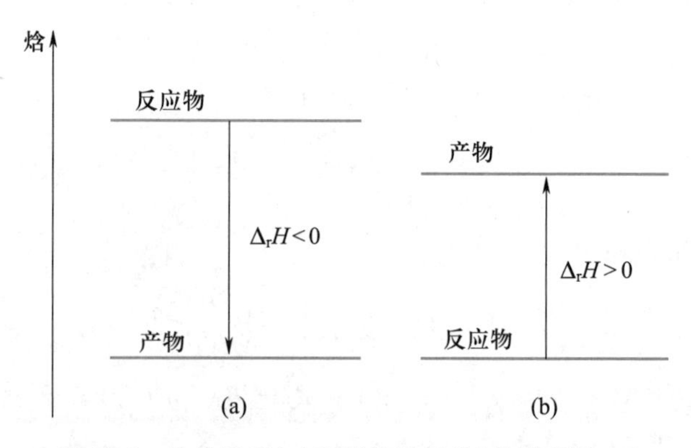

图 19.8　放热反应（a）和吸热反应（b）的焓变图。

对于化学反应方程式，$\Delta_r H$ 的一个重要而有用的性质是具有可加和性。$\Delta_r H$ 的这个性质直接来源于焓是状态函数的事实。如果将两个化学反应式相加，得到第三个化学反应式，该反应的 $\Delta_r H$ 值是两个反应的 $\Delta_r H$ 之和。$\Delta_r H$ 的可加和性最好用例子来说明。考虑下列两个反应式：

$$C(s)+\frac{1}{2}O_2(g)\longrightarrow CO(g) \quad (1)$$

$$\Delta_r H(1)=-110.5\ \mathrm{kJ}$$

$$CO(g)+\frac{1}{2}O_2(g)\longrightarrow CO_2(g) \quad (2)$$

$$\Delta_r H(2)=-283.0\ \mathrm{kJ}$$

如果将两个反应式像代数方程一样加起来，得到

$$C(s)+O_2(g)\longrightarrow CO_2(g) \quad (3)$$

$\Delta_r H$ 的可加和性告诉我们，反应式(3)的 $\Delta_r H$ 为

$$\begin{aligned}\Delta_r H(3)&=\Delta_r H(1)+\Delta_r H(2)\\&=-110.5\ \mathrm{kJ}+(-283.0\ \mathrm{kJ})=-393.5\ \mathrm{kJ}\end{aligned}$$

实际上，我们可以将反应式(1)和反应式(2)想象为与反应式(3)具有相同初始和最终状态的两步过程。因此，两个反应的总焓变必须等于一步完成的反应的焓变。

$\Delta_r H$ 值的可加和性称为**赫斯定律**(Hess's Law)。因此，如果已知 $\Delta_r H(1)$ 和 $\Delta_r H(2)$ 的值，我们就不需要独立地确定 $\Delta_r H(3)$ 的实验值，因为其值等于前两数值之和，即 $\Delta_r H(1)+\Delta_r H(2)$。

现在，让我们考虑下列化学反应的组合：

$$SO_2(g)\longrightarrow S(s)+O_2(g) \quad (1)$$

$$S(s)+O_2(g)\longrightarrow SO_2(g) \quad (2)$$

因为反应(2)是反应(1)的逆反应，根据 Hess 定律可知

$$\Delta_r H(逆向)=-\Delta_r H(正向) \quad (19.48)$$

作为 Hess 定律的一个应用实例，考虑使用

$$2P(s)+3Cl_2(g)\longrightarrow 2PCl_3(l) \quad (1)$$

$$\Delta_r H(1)=-640\ \mathrm{kJ}$$

和

$$2P(s)+5Cl_2(g)\longrightarrow 2PCl_5(s) \quad (2)$$

$$\Delta_r H(2)=-887\ \mathrm{kJ}$$

来计算下列反应的 $\Delta_r H$ 值：

$$PCl_3(l)+Cl_2(g)\longrightarrow PCl_5(s) \quad (3)$$

在此情况下，我们可将反应(2)和反应(1)的逆反应加起来得到

$$2PCl_3(l)+2Cl_2(g)\longrightarrow 2PCl_5(s) \quad (4)$$

因此，根据 Hess 定律，可得

$$\begin{aligned}\Delta_r H(4)&=\Delta_r H(2)-\Delta_r H(1)\\&=-887\ \mathrm{kJ}+640\ \mathrm{kJ}=-247\ \mathrm{kJ}\end{aligned}$$

将反应(4)乘以 1/2 即得到反应(3)：

$$PCl_3(l)+Cl_2(g)\longrightarrow PCl_5(s)$$

因此

$$\Delta_r H(3)=\frac{1}{2}\Delta_r H(4)=\frac{-247\ \mathrm{kJ}}{2}=-123.5\ \mathrm{kJ}$$

» 例题 19-9 在 298 K 和 1 atm 下异丁烷和正丁烷的摩尔燃烧焓分别为 $-2869\ \mathrm{kJ\cdot mol^{-1}}$ 和 $-2877\ \mathrm{kJ\cdot mol^{-1}}$。计算 1 mol 正丁烷转化为 1 mol 异丁烷的 $\Delta_r H$。

» 解 两个燃烧反应的方程式写为

$$n-C_4H_{10}(g)+\frac{13}{2}O_2(g)\longrightarrow 4CO_2(g)+5H_2O(l) \quad (1)$$

$$\Delta_r H(1)=-2877\ \mathrm{kJ\cdot mol^{-1}}$$

和

$$i-C_4H_{10}(g)+\frac{13}{2}O_2(g)\longrightarrow 4CO_2(g)+5H_2O(l) \quad (2)$$

$$\Delta_r H(2)=-2869\ \mathrm{kJ\cdot mol^{-1}}$$

如果将反应式(2)的逆反应与反应式(1)加起来，我们可得所需的反应式

$$n-C_4H_{10}(g)\longrightarrow i-C_4H_{10}(g) \quad (3)$$

$$\begin{aligned}\Delta_r H(3)&=\Delta_r H(1)-\Delta_r H(2)\\&=-2877\ \mathrm{kJ\cdot mol^{-1}}-(-2869\ \mathrm{kJ\cdot mol^{-1}})\\&=-8\ \mathrm{kJ\cdot mol^{-1}}\end{aligned}$$

因为有竞争反应发生，此反应的热效应不能直接测定。

19-11 反应热可以由生成热表数据来计算

化学反应的焓变 $\Delta_r H$ 取决于反应物的摩尔数。最近，国际纯粹与应用化学联合会(IUPAC)的物理化学分会提出了反应焓制表的系统性程序。化学反应的**标准反应焓**(standard reaction enthalpy)用 $\Delta_r H^\circ$ 表示，它是指当所有反应物和产物都处于其标准状态时，与 1 mol 特定试剂相关的反应焓变，对于气体来说，标准状态是处在 1 bar、所研究温度的假想理想气体。

例如，考虑碳燃烧形成二氧化碳 $CO_2(g)$ 的反应(固体的标准状态是处在 1 bar、所研究温度的纯晶态物质)。配平的反应式可以写成多种形式，包括

$$C(s)+O_2(g)\longrightarrow CO_2(g) \quad (19.49)$$

和

$$2C(s)+2O_2(g)\longrightarrow 2CO_2(g) \quad (19.50)$$

$\Delta_r H^\circ$ 这个量暗示反应方程式应该是式(19.49)，因为只有 1 mol(指定的)反应物 C(s)被燃烧。该反应在 298 K 时的 $\Delta_r H^\circ$ 值为 $\Delta_r H^\circ=-393.5\ \mathrm{kJ\cdot mol^{-1}}$。与式(19.50)相对应的反应焓为

$$\Delta_r H=2\Delta_r H^\circ=-787.0\ \mathrm{kJ\cdot mol^{-1}}$$

可见 $\Delta_r H$ 是一个广度量，而 $\Delta_r H^\circ$ 是一个强度量。这个术语的优点是它明确了与焓变相对应的配平反应的书写形式。

为了显示特定类型的过程，通常使用某些下标来代替r。例如，下标“c”用于燃烧反应，“vap”用于汽化[例如，$H_2O(l) \longrightarrow H_2O(g)$]。表19.1列出了将遇到的一些下标。

表 19.1 过程焓变的常见下标。

下标	反应
vap	汽化，蒸发
sub	升华
fus	融化，熔化
trs	不同相之间的转变
mix	混合
ads	吸附
c	燃烧
f	生成

标准摩尔生成焓（standard molar enthalpy of formation）$\Delta_f H^\circ$是一个特别有用的量，这个强度量是指由某分子的组成元素（单质）生成1 mol该分子的标准反应焓。上标“°”表示所有的反应物和产物都处于其标准状态。在298.15 K时，$H_2O(l)$的 $\Delta_f H^\circ$值为$-285.8\ kJ \cdot mol^{-1}$。这个量意味着配平的反应式应写成

$$H_2(g)+\frac{1}{2}O_2(g) \longrightarrow H_2O(l)$$

因为 $\Delta_f H^\circ$是指1 mol $H_2O(l)$的生成热（液体的标准状态是指在1 bar、所研究温度下该液体的正常状态）。$H_2O(l)$的 $\Delta_f H^\circ$值等于$-285.8\ kJ \cdot mol^{-1}$，说明当反应物和产物处于其标准状态时，相对于其组成元素（单质），1 mol $H_2O(l)$位于焓标尺的285.8 kJ“下坡”处[图19.9(b)]。

大多数化合物不能通过其组成元素（单质）的直接反应来生成。例如，试图通过碳与氢的直接反应制造碳氢化合物乙炔（C_2H_2）：

$$2C(s)+H_2(g) \longrightarrow C_2H_2(g) \qquad (19.51)$$

该过程不仅能生成 C_2H_2，还能生成由各种碳氢化合物（如 C_2H_4和 C_2H_6等）组成的复杂混合物。不过，我们可以通过Hess定律，结合已有燃烧反应的 $\Delta_c H^\circ$数据，来确定乙炔的 $\Delta_f H^\circ$值。式(19.51)中的所有物质在氧气中燃烧，在298 K时，我们有

$$C(s)+O_2(g) \longrightarrow CO_2(g) \qquad (1)$$

$$\Delta_c H^\circ(1) = -393.5\ kJ \cdot mol^{-1}$$

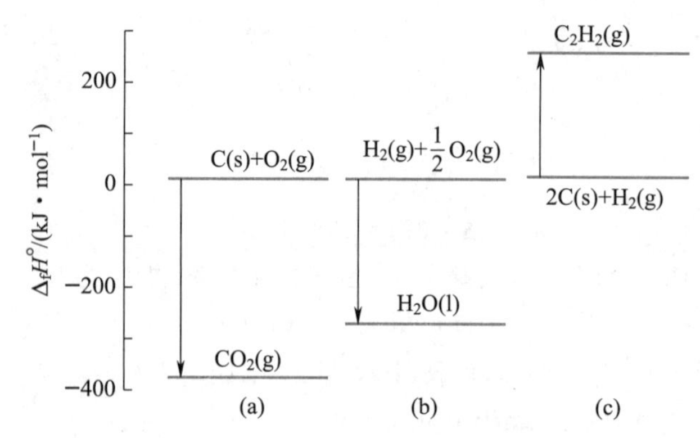

图 19.9 在1 bar和所研究温度下从相应的单质生成$CO_2(g)$、$H_2O(l)$和$C_2H_2(g)$的标准摩尔焓变。基于纯的、最稳定单质的 $\Delta_f H^\circ=0$ 的惯例。

$$H_2(g)+\frac{1}{2}O_2(g) \longrightarrow H_2O(l) \qquad (2)$$

$$\Delta_c H^\circ(2) = -285.8\ kJ \cdot mol^{-1}$$

$$C_2H_2(g)+\frac{5}{2}O_2(g) \longrightarrow 2CO_2(g)+H_2O(l) \qquad (3)$$

$$\Delta_c H^\circ(3) = -1299.6\ kJ \cdot mol^{-1}$$

如果将反应式(1)乘以2，将反应式(3)反转，并将它们与反应式(2)相加，可得到

$$2C(s)+H_2(g) \longrightarrow C_2H_2(g) \qquad (4)$$

因此

$$\begin{aligned}\Delta_r H^\circ(4) &= 2\Delta_c H^\circ(1)+\Delta_c H^\circ(2)-\Delta_c H^\circ(3)\\ &= (2)(-393.5\ kJ \cdot mol^{-1})+(-285.8\ kJ \cdot mol^{-1})-\\ &\quad (-1299.5\ kJ \cdot mol^{-1})\\ &= +226.7\ kJ \cdot mol^{-1}\end{aligned}$$

注意：在IUPAC惯例中，化学计量系数没有单位。由于反应式(4)表示从组成元素（单质）形成1 mol $C_2H_2(g)$，所以298 K时的 $\Delta_f H^\circ[C_2H_2(g)] = +226.7\ kJ \cdot mol^{-1}$[见图19.9(c)]。因此，即使化合物不能直接由其组成元素（单质）的反应来形成，也可以得到其 $\Delta_f H^\circ$的值。

» 例题 19-10 已知C(s)，$H_2(g)$和$CH_4(g)$在298 K时的标准摩尔燃烧焓分别为$-393.51\ kJ \cdot mol^{-1}$，$-285.83\ kJ \cdot mol^{-1}$和$-890.36\ kJ \cdot mol^{-1}$，计算甲烷$CH_4(g)$的标准摩尔生成焓。

» 解 三个燃烧反应的化学反应方程式为

$$C(s)+O_2(g) \longrightarrow CO_2(g) \qquad (1)$$

$$\Delta_c H^\circ(1) = -393.51\ kJ \cdot mol^{-1}$$

$$H_2(g)+\frac{1}{2}O_2(g)\longrightarrow H_2O(l) \quad (2)$$

$$\Delta_c H^\circ(2)=-285.83\ \text{kJ}\cdot\text{mol}^{-1}$$

$$CH_4(g)+2O_2(g)\longrightarrow CO_2(g)+2H_2O(l) \quad (3)$$

$$\Delta_c H^\circ(3)=-890.36\ \text{kJ}\cdot\text{mol}^{-1}$$

如果反转反应式(3),反应式(2)乘以2,然后再与反应式(1)相加,可得

$$C(s)+2H_2(g)\longrightarrow CH_4(g) \quad (4)$$

以及

$$\begin{aligned}\Delta_r H^\circ(4)&=\Delta_c H^\circ(1)+2\Delta_c H^\circ(2)-\Delta_c H^\circ(3)\\&=(-393.51\ \text{kJ}\cdot\text{mol}^{-1})+(2)(-285.83\ \text{kJ}\cdot\text{mol}^{-1})-\\&\quad(-890.36\ \text{kJ}\cdot\text{mol}^{-1})\\&=-74.8\ \text{kJ}\cdot\text{mol}^{-1}\end{aligned}$$

由于反应式(4)表示直接从元素(单质)形成1 mol $CH_4(g)$,因此我们得到在298 K时 $\Delta_f H^\circ[CH_4(g)]=-74.8\ \text{kJ}\cdot\text{mol}^{-1}$。

如图19.9所示,通过将元素(单质)的 $\Delta_f H^\circ$ 设定为零,我们可以建立化合物的 $\Delta_f H^\circ$ 数据表。也就是说,对于每一种处于稳定状态的纯元素(单质),在1 bar和所研究温度下,我们规定其 $\Delta_f H^\circ$ 等于零。由此,化合物的标准摩尔生成焓就是在1 bar下相对于正常物理状态的元素(单质)得到的。表19.2列出了一些物质在25℃时的 $\Delta_f H^\circ$ 数值。查看表19.2可看到:$\Delta_f H^\circ$[C(金刚石)]=+1.897 kJ·mol^{-1},$\Delta_f H^\circ[Br_2(g)]=+30.907\ \text{kJ}\cdot\text{mol}^{-1}$ 和 $\Delta_f H^\circ[I_2(g)]=+62.438\ \text{kJ}\cdot\text{mol}^{-1}$。这些元素形态的 $\Delta_f H^\circ$ 值不等于零,是因为C(金刚石),$Br_2(g)$ 和 $I_2(g)$ 都不是这些元素在25 ℃和1 bar时的正常物理状态。这些元素在25 ℃和1 bar下的正常物理状态分别为C(石墨)、$Br_2(l)$ 和 $I_2(s)$。

表19.2 在25 ℃和1 bar下不同物质的标准摩尔生成焓 $\Delta_f H^\circ$。

物质	分子式	$\Delta_f H^\circ$/(kJ·mol^{-1})
乙炔	$C_2H_2(g)$	+226.73
氨	$NH_3(g)$	−46.11
苯	$C_6H_6(l)$	+49.03
溴	$Br_2(g)$	+30.907
丁烷	$C_4H_{10}(g)$	−125.6
碳(金刚石)	C(s)	+1.897
碳(石墨)	C(s)	0

续表

物质	分子式	$\Delta_f H^\circ$/(kJ·mol^{-1})
二氧化碳	$CO_2(g)$	−393.509
一氧化碳	CO(g)	−110.5
环己烷	$C_6H_{12}(l)$	−156.4
乙烷	$C_2H_6(g)$	−84.68
乙醇	$C_2H_5OH(l)$	−277.69
乙烯	$C_2H_4(g)$	+52.28
葡萄糖	$C_6H_{12}O_6(s)$	−1260
己烷	$C_6H_{14}(l)$	−198.7
肼	$N_2H_4(l)$	+50.6
	$N_2H_4(g)$	+95.40
溴化氢	HBr(g)	−36.3
氯化氢	HCl(g)	−92.31
氟化氢	HF(g)	−273.3
碘化氢	HI(g)	+26.5
过氧化氢	$H_2O_2(l)$	−187.8
碘	$I_2(g)$	+62.438
甲烷	$CH_4(g)$	−74.81
甲醇	$CH_3OH(l)$	−239.1
	$CH_3OH(g)$	−201.5
一氧化氮	NO(g)	+90.37
二氧化氮	$NO_2(g)$	+33.85
四氧化二氮	$N_2O_4(g)$	+9.66
	$N_2O_4(l)$	−19.5
辛烷	$C_8H_{18}(l)$	−250.1
戊烷	$C_5H_{12}(l)$	−173.5
丙烷	$C_3H_8(g)$	−103.8
蔗糖	$C_{12}H_{22}O_{11}(s)$	−2220
二氧化硫	$SO_2(g)$	−296.8
三氧化硫	$SO_3(g)$	−395.7
四氯化碳	$CCl_4(l)$	−135.44
	$CCl_4(g)$	−102.9
水	$H_2O(l)$	−285.83
	$H_2O(g)$	−241.8

» 例题 19-11　利用表 19.2 中的数据，计算 25 ℃ 时溴的标准摩尔蒸发焓 $\Delta_{vap}H^\circ$。

» 解　蒸发 1 mol 溴的反应式可写为

$$Br_2(l) \longrightarrow Br_2(g)$$

因此

$$\Delta_{vap}H^\circ = \Delta_f H^\circ[Br_2(g)] - \Delta_f H^\circ[Br_2(l)] = 30.907\ kJ\cdot mol^{-1}$$

注意：这个结果不是溴在正常沸点 58.8 ℃时的 $\Delta_{vap}H^\circ$ 值。58.8 ℃ 时 $\Delta_{vap}H^\circ$ 值为 29.96 kJ · mol⁻¹。（在下一节中，我们将学习如何计算不同温度下的 ΔH。）

我们可以用 Hess 定律来理解如何用生成焓来计算焓变。对于一般的化学反应方程式

$$aA + bB \longrightarrow yY + zZ$$

其中 a, b, y 和 z 是各物质相应的摩尔数。如下所示，我们可以通过两步计算反应的 $\Delta_r H$ 值。

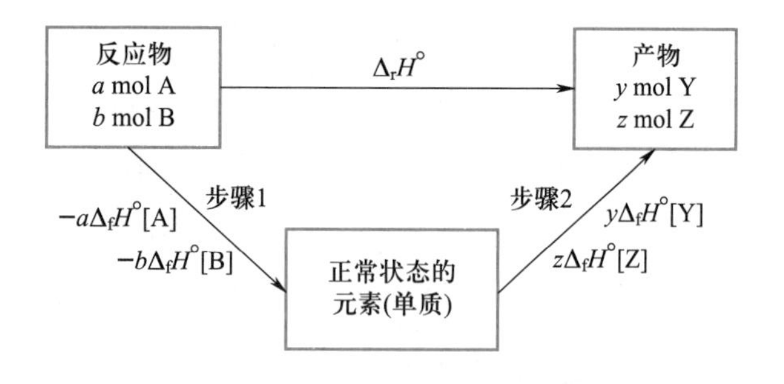

首先，将化合物 A 和 B 分解成它们的组成元素（单质）（步骤 1），然后将元素（单质）结合起来形成化合物 Y 和 Z（步骤 2）。在步骤 1 中，有

$$\Delta_r H(1) = -a\Delta_f H^\circ[A] - b\Delta_f H^\circ[B]$$

此处省略了 $\Delta_r H$ 的上标“°”，因为该数值不一定是指 1 mol的特定物质。负号出现在这里是因为所涉及的反应与由元素（单质）形成化合物的反应是相反的，即化合物分解反应生成元素（单质）。在步骤 2 中，有

$$\Delta_r H(2) = y\Delta_f H^\circ[Y] + z\Delta_f H^\circ[Z]$$

$\Delta_r H(1)$ 和 $\Delta_r H(2)$ 相加即得出 $\Delta_r H$ 的一般计算式：

$$\Delta_r H = y\Delta_f H^\circ[Y] + z\Delta_f H^\circ[Z] - a\Delta_f H^\circ[A] - b\Delta_f H^\circ[B] \tag{19.52}$$

注意：式(19.52)的右边即是产物的总焓减去反应物的总焓［见式(19.47)］。

在使用式(19.52)时，需要指定每种物质是气体、液体还是固体，因为 $\Delta_f H^\circ$ 的数值跟物质的物理状态有关。使用式(19.52)，可以确定 298 K 时下列反应：

$$C_2H_2(g) + \frac{5}{2}O_2(g) \longrightarrow 2CO_2(g) + H_2O(l)$$

的 $\Delta_r H$ 为

$$\Delta_r H = (2)\Delta_f H^\circ[CO_2(g)] + (1)\Delta_f H^\circ[H_2O(l)] - (1)\Delta_f H^\circ[C_2H_2(g)] - \left(\frac{5}{2}\right)\Delta_f H^\circ[O_2(g)]$$

利用表 19.2 中的数据，得到

$$\Delta_r H = (2)(-393.509\ kJ\cdot mol^{-1}) + (1)(-285.83\ kJ\cdot mol^{-1}) - (1)(+226.73\ kJ\cdot mol^{-1}) - \left(\frac{5}{2}\right)(0\ kJ\cdot mol^{-1}) = -1299.58\ kJ\cdot mol^{-1}$$

注意：$\Delta_f H^\circ[O_2(g)] = 0$，因为在 298 K 和 1 bar 下任何稳定状态的元素（单质）的 $\Delta_f H^\circ$ 都为零。为了得到下列反应：

$$2C_2H_2(g) + 5O_2(g) \longrightarrow 4CO_2(g) + 2H_2O(l)$$

的 $\Delta_r H$，我们可以将 $\Delta_r H = -1299.58\ kJ\cdot mol^{-1}$ 乘以 2，从而得到其 $\Delta_r H = -2599.16\ kJ\cdot mol^{-1}$。

» 例题 19-12　利用表 19.2 中的 $\Delta_f H^\circ$ 数据，计算液态乙醇 $C_2H_5OH(l)$ 在 25℃时燃烧的焓变 $\Delta_r H^\circ$。

» 解　我们在表 19.2 中找到如下数据：$\Delta_f H^\circ[CO_2(g)] = -393.509\ kJ\cdot mol^{-1}$，$\Delta_f H^\circ[H_2O(l)] = -285.83\ kJ\cdot mol^{-1}$，$\Delta_f H^\circ[O_2(g)] = 0$ 和 $\Delta_f H^\circ[C_2H_5OH(l)] = -277.69\ kJ\cdot mol^{-1}$。将这些数据代入式(19.52)，得到

$$\Delta_r H^\circ = (2)\Delta_f H^\circ[CO_2(g)] + (3)\Delta_f H^\circ[H_2O(l)] - (1)\Delta_f H^\circ[C_2H_5OH(l)] - (3)\Delta_f H^\circ[O_2(g)]$$

$$= (2)(-393.509\ kJ\cdot mol^{-1}) + (3)(-285.83\ kJ\cdot mol^{-1}) - (1)(-277.69\ kJ\cdot mol^{-1}) - (3)(0\ kJ\cdot mol^{-1}) = -1366.82\ kJ\cdot mol^{-1}$$

19-12　$\Delta_r H$ 的温度依赖性可由反应物和产物的热容给出

到目前为止，我们已经可以计算 25℃时的反应焓。在本节中我们将学习，如果有足够多的热容数据，就可以计算在其他温度下的 $\Delta_r H$。对于一般的反应：

$$aA + bB \longrightarrow yY + zZ$$

可以将温度 T_2时的 $\Delta_r H$ 写为

$$\Delta_r H(T_2)=y[H_Y(T_2)-H_Y(0)]+z[H_Z(T_2)-H_Z(0)]-a[H_A(T_2)-H_A(0)]-b[H_B(T_2)-H_B(0)] \tag{19.53}$$

其中,由式(19.45)可得

$$H_Y(T_2)-H_Y(0)=\int_{T_1}^{T_2} C_{P,Y}(T)\mathrm{d}T \tag{19.54}$$

等。类似地,$\Delta_r H(T_1)$为

$$\Delta_r H(T_1)=y[H_Y(T_1)-H_Y(0)]+z[H_Z(T_1)-H_Z(0)]-a[H_A(T_1)-H_A(0)]-b[H_B(T_1)-H_B(0)] \tag{19.55}$$

以及

$$H_Y(T_1)-H_Y(0)=\int_0^{T_1} C_{P,Y}(T)\mathrm{d}T \tag{19.56}$$

等。如果将式(19.54)代入式(19.53),将式(19.56)代入式(19.55),再用 $\Delta_r H(T_2)$减去 $\Delta_r H(T_1)$,可得

$$\Delta_r H(T_2)=\Delta_r H(T_1)+\int_{T_1}^{T_2}\Delta C_P(T)\mathrm{d}T \tag{19.57}$$

式中

$$\Delta C_P(T)=yC_{P,Y}(T)+zC_{P,Z}(T)-aC_{P,A}(T)-bC_{P,B}(T) \tag{19.58}$$

因此,如果知道 T_1(如 25 ℃)时的 $\Delta_r H$,就可以使用式(19.57)计算任何其他温度时的 $\Delta_r H$。在书写式(19.57)时,已假设在 T_1和 T_2之间没有发生相变。

式(19.57)有一个简单的物理解释,如图 19.10 所示。如果已知温度 T_1时的 $\Delta_r H$ 值,为了计算某温度 T_2时的 $\Delta_r H$ 值,我们可以按照图 19.10 中的路径 1→2→3 进行。这条路径包括将反应物温度从 T_2变到 T_1,让反应在 T_1下发生,然后让产物温度从 T_1恢复到 T_2。上述每一步 ΔH 的数学表达式为

$$\Delta H_1=\int_{T_2}^{T_1} C_P(\text{反应物})\mathrm{d}T=-\int_{T_1}^{T_2} C_P(\text{反应物})\mathrm{d}T$$

$$\Delta H_2=\Delta_r H(T_1)$$

$$\Delta H_3=\int_{T_1}^{T_2} C_P(\text{产物})\mathrm{d}T$$

因此

$$\Delta H(T_2)=\Delta H_1+\Delta H_2+\Delta H_3=\Delta_r H(T_1)+\int_{T_1}^{T_2}[C_P(\text{产物})-C_P(\text{反应物})]\mathrm{d}T$$

作为式(19.57)的一个简单应用,考虑

$$H_2O(s)\longrightarrow H_2O(l)$$

已知 $\Delta_{fus}H^\circ(0\ ℃)=6.01\ \mathrm{kJ\cdot mol^{-1}}$,$C_P^\circ(s)=37.7\ \mathrm{J\cdot K^{-1}\cdot mol^{-1}}$,$C_P^\circ(l)=75.3\ \mathrm{J\cdot K^{-1}\cdot mol^{-1}}$,让我们计算水在-10 ℃和 1 bar 条件下的 $\Delta_{fus}H^\circ$。因为这个反应式是用 1 mol 反应物来表示的,且反应物和产物都处在标准状态,所以我们在计算的热力学量上使用上标“°”。因此

$$\Delta C_P^\circ=C_P^\circ(l)-C_P^\circ(s)=37.6\ \mathrm{J\cdot K^{-1}\cdot mol^{-1}}$$

$$\Delta_{fus}H^\circ(-10\ ℃)=\Delta_{fus}H^\circ(0\ ℃)+\int_{0\ ℃}^{-10\ ℃}(37.6\ \mathrm{J\cdot K^{-1}\cdot mol^{-1}})\mathrm{d}T$$
$$=6.01\ \mathrm{kJ\cdot mol^{-1}}-376\ \mathrm{J\cdot mol^{-1}}=5.63\ \mathrm{kJ\cdot mol^{-1}}$$

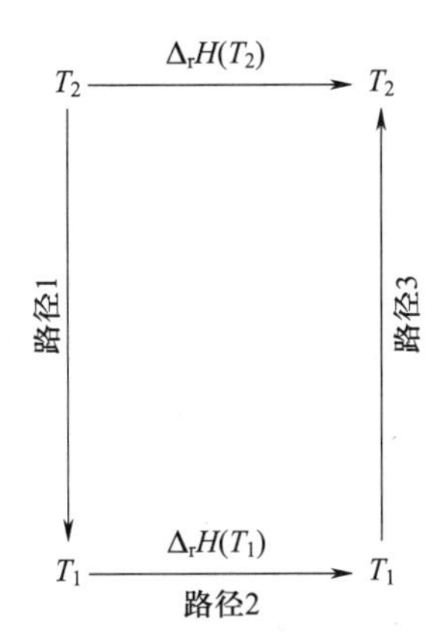

图 19.10 式(19.57)的示意图。沿路径 1 将反应物的温度从 T_2变为 T_1,沿路径 2 让反应在 T_1下发生,然后沿路径 3 将产物的温度从 T_1恢复到 T_2。由于 H 是状态函数,可得到 $\Delta H(T_2)=\Delta H_1+\Delta H_2+\Delta H_3$。

» 例题 19-13 $NH_3(g)$在 25 ℃时的标准摩尔生成焓 $\Delta_f H^\circ$为-46.11 kJ · mol^{-1}。利用下面给出的热容数据,计算 $NH_3(g)$在 1000 K 下的标准摩尔生成焓。

$$\overline{C}_P^\circ[H_2(g)]/(\mathrm{J\cdot K^{-1}\cdot mol^{-1}})=29.07-(0.837\times10^{-3}\mathrm{K^{-1}})T+(2.012\times10^{-6}\ \mathrm{K^{-2}})T^2$$

$$\overline{C}_P^\circ[N_2(g)]/(\mathrm{J\cdot K^{-1}\cdot mol^{-1}})=26.98+(5.912\times10^{-3}\mathrm{K^{-1}})T-(0.3376\times10^{-6}\ \mathrm{K^{-2}})T^2$$

$$\overline{C}_P^\circ[NH_3(g)]/(\mathrm{J\cdot K^{-1}\cdot mol^{-1}})=25.89+(32.58\times10^{-3}\ \mathrm{K^{-1}})T-(3.046\times10^{-6}\ \mathrm{K^{-2}})T^2$$

式中,298 K<T<1500 K。

» **解** 采用下式计算:

$$\Delta_f H^\circ(1000\ \mathrm{K})=\Delta_f H^\circ(298\ \mathrm{K})+\int_{298\ \mathrm{K}}^{1000\ \mathrm{K}}\Delta C_P^\circ\mathrm{d}T$$

从相应元素(单质)形成 1 mol $NH_3(g)$的化学反应方程式为

$$\frac{1}{2}N_2(g)+\frac{3}{2}H_2(g)\longrightarrow NH_3(g)$$

因此

$$\Delta C_P^\circ(T)/(\mathrm{J\cdot K^{-1}\cdot mol^{-1}})$$

$= (1)C_P^{\circ}(NH_3) - \left(\frac{1}{2}\right)C_P^{\circ}(N_2) - \left(\frac{3}{2}\right)C_P^{\circ}(H_2)$

$= -31.21 + (30.88\times10^{-3}\ K^{-1})T - (5.895\times10^{-6}\ K^{-2})T^2$

$\Delta C_P(T)$ 的积分为

$$\int_{298\ K}^{1000\ K}[-31.21+(30.88\times10^{-3}\ K^{-1})T-(5.895\times10^{-6}\ K^{-2})T^2]dT$$

$= (-21.91+14.07-1.913)\ kJ\cdot mol^{-1} = -9.75\ kJ\cdot mol^{-1}$

因此

$$\begin{aligned}\Delta_r H^{\circ}(1000\ K) &= \Delta_r H^{\circ}(298\ K) - 9.75\ kJ\cdot mol^{-1}\\ &= -46.11\ kJ\cdot mol^{-1} - 9.75\ kJ\cdot mol^{-1}\\ &= -55.86\ kJ\cdot mol^{-1}\end{aligned}$$

$\Delta_r H$ 的压力依赖性通常比它的温度依赖性小得多，我们将在第22章中进行介绍。

习题

19-1 假设一个质量为10 kg、温度为20 ℃的铁块从100米高空落下，在落地前其动能是多少？速度是多少？如果铁块撞击地面时动能全部转化为内能，铁块的最终温度是多少？设铁的摩尔热容 $\overline{C}_P = 25.1\ J\cdot mol^{-1}\cdot K^{-1}$，重力加速度常数为 $9.80\ m\cdot s^{-2}$。

19-2 一种理想气体在压力为3.00 bar时的体积为2.50 dm^3。如果该气体在恒外压 P_{ext} 下发生等温压缩至终态体积为0.500 dm^3，计算 P_{ext} 的最小值以及此外压下所做的功。

19-3 1 mol $CO_2(g)$ 在300 K时占据2.00 dm^3 的体积。如果该气体在恒外压 P_{ext} 下发生等温压缩至终态体积为0.750 dm^3，计算 P_{ext} 的最小值，并计算在此 P_{ext} 下所做的功。假设在这些条件下 $CO_2(g)$ 满足van der Waals状态方程。

19-4 计算1 mol理想气体在300 K时从1.00 bar等温可逆压缩至5.00 bar所做的功。

19-5 计算1 mol理想气体在300 K时从20.0 dm^3 等温可逆膨胀到40.0 dm^3 所做的功。

19-6 计算将5.00 mol理想气体在300 K时从100 dm^3 等温压缩到40.0 dm^3 所需做的最小功。

19-7 假设一种理想气体在1.33 bar时的体积为2.25 L。该气体先在2.00 bar的恒外压下等温压缩到1.50 L，接着在3.75 bar的恒外压下再次等温压缩到0.800 L(图19.4)，计算所做的功。将所得结果与该气体从2.25 L等温可逆压缩到0.800 L所做的功进行比较。

19-8 证明：对于服从Redlich-Kwong方程的气体，当其从摩尔体积 $\overline{V}_1$ 等温可逆膨胀到终态摩尔体积 $\overline{V}_2$ 时，所做的功可表示为

$$w = -RT\left(\frac{\overline{V}_2-B}{\overline{V}_1-B}\right) - \frac{A}{BT^{1/2}}\ln\left[\frac{(\overline{V}_2+B)\overline{V}_1}{(\overline{V}_1+B)\overline{V}_2}\right]$$

19-9 利用习题19-8的结果，计算1 mol $CH_4(g)$ 在300 K时从1.00 $dm^3\cdot mol^{-1}$ 等温可逆膨胀到5.00 $dm^3\cdot mol^{-1}$ 所做的功(A 和 B 的值可从表16.4中查询)。

19-10 如果 $CH_4(g)$ 服从van der Waals状态方程，重新计算习题19-9中变化过程所做的功。

19-11 推导出服从彭-罗宾森(Peng-Robinson)状态方程的气体在等温可逆膨胀过程中所做的功表达式。

19-12 1 mol单原子理想气体在初始压力为2.00 bar、温度为273 K的条件下，经过 $P/V=$ 常数的可逆途径变到终态压力为4.00 bar，计算该过程的 $\Delta U, \Delta H, q$ 和 w。取 $\overline{C}_V$ 等于 $12.5\ J\cdot mol^{-1}\cdot K^{-1}$。

19-13 物质的等温压缩系数可由下式给出：

$$\beta = -\frac{1}{V}\left(\frac{\partial V}{\partial P}\right)_T \tag{1}$$

对于理想气体，$\beta = 1/P$；但对于液体，β 在中等压力范围内是相当恒定的。如果 β 是常数，证明：

$$\frac{V}{V_0} = e^{-\beta(P-P_0)} \tag{2}$$

式中 V_0 是压力 P_0 时的体积。用这个结果来证明液体从体积 V_0(在压力 P_0 下)等温可逆压缩到体积 V(在压力 P 下)所做的功可表示为

$$\begin{aligned}w &= -P_0(V-V_0) + \beta^{-1}V_0\left(\frac{V}{V_0}\ln\frac{V}{V_0} - \frac{V}{V_0} + 1\right)\\ &= -P_0V_0[e^{-\beta(P-P_0)}-1] + \beta^{-1}V_0\{1-[1+\beta(P-P_0)]e^{-\beta(P-P_0)}\}\end{aligned} \tag{3}$$

(需要使用公式 $\int \ln x dx = x\ln x - x$。)

液体不可压缩的事实反映在 β 很小，因此在中等压力下 $\beta(P-P_0) \ll 1$。证明：

$$\begin{aligned}w &= \beta P_0 V_0(P-P_0) + \frac{\beta V_0(P-P_0)^2}{2} + O(\beta^2)\\ &= \frac{\beta V_0}{2}(P^2-P_0^2) + O(\beta^2)\end{aligned} \tag{4}$$

计算在20 ℃时将1 mol甲苯从10 bar等温可逆压缩到

100 bar 所需做的功。设 20 ℃时的 β 值为 $8.95\times10^{-5}\ \text{bar}^{-1}$，摩尔体积为 $0.106\ \text{L}\cdot\text{mol}^{-1}$。

19-14 在上一道习题中，推导出了液体被等温可逆压缩时做功的表达式。已知 β 的数量级通常为 $10^{-4}\ \text{bar}^{-1}$，试证明：压力高达约 100 bar 时的 $V/V_0\approx1$。该结果反映了液体不容易被压缩的事实。我们可以利用这个结果，将由 β 的定义式得到的 $\text{d}V=-\beta V\text{d}P$ 代入 $w=-\int P\text{d}V$，然后将 V 当作常数。请证明：这种近似可导出习题 19-13 的式(4)。

19-15 证明：对于理想气体的绝热可逆膨胀，有

$$\frac{T_2}{T_1}=\left(\frac{V_1}{V_2}\right)^{R/\overline{C}_V}$$

19-16 证明：对于服从状态方程 $P(\overline{V}-b)=RT$ 的单原子气体的绝热可逆膨胀过程，有

$$\left(\frac{T_2}{T_1}\right)^{3/2}=\frac{\overline{V}_1-b}{\overline{V}_2-b}$$

并将此结果推广到双原子气体。

19-17 证明：对于理想气体的绝热可逆膨胀，有

$$\frac{T_2}{T_1}=\left(\frac{P_2}{P_1}\right)^{R/\overline{C}_P}$$

19-18 证明：对于理想气体的绝热膨胀过程，有

$$P_1V_1^{(\overline{C}_V+R)/\overline{C}_V}=P_2V_2^{(\overline{C}_V+R)/\overline{C}_V}$$

并证明对于单原子气体，此公式可简化为式(19.23)。

19-19 计算 1 mol 单原子理想气体在 298 K 时从 10.00 bar 绝热可逆膨胀至 5.00 bar 所做的功。

19-20 298 K 时，一定量的 $N_2(g)$ 从体积 $20.0\ \text{dm}^3$ 绝热可逆压缩至 $5.00\ \text{dm}^3$。假设气体是理想的，求 $N_2(g)$ 的终态温度。取 $\overline{C}_V=5R/2$。

19-21 298 K 时，一定量的 $CH_4(g)$ 从 50.0 bar 绝热可逆压缩到 200 bar。假设气体是理想的，求 $CH_4(g)$ 的终态温度。取 $\overline{C}_V=3R$。

19-22 1 mol 乙烷在 1 atm 的定压下从 25 ℃加热到 1200 ℃，计算该过程的 $w,q,\Delta U$ 和 ΔH。假设理想行为，在上述温区内乙烷的摩尔热容为

$$\overline{C}_P/R=0.06436+(2.137\times10^{-2}\ \text{K}^{-1})/T-(8.263\times10^{-6}\ \text{K}^{-2})T^2+(1.024\times10^{-9}\ \text{K}^{-3})T^3$$

如果是定容过程，重复上述计算。

19-23 在 25 ℃和 1 bar 条件下，下列反应的 Δ_rH° 为 +290.8 kJ。

$$2ZnO(s)+2S(s)\longrightarrow2ZnS(s)+O_2(g)$$

假设理想行为，计算该反应的 Δ_rU°。

19-24 液态钠被认为是一种发动机冷却剂。如果钠的温度升高不超过 10 ℃，需要多少克钠才能吸收 1.0 MJ 的热量？对 Na(l) 和 $H_2O(l)$，分别取 $\overline{C}_P=30.8\ \text{J}\cdot\text{K}^{-1}\cdot\text{mol}^{-1}$ 和 $75.2\ \text{J}\cdot\text{K}^{-1}\cdot\text{mol}^{-1}$。

19-25 将 363 K 的 25.0 g 铜样品放入 293 K 的 100.0 g 水中，通过从铜到水的热传递过程，铜和水很快达到相同的温度。计算水的最终温度。已知铜的摩尔热容为 $24.5\ \text{J}\cdot\text{K}^{-1}\cdot\text{mol}^{-1}$，水的摩尔热容为 $75.2\ \text{J}\cdot\text{K}^{-1}\cdot\text{mol}^{-1}$。

19-26 10.0 kg 的液态水用于冷却发动机。当水的温度从 293 K 升高到 373 K 时，计算其从发动机中吸走的热量(以焦耳为单位)。取 $H_2O(l)$ 的 $\overline{C}_P=75.2\ \text{J}\cdot\text{K}^{-1}\cdot\text{mol}^{-1}$。

19-27 本题中，我们将推导出 C_P 和 C_V 之间的普遍关系。从 $U=U(P,T)$ 出发，写出

$$\text{d}U=\left(\frac{\partial U}{\partial P}\right)_T\text{d}P+\left(\frac{\partial U}{\partial T}\right)_P\text{d}T \tag{1}$$

我们也可以将 V 和 T 看成 U 的独立变量，从而写出：

$$\text{d}U=\left(\frac{\partial U}{\partial V}\right)_T\text{d}V+\left(\frac{\partial U}{\partial T}\right)_V\text{d}T \tag{2}$$

现在，取 $V=V(P,T)$，将 $\text{d}V$ 的表达式代入式(2)，得到

$$\text{d}U=\left(\frac{\partial U}{\partial V}\right)_T\left(\frac{\partial V}{\partial P}\right)_T\text{d}P+\left[\left(\frac{\partial U}{\partial V}\right)_T\left(\frac{\partial V}{\partial T}\right)_P+\left(\frac{\partial U}{\partial T}\right)_V\right]\text{d}T$$

将此结果与式(1)比较，可得到

$$\left(\frac{\partial U}{\partial P}\right)_T=\left(\frac{\partial U}{\partial V}\right)_T\left(\frac{\partial V}{\partial P}\right)_T \tag{3}$$

和

$$\left(\frac{\partial U}{\partial T}\right)_P=\left(\frac{\partial U}{\partial V}\right)_T\left(\frac{\partial V}{\partial T}\right)_P+\left(\frac{\partial U}{\partial T}\right)_V \tag{4}$$

最后，将 $U=H-PV$ 代入式(4)的左边，并使用 C_V 和 C_P 的定义式，得到

$$C_P-C_V=\left[P+\left(\frac{\partial U}{\partial V}\right)_T\right]\left(\frac{\partial V}{\partial T}\right)_P$$

证明：如果 $(\partial U/\partial V)_T=0$，跟理想气体情形一样，有 $C_P-C_V=nR$。

19-28 接习题 19-27，证明：

$$C_P-C_V=\left[V-\left(\frac{\partial H}{\partial P}\right)_T\right]\left(\frac{\partial P}{\partial T}\right)_V$$

19-29 从 $H=U+PV$ 出发，证明：

$$\left(\frac{\partial U}{\partial T}\right)_P=C_P-P\left(\frac{\partial V}{\partial T}\right)_P$$

给出这个结果的物理解释。

19-30 已知对于理想气体，有 $(\partial U/\partial V)_T=0$，证明：理想气体的 $(\partial H/\partial V)_T=0$。

19-31 已知对于理想气体，有 $(\partial U/\partial V)_T=0$，证明：理想气体的 $(\partial C_V/\partial V)_T=0$。

19-32 如果$(\partial H/\partial P)_T=0$(这对理想气体是成立的),证明:$C_P-C_V=nR$。

19-33 在恒温下将$H=U+PV$对V求导,证明:对于理想气体,有$(\partial H/\partial V)_T=0$。

19-34 钠的相关数据如下:熔点为361 K;沸点为1156 K;$\Delta_{fus}H^\circ=2.60\ \mathrm{kJ\cdot mol^{-1}}$;$\Delta_{vap}H^\circ=97.4\ \mathrm{kJ\cdot mol^{-1}}$;$\overline{C}_P(\mathrm{s})=28.2\ \mathrm{J\cdot mol^{-1}\cdot K^{-1}}$;$\overline{C}_P(\mathrm{l})=32.7\ \mathrm{J\cdot mol^{-1}\cdot K^{-1}}$;$\overline{C}_P(\mathrm{g})=20.8\ \mathrm{J\cdot mol^{-1}\cdot K^{-1}}$。绘制钠的$\overline{H}(T)-\overline{H}(0)$与$T$的关系图。

19-35 下列反应的Δ_rH°值为

$$2\mathrm{Fe(s)}+\frac{3}{2}\mathrm{O_2(g)}\longrightarrow \mathrm{Fe_2O_3(s)}\quad \Delta_rH^\circ=-206\ \mathrm{kJ\cdot mol^{-1}}$$

$$3\mathrm{Fe(s)}+2\mathrm{O_2(g)}\longrightarrow \mathrm{Fe_3O_4(s)}\quad \Delta_rH^\circ=-136\ \mathrm{kJ\cdot mol^{-1}}$$

用这些数据计算下面这个反应的Δ_rH值:

$$4\mathrm{Fe_2O_3(s)}+\mathrm{Fe(s)}\longrightarrow 3\,\mathrm{Fe_3O_4(s)}$$

19-36 根据下列反应数据

$$\frac{1}{2}\mathrm{H_2(g)}+\frac{1}{2}\mathrm{F_2(g)}\longrightarrow \mathrm{HF(g)}\quad \Delta_rH^\circ=-273.3\ \mathrm{kJ\cdot mol^{-1}}$$

$$\mathrm{H_2(g)}+\frac{1}{2}\mathrm{O_2(g)}\longrightarrow \mathrm{H_2O(l)}\quad \Delta_rH^\circ=-285.8\ \mathrm{kJ\cdot mol^{-1}}$$

计算下列反应的Δ_rH值:

$$2\mathrm{F_2(g)}+2\mathrm{H_2O(l)}\longrightarrow 4\mathrm{HF(g)}+\mathrm{O_2(g)}$$

19-37 同分异构体间二甲苯和对二甲苯的标准摩尔燃烧焓分别为$-4553.9\ \mathrm{kJ\cdot mol^{-1}}$和$-4556.8\ \mathrm{kJ\cdot mol^{-1}}$。利用这些数据,结合Hess定律,计算下列反应的$\Delta_rH^\circ$值:

间二甲苯⟶对二甲苯

19-38 已知1.00 mol果糖在298.15 K时燃烧反应$\mathrm{C_6H_{12}O_6(s)}+6\mathrm{O_2(g)}\longrightarrow 6\mathrm{CO_2(g)}+6\mathrm{H_2O(l)}$的$\Delta_rH^\circ=-2826.7$ kJ,结合表19.2中的Δ_fH°数据,计算298.15 K时果糖的Δ_fH°值。

19-39 利用表19.2中的Δ_fH°数据,计算下列燃烧反应的Δ_cH°值:

(a) $\mathrm{CH_3OH(l)}+\frac{3}{2}\mathrm{O_2(g)}\longrightarrow \mathrm{CO_2(g)}+2\mathrm{H_2O(l)}$

(b) $\mathrm{N_2H_4(l)}+\mathrm{O_2(g)}\longrightarrow \mathrm{N_2(g)}+2\mathrm{H_2O(l)}$

比较每克燃料$\mathrm{CH_3OH(l)}$和$\mathrm{N_2H_4(l)}$的燃烧热。

19-40 利用表19.2中的数据,计算298 K时汽化1.00 mol $\mathrm{CCl_4(l)}$所需的热量。

19-41 利用表19.2中Δ_fH°的数据,计算下列反应的Δ_rH°值,并说明反应是吸热的还是放热的。

(a) $\mathrm{C_2H_4(g)}+\mathrm{H_2O(l)}\longrightarrow \mathrm{C_2H_5OH(l)}$

(b) $\mathrm{CH_4(g)}+4\mathrm{Cl_2(g)}\longrightarrow \mathrm{CCl_4(l)}+4\mathrm{HCl(g)}$

19-42 用以下数据计算298 K时水的$\Delta_{vap}H^\circ$值,并与表19.2中的数据进行比较。$\Delta_{vap}H^\circ(373\ \mathrm{K})=40.7\ \mathrm{kJ\cdot mol^{-1}}$;$\overline{C}_P(\mathrm{l})=75.2\ \mathrm{J\cdot K^{-1}\cdot mol^{-1}}$;$\overline{C}_P(\mathrm{g})=33.6\ \mathrm{J\cdot K^{-1}\cdot mol^{-1}}$。

19-43 利用以下数据和表19.2中的数据,计算1273 K时水煤气反应$\mathrm{C(s)}+\mathrm{H_2O(g)}\longrightarrow \mathrm{CO(g)}+\mathrm{H_2(g)}$的标准反应焓。假设气体在这些条件下为理想气体。

$$\overline{C}_P^\circ[\mathrm{CO(g)}]/R=3.231+(8.379\times10^{-4}\ \mathrm{K^{-1}})T-(9.86\times10^{-8}\mathrm{K^{-2}})T^2$$

$$\overline{C}_P^\circ[\mathrm{H_2(g)}]/R=3.496+(1.006\times10^{-4}\mathrm{K^{-1}})T+(2.42\times10^{-7}\mathrm{K^{-2}})T^2$$

$$\overline{C}_P^\circ[\mathrm{H_2O(g)}]/R=3.652+(1.156\times10^{-3}\mathrm{K^{-1}})T+(1.42\times10^{-7}\mathrm{K^{-2}})T^2$$

$$\overline{C}_P^\circ[\mathrm{C(s)}]/R=-0.6366+(7.049\times10^{-3}\mathrm{K^{-1}})T-(5.20\times10^{-6}\mathrm{K^{-2}})T^2+(1.38\times10^{-9}\mathrm{K^{-3}})T^3$$

19-44 298 K时$\mathrm{CO_2(g)}$的标准摩尔生成焓为$-393.509\ \mathrm{kJ\cdot mol^{-1}}$。用下列数据计算其在1000 K时的$\Delta_fH^\circ$值。假设气体在这些条件下表现出理想气体行为。

$$\overline{C}_P^\circ[\mathrm{CO_2(g)}]/R=2.593+(7.661\times10^{-3}\mathrm{K^{-1}})T-(4.78\times10^{-6}\mathrm{K^{-2}})T^2+(1.16\times10^{-9}\mathrm{K^{-3}})T^3$$

$$\overline{C}_P^\circ[\mathrm{O_2(g)}]/R=3.094+(1.561\times10^{-3}\mathrm{K^{-1}})T-(4.65\times10^{-7}\mathrm{K^{-2}})T^2$$

$$\overline{C}_P^\circ[\mathrm{C(s)}]/R=-0.6366+(7.049\times10^{-3}\mathrm{K^{-1}})T-(5.20\times10^{-6}\mathrm{K^{-2}})T^2+(1.38\times10^{-9}\mathrm{K^{-3}})T^3$$

19-45 反应$\mathrm{CH_4(g)}+2\mathrm{O_2(g)}\longrightarrow \mathrm{CO_2(g)}+2\mathrm{H_2O(g)}$在298 K时的标准反应焓为$-802.2$ kJ。利用习题19-43和习题19-44中的热容数据,以及

$$\overline{C}_P^\circ[\mathrm{CH_4(g)}]/R=2.099+(7.272\times10^{-3}\mathrm{K^{-1}})T+(1.34\times10^{-7}\mathrm{K^{-2}})T^2-(8.66\times10^{-10}\mathrm{K^{-3}})T^3$$

导出在300~1500 K之间任一温度下Δ_rH°值的一般式。假设气体在此条件下为理想气体。

19-46 到目前为止,在所有的计算中,我们假设反应都是在恒定温度下进行的,所以任何以热的形式产生的能量都被环境吸收了。然而,如果假设反应是在绝热条件下进行的,则所有以热的形式释放的能量都将留在系统内。在这种情况下,系统的温度会升高,最终的温度称为**绝热火焰温度**(adiabatic flame temperature)。估算这个温度的一种相对简单的方法是假设反应发生在反应物的初始温度,然后通过Δ_rH°来确定产物可以升高到什么温度。计算在298 K的初始温度下1 mol $\mathrm{CH_4(g)}$在2 mol $\mathrm{O_2(g)}$中燃烧的绝热火焰温度。使用上一题的结果。

19-47 解释为什么在上一题中定义的绝热火焰温度也称为最高火焰温度。

19-48 在 1.00 bar 下，为了将 2.00 mol 的 $O_2(g)$ 的温度从 298 K 升高到 1273 K，需要多少热量？取 $\overline{C}_P[O_2(g)]/R = 3.094 + (1.561\times10^{-3}\text{K}^{-1})T - (4.65\times10^{-7}\text{K}^{-2})T^2$。

19-49 当 1 mol 理想气体被绝热压缩到原来体积的一半时，该气体的温度从 273 K 上升到 433 K。假设 $\overline{C}_V$ 与温度无关，计算该气体的 $\overline{C}_V$ 值。

19-50 在 273 K 时将 1 mol $CO_2(g)$ 从 0.100 dm^3 等温膨胀到 100 dm^3，用 van der Waals 方程计算该过程所需的最小功。将结果与假设 $CO_2(g)$ 是理想气体的计算结果进行比较。

19-51 证明：1 mol 理想气体的可逆绝热变化所做的功可由下式计算：

$$w = \overline{C}_V T_1\left[\left(\frac{P_2}{P_1}\right)^{R/\overline{C}_P} - 1\right]$$

式中 T_1 为初始温度，P_1 和 P_2 分别为初始压力和终态压力。

19-52 在本题中，我们将讨论一个著名的实验——**焦耳-汤姆孙实验**（Joule - Thomson experiment）。在 19 世纪上半叶，焦耳试图测量气体真空膨胀时的温度变化。然而，由于实验装置不够灵敏，他发现在误差范围内没有温度变化。不久之后，焦耳和汤姆孙设计了一种更灵敏的方法来测量膨胀时的温度变化。在他们的实验中（见图 19.11），施加一个恒定压力 P_1，使一定量的气体从一个腔室通过一个丝绸或棉花的多孔塞缓慢地流到另一个腔室。如果将体积为 V_1 的气体推过多孔塞，对气体所做的功为 P_1V_1。多孔塞另一侧的压力维持在 P_2，如果体积 V_2 的气体进入右边的腔室，那么净的功是

$$w = P_1V_1 - P_2V_2$$

装置构造确保整个过程是绝热的，所以 $q=0$。用热力学第一定律证明：在 Joule - Thomson 膨胀过程中有

$$U_2 + P_2V_2 = U_1 + P_1V_1$$

或者

$$\Delta H = 0$$

从下式开始：

$$dH = \left(\frac{\partial H}{\partial P}\right)_T dP + \left(\frac{\partial H}{\partial T}\right)_P dT$$

证明：

$$\left(\frac{\partial T}{\partial P}\right)_H = -\frac{1}{C_P}\left(\frac{\partial H}{\partial P}\right)_T$$

从物理角度解释上式左边的偏微分。这个量称为**焦耳-汤姆孙系数**（Joule - Thomson coefficient），用 μ_{JT} 表示。在习题 19-54 中，将证明对于理想气体，μ_{JT} 等于零。非零的 $(\partial T/\partial P)_H$ 直接反映了分子间的相互作用。大多数气体在膨胀时冷却[$(\partial T/\partial P)_H$ 为正值]，Joule - Thomson 膨胀可用来液化气体。

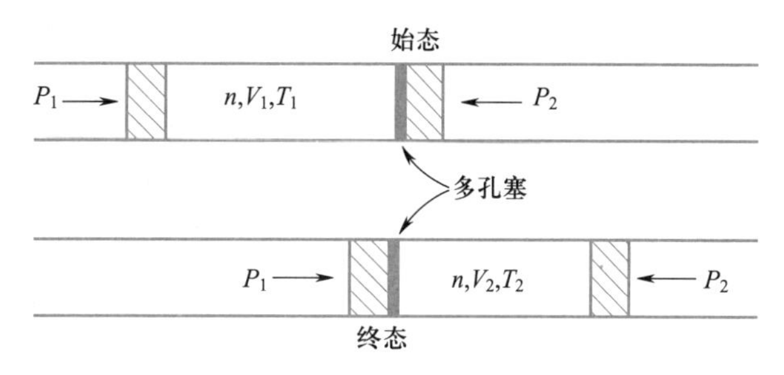

图 19.11 Joule - Thomson 实验的示意图。

19-53 Joule - Thomson 系数（习题 19-52）取决于温度和压力。假设 $N_2(g)$ 的 μ_{JT} 平均恒定值为 0.15 K · bar^{-1}，计算 $N_2(g)$ 的压力下降 200 bar 后的温度下降值。

19-54 证明：Joule - Thomson 系数（习题 19-52）可写为

$$\mu_{JT} = \left(\frac{\partial T}{\partial P}\right)_H = -\frac{1}{C_P}\left[\left(\frac{\partial U}{\partial V}\right)_T\left(\frac{\partial V}{\partial P}\right)_T + \left(\frac{\partial (PV)}{\partial P}\right)_T\right]$$

对于理想气体，证明其 $(\partial T/\partial P)_H = 0$。

19-55 使用刚性转子-谐振子模型和表 18.2 中的数据，绘制 CO(g) 从 300 K 到 1000 K 温区的 $\overline{C}_P(T)$。将结果与习题 19-43 中的表达式进行比较。

19-56 使用刚性转子-谐振子模型和表 18.4 中的数据，绘制 $CH_4(g)$ 从 300 K 到 1000 K 温区的 $\overline{C}_P(T)$。将结果与习题 19-45 中的表达式进行比较。

19-57 为什么绝热可逆过程的温度对体积的依赖关系[见式(19.22)和例 19.6]取决于气体是单原子气体还是多原子气体？

习题参考答案

数学章节J　二项式分布与斯特林近似

在下一章中，我们将学习熵，一个具有分子解释的、度量系统无序程度的热力学状态函数。为实现该目的，我们必须将系统的无序程度定量化。我们将遇到的一个问题是，确定有多少种方式来排列 N 个可区分物体，使得第一组有 n_1 个物体，第二组有 n_2 个物体，以此类推，以满足

$$n_1+n_2+n_3+\cdots=N$$

即所有物体都被计算在内。这个问题实际上是一个非常标准的统计学问题。

我们首先解决将 N 个可区分物体分成两组的问题，然后将得到的结果推广到任意数量的分组。首先计算 N 个可区分物体的排列数，即排列 N 个可区分物体的可能的不同方式数目。选择 N 个物体中的一个，将其放置在第一个位置，然后选择剩下的 $N-1$ 个物体中的一个，将其放置在第二个位置，以此类推，直到 N 个物体全部被排列好。显然，第一个位置有 N 种选择，第二个位置有 $N-1$ 种选择，以此类推，直到最后一个位置只剩下一个物体可选。进行这种排列的方式的总数目是所有选择的乘积：

$$N(N-1)(N-2)\cdots(2)(1)=N!$$

接下来，我们计算将 N 个可区分物体分成两组的方式数，其中一组包含 N_1 个物体，另一组包含剩下的 $N-N_1=N_2$ 个物体。组成第一组的方式数为

$$\underbrace{N(N-1)\cdots(N-N_1+1)}_{N_1\text{项}}$$

注意到

$$N!=N(N-1)\cdots(N-N_1+1)\times(N-N_1)!$$

因此，这个乘积可以写成更方便的形式：

$$N(N-1)(N-2)\cdots(N-N_1+1)=\frac{N!}{(N-N_1)!}\qquad(\text{J.1})$$

形成第二组的方式数是 $N_2!=(N-N_1)!$。你可能会认为总的排列数是两个因子[即 $N!/(N-N_1)!$ 和 $N_2!$]的乘积，但这个乘积在统计上严重超过实际情形，因为在第一组中的 N_1 个物体和第二组中的 N_2 个物体的排列中，其顺序对于所述问题来说不重要。第一组的 $N_1!$ 种排序和第二组的 $N_2!$ 种排序对应于将 N 个可区分物体分成包含 N_1 和 N_2 个物体的两组的情形。因此，我们将 $N!/(N-N_1)!$ 和 $N_2!$ 的乘积除以 $N_1!$ 和 $N_2!$，得到

$$W(N_1,N_2)=\frac{N!}{(N-N_1)!N_1!}=\frac{N!}{N_1!N_2!}\qquad(\text{J.2})$$

在这里，我们用 $W(N_1,N_2)$ 表示所得结果（习题 J-12 证明 $0!=1$）。

» 例题 J-1 使用式(J.2)计算将四个可区分物体排列成分别为三个物体和一个物体的两组的方式数。通过显式枚举法验证你的结果。

» 解　物体总数 $N=4$，分成两组，$N_1=3$，$N_2=1$，根据式(J.2)，可得

$$W(3,1)=\frac{4!}{3!1!}=4$$

如果用 a,b,c 和 d 表示四个可区分物体，则这四种排列方式分别为 $abc:d$，$abd:c$，$acd:b$ 和 $bcd:a$。没有其他的排列方式。

式(J.2)中的组合因子称为二项式系数，因为二项式 $(x+y)^N$ 的展开式由下式给出：

$$(x+y)^N=\sum_{N_1=0}^{N}\frac{N!}{N_1!(N-N_1)!}x^{N_1}y^{N-N_1}\qquad(\text{J.3})$$

例如

$$(x+y)^2=x^2+2xy+y^2=\sum_{N_1=0}^{2}\frac{2!}{N_1!(2-N_1)!}x^{N_1}y^{2-N_1}$$

$$(x+y)^3=x^3+3x^2y+3xy^2+y^3=\sum_{N_1=0}^{3}\frac{3!}{N_1!(3-N_1)!}x^{N_1}y^{3-N_1}$$

式(J.3)可写成更对称的形式：

$$(x+y)^N=\sum_{N_1=0}^{N}\sum_{N_2=0}^{N}{}^{*}\frac{N!}{N_1!N_2!}x^{N_1}y^{N_2}\qquad(\text{J.4})$$

式中求和符号上的星号“*”表示只包括满足 $N_1+N_2=N$

的项。二项式展开式的对称公式也建议了下面由式(J.6)给出的多项式展开式的形式。简单的数值例子可证实式(J.3)和式(J.4)是等价的。

将式(J.2)推广到将 N 个可区分物体分成 r 组，第一组包含 N_1 个物体，第二组包含 N_2 个物体，以此类推，得到

$$W(N_1,N_2,\cdots,N_r)=\frac{N!}{N_1!N_2!\cdots N_r!} \tag{J.5}$$

式中 $N_1+N_2+\cdots+N_r=N$。这个量称为多项式系数，它出现在多项式展开式中：

$$(x_1+x_2+\cdots+x_r)^N=\sum_{N_1=0}^{N}\sum_{N_2=0}^{N}\cdots\sum_{N_r=0}^{N}{}^{*}\frac{N!}{N_1!N_2!\cdots N_r!}x_1^{N_1}x_2^{N_2}\cdots x_r^{N_r} \tag{J.6}$$

式中星号表示只包括满足 $N_1+N_2+\cdots+N_r=N$ 的项。请注意，式(J.6)是式(J.4)的直接推广式。

» 例题 J-2　将 10 个可区分物体分成三个组，分别含 2,5 和 3 个物体，计算分配方式数。

» 解　根据式(J.5)，有

$$W(2,5,3)=\frac{10!}{2!5!3!}=2520$$

如果使用式(J.5)来计算将阿伏伽德罗(Avogadro)常数量级的粒子分配到它们的能级的方式数，我们就不得不处理巨大数目的阶乘。即使计算 100!也将是一项巨大的任务，更别说 10^{23}!了，除非有一个很好的近似法来计算 N!。下面介绍一种 N!的近似计算方法，它随着 N 增大而变得更吻合。这种近似法被称为渐近式近似，即随着函数的自参量增加近似越来越好的近似法。

由于 N!是一个乘积，处理 $\ln N!$更方便，因为后者是加和。$\ln N!$的渐近展开式称为斯特林(Stirling)近似，可用如下表达式表示：

$$\ln N!=N\ln N-N \tag{J.7}$$

该式显然比先计算 N!再取其对数的方式更简单。表 J.1 显示了在一系列 N 值时 $\ln N!$与 Stirling 近似的数值对比。可见，随着 N 的增加，吻合度(以相对误差的形式表示)明显改善。

» 例题 J-3　Stirling 近似的一个更精细的版本(在下一章中不是必须要用的)可表示为

$$\ln N!=N\ln N-N+\ln(2\pi N)^{1/2}$$

使用 Stirling 近似的这个版本来计算 $N=10$ 时的 $\ln N!$，求出相对误差并与表 J.1 中相应值进行比较。

» 解　对于 $N=10$，有

$$\ln N!=N\ln N-N+\ln(2\pi N)^{1/2}=15.096$$

使用表 J.1 中 10!的数值，可看到

$$\text{相对误差}=\frac{15.104-15.096}{15.104}=0.0005$$

相对误差明显小于表 J.1 中的值。对于表 J.1 中的其他条目，使用这个拓展版 Stirling 近似的相对误差基本上为零。

表 J.1　$\ln N!$与 Stirling 近似的数值对比。

N	$\ln N!$	$N\ln N-N$	相对误差*
10	15.104	13.026	0.1376
50	148.48	145.60	0.0194
100	363.73	360.52	0.0089
500	2611.3	2607.3	0.0015
1000	5912.1	5907.7	0.0007

* 相对误差 $=(\ln N!-N\ln N+N)/\ln N!$。

Stirling 近似的证明并不困难。因为 N!可以表示为 $N!=N(N-1)(N-2)\cdots(2)(1)$，$\ln N!$可以表示为

$$\ln N!=\sum_{n=1}^{N}\ln n \tag{J.8}$$

图 J.1 显示了 $\ln x$ 相对于 x 为整数的曲线。根据式(J.8)，在图 J.1 中，直至 N 的所有矩形面积之和是 $\ln N!$。图 J.1 还显示了在同一图上绘制的 $\ln x$ 的连续曲线。因此，$\ln x$ 被看作矩形的包络线，随着 x 的增加，矩形越来越平滑地逼近这个包络线。因此，可以用 $\ln x$ 的积分来估算这些矩形的面积。在开始时，$\ln x$ 曲线下方的面积只能粗略地接近这些矩形的面积。如果 N 足够大(我们正在推导一个渐近展开式)，起始阶段的偏差对总面积的贡献可以忽略不计。因此，可以写出：

$$\ln N!=\sum_{n=1}^{N}\ln n\approx\int_1^N\ln x\mathrm{d}x=N\ln N-N\quad(N\text{ 很大}) \tag{J.9}$$

这就是 $\ln N!$的 Stirling 近似。在式(J.9)中，下限也可以取为 0，因为 N 很大。(请记住，当 $x\to0$ 时，$x\ln x\to0$。)在接下来的几章中，我们将经常使用 Stirling 近似。

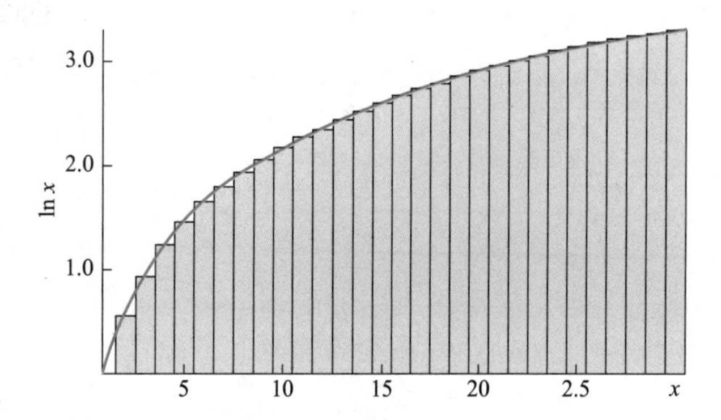

图 J.1　$\ln x$-x 曲线。N 个矩形的面积之和为 $\ln N!$。

练习题

J-1 使用式(J.3)写出$(1+x)^5$的展开式。使用式(1.4)做同样的展开。

J-2 利用式(J.6),写出$(x+y+z)^2$的展开式。将结果与$(x+y+z)$与$(x+y+z)$乘积进行比较。

J-3 利用式(J.6),写出$(x+y+z)^4$的展开式。将结果与练习题J-2中$(x+y+z)^2$与它自身的乘积进行比较。

J-4 字母a,b,c的排列方式有多少种?

J-5 $(1+x)^n$的展开式系数可用以下形式排列:

n										
0						1				
1					1		1			
2				1		2		1		
3			1		3		3		1	
4		1		4		6		4		1

从一行到另一行,你能看到规律吗?这里的三角形排列称为帕斯卡(Pascal)三角形。

J-6 从九个人中选举出一个三人委员会,有多少种方式?

J-7 使用例题J-3中给出的Stirling近似公式,计算$N=50$时的相对误差,并将结果与使用式(J.7)在表1.1中给出的结果进行比较。取$\ln N!$为148.47776(《CRC化学和物理手册》)。

J-8 证明:当$x\to 0$时,$x\ln x\to 0$。

J-9 证明:当$N_1=N/2$时,$W(N,N_1)=N!/(N-N_1)!N_1!$有最大值。(提示:将N_1看作一个连续变量。)

J-10 证明:当$N_1=N_2=\cdots=N_r=N/r$时,式(J.5)中的$W(N_1,N_2,\cdots,N_r)$有最大值。

J-11 证明:

$$\sum_{k=0}^{N}\frac{N!}{k!\ (N-k)!}=2^N$$

J-12 我们已定义的$n!$仅是针对n的正整数值。现在,考虑由下式定义的x的函数:

$$\Gamma(x)=\int_0^{+\infty}t^{x-1}\mathrm{e}^{-t}\mathrm{d}t \tag{1}$$

分部积分(令$u=t^{x-1}$,$\mathrm{d}v=\mathrm{e}^{-t}\mathrm{d}t$),得

$$\Gamma(x)=(x-1)\int_0^{+\infty}t^{x-2}\mathrm{e}^{-t}\mathrm{d}t=(x-1)\Gamma(x-1) \tag{2}$$

使用式(2)证明:当x为正整数时,$\Gamma(x)=(x-1)!$。尽管式(2)提供了一个当x取整数值时其值等于$(n-1)!$的一般性函数式,但它同样适用于非整数值。例如,证明$\Gamma(3/2)$(在某种意义上等于$\frac{1}{2}!$)等于$\pi^{1/2}/2$。式(1)也可以用来解释为什么$0!=1$。令式(1)中的$x=1$,证明$\Gamma(1)$(可写为$0!$)等于1。由式(1)定义的函数$\Gamma(x)$称为**伽马函数**(gamma function),由欧拉引入,以将阶乘的概念推广到一般的n值。伽马函数出现在化学和物理学的许多问题中。

练习题参考答案

熵与热力学第二定律

▶ **科学家介绍**

在本章中，我们将引入并阐述熵的概念。我们将看到仅考虑能量不足以预测一个过程或化学反应自发发生的方向。我们将证明处于非平衡状态的孤立系统会朝着无序性增加的方向演变，随后将引入一个称为熵的热力学状态函数，它提供了系统无序性的定量度量。热力学第二定律的一个表述是，作为孤立系统中任何自发(不可逆)过程的结果，其熵总是增加的，热力学第二定律决定系统朝着平衡状态演变的方向。在本章的后半部分，我们将从配分函数的角度给出熵的定量的分子定义。

20-1 单凭能量的变化不足以确定自发过程的方向

多年来，科学家们一直在思考为什么有些反应或过程能自发进行，有些则不能自发进行。我们都知道，在适当的条件下铁会生锈，物体不会自发地除锈；氢气和氧气会爆炸式反应形成水，但通过电解输入能量才能将水分解成氢气和氧气。有一段时间，科学家们相信：放热或者释放能量是一个反应或过程能够自发进行的判据。这种观念源于放热反应的产物比反应物具有更低的能量或焓的事实。毕竟，球确实会滚下山坡，相异的电荷确实会互相吸引。事实上，量子力学的变分原理(见第 7-1 节)基于系统将总是寻求其最低能量状态的事实，而力学系统按照能使其能量最小化的方式演变。

下面来看图 20.1 中的情况，其中一个灯泡中含有可视为理想的某种低压气体，而另一个灯泡是抽空的。当打开它们之间的旋塞使两个灯泡连通时，气体将膨胀到抽空的灯泡中，直到两个灯泡中的压力相等，此时系统将

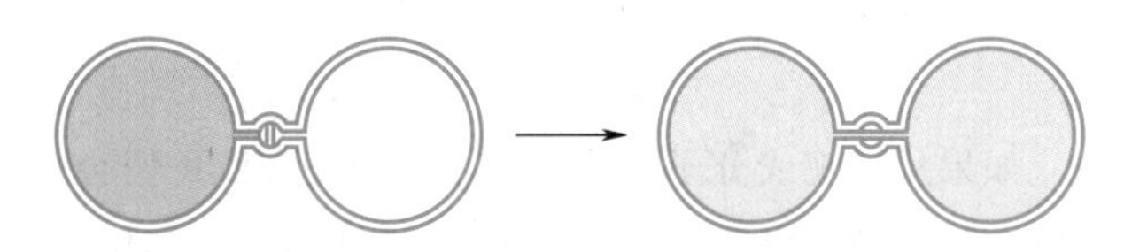

图 20.1 通过旋塞连接的两个灯泡。开始时，一个灯泡中有诸如溴的有色气体，而另一个灯泡则被抽空。当中间的旋塞被打开，溴占据两个灯泡，其压力均匀，可以从均匀的颜色看出来。

处于平衡状态。然而，对该实验的热过程进行仔细测定，结果显示 ΔU 和 ΔH 基本上都为零。此外，没有外力帮助的相反过程从未被观察到。即气体不会自发地只占据容器的一部分，而使另一部分成为真空。

另一个不放热的自发过程的例子如图 20.2 所示，两种纯气体用旋塞分开，当打开旋塞时，两种气体混合并均匀分布在两个灯泡中，最终系统处于平衡状态。可以再次看到，在该过程中 ΔU 或 ΔH 值基本为零。此外，从未观察到相反的过程，即气体混合物不会自发分离。

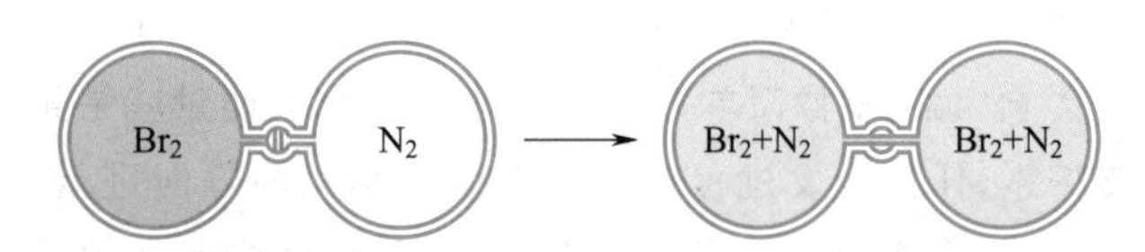

图 20.2 两个灯泡用旋塞连接。开始时，每个灯泡都被纯气体占据，例如溴和氮气。当打开旋塞使两个灯泡连通时，两种气体均匀混合，每个灯泡含有相同的均匀混合物。

现实中有许多自发的吸热过程。一个自发吸热过程的简单例子是在温度高于 0 ℃时冰的熔化。当温度在0 ℃附近时，该自发过程的 $\Delta_{fus}H^{\circ}$ 值等于 +6.0 kJ · mol^{-1}。一个特别有趣的吸热化学反应是氢氧化钡 $Ba(OH)_2(s)$ 与硝酸铵 $NH_4NO_3(s)$ 的反应：

$$Ba(OH)_2(s) + 2NH_4NO_3(s) \longrightarrow Ba(NO_3)_2(s) + 2H_2O(l) + 2NH_3(aq)$$

在试管中按化学计量比混合这两种试剂，所吸收的能量可使系统冷却到 −20 ℃以下。

这些例子以及许多其他例子表明，自发过程具有方向性，不能用热力学第一定律来解释。当然，每个过程都遵守热力学第一定律，但是热力学第一定律无法解释为什么这些过程会朝着某个方向自发发生，而其反向过程却不会自发发生。尽管力学系统倾向于达到最低能量的状态，但显然还涉及一些我们尚未讨论的其他因素。

20－2 非平衡孤立系统朝着无序度增加的方向演变

如果从微观或分子角度来审视上述过程，我们会发现每个过程都涉及系统无序度或随机性的增加。例如，在图20.1中，终态的气体分子能够在一个体积为其初始体积两倍的空间中移动。在某种意义上，定位终态的任一气体分子要比定位始态的任一分子困难两倍。回顾前文可知，随容器体积的增加，可及平动状态数也增加（见习题18－42）。类似的结论也适用于两种气体的混合。不仅每种气体分布在一个更大的空间中，而且它们还混合在一起。显然，最终（混合）状态比初始（分离）状态更无序。在温度高于0℃时冰的熔化也涉及无序度的增加。固体的分子图像是其组成粒子的有序晶格阵列，而液体的分子图像则是一个更随机的排列，这直接意味着冰的熔化涉及无序度的增加。

这些例子表明，系统不仅自发地沿着降低能量的某个方向演变，而且还寻求增加其无序度。在能量最小化趋势和无序度最大化趋势之间存在竞争。如果无序度不是影响因素，就像简单力学系统的情形，那么能量就是关键因素，任何自发过程都沿着能量最小化的方向进行。然而，如果能量不是影响因素，例如两种气体混合的情形，那么无序度就是关键因素，任何自发过程都朝着无序度最大化的方向进行。总之，必须在降低能量和增加无序度之间找到某种折中方案。

我们需要设计某种特定的性质，将无序度的概念放在一个有用、定量的基础之上。就像能量一样，我们希望这个性质是状态函数，因为这样它将成为系统状态的性质，而不是其先前历史的性质。因此，我们将排除热，尽管以热的形式传递给系统的能量确实增加了其无序度。为了尝试找出一个合适的函数，简单起见，让我们考虑当理想气体的温度和体积发生小的可逆变化时所涉及的热传递。根据第一定律［式(19.9)］，可得

$$\delta q_{\text{rev}} = \mathrm{d}U - \delta w_{\text{rev}} = C_V(T)\,\mathrm{d}T + P\mathrm{d}V$$

$$= C_V(T)\,\mathrm{d}T + \frac{nRT}{V}\mathrm{d}V \qquad (20.1)$$

例题19－4告诉我们，δq_{rev}不是状态函数。从数学角度来看，这意味着式(20.1)的右侧不是一个恰当微分；换句话说，它不能被写成T和V的某个函数的偏微分（参见数学章节H）。然而，第一项可以写成T的某个函数的导数，因为对于理想气体，C_V仅是温度的函数。因此，$C_V(T)\mathrm{d}T$可以写为

$$C_V(T)\,\mathrm{d}T = \mathrm{d}\left[\int C_V(T)\,\mathrm{d}T + C\right]$$

式中C为一常数。第二项不能写成偏微分式，意味着

$$\frac{nRT}{V}\mathrm{d}V \neq \mathrm{d}\left(\int \frac{nRT}{V}\mathrm{d}V + C\right)$$

因为T依赖于V。它实际上是一个与功有关的项，因此w_{rev}的计算与路径有关。然而，如果将式(20.1)除以T，可以得到一个有意思的结果：

$$\frac{\delta q_{\text{rev}}}{T} = \frac{C_V(T)\,\mathrm{d}T}{T} + \frac{nR}{V}\mathrm{d}V \qquad (20.2)$$

注意到现在$\delta q_{\text{rev}}/T$是一个恰当微分。等式右边可以写成如下形式：

$$\mathrm{d}\left[\int \frac{C_V(T)}{T}\mathrm{d}T + nR\int \frac{\mathrm{d}V}{V} + C\right]$$

因此，$\delta q_{\text{rev}}/T$是T和V的某个状态函数的微分式（见数学章节H）。如果我们用S来表示这个状态函数，则式(20.2)可写为

$$\mathrm{d}S = \frac{\delta q_{\text{rev}}}{T} \qquad (20.3)$$

请注意，通过乘以$1/T$，非恰当微分δq_{rev}已经被转变为恰当微分。从数学角度来看，我们说$1/T$是δq_{rev}的**积分因子**（integrating factor）。

我们把在此描述的状态函数S称为**熵**（entropy）。由于熵是状态函数，对于一个循环过程，即终态与始态相同的过程，有$\Delta S = 0$。我们可以用数学表达式来表示这个概念，即

$$\oint \mathrm{d}S = 0 \qquad (20.4)$$

式中积分符号上的圆圈表示这是一个循环过程。根据式(20.3)，我们还可以写出：

$$\oint \frac{\delta q_{\text{rev}}}{T} = 0 \qquad (20.5)$$

式(20.5)表达了一个事实，即$\delta q_{\text{rev}}/T$是状态函数的微分。尽管我们只在理想气体情况下证明了式(20.5)，但它是普遍正确的（见习题20－5）。

20-3 与可逆热效应 q_{rev} 不同，熵是一个状态函数

在之前的章节中,我们计算了在相同始态和终态之间发生的两个过程所做的可逆功和可逆热(图 20.3)。第一个过程涉及理想气体从(P_1,V_1,T_1)等温可逆膨胀到(P_2,V_2,T_2)(路径 A)。对于这个过程[参考式(19.12)和式(19.13)],有

$$\delta q_{rev,A}=\frac{nRT_1}{V}dV \tag{20.6}$$

因此

$$q_{rev,A}=nRT_1\ln\frac{V_2}{V_1}$$

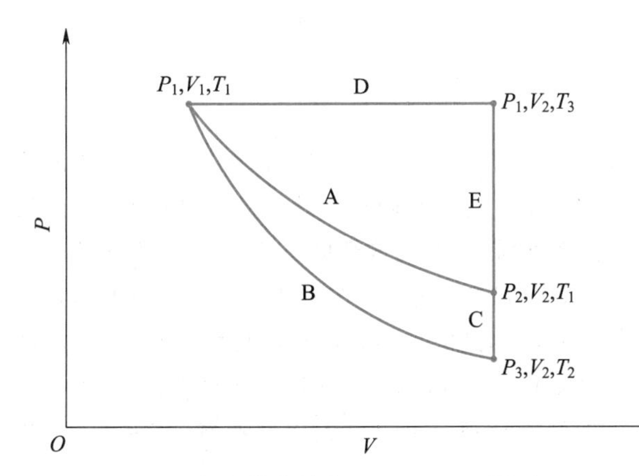

图 20.3 理想气体从始态(P_1,V_1,T_1)到终态(P_2,V_2,T_1)的三条不同路径(A,B+C 和 D+E)的示意图。路径 A 表示从(P_1,V_1)等温可逆膨胀到(P_2,V_2)。路径 B+C 表示从(P_1,V_1,T_1)绝热可逆膨胀(路径 B)到(P_3,V_2,T_2),然后从(P_3,V_2,T_2)等容可逆加热(路径 C)到(P_2,V_2,T_1)。路径 D+E 表示从(P_1,V_1,T_1)等压可逆膨胀(路径 D)到(P_1,V_2,T_3),然后从(P_1,V_2,T_3)等容可逆冷却(路径 E)到(P_2,V_2,T_1)。

另一个过程涉及理想气体从(P_1,V_1,T_1)绝热可逆膨胀(路径 B)到(P_3,V_2,T_2),然后从(P_3,V_2,T_2)等容可逆加热(路径 C)到(P_2,V_2,T_1)。对于这个过程[参见式(19.15)和式(19.17)],有

$$\delta q_{rev,B}=0$$

$$\delta q_{rev,C}=C_V(T)\,dT \tag{20.7}$$

和

$$q_{rev,B+C}=\int_{T_2}^{T_1}C_V(T)\,dT$$

式中 T_2 由下式给出[参见式(19.21)]:

$$\int_{T_1}^{T_2}\frac{C_V(T)}{T}dT=-nR\ln\frac{V_2}{V_1} \tag{20.8}$$

这里的重点是路径 A 和路径 B+C 的 q_{rev} 不同,表明 q_{rev} 不是状态函数。

现在,让我们来评估这两条路径的熵变:

$$\Delta S=\int_1^2\frac{\delta q_{rev}}{T}$$

对于从(P_1,V_1,T_1)变到(P_2,V_2,T_1)的路径 A,使用式(20.6),有

$$\Delta S_A=\int_1^2\frac{\delta q_{rev,A}}{T_1}=\int_{V_1}^{V_2}\frac{1}{T_1}\frac{nRT_1}{V}dV$$
$$=nR\int_{V_1}^{V_2}\frac{dV}{V}=nR\ln\frac{V_2}{V_1} \tag{20.9}$$

对于从始态(P_1,V_1,T_1)绝热可逆膨胀(路径 B)到(P_3,V_2,T_2),然后从(P_3,V_2,T_2)等容可逆加热(路径 C)到(P_2,V_2,T_1)的过程,使用式(20.7),有

$$\Delta S_B=\int_1^2\frac{\delta q_{rev,B}}{T}=0$$

和

$$\Delta S_C=\int_2^1\frac{\delta q_{rev,C}}{T}=\int_{T_2}^{T_1}\frac{C_V(T)}{T}dT=-\int_{T_1}^{T_2}\frac{C_V(T)}{T}dT$$

使用式(20.8),ΔS_C 变为

$$\Delta S_C=nR\ln\frac{V_2}{V_1}$$

因此

$$\Delta S_{B+C}=\Delta S_B+\Delta S_C=0+nR\ln\frac{V_2}{V_1}=nR\ln\frac{V_2}{V_1} \tag{20.10}$$

因此,可以看到 ΔS_A[式(20.9)]等于 ΔS_{B+C}[式(20.10)],而且 ΔS 值与路径无关。

» 例题 20-1 理想气体在定压 P_1 下从(T_1,V_1)可逆膨胀到(T_3,V_2)(图 20.3 中的路径 D),再在定容 V_2 下从(P_1,T_3)可逆冷却到(P_2,T_1)(路径 E),计算 q_{rev} 和 ΔS。

» 解 对于路径 D(参见例题 19-4),有

$$\delta q_{rev,D}=dU_D-\delta w_{rev,D}=C_V(T)\,dT+P_1dV \tag{20.11}$$

因此

$$q_{rev,D}=\int_{T_1}^{T_3}C_V(T)\,dT+P_1(V_2-V_1)$$

对于路径 E,$\delta w_{rev}=0$,因此

$$\delta q_{rev,E}=dU_E=C_V(T)\,dT \tag{20.12}$$

$$q_{rev,E}=\int_{T_3}^{T_1}C_V(T)\,dT$$

对于整个过程(路径 D+E),有

$$q_{rev,D+E}=q_{rev,D}+q_{rev,E}=P_1(V_2-V_1)$$

为了计算路径 D 的 ΔS,使用式(20.11),写为

$$\Delta S_{\mathrm{D}}=\int\frac{\delta q_{\mathrm{rev,D}}}{T}=\int_{T_1}^{T_3}\frac{C_V(T)}{T}\mathrm{d}T+P_1\int_{V_1}^{V_2}\frac{\mathrm{d}V}{T}$$

为了评估第二个积分的值，必须知道该过程中 T 是如何随 V 变化的，这可以由 $P_1V=nRT$ 给出，因此

$$\Delta S_{\mathrm{D}}=\int_{T_1}^{T_3}\frac{C_V(T)}{T}\mathrm{d}T+nR\int_{V_1}^{V_2}\frac{\mathrm{d}V}{V}$$

$$=\int_{T_1}^{T_3}\frac{C_V(T)}{T}\mathrm{d}T+nR\ln\frac{V_2}{V_1}$$

对于路径 E，$\delta w_{\mathrm{rev}}=0$，使用式(20.12)计算 $\delta q_{\mathrm{rev,E}}$，得到

$$\Delta S_{\mathrm{E}}=\int\frac{\delta q_{\mathrm{rev,E}}}{T}=\int_{T_3}^{T_1}\frac{C_V(T)}{T}\mathrm{d}T$$

整个过程(路径 D+E)的 ΔS 为

$$\Delta S_{\mathrm{D+E}}=\Delta S_{\mathrm{D}}+\Delta S_{\mathrm{E}}=nR\ln\frac{V_2}{V_1}$$

可见该结果与从路径 A 和 B+C 得到的结果是一样的，再次表明 S 是状态函数。

» 例题 20-2　我们将在例题 22-4 中证明，类似于理想气体，对于遵循状态方程

$$P=\frac{RT}{\overline{V}-b}$$

的气体，其 U 也仅是温度的函数，其中 b 是一个反映分子大小的常数。计算 1 mol 此类气体沿着图 20.3 中路径 A 和路径 B+C 变化的 q_{rev} 和 ΔS。

» 解　路径 A 代表等温膨胀，因为 U 仅依赖于温度，则 $\mathrm{d}U_{\mathrm{A}}=0$。因此

$$\delta q_{\mathrm{rev,A}}=-\delta w_{\mathrm{rev,A}}=P\mathrm{d}\overline{V}=\frac{RT}{\overline{V}-b}\mathrm{d}\overline{V}$$

$$q_{\mathrm{rev,A}}=\int_{\overline{V}_1}^{\overline{V}_2}\frac{RT}{\overline{V}-b}\mathrm{d}\overline{V}=RT\int_{\overline{V}_1}^{\overline{V}_2}\frac{\mathrm{d}\overline{V}}{\overline{V}-b}=RT\ln\frac{\overline{V}_2-b}{\overline{V}_1-b}$$

熵变可由下式给出：

$$\Delta S_{\mathrm{A}}=\int_1^2\frac{\delta q_{\mathrm{rev,A}}}{T}=R\int_{\overline{V}_1}^{\overline{V}_2}\frac{\mathrm{d}\overline{V}}{\overline{V}-b}=R\ln\frac{\overline{V}_2-b}{\overline{V}_1-b}$$

对于路径 B，绝热可逆膨胀，$q_{\mathrm{rev,B}}=0$，因此

$$\Delta S_{\mathrm{B}}=0$$

对于路径 C，$\delta w_{\mathrm{rev,C}}=0$，且

$$\delta q_{\mathrm{rev,C}}=\mathrm{d}U_{\mathrm{C}}=C_V(T)\mathrm{d}T$$

$$q_{\mathrm{rev,C}}=\int_{T_2}^{T_1}C_V(T)\mathrm{d}T$$

摩尔熵变可由下式给出：

$$\Delta\overline{S}_{\mathrm{C}}=\int_{T_2}^{T_1}\frac{\delta q_{\mathrm{rev,C}}}{T}=\int_{T_2}^{T_1}\frac{\overline{C}_V(T)}{T}\mathrm{d}T=-\int_{T_1}^{T_2}\frac{\overline{C}_V(T)}{T}\mathrm{d}T$$

因此

$$\Delta\overline{S}_{\mathrm{B+C}}=\Delta\overline{S}_{\mathrm{B}}+\Delta\overline{S}_{\mathrm{C}}=-\int_{T_1}^{T_2}\frac{\overline{C}_V(T)}{T}\mathrm{d}T$$

绝热可逆膨胀的终态温度 T_2 可由下式计算得到：

$$\mathrm{d}U=\delta q_{\mathrm{rev}}+\delta w_{\mathrm{rev}}$$

使用 $\mathrm{d}\overline{U}=\overline{C}_V(T)\mathrm{d}T$ 和 $\delta q_{\mathrm{rev}}=0$ 的事实，得到

$$\overline{C}_V(T)\mathrm{d}T=-P\mathrm{d}\overline{V}=-\frac{RT}{\overline{V}-b}\mathrm{d}\overline{V}$$

等式左右都除以 T，从始态到终态积分，得到

$$\int_{T_1}^{T_2}\frac{\overline{C}_V(T)}{T}\mathrm{d}T=-R\int_{\overline{V}_1}^{\overline{V}_2}\frac{\mathrm{d}\overline{V}}{\overline{V}-b}=-R\ln\frac{\overline{V}_2-b}{\overline{V}_1-b}$$

将此结果代入上述 $\Delta\overline{S}_{\mathrm{B+C}}$ 的表达式，得到

$$\Delta\overline{S}_{\mathrm{B+C}}=R\ln\frac{\overline{V}_2-b}{\overline{V}_1-b}$$

因此，可以看到尽管 $q_{\mathrm{rev,A}}\neq q_{\mathrm{rev,B+C}}$，但 $\Delta\overline{S}_{\mathrm{A}}=\Delta\overline{S}_{\mathrm{B+C}}$。

在接下来的几节中，我们将多次说明熵与系统的无序性有关。不过请注意两点。其一，如果将能量以热的形式添加到系统中，它的熵会增加，因为其热无序性增加了。其二，因为 $\mathrm{d}S=\delta q_{\mathrm{rev}}/T$，在较低温度下以热的形式传递的能量对熵(无序性)增加的贡献更大，而在较高温度下的贡献则较小。温度越低，无序性就越低，因此以热的形式添加的能量相对可以更大比例地将“有序性”转化为“无序性”。

20-4　热力学第二定律指出孤立系统的熵由于发生自发过程而增加

众所周知，热会自发地从高温区域流向低温区域。让我们探讨熵在该过程中所起的作用。对于图 20.4 所示的双隔间系统，其中隔间 A 和 B 是大的单组分系统。这两个系统都处于平衡状态，但它们彼此之间未达平衡。令这两个系统的温度分别为 T_{A} 和 T_{B}，其间用一个刚性导热壁分隔开来，以便热量能够从一个系统流向另一个系统，但这个双隔间系统本身是孤立的。当我们说一个系统是**孤立的**(isolated)，意味着该系统与环境被刚性壁隔开，且不允许有物质或能量的传递。可以将这些壁想象成刚性、完全不导热且物质不能透过。因此，系统既不能做功，也不能对系统做功，且不能与环境交换热量。这个双隔间系统可用下列方程式描述：

$$U_{\mathrm{A}}+U_{\mathrm{B}}=\text{常数}$$

$$V_A = 常数 \quad V_B = 常数 \tag{20.13}$$

$$S = S_A + S_B$$

由于 V_A 和 V_B 是固定的，每个分隔的系统都有

$$\begin{aligned} dU_A &= \delta q_{rev} + \delta w_{rev} = T_A dS_A \quad (dV_A = 0) \\ dU_B &= \delta q_{rev} + \delta w_{rev} = T_B dS_B \quad (dV_B = 0) \end{aligned} \tag{20.14}$$

双隔间系统的熵变可表示为

$$dS = dS_A + dS_B = \frac{dU_A}{T_A} + \frac{dU_B}{T_B} \tag{20.15}$$

但由于整个双隔间系统是孤立的，故 $dU_A = -dU_B$，则有

$$dS = dU_B \left(\frac{1}{T_B} - \frac{1}{T_A} \right) \tag{20.16}$$

从实验可知，如果 $T_B > T_A$，则有 $dU_B < 0$（热从系统 B 流向系统 A）；在这种情况下，有 $dS > 0$。类似地，如果 $T_B < T_A$，则 $dS > 0$，因为在此情况下 $dU_B > 0$（热从系统 A 流向系统 B）。我们可以这样解释该结果：热从温度较高的物体向温度较低的物体的自发流动受条件 $dS > 0$ 的支配。如果 $T_A = T_B$，则整个双隔间系统处于平衡状态，其 $dS = 0$。

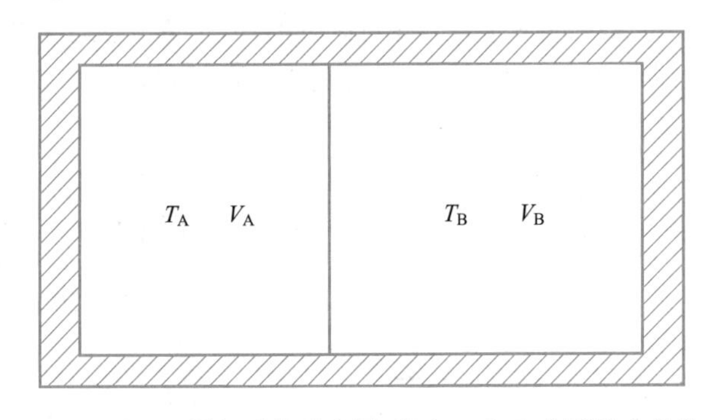

图 20.4 双隔间系统示意图，其中 A 和 B 分别是大的单组分系统。A，B 两个系统各自处于平衡状态，但彼此之间未达平衡。A，B 两个系统之间由刚性导热壁隔开。整个双隔间系统本身是孤立的。

通过研究熵在控制任何自发过程的方向中所扮演的角色，我们可以推广上述结果。为了专注于熵本身，我们将考虑在孤立系统中的一个无限小的自发变化。选择孤立系统的原因是它的能量保持不变，我们希望将能量变化造成的影响与熵变化造成的影响区分开。由于能量保持不变，孤立系统中任何自发过程的驱动力一定是熵的增加，可以用数学式 $dS > 0$ 来表示。因为系统是孤立的，这种熵的增加一定是系统内部产生的。与能量不同，熵不一定是守恒的；每当发生自发过程时，熵就会增加。实际上，孤立系统的熵将持续增加，直到不再发生自发过程，此时系统将处于平衡状态（图 20.5）。因此，我们得出结论：孤立系统的熵在系统处于平衡状态时达到最大。因此，系统平衡时有 $dS = 0$。此外，不仅在平衡的孤立系统中有 $dS = 0$，而且在孤立系统的任何可逆过程中都有 $dS = 0$，因为根据定义，可逆过程是指在整个过程中系统基本上保持在平衡状态的过程。总结目前为止的结论，可写为

$$\begin{aligned} &dS > 0 \quad （孤立系统中的自发过程） \\ &dS = 0 \quad （孤立系统中的可逆过程） \end{aligned} \tag{20.17}$$

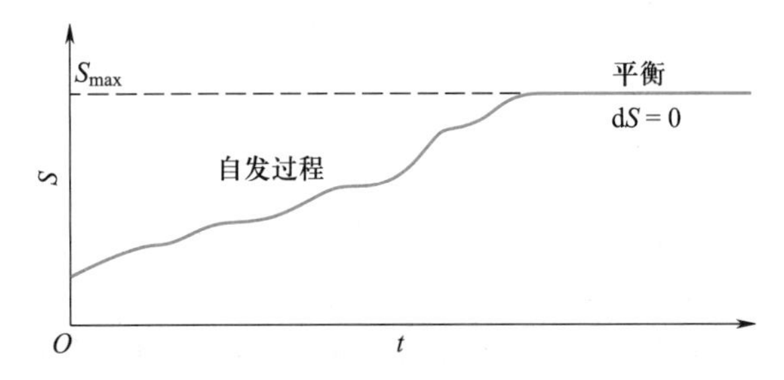

图 20.5 孤立系统中熵随时间变化的示意图。熵会增加（$dS > 0$），直到不再发生自发过程，在此情况下，系统达到平衡状态，$dS = 0$。

因为考虑的是孤立系统，故系统没有热的流入或流出。然而，对于其他类型的系统，热可以流入或流出。因此，在任意的无限小的自发过程中，将 dS 视为由两部分组成会更加方便。一部分 dS 是由不可逆过程本身产生的熵，另一部分是由系统与其环境之间交流热产生的熵。这两部分组成了熵的整个变化。我们将由不可逆过程产生的 dS 表示为 $dS_{产生}$，因为它是在系统内部产生（produced）的，它总是正值。将由系统与环境之间交流热产生的 dS 表示为 $dS_{交流}$，因为它是热交流（exchanged）造成的。其值由 $\delta q/T$ 给出，可以是正的、负的或零。注意，δq 不一定是 δq_{rev}。如果热交流是可逆的，则 δq 是 δq_{rev}；如果热交流是不可逆的，则 δq 为 δq_{irr}。因此，对于任何过程，可以写出：

$$dS = dS_{产生} + dS_{交流} = dS_{产生} + \frac{\delta q}{T} \tag{20.18}$$

对于可逆过程，$\delta q = \delta q_{rev}$，$dS_{产生} = 0$，因此

$$dS = \frac{\delta q_{rev}}{T} \tag{20.19}$$

与式（20.3）是一致的。对于不可逆过程或自发过程，$dS_{产生} > 0$，$dS_{交流} = \delta q_{irr}/T$，因此

$$dS > \frac{\delta q_{irr}}{T} \tag{20.20}$$

式（20.19）和式（20.20）可以合并为一个式子：

$$dS \geqslant \frac{\delta q}{T} \tag{20.21}$$

或

$$\Delta S \geqslant \int \frac{\delta q}{T} \tag{20.22}$$

式中等号表示可逆过程，不等号表示不可逆过程。式(20.22)是热力学第二定律众多表达方式中的一种表示方式，称为**克劳修斯不等式**(inequality of clausius)。

如下为热力学第二定律的一种正式表述：系统有一个称为熵(S)的热力学状态函数，对于系统热力学状态的任何变化，有

$$dS \geqslant \frac{\delta q}{T}$$

式中等号适用于可逆变化，不等号适用于在任一阶段的不可逆变化。

我们可以用式(20.22)来一般性地证明：在一个自发(不可逆)过程中，孤立系统的熵总是增加的，即 $\Delta S>0$。

考虑图 20.6 所示的一个循环过程，起始时系统是孤立的，经历一个从状态 1 到状态 2 的不可逆过程。然后，让系统与其环境相互作用，通过任意一个可逆路径返回到状态 1。由于 S 是状态函数，该循环过程的 $\Delta S=0$，因此，根据式(20.22)，有

$$\Delta S=0>\int_1^2 \frac{\delta q_{\text{irr}}}{T}+\int_2^1 \frac{\delta q_{\text{rev}}}{T}$$

由于整个循环过程中从状态 1 到状态 2 是不可逆的，所以上式中使用了不等号。这里的第一个积分等于零，因为系统是孤立的，即 $\delta q_{\text{irr}}=0$。第二个积分根据定义等于 S_1-S_2，则可得到 $0>S_1-S_2$。由于终态是状态 2，始态是状态 1，有

$$\Delta S=S_2-S_1>0$$

因此，我们可以看到，当孤立系统通过一般的不可逆过程从状态 1 变化到状态 2 时，熵是增加的。

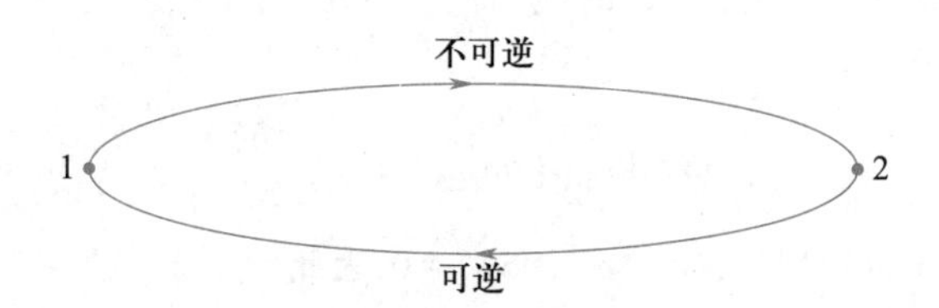

图 20.6　一个循环过程，起始时系统是孤立的，经历从状态 1 到状态 2 的一个不可逆过程，然后系统被允许与环境相互作用，通过某种可逆路径回到状态 1。由于熵是状态函数，循环过程的 $\Delta S=0$。

由于宇宙本身可以被视为孤立系统，并且所有自然发生的过程都是不可逆的，热力学第二定律的一个表述为：宇宙的熵是不断增加的。实际上，Clausius 对热力学的前两大定律作了如下总结：

宇宙的能量是恒定的；

熵正在趋向于最大值。

20-5　统计热力学中最著名的公式是 $S=k_B\ln W$

在本节中，我们将比之前更定量地讨论熵的分子诠释。我们已经证明了熵是与系统的无序度相关的状态函数。无序度可以用多种方式表达，但事实证明最有用的方式如下所述。考虑一个由 $\mathcal{A}$ 个孤立系统组成的系综，每个系统的能量为 E、体积为 V、粒子数为 N。要意识到无论 E 的值是多少，它都必然是系统的薛定谔方程的一个本征值。如第 17 章所述，能量是 N 和 V 的函数，因此可以写为 $E=E(N,V)$ [参见式(17.2)和式(17.3)]。尽管所有的系统都具有相同的能量，但由于有简并度，它们可能处于不同的量子态。设与能量 E 相关的简并度为 $\Omega(E)$，这样我们就可以用 $j=1,2,\cdots,\Omega(E)$ 来标记 $\Omega(E)$ 简并量子态(由 N 个粒子组成的系统的简并度非常大；对于与基态能量不太相近的能级，简并度都是 e^N 级别的数字)。下面，令 a_j 是系综中处于状态 j 的系统的数目。由于系综中的 $\mathcal{A}$ 个系统是可区分的，a_1 个系统处于状态 1，a_2 个系统处于状态 2……分配方式的数目可用下式给出(见数学章节 J)：

$$W(a_1,a_2,a_3,\cdots)=\frac{\mathcal{A}!}{a_1!a_2!a_3!\cdots}=\frac{\mathcal{A}!}{\prod_j a_j!} \tag{20.23}$$

其中
$$\sum_j a_j=\mathcal{A}$$

如果所有的 $\mathcal{A}$ 个系统都处于一种特定状态(一种完全有序的排列)，如状态 1，则有 $a_1=\mathcal{A}, a_2=a_3=\cdots=0$，且 $W=1$，这是 W 可以具有的最小值。在另一极端，当所有的 a_j 都相等时(一种无序的排列)，W 取其最大值(习题 J-10)。因此，W 可以被看成系统无序度的一种定量量度。然而，我们不会将熵设置为与 W 成正比，而是根据下式设定熵与 $\ln W$ 成正比：

$$S=k_B\ln W \tag{20.24}$$

式中 k_B 是玻尔兹曼常数。注意，对于一个完全有序的系统($a_1=1, a_2=a_3=\cdots=0$)，$S=0$；而对于一个完全无序的系统($a_1=a_2=a_3=\cdots$)，熵具有最大值。式(20.24)是由 Boltzmann 提出的，它是统计热力学中最著名的公式。事实上，该方程式是维也纳中央墓地上 Boltzmann 纪念碑上唯一的铭文。它给我们提供了热力学量熵和统计量 W 之间的一个定量关系式。

我们将 S 设定为正比于 $\ln W$ 而不是 W，其原因如下。我们希望由两部分(比如 A 和 B)组成的一个系统的总熵

可由下式给出：

$$S_{total}=S_A+S_B$$

换句话说，我们希望 S 是一个广度状态函数。现在，如果 W_A 是系统 A 的 W 值，而 W_B 是系统 B 的 W 值，那么复合系统的 W_{AB} 可由下式给出：

$$W_{AB}=W_AW_B$$

复合系统的熵为

$$\begin{aligned}S_{AB}&=k_B\ln W_{AB}=k_B\ln(W_AW_B)=k_B\ln W_A+k_B\ln W_B\\&=S_A+S_B\end{aligned}$$

式(20.24)的另一种形式是用简并度 Ω 来表示 S。我们可以通过以下方式来确定这个表达式。如果没有其他信息，我们没有理由选择 Ω 个简并量子态中的某一个而不是其他；每一个都应该在系综中以相等的概率出现（这个概念实际上是统计热力学的假设之一）。因此，我们预期孤立系统的系综应该在每个量子态中都包含相等数量的系统。

因为在平衡状态下孤立系统的 S 最大，则 W 也必然是最大的。当所有的 a_j 都相等时（习题 J-10），W 值为最大。设系综中系统的总数为 $\mathcal{A}=n\Omega$，且每个 $a_j=n$，这样 Ω 个简并量子态在系综中被复制了 n 次。（我们将永远不需要 n 的值。）在式(20.23)中使用 Stirling 近似（数学章节 J），得到

$$\begin{aligned}S_{系综}&=k_B\ln W=k_B\left(\mathcal{A}\ln\mathcal{A}-\sum_{j=1}^{\Omega}a_j\ln a_j\right)\\&=k_B\left[n\Omega\ln(n\Omega)-\sum_{j=1}^{\Omega}(n\ln n)\right]\\&=k_B[n\Omega\ln(n\Omega)-\Omega(n\ln n)]=k_B(n\Omega\ln\Omega)\end{aligned}$$

系综中一个典型系统的熵由 $S_{系综}=\mathcal{A}S_{系统}=n\Omega S_{系统}$ 给出，因此

$$S=k_B\ln\Omega \qquad (20.25)$$

式中我们已去掉了下标“系统”。式(20.25)是式(20.24)的另一种形式，它将熵与无序度联系了起来。作为一个具体的例子，考虑一个由 N 个（可区分的）自旋子（或偶极子）组成的系统，这些自旋子可以以相等的概率取向于两个可能方向中的一个方向。那么，每个自旋子的简并度为 2，而 N 个自旋子的简并度为 2^N。该系统的熵为 $Nk_B\ln 2$。我们在第 21-8 节讨论 0 K 时一氧化碳的熵时将使用这一结果。

作为式(20.25)应用的另一个例子，习题 20-23 要求证明：对于由 N 个粒子组成的理想气体，有

$$\Omega(E)=c(N)f(E)V^N$$

式中 $c(N)$ 是 N 的函数，$f(E)$ 是能量的函数。下面，让我们确定 1 mol 理想气体通过等温膨胀过程从体积 V_1 变到 V_2 时的 ΔS。

$$\begin{aligned}\Delta S&=k_B\ln\Omega_2-k_B\ln\Omega_1\\&=k_B\ln\frac{\Omega_2}{\Omega_1}=k_B\ln\frac{c(N)f(E_2)V_2^N}{c(N)f(E_1)V_1^N}\end{aligned}$$

因为在本例中我们考虑的是理想气体的等温膨胀，有 $E_2=E_1$，则 $f(E_1)=f(E_2)$。因此，对于 1 mol 气体，有

$$\Delta\overline{S}=N_Ak_B\ln\frac{V_2}{V_1}=R\ln\frac{V_2}{V_1}$$

与式(20.9)是一致的。

» 例题 20-3 利用理想气体的以下事实：

$$\Omega(E)=c(N)f(E)V^N$$

证明：当两种气体在等温条件下混合时，熵变（每摩尔）可由下式给出：

$$\Delta_{mix}\overline{S}/R=-y_1\ln y_1-y_2\ln y_2 \qquad (20.26)$$

式中 y_1 和 y_2 是两种气体的摩尔分数。

» 解　对于图 20.2 中描述的过程，$\Delta_{mix}S$ 可由下式给出：

$$\begin{aligned}\Delta_{mix}S&=S_{mixture}-S_1-S_2\\&=k_B\ln\frac{\Omega_{mixture}}{\Omega_1\Omega_2}\end{aligned}$$

其中 1 和 2 分别指 $N_2(g)$ 和 $Br_2(g)$。Ω_1 和 Ω_2 由以下公式给出：

$$\Omega_1=c(N_1)f(E_1)V_1^{N_1} \quad 和 \quad \Omega_2=c(N_2)f(E_2)V_2^{N_2}$$

由于理想气体混合物中的分子彼此独立，故有

$$\Omega_{mixture}=c(N_1)f(E_1)(V_1+V_2)^{N_1}\times c(N_2)f(E_2)(V_1+V_2)^{N_2}$$

将 Ω_{N_2}，Ω_{Br_2} 和 $\Omega_{mixture}$ 的这些表达式代入上述 $\Delta_{mix}S$ 的式中，得到

$$\begin{aligned}\Delta_{mix}S&=k_B\ln\frac{(V_1+V_2)^{N_1}}{V_1^{N_1}}\cdot\frac{(V_1+V_2)^{N_2}}{V_2^{N_2}}\\&=-k_BN_1\ln\frac{V_1}{V_1+V_2}-k_BN_2\ln\frac{V_2}{V_1+V_2}\end{aligned}$$

由于理想气体的 V 与 n 成正比，故

$$\frac{V_1}{V_1+V_2}=\frac{n_1}{n_1+n_2}=y_1 \quad 和 \quad \frac{V_2}{V_1+V_2}=\frac{n_2}{n_1+n_2}=y_2$$

则有

$$\begin{aligned}\Delta_{mix}S&=-k_BN_1\ln y_1-k_BN_2\ln y_2\\&=-Rn_1\ln y_1-Rn_2\ln y_2\end{aligned}$$

等式两边同时除以 n_1+n_2 和 R，得

$$\Delta_{mix}\overline{S}/R=-y_1\ln y_1-y_2\ln y_2$$

注意，$\Delta_{mix}\overline{S}$ 总是正值，因为 y_1 和 y_2 作为摩尔分数，总是小于 1 的。因此，两种（理想）气体的等温混合是一个自发过程。我们将在下一节使用经典热力学导出式(20.26)。

20-6 我们总是必须设计可逆过程来计算熵变

到目前为止的讨论是比较抽象的，此时通过一些简单的、涉及理想气体的计算来说明自发过程中的熵变是有帮助的。如图20.1所示，在 T 和 V_1 下的理想气体向真空膨胀，直到总体积变为 V_2。即使这不是可逆过程，我们也可以使用式(20.19)。记住，因为熵是状态函数，它只依赖于始态、终态，而不依赖于它们之间的路径。式(20.19)告诉我们，无论过程是否可逆，都可以通过对一可逆路径的 $\delta q_{rev}/T$ 进行积分来计算 ΔS，即

$$\Delta S=\int_1^2\frac{\delta q_{rev}}{T} \tag{20.27}$$

即使不可逆过程是绝热的，仍可使用一可逆路径来计算从状态 T,V_1 变到 T,V_2 的熵变。这条路径不会代表实际的绝热过程，这并不重要，因为我们只对始态和终态之间的熵变感兴趣。

接下来，从下式开始计算 ΔS：

$$\delta q_{rev}=\mathrm{d}U-\delta w_{rev}$$

对于理想气体的真空膨胀，$\mathrm{d}U=0$，因为理想气体的 U 仅跟温度有关，而与体积无关。因此，有 $\delta q_{rev}=-\delta w_{rev}$。可逆功可由下式给出：

$$\delta w_{rev}=-P\mathrm{d}V=-\frac{nRT}{V}\mathrm{d}V$$

因此

$$\Delta S=\int_1^2\frac{\delta q_{rev}}{T}=-\int_1^2\frac{\delta w_{rev}}{T}=nR\int_{V_1}^{V_2}\frac{\mathrm{d}V}{V}=nR\ln\frac{V_2}{V_1} \tag{20.28}$$

注意：由于 $V_2>V_1$，故 $\Delta S>0$。因此，理想气体向真空的膨胀会导致熵增加。

由于式(20.19)告诉我们，通过将气体从 V_1 等温可逆膨胀到 V_2 来计算 ΔS，故式(20.28)适用于等温可逆膨胀过程。然而，由于 S 是状态函数，从式(20.28)得到的 ΔS 值与从 V_1 等温不可逆膨胀到 V_2 的过程的 ΔS 值也相同。那么，可逆和不可逆的等温膨胀有什么不同呢？答案是环境的 ΔS 值不同。(记住，$\Delta S\geqslant 0$ 的条件适用于孤立系统。如果系统不是孤立的，那么 $\Delta S\geqslant 0$ 的条件适用于系统及其环境的熵变的总和，换句话说，整个宇宙。)

让我们来看看在可逆和不可逆等温膨胀中环境的熵变 ΔS_{surr}。在可逆膨胀过程中，$\Delta U=0$(过程是等温的，气体是理想的)且气体从其环境中吸收了热 $q_{rev}=-w_{rev}=nRT\ln(V_2/V_1)$。因此，环境的熵将按照下式减少：

$$\Delta S_{surr}=-\frac{q_{rev}}{T}=-nR\ln\frac{V_2}{V_1}$$

总熵变为

$$\Delta S_{total}=\Delta S_{sys}+\Delta S_{surr}=nR\ln\frac{V_2}{V_1}-nR\ln\frac{V_2}{V_1}=0$$

该结果正如预期，因为整个过程是可逆的。

在不可逆膨胀中，$\Delta U=0$(过程是等温的，气体是理想的)。在膨胀中没有做功，所以 $w_{irr}=0$，因此 $q_{irr}=0$。没有热从环境传递给系统，则

$$\Delta S_{surr}=0$$

因此，总熵变为

$$\Delta S_{total}=\Delta S_{sys}+\Delta S_{surr}=nR\ln\frac{V_2}{V_1}+0=nR\ln\frac{V_2}{V_1}$$

正如我们所预期的，对于不可逆过程，$\Delta S>0$。

我们是否在这个过程中使用了 $q_{irr}=0$ 来计算 ΔS_{surr}？实际上我们确实这么做了，因为该过程没有做功。在等温过程的一般情况下，如果该过程没有做功($\delta w=0$)，是一个纯热传递的过程，则有 $\mathrm{d}U=\delta q=\mathrm{d}q$，其中 $\mathrm{d}q$ 是恰当微分，因为 U 是状态函数。因此，q 与路径无关，以至于我们可以在这种特殊情况下使用 q_{irr} 来计算熵。

» 例题 20-4 在例题20-2中，我们提到对遵循以下状态方程式的气体，其 U 仅是温度的函数：

$$P=\frac{RT}{\overline{V}-b}$$

式中 b 是一个反映分子大小的常数。计算在 T 和 $\overline{V}_1$ 下的1 mol这种气体向真空膨胀到总体积为 $\overline{V}_2$ 时的 $\Delta\overline{S}$。

» 解 我们从下式开始：

$$\delta q_{rev}=\mathrm{d}U-\delta w_{rev}$$

由于 U 仅是温度的函数，与体积无关，故膨胀时 $\mathrm{d}U=0$。因此

$$\delta q_{rev}=-\delta w_{rev}=P\mathrm{d}\overline{V}=\frac{RT}{\overline{V}-b}\mathrm{d}\overline{V}$$

$$\Delta\overline{S}=\int_1^2\frac{\delta q_{rev}}{T}=R\int_{\overline{V}_1}^{\overline{V}_2}\frac{\mathrm{d}\overline{V}}{\overline{V}-b}=R\ln\frac{\overline{V}_2-b}{\overline{V}_1-b}$$

再次说明，当气体向真空中膨胀时，其熵值增加。

下面讨论图 20.2 中所描绘的两种理想气体的混合情况。由于这两种气体是理想的，它们彼此间独立无关。因此，我们可以分别考虑每种气体从 $V_{initial}$ 独立地膨胀到 V_{final} 的情况。

对于氮气，有[使用式(20.28)]

$$\Delta S_{N_2}=n_{N_2}R\ln\frac{V_{N_2}+V_{Br_2}}{V_{N_2}}=-n_{N_2}R\ln\frac{V_{N_2}}{V_{N_2}+V_{Br_2}}$$

对于溴，有

$$\Delta S_{Br_2}=n_{Br_2}R\ln\frac{V_{N_2}+V_{Br_2}}{V_{Br_2}}=-n_{Br_2}R\ln\frac{V_{Br_2}}{V_{N_2}+V_{Br_2}}$$

总熵变为

$$\begin{aligned}\Delta S&=\Delta S_{N_2}+\Delta S_{Br_2}\\&=-n_{N_2}R\ln\frac{V_{N_2}}{V_{N_2}+V_{Br_2}}-n_{Br_2}R\ln\frac{V_{Br_2}}{V_{N_2}+V_{Br_2}}\end{aligned}$$

由于理想气体的 V 与 n 成正比，上式可写为

$$\Delta S=-n_{N_2}R\ln\frac{n_{N_2}}{n_{N_2}+n_{Br_2}}-n_{Br_2}R\ln\frac{n_{Br_2}}{n_{N_2}+n_{Br_2}} \tag{20.29}$$

如果等式两边除以总摩尔数 $n_{total}=n_{N_2}+n_{Br_2}$，并引入摩尔分数

$$y_{N_2}=\frac{n_{N_2}}{n_{total}} \quad 和 \quad y_{Br_2}=\frac{n_{Br_2}}{n_{total}}$$

则式(20.29)变为

$$\Delta_{mix}\overline{S}/R=-y_{N_2}\ln y_{N_2}-y_{Br_2}\ln y_{Br_2}$$

更一般地，N 种理想气体等温混合过程的 $\Delta_{mix}\overline{S}$ 可由下式给出：

$$\Delta_{mix}\overline{S}=-R\sum_{j=1}^{N}y_j\ln y_j \tag{20.30}$$

这与式(20.26)相一致。式(20.30)表明，$\Delta_{mix}\overline{S}>0$，因为对数的数值小于 1。因此，式(20.30)表明，当理想气体等温混合时，熵值会增加。

最后，我们来看，具有不同温度 T_h 和 T_c 的两块相同的金属，当它们热接触并与环境隔离时的 ΔS。显然，这两块金属会达到相同的终态温度 T：

较热金属块失去的热量 = 较冷金属块获得的热量

$$C_V(T_h-T)=C_V(T-T_c)$$

解得

$$T=\frac{T_h+T_c}{2}$$

下面，计算每块金属的熵变。记住，必须沿着某个可逆路径来计算 ΔS，即使实际过程是不可逆的。像往常一样，使用式(20.19)，即

$$dS=\frac{\delta q_{rev}}{T}$$

该过程实际上没有做功，故 $\delta q_{rev}=dU=C_VdT$。因此

$$\Delta S=\int_{T_1}^{T_2}\frac{C_VdT}{T}$$

如果在 T_1 到 T_2 温区内 C_V 是常数，则

$$\Delta S=C_V\ln\frac{T_2}{T_1} \tag{20.31}$$

对于初始温度较高的金属块，$T_1=T_h$ 且 $T_2=(T_h+T_c)/2$，因此

$$\Delta S_h=C_V\ln\frac{T_h+T_c}{2T_h}$$

类似地，有

$$\Delta S_c=C_V\ln\frac{T_h+T_c}{2T_c}$$

总熵变为

$$\Delta S=\Delta S_h+\Delta S_c=C_V\ln\frac{(T_h+T_c)^2}{4T_hT_c} \tag{20.32}$$

已知 $(T_h-T_c)^2=T_h^2-2T_hT_c+T_c^2>0$

等式两边都加上 $4T_hT_c$，得到

$$T_h^2+2T_hT_c+T_c^2=(T_h+T_c)^2>4T_hT_c$$

因此，式(20.32)中对数的数值大于 1，则可知在该不可逆过程中有 $\Delta S>0$。

» 例题 20-5 $O_2(g)$ 在 300~1200 K 范围内的定压摩尔热容由下式给出：

$$\overline{C}_P(T)/(J\cdot K^{-1}\cdot mol^{-1})=25.72+(12.98\times10^{-3}K^{-1})T-(38.62\times10^{-7}K^{-2})T^2$$

式中 T 以开尔文为单位。计算在定压下将 1 mol $O_2(g)$ 从 300 K 加热到 1200 K 时的 $\Delta\overline{S}$ 值。

» 解 像往常一样，从式(20.19)开始，即

$$dS=\frac{\delta q_{rev}}{T}$$

在此例中，$\delta q_{rev}=\overline{C}_P(T)dT$，因此

$$\Delta\overline{S}=\int_{T_1}^{T_2}\frac{\overline{C}_P(T)dT}{T}$$

使用题中给出的 $\overline{C}_P(T)$ 表达式，得

$$\Delta\overline{S}/(\mathrm{J\cdot K^{-1}\cdot mol^{-1}})=\int_{300\ \mathrm{K}}^{1200\ \mathrm{K}}\frac{25.72}{T}\mathrm{d}T+\int_{300\ \mathrm{K}}^{1200\ \mathrm{K}}(12.98\times10^{-3}\mathrm{K^{-1}})\mathrm{d}T-\int_{300\ \mathrm{K}}^{1200\ \mathrm{K}}(38.62\times10^{-7}\mathrm{K^{-2}})T\mathrm{d}T$$

$$=25.72\ln\frac{1200\ \mathrm{K}}{300\ \mathrm{K}}+(12.98\times10^{-3}\mathrm{K^{-1}})(900\ \mathrm{K})-(38.62\times10^{-7}\mathrm{K^{-2}})[(1200\ \mathrm{K})^2-(300\ \mathrm{K})^2]/2$$

$$=35.66+11.68-2.61=44.73$$

注意：由于热无序度增加，导致熵值增加。

20-7 热力学使我们对热转化为功有了深刻的了解

熵的概念和热力学第二定律最初是由一位名叫萨迪·卡诺(Sadi Carnot)的法国工程师于 19 世纪 20 年代在研究新开发的蒸汽机和其他类型热机的效率时率先提出的。尽管这对化学家们来说已成为有趣的历史，但 Carnot 的分析结果仍然值得了解。基本上，蒸汽机以循环方式工作；在每个循环中，它从某个高温热源以热的形式吸收能量，使用其中的一部分能量来做功，将剩余的能量以热的形式排放到低温热源中。热机的示意图如图 20.7 所示。如果循环过程以可逆方式进行，则将获得最大的功。当然，实际过程中不可能获得最大功，因为可逆路径是一种理想化过程，但这些结果将为我们提供可以期望的最高效率的度量标准。由于该过程是循环且可逆的，故

$$\Delta U_{热机}=w+q_{\mathrm{rev,h}}+q_{\mathrm{rev,c}}=0 \qquad (20.33)$$

和

$$\Delta S_{热机}=\frac{\delta q_{\mathrm{rev,h}}}{T_{\mathrm{h}}}+\frac{\delta q_{\mathrm{rev,c}}}{T_{\mathrm{c}}}=0 \qquad (20.34)$$

式中 $\delta q_{\mathrm{rev,h}}$ 是从温度为 T_{h} 的高温热源中可逆地提取的热，而 $\delta q_{\mathrm{rev,c}}$ 则是向温度为 T_{c} 的低温热源中可逆地释放的热。注意，作为热量转移符号的约定，意味着 $\delta q_{\mathrm{rev,h}}$ 是正值，而 $\delta q_{\mathrm{rev,c}}$ 是负值。根据式(20.33)，热机所做的功为

$$-w=q_{\mathrm{rev,h}}+q_{\mathrm{rev,c}}$$

热机所做的功是负值，因此 $-w$ 为正。我们将热机所做的功与从高温热源中以热的形式提取出来的能量之比定义为该过程的效率，即

$$最大效率=\frac{-w}{q_{\mathrm{rev,h}}}=\frac{q_{\mathrm{rev,h}}+q_{\mathrm{rev,c}}}{q_{\mathrm{rev,h}}}$$

式(20.34)表明，$q_{\mathrm{rev,c}}=-q_{\mathrm{rev,h}}(T_{\mathrm{c}}/T_{\mathrm{h}})$，因此效率可写为

$$最大效率=1-\frac{T_{\mathrm{c}}}{T_{\mathrm{h}}}=\frac{T_{\mathrm{h}}-T_{\mathrm{c}}}{T_{\mathrm{h}}} \qquad (20.35)$$

式(20.35)是一个非常了不起的结果，因为它不依赖于热机的具体设计或工作物质。对于在 373~573 K 下工作的热机，可能的最大效率为

$$最大效率=\frac{200}{573}=35\%$$

在实践中，由于摩擦等因素，效率会更低。式(20.35)表明，使用较高的 T_{h} 值或较低的 T_{c} 值，热机能获得的效率更高。

注意：如果 $T_{\mathrm{h}}=T_{\mathrm{c}}$，则效率等于零，这意味着在等温循环过程中无法获得净功。这个结论称为热力学第二定律的开尔文表述。以等温循环方式运行的封闭系统，在环境没有发生某些变化的情况下不能将热转化为功。

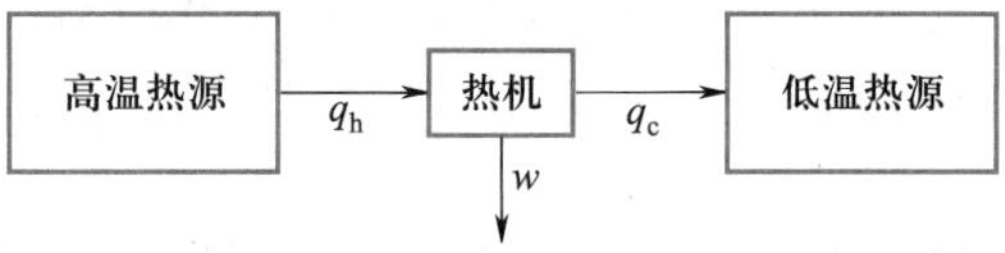

高温热源 →(q_{h})→ 热机 →(q_{c})→ 低温热源；热机 ↓ w

图 20.7 热机示意图。从温度为 T_{h} 的高温热源中提取热(q_{h})，热机做功(w)并向温度为 T_{c} 的低温热源传递一部分热(q_{c})。

20-8 熵可以用配分函数来表示

在第 20-5 节中，我们介绍了公式 $S=k_{\mathrm{B}}\ln W$。利用该式可以导出统计热力学中大多数的重要结果。例如，可以用它来导出用系统的配分函数 $Q(N,V,\beta)$ 表示的熵的表达式，就像我们对能量和压力所做的那样：

$$U=k_{\mathrm{B}}T^2\left(\frac{\partial\ln Q}{\partial T}\right)_{N,V}=-\left(\frac{\partial\ln Q}{\partial\beta}\right)_{N,V} \qquad (20.36)$$

和

$$P=k_{\mathrm{B}}T\left(\frac{\partial\ln Q}{\partial V}\right)_{N,T} \qquad (20.37)$$

将式(20.23)代入式(20.24)中，并使用阶乘的 Stirling 近似式(见数学章节 J)，得到

$$S_{系综}=k_{\mathrm{B}}\ln\frac{\mathcal{A}!}{\prod_j a_j!}=k_{\mathrm{B}}\ln\mathcal{A}!-k_{\mathrm{B}}\sum_j\ln a_j!$$

$$=k_{\mathrm{B}}\mathcal{A}\ln\mathcal{A}-k_{\mathrm{B}}\mathcal{A}-k_{\mathrm{B}}\sum_j a_j\ln a_j+k_{\mathrm{B}}\sum_j a_j$$

$$=k_{\mathrm{B}}\mathcal{A}\ln\mathcal{A}-k_{\mathrm{B}}\sum_j a_j\ln a_j \qquad (20.38)$$

式中利用了 $\sum a_j=\mathcal{A}$ 的事实，并且在 S 加上下标"系综"来强调这是 $\mathcal{A}$ 个系统组成的整个系综的熵。一个典型

系统的熵可由 $S_{系统}=S_{系综}/\mathcal{A}$ 给出。如果系统处于第 j 个量子态的概率是由下式给出的：

$$p_j=\frac{a_j}{\mathcal{A}}$$

将 $a_j=\mathcal{A}\,p_j$ 代入式(20.38)中，则

$$\begin{aligned}S_{系综}&=k_B\mathcal{A}\ln\mathcal{A}-k_B\sum_j p_j\mathcal{A}\ln p_j\mathcal{A}\\&=k_B\mathcal{A}\ln\mathcal{A}-k_B\sum_j p_j\mathcal{A}\ln p_j-k_B\sum_j p_j\mathcal{A}\ln\mathcal{A}\end{aligned}\tag{20.39}$$

但此处最后一项与第一项抵消，因为

$$\sum_j p_j\mathcal{A}\ln\mathcal{A}=\mathcal{A}\ln\mathcal{A}\sum_j p_j=\mathcal{A}\ln\mathcal{A}$$

式中我们已使用了 $\mathcal{A}\ln\mathcal{A}$ 是一常数，且 $\sum_j p_j=1$ 的事实。如果我们进一步地将式(20.39)除以 $\mathcal{A}$，可得到

$$S_{系统}=-k_B\sum_j p_j\ln p_j\tag{20.40}$$

注意：如果除了一个 p_j(必须等于 1，因为 $\sum_j p_j=1$)之外，其他所有的 p_j 都是零，则系统是完全有序的，且 $S=0$。因此，根据熵的分子图像，对于一个完美有序的系统，$S=0$。习题 20-39 要求证明当所有的 p_j 都相等时，S 是最大的，在这种情况下系统具有最大程度的无序性。

为了导出以 $Q(N,V,T)$ 表示的 S 的表达式，将

$$p_j(N,V,\beta)=\frac{e^{-\beta E_j(N,V)}}{Q(N,V,\beta)}\tag{20.41}$$

代入式(20.40)中，得到

$$\begin{aligned}S&=-k_B\sum_j p_j\ln p_j\\&=-k_B\sum_j\frac{e^{-\beta E_j}}{Q}(-\beta E_j-\ln Q)\\&=\beta k_B\sum_j\frac{E_je^{-\beta E_j}}{Q}+\frac{k_B\ln Q}{Q}\sum_j e^{-\beta E_j}\\&=\frac{U}{T}+k_B\ln Q\end{aligned}\tag{20.42}$$

式中使用了 $\beta k_B=1/T$ 的事实。用式(20.36)表示 U，得到用配分函数 $Q(N,V,T)$ 表示的 S：

$$S=k_BT\left(\frac{\partial\ln Q}{\partial T}\right)_{N,V}+k_B\ln Q\tag{20.43}$$

回顾第 18 章，对于单原子理想气体，有

$$Q(N,V,T)=\frac{1}{N!}\left(\frac{2\pi mk_BT}{h^2}\right)^{3N/2}V^Ng_{e,1}$$

其中所有原子都处于它们的电子基态。使用式(20.43)，可以得到 1 mol 单原子理想气体的摩尔熵：

$$\overline{S}=\frac{3}{2}R+R\ln\left[\left(\frac{2\pi mk_BT}{h^2}\right)^{3/2}\overline{V}g_{e,1}\right]-k_B\ln N_A!\tag{20.44}$$

对最后一项使用 Stirling 近似式，得到

$$-k_B\ln N_A!=-k_BN_A\ln N_A+k_BN_A=-R\ln N_A+R$$

因此

$$\overline{S}=\frac{5}{2}R+R\ln\left[\left(\frac{2\pi mk_BT}{h^2}\right)^{3/2}\frac{\overline{V}g_{e,1}}{N_A}\right]\tag{20.45}$$

» 例题 20-6　用式(20.45)计算 298.2 K 和 1 bar 时氩的摩尔熵，并与实验值 154.8 J · K^{-1} · mol^{-1} 进行比较。

» 解　在 298.2 K 和 1 bar 时，有

$$\begin{aligned}\frac{N_A}{\overline{V}}=\frac{N_AP}{RT}&=\frac{(6.022\times10^{23}\,\text{mol}^{-1})(1\text{ bar})}{(0.08314\text{ L}\cdot\text{bar}\cdot\text{K}^{-1}\cdot\text{mol}^{-1})(298.2\text{ K})}\\&=2.429\times10^{22}\,\text{L}^{-1}=2.429\times10^{25}\,\text{m}^{-3}\end{aligned}$$

和

$$\begin{aligned}\left(\frac{2\pi mk_BT}{h^2}\right)^{3/2}&=\left[\frac{2\pi(0.03995\text{ kg}\cdot\text{mol}^{-1})(1.3806\times10^{-23}\text{ J}\cdot\text{K}^{-1})(298.2\text{ K})}{(6.022\times10^{23}\,\text{mol}^{-1})(6.626\times10^{-34}\text{ J}\cdot\text{s})^2}\right]^{3/2}\\&=(3.909\times10^{21}\,\text{m}^{-2})^{3/2}\\&=2.444\times10^{32}\,\text{m}^{-3}\end{aligned}$$

因此

$$\frac{\overline{S}}{R}=\frac{5}{2}+\ln\left(\frac{2.444\times10^{32}\text{ m}^{-3}}{2.429\times10^{25}\text{ m}^{-3}}\right)=18.62$$

$$\begin{aligned}\overline{S}&=(18.62)(8.314\text{ J}\cdot\text{K}^{-1}\cdot\text{mol}^{-1})\\&=154.8\text{ J}\cdot\text{K}^{-1}\cdot\text{mol}^{-1}\end{aligned}$$

这个 $\overline{S}$ 值与实验值非常吻合。

» 例题 20-7　证明式(20.45)可给出氮和溴理想气体的摩尔混合熵公式，即式(20.26)。

» 解　我们先将式(20.45)写成

$$S=Nk_B\ln V+与\ V\ 无关的项$$

始态的熵由下式给出：

$$\begin{aligned}S_1&=S_{1,N_2}+S_{1,Br_2}\\&=n_{N_2}R\ln V_{N_2}+n_{Br_2}R\ln V_{Br_2}+与\ V\ 无关的项\end{aligned}$$

其中，$Nk_B=nR$。终态的熵由下式给出：

$$\begin{aligned}S_2&=S_{2,N_2}+S_{2,Br_2}\\&=n_{N_2}R\ln(V_{N_2}+V_{Br_2})+n_{Br_2}R\ln(V_{N_2}+V_{Br_2})+与\ V\ 无关的项\end{aligned}$$

因此

$$\Delta_{mix}S=S_2-S_1=n_{N_2}R\ln\frac{V_{N_2}+V_{Br_2}}{V_{N_2}}+n_{Br_2}R\ln\frac{V_{N_2}+V_{Br_2}}{V_{Br_2}}$$

因为理想气体的 V 与 n 成正比，则有

$$\Delta_{mix}S = -n_{N_2}R\ln\frac{n_{N_2}}{n_{N_2}+n_{Br_2}} - n_{Br_2}R\ln\frac{n_{Br_2}}{n_{N_2}+n_{Br_2}}$$

将该结果除以 $n_{N_2}+n_{Br_2}$，即得到式(20.26)。

20-9 分子层次的公式 $S=k_B\ln W$ 与热力学公式 $dS=\delta q_{rev}/T$ 是类似的

在这最后一节中，我们将证明式(20.24)或其等效式(20.40)与熵的热力学定义式是一致的。作为一个额外的红利，我们还将证明 $\beta=1/k_BT$。

对式(20.40)针对 p_j 求导，可得

$$dS = -k_B\sum_j(dp_j + \ln p_j dp_j)$$

因为 $\sum_j p_j = 1$，所以 $\sum_j dp_j = 0$。因此

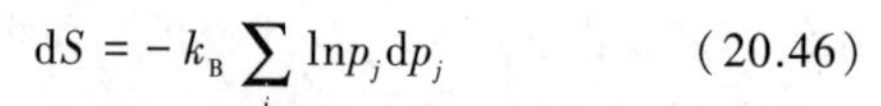

$$dS = -k_B\sum_j \ln p_j dp_j \qquad (20.46)$$

将式(20.41)代入式(20.46)中的 $\ln p_j$ 项，得到

$$dS = -k_B\sum_j[-\beta E_j(N,V) - \ln Q]dp_j$$

上式中涉及 $\ln Q$ 的项可被剔除，因为

$$\sum_j \ln Q dp_j = \ln Q\sum_j dp_j = 0$$

因此

$$dS = \beta k_B\sum_j E_j(N,V)dp_j(N,V,\beta) \qquad (20.47)$$

我们在第19-4节中已证明了 $\sum_j E_j(N,V)dp_j(N,V,\beta)$ 是系统在可逆过程中获得或失去的热能，所以式(20.47)变成

$$dS=\beta k_B\delta q_{rev} \qquad (20.48)$$

进一步地，由式(20.48)可知，βk_B 是 δq_{rev} 的积分因子，或 $\beta k_B=1/T$，或 $\beta=1/k_BT$。因此，我们最终证明了 $\beta=1/k_BT$。

在下一章中，我们将讨论物质熵的实验测定。

20-1 如果 Y 是一个状态函数，证明：$\oint dY = 0$。

20-2 令 $z=z(x,y)$，且 $dz=xydx+y^2dy$。尽管 dz 不是恰当微分(为什么不是?)，那么 dz 与 x 和(或) y 的哪种组合是恰当微分?

20-3 使用在数学章节H中得到的判据来证明式(20.1)中的 δq_{rev} 不是恰当微分(参见练习题H-11)。

20-4 使用在数学章节H中得到的判据来证明式(20.1)中的 $\delta q_{rev}/T$ 是恰当微分。

20-5 本题我们将证明式(20.5)对任意系统都是有效的。为此，考虑一个由两个平衡子系统A和B组成的孤立系统，它们彼此处于热接触；换句话说，它们可以在彼此之间以热的形式交换能量。设子系统A是一种理想气体，子系统B是任意的。现在，假设在A中发生了一个无穷小的可逆过程，伴随有热 δq_{rev}(理想)的交换。与此同时，另一个无穷小的可逆过程在B中发生，伴随有热 δq_{rev}(任意)的交换。因为这个复合系统是孤立的，热力学第一定律要求满足：

$$\delta q_{rev}(\text{理想}) = -\delta q_{rev}(\text{任意})$$

现在，利用式(20.4)证明：

$$\oint\frac{\delta q_{rev}(\text{任意})}{T} = 0$$

因此，我们可以说，式(20.4)给出的定义式适用于任何系统。

20-6 1 mol理想气体在定容 V_1 下从 P_1,V_1,T_1 可逆冷却到 P_2,V_1,T_4，再在定压 P_2 下从 P_2,V_1,T_4 可逆膨胀到 P_2,V_2,T_1(图20.3中所有过程的终态)，计算上述变化中的 q_{rev} 和 ΔS。将所得的 ΔS 结果与图20.3中路径A、路径B+C和路径D+E的结果进行比较。

20-7 在不参考第19章的情况下，导出式(20.8)。

20-8 计算1 mol理想气体从10.0 dm^3 等温可逆膨胀到20.0 dm^3 的 ΔS，并解释 ΔS 的符号。

20-9 计算1 mol理想气体从1.00 bar等温可逆膨胀到0.100 bar的 ΔS，并解释 ΔS 的符号。

20-10 某气体的状态方程已在例题20-2中给出，计算1 mol该气体沿着图20.3中路径D+E变化的 q_{rev} 和 ΔS。将所得结果与例题20-2中得到的结果进行比较。

20-11 对于例题20-2中给出的状态方程，证明 ΔS_{D+E} 等于 ΔS_A 和 ΔS_{B+C}。

20-12 某气体的状态方程已在例题20-2中给出，计算1 mol该气体沿着习题20-6描述的路径变化的 q_{rev} 和 ΔS。将所得结果与例题20-2中得到的结果进行比较。

20-13 对于某定压过程，如果 C_P 不随温度变化，

证明：

$$\Delta S = C_P \ln \frac{T_2}{T_1}$$

计算 2.00 mol 的 $H_2O(l)$（$\overline{C}_P = 75.2\ J \cdot K^{-1} \cdot mol^{-1}$）从10 ℃加热到 90 ℃过程中的熵变。

20-14 如果 1 mol 理想气体从 T_1, V_1 变到 T_2, V_2，假设 $\overline{C}_V$ 不随温度变化，证明：

$$\Delta\overline{S} = \overline{C}_V \ln \frac{T_2}{T_1} + R \ln \frac{V_2}{V_1}$$

计算 1 mol $N_2(g)$ 从 273 K，20.0 dm^3 膨胀到 400 K，300 dm^3 的过程中的 $\Delta\overline{S}$。取 $\overline{C}_P = 29.4\ J \cdot K^{-1} \cdot mol^{-1}$。

20-15 本题我们将考虑一个类似于图 20.4 中的双隔间系统，不同的是，两个子系统有相同的温度但压力不同，分隔它们的墙是柔性的而不是刚性的。在这种情况下，证明：

$$dS = \frac{dV_B}{T}(P_B - P_A)$$

并根据当 $P_B > P_A$ 或 $P_B < P_A$ 时 dV_B 的符号，解释此结果。

20-16 本题我们将通过一个具体的例子来说明 $dS_{产生} \geqslant 0$ 的条件。对于图 20.8 所示的双隔间系统，每个隔间与不同温度 T_1 和 T_2 的热源处于平衡，两个隔间由刚性的导热壁分隔开。隔间 1 的总热量变化为

$$dq_1 = d_e q_1 + d_i q_1$$

其中，$d_e q_1$ 是与热源交换的热量，$d_i q_1$ 是与隔间 2 交换的热量。类似地，有

$$dq_2 = d_e q_2 + d_i q_2$$

显然，

$$d_i q_1 = -d_i q_2$$

证明该双隔间系统的熵变可由下式给出：

$$\begin{aligned} dS &= \frac{d_e q_1}{T_1} + \frac{d_e q_2}{T_2} + d_i q_1 \left(\frac{1}{T_1} - \frac{1}{T_2}\right) \\ &= dS_{交流} + dS_{产生} \end{aligned}$$

其中

$$dS_{交流} = \frac{d_e q_1}{T_1} + \frac{d_e q_2}{T_2}$$

是与热源（环境）**交流**（exchanged）的熵，而

$$dS_{产生} = d_i q_1 \left(\frac{1}{T_1} - \frac{1}{T_2}\right)$$

是在双隔间系统内部**产生**（produced）的熵。下面证明：$dS_{产生} \geqslant 0$ 的条件意味着热量自发地从高温流向低温。然而，$dS_{交流}$ 的数值没有限制，可以是正的、负的或零。

20-17 证明：对于等温过程，有

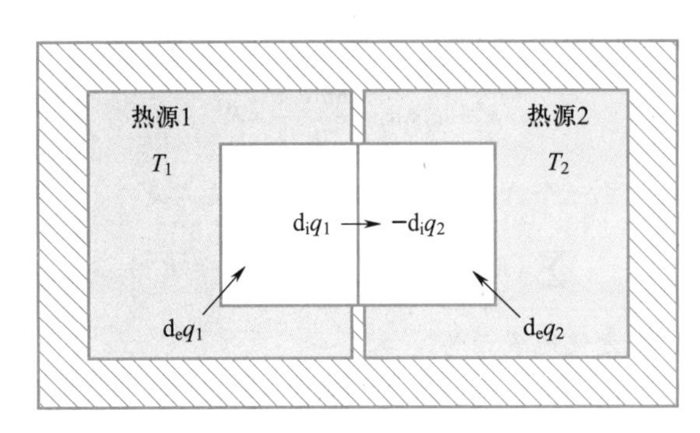

图 20.8 双隔间系统示意图。每个隔间都与（无限大的）热源接触，一个热源的温度为 T_1，另一热源的温度为 T_2，这两个隔间由一个刚性导热壁分隔开。

$$\Delta S \geqslant \frac{q}{T}$$

关于 ΔS 的符号，该式说了什么？在等温可逆过程中，ΔS 可以减小吗？计算 1 mol 理想气体在 300 K 时从 100 dm^3 等温可逆压缩到 50.0 dm^3 时的熵变。

20-18 在物质的正常沸点（T_{vap}）（即在 1 atm 下的沸点）的汽化可以被视为一个可逆过程，因为如果温度以无限小的幅度降低到 T_{vap} 以下，所有的蒸气都会凝结为液体；而如果温度以无限小的幅度升高到 T_{vap} 以上，所有的液体都会蒸发。计算在 100.0℃ 时 2 mol 水蒸发时的熵变。$\Delta_{vap}\overline{H}$ 值是 40.65 $kJ \cdot mol^{-1}$。评论 $\Delta_{vap}S$ 的符号。

20-19 在物质的正常熔点（T_{fus}）时（即在 1 atm 下的熔点）的熔化可以视为一个可逆过程，因为如果温度以无限小的幅度偏离 T_{fus}，那么物质将会熔化或凝固。计算在 0℃ 时 2 mol 水熔化时的熵变。$\Delta_{fus}\overline{H}$ 的值是 6.01 $kJ \cdot mol^{-1}$。将所得答案与习题 20-18 中得到的结果进行比较。为什么 $\Delta_{vap}S$ 比 $\Delta_{fus}S$ 大得多？

20-20 考虑式（20.23）的一个简单例子，其中只有两个状态 1 和 2。证明：当 $a_1 = a_2$ 时，$W(a_1, a_2)$ 是最大的。提示：考虑 $\ln W$，使用 Stirling 近似，并将 a_1 和 a_2 视为连续变量。

20-21 将习题 20-20 扩展到三个状态的情况。如何将其推广到任意数量的状态？

20-22 证明：系统的配分函数可以写成对能级的求和：

$$Q(N, V, T) = \sum_E \Omega(N, V, E) e^{-E/k_B T}$$

上式对于孤立系统，$Q(N, V, T)$ 只有一项。将 Q 的这种特殊情况代入式（20.43）导出公式 $S = k_B \ln \Omega$。

20-23 本题我们将证明：对于理想气体，有 $\Omega = c(N) f(E) V^N$（例题 20-3）。在习题 18-42 中，我们曾经证明了箱子中的一个粒子在 ε 和 $\varepsilon + \Delta\varepsilon$ 之间的平动能量状

态数可通过考虑在 n_x, n_y, n_z 空间中的一个球体来计算：

$$n_x^2+n_y^2+n_z^2=\frac{8ma^2\varepsilon}{h^2}=R^2$$

证明：对于一个 N 粒子系统，类似的表达式是

$$\sum_{j=1}^{N}(n_{xj}^2+n_{yj}^2+n_{zj}^2)=\frac{8ma^2E}{h^2}=R^2$$

或者，更方便地表示为

$$\sum_{j=1}^{3N}n_j^2=\frac{8ma^2E}{h^2}=R^2$$

因此，与我们在习题 18-42 中处理的三维球不同，这里我们必须处理一个 $3N$ 维的球体。无论一个 $3N$ 维球体的体积公式是什么（它是已知的），我们至少可以说它与 R^{3N} 成正比。证明这种比例关系导致了下面的 $\Phi(E)$ 表达式，即能量 $\leqslant E$ 时的状态数：

$$\Phi(E)\propto\left(\frac{8ma^2E}{h^2}\right)^{3N/2}=c(N)E^{3N/2}V^N$$

式中 $c(N)$ 是常数，其值取决于 $N, V=a^3$。按照习题 18-42 中得出的论据，证明在 E 和 $E+\Delta E$ 之间的状态数（本质上是 Ω）可由下式给出：

$$\Omega=c(N)f(E)V^N\Delta E$$

式中 $f(E)=E^{\frac{3N}{2}-1}$。

20-24 如果一个过程只涉及等温热传递[**纯热传递**(pure heat transfer)]，证明：

$$\mathrm{d}S_{\mathrm{sys}}=\frac{\mathrm{d}q}{T}\quad(\text{纯热传递})$$

20-25 如果 1 mol 理想气体在 300 K 下从 10.0 bar 等温可逆膨胀到 2.00 bar，计算系统和环境的熵变以及总熵变。

20-26 如果上题中的气体从 10.0 bar 始态压力向真空膨胀到终态压力 2.00 bar，计算系统和环境的熵变以及总熵变。

20-27 1-丁烯在 300 K<T<1500 K 时的摩尔热容可以表示为

$$\overline{C}_P(T)/R=0.05641+(0.04635\ \mathrm{K}^{-1})T-(2.392\times10^{-5}\ \mathrm{K}^{-2})T^2+(4.80\times10^{-9}\ \mathrm{K}^{-3})T^3$$

计算在定压条件下，将 1 mol 1-丁烯从 300 K 加热到 1000 K 时熵的变化。

20-28 绘制两种理想气体混合时的 $\Delta_{\mathrm{mix}}\overline{S}-y_1$ 的关系图。在哪个 y_1 值时 $\Delta_{\mathrm{mix}}\overline{S}$ 达到最大？该结果的物理解释是什么？

20-29 如果 2 mol N_2(g) 与 1 mol O_2(g) 在相同的温度和压力下混合，计算混合熵。假设气体具有理想气体行为。

20-30 如果将相同条件下的任意两种理想气体等体积混合，证明：$\Delta_{\mathrm{mix}}\overline{S}=R\ln2$。

20-31 导出方程 $\mathrm{d}U=T\mathrm{d}S-P\mathrm{d}V$。对于 1 mol 理想气体，证明：

$$\mathrm{d}\overline{S}=\overline{C}_V\frac{\mathrm{d}T}{T}+R\frac{\mathrm{d}\overline{V}}{\overline{V}}$$

假设 $\overline{C}_V$ 与温度无关，证明：从 $T_1,\overline{V}_1$ 变化到 $T_2,\overline{V}_2$ 时，有

$$\Delta\overline{S}=\overline{C}_V\ln\frac{T_2}{T_1}+R\ln\frac{\overline{V}_2}{\overline{V}_1}$$

注意该式是式(20.28)和式(20.31)的组合。

20-32 导出公式 $\mathrm{d}H=T\mathrm{d}S+V\mathrm{d}P$。对于 1 mol 理想气体从 T_1,P_1 变化到 T_2,P_2，并假设 $\overline{C}_P$ 与温度无关，证明：

$$\Delta\overline{S}=\overline{C}_P\ln\frac{T_2}{T_1}-R\ln\frac{P_2}{P_1}$$

20-33 如果 1 mol SO_2(g) 在 300 K 和 1.00 bar 下加热到 1000 K，压力降低到 0.010 bar，计算该过程的熵变。取 SO_2(g) 的摩尔热容为

$$\overline{C}_P(T)/R=7.871-\frac{1454.6\ \mathrm{K}}{T}+\frac{160351\ \mathrm{K}^2}{T^2}$$

20-34 在推导式(20.32)时，论证 $\Delta S_{\mathrm{c}}>0$ 和 $\Delta S_{\mathrm{h}}<0$。现在，通过证明 $\Delta S_{\mathrm{c}}-|\Delta S_{\mathrm{h}}|>0$，从而证明：

$$\Delta S=\Delta S_{\mathrm{c}}+\Delta S_{\mathrm{h}}>0$$

20-35 我们可以使用方程 $S=k_{\mathrm{B}}\ln W$ 来推导式(20.28)。首先，论证理想气体分子在某个较大体积 V 的子体积 V_{s} 中的概率是 V_{s}/V。因为理想气体的分子是独立的，所以 N 个理想气体分子在 V_{s} 中出现的概率为 $(V_{\mathrm{s}}/V)^N$。现在证明，当 1 mol 理想气体的体积在等温条件下从 V_1 变到 V_2 时的熵变为

$$\Delta S=R\ln\frac{V_2}{V_1}$$

20-36 可以从 $S=k_{\mathrm{B}}\ln W$ 开始来推导 $n_j\propto\mathrm{e}^{-\varepsilon_j/k_{\mathrm{B}}T}$ 的关系。考虑一个基态含 n_0 个分子，第 j 激发态含 n_j 个分子的气体，现在向这个系统添加能量 $\varepsilon_j-\varepsilon_0$，以使一个分子从基态激发到第 j 激发状态。如果气体的体积保持不变，则该过程不做功，所以有 $\mathrm{d}U=\mathrm{d}q$，

$$\mathrm{d}S=\frac{\mathrm{d}q}{T}=\frac{\mathrm{d}U}{T}=\frac{\varepsilon_j-\varepsilon_0}{T}$$

假设 n_0 和 n_j 都很大，证明：

$$dS = k_B \ln \frac{N!}{(n_0-1)!n_1!\cdots(n_j+1)!\cdots} - k_B \ln \frac{N!}{n_0!n_1!\cdots n_j!\cdots}$$

$$= k_B \ln \frac{n_j!}{(n_j+1)!}\frac{n_0!}{(n_0-1)!} = k_B \ln \frac{n_0}{n_j}$$

dS 的上两个表达式相等，证明：

$$\frac{n_j}{n_0} = e^{-(\varepsilon_j-\varepsilon_0)/k_BT}$$

20-37 我们可以使用式(20.24)来计算观察到偏离平衡状态的涨落的概率。证明：

$$\frac{W}{W_{eq}} = e^{-\Delta S/k_B}$$

式中 W 代表非平衡状态，ΔS 是两个状态的熵差。我们可以将 W/W_{eq} 的比率解释为观察到非平衡状态的概率。假设 1 mol 氧气在 25℃和 1 bar 时的熵为 205.0 J · K^{-1} · mol^{-1}，计算观察到熵减少百万分之一的概率。

20-38 对于被限制在体积 V 内的 1 mol 理想气体，计算该理想气体所有的 N_A 个分子都占据该空间的一半，而另一半空着的概率。

20-39 证明：当所有的 p_j 都相等时，由式(20.40)给出的 $S_{系统}$ 达到最大值。注意 $\sum p_j = 1$，所以

$$\sum_j p_j \ln p_j = p_1 \ln p_1 + p_2 \ln p_2 + \cdots + p_{n-1} \ln p_{n-1} + (1-p_1-p_2-\cdots-p_{n-1})\ln(1-p_1-p_2-\cdots-p_{n-1})$$

参见练习题 J-10。

20-40 使用式(20.45)，计算 298.2 K 和 1 bar 下氪的摩尔熵，并将所得结果与实验值 164.1 J · K^{-1} · mol^{-1} 进行比较。

20-41 使用式(18.39)和表 18.2 中的数据，计算 298.2 K 和 1 bar 下氮气的摩尔熵。将所得结果与实验值 191.6 J · K^{-1} · mol^{-1}进行比较。

20-42 使用式(18.57)和表 18.4 中的数据，计算 298.2 K 和 1 bar 下 CO_2(g)的摩尔熵。将所得结果与实验值 213.8 J · K^{-1} · mol^{-1}进行比较。

20-43 使用式(18.60)和表 18.4 中的数据，计算 298.2 K 和 1 bar 下 NH_3(g)的摩尔熵。将所得结果与实验值 192.8 J · K^{-1} · mol^{-1}进行比较。

20-44 导出式(20.35)。

20-45 水在 25 atm 压力下的沸点是 223 ℃。比较在 20 ℃和水的沸点(压力分别为 1 atm 和 25 atm)之间运行的蒸汽机的理论效率。

习题参考答案

第21章 熵和热力学第三定律

▶ **科学家介绍**

在第 20 章中介绍了熵的概念。我们证明了每当在一个孤立系统发生一个自发或不可逆过程，就会有熵的产生。我们也证明了一个没有达到平衡的孤立系统的熵会一直增加，直到系统达到平衡，此后熵将保持不变。数学上，将这个条件表示为对于一个在等压等容下进行的过程，其 $dS \geqslant 0$。虽然计算了一些过程中的熵变，但并没有尝试去计算物质熵的绝对值（不过，请参见例题 20-6 和习题 20-41 至习题 20-43）。在本章中，我们将介绍热力学第三定律，以便能够计算物质熵的绝对值。

21-1 熵随温度的升高而增加

先从可逆过程的热力学第一定律开始：

$$dU = \delta q_{rev} + \delta w_{rev}$$

利用 $\delta q_{rev} = TdS$ 和 $\delta w_{rev} = -PdV$ 的事实，我们得到热力学第一和第二定律的联合公式：

$$dU = TdS - PdV \tag{21.1}$$

利用热力学定律及状态函数是恰当微分的事实，可以导出一系列热力学量之间的关系式。例题 21-1 导出了下面两个重要关系式：

$$\left(\frac{\partial S}{\partial T}\right)_V = \frac{C_V}{T} \tag{21.2}$$

$$\left(\frac{\partial S}{\partial V}\right)_T = \frac{1}{T}\left[P + \left(\frac{\partial U}{\partial V}\right)_T\right] \tag{21.3}$$

» 例题 **21-1** 将 U 表示为 V 和 T 的函数，然后利用这个结果和式(21.1)导出式(21.2)和式(21.3)。

» 解 如果将 U 处理为 V 和 T 的函数，则其全导数为（参见数学章节 H）

$$dU = \left(\frac{\partial U}{\partial T}\right)_V dT + \left(\frac{\partial U}{\partial V}\right)_T dV \tag{21.4}$$

将式(21.4)代入式(21.1)，并求解 dS，得到

$$dS = \frac{1}{T}\left(\frac{\partial U}{\partial T}\right)_V dT + \frac{1}{T}\left[P + \left(\frac{\partial U}{\partial V}\right)_T\right] dV$$

利用定义 $(\partial U/\partial T)_V = C_V$，得到

$$dS = \frac{C_V}{T}dT + \frac{1}{T}\left[P + \left(\frac{\partial U}{\partial V}\right)_T\right] dV$$

如果把 dS 的这个表达式与 $S=S(T,V)$ 的全导数，即

$$dS = \left(\frac{\partial S}{\partial T}\right)_V dT + \left(\frac{\partial S}{\partial V}\right)_T dV$$

进行比较，则可以发现

$$\left(\frac{\partial S}{\partial T}\right)_V = \frac{C_V}{T} \quad 和 \quad \left(\frac{\partial S}{\partial V}\right)_T = \frac{1}{T}\left[P + \left(\frac{\partial U}{\partial V}\right)_T\right]$$

式(21.2)告诉我们，在等容时 S 是如何随着温度 T 变化的。如果针对 T 积分（保持 V 不变），可以得到

$$\Delta S = S(T_2) - S(T_1) = \int_{T_1}^{T_2} \frac{C_V(T)\,dT}{T} \quad （等容） \tag{21.5}$$

因此，如果知道作为 T 的函数的 C_V，我们就可以计算 ΔS。注意，由于 C_V 总是正值，所以熵随温度的升高而增加。

式(21.5)适用于等容变化。为了导出一个适用于等压的类似公式，可从下式开始：

$$dH = d(U+PV) = dU + PdV + VdP$$

代入式(21.1)，得到

$$dH = TdS + VdP \tag{21.6}$$

继续以例题 21-1 中类似的方式进行（习题 21-1），可得到以下两式：

$$\left(\frac{\partial S}{\partial T}\right)_P = \frac{C_P(T)}{T} \tag{21.7}$$

$$\left(\frac{\partial S}{\partial P}\right)_T = \frac{1}{T}\left[\left(\frac{\partial H}{\partial P}\right)_T - V\right] \tag{21.8}$$

由式(21.7)，得到

$$\Delta S=S(T_2)-S(T_1)=\int_{T_1}^{T_2}\frac{C_P(T)\mathrm{d}T}{T}\quad（等压）\quad(21.9)$$

因此，如果知道作为 T 的函数的 C_P，就可以计算 ΔS。由于我们考虑的大多数过程在等压下发生，所以通常使用式(21.9)来计算 ΔS。

如果设式(21.9)中的 $T_1=0$ K，那么就有

$$S(T)=S(0\ \mathrm{K})+\int_0^T\frac{C_P(T')\mathrm{d}T'}{T'}\quad（等压）\quad(21.10)$$

式(21.10)表示，如果知道 $S(0\ \mathrm{K})$ 以及从 $T=0$ K 到目标温度的 $C_P(T)$，那么就可以计算一种物质的熵。（再次提醒注意：我们在积分变量上加了一撇，以便将其与积分限进行区分。）

21-2 热力学第三定律指出完美晶体的熵在 0 K 时为零

首先，我们讨论 $S(0\ \mathrm{K})$。大约在 20 世纪之初，能斯特在研究了大量化学反应之后，假定当 $T\to0$ K 时，$\Delta_rS\to0$。能斯特并没有对在 0 K 时任何特定物质的熵作出声明，只是说所有纯结晶物质在 0 K 时具有相同的熵。这里加入"纯结晶"的条件是为了避免一些能斯特假定的明显例外，这些将在之后解决。1911 年，普朗克通过假定一个纯物质的熵在 0 K 时接近零，拓展了能斯特的假定[普朗克顺带做了大量热力学方面的研究（包括他的博士论文）]。普朗克的假定和能斯特的假定是一致的，但是它更深一层次。现在所称谓的**热力学第三定律**(third law of thermodynamics)有几种等价的说法，但是我们将使用的是：

每一种物质都有一个有限的正值熵，但是在 0 K 时，熵可变为零，且对于一种完美晶体物质，它的确如此。

与热力学第一和第二定律不同，热力学第三定律没有引入新的状态函数。第一定律给出能量，第二定律给出熵，而第三定律则提供熵的一个数值刻度（标尺）。

尽管热力学第三定律在量子理论充分发展之前就已被确切地阐述，但是如果从分子量子态或能级来考虑它的话，则将更加合理和直观。熵的分子解释之一是[式(20.24)]

$$S=k_B\ln W\qquad(21.11)$$

式中 W 是系统总能量可以分配在其各种能态上的方式数目。在 0 K 时，我们预期系统将处于其最低能态。因此，$W=1$，$S=0$。另一种获得这个结果的方法是从下式[即式(20.40)]开始：

$$S=-k_B\sum_j p_j\ln p_j\qquad(21.12)$$

式中 p_j 是系统处在能量为 E_j 的第 j 个量子态上的概率。在 0 K 时没有热能，故预期系统处在基态；因此，$p_0=1$，且其他的 p_j 都等于零。所以，式(21.12)中的 S 等于零。即使基态简并度为 n，那么每个能量为 E_0 的量子态出现的概率也将只是 $1/n$，则式(21.12)中的 S 将为

$$S(0\ \mathrm{K})=-k_B\sum_{j=1}^{n}\frac{1}{n}\ln\frac{1}{n}=k_B\ln n\qquad(21.13)$$

即使基态的简并度与阿伏伽德罗常数一样大，$\overline{S}$ 也将仅等于 $7.56\times10^{-22}\ \mathrm{J\cdot K^{-1}\cdot mol^{-1}}$，远低于一个 $\overline{S}$ 的可测量值。

因为热力学第三定律断言 $S(0\ \mathrm{K})=0$，所以可以将式(21.10)写为

$$S(T)=\int_0^T\frac{C_P(T')\mathrm{d}T'}{T'}\qquad(21.14)$$

21-3 相变时 $\Delta_{trs}S=\Delta_{trs}H/T_{trs}$

当书写式(21.14)时，我们做了一个心照不宣的假定，即在 0 到 T 之间没有相变。假设在 0 到 T 之间，在 T_{trs} 时有这样一个相变。我们可以通过使用下式来计算相变引起的熵变：

$$\Delta_{trs}S=\frac{q_{rev}}{T_{trs}}\qquad(21.15)$$

相变是可逆过程的一个很好例子。相变过程可以通过稍稍改变温度而被逆转。例如，在 1 atm 时冰的熔化中，如果 T 只是稍低于 273.15 K 时，系统将会全部变成冰；而如果 T 只是稍高于 273.15 K 时，则系统将会全部变成水。此外，相变过程发生在一固定温度下，故式(21.15)变为（回想一下，对于相变，有 $\Delta H=q_P$）

$$\Delta_{trs}S=\frac{\Delta_{trs}H}{T_{trs}}\qquad(21.16)$$

» 例题 21-2 计算在 1 atm 时，H_2O 熔化和蒸发过程的摩尔熵变。已知 273.15 K 时 $\Delta_{fus}\overline{H}=6.01\ \mathrm{kJ\cdot mol^{-1}}$，373.15 K 时 $\Delta_{vap}\overline{H}=40.7\ \mathrm{kJ\cdot mol^{-1}}$。

» 解 利用式(21.16)，有

$$\Delta_{fus}\overline{S}=\frac{6.01\ \mathrm{kJ\cdot mol^{-1}}}{273.15\ \mathrm{K}}=22.0\ \mathrm{J\cdot K^{-1}\cdot mol^{-1}}$$

和

$$\Delta_{vap}\overline{S}=\frac{40.7\ \mathrm{kJ\cdot mol^{-1}}}{373.15\ \mathrm{K}}=109\ \mathrm{J\cdot K^{-1}\cdot mol^{-1}}$$

可见 $\Delta_{vap}\overline{S}$ 远大于 $\Delta_{fus}\overline{S}$。这在分子层面上是有道理的，

因为气相和液相之间的混乱度差异远大于液相和固相之间的混乱度差异。

为了计算 $S(T)$，我们将 $C_P(T)/T$ 积分到第一个相变温度，加上一个相变项 $\Delta_{trs}H/T_{trs}$；然后，将 $C_P(T)/T$ 从第一个相变温度积分到第二个相变温度，以此类推。例如，如果一种物质没有固-固相变，当 T 大于沸点时，有

$$S(T)=\int_0^{T_{fus}}\frac{C_P^s(T)\,dT}{T}+\frac{\Delta_{fus}H}{T_{fus}}+\int_{T_{fus}}^{T_{vap}}\frac{C_P^l(T)\,dT}{T}+\frac{\Delta_{vap}H}{T_{vap}}+\int_{T_{vap}}^{T}\frac{C_P^g(T')\,dT'}{T'} \tag{21.17}$$

式中 T_{fus} 是熔点，$C_P^s(T)$ 是固相的热容，T_{vap} 是沸点，$C_P^l(T)$ 是液相的热容，$C_P^g(T)$ 是气相的热容，$\Delta_{fus}H$ 和 $\Delta_{vap}H$ 分别是熔化焓和蒸发焓。

21-4 热力学第三定律断言当 $T\to 0$ K 时，$C_P\to 0$

对于大多数非金属晶体，实验和理论研究已经表明，当 $T\to 0$ 时，$C_P^s(T)\to T^3$（当 $T\to 0$ 时，金属晶体的 C_P^s 为 $aT+bT^3$，其中 a，b 均是常数）。$C_P^s(T)$ 的这个 T^3 温度依赖性在 0 K 到 15 K 左右是有效的，以荷兰化学家彼得·德拜的名字命名为**德拜 T^3 定律**（Debye T^3 law）。德拜率先在理论上证明了对于非金属固体，当 $T\to 0$ 时，$C_P^s(T)\to T^3$。

例题 21-3 根据德拜的理论，非金属固体的低温摩尔热容为

$$\overline{C}_P(T)=\frac{12\pi^4}{5}R\left(\frac{T}{\Theta_D}\right)^3\qquad 0<T\leqslant T_{low}$$

式中 T_{low} 取决于特定的固体，但对大多数固体来说其值一般为 10~20 K，Θ_D 为一固体特性常数。参数 Θ_D 具有温度的单位，称为固体的**德拜温度**（Debye temperature）。证明：如果 $\overline{C}_P$ 由上面的表达式给出，那么摩尔熵的低温贡献为

$$\overline{S}(T)=\frac{\overline{C}_P(T)}{3}\qquad 0<T\leqslant T_{low}$$

» 解　将题给的 $\overline{C}_P(T)$ 表达式代入式（21.14）中，得到

$$\overline{S}(T)=\int_0^T\frac{\overline{C}_P(T')\,dT'}{T'}=\frac{12\pi^4R}{5\Theta_D^3}\int_0^T T'^2\,dT'$$

$$=\frac{12\pi^4RT^3}{5\Theta_D^3\ 3}=\frac{\overline{C}_P(T)}{3} \tag{21.18}$$

例题 21-4 已知固态氯在 14 K 时的摩尔热容为 3.39 J·K^{-1}·mol^{-1}，且低于 14 K 时遵循德拜 T^3 定律。计算固态氯在 14 K 时的摩尔熵。

» 解　使用式（21.18），得

$$\overline{S}(14\text{ K})=\frac{\overline{C}_P(14\text{ K})}{3}=\frac{3.39\text{ J}\cdot\text{K}^{-1}\cdot\text{mol}^{-1}}{3}$$

$$=1.13\text{ J}\cdot\text{K}^{-1}\cdot\text{mol}^{-1}$$

21-5 实际绝对熵可以通过量热确定

如果已知合适的热容数据、相变焓和相变温度，我们可以基于 $S(0\text{ K})=0$ 的惯例，利用式（21.17）来计算熵。这种熵称为第三定律熵或实际绝对熵。表 21.1 给出了 298.15 K 时 $N_2(g)$ 的标准摩尔熵值。10.00 K 时的熵是用式（21.18）和 $\overline{C}_P=6.15$ J·K^{-1}·mol^{-1} 确定的。在 35.61 K 时，固体经历了一个晶体结构的相变，$\Delta_{trs}\overline{H}=0.2289$ kJ·mol^{-1}，故 $\Delta_{trs}\overline{S}=6.43$ J·K^{-1}·mol^{-1}。在 63.15 K 时，$N_2(s)$ 熔化，$\Delta_{fus}\overline{H}=0.71$ kJ·mol^{-1}，故 $\Delta_{fus}\overline{S}=11.2$ J·K^{-1}·mol^{-1}。最后，在 1 atm 下，$N_2(l)$ 在 77.36 K 沸腾，$\Delta_{vap}\overline{H}=5.57$ kJ·mol^{-1}，则 $\Delta_{vap}\overline{S}=72.0$ J·K^{-1}·mol^{-1}。在相变之间，用 $\overline{C}_P(T)/T$ 的数据进行数值积分（习题 21-14）。根据式（21.17），摩尔熵可由 $\overline{C}_P(T)/T$ 对温度作图所得曲线下的面积给出。

表 21.1　氮气在 298.15 K 时的标准摩尔熵值。

过程	$\overline{S}^\circ$/(J·K^{-1}·mol^{-1})
0~10.00 K	2.05
10.00~35.61 K	25.79
相变	6.43
35.61~63.15 K	23.41
熔化	11.2
63.15~77.36 K	11.46
蒸发	72.0
73.36~298.15 K	39.25
非理想性校正	0.02
总计	191.6

表 21.1 最后比较小的校正需要解释一下。文献中给出的气体熵值称为**标准熵**(standard entropy),其已根据惯例对气体在 1 bar 时的非理想性进行了校正。我们将在第 22-6 节中学习如何校正。回忆一下,气体在任一温度的标准状态为相应(假想的)理想气体在 1 bar 时的状态。

图 21.1 显示了从 0 K 到 400 K 氮气的摩尔熵对温度的作图。可见在相变之间摩尔熵随着温度的升高缓慢增加,并且在每个相变时都有不连续的突升。同时还可发现在蒸发相变时摩尔熵的突升远大于熔点时的突升。图 21.2 显示了苯的一个类似图。注意到苯并没有经历任何固-固相变。

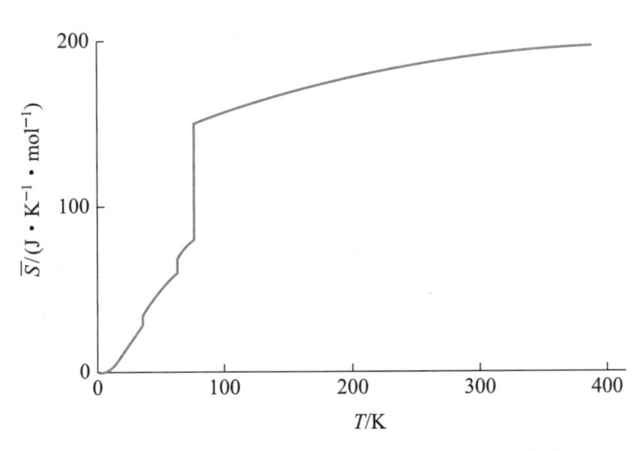

图 21.1 从 0 K 到 400 K 氮气的摩尔熵对温度的作图。

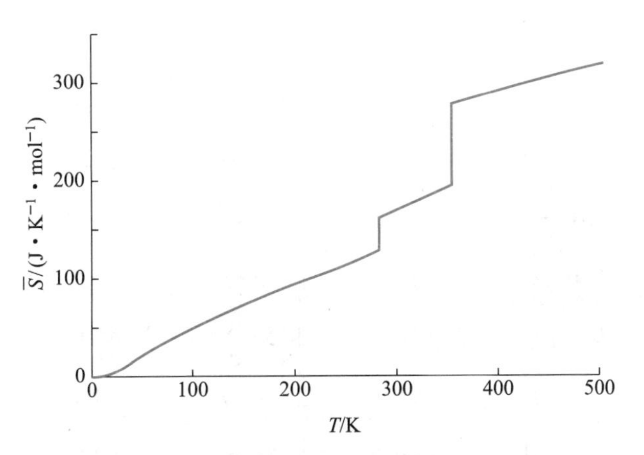

图 21.2 从 0 K 到 500 K 苯的摩尔熵对温度的作图。

21-6 气体的实际绝对熵可由配分函数计算得到

回忆一下第 20-8 节中的内容,熵可以写成下式[即式(20.43)]:

$$S=k_{\mathrm{B}}\ln Q+k_{\mathrm{B}}T\left(\frac{\partial\ln Q}{\partial T}\right)_{N,V} \tag{21.19}$$

式中 $Q(N,V,T)$ 是系统配分函数,可表示为

$$Q(N,V,T)=\sum_{j}\mathrm{e}^{-E_j(N,V)/k_{\mathrm{B}}T} \tag{21.20}$$

式(21.19)与热力学第三定律一致。通过将式(21.20)代入式(21.19),可以写出一个关于 S 的更明确的表达式,即

$$S=k_{\mathrm{B}}\ln\sum_{j}\mathrm{e}^{-E_j/k_{\mathrm{B}}T}+\frac{1}{T}\frac{\sum_{j}E_j\mathrm{e}^{-E_j/k_{\mathrm{B}}T}}{\sum_{j}\mathrm{e}^{-E_j/k_{\mathrm{B}}T}} \tag{21.21}$$

下面研究当 $T\to0$ 时这个方程的变化。一般情况下,假设前 n 个态具有相同的能量 $E_1=E_2=\cdots=E_n$(换句话说,基态是 n 重简并的),接下来的 m 个态具有相同的能量 $E_{n+1}=E_{n+2}=\cdots=E_{n+m}$(第一激发态是 m 重简并的),等等。

分析当 $T\to0$ 时,式(21.21)中的加和。明确写出式(21.20),有

$$\sum_{j}\mathrm{e}^{-E_j/k_{\mathrm{B}}T}=n\mathrm{e}^{-E_1/k_{\mathrm{B}}T}+m\mathrm{e}^{-E_{n+1}/k_{\mathrm{B}}T}+\cdots$$

如果提出因子 $\mathrm{e}^{-E_1/k_{\mathrm{B}}T}$,那么

$$\sum_{j}\mathrm{e}^{-E_j/k_{\mathrm{B}}T}=\mathrm{e}^{-E_1/k_{\mathrm{B}}T}[n+m\mathrm{e}^{-(E_{n+1}-E_1)/k_{\mathrm{B}}T}+\cdots]$$

由于 $E_{n+1}>E_1$(本质上由定义可知),所以

$$\mathrm{e}^{-(E_{n+1}-E_1)/k_{\mathrm{B}}T}\to0\quad(\text{当 } T\to0\text{时})$$

因此,当 $T\to0$ 时,有

$$\sum_{j}\mathrm{e}^{-E_j/k_{\mathrm{B}}T}\to n\mathrm{e}^{-E_1/k_{\mathrm{B}}T}$$

在 T 很小的极限下,式(21.21)中每个加和的第一项占主导地位,所以

$$\begin{aligned}S&=k_{\mathrm{B}}\ln(n\mathrm{e}^{-E_1/k_{\mathrm{B}}T})+\frac{1}{T}\frac{nE_1\mathrm{e}^{-E_1/k_{\mathrm{B}}T}}{n\mathrm{e}^{-E_1/k_{\mathrm{B}}T}}\\&=k_{\mathrm{B}}\ln n-\frac{E_1}{T}+\frac{E_1}{T}\\&=k_{\mathrm{B}}\ln n\end{aligned}$$

因此,当 $T\to0$ 时,S 正比于基态简并度的对数[见式(21.13)]。就像我们在第 21-2 节中所论证的一样,即使 n 与阿伏伽德罗常数一样大,S 也可以完全忽略不计。

对于一种理想气体,我们曾在第 17 章中学到了下式[即式(17.38)]:

$$Q(N,V,T)=\frac{[q(V,T)]^N}{N!} \tag{21.22}$$

此外,我们还在第 18 章中学到以下公式,分别为

(1) 对于单原子理想气体[即式(18.13)]:

$$q(V,T)=\left(\frac{2\pi mk_{\mathrm{B}}T}{h^2}\right)^{3/2}V\cdot g_{\mathrm{e},1} \tag{21.23}$$

（2）对于双原子理想气体［即式（18.39）］：

$$q(V,T)=\left(\frac{2\pi Mk_{\mathrm{B}}T}{h^2}\right)^{3/2}V\cdot\frac{T}{\sigma\Theta_{\mathrm{rot}}}\cdot\frac{\mathrm{e}^{-\Theta_{\mathrm{vib}}/2T}}{1-\mathrm{e}^{-\Theta_{\mathrm{vib}}/T}}\cdot g_{\mathrm{e},1}\mathrm{e}^{D_{\mathrm{e}}/k_{\mathrm{B}}T} \tag{21.24}$$

（3）对于线形多原子理想气体［即式（18.57）］：

$$q(V,T)=\left(\frac{2\pi Mk_{\mathrm{B}}T}{h^2}\right)^{3/2}V\cdot\frac{T}{\sigma\Theta_{\mathrm{rot}}}\cdot\prod_{j=1}^{3n-5}\frac{\mathrm{e}^{-\Theta_{\mathrm{vib},j}/2T}}{1-\mathrm{e}^{-\Theta_{\mathrm{vib},j}/T}}\cdot g_{\mathrm{e},1}\mathrm{e}^{D_{\mathrm{e}}/k_{\mathrm{B}}T} \tag{21.25}$$

（4）对于非线形多原子理想气体［即式（18.60）］：

$$q(V,T)=\left(\frac{2\pi Mk_{\mathrm{B}}T}{h^2}\right)^{3/2}V\cdot\frac{\pi^{1/2}}{\sigma}\cdot\left(\frac{T^3}{\Theta_{\mathrm{A}}\Theta_{\mathrm{B}}\Theta_{\mathrm{C}}}\right)^{1/2}\cdot\prod_{j=1}^{3n-6}\frac{\mathrm{e}^{-\Theta_{\mathrm{vib},j}/2T}}{1-\mathrm{e}^{-\Theta_{\mathrm{vib},j}/T}}\cdot g_{\mathrm{e},1}\mathrm{e}^{D_{\mathrm{e}}/k_{\mathrm{B}}T} \tag{21.26}$$

上面这些公式中的各种量均已在第18章中定义和讨论过了。

如果将式（21.22）代入式（21.19）中，可得到

$$S=Nk_{\mathrm{B}}\ln q-k_{\mathrm{B}}\ln N!+Nk_{\mathrm{B}}T\left(\frac{\partial\ln q}{\partial T}\right)_V$$

如果使用Stirling近似公式（即 $\ln N!=N\ln N-N$），则（见习题21-27）

$$S=Nk_{\mathrm{B}}+Nk_{\mathrm{B}}\ln\frac{q(V,T)}{N}+Nk_{\mathrm{B}}T\left(\frac{\partial\ln q}{\partial T}\right)_V \tag{21.27}$$

下面使用式（21.27）和式（21.24）计算298.15 K时 $N_2(g)$ 的标准摩尔熵，并与由热容数据得到的表21.1中的值进行比较。如果将式（21.24）代入式（21.27），得到

$$\frac{\overline{S}^{\circ}}{R}=\ln\left[\left(\frac{2\pi Mk_{\mathrm{B}}T}{h^2}\right)^{3/2}\frac{\overline{V}\mathrm{e}^{5/2}}{N_{\mathrm{A}}}\right]+\ln\frac{T\mathrm{e}}{2\Theta_{\mathrm{rot}}}-\ln(1-\mathrm{e}^{-\Theta_{\mathrm{vib}}/T})+\frac{\Theta_{\mathrm{vib}}/T}{\mathrm{e}^{\Theta_{\mathrm{vib}}/T}-1}+\ln g_{\mathrm{e},1} \tag{21.28}$$

第一项表示平动对 S 的贡献，第二项表示转动贡献，第三项和第四项表示振动贡献，最后一项表示 S 的电子贡献。必要的参数是 $\Theta_{\mathrm{rot}}=2.88$ K，$\Theta_{\mathrm{vib}}=3374$ K，$g_{\mathrm{e},1}=1$。在298.15 K和1 bar时，各种因子为

$$\left(\frac{2\pi Mk_{\mathrm{B}}T}{h^2}\right)^{3/2}=\left[\frac{2\pi(4.653\times10^{-26}\ \mathrm{kg})(1.3807\times10^{-23}\ \mathrm{J\cdot K^{-1}})(298.15\ \mathrm{K})}{(6.626\times10^{-34}\ \mathrm{J\cdot s})^2}\right]^{3/2}=1.436\times10^{32}\ \mathrm{m^{-3}}$$

$$\frac{\overline{V}}{N}=\frac{RT}{N_{\mathrm{A}}P}=\frac{(0.08314\ \mathrm{L\cdot bar\cdot mol^{-1}\cdot K^{-1}})(298.15\ \mathrm{K})}{(6.022\times10^{23}\ \mathrm{mol^{-1}})(1\ \mathrm{bar})}=4.117\times10^{-23}\ \mathrm{L}=4.117\times10^{-26}\ \mathrm{m^3}$$

$$\frac{T\mathrm{e}}{2\Theta_{\mathrm{rot}}}=\frac{(298.15\ \mathrm{K})(2.71828)}{2(2.88\ \mathrm{K})}=140.7$$

$$1-\mathrm{e}^{-\Theta_{\mathrm{vib}}/T}=1-\mathrm{e}^{-11.31}\approx1.000$$

$$\frac{\Theta_{\mathrm{vib}}/T}{\mathrm{e}^{\Theta_{\mathrm{vib}}/T}-1}=\frac{11.31}{\mathrm{e}^{11.31}-1}=1.380\times10^{-4}$$

因此，298.15 K时的标准摩尔熵 $\overline{S}^{\circ}$ 为

$$\begin{aligned}\overline{S}^{\circ}&=\overline{S}^{\circ}_{\mathrm{trans}}+\overline{S}^{\circ}_{\mathrm{rot}}+\overline{S}^{\circ}_{\mathrm{vib}}+\overline{S}^{\circ}_{\mathrm{elec}}\\&=(150.4+41.13+1.15\times10^{-3}+0)\ \mathrm{J\cdot K^{-1}\cdot mol^{-1}}\\&=191.5\ \mathrm{J\cdot K^{-1}\cdot mol^{-1}}\end{aligned}$$

与表21.1中所给的数值191.6 $\mathrm{J\cdot K^{-1}\cdot mol^{-1}}$ 相比较，这两个值在本质上完全一致。这种类型的一致性是很常见的，并且在许多情况下，统计热力学值比量热值更为准确。表21.2给出了一些物质的标准摩尔熵。公认的文献值通常是统计热力学和量热值的一种结合。

表21.2 298.15 K时一些物质的标准摩尔熵。

物质	$\overline{S}^{\circ}/\mathrm{J\cdot K^{-1}\cdot mol^{-1}}$	物质	$\overline{S}^{\circ}/\mathrm{J\cdot K^{-1}\cdot mol^{-1}}$
Ag(s)	42.55	HCl(g)	186.9
Ar(s)	154.8	HCN(g)	201.8
Br_2(g)	245.5	HI(g)	206.6
Br_2(l)	152.2	H_2O(g)	188.8
C(s)(金刚石)	2.38	H_2O(l)	70.0
C(s)(石墨)	5.74	Hg(l)	75.9
CH_4(g)	186.3	I_2(s)	116.1
C_2H_2(g)	200.9	I_2(g)	260.7
C_2H_4(g)	219.6	K(s)	64.7
C_2H_6(g)	229.6	N_2(g)	191.6
CH_3OH(l)	126.8	Na(s)	51.3
CH_3Cl(g)	234.6	NH_3(g)	192.8
CO(g)	197.7	NO(g)	210.8
CO_2(g)	213.8	NO_2(g)	240.1
Cl_2(g)	223.1	O_2(g)	205.2
H_2(g)	130.7	O_3(g)	238.9
HBr(g)	198.7	SO_2(g)	248.2

例题 21-5 利用本节中的公式，计算 298.15 K 时二氧化碳的标准摩尔熵，并将结果与表 21.2 中的值进行比较。

解 二氧化碳是对称线形分子，拥有四个振动自由度。将式(21.25)代入式(21.27)中，得到

$$\frac{\overline{S}^{\circ}}{R}=1+\ln\left[\left(\frac{2\pi Mk_{\mathrm{B}}T}{h^{2}}\right)^{3/2}\frac{\overline{V}}{N_{\mathrm{A}}}\right]+\ln\frac{T}{\sigma\Theta_{\mathrm{rot}}}-\sum_{j=1}^{4}\frac{\Theta_{\mathrm{vib},j}}{2T}-\sum_{j=1}^{4}\ln(1-\mathrm{e}^{-\Theta_{\mathrm{vib},j}/T})+\ln g_{\mathrm{e},1}+\frac{D_{\mathrm{e}}}{k_{\mathrm{B}}T}+T\left[\frac{3}{2}+\frac{1}{T}+\sum_{j=1}^{4}\frac{\Theta_{\mathrm{vib},j}}{2T}+\sum_{j=1}^{4}\frac{(\Theta_{\mathrm{vib},j}/T^{2})\mathrm{e}^{-\Theta_{\mathrm{vib},j}/T}}{1-\mathrm{e}^{-\Theta_{\mathrm{vib},j}/T}}-\frac{D_{\mathrm{e}}}{k_{\mathrm{B}}T^{2}}\right]$$

或

$$\frac{\overline{S}^{\circ}}{R}=\frac{7}{2}+\ln\left[\left(\frac{2\pi Mk_{\mathrm{B}}T}{h^{2}}\right)^{3/2}\frac{\overline{V}}{N_{\mathrm{A}}}\right]+\ln\frac{T}{\sigma\Theta_{\mathrm{rot}}}+\sum_{j=1}^{4}\left[\frac{(\Theta_{\mathrm{vib},j}/T)\mathrm{e}^{-\Theta_{\mathrm{vib},j}/T}}{1-\mathrm{e}^{-\Theta_{\mathrm{vib},j}/T}}-\ln(1-\mathrm{e}^{-\Theta_{\mathrm{vib},j}/T})\right]+\ln g_{\mathrm{e},1}$$

对照 $N_2(g)$ 的计算，可发现 $(2\pi Mk_{\mathrm{B}}T/h^2)^{3/2}=2.826\times10^{23}\ \mathrm{m}^{-3}$ 和 $\overline{V}/N_{\mathrm{A}}=4.117\times10^{-26}\ \mathrm{m}^3$。使用表 18.4 中的数据 $\Theta_{\mathrm{rot}}=0.561\ \mathrm{K}$，我们发现 $T/2\Theta_{\mathrm{rot}}=265.8$。类似地，使用表 18.4 中的数值，可得 $\Theta_{\mathrm{vib},j}/T$ 四个值为 3.199，3.199，6.338 和 11.27。最后，$g_{\mathrm{e},1}=1$。将所有这些数据放到一起，可得出

$$\frac{\overline{S}^{\circ}}{R}=\frac{7}{2}+\ln[(2.826\times10^{23}\ \mathrm{m}^{-3})(4.117\times10^{-26}\ \mathrm{m}^{3})]+\ln265.8+2\left[\frac{3.199\mathrm{e}^{-3.199}}{1-\mathrm{e}^{-3.199}}-\ln(1-\mathrm{e}^{-3.199})\right]+\left[\frac{6.338\mathrm{e}^{-6.338}}{1-\mathrm{e}^{-6.338}}-\ln(1-\mathrm{e}^{-6.338})\right]+\left[\frac{11.27\mathrm{e}^{-11.27}}{1-\mathrm{e}^{-11.27}}-\ln(1-\mathrm{e}^{-11.27})\right]$$

$$=3.5+16.27+5.58+2(0.178)+0.01+O(10^{-4})$$

$$=25.71$$

或者

$$\overline{S}^{\circ}=25.71R=213.8\ \mathrm{J\cdot K^{-1}\cdot mol^{-1}}$$

这与表 21.2 中的数值十分一致。

21-7 标准摩尔熵值的值取决于分子量和分子结构

让我们审视一下表 21.2 中的标准摩尔熵值，并试着确定一些趋势。我们发现气态物质的标准摩尔熵最大，而固态物质的标准摩尔熵则最小。这些数据反映出固体比液体和气体更加有序。

现在，考虑表 21.3 中给出的惰性气体的标准摩尔熵。沿着元素周期表自上而下，随着惰性气体分子量增加，其标准摩尔熵也在增加。因此，分子量的增加导致热无序的增加(更多的平动能级是可及的)和更大的熵值。由量子理论可知：分子量越大，能级间隔更加紧密。通过比较 298.15 K 时卤素和卤化氢气体的标准摩尔熵(见表 21.3 和图 21.3)，我们也可以看到相同的趋势。

一般来说，分子中一给定类型的原子越多，分子吸收能量的容量就越大，因而其熵也就更大(原子数目越多，分子可以振动的方式就越多)。$C_2H_2(g)$，$C_2H_4(g)$ 和 $C_2H_6(g)$ 在 298.15 K 时的标准摩尔熵分别为 201 $\mathrm{J\cdot K^{-1}\cdot mol^{-1}}$，220 $\mathrm{J\cdot K^{-1}\cdot mol^{-1}}$ 和 230 $\mathrm{J\cdot K^{-1}\cdot mol^{-1}}$，就很好地说明了这一趋势。对于具有相同几何构型和原子数目的分子，标准摩尔熵随着分子量的增加而增加。

表 21.3 298.15 K 时，惰性气体、气态卤素和卤化氢的标准摩尔熵($\overline{S}^{\circ}$)。

惰性气体	$\overline{S}^{\circ}/(\mathrm{J\cdot K^{-1}\cdot mol^{-1}})$	卤素	$\overline{S}^{\circ}/(\mathrm{J\cdot K^{-1}\cdot mol^{-1}})$	卤化氢	$\overline{S}^{\circ}/(\mathrm{J\cdot K^{-1}\cdot mol^{-1}})$
He(g)	126.2	$F_2(g)$	202.8	HF(g)	173.8
Ne(g)	146.3	$Cl_2(g)$	223.1	HCl(g)	186.9
Ar(g)	154.8	$Br_2(g)$	245.5	HBr(g)	198.7
Kr(g)	164.1	$I_2(g)$	260.7	HI(g)	206.6
Xe(g)	169.7				

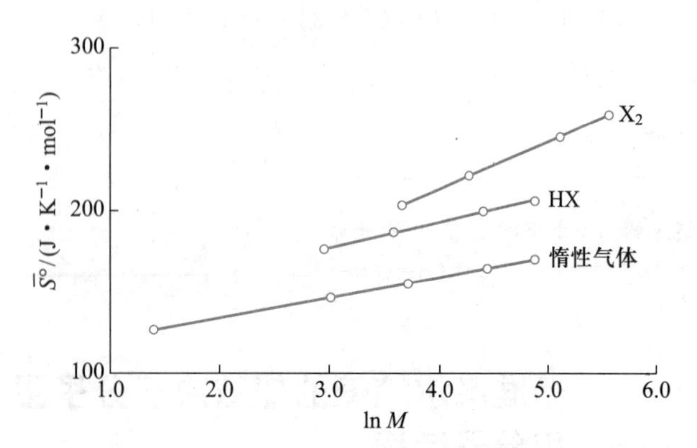

图 21.3 惰性气体、气态卤素和卤化氢 298.15 K 时的标准摩尔熵($\overline{S}^\circ$)对 ln$M$ 的作图(M 是分子量)。

» 例题 21-6 将下列分子按照标准摩尔熵从小到大的顺序排列:$CH_2Cl_2(g)$;$CHCl_3(g)$;$CH_3Cl(g)$。

» 解 每个分子中的原子数目是一样的,但是氯的原子量大于氢。因此,预判

$$\overline{S}^\circ[CH_3Cl(g)]<\overline{S}^\circ[CH_2Cl_2(g)]<\overline{S}^\circ[CHCl_3(g)]$$

这个排序与这三种物质在 298.15 时的标准摩尔熵值是一致的,分别为 234.6 J · K⁻¹ · mol⁻¹,270.2 J · K⁻¹ · mol⁻¹和 295.7 J · K⁻¹ · mol⁻¹。

异构体丙酮和氧杂环丁烷(它们的分子结构见下面)气态时在 298.15 K 的标准摩尔熵不同,分别是 298 J · K⁻¹ · mol⁻¹和 274 J · K⁻¹ · mol⁻¹。之所以不同,因为丙酮分子中的甲基可绕 C—C 键自由旋转,所以丙酮的标准摩尔熵更大。氧杂环丁烷分子相对刚性的环结构限制了环上原子的移动,这一限制导致了一个较低的标准摩尔熵,因为刚性异构体吸收能量的容量小于更加柔性的丙酮分子,丙酮分子具有更多分子间运动的可能性。对于分子量相近的分子,分子越紧密,熵值就越小。

H_3C—C(=O)—CH_3

(氧杂环丁烷:CH_2、H_2C、CH_2、O 构成的四元环)

由表 21.2 可知,298.15 K 和 1 bar 时 $Br_2(g)$ 的标准摩尔熵$\overline{S}^\circ$ = 245.5 J · K⁻¹ · mol⁻¹。但是,溴在 298.15 K 和 1 bar时是液体,那么这个数据是从哪里来的呢?尽管在这些条件下溴是液体,但是我们可以根据图 21.4 中示意的途径计算出$\overline{S}^\circ[Br_2(g)]$。因此,我们需要知道 $Br_2(l)$ 的摩尔热容(75.69 J · K⁻¹ · mol⁻¹)、$Br_2(g)$ 的摩尔热容

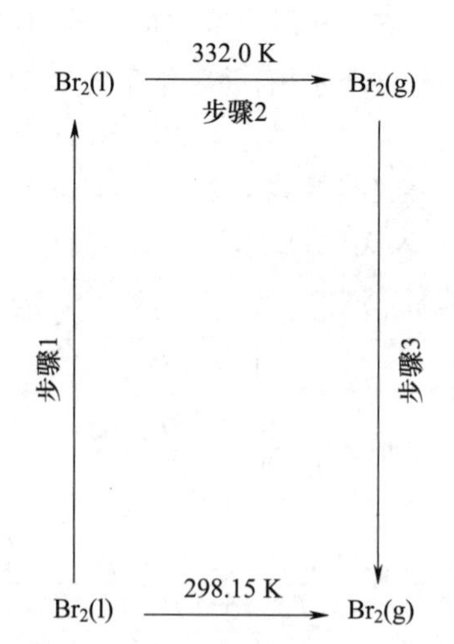

图 21.4 用于计算 298.15 K 时$\overline{S}^\circ[Br_2(g)]$的流程图。在步骤 1 中,$Br_2(l)$ 被加热到沸点 332.0 K。然后,$Br_2(l)$ 在 332.0 K 时蒸发为 $Br_2(g)$(步骤 2)。最后,$Br_2(g)$ 从 332.0 K 冷却到 298.15 K(步骤 3)。

(36.02 J · K⁻¹ · mol⁻¹)、$Br_2(l)$ 的正常沸点(332.0 K)和在 332.0 K 时的摩尔蒸发焓(29.54 kJ · mol⁻¹)数据。我们从 298.15 K 的 $Br_2(l)$ 开始,先加热到其沸点。这第一步的 $\Delta\overline{S}$ 值为[根据式(21.7)]

$$\Delta\overline{S}_1=\overline{S}^{l}(332.0\ K)-\overline{S}^{l}(298.15\ K)=\overline{C}_P^{l}\ln\frac{T_2}{T_1}$$

$$=(75.69\ J\cdot K^{-1}\cdot mol^{-1})\ln\frac{332.0\ K}{298.15\ K}$$

$$=8.14\ J\cdot K^{-1}\cdot mol^{-1}$$

然后,$Br_2(l)$ 在其正常沸点下蒸发 $Br_2(g)$(即图 21.4 中的第二步),这第二步的 $\Delta\overline{S}$ 值为

$$\Delta\overline{S}_2=\overline{S}^{g}(332.0\ K)-\overline{S}^{l}(332.0\ K)$$

$$=\frac{\Delta_{vap}\overline{H}}{T_{vap}}=\frac{29.54\ kJ\cdot mol^{-1}}{332.0\ K}$$

$$=88.98\ J\cdot K^{-1}\cdot mol^{-1}$$

最后,将 $Br_2(g)$ 从 332.0 K 冷却到 298.15 K(第三步),这第三步的 $\Delta\overline{S}$ 值为

$$\Delta\overline{S}_3=\overline{S}^{g}(298.15\ K)-\overline{S}^{g}(332.0\ K)=\overline{C}_P^{g}\ln\frac{298.15\ K}{332.0\ K}$$

$$=(36.02\ J\cdot K^{-1}\cdot mol^{-1})\ln\frac{298.15\ K}{332.0\ K}$$

$$=-3.87\ J\cdot K^{-1}\cdot mol^{-1}$$

将这三步的 $\Delta\overline{S}$ 值相加,并且加上 $S^\circ_{298}[Br_2(1)]$ = 152.2 J ·

$K^{-1}\cdot mol^{-1}$(见表 21.2),可得

$$
\begin{aligned}
S_{298}^{\circ}[Br_2(g)] &= S_{298}^{\circ}[Br_2(l)]+\Delta\overline{S}_1+\Delta\overline{S}_2+\Delta\overline{S}_3 \\
&= 152.2\ J\cdot K^{-1}\cdot mol^{-1}+8.14\ J\cdot K^{-1}\cdot mol^{-1}+ \\
&\quad 88.98\ J\cdot K^{-1}\cdot mol^{-1}-3.87\ J\cdot K^{-1}\cdot mol^{-1} \\
&= 245.5\ J\cdot K^{-1}\cdot mol^{-1}
\end{aligned}
$$

这与表 21.2 中 $Br_2(g)$ 的值一致。顺便说一句,使用式(21.24)和第 18 章中的数据得到的$\overline{S}^{\circ}[Br_2(g)]$的光谱值是 245.5 $J\cdot K^{-1}\cdot mol^{-1}$(习题 21-33)。

21-8 一些物质的光谱熵不等于量热熵

表 21.4 将一些多原子气体标准摩尔熵的计算值与量热测定值进行了比较。再次可见,计算值与实验值吻合得相当好。事实上,熵的计算值常比测量值更为准确,只要使用足够复杂的光谱模型。

表 21.4 298.15 K 和 1 bar 时一些多原子气体的标准摩尔熵。

气体	$\overline{S}^{\circ}$(计算)/$J\cdot K^{-1}\cdot mol^{-1}$	$\overline{S}^{\circ}$(实验)/$J\cdot K^{-1}\cdot mol^{-1}$
CO_2	213.8	213.7
NH_3	192.8	192.6
NO_2	240.1	240.2
CH_4	186.3	186.3
C_2H_2	200.9	200.8
C_2H_4	219.6	219.6
C_2H_6	229.6	229.5

然而,也有一类分子的计算值与实验值之间存在差异。例如,对于 CO 来说,在其沸点(81.6 K)时,$\overline{S}_{calc}$ = 160.3 $J\cdot K^{-1}\cdot mol^{-1}$,$\overline{S}_{exp}$ = 155.6 $J\cdot K^{-1}\cdot mol^{-1}$,两者相差 4.7 $J\cdot K^{-1}\cdot mol^{-1}$。其他这样的差异也已被发现,且在所有的情况下都有$\overline{S}_{calc}>\overline{S}_{exp}$。$\overline{S}_{calc}-\overline{S}_{exp}$通常称为**残余熵**(residual entropy)。这些情况的解释如下。CO 有一很小的偶极矩($\approx 4\times10^{-31}$ C · m),所以当 CO 形成结晶时,分子不太倾向以能量上有利的方式排列。因此,所得晶体是两个可能取向(CO 和 OC)的随机混合物。当晶体朝着 0 K 被冷却时,每个分子都被锁定在其取向上,并且不能实现 $W=1$ 的最低能量状态(即所有的分子都定位在同一个方向)。相反,晶体的构型 W 的数目是 2^N,因为 N 个分子中每个分子在两个状态存在的可能性相等(几乎是等概率的,因为偶极矩很小)。因此,晶体在 0 K 时的摩尔熵为 $S=R\ln2$,而不是零。如果将 $R\ln2=5.7\ J\cdot K^{-1}\cdot mol^{-1}$添加到实验熵上,则此时 CO 的一致性会变得令人满意。如果有可能获得 CO 在 0 K 时的真正平衡,那么这种差异将不会出现。N_2O 也出现类似的情况,其是一具有结构 NNO 的线形分子。对于 H_3CD,其残余熵为 11.7 $J\cdot K^{-1}\cdot mol^{-1}$,相应的解释是:在低温晶体中,每个一氘代甲烷分子可以有 4 种不同的取向,所以$\overline{S}_{residual}=R\ln4=11.5\ J\cdot K^{-1}\cdot mol^{-1}$,这与实验值非常吻合。

21-9 标准摩尔熵可以用来计算化学反应的熵变

标准摩尔熵值表的最重要用途之一是计算化学反应的熵变。计算化学反应熵变的方法与我们在第 19 章中从标准摩尔生成焓计算反应的标准焓变几乎一样。对于一般的反应

$$aA+bB\longrightarrow yY+zZ$$

其标准摩尔熵变可由下式给出:

$$\Delta_r S^{\circ}=yS^{\circ}[Y]+zS^{\circ}[Z]-aS^{\circ}[A]-bS^{\circ}[B]$$

例如,使用表 21.2 中所给物质的 S°数值,化学反应

$$H_2(g)+\frac{1}{2}O_2(g)\rightleftharpoons H_2O(l)$$

的标准摩尔熵变为

$$
\begin{aligned}
\Delta_r S^{\circ} &= (1)S^{\circ}[H_2O(l)]-(1)S^{\circ}[H_2(g)]-\left(\frac{1}{2}\right)S^{\circ}[O_2(g)] \\
&= (1)(70.0\ J\cdot K^{-1}\cdot mol^{-1})-(1)(130.7\ J\cdot K^{-1}\cdot mol^{-1})- \\
&\quad \left(\frac{1}{2}\right)(205.2\ J\cdot K^{-1}\cdot mol^{-1}) \\
&= -163.3\ J\cdot K^{-1}\cdot mol^{-1}
\end{aligned}
$$

这个 $\Delta_r S^{\circ}$的值表示当所有的反应物和产物都在它们的标准状态时,1 mol $H_2(g)$燃烧或生成 1 mol $H_2O(g)$的 $\Delta_r S$ 值。$\Delta_r S^{\circ}$是一个比较大的负值,这反映了由气态反应物生成凝聚相,一种有序度增加的过程。

我们将在第 26 章中使用标准摩尔生成焓和标准摩尔熵的表值来计算化学反应的平衡常数。

习题

21-1 写出作为 T 和 P 的函数的 H 的全导数，并与式(21.6)中的 dH 相等，从而导出式(21.7)和式(21.8)。

21-2 在 0~100 ℃内，$H_2O(l)$ 的摩尔热容近似为一定值 $\overline{C}_P=75.4\ J\cdot K^{-1}\cdot mol^{-1}$。计算在等压时将 2 mol $H_2O(l)$ 从 10 ℃加热到 90 ℃时的 ΔS 值。

21-3 在 300 K≤T≤1500 K 的温度范围内，丁烷的摩尔热容可以用下式表示：

$$\overline{C}_P/R=0.5641+(0.04631\ K^{-1})T-(2.392\times10^{-5}K^{-2})T^2+(4.807\times10^{-9}K^{-3})T^3$$

计算在等压时将 1 mol 丁烷从 300 K 加热至 1000 K 的 ΔS 值。

21-4 在 300 K<T<1000 K 的温度范围内，$C_2H_4(g)$ 的摩尔热容可以用下式表示：

$$\overline{C}_V(T)/R=16.4105-\frac{6085.929\ K}{T}+\frac{822826\ K^2}{T^2}$$

计算在等容时将 1 mol 乙烯从 300 K 加热到 600 K 的 ΔS 值。

21-5 利用习题 21-4 中的数据，计算在等压时将 1 mol 乙烯从 300 K 加热到 600 K 的 ΔS 值。假设乙烯行为理想。

21-6 我们可以用下面的方法来计算习题 21-4 和习题 21-5 中两个结果的差值。首先，证明对于理想气体，由于 $\overline{C}_P-\overline{C}_V=R$，则有 $\Delta\overline{S}_P=\Delta\overline{S}_V+R\ln\dfrac{T_2}{T_1}$。检验习题 21-4 和习题 21-5 的两个答案之间相差 $R\ln2=0.693R=5.76\ J\cdot K^{-1}\cdot mol^{-1}$。

21-7 习题 21-4 和习题 21-5 中的结果可以通过以下方式关联起来。证明两个过程可以用下图来表示：

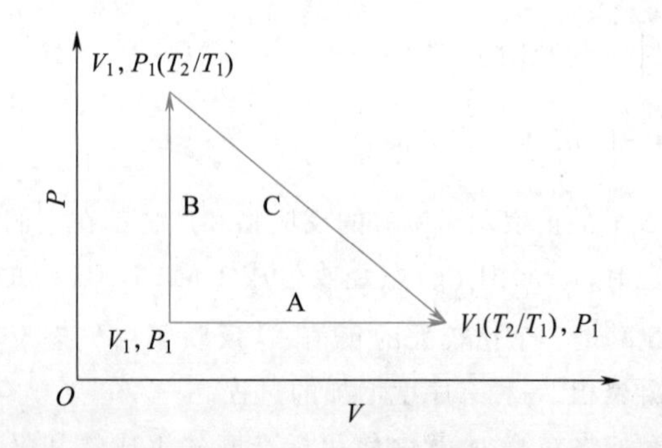

其中，途径 A 和 B 分别代表习题 21-5 和习题 21-4 中所描述的过程。现在，途径 A 等价于途径 B 和 C 的加和。证明：ΔS_C 可由下式给出：

$$\Delta S_C=nR\ln\frac{V_1\left(\dfrac{T_2}{T_1}\right)}{V_1}=nR\ln\frac{P_1\left(\dfrac{T_2}{T_1}\right)}{P_1}=nR\ln\frac{T_2}{T_1}$$

以及习题 21-6 中的结果满足该式。

21-8 利用式(20.23)和式(20.24)，证明在 0 K 时(此时每一个系统都将处在其基态)$S=0$。

21-9 证明：当 $p_j=1$，且其余所有 $p_j=0$ 时，有 $S=-k_B\sum p_j\ln p_j=0$。换言之，证明当 $x\to0$ 时，$x\ln x\to0$。

21-10 实验上业已发现，对于许多非缔合液体，有 $\Delta_{vap}\overline{S}\approx88\ J\cdot K^{-1}\cdot mol^{-1}$。这一近似规则称为**楚顿规则**(Trouton's rule)。试用下表中的数据，检验楚顿规则的有效性。

物质	t_{fus}/℃	t_{vap}/℃	$\dfrac{\Delta_{fus}H}{kJ\cdot mol^{-1}}$	$\dfrac{\Delta_{vap}H}{kJ\cdot mol^{-1}}$
戊烷	−129.7	36.06	8.42	25.79
正己烷	−95.3	68.73	13.08	28.85
庚烷	−90.6	98.5	14.16	31.77
环氧乙烷	−111.7	10.6	5.17	25.52
苯	5.53	80.09	9.95	30.72
乙醚	−116.3	34.5	7.27	26.52
四氯甲烷	−23	76.8	3.28	29.82
汞	−38.83	356.7	2.29	59.11
溴	−7.2	58.8	10.57	29.96

21-11 利用习题 21-10 中的数据，计算每种物质的 $\Delta_{fus}\overline{S}$ 值。

21-12 为什么 $\Delta_{vap}\overline{S}>\Delta_{fus}\overline{S}$？

21-13 证明：如果当 $T\to0$ 时 $C_P^s(T)\to T^\alpha$(式中 α 为一正的常数)，则有当 $T\to0$ 时，$S(T)\to0$。

21-14 用下列数据计算在 298.15 K 时 $N_2(g)$ 的标准摩尔熵值：

$$C_P^\circ[N_2(s_1)]/R=-0.03165+(0.05460\ K^{-1})T+(3.520\times10^{-3}\ K^{-2})T^2-(2.064\times10^{-5}\ K^{-3})T^3$$

$$(10\ K\leqslant T<35.61\ K)$$

$C_P^\circ[N_2(s_2)]/R = -0.1696 + (0.2379\ K^{-1})T - (4.214\times10^{-3}\ K^{-2})T^2 + (3.306\times10^{-5}K^{-3})T^3$ $(35.61\ K \leqslant T \leqslant 63.15\ K)$

$C_P^\circ[N_2(l)]/R = -18.44 + (1.053\ K^{-1})T - (0.0148\ K^{-2})T^2 + (7.064\times10^{-5}\ K^{-3})T^3$ $(63.15\ K < T \leqslant 77.36\ K)$

$C_P^\circ[N_2(g)]/R = 3.500 \quad (77.36\ K \leqslant T \leqslant 1000\ K)$

$\overline{C}_P(T = 10.0\ K) = 6.15\ J\cdot K^{-1}\cdot mol^{-1}$，$T_{trs} = 35.61\ K$，$\Delta_{trs}\overline{H} = 0.2289\ kJ\cdot mol^{-1}$，$T_{fus} = 63.15\ K$，$\Delta_{fus}\overline{H} = 0.71\ kJ\cdot mol^{-1}$，$T_{vap} = 77.36\ K$，$\Delta_{vap}\overline{H} = 5.57\ kJ\cdot mol^{-1}$，气体的非理想性校正(参见习题 22-20)为 $0.02\ J\cdot K^{-1}\cdot mol^{-1}$。

21-15 利用习题 21-14 中的数据及$\overline{C}_P[N_2(g)]/R = 3.307 + (6.29\times10^{-4}K^{-1})T(T \geqslant 77.36\ K)$，在 0～1000 K 温区内，将氮气的标准摩尔熵值对温度作图。

21-16 固态、液态和气态 Cl_2 的摩尔热容可分别表示为

$C_P^\circ[Cl_2(s)]/R = -1.545 + (0.1502\ K^{-1})T - (1.179\times10^{-3}K^{-2})T^2 + (3.441\times10^{-6}K^{-3})T^3$ $(15\ K \leqslant T < 172.12\ K)$

$C_P^\circ[Cl_2(l)]/R = 7.689 + (5.582\times10^{-3}K^{-1})T - (1.954\times10^{-5}K^{-2})T^2$ $(172.12\ K \leqslant T \leqslant 239.0\ K)$

$C_P^\circ[Cl_2(g)]/R = 3.812 + (1.220\times10^{-3}K^{-1})T - (4.856\times10^{-7}K^{-2})T^2$ $(239.0\ K < T \leqslant 1000\ K)$

利用以上的摩尔热容计算公式，以及 $T_{fus} = 172.12\ K$，$\Delta_{fus}\overline{H} = 6.406\ kJ\cdot mol^{-1}$，$T_{vap} = 239.0\ K$，$\Delta_{vap}\overline{H} = 20.40\ kJ\cdot mol^{-1}$，$\Theta_D = 116\ K$ 和气体的非理想性校正值为 $0.502\ J\cdot K^{-1}\cdot mol^{-1}$，计算 298.15 K 时氯气的标准摩尔熵，并将结果与表 21.2 中给出的值进行比较。

21-17 利用习题 21-16 中的数据，在 0～1000 K 的温度范围，将氯气的标准摩尔熵对温度作图。

21-18 利用下列数据计算 298.15 K 时环丙烷的标准摩尔熵：

$C_P^\circ[C_3H_6(s)]/R = -1.921 + (0.1508\ K^{-1})T - (9.670\times10^{-4}\ K^{-2})T^2 + (2.694\times10^{-6}K^{-3})T^3$ $(15\ K \leqslant T < 145.5\ K)$

$C_P^\circ[C_3H_6(l)]/R = 5.624 + (4.493\times10^{-2}K^{-1})T - (1.340\times10^{-4}K^{-2})T^2$ $(145.5\ K \leqslant T \leqslant 240.3\ K)$

$C_P^\circ[C_3H_6(g)]/R = -1.793 + (3.277\times10^{-2}K^{-1})T - (1.326\times10^{-5}K^{-2})T^2$ $(240.3\ K < T \leqslant 1000\ K)$

$T_{fus} = 145.5\ K$，$T_{vap} = 240.3\ K$，$\Delta_{fus}\overline{H} = 5.44\ kJ\cdot mol^{-1}$，$\Delta_{vap}\overline{H} = 20.05\ kJ\cdot mol^{-1}$，$\Theta_D = 130\ K$，气体的非理想性校正为 $0.54\ J\cdot K^{-1}\cdot mol^{-1}$。

21-19 利用习题 21-18 题中的数据，在 0～1000 K 的温度范围内，将环丙烷的标准摩尔熵对温度作图。

21-20 N_2O 的摩尔等压热容与温度的关系由下表给出：

T/K	$C_P/(J\cdot K^{-1}\cdot mol^{-1})$	T/K	$C_P/(J\cdot K^{-1}\cdot mol^{-1})$	T/K	$C_P/(J\cdot K^{-1}\cdot mol^{-1})$
15.17	2.90	76.67	36.57	164.82	54.02
19.95	6.19	87.06	38.87	174.90	56.99
25.81	10.89	98.34	41.13	180.75	58.83
33.38	16.98	109.12	42.84	182.26	熔点
42.61	23.13	120.29	45.10	183.55	77.70
52.02	28.56	130.44	47.32	183.71	77.45
57.35	30.75	141.07	48.91	184.67	沸点
68.05	34.18	154.71	52.17		

1 bar 时，N_2O 在 182.26 K 时熔化，$\Delta_{fus}\overline{H} = 6.54\ kJ\cdot mol^{-1}$；在 184.67 K 时沸腾，$\Delta_{vap}\overline{H} = 16.53\ kJ\cdot mol^{-1}$。假设固体 N_2O 的热容在 15 K 以下可以用 Debye 理论来描述，试计算 N_2O 在其沸点时的摩尔熵。

21-21 氯甲胺在 0 K 到 298.15 K 之间有三种晶型，分别为 β，γ 和 α。氯甲胺的摩尔等压热容与温度的关系由下表给出。$\beta \to \gamma$ 相变发生在 220.4 K，对应的 $\Delta_{trs}\overline{H} = 1.779\ kJ\cdot mol^{-1}$；$\gamma \to \alpha$ 相变发生在 264.5 K，对应的 $\Delta_{trs}\overline{H} = 2.818\ kJ\cdot mol^{-1}$。假设固体氯甲胺的热容在 12 K 以下可以用 Debye 理论来描述，计算氯甲胺在 298.15 K 时的标准摩尔熵值。

T/K	C_P/(J·K^{-1}·mol^{-1})	T/K	C_P/(J·K^{-1}·mol^{-1})	T/K	C_P/(J·K^{-1}·mol^{-1})
12	0.837	90	49.08	222	82.01
15	1.59	100	53.18	230	82.84
20	3.92	120	59.50	240	84.27
30	10.53	140	64.81	260	87.03
40	18.28	160	69.45	264.5	$\gamma\to\alpha$ 相变
50	25.92	180	73.72	270	88.16
60	32.76	200	77.95	280	89.20
70	38.95	210	79.71	290	90.16
80	44.35	220.4	$\beta\to\gamma$ 相变	295	90.63

21-22 氯乙烷的摩尔定压热容与温度的关系列于下表中。在1 bar下，固体氯乙烷在134.4 K时熔化，对应的$\Delta_{fus}\overline{H}=4.45$ kJ·mol^{-1}；液体氯乙烷在286.2 K时沸腾，对应的$\Delta_{vap}\overline{H}=24.65$ kJ·mol^{-1}。另外，固体氯乙烷在15 K以下的热容可以用Debye理论来描述。利用这些数据，计算氯乙烷在其沸点时的标准摩尔熵值。

T/K	C_P/(J·K^{-1}·mol^{-1})	T/K	C_P/(J·K^{-1}·mol^{-1})	T/K	C_P/(J·K^{-1}·mol^{-1})
15	5.65	80	52.63	150	96.40
20	11.42	90	55.23	160	96.02
25	16.53	100	59.66	180	95.65
30	21.21	110	65.48	200	95.77
35	25.52	120	73.55	220	96.04
40	29.62	130	84.60	240	97.78
50	36.53	134.4	90.83(固)	260	99.79
60	42.47		97.19(液)	280	102.09
70	47.53	140	96.86	286.2	102.13

21-23 硝基甲烷的摩尔定压热容与温度的关系列于下表中。在1 bar下，固体硝基甲烷在244.60 K时熔化，对应的$\Delta_{fus}\overline{H}=9.70$ kJ·mol^{-1}；液体硝基甲烷在374.34 K时沸腾，对应的$\Delta_{vap}\overline{H}=38.27$ kJ·mol^{-1}。另外，固体硝基甲烷在15 K以下的热容可以用Debye理论来描述。利用这些数据，计算硝基甲烷在1 bar 298.15 K时的标准摩尔熵值。已知在298.15 K时，硝基甲烷的蒸气压为36.66 torr（注意要考虑在298.15 K时将硝基甲烷从其蒸气压等温压缩至1 bar的ΔS值）。

T/K	C_P/(J·K^{-1}·mol^{-1})	T/K	C_P/(J·K^{-1}·mol^{-1})	T/K	C_P/(J·K^{-1}·mol^{-1})
15	3.72	120	56.74	244.60	熔点
20	8.66	140	60.46	250	104.43
30	19.20	160	64.06	260	104.64
40	28.87	180	67.74	270	104.93
60	40.84	200	71.46	280	105.31
80	47.99	220	75.23	290	105.69
100	52.80	240	78.99	300	106.06

21-24 利用下列数据，计算CO(g)在其正常沸点时的标准摩尔熵值。CO在61.6 K时会发生固-固相变。将结果与计算值160.3 J·K^{-1}·mol^{-1}进行比较，为何计算值和实验值之间有差异？

$$\overline{C}_P[\mathrm{CO}(s_1)]/R=-2.820+(0.3317\ \mathrm{K}^{-1})T-(6.408\times10^{-3}\ \mathrm{K}^{-2})T^2+(6.002\times10^{-5}\ \mathrm{K}^{-3})T^3$$

$$(10\ \mathrm{K}\leqslant T<61.6\ \mathrm{K})$$

$$\overline{C}_P[CO(s_2)]/R = 2.436 + (0.05694\ K^{-1})T$$
$$(61.6\ K \leqslant T \leqslant 68.1\ K)$$
$$\overline{C}_P[CO(l)]/R = 5.967 + (0.0330\ K^{-1})T - (2.088\times10^{-4}K^{-2})T^2$$
$$(68.1\ K < T \leqslant 81.6\ K)$$

$T_{trs}(s_1 \to s_2) = 61.6$ K, $T_{fus} = 68.1$ K, $T_{vap} = 81.6$ K, $\Delta_{fus}\overline{H} = 0.836\ kJ \cdot mol^{-1}$, $\Delta_{trs}\overline{H} = 0.633\ kJ \cdot mol^{-1}$, $\Theta_D = 79.5$ K，气体的非理想性校正为 $0.879\ J \cdot K^{-1} \cdot mol^{-1}$。

21-25 固态水和液态水的摩尔热容可以分别表示为

$$\overline{C}_P[H_2O(s)]/R = -0.2985 + (2.896\times10^{-2}K^{-1})T - (8.6714\times10^{-5}K^{-2})T^2 + (1.703\times10^{-7}K^{-3})T^3$$
$$(10\ K \leqslant T \leqslant 273.15\ K)$$
$$\overline{C}_P[H_2O(l)]/R = 22.447 - (0.11639\ K^{-1})T + (3.3312\times10^{-4}K^{-2})T^2 - (3.1314\times10^{-7}K^{-3})T^3$$
$$(273.15\ K < T \leqslant 298.15\ K)$$

$T_{fus} = 273.15$ K，$\Delta_{fus}\overline{H} = 6.007\ kJ \cdot mol^{-1}$，$\Delta_{vap}\overline{H}(T = 298.15\ K) = 43.93\ kJ \cdot mol^{-1}$，$\Theta_D = 192$ K，气体的非理想性校正为 $0.32\ J \cdot K^{-1} \cdot mol^{-1}$，水在 298.15 K 时的蒸气压为 23.8 torr。用以上数据计算 $H_2O(g)$ 在 298.15 K 时的标准摩尔熵值。计算中需要水在 298.15 K 时的蒸气压，因为这是水在 298.15 K 蒸发时 $H_2O(g)$ 的平衡压力。同时必须把将 $H_2O(g)$ 从 23.8 torr 压缩到 1 bar 的 ΔS 值考虑进去。计算得到的答案应该为 $185.6\ J \cdot K^{-1} \cdot mol^{-1}$，这一结果与表 21.2 中的数据并不十分吻合。在仔细分析了冰的结构后，发现冰有一个残余熵，其值为 $\Delta S_{residual} = R\ln(3/2) = 3.4\ J \cdot K^{-1} \cdot mol^{-1}$，与 $\overline{S}_{计算} - \overline{S}_{实验}$ 相当一致。

21-26 利用习题 21-25 中的数据以及经验式 $\overline{C}_P[H_2O(g)]/R = 3.652 + (1.156\times10^{-3}K^{-1})T - (1.424\times10^{-7}K^{-2})T^2$ $(300\ K \leqslant T \leqslant 1000\ K)$，绘图表示水在 0~500 K 之间的标准摩尔熵。

21-27 证明：对于理想气体，有

$$\overline{S} = R\ln\frac{qe}{N_A} + RT\left(\frac{\partial \ln q}{\partial T}\right)_V$$

21-28 证明式(17.21)和式(21.19)，式(21.2)和式(21.3)是一致的。

21-29 将式(21.23)代入式(21.23)，并导出：对于 1 mol 单原子理想气体，有(习题 20-31)

$$\Delta\overline{S} = \overline{C}_V \ln\frac{T_2}{T_1} + R\ln\frac{V_2}{V_1}$$

21-30 利用式(21.24)和第 18 章中的数据，计算 $Cl_2(g)$ 在 298.15 K 时的标准摩尔熵值。将答案与实验值 $223.1\ J \cdot K^{-1} \cdot mol^{-1}$ 进行比较。

21-31 利用式(21.24)和第 18 章中的数据，计算 $CO(g)$ 在其标准沸点 81.6 K 时的标准摩尔熵值。将答案与实验值 $155.6\ J \cdot K^{-1} \cdot mol^{-1}$ 进行比较。为何二者之间相差约 $5\ J \cdot K^{-1} \cdot mol^{-1}$？

21-32 利用式(21.26)和第 18 章中的数据，计算 $NH_3(g)$ 在 298.15 K 时的标准摩尔熵值。将答案与实验值 $192.8\ J \cdot K^{-1} \cdot mol^{-1}$ 进行比较。

21-33 利用式(21.24)和第 18 章中的数据，计算 $Br_2(g)$ 在 298.15 K 时的标准摩尔熵值。将答案与实验值 $245.5\ J \cdot K^{-1} \cdot mol^{-1}$ 进行比较。

21-34 在谐振子-刚性转子模型中，HF(g) 的振动和转动常数分别为 $\tilde{\nu}_0 = 3959\ cm^{-1}$ 和 $\tilde{B}_0 = 20.56\ cm^{-1}$。计算 HF(g) 在 298.15 K 时的标准摩尔熵值，并与表 21.3 中的数据进行比较。

21-35 分别计算 $H_2(g)$ 和 $D_2(g)$ 在 298.15 K 时的标准摩尔熵值。已知两个双原子分子的键长均为 74.16 pm，$H_2(g)$ 和 $D_2(g)$ 的振动温度分别为 6215 K 和 4394 K。计算 HD(g) 在 298.15 K 时的标准摩尔熵值。($R_e = 74.23$ pm，$\Theta_{vib} = 5496$ K。)

21-36 计算 HCN(g) 在 1000 K 时的标准摩尔熵。已知 $I = 1.8816\times10^{-46}\ kg \cdot m^2$，$\tilde{\nu}_1 = 2096.70\ cm^{-1}$，$\tilde{\nu}_2 = 713.46\ cm^{-1}$，$\tilde{\nu}_3 = 3311.47\ cm^{-1}$。注意由于 HCN(g) 为线形三原子分子，所以其弯曲振动模式 ν_2 是二重简并的。

21-37 已知 $\tilde{\nu}_1 = 1321.3\ cm^{-1}$，$\tilde{\nu}_2 = 750.8\ cm^{-1}$，$\tilde{\nu}_3 = 1620.3\ cm^{-1}$，$\tilde{A}_0 = 7.9971\ cm^{-1}$，$\tilde{B}_0 = 0.4339\ cm^{-1}$，$\tilde{C}_0 = 0.4103\ cm^{-1}$，计算 $NO_2(g)$ 在 298.15 K 时的标准摩尔熵值[注意 $NO_2(g)$ 是弯曲的三原子分子]，并将结果与表 21.2 中的数据进行比较。

21-38 在习题 21-48 中，要求用表 21.2 中的数据计算反应 $2CO(g) + O_2(g) \longrightarrow 2CO_2(g)$ 在 298.15 K 时的 $\Delta_r S^\circ$ 值。用表 18.2 中的数据计算这个反应中每种物质的标准摩尔熵值[参考例题 21-5 中有关 $CO_2(g)$ 标准摩尔熵的计算]，然后用计算所得结果来计算上面这个反应的标准摩尔熵变。将计算结果与习题 21-48 中的答案进行比较。

21-39 利用表 18.2 和表 18.4 中的数据，计算反应 $H_2(g) + \frac{1}{2}O_2(g) \longrightarrow H_2O(g)$ 在 500 K 时的 $\Delta_r S^\circ$ 值。

21-40 在相同条件下，预测下面各组的两个分子(假设均为气态物种)中，哪一个具有较大的摩尔熵值？

(a) CO 和 CO_2

(b) 丙烷和环丙烷

(c) 正戊烷和新戊烷

21-41 在相同条件下,预测下面各组的两个分子(假设均为气态物种)中,哪一个具有较大的摩尔熵值?

(a) H_2O 和 D_2O

(b) 乙醇和环氧乙烷

(c) 正丁胺和四氢吡咯

21-42 在不参考任何数据的情况下,将下列四个反应按 $\Delta_r S^\circ$ 值增大的顺序排列:

(a) $S(s) + O_2(g) \longrightarrow SO_2(g)$

(b) $H_2(g) + O_2(g) \longrightarrow H_2O_2(l)$

(c) $CO(g) + 3H_2(g) \longrightarrow CH_4(g) + H_2O(l)$

(d) $C(s) + H_2O(g) \longrightarrow CO(g) + H_2(g)$

21-43 在不参考任何数据的情况下,将下列四个反应按 $\Delta_r S^\circ$ 值增大的顺序排列:

(a) $2H_2(g) + O_2(g) \longrightarrow 2H_2O(l)$

(b) $NH_3(g) + HCl(g) \longrightarrow NH_4Cl(s)$

(c) $K(s) + O_2(g) \longrightarrow KO_2(s)$

(d) $N_2(g) + 3H_2(g) \longrightarrow 2NH_3(g)$

21-44 在习题 21-40 中,要求比较 CO(g) 和 CO_2(g) 中哪一个分子的摩尔熵值更大。本题中,请利用表 18.2 和表 18.4 中的数据,计算 CO(g) 和 CO_2(g) 在 298.15 K 时的标准摩尔熵值。计算结果是否与预测的相符?在这两个气体分子中,分别是哪种自由度对气体摩尔熵值的贡献最大?

21-45 表 21.2 给出了在 298.15 K 时,$\overline{S}^\circ[CH_3OH(l)] = 126.8\ J \cdot K^{-1} \cdot mol^{-1}$。已知 $T_{vap} = 337.7\ K$,$\Delta_{vap}\overline{H}(T_b) = 36.5\ kJ \cdot mol^{-1}$,$\overline{C}_P[CH_3OH(l)] = 81.12\ J \cdot K^{-1} \cdot mol^{-1}$,$\overline{C}_P[CH_3OH(g)] = 43.8\ J \cdot K^{-1} \cdot mol^{-1}$。计算 298.15 K 时的 $\overline{S}^\circ[CH_3OH(g)]$ 值,并将答案与实验值 $239.8\ J \cdot K^{-1} \cdot mol^{-1}$ 进行比较。

21-46 已知下列数据:$T_{fus} = 373.15\ K$,$\Delta_{vap}\overline{H}(T_b) = 40.65\ kJ \cdot mol^{-1}$,$\overline{C}_P[H_2O(l)] = 75.3\ J \cdot K^{-1} \cdot mol^{-1}$,$\overline{C}_P[H_2O(g)] = 33.8\ J \cdot K^{-1} \cdot mol^{-1}$。证明表 21.2 中 $\overline{S}^\circ[H_2O(l)]$ 和 $\overline{S}^\circ[H_2O(g)]$ 的数值是一致的。

21-47 利用表 21.2 中的数据,计算下列三个反应在 25℃,1 bar 时的 $\Delta_r S^\circ$ 值:

(a) $C(s,石墨) + O_2(g) \longrightarrow CO_2(g)$

(b) $CH_4(g) + 2O_2(g) \longrightarrow CO_2(g) + 2H_2O(l)$

(c) $C_2H_2(g) + H_2(g) \longrightarrow C_2H_4(g)$

21-48 利用表 21.2 中的数据,计算下列三个反应在 25℃,1 bar 时的 $\Delta_r S^\circ$ 值:

(a) $CO(g) + 2H_2(g) \longrightarrow CH_3OH(l)$

(b) $C(s,石墨) + H_2O(l) \longrightarrow CO(g) + H_2(g)$

(c) $2CO(g) + O_2(g) \longrightarrow 2CO_2(g)$

习题参考答案

第22章 亥姆霍兹能和吉布斯能

▶ **科学家介绍**

对于自发过程 $dS>0$ 以及对于可逆过程 $dS=0$ 的熵判据仅适用于孤立系统。因此，在第 20 章所讨论的各种过程中，我们不得不同时考虑系统和环境的熵变来确定 $\Delta S_{总}$ 的正负号，并进而判断一个过程自发与否。尽管孤立系统中的熵判据 $dS\geqslant 0$ 具有十分重要的基础和理论意义，但其实际应用太受限制。在本章中，我们将引入两个新的状态函数，它们可用来确定非孤立系统中自发过程的方向。

22-1 亥姆霍兹能变化的符号决定了等温等容系统中自发过程的方向

让我们考虑一个体积和温度不变的系统。判据 $dS\geqslant 0$ 不适用于等温等容系统，因为系统并不是孤立的；为了等温，系统必须与一热储器热接触。如果判据 $dS\geqslant 0$ 不适用，那么对于处于等温等容的系统，可以使用的自发过程的判据又将是什么呢？让我们从热力学第一定律的表达式，即式(19.9)出发：

$$dU=\delta q+\delta w \tag{22.1}$$

由于 $\delta w=-P_{ext}dV$ 和 $dV=0$（等容），那么 $\delta w=0$。如果将式(20.3)，即 $dS\geqslant\delta q/T$，以及 $\delta w=0$ 代入式(22.1)，可得

$$dU\leqslant TdS \quad (等容) \tag{22.2}$$

上式中，对于可逆过程用等号，对于不可逆过程则用不等号。注意：如果系统是孤立的，那么 $dU=0$，可得到第 20 章中的 $dS\geqslant 0$。式(22.2)可写为

$$dU-TdS\leqslant 0$$

如果 T 和 V 保持恒定，则可以将这个表达式写为

$$d(U-TS)\leqslant 0 \quad (T 和 V 恒定) \tag{22.3}$$

式(22.3)促使我们定义一个新的热力学状态函数，即

$$A=U-TS \tag{22.4}$$

这样，式(22.3)就变为

$$dA\leqslant 0 \quad (T 和 V 恒定) \tag{22.5}$$

量 A 称为**亥姆霍兹能**（Helmholtz energy）。在 T 和 V 不变的系统中，亥姆霍兹能将减小，直至所有可能的自发过程都已发生，此时系统将处于平衡，且 A 具有最小值。在平衡时，$dA=0$（参见图 22.1）。注意到式(22.5)类似于孤立系统中的熵判据 $dS\geqslant 0$（参见图 20.5 和图 22.1）。

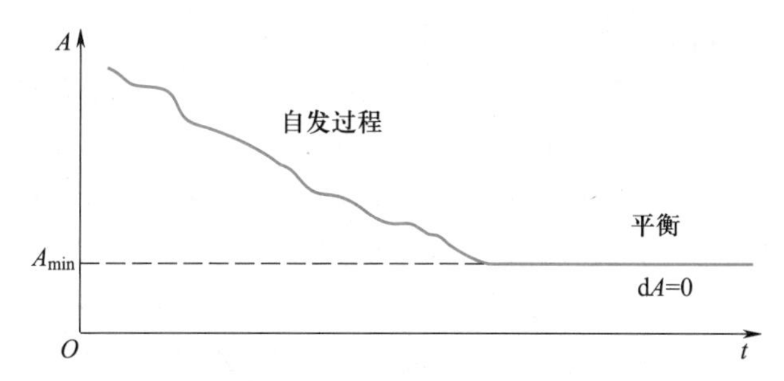

图 22.1 在等温等容下发生的任意自发过程中，系统的亥姆霍兹能将减小，且在平衡时具有最小值。

对于从一个状态至另一个状态的等温变化，由式(22.4)可得

$$\Delta A=\Delta U-T\Delta S \tag{22.6}$$

利用式(22.5)，可得

$$\Delta A=\Delta U-T\Delta S\leqslant 0 \quad (T 和 V 恒定) \tag{22.7}$$

式中等号适用于可逆变化，不等号则适用于自发不可逆变化。在等温等容条件下，$\Delta A>0$ 的过程不可能在系统内自发进行。因此，必须对系统做功等才能实现这样的变化。

注意：如果式(22.6)中的 $\Delta U<0$ 和 $\Delta S>0$，那么能量变化和熵变对 ΔA 的贡献都是负值。但如果它们的正负号相同，则必须达到某种妥协（折衷）。ΔA 的值是过程自发与否的定量量度，亥姆霍兹能代表了这样一种妥协，即系统减小能量的倾向与增加熵的倾向之间的一种折衷。因为 ΔS 要乘以 T，所以 ΔU 的正负号在低温更重要，

而 ΔS 的正负号则在高温时更重要。

将等温等容条件下系统中不可逆(自发)过程 $\Delta A<0$ 的判据应用到第 20.6 节讨论过的两种理想气体的混合。对于该过程,有 $\Delta U=0$ 和 $\Delta\overline{S}=-y_1R\ln y_1-y_2R\ln y_2$。因此,对于两种理想气体在等温等容下的混合,有 $\Delta\overline{A}=RT(y_1\ln y_1+y_2\ln y_2)$。由于 y_1 和 y_2 都小于 1,所以 $\Delta\overline{A}<0$。因此,我们再次发现两种理想气体的等温混合是一个自发过程。

除了作为等温等容系统中的自发性判据,亥姆霍兹能还具有重要的物理意义。让我们从式(22.6)开始,即

$$\Delta A=\Delta U-T\Delta S \tag{22.8}$$

对于一个自发(不可逆)过程,$\Delta A<0$。在这一过程中,始态和终态都是明确定义的平衡状态,系统没必要必须沿一条不可逆途径从一个状态到另一个状态。事实上,如果观察一下连接这两个状态的任意可逆途径,则对过程就会有更深入的理解。对于可逆途径,若用 q_{rev}/T 代替 ΔS,则

$$\Delta A=\Delta U-q_{\text{rev}}$$

但根据第一定律,$\Delta U-q_{\text{rev}}$ 等于 w_{rev},所以

$$\Delta A=w_{\text{rev}} \quad (\text{等温,可逆}) \tag{22.9}$$

如果 $\Delta A<0$,则过程将自发进行,且 w_{rev} 代表了如果这个变化可逆进行时系统所做的功。这个量是可以获得的最大功。如果发生了诸如摩擦的任意不可逆过程,那么可以获得的功的量将会小于 w_{rev}。如果 $\Delta A>0$,则过程将不会自发进行,且 w_{rev} 代表了以可逆方式实现该变化所必须施加于系统的功。如果过程中有不可逆性,则实际需要的功将大于 w_{rev}。

22-2 吉布斯能决定了等温等压系统自发过程的方向

大多数反应发生在等压而非等容下,因为它们对大气是敞开的。下面来看看等温等压系统的自发性判据。同样,从式(22.1)开始,但这次代入 $dS\geqslant\delta q/T$ 和 $\delta w=-PdV$,从而得到

$$dU\leqslant TdS-PdV$$

或者

$$dU-TdS+PdV\leqslant 0$$

因为 T 和 P 都是恒定的,所以这个表达式可写为

$$d(U-TS+PV)\leqslant 0 \quad (\text{等温等压}) \tag{22.10}$$

现在,定义一个新的热力学状态函数,即

$$G=U-TS+PV \tag{22.11}$$

这样,式(22.10)就变为

$$dG\leqslant 0 \quad (\text{等温等压}) \tag{22.12}$$

注意到式(22.11)是式(22.4)的类似式。

G 称为**吉布斯能**(Gibbs enery)。在一等温等压的系统中,任何自发过程的结果是吉布斯能减小,直到系统达到平衡,此时 $dG=0$。对于一个等温等压的系统,G 对时间的作图类似于一个等温等容系统的 A 对时间的作图(见图 22.1)。因此,对于在等温等压下发生的一个过程,吉布斯能 G 是亥姆霍兹能 A 的类似物理量。

式(22.11)也可以写成

$$G=H-TS \tag{22.13}$$

式中 $H=U+PV$,是焓。注意到焓在一等温等压过程中的作用,等同于能量 U 在一等温等容过程中的作用[参考式(22.4)]。也注意到 G 还可以写为

$$G=A+PV \tag{22.14}$$

因此,联系吉布斯能和亥姆霍兹能的方式与联系 H 和 U 的方式相同。

类似于式(22.7),有

$$\Delta G=\Delta H-T\Delta S\leqslant 0 \quad (\text{等温等压}) \tag{22.15}$$

上式对可逆过程用等号,而对不可逆(自发)过程则用不等号。如果式(22.15)中的 $\Delta H<0$,且 $\Delta S>0$,则式(22.15)中的两项贡献均使得 ΔG 为负值。但如果 ΔH 和 ΔS 的正负号相同,那么 $\Delta G=\Delta H-T\Delta S$ 代表了在一等温等压过程中系统降低其焓和增加其熵两种倾向之间的一种折衷或妥协;由于式(22.15)中的 ΔS 乘了因子 T,故 ΔH 项在低温占主导,而 $T\Delta S$ 项则在高温占主导。当然,如果 $\Delta H>0$,且 $\Delta S<0$,那么在所有温度 ΔG 都将大于零,过程永远不可能是自发的。

$\Delta_r H$ 值对反应有利,而 $\Delta_r S$ 值对反应不利的一个反应例子是

$$NH_3(g)+HCl(g)\longrightarrow NH_4Cl(s)$$

该反应在 298.15 K 和 1 bar 时的 $\Delta_r H$ 值为 −176.2 kJ,而相应的 $\Delta_r S$ 值为 −0.285 kJ·K^{-1}。因此,在 298.15 K 时,$\Delta_r G=\Delta_r H-T\Delta_r S=-91.21$ kJ。所以,这个反应在 298.15 K 和1 bar 时自发进行。

温度的微小改变就导致 ΔG 改变符号的一个过程是液体在其正常沸点时的蒸发。我们可用下式来代表该过程:

$$H_2O(l)\longrightarrow H_2O(g)$$

该过程的摩尔蒸发吉布斯能 $\Delta_{\text{vap}}\overline{G}$ 的表达式为

$$\begin{aligned}\Delta_{\text{vap}}\overline{G}&=\overline{G}[H_2O(g)]-\overline{G}[H_2O(l)]\\&=\Delta_{\text{vap}}\overline{H}-T\Delta_{\text{vap}}\overline{S}\end{aligned}$$

水在 1 atm、接近 100℃时的摩尔蒸发焓 $\Delta_{vap}\overline{H}=40.65\ kJ\cdot mol^{-1}$，且 $\Delta_{vap}\overline{S}=108.9\ J\cdot K^{-1}\cdot mol^{-1}$。因此，可以将 $\Delta_{vap}\overline{G}$ 写作

$$\Delta_{vap}\overline{G}=40.65\ kJ\cdot mol^{-1}-T(108.9\ J\cdot K^{-1}\cdot mol^{-1})$$

当 $T=373.15$ K 时，有

$$\Delta_{vap}\overline{G}=40.65\ kJ\cdot mol^{-1}-(373.15\ K)(108.9\ J\cdot K^{-1}\cdot mol^{-1})$$
$$=40.65\ kJ\cdot mol^{-1}-40.65\ kJ\cdot mol^{-1}=0$$

$\Delta_{vap}\overline{G}=0$ 事实上意味着在 1 atm 和 373.15 K 时，液态水和水蒸气彼此处于平衡，此时液态水的摩尔吉布斯能等于水蒸气的摩尔吉布斯能。在这些条件下，液态水转化为水蒸气是一个可逆过程，因此 $\Delta_{vap}\overline{G}=0$。

现在，让我们考虑温度小于正常沸点时的情况，例如 363.15 K。在这个温度时，$\Delta_{vap}\overline{G}=+1.10\ kJ\cdot mol^{-1}$。正号意味着在 1 atm 和 363.15 K 时，由 1 mol 液态水形成 1 mol 水蒸气不是自发过程。然而，如果温度大于正常沸点，例如 383.15 K，这时 $\Delta_{vap}\overline{G}=-1.08\ kJ\cdot mol^{-1}$。负号意味着在 1 atm 和 383.15 K 时，由 1 mol 液态水形成 1 mol 水蒸气是自发过程。

» 例题 22－1 冰在 1 atm 和 273.15 K 时的摩尔熔化焓和摩尔熔化熵分别为 $\Delta_{fus}\overline{H}=6.01\ kJ\cdot mol^{-1}$ 和 $\Delta_{fus}\overline{S}=22.0\ J\cdot K^{-1}\cdot mol^{-1}$。证明：在 1 atm 和 273.15 K 时，$\Delta_{fus}\overline{G}=0$；当温度大于 273.15 K 时，$\Delta_{fus}\overline{G}<0$；当温度小于 273.15 K 时，则 $\Delta_{fus}\overline{G}>0$。

» 解　假设温度在 273.15 K 左右时，$\Delta_{fus}\overline{H}$ 和 $\Delta_{fus}\overline{S}$ 没有明显变化。所以有

$$\Delta_{vap}\overline{G}=6010\ J\cdot mol^{-1}-T(22.0\ J\cdot K^{-1}\cdot mol^{-1})$$

如果 $T=273.15$ K，则 $\Delta_{fus}\overline{G}=0$，表明在 1 atm 和 273.15 K 时冰和水彼此处于平衡。如果 $T<273.15$ K，则 $\Delta_{fus}\overline{G}>0$，表明在这些条件下冰不会自发熔化。如果 $T>273.15$ K，则 $\Delta_{fus}\overline{G}<0$，表明在这些条件下冰将自发熔化。

ΔG 的值可以与从一个等温等压下进行的过程中得到的最大功相关联。为了证明这一点，可以先从等式 $G=U-TS+PV$ 两边同时微分开始，从而得到

$$dG=dU-TdS-SdT+PdV+VdP$$

将 $dU=TdS+\delta w_{rev}$ 代入上式，得到

$$dG=-SdT+VdP+\delta w_{rev}+PdV$$

由于可逆过程所做的体积功为 $-PdV$，因此 $\delta w_{rev}+PdV$ 表示除了体积功之外的其他可逆功（例如电功）。因此，我们可以将 dG 写作

$$dG=-SdT+VdP+\delta w_f$$

这里 δw_f 表示除体积功外的所有其他功。对于一个在等温等压下发生的可逆过程，有 $dG=\delta w_f$，或者

$$\Delta G=w_f\quad（可逆，等温等压）\qquad(22.16)$$

如果 $\Delta G<0$，则过程将自发进行，且 w_f 就是假如变化可逆进行时系统所能做的非体积功，这是可从过程获得的最大功。如果过程中出现了任一不可逆性，则实际得到的功将小于该最大值。如果 $\Delta G>0$，则过程将不会自发发生，且 w_f 就是为使该过程发生必须对系统做的最小非体积功。例如，实验测得由 298.15 K 和 1 bar 的 $H_2(g)$ 和 $O_2(g)$ 形成 1 mol 298.15 K 和 1 bar 的液态水的 ΔG 值为 $-237.1\ kJ\cdot mol^{-1}$。因此，可以从以下自发反应中得到的有用功（即非体积功）的最大值为 $237.1 kJ\cdot mol^{-1}$：

$$H_2(g,1\ bar,298.15\ K)+\frac{1}{2}O_2(g,1\ bar,298.15\ K)\longrightarrow H_2O(l,1\ bar,298.15\ K)$$

相反地，至少需要 $237.1\ kJ\cdot mol^{-1}$ 的能量才能使下面这个（非自发）反应发生：

$$H_2O(l,1\ bar,298.15\ K)\longrightarrow H_2(g,1\ bar,298.15\ K)+\frac{1}{2}O_2(g,1\ bar,298.15\ K)$$

» 例题 22－2 1 bar 和 298.15 K 时，1 mol $H_2O(l)$ 分解为 $H_2(g)$ 和 $O_2(g)$ 的 $\Delta\overline{G}$ 为 $+237.1\ kJ\cdot mol^{-1}$。计算在 1 bar 和 298.15 K 时，通过电解将 1 mol $H_2O(l)$ 分解为 $H_2(g)$ 和 $O_2(g)$ 所需的最小电压。

» 解　电功代表进行分解所需的非体积功，所以有

$$\Delta\overline{G}=w_f=+237.1 kJ\cdot mol^{-1}$$

由物理学可知，电功＝电荷×电压。电解 1 mol 水中包含的电荷可以从下面的化学反应方程式中确定：

$$H_2O(l)\longrightarrow H_2(g)+\frac{1}{2}O_2(g)$$

氢的氧化态从 +1 变到 0，而氧的氧化态则从 −2 变到 0。因此，每个 $H_2O(l)$ 分子转移两个电子，或每摩尔 $H_2O(l)$ 转移 2 倍的阿伏伽德罗常数量的电子。2 mol 电子的总电荷为

$$总电荷=(1.602\times10^{-19}C\cdot e^{-1})(12.044\times10^{23}e)$$
$$=1.929\times10^{5}C$$

电解 1 mol 水需要的最小电压 ε 为

$$\varepsilon=\frac{\Delta\overline{G}}{1.929\times10^{5}C}=\frac{(237.1\times10^{3}J\cdot mol^{-1})(1\ mol)}{1.929\times10^{5}C}=1.23\ V$$

这里使用了 1 J＝1 C·V 这一事实。

22-3 麦克斯韦关系式提供了一些有用的热力学公式

一些热力学函数不能直接测量，因此，需要将这些量用其他实验可测量来表示。为了达到这个目的，我们从 A 和 G 的定义式，即式(22.4)和式(22.11)出发。将式(22.4)两边微分，得到

$$dA = dU - TdS - SdT$$

对一可逆过程，$dU = TdS - PdV$，故

$$dA = -PdV - SdT \tag{22.17}$$

将式(22.17)与 $A = A(V,T)$ 的全导数，即

$$dA = \left(\frac{\partial A}{\partial V}\right)_T dV + \left(\frac{\partial A}{\partial T}\right)_V dT$$

进行比较，可以得到

$$\left(\frac{\partial A}{\partial V}\right)_T = -P \quad 和 \quad \left(\frac{\partial A}{\partial T}\right)_V = -S \tag{22.18a,b}$$

因为 A 的二阶求导与求导先后次序无关(参见数学章节 H)，即

$$\frac{\partial^2 A}{\partial T\partial V} = \frac{\partial^2 A}{\partial V\partial T}$$

我们发现

$$\left(\frac{\partial P}{\partial T}\right)_V = \left(\frac{\partial S}{\partial V}\right)_T \tag{22.19}$$

由 A 的两个二阶交叉偏导数相等得到的式(22.19)称为**麦克斯韦关系式**(Maxwell relation)。有许多有用的麦克斯韦关系式，其中包含了各种热力学量。式(22.19)特别有用，因为它使得我们一旦知道一种物质的状态方程，就可以确定其熵是如何随体积变化的。等温时，积分式(22.19)，可得

$$\Delta S = \int_{V_1}^{V_2} \left(\frac{\partial P}{\partial T}\right)_V dV \quad (等温) \tag{22.20}$$

这里对式(22.20)应用了等温条件，因为已经积分了 $(\partial S/\partial V)_T$；换句话说，在偏导数中 T 是不变的，所以在求积分时 T 也必须保持不变。

式(22.20)使得我们可以从 P-V-T 数据确定一种物质的熵作为体积或密度(回忆 $\rho = 1/\overline{V}$)的函数。如果设式(22.20)中的 V_1 很大，此时气体具有理想气体行为，则式(22.20)就变为

$$S(T,V) - S^{\text{id}} = \int_{V^{\text{id}}}^{V} \left(\frac{\partial P}{\partial T}\right)_V dV$$

图 22.2 绘出了 400 K 时乙烷的摩尔熵与密度的关系。(习题 22-3 涉及用 van der Waals 方程和 Redlich-Kwong 方程来计算作为密度函数的摩尔熵。)

也可以利用式(22.20)导出一个之前在第 20-3 节中用另一种方法推导的公式。对于理想气体，$(\partial P/\partial T)_V = nR/V$，所以

$$\Delta S = nR\int_{V_1}^{V_2} \frac{dV}{V} = nR\ln\frac{V_2}{V_1} \quad (等温过程) \tag{22.21}$$

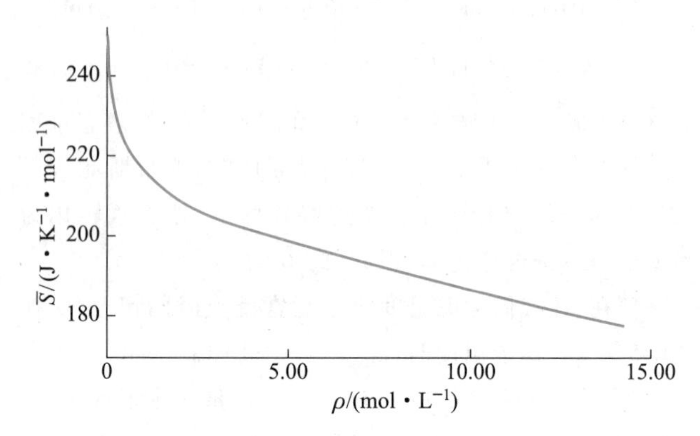

图 22.2 400 K 时乙烷的摩尔熵对密度($\rho = 1/\overline{V}$)作图。400 K 时 $\overline{S}^{\text{id}}$ 的值为 246.45 J · K^{-1} · mol^{-1}。

» 例题 22-3 计算服从状态方程 $P(\overline{V}-b) = RT$ 的一种气体当其体积从 $\overline{V}_1$ 等温膨胀至 $\overline{V}_2$ 的 $\Delta\overline{S}$。

» **解** 利用式(22.20)，可以得到

$$\Delta\overline{S} = \int_{\overline{V}_1}^{\overline{V}_2} \left(\frac{\partial P}{\partial T}\right)_{\overline{V}} d\overline{V} = R\int_{\overline{V}_1}^{\overline{V}_2} \frac{d\overline{V}}{\overline{V}-b} = R\ln\frac{\overline{V}_2 - b}{\overline{V}_1 - b}$$

注意，在例题 20-2 中曾推导出了这个公式，但那时必须知道，对于服从上述状态方程的气体，其在等温过程中的 $dU = 0$。这里则不需要该信息。

之前已经指出，理想气体的能量只取决于温度。该结论对实际气体来说并不完全对。假设我们想要知道一个气体的能量在等温下如何随体积变化。不幸的是，这个量不能直接测量。但是，我们可以利用式(22.19)为 $(\partial U/\partial V)_T$ 导出一个实用性的等式；换句话说，可以推导出一个用易测量的量表示的等式，该等式可告诉我们一种物质的能量在等温下是如何随其体积变化的。将式(22.4)在等温下对 V 微分，得到

$$\left(\frac{\partial A}{\partial V}\right)_T = \left(\frac{\partial U}{\partial V}\right)_T - T\left(\frac{\partial S}{\partial V}\right)_T$$

分别用式(22.18a)代替 $(\partial A/\partial V)_T$ 和用式(22.19)代替 $(\partial S/\partial V)_T$，得到

$$\left(\frac{\partial U}{\partial V}\right)_T = -P + T\left(\frac{\partial P}{\partial T}\right)_V \tag{22.22}$$

式(22.22)可由 $P-V-T$ 数据给出 $(\partial U/\partial V)_T$。像式(22.22)这样的、联系热力学函数和 P,V,T 函数的公式称为**热力学状态方程**(thermodynamic equations of state)。

可以将式(22.22)对体积积分来确定相对于理想气体值的 U 值,即

$$U(T,V)-U^{\mathrm{id}}=\int_{V^{\mathrm{id}}}^{V}\left[T\left(\frac{\partial P}{\partial T}\right)_V-P\right]\mathrm{d}V \quad (等温)$$

式中 V_{id} 是一很大的体积,此时气体的行为是理想的。由该式及 $P-V-T$ 数据,可以获得 U 作为压力的一个函数。图 22.3 绘制了 400 K 时乙烷的 $\overline{U}$ 随压力的变化。习题 22-4 涉及用 van der Waals 方程和 Redlich-Kwong 方程来计算作为体积函数的 $\overline{U}$。也可以利用式(22.22)来证明在等温下理想气体的能量与体积无关。对于理想气体,有 $(\partial P/\partial T)_V=nR/V$,故

$$\left(\frac{\partial U}{\partial V}\right)_T=-P+T\frac{nR}{V}=-P+P=0$$

这就证明了理想气体的能量仅依赖于温度。

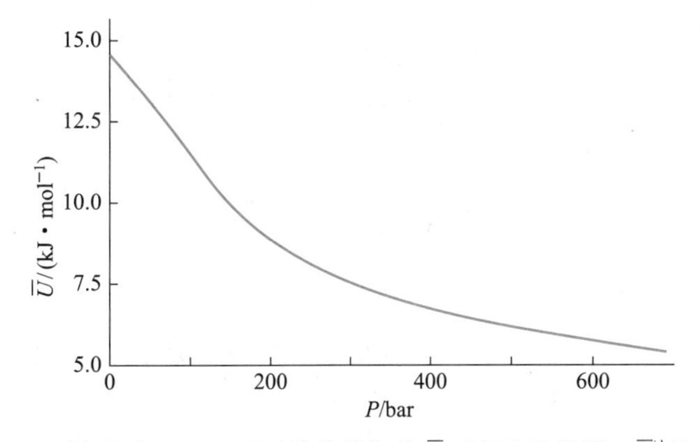

图 22.3 400 K 时乙烷的摩尔能 $\overline{U}$ 对压力的作图。$\overline{U}^{\mathrm{id}}$ 的值为 14.55 kJ · mol^{-1}。

例题 22-4 在例题 20-2 中,我们曾说过将会在后面证明,遵守状态方程 $P(\overline{V}-b)=RT$ 的气体,其能量与体积无关。试利用式(22.22)证明之。

解 对于 $P(\overline{V}-b)=RT$,有

$$\left(\frac{\partial P}{\partial T}\right)_{\overline{V}}=\frac{R}{\overline{V}-b}$$

所以

$$\left(\frac{\partial \overline{U}}{\partial \overline{V}}\right)_T=-P+\frac{RT}{\overline{V}-b}=-P+P=0$$

例题 22-5 求 1 mol Redlich - Kwong 气体的 $(\partial \overline{U}/\partial \overline{V})_T$ 的值。

解 Redlich - Kwong 方程[式(16.7)]为

$$P=\frac{RT}{\overline{V}-B}-\frac{A}{T^{1/2}\overline{V}(\overline{V}+B)}$$

因此

$$\left(\frac{\partial P}{\partial T}\right)_{\overline{V}}=\frac{R}{\overline{V}-B}+\frac{A}{2T^{3/2}\overline{V}(\overline{V}+B)}$$

所以

$$\left(\frac{\partial \overline{U}}{\partial \overline{V}}\right)_T=T\left(\frac{\partial P}{\partial T}\right)_{\overline{V}}-P=\frac{3A}{2T^{1/2}\overline{V}(\overline{V}+B)}$$

我们在习题 19-27 中曾推导出了下式:

$$C_P-C_V=\left[P+\left(\frac{\partial U}{\partial V}\right)_T\right]\left(\frac{\partial V}{\partial T}\right)_P$$

将式(22.22)代替 $(\partial U/\partial V)_T$,可得

$$C_P-C_V=T\left(\frac{\partial P}{\partial T}\right)_V\left(\frac{\partial V}{\partial T}\right)_P \tag{22.23}$$

对理想气体来说,有 $(\partial P/\partial T)_V=nR/V$ 以及 $(\partial V/\partial T)_P=nR/P$。因此,$C_P-C_V=nR$,与式(19.43)一致。

对于固体和液体,另一个比式(22.23)更为方便的 C_P-C_V 等式是(参见习题 22-11)

$$C_P-C_V=-T\left(\frac{\partial V}{\partial T}\right)_P^2\left(\frac{\partial P}{\partial V}\right)_T \tag{22.24}$$

这里每一个偏导数都可以用常见的有表可查的物理量来表示。物质的等温压缩系数定义为

$$\kappa=-\frac{1}{V}\left(\frac{\partial V}{\partial P}\right)_T \tag{22.25}$$

热膨胀系数则定义为

$$\alpha=\frac{1}{V}\left(\frac{\partial V}{\partial T}\right)_P \tag{22.26}$$

利用这些定义式,式(22.24)变为

$$C_P-C_V=\frac{\alpha^2TV}{\kappa} \tag{22.27}$$

例题 22-6 铜在 298 K 时的热膨胀系数 α 为 $5.00\times10^{-5}\,\mathrm{K^{-1}}$,其等温压缩系数 κ 为 $7.85\times10^{-7}\,\mathrm{atm^{-1}}$。已知 298 K 时铜的密度为 8.92 g · cm^{-3},试计算铜的 $\overline{C}_P-\overline{C}_V$ 值。

解 铜的摩尔体积 $\overline{V}$ 为

$$\overline{V}=\frac{63.54\ \mathrm{g\cdot mol^{-1}}}{8.92\ \mathrm{g\cdot cm^{-3}}}=7.12\ \mathrm{cm^3\cdot mol^{-1}}=7.12\times10^{-3}\,\mathrm{L\cdot mol^{-1}}$$

所以

$$\begin{aligned}\overline{C}_P-\overline{C}_V&=\frac{(5.00\times10^{-5}\,\mathrm{K^{-1}})^2(298\ \mathrm{K})(7.12\times10^{-3}\,\mathrm{L\cdot mol^{-1}})}{7.85\times10^{-7}\,\mathrm{atm^{-1}}}\\&=6.76\times10^{-3}\,\mathrm{L\cdot atm\cdot K^{-1}\cdot mol^{-1}}\\&=0.684\ \mathrm{J\cdot K^{-1}\cdot mol^{-1}}\end{aligned}$$

$\overline{C}_P$ 实验值为 24.43J · K^{-1} · mol^{-1}。注意，$\overline{C}_P-\overline{C}_V$ 与 $\overline{C}_P$（或 $\overline{C}_V$）相比是比较小的（正如你可以想象的，固体较气体尤甚）。

22-4 理想气体的焓与压力无关

式（22.18a）可以用来直接给出亥姆霍兹能与体积的依赖关系。通过在等温条件下积分，可得

$$\Delta A=-\int_{V_1}^{V_2} P\mathrm{d}V \quad (\text{等温}) \tag{22.28}$$

对于理想气体，有

$$\Delta A=-nRT\int_{V_1}^{V_2}\frac{\mathrm{d}V}{V}=-nRT\ln\frac{V_2}{V_1} \quad (\text{等温}) \tag{22.29}$$

注意这个结果是式（22.21）中 ΔS 的 $-T$ 倍。结果必定是这样，因为理想气体在等温条件下 $\Delta U=0$，所以 $\Delta A=-T\Delta S$。

如果微分式（22.11），即 $G=U-TS+PV$，并代入 $\mathrm{d}U=T\mathrm{d}S-P\mathrm{d}V$，就可得到

$$\mathrm{d}G=-S\mathrm{d}T+V\mathrm{d}P \tag{22.30}$$

通过将式（22.30）与下式相比较：

$$\mathrm{d}G=\left(\frac{\partial G}{\partial T}\right)_P\mathrm{d}T+\left(\frac{\partial G}{\partial P}\right)_T\mathrm{d}P$$

可以发现

$$\left(\frac{\partial G}{\partial T}\right)_P=-S \quad \text{和} \quad \left(\frac{\partial G}{\partial P}\right)_T=V \tag{22.31a,b}$$

注意式（22.31a）表明 G 随温度的升高而减小（因为 $S\geqslant 0$）以及式（22.31b）表明 G 随压力的增加而增大（因为 $V>0$）。

如果像上一节中对 A 那样对 G 求交叉导数，那么可以发现

$$-\left(\frac{\partial S}{\partial P}\right)_T=\left(\frac{\partial V}{\partial T}\right)_P \tag{22.32}$$

这个麦克斯韦关系式提供了一个可以用来计算 S 随压力变化的等式。在等温条件下对式（22.32）积分，得到

$$\Delta S=-\int_{P_1}^{P_2}\left(\frac{\partial V}{\partial T}\right)_P\mathrm{d}P \quad (\text{等温}) \tag{22.33}$$

式（22.33）可以用来获得作为压力函数的摩尔熵，即通过从某一低压（此时气体行为理想）积分 $(\partial V/\partial T)_P$ 数据到某一任意压力。图 22.4 显示了用这种方法得到的 400 K 时乙烷的摩尔熵随压力的变化情况。

对于理想气体，$(\partial V/\partial T)_P=nR/P$，所以由式（22.33）可以得到

$$\Delta S=-nR\int_{P_1}^{P_2}\frac{\mathrm{d}P}{P}=-nR\ln\frac{P_2}{P_1}$$

这个结果并不陌生，因为如果设 $P_2=nRT/V_2$ 以及 $P_1=nRT/V_1$，就能得到式（22.21）。

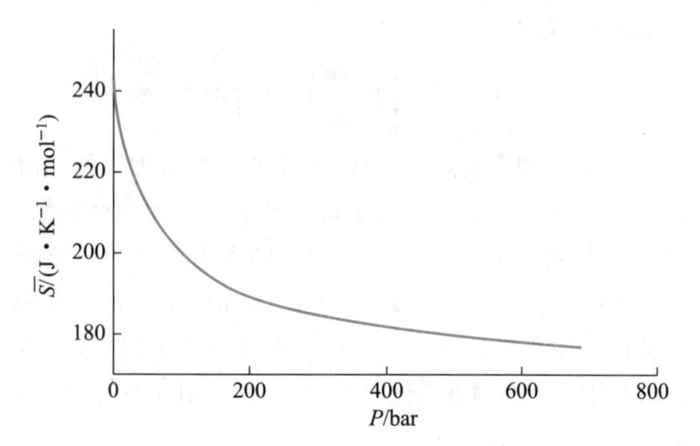

图 22.4 400 K 时乙烷的摩尔熵对压力作图。400 K 时的 $\overline{S}^{\mathrm{id}}$ 值为 246.45 J · K^{-1} · mol^{-1}。

» 例题 22-7 位力（virial）方程的压力展开式为

$$Z=1+B_{2P}P+B_{3P}P^2+\cdots$$

试利用该式导出等温可逆变化过程中 $\Delta\overline{S}$ 的压力展开式。

» 解 先解题给方程得到 $\overline{V}$：

$$\overline{V}=\frac{RT}{P}+RTB_{2P}+RTB_{3P}P+\cdots$$

据此可以写出：

$$\left(\frac{\partial\overline{V}}{\partial T}\right)_P=\frac{R}{P}+R\left(B_{2P}+T\frac{\mathrm{d}B_{2P}}{\mathrm{d}T}\right)+R\left(B_{3P}+T\frac{\mathrm{d}B_{3P}}{\mathrm{d}T}\right)P+\cdots$$

将这个结果代入式（22.33），并从 P_1 积分到 P_2，可得

$$\Delta\overline{S}=-\ln\frac{P_2}{P_1}-R\left(B_{2P}+T\frac{\mathrm{d}B_{2P}}{\mathrm{d}T}\right)P-\frac{R}{2}\left(B_{3P}+T\frac{\mathrm{d}B_{3P}}{\mathrm{d}T}\right)P^2+\cdots$$

也可以用式（22.31）来证明理想气体的焓与压力无关，就像其能量与体积无关一样。首先，将式（22.13）在等温条件下对压力微分，得到

$$\left(\frac{\partial G}{\partial P}\right)_T=\left(\frac{\partial H}{\partial P}\right)_T-T\left(\frac{\partial S}{\partial P}\right)_T$$

然后用式（22.31b）代替 $(\partial G/\partial P)_T$，用式（22.32）代替 $(\partial S/\partial P)_T$，得到

$$\left(\frac{\partial H}{\partial P}\right)_T=V-T\left(\frac{\partial V}{\partial T}\right)_P \tag{22.34}$$

注意：式（22.34）与式（22.22）类似。式（22.34）也称为热力学状态方程。它使得我们可以由 $P-V-T$ 数据来计算 H 与压力的关系（乙烷在 400 K 时的这类数据如图 22.5

所示)。对于理想气体,$(\partial V/\partial T)_P = nR/P$,所以$(\partial H/\partial P)_T = 0$。

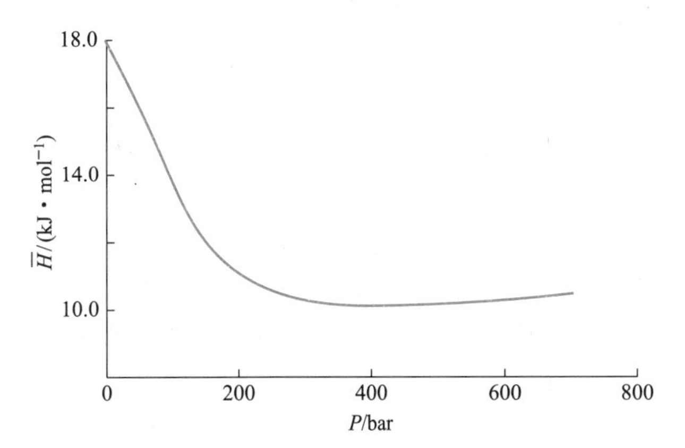

图 22.5 400 K 时乙烷的摩尔焓对压力的作图。400 K 时 $\overline{H}^{\text{id}}$ 值为 17.867 kJ · mol⁻¹。

» 例题 22-8 已知一气体的状态方程为 $P\overline{V} = RT + B(T)P$,求该气体的$(\partial H/\partial P)_T$。

» 解 根据气体的状态方程,有

$$\left(\frac{\partial \overline{V}}{\partial T}\right)_P = \frac{R}{P} + \frac{\mathrm{d}B}{\mathrm{d}T}$$

代入式(22.34),得到

$$\left(\frac{\partial \overline{H}}{\partial P}\right)_T = \overline{V} - T\left(\frac{\partial \overline{V}}{\partial T}\right)_P = \frac{RT}{P} + B(T) - \frac{RT}{P} - T\frac{\mathrm{d}B}{\mathrm{d}T}$$

或者

$$\left(\frac{\partial \overline{H}}{\partial P}\right)_T = B(T) - T\frac{\mathrm{d}B}{\mathrm{d}T}$$

注意:当 $B(T)=0$ 时,$(\partial \overline{H}/\partial P)_T = 0$。

22-5 各种热力学函数都有其自然独立变量

本章我们似乎在推导很多公式,但是只要我们明白其中的能量、焓、亥姆霍兹能和吉布斯能都取决于一套自然独立变量,就能清晰地理解这些公式。例如,式(21.1)通过下式总结了热力学第一和第二定律:

$$\mathrm{d}U = T\mathrm{d}S - P\mathrm{d}V \tag{22.35}$$

注意到当将 S 和 V 作为 U 的独立变量时,那么 U 的全导数为

$$\mathrm{d}U = \left(\frac{\partial U}{\partial S}\right)_V \mathrm{d}S + \left(\frac{\partial U}{\partial V}\right)_S \mathrm{d}V \tag{22.36}$$

只要式中 $\mathrm{d}S$ 和 $\mathrm{d}V$ 的系数是简单的热力学函数,则 U 的全导数就具有简单的形式(即式(22.35))。因此,我们说 U 的自然变量是 S 和 V,且可以得到

$$\left(\frac{\partial U}{\partial S}\right)_V = T \quad 和 \quad \left(\frac{\partial U}{\partial V}\right)_S = -P \tag{22.37}$$

如果我们用 V 和 T 而不是 S 和 V 作为 U 的独立变量,则自然变量的这个观念尤其清晰,在这种情况下我们得到[参考式(22.22)]

$$\mathrm{d}U = \left[T\left(\frac{\partial P}{\partial T}\right)_V - P\right]\mathrm{d}V + C_V\mathrm{d}T \tag{22.38}$$

当然,U 也可以被认为是 V 和 T 的函数,但此时它的全导数表达式将不如将其作为 S 和 V 的函数时那样简单[参考式(22.36)]。式(22.35)也为我们提供了一个自发过程的判据,即在等熵等容时系统的 $\mathrm{d}U<0$。

可以 $\mathrm{d}S$ 的形式而不是 $\mathrm{d}U$ 的形式将式(22.35)写作

$$\mathrm{d}S = \frac{1}{T}\mathrm{d}U + \frac{P}{T}\mathrm{d}V \tag{22.39}$$

说明 S 的自然变量是 U 和 V。此外,自发过程的判据是 U 和 V 不变时系统的 $\mathrm{d}S>0$[式(22.2)是针对孤立系统而言的]。由式(22.39),可以得到

$$\left(\frac{\partial S}{\partial U}\right)_V = \frac{1}{T} \quad 和 \quad \left(\frac{\partial S}{\partial V}\right)_U = \frac{P}{T} \tag{22.40}$$

焓的全导数可由下式[也即式(21.6)]给出:

$$\mathrm{d}H = T\mathrm{d}S + V\mathrm{d}P \tag{22.41}$$

这说明 H 的自然变量是 S 和 P。涉及 H 的自发性判据是等熵等压时系统的 $\mathrm{d}H<0$。

亥姆霍兹能的全导数是

$$\mathrm{d}A = -S\mathrm{d}T - P\mathrm{d}V \tag{22.42}$$

据此可以得到

$$\left(\frac{\partial A}{\partial T}\right)_V = -S \quad 和 \quad \left(\frac{\partial A}{\partial V}\right)_T = -P \tag{22.43}$$

式(22.42),加上等温等容时 $\mathrm{d}A<0$ 的自发性判据,说明 T 和 V 是 A 的自然变量。由式(22.43)得到的麦克斯韦关系式是很有用的,因为这里维持不变的变量比式(22.37)中的 S 和 V,或式(22.40)中的 U 和 V 更容易实验控制。从式(22.43)得到的麦克斯韦关系式是

$$\left(\frac{\partial S}{\partial V}\right)_T = \left(\frac{\partial P}{\partial T}\right)_V \tag{22.44}$$

上式使得我们可以通过 $P-V-T$ 数据来计算 S 的体积依赖性(见图 22.2)。

最后,让我们考虑一下吉布斯能,其全导数是

$$\mathrm{d}G = -S\mathrm{d}T + V\mathrm{d}P \tag{22.45}$$

式(22.45),加上等温等压时系统的 $\mathrm{d}G<0$ 自发性判据,说明 G 的自然变量是 T 和 P。由式(22.45),可以得到

$$\left(\frac{\partial G}{\partial T}\right)_P=-S \quad 和 \quad \left(\frac{\partial G}{\partial P}\right)_T=V \tag{22.46}$$

从式(22.46),可得到麦克斯韦关系式:

$$\left(\frac{\partial S}{\partial P}\right)_T=-\left(\frac{\partial V}{\partial T}\right)_P \tag{22.47}$$

上式使得我们可以通过 $P-V-T$ 数据来计算 S 的压力依赖性(图 22.4)。

本节意在给目前所导出的许多公式作一个概括,并提供一种方法对它们进行有序整理。这些公式不需要记忆,因为它们都源自式(22.35):

$$dU=TdS-PdV \tag{22.48}$$

上式不过是将热力学第一和第二定律表达为一个公式。如果在该式两边都加上 $d(PV)$,就可得到

$$d(U+PV)=TdS-PdV+VdP+PdV$$

或者

$$dH=TdS+VdP \tag{22.49}$$

如果在式(22.48)两边同时减去 $d(TS)$,则可得到

$$d(U-TS)=TdS-PdV-TdS-SdT$$

或者

$$dA=-SdT-PdV \tag{22.50}$$

如果在式(22.48)两边同时加上 $d(PV)$并减去 $d(TS)$,或者在式(22.49)两边同时减去 $d(TS)$,或者在式(22.50)两边同时加上 $d(PV)$,就可得到

$$dG=-SdT+VdP \tag{22.51}$$

本节的其他公式都可以通过将每个函数对其自然变量的全导数与上述 dU, dH, dA 和 dG 的等式比较得到。表 22.1 总结了在本节和前几章中已经导出的一些重要公式。

表 22.1　四个重要的热力学能量、它们的微分表达式和相应的麦克斯韦关系式。

热力学能量	微分表达式	相应的麦克斯韦关系式
U	$dU=TdS-PdV$	$\left(\frac{\partial T}{\partial V}\right)_S=-\left(\frac{\partial P}{\partial S}\right)_V$
H	$dH=TdS+VdP$	$\left(\frac{\partial T}{\partial P}\right)_S=\left(\frac{\partial V}{\partial S}\right)_P$
A	$dA=-SdT-PdV$	$\left(\frac{\partial S}{\partial V}\right)_T=\left(\frac{\partial P}{\partial T}\right)_V$
G	$dG=-SdT+VdP$	$\left(\frac{\partial S}{\partial P}\right)_T=-\left(\frac{\partial V}{\partial T}\right)_P$

22-6　气体在任一温度的标准状态是 1 bar 下的假想理想气体

式(22.33)的最重要应用之一是为了获得气体的标准摩尔熵所做的非理想性校正。文献中列表的气体标准摩尔熵是以相同温度和 1 bar 时一个假想理想气体来表示的。这个校正(修正)通常很小,且可通过下面两个步骤得到(参见图 22.6)。首先,将实际气体的压力从 1 bar 改变到一很低的压力 P^{id},在此压力时气体行为理想。用式(22.33)来完成这一步,从而得到

$$\begin{aligned}\overline{S}(P^{id})-\overline{S}(1\text{ bar})&=-\int_{1\text{ bar}}^{P^{id}}\left(\frac{\partial\overline{V}}{\partial T}\right)_P dP\\&=\int_{P^{id}}^{1\text{ bar}}\left(\frac{\partial\overline{V}}{\partial T}\right)_P dP \quad （等温）\end{aligned} \tag{22.52}$$

P 的上标“id”强调了该值是气体行为理想的条件。量 $(\partial\overline{V}/\partial T)_P$ 可由实际气体的状态方程确定。现在,我们计算当压力增加回到 1 bar 时的熵变,此时将气体看作理想气体。对于这个过程,可利用式(22.52),但 $(\partial\overline{V}/\partial T)_P=R/P$,从而得到

$$S^{\circ}(1\text{ bar})-\overline{S}(P^{id})=-\int_{P^{id}}^{1\text{ bar}}\frac{R}{P}dP \tag{22.53}$$

$S^{\circ}(1\text{ bar})$的上标“∘”强调了这是气体的标准摩尔熵。将式(22.52)和式(22.53)合并,从而得到

$$S^{\circ}(1\text{ bar})-\overline{S}(1\text{ bar})=\int_{P^{id}}^{1\text{ bar}}\left[\left(\frac{\partial\overline{V}}{\partial T}\right)_P-\frac{R}{P}\right]dP \tag{22.54}$$

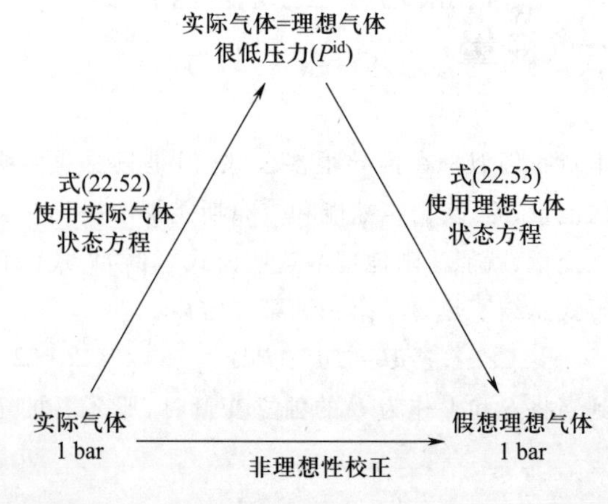

图 22.6　气体的实验摩尔熵换算到同温下(假想的)理想气体标准状态的流程图。

在式(22.54)中，$\overline{S}$ 是通过热容数据和相变热计算的摩尔熵(第 21-3 节)，S° 是 1 bar 时对应假想理想气体的摩尔熵。

式(22.54)表示，如果知道状态方程，就可以计算必要的修正来获得标准熵。因为涉及的压力在 1 bar 左右，可以使用仅含第二位力系数的位力展开式。利用式(16.22)，即

$$\frac{P\overline{V}}{RT}=1+\frac{B_{2V}(T)}{RT}P+\cdots \tag{22.55}$$

得到

$$\left(\frac{\partial \overline{V}}{\partial T}\right)_P=\frac{R}{P}+\frac{\mathrm{d}B_{2V}}{\mathrm{d}T}+\cdots$$

将上式代入式(22.54)，得到

$$S^\circ(1\ \text{bar})=\overline{S}(1\ \text{bar})+\frac{\mathrm{d}B_{2V}}{\mathrm{d}T}\times(1\ \text{bar})+\cdots \tag{22.56}$$

相对于 1 bar，这里忽略了 P^{id}。式(22.56)右边第二项代表为得到 S° 必须施加于 $\overline{S}$ 的修正。

用式(22.56)可以计算表 21.1 中所用的 $N_2(g)$ 在 298.15 K 时的熵的非理想性修正。298.15 K 和 1 bar 时 $N_2(g)$ 的 $\mathrm{d}B_{2V}/\mathrm{d}T$ 实验值为 0.192 $\text{cm}^3\cdot\text{mol}^{-1}\cdot\text{K}^{-1}$。因此，非理想性的修正为

$$\begin{aligned}\text{非理想性的修正}&=(0.192\ \text{cm}^3\cdot\text{mol}^{-1}\cdot\text{K}^{-1})(1\ \text{bar})\\&=0.192\ \text{cm}^3\cdot\text{bar}\cdot\text{mol}^{-1}\cdot\text{K}^{-1}\\&=(0.192\ \text{cm}^3\cdot\text{bar}\cdot\text{mol}^{-1}\cdot\text{K}^{-1})\left(\frac{1\ \text{dm}}{10\ \text{cm}}\right)^3\times\\&\quad\left(\frac{8.314\ \text{J}\cdot\text{mol}^{-1}\cdot\text{K}^{-1}}{0.08314\ \text{dm}^3\cdot\text{bar}\cdot\text{mol}^{-1}\cdot\text{K}^{-1}}\right)\\&=0.02\ \text{J}\cdot\text{K}^{-1}\cdot\text{mol}^{-1}\end{aligned}$$

这就是表 21.1 中所用到的。本例中修正项很小，但并非都如此。如果没有第二个位力系数数据，那么可以用一个近似状态方程(习题 22-20 至习题 22-22)。

22-7 吉布斯-亥姆霍兹方程描述了吉布斯能的温度依赖性

式(22.31)中的两个等式都很有用，因为它们反映吉布斯能是如何随着压力和温度而变化的。首先，让我们来看一下式(22.31b)。用式(22.31b)可以计算吉布斯能的压力依赖性：

$$\Delta G=\int_{P_1}^{P_2}V\mathrm{d}P\quad(\text{等温}) \tag{22.57}$$

对于 1 mol 理想气体，有

$$\Delta\overline{G}=RT\int_{P_1}^{P_2}\frac{\mathrm{d}P}{P}=RT\ln\frac{P_2}{P_1} \tag{22.58}$$

也可以利用下式得到相同的结果：

$$\Delta\overline{G}=\Delta\overline{H}-T\Delta\overline{S}\quad(\text{等温})$$

对于理想气体的等温变化，$\Delta\overline{H}=0$，$\Delta\overline{S}$ 则由式(22.21)给出。

习惯上，让式(22.58)中的 $P_1=1$ bar(精确的)，可将其写成下列形式：

$$\overline{G}(T,P)=G^\circ(T)+RT\ln(P/1\ \text{bar}) \tag{22.59}$$

式中的 $G^\circ(T)$ 称为标准摩尔吉布斯能。本例中的标准摩尔吉布斯能是 1 mol 理想气体在 1 bar 时的吉布斯能。注意 $G^\circ(T)$ 仅取决于温度。式(22.59)给出了相对于标准吉布斯能的理想气体的吉布斯能。根据式(22.59)，$\overline{G}(T,P)-G^\circ(T)$ 随压力对数增加，这完全是理想气体的熵效应引起的(因为理想气体的 H 与 P 无关)。在第 24 章将会看到，式(22.59)在涉及气相反应的化学平衡中扮演核心角色。

» 例题 22-9 固体和液体基本上是不可压缩的，故此时式(22.57)中 V 可近似看作恒定不变。对于固体或液体，试推导出类似于式(22.59)的 $\overline{G}(T,P)$ 表达式。

» 解　在等温条件下对式(22.57)积分，可得

$$\overline{G}(P_2,T)-\overline{G}(P_1,T)=\overline{V}(P_2-P_1)$$

设 $P_1=1$ bar 且 $\overline{G}(1\ \text{bar},T)=G^\circ(T)$，从而得到

$$\overline{G}(T,P)=G^\circ(T)+\overline{V}(P-1\ \text{bar})$$

式中 P 必须以 bar 为单位表示。本例中，$\overline{G}(T,P)$ 随着 P 线性增加，但由于凝聚相的体积比气体的体积小得多，故 $\overline{G}(T,P)$ 对 P 作图的斜率或 $(\partial\overline{G}/\partial P)_T=\overline{V}$ 是非常小的。因此，在常压下，凝聚相的 $\overline{G}(T,P)$ 几乎与压力无关，且近似等于 $G^\circ(T)$。

式(22.31a)决定了吉布斯能的温度依赖性。根据式(22.31a)，可以导出一个有用的、吉布斯能与温度的关系式(习题 22-24)。但是，一种更简单的推导方法是从 $G=H-TS$ 开始，并将等式两边同时除以 T，从而得到

$$\frac{G}{T}=\frac{H}{T}-S$$

现在，在固定 P 的情况下对等式两边求对 T 的偏微分：

$$\left[\frac{\partial(G/T)}{\partial T}\right]_P=-\frac{H}{T^2}+\frac{1}{T}\left(\frac{\partial H}{\partial T}\right)_P-\left(\frac{\partial S}{\partial T}\right)_P$$

由于有关系式$(\partial S/\partial T)_P=C_P(T)/T$[即式(21.7)],故最后两项可以相互抵消。所以

$$\left[\frac{\partial(G/T)}{\partial T}\right]_P=-\frac{H}{T^2} \quad (22.60)$$

式(22.60)称为**吉布斯-亥姆霍兹方程**(Gibbs-Helmholtz equation)。这个公式可以直接应用于任何过程,此时变成

$$\left[\frac{\partial\Delta(G/T)}{\partial T}\right]_P=-\frac{\Delta H}{T^2} \quad (22.61)$$

该式是吉布斯-亥姆霍兹方程的另一种形式。在后面的章节中将会经常使用式(22.60)和式(22.61)。例如,在第 26 章中,式(22.61)用来推导平衡常数与温度的关系式。

我们可以直接从第 19 章和第 21 章中导出的公式来确定作为温度的函数的吉布斯能。在第 19 章中,我们曾学习了如何由热容和各种相变热,来计算作为温度的函数的物质的焓。例如,如果只存在一种固相,那么在 $T=0$ K和其熔点之间就没有固-固相变,则在沸点以上的某一温度,有[参考式(19.46)]

$$H(T)-H(0)=\int_0^{T_{\text{fus}}}C_P^{\text{s}}(T)\,\mathrm{d}T+\Delta_{\text{fus}}H+\int_{T_{\text{fus}}}^{T_{\text{vap}}}C_P^{\text{l}}(T)\,\mathrm{d}T+\Delta_{\text{vap}}H+\int_{T_{\text{vap}}}^{T}C_P^{\text{g}}(T')\,\mathrm{d}T' \quad (22.62)$$

图 19.7 显示了苯的$\overline{H}(T)-\overline{H}(0)$对 T 的作图。之所以计算 $H(T)$ 相对于 $H(0)$ 的值,是因为不能计算焓的绝对值;$H(0)$本质上是能量零点。

在第 21 章曾学习根据式(21.17)计算绝对熵,即

$$S(T)=\int_0^{T_{\text{fus}}}\frac{C_P^{\text{s}}(T)}{T}\mathrm{d}T+\frac{\Delta_{\text{fus}}H}{T_{\text{fus}}}+\int_{T_{\text{fus}}}^{T_{\text{vap}}}\frac{C_P^{\text{l}}(T)}{T}\mathrm{d}T+\frac{\Delta_{\text{vap}}H}{T_{\text{vap}}}+\int_{T_{\text{vap}}}^{T}\frac{C_P^{\text{g}}(T')}{T}\mathrm{d}T' \quad (22.63)$$

图 21.2 显示了苯的$\overline{S}(T)$对 T 的作图。可以用式(22.62)和式(22.63)来计算$\overline{G}(T)-\overline{H}(0)$,因为

$$\overline{G}(T)-\overline{H}(0)=\overline{H}(T)-\overline{H}(0)-T\overline{S}(T)$$

图 22.7 显示了苯的$\overline{G}(T)-\overline{H}(0)$对 T 的作图。图 22.7 中有几个特点需要注意。首先,$\overline{G}(T)-\overline{H}(0)$随着 T 的增加而减小。其次,$\overline{G}(T)-\overline{H}(0)$是温度的一个连续函数,甚至在相变时也是如此。为了证明确实如此,考虑下式[即式(21.16)]:

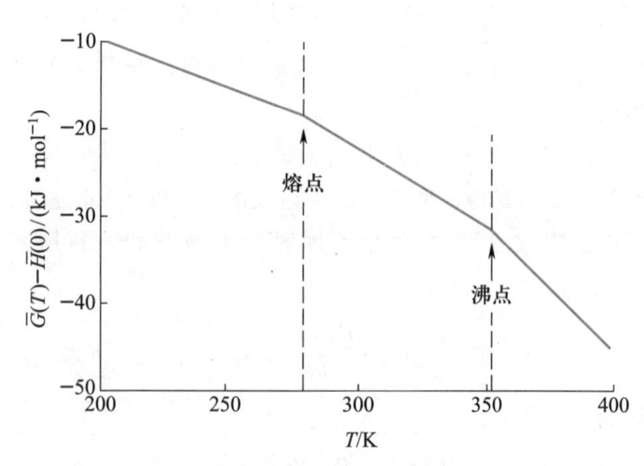

图 22.7 苯的$\overline{G}(T)-\overline{H}(0)$对 T 的作图。注意到$\overline{G}(T)-\overline{H}(0)$是连续的,但是其导数(曲线的斜率)在相变时是不连续的。

$$\Delta_{\text{trs}}S=\frac{\Delta_{\text{trs}}H}{T_{\text{trs}}}$$

因为$\Delta_{\text{trs}}G=\Delta_{\text{trs}}H-T_{\text{trs}}\Delta_{\text{trs}}S$,所以有$\Delta_{\text{trs}}G=0$,表明两相彼此处于平衡。彼此处于平衡的两相具有相同的 G 值,故在相变时 $G(T)$是连续的。图 22.7 也显示了在每一个相变时斜率的不连续(1 atm 时,苯的熔点为 278.7 K,沸点为 353.2 K)。通过审视下式[即式(22.31a)],可以理解为什么在每一个相变时 $G(T)$ 对 T 作图的斜率是不连续的:

$$\left(\frac{\partial G}{\partial T}\right)_P=-S$$

因为熵本质上是个正值,所以 $G(T)$ 对 T 作图的斜率是负的。此外,因为 S(气体)>S(液体)>S(固体),每一个单相区域内的斜率由固体到液体到气体而增大,所以从一个相变到另一个相时,斜率$(\partial G/\partial T)_P$是不连续的。

许多物质的 $H^\circ(T)-H^\circ(0)$、$S^\circ(T)$和 $G^\circ(T)-H^\circ(0)$值都有表可查。在第 26 章将用这些值来计算平衡常数。

22-8 逸度是气体非理想性的一种量度

在前面的章节中,我们已证明理想气体的摩尔吉布斯能可由下式给出:

$$\overline{G}(T,P)=G^{\circ}(T)+RT\ln\frac{P}{P^{\circ}} \tag{22.64}$$

压力 P°等于 1 bar,$G^{\circ}(T)$称为标准摩尔吉布斯能。这个式子是由下式开始导出的:

$$\left(\frac{\partial\overline{G}}{\partial P}\right)_T=\overline{V} \tag{22.65}$$

然后积分,用理想气体的表达式 RT/P 代替 $\overline{V}$。下面将讨论式(22.64)推广到实际气体的情况。

从位力方程开始:

$$\frac{P\overline{V}}{RT}=1+B_{2P}(T)P+B_{3P}(T)P^2+\cdots$$

将上式代入式(22.65),得到摩尔吉布斯能的位力展开式:

$$\int_{P^{\mathrm{id}}}^{P}\mathrm{d}\overline{G}=RT\int_{P^{\mathrm{id}}}^{P}\frac{\mathrm{d}P'}{P'}+RTB_{2P}(T)\int_{P^{\mathrm{id}}}^{P}\mathrm{d}P'+RTB_{3P}(T)\int_{P^{\mathrm{id}}}^{P}P'\mathrm{d}P'$$

这里从某一低压 P^{id}(此时气体行为理想)开始积分,到一任意压力 P。积分结果为

$$\overline{G}(T,P)=\overline{G}(T,P^{\mathrm{id}})+RT\ln\frac{P}{P^{\mathrm{id}}}+RTB_{2P}(T)P+\frac{RTB_{3P}(T)P^2}{2}+\cdots \tag{22.66}$$

现在根据式(22.64),$\overline{G}(T,P^{\mathrm{id}})=G^{\circ}(T)+RT\ln(P^{\mathrm{id}}/P^{\circ})$,式中 $G^{\circ}(T)$是一理想气体在压力为 $P^{\circ}=1$ bar 时的摩尔吉布斯能。因此,式(22.66)可以写作:

$$\overline{G}(T,P)=\overline{G}^{\circ}(T)+RT\ln\frac{P}{P^{\circ}}+RTB_{2P}(T)P+\frac{RTB_{3P}(T)P^2}{2}+\cdots \tag{22.67}$$

式(22.67)是式(22.64)的推广式,适用于任何实际气体。虽然式(22.67)是精确的,但每一种气体的都不一样,这取决于 $B_{2P}(T)$和 $B_{3P}(T)$等的值。事实证明,通过引入**逸度**(fugacity)这个新的热力学函数 $f(P,T)$,来维持式(22.64)的形式将更方便,特别是涉及化学平衡的计算,我们将在第 24 章中看到这一点:

$$\overline{G}(T,P)=G^{\circ}(T)+RT\ln\frac{f(P,T)}{f^{\circ}} \tag{22.68}$$

非理想性隐藏在 $f(P,T)$里。因为当 $P\to 0$ 时,所有气体都有理想气体行为,故逸度必须具有下列性质,即

$$\text{当 } P\to 0 \text{ 时} \quad f(P,T)\to P$$

这样式(22.68)就还原到式(22.64)。

式(22.67)和式(22.68)将是等价的,如果

$$\frac{f(P,T)}{f^{\circ}}=\frac{P}{P^{\circ}}\exp[B_{2P}(T)P+B_{3P}(T)P^2+\cdots] \tag{22.69}$$

这里看起来像是在转圈一样,但是通过逸度引入气体的非理想性,可以维持业已导出的理想气体热力学公式,并写出相应的实际气体热力学公式,只需简单地用 f/f°代替 P/P°即可。现在,我们所需要做的就是用一直接的方式来确定气体在任何温度和压力下的逸度。然而,在深入探讨之前,我们必须讨论一下式(22.68)中标准状态的选择。作为能量的一种形式,吉布斯能的取值必须总是相对于某一选定的标准状态。

注意在式(22.64)和式(22.68)中,标准摩尔吉布斯能 $G^{\circ}(T)$是相同的量。式(22.64)中的标准状态是 1 bar 下的理想气体,所以这必须也是式(22.68)中的标准状态。因此,式(22.68)中实际气体的标准状态被选定为 1 bar 时相应的理想气体;换句话说,实际气体的标准状态就是其已被校准至具有理想行为后的 1 bar。用公式来表达,就是 $f^{\circ}=P^{\circ}$。注意式(22.69)也建议选择这一标准状态,否则当 $B_{2P}(T)=B_{3P}(T)=0$ 时 $f(P,T)$就不会还原为 P。

标准状态的这一选择不仅使得所有气体都有单个共同状态,而且还导致了一个计算任何压力和温度下 $f(P,T)$的方法。为此,考虑图 22.8 中的流程,它描绘了相同 T 和 P 时实际气体与理想气体之间的摩尔吉布斯能差值。我们可以计算这个差值,先从压力为 P、温度为 T 的实际气体开始,然后计算当压力减小到几乎为零时(此时气体行为肯定理想)吉布斯能的变化(步骤 2)。然后,计算将气体压缩至其压力回到 P 时的吉布斯能变化,但将气体作为理想气体(步骤 3)。步骤 2 和 3 的加和,就是相同 T 和 P 时实际气体与理想气体之间的吉布斯能差值(步骤 1)。用公式表示,则有

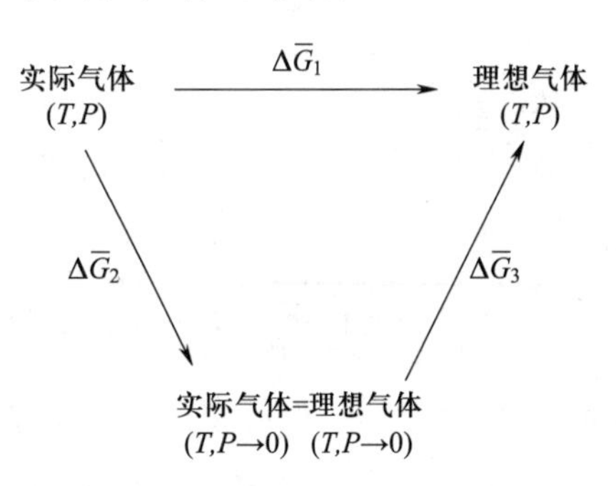

图 22.8 用于关联气体的逸度和其标准状态的示意图。标准状态是 $P=1$ bar、温度为 T 时的假想理想气体。

$$\Delta\overline{G}_1=\overline{G}^{\mathrm{id}}(T,P)-\overline{G}(T,P) \tag{22.70}$$

将式(22.64)和式(22.68)代入式(22.70),得到

$$\Delta\overline{G}_1=RT\ln\frac{P}{P^{\circ}}-RT\ln\frac{f}{f^{\circ}}$$

但是,实际气体的标准状态已被选作 $f^{\circ}=P^{\circ}=1$ bar,所以

$$\Delta\overline{G}_1=RT\ln\frac{P}{f} \tag{22.71}$$

现在,用式(22.65)计算步骤 2 和步骤 3 中的吉布斯能变化:

$$\Delta\overline{G}_2=\int_P^{P\to0}\left(\frac{\partial G}{\partial P}\right)_T\mathrm{d}P'=\int_P^{P\to0}\overline{V}\mathrm{d}P'$$

$$\Delta\overline{G}_3=\int_{P\to0}^{P}\overline{V}^{\mathrm{id}}\mathrm{d}P'=\int_{P\to0}^{P}\frac{RT}{P'}\mathrm{d}P'$$

$\Delta\overline{G}_2$ 和 $\Delta\overline{G}_3$ 的加和给出了 $\Delta\overline{G}_1$ 的另一个表达式,即

$$\Delta\overline{G}_1=\Delta\overline{G}_2+\Delta\overline{G}_3=\int_{P\to0}^{P}\left(\frac{RT}{P'}-\overline{V}\right)\mathrm{d}P'$$

使这里的 $\Delta\overline{G}_1$ 与(22.71)中的 $\Delta\overline{G}_1$ 相等,得到

$$\ln\frac{P}{f}=\int_0^P\left(\frac{1}{P'}-\frac{\overline{V}}{RT}\right)\mathrm{d}P'$$

或

$$\ln\frac{f}{P}=\int_0^P\left(\frac{\overline{V}}{RT}-\frac{1}{P'}\right)\mathrm{d}P' \tag{22.72}$$

若已知实际气体的 $P-V-T$ 数据或者状态方程,就可以用式(22.72)来计算任何压力和温度下气体的逸度与压力之比。如果气体在所研究的条件下行为理想(换句话说,如果式(22.72)中的 $\overline{V}=\overline{V}^{\mathrm{id}}$),那么就有 $\ln(f/P)=0$ 或者 $f=P$。因此,f/P 偏离 1 的程度是气体偏离理想行为的一种直接指示。比值 f/P 称为**逸度系数**(fugacity coefficient),用 γ 表示,即

$$\gamma=\frac{f}{P} \tag{22.73}$$

对于理想气体,$\gamma=1$。

通过引入压缩因子,即 $Z=P\overline{V}/RT$,式(22.72)可以写作

$$\ln\gamma=\int_0^P\frac{Z-1}{P'}\mathrm{d}P' \tag{22.74}$$

尽管这里的积分下限是 $P=0$,被积函数仍是有限的(参见习题 22-27)。此外,对于理想气体 $(Z-1)/P=0$(参见习题 22-27),因此 $\ln\gamma=0$,$f=P$。图 22.9 绘出了 200 K 时 CO(g)的 $(Z-1)/P$ 对 P 的作图。根据式(22.74),从 0 到 P 曲线下的面积等于压力为 P 时的 $\ln\gamma$。图 22.10 显示了 200 K 时 CO(g)的 $\gamma=f/P$ 对 P 的作图。

如果已知气体的状态方程,也可以计算逸度。

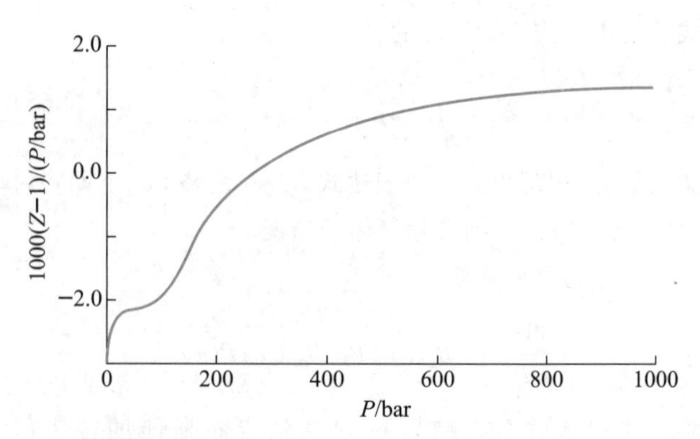

图 22.9　200 K 时 CO(g)的 $(Z-1)/P$ 对 P 的作图。从 0 到 P 曲线下的面积等于压力为 P 时的 $\ln\gamma$。

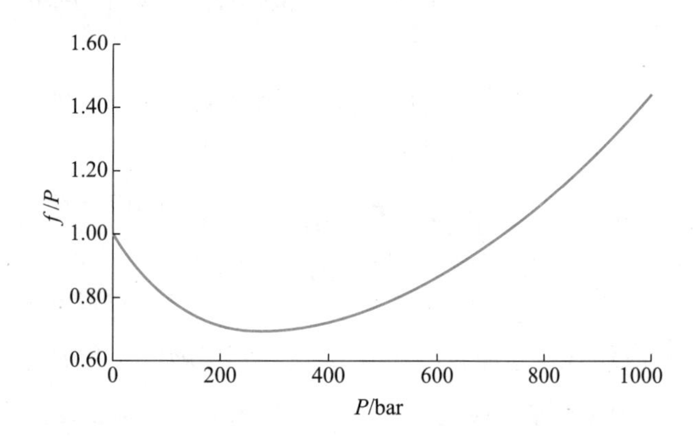

图 22.10　200 K 时 CO(g)的 $\gamma=f/P$ 对 P 的作图。f/P 的这些值是由图 22.9 中显示的 $(Z-1)/P$ 的数值积分得来的。

» 例题 22-10　一气体遵守状态方程:$P(\overline{V}-b)=RT$,式中 b 是一常数。试导出该气体的逸度表达式。

» 解　由题给状态方程获得 $\overline{V}$,并将其代入式(22.72),得到

$$\ln\gamma=\int_0^P\frac{b}{RT}\mathrm{d}P=\frac{bP}{RT}$$

或

$$\gamma=\mathrm{e}^{bP/RT}$$

习题 22-33 至习题 22-38 要求推导服从 van der Waals 方程和雷德利希-邝方程的气体 $\ln\gamma$ 的表达式。

可以将式(22.74)写成逸度系数是对比压力和对比温度的函数的形式。如果将积分变量变成 $P_{\mathrm{R}}=P/P_{\mathrm{c}}$,这里 P_{c} 是气体的临界压力,那么式(22.74)就变成

$$\ln\gamma=\int_0^{P_{\mathrm{R}}}\left(\frac{Z-1}{P'_{\mathrm{R}}}\right)\mathrm{d}P'_{\mathrm{R}} \tag{22.75}$$

由第16章中的知识可知，压缩因子 Z 是 P_R 和 T_R 的一个通用函数（见图16.10），是对大多数气体比较好的近似。因此，式(22.75)的右边和 $\ln\gamma$ 自身，也是 P_R 和 T_R 的一个通用函数。图22.11显示了一系列恒定的 T_R 时，许多气体的 γ 实验值对 P_R 的作图。

» 例题 22-11 利用图22.11和表16.5，估计623 K和1000 atm时氮气的逸度。

» 解 由表16.5可知，$N_2(g)$ 的 $T_c = 126.2$ K，$P_c = 33.6$ atm。因此，623 K时 $T_R = 4.94$，1000 atm时 $P_R = 29.8$。从图22.11中的曲线读出，$\gamma \approx 1.7$。所以，在623 K和1000 atm时氮气的逸度为1700 atm。

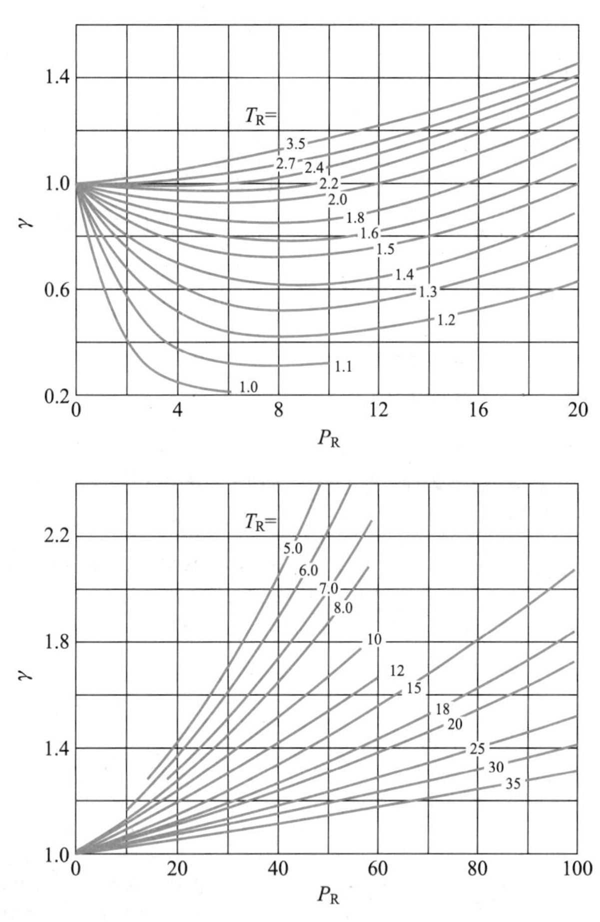

图22.11 不同对比温度 T/T_c 值时，气体的逸度系数对对比压力 P/P_c 的作图。

习题

22-1 苯在其正常沸点（80.09 ℃）的摩尔蒸发焓为30.72 kJ·mol^{-1}。假设 $\Delta_{vap}\overline{H}$ 和 $\Delta_{vap}\overline{S}$ 维持其在80.09 ℃的值不变，计算75.0 ℃，80.09 ℃和85.0 ℃时的 $\Delta_{vap}\overline{G}$ 值，并解释这些结果。

22-2 重做习题22-1，这次不再假设 $\Delta_{vap}\overline{H}$ 和 $\Delta_{vap}\overline{S}$ 不随温度变化。取液态和气态苯的摩尔热容分别为136.3 J·K^{-1}·mol^{-1}和82.4 J·K^{-1}·mol^{-1}。将结果与在习题22-1中获得的结果进行比较，其物理解释是否有所不同？

22-3 将由van der Waals方程得到的 $(\partial P/\partial T)_{\overline{V}}$ 代入式(22.19)，并从 $\overline{V}^{id}$ 积分至 $\overline{V}$，从而得到

$$\overline{S}(T,\overline{V}) - \overline{S}^{id}(T) = R\ln\frac{\overline{V}-b}{\overline{V}^{id}-b}$$

现令 $\overline{V}^{id} = RT/P^{id}$，$P^{id} = P^{\circ} = 1$ bar，且 $\overline{V}^{id} \gg b$，从而得到

$$\overline{S}(T,\overline{V}) - \overline{S}^{id}(T) = -R\ln\frac{RT/P^{\circ}}{\overline{V}-b}$$

已知400 K时乙烷的 $\overline{S}^{id} = 246.35$ J·mol^{-1}·K^{-1}，证明：

$$\overline{S}(\overline{V})/(\mathrm{J\cdot mol^{-1}\cdot K^{-1}})=246.35-8.3145\ln\frac{33.258\ \mathrm{L\cdot mol^{-1}}}{\overline{V}-0.065144\ \mathrm{L\cdot mol^{-1}}}$$

计算 400 K 时作为 $\rho=1/\overline{V}$ 的函数的乙烷的 $\overline{S}$，并将结果与图 22.2 中显示的实验结果进行比较。

证明：对于服从 Redlich－Kwong 方程的 400 K 时的乙烷，有

$$\overline{S}(\overline{V})/(\mathrm{J\cdot mol^{-1}\cdot K^{-1}})=246.35-8.3145\ln\frac{33.258\ \mathrm{L\cdot mol^{-1}}}{\overline{V}-0.045153\ \mathrm{L\cdot mol^{-1}}}-13.68\ln\frac{\overline{V}+0.045153\ \mathrm{L\cdot mol^{-1}}}{\overline{V}}$$

计算作为 $\rho=1/\overline{V}$ 的函数的 $\overline{S}$，并将结果与图 22.2 中显示的实验结果进行比较。

22－4 用 van der Waals 气体方程导出：$\overline{U}(T,\overline{V})-\overline{U}^{\mathrm{id}}(T)=-\dfrac{a}{\overline{V}}$。用此结果以及 van der Waals 方程，计算 400 K 时作为 $\overline{V}$ 的函数的乙烷 $\overline{U}$ 值，已知 $\overline{U}^{\mathrm{id}}=14.55\ \mathrm{kJ\cdot mol^{-1}}$。为此，明确 $\overline{V}$（从 $0.0700\ \mathrm{L\cdot mol^{-1}}$ 到 $7.00\ \mathrm{L\cdot mol^{-1}}$，见图 22.2），计算 $\overline{U}(\overline{V})$ 和 $P(\overline{V})$，并将 $\overline{U}(\overline{V})$ 对 $P(\overline{V})$ 作图。将结果与图 22.3 中显示的实验数据进行比较。

利用 Redlich－Kwong 方程，导出：$\overline{U}(T,\overline{V})-\overline{U}^{\mathrm{id}}(T)=-\dfrac{3A}{2BT^{1/2}}\ln\dfrac{\overline{V}+B}{\overline{V}}$。对于 400 K 时的乙烷，重复上面的计算。

22－5 证明：对于服从形式如 $Pf(V)=RT$ 的状态方程的气体，有 $\left(\dfrac{\partial U}{\partial V}\right)_T=0$。给出教科书中出现的此类状态方程的两个例子。

22－6 证明：$\left(\dfrac{\partial \overline{U}}{\partial \overline{V}}\right)_T=\dfrac{RT^2}{\overline{V}^2}\dfrac{\mathrm{d}B_{2V}}{\mathrm{d}T}+\dfrac{RT^2}{\overline{V}^3}\dfrac{\mathrm{d}B_{3V}}{\mathrm{d}T}+\cdots$

22－7 （1）利用上一习题的结果，证明：$\Delta\overline{U}=-T\dfrac{\mathrm{d}B_{2V}}{\mathrm{d}T}\cdot(P_2-P_1)+\cdots$；（2）利用方阱势的式（16.41），证明：$\Delta\overline{U}=-\dfrac{2\pi\sigma^3N_{\mathrm{A}}}{3}(\lambda^3-1)\dfrac{\varepsilon}{k_{\mathrm{B}}T}\mathrm{e}^{\varepsilon/k_{\mathrm{B}}T}(P_2-P_1)+\cdots$；（3）已知 $N_2(g)$ 的 $\sigma=327.7\ \mathrm{pm}$，$\varepsilon/k_{\mathrm{B}}=95.2\ \mathrm{K}$，$\lambda=1.58$，计算 300 K 时当压力从 1.00 bar 增加到 10.0 bar 对应的 $\Delta\overline{U}$。

22－8 试确定服从状态方程 $P(V-b)=RT$ 的气体的 $\overline{C}_P-\overline{C}_V$ 值。

22－9 已知水在 25 ℃ 时的热膨胀系数为 $2.572\times10^{-4}\mathrm{K^{-1}}$，等温压缩系数为 $4.525\times10^{-5}\mathrm{bar^{-1}}$，密度为 $0.99705\ \mathrm{g\cdot mL^{-1}}$，计算 1 mol 水的 C_P-C_V 值。

22－10 （1）利用式（22.22），证明：$\left(\dfrac{\partial C_V}{\partial V}\right)_T=T\left(\dfrac{\partial^2P}{\partial T^2}\right)_V$；（2）证明：对于理想气体和 van der Waals 气体，$(\partial C_V/\partial V)_T=0$；对于 Redlich－Kwong 气体，则有 $\left(\dfrac{\partial C_V}{\partial V}\right)_T=-\dfrac{3A}{4T^{3/2}\overline{V}(\overline{V}+B)}$。

22－11 在本题中将推导关系式［即式（22.24）］：$\overline{C}_P-\overline{C}_V=-T\left(\dfrac{\partial V}{\partial T}\right)_P^2\left(\dfrac{\partial P}{\partial V}\right)_T$。为此，考虑 V 为 T 和 P 的一个函数，并写出 $\mathrm{d}V$。现在，在恒容（$\mathrm{d}V=0$）下除以 $\mathrm{d}T$，然后将得到的 $(\partial P/\partial T)_V$ 的表达式代入式（22.23），从而得到上面的表达式。

22－12 $(\partial U/\partial V)_T$ 具有压力的单位，被称为**内压力**（internal pressure），是物体内部分子间相互作用力的一种量度。对于理想气体，它等于零；对于稠密气体，其不等于零，但值很小；对于液体，尤其是那些分子相互作用强的液体，其值较大。利用下表数据，计算 280 K 时作为压力函数的乙烷的内压力。将计算值与从 van der Waals 方程和 Redlich－Kwong 方程获得的值进行比较。

P/bar	4.458	47.343	98.79	157.45
$(\partial P/\partial T)_V/(\mathrm{bar\cdot K^{-1}})$	0.0174	4.1673	4.9840	5.6736
$\overline{V}/(\mathrm{dm^3\cdot mol^{-1}})$	5.000	0.07526	0.07143	0.06849
P/bar	307.14	437.4	545.33	672.92
$(\partial P/\partial T)_V/(\mathrm{bar\cdot K^{-1}})$	6.9933	7.9029	8.5653	9.2770
$\overline{V}/(\mathrm{dm^3\cdot mol^{-1}})$	0.0641	0.06173	0.06024	0.05882

22－13 （1）证明：$\left(\dfrac{\partial \overline{H}}{\partial P}\right)_T=-RT^2\left(\dfrac{\mathrm{d}B_{2P}}{\mathrm{d}T}+\dfrac{\mathrm{d}B_{3P}}{\mathrm{d}T}P+\cdots\right)=B_{2V}(T)-T\dfrac{\mathrm{d}B_{2p}}{\mathrm{d}T}+O(P)$；（2）利用方阱势的式（16.41），获得 $\left(\dfrac{\partial \overline{H}}{\partial P}\right)_T=\dfrac{2\pi\sigma^3N_{\mathrm{A}}}{3}\left[\lambda^3-(\lambda^3-1)\left(1+\dfrac{\varepsilon}{k_{\mathrm{B}}T}\right)\mathrm{e}^{\varepsilon/k_{\mathrm{B}}T}\right]$；（3）已知 $N_2(g)$ 的 $\sigma=327.7\ \mathrm{pm}$，$\varepsilon/k_{\mathrm{B}}=95.2\ \mathrm{K}$，$\lambda=1.58$，计算 300 K 时的 $(\partial\overline{H}/\partial P)_T$ 值，以及当压力从 1.00 bar 增加到 10.0 bar 对应的 $\Delta\overline{H}$。将结果与氮气在 300 K 时的 $\overline{H}(T)-\overline{H}(0)$ 值 $8.724\ \mathrm{kJ\cdot mol^{-1}}$ 进行比较。

22－14 证明：对于服从状态方程 $P(\overline{V}-bT)=RT$（式中 b 是一常数）的气体，其焓仅是温度的函数。

22－15 利用在习题 22.4 中针对 van der Waals 方程

和 Rredlich-Kwong 方程的结果，计算作为体积的函数的、乙烷在 400 K 时的 $\overline{H}(T,\overline{V})$。在每一种情况中，使用公式 $\overline{H}=\overline{U}+P\overline{V}$。将结果与图 22.5 中显示的实验数据进行比较。

22-16 (1) 利用式(22.34)，证明：$\left(\frac{\partial C_P}{\partial P}\right)_T=-T\left(\frac{\partial^2 V}{\partial T^2}\right)_P$；(2) 利用位力方程的压力展开式，证明：$\left(\frac{\partial \overline{C}_P}{\partial P}\right)_T=-T\frac{\mathrm{d}^2 B_{2V}}{\mathrm{d}T^2}+O(P)$；(3) 使用方阱第二位力系数[式(16.41)]和习题 22-13 中给出的参数，计算 0℃ 时氮气的 $(\partial\overline{C}_P/\partial P)_T$ 值；(4) 计算在 100 atm 和 0 ℃ 时的 $\overline{C}_P$ 值，取 $\overline{C}_P^{\mathrm{id}}=5R/2$。

22-17 (1) 证明一种物质的摩尔焓相对于其在 1 bar的值可由下式给出：

$$\overline{H}(T,P)=\overline{H}(T,P=1\ \mathrm{bar})+\int_1^P\left[\overline{V}-T\left(\frac{\partial\overline{V}}{\partial T}\right)_P\right]\mathrm{d}P'$$

(2) 已知汞的摩尔体积与温度的关系为

$$\overline{V}(t)=(14.75\ \mathrm{mL\cdot mol^{-1}})(1+0.182\times10^{-3}t+2.95\times10^{-9}t^2+1.15\times10^{-10}t^3)$$

式中 t 是摄氏温度。计算汞在 0 ℃，100 bar 时的 $\overline{H}(T,P)-\overline{H}(T,P=1\ \mathrm{bar})$ 值（用单位 $\mathrm{kJ\cdot mol^{-1}}$ 表示）。假设 $\overline{V}(0)$ 在这个区间不随压力变化。

22-18 证明：$\mathrm{d}H=\left[V-T\left(\frac{\partial\overline{V}}{\partial T}\right)_P\right]\mathrm{d}P+C_P\mathrm{d}T$。该式说明 H 的自然变量是什么？

22-19 熵的自然变量是什么？

22-20 实验测定的熵通常通过使用（修正的）Berthelot 状态方程，即 $\frac{P\overline{V}}{RT}=1+\frac{9}{128}\frac{PT_c}{P_cT}\left(1-6\frac{T_c^2}{T^2}\right)$，来对非理想性进行校正。证明由该方程得出的熵的校正值为：$S^\circ(1\ \mathrm{bar})=\overline{S}(1\ \mathrm{bar})+\frac{27}{32}\frac{RT_c^3}{P_cT^3}(1\ \mathrm{bar})$，这个结果仅需要物质的临界数据。利用该式以及表 16.5 中临界数据，计算氮气在 298.15 K 下的非理想性校正值。将结果与表 21.1 中的值进行比较。

22-21 利用习题 22-20 的结果以及表 16.5 中的临界数据，确定 CO(g) 在其正常沸点 81.6 K 时的非理想性校正值。将结果与习题 21-24 中使用的数值进行比较。

22-22 利用习题 22-20 的结果以及表 16.5 中的临界数据，确定 $Cl_2(g)$ 在其正常沸点 239 K 时的非理想性校正值。将结果与习题 21-16 中使用的数值进行比较。

22-23 推导公式：$\left[\frac{\partial(A/T)}{\partial T}\right]_V=-\frac{U}{T^2}$，该式是针对 A 的吉布斯-亥姆霍兹方程。

22-24 用如下方式可以直接由式(22.31a)导出吉布斯-亥姆霍兹方程。从 $(\partial G/\partial T)_P=-S$ 开始，代入 $G=H-TS$，从而得到 $\frac{1}{T}\left(\frac{\partial G}{\partial T}\right)_P-\frac{G}{T^2}=-\frac{H}{T^2}$。现在，证明等式左边等于 $[\partial(G/T)/\partial T]_P$，从而得到吉布斯-亥姆霍兹方程。

22-25 利用苯的下列数据，将其 $\overline{G}(T)-\overline{H}(0)$ 对 T 作图。本题中忽略气相非理想性的校正值（通常很小）。

$$\overline{C}_P^{\mathrm{s}}(T)/R=\frac{12\pi^4}{5}\left(\frac{T}{\Theta_{\mathrm{D}}}\right)^3,\ \Theta_{\mathrm{D}}=130.5\ \mathrm{K}\quad 0\ \mathrm{K}<T<13\ \mathrm{K}$$

$$\overline{C}_P^{\mathrm{s}}(T)/R=-0.6077+(0.1088\ \mathrm{K^{-1}})T-(5.345\times10^{-4}\mathrm{K^{-2}})T^2+(1.275\times10^{-6}\mathrm{K^{-3}})T^3\quad 13\ \mathrm{K}\leqslant T\leqslant278.6\ \mathrm{K}$$

$$\overline{C}_P^{\mathrm{l}}(T)/R=12.713+(1.974\times10^{-3}\mathrm{K^{-1}})T-(4.766\times10^{-5}\mathrm{K^{-2}})T^2\quad 278.6\ \mathrm{K}<T\leqslant353.2\ \mathrm{K}$$

$$\overline{C}_P^{\mathrm{g}}(T)/R=-4.077+(0.05676\ \mathrm{K^{-1}})T-(3.588\times10^{-5}\mathrm{K^{-2}})T^2+(8.520\times10^{-9}\mathrm{K^{-3}})T^3\quad 353.2\ \mathrm{K}<T<1000\ \mathrm{K}$$

$$T_{\mathrm{fus}}=278.68\ \mathrm{K}\quad \Delta_{\mathrm{fus}}\overline{H}=9.95\ \mathrm{kJ\cdot mol^{-1}}$$

$$T_{\mathrm{vap}}=353.24\ \mathrm{K}\quad \Delta_{\mathrm{vap}}\overline{H}=30.72\ \mathrm{kJ\cdot mol^{-1}}$$

22-26 利用丙烷的下列数据，将其 $\overline{G}(T)-\overline{H}(0)$ 对 T 作图。忽略气相非理想性的校正值（通常很小）。

$$\overline{C}_P^{\mathrm{s}}(T)/R=\frac{12\pi^4}{5}\left(\frac{T}{\Theta_{\mathrm{D}}}\right)^3,\ \Theta_{\mathrm{D}}=100\ \mathrm{K}\quad 0\ \mathrm{K}<T<15\ \mathrm{K}$$

$$\overline{C}_P^{\mathrm{s}}(T)/R=-1.663+(0.001112\ \mathrm{K^{-1}})T-(9.791\times10^{-4}\mathrm{K^{-2}})T^2+(3.740\times10^{-6}\mathrm{K^{-3}})T^3\quad 15\ \mathrm{K}\leqslant T\leqslant87.90\ \mathrm{K}$$

$$\overline{C}_P^{\mathrm{l}}(T)/R=15.935-(0.08677\ \mathrm{K^{-1}})T+(4.294\times10^{-4}\mathrm{K^{-2}})T^2-(6.276\times10^{-7}\mathrm{K^{-3}})T^3\quad 87.90\ \mathrm{K}<T\leqslant225.46\ \mathrm{K}$$

$$\overline{C}_P^{\mathrm{g}}(T)/R=1.4970+(2.266\times10^{-2}\mathrm{K^{-1}})T-(5.725\times10^{-6}\mathrm{K^{-2}})T^2\quad 225.46\ \mathrm{K}<T<1000\ \mathrm{K}$$

$$T_{\mathrm{fus}}=87.90\ \mathrm{K}\quad \Delta_{\mathrm{fus}}\overline{H}=3.00\ \mathrm{kJ\cdot mol^{-1}}$$

$$T_{\mathrm{vap}}=225.46\ \mathrm{K}\quad \Delta_{\mathrm{vap}}\overline{H}=18.42\ \mathrm{kJ\cdot mol^{-1}}$$

22-27 利用针对 Z 的位力展开式，证明：(1) 当 $P\to0$ 时，式(22.74)中的被积函数是有限的；(2) 对于理想气体，有 $(Z-1)/P=0$。

22-28 导出用 P 表示 $\ln\gamma$ 的位力展开式。

22-29 乙烷在 600 K 时的压缩因子可以拟合为如下表达式（$0\leqslant P/\mathrm{bar}\leqslant600$）：

$$Z=1.0000-0.000612(P/\mathrm{bar})+2.661\times10^{-6}(P/\mathrm{bar})^2-1.390\times10^{-9}(P/\mathrm{bar})^3-1.077\times10^{-13}(P/\mathrm{bar})^4$$

利用这个表达式，确定 600 K 时乙烷的逸度系数与压力的关系式。

22-30　利用图 22.11 和表 16.5 中的数据，估算乙烷在 360 K 和 1000 atm 时的逸度。

22-31　利用下表中乙烷在 360 K 时的数据，绘制逸度系数与压力的关系图。

$\frac{\rho}{\text{mol}\cdot\text{dm}^{-3}}$	$\frac{P}{\text{bar}}$	$\frac{\rho}{\text{mol}\cdot\text{dm}^{-3}}$	$\frac{P}{\text{bar}}$	$\frac{\rho}{\text{mol}\cdot\text{dm}^{-3}}$	$\frac{P}{\text{bar}}$
1.20	31.031	6.00	97.767	10.80	197.643
2.40	53.940	7.20	112.115	12.00	266.858
3.60	71.099	8.40	130.149	13.00	381.344
4.80	84.892	9.60	156.078	14.00	566.335

将结果与习题 22-30 中得到的结果进行比较。

22-32　利用下表中 $N_2(g)$ 在 0 ℃时的数据，绘制逸度系数与压力的关系图。

P/atm	$Z=P\overline{V}/RT$	P/atm	$Z=P\overline{V}/RT$	P/atm	$Z=P\overline{V}/RT$
200	1.039	1000	2.0700	1800	3.0861
400	1.257	1200	2.3352	2000	3.327
600	1.526	1400	2.5942	2200	3.564
800	1.8016	1600	2.8456	2400	3.8004

22-33　看起来似乎不能用式(22.72)来计算 van der Waals 气体的逸度系数，因为 van der Waals 方程是 $\overline{V}$ 的一个三次方程，所以不能获得 $\overline{V}$ 的分析解，从而进行式(22.72)中的积分。但是，可以通过分部积分式(22.72)来规避这个问题。首先，证明：

$$RT\ln\gamma = P\overline{V} - RT - \int_{\overline{V}^{\text{id}}}^{\overline{V}} P\mathrm{d}\overline{V}' - RT\ln\frac{P}{P^{\text{id}}}$$

式中当 $P^{\text{id}}\to 0$ 时，$\overline{V}^{\text{id}}\to\infty$，且 $P^{\text{id}}\overline{V}^{\text{id}}\to RT$。将由 van der Waals 方程得到的 P 代入上式右边第一项和积分项，并积分得到

$$RT\ln\gamma = \frac{RT\overline{V}}{\overline{V}-b} - \frac{a}{\overline{V}} - RT - RT\ln\frac{\overline{V}-b}{\overline{V}^{\text{id}}-b} - \frac{a}{\overline{V}} - RT\ln\frac{P}{P^{\text{id}}}$$

然后，利用 $\overline{V}^{\text{id}}\to\infty$ 以及 $P^{\text{id}}\overline{V}^{\text{id}}\to RT$ 的事实，证明：

$$\ln\gamma = -\ln\left[1-\frac{a(\overline{V}-b)}{RT\overline{V}^2}\right] + \frac{b}{\overline{V}-b} - \frac{2a}{RT\overline{V}}$$

该式给出了 van der Waals 气体的逸度系数与 $\overline{V}$ 的关系。可以利用 van der Waals 方程本身由 $\overline{V}$ 计算 P，所以上式与 van der Waals 方程联立，可以给出 $\ln\gamma$ 与压力的关系式。

22-34　利用习题 22-33 中的最后一个公式以及 van der Waals 方程，将 200 K 时 CO(g) 的 $\ln\gamma$ 对压力作图。将结果与图 22.10 进行比较。

22-35　证明习题 22-33 中 $\ln\gamma$ 的表达式还可以用对比函数写成：

$$\ln\gamma = \frac{1}{3V_{\text{R}}-1} - \frac{9}{4V_{\text{R}}T_{\text{R}}} - \ln\left[1-\frac{3(3V_{\text{R}}-1)}{8T_{\text{R}}V_{\text{R}}^{\ 2}}\right]$$

利用该式以及 van der Waals 方程的对比形式[式(16.19)]，绘制 $T_{\text{R}}=1.00$ 和 2.00 时 γ 对 P_{R} 的作图，并将结果与图 22.11 进行比较。

22-36　利用习题 22-33 中概括的方法，证明：对于 Redlich-Kwong 方程，有

$$\ln\gamma = \frac{B}{\overline{V}-B} - \frac{A}{RT^{3/2}(\overline{V}+B)} - \frac{A}{BRT^{3/2}}\ln\frac{\overline{V}+B}{\overline{V}} - \ln\left[1-\frac{A(\overline{V}-B)}{RT^{3/2}\overline{V}(\overline{V}+B)}\right]$$

需要用到标准积分：

$$\int\frac{\mathrm{d}x}{x(a+bx)} = -\frac{1}{a}\ln\frac{a+bx}{x}$$

22-37　证明：对于 Redlich-Kwong 方程，其 $\ln\gamma$ 的表达式(参见习题 22-36)还可写成如下的对比形式：

$$\ln\gamma = \frac{0.25992}{\overline{V}_{\text{R}}-0.25992} - \frac{1.2824}{T_{\text{R}}^{3/2}(\overline{V}_{\text{R}}+0.25992)} - \frac{4.9340}{T_{\text{R}}^{3/2}}\ln\frac{\overline{V}_{\text{R}}+0.25992}{\overline{V}_{\text{R}}} - \ln\left[1-\frac{1.2824(\overline{V}_{\text{R}}-0.25992)}{T^{3/2}\overline{V}_{\text{R}}(\overline{V}_{\text{R}}+0.25992)}\right]$$

22-38　利用习题 22-37 中给出的 $\ln\gamma$ 表达式以及 Redlich-Kwong 方程的对比形式(例题 16-7)，绘制 $T_{\text{R}}=1.00$ 和 2.00 时 $\ln\gamma$ 对 P_{R} 的作图，并将结果与习题 22-35 中针对 van der Waals 方程得到的结果进行比较。

22-39　将 van der Waals 方程的 $\ln\gamma$(习题 22-33)与乙烷在 600 K 时的 $\ln\gamma$ 值(习题 22-29)进行比较。

22-40　将 Redlich-Kwong 方程的 $\ln\gamma$(习题 22-36)与乙烷在 600 K 时的 $\ln\gamma$ 值(习题 22-29)进行比较。

22-41　式 $(\partial S/\partial U)_V = 1/T$ 可以用来说明在一绝热不可逆过程中熵总是增加这一事实。考虑一个被刚性绝热壁包围的双室系统，两室之间由一刚性导热壁隔开。假设每一室都处于平衡，但两室之间并未彼此处于平衡。由于这个双室系统不能对外做功(刚性壁)，且与环境之间不能以热的形式进行能量交换(绝热壁)，所以 $U=U_1+U_2=$ 常数。证明：

因每一室的熵只能随能量变化而变化，故 $\mathrm{d}S=\left(\frac{\partial S_1}{\partial U_1}\right)\mathrm{d}U_1+$

$\left(\frac{\partial S_2}{\partial U_2}\right)\mathrm{d}U_2$。证明：

$$\mathrm{d}S=\mathrm{d}U_1\left(\frac{1}{T_1}-\frac{1}{T_2}\right)\geqslant 0$$

利用这个结果讨论能量以热的形式从一温度流向另一温度的方向。

22-42 若习题22-41中两室之间改由一非刚性绝缘壁隔开，请修改相应的论证，并导出结果 $\mathrm{d}S=\left(\frac{P_1}{T_1}-\frac{P_2}{T_2}\right)\mathrm{d}V$。利用这个结果讨论在一等温压差条件下体积变化的方向。

22-43 在本题中，将导出 $\overline{U}$，$\overline{H}$，$\overline{S}$，$\overline{A}$ 和 $\overline{G}$ 的位力展开式。将 $Z=1+B_{2P}P+B_{3P}P^2+\cdots$ 代入式(22.65)，并从一较小压力 P^{id} 积分至压力 P，从而得到

$$\overline{G}(T,P)-\overline{G}(T,P^{\mathrm{id}})=RT\ln\frac{P}{P^{\mathrm{id}}}+RTB_{2P}P+\frac{RTB_{3P}}{2}P^2+\cdots$$

利用式(22.64)[意识到式(22.64)中 $P=P^{\mathrm{id}}$]，在 $P^\circ=1$ bar 时得到

$$\overline{G}(T,P)-G^\circ(T)=RT\ln P+RTB_{2P}P+\frac{RTB_{3P}}{2}P^2+\cdots \quad (1)$$

利用式(22.31a)，得出在 $P^\circ=1$ bar 时有

$$\overline{S}(T,P)-S^\circ(T)=-R\ln P-\frac{\mathrm{d}(RTB_{2P})P}{\mathrm{d}T}-\frac{1}{2}\frac{\mathrm{d}(RTB_{3P}P)P^2}{\mathrm{d}T}+\cdots \quad (2)$$

利用 $\overline{G}=\overline{H}-T\overline{S}$，得出

$$\overline{H}(T,P)-H^\circ(T)=-RT^2\frac{\mathrm{d}B_{2P}}{\mathrm{d}T}P-\frac{RT^2}{2}\frac{\mathrm{d}(B_{3P})}{\mathrm{d}T}P^2+\cdots \quad (3)$$

再利用 $\overline{C}_P=(\partial\overline{H}/\partial T)_P$，得出

$$\overline{C}_P(T,P)-C_P^\circ(T)=-RT\left(2\frac{\mathrm{d}B_{2P}}{\mathrm{d}T}+T\frac{\mathrm{d}^2B_{2P}}{\mathrm{d}T^2}\right)P-\frac{RT}{2}\left(2\frac{\mathrm{d}B_{3P}}{\mathrm{d}T}+T\frac{\mathrm{d}^2B_{3P}}{\mathrm{d}T^2}\right)P^2+\cdots \quad (4)$$

利用等式 $\overline{H}=\overline{U}+P\overline{V}=\overline{U}+RTZ$ 和 $\overline{G}=\overline{A}+P\overline{V}=\overline{A}+RTZ$ 可以得到 $\overline{U}$ 和 $\overline{A}$ 的表达式。证明：在 $P^\circ=1$ bar 时，有

$$\overline{U}-U^\circ=-RT\left(B_{2P}+T\frac{\mathrm{d}B_{2P}}{\mathrm{d}T}\right)P-RT\left(B_{3P}+\frac{T}{2}\frac{\mathrm{d}B_{3P}}{\mathrm{d}T}\right)P^2+\cdots \quad (5)$$

以及

$$\overline{A}-A^\circ=RT\ln P-\frac{RTB_{3P}}{2}P^2+\cdots \quad (6)$$

22-44 在本题中，将导出：$\overline{H}(T,P)-H^\circ(T)=RT(Z-1)+\int_{\overline{V}^{\mathrm{id}}}^{\overline{V}}\left[T\left(\frac{\partial P}{\partial T}\right)_V-P\right]\mathrm{d}\overline{V}'$，式中 $\overline{U}$ 是一很大的(摩尔)体积，此时气体行为理想。先由 $\mathrm{d}H=T\mathrm{d}S+V\mathrm{d}P$ 导出：$\left(\frac{\partial H}{\partial V}\right)_T=T\left(\frac{\partial S}{\partial V}\right)_T+V\left(\frac{\partial P}{\partial V}\right)_T$，再用有关 $(\partial S/\partial V)_T$ 的 Maxwell 关系式，导出：$\left(\frac{\partial H}{\partial V}\right)_T=T\left(\frac{\partial P}{\partial T}\right)_V+V\left(\frac{\partial P}{\partial V}\right)_T$。最后对上式进行分部积分，从一理想气体下限积分至任意上限，从而得到所需的方程。

22-45 利用习题22-44的结果，证明理想气体的 H 与 V 无关。如果一气体的状态方程为 $P(\overline{V}-b)=RT$，其 H 是否与 V 无关？U 是否依赖于体积？解释差异。

22-46 利用习题22-44的结果，证明：对于 vander Waals 气体，有 $\overline{H}-H^\circ=\frac{RTb}{\overline{V}-b}-\frac{2a}{\overline{V}}$。

22-47 利用习题22-44的结果，证明：对于服从 Redlich-Kwong 方程的气体，有 $\overline{H}-H^\circ=\frac{RTB}{\overline{V}-B}-\frac{A}{T^{1/2}(\overline{V}+B)}-\frac{3A}{2BT^{1/2}}\ln\frac{\overline{V}+B}{\overline{V}}$。

22-48 在习题19-52至习题19-54中，曾介绍了 Joule-Thomson 效应和 Joule-Thomson 系数。Joule-Thomson 系数定义为 $\mu_{\mathrm{JT}}=\left(\frac{\partial T}{\partial P}\right)_H=-\frac{1}{C_P}\left(\frac{\partial H}{\partial P}\right)_T$，是气体通过一节流阀膨胀后温度变化的一个直接量度。我们可以利用本章中导出的公式之一，获得一个便于计算 μ_{JT} 的方程。证明：$\mu_{\mathrm{JT}}=\frac{1}{C_P}\left[T\left(\frac{\partial V}{\partial T}\right)_P-V\right]$。利用这个结果，证明对于理想气体，有 $\mu_{\mathrm{JT}}=0$。

22-49 利用形式为 $\frac{P\overline{V}}{RT}=1+\frac{B_{2V}(T)}{RT}P+\cdots$ 的位力状态方程，证明：$\mu_{\mathrm{JT}}=\frac{1}{\overline{C}_p^{\mathrm{id}}}\left(T\frac{\mathrm{d}B_{2V}}{\mathrm{d}T}-B_{2V}\right)+O(P)$。由于当 $T^*<3.5$ 时，B_{2V} 是负值，且 $\mathrm{d}B_{2V}/\mathrm{d}T$ 是正值(参见图16.15)，故 μ_{JT} 在低温时为正值。所以，气体在这些条件下膨胀将降温(参见习题22-48)。

22-50 证明：对于服从状态方程 $P(\overline{V}-b)=RT$ 的气体，其 $\mu_{\mathrm{JT}}=-\frac{b}{\overline{C}_P}$(参见习题22-48)。

22-51 方阱势的第二位力系数为 $B_{2V}(T)=b_0[1-(\lambda^3-1)(\mathrm{e}^{\varepsilon/k_\mathrm{B}T}-1)]$[式(16.41)]，证明：$\mu_{\mathrm{JT}}=\frac{b_0}{\overline{C}_P}\left[(\lambda^3-1)\left(1+\frac{\varepsilon}{k_\mathrm{B}T}\right)\mathrm{e}^{\varepsilon/k_\mathrm{B}T}-\lambda^3\right]$，式中 $b_0=2\pi\sigma^3N_\mathrm{A}/3$。已

知下列方阱参数,计算0 ℃时的μ_{JT}值,并将结果与给出的实验值进行比较。对 Ar 取$\overline{C}_P=5R/2$,对N_2和CO_2取$\overline{C}_P=7R/2$。

气体	$b_0/(cm^3\cdot mol^{-1})$	λ	ε/k_B	μ_{JT}(实验值)$/(K\cdot atm^{-1})$
Ar	39.87	1.85	69.4	0.43
N_2	45.29	1.87	53.7	0.26
CO_2	75.79	1.83	119	1.3

22-52 Joule-Thomson 系数改变符号时的温度称为 **Joule-Thomson 转化温度**(Joule-Thomson inversion temperature),用T_i表示。对于方阱势,低压 Joule-Thomson 转化温度可通过设习题22-51中的$\mu_{JT}=0$来获得。该程序导致一个用λ^3表示k_BT/ε的方程,无法分析求解。对于上题中的三种气体,用数值方法解方程,计算它们的转换温度T_i。已知 Ar,N_2和CO_2的T_i实验值分别为794 K,621 K和1500 K。

22-53 利用习题22-51中的数据,估算当这三种气体从压力为100 atm膨胀至压力为1 atm时对应的温度下降值。

22-54 当一橡皮筋被拉长时,其施加有一回复力f,是长度L和温度T的函数。涉及的功可由下式给出:

$$w=\int f(L,T)\,dL \tag{1}$$

为什么该式不像式(19.2)中的$P-V$功一样在积分号前面有一负号?假设拉伸橡皮筋过程中的体积变化可以忽略,证明:

$$dU=TdS+fdL \tag{2}$$

以及

$$\left(\frac{\partial U}{\partial L}\right)_T=T\left(\frac{\partial S}{\partial L}\right)_T+f \tag{3}$$

利用定义式$A=U-TS$,证明式(2)可变为

$$dA=-SdT+fdL \tag{4}$$

并导出 Maxwell 关系式:

$$\left(\frac{\partial f}{\partial T}\right)_L=-\left(\frac{\partial S}{\partial L}\right)_T \tag{5}$$

将式(5)代入式(3),得到式(22.22)的一个类似式:

$$\left(\frac{\partial U}{\partial L}\right)_T=f-T\left(\frac{\partial f}{\partial T}\right)_L$$

对于许多弹性系统,实验观察到的力与温度的关系都是线性的。可通过下式定义一个**理想橡皮筋**(idea rubber band):

$$f=T\phi(L)\quad(理想橡皮筋) \tag{6}$$

证明:对应一个理想橡皮筋,有$(\partial U/\partial L)_T=0$。将该结果与理想气体的$(\partial U/\partial V)_T=0$进行比较。当快速拉伸(因此是绝热的)橡皮筋时,$dU=dw=fdL$。利用理想橡皮筋其$U$只是温度的函数这一事实,证明:

$$dU=\left(\frac{\partial U}{\partial T}\right)_L dT=fdL \tag{7}$$

量$(\partial U/\partial T)_L$是一热容,故式(7)变为

$$C_LdT=fdL \tag{8}$$

论证如果一个橡皮筋被突然拉伸,其温度将升高。验证该结果,即通过将橡皮筋抵在自己的上嘴唇上,并快速拉伸它。

22-55 对于服从 van der Waals 方程的气体,导出1 mol该气体等温可逆变化过程中ΔS的表达式。用此结果计算1 mol乙烷在400 K时体积从10.0 dm^3压缩到1.00 dm^3的ΔS。将结果与用理想气体状态方程得到的值进行比较。

22-56 对于服从 Redlich-Kwong 方程[式(16.7)]的气体,导出1 mol该气体等温可逆变化过程中ΔS的表达式。用此结果计算1 mol乙烷在400 K时体积从10.0 dm^3压缩到1.00 dm^3的ΔS。将结果与用理想气体状态方程得到的值进行比较。

习题参考答案

第23章 相平衡

▶ **科学家介绍**

在各种温度和压力下，一种物质的所有相之间的关系可以用一张相图简明表示。在本章中，我们将研习相图所呈现的信息以及该信息的热力学含义。特别地，我们将依据其吉布斯能来分析一种物质的温度和压力依赖性，尤其是利用这样一个事实，即具有更低吉布斯能的相将永远是更稳定的相。

许多热力学系统都由两个或更多个彼此处于平衡的相所组成。例如，一种物质在熔点时固、液两相彼此处于平衡。因此，分析这样一个系统与温度和压力的关系可给出熔点与压力的关系。水的许多与众不同的性质之一是冰的熔点随着压力的增大而降低。在本章中，我们将看到该性质是水结冰时体积膨胀或水的摩尔体积小于冰的摩尔体积的直接后果。我们还将导出一个表达式，利用该式可以基于蒸发焓计算液体的蒸气压与温度的关系。这些结果都可以通过化学势这一化学热力学中最有用的函数之一来理解。我们将看到化学势类似于电势。正如电流从高电动势区流向低电动势区，物质将从化学势较高的地方流向化学势较低的地方。在本章的最后一节，我们将导出化学势的统计热力学表达式，并演示如何用分子或光谱量来计算化学势。

23-1 一张相图总结了一种物质的固-液-气行为

普通化学中我们可以通过一张相图来总结一种物质的固-液-气行为，该相图指出在什么样的温度和压力条件下，一种物质的各种物态平衡存在。图 23.1 显示了一种典型物质苯的相图。可见在该相图中有三个主要区域，这些区域中的每一个点都明确了单相苯平衡态存在的温度和压力。例如，根据图 23.1，苯在 60 torr 和 260 K（A 点）时以固体存在，而在 60 torr 和 300 K（B 点）时则以气体存在。

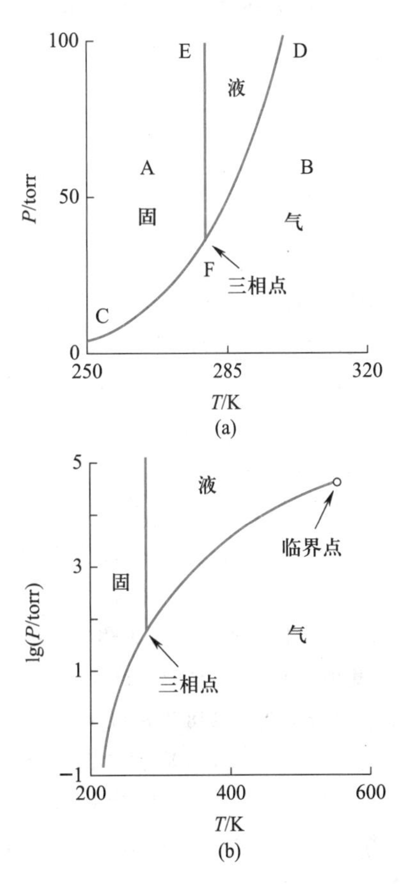

图 23.1 苯的相图：(a) P 对 T 作图；(b) $\lg P$ 对 T 作图。$\lg P$ 对 T 作图压缩了纵轴。

分隔三个不同区域的线表示了两相可以平衡共存的温度和压力。例如，在分隔固体和气体两个区域的线（即 CF 线）上的所有点上，苯都以固、气两相平衡共存。这条线称为固-气共存曲线。如此，这条线就明确了固态苯在不同温度下的蒸气压。类似地，分隔液体和气体区域的线（即 FD 线）给出了液态苯在不同温度下的蒸气压，而分隔固体和液体区域的线(即FE线)则给出了苯在不同压力下的熔点。注意到相图中的三条线交于一点(F点),此时苯的固、液、气三相平衡共存。该点称为**三相点**(triple point)。对苯来说,其三相点的温度为278.2 K(5.5 ℃),压力为36.1 torr。

» 例题 23-1 实验结果表明,液态苯的蒸气压与温度的关系为

$$\ln(P/\text{torr}) = -\frac{4110\ \text{K}}{T} + 18.33 \quad 273\ \text{K} < T < 300\ \text{K}$$

固态苯的蒸气压与温度的关系则为

$$\ln(P/\text{torr}) = -\frac{5319\ \text{K}}{T} + 22.67 \quad 250\ \text{K} < T < 280\ \text{K}$$

计算苯三相点的温度和压力。

» 解 在三相点时,苯的固、液、气三相共存。因此,在三相点时,上面两式给出的蒸气压值必然相等,即

$$-\frac{4110\ \text{K}}{T} + 18.33 = -\frac{5319\ \text{K}}{T} + 22.67$$

从而解得 T=278.7 K或5.5 ℃。代入 T 的值至题中任意一个表达式,可得 $\ln(P/\text{torr})$ = 3.58 或 P = 36.1 torr。

在一单相区,温度和压力都必须指定,所以在一个纯物质的单相区有两个自由度。在任一条共存线上,只要指定了温度和压力中的任一个,就足以确定曲线上的一个点,所以有一个自由度。三相点是一个固定的点,所以没有自由度。如果将温度和压力视作系统的自由度,那么纯物质相图中任一点上的自由度数目 f 可以由式 $f=3-p$ 给出,式中 p 为该点处平衡共存的相数。

在苯的相图上(图23.1),如果从压力轴上的760 torr处[也即图23.1(b)中纵坐标上的2.88处]开始逐渐向右平移,就可以发现在保持压力为760 torr(1 atm)时随着温度的升高苯的行为。在278.7 K以下,苯以固体存在。在278.2 K(5.5 ℃)时,有固-液共存曲线,苯在该点熔化。这个点称为**正常熔点**(normal melting point)[1 bar下物质的熔点称为**标准熔点**(standard melting point)]。然后,在278.2 K和353.2 K(80.1 ℃)之间,苯以液体存在。在气-液共存曲线上(353.2 K),苯沸腾,然后当温度高于353.2 K时以气体存在。注意:如果从压力小于760 torr处(但在三相点以上)开始,熔点与760 torr时的变化不大(因为固-液共存曲线非常陡峭)。但是,沸点则低于353.2 K。类似地,在压力大于760 torr时,熔点与760 torr时的大致相同,但沸点则高于353.2 K。于是,气-液共存曲线也可以用苯的沸点作为压力的函数来解释,而固-液共存曲线则可以用苯的熔点作为压力的函数来解释。图23.2显示了苯的熔点对压力(高达1000 atm)的作图。这条曲线的斜率在760 torr附近为0.0293 ℃·atm^{-1},说明熔点对压力相当不敏感。当压力从1 atm变化到34 atm,苯的熔点大约只上升了1 ℃。相反地,图23.3显示了苯的沸点与压力的变化关系,可见沸点强烈依赖于压力。例如,在10000 ft(英尺)(3100 m)高度处的正常大气压是500 torr,所以根据图23.3,该高度处苯在67 ℃沸腾(回想一下:沸点定义为液体蒸气压等于大气压时的温度)。物质在1 atm下的沸点称为正常沸点,而在1 bar下的沸点则称为标准沸点。

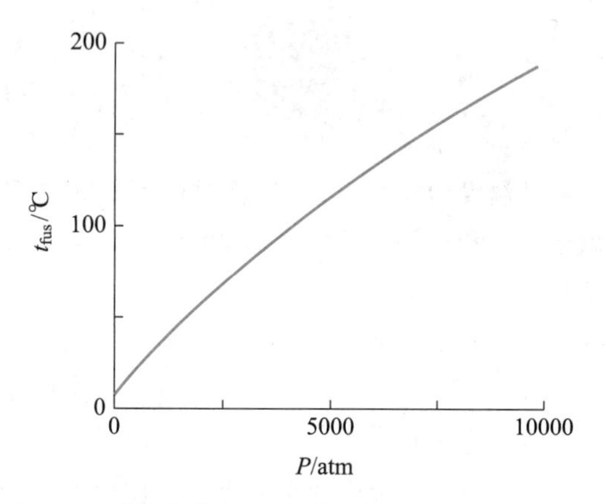

图23.2 苯的熔点随压力的变化图。可见苯的熔点随压力增大而缓慢上升(注意:图23.2和图23.3中的横坐标标尺差异很大)。

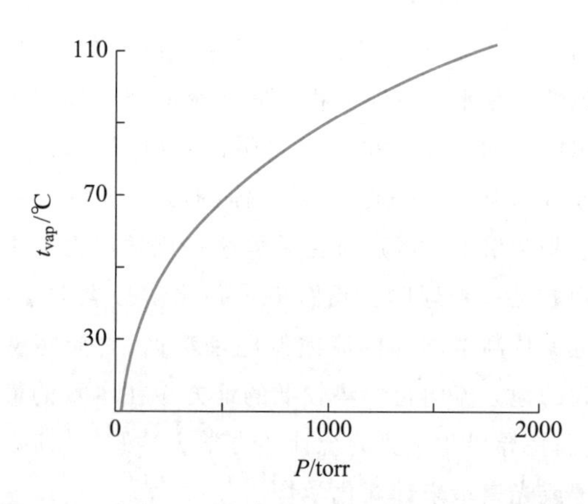

图23.3 苯的沸点随压力的变化图。可见苯的沸点强烈依赖于压力(注意:图23.2和图23.3中的横坐标标尺不同)。

» 例题 23-2 液态苯的蒸气压与温度关系的经验式为

$$\ln(P/\text{torr}) = -\frac{3884\ \text{K}}{T} + 17.63$$

利用该式证明当大气压为500 torr时苯在67 ℃沸腾。

» 解 苯在其蒸气压等于大气压时沸腾。所以,P = 500 torr。从而有

$$\ln(500) = -\frac{3884\ \mathrm{K}}{T} + 17.63$$

解得 $T = 340.2$ K,或 $T = 67.1$ ℃。

例题 23-1 表明了苯的三相点压力为 36.1 torr。注意到从图 23.1 中可以看到,如果压力小于 36.1 torr,则升高温度时苯不是熔化而是**升华**(sublime),即直接从固相变为气相。如果一种物质的三相点压力大于 1 atm,则它在 1 atm 时会升华而非熔化。具有这个性质的一个典型物质是 CO_2,其固相称为干冰,因为 CO_2(s) 在大气压下不会液化。图 23.4 显示了 CO_2 的相图。CO_2 的三相点压力为 5.11 atm,因此 CO_2 在 1 atm 下升华。CO_2 的正常升华温度为 195 K(-78 ℃)。

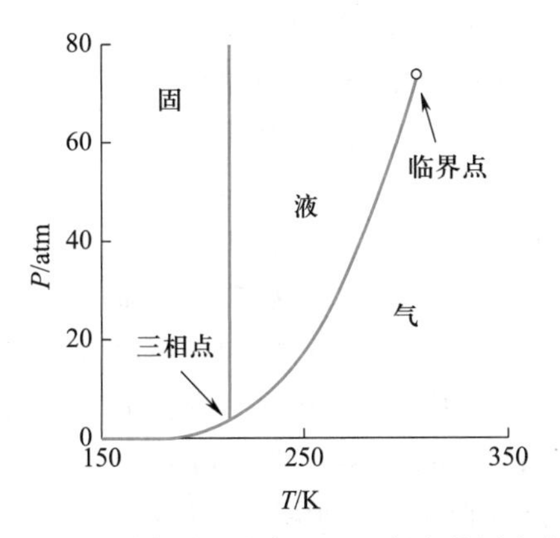

图 23.4 CO_2 的相图。注意 CO_2 三相点的压力大于 1 atm,因此 CO_2 可在大气压下升华。

图 23.5 显示了水的相图。水有着一个不同寻常的特性,即它的熔点随着压力的增大而降低(见图 23.6)。该行为通过固-液共存曲线的斜率反映在水的相图中。尽管由于固-液共存曲线的斜率很大,以至于在相图中难以看出来,但它的确向上偏左(斜率为负)。数值上,在 1 atm 附近该曲线的斜率为 $-130\ \mathrm{atm \cdot K^{-1}}$。在第 23-3 节中,我们将看到冰的熔点随压力增大而降低的原因是相同条件下冰的摩尔体积大于水的摩尔体积。锑和铋是另外两种凝固时体积膨胀的物质。大多数物质凝固时体积收缩。

在图 23.1(苯)、图 23.4(CO_2)和图 23.5(水)中,气-液共存曲线在临界点戛然而止(回忆一下第 16-3 节讨论的气体临界行为)。当沿着气-液共存曲线趋近临界点时,气相和液相之间的差异变得愈加不明显,直至在临界点完全消失。例如,如果我们绘出沿气-液共存曲线彼此平衡的气相和液相的密度[这种密度称为**正压密度**(orthobaric density)],会发现这些密度互相趋近,并在临界点时变为相等(见图 23.7)。液相和气相合并为一个单一的流体相。类似地,摩尔蒸发焓沿着这条曲线减小。

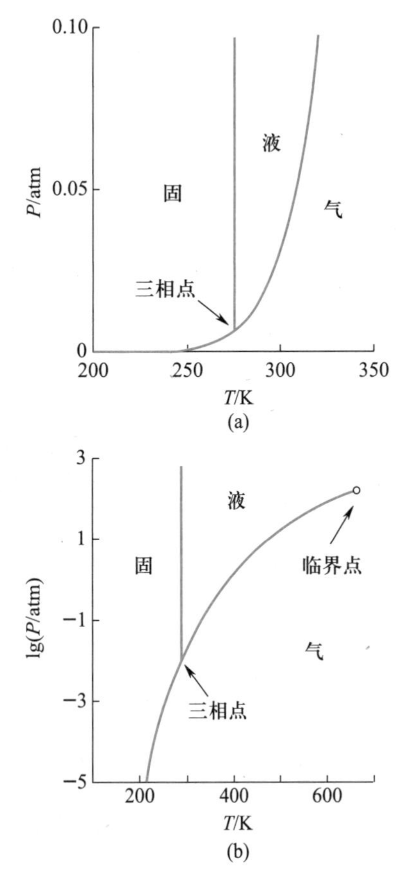

图 23.5 水的相图:(a) P 对 T 作图;(b) $\lg P$ 对 T 作图。$\lg P$ 对 T 作图压缩了纵轴。尽管由于图的标尺而难以辨别,但仍可看出冰的熔点随压力增大而降低。

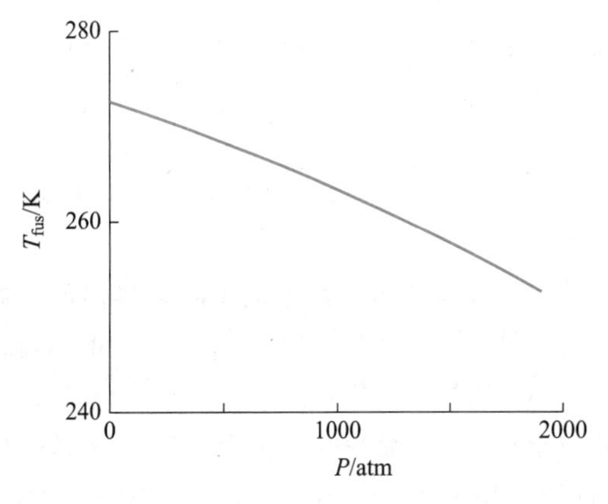

图 23.6 冰的熔点与压力的关系图。冰的熔点随着压力的增大而降低。

图 23.8 显示了苯的摩尔蒸发焓实验值对温度的作图。可见 $\Delta_{\mathrm{vap}}\overline{H}$ 的值随着温度的上升而减小,并且在临界温度(对苯来说为 289 ℃)降到零。图 23.8 中的数据表明,当趋近临界点时,液相和气相之间的差异逐渐变

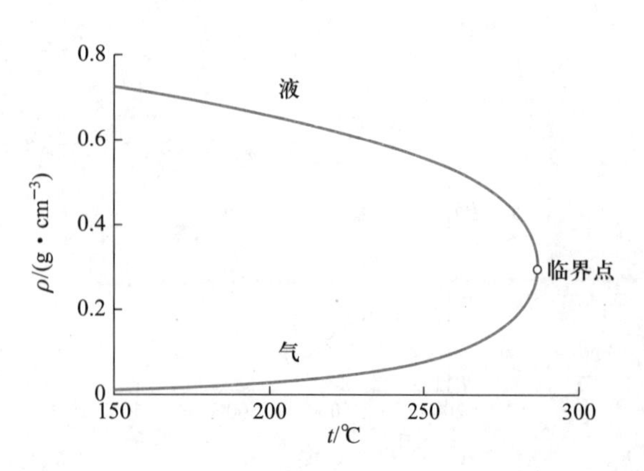

图 23.7　沿着气-液共存曲线的、苯的液相和气相正压密度与温度的关系图。可见气、液两相密度逐渐接近，并在临界点（289 ℃）时变为相等。

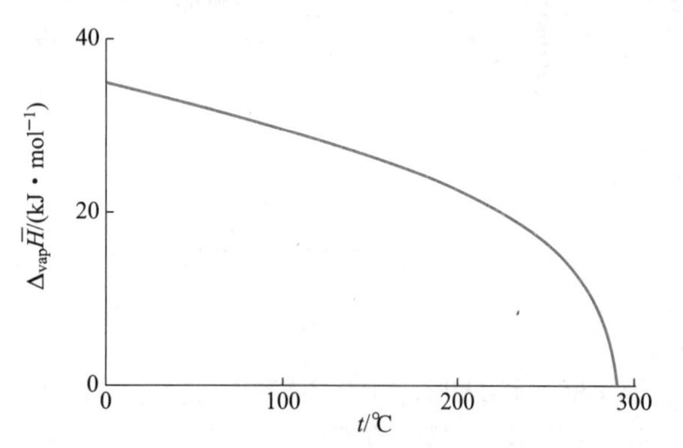

图 23.8　苯的摩尔蒸发焓实验值对温度的作图。$\Delta_{vap}\overline{H}$ 随着温度的上升而下降，并且在临界温度 289 ℃降到零。

小。由于当趋近临界点时，两相变得越来越不可区分，并随后在临界点合并为一相，所以 $\Delta_{vap}S=S(g)-S(l)$ 在临界点变为零。因此，$\Delta_{vap}H=T\Delta_{vap}S$ 在临界点也变为零。在临界点以上，气体和液体之间没有区别，且无论压力多大，气体都不可能被液化。

可用一个课堂演示来形象地说明临界温度。首先，在一支玻璃管中加入一种诸如SF_6 的液体（SF_6 的临界温度为 45.5 ℃，比较容易达到）。抽走所有的空气，使得玻璃管中仅含纯SF_6，尔后封管。在 45.5 ℃以下，管内含有两层，即被一弯月面分开的液相和气相。然后，加热玻璃管及其内含物，可见随着温度的上升，弯月面逐渐模糊，并且当恰好到达临界温度时弯月面彻底消失，同时玻璃管变为透明［SF_6(g)是无色的］。当玻璃管及其内含物被冷却时，液相和弯月面在达到临界温度的那一刻突然出现。

非常接近临界点的流体经常从液态变为气态，导致其密度从一个区域到另一个区域的涨落。这些涨落可十分强烈地散射光（有点像精细分散的雾），且系统呈现乳白色。这个效应称为**临界乳光**（critical opalescence）。实验研究这些涨落比较困难，因为重力会干扰密度涨落。为了克服重力的影响，一组科学家、工程师和技术员设计了一个实验，在哥伦比亚号航天飞机上测量被临界点的氙所散射的激光。在完成了一系列预备实验后，他们于 1996 年 5 月的一次哥伦比亚号航天飞行任务中开展了正式实验，并测量了在氙临界温度（289.72 K）附近几个微开（尔文）（10^{-6} K）处的涨落细节。这是有记录的时间最长的一次微重力实验，其结果将为我们提供气-液相变和气-液界面的详细理解。

由于临界点的存在，气体可以不经过两相态而转变为液体，仅需从相图中的气相区开始，绕过临界点而进入液相区。不用出现两相区域，也没有任何明显的凝聚，气体即可连续逐步转化为液体。

固-液共存曲线是否也会像气-液共存曲线一样突然终止？临界点的本质要求物质以一种渐进而又连续的方式从一相变为另一相。一方面，由于气液两相都是流体相，它们之间的差异纯粹是程度上的差异而非实际结构的不同。另一方面，一个液相和一个固相，或一种物质的两个不同固相，由于内在地具有不同的结构，从而性质不同（有质的差别），不可能以一种渐进而又连续的方式从一相变为另一相。因此，这类相不存在临界点，且分隔这些相的共存曲线必须无限延长（伸）或与其他相的共存线相交。事实上，许多物质在高压下有着多种固相存在形式。图 23.9 显示了水的高压相图，其中包括多种不同的固相。冰（Ⅰ）是 1 atm 下存在的"普通"冰，而其他的冰则是在非常高的压力下稳定的、固态水的不同晶型。例如，冰（Ⅶ）在 0 ℃以上甚至 100 ℃以上都稳定，但它只在高压下才能形成。

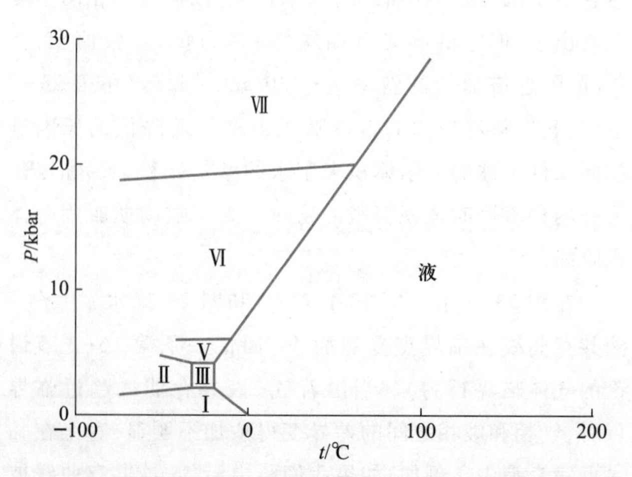

图 23.9　水在高压下的相图显示有 6 个冰的稳定相。

23-2 一种物质的吉布斯能与它的相图紧密相关

如图 22.7 所示，摩尔吉布斯能是温度的一个连续函数，但在每个相变点时 $\overline{G}(T)$ 对 T 作图的斜率是不连续的。图 23.10(a)是苯的熔点(279 K)附近 $\overline{G}(T)$ 对 T 作图的放大图。虚线延长线表示过冷液体和(假想的)过热固体的吉布斯能。可沿着图 23.10(a)中 $\overline{G}(T)$ 与 T 的关系曲线，来描述随着温度增加发生的变化。沿着固相分支，$\overline{G}(T)$ 以斜率 $(\partial\overline{G}/\partial T)_P=-\overline{S}^{s}$ 降低。当达到熔点时，因为液相的吉布斯能低于固相的吉布斯能，我们切换到液相分支。由于 $(\partial\overline{G}/\partial T)_P=-\overline{S}^{l}$，且 $\overline{S}^{l}<\overline{S}^{s}$，所以液相分支比固相分支更为陡峭。因此，在更高的温度，液相的摩尔吉布斯能必然低于固相的摩尔吉布斯能。固相分支的虚线延长线代表(假想的)过热固体，即使出现过热固体，它也没有液体稳定，并将转变为液体。虚线代表的是亚稳态。图 23.10(b)显示了苯在正常沸点(353 K)时由液体向气体的转变。沸点出现在气相和液相的两条 $\overline{G}(T)-T$ 曲线相交处。由于 $\overline{S}^{g}>\overline{S}^{l}$，故气相分支比液相分支更为陡峭，因而在更高的温度，气相的摩尔吉布斯能必然低于液相的摩尔吉布斯能。

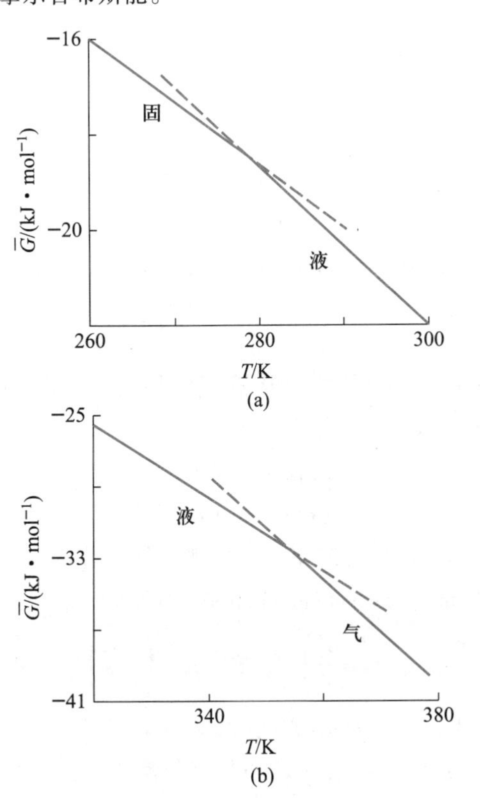

图 23.10 苯的 $\overline{G}(T)$ 对 T 作图：(a)熔点(279 K)附近；(b)沸点(353 K)附近。

由公式 $G=H-TS$ 可理解为什么固相在低温下稳定而气相则在高温下稳定。一方面在低温时，TS 项与 H 项相比较小；因此，由于固相的焓最小，所以在低温时物质倾向于以固相存在。另一方面，在高温时，H 项与 TS 项相比较小，所以高温时物质倾向于以熵较大的气相存在。在中间温度，物质倾向于以能量和混乱度介于固相和气相之间的液相存在。

考察在一固定温度时摩尔吉布斯能与压力的函数关系也能给人以启发。由于 $(\partial\overline{G}/\partial P)_T=\overline{V}$，所以吉布斯能对压力作图所得曲线的斜率始终为正。对于大多数物质来说，$\overline{V}^{g}\gg\overline{V}^{l}>\overline{V}^{s}$，故气相分支的斜率远大于液相分支的斜率，而液相分支的斜率又大于固相分支的斜率。图 23.11(a)绘出了三相点温度以上 $\overline{G}(P)$ 对 P 的作图，显示了气、液、固三个相的分支。如图所示，随着压力的增加，沿着 $\overline{G}(P)$ 的气相分支达到液相分支，气相在此处凝聚为液体。继续增加压力，到达固相分支，其必然位于液相分支的下方。这一途径对应于沿着一类似苯的“正常”物质的相图中三相点右侧的一条垂线向上。但是，对于一个类似水的物质来说，由于 $\overline{V}^{s}>\overline{V}^{l}$(至少对于中等压力如此)，所以其 $\overline{G}(P)$ 对 P 的作图类似于图 23.11(b)中所示。沿着图 23.11(b)中的 $\overline{G}(P)$ 曲线增加压力，对应于沿水的相图中三相点左侧的一条垂线上升。

图 23.12 显示了对于一个类似苯的正常物质，其 $\overline{G}(P)$ 在一系列温度时与 P 的关系。图 23.12(a)显示了图 23.1 中三相点以下温度时 $\overline{G}(P)$ 与 P 的关系。在此情况下，当增加压力时，物质将直接从气相进入固相。在这些温度时，液相的摩尔吉布斯能比气相和固相的摩尔吉布斯能都高，故不会出现。图 23.12(b)显示了三相点温度时摩尔吉布斯能的情况。在三相点，气、液、固三相的摩尔吉布斯能分支相交于一点，且对于类似苯的一个“正常”物质，在比三相点压力更大的压力下，固相的摩尔吉布斯能小于液相的摩尔吉布斯能。图 23.12(c)显示了温度稍低于临界温度时摩尔吉布斯能的情况，可见气、液两个相分支的斜率在交点处几乎相等，原因是各曲线的斜率，即 $(\partial\overline{G}/\partial P)_T$，等于两个相的摩尔体积，它们在趋近临界点时彼此接近。图 23.12(d)显示了温度高于临界温度时摩尔吉布斯能的情况。在此情况下，$\overline{G}(P)$ 随压力变化平稳。由于只涉及单个流体相，所以斜率始终连续。

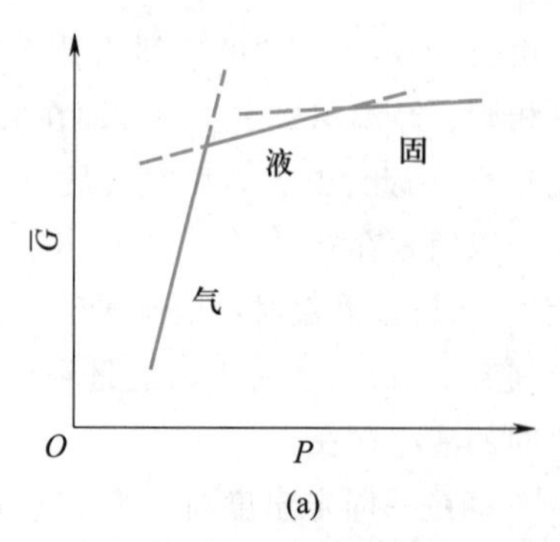

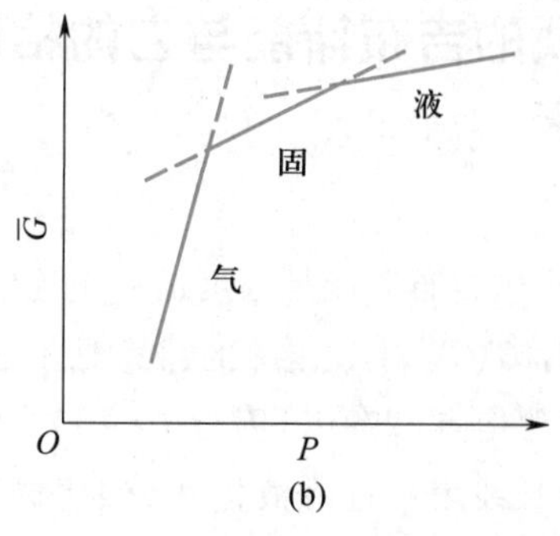

图 23.11 三相点附近温度时 $\overline{G}(P)$ 对 P 的作图,显示了气、液、固相三个分支。(a)对于三相点以上温度的一个"正常"物质($\overline{V}^{s}<\overline{V}^{l}$),随着压力的增加,观测到气→液→固的变化过程。(b)对于三相点以下温度的一个类似水的物质($\overline{V}^{s}>\overline{V}^{l}$),随着压力的增加,观测到气→固→液的变化过程。

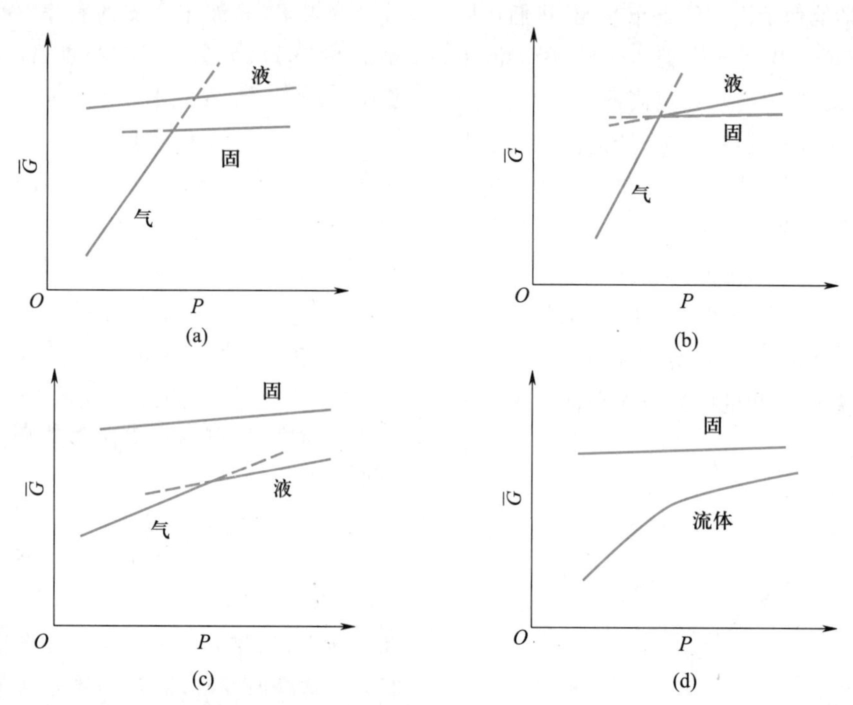

图 23.12 对于类似苯的一个"正常"物质,其 $\overline{G}(P)$ 在一系列温度时对 P 的作图。(a)温度低于三相点温度;(b)温度等于三相点温度;(c)温度略低于临界温度;(d)温度高于临界温度。

23-3 纯物质在平衡共存的两相中化学势相等

考虑一个系统,其由彼此处于平衡的一个纯物质的两相构成。例如,水蒸气与液态水处于平衡。该系统的吉布斯能可由式 $G=G^{l}+G^{g}$ 给出,式中 G^{l} 和 G^{g} 分别为液相和气相的吉布斯能。现在,假设有 dn(mol)的物质从液相转移到了气相,而 T 和 P 保持不变。该过程吉布斯能的微小变化为

$$dG=\left(\frac{\partial G^{g}}{\partial n^{g}}\right)_{P,T}dn^{g}+\left(\frac{\partial G^{l}}{\partial n^{l}}\right)_{P,T}dn^{l} \qquad (23.1)$$

由于有 dn(mol)的物质从液相转移到了气相,故 $dn^{l}=-dn^{g}$,所以式(23.1)变为

$$dG=\left[\left(\frac{\partial G^{g}}{\partial n^{g}}\right)_{P,T}-\left(\frac{\partial G^{l}}{\partial n^{l}}\right)_{P,T}\right]dn^{g} \qquad (23.2)$$

式(23.2)中的偏导数是处理平衡的核心量,被称为**化学势**(chemical potential),记作 μ^{g} 和 μ^{l}:

$$\mu^{g}=\left(\frac{\partial G^{g}}{\partial n^{g}}\right)_{P,T} \quad 和 \quad \mu^{l}=\left(\frac{\partial G^{l}}{\partial n^{l}}\right)_{P,T} \qquad (23.3)$$

采用化学势表示,则式(23.2)又可写为

$$dG=(\mu^{g}-\mu^{l})dn^{g} \quad (等温等压) \qquad (23.4)$$

如果两相彼此处于平衡,则 $dG=0$。且由于 $dn^{g}\neq0$,故 $\mu^{g}=\mu^{l}$。因此,同一种物质的两相若彼此处于平衡,则

该物质在两相中的化学势相等。

如果两相不是彼此处于平衡，则将沿着 $dG<0$ 的方向发生物质从一相到另一个相的自发转移。如果$\mu^{g}>\mu^{l}$，则式(23.4)括号中的项为正，故为了使 $dG<0$，dn^{g} 必须为负值。换句话说，物质将会从气相转移到液相，或者说从化学势较高的相迁到化学势较低的相。如果 $\mu^{g}<\mu^{l}$，则 dn^{g} 将是正值，这意味着物质将会从液相转移到气相。再次表明，物质从化学势较高的相转移到化学势较低的相。可见，化学势类似于电势。正如电流从高电势处流向低电势处，物质从化学势高的地方"流向"化学势低的地方(参见习题 23-19)。

尽管我们已经在式(23.3)中较为普遍地定义了化学势，对于一个纯物质而言，它可以具有一个简单而熟悉的形式。正如 U,H 和 S 一样，G 是一个热力学广度函数，所以其值与系统的大小成正比，或者说 $G\propto n$。等式 $G=n\mu(T,P)$ 可以用来表达这个比例关系。可见该式与 $\mu(T,P)$ 的定义相一致，因为

$$\mu=\left(\frac{\partial G}{\partial n}\right)_{P,T}=\left[\frac{\partial n\mu(T,P)}{\partial n}\right]_{P,T}=\mu(T,P)\qquad(23.5)$$

因此，对于单一纯物质，μ 是与摩尔吉布斯能相同的量，且 $\mu(T,P)$ 是一个类似温度和压力的强度量。

利用单一物质在平衡的两相中化学势相等这一事实，导出任一纯物质的两相平衡时平衡压力随温度变化的表达式。设这两相为 α 和 β，则有

$$\mu^{\alpha}(T,P)=\mu^{\beta}(T,P)\quad(\text{相平衡})\qquad(23.6)$$

取式(23.6)两边的全导数：

$$\left(\frac{\partial\mu^{\alpha}}{\partial P}\right)_{T}dP+\left(\frac{\partial\mu^{\alpha}}{\partial T}\right)_{P}dT=\left(\frac{\partial\mu^{\beta}}{\partial P}\right)_{T}dP+\left(\frac{\partial\mu^{\beta}}{\partial T}\right)_{P}dT\qquad(23.7)$$

由于对于单一物质，μ 就是摩尔吉布斯能，所以可得与式(22.31)，即

$$\left(\frac{\partial G}{\partial P}\right)_{T}=V\quad\text{和}\quad\left(\frac{\partial G}{\partial T}\right)_{P}=-S$$

类似的式子，即

$$\left(\frac{\partial\mu}{\partial P}\right)_{T}=\left(\frac{\partial\overline{G}}{\partial P}\right)_{T}=\overline{V}\quad\text{和}\quad\left(\frac{\partial\mu}{\partial T}\right)_{P}=\left(\frac{\partial\overline{G}}{\partial T}\right)_{P}=-\overline{S}\qquad(23.8)$$

式中 $\overline{V}$ 和 $\overline{S}$ 分别是摩尔体积和摩尔熵。将这个结果代入式(23.7)，得

$$\overline{V}^{\alpha}dP-\overline{S}^{\alpha}dT=\overline{V}^{\beta}dP-\overline{S}^{\beta}dT$$

求解 dP/dT，得到

$$\frac{dP}{dT}=\frac{\overline{S}^{\beta}-\overline{S}^{\alpha}}{\overline{V}^{\beta}-\overline{V}^{\alpha}}=\frac{\Delta_{trs}\overline{S}}{\Delta_{trs}\overline{V}}\qquad(23.9)$$

式(23.9)适用于彼此平衡的两相，故可以使用关系式 $\Delta_{trs}\overline{S}=\Delta_{trs}\overline{H}/T$，从而得到

$$\frac{dP}{dT}=\frac{\Delta_{trs}\overline{H}}{T\Delta_{trs}\overline{V}}\qquad(23.10)$$

式(23.10)称为**克拉佩龙方程**(Clapeyron equation)，它将相图中两相分界线的斜率与这两相之间相变的 $\Delta_{trs}\overline{H}$ 和 $\Delta_{trs}\overline{V}$ 值联系了起来。

下面用式(23.10)来计算 1 atm 附近苯的固-液共存曲线的斜率(参见图 23.1)。苯在其正常熔点(278.7 K)的摩尔熔化焓是 9.95 kJ·mol^{-1}，且相同条件下的 $\Delta_{fus}\overline{V}$ 为 10.3 cm^{3}·mol^{-1}。于是，在苯的正常熔点时，dP/dT 为

$$\frac{dP}{dT}=\frac{9950\ \text{J}\cdot\text{mol}^{-1}}{278.7\ \text{K}\times10.3\ \text{cm}^{3}\cdot\text{mol}^{-1}}\left(\frac{10\ \text{cm}}{1\ \text{dm}}\right)^{3}\times\left(\frac{0.08206\ \text{dm}^{3}\cdot\text{atm}\cdot\text{mol}^{-1}\cdot\text{K}^{-1}}{8.314\ \text{J}\cdot\text{mol}^{-1}\cdot\text{K}^{-1}}\right)=34.2\ \text{atm}\cdot\text{K}^{-1}$$

对此结果取倒数，得到

$$\frac{dT}{dP}=0.0292\ \text{K}\cdot\text{atm}^{-1}$$

于是，我们发现在 1 atm 附近，每增加 1 atm，苯的熔点将升高 0.0292 K。如果 $\Delta_{trs}\overline{H}$ 和 $\Delta_{trs}\overline{V}$ 与压力无关，那么就可以用这个结果来预测苯在 1000 atm 下熔点将会比在 1 atm 下的熔点升高 29.2 K，也即 307.9 K。实验值是 306.4 K，所以 $\Delta_{fus}\overline{H}$ 和 $\Delta_{fus}\overline{V}$ 为定值的假设是比较令人满意的。图 23.2 显示了苯的熔点实验值随压力(直至高达 10000 atm)的变化，从中你会发现曲线的斜率并不完全是一个常数。

» 例题 23-3 求冰在其正常熔点时的 dT/dP。冰在 273.15 K 和 1 atm 下的摩尔熔化焓为 6010 J·mol^{-1}，而相同条件下的 $\Delta_{fus}\overline{V}$ 则为 -1.63 cm^{3}·mol^{-1}(与大多数物质不同，水凝固时体积增加，所以 $\Delta_{fus}\overline{V}=\overline{V}^{l}-\overline{V}^{s}<0$)。估计冰在 1000 atm 下的熔点。

» 解 用式(23.10)的倒数，即

$$\frac{dT}{dP}=\frac{T\Delta_{fus}\overline{V}}{\Delta_{fus}\overline{H}}$$
$$=\frac{(273.2\ \text{K})(-1.63\ \text{cm}^{3}\cdot\text{mol}^{-1})}{6010\ \text{J}\cdot\text{mol}^{-1}}\left(\frac{10\ \text{cm}}{1\ \text{dm}}\right)^{3}\times\left(\frac{8.314\ \text{J}\cdot\text{mol}^{-1}\cdot\text{K}^{-1}}{0.08206\ \text{dm}^{3}\cdot\text{atm}\cdot\text{mol}^{-1}\cdot\text{K}^{-1}}\right)$$
$$=-0.00751\ \text{K}\cdot\text{atm}^{-1}$$

假设 dT/dP 在压力高达 1000 atm 时也恒定不变，可得 $\Delta T=-7.51$ K，或者说 1000 atm 下冰的熔点是 265.6 K。

实验值为 263.7 K。差异来自我们假设 $\Delta_{fus}\overline{H}$ 和 $\Delta_{fus}\overline{V}$ 的值与压力无关。图 23.6 显示了冰的熔点实验值与压力(直至高达 2000 atm)的关系。

注意到冰的熔点随压力的增大而降低,所以水的压力-温度相图中固-液平衡曲线的斜率为负值。式(23.10)表明,在该例中 $\Delta_{fus}\overline{V}$ 为负值直接导致了这个斜率。

式(23.10)可用来估计液体在其沸点时的摩尔体积。

» 例题 23-4　苯从 298.2 K 到其正常沸点 353.24 K 时的蒸气压符合如下经验式:

$$\ln(P/\text{torr}) = 16.725 - \frac{3229.86\ \text{K}}{T} - \frac{118345\ \text{K}^2}{T^2}$$

已知苯在 353.24 K 时的摩尔蒸发焓为 30.8 kJ · mol^{-1},液态苯在 353.24 K 时的摩尔体积为 96.0 cm^3 · mol^{-1}。利用上式计算 353.24 K 时苯蒸气在其平衡压力下的摩尔体积,并与理想气体体积比较。

» 解　利用式(23.10)求解 $\Delta_{vap}\overline{V}$:

$$\Delta_{vap}\overline{V} = \frac{\Delta_{vap}\overline{H}}{T(\text{d}P/\text{d}T)}$$

将 T = 353.24 K 代入上面的蒸气压经验式,可得

$$\begin{aligned}\frac{\text{d}P}{\text{d}T} &= P\left(\frac{3229.86\ \text{K}}{T^2} + \frac{236690\ \text{K}^2}{T^3}\right)\\ &= (760\ \text{torr})(0.0312\ \text{K}^{-1}) = 23.75\ \text{torr}\cdot\text{K}^{-1}\\ &= 0.0312\ \text{atm}\cdot\text{K}^{-1}\end{aligned}$$

所以

$$\begin{aligned}\Delta_{vap}\overline{V} &= \frac{30800\ \text{J}\cdot\text{mol}^{-1}}{(353.24\ \text{K})(0.0312\ \text{atm}\cdot\text{K}^{-1})}\\ &= (2790\ \text{J}\cdot\text{atm}^{-1}\cdot\text{mol}^{-1})\left(\frac{0.08206\ \text{L}\cdot\text{atm}}{8.314\ \text{J}}\right)\\ &= 27.5\ \text{L}\cdot\text{mol}^{-1}\end{aligned}$$

蒸气的摩尔体积为

$$\begin{aligned}\overline{V}^g &= \Delta_{vap}\overline{V} + \overline{V}^l = 27.5\ \text{L}\cdot\text{mol}^{-1} + 0.0960\ \text{L}\cdot\text{mol}^{-1}\\ &= 27.6\ \text{L}\cdot\text{mol}^{-1}\end{aligned}$$

由理想气体状态方程可得相应的值为

$$\begin{aligned}\overline{V}^g &= \frac{RT}{P}\\ &= \frac{(0.08206\ \text{L}\cdot\text{atm}\cdot\text{K}^{-1}\cdot\text{mol}^{-1})(353.24\ \text{K})}{1\ \text{atm}}\\ &= 29.0\ \text{L}\cdot\text{mol}^{-1}\end{aligned}$$

比实际值稍大。

23-4 克劳修斯-克拉佩龙方程给出一种物质的蒸气压与温度的关系式

用式(23.10)计算冰(例题 23-3)和苯的熔点变化时,曾假设 $\Delta_{trs}\overline{H}$ 和 $\Delta_{trs}\overline{V}$ 不随压力明显变化。尽管这种近似在 ΔT 不大的区间对固-液和固-固相变比较令人满意,但是由于气相的摩尔体积随压力的变化较大,故这种近似对于气-液和气-固相变则不能令人满意。不过,如果温度离临界点不是很近,则式(23.10)可以被改造为一个对于凝聚相-气相相变非常有用的形式。

将式(23.10)应用于气-液平衡时,有

$$\frac{\text{d}P}{\text{d}T} = \frac{\Delta_{vap}\overline{H}}{T(\overline{V}^g - \overline{V}^l)} \tag{23.11}$$

式(23.11)给出了物质相图中气-液平衡线的斜率。只要离临界点不是太近,则 $\overline{V}^g \gg \overline{V}^l$;这样,相较于 $\overline{V}^g$ 就可以忽略式(23.11)分母中的 $\overline{V}^l$。另外,若蒸气压不是很高(再次地,离临界点不是太近),可以假设蒸气为理想气体,并用 RT/P 代替 $\overline{V}^g$,这样式(23.11)可变为

$$\frac{1}{P}\frac{\text{d}P}{\text{d}T} = \frac{\text{d}\ln P}{\text{d}T} = \frac{\Delta_{vap}\overline{H}}{RT^2} \tag{23.12}$$

该式由 Clausius 于 1850 年首次导出,称为**克劳修斯-克拉佩龙方程**(Clausius-Clapeyron equation)。其使用前提为:相对于气体的摩尔体积,液体的摩尔体积被忽略,并假设蒸气可处理为理想气体。式(23.12)较式(23.10)具有更为方便使用的优点;但式(23.10)比式(23.12)更加精确。

式(23.12)的实际好处在于它易于被积分。如果假设 $\Delta_{vap}\overline{H}$ 在所积分的温度区间内不随温度变化,则式(23.12)可变为

$$\ln\frac{P_2}{P_1} = -\frac{\Delta_{vap}\overline{H}}{R}\left(\frac{1}{T_2} - \frac{1}{T_1}\right) = \frac{\Delta_{vap}\overline{H}}{R}\left(\frac{T_2 - T_1}{T_1 T_2}\right) \tag{23.13}$$

式(23.13)可用于在已知摩尔汽化焓和某一温度蒸气压的情况下计算另一温度下的蒸气压。例如,苯的正常沸点为 353.2 K,且 $\Delta_{vap}\overline{H}$ = 30.8 kJ · mol^{-1}。假设 $\Delta_{vap}\overline{H}$ 并不随温度变化,计算苯在 373.2 K 的蒸气压。可将 P_1 = 760 torr,T_1 = 353.2 K,以及 T_2 = 373.2 K 代入式(23.13),从而得到

$$\begin{aligned}\ln\frac{P}{760} &= \left(\frac{30800\ \text{J}\cdot\text{mol}^{-1}}{8.314\ \text{J}\cdot\text{K}^{-1}\cdot\text{mol}^{-1}}\right)\left[\frac{19.8\ \text{K}}{(353.2\ \text{K})(373.2\ \text{K})}\right]\\ &= 0.556\end{aligned}$$

解得 P = 1330 torr。实验值为 1360 torr。

» 例题 23-5 水在 363.2 K 时的蒸气压为 529 torr。试用式(23.13)确定水在 363.2 K 和 373.2 K 之间 $\Delta_{vap}\overline{H}$ 的平均值。

» 解 使用水的正常沸点为 373.2 K($P=760$ torr)这一事实,由式(23.13)可得

$$\ln\frac{760}{529}=\left(\frac{\Delta_{vap}\overline{H}}{8.314\ \mathrm{J\cdot K^{-1}\cdot mol^{-1}}}\right)\left[\frac{10.0\ \mathrm{K}}{(363.2\ \mathrm{K})(373.2\ \mathrm{K})}\right]$$

解得

$$\Delta_{vap}\overline{H}=40.8\ \mathrm{kJ\cdot mol^{-1}}$$

水在正常沸点下的 $\Delta_{vap}\overline{H}$ 实验值为 40.65 kJ·mol^{-1}。

如果对式(23.12)进行不定积分而不是定积分,可以得到(假设 $\Delta_{vap}\overline{H}$ 为常数)

$$\ln(P)=-\frac{\Delta_{vap}\overline{H}}{RT}+\text{常数} \tag{23.14}$$

式(23.14)意味着蒸气压的对数对绝对温度的倒数作图将是一条斜率为$-\Delta_{vap}\overline{H}/R$ 的直线。图 23.13 显示了苯在 313~353 K 之间的这样一个作图。由曲线的斜率可得出 $\Delta_{vap}\overline{H}=32.3$ kJ·mol^{-1},这个值是 $\Delta_{vap}\overline{H}$ 在给定温度范围内的一个平均值。在正常沸点(353 K)苯的 $\Delta_{vap}\overline{H}$ 为 30.8 kJ·mol^{-1}。

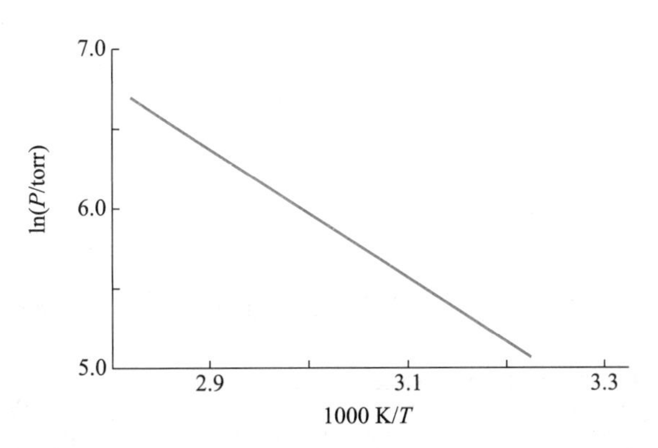

图 23.13 在 313~353 K 温度区间内,苯蒸气压的对数对绝对温度的倒数作图。

通过将 $\Delta_{vap}\overline{H}$ 写成如下形式可认识 $\Delta_{vap}\overline{H}$ 随温度的变化:

$$\Delta_{vap}\overline{H}=A+BT+CT^2+\cdots$$

式中 $A,B,C,\cdots$ 均为常数。如果将该式代入式(23.12),则积分后有

$$\ln P=-\frac{A}{RT}+\frac{B}{R}\ln T+\frac{C}{R}T+k+O(T^2) \tag{23.15}$$

式中 k 为一积分常数。相比于式(23.14),式(23.15)表达了在一更大温度范围内蒸气压的变化。因此,$\ln P$ 对 $1/T$ 的作图将不会是完全线性的,这与大多数液体和固体更大温度范围的实验数据相一致。例如,实验发现,在 146~195 K 温度区间内固态氨的蒸气压遵循下式:

$$\ln\frac{P}{\mathrm{torr}}=-\frac{4124.4\ \mathrm{K}}{T}-1.81630\ln\frac{T}{\mathrm{K}}+34.4834 \tag{23.16}$$

» 例题 23-6 利用克劳修斯-克拉佩龙方程和式(23.16),确定氨在 146~195 K 的摩尔升华焓。

» 解 根据式(23.12),有

$$\frac{\mathrm{d}\ln P}{\mathrm{d}T}=\frac{\Delta_{sub}\overline{H}}{RT^2}$$

利用式(23.16)给出的 $\ln P$ 表达式,可得

$$\frac{\Delta_{sub}\overline{H}}{RT^2}=\frac{4124.4\ \mathrm{K^2}}{T^2}-\frac{1.8163\ \mathrm{K}}{T}$$

即 146 K<T<195 K 时,有

$$\begin{aligned}\Delta_{sub}\overline{H}&=(4124.4\ \mathrm{K})R-(1.8163)RT\\&=34.29\ \mathrm{kJ\cdot mol^{-1}}-(0.0151\ \mathrm{kJ\cdot mol^{-1}\cdot K^{-1}})T\end{aligned}$$

克劳修斯-克拉佩龙方程可用来证明在三相点附近,气-固共存曲线的斜率必然大于气-液共存曲线的斜率。根据式(23.12),气-固曲线的斜率可由下式给出:

$$\frac{\mathrm{d}P^{s}}{\mathrm{d}T}=P^{s}\frac{\Delta_{sub}\overline{H}}{RT^2} \tag{23.17}$$

而气-液曲线的斜率则由下式给出:

$$\frac{\mathrm{d}P^{l}}{\mathrm{d}T}=P^{l}\frac{\Delta_{vap}\overline{H}}{RT^2} \tag{23.18}$$

在三相点时,固体和液体的蒸气压,即 P^s 和 P^l,是相等的。于是,由式(23.17)和式(23.18)可知,在三相点时两条曲线的斜率之比为

$$\frac{\mathrm{d}P^{s}/\mathrm{d}T}{\mathrm{d}P^{l}/\mathrm{d}T}=\frac{\Delta_{sub}\overline{H}}{\Delta_{vap}\overline{H}} \tag{23.19}$$

由于焓是一状态函数,所以物质从固相直接变为气相的焓变与物质从固相变为液相,然后再从液相变为气相的焓变相同。用公式表示,有

$$\Delta_{sub}\overline{H}=\Delta_{fus}\overline{H}+\Delta_{vap}\overline{H} \tag{23.20}$$

式中三个 $\Delta\overline{H}$ 都必须为同一个温度下的值。如果将式(23.20)代入式(23.19),可得

$$\frac{\mathrm{d}P^{s}/\mathrm{d}T}{\mathrm{d}P^{l}/\mathrm{d}T}=1+\frac{\Delta_{fus}\overline{H}}{\Delta_{vap}\overline{H}}$$

因此，可以得出：在三相点附近，气-固曲线的斜率大于气-液曲线的斜率。

» 例题 23-7 在三相点附近，固体氨和液体氨的蒸气压分别由以下两式给出：

$$\lg(P^{s}/\text{torr}) = 10.0 - 1630\ \text{K}/T$$

$$\lg(P^{l}/\text{torr}) = 8.46 - 1330\ \text{K}/T$$

计算三相点处气-固曲线和气-液曲线的斜率之比。

» 解 上两式在三相点的导数分别为

$$\frac{\mathrm{d}P^{s}}{\mathrm{d}T} = (2.303P_{\text{tp}})\left(\frac{1630\ \text{K}}{T_{\text{tp}}^{2}}\right) = 4.31\ \text{torr}\cdot\text{K}^{-1}$$

$$\frac{\mathrm{d}P^{l}}{\mathrm{d}T} = (2.303P_{\text{tp}})\left(\frac{1330\ \text{K}}{T_{\text{tp}}^{2}}\right) = 3.52\ \text{torr}\cdot\text{K}^{-1}$$

故两条曲线的斜率之比为 $4.31/3.52 = 1.22$。

23-5 化学势可以由配分函数计算

本节将导出一个用配分函数表示化学势的方便公式。回忆一下之前介绍的内容，已知能量和熵的相应公式分别为[参见式(17.21)和式(20.43)]：

$$U = k_{\text{B}}T^{2}\left(\frac{\partial \ln Q}{\partial T}\right)_{N,V} \tag{23.21}$$

$$S = k_{\text{B}}T\left(\frac{\partial \ln Q}{\partial T}\right)_{N,V} + k_{\text{B}}\ln Q \tag{23.22}$$

已知亥姆霍兹能 $A = U - TS$，则由式(23.21)和式(23.22)可得

$$A = -k_{\text{B}}T\ln Q \tag{23.23}$$

现在，让我们将 N 作为自然变量包含在讨论中，从而有

$$\begin{aligned}\mathrm{d}A &= \left(\frac{\partial A}{\partial T}\right)_{N,V}\mathrm{d}T + \left(\frac{\partial A}{\partial V}\right)_{N,T}\mathrm{d}V + \left(\frac{\partial A}{\partial N}\right)_{T,V}\mathrm{d}N \\ &= -S\mathrm{d}T - P\mathrm{d}V + \left(\frac{\partial A}{\partial N}\right)_{T,V}\mathrm{d}N \end{aligned} \tag{23.24}$$

式(23.24)中的最后一项以 N 即系统中的分子数来表达。用系统中物质的摩尔数 n 来表示该量则更加方便。注意到 n 和 N 相差一个阿伏伽德罗常数的恒定因子，故有

$$\left(\frac{\partial A}{\partial N}\right)_{T,V}\mathrm{d}N = \left(\frac{\partial A}{\partial n}\right)_{T,V}\mathrm{d}n$$

因此，又可以将式(23.24)写成如下形式：

$$\mathrm{d}A = -S\mathrm{d}T - P\mathrm{d}V + \left(\frac{\partial A}{\partial n}\right)_{T,V}\mathrm{d}n \tag{23.25}$$

接下来证明 $(\partial A/\partial n)_{T,V}\mathrm{d}n$ 是书写化学势 μ 的另一种方式。如果在式(23.25)的左右两边同时加上 $\mathrm{d}(PV)$，并使用关系式 $G = A + PV$，则可以得到

$$\mathrm{d}G = \mathrm{d}A + \mathrm{d}(PV) = -S\mathrm{d}T + V\mathrm{d}P + \left(\frac{\partial A}{\partial n}\right)_{T,V}\mathrm{d}n$$

如果将该结果与 $G = G(T, P, n)$ 的全导数，即

$$\begin{aligned}\mathrm{d}G &= \left(\frac{\partial G}{\partial T}\right)_{P,n}\mathrm{d}T + \left(\frac{\partial G}{\partial P}\right)_{T,n}\mathrm{d}P + \left(\frac{\partial G}{\partial n}\right)_{T,P}\mathrm{d}n \\ &= -S\mathrm{d}T + V\mathrm{d}P + \mu\mathrm{d}n\end{aligned}$$

进行比较，则发现

$$\mu = \left(\frac{\partial G}{\partial n}\right)_{T,P} = \left(\frac{\partial A}{\partial n}\right)_{T,V} \tag{23.26}$$

因此，可以利用 G 或者 A 来确定 μ，只要在求 G 或者 A 关于 n 的偏导数时保持相应的自然变量固定不变即可。

将式(23.23)代入式(23.26)，得到

$$\mu = -k_{\text{B}}T\left(\frac{\partial \ln Q}{\partial n}\right)_{V,T} = -RT\left(\frac{\partial \ln Q}{\partial N}\right)_{V,T} \tag{23.27}$$

通过将 k_{B} 和 n 分别乘以阿伏伽德罗常数，即可从上式的第二项得到第三项。对于理想气体，式(23.27)具有一个相当简单的形式。如果将理想气体的表达式，即

$$Q(N,V,T) = \frac{[q(V,T)]^{N}}{N!}$$

代入 $\ln Q$，则有

$$\ln Q = N\ln q - N\ln N + N$$

这里使用了 $\ln N!$ 的 Stirling 近似式。如果将此结果代入式(23.27)，则可得

$$\begin{aligned}\mu &= -RT(\ln q - \ln N - 1 + 1) \\ &= -RT\ln\frac{q(V,T)}{N} \quad (\text{理想气体})\end{aligned} \tag{23.28}$$

对于理想气体，$q(V,T) \propto V$，所以可以将式(23.28)写作：

$$\mu = -RT\ln\left[\left(\frac{q}{V}\right)\frac{V}{N}\right] \tag{23.29}$$

式中 $q(V,T)/V$ 仅是温度的函数。由于 $G = n\mu$，所以式(23.29)也给出了 G 的一个公式。如果用 $k_{\text{B}}T/P$ 代替 V/N，则式(23.29)看起来与式(22.59)完全一样：

$$\begin{aligned}\mu &= -RT\ln\left[\left(\frac{q}{V}\right)\frac{k_{\text{B}}T}{P}\right] \\ &= -RT\ln\left[\left(\frac{q}{V}\right)k_{\text{B}}T\right] + RT\ln P\end{aligned} \tag{23.30}$$

如果将该式与下式进行比较：

$$\mu(T,P) = \mu^{0}(T) + RT\ln P \tag{23.31}$$

则发现

$$\mu^{\circ}(T)=-RT\ln\left[\left(\frac{q}{V}\right)k_{\mathrm{B}}T\right] \tag{23.32}$$

再次回忆一下,对于理想气体,q/V 仅是 T 的函数。

为了计算 $\mu^{\circ}(T)$,需要牢记 P 是以相对于标准压力 P°(等于 1 bar 或 10^5 Pa)的方式表示的。我们通过将式(23.31)写作如下形式以强调这点:

$$\mu(T,P)=\mu^{\circ}(T)+RT\ln\frac{P}{P^{\circ}} \tag{23.33}$$

如果将式(23.33)与式(23.30)进行比较,可以发现

$$\begin{aligned}\mu^{\circ}(T)&=-RT\ln\left[\left(\frac{q}{V}\right)k_{\mathrm{B}}T\right]+RT\ln P^{\circ}\\&=-RT\ln\left[\left(\frac{q}{V}\right)\frac{k_{\mathrm{B}}T}{P^{\circ}}\right]\end{aligned} \tag{23.34}$$

式(23.34)中对数项是没有单位的,也必须如此。式(23.34)提供了一个计算 $\mu^{\circ}(T)$ 或 $G^{\circ}(T)$ 的分子公式。例如,对于 298.15 K 时的 Ar(g),有

$$\begin{aligned}\frac{q(V,T)}{V}&=\left(\frac{2\pi mk_{\mathrm{B}}T}{h^2}\right)^{3/2}\\&=\left[\frac{(2\pi)(0.03995\ \mathrm{kg\cdot mol^{-1}})(1.3806\times10^{-23}\ \mathrm{J\cdot K^{-1}})(298.15\ \mathrm{K})}{(6.022\times10^{23}\ \mathrm{mol^{-1}})(6.626\times10^{-34}\ \mathrm{J\cdot s})^2}\right]^{3/2}\\&=2.444\times10^{32}\ \mathrm{m^{-3}}\end{aligned}$$

$$\begin{aligned}\frac{k_{\mathrm{B}}T}{P^{\circ}}=\frac{RT}{N_{\mathrm{A}}P^{\circ}}&=\frac{(8.314\ \mathrm{J\cdot mol^{-1}\cdot K^{-1}})(298.15\ \mathrm{K})}{(6.022\times10^{23}\mathrm{mol^{-1}})(1.00\times10^5\ \mathrm{Pa})}\\&=4.116\times10^{-26}\ \mathrm{m^3}\end{aligned}$$

且

$$RT=(8.314\ \mathrm{J\cdot mol^{-1}\cdot K^{-1}})(298.15\ \mathrm{K})=2479\ \mathrm{J\cdot mol^{-1}}$$

所以

$$\begin{aligned}\mu^{\circ}(298.15\ \mathrm{K})&=-(2479\ \mathrm{J\cdot mol^{-1}})\ln[(2.444\times10^{32}\mathrm{m^{-3}})\times(4.116\times10^{-26}\ \mathrm{m^3})]\\&=-(2479\ \mathrm{J\cdot mol^{-1}})\ln(1.006\times10^7)\\&=-3.997\times10^4\ \mathrm{J\cdot mol^{-1}}=-39.97\ \mathrm{kJ\cdot mol^{-1}}\end{aligned}$$

该结果与实验值 $-39.97\ \mathrm{kJ\cdot mol^{-1}}$ 完全吻合。

由于化学势本质上是一能量,所以它必须基于能量零点的某个选择。刚刚计算的化学势数值是基于原子的基态能量为零。如图 18.2 所示,对于双原子分子,我们选择(振动的和电子的)基态能量为 $-D_0$。习惯上,在 $\mu^{\circ}(T)$ 的表值中,人们将分子而非图 18.2 中分离的原子的基态能量取为能量的零点。为了讨论能量零点的这种定义对配分函数形式的影响,先写出:

$$\begin{aligned}q(V,T)&=\sum_j \mathrm{e}^{-\varepsilon_j/k_{\mathrm{B}}T}\\&=\mathrm{e}^{-\varepsilon_0/k_{\mathrm{B}}T}+\mathrm{e}^{-\varepsilon_1/k_{\mathrm{B}}T}+\cdots\end{aligned}$$

如果将 $\mathrm{e}^{-\varepsilon_0/k_{\mathrm{B}}T}$ 作为公因子提出,则有

$$\begin{aligned}q(V,T)&=\mathrm{e}^{-\varepsilon_0/k_{\mathrm{B}}T}[1+\mathrm{e}^{-(\varepsilon_1-\varepsilon_0)/k_{\mathrm{B}}T}+\mathrm{e}^{-(\varepsilon_2-\varepsilon_0)/k_{\mathrm{B}}T}+\cdots]\\&=\mathrm{e}^{-\varepsilon_0/k_{\mathrm{B}}T}q^{\circ}(V,T)\end{aligned} \tag{23.35}$$

式中已经写出 $q^{\circ}(V,T)$ 以强调选取分子的基态能量为零。将此结果代入式(23.34),可得

$$\begin{aligned}\mu^{\circ}-E_0&=-RT\ln\left[\left(\frac{q^{\circ}}{V}\right)\frac{k_{\mathrm{B}}T}{P^{\circ}}\right]\\&=-RT\ln\left[\left(\frac{q^{\circ}}{V}\right)\frac{RT}{N_{\mathrm{A}}P^{\circ}}\right]\end{aligned} \tag{23.36}$$

式中 $E_0=N_{\mathrm{A}}\varepsilon_0$,且 $P^{\circ}=1\ \mathrm{bar}=10^5\ \mathrm{Pa}$。

对于双原子分子,其配分函数 $q^{\circ}(V,T)$ 为

$$q^{\circ}(V,T)=\left(\frac{2\pi mk_{\mathrm{B}}T}{h^2}\right)^{3/2}V\cdot\frac{T}{\sigma\Theta_{\mathrm{rot}}}\cdot\frac{1}{1-\mathrm{e}^{-\Theta_{\mathrm{vib}}/T}}\cdot g_{\mathrm{e},1} \tag{23.37}$$

注意到该表达式与式(18.39)是相同的,除了式(18.39)中的因子 $\mathrm{e}^{-h\nu/2k_{\mathrm{B}}T}\mathrm{e}^{D_{\mathrm{e}}/k_{\mathrm{B}}T}=\mathrm{e}^{D_0/k_{\mathrm{B}}T}$ 外,该因子说明取基态能量为 $-D_0$。与式(23.37)中 $q^{\circ}(V,T)$ 相关的基态能量为零。利用式(23.36)和式(23.37)来计算在谐振子-刚体转子近似下 298.15 K 时 HI(g) 的 $\mu^{\circ}-E_0$,已知 $\Theta_{\mathrm{rot}}=9.25$ K 且 $\Theta_{\mathrm{vib}}=3266$ K(见表 18.2)。根据式(23.37),有

$$\begin{aligned}\frac{q^{\circ}(V,T)}{V}&=\left[\frac{(2\pi)(0.1279\ \mathrm{kg\cdot mol^{-1}})(1.3806\times10^{23}\ \mathrm{J\cdot K^{-1}})(298.15\ \mathrm{K})}{(6.022\times10^{23}\ \mathrm{mol^{-1}})(6.626\times10^{-34}\ \mathrm{J\cdot s})^2}\right]^{3/2}\times\\&\quad\left(\frac{298.15\ \mathrm{K}}{9.25\ \mathrm{K}}\right)\frac{1}{1-\mathrm{e}^{-3266\ \mathrm{K}/298.15\ \mathrm{K}}}\\&=4.51\times10^{34}\ \mathrm{m^{-3}}\end{aligned}$$

又

$$\begin{aligned}\frac{RT}{N_{\mathrm{A}}P^{\circ}}&=\frac{(8.314\ \mathrm{J\cdot mol^{-1}\cdot K^{-1}})(298.15\ \mathrm{K})}{(6.022\times10^{23}\mathrm{mol^{-1}})(10^5\ \mathrm{Pa})}\\&=4.116\times10^{-26}\ \mathrm{m^3}\end{aligned}$$

代入式(23.36),可得

$$\begin{aligned}\mu^{\circ}(298.15\ \mathrm{K})-E_0&=-(8.314\ \mathrm{J\cdot mol^{-1}\cdot K^{-1}})(298.15\ \mathrm{K})\times\\&\quad\ln(4.51\times10^{34}\ \mathrm{m^{-3}}\times4.116\times10^{-26}\ \mathrm{m^3})\\&=-52.90\ \mathrm{kJ\cdot mol^{-1}}\end{aligned}$$

包含非谐性和非刚性转子效应的文献值为 $-52.94\ \mathrm{kJ\cdot mol^{-1}}$。我们将在第 24 章中讨论化学平衡时使用 $\mu^{\circ}(T)-E_0$ 的值。

习题

23-1 利用下列数据绘制氧的简单相图：三相点，54.3 K 和 1.14 torr；临界点，154.6 K 和 37828 torr；正常熔点，-218.4 ℃；正常沸点，-182.9 ℃。氧会与冰一样在施加外压下熔化吗？

23-2 利用下列数据绘制 I_2 的简单相图：三相点，113 ℃和 0.12 atm；临界点，512 ℃和 116 atm；正常熔点，114 ℃；正常沸点，184 ℃，且液体密度大于固体密度。

23-3 图 23.14 显示了苯的密度-温度相图。利用下列三相点和临界点的数据，解释这张相图。为何在这种类型的相图中三相点用一条线表示？

	T/K	P/bar	ρ/(mol·L^{-1})	
			蒸气	液体
三相点	278.680	0.04785	0.002074	11.4766
临界点	561.75	48.7575	3.90	3.90
正常凝固点	278.68	1.01325		
正常沸点	353.240	1.01325	0.035687	10.4075

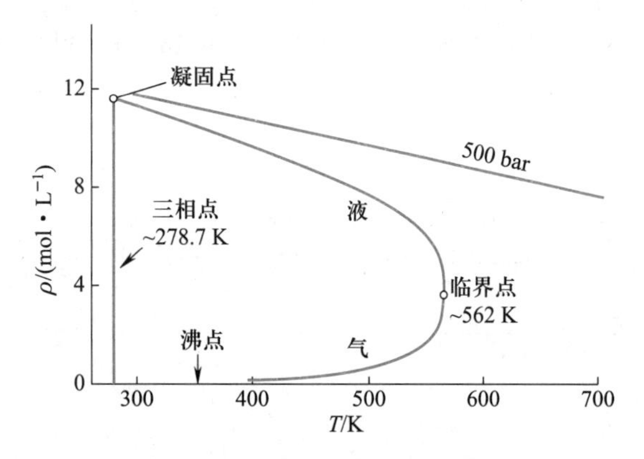

图 23.14 苯的密度-温度相图。

23-4 固体氯和液体氯的蒸气压分别由下面两式给出：

$$\ln(P^s/\text{torr}) = 24.320 - 3777\ \text{K}/T$$

$$\ln(P^l/\text{torr}) = 17.892 - 2669\ \text{K}/T$$

式中 T 是绝对温度。计算氯三相点的温度和压力。

23-5 沿着熔化曲线从三相点温度到一任意温度的压力可由 Simon 方程来经验拟合，该方程为 $(P-P_{tp})/\text{bar} = a\left[\left(\frac{T}{T_{tp}}\right)^{\alpha}-1\right]$，式中 a 和 α 为常数，它们的值依赖于物质。已知对于苯来说，P_{tp} = 0.04785 bar，T_{tp} = 278.68 K，a = 4237，α = 2.3。将 P 对 T 作图，并将结果与图 23.2 中给出的结果进行比较。

23-6 从三相点到任意温度的、甲烷熔化曲线的斜率可由式 $\frac{dP}{dT} = (0.08446\ \text{bar}\cdot\text{K}^{-1.85})T^{0.85}$ 给出。利用三相点的温度和压力分别为 90.68 K 和 0.1174 bar 的事实，计算甲烷在 300 K 时的熔化压力。

23-7 沿着整个液-气共存曲线的甲醇蒸气压可非常准确地用下面这个经验式来表示：

$$\ln(P/\text{bar}) = -\frac{10.752849}{x} + 16.758207 - 3.603425x + 4.373232x^2 - 2.381377x^3 + 4.572199(1-x)^{1.70}$$

式中 $x = T/T_c$，且 T_c = 512.60 K。利用这个公式，证明甲醇的正常沸点为 337.67 K。

23-8 一个液体的标准沸点是蒸气压等于 1 bar 时的温度。利用上一题中给出的经验公式，证明甲醇的标准沸点为 337.33 K。

23-9 沿着气-液共存曲线的苯的蒸气压可以准确地用下面这个经验式来表示：

$$\ln(P/\text{bar}) = -\frac{10.655375}{x} + 23.941912 - 22.388714x + 20.2085593x^2 - 7.219556x^3 + 4.84728(1-x)^{1.70}$$

式中 $x = T/T_c$，且 T_c = 561.75 K。利用这个公式，证明苯的正常沸点为 353.24 K。利用上面的表达式，计算苯的标准沸点。

23-10 利用下表中的数据，将彼此平衡时液态和气态乙烷的密度对温度作图，并确定乙烷的临界温度。

T/K	$\frac{\rho^l}{\text{mol}\cdot\text{dm}^{-3}}$	$\frac{\rho^g}{\text{mol}\cdot\text{dm}^{-3}}$	T/K	$\frac{\rho^l}{\text{mol}\cdot\text{dm}^{-3}}$	$\frac{\rho^g}{\text{mol}\cdot\text{dm}^{-3}}$
100.00	21.341	1.336×10^{-3}	283.15	12.458	2.067
140.00	19.857	0.03303	293.15	11.297	2.880
180.00	18.279	0.05413	298.15	10.499	3.502
220.00	16.499	0.2999	302.15	9.544	4.307
240.00	15.464	0.5799	304.15	8.737	5.030
260.00	14.261	1.051	304.65	8.387	5.328
270.00	13.549	1.401	305.15	7.830	5.866

23-11 利用上一习题中的数据，将 $(\rho^l+\rho^g)/2$ 对 (T_c-T) 作图，其中 T_c = 305.4 K。所得直线是一经验定律，称为**密度中线定律**（law of rectilinear diameters）。如

果该曲线绘制在与上一题中相同的图中，则两条曲线的交点可给出临界密度 ρ_c。

23－12 利用习题 23－10 中的数据，将 $(\rho^l-\rho^g)$ 对 $(T_c-T)^{1/2}$ 作图，其中 $T_c=305.4$ K。这张图说明了什么？

23－13 从三相点到临界点甲醇的共存液相和气相密度可由下面的经验式准确给出：

$$\frac{\rho^l}{\rho_c}-1=2.51709(1-x)^{0.350}+2.466694(1-x)-3.066818(1-x^2)+1.325077(1-x^3)$$

$$\frac{\rho^g}{\rho_c}=-10.619689\frac{1-x}{x}-2.556682(1-x)^{0.350}+3.881454(1-x)+4.795568(1-x)^2$$

式中 $\rho_c=8.40\ \text{mol}\cdot\text{L}^{-1}$，$x=T/T_c(T_c=512.60\ \text{K})$。利用这些表达式，就像图 23.7 中一样，将 ρ^l 和 ρ^g 对温度作图。然后，将 $(\rho^l+\rho^g)/2$ 对 T 作图；证明该线在 $T=T_c$ 处与 ρ^l 和 ρ^g 曲线相交。

23－14 利用上一题中给出的表达式，将 $(\rho^l-\rho^g)/2$ 对 $(T_c-T)^{1/3}$ 作图。是否得到一条合理的直线？如果不是，确定能给出最佳直线的 (T_c-T) 的指数值。

23－15 乙烷的摩尔蒸发焓可以表示为 $\Delta_{vap}\overline{H}(T)/(\text{kJ}\cdot\text{mol}^{-1})=\sum_{j=1}^{6}A_jx^j$，式中 $A_1=12.857$，$A_2=5.409$，$A_3=33.835$，$A_4=-97.520$，$A_5=100.849$，$A_6=-37.933$，$x=(T_c-T)^{1/3}/(T_c-T_{tp})^{1/3}$，临界温度 $T_c=305.4$ K，三相点温度 $T_{tp}=90.35$ K。将 $\Delta_{vap}\overline{H}(T)$ 对 T 作图，并证明曲线与图 23.8 中的类似。

23－16 将下表中氩的数据拟合为一个 T 的三次多项式，并利用结果确定临界温度。如果用一个五次多项式，结果又将如何？

T/K	83.80	86.0	90.0	94.0	98.0
$\Delta_{vap}\overline{H}/(\text{J}\cdot\text{mol}^{-1})$	6573.8	6508.4	6381.8	6245.2	6097.7
T/K	102.0	106.0	110.0	114.0	118.0
$\Delta_{vap}\overline{H}/(\text{J}\cdot\text{mol}^{-1})$	5938.8	5767.6	5583.0	5383.5	5166.5
T/K	122.0	126.0	130.0	134.0	138.0
$\Delta_{vap}\overline{H}/(\text{J}\cdot\text{mol}^{-1})$	4928.7	4665.0	4367.7	4024.7	3618.8
T/K	142.0	146.0	148.0	149.0	150.0
$\Delta_{vap}\overline{H}/(\text{J}\cdot\text{mol}^{-1})$	3118.2	2436.3	1944.5	1610.2	1131.5

23－17 利用下表中甲醇在 1 atm 的数据，绘制正常沸点(337.668 K)附近 $\overline{G}$ 对 T 的作图。$\Delta_{vap}\overline{H}$ 的值是多少？

T/K	240	280	300	320	330	337.668
$\overline{H}/(\text{kJ}\cdot\text{mol}^{-1})$	4.7183	7.7071	9.3082	10.9933	11.8671	12.5509
$\overline{S}/(\text{J}\cdot\text{mol}^{-1}\cdot\text{K}^{-1})$	112.259	123.870	129.375	134.756	137.412	139.437
T/K	337.668	350	360	380	400	
$\overline{H}/(\text{kJ}\cdot\text{mol}^{-1})$	47.8100	48.5113	49.0631	50.1458	51.2257	
$\overline{S}/(\text{J}\cdot\text{mol}^{-1}\cdot\text{K}^{-1})$	243.856	245.937	247.492	250.419	253.189	

23－18 在本题中，将像图 23.11 中那样绘制一个一般理想物质固、液、气三相的 $\overline{G}$ 对 T 的作图。设 $\overline{V}^s=0.600$，$\overline{V}^l=0.850$，以及 $RT=2.5$，均以任意单位。证明：

$$\overline{G}^s=0.600(P-P_0)+\overline{G}_0^s$$

$$\overline{G}^l=0.850(P-P_0)+\overline{G}_0^l$$

$$\overline{G}^g=2.5\ln(P/P_0)+\overline{G}_0^g$$

式中 $P_0=1$，$\overline{G}_0^s$，$\overline{G}_0^l$ 和 $\overline{G}_0^g$ 为各自能量零点。证明如果(任意地)选择固相和液相在 $P=2.00$ 处于平衡，以及液相和气相在 $P=1.00$ 处于平衡，那么就可以得到 $\overline{G}_0^s-\overline{G}_0^l=0.250$ 及 $\overline{G}_0^l=\overline{G}_0^g$，由此得到 $\overline{G}_0^s-\overline{G}_0^g=0.250$。如果用一共同能量零点 $\overline{G}_0^g$ 来表示 $\overline{G}^s$，$\overline{G}^l$ 和 $\overline{G}^g$，以便可以将它们彼此进行比较，并在同一张图上绘出。证明：

$$\overline{G}^s-\overline{G}_0^g=0.600(P-1)+0.250$$

$$\overline{G}^l-\overline{G}_0^g=0.850(P-1)$$

$$\overline{G}^g-\overline{G}_0^g=2.5\ln P$$

从 $P=0.100$ 到 $P=3.00$，在同一张图上绘出它们，并将结果与图 23.11 进行比较。

23－19 在本题中，我们将证明：当有从一高浓度区至一低浓度区的物质流时，熵总是增加的(与习题 22－41 和习题 22－42 比较)。考虑一个双室系统，其被刚性、不能渗透且绝热的壁包围，且两室之间由一刚性、绝缘但可渗透的壁隔开。假设两室都处于平衡，但它们彼此之间不处于平衡。证明：对于这个系统，有 $U_1=$常数，$U_2=$常数，$V_1=$常数，$V_2=$常数，且 $n_1+n_2=$常数。并证明：一般地，有 $dS=\frac{dU}{T}+\frac{P}{T}dV-\frac{\mu}{T}dn$，以及对于这个系统，有 $dS=\left(\frac{\partial S}{\partial n_1}\right)dn_1+\left(\frac{\partial S}{\partial n_2}\right)dn_2=dn_1\left(\frac{\mu_2}{T}-\frac{\mu_1}{T}\right)\geqslant 0$。利用这个结果，讨论在一化学势差下(等温)物质流的方向。

23－20 已知水的摩尔蒸发焓为 $40.65\ \text{kJ}\cdot\text{mol}^{-1}$，液态和蒸气的密度分别为 $0.9584\ \text{g}\cdot\text{mL}^{-1}$ 和 $0.6010\ \text{g}\cdot\text{L}^{-1}$，确定水在其正常沸点 373.15 K 时的 dT/dP 值，并估算水

在 2 atm 时的沸点。

23-21 已知乙酸乙酯在其正常沸点(77.11 ℃)时液态和气态的正压密度分别为 0.826 g · mL^{-1}和 0.00319 g · mL^{-1},在正常沸点时蒸气压随温度的变化率为 23.0 torr · K^{-1}。试估算乙酸乙酯在其正常沸点时的摩尔蒸发焓。

23-22 在 400 ℃至 1300 ℃的温度区间内,汞的蒸气压可以表示为 $\ln(P/\text{torr}) = -\dfrac{7060.7\ \text{K}}{T} + 17.85$。已知在其正常沸点时汞蒸气的密度为 3.82 g · L^{-1},液体的密度为 12.7 g · mL^{-1},试估算汞在其正常沸点时的摩尔蒸发焓。

23-23 在固-液共存边界上丙烷的压力可由经验式 $P = -718 + 2.38565T^{1.283}$ 给出,式中 P 的单位是 bar,T 的单位是 K。已知 $T_{\text{fus}} = 85.46$ K,且 $\Delta_{\text{fus}}\overline{H} = 3.53$ kJ · mol^{-1},计算 85.46 K 时的 $\Delta_{\text{fus}}\overline{V}$。

23-24 利用习题 23-7 中给出的蒸气压数据以及习题 23-13 中给出的密度数据,计算甲醇从三相点(175.6 K)到临界点(512.6 K)的 $\Delta_{\text{vap}}\overline{H}$。将结果作图。

23-25 利用上一题的结果,绘出从三相点到临界点甲醇的 $\Delta_{\text{vap}}\overline{S}$。

23-26 利用习题 23-7 中给出的甲醇蒸气压数据,绘制 ln$P$ 对 $1/T$ 的作图。根据习题 23-24 的计算结果判断:在什么温度范围内,克劳修斯-克拉佩龙方程是有效的?

23-27 水在其正常沸点时的摩尔蒸发焓为 40.65 kJ · mol^{-1}。利用克劳修斯-克拉佩龙方程计算水在 110 ℃时的蒸气压。实验值为 1075 torr。

23-28 苯甲醛在 154 ℃时的蒸气压为 400 torr,其正常沸点为 179 ℃。估算其摩尔蒸发焓。实验值为 42.50 kJ · mol^{-1}。

23-29 利用下列数据,估算铅的正常沸点和摩尔蒸发焓。

T/K	1500	1600	1700	1800	1900
P/torr	19.72	48.48	107.2	217.7	408.2

23-30 固体碘的蒸气压可由式 $\ln(P/\text{atm}) = -\dfrac{8090.0\ \text{K}}{T} - 2.013\ln(T/\text{K}) + 32.908$ 给出。利用该式,计算 I_2(s)的正常升华温度以及 25 ℃时的摩尔升华焓。$\Delta_{\text{sub}}\overline{H}$ 的实验值为 62.23 kJ · mol^{-1}。

23-31 将下列冰的蒸气压数据拟合成形式为 $\ln P = -\dfrac{a}{T} + b\ln T + cT$ 的表达式,式中 T 是单位为 K 的绝对温度。利用结果,确定冰在 0 ℃时的摩尔升华焓。

t/℃	−10.0	−9.6	−9.2	−8.8	−8.4	−8.0	−7.6
P/torr	1.950	2.021	2.093	2.168	2.246	2.326	2.408
t/℃	−7.2	−6.8	−6.4	−6.0	−5.6	−5.2	−4.8
P/torr	2.493	2.581	2.672	2.765	2.862	2.962	3.065
t/℃	−4.4	−4.0	−3.6	−3.2	−2.8	−2.4	−2.0
P/torr	3.171	3.280	3.393	3.509	3.630	3.753	3.880
t/℃	−1.6	−1.2	−0.8	−0.4	−0.0		
P/torr	4.012	4.147	4.287	4.431	4.579		

23-32 下表给出了三个不同温度时液体钯的蒸气压数据,试估算钯的摩尔蒸发焓。

T/K	1587	1624	1841
P/bar	1.002×10^{-9}	2.152×10^{-9}	7.499×10^{-8}

23-33 CO_2 在 138.85 K 和 158.75 K 时的升华压力分别为 1.33×10^{-3} bar 和 2.66×10^{-2} bar。试估算 CO_2 的摩尔升华焓。

23-34 固态碘和液态碘化氢的蒸气压可以分别用 $\ln(P^{\text{s}}/\text{torr}) = -\dfrac{2906.2\ \text{K}}{T} + 19.020$ 和 $\ln(P^{\text{l}}/\text{torr}) = -\dfrac{2595.7\ \text{K}}{T} + 17.572$ 这两个经验式来表示。计算在三相点时固-气曲线的斜率与液-气曲线的斜率之比。

23-35 已知碘化氢的正常熔点、临界温度和临界压力分别为 222 K, 424 K 和 82.0 atm。利用上一题中的数据,绘制碘化氢的相图。

23-36 考虑相变:C(石墨)$\rightleftharpoons$C(金刚石),已知 $\Delta_{\text{r}}G^{\circ}/(\text{J}\cdot\text{mol}^{-1}) = 1895 + 3.363T$,计算 $\Delta_{\text{r}}H^{\circ}$和 $\Delta_{\text{r}}S^{\circ}$;计算 25 ℃时金刚石和石墨彼此处于平衡时的压力。金刚石和石墨的密度分别取值为 3.51 g · cm^{-3}和 2.25 g · cm^{-3}。假设金刚石和石墨都不可压缩。

23-37 利用式(23.36),计算 Kr(g)在 298.15 K 时的 $\mu^{\circ} - E_0$。文献值为 −42.72 kJ · mol^{-1}。

23-38 证明:对于一个单原子理想气体,有关 $\mu(T,P)$ 的式(23.30)和式(23.32)等价于使用关系式 $\overline{G} = \overline{H} - T\overline{S}$,式中 $\overline{H} = 5RT/2$,$\overline{S}$ 则由式(20.45)给出。

23-39 利用式(23.37)和表 18.2 中的分子参数,计算 N_2(g)在 298.15 K 时的 $\mu^{\circ} - E_0$。文献值是 −48.46 kJ · mol^{-1}。

23-40 利用式(23.37)和表 18.2 中的分子参数,计算 CO(g)在 298.15 K 时的 $\mu^{\circ} - E_0$。文献值是 −50.26 kJ · mol^{-1}。

23-41 利用式(18.60)[没有因子 $\exp(D_{\text{e}}/k_{\text{B}}T)$]和表 18.4 中的分子参数,计算 CH_4(g)在 298.15 K 时的 $\mu^{\circ} - E_0$。文献值是 −45.51 kJ · mol^{-1}。

23-42 当提及一个液体的平衡蒸气压时,我们默认一部分液体已蒸发至真空,然后达到平衡。但是,假设能够通过某种方式在液体表面施加一附加压力。一种方式是在液体上方空间引入一难溶惰性气体。本题将考察一个液体的平衡蒸气压如何依赖于施加在其上的总压。

考虑液体和蒸气彼此处于平衡,有$\mu^{l}=\mu^{g}$。由于两相处在相同温度,证明:$\overline{V}^{l}dP^{l}=\overline{V}^{g}dP^{g}$。假设蒸气可以处理为理想气体,且$\overline{V}^{l}$不随压力明显变化,证明:$\ln\dfrac{P^{g}(P^{l}=P\text{ 时})}{P^{g}(P^{l}=0\text{ 时})}=\dfrac{\overline{V}^{l}P^{l}}{RT}$。利用该式,计算 25 ℃、总压为10.0 atm时水的蒸气压。取$P^{l}=0$时的P^{g}为 0.0313 atm。

23-43 利用一个液体的蒸气压不随总压明显变化这一事实,证明上一题的最终结果可以写为$\dfrac{\Delta P^{g}}{P^{g}}=\dfrac{\overline{V}^{l}P^{l}}{RT}$[提示:设$P^{g}(P^{l}=P\text{ 时})=P^{g}(P^{l}=0\text{ 时})+\Delta P$,并利用$\Delta P$很小的事实]。计算 25 ℃、总压为 10.0 atm 时水的ΔP。将答案与上一题中得到的答案进行比较。

23-44 在本题中,我们将证明一个液滴的蒸气压不同于一大块液体的蒸气压。考虑半径为r的一球形液滴与蒸气在压力P时处于平衡,同样的平面液体则与蒸气在压力P_0时处于平衡。证明:dn mol 的液体由平面液体等温转移至液滴的吉布斯能变化为$dG=dnRT\ln\dfrac{P}{P_0}$。该吉布斯能变化是液滴表面能的变化引起的(大的平面液体的表面能变化可以忽略)。证明:$dnRT\ln\dfrac{P}{P_0}=\gamma dA$,式中$\gamma$是液体的表面张力,$dA$是液滴表面积的变化。假设液滴是球形的,证明:$dn=\dfrac{4\pi r^{2}dr}{\overline{V}^{l}}$和$dA=8\pi r dr$,以及

$$\ln\frac{P}{P_0}=\frac{2\gamma\overline{V}^{l}}{rRT}\qquad(1)$$

因为等式右边是正值,所以可以发现液滴的蒸气压将大于平面液体的蒸气压。如果$r\to\infty$,则结果会怎样?

23-45 利用习题 23-44 中的式(1),计算半径为1.0×10^{-5} cm 的水滴在 25 ℃时的蒸气压。取水的表面张力为$7.20\times10^{-4}\ \text{J}\cdot\text{m}^{-2}$。

23-46 图 23.15 显示了在对比温度T_R为 0.85 时,对于 van der Waals 方程,对比压力P_R对对比体积$\overline{V}_R$的作图。对于任一小于 1 的对比温度,将会在图上明显出现所谓的 van der Waals 圈,其是 van der Waals 方程简化形式的一个结果。结果表明,在临界温度以下($T_R<1$),任一状态解析方程(一个可用对比密度$1/\overline{V}_R$表示的 Maclaurin 展开式)将会给出这种类型的圈。当压力增加时,正确的行为由图 23.15 中的路径 abdfg 给出。水平区 bdf 代表在一固定压力气体到液体的凝聚,其没有由 van der Waals 方程给出。认识到在 b 和 f 点液体和蒸气的化学势必须相等,我们可以在正确的位置画水平线(称为连结线)。利用该要求,Maxwell 证明了代表凝聚的这条水平线的绘制应使得线上圈的面积必须与线下圈的面积相等。为了证明**麦克斯韦的等面积构建规则**(Maxwell's equal-area construction rule),可沿着路径 bcdef 分部积分$(\partial\mu/\partial P)_T=\overline{V}$,并利用$\mu^{l}$(在 f 点的$\mu$值)$=\mu^{g}$(在 b 点的$\mu$值)的事实,从而得到$\mu^{l}-\mu^{g}=P_0(\overline{V}^{l}-\overline{V}^{g})-\int_{bcdef}Pd\overline{V}=\int_{bcdef}(P_0-P)d\overline{V}$,式中$P_0$是对应于连结线的压力。解释这个结果。

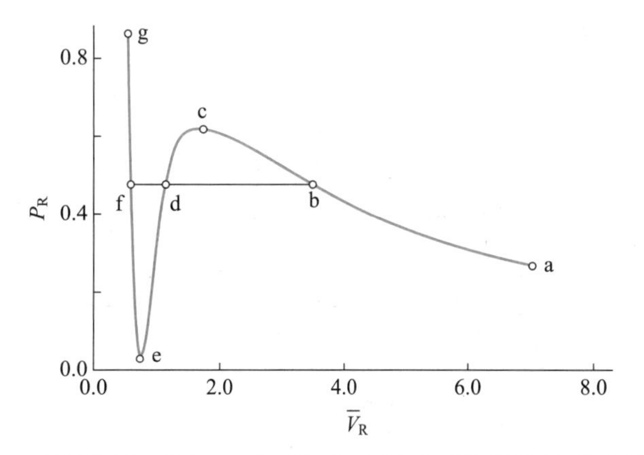

图 23.15 对于 van der Waals 方程,在对比温度T_R为 0.85 时,对比压力P_R对对比体积$\overline{V}_R$的作图。

23-47 等温压缩系数定义为$\kappa_T=-\dfrac{1}{V}\left(\dfrac{\partial V}{\partial P}\right)_T$。由于在临界点时$(\partial P/\partial V)_T=0$,$\kappa_T$在那里发散。引起大量实验和理论研究的一个问题是当$T$趋近$T_c$时$\kappa_T$的发散方式问题。它是以$\ln(T-T_c)$的形式,还是以$(T-T_c)^{-\gamma}$的形式发散(这里$\gamma$是某一临界指数)?对于十分接近临界点时类似$\kappa_T$的热力学函数的行为,van der Waals 曾提出了一个早期的理论,他预测κ_T以$(T-T_c)^{-1}$的形式发散。为了搞清楚 van der Waals 是如何得到这个预测的,我们考虑压力$P(\overline{V},T)$关于T_c和$\overline{V}_c$的(双)泰勒展开式:

$$P(\overline{V},T)=P(\overline{V}_c,T_c)+(T-T_c)\left(\frac{\partial P}{\partial T}\right)_c+\frac{1}{2}(T-T_c)^2\left(\frac{\partial^2P}{\partial T^2}\right)_c+(T-T_c)(\overline{V}-\overline{V}_c)\left(\frac{\partial^2P}{\partial V\partial T}\right)_c+\frac{1}{6}(\overline{V}-\overline{V}_c)^3\left(\frac{\partial^3P}{\partial\overline{V}^3}\right)_c+\cdots$$

为何没有$(\overline{V}-\overline{V}_c)$或$(\overline{V}-\overline{V}_c)^2$的项？将这个泰勒级数写成

$$P=P_c+a(T-T_c)+b(T-T_c)^2+c(T-T_c)(\overline{V}-\overline{V}_c)+d(\overline{V}-\overline{V}_c)^3+\cdots$$

证明：

$$\left(\frac{\partial P}{\partial \overline{V}}\right)_T=c(T-T_c)+3d(\overline{V}-\overline{V}_c)^2+\cdots \quad \begin{pmatrix}T\to T_c\\ \overline{V}\to \overline{V}_c\end{pmatrix}$$

以及

$$\kappa_T=\frac{-1/\overline{V}}{c(T-T_c)+3d(\overline{V}-\overline{V}_c)^2+\cdots}$$

设$\overline{V}=\overline{V}_c$，从而得到

$$\kappa_T\propto\frac{1}{T-T_c}\quad (T\to T_c)$$

当$T\to T_c$时，κ_T的准确实验测量表明：κ_T以比$(T-T_c)^{-1}$稍微强烈的形式发散。特别地，人们发现$\kappa_T\to(T-T_c)^{-\gamma}$（式中$\gamma=1.24$）。因此，van der Waals的理论尽管定性正确，但定量不正确。

23-48 用上一题的思想来预测：当$T\to T_c$时，共存液态和气态密度（ρ^l和ρ^g，正压密度）的差异将如何变化。将下式

$$P=P_c+a(T-T_c)+b(T-T_c)^2+c(T-T_c)(\overline{V}-\overline{V}_c)+d(\overline{V}-\overline{V}_c)^3+\cdots \quad (1)$$

代入Maxwell等面积构建公式（习题23-46）中，得到

$$P_0=P_c+a(T-T_c)+b(T-T_c)^2+\frac{c}{2}(T-T_c)(\overline{V}^l+\overline{V}^g-2\overline{V}_c)+\frac{d}{4}[(\overline{V}^g-\overline{V}_c)^2+(\overline{V}^l-\overline{V}_c)^2](\overline{V}^l+\overline{V}^g-2\overline{V}_c)+\cdots \quad (2)$$

对于$P<P_c$，方程(1)给出圈，并因而在$P=P_0$时有三个根，即$\overline{V}^l$，$\overline{V}_c$和$\overline{V}^g$。通过假设式(2)中$\overline{V}_c\approx\frac{1}{2}(\overline{V}^l+\overline{V}^g)$，以及写出$P_0=P_c+a(T-T_c)+b(T-T_c)^2$，可以得到这些根的一级近似。在这种近似下，式(1)的三个根可由式$d(\overline{V}-\overline{V}_c)^3+c(T-T_c)(\overline{V}-\overline{V}_c)=0$得到。证明：三个根分别为

$$\overline{V}_1=\overline{V}^l=\overline{V}_c-\left(\frac{c}{d}\right)^{1/2}(T_c-T)^{1/2}$$

$$\overline{V}_2=\overline{V}_c$$

$$\overline{V}_3=\overline{V}^g=\overline{V}_c+\left(\frac{c}{d}\right)^{1/2}(T_c-T)^{1/2}$$

证明：

$$\overline{V}^g-\overline{V}^l=2\left(\frac{c}{d}\right)^{1/2}(T_c-T)^{1/2}\quad \begin{pmatrix}T<T_c\\ T\to T_c\end{pmatrix}$$

以及该式等价于

$$\rho^l-\rho^g\to A(T_c-T)^{1/2}\quad \begin{pmatrix}T<T_c\\ T\to T_c\end{pmatrix}$$

因此，van der Waals理论预测这种情形中的临界指数为1/2。实验业已证明

$$\rho^l-\rho^g\to A(T_c-T)^{\beta}$$

式中$\beta=0.324$。因此，与在上题中一样，尽管van der Waals理论定性正确，但定量不正确。

23-49 下表给出了丁烷的温度、蒸气压和共存气相的密度。利用van der Waals方程和Redlich-Kwong方程计算蒸气压，并将结果与下表给出的实验值进行比较。

T/K	200	210	220	230	240
P/bar	0.0195	0.0405	0.0781	0.1410	0.2408
$\rho^g/(\text{mol}\cdot\text{L}^{-1})$	0.0017	0.00233	0.00430	0.00746	0.01225
T/K	250	260	270	280	
P/bar	0.3915	0.6099	0.9155	1.330	
$\rho^g/(\text{mol}\cdot\text{L}^{-1})$	0.01924	0.02905	0.04239	0.06008	

23-50 下表给出了苯的温度、蒸气压和共存气相的密度。利用van der Waals方程和Redlich-Kwong方程计算蒸气压，并将结果与下表给出的实验值进行比较。已知$T_c=561.75$ K和$P_c=48.7575$ bar，利用式(16.17)和式(16.18)，计算van der Waals参数和Redlich-Kwong参数。

T/K	290.0	300.0	310.0	320.0	330.0	340.0	350.0
P/bar	0.0860	0.1381	0.2139	0.3205	0.4666	0.6615	0.9161
$\rho^g/(\text{mol}\cdot\text{L}^{-1})$	0.00359	0.00558	0.00839	0.01223	0.01734	0.02399	0.03248

习题参考答案

第24章

溶液Ⅰ：液-液溶液

▶ **科学家介绍**

在本章和下章中，我们将热力学原理应用到溶液中。本章聚焦于由两种挥发性液体组成的溶液，如乙醇-水溶液。我们将首先讨论偏摩尔量，它提供了一组最方便的热力学变量来描述溶液。该讨论将引出吉布斯-杜安(Gibbs-Duhem)公式，它给出了溶液中一个组分的性质变化与另一个组分的性质变化之间的关系。最简单的溶液模型是理想溶液，其中两个组分在整个组成范围内都服从 Raoult 定律。尽管一些溶液表现出基本理想的行为，但大多数溶液并不是理想的。正如非理想气体可以用逸度描述一样，非理想溶液可以用一个称为活度的量来描述。活度的计算必须相对于某一特定的标准状态，在第 24-8 节中，我们介绍了两种常用的标准状态：一种是基于溶剂或 Raoult 定律的标准状态，另一种是基于溶质或 Henry 定律的标准状态。

24-1 偏摩尔量是溶液的重要热力学性质

到目前为止，我们只讨论了单组分系统的热力学，现在，我们将讨论多组分系统的热力学。为了简单起见，我们只讨论两个组分的系统。我们将要阐述的大多数概念和结论都可适用于多组分系统。对于一个由 n_1 mol 的组分 1 和 n_2 mol 的组分 2 组成的溶液，其吉布斯能是 T、P 以及两个摩尔数 n_1 和 n_2 的函数。为了强调 G 对这些变量的依赖，可将 G 写为 $G=G(T,P,n_1,n_2)$。G 的全微分式可表示为

$$dG=\left(\frac{\partial G}{\partial T}\right)_{P,n_1,n_2}dT+\left(\frac{\partial G}{\partial P}\right)_{T,n_1,n_2}dP+\left(\frac{\partial G}{\partial n_1}\right)_{P,T,n_2}dn_1+\left(\frac{\partial G}{\partial n_2}\right)_{P,T,n_1}dn_2 \tag{24.1}$$

如果溶液的组成固定，有 $dn_1=dn_2=0$，则式(24.1)与式(22.30)是相同的，有

$$\left(\frac{\partial G}{\partial T}\right)_{P,n_1,n_2}=-S(P,T,n_1,n_2)$$

和

$$\left(\frac{\partial G}{\partial P}\right)_{T,n_1,n_2}=V(P,T,n_1,n_2)$$

正如上一章所述，G 对摩尔数的偏导数称为化学势，或偏摩尔吉布斯能。化学势的标准符号是 μ，因此式(24.1)可写成

$$dG=-SdT+VdP+\mu_1dn_1+\mu_2dn_2 \tag{24.2}$$

式中

$$\mu_j=\mu_j(T,P,n_1,n_2)=\left(\frac{\partial G}{\partial n_j}\right)_{T,P,n_{i\neq j}}=\overline{G}_j \tag{24.3}$$

溶液中每个组分的化学势在确定溶液的热力学性质方面都起着核心作用。

尽管只有偏摩尔吉布斯能有特殊的符号和名称，其他的热力学广度变量也都有相应的偏摩尔量。例如，$(\partial S/\partial n_j)_{T,P,n_{i\neq j}}$ 称为偏摩尔熵，用 $\overline{S}_j$ 表示；$(\partial V/\partial n_j)_{T,P,n_{i\neq j}}$ 称为偏摩尔体积，用 $\overline{V}_j$ 表示。一般来说，如果用 $Y=Y(T,P,n_1,n_2)$ 表示某种热力学广度性质，则其相应的偏摩尔量，用 $\overline{Y}_j$ 表示，可定义为

$$\overline{Y}_j=\overline{Y}_j(T,P,n_1,n_2)=\left(\frac{\partial Y}{\partial n_j}\right)_{P,T,n_{i\neq j}} \tag{24.4}$$

从本质上讲，偏摩尔量 $\overline{Y}_j$ 是在保持 T, P 和其他摩尔数不变的情况下，当 n_j 改变时 Y 如何变化的一种度量。

偏摩尔量是热力学强度量。实际上，对于一个纯组分系统，化学势就是摩尔吉布斯能。我们可以利用偏摩尔量的强度性质来推导溶液的一个最重要的关系式。作为一个具体的例子，我们考虑一个**二元溶液**(binary solution)，即由两种不同的液体组成的溶液。二元溶液的吉布斯能[式(24.2)]为

$$dG=-SdT+VdP+\mu_1dn_1+\mu_2dn_2$$

在定温定压下，有

$$dG=\mu_1 dn_1+\mu_2 dn_2 \tag{24.5}$$

现在,假设通过一个尺度参数 λ 来均匀地增加系统的大小,使得 $dn_1=n_1 d\lambda$ 和 $dn_2=n_2 d\lambda$。注意,当 λ 从0变到1时,组分1和组分2的摩尔数分别从0变到 n_1 和 n_2。因为 G 广延(度)地依赖于 n_1 和 n_2,故必然得到 $dG=Gd\lambda$。因此,随着 λ 改变,总的吉布斯能从0变到某个最终值 G。将 $d\lambda$ 引入式(24.5),得到

$$\int_0^1 G d\lambda=\int_0^1 n_1\mu_1 d\lambda+\int_0^1 n_2\mu_2 d\lambda$$

由于 G,n_1 和 n_2 是最终值(因此不依赖于 λ),μ_1 和 μ_2 是强度变量(因此不依赖于尺度参数 λ),故可将上式写为

$$G\int_0^1 d\lambda=n_1\mu_1\int_0^1 d\lambda+n_2\mu_2\int_0^1 d\lambda$$

或者,积分后得

$$G(T,P,n_1,n_2)=\mu_1 n_1+\mu_2 n_2 \tag{24.6}$$

可见,对于单组分系统,有 $G=\mu n$,这再次表明 μ 是纯组分系统的摩尔吉布斯能,或者更一般地说,纯物质的任一热力学广度量的偏摩尔量都是其摩尔量。

体积的偏摩尔量有一个很好的物理解释,其与式(24.6)等效的方程为

$$V(T,P,n_1,n_2)=\overline{V}_1 n_1+\overline{V}_2 n_2 \tag{24.7}$$

当1-丙醇和水混合时,溶液的最终体积不等于纯1-丙醇和水的体积之和。如果我们知道1-丙醇和水在任一组成时的偏摩尔体积,就可以用式(24.7)来计算该组成的溶液的最终体积。图24.1显示了20 ℃时1-丙醇和水的偏摩尔体积随1-丙醇/水溶液中1-丙醇摩尔分数变化的曲线。可以用该图来估计20 ℃时100 mL 1-丙醇与100 mL水混合所得溶液的最终体积。在20 ℃时,1-丙醇和水的密度分别为0.803 g·mL^{-1}和0.998 g·mL^{-1}。使用这些密度数据,可知100 mL 1-丙醇和100 mL水混合后对应的1-丙醇摩尔分数为0.194。参考图24.1可知,该点大致对应于 $\overline{V}_{1\text{-丙醇}}=72$ mL·mol^{-1} 和 $\overline{V}_{\text{水}}=18$ mL·mol^{-1}。因此,溶液的最终体积为

$$\begin{aligned}V&=n_1\overline{V}_{1\text{-丙醇}}+n_2\overline{V}_{\text{水}}\\&=\left(\frac{80.3\ \text{g}}{60.09\ \text{g}\cdot\text{mol}^{-1}}\right)(72\ \text{mL}\cdot\text{mol}^{-1})+\\&\quad\left(\frac{99.8\ \text{g}}{18.02\ \text{g}\cdot\text{mol}^{-1}}\right)(18\ \text{mL}\cdot\text{mol}^{-1})=196\ \text{mL}\end{aligned}$$

与之相比,混合前的总体积为200 mL。习题24-8至习题24-12涉及基于溶液数据来确定偏摩尔体积。

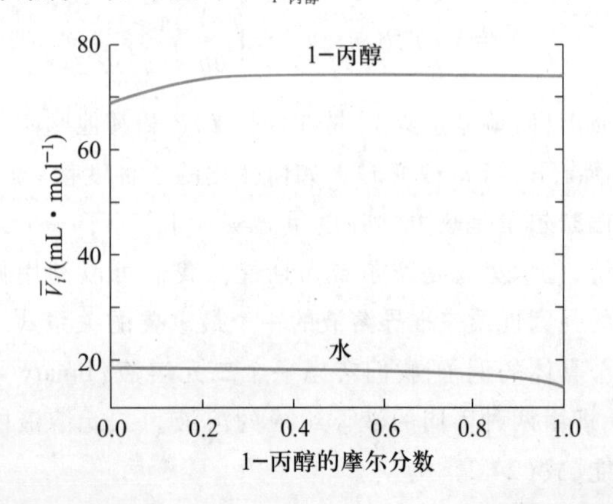

图24.1 20 ℃时1-丙醇水溶液中1-丙醇和水的偏摩尔体积与1-丙醇摩尔分数的关系曲线。

24-2 Gibbs-Duhem公式将溶液中一种组分的化学势变化与其他组分的化学势变化联系起来

大多数单组分系统(纯物质)的热力学公式都有用偏摩尔量表示的类似公式。例如,如果从 $G=H-TS$ 开始,在保持 T,P 和 $n_{i\neq j}$ 不变的情况,将该式对 n_j 求导,可得

$$\left(\frac{\partial G}{\partial n_j}\right)_{T,P,n_{i\neq j}}=\left(\frac{\partial H}{\partial n_j}\right)_{T,P,n_{i\neq j}}-T\left(\frac{\partial S}{\partial n_j}\right)_{T,P,n_{i\neq j}}$$

或

$$\mu_j=\overline{G}_j=\overline{H}_j-T\overline{S}_j \tag{24.8}$$

进一步地,利用交叉二阶偏导数相等的事实,得到

$$\overline{S}_j=\left(\frac{\partial S}{\partial n_j}\right)_{T,P,n_{i\neq j}}=\frac{\partial}{\partial n_j}\left(-\frac{\partial G}{\partial T}\right)_{P,n_i}=-\frac{\partial}{\partial T}\left(\frac{\partial G}{\partial n_j}\right)_{T,P,n_{i\neq j}}=-\left(\frac{\partial \mu_j}{\partial T}\right)_{P,n_i}$$

和

$$\overline{V}_j=\left(\frac{\partial V}{\partial n_j}\right)_{T,P,n_{i\neq j}}=\frac{\partial}{\partial n_j}\left(\frac{\partial G}{\partial P}\right)_{T,n_i}=\frac{\partial}{\partial P}\left(\frac{\partial G}{\partial n_j}\right)_{T,P,n_{i\neq j}}=\left(\frac{\partial \mu_j}{\partial P}\right)_{T,n_i}$$

将上两式代入下式:

$$d\mu_j=\left(\frac{\partial \mu_j}{\partial T}\right)_{P,n_2}dT+\left(\frac{\partial \mu_j}{\partial P}\right)_{T,n_1}dP$$

得到

$$d\mu_j=-\overline{S}_j dT+\overline{V}_j dP \tag{24.9}$$

这是式(22.30)在多组分系统中的拓展。

» 例题 24-1 请推导出一个与Gibbs-Helmholtz方程[式(22.60)]类似的、$\mu_j(T,P)$ 的温度依赖方程。

» 解 Gibbs-Helmholtz方程[式(22.60)]为

$$\left(\frac{\partial G/T}{\partial T}\right)_{P,n_i}=-\frac{H}{T^2}$$

在保持 T,P 和其他摩尔数不变的情况下,等式两边对 n_j 求导,并交换左边的微分顺序,得到

$$\left(\frac{\partial \mu_j/T}{\partial T}\right)_P=-\frac{\overline{H}_j}{T^2}$$

式中 $\overline{H}_j$ 是组分 j 的偏摩尔焓。

下面，我们将推导与偏摩尔量有关的一个最有用的公式。首先，对式(24.6)取微分，得

$$dG = \mu_1 dn_1 + \mu_2 dn_2 + n_1 d\mu_1 + n_2 d\mu_2$$

再减去式(24.5)，得

$$n_1 d\mu_1 + n_2 d\mu_2 = 0 \quad (\text{定温定压}) \qquad (24.10)$$

如果在等式两边除以 n_1+n_2，得

$$x_1 d\mu_1 + x_2 d\mu_2 = 0 \quad (\text{定温定压}) \qquad (24.11)$$

式中 x_1 和 x_2 均是摩尔分数。式(24.10)或式(24.11)都称为**吉布斯-杜安公式**(Gibbs-Duhem equation)。Gibbs-Duhem 公式说明，如果知道一种组分的化学势与组成的变化关系，就能确定另一种组分的化学势随组成变化的关系。例如，假设 x_2 在全部范围内(0 到 1)有

$$\mu_2 = \mu_2^* + RT\ln x_2 \quad 0 \leqslant x_2 \leqslant 1$$

式中上标 * 是纯物质性质的 IUPAC 符号。所以，在该式中，$\mu_2^* = \mu_2(x_2=1)$ 是纯组分 2 的化学势。让 μ_2 对 x_2 求导，并代入式(24.11)，得到

$$d\mu_1 = -\frac{x_2}{x_1}d\mu_2 = -RT\frac{x_2}{x_1}d\ln x_2$$

$$= -RT\frac{x_2}{x_1}\frac{dx_2}{x_2} = -RT\frac{dx_2}{x_1} \quad (0 \leqslant x_2 \leqslant 1)$$

但 $dx_2 = -dx_1$(因为 $x_1+x_2=1$)，因此

$$d\mu_1 = RT\frac{dx_1}{x_1} \quad (0 \leqslant x_1 \leqslant 1)$$

式中，由于 $0 \leqslant x_2 \leqslant 1$，则有 $0 \leqslant x_1 \leqslant 1$。两边均从 $x_1 = 1$(纯组分 1)到任意 x_1 积分，得

$$\mu_1 = \mu_1^* + RT\ln x_1 \quad (0 \leqslant x_1 \leqslant 1)$$

式中 $\mu_1^* = \mu_1(x_1=1)$。我们将在本章后面看到，这个结果表明，如果二元溶液的一个组分在整个浓度范围内遵守 Raoult 定律，那么另一个组分也遵守 Raoult 定律。

» 例题 24-2 导出二元溶液体积的 Gibbs-Duhem 公式。

» 解 从式(24.7)开始，该式是式(24.6)的一个类似公式：

$$V(T,P,n_1,n_2) = n_1\overline{V}_1 + n_2\overline{V}_2$$

在恒定的 T 和 P 下求导，得到

$$dV = n_1 d\overline{V}_1 + \overline{V}_1 dn_1 + n_2 d\overline{V}_2 + \overline{V}_2 dn_2$$

减去式(24.5)的类似公式，即

$$dV = \overline{V}_1 dn_1 + \overline{V}_2 dn_2 \quad (\text{定温定压})$$

得

$$n_1 d\overline{V}_1 + n_2 d\overline{V}_2 = 0 \quad (\text{定温定压})$$

该式表明，如果我们知道二元系统中一种组分在一定组成范围内的偏摩尔体积的变化，就能求出另一种组分在相同组成范围内的偏摩尔体积的变化。

24-3 平衡时每种组分的化学势在该组分出现的每个相中具有相同的值

考虑由两种液体组成的二元溶液，其与含有两种组分的气相处于平衡状态。例如，1-丙醇和水的溶液或苯和甲苯的溶液，它们各自与其蒸气处于平衡状态。在上一章中，我们处理了与气相平衡的纯液体系统，本章中我们希望推广上述处理，并发展二元溶液中的平衡判据。溶液及其蒸气的吉布斯能为

$$G = G^{\text{sln}} + G^{\text{vap}}$$

设 $n_1^{\text{sln}}, n_2^{\text{sln}}$ 和 $n_1^{\text{vap}}, n_2^{\text{vap}}$ 为各相中各组分的摩尔数。一般地，用 j 表示组分 1 或 2，则 n_j 表示组分 j 的摩尔数。假设在恒定的 T 和 P 下有 dn_j(mol)的 j 组分从溶液转移到蒸气中，使得 $dn_j^{\text{vap}} = +dn_j, dn_j^{\text{sln}} = -dn_j$，则相应的吉布斯能变化可表示为

$$dG = dG^{\text{sln}} + dG^{\text{vap}}$$

$$= \left(\frac{\partial G^{\text{sln}}}{\partial n_j^{\text{sln}}}\right)_{T,P,n_{i\neq j}} dn_j^{\text{sln}} + \left(\frac{\partial G^{\text{vap}}}{\partial n_j^{\text{vap}}}\right)_{T,P,n_{i\neq j}} dn_j^{\text{vap}}$$

$$= \mu_j^{\text{sln}} dn_j^{\text{sln}} + \mu_j^{\text{vap}} dn_j^{\text{vap}} = (\mu_j^{\text{vap}} - \mu_j^{\text{sln}})dn_j^{\text{vap}}$$

如果从溶液到蒸气的转移是自发发生的，则 $dG<0$。此外，由于 $dn_j^{\text{vap}}>0$，则 μ_j^{vap} 必然小于 μ_j^{sln} 才能使 $dG<0$。因此，组分 j 的分子自发地从化学势高的相(溶液)向化学势低的相(蒸气)转移。类似地，如果 $\mu_j^{\text{vap}}>\mu_j^{\text{sln}}$，则组分 j 的分子将自发地从蒸气相转移到溶液相($dn_j^{\text{vap}}<0$)。在平衡态时，$dG=0$，则有

$$\mu_j^{\text{vap}} = \mu_j^{\text{sln}} \qquad (24.12)$$

式(24.12)对每个组分都成立。尽管我们讨论的是溶液与其蒸气相的平衡，但选择的相是任意的，所以式(24.12)对任意两相平衡中的组分 j 都是有效的。

这里重要的结果是，式(24.12)表明液相中每个组分的化学势可以用该组分在蒸气相中的化学势来衡量。如果蒸气相的压力足够低，我们可以认为它是理想的，则式(24.12)变为

$$\mu_j^{\text{sln}} = \mu_j^{\text{vap}} = \mu_j^{\circ}(T) + RT\ln P_j \qquad (24.13)$$

式中标准状态取 $P_j^{\circ} = 1$ bar。对于纯组分 j，式(24.13)变为

$$\mu_j^*(\mathrm{l})=\mu_j^*(\mathrm{vap})=\mu_j^{\circ}(T)+RT\ln P_j^* \quad (24.14)$$

式中上标 * 表示纯(液体)组分 j。例如:$\mu_j^*(\mathrm{l})$ 为纯 j 的化学势,P_j^* 为纯 j 的蒸气压。如果用式(24.13)减去式(24.14),可得

$$\mu_j^{\mathrm{sln}}=\mu_j^*(\mathrm{l})+RT\ln\frac{P_j}{P_j^*} \quad (24.15)$$

式(24.15)是研究二元溶液的核心方程。注意:当 $P_j\to P_j^*$ 时,$\mu_j^{\mathrm{sln}}\to\mu_j^*$。严格来说,我们应该使用逸度(第22-8节)代替式(24.15)中的压力,但通常蒸气压的大小使得使用压力也足够精确。例如,水在293.15 K时的蒸气压为17.4 torr,或0.0232 bar。

24-4 理想溶液的组分在所有浓度下都服从 Raoult 定律

一些溶液具有以下的性质,即各组分的蒸气分压可用下面的简单公式给出:

$$P_j=x_jP_j^* \quad (24.16)$$

式(24.16)称为**拉乌尔定律**(Raoult's law);在整个组成范围内都服从 Raoult 定律的溶液称为**理想溶液**(ideal solution)。

理想二元溶液的分子图像是两种类型的分子在整个溶液中随机分布。如果满足如下条件:(1) 分子的大小和形状大致相同,(2) 纯液体1和2中的分子间作用力以及1和2的混合物中的分子间作用力都相似,则会出现这种随机分布。只有当两种组分的分子相似时,我们才期望其具有理想溶液的行为。例如,苯和甲苯、间二甲苯和对二甲苯、己烷和庚烷、溴乙烷和碘乙烷实质上会形成理想溶液。图24.2描绘了理想溶液的图像,其中两类分子是随机分布的。摩尔分数 x_j 反映了溶液表面被 j 分子占据的比例。由于位于表面的 j 分子是可以逃逸到气相中去的,因此其分压 P_j 就是 $x_jP_j^*$。

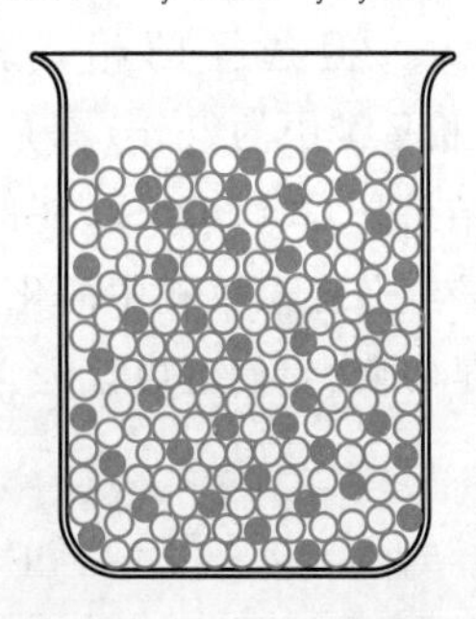

图24.2 理想溶液的分子图像。两种分子在整个溶液中呈现随机分布的行为。

根据 Raoult 定律[式(24.16)]和式(24.15),溶液中组分 j 的化学势可表示为

$$\mu_j^{\mathrm{sln}}=\mu_j^*(\mathrm{l})+RT\ln x_j \quad (24.17)$$

如果式(24.17)对所有的 x_j 值($0\leqslant x_j\leqslant 1$)都有效,则其也可作为理想溶液的定义式。此外,第24-2节显示,如果一个组分从 $x_j=0$ 到 $x_j=1$ 都服从式(24.17),则另一个组分也如此。

理想溶液上方的总蒸气压可由下式给出:

$$\begin{aligned}P_{\mathrm{total}}&=P_1+P_2=x_1P_1^*+x_2P_2^*=(1-x_2)P_1^*+x_2P_2^*\\&=P_1^*+x_2(P_2^*-P_1^*) \quad (24.18)\end{aligned}$$

因此,P_{total} 对 x_2(或 x_1)的作图将是一条直线,如图24.3所示。

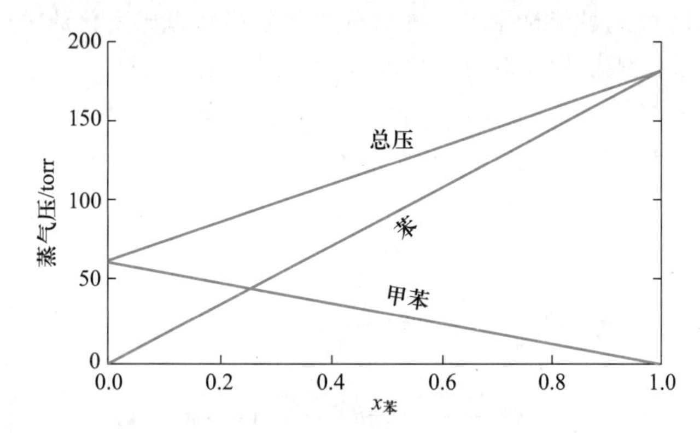

图24.3 40 ℃时苯-甲苯溶液的 P_{total} 对 $x_苯$ 的作图。这种直线关系表明苯和甲苯的溶液实质上是理想的。

» 例题 24-3 25 ℃时,1-丙醇和2-丙醇基本上在所有浓度下都可形成理想溶液。令下标1和2分别表示1-丙醇和2-丙醇,设25 ℃时 $P_1^*=20.9$ torr,$P_2^*=45.2$ torr,计算 $x_2=0.75$ 时的总蒸气压和气相组成。

» 解 使用式(24.18),得到

$$\begin{aligned}P_{\mathrm{total}}(x_2=0.75)&=x_1P_1^*+x_2P_2^*\\&=(0.25)(20.9\ \mathrm{torr})+(0.75)(45.2\ \mathrm{torr})\\&=39.1\ \mathrm{torr}\end{aligned}$$

用 y_j 表示气相中各组分的摩尔分数。根据 Dalton 分压定律,有

$$y_1=\frac{P_1}{P_{\mathrm{total}}}=\frac{x_1P_1^*}{P_{\mathrm{total}}}=\frac{(0.25)(20.9\ \mathrm{torr})}{39.1\ \mathrm{torr}}=0.13$$

类似地,有

$$y_2=\frac{P_2}{P_{\mathrm{total}}}=\frac{x_2P_2^*}{P_{\mathrm{total}}}=\frac{(0.75)(45.2\ \mathrm{torr})}{39.1\ \mathrm{torr}}=0.87$$

注意:$y_1+y_2=1$。还要注意,对于更易挥发的组分,其在气相中的浓度比在溶液中高。

作为例题 24-3 的拓展，习题 24-15 要求计算作为 x_2（液相中 2-丙醇的摩尔分数）和 y_2（蒸气相中 2-丙醇的摩尔分数）的函数的 P_{total}，然后将 P_{total} 对 x_2 和 y_2 作图。得到的图如图 24.4 所示，称为**压力-组成图**（pressure-composition diagram）。上面的曲线表示总蒸气压与液相组成的关系（液相线），下面的曲线表示总蒸气压与气相组成的关系（气相线）。若从图 24.4 中的点（P_a, x_a）开始压力降低会发生什么？在点（P_a, x_a）处，压力超过溶液的蒸气压，因此液相线上方的区域是（液体）单相区。随着压力降低到 A 点，液体开始汽化。沿着 AB 线，系统由相互平衡的液体和蒸气组成。在 B 点，所有的液体都汽化了，气相线下方的区域是（蒸气）单相区。

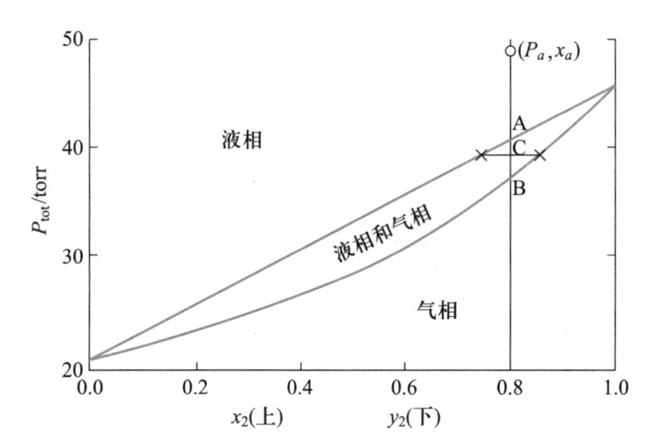

图 24.4 25 ℃时由 1-丙醇和 2-丙醇形成的理想溶液的压力-组成图。此图可用例题 24-3 中的方法计算得到。上方的曲线（称为液相线）表示 P_{total} 与 x_2（即 2-丙醇在液相中的摩尔分数）的关系；下方的曲线（称为气相线）表示 P_{total} 与 y_2（即 2-丙醇在气相中的摩尔分数）的关系。用×标记的两个点表示例题 24-3 中计算得到的 x_2 和 y_2 值。

气-液两相区的点 C 位于连接在例题 24-3 中计算的、液相（$x_2 = 0.75$）和气相（$y_2 = 0.87$）组成点的直线上。这种线称为**连结线**（tie line）。两相（液-气）系统的总组成为 x_a。我们可以通过下面的方法来确定液相和气相的相对量。液相和气相中组分 2 的摩尔分数分别为

$$x_2 = \frac{n_2^{l}}{n_1^{l}+n_2^{l}} = \frac{n_2^{l}}{n^{l}} \qquad y_2 = \frac{n_2^{vap}}{n_1^{vap}+n_2^{vap}} = \frac{n_2^{vap}}{n^{vap}}$$

式中 n^{vap} 和 n^{l} 分别是气相和液相中的总摩尔数。在 x_a 处的总摩尔分数由组分 2 的总摩尔数除以总摩尔数得到，即

$$x_a = \frac{n_2^{l}+n_2^{vap}}{n^{l}+n^{vap}}$$

使用组分 2 的摩尔数做物料平衡计算，有

$$x_a(n^{l}+n^{vap}) = x_2 n^{l} + y_2 n^{vap}$$

或

$$\frac{n^{l}}{n^{vap}} = \frac{y_2 - x_a}{x_a - x_2} \tag{24.19}$$

这个方程表示了所谓的**杠杆规则**（level rule），因为 $n^{vap}(y_2 - x_a) = n^{l}(x_a - x_2)$ 可以被解释为每个"n"值与图 24.4 中从每条曲线到点 C 的距离的乘积之间的平衡。注意，当 $x_a = y_2$（气相线）时，$n^{l} = 0$；当 $x_a = x_2$（液相线）时，$n^{vap} = 0$。

» 例题 24-4 根据例题 24-3 中的数值，计算在总组成为 0.80 时液相和气相的相对量。

» **解** 在此条件下，$x_a = 0.80$，$x_2 = 0.75$，$y_2 = 0.87$（见例题 24-3），因此

$$\frac{n^{l}}{n^{vap}} = \frac{0.87 - 0.80}{0.80 - 0.75} = 1.6$$

由例题 24-3 可知，与 1-丙醇/2-丙醇溶液相互平衡的气相中 2-丙醇的摩尔分数大于溶液中 2-丙醇的摩尔分数。不同温度下溶液和气相的组成可以用**温度-组成图**（temperature-composition diagram）来表示。为了构建这种相图，我们选择某个总环境压力，例如 760 torr，并写出

$$760\ \text{torr} = x_1 P_1^* + x_2 P_2^* = x_1 P_1^* + (1 - x_1) P_2^*$$
$$= P_2^* - x_1(P_2^* - P_1^*)$$

或

$$x_1 = \frac{P_2^* - 760\ \text{torr}}{P_2^* - P_1^*}$$

然后，在两种组分的沸点之间选择某个温度，解上面的方程，得到 x_1，即总压为 760 torr 的溶液的组成。温度对 x_1 的作图显示了溶液的沸点（在 $P_{total} = 760$ torr 时）与其组成（x_1）的函数关系。这种曲线，标记为溶液线，示于图 24.5 中。例如，在 $t = 90$ ℃时，P_1^*（1-丙醇的蒸气压）= 575 torr，P_2^*（2-丙醇的蒸气压）= 1027 torr。因此

$$x_1 = \frac{P_2^* - 760\ \text{torr}}{P_2^* - P_1^*} = \frac{1027\ \text{torr} - 760\ \text{torr}}{1027\ \text{torr} - 575\ \text{torr}} = 0.59$$

在图 24.5 中，$t = 90$ ℃，$x_1 = 0.59$ 对应的点用 a 标记。我们还可以计算出相应的气相组成与温度的函数关系。因为总压（任意地）取为 760 torr，气相中组分 1 的摩尔分数可由 Dalton 定律给出：

$$y_1 = \frac{P_1}{760\ \text{torr}} = \frac{x_1 P_1^*}{760\ \text{torr}}$$

已知 90 ℃时 $x_1 = 0.59$，则有

$$y_1=\frac{(0.59)(575\ \text{torr})}{760\ \text{torr}}=0.45$$

在图24.5中被标记为点b。

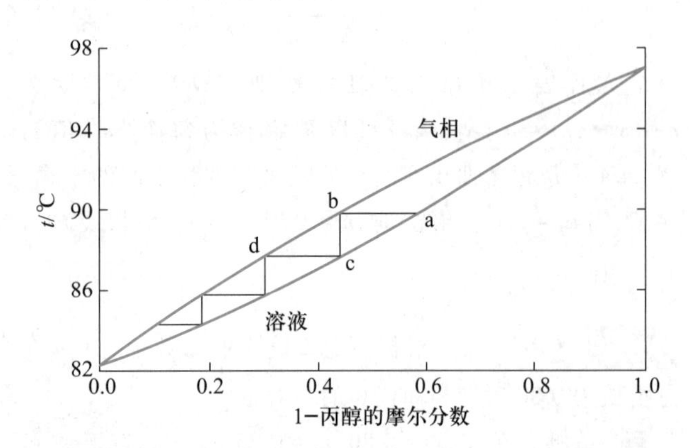

图24.5 1-丙醇/2-丙醇溶液(实质上为一理想溶液)的温度-组成图。1-丙醇的沸点为97.2 ℃,2-丙醇的沸点为82.3 ℃。

» 例题 24-5 1-丙醇和2-丙醇的蒸气压(以torr为单位)与摄氏温度t的函数关系可分别用下列两个经验公式表示:

$$\ln P_1^*=18.0699-\frac{3452.06}{t+204.64}$$

$$\ln P_2^*=18.6919-\frac{3640.25}{t+219.61}$$

利用这些公式,计算93.0 ℃时的x_1和y_1,并与图24.5中给出的数值进行比较。

» 解 在93.0 ℃时,有

$$\ln P_1^*=18.0699-\frac{3452.06}{93.0+204.64}=6.472$$

或$P_1^*=647$ torr。类似地,$P_2^*=1150$ torr。因此,有

$$x_1=\frac{P_2^*-760\ \text{torr}}{P_2^*-P_1^*}=\frac{1150\ \text{torr}-760\ \text{torr}}{1150\ \text{torr}-647\ \text{torr}}=0.77$$

$$y_1=\frac{x_1P_1^*}{760\ \text{torr}}=\frac{(0.77)(647\ \text{torr})}{760\ \text{torr}}=0.65$$

与图24.5中显示的数值一致。

温度-组成图可用来说明分馏过程,在该过程中,蒸气被冷凝,然后再多次蒸发(图24.6)。如果从1-丙醇的摩尔分数为0.59的1-丙醇/2-丙醇溶液开始(图24.5中的a点),蒸气中1-丙醇的摩尔分数将为0.45(b点)。如果该蒸气被冷凝(c点),然后再蒸发,则气相中1-丙醇的摩尔分数将约为0.30(d点)。随着该过程持续进行,蒸气中2-丙醇的含量越来越高,最终得到纯的2-丙醇。分馏柱与普通蒸馏柱的不同之处在于,前者填充有玻璃微珠(或玻璃环),它们为重复的冷凝-蒸发过程提供了大的表面积。

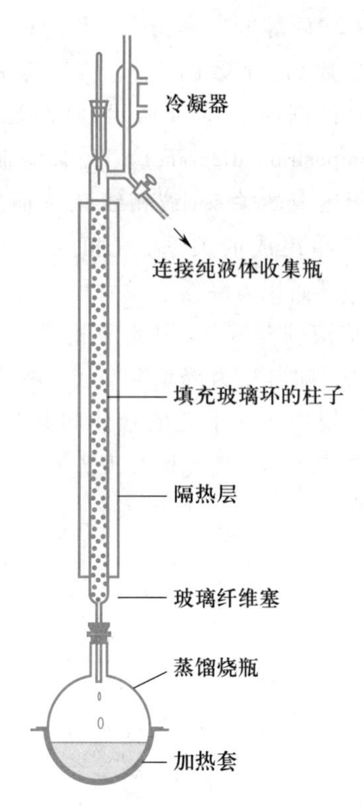

图24.6 一种简单的分馏柱。由于沿着整个柱进行重复的冷凝和再蒸发过程,当易挥发组分沿柱上升时,其在气相中逐步富集。

我们可以计算出由纯组分形成理想溶液时热力学性质的变化。以吉布斯能为例,用下式定义混合吉布斯能:

$$\Delta_{\text{mix}}G=G^{\text{sln}}(T,P,n_1,n_2)-G_1^*(T,P,n_1)-G_2^*(T,P,n_2) \tag{24.20}$$

式中G_1^*和G_2^*是纯组分的吉布斯能。对于理想溶液,使用式(24.17),可得

$$\begin{aligned}\Delta_{\text{mix}}G^{\text{id}}&=n_1\mu_1^{\text{sln}}+n_2\mu_2^{\text{sln}}-n_1\mu_1^*-n_2\mu_2^*\\&=RT(n_1\ln x_1+n_2\ln x_2)\end{aligned} \tag{24.21}$$

这个量总是负的,因为x_1和x_2均小于1。换句话说,理想溶液总是由独立组分自发形成的。理想溶液的混合熵由下式给出:

$$\Delta_{\text{mix}}S^{\text{id}}=-\left(\frac{\partial\Delta_{\text{mix}}G^{\text{id}}}{\partial T}\right)_{P,n_1,n_2}=-R(n_1\ln x_1+n_2\ln x_2) \tag{24.22}$$

可见,理想溶液的混合熵计算式与理想气体的混合熵计算式(20.26)是一样的。这种相似性是由于在这两种情况下,终态中的分子都是随机混合的。尽管如此,理想溶液和理想气体混合物在相互作用方面还是有很大的不同。虽然在理想气体混合物中分子之间没有相互作用,但分子在理想溶液中有强烈的相互作用。在理想溶液

中,在混合物中的相互作用和在纯液体中的相互作用基本上是相同的。

理想溶液混合时的体积变化由下式给出:

$$\Delta_{\mathrm{mix}} V^{\mathrm{id}} = \left(\frac{\partial \Delta_{\mathrm{mix}} G^{\mathrm{id}}}{\partial P}\right)_{T,n_1,n_2} = 0 \qquad (24.23)$$

混合焓的计算式为[见式(24.21)和(24.22)]。

$$\Delta_{\mathrm{mix}} H^{\mathrm{id}} = \Delta_{\mathrm{mix}} G^{\mathrm{id}} + T\Delta_{\mathrm{mix}} S^{\mathrm{id}} = 0 \qquad (24.24)$$

因此,当由其纯组分形成理想溶液时,混合时没有体积变化,也没有任何能量以热的形式被吸收或释放。式(24.23)和(24.24)都是由于分子的大小和形状大致相同(因此 $\Delta_{\mathrm{mix}} V^{\mathrm{id}}=0$)以及各种相互作用能相同(因此 $\Delta_{\mathrm{mix}} H^{\mathrm{id}}=0$)导致的。对于理想溶液,实验观察证实式(24.23)和(24.24)确实是正确的。然而,对于大多数溶液而言,$\Delta_{\mathrm{mix}} H$ 和 $\Delta_{\mathrm{mix}} V$ 并不等于零。

24-5 大多数溶液都是非理想的

理想溶液并不常见。图 24.7 和图 24.8 分别显示了二硫化碳/二甲氧基甲烷[$(CH_3O)_2CH_2$]溶液和三氯甲烷/丙酮溶液的蒸气压图。图 24.7 中的行为显示了与 Raoult 定律的正偏差,因为二硫化碳和二甲氧基甲烷的蒸气分压大于根据 Raoult 定律预测的数值。从本质上讲,发生正偏差的原因是二硫化碳与二甲氧基甲烷的相互作用弱于二硫化碳与二硫化碳或二甲氧基甲烷与二甲氧基甲烷的相互作用。负偏差,如图 24.8 所示的三氯甲烷/丙酮溶液的情形,源于不同分子之间的相互作用强于相同分子之间的相互作用。习题 24-36 要求证明,如果二元溶液的一个组分相对理想行为发生正偏差,则另一组分也必然与理想行为呈正偏差。

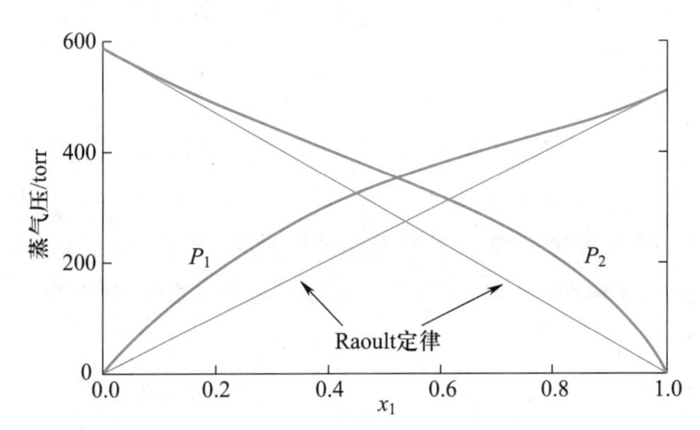

图 24.7 25 ℃时二硫化碳/二甲氧基甲烷溶液的蒸气压图。该系统相对理想或 Raoult 定律行为呈现正偏差。

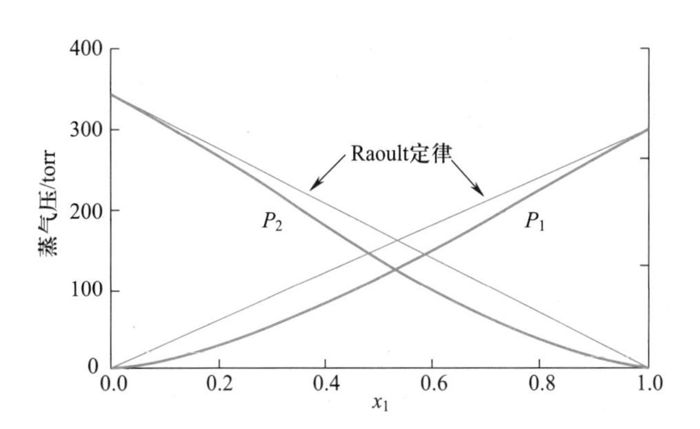

图 24.8 25 ℃时三氯甲烷/丙酮溶液的蒸气压图。该系统相对理想或 Raoult 定律行为呈现负偏差。

图 24.9 显示了在醇/水溶液中甲醇、乙醇和 1-丙醇的蒸气压曲线。可见,与理想行为的正偏差随着醇分子中碳氢部分的尺寸增加而增加。发生这种行为的原因是随着烃链长度的增加,水-烃(排斥)相互作用变得越来越明显。

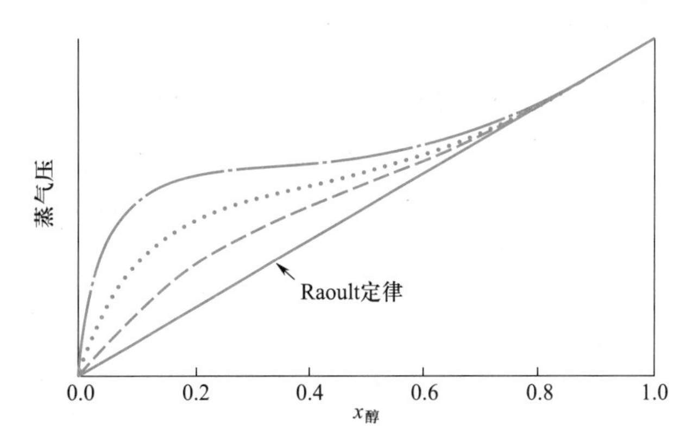

图 24.9 醇/水溶液的蒸气压与醇分子中碳原子数目的关系图,显示出与理想行为越来越明显的偏差。短划线对应于甲醇,点线对应于乙醇,短划-点线对应于 1-丙醇。

图 24.7 和图 24.8 中有一些重要的特点值得注意。聚焦于组分 1,当 x_1 接近 1 时,组分 1 的蒸气压接近相应的 Raoult 定律数值。用方程式可表示为

$$\text{当 } x_1 \to 1 \text{ 时} \qquad P_1 \to x_1 P_1^* \qquad (24.25)$$

虽然式(24.25)是从图 24.7 和图 24.8 导出的,但它是普遍正确的。从本质上讲,这种行为可能归因于这样一个事实,即组分 2 分子很少,大多数组分 1 分子只能见到其他的组分 1 分子,因此溶液表现出理想行为。然而,当 $x_1 \to 0$ 时,在图 24.7 和图 24.8 中没有观察到组分 1 的 Raoult 定律行为。尽管如此,当 $x_1 \to 0$ 时,组分 1 的蒸气压与 x_1 呈线性,但其斜率不等于式(24.25)所示的 P_1^*。可通过写出下式来强调这种行为:

$$\text{当 } x_1 \to 0 \text{ 时} \qquad P_1 \to k_{\mathrm{H},1} x_1 \qquad (24.26)$$

在理想溶液的特殊情况下,$k_{\mathrm{H},1}=P_1^*$,但通常情况下$k_{\mathrm{H},1}\neq P_1^*$。式(24.26)称为**亨利定律**(Henry's law),$k_{\mathrm{H},1}$为组分 1 的**亨利定律常数**(Henry's law constant)。当 $x_1\to 0$ 时,组分 1 的分子完全被组分 2 的分子包围,$k_{\mathrm{H},1}$的值反映了两组分之间的分子间相互作用。而当 $x_1\to 1$ 时,组分 1 的分子完全被其他的组分 1 分子所包围,P_1^* 则反映了纯液体中分子间的相互作用。尽管上述讨论聚焦于图 24.7 和图 24.8 的组分 1,但对组分 2 而言,其情况也是一样的。式(24.25)和式(24.26)可以写成

$$\begin{aligned}&P_j\to x_jP_j^* \quad (\text{当 } x_j\to 1 \text{ 时})\\&P_j\to x_jk_{\mathrm{H},j} \quad (\text{当 } x_j\to 0 \text{ 时})\end{aligned} \tag{24.27}$$

因此,在由两种挥发性液体组成的溶液的蒸气压图中,当某个组分的摩尔分数接近 1 时,该组分的蒸气压接近 Raoult 定律数值,而当其摩尔分数接近 0 时,该组分的蒸气压接近 Henry 定律数值。

» 例题 24-6 二元溶液上方组分 1 的蒸气压(单位:torr)可写为

$$P_1=180x_1\exp\left(x_2^2+\frac{1}{2}x_2^3\right) \quad 0\leqslant x_1\leqslant 1$$

试确定纯组分 1 的蒸气压(P_1^*)和亨利定律常数($k_{\mathrm{H},1}$)。

» 解 在 $x_1\to 1$ 时,由于 $x_2\to 0$,则指数因子$\to 1$。因此,有

$$P_1\to 180x_1 \quad (\text{当 } x_1\to 1 \text{ 时})$$

故 $P_1^*=180$ torr。当 $x_1\to 0$ 时,有 $x_2\to 1$,则指数因子趋于 $e^{3/2}$。因此,有

$$P_1\to 180e^{3/2}x_1=807x_1 \quad (\text{当 } x_1\to 0 \text{ 时})$$

故 $k_{\mathrm{H},1}=807$ torr。

下面将证明,当 $x_2\to 0$ 时组分 2 服从 Henry 定律的行为是组分 1 在 $x_1\to 1$ 时服从 Raoult 定律行为的热力学结果。为了证明这种关联,我们从 Gibbs-Duhem 公式[式(24.11)]出发:

$$x_1\mathrm{d}\mu_1+x_2\mathrm{d}\mu_2=0 \quad (\text{定温定压})$$

假设气相可以当作理想气体处理,则两组分的化学势都可表示为

$$\mu_j(T,P)=\mu_j^\circ(T)+RT\ln P_j$$

(回想一下,对数的参数实际上是 P_j/P°,其中 P° 是 1 bar)。$\mu_j(T,P)$的这种形式使得我们可以写出:

$$\mathrm{d}\mu_1=RT\left(\frac{\partial\ln P_1}{\partial x_1}\right)_{T,P}\mathrm{d}x_1$$

$$\mathrm{d}\mu_2=RT\left(\frac{\partial\ln P_2}{\partial x_2}\right)_{T,P}\mathrm{d}x_2$$

将这两个表达式代入 Gibbs-Duhem 公式,可得

$$x_1\left(\frac{\partial\ln P_1}{\partial x_1}\right)_{T,P}\mathrm{d}x_1+x_2\left(\frac{\partial\ln P_2}{\partial x_2}\right)_{T,P}\mathrm{d}x_2=0 \tag{24.28}$$

$\mathrm{d}x_1=-\mathrm{d}x_2$(因为 $x_1+x_2=1$),所以式(24.28)变为

$$x_1\left(\frac{\partial\ln P_1}{\partial x_1}\right)_{T,P}=x_2\left(\frac{\partial\ln P_2}{\partial x_2}\right)_{T,P} \tag{24.29}$$

这是 Gibbs-Duhem 公式的另一种形式。如果组分 1 在 $x_1\to 1$ 时服从 Raoult 定律,则有 $P_1\to x_1P_1^*$,$(\partial\ln P_1/\partial x_1)_{T,P}=1/x_1$,所以式(24.29)的左边为 1。因此,可得

$$x_2\left(\frac{\partial\ln P_2}{\partial x_2}\right)_{T,P}=1 \quad (\text{当 } x_1\to 1 \text{ 或 } x_2\to 0 \text{ 时})$$

对这个表达式作不定积分,得到

$$\ln P_2=\ln x_2+\text{常数} \quad (\text{当 } x_1\to 1 \text{ 或 } x_2\to 0 \text{ 时})$$

或

$$P_2=k_{\mathrm{H},2}x_2 \quad (\text{当 } x_2\to 0 \text{ 时})$$

因此可见,如果组分 1 在 $x_1\to 1$ 时服从 Raoult 定律,那么组分 2 必然在 $x_2\to 0$ 时服从 Henry 定律。习题 24-32 要求证明相反的情况:如果组分 2 在 $x_2\to 0$ 时服从 Henry 定律,那么组分 1 必然在 $x_1\to 1$ 时服从 Raoult 定律。

24-6 Gibbs-Duhem 公式将挥发性二元溶液中两组分的蒸气压联系起来

下面的例子表明,如果已知二元溶液中一种组分在整个组成范围内的蒸气压曲线,就可以计算出另一组分的蒸气压。

» 例题 24-7 非理想二元溶液的一种组分(例如组分 1)的蒸气压曲线(见图 24.10)通常可以用经验式表示为

$$P_1=x_1P_1^*e^{\alpha x_2^2+\beta x_2^3} \quad 0\leqslant x_1\leqslant 1$$

式中 α 和 β 是用于拟合数据的参数。证明:组分 2 的蒸气压必然可表示为

$$P_2=x_2P_2^*e^{\gamma x_1^2+\delta x_1^3} \quad 0\leqslant x_2\leqslant 1$$

式中 $\gamma=\alpha+3\beta/2$,$\delta=-\beta$。注意:参数 α 和 β 必须以某种方式反映溶液的非理想程度,因为当 $\alpha=\beta=0$ 时,P_1 和 P_2 都可简化为理想溶液表达式。此外,请注意当 $x_1\to 0$($x_2\to 1$)时有 $P_1=x_1P_1^*e^{\alpha+\beta}$。因此,组分 1 的亨利定律常数为 $k_{\mathrm{H},1}=P_1^*e^{\alpha+\beta}$。类似地,可得到 $k_{\mathrm{H},2}=P_2^*e^{\alpha+\beta/2}$。

» 解 根据式(24.13)和题中的经验式,可以写出:

$$\begin{aligned}\mu_1&=\mu_1^\circ+RT\ln P_1\\&=\mu_1^\circ+RT\ln P_1^*+RT\ln x_1+\alpha RT(1-x_1)^2+\beta RT(1-x_1)^3\end{aligned}$$

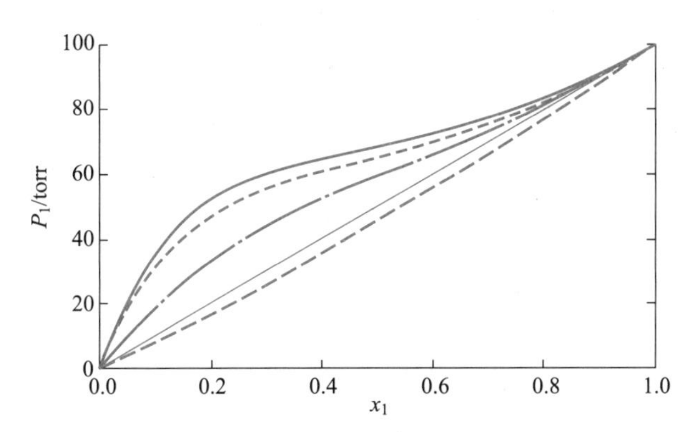

图 24.10 在 $P_1^*=100$ torr 和不同 α,β 数值时 $P_1=x_1P_1^*\,e^{\alpha x_2^2+\beta x_2^3}$ 的曲线。从上到下，五条曲线的 α,β 数值分别为 1.0，0.60；0.80，0.60；0.60，0.20；0，0（理想溶液）；-0.80，0.60。

将该式对 x_1 求导，并代入下面的 Gibbs-Duhem 公式：

$$\mathrm{d}\mu_2=-\frac{x_1}{x_2}\mathrm{d}\mu_1$$

可得

$$\mathrm{d}\mu_2=-\frac{x_1}{x_2}RT\left[\frac{\mathrm{d}x_1}{x_1}-2\alpha(1-x_1)\mathrm{d}x_1-3\beta(1-x_1)^2\mathrm{d}x_1\right]$$

$$=RT\left[-\frac{\mathrm{d}x_1}{x_2}+2\alpha x_1\mathrm{d}x_1+3\beta x_1(1-x_1)\mathrm{d}x_1\right]$$

将式中的变量从 x_1 变为 x_2：

$$\mathrm{d}\mu_2=RT\left[\frac{\mathrm{d}x_2}{x_2}-2\alpha(1-x_2)\mathrm{d}x_2-3\beta x_2(1-x_2)\mathrm{d}x_2\right]$$

在 $x_2=1$ 到任意 x_2 值范围内积分，并利用当 $x_2=1$ 时 $\mu_2=\mu_2^*$ 的事实，得到

$$\mu_2-\mu_2^*=RT\left[\ln x_2+\alpha(1-x_2)^2-\frac{3\beta}{2}(x_2^2-1)+\beta(x_2^3-1)\right]$$

$$=RT\left(\ln x_2+\alpha x_1^2+\frac{3\beta}{2}x_1^2-\beta x_1^3\right)$$

使用 $\mu_2=\mu_2^\circ+RT\ln P_2$ 和 $\mu_2^*=\mu_2^\circ+RT\ln P_2^*$ 的事实，可得

$$\ln P_2=\ln P_2^*+\ln x_2+\alpha x_1^2+\frac{3\beta}{2}x_1^2-\beta x_1^3$$

或

$$P_2=x_2P_2^*\,e^{(\alpha+3\beta/2)x_1^2-\beta x_1^3}$$

也可以用式(24.29)来解这道题（习题 24-33）。

图 24.11 是苯/乙醇系统的沸点图，其中苯/乙醇溶液的沸点（在 1 atm 下）对乙醇的摩尔分数作图。图 24.11 显示，如果从乙醇摩尔分数为 0.2 的溶液出发，经过重复的蒸发-冷凝过程将形成一个摩尔分数约为 0.4 的混合物，该混合物无法通过进一步的分馏使之分离。

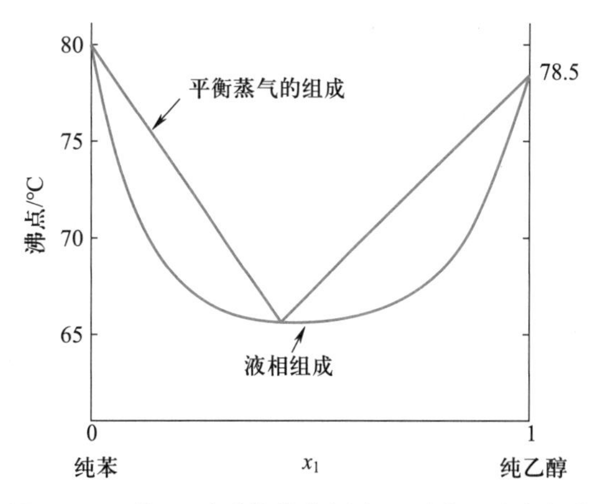

图 24.11 苯-乙醇系统的沸点图，显示在乙醇摩尔分数约为 0.4 时出现恒沸溶液。x_1 是乙醇的摩尔分数。

这种混合物在沸腾时其组成不会发生变化，称为**恒沸物**（azeotrope）。因此，不可能通过蒸馏实现苯/乙醇溶液的分离得到纯苯和纯乙醇。从乙醇摩尔分数为 0.2 的溶液开始，可实现纯苯和恒沸物的分离。类似地，如果开始时乙醇的摩尔分数为 0.8，只能分离出纯乙醇和苯/乙醇恒沸物。

作为本节关于非理想溶液的最后一个主题，让我们来考虑当温度降低时经常发生的、与理想行为的正偏差变得越来越大的情况。图 24.12 展示了一系列温度下典型的蒸气压行为，其中 $T_3>T_c>T_2>T_1$。纵轴为 P_2/P_2^*，每条曲线都用纯组分 2 在每个温度下的蒸气压进行了“归一化”。因此，所有曲线在 $x_2=1$ 时相交于 $P_2/P_2^*=1$ 处。对于温度 T_3，它大于 T_c，P_2-x_2 曲线的斜率处处为正。在 T_c 处，曲线有一个拐点，在该拐点上有 $\partial P_2/\partial x_2=0$ 和 $\partial^2P_2/\partial x_2^2=0$。对于低于 T_c 的温度 T_1 和 T_2，曲线有一个水平区，且随着温度降低而变宽。温度 T_c 称为**临界温度**（critical temperature）或**会溶温度**（consulate temperature）。下面讨论在会溶温度之下，两种液体不能以任何比例混溶。

沿着图 24.12 中的 T_2 曲线向纯组分 1（$x_2=0$）中添加组分 2，到达 x_2' 点处，加入的组分 2 简单地溶解于组分 1 中形成单一的溶液相。然而，在浓度高于 x_2' 时形成两个相互分离或不混溶的溶液相，其中一相的组成为 x_2'，另一相的组成则为 x_2''。当 x_2 从 x_2' 增加到 x_2'' 时，两相中组分 2 的摩尔分数必须保持恒定（x_2' 和 x_2''），因此两相的相对比例发生变化，组成为 x_2'' 的液相的体积增大，而组成为 x_2' 的液相的体积减小。两相的总组成为 x_2。当 $x_2>x_2''$ 时，得到单个溶液相。

可以用下面的方法推导出杠杆规则来计算两相的相对量。考虑总组成为 x_2 的某个系统，它位于 x_2' 和 x_2'' 之

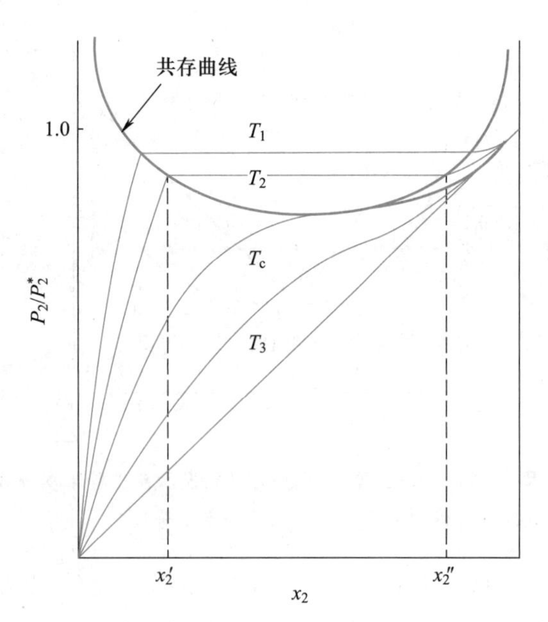

图 24.12 二元溶液的临界行为与温度的关系示意图（$T_3>T_c>T_2>T_1$）。

间。令 n_1',n_2' 和 n_1'',n_2'' 分别代表组成为 x_2' 和 x_2'' 的两相中两组分的摩尔数,则各相中组分 2 的摩尔分数分别为

$$x_2'=\frac{n_2'}{n_1'+n_2'} \quad 和 \quad x_2''=\frac{n_2''}{n_1''+n_2''}$$

组分 2 的总摩尔分数为

$$x_2=\frac{n_2'+n_2''}{n_1'+n_1''+n_2'+n_2''}$$

利用组分 2 的摩尔数的物料平衡关系,可以得到

$$x_2(n_1'+n_1''+n_2'+n_2'')=x_2'(n_1'+n_2')+x_2''(n_1''+n_2'')$$

重新排列这个物料平衡方程,得到

$$\frac{n'}{n''}=\frac{n_1'+n_2'}{n_1''+n_2''}=\frac{x_2''-x_2}{x_2-x_2'} \tag{24.30}$$

式(24.30)给出了各相中的相对总摩尔数。可见,如果 $x_2=x_2''$,则 $n'=0$;如果 $x_2=x_2'$,则 $n''=0$。由式(24.30)可知,当 x_2 达到 x_2'' 时,组成为 x_2' 的物相消失,只有一个组成为 $x_2=x_2''$ 的单一溶液相。对于 $x_2\geqslant x_2''$ 的情形,只有一个组成为 x_2 的单一溶液相。因此,在 T_2 温度时,当 x_2 介于 x_2' 和 x_2'' 时,两种液体是不混溶的;而当 $x_2<x_2'$ 和 $x_2>x_2''$ 时,两种液体是混溶的。在低于 T_c 的其他温度下,也会出现类似的行为,图 24.12 总结了这种行为。图 24.12 中的加粗曲线称为**共存曲线**(coexistence curve)。位于共存曲线之内的点表示存在两个溶液相,而共存曲线下方的点表示只有一个溶液相。习题 24-43 要求确定一个简单模型系统的共存曲线。

可以在温度-组成图[图 24.13(a)]中表示出图 24.12 所示的结果。将单相区与两相区分开的曲线是共存曲线。温度 T_c,即高于该温度时两种液体可完全混溶,是会溶温度。与图 24.12 中的共存曲线相比,图 24.13(a)中的共存曲线看起来是“颠倒的”,但请注意,在图 24.12 中,向上时温度降低,而在图 24.13 中,向下时温度降低。图 24.13(b)显示了水/苯酚系统的共存曲线。

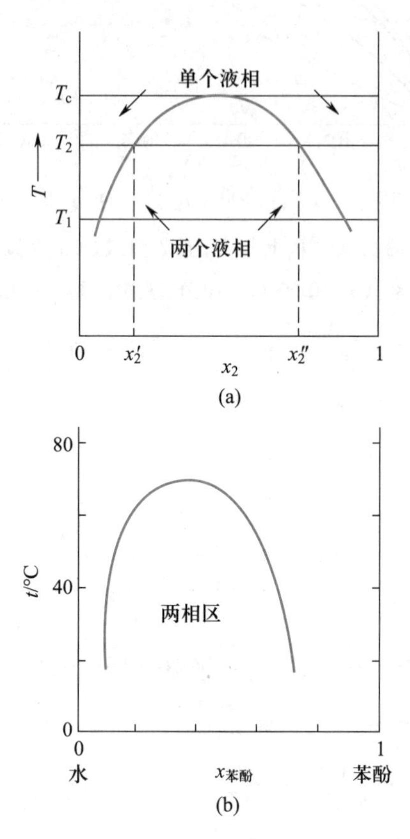

图 24.13 (a)图 24.12 中显示的系统的温度-组成图。(b)水/苯酚系统的温度-组成图。

24-7 非理想溶液的核心热力学量是活度

在液体溶液中,组分 j 的化学势可由式(24.15)给出,即

$$\mu_j^{\text{sln}}=\mu_j^*+RT\ln\frac{P_j}{P_j^*} \tag{24.31}$$

如果假设,像往常一样,所涉及的蒸气压足够低,可以认为蒸气的行为是理想的(否则用分逸度代替分压)。理想溶液是在所有浓度下均满足 $P_j=x_jP_j^*$ 的溶液,因此式(24.31)变为

$$\mu_j^{\text{sln}}=\mu_j^*+RT\ln x_j \quad (理想溶液) \tag{24.32}$$

式(24.31)对于非理想溶液仍然有效,但是 P_j/P_j^* 与

组成之间的关系比简单的 $P_j=x_jP_j^*$ 要复杂一些。例如，在例题 24-7 中，蒸气分压通常用类似下式的一个表达式来拟合：

$$P_1=x_1P_1^*\exp(\alpha x_2^2+\beta x_2^3+\cdots) \tag{24.33}$$

这里的指数因子代表了系统的非理想性。在这种情况下，组分 1 的化学势可由下式给出：

$$\mu_1=\mu_1^*+RT\ln x_1+\alpha RTx_2^2+\beta RTx_2^3+\cdots \tag{24.34}$$

在第 22-8 节中，我们曾引入逸度的概念，以保持与理想气体相同的热力学方程的形式。本节将采用类似的方法来处理理溶液，以理想溶液作为标准。

为了将式(24.32)的形式推广到非理想溶液中，通过下式定义一个称为**活度**(activity)的量：

$$\mu_j^{\text{sln}}=\mu_j^*+RT\ln a_j \tag{24.35}$$

式中 μ_j^* 是纯液体的化学势或摩尔吉布斯能。式(24.35)是式(24.32)在非理想溶液中的一般化。式(24.27)中的第一个表明，当 $x_j\to1$ 时，$P_j=x_jP_j^*$。如果我们将此结果代入式(24.31)中，可得

$$\mu_j^{\text{sln}}=\mu_j^*+RT\ln x_j \quad (\text{当 } x_j\to1)$$

比较该式与式(24.35)[式(24.35)在所有浓度下都有效]，可以将组分 j 的活度定义为

$$a_j=\frac{P_j}{P_j^*} \quad (\text{理想蒸气}) \tag{24.36}$$

使得当 $x_j\to1$ 时，有 $a_j\to x_j$。换句话说，纯液体的活度是 1(在总压为 1 bar、温度为目标温度时)。对于理想溶液，在所有浓度下都有 $P_j=x_jP_j^*$；因此，理想溶液中组分 j 的活度表示为 $a_j=x_j$。在非理想溶液中，a_j 仍等于 P_j/P_j^*，但该比值不再等于 x_j，尽管当 $x_j\to1$ 时有 $a_j\to x_j$。

根据式(24.33)和式(24.36)，组分 1 的活度可用经验式表示为

$$a_1=x_1e^{\alpha x_2^2+\beta x_2^3+\cdots}$$

注意：当 $x_1\to1(x_2\to0)$ 时，$a_1\to1$。a_j/x_j 值可用作衡量溶液偏离理想行为的一种量度。该比值称为组分 j 的**活度系数**(activity coefficient)，用 γ_j 表示：

$$\gamma_j=\frac{a_j}{x_j} \tag{24.37}$$

如果在所有浓度下 $\gamma_j=1$，则溶液是理想溶液。如果 $\gamma_j\neq1$，则溶液就不是理想溶液。例如，75 ℃时氯苯/1-硝基丙烷溶液中氯苯的平衡蒸气分压如下：

x_1	0.119	0.289	0.460	0.691	1.00
P_1/torr	19.0	41.9	62.4	86.4	119

根据这些数据，75 ℃时纯氯苯的蒸气压为 119 torr，则活度和活度系数为

x_1	0.119	0.289	0.460	0.691	1.00
$a_1(=P_1/P_1^*)$	0.160	0.352	0.524	0.726	1.00
$\gamma_1(=a_1/x_1)$	1.34	1.22	1.14	1.05	1.00

图 24.14 显示了 75 ℃时氯苯在 1-硝基丙烷中的活度系数与氯苯摩尔分数的关系。

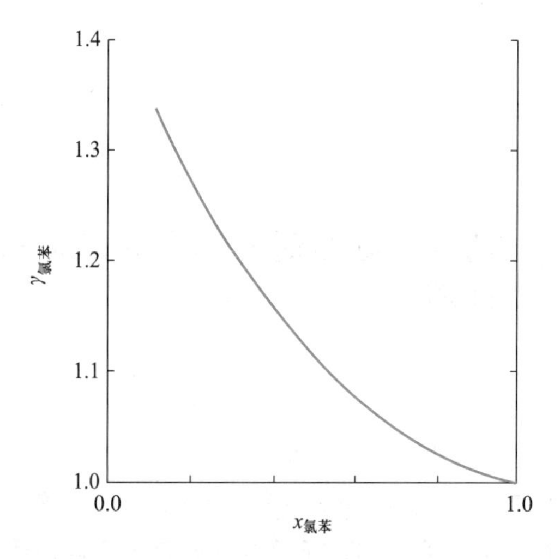

图 24.14 75 ℃时氯苯在 1-硝基丙烷中的活度系数与氯苯摩尔分数的关系。

活度实际上是表达化学势的另一种方式，因为这两个量是通过 $\mu_j=\mu_j^*+RT\ln a_j$ 彼此直接关联的。因此，就像二元溶液中一个组分的化学势与另一组分的化学势通过 Gibbs-Duhem 公式相关联一样，活度之间通过下式彼此关联：

$$x_1\mathrm{d}\ln a_1+x_2\mathrm{d}\ln a_2=0 \tag{24.38}$$

例如，如果在整个组成范围内有 $a_1=x_1$，则意味着组分 1 在整个组成范围内服从 Raoult 定律，因此

$$\mathrm{d}\ln a_2=-\frac{x_1}{x_2}\frac{\mathrm{d}x_1}{x_1}=-\frac{\mathrm{d}x_1}{x_2}=\frac{\mathrm{d}x_2}{x_2}$$

在 $x_2=1$ 到任意 x_2 范围内积分，并利用当 $x_2\to1$ 时 $a_2\to1$ 的条件，可得到

$$\ln a_2=\ln x_2$$

或 $a_2=x_2$。因此，如果一个组分在整个组成范围内服从 Raoult 定律，那么另一组分也将如此。

» 例题 24-8 证明：如果 $a_1=x_1e^{\alpha x_2^2}$，则有 $a_2=x_2e^{\alpha x_1^2}$。

» 解 首先，将 $\ln a_1$ 对 x_1 求导，得到

$$\mathrm{d}\ln a_1=\frac{\mathrm{d}x_1}{x_1}-2\alpha(1-x_1)\mathrm{d}x_1$$

代入式(24.38)中，得到

$$\mathrm{d}\ln a_2 = -\frac{x_1}{x_2}\left(\frac{\mathrm{d}x_1}{x_1} - 2\alpha x_2 \mathrm{d}x_1\right) = -\frac{\mathrm{d}x_1}{x_2} + 2\alpha x_1 \mathrm{d}x_1$$

将积分变量 x_1 换成 x_2,得到

$$\mathrm{d}\ln a_2 = \frac{\mathrm{d}x_2}{x_2} - 2\alpha(1-x_2)\mathrm{d}x_2$$

从 $x_2=1$(此时 $a_2=1$)到任意 x_2 范围内积分,可得

$$\ln a_2 = \ln x_2 + \alpha(1-x_2)^2$$

或

$$a_2 = x_2 \mathrm{e}^{\alpha x_1^2}$$

24-8 活度必须相对于标准状态进行计算

从某种意义上说,有两种类型的二元溶液,一种是两种组分在任何比例下都能混溶,另一种则不能。只有在后一种情况下,"溶剂"和"溶质"的意义才是明确的。在本节中,我们将会看到,这两种类型溶液的不同性质导致我们定义了不同的标准状态。

虽然没有明确地说,但我们已默认迄今所考虑的溶液的两种组分在溶液温度下以纯液体形式存在。我们已通过下式[即式(24.36)]定义了每个组分的活度:

$$a_j = \frac{P_j}{P_j^*} \quad (\text{理想蒸气}) \tag{24.39}$$

使得当 $x_j \to 1$ 时,$a_j \to x_j$ 以及当 $P_j = P_j^*$ 时 $a_j = 1$。用式(24.39)定义的活度是基于溶剂,或 Raoult 定律标准状态。鉴于关系式 $\mu_j = \mu_j^* + RT\ln a_j$[式(24.35)],组分 j 的化学势也是基于溶剂或 Raoult 定律的标准状态。活度或化学势须明确其使用的标准状态,否则是没有意义的。一方面如果两种液体在各种比例下均可混溶,则溶剂和溶质没有区别,通常使用溶剂标准状态。另一方面,如果一种组分在另一种组分中的溶解量很少,那么选择基于 Henry 定律的标准状态会比使用基于 Raoult 定律的标准状态更加方便。要了解这种情况下是如何定义活度的,可从下式,即式(24.31)开始:

$$\mu_j^{\text{sln}} = \mu_j^* + RT\ln\frac{P_j}{P_j^*} \tag{24.40}$$

因为组分 j 的溶解度很小,使用式(24.27)中的第二个公式,即当 $x_j \to 0$ 时 $P_j \to x_j k_{\mathrm{H},j}$,此处 $k_{\mathrm{H},j}$ 是组分 j 的 Henry 定律常数。将极限值 $x_j k_{\mathrm{H},j}$ 代入式(24.40)代替 P_j,可得到

$$\mu_j^{\text{sln}} = \mu_j^* + RT\ln\frac{x_j k_{\mathrm{H},j}}{P_j^*} \quad (x_j \to 0)$$

$$= \mu_j^* + RT\ln\frac{k_{\mathrm{H},j}}{P_j^*} + RT\ln x_j \quad (x_j \to 0) \tag{24.41}$$

通过下式定义组分 j 的活度:

$$\mu_j^{\text{sln}} = \mu_j^* + RT\ln\frac{k_{\mathrm{H},j}}{P_j^*} + RT\ln a_j \tag{24.42}$$

通过对比式(24.41)和式(24.42)得出:当 $x_j \to 0$ 时 $a_j \to x_j$。如果定义:

$$a_j = \frac{P_j}{k_{\mathrm{H},j}} \quad (\text{理想蒸气}) \tag{24.43}$$

并选择标准状态使得

$$\mu_j^* = \mu_j^* + RT\ln\frac{k_{\mathrm{H},j}}{P_j^*}$$

或使得 $k_{\mathrm{H},j} = P_j^*$,则式(24.42)就变为与式(24.35)等效。在这种情况下,标准状态要求 $k_{\mathrm{H},j} = P_j^*$。这种标准状态在现实中可能不存在,因此称为假想标准状态。然而,由式(24.43)给出的、针对稀少组分的、涉及 Henry 定律的活度定义是自然而然且有用的。

活度或活度系数的数值取决于标准状态的选择。表 24.1 列出了 35.2 ℃时二硫化碳/二甲氧基甲烷溶液的蒸气压数据,这些数据被绘制在图 24.15 中。可见,当对应的摩尔分数趋近 1 时,两条曲线都趋向于 Raoult 定律。图中的短划线表示相应摩尔分数趋近零时的线性区域。这些直线的斜率给出了每个组分的 Henry 定律常数。结果显示是 $k_{\mathrm{H,CS_2}} = 1130$ torr 和 $k_{\mathrm{H,二甲氧基甲烷}} = 1500$ torr。使用这些数值和纯组分的蒸气压值,可以计算出基于各自标准状态的活度和活度系数。例如,表 24.1 给出在 $x_{\mathrm{CS_2}} = 0.6827$ 时的 $P_{\mathrm{CS_2}} = 407.0$ torr,$P_{\mathrm{二甲氧基甲烷}} = 277.8$ torr。因此

$$a_{\mathrm{CS_2}}^{(\mathrm{R})} = \frac{P_{\mathrm{CS_2}}}{P_{\mathrm{CS_2}}^*} = \frac{407.0\ \text{torr}}{514.5\ \text{torr}} = 0.7911$$

$$a_{\text{二甲氧基甲烷}}^{(\mathrm{R})} = \frac{P_{\text{二甲氧基甲烷}}}{P_{\text{二甲氧基甲烷}}^*} = \frac{277.8\ \text{torr}}{587.7\ \text{torr}} = 0.4727$$

同时,有

$$\gamma_{\mathrm{CS_2}}^{(\mathrm{R})} = \frac{a_{\mathrm{CS_2}}^{(\mathrm{R})}}{x_{\mathrm{CS_2}}} = \frac{0.7911}{0.6827} = 1.159$$

$$\gamma_{\text{二甲氧基甲烷}}^{(\mathrm{R})} = \frac{a_{\text{二甲氧基甲烷}}^{(\mathrm{R})}}{x_{\text{二甲氧基甲烷}}} = \frac{0.4727}{0.3173} = 1.490$$

式中上标(R)仅强调这些数值是基于 Raoult 定律或溶剂的标准状态。

表 24.1 35.2 ℃时二硫化碳/二甲氧基甲烷溶液的蒸气压数据。

x_{CS_2}	P_{CS_2}/torr	$P_{二甲氧基甲烷}$/torr
0.0000	0.000	587.7
0.0489	54.5	558.3
0.1030	109.3	529.1
0.1640	159.5	500.4
0.2710	234.8	451.2
0.3470	277.6	412.7
0.4536	324.8	378.0
0.4946	340.2	360.8
0.5393	357.2	342.2
0.6071	381.9	313.3
0.6827	407.0	277.8
0.7377	424.3	250.1
0.7950	442.3	217.4
0.8445	458.1	184.9
0.9108	481.8	124.2
0.9554	501.0	65.1
1.0000	514.5	0.000

类似地，有

$$a_{CS_2}^{(H)} = \frac{P_{CS_2}}{k_{H,CS_2}} = \frac{407.0\ \text{torr}}{1130\ \text{torr}} = 0.360$$

$$a_{二甲氧基甲烷}^{(H)} = \frac{P_{二甲氧基甲烷}}{k_{H,二甲氧基甲烷}} = \frac{277.8\ \text{torr}}{1500\ \text{torr}} = 0.185$$

$$\gamma_{CS_2}^{(H)} = \frac{a_{CS_2}^{(H)}}{x_{CS_2}} = \frac{0.360}{0.6827} = 0.527$$

$$\gamma_{二甲氧基甲烷}^{(H)} = \frac{a_{二甲氧基甲烷}^{(H)}}{x_{二甲氧基甲烷}} = \frac{0.185}{0.3173} = 0.583$$

式中上标(H)仅强调这些数值是基于 Henry 定律或溶质的标准状态。图 24.16(a)显示了基于 Raoult 定律或溶剂的活度与二硫化碳摩尔分数的关系，图 24.16(b)则显示了基于 Henry 定律或溶质的活度与二硫化碳摩尔分数的关系。在下一章中将看到，溶质或 Henry 定律标准状态特别适用于在 1 bar 和所研究的溶液温度下不以液体形式存在的物质。

基于 Raoult 定律标准状态(是可互溶液体的常用标准状态)的活度系数如图 24.17 所示。可见：当 $x_{CS_2}\to 1$ 时，有 $\gamma_{CS_2}\to 1$，而当 $x_{CS_2}\to 0$ 时，γ_{CS_2} 为 2.2。这两个极限值都可以从下面这个 γ_j 的定义[式(24.37)]推导出来：

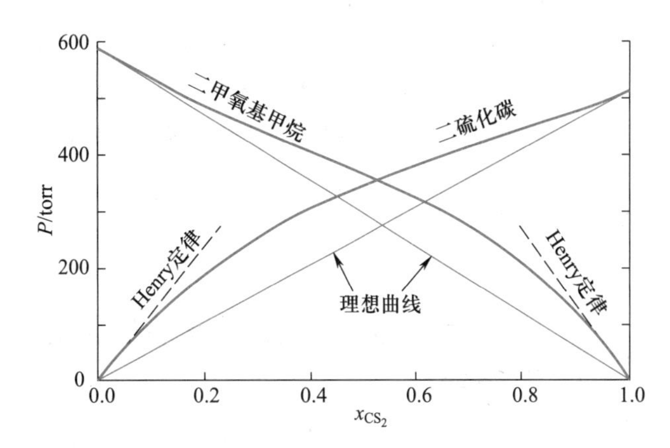

图 24.15 35.2 ℃时二硫化碳和二甲氧基甲烷在其溶液上方的蒸气压。蓝色实心直线表示理想行为，黑色短划线表示每个组分在其摩尔分数趋近零时的 Henry 定律行为。

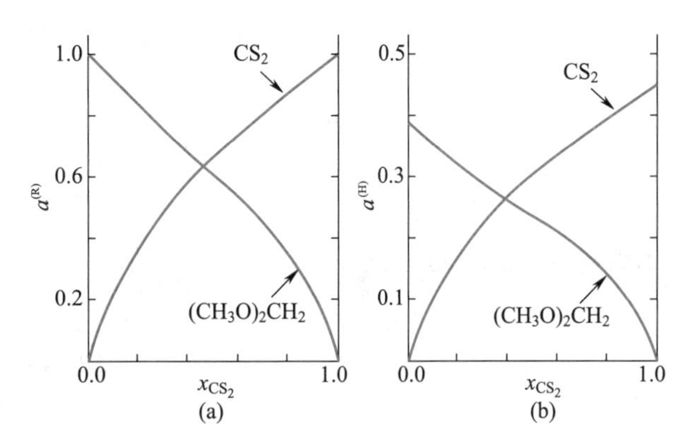

图 24.16 (a) 35.2 ℃时二硫化碳/二甲氧基甲烷溶液中二硫化碳和二甲氧基甲烷的 Raoult 定律活度与二硫化碳摩尔分数的关系曲线。(b) 同一系统中 Henry 定律活度与二硫化碳摩尔分数的关系曲线。

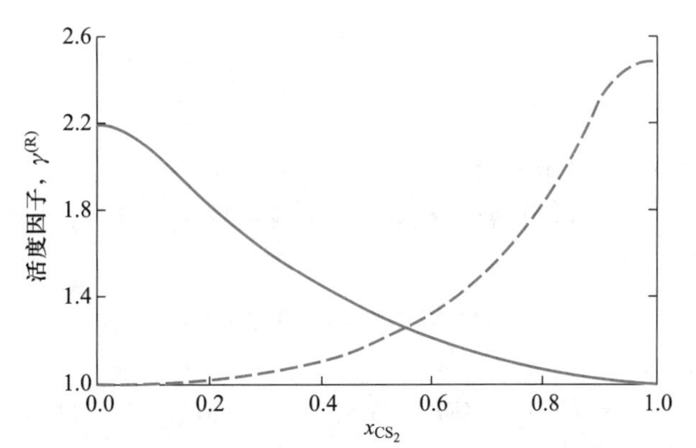

图 24.17 35.2 ℃时二硫化碳/二甲氧基甲烷溶液中二硫化碳(实线)和二甲氧基甲烷(短划线)的 Raoult 定律活度系数与二硫化碳摩尔分数的关系曲线。

$$\gamma_j = \frac{a_j}{x_j} = \frac{P_j}{x_j P_j^*}$$

现在，当 $x_j\to 1$ 时，$P_j\to P_j^*$；因此，当 $x_j\to 1$ 时，$\gamma_j\to 1$。然而，在另一个极限条件时，当 $x_j\to 0$ 时，$P_j\to x_j k_{H,j}$；因此，当

$x_j \to 0$ 时，$\gamma_j \to k_{H,j}/P_j^*$。$CS_2(l)$ 的 k_H 值为 1130 torr，故 $\gamma_{CS_2} \to k_{H,CS_2}/P_{CS_2}^* = (1130\ \text{torr}/514.5\ \text{torr}) = 2.2$，与图 24.17 一致。当 $x_{二甲氧基甲烷} \to 0(x_{CS_2} \to 1)$ 时，二甲氧基甲烷的活度系数趋近于 2.5，与 $\gamma_{二甲氧基甲烷} \to k_{H,二甲氧基甲烷}/P_{二甲氧基甲烷}^* = (1500\ \text{torr}/587.7\ \text{torr}) = 2.5$ 一致。

24-9 用活度系数计算二元溶液的混合吉布斯能

回顾式(24.21)：

$$\Delta_{mix}G = n_1\mu_1^{sln} + n_2\mu_2^{sln} - n_1\mu_1^* - n_2\mu_2^*$$

根据式(24.35)和式(24.37)，有

$$\mu_j^{sln} = \mu_j^* + RT\ln a_j = \mu_j^* + RT\ln x_j + RT\ln\gamma_j \quad (24.44)$$

因此

$$\Delta_{mix}G/RT = n_1\ln x_1 + n_2\ln x_2 + n_1\ln\gamma_1 + n_2\ln\gamma_2 \quad (24.45)$$

如果将式(24.45)除以总摩尔数 n_1+n_2，可得到**摩尔混合吉布斯能**(molar Gibbs energy of mixing) $\Delta_{mix}\overline{G}$，即

$$\Delta_{mix}\overline{G}/RT = x_1\ln x_1 + x_2\ln x_2 + x_1\ln\gamma_1 + x_2\ln\gamma_2 \quad (24.46)$$

前两项表示理想溶液的混合吉布斯能。

» 例题 24-9　用式(24.46)推导出二元溶液的 $\Delta_{mix}\overline{G}$ 的表达式，该二元溶液中两个组分的蒸气压可分别表示为

$$P_1 = x_1P_1^*e^{\alpha x_2^2} \quad 和 \quad P_2 = x_2P_2^*e^{\alpha x_1^2}$$

» 解　根据上述 P_1 和 P_2 的表达式，有

$$\gamma_1 = \frac{P_1}{x_1P_1^*} = e^{\alpha x_2^2} \quad 和 \quad \gamma_2 = \frac{P_2}{x_2P_2^*} = e^{\alpha x_1^2}$$

代入式(24.46)，得

$$\Delta_{mix}\overline{G}/RT = x_1\ln x_1 + x_2\ln x_2 + \alpha x_1x_2^2 + \alpha x_2x_1^2$$

由于

$$x_1x_2^2 + x_2x_1^2 = x_1x_2(x_1+x_2) = x_1x_2$$

因此

$$\Delta_{mix}\overline{G}/RT = x_1\ln x_1 + x_2\ln x_2 + \alpha x_1x_2 \quad (24.47)$$

二元溶液的分子理论表明，参数 α 是没有单位的，具有能量除以 RT 的形式。因此，可将 α 写成 w/RT，其中 w 是一个常数，我们不需要知道其具体值。代入后，式(24.47)可写为

$$\frac{\Delta_{mix}\overline{G}}{w} = \frac{RT}{w}(x_1\ln x_1 + x_2\ln x_2) + x_1x_2 \quad (24.48)$$

图 24.18 显示了几个 RT/w 数值对应的 $\Delta_{mix}\overline{G}/w$ 对 x_1 的作图。可见，所有曲线的斜率在中点处($x_1 = x_2 = 1/2$)都等于 0。$RT/w = 0.50$ 的曲线是特殊的，因为 RT/w 值大于 0.50 的曲线在所有 x_1 时向上凹，而 RT/w 值小于 0.50 的曲线在 $x_1 = 1/2$ 处向下凹。用数学术语来说，对处于 $RT/w = 0.50$ 曲线下方的曲线，在 $x_1 = x_2 = 1/2$ 处其 $\partial^2(\Delta_{mix}\overline{G}/w)/\partial x_1^2$ 为正(最小值)；而对处于 $RT/w = 0.50$ 曲线之上的曲线，在 $x_1 = x_2 = 1/2$ 处其 $\partial^2(\Delta_{mix}\overline{G}/w)/\partial x_1^2$ 为负(最大值)。当 $T<T_c$ 时，$\partial^2(\Delta_{mix}\overline{G}/w)/\partial x_1^2$ 为负的区域类似于 van der Waals 方程或 Redlich-Kwong 方程的弯曲部分(图 16.8)，在此情况下对应于两种液体不互溶的区域。临界值 $RT/w = 0.50$ 对应于溶液的临界温度 T_c，其中两种液体在温度高于 $T_c = 0.50w/R$ 时可以各种比例互溶，而在温度低于 $T_c = 0.50w/R$ 时不互溶。

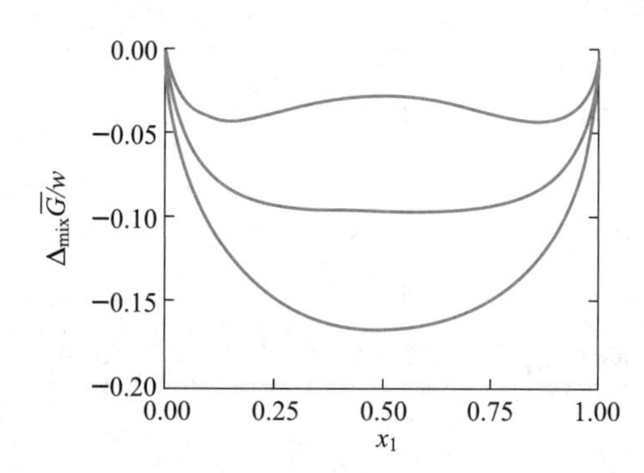

图 24.18　$RT/w = 0.60$(底部曲线)，$RT/w = 0.50$(中间曲线)和 $RT/w = 0.40$(上方曲线)时 $\Delta_{mix}\overline{G}/w$ 对 x_1 的作图。

来看图 24.18 中 $RT/w = 0.40$ 的曲线，两个最小值表示两种彼此处于平衡的不互溶溶液，这两种溶液的组成由每个最小值处的 x_1 值给出。根据式(24.47)，有

$$\frac{\partial(\Delta_{mix}\overline{G}/w)}{\partial x_1} = \frac{RT}{w}[\ln x_1 - \ln(1-x_1)] + (1-2x_1) = 0 \quad (24.49)$$

作为求 $\Delta_{mix}\overline{G}/w$ 极值的条件。首先要注意，对于任意 RT/w 值，式(24.49)都可解得 $x_1 = 1/2$，这就解释了为什么图 24.18 中的所有曲线在 $x_1 = 1/2$ 处都有最大值或最小值。通过绘制不同 RT/w 值时 $(RT/w)[\ln x_1 - \ln(1-x_1)] + (1-2x_1)$ 与 x_1 的关系图，可以发现：在 $RT/w \geqslant 0.50$ 时，只有 $x_1 = 1/2$ 满足式(24.49)；而在 $RT/w < 0.50$ 时，则有两个其他根出现。这两个根给出了处于平衡的两种不互溶溶液的组成。对于 $RT/w = 0.40$ 的情况，这两个 x_1 值为 0.145 和 0.855。图 24.19 显示了两种不互溶溶液中组分 1 的摩尔分数随温度(RT/w)变化的关系曲线。可见，图 24.19 类似于图 24.13。

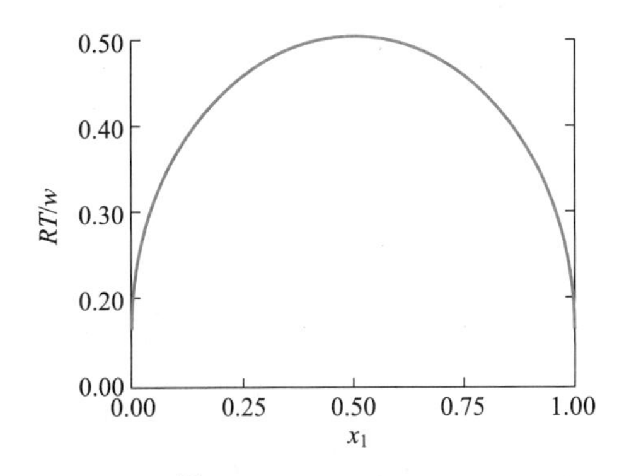

图 24.19 $\Delta_{mix}\overline{G}/w=(RT/w)(x_1\ln x_1+x_2\ln x_2)+x_1x_2$[式(24.48)]的二元系统的温度-组成图。曲线给出了两种不互溶溶液的组成与温度的关系。在曲线以上区域只有一个均匀相，在曲线以下的区域存在两种处于平衡的不互溶溶液。

» 例题 24-10 根据式(24.49)，计算在 $RT/w=0.40$ 的温度下处于平衡的两种不互溶溶液的组成。

» 解 使用在数学章节 G 中介绍的牛顿-拉夫森(Newton-Raphson)方法。式(G.1)的函数 $f(x)$ 为

$$f(x)=\frac{RT}{w}[\ln x-\ln(1-x)]+1-2x$$

式(G.1)变为

$$x_{n+1}=x_n-\frac{\frac{RT}{w}[\ln x_n-\ln(1-x_n)]+1-2x_n}{\frac{RT}{w}\left[\frac{1}{x_n(1-x_n)}\right]-2}$$

其中 $RT/w=0.40$。对于其中的一个解，从 $x_0=0.100$ 开始，得到

n	x_n	$f(x_n)$	$f'(x_n)$
0	0.100	-0.07889	2.4444
1	0.132	-0.01695	1.4851
2	0.144	-0.001370	1.2509
3	0.145	-0.000017	1.2305
4	0.145		

对于另一个解，从 $x_0=0.900$ 开始，得到

n	x_n	$f(x_n)$	$f'(x_n)$
0	0.900	0.07889	2.4444
1	0.868	0.01695	1.4851
2	0.856	0.00137	1.2509
3	0.855	0.000017	1.2305
4	0.855		

与图 24.19 一致。

许多溶液可以用式(24.47)来描述，这种溶液称为**正规溶液**(regular solutions)。习题 24-37 至习题 24-45 涉及正规溶液。

为了聚焦于非理想性的影响，定义了**混合超额吉布斯能**(excess Gibbs energy of mixing)G^E：

$$G^E=\Delta_{mix}G-\Delta_{mix}G^{id} \tag{24.50}$$

从式(24.45)可以看出：

$$G^E/RT=n_1\ln\gamma_1+n_2\ln\gamma_2$$

如果在等式两边除以总摩尔数 n_1+n_2，可得到**摩尔混合超额吉布斯能**(molar excess Gibbs energy of mixing)$\overline{G}^E$：

$$\overline{G}^E/RT=x_1\ln\gamma_1+x_2\ln\gamma_2 \tag{24.51}$$

对于式(24.47)给出的 $\Delta_{mix}\overline{G}$，有

$$\overline{G}^E/RT=\alpha x_1x_2 \tag{24.52}$$

根据式(24.52)，$\overline{G}^E$ 对 x_1 的作图是一条围绕 $x_1=1/2$ 处垂直线对称的抛物线。

可以使用图 24.17 中计算的 γ_{CS_2} 和 $\gamma_{二甲氧基甲烷}$ 来计算 35.2 ℃ 时二硫化碳/二甲氧基甲烷溶液的 $\overline{G}^E$ 值，如图 24.20 所示。注意，$\overline{G}^E$ 对 x_{CS_2} 作图所得曲线针对 $x_{CS_2}=1/2$ 的垂直线是不对称的。这种不对称性意味着在蒸气压经验公式[式(24.33)]中的 $\beta\neq0$。

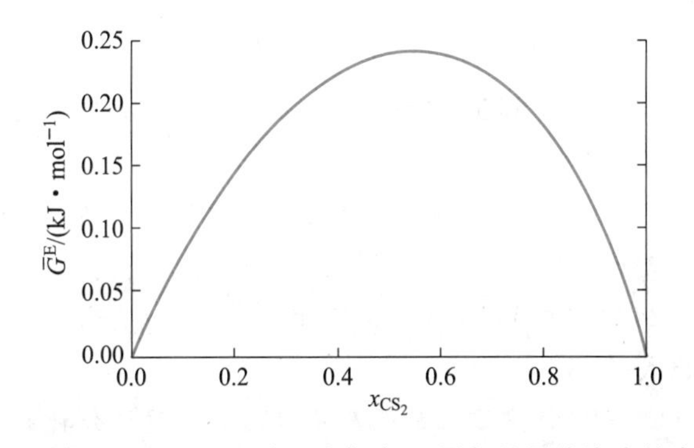

图 24.20 35.2 ℃时二硫化碳/二甲氧基甲烷溶液的摩尔混合超额吉布斯能与二硫化碳摩尔分数的关系曲线。

在下一章中将继续讨论溶液，聚焦于两种组分在全比例下不能完全溶解的溶液。特别地，将讨论固体溶于液体的溶液，在这种溶液中，**溶质**(solute)和**溶剂**(solvent)是有各自含义的。

习题

24-1 本章中,式(24.5)和式(24.6)使用了一个物理论证,涉及在保持T和P不变的情况下改变系统的大小。我们可能也使用了**欧拉定理**(Euler's theorem)。在学习Euler定理之前,必须先定义**齐函数**(homogeneous function)。函数$f(z_1,z_2,\cdots,z_N)$在满足以下条件时可视为齐函数:

$$f(\lambda z_1,\lambda z_2,\cdots,\lambda z_N)=\lambda f(z_1,z_2,\cdots,z_N)$$

论证热力学广度量是其广度变量的齐函数。

24-2 Euler定理表明,如果$f(z_1,z_2,\cdots,z_N)$是齐函数,则有

$$f(z_1,z_2,\cdots,z_N)=z_1\frac{\partial f}{\partial z_1}+z_2\frac{\partial f}{\partial z_2}+\cdots+z_N\frac{\partial f}{\partial z_N}$$

请通过将习题24-1中的方程对λ求导,并令$\lambda=1$来证明Euler定理。

将Euler定理应用于$G=G(n_1,n_2,T,P)$,借此导出式(24.6)(提示:因为T和P是强度变量,故在这种情况下它们仅是不相关的变量)。

24-3 利用Euler定理(习题24-2),证明:对于任意广度量Y,有

$$Y(n_1,n_2,\cdots,T,P)=\sum n_j\overline{Y}_j$$

24-4 将Euler定理应用于$U=U(S,V,n)$所得到的方程是什么?

24-5 将Euler定理应用于$A=A(T,V,n)$所得到的方程是什么?

24-6 将Euler定理应用于$V=V(T,P,n_1,n_2)$,推导出式(24.7)。

24-7 许多溶液的性质是以组分的质量分数的函数给出的。如果令组分2的质量分数为A_2,试导出A_2与摩尔分数x_1和x_2之间的关系。

24-8 《CRC化学和物理手册》(*CRC Handbook of Chemistry and Physics*)给出了许多水溶液的密度,它们是溶质质量分数的函数。如果用ρ表示密度、用A_2表示组分2的质量分数,手册中给出了$\rho=\rho(A_2)$(单位:g·mL^{-1})。证明:$V=(n_1M_1+n_2M_2)/\rho(A_2)$是含有$n_1$(mol)组分1和$n_2$(mol)组分2的溶液的体积,式中$M_j$是组分$j$的摩尔质量。证明:

$$\overline{V}_1=\frac{M_1}{\rho(A_2)}\left[1+\frac{A_2}{\rho(A_2)}\frac{\mathrm{d}\rho(A_2)}{\mathrm{d}A_2}\right]$$

和

$$\overline{V}_2=\frac{M_2}{\rho(A_2)}\left[1+\frac{A_2-100}{\rho(A_2)}\frac{\mathrm{d}\rho(A_2)}{\mathrm{d}A_2}\right]$$

并证明:

$$V=n_1\overline{V}_1+n_2\overline{V}_2$$

与式(24.7)一致。

24-9 20 ℃时1-丙醇/水溶液的密度(g·mL^{-1})是1-丙醇质量分数A_2的函数,可表示为

$$\rho(A_2)=\sum_{j=0}^{7}\alpha_jA_2^j$$

式中

$\alpha_0=0.99823$　　$\alpha_4=1.5312\times10^{-7}$

$\alpha_1=-0.0020577$　　$\alpha_5=-2.0365\times10^{-9}$

$\alpha_2=1.0021\times10^{-4}$　　$\alpha_6=1.3741\times10^{-11}$

$\alpha_3=-5.9518\times10^{-6}$　　$\alpha_7=-3.7278\times10^{-14}$

使用此表达式绘制$\overline{V}_{H_2O}$和$\overline{V}_{1-丙醇}$与A_2的关系曲线,并与图24.1中的数值进行比较。

24-10 已知二元溶液的密度是组分2的摩尔分数的函数[$\rho=\rho(x_2)$],证明:含有n_1(mol)组分1和n_2(mol)组分2的溶液的体积可由$V=(n_1M_1+n_2M_2)/\rho(x_2)$给出,其中$M_j$是组分$j$的摩尔质量。证明:

$$\overline{V}_1=\frac{M_1}{\rho(x_2)}\left[1+\frac{x_2(M_2-M_1)+M_1}{M_1}\frac{x_2}{\rho(x_2)}\frac{\mathrm{d}\rho(x_2)}{\mathrm{d}x_2}\right]$$

和

$$\overline{V}_2=\frac{M_2}{\rho(x_2)}\left[1-\frac{x_2(M_2-M_1)+M_1}{M_2}\frac{1-x_2}{\rho(x_2)}\frac{\mathrm{d}\rho(x_2)}{\mathrm{d}x_2}\right]$$

证明:

$$V=n_1\overline{V}_1+n_2\overline{V}_2$$

与式(24.7)一致。

24-11 20 ℃时1-丙醇/水溶液的密度(单位:g·mL^{-1})与1-丙醇摩尔分数x_2的函数关系可以表示为

$$\rho(x_2)=\sum_{j=0}^{4}\alpha_jx_2^j$$

式中

$\alpha_0=0.99823$　　$\alpha_3=-0.17163$

$\alpha_1=-0.48503$　　$\alpha_4=-0.01387$

$\alpha_2=0.47518$

根据习题24-10中的公式,用这个表达式计算$\overline{V}_{H_2O}$和$\overline{V}_{1-丙醇}$与x_2的关系曲线。

24-12 使用《CRC 化学和物理手册》(*CRC Handbook of Chemistry and Physics*)中的数据,将水/甘油溶液的密度曲线拟合为甘油摩尔分数的五阶多项式,然后求出水和甘油的偏摩尔体积与摩尔分数的函数关系式,并作图表示。

24-13 在例题 24-2 之前,我们证明了如果二元溶液的一个组分在整个组成范围内遵守 Raoult 定律,那么另一个组分也遵守 Raoult 定律。现在,请证明:如果在 $x_{2,最小值} \leqslant x_2 \leqslant 1$ 范围内有 $\mu_2 = \mu_2' + RT\ln x_2$,则在 $0 \leqslant x_1 < 1 - x_{2,最小值}$ 范围内有 $\mu_1 = \mu_1' + RT\ln x_1$。注意,在 μ_2 服从给定的某个简单形式的范围内,μ_1 服从一个类似的简单形式。如令 $x_{2,最小值} = 0$,可得到 $\mu_1 = \mu_1^* + RT\ln x_1 (0 \leqslant x_1 \leqslant 1)$。

24-14 继续例题 24-3 中的计算,通过将 x_2 从 0 变化到 1,得到 y_2 与 x_2 的函数关系式,并作图表示。

24-15 使用习题 24-14 的结果,绘制图 24.4 中的压力-组成图。

24-16 针对习题 24-14 中得到的一对数值 $x_2 = 0.38$ 和 $y_2 = 0.57$ 中的一个,计算在总组成为 0.50 时液相和气相的相对量。

24-17 本题将导出图 24.4 中压力-组成曲线的解析表达式。如图 24.4 所示,液相(上)曲线为直线,可表示为

$$P_{总} = x_1P_1^* + x_2P_2^* = (1-x_2)P_1^* + x_2P_2^* = P_1^* + x_2(P_2^* - P_1^*) \tag{1}$$

解下列方程,求出用 y_2 表示 x_2 的表达式:

$$y_2 = \frac{x_2P_2^*}{P_{总}} = \frac{x_2P_2^*}{P_1^* + x_2(P_2^* - P_1^*)}$$

并代入式(1)得到

$$P_{总} = \frac{P_1^*P_2^*}{P_2^* - y_2(P_2^* - P_1^*)}$$

将此结果对 y_2 作图,并证明该式描述了图 24.4 中的气相(下)曲线。

24-18 证明:当 $P_2^* > P_1^*$ 时有 $y_2 > x_2$,当 $P_2^* < P_1^*$ 时有 $y_2 < x_2$。给出该结果的物理解释。

24-19 40 ℃时四氯甲烷和三氯乙烯在所有浓度下均可形成理想溶液。已知四氯甲烷和三氯乙烯在 40 ℃时的蒸气压分别为 214 torr 和 138 torr,画出该系统的压力-组成图(见习题 24-17)。

24-20 四氯甲烷(1)和三氯乙烯(2)在 76.8~87.2 ℃的蒸气压可用下面的经验式表示:

$$\ln(P_1^*/\text{torr}) = 15.8401 - \frac{2790.78}{t + 226.4}$$

$$\ln(P_2^*/\text{torr}) = 15.0124 - \frac{2345.4}{t + 192.7}$$

式中 t 是摄氏温度。假设四氯甲烷和三氯乙烯在所有浓度下均可形成理想溶液,计算在 82.0 ℃(环境压力为 760 torr)时的 x_1 和 y_1 值。

24-21 使用习题 24-20 中的数据,绘制四氯甲烷/三氯乙烯溶液的整个温度-组成图。

24-22 在 80~110 ℃时苯和甲苯的蒸气压与开尔文温度之间的函数关系可用下列经验式给出:

$$\ln(P_{苯}^*/\text{torr}) = -\frac{3856.6\ \text{K}}{T} + 17.551$$

$$\ln(P_{甲苯}^*/\text{torr}) = -\frac{4514.6\ \text{K}}{T} + 18.397$$

假设苯和甲苯形成理想溶液,利用这些公式绘制该系统在环境压力 760 torr 下的温度-组成图。

24-23 通过将 t 从 82.3 ℃(2-丙醇的沸点)改变到 97.2 ℃(1-丙醇的沸点),绘制图 24.5 中 1-丙醇和 2-丙醇的温度-组成图,并计算:(1) 每个温度下的 P_1^* 和 P_2^* 值(见例题 24-5);(2) 根据 $x_1 = (P_2^* - 760)/(P_2^* - P_1^*)$ 求 x_1;(3) 根据 $y_1 = x_1P_1^*/760$ 求 y_1。在同一张图中画出 t 与 x_1 和 y_1 的关系曲线,得到温度-组成图。

24-24 证明:对于理想溶液,有 $\overline{V}_j = \overline{V}_j^*$,式中 $\overline{V}_j^*$ 是纯组分 j 的摩尔体积。

24-25 可互溶液体的混合体积被定义为溶液体积减去各个纯组分的体积。证明:在恒定的 P 和 T 时,有

$$\Delta_{\text{mix}}\overline{V} = \sum x_i(\overline{V}_i - \overline{V}_i^*)$$

式中 $\overline{V}_i^*$ 为纯组分 i 的摩尔体积。证明:理想溶液的 $\Delta_{\text{mix}}\overline{V} = 0$(见习题 24-24)。

24-26 设二元溶液中两个组分的蒸气压分别为

$$P_1 = x_1P_1^*e^{x_2^2/2} \quad 和 \quad P_2 = x_2P_2^*e^{x_1^2/2}$$

已知 $P_1^* = 75.0$ torr,$P_2^* = 160$ torr,计算当 $x_1 = 0.40$ 时的总蒸气压和气相组成。

24-27 对于上一题中描述的系统,绘制 y_1 与 x_1 的关系曲线。为什么所得曲线位于连接原点和点 $x_1 = 1$, $y_1 = 1$ 的直线下方?描述一个 $y_1 - x_1$ 曲线位于对角线上方的系统。

24-28 利用习题 24-26 中给出的 P_1 和 P_2 的表达式,绘制出压力-组成图。

24-29 二元溶液中两个组分的蒸气压(单位:torr)分别由下面两式给出:

$$P_1 = 120x_1e^{0.20x_2^2 + 0.10x_2^3} \quad 和 \quad P_2 = 140x_2e^{0.35x_1^2 - 0.10x_1^3}$$

求 P_1^*,P_2^*,$k_{\text{H},1}$ 和 $k_{\text{H},2}$ 的值。

24-30 假设二元溶液的两个组分的蒸气压可分别表示为

$$P_1 = x_1 P_1^* e^{\alpha x_2^2+\beta x_2^3} \quad 和 \quad P_2 = x_2 P_2^* e^{(\alpha+3\beta/2)x_1^2-\beta x_1^3}$$

证明:$k_{H,1} = P_1^* e^{\alpha+\beta}$和$k_{H,2} = P_2^* e^{\alpha+\beta/2}$。

24-31 在例题24-6和例题24-7中使用的蒸气压的经验表达式,如

$$P_1 = x_1 P_1^* e^{\alpha x_2^2+\beta x_2^3+\cdots}$$

有时称为**马居尔方程**(Margules equation)。利用式(24.29),证明:P_1的指数因子中不可能存在线性项,否则P_2在$x_2\to 0$时将不满足Henry定律。

24-32 本章中证明了组分2在$x_2\to 0$时的Henry定律行为是组分1在$x_1\to 1$时的Raoult定律行为的直接结果。本题中,将证明相反的情况:组分1在$x_1\to 1$时的Raoult定律行为是组分2在$x_2\to 0$时的Henry定律行为的直接结果。证明:在$x_2\to 0$时组分2的化学势为

$$\mu_2(T,P) = \mu_2^\circ(T) + RT\ln k_{H,2} + RT\ln x_2 \quad x_2\to 0$$

将μ_2对x_2求导,并代入Gibbs-Duhem公式,得到

$$d\mu_1 = RT\frac{dx_1}{x_1} \quad x_2\to 0$$

对这个表达式从$x_1 = 1$到$x_1\approx 1$积分,并利用$\mu_1(x_1 = 1) = \mu_1^*$的事实,得到

$$\mu_1(T,P) = \mu_1^*(T) + RT\ln x_1 \quad x_1\to 1$$

这就是化学势的Raoult定律表达式。

24-33 例题24-7显示,如果

$$P_1 = x_1 P_1^* e^{\alpha x_2^2+\beta x_2^3}$$

则有

$$P_2 = x_2 P_2^* e^{(\alpha+3\beta/2)x_1^2-\beta x_1^3}$$

证明:该结果可直接由式(24.29)推导得到。

24-34 假设二元溶液中各组分的蒸气压可表示为

$$P_1 = x_1 P_1^* e^{\alpha x_2^2} \quad 和 \quad P_2 = x_2 P_2^* e^{\beta x_1^2}$$

利用Gibbs-Duhem公式或式(24.29),证明:α一定等于β。

24-35 用式(24.29)证明:如果二元溶液的一种组分在所有浓度下服从Raoult定律,那么另一种组分在所有浓度下也服从Raoult定律。

24-36 用式(24.29)证明:如果二元溶液的一种组分与Raoult定律有正偏差,则另一种组分也必然与Raoult定律有正偏差。

以下九个习题阐述了正规溶液的概念。

24-37 如果二元溶液中两个组分的蒸气压表达式为

$$P_1 = x_1 P_1^* e^{w x_2^2/RT} \quad 和 \quad P_2 = x_2 P_2^* e^{w x_1^2/RT}$$

证明:

$$\Delta_{mix}\overline{G}/w = \Delta_{mix}G/(n_1+n_2)w = \frac{RT}{w}(x_1\ln x_1 + x_2\ln x_2) + x_1x_2$$

$$\Delta_{mix}\overline{S}/R = \Delta_{mix}S/(n_1+n_2)R = -(x_1\ln x_1 + x_2\ln x_2)$$

$$\Delta_{mix}\overline{H}/w = \Delta_{mix}H/(n_1+n_2)w = x_1x_2$$

满足这些方程的溶液称为**正规溶液**(regular solution)。二元溶液的统计热力学模型表明,w可表示为

$$w = N_A(\varepsilon_{11}+\varepsilon_{22}-2\varepsilon_{12})$$

式中ε_{ij}是组分i和j的分子之间的相互作用能。注意:如果$\varepsilon_{12} = (\varepsilon_{11}+\varepsilon_{22})/2$,则$w = 0$,意味着从能量上讲组分1和组分2的分子彼此相似。

24-38 证明:上题中的$\Delta_{mix}\overline{G}$,$\Delta_{mix}\overline{S}$和$\Delta_{mix}\overline{H}$在$x_1 = x_2 = 1/2$处是对称的。

24-39 当$RT/w = 0.60, 0.50, 0.45$和0.35时,绘制$P_1/P_1^* = x_1 e^{w x_2^2/RT}$与$x_1$的关系曲线。注意,有些曲线存在斜率为负的区域。接下来请证明,当$RT/w < 0.50$时会出现如下情况:这些区域与van der Waals方程或Redlich-Kwong方程在$T<T_c$时的弯曲部分相似(图16.8),且这种情况对应于两种液体不互溶的区域;临界值$RT/w = 0.50$对应于溶液临界温度。

24-40 将$P_1 = x_1 P_1^* e^{w(1-x_1)^2/RT}$对$x_1$求导,证明在点$x_1 = \frac{1}{2}\pm\frac{1}{2}\left(1-\frac{2RT}{w}\right)^{1/2}$处$P_1$有最大或最小值。证明当出现最大或最小值时$RT/w < 0.50$。在$RT/w = 0.35$时这些极值的位置是否与上一题中所绘制的曲线吻合?

24-41 在$RT/w = 0.60, 0.50, 0.45, 0.40$和$0.35$时,将习题24-37中的$\Delta_{mix}\overline{G}/w$对$x_1$作图。注意,有些曲线存在$\partial^2\Delta_{mix}\overline{G}/\partial x_1^2 < 0$的区域。这些区域对应于两种液体不能互溶的区域。证明:$RT/w = 0.50$是一个临界值,即只有当$RT/w < 0.50$时才会出现不稳定区域(参见上一题)。

24-42 在$RT/w = 1/\alpha = 0.60, 0.50, 0.45, 0.40$和$0.35$时,绘制$P_1/P_1^* = x_1 e^{\alpha x_2^2}$和$P_2/P_2^* = x_2 e^{\alpha x_1^2}$图。证明:当$RT/w < 0.50$时,图上出现弯曲部分。

24-43 在$RT/w = 1/\alpha = 0.40$时,绘制$P_1/P_1^* = x_1 e^{\alpha x_2^2}$和$P_2/P_2^* = x_2 e^{\alpha x_1^2}$图。弯曲部分表示两种液体不互溶的区域,习题24-39对此进行了解释。画一条水平线连接两条曲线的左右交点,这条线连接了两种不同组成的溶液中每种组分的蒸气压(或化学势)相同的状态点,对应于图24.12中所示的其中一条水平线。现在,令$P_1/P_1^* = x_1 e^{\alpha x_2^2}$等于$P_2/P_2^* = x_2 e^{\alpha x_1^2}$,解出用$x_1$表示的$\alpha$的表达式。绘制$RT/w = 1/\alpha$对$x_1$的曲线,并得到与图24.19中类似的共存曲线。

24-44 四氯甲烷(1)/环己烷(2)溶液在25 ℃时的摩尔混合焓如下表所示：

x_1	$\Delta_{mix}\overline{H}/(J\cdot mol^{-1})$
0.0657	37.8
0.2335	107.9
0.3495	134.9
0.4745	146.7
0.5955	141.6
0.7213	118.6
0.8529	73.6

根据习题24-37，绘制 $\Delta_{mix}\overline{H}/x_2$ 对 x_1 的曲线。四氯甲烷和环己烷是否形成了正规溶液？

24-45 四氢呋喃/三氯甲烷溶液在25 ℃时的摩尔混合焓如下表所示：

x_{THF}	$\Delta_{mix}\overline{H}/(J\cdot mol^{-1})$
0.0568	-0.469
0.1802	-1.374
0.3301	-2.118
0.4508	-2.398
0.5702	-2.383
0.7432	-1.888
0.8231	-1.465
0.9162	-0.802

四氢呋喃和三氯甲烷能形成正规溶液吗？

24-46 从式(24.11)出发，推导出下列方程：

$$x_1 d\ln\gamma_1 + x_2 d\ln\gamma_2 = 0$$

使用该方程导出与例题24-8中相同的结果。

24-47 表24.1中二硫化碳的蒸气压数据可以用下式进行曲线拟合：

$$P_1 = x_1(514.5\ \text{torr})\,e^{1.4967x_2^2-0.68175x_2^3}$$

利用例题24-7的结果，证明二甲氧基甲烷的蒸气压为

$$P_2 = x_2(587.7\ \text{torr})\,e^{0.4741x_1^2+0.68175x_1^3}$$

绘制 P_2-x_2 曲线，并与表24.1中的数据进行比较。画出 $\overline{G}^E$ 对 x_1 的曲线。该曲线是否针对 $x_1=1/2$ 的垂直线对称？二硫化碳和二甲氧基甲烷在35.2 ℃时形成正规溶液吗？

24-48 28.2 ℃时，组成为 $x_{丙酮}=0.713$ 的三氯甲烷与丙酮混合物的总蒸气压为220.5 torr，蒸气中丙酮的摩尔分数为 $y_{丙酮}=0.818$。已知纯三氯甲烷在28.2 ℃时的蒸气压为221.8 torr，计算混合物中三氯甲烷的活度和活度系数(基于Raoult定律标准状态)。假设蒸气的行为是理想的。

24-49 对于二元溶液，其中一种组分(例如组分1)的蒸气压(以torr为单位)可用经验式表示为

$$P_1 = 78.8x_1 e^{0.65x_2^2+0.18x_2^3}$$

基于溶剂和溶质标准状态，计算在 $x_1=0.25$ 时组分1的活度和活度系数。

24-50 下面列出了乙醇/水溶液在25 ℃时的一些蒸气压数据：

$x_{乙醇}$	$P_{乙醇}$/torr	$P_{水}$/torr
0.00	0.00	23.78
0.02	4.28	23.31
0.05	9.96	22.67
0.08	14.84	22.07
0.10	17.65	21.70
0.20	27.02	20.25
0.30	31.23	19.34
0.40	33.93	18.50
0.50	36.86	17.29
0.60	40.23	15.53
0.70	43.94	13.16
0.80	48.24	9.89
0.90	53.45	5.38
0.93	55.14	3.83
0.96	56.87	2.23
0.98	58.02	1.13
1.00	59.20	0.00

以这些数据作图，确定25 ℃时水中乙醇和乙醇中水的Henry定律常数。

24-51 使用习题24-50中的数据，绘制乙醇和水的活度系数(基于Raoult定律)与乙醇摩尔分数的关系曲线。

24-52 使用习题24-50中的数据，绘制 $\overline{G}^E/RT$ 对 x_{H_2O} 的关系图。25 ℃的水/乙醇溶液是正规溶液吗？

24-53 25 ℃时2-丙醇/苯溶液的某些蒸气压数据如下表所示：

$x_{2-丙醇}$	$P_{2-丙醇}$/torr	$P_{总}$/torr
0.000	0.0	94.4
0.059	12.9	104.5
0.146	22.4	109.0
0.362	27.6	108.4
0.521	30.4	105.8
0.700	36.4	99.8
0.836	39.5	84.0
0.924	42.2	66.4
1.000	44.0	44.0

画出基于 Raoult 定律标准状态的 2-丙醇、苯的活度和活度系数与 2-丙醇摩尔分数的关系曲线。

24-54 使用习题 24-53 中的数据,绘制 $\overline{G}^{E}/RT$ 与 $x_{2-丙醇}$ 的关系图。

24-55 **超额热力学量**(excess thermodynamic quantities)是相对于纯组分在相同的给定温度和压力下形成理想溶液时对应热力学量的数值来定义的。例如,式(24.47):

$$\frac{G^{E}}{(n_1+n_2)RT}=x_1\ln\gamma_1+x_2\ln\gamma_2$$

证明:

$$\frac{S^{E}}{(n_1+n_2)R}=-(x_1\ln\gamma_1+x_2\ln\gamma_2)-T\left(x_1\frac{\partial\ln\gamma_1}{\partial T}+x_2\frac{\partial\ln\gamma_2}{\partial T}\right)$$

24-56 证明:对于正规溶液(见习题 24-37),有

$$\frac{G^{E}}{n_1+n_2}=wx_1x_2$$

$$\frac{S^{E}}{(n_1+n_2)R}=0$$

$$\frac{H^{E}}{n_1+n_2}=wx_1x_2$$

24-57 例题 24-7 用下列式子表示二元溶液中两种组分的蒸气压:

$$P_1=x_1P_1^{*}\,e^{\alpha x_2^2+\beta x_2^3}\quad 和\quad P_2=x_2P_2^{*}\,e^{(\alpha+3\beta/2)x_1^2-\beta x_1^3}$$

证明:这些表达式等价于

$$\gamma_1=e^{\alpha x_2^2+\beta x_2^3}\quad 和\quad \gamma_2=e^{(\alpha+3\beta/2)x_1^2-\beta x_1^3}$$

利用这些活度系数的表达式,导出用 α 和 β 表示的 $\overline{G}^{E}$ 表达式。证明得到的表达式可简化为正规溶液的 $\overline{G}^{E}$ 的表达式。

24-58 证明:在任意 RT/w 下,习题 24-37 中定义的 $\Delta_{mix}\overline{G}$ 的最大或最小值出现在 $x_1=x_2=1/2$。证明:在 $x_1=x_2=1/2$ 时,有

$$\frac{\partial^2\Delta_{mix}\overline{G}}{\partial x_1^2}\begin{cases}>0 & 当\ RT/w>0.50\ 时\\ =0 & 当\ RT/w=0.50\ 时\\ <0 & 当\ RT/w<0.50\ 时\end{cases}$$

该结果与习题 24-41 中得到的图形是一致的吗?

24-59 使用表 24.1 中的数据,绘制出图 24.15 至图 24.17。

习题参考答案

第25章 溶液Ⅱ：液-固溶液

▶ **科学家介绍**

在上一章中，我们研究了二元溶液，如乙醇/水溶液，其中两种组分在各种比例下均可互溶。在这类溶液中，任一组分都可被当成溶剂处理。在本章中，我们将研究一种组分的浓度比另一种组分的浓度小得多的溶液，因此术语“溶质”和“溶剂”是各有意义的。我们将根据Henry定律引入溶质标准状态，以便当溶质的浓度趋于零时，其活度变到与它的浓度相等。在本章前几节中，我们将研究非电解质溶液，然后再研究电解质溶液。与非电解质溶液不同，我们能够给出电解质稀溶液中活度和活度系数的精确表达式。在第25-3节和第25-4节中，我们将讨论溶液的依数性，例如渗透压以及通过添加溶质导致的溶剂的凝固点降低和沸点升高现象。

25-1 对于固体溶于液体形成的溶液，对溶剂用Raoult定律标准状态、对溶质用Henry定律标准状态

在第24-8节中，我们讨论了一种组分只能少量地溶于另一种组分的溶液。在这类情况下，我们用**溶质**(solute)来表示稀少溶解的组分，用**溶剂**(solvent)来表示超量的组分。我们习惯上用下标1表示溶剂的物理量，用下标2表示溶质的物理量。我们为溶剂和溶质定义的活度分别为：当 $x_1 \to 1$ 时 $a_1 \to x_1$，当 $x_2 \to 0$ 时 $a_2 \to x_2$。回顾一下，a_1 是根据Raoult定律标准状态来定义的[式(24.39)]，即

$$a_1 = \frac{P_1}{P_1^*} \quad \text{(Raoult 定律标准状态)} \tag{25.1}$$

而 a_2 是根据Henry定律标准状态来定义的[式(24.43)]，即

$$a_{2x} = \frac{P_2}{k_{\mathrm{H},x}} \quad \text{(Henry 定律标准状态)} \tag{25.2}$$

式中下标 x 强调 a_{2x} 和 $k_{\mathrm{H},x}$ 是基于摩尔分数标度的($P_2 = k_{\mathrm{H},x}x_2$)。即使溶质没有可测量的蒸气压，通过式(25.2)定义活度仍然是方便的，因为比值仍然是有意义的；尽管 P_2 和 $k_{\mathrm{H},x}$ 可能非常小，但 $P_2/k_{\mathrm{H},x}$ 的值是有限的。

虽然我们已经用摩尔分数定义了溶剂和溶质的活度，但用摩尔分数来表示稀溶液中溶质的浓度，数字上不方便。更方便的表示方法是**质量摩尔浓度**(molality)m，它被定义为1000 g溶剂中溶质的摩尔数，用公式可表示为

$$m = \frac{n_2}{1000\ \text{g 溶剂}} \tag{25.3}$$

式中 n_2 是溶质的摩尔数(下标2)。注意：质量摩尔浓度的单位是 $\text{mol}\cdot\text{kg}^{-1}$。我们说在1.00 kg水中含有2.00 mol NaCl的溶液是2.00(质量)克分子浓度，或它是 $2.00\ \text{mol}\cdot\text{kg}^{-1}$ 的NaCl(aq)溶液。溶质的摩尔分数(x_2)与质量摩尔浓度(m)之间的关系式为

$$x_2 = \frac{n_2}{n_1+n_2} = \frac{m}{\dfrac{1000\ \text{g}\cdot\text{kg}^{-1}}{M_1}+m} \tag{25.4}$$

式中 M_1 为溶剂的摩尔质量($\text{g}\cdot\text{mol}^{-1}$)；$1000\ \text{g}\cdot\text{kg}^{-1}/M_1$ 项是在1000 g溶剂中溶剂的摩尔数(n_1)；根据定义，m 是1000 g溶剂中溶质的摩尔数。以水为例，$1000\ \text{g}\cdot\text{kg}^{-1}/M_1$ 等于 $55.506\ \text{mol}\cdot\text{kg}^{-1}$。因此，式(25.4)变为

$$x_2 = \frac{m}{55.506\ \text{mol}\cdot\text{kg}^{-1}+m} \tag{25.5}$$

注意：如果 $m \ll 55.506\ \text{mol}\cdot\text{kg}^{-1}$，则 x_2 和 m 直接成正比，稀溶液中就是如此。

» 例题 25-1 计算 $0.200\ \text{mol}\cdot\text{kg}^{-1}$ $C_{12}H_{22}O_{11}$(aq)溶液中溶质的摩尔分数。

» 解 溶液中1000.0 g水含有0.200 mol蔗糖。蔗糖的摩尔分数是

$$x_2=\frac{n_2}{n_1+n_2}=\frac{0.200\ \text{mol}}{\dfrac{1000.0\ \text{g}}{18.02\ \text{g}\cdot\text{mol}^{-1}}+0.200\ \text{mol}}=0.00359$$

若用质量摩尔浓度来定义溶质的活度,要求有

$$a_{2m}\to m\quad(\text{当}\ m\to 0\ \text{时})\tag{25.6}$$

式中下标 m 强调 a_{2m} 是基于质量摩尔浓度标度的。用质量摩尔浓度而不是摩尔分数来表示 Henry 定律:$P_2=k_{\text{H},m}m$,此处的下标 m 强调了 $k_{\text{H},m}$ 是基于质量摩尔浓度标度的。用 $k_{\text{H},m}$ 表示溶质的活度,其定义式为

$$a_{2m}=\frac{P_2}{k_{\text{H},m}}\tag{25.7}$$

另一个常见的浓度单位是**摩尔浓度**(molarity)c,它是指 1000 mL 溶液中溶质的摩尔数,用公式可表示为

$$c=\frac{n_2}{1000\ \text{mL 溶液}}\tag{25.8}$$

注意:摩尔浓度的单位是 $\text{mol}\cdot\text{L}^{-1}$。我们说含有 2.00 mol NaCl 的 1.00 L 溶液就是 2.00(体积)克分子浓度的溶液,或者说它是 $2.00\ \text{mol}\cdot\text{L}^{-1}$ NaCl(aq)溶液。

若用摩尔浓度来定义溶质的活度,要求有

$$a_{2c}\to c\quad(\text{当}\ c\to 0\ \text{时})\tag{25.9}$$

式中下标 c 强调 a_{2c} 是基于摩尔浓度标度的。用溶质的摩尔浓度而不是溶质的摩尔分数来表示 Henry 定律:$P_2=k_{\text{H},c}c$,此处的下标 c 强调了 $k_{\text{H},c}$ 是基于摩尔浓度标度的。用 $k_{\text{H},c}$ 表示溶质的活度,其定义式为

$$a_{2c}=\frac{P_2}{k_{\text{H},c}}\tag{25.10}$$

如果已知溶液的密度(手册上有很多溶液的密度),将摩尔浓度转化为质量摩尔浓度就很容易。例如,20 ℃时 $2.450\ \text{mol}\cdot\text{L}^{-1}$ 的蔗糖水溶液的密度为 $1.3103\ \text{g}\cdot\text{mL}^{-1}$。因此,1000 mL 溶液中有 838.6 g 蔗糖,其总质量为 1310.3 g。在这 1310.3 g 中,838.6 g 来自蔗糖。所以,其中有 1310.3 g−838.6 g = 471.7 g 来自水。因此,质量摩尔浓度可由下式给出:

$$m=\frac{2.450\ \text{mol 蔗糖}}{471.7\ \text{g}\ H_2O}\times\frac{1000\ \text{g}\ H_2O}{\text{kg}\ H_2O}=5.194\ \text{mol}\cdot\text{kg}^{-1}$$

» 例题 25-2　蔗糖水溶液的密度(单位:$\text{g}\cdot\text{mL}^{-1}$)可表示为

$$\rho/(\text{g}\cdot\text{mol}^{-1})=0.9982+(0.1160\ \text{kg}\cdot\text{mol}^{-1})m-(0.0156\ \text{kg}^2\cdot\text{mol}^{-2})m^2+(0.0011\ \text{kg}^3\cdot\text{mol}^{-3})m^3$$
$$0\leqslant m\leqslant 6\ \text{mol}\cdot\text{kg}^{-1}$$

计算质量摩尔浓度为 $2.00\ \text{mol}\cdot\text{kg}^{-1}$ 的蔗糖水溶液的摩尔浓度。

» 解　在质量摩尔浓度为 $2.00\ \text{mol}\cdot\text{kg}^{-1}$ 的蔗糖水溶液中,1000 g 水含有 2.00 mol(684.6 g)蔗糖,或在 1684.6 g 溶液中含有 2.00 mol 的蔗糖。溶液的密度由下式给出:

$$\rho/(\text{g}\cdot\text{mol}^{-1})=0.9982+(0.1160\ \text{kg}\cdot\text{mol}^{-1})(2.00\ \text{mol}\cdot\text{kg}^{-1})-(0.0156\ \text{kg}^2\cdot\text{mol}^{-2})(4.00\ \text{mol}^2\cdot\text{kg}^{-2})+(0.0011\ \text{kg}^3\cdot\text{mol}^{-3})(8.00\ \text{mol}^3\cdot\text{kg}^{-3})=1.177$$

溶液的体积为

$$V=\frac{\text{质量}}{\text{密度}}=\frac{1684.6\ \text{g}}{1.177\ \text{g}\cdot\text{mL}^{-1}}=1432\ \text{mL}$$

因此,溶液的摩尔浓度为

$$c=\frac{2.00\ \text{mol 蔗糖}}{1.432\ \text{L}}=1.40\ \text{mol}\cdot\text{L}^{-1}$$

习题 25-5 要求导出 c 与 m 之间的一般关系式。

» 例题 25-3　已知以 $\text{g}\cdot\text{mL}^{-1}$ 为单位的溶液密度 ρ,导出 x_2 与 c 之间的一般关系式。

» 解　以 1 L 溶液为样品。在这种情况下,$c=n_2$,n_2 为 1 L 样品中溶质的摩尔数。溶液的质量可由下式给出:

$$\text{每升溶液的质量}=(1000\ \text{mL}\cdot\text{L}^{-1})\rho$$

所以,溶剂的质量为

$$\text{每升溶剂的质量}=\text{溶液的质量}-\text{溶质的质量}=(1000\ \text{mL}\cdot\text{L}^{-1})\rho-cM_2$$

式中 M_2 为溶质的摩尔质量($\text{g}\cdot\text{mol}^{-1}$)。因此,溶剂的摩尔数 n_1 为

$$n_1=\frac{(1000\ \text{mL}\cdot\text{L}^{-1})\rho-cM_2}{M_1}$$

所以

$$x_2=\frac{n_2}{n_1+n_2}=\frac{c}{\dfrac{(1000\ \text{mL}\cdot\text{L}^{-1})\rho-cM_2}{M_1}+c}$$

$$=\frac{cM_1}{(1000\ \text{mL}\cdot\text{L}^{-1})\rho+c(M_1-M_2)}\tag{25.11}$$

表 25.1 总结了我们用各种浓度标度定义的活度的公式。在每种情况下,活度系数 γ 都是通过用活度除以相应的浓度来定义的。例如,$\gamma_m=a_{2m}/m$。习题 25-12 要求导出表 25.1 中各种溶质活度系数之间的关系。

表 25.1 稀溶液中各种浓度标度的活度公式汇总。

溶剂——Raoult 定律标准状态	
$a_1=\dfrac{P_1}{P_1^*}$	当 $x_1\to 1$ 时，$a_1\to x_1$
$\gamma_1=\dfrac{a_1}{x_1}$	当 $x_1\to 1$ 时，$P_1\to P_1^*x_1$（Raoult 定律）
溶剂——Henry 定律标准状态	
摩尔分数标度	
$a_{2x}=\dfrac{P_2}{k_{H,x}}$	当 $x_2\to 0$ 时，$a_{2x}\to x_2$
$\gamma_{2x}=\dfrac{a_{2x}}{x_2}$	当 $x_2\to 0$ 时，$P_2\to k_{H,x}x_2$（Henry 定律）
质量摩尔浓度标度	
$a_{2m}=\dfrac{P_2}{k_{H,m}}$	当 $m\to 0$ 时，$a_{2m}\to m$
$\gamma_{2m}=\dfrac{a_{2m}}{m}$	当 $m\to 0$ 时，$P_2\to k_{H,m}m$（Henry 定律）
摩尔浓度标度	
$a_{2c}=\dfrac{P_2}{k_{H,c}}$	当 $c\to 0$ 时，$a_{2c}\to c$
$\gamma_{2c}=\dfrac{a_{2c}}{c}$	当 $c\to 0$ 时，$P_2\to k_{H,c}c$（Henry 定律）

25-2 非挥发性溶质的活度可由溶剂的蒸气压求得

表 25.1 中溶质活度的公式既适用于挥发性溶质，也适用于非挥发性溶质。然而，非挥发性溶质的蒸气压非常低，以致这些公式不能实际应用。幸运的是，Gibbs-Duhem 公式提供了一种通过测量溶剂的活度来确定非挥发性溶质的活度的方法。我们将用蔗糖水溶液来说明这个过程。根据 Raoult 定律标准态，水的活度可由 P_1/P_1^* 给出。现在，我们考虑一个 $a_1=x_1$ 的稀溶液，要将 a_1 与溶质的质量摩尔浓度 m 联系起来。对于稀溶液，$m\ll 55.506\ \text{mol}\cdot\text{kg}^{-1}$，故与 $55.506\ \text{mol}\cdot\text{kg}^{-1}$ 比较，可以忽略式(25.5)分母中的 m，写为

$$x_2\approx\frac{m}{55.506\ \text{mol}\cdot\text{kg}^{-1}}$$

因此对于较小的浓度，有

$$\ln a_1=\ln x_1=\ln(1-x_2)\approx -x_2\approx -\frac{m}{55.506\ \text{mol}\cdot\text{kg}^{-1}} \tag{25.12}$$

式中使用了当 x_2 很小时，$\ln(1-x_2)\approx -x_2$ 的事实。

表 25.2 和图 25.1 分别给出了 25 ℃时蔗糖水溶液中水平衡蒸气压的实验值与质量摩尔浓度和摩尔分数的函数关系。25 ℃时纯水的平衡蒸气压为 23.756 torr，故表 25.2 的第三列给出的 $a_1=P_1/P_1^*=P_1/23.756$。

表 25.2 25 ℃时与蔗糖水溶液平衡时水的蒸气压(P_1)与其质量摩尔浓度(m)的函数关系。

$m/(\text{mol}\cdot\text{kg}^{-1})$	P/torr	a_1	ϕ	γ_{2m}	$\ln\gamma_{2m}$
0.00	23.756	1.00000	1.0000	1.000	0.0000
0.10	23.713	0.99819	1.0056	1.017	0.0169
0.20	23.669	0.99634	1.1076	1.034	0.0334
0.30	23.625	0.99448	1.0241	1.051	0.0497
0.40	23.580	0.99258	1.0335	1.068	0.0658
0.50	23.534	0.99067	1.0406	1.085	0.0816
0.60	23.488	0.98872	1.0494	1.105	0.0998
0.70	23.441	0.98672	1.0601	1.125	0.1178
0.80	23.393	0.98472	1.0683	1.144	0.1345
0.90	23.344	0.98267	1.0782	1.165	0.1527
1.00	23.295	0.98059	1.0880	1.185	0.1696
1.20	23.194	0.97634	1.1075	1.233	0.2095
1.40	23.089	0.97193	1.1288	1.283	0.2492
1.60	22.982	0.96740	1.1498	1.335	0.2889
1.80	22.872	0.96280	1.1690	1.387	0.3271
2.00	22.760	0.95807	1.1888	1.442	0.3660
2.50	22.466	0.94569	1.2398	1.590	0.4637
3.00	22.159	0.93276	1.2879	1.751	0.5602
4.00	21.515	0.90567	1.3749	2.101	0.7424
4.50	21.183	0.89170	1.4139	2.310	0.8372
5.00	20.848	0.87760	1.4494	2.481	0.9087
5.50	20.511	0.86340	1.4823	2.680	0.9858
6.00	20.176	0.84930	1.5111	3.878	1.3553

注：其他数据是水的活度(a_1)、渗透系数(ϕ)和蔗糖的活度系数(γ_{2m})。

式(25.12)仅针对稀溶液将 a_1 与质量摩尔浓度 m 联系了起来。例如，表 25.2 显示在 $m=3.00\ \text{mol}\cdot\text{kg}^{-1}$ 时

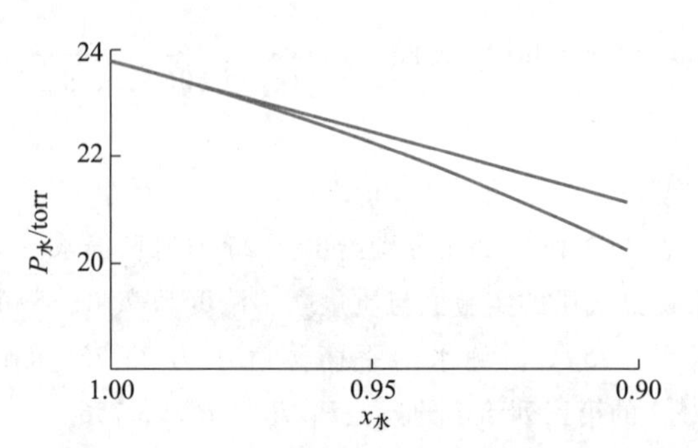

图 25.1 25 ℃时,与蔗糖水溶液平衡时水的蒸气压与其摩尔分数的关系曲线。注意:Raoult 定律(图中的直线)在 $x_水$ = 1.00 到 0.97 之间成立,但在较低的 $x_水$ 值时会偏离 Raoult 定律。

$a_1 = 0.93276$,而式(25.12)给出 $\ln a_1 = -0.054048$,或 $a_1 = 0.9474$。为了解释两者的差异,定义一个物理量 ϕ,称为**渗透系数**(osmotic coefficient),用下式表示:

$$\ln a_1 = -\frac{m\phi}{55.506\ \text{mol}\cdot\text{kg}^{-1}} \qquad (25.13)$$

注意:对于理想稀溶液,有 $\phi = 1$。因此,ϕ 相对于 1 的偏离是溶液非理想性的一种度量。

» 例题 25-4 利用表 25.2 中的数据,计算 1.00 mol · kg^{-1}时的 ϕ 值。

» 解 直接使用式(25.13),得到

$$\phi = -\frac{(55.506\ \text{mol}\cdot\text{kg}^{-1})\ln(0.98059)}{1.00\ \text{mol}\cdot\text{kg}^{-1}} = 1.0880$$

与表 25.2 中的数据相符。

图 25.2 显示了 25 ℃时蔗糖水溶液的 ϕ 与 m 的关系曲线。注意,随着 m 的增加,溶液变得越来越不理想。表 25.2 的第五列给出了根据水的活度或渗透系数,通过如下 Gibbs-Duhem 公式计算出来的蔗糖活度系数:

$$n_1 \mathrm{d}\ln a_1 + n_2 \mathrm{d}\ln a_2 = 0$$

用质量摩尔浓度 m 表示,n_1 = 55.506 mol,$n_2 = m$,则 Gibbs-Duhem 公式可变为

$$(55.506\ \text{mol}\cdot\text{kg}^{-1})\mathrm{d}\ln a_1 + m\mathrm{d}\ln a_2 = 0 \qquad (25.14)$$

由式(25.13)可知,$(55.506\ \text{mol}\cdot\text{kg}^{-1})\mathrm{d}\ln a_1 = -\mathrm{d}(m\phi)$。将此结果和 $a_{2m} = \gamma_{2m} m$(表 25.1)代入式(25.14),得到

$$\mathrm{d}(m\phi) = m\mathrm{d}\ln(\gamma_{2m} m)$$

或

$$m\mathrm{d}\phi + \phi\mathrm{d}m = m(\mathrm{d}\ln\gamma_{2m} + \mathrm{d}\ln m)$$

重写该式得

$$\mathrm{d}\ln\gamma_{2m} = \mathrm{d}\phi + \frac{\phi - 1}{m}\mathrm{d}m$$

从 $m = 0$(此时 $\gamma_{2m} = \phi = 1$)到任意 m 值范围内积分,得

$$\ln\gamma_{2m} = \phi - 1 + \int_0^m \left(\frac{\phi - 1}{m'}\right)\mathrm{d}m' \qquad (25.15)$$

式(25.15)使得我们可以根据溶剂蒸气压的数据计算溶质的活度系数。根据式(25.1)可由溶剂的蒸气压得到溶剂的活度;由此渗透系数 ϕ 可由式(25.13)计算得到,$\ln\gamma_{2m}$ 可由式(25.15)计算得到。

表 25.2 中 ϕ 的数据可以用质量摩尔浓度的多项式来拟合。如果(任意地)选择一个五次多项式,则可得到(见习题 25-18)

$$\phi = 1.00000 + (0.07349\ \text{kg}\cdot\text{mol}^{-1})m + (0.019783\ \text{kg}^2\cdot\text{mol}^{-2})m^2 - (0.005688\ \text{kg}^3\cdot\text{mol}^{-3})m^3 + (6.036\times10^{-4}\ \text{kg}^4\cdot\text{mol}^{-4})m^4 - (2.517\times10^{-5}\ \text{kg}^5\cdot\text{mol}^{-5})m^5$$

$$0 \leqslant m \leqslant 6\ \text{mol}\cdot\text{kg}^{-1}$$

将这个表达式代入式(25.15),可得到 $\ln\gamma_{2m}$。

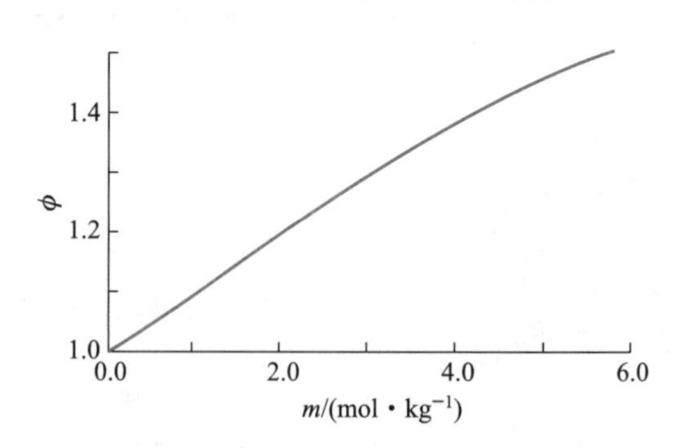

图 25.2 25 ℃时蔗糖水溶液的渗透系数(ϕ)与质量摩尔浓度(m)的关系图。ϕ 值与 1 的偏差大小是溶液非理想性的一种量度。

» 例题 25-5 用上述 ϕ 的多项式拟合式及式(25.15),计算出 m = 1.00 mol · kg^{-1} 的蔗糖水溶液中的 γ_{2m} 值。

» 解 首先,需要计算式(25.15)中的积分(忽略 m 的幂系数中的单位):

$$\int_0^1 \left(\frac{\phi - 1}{m}\right)\mathrm{d}m = \int_0^1 [0.07349 + 0.019783m - 0.005688m^2 + 6.036\times10^{-4}m^3 - 2.517\times10^{-5}m^4]\mathrm{d}m$$

$$= 0.07349 + \frac{0.019783}{2} - \frac{0.005688}{3} + \frac{6.036\times10^{-4}}{4} - \frac{2.517\times10^{-5}}{5}$$

$$= 0.08163$$

因此

$$\ln\gamma_{2m} = \phi - 1 + \int_0^1 \left(\frac{\phi - 1}{m}\right) \mathrm{d}m$$

$$= 0.0880 + 0.08163 = 0.1696$$

或 $\gamma_{2m} = 1.185$，与表 25.2 中的数据相符。

表 25.2 中给出的 $\ln\gamma_{2m}$ 和 γ_{2m} 值是使用例题 25-5 中的过程计算得到的。图 25.3 显示了 25 ℃时蔗糖水溶液中 $\ln\gamma_{2m}$ 与 m 的关系。

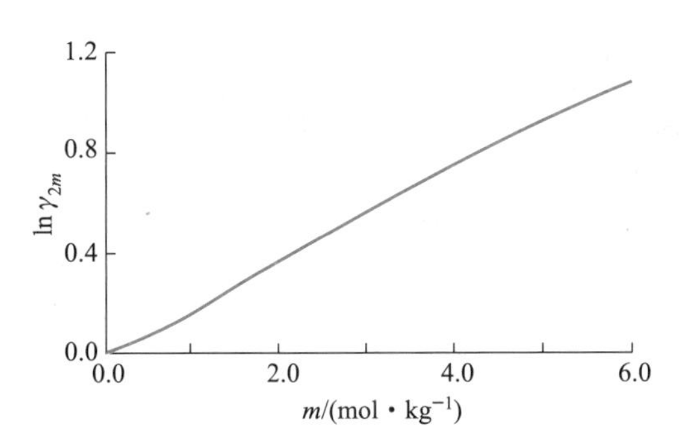

图 25.3　25 ℃时蔗糖水溶液中蔗糖活度系数的对数（$\ln\gamma_{2m}$）与质量摩尔浓度（m）的关系。

25-3　依数性是只取决于溶质粒子数密度的溶液性质

许多溶液的性质只取决于溶质粒子的数量（至少在稀溶液中如此），而不取决于它们的种类，这称为**依数性**（colligative properties）。依数性包括通过添加溶质降低溶剂的蒸气压，通过添加非挥发性溶质提高溶液的沸点，通过添加溶质降低溶液的凝固点，以及渗透压。我们将只讨论凝固点降低和渗透压。

在溶液的凝固点时，固态溶剂与溶液中的溶剂处于平衡状态。这个平衡的热力学条件是

$$\mu_1^{\mathrm{s}}(T_{\mathrm{fus}}) = \mu_1^{\mathrm{sln}}(T_{\mathrm{fus}})$$

按照惯例，式中下标 1 表示溶剂，T_{fus} 是溶液的凝固点。用式（24.35）表示 μ_1，得到

$$\mu_1^{\mathrm{s}} = \mu_1^* + RT\ln a_1 = \mu_1^{\mathrm{l}} + RT\ln a_1$$

式中已将 μ_1^* 写成 μ_1^{l}，只是为了便于与 μ_1^{s} 比较。解 $\ln a_1$ 得到

$$\ln a_1 = \frac{\mu_1^{\mathrm{s}} - \mu_1^{\mathrm{l}}}{RT} \tag{25.16}$$

上式对温度求导，并使用 Gibbs-Helmholtz 方程（例题 24-1）：

$$\left[\frac{\partial(\mu_1/T)}{\partial T}\right]_{P,x_1} = -\frac{\overline{H}_1}{T^2}$$

得到

$$\left(\frac{\partial \ln a_1}{\partial T}\right)_{P,x_1} = \frac{\overline{H}_1^{\mathrm{l}} - \overline{H}_1^{\mathrm{s}}}{RT^2} = \frac{\Delta_{\mathrm{fus}}\overline{H}}{RT^2} \tag{25.17}$$

式中，对于纯溶剂，我们已使用了关系式 $\overline{H}_1^{\mathrm{l}} - \overline{H}_1^{\mathrm{s}} = \Delta_{\mathrm{fus}}\overline{H}$。如果从纯溶剂（即 $a_1 = 1, T = T_{\mathrm{fus}}^*$）到具有任意 a_1 和 T_{fus} 值的溶液范围内对式（25.17）积分，可得到

$$\ln a_1 = \int_{T_{\mathrm{fus}}^*}^{T_{\mathrm{fus}}} \frac{\Delta_{\mathrm{fus}}\overline{H}}{RT^2}\mathrm{d}T \tag{25.18}$$

式（25.18）可用于确定溶液中溶剂的活度（习题 25-20）。

在普通化学课程中，已经用如下公式计算过凝固点降低：

$$\Delta T_{\mathrm{fus}} = K_{\mathrm{f}} m \tag{25.19}$$

式中 K_{f} 是常数，称为**凝固点降低常数**（freezing-point depression constant），其值取决于溶剂。通过对稀溶液作一些恰当近似，可由式（25.18）推导出式（25.19）。如果溶液足够稀，则有 $\ln a_1 = \ln x_1 = \ln(1 - x_2) \approx -x_2$；如果假设 $\Delta_{\mathrm{fus}}\overline{H}$ 在（$T_{\mathrm{fus}}, T_{\mathrm{fus}}^*$）温区内与温度无关，可得

$$-x_2 = \frac{\Delta_{\mathrm{fus}}\overline{H}}{R}\int_{T_{\mathrm{fus}}^*}^{T_{\mathrm{fus}}} \frac{\mathrm{d}T}{T^2} = \frac{\Delta_{\mathrm{fus}}\overline{H}}{R}\left(\frac{1}{T_{\mathrm{fus}}^*} - \frac{1}{T_{\mathrm{fus}}}\right)$$

$$= \frac{\Delta_{\mathrm{fus}}\overline{H}}{R}\left(\frac{T_{\mathrm{fus}} - T_{\mathrm{fus}}^*}{T_{\mathrm{fus}}T_{\mathrm{fus}}^*}\right) \tag{25.20}$$

由于 x_2 和 $\Delta_{\mathrm{fus}}\overline{H}$ 都是正数，可得出：$T_{\mathrm{fus}} - T_{\mathrm{fus}}^* < 0$ 或 $T_{\mathrm{fus}} < T_{\mathrm{fus}}^*$。因此，可以发现溶质的加入会降低溶液的凝固点。对于 m 很小的稀溶液，可以利用式（25.4）以质量摩尔浓度 m 来表示 x_2：

$$x_2 = \frac{m}{\dfrac{1000\ \mathrm{g\cdot kg^{-1}}}{M_1} + m} \approx \frac{M_1 m}{1000\ \mathrm{g\cdot kg^{-1}}} \tag{25.21}$$

此外，由于 $T_{\mathrm{fus}}^* - T_{\mathrm{fus}}$ 通常很小（再次强调是稀溶液），则可以在式（25.20）的分母中用 T_{fus}^* 代替 T_{fus}，最终得到一个较好的近似公式（习题 25-23）：

$$\Delta T_{\mathrm{fus}} = T_{\mathrm{fus}}^* - T_{\mathrm{fus}} = K_{\mathrm{f}} m \tag{25.22}$$

式中

$$K_{\mathrm{f}} = \frac{M_1}{1000\ \mathrm{g\cdot kg^{-1}}}\frac{R(T_{\mathrm{fus}}^*)^2}{\Delta_{\mathrm{fus}}\overline{H}} \tag{25.23}$$

计算水的 K_{f} 值：

$$K_{\mathrm{f}} = \left(\frac{18.02\ \mathrm{g\cdot mol^{-1}}}{1000\ \mathrm{g\cdot kg^{-1}}}\right)\frac{(8.314\ \mathrm{J\cdot K^{-1}\cdot mol^{-1}})(273.2\ \mathrm{K})^2}{6.01\ \mathrm{kJ\cdot mol^{-1}}}$$

$$= 1.86\ \mathrm{K\cdot kg\cdot mol^{-1}}$$

代入式(25.22)可知,$m = 0.20\ \text{mol}\cdot\text{kg}^{-1}$的蔗糖水溶液的凝固点是$-(1.86\ \text{K}\cdot\text{kg}\cdot\text{mol}^{-1})(0.20\ \text{mol}\cdot\text{kg}^{-1}) = -0.37\ \text{K}$。

» 例题 25-6 环己烷的凝固点为 279.6 K,摩尔熔化焓为 2.68 kJ · mol⁻¹,求环己烷的 K_f 值。

» 解 将 $M_1 = 84.16\ \text{g}\cdot\text{mol}^{-1}$ 以及上述 T^*_{fus} 和 $\Delta_{\text{fus}}\overline{H}$ 值代入式(25-23)中,得到

$$K_f = \left(\frac{84.16\ \text{g}\cdot\text{mol}^{-1}}{1000\ \text{g}\cdot\text{kg}^{-1}}\right)\frac{(8.314\ \text{J}\cdot\text{K}^{-1}\cdot\text{mol}^{-1})(279.6\ \text{K})^2}{2680\ \text{J}\cdot\text{mol}^{-1}}$$
$$= 20.4\ \text{K}\cdot\text{kg}\cdot\text{mol}^{-1}$$

因此,$m_{\text{己烷}} = 0.20\ \text{mol}\cdot\text{kg}^{-1}$的己烷/环己烷溶液的凝固点比纯环己烷的凝固点低 4.1 K,或 $T_{\text{fus}} = 275.5\ \text{K}$。

对于含有非挥发性溶质的溶液,我们可以推导出其沸点升高的公式。与式(25.22)类似的沸点升高公式如下(习题 25-25):

$$\Delta T_{\text{vap}} = T_{\text{vap}} - T^*_{\text{vap}} = K_b m \qquad (25.24)$$

式中,**沸点升高常数**(boiling-point elevation constant)可由下式给出:

$$K_b = \frac{M_1}{1000\ \text{g}\cdot\text{kg}^{-1}}\frac{R(T^*_{\text{vap}})^2}{\Delta_{\text{vap}}\overline{H}} \qquad (25.25)$$

水的 K_b 值仅为 $0.512\ \text{K}\cdot\text{kg}\cdot\text{mol}^{-1}$,因此沸点升高对于水溶液来说是一个相当小的效应。

25-4 渗透压可用于测定聚合物的分子量

图 25.4 显示了渗透压的产生。在初始状态时,左边是纯水,右边是蔗糖水溶液。这两种液体被多孔膜隔开,膜上的孔允许水分子通过,但不允许溶质分子通过。这种膜称为**半透膜**(semipermeable membrane)。(许多生物细胞被可透水的半透膜包围)。图 25.4 中两种液体的液面最初是平齐的,但是水会通过半透膜,直到膜两侧水的化学势相等。这一过程导致了如图所示的平衡状态下的情形,即两个液位不再相等。形成的水柱静压力称为**渗透压**(osmotic pressure)。

由于水可以自由地通过半透膜,故在平衡状态下,水在膜两侧的化学势必然相等。换句话说,纯水在压力 P 下的化学势必须等于溶液中的水在压力 $P+\Pi$ 和活度 a_1 下的化学势。用公式可表示为

$$\mu_1^*(T,P) = \mu_1^{\text{sln}}(T,P+\Pi,a_1)$$
$$= \mu_1^*(T,P+\Pi) + RT\ln a_1 \qquad (25.26)$$

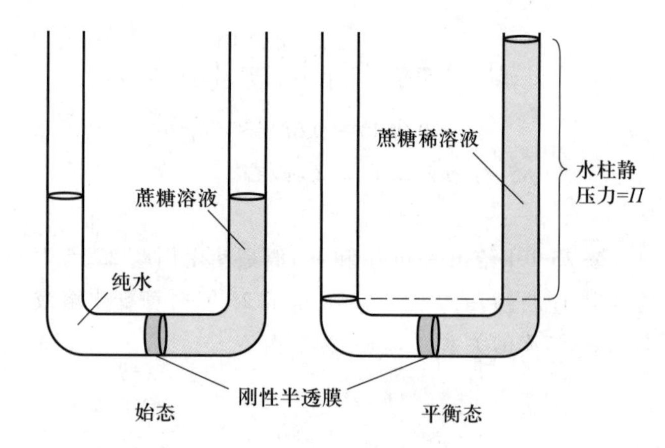

图 25.4 水通过一个将纯水与蔗糖水溶液分开的刚性半透膜。水穿过半透膜,直到蔗糖水溶液中水的化学势等于纯水的化学势。蔗糖溶液中水的化学势随着溶液上方水柱静压力的增加而增加。

式中 $a_1 = P_1/P_1^*$。式(25.26)可重新写为

$$\mu_1^*(T,P+\Pi) - \mu_1^*(T,P) + RT\ln a_1 = 0 \qquad (25.27)$$

式(25.27)的前两项是纯溶剂在两种不同压力下的化学势之差。式(23.8)告诉我们化学势如何随压强变化:

$$\left(\frac{\partial \mu_1^*}{\partial P}\right)_T = \overline{V}_1^*$$

式中 $\overline{V}_1^*$ 是纯溶剂的摩尔体积。在式(23.8)两边从 P 到 $P+\Pi$ 积分,可求出 $\mu_1^*(T,P+\Pi)-\mu_1^*(T,P)$,得到

$$\mu_1^*(T,P+\Pi) - \mu_1^*(T,P) = \int_P^{P+\Pi}\left(\frac{\partial \mu_1^*}{\partial P'}\right)_T \mathrm{d}P'$$
$$= \int_P^{P+\Pi}\overline{V}_1^*\,\mathrm{d}P' \qquad (25.28)$$

将式(25.28)代入式(25.27),得到

$$\int_P^{P+\Pi}\overline{V}^*\,\mathrm{d}P' + RT\ln a_1 = 0 \qquad (25.29)$$

假设 $\overline{V}_1^*$ 不随施加的压力变化,则可将式(25.29)写为

$$\Pi\overline{V}_1^* + RT\ln a_1 = 0 \qquad (25.30)$$

此外,如果是稀溶液,则当 x_2 很小时,有 $a_1 \approx x_1 = 1 - x_2$。因此,可将 $\ln a_1$ 写成 $\ln(1-x_2) \approx -x_2$,则式(25.30)变为

$$\Pi\overline{V}_1^* = RTx_2$$

此外,由于 x_2 很小,有 $n_2 \ll n_1$,以及

$$x_2 = \frac{n_2}{n_1+n_2} \approx \frac{n_2}{n_1}$$

代入上述方程式,得到

$$\Pi = \frac{n_2RT}{n_1\overline{V}_1^*} \approx \frac{n_2RT}{V}$$

式中已用溶液的总体积 V 代替了 $n_1\overline{V}_1^*$(稀溶液)。上式通常写为

$$\Pi = cRT \quad (25.31)$$

式中 c 是溶液的摩尔浓度 n_2/V。式(25.31)称为渗透压的**范托夫**(van't Hoff)公式。利用该公式,计算出 $0.100\ mol \cdot L^{-1}$ 的蔗糖水溶液在 20 ℃时的渗透压为

$$\Pi = (0.100\ mol \cdot L^{-1})(0.08206\ L \cdot atm \cdot K^{-1} \cdot mol^{-1})(293.2\ K) = 2.40\ atm$$

因此,我们看到渗透压是一个很显著的效应。正因为如此,渗透压可以用来测定溶质的分子量,特别是具有大的分子量的溶质,如聚合物和蛋白质。

» 例题 25－7　将 2.20 g 某种聚合物溶解在足够的水中,制成 300 mL 溶液,在 20 ℃时该溶液的渗透压为 7.45 torr。计算该聚合物的分子量。

» 解　溶液的摩尔浓度由下式给出:

$$c = \frac{\Pi}{RT} = \frac{7.45\ torr/(760\ torr \cdot atm^{-1})}{(0.08206\ L \cdot atm \cdot K^{-1} \cdot mol^{-1})(293.2\ K)} = 4.07 \times 10^{-4}\ mol \cdot L^{-1}$$

因此,每升溶液中有 4.07×10^{-4} mol 聚合物,或在 300 mL 溶液中有 $(0.300)(4.07 \times 10^{-4}) = 1.22 \times 10^{-4}$ mol 聚合物。由此,我们发现 1.22×10^{-4} mol 对应于 2.20 g 聚合物,或者说聚合物的分子量为 18000。

如果在 15 ℃的海水上施加超过 26 atm 的压力,则海水中水的化学势将超过纯水的化学势。因此,通过使用刚性半透膜并施加超过渗透压(26 atm)的压力,我们可以从海水中获得纯水。该过程称为**反渗透**(reverse osmosis)。反渗透装置已商品化,各种半透膜已被用于从盐水中获得淡水,其中最常见的半透膜是醋酸纤维素膜。

25－5　电解质溶液在较低浓度时是非理想的

当氯化钠溶解在水中时,溶液中含有钠离子和氯离子,基本上没有未解离的氯化钠。离子通过库仑势相互作用,库仑势随 $1/r$ 变化。将这种相互作用与诸如蔗糖等中性溶质分子(非电解质)之间的相互作用进行比较,后者的相互作用大致随 $1/r^6$ 的规律变化。因此,相比于中性溶质粒子之间的相互作用,溶液中离子之间的相互作用在大得多的距离上都是有效的。因此,电解质溶液比非电解质溶液偏离理想行为的情况更加严重,且发生在更低的浓度。图 25.5 显示了蔗糖、氯化钠和氯化钙的 $\ln\gamma_{2m}$ 与质量摩尔浓度的关系曲线。注意,$CaCl_2$(aq)表现得比 NaCl(aq)更不理想,而 NaCl(aq)的表现又比蔗糖溶液更不理想。钙离子上的 +2 价电荷导致了更强的库仑相互作用,因此展现出比 NaCl 更强的偏离理想的行为。在浓度为 $0.100\ mol \cdot kg^{-1}$ 时,蔗糖的活度系数为 0.998,而 $CaCl_2$(aq)的活度系数为 0.518,NaCl(aq)的活度系数为 0.778。

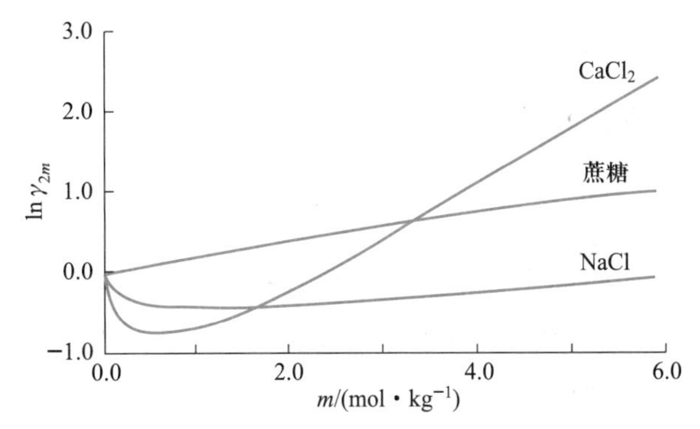

图 25.5　25 ℃时蔗糖、氯化钠和氯化钙水溶液的活度系数的对数($\ln\gamma_{2m}$)与质量摩尔浓度(m)的关系图。注意,在低浓度时电解质溶液偏离理想行为($\ln\gamma_{2m}=0$)的程度要比蔗糖水溶液严重得多。

在讨论电解质活度系数的测定之前,我们必须先介绍描述电解质溶液热力学性质所需的符号。对于一般的盐 $C_{\nu_+}A_{\nu_-}$,每分子式单位的盐解离成 ν_+ 个阳离子和 ν_- 个阴离子,表示如下:

$$C_{\nu_+}A_{\nu_-}(s) \xrightarrow{H_2O(l)} \nu_+ C^{z_+}(aq) + \nu_- A^{z_-}(aq)$$

式中基于电中性有 $\nu_+ z_+ + \nu_- z_- = 0$。例如,$CaCl_2$ 的 $\nu_+ = 1$,$\nu_- = 2$;Na_2SO_4 的 $\nu_+ = 2$,$\nu_- = 1$。因此,$CaCl_2$ 称为 1－2 型电解质,Na_2SO_4 称为 2－1 型电解质。根据下式,用组成离子的化学势来表示盐的化学势:

$$\mu_2 = \nu_+\mu_+ + \nu_-\mu_- \quad (25.32)$$

式中

$$\mu_2 = \mu_2^{\circ} + RT\ln a_2 \quad (25.33)$$

$$\mu_+ = \mu_+^{\circ} + RT\ln a_+$$

$$\mu_- = \mu_-^{\circ} + RT\ln a_- \quad (25.34)$$

这里的上标"°"代表所选择的标准状态,此处可以不指定,但通常取溶质或 Henry 定律标准状态。如果将式(25.34)代入式(25.32),并使其结果等于式(25.33),则可得到

$$\nu_+\ln a_+ + \nu_-\ln a_- = \ln a_2$$

这里使用了与式(25.32)类似的关系式 $\mu_2^{\circ} = \nu_+\mu_+^{\circ} + \nu_-\mu_-^{\circ}$。上式可改写为

$$a_2 = a_+^{\nu_+}a_-^{\nu_-} \quad (25.35)$$

对于电解质溶液热力学中出现的许多公式,通过用

下式定义的一个物理量 $a_{\pm}$ 会更方便,该物理量称为**平均离子活度**(mean ionic activity):

$$a_2 = a_{\pm}^{\nu} = a_{+}^{\nu_+} a_{-}^{\nu_-} \tag{25.36}$$

式中 $\nu = \nu_+ + \nu_-$。即 $a_{\pm}$ 的幂与式(25.36)中最后一项的指数和相同,例如,可写出

$$a_{\mathrm{NaCl}} = a_{\pm}^2 = a_+ a_-$$

和

$$a_{\mathrm{CaCl_2}} = a_{\pm}^3 = a_+ a_-^2$$

尽管无法测定单个离子的活度,但仍然可以用下式来定义单个离子的活度系数:

$$a_+ = m_+ \gamma_+ \quad 和 \quad a_- = m_- \gamma_-$$

式中 m_+ 和 m_- 是单个离子的质量摩尔浓度,由 $m_+ = \nu_+ m$ 和 $m_- = \nu_- m$ 给出。如果将 a_+ 和 a_- 的这些表达式代入式(25.36),则可得到

$$a_2 = a_{\pm}^{\nu} = (m_+^{\nu_+} m_-^{\nu_-})(\gamma_+^{\nu_+} \gamma_-^{\nu_-}) \tag{25.37}$$

与式(25.36)中平均离子活度 $a_{\pm}$ 的定义类似,通过下式来定义**平均离子质量摩尔浓度**(mean ionic molality)$m_{\pm}$:

$$m_{\pm}^{\nu} = m_+^{\nu_+} m_-^{\nu_-} \tag{25.38}$$

和**平均离子活度系数**(mean ionic activity coefficient)$\gamma_{\pm}$:

$$\gamma_{\pm}^{\nu} = \gamma_+^{\nu_+} \gamma_-^{\nu_-} \tag{25.39}$$

再次强调,式(25.38)和式(25.39)等式两边的指数之和是相同的。有了这些定义,可以将式(25.37)写为

$$a_2 = a_{\pm}^{\nu} = m_{\pm}^{\nu} \gamma_{\pm}^{\nu} \tag{25.40}$$

» 例题 25-8 对于 $CaCl_2$,明确地写出其对应的式(25.40)。

» 解 本题中,$\nu_+ = 1, \nu_- = 2$。同时,根据方程式

$$\mathrm{CaCl_2(s)} \xrightarrow{\mathrm{H_2O(l)}} \mathrm{Ca^{2+}(aq)} + 2\mathrm{Cl^-(aq)}$$

可知 $m_+ = m$ 和 $m_- = 2m$。因此

$$a_2 = a_{\pm}^3 = (m)(2m)^2 \gamma_{\pm}^3 = 4m^3 \gamma_{\pm}^3$$

其他类型电解质的 a_2, m 和 $\gamma_{\pm}$ 之间的关系列在表 25.3 中。

表 25.3 不同类型的强电解质溶液的活度、质量摩尔浓度及平均离子活度系数之间的关系。

类型	关系式
1-1	$a_2 = a_+ a_- = a_{\pm}^2 = m_{\pm}^2 \gamma_{\pm}^2 = (m_+)(m_-)\gamma_{\pm}^2$
KCl(aq)	$= m^2 \gamma_{\pm}^2$
1-2	$a_2 = a_+ a_-^2 = a_{\pm}^3 = m_{\pm}^3 \gamma_{\pm}^3 = (m_+)(m_-)^2 \gamma_{\pm}^3$
$CaCl_2$(aq)	$= (m)(2m)^2 \gamma_{\pm}^3 = 4m^3 \gamma_{\pm}^3$
1-3	$a_2 = a_+ a_-^3 = a_{\pm}^4 = m_{\pm}^4 \gamma_{\pm}^4 = (m_+)(m_-)^3 \gamma_{\pm}^4$
$LaCl_3$(aq)	$= (m)(3m)^3 \gamma_{\pm}^4 = 27m^4 \gamma_{\pm}^4$
2-1	$a_2 = a_+^2 a_- = a_{\pm}^3 = (m_+)^2 (m_-) \gamma_{\pm}^3$
Na_2SO_4(aq)	$= (2m)^2 (m) \gamma_{\pm}^3 = 4m^3 \gamma_{\pm}^3$
2-2	$a_2 = a_+ a_- = a_{\pm}^2 = m_{\pm}^2 \gamma_{\pm}^2 = (m_+)(m_-)\gamma_{\pm}^2$
$ZnSO_4$(aq)	$= m^2 \gamma_{\pm}^2$
3-1	$a_2 = a_+^3 a_- = a_{\pm}^4 = m_{\pm}^4 \gamma_{\pm}^4 = (m_+)^3 (m_-) \gamma_{\pm}^4$
$Na_3Fe(CN)_6$(aq)	$= (3m)^3 (m) \gamma_{\pm}^4 = 27m^4 \gamma_{\pm}^4$

平均离子活度系数可以通过实验测定,采用的方法与测定非电解质活度系数的方法相同。就像在第 25-2 节中测定蔗糖水溶液的活度系数一样,我们将通过测量溶剂的蒸气压来测定平均离子活度系数。与式(25.13)类似,我们用下式定义电解质水溶液的渗透系数:

$$\ln a_1 = -\frac{\nu m \phi}{55.506\ \mathrm{mol \cdot kg^{-1}}} \tag{25.41}$$

注意,该式与式(25.13)的不同之处是这里包含了一个因子 ν。对于非电解质溶液,式(25.41)可简化为式(25.13),因为在这种情况下 $\nu = 1$。习题 25-34 要求证明,有了这个因子 ν,对于电解质或非电解质溶液,当 $m \to 0$ 时,$\phi \to 1$。从式(25.41)和 Gibbs-Duhem 公式出发,可以直接推导出与式(25.15)类似的公式:

$$\ln \gamma_{\pm} = \phi - 1 + \int_0^m \left(\frac{\phi - 1}{m'}\right) \mathrm{d}m' \tag{25.42}$$

表 25.4 给出了 NaCl 水溶液的蒸气压随质量摩尔浓度的函数关系。表中还包含了水的活度(从 $a_1 = P_1/P_1^*$ 求得),渗透系数[从式(25.41)求得]和平均离子活度系数[从式(25.42)求得]。

表 25.4 25 ℃时 NaCl 水溶液中的蒸气压($P_{\mathrm{H_2O}}$)、水的活度(a_w)、渗透系数(ϕ)和 NaCl 的平均离子活度系数的对数($\ln\gamma_{\pm}$)与质量摩尔浓度(m)的关系。

$m/(\mathrm{mol \cdot kg^{-1}})$	$P_{\mathrm{H_2O}}$/torr	a_w	ϕ	$\ln\gamma_{\pm}$
0.000	23.76	1.0000	1.0000	0.0000
0.200	23.60	0.9934	0.9245	−0.3079
0.400	23.44	0.9868	0.9205	−0.3685
0.600	23.29	0.9802	0.9227	−0.3977
0.800	23.13	0.9736	0.9285	−0.4143
1.000	22.97	0.9669	0.9353	−0.4234
1.400	22.64	0.9532	0.9502	−0.4267

续表

$m/(\text{mol}\cdot\text{kg}^{-1})$	P_{H_2O}/torr	a_w	ϕ	$\ln\gamma_{\pm}$
1.800	22.30	0.9389	0.9721	−0.4166
2.200	21.96	0.9242	0.9944	−0.3972
2.600	21.59	0.9089	1.0196	−0.3709
3.000	21.22	0.8932	1.0449	−0.3396
3.400	20.83	0.8769	1.0723	−0.3046
3.800	20.43	0.8600	1.1015	−0.2666
4.400	19.81	0.8339	1.1457	−0.2053
5.000	19.17	0.8068	1.1916	−0.1389

对于第 25-2 节所述的蔗糖，我们用 m 的多项式拟合 ϕ 曲线，然后使用该多项式来计算 γ_{2m} 值。在第 25-6 节中将看到，电解质的渗透系数可以用如下形式的表达式（$m^{1/2}$的多项式）来更好地描述：

$$\phi = 1 + am^{1/2} + bm + cm^{3/2} + \cdots$$

表 25.4 中 NaCl 的渗透系数可用下式拟合：

$$\phi = 1-(0.3920\ \text{kg}^{1/2}\cdot\text{mol}^{-1/2})m^{1/2} + (0.7780\ \text{kg}\cdot\text{mol}^{-1})m - (0.8374\ \text{kg}^{3/2}\cdot\text{mol}^{-3/2})m^{3/2} + (0.5326\ \text{kg}^2\cdot\text{mol}^{-2})m^2 - (0.1673\ \text{kg}^{5/2}\cdot\text{mol}^{-5/2})m^{5/2} + (0.0206\ \text{kg}^3\cdot\text{mol}^{-3})m^3$$

$$0 \leqslant m \leqslant 5.0\ \text{mol}\cdot\text{kg}^{-1} \qquad (25.43)$$

利用 ϕ 的这个表达式和式(25.42)可以计算表 25.4 中给出的 $\ln\gamma_{\pm}$值。

» 例题 25-9 验证表 25.4 中给出的 $m = 1.00\ \text{mol}\cdot\text{kg}^{-1}$时的 $\ln\gamma_{\pm}$数据。

» 解 先根据式(25.43)写出（忽略 m 的幂指数中的单位）：

$$\int_0^m \left(\frac{\phi-1}{m'}\right)\text{d}m' = -(0.3920)(2m^{1/2}) + 0.7780m - (0.8374)\frac{2m^{3/2}}{3} + (0.5326)\frac{m^2}{2} - (0.1673)\frac{2m^{5/2}}{5} + (0.0206)\frac{m^3}{3}$$

将此结果与 $\phi-1$ 相加，得[参见式(25.42)]

$$\ln\gamma_{\pm} = -(0.3920)(3m^{1/2}) + 0.7780(2m) - (0.8374)\frac{5m^{3/2}}{3} + (0.5326)\frac{3m^2}{2} - (0.1673)\frac{7m^{5/2}}{5} + (0.0206)\frac{4m^3}{3}$$

因此，在 $m = 1.00\ \text{mol}\cdot\text{kg}^{-1}$ 时，$\ln\gamma_{\pm} = -0.4234$，或 $\gamma_{\pm} = 0.655$。

我们在第 25-3 节中推导出的非电解质溶液依数性的公式，对电解质溶液来说其形式略有不同。不同之处体现在求 x_2 的式(25.21)。对于每分子式单位解离 ν_+个阳离子和 ν_-个阴离子的强电解质，溶质粒子的摩尔分数由下式给出：

$$x_2 = \frac{\nu m}{\dfrac{1000\ \text{g}\cdot\text{kg}^{-1}}{M_1} + \nu m} \approx \frac{\nu m M_1}{1000\ \text{g}\cdot\text{kg}^{-1}} \qquad (25.44)$$

注意，式子的右边包含一个 ν 因子。如果利用 x_2 的这个表达式进行依数性公式的推导，可得到

$$\Delta T_{\text{fus}} = \nu K_f m \qquad (25.45)$$

$$\Delta T_{\text{vap}} = \nu K_b m \qquad (25.46)$$

$$\Pi = \nu cRT \qquad (25.47)$$

» 例题 25-10 $m = 0.050\ \text{mol}\cdot\text{kg}^{-1}$的 $K_3Fe(CN)_6$ 水溶液的凝固点为−0.36 ℃。每分子式单位的 $K_3Fe(CN)_6$ 能形成多少个离子？

» 解 通过解式(25.45)来求 ν，得

$$\nu = \frac{\Delta T_{\text{fus}}}{K_f m} = \frac{-0.36\ ℃}{(1.86\ ℃\cdot\text{kg}\cdot\text{mol}^{-1})(0.050\ \text{mol}\cdot\text{kg}^{-1})} = 3.9$$

因此，$K_3Fe(CN)_6$ 的解离过程可写为

$$K_3Fe(CN)_6 \xrightarrow{H_2O(l)} 3K^+(aq) + Fe(CN)_6^{3-}(aq)$$

25-6 Debye-Hückel 理论给出了极稀溶液中 ln $\gamma_{\pm}$的精确表达式

在上一节中，我们将电解质溶液的渗透系数表示为 $\phi = 1 + am^{1/2} + bm + \cdots$的形式，而不是像在第 25-2 节中对蔗糖溶液所做的 m 的一个简单多项式。这么做的原因是，1925 年德拜（P.Debye）和休克尔（E.Hückel）从理论上证明了：在低浓度下，离子 j 的活度系数的对数由下式给出：

$$\ln\gamma_j = -\frac{\kappa q_j^2}{8\pi\varepsilon_0\varepsilon_r k_B T} \qquad (25.48)$$

而且，平均离子活度系数的对数表示为（见习题 25-50 至习题 25-58）

$$\ln\gamma_{\pm} = -|q_+q_-|\frac{\kappa}{8\pi\varepsilon_0\varepsilon_r k_B T} \qquad (25.49)$$

式中 $q_+ = z_+e$ 和 $q_- = z_-e$ 分别是阳离子和阴离子所带的电荷，ε_r 是溶剂的相对介电常数（无单位），κ 由下式给出：

$$\kappa^2 = \sum_{j=1}^{s}\frac{q_j^2}{\varepsilon_0\varepsilon_r k_B T}\left(\frac{N_j}{V}\right) \qquad (25.50)$$

式中 s 是离子种类数，N_j/V 是物种 j 的数密度。如果将 N_j/V 转换成摩尔浓度，则式(25.50)变成

$$\kappa^2 = N_A(1000\ \text{L}\cdot\text{m}^{-3})\sum_{j=1}^{s}\frac{q_j^2 c_j}{\varepsilon_0\varepsilon_r k_B T} \qquad (25.51)$$

习惯上,通过下式定义一个叫做**离子强度**(ionic strength)的量 I_c:

$$I_c = \frac{1}{2}\sum_{j=1}^{s} z_j^2 c_j \qquad (25.52)$$

式中 c_j 为第 j 个离子物种的摩尔浓度,在这种情况下(习题 25-46)有

$$\kappa^2 = \frac{2e^2 N_A(1000\ \text{L}\cdot\text{m}^{-3})}{\varepsilon_0\varepsilon_r k_B T}[I_c/(\text{mol}\cdot\text{L}^{-1})] \qquad (25.53)$$

» 例题 25-11 先证明 κ 的单位是 m^{-1},再证明式(25.49)中的 $\ln\gamma_\pm$ 是无单位的,因为它必然如此。

» 解 式(25.50)中。q_j 的单位是 C,ε_0 的单位是 $\text{C}^2\cdot\text{s}^2\cdot\text{kg}^{-1}\cdot\text{m}^{-3}$,$k_B$ 的单位是 $\text{J}\cdot\text{K}^{-1}=\text{kg}\cdot\text{m}^2\cdot\text{s}^{-2}\cdot\text{K}^{-1}$,$T$ 的单位是 K,N_j/V 的单位是 m^{-3}。因此,κ^2 的单位为

$$\kappa^2 \sim \frac{(\text{C}^2)(\text{m}^{-3})}{(\text{C}^2\cdot\text{s}^2\cdot\text{kg}^{-1}\cdot\text{m}^{-3})(\text{kg}\cdot\text{m}^2\cdot\text{s}^{-2}\cdot\text{K}^{-1})(\text{K})} = \text{m}^{-2}$$

或

$$\kappa \sim \text{m}^{-1}$$

根据式(25.49),得

$$\ln\gamma_\pm \sim \frac{(\text{C}^2)(\text{m}^{-1})}{(\text{C}^2\cdot\text{s}^2\cdot\text{kg}^{-1}\cdot\text{m}^{-3})(\text{kg}\cdot\text{m}^2\cdot\text{s}^{-2}\cdot\text{K}^{-1})(\text{K})} = \text{无单位}$$

式(25.49)称为**德拜-休克尔极限定律**(Debye-Hückel limiting law),因为它是 $\ln\gamma_\pm$ 对所有足够低浓度的电解质溶液都具有的一种精确形式。至于什么是"足够低的浓度",取决于系统。注意,在式(25.49)中,$\ln\gamma_\pm$ 随 κ 变化,而式(25.53)中 κ 随 $I_c^{1/2}$ 变化,式(25.52)中 $I_c^{1/2}$ 随 $c^{1/2}$ 变化。因此,$\ln\gamma_\pm$ 随 $c^{1/2}$ 变化。这种 $c^{1/2}$ 依赖性是电解质溶液的典型性质,因此在第 25-5 节中曲线拟合 ϕ 时,我们将其拟合为 $c^{1/2}$(或 $m^{1/2}$)的多项式,而不是 c(或 m)的多项式。

$\ln\gamma_\pm$ 的大多数实验数据都是用质量摩尔浓度而不是用摩尔浓度来表示的。在图 25.6 中,我们绘制了一些 1-1 型电解质的 $\ln\gamma_\pm - m^{1/2}$ 关系曲线。注意,所有曲线在低浓度下归并成一条直线,符合式(25.49)的极限定律特征。在低浓度时(在此情况下极限定律是有效的),质量摩尔浓度和摩尔浓度标度只相差一个乘法常数,因此在 $c^{1/2}$ 坐标中的线性图在 $m^{1/2}$ 坐标中也是线性的(习题 25-5)。

式(25.50)中的 κ 是 Debye-Hückel 理论中的一个核

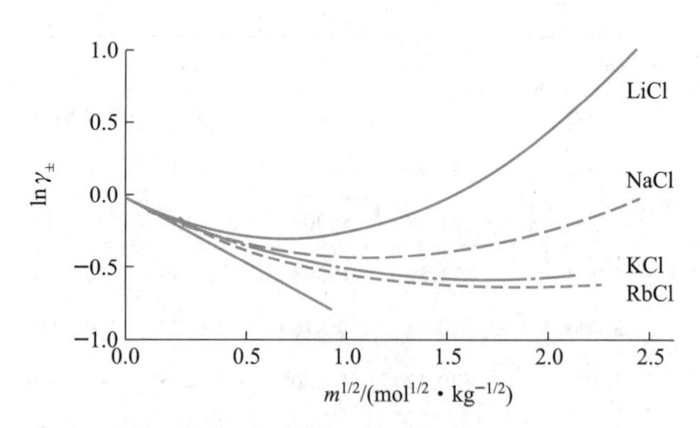

图 25.6 25 ℃时碱金属卤化物水溶液的 $\ln\gamma_\pm$ 与 $m^{1/2}$ 的关系曲线。注意,尽管这四条曲线是不同的,但它们在低浓度下都归并成一条线,即 Debye-Hückel 极限定律[式(25.49)]。

心物理量,其物理解释如下:对于一个电荷为 q_i、位于球形坐标系原点的离子,根据 Debye-Huckel 理论(参见习题 25-51),在一个半径为 r、厚度为 $\text{d}r$、围绕这个中心离子的球壳中,净电荷为

$$p_i(r)\text{d}r = -q_i\kappa^2 r e^{-\kappa r}\text{d}r \qquad (25.54)$$

如果将这个表达式从 0 到 $+\infty$ 积分,可得

$$\int_0^{+\infty} p_i(r)\text{d}r = -q_i\kappa^2\int_0^{+\infty} re^{-\kappa r}\text{d}r = -q_i$$

该结果简单地说明,一个带 q_i 电荷的离子周围的总电荷是相等的,且与 q_i 的符号相反。换句话说,它表示了溶液的电中性。如图 25.7 所示,式(25.54)表明溶液中任一离子周围都存在一个带相反符号的净电荷的扩散壳层。我们认为,式(25.54)描述了一个围绕中心离子的**离子氛**(ionic atmosphere)。此外,图 25.7 中曲线的最大值出现在 $r=\kappa^{-1}$ 处,因此我们说,κ^{-1}(例题 25-11 已证明 κ^{-1} 的单位为 m)是离子氛厚度的一种度量。

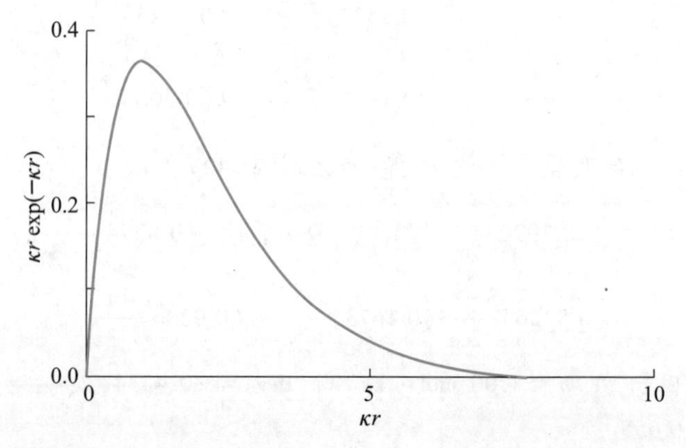

图 25.7 围绕电荷为 q_i 的一个中心离子的球壳(半径为 r、厚度为 $\text{d}r$)中的净电荷图。该曲线说明了溶液中每个离子周围的离子氛。这里的最大值对应于 $r=\kappa^{-1}$。

对于 25 ℃时水溶液中的 1-1 型电解质，κ 的一个简便公式为（习题 25-53）

$$\frac{1}{\kappa}=\frac{304\ \mathrm{pm}}{[c/(\mathrm{mol\cdot L^{-1}})]^{1/2}} \tag{25.55}$$

式中 c 是溶液的摩尔浓度。在 0.010 $\mathrm{mol\cdot L^{-1}}$ 的溶液中，离子氛的厚度约为 3000 pm，或约为典型离子尺寸的 10 倍。

对于 25 ℃时的水溶液，式(25.49)变为（习题 25-59）

$$\ln\gamma_{\pm}=-1.173\,|z_+z_-|[I_c/(\mathrm{mol\cdot L^{-1}})]^{1/2} \tag{25.56}$$

由式(25.52)可知，I_c 与浓度有关，但其关系本身取决于电解质的类型。例如，对于 1-1 型电解质，$z_+=1$，$z_-=-1$，$c_+=c$，$c_-=c$，则 $I=c$。对于 1-2 型电解质，如 $CaCl_2$，$z_+=2$，$z_-=-1$，$c_+=c$，$c_-=2c$，则 $I_c=\frac{1}{2}(4c+2c)=3c$。一般来说，$I_c$ 等于某个数值因子乘以 c，其中数值因子的值取决于盐的类型。因此，式(25.56)表明，$\ln\gamma_{\pm}$ 与 $c^{1/2}$ 的关系应该是一条直线，且该直线的斜率应取决于电解质的类型。对于 1-1 型电解质，斜率为 −1.173；对于 1-2 型电解质，斜率为 $-1.173(2)(3^{1/2})=-4.06$。图 25.8 显示了 NaCl(aq) 和 $CaCl_2$(aq) 的 $\ln\gamma_{\pm}$ 与 $c^{1/2}$ 的关系图。可见，这些曲线在低浓度时确实是线性的，而在较高的浓度[对 $CaCl_2$(aq) 来说，$c^{1/2}\approx 0.05\ \mathrm{mol\cdot L^{-1}}$ 或 $c=0.003\ \mathrm{mol\cdot L^{-1}}$；对 NaCl(aq) 来说，$c^{1/2}\approx 0.15\ \mathrm{mol\cdot L^{-1}}$ 或 $c=0.02\ \mathrm{mol\cdot L^{-1}}$]时则偏离线性行为。两个线性部分的斜率处于 4.06 到 1.17 的比例之内。

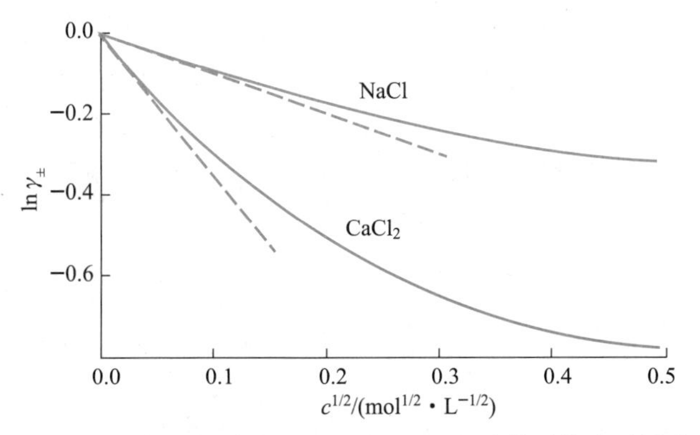

图 25.8 25 ℃时 NaCl(aq) 和 $CaCl_2$(aq) 的平均离子活度系数的对数($\ln\gamma_{\pm}$)与 $c^{1/2}$ 的关系曲线。可见，当摩尔浓度趋于零时，两条曲线都接近 Debye-Hückel 极限定律（直线）。

25-7 平均球近似是在更高浓度时的 Debye-Hückel 理论的推广

Debye-Hückel 理论假设离子是简单的点离子（半径为零），它们通过纯库仑势发生相互作用[$U(r)=z_+z_-e^2/4\pi\varepsilon_0\varepsilon_r r$]。此外，溶剂被认为是具有均匀相对介电常数 ε_r（25 ℃时水的 ε_r 为 78.54）的连续介质。虽然点离子和连续溶剂的假设看起来可能很粗糙，但在非常稀的溶液中，平均来说，离子之间彼此间隔很远，则上述的假设是相当令人满意的。因此，式(25.56)给出的 $\ln\gamma_{\pm}$ 的 Debye-Hückel 表达式在低浓度极限下是精确的。对于非电解质的溶液，没有相应的理论，因为作为中性物质，非电解质分子之间不会有很强的相互作用，除非它们彼此相对接近，而在这种情况下，溶剂又很难被当成一连续介质。

图 25.8 强调了 Debye-Hückel 理论是一个极限定律。除非浓度很低，否则不应将其视为计算活度系数的定量理论。尽管如此，作为所有电解质溶液都遵守的一个严格极限定律，Debye-Hückel 理论发挥了不可估量的作用。此外，任何试图描述高浓度溶液的理论在低浓度时都必须还原为式(25.56)。人们做了许多尝试来构建适用于更浓电解质溶液的理论，但大多数只获得有限的成功。早期有一个尝试称为扩展的 Debye-Hückel 理论，其将式(25.56)修改为

$$\ln\gamma_{\pm}=-\frac{1.173\,|z_+z_-|[I_c/(\mathrm{mol\cdot L^{-1}})]^{1/2}}{1+[I_c/(\mathrm{mol\cdot L^{-1}})]^{1/2}} \tag{25.57}$$

在低浓度极限下，该表达式就变成式(25.56)，因为在这个极限下，式(25.57)的分母中 $I_c^{1/2}$ 项与 1 相比变得可以忽略不计。

» 例题 25-12 用式(25.57)计算 0.050 $\mathrm{mol\cdot L^{-1}}$ 的 LiCl(aq) 的 $\ln\gamma_{\pm}$，并与式(25.56)的结果进行比较。可接受的实验值为 −0.191。

» **解** 对于 1-1 型盐，例如 LiCl，其 $I_c=c$，因此

$$\ln\gamma_{\pm}=-1.173\,(0.050)^{1/2}=-0.262$$

和

$$\ln\gamma_{\pm}=-\frac{1.173\,(0.050)^{1/2}}{1+(0.050)^{1/2}}=-0.214$$

尽管式(25.57)对 Debye-Hückel 极限定律有一定的改进，但即使在 0.050 $\mathrm{mol\cdot L^{-1}}$ 时，它也不是很准确。在 0.200 $\mathrm{mol\cdot L^{-1}}$ 时，式(25.57)给出的 $\ln\gamma_{\pm}$ 值为 −0.362，而实验值为 −0.274。

另一种广泛用于拟合实验数据的 $\ln\gamma_{\pm}$ 的半经验表达式是

$$\ln\gamma_{\pm}=-\frac{1.173\,|z_+z_-|[I_c/(\mathrm{mol\cdot L^{-1}})]^{1/2}}{1+[I_c/(\mathrm{mol\cdot L^{-1}})]^{1/2}}+Cm \tag{25.58}$$

式中 C 是一个参量，其值取决于电解质。虽然式(25.58)可以用来拟合摩尔浓度高达约 1 mol·L^{-1} 的溶液的 $\ln\gamma_{\pm}$ 实验数据，但 C 仍然严格地只是一个可调参量。

20 世纪 70 年代，电解质溶液理论取得了重大进展。有关这些理论的大部分工作都基于一个叫做**原始模型**(primitive model)的模型，在该模型中，离子被认为是中心带电的硬球体，溶剂被认为是具有均匀相对介电常数的连续介质。尽管这个模型有明显的缺陷，但它解决了离子之间的远距离库仑相互作用和短程排斥作用。正如我们将要看到的，这些是主要的考虑因素，原始模型可以在相当大的浓度范围内与实验数据一致。

大多数这类已经发展起来的理论都需要获得复杂方程的数值解，但其中一个值得注意的理论提供了电解质溶液的各种热力学性质的解析表达式。这个理论的名字，平均球近似(MSA)，来源于它的原始公式。这个理论可以被看作以相当严格的方式计算离子有限(非零)尺寸的 Debye-Hückel 理论。平均球近似的一个核心结果是

$$\ln\gamma_{\pm} = \ln\gamma_{\pm}^{\text{el}} + \ln\gamma^{\text{HS}} \tag{25.59}$$

式中 $\ln\gamma_{\pm}^{\text{el}}$ 是对 $\ln\gamma_{\pm}$ 的静电(库仑)贡献，$\ln\gamma_{\pm}^{\text{HS}}$ 是硬球(有限大小)贡献。对于 1-1 型电解质，$\ln\gamma_{\pm}^{\text{el}}$ 由下式给出：

$$\ln\gamma_{\pm}^{\text{el}} = \frac{x(1+2x)^{1/2}-x-x^2}{4\pi\rho d^3} \tag{25.60}$$

式中 ρ 为带电粒子的数密度，d 为阳离子和阴离子半径之和，$x=\kappa d$，此处 κ 由式(25.53)给出。虽然通过抽检不太明显，但在低浓度极限下，式(25.59)可以还原为 Debye-Hückel 极限理论，即式(25.49)(习题 25-60)。对 $\ln\gamma_{\pm}$ 的硬球贡献由下式给出：

$$\ln\gamma^{\text{HS}} = \frac{4y-\dfrac{9}{4}y^2+\dfrac{3}{8}y^3}{\left(1-\dfrac{y}{2}\right)^3} \tag{25.61}$$

式中 $y=\pi\rho d^3/6$。

尽管式(25.60)和式(25.61)有些冗长，但它们使用起来很容易，因为一旦选定了 d，它们就可以给出用摩尔浓度 c 表示的 $\ln\gamma_{\pm}$。图 25.9 显示了 25 ℃时 NaCl(aq)的 $\ln\gamma_{\pm}$ 实验值，以及由式(25.59)在 $d=320$ pm 时计算得到的 $\ln\gamma_{\pm}$。

基本上给定一个可调参数(离子半径的总和)，实验值与计算值的一致性看上去相当好。我们还在图 25.9 中显示了更常见的式(25.57)的结果。

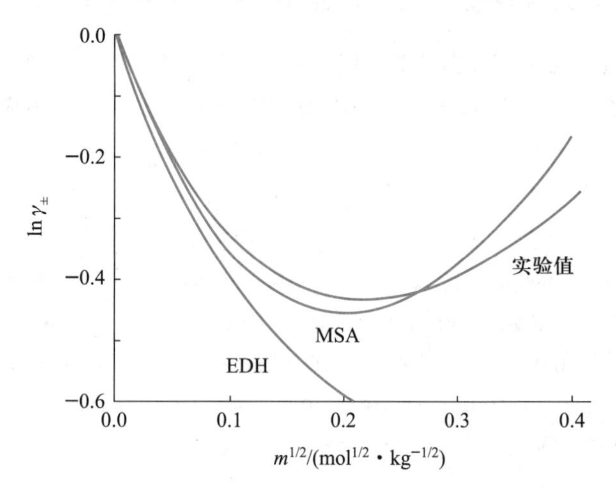

图 25.9　25 ℃时从平均球近似[式(25.59)]得到的 NaCl(aq)的 $\ln\gamma_{\pm}$ 与实验数据的比较。标记为 EDH 的曲线是扩展的 Debye-Hückel 理论的结果[式(25.57)]。d 值(即阳离子和阴离子半径之和)取 320 pm。

习题

25-1　20 ℃时，质量分数为 40.0%的甘油与水形成的甘油/水溶液的密度为 1.101 g·mL^{-1}。计算 20 ℃时溶液中甘油的质量摩尔浓度和摩尔浓度，计算其在 0 ℃时的质量摩尔浓度。

25-2　市售浓硫酸是由质量分数 98.0%硫酸和 2.0%水组成的溶液。已知其密度为 1.84 g·mL^{-1}，计算浓硫酸的摩尔浓度。

25-3　市售浓磷酸是由质量分数 85%磷酸和 15%水组成的溶液。已知其摩尔浓度为 15 mol·L^{-1}，计算浓磷酸的密度。

25-4　葡萄糖水溶液中葡萄糖的质量摩尔浓度为 0.500 mol·kg^{-1}，计算葡萄糖的摩尔分数。

25-5　证明：单一溶质的溶液的摩尔浓度和质量摩尔浓度之间的关系为

$$c = \frac{(1000\ \text{mL}\cdot\text{L}^{-1})\rho m}{1000\ \text{g}\cdot\text{kg}^{-1}+mM_2}$$

式中 c 是摩尔浓度，m 是质量摩尔浓度，ρ 是溶液的密度(单位是 g·mL^{-1})，M_2 是溶质的摩尔质量(g·mol^{-1})。

25-6 《CRC化学和物理手册》(*CRC Handbook of Chemistry and Physics*)中给出许多溶液的"水溶液浓度性质"数据。CsCl(s)的一些数据如下：

$A/\%$	$\rho/(\mathrm{g\cdot mL^{-1}})$	$c/(\mathrm{mol\cdot L^{-1}})$
1.00	1.0058	0.060
5.00	1.0374	0.308
10.00	1.0798	0.641
20.00	1.1756	1.396
40.00	1.4226	3.380

其中 A 是溶质的质量百分数，ρ 是溶液的密度，c 是摩尔浓度。利用这些数据，计算每种浓度下的质量摩尔浓度。

25-7 推导溶液中溶质的质量百分数(A)与其质量摩尔浓度(m)之间的关系式。计算蔗糖质量百分数为18%的蔗糖水溶液的质量摩尔浓度。

25-8 推导溶液的质量摩尔浓度与溶剂的摩尔分数之间的关系式。

25-9 氯化钠水溶液在25 ℃时的体积可表示为

$$V/\mathrm{mL}=1001.70+(17.298\ \mathrm{kg\cdot mol^{-1}})m+(0.9777\ \mathrm{kg^2\cdot mol^{-2}})m^2-(0.0569\ \mathrm{kg^3\cdot mol^{-3}})m^3$$

$$0\leqslant m\leqslant 6\ \mathrm{mol\cdot kg^{-1}}$$

式中 m 是质量摩尔浓度。计算质量摩尔浓度为 $3.00\ \mathrm{mol\cdot kg^{-1}}$ 的氯化钠溶液的摩尔浓度。

25-10 如果 x_2^∞，m^∞ 和 c^∞ 分别是无限稀释溶液中溶质的摩尔分数、质量摩尔浓度和摩尔浓度，证明：

$$x_2^\infty=\frac{m^\infty M_1}{1000\ \mathrm{g\cdot kg^{-1}}}=\frac{c^\infty M_1}{(1000\ \mathrm{mL\cdot L^{-1}})\rho_1}$$

式中 M_1 是溶剂的摩尔质量($\mathrm{g\cdot mol^{-1}}$)，ρ_1 是溶剂的密度($\mathrm{g\cdot mL^{-1}}$)。注意：在低浓度时，摩尔分数、质量摩尔浓度和摩尔浓度彼此成正比。

25-11 对于溶质活度分别为 a_2' 和 a_2''(相对于相同的标准状态)的两个溶液，证明这两种溶液的化学势之差与标准状态无关，只与 a_2'/a_2'' 的值有关。现在，选择其中一种溶液，其浓度是任意值，而另一种溶液的浓度非常稀(本质上是无限稀释的)，证明：

$$\frac{a_2'}{a_2''}=\frac{\gamma_{2x}x_2}{x_2^\infty}=\frac{\gamma_{2m}m}{m^\infty}=\frac{\gamma_{2c}c}{c^\infty}$$

25-12 利用式(25.4)和式(25.11)以及前两个习题的结果，证明：

$$\gamma_{2x}=\gamma_{2m}\left(1+\frac{mM_1}{1000\ \mathrm{g\cdot kg^{-1}}}\right)=\gamma_{2c}\left[\frac{\rho}{\rho_1}+\frac{c(M_1-M_2)}{\rho_1(1000\ \mathrm{mL\cdot L^{-1}})}\right]$$

式中 ρ 是溶液的密度。因此，可以看到，这三种不同的活度系数是相互关联的。

25-13 利用式(25.4)和式(25.11)以及习题25-12的结果，导出：

$$\gamma_{2m}=\gamma_{2c}\left[\frac{\rho}{\rho_1}-\frac{cM_2}{\rho_1(1000\ \mathrm{mL\cdot L^{-1}})}\right]$$

已知20 ℃时柠檬酸水溶液($M_2=192.12\ \mathrm{g\cdot mol^{-1}}$)的密度为

$$\rho/(\mathrm{g\cdot mL^{-1}})=0.99823+(0.077102\ \mathrm{L\cdot mol^{-1}})c$$

$$0\leqslant c\leqslant 1.772\ \mathrm{mol\cdot L^{-1}}$$

绘制 γ_{2m}/γ_{2c} 与 c 的关系图。在什么浓度下，γ_{2m} 和 γ_{2c} 相差2%？

25-14 《CRC化学和物理手册》(*CRC Handbook of Chemistry and Physics*)中给出了25 ℃时水溶液中蔗糖的质量分数和相应的摩尔浓度的数据。利用这些数据，绘制蔗糖水溶液的质量摩尔浓度与摩尔浓度的关系图。

25-15 利用表25.2中的数据，计算蔗糖浓度为 $3.00\ \mathrm{mol\cdot kg^{-1}}$ 的水溶液中水的活度系数(基于摩尔分数)。

25-16 使用表25.2中的数据，绘制水的活度系数与水的摩尔分数的关系图。

25-17 利用表25.2中的数据，计算在每个 m 值时的 ϕ 值，并重新绘制图25.2。

25-18 将表25.2中蔗糖渗透系数的数据拟合为一个四次多项式，计算浓度为 $1.00\ \mathrm{mol\cdot kg^{-1}}$ 的溶液的 γ_{2m} 值，并与例题25-5中得到的结果进行比较。

25-19 使用表25.2中给出的有关蔗糖的数据，通过绘制 $(\phi-1)/m$ 与 m 的关系图并进行数值积分(数学章节G)确定曲线下的面积(不是先通过曲线拟合 ϕ)，进而求出 $3.00\ \mathrm{mol\cdot kg^{-1}}$ 浓度时的 $\ln\gamma_{2m}$ 值。将所得结果与表25.2中给出的数值进行比较。

25-20 式(25.18)可用于确定溶剂在凝固点时的活度。假设 ΔC_P^* 与温度无关，证明：

$$\Delta_{\mathrm{fus}}\overline{H}(T)=\Delta_{\mathrm{fus}}\overline{H}(T_{\mathrm{fus}}^*)+\Delta\overline{C}_P^*(T-T_{\mathrm{fus}}^*)$$

式中 $\Delta_{\mathrm{fus}}\overline{H}(T_{\mathrm{fus}}^*)$ 为纯溶剂在凝固点(T_{fus}^*)时的摩尔熔化焓，$\Delta\overline{C}_P^*$ 为液体和固体溶剂的摩尔热容之差。使用式(25.18)，证明：

$$-\ln a_1=\frac{\Delta_{\mathrm{fus}}\overline{H}(T_{\mathrm{fus}}^*)}{R(T_{\mathrm{fus}}^*)^2}\theta+\frac{1}{R(T_{\mathrm{fus}}^*)^2}\left[\frac{\Delta_{\mathrm{fus}}\overline{H}(T_{\mathrm{fus}}^*)}{T_{\mathrm{fus}}^*}-\frac{\Delta\overline{C}_P^*}{2}\right]\theta^2+\cdots$$

式中 $\theta=T_{\mathrm{fus}}^*-T_{\mathrm{fus}}$。

25-21 取 $\Delta_{\mathrm{fus}}\overline{H}(T_{\mathrm{fus}}^*)=6.01\ \mathrm{kJ\cdot mol^{-1}}$，$\overline{C}_P^{\mathrm{l}}=75.2\ \mathrm{J\cdot K^{-1}\cdot mol^{-1}}$ 和 $\overline{C}_P^{\mathrm{s}}=37.6\ \mathrm{J\cdot K^{-1}\cdot mol^{-1}}$，证明：对于

水溶液,上一题中$-\ln a_1$的方程式变为

$$-\ln a_1=(0.00968\ \mathrm{K^{-1}})\theta+(5.2\times10^{-6}\ \mathrm{K^{-2}})\theta^2+\cdots$$

一个浓度为 1.95 mol·kg^{-1}的蔗糖水溶液的凝固点降低值为 4.45 ℃。计算在该浓度时的a_1值。将所得结果与表 25.2 中的数值进行比较。尽管在本题中计算的数值对应于 0 ℃,而表 25.2 中的数值对应于 25 ℃,但差值非常小。这是因为a_1不随温度明显变化(见习题 25-61)。

25-22 浓度为 5.0 mol·kg^{-1}的甘油(1,2,3-丙三醇)水溶液的凝固点为-10.6 ℃。计算 0 ℃时该溶液中水的活度(见习题 25-20 和习题 25-21)。

25-23 证明:用T^*_{fus}代替$(T_{\text{fus}}-T^*_{\text{fus}})/T^*_{\text{fus}}T_{\text{fus}}$[见式(25.20)]的分母项中的$T_{\text{fus}}$得到

$$-\theta/(T^*_{\text{fus}})^2-\theta^2/(T^*_{\text{fus}})^3+\cdots$$

式中$\theta=T^*_{\text{fus}}-T_{\text{fus}}$。

25-24 计算硝基苯的凝固点降低常数。已知硝基苯的凝固点为 5.7 ℃,摩尔熔化焓为 11.59 kJ·mol^{-1}。

25-25 使用一个与推导出式(25.22)和式(25.23)相类似的方法,推导式(25.24)和式(25.25)。

25-26 已知环己烷的$T_{\text{vap}}=354$ K,$\Delta_{\text{vap}}\overline{H}=29.97$ kJ·mol^{-1},计算它的沸点升高常数。

25-27 50.00 g 苯中含有 1.470 g 二氯苯。该溶液在 1.00 bar 的压力下于 80.60 ℃沸腾。纯苯的沸点为 80.09 ℃,摩尔蒸发焓为 32.0 kJ·mol^{-1}。根据这些数据,确定二氯苯的分子量。

25-28 对于下面这张典型纯物质的相图,标记每个区域对应的相。对于一个非挥发性溶质的稀溶液,该相图如何变化?证明由于溶质的溶解导致沸点升高和凝固点降低。

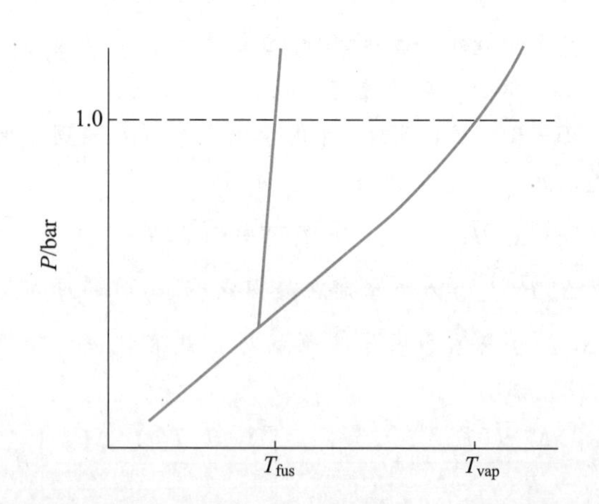

25-29 含有 0.80 g 蛋白质的 100 mL 溶液,在 25 ℃时渗透压为 2.06 torr,则蛋白质的分子量是多少?

25-30 证明:水溶液的渗透压可写为

$$\Pi=\frac{RT}{\overline{V}^*}\left(\frac{m}{55.506\ \mathrm{mol\cdot kg^{-1}}}\right)\phi$$

25-31 根据表 25.2,在浓度为 2.00 mol·kg^{-1}的一蔗糖水溶液中,水的活度为 0.95807。要使溶液中水的活度与纯水在 25.0 ℃和 1 atm 下的活度相同,必须在 25.0 ℃的溶液上方施加多大的外压?已知水的密度为 0.997 g·mL^{-1}。

25-32 证明:对于类似 $CuSO_4$ 的 2-2 型盐,有$a_2=a_\pm^2=m^2\gamma_\pm^2$;对于类似 $LaCl_3$ 的 1-3 型盐,有$a_2=a_\pm^4=27m^4\gamma_\pm^4$。

25-33 验证下列表格:

盐的类型	例子	I_m
1-1	KCl	m
1-2	$CaCl_2$	$3m$
2-1	K_2SO_4	$3m$
2-2	$MgSO_4$	$4m$
1-3	$LaCl_3$	$6m$
3-1	Na_3PO_4	$6m$

证明I_m的通式为$|z_+z_-|(\nu_++\nu_-)m/2$。

25-34 证明:在式(25.41)中加入因子ν,使得无论对电解质溶液还是非电解质溶液,当$m\to0$时有$\phi\to1$。[提示:x_2包含溶质粒子的总摩尔数,见式(25.44)。]

25-35 利用式(25.41)和 Gibbs-Duhem 公式,导出式(25.42)。

25-36 $CaCl_2$(aq)水溶液的渗透系数可表示为

$$\begin{aligned}\phi=&1.0000-(1.2083\ \mathrm{kg^{1/2}\cdot mol^{-1/2}})m^{1/2}+\\&(3.2215\ \mathrm{kg\cdot mol^{-1}})m-(3.6991\ \mathrm{kg^{3/2}\cdot mol^{-3/2}})m^{3/2}+\\&(2.3355\ \mathrm{kg^2\cdot mol^{-2}})m^2-(0.67218\ \mathrm{kg^{5/2}\cdot mol^{-5/2}})m^{5/2}+\\&(0.069749\ \mathrm{kg^3\cdot mol^{-3}})m^3\\&0\leqslant m\leqslant5.00\ \mathrm{mol\cdot kg^{-1}}\end{aligned}$$

利用该表达式,计算并绘制$\ln\gamma_\pm$与$m^{1/2}$的函数关系。

25-37 使用式(25.43),计算 25 ℃时 NaCl(aq)的$\ln\gamma_\pm$与质量摩尔浓度的函数关系,并绘制其$\ln\gamma_\pm$与$m^{1/2}$的关系图。与表 25.4 中的结果进行比较。

25-38 在习题 25-19 中,通过计算$\phi-1$与m关系曲线下的面积确定了蔗糖的$\ln\gamma_{2m}$。当处理电解质溶液时,最好是绘制$(\phi-1)/m^{1/2}$与$m^{1/2}$的关系,因为ϕ对$m^{1/2}$有天然的依赖性。证明:

$$\ln\gamma_\pm=\phi-1+2\int_0^{m^{1/2}}\frac{\phi-1}{m^{1/2}}\mathrm{d}m^{1/2}$$

25-39 使用表 25.4 中的数据,通过绘制$(\phi-1)/$

$m^{1/2}$与$m^{1/2}$的关系图，并通过数值积分（数学章节 G）确定曲线下的面积来计算25 ℃下NaCl(aq)的$\ln\gamma_{\pm}$。将所得的$\ln\gamma_{\pm}$值与在习题25-37中获得的数值进行比较，在该题中是由ϕ的曲线拟合表达式（一个以$m^{1/2}$表示的多项式）来计算得到$\ln\gamma_{\pm}$的。

25-40 南极洲赖特谷的唐胡安池在−57 ℃结冰，池塘中的主要溶质是$CaCl_2$。试估计该池塘水中$CaCl_2$的浓度。

25-41 Hg(Ⅱ)Cl_2溶液是电的不良导体。将40.7 g的$HgCl_2$样品溶解在100.0 g的水中，发现溶液的凝固点为−2.83 ℃。解释为什么$HgCl_2$在溶液中是电的不良导体。

25-42 浓度为0.25 mol·kg^{-1}的梅耶试剂(K_2HgI_4)水溶液的凝固点为−1.41 ℃。试假设一个K_2HgI_4溶解在水中时可能发生的解离反应式。

25-43 已知下列的凝固点降低数据，当指定物质溶解于水中形成1.00 mol·kg^{-1}浓度的溶液时，确定每个分子式单位产生的离子数，并解释该结果。

分子式	ΔT/K
$PtCl_2\cdot 4NH_3$	5.58
$PtCl_2\cdot 3NH_3$	3.72
$PtCl_2\cdot 2NH_3$	1.86
$KPtCl_3\cdot NH_3$	3.72
K_2PtCl_4	5.58

25-44 NaCl水溶液的离子强度为0.315 mol·L^{-1}，在什么浓度下K_2SO_4水溶液具有相同的离子强度？

25-45 导出式(25.53)给出的κ^2的“实用”公式。

25-46 有些作者用质量摩尔浓度而不是摩尔浓度来定义离子强度，在这种情况下，有

$$I_m=\frac{1}{2}\sum_{j=1}^{s}z_j^2m_j$$

证明这个定义式将适用于稀溶液的式(25.53)修改为

$$\kappa^2=\frac{2e^2N_A(1000\ \mathrm{L\cdot m^{-3}})\rho}{\varepsilon_0\varepsilon_r kT}[I_m/(\mathrm{mol\cdot kg^{-1}})]$$

式中ρ是溶剂的密度（单位：g·mL^{-1}）。

25-47 证明：对于25 ℃的水溶液，有

$$\ln\gamma_{\pm}=-1.171|z_+z_-|[I_m/(\mathrm{mol\cdot kg^{-1}})]^{1/2}$$

式中I_m是用质量摩尔浓度表示的离子强度。ε_r取值为78.54，水的密度为0.99707 g·mL^{-1}。

25-48 计算25 ℃时0.010 mol·L^{-1}的NaCl(aq)溶液的$\ln\gamma_{\pm}$。实验值为−0.103。对于25 ℃的H_2O(l)，ε_r取值为78.54。

25-49 导出下列通式：

$$\phi=1+\frac{1}{m}\int_0^m m'\mathrm{d}\ln\gamma_{\pm}$$

（提示：参见习题25-35的微分式。）利用该结果，证明：对于Debye-Hückel理论，有

$$\phi=1+\frac{\ln\gamma_{\pm}}{3}$$

在接下来的九个习题中，我们将阐释离子溶液的Debye-Hückel理论，并导出式(25.48)和式(25.49)。

25-50 在Debye-Hückel理论中，离子被模型化为点离子，溶剂被模型化为具有相对介电常数ε_r的连续介质（无结构）。考虑位于球坐标系原点的一个i型离子（i=阳离子或阴离子）。位于原点的这个离子会吸引带相反电荷的离子，排斥带相同电荷的离子。设$N_{ij}(r)$为与i型中心离子（正离子或阴离子）相距r处的j型离子（j=正离子或阴离子）的数目。用Boltzmann因子表示为

$$N_{ij}(r)=N_j\mathrm{e}^{-w_{ij}(r)/k_BT}$$

式中N_j/V为j离子的体相数密度，$w_{ij}(r)$为一个i离子与一个j离子的相互作用能。这个相互作用能源自静电相互作用，所以令$w_{ij}(r)=q_j\psi_i(r)$，其中q_j是j型离子上的电荷，$\psi_i(r)$是由i型中心离子引起的静电势。

一个将球对称静电势$\psi_i(r)$与球对称电荷密度$\rho_i(r)$联系起来的物理学基本方程是泊松(Poisson)方程，即

$$\frac{1}{r^2}\frac{\mathrm{d}}{\mathrm{d}r}\left(r^2\frac{\mathrm{d}\psi_i}{\mathrm{d}r}\right)=-\frac{\rho_i(r)}{\varepsilon_0\varepsilon_r}\tag{1}$$

式中ε_r是溶剂的相对介电常数。本题中，$\rho_i(r)$是中心离子周围的电荷密度。证明：

$$\rho_i(r)=\frac{1}{V}\sum_j q_jN_{ij}(r)=\sum_j q_jC_j\mathrm{e}^{-q_j\psi_i(r)/k_BT}$$

式中C_j是j物种的体相数密度($C_j=N_j/V$)。将指数项线性化，并使用电中性的条件，证明：

$$\rho_i(r)=-\psi_i(r)\sum_j\frac{q_j^2C_j}{k_BT}\tag{2}$$

将$\rho_i(r)$代入Poisson方程中，得到

$$\frac{1}{r^2}\frac{\mathrm{d}}{\mathrm{d}r}\left(r^2\frac{\mathrm{d}\psi_i}{\mathrm{d}r}\right)=\kappa^2\psi_i(r)\tag{3}$$

式中

$$\kappa^2=\sum_j\frac{q_j^2C_j}{\varepsilon_0\varepsilon_rk_BT}=\sum_j\frac{q_j^2}{\varepsilon_0\varepsilon_rk_BT}\left(\frac{N_j}{V}\right)\tag{4}$$

证明：式(3)可写为

$$\frac{d^2}{dr^2}[r\psi_i(r)]=\kappa^2[r\psi_i(r)]$$

现在，证明 $\psi_i(r)$ 的唯一解(对大的 r 值是有限解)为

$$\psi_i(r)=\frac{Ae^{-\kappa r}}{r} \tag{5}$$

式中 A 是一个常数。利用如果浓度很小，则 $\psi_i(r)$ 就是库仑定律这个事实，有 $A=q_i/4\pi\varepsilon_0\varepsilon_r$ 和

$$\psi_i(r)=\frac{q_i e^{-\kappa r}}{4\pi\varepsilon_0\varepsilon_r r} \tag{6}$$

式(6)是 Debye-Hückel 理论的核心结果。由于 $e^{-\kappa r}$ 因子调节所产生的库仑势，因此式(6)称为**屏蔽库仑势**(screened Coulombic potential)。

25-51　利用上题的式(2)和式(6)，证明：在半径为 r 的球壳中，围绕 i 型中心离子的净电荷为

$$p_i(r)dr=\rho_i(r)4\pi r^2dr=-q_i\kappa^2re^{-\kappa r}dr$$

就像在式(25.54)中一样，以及

$$\int_0^{+\infty}p_i(r)dr=-q_i$$

25-52　用上题的结果，证明：r 的最概然值是 $1/\kappa$。

25-53　证明：

$$r_{mp}=\frac{1}{\kappa}=\frac{304\ \text{pm}}{[c/(\text{mol}\cdot\text{L}^{-1})]^{1/2}}$$

式中 c 是 25 ℃时 1-1 型电解质水溶液的摩尔浓度。对 25 ℃时的 $H_2O(l)$，取 $\varepsilon_r=78.54$。

25-54　证明：对于 25 ℃时摩尔浓度为 0.50 mol·L^{-1} 的 1-1 型电解质，有

$$r_{mp}=\frac{1}{\kappa}=430\ \text{pm}$$

对 25 ℃时的 $H_2O(l)$，取 $\varepsilon_r=78.54$。

25-55　1-1 型电解质和 2-2 型电解质的离子氛厚度有何不同？

25-56　本题将基于 Debye-Hückel 理论计算电解质溶液的总静电能。利用习题 25-50 中的方程式，证明：在围绕 i 型中心离子的、半径为 r 和 $r+dr$ 的一个球壳中 j 型离子的数量为

$$\left[\frac{N_{ij}(r)}{V}\right]4\pi r^2dr=C_je^{-q_j\psi_i(r)/k_BT}4\pi r^2dr$$

$$\approx C_j\left[1-\frac{q_j\psi_i(r)}{k_BT}\right]4\pi r^2dr \tag{1}$$

i 型中心离子与球壳中 j 型离子的总库仑相互作用为 $N_{ij}(r)u_{ij}(r)4\pi r^2dr/V$，式中 $u_{ij}(r)=q_iq_j/4\pi\varepsilon_0\varepsilon_r r$。为了确定溶液中所有离子与中心离子($i$ 型)的静电相互作用能 U_i^{el}，将 $N_{ij}(r)u_{ij}(r)/V$ 对一个球壳中所有类型的离子求和，然后对所有球壳积分，得到

$$U_i^{el}=\int_0^{+\infty}\left[\sum_j\frac{N_{ij}(r)u_{ij}(r)}{V}\right]4\pi r^2dr$$

$$=\sum_j\frac{C_jq_iq_j}{\varepsilon_0\varepsilon_r}\int_0^{+\infty}\left[1-\frac{q_j\psi_i(r)}{k_BT}\right]rdr$$

利用电中性条件，证明：

$$U_i^{el}=-q_i\kappa^2\int_0^{+\infty}\psi_i(r)rdr$$

然后，利用习题 25-50 的式(6)，证明：所有离子与中心离子(i 型)的相互作用可由下式给出：

$$U_i^{el}=-\frac{q_i^2\kappa^2}{4\pi\varepsilon_0\varepsilon_r}\int_0^{+\infty}e^{-\kappa r}dr=-\frac{q_i^2\kappa}{4\pi\varepsilon_0\varepsilon_r}$$

最后，论证总的静电能可表示为

$$U^{el}=\frac{1}{2}\sum_iN_iU_i^{el}=-\frac{Vk_BT\kappa^3}{8\pi}$$

为什么式中有一个因子 1/2？否则，是否会高估能量？

25-57　上题导出了 U^{el} 的一个表达式。用 A 的 Gibbs-Helmholtz 方程(习题 22-23)，证明：

$$A^{el}=-\frac{Vk_BT\kappa^3}{12\pi}$$

25-58　如果假设静电相互作用是电解质溶液非理想性的唯一原因，则可以说

$$\mu_j^{el}=\left(\frac{\partial A^{el}}{\partial n_j}\right)_{T,V}=RT\ln\gamma_j^{el}$$

或者

$$\mu_j^{el}=\left(\frac{\partial A^{el}}{\partial N_j}\right)_{T,V}=k_BT\ln\gamma_j^{el}$$

用上题中求得的 A^{el} 的结果，证明：

$$k_BT\ln\gamma_j^{el}=-\frac{\kappa q_j^2}{8\pi\varepsilon_0\varepsilon_r}$$

利用下式：

$$\ln\gamma_\pm=\frac{\nu_+\ln\gamma_++\nu_-\ln\gamma_-}{\nu_++\nu_-}$$

证明：

$$\ln\gamma_\pm=-\left(\frac{\nu_+q_+^2+\nu_-q_-^2}{\nu_++\nu_-}\right)\frac{\kappa}{8\pi\varepsilon_0\varepsilon_rk_BT}$$

利用电中性条件 $\nu_+q_++\nu_-q_-=0$，将 $\ln\gamma_\pm$ 的表达式重写为

$$\ln\gamma_\pm=-|q_+q_-|\frac{\kappa}{8\pi\varepsilon_0\varepsilon_rk_BT}$$

与式(25.49)相一致。

25-59　试从式(25.49)导出式(25.56)。

25-60　证明：当浓度较小时，式(25.59)可简化为

式(25.49)。

25-61 本题将研究活度的温度依赖性。从 $\mu_1 = \mu_1^* + RT\ln a_1$ 出发,证明:

$$\left(\frac{\partial \ln a_1}{\partial T}\right)_{P,x_1} = \frac{\overline{H}_1^* - \overline{H}_1}{RT^2}$$

式中 $\overline{H}_1^*$ 是纯溶剂(1 bar 下)的摩尔焓,$\overline{H}_1$ 是溶液中溶剂的偏摩尔焓。对于稀溶液,$\overline{H}_1^*$ 和 $\overline{H}_1$ 之间的差别很小,因此 a_1 与温度基本无关。

25-62 Henry 定律指出:在足够稀的溶液中,与气体溶于液体中形成的一非电解质溶液处于平衡的气体的压力与溶液中该气体的质量摩尔浓度成正比。预测对于像 HCl(g) 这类溶解于水的气体,Henry 定律的形式,并使用以下 HCl(g) 在 25 ℃ 时的数据来验证预测。

$P_{HCl}/(10^{-11}\ \text{bar})$	$m_{HCl}/(10^{-3}\ \text{mol}\cdot\text{kg}^{-1})$
0.147	1.81
0.238	2.32
0.443	3.19
0.663	3.93
0.851	4.47
1.08	5.06
1.62	6.25
1.93	6.84
2.08	7.12

习题参考答案

第26章 化学平衡

▶ **科学家介绍**

热力学最重要的应用之一是研究平衡状态下的化学反应。热力学使得我们能够自信地预测反应混合物的平衡压力或平衡浓度。在本章中，我们将导出化学反应的标准吉布斯能变化和平衡常数之间的关系，还将学习如何预测从任意浓度的反应物和生成物开始的化学反应的进行方向。在前面的章节中，我们已经详述了所有必要的热力学概念。对于恒温恒压下的平衡系统，内在的基本思想是 $\Delta G=0$，而 ΔG 的符号决定了在恒定的 T 和 P 下一个给定的过程或化学反应是否会自发发生。

26－1 当吉布斯能针对反应进度是一最小值时达到化学平衡

为简单起见，我们先讨论气相反应。对于用下面的配平方程式描述的一般气相反应：

$$\nu_A A(g)+\nu_B B(g)\rightleftharpoons \nu_Y Y(g)+\nu_Z Z(g)$$

我们定义一个物理量 ξ，称为**反应进度**(extent of reaction)，由此反应物和生成物的摩尔数可由下式给出：

$$\underbrace{\begin{aligned} n_A&=n_{A0}-\nu_A\xi\\ n_B&=n_{B0}-\nu_B\xi\end{aligned}}_{\text{反应物}}\qquad \underbrace{\begin{aligned} n_Y&=n_{Y0}+\nu_Y\xi\\ n_Z&=n_{Z0}+\nu_Z\xi\end{aligned}}_{\text{生成物}}\tag{26.1}$$

式中 n_{j0} 是每种物质的初始摩尔数。回顾第19章，化学计量系数没有单位。因此，式(26.1)表明 ξ 的单位是摩尔。随着反应从反应物到生成物的进行，ξ 从0变化到由反应计量决定的某个最大值。例如，如果式(26.1)中的 n_{A0} 和 n_{B0} 分别等于 ν_A mol 和 ν_B mol，则 ξ 将从0变到1 mol。将式(26.1)微分，得到

$$\underbrace{\begin{aligned} dn_A&=-\nu_A d\xi\\ dn_B&=-\nu_B d\xi\end{aligned}}_{\text{反应物}}\qquad \underbrace{\begin{aligned} dn_Y&=\nu_Y d\xi\\ dn_Z&=\nu_Z d\xi\end{aligned}}_{\text{生成物}}\tag{26.2}$$

负号表示反应物正在消失，正号表示生成物正在从反应物到生成物的反应过程中形成。

现在，让我们考虑在恒定 T 和 P 下一个含有反应物和生成物的系统。该多组分系统的吉布斯能是 T,P,n_A,n_B,n_Y,n_Z 的函数，可用数学式表示为 $G=G(T,P,n_A,n_B,n_Y,n_Z)$。G 的全微分式可写为

$$dG=\left(\frac{\partial G}{\partial T}\right)_{P,n_j}dT+\left(\frac{\partial G}{\partial P}\right)_{T,n_j}dP+\left(\frac{\partial G}{\partial n_A}\right)_{T,P,n_{j\neq A}}dn_A+\left(\frac{\partial G}{\partial n_B}\right)_{T,P,n_{j\neq B}}dn_B+\left(\frac{\partial G}{\partial n_Y}\right)_{T,P,n_{j\neq Y}}dn_Y+\left(\frac{\partial G}{\partial n_Z}\right)_{T,P,n_{j\neq Z}}dn_Z$$

式中前两个偏导数中的下标 n_j 代表 n_A,n_B,n_Y,n_Z。用式(22.31)代替 $(\partial G/\partial T)_{P,n_j}$ 和 $(\partial G/\partial P)_{T,n_j}$，则 dG 变为

$$dG=-SdT+VdP+\mu_A dn_A+\mu_B dn_B+\mu_Y dn_Y+\mu_Z dn_Z$$

式中

$$\mu_A=\left(\frac{\partial G}{\partial n_A}\right)_{T,P,n_B,n_Y,n_Z}$$

μ_B,μ_Y,μ_Z 的表达式类似。对于在恒定 T 和 P 下发生的一个反应，dG 为

$$dG=\sum_j\mu_j dn_j=\mu_A dn_A+\mu_B dn_B+\mu_Y dn_Y+\mu_Z dn_Z\quad\text{(恒温恒压)}\tag{26.3}$$

将式(26.2)代入式(26.3)，得

$$\begin{aligned}dG&=-\nu_A\mu_A d\xi-\nu_B\mu_B d\xi+\nu_Y\mu_Y d\xi+\nu_Z\mu_Z d\xi\\&=(\nu_Y\mu_Y+\nu_Z\mu_Z-\nu_A\mu_A-\nu_B\mu_B)d\xi\quad\text{(恒温恒压)}\end{aligned}\tag{26.4}$$

或

$$\left(\frac{\partial G}{\partial\xi}\right)_{T,P}=\nu_Y\mu_Y+\nu_Z\mu_Z-\nu_A\mu_A-\nu_B\mu_B\tag{26.5}$$

若用 $\Delta_r G$ 表示式(26.5)的右侧，则有

$$\left(\frac{\partial G}{\partial \xi}\right)_{T,P}=\Delta_r G=\nu_Y\mu_Y+\nu_Z\mu_Z-\nu_A\mu_A-\nu_B\mu_B \quad (26.6)$$

$\Delta_r G$ 被定义为反应进度为 1 mol 时吉布斯能的变化值，则 $\Delta_r G$ 的单位为 $J\cdot mol^{-1}$。只有在指定了配平的反应方程式时 $\Delta_r G$ 才有意义。

如果假设每种物质的分压都足够低，可以当成理想气体处理，那么可以使用式(23.33)[$\mu_j(T,P)=\mu_j^\circ(T)+RT\ln(P_j/P^\circ)$]来表示 $\mu_j(T,P)$，则式(26.6)变为

$$\Delta_r G=\nu_Y\mu_Y^\circ(T)+\nu_Z\mu_Z^\circ(T)-\nu_A\mu_A^\circ(T)-\nu_B\mu_B^\circ(T)+ RT\left(\nu_Y\ln\frac{P_Y}{P^\circ}+\nu_Z\ln\frac{P_Z}{P^\circ}-\nu_A\ln\frac{P_A}{P^\circ}-\nu_B\ln\frac{P_B}{P^\circ}\right)$$

或

$$\Delta_r G=\Delta_r G^\circ+RT\ln Q \quad (26.7)$$

式中

$$\Delta_r G^\circ(T)=\nu_Y\mu_Y^\circ(T)+\nu_Z\mu_Z^\circ(T)-\nu_A\mu_A^\circ(T)-\nu_B\mu_B^\circ(T) \quad (26.8)$$

$$Q=\frac{(P_Y/P^\circ)^{\nu_Y}(P_Z/P^\circ)^{\nu_Z}}{(P_A/P^\circ)^{\nu_A}(P_B/P^\circ)^{\nu_B}} \quad (26.9)$$

$\Delta_r G^\circ(T)$ 是在温度 T 和压力 1 bar 条件下从未混合的标准状态反应物反应形成未混合的标准状态生成物的标准吉布斯能变化值。由于式(26.9)中的标准压力 P° 取为 1 bar，故通常不显示 P°。然而，必须记住，所有的压力都是相对于 1 bar 的，因此 Q 是没有单位的。

相对于反应与其平衡位置的任何偏离，当反应系统处于平衡时，吉布斯能必然是一最小值。因此，式(26.5)变为

$$\left(\frac{\partial G}{\partial \xi}\right)_{T,P}=\Delta_r G=0 \quad (\text{平衡}) \quad (26.10)$$

令式(26.7)中的 $\Delta_r G=0$，则有

$$\Delta_r G^\circ=-RT\ln\left(\frac{P_Y^{\nu_Y}P_Z^{\nu_Z}}{P_A^{\nu_A}P_B^{\nu_B}}\right)_{eq}=-RT\ln K_P(T) \quad (26.11)$$

式中

$$K_P(T)=\left(\frac{P_Y^{\nu_Y}P_Z^{\nu_Z}}{P_A^{\nu_A}P_B^{\nu_B}}\right)_{eq} \quad (26.12)$$

下标 eq 强调式(26.11)和式(26.12)中的压力是平衡时的压力。$K_P(T)$ 称为反应的**平衡常数**(equilibrium constant)。虽然我们使用了下标 eq 来强调，但通常不使用这种符号，书写 $K_P(T)$ 时不带下标。平衡常数表达式意味着压力取平衡态的数值。只有给出了对应的配平化学反应方程式以及每种反应物和生成物的标准状态，才能计算出 K_P 的值。

» 例题 26-1 写出下列方程式表示的反应的平衡常数表达式：

$$3H_2(g)+N_2(g) \rightleftharpoons 2\,NH_3(g)$$

» 解 根据式(26.12)，有

$$K_P(T)=\frac{P_{NH_3}^2}{P_{H_2}^3 P_{N_2}}$$

这里所有的压力均相对于标准压力 1 bar。注意，如果反应方程式写成

$$\frac{3}{2}H_2(g)+\frac{1}{2}N_2(g) \rightleftharpoons NH_3(g)$$

则将得到

$$K_P(T)=\frac{P_{NH_3}}{P_{H_2}^{3/2}P_{N_2}^{1/2}}$$

也即上一个表达式的平方根。所以说 $K_P(T)$ 的形式和数值取决于描述反应的化学反应方程式的写法。

26-2 平衡常数仅是温度的函数

式(26.11)表明，不管反应物和生成物的初始压力如何，当达到平衡时，在给定的温度下，它们分压的相应化学计量系数的指数次方之比是一个定值。对于反应

$$PCl_5(g) \rightleftharpoons PCl_3(g)+Cl_2(g) \quad (26.13)$$

其平衡常数表达式为

$$K_P(T)=\frac{P_{PCl_3}P_{Cl_2}}{P_{PCl_5}} \quad (26.14)$$

假设最初时系统中有 1 mol $PCl_5(g)$，没有 $PCl_3(g)$ 或 $Cl_2(g)$。当反应进度为 ξ 时，反应混合物中有 $(1-\xi)$ mol 的 $PCl_5(g)$，ξ mol 的 $PCl_3(g)$ 和 ξ mol 的 $Cl_2(g)$，总摩尔数为 $(1+\xi)$。如果令 ξ_{eq} 为平衡时的反应进度，那么每种物质的分压将是

$$P_{PCl_3}=P_{Cl_2}=\frac{\xi_{eq}P}{1+\xi_{eq}}$$

$$P_{PCl_5}=\frac{(1-\xi_{eq})P}{1+\xi_{eq}}$$

式中 P 是总压力。平衡常数的表达式为

$$K_P(T)=\frac{\xi_{eq}^2}{1-\xi_{eq}^2}P \quad (26.15)$$

从该结果可以看出 $K_P(T)$ 似乎跟总压力有关，但事实并非如此。如式(26.11)所示，$K_P(T)$ 仅是温度的函数，即定温下 $K_P(T)$ 是一定值。因此，如果 P 改变，则 ξ_{eq} 也一定改变，以确保式(26.15)中的 $K_P(T)$ 保持不变。

图 26.1 显示了 200 ℃时 $\xi_{eq}-P$ 的关系图，其中 $K_P=5.4$。注意 ξ_{eq} 随 P 增加而相应地减小，表明平衡从反应方程式(26.13)的生成物侧移动到反应物侧，或者说更少的 PCl_5 被解离。普通化学课程中讲过，压力对平衡位置的影响是**勒夏特列原理**(Le Châtelier's principle)的一个例子。该原理可以表述为：如果改变条件使得处于平衡状态的化学反应偏离其平衡状态，则反应会自我调节，朝着（至少部分地）抵消这种条件改变的方向进行，直至达到新的平衡态。因此，升高压力会改变反应方程式(26.13)所示反应的平衡，使得反应系统中物质的总摩尔数减少。

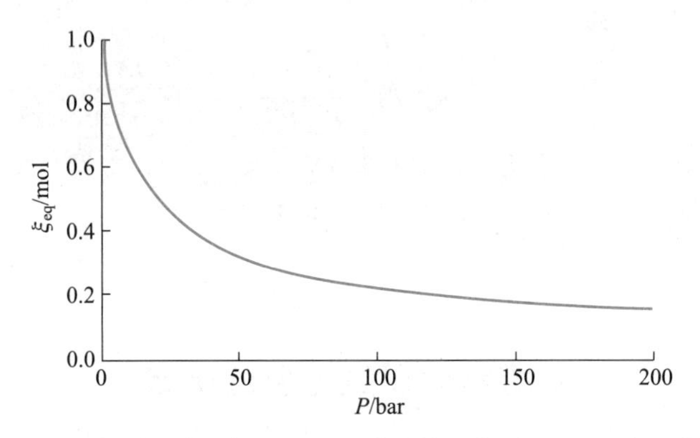

图 26.1 对于式(26.13)所给出的反应，在 200 ℃时达到平衡时 $PCl_5(g)$ 的解离分数，ξ_{eq}，与总压力 P 的关系图。

» 例题 26-2 对于钾原子在气相中缔合形成二聚体的反应

$$2K(g) \rightleftharpoons K_2(g)$$

假设起始时有 2 mol 的 K(g)，没有二聚体。推导出用 ξ_{eq}（平衡时的反应进度）和 P（压力）表示的 $K_P(T)$ 的表达式。

» 解 在平衡时，系统中有 $2(1-\xi_{eq})$ mol 的 K(g) 和 ξ_{eq} mol 的 $K_2(g)$，总摩尔数为 $(2-\xi_{eq})$。各物质的分压为

$$P_K=\frac{2(1-\xi_{eq})P}{2-\xi_{eq}}$$

$$P_{K_2}=\frac{\xi_{eq}P}{2-\xi_{eq}}$$

则

$$K_P(T)=\frac{P_{K_2}}{P_K^2}=\frac{\xi_{eq}(2-\xi_{eq})}{4(1-\xi_{eq})^2P}$$

如果 P 减小，则 $\xi_{eq}(2-\xi_{eq})/4(1-\xi_{eq})^2$ 必然减小，这是通过减小 ξ_{eq} 来实现的。如果 P 增加，则 $\xi_{eq}(2-\xi_{eq})/4(1-\xi_{eq})^2$ 必然增加，这是因为 ξ_{eq} 增加[会导致 $(1-\xi_{eq})$ 变小]。

对于式(26.12)定义的平衡常数，我们用下标 P 强调它是用平衡压力来表示的。我们也可以基于理想气体关系式 $P=cRT$（式中 c 是浓度 n/V），用密度或浓度来表示平衡常数。因此，K_P 可以重写为

$$K_P=\frac{c_Y^{\nu_Y}c_Z^{\nu_Z}}{c_A^{\nu_A}c_B^{\nu_B}}\left(\frac{RT}{P^\circ}\right)^{\nu_Y+\nu_Z-\nu_A-\nu_B} \quad (26.16)$$

就像把 K_P 表达式中的压力和某个标准压力 P° 关联起来一样，我们必须把式(26.16)中的浓度和某个标准浓度 c° 关联起来，c° 通常取为 1 mol · L^{-1}。如果将式(26.16)中的每个浓度先乘以 c°，再除以 c°，则可得到

$$K_P=K_c\left(\frac{c^\circ RT}{P^\circ}\right)^{\nu_Y+\nu_Z-\nu_A-\nu_B} \quad (26.17)$$

式中

$$K_c=\frac{(c_Y/c^\circ)^{\nu_Y}(c_Z/c^\circ)^{\nu_Z}}{(c_A/c^\circ)^{\nu_A}(c_B/c^\circ)^{\nu_B}} \quad (26.18)$$

式(26.17)中的 K_P 和 K_c 都是没有单位的，因子 $(c^\circ RT/P^\circ)^{\nu_Y+\nu_Z-\nu_A-\nu_B}$ 也是如此。P° 和 c° 的实际选择决定了式(26.17)中所用 R 的单位。如果 P° 取为 1 bar，c° 为 1 mol · L^{-1}（通常也是这样取值的），则因子 $c^\circ RT/P^\circ = RT/$(L · bar · mol^{-1})，R 必须表示为 0.083145 L · bar · mol^{-1}。

式(26.17)给出了理想气体的 K_P 和 K_c 之间的关系。正如在式(26.9)中不显示 P°（因为通常 $P^\circ=1$ bar），我们在式(26.18 中)也不显示 P° 和 c°，因为通常 $c^\circ=$ 1 mol · L^{-1}。但是在互相转换 K_P 和 K_c 的数值时，务必知道在 K_P 和 K_c 中所使用的参考态。

» 例题 26-3 在 298.15 K 时，反应 $NH_3(g) \rightleftharpoons \frac{3}{2}H_2(g)+\frac{1}{2}N_2(g)$ 的 $K_P(T)$ 值（基于 1 bar 的标准状态）为 1.36×10^{-3}。试确定相应的 $K_c(T)$ 值（基于 1 mol · L^{-1} 的标准状态）。

» 解 在此反应中，$\nu_A=1$，$\nu_Y=3/2$，$\nu_Z=1/2$，则根据式(26.17)可得

$$K_P(T)=K_c(T)\left(\frac{c^\circ RT}{P^\circ}\right)^1$$

298.15 K 时的转换因子为

$$\frac{c^\circ RT}{P^\circ}=\frac{(1\ \text{mol}\cdot\text{L}^{-1})(0.083145\ \text{L}\cdot\text{bar}\cdot\text{mol}^{-1}\cdot\text{K}^{-1})(298.15\ \text{K})}{1\ \text{bar}}$$
$$=24.79$$

因此 $K_c(T)=K_P(T)/24.79=5.49\times10^{-5}$

26-3 标准生成吉布斯能可用来计算平衡常数

注意:结合式(26.8)和式(26.11),可得到反应物和生成物的标准化学势$\mu_j^\circ(T)$与平衡常数K_P之间的一个关系式。特别地,K_P与生成物和反应物的标准化学势之差有关。因为化学势是一种能量(它是纯物质的摩尔吉布斯能),所以它的数值必须相对于某个(任意的)能量零点。一种方便的能量零点选择是基于我们在第19-11节中用来建立标准摩尔生成焓表(表19.2)的方法。回想一下,我们将物质的标准摩尔生成焓定义为1 mol物质在1 bar和目标温度下由其最稳定单质直接化合形成时所涉及的热。例如,当所有物质都处于298.15 K、1 bar时,反应

$$H_2(g)+\frac{1}{2}O_2(g)\rightleftharpoons H_2O(l)$$

的Δ_rH值为-285.8 kJ,因此在298.15 K时我们可以写出,$\Delta_fH^\circ[H_2O(l)]=-285.8\ \text{kJ}\cdot\text{mol}^{-1}$。按照惯例,对298.15 K、1 bar时的$H_2(g)$和$O_2(g)$,我们还有$\Delta_fH^\circ[H_2(g)]=\Delta_fH^\circ[O_2(g)]=0$。我们还在第21-9节中建立了物质的实际绝对熵值表(表21.2)。因此,由于

$$\Delta_rG^\circ=\Delta_rH^\circ-T\Delta_rS^\circ$$

我们也可以建立一个Δ_fG°数据表。对于一个反应,如

$$\nu_AA+\nu_BB\longrightarrow\nu_YY+\nu_ZZ$$

我们有

$$\Delta_rG^\circ=\nu_Y\Delta_fG^\circ[Y]+\nu_Z\Delta_fG^\circ[Z]-\nu_A\Delta_fG^\circ[A]-\nu_B\Delta_fG^\circ[B]\tag{26.19}$$

表26.1列出了各种物质在298.15 K和1 bar时的Δ_fG°数值,在第26.9节中将介绍更多可供人们查阅和使用的数据表。

表26.1 在298.15 K和1 bar时一些物质的标准摩尔生成吉布斯能Δ_fG°。

物质	分子式	$\Delta_fG^\circ/(\text{kJ}\cdot\text{mol}^{-1})$
乙炔	$C_2H_2(g)$	209.20
氨	$NH_3(g)$	-16.367
苯	$C_6H_6(l)$	124.35
溴	$Br_2(g)$	3.126
丁烷	$C_4H_{10}(g)$	-17.15
碳(金刚石)	C(s)	2.900
碳(石墨)	C(s)	0

续表

物质	分子式	$\Delta_fG^\circ/(\text{kJ}\cdot\text{mol}^{-1})$
二氧化碳	$CO_2(g)$	-394.389
一氧化碳	CO(g)	-137.163
乙烷	$C_2H_6(g)$	-32.82
乙醇	$C_2H_5OH(l)$	-174.78
乙烯	$C_2H_4(g)$	68.421
葡萄糖	$C_6H_{12}O_6(s)$	-910.52
溴化氢	HBr(g)	-53.513
氯化氢	HCl(g)	-95.300
氟化氢	HF(g)	-274.646
碘化氢	HI(g)	1.560
过氧化氢	$H_2O_2(l)$	-105.445
碘	$I_2(g)$	19.325
甲烷	$CH_4(g)$	-50.768
甲醇	$CH_3OH(l)$	-166.27
	$CH_3OH(g)$	-161.96
一氧化氮	NO(g)	86.600
二氧化氮	$NO_2(g)$	51.258
四氧化二氮	$N_2O_4(g)$	97.787
	$N_2O_4(l)$	97.521
丙烷	$C_3H_8(g)$	-23.47
蔗糖	$C_{12}H_{22}O_{11}(s)$	-1544.65
二氧化硫	$SO_2(g)$	-300.125
三氧化硫	$SO_3(g)$	-371.016
四氯化碳	$CCl_4(l)$	-65.21
	$CCl_4(g)$	-53.617
水	$H_2O(l)$	-237.141
	$H_2O(g)$	-228.582

» 例题 26-4 利用表26.1中的数据,计算下列反应在298.15 K时的$\Delta_rG^\circ(T)$和K_P。

$$NH_3(g)\rightleftharpoons\frac{3}{2}H_2(g)+\frac{1}{2}N_2(g)$$

» 解 由式(26.19)可得

$$\Delta_rG^\circ=\left(\frac{3}{2}\right)\Delta_fG^\circ[H_2(g)]+\left(\frac{1}{2}\right)\Delta_fG^\circ[N_2(g)]-(1)\Delta_fG^\circ[NH_3(g)]$$

$$=\left(\frac{3}{2}\right)(0)+\left(\frac{1}{2}\right)(0)-(1)(-16.367\ \text{kJ}\cdot\text{mol}^{-1})$$

$$=16.367\ \text{kJ}\cdot\text{mol}^{-1}$$

根据式(26.11)，可得

$$\ln K_P(T) = -\frac{\Delta_r G^\circ}{RT} = -\frac{16.367\times10^3\ \mathrm{J\cdot mol^{-1}}}{(8.3145\ \mathrm{J\cdot K^{-1}\cdot mol^{-1}})(298.15\ \mathrm{K})} = -6.602$$

或 298.15 K 时　　$K_P = 1.36\times10^{-3}$

26－4 反应混合物的吉布斯能对反应进度的作图在平衡时为一最小值

在本节中，我们将处理一个反应混合物的吉布斯能是反应进度的函数的具体例子。对于 $N_2O_4(g)$ 在 298.15 K 时热分解为 $NO_2(g)$ 的反应，其方程式为

$$N_2O_4(g) \rightleftharpoons 2NO_2(g)$$

假设起始时系统含有 1 mol 的 $N_2O_4(g)$，不存在 $NO_2(g)$。随着反应的进行，$N_2O_4(g)$ 的摩尔数 $n_{N_2O_4}$ 为 $(1-\xi)$，$NO_2(g)$ 的摩尔数 n_{NO_2} 为 2ξ。注意，当 $\xi=0$ 时 $n_{N_2O_4}=1$ mol，$n_{NO_2}=0$；当 $\xi=1$ mol 时 $n_{N_2O_4}=0$，$n_{NO_2}=2$ mol。反应混合物的吉布斯能由下式给出：

$$\begin{aligned} G(\xi) &= (1-\xi)\overline{G}_{N_2O_4} + 2\xi\overline{G}_{NO_2} \\ &= (1-\xi)G^\circ_{N_2O_4} + 2\xi G^\circ_{NO_2} + (1-\xi)RT\ln P_{N_2O_4} + 2\xi P_{NO_2} \end{aligned} \tag{26.20}$$

如果反应在恒定的总压力 1 bar 下进行，则

$$P_{N_2O_4} = x_{N_2O_4}P_{\text{total}} = x_{N_2O_4} \quad \text{和} \quad P_{NO_2} = x_{NO_2}$$

反应混合物的总摩尔数是 $(1-\xi)+2\xi = 1+\xi$，则有

$$P_{N_2O_4} = x_{N_2O_4} = \frac{1-\xi}{1+\xi} \quad \text{和} \quad P_{NO_2} = x_{NO_2} = \frac{2\xi}{1+\xi}$$

因此，式(26.20)变为

$$G(\xi) = (1-\xi)G^\circ_{N_2O_4} + 2\xi G^\circ_{NO_2} + (1-\xi)RT\ln\frac{1-\xi}{1+\xi} + 2\xi RT\ln\frac{2\xi}{1+\xi}$$

根据第 26－3 节的内容，我们可以选择标准状态使得 $G^\circ_{N_2O_4} = \Delta_f G^\circ_{N_2O_4}$ 和 $G^\circ_{NO_2} = \Delta_f G^\circ_{NO_2}$，则 $G(\xi)$ 变为

$$G(\xi) = (1-\xi)\Delta_f G^\circ_{N_2O_4} + 2\xi\Delta_f G^\circ_{NO_2} + (1-\xi)RT\ln\frac{1-\xi}{1+\xi} + 2\xi RT\ln\frac{2\xi}{1+\xi} \tag{26.21}$$

式(26.21)给出了反应混合物的吉布斯能 G 与反应进度 ξ 的函数关系。将表 26.1 中 $\Delta_f G^\circ_{N_2O_4}$ 和 $\Delta_f G^\circ_{NO_2}$ 的数据代入，则式(26.21)变为

$$G(\xi) = (1-\xi)(97.787\ \mathrm{kJ\cdot mol^{-1}}) + 2\xi(51.258\ \mathrm{kJ\cdot mol^{-1}}) + (1-\xi)RT\ln\frac{1-\xi}{1+\xi} + 2\xi RT\ln\frac{2\xi}{1+\xi} \tag{26.22}$$

式中 $RT = 2.4790\ \mathrm{kJ\cdot mol^{-1}}$。图 26.2 是 $G(\xi)$ 与 ξ 的关系曲线。曲线上最小点(或平衡态)出现在 $\xi_{eq} = 0.1892$ mol。因此，反应从 $\xi=0$ 进行到 $\xi=\xi_{eq}=0.1892$ mol，在此点建立了平衡。

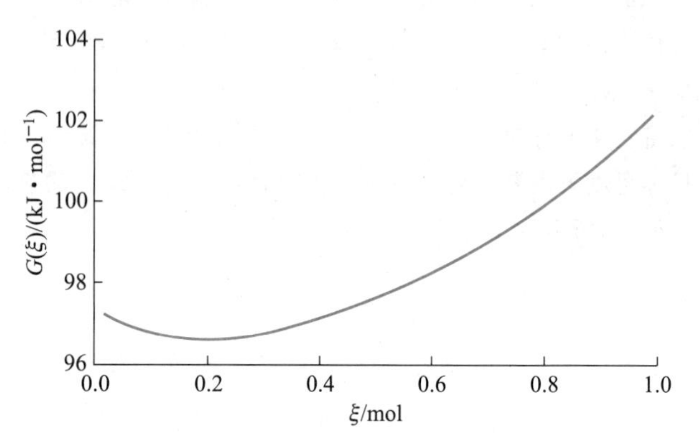

图 26.2　在 298.15 K 和 1 bar 下 $N_2O_4(g) \rightleftharpoons 2NO_2(g)$ 的反应混合物的吉布斯能与其反应进度的关系图。

平衡常数可写为

$$K_P = \frac{P^2_{NO_2}}{P_{N_2O_4}} = \frac{[2\xi_{eq}/(1+\xi_{eq})]^2}{(1-\xi_{eq})/(1+\xi_{eq})} = \frac{4\xi^2_{eq}}{1-\xi^2_{eq}} = 0.148$$

将此结果与根据关系式 $\Delta_r G^\circ = -RT\ln K_P$ 计算得到的结果进行对比，即

$$\begin{aligned} \ln K_P &= -\frac{\Delta_r G^\circ}{RT} \\ &= -\frac{(2)(\Delta_f G^\circ[NO_2(g)]) - (1)(\Delta_f G^\circ[N_2O_4(g)])}{(8.3145\ \mathrm{J\cdot K^{-1}\cdot mol^{-1}})(298.15\ \mathrm{K})} \\ &= -\frac{4.729\times10^3\ \mathrm{J\cdot mol^{-1}}}{(8.3145\ \mathrm{J\cdot K^{-1}\cdot mol^{-1}})(298.15\ \mathrm{K})} = -1.9076 \end{aligned}$$

或　　$K_P = 0.148$

我们也可以将式(26.22)对 ξ 求导，可得

$$\begin{aligned} \left(\frac{\partial G}{\partial \xi}\right)_{T,P} = &(2)(51.258\ \mathrm{kJ\cdot mol^{-1}}) - 97.787\ \mathrm{kJ\cdot mol^{-1}} - \\ &RT\ln\frac{1-\xi}{1+\xi} + 2RT\ln\frac{2\xi}{1+\xi} + \\ &(1-\xi)RT\left(\frac{1+\xi}{1-\xi}\right)\left[-\frac{1}{1+\xi} - \frac{1-\xi}{(1+\xi)^2}\right] + \\ &2\xi RT\left(\frac{1+\xi}{2\xi}\right)\left[\frac{2}{1+\xi} - \frac{2\xi}{(1+\xi)^2}\right] \end{aligned} \tag{26.23}$$

若将第一个对数项中的 $(1-\xi)/(1+\xi)$ 替换为 $P_{N_2O_4}$，第二个对数项中的 $2\xi/(1+\xi)$ 替换为 P_{NO_2}。加之代数运算表明最后两项加起来等于零，则式(26.23)变成

$$\left(\frac{\partial G}{\partial \xi}\right)_{T,P}=\Delta_r G^\circ+RT\ln\frac{P^2_{NO_2}}{P_{N_2O_4}}$$

达平衡时，$\partial G/\partial\xi=0$，即得到式(26.11)。

我们还可以通过将式(26.23)设定为等于零来得到 ξ_{eq} 值。利用式(26.23)中最后两项加起来等于零的事实，有

$$\frac{(2)(51.258\ \text{kJ}\cdot\text{mol}^{-1})-97.787\ \text{kJ}\cdot\text{mol}^{-1}}{(8.3145\ \text{J}\cdot\text{mol}^{-1}\cdot\text{K}^{-1})(298.15\ \text{K})}$$
$$=\ln\frac{1-\xi_{eq}}{1+\xi_{eq}}-\ln\frac{4\xi^2_{eq}}{(1+\xi_{eq})^2}$$

或

$$1.9076=\ln\frac{1-\xi^2_{eq}}{4\xi^2_{eq}}$$

或

$$\frac{1-\xi^2_{eq}}{4\xi^2_{eq}}=e^{1.9076}=6.7371$$

或 $\xi_{eq}=0.1892$，与图26.2一致。习题26-18至26-21要求对另外两个气相反应进行类似的分析。

26-5 反应商与平衡常数之比决定了反应进行的方向

对于由下列反应方程式描述的一般反应：

$$\nu_A A(g)+\nu_B B(g)\rightleftharpoons\nu_Y Y(g)+\nu_Z Z(g)$$

其对应的式(26.7)为

$$\Delta_r G(T)=\Delta_r G^\circ(T)+RT\ln\frac{P_Y^{\nu_Y}P_Z^{\nu_Z}}{P_A^{\nu_A}P_B^{\nu_B}}\qquad(26.24)$$

该式中的压力不一定是平衡压力，而是任意压力。式(26.24)给出了当压力为 P_A 的 $\nu_A$mol A(g)与压力为 P_B 的 $\nu_B$mol B(g)反应生成压力为 P_Y 的 $\nu_Y$mol Y(g)和压力为 P_Z 的 $\nu_Z$mol Z(g)时的 $\Delta_r G$ 值。如果所有的压力恰巧都是1 bar，则式(26.24)中的对数项为零，$\Delta_r G$ 就等于 $\Delta_r G^\circ$；换句话说，吉布斯能变化值等于标准吉布斯能的变化值。另外，如果压力是平衡压力，则 $\Delta_r G$ 等于零，得到式(26.11)。

通过引入一个称为**反应商**(reaction quotient) Q_P 的物理量[见式(26.9)]，即

$$Q_P=\frac{P_Y^{\nu_Y}P_Z^{\nu_Z}}{P_A^{\nu_A}P_B^{\nu_B}}\qquad(26.25)$$

可将式(26.24)写成更简洁的形式。用式(26.11)代替 $\Delta_r G^\circ$，则有

$$\Delta_r G=-RT\ln K_P+RT\ln Q_P$$
$$=RT\ln(Q_P/K_P)\qquad(26.26)$$

注意：虽然 Q_P 有类似平衡常数的形式，但其中的压力是任意压力。

平衡时，有 $\Delta_r G=0$ 和 $Q_P=K_P$。如果 $Q_P<K_P$，则随着系统趋于平衡，Q_P 必然增加，这意味着生成物的分压必然增加而反应物的分压必然降低。换句话说，反应从左向右进行。用 $\Delta_r G$ 表示，如果 $Q_P<K_P$，则 $\Delta_r G<0$，说明从左向右反应是自发的。与之相反，如果 $Q_P>K_P$，则 Q_P 一定会随着反应趋向平衡而减小，因此生成物的压力一定会减小，而反应物的压力一定会增大。用 $\Delta_r G$ 表示，如果 $Q_P>K_P$，则 $\Delta_r G>0$，说明从右向左反应是自发的。

» 例题 26-5 对于反应

$$2SO_2(g)+O_2(g)\rightleftharpoons 2SO_3(g)$$

在960 K时其平衡常数 $K_P=10$。计算下列条件下的 $\Delta_r G$，并指出反应自发进行的方向。

$$2SO_2(1.0\times10^{-3}\text{bar})+O_2(0.20\ \text{bar})\rightleftharpoons 2SO_3(1.0\times10^{-4}\ \text{bar})$$

» 解　我们首先计算在这些条件下的反应商。根据式(26.25)，有

$$Q_P=\frac{P^2_{SO_3}}{P^2_{SO_2}P_{O_2}}=\frac{(1.0\times10^{-4})^2}{(1.0\times10^{-3})^2(0.20)}=5.0\times10^{-2}$$

注意，这些量是没有单位的，因为压力取的是1 bar的相对值。利用式(26.26)，可得

$$\Delta_r G=RT\ln\frac{Q_P}{K_P}$$
$$=(8.3145\ \text{J}\cdot\text{mol}^{-1}\cdot\text{K}^{-1})(960\ \text{K})\ln\frac{5.0\times10^{-2}}{10}$$
$$=-42.3\ \text{kJ}\cdot\text{mol}^{-1}$$

计算结果 $\Delta_r G<0$ 意味着反应将按照反应方程式从左向右进行。也可以从 $Q_P<K_P$ 得出这一结论。

26-6 决定反应自发方向的是 $\Delta_r G$ 的符号而不是 $\Delta_r G^\circ$ 的符号

理解 $\Delta_r G$ 和 $\Delta_r G^\circ$ 的区别是非常重要的。$\Delta_r G^\circ$ 的上标"°"强调它是当所有的反应物和生成物在混合前的分压都等于1 bar的情况下的 $\Delta_r G$；$\Delta_r G^\circ$ 是标准吉布斯能变

化值。如果 $\Delta_r G^\circ<0$,则 $K_P>1$,意味着如果所有的物质在1 bar分压下混合,反应将沿反应物到生成物的方向进行。如果 $\Delta_r G^\circ>0$,则 $K_P<1$,意味着如果所有的物质在1 bar分压下混合,反应将沿生成物到反应物的方向进行。$\Delta_r G^\circ>0$ 并不意味着物质在所有条件下混合时反应都不会从反应物向生成物转变。例如,对于反应

$$N_2O_4(g) \rightleftharpoons 2\,NO_2(g)$$

在298.15 K时,$\Delta_r G^\circ=4.729\ \text{kJ}\cdot\text{mol}^{-1}$。相应的$K_P(T)$为0.148。$\Delta_r G^\circ=4.729\ \text{kJ}\cdot\text{mol}^{-1}$并不意味着当将一些 $N_2O_4(g)$ 放在298.15 K的反应容器中时,它不会解离。$N_2O_4(g)$ 解离反应的 $\Delta_r G$ 值可由下式给出:

$$\begin{aligned}\Delta_r G &= \Delta_r G^\circ + RT\ln Q_P \\ &= 4.729\ \text{kJ}\cdot\text{mol}^{-1} + (2.479\ \text{kJ}\cdot\text{mol}^{-1})\ln\frac{P_{NO_2}^2}{P_{N_2O_4}}\end{aligned} \tag{26.27}$$

假设将 $N_2O_4(g)$ 填充在一个容器中,不含有 $NO_2(g)$。最初,式(26.27)中的对数项和 $\Delta_r G$ 在本质上是负无穷大的。因此,$N_2O_4(g)$的解离会自发发生。$N_2O_4(g)$的分压减小,而 $NO_2(g)$的分压增大,直至达到平衡。平衡态由条件 $\Delta_r G=0$ 决定,此时,$Q_P=K_P$。因此,初始时 $\Delta_r G$ 是一个较大的负值,随着反应趋向平衡而逐渐增大到零。

应该指出,即使 $\Delta_r G<0$,反应也可能不会以可检测到的速率发生。例如,对反应

$$2H_2(g)+O_2(g) \rightleftharpoons 2H_2O(l)$$

在25 ℃时,该反应每生成1 mol的 $H_2O(l)$,其 $\Delta_r G^\circ$值为−237 kJ。因此,在1 bar和25 ℃条件下,$H_2O(l)$比 $H_2(g)$和$O_2(g)$的混合物要稳定得多。然而,$H_2(g)$和$O_2(g)$的混合物可以无限期地稳定存在。但如果将火花或催化剂引入这种混合物中,则反应会爆炸式地发生。这种现象有助于说明一个重要的观点:热力学中的"不"就确定是"不"。如果热力学说某个过程不会自发发生,那么它就不会自发发生。但是,热力学中的"是"实际上是"可能"。一个过程能自发发生,并不意味着它必然以可检测的速率发生。我们将在第28至31章中研究化学反应的速率。

26-7 平衡常数随温度的变化可用范托夫(van't Hoff)公式描述

我们可以用Gibbs-Helmholtz方程[式(22.61)],即

$$\left(\frac{\partial \Delta_r G^\circ/T}{\partial T}\right)_P = -\frac{\Delta H^\circ}{T^2} \tag{26.28}$$

来推导 $K_P(T)$ 的温度依赖关系式。将 $\Delta_r G^\circ(T) = -RT\ln K_P(T)$代入式(26.28)中,得到

$$\left[\frac{\partial \ln K_P(T)}{\partial T}\right]_P = \frac{\mathrm{d}\ln K_P(T)}{\mathrm{d}T} = \frac{\Delta_r H^\circ}{RT^2} \tag{26.29}$$

注意:若 $\Delta_r H^\circ>0$(吸热反应),则 $K_P(T)$随温度升高而增加;如果 $\Delta_r H^\circ<0$(放热反应),则 $K_P(T)$随温度升高而减小。这是Le Châtelier原理的另一个例子。

积分式(26.29)可得

$$\ln\frac{K_P(T_2)}{K_P(T_1)} = \int_{T_1}^{T_2}\frac{\Delta_r H^\circ(T)\,\mathrm{d}T}{RT^2} \tag{26.30}$$

如果温度范围足够小,以致可将 $\Delta_r H^\circ$看成一个常数,则上式可写为

$$\ln\frac{K_P(T_2)}{K_P(T_1)} = -\frac{\Delta_r H^\circ}{R}\left(\frac{1}{T_2}-\frac{1}{T_1}\right) \tag{26.31}$$

式(26.31)表明,在足够小的温度范围内,$\ln K_P(T)$与$1/T$的关系曲线应该是一条斜率为$-\Delta_r H^\circ/R$的直线。图26.3是反应 $H_2(g)+CO_2(g) \rightleftharpoons CO(g)+H_2O(g)$ 在600~900 ℃温区内的 $\ln K_P(T)-1/T$ 关系图。

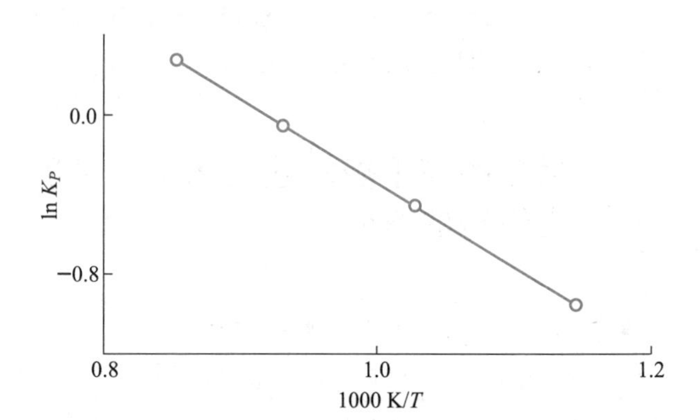

图26.3 反应 $H_2(g)+CO_2(g) \rightleftharpoons CO(g)+H_2O(g)$ 在600~900 ℃温区内的 $\ln K_P(T)-1/T$ 关系图。圆圈表示实验数据点。

» 例题 26-6 已知反应

$$PCl_3(g)+Cl_2(g) \rightleftharpoons PCl_5(g)$$

在500~700 K温区内 $\Delta_r H^\circ$的平均值为$-69.8\ \text{kJ}\cdot\text{mol}^{-1}$,500 K时的 $K_P=0.0408$,试计算700 K时的 K_P。

» 解 使用式(26.31),代入上述数据,得

$$\begin{aligned}\ln\frac{K_P}{0.0408} &= -\frac{-69.8\times10^3\ \text{J}\cdot\text{mol}^{-1}}{8.3145\ \text{J}\cdot\text{K}^{-1}\cdot\text{mol}^{-1}}\left(\frac{1}{700\ \text{K}}-\frac{1}{500\ \text{K}}\right) \\ &= -4.80\end{aligned}$$

或

$$K_P(T) = (0.0408)\mathrm{e}^{-4.80} = 3.36 \times 10^{-4}$$

注意：该反应是放热的，故 $K_P(T=700\ \mathrm{K})$ 小于 $K_P(T=500\ \mathrm{K})$。

在第 19-12 节中，我们讨论了 $\Delta_r H^\circ$ 随温度的变化。特别地，我们推导出了以下方程：

$$\Delta_r H^\circ(T_2) = \Delta_r H^\circ(T_1) + \int_{T_1}^{T_2} \Delta C_P^\circ(T)\,\mathrm{d}T \qquad (26.32)$$

式中 ΔC_P° 是生成物和反应物的热容之差。在温区内的实验热容数据通常以温度的多项式表示，在此情况下，$\Delta_r H^\circ(T)$ 可以表示为(参见例题 19-13)：

$$\Delta_r H^\circ(T) = \alpha + \beta T + \gamma T^2 + \delta T^3 + \cdots \qquad (26.33)$$

将 $\Delta_r H^\circ(T)$ 的这种形式代入式(26.29)中，并在等式两边进行不定积分，得到

$$\ln K_P(T) = -\frac{\alpha}{RT} + \frac{\beta}{R}\ln T + \frac{\gamma}{R}T + \frac{\delta}{2R}T^2 + A \qquad (26.34)$$

常数 α 到 δ 的数值可从式(26.33)中得知，A 是一积分常数，可以由某一特定温度下已知的 $K_P(T)$ 值来确定。我们也可以从已知对应的 $K_P(T)$ 的某个温度 T_1 到任意温度 T 的范围内对式(26.29)进行定积分，得到

$$\ln K_P(T) = \ln K_P(T_1) + \int_{T_1}^{T} \frac{\Delta_r H^\circ(T')\,\mathrm{d}T'}{RT'^2} \qquad (26.35)$$

式(26.34)和式(26.35)是式(26.31)的一般化，适用于 $\Delta_r H^\circ(T)$ 的温度依赖性不可忽略的情况。式(26.34)表明，如果 $\ln K_P(T)$ 对 $1/T$ 作图，其斜率不是定值，而是有轻微的曲率。图 26.4 显示了合成氨反应的 $\ln K_P(T)$ 与 $1/T$ 的关系。注意，其 $\ln K_P(T)$ 不随 $1/T$ 线性变化，这表明 $\Delta_r H^\circ(T)$ 与温度有关。

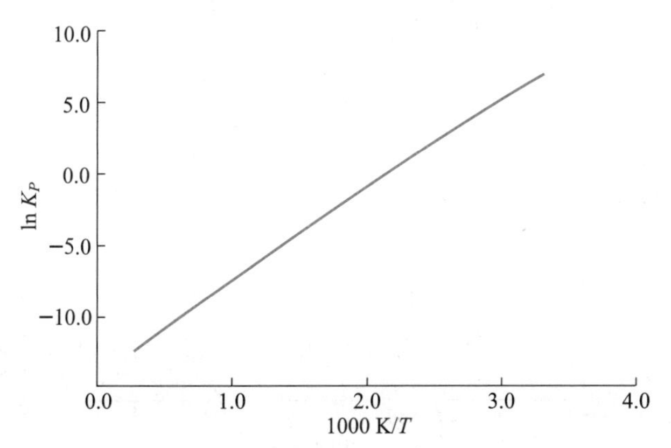

图 26.4　合成氨反应 $\frac{1}{2}N_2(g) + \frac{3}{2}H_2(g) \rightleftharpoons NH_3(g)$ 的 $\ln K_P(T)-1/T$ 关系图。

》例题 26-7　对反应

$$\frac{1}{2}N_2(g) + \frac{3}{2}H_2(g) \rightleftharpoons NH_3(g)$$

$N_2(g)$，$H_2(g)$ 和 $NH_3(g)$ 在 300~1500 K 温区内的摩尔热容可分别表示为

$$C_P^\circ[N_2(g)]/(\mathrm{J\cdot K^{-1}\cdot mol^{-1}}) = 24.98 + 5.912\times10^{-3}T - 0.3376\times10^{-6}T^2$$

$$C_P^\circ[H_2(g)]/(\mathrm{J\cdot K^{-1}\cdot mol^{-1}}) = 29.07 - 0.8368\times10^{-3}T + 2.012\times10^{-6}T^2$$

$$C_P^\circ[NH_3(g)]/(\mathrm{J\cdot K^{-1}\cdot mol^{-1}}) = 25.93 + 32.58\times10^{-3}T - 3.046\times10^{-6}T^2$$

已知 300 K 时 $\Delta_f H^\circ[NH_3(g)] = -46.11\ \mathrm{kJ\cdot mol^{-1}}$，725 K 时 $K_P = 6.55\times10^{-3}$。试推导出类似于式(26.34)形式的 $K_P(T)$ 随温度变化的通式。

》解　先利用式(26.32)：

$$\Delta_r H^\circ(T_2) = \Delta_r H^\circ(T_1) + \int_{T_1}^{T_2} \Delta C_P^\circ(T)\,\mathrm{d}T$$

其中 $T_1 = 300\ \mathrm{K}$，$\Delta_r H^\circ(T_1 = 300\ \mathrm{K}) = -46.11\ \mathrm{kJ\cdot mol^{-1}}$，且

$$\Delta C_P^\circ = \Delta C_P^\circ[NH_3(g)] - \frac{1}{2}\Delta C_P^\circ[N_2(g)] - \frac{3}{2}\Delta C_P^\circ[H_2(g)]$$

积分可得

$$\begin{aligned}
&\Delta_r H^\circ(T)/(\mathrm{J\cdot mol^{-1}})\\
&= -46.11\times10^3 + \int_{300\ \mathrm{K}}^{T} \Delta C_P^\circ(T)\,\mathrm{d}T\\
&= -46.11\times10^3 - 31.17(T-300) + \frac{30.88\times10^{-3}}{2}\times\\
&\quad [T^2 - (300)^2] - \frac{5.895\times10^{-6}}{3}[T^3 - (300)^3]
\end{aligned}$$

或

$$\Delta_r H^\circ(T)/(\mathrm{J\cdot mol^{-1}}) = -38.10\times10^3 - 31.17T + 15.44\times10^{-3}T^2 - 1.965\times10^{-6}T^3$$

将 $T_1 = 725\ \mathrm{K}$，$K_P(725\ \mathrm{K}) = 6.55\times10^{-3}$ 代入式(26.35)，得

$$\begin{aligned}
\ln K_P(T) &= \ln K_P(T=725\ \mathrm{K}) + \int_{725}^{T} \frac{\Delta_r H^\circ(T')}{RT'^2}\mathrm{d}T'\\
&= -5.028 + \frac{1}{R}\Bigg[+38.10\left(\frac{1}{T} - \frac{1}{725}\right) -\\
&\quad 31.17(\ln T - \ln 725) + 15.44\times10^{-3}(T-725) -\\
&\quad \frac{1.965\times10^{-6}}{3}(T^2 - 725^2)\Bigg]\\
&= 12.06 + \frac{4583}{T} - 3.749\ln T + 1.857\times10^{-3}T -\\
&\quad 0.118\times10^{-6}T^2
\end{aligned}$$

利用该式可以生成图 26.4。在 600 K 时，$\ln K_P=-3.21$，或 $K_P=0.040$，与实验值 0.041 非常吻合。

在第 23-4 节中，我们曾导出了 Clausius-Clapeyron 方程，即式(23.13)。将本节的结果与第 23-4 节的结果进行比较很有意思。可见，式(26.31)和式(23.13)本质上是相同的，因为液体的蒸发可以用下面的“化学方程”来表示：

$$X(l) \rightleftharpoons X(g)$$

26-8 配分函数可用来计算平衡常数

统计热力学在化学中的一个重要应用是用分子参数计算平衡常数。对于定温定容的反应容器中发生的均相气相化学反应

$$\nu_A A(g)+\nu_B B(g) \rightleftharpoons \nu_Y Y(g)+\nu_Z Z(g)$$

在此情况下，有[参见公式(23.26)]

$$dA=\mu_A dn_A+\mu_B dn_B+\mu_Y dn_Y+\mu_Z dn_Z \quad (定温定容)$$

而不是式(26.3)。然而，通过式(26.2)引入反应进度，会得到与第 26-1 节中相同的化学平衡条件：

$$\nu_Y\mu_Y+\nu_Z\mu_Z-\nu_A\mu_A-\nu_B\mu_B=0 \tag{26.36}$$

现在，我们通过化学势和配分函数之间的关系来引入统计热力学。在理想气体混合物中，各组分是相互独立的，所以混合物的配分函数是各组分配分函数的乘积。因此

$$\begin{aligned}&Q(N_A,N_B,N_Y,N_Z,V,T)\\&=Q(N_A,V,T)Q(N_B,V,T)Q(N_Y,V,T)Q(N_Z,V,T)\\&=\frac{q_A(V,T)^{N_A}}{N_A!}\frac{q_B(V,T)^{N_B}}{N_B!}\frac{q_Y(V,T)^{N_Y}}{N_Y!}\frac{q_Z(V,T)^{N_Z}}{N_Z!}\end{aligned}$$

每种物质的化学势由如下方程给出(习题 26-33)：

$$\mu_A=-RT\left(\frac{\partial \ln Q}{\partial N_A}\right)_{N_j,V,T}=-RT\ln\frac{q_A(V,T)}{N_A} \tag{26.37}$$

此处已使用 Stirling 近似式表示 $N_A!$。偏微分式的下标 N_j 表明其他物种的粒子数目是固定的。式(26.37)简单地说明，理想气体混合物中某一物种的化学势是在假定其他物种不存在的情况下计算的。当然，这是理想气体混合物的情况。

如果将式(26.37)代入式(26.36)，得到

$$\frac{N_Y^{\nu_Y}N_Z^{\nu_Z}}{N_A^{\nu_A}N_B^{\nu_B}}=\frac{q_Y^{\nu_Y}q_Z^{\nu_Z}}{q_A^{\nu_A}q_B^{\nu_B}} \tag{26.38}$$

对于理想气体，其分子配分函数具有 $f(T)V$ 的形式(第 18-6 节)。因此，q/V 只是温度的函数。如果将式(26.38)的等式两边都除以 V^{ν_j}，并用 ρ_j 表示数密度 N_j/V，可得

$$K_c(T)=\frac{\rho_Y^{\nu_Y}\rho_Z^{\nu_Z}}{\rho_A^{\nu_A}\rho_B^{\nu_B}}=\frac{(q_Y/V)^{\nu_Y}(q_Z/V)^{\nu_Z}}{(q_A/V)^{\nu_A}(q_B/V)^{\nu_B}} \tag{26.39}$$

可见，K_c 仅是温度的函数。回想一下，$K_P(T)$ 与 $K_c(T)$ 通过式(26.17)关联：

$$K_P(T)=\frac{P_Y^{\nu_Y}P_Z^{\nu_Z}}{P_A^{\nu_A}P_B^{\nu_B}}=K_c(T)\left(\frac{c^\circ RT}{P^\circ}\right)^{\nu_Y+\nu_Z-\nu_A-\nu_B}$$

利用式(26.17)、式(26.39)以及第 18 章的结果，我们可以通过分子参数来计算平衡常数。下面用例子来说明上述计算过程。

A. 涉及双原子分子的化学反应

我们来计算反应 $H_2(g)+I_2(g) \rightleftharpoons 2HI(g)$ 在 500~1000 K 温区内的平衡常数。该平衡常数可由下式给出：

$$K(T)=\frac{(q_{HI}/V)^2}{(q_{H_2}/V)(q_{I_2}/V)}=\frac{q_{HI}^2}{q_{H_2}/q_{I_2}} \tag{26.40}$$

若用式(18.39)来表示分子配分函数，则可得到

$$K(T)=\left(\frac{m_{HI}^2}{m_{H_2}m_{I_2}}\right)^{3/2}\frac{4\Theta_{rot}^{H_2}\Theta_{rot}^{I_2}}{(\Theta_{rot}^{HI})^2}\frac{(1-e^{-\Theta_{vib}^{H_2}/T})(1-e^{-\Theta_{vib}^{I_2}/T})}{(1-e^{-\Theta_{vib}^{HI}/T})^2}\times \exp\left(\frac{2D_0^{HI}-D_0^{H_2}-D_0^{I_2}}{RT}\right) \tag{26.41}$$

式中，我们已将式(18.39)中的 D_e 换成了 $D_0+h\nu/2$ (图 18.2)。表 18.2 给出了所有必需的参数。表 26.2 给出了 $K_P(T)$ 的数值，图 26.5 显示了 $\ln K$ 与 $1/T$ 的关系图。从图 26.5 中直线的斜率可得到 $\Delta_r\overline{H}=-12.9\ \text{kJ}\cdot\text{mol}^{-1}$，实验值则为 $-13.4\ \text{kJ}\cdot\text{mol}^{-1}$。该差异源自在这些温度下刚性转子-谐振子近似的不足。

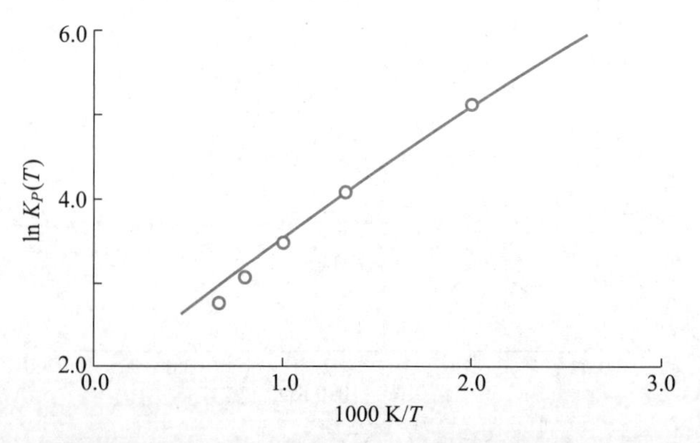

图 26.5 反应 $H_2(g)+I_2(g) \rightleftharpoons 2HI(g)$ 的平衡常数的对数与 $1/T$ 的关系图。圆圈为实验点，直线则由式(26.41)计算得到。

表 26.2　根据式(26.41)计算得到的反应 $H_2(g)+I_2(g) \rightleftharpoons 2HI(g)$ 的 $K_P(T)$ 值。

T/K	$K_P(T)$	$\ln K_P(T)$
500	138	4.92
750	51.1	3.93
1000	28.5	3.35
1250	19.1	2.95
1500	14.2	2.65

B. 涉及多原子分子的反应

以下列反应作为涉及多原子分子的反应的一个例子。

$$H_2(g)+\frac{1}{2}O_2(g) \rightleftharpoons H_2O(g)$$

其平衡常数由下式给出：

$$K_c(T)=\frac{(q_{H_2O}/V)}{(q_{H_2}/V)(q_{O_2}/V)^{1/2}} \tag{26.42}$$

分别计算每个配分函数几乎和先把它们代入 K_c 再计算一样地方便。表 18.2 和表 18.4 给出了必需的参数。在 1500 K 时，三个配分函数分别为[式(18.39)和式(18.60)]

$$\frac{q_{H_2}(T,V)}{V}=\left(\frac{2\pi m_{H_2}k_BT}{h^2}\right)^{3/2}\left(\frac{T}{2\Theta_{rot}^{H_2}}\right)(1-e^{-\Theta_{vib}^{H_2}/T})^{-1}e^{D_0^{H_2}/RT}$$
$$=2.80\times10^{32}e^{D_0^{H_2}/RT}\ m^{-3} \tag{26.43}$$

$$\frac{q_{O_2}(T,V)}{V}=\left(\frac{2\pi m_{O_2}k_BT}{h^2}\right)^{3/2}\left(\frac{T}{2\Theta_{rot}^{O_2}}\right)(1-e^{-\Theta_{vib}^{O_2}/T})^{-1}3e^{D_0^{O_2}/RT}$$
$$=2.79\times10^{36}e^{D_0^{O_2}/RT}\ m^{-3} \tag{26.44}$$

$$\frac{q_{H_2O}(T,V)}{V}=\left(\frac{2\pi m_{H_2O}k_BT}{h^2}\right)^{3/2}\frac{\pi^{1/2}}{\sigma}\left(\frac{T^3}{\Theta_{rot,A}^{H_2O}\Theta_{rot,B}^{H_2O}\Theta_{rot,C}^{H_2O}}\right)^{1/2}\cdot$$
$$\prod_{j=1}^{3}(1-e^{-\Theta_{vib,j}^{H_2O}/T})^{-1}e^{D_0^{H_2O}/RT}$$
$$=5.33\times10^{35}e^{D_0^{H_2O}/RT}\ m^{-3} \tag{26.45}$$

在 q_{O_2}/V 项中出现因子 3，因为 O_2 的基态是 $^3\Sigma_g^-$。

注意：上面每个 $q(T,V)/V$ 的单位都是 m^{-3}。这表明，在这种(分子)情况下，参考态是每立方米含有一分子的浓度，或者 c° = 一分子 · m^{-3}。利用表 18.2 和表 18.4 中的 D_0 值，得到 1500 K 时 K_c 值为 $K_c=2.34\times10^{-7}$。要转换成 K_P，K_c 要除以下面的数值：

$$\left(\frac{c^\circ RT}{N_AP^\circ}\right)^{1/2}=\left[\frac{(1\ m^{-3})(8.3145\ J\cdot mol^{-1}\cdot K^{-1})(1500\ K)}{(6.022\times10^{23}mol^{-1})(10^5\ Pa)}\right]^{1/2}$$
$$=4.55\times10^{-13}$$

基于 1 bar 的标准状态，得到 $K_P=5.14\times10^5$。

表 26.3 对比了 $\ln K_P$ 的计算值与实验值。虽然一致性已相当好，但通过使用更复杂的光谱模型，一致性还可以大大提高。在高温下，分子的转动能足够高，足以保证离心畸变效应和简单的刚性转子-谐振子近似的其他拓展有效。

表 26.3　反应 $H_2(g)+\frac{1}{2}O_2(g) \rightleftharpoons H_2O(g)$ 的平衡常数的对数。

T/K	$\ln K_P$(计算值)	$\ln K_P$(实验值)
1000	23.5	23.3
1500	13.1	13.2
2000	8.52	8.15

26-9　分子配分函数和相关热力学数据表

在前一节中，我们使用刚性转子-谐振子近似来计算平衡常数，且与实验结果相当吻合。由于模型简单，所涉及的计算量并不大。然而，如果要求更高的精度，就必须对刚性转子-谐振子模型进行修正，相应的计算变得越来越费力。因此，很自然地出现了一些配分函数的数据表，在本节中，我们将讨论这些数据表的使用。这些数据表实际上不仅仅包含配分函数的汇编，还包括许多热力学性质的实验测定值(以及相应的理论计算数据)。因此，在本节中，我们要讨论的热力学数据表代表了许多物质的热力学和/或统计热力学性质的一种集合。

含有最广泛的物质热力学性质的数据表之一是美国化学学会出版的《物理化学参考数据杂志》(*Journal of Physical Chemistry Reference Data*)(第 14 卷，增刊 1，1985 年)，通常称为 JANAF(陆军、海军、空军联合部队)表。其所列的每个物质都有大约一整页的热力学/光谱数据，表 26.4 是氨数据页的复印件。注意：热力学数据的第四列和第五列以 $-\{G^\circ-H^\circ(T_r)\}/T$ 和 $H^\circ-H^\circ(T_r)$ 为栏目名称。回想一下，能量的值必须相对于某个固定的参考点(例如，能量零点)。JANAF 表中使用的参考点是 298.15 K 时的标准摩尔焓。因此，$G^\circ(T)$ 和 $H^\circ(T)$ 是相对于该值得到的，正如 $-\{G^\circ(T)-H^\circ(298.15\ K)\}/T$ 和 $H^\circ(T)-H^\circ(298.15\ K)$ 栏目。表 26.4 给出了氨在若干温度下的 $-[G^\circ(T)-H^\circ(298.15\ K)]/T$。给出的是 $[G^\circ(T)-H^\circ(298.15\ K)]/T$ 值，而不是 $[G^\circ(T)-H^\circ(298.15\ K)]$，这是因为前者随温度变化更慢,因此该表更容易插补数据。如第二列和第三列的名称所示,没有必要指定热容或熵的参考点。第六列和第七列给出了不同温度下 $\Delta_f H^\circ$ 和 $\Delta_f G^\circ$ 的数据。我们在第 26-3 节中了解到,这些数据可以用来计算 $\Delta_r H^\circ$,$\Delta_r G^\circ$ 以及反应的平衡常数。

由于表 26.4 中 $G^\circ(T)$ 和 $H^\circ(T)$ 是相对于 $H^\circ(298.15\text{ K})$ 给出的,所以我们必须相对于能量零点来表示分子配分函数 $q(V,T)$。回想一下,在第 23-5 节中,我们将 $q(V,T)$ 写成

$$\begin{aligned}q(V,T)&=\sum_j e^{-\varepsilon_j/k_BT}=e^{-\varepsilon_0/k_BT}+e^{-\varepsilon_1/k_BT}+\cdots\\&=e^{-\varepsilon_0/k_BT}[1+e^{-(\varepsilon_1-\varepsilon_0)/k_BT}+\cdots]\\&=e^{-\varepsilon_0/k_BT}q^0(V,T)\end{aligned}\tag{26.46}$$

式中 $q^0(V,T)$ 是取基态能量为零时的分子配分函数。将式(26.46)代入式(17.41),得

$$\begin{aligned}U=\langle E\rangle&=Nk_BT^2\left(\frac{\partial\ln q}{\partial T}\right)_V\\&=N\varepsilon_0+Nk_BT^2\left(\frac{\partial\ln q^0}{\partial T}\right)_V\end{aligned}\tag{26.47}$$

对于 1 mol 理想气体,$\overline{H}=H^\circ(T)=\overline{U}+P\overline{V}=\overline{U}+RT$,则式(26.47)变为

$$H^\circ(T)=H_0^\circ+RT^2\left(\frac{\partial\ln q^0}{\partial T}\right)_V+RT\tag{26.48}$$

式中 $H_0^\circ=N_A\varepsilon_0$。因为 $q^0(V,T)$ 是基态能量为零时的分子配分函数,所以 $q^0(V,T)$ 可由式(18.57)或式(18.60)给出,这时没有代表分子基态的因子 $e^{-\Theta_{vib,j}/2T}$ 和 e^{D_e/k_BT}。使用式(18.57)或式(18.60),则式(26.48)变为

$$\begin{aligned}H^\circ(T)-H_0^\circ&=\frac{3}{2}RT+\frac{2}{2}RT+\sum_j\frac{R\Theta_{vib,j}}{e^{\Theta_{vib,j}/T}-1}+RT\\&=\frac{7}{2}RT+\sum_j\frac{R\Theta_{vib,j}}{e^{\Theta_{vib,j}/T}-1}\quad(\text{线形分子})\end{aligned}\tag{26.49a}$$

或

$$\begin{aligned}H^\circ(T)-H_0^\circ&=\frac{3}{2}RT+\frac{3}{2}RT+\sum_j\frac{R\Theta_{vib,j}}{e^{\Theta_{vib,j}/T}-1}+RT\\&=4RT+\sum_j\frac{R\Theta_{vib,j}}{e^{\Theta_{vib,j}/T}-1}\quad(\text{非线形分子})\end{aligned}\tag{26.49b}$$

注意:与式(18.58)和(18.61)不同,式(26.49)中没有涉及 $\Theta_{vib,j}/2T$ 或 D_e/k_BT 的项,这是因为我们已选取基态振动能为零。

我们可以使用式(26.49b)和表 18.4 中的参数来计算氨的 $H^\circ(298.15\text{ K})-H_0^\circ$:

$$\begin{aligned}H^\circ(298.15\text{ K})-H_0^\circ&=4(8.3145\text{ J}\cdot\text{mol}^{-1}\cdot\text{K}^{-1})(298.15\text{ K})+\\&(8.3145\text{ J}\cdot\text{mol}^{-1}\cdot\text{K}^{-1})\left[\frac{4800\text{ K}}{e^{4800/298.15}-1}+\right.\\&\left.\frac{1360\text{ K}}{e^{1360/298.15}-1}+\frac{(2)(4880\text{ K})}{e^{4880/298.15}-1}+\frac{(2)(2330\text{ K})}{e^{2330/298.15}-1}\right]\\&=10.05\text{ kJ}\cdot\text{mol}^{-1}\end{aligned}$$

表 26.4 中第五列的第一个值是 $-10.045\text{ kJ}\cdot\text{mol}^{-1}$。这个值表示 $H^\circ(0\text{ K})-H^\circ(298.15\text{ K})$,也就是我们刚才计算得到的 $H^\circ(298.15\text{ K})-H^\circ(0\text{ K})$ 的负值,因为 $H_0^\circ=H^\circ(0\text{ K})$。因此,式(26.49b)的计算值与表 26.4 中的数值非常吻合。

» 例题 26-8 利用式(26.49b)和表 18.4 中的参数,计算 $NH_3(g)$ 在 1000 K 和 1 bar 下的 $H^\circ(T)-H_0^\circ$,并与表 26.4 中的数据进行比较。

» 解 根据式(26.49b),可得

$$H^\circ(1000\text{ K})-H_0^\circ=42.290\text{ kJ}\cdot\text{mol}^{-1}$$

表 26.4 中给出的数据为

$$\begin{aligned}H_0^\circ-H^\circ(298.15\text{ K})&=H_0^\circ(0\text{ K})-H^\circ(298.15\text{ K})\\&=-10.045\text{ kJ}\cdot\text{mol}^{-1}\end{aligned}\tag{1}$$

和

$$H^\circ(1000\text{ K})-H^\circ(298.15\text{ K})=32.637\text{ kJ}\cdot\text{mol}^{-1}\tag{2}$$

式(2)减去式(1),可得

$$H^\circ(1000\text{ K})-H_0^\circ=42.682\text{ kJ}\cdot\text{mol}^{-1}$$

由表 26.4 得到的数值比由式(26.49b)计算得到的数值更精确。在 1000 K 时,氨分子被充分激发,足以使刚性转子-谐振子近似开始变得不能令人满意。

我们也可以利用表 26.4 中的数据计算氨的 $q^0(V,T)$ 值。回顾第 23-5 节,我们曾推导出了式(23.36),即

$$\mu^\circ(T)-E_0^\circ=-RT\ln\left[\left(\frac{q^0}{V}\right)\frac{RT}{N_AP^\circ}\right]\tag{26.50}$$

式中 $E_0^\circ=N_A\varepsilon_0=H_0^\circ$,$P^\circ=1\text{ bar}=10^5\text{ Pa}$。式(26.50)只对理想气体有效,且对理想气体而言,$q(V,T)/V$ 或 $q^0(V,T)/V$ 只是温度的函数。式(26.50)清楚地表明,化学势是相对于某一能量零点来计算的。

因为对纯物质,有 $G^\circ=\mu^\circ$,则式(26.50)可写为

$$G^\circ-H_0^\circ=-RT\ln\left[\left(\frac{q^0}{V}\right)\frac{RT}{N_AP^\circ}\right]\tag{26.51}$$

很容易证明,当 $T\to0$ 时,$G^\circ\to H_0^\circ$(因为当 $T\to0$ 时,$T\ln T\to0$)。所以,H_0° 也是 0 K 时的标准吉布斯能。

表 26.4　JANAF 表中 $NH_3(g)$ 数据页的复印件。

JANAF THERMOCHEMICAL TABLES　1293

AMMONIA (NH_3)　　IDEAL GAS　　M_r = 17.03052

$\Delta_f H°(0\ K)$ = -38.907 ± 0.4 kJ mol^{-1}

$S°(298.15\ K)$ = 192.774 ± 0.025 J K^{-1} mol^{-1}　　$\Delta_f H°(298.15\ K)$ = -45.898 ± 0.4 kJ mol^{-1}

Vibrational Frequencies and Degeneracies

ν, cm^{-1}	ν, cm^{-1}	ν, cm^{-1}	ν, cm^{-1}
3506(1)	1022(1)	3577(2)	1691(2)

Ground State Quantum Weight: 1　　σ(internal) = 2

Point Group: C_{3v}　　σ(external) = 3

Bond Length: N-H = 1.0124 Å

Bond Angle: 106.67°

Product of the Moments of Inertia: $I_A I_B I_C = 0.0348 \times 10^{-117}\ g^3\ cm^6$

Enthalpy of Formation

2nd and 3rd law analyses of equilibrium data for the reaction $1/2N_2(g)+3/2H_2(g) = NH_3(g)$ cited in the previous JANAF evaluation (1) plus more recent work of Schulz and Schaefer (6) were made using the revised thermal functions for $NH_3(g)$. All of the previously cited work in reaction calorimetry plus the early work of Berthelot (7, 8) and Thomsen (9) were reevaluated. No significant differences in the 3rd law calculations of the equilibrium data or in the corrections to the flow calorimetry data of Haber and Tamaru (12) and Wittig and Schmatz (13) were found. Thus, the 0.1 kcal discrepancy between the results of the equilibrium and reaction calorimetry measurements remains unresolved. The previous JANAF selection (1) for $\Delta_f H°(298.15\ K)$ of $NH_3(g)$ was adopted. A recent evaluation (14) which includes new indirect calorimetry (unpublished) further confirms this selection.

Source	Method	$\Delta_f H°(298.15\ K)$ kcal mol^{-1}	$\Delta_f H°(298.15\ K)$ kcal mol^{-1}*	$\Delta S°$(obs.-calc. 298.15 K)* cal K^{-1} mol^{-1}
Larson, Dodge (2)	$K_p°(4)$ from $K_p°$(10-1,000 atm, 600-800 K)	-10.88	-10.70±0.11	+0.24±0.15[a]
Haber et al. (3)	$K_p°(4)$ from $K_p°$(30 atm, 800-1200 K)	-10.86	-10.88±0.15	-0.02±0.15[b]
Haber, Maschke (5)	$K_p°$(1 atm, 900-1400 K)	-10.85	-10.62±0.22	0.20±0.19[c]
Schulz, Schaefer (6)	$K_p°$(1 atm, 567-673 K)	-10.87	-10.78±0.20	0.14±0.3[d]
Berthelot (7)	Indirect; Reaction of $Br_2(aq)$ and $NH_3(aq)$	-11.4		
Berthelot (8)	Indirect; Reaction of $O_2(g)$ with $NH_3(g)$	-12.1		
Thomsen (9)	Indirect; Reaction of $O_2(g)$ with $NH_3(g)$	-11.9		
Becker, Roth (10)	Indirect; Heat of combustion oxalates	-11.00±0.15		
Haber et al. (11)	Flow calorimetry at 298 K	-11.10±0.05		
Haber, Tamaru (12)	Flow calorimetry (739-932 K)	-10.97±0.008		
Wittig, Schmatz (13)	Flow calorimetry at 832 K	-10.99±0.05		

*2nd law analysis assuming $\Delta C_p°$(cal K^{-1} mol^{-1}) equals (a) -3.872+0.00591(T-700), (b) -1.236+0.00404(T-1000), (c) -0.855+0.00305(T-1100), (d) 3.287+0.00651(T-600).

Heat Capacity and Entropy

The thermodynamic functions differ from those of the 1965 JANAF table (1) in being taken directly form the later and more complete work of Haar (15). Haar treated in detail the contribution of the highly anharmonic out-of-plane vibrational mode, including its large coupling with rotation and its coupling with the other vibrational modes. Haar's values of $C_p°$ pass through a shallow maximum between 4000 and 5000 K; they were extrapolated from 5000 to 6000 K by assuming a constant value (19.300 cal K^{-1} mol^{-1}). A summary of Haar's estimated uncertainties and of the differences of the 1965 table from the present table (in cal K^{-1} mol^{-1}) is as follows:

	Uncertainties (Haar, 15)		1965 Table minus This Table	
T, K	$C_p°$	S°	$C_p°$	S°
1000	0.006	0.006	-0.034	-0.033
3000	0.10	0.06	+0.142	-0.122
5000	0.6	0.04	+1.775	+0.265

The National Bureau of Standards prepared this table (16) by critical analysis of data existing in 1972. Using the results of Haar (15) and $\Delta_f H°$ selected by NBS (16), we recalculate the table in terms of R=1.987192 cal K^{-1} mol^{-1} (17) and current JANAF reference states for the elements.

References

1. JANAF Thermochemical Tables, 2nd ed., NSRDS-NBS 37, 1971.
2. A. T. Larson and R. L. Dodge, J. Amer. Chem. Soc. 45, 2918 (1923).
3. F. Haber, S. Tamaru, and Ch. Ponnaz, Z. Elektrochem. 21, 89 (1914).
4. C. C. Stephenson and H. O. McMahan, J. Amer. Chem. Soc. 61, 437 (1939).
5. F. Haber and A. Maschke, Z. Electrochem. 21, 128 (1915).
6. G. Schulz and H. Schaefer, Ber. Bunsenges. Physik. Chem. 70, 21 (1966).
7. M. Berthelot, Compt. Rend. 89, 877 (1879); Ann. Chim. Phys. [5] 20, 247 (1880).
8. M. Berthelot, Ann. Chim. Phys. [5] 30, 244 (1880).
9. J. Thomsen, "Thermochemical Investigations," Vol. II, p. 68, Johann A. Barth, Leipzig, 1882.
10. G. Becker and W. A. Rogh, Z. Elektrochem. 40, 836 (1934).
11. F. Haber, S. Tamaru, and L. W. Oeholm, Z. Elektrochem. 21, 206 (1915).
12. F. Haber and S. Tamaru, Z. Elektrochem. 21, 191 (1915).
13. F. E. Wittig and W. Schmatz, Z. Elektrochem. 63, 475 (1959).
14. W. H. Evans, Personal Communication, U. S. Nat. Bur. Stand, July 1972; evaluation of ICSU-CODATA Task Group on Key Values for Thermodynamics, June (1973).
15. L. Haar, J. Res. Nat. Bur. Stand. 72A, 207 (1968).
16. S. Abramowitz et al., U. S. Nat. Bur. Stand., Rept. 10904, 239, July, 1972.
17. CODATA Task Group on Fundamental Constants, CODATA Bulletin 11, December, 1973.

Ammonia (NH_3)　　$H_3N_1(g)$

Enthalpy Reference Temperature = T_r = 298.15 K　　Standard State Pressure = p° = 0.1 MPa

T/K	$C_p°$ (J K^{-1} mol^{-1})	S° (J K^{-1} mol^{-1})	$-[G°-H°(T_r)]/T$ (J K^{-1} mol^{-1})	$H°-H°(T_r)$ (kJ mol^{-1})	$\Delta_f H°$ (kJ mol^{-1})	$\Delta_f G°$ (kJ mol^{-1})	Log K_f
0	0.	0.	INFINITE	-10.045	-38.907	-38.907	INFINITE
100	33.284	155.840	223.211	-6.737	-41.550	-34.034	17.777
200	33.757	178.990	195.962	-3.394	-43.703	-25.679	6.707
298.15	35.652	192.774	192.774	0.	-45.898	-16.367	2.867
300	35.701	192.995	192.775	0.066	-45.939	-16.183	2.818
400	38.716	203.663	194.209	3.781	-48.041	-5.941	0.776
500	42.048	212.659	197.021	7.819	-49.857	4.800	-0.501
600	45.293	220.615	200.302	12.188	-51.374	15.879	-1.382
700	48.354	227.829	203.727	16.872	-52.618	27.190	-2.029
800	51.235	234.476	207.160	21.853	-53.621	38.662	-2.524
900	53.948	240.669	210.543	27.113	-54.411	50.247	-2.916
1000	56.491	246.486	213.849	32.637	-55.013	61.910	-3.234
1100	58.859	251.983	217.069	38.406	-55.451	73.625	-3.496
1200	61.048	257.199	220.197	44.402	-55.746	85.373	-3.716
1300	63.057	262.166	223.236	50.609	-55.917	97.141	-3.903
1400	64.893	266.907	226.187	57.008	-55.982	108.918	-4.064
1500	66.564	271.442	229.054	63.582	-55.954	120.696	-4.203
1600	68.079	275.788	231.840	70.315	-55.847	132.469	-4.325
1700	69.452	279.957	234.549	77.193	-55.672	144.234	-4.432
1800	70.695	283.962	237.184	84.201	-55.439	155.986	-4.527
1900	71.818	287.815	239.748	91.328	-55.157	167.725	-4.611
2000	72.833	291.525	242.244	98.561	-54.833	179.447	-4.687
2100	73.751	295.101	244.677	105.891	-54.473	191.152	-4.755
2200	74.581	298.552	247.048	113.309	-54.084	202.840	-4.816
2300	75.330	301.884	249.360	120.805	-53.671	214.509	-4.872
2400	76.009	305.104	251.616	128.372	-53.238	226.160	-4.922
2500	76.626	308.220	253.818	136.005	-52.789	237.792	-4.968
2600	77.174	311.236	255.969	143.695	-52.329	249.406	-5.011
2700	77.672	314.158	258.070	151.438	-51.860	261.003	-5.049
2800	78.132	316.991	260.124	159.228	-51.386	272.581	-5.085
2900	78.529	319.740	262.132	167.062	-50.909	284.143	-5.118
3000	78.902	322.409	264.097	174.933	-50.433	295.689	-5.148
3100	79.228	325.001	266.020	182.840	-49.959	307.218	-5.177
3200	79.521	327.521	267.903	190.778	-49.491	318.733	-5.203
3300	79.785	329.972	269.747	198.744	-49.030	330.233	-5.227
3400	80.011	332.358	271.554	206.734	-48.578	341.719	-5.250
3500	80.216	334.680	273.324	214.745	-48.139	353.191	-5.271
3600	80.400	336.942	275.060	222.776	-47.713	364.652	-5.291
3700	80.550	339.147	276.763	230.824	-47.302	376.101	-5.310
3800	80.684	341.297	278.433	238.886	-46.908	387.539	-5.327
3900	80.793	343.395	280.072	246.960	-46.534	398.967	-5.344
4000	80.881	345.441	281.680	255.043	-46.180	410.385	-5.359
4100	80.956	347.439	283.260	263.136	-45.847	421.795	-5.374
4200	81.006	349.391	284.811	271.234	-45.539	433.198	-5.388
4300	81.048	351.297	286.335	279.337	-45.254	444.593	-5.401
4400	81.065	353.161	287.833	287.442	-44.996	455.981	-5.413
4500	81.073	354.983	289.305	295.550	-44.764	467.364	-5.425
4600	81.057	356.765	290.752	303.656	-44.561	478.743	-5.436
4700	81.032	358.508	292.175	311.761	-44.387	490.117	-5.447
4800	80.990	360.213	293.575	319.862	-44.242	501.488	-5.457
4900	80.931	361.882	294.952	327.958	-44.129	512.856	-5.467
5000	80.856	363.517	296.307	336.048	-44.047	524.223	-5.477
5100	80.751	365.117	297.641	344.127	-43.999	535.587	-5.486
5200	80.751	366.685	298.954	352.202	-43.979	546.951	-5.494
5300	80.751	368.223	300.246	360.277	-43.982	558.315	-5.503
5400	80.751	369.732	301.519	368.352	-44.006	569.680	-5.511
5500	80.751	371.214	302.773	376.428	-44.049	581.044	-5.518
5600	80.751	372.669	304.008	384.503	-44.112	592.410	-5.526
5700	80.751	374.098	305.225	392.578	-44.193	603.778	-5.533
5800	80.751	375.503	306.425	400.653	-44.291	615.147	-5.540
5900	80.751	376.883	307.607	408.728	-44.404	626.516	-5.547
6000	80.751	378.240	308.773	416.803	-44.531	637.889	-5.553

PREVIOUS: June 1977 (1 atm)　　CURRENT: June 1977 (1 bar)

Ammonia (NH_3)　　$H_3N_1(g)$

J. Phys. Chem. Ref. Data, Vol. 14, Suppl. 1, 1985

根据式(26.51),有

$$\frac{q^0}{V}\frac{RT}{N_A P^\circ}=e^{-(G^\circ-H_0^\circ)/RT}$$

或

$$\frac{q^0(T,V)}{V}=\frac{N_A P^\circ}{RT}e^{-(G^\circ-H_0^\circ)/RT} \qquad (26.52a)$$

式中 $P^\circ=10^5$ Pa。表 26.4 中第四列给出的是 $-[G^\circ(T)-H^\circ(298.15\text{ K})]/T$,而不是 $-(G^\circ-H_0^\circ)/T$,但第五列第一项给出的是 $H_0^\circ-H^\circ(298.15\text{ K})$。因此,式(26.52a)中的指数项可由下式得到:

$$-\frac{G^\circ-H_0^\circ}{T}=-\frac{G^\circ-H^\circ(298.15\text{ K})}{T}+\frac{H_0^\circ-H^\circ(298.15\text{ K})}{T}$$

式(26.52a)中的指数　　表 26.4 中的第四列　　表 26.4 中第五列第一项除以 T

(26.52b)

让我们用式(26.52)来计算氨在500 K 时的 $q^0(V,T)$。将表 26.4 中的数据代入式(26.52b),得

$$-\frac{G^\circ-H_0^\circ}{500\text{ K}}=197.021\text{ J}\cdot\text{K}^{-1}\cdot\text{mol}^{-1}+\frac{-10.045\text{ kJ}\cdot\text{mol}^{-1}}{500\text{ K}}$$

$$=176.931\text{ J}\cdot\text{K}^{-1}\cdot\text{mol}^{-1}$$

如果将该值代入式(26.52a)中,可得

$$\frac{q^0(V,T)}{V}$$

$$=\frac{(6.022\times10^{23}\text{mol}^{-1})(10^5\text{ Pa})}{(8.314\text{ J}\cdot\text{K}^{-1}\cdot\text{mol}^{-1})(500\text{ K})}e^{(176.931\text{ J}\cdot\text{K}^{-1}\cdot\text{mol}^{-1})/(8.314\text{ J}\cdot\text{K}^{-1}\cdot\text{mol}^{-1})}$$

$$=2.53\times10^{34}\text{ m}^{-3}$$

式(18.60)给出的结果(习题 26-48)为

$$\frac{q^0(V,T)}{V}=2.59\times10^{34}\text{ m}^{-3}$$

式(26.52)给出的值更准确,因为式(18.60)是基于刚性转子-谐振子近似的。

» 例题 26-9　JANAF 表给出 1500 K 时,$O_2(g)$ 的 $-[G^\circ-H^\circ(298.15\text{ K})]/T=231.002\text{ J}\cdot\text{mol}^{-1}\cdot\text{K}^{-1}$,$H_0^\circ-H^\circ(298.15\text{ K})=-8.683\text{ kJ}\cdot\text{mol}^{-1}$。使用这些数据和式(26.52),计算 1500 K 时 $O_2(g)$ 的 $q^0(V,T)/V$。

» 解　由式(26.52b)可得

$$-\frac{G^\circ-H_0^\circ}{T}=231.002\text{ J}\cdot\text{K}^{-1}\cdot\text{mol}^{-1}+\frac{-8.683\text{ kJ}\cdot\text{mol}^{-1}}{1500\text{ K}}$$

$$=225.093\text{ J}\cdot\text{K}^{-1}\cdot\text{mol}^{-1}$$

由式(26.52a)可得

$$\frac{q^0(V,T)}{V}$$

$$=\frac{(6.022\times10^{23}\text{mol}^{-1})(10^5\text{ Pa})}{(8.314\text{ J}\cdot\text{K}^{-1}\cdot\text{mol}^{-1})(1500\text{ K})}e^{(225.093\text{ J}\cdot\text{K}^{-1}\cdot\text{mol}^{-1})/(8.314\text{ J}\cdot\text{K}^{-1}\cdot\text{mol}^{-1})}$$

$$=2.76\times10^{36}\text{ m}^{-3}$$

在前面章节中的计算值为 $2.79\times10^{36}\text{ m}^{-3}$。

最后,JANAF 表中的热力学数据也可以用来计算分子的 D_0 值。表 26.4 给出了 $NH_3(g)$ 的 $\Delta_f H^\circ(0\text{ K})=-38.907\text{ kJ}\cdot\text{mol}^{-1}$。表示这一过程的热化学方程式为

$$\frac{1}{2}N_2(g)+\frac{3}{2}H_2(g)\rightleftharpoons NH_3(g)$$

$$\Delta_f H^\circ(0\text{ K})=-38.907\text{ kJ}\cdot\text{mol}^{-1} \qquad (1)$$

JANAF 表中 H(g) 和 N(g) 的 $\Delta_f H^\circ(0\text{ K})$ 值分别为 $216.035\text{ kJ}\cdot\text{mol}^{-1}$ 和 $470.82\text{ kJ}\cdot\text{mol}^{-1}$。这些值对应于以下热化学方程式:

$$\frac{1}{2}H_2(g)\rightleftharpoons H(g)\qquad \Delta_f H^\circ(0\text{ K})=216.035\text{ kJ}\cdot\text{mol}^{-1} \qquad (2)$$

$$\frac{1}{2}N_2(g)\rightleftharpoons N(g)\qquad \Delta_f H^\circ(0\text{ K})=470.82\text{ kJ}\cdot\text{mol}^{-1} \qquad (3)$$

式(3)+3×式(2)-式(1),得到

$$NH_3(g)\rightleftharpoons N(g)+3H(g)$$

$$\Delta_f H^\circ(0\text{ K})=38.907\text{ kJ}\cdot\text{mol}^{-1}+(3)(216.035\text{ kJ}\cdot\text{mol}^{-1})+470.82\text{ kJ}\cdot\text{mol}^{-1}$$

$$=1157.83\text{ kJ}\cdot\text{mol}^{-1}$$

表 18.4 中给出的该值为 $1158\text{ kJ}\cdot\text{mol}^{-1}$。

» 例题 26-10　JANAF 表给出了 HI(g),H(g) 和 I(g) 的 $\Delta_f H^\circ(0\text{ K})$ 值分别为 $28.535\text{ kJ}\cdot\text{mol}^{-1}$,$216.035\text{ kJ}\cdot\text{mol}^{-1}$ 和 $107.16\text{ kJ}\cdot\text{mol}^{-1}$。试计算 HI(g) 的 D_0 值。

» 解　上述数据可表示为

$$\frac{1}{2}H_2(g)+\frac{1}{2}I_2(g)\rightleftharpoons HI(g)$$

$$\Delta_f H^\circ(0\text{ K})=28.535\text{ kJ}\cdot\text{mol}^{-1} \qquad (1)$$

$$\frac{1}{2}H_2(g)\rightleftharpoons H(g)$$

$$\Delta_f H^\circ(0\text{ K})=216.035\text{ kJ}\cdot\text{mol}^{-1} \qquad (2)$$

$$\frac{1}{2}I_2(g)\rightleftharpoons I(g)$$

$$\Delta_f H^\circ(0\text{ K})=107.16\text{ kJ}\cdot\text{mol}^{-1} \qquad (3)$$

式(2)+式(3)-式(1),得到

$$HI(g) \rightleftharpoons H(g) + I(g)$$

$$\Delta_f H^\circ(0\ K) = 294.66\ kJ \cdot mol^{-1}$$

在表 18.2 中该值为 294.7 kJ · mol^{-1}。

热力学表包含大量热力学和/或统计热力学数据。使用这些数据需要一点练习，但值得付出努力。习题 26-45 至习题 26-58 旨在提供这种练习。

26-10 用分逸度表示实际气体的平衡常数

本节之前，本章我们只讨论了理想气体系统中的平衡。在本节中，将讨论非理想气体系统中的平衡。在第 22-8 节中，曾通过下式介绍了逸度的概念：

$$\mu(T,P) = \mu^\circ(T) + RT\ln\frac{f}{f^\circ} \qquad (26.53)$$

式中 $\mu^\circ(T)$ 是相应的理想气体在 1 bar 时的化学势。为了简化表示，在本章的其余部分将不显示 f°，这样，将式(26.53)写为以下形式：

$$\mu(T,P) = \mu^\circ(T) + RT\ln f \qquad (26.54)$$

因此，使用中必须记住，f 是相对于它的标准状态来取值的。在气体的混合物中，有

$$\mu_j(T,P) = \mu_j^\circ(T) + RT\ln f_j \qquad (26.55)$$

由于在非理想气体混合物中的分子不是相互独立的，所以每种气体的分逸度通常取决于混合物中其他所有气体的浓度。

对于一般的气相反应

$$\nu_A A(g) + \nu_B B(g) \rightleftharpoons \nu_Y Y(g) + \nu_Z Z(g)$$

将任意分压下的反应物转化为任意分压下的生成物时，吉布斯能的变化值是

$$\Delta_r G = \nu_Y \mu_Y + \nu_Z \mu_Z - \nu_A \mu_A - \nu_B \mu_B$$

若将式(26.55)代入上式，则得到

$$\Delta_r G = \Delta_r G^\circ + RT\ln\frac{f_Y^{\nu_Y} f_Z^{\nu_Z}}{f_A^{\nu_A} f_B^{\nu_B}} \qquad (26.56)$$

式中

$$\Delta_r G^\circ = \nu_Y \mu_Y^\circ + \nu_Z \mu_Z^\circ - \nu_A \mu_A^\circ - \nu_B \mu_B^\circ$$

注意：式(26.56)是式(26.24)对非理想气体系统的一般化。须知此时的逸度值是任意的，不一定是平衡值。如果反应系统处于平衡状态，则 $\Delta_r G = 0$，所有的逸度都取其平衡值，则式(26.56)变为

$$\Delta_r G^\circ(T) = -RT\ln K_f \qquad (26.57)$$

式中平衡常数 K_f 由下式给出：

$$K_f(T) = \left(\frac{f_Y^{\nu_Y} f_Z^{\nu_Z}}{f_A^{\nu_A} f_B^{\nu_B}}\right)_{eq} \qquad (26.58)$$

再次提醒，如式(26.57)所示，平衡常数仅是温度的函数。

式(26.57)定义的平衡常数称为**热力学平衡常数**(thermodynamic equilibrium constant)。式(26.57)将 K_f 与 $\Delta_r G^\circ$ 联系起来，该公式是严谨的，对真实气体和理想气体都有效。在低压下，可以用分压代替分逸度得到 K_P，但是这种近似在高压下会失效。基于状态方程数据计算分逸度的公式是第 22-8 节中计算纯气体逸度公式的拓展。为了得到式(26.58)中使用的分逸度，需要很多的反应气体混合物的压力-体积数据。对于重要的工业反应

$$\frac{1}{2}N_2(g) + \frac{3}{2}H_2(g) \rightleftharpoons NH_3(g)$$

这些数据是很容易获得的。表 26.5 显示 K_P 和 K_f 都是反应混合物总压的函数。注意，K_P 不是恒定的，但是随着总压力增加，K_f 却是相当恒定的。表 26.5 所示的结果强调，在处理高压系统时，必须使用逸度而不是压力。

表 26.5 450 ℃时合成氨反应的 K_P 和 K_f 与总压的关系。

总压/bar	$K_P/10^{-3}$	$K_f/10^{-3}$
10	6.59	6.55
30	6.76	6.59
50	6.90	6.50
100	7.25	6.36
300	8.84	6.08
600	12.94	6.42

» 例题 26-11 平衡常数 K_P 和 K_f 可以用一个量 K_γ 联系起来，使得 $K_f = K_P K_\gamma$，而 K_γ 具有平衡常数的形式，但涉及活度系数 γ_j。试先推导出 K_γ 的表达式，再在表 26.5 中给出的各种压力下求该值。

» 解　压力与逸度的关系可表示为

$$f_j = \gamma_j P_j$$

若将该表达式代入式(26.58)，可得

$$K_f = \frac{(\gamma_Y^{\nu_Y} P_Y^{\nu_Y})(\gamma_Z^{\nu_Z} P_Z^{\nu_Z})}{(\gamma_A^{\nu_A} P_A^{\nu_A})(\gamma_B^{\nu_B} P_B^{\nu_B})}$$

$$= \left(\frac{\gamma_Y^{\nu_Y}\gamma_Z^{\nu_Z}}{\gamma_A^{\nu_A}\gamma_B^{\nu_B}}\right)\left(\frac{P_Y^{\nu_Y}P_Z^{\nu_Z}}{P_A^{\nu_A}P_B^{\nu_B}}\right) = K_\gamma \cdot K_P$$

式中已使用标准状态为 $f^\circ = P^\circ = 1$ bar。使用表 26.5 中的数据，可得

P/bar	10	30	50	100	300	600
K_γ	0.994	0.975	0.942	0.877	0.688	0.496

K_γ 偏离 1 的程度是系统非理想程度的一种量度。

26-11 用活度表示热力学平衡常数

在前一节中，我们讨论了由实际气体组成的反应系统的平衡条件。核心结果是引入了 K_f，其中平衡常数用分逸度表示。在本节中，我们将导出由气体、固体、液体和/或溶液组成的一般平衡系统的一个类似表达式。推导的起点是式(24.35)，可写成

$$\mu_j = \mu_j^\circ(T) + RT\ln a_j \tag{26.59}$$

式中 a_j 是物种 j 的活度，μ_j° 是标准状态的化学势。该方程本质上定义了活度 a_j。回想一下，我们在第 24 章和第 25 章讨论了两种不同的标准状态：一种是 Raoult 定律标准状态，其中当 $x_j \to 1$ 时 $a_j \to x_j$，在这种情况下 $\mu_j^\circ = \mu_j^*$，即纯物质 j 的化学势；另一种是 Henry 定律标准状态，其中当 $m_j \to 0$ 或 $c_j \to 0$ 时 $a_j \to m_j$ 或 $a_j \to c_j$，在这种情况下 μ_j° 是单位质量摩尔浓度或单位摩尔浓度时（假想的）相应理想溶液的化学势。尽管式(26.55)仅适用于气体，但式(26.59)是通用的。实际上，可以将式(26.55)作为式(26.59)的一个特例，即用关系式 $a_j = f_j/f_j^\circ$ 来定义气体的活度。在这种情况下，式(26.59)中的 $\mu_j^\circ(T)$ 是在 1 bar 和目标温度下对应的（假想的）理想气体的化学势。设定 $a_j = f_j/f_j^\circ$ 使得我们可用相同的表示法来处理气体、液体、固体（和溶液）。

对于一般的反应

$$\nu_A A(g) + \nu_B B(g) \rightleftharpoons \nu_Y Y(g) + \nu_Z Z(g)$$

将任意状态的 A 和 B 转化为任意状态的 Y 和 Z 的吉布斯能的变化值可由下式给出：

$$\Delta_r G = \nu_Y \mu_Y + \nu_Z \mu_Z - \nu_A \mu_A - \nu_B \mu_B$$

若将式(26.59)代入上式，可得

$$\Delta_r G = \Delta_r G^\circ + RT\ln \frac{a_Y^{\nu_Y} a_Z^{\nu_Z}}{a_A^{\nu_A} a_B^{\nu_B}} \tag{26.60}$$

式中

$$\Delta_r G^\circ = \nu_Y \mu_Y^\circ + \nu_Z \mu_Z^\circ - \nu_A \mu_A^\circ - \nu_B \mu_B^\circ$$

式(26.60)称为**路易斯方程**(Lewis equation)，以热力学家 G.N.Lewis 的名字命名，他首先提出了活度的概念，并率先对化学平衡进行了严格的热力学分析。注意：式(26.60)是式(26.56)对非理想系统的一般化，非理想系统可能包括凝聚态和溶液以及气体。此时的活度是任意的，而不一定是平衡活度。就像在第 26-5 节中对理想气体反应系统所做的那样，我们引入一个反应商，这里又称**活度商**(activity quotient)，即

$$Q_a = \frac{a_Y^{\nu_Y} a_Z^{\nu_Z}}{a_A^{\nu_A} a_B^{\nu_B}} \tag{26.61}$$

采用这种表示法，则式(26.60)可写为

$$\Delta_r G = \Delta_r G^\circ + RT\ln Q_a \tag{26.62}$$

根据式(26.59)，当物质处于标准状态时，$a_j = 1$。因此，如果反应混合物中所有的反应物和生成物都处于标准状态，则式(26.61)中所有的 $a_j = 1$，因此 $Q_a = 1$，$\Delta_r G = \Delta_r G^\circ$。如果反应系统在固定的 T 和 P 下达到平衡，则 $\Delta_r G = 0$，有

$$\Delta_r G^\circ = -RT\ln Q_{a,eq} \tag{26.63}$$

式中用 $Q_{a,eq}$ 表示 Q_a 中所有的活度都是其平衡值。与第 26-5 节类似，我们用 K_a 表示 $Q_{a,eq}$，即

$$K_a(T) = \left(\frac{a_Y^{\nu_Y} a_Z^{\nu_Z}}{a_A^{\nu_A} a_B^{\nu_B}}\right)_{eq} \tag{26.64}$$

称为**热力学平衡常数**(thermodynamic equilibrium constant)。相应地，式(26.57)变为

$$\Delta_r G^\circ = -RT\ln K_a \tag{26.65}$$

式(26.65)是完全通用和严格的，适用于任何处于平衡状态的系统。注意，对于只涉及气体的反应，有 $a_j = f_j$ 和 $K_a(T) = K_f(T)$，式(26.64)与式(26.58)、式(26.65)与式(26.57)是等效的。式(26.64)和(26.65)比式(26.57)和式(26.58)更通用，因为反应物可以处于任何相。下面通过例子来说明这个方程的应用。

考虑一个非均相反应系统，如水煤气反应

$$C(s) + H_2O(g) \xrightleftharpoons{1000\ ℃} CO(g) + H_2(g)$$

被用于氢气的工业生产。这个反应的(热力学)平衡常数是

$$K_a = \frac{a_{CO(g)} a_{H_2(g)}}{a_{C(s)} a_{H_2O(g)}} = \frac{f_{CO(g)} f_{H_2(g)}}{f_{C(s)} f_{H_2O(g)}}$$

虽然前面已经讨论过气体的活度，但还没有讨论过纯固体和液体的活度。我们首先要为纯凝聚相选择一个标准状态，即在 1 bar、目标温度的正常状态下的纯物质。为了计算活度，可从下式：

$$\left(\frac{\partial U}{\partial P}\right)_T = \bar{V} \tag{26.66}$$

以及定温下式(26.59)的偏微分式：

$$d\mu = RT d\ln a \quad (定温) \tag{26.67}$$

出发。若将式(26.66)写为

$$d\mu = \overline{V}dP \quad （定温）$$

并引入式(26.67)，则可得

$$d\ln a = \frac{\overline{V}}{RT}dP \quad （定温）$$

现在，从所选择的标准状态($a=1, P=1$ bar)到任意状态进行积分，得到

$$\int_{a=1}^{a} d\ln a' = \int_{1}^{P} \frac{\overline{V}}{RT}dP' \quad （定温）$$

或

$$\ln a = \frac{1}{RT}\int_{1}^{P} \overline{V}dP' \quad （定温） \tag{26.68}$$

对于凝聚相，在中等压力范围内，$\overline{V}$ 实际上是一个常数，因此式(26.68)变为

$$\ln a = \frac{\overline{V}}{RT}(P-1) \tag{26.69}$$

例题 26-12 计算 100 bar、1000 ℃时焦炭中 C(s)的活度。

解 焦炭在 1000 ℃时的密度约为 1.5 g·cm^{-3}，因此其摩尔体积 $\overline{V}$ 为 8.0 cm^3·mol^{-1}。根据式(26.69)，可得

$$\ln a = \frac{(8.0\ \text{cm}^3\cdot\text{mol}^{-1})(1\ \text{dm}^3/1000\ \text{cm}^3)(99\ \text{bar})}{(0.08206\ \text{dm}^3\cdot\text{bar}\cdot\text{K}^{-1}\cdot\text{mol}^{-1})(1273\ \text{K})} = 0.0076$$

或 $a=1.01$。注意，即使在 100 bar 时，活度也基本上为 1。

根据例题 26-12 可知，在中等压力下纯凝聚相的活度为 1。因此，纯固体和液体的活度通常不出现在平衡常数的表达式中(与普通化学课程的结果一样)。例如，对于反应

$$C(s) + H_2O(g) \rightleftharpoons CO(g) + H_2(g)$$

如果压力足够低，则其平衡常数可表示为

$$K = \frac{f_{CO(g)}f_{H_2(g)}}{f_{H_2O(g)}} \approx \frac{P_{CO(g)}P_{H_2(g)}}{P_{H_2O(g)}}$$

但是，在某些情况下，活度不能设置为 1，如下例所示。

例题 26-13 298.15 K 时，石墨转化为金刚石的标准摩尔吉布斯能变化值为 2.900 kJ·mol^{-1}，石墨的密度为 2.27 g·cm^{-3}，金刚石的密度为 3.52 g·cm^{-3}。试问：在 298.15 K 时，这两种形式的碳彼此处于平衡所需的压力是多少？

解 可用下列化学方程式来表示这个过程：

$$C(石墨) \rightleftharpoons C(金刚石)$$

则有

$$\Delta_r G^\circ = -RT\ln K_a = -RT\ln\frac{a_{金刚石}}{a_{石墨}}$$

使用式(26.69)，可得

$$\Delta_r G^\circ = -RT\left[\frac{\Delta\overline{V}}{RT}(P-1)\right]$$

或

$$\frac{2900\ \text{J}\cdot\text{mol}^{-1}}{(8.3145\ \text{J}\cdot\text{K}^{-1}\cdot\text{mol}^{-1})(298.15\ \text{K})} = -\frac{(3.41\ \text{cm}^3\cdot\text{mol}^{-1}-5.29\ \text{cm}^3\cdot\text{mol}^{-1})(1\ \text{dm}^3/1000\ \text{cm}^3)(P-1)\text{bar}}{(0.083145\ \text{dm}^3\cdot\text{bar}\cdot\text{K}^{-1}\cdot\text{mol}^{-1})(298.15\ \text{K})}$$

解得

$$P = 1.54\times10^4\ \text{bar} \approx 15000\ \text{bar}$$

26-12 在涉及离子物种的溶解度计算中，活度的使用会产生显著的差异

式(26.65)也适用于溶液中发生的反应。例如，0.100 mol·L^{-1}的乙酸水溶液中 CH_3COOH(aq)的解离，其 $K=1.74\times10^{-5}$(摩尔浓度标度)。反应方程式为

$$CH_3COOH(aq) + H_2O(l) \rightleftharpoons H_3O^+(aq) + CH_3COO^-(aq)$$

其平衡常数表达式为

$$K_a = \frac{a_{H_3O^+}a_{CH_3COO^-}}{a_{CH_3COOH}a_{H_2O}} = \frac{a_{H_3O^+}a_{CH_3COO^-}}{a_{CH_3COOH}} = 1.74\times10^{-5} \tag{26.70}$$

作为一种浓度约为 0.100 mol·L^{-1}的中性物质，未解离的乙酸的活度系数基本为 1，因此，$a_{HAc}=c_{HAc}$。对于离子，使用下式(表 25.3)：

$$a_{H^+}a_{CH_3COO^-} = c_{H^+}c_{Ac^-}\gamma_\pm^2$$

则式(26.70)可变为

$$\frac{c_{H_3O^+}c_{Ac^-}}{c_{HAc}} = \frac{1.74\times10^{-5}}{\gamma_\pm^2} \tag{26.71}$$

作为第一个近似，我们将所有活度系数设定为 1，得到

$$K = \frac{c_{H_3O^+}c_{Ac^-}}{c_{HAc}} = 1.74\times10^{-5}\ \text{mol}\cdot\text{L}^{-1}$$

从下面的列式：

	$CH_3COOH(aq)+H_2O(l) \rightleftharpoons$	$H_3O^+(aq)$	$+CH_3COO^-(aq)$
起始	0.100 mol·L^{-1}	≈0	0
平衡	0.100 mol·L$^{-1}-x$	x	x

可得

$$\frac{x^2}{0.100\ \text{mol}\cdot\text{L}^{-1}-x} = 1.74\times10^{-5}\ \text{mol}\cdot\text{L}^{-1}$$

或 $x=1.31\times10^{-3}\ \text{mol}\cdot\text{L}^{-1}$，对应 pH 为 2.88。这是普通化学课程中采用的计算方法。

如果不将 $\gamma_{\pm}$ 设定为 1，我们可用式(25.57)求 $\gamma_{\pm}$：

$$\ln\gamma_{\pm}=-\frac{1.173\,|z_{+}z_{-}|\,[I_c/(\text{mol}\cdot\text{L}^{-1})]^{1/2}}{1+[I_c/(\text{mol}\cdot\text{L}^{-1})]^{1/2}}$$

其中离子强度 I_c 可由下式给出：

$$I_c=\frac{1}{2}(c_{\text{H}^+}+c_{\text{Ac}^-})=c_{\text{H}^+}=c_{\text{Ac}^-}$$

为了计算 I_c，必须知道 c_{H^+} 或 c_{Ac^-}，但从式(26.71)中不能确定它们中的任意一个，因为该式包含 $\gamma_{\pm}^2$ 项。然而，可以通过迭代法来解决这个问题。先用上面通过令 $\gamma_{\pm}=1$ 得到的 c_{H^+} 和 c_{Ac^-} 值来计算 $\gamma_{\pm}$：

$$\ln\gamma_{\pm}=-\frac{1.173\times(1.31\times10^{-3})^{1/2}}{1+(1.31\times10^{-3})^{1/2}}=-0.0410$$

或 $\gamma_{\pm}^2=0.921$。将该值代入式(26.71)的等式右边，得

$$\frac{x^2}{0.100\ \text{mol}\cdot\text{L}^{-1}-x}=\frac{1.74\times10^{-5}\ \text{mol}\cdot\text{L}^{-1}}{0.921}$$

求解 x，得到 $x=1.365\times10^{-3}\ \text{mol}\cdot\text{L}^{-1}$。然后用这个数值来计算新的 $\gamma_{\pm}^2$，得值 0.920，并将这个新值代入式(26.71)中，计算 x 的新值($=1.366\times10^{-3}\ \text{mol}\cdot\text{L}^{-1}$)。再循环一次，得到 $\gamma_{\pm}^2=0.920$ 和 $x=1.366\times10^{-3}\ \text{mol}\cdot\text{L}^{-1}$，因此我们得到 $x=1.37\times10^{-3}\ \text{mol}\cdot\text{L}^{-1}$(保留三位有效数字)和 pH = 2.86。我们看到，使用活度计算得到的 pH 为 2.86，忽略活度计算得到的 pH 则为 2.88，它们没有显著的差异。普通化学课程中所做的众多 pH 计算也是足够精确的。但是，上述计算在溶解度计算中并不一定适用，例如，25 ℃时 $BaF_2(s)$ 在水中的溶度积 K_{sp} 为 1.7×10^{-6}，相应的反应方程式为

$$BaF_2(s)\rightleftharpoons Ba^{2+}(aq)+2F^-(aq)$$

其平衡常数表达式为

$$a_{\text{Ba}^{2+}}a_{\text{F}^-}^2=K_{sp}=1.7\times10^{-6}$$

使用表 25.3 中的式子：

$$a_{\text{Ba}^{2+}}a_{\text{F}^-}^2=c_{\text{Ba}^{2+}}c_{\text{F}^-}^2\gamma_{\pm}^3$$

可得

$$c_{\text{Ba}^{2+}}c_{\text{F}^-}^2=\frac{1.7\times10^{-6}}{\gamma_{\pm}^3}\tag{26.72}$$

若设定 $\gamma_{\pm}=1$，并用 s 代表 $BaF_2(s)$ 的溶解度，则 $c_{\text{Ba}^{2+}}=s$，$c_{\text{F}^-}=2s$，得

$$(s)(2s)^2=1.7\times10^{-6}\text{mol}^3\cdot\text{L}^{-3}$$

或 $s=(1.7\times10^{-6}\text{mol}^3\cdot\text{L}^{-3})^{1/3}=7.52\times10^{-3}\ \text{mol}\cdot\text{L}^{-1}$。利用这个 s 值计算离子强度，得

$$I_c=\frac{1}{2}(4s+2s)=3s=0.0226\ \text{mol}\cdot\text{L}^{-1}$$

将这个 I_c 值代入式(25.57)，可得 $\gamma_{\pm}=0.736$。代入式(26.55)，得

$$4s^3=\frac{1.7\times10^{-6}\text{mol}^3\cdot\text{L}^{-3}}{0.399}$$

则 $s=0.0102\ \text{mol}\cdot\text{L}^{-1}$。循环一次得到 $\gamma_{\pm}=0.705$ 和 $s=0.0107\ \text{mol}\cdot\text{L}^{-1}$。循环两次得到 $\gamma_{\pm}=0.700$ 和 $s=0.0107\ \text{mol}\cdot\text{L}^{-1}$，最后一次迭代得到 $\gamma_{\pm}=0.700$ 和 $s=0.011\ \text{mol}\cdot\text{L}^{-1}$(两位有效数字)。注意，在这种情况下，在考虑活度系数和不考虑活度系数计算得到的 s 之间存在超过 30% 的差异。

» 例题 26-14 计算 $TlBrO_3(s)$ 在纯水和在含 $0.500\ \text{mol}\cdot\text{L}^{-1}\ KNO_3(aq)$ 的水溶液中的溶解度。已知 $TlBrO_3(s)$ 的 $K_{sp}=1.72\times10^{-4}$。

» 解 $TlBrO_3(s)$ 的溶解方程式为

$$TlBrO_3(s)\rightleftharpoons Tl^+(aq)+BrO_3^-(aq)$$

有

$$a_{\text{Tl}^+}a_{\text{BrO}_3^-}=c_{\text{Tl}^+}c_{\text{BrO}_3^-}\gamma_{\pm}^2=s^2\gamma_{\pm}^2=1.72\times10^{-4}$$

先令 $\gamma_{\pm}=1$，得到 $s=0.0131\ \text{mol}\cdot\text{L}^{-1}$。利用这个 s 值，得到 $TlBrO_3(s)$ 在纯水中的 $I_c=s$ 和 $\gamma_{\pm}=0.887$。利用这个 $\gamma_{\pm}$ 值，得到 $s=0.0148\ \text{mol}\cdot\text{L}^{-1}$。随后的迭代计算得到 $s=0.0149\ \text{mol}\cdot\text{L}^{-1}$。

对于在含 $0.500\ \text{mol}\cdot\text{L}^{-1}\ KNO_3(aq)$ 的水溶液中的情况，有

$$I_c=\frac{1}{2}(s+s+0.500\ \text{mol}\cdot\text{L}^{-1}+0.500\ \text{mol}\cdot\text{L}^{-1})$$
$$=s+0.500\ \text{mol}\cdot\text{L}^{-1}$$

因为 s 远小于 $0.500\ \text{mol}\cdot\text{L}^{-1}$，故开始时令 $I_c=0.500\ \text{mol}\cdot\text{L}^{-1}$，得到 $\gamma_{\pm}=0.616$。用这个值代入溶度积表达式，得到 $s=0.0213\ \text{mol}\cdot\text{L}^{-1}$。此时 $I_c=0.5213\ \text{mol}\cdot\text{L}^{-1}$，$\gamma_{\pm}=0.612$，$s=0.0214\ \text{mol}\cdot\text{L}^{-1}$。随后的迭代计算得到 $s=0.0214\ \text{mol}\cdot\text{L}^{-1}$。可见，尽管 $KNO_3(aq)$ 没有参与溶解反应，但 $TlBrO_3(s)$ 的溶解度在含 $0.500\ \text{mol}\cdot\text{L}^{-1}\ KNO_3(aq)$ 的水溶液中显著增加。如果不考虑活度系数，则得不到上述结果。

习题

26-1 用反应进度 ξ 表示下列化学反应方程式中各物质的浓度。下面是各方程式的初始条件。

(a) $SO_2Cl_2(g) \rightleftharpoons SO_2(g) + Cl_2(g)$

(1)	n_0	0	0
(2)	n_0	n_1	0

(b) $2SO_3(g) \rightleftharpoons 2SO_2(g) + O_2(g)$

(1)	n_0	0	0
(2)	n_0	0	n_1

(c) $N_2(g) + 2O_2(g) \rightleftharpoons N_2O_4(g)$

(1)	n_0	$2n_0$	0
(2)	n_0	n_0	0

26-2 写出下列方程式描述的反应的平衡常数表达式。

$$2SO_2(g) + O_2(g) \rightleftharpoons 2SO_3(g)$$

将得到的结果与当该反应用下列方程式表示时的结果进行比较。

$$SO_2(g) + \frac{1}{2}O_2(g) \rightleftharpoons SO_3(g)$$

26-3 对于 $N_2O_4(g)$ 解离成 $NO_2(g)$ 的反应

$$N_2O_4(g) \rightleftharpoons 2NO_2(g)$$

假设开始时系统中有 n_0(mol) 的 $N_2O_4(g)$，没有 $NO_2(g)$，证明平衡时反应进度 ξ_{eq} 可用下式表示：

$$\frac{\xi_{eq}}{n_0} = \left(\frac{K_P}{K_P + 4P}\right)^{1/2}$$

假设在 100 ℃时 $K_P = 6.1$，绘制 ξ_{eq}/n_0 与 P 的关系曲线。判断结果是否符合 Le Châtelier 原理。

26-4 在习题 26-3 中，绘制了 $N_2O_4(g)$ 解离成 $NO_2(g)$ 的反应的平衡反应进度与总压力的关系，发现 ξ_{eq} 随着 P 的增加而减小，符合 Le Châtelier 原理。现在，将 n_{inert}(mol) 的惰性气体引入系统中，假设开始时系统中有 n_0(mol) 的 $N_2O_4(g)$，没有 $NO_2(g)$，试推导出用 P 和 $r = n_{inert}/n_0$ 表示的 ξ_{eq}/n_0 的表达式。与在习题 26-3 中一样，设 $K_P = 6.1$，绘制出在 $r = 0$，$r = 0.50$，$r = 1.0$ 和 $r = 2.0$ 时 ξ_{eq}/n_0 与 P 的关系曲线。证明在恒压下向反应混合物中引入惰性气体与降低压力具有相同的效果。在定容条件下，将惰性气体引入反应系统会产生什么效果？

26-5 假设开始时系统中含有 n_0(mol) 的 $N_2O_4(g)$ 和 n_1(mol) 的 $NO_2(g)$，重新做习题 26-3。令 $n_1/n_0 = 0.50$ 和 2.0。

26-6 合成氨反应可用下式表示：

$$N_2(g) + 3H_2(g) \rightleftharpoons 2NH_3(g)$$

假设最初系统中有 n_0(mol) 的 $N_2(g)$ 和 $3n_0$(mol) 的 $H_2(g)$，没有 $NH_3(g)$，试推导出用反应进度的平衡值 ξ_{eq} 和压力 P 表示的 $K_P(T)$ 的表达式。用该表达式讨论 ξ_{eq}/n_0 随 P 的变化关系，并将得到的结论与 Le Châtelier 原理联系起来。

26-7 亚硝酰氯 NOCl 的分解反应方程式为

$$2NOCl(g) \rightleftharpoons 2NO(g) + Cl_2(g)$$

假设开始时系统中有 n_0(mol) 的 NOCl(g)，没有 NO(g) 和 $Cl_2(g)$，试推导出用反应进度的平衡值 ξ_{eq} 和压力 P 表示的 K_P 的表达式。设 $K_P = 2.00 \times 10^{-4}$，计算出 $P = 0.080$ bar 时的 ξ_{eq}/n_0。当 $P = 0.160$ bar 时，平衡时 ξ_{eq}/n_0 值又是多少？这个结果符合 Le Châtelier 原理吗？

26-8 碳酰氯（光气）的分解反应方程式为

$$COCl_2(g) \rightleftharpoons CO(g) + Cl_2(g)$$

如果标准状态取 1 bar，其在 1000 ℃时的 K_P 值为 34.8。如果由于某种原因，标准状态取 0.500 bar，则 K_P 值会是多少？对平衡常数的数值，该结果说明了什么？

26-9 在最近的化学文献中，大多数气相平衡常数都是在 1 atm 下计算出来的。证明在 1 bar 的标准压力下，相应的平衡常数可用下式表示：

$$K_P(\text{bar}) = K_P(\text{atm})(1.01325)^{\Delta\nu}$$

式中 $\Delta\nu$ 是生成物的化学计量系数之和减去反应物的化学计量系数之和。

26-10 利用表 26.1 中的数据，计算下列反应在 25 ℃时的 $\Delta_r G^\circ(T)$ 和 $K_P(T)$：

(a) $N_2O_4(g) \rightleftharpoons 2NO_2(g)$

(b) $H_2(g) + I_2(g) \rightleftharpoons 2HI(g)$

(c) $3H_2(g) + N_2(g) \rightleftharpoons 2NH_3(g)$

26-11 基于 $1\ mol \cdot L^{-1}$ 的标准状态，计算习题 26-10 中每个反应的 $K_c(T)$ 值。

26-12 导出下列反应的 K_P 和 K_c 之间的关系式：

(a) $CO(g) + Cl_2(g) \rightleftharpoons COCl_2(g)$

(b) $CO(g) + 3H_2(g) \rightleftharpoons CH_4(g) + H_2O(g)$

(c) $2BrCl(g) \rightleftharpoons Br_2(g) + Cl_2(g)$

26-13 对于 $I_2(g)$ 的解离反应

$$I_2(g) \rightleftharpoons 2I(g)$$

在1400 ℃时测得的总压和$I_2(g)$分压分别为36.0 torr和28.1 torr。利用这些数据，计算1400 ℃时的K_P(1 bar标准状态)和K_c($1 mol \cdot L^{-1}$标准状态)。

26-14 证明：对于理想气体反应，有

$$\frac{d\ln K_c}{dT}=\frac{\Delta_r U^\circ}{RT^2}$$

26-15 由CO(g)和$H_2(g)$合成甲醇的气相反应

$$CO(g)+2H_2(g) \rightleftharpoons CH_3OH(g)$$

500 K时其平衡常数K_P为6.23×10^{-3}。起先将等摩尔的CO(g)和$H_2(g)$引入反应容器，计算在500 K和30 bar达到平衡时的ξ_{eq}/n_0值。

26-16 对于下列两个反应：

(1) $CO(g)+H_2O(g) \rightleftharpoons CO_2(g)+H_2(g) \quad K_1$

(2) $CH_4(g)+H_2O(g) \rightleftharpoons CO(g)+3H_2(g) \quad K_2$

证明：对于这两个反应的总反应

(3) $CH_4(g)+2H_2O(g) \rightleftharpoons CO_2(g)+4H_2(g) \quad K_3$

有

$$K_3=K_1K_2$$

如何解释如下事实：当将方程式(1)和方程式(2)相加得到方程式(3)时，其$\Delta_r G^\circ$是两个分反应的$\Delta_r G^\circ$之和，而其平衡常数则是两个分反应的平衡常数的乘积。

26-17 已知：

$2BrCl(g) \rightleftharpoons Cl_2(g)+Br_2(g) \quad K_P=0.169$

$2IBr(g) \rightleftharpoons Br_2(g)+I_2(g) \quad K_P=0.0149$

计算反应$BrCl(g)+\frac{1}{2}I_2(g) \rightleftharpoons IBr(g)+\frac{1}{2}Cl_2(g)$的$K_P$。

26-18 对于在500 K和1 bar总压下的反应

$$Cl_2(g)+Br_2(g) \rightleftharpoons 2BrCl(g)$$

假设开始时系统中有$Cl_2(g)$和$Br_2(g)$各1 mol，没有BrCl(g)。证明：

$$G(\xi)=(1-\xi)G^\circ_{Cl_2}+(1-\xi)G^\circ_{Br_2}+2\xi G^\circ_{BrCl}+2(1-\xi)RT\ln\frac{1-\xi}{2}+2\xi RT\ln\xi$$

式中ξ是反应进度。假定500 K时$G^\circ_{BrCl}=-3.694\ kJ\cdot mol^{-1}$，画出$G(\xi)$与$\xi$的关系曲线。将$G(\xi)$对$\xi$求导，证明在$\xi_{eq}=0.549$时$G(\xi)$有最小值。同时证明：

$$\left(\frac{\partial G}{\partial \xi}\right)_{T,P}=\Delta_r G^\circ+RT\ln\frac{P^2_{BrCl}}{P_{Cl_2}P_{Br_2}}$$

以及$K_P=4\xi^2_{eq}/(1-\xi_{eq})^2=5.9$。

26-19 对于4000 K、总压为1 bar的反应

$$2H_2O(g) \rightleftharpoons 2H_2(g)+O_2(g)$$

假设开始时系统中有2 mol的$H_2O(g)$，没有$H_2(g)$和$O_2(g)$。证明：

$$G(\xi)=2(1-\xi)G^\circ_{H_2O}+2\xi G^\circ_{H_2}+\xi G^\circ_{O_2}+2(1-\xi)RT\ln\frac{2(1-\xi)}{2+\xi}+2\xi RT\ln\frac{2\xi}{2+\xi}+\xi RT\ln\frac{\xi}{2+\xi}$$

式中ξ是反应进度。假设在4000 K时，$\Delta_f G^\circ[H_2O(g)]=-18.334\ kJ\cdot mol^{-1}$，画出$G(\xi)$与$\xi$的关系曲线。将$G(\xi)$对$\xi$求导，证明在$\xi_{eq}=0.553$时$G(\xi)$有最小值。同时证明：

$$\left(\frac{\partial G}{\partial \xi}\right)_{T,P}=\Delta_r G^\circ+RT\ln\frac{P^2_{H_2}P_{O_2}}{P^2_{H_2O}}$$

以及$K_P=\xi^3_{eq}/(2+\xi_{eq})(1-\xi_{eq})^2=0.333$。

26-20 对于在500 K、总压1 bar下的反应

$$3H_2(g)+N_2(g) \rightleftharpoons 2NH_3(g)$$

假设开始时系统中有3 mol $H_2(g)$和1 mol $N_2(g)$，没有$NH_3(g)$。证明：

$$G(\xi)=(3-3\xi)G^\circ_{H_2}+(1-\xi)G^\circ_{N_2}+2\xi G^\circ_{NH_3}+(3-3\xi)RT\ln\frac{3-3\xi}{4-2\xi}+(1-\xi)RT\ln\frac{1-\xi}{4-2\xi}+2\xi RT\ln\frac{2\xi}{4-2\xi}$$

式中ξ是反应进度。假设在500 K时，$G^\circ_{NH_3}=4.800\ kJ\cdot mol^{-1}$(见表26.4)，画出$G(\xi)$与$\xi$的关系曲线。将$G(\xi)$对$\xi$求导，证明在$\xi_{eq}=0.158$时$G(\xi)$有最小值。同时证明：

$$\left(\frac{\partial G}{\partial \xi}\right)_{T,P}=\Delta_r G^\circ+RT\ln\frac{P^2_{NH_3}}{P^3_{H_2}P_{N_2}}$$

以及$K_P=16\xi^2_{eq}(2-\xi_{eq})^2/27(1-\xi_{eq})^4=0.10$。

26-21 假设1260 K有一由$H_2(g)$，$CO_2(g)$，CO(g)和$H_2O(g)$组成的混合物，其中$P_{H_2}=0.55$ bar，$P_{CO_2}=0.20$ bar，$P_{CO}=1.25$ bar，$P_{H_2O}=0.10$ bar。在此条件下，如下反应是否处于平衡态？

$$H_2(g)+CO_2(g) \rightleftharpoons CO(g)+H_2O(g) \quad K_P=1.59$$

如果不是，反应将朝哪个方向进行以达到平衡？

26-22 已知25 ℃时反应$2H_2(g)+CO(g) \rightleftharpoons CH_3OH(g)$的$K_P=2.21\times10^4$，当反应混合物中$P_{CH_3OH}=10.0$ bar，$P_{H_2}=0.10$ bar，$P_{O_2}=0.0050$ bar时，请预测反应将朝哪个方向进行以达到平衡？

26-23 在定压下，当温度从300 K升高到400 K时，某一气相反应的K_P值增加一倍。求该反应的$\Delta_r H^\circ$值。

26-24 已知反应$H_2(g)+CO_2(g) \rightleftharpoons CO(g)+H_2O(g)$在1000 K时的$\Delta_r H^\circ$为$34.78\ kJ\cdot mol^{-1}$。假定800 K时$K_P$值为0.236，且$\Delta_r H^\circ$与温度无关，试估计1200 K时的$K_P$值。

26-25 已知反应 $H_2(g)+I_2(g) \rightleftharpoons 2HI(g)$ 在 800 K 时的 $\Delta_r H^\circ$ 为 $-12.93\ kJ \cdot mol^{-1}$。假定 $\Delta_r H^\circ$ 与温度无关，1000 K 时反应的 $K_P=29.1$，计算 700 K 时的 K_P。

26-26 对于反应 $2HBr(g) \rightleftharpoons H_2(g)+Br_2(g)$，其平衡常数可用下列经验式表示：

$$\ln K=-6.375+0.6415\ln(T/K)-\frac{11790\ K}{T}$$

利用此公式，求出 $\Delta_r H^\circ$ 与温度的函数关系式；计算 25 ℃ 时的 $\Delta_r H^\circ$ 值，并与表 19.2 中得到的结果进行比较。

26-27 对于反应 $2HI(g) \rightleftharpoons H_2(g)+I_2(g)$，利用下列数据计算其在 400 ℃ 时的 $\Delta_r H^\circ$ 值。

T/K	500	600	700	800
$K_P/10^{-2}$	0.78	1.24	1.76	2.31

26-28 对于反应 $CO_2(g)+H_2(g) \rightleftharpoons CO(g)+H_2O(g)$，已知 $CO_2(g)$、$H_2(g)$、$CO(g)$ 和 $H_2O(g)$ 在 300 K 到 1500 K 温区内的摩尔热容可分别表示为

$$\overline{C}_P[CO_2(g)]/R=3.127+(5.231\times10^{-3}\ K^{-1})T-(1.784\times10^{-6}\ K^{-2})T^2$$

$$\overline{C}_P[H_2(g)]/R=3.496-(1.006\times10^{-4}\ K^{-1})T+(2.419\times10^{-7}\ K^{-2})T^2$$

$$\overline{C}_P[CO(g)]/R=3.191+(9.239\times10^{-4}\ K^{-1})T-(1.41\times10^{-7}\ K^{-2})T^2$$

$$\overline{C}_P[H_2O(g)]/R=3.651+(1.156\times10^{-3}\ K^{-1})T+(1.424\times10^{-7}\ K^{-2})T^2$$

又已知 300 K 时的热力学数据：

物质	$CO_2(g)$	$H_2(g)$	$CO(g)$	$H_2O(g)$
$\Delta_f H^\circ/(kJ \cdot mol^{-1})$	−393.523	0	−110.516	−24.844

且在 1000 K 时 $K_P=0.695$。请导出与式(26.34)类似的 $K_P(T)$ 随温度变化的一般表达式。

26-29 对于反应 $2C_3H_6(g) \rightleftharpoons C_2H_4(g)+C_4H_8(g)$，其平衡常数 K_P 与温度 T 的关系式为

$$\ln K_P(T)=-2.395-\frac{2505\ K}{T}+\frac{3.477\times10^6\ K^2}{T^2}$$

$$300\ K<T<600\ K$$

计算 525 K 时该反应的 $\Delta_r G^\circ$、$\Delta_r H^\circ$ 和 $\Delta_r S^\circ$ 值。

26-30 在 2000 K，1 bar 下，水蒸气有 0.53%发生解离；在 2100 K，1 bar 下有 0.88%发生解离。假设在 2000 K 到 2100 K 温区内反应焓变为常数，计算在 1 bar 下水解离反应的 $\Delta_r H^\circ$。

26-31 下表给出了三种不同温度下 $Cl(g)$ 的标准摩尔生成吉布斯能：

T/K	1000	2000	3000
$\Delta_f G^\circ/(kJ \cdot mol^{-1})$	65.288	5.081	−56.297

利用这些数据，计算反应 $\frac{1}{2}Cl_2(g) \rightleftharpoons Cl(g)$ 在每个温度下的 K_P 值。假设 $\Delta_r H^\circ$ 与温度无关，根据这些数据计算 $\Delta_r H^\circ$ 值。结合这些结果，计算每个温度下的 $\Delta_r S^\circ$。解释所得的计算结果。

26-32 对于反应 $SO_3(g) \rightleftharpoons SO_2(g)+\frac{1}{2}O_2(g)$，人们测得了以下实验数据：

T/K	800	825	900	953	1000
$\ln K_P$	−3.263	−3.007	−1.899	−1.173	−0.591

计算 900 K 时该反应的 $\Delta_r G^\circ$，$\Delta_r H^\circ$ 和 $\Delta_r S^\circ$ 值。陈述计算中所做的任何假设。

26-33 证明：当 $Q(N,V,T)=\frac{[q(V,T)]^N}{N!}$ 时，有 $\mu=-RT\ln\frac{q(V,T)}{N}$。

26-34 利用式(26.40)以及表 18.2 中给出的分子参数，计算反应 $H_2(g)+I_2(g) \rightleftharpoons 2HI(g)$ 在 750 K 时的 $K(T)$。将计算值与表 26.2 给出的值和图 26.5 中所示的实验值进行比较。

26-35 对于 $Na(g)$ 缔合形成二聚体 $Na_2(g)$ 的反应

$$2Na(g) \rightleftharpoons Na_2(g)$$

使用第 26-8 节的统计热力学公式，计算其在 900 K，1000 K，1100 K 和 1200 K 时的 $K_P(T)$；根据 1000 K 时的结果，计算在总压为 1 bar 时形成二聚体的钠原子的分数。$K_P(T)$ 的实验值如下表所示。

T/K	900	1000	1100	1200
K_P	1.32	0.47	0.21	0.10

画出 $\ln K_P$ 与 $1/T$ 的关系曲线，并计算 $\Delta_r H^\circ$ 值。

26-36 根据表 18.2 中的数据，计算反应 $CO_2(g) \rightleftharpoons CO(g)+\frac{1}{2}O_2(g)$ 在 2000 K 时的 K_P。实验值为 1.3×10^{-3}。

26-37 利用表 18.2 和表 18.4 中的数据，计算水煤气反应 $CO_2(g)+H_2(g) \rightleftharpoons CO(g)+H_2O(g)$ 在 900 K 和 1200 K 时的平衡常数。这两个温度下的实验值分别为 0.43 和 1.37。

26-38 利用表 18.2 和表 18.4 中的数据，计算反应 $3H_2(g)+N_2(g) \rightleftharpoons 2NH_3(g)$ 在 700 K 时的平衡常数。可接受的值是 8.75×10^{-5}（见表 26.4）。

26-39 根据碘原子的电子基态为 $^2P_{3/2}$ 和第一激发态（$^2P_{1/2}$）位于基态上方 7580 cm^{-1} 处的事实，利用表 18.2 中的数据，计算反应 $I_2(g) \rightleftharpoons 2I(g)$ 的平衡常数 K_P。K_P 的实验值为

T/K	800	900	1000	1100	1200
K_P	3.05×10^{-5}	3.94×10^{-4}	3.08×10^{-3}	1.66×10^{-2}	6.79×10^{-2}

画出 $\ln K_P$ 与 $1/T$ 的关系曲线，并计算 $\Delta_r H^\circ$ 值。实验值是 153.8 kJ·mol^{-1}。

26-40 对于反应 $H_2(g)+D_2(g) \rightleftharpoons 2HD(g)$，用玻恩-奥本海默（Born-Oppenheimer）近似和表 18.2 中的分子参数，证明：

$$K(T)=4.24e^{-77.7\ \mathrm{K}/T}$$

将使用该方程的预测结果与 JANAF 表中的数据进行比较。

26-41 使用谐振子-刚性转子近似，证明：对于反应 $2HBr(g) \rightleftharpoons H_2(g)+Br_2(g)$，有

$$K(T)=\left(\frac{m_{H_2}m_{Br_2}}{m_{HBr}^2}\right)^{3/2}\left(\frac{\sigma_{HBr}^2}{\sigma_{H_2}\sigma_{Br_2}}\right)\left[\frac{(\Theta_{rot}^{HBr})^2}{\Theta_{rot}^{H_2}\Theta_{rot}^{Br_2}}\right]\times \frac{(1-e^{-\Theta_{vib}^{HBr}/T})^2}{(1-e^{-\Theta_{vib}^{H_2}/T})(1-e^{-\Theta_{vib}^{Br_2}/T})}e^{(D_0^{H_2}+D_0^{Br_2}-2D_0^{HBr})/RT}$$

使用表 18.2 中给出的 Θ_{rot}、Θ_{vib} 和 D_0 值，计算 500 K，1000 K，1500 K 和 2000 K 时的 K。画出 $\ln K$ 与 $1/T$ 关系曲线，并确定 $\Delta_r H^\circ$ 值。

26-42 使用式（26.49b），计算 300～6000 K 温区内 $NH_3(g)$ 的 $H^\circ(T)-H_0^\circ$，并将计算值与表 26.4 中给出的数值绘制在同一图表上进行比较。

26-43 对于反应 $H_2(g)+I_2(g) \rightleftharpoons 2HI(g)$，使用 JANAF 表计算其在 1000 K 时的 K_P。将所得结果与表 26.2 中给出的数值进行比较。

26-44 对于反应 $2Na(g) \rightleftharpoons Na_2(g)$，使用 JANAF 表绘制 900～1200 K 温区内 $\ln K_P$ 与 $1/T$ 关系曲线，将所得结果与习题 26-35 中得到的结果进行比较。

26-45 在习题 26-36 中，计算了 2000 K 下 $CO_2(g)$ 分解为 $CO(g)$ 和 $O_2(g)$ 的 K_P。使用 JANAF 表计算 K_P，将所得结果与习题 26-36 中得到的结果进行比较。

26-46 在习题 26-38 中，计算了 700 K 时合成氨反应的 K_P。使用表 26.4 中的数据计算 K_P，将所得结果与习题 26-38 中得到的结果进行比较。

26-47 JANAF 表给出了 1 bar 时 $I(g)$ 的以下数据：

T/K	800	900	1000	1100	1200
$\Delta_f G^\circ$/(kJ·mol^{-1})	34.580	29.039	24.039	18.741	13.428

计算反应 $I_2(g) \rightleftharpoons 2I(g)$ 的 K_P。将所得结果与习题 26-39 中得到的数值进行比较。

26-48 用式（18.60）计算 500 K 时 $NH_3(g)$ 的 $q^0(V,T)/V$ 的值（该值在本章第 9 节中给出）。

26-49 JANAF 表给出了 298.15 K 和 1 bar 时 $Ar(g)$ 的以下数据：

$$-\frac{G^\circ-H^\circ(298.15\ \mathrm{K})}{T}=154.845\ \mathrm{J\cdot mol^{-1}\cdot K^{-1}}$$

和

$$H^\circ(0\ \mathrm{K})-H^\circ(298.15\ \mathrm{K})=-6.197\ \mathrm{kJ\cdot mol^{-1}}$$

使用这些数据计算 $q^0(V,T)/V$，并将该结果与使用式（18.13）所得的结果进行比较。

26-50 利用 JANAF 表的数据，计算 500 K 和 1 bar 下 $CO_2(g)$ 的 $q^0(V,T)/V$，并与使用式（18.57）（基态能量为零）得到的结果进行比较。

26-51 利用 JANAF 表的数据，计算 $CH_4(g)$ 在 1000 K 和 1 bar 下的 $q^0(V,T)/V$，并与使用式（18.60）（基态能量为零）得到的结果进行比较。

26-52 利用 JANAF 表的数据，计算在 1500 K 和 1 bar 下 $H_2O(g)$ 的 $q^0(V,T)/V$，并与使用式（26.45）得到的结果进行比较。两者之间有一定差异的原因是什么？

26-53 JANAF 表提供了以下数据：

物质	H(g)	Cl(g)	HCl(g)
$\Delta_f H^\circ$(0 K)/(kJ·mol^{-1})	216.035	119.621	−92.127

使用这些数据计算 $HCl(g)$ 的 D_0，并与表 18.2 中的数值进行比较。

26-54 JANAF 表提供了以下数据：

物质	C(g)	H(g)	CH_4(g)
$\Delta_f H^\circ$(0 K)/(kJ·mol^{-1})	711.19	216.035	−66.911

使用这些数据计算 $CH_4(g)$ 的 D_0，并与表 18.4 中的数值进行比较。

26-55 利用 JANAF 表计算 $CO_2(g)$ 的 D_0，并与表 18.4 中的数值进行比较。

26-56 确定 K_γ（见例题 26-11）需要知道平衡混合物中每种气体的逸度。这些数据通常是得不到的，但一

个有用的近似是取混合物中气体组分的逸度系数等于纯气体在混合物总压力下的逸度系数。使用这个近似，可以利用图 22.11 来确定每种气体的 γ，然后计算 K_γ。在本题中，我们将这个近似应用于表 26.5 中的数据。首先，用图 22.11 估算出总压为 100 bar、温度为 450 ℃ 时 $\gamma_{H_2}=1.05$，$\gamma_{N_2}=1.05$，$\gamma_{NH_3}=0.95$。在这种情况下，$K_\gamma=0.86$，与例题 26-11 给出的值相当一致。试计算 600 bar 下的 K_γ，并与例题 26-11 中给出的值进行比较。

26-57 普通化学中，Le Châtelier 原理指出，压力对如下的气体平衡系统没有影响：

$$CO(g)+H_2O(g) \rightleftharpoons H_2(g)+CO_2(g)$$

在该化学反应方程式中，反应物的总摩尔数等于生成物的总摩尔数。这种情况下的热力学平衡常数为

$$K_f=\frac{f_{CO_2}f_{H_2}}{f_{CO}f_{H_2O}}=\frac{\gamma_{CO_2}\gamma_{H_2}}{\gamma_{CO}\gamma_{H_2O}}\frac{P_{CO_2}P_{H_2}}{P_{CO}P_{H_2O}}=K_\gamma K_P$$

如果这四种气体表现为理想气体行为，那么压力对平衡的位置没有影响。然而，如果与理想行为有偏差，则当压力改变时，平衡组成会发生变化。为了验证这一点，使用习题 26-56 中引入的近似来估算 900 K 和 500 bar 时的 K_γ。注意，在这些条件下的 K_γ 大于 1 bar 下的 K_γ，在 1 bar 下 $K_\gamma\approx1$（理想气体行为）。论证：在本例中，压力增加会导致平衡向左移动。

26-58 计算 20.0 ℃ 时 $H_2O(l)$ 的活度与压力（1~100 bar）的关系。取 $H_2O(l)$ 的密度为 $0.9982\ g\cdot mL^{-1}$，并假定其不可压缩。

26-59 对于 HgO(s，红）解离成 Hg(g) 和 $O_2(g)$ 的反应

$$HgO(s,红) \rightleftharpoons Hg(g)+\frac{1}{2}O_2(g)$$

如果开始时只有 HgO(s，红)，所有物质遵从理想行为，证明：

$$K_P=\frac{2}{3^{3/2}}P^{3/2}$$

式中 P 是总压力。已知不同温度下 HgO(s，红)的"解离压力"，如下表所示。试绘制 $\ln K_P-1/T$ 关系图。

t / ℃	P /atm	t / ℃	P /atm
360	0.1185	430	0.6550
370	0.1422	440	0.8450
380	0.1858	450	1.067
390	0.2370	460	1.339
400	0.3040	470	1.674
410	0.3990	480	2.081
420	0.5095		

$\ln K_P-1/T$ 关系图的一个很好的曲线拟合公式是

$$\ln K_P=-172.94+\frac{4.0222\times10^5\ K}{T}-\frac{2.9839\times10^8\ K^2}{T^2}+\frac{7.0527\times10^{10}\ K^3}{T^3}\quad 630\ K<T<750\ K$$

根据该式，导出在 630 K<T<750 K 范围内 Δ_rH° 与温度的关系式。

已知在 298 K<T<750 K 范围内，有

$$\bar{C}_P^\circ[O_2(g)]/R=4.8919-\frac{829.931\ K}{T}-\frac{127962\ K^2}{T^2}$$

$$\bar{C}_P^\circ[Hg(g)]/R=2.500$$

$$\bar{C}_P^\circ[HgO(s,红)]/R=5.2995$$

计算 298 K 时该反应的 Δ_rH°，Δ_rS° 和 Δ_rG°。

26-60 对于 $Ag_2O(s)$ 分解为 Ag(s) 和 $O_2(g)$ 的反应

$$Ag_2O(s) \rightleftharpoons 2Ag(s)+\frac{1}{2}O_2(g)$$

已知下表中的"解离压力"数据：

t/℃	173	178	183	188
P /torr	422	509	605	717

用 P（以 torr 为单位）表示 K_P，并画出 $\ln K_P-1/T$ 的关系图。这些数据的一种很好的曲线拟合可用下式表示：

$$\ln K_P=0.9692+\frac{5612.7\ K}{T}-\frac{2.0953\times10^6\ K^2}{T^2}$$

用这个表达式导出 445 K<T<460 K 的 Δ_rH° 表达式。用下面的热容数据，计算 298 K 时的 Δ_rH°，Δ_rS° 和 Δ_rG°。

$$\bar{C}_P^\circ[O_2(g)]/R=3.27+(5.03\times10^{-4}\ K^{-1})T$$

$$\bar{C}_P^\circ[Ag(s)]/R=2.82+(7.55\times10^{-4}\ K^{-1})T$$

$$\bar{C}_P^\circ[Ag_2O(s)]/R=6.98+(4.48\times10^{-3}\ K^{-1})T$$

26-61 碳酸钙有方解石和文石两种晶型，对于两者的相变

$$CaCO_3(方解石) \rightleftharpoons CaCO_3(文石)$$

在 25 ℃ 时的 Δ_rG° 为 $+1.04\ kJ\cdot mol^{-1}$。25 ℃ 时方解石的密度为 $2.710\ g\cdot cm^{-3}$，文石的密度为 $2.930\ g\cdot cm^{-3}$。25 ℃ 时这两种晶型的 $CaCO_3$ 在什么压力下达到平衡？

26-62 氨基甲酸铵 NH_2COONH_4 的分解过程如下式所示：

$$NH_2COONH_4(s) \rightleftharpoons 2\ NH_3(g)+CO_2(g)$$

若 $NH_3(g)$ 和 $CO_2(g)$ 全部来自氨基甲酸铵的分解，证明 $K_P=(4/27)P^3$，式中 P 为平衡时的总压力。

26-63 计算 25 ℃ 时 LiF(s) 在水中的溶解度。将

计算结果与用浓度代替活度进行计算所得的结果进行比较。取 $K_{sp}=1.7\times10^{-3}$。

26-64 计算 $CaF_2(s)$ 在 $0.0150\ mol\cdot L^{-1}$ 的 $MgSO_4$ 水溶液中的溶解度。取 $CaF_2(s)$ 的 $K_{sp}=3.9\times10^{-11}$。

26-65 计算 $CaF_2(s)$ 在 $0.050\ mol\cdot L^{-1}$ 的 NaF 水溶液中的溶解度。将结果与用浓度代替活度进行计算所得的结果进行比较。取 $CaF_2(s)$ 的 $K_{sp}=3.9\times10^{-11}$。

第27章

气体动理论

▶ **科学家介绍**

当压力足够低时,所有气体都遵循理想气体状态方程,这一事实意味着这个方程的形式与气体自身的性质无关。在本章中,我们将要介绍一种简单的气体分子运动模型。在这个模型中,我们视气体分子处于恒定、不间断的运动中,在运动中分子与分子间以及分子与器壁间相互碰撞。由于这个模型聚焦于分子的运动,故它称为**气体动理论**(kinetic theory of gases)。简单起见,假设分子类似于硬球,故除了在相互碰撞的那一瞬间外,粒子之间没有相互作用。首先,我们将介绍单个分子与器壁碰撞的一种简化处理,并由此导出理想气体状态方程。然后,我们将导出气体分子速率分布的表达式,即所谓的 Maxwell-Boltzmann 分布。接下来,我们将用比第 27-1 节中更加详尽的处理方法来考虑分子与器壁的碰撞,并导出分子与器壁碰撞频率的表达式。最后,我们将引入平均自由程的概念,导出单位体积中单个分子碰撞频率以及所有分子总碰撞频率的表达式。

27-1 气体分子的平均平动能与开尔文温度成正比

气体作用于容器壁上的压力来源于气体粒子与容器壁相互碰撞。考虑气体分子中任意一个分子(称为分子1)在容器中的运动情况,如图 27.1 所示。为了简便,我们假设容器是一边长为 a, b, c 的矩形平行六面体,分子的速度分量为 u_{1x}, u_{1y}, u_{1z}。我们先处理沿 x 轴方向的运动,然后将结果推广到任意方向。

假设分子在图 27.1 中自左向右运动,则 u_{1x} 为正值。该粒子在 x 轴方向的动量分量是 mu_{1x}。假设当该粒子与

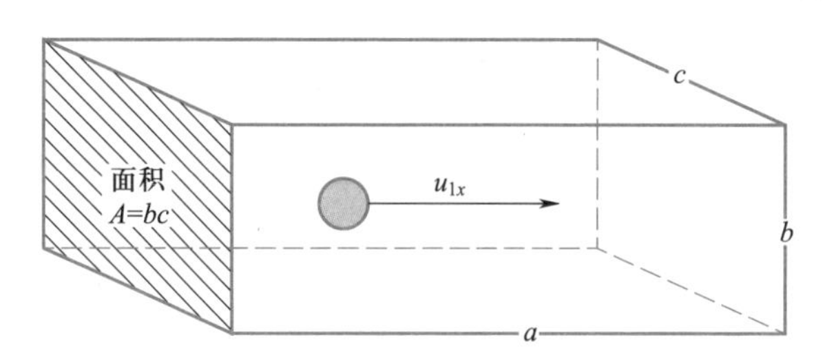

图 27.1 一个分子以 x 轴方向速度分量为 u_{1x} 的速率垂直向边长分别为 a, b, c 的矩形平行六面体的一个面运动。

右面的器壁碰撞后,运动反向,动量则变为 $-mu_{1x}$。换句话说,我们在这里假设粒子与器壁的碰撞完全是弹性的。动量的改变 $\Delta(mu_{1x}) = mu_{1x}-(-mu_{1x}) = 2mu_{1x}$,如果垂直于 x 轴的左右两个器壁之间的距离为 a,那么粒子与右面器壁发生两次连续碰撞的时间间隔为 $\Delta t = 2a/u_{1x}$。因为分子行进了 $2a$ 的距离才回到右壁。根据牛顿第二运动定律,动量的变化率等于作用力。粒子与右面器壁碰撞导致的动量变化率是

$$\frac{\Delta(mu_{1x})}{\Delta t} = \frac{2mu_{1x}}{2a/u_{1x}} = \frac{mu_{1x}^2}{a} \tag{27.1}$$

故分子 1 作用于右面器壁上的力为

$$F_1 = \frac{mu_{1x}^2}{a}$$

由于右面器壁的面积 $A = bc$(参见图 27.1),故分子 1 施加于右面器壁上的压力为

$$P_1 = \frac{F_1}{bc} = \frac{mu_{1x}^2}{abc} = \frac{mu_{1x}^2}{V} \tag{27.2}$$

式中 $V = abc$ 为容器的体积。

由于其他分子也施加一样的压力,故施加于右面器壁上的总压力 P 为

$$P = \sum_{j=1}^{N} P_j = \sum_{j=1}^{N} \frac{mu_{jx}^2}{V} = \frac{m}{V}\sum_{j=1}^{N} u_{jx}^2 \tag{27.3}$$

式中 N 是容器中总的气体分子数目。$\sum_{j=1}^{N} u_{jx}^2$ 除以 N 就得到 u_x^2 的平均值,将平均值记为 $\langle u_x^2 \rangle$,则

$$\langle u_x^2\rangle=\frac{1}{N}\sum_{j=1}^{N}u_{jx}^2 \tag{27.4}$$

将上式代入式(27.3),可得

$$PV=Nm\langle u_x^2\rangle \tag{27.5}$$

上述我们任意选择了 x 方向考虑,同样我们也可以选择 y 或 z 方向。由于 x,y 和 z 三个方向是等价的,故

$$\langle u_x^2\rangle=\langle u_y^2\rangle=\langle u_z^2\rangle \tag{27.6}$$

上式是均相气体**各向同性的**(isotropic)一种表述,即气体在任意方向的性质相同。另外,由于任意分子的总速率 u 满足

$$u^2=u_x^2+u_y^2+u_z^2$$

故

$$\langle u^2\rangle=\langle u_x^2\rangle+\langle u_y^2\rangle+\langle u_z^2\rangle \tag{27.7}$$

结合式(27.6),可得到

$$\langle u_x^2\rangle=\langle u_y^2\rangle=\langle u_z^2\rangle=\frac{1}{3}\langle u^2\rangle \tag{27.8}$$

将该式代入式(27.5),得

$$PV=\frac{1}{3}Nm\langle u^2\rangle \tag{27.9}$$

上式是气体动理论中的一个基本方程,它将等式左边的宏观性质 PV 与等式右边的分子性质 $m\langle u^2\rangle$ 联系起来。在第18章中,我们已知理想气体的平均平动能是每摩尔$\frac{3}{2}RT$或每分子$\frac{3}{2}k_BT$。用公式表示为

$$\frac{1}{2}m\langle u^2\rangle=\frac{3}{2}k_BT$$

如果将等式两边乘以阿伏伽德罗常数,则可得

$$\frac{1}{2}N_Am\langle u^2\rangle=\frac{3}{2}RT \tag{27.10}$$

由于气体的摩尔质量为 $M=N_Am$,故上式又可写成

$$\frac{1}{3}M\langle u^2\rangle=RT \tag{27.11}$$

如果将式(27.11)代入式(27.9),就可以得到理想气体状态方程。

» 例题 27-1 用式(27.10)计算25 ℃时1 mol理想气体的平均平动能。

» 解

$$\langle KE\rangle=\frac{3}{2}RT=\frac{3}{2}\times 8.314\ \mathrm{J\cdot K^{-1}\cdot mol^{-1}}\times 298\ \mathrm{K}$$
$$=3.72\ \mathrm{kJ\cdot mol^{-1}}$$

我们可以用式(27.11)估算温度 T 时气体分子的平均速率。由式(27.11)可知:

$$\langle u^2\rangle=\frac{3RT}{M} \tag{27.12}$$

$\langle u^2\rangle$的单位是 $\mathrm{m^2\cdot s^{-2}}$。为了得到单位是 $\mathrm{m\cdot s^{-1}}$的量,对$\langle u^2\rangle$开方,得到

$$\langle u^2\rangle^{1/2}=\sqrt{\frac{3RT}{M}} \tag{27.13}$$

$\langle u^2\rangle^{1/2}$是 u^2 平均值的平方根,称为**均方根速率**(root-mean-square speed),可记为 u_{rms},则式(27.13)变为

$$u_{rms}=\sqrt{\frac{3RT}{M}} \tag{27.14}$$

» 例题 27-2 计算25 ℃时1个氮气分子的均方根速率。

» 解

$$u_{rms}=\sqrt{\frac{3\times 8.314\ \mathrm{J\cdot K^{-1}\cdot mol^{-1}}\times 298\ \mathrm{K}}{0.02802\ \mathrm{kg\cdot mol^{-1}}}}$$
$$=\sqrt{2.65\times 10^5\ \mathrm{J\cdot kg^{-1}}}$$
$$=\sqrt{2.65\times 10^5\ \mathrm{kg\cdot m^2\cdot s^{-2}\cdot kg^{-1}}}$$
$$=515\ \mathrm{m\cdot s^{-1}}$$

注意:$1\ \mathrm{J}=1\ \mathrm{kg\cdot m^2\cdot s^{-2}}$。

之所以将 u_{rms} 称为平均速率的估计值,是因为一般情况下$\langle u^2\rangle\neq\langle u\rangle^2$,故 $u_{rms}\neq\langle u\rangle$。在第27-3节,我们将看到两者相差小于10%。如表27.1中所示,室温下气体分子的平均速率一般处在每秒数百米量级。单原子理想气体中的声速可由下式给出(这里暂不证明):

$$u_{sound}=\sqrt{\frac{5RT}{3M}} \tag{27.15}$$

其与 u_{rms} 相差大约30%。25 ℃时Ar中的声速是346 $\mathrm{m\cdot s^{-1}}$,也即770 $\mathrm{mile\cdot h^{-1}}$。

在结束本节内容之前,我们应该考虑到在导出式(27.9)过程中所作的假设。我们曾经假设分子与器壁的碰撞完全是弹性的,实际情况并非如此。由于器壁是由分子组成的,这些分子处在热运动中;故一些碰撞将会比其他碰撞或多或少来得更加剧烈些,这取决于器壁分子相对于碰撞分子的运动方向。然而,如果系统处于热平衡,则器壁分子必须具有与气体分子相同的温度和平均平动能;那么从平均角度看,气体分子碰撞后离开器壁的速率是维持不变的。我们还默认气体分子在从一个壁到另一个壁的运动过程中彼此之间不发生碰撞(图27.1)。但是,如果气体处在平衡状态,平均来说,任何使一分子偏离图27.1所示路径的碰撞都将会被替换该分子的碰

撞所平衡。

表 27.1 气体分子在 25 ℃时的平均速率[式(27.42)]和均方根速率[式(27.14)]。注意$\langle u\rangle$与u_{rms}的比值大约是 0.92。

气体	$\langle u\rangle/(m\cdot s^{-1})$	$u_{rms}/(m\cdot s^{-1})$
NH_3	609	661
CO_2	379	411
He	1260	1360
H_2	1770	1920
CH_4	627	681
N_2	475	515
O_2	444	482
SF_6	208	226

巧的是,气体动理论中的许多量可以在不同的严密程度上来推演。从最基本的处理,即假设所有分子都有相同的(平均)速率以及只沿 x,y 和 z 轴方向运动,到不作不必要假定的十分复杂的处理。有趣的是,这些不同推演的结果仅在常数因子上相差 1 的量级。人们可以用数页纸的代数处理来得到一个更加精确的公式或方程,但所给出的与温度 T 和压力 P 的依赖关系同简单公式十分一致,仅相差诸如$\sqrt{2}$或 3/8 的一个因子。在本章中,为了介绍气体动理论的基本思想,我们只呈现更加基本的推演。不过,在第 27-4 节,我们将介绍一种更加精致的推演来获得式(27.9)。

27-2 分子速率分量的分布可用高斯分布函数来描述

前一节我们暗示,气体中的所有分子并不具有同样的运动速率。通过实验,气体中的分子运动速率可用图 27.2 中的曲线来描述,即分子速率分布 $f(u)$ 对运动速率 u 作图。从图中可知,随着温度的升高,具有更高运动速率的分子分数增加。在本节中,我们将导出分子速率分量分布的一个理论方程,在下一节则进一步导出分子速率分布的方程。这些分布方程最初由苏格兰物理学家 James Clerk Maxwell 于 1860 年采用有点启发式的方法获得,后来被奥地利物理学家 Ludwig Boltzmann 用更加严格的方式导出,它们合并称为**麦克斯韦-玻尔兹曼分布**(Maxwell-Boltzmann distribution)。有趣的是,Maxwell 得到这个分布定律远早于实验验证。

用 $h(u_x,u_y,u_z)\,du_x du_y du_z$ 表示分子速率分量在 $u_x\sim u_x+du_x$,$u_y\sim u_y+du_y$,$u_z\sim u_z+du_z$ 之间的分子分数,或者任

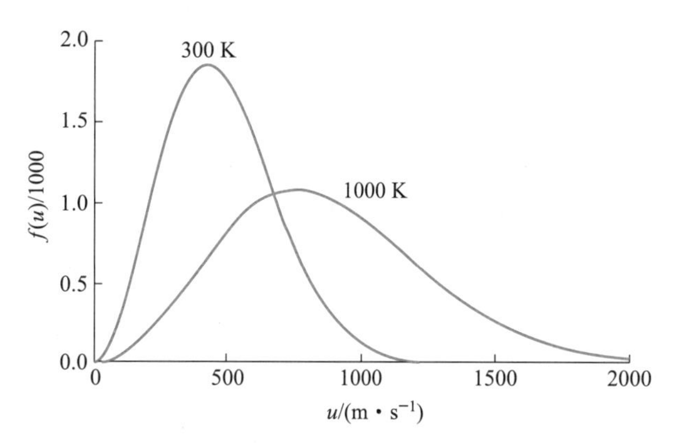

图 27.2 300 K 和 1000 K 时氮气中分子速率分布曲线。

意一个分子具有该速率分量的概率。Maxwell 推导中的关键一步是假设一个分子的速率在 x 轴方向的分量具有一确定值的概率完全与 y 或 z 轴方向的速率分量数值无关。换句话说,他假设三个不同方向上的概率分布彼此独立无关。这个假设也许不那么显而易见,但能够避免更加冗长的推导,且结果证明它是正确的。三个速率分量统计上独立的假设可用公式表示为

$$h(u_x,u_y,u_z)=f(u_x)f(u_y)f(u_z) \qquad (27.16)$$

式中$f(u_x)$,$f(u_y)$,$f(u_z)$分别表示各个分量的概率分布。由于气体是各向同性的,三个方向上的概率分布是相同的,且函数 $h(u_x,u_y,u_z)$必定只取决于速率或者速度 $\boldsymbol{u}$ 的数值大小。其中 $\boldsymbol{u}$ 的平方可由下式给出(参见数学章节 C):

$$\boldsymbol{u}\cdot\boldsymbol{u}=u^2=u_x^2+u_y^2+u_z^2 \qquad (27.17)$$

因此,式(27.16)可以写成

$$h(u)=h(u_x,u_y,u_z)=f(u_x)f(u_y)f(u_z) \qquad (27.18)$$

上式两边取对数,得到

$$\ln h(u)=\ln f(u_x)+\ln f(u_y)+\ln f(u_z) \qquad (27.19)$$

将式(27.19)对 u_x 微分,得到

$$\left[\frac{\partial \ln h(u)}{\partial u_x}\right]_{u_y,u_z}=\frac{d\ln f(u_x)}{du_x} \qquad (27.20)$$

因为函数 h 与 u 有关,我们将其对 u_x 的微分改写成对 u 的微分,得到

$$\left[\frac{\partial \ln h(u)}{\partial u_x}\right]_{u_y,u_z}=\frac{d\ln h(u)}{du}\left(\frac{\partial u}{\partial u_x}\right)_{u_y,u_z}=\frac{u_x}{u}\,\frac{d\ln h(u)}{du} \qquad (27.21)$$

上式中我们用到了$\left(\dfrac{\partial u}{\partial u_x}\right)_{u_y,u_z}=\dfrac{u_x}{u}$[可由式(27.17)得到,习题 27-10]。将式(27.21)代入式(27.20)的左边,得到

$$\frac{d\ln h(u)}{u\,du}=\frac{d\ln f(u_x)}{u_x du_x}$$

由于三个概率分布$f(u_x)$,$f(u_y)$和$f(u_z)$是相同的,所以

$$\frac{d\ln h(u)}{u du}=\frac{d\ln f(u_x)}{u_x du_x}=\frac{d\ln f(u_y)}{u_y du_y}=\frac{d\ln f(u_z)}{u_z du_z}\tag{27.22}$$

由于 u_x, u_y, u_z 之间是彼此独立的，所以上式必然等于一个常数。若令这个常数为 -2γ，则

$$\frac{d\ln f(u_j)}{u_j du_j}=-2\gamma \quad j=x,y,z\tag{27.23}$$

积分后得到

$$f(u_j)=A e^{-\gamma u_j^2} \quad j=x,y,z\tag{27.24}$$

在式(27.23)中，我们用了 $-\gamma$ 而不是 γ，因为预期 γ 必定是正值(参见习题 27-11)。

下面，以 $f(u_x)$ 为一特例来确定式(27.24)中的两个常数 A 和 γ。先考虑用 γ 来表示 A。由于 $f(u_x)$ 是概率分布函数，故有

$$\int_{-\infty}^{+\infty} f(u_x)du_x=1\tag{27.25}$$

将式(27.24)代入式(27.25)中，得到

$$A\int_{-\infty}^{+\infty} e^{-\gamma u_x^2}du_x=1\tag{27.26}$$

被积函数 $f(u_x)=e^{-\gamma u_x^2}$ 是关于 u_x 的偶函数(参见数学章节 B)，有

$$A\int_{-\infty}^{+\infty} e^{-\gamma u_x^2}du_x=2A\int_{0}^{+\infty} e^{-\gamma u_x^2}du_x\tag{27.27}$$

我们已经多次遇到这种积分形式了(参见数学章节 B)，利用式(B.16)，可得

$$A\int_{-\infty}^{+\infty} e^{-\gamma u_x^2}du_x=2A\int_{0}^{+\infty} e^{-\gamma u_x^2}du_x=2A\sqrt{\frac{\pi}{4\gamma}}=1\tag{27.28}$$

也即 $A=\sqrt{\dfrac{\gamma}{\pi}}$。因此，$f(u_x)$ 可以写成

$$f(u_x)=\sqrt{\frac{\gamma}{\pi}}e^{-\gamma u_x^2}\tag{27.29}$$

函数 $f(u_y)$ 和 $f(u_z)$ 有类似的结果。

由式(27.8)和式(27.12)可知：$\langle u_x^2\rangle=RT/M$，从而可以进一步确定 γ。依据函数 $f(u_x)$，u_x^2 的平均值为(参见数学章节 B)

$$\langle u_x^2\rangle=RT/M=\int_{-\infty}^{+\infty}u_x^2 f(u_x)du_x=\sqrt{\frac{\gamma}{\pi}}\int_{-\infty}^{+\infty}u_x^2 e^{-\gamma u_x^2}du_x\tag{27.30}$$

注意上式中被积函数是一关于 u_x 的偶函数，所以有

$$\langle u_x^2\rangle=\frac{RT}{M}=2\int_{0}^{+\infty}u_x^2 f(u_x)du_x=2\sqrt{\frac{\gamma}{\pi}}\int_{0}^{+\infty}u_x^2 e^{-\gamma u_x^2}du_x\tag{27.31}$$

这个积分已在数学章节 B 中讨论过，根据式(B.20)，可得

$$\frac{RT}{M}=2\sqrt{\frac{\gamma}{\pi}}\cdot\frac{1}{4\gamma}\sqrt{\frac{\pi}{\gamma}}=\frac{1}{2\gamma}$$

或

$$\gamma=\frac{M}{2RT}$$

这样，式(27.29)就可写成

$$f(u_x)=\left(\frac{M}{2\pi RT}\right)^{1/2}e^{-Mu_x^2/2RT}\tag{27.32}$$

式(27.32)图像如图 27.3 所示。由于概率分布是归一化的，所以图中曲线下的面积为 1。从图中可以看出，随着温度的升高，具有更大 u_x 值的分子概率增大。注意图 27.3 中所绘 $f(u_x)$ 函数图像与图 27.2 中的实验曲线并不相似，这是因为图 27.2 中的曲线代表的是分子总的速率(即 $u=\sqrt{u_x^2+u_y^2+u_z^2}$)分布，而 $f(u_x)$ 只是分子速率其中一个分量的分布函数。如图 27.3 所示，由于分子可以沿 x 轴的正、反两个方向运动，所以速度分量 u_x 范围是从 $-\infty$ 到 $+\infty$，而图 27.2 中总的速率范围是从 0 到 $+\infty$，因为速度矢量的长度，即 $u=\sqrt{u_x^2+u_y^2+u_z^2}$，本质上为一正值。下节我们将导出分子速率分布的表达式。

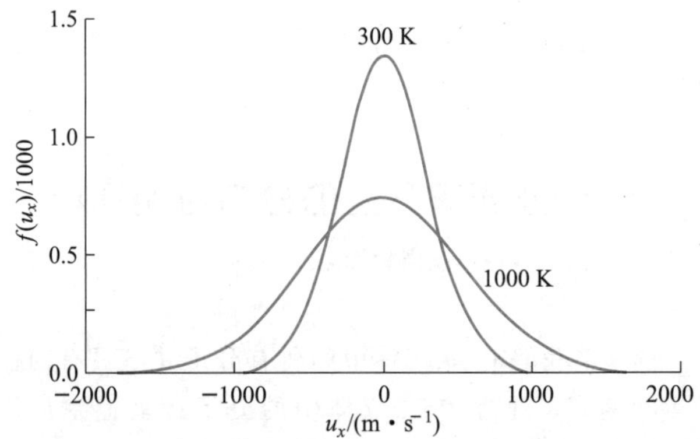

图 27.3　300 K 和 1000 K 时氮气分子的速度分量分布曲线。

式(27.32)采用摩尔质量 M 和摩尔气体常数 R 来表达 $f(u_x)$。由于 $f(u_x)$ 描述的是分子速度在 x 轴上分量的概率分布，人们通常将式(27.32)写成如下形式：

$$f(u_x)=\left(\frac{m}{2\pi k_B T}\right)^{1/2}e^{-mu_x^2/2k_BT}\tag{27.33}$$

式中 m 是分子的质量，k_B 是 Boltzmann 常数。我们已经发现，Boltzmann 常数经常以 k_BT 的形式出现在许多的物理化学公式中，而 k_BT 具有能量量纲。事实上，式(27.33)的指数部分是 x 轴方向的动能分量除以 k_BT，必然是量纲为 1 的量。另外，我们只需将式(27.32)中的 M

和 R 同时除以阿伏伽德罗常数 N_A，就可以获得式(27.33)。

可以利用式(27.33)计算 u_x 的平均值，即

$$\langle u_x\rangle=\int_{-\infty}^{+\infty}u_x f(u_x)\,du_x=\sqrt{\frac{m}{2\pi k_B T}}\int_{-\infty}^{+\infty}u_x e^{-mu_x^2/2k_BT}du_x \tag{27.34}$$

被积函数是关于 u_x 的奇函数，所以有 $\langle u_x\rangle=0$。物理上，出现该结果的原因是分子在 x 轴正、负两个方向上运动的概率相等。

» 例题 27-3 计算 u_x^2 以及动能在 x 轴上的分量 $\frac{1}{2}mu_x^2$ 的平均值。

» 解 u_x^2 的平均值可由下式来计算：

$$\langle u_x^2\rangle=\sqrt{\frac{m}{2\pi k_B T}}\int_{-\infty}^{+\infty}u_x^2 e^{-mu_x^2/2k_BT}du_x$$

因为被积函数是一个关于 u_x 的偶函数，上式又可写成

$$\langle u_x^2\rangle=2\sqrt{\frac{m}{2\pi k_B T}}\int_{0}^{+\infty}u_x^2 e^{-mu_x^2/2k_BT}du_x$$

应用式(B.20)$\left(\alpha=\frac{m}{2k_BT}\right)$可得到

$$\langle u_x^2\rangle=\frac{k_BT}{m}=\frac{RT}{M}$$

分子的动能在 x 轴上分量的平均值为

$$\frac{1}{2}m\langle u_x^2\rangle=\frac{1}{2}k_BT \tag{27.35}$$

y,z 轴分量有类似结果。

式(27.35)意味着

$$\frac{1}{2}m\langle u_x^2\rangle=\frac{1}{2}m\langle u_y^2\rangle=\frac{1}{2}m\langle u_z^2\rangle=\frac{1}{2}k_BT$$

分子的总动能是

$$\frac{1}{2}m\langle u^2\rangle=\frac{3}{2}k_BT$$

这两个公式表明总动能 $\frac{3}{2}k_BT$ 等分到 x,y,z 轴三个分量上，这也是气体各向同性的必然结果。

大多数实验观测结果取决于分子的平均速率，但也有一些取决于整个速率分布本身。其中之一就是原子和分子发射光谱中谱线的形状。理想的谱线是非常窄的，只是由于激发态的有限寿命而宽化(自然变宽)。但是，上述寿命宽化通常并不是所观测到的一根谱线宽度的主要来源，谱线也可因发射辐射的分子的运动而增宽。如果处在静止状态的一个原子或分子发射的辐射频率是 ν_0，由于多普勒效应(Doppler effect)，则处在某固定位置的观测者所测量到的频率将是

$$\nu\approx\nu_0\left(1+\frac{u_x}{c}\right) \tag{27.36}$$

式中 u_x 是该原子或分子远离或趋近观测者的速率，c 为光速。

如果我们观测来自温度 T 时一个气体所发射的辐射，那么就会发现在 ν_0 处的谱线将会由于发射辐射的分子的 u_x 的 Maxwell 分布而展开。使用式(27.36)，速率 u_x 的分布函数可以转化成关于 ν 的分布函数。将由式(27.36)得到的关系式 $u_x=c(\nu-\nu_0)/\nu_0$ 代入式(27.33)，可得

$$I(\nu)\propto e^{-mc^2(\nu-\nu_0)^2/2\nu_0^2k_BT} \tag{27.37}$$

该式可用于说明实际观测到的谱线形状。$I(\nu)$ 的形式是以 ν_0 为中心的高斯曲线，方差可由下式给出(参见数学章节 B)：

$$\sigma^2=\frac{\nu_0^2k_BT}{mc^2}=\frac{\nu_0^2RT}{Mc^2}$$

式中 M 是摩尔质量。Na 发射频率为 5×10^{14} Hz 的光，对应于从激发态 $3p^2P_{3/2}$ 到基态 $3s^2S_{1/2}$ 的跃迁。500 K 时，来自一含低压钠蒸气池的辐射所对应的 σ，也即该发射光谱宽度的量度，大约是 7×10^8 Hz。如果钠原子是静止的，那么测量到的 σ 值将约为 1×10^6 Hz。由于分子运动速率的分布所引起的谱线增宽称为**多普勒增宽**(Doppler broadening)。

27-3 分子速率分布符合 Maxwell-Boltzmann 分布

到目前为止，我们已经得到了分子速度某一分量的概率分布。由于均相气体是各向同性的，一个分子的运动方向对气体的性质没有实质上的影响，仅与 $\boldsymbol{u}$ 的大小，即速率有关。因此，本节我们将导出分子速率分布。定义函数 $F(u)$ 为

$$F(u)\,du=f(u_x)\,du_x f(u_y)\,du_y f(u_z)\,du_z \tag{27.38}$$

如果将式(27.33)以及与之相似的 $f(u_y)$ 和 $f(u_z)$ 表达式代入式(27.38)中，则可得

$$F(u)\,du=\left(\frac{m}{2\pi k_BT}\right)^{3/2}e^{-m(u_x^2+u_y^2+u_z^2)/2k_BT}du_x du_y du_z \tag{27.39}$$

我们需要将式(27.39)右边转化成 $F(u)\,du$ 的形式，

$F(u)\mathrm{d}u$ 是一个分子的速率处在 u 到 $u+\mathrm{d}u$ 之间的概率。为了达到上述目的,考虑一个直角坐标系,其中沿三个轴的距离分别是 u_x,u_y 和 u_z,即速度的三个分量[如图27.4(a)所示]。分子运动速度 $\boldsymbol{u}$ 是一矢量,其分量是 u_x,u_y 和 u_z;$\boldsymbol{u}$ 的长度为 $u=\sqrt{u_x^2+u_y^2+u_z^2}$。这个坐标系描述的空间称为**速度空间**(velocity space),类似于由 x,y,z 坐标系表示的三维空间。正如 $\mathrm{d}x\mathrm{d}y\mathrm{d}z$ 为一般空间中的无限小体积元一样,$\mathrm{d}u_x\mathrm{d}u_y\mathrm{d}u_z$ 是速度空间中的一个无限小"体积"元。由于气体是各向同性的,使用球坐标来描述分子速率分布比笛卡儿坐标更加方便(见图27.4)。在一般空间,微小体积元为 $4\pi r^2\mathrm{d}r$,即一个半径为 r、厚度为 $\mathrm{d}r$ 的球壳的体积。类似地,在我们的速度空间中,微小体积元为 $4\pi u^2\mathrm{d}u$[见图27.4(b)]。因此,在式(27.39)中,我们可以用 u^2 代替 $u_x^2+u_y^2+u_z^2$,用 $4\pi u^2\mathrm{d}u$ 代替 $\mathrm{d}u_x\mathrm{d}u_y\mathrm{d}u_z$,从而得到

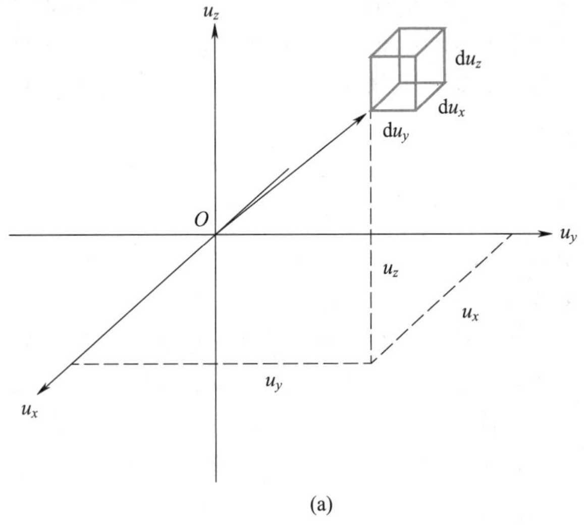

(a)

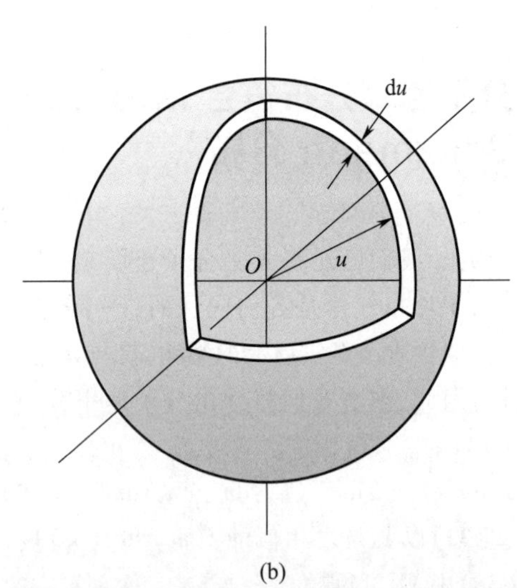

(b)

图27.4 速度空间示意图。(a)笛卡儿坐标表示,每一个点对应不同的 u_x,u_y 和 u_z 值,微分体积元是 $\mathrm{d}u_x\mathrm{d}u_y\mathrm{d}u_z$,分子的速度是一长度为 $\sqrt{u_x^2+u_y^2+u_z^2}$ 的矢量。(b)球坐标表示,体积元是半径为 u、厚度为 $\mathrm{d}u$ 的球壳,体积为 $4\pi u^2\mathrm{d}u$。

$$F(u)\mathrm{d}u=4\pi\left(\frac{m}{2\pi k_\mathrm{B}T}\right)^{3/2}u^2\mathrm{e}^{-mu^2/2k_\mathrm{B}T}\mathrm{d}u \tag{27.40}$$

上式给出了一个分子其速率处在 u 和 $u+\mathrm{d}u$ 之间的概率分布。注意到与式(27.39)(对于速率的一个分量的概率分布)不同,式(27.40)中出现了一个因子 u^2。另外,尽管一个速率分量的范围可以是从 $-\infty$ 到 $+\infty$,但 u 的范围只能是从0到 $+\infty$,因为 u 本质上是一正值。

» 例题 27-4 证明式(27.40)是归一化的。

» 解 运用式(B.20)和 $\alpha=m/2k_\mathrm{B}T$,可得

$$\int_0^{+\infty}F(u)\mathrm{d}u=4\pi\left(\frac{m}{2\pi k_\mathrm{B}T}\right)^{3/2}\int_0^{+\infty}u^2\mathrm{e}^{-mu^2/2k_\mathrm{B}T}\mathrm{d}u$$
$$=4\pi\left(\frac{m}{2\pi k_\mathrm{B}T}\right)^{3/2}\cdot\frac{k_\mathrm{B}T}{2m}\cdot\left(\frac{2\pi k_\mathrm{B}T}{m}\right)^{1/2}=1$$

也可以计算 u 的平均值。例如,平均速率可由下式来计算(参见数学章节B):

$$\langle u\rangle=\int_0^{+\infty}uF(u)\mathrm{d}u=4\pi\left(\frac{m}{2\pi k_\mathrm{B}T}\right)^{3/2}\int_0^{+\infty}u^3\mathrm{e}^{-mu^2/2k_\mathrm{B}T}\mathrm{d}u \tag{27.41}$$

相应的标准积分公式为(参见表27.2)

$$\int_0^{+\infty}x^{2n+1}\mathrm{e}^{-\alpha x^2}\mathrm{d}x=\frac{n!}{2\alpha^{n+1}}$$

故式(27.41)可写成

$$\langle u\rangle=4\pi\left(\frac{m}{2\pi k_\mathrm{B}T}\right)^{3/2}\times\frac{1!}{2}\times\left(\frac{2k_\mathrm{B}T}{m}\right)^2$$
$$=\sqrt{\frac{8k_\mathrm{B}T}{\pi m}}=\sqrt{\frac{8RT}{\pi M}} \tag{27.42}$$

注意该值与 $u_\mathrm{rms}=\sqrt{\frac{3k_\mathrm{B}T}{m}}$ 略有不同。事实上,$\langle u\rangle$ 和 u_rms 之比为 $\sqrt{\frac{8}{3\pi}}=0.92$。

u_rms 可以直接由式(27.40)来获得:

$$\langle u^2\rangle=\int_{-\infty}^{+\infty}u^2f(u)\mathrm{d}u=4\pi\left(\frac{m}{2\pi k_\mathrm{B}T}\right)^{1/2}\int_0^{+\infty}u^4\mathrm{e}^{-mu^2/2k_\mathrm{B}T}\mathrm{d}u$$

参考表27.2,得

$$\langle u^2\rangle=4\pi\left(\frac{m}{2\pi k_\mathrm{B}T}\right)^{3/2}\times\frac{1\times3}{8}\times\left(\frac{2k_\mathrm{B}T}{m}\right)^2\left(\frac{2\pi k_\mathrm{B}T}{m}\right)^{1/2}=\frac{3k_\mathrm{B}T}{m}$$

由定义可知 $u_\mathrm{rms}=\langle u^2\rangle^{1/2}=\sqrt{\frac{3k_\mathrm{B}T}{m}}=\sqrt{\frac{3RT}{M}}$,与之前得到

的结果一致。

表 27.2 气体动理论中常见的一些积分。

积分	条件
$\int_0^{+\infty} x^{2n} e^{-\alpha x^2} dx = \frac{1\times 3\times 5\times\cdots\times(2n-1)}{2^{n+1}\alpha^n}\left(\frac{\pi}{\alpha}\right)^{1/2}$	$n \geqslant 1$
$\int_0^{+\infty} x^{2n+1} e^{-\alpha x^2} dx = \frac{n!}{2\alpha^{n+1}}$	$n \geqslant 0$
$\int_0^{+\infty} x^{n/2} e^{-\alpha x} dx = \frac{n(n-2)(n-4)\cdots(1)}{(2\alpha)^{(n+1)/2}}\left(\frac{\pi}{\alpha}\right)^{1/2}$	n 为奇数
$= \frac{(n/2)!}{\alpha^{(n+2)/2}}$	n 为偶数

另一个特征速率是**最概然速率**(the most probable speed)。最概然速率 u_{mp} 对应 $F(u)$ 有最大值,可通过令 $F(u)$ 的导数等于零来获得 u_{mp}。

$$\frac{dF(u)}{du} = 4\pi\left(\frac{m}{2\pi k_B T}\right)^{3/2}\left(2u - \frac{mu^3}{k_B T}\right)e^{-mu^2/2k_BT} = 0$$

为了使 $dF(u)/du$ 等于零,上式中的方括号项必定等于零,从而有

$$u_{mp} = \sqrt{\frac{2k_BT}{m}} = \sqrt{\frac{2RT}{M}} \tag{27.43}$$

注意我们所遇到的所有特征速率 u_{rms}, $\overline{u}$ 和 u_{mp} 都具有 $\left(常数\times\sqrt{\frac{k_BT}{m}}\right)$ 或 $\left(常数\times\sqrt{\frac{RT}{M}}\right)$ 的形式。

我们也可以用动能代替速率来表示 Maxwell-Boltzmann 分布。由于 $\varepsilon = \frac{1}{2}mu^2$,故 $u = \sqrt{\frac{2\varepsilon}{m}}$, $du = d\varepsilon/(2m\varepsilon)^{1/2}$,代入(式 27.40)可得

$$F(\varepsilon)d\varepsilon = 4\pi\left(\frac{m}{2\pi k_BT}\right)^{3/2}\cdot\frac{2\varepsilon}{m}\cdot e^{-\varepsilon/k_BT}\frac{d\varepsilon}{(2m\varepsilon)^{1/2}}$$

$$= \frac{2\pi}{(\pi k_BT)^{3/2}}\varepsilon^{1/2}e^{-\varepsilon/k_BT}d\varepsilon \tag{27.44}$$

» 例题 27-5 证明由式(27.44)给出的分布是归一化的。

» 解 需要证明 $\int_0^{+\infty} F(\varepsilon)d\varepsilon = \frac{2\pi}{(\pi k_BT)^{3/2}}\int_0^{+\infty}\varepsilon^{1/2}e^{-\varepsilon/k_BT}d\varepsilon = 1$

其所需的积分可参见表 27.2 中的第三个,令其中的 $n=1$,则

$$\int_0^{+\infty} x^{1/2}e^{-\alpha x}dx = \frac{1}{2\alpha}\sqrt{\frac{\pi}{\alpha}}$$

所以

$$\int_0^{+\infty} F(\varepsilon)d\varepsilon = \frac{2\pi}{(\pi k_BT)^{3/2}}\int_0^{+\infty}\varepsilon^{1/2}e^{-\varepsilon/k_BT}d\varepsilon$$

$$= \frac{2\pi}{(\pi k_BT)^{3/2}}\cdot\frac{k_BT}{2}\cdot(\pi k_BT)^{1/2} = 1$$

另外,也可以直接证明

$$\langle\varepsilon\rangle = \int_0^{+\infty}\varepsilon f(\varepsilon)d\varepsilon = \frac{2\pi}{(\pi k_BT)^{3/2}}\int_0^{+\infty}\varepsilon^{3/2}e^{-\varepsilon/k_BT}d\varepsilon$$

$$= \frac{2\pi}{(\pi k_BT)^{3/2}}\times 3\left(\frac{k_BT}{2}\right)^2(\pi k_BT)^{1/2} = \frac{3}{2}k_BT$$

结果与式(27.10)一致。

27-4 气体分子与器壁的碰撞频率正比于其数密度和分子平均速率

本节中,我们将推导出气体分子与容器壁碰撞频率的表达式。该物理量是表面反应速率理论的核心。导出该表达式所用的几何模型如图 27.5 所示。图 27.5 是一个底面积为 A、斜高为 udt 且与底面(即 xy 平面)的法线成 θ 角的倾斜圆柱体。该圆柱体包含了那些在时间间隔 dt 内以速率 u、角度 θ 撞击底面的所有分子。这样一个圆柱体的体积是其底面积 A 与垂直高度 $u\cos\theta dt$ 的乘积,即 $(Audt)\cos\theta$;该圆柱体中分子的数目是 $\rho(Audt)\cos\theta$,式中 ρ 是分子数密度,即 N/V。速率在 u 到 $u+du$ 之间的分子所占分数是 $F(u)du$,在 $\theta\sim\theta+d\theta$ 以及 $\phi\sim\phi+d\phi$ 立体角范围内运动的分子分数是 $\sin\theta d\theta d\phi/4\pi$,式中 4π 代表一个完整的立体角(参见数学章节 D)。以上各因子的乘积就是在时间间隔 dt 内、以特定方向与底面 A 发生碰撞的分子数 dN_{coll},即

$$dN_{coll} = \rho(Audt)\cos\theta\cdot F(u)du\cdot\frac{\sin\theta d\theta d\phi}{4\pi} \tag{27.45}$$

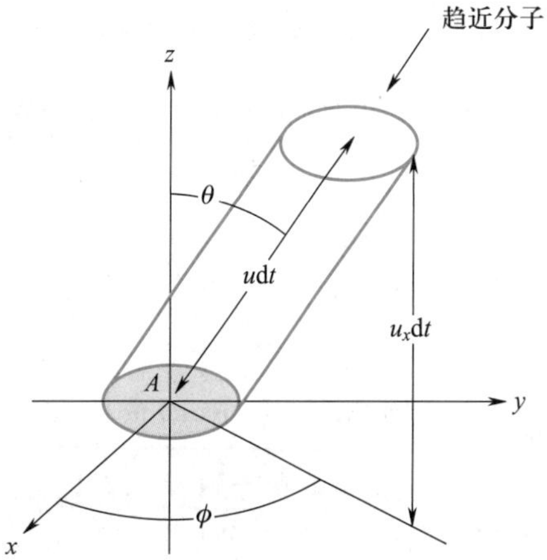

趋近分子
z
θ
udt
$u_z dt$
A
y
x
ϕ

图 27.5 用于计算气体分子与容器壁碰撞速率的几何模型。注意 θ 的范围是从 0 到 $\pi/2$,因为分子只是从一面与壁碰撞。

如果将式(27.45)除以 $A\mathrm{d}t$,则可得

$$\mathrm{d}z_{\mathrm{coll}}=\frac{1}{A}\frac{\mathrm{d}N_{\mathrm{coll}}}{\mathrm{d}t}=\rho u\cos\theta\cdot F(u)\mathrm{d}u\cdot\frac{\sin\theta\mathrm{d}\theta\mathrm{d}\phi}{4\pi} \tag{27.46}$$

式中 $\mathrm{d}z_{\mathrm{coll}}$ 是指单位时间内速率在 u 到 $u+\mathrm{d}u$ 之间、方向位于立体角 $\sin\theta\mathrm{d}\theta\mathrm{d}\phi$ 内的分子与单位面积的壁发生碰撞的次数。注意式(27.46)中有一个因子 u^3[因为在 $F(u)$ 中有一因子 u^2],而式(27.40)中的因子是 u^2。图 27.6 显示了两个(未归一化的)函数 $u^2\mathrm{e}^{-mu^2/2k_\mathrm{B}T}$ 和 $u^3\mathrm{e}^{-mu^2/2k_\mathrm{B}T}$ 与 u 的关系曲线。注意 $u^3\mathrm{e}^{-mu^2/2k_\mathrm{B}T}$ 最大(峰)值对应的速率比 $u^2\mathrm{e}^{-mu^2/2k_\mathrm{B}T}$ 的大$\left(\right.$习题 27-28 要求证明 $u^3\mathrm{e}^{-mu^2/2k_\mathrm{B}T}$ 的峰值出现在 $u_{\mathrm{mp}}=\sqrt{\frac{3k_\mathrm{B}T}{m}}$ 处,而 $u^2\mathrm{e}^{-mu^2/2k_\mathrm{B}T}$ 峰值出现在 $u_{\mathrm{mp}}=\sqrt{\frac{2k_\mathrm{B}T}{m}}$ 处$\left.\right)$。从物理角度上看,这意味着与面积为 A 的一个平面发生碰撞的分子,其运动速率一般来说比气体分子来得更快一些,其原因是以更快速率运动的分子在一指定的时间内撞击面积 A 的机会更大。

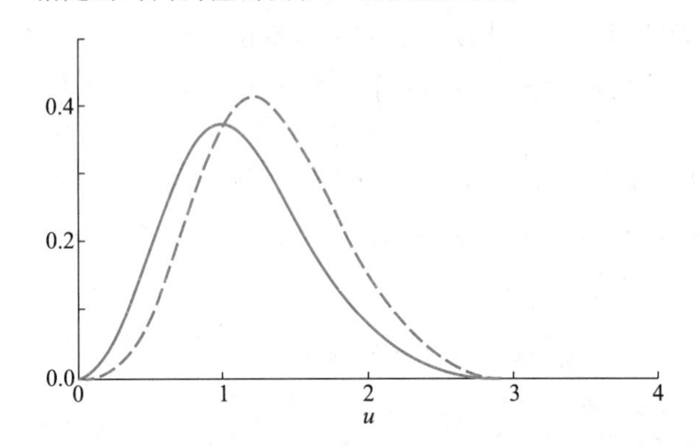

图 27.6 $u^2\mathrm{e}^{-mu^2/2k_\mathrm{B}T}$(实线)和 $u^3\mathrm{e}^{-mu^2/2k_\mathrm{B}T}$(虚线)分别对速率 u $\left(以\sqrt{\frac{k_\mathrm{B}T}{m}}为单位\right)$作图。注意 $u^3\mathrm{e}^{-mu^2/2k_\mathrm{B}T}$ 的峰值对应的速率较 $u^2\mathrm{e}^{-mu^2/2k_\mathrm{B}T}$ 更大。

如果将式(27.46)对所有可能的速率和方向积分,则得到

$$z_{\mathrm{coll}}=\frac{\rho}{4\pi}\int_0^{+\infty}uF(u)\mathrm{d}u\int_0^{\pi/2}\cos\theta\sin\theta\mathrm{d}\theta\int_0^{2\pi}\mathrm{d}\phi \tag{27.47}$$

注意:之所以将 θ 从 0 积分到 $\pi/2$,是因为分子只从一侧撞击器壁。上式中 u 部分的积分等于 $\langle u\rangle$,θ 部分的积分等于 1/2,ϕ 部分的积分是 2π。这样,单位面积上的碰撞频率为

$$z_{\mathrm{coll}}=\frac{1}{A}\frac{\mathrm{d}N_{\mathrm{coll}}}{\mathrm{d}t}=\frac{\rho}{4\pi}\times\langle u\rangle\times\frac{1}{2}\times2\pi=\frac{1}{4}\rho\langle u\rangle \tag{27.48}$$

习题 27-49 至习题 27-52 讨论了式(27.48)的一些应用。

» 例题 27-6 利用式(27.48),计算 25 ℃,100 kPa 下,氮气分子在单位面积上的碰撞频率。

» 解 先计算分子数密度:

$$\rho=\frac{N}{V}=\frac{N_\mathrm{A}n}{V}=\frac{N_\mathrm{A}P}{RT}$$
$$=\frac{6.022\times10^{23}\ \mathrm{mol^{-1}}\times100\ \mathrm{kPa}}{8.314\ \mathrm{J\cdot K^{-1}\cdot mol^{-1}}\times298\ \mathrm{K}}=2.43\times10^{25}\ \mathrm{m^{-3}}$$

$N_2(\mathrm{g})$ 分子运动的平均速率为

$$\langle u\rangle=\sqrt{\frac{8RT}{\pi M}}=\sqrt{\frac{8\times8.314\ \mathrm{J\cdot K^{-1}\cdot mol^{-1}}\times298\ \mathrm{K}}{3.14\times0.02802\ \mathrm{kg\cdot mol^{-1}}}}$$
$$=475\ \mathrm{m\cdot s^{-1}}$$

由式(27.48)可知,单位面积上的碰撞频率

$$z_{\mathrm{coll}}=\frac{1}{4}\rho\langle u\rangle=\frac{1}{4}\times2.43\times10^{25}\ \mathrm{m^{-3}}\times475\ \mathrm{m\cdot s^{-1}}$$
$$=2.88\times10^{27}\ \mathrm{s^{-1}\cdot m^{-2}}$$

我们可以利用式(27.48)再次导出公式(27.9)。垂直于壁的动量分量是 $mu\cos\theta$,如果假设气体分子与壁的碰撞是完全弹性的,那么每次碰撞所引起的动量改变将是 $2mu\cos\theta$(参见图 27.7)。故速率在 u 到 $u+\mathrm{d}u$ 之间、方向位于立体角 $\sin\theta\mathrm{d}\theta\mathrm{d}\phi$ 内的那些分子对器壁施加的压力就等于每次碰撞的动量改变量与单位面积上碰撞频率[式(27.46)]的乘积,即

$$\mathrm{d}P=(2mu\cos\theta)\mathrm{d}z_{\mathrm{coll}}=(2mu\cos\theta)\rho u\cos\theta\cdot F(u)\mathrm{d}u\cdot\frac{\sin\theta\mathrm{d}\theta\mathrm{d}\phi}{4\pi}$$
$$=\rho\left(\frac{m}{2\pi k_\mathrm{B}T}\right)^{3/2}(2mu\cos\theta)u^3\mathrm{e}^{-mu^2/2k_\mathrm{B}T}\mathrm{d}u\cos\theta\sin\theta\mathrm{d}\theta\mathrm{d}\phi$$

将上式对 θ 和 ϕ 的所有值积分(注意 $0\leqslant\theta\leqslant\pi/2$),即

$$\int_0^{\pi/2}\cos^2\theta\sin\theta\mathrm{d}\theta\int_0^{2\pi}\mathrm{d}\phi=2\pi/3$$

并利用

$$4\pi\left(\frac{m}{2\pi k_\mathrm{B}T}\right)^{3/2}\int_0^{+\infty}u^4\mathrm{e}^{-mu^2/2k_\mathrm{B}T}\mathrm{d}u=\langle u^2\rangle$$

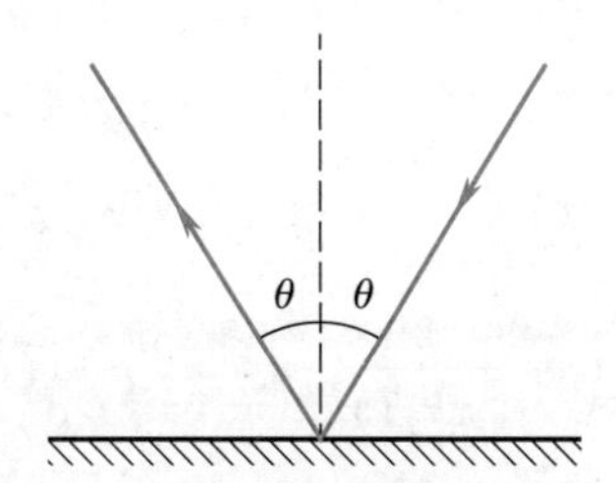

图 27.7 分子与器壁的弹性碰撞。垂直于壁的速度分量在碰撞后反向,故总的动量改变是 $2mu\cos\theta$。

从而得到

$$P=\frac{1}{3}\rho m\langle u^2\rangle=\frac{1}{3V}Nm\langle u^2\rangle$$

与式(27.9)一致。

27-5 Maxwell-Boltzmann 分布已经被实验证实

Maxwell-Boltzmann 分布已经被多种不同实验所验证。其中最直接的实验由美国哥伦比亚大学的 Kusch 及其同事于 1950 年代完成。如图 27.8 所示,他们所用的实验装置中有一带小孔(针眼)的炉子,通过该针眼可使一束原子(如 K 原子)进入抽空的腔室内。原子束首先穿过一对准直狭缝,然后再穿过速率筛选器。速率筛选器(见图 27.9)由一组开有裂缝的转盘组成,只有那些具有特定速率的原子才能通过速率筛选器到达检测器。通过调节转盘的旋转频率可以选择具有特定速率的原子。检测器测到的强度可给出具有某一速率原子的相对分数。

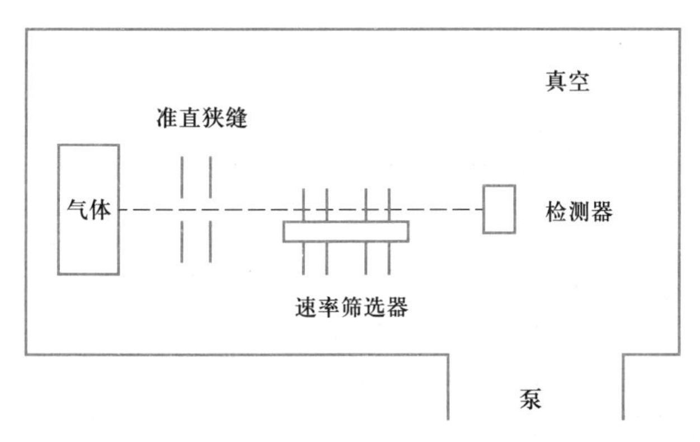

图 27.8 验证 Maxwell-Boltzmann 分布的实验装置示意图。

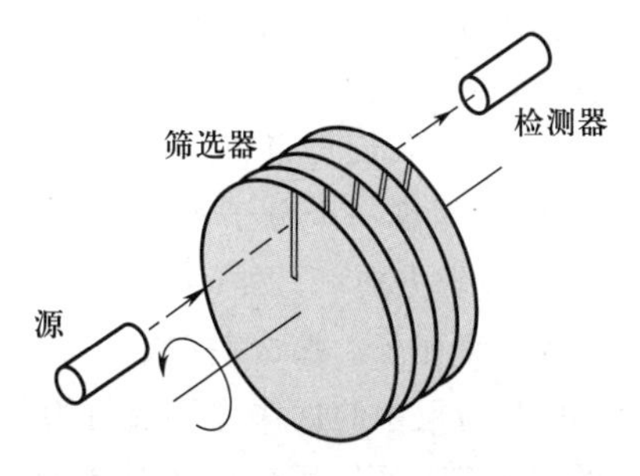

图 27.9 速率筛选器示意图。只有那些以特定速率行进的原子才能通过一组旋转盘。

图 27.10 显示了气态钾原子的实验结果与 Maxwell-Boltzmann 分布的预测结果对比。圆圈是实验数据,实线则是采用 Maxwell-Boltzmann 分布预测的钾原子通量随速率的分布曲线。可见两者吻合得很好。因在原子和分子束领域的工作,Kusch 获得了 1955 年度的诺贝尔物理学奖。

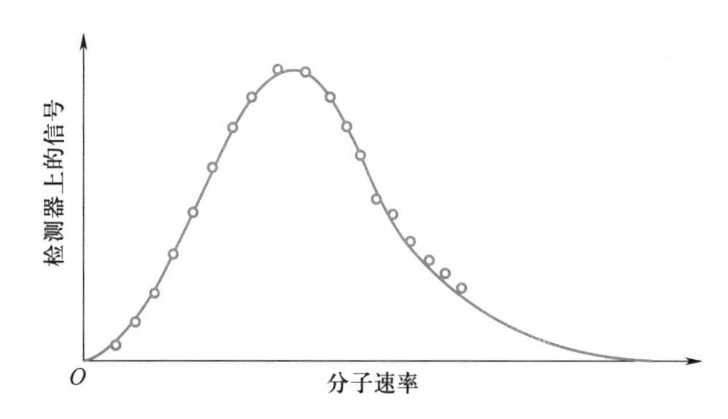

图 27.10 Maxwell-Boltzmann 分子速率分布的一个实验验证。实线是根据 Maxwell-Boltzmann 分布公式计算的结果,圆圈则是 Miller 和 Kusch 的实验数据。

27-6 平均自由程是一个分子在连续两次碰撞间行进距离的平均值

在第 30 章讨论气相化学反应的速率理论时,需要知道气体分子间的碰撞频率。我们先考虑单个气相分子的碰撞频率。与往常一样,我们将分子视为直径为 d 的硬球。另外,假设所有其他气体分子是静止的,然后在推演的最后将所有分子都在相对运动这一因素考虑进去。当所考虑的这个分子运动时,它将扫过一个直径为 $2d$ 的圆柱体,并与中心位于该圆柱体内的其他分子碰撞。这个所谓的**碰撞圆柱体**(collision cylinder)如图 27.11 所示。当该分子的中心与其他分子的中心之间的距离处在 d 值范围内,就会有碰撞发生。这些分子中的每一个都提供了一个有效半径为 d 的靶子,也即**碰撞截面**(collision cross section),其面积为 πd^2。图 27.11 示意碰撞圆柱体的半径为 d,也就是分子的直径。我们用希腊字母 σ 来表示硬球碰撞截面积 πd^2,碰撞圆柱体的体积等于截面积 σ 乘以它的长度 $\langle u\rangle\mathrm{d}t$,即 $\sigma\langle u\rangle\mathrm{d}t$。由于只要另一个分子其中心位于这个圆柱体内,就会有碰撞发生,所以这个分子发生碰撞的数目就等于碰撞圆柱体内分子的数目。如果分子的数密度为 ρ,则在时间间隔 $\mathrm{d}t$ 内的碰撞次数为

$$\mathrm{d}N_{\text{coll}}=\rho\sigma\langle u\rangle\mathrm{d}t$$

或碰撞频率 z_{A} 为

$$z_{\mathrm{A}}=\frac{\mathrm{d}N_{\text{coll}}}{\mathrm{d}t}=\rho\sigma\langle u\rangle=\rho\sigma\sqrt{\frac{8k_{\mathrm{B}}T}{\pi m}} \tag{27.49}$$

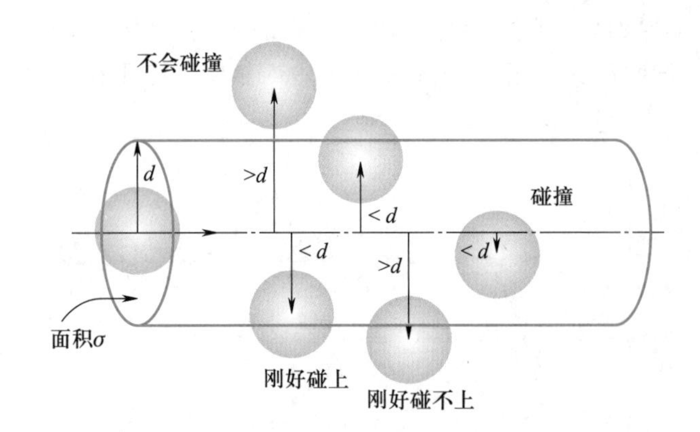

图 27.11 一个气体分子穿过气体行进时扫过的碰撞圆柱体。只要另一个分子的中心位于圆柱体内,碰撞就会发生。

式(27.49)并不完全准确,因为我们假定其他分子静止不动。在第 5 章第 2 节中,我们已学过两个质量分别为 m_1 和 m_2 的运动物体之间的相对运动可以用一具有折合质量 $\mu=m_1m_2/(m_1+m_2)$ 的物体相对于另一个固定不动物体的运动来处理。因此,我们可以将式(27.49)中的 m 用 μ 来代替,从而将所有分子都在相对运动这一因素考虑进来。如果两个碰撞分子的质量相同,则 $\mu=m/2$,且平均相对速率为

$$\langle u_r\rangle=\sqrt{2}\langle u\rangle$$

因此,z_A 的正确表达式应是

$$z_A=\rho\sigma\langle u_r\rangle=\sqrt{2}\rho\sigma\langle u\rangle \tag{27.50}$$

» 例题 27-7 用式(27.50)计算在 25 ℃,100 kPa 下,氮气中一个氮气分子的碰撞频率。

» 解 根据表 27.3,氮气的 $\sigma=0.450\times10^{-18}\ \mathrm{m}^2$。在例题 27-6 中,已计算出 25 ℃和 100 kPa 时氮气分子的数密度为 $\rho=2.43\times10^{25}\ \mathrm{m}^{-3}$,平均速率为 $\langle u\rangle=475\ \mathrm{m\cdot s^{-1}}$。所以,碰撞频率为

$$z_A=(\sqrt{2})(2.43\times10^{25}\ \mathrm{m}^{-3})(0.450\times10^{-18}\ \mathrm{m}^2)(475\ \mathrm{m\cdot s^{-1}})$$
$$=7.3\times10^{9}\ \mathrm{s}^{-1}$$

因为我们已知一个双原子分子的典型振动频率为 $10^{13}\sim10^{14}\ \mathrm{s}^{-1}$(见第 5 章),因此,这个结果的物理含义就是:一个典型双原子分子在两次碰撞间将振动数千次(在 25 ℃,100 kPa 下)。

应该指出,z_A 的倒数是两次碰撞间平均时间的一种量度。因此,在 100 kPa 下(例题 27-7),平均来说,一个氮气在 25 ℃时每隔 1.4×10^{-10} s 就碰撞一次。

我们可以得到一个分子在连续两次碰撞之间行进距离的平均值,即**平均自由程**(mean free path)$\bar{l}$。如果一个分子以平均速率 $\langle u\rangle$ 运动,且在 1 s 中碰撞 z_A 次,则在两次连续碰撞之间所行进的平均距离可由下式给出:

$$\bar{l}=\frac{\langle u\rangle}{z_A}=\frac{\langle u\rangle}{\sqrt{2}\rho\sigma\langle u\rangle}=\frac{1}{\sqrt{2}\rho\sigma}$$

如果用其理想气体的数值 $\left(\rho=\frac{PN_A}{RT}\right)$ 来代替 ρ,则

$$\bar{l}=\frac{RT}{\sqrt{2}N_A\sigma P} \tag{27.51}$$

该式表明在一给定温度下,平均自由程与压力成反比。对于 25 ℃,100 kPa 下的氮气,$\bar{l}$ 等于 6.5×10^{-8} m,大约是一个氮气分子有效直径的 200 倍。

表 27.3 一些分子的碰撞直径 d 和碰撞截面积 σ。

气体	d/pm	σ/nm^2
He	210	0.410
Ar	370	0.430
Xe	490	0.750
H_2	270	0.230
N_2	380	0.450
O_2	360	0.410
Cl_2	540	0.920
CH_4	410	0.530
C_2H_4	430	0.580

» 例题 27-8 计算在 298 K 和低压 10^{-5} torr 时一个 $H_2(g)$ 分子的平均自由程。

» 解 根据表 27.3,对于 $H_2(g)$ 分子,$\sigma=0.230\times10^{-18}\ \mathrm{m}^2$。由式(27.51)可得

$$\bar{l}=\frac{(8.314\ \mathrm{J\cdot K^{-1}\cdot mol^{-1}})(298\ \mathrm{K})}{(\sqrt{2})(6.022\times10^{23}\mathrm{mol}^{-1})(0.230\times10^{-18}\ \mathrm{m}^2)(1\times10^{-5}\ \mathrm{torr})(101.325\ \mathrm{kPa}/760\ \mathrm{torr})}$$
$$=9.5\ \mathrm{m}$$

从下面的讨论中,我们可以得到平均自由程的另一种物理解释。同样,考虑一个分子行进中所扫过的圆柱体,运动方向沿着 x 轴方向。另外,考虑中心落在圆柱体内的每个分子为一个靶子。那么垂直于 x 轴的单位面积平面、厚度为 $\mathrm{d}x$ 的薄层中的这些靶子数目为 $\rho\mathrm{d}x$,其中 ρ 为气体分子的数密度(单位体积中的分子数)。忽略重叠,这些分子提供的、总的靶面积等于每个靶子的碰撞截面积(σ)乘以总的靶子数目($\rho\mathrm{d}x$),即 $\sigma\rho\mathrm{d}x$。那么,每个分子发生一次碰撞的概率就是这个总靶面积与总面积(单位面积)的比值,即

$$\text{一次碰撞的概率}=\sigma\rho\mathrm{d}x \tag{27.52}$$

现在考虑由 n_0 个分子组成的分子束以相同速率向 x 轴正方向运动,这些分子的运动起始点都在 $x=0$ 处。另外,我们用 $n(x)$ 表示运动了距离 x 后还没有发生碰撞的分子数。则在 x 和 $x+\mathrm{d}x$ 之间发生碰撞的分子数目就等于到达 x 处的分子数乘以在 $\mathrm{d}x$ 这段距离中发生碰撞的概率[式(27.52)],即

在 x 和 $x+\mathrm{d}x$ 之间发生碰撞的分子数目 $=n(x)\sigma\rho\mathrm{d}x$

由于碰撞将使分子从分子束中散射出去,因此,这个量也等于 $n(x)-n(x+\mathrm{d}x)$,即到达 x 处的分子数减去到达 $x+\mathrm{d}x$ 的分子数。所以,可以写出

$$n(x)-n(x+\mathrm{d}x)=\sigma\rho n(x)\mathrm{d}x$$

两边都除以 $\mathrm{d}x$,并利用定义

$$\frac{n(x+\mathrm{d}x)-n(x)}{\mathrm{d}x}=\frac{\mathrm{d}n}{\mathrm{d}x}$$

可以得到

$$\frac{\mathrm{d}n}{\mathrm{d}x}=-\sigma\rho n(x)$$

该微分方程的解是

$$n(x)=n_0\mathrm{e}^{-\sigma\rho x} \tag{27.53}$$

而 $\sigma\rho$ 正好是平均自由程的倒数(没有因子 $2^{1/2}$;只有当我们允许所有分子都在运动时方出现该因子),故上式又可写成

$$n(x)=n_0\mathrm{e}^{-x/\bar{l}} \tag{27.54}$$

在 $x\sim x+\mathrm{d}x$ 的间距内碰撞的分子数为 $n(x)-n(x+\mathrm{d}x)$,那么最初的 n_0 个分子中的一个在该间距内发生碰撞的概率 $p(x)\mathrm{d}x$ 为

$$p(x)\mathrm{d}x=\frac{n(x)-n(x+\mathrm{d}x)}{n_0}=-\frac{1}{n_0}\frac{\mathrm{d}n}{\mathrm{d}x}\mathrm{d}x$$

$$=\frac{1}{\bar{l}}\mathrm{e}^{-x/\bar{l}}\mathrm{d}x \tag{27.55}$$

正如预期,容易证明式(27.55)是归一化的以及 $\langle x\rangle=\bar{l}$。

» 例题 27-9 当其中有一半的分子被散射出一束起先由 n_0 个分子组成的分子束时,计算分子所移动的距离。

» 解 根据式(27.55),设移动的距离为 d,则

$$\frac{1}{\bar{l}}\int_0^d \mathrm{e}^{-x/\bar{l}}\mathrm{d}x=0.5=1-\mathrm{e}^{-d/\bar{l}}$$

$$d=\bar{l}\ln 2=0.693\bar{l}$$

所以,当分子行进到平均自由程的70%前将会有一半分子被散射。

图 27.12 显示了一个分子在行进了一段距离 x 前发生碰撞的概率对 $x/\bar{l}$ 的关系图。

在本节中,我们要介绍的另一个物理量是气体中所有分子在单位体积中的总碰撞频率 Z_{AA}。这也是气相反应速率理论中涉及的另一个物理量。如果 z_{A} 是一个特定分子的碰撞频率,那么单位体积中的总碰撞频率就等于 z_{A} 乘以分子数密度 ρ,然后再除以2(因为每次碰撞是两个分子参与,以避免将一对相似分子间的一次碰撞计为两个不同的碰撞)。因此,由式(27.50),得到

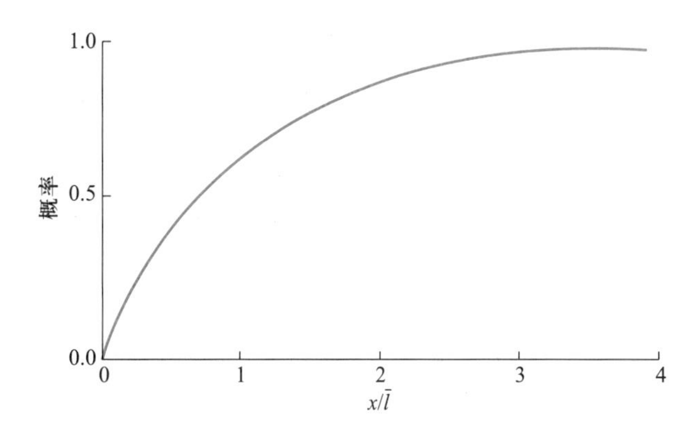

图 27.12 一个分子在行进了一段距离 x 前发生碰撞的概率对 $x/\bar{l}$ 作图。

$$Z_{\mathrm{AA}}=\frac{1}{2}\rho z_{\mathrm{A}}=\frac{1}{2}\sigma\langle u_{\mathrm{r}}\rangle\rho^2=\frac{\sigma\langle u\rangle\rho^2}{\sqrt{2}} \tag{27.56}$$

对于25 ℃,100 kPa下的氮气,其 $Z_{\mathrm{AA}}=8.9\times10^{34}\mathrm{s}^{-1}\cdot\mathrm{m}^{-3}$。如果气体由A,B两种类型的分子组成,则单位体积中的碰撞频率为

$$Z_{\mathrm{AB}}=\sigma_{\mathrm{AB}}\langle u_{\mathrm{r}}\rangle\rho_{\mathrm{A}}\rho_{\mathrm{B}} \tag{27.57}$$

式中

$$\sigma_{\mathrm{AB}}=\pi\left(\frac{d_{\mathrm{A}}+d_{\mathrm{B}}}{2}\right)^2,\langle u_{\mathrm{r}}\rangle=\sqrt{\frac{8k_{\mathrm{B}}T}{\pi\mu}} \tag{27.58}$$

其中 μ 是折合质量,等于 $m_{\mathrm{A}}m_{\mathrm{B}}/(m_{\mathrm{A}}+m_{\mathrm{B}})$。

» 例题 27-10 计算20 ℃,100 kPa下,体积为1 cm³ 的空气中,氮气与氮气之间的碰撞频率。假设80%的气体分子为氮气分子。

» 解 氮气的分压是80 kPa。单位体积中氮气分子的数目(即数密度)是

$$\rho=\frac{N_{\mathrm{A}}P_{\mathrm{N_2}}}{RT}=\frac{6.022\times10^{23}\mathrm{mol}^{-1}\times80\ \mathrm{kPa}}{8.314\ \mathrm{J}\cdot\mathrm{K}^{-1}\cdot\mathrm{mol}^{-1}\times293\ \mathrm{K}}$$

$$=2.0\times10^{25}\ \mathrm{m}^{-3}$$

平均速率为

$$\langle u\rangle=\sqrt{\frac{8RT}{\pi M}}=\sqrt{\frac{8\times8.314\ \mathrm{J}\cdot\mathrm{K}^{-1}\cdot\mathrm{mol}^{-1}\times293\ \mathrm{K}}{3.14\times0.02802\ \mathrm{kg}\cdot\mathrm{mol}^{-1}}}$$

$$=470\ \mathrm{m}\cdot\mathrm{s}^{-1}$$

由表27.3可知 $\sigma_{\mathrm{N_2}}=4.50\times10^{-19}\ \mathrm{m}^{-2}$,所以

$$Z_{\mathrm{N_2,N_2}}=\frac{4.50\times10^{-19}\ \mathrm{m}^{-2}\times470\ \mathrm{m}\cdot\mathrm{s}^{-1}\times2.0\times10^{25}\ \mathrm{m}^{-3}}{\sqrt{2}}$$

$$=6.0\times10^{34}\ \mathrm{s}^{-1}\cdot\mathrm{m}^{-3}$$

27-7 气相化学反应速率取决于相对动能超过某一临界值的碰撞速率

在例题 27-10 中，我们计算得到了 20 ℃，100 kPa 下分子间的碰撞次数大约是 $6.0\times10^{34}\ \mathrm{s^{-1}\cdot m^{-3}}$ 或 $10^{8}\ \mathrm{mol\cdot dm^{-3}\cdot s^{-1}}$。现在考虑一气相反应 A + B ⟶ 产物。如果每次碰撞都发生化学反应，那么反应进行的速率将是 $10^{8}\ \mathrm{mol\cdot dm^{-3}\cdot s^{-1}}$，消耗 1 mol·dm^{-3} 只需要 10^{-8} s，远快于大多数的化学反应。在第 30 章中学习气相化学反应速率理论时，我们将要作的假设之一就是两个碰撞分子的相对能量必须超过某一临界值时反应才会发生。因此，我们需要知道的不仅仅是总的碰撞频率，即式(27.57)，还要知道两个碰撞分子相对能量超过某一临界值的那些碰撞的频率。

为了导出这个结果，我们先由式(27.46)出发获得气体分子与器壁的碰撞频率。虽然气体分子与器壁的碰撞肯定与气体分子之间的碰撞不同，但更快速率运动的分子在一定时间内更有可能撞击器壁这一物理结果可延伸至分子间的碰撞。数学上，以更快速率运动的分子的数量可通过因子 $u^3\mathrm{e}^{-mu^2/2k_\mathrm{B}T}$ 看出，见图 27.6。通过用折合质量 $\mu=m_\mathrm{A}m_\mathrm{B}/(m_\mathrm{A}+m_\mathrm{B})$ 代替质量 m，我们将分子彼此间的碰撞(而不是与静止的器壁碰撞)考虑进来。因此，单位体积中 A 和 B 分子间以 u_r 至 $u_\mathrm{r}+\mathrm{d}u_\mathrm{r}$ 内的相对速率碰撞的频率正比于 $u_\mathrm{r}^3\mathrm{e}^{-\mu u_\mathrm{r}^2/2k_\mathrm{B}T}$，即

$$\mathrm{d}Z_\mathrm{AB}\propto u_\mathrm{r}^3\mathrm{e}^{-\mu u_\mathrm{r}^2/2k_\mathrm{B}T}\mathrm{d}u_\mathrm{r} = Au_\mathrm{r}^3\mathrm{e}^{-\mu u_\mathrm{r}^2/2k_\mathrm{B}T}\mathrm{d}u_\mathrm{r} \tag{27.59}$$

式中 A 是一比例常数。式(27.59)仅是式(27.57)的微分形式。为了确定 A 值，可令式(27.59)在所有相对速率范围内的积分等于由式(27.57)给出的 Z_AB。因此，得到

$$\sigma_\mathrm{AB}\rho_\mathrm{A}\rho_\mathrm{B}\sqrt{\frac{8k_\mathrm{B}T}{\pi\mu}}=A\int_0^{+\infty}u_\mathrm{r}^3\mathrm{e}^{-\mu u_\mathrm{r}^2/2k_\mathrm{B}T}\mathrm{d}u_\mathrm{r}=2A\left(\frac{k_\mathrm{B}T}{\mu}\right)^2 \tag{27.60}$$

其中积分在表 27.2 中已给出。解方程(27.60)得到

$$A=\sigma_\mathrm{AB}\rho_\mathrm{A}\rho_\mathrm{B}\left(\frac{\mu}{k_\mathrm{B}T}\right)^{3/2}\left(\frac{2}{\pi}\right)^{1/2}$$

所以式(27.59)可写成

$$\mathrm{d}Z_\mathrm{AB}=\sigma_\mathrm{AB}\rho_\mathrm{A}\rho_\mathrm{B}\left(\frac{\mu}{k_\mathrm{B}T}\right)^{3/2}\left(\frac{2}{\pi}\right)^{1/2}u_\mathrm{r}^3\mathrm{e}^{-\mu u_\mathrm{r}^2/2k_\mathrm{B}T}\mathrm{d}u_\mathrm{r} \tag{27.61}$$

此式表示单位体积中 A，B 两种类型分子以 u_r 至 $u_\mathrm{r}+\mathrm{d}u_\mathrm{r}$ 内的相对速率相互碰撞的频率。注意，该分布中有一个因子 u_r^3，它反映了具有更高相对速率的分子其碰撞将会更加频繁这一事实。式(27.61)中的因子 $\left(\frac{\mu}{k_\mathrm{B}T}\right)^{3/2}\left(\frac{2}{\pi}\right)^{1/2}u_\mathrm{r}^3\mathrm{e}^{-\mu u_\mathrm{r}^2/2k_\mathrm{B}T}\mathrm{d}u_\mathrm{r}$ 正比于分子的相对速率在 u_r 和 $u_\mathrm{r}+\mathrm{d}u_\mathrm{r}$ 之间的概率。

» 例题 27-11 请导出单位体积中相对动能超过某一临界值 ε_c 的碰撞频率表达式。

» 解 由式(27.61)出发，并利用关系式 $\varepsilon_\mathrm{r}=\mu u_\mathrm{r}^2/2$ 将式(27.61)中的 u_r 转化为相对动能 ε_r。

$$u_\mathrm{r}=(2\varepsilon_\mathrm{r}/\mu)^{1/2}\qquad \mathrm{d}u_\mathrm{r}=(1/2\varepsilon_\mathrm{r}\mu)^{1/2}\mathrm{d}\varepsilon_\mathrm{r}$$

代入式(27.61)，得到

$$\mathrm{d}Z_\mathrm{AB}=\sigma_\mathrm{AB}\rho_\mathrm{A}\rho_\mathrm{B}\left(\frac{1}{k_\mathrm{B}T}\right)^{3/2}\left(\frac{8}{\pi\mu}\right)^{1/2}\varepsilon_\mathrm{r}\mathrm{e}^{-\varepsilon_\mathrm{r}/k_\mathrm{B}T}\mathrm{d}\varepsilon_\mathrm{r} \tag{27.62}$$

该式表示单位体积中碰撞粒子的相对动能在 ε_r 和 $\varepsilon_\mathrm{r}+\mathrm{d}\varepsilon_\mathrm{r}$ 之间的碰撞频率。

为了得到单位体积中相对动能超过 ε_c 的碰撞频率，我们对式(27.62)从 ε_c 到 +∞ 进行积分，运用 $\int_{\varepsilon_\mathrm{c}}^{+\infty}\varepsilon_\mathrm{r}\mathrm{e}^{-\varepsilon_\mathrm{r}/k_\mathrm{B}T}\mathrm{d}\varepsilon_\mathrm{r}=(k_\mathrm{B}T)^2\left(1+\frac{\varepsilon_\mathrm{c}}{k_\mathrm{B}T}\right)\mathrm{e}^{-\varepsilon_\mathrm{c}/k_\mathrm{B}T}$，得到

$$Z_\mathrm{AB}(\varepsilon_\mathrm{r}>\varepsilon_\mathrm{c})=\sigma_\mathrm{AB}\rho_\mathrm{A}\rho_\mathrm{B}\sqrt{\frac{8k_\mathrm{B}T}{\pi\mu}}\left(1+\frac{\varepsilon_\mathrm{c}}{k_\mathrm{B}T}\right)\mathrm{e}^{-\varepsilon_\mathrm{c}/k_\mathrm{B}T} \tag{27.63}$$

注意：这个值实质上随 $\mathrm{e}^{-\varepsilon_\mathrm{c}/k_\mathrm{B}T}$ 而变，即与 ε_c 成指数关系。

27-1 计算 400 K 时 1 mol 乙烷气体的平均平动能，假设乙烷气体是理想气体。将结果与表 27.3 中给出的400 K 时乙烷的 $\overline{U}^\mathrm{id}$ 进行比较。

27-2 计算氮气分子在 200 K，300 K，500 K 和 1000 K 时的均方根速率。

27-3 如果气体的温度翻倍，则分子的均方根速率

将增加多少?

27-4 20 ℃时,在海平面上空气中的声速约为 770 mile·h^{-1}。请将该数值与 20 ℃时氮气和氧气分子的均方根速率相比较。

27-5 相同温度下,将下列气体的均方根速率按从小到大排列:

O_2, N_2, H_2O, CO_2, $^{235}UF_6$, $^{238}UF_6$

27-6 计算 $H_2(g)$和 $I_2(g)$混合物中 $H_2(g)$和 $I_2(g)$的均方根速率的比值。

27-7 单原子理想气体中的声速为 $u_{sound}=\sqrt{\dfrac{5RT}{3M}}$。导出 u_{rms}/u_{sound}的表达式。计算一个 Ar 原子在 20 ℃时的均方根速率,并将计算结果与 Ar 中的声速进行比较。

27-8 计算 25 ℃时 Ar 中的声速。

27-9 多原子分子理想气体中的声速可通过公式 $u_{sound}=\sqrt{\dfrac{\gamma RT}{M}}$得到。其中,$\gamma=C_P/C_V$。计算 25 ℃时 N_2 中的声速。

27-10 用式(27.17)证明$\partial u/\partial u_x=u_x/u$。

27-11 请给出式(27.24)中的 γ 必为正值的物理论据。

27-12 我们可以用式(27.33)来计算一个分子在 x 轴上的分速率处在某一范围内的概率。例如,证明:u_x 处在$-u_{x0}$至 u_{x0}范围内的概率可由下式给出:

$$\begin{aligned}\text{Prob}\{-u_{x0}\leqslant u_x\leqslant u_{x0}\}&=\left(\frac{m}{2\pi k_BT}\right)^{1/2}\int_{-u_{x0}}^{u_{x0}}e^{-mu_x^2/2k_BT}du_x\\&=2\left(\frac{m}{2\pi k_BT}\right)^{1/2}\int_0^{u_{x0}}e^{-mu_x^2/2k_BT}du_x\end{aligned}$$

现令 $mu_x^2/2k_BT=w^2$,从而得到更简洁的表达式:

$$\text{Prob}\{-u_{x0}\leqslant u_x\leqslant u_{x0}\}=\frac{2}{\sqrt{\pi}}\int_0^{w_0}e^{-w^2}dw$$

式中 $w_0=(m/2k_BT)^{1/2}u_{x0}$。

碰巧上述积分无法用我们迄今遇见的任何函数来表达。按惯例,我们用一新函数,称为**误差函数**(error function),来表示这个积分。误差函数定义为

$$\text{erf}(z)=\frac{2}{\pi^{1/2}}\int_0^z e^{-x^2}dx \qquad (1)$$

作为 z 的函数的误差函数可通过定积分计算其数值。下表给出了一些 z 值对应的误差函数值。

z	erf(z)	z	erf(z)
0.20	0.22270	0.60	0.60386
0.40	0.42839	0.80	0.74210

续表

z	erf(z)	z	erf(z)
1.00	0.84270	1.60	0.97635
1.20	0.91031	1.80	0.98909
1.40	0.95229	2.00	0.99532

现在,请证明:$\text{Prob}\{-u_{x0}\leqslant u_x\leqslant u_{x0}\}=\text{erf}(w_0)$,并计算 u_x 处在$-(2k_BT/m)^{1/2}$和$(2k_BT/m)^{1/2}$之间的概率。

27-13 利用习题 27-12 的结果,证明:

$$\text{Prob}\{|u_x|\geqslant u_{x_0}\}=1-\text{erf}(w_0)$$

27-14 利用习题 27-12 的结果,计算 $\text{Prob}\{u_x\geqslant+(k_BT/m)^{1/2}\}$和$\text{Prob}\{u_x\geqslant+(2k_BT/m)^{1/2}\}$。

27-15 利用习题 27-12 的结果,将$-u_{x0}\leqslant u_x\leqslant u_{x0}$的概率对 $u_{x0}/(2k_BT/m)^{1/2}$作图。

27-16 使用 Simpson 规则或任意其他数字积分途径,验证习题 27-12 中给出的 erf(z)值,并将 erf(z)对 z 作图。

27-17 导出 u_x 正值部分平均值的表达式。

27-18 本题是关于一个粒子离开一个物体(如地球表面)的**逃逸速率**(escape velocity)。回忆物理课中,相距 r、质量分别为 m_1 和 m_2 的两个物体的势能为 $V(r)=-\dfrac{Gm_1m_2}{r}$(注意与库仑定律的相似性),式中 $G=6.67\times10^{-11}$ J·m·kg^{-1},称为(万有)引力常数。假设一个质量为 m 的粒子具有垂直于地球表面的速率 u。证明:粒子逃逸地球表面所需最小速率(即逃逸速率)的表达式为 $u=\sqrt{\dfrac{2GM_{earth}}{R_{earth}}}$。

已知地球质量 $M_{earth}=5.98\times10^{24}$ kg,地球平均半径 $R_{earth}=6.36\times10^6$ m。计算一个 H_2 分子和一个 N_2 分子的逃逸速率。在什么温度下这些分子的平均速率才能超过它们的逃逸速率?

27-19 如果是月球表面,请重复上题中的计算。设月球的质量为 7.35×10^{22} kg,半径为 1.74×10^6 m。

27-20 证明:式(27.37)的偏差可表示为 $\sigma^2=\nu_0^2k_BT/mc^2$。计算 500 K 时,Na 原子蒸气中 $3p^2P_{3/2}$ 至 $3s^2S_{1/2}$的跃迁(参见图 8.4)所对应的 σ。

27-21 证明:二维空间中气体分子速率分布为 $F(u)du=\dfrac{m}{k_BT}ue^{-mu^2/2k_BT}du$(提示:在平面极坐标中的面积元为 $rdrd\theta$)。

27-22 用上题中的公式,导出二维空间中气体分

子的$\langle u\rangle$和$\langle u^2\rangle$表达式，并将$\langle u^2\rangle$的结果与$\langle u_x^2\rangle+\langle u_y^2\rangle$相比较。

27-23　使用27-21题中的公式，计算二维空间中气体$u\geqslant u_0$的概率。

27-24　证明：分子速率小于或等于u_0的概率可表示为$\text{Prob}\{u\leqslant u_0\}=\frac{4}{\pi^{1/2}}\int_0^{x_0}x^2e^{-x^2}dx$，式中$x_0=(m/2k_BT)^{1/2}u_0$。这个积分不能通过简单的函数来表述，必须数值积分。用Simpson规则或其他积分途径计算$\text{Prob}\{u\leqslant(2k_BT/m)^{1/2}\}$。

27-25　用Simpson规则或其他的积分途径，将$\text{Prob}\{u\leqslant u_0\}$对$u_0/(m/2k_BT)^{1/2}$作图（参见习题27-24）。

27-26　气相中一个分子的最概然动能是多少？

27-27　从式(27.44)导出$\sigma_\varepsilon^2=\langle\varepsilon^2\rangle-\langle\varepsilon\rangle^2$的表达式。其形成的比值$\sigma_\varepsilon/\langle\varepsilon\rangle$，能对$\varepsilon$中的涨落给予怎样的说明？

27-28　试比较与一微小表面发生碰撞的分子的最概然速率和气相体相中一个分子的最概然速率。

27-29　用式(27.48)计算100 K，10^{-6} torr下，单位面积上He的碰撞频率。

27-30　计算撞击一小表面积的分子平均速率，将该值与所用分子的平均速率相比较。

27-31　需要多长时间才能使一个原先清洁的表面在浸入77 K，100 kPa的$N_2(g)$气氛中后有1.0 %的表面被$N_2(g)$分子覆盖？假设撞击表面的分子都粘在表面上，每个$N_2(g)$分子覆盖的面积为$1.1\times10^5\ \text{pm}^2$。

27-32　计算在25 ℃，1 torr下，在1 ms内撞击1.0 cm^{2}表面的甲烷气体分子的数目。

27-33　考虑图27.9中所示的速率筛选器。令两个紧邻转盘之间的距离为h，紧邻转盘狭缝之间的夹角为$\theta(^\circ)$，转盘旋转频率为ν(Hz)。证明一个分子能以速率u穿过连续狭缝的条件是$u=\frac{360\nu h}{\theta}$。典型的$h$和$\theta$值分别是2 cm和2°，故$u=3.6\nu$。通过从0~500 Hz改变$\nu$，选择的速率可以从0至1500 m·s^{-1}。

27-34　下图说明了另一种用于测定分子速率分布的方法。一束来自热炉的准直分子脉冲进入一个旋转的中空鼓。鼓的内径是R，鼓旋转的频率是ν，s是指一个分子从狭缝进口处行进到鼓的内表面这段时间内鼓所转过的距离。证明：$s=\frac{4\pi R^2\nu}{u}$，式中u是分子的运动速率。

用式(27.46)证明：炉中释放出的分子的速率分布正比于$u^3e^{-mu^2/2k_BT}$。现在，证明撞击圆柱体内表面的分子分

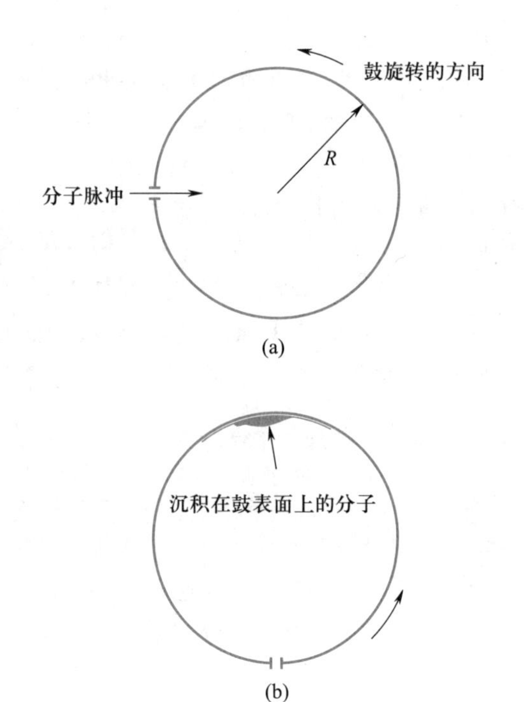

布是$I(s)ds=\frac{A}{s^5}e^{-m(4\pi R^2\nu)^2/2k_BTs^2}ds$，式中$A$是一比例系数。将$I$对$s$针对不同数值的$4\pi R^2\nu/(2k_BT/m)^{1/2}$（如0.1，1和3）作图。可以用上述方程定量地描述实验数据。

27-35　利用式(27.49)，计算25 ℃时一个H_2分子在(a) 1 torr和(b) 1 bar下的碰撞频率。

27-36　300 K时，一个Xe原子在(a) 1 torr和(b) 1 bar压力下连续两次碰撞之间的平均时间间隔是多少？

27-37　计算一个氧气分子在25 ℃，1 bar条件下行进下列距离不发生碰撞的概率：(a) 1.00×10^{-5} mm；(b) 1.00×10^{-3} mm；(c) 1.00 mm。

27-38　上题中，若将压力改为1 torr，结果又将如何？

27-39　在海拔150 km处，压力约为2×10^{-6} torr，温度约为500 K。简单起见，假设空气完全由N_2组成。计算这些条件下的平均自由程和平均碰撞频率。

27-40　下表给出了地球上层大气的压力和温度与海拔高度的关系：

海拔/km	20.0	40.0	60.0	80.0
P/mbar	56	3.2	0.28	0.013
T/K	220	260	260	180

简单起见，假设空气完全由N_2组成。计算在各个条件下的平均自由程。

27-41　星际空间的平均温度约是10 K，H原子的平均密度约为每立方米中有一个H原子。计算星际空

间中一个 H 原子的平均自由程。设一个 H 原子的直径为 100 pm。

27-42 计算 20 ℃时一个氩气分子的平均自由程分别为下列值时所对应的压力:(a) 100 μm;(b) 1.00 mm;(c) 1.00 m。

27-43 一束原先由 n_0 个分子所组成的分子束,在行进了距离 d 后,被散射出去的分子分数为 f。导出距离 d 的表达式,并将 d 对 f 作图。

27-44 计算在习题 27-40 所给条件下每立方分米空气中氮-氧的碰撞频率。假设空气中 80%的分子为氮气分子。

27-45 利用式(27.58),证明:

$$\langle u_r \rangle = \sqrt{\langle u_A \rangle^2 + \langle u_B \rangle^2}$$

27-46 修改式(27.49)的推导,以便考虑 A 和 B 的混合物中一个 A 分子与 B 分子碰撞的频率。由答案直接导出式(27.57)。

27-47 300 K 时,在一体积为 10.0 dm^3 的容器中有甲烷和氮气的混合气体,其中甲烷的分压为 65.0 mbar,氮气的分压为 30.0 mbar。用上一题中得到的公式,计算一个甲烷分子与氮气分子的碰撞频率。计算每立方分米甲烷和氮气间的碰撞频率。

27-48 计算发生碰撞的气体分子的平均相对动能。

以下四道题目与分子溢流有关。

27-49 式(27.48)给出了气体分子与器壁表面发生碰撞的碰撞频率。现在,假设我们在壁上挖一个很小的孔。如果气体的平均自由程远大于孔的宽度,任何撞击孔的分子都会离开容器且沿路不会发生碰撞。在这种情形下,气体分子各自独立地离开容器。分子从小孔流出的速率足够小以至于对剩下的气体没有影响,仍然维持实质上的平衡。这个过程叫**分子溢流**(molecular effusion)。式(27.48)可以用来计算分子溢流的速率。证明式(27.48)可以表示成

$$溢流通量 = \frac{P}{(2\pi m k_B T)^{1/2}} = \frac{N_A P}{(2\pi MRT)^{1/2}} \qquad (1)$$

式中 p 是气体的压力。计算 25 ℃和 1 bar 时每秒从直径为 0.010 mm 的圆孔中溢出的氮气分子数。

27-50 上题中的式(1)可以用来测定饱和蒸气压极低的物质的蒸气压。Irving Langmuir 在其有关灯泡和真空管中钨丝的研究中测量了各种温度下钨的蒸气压(Langmuir 当时为美国通用电气公司工作,曾获 1932 年度诺贝尔化学奖)。他通过称量每次实验前后钨丝的质量来估算溢流速率。Langmuir 在 1913 年前后做了这些实验,但他的数据至今仍出现在《CRC 化学和物理手册》(*CRC Handbook of Chemistry and Physics*)上。用以下数据确定每个温度下钨的蒸气压,然后确定钨的摩尔蒸发焓。

温度 T/K	1200	1600	2000
$\dfrac{溢流通量}{g\cdot m^{-2}\cdot s^{-1}}$	3.21×10^{-23}	1.25×10^{-14}	1.76×10^{-9}
温度 T/K	2400	2800	3200
$\dfrac{溢流通量}{g\cdot m^{-2}\cdot s^{-1}}$	4.26×10^{-6}	1.10×10^{-3}	6.38×10^{-3}

27-51 汞的蒸气压可以通过上题中所描述的溢流技术来测量。假设在 0 ℃时,有 0.126 mg 汞在 2.25 小时内穿过了面积为 1.65 mm^2 的小孔。计算汞的蒸气压。

27-52 我们可以用习题 27-49 中的式(1)来导出从容器中溢流出来的理想气体的压力与时间的函数表达式。先证明:溢流速率 $= -\dfrac{dN}{dt} = \dfrac{PA}{(2\pi m k_B T)^{1/2}}$,式中 N 是溢流分子的数目,A 是小孔的面积。在定温和定容下,$\dfrac{dN}{dt} = \dfrac{d}{dt}\left(\dfrac{PV}{k_B T}\right) = \dfrac{V}{k_B T}\dfrac{dP}{dt}$。请证明:$P(t) = P(0)e^{-\alpha t}$,式中 $\alpha = (k_B T/2\pi m)^{1/2} A/V$。注意气体的压力随时间指数下降。

27-53 解释速度分布公式:

$$h(v_x, v_y, v_z) = \left(\frac{m}{2\pi k_B T}\right)^{3/2} \exp\left\{-\frac{m}{2k_B T}\left[(v_x-a)^2+(v_y-b)^2+(v_z-c)^2\right]\right\}$$

习题参考答案

第28章

化学动力学Ⅰ：速率方程

▶ **科学家介绍**

从本章开始，我们将进入物理化学中的一个重要领域，即化学动力学。我们对化学动力学的阐述将不同于之前对量子力学和热力学的介绍。在阐述量子力学时，我们从一小组假设开始，而经典热力学则仅建立在三个定律之上。如果可以选择的话，我们当然希望以一些非常简单的原理来讲述化学动力学。但不幸的是，目前还不可能这样做。化学动力学领域的发展尚未成熟到已经有一组统一原理的程度，但目前对这样一组原理的探索则正在为该领域的现代研究增添激情。

目前，有许多不同的理论模型用于描述化学反应的发生方式。尽管没有一个是完美的，但每个模型都有其优点。其中一些提供了化学反应发生的微观图像。因此，在化学动力学中，必须熟悉不同的思路以及有些时候似乎不关联的概念。请记住，在需要进一步研究以便提供更为本质理解的科学学科中，这种情况是常见的。

本章将介绍化学动力学中的一些唯象概念，包括三方面内容。(1)在一化学反应过程中，反应物和产物浓度随时间的变化可以用称为速率方程的微分方程来描述。速率方程用来定义速率常数，而速率常数则是描述化学反应动力学的最重要参数之一。(2)速率方程是由实验数据确定的，我们将讨论一些用于推导速率方程的实验技术。我们将研究一些速率方程，并展示如何将它们积分，以得到描述浓度随时间变化的数学表达式。(3)速率常数是与温度有关的，我们将介绍如何在数学上描述这种行为。

28-1 一个化学反应的时间依赖性可用速率方程来描述

考虑一般反应

$$\nu_A A + \nu_B B \longrightarrow \nu_Y Y + \nu_Z Z \tag{28.1}$$

回忆一下，我们曾在第26章中定义了反应程度 ξ。因此，有

$$n_A(t) = n_A(0) - \nu_A \xi(t) \quad n_B(t) = n_B(0) - \nu_B \xi(t)$$
$$n_Y(t) = n_Y(0) + \nu_Y \xi(t) \quad n_Z(t) = n_Z(0) + \nu_Z \xi(t) \tag{28.2}$$

式中 $n_j(0)$ 表示 n_j 的起始值。反应进度的单位是mol，它将已发生的反应量与配平的化学方程式所规定的化学计量关联起来。$n_j(t)$ 随时间 t 的变化可由下式给出：

$$\frac{dn_A(t)}{dt} = -\nu_A \frac{d\xi(t)}{dt} \quad \frac{dn_B(t)}{dt} = -\nu_B \frac{d\xi(t)}{dt}$$
$$\frac{dn_Y(t)}{dt} = \nu_Y \frac{d\xi(t)}{dt} \quad \frac{dn_Z(t)}{dt} = \nu_Z \frac{d\xi(t)}{dt} \tag{28.3}$$

大多数实验技术可测量浓度随时间的变化。如果系统的体积 V 是恒定的，那么将式(28.3)除以 V 就得到与时间相关的、相应浓度的表达式，即

$$\frac{1}{V}\frac{dn_A(t)}{dt} = \frac{d[A]}{dt} = -\frac{\nu_A}{V}\frac{d\xi(t)}{dt}$$
$$\frac{1}{V}\frac{dn_B(t)}{dt} = \frac{d[B]}{dt} = -\frac{\nu_B}{V}\frac{d\xi(t)}{dt}$$
$$\frac{1}{V}\frac{dn_Y(t)}{dt} = \frac{d[Y]}{dt} = \frac{\nu_Y}{V}\frac{d\xi(t)}{dt}$$
$$\frac{1}{V}\frac{dn_Z(t)}{dt} = \frac{d[Z]}{dt} = \frac{\nu_Z}{V}\frac{d\xi(t)}{dt} \tag{28.4}$$

式中[A]等于 $n_A(t)/V$。以上表达式用来定义**反应速率**(rate of reaction) $v(t)$：

$$v(t) = -\frac{1}{\nu_A}\frac{d[A]}{dt} = -\frac{1}{\nu_B}\frac{d[B]}{dt} = \frac{1}{\nu_Y}\frac{d[Y]}{dt}$$

$$=\frac{1}{\nu_Z}\frac{d[Z]}{dt}=\frac{1}{V}\frac{d\xi}{dt} \tag{28.5}$$

注意式(28.5)中的所有量都是正值。例如,对于反应

$$2NO(g)+O_2(g)\longrightarrow 2NO_2(g) \tag{28.6}$$

其反应速率由下式给出:

$$v(t)=-\frac{1}{2}\frac{d[NO]}{dt}=-\frac{d[O_2]}{dt}=\frac{1}{2}\frac{d[NO_2]}{dt} \tag{28.7}$$

对大多数化学反应来说,$v(t)$与时间t时存在的各种化学物质的浓度有关。$v(t)$与浓度之间的关系称为**速率方程**(rate law)。速率方程必须由实验来测定,通常不能从配平的化学反应推导出来。例如,实验研究表明,一氧化氮和氧气之间形成二氧化氮的反应,即式(28.6),遵循速率方程:

$$v(t)=k[NO]^2[O_2] \tag{28.8}$$

式中k是一个常数。式(28.8)表明反应速率正比于$[NO]^2[O_2]$。比例常数k称为该反应的**速率常数**(rate constant)。对于这个特定的速率方程,速率对两种反应物的浓度有不同的依赖关系。氧气浓度翻倍会导致反应速率翻倍,而一氧化氮浓度翻倍则会导致反应速率增至4倍。

速率方程通常具有以下形式:

$$v(t)=k[A]^{m_A}[B]^{m_B}\cdots \tag{28.9}$$

式中[A],[B],…为不同反应物的浓度,指数$m_A,m_B,\cdots$是常数,称为反应物的**级数**(order)(参见表28.1)。我们说,式(28.9)给出的速率方程表明反应对A是m_A级,对B是m_B级,依此类推。例如,式(28.8)给出的速率方程表明反应对NO是二级,对O_2则是一级,而表28.1中的第三个反应式给出的速率方程表明反应对CH_3CHO是3/2级。对于表28.1中列出的许多反应,反应物的级数与配平的化学反应中的化学计量系数不同;这种情况通常很常见。表28.1中列出的示例都是气相化学反应;然而,速率方程的概念适用于所有反应,不论反应物、产物和周围介质的相态如何。当速率方程可以写成式(28.9)的形式时,指数的加和通常称为化学反应的总级数。例如,式(28.8)中给出的速率方程具有的总反应级数为三。

表28.1 一些气相化学反应和相应的速率方程

化学反应	速率定律
$H_2(g)+I_2(g)\longrightarrow 2HI(g)$	$v=k[H_2][I_2]$
$2NO(g)+O_2(g)\longrightarrow 2NO_2(g)$	$v=k[NO]^2[O_2]$
$CH_3CHO(g)\longrightarrow CH_4(g)+CO(g)$	$v=k[CH_3CHO]^{3/2}$
$NO_2(g)+CO(g)\longrightarrow CO_2(g)+NO(g)$	$v=k[NO_2]^2$
$Cl_2(g)+CO(g)\longrightarrow Cl_2CO(g)$	$v=k[Cl_2]^{3/2}[CO]$
$2NO(g)+2H_2(g)\longrightarrow N_2(g)+2H_2O(g)$	$v=k[NO]^2[H_2]$

速率常数的单位与速率方程的形式有关。表28.2给出了一些速率方程、总级数以及反应速率常数的相应单位。

表28.2 不同速率方程的级数和反应速率常数k的单位。

速率方程	级数	k的单位
$v=k$	0	$dm^{-3}\cdot mol\cdot s^{-1}$
$v=k[A]$	1	s^{-1}
$v=k[A]^2$	2	$dm^3\cdot mol^{-1}\cdot s^{-1}$
$v=k[A][B]$	对[A]1	
	对[B]1	
	总级数为2	$dm^3\cdot mol^{-1}\cdot s^{-1}$
$v=k[A]^{1/2}$	1/2	$dm^{-3/2}\cdot mol^{1/2}\cdot s^{-1}$
$v=k[A][B]^{1/2}$	对[A]1	
	对[B]1/2	
	总级数为3/2	$dm^{3/2}\cdot mol^{-1/2}\cdot s^{-1}$

» 例题 28-1 浓度的SI单位是$mol\cdot dm^{-3}$。在科学文献中,我们经常会遇到在溶液中的反应使用$mol\cdot L^{-1}$单位,而在气相反应中使用分子$\cdot cm^{-3}$单位。由于$1\ L=1\ dm^3$,所以$1\ mol\cdot L^{-1}=1\ mol\cdot dm^{-3}$。但是,如何将较旧的单位分子$\cdot cm^{-3}$转换为SI单位呢?

» 解 1分子$\cdot cm^{-3}$对应于

$$(1\ 分子\cdot cm^{-3})\left(\frac{1}{6.022\times10^{23}\ 分子\cdot mol^{-1}}\right)\left(\frac{10\ cm}{1\ dm}\right)^3$$

$$=1.661\times10^{-21}\ mol\cdot dm^{-3}$$

因此,例如,浓度2.00×10^{20}分子$\cdot cm^{-3}$相当于

$$(2.00\times10^{20}\ 分子\cdot cm^{-3})\left(\frac{1.661\times10^{-21}\ mol\cdot dm^{-3}}{1\ 分子\cdot cm^{-3}}\right)$$

$$=0.332\ mol\cdot dm^{-3}$$

许多速率方程不能写成式(28.9)的形式。例如,对于反应

$$H_2(g)+Br_2(g)\longrightarrow 2HBr(g) \tag{28.10}$$

其速率方程为

$$v(t)=\frac{k'[H_2][Br_2]^{1/2}}{1+k''[HBr][Br_2]^{-1}} \qquad (28.11)$$

式中 k' 和 k'' 是常数。在该例中，反应级数的概念没有意义。我们将在第 29 章看到，如此复杂的一个速率方程告诉我们：化学反应是一个多步骤的过程。

28-2　速率方程必须由实验测定

在本节中，我们将探究化学家们用来测定速率方程的两种实验技术。为此，我们考虑一般的化学反应方程式

$$\nu_A A+\nu_B B \longrightarrow \nu_Y Y+\nu_Z Z \qquad (28.12)$$

并假定速率方程具有如下形式：

$$v=k[A]^{m_A}[B]^{m_B} \qquad (28.13)$$

如果知道了反应级数 m_A 和 m_B，则测量了速率随着浓度的变化，就能够确定速率常数 k。因此，我们的问题是如何确定 m_A 和 m_B 的值。

假设起始反应混合物中 A 的浓度远远超过 B。在这种情况下，随着反应的进行，A 的浓度基本保持不变。因此，式(28.13)可以简化为

$$v=k'[B]^{m_B} \qquad (28.14)$$

式中 $k'=k[A]^{m_A}$ 是一个常数。通过测量速率与[B]的关系，B 的级数可以被确定。唯一的要求是 A 始终大量过剩，以使 k' 保持恒定。同样地，如果起始时 B 大大过量，则式(28.13)可以简化为

$$v=k''[A]^{m_A} \qquad (28.15)$$

其中 $k''=k[B]^{m_B}$ 是一个常数。这样，可以通过测量速率随着[A]的变化来确定 A 的级数。这个技术叫**孤立法**(method of isolation)，可以扩展应用到涉及两种以上反应物的反应中。

有时无法使某一反应物过量存在。我们仍然需要能够确定各种反应物的级数，但不能使用孤立法。理想情况下，如果测定各种 A 和 B 浓度下的反应速率(d[A]/dt)，则反应级数和速率常数可以通过将实验数据用式(28.13)拟合后直接得到。不幸的是，无法测量微分值 d[A]/dt。但是，我们可以测量一个有限时间段 Δt 内的浓度变化。换句话说，可以测量 Δ[A]/Δt。如果将这样一个测量与反应速率等同起来，那么

$$v=-\frac{d[A]}{\nu_A dt}\approx-\frac{\Delta[A]}{\nu_A \Delta t}=k[A]^{m_A}[B]^{m_B} \qquad (28.16)$$

测量的时间段越短，d[A]/dt 和 Δ[A]/Δt 之间的近似等式就越准确，并且在 $\Delta t\to 0$ 时完全相等(这正是导数的定义)。如果在起始速率的两次测量中(从 $t=0$ 到 $t=t$)，A 的起始浓度 $[A]_0$ 相同，而 B 的起始浓度改变，则这两组起始条件下的反应速率分别为

$$v_1=-\frac{1}{\nu_A}\left(\frac{\Delta[A]}{\Delta t}\right)_1=k[A]_0^{m_A}[B]_1^{m_B} \qquad (28.17)$$

和

$$v_2=-\frac{1}{\nu_A}\left(\frac{\Delta[A]}{\Delta t}\right)_2=k[A]_0^{m_A}[B]_2^{m_B} \qquad (28.18)$$

式中下标 1 和 2 分别表示 B 起始浓度不同的、两种不同的实验。如果我们将式(28.18)除以式(28.17)，再将两边取对数，最后解出 m_B，则

$$m_B=\frac{\ln\dfrac{v_1}{v_2}}{\ln\dfrac{[B]_1}{[B]_2}} \qquad (28.19)$$

很显然，如果保持 B 的起始浓度不变，而改变 A 的起始浓度，则可以用类似的方式确定级数 m_A。这种确定反应级数的方法称为**起始速率法**(method of initial rates)。

» 例题 28-2　考虑反应 $2NO_2(g)+F_2(g)\longrightarrow 2NO_2F(g)$ 的下列起始反应速率数据：

实验序号	$[NO_2]_0$ / mol·dm^{-3}	$[F_2]_0$ / mol·dm^{-3}	v_0 / mol·dm^{-3}·s^{-1}
1	1.15	1.15	6.12×10^{-4}
2	1.72	1.15	1.36×10^{-3}
3	1.15	2.30	1.22×10^{-3}

$[NO_2]_0$ 和 $[F_2]_0$ 分别是 NO_2 和 F_2 的起始浓度，v_0 是起始速率。试确定反应速率方程和速率常数的值。

» 解　假定速率方程具有如下形式：

$$v=k[NO_2]^{m_{NO_2}}[F_2]^{m_{F_2}}$$

为了使用起始速率法，我们还必须假设测得的起始速率可由速率方程给出，其中的浓度是起始浓度，即

$$v_0=k[NO_2]_0^{m_{NO_2}}[F_2]_0^{m_{F_2}} \qquad (1)$$

要确定 m_{F_2}，我们测量 NO_2 的起始浓度 $[NO_2]_0$ 保持恒定时的起始速率，同时改变 F_2 的起始浓度 $[F_2]_0$。上表中的第 1 次和第 3 次实验就提供了这样的数据。使用式(28.19)，得到

$$m_{F_2}=\frac{\ln\dfrac{6.12\times10^{-4}\text{mol}\cdot\text{dm}^{-3}\cdot\text{s}^{-1}}{1.22\times10^{-3}\text{mol}\cdot\text{dm}^{-3}\cdot\text{s}^{-1}}}{\ln\dfrac{1.15\ \text{mol}\cdot\text{dm}^{-3}}{2.30\ \text{mol}\cdot\text{dm}^{-3}}}=\frac{-0.690}{-0.693}=0.996$$

要确定 m_{NO_2}，我们在保持$[F_2]_0$的值恒定、但改变$[NO_2]_0$值的情况下进行两个实验。上表中的第 1 次和第 2 次实验就是这样的两个实验。使用类似于式(28.19)的表达式来确定 m_{NO_2}，得到

$$m_{NO_2}=\frac{\ln\dfrac{1.36\times10^{-3}\text{mol}\cdot\text{dm}^{-3}\cdot\text{s}^{-1}}{6.12\times10^{-4}\text{mol}\cdot\text{dm}^{-3}\cdot\text{s}^{-1}}}{\ln\dfrac{1.72\ \text{mol}\cdot\text{dm}^{-3}}{1.15\ \text{mol}\cdot\text{dm}^{-3}}}=\frac{0.799}{0.403}=1.98$$

假定级数取值为整数，则速率方程为

$$v=k[NO_2]^2[F_2]^1$$

解式(1)，可得速率常数为

$$k=\frac{v_0}{[NO_2]_0^2[F_2]_0^1}$$

利用表中第一组数据，得到

$$k=\frac{6.12\times10^{-4}\text{mol}\cdot\text{dm}^{-3}\cdot\text{s}^{-1}}{(1.15\ \text{mol}\cdot\text{dm}^{-3})^2\times1.15\ \text{mol}\cdot\text{dm}^{-3}}=4.02\times10^{-4}\text{dm}^6\cdot\text{mol}^{-2}\cdot\text{s}^{-1}$$

另外两组数据给出的速率常数分别是 $4.00\times10^{-4}\text{dm}^6\cdot\text{mol}^{-2}\cdot\text{s}^{-1}$和 $4.01\times10^{-4}\text{dm}^6\cdot\text{mol}^{-2}\cdot\text{s}^{-1}$，三组数据获得的平均速率常数为 $4.01\times10^{-4}\text{dm}^6\cdot\text{mol}^{-2}\cdot\text{s}^{-1}$。

在使用孤立法或起始速率法时，默认反应物可以任意所需的比例混合，然后可以测量反应速率。在实验室中，两种溶液可以在大约 1 ms 的时间内彻底混合。对于许多反应来说，混合反应物所需的时间相对于反应过程本身而言较长，因此无法使用本节讨论的任何一种技术来确定速率方程和速率常数。为了研究快速反应，必须使用不同的实验方法。我们将在第 28-7 节讨论一些用于研究更快反应的技术，称为**弛豫法**(relaxation methods)。但首先，我们需要更多地了解速率方程的性质。

28-3 一级反应的反应物浓度随时间呈现指数衰减

考虑式(28.20)给出的反应，其中 A 和 B 表示反应物：

$$A+B\longrightarrow 产物 \tag{28.20}$$

这个化学反应方程式本身并没有告诉我们有关其反应速率方程的任何事情。假设速率方程对 A 是一级，则

$$v(t)=-\frac{d[A]}{dt}=k[A] \tag{28.21}$$

如果 $t=0$ 时 A 的浓度为$[A]_0$，$t=t$ 时 A 的浓度为$[A]$，则定积分式(28.21)后得到

$$\ln\frac{[A]}{[A]_0}=-kt \tag{28.22}$$

或

$$[A]=[A]_0e^{-kt} \tag{28.23}$$

式(28.23)表明，$[A]$随着时间从其起始值$[A]_0$指数衰减至零[参见图 28.1(a)]。将式(28.22)重排，得到

$$\ln[A]=\ln[A]_0-kt \tag{28.24}$$

该式表明，如果我们将 $\ln[A]$对 t 作图，则将得到一条直线，其斜率为$-k$，截距为 $\ln[A]_0$[参见图 28.1(b)]。

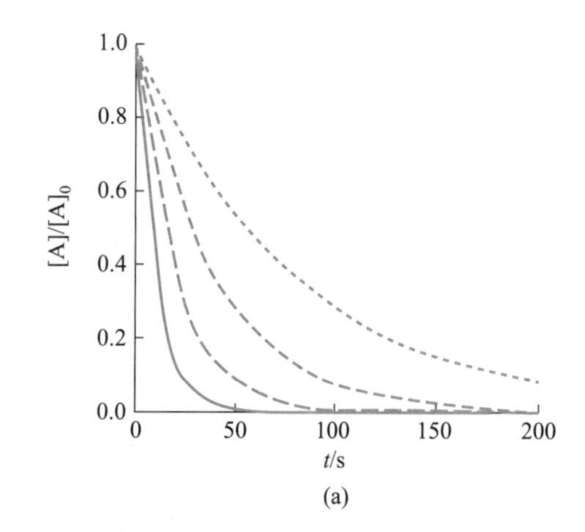

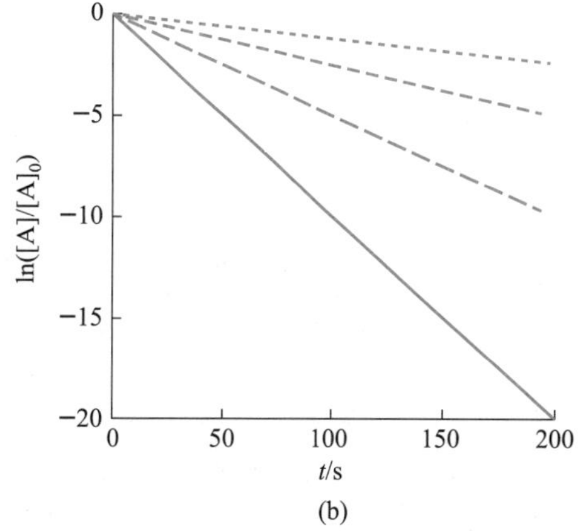

图 28.1 一级化学反应的动力学曲线。(a) 速率常数 k 为 0.0125 s^{-1}(点线)，0.0250 s^{-1}(虚线)，0.0500 s^{-1}(长虚线)和 0.100 s^{-1}(实线)时，$[A]$对 t 的作图。(b) 将(a)中的曲线以 $\ln[A]$对t 的形式作图。直线的斜率等于$-k$[参见式(28.24)]。

下式给出的化学反应

$$N_2O_5(g)\longrightarrow 2NO_2(g)+\frac{1}{2}O_2(g)$$

服从一级反应速率方程

$$v(t)=-\frac{d[N_2O_5]}{dt}=k[N_2O_5]$$

表 28.3 给出了 318 K 时,实验测量的该反应中 N_2O_5 的浓度随时间的变化情况。图 28.2 显示了 $\ln[N_2O_5]$ 对时间的作图。得到的是一条直线,表明这是一个一级反应[根据式(28.24)]。从图 28.2 中直线的斜率,我们得到速率常数 $k=3.04\times10^{-2}\ \mathrm{min}^{-1}$。

表 28.3　318 K 时,反应 $N_2O_5(g)\longrightarrow 2NO_2(g)+\frac{1}{2}O_2(g)$ 中,浓度 $[N_2O_5]$ 和 $\ln[N_2O_5]$ 随时间的变化。

t/min	$[N_2O_5]/(10^{-2}\mathrm{mol\cdot dm^{-3}})$	$\ln\{[N_2O_5]/(\mathrm{mol\cdot dm^{-3}})\}$
0	1.24	-4.39
10	0.92	-4.69
20	0.68	-4.99
30	0.50	-5.30
40	0.37	-5.60
50	0.28	-5.88
60	0.20	-6.21
70	0.15	-6.50
80	0.11	-6.81
90	0.08	-7.13
100	0.06	-7.42

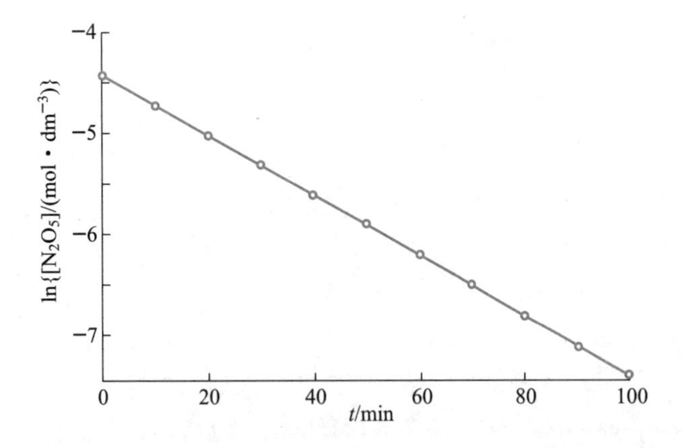

图 28.2　318 K 时,反应 $N_2O_5(g)\longrightarrow 2NO_2(g)+\frac{1}{2}O_2(g)$ 中,$\ln[N_2O_5]$ 对时间的作图(作图数据列于表 28.3 中)。得到的是一条直线,与一级反应速率方程一致。由直线的斜率,我们得到速率常数 $k=3.04\times10^{-2}\ \mathrm{min}^{-1}$。

反应物消耗一半所需的时间长度称为反应的**半衰期**(half-life),并写为 $t_{1/2}$。对于上述考虑的一级反应,可以使用式(28.22)导出速率常数 k 和半衰期 $t_{1/2}$ 之间的关系。在时间 $t=t_{1/2}$ 时,A 的浓度等于 $[A]_0/2$。将这些值代入式(28.22),可以得到

$$\ln\frac{1}{2}=-kt_{1/2}$$

或

$$t_{1/2}=\frac{\ln2}{k}=\frac{0.693}{k} \tag{28.25}$$

还要注意,一级反应的半衰期与反应物的起始浓度 $[A]_0$ 无关。图 28.3 绘出了 $[N_2O_5]$ 对时间的作图,图中由表 28.3 中给出的 $[N_2O_5]$ 值以反应半衰期为单位进行了标示。

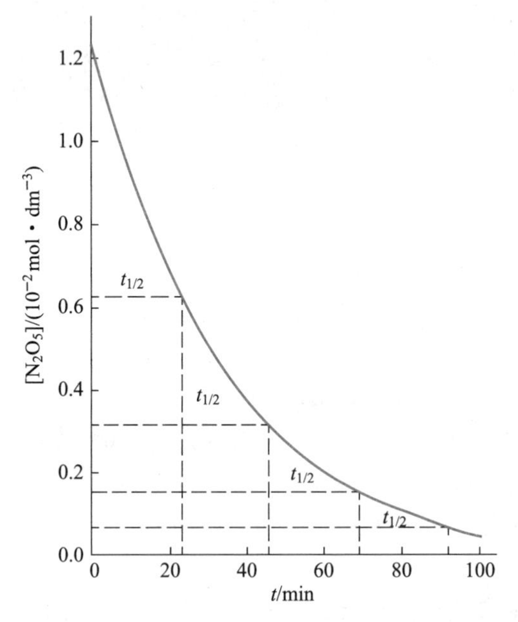

图 28.3　318 K 时,反应 $N_2O_5(g)\longrightarrow 2NO_2(g)+\frac{1}{2}O_2(g)$ 中 $[N_2O_5]$ 对时间的作图。实线是根据表 28.3 中的数据,针对式(28.23)进行的最佳拟合。在图中还以反应半衰期(23 min)的增量为单位标示了 N_2O_5 的浓度。

表 28.4 中列出了一些显示一级反应速率方程的气相化学反应例子,以及测定的速率常数。需要注意的是,尽管所有这些反应的反应物浓度随时间的变化可以用式(28.23)来描述,但速率常数值的变化范围非常广泛,跨越了多个数量级。因此,一个特定的反应速率方程并不能提供关于速率常数大小的信息。

表 28.4　500 K 和 700 K 时,一些一级气相化学反应的速率常数 k。

反应	$\frac{k(500\ \mathrm{K})}{\mathrm{s}^{-1}}$	$\frac{k(700\ \mathrm{K})}{\mathrm{s}^{-1}}$
异构化反应		
环丙烷 $\longrightarrow$ 丙烯	7.85×10^{-14}	1.13×10^{-5}

续表

反应	$k(500\ K)$ / s^{-1}	$k(700\ K)$ / s^{-1}
环丙烯⟶丙炔	5.67×10^{-4}	13.5
顺-2-丁烯⟶反-2-丁烯	2.20×10^{-14}	1.50×10^{-6}
$CH_3NC \longrightarrow CH_3CN$	6.19×10^{-4}	38.5
乙烯基烯丙基醚⟶4-戊烯醛	2.17×10^{-2}	141
分解反应		
环丁烷⟶2 乙烯	1.77×10^{-12}	1.12×10^{-4}
环氧乙烷⟶CH_3CHO, CH_2O, CH_2CO	1.79×10^{-11}	2.19×10^{-4}
氟乙烷⟶HF+乙烯	1.57×10^{-13}	4.68×10^{-6}
氯乙烷⟶HCl+乙烯	3.36×10^{-12}	6.20×10^{-5}
溴乙烷⟶HBr+乙烯	8.06×10^{-11}	4.32×10^{-4}
碘乙烷⟶HI+乙烯	1.07×10^{-9}	4.06×10^{-3}
异丙醚⟶丙烯+异丙醇	6.76×10^{-14}	5.44×10^{-3}

» 例题 28-3 反应 $N_2O_2(g) \longrightarrow 2NO(g)$ 的速率方程对 $N_2O_2(g)$ 的浓度是一级。导出产物浓度[NO]随时间变化的表达式。

» 解 NO 的形成速率可由速率方程给出：

$$v=\frac{1}{2}\frac{d[NO]}{dt}=k[N_2O_2] \tag{1}$$

$N_2O_2(g)$ 消失的速率方程为一级，因此可以用式(28.23)来描述$[N_2O_2]$，并代入式(1)得

$$\frac{d[NO]}{dt}=2k[N_2O_2]_0e^{-kt}$$

分离时间和浓度变量，可得

$$d[NO]=2k[N_2O_2]_0e^{-kt}dt$$

将[NO]从$[NO]_0=0$积分到[NO]，时间变量从 0 到 t，得到($[N_2O_2]_0$是一常数)

$$[NO]=2k[N_2O_2]_0(1-e^{-kt})$$

28-4 不同反应级数的速率方程预测了反应物浓度与时间的不同相关依赖行为

对于不是一级反应的速率方程，反应物浓度与时间的相关依赖性又将如何呢？反应物浓度仍然会随时间呈指数衰减吗？如果无论级数如何，反应物浓度仍然随时间指数衰减，那么实验测量浓度随时间的变化将不会提供有关反应级数的任何见解。但是，如果不同的反应级数显示不同的反应物浓度随时间变化的函数形式，那么原则上可以利用实验测量的反应速率与起始浓度的函数关系来推断有关反应级数的信息。

考虑反应

$$A+B\longrightarrow 产物 \tag{28.26}$$

实验数据揭示了速率方程为

$$-\frac{d[A]}{dt}=k[A]^2 \tag{28.27}$$

我们现在希望由式(28.27)导出[A]的一个表达式。假设在 $t=0$ 时 A 的起始浓度为$[A]_0$，而在 t 时刻后为[A]，通过分离浓度和时间变量，然后积分所得到的表达式，得到

$$\frac{1}{[A]}=\frac{1}{[A]_0}+kt \tag{28.28}$$

这个结果预测对于一个二级反应，如果将 1/[A]对 t 作图，则将得到一条斜率为 k、截距为 $1/[A]_0$ 的直线。

反应

$$NOBr(g)\longrightarrow NO(g)+\frac{1}{2}Br_2(g)$$

服从速率方程

$$v=k[NOBr]^2$$

表 28.5 给出了不同时间的 NOBr(g)的浓度，而图 28.4 则显示了 1/[NOBr]对时间的作图。该图显示 1/[NOBr]与时间呈线性关系，与式(28.28)一致。由图中直线的斜率给出的速率常数值为 2.01 $dm^3\cdot mol^{-1}\cdot s^{-1}$。

表 28.5 反应 $NOBr(g)\longrightarrow NO(g)+\frac{1}{2}Br_2(g)$ 的动力学数据。

t/s	$\frac{[NOBr]}{mol\cdot dm^{-3}}$	$\frac{[NOBr]^{-1}}{mol^{-1}\cdot dm^3}$
0	0.0250	40.0
6.2	0.0191	52.3
10.8	0.0162	61.7
14.7	0.0144	69.9
20.0	0.0125	80.0
24.6	0.0112	89.3

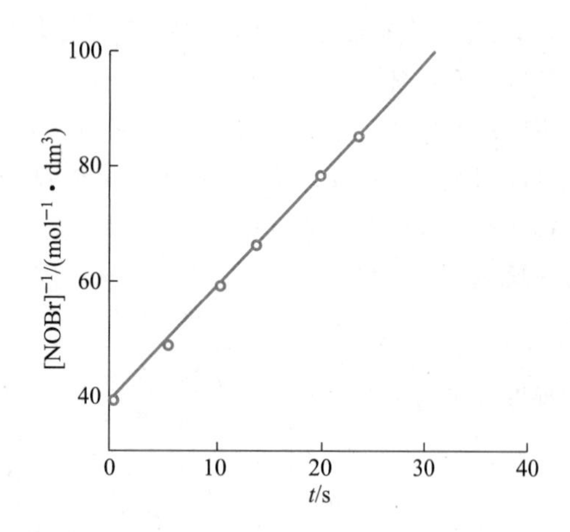

图 28.4 对于反应 $NOBr(g) \longrightarrow NO(g)+\frac{1}{2}Br_2(g)$,1/[NOBr]对时间的作图。实验数据列于表 28.5 中。1/[NOBr]对时间的线性依赖关系与二级反应速率方程[即式(28.28)]一致。由直线斜率给出的速率常数值为 2.01 $dm^3 \cdot mol^{-1} \cdot s^{-1}$。

下面这个例题展示了如何通过结合孤立法和速率方程积分式的预测来找到反应速率方程。

» 例题 28-4 在 CS_2 大量过量的情况下,研究了二硫化碳和臭氧之间的反应:

$$CS_2(g)+2O_3(g) \longrightarrow CO_2(g)+2SO_2(g)$$

下表中列出了不同时间臭氧的压力。请问反应对臭氧是一级还是二级?

时间/s	O_3 压力/torr
0	1.76
30	1.04
60	0.79
120	0.52
180	0.37
240	0.29

» 解 首先假设速率方程具有一般形式:

$$v=k[CS_2]^{m_{CS_2}}[O_3]^{m_{O_3}}$$

因为 CS_2 大量过量,所以$[CS_2]$基本上是恒定的,上式可以写成:

$$v=k'[O_3]^{m_{O_3}} \propto P_{O_3}^{m_{O_3}}$$

(这是孤立法)根据第 28-3 节的内容,如果 $m_{O_3}=1$(一级),那么 $\ln P_{O_3}$ 对时间的作图将是线性的。如果 $m_{O_3}=2$(二级),那么 $1/P_{O_3}$ 对时间的作图将是线性的。由如下两图可见,$\ln P_{O_3}$ 对时间的作图不是线性的,而 $1/P_{O_3}$ 对时间的作图是线性的。因此,该反应对臭氧是二级。

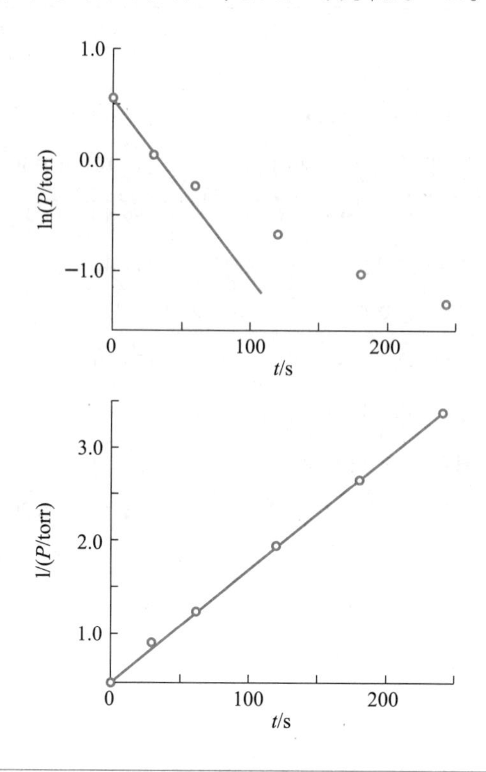

二级反应的半衰期可以由式(28.28)确定。设定 $t=t_{1/2}$ 和 $[A]_{t_{1/2}}=[A]_0/2$,得到

$$t_{1/2}=\frac{1}{k[A]_0} \tag{28.29}$$

注意,对于二级反应,半衰期依赖于反应物的起始浓度。这与一级反应不同,对于一级反应,半衰期与浓度无关[参见式(28.25)]。

最后,考虑反应

$$A+B \longrightarrow 产物 \tag{28.30}$$

实验数据揭示了该反应的速率方程是

$$-\frac{d[A]}{dt}=-\frac{d[B]}{dt}=k[A][B] \tag{28.31}$$

这个速率方程对每个反应物都是一级,总级数则是二级。式(28.31)给出的速率方程更难积分,具体细节在习题 28-24 中有讨论。得到的速率方程积分式是

$$kt=\frac{1}{[A]_0-[B]_0}\ln\frac{[A][B]_0}{[B][A]_0} \tag{28.32}$$

如果$[A]_0=[B]_0$,则式(28.32)是不确定的。习题 28-25 证明了当$[A]_0=[B]_0$时速率方程的积分式是

$$\frac{1}{[A]}=\frac{1}{[A]_0}+kt \quad 或 \quad \frac{1}{[B]}=\frac{1}{[B]_0}+kt \tag{28.33}$$

与式(28.28)一致。表 28.6 列出了一系列遵循二级速率方程的反应的速率常数。

表 28.6　一些二级气相反应在 500 K 时的反应速率常数。

反应	$\dfrac{k}{\mathrm{dm^3 \cdot mol^{-1} \cdot s^{-1}}}$
$2HI(g) \longrightarrow H_2(g)+I_2(g)$	4.91×10^{-9}
$2NOCl(g) \longrightarrow 2NO(g)+Cl_2(g)$	0.363
$NO_2(g)+O_3(g) \longrightarrow NO_3(g)+O_2(g)$	5.92×10^{6}
$NO(g)+Cl_2(g) \longrightarrow NOCl(g)+Cl(g)$	5.32
$NO(g)+O_3(g) \longrightarrow NO_2(g)+O_2(g)$	5.70×10^{7}
$O_3(g)+C_3H_8(g) \longrightarrow C_3H_7O(g)+HO_2(g)$	14.98

28-5　反应也可以是可逆的

考虑由顺-1,2-二氯乙烯形成反-1,2-二氯乙烯的异构化反应,如果我们从纯的顺-1,2-二氯乙烯样品开始反应,我们会发现反应无法进行完全,而是产生一个在两个几何异构体之间的平衡混合物。类似地,如果我们从纯的反-1,2-二氯乙烯开始反应,我们也会获得一个同样的平衡混合物。在这两个实验中,两个异构体的最终浓度是由反应的平衡常数决定的。当一个反应可以双向进行时,我们就说该反应是**可逆的**(reversible)。(注意,不要将这里定义的“可逆”与热力学过程的可逆相混淆。)

为了表示一个动力学过程是可逆的,我们明确地绘制两个箭头。一个表示正向反应,一个表示逆向反应。两个反应的速率常数,即 k_1 和 k_{-1},分别写在与其相关联的箭头旁边。我们用正的下标表示正向反应的速率常数,用负的下标表示逆向反应的速率常数。上述讨论的反应是下列一般反应表达式的一个特例:

$$\mathrm{A} \underset{k_{-1}}{\overset{k_1}{\rightleftharpoons}} \mathrm{B} \tag{28.34}$$

对于任意的起始浓度 $[\mathrm{A}]_0$ 和 $[\mathrm{B}]_0$,化学系统都会趋向一个平衡。平衡时,A 和 B 的浓度之比可由平衡常数表达式给出:

$$K_c=\frac{[\mathrm{B}]_{eq}}{[\mathrm{A}]_{eq}} \tag{28.35}$$

为使 A 和 B 的浓度保持不变,并维持在它们的平衡值,则 $\mathrm{d}[\mathrm{A}]/\mathrm{d}t$ 和 $\mathrm{d}[\mathrm{B}]/\mathrm{d}t$ 都必须等于零。因此,式(28.34)达到平衡的动力学条件为

$$-\frac{\mathrm{d}[\mathrm{A}]}{\mathrm{d}t}=\frac{\mathrm{d}[\mathrm{B}]}{\mathrm{d}t}=0 \tag{28.36}$$

这个结论非常重要,我们将在下一章讨论反应机理时广泛使用它。尽管平衡时 A 和 B 的浓度保持恒定,但实际上此时 A 可转化为 B,B 也可转化为 A,只不过变化以这样的一种方式进行,以至于 A 或 B 的浓度没有净的变化。平衡状态是一个**动态平衡**(dynamic equilibrium)。

我们现在考察一种特例,即反应式(28.34)的速率方程对[A]和[B]都为一级的情形。该反应的速率可由下式给出:

$$-\frac{\mathrm{d}[\mathrm{A}]}{\mathrm{d}t}=k_1[\mathrm{A}]-k_{-1}[\mathrm{B}] \tag{28.37}$$

与我们之前所讨论的速率方程不同,式(28.37)将速率表示为两项的加和。第一项是 A 反应生成 B 的速率。第二项是 B 反应生成 A 的速率。这两项符号的差异反映了正向反应使 A 的浓度随时间减小以及逆向反应使 A 的浓度随时间增大。

如果在时间 $t=0$ 时,$[\mathrm{A}]=[\mathrm{A}]_0$,$[\mathrm{B}]=0$,加上式(28.34)的计量要求 $[\mathrm{B}]=[\mathrm{A}]_0-[\mathrm{A}]$,则式(28.37)就变为

$$-\frac{\mathrm{d}[\mathrm{A}]}{\mathrm{d}t}=(k_1+k_{-1})[\mathrm{A}]-k_{-1}[\mathrm{A}]_0 \tag{28.38}$$

积分这个速率方程,可得(参见习题 28-32)

$$[\mathrm{A}]=([\mathrm{A}]_0-[\mathrm{A}]_{eq})\mathrm{e}^{-(k_1+k_{-1})t}+[\mathrm{A}]_{eq} \tag{28.39}$$

式中 $[\mathrm{A}]_{eq}$ 是平衡时 A 的浓度。将 $[\mathrm{A}]_{eq}$ 移到等式左边并取对数,可以将式(28.39)改写成

$$\ln([\mathrm{A}]-[\mathrm{A}]_{eq})=\ln([\mathrm{A}]_0-[\mathrm{A}]_{eq})-(k_1+k_{-1})t \tag{28.40}$$

此式告诉我们,将 $\ln([\mathrm{A}]-[\mathrm{A}]_{eq})$ 对时间作图,得到的是一条斜率为 $-(k_1+k_{-1})$、截距为 $\ln([\mathrm{A}]_0-[\mathrm{A}]_{eq})$ 的直线。由动力学数据的如此分析,可以确定速率常数的加和,即 (k_1+k_{-1})。但是,一般而言,我们需要分别确定 k_1 和 k_{-1}。利用速率方程和平衡常数之间的联系,可以解决这一问题。平衡时,$\mathrm{d}[\mathrm{A}]/\mathrm{d}t=0$,速率方程[式(28.37)]就变为

$$k_1[\mathrm{A}]_{eq}=k_{-1}[\mathrm{B}]_{eq} \tag{28.41}$$

或者

$$\frac{k_1}{k_{-1}}=\frac{[\mathrm{B}]_{eq}}{[\mathrm{A}]_{eq}}=K_c \tag{28.42}$$

如果知道了两个速率常数的加和 (k_1+k_{-1}) 及 K_c 值,那么两个反应速率常数就可以分别确定了。对于式(28.34)给出的可逆反应,在满足起始条件 $t=0$ 时,$[\mathrm{A}]=[\mathrm{A}]_0$ 且 $[\mathrm{B}]_0=0$ 的情况下,图 28.5 显示了 $[\mathrm{A}]/[\mathrm{A}]_0$ 和 $[\mathrm{B}]/[\mathrm{A}]_0$ 对时间 t 的作图。因为 $[\mathrm{A}]+[\mathrm{B}]=[\mathrm{A}]_0$,则 B 的浓度就为 $[\mathrm{A}]_0-[\mathrm{A}]$。正、逆反应的速率常数分别为 $k_1=2.25\times$

$10^{-2}\ s^{-1}$，$k_{-1}=1.50\times10^{-2}\ s^{-1}$。[A]的值从$[A]/[A]_0=1.000$减小到$[A]/[A]_0=[A]_{eq}/[A]_0=0.400$，[B]的值则从$[B]_0/[A]_0=0$增加到$[B]/[A]_0=[B]_{eq}/[A]_0=0.600$。平衡时，浓度的值满足关系式$K_c=[B]_{eq}/[A]_{eq}=k_1/k_{-1}=1.50$。

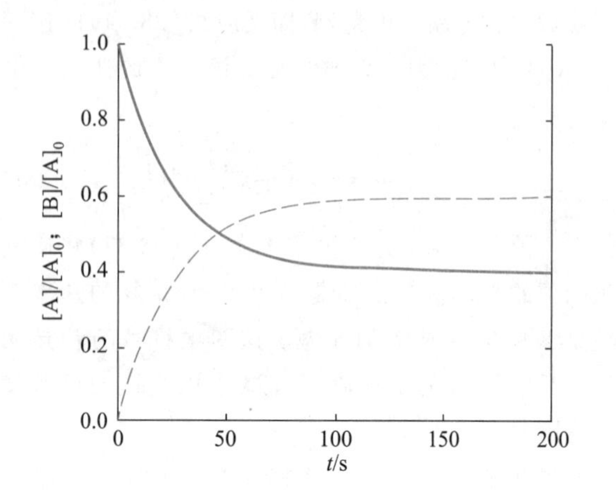

图 28.5　对于式(28.34)给出的可逆反应，在满足起始条件$t=0$时，$[A]=[A]_0$且$[B]_0=0$的情况下，$[A]/[A]_0$（实线）和$[B]/[A]_0$（虚线）与时间t的关系曲线。正、逆反应的速率常数分别为$k_1=2.25\times10^{-2}\ s^{-1}$和$k_{-1}=1.50\times10^{-2}\ s^{-1}$。

» 例题 28-5　顺-2-丁烯到反-2-丁烯的反应在正、逆两个方向都是一级。在 25 ℃时，平衡常数是 0.406，正向反应的速率常数是$4.21\times10^{-4}\ s^{-1}$。现从纯的顺式异构体样品开始反应，$[顺式]_0=0.115\ mol\cdot dm^{-3}$，试问需要多长时间才能使得反式异构体的浓度达到其平衡值的一半？

» 解　我们可用下式来表示该反应：

$$顺式 \underset{k_{-1}}{\overset{k_1}{\rightleftharpoons}} 反式$$

因为反应在正、逆两个方向都是一级，则

$$K_c=\frac{[反式]_{eq}}{[顺式]_{eq}}=\frac{k_1}{k_{-1}}=0.406$$

解出逆向反应速率常数为

$$k_{-1}=\frac{4.21\times10^{-4}\ s^{-1}}{0.406}=1.04\times10^{-3}\ s^{-1}$$

根据质量守恒，$[顺式]_0=[顺式]_{eq}+[反式]_{eq}$，所以

$$\frac{[反式]_{eq}}{[顺式]_{eq}}=\frac{[反式]_{eq}}{[顺式]_0-[反式]_{eq}}$$

$$=\frac{[反式]_{eq}}{0.115\ mol\cdot dm^{-3}-[反式]_{eq}}=0.406$$

或者$[反式]_{eq}=0.0332\ mol\cdot dm^{-3}$。因此，平衡时，顺式异构体的浓度为$0.115\ mol\cdot dm^{-3}-0.0332\ mol\cdot dm^{-3}=0.082\ mol\cdot dm^{-3}$。反式异构体平衡浓度的一半则为$0.0166\ mol\cdot dm^{-3}$，此时对应的顺式异构体浓度为$0.115\ mol\cdot dm^{-3}-0.0166\ mol\cdot dm^{-3}=0.098\ mol\cdot dm^{-3}$。现在，我们可以用式(28.40)来求出反式异构体生成其平衡量一半时所需要的时间。解式(28.40)，得到所需时间t为

$$t=\frac{1}{k_1+k_{-1}}\ln\frac{[顺式]_0-[顺式]_{eq}}{[顺式]-[顺式]_{eq}}$$

由上面的计算知，$[顺式]_0=0.115\ mol\cdot dm^{-3}$，$[顺式]_{eq}=0.082\ mol\cdot dm^{-3}$，以及当反式异构体的浓度值达到其平衡值的一半时，$[顺式]=0.098\ mol\cdot dm^{-3}$，将这些值代入上式中得

$$t=\frac{1}{4.21\times10^{-4}\ s^{-1}+1.04\times10^{-3}\ s^{-1}}\times \ln\frac{0.115\ mol\cdot dm^{-3}-0.082\ mol\cdot dm^{-3}}{0.098\ mol\cdot dm^{-3}-0.082\ mol\cdot dm^{-3}}$$

$$=490\ s$$

28-6　可逆反应的速率常数可以用弛豫法来测定

在第 28-2 节，我们曾讨论了确定一个化学反应速率方程的两种实验技术，前提是半衰期要比混合两个反应物所需的时间来得长。同样的限制条件适用于可逆反应的研究。如果平衡的达到快于反应物的彻底混合，则孤立法和起始速率法不能用于确定速率方程。例如，假如我们想要研究反应

$$H^+(aq)+OH^-(aq) \underset{k_{-1}}{\overset{k_1}{\rightleftharpoons}} H_2O(l) \qquad (28.43)$$

可以考虑将一强酸与一强碱混合，然后监测溶液的 pH 在中和反应发生后随时间的变化。不幸的是，彻底混合两个溶液大约需要 1 ms，这个时间比式(28.43)所示反应达平衡所需时间长几个数量级（参见例题 28-6）。

» 例题 28-6　已知反应

$$H^+(aq)+OH^-(aq) \underset{k_{-1}}{\overset{k_1}{\rightleftharpoons}} H_2O(l)$$

的速率常数$k_1=1.4\times10^{11}\ dm^3\cdot mol^{-1}\cdot s^{-1}$。如果起始条件分别是 (a) $[H^+]_0=[OH^-]_0=0.10\ mol\cdot dm^{-3}$和 (b) $[H^+]_0=[OH^-]_0=1.0\times10^{-7}\ mol\cdot dm^{-3}$，试计算这个反应的半衰期。

» 解 这个反应几乎能够完全进行,因此其具有与 $[A]_0=[B]_0$ 时式(28.30)相同的形式。速率方程的积分式可由式(28.33)给出,如果设定式(28.33)中的 $[A]=[A]_0/2$ 或 $[B]=[B]_0/2$,那么得到 $t_{1/2}=1/(k_1[A]_0)=1/(k_1[B]_0)$,如同式(28.29)中一样。所以,对于(a)中的起始条件,得到

$$t_{1/2}=\frac{1}{k_1[A]_0}=\frac{1}{(1.4\times10^{11}\,dm^3mol^{-1}\cdot s^{-1})(0.10mol\cdot dm^{-3})}=7.1\times10^{-11}s$$

对于(b)中的起始条件,得到

$$t_{1/2}=\frac{1}{k_1[A]_0}=\frac{1}{(1.4\times10^{11}\,dm^3mol^{-1}\cdot s^{-1})(1.0\times10^{-7}mol\cdot dm^{-3})}=7.1\times10^{-5}s$$

在两种情况下[注意(b)相应于 298 K 时的纯水],半衰期均远小于混合反应物所需时间(10^{-3} s)。因此,我们不能用混合技术来研究这个反应。

在例题 28-6 中揭示的限制可以用名为**弛豫法**(relaxtion method)的实验技术来克服。弛豫法与此前本章中介绍的实验方法有着本质的不同。其基本思路是对在某一指定温度和压力下达平衡的化学系统,突然改变条件,使得系统不再处于平衡状态。使反应偏离平衡的方法很多。温度、压力、pH 和 pOH 跳跃方法已经被研发出来,并成功用于研究动力学过程。下面我们将介绍溶液反应动力学研究中最常用的弛豫法,即**温跳弛豫技术**(temperature-jump relaxtion technique)。在一温跳实验中,平衡反应混合物的温度在恒定压力下突然改变。在温度突然改变后,化学系统通过弛豫达到一个对应于新温度的新平衡状态。我们将看到,系统弛豫到新平衡状态所需时间与正向和逆向反应的速率常数有关。

实验上,用一高电压电容器对反应溶液放电,可以在 1 μs 内将溶液的温度提高约 5 K。假设平衡常数与温度的倒数呈指数关系(回顾第 26-1 节,$\ln K_P=-\Delta_rG^\circ/RT$),这样一个扰动可以引起平衡浓度的显著变化。

在讨论水的酸碱反应[式(28.43)]之前,我们首先考虑下式描述的简单平衡反应:

$$A \underset{k_{-1}}{\overset{k_1}{\rightleftharpoons}} B \tag{28.44}$$

假定式中正向和逆向反应都为一级。最初,这个化学系统在温度 T_1 下处于平衡状态,其中 A 和 B 的浓度分别为 $[A]_{1,eq}$ 和 $[B]_{1,eq}$。现在考虑一下,如果我们将温度迅速从 T_1 跃升到 T_2,则会发生什么?根据式(26.31),可以看到,如果反应的 Δ_rH° 为正,那么在温度跃升后,B 的平衡浓度就会增加;如果 Δ_rH° 为负,则 B 的平衡浓度就会减少(如果 $\Delta_rH^\circ=0$,则平衡常数与温度无关,此时我们无法从温跳弛豫实验中获得任何信息)。为了绘制温度跃升后反应的时间演化,我们假设 $\Delta_rH^\circ<0$,并且将 T_2 下的平衡浓度表示为 $[A]_{2,eq}$ 和 $[B]_{2,eq}$。

我们已经假定正向和逆向反应均为一级,因此式(28.44)所示反应的速率方程为

$$\frac{d[B]}{dt}=k_1[A]-k_{-1}[B] \tag{28.45}$$

现在,我们需要改写式(28.45),以便其适用于刚经受一个扰动后趋向新的平衡状态的系统。为此,令

$$[A]=[A]_{2,eq}+\Delta[A]$$
$$[B]=[B]_{2,eq}+\Delta[B] \tag{28.46}$$

将这些式子代入式(28.45),得到以下结果(请注意,$[A]_{2,eq}$ 和 $[B]_{2,eq}$ 是常数):

$$\frac{d\Delta[B]}{dt}=k_1[A]_{2,eq}+k_1\Delta[A]-k_{-1}[B]_{2,eq}-k_{-1}\Delta[B] \tag{28.47}$$

根据式(28.44),A 和 B 的浓度之和在实验过程中保持不变,因此 $\Delta([A]+[B])=\Delta[A]+\Delta[B]=0$。此外,$[A]_{2,eq}$ 和 $[B]_{2,eq}$ 满足式(28.42)($k_1[A]_{2,eq}=k_{-1}[B]_{2,eq}$),所以式(28.47)可以简化为

$$\frac{d\Delta[B]}{dt}=-(k_1+k_{-1})\Delta[B] \tag{28.48}$$

对式(28.48)进行定积分($t=0$ 时,$[B]=[B]_{1,eq}$,或 $t=0$ 时,$\Delta[B]=\Delta[B]_0=[B]_{1,eq}-[B]_{2,eq}$),得到

$$\Delta[B]=\Delta[B]_0e^{-(k_1+k_{-1})t}=\Delta[B]_0e^{-t/\tau} \tag{28.49}$$

式中

$$\tau=\frac{1}{k_1+k_{-1}} \tag{28.50}$$

称为**弛豫时间**(relaxation time)。注意,τ 具有时间的单位,它衡量了 $\Delta[B]$ 需要多长时间才能衰减到其起始值的 1/e。

图 28.6 显示了一个典型的温跳实验中 $\Delta[B]$ 随时间变化的曲线。根据[式(28.49)]可看到,$\ln(\Delta[B]/\Delta[B]_0)$ 对 t 的作图是线性的,且斜率为 $-(k_1+k_{-1})$,即在 T_2 下反应的正向和逆向反应速率常数之和的负值。如果我们知道 T_2 下的平衡常数以及正向和逆向反应的速率方程,那么速率常数 k_1 和 k_{-1} 就可以被独立确定。

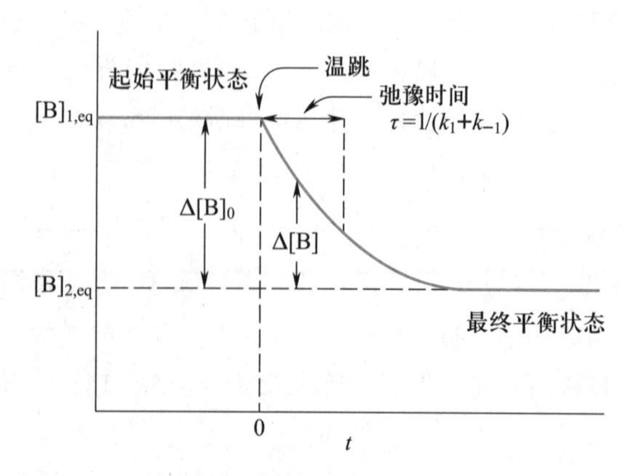

图 28.6 温跳实验中[B]随时间的变化（针对的是式(28.44)给出的化学系统，其中正向反应和逆向反应均为一级）。图中假定 $\Delta_r H^\circ<0$，因此 $[B]_{2,eq}<[B]_{1,eq}$。温跳后，B 的浓度[B]的值从原先的 $[B]_{1,eq}$ 指数衰减为 $[B]_{2,eq}$。这个指数衰减的时间常数由 $1/(k_1+k_{-1})$ 给出。

现在我们回到考虑式(28.43)给出的化学反应。这个特定反应的一般式是

$$A+B \underset{k_{-1}}{\overset{k_1}{\rightleftharpoons}} P \tag{28.51}$$

如果假设正向和逆向反应针对每个反应物都是一级，那么该反应的速率方程可以表示为

$$\frac{d[P]}{dt}=k_1[A][B]-k_{-1}[P] \tag{28.52}$$

如果令 $\Delta[P]=[P]-[P]_{2,eq}$，则（参见习题 28-33）

$$\Delta[P]=\Delta[P]_0 e^{-t/\tau} \tag{28.53}$$

式中弛豫时间 τ 由下式给出：

$$\tau=\frac{1}{k_1([A]_{2,eq}+[B]_{2,eq})+k_{-1}} \tag{28.54}$$

式(28.53)预测，$\ln(\Delta[P]/\Delta[P]_0)$ 对 t 的作图是线性的，并且斜率为 $-k_1([A]_{2,eq}+[B]_{2,eq})-k_{-1}$。对于可以用式(28.51)描述且速率方程遵循式(28.52)的化学反应，可以通过对含有不同总浓度（即 $[A]_{2,eq}+[B]_{2,eq}$）的样品，绘制其 $\Delta[P]$ 随 t 变化的图来唯一确定 k_1 和 k_{-1} 的值。水的解离反应，即式(28.43)，满足这些条件。直到弛豫技术被研发出来后，人们方能研究水的解离动力学，认识到这一点是很重要的。因为水的解离随着温度升高而增加，所以温跳后，$H^+(aq)$ 和 $OH^-(aq)$ 的浓度增加，导致溶液的电导率显著增加，这是可以测量的。在温度跃升到最终温度 $T_2=298$ K 后，通过测量依赖时间的电导率，获得弛豫时间 $\tau=3.7\times10^{-5}$ s。根据测得的弛豫时间和解离反应平衡常数（$K_c=[H_2O]/K_w=[H_2O]/[H^+][OH^-]=5.49\times10^{15}\ mol^{-1}\cdot dm^3$，298 K 时），可得出二级速率常数 $k_1=1.4\times10^{11}\ dm^{-3}\cdot mol^{-1}\cdot s^{-1}$，这是迄今为止测得的最大速率常数之一。表 28.7 列出了一些通过弛豫法测定的可逆酸碱反应的速率常数。

表 28.7 298 K 时水中可逆酸碱反应的速率常数。

反应	$k_1/(dm^3\cdot mol^{-1}\cdot s^{-1})$	k_{-1}/s^{-1}
$H^+(aq)+OH^-(aq) \rightleftharpoons H_2O(l)$	1.4×10^{11}	2.5×10^{-5}
$H^+(aq)+HCO_3^-(aq) \rightleftharpoons H_2CO_3(aq)$	4.7×10^{10}	8×10^6
$H^+(aq)+CH_3COO^-(aq) \rightleftharpoons CH_3COOH(aq)$	4.5×10^{10}	7.8×10^5
$H^+(aq)+C_6H_5COO^-(aq) \rightleftharpoons C_6H_5COOH(aq)$	3.5×10^{10}	2.2×10^6
$H^+(aq)+NH_3(aq) \rightleftharpoons NH_4^+(aq)$	4.3×10^{10}	2.5×10^1
$H^+(aq)+Me_3N(aq) \rightleftharpoons Me_3NH^+(aq)$	2.5×10^{10}	4
$H^+(aq)+HCO_3^-(aq) \rightleftharpoons CO_2(aq)+H_2O(l)$	5.6×10^4	4.3×10^{-2}

» 例题 28-7 利用表 28.7 中的数据，计算下列反应经一温跳实验至最终温度为 298 K 的弛豫时间。初始溶液是通过向水中添加 0.015 mol 的苯甲酸制备的，体积为 1dm³。假设正向和逆向反应对每个反应物都是一级。

$$H^+(aq)+C_6H_5COO^-(aq) \rightleftharpoons C_6H_5COOH(aq)$$

» 解 如果假设正向和逆向反应对每个反应物都是一级，那么弛豫时间可由式(28.54)给出，或

$$\tau=\frac{1}{k_1([H^+]_{2,eq}+[C_6H_5COO^-]_{2,eq})+k_{-1}} \tag{1}$$

根据表 28.7 中的数据，298 K 时，$k_1=3.5\times10^{10}\ mol^{-1}\cdot dm^3\cdot s^{-1}$，$k_{-1}=2.2\times10^6\ s^{-1}$。平衡常数 $K_c=k_1/k_{-1}=1.6\times10^4\ mol^{-1}\cdot dm^3$。苯甲酸的初始浓度为 $0.015\ mol\cdot dm^{-3}$，因此平衡时(298 K)：

$$K_c=1.6\times10^4 mol^{-1}\cdot dm^3=\frac{0.015\ mol\cdot dm^{-3}-x}{x^2}$$

式中 x 是解离的酸的浓度。解上述表达式，得到

$$x=[H^+]_{2,eq}=[C_6H_5COO^-]_{2,eq}=9.4\times10^{-4}\ mol\cdot dm^{-3}$$

将这些数据代入式(1)，得到弛豫时间为

$$\tau=\frac{1}{(3.5\times10^{10} mol^{-1}\cdot dm^3\cdot s^{-1})(2\times9.4\times10^{-4}\ mol\cdot dm^{-3})+2.2\times10^6 s^{-1}}$$
$$=1.5\times10^{-8}s$$

28-7 速率常数通常强烈依赖于温度

化学反应的速率几乎总是强烈依赖温度的。图 28.7

展示了几种类型反应速率的温度依赖性。图中显示的(a)温度依赖性是最常见的,也是我们将详细讨论的一种。图中的另外两条曲线分别展示了(b)在某个阈温度下变为爆炸性的反应和(c)由酶控制的反应,其中酶在较高温度下变得失活。

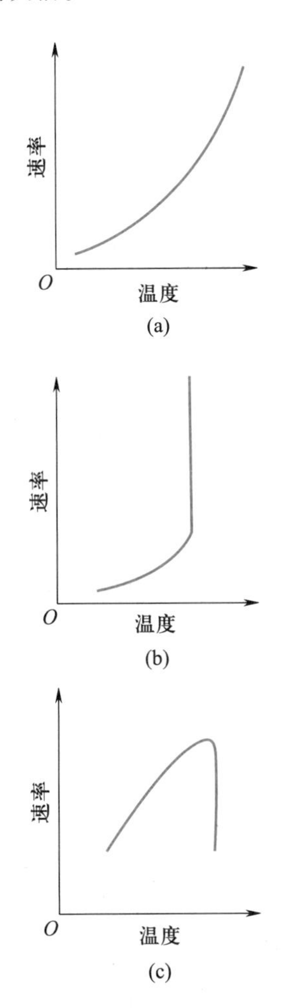

图 28.7 一些反应速率的温度依赖性示例。(a)最常见的类型,速率基本上随着温度的倒数呈指数增加。(b)反应在某个阈值温度时变为爆炸。(c)酶控制的反应,在较高温度时酶失活。

反应速率的温度依赖性是由反应速率常数的温度依赖性所导致的。对于图 28.7(a)中所示的常见情况,速率常数的温度依赖性可以用下面的经验公式来近似描述:

$$\frac{\mathrm{d}\ln k}{\mathrm{d}T}=\frac{E_{\mathrm{a}}}{RT^2} \tag{28.55}$$

式中 E_{a} 具有能量的单位。如果 E_{a} 与温度无关,则可以积分式(28.55)得到

$$\ln k=\ln A-\frac{E_{\mathrm{a}}}{RT} \tag{28.56}$$

或

$$k=A\mathrm{e}^{-E_{\mathrm{a}}/RT} \tag{28.57}$$

式中 A 是一个常数,通常称为**指前因子**(pre-exponential factor);E_{a} 称为**活化能**(activation energy)。式(28.56)预测,如果将 $\ln k$ 对 $1/T$ 作图,则将得到一条直线,其截距为 $\ln A$,斜率为 $-E_{\mathrm{a}}/R$。图 28.8 显示了反应 $2\mathrm{HI(g)}\longrightarrow \mathrm{H_2(g)}+\mathrm{I_2(g)}$ 的 $\ln k$ 对 $1/T$ 的作图。实线是对实验数据(圆圈)的最佳拟合直线。由这条最佳拟合线的斜率,可得活化能为 184 kJ · mol^{-1}。根据截距,可得指前因子 A 为 7.94×10^{10} mol^{-1} · dm^3 · s^{-1}。

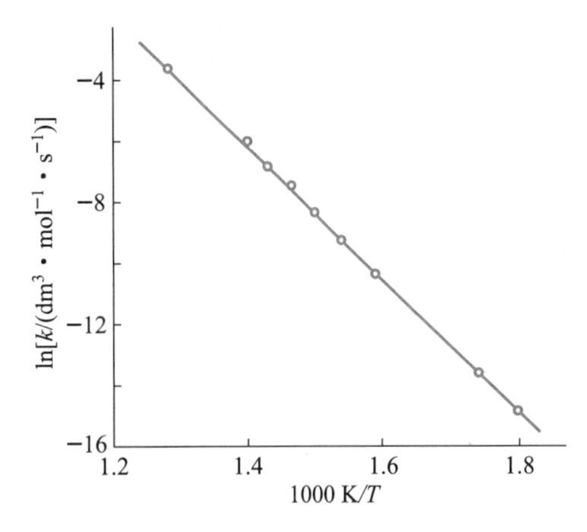

图 28.8 反应 $2\mathrm{HI(g)}\longrightarrow \mathrm{H_2(g)}+\mathrm{I_2(g)}$ 的 $\ln k$ 对 $1/T$ 的作图。实验数据的最佳拟合为一条直线,据此可得 $A=7.94\times 10^{10}$ mol^{-1} · dm^3 · s^{-1} 和 $E_{\mathrm{a}}=184$ kJ · mol^{-1}。

» 例题 28-8 反应 $2\mathrm{HI(g)}\longrightarrow \mathrm{H_2(g)}+\mathrm{I_2(g)}$ 在 575 K 和 716 K 的速率常数分别为 1.22×10^{-6} mol^{-1} · dm^3 · s^{-1} 和 2.50×10^{-3} mol^{-1} · dm^3 · s^{-1},由这些数据估算 E_{a} 的值。

» 解 假设活化能和指前因子与温度无关,同一反应在温度 T_1 和 T_2 的速率常数分别为 $k(T_1)$ 和 $k(T_2)$,则有

$$k(T_1)=A\mathrm{e}^{-E_{\mathrm{a}}/RT_1} \quad 和 \quad k(T_2)=A\mathrm{e}^{-E_{\mathrm{a}}/RT_2}$$

将第一个式子除以第二个式子,并取对数,可得

$$\ln\frac{k(T_1)}{k(T_2)}=\frac{E_{\mathrm{a}}}{R}\left(\frac{1}{T_2}-\frac{1}{T_1}\right)$$

所以

$$\begin{aligned}E_{\mathrm{a}}&=R\left(\frac{T_1T_2}{T_1-T_2}\right)\ln\frac{k(T_1)}{k(T_2)}\\&=(8.314\ \mathrm{J\cdot K^{-1}\cdot mol^{-1}})\left[\frac{(716\ \mathrm{K})\times(575\ \mathrm{K})}{575\ \mathrm{K}-716\ \mathrm{K}}\right]\times\\&\quad\ln\frac{1.22\times10^{-6}\mathrm{dm^3\cdot mol^{-1}\cdot s^{-1}}}{2.50\times10^{-3}\mathrm{dm^3\cdot mol^{-1}\cdot s^{-1}}}\\&=185\ \mathrm{kJ\cdot mol^{-1}}\end{aligned}$$

在19世纪80年代,瑞典化学家阿伦尼乌斯发现式(28.57)描述了许多反应速率常数的温度依赖性,并用它来发展了关于反应发生的一般模型。阿伦尼乌斯注意到温度对反应速率的影响很大,以致不能仅仅通过反应物平动能的变化来解释。因此,为使反应发生,不能只依靠反应物之间的碰撞。由于他对化学动力学领域的贡献,式(28.57)现在称为**阿伦尼乌斯方程**(Arrhenius equation)。

如果将活化能看作使反应物发生反应必须提供的能量,我们可以用图28.9中显示的简单能量图来描述化学反应。我们说化学反应沿着**反应坐标**(reaction coordinate)从反应物到产物进行。反应坐标通常是多维的,代表了与化学过程相关的键长和键角。在某些情况下,反应坐标是显而易见的。例如,对于$I_2(g)$的热解离,反应坐标就是I—I键的键长。然而,对于大多数化学反应,反应坐标难以直观显示。

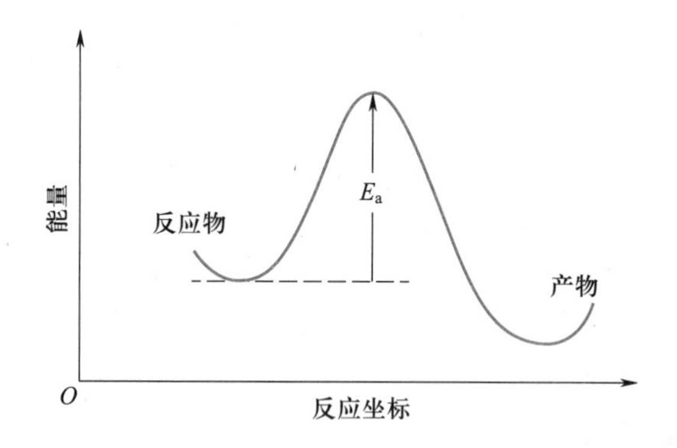

图28.9 化学反应能量图的示意图。要转化为产物,反应物必须获得超越活化能垒的能量。反应坐标表示随着化学反应从反应物到产物的进行而发生的键长和键角的变化。

尽管阿伦尼乌斯方程广泛用于确定化学反应的活化能,但对一些反应来说,$\ln k$对$1/T$的作图并不是线性的。这种非线性行为现在可以在理论上得到合理解释,许多现代反应速率理论预测速率常数的行为如下:

$$k=aT^m e^{-E'/RT} \tag{28.58}$$

式中a,E'和m均是与温度无关的常数。根据速率理论的假设,常数m可以取不同的值,如1,1/2和-1/2等。如果m已知,则可以通过将$\ln(k/T^m)$对$1/T$作图所得直线的斜率来获得常数E'。如果m未知,则很难从实验数据来确定m的值,因为$k(T)$对$1/T$的指数依赖通常统治了对T的幂依赖。在下一节中,我们将探讨一种常用的模型,即过渡态理论,它预测了一个由式(28.58)给出的这种形式的方程。

» 例题 28-9 活化能E_a,指前因子A以及式(28.58)中的常数m,a和E'之间有什么关系?

» 解 利用式(28.55),我们可以定义活化能为

$$E_a=RT^2\frac{\mathrm{d}\ln k}{\mathrm{d}T} \tag{28.59}$$

将式(28.58)代入这个表达式,可得

$$E_a=E'+mRT$$

解出E'并将结果代入式(28.58),然后再将所得结果与式(28.57)比较,可得

$$A=aT^m e^m$$

28-8 过渡态理论可以用来估算反应速率常数

在本节,我们将简要讨论一种反应速率的理论,称为**活化络合物理论**(activated-complex theory)或**过渡态理论**(transition-state theory)。这个理论主要是由Henry Eyring在20世纪30年代发展起来的,它聚焦于反应活化能垒顶端附近的瞬态物种。该物种称为**活化络合物**(activated complex)或**过渡态**(transition state),理论的名称即由此而来。

考虑反应

$$A+B\longrightarrow P$$

其速率方程为

$$\frac{\mathrm{d}[P]}{\mathrm{d}t}=k[A][B] \tag{28.60}$$

活化络合物理论提出,反应物和活化络合物彼此处于平衡,并且可以通过两步过程来模拟反应:

$$A+B\rightleftharpoons AB^{\ddagger}\longrightarrow P \tag{28.61}$$

物种$AB^{\ddagger}$是活化络合物。反应物和活化络合物之间的平衡常数表达式为(参见26-2节)

$$K_c^{\ddagger}=\frac{[AB^{\ddagger}]/c^{\circ}}{[A]/c^{\circ}[B]/c^{\circ}}=\frac{[AB^{\ddagger}]c^{\circ}}{[A][B]} \tag{28.62}$$

式中c°是标准状态浓度(通常取为1.00 mol·dm^{-3})。利用第26-8节的结果,$K_c^{\ddagger}$可以用配分函数表示为

$$K_c^{\ddagger}=\frac{(q^{\ddagger}/V)c^{\circ}}{(q_A/V)(q_B/V)} \tag{28.63}$$

式中q_A,q_B和$q^{\ddagger}$分别是A,B和$AB^{\ddagger}$的配分函数。

假设活化络合物在以垒顶为中心的、一个宽度为δ的小区域范围内保持稳定(参见图28.10)。根据式(28.61)给出的两步过程,反应速率将是活化络合物浓度$[AB^{\ddagger}]$与这些活化络合物越过垒顶的频率ν_c的乘积,或者可以表示为

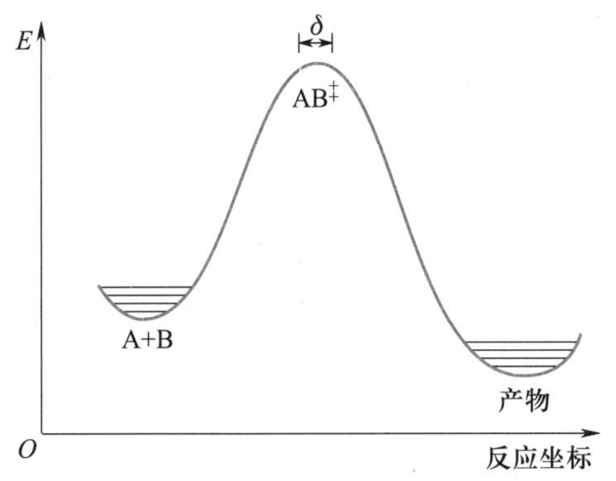

图 28.10 由式(28.61)给出的反应的一维能量图。活化络合物 $AB^{\ddagger}$被定义为存在于一个以垒顶为中心、宽度为 δ 的小区域内。

$$\frac{d[P]}{dt}=\nu_c[AB^{\ddagger}] \tag{28.64}$$

式(28.64)和式(28.60)给出了两种不同但等价的反应速率表达式。解式(28.62)得到$[AB^{\ddagger}]$,并将得到的表达式代入式(28.64),然后将所得结果与式(28.60)比较,得到

$$\frac{d[P]}{dt}=k[A][B]=\nu_c[AB^{\ddagger}]=\nu_c\frac{[A][B]K_c^{\ddagger}}{c^{\circ}}$$

或

$$k=\frac{\nu_c K_c^{\ddagger}}{c^{\circ}} \tag{28.65}$$

注意,k 具有(浓度)$^{-1}\cdot s^{-1}$的单位。

式(28.64)默认假定反应系统越过垒顶的运动是一维的平动。对应于一维平动的平动配分函数 q_t 为(参见习题 18-3)

$$q_t=\frac{(2\pi m^{\ddagger}k_BT)^{1/2}}{h}\delta \tag{28.66}$$

式中 $m^{\ddagger}$是活化络合物的质量。我们可以将活化络合物的配分函数写为 $q^{\ddagger}=q_t q_{int}^{\ddagger}$,其中 $q_{int}^{\ddagger}$考虑了活化络合物的所有其余自由度。则可以将式(28.63)改写为

$$K_c^{\ddagger}=\frac{(2\pi m^{\ddagger}k_BT)^{1/2}}{h}\delta\frac{(q_{int}^{\ddagger}/V)c^{\circ}}{(q_A/V)(q_B/V)} \tag{28.67}$$

将式(28.67)代入式(28.65),可得反应速率常数的下面这个表达式:

$$k=\nu_c\frac{(2\pi m^{\ddagger}k_BT)^{1/2}}{hc^{\circ}}\delta\frac{(q_{int}^{\ddagger}/V)c^{\circ}}{(q_A/V)(q_B/V)}\nu_c \tag{28.68}$$

式(28.68)包含两个量,即 ν_c 和 δ,它们没有被明确定义,且难以确定。但是,它们的乘积可以等于活化络合物越过能垒的平均速率$\langle u_{ac}\rangle$,即$\langle u_{ac}\rangle=\nu_c\delta$。因为我们已经假设反应物和活化络合物处于平衡状态,我们可以用一个(一维)Maxwell-Boltzmann 分布[式(27.33)]来计算$\langle u_{ac}\rangle$,即

$$\langle u_{ac}\rangle=\int_0^{+\infty}uf(u)du=\left(\frac{m^{\ddagger}}{2\pi k_BT}\right)^{1/2}\int_0^{+\infty}ue^{-m^{\ddagger}u^2/2k_BT}du$$
$$=\left(\frac{k_BT}{2\pi m^{\ddagger}}\right)^{1/2} \tag{28.69}$$

请注意,我们只对 u 的正值进行了积分,因为我们只考虑那些沿着反应物到产物方向越过能垒的活化络合物。将式(28.69)代入式(28.68),替代其中的 $\nu_c\delta$,得到过渡态理论中的速率常数表达式:

$$k=\frac{k_BT}{hc^{\circ}}\frac{(q_{int}^{\ddagger}/V)c^{\circ}}{(q_A/V)(q_B/V)}=\frac{k_BT}{hc^{\circ}}K^{\ddagger} \tag{28.70}$$

式中 $K^{\ddagger}$是从反应物形成过渡态的“平衡常数”,但沿着反应坐标的运动不包含在 $q_{int}^{\ddagger}$内。

我们定义标准活化吉布斯能 $\Delta^{\ddagger}G^{\circ}$为从浓度为 c°的反应物到浓度为 c°的过渡态的吉布斯能变化。$\Delta^{\ddagger}G^{\circ}$与 $k^{\ddagger}$之间的关系为

$$\Delta^{\ddagger}G^{\circ}=-RT\ln K^{\ddagger} \tag{28.71}$$

根据式(28.71),我们可以用 $\Delta^{\ddagger}G^{\circ}$来表示速率常数 k。解式(28.71)得到 $K^{\ddagger}$,然后将结果代入式(28.70),得到

$$k(T)=\frac{k_BT}{hc^{\circ}}\exp(-\Delta^{\ddagger}G^{\circ}/RT) \tag{28.72}$$

我们可以用标准活化焓 $\Delta^{\ddagger}H^{\circ}$和标准活化熵 $\Delta^{\ddagger}S^{\circ}$来表示 $\Delta^{\ddagger}G^{\circ}$,即

$$\Delta^{\ddagger}G^{\circ}=\Delta^{\ddagger}H^{\circ}-T\Delta^{\ddagger}S^{\circ} \tag{28.73}$$

将式(28.73)代入式(28.72),可得

$$k(T)=\frac{k_BT}{hc^{\circ}}\exp(\Delta^{\ddagger}S^{\circ}/R)\exp(-\Delta^{\ddagger}H^{\circ}/RT) \tag{28.74}$$

我们可以用 $\Delta^{\ddagger}H^{\circ}$表示活化能 E_a,用 $\Delta^{\ddagger}S^{\circ}$表示指前因子 A。将式(28.70)取对数,然后对温度求微分,得到

$$\frac{d\ln k}{dT}=\frac{1}{T}+\frac{d\ln K^{\ddagger}}{dT} \tag{28.75}$$

已知,对于理想气体系统,有 $d\ln K/dT=\Delta U^{\circ}/RT^2$(参见习题 26-14)。因此,式(28.75)可以改写为

$$\frac{d\ln k}{dT}=\frac{1}{T}+\frac{\Delta^{\ddagger}U^{\circ}}{RT^2} \tag{28.76}$$

此外,对于式(28.61)给出的反应,$\Delta^{\ddagger}H^{\circ}=\Delta^{\ddagger}U^{\circ}+\Delta^{\ddagger}(PV)=\Delta^{\ddagger}U^{\circ}+RT\Delta^{\ddagger}n=\Delta^{\ddagger}U^{\circ}-RT$。因此,我们可以将式(28.76)改写为

$$\frac{d\ln k}{dT}=\frac{\Delta^{\ddagger}H^{\circ}+2RT}{RT^2} \tag{28.77}$$

将式(28.77)与式(28.55)比较,可得

$$E_a = \Delta^{\ddagger}H^{\circ} + 2RT \qquad (28.78)$$

解这个表达式获得 $\Delta^{\ddagger}H^{\circ}$,然后将结果代入式(28.74)中,得到

$$k(T) = \frac{e^2 k_B T}{hc^{\circ}} \exp(\Delta^{\ddagger}S^{\circ}/R) \exp(-E_a/RT) \qquad (28.79)$$

因此,根据过渡态理论的热力学解释,指前因子 A 由下式给出:

$$A = \frac{e^2 k_B T}{hc^{\circ}} \exp(\Delta^{\ddagger}S^{\circ}/R) \qquad (28.80)$$

» 例题 28-10　已知反应 $H(g) + Br_2(g) \longrightarrow HBr(g) + Br(g)$ 的活化能和指前因子分别为 15.5 $kJ \cdot mol^{-1}$ 和 $1.09 \times 10^{11}\ dm^3 \cdot mol^{-1} \cdot s^{-1}$。计算 1000 K 时基于标准状态 $c^{\circ} = 1.00\ mol \cdot dm^{-3}$ 的 $\Delta^{\ddagger}H^{\circ}$ 和 $\Delta^{\ddagger}S^{\circ}$。假设理想气体行为。

» 解　根据式(28.78)和式(28.80),可得

$$\Delta^{\ddagger}H^{\circ} = E_a - 2RT$$
$$= 15.5\ kJ \cdot mol^{-1} - (2)(8.314\ J \cdot K^{-1} \cdot mol^{-1})(1000\ K)$$
$$= -1.13\ kJ \cdot mol^{-1}$$

以及

$$\Delta^{\ddagger}S^{\circ} = R \ln \frac{hAc^{\circ}}{e^2 k_B T}$$
$$= (8.314\ J \cdot K^{-1} \cdot mol^{-1}) \times \ln\left\{\left(\frac{(6.626 \times 10^{-34}\ J \cdot s)(1.09 \times 10^{11}\ dm^3 \cdot mol^{-1} \cdot s^{-1})(1.00\ mol \cdot dm^{-3})}{e^2 (1.381 \times 10^{-23}\ J \cdot K^{-1})(1000\ K)}\right)\right\}$$
$$= -60.3\ J \cdot K^{-1} \cdot mol^{-1}$$

注意,与平衡常数的值一样,$\Delta^{\ddagger}S^{\circ}$ 的值取决于标准状态的选择。

活化熵的数值可以给出有关活化络合物和反应物相对结构的信息。正值表示活化络合物的结构较反应物相对无序,而负值则表示活化络合物的结构较反应物更加有序。

习题

28-1　对于下列化学反应,计算 298.15 K 和标准压力下反应的平衡进度(参见第 26-4 节)。

(a) $H_2(g) + Cl_2(g) \rightleftharpoons 2HCl(g)$

　$\Delta_r G^{\circ} = -190.54\ kJ \cdot mol^{-1}$

起始量:1 mol 的 $H_2(g)$ 和 $Cl_2(g)$,无 $HCl(g)$。

(b) $N_2(g) + O_2(g) \rightleftharpoons 2NO(g)$

　$\Delta_r G^{\circ} = 173.22\ kJ \cdot mol^{-1}$

起始量:1 mol 的 $N_2(g)$ 和 $O_2(g)$,无 $NO(g)$。

28-2　一氧化二氮 $N_2O(g)$ 按照下式分解:$2N_2O(g) \longrightarrow 2N_2(g) + O_2(g)$。在 900 K 时某一条件下,反应的速率为 $6.16 \times 10^{-6}\ mol \cdot dm^{-3} \cdot s^{-1}$,计算 $d[N_2O]/dt$,$d[N_2]/dt$ 和 $d[O_2]/dt$ 的值。

28-3　假设习题 28-2 中的反应在一体积为 0.67 dm^3 的容器中进行,计算对应于反应速率为 $6.16 \times 10^{-6}\ mol \cdot dm^3 \cdot s^{-1}$ 的 $d\xi/dt$ 值。

28-4　过氧化氢被高锰酸盐氧化的反应按照下式进行:

$$2KMnO_4(aq) + 3H_2SO_4(aq) + 5H_2O_2(aq) \longrightarrow 2MnSO_4(aq) + 8H_2O(l) + 5O_2(g) + K_2SO_4(aq)$$

试用每个反应物和产物来定义反应速率 v。

28-5　反应 $O(g) + O_3(g) \longrightarrow 2O_2(g)$ 的二级速率常数为 $1.26 \times 10^{-15}\ cm^3 \cdot 分子^{-1} \cdot s^{-1}$,请以 $mol^{-1} \cdot dm^3 \cdot s^{-1}$ 为单位给出速率常数的值。

28-6　以摩尔浓度定义的反应速率[式(28.5)]假设反应过程中体积不变。试导出以一反应物 A 的摩尔浓度表示的、反应过程中体积发生变化的反应速率表达式。

28-7　导出零级反应的速率方程积分式。

28-8　根据下表中的起始速率数据,确定反应 $NO(g) + H_2(g) \longrightarrow$ 产物的速率方程,并计算该反应的速率常数。

$P_0(H_2)$/torr	$P_0(NO)$/torr	$v_0/(torr \cdot s^{-1})$
400	159	34
400	300	125
289	400	160
205	400	110
147	400	79

28-9　氯化硫酰按照下式分解:$SO_2Cl_2(g) \longrightarrow SO_2(g) + Cl_2(g)$。请根据下表所给 298.15 K 时的起始反应速率数据,确定反应级数,并计算该反应在 298.15 K 时

的速率常数。

$[SO_2Cl_2]_0/(mol\cdot dm^{-3})$	0.10	0.37
$v_0/(mol\cdot dm^{-3}\cdot s^{-1})$	2.24×10^{-6}	8.29×10^{-6}
$[SO_2Cl_2]_0/(mol\cdot dm^{-3})$	0.76	1.22
$v_0/(mol\cdot dm^{-3}\cdot s^{-1})$	1.71×10^{-5}	2.75×10^{-5}

28-10 反应 $Cr(H_2O)_6^{3+}(aq)+SCN^-(aq)\longrightarrow Cr(H_2O)_5(SCN)^{2+}(aq)+H_2O(l)$ 在 298.15 K 时的起始反应速率数据如下表所示，确定反应的速率方程，并计算该反应在 298.15 K 时的速率常数。假定级数为整数。

$\dfrac{[Cr(H_2O)_6^{3+}]_0}{mol\cdot dm^{-3}}$	$\dfrac{[SCN^-]_0}{mol\cdot dm^{-3}}$	$\dfrac{v_0}{mol\cdot dm^{-3}\cdot s^{-1}}$
1.21×10^{-4}	1.05×10^{-5}	2.11×10^{-11}
1.46×10^{-4}	2.28×10^{-5}	5.53×10^{-11}
1.66×10^{-4}	1.02×10^{-5}	2.82×10^{-11}
1.83×10^{-4}	3.11×10^{-5}	9.44×10^{-11}

28-11 考虑碱催化反应：$OCl^-(aq)+I^-(aq)\longrightarrow OI^-(aq)+Cl^-(aq)$，利用下表所给起始反应速率数据，确定速率方程，并计算相应的速率常数。

$\dfrac{[OCl^-]_0}{mol\cdot dm^{-3}}$	$\dfrac{[I^-]_0}{mol\cdot dm^{-3}}$	$\dfrac{[OH^-]_0}{mol\cdot dm^{-3}}$	$v_0/(mol\cdot dm^{-3}\cdot s^{-1})$
1.62×10^{-3}	1.62×10^{-3}	0.52	3.06×10^{-4}
1.62×10^{-3}	2.88×10^{-3}	0.52	5.44×10^{-4}
2.71×10^{-3}	1.62×10^{-3}	0.84	3.16×10^{-4}
1.62×10^{-3}	2.88×10^{-3}	0.91	3.11×10^{-4}

28-12 已知一级反应 $SO_2Cl_2(g)\longrightarrow SO_2(g)+Cl_2(g)$ 在320 ℃时的速率常数为 $2.24\times10^{-5}\ s^{-1}$，计算：(1) 反应的半衰期；(2) 320 ℃加热 5.00 h 后剩余 $SO_2Cl_2(g)$ 的分数；(3) 320 ℃时分解 92.0%的 $SO_2Cl_2(g)$ 所需时间。

28-13 已知下面这个气相分解反应的半衰期与反应物的起始浓度无关，试确定该反应的速率方程积分式。

$$\begin{array}{l}H_2C-CHCH_2CH_2CH_3\\ \quad|\qquad|\\ H_2C-CH_2\end{array}\longrightarrow H_2C=CHCH_2CH_2CH_3+H_2C=CH_2$$

28-14 过氧化氢 H_2O_2 在水中的分解为一级动力学过程。浓度为 0.156 $mol\cdot dm^{-3}$ 的 H_2O_2 在水中分解的起始速率为 $1.14\times10^{-5}\ mol\cdot dm^{-3}\cdot s^{-1}$，计算该分解反应的速率常数和半衰期。

28-15 已知一个一级反应在 19.7 min 内完成了 24.0%，试问反应完成 85.5%需要多长时间？计算反应的速率常数。

28-16 300 K 时，$PhSO_2SO_2Ph$ 与 N_2H_4 在环己烷溶液中发生亲核取代反应：

$$PhSO_2SO_2Ph(sln)+N_2H_4(sln)\longrightarrow PhSO_2NHNH_2(sln)+PhSO_2H(sln)$$

已知该反应对 $PhSO_2SO_2Ph$ 为一级，当 $PhSO_2SO_2Ph$ 起始浓度为 $3.15\times10^{-5}\ mol\cdot dm^3$ 时，测得如下反应速率数据：

$[N_2H_2]_0/(10^{-2}mol\cdot dm^{-3})$	0.5	1.0	2.4	5.6
$v_0/(mol\cdot dm^{-3}\cdot s^{-1})$	0.085	0.17	0.41	0.95

试确定该反应的速率方程和速率常数。

28-17 如果 A 反应既能生成 B，也能生成 C，即

$$A\xrightarrow{k_1}B\quad 或\quad A\xrightarrow{k_2}C$$

证明：(1) $[A]=[A]_0e^{-(k_1+k_2)t}$；(2) A 的半衰期为 $t_{1/2}=\dfrac{0.692}{k_1+k_2}$；(3) 在所有反应时间内均有 $[B]/[C]=k_1/k_2$；(4) 对于起始条件 $[A]=[A]_0$，$[B]_0=[C]_0=0$ 且 $k_2=4k_1$，在同一张图上，画出 A，B 和 C 的浓度与时间的关系。

以下 6 个题目都是有关放射性同位素的衰变，为一级过程。因此，如果 $N(t)$ 为放射性同位素在 t 时刻的数目，那么 $N(t)=N(0)e^{-k_1t}$，式中 $N(0)$ 为放射性同位素在 $t=0$ 时刻的数目。在处理放射性同位素的衰变时，我们几乎总是用半衰期 $t_{1/2}=\dfrac{0.693}{k}$ 来描述衰变速率（衰变动力学）。

28-18 你订购了含放射性同位素 P^{32}（半衰期 $t_{1/2}=14.3$ 天）的 Na_3PO_4 样品，如果运输中转过程耽误了两星期，则当你收到样品时，其剩余的活性是原先的百分之几？

28-19 铜-64（半衰期 $t_{1/2}=12.8$ h）被用于脑部肿瘤的扫描以及威尔逊病（一种铜代谢障碍引发的遗传性疾病）的研究。请计算需要多少天，才能使注射的铜-64剂量下降到初始值的 0.10%。假设除了放射性衰变外没有铜-64 的损失。

28-20 硫-38 可以被引入蛋白质中，以跟踪蛋白质代谢的某些方面。如果一个蛋白质样品的起始放射活性是每分钟 10000 次衰变，试计算 6.00 h 后的活性。已知硫-38 的半衰期为 2.84 h。提示：对于一级过程，衰变速率正比于 $N(t)$。

28-21 磷-32 这种放射性同位素可以被引入核酸中，以跟踪核酸代谢的某些方面。如果一个核酸样品的起始放射活性是每分钟 40000 次衰变，试计算 220 小时后的活性。已知磷-32 的半衰期是 14.28 天。提示：对于

一级过程,衰变速率正比于 $N(t)$。

28-22　铀-238 衰变成铅-206 的半衰期为 4.51×10^9 年。一份海洋沉积物样本中含有 1.50 mg 的铀-238 和 0.460 mg 的铅-206。假设铅-206 仅通过铀的衰变产生,而铅-206 本身不会衰变,试估算沉积物的年龄。

28-23　钾-氩测年法用于地质学和考古学中沉积岩的年代测定。钾-40 通过下列两种不同的途径进行衰变:

$$^{40}_{19}K \longrightarrow {}^{40}_{20}Ca + {}^{0}_{-1}e \quad (89.3\%)$$
$$^{40}_{19}K \longrightarrow {}^{40}_{18}Ar + {}^{0}_{1}e \quad (10.7\%)$$

钾-40 衰变的总的半衰期为 1.3×10^9 年。请估算其中氩-40 和钾-40 之比为 0.0102 的沉积岩的年代(参见习题 28-17)。

28-24　在本题中,我们将从速率方程[式(28.31)]中推导出式(28.32)。首先,给出式(28.31):

$$-\frac{d[A]}{dt}=k[A][B] \qquad (1)$$

利用式(28.30)的反应计量,证明:$[B]=[B]_0-[A]_0+[A]$。

再利用这个结果,证明式(1)可以写为

$$-\frac{d[A]}{dt}=k[A]\{[B]_0-[A]_0+[A]\}$$

最后,分离变量,积分所得方程(满足其起始条件)得到所需结果,即式(28.32):

$$kt=\frac{1}{[A]_0-[B]_0}\ln\frac{[A][B]_0}{[B][A]_0}$$

28-25　如果 $[A]_0=[B]_0$,则式(28.32)是不确定的。使用 L'Hospital 法则,证明:当 $[A]_0=[B]_0$ 时,式(28.32)还原为式(28.33)(提示:令 $[A]=[B]+x$ 以及 $[A]_0=[B]_0+x$)。

28-26　硝酸铀酰按照下式分解:$UO_2(NO_3)_2(aq) \longrightarrow UO_3(s)+2NO_2(g)+\frac{1}{2}O_2(g)$,这个反应的速率方程对硝酸铀酰的浓度是一级。以下是该反应在 25.0 ℃时的数据,试计算该反应在 25.0 ℃时的速率常数。

t/min	0	20.0	60.0	180.0	360.0
$[UO_2(NO_3)_2]/(mol\cdot dm^{-3})$	0.01413	0.01096	0.00758	0.00302	0.00055

28-27　硝酸铀酰在 350 ℃时的分解动力学数据如下所示:

t/min	0	6.0	10.0	17.0	30.0	60.0
$[UO_2(NO_3)_2]/(mol\cdot dm^{-3})$	0.03802	0.02951	0.02089	0.01259	0.00631	0.00191

计算该反应在 350 ℃时的速率常数。

28-28　反应 $N_2O(g) \longrightarrow N_2(g)+\frac{1}{2}O_2(g)$ 在 900 K 时的数据如下:

t/s	0	3146	6494	13933
$[N_2O]/(mol\cdot dm^{-3})$	0.521	0.416	0.343	0.246

该反应对 N_2O 是二级。计算该分解反应的速率常数。

28-29　考虑一化学反应:A ⟶ 产物,其速率方程为

$$-\frac{d[A]}{dt}=k[A]^n$$

式中 n 是反应级数,可以是 1 以外的任何数。将浓度和时间变量分离,然后积分所得表达式(假设 $t=0$ 时,A 的浓度为 $[A]_0$;$t=t$ 时,A 的浓度为 $[A]$),证明:

$$kt=\frac{1}{n-1}\left(\frac{1}{[A]^{n-1}}-\frac{1}{[A]_0^{n-1}}\right) \qquad n\neq1 \qquad (1)$$

用式(1)证明级数为 n 的反应的半衰期为

$$kt_{1/2}=\frac{1}{n-1}\frac{2^{n-1}-1}{[A]_0^{n-1}} \qquad n\neq1 \qquad (2)$$

证明:当 $n=2$ 时,该结果还原为式(28.29)。

28-30　证明习题 28-29 中的式(1)可以写成如下形式:

$$\frac{\left(\frac{[A]_0}{[A]}\right)^x-1}{x}=k[A]_0^x t$$

式中 $x=n-1$。现在,用 L'Hospital 法则,证明:对于 $n=1$,有

$$\ln\frac{[A]}{[A]_0}=-kt$$

(提示:$da^x/dx=a^x\ln a$。)

28-31　对于反应:$N_2O(g) \longrightarrow N_2(g)+\frac{1}{2}O_2(g)$,得到如下实验数据:

$[N_2O]_0/(mol\cdot dm^{-3})$	1.674×10^{-3}	4.458×10^{-3}	9.300×10^{-3}	1.155×10^{-2}
$t_{1/2}$/s	1200	470	230	190

假设反应的速率方程为

$$-\frac{d[N_2O]}{dt}=k[N_2O]^n$$

利用习题 28-29 中的式(2),通过将 $\ln t_{1/2}$ 对 $\ln[A]_0$ 作图,确定反应对 N_2O 的级数。计算该反应的速率常数。

28-32 在本题中,我们将由式(28.38)导出式(28.39)。重排式(28.38),可得

$$\frac{d[A]}{(k_1+k_{-1})[A]-k_{-1}[A]_0}=-dt$$

积分上式,可得

$$\ln\{(k_1+k_{-1})[A]-k_{-1}[A]_0\}=-(k_1+k_{-1})t+\text{常数}$$

或

$$(k_1+k_{-1})[A]-k_{-1}[A]_0=ce^{-(k_1+k_{-1})t}$$

式中 c 是一常数。证明:$c=k_1[A]_0$ 以及

$$(k_1+k_{-1})[A]-k_{-1}[A]_0=k_1[A]_0e^{-(k_1+k_{-1})t} \qquad (1)$$

现在,令 $t\to+\infty$,证明:

$$[A]_0=\frac{(k_1+k_{-1})[A]_{eq}}{k_{-1}}$$

以及

$$[A]_0-[A]_{eq}=\frac{k_1[A]_{eq}}{k_{-1}}=\frac{k_1[A]_0}{k_1+k_{-1}}$$

利用式(1)中的这些结果得到式(28.39)。

28-33 考虑反应:$A+B\underset{k_{-1}}{\overset{k_1}{\rightleftharpoons}}P$,如果我们假设正向和逆向反应对相应的所有反应物都是一级,则其速率方程可由下式[即式(28.52)]给出:

$$\frac{d[P]}{dt}=k_1[A][B]-k_{-1}[P] \qquad (1)$$

现在,考虑该反应对一温跳的响应。令 $[A]=[A]_{2,eq}+\Delta[A]$,$[B]=[B]_{2,eq}+\Delta[B]$ 以及 $[P]=[P]_{2,eq}+\Delta[P]$,式中下标"2,eq"指新的平衡态。利用 $\Delta[A]=\Delta[B]=-\Delta[P]$,证明式(1)变为

$$\frac{d\Delta[P]}{dt}=k_1[A]_{2,eq}[B]_{2,eq}-k_{-1}[P]_{2,eq}-\{k_1([A]_{2,eq}+[B]_{2,eq})+k_{-1}\}\Delta[P]+O(\Delta[P])^2$$

证明等式右边前两项可消除以及式(28.53)和式(28.54)。

28-34 25 ℃时,反应 $H^+(aq)+OH^-(aq)\underset{k_{-1}}{\overset{k_1}{\rightleftharpoons}}H_2O(l)$ 的平衡常数 $K_c=[H_2O]/[H^+][OH^-]=5.49\times10^{15}\ mol^{-1}\cdot dm^3$。经一温跳至最终温度 25 ℃后,时间依赖的溶液电导率表明弛豫时间 $\tau=3.7\times10^{-5}$ s。试确定速率常数 k_1 和 k_{-1} 的值。已知 25 ℃时 H_2O 的密度 $\rho=0.997\ g\cdot cm^{-3}$。

28-35 25 ℃时,反应 $D^+(aq)+OD^-(aq)\underset{k_{-1}}{\overset{k_1}{\rightleftharpoons}}D_2O(l)$ 的平衡常数 $K_c=4.08\times10^{16}\ mol^{-1}\cdot dm^3$,速率常数 $k_{-1}=2.52\times10^{-6}\ s^{-1}$。试问:若温跳至最终温度 25 ℃,则相应的弛豫时间是多少?已知 25 ℃时 D_2O 的密度 $\rho=1.104\ g\cdot cm^{-3}$。

28-36 考虑反应:$2A(aq)\underset{k_{-1}}{\overset{k_1}{\rightleftharpoons}}D(aq)$,如果我们假设正向反应是二级,逆向反应是一级,则速率方程可由下式给出:

$$\frac{d[D]}{dt}=k_1[A]^2-k_{-1}[D] \qquad (1)$$

现在,考虑该反应对一温跳的响应。令 $[A]=[A]_{2,eq}+\Delta[A]$ 和 $[D]=[D]_{2,eq}+\Delta[D]$,式中下标"2,eq"指新的平衡态。利用 $\Delta[A]=-2\Delta[D]$,证明式(1)变为

$$\frac{d\Delta[D]}{dt}=-(4k_1[A]_{2,eq}+k_{-1})\Delta[D]+O(\Delta[D]^2)$$

证明:如果我们忽略 $O(\Delta[D]^2)$ 项,则有

$$\Delta[D]=\Delta[D]_0e^{-t/\tau}$$

式中 $\tau=1/(4k_1[A]_{2,eq}+k_{-1})$。

28-37 在习题 28-36 中,证明了二聚反应 $2A(aq)\underset{k_{-1}}{\overset{k_1}{\rightleftharpoons}}D(aq)$ 的弛豫时间为 $\tau=1/(4k_1[A]_{2,eq}+k_{-1})$。现证明该式可改写为 $\frac{1}{\tau^2}=k_{-1}^2+8k_1k_{-1}[S]_0$,式中 $[S]_0=2[D]+[A]=2[D]_{2,eq}+[A]_{2,eq}$。

28-38 蛋白质酵母磷酸甘油酸异构酶的组装的第一步是多肽的可逆二聚化,表示为

$$2A(aq)\underset{k_{-1}}{\overset{k_1}{\rightleftharpoons}}D(aq)$$

其中 A 是多肽,D 是二聚体。假设在 280 K 时制备了浓度为 $1.43\times10^{-5}\ mol\cdot dm^{-3}$ 的 A 的溶液,并让其趋于平衡。一旦达到平衡,即将溶液的温度跳升到 293 K。在 293 K 时,二聚化反应的速率常数 k_1 和 k_{-1} 分别为 $6.25\times10^3\ dm^3\cdot mol^{-1}\cdot s^{-1}$ 和 $6.00\times10^{-3}\ s^{-1}$。计算实验中观察到的弛豫时间值(提示:参见习题 28-37)。

28-39 是否指前因子 A 总是具有与反应速率常数相同的单位?

28-40 利用习题 28-26 和习题 28-27 的结果,计算 $UO_2(NO_3)_2$ 分解的 E_a 和 A 值。

28-41 下表列出了不同温度时反应 $OH(g)+ClCH_2CH_2Cl(g)\longrightarrow H_2O(g)+ClCHCH_2Cl(g)$ 的实验速率常数。试确定该反应的 Arrhenius 参数 A 和 E_a。

T/K	292	296	321
$k/(10^8\ dm^3 \cdot mol^{-1} \cdot s^{-1})$	1.24	1.32	1.81
T/K	333	343	363
$k/(10^8\ dm^3 \cdot mol^{-1} \cdot s^{-1})$	2.08	2.29	2.75

28-42 已知反应 $HO_2(g)+OH(g) \longrightarrow H_2O(g)+O_2(g)$ 的 Arrhenius 参数 $A=5.01\times10^{10}\ dm^3 \cdot mol^{-1} \cdot s^{-1}$ 和 $E_a=4.18\ kJ \cdot mol^{-1}$。试确定该反应在 298 K 时的速率常数值。

28-43 在什么温度时,习题 28-42 中描述的反应的速率常数将是 298 K 时的两倍?

28-44 下表列出了不同温度时反应 $CHCl_2(g)+Cl_2(g) \longrightarrow CHCl_3(g)+Cl(g)$ 的速率常数,计算该反应的 Arrhenius 参数 A 和 E_a。

T/K	357	400	458
$k/(10^7\ dm^3 \cdot mol^{-1} \cdot s^{-1})$	1.72	2.53	3.82
T/K	524	533	615
$k/(10^7\ dm^3 \cdot mol^{-1} \cdot s^{-1})$	5.20	5.61	7.65

28-45 当温度从 22.50 ℃ 升高到 27.27 ℃ 时,反应 $2N_2O_5(g) \longrightarrow 4NO_2(g)+O_2(g)$ 的速率常数翻倍。试确定反应的活化能。假设指前因子与温度无关。

28-46 如果 A 按照下式既能生成 B,也能生成 C:

$$A \xrightarrow{k_1} B \text{ 或 } A \xrightarrow{k_2} C$$

证明:A 消失的实验活化能 E_a 可由下式给出:

$$E_a=\frac{k_1E_1+k_2E_2}{k_1+k_2}$$

式中 E_1 是第一个反应的活化能,E_2 是第二个反应的活化能。

28-47 环己烷在"椅式"和"船式"结构之间相互转化。从"椅式"结构到"船式"结构的反应活化参数为 $\Delta^{\ddagger}H^{\circ}=31.38\ kJ \cdot mol^{-1}$ 和 $\Delta^{\ddagger}S^{\circ}=16.74\ J \cdot K^{-1}$。计算 325 K 时该反应的标准活化吉布斯能和速率常数。

28-48 气相重排反应:乙烯基烯丙基醚→甲基烯丙基酮,其速率常数在 420 K 时为 $6.015\times10^{-5}\ s^{-1}$,在 470 K 时为 $2.971\times10^{-3}\ s^{-1}$。计算 Arrhenius 参数 A 和 E_a 的值。计算 420 K 时的 $\Delta^{\ddagger}H^{\circ}$ 和 $\Delta^{\ddagger}S^{\circ}$ 值。(假设理想气体行为。)

28-49 化学反应的动力学可以通过各种实验技术来跟踪,包括光谱学、核磁共振谱学、电导率、电阻率、压力变化和体积变化等。在使用这些技术时,我们不直接测量浓度本身,但我们知道观察到的信号与浓度成正比;精确的比例常数取决于实验技术和化学系统中存在的物种。考虑下式给出的一般反应:

$$\nu_A A+\nu_B B \longrightarrow \nu_Y Y+\nu_Z Z$$

在这里,我们假设 A 是限量反应物,因此当 $t\to\infty$ 时,$[A]\to0$。设 p_i 表示物种 i 对仪器测得信号 S 的贡献的比例常数。解释为什么在反应的任何时刻 t,S 均可以表示为

$$S(t)=p_A[A]+p_B[B]+p_Y[Y]+p_Z[Z] \tag{1}$$

证明:仪器起始和最终读数可分别表示为

$$S(0)=p_A[A]_0+p_B[B]_0+p_Y[Y]_0+p_Z[Z]_0 \tag{2}$$

和

$$S(\infty)=p_B\left([B]_0-\frac{\nu_B}{\nu_A}[A]_0\right)+p_Y\left([Y]_0+\frac{\nu_Y}{\nu_A}[A]_0\right)+p_Z\left([Z]_0+\frac{\nu_Z}{\nu_A}[A]_0\right) \tag{3}$$

联立式(1)至式(3),证明:

$$[A]=[A]_0\frac{S(t)-S(\infty)}{S(0)-S(\infty)}$$

28-50 利用习题 28-49 的结果,证明:对于一级速率方程 $v=k[A]$,时间依赖的信号可由下式给出:

$$S(t)=S(\infty)+[S(0)-S(\infty)]e^{-kt}$$

28-51 利用习题 28-49 的结果,证明:对于二级速率方程 $v=k[A]^2$,时间依赖的信号可由下式给出:

$$S(t)=S(\infty)+\frac{S(0)-S(\infty)}{1+[A]_0kt}$$

28-52 由于反应进行时溶液体积大幅增加,我们可以通过使用一个测量样品体积随时间变化的仪器,即膨胀仪(计),来跟踪二丙酮醇的分解。下表列出了不同时间时的仪器读数:

时间/s	0	24.4	35.0	48.0
S/任意单位	8.0	20.0	24.0	28.0
时间/s	64.8	75.8	133.4	∞
S/任意单位	32.0	34.0	40.0	43.3

使用习题 28-50 和习题 28-51 中导出的表达式,来确定分解反应究竟是一级还是二级过程。

28-53 在习题 28-49 中,假定 A 反应完全,以至于当 $t\to\infty$ 时,$[A]\to0$。证明:如果反应没有反应完全,而是建立了一个平衡,则

$$[A]=[A]_{eq}+([A]_0-[A]_{eq})\frac{S(t)-S(\infty)}{S(0)-S(\infty)}$$

式中 $[A]_{eq}$ 是 A 的平衡浓度。

习题参考答案

第29章 化学动力学Ⅱ：反应机理

▶ **科学家介绍**

在本章，我们将考虑反应物是如何转化为产物的。我们先讨论基元反应，基元反应被定义为那些一步完成的化学反应。我们将会说明一个基元反应的速率方程可以由反应计量方程式导出。接着，我们将讨论复杂反应或那些不是一步完成的反应。化学动力学的一个主要目标是确定一个复杂反应发生的**机理**（mechanism）或基元反应次序。我们将讨论一些常见的反应机理，学习一些用以从提出的反应机理中推导复杂反应速率方程的近似方法。然后，我们将探究“单分子”反应和链反应。最后，我们将讨论化学催化，重点放在酶催化的生化反应上。

29－1 反应机理就是称为基元反应的一步化学的一个序列

许多化学反应包含反应中间体，总的动力学过程可以写作：

$$\text{反应物}\longrightarrow\text{中间体}\longrightarrow\text{产物}$$

作为这种反应的一个例子，考虑如下化学反应：

$$NO_2(g)+CO(g)\xrightarrow{k_{obs}}NO(g)+CO_2(g) \quad (29.1)$$

这个反应不是一步发生的，而是经历了以下两步过程：

$$NO_2(g)+NO_2(g)\xrightarrow{k_1}NO_3(g)+NO(g) \quad (29.2)$$

$$NO_3(g)+CO(g)\xrightarrow{k_2}NO_2(g)+CO_2(g) \quad (29.3)$$

这两步，即式(29.2)和式(29.3)，都不包含任何反应中间体。不含任何中间体的在一步中即可发生的反应，称为**基元反应**（elementary reaction）。我们说由式(29.1)给出的化学反应是一个**复杂反应**（complex reaction），其机理由式(29.2)和式(29.3)这两步基元化学反应给出。

我们需要区分复杂反应和基元反应。为此，双线箭头符号⇒和⇐将被用来表示基元反应，单线箭头符号→和←将被用来表示复杂反应。仅少数复杂反应已被详细研究，其基元步骤已知无误。

一个基元反应的**分子数**（molecularity）被定义为参与化学反应的反应物分子的数目。包含一个、二个或三个分子的基元反应分别称为**单分子反应**（unimolecular reaction）、**双分子反应**（bimolecular reaction）和**三分子反应**（termolecular reaction）。这些术语应该仅用来描述基元反应。在上一章，我们学习了速率方程必须实验测定；但对于基元反应，我们将看到其速率方程可从配平的化学方程式本身导出。

因为一个基元反应不包含中间体的生成，产物必然由反应物直接形成。因此，对单分子反应

$$A\Longrightarrow\text{产物}$$

速率仅仅依赖于能够反应的 A 分子的浓度。所以，单分子反应的速率方程对反应物是一级，或者

$$v=k[A]$$

对于双分子和三分子反应，为了反应的发生，反应物必须碰撞。为了发生碰撞及不形成任何反应中间体，基元反应中所有反应物必须同时碰撞，且碰撞后反应马上发生。因此，反应速率将依赖于所需反应物之间的碰撞频率。在第 27 章气体动理论中，我们已学习到碰撞频率正比于碰撞分子的数密度或浓度[式(27.57)]。因此，对于双分子反应

$$A+B\Longrightarrow\text{产物}$$

其反应速率必由下式给出：

$$v=k[A][B]$$

双分子反应的速率方程对两个反应物中的任一个都是一级，总级数是二级。

类似地，三分子反应

$$A+B+C\Longrightarrow\text{产物}$$

的速率方程对三个反应物中的任一个都是一级，总级数是三级，或者

$$v=k[A][B][C]$$

所有反应物之间同时碰撞的概率随反应分子数的增加而减少。至今尚未发现分子数超过 3 的基元反应，绝大部分基元反应是双分子反应。

» 例题 29-1 推断如下反应的速率方程。

(a) $2NO(g)+O_2(g)\xrightarrow{k}N_2O_4(g)$

(b) $O_3(g)+Cl(g)\xRightarrow{k}ClO(g)+O_2(g)$

(c) $NO_2(g)+F_2(g)\xRightarrow{k}NO_2F(g)+F(g)$

» 解 (a) 化学反应方程式中使用的箭头类型表明这个反应不是基元反应。因此，我们需要实验数据来推断速率方程。

(b) 化学反应方程式中使用的箭头类型表明这个反应是基元反应。因此，速率方程为

$$v=k[O_3][Cl]$$

(c) 这个反应也是一个双分子基元反应，速率方程为

$$v=k[NO_2][F_2]$$

29-2 精细平衡原理指出：当一复杂反应处于平衡时，反应机理中每一步的正向过程速率等于逆向过程速率

现在，我们证明一个基元反应的平衡常数等于正向和逆向速率常数之比。考虑如下一个一般可逆反应，其正向过程和逆向过程均是双分子的：

$$A+B\underset{k_{-1}}{\overset{k_1}{\rightleftharpoons}}C+D \tag{29.4}$$

在化学动力学的研究中，我们将会多次遇到这样的反应。我们把这种类型的反应称为**可逆基元反应**(reversible elementary reaction)，意思是正向反应和逆向反应都能进行到一定的明显程度，并且每个方向的反应均为基元反应。因为式(29.4)中化学反应的正向和逆向反应均为双分子基元反应，因此正向和逆向反应的速率 v_1 和 v_{-1} 分别为

$$v_1=k_1[A][B]$$

$$v_{-1}=k_{-1}[C][D]$$

平衡时，$v_1=v_{-1}$，所以

$$k_1[A]_{eq}[B]_{eq}=k_{-1}[C]_{eq}[D]_{eq} \tag{29.5}$$

下标“eq”强调 A，B，C，D 的浓度为平衡浓度。平衡常数 K_c 由下式给出：

$$K_c=\frac{[C]_{eq}[D]_{eq}}{[A]_{eq}[B]_{eq}}$$

所以，式(29.5)变为

$$\frac{k_1}{k_{-1}}=\frac{[C]_{eq}[D]_{eq}}{[A]_{eq}[B]_{eq}}=K_c \tag{29.6}$$

关系式 $K_c=k_1/k_{-1}$ 对于所有可逆基元反应都成立，通常称为**精细平衡原理**(principle of detailed balance)。该原理仅适用于已达平衡的基元反应。如果反应不是基元反应，则 K_c 不一定等于 k_1/k_{-1}。

尽管精细平衡原理并不适用于复杂反应，但它适用于复杂反应中的每一步，因为根据定义，反应机理中每一步都必定是基元反应。这是很重要的一点，在根据速率方程推导平衡常数的表达式时必须牢记于心。作为一个例子，考虑下面这个可逆平衡反应：

$$A\rightleftharpoons B \tag{29.7}$$

假设这个反应的机理由以下两个竞争步骤组成，即

$$A+C\underset{k_{-1}}{\overset{k_1}{\rightleftharpoons}}B+C \tag{29.8}$$

和

$$A\underset{k_{-2}}{\overset{k_2}{\rightleftharpoons}}B \tag{29.9}$$

当讨论第 29-9 节中的酶催化和第 31 章中的表面催化时，我们将会考虑这种反应机理的一些实例。注意反应机理中第二个基元步骤与总的复杂反应形式上相同。不同之处是，式(29.7)表明了反应 $A\rightleftharpoons B$ 的所有可能的化学途径。因为这个反应发生有两条途径，式(29.7)不可能是一个基元反应。但是，等价于式(29.7)的这个基元反应可以是可能的反应途径之一。这就是基元步骤，即式(29.9)，与总的复杂反应具有相同形式的原因。

根据精细平衡原理，当总反应，即式(29.7)，达到平衡时，反应机理中的每一步必须也达到平衡。因此，在平衡时，有

$$v_1=k_1[A]_{eq}[C]_{eq}=v_{-1}=k_{-1}[B]_{eq}[C]_{eq} \tag{29.10}$$

和

$$v_2=k_2[A]_{eq}=v_{-2}=k_{-2}[B]_{eq} \tag{29.11}$$

由式(29.10)和(29.11)给出的平衡条件变为

$$\frac{[B]_{eq}}{[A]_{eq}}=K_c=\frac{k_1}{k_{-1}} \tag{29.12}$$

和

$$\frac{[\mathrm{B}]_{\mathrm{eq}}}{[\mathrm{A}]_{\mathrm{eq}}}=K_c=\frac{k_2}{k_{-2}} \tag{29.13}$$

由式(29.12)和式(29.13)可得

$$\frac{k_1}{k_{-1}}=\frac{k_2}{k_{-2}} \tag{29.14}$$

由于精细平衡原理,四个速率常数 k_1, k_{-1}, k_2, k_{-2} 并不是彼此独立的。总反应式可由机理中两步骤[即式(29.8)和式(29.9)]的加和来给出,所以平衡时还可以得到

$$v_1+v_2=v_{-1}+v_{-2} \tag{29.15}$$

例题 29-2 使用了式(29.15)来导出总反应的平衡常数。这个推导说明了精细平衡原理在处理平衡反应动力学中的重要性。

» 例题 29-2 证明:对于式(29.7)至式(29.9)描述的反应,式(29.15)给出的平衡条件也能得出$\frac{[\mathrm{B}]_{\mathrm{eq}}}{[\mathrm{A}]_{\mathrm{eq}}}=\frac{k_1}{k_{-1}}$。

» 解 式(29.15)指出:在平衡时,有 $v_1+v_2=v_{-1}+v_{-2}$。基元步骤[即式(29.8)和式(29.9)]的速率方程如下:

$$v_1=k_1[\mathrm{A}][\mathrm{C}]$$
$$v_{-1}=k_{-1}[\mathrm{B}][\mathrm{C}]$$
$$v_2=k[\mathrm{A}]$$
$$v_{-2}=k_{-2}[\mathrm{A}]$$

将这些式子代入式(29.15)中,得到平衡时

$$k_1[\mathrm{A}]_{\mathrm{eq}}[\mathrm{C}]_{\mathrm{eq}}+k_2[\mathrm{A}]_{\mathrm{eq}}=k_{-1}[\mathrm{B}]_{\mathrm{eq}}[\mathrm{C}]_{\mathrm{eq}}+k_{-2}[\mathrm{B}]_{\mathrm{eq}}$$

重新整理,得

$$K_c=\frac{[\mathrm{B}]_{\mathrm{eq}}}{[\mathrm{A}]_{\mathrm{eq}}}=\frac{k_1[\mathrm{C}]_{\mathrm{eq}}+k_2}{k_{-1}[\mathrm{C}]_{\mathrm{eq}}+k_{-2}} \tag{1}$$

注意表达式依赖于$[\mathrm{C}]_{\mathrm{eq}}$,为了把$[\mathrm{C}]_{\mathrm{eq}}$从式子中消去,我们利用速率常数之间的关系式,即式(29.14),该式来源于将精细平衡原理应用于这个动力学机理。具体来说,从式(1)的分子中提出因子 k_1,从分母中提出因子 k_{-1},从而得到

$$K_c=\frac{[\mathrm{B}]_{\mathrm{eq}}}{[\mathrm{A}]_{\mathrm{eq}}}=\frac{k_1([\mathrm{C}]_{\mathrm{eq}}+k_2/k_1)}{k_{-1}([\mathrm{C}]_{\mathrm{eq}}+k_{-2}/k_{-1})} \tag{2}$$

由式(29.14)可得

$$\frac{k_2}{k_1}=\frac{k_{-2}}{k_{-1}}$$

代入式(2),得到

$$K_c=\frac{[\mathrm{B}]_{\mathrm{eq}}}{[\mathrm{A}]_{\mathrm{eq}}}=\frac{k_1}{k_{-1}}$$

» 例题 29-3 下式描述的化学反应

$$\mathrm{H_2(g)+2ICl(g)\rightleftharpoons 2HCl(g)+I_2(g)} \tag{1}$$

通过以下两步骤机理进行:

$$\mathrm{H_2(g)+ICl(g)}\underset{k_{-1}}{\overset{k_1}{\rightleftharpoons}}\mathrm{HI(g)+HCl(g)} \tag{2}$$

$$\mathrm{HI(g)+ICl(g)}\underset{k_{-2}}{\overset{k_2}{\rightleftharpoons}}\mathrm{HCl(g)+I_2(g)} \tag{3}$$

利用精细平衡原理,证明式(1)的平衡常数等于式(2)和式(3)平衡常数的乘积。

» 解 式(1)的平衡常数可由下式给出:

$$K_{c,1}=\frac{[\mathrm{HCl}]^2_{\mathrm{eq}}[\mathrm{I_2}]_{\mathrm{eq}}}{[\mathrm{H_2}]_{\mathrm{eq}}[\mathrm{ICl}]^2_{\mathrm{eq}}}$$

当反应处于平衡时,根据精细平衡原理,式(2)和式(3)也必处于平衡。式(2)和式(3)的平衡常数分别为

$$K_{c,2}=\frac{[\mathrm{HI}]_{\mathrm{eq}}[\mathrm{HCl}]_{\mathrm{eq}}}{[\mathrm{H_2}]_{\mathrm{eq}}[\mathrm{ICl}]_{\mathrm{eq}}}$$

和

$$K_{c,3}=\frac{[\mathrm{HCl}]_{\mathrm{eq}}[\mathrm{I_2}]_{\mathrm{eq}}}{[\mathrm{HI}]_{\mathrm{eq}}[\mathrm{ICl}]_{\mathrm{eq}}}$$

两者的乘积为

$$\begin{aligned}K_{c,2}K_{c,3}&=\left(\frac{[\mathrm{HI}]_{\mathrm{eq}}[\mathrm{HCl}]_{\mathrm{eq}}}{[\mathrm{H_2}]_{\mathrm{eq}}[\mathrm{ICl}]_{\mathrm{eq}}}\right)\left(\frac{[\mathrm{HCl}]_{\mathrm{eq}}[\mathrm{I_2}]_{\mathrm{eq}}}{[\mathrm{HI}]_{\mathrm{eq}}[\mathrm{ICl}]_{\mathrm{eq}}}\right)\\&=\frac{[\mathrm{HCl}]^2_{\mathrm{eq}}[\mathrm{I_2}]_{\mathrm{eq}}}{[\mathrm{H_2}]_{\mathrm{eq}}[\mathrm{ICl}]^2_{\mathrm{eq}}}\\&=K_{c,1}\end{aligned}$$

注意:总反应,即式(1),是式(2)和式(3)给出的反应的加和。另外,反应(1)的平衡常数是反应(2)和反应(3)平衡常数的乘积。

29-3 什么时候连续反应和一步反应可区分?

考虑 OClO 气体热分解形成氯原子和氧气分子的反应:

$$\mathrm{OClO(g)\rightleftharpoons Cl(g)+O_2(g)} \tag{29.16}$$

这个反应包含以下两个基元步骤:

$$\begin{gathered}\mathrm{OClO(g)}\underset{k_{-1}}{\overset{k_1}{\rightleftharpoons}}\mathrm{ClOO(g)}\\\mathrm{ClOO(g)}\underset{k_{-2}}{\overset{k_2}{\rightleftharpoons}}\mathrm{Cl(g)+O_2(g)}\end{gathered} \tag{29.17}$$

上述反应的实验研究表明：$v_1 \gg v_{-1}$，$v_2 \gg v_{-2}$。由于这些反应速率的相对大小，总反应几乎能够完全进行到底。一种较好的近似处理方法是忽略逆反应，将该反应的机理模型化为两个连续的不可逆基元反应，或

$$\mathrm{OClO(g)} \xrightarrow{k_1} \mathrm{ClOO(g)} \xrightarrow{k_2} \mathrm{Cl(g)} + \mathrm{O_2(g)}$$

许多复杂反应是通过这种连续的基元反应进行的。

考虑下式描述的一个一般复杂反应

$$\mathrm{A} \xrightarrow{k_{obs}} \mathrm{P} \tag{29.18}$$

式中 k_{obs} 是实测的反应速率常数。当然，我们无法由该反应方程式来确定速率方程。假设反应通过以下两步机理进行：

$$\mathrm{A} \xrightarrow{k_1} \mathrm{I} \tag{29.19}$$

$$\mathrm{I} \xrightarrow{k_2} \mathrm{P} \tag{29.20}$$

（该反应机理通常写成一行：$\mathrm{A} \xrightarrow{k_1} \mathrm{I} \xrightarrow{k_2} \mathrm{P}$。）因为这个反应机理的每一步都是基元反应，其中每一个物种 A，I，P 的反应速率分别为

$$\frac{\mathrm{d}[\mathrm{A}]}{\mathrm{d}t} = -k_1[\mathrm{A}] \tag{29.21}$$

$$\frac{\mathrm{d}[\mathrm{I}]}{\mathrm{d}t} = k_1[\mathrm{A}] - k_2[\mathrm{I}] \tag{29.22}$$

$$\frac{\mathrm{d}[\mathrm{P}]}{\mathrm{d}t} = k_2[\mathrm{I}] \tag{29.23}$$

这些耦合的微分方程[式(29.22)的解依赖于式(29.21)的解，式(29.23)的解依赖于式(29.22)的解]可被解析求解(参见习题 29-5)。假定 $t=0$ 时各物质的起始浓度分别为 $[\mathrm{A}]=[\mathrm{A}]_0$ 和 $[\mathrm{I}]_0=[\mathrm{P}]_0=0$，则式(29.24)至(29.26)给出了相应的解：

$$[\mathrm{A}] = [\mathrm{A}]_0 \mathrm{e}^{-k_1 t} \tag{29.24}$$

$$[\mathrm{I}] = \frac{k_1[\mathrm{A}]_0}{k_2 - k_1}(\mathrm{e}^{-k_1 t} - \mathrm{e}^{-k_2 t}) \tag{29.25}$$

$$[\mathrm{P}] = [\mathrm{A}]_0 - [\mathrm{A}] - [\mathrm{I}] = [\mathrm{A}]_0 \left[1 + \frac{1}{k_1 - k_2}(k_2 \mathrm{e}^{-k_1 t} - k_1 \mathrm{e}^{-k_2 t})\right] \tag{29.26}$$

应该考虑的一个问题是：是否总是有可能区分一个系列反应中的各个单一步骤？换句话说，什么时候上述两步连续反应机理可以与下面这个一步反应清晰地区分开来？

$$\mathrm{A} \xrightarrow{k_1} \mathrm{P}$$

注意到无论是单步反应路线还是两步反应路线，[A]都随时间指数衰减。因此，对[A]衰减动力学的测量无法提供可区分一步或多步过程的数据。但是，所含步骤的数目影响产物的出现。对于一个单步反应，[P]由下式给出(参见例题 28-3)：

$$[\mathrm{P}] = [\mathrm{A}]_0(1 - \mathrm{e}^{-k_1 t}) \tag{29.27}$$

式(29.27)的形式不同于式(9.26)，但请考虑一下 k_2 远大于 k_1 的情况。当 $k_2 \gg k_1$ 时，可以忽略式(29.26)中分母上的 k_1；另外，含 $\mathrm{e}^{-k_2 t}$ 项的衰减将远比含 $\mathrm{e}^{-k_1 t}$ 项的衰减快得多。所以，由式(29.26)给出的[P]变为

$$\begin{aligned}[\mathrm{P}] &= [\mathrm{A}]_0 \left[1 + \frac{1}{k_1 - k_2}(k_2 \mathrm{e}^{-k_1 t} - k_1 \mathrm{e}^{-k_2 t})\right] \\ &\approx [\mathrm{A}]_0 \left(1 + \frac{1}{-k_2} k_2 \mathrm{e}^{-k_1 t}\right) \\ &= [\mathrm{A}]_0(1 - \mathrm{e}^{-k_1 t})\end{aligned}$$

该结果与式(29.27)一致。因此，当 $k_2 \gg k_1$ 时，一步和两步反应机理无法区分。所以，观察到相同的反应物衰减和产物增长速率常数并不一定意味着沿着反应路径没有化学中间体出现。这个例子说明了确定一化学反应是否为一基元反应的难度之一。

如果反应机理中的某一步远远慢于其他步骤，则该步就有效控制了总反应速率，称为**速率决定步骤**(rate-determining step，简称决速步)。并非所有反应机理都有决速步，但一旦出现决速步，则总反应速率就受该步控制。例如，重新考虑反应 $\mathrm{NO_2(g)}$ 和 $\mathrm{CO(g)}$ 生成 $\mathrm{NO(g)}$ 和 $\mathrm{CO_2(g)}$ 的反应[式(29.1)]：

$$\mathrm{NO_2(g)} + \mathrm{CO(g)} \xrightarrow{k_{obs}} \mathrm{NO(g)} + \mathrm{CO_2(g)}$$

回忆一下第 29-1 节，这个反应通过下面两步机理进行：

$$\mathrm{NO_2(g)} + \mathrm{NO_2(g)} \xrightarrow{k_1} \mathrm{NO_3(g)} + \mathrm{NO(g)}$$

$$\mathrm{NO_3(g)} + \mathrm{CO(g)} \xrightarrow{k_2} \mathrm{NO_2(g)} + \mathrm{CO_2(g)}$$

第一步远慢于第二步，或者 $v_1 \ll v_2$。由于反应依次通过这两步进行，第一步就起瓶颈作用，因而是速率决定步骤。在这种特殊情况下，总反应速率将等于决速步的速率，或者

$$v = k_1[\mathrm{NO_2}]^2$$

也就是实测的速率方程。实际上，$\mathrm{CO(g)}$ 分子必须在周围等着 $\mathrm{NO_3(g)}$ 的产生。$\mathrm{NO_3(g)}$ 一旦生成，就会与 $\mathrm{CO(g)}$ 反应而被迅速消耗掉。

» 例题 29-4 当某两步反应机理中的第二步是速率决定步骤时，能否区分一步和两步机理？

» 解 在探究速率方程之前，让我们先用直觉来回答这个问题。不妨考虑一下，如果一个两步反应机理中的第

二步是决速步,那么将会发生什么?在这种情况下,反应物将在可观量的产物生成之前消失。另外,对于一单步骤过程,反应物消耗的速率必须等于产物生成的速率。因此,我们期望存在一定的条件,在这些条件下,如果我们同时监测 A 的衰减和 P 的生成,这两个过程就能被区分。

首先,让我们先考察[P]的精确解[式(29.26)]:

$$[\mathrm{P}]=[\mathrm{A}]_0\left[1+\frac{1}{k_1-k_2}(k_2\mathrm{e}^{-k_1t}-k_1\mathrm{e}^{-k_2t})\right]$$

考虑一下当 $k_2 \ll k_1$ 时,该表达式将有什么变化。首先,

$$\frac{1}{k_1-k_2}\approx\frac{1}{k_1}$$

其次,由于包含 e^{-k_1t}的因子比包含 e^{-k_2t}的因子衰减得快很多,故

$$k_2\mathrm{e}^{-k_1t}-k_1\mathrm{e}^{-k_2t}\approx -k_1\mathrm{e}^{-k_2t}$$

因此,当 $k_2 \ll k_1$ 时,式(29.26)可以简化为

$$[\mathrm{P}]=[\mathrm{A}]_0\left[1+\frac{1}{k_1}(-k_1\mathrm{e}^{-k_2t})\right]=[\mathrm{A}]_0(1-\mathrm{e}^{-k_2t})$$

上式与一步反应中的[P][式(29.27)]有着相同的函数形式,除了其依赖于机理中第二步的反应常数 k_2 外。对于一步反应,A 和 P 的动力学依赖相同的速率常数。对于第二步为决速步的两步机理,A 的动力学依赖于 k_1,P 的动力学则依赖于 k_2。因此,如果我们既测量了 A 的衰减动力学,又测量了 P 的生成动力学,当两步机理的第二步是决速步时,我们就能区分一步和两步反应机理。

29-4 稳态近似通过假设 d[I]/dt =0(式中 I 是反应中间体)简化速率表达式

重新考虑反应机理:

$$\mathrm{A}\xrightarrow{k_1}\mathrm{I}\xrightarrow{k_2}\mathrm{P} \tag{29.28}$$

起始条件是$[\mathrm{A}]=[\mathrm{A}]_0$ 和$[\mathrm{I}]_0=[\mathrm{P}]_0=0$。在第 29-3 节,我们讨论了反应物和产物的浓度[A]和[P]随时间的变化行为。现在,我们讨论中间体浓度[I]随时间的变化行为。I 的浓度随速率常数 k_1 和 k_2 的相对大小而变化。式(29.25)给出了[I]对速率常数 k_1 和 k_2 的依赖关系,图 29.1 显示了两个不同 k_1 和 k_2 之间关系时[I]对时间的作图。图 29.1(a) 表明,如果 $k_1=10k_2$,那么[I]先增加后衰减。换句话说,[I]的值在反应过程中变化明显。相反地,如果第二步远快于第一步,则只有极少量的中间体。这种行为显示在图 29.1(b)上,其中 $k_2=10k_1$。这里,我们看到在反应过程中[I]快速达一很小值且几乎不变。在后一种情形中,我们可以合理地做一近似,即 $\mathrm{d}[\mathrm{I}]/\mathrm{d}t=0$,其意味着我们可以将与该中间体相关的速率等式定为 0。这种方法称为**稳态近似**(steady-state approximation),它能够大大简化与特定动力学模型相关的数学运算。

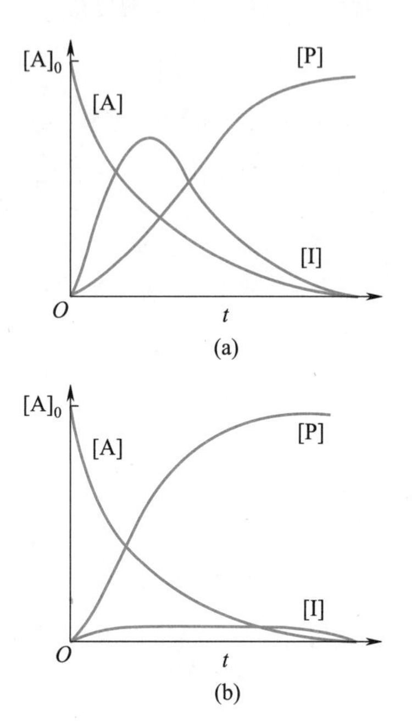

图 29.1 连续反应 $\mathrm{A}\xrightarrow{k_1}\mathrm{I}\xrightarrow{k_2}\mathrm{P}$ 中各物质浓度随时间的变化曲线(起始浓度为$[\mathrm{A}]=[\mathrm{A}]_0$,$[\mathrm{I}]_0=[\mathrm{P}]_0=0$),(a) $k_2=10k_1$:I 的浓度先上升然后衰减,在反应过程中变化明显;(b) $k_1=10k_2$:I 的浓度很快达到一恒定而又很小的值,且维持在一个很大的反应进度内。在这种情况下,可以对[I]使用稳态近似。

对于上述两步机理,A,I 和 P 的速率方程由式(29.21)至式(29.23)给出。如果我们借助稳态近似,则 $\mathrm{d}[\mathrm{I}]/\mathrm{d}t=0$,式(29.22)变为

$$[\mathrm{I}]_{\mathrm{ss}}=\frac{k_1[\mathrm{A}]}{k_2} \tag{29.29}$$

下标“ss”用来强调 I 的浓度为假设稳态近似时获得的浓度。A 的浓度随时间的变化可由式(29.24)给出,即

$$[\mathrm{A}]=[\mathrm{A}]_0\mathrm{e}^{-k_1t}$$

代入式(29.29),可得

$$[\mathrm{I}]_{\mathrm{ss}}=\frac{k_1}{k_2}[\mathrm{A}]_0\mathrm{e}^{-k_1t} \tag{29.30}$$

注意:稳态近似假定 $\mathrm{d}[\mathrm{I}]/\mathrm{d}t=0$;但使用稳态近似的结果,即式(29.30),表明[I]是随时间变化的。因此,需要考虑什么时候式(29.30)中的表达式满足假设 $\mathrm{d}[\mathrm{I}]/\mathrm{d}t=$

0。由式(29.30)求 $d[I]/dt$，得到

$$\frac{d[I]_{ss}}{dt}=-\frac{k_1^2}{k_2}[A]_0 e^{-k_1 t} \qquad (29.31)$$

我们发现当 $k_1^2[A]_0/k_2$ 趋于零时，微分 $d[I]/dt$ 也趋向于零。因此，在处理如式(29.28)所示的反应机理的动力学时，如果 $k_2 \gg k_1^2[A]_0$，则稳态近似是一种合理的假设。

P 的浓度可由 $[A]_0-[A]-[I]$ 给出，或者也可将式(29.30)代入式(29.23)，然后积分得到(参见习题 29-6)。两种方法都给出

$$[P]=[A]_0(1-e^{-k_1 t}) \qquad (29.32)$$

如果我们将式(29.32)与[P]的精确解[即式(29.26)]进行比较，则发现仅当 $k_2 \gg k_1$ 时，精确解还原为式(29.32)。换句话说，对于这个两步机理，稳态假设对应着中间体很活泼，以致 $[I]\approx 0$ 的情况。

图 29.2 显示了 $k_2=10k_1$ 时，使用精确表达式和那些采用稳态近似得到的表达式，分别绘制的 A，I 和 P 的浓度随时间的变化曲线。该图表明近似解与精确解符合得很好。习题 29-7 要求计算 $k_2=2k_1$ 时的精确解和近似解。正如可从上面的讨论中所预料到的，该习题显示：当两个步骤的速率常数相当时，稳态近似误差较大。

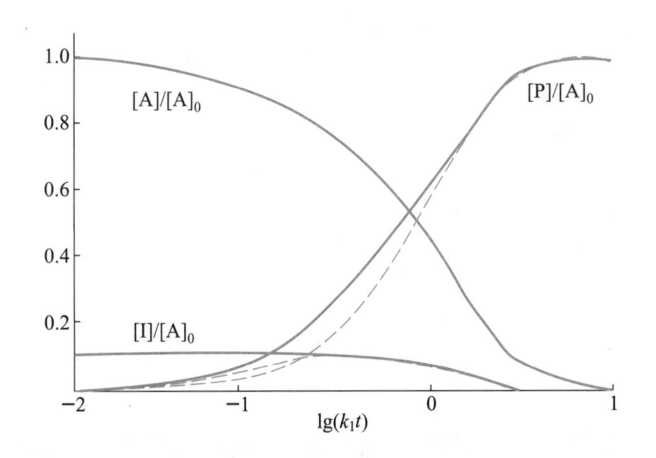

图 29.2　对于反应机理 $A \overset{k_1}{\Longrightarrow} I \overset{k_2}{\Longrightarrow} P$，在 $k_2=10k_1$ 的情况下，$[A]/[A]_0$，$[I]/[A]_0$ 和 $[P]/[A]_0$ 对 $\lg(k_1 t)$ 的作图。实线为使用稳态近似得到的浓度，虚线是由速率方程精确求解得到的浓度。对数时间标尺放大了近似解和精确解之间的差异。在本例中，精确解与使用稳态近似得到的解几乎定量吻合。

» 例题 29-5　臭氧的分解反应 $2O_3(g) \longrightarrow 3O_2(g)$ 通过下面的反应机理进行：

$$M(g)+O_3(g) \underset{k_{-1}}{\overset{k_1}{\rightleftharpoons}} O_2(g)+O(g)+M(g)$$

$$O(g)+O_3(g) \overset{k_2}{\Longrightarrow} 2O_2(g)$$

式中 M 是一个与反应的臭氧分子通过碰撞交换能量的分子，但它本身并不反应。根据反应机理，导出速率方程 $d[O_3]/dt$，假设中间体 O(g) 的浓度可用稳态近似处理。

» 解　$O_3(g)$ 和 O(g) 的速率为

$$\frac{d[O_3]}{dt}=-k_1[O_3][M]+k_{-1}[O_2][O][M]-k_2[O][O_3]$$

和

$$\frac{d[O]}{dt}=k_1[O_3][M]-k_{-1}[O_2][O][M]-k_2[O][O_3]$$

中间体 O(g) 的浓度可以使用稳态近似意味着 $d[O]/dt=0$。令 $d[O]/dt=0$，解出[O]的表达式为

$$[O]=\frac{k_1[O_3][M]}{k_{-1}[O_2][M]+k_2[O_3]}$$

将这个结果代入 O_3 的速率方程，得到

$$\frac{d[O_3]}{dt}=\frac{2k_1k_2[O_3]^2[M]}{k_{-1}[O_2][M]+k_2[O_3]}$$

显然这个速率方程的复杂程度比我们之前已经遇到的大。

因为稳态近似简化了数学运算，我们可能会完全因为这个原因而倾向于使用它。但是，正如我们业已指出的，该近似对反应机理中各步骤速率常数的相对大小作了一些假设。因此，在使用稳态近似前，这些假设的有效性必须得到实验的确认。

29-5　复杂反应的速率方程并不意味着一个独一无二的机理

回想一下，一个复杂反应的速率方程提供了反应速率如何依赖于浓度的信息，但它没有告诉我们反应是怎样发生的。在普通化学中，我们已经了解到一个复杂反应的速率方程可以结合各个基元步骤的速率方程而导出。习题 29-9 至习题 29-17 涉及从反应机理导出许多复杂反应的速率方程。这里，我们探讨这样一个问题，是否经验确定的速率方程意味着一个独特的反应机理。考虑 NO(g) 生成 $NO_2(g)$ 的氧化反应：

$$2NO(g)+O_2(g) \xrightarrow{k_{obs}} 2NO_2(g) \qquad (29.33)$$

通过测量产物 $NO_2(g)$ 的生成速率，得到该反应的速率方程为

$$\frac{1}{2}\frac{d[NO_2]}{dt}=k_{obs}[NO]^2[O_2] \qquad (29.34)$$

注意，该速率方程与从反应是三分子基元反应得到的结

论一致。但是,实验证实,由式(29.33)给出的这个反应并不是一个基元反应,在书写化学方程式时我们已经使用了相应的箭头对此进行了标示。

现在,我们将考虑该反应的两个可能机理。我们将从这两个反应机理导出相应的速率方程,然后与实验观测到的速率方程进行比较。

机理1:

$$NO(g)+O_2(g)\underset{k_{-1}}{\overset{k_1}{\rightleftharpoons}}NO_3(g)\quad（快平衡）\tag{29.35}$$

$$NO_3(g)+NO(g)\overset{k_2}{\Longrightarrow}2NO_2(g)\quad（决速步）\tag{29.36}$$

机理1指出反应的第一步是一个在反应物和三氧化氮自由基(NO_3)之间迅速建立的平衡,第二步是三氧化氮和一氧化氮之间的一个慢反应,此步为决速步。

这个机理的第一步[即式(29.35)]已被假定达到平衡,并且当该机理的后续步骤发生时该平衡一直维持。因此,我们可以写出

$$K_{c,1}=\frac{k_1}{k_{-1}}=\frac{[NO_3]}{[NO][O_2]}\tag{29.37}$$

反应机理第二步[即式(29.36)]的速率方程为

$$\frac{1}{2}\frac{d[NO_2]}{dt}=k_2[NO_3][NO]\tag{29.38}$$

因为机理的第二步为速率决定步骤,式(29.38)实际上给出了总反应的速率方程。现在,我们需要将中间体物种NO_3的浓度与反应物的浓度联系起来,这个关系式可通过使用式(29.37)给出的平衡条件来确定。解式(29.37)获得$[NO_3]$,并将结果代入式(29.38),可得如下的化学反应速率方程:

$$\frac{1}{2}\frac{d[NO_2]}{dt}=k_2K_{c,1}[NO]^2[O_2]\tag{29.39}$$

如果$k_{obs}=k_2K_{c,1}$,则该速率方程与实验得到的速率方程,即式(29.34),相吻合 。因此,实验所得速率常数不是反应机理中某一步的速率常数,而是第二步的速率常数和第一步平衡常数的乘积。

现在,我们考虑针对式(29.33)中的反应所提出的另一种机理。

机理2:

$$NO(g)+NO(g)\underset{k_{-1}}{\overset{k_1}{\rightleftharpoons}}N_2O_2(g)\quad[N_2O_2(g)处于稳态]\tag{29.40}$$

$$N_2O_2(g)+O_2(g)\overset{k_2}{\Longrightarrow}2NO_2(g)\tag{29.41}$$

机理2包含中间体化学物种$N_2O_2(g)$的形成。假设可以使用稳态近似,或者换句话说,$N_2O_2(g)$的浓度与时间无关,那么$d[N_2O_2]/dt=0$。利用这个机理,[NO]和$[N_2O_2]$的速率方程分别为

$$\frac{1}{2}\frac{d[NO]}{dt}=-k_1[NO]^2+k_{-1}[N_2O_2]\tag{29.42}$$

和

$$\frac{d[N_2O_2]}{dt}=-k_{-1}[N_2O_2]-k_2[N_2O_2][O_2]+k_1[NO]^2\tag{29.43}$$

且反应速率可由下式给出:

$$\frac{1}{2}\frac{d[NO_2]}{dt}=k_2[N_2O_2][O_2]\tag{29.44}$$

$NO_2(g)$的生成速率,即式(29.44),依赖于中间体物种$N_2O_2(g)$的浓度。同样地,我们需要用反应物的浓度[NO]和$[O_2]$来表示速率,以便将预测的速率方程与实验速率方程比较。对中间体物种N_2O_2使用稳态近似意味着我们可以令式(29.43)等于0。这样,我们可以得到

$$[N_2O_2]=\frac{k_1[NO]^2}{k_{-1}+k_2[O_2]}\tag{29.45}$$

注意稳态近似的使用需要$[N_2O_2]$不随时间改变。该条件得以满足的一种方式是式(29.40)中逆反应速率v_{-1}远远大于该式中正向反应速率v_1和式(29.41)中的反应速率v_2。这样的话,仅有可忽略且一直恒量的N_2O_2存在,从而满足稳态假设。在这些条件下,$k_{-1}[N_2O_2]\gg k_2[N_2O_2][O_2]$或者$k_{-1}\gg k_2[O_2]$,此时式(29.45)简化为

$$[N_2O_2]=\frac{k_1}{k_{-1}}[NO]^2$$

将这个结果代入式(29.44),可得

$$\frac{1}{2}\frac{d[NO_2]}{dt}=\frac{k_2k_1}{k_{-1}}[NO]^2[O_2]=k_2K_{c,1}[NO]^2[O_2]\tag{29.46}$$

如果$k_{obs}=k_2K_{c,1}$,则这个速率方程也符合实验速率方程,即式(29.34)。我们已经发现两个机理均与实测速率方程吻合,此时需要额外的信息,以便确定最终的反应机理。例如,如果在反应烧瓶中发现有$NO_3(g)$存在,则可以排除机理2。另一种方法是在反应混合物中加入可与反应性的$NO_3(g)$自由基形成稳定产物的试剂,这些稳定产物可被分离和表征,从而证明在反应烧瓶中确实生成了$NO_3(g)$。目前,实验数据倾向于反应机理2。

» 例题 29-6　在上述讨论中,如果v_{-1}远大于v_1和v_2,则$N_2O_2(g)$的浓度满足稳态近似。当v_2远大于v_1和v_{-1}时,也能使用稳态近似,请导出该条件下反应机理对应的速率方程。

» 解 式(29.45)给出了用稳态近似处理后得到的一个$[N_2O_2]$的表达式。如果v_2远大于v_1和v_{-1}，则$k_2[O_2] \gg k_{-1}$，且式(29.45)可简化为

$$[N_2O_2]=\frac{k_1[NO]^2}{k_2[O_2]}$$

将这一结果代入式(29.44)，得到速率方程：

$$\frac{1}{2}\frac{d[NO_2]}{dt}=\frac{k_2k_1[NO]^2[O_2]}{k_2[O_2]}=k_1[NO]^2$$

该速率方程不同于实验速率方程。这个结果告诉我们，尽管对反应中间体物种$N_2O_2(g)$使用稳态近似时，反应机理中各步骤速率之间的关系式可有两种可能，但仅有一种与实测速率方程相一致。

我们对于NO(g)氧化反应的研究指出了在推导可解释实验速率方程的机理中的一些困难。首先，尽管实验测量的速率方程具有基元反应的数学形式[式(29.34)]，但反应本身并不是基元反应。这再次印证了观测到的速率方程本身不足以证明一个反应是基元反应。其次，实验速率方程可以用两个不同的机理来解释，一个速率方程并不意味着一个独一无二的机理。一个机理仅是反应如何进行的一种假设。机理能用来解释实验速率方程仅是确定机理正确的第一步，而最终要确认一个反应机理还需要大量实验来确认每一个基元步骤。

29-6 Lindemann 机理解释了单分子反应是如何发生的

如果下式描述的反应：

$$CH_3NC(g)\xrightarrow{k_{obs}}CH_3CN(g) \qquad (29.47)$$

是一个基元反应，则它必须遵守速率方程

$$\frac{d[CH_3NC]}{dt}=-k_{obs}[CH_3NC] \qquad (29.48)$$

对于该反应，以及许多其他被认为是单分子反应的反应，经仔细研究表明，式(29.48)给出的速率方程仅在高浓度时成立。低浓度时，实验数据表明该反应服从二级速率方程：

$$\frac{d[CH_3NC]}{dt}=-k_{obs}[CH_3NC]^2 \qquad (29.49)$$

式(29.49)不是单分子反应的速率方程，为此我们需要重新审视诸如式(29.47)给出的反应是基元反应的这一最初论述。

表29.1中的数据表明，与k_BT相比，“单分子”反应的活化能可以大很多。为了理解这些反应是如何发生的，我们需要厘清使反应分子克服能垒发生反应的能量来源。两位英国化学家，J. A. Christiansen 和 F. A. Lindemann，分别在1921年和1922年独立提出了可预测高、低气体浓度时相应速率方程[即式(29.48)和式(29.49)]的机理。他们的工作构成了目前单分子反应的理论基础。该机理通常称为**林德曼机理**(Lindemann mechanism)。

表 29.1 一些单分子反应的 Arrhenius 参数。

反应	$\ln\frac{A}{s^{-1}}$	$\frac{E_a}{kJ\cdot mol^{-1}}$
异构化反应		
环丙烷 ⟹ 丙烯	35.7	274
环丙烯 ⟹ 丙炔	29.9	147
顺-2-丁烯 ⟹ 反-2-丁烯	31.8	263
CH_3NC ⟹ CH_3CN	31.3	131
乙烯基烯丙基醚 ⟹ 4-戊烯醛	26.9	128
分解反应		
环丁烷 ⟹ 2 乙烯	35.9	262
环氧乙烷 ⟹ CH_3CHO, CH_2O, CH_2CO	32.5	238
氟乙烷 ⟹ HF+乙烯	30.9	251
氯乙烷 ⟹ HCl+乙烯	32.2	244
溴乙烷 ⟹ HBr+乙烯	31.1	226
碘乙烷 ⟹ HI+乙烯	32.5	221
异丙醚 ⟹ 丙烯+异丙醇	33.6	266

注：表28.4给出了这些反应在500 K和700 K时的速率常数。

Lindemann指出类似式(29.47)描述的单分子反应的能量来源于双分子碰撞。他进一步假设在碰撞(或能量化步骤)和反应之间存在时滞。依赖于气体碰撞速率和反应前的时滞，分子在有机会发生反应前可能会进行一个去活化的双分子碰撞。对于形式为$A(g)\longrightarrow B(g)$的单分子反应，Lindemann机理可用化学方程式表示如下：

$$A(g)+M(g)\underset{k_{-1}}{\overset{k_1}{\rightleftharpoons}}A(g)^*+M(g) \qquad (29.50)$$

$$A(g)^*\xrightarrow{k_2}B(g) \qquad (29.51)$$

式(29.50)和式(29.51)中的$A(g)^*$表示一个富能反应物分子，$M(g)$是碰撞伙伴。$M(g)$分子可以是第二个反应物分子、产物分子或非反应性的缓冲气体[如$N_2(g)$或$Ar(g)$]。

依据 Lindemann 反应机理,产物形成的速率为

$$\frac{d[B]}{dt}=k_2[A^*] \tag{29.52}$$

由于碰撞既使 A(g) 获得能量又使 $A(g)^*$ 失去能量,故任一给定时刻 $A(g)^*$ 的浓度都很小,我们可以合理地借助稳态近似。在那种情况下,可得

$$\frac{d[A^*]}{dt}=0=k_1[A][M]-k_{-1}[A^*][M]-k_2[A^*] \tag{29.53}$$

由式(29.53)解出 $[A^*]$ 为

$$[A^*]=\frac{k_1[M][A]}{k_2+k_{-1}[M]} \tag{29.54}$$

将式(29.54)代入式(29.52),可得到下面的总反应速率方程:

$$\frac{d[B]}{dt}=-\frac{d[A]}{dt}=\frac{k_1k_2[M][A]}{k_2+k_{-1}[M]}=k_{obs}[A] \tag{29.55}$$

式中

$$k_{obs}=\frac{k_1k_2[M]}{k_2+k_{-1}[M]} \tag{29.56}$$

我们看到 k_{obs} 依赖于[M],因而呈浓度依赖性。在足够高的浓度时,碰撞去活化速率 v_{-1} 将大于反应的速率 v_2。在这种情况下,我们得到 $k_{-1}[M][A^*]\gg k_2[A^*]$ 或者 $k_{-1}[M]\gg k_2$,此时 k_{obs} 简化为

$$k_{obs}=\frac{k_1k_2}{k_{-1}} \tag{29.57}$$

总反应[即式(29.55)]的速率方程因而变为 $d[B]/dt=k_1k_2[A]/k_{-1}$。在该高浓度极限下,反应速率对 A 是一级。在足够低的浓度时,反应的速率 v_2 将大于碰撞去活化速率 v_{-1}。这意味着 $k_2\gg k_{-1}[M]$,因此在低浓度时 k_{obs} 可简化为

$$k_{obs}=k_1[M] \tag{29.58}$$

这种情况下总反应的速率方程变为 $d[B]/dt=k_1[M][A]$。在该低浓度极限下,反应速率对 A 和 M 均为一级,总反应级数是二级。Lindemann 机理的巨大成功之一是它能够预测:随着浓度的减小,实验观测到的速率方程将从一级变化为二级。图 29.3 显示了 472.5 K 时异构化反应 $CH_3NC(g)\longrightarrow CH_3CN(g)$ 的实测速率常数 k_{obs} 与 $[CH_3NC]$ 的函数关系。低浓度时的数据显示 k_{obs} 与浓度呈线性关系[式(29.58)],而高浓度时的数据显示 k_{obs} 与浓度无关[式(29.57)]。在这两个极限行为的中间区域里,k_2 与 $k_1[M]$ 相当,上面讨论的两个极限情况下的表达式都无法用来描述此时的反应动力学。

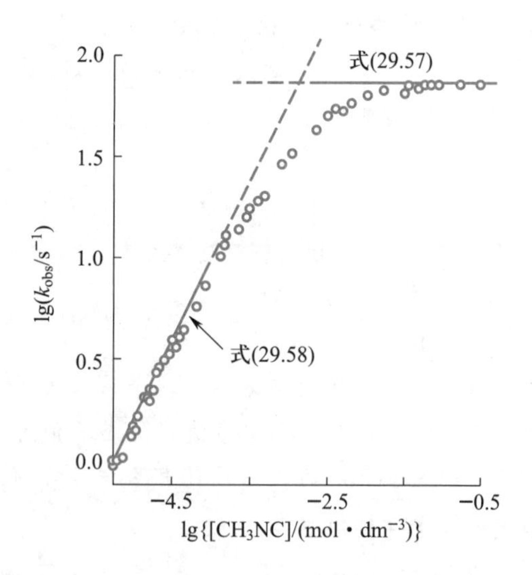

图 29.3 472.5 K 时 $CH_3NC(g)$ 异构化反应的单分子反应速率常数与浓度的关系。在低浓度时,速率常数与浓度呈线性关系,如式(29.58)所预测的那样。在高浓度时,速率常数与浓度无关,与式(29.57)吻合。

» 例题 29-7 本例题探究一个化学反应的实测活化参数与反应机理中各步骤活化参数之间的联系。具体来说,假定 Lindemann 反应机理中每一步的速率常数呈现阿伦尼乌斯行为,那么在高浓度时实测的 A 和 E_a 与机理中各步骤的指前因子和活化能之间有何关联?

» 解 在高浓度时,$k_{obs}=k_1k_2/k_{-1}$[式(28.57)]。将 A 和 E_a 的实验测量值用 A_{obs} 和 $E_{a,obs}$ 表示,则有

$$k_{obs}=A_{obs}e^{-E_{a,obs}/RT}$$

如果反应机理中的每一步都显示阿伦尼乌斯行为,则每一步的速率常数(k_1,k_{-1} 和 k_2)都可以写成 Arrhenius 公式的形式,即

$$k_1=A_1e^{-E_{a,1}/RT}$$

$$k_{-1}=A_{-1}e^{-E_{a,-1}/RT}$$

$$k_2=A_2e^{-E_{a,2}/RT}$$

将这些式子代入 $k_{obs}=k_1k_2/k_{-1}$,得到

$$E_{a,obs}=E_{a,1}+E_{a,2}-E_{a,-1}$$

和

$$A_{obs}=\frac{A_1A_2}{A_{-1}}$$

可见,实测的 A_{obs} 和 $E_{a,obs}$ 并不等于某一步骤的 A 和 E_a,而是反应机理中各步骤 A 和 E_a 的组合。

尽管 Lindemann 机理能够定性地正确预测反应速率随浓度的变化,但在一定的浓度范围内,其与实验数据并不定量吻合,原因是该机理未能阐述能量传递过程进行

的细节。有关分子内和分子间能量传递的现代理论已能使这些基本思路与化学反应实测速率定量吻合。

29-7 一些反应机理包含链反应

考虑 $H_2(g)$ 和 $Br_2(g)$ 生成 $HBr(g)$ 的反应。描述该反应的配平化学反应方程式如下：

$$H_2(g)+Br_2(g) \rightleftharpoons 2HBr(g) \qquad (29.59)$$

实验测定其速率方程为

$$\frac{1}{2}\frac{d[HBr]}{dt}=\frac{k[H_2][Br_2]^{1/2}}{1+k'[HBr][Br_2]^{-1}} \qquad (29.60)$$

式中 k 和 k' 均为常数。式(29.60)给出的速率方程依赖于反应物和产物的浓度。由于产物出现在速率表达式的分母上，其累积将使反应速率降低。

基于对该反应的详细动力学研究，人们提出如下反应机理：

$$\text{引发：}\quad Br_2(g)+M(g) \xrightarrow{k_1} 2Br(g)+M(g) \qquad (1)$$

$$\text{传递：}\quad Br(g)+H_2(g) \xrightarrow{k_2} HBr(g)+H(g) \qquad (2)$$

$$H(g)+Br_2(g) \xrightarrow{k_3} HBr(g)+Br(g) \qquad (3)$$

$$\text{抑制：}\quad HBr(g)+H(g) \xrightarrow{k_{-2}} Br(g)+H_2(g) \qquad (4)$$

$$HBr(g)+Br(g) \xrightarrow{k_{-3}} H(g)+Br_2(g) \qquad (5)$$

$$\text{终止：}\quad 2Br(g)+M(g) \xrightarrow{k_{-1}} Br_2(g)+M(g) \qquad (6)$$

第一步，即式(1)是一双分子反应，其中 $M(g)$ 为一与 $Br(g)$ 分子发生碰撞的分子，从而传递断裂化学键所需的能量。式(2)至(5)揭示了 $HBr(g)$ 是怎样形成和消失的。注意到式(2)的产物之一为式(3)的一个反应物。两个 $HBr(g)$ 的形成反应都形成一个化学物种，该化学物种可以继续反应形成 $HBr(g)$。因此，这些反应助长了 $HBr(g)$ 的进一步形成。这种类型的反应称为**链反应**(chain reaction)。现在，考虑式(2)和式(3)的逆向反应，如式(4)和式(5)所示。这两个反应消耗 $HBr(g)$，因而抑制产物的形成。注意到式(4)的产物之一是式(5)的一个反应物，式(5)的产物之一是式(4)的一个反应物。抑制反应也是链反应，这些抑制反应已经被详细研究过。反应 $HBr(g)+Br(g)$[式(5)]吸热约 170 $kJ\cdot mol^{-1}$，而反应 $HBr(g)+H(g)$[式(4)]放热约 70 $kJ\cdot mol^{-1}$。与反应(4)相比，由于反应(5)需要大量的能量输入，其对总反应的贡献可忽略，故可假定 $k_{-3}\approx 0$。

现在，我们推导该反应机理对应的速率方程，并将该结果与实验测定的速率方程[即式(29.60)]进行比较。为此，我们必须从上面的机理中，导出一个用反应物和产物浓度($[H_2]$，$[Br_2]$ 和 $[HBr]$)表示的 $d[HBr]/dt$ 的表达式。因为上述机理的每一步都是基元反应，所以可以写出 $[HBr]$，$[H]$ 和 $[Br]$ 的速率方程。使用由式(1)至(4)和式(6)给出的机理，忽略式(5)，$[HBr]$，$[H]$ 和 $[Br]$ 的速率方程分别为

$$\frac{d[HBr]}{dt}=k_2[Br][H_2]-k_{-2}[HBr][H]+k_3[H][Br_2] \qquad (29.61)$$

$$\frac{d[H]}{dt}=k_2[Br][H_2]-k_{-2}[HBr][H]-k_3[H][Br_2] \qquad (29.62)$$

和

$$\frac{d[Br]}{dt}=2k_1[Br_2][M]-2k_{-1}[Br]^2[M]-k_2[Br][H_2]+k_{-2}[HBr][H]+k_3[H][Br_2] \qquad (29.63)$$

前两项中的因子 2 源自式(1)和式(6)的化学计量。{对于式(1)，有 $(1/2)\,d[Br]/dt=k_1[Br_2][M]$ 或者 $d[Br]/dt=2k_1[Br_2][M]$。}为了简化这个问题，我们对两个反应活性中间体 $Br(g)$ 和 $H(g)$ 使用稳态近似，所以 $d[Br]/dt=d[H]/dt=0$。回想第 29-4 节中的讨论，使用该近似的合理性需要独立的实验测量来验证。导出的速率方程与实验结果相吻合，并不意味着使用该近似的合理性。对 $[H]$ 使用稳态近似，得到

$$\frac{d[H]}{dt}=0=k_2[Br][H_2]-k_{-2}[HBr][H]-k_3[H][Br_2] \qquad (29.64)$$

同理，对 $[Br]$，有

$$\frac{d[Br]}{dt}=0=2k_1[Br_2][M]-2k_{-1}[Br]^2[M]-k_2[Br][H_2]+k_{-2}[HBr][H]+k_3[H][Br_2] \qquad (29.65)$$

我们现在的目的是利用式(29.64)和(29.65)，找出用反应物和产物的浓度来表示 $[H]$ 和 $[Br]$ 的表达式。然后，我们将这些表达式代入式(29.61)，从而得到用反应物和产物浓度表示的总反应速率方程。

注意式(29.64)右边的三项是式(29.65)右边最后三项的负值。通过将式(29.64)和(29.65)加和，得到

$$0=2k_1[Br_2][M]-2k_{-1}[Br]^2[M]$$

解出 $[Br]$ 的表达式，得

$$[Br]=\left(\frac{k_1}{k_{-1}}\right)^{1/2}[Br_2]^{1/2}=(K_{c,1})^{1/2}[Br_2]^{1/2} \qquad (29.66)$$

将式(29.66)代入式(29.64)中,可以得到一个用反应物和产物浓度表示的[H]的表达式,即

$$[\mathrm{H}]=\frac{k_2K_{c,1}^{1/2}[\mathrm{H_2}][\mathrm{Br_2}]^{1/2}}{k_{-2}[\mathrm{HBr}]+k_3[\mathrm{Br_2}]} \tag{29.67}$$

综合式(29.61)、式(29.66)和式(29.67),得到速率方程为

$$\frac{1}{2}\frac{\mathrm{d}[\mathrm{HBr}]}{\mathrm{d}t}=\frac{k_2K_{c,1}^{1/2}[\mathrm{H_2}][\mathrm{Br_2}]^{1/2}}{1+(k_{-2}/k_3)[\mathrm{HBr}][\mathrm{Br_2}]^{-1}} \tag{29.68}$$

这个速率方程与实测结果[即式(29.60)]具有相同的函数形式。两式相比较后,可得实测速率常数与基元步骤速率常数之间的关系,即 $k=k_2K_{c,1}^{1/2}$ 和 $k'=k_{-2}/k_3$。

» 例题 29-8 在反应的起始阶段,反应

$$\mathrm{H_2(g)+Br_2(g)}\rightleftharpoons\mathrm{2HBr(g)}$$

的实测速率方程为

$$\frac{1}{2}\frac{\mathrm{d}[\mathrm{HBr}]}{\mathrm{d}t}=k_{\mathrm{obs}}[\mathrm{H_2}][\mathrm{Br_2}]^{1/2}$$

证明该结果与式(29.68)给出的速率方程一致,并用基元步骤的速率常数表示 k_{obs}。

» 解 在反应的起始阶段,$[\mathrm{HBr}]\ll[\mathrm{Br_2}]$,所以

$$\frac{k_{-2}}{k_3}[\mathrm{HBr}][\mathrm{Br_2}]^{-1}\ll 1$$

由此可以简化式(29.68)的分母,从而得到

$$\frac{1}{2}\frac{\mathrm{d}[\mathrm{HBr}]}{\mathrm{d}t}=k_2K_{c,1}^{1/2}[\mathrm{H_2}][\mathrm{Br_2}]^{1/2}$$

实测速率常数 k_{obs} 等于 $k_2K_{c,1}^{1/2}$。

习题 29-24 至 29-32 考虑了涉及链反应的、一些不同类型的化学反应。

29-8 催化剂影响化学反应的机理和活化能

我们知道,增加反应温度通常可以加快反应速率,且温度的影响有一些实际限制(参见第 28-7 节)。例如,溶液中的反应受限于溶剂熔点和沸点之间的温度范围。使反应更快进行的另一种方法是使反应以另一个具有更低活化能的机理进行。这是化学催化剂背后的一般思想。**催化剂**(catalyst)是一种参与化学反应但在过程中并不消耗的物质。通过参与反应,催化剂提供了可以使反应发生的一个新机理,关键是研发一催化剂,其能产生活化能垒可以忽略的一条反应路径。如果催化剂与反应物和产物处于同一相中,反应为**均相催化**(homogeneous catalysis)。如果催化剂与反应物和产物处于不同的相中,则反应为**多相催化**(heterogeneous catalysis)。

由于催化剂不被化学反应消耗,故化学反应的吸热和放热行为不因催化剂的存在而发生变化。图 29.4 显示了机理的变化是如何影响反应速率的。这里,我们看到有催化剂参与的机理比没有催化剂参与的机理具有更小的活化能。由于反应速率与活化能成指数关系(参见第 28-6 节),活化能垒高度的些微变化将导致反应速率的巨大变化。由于催化和非催化反应的机理不同,它们对应不同的反应坐标。因此,在图 29.4 中,我们用"坐标"的复数来表示水平轴。图 29.4 显示催化剂同时降低了正向和逆向反应的活化能,故正向和逆向反应的速率都增加。

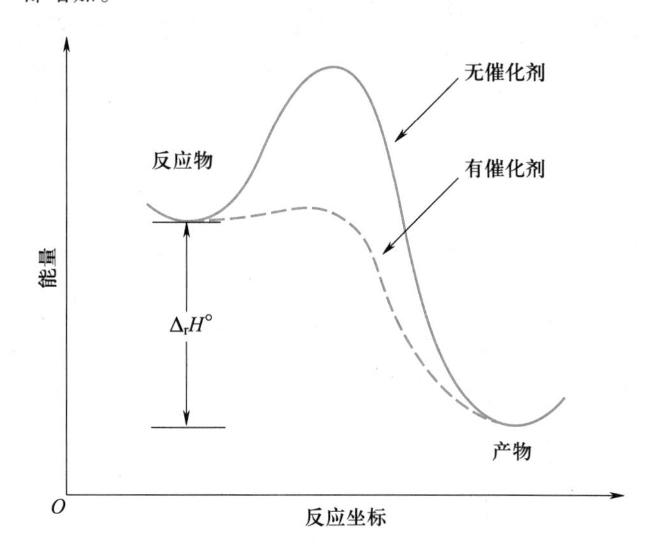

图 29.4 在有和无催化剂时,一个放热反应的能量曲线示意图。催化剂的作用是通过提供反应能够进行的一个新机理来降低化学反应活化能。由于催化和非催化反应机理不同,它们将沿着不同的反应坐标进行。

考虑反应

$$\mathrm{A}\longrightarrow\text{产物}$$

催化剂的加入产生一个新的反应路径,其与非催化机理的反应路径相互竞争。因此,总反应机理包含两个竞争反应,即

$$\mathrm{A}\xrightarrow{k}\text{产物}$$

$$\mathrm{A}+\text{催化剂}\xrightarrow{k_{\mathrm{cat}}}\text{产物}+\text{催化剂}$$

如果这两个竞争反应都是基元过程,那么总反应的速率方程就是两个竞争反应速率方程的加和,即

$$-\frac{\mathrm{d}[\mathrm{A}]}{\mathrm{d}t}=k[\mathrm{A}]+k_{\mathrm{cat}}[\mathrm{A}][\text{催化剂}]$$

等式右边第一项是非催化反应的速率方程表达式,第二

项是有催化剂参加时的速率方程表达式。在大多数情况下，催化剂可使反应速率增加许多数量级，故在分析实验数据时，只需要考虑催化反应的速率方程。

作为均相催化的一个例子，考虑水溶液中 $Ce^{4+}(aq)$ 和 $Tl^{+}(aq)$ 之间的氧化-还原反应：

$$2Ce^{4+}(aq)+Tl^{+}(aq)\longrightarrow 2Ce^{3+}(aq)+Tl^{3+}(aq)$$

在没有催化剂时，这个反应是一个三分子基元反应；反应进行得很慢，其速率方程是

$$v=k[Tl^{+}][Ce^{4+}]^{2}$$

反应速率慢的原因是反应发生需要一个 Tl^{+} 同时与两个 Ce^{4+} 发生碰撞，该碰撞发生的概率很小。在溶液中加入 $Mn^{2+}(aq)$ 可催化上述反应。锰离子易氧化和还原，为反应提供了新的途径，通过该途径 Ce^{4+} 能氧化 Tl^{+}。新的反应途径仅涉及双分子反应，通过以下机理进行：

$$Ce^{4+}(aq)+Mn^{2+}(aq)\overset{k_{cat}}{\Longrightarrow}Ce^{3+}(aq)+Mn^{3+}(aq)\quad(\text{决速步})$$

$$Ce^{4+}(aq)+Mn^{3+}(aq)\Longrightarrow Ce^{3+}(aq)+Mn^{4+}(aq)$$

$$Mn^{4+}(aq)+Tl^{+}(aq)\Longrightarrow Mn^{2+}(aq)+Tl^{3+}(aq)$$

由于这个反应机理的第一步为速率决定步骤，故催化反应的速率方程为

$$v=k_{cat}[Ce^{4+}][Mn^{2+}]$$

在 Mn 催化剂存在时反应的总速率方程为

$$v=k[Tl^{+}][Ce^{4+}]^{2}+k_{cat}[Ce^{4+}][Mn^{2+}]$$

上面速率表达式中的第一项是非催化反应（无催化剂存在）的速率方程，第二项为有催化剂存在时相应机理的速率方程。

作为多相催化的一个例子，我们考虑由 $H_2(g)$ 和 $N_2(g)$ 合成氨的反应

$$3H_2(g)+N_2(g)\longrightarrow 2NH_3(g)$$

气相中该反应的活化能大约等于 $N_2(g)$ 键的解离能，即约为 940 kJ · mol^{-1}。尽管该反应在 300 K 时的 $\Delta_r G^{\circ}$ 为 -32.4 kJ · mol^{-1}，但由于反应能垒很大，以致 $H_2(g)$ 和 $N_2(g)$ 的混合物存放很长时间也不会产生可观量的氨。尽管如此，若置于铁表面，则由 $H_2(g)$ 和 $N_2(g)$ 合成氨的净活化能约为 80 kJ · mol^{-1}，比气相反应小了一个数量级。氨的表面催化合成机理相当复杂，在第 31 章的后半部分，我们将详细讨论氨的表面催化合成和其他一些多相表面催化气相反应。

作为最后一个例子，我们考虑同温层臭氧被氯原子的破坏。在同温层，臭氧破坏自然发生的反应为

$$O_3(g)+O(g)\Longrightarrow 2O_2(g)$$

在氯原子存在下，下面两个反应容易发生：

$$O_3(g)+Cl(g)\Longrightarrow ClO(g)+O_2(g)$$

$$ClO(g)+O(g)\Longrightarrow O_2(g)+Cl(g)$$

这个两步循环的净结果是未消耗氯原子而使一个臭氧分子破坏。因此，氯原子是臭氧分解的催化剂。由于所有反应物都在气相，这是一个均相催化反应的例子。最终，氯原子与同温层中的其他分子反应。事实上，在任一时刻，同温层中的大多数氯原子主要通过以下反应储藏在 $HCl(g)$ 和 $ClONO_2(g)$ 中：

$$Cl(g)+CH_4(g)\Longrightarrow HCl(g)+CH_3(g)$$

$$ClO(g)+NO_2(g)\Longrightarrow ClONO_2(g)$$

在气相中，这些储藏分子彼此相当惰性。但是，极地同温层云的表面可以催化 $HCl(g)$ 和 $ClONO_2(g)$ 之间的反应，从而形成氯分子，即

$$HCl(g)+ClONO_2(g)\longrightarrow Cl_2(g)+HNO_3(g)$$

（极地同温层云的表面）

因为反应物和云粒子处于不同的相中，该反应是多相催化反应。通过该反应形成的 $Cl_2(g)$ 被阳光照射发生光解离，从而产生破坏性的氯原子。

29-9 Michaelis-Menten 机理是一酶催化反应机理

最重要的催化反应之一是涉及酶的生物过程。**酶**（enzyme）是能够催化特定生化反应的蛋白质分子。如果没有酶，许多维持生命所需的反应将会以微不足道的速率发生，我们所知道的生命也将不复存在。被酶作用的反应物分子称为**底物**（substrate），酶中与底物反应的区域称为**活性位**（active site）。活性位仅是酶分子的一小部分。例如，考虑己糖激酶，它能催化葡萄糖至 6-磷酸葡萄糖的反应。总化学反应式如下。

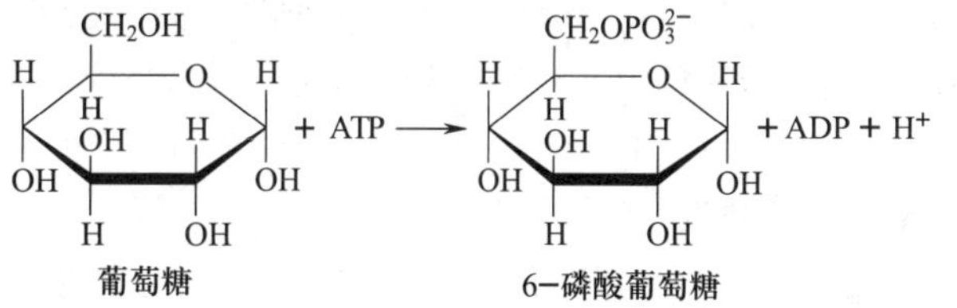

葡萄糖 + ATP ⟶ 6-磷酸葡萄糖 + ADP + H^+

式中 ATP 和 ADP 分别是三磷酸腺苷和二磷酸腺苷分子的缩写。图 29.5(a) 显示了己糖激酶的一个空间填充模型。我们可以看到酶有一个口袋，这就是酶的活性位所在的地方。葡萄糖分子进入这个口袋，且酶在活性位周围合起来。图 29.5(b) 显示了当活性位被一葡萄糖分子占据，且酶在底物周围已经合起时，对应的空间填充模型。酶的专一性部分依赖于活性位的几何形状，以及酶分子整体结构对该区域所施加的空间限制。

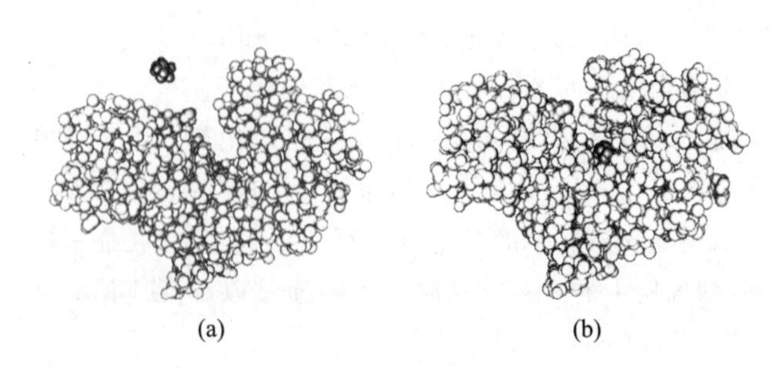

图29.5 己糖激酶两种构象的空间填充模型。(a)活性位未被占据。酶的结构中有一口袋允许底物分子葡萄糖进入从而接触活性位。(b)活性位已被占领。酶已封闭包围底物。

实验结果表明,许多酶催化反应的速率方程具有以下形式:

$$-\frac{d[S]}{dt}=\frac{k[S]}{K+[S]} \tag{29.69}$$

式中[S]是底物的浓度,k 和 K 是常数。Leonor Michaelis 和 Maude Menten 在1913年提出了解释该速率方程的一个简单机理。他们的机理由式(29.70)给出,是一个两步过程,包含酶和底物之间中间络合物[如图29.5(b)所示,用ES表示]的形成:

$$E+S \underset{k_{-1}}{\overset{k_1}{\rightleftharpoons}} ES \underset{k_{-2}}{\overset{k_2}{\rightleftharpoons}} E+P \tag{29.70}$$

由 Michaelis-Menten 机理可得到下列有关[S],[ES]和[P]的速率表达式:

$$-\frac{d[S]}{dt}=k_1[E][S]-k_{-1}[ES] \tag{29.71}$$

$$-\frac{d[ES]}{dt}=(k_2+k_{-1})[ES]-k_1[E][S]-k_{-2}[E][P] \tag{29.72}$$

$$\frac{d[P]}{dt}=k_2[ES]-k_2[E][P] \tag{29.73}$$

对于这个反应机理,酶既可以自由酶的形式存在,也可以酶-底物络合物的形式存在。由于酶是一催化剂,不被反应过程消耗,[E]和[ES]这两个浓度的总和是不变的,等于酶的起始浓度 $[E]_0$,用公式表示为

$$[E]_0=[ES]+[E] \tag{29.74}$$

用式(29.74)可以将式(29.72) 改写为

$$-\frac{d[ES]}{dt}=[ES](k_1[S]+k_{-1}+k_2+k_{-2}[P])-k_1[S][E]_0-k_{-2}[P][E]_0 \tag{29.75}$$

当将酶与远远过量的底物相混合时,存在一诱导期,期间酶-底物络合物浓度[ES]建立起来。Michaelis 和 Menten 假定这个络合物的平衡浓度很快达到;之后,[ES]在反应过程中几乎不变,从而满足对其使用稳态近似的要求。假定稳态近似使得我们可以令 $d[ES]/dt=0$,这样就可以求解式(29.75),从而获得如下一个用反应速率常数以及 $[E]_0$,[S]和[P]表示的[ES]的表达式:

$$[ES]=\frac{k_1[S]+k_{-2}[P]}{k_1[S]+k_{-2}[P]+k_{-1}+k_2}[E]_0 \tag{29.76}$$

将这个结果代入式(29.71),并利用式(29.74),可得

$$v=-\frac{d[S]}{dt}=\frac{k_1k_2[S]-k_{-1}k_{-2}[P]}{k_1[S]+k_{-2}[P]+k_{-1}+k_2}[E]_0 \tag{29.77}$$

如果反应速率的实验测量是在仅有少量(1%~3%)的底物被转化为产物的时间段内进行的,则 $[S]\approx[S]_0$,$[P]\approx 0$,此时式(29.77)简化为

$$v=-\frac{d[S]}{dt}=\frac{k_1k_2[S]_0[E]_0}{k_1[S]_0+k_{-1}+k_2}=\frac{k_2[S]_0[E]_0}{K_m+[S]_0} \tag{29.78}$$

式中 $K_m=(k_2+k_{-1})/k_1$。K_m 称为**米氏常数**(Michaelis constant)。酶动力学通常是这样来研究的,即在固定的酶浓度和式(29.78)适用的条件下,测量起始速率与底物浓度之间的函数关系。

式(29.78)表明,酶催化反应的起始速率在低底物浓度($K_m \gg [S]_0$)时,对底物是一级;而在高底物浓度($K_m \ll [S]_0$)时,则变为对底物是零级。之所以出现零级反应速率方程,是因为底物的量相对于酶的量来说大很多,以至于实际上所有的酶在任意时刻都被底物结合,所以速率与底物浓度无关。当 $[S]_0$ 很大时,式(29.78)变为

$$-\frac{d[S]}{dt}=k_2[E]_0 \tag{29.79}$$

为反应能达到的最大速率。因此,Michaelis-Menten 机理对应的最大速率 $v_{max}=k_2[E]_0$。

转换数(turnover number)被定义为最大速率除以酶活性位的浓度。因此,转化数就是单位时间内一个酶分子所能催化转化底物分子的最大数目。酶活性位的浓度并不一定等于酶的浓度,因为有些酶的活性位不止一个。如果酶具有单个活性位,则转换数为 $v_{max}/[E]_0=k_2$。表29.2列出了一些酶的转换数。

表29.2 一些酶的转换数。

酶种类	底物	转换数/s^{-1}
过氧化氢酶	过氧化氢	4.0×10^7
乙酰胆碱酯酶	乙酰胆碱	1.4×10^5
β-内酰胺酶	青霉素	2000
延胡索酸酶	延胡索酸盐	800
RecA 蛋白	三磷酸腺苷	0.4

例题 29-9 碳酸酐酶可催化二氧化碳水合反应的正向反应和逆向反应：

$$H_2O(l)+CO_2(aq) \rightleftharpoons HCO_3^-(aq)+H^+(aq)$$

二氧化碳作为呼吸最终产物之一产生于组织中。然后扩散进入血液系统，在那里被碳酸酐酶催化转化为碳酸氢根离子 $HCO_3^-(aq)$。逆反应发生在肺部，这里 $CO_2(g)$ 被排出。碳酸酐酶只有一个活性位，其摩尔质量是 $30000\ g\cdot mol^{-1}$。如果在 37 ℃时，8.0 μg 的碳酸酐酶在 30 s 内催化 0.146 g 二氧化碳的水合，试问酶的转换数是多少？（以 s^{-1} 为单位表示。）

» **解** 为了计算转换数，我们需要确定每秒内反应的二氧化碳的摩尔数与酶的摩尔数之比。酶的摩尔数为

$$\frac{8.0\times10^{-6}\ g}{30000\ g\cdot mol^{-1}}=2.7\times10^{-10}\ mol$$

30 s 内反应的二氧化碳的摩尔数为

$$\frac{0.146\ g}{44\ g\cdot mol^{-1}}=3.3\times10^{-3}\ mol$$

或者速率为 $1.1\times10^{-4}\ mol\cdot s^{-1}$。因此，转换数为

$$\frac{1.1\times10^{-4}\ mol\cdot s^{-1}}{2.7\times10^{-10}\ mol}=4.1\times10^{5}\ s^{-1}$$

可见，每个碳酸酐分子在 1 s 内可以将 410000 个二氧化碳分子转化为 $HCO_3^-(aq)$。这是已知的催化反应最快的酶之一（参见习题 29-40）。

习题

29-1 给出单分子、双分子和三分子反应速率常数的单位。

29-2 确定下面这个反应的速率方程，给出 k 的单位，并确定该反应的分子数。

$$F(g)+D_2(g)\xrightarrow{k}FD(g)+D(g)$$

29-3 确定下面这个反应的速率方程，式中 M 是反应容器中存在的任一分子；给出 k 的单位，并确定该反应的分子数。

$$I(g)+I(g)+M(g)\xrightarrow{k}I_2(g)+M(g)$$

这个反应等同于下面这个反应吗？请解释。

$$I(g)+I(g)\xrightarrow{k}I_2(g)$$

29-4 当 $T<500$ K 时，反应 $NO_2(g)+CO(g)\xrightarrow{k_{obs}}CO_2(g)+NO(g)$ 的速率方程为

$$\frac{d[CO_2]}{dt}=k_{obs}[NO_2]^2$$

证明下面的机理与观测到的速率方程相符，并用 k_1 和 k_2 表示 k_{obs}。

$$NO_2(g)+NO_2(g)\xrightarrow{k_1}NO_3(g)+NO(g)\quad（决速步）$$

$$NO_3(g)+CO(g)\xrightarrow{k_2}CO_2(g)+NO_2(g)$$

29-5 解式(29.21)得到 $[A]=[A]_0e^{-k_1t}$，然后将该结果代入式(29.22)中，得到

$$\frac{d[I]}{dt}+k_2[I]=k_1[A]_0e^{-k_1t}$$

这个方程具有如下线性一阶微分方程的形式：

$$\frac{dy(x)}{dt}+p(x)y(x)=q(x)$$

其通解是

$$y(x)e^{h(x)}=\int q(x)e^{h(x)}dx+c$$

式中 $h(x)=\int p(x)dx$，c 是一常数。证明这个解可导出式(29.25)。

29-6 验证：如果将式(29.30)代入式(29.23)，然后积分所得表达式，则可以得到式(29.32)。

29-7 考虑反应机理：$A\xrightarrow{k_1}I\xrightarrow{k_2}P$，已知 $t=0$ 时，$[A]=[A]_0$ 和 $[I]_0=[P]_0=0$。利用这个动力学机理的精确解[式(29.24)至式(29.26)]，绘制 $k_2=2k_1$ 时 $[A]/[A]_0$，$[I]/[A]_0$ 和 $[P]/[A]_0$ 对 $\lg(k_1t)$ 的关系曲线。在同一张图上，利用对[I]假设稳态近似后获得的[A]，[I]和[P]的表达式，绘制 $[A]/[A]_0$，$[I]/[A]_0$ 和 $[P]/[A]_0$ 对 $\lg(k_1t)$ 的关系曲线。根据结果，试问当 $k_2=2k_1$ 时，是否可以用稳态近似来处理这个反应机理的动力学？

29-8 考虑例题 29-5 中臭氧分解的机理，解释为什么只有当(a) $v_{-1}\gg v_2$ 且 $v_{-1}\gg v_1$ 或(b) $v_2\gg v_{-1}$ 且 $v_2\gg v_1$ 时，才能使用稳态近似？实验发现，臭氧的速率方程为

$$\frac{d[O_3]}{dt}=-k_{obs}[O_3][M]$$

该速率方程是否符合条件(a)或(b)？

29-9 考虑反应机理

$$A+B \underset{k_{-1}}{\overset{k_1}{\rightleftharpoons}} C \qquad (1)$$

$$C \xrightarrow{k_2} P \qquad (2)$$

写出产物形成速率 $d[P]/dt$ 的表达式。假设在有明显量的产物形成之前第一个反应就达到了平衡,证明

$$\frac{d[P]}{dt}=k_2K_c[A][B]$$

式中 K_c 是反应机理中步骤(1)的平衡常数。这个假设称为**快平衡近似**(fast-equilibrium approximation)。

29-10 仲氢至正氢的反应为仲氢 $\xrightarrow{k_{obs}}$ 正氢,其速率方程为

$$\frac{d[\text{正氢}]}{dt}=k_{obs}[\text{仲氢}]^{3/2}$$

证明下面的反应机理符合该速率方程:

$$\text{仲氢}(g) \underset{k_{-1}}{\overset{k_1}{\rightleftharpoons}} 2H(g) \quad (\text{快平衡}) \qquad (1)$$

$$H(g)+\text{仲氢}(g) \xrightarrow{k_2} \text{正氢}(g)+H(g) \qquad (2)$$

用反应机理中各步的速率常数表示 k_{obs}。

29-11 考虑 $N_2O_5(g)$ 的分解反应:$2N_2O_5(g) \xrightarrow{k_{obs}} 4NO_2(g)+O_2(g)$,提出的一个反应机理是

$$N_2O_5(g) \underset{k_{-1}}{\overset{k_1}{\rightleftharpoons}} NO_2(g)+NO_3(g)$$

$$NO_2(g)+NO_3(g) \xrightarrow{k_2} NO(g)+NO_2(g)+O_2(g)$$

$$NO_3(g)+NO(g) \xrightarrow{k_3} 2NO_2(g)$$

假定对反应中间体 $NO(g)$ 和 $NO_3(g)$ 使用稳态近似,证明这个机理与实验观测的速率方程 $\frac{d[O_2]}{dt}=k_{obs}[N_2O_5]$ 相吻合。用反应机理中各步的速率常数来表示 k_{obs}。

29-12 $CO(g)$ 与 Cl_2 形成光气(Cl_2CO)的反应为 $Cl_2(g)+CO(g) \xrightarrow{k_{obs}} Cl_2CO(g)$,其速率方程是

$$\frac{d[Cl_2CO]}{dt}=k_{obs}[Cl_2]^{3/2}[CO]$$

证明下面的反应机理与该速率方程吻合:

$$Cl_2(g)+M(g) \underset{k_{-1}}{\overset{k_1}{\rightleftharpoons}} 2Cl(g)+M(g) \quad (\text{快平衡})$$

$$Cl(g)+CO(g)+M(g) \underset{k_{-2}}{\overset{k_2}{\rightleftharpoons}} ClCO(g)+M(g) \quad (\text{快平衡})$$

$$ClCO(g)+Cl_2(g) \xrightarrow{k_3} Cl_2CO(g)+Cl(g) \quad (\text{慢})$$

式中 M 是反应容器中存在的任一气体分子;用反应机理中各步的速率常数表示 k_{obs}。

29-13 硝酰胺在水中按如下化学反应式分解:

$$O_2NNH_2(aq) \xrightarrow{k_{obs}} N_2O(g)+H_2O(l)$$

该反应的实测速率方程为

$$\frac{d[N_2O]}{dt}=k_{obs}\frac{[O_2NNH_2]}{[H^+]}$$

提出的一个反应机理是

$$O_2NNH_2(aq) \underset{k_{-1}}{\overset{k_1}{\rightleftharpoons}} O_2NNH^-(aq)+H^+(aq) \quad (\text{快平衡})$$

$$O_2NNH^-(aq) \xrightarrow{k_2} N_2O(g)+OH^-(aq) \quad (\text{慢})$$

$$H^+(aq)+OH^-(aq) \xrightarrow{k_3} H_2O(l) \quad (\text{快})$$

试问这个机理是否与实测的速率方程吻合?如果是,k_{obs} 与机理中各步速率常数之间有什么关系?

29-14 对于习题 29-13 中的反应机理,如果不是快平衡后接一个慢步骤,而是假定针对反应中间体 $O_2NNH^-(aq)$ 可以使用稳态近似,则对应的速率方程又将怎样?

29-15 298 K 时,醋酸乙酯在氢氧化钠水溶液中水解反应

$$CH_3COOCH_2CH_3(aq)+OH^-(aq) \xrightarrow{k_{obs}} CH_3CO_2^-(aq)+CH_3CH_2OH(aq)$$

的速率方程是

$$\frac{d[CH_3CH_2OH]}{dt}=k_{obs}[OH^-][CH_3COOCH_2CH_3]$$

尽管这个速率方程的形式等同于基元反应,但该反应并不是一个基元反应,而是通过以下反应机理进行:

$$CH_3COOCH_2CH_3(aq)+OH^-(aq) \underset{k_{-1}}{\overset{k_1}{\rightleftharpoons}} CH_3CO^-(OH)OCH_2CH_3(aq)$$

$$CH_3CO^-(OH)OCH_2CH_3(aq) \xrightarrow{k_2} CH_3CO_2H(aq)+CH_3CH_2O^-(aq)$$

$$CH_3CO_2H(aq)+CH_3CH_2O^-(aq) \xrightarrow{k_3} CH_3CO_2^-(aq)+CH_3CH_2OH(aq)$$

试问在什么条件下这个机理可给出实测速率方程?针对这些条件,用反应机理各步的速率常数表示 k_{obs}。

29-16 过苯甲酸在水中的分解反应

$$2C_6H_5CO_3H(aq) \rightleftharpoons 2C_6H_5CO_2H(aq)+O_2(g)$$

通过如下反应机理进行：

$$C_6H_5CO_3H(aq) \underset{k_{-1}}{\overset{k_1}{\rightleftharpoons}} C_6H_5CO_3^-(aq) + H^+(aq)$$

$$C_6H_5CO_3H(aq) + C_6H_5CO_3^-(aq) \xrightarrow{k_2} C_6H_5CO_2H(aq) + C_6H_5CO_2^-(aq) + O_2(g)$$

$$C_6H_5CO_2^-(aq) + H^+(aq) \xrightarrow{k_3} C_6H_5CO_2H(aq)$$

导出用反应物浓度和$[H^+]$表示的 O_2 形成速率的表达式。

29-17 反应

$$2H_2(g) + 2NO(g) \xrightarrow{k_{obs}} N_2(g) + 2H_2O(g)$$

的速率方程是

$$\frac{d[N_2]}{dt} = k_{obs}[H_2][NO]^2$$

以下是人们提出的该反应的一个机理：

$$H_2(g) + NO(g) + NO(g) \xrightarrow{k_1} N_2O(g) + H_2O(g)$$

$$H_2(g) + N_2O(g) \xrightarrow{k_1} N_2(g) + H_2O(g)$$

在什么条件下，这个机理可给出实测速率方程？用机理中各步的速率常数表示 k_{obs}。

29-18 习题 29-17 中讨论的反应的另一个机理是

$$NO(g) + NO(g) \underset{k_{-1}}{\overset{k_1}{\rightleftharpoons}} N_2O_2(g)$$

$$H_2(g) + N_2O_2(g) \xrightarrow{k_2} N_2O(g) + H_2O(g)$$

$$H_2(g) + N_2O(g) \xrightarrow{k_1} N_2(g) + H_2O(g)$$

在什么条件下，这个机理可给出实测速率方程？用机理中各步的速率常数表示 k_{obs}。你是赞成这个机理还是习题 29-17 中给出的那个机理？解释原因。

29-19 化学反应

$$Cl_2(g) + CO(g) \xrightarrow{k_{obs}} Cl_2CO(g)$$

的另一个机理是(参见习题 29-12)

$$Cl_2(g) + M(g) \underset{k_{-1}}{\overset{k_1}{\rightleftharpoons}} 2Cl(g) + M(g) \quad \text{（快平衡）}$$

$$Cl(g) + Cl_2(g) \underset{k_{-2}}{\overset{k_2}{\rightleftharpoons}} Cl_3(g) \quad \text{（快平衡）}$$

$$Cl_3(g) + CO(g) \xrightarrow{k_3} Cl_2CO(g) + Cl(g)$$

式中 M 是反应器中存在的任一分子，证明这个机理也能给出实测的速率方程；如何确定是这个机理还是习题 29-12 中给出的那个机理是正确的？

29-20 异构化反应 $CH_3NC(g) \xrightarrow{k_{obs}} CH_3CN(g)$ 的 Lindemann 机理是

$$CH_3NC(g) + M(g) \underset{k_{-1}}{\overset{k_1}{\rightleftharpoons}} CH_3NC^*(g) + M(g)$$

$$CH_3NC^*(g) \xrightarrow{k_2} CH_3CN(g)$$

在什么条件下稳态近似适用于 CH_3NC^*？

29-21 在第 29-6 节，我们曾探究了单分子反应

$$CH_3NC(g) \Longrightarrow CH_3CN(g)$$

考虑该反应在有 He 缓冲气存在下进行，一个 CH_3NC 与另一个 CH_3NC 分子或一个 He 原子的碰撞可使分子获得能量，从而发生反应。如果一个 CH_3NC 分子和一个 He 原子的能量化反应以不同的速率发生，反应机理可由下面的式子给出：

$$CH_3NC(g) + CH_3NC(g) \underset{k_{-1}}{\overset{k_1}{\rightleftharpoons}} CH_3NC^*(g) + CH_3NC(g)$$

$$CH_3NC(g) + He(g) \underset{k_{-2}}{\overset{k_2}{\rightleftharpoons}} CH_3NC^*(g) + He(g)$$

$$CH_3NC^*(g) \xrightarrow{k_3} CH_3CN(g)$$

对中间体物种 $CH_3NC^*(g)$ 使用稳态近似，证明：

$$\frac{d[CH_3CN]}{dt} = \frac{k_3(k_1[CH_3NC]^2 + k_2[CH_3NC][He])}{k_{-1}[CH_3NC] + k_{-2}[He] + k_3}$$

证明当$[He]=0$ 时，该式等价于式(29.55)。

29-22 考虑习题 29-10 中给出的反应和机理，$H_2(g)$解离[第(1)步]的活化能由 D_0(即解离能)给出。如果机理中第(2)步的活化能是 E_2，证明实验测定的活化能可由下式给出：

$$E_{a,obs} = E_2 + \frac{D_0}{2}$$

同时证明实验测定的指前因子 A_{obs} 可由下式给出：

$$A_{obs} = A_2\left(\frac{A_1}{A_{-1}}\right)^{1/2}$$

式中 A_i 是对应于速率常数 k_i 的指前因子。

29-23 环氧乙烷的热分解通过下面的机理进行：

$$H_2COCH_2(g) \xrightarrow{k_1} H_2COCH(g) + H(g)$$

$$H_2COCH(g) \xrightarrow{k_2} CH_3(g) + CO(g)$$

$$CH_3(g) + H_2COCH_2(g) \xrightarrow{k_3} H_2COCH(g) + CH_4(g)$$

$$CH_3(g) + H_2COCH(g) \xrightarrow{k_4} \text{产物}$$

试问这些反应中哪些是反应机理的引发、传递和终止步骤?证明:如果用稳态近似处理中间体 CH_3 和 H_2COCH,则反应速率 d[产物]/d[t]对环氧乙烷浓度是一级。

下面 6 个习题探究乙醛热分解反应的动力学。

29-24　乙醛热分解反应$CH_3CHO(g) \xrightarrow{k_{obs}} CH_4(g) + CO(g)$的一个机理是

$$CH_3CHO(g) \xRightarrow{k_1} CH_3(g) + CHO(g) \quad (1)$$

$$CH_3(g) + CH_3CHO(g) \xRightarrow{k_2} CH_4(g) + CH_3CO(g) \quad (2)$$

$$CH_3CO(g) \xRightarrow{k_3} CH_3(g) + CO(g) \quad (3)$$

$$2CH_3(g) \xRightarrow{k_4} C_2H_6 \quad (4)$$

该反应是链反应吗?如果是,请指出链引发、传递、抑制和终止步骤。确定 $CH_4(g)$,$CH_3(g)$和 $CH_3CO(g)$的速率方程。如果对中间体物种 $CH_3(g)$和 $CH_3CO(g)$进行稳态近似假设,证明甲烷形成的速率方程为

$$\frac{d[CH_4]}{dt} = \left(\frac{k_1}{2k_4}\right)^{1/2} k_2 [CH_3CHO]^{3/2}$$

29-25　假设将习题 29-24 中机理的终止步骤[式(4)]用下面这个终止反应代替:

$$2CH_3CO(g) \xRightarrow{k_4} CH_3COCOCH_3$$

确定 $CH_4(g)$,$CH_3(g)$和 $CH_3CO(g)$的速率方程。假设可以对中间体 $CH_3(g)$和 $CH_3CO(g)$应用稳态近似假设,证明 CO 形成的速率方程可由下式给出:

$$\frac{d[CO]}{dt} = \left(\frac{k_1}{k_4}\right)^{1/2} k_3 [CH_3CHO]^{1/2}$$

29-26　一个链反应的链长 γ 定义为总反应的速率除以链引发步骤的速率。请对链长给出一个物理解释,并证明习题 29-25 中给出的反应机理和速率方程对应的链长 γ 为

$$\gamma = k_3 \left(\frac{1}{k_1 k_4}\right)^{1/2} [CH_3CHO]^{-1/2}$$

29-27　证明习题 29-24 中给出的反应机理和速率方程的链长[参见习题(29-26)]为

$$\gamma = k_2 \left(\frac{1}{k_1 k_4}\right)^{1/2} [CH_3CHO]^{1/2}$$

29-28　考虑习题 29-24 中给出的乙醛热分解机理,证明实测的总反应的活化能 E_{obs} 为

$$E_{obs} = E_2 + \frac{1}{2}(E_1 - E_4)$$

式中 E_i 是反应机理中第 i 步的活化能。实测的总反应的指前因子 A_{obs}与反应机理中各步骤的指前因子有何关联?

29-29　考虑习题 29-25 中给出的乙醛热分解机理,证明实测的总反应活化能 E_{obs} 为

$$E_{obs} = E_3 + \frac{1}{2}(E_1 - E_4)$$

式中 E_i 是反应机理中第 i 步的活化能。实测的总反应的指前因子 A_{obs}与反应机理中各步骤的指前因子有何关联?

29-30　考虑第 29-7 节讨论的 $H_2(g)$和 $Br_2(g)$之间的反应,验证为何我们忽略 $H_2(g)$的解离反应,赞成将 $Br_2(g)$的解离反应作为反应机理的引发步骤。

29-31　在第 29-7 节,我们曾讨论了 $H_2(g)$和 $Br_2(g)$之间的链反应。现在,考虑 $H_2(g)$和 $Cl_2(g)$之间的链反应

$$Cl_2(g) + H_2(g) \longrightarrow 2HCl(g)$$

该反应的机理是

$$Cl_2(g) + M(g) \xRightarrow{k_1} 2Cl(g) + M(g) \quad (1)$$

$$Cl(g) + H_2(g) \xRightarrow{k_2} HCl(g) + H(g) \quad (2)$$

$$H(g) + Cl_2(g) \xRightarrow{k_3} HCl(g) + Cl(g) \quad (3)$$

$$2Cl(g) + M(g) \xRightarrow{k_4} Cl_2(g) + M(g) \quad (4)$$

请标记链的引发、传递和终止步骤。利用下面的键解离能数据,解释为何不将类似抑制步骤纳入该反应机理,而在涉及 $Br_2(g)$的链反应机理中,则包含这些抑制步骤?

分子	H_2	HBr	HCl	Br_2	Cl_2
$D_0/(kJ \cdot mol^{-1})$	432	363	428	190	239

29-32　对于习题 29-31 中给出的反应 $Cl_2(g) + H_2(g) \longrightarrow 2HCl(g)$的机理,导出 $v = (1/2)(d[HCl]/dt)$的速率方程。

29-33　利用光化学反应可引发链反应。例如,对于 $Br_2(g)$和 $H_2(g)$的链反应机理中的热引发反应

$$Br_2(g) + M \xRightarrow{k_1} 2Br(g) + M$$

可用下面的光化学引发反应来替代

$$Br_2(g) + h\nu \Longrightarrow 2Br(g)$$

如果假设所有的入射光都被 Br_2 分子吸收,且光解离的量子产率为 1.00,那么 Br_2 解离的光化学速率如何依赖于 I_{abs}(即单位时间单位体积的光子数)? Br 的形成速率 d[Br]/dt 与 I_{abs}有何关联?如果假设链反应仅由 Br 的光化学产生来引发,那么 d[HBr]/dt 与 I_{abs}有何关系?

29-34　在第 29-9 节,我们导出了酶催化的 Michaelis-Menton 速率方程,该推导的局限性是仅起始反应速率被测量,因此$[S] = [S]_0$且$[P] = 0$。现在,我们将

通过另一个不同的途径来确定 Michaelis-Menton 速率方程。回忆 Michaelis-Menton 机理为

$$E+S \underset{k_{-1}}{\overset{k_1}{\rightleftharpoons}} ES$$

$$ES \xrightarrow{k_2} E+P$$

该反应的速率方程为 $v=k_2[ES]$，写出针对[ES]的速率表达式。证明：如果对该中间体应用稳态近似，那么

$$[ES]=\frac{[E][S]}{K_m} \qquad (1)$$

式中 K_m 是米氏常数。现在，证明：

$$[E]_0=[E]+\frac{[E][S]}{K_m} \qquad (2)$$

（提示：酶不被消耗。）解式(2)获得[E]，然后将结果代入式(1)，从而证明：

$$v=\frac{k_2[E]_0[S]}{K_m+[S]} \qquad (3)$$

如果在仅有少量底物被消耗时的时间段内测量速率，那么 $[S]=[S]_0$，式(3)还原为由式(29.78)给出的 Michaelis-Menton 速率方程。

29-35 酶催化反应的能力可被**抑制剂分子**(inbitor molecules)阻碍，抑制剂分子作用的机理之一是与底物分子竞争结合到酶的活化位上。我们可以将该抑制反应引入修正后的酶催化的 Michaelis-Menton 机理中，即

$$E+S \underset{k_{-1}}{\overset{k_1}{\rightleftharpoons}} ES \qquad (1)$$

$$E+I \underset{k_{-2}}{\overset{k_2}{\rightleftharpoons}} EI \qquad (2)$$

$$ES \xrightarrow{k_3} E+P \qquad (3)$$

在式(2)中，I 是抑制剂分子，EI 是酶-抑制剂络合物，我们将考虑反应(2)总是处于平衡的情形，试确定[S]，[ES]，[EI]和[P]的速率方程；证明：如果可对 ES 使用稳态假设，那么

$$[ES]=\frac{[E][S]}{K_m}$$

式中 K_m 是米氏常数，$K_m=(k_{-1}+k_3)/k_1$。现在，证明：由酶的物料平衡可得到

$$[E]_0=[E]+\frac{[E][S]}{K_m}+[E][I]K_I$$

式中 $K_I=[EI]/[E][I]$ 是上述反应机理中步骤(2)的平衡常数。用这个结果证明起始反应速率可由下式给出：

$$v=\frac{d[P]}{dt}=\frac{k_3[E]_0[S]}{K_m+[S]+K_mK_I[I]}\approx\frac{k_3[E]_0[S]_0}{K_m'+[S]_0} \qquad (4)$$

式中 $K_m'=K_m(1+K_I[I])$。注意式(4)中第 2 个表达式具有与 Michaelis-Menton 公式相同的函数形式。当 $[I]\to 0$ 时，式(4)是否还原为期盼的结果？

29-36 耐抗生素细菌有一种酶，即青霉素酶，其能催化抗生素的分解。青霉素酶的摩尔质量为 30000 $g\cdot mol^{-1}$，在 28 ℃时酶的转换数为 2000 s^{-1}。如果 28 ℃时 6.4 μg 青霉素酶可在 20 s 内催化 3.11 mg 羟氨苄青霉素（摩尔质量为 364 $g\cdot mol^{-1}$的一种抗生素）的分解，则该酶具有多少活性位？

29-37 证明式(29.78)的倒数是

$$\frac{1}{v}=\frac{1}{v_{max}}+\frac{K_m}{v_{max}}\frac{1}{[S]_0} \qquad (1)$$

该公式称为 Lineweaver-Burk 公式。在例题 29-9 中，我们曾探究了碳酸酐酶催化的 CO_2 水合反应。当总酶浓度为 2.32×10^{-9} $mol\cdot dm^{-3}$时，获得了如下数据：

$[CO_2]_0/(10^{-3}\ mol\cdot dm^{-3})$	1.25	2.50
$v/(mol\cdot dm^{-3}\cdot s^{-1})$	2.78×10^{-5}	5.00×10^{-5}
$[CO_2]_0/(10^{-3}\ mol\cdot dm^{-3})$	5.00	20.00
$v/(mol\cdot dm^{-3}\cdot s^{-1})$	8.33×10^{-5}	1.66×10^{-4}

依据式(1)，将这些数据作图，并由最佳拟合直线的斜率和截距确定米氏常数 K_m 和由酶-底物络合物形成产物这一步的速率常数 k_2 的值。

29-38 碳酸酐酶催化反应

$$H_2O(l)+CO_2(g)\rightleftharpoons H_2CO_3(aq)$$

总酶浓度为 2.32×10^{-9} $mol\cdot dm^{-3}$时，逆向脱水反应的数据如下：

$[H_2CO_3]_0/(10^{-3}\ mol\cdot dm^{-3})$	2.00	5.00
$v/(mol\cdot dm^{-3}\cdot s^{-1})$	1.05×10^{-5}	2.22×10^{-5}
$[H_2CO_3]_0/(10^{-3}\ mol\cdot dm^{-3})$	10.00	15.00
$v/(mol\cdot dm^{-3}\cdot s^{-1})$	3.45×10^{-5}	4.17×10^{-5}

利用习题 29-37 中讨论的方法，确定米氏常数 K_m 和由酶-底物络合物形成产物的速率常数 k_2 的值。

29-39 证明当 $[S]_0=K_m$ 时，由酶催化的 Michaelis-Menton 机理可给出 $v=(1/2)v_{max}$。

29-40 蛋白质过氧化氢酶催化反应 $2H_2O_2(aq)\longrightarrow 2H_2O(l)+O_2(g)$ 的米氏常数 $K_m=25\times10^{-3}$ $mol\cdot dm^3$，转换数为 4.0×10^7 s^{-1}。计算当总酶浓度为 0.016×10^{-6} $mol\cdot dm^{-3}$、起始底物浓度为 4.32×10^{-6} $mol\cdot dm^{-3}$时，该反应的起始速率；计算这个酶的 v_{max}。已知过氧化氢酶具有单个

活性位。

29-41　由于存在浓度为 4.8×10^{-6} mol · dm^{-3}的竞争抑制剂,使得习题 29-40 中计算的起始速率下降了 3.6 倍。试计算酶和抑制剂之间键(结)合反应的平衡常数 K_I(提示:参考习题 29-35)。

29-42　乙酰胆碱酯酶是一种代谢乙酰胆碱的酶,具有单个活性位,转换数为 1.4×10^4 s^{-1}。试问 1 h 内 2.16×10^{-6} g 乙酰胆碱酯酶可以代谢多少克乙酰胆碱?(酶的摩尔质量取为 4.2×10^4 g · mol^{-1};乙酰胆碱的分子式为 $C_7NO_2H_{16}^+$。)

29-43　考虑如下溴原子复合形成溴分子的机理:

$$2Br(g)\underset{k_{-1}}{\overset{k_1}{\rightleftharpoons}}Br_2^*(g)$$

$$Br_2^*(g)+M(g)\overset{k_2}{\Longrightarrow}Br_2(g)+M(g)$$

第一步导致一个富能溴分子的形成。然后,这过剩的能量通过与样品中一个 M 分子碰撞而被移去。证明:如果对$Br_2^*(g)$应用稳态近似,则有

$$\frac{d[Br]}{dt}=-\frac{2k_1k_2[Br]^2[M]}{k_{-1}+k_2[M]}$$

确定当 $v_2\gg v_{-1}$ 以及 $v_2\ll v_{-1}$ 时 $d[Br]/dt$ 的极限表达式。

29-44　习题 29-43 中给出了溴原子复合形成溴分子的机理。当该反应在有大大过量的缓冲气体存在的情形下发生时,测量到了负的活化能。由于缓冲气体分子 M(g) 负责$Br_2^*(g)$的去活化,但其本身不被反应消耗,因此我们可以将它视为催化剂。下表给出了不同温度下在相同浓度的过量 Ne(g) 和 $CCl_4(g)$ 缓冲气体存在时,测得的该反应速率常数。试问哪一个气体是该反应更好的催化剂?为何这两个缓冲气体的"催化"行为有差异?

T/K	367	349
k_{obs}(Ne)/(mol^{-2} · dm^6 · s^{-1})	1.07×10^9	1.15×10^9
k_{obs}(CCl_4)/(mol^{-2} · dm^6 · s^{-1})	1.01×10^{10}	1.21×10^{10}
T/K	322	297
k_{obs}(Ne)/(mol^{-2} · dm^6 · s^{-1})	1.31×10^9	1.50×10^9
k_{obs}(CCl_4)/(mol^{-2} · dm^6 · s^{-1})	1.64×10^{10}	2.28×10^{10}

29-45　298 K 时,反应 $2H_2(g)+O_2(g)\longrightarrow2H_2O(g)$ 的标准 Gibbs 能变化是−457.2 kJ。但是,在室温时该反应并不发生,$H_2(g)$和 $O_2(g)$的混合物是稳定的。请解释为何如此?是否该混合物无限稳定?

29-46　HF(g) 化学激光器基于反应 $H_2(g)+F_2(g)\longrightarrow2HF(g)$,该反应的机理包含以下基元步骤:

$$(1)\ F_2(g)+M(g)\underset{k_{-1}}{\overset{k_1}{\rightleftharpoons}}2F(g)+M(g)\qquad \Delta_rH^\circ(298\ K)=159\ kJ\cdot mol^{-1}$$

$$(2)\ F(g)+H_2(g)\underset{k_{-2}}{\overset{k_2}{\rightleftharpoons}}HF(g)+H(g)\qquad \Delta_rH^\circ(298\ K)=-134\ kJ\cdot mol^{-1}$$

$$(3)\ H(g)+F_2(g)\overset{k_3}{\Longrightarrow}HF(g)+F(g)\qquad \Delta_rH^\circ(298\ K)=-411\ kJ\cdot mol^{-1}$$

评述为何反应 $H_2(g)+M(g)\longrightarrow2H(g)+M(g)$没有包含在 HF(g) 化学激光器的机理中,尽管它产生一个可参与反应机理之步骤(3)的反应物?假定对中间体物种 F(g) 和 H(g) 可以使用稳态近似,试导出上述机理对应的速率方程($d[HF]/dt$)。

29-47　同温层中臭氧产生和破坏的机理是

$$O_2(g)+h\nu\overset{j_1}{\Longrightarrow}O(g)+O(g)$$

$$O(g)+O_2(g)+M(g)\overset{k_2}{\Longrightarrow}O_3(g)+M(g)$$

$$O_3(g)+h\nu\overset{j_3}{\Longrightarrow}O_2(g)+O(g)$$

$$O(g)+O_3(g)\overset{k_4}{\Longrightarrow}O_2(g)+O_2(g)$$

式中我们已用符号 j 来标记光化学反应的速率常数。请确定 $d[O]/dt$ 和 $d[O_3]/dt$ 的速率表达式;假定两个中间体物种 O(g) 和 $O_3(g)$ 都能用稳态近似处理,试证明:

$$[O]=\frac{2j_1[O_2]+j_3[O_3]}{k_2[O_2][M]+k_4[O_3]}\tag{1}$$

和

$$[O_3]=\frac{k_2[O][O_2][M]}{j_3+k_4[O]}\tag{2}$$

现在,将式(1)代入式(2),并求解所得的二次方程,得到 $[O_3]$ 为

$$[O_3]=[O_2]\frac{j_1}{2j_3}\left\{\left(1+4\frac{j_3}{j_1}\frac{k_2}{k_4}[M]\right)^{1/2}-1\right\}$$

在海拔 30 km 处,这些参数的典型值为 $j_1=2.51\times10^{-12}$ s^{-1},$j_3=3.16\times10^{-4}$ s^{-1},$k_2=1.99\times10^{-33}$ cm^6 · 分子$^{-2}$ · s^{-1},$k_4=1.26\times10^{-15}$cm^3 · 分子$^{-1}$ · s^{-1},$[O_2]=3.16\times10^{17}$分子 · cm^{-3}和 $[M]=3.98\times10^{17}$分子 · cm^{-3}。利用式(1)和式(2),计算海拔 30 km 处的 $[O_3]$ 和 $[O]$;稳态假设的使用是否合理?

在接下来的 4 个习题中,我们将探究爆炸反应

$$2H_2(g)+O_2(g)\rightleftharpoons2H_2O(g)$$

29-48　该反应的一个简化机理为

$$电火花+H_2(g) \Longrightarrow 2H(g) \quad (1)$$

$$H(g)+O_2(g) \xrightarrow{k_1} OH(g)+O(g) \quad (2)$$

$$O(g)+H_2(g) \xrightarrow{k_2} OH(g)+H(g) \quad (3)$$

$$H_2(g)+OH(g) \xrightarrow{k_3} H_2O(g)+H(g) \quad (4)$$

$$H(g)+O_2(g)+M(g) \xrightarrow{k_4} HO_2(g)+M(g) \quad (5)$$

如果一个反应产生的可参与链传递步骤的分子多于其消耗的分子，则该反应称为支链反应。请标出机理中的支链反应、链引发反应、链传递反应和终止反应；已知 H_2，O_2 和 OH 的键解离能分别为 432 kJ · mol^{-1}，493 kJ · mol^{-1} 和 424 kJ · mol^{-1}，计算第(2)步和第(3)步的能量变化。

29-49 利用习题 29-48 中给出的机理，确定在链引发步骤中，电火花引起氢原子产生速率为 I_0 时[H]的速率表达式；确定[OH]和[O]的速率表达式。假定[O]≈[OH]≪[H]，则可以对中间体物种 O(g) 和 OH(g) 应用稳态近似，证明：使用稳态近似后可以得到

$$[O]=\frac{k_1[H][O_2]}{k_2[H_2]} \quad 和 \quad [OH]=\frac{2k_1[H][O_2]}{k_3[H_2]}$$

用这些结果和所得到的[H]速率表达式，证明：

$$\frac{d[H]}{dt}=I_0+(2k_1[O_2]-k_4[O_2][M])[H]$$

29-50 考虑习题 29-49 的结果，氢原子产生的速率具有下面的函数关系式：

$$\frac{d[H]}{dt}=I_0+(\alpha-\beta)[H] \quad (1)$$

化学反应的哪一步决定 α 和 β 的大小？我们可以设想该速率方程的两个解，一个当 $\alpha>\beta$ 时，另一个则当 $\alpha<\beta$ 时。对于 $\alpha<\beta$，证明式(1)的解变为

$$[H]=\frac{I_0}{\beta-\alpha}[1-e^{-(\beta-\alpha)t}]$$

将[H]对 t 作图，确定短时段内曲线的斜率，确定[H]的最终稳态值。

29-51 现在，考虑当 $\alpha>\beta$ 时，方程(参见习题 29-50)

$$\frac{d[H]}{dt}=I_0+(\alpha-\beta)[H]$$

的解。证明这个微分方程的解为

$$[H]=\frac{I_0}{\alpha-\beta}[e^{(\alpha-\beta)t}-1]$$

将[H]对 t 作图，描述观测到的该图和习题 29-50 中所得到的图之间的差异。哪一种情况是化学爆炸的特征？

习题参考答案

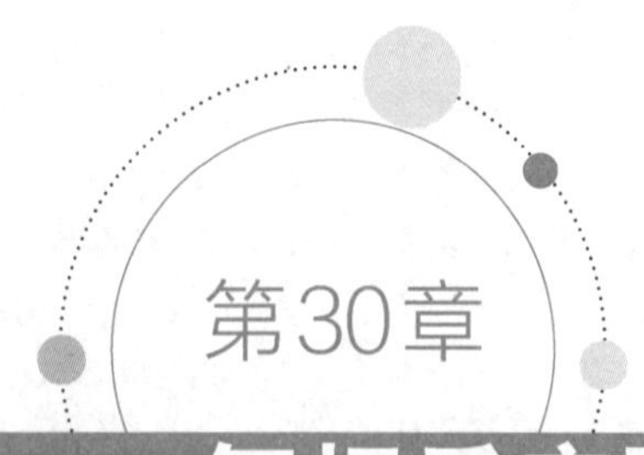

第30章 气相反应动态学

▶ 科学家介绍

双分子气相反应是自然界发生的、最简单的基元动力学过程。本章,我们将探究一些目前用于描述双分子气相反应分子本质的模型。首先,我们将修正第27章中的碰撞理论,并用反应截面定义速率常数。然后,我们将探究一些气相反应的实测反应截面。最简单的气相反应是氢交换反应:$H_A+H_B—H_C \Longrightarrow H_A—H_B+H_C$。该反应已被人们详尽研究,有关实验数据经常被用来验证气相化学反应理论。

但是,在本章中,我们选择着重讨论反应:$F(g)+D_2(g) \Longrightarrow DF(g)+D(g)$。通过研究该反应,我们不仅能学习到$H(g)+H_2(g)$交换反应中暗含的相同概念,而且还能了解在$\Delta_r U^\circ<0$的情况下反应中发生的分子过程。因此,反应$F(g)+D_2(g)$是研究气相反应分子细节的极佳系统。我们将考察从交叉分子束光谱实验获得的数据,以及如何由这些测量来揭示反应性碰撞的化学动态学。最后,我们将看到当代的量子力学计算可以提供有关从反应物$F(g)+D_2(g)$到产物$DF(g)+D(g)$反应途径的详细描述。

30-1 双分子气相反应速率可以用硬球碰撞理论和依赖于能量的反应截面来计算

对于一般的双分子气相基元反应

$$A(g)+B(g) \xrightarrow{k} 产物 \tag{30.1}$$

其反应速率可表示为

$$v=-\frac{d[A]}{dt}=k[A][B] \tag{30.2}$$

可以用硬球碰撞理论计算速率常数k。如果天真地假定硬球A和B之间的每次碰撞都导致产物的生成,则反应速率就是单位体积内的碰撞频率[参见式(27.57)],即

$$v=Z_{AB}=\sigma_{AB}\langle u_r\rangle\rho_A\rho_B \tag{30.3}$$

在式(30.3)中,σ_{AB}为分子A和B的硬球碰撞截面,$\langle u_r\rangle$为分子A和B碰撞对的平均相对速率,ρ_A和ρ_B分别是样品中分子A和B的数密度。根据第27-6节,硬球碰撞截面$\sigma_{AB}=\pi d_{AB}^2$,其中d_{AB}是两个碰撞的球的半径加和。作为单位体积内的碰撞频率,Z_{AB}的单位是碰撞数·m^{-3}·s^{-1},这里单位"碰撞数"通常不写。由于假定每次碰撞都发生反应,故Z_{AB}也即单位时间单位体积内形成的产物分子的数目。将式(30.2)与式(30.3)进行比较,可将反应速率常数定义为

$$k=\sigma_{AB}\langle u_r\rangle \tag{30.4}$$

k的单位可由$Z_{AB}/\rho_A\rho_B$的单位给出,即分子数·m^{-3}·s^{-1}/(分子数·m^{-3})^2=分子数$^{-1}$·m^3·s^{-1}。若要以常用的单位$dm^3\cdot mol^{-1}\cdot s^{-1}$来表示$k$,则需要将式(30.4)乘以$N_A$和$(10\ dm\cdot m^{-1})^3$,即

$$k=(1000\ dm^3\cdot m^{-3})N_A\sigma_{AB}\langle u_r\rangle \tag{30.5}$$

式中σ_{AB}的单位是m^2,$\langle u_r\rangle$的单位是$m\cdot s^{-1}$。

» 例题 30-1 用硬球碰撞理论计算反应$H_2(g)+C_2H_4(g) \Longrightarrow C_2H_6(g)$在298 K时的速率常数(单位用$dm^3\cdot mol^{-1}\cdot s^{-1}$)。

» **解** 单位为$dm^3\cdot mol^{-1}\cdot s^{-1}$的硬球碰撞理论速率常数可由式(30.5)给出。使用式(27.58)中的第一个公式以及表27.3中的数据,可得

$$\sigma_{AB}=\pi d_{AB}^2=\pi\left(\frac{270\ pm+430\ pm}{2}\right)^2$$
$$=3.85\times10^{-19}\ m^2$$

反应物的平均相对速率由式(27.58)中的第二个公式给出,即

$$\langle u_r\rangle=\left(\frac{8k_BT}{\pi\mu}\right)^{1/2}$$

折合质量为

$$\mu=\frac{m_{H_2}m_{C_2H_4}}{m_{H_2}+m_{C_2H_4}}=3.12\times10^{-27}\ \text{kg}$$

因此

$$\langle u_r\rangle=\left[\frac{(8)(1.381\times10^{-23}\ \text{J}\cdot\text{K}^{-1})(298\ \text{K})}{(\pi)(3.12\times10^{-27}\ \text{kg})}\right]^{1/2}$$
$$=1.83\times10^{3}\text{m}\cdot\text{s}^{-1}$$

将 σ_{AB} 和 $\langle u_r\rangle$ 的计算值代入式(30.5),得

$$k=(1000\ \text{dm}^3\cdot\text{m}^{-3})(6.022\times10^{23}\text{mol}^{-1})\times(3.85\times10^{-19}\text{m}^2)(1.83\times10^{3}\text{m}\cdot\text{s}^{-1})$$
$$=4.24\times10^{11}\text{dm}^3\cdot\text{mol}^{-1}\cdot\text{s}^{-1}$$

实验测得该反应在 298 K 时的速率常数是 $3.49\times10^{-26}\text{dm}^3\cdot\text{mol}^{-1}\cdot\text{s}^{-1}$,比硬球碰撞理论预测结果小 30 个数量级以上!

正如我们在第 27-7 节中曾经提及的以及例题 30-1 中所展示的,使用简单的硬球碰撞理论计算得到的速率常数通常比实验值大得多。另外,由于 $\langle u_r\rangle\propto T^{1/2}$,故式(30.4)预测 k 也应与 $T^{1/2}$ 成正比,但 Arrhenius 公式和实验测量结果通常显示 k 与 $1/T$ 呈指数关系。

在推导简单硬球碰撞理论时,我们曾假设每对反应物以平均相对速率 $\langle u_r\rangle$ 彼此趋近。在反应性气体混合物中,反应物分子对彼此以一速率分布趋近对方。当两个分子碰撞时,两个分子的价电子互相排斥,故反应不会发生,除非相对速率足以克服这个排斥力。我们对碰撞理论作的第一个改进是将反应速率与碰撞相对速率(或能量)的依赖关系考虑进去。任意引入一个依赖于反应物相对速率的反应截面[用 $\sigma_r(u_r)$ 表示],以代替式(30.4)中的碰撞截面 σ_{AB}。因此,对于以相对速率 u_r 碰撞的分子,我们将用一个类似于式(30.4)的表达式来写出速率常数,即

$$k(u_r)=u_r\sigma_r(u_r)\tag{30.6}$$

为了计算观测到的速率常数,我们必须对所有可能的碰撞速率求平均。因此,我们将观测到的速率常数写为

$$k=\int_0^{+\infty}\text{d}u_r f(u_r)k(u_r)=\int_0^{+\infty}\text{d}u_r u_r f(u_r)\sigma_r(u_r)\tag{30.7}$$

式中 $f(u_r)$ 是气体样品中相对速率的分布(函数)。根据气体动理论(第 27-7 节),$u_r f(u_r)\text{d}u_r$ 可由下式给出:

$$u_r f(u_r)\text{d}u_r=\left(\frac{\mu}{k_BT}\right)^{3/2}\left(\frac{2}{\pi}\right)^{1/2}u_r^3\text{e}^{-\mu u_r^2/2k_BT}\text{d}u_r\tag{30.8}$$

为了将式(30.7)与 k 的经典 Arrhenius 形式比较,我们需要将自变量从 u_r 转变为 E_r,即相对动能。相对速率 u_r 和相对动能 E_r 的关系为

$$E_r=\frac{1}{2}\mu u_r^2$$

故

$$u_r=\left(\frac{2E_r}{\mu}\right)^{1/2}\quad 和\quad \text{d}u_r=\left(\frac{1}{2\mu E_r}\right)^{1/2}\text{d}E_r\tag{30.9}$$

使用式(30.9)中给出的关系式,式(30.8)可写为

$$u_r f(u_r)\text{d}u_r=\left(\frac{2}{k_BT}\right)^{3/2}\left(\frac{1}{\mu\pi}\right)^{1/2}E_r\text{e}^{-E_r/k_BT}\text{d}E_r\tag{30.10}$$

将式(30.10)代入式(30.7),得

$$k=\left(\frac{2}{k_BT}\right)^{3/2}\left(\frac{1}{\mu\pi}\right)^{1/2}\int_0^{+\infty}\text{d}E_rE_r\text{e}^{-E_r/k_BT}\sigma_r(E_r)\tag{30.11}$$

为了计算 k,我们需要一个 $\sigma_r(E_r)$ 的模型,即反应截面与能量的依赖关系。最简单的模型就是假设只有那些相对动能超过某一阈能 E_0 的碰撞才是有效的。这样,就有

$$\sigma_r(E_r)=\begin{cases}0 & E_r<E_0\\ \pi d_{AB}^2 & E_r\geqslant E_0\end{cases}\tag{30.12}$$

以及

$$k=\left(\frac{2}{k_BT}\right)^{3/2}\left(\frac{1}{\mu\pi}\right)^{1/2}\int_{E_0}^{+\infty}\text{d}E_rE_r\text{e}^{-E_r/k_BT}\pi d_{AB}^2$$
$$=\left(\frac{8k_BT}{\mu\pi}\right)^{1/2}\pi d_{AB}^2\text{e}^{-E_0/k_BT}\left(1+\frac{E_0}{k_BT}\right)$$
$$=\langle u_r\rangle\sigma_{AB}\text{e}^{-E_0/k_BT}\left(1+\frac{E_0}{k_BT}\right)\tag{30.13}$$

式中 $\sigma_{AB}=\pi d_{AB}^2$ 是硬球碰撞截面。式(30.13)等同于硬球对相对能量超过某一阈能 E_0 时两者之间碰撞速率的表达式[式(27.63)]。这个结果是预料之中的,因为我们已经假设所有满足 $E_r\geqslant E_0$ 的碰撞都可发生反应。这里,重要的一点是认识到目前的处理通过 $\sigma_r(E_r)$ 说明了反应的能量要求。因此,我们可以探究有关 $\sigma_r(E_r)$ 的不同模型,从而给出不同的速率常数表达式。当然,任何模型的有效性都必须由实验来验证。

» 例题 30-2 由例题 30-1 可知,对于反应 $H_2(g)+C_2H_4(g)\Longrightarrow C_2H_6(g)$,由式(30.5)计算得到 298 K 时的 k 值为 $4.24\times10^{11}\text{dm}^3\cdot\text{mol}^{-1}\cdot\text{s}^{-1}$,而实验值是 $3.49\times10^{-26}\text{dm}^3\cdot\text{mol}^{-1}\cdot\text{s}^{-1}$。试问式(30.13)中的 E_0 为何值时可得到 k 的实验值?

» 解 令式(30.13)中的 $k=3.49\times10^{-26}\text{dm}^3\cdot\text{mol}^{-1}\cdot\text{s}^{-1}$,则有

$$\frac{3.49\times10^{-26}\text{dm}^3\cdot\text{mol}^{-1}\cdot\text{s}^{-1}}{4.24\times10^{11}\text{dm}^3\cdot\text{mol}^{-1}\cdot\text{s}^{-1}}=\text{e}^{-E_0/k_BT}\left(1+\frac{E_0}{k_BT}\right)$$

令 $x=E_0/k_BT$，可得

$$8.23\times10^{-38}=e^{-x}(1+x)$$

当 $x=89.9$ 时满足上式。在 298 K 时，有

$$\begin{aligned}E_0&=xk_BT=(89.9)(1.381\times10^{-23}\ \mathrm{J\cdot K^{-1}})(298\ \mathrm{K})\\&=3.70\times10^{-19}\ \mathrm{J}=223\ \mathrm{kJ\cdot mol^{-1}}\end{aligned}$$

活化能的实验值是 180 $\mathrm{kJ\cdot mol^{-1}}$。

30-2 反应截面依赖于碰撞参数

由式(30.12)给出的、与能量有关的简单反应截面(模型)并不符合实际情况。为了说明这一点，考虑以下两个碰撞几何构型：

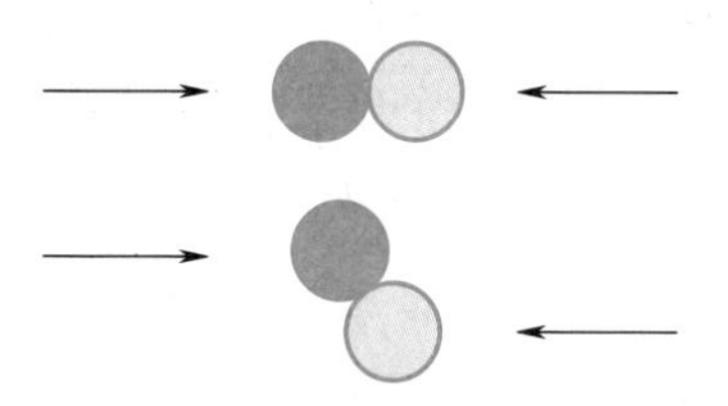

其中箭头表示分子趋近碰撞点的方向。当两种情况的相对碰撞能量相同时，式(30.12)预测这两种碰撞几何构型将具有相同的反应截面。但是，在下面一种情况中，粒子彼此一擦而过；而在上面一种情况中，两个粒子迎头相撞。擦撞几乎没有为反应提供能量，因为大部分能量仍留在每个反应物向前的平动中。与此相反，在迎头碰撞中，分子停下来，原则上所有的相对动能都能用于反应。这两种碰撞几何构型说明，更为合理的反应截面 $\sigma_r(E_r)$ 模型是截面依赖于相对动能在两个碰撞分子连心线上的分量，如图 30.1 所示。这称为 $\sigma_r(E_r)$ 的**连心线模型**(line-of-centers model)。如果用 E_{loc} 表示相对动能在连心线上的分量，那么我们假定当 $E_{loc}>E_0$ 时反应发生。

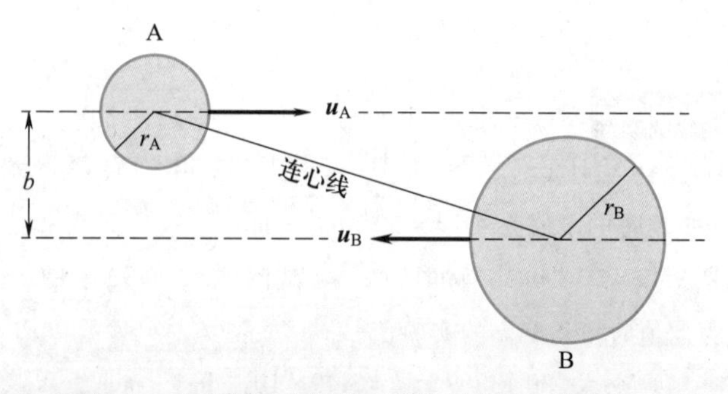

图 30.1 两个硬球之间的碰撞几何构型。半径为 r_A 和 r_B 的分子 A 和 B 彼此以一相对速度 $\boldsymbol{u}_r=\boldsymbol{u}_A-\boldsymbol{u}_B$ 互相接近。沿各自速度矢量方向且通过分子中心的两条平行线之间的垂直距离为 b，称为碰撞参数。在两个球连心线方向的相对动能是 E_{loc}。

为了确定连心线模型的 $\sigma_r(E_r)$，考虑图 30.1 中所示的几何构型。A，B 两个分子以相对速度 $\boldsymbol{u}_r=\boldsymbol{u}_A-\boldsymbol{u}_B$ 彼此靠近，故相对动能 $E_r=\dfrac{1}{2}\mu u_r^2$。现在，我们通过每个分子的中心画一条沿着其速度矢量方向的直线(即图 30.1 中的虚线)。两条虚线之间的垂直距离称为**碰撞参数**(impact parameter) b。可以发现，只有当碰撞参数小于两个碰撞分子的半径之和，即碰撞直径 d_{AB} 时，这两个分子才有可能发生碰撞。即当 $b<r_A+r_B=d_{AB}$ 时，碰撞才会发生。如果碰撞参数大于碰撞直径，即 $b>d_{AB}$，则碰撞不会发生。当 A 和 B 之间的相对动能固定时，当碰撞发生时沿连心线的动能将依赖于碰撞参数。例如，如果 $b=0$，两个分子迎头相撞，所有的相对动能都沿着连心线方向，则 $E_{loc}=E_r$。在另一个极端情况下，当 $b\geqslant d_{AB}$ 时，沿连心线方向无相对动能，因为两个反应物分子彼此经过时不发生碰撞，碰撞截面必然为零。

对于连心线模型，其反应截面与能量依赖关系的导出需要涉及少量几何知识。最终结果是

$$\sigma_r(E_r)=\begin{cases}0 & E_r<E_0\\ \pi d_{AB}^2\left(1-\dfrac{E_0}{E_r}\right) & E_r\geqslant E_0\end{cases}\tag{30.14}$$

注意式(30.14)中的 $\sigma_r(E_r)$ 与式(30.12)的 $\sigma_r(E_r)$ 相差一个乘积因子$\left(1-\dfrac{E_0}{E_r}\right)$。

对于化学反应 $Ne^+ + CO(g) \Longrightarrow Ne(g)+C^+(g)+O(g)$，测量的反应截面与能量的关系如图 30.2 中所示。

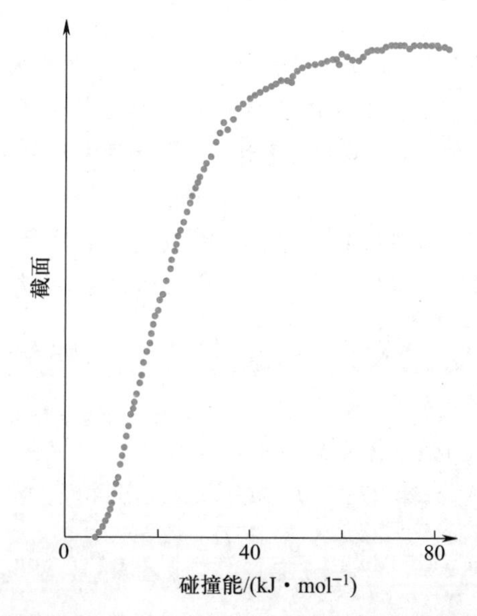

图 30.2 反应 $Ne^+ + CO(g) \Longrightarrow Ne(g)+C^+(g)+O(g)$ 的实测截面与碰撞能之间的关系。反应截面显示有一约为 8 $\mathrm{kJ\cdot mol^{-1}}$ 的阈能。反应截面与碰撞相对动能的关系符合连心线模型。

表 30.1 一些双分子气相反应指前因子的实测值和计算值及其活化能。

反应	$A/(\mathrm{dm^3\cdot mol^{-1}\cdot s^{-1}})$		$\dfrac{E_a}{\mathrm{kJ\cdot mol^{-1}}}$
	实测值	计算值	
$NO(g)+O_3(g)\longrightarrow NO_2(g)+O_2(g)$	7.94×10^8	5.01×10^{10}	10.5
$NO(g)+O_3(g)\longrightarrow NO_3(g)+O(g)$	6.31×10^9	6.21×10^{10}	29.3
$F_2(g)+ClO_2(g)\longrightarrow FClO_2(g)+F(g)$	3.16×10^7	5.01×10^{10}	35.6
$2ClO(g)\longrightarrow Cl_2(g)+O_2(g)$	6.31×10^7	2.50×10^{10}	0
$H_2(g)+C_2H_4(g)\longrightarrow C_2H_6(g)$	1.24×10^6	7.30×10^{11}	180

这个反应截面显示有一约为 8 kJ·mol^{-1}的阈能。碰撞能低于 8 kJ·mol^{-1}时，没有反应发生；高于该能量时，反应截面随碰撞能的增加而增加，直至当碰撞能约大于 60 kJ·mol^{-1}时趋于稳定。这类行为与反应截面的连心线模型所预测的一致[参见式(30.14)]。

将表示反应截面的式(30.14)代入式(30.11)中，可得速率常数的如下表达式(参见习题 30-3)：

$$k=\left(\frac{8k_BT}{\mu\pi}\right)^{1/2}\pi d_{AB}^2\mathrm{e}^{-E_0/k_BT}=\langle u_r\rangle\sigma_{AB}\mathrm{e}^{-E_0/k_BT} \qquad (30.15)$$

注意这个 k 的表达式与式(30.13)相差一个因子 $\left(1+\dfrac{E_0}{k_BT}\right)$。

» 例题 30-3 连心线碰撞理论中的阈能 E_0 与活化能 E_a 有何关系？

» 解 活化能 E_a 可由下式给出[参见式(28.55)]：

$$E_a=k_BT^2\frac{\mathrm{d}\ln k}{\mathrm{d}T}$$

代入式(30.15)中的速率常数 k，得到

$$\begin{aligned}E_a&=k_BT^2\frac{\mathrm{d}}{\mathrm{d}T}\left\{\ln\left[\left(\frac{8k_BT}{\pi\mu}\right)^{1/2}\pi d_{AB}^2\right]-\frac{E_0}{k_BT}\right\}\\&=k_BT^2\frac{\mathrm{d}}{\mathrm{d}T}\left\{\ln T^{1/2}-\frac{E_0}{k_BT}+\text{不含 }T\text{ 的项}\right\}\\&=E_0+\frac{1}{2}k_BT\end{aligned}$$

将此结果与式(30.15)给出的碰撞理论速率常数相结合，可得指前因子 A 为

$$A=\langle u_r\rangle\sigma_{AB}\mathrm{e}^{1/2}$$

表 30.1 列出了一些双分子反应指前因子的实测值和计算值，用式(30.15)的计算值经常超过实验测量值几个数量级。近年来，许多化学反应在很大碰撞能范围内的函数 $\sigma_r(E_r)$ 已被实验测定。尽管多数反应显示有一阈能，但反应截面与能量的关系并不能由式(30.14)得到很好的近似。从这些研究中得到的结论是：用我们至今为止业已讨论的简单硬球碰撞理论尚不能准确描述气相反应的分子细节。

30-3 气相化学反应的速率常数可能取决于碰撞分子的取向

表 30.1 中的数据表明，硬球碰撞理论并不能精确解释指前因子的大小。该模型的一个主要缺陷是假定每一次能量足够的碰撞都可导致反应的发生。但是，除了能量要求外，反应分子可能需要以某特定方向碰撞才有可能使化学反应发生。一些实验研究已经证实了分子取向在决定碰撞是否有效方面的重要性。比如，考虑反应

$$Rb(g)+CH_3I(g)\Longrightarrow RbI(g)+CH_3(g)$$

实验研究揭示，只有当 Rb 原子在碘原子的附近与碘甲烷分子相撞时反应才可发生(见图 30.3)，而 Rb 原子与 CH_3I 分子的甲基一端的碰撞则不能引发反应。这组碰撞几何构型可用图 30.3 中的非反应锥来表示。因为硬球碰撞理论没有考虑这种碰撞几何构型，该理论必然高估那些依赖于取向的反应的速率常数。这样一个空间取向要求对许多化学反应都是非常重要的。但是，仅空间(方位)因子本身并不能解释表 30.1 中指前因子实测值和计算值之间的显著差异。

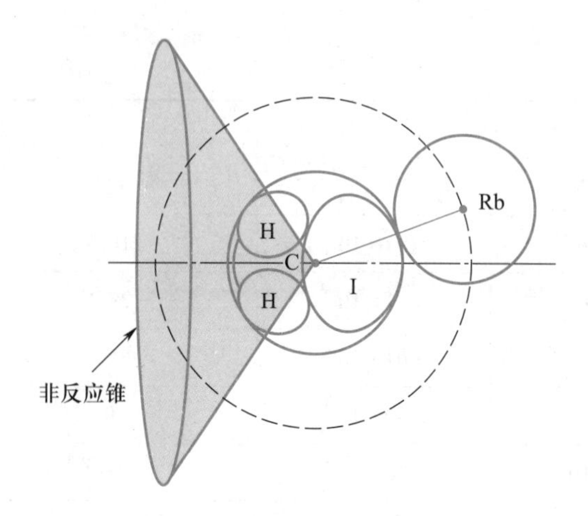

图 30.3 对于基元反应 $Rb(g)+CH_3I(g) \Longrightarrow RbI(g)+CH_3(g)$，只有某些特定方向的碰撞方能使反应发生。Rb 原子只有在 I 原子附近与 CH_3I 碰撞，才能使反应发生。对于那些在非反应锥内碰撞的反应物，则没有反应发生。

30－4 反应物的内能可以影响反应的截面

许多气相反应的反应截面与反应分子的内能有关。图 30.4 中绘出了氢分子离子和氦原子之间的反应 $H_2^+(g)+He(g) \Longrightarrow HeH^+(g)+H(g)$ 的反应截面与总能量的关系曲线。可用于该反应的总能量包括了反应物的动能和振动能。图 30.4 中的每条曲线都对应于在某一振动态下的 $H_2^+(g)$，从这些数据中我们可以发现一些有趣的特征。对于 $v=0$ 至 $v=3$ 的振动态，存在一个约为 $70\ kJ \cdot mol^{-1}$ 的阈能。当 $H_2^+(g)$ 分子的振动量子数为 $v=0$ 至 $v=3$ 时，总能量小于 E_0。为了反应发生，尚需额外的平动能，且数据显示反应有一阈能。但是，当 $H_2^+(g)$ 分子的振动量子数为 $v=4$ 或 $v=5$ 时，$E_{vib}>E_0$，这些分子就有足够的内能使反应发生，这时就不再需要额外的平动能了。这就是当 $H_2^+(g)$ 分子振动量子数 $v \geqslant 4$ 时观测不到阈能的原因。在总能量恒定时，$H_2^+(g)$ 处在 $v=4$ 或 $v=5$ 能级上的反应截面要远大于该反应物分子处在 $v=0$ 至 $v=3$ 的那些能级上时的反应截面。我们发现，总能量恒定的情况下，反应截面 σ_r 的值强烈依赖于反应物的振动态。

基于对量子力学的研习，我们知道一个分子的内能分布在离散的转动、振动和电子态上。图 30.4 中呈现的数据告诉我们，化学反应性不仅依赖于反应物分子的总能量，还取决于能量是如何在这些内部能级上分配的。简单硬球碰撞理论仅考虑了反应物分子的平动能。在反应性碰撞过程中，不同的自由度之间可以发生能量的交换。例如，振动能可以转化为平动能，反之亦然。为了理解气相反应动态学，我们必须考虑在一反应性碰撞过程中，反应系统的所有自由度是如何演化的。

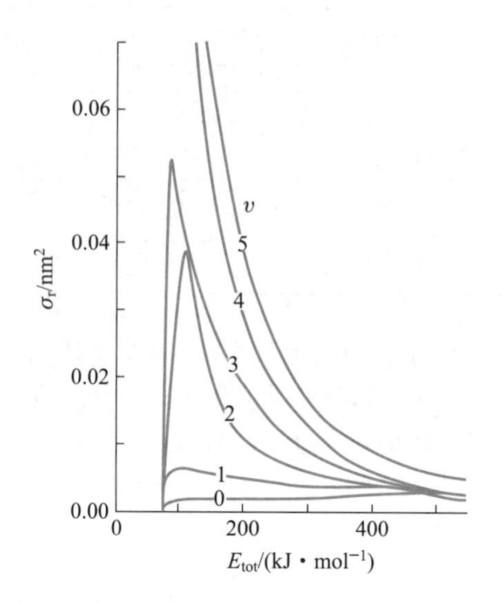

图 30.4 $H_2^+(g)+He(g) \Longrightarrow HeH^+(g)+H(g)$ 的反应截面与总能量的关系曲线。不同曲线对应于反应物分子 $H_2^+(g)$ 处于不同的振动态，v 是振动量子数。当总能量一定时，反应截面依赖于 $H_2^+(g)$ 的振动态，说明了内部运动模式对反应截面的重要性。

30－5 反应性碰撞可以在质心坐标系中得以描述

考虑如下双分子反应的碰撞和随后的散射过程：

$$A(g)+B(g) \Longrightarrow C(g)+D(g)$$

简单起见，假设分离的反应物分子和分离的产物分子之间没有分子间作用力。在碰撞前，分子 A 和 B 各自以 $\boldsymbol{u}_A$ 和 $\boldsymbol{u}_B$ 的速度前行。碰撞产生分子 C 和 D，分别以 $\boldsymbol{u}_C$ 和 $\boldsymbol{u}_D$ 的速度彼此离开。我们将在质心坐标系中描述该碰撞过程。思路是从两个碰撞分子的质心来观察碰撞过程。由第 5－2 节，我们知道质心处在连接两个碰撞分子中心的矢量 $\boldsymbol{r}=\boldsymbol{r}_A-\boldsymbol{r}_B$ 上。质心 $\boldsymbol{R}$ 在该矢量上的具体位置取决于两个分子的质量，定义为

$$\boldsymbol{R}=\frac{m_A\boldsymbol{r}_A+m_B\boldsymbol{r}_B}{M} \tag{30.16}$$

式中 M 是总质量，$M=m_A+m_B$。如果两个分子质量相等，则 $m_A=m_B$，质心就处在 A 和 B 之间矢量 $\boldsymbol{r}$ 的中间一半处。如果 $m_A>m_B$，则质心更靠近 A。

速度是位置矢量对时间的导数，故质心的速度 $\boldsymbol{u}_{cm}$ 可用式(30.16)对时间求导来获得，即

$$\boldsymbol{u}_{\mathrm{cm}}=\frac{m_{\mathrm{A}}\boldsymbol{u}_{\mathrm{A}}+m_{\mathrm{B}}\boldsymbol{u}_{\mathrm{B}}}{M} \tag{30.17}$$

总动能可由反应物的动能加和求得，即

$$KE_{\mathrm{react}}=\frac{1}{2}m_{\mathrm{A}}u_{\mathrm{A}}^{2}+\frac{1}{2}m_{\mathrm{B}}u_{\mathrm{B}}^{2} \tag{30.18}$$

例题 30-4 表明式(30.18)亦可写为

$$KE_{\mathrm{react}}=\frac{1}{2}Mu_{\mathrm{cm}}^{2}+\frac{1}{2}\mu u_{\mathrm{r}}^{2} \tag{30.19}$$

式中 μ 是折合质量，$u_{\mathrm{r}}=|\boldsymbol{u}_{\mathrm{r}}|=|\boldsymbol{u}_{\mathrm{A}}-\boldsymbol{u}_{\mathrm{B}}|$ 是两分子的相对速率。如果没有外力作用于反应物分子，质心的动能恒定(参见第 5-2 节)。

» 例题 30-4 证明式(30.19)可由式(30.18)得到。

» 解 我们从式(30.18)开始，即

$$KE_{\mathrm{react}}=\frac{1}{2}m_{\mathrm{A}}u_{\mathrm{A}}^{2}+\frac{1}{2}m_{\mathrm{B}}u_{\mathrm{B}}^{2} \tag{1}$$

然后用 u_{cm} 和 u_{r} 改写上式。$\boldsymbol{u}_{\mathrm{cm}}$ 和 $\boldsymbol{u}_{\mathrm{r}}$ 的公式分别为

$$\boldsymbol{u}_{\mathrm{cm}}=\frac{m_{\mathrm{A}}}{M}\boldsymbol{u}_{\mathrm{A}}+\frac{m_{\mathrm{B}}}{M}\boldsymbol{u}_{\mathrm{B}} \quad 和 \quad \boldsymbol{u}_{\mathrm{r}}=\boldsymbol{u}_{\mathrm{A}}-\boldsymbol{u}_{\mathrm{B}}$$

将 $\boldsymbol{u}_{\mathrm{cm}}$ 乘以 M/m_{B} 后与 $\boldsymbol{u}_{\mathrm{r}}$ 相加，得到

$$\boldsymbol{u}_{\mathrm{A}}=\boldsymbol{u}_{\mathrm{cm}}+\frac{m_{\mathrm{B}}}{M}\boldsymbol{u}_{\mathrm{r}} \tag{2}$$

类似地，将 $\boldsymbol{u}_{\mathrm{cm}}$ 乘以 M/m_{A}，然后与 $\boldsymbol{u}_{\mathrm{r}}$ 相减，得到

$$\boldsymbol{u}_{\mathrm{B}}=\boldsymbol{u}_{\mathrm{cm}}-\frac{m_{\mathrm{A}}}{M}\boldsymbol{u}_{\mathrm{r}} \tag{3}$$

将式(2)和式(3)代入式(1)，得到

$$\begin{aligned}KE_{\mathrm{react}}&=\frac{m_{\mathrm{A}}}{2}\left(\boldsymbol{u}_{\mathrm{cm}}+\frac{m_{\mathrm{B}}}{M}\boldsymbol{u}_{\mathrm{r}}\right)^{2}+\frac{m_{\mathrm{B}}}{2}\left(\boldsymbol{u}_{\mathrm{cm}}-\frac{m_{\mathrm{A}}}{M}\boldsymbol{u}_{\mathrm{r}}\right)^{2}\\&=\frac{1}{2}Mu_{\mathrm{cm}}^{2}+\frac{1}{2}\mu u_{\mathrm{r}}^{2}\end{aligned}$$

式中 μ 是折合质量。

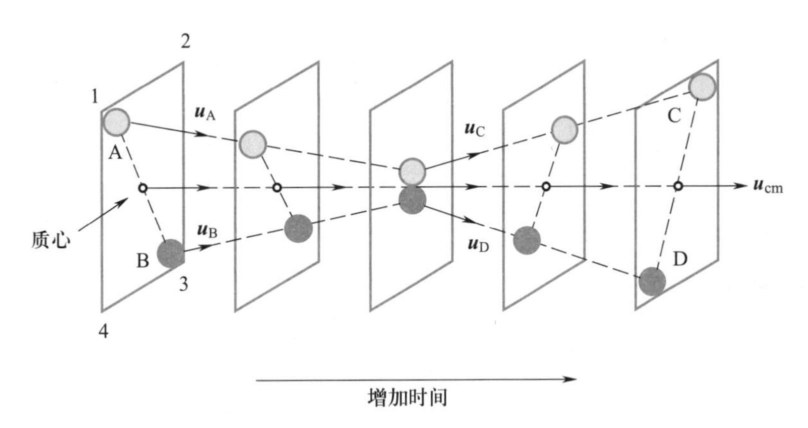

图 30.5 沿着质心运动方向、在不同时间观察到的双分子碰撞的细节。反应物分子 A 和 B 以及产物分子 C 和 D 的速度可以分解成一个沿着质心的分量和一个在以 1234 定义的平面内的相对速度分量。质心速度在碰撞前后和碰撞过程中保持不变，故分子始终处在一个以质心速度运动的平面内。仅速度的相对分量在决定反应可用能量方面是重要的。在左边两张快照中，分子 A 和 B 在 1234 平面内彼此互相接近。碰撞发生在中间一张快照中。右边两张快照显示产物分子 C 和 D 在 1234 平面内彼此离开。反应物分子和产物分子的相对速度方向可以不同。

图 30.5 呈现了沿着质心的运动方向观测到的、双分子碰撞的一系列快照。一方面它意味着在整个碰撞过程中，质心运动是恒定不变的(我们很快会证明这个事实)。另一方面，相对速度则在碰撞过程中不断变化。碰撞分子在 1234 平面内移动，而该平面本身则以质心速度移动。式(30.19)告诉我们动能的两个来源：一是由质心的运动引起的，另一个则是由两个碰撞分子的相对运动所引起的。只有沿着碰撞方向的动能分量，即 $\frac{1}{2}\mu u_{\mathrm{r}}^{2}$，对反应是有用的；而质心的速度并不影响两个反应物分子之间的距离，因此对化学反应没有影响。碰撞后，质心由下式给出：

$$\boldsymbol{R}=\frac{m_{\mathrm{C}}\boldsymbol{r}_{\mathrm{C}}+m_{\mathrm{D}}\boldsymbol{r}_{\mathrm{D}}}{M} \tag{30.20}$$

且质心速度为

$$\boldsymbol{u}_{\mathrm{cm}}=\frac{m_{\mathrm{C}}\boldsymbol{u}_{\mathrm{C}}+m_{\mathrm{D}}\boldsymbol{u}_{\mathrm{D}}}{M} \tag{30.21}$$

如图 30.5 所示，碰撞的产物分子离开质心的运动方向可以与反应物分子趋近质心的运动方向不同。产物的动能为(参见习题 30-12)

$$KE_{\mathrm{react}}=\frac{1}{2}Mu_{\mathrm{cm}}^{2}+\frac{1}{2}\mu' u_{\mathrm{r}}'^{2} \tag{30.22}$$

式中 μ' 和 u_r' 分别是产物分子的折合质量和相对速率。M 和 u_{cm} 则不需要在右上标上加一撇,因为总质量是守恒的,且碰撞过程中质心速度不变。碰撞过程中线性总动量必须守恒,因此

$$m_A\boldsymbol{u}_A+m_B\boldsymbol{u}_B=m_C\boldsymbol{u}_C+m_D\boldsymbol{u}_D \tag{30.23}$$

使用式(30.23),我们可以发现式(30.21)和式(30.17)是相同的,证实质心速度不受反应性碰撞的影响。因此,与质心运动相关的能量恒定不变,藉此我们可以忽略对总动能具有恒定贡献的这部分能量。

由于能量必须守恒,因此

$$E_{\text{react,int}}+\frac{1}{2}\mu u_r^2=E_{\text{prod,int}}+\frac{1}{2}\mu' u_r'^2 \tag{30.24}$$

式中 $E_{\text{react,int}}$ 和 $E_{\text{prod,int}}$ 分别是反应物和产物的总内能。该内能需考虑除了平动以外的所有自由度。

» 例题 30-5 考虑反应 $F(g)+D_2(g)\Longrightarrow DF(g)+D(g)$,其中反应物的相对动能是 $KE_{\text{react}}=7.62\ \text{kJ}\cdot\text{mol}^{-1}$。将反应物和产物当作硬球处理,可得 $E_{\text{prod.int}}-E_{\text{react.int}}=D_e(D_2)-D_e(DF)=-140\ \text{kJ}\cdot\text{mol}^{-1}$。计算产物的相对速率,然后利用习题 30-11 中的式(1)和式(1)确定每个产物相对于质心的速率,即 $|\boldsymbol{u}_{DF}-\boldsymbol{u}_{cm}|$ 和 $|\boldsymbol{u}_D-\boldsymbol{u}_{cm}|$ 的值[D_e 是势能曲线的最低点与处在基态的解离原子之间的能量差(参见 13-6 节)]。

» 解 反应物的相对动能对应的相对速率为

$$u_r=\left(\frac{2KE_{\text{react}}}{\mu}\right)^{1/2}$$

反应物的折合质量为

$$\mu=\frac{m_{D_2}m_F}{m_{D_2}+m_F}=5.52\times10^{-27}\text{kg}$$

故

$$u_r=\left[\frac{(2)(7.62\times10^3\ \text{J}\cdot\text{mol}^{-1})}{(5.52\times10^{-27}\ \text{kg})(6.022\times10^{23}\ \text{mol}^{-1})}\right]^{1/2}$$
$$=2.14\times10^3\text{m}\cdot\text{s}^{-1}$$

现在,利用式(30.24)可以得到产物的相对速率。解该式,得

$$u_r'=\left[\frac{\mu}{\mu'}u_r^2-\frac{2(E_{\text{prod,int}}-E_{\text{react,int}})}{\mu'}\right]^{1/2} \tag{1}$$

式中 u_r' 是产物的折合质量,其值为

$$\mu'=\frac{m_{DF}m_D}{m_{DF}+m_D}=3.05\times10^{-27}\text{kg}$$

因此

$$\mu'=\left[\frac{5.52\times10^{-27}\ \text{kg}}{3.05\times10^{-27}\ \text{kg}}(2.14\times10^3\ \text{m}\cdot\text{s}^{-1})^2-\frac{(2)(-1.40\times10^5\ \text{J}\cdot\text{mol}^{-1})}{(3.05\times10^{-27}\ \text{kg})(6.022\times10^{23}\ \text{mol}^{-1})}\right]^{1/2}$$
$$=1.27\times10^4\ \text{m}\cdot\text{s}^{-1}$$

产物相对质心的速率,即 $|\boldsymbol{u}_{DF}-\boldsymbol{u}_{cm}|$ 和 $|\boldsymbol{u}_D-\boldsymbol{u}_{cm}|$,可由习题 30-11 的式(1)和式(2)分别给出,即

$$|\boldsymbol{u}_{DF}-\boldsymbol{u}_{cm}|=\frac{m_D}{M}|\boldsymbol{u}_r'|=\frac{m_D}{M}u_r'$$
$$=\frac{2.014\ \text{amu}}{23.03\ \text{amu}}(1.27\times10^4\text{m}\cdot\text{s}^{-1})$$
$$=1.11\times10^3\text{m}\cdot\text{s}^{-1}$$

和

$$|\boldsymbol{u}_D-\boldsymbol{u}_{cm}|=\frac{m_{DF}}{M}|\boldsymbol{u}_r'|=\frac{m_{DF}}{M}u_r'$$
$$=\frac{21.01\ \text{amu}}{23.03\ \text{amu}}(1.27\times10^4\text{m}\cdot\text{s}^{-1})$$
$$=1.16\times10^4\text{m}\cdot\text{s}^{-1}$$

能量和动量守恒定律可使我们确定产物的速度,但不能确定矢量 $\boldsymbol{u}_r$ 和 $\boldsymbol{u}_r'$ 之间的角度。原则上,产物分子可从碰撞点向任何方向散射,但我们将会看到许多反应具有高度各向异性的散射角。这些数据可以为我们提供深入理解反应性碰撞分子细节的独特视角。在回答如何理论上描述产物的角分布之前,我们先讨论可用来提供有关反应性碰撞数据的一些实验方法。

30-6 反应性碰撞可用交叉分子束仪器来研究

可用于研究双分子气相反应分子动态学的一项重要的实验技术是**交叉分子束法**(crossed molecular beam method)。图 30.6(a)中显示了一个交叉分子束仪器的基本设计构造。在一较大的真空腔室内,让一束分子 A 与一束分子 B 在某一特定位置交叉。用质谱仪检测产物分子。在一些交叉分子束仪器中,检测器可以在由两分子束定义的平面内旋转,从而可以测定散射产物的角分布。质谱仪也可设定用以测量某一特定分子量,从而检测不同的产物分子。

超音速分子束用来产生反应物束中的分子速度。图 30.6(b)显示了一个超音速分子束源的示意图。超音速分子束可以这样产生:取所研究的反应物分子在惰性载气(通常用 He 和 Ne)中的高压、稀薄混合物,并将混合物通过一小喷嘴脉冲进入真空腔室中。在距离喷

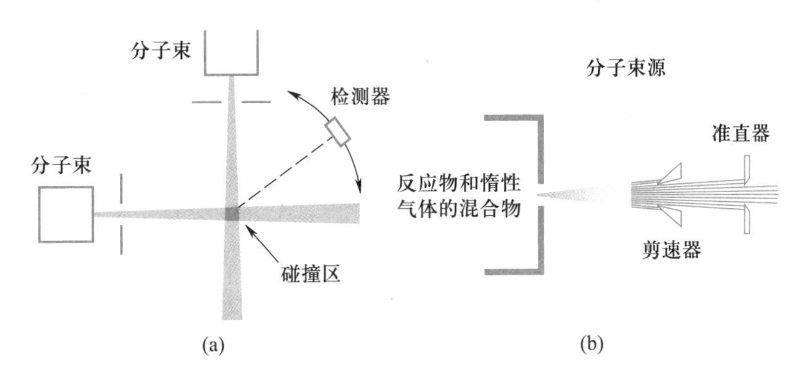

图 30.6 (a)交叉分子束仪器示意图。每个反应物通过分子束源进入真空腔室。两个分子束在碰撞区域发生碰撞,然后产物分子离开碰撞区。距离碰撞区一固定距离处安装有一台质谱仪,用来检测产物分子。检测器是可以移动的,这样以不同角度离开碰撞区的分子数目都可以测量。(b)超音速分子束源示意图。反应物与惰性气体一起通过一小孔膨胀进入真空腔室。使用剪速器使一束准直分子束进入碰撞区。

嘴几个厘米处有一个小针孔,称为剪速器。只有那些能穿过剪速器上的小孔的分子可以进入真空腔室的余下部分。该程序(方法)产生了一束准直分子束。所得分子束是超音速的,因为真空室内部的压力条件可使得束中分子运动速率大于声速(参见习题 30-13 和习题 30-14)。

超音速分子束具有一些重要的优点,使得其特别适用于交叉双分子束的研究。图 30.7 展示了 300 K 时 $N_2(g)$ 分子速率的 Maxwell - Boltzmann 速率分布与 300 K 时观测到的氦气中 $N_2(g)$ 超音速分子束的速率分布。超音速膨胀产生的一束分子平动能高,而分子速率分布窄。另外,也可以制备转动能和振动能低的分子。

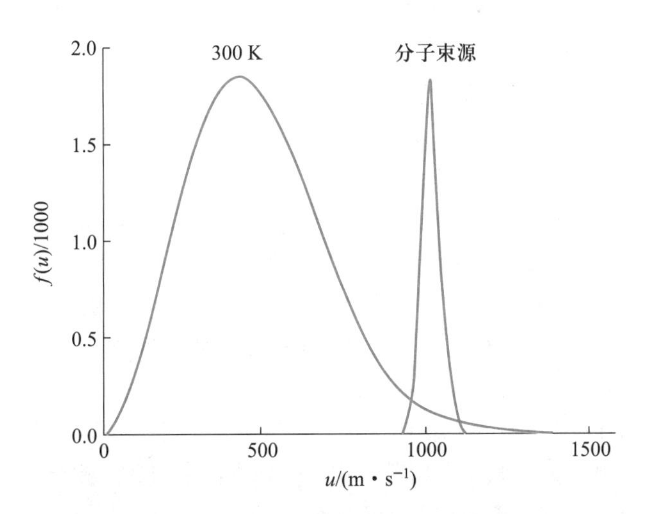

图 30.7 300 K 时 $N_2(g)$ 分子的 Maxwell-Boltzmann 速率分布与 300 K 时 $N_2(g)$ 在 He(g) 中的气体混合物通过超音速膨胀产生的速率分布比较。分子束法具有窄的、非平衡速率分布。

因此,在交叉分子束实验中,$\boldsymbol{u}_r$ 由反应物的速度确定。通过改变分子束产生的条件,实验者可以改变反应物的相对速率,从而改变碰撞能。通过测量产物产率与碰撞能之间的关系,就可以确定与能量相关的反应截面 $\sigma_r(E_r)$。

由反应性碰撞所产生的产物分子离开碰撞区,它们的运动由质量、线性动量和能量守恒定律所决定。如果我们测量碰撞后到达检测器的某一特定反应产物分子的数目与时间的函数关系,我们就能获得产物分子的速率分布;如果测量产物分子总的数目与散射角的关系,我们就能获得产物分子的角分布。用这两种类型的实验,可以得到一些气相反应性碰撞的许多分子细节。

30-7 反应 $F(g)+D_2(g) \Longrightarrow DF(g)+D(g)$ 可以产生振动激发态的 DF(g) 分子

在本节和接下来的几节中,我们将讨论反应

$$F(g)+D_2(g) \Longrightarrow DF(g)+D(g) \qquad (30.25)$$

图 30.8 显示了该反应的一维能量图。该能量图仅反映了势能的变化。反映势能如何随着反应沿反应坐标进行时发生变化的图称为**势能图**(potential energy diagram)。图 30.8 中还显示了 $D_2(g)$ 最低振动态和 DF(g) 的前六个振动态的能量。在画这些能态时,我们已经假定 $D_2(g)$ 和 DF(g) 的振动运动都是谐性的。

这里,我们考虑当反应物 $D_2(g)$ 处在其振动基态、内能为 $(1/2)h\nu_{D_2}$ 时的反应能量学。图 30.8 表明,反应可以产生处在几个低振动态的 DF(g)。我们将总反应写作

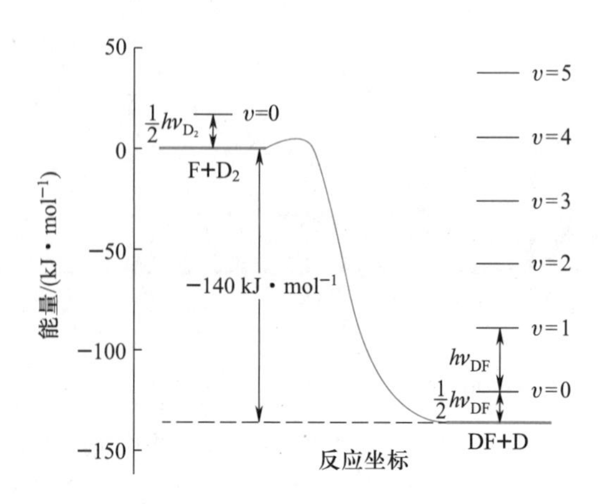

图 30.8　反应$F(g)+D_2(v=0) \Longrightarrow DF(v)+D(g)$的势能图。图中示出了反应物 $D_2(g)$和产物 DF(g)的振动态(由振动量子数标记)。势能图显示 $D_2(g)$和 DF(g)电子基态能量的差值是 $D_e(D_2)-D_e(DF)=-140\ kJ\cdot mol^{-1}$。该反应的活化能垒约为 7 $kJ\cdot mol^{-1}$。

$$F(g)+D_2(v=0) \Longrightarrow DF(v)+D(g) \tag{30.26}$$

式中反应物的振动态已被确定,而产物的振动态没有确定,需要实验测量。反应可用的总能量 E_{tot},是反应物的内能 E_{int} 和相对平动能 E_{trans} 的加和。由于能量必须守恒,故

$$E_{tot}=E_{trans}+E_{int}=E'_{trans}+E'_{int} \tag{30.27}$$

式中 E'_{int} 和 E'_{trans} 分别是产物的内能(包括转动能、振动能和电子能量)和相对平动能。在总能量一定的情况下,产物内能 E'_{int} 的变化必然伴有相应的相对平动能 E'_{trans} 的变化。因此,在总碰撞能一定的情况下,产生的处于不同振动态的 DF(g)分子将以不同速度离开碰撞区。我们将发现,分别考虑转动能、振动能和电子能量对于 E_{int} 和 E'_{int} 的贡献是有益处的。我们可以将式(30.27)写为

$$E_{tot}=E_{trans}+E_{rot}+E_{vib}+E_{elec}=E'_{trans}+E'_{rot}+E'_{vib}+E'_{elec} \tag{30.28}$$

对于式(30.26)中给出的反应,反应物和产物处在各自电子基态,有 $E_{elec}=-D_e(D_2)$和 $E'_{elec}=-D_e(DF)$。

» 例题 30-6　考虑反应

$$F(g)+D_2(v=0) \Longrightarrow DF(v)+D(g)$$

其中反应物的相对平动能是 7.62 $kJ\cdot mol^{-1}$。假设反应物和产物处在各自电子基态和转动基态,试确定产物 DF(g)可能的振动态范围。可将 $D_2(g)$和 DF(g)的振动作为谐振子处理,波数分别为 $\tilde{\nu}_{D_2}=2990\ cm^{-1}$ 和 $\tilde{\nu}_{DF}=2907\ cm^{-1}$[$D_e(D_2)-D_e(DF)=-140\ kJ\cdot mol^{-1}$]。

» **解**　该反应的能量必须守恒。根据式(30.28)以及假设反应物和产物处在各自的电子基态和转动基态,有

$$E_{trans}+E_{vib}-D_e(D_2)=E'_{trans}+E'_{vib}-D_e(DF)$$

E'_{trans} 表示为

$$E'_{trans}=E_{trans}+E_{vib}-E'_{vib}-[D_e(D_2)-D_e(DF)] \tag{1}$$

由于反应物 $D_2(g)$处在振动基态,故 $E_{vib}=\frac{1}{2}h\nu_{D_2}=17.9\ kJ\cdot mol^{-1}$。

因此,由式(1)可得

$$\begin{aligned}E'_{trans}&=7.62\ kJ\cdot mol^{-1}+17.9\ kJ\cdot mol^{-1}-E'_{vib}+140\ kJ\cdot mol^{-1}\\&=166\ kJ\cdot mol^{-1}-E'_{vib}\end{aligned}$$

平动能本质上必须是一正值,故只有当 $E'_{vib}<166\ kJ\cdot mol^{-1}$ 时,反应才能发生。假设 DF(g)的振动运动是谐性的,则

$$\begin{aligned}E'_{vib}&=\left(v+\frac{1}{2}\right)h\nu_{DF}\\&=\left(v+\frac{1}{2}\right)(34.8\ kJ\cdot mol^{-1})<166\ kJ\cdot mol^{-1}\end{aligned}$$

由此可得 $v\leqslant 4$。接下来,我们将会看到该结果与实验数据相吻合。

30-8　反应性碰撞产物的速度和角分布提供了化学反应的分子图像

现在,我们将探究反应 $F(g)+D_2(v=0) \Longrightarrow DF(v)+D(g)$的交叉分子束数据,该例中反应物的相对平动能是 7.62 $kJ\cdot mol^{-1}$。在例题 30-6 中,我们发现如果反应物的相对平动能是该数值,则产物 DF(g)将处在 $v=0$ 至 $v=4$ 的振动状态。我们现在用第 30-5 节中介绍的质心坐标系统来描述这个反应。

F(g)和 $D_2(g)$之间发生反应性碰撞后,产物 DF(g)分子和 D(g)原子的速度由反应物碰撞的动态学决定,且离开质心。由第 30-5 节可知,产物的速度 $\boldsymbol{u}'_{DF}$ 和 $\boldsymbol{u}'_D$ 并不是彼此独立的,而是通过守恒定律相关联。理论上,产物可分散在各个方向,只要满足质量、动量和能量守恒。实际上,对该反应仅能在这些允许方向的一个很小的子集内观察到产物。我们需要找到一种方法来描述产物分子离开反应性碰撞位置的角度分布。

图 30.9 考察了沿着相对速度矢量方向观测分子 A 和 B 之间以一固定碰撞参数 b 发生碰撞的情况。简单起见,我们将分子 B 视为在空间固定不动,分子 A 以相对速度 $\boldsymbol{u}_r$ 接近它,并与之碰撞。由于分子 B 是球形的,散射中心对分子 A 来说是圆柱形对称的。这就意味着,对于分

子 A 和 B 之间的碰撞，ϕ 角可以取所有可能的值，且概率相等。不同于 ϕ 角，图 30.9 中的 θ 角取决于化学反应过程的细节，我们将会发现该角可由交叉分子束实验测定。

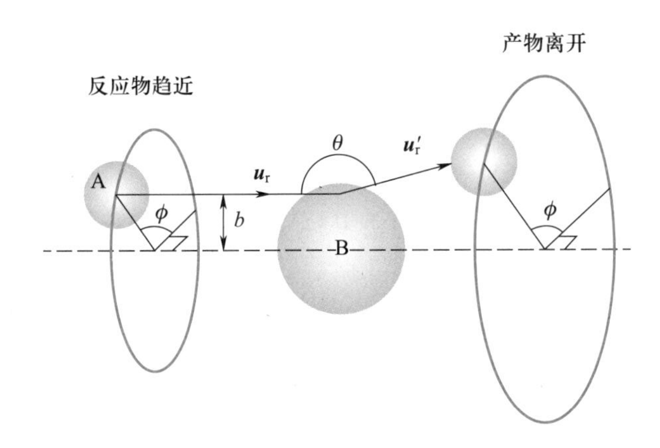

图 30.9 从分子 B 观测到的、碰撞前后分子 A 和 B 之间的双分子碰撞所产生的角分布。对于一固定碰撞参数 b，反应物和产物可以取各种可能的 ϕ 角，且概率相等，从而形成一个围绕相对速度矢量 $\boldsymbol{u}_r$ 的圆锥。但 θ 角取决于反应动态学，必须由实验测定。

在考察 F(g) 与 D_2(g) 反应的交叉分子束实验数据之前，我们需先考虑实验数据与 DF(g) 分子内部振动能的依赖关系。产物获得的能量是固定的，该能量必须在产物分子内部状态和和平动能之间进行分配。因此，产物DF(g)的平动能(亦即速度)必然会随着产物振动态能量的增加而降低。

» 例题 30-7 考虑反应 $F(g) + D_2(v=0) \longrightarrow DF(v) + D(g)$，其中反应物的相对平动能是 7.62 kJ·mol^{-1}，且 $D_e(D_2) - D_e(DF) = -140$ kJ·mol^{-1}。试确定所产生的 DF(g) 分子处在 $v=0$ 至 $v=4$ 的不同振动能级时的 $|\boldsymbol{u}_{DF} - \boldsymbol{u}_{cm}|$ 值(假设反应物和产物处于电子基态和转动基态，且 D_2 和 DF 的振动是谐性的，波数分别为 $\tilde{\nu}_{D_2} = 2990$ cm^{-1} 和 $\tilde{\nu}_{DF} = 2907$ cm^{-1})。

» 解 假设反应物处于电子基态和转动基态，由式(30.28)可得

$$E'_{trans} + E'_{vib} = E_{trans} + E_{vib} - [D_e(D_2) - D_e(DF)]$$
$$= 7.62 \text{ kJ}\cdot\text{mol}^{-1} + 17.9 \text{ kJ}\cdot\text{mol}^{-1} + 140 \text{ kJ}\cdot\text{mol}^{-1}$$
$$= 166 \text{ kJ}\cdot\text{mol}^{-1}$$

如果假设 DF(g) 分子的振动是谐性的，则

$$E'_{vib} + E'_{trans} = \frac{1}{2}\mu' u_r'^{\,2} + \left(v + \frac{1}{2}\right)(34.8 \text{ kJ}\cdot\text{mol}^{-1})$$
$$= 166 \text{ kJ}\cdot\text{mol}^{-1} \qquad (1)$$

产物的折合质量是 $\mu' = 1.84\times10^{-3}$ kg·mol^{-1}(参见例题 30-5)。代入式(1)可解得

$$u_r' = \left[\left(\frac{2}{1.84\times10^{-3}\text{ kg}\cdot\text{mol}^{-1}}\right)\times \left(1.66\times10^5 - \left(v+\frac{1}{2}\right)(3.48\times10^4)\right)\text{ J}\cdot\text{mol}^{-1}\right]^{1/2}$$

习题 30-11 表明 DF(g) 分子和质心的相对速度是

$$|\boldsymbol{u}_{DF} - \boldsymbol{u}_{cm}| = \frac{m_D}{M}|\boldsymbol{u}_r'| = \frac{m_D}{M}u_r'$$

下表列出了所产生的 DF(g) 分子处在 $v=0$ 至 $v=4$ 不同振动态时的 u_r' 和 $|\boldsymbol{u}_{DF} - \boldsymbol{u}_{cm}|$ 值。

v	0	1	2	3	4
$u_r'/(10^4\text{ m}\cdot\text{s}^{-1})$	1.27	1.11	0.927	0.693	0.320
$\lvert\boldsymbol{u}_{DF} - \boldsymbol{u}_{cm}\rvert/(10^2\text{ m}\cdot\text{s}^{-1})$	11.1	9.71	8.11	6.06	2.80

例题 30-7 表明 DF(g) 分子的速度依赖于产物的振动状态。这意味着在一交叉分子束仪器中，DF(g) 分子由碰撞区到达质谱所需的时间与其振动态有关。图 30.10 是质谱信号随时间的出峰情况：图中显示有 4 个可区分的峰，这 4 个峰对应于以相同的方向但是不同的速率从反应位离开的产物分子，从而在不同的时间抵达质谱仪。第 1 个峰对应于那些以最高速率离开反应位的分子，这些分子具有最大的平动能，因而内部振动能值最小。接下来的峰对应于平动能更小、内部振动能更大的分子。峰面积正比于该振动状态下产物分子的总数目。通过比较不同峰的面积，处在不同振动态上的相对分子数目即可被测量。

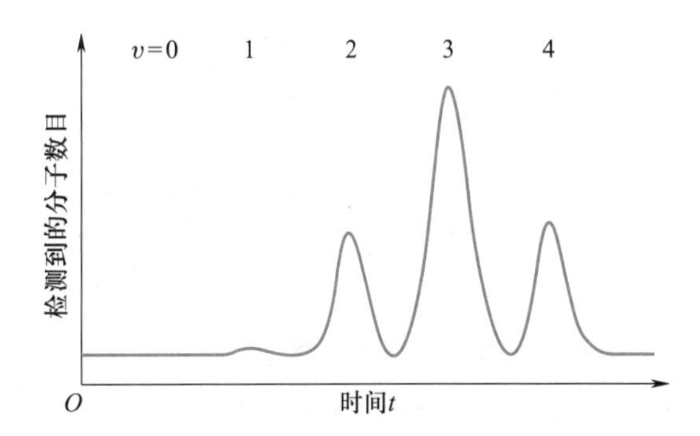

图 30.10 在一交叉分子束研究中，F(g) 和 D_2(g) 反应后，质谱检测到的 DF(g) 分子数目对时间的作图。反应物的起始相对平动能为 7.62 kJ·mol^{-1}。具有最高相对平动能的 DF(g) 分子，其振动能最低，首先到达检测器。由于总能量不变，产生的处于振动激发态的 DF(g) 分子必然具有较低的平动能。所以，图中观察到的不同峰对应于不同振动态上的 DF(g) 分子。$v=0$ 处没有出现峰，因为在这些条件下没有产生处于 $v=0$ 振动态的 DF(g) 分子。

通过在由两束分子束定义的平面内移动检测器[参见图 30.6(a)],可以测定反应产物生成与 θ 角的关系(参见图 30.9)。这样,我们就能测量针对所有可能散射角的、每个振动态的相对分布。通常用二维的极坐标等高线图,而不是描绘所有反应轨迹的三维图来呈现实验数据。图 30.11 给出了 F(g) 和 $D_2(v=0)$ 反应的等高线图,其中反应物的相对平动能是 7.62 kJ · mol^{-1}。质心位于等高线图的中心。在极坐标图中,原点到任一点的距离代表了 DF(g) 分子相对于质心的速率 $|\boldsymbol{u}_{DF}-\boldsymbol{u}_{cm}|$。图下方的箭头表示反应物彼此相互趋近的方向。等高线图的水平轴位于沿着反应物的相对速度矢量方向。图 30.11 中所显示的角度是散射角 θ。在一原子-分子反应中,我们将 $\theta=0°$ 视为沿着由入射原子轨迹所定义的方向。$\theta=0°$ 对应于这样一个碰撞,其中 F(g) 原子与 $D_2(g)$ 分子碰撞,且产物分子 DF(g) 的移动方向与入射 F(g) 原子相同。$\theta=180°$ 则对应于产物分子 DF(g) 朝着与 F(g) 原子入射方向相反的方向反弹回去(参见图 30.12)。

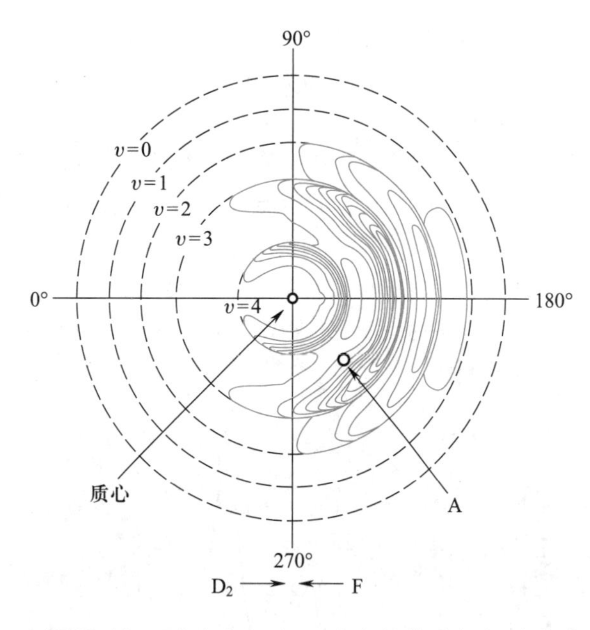

图 30.11　F(g) 和 $D_2(v=0)$ 之间的反应中,产物分子 DF(g) 的角度和速率分布等高线图(反应物相对平动能为 7.62 kJ · mol^{-1})。质心固定在原点,虚线圆圈对应于所示振动态上 DF(g) 分子所能具有的最大相对速率。图中数据表明,产物分子优先朝着与入射 F 分子束相反的方向散射回去,散射角 $\theta=180°$。图中下方箭头表示每个反应物分子彼此趋近的方向。

图 30.11 中的等高线代表恒定数目的产物分子,虚线圆圈对应于处在一给定振动态上产物分子所允许的最大相对速率。该圆圈直径的增大对应于产物分子相对速率的增加。由于总能量一定,故 DF(g) 分子的相对速率

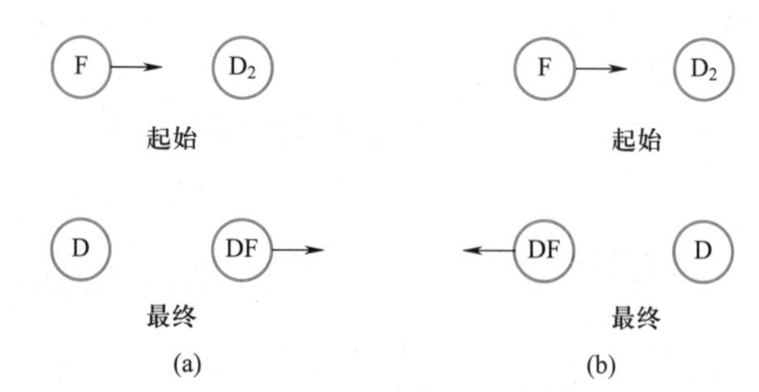

图 30.12　F(g) 原子和 $D_2(g)$ 分子之间反应的示意图:(a) $\theta=0°$,(b) $\theta=180°$。

随着振动态量子数的增加而减小,因而圆圈的直径随着振动量子数的增加而减小。数据显示大量产物分子的速率在虚线圆圈之间。图 30.11 所示圆圈对应于内能仅在分子振动态上的情况,即对应于这些圆圈的转动能 $E_{rot}=0(J=0)$。如果产生的 DF(g) 处在一转动激发态上,我们将观察到一介于两个圆圈之间的速率。例如,在 $v=3$ 和 $v=4$ 的两个虚线圆圈之间的区域(见图中 A 点)对应于 DF(g) 分子具有的振动量子数是 $v=3$,但也是转动激发的。如果我们知道了转动态的能隙,则从等高线图中也可确定转动能分布,参见例题 30-8。

» 例题 30-8　根据图 30.11 中所示的速率等高线图分析,点 A 对应于产物 DF(g) 分子总的转动和振动能量为 11493.6 cm^{-1}。利用下表有关 DF(g) 分子的数据,确定分子的转动能级(假定振动量子数为 $v=3$)。

$\tilde{\nu}_e$/cm^{-1}	$\tilde{\nu}_e\tilde{\chi}_e$/cm^{-1}	$\tilde{B}_e$/cm^{-1}	$\tilde{\alpha}_e$/cm^{-1}
2998.3	45.71	11.007	0.293

» 解　式(13.21)和式(13.17)分别给出了双原子分子的振动能和转动能为

$$E_{vib}(v)=\tilde{\nu}_e\left(v+\frac{1}{2}\right)-\tilde{\nu}_e\tilde{\chi}_e\left(v+\frac{1}{2}\right)^2$$

$$E_{rot}(J,v)=\left[\tilde{B}_e-\tilde{\alpha}_e\left(v+\frac{1}{2}\right)\right]J(J+1)$$

因此,DF(g) 分子的总转动-振动能是转动能和振动能之和,即

$$E_{vib}(v)+E_{rot}(J,v)=\tilde{\nu}_e\left(v+\frac{1}{2}\right)-\tilde{\nu}_e\tilde{\chi}_e\left(v+\frac{1}{2}\right)^2+\left[\tilde{B}_e-\tilde{\alpha}_e\left(v+\frac{1}{2}\right)\right]J(J+1)$$

将题给光谱数据代入上式,并设 $v=3$,得

$$11493.6\ \text{cm}^{-1}=9934.1\ \text{cm}^{-1}+(9.982\ \text{cm}^{-1})J(J+1)$$

化简后得

$$J(J+1)=156$$

由此可知，$J=12$。因此，图 30.11 等高线图上点 A 对应于振动量子数为 3、转动量子数为 12 的一群 DF(g) 分子。

图 30.11 中的实验数据揭示了反应的三个重要特性。首先，产物优先向后散射，朝着入射氟原子相反的方向，散射角 $\theta=180^\circ$。这些数据说明 F 原子与 $D_2(g)$ 分子几乎是迎头碰撞，在摘取了一个 D 原子后向后反弹，这类反应称为**回弹反应**（rebound reaction）。其次，分析该等高线图可知，反应的最概然产物是 DF($v=3$)。第三，在虚线圈之间有相当数量的 DF 分子，说明反应生成的 DF(g) 分子处在一系列转动能级上。

进一步关注前五个振动能级态上产物分子的相对分布。注意到在振动量子 $v=0$ 和 $v=1$ 的两个虚线圈内没有等高线，这个结果意味着反应没有生成处于振动基态的产物分子。对应于图 30.11 中所示结果，由等高线图测定的各振动态的相对分布列于表 30.2 中。因为反应产生的是一个非平衡产物分布，故该产物分布不能用 Boltzmann 分布来描述（参见例题 30-9）。

表 30.2 实测反应 $F(g)+D_2(g)\Longrightarrow DF(g)+D(g)$（反应物相对平动能为 $7.62\ kJ\cdot mol^{-1}$）所产生的处在不同振动态上的 DF(v) 的相对数目（以 $v=3$ 的状态为参考）。

振动量子数	0	1	2	3	4
相对数目	0.00	0.02	0.44	1.00	0.49

» 例题 30－9 计算处在 $v=0$ 至 $v=4$ 的 DF(g) 分子相对于处在 $v=3$ 的相对分子数目。假定总分布在 300 K 处于热平衡，DF(g) 的振动运动是谐性的，振动波数为 $\tilde{\nu}_{DF}=2907\ cm^{-1}$。

» **解** 如果 DF(g) 分子处于热平衡，则分配在两个振动能级上的 DF(g) 分子数目之比可由 Boltzmann 分布公式计算。故

$$\frac{N(v)}{N(v=3)}=\frac{e^{-(v+1/2)h\nu_{DF}/k_BT}}{e^{-(3+1/2)h\nu_{DF}/k_BT}}=e^{-(v-3)h\nu_{DF}/k_BT}$$

计算所得结果列于下表：

振动量子数	0	1	2	3	4
$N(v)/N(v=3)$	1.44×10^{18}	1.28×10^{12}	1.75×10^{6}	1.00	8.84×10^{-7}

可见，处在热平衡样品的 $N(v)/N(v=3)$ 数值明显不同于实测的化学反应 $F(g)+D_2(g)\Longrightarrow DF(g)+D(g)$ 中处于不同振动态产物 DF(g) 的相对分布（参见表 30.2）。特别地，在热平衡分布中，$v=0$ 状态是最概然分布，但实际反应并不产生处在 $v=0$ 状态的产物。因此，产物的振动态分布不能用 Boltzmann 分布来描述。

30－9 并非所有的气相化学反应都是回弹反应

图 30.13 显示了反应 $K(g)+I_2(g)\longrightarrow KI(g)+I(g)$ 的速率等高线图，其中反应物之间的起始相对平动能为 $15.13\ kJ\cdot mol^{-1}$。与 F(g) 和 $D_2(g)$ 之间的反应不同，双原子分子产物 KI(g) 优先沿着入射的 K(g) 原子方向向前散射。这种类型的反应称为**抢夺反应**（stripping reaction），其中入射原子摘取了一个分子的部分，然后继续朝前方行进。

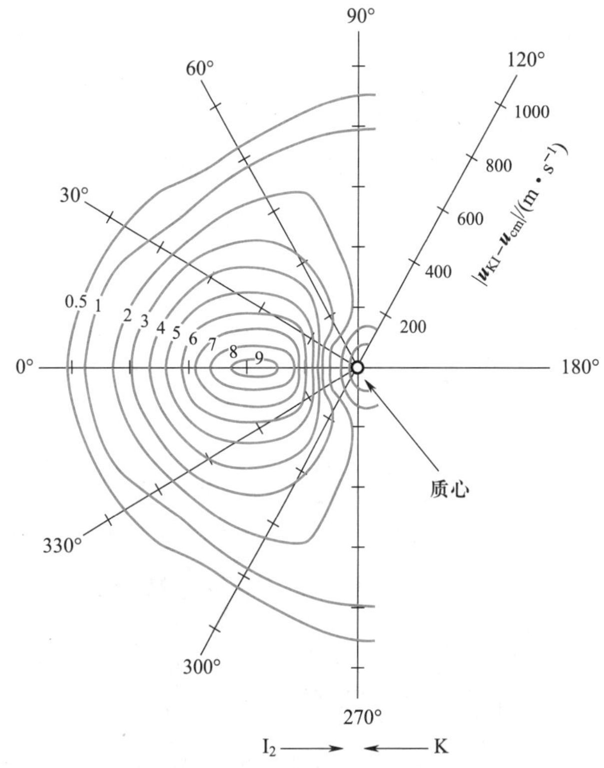

图 30.13 反应 $K(g)+I_2(g)\longrightarrow KI(g)+I(g)$ 中，产物分子 KI(g) 的角度和速率分布等高线图（反应物相对平动能为 $15.13\ kJ\cdot mol^{-1}$）。在这个抢夺反应中，产物分子继续沿着入射钾原子的方向前行，散射角接近 $\theta=0^\circ$。标记等高线的数字是观测到的 KI(g) 分子相对数目的一种量度。

抢夺反应的机理较为有趣，$K(g)+I_2(g)$ 反应的反应截面为 $1.25\times10^6\ pm^2$。假定 K(g) 和 $I_2(g)$ 的半径分别为 205 pm 和 250 pm，则硬球碰撞截面为 $\pi d_{AB}^2=6.5\times10^5\ pm^2$。

测量的反应截面则是硬球估计的两倍大。如果相互靠近的 K 原子和 I_2 分子在两条相距与这个实测反应截面对应的最大碰撞参数的直线上移动，则这些反应物彼此不可能碰撞。反应仍能发生这一事实说明反应物分子的轨迹受到一个将它们吸引到一起的长程势的影响。K 原子和 I_2 分子之间的 van der Waals 相互作用，不足以引起这么大的作用。研究表明，反应物碰撞前两个反应物之间发生了一个电子的转移。因此，反应的第一步是当两个反应物仍然分离时，产生了一对离子：

$$K(g)+I_2(g) \longrightarrow K^+(g)+I_2^-(g)$$

然后两个离子通过库仑势彼此吸引。当两个离子碰撞时，形成了能量上更稳定的产物 KI(g) + I(g)，KI(g) 以与入射 K^+ 相同的方向离开。这个机理已被形象地称为**鱼叉机理**（harpoon mechanism），因为 K 原子用它的电子（如同一个“鱼叉”）去吸引（捕获）$I_2(g)$ 分子。

图 30.14 给出了反应性散射反应

$$O(g)+Br_2(g) \Longrightarrow BrO(g)+Br(g)$$

在相对平动能为 12.55 kJ · mol^{-1} 下进行的实验结果。数据表明产物分子 BrO 以相等的强度同时向前和向后散射，我们之前所讨论的机理中没有一个能解释这种实验现象。事实上，没有简单的“碰撞然后离开”的碰撞图像可以解释这个结果。为了呈现这样一种对称的向前和向后散射的产物分布，反应物分子需要“忘记”原先的碰撞几何构型，这仅当碰撞能生成一寿命比其转动周期长的原子-分子络合物时方有可能。这样长的寿命使得络合物在形成产物前可以转动许多次；在这种情况下，产物分子的角分布变得与它们的起始碰撞几何构型无关。

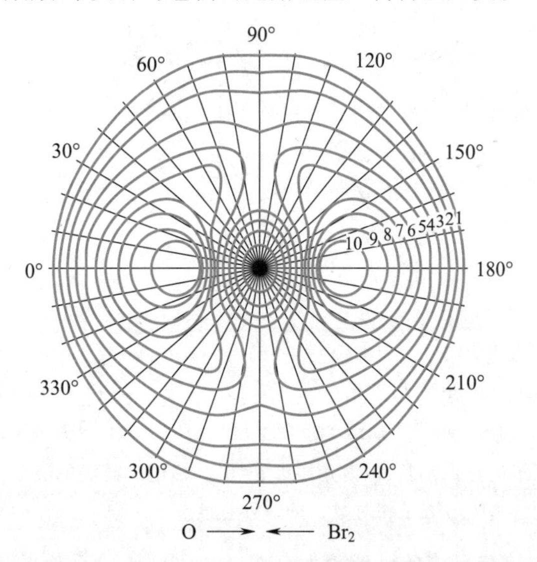

图 30.14　O(g) 和 $Br_2(g)$ 的反应中，产物分子 BrO(g) 的角度和速率分布等高线图（反应物相对平动能为 12.55 kJ · mol^{-1}）。标记等高线的数字是观测到的 BrO(g) 分子的相对数目。

30-10　反应 $F(g)+D_2 \Longrightarrow DF(g)+D(g)$ 的势能面可以用量子力学计算

在第 9 章中，我们学习了双原子分子的势能仅取决于其两个成键原子之间的距离。因此，一个诸如 $D_2(g)$ 或 DF(g) 的双原子分子的势能面可以画成势能与键长之间关系的二维图。在这种情况中，“面”一词使用不当。一个双原子分子仅有一个几何参数，即键长。当势能取决于单个参数时，使用术语“势能曲线”更加合适；当势能取决于多个参数时，则使用术语“势能面”更加合适。图 30.15 显示了 $D_2(g)$ 的势能曲线。

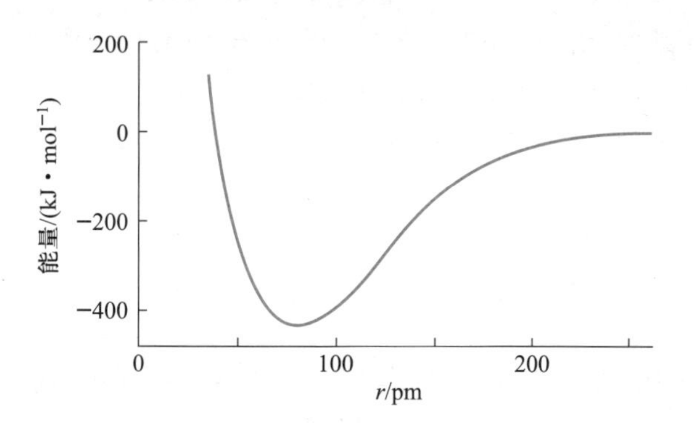

图 30.15　$D_2(g)$ 的势能曲线。能量的零点定义为两个分离的原子所拥有的能量。势能曲线的最低点对应于 $D_2(g)$ 分子的平衡键长。

一个多原子分子的势能取决于多个变量，因为除了键长可变外，还有键角等其他参数可变。例如，考虑一个水分子，其几何构型需要用 3 个几何参数才能完全确定下来，即键长 r_{O-H_A} 和 r_{O-H_B} 以及两个 O—H 键之间的夹角 α。

O　r_{O-H_A}　r_{O-H_B}　α　H_A　H_B

水分子的势能是这三个参数的函数，即 $V=V(r_{O-H_A}, r_{O-H_B}, \alpha)$。因此，一个水分子的完整势能面作图需要 4 个轴。其中，1 个轴表示势能值，另外 3 个轴分别表示 3 个几何参数，故势能面是四维的。因为我们受限于函数的三维作图，故不能在一张图上将水分子的完整势能面画出来，但我们可以画出势能面的局部。例如，我们可以固定其中一个几何参数，如键角 α，然后画一张 $V(r_{O-H_A}, r_{O-H_B}, \alpha=常数)$ 的三维图。这样一张图实际上是完整势能面的一个截面图。截面图可以告诉我们，分子的势能在某些参数固定的情况下是如何随着其他参数改变而发生变化的。例如，$V(r_{O-H_A}, r_{O-H_B}, \alpha=常数)$ 对 r_{O-H_A} 和 r_{O-H_B} 的三维图可以告诉我们：在一固定键角 α 时，一个水分子的势能是如何随着两个键长 r_{O-H_A} 和 r_{O-H_B} 变化的。如果我们有一系列不同 α 值的截面图，我们就能知道势能与键角的依赖关系。

在观看简单化学反应的势能面时，我们遇到了与观看水分子势能面同样的限制。让我们回到下面这个化学反应的讨论中：

$$F(g)+D_AD_B(g) \Longrightarrow D_AF(g)+D_B(g)$$

这里我们使用下标 A 和 B 以区分两个 D 原子。当反应物分隔无限远时，氟原子和 $D_2(g)$ 分子之间没有吸引力或排斥力，故反应的势能面与孤立的 $D_2(g)$ 分子相同。同样，当产物分隔无限远时，反应的势能面也与孤立的 DF(g) 分子相同。然而，随着反应发生，F 原子和 D_A 之间的距离 r_{DF} 减少，D_A 和 D_B 之间的距离 r_{D_2} 增加，势能依赖于这两个距离。势能还依赖于 F 原子趋近 $D_2(g)$ 分子的角度。我们定义 F 原子和 $D_2(g)$ 分子之间的碰撞角 β 为连线 F—D_A 和 D_A—D_B 键之间的夹角。在图 30.16 中，显示了 F 原子趋近 $D_2(g)$ 分子的三种不同方式：线性 ($\beta=180°$)、弯曲 ($\beta=135°$) 和垂直 ($\beta=90°$)。

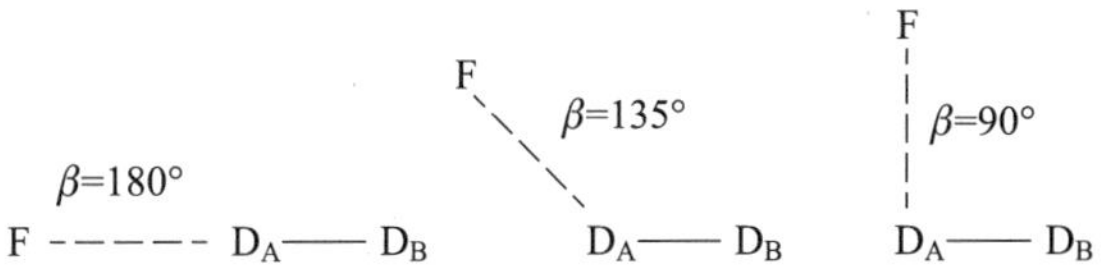

$\beta=180°$：F - - - - - D_A—— D_B　　$\beta=135°$：F 斜向趋近 D_A—— D_B　　$\beta=90°$：F 垂直趋近 D_A—— D_B

图 30.16　反应物 F(g) 和 $D_2(g)$ 的三种不同碰撞角 β。

由于这个反应的势能面取决于 2 个距离（r_{DF} 和 r_{D_2}）和 1 个碰撞角 β，要画出完整的势能面需要一个四维坐标系统。为了观看势能面，我们必须固定其中一个几何参数的值，然后画出势能与剩余两个变量之间的关系。通过改变固定变量的数值，我们将得到所对应的一系列三维图，藉此可观察势能面与所有三个几何参数之间的依赖关系。

一个化学反应的势能面可以用第 11 章中所讨论的多原子分子的电子结构技术来加以计算。通过对一系列不同的核构型进行这种计算，我们就可以得到势能作为核坐标的函数。图 30.17 给出了对反应 $F(g)+D_2(g) \Longrightarrow DF(g)+D(g)$ 计算得到的势能面的等高线图，其中碰撞角 β 设定为 180°，这是由交叉分子束数据（参见第 30-8 节）得到的实验值。这样一种几何构型称为共线。等高线图中的每一条线对应于能量的某一恒定值，能量零点已被任意地指定为分隔无限远的反应物。

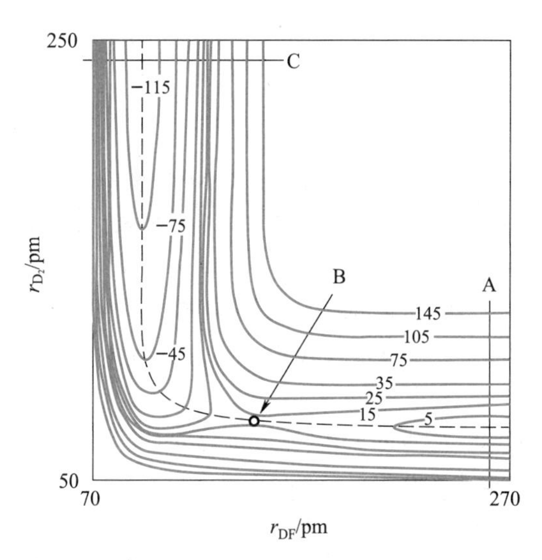

图 30.17　$\beta=180°$ 时，反应 $F(g)+D_2(g) \Longrightarrow DF(g)+D(g)$ 的能量等高线图（采用 Born-Oppenheimer 近似计算势能面）。能量等高线的数字单位是 $kJ \cdot mol^{-1}$。能量零点定义为分隔无限远的反应物。B 点是反应过渡态的位置。沿 A 和 C 处直线切割这个表面所得的截面图，分别对应于孤立的 $D_2(g)$ 和 DF(g) 分子的势能曲线。虚线是反应的最低能量路径。

在图 30.17 中的 r_{DF} = A 线处，反应物分隔很远，势能面等同于一个孤立的 $D_2(g)$ 分子和 F 原子的势能曲线。换句话说，如果画出这个势能面 $V(r_{D_2}, r_{DF}, \beta=180°)$ 随 r_{D_2} 变化的截面图，我们将得到图 30.15。同样地，在图 30.17 中的 r_{D_2} = C 线处，产物分隔很远，$V(r_{D_2}, r_{DF}, \beta=180°)$ 随 r_{DF} 变化的截面图等同于一个孤立 DF(g) 分子的势能曲线。

如图 30.17 中的虚线所示，如果沿着最低能量路径从反应物到产物，我们发现随着反应物彼此趋近，距离 r_{D_2} 几乎不变，距离 r_{DF} 减小，势能增加，并在 B 点达到最大。过 B 点后，产物已经形成，距离 r_{DF} 略微减小，然后保持不变，距离 r_{D_2} 增加，势能减小。计算所得势能面显示反应物和产物之间有一个能垒，该能垒在 B 点值最低（约7 $kJ \cdot mol^{-1}$），称为**过渡态**(transition state)。过渡态将反应物与产物分隔开，它位于势能面上的一个特殊点上。如果我们沿着最低能量路径从过渡态到分隔的反应物或分隔的产物，则能量减小。如果我们以垂直于这个最低能量路径的方向离开过渡态，则能量增加。因此，在某个方向上，过渡态是一能量最大值；而在其垂直方向上，过渡态则是能量最小值。这样的点称为**马鞍点**(saddle point)，因为该点附近的表面具有马鞍的形状。一个化学反应的过渡态通常位于势能面的一个马鞍点上。

习题

30-1　计算300 K时反应 $NO(g)+Cl_2(g) \Longrightarrow NOCl(g)+Cl(g)$ 的硬球碰撞理论速率常数。已知NO和 Cl_2 的碰撞直径分别为370 pm和540 pm。反应的Arrhenius参数为 $A=3.981\times10^9\ dm^3\cdot mol^{-1}\cdot s^{-1}$ 和 $E_a=84.9\ kJ\cdot mol^{-1}$。计算300 K时硬球碰撞理论速率常数与实验速率常数之比。

30-2　将由式(30.14)给出的 $\sigma_r(E_r)/\pi d_{AB}^2$ 的作图与图30.2中显示的数据进行比较。

30-3　证明:将式(30.14),即连心线模型的反应截面,代入式(30.11),然后积分,可得式(30.15),即连心线模型的速率常数。

30-4　反应 $NO(g)+O_3(g) \Longrightarrow NO_2(g)+O_2(g)$ 的Arrhenius参数为 $A=7.94\times10^9\ dm^3\cdot mol^{-1}\cdot s^{-1}$ 和 $E_a=10.5\ kJ\cdot mol^{-1}$。假定连心线模型,计算该反应在1000 K时的阈能 E_0 和硬球反应截面 σ_{AB} 的值。

30-5　考虑3000 K时的双分子反应: $CO(g)+O_2(g) \Longrightarrow CO_2(g)+O(g)$,实验测定的Arrhenius参数为 $A=3.5\times10^9\ dm^3\cdot mol^{-1}\cdot s^{-1}$ 和 $E_a=213.4\ kJ\cdot mol^{-1}$。$O_2$ 和CO的硬球碰撞直径分别为360 pm和370 pm。计算3000 K时的硬球连心线模型速率常数,并与实验速率常数进行比较,另外,比较 A 的计算值和实验值。

30-6　反应 $H_2^+(g)+He(g) \Longrightarrow HeH^+(g)+H(g)$ 的阈能 E_0 为 $70.0\ kJ\cdot mol^{-1}$,确定反应物振动能超过 E_0 时 $H_2^+(g)$ 的最低振动能级。已知 $H_2^+(g)$ 的光谱常数为 $\tilde{\nu}_e=2321.7\ cm^{-1}$ 和 $\tilde{\nu}_e\tilde{\chi}_e=66.2\ cm^{-1}$。

30-7　计算速率为 $2500\ m\cdot s^{-1}$、与一静止的 $D_2(g)$ 分子迎头碰撞的一个F(g)原子的总动能(假设反应物都是硬球)。

30-8　一个F(g)原子和一个 $D_2(g)$ 分子彼此以一定的速率迎头碰撞。已知F(g)原子的速率为 $1540\ m\cdot s^{-1}$,计算当总动能与习题30-7中相同时,$D_2(g)$ 分子的速率(假定反应物都是硬球)。

30-9　在习题30-7中,要求计算的是速率为 $2500\ m\cdot s^{-1}$ 的一个F(g)原子与一静止的 $D_2(g)$ 分子 $(v=0)$ 迎头碰撞的总动能,试计算总动能与 $D_2(g)$ 分子零点振动能的比值。已知 $\tilde{\nu}_{D_2}=2990\ cm^{-1}$。

30-10　考虑一个F(g)原子和一个静止的 $D_2(g)$ 分子之间的迎头碰撞,估算F(g)原子的动能超过 $D_2(g)$ 键解离能时的最小速率。已知 D_2 的 D_0 值为 $435.6\ kJ\cdot mol^{-1}$。

30-11　接着例题30-4,证明由式 $\boldsymbol{u}_{cm}=\frac{m_C}{M}\boldsymbol{u}_C+\frac{m_D}{M}\boldsymbol{u}_D$ 和 $\boldsymbol{u}_r=\boldsymbol{u}_C-\boldsymbol{u}_D$,可得

$$\boldsymbol{u}_C=\boldsymbol{u}_{cm}+\frac{m_D}{M}\boldsymbol{u}_r \qquad (1)$$

和

$$\boldsymbol{u}_D=\boldsymbol{u}_{cm}-\frac{m_C}{M}\boldsymbol{u}_r \qquad (2)$$

30-12　导出式(30.22)。

30-13　流体中的声速 u_s 可由下式给出:

$$u_s^2=\frac{\gamma\overline{V}}{M\kappa_T} \qquad (1)$$

式中 $\gamma=C_P/C_V$,M 是摩尔质量,$\kappa_T=-(1/V)(\partial V/\partial P)_T$ 为流体的等温压缩系数。假定理想行为,计算25 ℃时 $N_2(g)$ 中的声速。取 $\overline{C}_P=7R/2$。测量值是 $348\ m\cdot s^{-1}$。

30-14　流体中的声速可由习题30-13中的式(1)给出。另外,$\overline{C}_P$ 和 $\overline{C}_V$ 之间有如下关系(式22.27):

$$\overline{C}_P-\overline{C}_V=\frac{\alpha^2T\overline{V}}{\kappa_T}$$

式中 $\alpha=(1/V)(\partial V/\partial T)_P$,是热膨胀系数。已知1 atm和20 ℃时苯的 $\overline{C}_P=135.6\ J\cdot K^{-1}\cdot mol^{-1}$,$\kappa_T=9.44\times10^{-10}\ Pa^{-1}$,$\alpha=1.237\times10^{-3}\ K^{-1}$,密度 $\rho=0.8765\ g\cdot mL^{-1}$,计算苯中的声速。测量值是 $1320\ m\cdot s^{-1}$。

30-15　载气超音速分子束中的分子峰值速率可较好地用下式来近似计算:

$$u_{峰}=\left(\frac{2RT}{M}\right)^{1/2}\left(\frac{\gamma}{\gamma-1}\right)^{1/2}$$

式中 T 是气体混合物源腔室的温度,M 是载气的摩尔质量,γ 是载气热容比,$\gamma=C_P/C_V$。确定超音速Ne束中一个苯分子的峰值速率(气体源腔室的温度为300 K);计算在相同条件下He束中的一个苯分子的峰值速率。假设He(g)和Ne(g)可被处理为理想气体。

30-16　估计当气体池中一个苯分子的平均速率等于习题30-15中所述条件下产生的超音速He分子束中一个苯分子的平均速率时所需的温度。

30-17　证明:对于一般反应

$$A(g)+BC(g) \Longrightarrow AB(g)+C(g)$$

在谐振子-刚性转子近似下,式(30.28)可以写为

$$E_{tot}=\frac{1}{2}\mu u_r^2+F(J)+G(v)+T_e$$
$$=\frac{1}{2}\mu u_r'^2+F'(J)+G'(v)+T_e'$$

式中 T_e,$G(v)$和 $F(J)$分别为双原子反应物 BC(g)的电子、振动和转动项,T_e',$G'(v)$和 $F'(J)$则为双原子产物 AB(g)的相应项。

30-18 考虑反应 $Cl(g)+H_2(v=0)\Longrightarrow HCl(v)+H(g)$,其中 $D_e(H_2)-D_e(HCl)=12.4\ kJ\cdot mol^{-1}$。假定反应没有活化能垒,将反应物模型化为硬球(无振动),计算反应发生所需相对速率的最小值。如果将 $H_2(g)$和 HCl(g)模型化为硬球谐振子,且 $\tilde{\nu}_{H_2}=4159\ cm^{-1}$,$\tilde{\nu}_{HCl}=2886\ cm^{-1}$,计算反应发生所需相对速率的最小值。

30-19 反应 $H(g)+F_2(v=0)\Longrightarrow HF(g)+F(g)$可产生振动激发的 HF 分子,试确定当产生的 HF(g)处在 $v=12$ 的振动态上时所需相对动能的最小值。已知 HF 和 F_2 的振动光谱常数如下:$\tilde{\nu}_e(HF)=4138.32\ cm^{-1}$,$\tilde{\nu}_e(F_2)=916.64\ cm^{-1}$,$\tilde{\nu}_e\tilde{\chi}_e(HF)=89.88\ cm^{-1}$,$\tilde{\nu}_e\tilde{\chi}_e(F_2)=11.24\ cm^{-1}$,$D_0(HF)=566.2\ kJ\cdot mol^{-1}$,$D_0(F_2)=154.6\ kJ\cdot mol^{-1}$。

30-20 考虑下面这个反应的能量学:

$$F(g)+H_2(v=0)\Longrightarrow HF(v)+H(g)$$

其中反应物的相对平动能是 $7.62\ kJ\cdot mol^{-1}$,且 $D_e(H_2)-D_e(HF)=-140\ kJ\cdot mol^{-1}$。试确定产物 HF(g)分子的可能振动态范围,假设 $H_2(g)$和 HF(g)的振动都是谐性的,且 $\tilde{\nu}_{H_2}=4159\ cm^{-1}$,$\tilde{\nu}_{HF}=3959\ cm^{-1}$。

30-21 在例题 30-5 中,假定反应物和产物可视为硬球,我们计算了反应 $F(g)+D_2(v=0)\Longrightarrow DF(v)+D(g)$中产物相对于质心的速率。现在考虑 $D_2(g)$和 DF(g)的零点振动能,重新计算这些量。假定 $D_2(g)$和 DF(g)的振动是谐性的,且 $\tilde{\nu}_{D_2}=2990\ cm^{-1}$,$\tilde{\nu}_{DF}=2907\ cm^{-1}$。其结果与例题 30-5 中的硬球计算结果有何不同?

以下四题考虑反应

$$Cl(g)+HBr(v=0)\Longrightarrow HCl(v)+Br(g)$$

其中反应物的相对平动能是 $9.21\ kJ\cdot mol^{-1}$,$D_e(HBr)-D_e(HCl)=-67.2\ kJ\cdot mol^{-1}$。该反应的活化能约为 $6\ kJ\cdot mol^{-1}$。

30-22 确定产物分子 HCl(g)的可能振动态范围。HBr(g)和 HCl(g)的光谱数据如下:

	$\tilde{\nu}_e/cm^{-1}$	$\tilde{\nu}_e\tilde{\chi}_e/cm^{-1}$
HBr	2648.98	45.22
HCl	2990.95	52.82

对这个反应,绘制一张类似于针对反应 $F(g)+D_2(g)$的图 30.8 的图。

30-23 对于习题 30-22 中每一个可能的 HCl(g)振动态,计算 HCl(g)分子相对于质心的速率 $|\boldsymbol{u}_{HCl}-\boldsymbol{u}_{cm}|$值。

30-24 确定处在 $v=0,J=0$ 和 $v=0,J=1$ 状态的一个 HCl(g)分子相对于质心的速率 $|\boldsymbol{u}_{HCl}-\boldsymbol{u}_{cm}|$。已知 HCl(g)的转动常数为 $\tilde{B}_e=10.59\ cm^{-1}$ 以及 $\tilde{\alpha}_e=0.307\ cm^{-1}$。

30-25 利用习题 30-24 中的数据,确定当一个 HCl $(v=0,J=J_{min})$分子的动能大于一个 HCl$(v=1,J=0)$分子的动能时 J 的最小值 J_{min}[注意:如果该反应产生 HCl$(v=0,J\geqslant J_{min})$,那么这些分子具有一个 HCl$(v=1)$分子的相对速率特征,影响产物速率等高线图的分析]。

30-26 利用表 13.2 中给出的数据,计算反应 $HCl(v=0)+Br(g)\Longrightarrow HBr(v=0)+Cl(g)$ 和 $HCl(v=1)+Br(g)\Longrightarrow HBr(v=0)+Cl(g)$ 发生时所需反应物相对速率的最小值。

30-27 当反应物的相对平动能从 $7.62\ kJ\cdot mol^{-1}$开始增加时,图 30.11 中虚圆圈的半径值是增大、减小还是不变?如果相对平动能由 $7.62\ kJ\cdot mol^{-1}$增加到 $15.24\ kJ\cdot mol^{-1}$,对于 $v=0$,确定虚圆圈半径的变化百分率。

30-28 图 30.11 呈现了 F(g)和 $D_2(v=0)$之间反应产物分子 DF(g)的等高线图。虚线对应于当转动量子数 $J=0$ 时处在那些振动态上的 DF(g)分子的预期速率,两个圆圈之间的区域则对应转动激发的分子。试确定当一个 DF$(v=2)$分子具有一个 DF$(v=3)$分子预期的相对速率时,J 的最小值。DF(g)的光谱常数列于例题 30-8 中。该结果是否表明在分析该反应的散射数据时将会遇到困难?

30-29 对于反应 $Cl(g)+H_2(g)\Longrightarrow HCl(g)+H(g)$,$D_e(H_2)-D_e(HCl)=12.4\ kJ\cdot mol^{-1}$。假定相对动能为 $8.52\ kJ\cdot mol^{-1}$,且制备的反应物 $H_2(g)$处在 $v=3,J=0$ 状态。试问HCl(g)可能的振动态有哪些?已知 $H_2(g)$和 HCl(g)的振动光谱常数分别为 $\tilde{\nu}_e(H_2)=4401.21\ cm^{-1}$,$\tilde{\nu}_e(HCl)=2990.95cm^{-1}$,$\tilde{\nu}_e\tilde{\chi}_e(H_2)=121.34\ cm^{-1}$和$\tilde{\nu}_e\tilde{\chi}_e(HCl)=52.82\ cm^{-1}$。

30-30 假如习题 30-29 中给出的反应生成处于 $v=v_{max}$(即给定条件下最高的可能振动态)的 HCl(g),试

确定 $HCl(v=v_{max}, J)$ 分子的最大可能 J 值。已知 HCl(g) 的转动常数为 $\tilde{B}_e = 10.59\ cm^{-1}$ 和 $\tilde{\alpha}_e = 0.307\ cm^{-1}$。

30-31　考虑图 30.13 中所示的、在相对平动能为 $15.13\ kJ\cdot mol^{-1}$ 时 K(g) 和 $I_2(v=0)$ 之间反应产物的速率分布。假定 $I_2(g)$ 和 KI(g) 的振动是谐性的，且 $\tilde{\nu}_{I_2} = 213\ cm^{-1}$，$\tilde{\nu}_{KI} = 185\ cm^{-1}$。已知 $D_e(I_2) - D_e(KI) = -171\ kJ\cdot mol^{-1}$。试确定产物 KI(g) 的最大振动量子数及 $KI(v=0)$ 分子相对于质心的速率。对 $KI(v=1)$ 分子，重复上述计算。等高线图中的数据是否支持生成的 KI(g) 处在振动能级的分布中这一结论？

30-32　下图是相对平动能为 $38.49\ kJ\cdot mol^{-1}$ 时记录的、反应 $Li(g) + HCl(v=0) \Longrightarrow LiCl(v) + H(g)$ 中产物 LiCl(g) 的速率分布。试判断该反应是一个回弹反应、抢夺反应，还是在产生任何产物之前，反应物之间形成了一个长寿命（相对于复合物的转动周期）的复合物。解释理由。

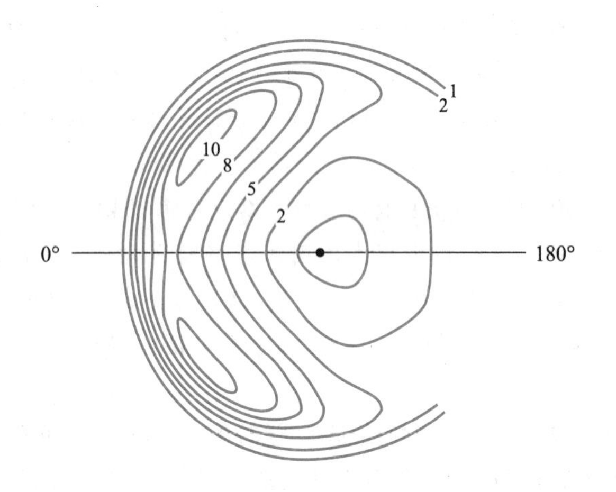

30-33　下图示出了在两个不同相对平动能时记录的、反应 $N_2^+ + D_2(v=0) \Longrightarrow N_2D^+(v) + D(g)$ 中产物 $N_2D^+(g)$ 的速率等高线图。两张图之间的 $1000\ m\cdot s^{-1}$ 速率标尺适用于两张图。

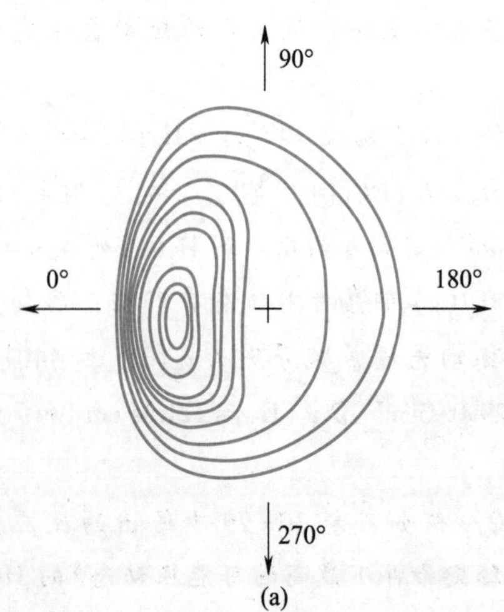

(a)

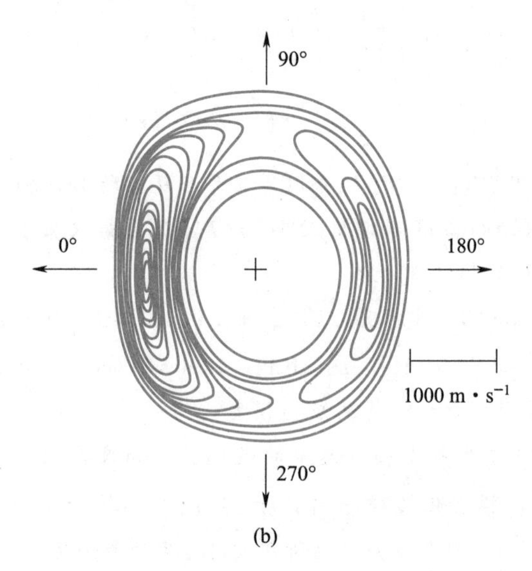

(b)

$D_e(N_2D^+) - D_e(N_2^+) - D_e(D_2)$ 的值等于 $96\ kJ\cdot mol^{-1}$。左右两张图中反应物的相对平动能分别为 $301.02\ kJ\cdot mol^{-1}$ 和 $781.49\ kJ\cdot mol^{-1}$。请给出一个解释，为何在低相对速率时观测到的 $N_2D^+(g)$ 产物分子出现在 (a) 中，而 (b) 中则没有？

30-34　Ca(g) 和 $F_2(g)$ 之间的反应按照下式产生了一个电子激发态产物：

$$Ca(^1S_0) + F_2(g) \Longrightarrow CaF^*(B^2\Sigma^+) + F(g)$$

$Ca(^1S_0)$ 和 $F_2(g)$ 的半径分别为 100 pm 和 370 pm，试确定硬球碰撞截面。该反应的截面 $>10^6\ pm^2$，试为该反应提出一个机理。

30-35　考虑习题 30-34 中描述的反应，产物 $CaF^*(B^2\Sigma^+)$ 通过荧光弛豫到其电子基态。请解释如何通过测定荧光光谱来确定产物的振动态。

30-36　对于反应

$$Ca(^1S_0) + F_2(g) \Longrightarrow CaF^*(B^2\Sigma^+) + F(g)$$

荧光光谱的峰对应于从 CaF^* 的 $B^2\Sigma^+$ 态的 $v'=10$ 能级到电子基态的 $v''=10$ 能级的发射。计算该发射线的波长。已知 $B^2\Sigma^+$ 态的光谱常数是 $T_e = 18844.5\ cm^{-1}$，$\tilde{\nu}_e' = 566.1\ cm^{-1}$ 和 $\tilde{\nu}_e'\tilde{x}_e' = 2.80\ cm^{-1}$，基态的光谱常数为 $\tilde{\nu}_e'' = 581.1\ cm^{-1}$ 和 $\tilde{\nu}_e''\tilde{x}_e'' = 2.74\ cm^{-1}$。在电磁光谱的哪个部分可观察到该发射？

30-37　描述反应 $I(g) + H_2(v=0) \Longrightarrow HI(v) + H(g)$ 和 $I(g) + CH_4(v=0) \Longrightarrow HI(v) + CH_3(g)$ 的势能面。

30-38　下图描绘了异构化反应 $OClO(g) \Longrightarrow ClOO(g)$ 的势能面：

等高线图是势能对一个氧原子距离一个具有固定键长的双原子 ClO 周围的位置作图。等高线之间的能量间隔是

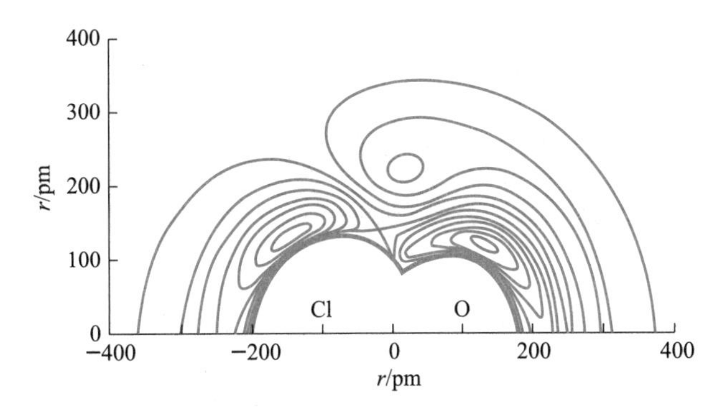

38.6 kJ · mol^{-1}。请标出反应物 OClO 和产物 ClOO 分子中氧原子的位置,并画出异构化反应的最低能量路径,哪一个异构体更稳定?从势能面估计该异构化反应活化能垒的取值范围,该异构化能垒是小于、大于还是等于解离成 O(g) 和 ClO(g) 的能垒?

30-39 **不透明度函数**(opacity function)$P(b)$ 定义为可导致反应的、碰撞常数为 b 的碰撞的分数。反应截面与不透明度函数之间通过下式相关联:

$$\sigma_r = \int_0^{+\infty} 2\pi b P(b)\,db$$

请验证这个表达式。假设不透明度函数为

$$P(b) = \begin{cases} 1 & b \leqslant d_{AB} \\ 0 & b > d_{AB} \end{cases}$$

证明这个不透明度函数可给出 σ_r 的硬球碰撞理论模型。

30-40 习题 30-39 中定义了不透明度函数。试确定一个用 d_{AB},E_0 和 E_r 表示的 b_{max} 的表达式,从而使得可由下式给出的不透明度函数得到连心线模型的反应截面 $\sigma_r(E_r)$[参见式(30.14)]。

$$P(b) = \begin{cases} 1 & b \leqslant b_{max} \\ 0 & b > b_{max} \end{cases}$$

30-41 对于 H(g) 和 H_2(g) 之间的反应,不透明度函数(定义见习题 30-39)为

$$P(b) = \begin{cases} A\cos\dfrac{\pi b}{2b_{max}} & b \leqslant b_{max} \\ 0 & b > b_{max} \end{cases}$$

式中 A 是一常数,请导出用 b_{max} 表示的反应截面的表达式。

30-42 请解释为何 F(g) 和 D_2(g) 的反应可被用来制造化学激光器(提示:参考表 30.2 和第 15-4 节)。

30-43 共线氢原子交换反应 $H_A(g) + H_BH_C(g) \Longrightarrow H_AH_B(g) + H_C(g)$ 势能面的量子力学计算表明,反应能垒处于反应物势阱底部的上方 58.75 kJ · mol^{-1}。试计算为了使得氢原子交换反应发生,H(g) 和 $H_2(v=0)$ 之间碰撞所需的最小相对速率。假设 H_2(g) 的振动是谐性的。

30-44 下面是一张过渡态附近 H(g) 和 H_2(g) 之间共线反应势能面的等高线图。分别取 r_{12} 和 r_{23} 为反应物 H_2 和产物的键长。请标记过渡态的位置,并画一条虚线用来表示反应的最低能量路径。另外,绘制一张反应路径的二维表示图,其中将 $V(r_{12}, r_{23})$ 作为 $r_{12}-r_{23}$ 的函数作图。

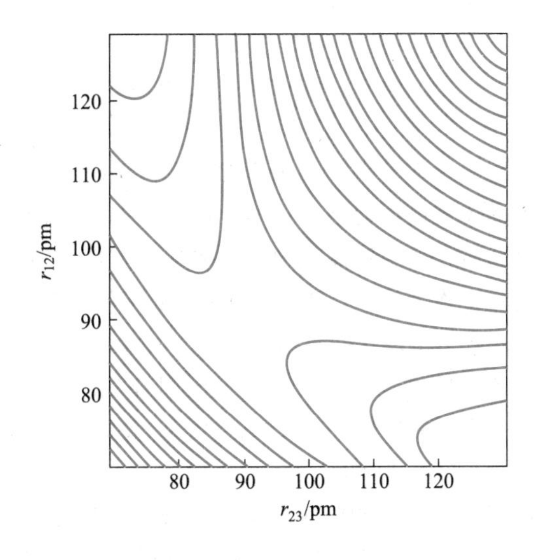

30-45 对于反应 $H(g) + D_2(v=0) \Longrightarrow HD(v=0) + D(g)$,重复习题 30-43 中的计算。假设 D_2(g) 的振动是谐性的。

习题参考答案

第31章 固体与表面化学

▶ 科学家介绍

在本章中，我们将研究固态化学中的一些现代主题。本章前半部分将介绍晶体的结构。我们将了解 X 射线衍射可用来确定原子和分子晶体的结构；晶体的 X 射线衍射图可用来反映晶体中电子密度的周期性分布；对于分子晶体，X 射线数据可用来确定分子键长和键角。

本章后半部分将介绍**表面化学**（surface chemistry），即研究固体表面如何催化化学反应。例如，原油中大分子的裂解是在硅酸铝催化剂存在的情况下进行的，这种催化剂通常称为沸石。沸石在将烯烃和环烷烃转化为汽油和喷气燃料中使用的石蜡和芳烃方面特别有效。提高催化反应的效率是学术界和工业界研究的一个重要领域。催化裂解的转化效率只要提高 1%，美国每年的原油进口量就可以减少 2200 万桶。

H_2 和 N_2 形成 NH_3 的反应在气相中几乎不发生，但在 $Fe-Al_2O_3-K_2O$ 催化剂存在的情况下则容易发生。这个反应对社会非常重要，因为氨是合成所有普通大宗肥料的起点。理解这些反应类型的细节需要了解分子是如何与表面进行化学反应的。

31-1 晶胞是晶体的基本组成部分

图 31.1 显示了铜晶体中原子的排列。从这种排列可以看出，晶体具有周期性结构，我们应该利用这种周期性来描述它的结构。我们将**晶胞**（unit cell）定义为晶体中最小的原子（或分子）集合，使得晶胞在三维空间中的复制能产生整个晶体。换句话说，我们将用重复的晶胞图案来描述晶体。图 31.2 以二维方式说明了晶胞是如何生成晶格的。显然，晶胞的形状不是任意的。例如，我们不能有一个球形晶胞，因为当这个晶胞在三维空间中复制时，球体之间会有间隙。也不可能通过具有五重对称轴的晶胞来生成晶格（习题 31-43）。晶胞必须是一个在复制时填满整个空间的几何结构。图 31.3 显示了结晶铜的晶胞结构。这种晶体排列的晶胞是一个立方体。铜原子在立方体的角和面的中心。如果我们在三维空间中复制这个晶胞，我们将得到图 31.1 所示的结构。请注意，位于 8 个顶角的每一个铜原子都由 8 个相邻的晶胞共享，并且位于立方体的 6 个面的面心的每个原子都由两个相邻的晶胞共享（参见图 31.3）。因此，每个晶胞有 $(1/8)8+(1/2)6=4$ 个铜原子。

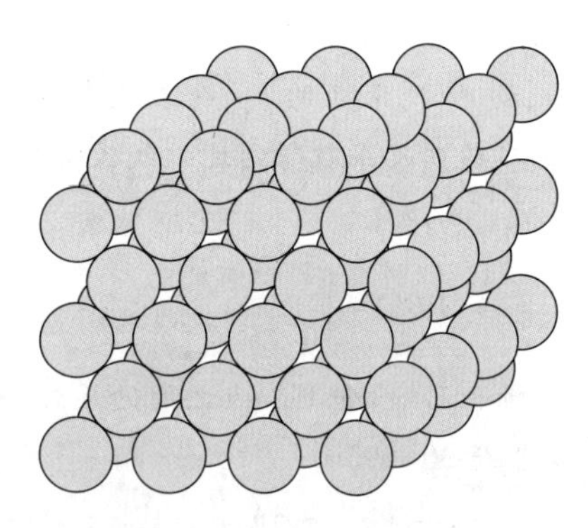

图 31.1 铜晶体中铜原子位置示意图。注意原子的周期性排列。

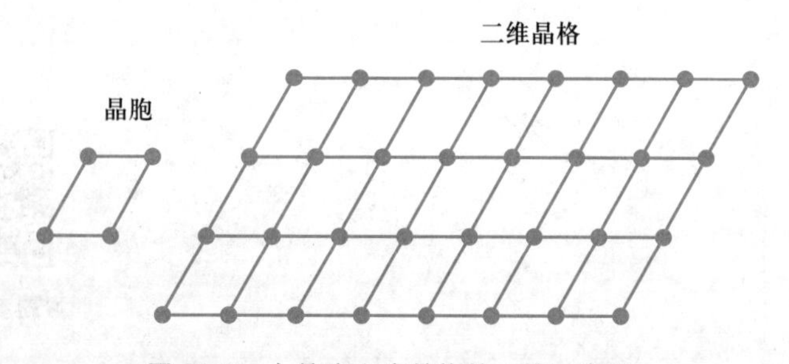

图 31.2 由晶胞生成晶格的二维示意图。

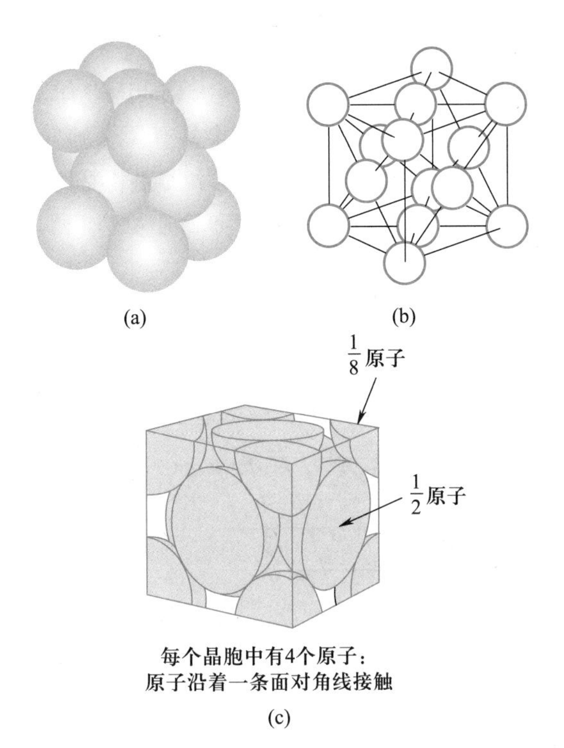

图 31.3 铜晶体中铜原子的排列方式。(a)构成晶体晶胞的一组原子。晶胞是一个立方体。(b)(c)铜原子位于立方体的顶角和面心。因此,每个铜原子都是被相邻的晶胞所共享的。(b)铜的三维晶格模型的晶胞,其中晶体的每个原子都与一晶格点相关联。(c)(a)中所示的每个铜原子对晶体晶胞贡献的分数。

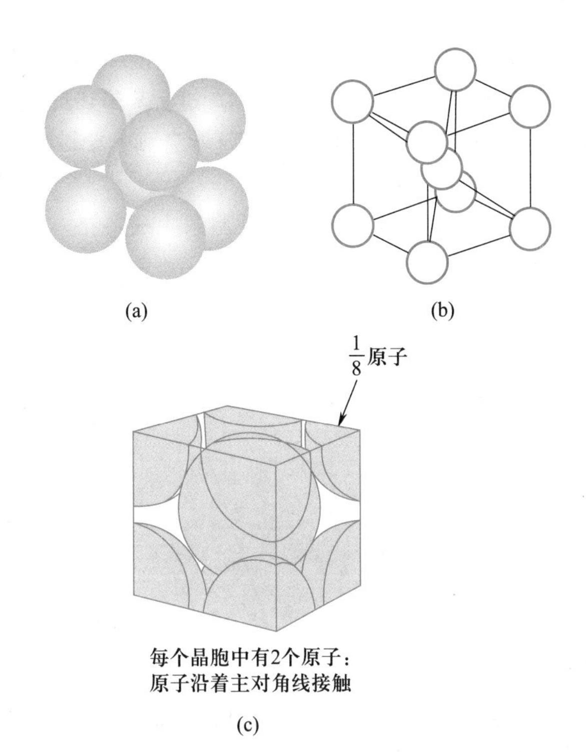

图 31.4 钾晶体中钾原子的排列方式。(a)构成晶体晶胞的一组原子。晶胞是一个立方体。(b)(c)钾原子位于立方体的顶角和体心。(b)钾的三维晶格模型的晶胞,其中晶体的每个原子都与一晶格点相关联。(c)(a)中所示的每个钾原子对晶体晶胞贡献的分数。

» 例题 31-1 图 31.4 显示了钾晶体的晶胞。在这样一个晶胞中有多少个原子?

» 解 如图 31.4 所示,在(立方)晶胞的每个顶角都有一个原子,体心有一个原子。顶角上的原子由 8 个晶胞共享,体心的原子完全位于晶胞内。因此,每个钾晶胞有 $(1/8)8+1=2$ 个原子。

图 31.3 和图 31.4 是两个立方晶胞的例子。图 31.3 中的晶胞称为**面心立方**(face-centered cubic)晶胞,因为除了角上的原子外,还有位于立方体面心的原子。图 31.4 所示的晶胞称为**体心立方**(body-centered cubic)晶胞,因为除了角上的原子外,在立方体的体心还有一个原子。上两种立方晶胞外,还有一种其他类型的立方晶胞(图 31.5)称为**简单立方**(primitive cubic)晶胞。钋是晶体中唯一具有简单立方晶胞的元素。注意,在简单立方晶胞中,每个晶胞只有一个原子。

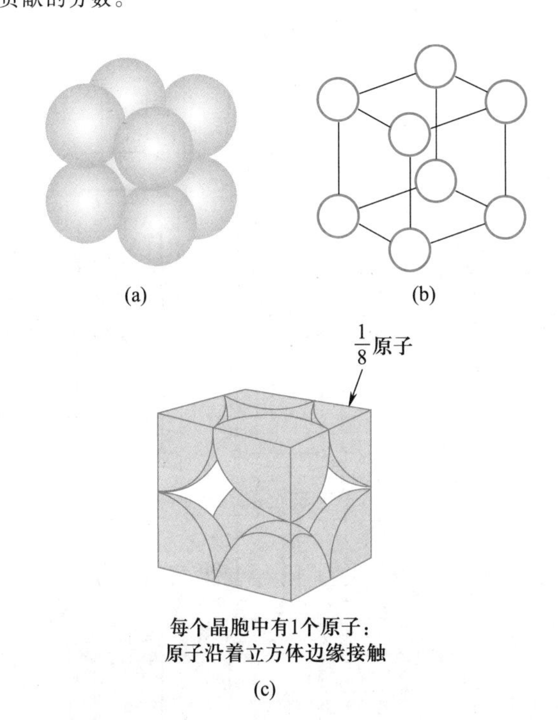

图 31.5 钋晶体中钋原子的排列方式。(a)构成晶体晶胞的一组原子。晶胞是一个立方体。(b)(c)钋原子位于立方体的顶角。(b)钋的三维晶格模型的晶胞,其中晶体的每个原子都与一晶格点相关联。(c)(a)中所示的每个钋原子对晶体晶胞贡献的分数。

到目前为止,我们只讨论了立方晶胞。最一般的晶胞是三维平行六面体[图 31.6(a)]。我们将晶胞的左下角作为坐标系的原点,则 $\boldsymbol{a}$,$\boldsymbol{b}$ 和 $\boldsymbol{c}$ 轴从这个原点沿着晶胞的边延伸。我们可以通过指定 a,b 和 c,即沿 $\boldsymbol{a}$,$\boldsymbol{b}$ 和 $\boldsymbol{c}$ 轴的长度,以及轴对之间的角度 α,β 和 γ 来描述晶胞的几何形状。图 31.6(b) 显示,当在三维空间中复制时,该晶胞生成三维固体。

你可能认为可以有无数个晶胞来生成晶格。但在1848年,法国物理学家 August Bravais(奥古斯特·布拉维)证明,生成所有可能的晶格只需要14个不同的晶胞。这14个所谓的 **Bravais 晶格**(Bravais lattices)如图31.7所示。在本章中,我们将重点讨论具有正交轴的晶格,$\alpha=\beta=\gamma=90°$。请注意,三个立方布拉维晶格是简单立方(图31.5)、体心立方(图31.4)和面心立方(图31.3)晶格。

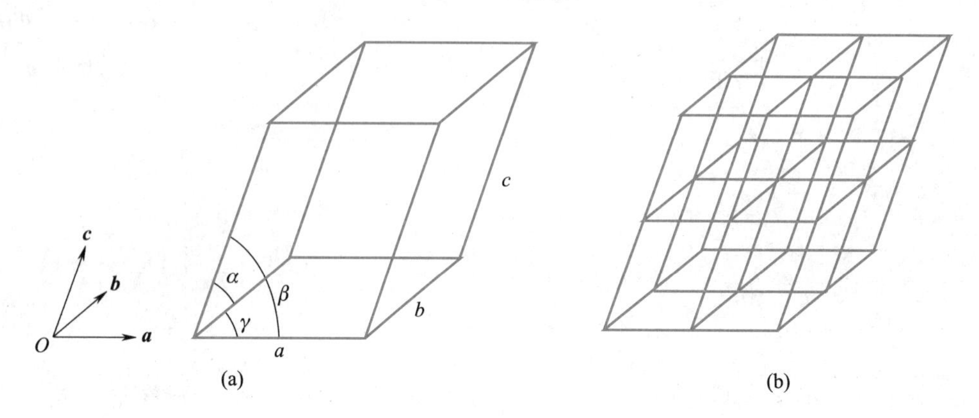

图 31.6 (a)晶胞的一般形状。取晶胞的左下角作为 $\boldsymbol{a}$,$\boldsymbol{b}$,$\boldsymbol{c}$ 坐标系的原点。晶胞由 a,b 和 c,即分别沿着 $\boldsymbol{a}$,$\boldsymbol{b}$,$\boldsymbol{c}$ 轴的长度,以及轴对之间的角度 α,β 和 γ 来定义。(b)通过在三维空间中复制晶胞生成晶格。

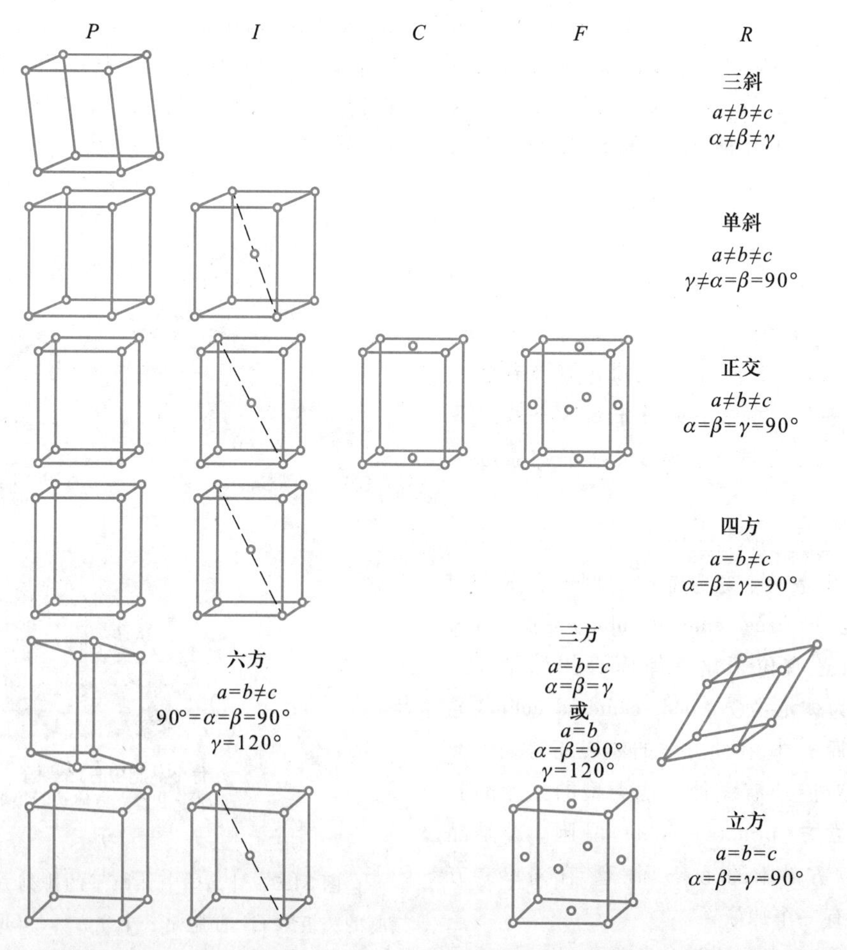

图 31.7 14个布拉维晶格。这14种晶胞产生了所有可能的三维晶格。点阵被组织成列,其中 P 表示晶胞(每个晶胞有一个晶格点),I 表示体心晶胞,C 表示底心晶胞,F 表示面心晶胞,R 表示菱形晶胞。根据平行六面体三条边的长度和晶胞的 $\boldsymbol{a}$,$\boldsymbol{b}$,$\boldsymbol{c}$ 轴之间的夹角的一般几何特征,14个布拉维晶格被组织成7类(三斜、单斜、正交、四方、六方、三方和立方)。

» 例题 31-2 铜以面心立方晶格结晶，在 20 ℃时密度为 8.930 g · cm^{-3}。假设铜原子沿面对角线接触，如图 31.3(c)所示，计算铜原子的半径。这样的半径称为**晶体半径**(crystallographic radius)。

» 解 每个晶胞有四个原子，所以晶胞的质量是

$$\text{晶胞质量}=\frac{(4)(63.55\ \text{g}\cdot\text{mol}^{-1})}{6.022\times10^{23}\ \text{mol}^{-1}}=4.221\times10^{-22}\text{g}$$

它的体积是

$$V_{\text{晶胞}}=\frac{4.221\times10^{-22}\text{g}}{8.930\ \text{g}\cdot\text{cm}^{-3}}=4.727\times10^{-23}\text{cm}^3$$

因为晶胞是立方的，其边长 a 可由 $V_{\text{晶胞}}$ 的立方根给出：

$$a=(V_{\text{晶胞}})^{1/3}=3.616\times10^{-8}\text{cm}=361.6\ \text{pm}$$

图 31.3(c) 表明，面心立方晶胞中原子的有效半径由面对角线长度的四分之一给出。对角线的长度为

$$d=(2)^{1/2}a=511.4\ \text{pm}$$

所以铜原子的晶体半径是(511.4 pm) /4 = 127.8 pm。

» 例题 31-3 计算铜原子占据晶胞的体积分数。假设每个原子都是一个与它最邻近原子接触的硬球体。

» 解 回想一下，铜的结晶是面心立方结构。设 a 为立方晶胞的边长。晶胞的总体积是 a^3。考虑如下所示的晶胞的六个相同的面之一。

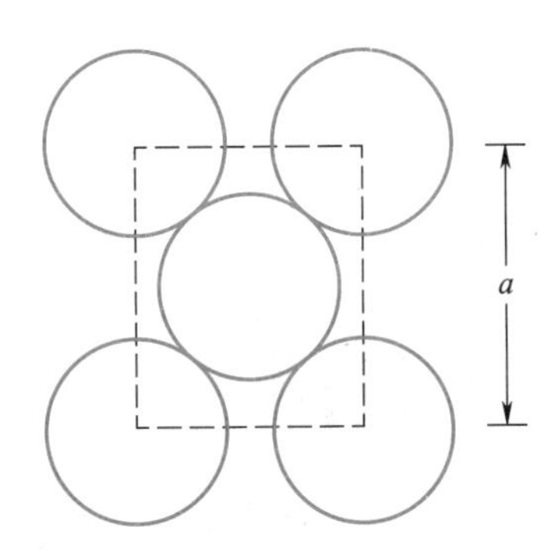

如果 r 是铜原子的半径，那么根据勾股定理，有

$$(4r)^2=a^2+a^2$$

或

$$r=\left(\frac{1}{8}\right)^{1/2}a$$

铜原子的体积可用 a，即晶胞的边长表示，也就是

$$V=\frac{4}{3}\pi r^3=\frac{\pi a^3}{6(8)^{1/2}}$$

每个晶胞总共有 4 个铜原子，所以占据体积的分数是

$$\text{占据分数}=\frac{4V}{a^3}=0.740$$

晶格是反映对应晶体对称性的点的网络。这些点是数学结构，并不一定描绘原子。一般来说，晶格点可以代表晶体中的单个原子、分子，甚至是原子或分子的集合。通过连接晶格点形成晶胞，通常是晶格点的最小平行六面体，使得在三维空间中复制晶胞可以产生整个晶格。例如，铜晶体中的每个原子可以用图 31.3(b) 所示的晶胞中的一个晶格点来表示。在这种情况下，我们只是用一个晶格点代替了晶体中的每个铜原子。现在考虑晶体 C_{60}分子的面心立方晶胞，如图 31.8。我们不需要描述每个 C_{60}分子中每个原子的位置，可以将一个晶格点与单个 C_{60}分子联系起来，然后用图 31.8(b) 所示的简单结构来表示晶胞。在这种情况下，晶格点表示一个分子在晶体中的位置。

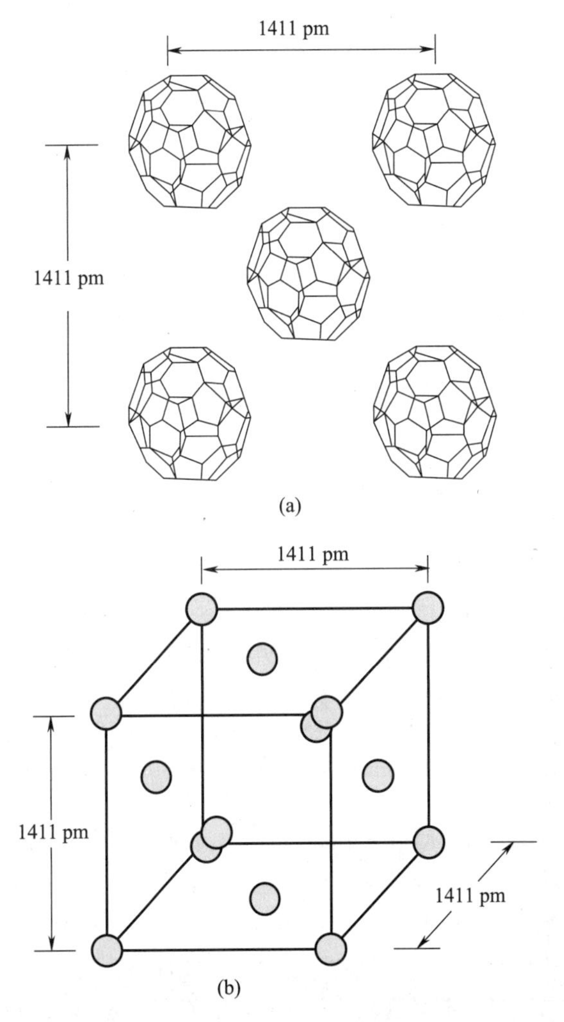

图 31.8 (a) C_{60} 晶体的面心立方晶胞的一个面。每个 C_{60}分子可位于顶角和面心。位于立方体每一条边上的两个 C_{60}分子中心之间的距离是 1411 pm。如果我们将每个 C_{60}分子与三维晶格上的一个点联系起来，则这些晶格点表示的晶胞由(b)所示的结构给出。由于每个晶格点代表一个 C_{60}分子，因此沿晶胞每一条边两个晶格点之间的距离为 1411 pm。

31-2 晶面的取向由其 Miller 指数描述

晶胞中包含的原子的坐标以晶胞三条边的长度 a,b 和 c 为单位表示。例如,考虑简单立方晶胞(图 31.5)。如果我们取左下角的晶格点作为晶体坐标系的原点,这个点的坐标是 $0a,0b,0c$,我们把它写为(0,0,0)。从原点沿 $\boldsymbol{a}$ 轴移动一段距离 a 会到达晶格点 $1a,0b,0c$,或(1,0,0)。简单立方晶胞的剩余晶格点为(0,1,0)、(0,0,1)、(1,1,0)、(1,0,1)、(0,1,1)和(1,1,1)。

» 例题 31-4 在体心立方晶胞中,晶格点的坐标是什么?

» 解 体心立方晶胞在立方体的八个角的每一个角,以及在立方体的中心处均有一个晶格点。角上的晶格点彼此之间的距离为晶胞边长,因此这些晶格点与简单立方晶胞的坐标相同,即(0,0,0),(1,0,0),(0,1,0),(0,0,1),(1,1,0),(1,0,1),(0,1,1)和(1,1,1)。立方体中心的晶格点位于晶胞所有三条边的1/2长度处,即(1/2,1/2,1/2)。

由于晶格的周期性,可以将晶格视为由包含晶格点的等距平行平面组所组成(图 31.9)。尽管这种对晶格的特殊描述似乎只是观察晶体结构的另一种任意方式,但它对于理解 X 射线衍射图案并将这些图案与晶体中原子和分子之间的距离和角度联系起来非常重要。至于晶格点的坐标,我们想用晶胞三条边的长度来描述一组平行的晶面。考虑一个与晶胞的 $\boldsymbol{a}$,$\boldsymbol{b}$ 和 $\boldsymbol{c}$ 轴相交于点 a',b'和 c'的平面。例如,图 31.9(b) 中的平面与 $\boldsymbol{a}$ 轴相交于 a,与 $\boldsymbol{b}$ 轴相交于 b,并且平行于 $\boldsymbol{c}$ 轴(即平面与 $\boldsymbol{c}$ 轴在无穷远处相交)。因此,本例中的 a',b'和 c'分别是 a,b 和∞。我们通过三个指数来表示该平面:

$$h=\frac{a}{a'}\quad k=\frac{b}{b'}\quad l=\frac{c}{c'}\tag{31.1}$$

在图 31.9(b) 的情况下是 1,1 和 0,我们将其写为 110,其所示的平面称为 110 晶面。同样,图 31.9(c) 中的平面与 $\boldsymbol{a}$、$\boldsymbol{b}$ 和 $\boldsymbol{c}$ 轴相交于 $a'=a$,$b'=b$ 和 $c'=c$,在这种情况下 $h=1$,$k=1$ 和 $l=1$,这些平面称为 111 晶面。

用来指定穿过晶格的平行平面的三个指数 h,k 和 l 称为 **Miller 指数**(Miller indices)。这些指数唯一地指定了晶体内的一组平行平面。Miller 指数与一系列平行平面相关,这些平行平面沿 $\boldsymbol{a}$ 轴间隔距离 a/h,沿 $\boldsymbol{b}$ 轴间隔距离 b/k,沿 $\boldsymbol{c}$ 轴间隔距离 c/l。图 31.10(a) 说明了立方晶格的一组 220 晶面。深色平面与 $\boldsymbol{a}$,$\boldsymbol{b}$ 和 $\boldsymbol{c}$ 轴相交于 $a'=a/2$,$b'=b/2$ 和 $c'=\infty$,因此 $h=2$,$l=2$ 和 $l=0$,这些平面称为 220 晶面。这组 220 晶面分别沿着晶体的 $\boldsymbol{a}$ 轴和 $\boldsymbol{b}$ 轴间隔 $a/2$ 和 $b/2$ 的距离。现在考虑图 31.10(b) 中所示的一组平面。将晶胞坐标系的原点设为立方体的左下角,深色平面与晶胞晶轴相交于 $a'=a$,$b'=b$,$c'=-c$,因此式(31.1) 给出 $h=k=1$ 且 $l=-1$。按照惯例,我们通过在相应的数字上加一个横线来表示负指数,因此指定为 $11\bar{1}$。图 31.10(b)说明了立方晶格的一组 $11\bar{1}$晶面。

我们在没有证明的情况下给出了 d,即正交晶胞的相邻 hkl 平面之间的垂直距离(见图 31.7),由下式给出:

$$\frac{1}{d^2}=\frac{h^2}{a^2}+\frac{k^2}{b^2}+\frac{l^2}{c^2}\tag{31.2}$$

对于立方晶胞($a=b=c$),式(31.2)简化为

$$\frac{1}{d^2}=\frac{h^2+k^2+l^2}{a^2}\tag{31.3}$$

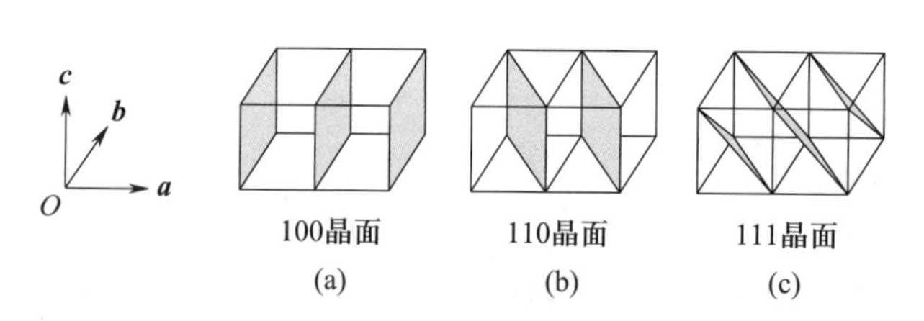

图 31.9 简单立方晶格的各组等间距平行平面。指数 hkl 与一系列平行平面相关联,这些平行平面沿 $\boldsymbol{a}$ 轴间隔距离 a/h,沿 $\boldsymbol{b}$ 轴间隔距离 b/k,沿 $\boldsymbol{c}$ 轴间隔距离 c/l,其中 a,b 和 c 是晶胞的边长。(a) 100 晶面,(b) 110 晶面,(c) 111 晶面。

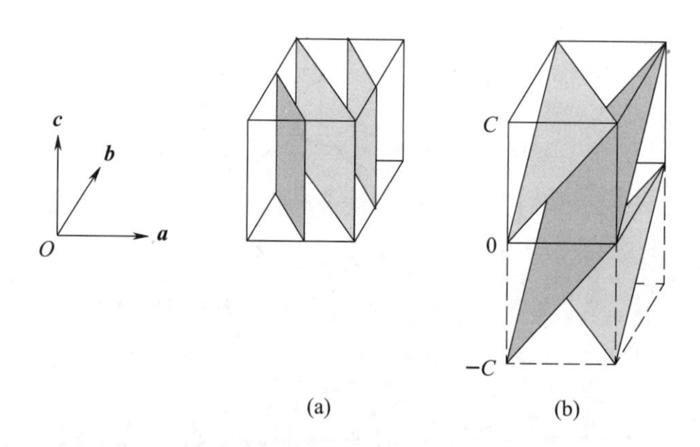

图 31.10 (a) 立方晶格的一组平行 220 晶面示意图。突出显示的平面与晶轴相交于 $a'=a/2$,$b'=b/2$ 和 $c'=\infty$,因此指定为 220。(b) 立方晶格的一组平行 $11\bar{1}$晶面示意图。突出显示的平面与晶胞的晶轴相交于 $a'=a$,$b'=b$ 和 $c'=-c$,因此指定为 $11\bar{1}$。

» 例题 31-5 考虑尺寸为 $a=487$ pm,$b=646$ pm 和 $c=415$ pm 的正交晶胞。计算该晶体(a) 110 晶面和(b) 222 晶面之间的垂直距离。

» 解 穿过正交晶胞的平行 110 和 222 晶面组如下所示。

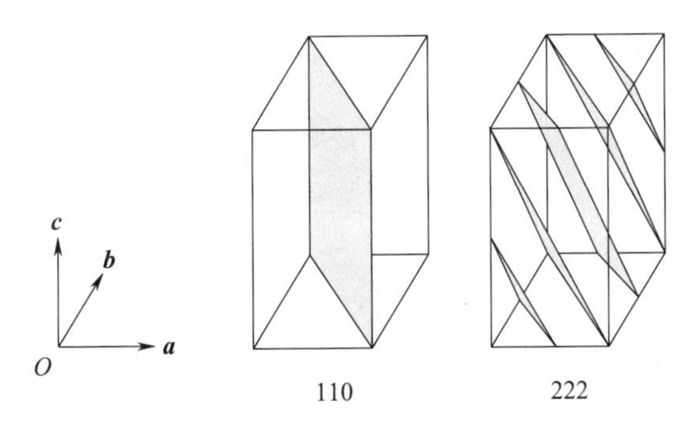

可以使用式(31.2)求出相邻平面之间的垂直距离。

对于 110 晶面,有

$$\frac{1}{d^2}=\frac{h^2}{a^2}+\frac{k^2}{b^2}+\frac{l^2}{c^2}$$

$$=\frac{1}{(487\ \mathrm{pm})^2}+\frac{1}{(646\ \mathrm{pm})^2}+\frac{0}{(415\ \mathrm{pm})^2}$$

$$=6.61\times10^{-6}\ \mathrm{pm}^{-2}$$

或 $d=389$ pm。对于 222 晶面,类似计算得出 $d=142$ pm。

31-3 晶格平面之间的距离可以通过 X 射线衍射测量来确定

晶体的结构可以通过 X 射线衍射技术来确定。X 射线是通过在真空管内用高能电子轰击金属靶(通常是铜)而产生的。高能电子和铜原子之间的碰撞产生电子激发的铜阳离子,然后这些电子激发的铜阳离子通过发射光子弛豫回到其基态。发出的辐射由两条间隔很近的线组成,分别位于 154.433 pm 和 154.051 pm。然后将其中之一对准单晶。晶体安装座可以旋转,使实验者能够相对于三个晶体轴定向入射的 X 射线。大多数 X 射线直接穿过晶体。然而,少量的辐射被晶体衍射,并且该衍射光的图案被二维阵列检测器记录。检测器上记录的图像称为**衍射图案**(diffraction pattern)。

图 31.11 显示了钨单晶的 X 射线衍射图。该图案是不同强度的斑点的集合。衍射点的位置和强度是由晶格的不同组平行的 *hkl* 平面之间的距离决定的。

考虑位于相邻 *hkl* 平面的两个晶格点 A_1 和 A_2(图 31.12),它们沿晶体的 $\boldsymbol{a}$ 轴,且间距为 a'。(例如,这些平面可能垂直于图 31.12 的平面。)设 α_0 为 X 射线束的入射角,α 为衍射角。现在考虑位于角度 α 的一位观察者。如果 $\alpha\neq\alpha_0$,则从晶格点 A_1 衍射的 X 射线在到达观察者时所经过的总路径长度与从晶格点 A_2 衍射的 X 射线的总路径长度不同。路径长度的差异 Δ 在图 31.12 中可由下式给出:

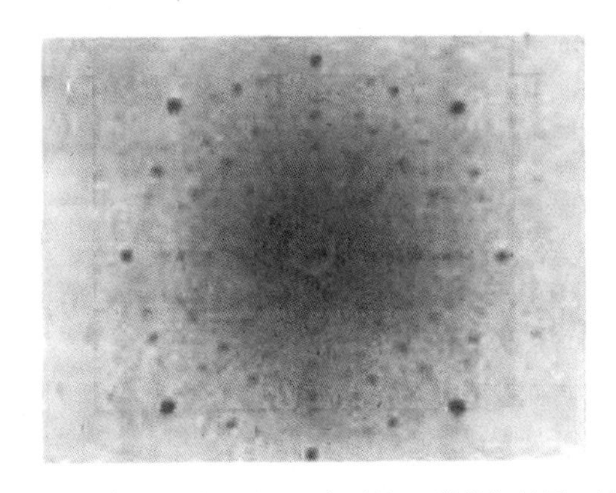

图 31.11 从钨单晶样品观察到的 X 射线衍射图。钨的晶胞是体心立方。

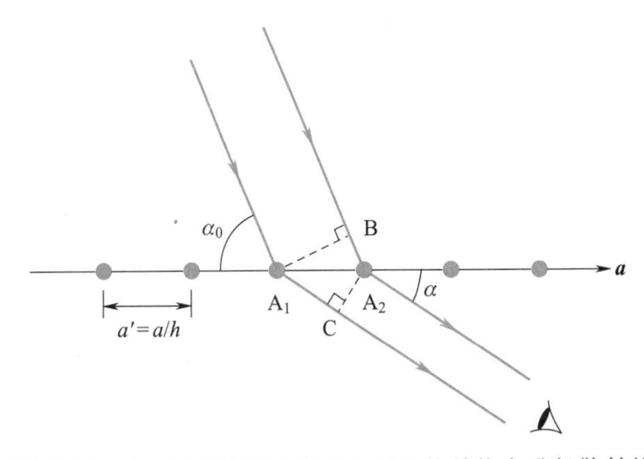

图 31.12 在 $\boldsymbol{a}$ 轴上位于相邻 *hkl* 平面的晶格点进行散射的示意图。(例如,*hkl* 平面可能垂直于本图的平面。)*hkl* 平面是平行的,因此 X 射线辐射的入射角 α_0 对每个晶格点是相同的。然后,X 射线从这些晶格点以角度 α 散射。

$$\Delta=\overline{A_1C}-\overline{A_2B} \tag{31.4}$$

如果距离 Δ 等于 X 射线辐射波长的整数倍,则两束衍射光束将相长干涉。如果 Δ 不等于 X 射线辐射波长的整数倍,则两束光束会发生相消干涉。如果我们把这个论点扩展到包括图 31.12 所示的行中所有原子的衍射,那么为了观察衍射信号,从行中每个原子衍射的光必须相长干涉。这意味着晶面必须相对于入射 X 射线进行定向,使得 Δ 等于 X 射线辐射波长的整数倍,或者 $\Delta=n\lambda$,其中 n 是一整数。现在假设晶体中一组特定的 *hkl* 平面满足这个条件。从图 31.12 所示的几何图形中,我们有 $\overline{A_2B}=a'\cos\alpha_0$ 和 $\overline{A_1C}=a'\cos\alpha$,因此我们可以将式(31.4)写为

$$\Delta=a'(\cos\alpha-\cos\alpha_0)=n\lambda \tag{31.5}$$

相邻 hkl 平面中沿 $\boldsymbol{a}$ 轴的晶格点之间的距离由 $a'=a/h$ 给出,其中 a 是晶胞沿 $\boldsymbol{a}$ 轴的长度。因此,可以根据 Miller 指数和晶胞长度重写式(31.5):

$$a(\cos\alpha-\cos\alpha_0)=nh\lambda \qquad (31.6)$$

对应于 $n=1$ 的衍射斑称为**一级反射**(first-order reflections);对应于 $n=2$ 的衍射斑称为**二级反射**(second-order reflections),以此类推。

对于晶体的其他两个轴,都有类似于式(31.6)的公式。如果取 β_0 和 γ_0 为 X 射线辐射相对于晶体 $\boldsymbol{b}$ 轴和 $\boldsymbol{c}$ 轴的入射角,β 和 γ 为相应的衍射角,一组平行 hkl 平面中沿 $\boldsymbol{b}$ 和 $\boldsymbol{c}$ 轴的晶格点的一阶衍射方程由下式给出:

$$b(\cos\beta-\cos\beta_0)=k\lambda \qquad (31.7)$$

和

$$c(\cos\gamma-\cos\gamma_0)=l\lambda \qquad (31.8)$$

式(31.6)至式(31.8)最初由德国物理学家 Max von Laue(马克斯·冯·劳厄)推导出来,统称为 **von Laue 方程**(von Laue equations)。

作为使用 von Laue 方程的示例,下面介绍当 X 射线束指向晶胞为简单立方的晶体时获得的衍射图案。调整晶体的方向,使入射 X 射线垂直于晶体的 $\boldsymbol{a}$ 轴。此时,X 射线与晶体 $\boldsymbol{a}$ 轴之间的夹角 α_0 为 $90°$,一阶衍射的 von Laue 方程变为

$$a\cos\alpha=h\lambda \qquad (31.9)$$

$$a(\cos\beta-\cos\beta_0)=k\lambda \qquad (31.10)$$

$$a(\cos\gamma-\cos\gamma_0)=l\lambda \qquad (31.11)$$

考虑一组平行平面 $h00$。式(31.9)告诉我们,h 的每个值对应于散射角 α 的某一特定值。当 $h=0$ 时,$\cos\alpha=0$ 所以 $\alpha=90°$;对于 $h=1$,$\cos\alpha=\lambda/a$;对于 $h=2$,$\cos\alpha=2\lambda/a$;等等。此外,$\beta=\beta_0$ 且 $\gamma=\gamma_0$,因为 $k=0$ 且 $l=0$。因此,von Laue 方程表明,当晶体的 $\boldsymbol{a}$ 轴垂直于入射 X 射线时,$h00$ 平面将产生一组衍射斑点,这些斑点位于垂直于入射 X 射线方向并平行于晶体 $\boldsymbol{a}$ 轴的一条线上(见图 31.13)。当 $h=0$ 时,$\cos\alpha=0$,因此 $\alpha=90°$,这意味着 X 射线束直接穿过晶体(见图 31.13)。h 的正值通过 α 的正值给出一系列衍射点,其中 α 由 $\cos\alpha=h\lambda/a$ 给出,式中 $h=1,2,\cdots$。h 的负值通过 α 的负值给出一系列衍射点。这样,就得到了如图 31.13 所示的衍射图案。

例题 31-6 展示了如何使用 000 和 100 衍射点间距来确定沿晶胞 $\boldsymbol{a}$ 轴的晶格点间距。如果能收集当晶体的取向使得入射 X 射线垂直于 $\boldsymbol{b}$ 轴和 $\boldsymbol{c}$ 轴时的衍射信息,就能以类似的方式确定沿这些轴的晶格间距。

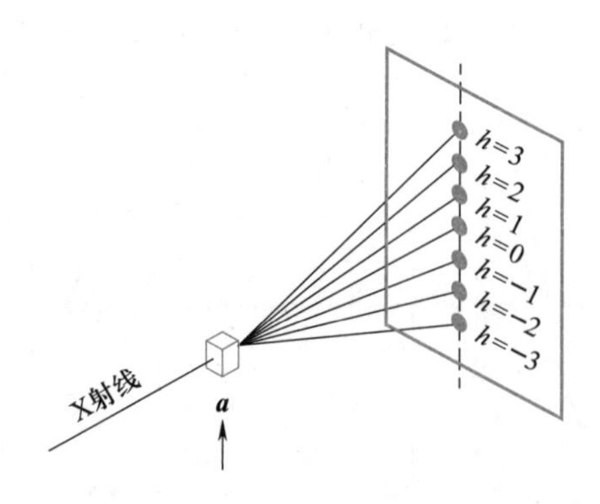

图 31.13 晶体 $h00$ 平面的 X 射线衍射图案示意图,其中入射 X 射线垂直于晶体的 $\boldsymbol{a}$ 轴。

» 例题 31-6 X 射线衍射仪中的检测器距离晶体 5.00 cm。将一个晶胞为简单立方的晶体的取向设置为其 $\boldsymbol{a}$ 轴垂直于入射的 X 射线。晶体原点和 100 晶面对应的检测光斑之间的距离为 2.25 cm。X 射线源为铜的 $\lambda=154.433$ pm 线。晶胞沿着 $\boldsymbol{a}$ 轴的长度是多少?

» 解 这个实验的几何结构如下所示。

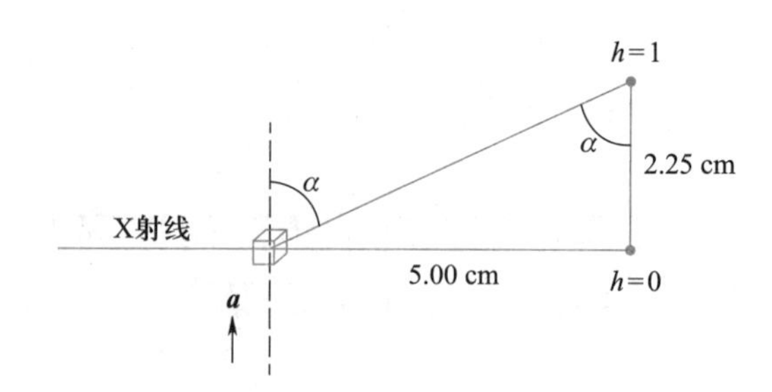

入射的 X 射线垂直于晶体的 $\boldsymbol{a}$ 轴,因此 $h00$ 平面的散射图如图 31.13 所示。来自原点平面的散射直接穿过晶体。100 晶面的衍射角 α 由式(31.9)给出:

$$a\cos\alpha=\lambda$$

则

$$a=\frac{\lambda}{\cos\alpha} \qquad (1)$$

上图显示 $\tan\alpha=5.00/2.25$ 或 $\alpha=\tan^{-1}(5.00/2.25)=65.77°$。把这个结果代入式(1),得到

$$a=\frac{154.433\text{ pm}}{\cos 65.77°}=376.37\text{ pm}$$

对于任意的 hkl 平面,相对于 $\boldsymbol{a}$ 轴的衍射方向与 $h00$ 平面的相同。但由于同时有相对于 $\boldsymbol{b}$ 轴和 $\boldsymbol{c}$ 轴的衍射,因此,来自一个 hkl 平面的衍射斑点将位于一个锥体的表面,该锥体与入射 X 射线的方向和晶体 $\boldsymbol{a}$ 轴所定义的平面成 α 角(图 31.14)。衍射斑点在这个锥上的确切位置取决于散射角 β 和 γ,而它们又取决于 k 和 l 的值,由

式(31.7)和式(31.8)确定。图 31.15 显示了简单立方晶体的一些 hkl 面衍射斑的位置。

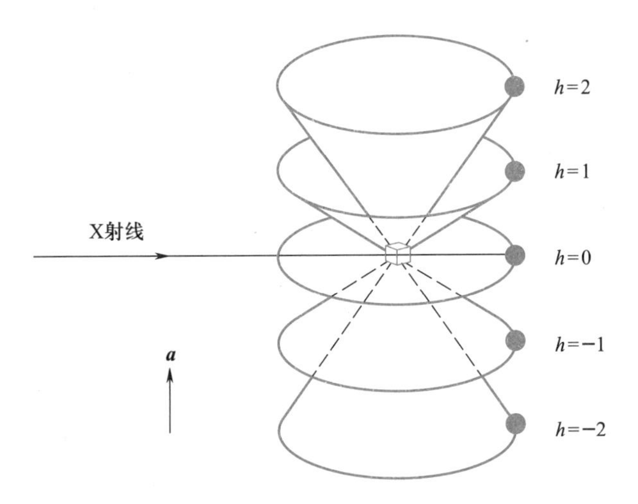

图 31.14 当入射 X 射线垂直于晶体 $\boldsymbol{a}$ 轴时，晶体中的 hkl 平面的散射。填充的圆点表示 $h00$ 平面的散射（见图 31.13）。对于 k 和/或 l 不等于零的 hkl 平面，相对于晶体 $\boldsymbol{a}$ 轴的散射角与 $h00$ 平面的散射角相同。因此，来自 hkl 平面的衍射斑位于相对于晶体 $\boldsymbol{a}$ 轴具有恒定散射角 α 的一个圆锥表面。来自一特定 hkl 平面的斑点的确切位置由 von Laue 方程确定。

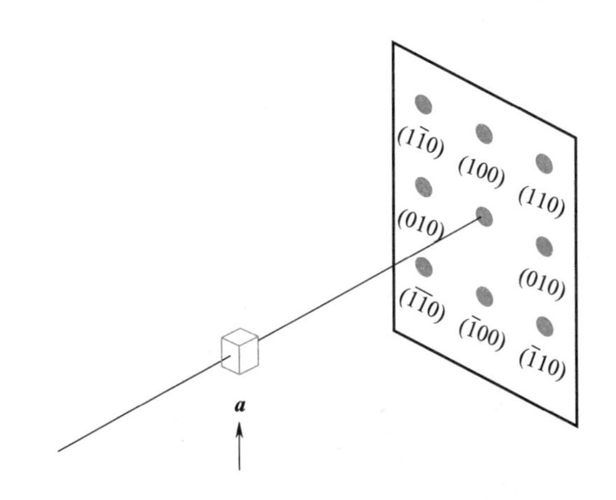

图 31.15 当入射 X 射线垂直于晶体 $\boldsymbol{a}$ 轴时，简单立方晶体的某些 hkl 平面的衍射斑点。每个点对应于特定的衍射角 α，β 和 γ。衍射角可以由 von Laue 方程确定。

普通化学课程中曾介绍英国化学家 William Bragg（威廉·布拉格）提出的另一种观察 X 射线衍射的方法。Bragg 把晶体的 X 射线衍射模型化为来源于各组平行的 hkl 晶格平面对 X 射线的反射。习题 31-29 给出了他的方程的推导，结果是

$$\lambda = 2\left(\frac{d}{n}\right)\sin\theta \qquad (31.12)$$

式中 θ 为 X 射线相对于晶格平面的入射角（和反射角），λ 为 X 射线辐射的波长，$n=1,2,\cdots$ 是反射的级数。对于一立方晶胞，式(31.3)给出了以 Miller 指数表示的 d，因此可以把式(31.12)写成

$$\sin^2\theta = \frac{n^2\lambda^2}{4a^2}(h^2+k^2+l^2) \qquad (31.13)$$

» 例题 31-7 银以面心立方结构结晶，其晶胞长度为 408.6 pm。利用 Bragg 方程，计算当使用波长为 154.433 pm 的 X 射线时观测到的来自 111 晶面的前几个衍射角。

» 解　当 $n=1$（一级衍射）时衍射角最小，所以式(31.13)给出：

$$\begin{aligned}\sin^2\theta &= \frac{\lambda^2}{4a^2}(h^2+k^2+l^2)\\ &= \frac{(154.433\ \text{pm})^2}{4(408.6\ \text{pm})^2}(3)\\ &= 0.1071\end{aligned}$$

或 $\theta=19.11^\circ$。第二小的衍射角出现在 $n=2$（二级衍射），所以

$$\sin^2\theta=(4)(0.1071)=0.4284$$

或 $\theta=40.88^\circ$。

式(31.12)可以从 von Laue 方程推导出来，因此这两种方法是了解观察衍射图案起因的等效方法（习题 31-44 和习题 31-45）。

从 von Laue 方程可以看出，衍射角取决于入射角、晶胞的尺寸、X 射线辐射的波长和 Miller 指数。实际上，并非都能观察到来自晶格的所有 hkl 平面的衍射斑点。例如，一个原子晶体，其晶胞为体心立方，当 $h+k+l$ 为奇数时，没有来自 hkl 平面的衍射。此外，不同 hkl 平面对应的衍射斑的强度也会有很大的差异。为了了解哪些晶格平面会产生衍射斑点，以及是什么决定了这些斑点的强度，我们需要研究原子衍射 X 射线的细节。

31-4 总散射强度与晶体中电子密度的周期结构有关

X 射线被晶体中的电子散射时，因为每个原子的电子数和原子轨道的大小都是不同的，所以不同的原子有不同的散射效率。原子的**散射因子**（scattering factor）f，定义为

$$f=4\pi\int_0^{+\infty}\rho(r)\frac{\sin(kr)}{kr}r^2\,\mathrm{d}r \qquad (31.14)$$

式中 $\rho(r)$ 为原子的球对称电子密度(单位体积内的电子数),$k=(4\pi/\lambda)\sin\theta$,其中 θ 为散射角,λ 为 X 射线的波长。用于记录衍射图样的 X 射线的波长与原子的大小相当,因此来自原子不同区域的散射会相互干涉。式(31.14)中的被积函数通过因子 $\sin(kr)/kr$ 考虑了这种干涉。图 31.16 显示了不同原子的 f 作为 $\sin\theta/\lambda$ 的函数图。

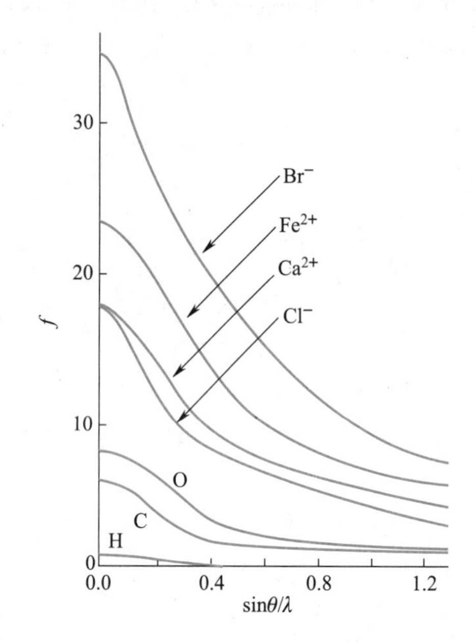

图 31.16 散射因子与电子数和衍射角的关系。$\theta=0$ 时的散射因子等于原子或离子上的电子总数。

» 例题 31-8 证明原子在 $\theta=0$ 方向上的散射因子等于原子上的电子总数。

» 解 散射角 $\theta=0$ 意即 X 射线直接穿过原子。若 $\theta=0$,则 $k=(4\pi/\lambda)\sin\theta=0$,式(31.14)中的 $\sin(kr)/kr$ 项不确定。为了求被积函数,我们需要计算 $\lim_{kr\to 0}[\sin(kr)/kr]$。如果我们用 kr 的幂级数来表示 $\sin(kr)$(见数学章节 I),那么

$$\lim_{kr\to 0}\frac{\sin(kr)}{kr}=\lim_{kr\to 0}\frac{kr-\dfrac{(kr)^3}{3!}+\cdots}{kr}=1+O[(kr)^2]$$

因此,式(31.14)变成

$$f=4\pi\int_0^{+\infty}\rho(r)r^2\mathrm{d}r$$

被积函数是电子密度和球形体积元 $4\pi r^2\mathrm{d}r$ 的乘积,在积分后给出原子中电子的总数。

现在,让我们考虑图 31.17 中所示的一维晶格。该晶格由不同类型的原子 1 和原子 2 组成,分别具有散射因子 f_1 和 f_2。连续的原子 1 或连续的原子 2 之间的距离是 a/h,其中 a 是晶胞沿 $\boldsymbol{a}$ 轴的长度,连续的原子 1、原子 2 之间的距离是 x。

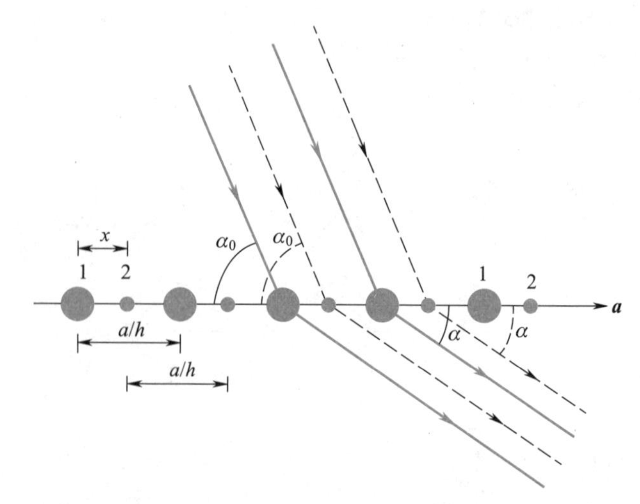

图 31.17 由两种不同类型的原子组成的晶格的散射示意图。连续的原子 1 和连续的原子 2 之间的距离是 a/h,连续的原子 1、原子 2 之间的距离是 x。

如果晶体取向满足式(31.6),即描述原子沿 $\boldsymbol{a}$ 轴散射的 von Laue 方程,则被连续的原子 1 所衍射的 X 射线的光程差,Δ_{11},(或连续的原子 2,Δ_{22}),可由下式给出[见式(31.5)]:

$$\Delta_{11}=\Delta_{22}=\frac{a}{h}(\cos\alpha-\cos\alpha_0)=\lambda \qquad (31.15)$$

式中已取 $n=1$。然而,由连续的原子 1、原子 2 所衍射的 X 射线的光程差则为

$$\Delta_{12}=x(\cos\alpha-\cos\alpha_0) \qquad (31.16)$$

它不等于波长的整数倍。由连续的原子 1、原子 2 所散射的 X 射线的光程差可以通过重新排列式(31.15)得到:

$$\cos\alpha-\cos\alpha_0=\frac{\lambda h}{a}$$

然后把这个结果代入式(31.16),得

$$\Delta_{12}=\frac{\lambda hx}{a} \qquad (31.17)$$

该光程差对应于从连续的原子 1、原子 2 发出的衍射光束之间的相位差:

$$\phi=2\pi\frac{\Delta_{12}}{\lambda}=2\pi\frac{\lambda hx/a}{\lambda}=\frac{2\pi hx}{a} \qquad (31.18)$$

从连续的原子 1、原子 2 散射的光的振幅为

$$A=f_1\cos(\omega t)+f_2\cos(\omega t+\phi) \qquad (31.19)$$

式中 f_1 和 f_2 分别为原子 1 和原子 2 的散射因子,ω 为 X 射线辐射的角频率。方便起见,我们将使用指数函数而不是余弦函数(参见数学章节 A)来描述电场随时间变化的行为,由此可以将式(31.19)写成

$$A=f_1e^{i\omega t}+f_2e^{i(\omega t+\phi)} \qquad (31.20)$$

回想一下,检测到的强度与振幅大小的平方成正比(习题

3-31)，所以

$$
\begin{aligned}
I \propto |A|^2 &= [f_1 e^{i\omega t} + f_2 e^{i(\omega t+\phi)}][f_1 e^{-i\omega t} + f_2 e^{-i(\omega t+\phi)}] \\
&= f_1^2 + f_1 f_2 e^{i\phi} + f_1 f_2 e^{-i\phi} + f_2^2 \\
&= f_1^2 + f_2^2 + 2 f_1 f_2 \cos\phi \qquad (31.21)
\end{aligned}
$$

式(31.21)的前两项分别反映了从通过原子 1 和原子 2 的一组平行平面所散射的 X 射线的相长干涉，第三项则考虑了这两组平行平面所散射的 X 射线的干涉。从这个结果中可以看到，强度不取决于 X 射线的频率，而只取决于两束衍射光束之间的相位差。因此，我们可以忽略式(31.20)中的 $e^{i\omega t}$ 项，并定义 $F(h)$，即沿晶体 $\boldsymbol{a}$ 轴的结构因子为

$$F(h) = f_1 + f_2 e^{i\phi} = f_1 + f_2 e^{2\pi i h x/a} \qquad (31.22)$$

式中 ϕ 由式(31.18)给出。所以，强度[式(31.21)]与 $|F(h)|^2$ 成正比。

将式(31.22)推广到三维的晶胞，其中包含位于 x_j，y_j，z_j 点的 j 型原子，可以得到

$$F(hkl) = \sum_j f_j e^{2\pi i(hx_j/a + ky_j/b + lz_j/c)} \qquad (31.23)$$

式中 a,b,c 为晶胞的三条边的长度，f_j 为一个 j 型原子的散射因子，hkl 为衍射面的 Miller 指数。坐标 x_j，y_j，z_j 通常以 a,b,c，即晶胞的长度，为单位表示。在这种情况下，式(31.23)可以写成

$$F(hkl) = \sum_j f_j e^{2\pi i(hx_j' + ky_j' + lz_j')} \qquad (31.24)$$

式中 $x_j' = x_j/a$，$y_j' = y_j/b$，$z_j' = z_j/c$。$F(hkl)$ 称为晶体的**结构因子**(structure factor)。将式(31.21)推广到三维，可以得到晶体衍射光斑的强度与结构因子大小的平方成正比，即 $I \propto |F(hkl)|^2$。因此，对于任何一组 Miller 指数 h，k 和 l，如果有 $F(hkl)=0$，那么这些平面将不会产生可观察到的衍射斑。下面的例子说明了这样的情况。

» 例题 31-9 导出由相同原子组成的体心立方晶胞的结构因子表达式。是否晶格的所有 hkl 面都会产生衍射斑？

» 解 在例题 31-4 中，我们证明了体心立方晶胞中晶格点的坐标是(0,0,0)，(1,0,0)，(0,1,0)，(0,0,1)，(1,1,0)，(1,0,1)，(0,1,1)，(1,1,1)和(1/2,1/2,1/2)。距离的单位是 a，即立方晶胞的边长，因此这些坐标对应于式(31.24)中的坐标。每个角上的晶格点由 8 个晶胞共享，因此我们必须将每个角上晶格点的散射效率乘以 1/8。利用式(31.24)，且因晶胞是立方的，$a=b=c$，得到

$$
\begin{aligned}
F(hkl) = \frac{1}{8} f[&e^{2\pi i(0+0+0)} + e^{2\pi i(h+0+0)} + e^{2\pi i(0+k+0)} + \\
&e^{2\pi i(0+0+l)} + e^{2\pi i(h+k+0)} + e^{2\pi i(h+0+l)} + e^{2\pi i(0+k+l)} + \\
&e^{2\pi i(h+k+l)}] + f[e^{2\pi i(h/2+k/2+l/2)}]
\end{aligned}
$$

现在有 $e^{2\pi i} = \cos(2\pi) + i\sin(2\pi) = 1$ 和 $e^{\pi i} = -1$，所以上面的表达式可化简为

$$
\begin{aligned}
F(hkl) = \frac{1}{8} f[&1^0 + 1^h + 1^k + 1^l + 1^{h+k} + 1^{h+l} + 1^{k+l} + 1^{h+k+l}] + \\
&f(-1)^{h+k+l}
\end{aligned}
$$

但是，对于所有 n，有 $1^n = 1$，所以

$$F(hkl) = \frac{1}{8} f[8] + f(-1)^{h+k+l} = f[1 + (-1)^{h+k+l}]$$

如果 $h+k+l$ 是偶数，则 $F(hkl) = 2f$。如果 $h+k+l$ 是奇数，则 $F(hkl) = 0$。因此，只有 $h+k+l$ 为偶数的晶格面才会产生衍射斑。习题 31-37 表明，对于简单立方晶胞，所有整数值的 h,k,l 都会产生反射；而对于面心立方晶胞，只有当 h,k 和 l 要么全为偶数要么全为奇数时，才会产生反射。

氯化钠和氯化钾以两个互穿的面心立方晶格形成结晶[对于 NaCl，见图 31.18(a)]。每个晶胞中有 27 个离子。每个位于晶胞顶角上的阳离子由 8 个晶胞共享。位于面心的阳离子被 2 个晶胞共享。因此，每晶胞有 (1/8)8+1/2(6)= 4 个阳离子。位于晶胞体心的阴离子完全包含在晶胞内，剩余的阴离子则位于晶胞的每一条边的中心处，因此被 4 个晶胞共享。因此，每个晶胞有 1+(1/4)12= 4 个氯离子，或者说每个晶胞有 4 个 NaCl 或 KCl 单位。

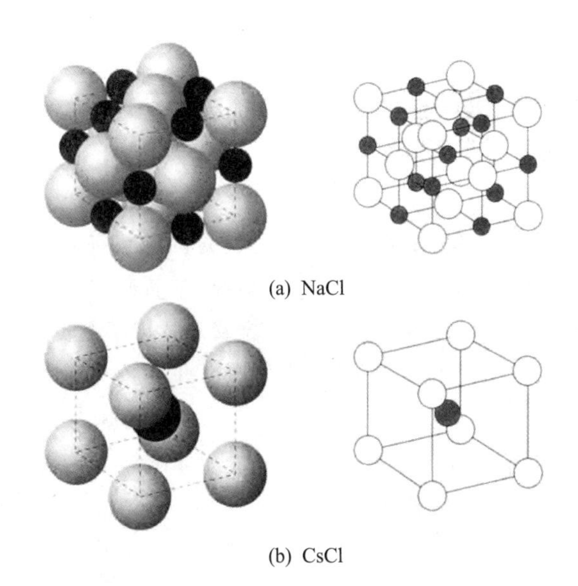

图 31.18 (a) NaCl 和(b) CsCl 晶胞的空间填充和球棍表示。在这两种情况下，不同的晶体结构是由阳离子和阴离子的相对大小直接导致的。

我们可以用式(31.24)来确定氯化钠或氯化钾的结构因子。设 f_+ 和 f_- 分别为阳离子和阴离子的散射因子。将晶胞中各种离子的位置代入式(31.2)(习题 31-41)，

得到氯化钠或氯化钾的结构因子为

$$F(hkl)=f_{+}[1+(-1)^{h+k}+(-1)^{h+l}+(-1)^{k+l}]+ f_{-}[(-1)^{h+k+l}+(-1)^{h}+(-1)^{k}+(-1)^{l}] \tag{31.25}$$

式(31.25)表明

$$\begin{aligned} F(hkl)&=4(f_{+}+f_{-}) \quad h,k,l\text{ 全为偶数} \\ F(hkl)&=4(f_{+}-f_{-}) \quad h,k,l\text{ 全为奇数} \end{aligned} \tag{31.26}$$

如果式中两个指数为偶数,第三个指数为奇数(或两个指数为奇数,第三个指数为偶数),则 $F(hkl)=0$。由于强度与结构因子大小的平方成正比,由式(31.26)可知,全偶数 hkl 平面的衍射斑强度将大于全奇数 hkl 平面的衍射斑强度。这正是实验观察到的结果。

式(31.26)还表明,如果两个离子的散射因子几乎相同,则来自全奇数 hkl 平面的散射将非常弱。如上所述,氯化钾也以面心立方晶格结晶。但与 NaCl(s)不同的是,KCl(s)没有显示对应于 h,k,l 都是奇数的 hkl 平面散射的衍射斑点。因为 K^{+} 和 Cl^{-} 是等电子的,所以这两个离子的散射因子基本上是相同的。因此,全奇数 hkl 平面散射的结构因子基本为零[见式(31.26)]。

图 31.18(b)显示了 CsCl(s)的结构,与 CsBr(s)和 CsI(s)相同。该类晶胞的散射因子是(习题 31-42)

$$F(hkl)=(f_{+}+f_{-}) \quad h,k,l\text{ 全为偶数或其一为偶数}$$

$$F(hkl)=(f_{+}-f_{-}) \quad h,k,l\text{ 全为奇数或其一为奇数}$$

31-5　傅里叶变换将结构因子和电子密度联系起来

在上一节中,我们将晶体建模为位于晶胞中点(x_j, y_j, z_j)的一组原子。然后,我们根据位于晶胞中每个位置的原子对 X 射线的散射强度来定义结构因子。实际上,在原子晶体和分子晶体中,电子密度并不局域于晶胞内的个别点。因此,基于点散射的 X 射线衍射模型有些过于简单。相反,我们应该考虑晶体的晶胞具有连续的电子密度分布 $\rho(x,y,z)$。结构因子[式(31.23)]不再是对离散原子的简单求和,而是对晶胞中连续的电子密度分布的积分:

$$F(hkl)=\int_0^a\int_0^b\int_0^c \rho(x,y,z)\,\mathrm{e}^{2\pi\mathrm{i}(hx/a+ky/b+lz/c)}\,\mathrm{d}x\mathrm{d}y\mathrm{d}z \tag{31.27}$$

整个晶体是通过在三维空间中复制晶胞来构建的。每个复制的晶胞都有相同的结构因子,所以,对于一个沿 $\boldsymbol{a}$, $\boldsymbol{b}$, $\boldsymbol{c}$ 轴、尺寸分别为 A, B 和 C 的晶体,有

$$F(hkl)\propto\int_0^A\int_0^B\int_0^C \rho(x,y,z)\,\mathrm{e}^{2\pi\mathrm{i}(hx/a+ky/b+lz/c)}\,\mathrm{d}x\mathrm{d}y\mathrm{d}z$$

晶体外的电子密度 $\rho(x,y,z)$ 为零。因此,这些积分的上、下限可以改为从 $-\infty$ 到 $+\infty$,而不影响积分的值,即

$$F(hkl)\propto\int_{-\infty}^{+\infty}\int_{-\infty}^{+\infty}\int_{-\infty}^{+\infty} \rho(x,y,z)\,\mathrm{e}^{2\pi\mathrm{i}(hx/a+ky/b+lz/c)}\,\mathrm{d}x\mathrm{d}y\mathrm{d}z \tag{31.28}$$

式(31.28)表明,$F(hkl)$ 与 $\rho(x,y,z)$ 通过傅里叶变换相互关联。该傅里叶变换关系的一个结果是 $\rho(x,y,z)$ 可由下式给出:

$$\rho(x,y,z)=\sum_{h=-\infty}^{+\infty}\sum_{k=-\infty}^{+\infty}\sum_{l=-\infty}^{+\infty}F(hkl)\,\mathrm{e}^{-2\pi\mathrm{i}(hx/a+ky/b+lz/c)} \tag{31.29}$$

正如我们在第 31-4 节中所学到的,$I(hkl)$,即晶体的 hkl 面散射的 X 辐射强度,与结构因子的大小的平方成正比,$I(hkl)\propto|F(hkl)|^2$。实验衍射图给出 $|F(hkl)|^2$。要使用式(31.29)计算 $\rho(x,y,z)$,我们需要确定 $F(hkl)$。因为 $F(hkl)$ 是一个复数,我们可以把 $F(hkl)$ 写成加和的形式:

$$F(hkl)=A(hkl)+\mathrm{i}B(hkl) \tag{31.30}$$

则强度为

$$\begin{aligned} I(hkl)\propto|F(hkl)|^2&=[A(hkl)+\mathrm{i}B(hkl)][A(hkl)-\mathrm{i}B(hkl)] \\ &=[A(hkl)]^2+[B(hkl)]^2 \end{aligned} \tag{31.31}$$

不幸的是,$A(hkl)$ 和 $B(hkl)$ 不能通过衍射实验单独确定,只能测量它们的平方和。从 $I(hkl)$ 的测量中确定 $A(hkl)$ 和 $B(hkl)$ 的问题称为**相位问题**(phase problem)。晶体学家已经找到了几种方法来规避相位问题。图 31.19 显示了根据苯甲酸单晶 X 射线衍射图测定的苯甲酸的电子密度图。图中的每条等高线对应于一个恒定的电子密度值。原子核的位置容易从电子密度图中推断出来,由此可以确定键长和键角信息。今天,晶体学家可以获得并解释包括 DNA 链和蛋白质链在内的大型化学体系的电子密度图。

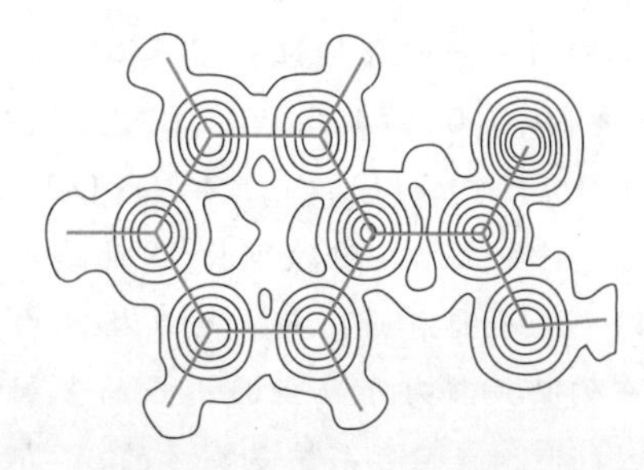

图 31.19　由苯甲酸晶体的 X 射线衍射图确定的苯甲酸分子的电子密度图。每条等高线对应一个恒定的电子密度值。原子核的位置容易从电子密度图中推断出来,并由连接实线的点表示。

31-6 气体分子可以在固体表面进行物理吸附或化学吸附

1834 年,英国化学家 Michael Faraday(迈克尔·法拉第)提出,表面催化反应的第一步是将反应物分子粘在固体表面。最初,人们认为表面的主要作用是产生远高于气相的局部反应物浓度。因为速率方程取决于反应物的浓度,这种效应会导致反应速率的增加。今天,研究人员已经证实,分子黏附在表面确实是表面催化反应的第一步。然而,正如我们将在本章剩余部分学到的,固体表面的作用远不止简单地增加反应物分子的表观浓度。

接近表面的分子会经受一吸引势。捕获入射到表面的分子或原子的过程称为**吸附**(adsorption)。被吸附的分子或原子称为**吸附质**(adsorbate),表面称为**底物**(substrate)。吸附总是一个放热过程,所以 $\Delta_{ads}H<0$。

有两种类型的吸附过程需要加以区分。第一种称为**物理吸附**(physisorption, physical adsorption)。在物理吸附中,底物和吸附质之间的吸引力是由 van der Waals 力相互作用产生的。这一过程导致了吸附质与底物之间的弱相互作用,底物-吸附质的结合强度通常小于 $20\ kJ \cdot mol^{-1}$。吸附质-底物键长比固体体相中的键长更长。

第二种类型的吸附称为**化学吸附**(chemisorption, chemical absorption),最早是由美国化学家 Irving Langmuir(欧文·朗缪尔)在 1916 年提出的。在化学吸附中,吸附质通过共价键或离子键与底物结合,就像分子中键合的原子之间发生的作用一样。在化学吸附中,分子原化学键被打破,在分子片段和底物之间形成新的化学键。与物理吸附不同,化学吸附的底物-吸附质键的强度很大,典型值为 $250\sim500\ kJ \cdot mol^{-1}$。此外,化学吸附分子的底物-吸附质键的长度比物理吸附分子的短。因为化学吸附涉及在表面形成化学键,所以只有一层分子或**单层**(monolayer)可以化学吸附到表面。

Lennard-Jones 最初用一维势能曲线来模拟物理吸附和化学吸附的状态。这种模型假定底物只有一种类型的结合位点,并且吸附质接近底物的角度和吸附质相对于底物的取向都不重要。如果是这样,势能只取决于 z,即底物和吸附质之间的距离。图 31.20 显示了双原子分子 AB 在表面上吸附的一维势能曲线图。我们定义 $V(z)=0$ 对应于底物和双原子分子的无限分离。首先考虑物理吸附的势能曲线。随着吸附质和底物之间的距离减小,分子受到吸引力,因此势能变为负值。势能在 z_{ph} 处达到最小值(ph 表示物理吸附),当距离小于 z_{ph} 时,势能是排斥的。距离 z_{ph} 是被物理吸附分子的底物-吸附质平衡键长。

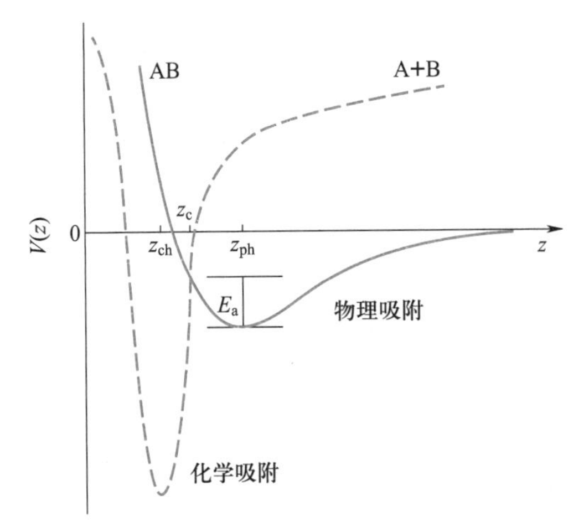

图 31.20 AB 分子的物理吸附(实线)和解离化学吸附(虚线)的一维势能曲线。z 是到表面的距离。在物理吸附状态下,分子 AB 通过 van der Waals 力与表面结合。在化学吸附状态下,AB 键断裂,单个原子与表面的金属原子通过共价键结合。点 z_{ch} 和 z_{ph} 分别是化学吸附和物理吸附分子的表面-分子键长。两条势能曲线在 z_c 处相交。从物理吸附到化学吸附转变的活化能从物理吸附势能的底部开始测量,为 E_a。

然后考虑化学吸附的势能曲线。双原子分子的化学吸附包括打破两个原子之间的分子键,然后在原子片段和底物之间形成新的化学键。这个过程通常称为**解离化学吸附**(dissociative chemisorption)。与物理吸附势能相比,化学吸附势能具有更深的阱深和更短的底物-吸附质键长 z_{ch}(ch 表示化学吸附)(图 31.20)。从底物上直接脱附的原子在气相中产生自由原子。因此,对于较大的 z 值,化学吸附的势能为正,并且在无限分离时,化学吸附势能和物理吸附势能之间的能量差就是双原子键的强度。

由于物理吸附分子的底物-吸附质键长大于化学吸附分子的,被化学吸附吸附到表面的分子最初可以被困在物理吸附状态。在这种情况下,物理吸附分子称为化学吸附分子的**前体**(precursor)。我们可以看到,图 31.20 中的两条势能曲线在距离表面 z_c 处相交。如果分子能在点 z_c 处从一个势能面跳到另一个势能面,则可以认为分子从物理吸附状态到化学吸附状态是一个活化能为 E_a 的化学反应。图 31.20 所示的曲线交叉表明,化学吸附的能垒小于底物-AB 键的强度。有一些已知的情况,例如 H_2 在铜 110 表面上,在曲线交叉处的能量大于底物-AB 键的强度(习题 31-46)。

31-7 等温线是温度恒定时表面覆盖率随气体压力的变化曲线

在定温条件下，表面覆盖率随气体压力的变化图称为**吸附等温线**(adsorption isotherm)。在本节中，我们将学习吸附等温线可以用来确定吸附-解吸反应的平衡常数；可用于吸附的表面位点的浓度和吸附焓。

Langmuir 于1918年首次导出了吸附等温线的最简表达式。Langmuir 假设被吸附分子之间不相互作用，吸附焓与表面覆盖率无关，并且分子可以吸附的表面位置是有限的。吸附和解吸的过程可由可逆的基元过程描述：

$$A(g)+S(s)\underset{k_d}{\overset{k_a}{\rightleftharpoons}}A—S(s)\quad K_c=\frac{k_a}{k_d}=\frac{[A—S]}{[A][S]}\tag{31.32}$$

式中 k_a 和 k_d 分别为吸附和解吸的速率常数。k_a 和 k_d 是与表面覆盖率无关的常数，意味着被吸附的分子彼此不相互作用。设 σ_0 为表面位点的浓度，单位为 m^{-2}。如果被吸附质占据的表面位点的分数为 θ，则表面上吸附质的浓度 σ 为 $\theta\sigma_0$，而空白表面位点的浓度为 $\sigma_0-\theta\sigma_0=(1-\theta)\sigma_0$。现在，假设解吸速率与被占据的表面位点的数量成正比，而气相的吸附速率与可用的(未占据的)表面位点的数量和气相中分子的数密度成正比。从数学上讲，解吸和吸附速率可分别由以下两式给出：

$$解吸速率=v_d=k_d\theta\sigma_0\tag{31.33}$$

$$吸附速率=v_a=k_d(1-\theta)\sigma_0[A]\tag{31.34}$$

式中[A]为A(g)的数密度或浓度。在平衡状态下，这两个速率一定是相等的，所以

$$k_d\theta=k_a(1-\theta)[A]$$

或

$$\frac{1}{\theta}=1+\frac{1}{k_c[A]}\tag{31.35}$$

式中 $K_c=k_a/k_d$ 为式(31.32)的浓度平衡常数。通常测量的是A(g)的压力，而不是A(g)的浓度。如果A(g)的压力足够低，可使用理想气体状态方程，则 $[A]=P_A/k_BT$，若定义 $b=K_c/k_BT$，则式(31.35)变为

$$\frac{1}{\theta}=1+\frac{1}{bP_A}\tag{31.36}$$

式(31.36)称为 Langmuir 吸附等温式。图31.21显示了 θ 与 bP_A 的关系图。注意，当压力变大时，θ 趋于1，对应于表面上的单层吸附。例题31-10显示了如何由 Langmuir 吸附等温式来确定 b 和可用表面位点的总数。

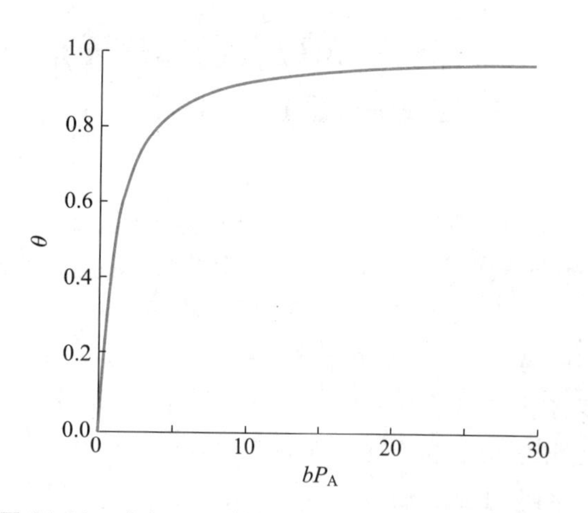

图 31.21 式(31.36)的图示表明，表面覆盖的分数 θ 是气体压力的非线性函数。

例题 31-10 实验吸附数据通常以在特定温度和压力下吸附在表面上的气体的当量体积 V 制表。通常情况下，表中被吸附气体的体积为气体在273.15 K (0 ℃)和1.00 atm 下所占的体积。Langmuir 研究了 $N_2(g)$ 在273.15 K时在云母表面的吸附。根据下面给出的数据，确定 b 和 V_m(即与单层覆盖相对应的气体体积)的值。使用 V_m 值来确定表面位点的总数。

$P/(10^{-12}$ torr)	$V/(10^{-8}$ m^3)
2.55	3.39
1.79	3.17
1.30	2.89
0.98	2.62
0.71	2.45
0.46	1.95
0.30	1.55
0.21	1.23

» 解 单层覆盖对应于 $\theta=1$。当 $\theta=1$ 时，体积为 V_m 的气体被吸附到表面上。θ 的值与 V_m 的关系是

$$\theta=\frac{V}{V_m}$$

将 θ 的这个表达式代入式(31.36)，并重新排列，得

$$\frac{1}{V}=\frac{1}{PbV_m}+\frac{1}{V_m}$$

根据上式，可知 $1/V$ 对 $1/P$ 的作图将是一条斜率为 $1/bV_m$，截距为 $1/V_m$ 的直线。下图显示了这样的一种作图。

拟合线的截距为0.252，可得 $V_m=3.96\times10^{-8}$ m^3。拟

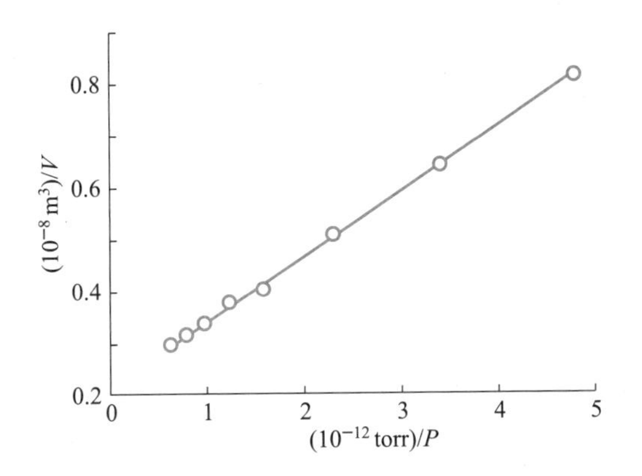

合线的斜率为 $1.18\times10^{-5}\ torr\cdot m^{-3}$，由此得到 $b=2.14\times10^{12}\ torr^{-1}$。

在 0 ℃和 1.00 atm 下，1 mol 气体占据 $2.24\times10^{-2}\ m^3$。因此，体积 V_m 中气体的摩尔数为

$$\frac{3.96\times10^{-8}\ m^3}{2.24\times10^{-2}\ m^3\cdot mol^{-1}}=1.77\times10^{-6}\ mol^{-1}$$

对应于

$(6.022\times10^{23}\ mol^{-1})(1.77\times10^{-6}\ mol^{-1})=1.06\times10^{18}$ 个分子

因为每个分子占据一个表面位点，所以表面上有 1.06×10^{18} 个位点。如果云母基底是边长为 0.010 m 的正方形，则表面位点的浓度为

$$\sigma_0=\frac{1.06\times10^{18}\text{ 个分子}}{(0.010\ m)^2}=1.06\times10^{22}\ m^{-2}$$

图 31.22 表明，Langmuir 吸附等温式很好地描述了氧气和一氧化碳在二氧化硅表面吸附的实验数据。例题 31-11 导出了双原子分子在吸附到表面时发生解离的吸附等温式。对于许多不同的吸附动力学模型，相应的 Langmuir 吸附等温式均可导出。

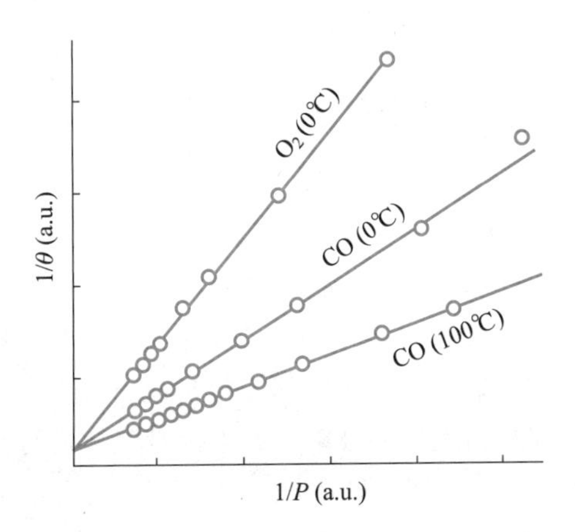

图 31.22 氧气和一氧化碳在硅表面吸附的实验数据以 $1/\theta$（表面覆盖率的倒数）对 $1/P$ 作图。Langmuir 吸附等温式［式(31.36)］很好地描述了这些数据。实线是 Langmuir 吸附等温式对实验数据的最佳拟合。

» 例题 31-11 推导出双原子分子在吸附到表面时发生解离的 Langmuir 吸附等温式。

» 解 反应可以写成

$$A_2(g)+2S(s)\underset{k_d}{\overset{k_a}{\rightleftharpoons}}2A\text{—}S(s)\qquad K_c=\frac{k_a}{k_d}=\frac{[A\text{—}S]^2}{[A_2][S]^2}$$

由于吸附和解吸过程涉及两个表面位点，因此吸附速率 v_a 和解吸速率 v_d 分别为

$$v_a=k_a[A_2](1-\theta)^2\sigma_0^2$$

$$v_d=k_d\theta^2\sigma_0^2$$

在平衡状态下，这两个速率是相等的，因此

$$k_a[A_2](1-\theta)^2=k_d\theta^2$$

由此得

$$\theta=\frac{k_c^{1/2}[A_2]^{1/2}}{1+k_c^{1/2}[A_2]^{1/2}}$$

若用 A_2 的压力 P_{A_2} 表示，则有

$$\theta=\frac{b_{A_2}^{1/2}P_{A_2}^{1/2}}{1+b_{A_2}^{1/2}P_{A_2}^{1/2}}\tag{1}$$

式中 $b_{A_2}=K_c/k_BT$，可以把式(1)重写为

$$\frac{1}{\theta}=1+\frac{1}{b_{A_2}^{1/2}P_{A_2}^{1/2}}$$

从中可以看出，$1/\theta$ 对 $1/P_{A_2}^{1/2}$ 作图会得到一条斜率为 $1/b_{A_2}^{1/2}$，截距为 1 的直线。

Langmuir 吸附等温线中速率常数 k_d 的倒数有一个有趣的物理解释。考虑图 31.23 中所示的一维势能曲线。我们看到，必须向系统中添加一个 $E_{ads}=-\Delta_{ads}H$ 的能量，才能打破吸附质-底物键。实验上，分子从表面解吸的速率常数 k_d，符合类似 Arrhenius 方程的表达式，即

$$k_d=\tau_0^{-1}e^{-E_{ads}/RT}\tag{31.37}$$

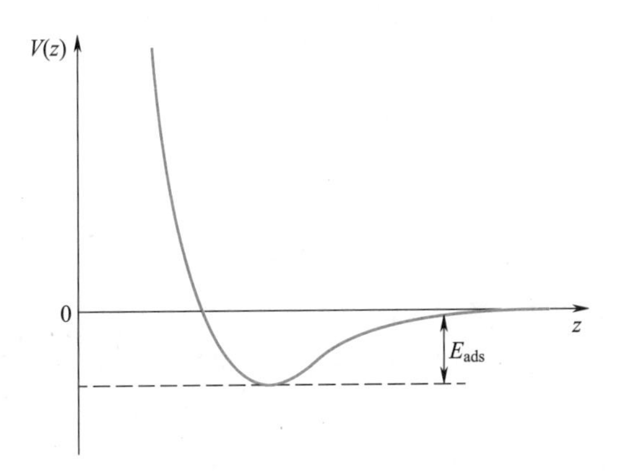

图 31.23 分子吸附的一维势能曲线。阱深 E_{ads} 是吸附热 $\Delta_{ads}H$ 的负值。

式中，$E_{ads}=-\Delta_{ads}H$（$\Delta_{ads}H$ 是吸附焓），τ_0 是一个常数，其值通常约为 10^{-12}s。以时间为单位的 k_d 的倒数称为分子在表面的**停留时间**（residence time）τ。式（31.37）可以通过取其倒数，用 τ 来表示：

$$\tau=\tau_0 e^{E_{ads}/RT} \tag{31.38}$$

» 例题 31-12　CO 在钯上的吸附焓为 -146 kJ · mol^{-1}。估算 300 K 和 500 K 时 CO 分子在钯表面上的停留时间（假设 $\tau_0=1.0\times10^{-12}$ s）。

» 解　停留时间由式（31.38）给出：

$$\tau=\tau_0 e^{E_{ads}/RT}$$

当 $T=300$ K 时，有

$$\tau=(1.0\times10^{-12}\text{s})\exp\left[\frac{146\times10^3\text{J}\cdot\text{mol}^{-1}}{(8.314\text{ J}\cdot\text{K}^{-1}\cdot\text{mol}^{-1})(300\text{ K})}\right]$$
$$=2.6\times10^{13}\text{s}$$

当 $T=500$ K 时，有

$$\tau=(1.0\times10^{-12}\text{s})\exp\left[\frac{146\times10^3\text{J}\cdot\text{mol}^{-1}}{(8.314\text{ J}\cdot\text{K}^{-1}\cdot\text{mol}^{-1})(500\text{ K})}\right]$$
$$=1800\text{ s}$$

可见，停留时间对温度非常敏感。

回想一下，Langmuir 吸附等温式仅适用于单层。在许多情况下，分子可以吸附在其他被吸附分子的顶部。有一些模型可以解释这种多层吸附，习题 31-68 中给出了其中的一种。

31-8　Langmuir 吸附等温式可用于推导表面催化气相反应的速率方程

考虑一级气相反应的表面催化

$$A(g)\xrightarrow{k_{obs}}B(g)$$

使得观察到的速率方程由下式给出：

$$\frac{d[B]}{dt}=k_{obs}P_A \tag{31.39}$$

假设该反应通过以下两步机理发生：

$$A(g)\xRightarrow{k_a}A(ads)\xRightarrow{k_1}B(g)$$

第一步是 A(g) 吸附到表面上。一旦被吸附，分子反应形成产物，然后立即解吸进入气相。反应机理第二步的速率方程可以写成

$$\frac{d[B]}{dt}=k_1[A(ads)]=k_1\sigma_A \tag{31.40}$$

式中 σ_A 是 A 的表面浓度，如果共有 σ_0 个表面位点，则 $\sigma_A=\sigma_0\theta$。使用 Langmuir 吸附等温式来描述 θ[式（31.35）和式（31.36）]，速率方程变为

$$\frac{d[B]}{dt}=k_1\frac{\sigma_0K_c[A]}{1+K_c[A]}=k_1\frac{\sigma_0bP_A}{1+bP_A} \tag{31.41}$$

在低气压下，$bP_A\ll1$，速率方程对反应物压力变为一级，则

$$\frac{d[B]}{dt}=k_1\sigma_0bP_A=k_{obs}P_A \tag{31.42}$$

我们已经解释了这一速率方程。

在高压条件下，$bP_A\gg1$，式（31.41）对反应物压力变为零级，则

$$\frac{d[B]}{dt}=k_1\sigma_0=k_{obs} \tag{31.43}$$

因此，提出的机理给出了一个实验上可以验证的预测，即随着压力的增加，速率应该接近一个上限。大多数反应是在低压下进行研究的，根据式（31.42），观察到的速率常数等于 $k_1\sigma_0b$。为了确定速率常数 k_1，必须独立地确定 σ_0 和 b。从例题 31-10 中我们知道，这些值可以从吸附等温线数据中获得。

有两种类似的方法可以用来推导双分子气相反应表面催化的速率方程表达式。其机理分别为 **Langmuir-Hinshelwood 机理**（Langmuir-Hinshelwood mechanism）和 **Eley-Rideal 机理**（Eley-Rideal mechanism），通常用于描述表面如何催化双分子气相反应。在这里，我们通过将它们应用于铂表面上 $O_2(g)$ 对 $CO(g)$ 的氧化反应来说明这些模型。$CO(g)$ 和 $O_2(g)$ 之间氧化反应的平衡方程式为

$$2CO(g)+O_2(g)\longrightarrow 2CO_2(g) \tag{31.44}$$

上述反应的 Langmuir-Hinshelwood 机理如下：

$$CO(g)\rightleftharpoons CO(ads)$$
$$O_2(g)\rightleftharpoons 2O(ads)$$
$$CO(ads)+O(ads)\xRightarrow{k_3}CO_2(g)$$

在这个机理中，两种反应物竞争表面位点。$CO(g)$ 分子进行分子吸附，$O_2(g)$ 进行解离化学吸附。然后在吸附的 CO 分子和吸附的 O 原子之间发生反应，产生 $CO_2(g)$ 分子，它立即从铂表面解吸附。如果假设气体的行为都是理想的，在反应过程中机理的前两步是瞬时平衡的，且上述反应机理的第三步是速率决定步骤，那么 Langmuir-Hinshelwood 机理的速率方程是（习题 31-57）

$$v=\frac{k_3b_{CO}b_{O_2}^{1/2}P_{CO}P_{O_2}^{1/2}}{(1+b_{O_2}^{1/2}P_{O_2}^{1/2}+b_{CO}P_{CO})^2} \tag{31.45}$$

式中 k_3 是机理第三步的速率常数，$b_{CO}=K_{CO}/k_BT$，$b_{O_2}=K_{O_2}/k_BT$，K_{CO} 和 K_{O_2} 是 Langmuir-Hinshelwood 机理前两步的平衡常数。

» 例题 31-13 考虑由式(31.45)给出的速率方程。根据下述条件确定速率方程的形式：(a)表面稀疏地覆盖着反应物；(b) CO(g)在表面的吸附比 O_2(g)，在表面的吸附更加广泛。

» 解 这个例子要求我们考虑式(31.45)给出的一般速率方程的极限情况。

(a)如果表面稀疏覆盖，则 $b_{O_2}^{1/2}P_{O_2}^{1/2}+b_{CO}P_{CO}\ll 1$，所以式(31.45)的分母近似为 1，速率为

$$v=k_3b_{CO}b_{O_2}^{1/2}P_{CO}P_{O_2}^{1/2}$$

(b)如果表面对 CO(g)的吸附比 O_2(g)的吸附更广泛，则式(31.45)中速率方程的分母由 $b_{CO}P_{CO}$ 项决定，速率方程变为

$$v=\frac{k_3b_{CO}b_{O_2}^{1/2}P_{CO}P_{O_2}^{1/2}}{(b_{CO}P_{CO})^2}=\frac{k_3b_{O_2}^{1/2}P_{O_2}^{1/2}}{b_{CO}P_{CO}}$$

Eley-Rideal 机理提出氧化反应通过以下三步机理发生：

$$O_2(g)\rightleftharpoons 2O(ads)$$

$$CO(g)\rightleftharpoons CO(ads)$$

$$CO(g)+O(ads)\xrightarrow{k_3}CO_2(g)$$

尽管 CO(g)和 O_2(g)都可以吸附到表面上，但是反应不是在两个被吸附的反应物之间发生。在 Eley-Rideal 机理中，O_2(g)在表面上解离化学吸附。随后气相 CO 分子和被吸附的 O 原子之间碰撞产生气态 CO_2。换句话说，CO(g)分子从表面提取 O 原子。如果假设气体的行为都是理想的，在反应过程中机理的前两步是瞬时平衡的，并且上述机理的第三步是速率决定步骤，那么这个机理的速率方程是(习题 31-58)

$$v=\frac{k_3b_{CO}b_{O_2}^{1/2}P_{CO}P_{O_2}^{1/2}}{1+b_{O_2}^{1/2}P_{O_2}^{1/2}+b_{CO}P_{CO}}\qquad(31.46)$$

» 例题 31-14 考虑式(31.44)给出的反应。在固定的 O_2(g)压力下，绘制两种模型[式(31.45)和式(31.46)]中反应速率随 CO(g)分压变化的预测。

» 解 首先考虑 $P_{CO}\ll P_{O_2}$ 和 $P_{CO}\gg P_{O_2}$ 时速率方程的极限表达式。

(a) Langmuir-Hinshelwood 速率方程：如果 $P_{CO}\ll P_{O_2}$，则可以忽略式(31.45)中分母上的 $b_{CO}P_{CO}$，得到在固定的 O_2(g)压力下，有

$$v\approx\frac{k_3b_{CO}b_{O_2}^{1/2}P_{CO}P_{O_2}^{1/2}}{(1+b_{O_2}^{1/2}P_{O_2}^{1/2})^2}\propto P_{CO}$$

如果 $P_{CO}\gg P_{O_2}$，在固定的 O_2(g)压力和很大的 P_{CO} 下，有

$$v\approx\frac{k_3b_{CO}b_{O_2}^{1/2}P_{CO}P_{O_2}^{1/2}}{(1+b_{CO}P_{CO})^2}\propto\frac{1}{P_{CO}}$$

(b) Eley-Rideal 速率方程：如果 $P_{CO}\ll P_{O_2}$，那么可以忽略式(31.46)中分母上的 $b_{CO}P_{CO}$，得到在固定的 O_2(g)压力下，有

$$v\approx\frac{k_3b_{CO}b_{O_2}^{1/2}P_{CO}P_{O_2}^{1/2}}{1+b_{O_2}^{1/2}P_{O_2}^{1/2}}\propto P_{CO}$$

如果 $P_{CO}\gg P_{O_2}$，在固定的 O_2(g)压力和很大的 P_{CO} 下，有

$$v\approx\frac{k_3b_{CO}b_{O_2}^{1/2}P_{CO}P_{O_2}^{1/2}}{1+b_{CO}P_{CO}}\approx 常数$$

因此，当 $P_{CO}\ll P_{O_2}$ 时两种速率方程预测相同的行为，但是对于 $P_{CO}\gg P_{O_2}$ 则预测有不同的行为。两种速率方程在固定的 O_2(g)浓度下，速率随 CO(g)浓度的变化如下所示。

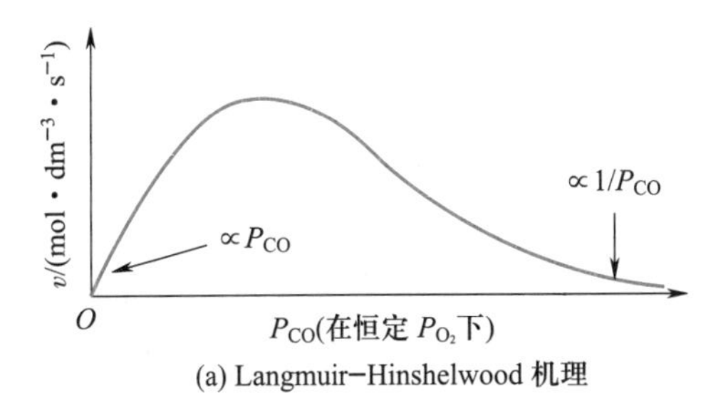

(a) Langmuir-Hinshelwood 机理

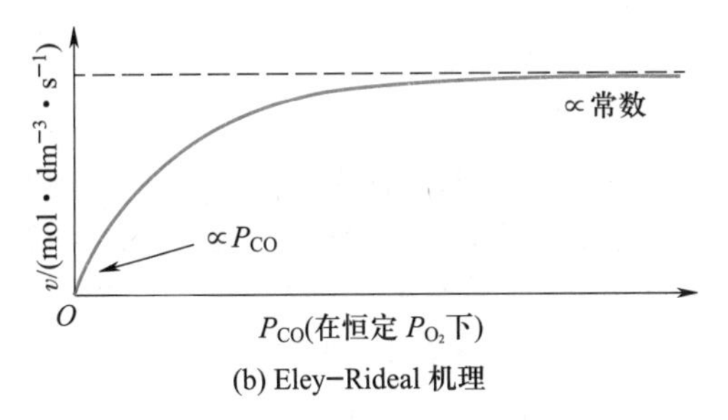

(b) Eley-Rideal 机理

这两种机理可以通过在恒定的 O_2(g)压力下测量反应速率 dP_{CO_2}/dt 随 P_{CO} 的变化来加以区分。

对式(31.44)给出的反应的详细研究表明，它是按 Langmuir-Hinshelwood 机理发生的。迄今为止，大多数已被详细研究过的表面催化双分子气相反应被认为是通过 Langmuir-Hinshelwood 机理发生的，尽管也有一些是通过 Eley-Rideal 机理发生的。

31-9 表面的结构不同于固体体相的结构

到目前为止,我们忽略了表面的微观结构。最简单的表面模型是假设表面是完全平坦的,并且原子之间的距离与固体体相中的相同。但是,表面真的是平坦的吗?原子之间的距离不受它们位置的影响吗?这些问题对于分子层面理解表面化学至关重要。例如,如果表面是不平坦的,并且有许多不同类型的表面位点,则这些位点的吸附焓可能不同。不同的吸附位点可能具有不同的解吸能垒,也可能表现出不同的反应性。理解表面上的化学反应要求我们对表面的原子结构有详细的了解。

借助各种形式的表面敏感光谱技术,我们现在知道大多数表面并不平坦。表面的原子结构的特征在于大量的不规则性,使得表面具有显著的粗糙度。例如,图31.24显示了用**扫描电子显微镜**(scanning electron microscopy)技术获得的锌表面的照片。虽然这张图片无法提供原子分辨率,但它表明表面并不平坦。位于边缘的锌原子与位于平台中间的锌原子具有不同数量的相邻原子。此外,边缘不是直的,而是有弯曲的,所以边缘不同位点的原子也可以有不同数量的相邻原子。图31.25说明了在表面上发现的一些结构缺陷。平台、台阶和吸附原子(单个原子)创造了许多分子可以吸附的不同位点。

许多表面敏感光谱技术用低能电子探测表面。这些技术中最重要的一种是**低能电子衍射光谱**[low-energy electron diffraction(LEED) spectroscopy]。动能为5000~10000 $kJ \cdot mol^{-1}$的电子通常称为低能电子,它只能穿透金属表面约500 pm。这种穿透仅对应于几个原子层。当低能电子撞击表面时,它们会发生散射。一些电子弹性散射,也就是说,没有任何能量损失;其他电子则发生非弹性散射,与金属晶格的振动模式交换其动能。如果电子的de Broglie波长与金属中原子平面之间的距离相当,弹性散射的电子会发生衍射。因为电子只从表面穿透几个原子层,所以衍射图样是由表面附近和表面上的原子结构决定的。

晶体表面的结构取决于晶体的切割方式。我们通过指定对应于金属体相中晶面的表面平面的三个Miller指数 hkl 来指定表面的结构。因此,111表面意味着晶体表面的原子具有与111晶面相同的结构(见第31-2节)。图31.26显示了铂111表面的LEED衍射图。LEED图案中尖锐的衍射斑点可以用来确定表面上和表面附近的原子之间的距离。LEED衍射图案的分析类似于用于分析X射线衍射图案的分析。许多表面的LEED研究发现,表面原子通常占据的位点与体相原子位置有位移。大多数原子金属在第一层和第二层原子之间表现出高达40%的层间收缩。在第二和第三层之间通常有大约1%的补偿性膨胀,在第三和第四层之间有更小但可测量的膨胀。

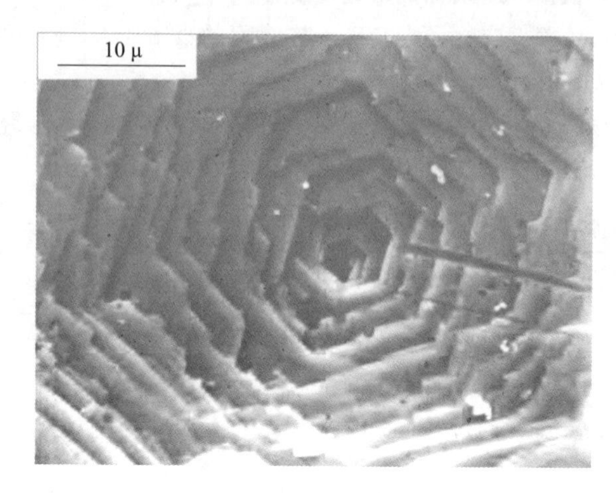

图31.24 锌表面的一张扫描电子显微照片。表面不是平坦的,而是由一系列六边形的平台组成的。每个平台的边缘都崎岖不平,这表明锌原子并没有沿着任何给定的平台完美地排列成行。

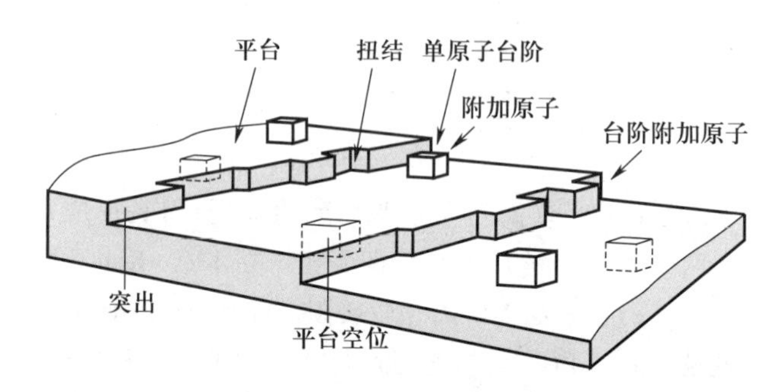

图31.25 可能出现在表面上的一些结构缺陷的示意图。表面的特点是突出、台阶和平台。台阶可以是一排或多排原子。台阶也不必是直的,这会引起扭结。单个原子,或称附加原子,可能位于平台上的任何位置。平台上也可能有空位,在表面留下小孔。这些孔用点状立方体表示。

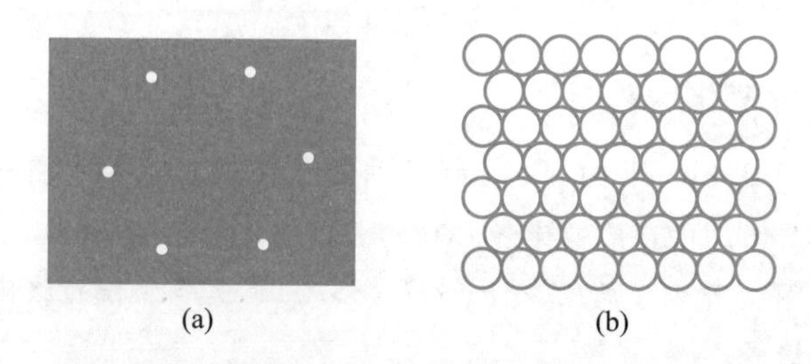

图31.26 (a)铂111表面的LEED衍射图。(b)铂111表面示意图。

31-10 $H_2(g)$和 $N_2(g)$合成 $NH_3(g)$的反应可以通过表面催化完成

研究最彻底的一个表面催化反应是由 $H_2(g)$ 和$N_2(g)$合成 $NH_3(g)$，即

$$3H_2(g) + N_2(g) \longrightarrow 2NH_3(g)$$

为了使这个反应发生，N_2 分子中的化学键必须断裂，因此，活化能垒与 N_2 的解离能（941.6 kJ·mol^{-1}）相当。尽管在 300 K 时该反应的 $\Delta_r G^\circ$ 为 -32.37 kJ·mol^{-1}，但反应能垒如此之大，以至于 $H_2(g)$ 和 $N_2(g)$ 的混合物可以无限期地储存而不产生任何可观量的氨。但在铁表面，$N_2(g)$ 解离的活化能≈10 kJ·mol^{-1}。铁也容易解离化学吸附 $H_2(g)$。随后，吸附的 N 原子和 H 原子扩散并反应形成 NH(ads)，NH_2(ads) 和最终的 NH_3(ads)，随后 NH_3 解吸附到气相中。实验研究提供了令人信服的证据，证明以下步骤对反应机理有贡献：

$$H_2(g) + 2S(s) \rightleftharpoons 2H(ads)$$

$$N_2(g) \rightleftharpoons N_2(ads) \quad (\text{物理吸附})$$

$$N_2(ads) + 2S(s) \rightleftharpoons 2N(ads) \quad (\text{解离化学吸附})$$

$$N(ads) + H(ads) \rightleftharpoons NH(ads)$$

$$NH(ads) + H(ads) \rightleftharpoons NH_2(ads)$$

$$NH_2(ads) + H(ads) \rightleftharpoons NH_3(ads)$$

$$NH_3(ads) \rightleftharpoons NH_3(g)$$

表面催化的合成氨速率对 N_2 从物理吸附前驱态到解离化学吸附的能垒以及所形成的金属-氮键的强度都很敏感。这种活化能和键的强度随不同的金属而变化，因此反应速率取决于所用的特定催化剂。图 31.27 显示了不同过渡金属催化剂的合成氨相对速率。曲线的形状使得这种曲线称为**火山型曲线**（volcano curves）。随着金属催化剂中 d 电子数量的增加，金属-氮键的强度降低，因此 $NH_3(g)$产物的速率应该增加。但是随着 d 电子数量的增加，$N_2(g)$ 的解离化学吸附的活化能增加，导致 $NH_3(g)$的生成速率降低。这两种相反的效应导致了观察到的火山型曲线。

表面催化反应的速率也对特定的表面（由其 Miller 指数所决定）敏感。图 31.28 显示了铁的五种不同表面 $NH_3(g)$合成的相对速率。在光滑的 110 表面上几乎没有观察到 $NH_3(g)$的产生，但粗糙的 111 表面则具有最高的产率。因此，除了对不同的金属催化剂敏感之外，在铁表面上的 $NH_3(g)$合成对表面的微观结构也很敏感。大量的实验研究表明，这一结果源于 $N_2(g)$在表面上解离化学吸附的活化能垒的变化。

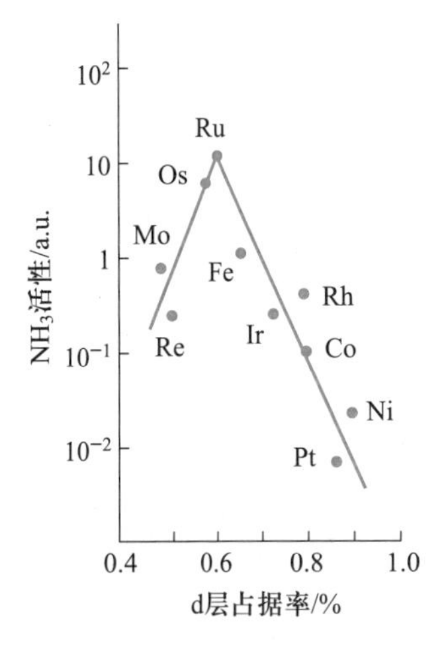

图 31.27 不同过渡金属催化剂的合成氨相对速率。图中数据的形状受到金属催化剂中 d 电子数增加时表面氮键的强度和 $N_2(g)$解离化学吸附的活化能的相反效应的影响。

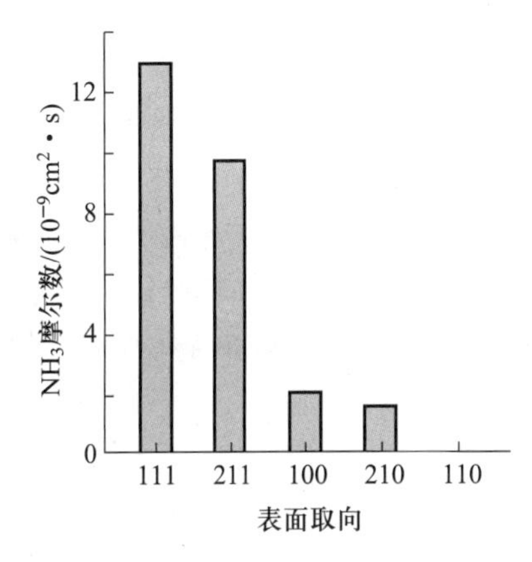

图 31.28 不同铁表面上氨合成的相对速率。

习题

31-1 钋是唯一以简单立方晶格存在的金属。已知在 25 ℃时钋的晶胞的边长为 334.7 pm，计算钋的密度。

31-2 考虑半径为 R 的硬球在简单立方晶格、面心立方晶格和体心立方晶格中的堆积。证明晶胞的长度 a

和被球体占据的晶胞的体积分数 f 如下所列。

晶胞	a	f
简单立方	$2R$	$\pi/6$
面心立方	$4R/\sqrt{2}$	$\pi\sqrt{2}/6$
体心立方	$4R/\sqrt{3}$	$\pi\sqrt{3}/8$

31-3 钽形成体心立方晶胞，$a=330.2$ pm。计算钽原子的晶体半径。

31-4 镍形成面心立方晶胞，$a=351.8$ pm。计算镍原子的晶体半径。

31-5 铜以面心立方晶格结晶，其晶体半径为127.8 pm。计算铜的密度。

31-6 铕以体心立方晶格结晶，在20 ℃时具有5.243 $g\cdot cm^{-3}$的密度。计算20 ℃时铕原子的晶体半径。

31-7 钾以体心立方晶格结晶，晶胞长度为533.3 pm。已知钾的密度为0.8560 $g\cdot cm^{-3}$，计算阿伏伽德罗常数。

31-8 钸结晶为面心立方晶格，晶胞长度为516.0 pm。已知钸的密度为6.773 $g\cdot cm^{-3}$，计算阿伏伽德罗常数。

31-9 已知KBr的密度为2.75 $g\cdot cm^{-3}$，立方晶胞的边长为654 pm，请确定一个晶胞中有多少个KBr分子式单元。晶胞是NaCl型还是CsCl型？（参见图31.18。）

31-10 如图31.18(a)所示，结晶的氟化钾具有NaCl型结构。假设20 ℃时KF(s)的密度为2.481 $g\cdot cm^{-3}$，计算KF(s)的晶胞长度和最近邻距离（最近邻距离是晶格中任意两个相邻离子中心之间的最短距离）。

31-11 氯化钠的晶体结构可以用两个互穿的面心立方结构来描述[见图31.18(a)]，每个晶胞有四个分子式单元。假设在20 ℃时一个晶胞的长度为564.1 pm，计算NaCl(s)的密度。文献值是2.163 $g\cdot cm^{-3}$。

31-12 确定下图所示的每组线的Miller指数。

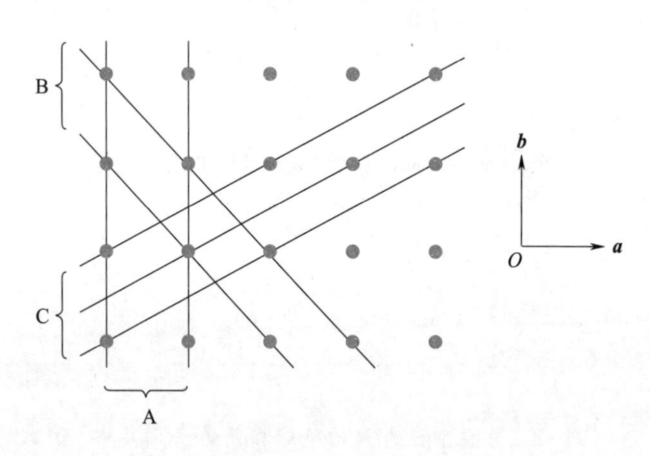

31-13 确定下图所示的每组线的Miller指数。

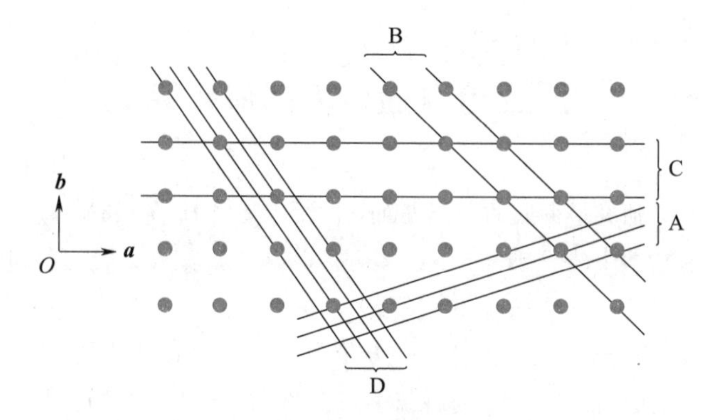

31-14 在一个二维正方形格子中，画出下列平面：(a) 01，(b) 21，(c) $1\bar{1}$，(d) 32。

31-15 二维正方形格子的11面和$\bar{1}\bar{1}$面之间有什么关系？

31-16 二维正方形格子的$1\bar{1}$面和$\bar{1}1$面之间有什么关系？

31-17 在本题中，我们将导出式(31.2)的二维形式。使用下图证明：

$$\tan\alpha=\frac{b/k}{a/h} \quad 和 \quad \sin\alpha=\frac{d}{a/h}$$

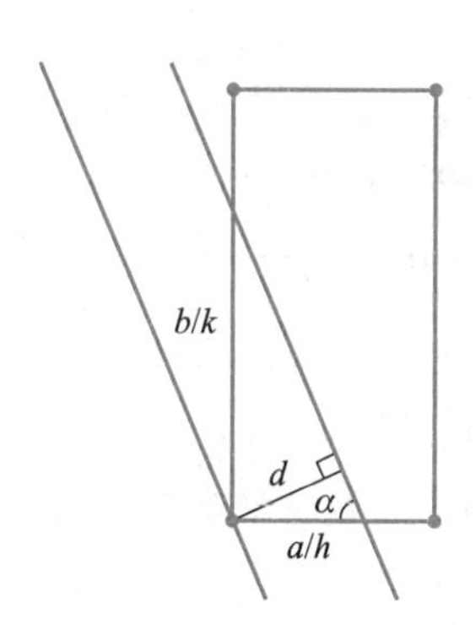

然后证明：

$$\sin^2\alpha=\frac{\tan^2\alpha}{1+\tan^2\alpha}$$

以及

$$\frac{1}{d^2}=\frac{h^2}{a^2}+\frac{k^2}{b^2}$$

式(31.2)是这一结果在三维空间的推广。

31-18 确定下图所示的四个平面的Miller指数。

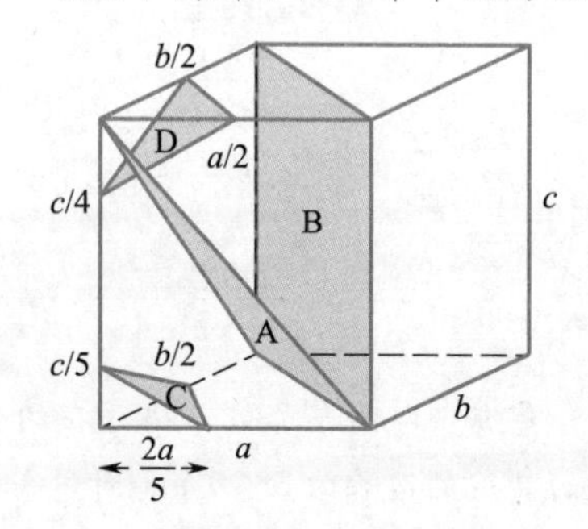

31-19 在一个三维立方晶格里，画出下列平面：(a) 011，(b) $1\bar{1}0$，(c) 211，(d) 222。

31-20 确定在(a)$(a,2b,3c)$，(b)$(a,b,-c)$和(c)$(2a,b,c)$处与晶轴相交的平面的 Miller 指数。

31-21 计算晶胞长度为 529.8 pm 的立方晶格中(a) 100 面、(b) 111 面和(c) $12\bar{1}$面之间的距离。

31-22 钡中 211 面之间的距离是 204.9 pm。假设钡形成体心立方晶格，计算钡的密度。

31-23 金以面心立方结构结晶。计算金原子在 100 面的表面数密度。取晶胞(图 31.3)的长度为 407.9 pm。

31-24 铬以体心立方结构结晶，20 ℃时密度为 7.20 g · cm^{-3}。计算晶胞的长度以及相邻 110 面、200 面和 111 面之间的距离。

31-25 NaCl 单晶的取向使得入射 X 射线垂直于晶体的 $\boldsymbol{a}$ 轴。对应于来自原点和 100 面的衍射斑点之间的距离是 14.8 mm，检测器位于离晶体 52.0 mm 处。计算 a 的值，即沿 $\boldsymbol{a}$ 轴的晶胞长度。假设 X 射线的波长 $\lambda=154.433$ pm。

31-26 银以面心立方结构结晶，其晶胞长度为 408.6 pm。银单晶的取向使得入射的 X 射线垂直于晶体的 $\boldsymbol{c}$ 轴。检测器距离晶体 29.5mm。对于 X 射线源为(a)铜的 $\lambda=154.433$ pm 线和(b)钼的 $\lambda=70.926$ pm 线，检测器表面上 001 和 002 平面的衍射斑点之间的距离分别是多少？哪种 X 射线源能在衍射斑点之间提供更好的空间分辨率？

31-27 观察到来自 $a=380.5$ pm 的立方晶体的 111 面的一级衍射斑点的 X 射线衍射角为 $\alpha=18.79°$，$\beta=0°$，$\gamma=0°$。晶体是如何取向的？假设 X 射线的波长 $\lambda=154.433$ pm。

31-28 黄玉的晶胞为正交晶系，$a=839$ pm，$b=879$ pm，$c=465$ pm。计算来自 110 面、101 面、111 面和 222 平面的 Bragg X 射线衍射角的值。假设 X 射线的波长 $\lambda=154.433$ pm。

31-29 在本题中，我们将推导 Bragg 方程，即式(31.12)。William Bragg 和 Lawrence Bragg(父子)假设 X 射线被晶体内连续的原子平面散射(见下图)。

如图所示，每组平面镜面地反射 X 射线；即入射角等于反射角。从图中的下层平面反射的 X 射线比从上层平面反射的 X 射线传播的距离长 PQR。证明 $PQR=2d\sin\theta$，并说明 $2d\sin\theta$ 须为波长的整数倍才能产生相长干涉，从而形成可观察的衍射图案。

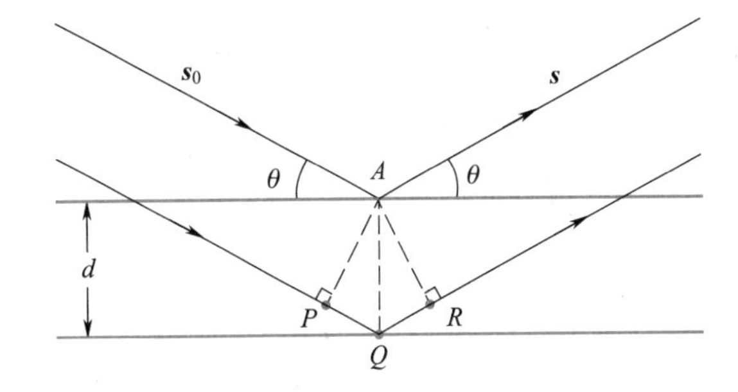

31-30 当使用波长 $\lambda=70.926$ pm 的 X 射线时，从钾晶体的 222 面的二级反射的 Bragg 衍射角为 $\theta=27.43°$。已知钾以体心立方晶格存在，确定晶胞的长度和晶体的密度。

31-31 $CuSO_4$(s)的晶体结构为正交晶系，晶胞尺寸为 $a=488.2$ pm，$b=665.7$ pm，$c=831.6$ pm。如果 $CuSO_4$(s)被 $\lambda=154.433$ pm 的 X 射线照射，请计算 100 面、110 面和 111 面的一级 Bragg 衍射角 θ 的值。

31-32 **粉末法**(powder method)是一种收集 X 射线衍射数据的实验方法，涉及照射晶体粉末而不是单晶。粉末中各种反射平面基本上是随机取向的，因此总会有平面的取向使其反射单色 X 射线。其特定 hkl 平面相对于入射光束以 Bragg 射角 θ 取向的微晶将相长地反射光束。在本题中，我们将举例说明可以用来对产生可观测反射的平面进行指认并进而确定晶胞类型的流程。这种方法仅限于立方、四方和正交晶体(所有晶胞角都是 90°)。我们将用立方晶胞举例说明。

首先，证明：对于立方晶胞，Bragg 方程可以写成

$$\sin^2\theta=\frac{\lambda^2}{4a^2}(h^2+k^2+l^2)$$

接下来，我们按照 $\sin^2\theta$ 值递增的顺序将衍射角数据制成表格。然后，我们搜索与 $\sin^2\theta$ 值具有相同比值的最小的 h，k 和 l 的集合。最后，我们将 h，k 和 l 的这些值与习题 31-38 中给出的允许值进行比较，以确定晶胞的类型。

已知铅以一种立方结构结晶。假设铅的粉末样品在使用 $\lambda=154.433$ pm 的 X 射线时在以下角度给出了 Bragg 反射：15.66°，18.17°，26.13°，31.11°，32.71°和 38.59°。现在，形成一个 $\sin^2\theta$ 递增值的表格，除以它们中的最小值，再通过乘以一个整数公因子将结果值转换为整数值，最后确定 h，k 和 l 的可能值，例如，下面列出了这样一个表中的前两条数据。

$\sin^2\theta$	除以 0.0729	转化成整数值	可能的 hkl 值
0.0729	1	3	111
0.0972	1.33	4	200

给出完整的该表，确定铅的立方晶胞类型，并确定其晶胞长度。

31-33 结构如图 31.18(a) 所示的 NaCl(s) 和 KCl(s) 的 X 射线粉末衍射图如下。

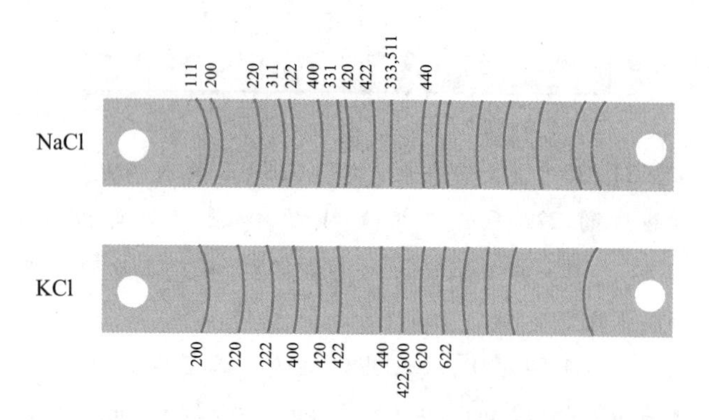

已知 NaCl 和 KCl 具有相同的晶体结构，请解释两组数据之间的差异。注意 f_{K^+} 的值几乎等于 f_{Cl^-}，因为 K^+ 和 Cl^- 是等电子的。

31-34 铱晶体具有立方晶胞。利用 $\lambda = 165.8$ pm 的 X 射线，在粉末样品上观测到的前 6 个 Bragg 衍射角分别为 21.96°，25.59°，37.65°，45.74°，48.42° 和 59.74°。使用习题 31-32 中概述的方法，确定立方晶胞的类型及其长度。

31-35 在 20 ℃ 时，钽的密度为 16.69 g · cm^{-3}，其晶胞为立方。已知前 5 个观测到的 Bragg 衍射角分别为 19.31°，27.88°，34.95°，41.41° 和 47.69°，求晶胞的类型和长度。设 X 射线的波长为 $\lambda = 154.433$ pm。

31-36 银在 20 ℃ 时的密度为 10.50 g · cm^{-3}，其晶胞为立方。已知前 5 个观测到的 Bragg 衍射角分别为 19.10°，22.17°，32.33°，38.82° 和 40.88°，求晶胞的类型和长度。设 X 射线的波长为 $\lambda = 154.433$ pm。

31-37 试导出简单立方晶胞和面心立方晶胞的结构因子表达式。证明在简单晶胞中，对于 h，k 和 l 的所有整数值都会观察到反射，而对于面心立方晶胞，只有当 h，k 和 l 都是偶数或奇数时才会观察到反射。

31-38 使用上一题和例题 31-9 的结果，验证下表中的条目。

Miller 指数(hkl)	观察到反射的立方晶格类型		
100	pc		
110	pc		bcc
111	pc	fcc	
200	pc	fcc	bcc
210	pc		
211	pc		bcc
220	pc	fcc	bcc
300	pc		
221	pc		
310	pc		bcc
311	pc	fcc	
222	pc	fcc	bcc
320	pc		
321	pc		bcc
400	pc	fcc	bcc

31-39 立方晶体物质的 X 射线衍射图显示了对应于 110，200，220，310，222 和 400 面反射的数据。这种物质有什么类型的立方晶胞？（提示：见习题 31-38 中的表格。）

31-40 铬是面心立方晶体或体心立方晶体。假设它有以下连续的观测值 d：203.8 pm，144.2 pm，117.7 pm，102.0 pm，91.20 pm 和 83.25 pm，确定立方晶胞的类型、晶胞的长度和密度。（提示：见习题 31-38 中的表格。）

31-41 在本题中，我们将导出氯化钠型晶胞的结构因子。首先，证明位于 8 个角上的阳离子的坐标是 (0，0，0)，(1，0，0)，(0，1，0)，(0，0，1)，(1，1，0)，(1，0，1)，(0，1，1) 和 (1，1，1)，位于 6 个面的阳离子的坐标为 $\left(\frac{1}{2},\frac{1}{2},0\right)$，$\left(\frac{1}{2},0,\frac{1}{2}\right)$，$\left(0,\frac{1}{2},\frac{1}{2}\right)$，$\left(\frac{1}{2},\frac{1}{2},1\right)$，$\left(\frac{1}{2},1,\frac{1}{2}\right)$ 和 $\left(1,\frac{1}{2},\frac{1}{2}\right)$。类似地，证明 12 条边上的阴离子的坐标为 $\left(\frac{1}{2},0,0\right)$，$\left(0,\frac{1}{2},0\right)$，$\left(0,0,\frac{1}{2}\right)$，$\left(\frac{1}{2},1,0\right)$，$\left(1,\frac{1}{2},0\right)$，$\left(0,\frac{1}{2},1\right)$，$\left(\frac{1}{2},0,1\right)$，$\left(1,0,\frac{1}{2}\right)$，$\left(0,1,\frac{1}{2}\right)$，$\left(\frac{1}{2},1,1\right)$，$\left(1,\frac{1}{2},1\right)$ 和 $\left(1,1,\frac{1}{2}\right)$，晶胞中心的阴离子的坐标为 $\left(\frac{1}{2},\frac{1}{2},\frac{1}{2}\right)$。接着，证明：

$$F(hkl) = \frac{f_+}{8}\left[1 + e^{2\pi ih} + e^{2\pi ik} + e^{2\pi il} + e^{2\pi i(h+k)} + e^{2\pi i(h+l)} + e^{2\pi i(k+l)} + e^{2\pi i(h+k+l)}\right] + \frac{f_+}{2}\left[e^{\pi i(h+k)} + e^{\pi i(h+l)} + e^{\pi i(k+l)} + e^{\pi i(h+k+2l)} + e^{\pi i(h+2k+l)} + e^{\pi i(2h+k+l)}\right] +$$

$$\frac{f_-}{4}[e^{\pi ih}+e^{\pi ik}+e^{\pi il}+e^{\pi i(h+2k)}+e^{\pi i(2h+k)}+$$
$$e^{\pi i(k+2l)}+e^{\pi i(h+2l)}+e^{\pi i(2h+l)}+e^{\pi i(2k+l)}+$$
$$e^{\pi i(h+2k+2l)}+e^{\pi i(2h+k+2l)}+e^{\pi i(2h+2k+l)}]+$$
$$f_-e^{\pi i(h+k+l)}$$
$$=f_+[1+(-1)^{h+k}+(-1)^{h+l}+(-1)^{k+l}]+$$
$$f_-[(-1)^h+(-1)^k+(-1)^l+(-1)^{h+k+l}]$$

最后，证明：如果 h,k 和 l 全为偶数，有

$$F(hkl)=4(f_++f_-)$$
$$F(hkl)=4(f_+-f_-)$$

其他 h,k 和 l 值，则有

$$F(hkl)=0$$

31-42 证明：对于如图 31.18(b) 所示的 CsCl(s) 晶体结构，有

$F(hkl)=f_++f_-$ 如果 h,k 和 l 全为偶数或其一为偶数

$=f_+-f_-$ 如果 h,k 和 l 全为奇数或其一为奇数

溴化铯和碘化铯的晶体结构与氯化铯相同。比较氯化铯和碘化铯预期的衍射图案。回想一下，Cs^+ 和 I^- 是等电子的。

31-43 在本题中，我们将证明一个晶格只能有一、二、三、四和六重对称轴。考虑下图，其中 P_1、P_2 和 P_3 是三个晶格点，每个晶格点由晶格矢量 $\boldsymbol{a}$ 隔开。

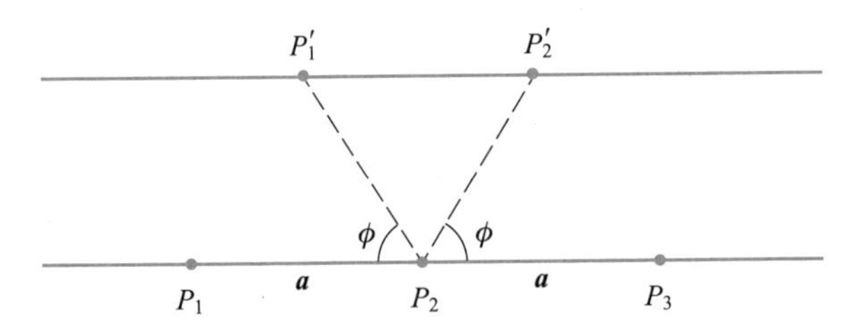

如果晶格具有 n 重对称性，那么围绕点 P_2 顺时针和逆时针旋转 $\phi=360°/n$ 将导致点 P_1' 和 P_2'，它们必须是晶格点（因为晶格具有 n 重对称轴）。证明矢量距离 $P_1'P_2'$ 必须满足关系

$$2a\cos\phi=Na$$

式中 N 是正整数或负整数。证明：满足上述关系的 ϕ 值只有 $360°(n=1)$，$180°(n=2)$，$120°(n=3)$，$90°(n=4)$ 和 $60°(n=6)$，分别对应于 $N=2,-2,-1,0$ 和 1。

31-44 von Laue 方程通常用矢量表示。下图显示了两个晶格点 P_1 和 P_2 的 X 射线散射。

设 $\boldsymbol{s}_0$ 是入射辐射方向上的单位矢量，$\boldsymbol{s}$ 是散射 X 射线方向上的单位矢量。证明从 P_1 和 P_2 散射的波的路径长度之差由下式给出：

$$\delta=P_1A-P_2B=\boldsymbol{r}\cdot\boldsymbol{s}-\boldsymbol{r}\cdot\boldsymbol{s}_0=\boldsymbol{r}\cdot\boldsymbol{S}$$

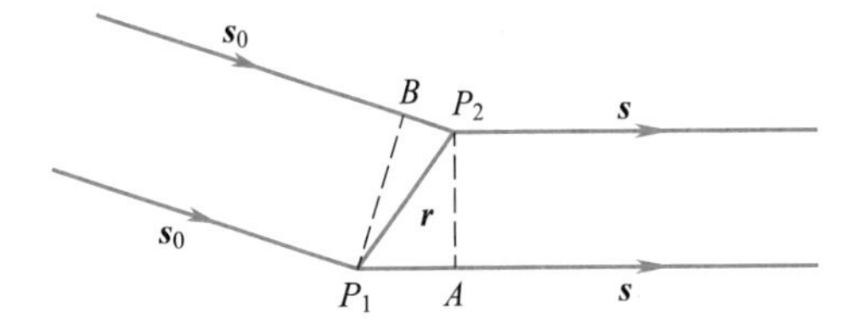

式中 $\boldsymbol{S}=\boldsymbol{s}-\boldsymbol{s}_0$。因为 P_1 和 P_2 是晶格点，所以 $\boldsymbol{r}$ 必然可以表示为 $m\boldsymbol{a}+n\boldsymbol{b}+p\boldsymbol{c}$，其中 m,n,p 是整数，$\boldsymbol{a},\boldsymbol{b},\boldsymbol{c}$ 是晶胞轴。证明 δ 一定是波长 λ 的整数倍这一事实可以推导出方程

$$\boldsymbol{a}\cdot\boldsymbol{S}=h\lambda$$
$$\boldsymbol{b}\cdot\boldsymbol{S}=k\lambda$$
$$\boldsymbol{c}\cdot\boldsymbol{S}=l\lambda$$

式中 h,k 和 l 是整数。这些方程是用矢量表示的 von Laue 方程。

31-45 我们可以从上题中得到的 von Laue 方程推导出 Bragg 方程。首先证明 $\boldsymbol{S}=\boldsymbol{s}-\boldsymbol{s}_0$ 平分了 $\boldsymbol{s}_0$ 和 $\boldsymbol{s}$ 之间的夹角，并且垂直于 X 射线被镜面反射（入射角等于反射角）的平面。现在，证明从 $\boldsymbol{a},\boldsymbol{b},\boldsymbol{c}$ 轴原点到 hkl 平面的距离可由下式给出：

$$d=\frac{\boldsymbol{a}}{h}\cdot\frac{\boldsymbol{S}}{|\boldsymbol{S}|}=\frac{\boldsymbol{b}}{k}\cdot\frac{\boldsymbol{S}}{|\boldsymbol{S}|}=\frac{\boldsymbol{c}}{l}\cdot\frac{\boldsymbol{S}}{|\boldsymbol{S}|}=\frac{\lambda}{|\boldsymbol{S}|}$$

最后，证明 $|\boldsymbol{S}|=[(\boldsymbol{s}-\boldsymbol{s}_0)(\boldsymbol{s}-\boldsymbol{s}_0)]^{1/2}=(2-2\cos2\theta)^{1/2}=2\sin\theta$，即得到 Bragg 方程 $d=\lambda/2\sin\theta$。

31-46 H_2 在铜表面的吸附焓为 $-54.4\ \text{kJ}\cdot\text{mol}^{-1}$。从物理吸附态到化学吸附态的活化能为 $29.3\ \text{kJ}\cdot\text{mol}^{-1}$，两种势能之间的曲线交叉发生在 $V(z)=21\ \text{kJ}\cdot\text{mol}^{-1}$。绘制类似于图 31.20 的 H_2 与铜相互作用的示意图。

31-47 在第 27-4 节中，我们证明了单位面积的碰撞频率为（式 27.48）

$$z_{\text{coll}}=\frac{\rho\langle u\rangle}{4} \tag{1}$$

利用式(1)和理想气体状态方程，证明：1 s 内撞击单位面积（1 m^2）表面的分子数 J_N 为

$$J_N=\frac{PN_A}{(2\pi MRT)^{1/2}}$$

式中 M 是分子的摩尔质量，P 是气体的压力，T 是温度。在 298.1 K 和 1.05×10^{-6} Pa 的气体压力下，在 1.00 s 内有多少氮分子撞击 1.00 cm^2 的表面？

31-48 一个 langmuir 对应于在 298.15 K 时将表面暴露在 1.00×10^{-6} torr 压力下的气体 1 s。用帕斯卡代替托为单位定义一个 langmuir。当暴露为 1.00 langmuir 时，有多少氮分子会撞击面积为 1.00 cm^2 的表面？（见习题 31-47。）

31-49　如果表面位点的密度为 $2.40\times10^{14}\ cm^{-2}$，并且每个撞击表面的分子都吸附在这些位点中的一个上，试确定在 298.15 K 时将 $1.00\ cm^2$ 表面暴露于 1.00×10^{-4} langmuir 的 $N_2(g)$ 中所产生的单层的分数。

31-50　进行表面实验时，保持表面清洁是很重要的。假设将一个 $1.50\ cm^2$ 的表面放置在 298.15 K 的高真空室中，室内压力为 1.00×10^{-12} torr。如果表面位点的密度是 $1.30\times10^{16}\ cm^{-2}$，假设室中唯一的气体是 H_2O，并且每个撞击表面的 H_2O 分子都吸附在一个表面位点，那么要多长时间才能使 1.00% 的表面位点被水占据？

31-51　使用例题 31-12 的结果，计算在 300 K 和 500 K 时从钯上解吸附 CO 的速率。

31-52　得到以下固体石墨在 197 K 时吸附 $N_2(g)$ 的数据。表中的体积是吸附气体在 0.00 ℃和 1 bar 时所占的体积。

P/bar	3.54	10.13	16.92	26.04	29.94
$V/(10^{-4}\ m^3)$	328	456	497	527	536

用 Langmuir 吸附等温式计算 V_m 和 b 的值。固体碳的总质量为 1325 g。如果假设每个表面原子可以吸附一个 N_2 分子，计算可作为结合位点的碳原子的分数。

31-53　一级表面反应

$$A(g) \Longrightarrow A(ads) \Longrightarrow B(g)$$

其速率为 $1.8\times10^{-4}\ mol\cdot dm^{-3}\cdot s^{-1}$。该表面的尺寸为 1.00 cm×3.50 cm。假设表面两边的尺寸都是原来的两倍，计算反应速率。[假定 A(g)过量。]

31-54　考虑反应机理

$$A(g)+S \xrightarrow{k_1} A\text{—}S \xrightarrow{k_2} P(g)$$

速率方程是

$$v=k_2\theta_A$$

式中 θ_A 是 A 分子占据的表面位点的分数。利用 Langmuir 吸附等温式[式(31.35)]，得到以 K_c 和[A]表示的反应速率。在什么条件下反应对 A 的浓度是一级？

31-55　考虑分子 A 和分子 B 之间的表面催化双分子反应，其速率方程为

$$v=k_3\theta_A\theta_B$$

式中 θ_A 为反应物 A 占据表面位点的分数，θ_B 为反应物 B 占据表面位点的分数。与该反应一致的机理如下：

$$A(g)+S(s) \underset{k_d^A}{\overset{k_a^A}{\rightleftharpoons}} A\text{—}S(s)\quad（快平衡）\qquad (1)$$

$$B(g)+S(s) \underset{k_d^B}{\overset{k_a^B}{\rightleftharpoons}} B\text{—}S(s)\quad（快平衡）\qquad (2)$$

$$A\text{—}S(s)+B\text{—}S(s) \xrightarrow{k_3} 产物$$

分别取 K_A 和 K_B 作为式(1)和式(2)的平衡常数。导出用[A]，[B]，K_A 和 K_B 表示的 θ_A 和 θ_B 的表达式。并证明：速率方程可以写成

$$v=\frac{k_3K_AK_B[A][B]}{(1+K_A[A]+K_B[B])^2}$$

31-56　重新考虑习题 31-55 中表面催化的双分子反应。如果 A(g)和 B(g)不竞争表面位点，而是每个分子唯一地结合不同类型的表面位点，证明速率方程可由下式给出

$$v=\frac{k_3K_AK_B[A][B]}{(1+K_A[A])(1+K_B[B])}$$

31-57　在本题中，我们推导出 $2CO(g)+O_2(g)\longrightarrow 2CO_2(g)$ 氧化反应的速率方程[式(31.45)]，假设该反应是按 Langmuir-Hinshelwood 机理发生的。这个机理的总速率方程是

$$v=k_3\theta_{CO}\theta_{O_2}$$

证明：

$$\theta_{O_2}=\frac{(K_{O_2}[O_2])^{1/2}}{1+(K_{O_2}[O_2])^{1/2}+K_{CO}[CO]}$$

和

$$\theta_{CO}=\frac{K_{CO}[CO]}{1+(K_{O_2}[O_2])^{1/2}+K_{CO}[CO]}$$

利用这些表达式和关系式 $b=K_c/k_BT$，得到式(31.45)给出的速率方程。（假设理想气体的行为。）

31-58　在本题中，我们推导式(31.46)，即 $2CO(g)+O_2(g)\longrightarrow 2CO_2(g)$ 氧化反应的速率方程，假设该反应是按 Eley-Rideal 机理发生的。这个机理的总速率方程是

$$v=k_3\theta_{O_2}[CO]$$

假设 CO(g)和 $O_2(g)$ 竞争吸附位点，证明：

$$v=\frac{k_3K_{O_2}^{1/2}[O_2]^{1/2}[CO]}{1+K_{O_2}^{1/2}[O_2]^{1/2}+K_{CO}[CO]}$$

利用 K_c 和 b 之间的关系式以及理想气体状态方程，证明这个方程等价于式(31.46)。

31-59　乙烯在铜上的加氢反应遵循速率方程

$$v=\frac{k[H_2]^{1/2}[C_2H_4]}{(1+K[C_2H_4])^2}$$

式中 k 和 K 均是常数。研究表明，该反应按 Langmuir-Hinshelwood 机理进行。k 和 K 与反应机理各个步骤的速率常数是怎么联系起来的？从观察到的速率方程的形

式，能得出有关 $H_2(g)$ 和 $C_2H_4(g)$ 在铜表面相对吸附的什么结论？

31-60 铁催化的交换反应

$$NH_3(g)+D_2(g)\longrightarrow NH_2D(g)+HD(g)$$

服从速率方程

$$v=\frac{k[D_2]^{1/2}[NH_3]}{(1+K[NH_3])^2}$$

这个速率方程符合 Eley-Rideal 或 Langmuir-Hinshelwood 机理吗？k 和 K 与反应机理各个步骤的速率常数是怎么联系起来的？关于 $D_2(g)$ 和 $NH_3(g)$ 在铁表面的相对吸附，速率方程告诉了什么？

31-61 考虑表面催化的交换反应

$$H_2(g)+D_2(g)\longrightarrow 2HD(g)$$

实验研究表明，该反应通过 Langmuir-Hinshelwood 机理进行，在该机理中，$H_2(g)$ 和 $D_2(g)$ 首先解离化学吸附到表面。速率决定步骤是被吸附的 H 原子与 D 原子之间的反应。试导出用 $H_2(g)$ 和 $D_2(g)$ 的气相压力表示的该反应的速率方程（假设理想气体行为）。

31-62 LEED 光谱学记录从表面衍射的电子的强度和位置。一个电子要发生衍射，它的 de Broglie 波长必须小于固体中原子平面间距离的两倍（见第 31-9 节）。证明通过电势差 ϕ(V) 加速的电子的 de Broglie 波长可由下式给出：

$$\lambda/\text{pm}=\left(\frac{1.504\times10^6\ \text{V}}{\phi}\right)^{1/2}$$

31-63 表面为 100 面的镍基底的 100 面之间的距离为 351.8 pm。计算使电子可以从晶体中衍射出来的最小加速电势。计算这些电子的动能。（提示：见习题 31-62。）

31-64 银的 111 表面和第二层原子之间的距离是 235 pm，与体相中的距离相同。如果动能为 8.77 eV 的电子撞击表面，会观察到电子衍射图案吗？（提示：见习题 31-62。）

31-65 图 31.28 显示了五种不同铁表面的合成氨的相对速率。铁以体心立方结构结晶。画出 100，110 和 111 表面的原子排列示意图（提示：见图 31.9）。计算表面上最近的两个相邻原子中心之间的距离（以晶胞的尺寸 a 为单位）。

31-66 **Freundlich 吸附等温式**（Freundlich adsorption isotherm）由下式给出：

$$V=kP^a$$

式中 k 和 a 均是常数。习题 31-52 中的数据可以用 Freundlich 吸附等温式来描述吗？根据这些数据，确定 k 和 a 的最佳拟合值。

31-67 证明：如果 $\theta\ll1$，则 Langmuir 吸附等温式可化简为 Freundlich 吸附等温式（习题 31-66），其中 $k=bV_m$，$a=1$。

31-68 多层物理吸附通常用 **BET 吸附等温式**（BET adsorption isotherm）来描述：

$$\frac{P}{V(P^*-P)}=\frac{1}{cV_m}+\frac{(c-1)P}{V_mcP^*}$$

式中 P^* 是实验温度下吸附质的蒸气压，V_m 是对应于表面上单层覆盖的体积，V 是在压力 P 下吸附的总体积，c 是常数。将 BET 吸附等温式改写为如下形式：

$$\frac{V}{V_m}=f(P/P^*)$$

绘制 $c=0.1,1.0,10$ 和 100 时 V/V_m 与 P/P^* 的关系图。讨论曲线的形状。

31-69 吸附能 E_{ads} 可以通过**程序升温脱附**（temperature programmed desorption，TPD）技术测量。在 TPD 实验中，结合有吸附质的表面的温度根据以下方程变化：

$$T=T_0+\alpha t \tag{1}$$

式中 T_0 是初始温度，α 是决定温度变化速率的常数，t 是时间。质谱仪用于测量从表面解吸附的分子浓度。TPD 数据的分析依赖于解吸附的动力学模型。考虑一级解吸附过程

$$\text{M—S(s)}\overset{k_d}{\Longrightarrow}\text{M(g)}+\text{S(s)}$$

写出解吸附速率方程的表达式。使用式（1）、式（31.37）和速率方程证明速率方程可以写成

$$\frac{d[\text{M—S}]}{dT}=-\frac{[\text{M—S}]}{\alpha}(\tau_0^{-1}e^{-E_{ads}/RT}) \tag{2}$$

随着温度的升高，$d[\text{M—S}]/dt$ 起先增加，然后达到最大值，之后下降。设 $T=T_{max}$ 是对应于最大解吸附速率的温度。使用式（2），证明在 T_{max} 下：

$$\frac{E_{ads}}{RT_{max}^2}=\frac{\tau_0^{-1}}{\alpha}e^{-E_{ads}/RT_{max}}$$

（提示：记住 [M—S] 是 T 的函数。）

31-70 证明习题 31-69 的式（3）可以写成

$$2\ln T_{max}-\ln\alpha=\frac{E_{ads}}{RT_{max}}+\ln\frac{E_{ads}}{R\tau_0^{-1}} \tag{3}$$

$(2\ln T_{max}-\ln\alpha)$ 对 $1/T_{max}$ 作图所得直线的斜率和截距分别是多少？作为钯表面加热速率的函数，CO 从钯 111 表面的最大解吸附速率对应温度如下所示。从这些数据确定 E_{ads} 和 τ_0^{-1}。使用结果确定 600 K 时的解吸附速率常数 k_d。

$\alpha/(K \cdot s^{-1})$	T_{max}/K
26.0	500
20.1	496
16.5	493
11.0	487

31-71 在 $10\ K \cdot s^{-1}$ 的加热速率下，CO 从 Pd(s) 表面的最大解吸附速率出现在 625 K。计算 E_{ads} 的值，假设解吸附为一级过程，且 $\tau_0 = 1.40 \times 10^{-12}$ s（见习题 31-69 和习题 31-70）。

一些数学公式

$$\sin(x\pm y)=\sin x\cos y\pm\cos x\sin y$$

$$\cos(x\pm y)=\cos x\cos y\mp\sin x\sin y$$

$$\sin x\sin y=\frac{1}{2}\cos(x-y)-\frac{1}{2}\cos(x+y)$$

$$\cos x\cos y=\frac{1}{2}\cos(x-y)+\frac{1}{2}\cos(x+y)$$

$$\sin x\cos y=\frac{1}{2}\sin(x+y)+\frac{1}{2}\sin(x-y)$$

$$\mathrm{e}^{\pm\mathrm{i}x}=\cos x\pm\mathrm{i}\sin x$$

$$\cos x=\frac{\mathrm{e}^{\mathrm{i}x}+\mathrm{e}^{-\mathrm{i}x}}{2}\qquad \sin x=\frac{\mathrm{e}^{\mathrm{i}x}-\mathrm{e}^{-\mathrm{i}x}}{2\mathrm{i}}$$

$$\cosh x=\frac{\mathrm{e}^{x}+\mathrm{e}^{-x}}{2}\qquad \sinh x=\frac{\mathrm{e}^{x}-\mathrm{e}^{-x}}{2}$$

$$f(x)=f(a)+f'(a)(x-a)+\frac{1}{2!}f''(a)(x-a)^2+\frac{1}{3!}f'''(a)(x-a)^3+\cdots$$

$$\mathrm{e}^x=1+x+\frac{x^2}{2!}+\frac{x^3}{3!}+\frac{x^4}{4!}+\cdots$$

$$\cos x=1-\frac{x^2}{2!}+\frac{x^4}{4!}-\frac{x^6}{6!}+\cdots$$

$$\sin x=x-\frac{x^3}{3!}+\frac{x^5}{5!}-\frac{x^7}{7!}+\cdots$$

$$\ln(1+x)=x-\frac{x^2}{2}+\frac{x^3}{3}-\frac{x^4}{4}+\cdots\quad(-1<x\leqslant 1)$$

$$\frac{1}{1-x}=1+x+x^2+x^3+x^4+\cdots\quad(x^2<1)$$

$$(1\pm x)^n=1\pm nx\pm\frac{n(n-1)}{2!}x^2\pm\frac{n(n-1)(n-2)}{3!}x^3+\cdots\quad(x^2<1)$$

$$\int_0^\infty x^n\mathrm{e}^{-ax}\mathrm{d}x=\frac{n!}{a^{n+1}}\quad(n\text{ 为正整数})$$

$$\int_0^\infty \mathrm{e}^{-ax^2}\mathrm{d}x=\left(\frac{\pi}{4a}\right)^{1/2}$$

$$\int_0^\infty x^{2n}\mathrm{e}^{-ax^2}\mathrm{d}x=\frac{1\times3\times5\times\cdots\times(2n-1)}{2^{n+1}a^n}\left(\frac{\pi}{a}\right)^{1/2}\quad(n\text{ 为正整数})$$

$$\int_0^\infty x^{2n+1}\mathrm{e}^{-ax^2}\mathrm{d}x=\frac{n!}{2a^{n+1}}\quad(n\text{ 为正整数})$$

$$\int_0^a\sin\frac{n\pi x}{a}\sin\frac{m\pi x}{a}=\int_0^a\cos\frac{n\pi x}{a}\cos\frac{m\pi x}{a}=\frac{a}{2}\delta_{nm}$$

$$\int_0^a\cos\frac{n\pi x}{a}\sin\frac{m\pi x}{a}=0\quad(m\text{ 和 }n\text{ 均为整数})$$